MERCEDES-BENZ
170 V / 170 S / 220
BESTSELLER / RETTER / WEGBEREITER

BAND I

Umschlagmotiv Band I
Mercedes-Benz 170 V Cabriolet B, 1937

Hans Peter Würsten
Mercedes-Benz 170 V / 170 S / 220
Bestseller / Retter / Wegbereiter

Band 1 (Ausgabe in zwei Bänden)

1. Auflage 2026

www.karren-publishing.com

Fachlektorat
Günter Engelen
Lektorat und Korrektorat
Doris Amacher,
Gudrun Schwietzer
Gestaltungskonzept
Buchkunst PESE Peter Sennhauser, Belp
Atelier Salzmann Gertsch, Bern
Tom van Endert, Lehna
Gesamtherstellung
Lydia und Tom van Endert
Umschlag
Tom van Endert

Druck und Bindung
Petro Ofsetas, Vilnius (LT)
Gedruckt auf 130 g/m^2 MultiArt Volume
Gesetzt aus der ABC Diatype

ISBN 978-3-947060-18-4

Gedruckt in der Europäischen Union

MERCEDES-BENZ
170 V / 170 S / 220
BESTSELLER / RETTER / WEGBEREITER

HANS PETER WÜRSTEN

BAND I

KARREN

Inhalt Band I

Band I
erzählt die Geschichte der Typenfamilie 170 V – 170 S – 220 umfassend. Der Inhalt reicht von der Fusion zur Daimler-Benz AG im Jahr 1926 bis in die frühen 1980er Jahre, als erneut ein Kompaktwagen mit Stern in Produktion ging. In diesen Zeitrahmen eingebettet, wird der 170 V in all seinen technischen, formalen und sozialhistorischen Aspekten beleuchtet. Es wird geschildert, weshalb eine Ablösung durch ein neues Modell nicht gelang, wie Daimler-Benz dank diesem preisgünstigen und soliden Wagen nach dem Krieg als Pkw-Produzent einen Neuanfang schaffte, weshalb der 170 V bis in die frühen Fünfzigerjahre der kommerziell wichtigste Pkw des Konzerns war und wie auf seiner Basis mit den Modellen 170 S und 220 ein klassenübergreifendes Typenprogramm entstand.

Inhalt Band II

Band II
präsentiert die Typenfamilie 170 V – 170 S – 220 in Zahlen und Fakten. Den Anfang machen die technischen Daten aller Modelle in Tabellenform. Es folgen eine Auflistung der Änderungen am 170 V, Angaben zur Identifikation, Einblicke in die Fertigung sowie Aufstellungen zu Farbgebung, Serien- und Sonderausstattungen, Stückzahlen und Verkaufspreisen. Knappe Texte würdigen die Modelle der Typenfamilie, auch die nicht gebauten. Exkurse beleuchten relevante Themen außerhalb der Fahrzeugfamilie. Schließlich rücken Kurzbiografien jene Personen in den Vordergrund, die an der Konzeption, Entwicklung und Fertigung beteiligt waren oder den Weg der Daimler-Benz AG entscheidend beeinflusst haben.

Abb. 0001
Daimler-Benz-Niederlassung Düsseldorf, um 1952. Im Ausstellungsraum des neuerbauten Bürogebäudes werden die Modelle 170 Da, 220 und 170 Sb präsentiert. Es sind die wichtigsten Vertreter der erfolgreichen Typenfamilie, die auf der Grundlage des 1936 vorgestellten 170 V entwickelt worden ist.

Geleitwort

Günter Engelen (*1938), Automobilhistoriker aus Passion. Verfasser zahlreicher Bücher und Beiträge zum Thema Mercedes-Benz, die durch eine beeindruckende Breite und Tiefe des Inhalts auffallen und Maßstäbe gesetzt haben.

Aus der Zeit gefallen – und ein Nachschlagewerk der Sonderklasse

Es ist angesichts zunehmender Blogger, Influencer, Handyfilmer und allgemeiner Oberflächlichkeit eigentlich ein Wunder, dass es heute noch Menschen gibt, die – wie der Autor – in Umfang, Tiefe und Kompetenz ein Werk erarbeiten, wie es vor uns liegt. Wie der Buchtitel verrät, zeigt Hans Peter Würsten die interessanten Zusammenhänge auf, wie sich das ursprünglich auf der Rahmenbasis angelegte 170 V-Fahrzeugkonzept im Laufe der Zeit klassenübergreifend entwickelt. Es ist überaus verdienstvoll, wie er sich um die Details der Fahrzeugfamilie bis hin zum Typ 220 kümmert. Zudem werden erstmals die zahlreichen nicht in Serie gegangenen Nachfolgetypen vorgestellt. Dass der Autor auch das Zeitgeschehen, das menschliche Umfeld und die technische Entwicklung in der Daimler-Benz AG nicht außer Acht lässt, die zu diesen Fahrzeugen führen, ist wertvoll und selten. Nicht zu vergessen ist, dass er weiter das unmittelbare Wettbewerbsumfeld beleuchtet, das bei einer Produktentwicklung eine nicht unerhebliche Rolle spielt.

Da diese Publikation einschließlich Tabellenband das Resultat von zehn Jahren intensiver Forschungsarbeit und über 35 Jahren theoretischer und praktischer Auseinandersetzung mit den Fahrzeugtypen ist, wird naturgemäß dem Leser viel Geduld abgefordert. Er wird aber durch eine Weite und Tiefe der Thematik belohnt, die es auf diesem Sektor sonst nicht gibt.

Mit der Vorstellung des 170 V (W 136) am 15. Februar 1936 auf der IAMA in Berlin beginnt für die Daimler-Benz AG im Bau von Personenwagen eine neue Epoche. Mit 92.037 gefertigten Einheiten bis zur kriegsbedingten Produktionseinstellung 1942 ist dieser Typ der bis dahin erfolgreichste Pkw der Marke Mercedes-Benz. Nach dem Krieg ist er Wegbereiter des Neuanfangs der Marke und Ausgangspunkt für zahlreiche weitere Typen. Pünktlich zum 90-Jahre-Jubiläum des 170 V erscheint nun die längst fällige Monografie dieses bemerkenswerten und wichtigen Wagens und seiner Modellfamilie.

Mannheim, im November 2025
Günter Engelen

Einstieg

Am 15. Februar 2026 sind genau 90 Jahre verflossen, seit der 170 V der Öffentlichkeit präsentiert wurde. Grund genug, sich mit einer umfassenden Publikation an diesen oft unterschätzten Mercedes-Benz-Typ zu erinnern. Das populäre Volumenmodell war Verkaufsrenner, Retter der Pkw-Produktion nach dem Krieg und Begründer jener Typenfamilie, die bis 1955 das Bild der Mercedes-Benz-Pkw prägte.

Ins Thema eingestiegen bin ich ...

... keineswegs mit Blick auf dieses Jubiläum, sondern ganz einfach, weil Automobile schon früh eine unwiderstehliche Faszination auf mich ausübten. Bereits als Vierjähriger zeichnete ich Fahrzeuge und erklärte jeweils, welcher Marke diese zugehörig seien. Rund drei Jahre später, es muss 1963 gewesen sein, kam es zu einem Schlüsselerlebnis: Mein Vater, der während des Kriegs Autofahren lernte, aber bislang autolos geblieben war, schickte mich in die Garage unseres Hauses, um zu sehen, was es dort gäbe. Und da stand er: schwarz, mit blitzblank poliertem Kühler und einem Stern obendrauf sowie großen freistehenden Scheinwerfern auf geschwungenen Kotflügeln. Im Zustand wie aus dem Schauraum der Vertretung, noch keine zehn Jahre alt, und doch ein Fahrzeug aus einer anderen, vergangenen Epoche. Die Enttäuschung war riesig, als sich herausstellte, dass der Wagen nicht uns gehörte. Meine Stimmung hellte sich erst auf, als der Eigentümer den bei uns untergestellten Mercedes-Benz abholte. Die Geräuschkulisse des startenden Dieselmotors – das Hämmern der ersten Zündungen, das in ein Nageln überging sobald der Motor lief und sich schließlich zu einem sonoren Motorgeräusch verdichtete, wenn die Tourenzahl anstieg – blieb in meinem Gedächtnis haften. Ein gutes Vierteljahrhundert später kaufte ich mir einen historischen Mercedes-Benz-Diesel, zwar nicht einen 170 S-D nach dem Vorbild meines Kindheitserlebnisses, sondern einen 170 Da. Diesem Wagen bin ich bis heute treu geblieben – und ebenso der Beschäftigung mit historischen Automobilen, nämlich als Schrauber, Restaurierer und immer mehr auch als Automobilhistoriker.

In der Tat gab die Restaurierung meines 170 Diesel den Ausschlag, dieses Buch zu schreiben. Die Arbeit an meinem Wagen führte mir vor Augen, wie begrenzt die allgemein verfügbaren Informationen zu diesem Fahrzeugtyp sind, trotz umfangreicher technischer Werksliteratur. Und weil zwischenzeitlich kein «Typenbuch 170 V und 170 D» erschienen ist, beschloss ich vor mehr als zehn Jahren, dieses Projekt selbst in die Hand zu nehmen.

Mein Bestreben als Autor dieses Buches

Mit zunehmend tieferem Eintauchen in die Geschichte der Daimler-Benz AG und ihrer komplexen Fahrzeughistorie zeigte sich, dass ohne die Existenz des 170 V die Firma mit dem Stern als Pkw-Produzentin den Krieg kaum überlebt hätte. Dies allein rechtfertigte bereits eine profunde Auseinandersetzung mit dem Fahrzeugtyp. Rasch wurde mir bewusst, dass eine Beschränkung auf die Modelle 170 V und 170 D dem Sachverhalt nicht gerecht würde. Der eng verwandte 170 S mit all seinen Untermodellen und dessen Sechszylinder-Ausführung 220 (W 187) mussten zwingend mit einbezogen werden, wenn ein gültiges Ganzes entstehen sollte.

Ich legte großen Wert darauf, diese Fahrzeugfamilie unter technikgeschichtlichem Blick umfassend darzustellen, einzuordnen und zu würdigen. Dazu gehören auch die zahlreichen Fahrzeugprojekte und -typen, welche die Nachfolge des 170 V hätten antreten sollen, dies jedoch aus unterschiedlichen Gründen nicht geschafft haben. Aber ich wollte nicht nur Fakten zusammentragen, sondern mich interessierte stets das «Warum». Was waren die Beweggründe, die zum Bau dieses Fahrzeugtyps geführt hatten, welche Personen standen dahinter, wer hat welche Entscheidungen gefällt, wie verlief die Entwicklung, was wurde wann und aus welchem Grund verändert, welchen Einfluss hatte der Krieg? Also habe ich die technischen Fakten mit der Firmengeschichte verwoben, und zwar unter Berücksichtigung der maßgeblich beteiligten Personen. Die vielen sozialgeschichtlichen Bezüge helfen mit, den Inhalt in der jeweiligen Zeit zu verankern. Trotz zahlreicher Verästelungen gelang im Wesentlichen eine chronologische Abfolge. Diese führt von der Fusion zur Daimler-Benz AG 1924/26 bis zum Produktionsende der Fahrzeugfamilie 1955 und endet mit einem Ausblick in den 1980er Jahren.

Was das vorliegende Werk bietet und was es nicht ist

Meine Arbeit umfasst einen Hauptband von 676 Seiten mit 1043 Abbildungen sowie einen zusätzlichen, 276 Seiten starken und ebenfalls illustrierten Tabellen- und Ergänzungsband.

Als Grundlage dienten umfangreiche Recherchen im historischen Quellenbestand der Mercedes-Benz AG sowie viele ergänzende Informationen hauptsächlich aus meiner privaten Sammlung (schriftliche Dokumente aller Art, Bilder und Zeichnungen), für deren Wachstum sich der wiederkehrende Besuch der einschlägig bekannten Oldtimer-Teilemärkte für viele Jahre als besonders ergiebig erwies. Neben weiteren privaten Quellen war die Analyse von möglichst unrestaurierten Referenzfahrzeugen wichtig, desgleichen ein Austausch mit jenen Personen, die sich seit vielen Jahren mit den Wagen der Fahrzeugfamilie 170 V – 170 S – 220 oder mit der Firmen- und Fahrzeuggeschichte des Konzerns auseinandersetzen. Und immer wieder galt es Richtiges von Falschem zu unterscheiden, denn nicht nur in den Sekundärquellen, sondern auch in den Werksunterlagen der ehemaligen Daimler-Benz AG sind hin und wieder Unterlassungen, Ungenauigkeiten und Fehler zu beobachten. Ohne vorsichtige Interpretationen ging es deshalb nicht. Obwohl ich mit größtmöglicher Sorgfalt vorgegangen bin, enthält mein Werk allerlei Unschärfen und ist keinesfalls frei von Irrtümern und Unstimmigkeiten.

Wer sich mit dem Restaurieren eines der Modelle der Fahrzeugfamilie 170 V – 170 S – 220 befasst, wird durch Text, Bild und Tabellen viele wertvolle Hinweise erhalten, um Sachverhalte zu klären. Das Buch ist jedoch keine Restaurierungsanleitung, und es ist ebenso wenig ein Ersatz für die umfangreiche, mit Blick auf die Fahrzeugwartung herausgegebene und unentbehrliche Werksliteratur.

Leitfaden für den Umgang mit der geballten Ladung an Informationen

| Von A bis Z Lesende, welche die komplexe, gleichzeitig faszinierende Geschichte der preiswerten Mercedes-Benz-Volumenmodelle zwischen 1925 und 1955 in ihrer Gesamtheit erleben wollen, finden diese im Hauptband dargestellt: Nach der Vorgeschichte, die den Weg von der Fusion in Richtung Großserie skizziert, widmen sich 13 Hauptkapitel der Entstehung, Entwicklung und Produktion der Fahrzeugfamilie im Zeitraum zwischen 1934/35 und 1955; ein Ausklang schlägt die Brücke in die jüngere Zeit des Unternehmens und seinen Modellen.

| Selektiv Interessierte finden die Kapitel so vor, dass diese bei Bedarf einzeln gelesen werden können. Deshalb beginnen sie jeweils mit einer knappen Inhaltszusammenfassung. Kurze Rückblenden im Text helfen, sich zeitlich und thematisch zu orientieren. Dass es dadurch zu gewissen Wiederholungen kommt, ist nicht zu vermeiden.

| Für die Nutzung als Nachschlagewerk dient der ergänzende Band. Dort sind die technischen Daten, die Typen- und Baureihenbezeichnungen, die Angaben zu den Lackierungen und Innenausstattungen, die Verkaufspreise und Produktionszahlen, aber auch die umfangreichen Änderungslisten und vieles mehr tabellarisch zusammengefasst.

| Der Ergänzungsband enthält weiter die Einordnung und Würdigung der einzelnen Fahrzeugtypen und -modelle. Zudem werden interessante, im Text nur flüchtig angesprochene Themen in knappen Beiträgen vertieft. Kurzbiografien jener Personen, die auf unterschiedliche Weise Einfluss auf die Fahrzeugfamilie ausübten, runden die Übersicht ab.

| Weiterführende Anmerkungen zum Text finden sich als Fußnoten auf der betreffenden Doppelseite. Quellenangaben, Abbildungs- und Schlagwortverzeichnis sind hingegen am Ende des Ergänzungsbands aufgelistet.

Hans Peter Würsten (*1956), dipl. Architekt HTL, Denkmalpfleger, Bauforscher und Referent für technische Denkmäler. Seit seiner frühen Jugend beschäftigt er sich mit Automobilen, die er unter konstruktiven, gestalterischen, produktionstechnischen und sozialgeschichtlichen Aspekten gesamtheitlich betrachtet. Mitglied der Automobilhistorischen Gesellschaft von Deutschland e.V. (AHG).

Mein großer Dank an großartige Menschen

Von fundamentaler Bedeutung für das Gelingen eines solch umfangreichen Buchprojekts ist ein großzügiger Zugang zu den Originalquellen. Das Mercedes-Benz-Archiv bot mir über mehrere Jahre die Möglichkeit, jeweils ganze Arbeitswochen vor Ort gezielt in ihrem Bestand zu recherchieren. Dafür und für viele weitere Dienstleistungen – insbesondere für das großzügige Zurverfügungstellen von Werksaufnahmen – danke ich Dennis Heck, Nils Beckmann, Wolfgang Rabus, Michael Jung, Matthias Knebel, Beate Frank und Axel Rauschenbach.

Die entscheidende Wende zum Positiven nahm das Vorhaben durch die Bekanntschaft mit dem Daimler-Benz-Spezialisten und Buchautor Günter Engelen. Spontan bot er mir seine Unterstützung an und ließ mich an seinem bewundernswerten, ebenso breiten wie tiefen Wissensschatz teilhaben. Längst sind wir Freunde geworden, tauchen bei gegenseitigen Besuchen ins Thema ein und diskutieren stundenlang einzelne Aspekte in all ihren Facetten. Günter war auch mein kritischer Fachlektor, der sich nicht scheute, den Rotstift dort anzusetzen, wo er Defizite erkannte. Ihm danke ich für seinen ungemein wertvollen und uneigennützigen Einsatz von ganzem Herzen.

Von gleicher Großzügigkeit und Hilfsbereitschaft zeigte sich mein langjähriger Freund Georges Bürgin, Gründer und Ehrenpräsident des Mercedes-Benz Veteranenclub Schweiz (MBVC). Georges ist – obwohl Architekt wie ich – ein detailversessener Techniker, mit dem ich den Sachverhalt zahlloser Einzelheiten bis hin zur letzten Schraube klären konnte. Mit Anschauungsmaterial und seltenen Unterlagen hat Georges mein Buchprojekt nachhaltig gefördert. Die Diskussionen und die gemeinsamen Fahrzeuguntersuchungen bleiben mir in bester Erinnerung. Georges, herzlichen Dank für Deinen unermüdlichen Einsatz.

Zahlreiche Exponenten des Mercedes-Benz Veteranenclub Schweiz (MBVC), des

Mercedes-Benz Veteranenclub Deutschland (MVC) und des 170 V-Forums unterstützten mein Buchprojekt in ganz unterschiedlicher Art und Weise: Hansruedi Koch – dem kulturgüter-bewusstesten 170 V-Eigner und -Fahrer, den ich kenne – sage ich merci für den jahrelangen freundschaftlichen Austausch, dank dem sich zahlreiche Fragen unterschiedlichster Art klären ließen. Klaus Sigloch (†), engagierter Typreferent für die W 18- und W 142-Fahrzeuge im MVC, half mir mit wertvollen Hinweisen und hochinteressanten historischen Abbildungen. Meinen Dank richte ich gleichzeitig an ihn und an Sigrid Sieber, Tochter des Fotografen Erich Bauer in Karlsruhe, für die Publikationsgenehmigung. Helmut Baaden, Typreferent für die W 187, weiter Jo Heigl, Markus Mandl, Günter Scherlinzky und schließlich der OTP-Kenner Harald Schüssler sowie der MVC-Ehrenpräsident Winfried Seidel haben mit Auskünften, Hinweisen und/oder Abbildungsmaterial zum guten Gelingen beigetragen. Desgleichen zahlreiche Kollegen von der Automobilhistorischen Gesellschaft Deutschland (AHG). Hier nenne ich insbesondere Burkhard Broser, Joachim Drews, Michael Dünnebier, Eberhard Kittler, Immo Mikloweit und Leif Rohwedder. Mit Werner Schollenberger befinde ich mich im Wissensaustausch zum Thema «Hans Gustav Röhr und Mannschaft». Dazu haben mir auch die freundschaftlichen Kontakte mit Charles Claveau und Daniel Trallero vom Verein Amis du Patrimoine Historique de Turbomeca (AAPHT) in Bruges, Département Pyrénées-Atlantiques, Frankreich, weitergeholfen.

Erfreulich war die unkomplizierte Unterstützung, die ich durch Ansprechpartner zahlreicher öffentlicher Institutionen und Firmen erfahren durfte, so von Norbert Becker (Universitätsarchiv Stuttgart), Nils Fehlhaber (Continental-Unternehmensarchiv, Hannover), Horst-Dieter Görg (Hanomag-Archiv, Hildesheim), Tim Hellstern (Museum für Kommunikation Bern), Dietrich Kuhlgatz (Robert Bosch GmbH, Stuttgart), Elisabeth Meyer (Samtgemeinde Bruchhausen-Vilsen), Britta Mirbach (Claus Mirbach e. K., Hamburg), Mathias Pfaffel (Audi Tradition, Ingolstadt), Stefan Prott (Lueg AG, Bochum), Rainer Wenleder (BMW Group Classic), Roger Kohler (Museumsgesellschaft Arbon, Saurer-Archiv), Wenke Wilhelm (Museum für Kommunikation Berlin), meinen ehemaligen Kolleginnen im Staatsarchiv des Kantons Bern und den Exponenten des Schweizer Online-Magazins «Zwischengas». Chris Bass und Bob Coxshall (The Mercedes-Benz Club UK), Jørgen Dankelev (Mercedes-Benz Klub Danmark) und Frank Croes (Belgische Mercedes-Benz Club) halfen mir bei länderspezifischen Anliegen weiter. Viele Einzelpersonen, die auf ganz unterschiedliche Art mit dem Thema Automobilgeschichte verbunden sind, zeigten sich hilfsbereit, beispielsweise Erik Eckermann, Hans Erik Jakobsen, David Kalensky, Ralf J. F. Kieselbach, Bernd-Otto Kruse, Ralph Schermann, Schilperoord, Michael Schlenger, Wiltrud Steudel-Kamm und Philipp Fürst von Urach.

Schließlich muss ein Buch auch physisch entstehen. Mein langjähriger Kollege und Buchgestalter Peter Sennhauser unterstützte die Buchwerdung in der wichtigen Anfangsphase durch Konzeptarbeit und stand mir seither mit Rat und Tat zur Seite. Für die ersten Layoutentwürfe bedanke ich mich bei Renate Salzmann und Philipp Gertsch aus Bern. Auf dem Weg zum Verlag hat mich Andy Schwietzer begleitet. Seine Frau Gudrun Schwietzer übernahm die mühevolle Arbeit des Korrektorats, wofür ich Gudrun ganz speziell und herzlich danke. Der Fotograf Peter Ziegner aus Esslingen am Neckar fertigte zahllose Repros an und bearbeitete Fotos für spezielle Visualisierungen. Mit Tom van Endert fand ich schließlich einen auf Motorthemen spezialisierten, hochengagierten Verleger und Buchgestalter, der sich an die graphische Umsetzung meines ebenso komplexen wie umfangreichen Manuskripts wagte und stets mit viel Verständnis und Ideen auf meine hohen Synchronisierungsansprüche von Text und Bild reagierte. Unser Austausch könnte besser nicht gewesen sein – dafür danke ich ihm ganz besonders. Zusammen mit seiner Frau, der Grafikerin Lydia van Endert, gestaltete er ein Buch, das bestimmt nicht nur uns große Freude bereitet. Dass die vielen Tabellen und Texte im Ergänzungsband in präziser Ordnung und angenehmer Gestalt erscheinen, verdanke ich der Virtuosität und Akribie der Grafikerin Elisabeth Neufert aus Esslingen am Neckar. Den Druck des Buchs legten wir in die Hände von UAB Petro Ofsetas in der litauischen Hauptstadt Vilnius. Ihren Fachleuten danken wir für die einwandfreie Umsetzung und Alina Makarčiuk für die sympathische Kommunikation.

Mein Dank geht auch an die Mercedes-Benz Automobil AG für den entscheidenden Beitrag an die Druckkosten.

Und schließlich – diese Zeilen habe ich bis ganz zum Schluss aufgespart – erweise ich meiner Partnerin Doris Amacher meine Reverenz. Als ich vor nunmehr elf Jahren das Buchprojekt startete, recherchierte Doris mit mir Seite an Seite im Mercedes-Benz-Archiv, das sich damals noch im Werk Untertürkheim befand. Und zwar über Jahre verteilt jeweils immer wieder eine ganze Arbeitswoche. Doris war auch meine erste Lektorin. Geduldig, aber streng, machte sie mich auf Unverständliches, Gedankensprünge und Inkonsequenzen aufmerksam, verbesserte zweifelhafte Formulierungen und machte Kürzungsvorschläge. Sie war an der Erarbeitung und Beurteilung der Konzept- und Gestaltungsvorschläge beteiligt, nahm aktiv an Besprechungen zur Umsetzung teil und blieb bis ganz zuletzt meine erste und wertvollste Ansprechperson in allen Fragen dieses Buchprojekts. Dabei musste sie über all die Jahre auf sehr vieles verzichten, das ihr wichtig und wertvoll gewesen wäre. Liebe Doris, mein Dank kommt von ganzem Herzen.

Bremgarten bei Bern, im November 2025
Hans Peter Würsten

Abb. 0002
Das Aufsetzen des Mercedes-Benz-Sterns gehört zu den besonderen Momenten in der Fahrzeugfertigung. Der von einem Ring umschlossene Dreizackstern ist als Kühlerfigur rasch zum bekanntesten Firmenzeichen der Automobilindustrie aufgestiegen und ein Symbol für Qualität und Prestige.

MERCEDES
BENZ

Mercedes-Benz
Das Fabrikat der
ältesten
Automobil-Werke
der Welt
Daimler-Benz A-G, Stuttgart-Untertürkheim

1 Vorgeschichte

Werbeanzeige von 1929. Mercedes-Benz wird als Produkt der »ältesten Automobil-Werke der Welt« gepriesen. Doch die 1926 aus der Fusion von DMG und Benz & Cie. hervorgegangene Daimler-Benz AG muss ihren Weg erst finden. Eine Mehrheit im Vorstand und Aufsichtsrat ist sich einig: Ein Erfolg wird sich nur dann einstellen, wenn zusätzlich zu hochklassigen Wagen auch preisgünstigere Modelle mit hohem Gebrauchswert angeboten werden.

1.1 Die Fusion zur Daimler-Benz AG – was zuvor und danach geschieht

Die schwierigen Umstände nach dem verlorenen Ersten Weltkrieg, die Hyperinflation in den frühen 1920er Jahren und eine fragwürdige Modellpolitik führen die beiden ältesten Automobilfabriken an den Rand des Abgrunds. Nur eine Fusion kann sie retten, die ab 1924 sorgsam vorbereitet und 1926 vollzogen wird. Doch die Verschmelzung zum gemeinsamen Unternehmen Daimler-Benz AG geschieht nicht ohne Reibung.

Abb. 0003
Im Frühjahr 1924 schließen sich die beiden Konkurrenten und wirtschaftlich angeschlagenen Firmen Daimler-Motoren-Gesellschaft und Benz & Cie. zu einer Interessengemeinschaft zusammen. Das Ziel ist die Fusion. Der künftige Name für die Automobile, der Markenname, ist schnell gefunden: Mercedes-Benz.

Ganzseitige Anzeige in der Zeitschrift »Motor« vom Dezember 1925.

Am 1. Juni 1926 stimmen die Vorstände der Benz & Cie. in Mannheim und der Daimler-Motoren-Gesellschaft (DMG) in Stuttgart-Untertürkheim einer Fusion zu.

Der Zusammenschluss der beiden traditionsreichen Automobil- und Motorenbauunternehmen wird einen knappen Monat später durch die Generalversammlungen der beiden Firmen bestätigt. Entstanden ist damit die Daimler-Benz AG mit juristischem Sitz in Berlin, der Unternehmenszentrale in Stuttgart-Untertürkheim, dem DMG-Werk ebendort, dem DMG-Karosseriewerk in Sindelfingen, dem DMG-Lkw-Werk in Berlin-Marienfelde, dem Benz-Werk in Mannheim sowie dem Benz-Lkw-Werk in Gaggenau (Baden).

Die Automobile der neuen Firma sollen künftig unter dem Markennamen »Mercedes-Benz« verkauft werden. Es ist dies eine Kombination der bisherigen Bezeichnungen »Mercedes« für die Wagen der Daimler-Motoren-Gesellschaft und »Benz« für die Fabrikate von Benz & Cie. Auch das neue Firmenzeichen bildet auf geschickte Weise die Verschmelzung ab: Der Mercedes-Stern wird vom Benz-Lorbeerkranz umschlossen, in den nun die Inschrift »Mercedes Benz« integriert ist.[1]

Warum und wie ist es zu diesem bedeutsamen und keineswegs freiwilligen Schritt gekommen? Eine kurze Rückblende in die Zeit des Ersten Weltkriegs zeigt die Gründe auf.

Der Erste Weltkrieg und seine Auswirkungen

Deutschland ist 1914 mit wehenden Fahnen und schierer Kriegsbegeisterung an der Seite von Österreich-Ungarn ins Feld gezogen. Vier Jahre und rund 17 Millionen Tote später ist die Welt eine andere geworden. Erstmals in der Geschichte der Menschheit sind Zivilpersonen in einem derart erschreckenden Ausmaß unmittelbar vom Kriegsgeschehen betroffen sowie – noch brutaler als im Dreißigjährigen Krieg – ganze Landstriche mit allen Städten und Dörfern verwüstet. Die schrecklichen Erlebnisse und Entbehrungen sind mitverantwortlich für die gesellschaftlichen Brüche, Verwerfungen und Umwälzungen, die nun folgen. Österreich-Ungarn zerfällt in kleine Nationalstaaten und das Deutsche Reich büßt über 13 Prozent seiner Staatsfläche und 7,3 Millionen seiner Staatsbürger ein. Das imperiale, rückwärtsgewandte System zerbricht, der deutsche Kaiser muss abdanken und flüchtet ins niederländische Exil. Die Republik wird ausgerufen, welche demokratische Rechte auch für die Frauen bringt. Wegen den kaum überwindbaren sozialen Spannungen und den weit auseinanderdriftenden politischen Auffassungen bleibt das Staatsgebilde jedoch fragil. Putschversuche von Nationalisten und kommunistische Aufstände sorgen für zusätzliche Instabilität. Zu der kriegsbedingten Schwächung kommen harte Reparationsleistungen an die Siegermächte.

Ist das Automobil vor dem Ersten Weltkrieg noch weitgehend ein Spielzeug des Großbürgertums und des Adels, so verändert sich nach 1918 die Situation. Das Auto hat in den Kriegsjahren seinen Gebrauchswert unter Beweis gestellt. Technische Errungenschaften wie elektrische Beleuchtung und Anlasser sowie ganz allgemein konstruktive und qualitative Verbesserungen steigern den praktischen Nutzen weiter. Zudem befruchten die enormen Fortschritte im Flugzeugbau auch die Automobiltechnik, insbesondere die Motorenkonstruktion.

Abb. 0004
Eine größere Anzahl Mercedes 12/32 PS Feld-Sanitätswagen bei ihrer Ablieferung um 1915. Beide Firmen, Benz & Cie. wie die DMG, verdienen im Ersten Weltkrieg mit Rüstungsgütern viel Geld. Geliefert werden Lkw, Flugmotoren und weiteres Kriegsgerät in großen Stückzahlen.

Daimler-Motoren-Gesellschaft und Benz & Cie. als Kriegsprofiteure

Beide Unternehmen genießen unmittelbar vor dem Krieg wegen ihren Pionierrollen im Automobilbau ein hohes Ansehen und sind mit ihrem Angebot gut aufgestellt. Insbesondere die DMG erfüllt mit ihren teuren, oft mit Knight-Schiebermotoren versehenen Mercedes-Wagen die automobilen Wünsche der vermögenden Kundschaft. Die Fahrzeuge mit dem Stern genießen einen hervorragenden Ruf, wozu auch die technisch ambitionierten Rennwagen beitragen, die bei zahlreichen motorsportlichen Wettbewerben prestigeträchtige Siege einfahren.[I] Die Manufakturfertigung entspricht dem breitgefächerten Produktionsprogramm, das auf Vielfalt setzt und Kundenwünsche weitestgehend berücksichtigt. Zudem befindet man sich in der Lage, Karosserien aus eigener Fertigung anzubieten, was in jener Zeit durchaus keine Selbstverständlichkeit ist.

Seit längerem hat sich die DMG in Untertürkheim auch intensiv mit dem Flugmotorenbau auseinandergesetzt, was sich während der Kriegsjahre als höchst einträgliches Geschäft erweist und wofür 1915/16 in Sindelfingen ein neues Werk errichtet wird.[2] Das DMG-Zweigwerk in Berlin-Marienfelde liefert Daimler-Lastwagen, Schlepper, Großmotoren und weiteres Kriegsgerät in beachtlichen Stückzahlen ans Heer.

Auch bei der Firma Benz & Cie. in Mannheim floriert das Geschäft. Ihre Automobile genießen einen soliden Ruf und werden zudem von Prinz Heinrich von Preußen, dem jüngeren Bruder von Kaiser Wilhelm II., bevorzugt; einen besseren Werbeträger kann man sich kaum wünschen. Zu einem wichtigen Standbein der Mannheimer hat sich der Stationär- und Flugmotorenbau entwickelt. Weiter forscht und experimentiert Benz & Cie. intensiv und – wie sich zeigen soll – erfolgreich am Dieselmotor, dies auch um ihn künftig als Antriebsquelle für Straßenfahrzeuge zu verwenden. Der hohe Produktionsausstoß an Lastkraftwagen im Zweigwerk Gaggenau, die Flugmotorenfertigung im Werk Mannheim-Waldhof und der Diesel- und Benzolmotorenbau im alten Werk in der Neckarstadt stehen während des Weltkriegs fast vollständig im Dienst des Heeres. Dies führt zu einem deutlichen Anstieg der Beschäftigten, zu einer Verdoppelung der Bilanzsumme innerhalb der vier Kriegsjahre, aber auch zu einer schwierigen Abhängigkeit.[3]

Verlorener Krieg: Folgen für die DMG und Benz & Cie.

Das Kriegsende versetzt die Automobilindustrie in einen Schockzustand. Der Übergang zur Friedensproduktion ist für beide Unternehmen, Benz und DMG, dornenvoll und von einem brutalen Stellenabbau begleitet, wenngleich die vollen Kassen aus dem Rüstungsgeschäft einen Kollaps verhindern. Der Pkw-Bau ist während der Kriegsjahre praktisch zum Erliegen gekommen. Neuentwicklungen hat es nicht mehr gegeben, so dass man sich gezwungen sieht, mit veralteten Modellen ins Geschäft zurückzukehren. Der Bau von Flugmotoren wird von den Siegermächten untersagt. Benz & Cie. veräußert die verbleibende Sparte der Stationärmotoren, um sich aller Schwierigkeiten zum Trotz ganz auf den Automobilbau zu konzentrieren. Der Auslandsabsatz, zuvor eine wichtige Einnahmequelle, ist zusammengebrochen und wegen der veralteten Produkte und protektionistischer Tendenzen nur mühsam wieder zu beleben.

Erstaunlicherweise reagiert die DMG nicht mit preiswerteren Modellen auf die veränderte Situation, sondern versteift sich unter ihrem technischen Direktor Paul Daimler, dem Sohn des Firmengründers, weiterhin auf

Anmerkung I: Ausführlich bei Engelen, Rennwagen 2011, S. 20–53.

den Bau von motortechnisch komplexen, zumeist mächtigen und luxuriösen Fahrzeugen. Besonders angetan ist Paul Daimler von der Aufladung der Motoren mittels Kompressor, einer Technik zur Leistungssteigerung, die von beiden Firmen während des Kriegs mit Erfolg für Flugmotoren zur Kompensation des Leistungsabfalls in großen Höhen angewandt worden ist. All die hochklassigen Modelle bringen der Daimler-Marke Mercedes viel Prestige und Ruhm auf der ganzen Welt ein, aber die Produktionszahlen bleiben letztlich bescheiden. 1922 verlässt Paul Daimler verärgert die DMG und tritt bei der Argus Motorengesellschaft, Berlin-Reinickendorf, als Motoreningenieur ein, wo er sich der Konstruktion von Flugtriebwerken und Motoren für die Horch-Wagen aus Zwickau widmet. Sein Nachfolger bei der DMG wird 1923 Ferdinand Porsche, der zuvor Entwicklungs- und Produktionsleiter bei Austro-Daimler in Wiener Neustadt gewesen ist.[4] Doch die Ausrichtung des Fahrzeugprogramms ändert sich mit Porsche an der technischen Spitze und im DMG-Vorstand nicht entscheidend. Auch er bevorzugt die Konstruktion großer, schwerer und vielzylindriger Wagen und greift mit der ambitionierten und erfolgreichen Weiter- und Neuentwicklung der Kompressor-Rennwagen erfolgreich in den Motorsport ein.[I]

Bei Benz & Cie. verläuft die Entwicklung nach dem Ersten Weltkrieg zunächst etwas differenzierter. Man konzentriert sich auf drei Pkw-Typen: einen Vierzylinder, einen mittleren Sechszylinder und einen großen Sechszylinder.[5] Obwohl die Personenwagen der Mannheimer keineswegs zu den günstigen Angeboten zählen, sind sie weniger exklusiv als jene

Abb. 0005
Zwischen 1914 und 1918 wächst bei den deutschen Fliegertruppen der Bestand von rund 300 auf 5 000 Flugzeuge. Entsprechend groß ist der Bedarf an Triebwerken. Blick um 1915 in die »Große Halle« von Benz & Cie. in Mannheim, wo die Flugmotoren montiert werden.

Abb. 0006
Luxuriöser Mercedes 24/100/140 PS mit Kompressormotor vor Schloss Ludwigsburg, um 1924. So sieht sich die Daimler-Motoren-Gesellschaft gerne, nämlich als Herstellerin von mächtigen, motortechnisch anspruchsvollen Automobilen für eine solvente Kundschaft. Doch diese schwindet nach dem verlorenen Krieg. Rote Zahlen sind die Folge.

Anmerkung I: Ausführlich bei Engelen, Rennwagen 2011, S. 72–141.

Abb. 0007
Ungleiche Konkurrenten im Rennbetrieb: Links mit Startnummer 25 ein Benz 16/50 PS Sport, rechts mit Startnummer 26 ein ungleich potenterer Mercedes 24/100/140 PS mit 6,3-Liter-Kompressormotor. Stimmungsbild vom Stuttgarter Rennen »Rund um die Solitude«, 12. September 1926.

Abb. 0008
Benz 10/30 PS Limousine von 1923. Dieser Typ gilt damals als moderner Gebrauchswagen, der ob seiner robusten Bauart und der sprichwörtlichen Qualität großen Anklang findet. Der mit Pfälzer Kennzeichen versehene Wagen leistet seinen Dienst seit vielen Jahren zuverlässig. Im Unterschied zur DMG ist Benz & Cie. bestrebt, seine Produktpalette stärker auf den praktischen Gebrauch und weniger auf Luxus auszurichten.

aus Untertürkheim, dafür attestiert man ihnen einen hohen Gebrauchswert. Weiter gibt es einen kleinen Benz-Sportwagen mit einem aufwändigen Vierzylindermotor, dessen obenliegende Nockenwelle durch eine Königswelle angetrieben ist.[6] Technische Ambitionen hegt man in den frühen 1920er Jahren durchaus auch bei Benz & Cie., wo der Chefingenieur Hans Nibel die konstruktive Richtung vorgibt. Im Unterschied zu Paul Daimler und Ferdinand Porsche bei der DMG konzentriert sich Nibel bei Benz weniger stark auf die Antriebsquelle als vielmehr auf das Fahrzeug als Gesamtkonzept: Ist der bisher eingeschlagene Weg mit zwei an Blattfedern aufgehängten Starrachsen, mit dem Motor unmittelbar hinter der Vorderachse und dem Antrieb der Hinterräder der richtige Weg? Wo soll künftig der Motor sitzen? Wie sollen die Räder aufgehängt und die Karosserie gestaltet werden? Fragen, welche die progressiven Kräfte unter den Automobilingenieuren in der damaligen Zeit zu beschäftigten beginnen.[I] Nibel gehört dazu. Er kommt in Kontakt mit Edmund Rumpler, einem aus Wien stammenden Aviatikingenieur, der in seiner Berliner Firma einen höchst bemerkenswerten Wagen mit Mittelmotor, Pendelachse und Stromlinienkarosserie geschaffen hat. Dieses Konzept hält Nibel für so zukunftsträchtig, dass er es weiterverfolgt und an einem mit viel Aufwand konstruierten Renn- und Sportwagentyp testen lässt, dem sogenannten Benz-Tropfenwagen. Ein derartiges Automobil hat die Welt noch nicht gesehen.[II]

In all den Jahren ist Benz & Cie. die deutlich größere der beiden Unternehmen, sowohl was die Summe an hergestellten Fahrzeugen – Personenkraftwagen und Nutzfahrzeuge – als auch die Anzahl der Beschäftigten betrifft. Die Produktivität, gemessen am Ausstoß der Fahrzeuge pro Beschäftigten, liegt bei beiden Firmen auf ähnlichem Niveau und steigert sich im Laufe der frühen 1920er Jahre merklich. 1923, im letzten vollständig unabhängigen Geschäftsjahr der beiden Firmen, verlassen bei der Daimler-Motoren-Gesellschaft 1 020 Pkw und 449 Lkw die Werke (total 1 469 Fahrzeuge), bei Benz & Cie. sind es 1 382 Pkw und 983 Lkw (total 2 365 Fahrzeuge), also 161 Prozent der Daimler-Fertigung.[7]

Abb. 0009 & 0010
Benz kann auch anders: Der »Tropfen-Rennwagen« Benz RH, konstruiert 1922/23 von Technikvorstand Hans Nibel und Fahrwerkschef Max Wagner, ist mit Mittelmotor, hinterer Pendelachse und der Zigarrenform eine Erscheinung wie aus einer anderen Welt. Der Sechszylinder-DOHC-Reihenmotor hat V-förmig hängende Ventile, die Trommelbremsen liegen am Differenzial der Pendelachse. Leichtbau statt Massigkeit ist angesagt.

Anmerkung I: Beispielsweise den Ingenieur und späteren Chefredakteur der Automobil- und Motorradzeitschrift »Motor-Kritik« Josef Ganz (siehe Metternich/Neubauer, vergessene Autowelt 2004, S. 59–61) oder den Ingenieur und späteren Leiter der Vorentwicklung bei Daimler-Benz Béla Barényi (siehe Niemann, Béla Barényi 2016, S. 26), die beide bereits als Studenten in den frühen bzw. mittleren 1920er Jahren unabhängig voneinander Entwürfe zu Heckmotor-Kleinwagen mit Pendelachsen ausgearbeitet hatten.
Anmerkung II: Ausführlich bei Engelen, Rennwagen 2011, S. 27–84.

Einst

1000 Mark №

„CAROSSERIEWERKE SCHEBERA"
AKTIENGESELLSCHAFT
BERLIN - TEMPELHOF

AKTIE
über
Eintausend Mark

1000 1000

Der Inhaber dieser Aktie ist mit Eintausend Mark an dem Vermögen und den Erträgen der
„Carosseriewerke Schebera"
Aktiengesellschaft
Berlin-Tempelhof,
mit allen satzungsgemäßen Rechten und Pflichten beteiligt.

Berlin-Tempelhof, den 31. Januar 1922.

Der Aufsichtsrat: Der Vorstand:

Schapiro

Eingetragen im Aktienbuch Seite______ Mit Gewinnanteilscheinen für die Geschäftsjahre 1922 bis einschließlich 1931 und Erneuerungsschein.

Den Vorschriften über den Gesellschaftsstempel ist nach den Eintragungen des Stempelsteuerzeits Berlin im Reichsstempel Einnahmebuch II № 1265 am 28. Februar 1922 genügt.

Jetzt Jetzt

Sternfeld & Co., Berlin SW. 11

Abb. 0011
Aktie über 1 000 Mark des Karosseriewerks Schebera in Berlin-Tempelhof, 1922. Die Firma ist zu diesem Zeitpunkt bereits ein Autohandelsunternehmen im Firmenkonglomerat von Jakob Schapiro, der gleichzeitig 45% am Aktienkapital von Benz und 42% von Daimler besitzt. Durch Inflationstricks treibt er insbesondere die Mannheimer an den Rand des Untergangs.

Am Rand des Abgrunds

Beide Unternehmen geraten zu Beginn der 1920er Jahre in die Fänge des Automobilgroßhändlers und Finanzjongleurs Jakob Schapiro, der ein gigantisches deutsches Fahrzeugimperium anstrebt. Seine Geschäftspraktik läuft in der Inflationszeit so, dass er große Mengen an Automobilen bezieht und die dafür ausgestellten Wechsel immer von neuem verlängern lässt, bis sich deren Wert durch die Inflation so stark verringert hat, dass er sie durch die Wagenverkäufe begleichen und gleichzeitig hohe Gewinne einstreichen kann. Sowohl bei der DMG wie bei Benz & Cie. ist Schapiro schließlich mit über 40 Prozent am Aktienkapital beteiligt. Für Benz & Cie. hat sich die Abhängigkeit noch weiter verschärft, weil die Firma gezwungen ist, einen großen Teil ihrer Fahrgestelle beim Schapiro-eigenen Karosseriewerk Schebera in Berlin-Tempelhof einzukleiden und über die von ihm kontrollierten Vertriebskanäle zu verkaufen. Die Mannheimer sind machtlos und gleichzeitig froh, überhaupt Autos verkaufen zu können, denn ihre Produktion ist 1923 auf den niedrigsten Stand seit 1910 abgesackt.[8]

Bei der DMG präsentieren sich die finanziellen Verhältnisse zwar noch etwas besser, doch auch in Untertürkheim liegt der Ausstoß von 1923 unter demjenigen des Jahres 1910. Hier verhindert die am Markt vorbeizielende Modellpolitik mit aufwändig konstruierten, teuren Wagen einen besseren Absatz. An veralteten, weitgehend manufakturartigen Produktionsmethoden leiden indessen beide Firmen, ebenso an der misslichen Wirtschaftslage jener Jahre in Deutschland.

Ein Zusammenschluss in zwei Schritten

Ein Jahr später, 1924, ziehen die Hausbanken beider Unternehmen die Notbremse, denn die Weiterexistenz der Firmen ist ernsthaft bedroht. Bereits 1919, dann erneut vor Jahresfrist hat der Benz-Aufsichtsrat Dr. Carl Jahr, Direktor der Rheinischen Creditbank, ein Zusammengehen »seiner« Firma mit dem Erzrivalen DMG angestrebt. Er ist jedoch gescheitert, weil der Daimler-Aufsichtsrat in einer fusionierten Firma die DMG in der Führungsrolle sehen wollte. Mit Emil Georg von Stauss, Vorstandsmitglied der Deutschen Bank, erhält der Daimler-Aufsichtsrat dann aber ein neues Mitglied, das den angeschlagenen Zustand auch der DMG klar erkennt und entsprechend handelt. Als erster Sanierungsschritt wird am 1. Mai 1924 eine Interessengemeinschaft beider Firmen gegründet, die bereits eine weitgehende Durchdringung der Benz & Cie. mit der DMG in technischer, vor allem aber in organisatorischer und personeller Hinsicht vorsieht. Das kurzfristig wichtigste Ziel ist die gemeinsame Vermarktung der Mercedes- und der Benz-Fahrzeuge, welche der neu gegründeten

»Mercedes-Benz Automobil GmbH« übertragen wird. Doch den Bankenvertretern und einigen führenden Köpfen beider Firmen ist klar, dass nur ein vollständiges Zusammengehen Aussicht auf Erfolg haben kann.

Die Fusion zwei Jahre später ist denn auch kein Akt der Stärke, sondern der unausweichliche Schritt zur Rettung der beiden stolzen Pioniere des Automobilbaus mit ihren Gründervätern Carl Benz (1844–1929) und Gottlieb Daimler (1833–1900). Als Ende Juni 1926 der Zusammenschluss vollzogen wird, beträgt die Gemeinschaftsquote 600 Anteile DMG zu 346 Anteile Benz & Cie., entsprechend dem Verhältnis des jeweiligen Aktienkapitals. Dies zeigt, wie schwach die Benz & Cie. unterdessen dasteht und wie sehr sie in den zu Ende gegangenen Hyperinflationsjahren finanziell ausgeblutet worden ist. Folglich wird die Daimler-Motoren-Gesellschaft als die zwar kleinere, aber wirtschaftlich weniger darniederliegende Firma zum aufnehmenden Partner. Das juristische Firmendomizil der neuen Daimler-Benz AG befindet sich in Berlin. Als Hauptsitz sowohl der Verwaltung als auch der technischen Leitung bestimmen die Verantwortlichen jedoch das ehemalige Daimler-Hauptwerk in Stuttgart-Untertürkheim.[I]

Die schwierigen Anfänge der Daimler-Benz AG

Als am 28. und 29. Juni 1926 die Hauptversammlungen die Fusion der Daimler-Motoren-Gesellschaft AG mit der Benz & Cie. Rheinische Automobil- und Motoren-Fabrik Aktiengesellschaft zur neuen Daimler-Benz AG besiegeln, ist bloß ein Teil der hochgesteckten Ziele der Interessengemeinschaft erreicht. Zu komplex ist das Ansinnen, innerhalb eines dermaßen kurzen Zeitraums aus zwei vollständigen Automobilfirmen mit mehreren Produktionsstandorten eine einheitliche, organisatorisch und betrieblich rationell funktionierende Unternehmung zu formen. Das ambitionierte Vorhaben verlangt weiterhin große Anstrengungen und gelingt zunächst nur ansatzweise und nicht ohne Auseinandersetzungen, wie die folgenden Beispiele verdeutlichen.

Abb. 0012
Blick Neckar aufwärts über das Werk Untertürkheim und die Zentrale des 1926 zur Daimler-Benz AG fusionierten Unternehmens. Luftaufnahme um 1929.

Abb. 0013
Niederlassung Magdeburg, um 1925: Schon vor der Fusion ist der Schriftzug »Mercedes-Benz« unübersehbar, doch das Gebäude trägt noch die beiden bisherigen Firmenembleme.

Anmerkung I: Siehe auch Grube-F., Werk UT 1983, S. 63. Im Jahr 1937 wurde der juristische Firmensitz von Berlin nach Stuttgart-Untertürkheim verlegt.

Zusammengehen mit Widerstand

Bereits mit der Gründung der Interessengemeinschaft 1924 entsteht ein gemeinsamer Vorstand, dem alle sechs Daimler-Direktoren und immerhin fünf der leitenden Benz-Männer angehören.[I] Führungskräfte und hochrangige Techniker aus anderen Werken, namentlich aus dem Benz-Hauptwerk in Mannheim, werden in die Zentrale nach Untertürkheim versetzt. Dieser Verdichtungsprozess wird nach der Fusion 1926 beschleunigt. Wie so oft bei Firmenzusammenführungen, prallen zwei Kulturen aufeinander. Bei vielen alteingesessenen Daimler-Exponenten in Untertürkheim herrscht aufgrund der wirtschaftlichen Besserstellung »ihres« Unternehmens und der exklusiven und eleganten Mercedes-Automobile ein Gefühl der Überlegenheit vor, das sie gegenüber den Benz-Leuten oft ungeniert ausspielen.[II] So wird beispielsweise Wilhelm Kissel, die wichtigste Führungspersönlichkeit der Benz-Truppe und Vorstandsmitglied, bei seinem offiziellen Wechsel 1925 von Mannheim nach Untertürkheim nicht mit einem noblen Mercedes am Stuttgarter Hauptbahnhof abgeholt, sondern demonstrativ mit einem Benz 10/30 PS, dem bescheidensten Modell der Benz-Fahrzeugpalette. Auch das kleine, karg möblierte Büro, welches man Kissel im Verwaltungsbau zuweist, ist ein Affront. Obwohl Kissel bereits wenige Jahre später die Vorstandssitzungen leitet und schließlich auch offiziell zum Vorstandsvorsitzenden und somit Chef über den gesamten Daimler-Benz-Konzern ernannt wird, behält er dieses Büro bis zu seinem Tod 1942 bei.[9]

Wachsender Einfluss der Benz-Leute am Unternehmenssitz

Im Zuge der zahlreichen Innovationsschritte, die in den kommenden Monaten folgen, wird deutlich, dass in Untertürkheim die Benz-Führungskräfte an Einfluss gewinnen und zuweilen gar hauptsächlich den Ton angeben.[10] Der Bankier Emil Georg von Stauss, dessen Vertrauen Wilhelm Kissel inzwischen gewonnen hat, attestiert den Mannheimern, *daß der kaufmännische Schmiss bei Benz doch großzügiger ist wie der bei Daimler.*[11] Als kaufmännischer Leiter konzentriert Kissel nun das Rechnungswesen des gesamten Unternehmens am Hauptsitz und beendet die teilweise Selbständigkeit der einzelnen Werke in finanzieller Hinsicht. Zu den einschneidenden Maßnahmen gehört auch die vorübergehende

Abb. 0014
Neben den Bankenvertretern ist der Benz-Vorstand Wilhelm Kissel (1885–1942) die treibende Kraft eines Zusammenschlusses. Der 40-jährige Kaufmann wechselt 1925 von Mannheim nach Stuttgart, setzt sich durch und wird Konzernchef.

Abb. 0015
Hans Nibel (1880–1934), Chefingenieur von Benz & Cie., übernimmt zusammen mit dem DMG-Chefingenieur Ferdinand Porsche die technische Leitung der Daimler-Benz AG. Nibel wird 1929 alleiniger Technikvorstand und fällt durch moderne Fahrzeugkonzepte auf.

Stilllegung des Werks Berlin-Marienfelde und damit die Einstellung der Daimler-Lkw-Produktion zugunsten der Lastkraftwagen und Omnibusse von Benz & Cie., die im Werk Gaggenau südlich von Karlsruhe gefertigt werden. Und bereits 1925 hat Kissel gegen Widerstände den Verzicht auf die Weiterentwicklung des Daimler-Fahrzeug-Dieselmotors durchgesetzt, der technisch auf dem umständlichen Lufteinblasverfahren aufbaut. Stattdessen wird die Forschung am deutlich erfolgversprechenderen Benz-Dieselprogramm intensiviert, das auf dem von Benz-Ingenieur Prosper L'Orange entwickelten und patentierten Vorkammerverfahren und der Dieselöleinspritzung mittels Hochdruckpumpe basiert.[12] Einen Rückschlag müssen die Benz-Leute hingegen beim Personenwagenprogramm hinnehmen, wo sämtliche Benz-Typen sehr rasch aus der Fabrikation entfernt werden, obwohl die Wagen aus Mannheim – wie die Vergangenheit gezeigt hat – dem Markt besser entsprechen als die exklusiveren und teureren Mercedes-Modelle.[13]

Bereits zur Zeit der Interessengemeinschaft setzt die Konzentration der Konstruktionsbüros in Untertürkheim ein. Von den leitenden Ingenieuren stammen der Vorstand und Chefkonstrukteur Hans Nibel, der Fahrwerksspezialist Max Wagner, der Flugmotorenkonstrukteur Arthur Berger, der Nutzfahrzeugspezialist Hubert Schulteis und Baurat Friedrich Nallinger von Benz & Cie. Nibel bleibt allerdings vorerst im Werk Mannheim. Der Motorenentwickler Albert Heeß sowie der Entwicklungsingenieur und Werksrennfahrer Max Sailer stammen von der DMG und haben schon dort verantwortungsvolle Positionen bekleidet.[14] Weiter wird der gesamte Versuch in einer neuen Abteilung in Untertürkheim konzentriert, für dessen Aufbau der junge Diplom-Ingenieur Fritz Nallinger, Sohn von Baurat Friedrich Nallinger, von Mannheim nach Stuttgart abkommandiert wird. Leiter des Konstruktionsbüros und technischer Vorstand der DMG ist seit April 1923 Ferdinand Porsche, der diese zentrale Aufgabe auch nach der Fusion 1926 zur Daimler-Benz AG beibehält.

Anmerkung I: Der Fusionsprozess ist detailliert dargestellt in Kruk/Lingnau, Unternehmen 1986, S. 107–117.
Anmerkung II: Siehe auch Kruk/Lingnau, Unternehmen 1986, S. 116 f.

Ferdinand Porsche – ein Technikvorstand mit Ecken und Kanten

Ferdinand Porsche erweist sich als eigensinniger und selbstbewusster Geist, der bereit ist seiner technischen Kreativität vieles andere unterzuordnen. Die Entwicklung gut verkäuflicher, der schwierigen Zeit angemessener Gebrauchsfahrzeuge interessiert ihn nicht sonderlich. Stattdessen forciert er nach Kräften die Weiterentwicklung der hochklassigen Wagen, insbesondere die Kompressormodelle haben es ihm angetan. Tatsächlich lassen die zahllosen Sport- und Rennerfolge, welche sowohl finanzpotente Herrenfahrer wie auch Werksteams mit den Typen S, SS und SSK herausfahren, den Mercedes-Stern so hell erleuchten wie nie zuvor. Von der Strahlkraft dieser aufgeladenen, bis zu 250 PS starken Boliden, die über das normale Personenwagenprogramm gekauft werden können, profitiert der Ruf der Marke Mercedes-Benz weltweit und über Jahrzehnte.[III] Allerdings lässt sich mit diesen knapp 300 sündhaft teuren Wagen kein finanzieller Gewinn erzielen.

Abb. 0016
Ferdinand Porsche (1875–1951), hier 1924 anlässlich der Targa-Florio am Mercedes-Rennwagen des späteren Rennleiters Alfred Neubauer. Porsche und Nibel, die beiden technischen Leiter der jungen Daimler-Benz AG, stammen beide aus Böhmen bzw. Mähren. Im Charakter und in ihren Interessen könnten sie unterschiedlicher kaum sein. Porsche bevorzugt die schweren Kompressormodelle und entwickelt wenig Neigung für preisgünstige Gebrauchswagen. Ende 1928 verlässt er Daimler-Benz im Streit.

Anmerkung III: Ausführlich bei Engelen, Rennwagen 2011, S. 86–141. In seiner letzten Entwicklungsstufe, eingebaut im SSKL von 1931, leisteten die 7,1 Liter großen Reihensechszylinder bei eingeschaltetem Kompressor bis zu 300 PS.

1.2 Die Mercedes-Benz-Baureihe W 01: Der erste Kompakttyp scheitert am Aufsichtsrat

Ein neues Typenprogramm gut verkäuflicher Alltagswagen tut not, dem sich Technikchef Ferdinand Porsche eher widerwillig annimmt. Von den drei Modellen gehen das mittlere und das höher positionierte rasch in Produktion – und kränkeln prompt an konzeptionellen und technischen Unzulänglichkeiten. Im Vorstand setzt sich die Erkenntnis durch, dass das Angebot durch das kleine, preiswerte Modell ergänzt werden muss, um endlich in großen Stückzahlen produzieren und mit Pkw Geld verdienen zu können. Das Vorhaben bedingt hohe Investitionskosten und scheitert 1928 an den Bankenvertretern im Aufsichtsrat.

Als 1924 die Interessengemeinschaft gegründet wird, befindet sich bei der DMG in Untertürkheim außer den beiden schweren 4- und 6,3-Liter-Kompressormodellen noch ein 2-Liter-Typ in der Entwicklung, dessen Sechszylindermotor ebenfalls mit einem Kompressor versehen werden soll. An diesem kompakten Wagen, den man in Mannheim zu produzieren gedenkt, entzünden sich hitzige Diskussionen. Benz – nach hohen Stückzahlen strebend – bevorzugt den eigenen Entwurf, ein Wagen mit konventionellem 2-Liter-Motor, aber moderner hinterer Schwingachse. Die Mannheimer erachten den 2-Liter-Kompressor von Daimler für die vorhandenen Produktionsanlagen als viel zu aufwändig konstruiert und warnen vor ernsthaften Komplikationen mit entsprechenden finanziellen Konsequenzen. Dessen Entwicklung wird zunächst weitergeführt, die Produktionsabsicht jedoch fallen gelassen.[15]

Das erste Mercedes-Benz-Typenprogramm

Offenbar bedarf es der eindringlichen Zurede seiner Vorstandskollegen, bis sich Technikchef Ferdinand Porsche bequemt, ein Typenprogramm mutmaßlich gut verkäuflicher Gebrauchswagen zu entwerfen, die dafür notwendigen Konstruktionsarbeiten in Gang zu setzen und diesen auch die angemessene Priorität einzuräumen. 1925 befindet sich schließlich ein Fahrzeugprogramm in Entwicklung, das recht stimmig wirkt. Es besteht aus einem verhältnismäßig kleinen 1,3- oder 1,4-Liter-Wagen, aus einem 2-Liter-Modell der unteren Mittelklasse und aus einem größeren 2,6-Liter-Wagen der oberen Mittelklasse, an dem bereits seit längerem herumlaboriert wird. Diese erste Mercedes-Benz-Modellreihe soll an der Internationalen Automobil-Ausstellung im Spätherbst 1926 in Berlin vorgestellt werden und in den Verkauf gehen.[16] Alle drei Fahrzeugtypen folgen konzeptionell dem damals im Automobilbau vorherrschenden Schema mit Frontmotor und Antrieb auf die Hinterräder, Leiterrahmen und an Halbelliptikfedern aufgehängten Starrachsen vorn und hinten.

Der Mercedes-Benz 5/25 PS (W 01) entsteht

Der kleinste Typ aus dem neuentworfenen Mercedes-Benz-Bauprogramm erhält als erstes Fahrzeugprojekt eine Baureihenbezeichnung nach der neuen Nomenklatur, wie sie mit der Fusion gültig wird: W 01, wobei W für Wagen steht. Das kompakte Modell bringt den Willen der jungen Daimler-Benz AG zum Ausdruck, in ein Verkaufssegment einzusteigen, wo sich dank rationeller Fertigung und günstiger Preise größere Stückzahlen absetzen lassen. Und solche sind zur Auslastung der Werke, aber auch mit Blick auf die zunehmende Konkurrenz – auch aus dem Ausland – dringend nötig. Die wegfallenden Zollschranken öffnen nämlich den Importwagen Tür und Tor. Insbesondere in den USA werden Automobile längst unter industriellen Voraussetzungen produziert, nämlich als serielle Massenware unter Einsatz des Fließbands, was der Qualität des Produkts keinen Abbruch tut, aber den Preis enorm senkt. In Deutschland hat einzig die Adam Opel AG in Rüsselsheim 1924 radikal auf Fließbandfertigung umgestellt – und dies mit überwältigendem Erfolg. Die Brennabor-Werke AG in Brandenburg an der Havel, die schon ein paar Jahre zuvor auf eine rationelle Produktion gesetzt haben und kurzzeitig zur Automobilfabrik mit dem größten Ausstoß im Reich geworden sind, folgen Opel nach.[17]

Im Untertürkheimer Konstruktionsbüro arbeitet im Sommer 1926 eine Gruppe von Ingenieuren an diesem ersten kleinen Mercedes-Benz-Wagen. Man definiert damals die Fahrzeugklasse gerne über den Hubraum bzw. über die in einem bestimmten Verhältnis zum Hubraum stehenden sogenannten Steuer-PS.[I] Im Entstehen begriffen ist ein 5 PS-Wagen, also ein Fahrzeug mit einem Motor von 1,3 oder 1,4 Liter Hubraum. Anlässlich der Direktionsbesprechungen vom 9. und 15. November 1926 wird Technikvorstand Porsche aufgefordert, die Konstruktion dieses 5 PS-Wagens zu Ende zu führen.[18]

Genießen höhere Priorität: 2-Liter 8/38 PS (W 02) und 3-Liter 12/55 PS (W 03)

Der Entwicklung dieses Kompaktwagens wird jedoch 1926 nicht die höchste Priorität eingeräumt. Wichtiger sind offensichtlich der 8/38 PS (W 02, ex. WS 6506), ein 2-Liter-Sechszylinderwagen der unteren Mittelklasse und der unterdessen vom 2,6- zum 3-Liter mutierte, ebenfalls sechszylindrige 12/55 PS (W 03 mit Motor MS 76156) der oberen Mittelklasse.[II] Einzig diese beiden neuen Modelle können auf der Berliner Automobilausstellung

Anmerkung I: Steuer-PS: 1906 im Deutschen Reich eingeführte fiskalische Größe zur Besteuerung von Motorfahrzeugen. Aufgrund der komplexen Formel entsprach 1 Steuer-PS bei Viertaktmotoren ungefähr einem Hubraum von 260 cm^3.

Anmerkung II: Die alten Baureihen- und Motorennummern belegen, dass die Konstruktion dieser beiden Fahrzeugtypen noch vor der Fusion von Benz & Cie. und der DMG zur Daimler-Benz AG aufgenommen worden ist. Siehe auch Typenliste für Fahrzeuge und Motoren, DBAG, Mai 1946 (Archiv MBAG).

Abb. 0017
Hat erste Priorität: der 8/38 PS (W 02), ein Wagen der unteren Mittelklasse. Im Spätherbst 1927 wird diese frühe zweitürige Limousine in der kurz zuvor fertig erstellten Weißenhofsiedlung in Stuttgart fotografiert.

Abb. 0018
Um aus den miserablen Verkaufszahlen herauszukommen, wird ab 1926 dieser kleine und kostengünstige Wagen der 1,3-Liter-Klasse entwickelt, der 5/25 PS (W 01). Mindestens 500 Stück hofft man im Monat zu fertigen und zu verkaufen.

im Oktober 1926 dem Publikum präsentiert werden. Ab Januar 1927 (3-Liter) bzw. März 1927 (2-Liter) werden erste Fahrzeuge an Kunden ausgeliefert.[19]

Allerdings erweist sich der 3-Liter 12/55 PS (W 03) als Fehlkonstruktion. Der im Werk Mannheim gefertigte Typ ist zu groß und schwer geraten, entsprechend schwerfällig zu fahren und überdies leistungsschwach. Der einfach aufgebaute Motor verfügt bloß über vier Kurbelwellen-Hauptlager und wird nach alter Art mit einer Magnetzündung versehen. In aller Eile folgen Hubraumvergrößerungen, eine siebenfache Kurbelwellenlagerung und schließlich gar eine weitgehend neu konstruierte Maschine mit anfänglich 3,1 Liter und Ende 1928 gar 3,5 Liter Hubraum, um den schleppenden Verkauf nicht ganz einbrechen zu lassen.[20]

Der 2-Liter 8/38 PS (W 02) ist konzeptionell besser geraten und von vernünftiger Größe. Er stößt auf der Automobilausstellung in Berlin auf Interesse und bringt zunächst trotz des recht selbstbewussten Preises einen guten Verkaufserfolg. Doch bald erweist sich das Fahrzeug als dermaßen unausgereift, dass sich die Beanstandungen drastisch häufen. Mit diesen beiden Wagentypen hat sich die junge Daimler-Benz AG in eine schwierige Situation hineinmanövriert.

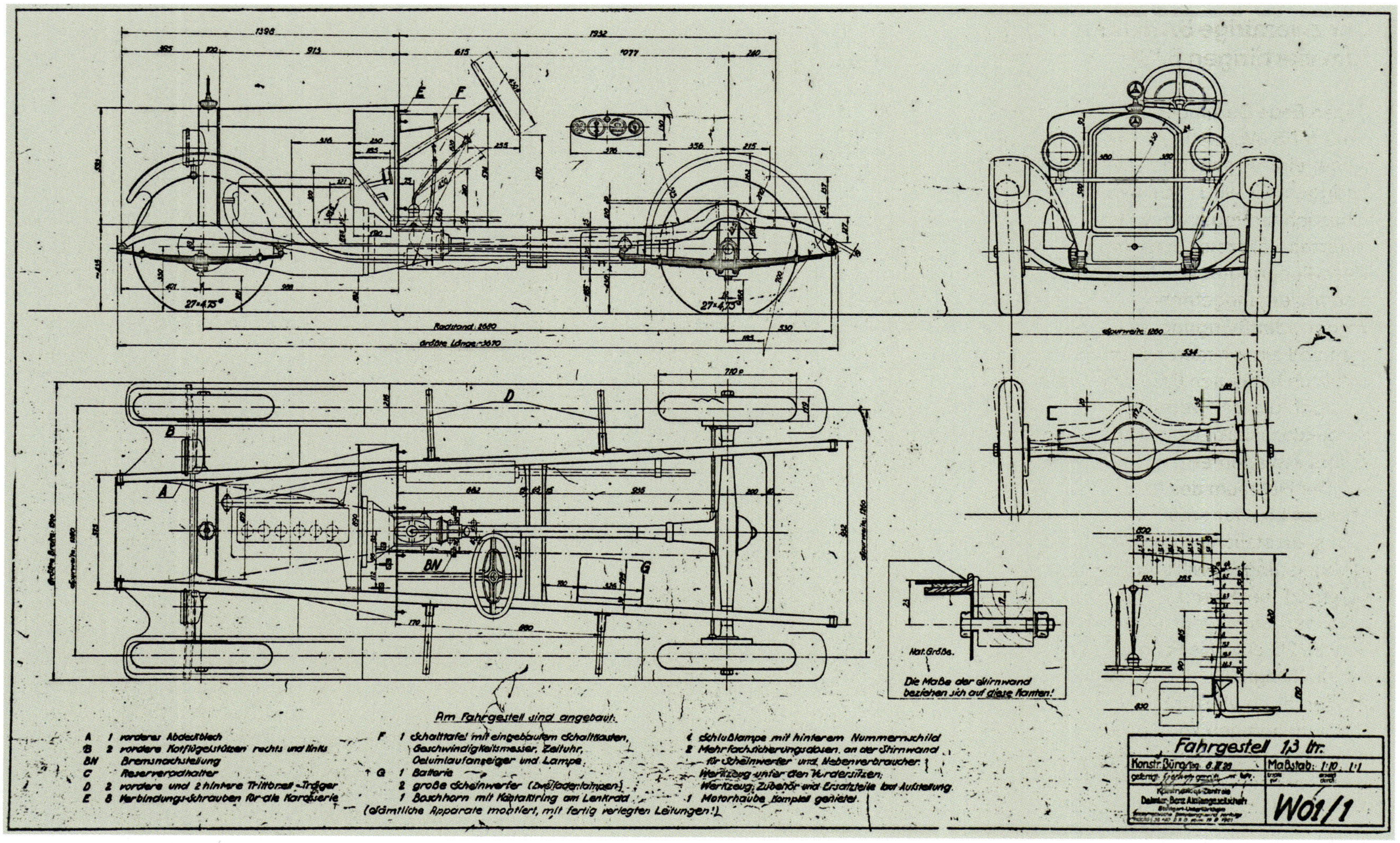

Abb. 0019
Fahrgestellzeichnung des W 01, datiert 8. März 1928. Die Disposition mit Starrachsen an Halbelliptikfedern vorn und hinten ist konventionell, der Motor hat trotz des kleinen Hubraums von 1,3 Liter sechs Zylinder. Eine Variante mit Vierzylindermotor, vorderer Schwingachse und hydraulischen Bremsen ist ein Jahr zuvor nicht weiterverfolgt worden.

September 1927: Produktionsentscheidung für den 5/25 PS (W 01) wird vertagt

Obwohl das Fahrzeuggeschäft 1927 wieder anzieht, bleibt die wirtschaftliche Situation des Konzerns nach dem miserablen Fusionsjahr 1926 mit seinen Massenentlassungen angespannt. Die Produktionskapazität der vier Werke ist auch 1927 bei weitem nicht ausgeschöpft, zudem scheint man die Stückzahlen zu hoch kalkuliert zu haben. An der Gesamtvorstandssitzung vom 19. und 20. September 1927 in Untertürkheim, an der wie üblich auch Dr. Carl Jahr als Vertreter des Aufsichtsrats teilnimmt, wird beschlossen, die Produktion der beiden Pkw-Haupttypen 8/38 PS und 12/55 PS zu drosseln. Bereits zuvor ist nämlich – als Flucht nach vorn und weil erfolgversprechender – das Kompaktwagen-Projekt W 01 auf technischer und kaufmännischer Seite intensiviert worden. Eingehend erörtern die Vorstandsmitglieder die Frage, *ob der neukonstruierte 1,3 Liter-Wagen in Untertürkheim fabriziert werden soll*.

Unterdessen sind tatsächlich acht Versuchsfahrzeuge entstanden, die vermutlich mit einem 25 PS starken 1,4-Liter-Sechszylindermotor versehen sind. Leiterrahmen, Starrachsen mit Halbelliptikfedern vorn und hinten sowie mechanische Bremsen sind die technischen Stichworte seines konservativen Konzepts. Ferdinand Porsche berichtet von den bislang guten Erfahrungen *bei der Ausprobierung des 1,3 Liter-Wagens* und schlägt eine scharfe Dauererprobung von zwei Fahrzeugen dieses Typs auf dem Nürburgring vor, die der Vorstand genehmigt: 14 Tage lang sollen diese beiden Wagen unablässig ihre Runden auf der erst drei Monate zuvor eröffneten Rennstrecke in der Eifel drehen.[21/I] Hat Porsche aus den Schwierigkeiten mit dem unausgereiften 8/38 PS-Wagen gelernt?

Die Kalkulation zeigt, dass bei einem monatlichen Ausstoß von 500 Stück 5/25 PS-Wagen (W 01) zu einem Verkaufspreis von 5 000 Mark kein nennenswerter Gewinn zu erwarten ist. Immerhin wäre diese Stückzahl im Werk Untertürkheim innerhalb der bestehenden Räumlichkeiten zu schaffen. Der Aufwand für die Produktionsanpassung (Maschinenanschaffungen, Umstellungen und Änderungen der Produktionseinrichtungen) beziffert man auf 2,7 Millionen Reichsmark (RM). Schließlich wird beschlossen, das Vorhaben nochmals detailliert durchzurechnen, die Fahrzeugerprobung wie vorgeschlagen durchzuführen und die Fabrikationsentscheidung an einer kommenden Vorstandssitzung zu fällen.[22]

▷ **Siehe Band II/Seite 8 f**, Tabelle A 01 Technische Daten: 5/25 PS (W 01)

Anmerkung I: Im folgenden Jahr 1928 ließ Porsche den neuen Achtzylinder 18/80 PS auf analoge Weise in einem Dauerlauf auf dem Nürburgring testen. Das Fahrzeug legte in 13 Tagen eine Distanz von 20 000 km zurück. Die Typenreihe erhielt anschließend die Bezeichnung »Nürburg« 460.

Der zweitürige 5/25 PS mutiert zum viertürigen 6/30 PS

Gegen Ende Dezember 1927 befindet sich *der neue 5 PS Wagen* [...] *im Versuchsstadium,* wobei eine Probeserie von 30 Fahrzeugen fertiggestellt wird.[23] Es handelt sich um ein erheblich um- oder gar vollständig neu konstruiertes Fahrzeug, das offenbar mit einem Vierzylindermotor von 1,3 Liter Hubvolumen, einem Vierganggetriebe, einer unabhängigen Vorderradaufhängung an zwei Querblattfedern und einer hinteren Starrachse sowie hydraulisch betätigten Bremsen versehen ist.[24]

Doch die Zeit verstreicht ohne konkrete Produktionsabsichten. Im Mai 1928 taucht der Kompaktwagen erneut im Typenprogramm auf. Der Hubraum des Motors soll nun von 1,3 Liter auf 1,6 Liter erhöht werden, was fünf bis sechs zusätzliche PS bringen dürfte. Diese Mehrleistung ist willkommen, denn Technikvorstand Ferdinand Porsche, Direktor Carl Schippert und Ingenieur Max Sailer beschließen am 26. Juli, das Fahrgestell zu verlängern, um die Möglichkeit zu haben, den 1,6-Liter-Wagen auch viertürig anbieten zu können. Die notwendigen konstruktiven Änderungen muss Porsche umgehend vornehmen lassen, denn noch im August sollen die Mittel bewilligt werden, um in Untertürkheim monatlich 1 000 Stück dieser Wagen zu fertigen.[25] Erste Musterfahrzeuge mit dem neuen 1,6-Liter-Motor befinden sich in diesen Augusttagen auf dem Nürburgring in Erprobung, wobei sich neben Kühlungsproblemen ein Lagerschaden und Ventilbrüche einstellen, Schwierigkeiten, *die bei den langen Erprobungen* [...] *mit den kleinen Wagen* (dem 1,3-Liter 5/25 PS) nicht vorgekommen seien.[26]

▷ **Siehe Band II/Seite 10**, Tabelle A 02
Technische Daten: 1,6 Liter 6/30 PS

Abb. 0020, 0021 & 0022
Der kleine Mercedes-Benz 130 (W 01) ist auch formal ein typisches Auto der 1920er Jahre. Zunächst sind nur zweitürige Aufbauten geplant, nämlich eine Limousine (oben) und eine Tourenwagen-Variante. Man erwägt, die Karosserie aus Preisgründen bei Ambi-Budd in einer Ganzstahlausführung herstellen zu lassen statt im eigenen Werk Sindelfingen in Gemischtbauweise.

August 1928: Produktionsantrag für den Kompaktwagen scheitert

Die Vorstandssitzung vom 18. August 1928 ist wohlvorbereitet, gilt es doch, den stellvertretenden Vorsitzenden des Aufsichtsrats, Dr. Carl Jahr, von der Notwendigkeit zu überzeugen, dem erforderlichen Finanzkredit zum Bau des neuen 1,6-Liter-Typs zuzustimmen und damit den Produktionsbeschluss zu fällen. Der Vorstand setzt große Erwartungen in den Kompaktwagen, der das Werk Untertürkheim auslasten und bei günstiger Aufnahme durch die Käuferschaft ein jährliches Umsatzplus von 30 bis 40 Millionen Mark einspielen würde.[27] Die Herren Kissel und Lang erläutern in der Sitzung die Kalkulation. Angesichts des konzerneigenen Karosseriewerks in Sindelfingen ist der Umstand bemerkenswert, dass die geschlossenen Karosserien (Limousinen bzw. Innenlenker) des 1,6-Liter-Wagens von Ambi-Budd in Berlin-Johannisthal zugeliefert werden sollen. Die 1926 gegründete deutsch-amerikanische Gesellschaft verfügt über modernste Pressvorrichtungen und produziert auf dem Gelände der ehemaligen Rumpler-Werke Automobilkarosserien nach rationellen Methoden in neuartiger Ganzstahlbauweise; sie beliefert zahlreiche deutsche Automobilfabriken, darunter Adler.[28] In ihrem Werk Sindelfingen, das erst im Begriff ist, auf modernere Fertigungsverfahren umzustellen, wäre Daimler-Benz gar nicht in der Lage gewesen, die notwendige Anzahl Limousinenkarosserien zu fertigen, von der Einhaltung des kalkulatorisch ermittelten niedrigen Preislimits ganz zu schweigen.[29] Man geht von einem Verkaufspreis von 5 000 RM für den geschlossenen Wagen aus; selbst bei einer monatlichen Stückzahl von nur 700 statt der angestrebten 1 000 Wagen sei immer noch mit einem befriedigenden Gewinn zu rechnen, so die Kalkulation.[I]

Für die Produktion sind gesamthaft Investitionen in der Höhe von 10 Millionen RM errechnet worden, die man über einen Bankkredit zu finanzieren gedenkt. Doch Dr. Jahr in seiner Eigenschaft als Aufsichtsrat und Bankenvertreter fehlt der Mut dieses hohe Begehren – mehr als dreieinhalb Mal so viel wie vor Jahresfrist geschätzt – beim Bankenkonsortium zu vertreten, *auf Grund der* [negativen] *Erfahrungen mit den zuletzt herausgebrachten Typen,* wie er freimütig bekennt. Er äußert erhebliche Zweifel, ob ein *1 ½ Liter-Wagen* für rund 5 000 RM gute Marktchancen habe, *da Opel mit den Preisen andauernd herabgehe;* eine 4/20 PS-Opel-Limousine kostet 1928 lediglich 3 500 RM. Baurat Friedrich Nalliger pflichtet Jahr bei und fordert statt eines zusätzlichen kleinen Wagentyps die Verbilligung des 8/38 PS (W 02), der schon klein genug sei. Alle anderen Vorstandsmitglieder kämpfen indessen wortreich und mit durchaus einleuchtenden Argumenten für das weitgehend produktionsbereite 1,6-Liter-Modell. Der 8/38 PS lasse sich keinesfalls bis zu einem Verkaufspreis von 5 000 RM verbilligen, entgegnen Carl Schippert und der Untertürkheimer Betriebsdirektor Richard Lang. Wilhelm Kissel betont, dass eine bessere Auslastung der Werke notwendig sei, und ebenso – für die Firma gar überlebenswichtig – eine attraktive Fahrzeugpalette, die nicht erst bei einem Verkaufspreis von 7 000 RM beginnen dürfe. Alle Bemühungen sind vergeblich: Jahr bleibt bei seiner Einschätzung. Die endgültige Entscheidung, den 1,6-Liter-Kompaktwagen nicht zu produzieren, fällt der Aufsichtsratsvorsitzende Emil Georg von Stauss zusammen mit seinem Stellvertreter Carl Jahr wohl bald darauf bei einer internen Unterredung.[30]

In der Untertürkheimer Konzernzentrale schickt man sich in das Verdikt, trotzdem mag man sich noch nicht vollständig von diesem Hoffnungsträger lösen. Anfang Oktober 1928 wird beschlossen, für die zehn in Fabrikation befindlichen 1,6-Liter-Versuchsmotoren die notwendigen Chassis zu bauen und den Wagen weiter zu erproben. Die schon vor längerer Zeit hergestellten 30 Stück 1,3-Liter-Modelle will man hingegen zu Vorzugsbedingungen an Personen abgeben, die dem Werk nahestehen. Ein Erwerb ist allerdings an drei Verpflichtungen gekoppelt: Der Wagen ist selbst zu benutzen, es ist periodisch Bericht über die Erfahrungen mit ihm zu erstatten und für den Fall einer Veräußerung sichert sich die Daimler-Benz AG das Vorkaufsrecht.[31]

▷ **Siehe Band II/Seite 184 f**
Würdigung E 01: Mercedes-Benz 5/25 PS (W 01) bzw. 6/30 PS

Schläft das Kompaktwagenprojekt ein?

Obwohl Wilhelm Kissel, der sich innerhalb des Vorstands allmählich zum starken Mann entwickelt, nicht davor zurückschreckt, gegenüber dem Aufsichtsratsmitglied Carl Jahr zu betonen, er halte den Bau des 1,6-Liter-Kompaktwagens nach wie vor für unerlässlich[32], scheint das Projekt bald einzuschlafen. Priorität hat im Herbst 1928 die Fertigstellung des Achtzylinder-Typs »Nürburg« 460 (W 08), der im Oktober auf dem Automobilsalon in Paris präsentiert werden soll. Es ist dies die Antwort von Daimler-Benz auf den Horch-Achtzylinder, dessen aufwändiges Triebwerk – zwei von einer Königswelle angetriebene Nockenwellen im Kopf – vom ehemaligen DMG-Chefingenieur Paul Daimler konstruiert worden ist. Ein Mercedes-Achtzylinder ist Paul Daimler vor sechs Jahren verwehrt worden, was zu seinem Abgang geführt hat. Mit dem Oberklassetyp »Nürburg«, der unter Zeitdruck entsteht, hat Porsche mehr Glück als mit den beiden Mittelklassewagen 8/38 PS (W 02) und 12/55 PS (W 03), zumindest, was die Zuverlässigkeit betrifft. Motortechnisch reicht der Mercedes-Benz »Nürburg« jedoch keineswegs an der Horch »8« heran, der zudem preisgünstiger angeboten wird.[33]

Abb. 0023
Weil das Kleinwagenprojekt W 01 am Aufsichtsrat gescheitert ist, versucht man nun mit dem 8/38 PS (W 02), dem Modell der unteren Mittelklasse, auf finanziell rentable Stückzahlen zu kommen.
Für den Einsatz im Mietwagengewerbe bietet man eigens ein Droschken-Landaulet an. Werbeanzeige von 1928.

Anmerkung I: Preis gemäß Vorstandssitzung vom 16.08.1928. Knapp zwei Monate zuvor sprach man in der Vorstandssitzung vom 28.06.1928 noch von 5 200 RM für den geschlossenen und 4 500 RM für den offenen Wagen (Archiv MBAG).

Herbst 1928: Die Sorgen mit dem »Stuttgart« und Porsches unrühmlicher Abgang

Für Ferdinand Porsche als dem Konstruktionsverantwortlichen des Konzerns wird der Herbst 1928 höchst unangenehm. Nicht die geforderte Auffächerung des Typs »Stuttgart« in einen günstigen Standard-2-Liter, einen Standard-2,6-Liter und einen luxuriöseren 2,6-Liter wird in der ausgedehnten Vorstandssitzung vom 24. Oktober 1928 in Mannheim ausgiebig diskutiert, sondern die erschreckenden Mängel bei diesem kommerziell wichtigsten Typ, die sich in den zurückliegenden Wochen und Monaten in aller Deutlichkeit gezeigt haben. Die Situation sei so gravierend, dass auch langjährigen Vertretern *das Vertrauen zur Marke [...] allmählich fehle und die Leute der Schwierigkeiten mit der Kundschaft nicht mehr Herr werden.* Während Porsche zu beschwichtigen versucht und einen Teil der Schäden auf das Konto von fahrtechnischer Inkompetenz seitens der Kundschaft abwälzt, sehen dies Kissel und Jahr ganz anders. Jahrs Kritik gipfelt in der wiederholt und in aller Deutlichkeit vorgetragenen Feststellung, dass der 2-Liter-Wagen – nunmehr gute anderthalb Jahre nach dem Verkaufsstart – nach wie vor *unfertig* sei.[34]

Nach Porsches Verständnis liegen die Versäumnisse nicht bei ihm, denn er ist davon überzeugt, dass sich die Produktion der Konstruktion unterzuordnen hat. Um *die immer wieder aufkommenden »Reibungen zwischen Fabrikation und Konstruktion«* zu vermeiden, fordert er gegenüber dem Aufsichtsratsvorsitzenden Emil Georg von Stauss, dass *»die gesamte technische Leitung in einer Hand«, und zwar in [...] seiner eigenen* liegen müsse. Als im Spätherbst die Misere mit dem 2-Liter-Wagen eskaliert, ist das Maß voll; man gibt Porsche als Konstruktionschef die Hauptschuld. Unglücklicherweise befindet er sich seit dem Frühjahr mit dem Aufsichtsrat in Verhandlung, um seinen abgelaufenen fünfjährigen Arbeitsvertrag zu verlängern. Die Situation wird dadurch erschwert, dass sich Porsche bei seinem Arbeitgeber hoch verschuldet hat und es ablehnt, seine 1923 erbaute Villa auf dem Stuttgarter Killesberg der Daimler-Benz AG abzutreten und sie danach mietweise weiter zu bewohnen. Dr.-Ing. h. c. Ferdinand Porsche verlässt Ende 1928 die Daimler-Benz AG im Streit; die juristischen Auseinandersetzungen ziehen sich bis ins Jahr 1930 hin.[35]

Über Porsches Weggang sind nicht wenige Werksangehörige erleichtert, denn er ist ein schwieriger Vorgesetzter gewesen. Als ideenreicher, konzeptionell denkender Ingenieur fühlt er sich über die Niederungen der praktischen Konstruktionsarbeit, der Fertigungstechnik und aller kaufmännischen Aspekte erhaben.

Reibungen mit Vorstandskollegen, insbesondere mit Wilhelm Kissel, haben so nicht ausbleiben können. Auch ist ihm vorgeworfen worden, auf seine eigene Meinung fixiert zu sein, was unter anderen den jungen Diplom-Ingenieur Fritz Nallinger, Sohn von Baurat Friedrich Nallinger, zunehmend irritiert hat, weil er von Mannheim her an offene Fachdiskussionen gewöhnt gewesen ist.

Fritz Nallinger hat deshalb seine Anstellung bei Daimler-Benz gegen Ende 1928 gekündigt. Kissel hat ihn jedoch zu sich gerufen und ihm verraten, dass eine Trennung von Porsche bevorstehe und er aus diesem Grund doch bleiben möge, was Nallinger – sehr zum Vorteil der Firma, wie sich zeigen soll – dann auch getan hat.[36]

▷ **Siehe Band II/Seite 200**
Exkurs F 01: Neue Modellbezeichnung ab September 1928

Abb. 0024 & 0025
Der 8/38 PS ist vor allem als viertürige Limousine ein sehr praktischer Gebrauchswagen, der 1927 viel Beachtung findet. Doch schwerwiegende Konstruktions- und Fertigungsmängel drücken die Nachfrage beängstigend, so dass existentielle Probleme für Daimler-Benz entstehen. Der Vertrag mit Porsche als dem verantwortlichen Technikvorstand wird Ende 1928 nicht mehr verlängert.

1.3 Der Mercedes-Benz 170 (W 15): Kompaktmodell mit Schwingachsen – die Rettung

Der qualitativ verbesserte »Stuttgart« vermag die Erwartungen an ein Volumenmodell nicht zu erfüllen. Technikchef Nibel und Finanzvorstand Kissel sehen dringend Handlungsbedarf. Wohl auf der Basis des abgelehnten 1,6-Liter-Modells wird 1930 das Kompaktwagenprojekt wieder aufgenommen, technisch maßgeblich weiterentwickelt und schließlich vom Aufsichtsrat genehmigt. Der erfolgreiche Typ 170 (W 15) wird zu einem der Rettungsanker während der Weltwirtschaftskrise.

Die Konsolidierung des Pkw-Baus unter Hans Nibel

Auf den 1. Januar 1929 überträgt man Dr.-Ing. e. h. Hans Nibel, der schon bisher dem Vorstand angehört hat, die gesamte technische Leitung der Daimler-Benz AG. Diplom-Ingenieur Nibel ist ein *soignierter Gentleman*[37] mit menschlichen Charakterzügen, der sein reiches technisches Wissen und Können vorsichtig abwägend und verantwortungsbewusst einsetzt.[38]

Doktor Nibel ist bereits bei Benz & Cie. technischer Direktor und Vorstandsmitglied gewesen, wo er sich – kaum weniger als Porsche bei der DMG – gerne leistungsfähigen Motoren gewidmet hat. Besonders interessieren ihn aber konzeptionelle Überlegungen, namentlich Fahrwerksfragen. Dies kommt am technisch revolutionären Benz Tropfenwagen von 1922/23 signifikant zum Ausdruck, dem ersten Rennfahrzeug mit einer Motor-Getriebeeinheit unmittelbar vor der angetriebenen hinteren Pendelachse. Mit Nibel an der technischen Spitze hat sich der Einfluss der ehemaligen Benz-Führungskräfte im fusionierten Unternehmen weiter verstärkt, was sich zukünftig auch in der konstruktiven Ausrichtung der Personenwagen bemerkbar machen wird.

Abb. 0026
Probleme gibt es nicht nur mit dem 8/38 PS, sondern auch mit weiteren Porsche-Typen. Der 12/55 PS (W 03) gerät 1926 zu schwer, zu lahm und zu unhandlich (Bild). Änderungen lösen einander in rascher Folge ab. Erst unter Hans Nibel wird 1929 daraus ein brauchbarer Wagen der gehobenen Mittelklasse, der »Mannheim« 350 und 370.

Zwingend: Überarbeitungen der Typen »Mannheim« und »Nürburg«

Bevor sich Hans Nibel dem Entwurf neuer Modelle nach seinen Vorstellungen zuwenden darf, muss er mit seiner ganzen Kraft wesentlich dringlichere Vorhaben vorantreiben. In den zurückliegenden Monaten hat sich deutlich abgezeichnet, dass der schwerfällige »Mannheim« vollständig überarbeitet und der eben erst vorgestellte, aber altbacken wirkende »Nürburg« aktualisiert werden muss. Diese beiden Aufgaben können zügig und, wie sich zeigen soll, erfolgreich bewältigt werden; beide verbesserten Fahrzeugtypen werden mit guten Rückmeldungen auf dem Pariser Automobilsalon im Oktober 1929 der Öffentlichkeit präsentiert.

Der »Stuttgart« wird zum Mercedes-Benz-Volumenmodell

Noch dringender ist die Verbesserung des unzuverlässigen und unausgereiften 8/38 PS, seit kurzem »Stuttgart« 200 genannt. Seit die beiden führenden Aufsichtsratsmitglieder Emil Georg von Stauss und Carl Jahr die Produktion des kleinen 1,6-Liter-Mercedes-Benz – dem Hoffnungsträger von Kissel – im vergangenen Herbst 1928 abgelehnt haben, lastet die ganze kommerzielle Erwartung auf diesem Mittelklassetyp. Eine hohe Zuverlässigkeit, die den alten Markenprodukten Mercedes und Benz entspricht, wird für den

»Stuttgart« ebenso vehement eingefordert wie dessen Verbilligung. Ersteres löst zahllose konstruktive Eingriffe aus, auch solche, die die Fertigungsqualität günstig beeinflussen. Durch produktionstechnische Maßnahmen (kostspieliger Ausbau des Presswerks, neue Montagebänder, Optimierungen in der Stellmacherei) lassen sich die Herstellungskosten für die Limousinenkarosserie des »Stuttgart« von 1 750 RM zu Beginn des Jahres 1929 auf 1 100 RM im Mai 1930 senken. Treibende Kraft hinter diesem Fortschritt im Karosseriebau ist der Diplom-Ingenieur und Wirtschaftsfachmann Wilhelm Haspel, der damals die kaufmännische Leitung des Werks Sindelfingen innehat.[39]

Gezielte Modellpflege führt zum Erfolg

Zusätzlich zum 38 PS starken »Stuttgart« 200 wird nun ab Januar 1929 der wesentlich agilere, 50 PS starke »Stuttgart« 260 angeboten, und zwar je nach Karosseriemodell in unterschiedlichen Ausstattungsvarianten; einige davon erhalten erstmals Stoßstangen.[40] Schließlich kann der Kunde ab August 1930 den »Stuttgart« – egal mit welcher Motorisierung – gegen Aufpreis mit einem Maybach-Schnellganggetriebe versehen lassen, was das Drehzahlniveau des Motors bei rascher Fahrt angenehm senkt und dessen Lebensdauer verlängert. Trotz starker Konkurrenz, beispielsweise durch den Adler Favorit, kann sich der qualitativ markant verbesserte »Stuttgart« gut behaupten. Die Produktion lässt sich 1929 gegenüber dem Vorjahr von rund 4 000 auf nahezu 5 300 Stück steigern, fällt jedoch 1930 als Folge des Börsencrashs auf unter 4 500 Wagen zurück.[41] Eine Vielzahl von Konstruktionsüberlegungen und -versuchen mit dem Ziel, die Gestehungskosten und damit den Verkaufspreis weiter zu senken, bleiben indessen unausgeführt.

Die Schwingachse kommt

Bereits vor dem ab Frühjahr 1930 einsetzenden Wirtschaftsniedergang dürfte der Mehrheit im Vorstand bewusst geworden sein, dass das Personenwagengeschäft der Daimler-Benz AG auf der bisherigen Basis dem stetig steigenden Konkurrenzdruck nicht mehr lange würde Stand halten können. Gefragt sind gleichermaßen modellpolitische Weichenstellungen wie ein Technologieschub. Mit den technisch überholten Vollstarrachsern ist

Abb. 0027 & 0028
Unter Nibel entsteht aus dem 8/38 PS der »Stuttgart« 200, ein solides Auto, das bald in mehreren Ausstattungsvarianten und auch mit 2,6-Liter-Motor als »Stuttgart« 260 (W 11) zu haben ist. Wie üblich sind mehrere Karosserievarianten verfügbar, darunter auch ein gediegenes Spezial-Cabriolet D von 1930 (oben).
Titelseite des »Stuttgart« 260-Katalogs von 1929 (unten).

Abb. 0029 (oben)
Konservativ: Fahrgestell des »Stuttgart« mit starrer angetriebener Deichselachse, aufgehängt an Halbelliptikfedern. Nachteil: große ungefederte Masse, Trampelneigung.

Abb. 0030
Fortschrittlich: Benz-Versuchswagen von 1925 mit 2-Liter-Kompressormotor und angetriebener hinterer Pendelachse. Das Differenzial ist mitsamt Trommelbremsen fest mit dem Rahmen verblockt. Vorteil: geringe ungefederte Masse.

kein Blumentopf mehr zu gewinnen. Objektiv gesehen verlangen die prekären Straßenverhältnisse in weiten Teilen von Mitteleuropa in der Tat nach besseren Fahrwerken, die die Autos sicherer beherrschbar und komfortabler machen. Kritik kommt nicht zuletzt aus der Fachpresse, insbesondere von der Zeitschrift »Klein-Motor-Sport«, die seit Anfang 1929 unter dem neuen Namen »Motor-Kritik« erscheint, sehr erfolgreich ist und von den Exponenten der Automobilindustrie ob ihrer scharfen Zunge bald gefürchtet wird. Ihr Chefredakteur Josef Ganz ist Diplom-Ingenieur und als glühender Verfechter von alternativen Automobilkonzepten ein starker Befürworter der Pendelachse, des Frontantriebs und insbesondere der Mittelmotorbauweise.[42]

Unter Hans Nibel beobachten und studieren die Ingenieure bei Daimler-Benz neuste Tendenzen im Automobilbau aufmerksam und suchen nach Möglichkeiten, sich durch eigene Versuche ein authentisches Bild zu verschaffen. So testet man 1929/30 mit Interesse einen amerikanischen Cord[I] mit Frontantrieb, kommt aber zum Schluss, dass gegenwärtig *eine annehmbare Lösung noch nicht möglich* sei. *Die Frage* [des Vorderradantriebs] *an sich ist aber mit der größten Aufmerksamkeit weiter im Auge zu behalten,* hält sogar Vorstandsmitglied Wilhelm Kissel im Bericht zur Gesamtlage des Konzerns Mitte 1930 fest.[43]

Nicht der Frontantrieb sollte es bald in den Serienwagenbau der Daimler-Benz AG schaffen, sondern die Pendel- oder Schwingachse. Diese Hinterachsbauart mit fest im Rahmen verblocktem Differenzial und auf und ab schwingenden Halbachsen ist durch die deutlich geringere ungefederte Masse und das unabhängige Reagieren der beiden Räder auf Fahrbahnunebenheiten der schweren angetriebenen und an Halbelliptikfedern aufgehängten Starrachse prinzipiell überlegen.

Das Aufgreifen der Pendelachse kommt nicht von ungefähr, denn Nibel hat bereits sieben Jahre zuvor als Konstruktionschef bei Benz & Cie. den legendären Mittelmotor-Rennwagen verantwortet, an dem die angetriebene hintere Pendelachse mit überzeugenden Ergebnissen erprobt worden ist. Auf diesen Tropfenwagen ist der Entwurf eines 2-Liter-Serienwagens mit Frontmotor und angetriebener hinterer Pendelachse gefolgt. Doch dieses Projekt hat bekanntlich 1924/25 zugunsten des bereinigten Typenprogramms der Interessengemeinschaft DMG/Benz aufgegeben werden müssen.[II]

Anmerkung I: Die US-amerikanische Marke Cord baute von 1929 bis 1938 ausschließlich Frontantriebswagen und gehörte zur Cord Corporation (Auburn, Cord, Duesenberg, Lycoming).
Anmerkung II: Vgl. Kap. 1.1, S. 19 und Kap. 1.2, S. 24.

Abb. 0031
Als im Februar 1933 der Typ 290 (W 18) endlich in den Verkauf geht, handelt es sich nicht wie vorgesehen um den ersten, sondern bereits um den zweiten Mercedes-Benz-Schwingachswagen. Hier das viertürige Cabriolet D.

Ein 2,6-Liter-Schwingachswagen auf »Stuttgart«-Basis?

Bereits im Sommer oder Frühherbst 1929 leitet Nibel die Vorarbeiten zu einem ersten sogenannten Schwingachswagen-Typ der Daimler-Benz AG ein. Anlässlich der Direktionssitzung vom 2. und 3. Oktober 1929 kommen die Herren Kissel, Lang, Nibel und Schippert überein, dass bis spätestens im Juli 1930 mindestens ein Versuchswagen mit hinterer Schwing- oder Pendelachse zur Verfügung stehen müsse. Als Antriebsquelle ist der sechszylindrige 2,6-Liter-Motor aus dem »Stuttgart« 260 vorgesehen.[44] Ein gutes halbes Jahr später wird an eine Serienfertigung gedacht, wobei man gleichzeitig festhält, dass dieser künftige Typ nur mit Schnellganggetriebe geliefert werde. Der Motor mitsamt Kupplung, die Vorderachse, die Lenkung und das Bremssystem sollen vom verbilligten »Stuttgart« übernommen werden. Nimmt man die Aussage im betreffenden Protokoll wörtlich – es ist immerhin von Dipl.-Ing. Fritz Nallinger verfasst – so denken Hans Nibel und Fahrwerksspezialist Max Wagner im Mai 1930 noch an eine starre Vorderachse in Kombination mit der angetriebenen hinteren Pendelachse.[45] Diese aus heutiger Sicht etwas seltsam anmutende Disposition haben Nibel und Wagner auch 1922/23 im Benz Tropfenwagen verwendet,[III] wenig später Hans Ledwinka in den Tatra Typen 11 (1923) und 12 (1926) und Anton Honsig im Steyr Typ XII (1925/26).[46]

Im Juni 1930 befinden sich im Sonderwagenbau zwei Schwingachs-Versuchsfahrzeuge kurz vor ihrer Vollendung. Für die Verantwortlichen steht zu diesem Zeitpunkt bereits fest, dass ein Pkw mit angetriebener hinterer Schwingachse in Serie gehen wird. Als erstes Modell dieses Typs soll auf der *Automobilausstellung im Herbst* ein *»Touren-Sportwagen mit Schwingachsen«* angeboten werden. Mit diesem Sportwagen, der sich der Komponenten des »Stuttgart« und des »Mannheim« bedient, gedenken die Daimler-Benz-Leute *den sogenannten »kleinen Horchwagen« und ähnliche Konkurrenztypen noch schärfer zu packen*.[47] Dieser Sport-Schwingachser ist nie realisiert worden. Hingegen begeistert im Februar 1931 auf der IAMA in Berlin ein auf verkürztem Starrachs-Fahrgestell aufgebauter, hinreißend hübscher Sportroadster aus der »Mannheim«-Reihe das Publikum, der 370 S (WK 10).

1932: Aus dem »Stuttgart«-Schwingachser entsteht der Typ 290 (W 18)

Weitere zwei Jahre gehen ins Land. Der seit 1929 diskutierte, geplante, konstruierte und mehrfach umdisponierte Mercedes-Benz-Schwingachswagen erweist sich als eine Zangengeburt. Dies nicht primär aus technischen Gründen, sondern offensichtlich, weil die zur Verfügung stehenden Entwicklungskapazitäten und Finanzmittel immer wieder anderweitig prioritär eingesetzt werden müssen. Als endlich der mehrfach umkonstruierte Wagen im Februar 1933 auf der IAMA in Berlin dem Publikum als Typ 290 (W 18) vorgestellt wird, ist daraus ein Vollschwingachser geworden. Die unabhängige Vorderradaufhängung mit unterem Querblattfederpaket und oberen Schwinghebellenkern mit Schraubenfedern

Anmerkung III: Ausführlich in Engelen, Rennwagen 2011, S. 77–84. Offenbar hatte die spätere Variante des Mercedes-Benz 5/25 PS-Versuchswagens W 01 die umgekehrte Disposition, nämlich eine achslose Vorderradaufhängung an zwei querliegenden Blattfederpaketen und eine starre Hinterachse (vgl. Kap. 1.2, S. 27).

Abb. 0032 & 0033
Die heraufziehende Weltwirtschaftskrise verlangte 1930 erneut einen günstigen Kompaktwagen. Es entsteht, vor dem Aufsichtsrat weitgehend verborgen, ein neues kleines Modell, und zwar mit tiefgelegtem Rahmen, hochmoderner Einzelradaufhängung rundum und dem bereits vorhandenen 1,6-Liter-Sechszylindermotor. Ab dem späten Herbst laufen mehrere Versuchswagen des Typs 160 in hartem Test. Derjenige im Bild unten hat allein 100 000 km zurückgelegt.

ist bemerkenswert aufwändig konstruiert. Der aus dem »Stuttgart« weiterentwickelte Motor verfügt über 2,9 Liter Hubraum und 60 PS Leistung.[48/I] Der 290 (W 18) wird nicht zum direkten Nachfolger des »Stuttgart« 260, sondern bewegt sich in Richtung Oberklasse, eine Position, die zuvor der »Mannheim« eingenommen hat. Entgegen der ursprünglichen Absicht handelt es sich nicht mehr um den ersten in Serie gebauten Schwingachstyp der Daimler-Benz AG, sondern bereits um den zweiten. Der Kompaktwagen 170 (W 15) hat inzwischen den 290 (W 18) zeitlich überholt.

Kissel setzt sich durch: Daimler-Benz bringt den kleinen Vollschwingachser 170 (W 15)

Zurück in den Spätherbst 1929. Der nach dem Börsenzusammenbruch Ende Oktober einsetzende Verkaufsrückgang nimmt im Laufe von 1930 dramatische Züge an. Der Umsatz der Daimler-Benz AG sinkt von 130 Millionen RM auf 69 Millionen RM und im folgenden Jahr 1931 gar auf ein Rekordtief von bloß 65 Millionen RM. Damit fällt das Unternehmen hinter das ausgesprochen trübe Ergebnis des Fusionsjahrs 1926 zurück. Lohnkürzungen, Kurzarbeit und Frühpensionierungen markieren erst den Beginn der Sparmaßnahmen, schließlich werden Personalentlassungen in brutalem Ausmaß unausweichlich. Von rund 14 300 Beschäftigten im Jahr 1929 bleiben 1932 noch 8 850 Mitarbeitende übrig. Die Firmenleitung versucht, mit gesteigerter Fertigungstiefe – dort, wo diese keine Investitionen verursacht – Arbeit zurück in die eigenen Werke zu holen. Ähnlich gelagerte Produktionsvorgänge werden nach Möglichkeit an einem einzigen Standort konzentriert. Trotzdem steht 1931 ernsthaft zur Diskussion, das Werk Mannheim zu schließen.[49]

Modernisierungs- und Rationalisierungsmaßnahmen in den Werken

Bei anhaltender Krise und dem entsprechend sparsamen Kaufverhalten macht sich das Fehlen eines kleinen, günstigen Einstiegsmodells im Personenwagensektor von Daimler-Benz besonders negativ bemerkbar. Mit dem 1,6-Liter-Kompaktwagen (6/30 PS, W 01) hat der Vorstand Ende Sommer 1928 im Aufsichtsrat bekanntlich Schiffbruch erlitten – sehr zum Ärger von Wilhelm Kissel, der das Vorhaben nie ganz aus den Augen verloren hat. Durch die im folgenden Jahr 1929 durchgeführten Rationalisierungsmaßnahmen und Fabrikationsmodernisierungen – sowohl im Stammwerk Untertürkheim als auch und insbesondere im Karosseriewerk Sindelfingen – ergibt sich nun für die Fertigung eines Einstiegsmodells eine günstigere Ausgangslage mit spürbar niedrigerem Investitionsbedarf. Den Werksoptimierungen sind Studienbesuche der Fabrikationsfachleute bei General Motors in den USA, ebenso bei Fiat in Turin und dem Karosseriewerk Ambi-Budd in Berlin vorausgegangen.[50]

Anmerkung I: In einer ersten Hubraumvergrößerung wurden 2,7 Liter erreicht, durch eine 3 mm größere Bohrung schließlich 2,9 Liter. In seiner letzten Entwicklungsstufe für den W 142 erreichte der ehemalige »Stuttgart«-Motor im Jahr 1938 als M 142 II ein Hubvolumen von 3,4 Liter und eine Leistung von 78 PS. Die Produktion wurde 1942 kriegsbedingt eingestellt.

Dem Aufsichtsrat vorenthalten: Arbeit am Kompaktwagen

Aufgrund der dürftigen Aktenlage ist nicht zu erkennen, wann genau das »Projekt Kompaktwagen« reaktiviert worden ist. Über Monate bleiben die Hinweise zur Planung eines kompakten Volumenmodells in den Vorstandsprotokollen spärlich und ziemlich kryptisch, ähnlich wie 1928 die Weiterentwicklung des 1,6-Liter-Wagens sehr diskret abgehandelt worden ist. So vermerkt Kissel Ende Juni 1930 im *Vorstandsbericht über die Gesamtlage des Konzerns*, dass man sich bis zum Jahresende mit den bisherigen, dauernd verbesserten Wagen *durchschlagen* werde, anschließend aber *unser Typenprogramm eine sehr beachtenswerte Stärkung in dem neuen großen Objekt* erfahren werde.[51] Auch diese nebulöse Formulierung erweckt den Anschein, der Vorstand versuche die Entwicklung des neuen kleinen Einstiegstyps vor dem Aufsichtsrat zu verschleiern. Dort sitzen – dessen ist man sich in der Konzernzentrale bewusst – neben kühlen Rechnern auch noch einige konservative Geister, die sich ein kleines, preisgünstiges Mercedes-Benz-Modell grundsätzlich nicht vorstellen können. Den Begriff *»großes Objekt«* mag jedes Aufsichtsratsmitglied nach eigenem Gutdünken interpretieren.

Dass während des ganzen Jahres 1930 eifrig am neuen Einstiegsmodell gearbeitet wird, ist offensichtlich. Hingegen muss bezweifelt werden, ob der Technikvorstand Hans Nibel seine Ingenieure mit einem weißen Blatt Papier hat starten lassen. Mindestens motorenseitig dürfte auf das Sechszylindertriebwerk des abgelehnten 1,6-Liter-Wagens zurückgegriffen worden sein. Dies belegen die ersten vier Versuchsfahrzeuge mit der Fahrgestell-Nr. 85 193 bis 85 196, deren Motoren einen Hubraum von 1,6 Liter aufweisen.[52/II] Der »Bremsklotz« Porsche ist nicht mehr im Haus, Hans Nibel alleiniger Technikchef, der sich fahrwerksseitig zu einem Neustart mit unabhängiger Aufhängung der Vorder- und Hinterräder, hydraulischen Stoßdämpfern und ebensolchen Bremsen entschließt. Ein sehr beachtlicher Schritt für einen Wagen der Kompaktklasse. Diesem Konzept ist auch der Leiter der Fahrgestellbaus, Oberingenieur Max Wagner, sehr zugetan. Unter ihm beschäftigt sich Wilhelm Albert Fürst von Urach primär mit der technischen Durchbildung des Wagens. Der einem alten württembergischen Adelsgeschlecht angehörende von Urach hat an der Technischen Hochschule München Maschinenbau studiert, zunächst bei Steiger in Burgrieden, dann bei Gockerell in München und bei Bugatti in Molsheim gearbeitet, bevor er 1927 zu Daimler-Benz gestoßen ist.[53]

Abb. 0034
Mitte 1931 bewilligt der Aufsichtsrat den Bau des leicht vergrößerten Kompaktwagens 170 (W 15). Im Herbst 1931 rollt die Serienproduktion an. Eine beschriftete Ersatzradhülle macht werbewirksam auf das neue kleine Mercedes-Benz-Modell mit Schwingachsen aufmerksam.

Im Herbst 1930 müssen die Arbeiten am »neuen Kompakten« weit fortgeschritten sein, denn am 6. November beschließt der Vorstand, in Sindelfingen Musterkarosserien herstellen zu lassen, und zwar sind *vom Innenlenker 1,6 L nach Zeichnung 12008 4 Stück auszuführen, von den drei übrigen Modellen je 1 Stück.*[54] *Die Fabrikation des Kleinwagens soll erst aufgenommen werden, nachdem dieser Wagen bis in die kleinsten Details ausprobiert ist,* wird fünf Wochen später in unguter Erinnerung an den »Porsche-Schnellschuss 8/38 PS« festgehalten.[55]

1. Juni 1931: Fabrikation wird beschlossen

Im Frühling 1931 zeigt sich der kleine Schwingachswagen der Baureihe W 15 als erfreulich weit entwickelt. Der Hubraum seines Sechszylindermotors ist unterdessen auf 1,7 Liter angewachsen, so dass das Fahrzeug mit der Verkaufsbezeichnung 170 versehen wird. Nun bringt der Vorstand den Mut auf, anlässlich der Zusammenkunft vom 1. Juni beim Aufsichtsrat die Fabrikation zu beantragen. In der vorberatenden Arbeitsausschuss-Sitzung argumentiert Wilhelm Kissel, dass der Bau dieses zusätzlichen und preisgünstigen Modells für die Firma zwingend erforderlich sei, um der Marktentwicklung Rechnung zu tragen. Dank der 1929 durchgeführten umfangreichen

Anmerkung II: Es ist wahrscheinlich, dass diese Versuchswagen der Baureihe W 14 zugeordnet waren. Eine nach dem Krieg erstellte Produktionsliste verwendet diese Baureihenbezeichnung (wohl fälschlicherweise) für den 5/25 PS-Starrachsprototyp mit 1,3 Liter-Motor, der in zeitgenössischen Dokumenten mit W 01 bezeichnet ist.

Abb. 0035 (linke Seite)
Fahrgestell des 170 (W 15) von 1931. Modernste Technik im günstigsten Mercedes-Benz: Tiefer Rahmen, Einzelradaufhängung rundum, hydraulische Stoßdämpfer, hydraulisch betätigte Bremsen.

Abb. 0036 & 0037
Die hintere Schwingachse stützt sich pro Seite auf zwei Schraubenfedern ab. Vorn sorgen zwei quer übereinanderliegende Blattfederpakete für ein unabhängiges sturzkonstantes Federn beider Räder. Der lenkerartige Arm des hydraulischen Dämpfers übernimmt im Fall eines Federbruchs die Radführung.

Abb. 0038
Funktionsweise der angetriebenen hinteren Pendel- oder Schwingachse.

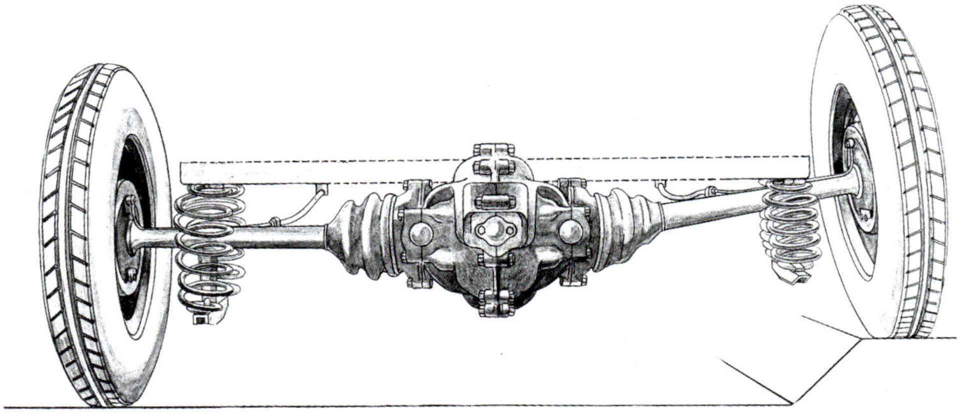

Maßnahmen zur Produktionsverbesserung in den Werken Untertürkheim und Sindelfingen ist die Umstellung auf den neuen Kompaktwagen mit lediglich 950 000 RM veranschlagt. Hinzu kommt ein Gesamteinrichtungsbedarf an Maschinen, Apparaten und Gerätschaften von zwei bis zweieinhalb Millionen RM, der sich allerdings auf sämtliche Pkw-Modelle verteilt.

Der Aufsichtsratspräsident Emil Georg von Stauss betont in der Sitzung, dass die früheren Kleinwagenpläne nur wegen des unglaublich hohen Investitionsbedarfs nicht zur Durchführung gekommen seien. *Wahrscheinlich sei das Risiko für die Gesellschaft geringer, wenn man einen billigen Wagen baue, als wenn man ihn nicht habe und dann vom Markte abgedrängt werde.* Diese Sichtweise teilen nun fast alle Aufsichtsräte, am deutlichsten Otto Fischer, der den *neuen Kleinwagen als unbedingt erforderlich* bezeichnet. Der stellvertretende Aufsichtsratspräsident Carl Jahr, der vor drei Jahren den kleinen Einstiegstyp vehement abgelehnt hat, ist zuvor vom Vorstand eingeweiht und für das Vorhaben gewonnen worden. Jahr beschreibt den Wagen, den er persönlich schon gefahren habe, *als eine technische Sensation.* Angesichts der Schwäche des Unternehmens hegt einzig der Direktor der Danat-Bank, Arthur Rosin erhebliche Bedenken. Die Vorlage »Kompaktwagen-Produktion« passiert schließlich am Nachmittag des gleichen Tags die offizielle Aufsichtsratssitzung problemlos.[56]

Große Neuheit: Achslose Radaufhängung vorn, Schwingachse hinten

Wie die gescheiterte Baureihe W 01 von 1926 bis 1928 basiert auch das neue Kompaktmodell 170 (W 15) auf einem Radstand von 2 600 mm und zeigt ein konventionelles Layout mit Motor und angeflanschtem Wechselgetriebe unmittelbar hinter der Vorderachse, dem Kühler über der Vorderachse und angetriebenen Hinterrädern. Der aus gepressten U-Profilen zusammengenietete Leiterrahmen folgt ebenfalls einem traditionellen Schema.

Wesentlich progressiver statten Dr. Nibel und Oberingenieur Wagner den Wagen fahrwerksseitig aus: Die sogenannte *achslose Radaufhängung* besteht aus zwei vorderen, übereinanderliegenden Querblattfeder-Paketen, welche die Achsschenkel tragen und in der Art eines Parallelogramms ein unabhängiges, sturzkonstantes Ein- und Ausfedern der Vorderräder gestatten. Hinten wird eine Zweigelenk-Pendelachse ohne Längslenker gewählt, d.h. die angetriebenen Hinterräder sind Bestandteil von Halb- oder Schwingachsen, die wagenmittig mit dem fest im Rahmen gelagerten Differenzial so verbunden sind, dass sie auf- und abschwingen können, in Längsrichtung jedoch steif bleiben. Die Halbachsen stützen sich pro Achshälfte über je zwei Schraubenfedern am Rahmen ab. Vorn und hinten sorgen hydraulische Hebelstoßdämpfer für kontrollierte Federbewegungen.

Die Betätigung der Vierrad-Fußbremse erfolgt hydraulisch. Auf den Komfort einer zentralen Chassis-Schmierung wie sie der »Stuttgart« besitzt, will man auch bei diesem kleinen Wagen nicht verzichten, aber man vereinfacht sie: Anstelle der aufwändigen Pumpe, die automatisch vom Getriebe aktiviert wird und Öl aus dem Motorkreislauf in die beweglichen Fahrwerksteile fördert, tritt eine fußbetätigte Pumpe mit eigenem Reservoir.[57]

Motor und Getriebe

Erstaunlicherweise entscheiden sich die Verantwortlichen in Untertürkheim bei diesem kleinsten und günstigsten Mercedes-Benz-Modell für einen Sechszylinder-Reihenmotor, trotz deutlich höherer Gestehungskosten. Immerhin will man dem »neuen Kleinen« ordentliche Fahrmanieren mit auf den Weg geben. Die Furcht vor Motorvibrationen, wie man sie von vierzylindrigen Konkurrenten des »Stuttgart« kennt, ist tatsächlich nicht unbegründet. Das Sechszylindertriebwerk mit 1,7 Liter Hubvolumen (65 × 85 mm, 1 692 cm^3) und 32 PS Leistung wird unter der Leitung des Motorenchefs Oberingenieur Albert Heeß, einem altgedienten DMG-Techniker, neu entwickelt. Die Vorgabe lautet, eine einfache und kostengünstige Maschine zu schaffen. Der Zylinderblock und der Zylinderkopf bestehen aus Grauguss, das Kurbelgehäuseunterteil mit integrierter Ölwanne aus Leichtmetall, wie auch die Kolben der Bauart Nelson. Die Kurbelwelle verfügt über lediglich vier Hauptlager. Die seitliche Nockenwelle wird vorn am Motor über Stirnräder angetrieben und betätigt stehende Ventile. Der Antrieb der Ölpumpe und des Zündverteilers mit automatischer Zündverstellung sitzt in der Mitte des Motorblocks, die Wasserpumpe mit dem Lüfter stirnseitig am Zylinderkopf.

Wie kurz zuvor bei den »Stuttgart«- und »Mannheim«-Modellen, versieht man auch den kleinen 1,7-Liter-Schwingachswagen – nun ohne Aufpreis – mit einem im Getriebegehäuse integrierten, ins Lange übersetzten Maybach-Schnellgang, um die Motordrehzahlen bei hohen Geschwindigkeiten zu reduzieren. Damit stehen insgesamt vier Fahrstufen zur Verfügung. Der Schnellgang wird mit dem Schalthebel vom direkten (dritten) Gang aus (ohne die Leerlaufstellung zu durchqueren) vorgewählt und durch kurzes Gaswegnehmen ohne zu kuppeln automatisch zugeschaltet.[I]

Abb. 0039
Die Aufbauten des 170 (W 15) fertigt das eigene Karosseriewerk Sindelfingen in der bewährten Mischbauweise. Auf ein tragendes Buchenholzskelett werden die Formblechteile genagelt.

Abb. 0040 (rechte Seite)
Für einen bescheidenen Aufschlag wird der 170 (W 15) als »Sonnenschein-Limousine« geliefert. Das großflächige Rolldach sorgt für echtes Frischluftgefühl.

Sindelfinger Aufbauten

Die viertürige Limousinenkarosserie ist formal zurückhaltend im kantig-kubischen Stil der späten 1920er Jahre gestaltet. Der gitterlose und flache Lamellen-Kühler wird von einer Maske aus poliertem Edelstahl eingefasst. Die schon zur Tradition gewordene Querstange zwischen den Vorderkotflügeln, auf der die beiden Topfscheinwerfer mit verchromten Ringen sitzen, ist nun dezent gebogen. Älteren Gepflogenheiten entspricht die Öffnungsart der Türen, die an der A- und der C-Säule drehbar gelagert sind und an der B-Säule einrasten. Auffällig ist der vom Wagenkasten abgelöste Kofferraum, eine schmale Blechkiste mit abnehmbarem Deckel; als rückwärtiger Abschluss folgt das kaum merkbar geneigte Ersatzrad. Stoßstangen fehlen anfänglich. Die Karosserie ist eine Mischkonstruktion aus Holz und Blech, wobei das tragende Buchen-

Anmerkung I: Ein Zuschalten der Schnellgangstufe zu den übrigen Gängen war hier nicht möglich, dies im Unterschied zu den Typen »Stuttgart«, »Mannheim« und den frühen 290 (W 18). Diese waren mit der ursprünglichen, unterdruckbetätigten Schnellgangschaltung versehen.

VB
42120

Abb. 0041 & 0042
So modern die Fahrwerkstechnik ist, so konservativ präsentiert sich der 170 (W 15) von außen. Die Formgebung der Karosserie orientiert sich an den verflossenen 1920er Jahren. Praktisch: Im Unterschied zum Prototypen 160 hat der Wagen einen (hinten aufgesetzten) Kofferraum.

holzskelett den ganzen Aufbau umfasst, einschließlich exponierter Teile wie Schweller und hintere Radläufe. Das Dach besteht, von den blechernen Randzonen abgesehen, aus einer Kunstlederbespannung auf einem gepolsterten Unterbau aus Draht.

▷ **Siehe Band II/Seite 11–13**, Tabelle A 03 Technische Daten: 170 (W 15)

Vorstellung und Markteinführung

Mitte Juli 1931 stehen die endgültige Form und Ausgestaltung der Limousine – nun vermehrt als »Innenlenker« bezeichnet – fest. Mit dem Werk Sindelfingen wird vereinbart, dass bereits im August fünf Karosserien für Versuchsfahrzeuge zur Verfügung stehen sollen, die dann nochmals auf Herz und Nieren geprüft werden. Verbürgt ist u.a. eine ausgedehnte Testfahrt mit zwei 170-Innenlenkern in die Schweizer Alpen, an der auch Dipl.-Ing. Josef Ganz, Chefredakteur von »Motor-Kritik« teilnimmt und vom Wagen sehr angetan ist. Nach letzten Anpassungen am Fahrzeug und den Produktionsumstellungen in den Werken rollt im Spätherbst allmählich die Serienproduktion an.[58] Der Öffentlichkeit vorgestellt wird der neue kleine Mercedes-Benz 170 auf dem Salon de l'Automobile in Paris, der am 1. Oktober 1931 seine Tore öffnet. Das Echo des Publikums ist äußerst positiv, ebenso die Reaktion der Fachpresse, was dazu führt, *daß bereits über 200 Wagen fest verkauft waren, ehe Vorführwagen herausgebracht werden konnten.*[59] Ende November führen die Sindelfinger in Abstimmung mit dem Vorstand die letzten optischen Retuschen an der Karosserie des Cabriolets C aus,[60] womit ab dem neuen Jahr 1932 beide Aufbau-Varianten zum Kauf bereitstehen. Im darauffolgenden Herbst erscheinen der Sport-Roadster und ein hübsches, gegenüber der Limousine und dem Cabriolet C deutlich moderner auftretendes Cabriolet A sowie der Kastenwagen L 300.

Für das zweitürige und zweifenstrige Cabriolet C, das jedoch vier Sitzplätze anbietet, wird 5 575 RM in Rechnung gestellt. Deutlich günstiger ist mit 4 400 RM die Limousine. Ein Rolldach kostet zusätzliche 140 RM; einen mit dieser angenehmen Option ausgestatteten Innenlenker nennt man »Sonnenschein-Limousine«. Trotz des attraktiven Preises präsentiert sich der 170 (W 15) in jeder Hinsicht als ein vollwertiges Automobil, das dank seiner modernen Fahrwerkstechnik über eine hervorragende Straßenlage, eine schluckfreudige Federung und über ebenso gut dosierbare wie wirkungsvolle Bremsen verfügt. Der recht leise und vibrationsarm laufende Reihensechszylinder-Motor ist in seiner Leistung nicht üppig, aber für damalige Verhältnisse der Wagengröße angemessen, und lädt zu einer ruhigen, ausgeglichenen und entspannten Fahrweise ein. Dazu trägt auch das Schnellganggetriebe bei, dessen ins Lange übersetzte vierte Fahrstufe halbautomatisch – also ohne Betätigung der Kupplung – geschaltet werden kann.

Abb. 0043
Auch der ab 1932 angebotene 170 (W 15) Roadster, versehen mit sogenanntem Schweigermuttersitz im Heck, tief ausgeschnittenen fensterlosen Türen, Klappfrontscheibe und leichtem Stoffdach ist kein Ausbund an sportlicher Eleganz.

Abb. 0044
Unter der Bezeichnung L 300 bietet Daimler-Benz einen Kastenlieferwagen des W 15 an, dessen Aufbau ebenfalls im firmeneigenen Karosseriewerk Sindelfingen entsteht. Wegen der Hecktür muss das Ersatzrad auf die rechte Vorderseite verschoben und in den Kotflügel eingetieft werden.

Wohlwollend nimmt der Kaufinteressent die recht vollständige Ausstattung des Wagens zur Kenntnis: Zentrale Chassis-Schmierung, Lenkradschloss, Zeituhr, Zigarettenanzünder, Holzeinfassungen um alle Fenster, Frontscheibe einteilig ausstellbar, Kurbelfenster in allen vier Türen und attraktive Polsterstoffe gibt es serienmäßig. Aufmachung und Verarbeitung sind eines Mercedes-Benz würdig und fallen gegenüber den größeren Typen der Marke nicht ab.

Richtiges Modell zur richtigen Zeit

Der kleine 170 (W 15) kommt für die Daimler-Benz AG gerade noch rechtzeitig auf den Markt: 1932 werden rund 4 500 Stück produziert (die 43 Einheiten der Lieferwagenausführung mit der Bezeichnung L 300 mit eingerechnet).[I] Damit erreicht man eine durchschnittliche Monatsproduktion von 375 Fahrzeugen, drastisch weniger als das 1928 mit dem kompakten 1,6-Liter W 01 angepeilte Monatssoll von 1 000 Einheiten. Doch angesichts der schweren Wirtschaftskrise darf man trotzdem von einem nicht zu unterschätzenden Erfolg sprechen. Insbesondere verhindert der 170 (W 15) das Abrutschen der Daimler-Benz AG im Personenwagensektor in die faktische Bedeutungslosigkeit. Der »Stuttgart«, das bisherige Volumenmodell, findet nämlich 1932 keine 900 Käufer mehr und die großen Wagen werden zu Ladenhütern.

Anmerkung I: Die Kastenwagenausführungen wurden über die Nutzfahrzeugsparte vertrieben und sind auch produktionsstatistisch dort verzeichnet.

100 mm länger und 8 PS stärker: Der Typ 200 (W 21)

In den Jahren 1933 bis 1935 bewegen sich die Verkaufszahlen des 170 (W 15) auf einem merklich niedrigeren, aber akzeptablen Niveau; der Jahresausstoß liegt zwischen 2 300 und 3 100 Fahrzeugen.

Dass die Nachfrage zwischenzeitlich einknickt, ist hausgemacht, denn ab 1933 bietet die Daimler-Benz AG ihr kleinstes Fahrzeug zusätzlich als Typ 200 (Baureihe W 21) an, wodurch eine interne Konkurrenz entsteht. Der 200 erhält, wie die Bezeichnung verrät, einen auf knapp 2 Liter Hubraum vergrößerten Motor und einen um 100 mm verlängerten Radstand. Vom Kühler bis zur B-Säule und im Heckabschluss unterscheiden sich die Limousinenaufbauten des 170 (W 15) und des 200 (W 21) nicht. Einzig die Fondtür ist beim 200 um 100 mm länger, was den Einstieg verbessert, den Beinraum vergrößert und überdies die Proportionen vorteilhaft verändert. Statt aus offenen U-Profilen ist der Rahmen aus zwei gegengleich miteinander verschweißten U-Profilen (Kastenträgern) gefertigt und bedarf keiner Diagonalstreben mehr. Weiter wird der Kofferraum – nun etwas tiefer und weniger eckig ausgebildet als beim 170 – ohne Zwischenraum direkt an das Karosserieheck angebaut. Stoßstangen sind serienmäßig vorhanden; alles andere bleibt, von Kleinigkeiten abgesehen, unverändert. Wer sich den Mehrpreis von rund 1 000 RM leisten kann, greift gerne zum 200, denn 40 PS sind ein Wort: Die acht Zusatz-PS und das größere Drehmoment des 2-Liter-Motors werden nur zu einem kleinen Teil vom Mehrgewicht des Wagens absorbiert.

Ab 1934 wird der 200 (W 21) auch als Langversion mit unterschiedlichen Aufbauten angeboten. Obwohl deutlich schwerer geworden und mit entsprechend bescheidenerem Leistungsvermögen, erfreuen sich diese größeren Modelle zunehmender Beliebtheit. 1937 entsteht daraus der Typ 230 (W 143), der sich für die restlichen 1930er Jahre als die typische Mercedes-Benz-Mittelklasse bewähren wird.

Modellpflege am 170 (W 15): Verbesserungen und zum Abschluss eine neue Karosserie

Der kleine 170 (W 15) profitiert in mehrfacher Hinsicht von seiner größeren Version 200 (W 21). Ab Sommer 1933 erhält der 1,7-Liter ebenfalls einen Rahmen aus Kastenprofilen, einen direkt angebauten Kofferraum, leicht gerundete obere Frontscheibenecken sowie ab 1935 eine dezent schrägstehende und leicht gewinkelte Kühlermaske mit Gitter anstelle des senkrechten Flachkühlers.[E1]

Als der Absatz des 170 (W 15) zu schwächeln beginnt, erhält das Karosseriewerk Sindelfin-

Abb. 0045 (linke Seite) **& 0046**
Der 170 (W 15) ist mit Abstand der preisgünstigste Mercedes-Benz, die Ausstattung bietet trotzdem viel Behaglichkeit, guten Stil und hohe Qualität. Vom Armaturenbrett abgesehen gibt es kein »nacktes« Blech im Wageninnern. Die Fenster sind mit schwarz lackierten Holzleisten umfasst, Wagenausschlag und Polster bestehen aus hochwertigem Cord, die Fondsitzbank erhält seitliche Armlehnen.

Abb. 0047
In Motorzeitschriften erscheinen 1931 ganzseitige Werbeanzeigen für den neuen Typ 170. Die fortschrittliche Technik wird in den Vordergrund gerückt.

gen im Herbst 1934 den Auftrag, schnellstens eine zweitürige Innenlenkerkarosserie in den aktuellen, fließender gewordenen Formen zu entwickeln. Diese ergänzende Modellvariante soll im Mai 1935 zu einem wesentlich günstigeren Preis als die bisherige Viertür-Limousine angeboten werden. Der für das Karosseriewerk Sindelfingen verantwortliche Vorstand Wilhelm Haspel beschreibt den neuen Aufbau wie folgt: *Das Karosserie-Hinterteil ist in sehr flüssiger Weise nach hinten ausladend geführt, es enthält Raum für ein innen unterzubringendes Reserverad und einen großen Raum für 2 liegende Koffer, die durch einen äußeren verschließbaren Deckel zugänglich sind.*[62] Tatsächlich ist der formale Unterschied zur unterdessen altbacken wirkenden viertürigen Limousine eklatant, der neue Zweitür-Innenlenker präsentiert sich organisch fließend. Die überarbeitete Front erhält eine leicht pfeilförmig ausgebildete Kühlermaske, die in der Neigung der Frontscheibe entspricht. Allerdings passen die lange Motorhaube und das Volumen der Karosserie schlecht mit der Lage der Hinterachse zusammen. Letztere empfindet man als zu weit nach vorn unter den Aufbau gerückt.[I] Die formale Perfektion des kleinen Mercedes-Benz in neuer Formensprache – das sei hier vorweggenommen – lässt noch ein Jahr auf sich warten und gelingt erst mit dem kommenden Typ 170 V (W 136). Die zweitürige W 15-Limousine ist jedoch dessen formaler Vorbote.

Aus heutiger Sicht befremdet die im Herbst 1934 beschlossene Entwicklung einer neuen Karosserie für ein Modell, dessen Ablösung

Anmerkung I: Anfang 1936 testete »Motor und Sport« einen zweitürigen 170 (W 15), Heft 3/1936.

Abb. 0048 & 0049
Bis zum Produktionsende im Frühjahr 1936 wird der 170 (W 15) in mehreren Schritten formal verbessert: Stoßstangen, angebauter statt aufgesetzter Kofferraum, leicht pfeilförmige Kühlermaske mit Gitter, Frontscheibenrahmen oben gerundet, Presskanten entlang der Wagenflanke.

Abb. 0050 & 0051
Ab Mai 1935 ist zusätzlich eine zweitürige Limousine in neuer fließender Formensprache erhältlich, die auch für das Cabriolet C verwendet wird. Fortschrittlich ist der in den Wagen integrierte, von außen zugängliche Kofferraum mit Ersatzrad. Aufbau und Radstand passen jedoch nicht recht zusammen.

Abb. 0052
Die Tür öffnet sich vorderseitig, im Wageninnern dominieren rundliche Formen. Die bisherige Qualität und Behaglichkeit bleiben erhalten.

schon in Sichtweite liegt. Dies insbesondere, weil deren Herstellung eine erhebliche Anzahl neuer Pressformen bedingt hat. Immerhin wird derselbe Aufbau ein Jahr später mit geringfügigen Änderungen auch für den Typ 200 (W 21) angeboten.[63]

Die Produktion des insgesamt erfreulich erfolgreichen Typs 170 (W 15) endet gleichzeitig mit dem kommerziell enttäuschenden Heckmotorwagen 130 (W 23) im Frühjahr 1936. Zur gleichen Zeit läuft die Fertigung des 170 V (W 136) an.[64]

▷ **Siehe Band II/Seite 185 f**
Würdigung E 02: Der Mercedes-Benz 170 (W 15)

Abb. 0053
Ab Frühjahr 1935 wird das Interieur aller 170-Modelle mit einer neuen Armaturentafel aufgewertet. Anstelle der vier kleinen Uhren dominieren drei große Rundinstrumente mit elfenbeinfarbigen Zifferblättern das Bild. Die beiden seitlichen Handschuhfächer sind nun mit einem Deckel verschlossen. Das Lenkradschloss hat bereits 1931 zur Serienausstattung gehört, ebenso die stufenlos ausstellbare Frontscheibe.

1.4 Der Mercedes-Benz 130 (W 23): Erster Heckmotor-Serienwagen mit Stern

Technikvorstand Hans Nibel und Konstruktionsleiter Max Wagner sind Anhänger alternativer Antriebs- und Fahrwerksdispositionen. Auf der Suche nach dem idealen Kleinwagen entstehen ab 1931 mehrere Entwürfe und Prototypen von Heckmotorwagen. 1934 geht schließlich der als Volumenmodell des Konzerns vorgesehene Typ 130 (W 23) mit Hecktriebsatz in Produktion. Doch der Verkauf stockt. Um einen Einbruch zu vermeiden, wird bereits im selben Jahr mit der Entwicklung eines »Auffangwagens« mit Standardantrieb begonnen.

Abb. 0054
»Motor-Kritik«-Chefredaktor Josef Ganz am Lenkrad des von ihm gebauten »Maikäfer«, neben ihm Aerodynamiker Paul Járay. Ganz, ein glühender Befürworter neuer Baugrundsätze und kleiner »Volkswagen«, steht mit Technikvorstand Hans Nibel im Austausch. In Untertürkheim arbeitet man 1931 ebenfalls an einem Heckmotor-Kleinwagen.

Im Spätherbst 1931 müssen die positiven Reaktionen des Publikums und der Fachpresse auf den neuen 170 (W 15) für die führenden Männer in der Konzernzentrale in Untertürkheim wie Balsam gewirkt haben. Und tatsächlich, die ersten Absatzzahlen übertreffen die Erwartungen. Trotzdem stellt der Aufsichtsratsvorsitzende von Stauss am 11. November 1931 in der Arbeitsausschuss-Sitzung seines Gremiums die eher rhetorische Frage, *ob es nicht nötig sein werde, einen noch billigeren Wagen dem Verkauf zur Verfügung zu stellen, worauf der Vorstand auch schon vorbereitet sei.*[65] Mit anderen Worten: Zu diesem Zeitpunkt befindet sich in Untertürkheim bereits ein Modell in Planung, das ein Preissegment unterhalb des 170 (W 15) abdecken soll.

Billiger, kleiner, moderner: Die Mercedes-Benz-Heckmotorwagen-Idee

Ein echter Kleinwagen fordert alle Beteiligten heraus, in hohem Masse jedoch die Techniker. Es muss grundlegend über das Fahrzeugkonzept nachgedacht werden: Wo liegt der Motor? Welchen Baugrundsätzen liegt er zugrunde? Wie sind Fahrwerk und Rahmen ausgebildet? In welche Richtung geht man mit dem Aufbau, um bei vertretbarem Aufwand ein optimales Ergebnis zu erzielen? Denn nicht bloß das Fahrgestell, auch die Karosserie ist von diesen konzeptionellen Fragen unmittelbar betroffen. Eine Motoranordnung hinter den Insassen führt grundsätzlich zum Vorschieben der Passagierzelle, also zu einer kurzen Front und einem langen Heck. Ideale Voraussetzungen, um der aerodynamisch günstigen Tropfenform nahe zu kommen, wie sie die Aerodynamiker Edmund Rumpler und Paul Járay anstreben. Der Passagierraum kommt dadurch vollständig in den Bereich zwischen den beiden Achsen zu liegen, was dem Fahrkomfort dienlich ist.

Drang zum Heckmotor

All dies ist dem Technikvorstand Hans Nibel, dem Chef des Fahrwerksbaus Max Wagner und den aufgeschlossenen Kräften unter den Ingenieuren im Konstruktionsbüro sehr wohl bewusst. Seit einiger Zeit ist ein *billiges* Automobil, das in der Lage ist, die breite Volksmasse zu mobilisieren – also ein *Volkswagen* – ein aktuelles Thema, das unter visionären Fachleuten intensiv diskutiert wird. Zu ihnen zählt der Chefredakteur der »Motor-Kritik«, Diplom-Ingenieur Josef Ganz, der in Fachkreisen mit seinen kritischen Artikeln zwar nicht immer Zustimmung, aber doch starke Beachtung findet. Ganz hat im Sommer 1930 Gelegenheit, bei Daimler-Benz in Untertürkheim die hervorragenden Fahreigenschaften des Benz Tropfenwagens von 1922/23 zu erleben. Daraufhin propagiert er in der »Motor-Kritik« einen leichten zweisitzigen Kleinwagen mit Mittelmotor als Volksautomobil. Er realisiert eigene Entwürfe dazu als Prototypen mit Hilfe des Motorradherstellers Ardie in Nürnberg und der Adlerwerke in Frankfurt am Main. Spätestens seit der Tropfenwagen-Probefahrt stehen Nibel und Ganz in regem Kontakt. Als Technikvorstand Hans Nibel im Dezember 1930 erfährt, dass Josef Ganz vom Konkurrenten Adler ein Beratermandat erhalten hat, sichert sich auch die Daimler-Benz AG eine Mitwirkung dieses innovativen Ingenieurs als technischer Beirat. Nibel wird in der Folge durch Ganz in seinem Bestreben unterstützt, einen Heckmotorwagen zu konstruieren.[66]

Der Mercedes-Benz 120 (W 17): Ein Heckmotorwagen-Projekt mit Potential

Ab 1931 entsteht bei Daimler-Benz eine ganze Reihe von Entwürfen zu viersitzigen Kleinwagen mit Heckmotor, die unterschiedliche Entwicklungsstadien erreichen. Weit gediehen ist der *1,2 Liter-Wagen,* dessen Fortentwicklung bei der *Besprechung vom 4. Februar 1932 zum*

Anmerkung I: Das erst 1966 erstellte Typenblatt des W 17 (Archiv MBAG) nennt hängende Ventile und steht damit in Widerspruch zu den Fotoaufnahmen.

Konstruktions- und Versuchsprogramm der Personenwagen beschlossen wird;[67] neben den Vorstandsmitgliedern Hoppe, Kissel und Nibel diskutieren auch die Oberingenieure Köhler und Wagner mit.

Motor und Fahrwerk: Überraschende Neuerungen

Von diesem kleinen Wagen, der die Baureihenbezeichnung W 17 und die Typenbezeichnung 120 erhält, werden dann tatsächlich zwölf Versuchsfahrzeuge gebaut und unterschiedlich karossiert. Der Radstand misst 2 500 mm, die Spurweite vorn und hinten 1 280 mm. Der luftgekühlte Vierzylinder-Boxermotor M 17 mit 1 201 cm^3 Hubvolumen, stehenden Ventilen in verrippten Zylindern und einem für damals recht kurzhubig ausgelegten Bohrung-Hub-Verhältnis von 70 × 78 mm leistet 25 PS bei 3 100 U/min[I]. Das kompakte Triebwerk ist mit dem über der Hinterachse angeordneten Dreiganggetriebe verblockt und sitzt im hinteren Überhang. Die Kühlung erfolgt über ein Radialgebläse, das mit der Schwungscheibe des Motors eine Einheit bildet und die Luft über zwei Blechkanäle auf die stark verrippten Zylinderbänke bläst. Vergaser, Zündverteiler und Ölfilter sind in der Mitte über dem Block angeordnet. Auch die beiden Auspuffleitungen führen zuerst durch das Innere des Motorraums, bevor sie nach hinten unten tauchen. Durch trommelförmige Ummantelungen der Rohre sucht man den Steigstromvergaser und die Zündanlage vor übermäßiger Hitze zu schützen. Der Treibstofftank wird quer zur Fahrtrichtung unmittelbar vor und über dem Getriebe montiert; die erhöhte Lage macht eine Förderpumpe überflüssig.[68]

Fahrwerksseitig verfügt der Kleinwagen hinten über eine Pendelachse mit Schraubenfedern, vorn entscheidet sich Nibel für eine starre, blattgefederte Faustachse.[69] Dieselbe Disposition zeigt auch der Benz Tropfenwagen von 1922/23. Zur Konstruktionsweise des Rahmens und der Karosserien des W 17 sind keine verlässlichen Hinweise verfügbar.[II]

Karosserien: Einmal missraten, einmal innovativ

Vom kleinen Heckmotortyp 120 (W 17) sind zwei geschlossene Aufbauten bildlich überliefert; beide sind zweitürig, wobei die Türen hinten, also an der B-Säule angeschlagen sind. Damit enden die Gemeinsamkeiten bereits,

Abb. 0055 & 0056
Der 1,2-Liter-Vierzylinder-Boxermotor M 17 verkörpert 1931 modernste Triebwerkstechnik. Genial ist das Gebläse für die Luftkühlung in Kombination mit dem Schwungrad.

Anmerkung II: Heribert Hofner spricht von *einer Art selbsttragender Karosserie* (Hofner, MB-Autos Bd. 2 1998, S. 80), was angesichts des Umstands, dass auch zwei Kübelsitzwagen entwickelt worden sein sollen (Typenblatt 120 H, W 17, 1966/Hn, Archiv MBAG), eher nicht zutreffend ist.

Abb. 0057 & 0058
Versuchswagen Mercedes-Benz 120 (W 17) mit Boxermotor im Heck, 1931/32. Der unbeholfen geformte Aufbau zeigt, wie schwer es den Karosseriekonstrukteuren fällt, sich auf neue Fahrzeugdispositionen einzustellen.

Abb. 0059
Der 1,2-Liter-Boxermotor befindet sich im hinteren Überhang. Im Motorraum, wo auch der Treibstofftank untergebracht ist, herrscht drangvolle Enge. Mit einer Blechummantelung der Auspuffkrümmer versucht man den Vergaser vor der ärgsten Hitze zu schützen.

denn in ihrer Gestaltung könnten die zwei Karosserien unterschiedlicher kaum sein. Die offensichtlich ältere verfügt über eine vom rechten Winkel geprägte, kastenförmige Fahrgastzelle, wie sie Ende der 20er und zu Beginn der 30er Jahre üblich ist. Die Haube über dem kurzen Vorbau, der neben dem Ersatzrad kaum noch Stauraum für Gepäck übriglässt, hat die Form einer Kohlenschaufel, ähnlich wie die Renault-Modelle aus den 1920er Jahren (mit dem Kühler hinter dem Motorblock) und die luftgekühlten Tatra-Wagen. Die Vorderkotflügel folgen eng dem Radverlauf und enden unmittelbar vor dem Türausschnitt. Das lange, gegen hinten schräg abfallende Heck ist für ein Fahrzeug der damaligen Zeit ungewöhnlich. Die seitlich, oben und hinten mit Kiemen versehene Motorhaube zeigt deutlich, wo bei diesem Fahrzeug das Triebwerk sitzt. Mit diesem Aufbau wirkt der Mercedes-Benz 120 ausgesprochen plump und optisch unvorteilhaft. Bei flüchtigem Hinsehen lässt sich kaum erkennen, wo bei diesem Wagen hinten und vorn ist. Die missratene Form resultiert aus dem neuen Fahrzeugkonzept in Verbindung mit bisherigen Gestaltungsgepflogenheiten im Karosseriebau, die sich nicht miteinander vertragen.

Das alternative Kleid, welches die Karosseriefachleute in Sindelfingen im selben Jahr 1932 entwerfen, ist hingegen von einer bemerkenswerten optischen Dynamik und wird als Muster in einigen Exemplaren gebaut. Trotz der kompakten Abmessungen besticht diese Fahrzeugvariante durch ihre fließenden Formen: Ein rundlicher Bug, gut proportioniert zu den Kotflügeln, findet in einer sanften Kurve seine Fortsetzung als Gürtellinie, die zäsurlos in den langgezogenen, konvex-konkaven Heckabschluss übergeht. Oberhalb der stark geneigten Frontscheibe setzt eine Dachlinie an, die sich bereits über den Fondpassagieren zu senken beginnt und mit einem Gegenschwung im langgezogenen Heck tropfenförmig ausläuft. Mit diesem Entwurf beweisen die Sindelfinger Karosseriebau-Ingenieure, dass sie den gestalterischen Anforderungen, welche das neue Fahrzeugkonzept stellt, vollumfänglich gewachsen sind, und zwar unter Einbezug von aerodynamischen Überlegungen. Angesichts der bescheidenen Größe des

Abb. 0060 & 0061
1932 entsteht in Sindelfingen für den Heckmotor-Kleinwagen 120 (W 17) ein alternatives Karosseriekleid, das unvergleichlich vorteilhafter wirkt und formal der Heckmotordisposition gerecht wird. Die Zweifarbenlackierung steht dem hübschen Wägelchen außerordentlich gut. Ein Serienbau hätte in der Fachwelt hohe Wellen geworfen.

Fahrzeugs und der verhältnismäßig frühen Entstehungszeit ist diese zweite Karosserie für den Mercedes-Benz 120 (W 17) eine reife Leistung. Ob sie Hermann Ahrens zuzuschreiben ist, der im September 1932 von Horch zu Daimler-Benz wechselt und Chef des Sonderwagenbaus wird, ist nicht belegt. Bekannt ist aber, dass bei Horch kurz vor Ahrens' Ausscheiden bemerkenswerte Stromlinienentwürfe entstanden sind.

Allen Anstrengungen zum Trotz, das Krisenjahr 1932 verstreicht, ohne dass der heckmotorige 120 (W 17) in die Serienfertigung überführt worden wäre. Zu radikal sind wohl die anvisierten Neuerungen, zu weit entfernt die Ergebnisse der Erprobung von den selbstauferlegten Qualitätsansprüchen an einen Mercedes-Benz.

▷ **Siehe Band II/Seite 200 f**
Exkurs F 02: Formenwandel – Der Übergang vom kantigen Karosseriestil der 1920er Jahre zu den weichen Formen der 1930er Jahre

Abb. 0062
1933 schockt Opel mit dem 1,0-Liter für sagenhaft billige 1 990 RM. Verbessert und mit 1,2-Liter-Motor versehen (Bild) fallen dessen Preise weiter.

Abb. 0063
Daimler-Benz versucht mit dem heckmotorigen 130 (W 23) zu reagieren.

Die Konkurrenz rückt auf: Ein günstiger 1,3-Liter wird unausweichlich

Große Eile für die Weiterentwicklung eines Kleinwagens ist 1932 zunächst nicht angesagt, denn der Typ 170 (W 15), der in zahlreichen Details verbessert worden ist und nun mit Aufbauten unterschiedlicher Art bestellt werden kann, verkauft sich prächtig. Die Pkw-Abteilung ist zudem mit der Entwicklung weiterer neuer Modelle stark beansprucht, denen man größere Priorität einräumt, wie beispielsweise dem 290 (W 18), der den 2,6-Liter-«Stuttgart« und den glücklosen »Mannheim« ersetzen soll. Auch der um 100 mm verlängerte und auf 2 Liter Hubraum vergrößerte 170 steht als Typ 200 (W 21) weit oben auf dem Modellprogramm. Und in der Frühjahrsausstellung 1933 in Berlin will man unbedingt den prestigeträchtigen 380 (W 22) präsentieren, ein sportlicher Wagen mit kompressorbestücktem Reihenachtzylinder mit hängenden Ventilen und einer hochmodernen, patentrechtlich geschützten Vorderradaufhängung mit doppelten Dreiecksquerlenkern und Schraubenfedern.

Mitte Februar 1933, kaum hat die Berliner Automobil- und Motorrad-Ausstellung ihre Tore geöffnet, wird die Konzernleitung der Daimler-Benz AG jedoch unsanft an die Notwendigkeit erinnert, mit einem preisgünstigen Kleinwagen am Ball zu bleiben.

IAMA Berlin 1933: Der Schock und seine Folgen

Auf der Vorstandssitzung, die am 13. Februar 1933 in der Berliner Niederlassung am Salzufer in Charlottenburg stattfindet, diskutiert der erweiterte Vorstand seine Beobachtungen auf der Messe. Erschrocken zeigt man sich über den 1-Liter-Opel, der für sagenhaft günstige 1 990 RM verkauft wird. Weiter stellt man beunruhigt fest, dass *alle Firmen, die für das billige Wagengeschäft* [...] *in Frage kamen,* Neuschöpfungen präsentieren. Zudem sieht man sich einer größeren Konkurrenz in der 1,7-Liter- und 2-Liter-Klasse durch Wagen aus dem Auto Union-Konzern ausgesetzt. Wilhelm Kissel, der je länger je deutlicher der starke Mann in der Konzernführung ist, resümiert, *daß unsere Position in diesem Jahr stärker umkämpft sein werde als im vergangenen Jahr,* weshalb dem *1,3 Liter-Wagen eine erhöhte Bedeutung* beizumessen sei. Er verlangt, *daß, unabhängig von der Wirtschaftslage, die Entwicklung des technischen Fortschritts scharf im Auge behalten werden muss, weil es sonst einer anderen Firma gelingen könnte, einen Wagen mit Fahreigenschaften zu einem Preis zu bringen, der dann unsere Absichten bezügl. des 1,3 Ltr. Wagens durchkreuzt.* Die Entwicklungsarbeit des 1,3-Liter-Wagens sei folglich nach besten Kräften zu beschleunigen, damit man in absehbarer Zeit ein hervorragendes Fahrzeug der unteren Preisklasse habe, nicht zuletzt auch um der zukünftig stärker umkämpften 1,7- und 2-Liter-Klasse eine preisgünstige Alternative zur Seite stellen zu können.

Konstruktion und Entwicklung werden intensiviert

Das neue 1,3-Liter-Kleinwagenprojekt wird nun entsprechend gefördert. Der Wagen erhält die Baureihenzuteilung W 23 und, dem Hubraum seines Motors entsprechend, die Verkaufsbezeichnung 130. Wie drei Jahre zuvor beim Erfolgsmodell 170 (W 15) bearbeitet Diplom-Ingenieur Fürst von Urach unter Max Wagner maßgeblich die W 23-Fahrgestellkonstruktion.[70] Mit dem gewählten Heckmotorkonzept wähnt man sich gegenüber der Konkurrenz im Vorsprung.[71]

Bereits Mitte Juni 1933 ist der 1,3-Liter-Heckmotorwagen soweit konstruiert, dass die notwendigen fabrikatorischen Vorkehrungen definiert und beziffert sowie die seriellen Herstellungskosten berechnet werden können. Vorgesehen ist ein monatlicher Ausstoß von 500 Fahrzeugen bei normaler Schicht oder 1 000 Exemplaren bei doppelter Schicht. Der als Ziel definierte Verkaufspreis von 3 500 RM würde nach den Berechnungen allerdings um 200 RM übertroffen. Diese negative Nachricht ärgert Wilhelm Kissel kolossal. Er kritisiert zudem die für das neue Modell notwendigen Investitionskosten in den Werken Untertürkheim und Sindelfingen als überzogen. Die zuständigen Herren Max Sailer (Untertürkheim) und Wilhelm Haspel (Sindelfingen) kehren mit dem Auftrag, ihre Kalkulationen zu überprüfen, an ihre Arbeitsstätten zurück.[72]

Produktionsbeschluss mit Hindernissen

Im April 1933 schreibt der Konzern erstmals wieder schwarze Zahlen und im Mai beträgt der Gewinn bereits mehr als eine Million Reichsmark.

Damit lässt der Druck auf einen raschen Produktionsstart des 1,3-Liter-Wagens etwas nach. Wilhelm Kissel bekennt sich trotzdem klar und unmissverständlich zu einem Pkw-Produktionsprogramm der Marke Mercedes-Benz mit Schwerpunkt im unteren Preissegment. Der Käuferkreis für Wagen über 4 400 RM werde immer kleiner, argumentiert er. Ein fortschrittlicher Gebrauchswagen zu einem Preis um 3 500 RM sei absolut notwendig, zumal auch politische Forderungen nach noch billigeren Wagen immer lauter würden.[73] *Hitler denke an einen Volkswagen einfachster Konstruktion ohne Schwingachsen etc.,* lässt sich Kissel im Protokoll wörtlich zitieren.

Seit Ende Januar 1933 ist Adolf Hitler deutscher Reichskanzler. Der Umbau der Weimarer Republik in eine faschistische Diktatur ist in vollem Gange, und es ist zweifelsfrei erkennbar, wohin die Zukunft führt. Auf die Unternehmen bezogen prophezeit Kissel, *das Handeln werde verschwinden, wie das Parlamentieren bereits beseitigt wurde.*[74]

In seiner Sitzung vom 28. Juni 1933 beschließt der Vorstand, den 1,3-Liter-Heckmotorwagen 130 (W 23) zu bauen und dem Aufsichtsrat den entsprechenden Antrag zu stellen. Eine Woche später, am 4. Juli 1933, genehmigt der Aufsichtsrat dessen Produktion und die dafür notwendigen betrieblichen Investitionen von 2,3 Millionen RM.[I] Bei der anschließenden Besichtigung des Musterwagens kommt einmal mehr die Abrundung der Produktionspalette nach unten zur Sprache. Emil Georg von Stauss fordert einen Wagen für 2 000 RM bereits im Frühjahr 1934, eine Terminvorgabe, die Kissel als völlig illusorisch ablehnen muss. Er erklärt sich jedoch bereit, abklären zu lassen, ob der 1,3-Liter-Heck nicht markant verbilligt werden könnte. Doch es zeigt sich rasch, dass ein Verkaufspreis von 3 000 RM nur durch eine Erhöhung der betrieblichen Investitionen von 2,3 auf 3,0 Millionen Reichsmark und rigorose Sparmaßnahmen bei der technischen Ausgestaltung des Fahrzeugs (u. a. verminderte Materialqualitäten, reduzierte Konstruktionsstärken, preisgünstigere Fremdteile) sowie durch eine massiv reduzierte Gewinnspanne zu erzielen ist. Der Arbeitsausschuss des Aufsichtsrats nimmt dies am 27. Juli 1933 zur Kenntnis. Emil Georg von Stauss ist sich aber der Sache nicht sicher und stellt – wie zuvor bereits Wolfgang von Hentig, stellvertretendes Vorstandsmitglied und Direktor des Werks Marienfelde – kritische Fragen zur Akzeptanz des Heckmotors bei der potenziellen Käuferschaft. Nach längerer Beratung beschließt das verunsicherte Gremium, die Preisgestaltung und damit auch die Produktionsentscheidung des 1,3-Liter-Heckmotorwagens auf einen späteren Zeitpunkt zu verschieben. Ohne die Verzögerung durch den Aufsichtsrat hätte das neue Modell Ende Oktober 1933 in Serie gehen können.[75]

Abb. 0064
Mit dem 1,3-Liter-Heckmotorwagen strebt die Daimler-Benz sehr hohe Verkaufszahlen an. Intensiv wird auch an der Formgebung gearbeitet. Hier ein Versuchswagen mit coupéartiger Heckpartie.

Abb. 0065
Serienmodell 130 (W 23) von 1934. Für den Kaufinteressierten überraschend: Öffnet er die vordere Haube, blickt ihn statt des Motors das Ersatzrad an.

Anmerkung I: Die von Kissel fünf Tage zuvor veranlasste Überprüfung der Kostenberechnung ergab einen Mehrbedarf von 100 000 RM statt der erhofften Einsparung.

Abb. 0066
Den 130 (W 23) gibt es nur zweitürig. Die Limousine wirkt aus dieser Perspektive in den Proportionen ausgewogen und wohlgeformt. Eine Zweifarbenlackierung ist stimmig und attraktiv.

Der Heckmotortyp 130 (W 23) ist geboren

Techniker versus Ökonomen: Die altbekannten Kämpfe

Im Laufe der kommenden Wochen ringt sich der Arbeitsausschuss des Aufsichtsrats doch noch dazu durch, die Produktion des kleinen Heckmotorwagens 130 (W 23) freizugeben. Von den Anfangs Juli 1933 aufgelisteten Einsparungen bei Technik und Ausstattung hat man sich allerdings weitgehend entfernt. Durch die Weigerung, das Modell relevant zu versimpeln und abzumagern, verharrt der errechnete Verkaufspreis bei 3 500 RM statt – wie offenbar dem Aufsichtsrat zugesichert – 3 000 RM zu erreichen. Als dieser Sachverhalt in der Typenbesprechung von 2. November 1933 vorgetragen wird, setzt Kissel zu einer wüsten Standpauke an, die schließlich in eine nutzbringende Grundsatzdiskussion mündet. Es wird deutlich, dass die beiden Konstruktionsbüros in Untertürkheim und Sindelfingen sowie die Versuchsabteilung angesichts der vielen parallel laufenden Projekte personell unterbesetzt sind und sich zu verzetteln drohen. Ständig stehen sie unter dem Druck der Ökonomen, die wenig Verständnis für die Entwicklungs- und Erprobungsphasen aufbringen, obwohl diese zunehmend komplexer und zeitaufwändiger werden. Man einigt sich in der Folge auf organisatorische Maßnahmen.

Aus marktpolitischen Gründen wird letztendlich der Verkaufspreis für den Typ 130 zu Ungunsten des Gewinns auf 3 375 RM gedrückt.[76] Im Herbst 1933 sind zusätzlich zum zweitürigen Innenlenker die Cabrio-Limousine und der offene Tourenwagen serienreif sowie der Prototyp einer dezent verlängerten viertürigen Limousine in Arbeit. Direktor Otto Hoppe kritisiert diesen allerdings wegen seines schlechten hinteren Einstiegs und beauftragt Sepp Bildstein, Konstruktionschef von Sindelfingen, mit dem Musterbau einer Viertür-Variante ohne die störende Mittelsäule (B Säule). Diskutiert wird, diese Variante mit einem auf 1,6 Liter Hubvolumen vergrößerten Vierzylindermotor auszurüsten und ab Mai 1934 anzubieten. Dazu soll es allerdings nicht kommen.[77]

Verspätete Präsentation – aber eine Sensation

Präsentiert wird der Mercedes-Benz 130 der Baureihe W 23 schließlich – und zwar mit fünfmonatiger Verspätung – auf der Internationalen Automobil- und Motorrad-Ausstellung in Berlin, die vom 8. bis zum 18. März 1934 stattfindet. Ausgestellt werden die ausschließlich zweitürigen Aufbauvarianten Limousine, Cabrio-Limousine und offener Tourenwagen. Obwohl die Motorpresse bereits im vergangenen Dezember 1933 Gelegenheit erhalten hat, ein Vorserienfahrzeug Probe zu fahren und entsprechende Beiträge in ihren Zeitschriften erschienen sind, sorgt der neue Typ für eine kleine Sensation auf der Messe. In der Tat handelt es sich um den ersten vollwertigen und in Serie fabrizierten Heckmotor-Personenwagen Deutschlands, weiter um das kleinste Modell in der Fahrzeugpalette von Mercedes-Benz, das zudem als einziges über einen Motor von lediglich vier Zylindern verfügt. Aufsehen erregt nicht nur das Heckmotorkonzept als technische Neuerung, sondern auch die damit einhergehende ungewohnte Karosseriegestaltung mit der kühlerlosen Front, die als einzigen Schmuck den Mercedes-Benz-Stern

trägt. Gleichzeitig mit dem Berliner Automobilsalon läuft in Untertürkheim und Sindelfingen die Produktion an.

Konzept, Fahrgestell und Motor

Für das Heckmotorkonzept sprechen gemäß Verkaufsprospekt folgende Gründe: Bessere Raumgestaltung und -ausnutzung durch den nach hinten verlagerten Motor (die Passagiere sitzen trotz vergleichsweise kurzem Radstand in der bestgefederten Zone zwischen den Achsen), Zusammenfassung von Motor und Getriebe zu einer kompakten Antriebseinheit, dadurch Verzicht auf eine Kardanwelle, Vorteile bezüglich Geräuschentwicklung, reduzierte Übertragungsverluste und geringeres Gewicht, dadurch bessere Fahrleistungen und geringerer Treibstoffverbrauch.

Wie für den verworfenen 120 (W 17) hat Nibel auch für den Mercedes-Benz 130 (W 23) einen Radstand von 2 500 mm gewählt. Tragendes Gerüst ist ein hinten gegabelter Zentralrohrrahmen, um die Motor-Getriebeeinheit lagern zu können. Zwei Querarme zwischen den Achsen stützen die Karosserie. Alle vier Räder sind analog dem 170 (W 15) einzeln aufgehängt. Die vorderen an zwei quer übereinander liegenden Blattfederpaketen, die hinteren an schwingenden Halbachsen, die am Differenzialgehäuse angelenkt sind und sich auf je einer Schraubenfeder abstützen.

Bemerkenswert ist die Wahl einer Zahnstangenlenkung, die zudem recht direkt ausgelegt ist. Hydraulische Hebelstoßdämpfer und hydraulisch betätigte Bremsen komplettieren das Fahrwerk.

Der Motor-Getriebeblock ist mit vier Gummielementen geräuschgedämmt im Rahmen befestigt, wobei das Getriebe vor der Hinterachse liegt. Es verfügt über drei Vorwärtsgänge mit direktem drittem Gang und kupplungslos zuschaltbarem Schnellgang als vierte Stufe.

Der stehend eingebaute 1,3 Liter große Reihenvierzylinder befindet sich im hinteren Überhang. Dies ist einer der deutlichen Unterschiede zum 120 (W 17): die Abkehr vom kompakten, luftgekühlten Boxermotor, hin zum konventionellen, wassergekühlten Reihenvierzylinder, der bei 1 308 cm^3 (70 × 85 mm) 26 PS bei 3 400 U/min leistet. Der Graugussblock trägt einen flachen Zylinderkopf ebenfalls aus Grauguss und hat ein als Ölwanne ausgebildetes Kurbelgehäuseunterteil aus Leichtmetall. Die Kurbelwelle verfügt über drei Hauptlager. Die seitliche Nockenwelle wird heckseitig

Abb. 0067
Selbstverständlich ist auch der 130 (W 23) ein Schwingachswagen. Der verblüffend einfache Zentralrohrrahmen ist im hinteren Überhang gegabelt, um den 1,3-Liter-Vierzylinder-Reihenmotor aufzunehmen. Der ungünstig nach hinten gerutschte Gewichtsschwerpunkt ist offensichtlich.

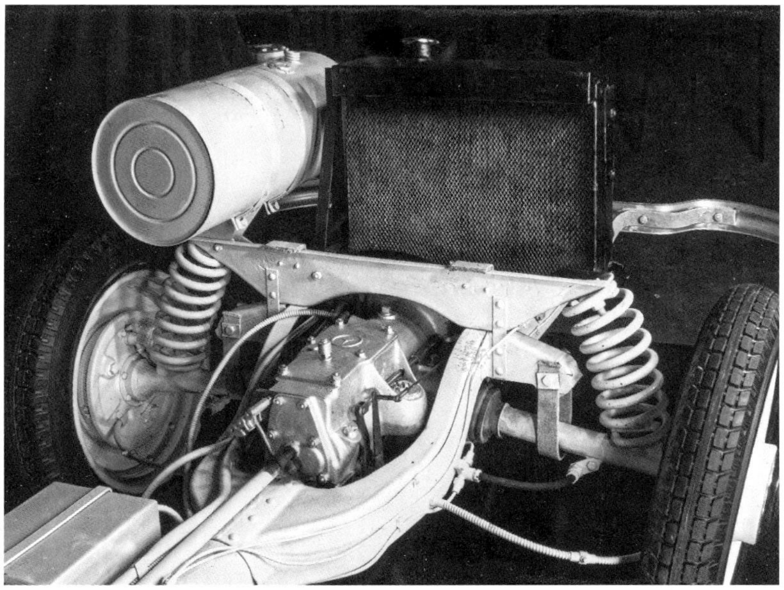

Abb. 0068
Das Dreiganggetriebe mit Schnellgang liegt vor, der wassergekühlte Motor hinter der Pendelachse, die pro Seite mit einer Schraubenfeder auskommt.

Abb. 0069
Vorderradaufhängung mit zwei übereinanderliegenden Blattfederpaketen, hydraulischen Hebeldämpfern und – neu – einer Zahnstangenlenkung.

Abb. 0070 & 0071 (rechte Seite)
Der simple 1,3-Liter-Vierzylindermotor mit stehenden Ventilen wird für den 130 (W 23) neu entwickelt. Linksseitig befindet sich der Steigstromvergaser mit Auspuff- und Ansaugkrümmer. Darüber im Zylinderkopf die rotierende Welle von Wasserpumpe und Lüfterflügel. Auf der rechten Seite sind Anlasser, Lichtmaschine und darüber das Heizgebläse mit Alugehäuse montiert.

über ein Zahnradpaar aktiviert und betätigt über kurze Stößel die stehenden Ventile, deren Sitze direkt in den Guss des Zylinderblocks gefräst sind. Der Antrieb der Ölpumpe und des Zündverteilers mit automatischer Zündverstellung befindet sich in der Mitte des Motors. Alimentiert wird die Maschine durch einen Solex-Steigstromvergaser, wobei das Gemisch durch einen Kanal im Auslasskrümmer geführt und vorgewärmt wird. Auf der Rückseite des Motors befindet sich der Riementrieb. Der eine treibt die auf der rechten Seite montierte Lichtmaschine und das Heizgebläse an, der andere die Wasserpumpe, von wo aus eine seitlich im Zylinderkopf gelagerte Welle das Windrad für die Motorkühlung in Rotation

BOSCH
DAIMLER-

versetzt. Der Kühler sitzt demnach über der Hinterachse, und zwar gegen links versetzt. Rechts ist der trommelförmige, gegen hinten konisch verjüngte Treibstofftank montiert. Das Gefälle zum Vergaser reicht aus, um auf eine Treibstoffpumpe verzichten zu können.[78]

Karosserien

Die äußere Erscheinung des zweitürigen Wagens hat gegenüber dem 120 W 17-«Stromlinien«-Prototyp an Progressivität eingebüßt, obwohl er in Details moderner wirkt und zweifelsfrei als Heckmotorfahrzeug zu erkennen ist. Letzteres aufgrund der kurzen kühlerlosen Front und des für bisherige Gewohnheiten ungewöhnlich langen, mit Belüftungskiemen versehenen Hecks, das den stehend eingebauten Reihenvierzylinder umschließt. Auffällig ist der im Verhältnis zum kompakten Äußeren großzügig bemessene Innenraum und der hohe Anteil an Glas. Ausgehend von der B-Säule, verjüngt sich der Wagenkörper kontinuierlich gegen vorn und orientiert sich dadurch an den traditionellen Motorhauben. Mit seiner geschlossenen, leicht schräg gestellten und oben stark gewölbten Vorderseite weicht das Fahrzeuggesicht trotzdem deutlich von den üblichen Frontmotorwagen ab. Rundungen sind am ganzen Aufbau vertreten, einerseits an den Kotflügeln, die den Rädern eng folgen und nur hinten schwach ausladend sind, sowie insbesondere im Dachbereich. Die Dachlinie senkt sich rückwärtig in einem Bogen auf die horizontale Gürtellinie ab, die ihrerseits mit einem weiteren Schwung im Heck den Motor umfasst und den Wagen nach hinten abschließt. Die verchromten Stoßstangen, vorn durchlaufend, hinten als Ecksegmente, sowie die freistehenden, auf den Kotflügeln montierten Scheinwerfer sind zeitgemäße Elemente. Ausgesprochen aktuell wirken hingegen die abgerundeten Ecken, insbesondere bei den Fensterausschnitten. Zwar verfügt die Karosserie immer noch über ein tragendes Buchenholzskelett, doch die Beplankung ist aus weniger kleinteiligen Blechelementen zusammengebaut als beim 170 (W 15). So ist beispielsweise das Dach der 130er-Limousine erstmals aus einer einzigen Tafel Blech gepresst, also nicht aus mehreren kleineren Stücken zusammengeschweißt und mit einer textilbespannten Mittelpartie versehen.

Der vollständig mit Stoff ausgekleidete Innenraum erweist sich kaum weniger geräumig als beim 170 (W 15). Die beiden vorderen Einzelsitze lassen sich unabhängig voneinander in Längsrichtung verschieben, die abklappbaren Rücklehnen geben eine großzügige Öffnung in den Fond frei, wo hinter der Sitzbank ein größerer Koffer Platz findet. Unter der Fronthaube, die mitsamt ihren Seitenteilen als Einheit hochschwenkt, findet man das liegend befestigte Ersatzrad und davor einen kleinen, allerdings nur eingeschränkt nutzbaren Stauraum. Serienmäßig ist eine Warmluftheizung eingebaut, eine bemerkenswerte Ausnahme nicht nur angesichts der bescheidenen Fahrzeugkategorie, sondern überhaupt in der damaligen Zeit. Das Armaturenbrett verfügt über zwei Rundinstrumente, die auf der Seite des Fahrers und damit direkt in dessen Blickfeld liegen – bei Mercedes-Benz ein Novum. Der identische Ausschnitt auf der Beifahrerseite dient als geräumiges Handschuhfach mit Deckel. Zentralschmierung, Lenkradschloss und Zigarettenanzünder gehören auch beim Typ 130 zur Serienausstattung.[79]

▷ **Siehe Band II/Seite 14–16**, Tabelle A 04 Technische Daten: 130 (W 23)

Abb. 0072 & 0073
In der Seitenansicht und von schräg hinten sieht man dem Typ 130 die Heckmotorbauweise deutlich an, obwohl sich die Sindelfinger Karosserieingenieure sichtlich um fließende Linien bemüht haben. Zusätzlich zur Limousine und zum Tourenwagen (mit Kurbelfenstern!) bietet man eine hübsche Cabrio-Limousine mit feststehenden Seiten, aber einer ins Verdeck integrierten Heckscheibe an.

Abb. 0074
Auch beim 130 (W 23), dem kleinsten und preisgünstigsten Mercedes-Benz, vermeidet man Abstriche bei der Innenausstattung. Gegen Aufpreis sind Ausschlag und Polsterung in Leder erhältlich. Da unter der Fronthaube nur ein kleiner Stauraum vorhanden ist, müssen Koffer auf die Ablage hinter der Rücksitzbank gelegt werden.

Abb. 0075
Das symmetrisch komponierte Armaturenbrett überrascht mit Instrumenten direkt vor dem Fahrer, zentral angeordneten Schaltern und Aschenbecher sowie einem großen Handschuhfach mit Deckel auf der Beifahrerseite.

Abb. 0076
Die fließend nach unten gezogene Front ohne Kühlergrill ist bloß mit einem kleinen Mercedes-Stern versehen. Sie wird vom Publikum häufig als leer und nicht repräsentativ beanstandet.

Durchwachsene Marktakzeptanz, technische Schwierigkeiten

Ungewohnte Erscheinung führt zu Kritik

Obwohl der kleine Heckmotor-Mercedes-Benz 130 bei seiner Markteinführung auf große Aufmerksamkeit stößt, sind die Reaktionen kontrovers, sowohl hinsichtlich seines ungewohnten Erscheinungsbildes wie auch wegen seines Fahrverhaltens – beide ein Ergebnis des Heckmotorkonzepts. Die ungewohnten Proportionen und – noch stärker – das fehlende Kühlergesicht irritieren nicht die Fachleute, aber einen erheblichen Teil der Kaufinteressierten. Zu den Kritikern gehört auch Reichspropagandaminister Joseph Goebbels, der den Wagen in Berlin sieht und sogleich Vorschläge zu dessen Umgestaltung macht. Nach der IAMA 1934 beschließt der Vorstand, für die formale Korrektur des Vorderwagens Vorschläge von Professor Richard Klein in München einzuholen, wobei einige Probe-Ausführungen gemäß den Darlegungen von Goebbels gemacht werden sollen.[80] Richard Klein ist ein Maler, Bildhauer und Grafiker, der im »Dritten Reich« von den nationalsozialistischen Machthabern mit zahlreichen repräsentativen Aufträgen betraut wird und zum Hochschullehrer aufsteigt. Allen Einwänden zum Trotz: In Sindelfingen und schließlich auch in der Zentrale in Untertürkheim widersteht man der Versuchung, das Heckmotorprinzip durch eine Kühlerattrappe an der Fahrzeugfront gestalterisch zu verwässern.

Kritisches Fahrverhalten beschädigt den Ruf

Die Fahrleistungen des Typs 130 geben zu keinen Diskussionen Anlass. Sie sind denjenigen des 170 (W 15) nicht bloß ebenbürtig, sondern sogar leicht überlegen, insbesondere wegen des deutlich geringeren Gewichts und der strömungsgünstigeren Karosserie. Die Fahreigenschaften hingegen werden zunehmend kritischer beurteilt. Der Wagen ist mit seinem stehend hinter der Hinterachse platzierten Vierzylinder-Reihenmotor ausgeprägt hecklastig. Ungefähr 65 Prozent des Gewichts lasten auf den Hinterrädern, was zu einem unstabilen, schwammigen Geradeauslauf und einer zuweilen nur schwer beherrschbaren Übersteuerneigung in Kurven führt. Verstärkt wird diese Eigenschaft durch die schmalspurige Pendelachse: Die kurveninnere Halbachse führt in scharf gefahrenen Kurven zu einer markanten Spurverengung, was – insbesondere beim Bremsen – ein plötzlich ausbrechendes Heck provoziert. Die Tester der Automobilzeitschriften monieren die kritischen Fahreigenschaften zwar, doch als geübte Automobilisten wissen sie mit den Eigenheiten und Tücken umzugehen. So auch die Redakteure Josef Ganz, Georg Ising und Walter Ostwald von »Motor-Kritik«. Diese beanstanden zwar die extreme Hecklastigkeit als *Mängel, die den feinfühligen Fahrer, den Kenner, stören*, genießen jedoch die hervorragende Traktion des kleinen 130 im Schnee und erkennen viele weitere Vorteile: *Hat man das dadurch hervorgerufene unbehagliche Gefühl, als ob der Wagen etwas schwimme und in den Kurven hinten herum zu kommen strebe, überwunden*, stelle man die Vorzüge des Mercedes-Benz 130 im Vergleich zu vielen Konkurrenten fest, nämlich die hervorragende Federung, die präzise Lenkung, die sanften Bremsen, die angenehme Geräuschkulisse, die gute Straßenübersicht und die Abwesenheit jeglicher Gasgerüche.[81]

In der automobilen Alltagswirklichkeit sieht die Bilanz schlechter aus. Manch braver Automobilist setzt seinen 130er in den Straßengraben, und nicht immer laufen die Unfälle glimpflich ab. Die schlechten Nachrichten erreichen Untertürkheim nicht ganz unerwartet. Bereits am 27. November 1933, also zweieinhalb Monate vor der Markteinführung, hat der Untertürkheimer Werksingenieur Hans H. Keil an der Technischen Sitzung zu Protokoll gegeben, er und Rudolf Uhlenhaut vom Versuch hätten die *schlechte Straßenlage des Heckantriebswagens* festgestellt und seien darüber sehr besorgt. Doch Fritz Nallinger hat diesen Fahrzeugtyp verteidigt, insbesondere wegen des positiven Verhaltens bei winterlichen Straßenverhältnissen, wie sie aktuell vorgeherrscht haben.[82] Doch kurze Zeit nach der Markteinführung ist der Ruf des 130 (W 23) beschädigt.

Als weiteres Problem erweist sich der Temperaturhaushalt des Motors. Trotz des voluminösen Kühlers der Firma Behr gestaltet sich der Kühlluftdurchsatz im Heck schwierig: Der Einlass erfolgt über Lüftungsschlitze in den Seitenteilen im Bereich der Fondsitzbank; der Austritt der Luft, soweit sie nicht nach unten abströmt, geschieht durch vertikale Schlitze im Motorendeckel.

Abb. 0077
Auch Reichspropagandaminister Joseph Goebbels kritisiert die »kühlerlose« Front. Vermutlich noch während der IAMA im Frühjahr 1934 beginnt man seine Vorstellungen – eine Wagenfront mit Pseudokühler – an einem Versuchswagen zu prüfen (Bild). Gleichzeitig erteilt man dem Maler, Bildhauer und Grafiker Richard Klein den Auftrag, gestalterisch fundierte Entwürfe für die Lösung dieses Problems auszuarbeiten.

Vom Hoffnungsträger zum Verlustobjekt

Der 130 (W 23) verkauft sich anfänglich ganz ordentlich, vermag aber den wesentlich teureren 170 (W 15) nicht einzuholen. Davon ist man in der Chefetage unterdessen ausgegangen. Mitschuldig an den verhaltenen Verkaufszahlen ist zunächst ein eher schleppender Start wegen der späten Produktionsaufnahme. Noch im Januar 1934 haben zahlreiche letzte Änderungen am ganzen Fahrzeug durchgeführt werden müssen, weshalb die Vorführwagen bei den Vertretungen nicht rechtzeitig und nicht in genügender Anzahl bereitstehen. Schon im Laufe des Frühlings zeichnen sich ernsthafte technische Schwierigkeiten ab, verlangen nach eiligem Nachbessern und versetzen dem Verkauf einen weiteren herben Dämpfer.[83]

Der Typ 130 offenbart sich bald als *ein Verlustobjekt ersten Ranges,* wie sich Wilhelm Haspel pointiert ausdrückt, auch wegen der Karosserie. Deren Herstellung kommt wesentlich teurer zu stehen, als veranschlagt worden ist. Die vielen unumgänglichen konstruktiven Eingriffe sind indessen nur ein Teil der Ursache, der andere ist im Karosseriewerk Sindelfingen selbst zu suchen. Dieses ist mit dem Produktionsstart von 12 neuen Karosserieausführungen für die gesamte Pkw-Palette innerhalb von drei Monaten personell überbeansprucht. Zudem liegt der Betrieb mit der Beschaffung von Werkzeugen und Produktionseinrichtungen arg im Rückstand, wodurch der Herstellungsprozess in großem Umfang durch kostenintensive Handarbeit unterstützt werden muss.[84]

Ambitionierte Karosserieüberarbeitung: Zuviel vorgenommen

Obwohl sich der kommerzielle Misserfolg kaum mehr abwenden lässt, hält man in der Chefetage eisern am Typ 130 (W 23) fest, denn es ist unmöglich, diese neue Baureihe nach so kurzer Zeit aufzugeben. Unmöglich gegenüber der Kundschaft, wo ein erheblicher Prestigeverlust hätte hingenommen werden müssen, unmöglich aber auch vis-à-vis dem Aufsichtsrat. Also entschließt man sich im Sommer, den Heck-Typ auf die IAMA im Frühjahr 1935 hin grundlegend zu überarbeiten.

Geplant ist eine weitgehend neu konstruierte Karosserie, die dem Publikumsgeschmack besser entspricht. Dies dank einer kühlerähnlichen Frontgestaltung, welche die Mercedes-Benz-Tradition wahrt und gleichzeitig als Kühllufteinlass dient. Der Luftstrom selbst soll über Kanäle von vorn nach hinten in den Motorraum geleitet werden und seitliche Kiemen überflüssig machen. Ende August 1934 liegen Skizzen und Modelle vor, die wohlwollend beurteilt werden, *weil Professor Klein mitgeholfen hat, dem Ganzen eine gute Form zu geben.*[85]

Das Modell 1935: Überarbeiten statt neu karossieren

Im November 1934 gelangen die Techniker zur Einsicht, dass sich das Kühlungsproblem so nicht lösen lässt. In der Folge entscheidet der Vorstand, den 130 (W 23) grundsätzlich bei der bisherigen Konstruktion und Karosserie zu belassen, den Wagen jedoch mit einer leistungsfähigeren Kühlanlage zu versehen und in zwei Schritten mit einer Reihe gezielter Verbesserungen aufzuwerten.

Das *Januar-Modell 1935* startet mit einer Vielzahl kleiner Optimierungen an der Karosserie, im Innenraum und an der Technik.[86] Doch der auf Juli 1935 terminierte zweite Schritt, eine weitergehende Überarbeitung, unterbleibt. Von den geplanten Neuerungen profitiert schließlich das größere Nachfolgemodell mit dem 1,7-Liter-Motor, der Typ 170 H. Die Produktion des 130 (W 23) wird im Februar 1936 nach immerhin rund 4 300 Wagen eingestellt, der Abverkauf von auf Halde stehenden Neuwagen zieht sich bis in den Frühling 1937 hin.

▷ **Siehe Band II/Seite 186**
Würdigung E 03: Der Mercedes-Benz 130 (W 23)

Abb. 0078 & 0079
Vorschläge für markantere Frontgestaltungen ohne Vorspiegelung falscher Tatsachen. Links umgesetzt an einer sonst kaum veränderten Rohkarosserie, rechts an einem 1:5-Modell. Diskutiert wird eine vollständige Neugestaltung der Karosserie, die 1935 fallengelassen und erst 1936 mit dem neuen Heckmodell 170 H (W 28) realisiert wird.

Abb. 0080
Der Typ 130 »Modell 1935« erfährt einige marginale Eingriffe. Der auffälligste ist ein neugestaltetes Armaturenbrett. In der Konzeption bleibt es unverändert, erhält jedoch zwei große Instrumente, einen eingebauten Aschenbecher und eine Zeituhr im Deckel des vergrößerten Handschuhfachs.

Innovative Heck- und Frontantriebswagen-Entwürfe von Josef Müller 1934

Blenden wir ein paar Jahre zurück: Mitten im gesellschaftlich schicksalshaften 1933 – bei Daimler-Benz ist man gerade dabei vom Aufsichtsrat grünes Licht für die Produktion des zum Volumenmodell bestimmten Heckmotor-Typs 130 (W 23) zu erhalten – stösst Wilhelm Kissel erneut das Thema eines zusätzlichen, noch günstigeren und kleineren Pkw-Typs an. Auf diese Weise sollen die vorhandenen Werkskapazitäten voll ausgeschöpft werden. Kissel wird dabei vom Aufsichtsratsvorsitzenden von Stauss zum Handeln gedrängt. Gedacht wird an einen Pkw zum Preis von 2 000 RM und mit der Innenraumgröße des Opel 1,2-Liter.

Erst zu Beginn des Frühjahrs 1934 verfügt das Konstruktionsbüro über den notwendigen Freiraum, das Billigwagenprojekt zu starten. Oberingenieur Max Wagner weiß als Leiter der Pkw-Konstruktion genau, welchen Ingenieur er hinter diese ebenso anspruchsvolle wie interessante Entwurfsarbeit setzen kann: Diplom-Ingenieur Josef Müller, der schon länger als ideenreicher, konzeptionell denkender und ästhetisch sensibler Techniker auffällt.[87]

Technikvorstand Nibel und Oberingenieur Wagner ist daran gelegen, die Heckmotorbauweise weiterzuverfolgen. Einzig Fritz Nallinger, Nibels rechte Hand, ist diesbezüglich skeptisch. Als Josef Müller sich mit der Aufgabe auseinanderzusetzen beginnt, ist ihm das kritische Fahrverhalten des 130 (W 23) wohlbekannt. In den folgenden Wochen prüft er die unterschiedlichsten Heckmotorkonzepte, um viele davon in einem mehr oder weniger weit gediehenen Projektstadium gleich wieder zu verwerfen. Erhalten geblieben ist der im März 1934 entstandene Entwurf eines Wagens mit 2 500 mm Radstand, Zentralrohrrahmen, einem kompakten, seitlich gegenüber der Längsachse versetzt angeordneten Dreizylindermotor unmittelbar hinter der blattgefederten Pendelachse und einer ungewöhnlich modernen, käferartigen Stromlinienkarosserie.[88]

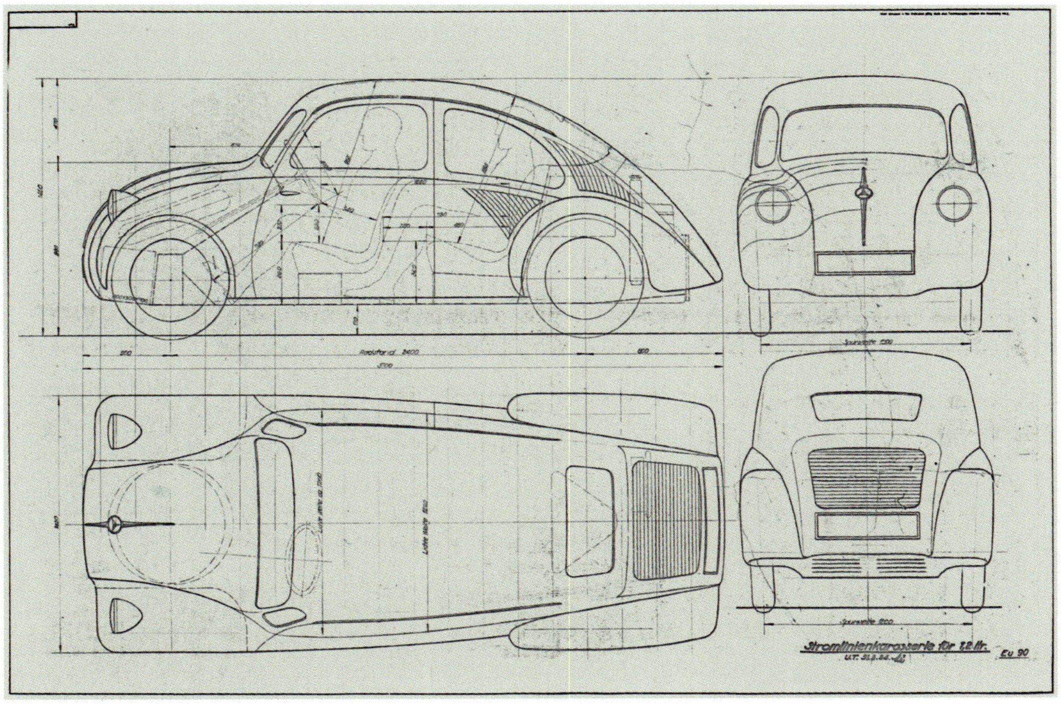

Abb. 0081
Innovativer, käferähnlicher Karosserieentwurf von Josef Müller für einen kleinen viersitzigen Heckmotorwagen mit 2 400 mm Radstand, datiert 31.03.1934. Der kurz bauende 1,2-Liter-Dreizylindermotor längs hinter der Hinterachse hält den Überhang in Grenzen.

Abb. 0082
Entwurf Ea 128 von Josef Müller für einen 1,2-Liter-Wagen mit quer hinter bzw. über der Hinterachse angeordnetem Vierzylindermotor und Treibstofftank im Bug, datiert 13.06.1934. Die gegenüber dem 130 (W 23) wesentlich günstigere Lage des Massenschwerpunkts hätte zweifellos zu ausgeglicheneren Fahreigenschaften geführt.

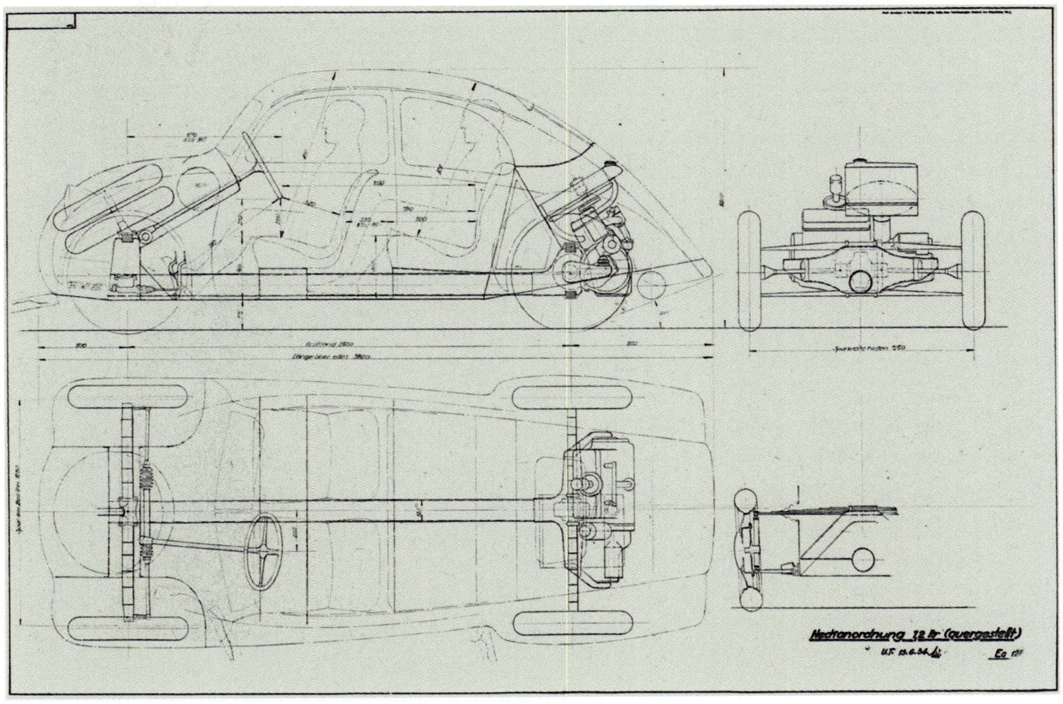

Quermotor im Heck

Schließlich bündelt Müller seine Ideen in einem Vorschlag mit quer eingebautem Hecktriebsatz. Der 1,2 Liter große Vierzylinder-Reihenmotor ist mitsamt dem Getriebe schräg über der Hinterradaufhängung angeordnet. Trotz Quermotor strebt Müller annähernd gleichlange Antriebswellen an, was eine ungewöhnliche Kraftabgabe vom Motor über die Kupplung und das Getriebe auf das Differenzial erfordert.

Der Kühler liegt über dem Motor. Der im Radstand auf 2 600 mm verlängerte Wagen soll einen Zentralrohrrahmen mit unabhängig an Querblattfederpaketen aufgehängten Rädern erhalten. Der Treibstofftank ist vorne angeordnet, wo unter der abfallenden Haube zwei Ersatzräder Platz finden. Die Stromlinienkarosserie ähnelt dem Entwurf für den Dreizylinder-Wagen vom März, hat jedoch eine zweiteilige, leicht gewinkelte Frontscheibe erhalten.[89] Dieses konsequente Wagenkonzept, das ist leicht zu erkennen, zeigt eine wesentlich vorteilhaftere Gewichtsverteilung als der extrem hecklastige Typ 130, was grundsätzlich zu gutmütigeren, ausgeglicheneren Fahreigenschaften führen muss.

Quermotor und Frontantrieb

Noch innovativer ist der daraus entstehende zweite Vorschlag: *Da kam mir plötzlich der Gedanke, daß dieses kompakte Triebwerk sich genau so gut in den ungenutzten Raum vor der Vorderachse anordnen liesse, wenn man nur bereit war die etwas aufwendigeren Weitwinkelgelenke für den Vorderradeinschlag in Kauf zu nehmen,* berichtet Müller in seinen Memoiren. So entsteht im Frühsommer 1934 – leider nur auf dem Papier – das erste moderne Automobil mit quer eingebautem Vierzylinder-Frontmotor und Frontantrieb. Nota bene 25 Jahre bevor der von Alec Issigonis entworfene Austin/Morris »Mini« präsentiert wird, der gemeinhin als Initialzündung für die Einführung jenes platzsparenden Fahrzeugkonzepts gilt, das noch heute das meistverwendete ist.[90/I]

Was ist daraus geworden? *Wagner verfolgte meine Arbeiten zwar mit wohlwollendem Interesse, doch hatte er offenbar von Oben bereits einen Wink bekommen sich nicht allzu sehr mit »Utopien« zu verzetteln,* erzählt Müller. Das Interesse an ausgesprochen preisgünstigen Kleinwagen unterhalb des 130 (W 23) hat sich in der Firmenleitung zwischenzeitlich verflüchtigt. Und so wandern seine beiden verheißungsvollen Fahrzeugprojekte zu seinem Bedauern in die Schublade. Josef Müller ärgert sich im Nachhinein, sein zukunftsweisendes Konzept mit quereingebautem Fronttriebblock nicht dem späteren technischen Direktor Hans Gustav Röhr unterbreitet zu haben, der intelligenten Ideen gegenüber sehr aufgeschlossen war.[91]

Anmerkung I: Einen quer eingebauten Motor besaß auch der 1931 präsentierte DKW Front. Allerdings ist die Ausgangslage hier eine andere: Der an sich sehr kurze, von einem Motorradtriebwerk abgeleitete Zweizylinder-Zweitakter wurde hinter der Vorderradaufhängung eingebaut.

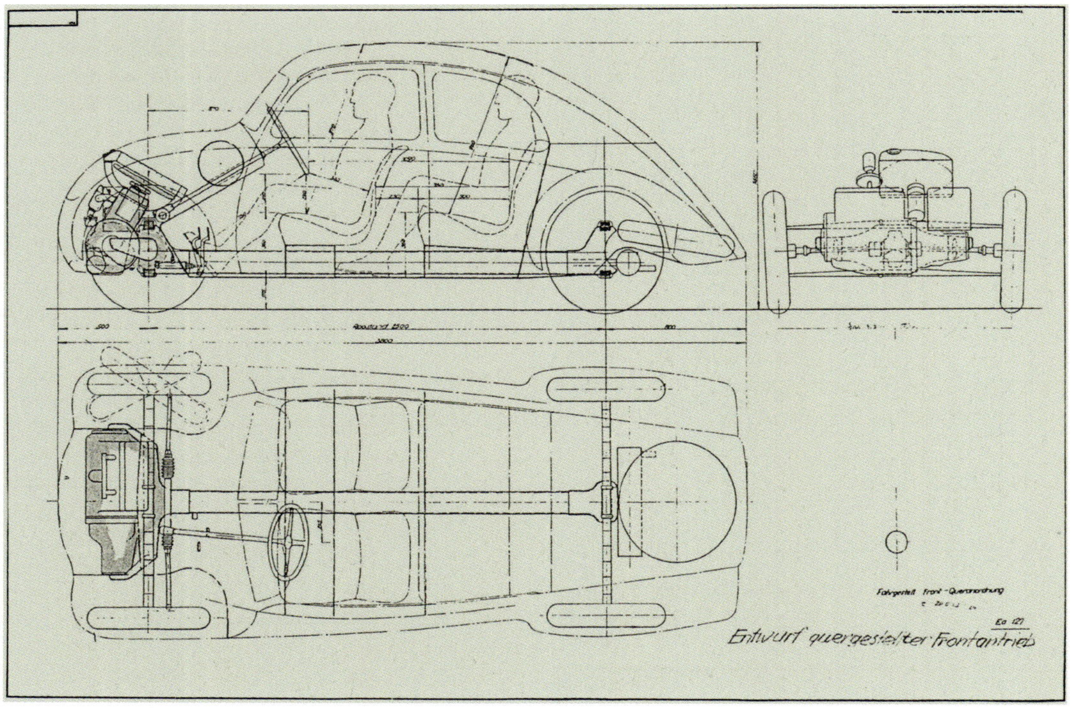

Abb. 0083
Die konsequenteste Idee besteht zweifellos aus der Umkehrung der Disposition: Im Vorschlag Ea 127 vom Mai 1934 zeigt Josef Müller einen Frontantriebswagen mit dem quer vor bzw. über der Vorderachse angeordneten Vierzylindermotor. Weil der Tank ebenfalls im Bug Platz findet, lässt sich sogar ein ordentlicher Gepäckraum im Heck realisieren. Erst 25 Jahre nach diesem Entwurf wird 1959 mit dem Austin/Morris »Mini« ein Auto mit diesem platzsparenden Konzept verwirklicht.

Müllers Zurückhaltung hat aber seinen Grund gehabt: *Leider endeten die Besuche des Herrn Röhr an meinem Brett meist mit einer gegenseitigen Unstimmigkeit, was mir um so mehr leid tat, als ich dem Manne durchaus Sympathien entgegenbrachte. Irgendwie war ich aber nicht seine Kragenweite.*[92]

Das Scheitern der Heckmotorwagen-Familie

Die extreme Hecklastigkeit des 130 (W 23) *wird wohl nie ganz behoben werden können,* kommen die Ingenieure im Herbst 1934 selbstkritisch zum Schluss. Der weit nach hinten verschobene und eher hohe Schwerpunkt führt nicht nur zu einer starken Hinterachsbelastung, sondern ebenso zu einer extremen Hebelwirkung beim Ein- und Ausfedern. Der kurze und niedrig bauende Boxermotor des 1932 nicht zur Serienreife entwickelten Typs 120 (W 17) wäre bezüglich der Fahreigenschaften vorteilhafter gewesen, desgleichen der Vorschlag von Josef Müller mit dem quer über der Hinterachse angeordneten Reihenvierzylinder.

Dabei hat im Vorjahr 1933 mit dem Heckmotorprinzip alles so hoffnungsvoll begonnen: Der zweitürige 130 soll – so die damalige Absicht – durch eine viertürige Limousine mit 1,6-Liter-Motor ergänzt werden. Zudem präsentiert Ende September 1933 der Leiter des Konstruktionsbüros Max Wagner bei einer technischen Sitzung überraschend den Entwurf eines kleinen Sportwagens mit Mittelmotor, von dem Nibel und die übrige technische Führungsmannschaft sehr angetan sind.[I] Man spricht nun gar vom Entstehen einer Art Heckmotor-Familie, die einen *prägnanten Sammelnamen* bekommen soll, *wobei Typenbezeichnungen etc. wegzufallen hätten.*[93] Die Euphorie über eine Heckmotor-Typenreihe ist nun – ein Jahr später – der Einsicht gewichen, dass höchstens ein deutlich verbesserter 130 übrigbleiben wird. Die innovativen Kleinwagenprojekte von Müller werden nicht weiterverfolgt und auch der technisch interessante Mittelmotor-Sportwagen mit der Typenbezeichnung 150 und der Baureihenbezeichnung W 30 bringt klein Glück. Sechs Fahrgestelle dieses Wagens werden 1934 gebaut, als sogenannte Sportlimousinen karossiert und recht erfolgreich in Wettbewerben eingesetzt. Eine Kommerzialisierung mit neuer Roadsterkarosserie scheitert 1935 trotz modernem 1,5-Litermotor mit hängenden Ventilen, obenliegender Nockenwelle und einem untadeligen Fahrverhalten.

Hans Nibels überraschender Tod

Der Mercedes-Benz 130 (W 23) ist ein Fahrzeug, das konzeptionell die Handschrift von Hans Nibel trägt. Wie weit die vielschichtigen Probleme mit diesem ungewöhnlichen, als Serienfahrzeug fast revolutionären Wagen Nibel gesundheitlich belasten, ist nicht bekannt. Als Technikvorstand der Daimler-Benz AG, deren Produktionsfeld vom Nutzfahrzeug- und Personenwagenbau bis zu Flug- und Großmotoren reicht und die überdies im Rennsportgeschehen an vorderster Front aktiv ist, trägt er jedenfalls eine enorme – und wie sich zeigen soll – erdrückende Verantwortung: Als Hans Nibel am 25. November 1934 im Hauptbahnhof Stuttgart den Nacht-Schnellzug nach Berlin besteigen will, um dort die Rennsportsaison 1935 vorzubereiten, bricht er als Folge eines Herzinfarkts auf dem Bahnsteig zusammen und stirbt.[94/II]

Anmerkung I: Siehe ausführlicher bei Engelen, Rennwagen 2011, S. 279–283.
Anmerkung II: Gemäß Nallingers Memoiren wollte Hans Nibel zu einer Besprechung im Luftfahrtministerium nach Berlin reisen (Nallinger, Leben, S. 325).

Abb. 0084
Im Herbst 1933 präsentiert Fahrgestellchef Max Wagner einen kleinen Mittelmotorsportwagen mit längs vor der Hinterachse eingebautem Vierzylindermotor, den Typ 150 (W 30). Die sechs Fahrgestelle werden als sogenannte Sportlimousinen karossiert und 1934 in Sportwettbewerben eingesetzt. Die Variante mit Roadster-Aufbau (Bild) ist zu ungewöhnlich und fällt beim Publikum durch, so dass anfängliche Produktionsabsichten 1935 verworfen werden.

Abb. 0085
Der 150 Sport-Roadster verfügt über das Grundkonzept des Benz »Tropfen-Rennwagens«: Die Lage des Triebwerks vor der Hinterachse ist für ein agiles Kurvenverhalten günstig. Der bloß 1,5 Liter große Vierzylinder mit hängenden Ventilen und obenliegender Nockenwelle – eine Neukonstruktion – leistet beachtliche 55 PS. Für genügend Kühlleistung wird die Luft von einem Radialgebläse durch den speziellen Wasserkühler im Heck gepresst.

1.5 Mercedes-Benz 170 H (W 28): Das Heckmotor-Liebhaberfahrzeug

Die Idee einer eigentlichen »Heckmotorfamilie« muss mit dem Misserfolg des Typs 130 (W 23) aufgegeben werden. Dennoch mag man sich nicht vollständig vom Motor im Heck trennen, zu stark ist dieser Wagen von der Fachwelt gelobt worden. Der gründlich überarbeite und dezent vergrößerte 130 mutiert zum 170 H (W 28) und wird auf der IAMA 1936 in Berlin präsentiert – zusammen mit dem »Auffangtyp« 170 V, der zum Volumenmodell werden soll. Der 170 H wird als der modernere, eher exklusive Kompaktwagen für den Kenner angepriesen und findet wenige, aber begeisterte Anhänger.

Sinneswandel angesichts wirtschaftlichem Aufwärtstrend

Die Fertigung eines noch bescheideneren Kleinwagens als der Typ 130 (W 23) – also das wiederholt diskutierte Billigauto für maximal 2 500 RM – ist spätestens ab der zweiten Hälfte des Jahres 1934 kein Thema mehr. Dieser Sinneswandel, obwohl protokollarisch nicht direkt belegbar, hängt mit der politisch-gesellschaftlichen Entwicklung zusammen: Anderthalb Jahre sind vergangen, seit Reichspräsident Hindenburg den NSDAP-«Führer« Adolf Hitler zum Reichskanzler ernannt hat. Inzwischen ist die demokratische Weimarer Verfassung suspendiert, die Gewaltenteilung und die parlamentarische Kontrolle der Regierung sowie die grundlegenden Bürgerrechte sind aufgehoben. Aus dem Rechtsstaat ist ein nationalistischer Polizeistaat geworden, der eine scharfe Rassenpolitik betreibt und Andersdenkende, Oppositionelle, Behinderte sowie zunehmend Juden verfolgt. Große Teile der Bevölkerung akzeptieren diese Entwicklung widerspruchslos oder tragen sie mehr oder weniger aktiv mit. Denn wirtschaftlich geht es in Deutschland – nach dem Absturz als Folge des weltweiten Börsenzusammenbruchs im Oktober 1929 – merklich bergauf. Dies wird dem neuen Regime zugeschrieben, obwohl die Talsohle bereits im Spätherbst 1932 durchschritten ist, also vor der Machtergreifung der NSDAP.

Das gut situierte Bürgertum kann sich nun wieder mit dem Gedanken befassen, ein Automobil anzuschaffen, zumal die neuen Machthaber den Motorfahrzeugverkehr nach Kräften fördern. Weiter hat Hitler zu Beginn des Jahres 1934 den »Volkswagen«, also das Automobil für die große Masse der Lohnempfänger, zu seinem öffentlichen Thema gemacht und Ferdinand Porsche mit dessen Entwicklung beauftragt. Wer dieses Fahrzeug wo und wie bauen soll, ist zwar noch nicht ersichtlich, doch mit der Entwicklung eines eigenen Billigstwagens ist aus Sicht des Daimler-Benz-Vorstands Zurückhaltung geboten.[95] Nach wie vor genießt ein vernünftiges und vollwertiges Gebrauchsfahrzeug von einwandfreier Qualität erste Priorität für die Massenproduktion.

1,6-Liter-Standard und -Heck: Unterschiedlich disponierte Modelle gleicher Größe?

Wie beschrieben: Erste Bedenken, mit dem Heckmotorwagen 130 (W 23) die richtige Wahl getroffen zu haben, hat bereits die Präsentation auf der Internationalen Automobil- und Motorrad-Ausstellung (IAMA) im März 1934 in Berlin ausgelöst.

Kaum hat die IAMA ihre Tore geschlossen, tritt der Vorstand in Untertürkheim zu einer Besprechung zusammen, um das auf der Messe Gesehene und Gehörte zu verarbeiten. Und das stimmt nicht nur optimistisch. *Man ist erneut der Auffassung, daß sich der Wagen* [gemeint ist der 130 W 23] *zwar etwas langsamer als die übrigen Typen, aber auf lange Sicht gesehen gut einführen wird. Dennoch kam man zu dem Ergebnis, den 1,3 Ltr. grundsätzlich in gleicher Konstruktion wie jetzt, aber mit vorn liegendem Motor zu entwickeln, um auf jeden Fall gesichert zu sein. Herr Dr. Nibel hat die Auflage übernommen, die Durchführung dieser Konstruktion schnellstens zu bewirken,* vermeldet das Protokoll.[96] Der Begriff »schnellstens« ist angesichts der vielen laufenden Vorhaben zu relativieren, aber die Forderung, vom kompakten 1,3-Liter auch eine Variante mit Standardantrieb zu konstruieren, nimmt der Technikchef ernst.[97]

Ein »Auffangtyp« mit Standardantrieb und 1,6-Liter-Motor entsteht

Die Arbeit an diesem neu zu entwickelnden Gegenmodell mit Standardantrieb setzt um die Jahresmitte 1934 ein. Man bezeichnet es ganz offen als *sogenannter Auffangtyp*, ein untrüglicher Hinweis, dass die Konzernleitung damit das magere Verkaufsergebnis des Heckmotor-130 aufzufangen und ins Gegenteil umzudrehen hofft. Ab dem Spätherbst forciert man die Konstruktions- und Versuchsarbeiten an diesem neuen Typ, der nun mit demselben 1,6-Liter-Vierzylindermotor versehen werden soll, welcher im unterdessen erneut geplanten viertürigen Heckwagen eingebaut werden soll. Das Ziel, mit der Serienfabrikation in einem knappen Jahr, also im Oktober 1935, starten zu können, ist ehrgeizig.

Die Auslieferung an die ersten Kunden ist für Dezember 1935 oder allerspätestens für Januar 1936 geplant.[98] Tatsächlich verlassen, wie sich zeigen soll, die ersten Serienfahrzeuge dieses Auffangtyps mit lediglich einmonatiger Verspätung die Fertigungsstätte in Untertürkheim.[I] Entstanden ist der Typ 170 V (W 136), der im Laufe seiner langen und komplexen Fertigungsgeschichte zu einer Legende werden wird.

Anmerkung I: Die detaillierten Ausführungen folgen in Kap. 2.1, S. 76 ff und Kap. 2.2, S. 88 ff.

Abb. 0086
Der Typ 170 H (W 28) mit Hecktriebsatz wird ab Februar 1936 angeboten, parallel zum »Auffangtyp« 170 V mit Frontmotor. Seiner Außenseiterrolle entsprechend wird der 170 H mit Individualität und Freizeit in Verbindung gebracht.

Abb. 0087
Im Verkaufskatalog des 170 H (W 28) wird explizit auf die vom Üblichen abweichende Motordisposition und auf interessante Details wie die »Pressluft-Wasserkühlung« aufmerksam gemacht.

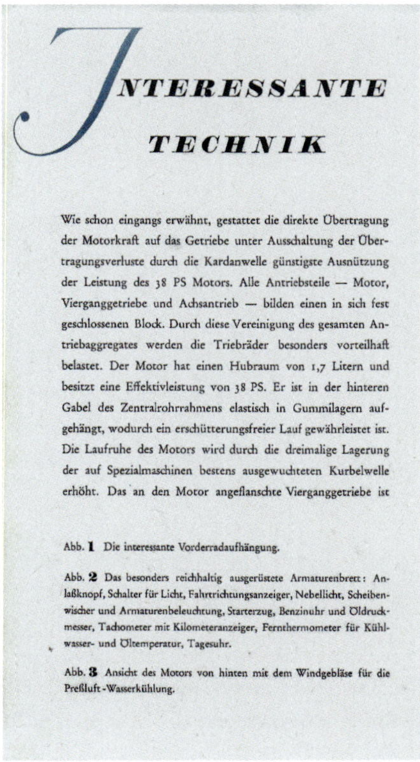

INTERESSANTE TECHNIK

Wie schon eingangs erwähnt, gestattet die direkte Übertragung der Motorkraft auf das Getriebe unter Ausschaltung der Übertragungsverluste durch die Kardanwelle günstigste Ausnützung der Leistung des 38 PS Motors. Alle Antriebsteile — Motor, Vierganggetriebe und Achsantrieb — bilden einen in sich fest geschlossenen Block. Durch diese Vereinigung des gesamten Antriebaggregates werden die Triebräder besonders vorteilhaft belastet. Der Motor hat einen Hubraum von 1,7 Litern und besitzt eine Effektivleistung von 38 PS. Er ist in der hinteren Gabel des Zentralrohrrahmens elastisch in Gummilagern aufgehängt, wodurch ein erschütterungsfreier Lauf gewährleistet ist. Die Laufruhe des Motors wird durch die dreimalige Lagerung der auf Spezialmaschinen bestens ausgewuchteten Kurbelwelle erhöht. Das an den Motor angeflanschte Vierganggetriebe ist

Abb. 1 Die interessante Vorderradaufhängung.

Abb. 2 Das besonders reichhaltig ausgerüstete Armaturenbrett: Anlaßknopf, Schalter für Licht, Fahrtrichtungsanzeiger, Nebellicht, Scheibenwischer und Armaturenbeleuchtung, Starterzug, Benzinuhr und Öldruckmesser, Tachometer mit Kilometeranzeiger, Fernthermometer für Kühlwasser- und Öltemperatur, Tagesuhr.

Abb. 3 Ansicht des Motors von hinten mit dem Windgebläse für die Preßluft-Wasserkühlung.

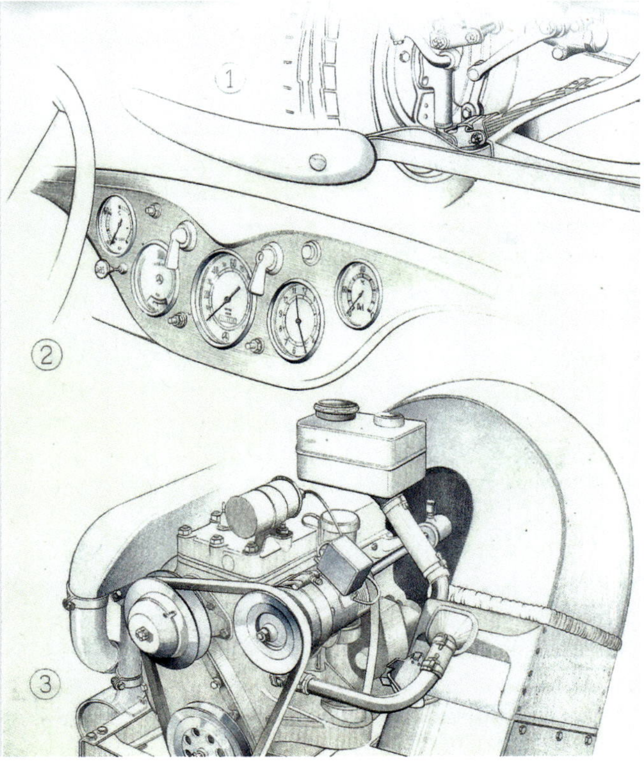

Der erneuerte »Heck« heißt 170 H (W 28)

Zurück zum Thema Heckmotor. In der zweiten Jahreshälfte 1934 ist allen Führungskräften bewusst geworden, dass sich der Heckmotor-Mercedes-Benz nicht für die Massenproduktion eignet. Seine Existenz lässt sich bloß als Nischenprodukt rechtfertigen, sozusagen als

Abb. 0088 & 0089
Der 170 H (W 28) ist kein vollständig neuer Typ, sondern eine maßvoll vergrößerte Weiterentwicklung des 130 (W 23). Das Fahrgestell ist konstruktiv identisch geblieben, muss aber in all seinen Komponenten angepasst werden. Im Unterschied zum Vierganggetriebe des 170 V bleibt im 170 H das bisherige Dreiganggetriebe mit Schnellgang erhalten, desgleichen die 17"-Räder mit den kleinen Raddeckeln.

Ausweis für die technische Innovationskraft der Daimler-Benz AG und als Modellvariante für den Kenner, der in der Lage und bereit ist, für diese Besonderheit etwas tiefer in die Tasche zu greifen. So gesehen ist es nachvollziehbar, dass die Entwicklung der stark gebrauchspraktisch orientierten viertürigen Heckmotor-Limousine im Verlaufe des Frühjahrs 1935 abgebrochen wird, umso mehr als nun eine in der Größe und Leistung vergleichbare Variante mit Standardantrieb im Entstehen begriffen ist. Der Heckmotorwagen soll nur noch in der modernisierten zweitürigen Version mit 1,6-Liter-Motor gebaut werden.

In den Verkauf gelangt dieser grundlegend überarbeitete Heckmotorwagen schließlich als Typ 170 H (W 28) gleichzeitig mit dem *Auffangtyp* 170 V (W 136) ab Februar 1936. Die Typenbezeichnungen verraten es: Aus dem geplanten 1,6-Liter-Vierzylindermotor ist zwischenzeitlich ein 1,7-Liter geworden.[99/I] Das »H« in der Verkaufsbezeichnung steht für »Heck«, das »V« für »vorn«; diese Zusätze sind nötig geworden, um die beiden neuen 170er-Modelle untereinander und vom alten W 15 unterscheiden zu können.

Überarbeitet: Fahrgestell und Motor

Der 170 H (W 28) ist gegenüber dem 130 (W 23) in allen drei Dimensionen maßvoll gewachsen, der Radstand beträgt nun 2 600 mm, also 100 mm mehr als beim Vorgängermodell. Das Rückgrat des Wagens, ein hinten zur Aufnahme der Motor-Getriebeeinheit gegabelter Zentralrohrrahmen, entspricht in seinem Aufbau weitestgehend demjenigen des 130 (W 23), ist aber in seinen Einzelheiten den neuen Gegebenheiten angepasst. Dies trifft gleichermaßen für die Radaufhängung zu: Vorn kommt erneut die bewährte Einzelradaufhängung an zwei übereinanderliegenden Querblattfederpaketen zum Einsatz, die, als Parallelogramm ein- und ausfedernd, den Radsturz konstant halten; kombiniert ist sie wiederum mit einer Zahnstangenlenkung. Hinten bleibt es bei der angetriebenen Pendelachse, deren Achshälften sich mit je einer Schraubenfeder an einer hochliegenden Rahmenbrücke abstützen. Hydraulisch betätigte Bremsen und hydraulische Hebelstoßdämpfer sind in den vergangenen fünf Jahren bei den Mercedes-Benz-Pkw-Modellen zur Selbstverständlichkeit geworden. Zwei quer zum ovalen Längsrohr angebrachte Ausleger tragen den Aufbau. Fahrerseitig dient ein zweifach abgekantetes Bodenblech auch der Befestigung der Pedalerie. Unverändert bleibt indessen die konzeptionell ungünstige Einbaulage der Motor-Getriebeeinheit; der stehend in Längsrichtung positionierte Reihenvierzylinder liegt mitsamt der Kupplung im Überhang. Vor der Hinterachse mit ihrem ins Getriebegehäuse integrierten Differenzial befindet sich das nach wie vor unsynchronisierte Dreiganggetriebe mit kupplungslos zu schaltendem Schnellgang. Die Schaltbewegungen werden vom Schalthebel aus mit einem langen Gestänge ins Getriebe übertragen; dieses Gestänge verläuft zusammen mit den Kabelzügen für die Heizungsbetätigung in einem Blechtunnel über dem mittigen Tragrohr.

Die Hubraumerweiterung des Motors von 1,3 Liter auf zunächst 1,6 Liter ist rasch postuliert und beschlossen, verlangt aber doch ein erhebliches Maß an konstruktiver Arbeit. Es zeigt sich nämlich, dass der bestehende

Anmerkung I: Siehe auch Kap. 2.1, S. 84 f.

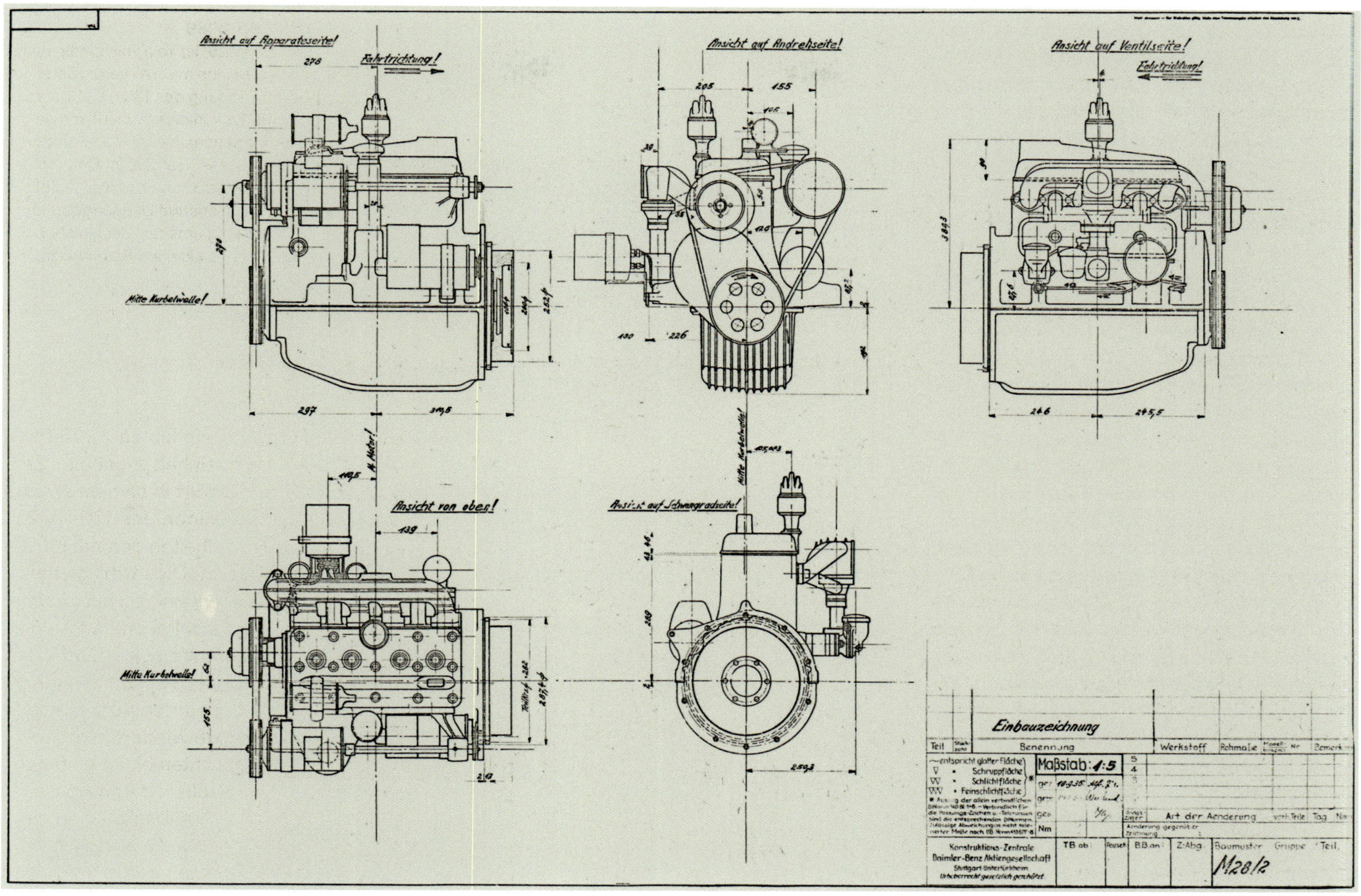

1,3-Liter-Block für diese Vergrößerung nicht ausreicht, so dass die Motorenabteilung des Konstruktionsbüros gezwungen ist, einen neuen, ausreichend dimensionierten Motorblock zu entwickeln, der die Erweiterung auf 1,6 und später auf 1,7 Liter problemlos zulässt. Den konstruktiven Aufbau der Maschine mit der Bezeichnung M 28 – ein dreifach gelagerter Vierzylinder mit stehenden Ventilen und Steigstromvergaser – übernimmt man der Einfachheit halber exakt vom 1,3-Liter, der sich gut bewährt hat. Wo es geht, übertragen die Motorenkonstrukteure auch die Detaillösungen, allenfalls werden sie kaum erkenntlich in ihren Dimensionen den größeren Kräften angepasst.[100] Der neue Motor erreicht eine Leistung von 38 PS bei 3 400 U/min, das maximale Drehmoment liegt bei 10,2 mkg bei 1 800 U/min. Das Leistungsplus von 15 PS gegenüber dem 1,3-Liter-Motor M 23 ist beachtlich und nicht einzig auf den größeren Hubraum zurückzuführen, denn die Literleistung steigt ebenfalls, und zwar von 19,9 PS beim M 23 auf 22,4 PS beim M 28 (+ 11,5%).

Abb. 0090
Einbauzeichnung des 1,7-Liter-Vierzylindermotors M 28 für den 170 H (W 28), datiert 18.09.1935. Das Triebwerk basiert zwar auf dem 1,3-Liter des 130 (W 23), hat aber leicht vergrößert und deshalb vollständig neu gezeichnet und berechnet werden müssen.

Abb. 0091
Wegen des abfallenden Hecks sitzt der Kühler vor dem Motor und hat einen separaten Wassertank über dem Zylinderkopf. Die Antriebswelle des Lüfters ist nach rechts verlegt und mit der Lichtmaschine zusammengefasst. Dadurch kann der Riementrieb vereinfacht werden. Das Blechgehäuse links dient der Auspuff-Warmluftheizung.

Wie beim 130 (W 23) baut man das Triebwerk mitsamt dem Getriebe an vier Punkten (zwei am Motorende, zwei in Getriebemitte) gummigedämmt in der Rahmengabel ein. Eine eklatante Veränderung und Verbesserung gibt es bei der Motorkühlung, die beim 130 (W 23) ein Schwachpunkt geblieben ist. Statt des konventionellen, mit einem üblichen Lüfter beaufschlagten Kühlers vor dem Motor, der über die seitlichen Kiemen nur ungenügend von Fahrtwind durchströmt wird, setzen die Konstrukteure nun einen in Zusammenarbeit mit der Kühlerfabrik Behr in Stuttgart-Feuerbach entwickelten Spezialkühler ein. Dieser ist zwar in der Stirnfläche bescheiden, was der Unterbringung im engen Motorraum im Heck entgegenkommt, durch die Reihung von Kühlelementen hintereinander aber wesentlich dicker und dadurch entsprechend leistungsfähig. Ein Radialgebläse presst nun Luft in großer Menge über einen kurzen Kanal durch diesen Kühler. Zur Kontrolle des Kühlflüssigkeitsstands dient ein separater kleiner Tank, der sich an zugänglicher Stelle über dem Motor befindet. Hier ist auch ein Thermostat eingebaut, der den Kühlkreislauf erst mit steigender Kühlmitteltemperatur allmählich freigibt. Der Radialventilator selbst wird indirekt über den Keilriementrieb am hinteren Motorende angetrieben, indem rückseitig an der nach oben gerückten Lichtmaschine eine offen laufende Welle angeflanscht ist. Auf der gegenüberliegenden linken Motorseite befindet sich der Ansaug- und Auspuffkrümmer mit dem Solex-Steigstromvergaser. Eine Gemischvorwärmung für den Winterbetrieb nutzt die Abwärme des Auspuffkrümmers. Für den Sommerbetrieb, wenn keine Vorwärmung notwendig ist, lässt sich am Auspuffkrümmer ein quadratischer Deckel um 90 Grad gedreht montieren, wodurch die innenseitig angebrachte Zunge die Heizungsöffnung verschließt.

Abb. 0092 & 0093
Der 170 H ist gegenüber dem 130 nicht nur grösser geworden, sondern in seiner Erscheinung rundlicher, ausgewogener und moderner.

Abb. 0094
Einzig die vom 170 V abgeleitete Armaturentafel mit zentral angeordneten Instrumenten ist formal eher ein Rückschritt. Dank pfeilförmig geteilter Frontscheibe lässt sich der Aschenbecher in der Abdeckung eintiefen.

Abb. 0095
Den 170 H (W 28) gibt es nur zweitürig, entweder als Limousine oder als Cabrio-Limousine. Dank großer Türen gelingt der Einstieg in den hübschen Fond ohne große Verrenkungen. Ein viertüriger Heckmotorwagen ist bei der Entwicklung des 130 (W 23) zur Diskussion gestanden, beim eher sportlich positionierten Nischenmodell 170 H hat sich diese Frage nicht mehr gestellt.

Analog dem Typ 130 verfügt auch der 170 H über eine Warmluft-Wagenheizung: Die Abgaswärme des Motors erhitzt in einem blechernen Heizmantel, der den Auspuffkrümmer umschließt, die von außen einströmende Luft und führt sie bei Bedarf in den Fahrgastraum. Hauptsächlich um die Gewichtsverteilung zu verbessern, baut man nun den auf 40 Liter vergrößerten Treibstofftank im Wagenbug ein. Die veränderte Lage des Tanks erfordert den Einsatz einer Treibstoffpumpe. Gewählt wird eine Membranpumpe, die auf der linken Motorenseite vor dem Vergaser in eine Öffnung im Motorblock eingesetzt ist und von der Nockenwelle angetrieben wird.

Hübsches Karosseriekleid

Formal hat der 170 H (W 28) gegenüber dem 130 (W 23) deutlich gewonnen. Obwohl zweitürig geblieben, wirkt das Auto insgesamt erwachsener als sein Vorgänger, die Linienführung ist gestreckter, trotz der rundlichen Form. Dazu trägt der um 100 mm verlängerte Radstand nicht unwesentlich bei. Eine von vorn bis hinten durchlaufende Gürtellinie, die am Bug steil beginnt, über der Fronthaube abflacht und im Bereich der Fahrgastzelle horizontal verläuft, um im Heck in einem ausgewogenen Schwung nach unten zu fallen, prägt die Seitenansicht. Kein Trittbrett verbindet die passend zur Gesamtform gewölbten Kotflügel, was den Aufbau ausgesprochen modern erscheinen lässt. Der Pavillon wird stark von den beiden Seitenfenstern geprägt. Das hintere, feststehende ist kürzer und oben stärker gerundet; es bildet mit dem Dach, das recht weit hinten mit einem dezidierten Schwung auf der Gürtellinie endet, eine wohlgeformte Einheit. Die zweiteilige, dezent abgewinkelte Frontscheibe verstärkt die Eleganz. Die verchromten, gegen die äußeren Enden hin stark verjüngten Stoßstangen sind als Ecksegmente ausgebildet, welche die Nummernschilder rahmen. Die vorderen Scheinwerfer werden nach wie vor als separate Einheiten auf die Kotflügel gesetzt, die beiden Rücklichter hingegen zusammen mit dem mittigen Stopplicht als kleine Ovale über dem Nummernschild in die Karosserie eingelassen. Trotz des ausladenden Motors gelingt Karosserieingenieur Walter Häcker und seinen Kollegen in Sindelfingen ein harmonischer Heckabschluss, der auch von schräg hinten wohlproportioniert erscheint. Etwas weniger perfekt wirkt die Formgebung des Vorderwagens, was zumindest teilweise an den aufgesetzten statt eingelassenen Scheinwerfern liegt. Trotzdem, im Vergleich mit dem Vorgänger hat die gestalterische Qualität auch in diesem Bereich deutlich gewonnen. Glücklicherweise ist man nicht der Versuchung unterlegen, ein Frontmotor-Modell zu imitieren. Die kühlergitterlose Front nutzt man geschickt für einen teileingelassenen, zentralen Nebelscheinwerfer – ein Luxusattribut. Darüber setzt der chromglänzende, aber erstaunlicherweise ringlose Mercedes-Stern einen Akzent. Die Richtungszeiger fügen die Sindelfinger unmittelbar vor der A-Säule unauffällig weil außenbündig in die Karosserie ein.

Bezüglich der Bauweise bleibt man nach wie vor beim blechbeplankten Buchenholzskelett, also bei der bewährten Gemischtkonstruktion, die vom Werk Sindelfingen unterdessen auch fertigungstechnisch perfektioniert worden ist. Dass der 170 H (W 28) auf einem älteren Modell aufbaut, verraten die 17"-Räder mit den kleinen Radnabendeckeln, die unverändert vom 130 (W 23) übernommen worden sind. Das Schwestermodell mit Frontmotor, der 170 V (W 136), rollt hingegen auf 16"-Reifen und zeigte die modernen, im Durchmesser größeren Radkappen.

Attraktiver Innenraum

Der Innenraum präsentiert sich als erstaunlich geräumig, insbesondere angesichts der nach wie vor zurückhaltenden Außenabmessungen. Im Fond gibt es keine störenden Einbuchtungen durch die Radhäuser, weil die Rücksitzbank vollständig vor der Hinterachse liegt. Die Zugänglichkeit nach hinten ist dank der gro-

Abb. 0096
Obwohl im 170 H zusätzlich zum Ersatzrad auch der Treibstofftank im Bug statt im Heck untergebracht ist, bleibt über dem Bordwerkzeug Raum für einen schlanken Koffer. Der Bremsflüssigkeits- und der Zentralschmierbehälter sind bestens zugänglich.

Abb. 0097 (rechte Seite)
Die Gestaltung des 170 H liegt in den Händen des Karosserieingenieurs Walter Häcker, dem die rundlichen Formen der mittleren und späten 1930er Jahre besonders gut gelingen. Die Cabrio-Limousine präsentiert sich auch aus ungewohnter Perspektive vorteilhaft.

Abb. 0098 & **0099** (beide rechte Seite)
Die Wagenfront verzichtet glücklicherweise auf einen Pseudokühler. So lässt sich die einzelne Nebelleuchte perfekt integrieren. Von hinten ist der 170 H hauptsächlich wegen der Luftschlitze als Heckmotorwagen zu erkennen; die Ausladung bleibt trotz stehend eingebautem Reihenmotor in Grenzen.

ßen Türen und der abklappbaren Rücklehnen der beiden in der Länge bequem verstellbaren Vordersessel unproblematisch, zudem gibt es hübsch geflochtene Haltekordeln an den B-Säulen. Das Armaturenbrett mit den drei Rundinstrumenten in der Mitte und den beiden seitlichen Handschuhfächern mit Deckel ist indes gestalterisch weniger fortschrittlich als dasjenige des 130 (W 23); es entspricht in seiner Disposition demjenigen des 170 V. Immerhin lässt sich der Aschenbecher im 170 H dank der zweiteiligen, abgewinkelten Frontscheibe in Wagenmitte auf der Oberseite der Armaturenbrettabdeckung unterbringen. Die drei kreisrunden Instrumente haben elfenbeinfarbige Zifferblätter. Das mittlere ist im Durchmesser etwas grösser und umfasst den Geschwindigkeitsmesser mit dem Kilometerzähler, das linke die Tankanzeige und den Öldruckmanometer und das rechte die Zeituhr. Auf einen Kühlwasserthermometer glaubt man verzichten zu können; der Fahrer wird durch eine im Motorraum eingebaute Signalpfeife auf kochendes Kühlwasser aufmerksam gemacht. Da die Frontscheibe nicht ausstellbar ist, lenkt man die beiden Scheibenwischer nach neustem Trend unten an, mit dem Vorteil, dass das Gestänge unter dem Armaturenbrett verborgen liegt. Auch die Betätigung der Handbremse ist aktualisiert, und zwar mittels eines zusätzlichen Zieh-Drehgriffs unter der Armaturentafel, der seinerseits den stehenden, beifahrerseitig am Mitteltunnel angelenkten Handbremshebel betätigt.

Allen gegenteiligen Beteuerungen zum Trotz, die Unterbringung von Gepäck ist beim Vorgänger 130 (W 23) mit einem Handicap verbunden gewesen. Den Karosserieingenieuren gelingt beim 170 H auch diesbezüglich eine Verbesserung. Nun lässt sich im Vorbau ein kleiner Koffer verstauen, trotz des vorn liegenden Treibstofftanks. Ein vergrößertes Kofferfach gibt es hinter der klappbaren Rückenlehne der Fondbank. Sind die dortigen Fahrgäste bereit, auf den großzügigen Fußraum unter den Vordersitzen zu verzichten, lassen sich an diesen Stellen zwei weitere kleine Gepäckstücke unterbringen. Eine optimale Ausnutzung der vier Ablagen im 170 H kann allerdings nur mittels passender Formkoffer erreicht werden, wie sie Mercedes-Benz für sämtliche ihrer Modelle anbietet. Hersteller ist die Firma Baisch in Stuttgart-Bad Cannstatt. Unter dem flachen Gepäckraum im Vorbau, der sich zwischen dem Treibstofftank und der Spritzwand befindet, werden in eigens dafür gefertigten Aufnahmen der Wagenheber und ein ordentliches Werkzeugsortiment untergebracht.

Überflüssig zu erwähnen, dass der neue Heckmotor-Typ wie sein Vorgänger über eine Zentralschmieranlage, ein Lenkradschloss, einen Zigarettenanzünder und eine Warmluftheizung verfügt. Letztere hält man angesichts des Heckmotors für unumgänglich, da die Abwärme der Maschine bei Fahrt nicht auf natürliche Weise dem Innenraum zugutekommt wie beim Frontmotor, sondern sich nach hinten ins Freie verflüchtigt; die Passagiere danken es.[101]

▷ **Siehe Band II/Seite 14–16**, Tabelle A 04 Technische Daten: 170 H (W 28/W 128)

Als Liebhaber-Modell »der besonderen Klasse« akzeptiert und unbestritten

Die Verschiebung der ursprünglich für den 130 (W 23) vorgesehenen Neuerungen auf das Frühjahr 1936 und ihre Präsentation in Kombination mit dem 1,7-Liter-Motor als neues Heckmotormodell 170 H (W 28) hat sich gelohnt. Bereits Anfang Februar, zwei Wochen vor Beginn der Berliner Automobilausstellung, können Vorführwagen ausgeliefert werden, und den Händlern wird erlaubt, umgehend mit der Werbung loszulegen.[102]

IIIA 24191

Präsentation und Presseecho

Auf der IAMA, die vom 15. Februar bis zum 1. März 1936 ihre Tore offen hält, stehen allerdings der 170 H und sein frontmotoriges Schwestermodell 170 V im Schatten des Mercedes-Benz 260 D (W 138), der zusammen mit dem Hanomag Rekord als erster Diesel-Pkw gefeiert und als *Markstein* in der Automobilentwicklung bezeichnet wird. Trotzdem, der zum neuen Typen 170 H überarbeitete Heckmotorwagen sorgt dank seiner von der Masse abweichenden Konzeption für erfreuliche Aufmerksamkeit. Wiederum sind ein zweitüriger Innenlenker und eine ebenfalls zweitürige Cabrio-Limousine lieferbar, letztere mit einem Stoffdach, das in der Form dem Blechdach der Limousine sehr nahe kommt. Auf eine offene Tourenwagen-Karosserie wird verzichtet.

Insbesondere die einschlägigen Automobilzeitschriften schenken dem 170 H nahezu dieselbe Aufmerksamkeit wie der Neuerscheinung 170 V (W 136). Positiv zur Kenntnis genommen werden die Verlagerung des Treibstofftanks in den Wagenbug, der zusammen mit dem längeren Radstand für eine günstigere Gewichtsverteilung sorgt, die deutlich verbesserte Möglichkeit, Gepäck unterzubringen – *vor allem kann man mit diesem neuen Wagen auch wirklich Gepäck mitnehmen,* schreibt die »Motor-Kritik« – und schließlich die innovative und Effizienz versprechende *Pressluft-Wasserkühlung.* Diese neue, mit einem sehr starken künstlich erzeugten Luftstrom beaufschlagte Kühlung hat die Fachwelt bereits im Vorjahr am Mittelmotor-Sportwagen des Typs 150 kennengelernt.[103] Auf den Punkt bringt es »Motor und Sport«: *Hat sich nun eigentlich das Publikum an die Form des Heckmotorwagens gewöhnt? Wir jedenfalls finden an ihr nichts auszusetzen. Es ist ein moderner Wagen, auf den man stolz sein kann und durch dessen Besitz man der Welt kund tut, ein moderner Mensch zu sein.*[104] Im Schwestermodell 170 V erkennt das Publikum hingegen einen preisgünstigen Nachfolger des alten sechszylindrigen 170 (W 15). Damit hat die Zeitschrift die Positionierung der beiden Modelle bestätigt, wie sie in der letzten Phase ihrer Entwicklung von der Konzernzentrale definiert worden ist: Das Massenfahrzeug soll der 170 V werden, der 170 H sei dagegen *ein ganz besonderes Wertobjekt einer besonderen Klasse* [...], das dann auch viele Liebhaber finden werde, klären Konzernchef Kissel und Verkaufsleiter Löw in einem Schreiben die Verkäufer auf.[105]

Abb. 0100
Der 170 H, ein Wagen für die emanzipierte Dame? Das ist nicht falsch. Wer sich als Frau in den 1930er Jahren einen eigenen Wagen leisten kann und will, ist nicht selten technikaffin.
Beim abgebildeten Wagen handelt es sich um ein Vorserienfahrzeug: Der verchromte Zierstab auf der Haube, deren lackierte Scharniere, die teillackierten Raddeckel und die Vordersitze mit dem verchromten Rohrgestell entsprechen nicht der Serienausführung.

Bescheidener Verkaufserfolg

Ein Liebhaberwagen der besonderen Klasse ist der 170 H (W 28) dann tatsächlich auch geworden, aber gar so viele Liebhaber hat er damals leider nicht gefunden. Trotz der unbestrittenen Verbesserungen gegenüber dem 130 (W 23), auch bezüglich der Fahreigenschaften, bleiben die Verkäufe bescheiden. Im ersten Produktionsjahr verlassen 1 010 Wagen die Endmontage in Untertürkheim, der Absatz läuft jedoch schleppend. Die Direktion spornt deshalb im Herbst die Verkaufsstellen an, den Wagen besonders zu propagieren und seine hervorragenden Schlechtwettereigenschaften, gemeint ist die unübertroffene Traktion auf Schnee, hervorzuheben. Den Verkäufern wird eine Sonderprämie von 75 RM pro verkauften 170 H zugebilligt.[106] Es nützt wenig. Bald stehen derart viele Wagen auf Halde, dass im Folgejahr 1937 bloß 50 Exemplare gefertigt werden.

Bedrängt durch behördliche Typenbeschränkung

Im Deutschen Reich mehren sich ab 1936 staatliche Eingriffe in die Wirtschaft; sie engen die marktwirtschaftliche Handlungsweise der Unternehmen zunehmend ein. Die Ursachen liegen in der einsetzenden militärischen Aufrüstung sowie den stark vorangetriebenen wirtschaftlichen Autarkiebemühungen, die in der Konsumgüterindustrie Versorgungsschwierigkeiten auslösen. Nach mehreren, durch eine automobilfreundliche Gesetzgebung geförderten Wachstumsjahren dämpft ab 1936 die Rohstoffknappheit (zuerst Gummi, dann Eisen und Stahl) den Aufwärtstrend in der Fahrzeugbranche.[107] Im Laufe des Jahres 1937 beginnen das Wirtschaftsministerium und das Amt für den Vierjahresplan auf eine Typenbeschränkung der deutschen Kraftfahrzeugproduktion zu drängen. Dieses Bestreben dient der Kriegsvorbereitung; durch eine massiv reduzierte Anzahl Typen soll der Fahrzeugunterhalt vereinfacht werden. Rechtsverbindlich umgesetzt wird die Typenbeschränkung jedoch erst mit dem sogenannten Schell-Plan zu Beginn des Jahres 1940.

Bei seiner ersten Diskussion über die Typenbeschränkung hält der Konzernvorstand dem 170 H (W 28) die Treue und bezeichnet ihn als *Pioniertyp,* der des technischen Fortschritts wegen gebaut würde.[108] Erst ein halbes Jahr später beugt sich die Daimler-Benz AG dem Druck und sichert zu, den 170 H 1939 oder 1940 aufzugeben, *wie es uns passend erscheint.* Allerdings behält man sich vor, gegebenenfalls die Produktion eines verbesserten Heckmotorwagens wieder aufzunehmen.[109] Es geht dem Vorstand dabei wohl nicht nur ums Prestige der Marke Mercedes-Benz, als Pionierin des Heckmotorwagens in Erinnerung zu bleiben, sondern auch um Zukunftsvisionen, nicht zuletzt angesichts der fortschreitenden Entwicklung des ebenfalls mit einem Heckmotor ausgestatteten Volkswagens.

Modellpflege 1938: Aus dem W 28 wird der W 128

Trotz der schlechten Verkaufsergebnisse und der drohenden Typenbeschränkungen hält man in Untertürkheim unvermindert am 170 H als »Pioniertyp« fest und arbeitet gar daran, das Modell durch mehrere Änderungen aufzuwerten.[110] Auf technischer Seite ist Versuchsleiter Otto Winkelmann maßgebend, bezüglich der Karosserie wird Karl Wilfert beauftragt, die Beanstandungen zu beheben. Zumindest die Techniker stufen die Verbesserungen für so bedeutungsvoll ein, dass sie dem aktualisierten Wagen die neue Baureihenbezeichnung W 128 (anstelle von W 28) verleihen.[111/I] Einzelne der beschlossenen Maßnahmen fließen noch Ende 1937 in die Produktion ein, der größte Teil wird zu Beginn des Jahres 1938 umgesetzt. Sie umfassen im Wesentlichen: Verstärkter Heizmantel der Auspuffheizung; Ersatz der DBU-Treibstoffpumpe durch eine Solex-Pumpe; verstärkte Kupplung mit Druckkugellager und Anschluss an Zentralschmierung; verbesserter Thermostat; Kühlwasser-Fernthermometer und Ölmanometer als zwei gesonderte Uhren im Armaturenbrett (die lächerliche Dampfpfeife als Warneinrichtung hat meist nicht funktioniert). Weitere Änderungen betreffen das Fahrgestell (beispielsweise neue doppeltwirkende Stoßdämpfer) und die Karosserie, wo insbesondere Verstärkungs- und Abdichtungsmaßnahmen im Bereich Boden und Schottwand zum Motor dem Komfort der Fahrgäste zugutekommen. Weil für Neufahrzeuge ab Mitte 1938 die Verwendung von 17"-Felgen behördlich untersagt ist, muss für den 170 H eine Ausnahmegenehmigung eingeholt werden, die später bis Ende April 1939 verlängert wird.[112] Zu diesem Zeitpunkt endet die Fertigung des Heckmotorwagens 170 H. Vom überarbeiteten Modell 1938 (W 128) verlassen immerhin noch 439 Fahrzeuge die Endmontage.

▷ **Siehe Band II/Seite 187**
Würdigung E 04: Der Mercedes-Benz 170 H (W 28/W 128)

Abb. 0101
Der Mercedes-Benz 170 H wird als Freizeit-Automobil für Individualisten beworben: Auch der begabte ungarische Plakatkünstler und Grafiker Tibor Réz nimmt sich im Verkaufskatalog vom April 1937 diesem Thema an.

Anmerkung I: Bei der Zentralstatistik konnte sich diese Anpassung jedoch nicht durchsetzen.

2 Der 170 V – die Entwicklung 1934–1935

Frühjahr 1936: Die Bereicherung der Mercedes-Benz-Fahrzeugpalette durch den neuen Typ 170 V ist von existenzieller Bedeutung für das Unternehmen. Der preisgünstige Gebrauchswagen soll zum echten Volumenmodell werden.

2.1 Die Baureihe W 136 entsteht

Der »Auffangtyp« W 136 muss auf Anhieb beim kaufinteressierten Publikum ankommen und das schlechte Ergebnis des Hecktyps 130 wettmachen. Der Vorstand geht kein Risiko mehr ein und verlangt einen günstigen Wagen in althergebrachter Disposition mit Motor vorn und Antrieb hinten. Nibel definiert Mitte 1934 den Auftrag, nach seinem Tod übernimmt Nallinger die Gesamtprojektleitung. Unter Wagner wird eifrig konstruiert. Das Fahrgestell ist das Werk von Josef Müller, die Karosserie liegt in den Händen von Walter Häcker.

Als ab 1924 die Bankenvertreter in den beiden Aufsichtsräten, allen voran Emil Georg von Stauss und Carl Jahr, die Daimler Motoren-Gesellschaft und die Benz & Cie. mit dem Ziel einer Fusion zusammenführen, setzen sie bei den leitenden Köpfen beider Unternehmen besonders auf Wilhelm Kissel. Der damals 41-jährige Kaufmann hat innerhalb der Firma Benz & Cie. Karriere gemacht und ist den Geldgebern als überzeugter und tatkräftiger Fusionsbefürworter aufgefallen. Kissel findet in Untertürkheim keine freundliche Stimmung vor. Der Aufsichtsrat mag angesichts der fragilen Situation kein Risiko eingehen und delegiert Carl Jahr an die Vorstandssitzungen ab, der – ohne entsprechendes Mandat – den Zusammenkünften vorsitzt und in den folgenden Jahren den Weg der Daimler-Benz AG maßgeblich mitbestimmt. Wilhelm Kissel, der kaufmännische Leiter des Unternehmens, setzt sich gegenüber den übrigen Vorstandsmitgliedern jedoch immer stärker durch und leitet ab ungefähr 1929 die Vorstandssitzungen der Daimler-Benz AG, so dass sich Kommerzienrat Dr. Jahr aus dem Vorstand zurückziehen kann.

Direktor Kissel tritt von Beginn an für eine Modellpolitik ein, die dem preisgünstigen, in hohen Stückzahlen rationell gefertigten Kompaktwagen entscheidende Bedeutung für den Fortbestand und das Gedeihen des Unternehmens Daimler-Benz AG beimisst. Mit dem ehrgeizigen 1,6-Liter-Projekt (W 01) scheitert er 1928 im Aufsichtsrat an den übergroßen Investitionskosten. Den Typ 170 (W 15) von 1931 setzt er hingegen durch und erntet damit großen Erfolg in einer wirtschaftlich düsteren Phase. Das Bestreben, in einem noch billigeren Preissegment erfolgreich zu operieren, läuft mit dem ab 1934 produzierten Heckmotorwagen 130 (W 23) dann allerdings in eine Sackgasse, aus der sich der Konzern – ohne einen Imageschaden davonzutragen – recht elegant befreit: Das in vielen Bereichen verbesserte Nachfolgemodell mit 1,7-Liter-Motor wird als *Heckmotor-Liebhaberfahrzeug der besonderen Klasse* positioniert. Als kostengünstiges Volumenmodell ist parallel dazu ein kompakter Wagen mit demselben Triebwerk, aber in Frontanordnung und mit Hinterradantrieb entstanden, der 170 V (W 136).

Der »Auffangtyp«: Ein preisgünstiger 1,6-Liter-Wagen mit Standardantrieb

Als aufgrund der zwiespältigen Publikumsreaktionen auf der IAMA im Frühjahr 1934 ein Scheitern des Heckmotortyps 130 befürchtet werden muss, verlangt der Vorstand von Technikchef Nibel, den 1,3-Liter auch in konventioneller Disposition, also mit Frontmotor und Hinterradantrieb zu entwickeln, um auf alle Fälle vorbereitet zu sein. Ein halbes Jahr später ist dieser *Auffangtyp*, wie der Wagen treffend bezeichnet wird, in Arbeit.[1] Angesichts des wirtschaftlichen Aufschwungs, in dem sich Deutschland wähnt, scheint gar eine leichte Vergrößerung des Wagens angemessen, und zwar auf das Innenraumvolumen der geplanten viertürigen Heckwagenvariante und ausgerüstet mit dessen 1,6-Liter-Motor. Dank dieser Aufwertung glaubt die Firmenleitung gegenüber der Konkurrenz besser gerüstet zu sein. Gleichzeitig lässt man den Gedanken an den Einstieg in eine noch billigere Fahrzeugkategorie fallen, zumal das von Hitler propagierte Volkswagen-Projekt diesbezüglich zur Vorsicht mahnt.

Glückliche Entscheidung: Konzeptions- und Konstruktionsauftrag an Josef Müller

Technikdirektor Hans Nibel flunkert am 10. August 1934 auf der Friedrichshafener-Programmbesprechung nicht, als er zu Protokoll gibt, der geforderte Auffangtyp sei in Vorbereitung. Tatsächlich hat Josef Müller, damals einer der kreativsten Ingenieure im Konstruktionsbüro, ein paar Wochen zuvor von seinem Vorgesetzten Max Wagner den Auftrag erhalten, einen neuen kleinen viersitzigen Mercedes-Benz-Typ zu entwerfen, mit genügend großem Gepäckraum und einem Leergewicht von 1 000 kg. Ein Modell, das *auf Anhieb vom Kunden akzeptiert werden sollte*. Standardantrieb ist eine weitere unumstößliche Vorgabe, die direkt vom Vorstand kommt. Müller trauert zwar noch seinem innovativen Entwurf eines Frontantriebswagens mit quergestelltem, knapp vor und über der Vorderachse platziertem Motor nach, der wenige Wochen zuvor verworfen worden ist. Doch der damals 34-Jährige begeistert sich bald für die neue Aufgabe, welche konzeptionelle Überlegungen verlangt und viel gestalterische Arbeit mit einschließt, was Müller besonders gut liegt. Er weiß: Wer das Fahrgestell im Maßstab 1:5 aufs Papier bringen darf, bestimmt wesentlich mit, wie ein Fahrzeug konzipiert ist und formal gestaltet wird. Denn durch die Wahl des Radstands und die Platzierung der Aggregate innerhalb des Gesamtentwurfs nimmt der Konstrukteur entscheidend Einfluss auf die Raumverhältnisse und beeinflusst dadurch auch die Karosserieform.[2]

Abb. 0102
Blick ins Untertürkheimer Konstruktionsbüro, um 1935. Hier entstehen die Konstruktionspläne und Berechnungen für den Motor und das Fahrgestell des 170 V.

Abb. 0103
Direktoren, Konstrukteure und Monteure der Versuchsabteilung am neuen Rennwagen W 25, Anfang 1934. Ein knappes halbes Jahr später starten die Planung und Konstruktion des »Auffangtyps« 170 V (W 136). Dafür verantwortlich sind Technikvorstand Dr.-Ing. Hans Nibel (mit Hand am Lenkrad), Oberingenieur und Leiter Fahrwerkskonstruktion Max Wagner (ganz links), Dipl.-Ing. Fritz Nallinger (zwischen den beiden vorgenannten), Oberingenieur und Leiter Motorenkonstruktion Albert Heeß (zweite Reihe, rechts von Nibel) sowie Dipl.-Ing. Josef Müller (ganz rechts mit Stirnglatze und Einstecktuch).

Abb. 0104
Albert Heeß, Chef der Motorenkonstruktion, muss für den Motor des W 136 nicht bei Null beginnen. Als Vorlage für das neue 1,6 Liter große Vierzylindertriebwerk dient ihm der einfache, aber wohlgelungene 1,3-Liter M 23 (Bild) des heckgetriebenen Typs 130.

Die Konstruktion nimmt Formen an

Der Motor: Ein vom 1,3-Liter-Vierzylinder abgeleiteter 1,6-Liter

Für den Auffangtyp steht das zu verwendende Triebwerk von Beginn an fest: Die für den Heckmotortyp 130 (W 23) konstruierte Vierzylindermaschine bewährt sich offensichtlich gut, so dass man weder von technischer noch von kaufmännischer Seite eine Notwendigkeit erkennt, von dieser Konstruktion abzurücken. Derselbe Motor, allerdings auf 1,6 Liter Hubraum vergrößert, soll sowohl für den Auffangtyp mit Standardantrieb als auch für den (zu diesem Zeitpunkt noch immer vorgesehenen) viertürigen Heckmotorwagen verwendet werden, zweifellos eine sinnvolle Entscheidung.

Beim Ausgangsmotor, dem 1,3 Liter großen M 23, handelt es sich um ein einfaches und kostengünstiges Triebwerk mit stehenden Ventilen, dreifach gelagerter Kurbelwelle und Steigstromvergaser. Allerdings muss der Motor mitsamt Zylinderblock umfassend überarbeitet werden, um ein Hubvolumen von 1,6 Liter zu erreichen, doch bleiben davon die Disposition und die konstruktive Auslegung unter Einschluss des Kurbeltriebs grundsätzlich unverändert. Auch zahlreiche Einzelheiten bedürfen höchstens einer geringfügigen Anpassung an die größere Leistung. Die Verwendung des Triebwerks als Heckmotor und als Frontmotor verlangt – trotz identischer »Innereien« – unterschiedlich ausgebildete Motorgehäuse und Zylinderköpfe, dies als Folge der stark voneinander abweichenden Befestigung im Rahmen und der spezifischen Anordnung der Nebenaggregate wie Lichtmaschine und Kühler. Für diesen Motor, der im Auffangtyp die Bezeichnung M 136 erhält, zeichnet Oberingenieur Heeß mit seiner Mannschaft verantwortlich, wie generell für sämtliche Mercedes-Benz-Pkw-Triebwerke jener Zeit. Albert Heeß ist als gelernter Mechaniker bereits bei der DMG im Motorenbau engagiert gewesen und später – obwohl als Ingenieur weitgehend Autodidakt – dank seiner fachlichen Qualitäten zum Leiter der Motorenkonstruktion in Untertürkheim aufgestiegen. Wesentlichen Anteil an den Triebwerken jener Jahre hat auch der stellvertretende Motorenchef Otto Schilling, wie Heeß ein Praktiker mit großem Überblick und immenser Erfahrung.[3]

Ist ein 170 Diesel im Visier?

Als 1934 im Untertürkheimer Konstruktionsbüro das 1,6-Liter-Triebwerk für den Auffangtyp konkrete Formen annimmt, befinden sich zeitgleich mehrere Pkw-Dieselaggregate in der Entwicklung. Konzernchef Kissel hat seit 1933 wiederholt gefordert, den sparsamen Selbstzünder auf einen Entwicklungsstand zu bringen, der die Verwendung im Pkw möglich macht. Gedacht wird anfänglich an Kraftdroschken, wofür bevorzugt das W 21-Fahrgestell in Langausführung mit einem Pullman-Aufbau verwendet wird. Auch den kleinen Heckmotorwagen W 23 denkt man sich in einer Dieselvariante, doch das designierte Volumenmodell scheitert im Verkauf. Dass sich in der Folge der Fokus des kleinen Diesel-Pkw vom W 23 auf den neuen Auffangtyp W 136 verschiebt, lässt sich in den vorliegenden Werksakten zwar nicht nachweisen. Doch der 35 PS starke vierzylindrige 1,7-Liter-Dieselmotor OM 141, der nun entsteht, hat auffällig ähnliche Leistungsdaten wie der 1,6-Liter-Benziner und weist unzweifelhaft in Richtung eines 170 Diesel. Die Erprobung in einem frühen W 136-Versuchswagen ist für 1935 bezeugt. Vermutlich sind es die Schwierigkeiten, den priorisierten 260 Diesel (W 138) serienreif hinzubekommen, die bald zum Entwicklungsabbruch eines noch kleineren Dieseltriebwerks führen. Es soll fast anderthalb Jahrzehnte dauern, bis die ersten 170 Diesel vom Band laufen.[I]

Müllers Idee: Ein Rahmen aus X-förmig angeordneten Ovalrohren

Das anvisierte Gewichtslimit von 1 000 kg und die geforderte kostengünstige Herstellung verlangen insbesondere bei der Rahmenbauart nach neuen und intelligenten Lösungen. Josef Müller berichtet: *Mir fiel dazu aus Studienzeiten und Erfahrung einiges ein. Etwa daß ein ovaler Rohrquerschnitt im Verhältnis zum Gewicht den größten Drehsteifigkeitsgrad bei*

Anmerkung I: Näheres siehe Kap. 7.2, S. 348 f, Kap. 8.2, S. 369 f & 374 ff, Kap. 9.1, S. 406 ff und Kap. 12.2, S. 518 ff.

Abb. 0105 & Abb. 0106
Josef Müller, mit der Konzeption und Konstruktion des W 136-Fahrgestells beauftragt, hat die Idee zum innovativen X-förmigen Rahmen. Dabei werden zwei mehrfach gebogene Ovalrohre zusammengeschweißt, mit Traversen versehen und für die Aufnahme der Aggregate und den Aufbau vorbereitet. Die Herstellung verlangt zwar hohe Präzision, der Rahmen ist jedoch materialsparend, verhältnismäßig leicht und statisch vorteilhaft.

noch genügender Biegesteifigkeit hat, daß die Bombierung der Wände, gerade auch bei dünnen Wandstärken, eine hohe Beulsteifigkeit ergibt, daß ferner die langen Schweißnähte wegfallen, oder doch automatisch geschweißt werden konnten. Vor allem aber kam ich auf den Gedanken, daß man durch X-förmige Anordnung der Längsträger wesentlich zur Erhöhung der Gesamt-Drehsteifigkeit beitragen konnte. Was lag näher, als die Oval-Längsträger in dieser Form zu biegen und sie im Treffpunkt möglichst stabil zu verbinden. Fast selbstverständlich war, daß auch die Querträger für die Karosserielagerung aus Rohren bestehen mussten.[4] Die X-förmige Spreizung des Rahmens hat weiter den Vorteil, dass der Motor mit angeflanschtem Getriebe bequem in der vorderen Gabelung und das Hinterachsgehäuse zwischen den hinteren Schenkeln eingefügt werden können.

Von der Idee bis zur produktionsreifen Konstruktion ist es jedoch ein weiter Weg, der nicht ohne das Hinzuziehen eines geeigneten Rohrlieferanten zu beschreiten ist. Josef Müller findet mit den Kammerich-Werken in Bielefeld-Brackwede die richtige Firma und dort in Herrn Hauser einen kompetenten Ansprechpartner.[5] Tatsächlich überzeugt der X-förmige Ovalrohrrahmen durch seine Verwindungssteifigkeit und als verhältnismäßig leichtes Gebilde. Nicht ohne Grund wird dieses Konzept bald zur Standard-Rahmenbauweise der Daimler-Benz AG werden, abgelöst erst im Laufe der 1950er Jahre durch die modernen selbsttragenden Karosserien.

Qualitäts- und Terminvorgaben

In der Besprechung vom 12. November 1934 zwischen den Vorstandsmitglieder Wilhelm Kissel, Hans Nibel, Otto Hoppe, den beiden Direktoren Max Sailer und Hans H. Keil sowie weiteren Führungspersonen wird insbesondere der *sogenannte Auffangtyp mit 1,6 Liter-Motor vornliegend* thematisiert: *Dieser Wagen soll unbedingt so forciert werden, daß die Fabrikation im Oktober 1935 beginnen kann,* [...].

Abb. 0107
Direktor Max Sailer im Gespräch mit Renn- und Versuchsingenieur Rudolf Uhlenhaut (links) und Rennfahrer Hermann Lang (rechts), 1938. Nach dem überraschenden Tod von Hans Nibel Ende 1934 übernimmt Sailer die technische Leitung des Unternehmens.

Bei diesem Wagen soll besonders auf leichtes Gewicht gesehen werden, damit der Wagen leistungsfähig ist und billig. Hier soll auch Sindelfingen bezüglich der Karosserie alles tun, was möglich ist. In den kommenden Wochen werden die Terminvorgaben für den Fabrikationsbeginn im Oktober 1935 und den Verkaufsstart Ende 1935 bzw. Anfang 1936 mehrfach wiederholt sowie die geforderten Qualitäten des neuen Modells unterstrichen.[6]

Durch Nibels Tod: Veränderte Verantwortlichkeiten

Der Schock vom plötzlichen Tod des langjährigen Technikvorstands Hans Nibel zwei Wochen später, am 25. November 1934, sitzt tief. Für die Daimler-Benz AG ist es wichtig, die technische Leitung rasch neu zu besetzen. Die Wahl fällt auf Direktor Max Sailer, der Anfang 1935 die Funktionen von Hans Nibel übernimmt und als Stellvertretendes Mitglied in den Vorstand berufen wird. Der 1882 in Esslingen am Neckar geborene Max Sailer hat von 1902 bis 1905 bei der Daimler-Motoren-Gesellschaft gearbeitet, teilweise unterbrochen von Weiterbildungen. Nach einem Arbeitsaufenthalt bei der Fahrzeugfabrik Eisenach (»Dixi«) ist Sailer 1910 nach Untertürkheim zurückgekehrt, wo er auf Mercedes-Fahrzeugen erfolgreich Rennen absolviert hat und der Führungsmannschaft als guter Entwicklungsingenieur aufgefallen ist. Bald hat man ihn mit anspruchsvollen Führungsfunktionen betraut.[7]

Die Hauptverantwortung für den wichtigen Auffangtyp mit 1,6-Liter-Frontmotor, insbesondere für dessen technische Qualitäten und die rechtzeitige Produktionsfreigabe, lastet nun auf Max Sailer – zusätzlich zu allen anderen Vorhaben, die im Unternehmen sonst noch anstehen. Es erstaunt deshalb nicht, dass er die Leitung dieses Projekts an Fritz Nallinger delegiert. Als Nibels engster Mitarbeiter hat Nallinger schon länger Einblick in diese Fahrzeugentwicklung.

Fritz Nallinger wird Gesamtprojektleiter

Diplom-Ingenieur Nallinger, der zusätzlich zu seiner Aufgabe als Versuchsleiter bereits unter seinem verstorbenen Chef Hans Nibel bei einer Vielzahl von anspruchsvollen technischen Fragen herangezogen worden ist, scheint für Sailer der richtige Mann zu sein, um das wichtigste aller Personenwagenprojekte auf Kurs zu halten. Nallinger verfügt mit dem Bürochef und ausgewiesenen Fahrgestellfachmann Oberingenieur Max Wagner und dem ebenso ideenreichen wie realitätsbezogenen Josef Müller zumindest für die erste Entwicklungsphase über eine beinahe ideale Besetzung. Bald werden zahlreiche weitere Techniker dem Projekt zugewiesen, so dass die umfangreichen und entsprechend zeitraubenden Detailkonstruktionen zügig vorangehen. Um rasche Fortschritte und kluge Lösungen zu fördern, beruft Nallinger über einen gewissen Zeitraum zwei- bis dreimal pro Woche nach Geschäftsschluss eine lockere Diskussionsrunde ein, bestehend aus Konstrukteuren, Versuchsleuten, Produktionsingenieuren und zuweilen auch aus Einkaufsspezialisten. Es *wurden die einzelnen Bauteile des Wagens besprochen, die auf einem großen Tisch auflagen, um gemeinsam festzulegen, wie diese hergestellt werden sollten. Das fing an mit der Feststellung, ob man Gussteile oder Pressteile oder Blechteile dazu verwenden wollte.*[8]

Abb. 0108
Karosseriezeichnung einer zweitürigen W 136-Cabrio-Limousine, datiert mit 24. September 1935. Die Form entspricht bereits weitestgehend der Serienausführung, sieht man von den in zwei Reihen angeordneten Entlüftungsschlitzen in der Motorhaube ab. Eine Cabrio-Limousine wird allerdings nur in viertüriger Ausführung auf den Markt kommen. Bemerkenswert ist die Bezeichnung »1,7 Ltr.«, denn die Hubraumvergrößerung des Motors M 136 von 1,6 auf 1,7 Liter wird im Vorstand erst einen Monat später thematisiert.

Sindelfingen wird aktiv

Von großer Wichtigkeit sind indessen auch die Aufbauten, wofür das Karosseriewerk Sindelfingen unter der Leitung von Direktor Wilhelm Haspel verantwortlich zeichnet. Der 1898 in Stuttgart geborene Haspel hat an der Technischen Hochschule Stuttgart Maschinenbau studiert, sich gleichzeitig auch für betriebswirtschaftliche Themen interessiert und tritt 1924 als Leiter des Kalkulationsbüros in die DMG ein. 1927 erwirbt er den Doktortitel mit einer Dissertation zum Thema »Un- und Selbstkosten in der Fahrzeugindustrie« und wird Werksleiter von Sindelfingen, eine Aufgabe, die er mit viel technischem Verständnis und betriebswirtschaftlich klarem Handeln wahrnimmt.

Mit dem Entwurf und der Konstruktion der Karosserien für den Auffangtyp wird Ingenieur Walter Häcker beauftragt, der kurz nach seiner Einstellung im Herbst des Jahres 1933 am Aufbau des Heckmotorwagens 130 (W 23) mitgearbeitet hat und nun, zeitgleich mit dem 1,6-Liter-Frontmotorwagen, auch für die Karosserie der Heckmotorvariante mit dem gleichen Triebwerk zuständig ist. Mitte März 1935 befinden sich in Sindelfingen vom Auffangtyp ein zweitüriger, viersitziger Innenlenker, eine Cabrio-Limousine und ein Cabriolet B in der Entwicklung; erste Probewagen werden in Aussicht gestellt. Der Termin für den Beginn der Serienfertigung ist unterdessen auf Ende Februar 1936 verschoben worden. Dieser könne jedoch nur eingehalten werden, wenn die Entscheidung bezüglich der Karosserie in spätestens viereinhalb Monaten, also konkret am 1. August des laufenden Jahres 1935 vorliege, wird auf einer Besprechung der Direktoren mit den führenden Ingenieuren zu Fahrzeugprogramm-Fragen betont.[9]

Erste Probewagen

Am 8. Mai 1935 begutachten die Herren des Vorstands im Werk Untertürkheim die ersten zwei Probewagen, einen mit Hecktriebblock und einen mit Frontmotor: *Die Besichtigung der vorgestellten Probewagen 1,6 Liter-Heckmotorwagen und 1,6 Liter mit vornliegendem Motor ergab, dass der erstere im großen und ganzen als wohlgelungen bezeichnet werden kann, während der letztere noch wesentlich geändert werden muss, um in der Form, im Aufbau und in der Ausstattung dem zu entsprechen, was man von einem Mercedes-Benz Wagen erwartet.* [...] Diese Aussage

Abb. 0109
Für die Fertigung des W 136 sind erhebliche Investitionen unumgänglich. In Sindelfingen muss das Presswerk verlängert werden, um die schweren Ziehpressen von Weingarten und von Schuler aufzustellen. Im Bild das Pressen und Stanzen von 170 V-Türblättern, 1936.

bezieht sich hauptsächlich auf die Karosserie und belegt, dass man bestrebt ist, auch bei diesem Volumenmodell nicht unter einen gewissen Standard zu gehen. Leider ist der Heckmotorwagen noch nicht fahrbereit, so dass sein Fahrverhalten nicht beurteilt werden kann. Nach der Probefahrt *des 1,6 Liter mit vornliegendem Motor* wird *den anwesenden Herren der technischen Leitung* [...] *eine Reihe von Beanstandungen aufgezählt* [...], *die unter allen Umständen behoben werden müssen, wenn auch in dieser Hinsicht der Wagen befriedigen soll.* Neue Probewagen, die entsprechend der geäußerten Kritik zu verbessern sind, sollen so rasch als möglich vorgeführt werden.[10]

Mitte Juli 1935 legt sich der Vorstand auf Februar 1936 für den Präsentationstermin und Verkaufsstart des 1,6-Liter mit Frontmotor fest. Im darauffolgenden März sollen mindestens 300 Stück, im April mindestens 700 und dann weiter aufsteigend geliefert werden können. Der Produktionsbeginn bald nach dem Jahreswechsel muss allein deshalb eingehalten werden, weil behördlich verordnet die neu zugelassenen Personenkraftwagen mit einem Hubvolumen zwischen 1 500 und 3 000 cm^3 ab 1936 eine Bodenfreiheit von mindestens 20,5 cm aufweisen müssen,[11] was auf das bisherige Volumenmodell 170 (W 15) mit lediglich 17,5 cm ebenso wenig zutrifft, wie auf den 130 (W 23).[I]

Der Endspurt vor dem Produktionsbeginn

Insgesamt liegt man mit dem Projekt gut in der Zeit. Max Sailer nennt für den Heckwagen Selbstkosten von 2 870 RM. Für den 1,6-Liter mit Standardantrieb sind die Eigenaufwendungen mit errechneten 2 660 RM geringer, so dass bei einem angenommenen Verkaufspreis von 3 500 RM nach Abzug der Händlermargen ein Nettogewinn von 129 RM pro Wagen resultieren müsste. Die Kalkulation basiert auf dem zweitürigen Innenlenker; für den viertürigen würde sich der Aufwand um ungefähr 150 RM erhöhen.

Bereits im Mai ist man in der Lage, die für die Fabrikation beider Typen notwendigen Anschaffungen an Maschinen, Geräten, Einrichtungen sowie die baulichen Anpassungen

Abb. 0110
Ein W 136-Versuchswagen als viertüriger Innenlenker, noch ohne Trittbrett, sonst aber schon seriennah, 1935. Die Probewagen werden in der Untertürkheimer Versuchsabteilung stark beansprucht, um Mängel vor Produktionsbeginn aufzudecken und zu beheben.

Anmerkung I: Es ist zu vermuten, dass die Vorschrift, einen Bodenabstand von mindestens 20,5 cm einzuhalten, aus militärischer Perspektive erfolgte, um im Bedarfsfall durch Requirierung auf eine genügende Anzahl bedingt geländetauglicher (Privat-)Fahrzeuge zugreifen zu können.

Abb. 0111 & 0112
Aufwändiges 1:5-Modell der fertig geformten W 136-Limousine, versehen mit hinterem Stoßfänger (in Serie erst im Juli 1936 nachgerüstet). Mit 1:5-Modellen lassen sich Karosserieentwürfe dreidimensional überprüfen. Erst in weiteren Schritten folgen der Bau von Maketten in realer Größe und schließlich von fahrbaren Probewagen. Nachträglich gefertigte 1:5-Modelle dienen der Repräsentation oder für aerodynamische Versuche in kleinen Windkanälen.

in den Werken verlässlich zu beziffern. Diese Investitionen sollen dem Aufsichtsrat in der kommenden Sitzung zusammen mit dem generellen Fabrikationsantrag zur Genehmigung unterbreitet werden.[12] Im Werk Sindelfingen beispielsweise müssen mehrere Abteilungen aus- und umgebaut werden. Betroffen ist insbesondere das Presswerk, dessen Halle nicht ohne Verlängerung auskommt, um die neuen schweren Ziehpressen der Maschinenfabrik Weingarten und von Schuler in Göppingen aufzustellen, die mit einem Druck von 800 und 1 000 Tonnen arbeiten. Damit lassen sich auch größere Karosserieteile wie Dächer in einem Stück pressen.[13]

Zwei Monate später, am 16. Juli 1935, informiert Max Sailer seine Vorstandskollegen, dass *der 1,6 Liter mit Frontmotor* [...] *grundsätzlich in Ordnung* sei, beim 1,6-Liter-Heckwagen sehe man erst Mitte August klar. Diese Aussage bezieht sich auf die Fahrgestelle. Beim Frontmotorwagen ist die Detailkonstruktion und Erprobung soweit abgeschlossen, dass die Komponenten nach und nach termingerecht zur Produktion freigegeben werden können. Der auf der Vorstandssitzung ebenfalls anwesende Untertürkheimer Betriebsdirektor Hans H. Keil bestätigt die Terminversprechen von Sailer unter der Bedingung, dass die Fabrikationsreife bis spätestens am 15. August 1935 erreicht und bestätigt werden könne.

Diskussionen um die richtige Form: Ein echter Mercedes-Benz ist gefordert

Noch nicht ganz so weit wie die Techniker in Untertürkheim sind die Karosseriebauer in Sindelfingen. Bei den Aufbauten erkennt man noch Handlungsbedarf. Aus den nüchternen Zeilen des Protokollanten geht deutlich hervor, womit sich die Herren des Vorstands auch bei der überarbeiteten Version nicht abfinden mögen, am wenigsten wohl Wilhelm Kissel selbst: *Wegen der Form der Karosserie und des Kühlers etc. wird ausdrücklich unterstrichen, dass der 1,6 Liter mit vornliegendem Motor unter allem Umständen dem gewohnten Mercedes-Bild entsprechen müsse, dass also keinerlei Experimente inbezug auf das Aussehen gemacht werden dürfen. Herr Sailer und Herr Dr. Haspel geben bekannt, dass sie bis etwa 5. August nochmals einen 1,6 Liter mit vornliegendem Motor in endgültiger Form vorstellen werden.*[14]

Bedauerlicherweise sind keine Zeichnungen bekannt, die den Auffangtyp in einem frühen Entwicklungsstadium wiedergeben; überliefert ist ein solches Fahrzeug immerhin auf zwei Fotografien. Die eine private zeigt einen Probewagen, mit dem Rudolf Uhlenhaut zum Skilaufen unterwegs ist, bei einem Tankstopp. Die andere, eine Werksaufnahme, dokumentiert den Wagen von der Seite. Auffällig sind die fehlenden Trittbretter und die stark nach hinten geneigte, weich gezeichnete, jedoch verchromte Kühlermaske, auf welcher der stehende Stern zu fehlen scheint. Offensichtlich ist Walter Häcker im Bestreben, für den Wagen eine zeitgemäße Form zu finden, zu weit gegangen. Insbesondere im Kühlerbereich scheint die Differenz zum gewohnten Bild eines Mercedes-Benz mit seinem hohen, aufrecht stehenden und von einer verchromten Maske eingefassten Kühler unzulässig groß geworden zu sein. Man will mit allen Mitteln ein Fahrzeug schaffen, das in breiten Kreisen der potenziellen Käuferschaft Gefallen findet. Zumindest die Kaufleute unter der Führungselite haben erkannt, dass auch das Prestige der Marke für den Erfolg eines Modells eine wichtige Rolle spielt. Diesem Anspruch hat auch der neue kleine 1,6-Liter-Frontmotorwagen – also der Auffangtyp – zu genügen. Die Sindelfinger-Mannschaft muss nochmals nachbessern. Der Wagen bekommt schließlich Trittbretter und eine (möglicherweise wiederholt) überarbeitete Kühlermaske mit aufgesetztem Stern. Einzig beim Parallelmodell mit Heckmotor ist man ob seiner besonderen Rolle als technisch interessantes, deutlich exklusiveres Nischenfahrzeug in der Formgestaltung toleranter.

Die Erprobung: Uhlenhauts Werk

Die Erprobung nimmt in der Entwicklung eines neuen Fahrzeugtyps zu Recht einen zunehmend wichtigeren Stellenwert ein. Auf diesem Gebiet ist man in früheren Jahren oft zu nachlässig gewesen und hat diesen Fehler durch Ärger mit der Kundschaft, Reparaturen auf Kulanz und teuren konstruktiven Verbesserungen in der laufenden Produktion bezahlen müssen. Mit dem neuen kompakten 1,6-Liter-Frontmotorwagen werden viele tausend Testkilometer gefahren, um die Verlässlichkeit des Motors und aller übrigen Komponenten zu überprüfen. Zudem sind Testläufe und Testfahrten wichtig, um Optimierungen vornehmen zu können. Dies gilt speziell für die endgültige Fahrwerksabstimmung, die ein ausgeprägtes theoretisches Ingenieurwissen in Verbindung mit fahrerischem Feingefühl verlangt. Beim

Abb. 0113
Winter 1935/36: Rudolf Uhlenhaut, als Versuchsingenieur mit der Fahrwerksabstimmung des W 136 beauftragt, fährt mit seiner Gattin in einem der Versuchswagen zum Skilaufen in die Alpen. Den Tankstopp hält er mit seiner Kamera fest. Dieser Wagen hat ebenfalls anstelle von Trittbrettern spitz auslaufende Vorderkotflügel. Wie beim späteren Serienmodell fehlt eine hintere Stoßstange.

1,6-Liter-Auffangtyp übernimmt der junge Diplom-Ingenieur Rudolf Uhlenhaut diese Aufgabe mit unermüdlichem Einsatz und entsprechend gutem Erfolg.[15] Uhlenhaut ist 1931 nach dem Studium des Maschinenbaus an der Technischen Hochschule München unter Fritz Nallinger Betriebsassistent in der Versuchsabteilung der Daimler-Benz AG geworden, wo er sich bald mit komplexen technischen Fragestellungen konfrontiert sieht. Sein Leistungsausweis ist so gut, dass man ihn im April 1935 zum Versuchsingenieur befördert und ihm die Erprobung und Optimierung eines Gesamtfahrzeugs anvertraut, nämlich des wichtigen 1,6-Liter-Volumenmodells.[I]

Im August 1935 findet eine intensive Erprobung in der Schweiz statt. Die 1,6-Liter-Front- und -Heckwagen werden schonungslos über die Alpenpässe gescheucht, um die Effizienz von Kühlung und Bremsen zu prüfen und einen möglichen Hang zur Dampfblasenbildung in der Treibstoffzufuhr festzustellen.[16] Die Erprobung eines neuen Typs schließt auch ein, Probewagen testweise für persönliche Bedürfnisse zu nutzen, ganz dem späteren Einsatzzweck entsprechend, beispielsweise für Wochenendfahrten. In diesen Genuss kommt nicht nur Versuchsingenieur Uhlenhaut, sondern auch der Fahrgestellplaner und -konstrukteur Josef Müller, der mit einem der ersten 1,6-Liter-Frontmotorwagen zu einem verlängerten Wochenende in seine niederbayrische Heimat fährt. Ihm bleibt diese Fahrt bis ins hohe Alter als *eine der angenehmsten und ermüdungsfreisten* auf dieser ihm vertrauten Strecke in schöner Erinnerung. Müller stört sich nur am schlichten, altmodischen Motor mit stehenden Ventilen. Als leidenschaftlicher Konstrukteur hätte er sich eine kopfgesteuerte Maschine gewünscht, um dem Wagen mehr *»Mumm«* zu verleihen.[17]

Ein Startschuss mit Nebengeräuschen

Am 2. Oktober 1935 ruft Wilhelm Kissel den Vorstand und die Verkaufsleute zusammen, um über die Anpassung des Personenwagenprogramms an die Marktverhältnisse zu diskutieren. Mit dabei sind die wichtigsten Leiter der Verkaufsfilialen. Das Rückgrat des Pkw-Geschäfts der Daimler-Benz AG bilden zu diesem Zeitpunkt die Typen 170 (W 15), 200 (W 21) mit normalem und mit langem Radstand, sowie der Typ 290 (W 18). Insbesondere mit dem Mittelmodell 200 mit langem Radstand ist man in arge Bedrängnis geraten, weil die Motorleistung – bescheidene 40 PS – für die recht großen und gewichtigen Wagen nicht mehr ausreicht. Die Auto Union liefert mit dem Wanderer 2,3-Liter seit Monaten ein leistungsfähigeres Fahrzeug in dieser Klasse, das zudem im Preis günstiger liegt. Die Ankündigung, die langen 200er-Wagen auf Wunsch und gegen einen Aufpreis mit einem neuen 2,4-Liter-Motor anzubieten, löst bei den Filialleitern wenig Freude aus. Natürlich nicht wegen des leistungsfähigeren Motors an sich, sondern wegen des Aufpreises, der sich zum stattlichen Grundpreis addiert. Der Nachteil gegenüber der Konkurrenz werde dadurch eher noch vergrößert, wird argumentiert.

Die bevorstehende Lancierung des 1,6-Liter-Auffangwagens wird von den Leitern der Verkaufsfilialen hingegen *außerordentlich sympathisch begrüßt, wobei vorausgesetzt wurde, dass dieser Wagen modernen Konstruktions-Grundsätzen entspräche, und dass er auch im Preise richtig läge.* Auch die Verbesserungen des Heckmotorwagens – nun mit 1,6-Liter-Motor, leistungsfähigerer Kühlung, Treibstofftank vorn und gefälligerer Aufbau – nehmen die Verkaufsleute mit Wohlwollen zur Kenntnis. Von diesem besonderen Modell für Liebhaber ließe sich *doch eine gewisse Anzahl verkaufen.*[18]

Vom 1,6-Liter zum 1,7-Liter: Hubraumerhöhung in letzter Minute

Vermutlich noch im Oktober 1935 wird vom 1,6-Liter-Frontmotorwagen eine erste Serie von 3 000 Fahrzeugen *eingeschrieben.* In den Kommissionsbüchern stempelt man unter der Rubrik »Typ« die Bezeichnung *1,6 Ltr. »V«.* Nach dem aktuellen Schema hätte die Verkaufsbezeichnung folglich 160 V heißen müssen, wobei das »V« für »Motor vorn« steht, dies im Unterschied zum 160 H für »Motor hinten«. Doch es kommt zu einer späten Korrektur: Es ist wahrscheinlich der neue Technische Direktor Hans Gustav Röhr,[II] der in der Vorstands-

Anmerkung I: Siehe auch Scheller-P., Uhlenhaut 2015, S. 35–37, und Engelen, Uhlenhaut 1986, 7/1986, S. 34–37.
Anmerkung II: Zu Röhr und seiner Anstellung siehe Kap. 3.2, S. 138 ff.
Anmerkung III: Ursprünglich vorgesehenes Verhältnis: 1 600 cm^3: 4 Zylinder = 400 cm^3/Zylinder; 2 400 cm^3: 6 Zylinder = 400 cm^3/Zylinder. Am 25.10.1935 korrigiertes Verhältnis: 1 700 cm^3: 4 Zylinder = 425 cm^3/Zylinder; 2 500

Abb. 0114
W 136-Fahrgestell, fotografiert im Herbst 1935 auf einem Spiegel. Noch handelt es sich um eine Vorserienausführung: Der zylinderförmige Ansauggeräuschdämpfer weicht einer Ausführung in Trommelform, der Wartungsdeckel an der Unterseite der Ölwanne – für die Reinigung ohne Motorausbau und Demontage – fällt dem Rotstift zum Opfer.

sitzung vom 25. Oktober 1935 vorschlägt, den Hubraum des Vierzylindermotors von 1,6 Liter auf 1,7 Liter zu erhöhen. Dies weil der geplante neue Sechszylindermotor für den kommenden Mittelklassewagen von ursprünglich angedachten 2,4 Liter Hubraum auf 2,5 Liter erhöht wird und nur so wieder ein (annähernd) identisches Volumen des einzelnen Zylinders beider Motoren entsteht.[III] Die Überlegung, die hinter dieser Maßnahme steckt, ist demnach eher arithmetischer Natur und weniger vom Wunsch geleitet, den beiden neuen Kompaktmodellen zu etwas besseren Fahrleistungen zu verhelfen. Von technischer Seite, so wird betont, lasse sich diese Hubraumerhöhung ohne Schwierigkeiten durchführen. Was wiederum bedeutet, dass auch die Mehrkosten marginal ausfallen werden. Die Motorenabteilung unter Oberingenieur Heeß entschließt sich in der Folge zu einer Erweiterung der Bohrung von bisher 72 mm um 1,5 mm auf neu 73,5 mm und zu einer Verlängerung des Hubs von bisher 98 mm um 2 mm auf neu 100 mm, was größere Kolben und eine entsprechend angepasste Kurbelwelle verlangt. Das Hubvolumen steigt von ursprünglich vorgesehenen 1 596 cm³ auf neu 1 697 cm³.

Weitere kurzfristige Änderungen

Dies ist nicht die einzige Änderung, die innerhalb eines kurzen Zeitraums fabrikationsreif umgesetzt werden muss. Eine detaillierte Übersicht über die späten Anpassungen existiert zwar nicht, aber aus dem Vergleich von Werkszeichnungen und Fotos mit den tatsächlich produktionsreifen Fahrzeugen gehen folgende Maßnahmen hervor: An der Ölwanne des Motors wird auf die große, wegschraubbare Reinigungsluke verzichtet und die Ölablassschraube auf die linke Seite verlegt.[19] Den kurzen, aber dicken rohrartigen Ansauggeräuschdämpfer längs des Motors, wie er ähnlich auch für die gleichzeitigen Typen 200 (W 21) und 290 (W 18) verwendet wird, ersetzt man durch eine trommelförmige Ausführung, die um 90° gekippt montiert wird und über einen langen Ansaugstutzen in Richtung Kühler verfügt[20]. Der im Heck quer zum Wagen angeordnete Auspufftopf soll ursprünglich exakt mittig eingebaut werden, doch durch eine

cm³: 6 Zylinder = 417 cm³/Zylinder. Beim erwähnten Sechszylindermotor von 2,5 Liter Hubvolumen handelte es sich nicht um den 2 229 cm³ großen M 143, der aus dem 1 961 cm³ großen M 21 entstand, sondern um eine angedachte Neukonstruktion, die aber nicht zustande kam.

gegen links verschobene Montage des Topfs kann die aufwändige Krümmung der Auspuffleitung im hinteren Drittel vereinfacht werden.[I] Anstelle der in der Mitte des Hecks unterhalb des Ersatzrads montierten einzigen Brems- und Rückleuchte wird in Kombination mit der Nummerntafel eine aufwändiger konstruierte, aber ungleich gefälligere Ausführung gewählt, die über drei kleine ovale Leuchten verfügt.[21]

Im Werk Sindelfingen ist eine stattliche Anzahl verschiedener Karosserieausführungen in Fabrikationsvorbereitung, nämlich eine zweitürige Limousine[22], eine viertürige Limousine[23], eine zweitürige Cabrio-Limousine[24], eine viertürige Cabrio-Limousine, ein Cabriolet B[25], davon abgeleitet ein offener zweitüriger Tourenwagen, weiter ein Sport-Roadster sowie eine Droschken-Ausführung, letztere als Untervariante der Limousine.[26]

Der Auffangtyp W 136 erhält nun die Verkaufsbezeichnung 170 V. Die auf den Fronteinbau abgestimmte Variante des 1,7-Liter-Motors versieht man, angepasst an die Baureihenbezeichnung des Wagens, mit der Bezeichnung M 136. Insgesamt entstehen 1935 vom W 136 zwölf Probewagen.

Abb. 0115
Trotz Neuerungen im Maschinenpark und in der Fertigungsinfrastruktur fällt im Karosseriewerk Sindelfingen noch immer viel Handarbeit an. Hier zwei Arbeiter bei der Herstellung des 170 V-Hauptbodens, der aus mehreren gepressten Blechteilen zusammengeschweißt wird. Aufnahme von 1937.

Anmerkung I: Siehe ETL 136 A 1936, Tafel IV. Bei der dort dargestellten Führung der Auspuffleitung und der Position des Auspufftopfs handelt es sich nicht um die Serienlösung.

Abb. 0116
Das Heckteil des 170 V ist mitsamt Ersatzradmulde, Innenkotflügel und Boden als selbsttragender Körper ausgebildet. Noch vor wenigen Jahren wäre in Sindelfingen die rationelle Herstellung einer derart komplexen Blechstruktur ohne tragendes Holzgerüst undenkbar gewesen. Der Übergang zur Ganzstahlkarosserie vollzieht sich aus fabrikatorischer Sicht fließend und ist erst 1939 mit dem Typ 230 (W 153) umgesetzt.

Unerfreulich: Gestiegene Selbstkosten

Trotz Röhrs Anstellung als Technischer Direktor behält Max Sailer im Konzern die Gesamtleitung der Konstruktions-, Entwicklungs- und Versuchsabteilung bei.[27] Auch die produktionsreife Fertigstellung des 170 V bleibt in seiner Verantwortung. Sailer gibt in der mit Themen reich befrachteten Vorstandssitzung vom 25. Oktober 1935 zu Protokoll, er glaube den Präsentationstermin und Produktionsanlauf des 170 V auf Februar 1936 – wie vor Monaten festgelegt – bestätigen zu können, wenngleich durch die eben beschriebenen neuen Änderungen zusätzliche Anstrengungen unumgänglich seien.

Das ist eine gute Nachricht. Weniger erbaut ist Wilhelm Kissel über die Entwicklung der finanziellen Seite des Vorhabens: Durch die diversen verteuernden Anpassungen, aber auch wegen präziseren Berechnungen, die das weit fortgeschrittene Projekt unterdessen ermöglicht, sind die Selbstkosten deutlich angestiegen. Aus diesem Grund sieht sich Kissel gezwungen, den Verkaufspreis von ursprünglich vorgesehenen 3 500 RM neu auf 3 700 RM zu erhöhen – dies für die zweitürige Limousine. Der Zuschlag für die viertürige Variante steigt von 150 RM auf 200 RM. Konzernchef Kissel befürchtet, dass die höheren Preise die Verkaufschancen des 170 V schmälern werden. Eine Verbesserung des Marktanteils von Mercedes-Benz im Pkw-Sektor sei unter diesen Umständen trotz des neuen Typs kaum mehr möglich. Man werde eher Mühe haben, den gegenwärtigen Stand zu halten, gibt er sich pessimistisch. Er fordert deshalb dringend, die notwendigen Vorkehrungen zu treffen, um die Selbstkosten zu senken.[28]

2.2 Der »Auffangtyp« 170 V – zur Präsentation und Produktion bereit

Der »Auffangtyp« geht zeitgerecht im Februar 1936 für die Präsentation auf der IAMA und dem gleichzeitigen Verkaufsstart in Produktion. Entstanden ist der Typ 170 V, ein recht kompakter und hübscher Alltagswagen ohne große technische Ambitionen, aber mit einem stimmigen Fahrwerk und in hochwertiger Machart – ein echter Mercedes-Benz. Die Fachpresse reagiert zwar wohlwollend, aber eher zurückhaltend. Das Publikum ist hingegen begeistert.

Im Januar 1936 steht der neue Wagen in den vier wichtigsten Karosserievarianten zur Produktion bereit: als Limousine (nun vermehrt Innenlenker genannt) in zwei- und viertüriger Ausführung, als viertürige Cabriolet-Limousine und als Cabriolet B. Ein offener zweitüriger Tourenwagen und ein sportlicher Roadster sollen unmittelbar folgen. Die Herstellung des 170 V setzt im Februar ein, so dass für die IAMA in Berlin erste serienmäßige Fahrzeuge zur Verfügung stehen. Noch bevor die Messe am 1. März schließt, hat die Auslieferung von Vorführwagen an die Niederlassungen begonnen. Der für die Fertigung in Untertürkheim verantwortliche Vorstand Dr. Otto Hoppe kann im April mit gutem Gewissen bestätigen, die Produktion des 170 V und des 170 H *seien im wesentlichen pünktlich und ohne besondere Anstände angelaufen.*[29]

Was ist das nun für ein Automobil, dieser sogenannte Auffangtyp 170 V der Baureihe W 136, mit dem die Daimler-Benz AG versucht, nicht nur die bestehende Kundschaft bei der Stange zu halten, sondern in bedeutendem Umfang neue Käuferschaften und -schichten zu erschließen? Es ist kein Kleinwagen, sondern vielmehr ein Fahrzeug, das sich der unteren Mittelklasse annähert. Angenehm kompakt zwar, trotzdem recht geräumig und formal gelungen, länger als der alte 170 (W 15) mit seinem Sechszylindermotor und auch größer als der 130 (W 23). Dies manifestiert sich allein schon im großzügigen Radstand von 2 845 mm, der den des 170 (W 15) um 245 mm und den des 130 (W 23) gar um stattliche 345 mm übertrifft.

Wie muss man sich den 170 V, diesen neuen Einstiegstyp in die Mercedes-Benz-Pkw-Familie, zu Beginn seiner Serienfertigung vorstellen?[30]

Abb. 0117
Der 170 V hat ein echtes Mercedes-Benz-Gesicht. Die Gestaltung der Fahrzeugfront beeinflusst die Akzeptanz des Wagens im Verkauf entscheidend. Das weiß man auch in der Vorstandsetage.

Das Fahrgestell: Rahmen, Fahrwerk und Lenkung

Rahmen, Radaufhängung, Schmierung, Bremsen

Kernstück des Wagens ist das neue, moderne Fahrgestell mit dem intelligent konstruierten X-förmigen Ovalrohrrahmen, den Daimler-Benz unter dem Namen von Max Wagner patentrechtlich schützen lässt. Trotz seines geringeren Gewichts ist das neue Chassis dem Leiterrahmen aus Kastenprofil in der Verwindungssteifigkeit deutlich überlegen und in der Herstellung billiger, weil die langen und aufwändigen Schweißnähte entfallen. Das

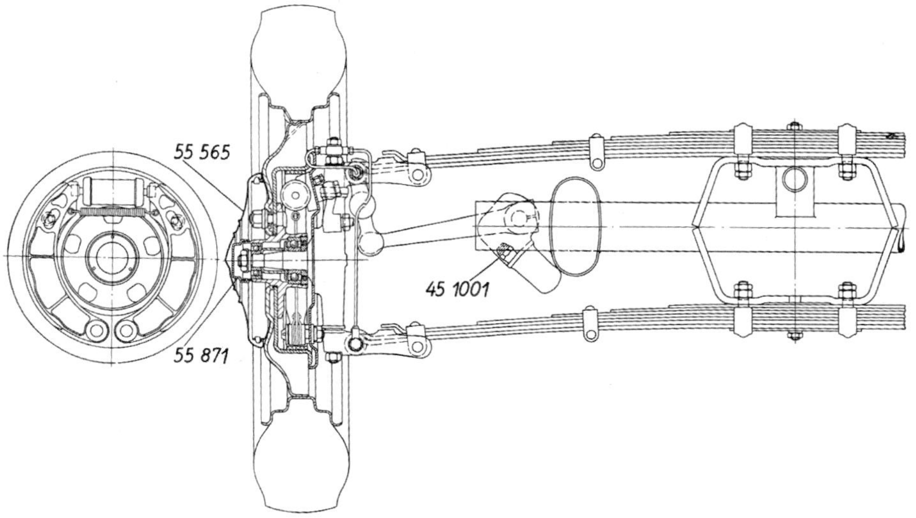

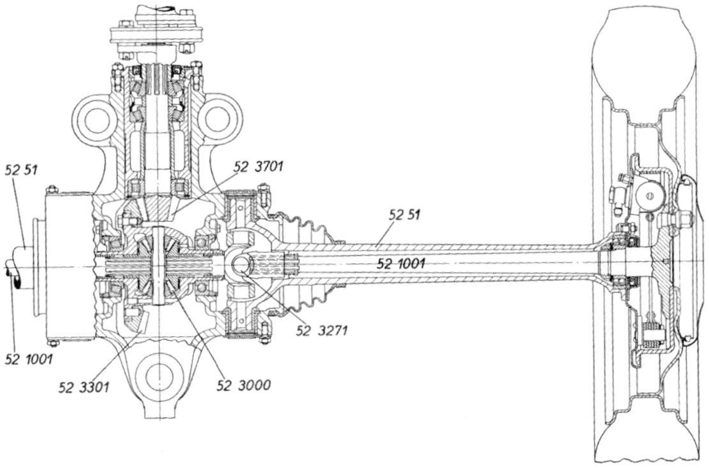

Abb. 0118 & 0119
Als Vorderradaufhängung für den 170 V dient ein Parallelogramm aus zwei übereinanderliegenden Blattfederpaketen. Die Räder federn unabhängig voneinander und sturzkonstant. Die hydraulischen Hebelstoßdämpfer sind an der Rahmentraverse befestigt. Statt Backen aus Leichtmetallguss wie in der Zeichnung erhalten die Trommelbremsen in der Serie preisgünstigere aus verschweißtem Flachstahl.

Abb. 0120 & 0121
Die angetriebene Hinterachse (Zweigelenk-Pendelachse) verfügt über ein am Rahmen montiertes Differenzial. Die Halbachsen sind mit Schraubenfedern abgestützt und werden ausschließlich durch kräftige Zapfen mit Bronzebuchsen im Graugussgehäuse des Differenzials geführt. Auch hier beruhigen Hebeldämpfer die Auf- und Abbewegungen.

fünf Jahre zuvor, 1931, mit dem 170 (W 15) eingeführte und hervorragend bewährte Vollschwingachsenfahrwerk – unterdessen Standard bei fast allen Mercedes-Benz-Typen – ist immer noch hochaktuell und bleibt im Grundsatz unverändert. Vorn sorgen zwei quer eingebaute, übereinanderliegende Blattfederpakete, an deren Enden die Achsschenkel befestigt sind, für ein unabhängiges Federn der Vorderräder in der Geometrie von Parallelogrammen. Geschmiert wird die Vorderradaufhängung mitsamt den Achsschenkeln und den Spurstangenköpfen der Lenkung von einem Zentralschmiersystem der Firma Willy Vogel aus Berlin. Die dazu notwendige Pumpe ist links an der Spritzwand befestigt und kann vom Fahrer durch das Drücken eines Stöpsels mit dem linken Fuß betätigt werden.

Hinten gelangt die bekannte Zweigelenk-Pendelachse zum Einbau. Diese kommt ohne Längsschubstreben aus, weil die Halbachsen an je zwei in Bronzebuchsen gelagerten Zapfen im kräftig ausgebildeten Differenzialgehäuse aus Grauguss geführt werden. Letzteres ist im Rahmen mit drei gummigelagerten Aufhängungselementen befestigt, die in der Lage sind, den Antriebsschub zu übertragen und gleichzeitig Geräusche und Vibrationen wirkungsvoll fernzuhalten. Die Abstützung und Federung der auf- und abschwingenden Halbachsen erfolgt pro Seite über je eine Schraubenfeder, wie dies bereits der Heckmotortyp 130 (W 23) vorgemacht hat. Im 170 (W 15) sind es noch zwei Schraubenfedern pro Seite gewesen.

Komplettiert wird das Fahrwerk durch einfach wirkende Hebelstoßdämpfer, wobei die Ausleger an der vorderen Radaufhängung nicht mehr die Form von Dreieckslenkern haben, sondern bloß aus je einem einfachen Arm

Abb. 0122
Blick – bei entferntem Fahrerboden aus Schichtholz – auf das Fußhebelwerk. Neu lagert auch das Kupplungspedal auf einer Welle im Fahrgestellrahmen und nicht im Kupplungsgehäuse wie bei den älteren Typen.

Abb. 0123
Fahrgestell des 170 V von oben: Als Rückgrat dient der X-förmige Ovalrohrrahmen, der mit seinen guten Eigenschaften einem Zentralrohrrahmen nahekommt. Die Motor- und Getriebeeinheit sitzt deutlich hinter der Vorderachse. Dies führt zu einer günstigen Gewichtsverteilung und beeinflusst zusammen mit dem langen Radstand die Fahr- und Federungseigenschaften positiv.

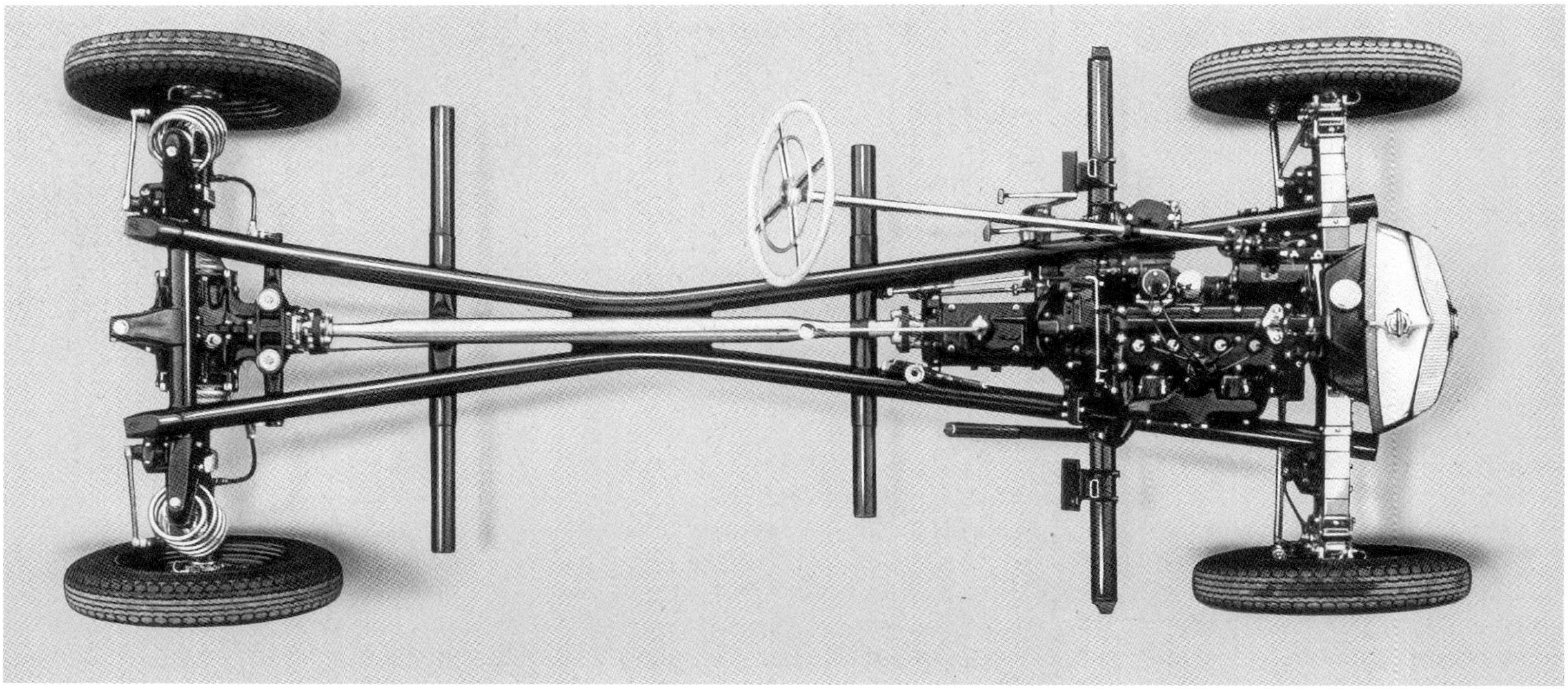

bestehen, der auf einen quer statt längs eingebauten Hydraulikzylinder einwirkt. Die aufwändigen Stoßdämpfer-Dreieckslenker, die seinerzeit mit einer Radführungs-Notfunktion im Falle eines Federbruchs begründet worden sind, hat man bereits anlässlich einer Modellpflege des 170 (W 15) aufgegeben, da kapitale Federbrüche offenbar kaum vorgekommen sind. Verzögert wird der neue 170 V mit hydraulisch betätigten Trommelbremsen an allen vier Rädern. Eine Lösung, die bereits vor fünf Jahren mit dem 170 (W 15) eingeführt worden ist und sich in jeder Hinsicht bestens bewährt hat.

Weil es sich beim Mercedes-Benz 170 V, vom Motor abgesehen, technisch um ein vollständig neues Modell handelt, verlässt man in Untertürkheim bei der Wahl der Räder und Reifen die bisherigen Dimensionen in dieser Fahrzeugklasse. Während für das Parallelmodell 170 H (W 28) die vom Vorgängertyp 130 (W 23) bekannten 17"-Räder mit kleinen Nabendeckeln weiterverwendet werden, rollt nun der 170 V (W 136) auf Rädern mit Felgen von 16" Durchmesser. Die teillackierten Raddeckel mit erhabenem Mercedes-Stern werden im Durchmesser größer, in der Erscheinung jedoch flacher, weil sie nicht mehr auf Töpfen sitzen.

Lenkung

Die Lenkung verfügt über zwei ungleich lange Spurstangen, je eine pro Rad. Das Lenkgetriebe bezieht Daimler-Benz von der Zahnradfabrik Friedrichshafen am Bodensee (ZF). Es trägt die Bezeichnung *Ross-Lenkung Typ 540* und wird seit 1932 nach einer Lizenz der US-amerikanischen Firma Ross Gear and Tool Company Inc. hergestellt. Diese Lenkung, die bereits seit anderthalb Jahren im Typ 200 (W 21) eingebaut wird, zeichnet sich gegenüber den bislang verwendeten Schraubenspindellenkungen eigener Fertigung durch eine geringere innere Reibung und einen entsprechend geschmeidigen Lauf aus.

Motor- und Getriebeeinbau im Fahrgestell

Der Motor wird, ganz nach alter Schule der Standardbauweise, hinter der Vorderradaufhängung in den Rahmen eingebaut. Dass im 170 V trotzdem sämtliche Passagiere in der bestgefederten Zone des Wagens sitzen, auch die hinteren, ist dem im Vergleich zu einem Sechszylinder kürzer bauenden Vierzylindermotor und dem langen Radstand zu danken. Der Vierzylindermotor M 136 läuft allerdings rauer als der mit ebenfalls 1,7 Liter Hubvolumen versehene Reihensechszylinder des 170 (W 15). Kompensiert wird dieser Nachteil durch eine sehr elastische Zweipunktlagerung der Motor-Getriebeeinheit im Rahmen. Sie besteht aus einer vorderen Abstützung des Motors, angeordnet zwischen Zylinderblock und Kühler, sowie aus einem bettartigen Auflager unter dem hinteren Ende des Getriebegehäuses. Als Drehmomentstütze dient ein seitlicher Ausleger an der Kupplungsglocke, der mit dem Rahmen verbunden ist. Alle drei Elemente bestehen aus Stahlformteilen mit aufvulkanisierten Gummielementen, die einen Großteil der Vibrationen wirkungsvoll vom Rahmen und Aufbau fernhalten. Dank dieser »Floating Power«[I] genannten Lagerung der Motor-Getriebeeinheit ist die Laufruhe des 170 V mit derjenigen eines herkömmlichen Sechszylinderwagens vergleichbar.

Abb. 0124
Der 1,7 Liter große Vierzylindermotor M 136 des 170 V wird auf der Grundlage des 1,3-Liter-Hecktriebwerks M 23 entwickelt und leistet 38 PS. Bewusst fällt die Wahl auf einen einfachen, günstig zu fertigenden Seitenventiler. Hier die Ausführung mit ursprünglichem Luftfilter. Die sogenannt schwimmende Motoraufhängung »Floating Power« nach Chrysler-Patent kompensiert den Vibrationsnachteil des Vierzylinders gegenüber dem Sechszylinder das alten 170 (W 15).

Der 1,7-Liter-Vierzylindermotor M 136 und das ZF-Vierganggetriebe AKS-15

Für den Vierzylinder-Reihenmotor von zunächst 1 596 cm³ geht Oberingenieur Albert Heeß, wie beschrieben, vom bewährten 1,3-Liter des 130 (W 23) aus. Dessen Block lässt jedoch das gewünschte Hubvolumen nicht zu. Deshalb müssen die Konstrukteure der Motorenabteilung den Block mit dem gesamten Kurbeltrieb und der Steuerung – unter Wahrung der konstruktiven Lösungen – auf die größeren Abmessungen adaptieren, also sämtliche Teile neu bemessen und anpassen. Der neue Motor mit der Bezeichnung M 136 verfügt schließlich über einen Hubraum von 1 697 cm³ (B=73,5 mm, H=100 mm), leistet nominell 38 PS bei 3 400 U/min und erreicht ein Drehmomentmaximum von 10,2 mkg bei 1 800 U/min. Wie die Messungen ergeben haben, beträgt das Leistungsplus der 1,7-Liter-Maschine gegenüber dem 1,3-Liter M 23 stattliche 12 PS oder 46%. Damit erhöht sich die Literleistung um immerhin 2,5 PS oder 11,3%.

Anmerkung I: Die Floating Power-Lagerung wird ab den frühen 1930er Jahren bei Fahrzeugen der Chrysler Corporation und wenig später bei den Citroën Traction Avant-Modellen angewendet.

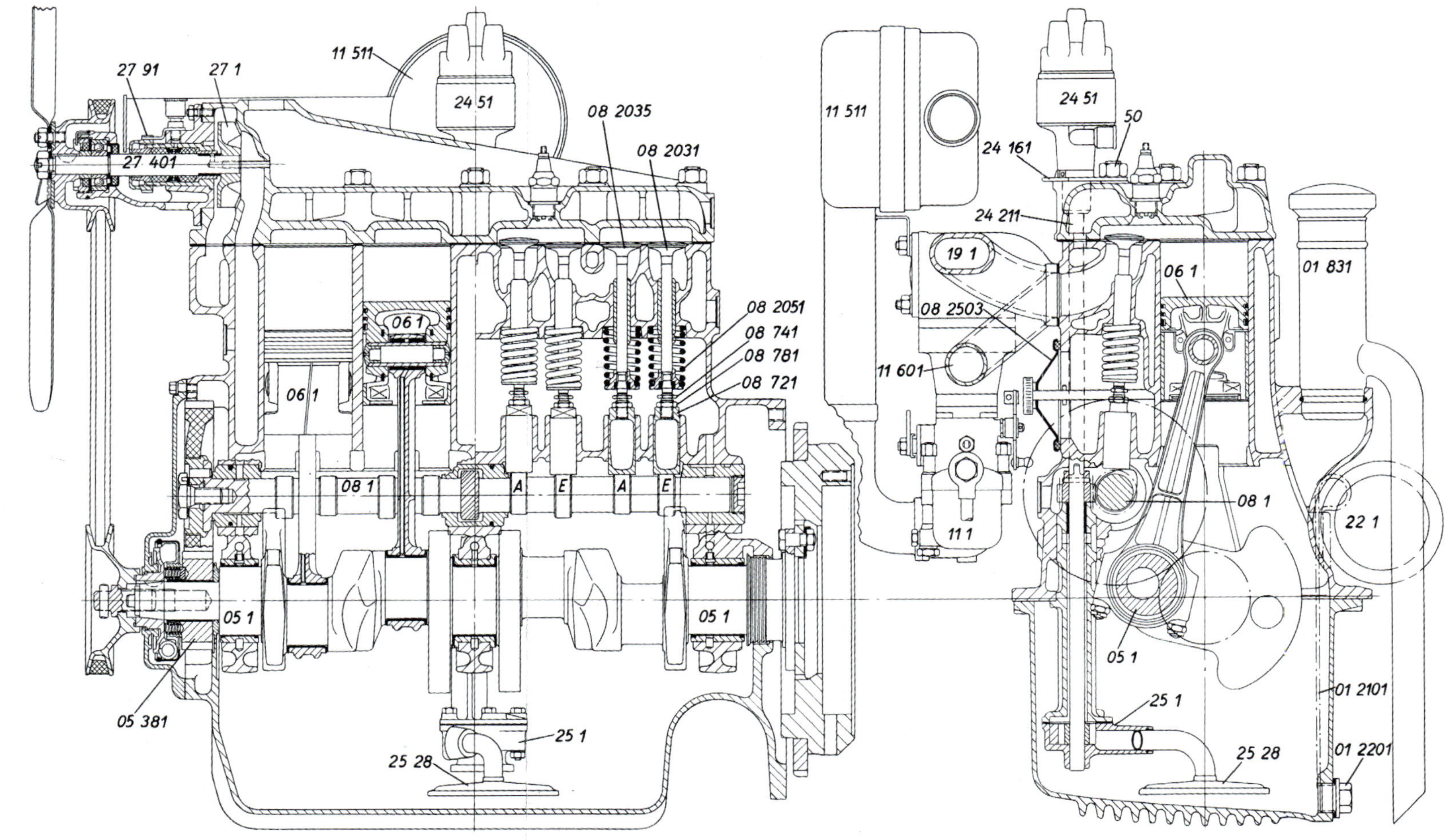

Abb. 0125
Längs- und Querschnitt durch den Motor M 136. Zylinderblock und -kopf bestehen aus Grauguss, der Gehäuseunterteil mit integrierter Ölwanne aus Leichtmetall. Die Kurbelwelle ist dreifach gelagert, die Nockenwelle wird durch Stirnräder angetrieben.

Konstruktive Merkmale des Motors

Der innere Aufbau des vergrößerten Vierzylinders bleibt gegenüber der 1,3-Liter-Version unverändert. Die in Fahrtrichtung gesehen auf der rechten Motorseite unten im Zylinderblock eingebaute Nockenwelle wird von der Vorderseite der Kurbelwelle aus mit einem Zahnradpaar in Rotation versetzt, wobei das größere Rad auf der Nockenwelle eines leisen Motorlaufs wegen aus »Novotex« besteht, einem Phenolharz-Hartgewebe der Firma AEG. Die Nockenwelle treibt über kurze Stößel die stehend eingebauten Ventile an, deren Sitze im Block ohne eingepasste Ringe auskommen müssen. Der Antrieb der Ölpumpe und des Zündverteilers erfolgt in der Motorenmitte, also zwischen den beiden mittleren Zylindern. Der flache Zylinderkopf besteht – analog dem Motorblock – aus Grauguss. Der Ansaug- und der Auspuffkrümmer liegen auf der rechten Motorenseite. Versorgt wird der Motor M 136 durch einen Steigstromvergaser von Solex, dem der Treibstoff pumpenlos über das natürliche Gefälle vom höherliegenden Treibstofftank in der Spritzwand zufließt. Den Vergaser lässt man mit einer sogenannten Sparvorrichtung versehen, die durch eine sinnreiche Konstruktion bei normaler Belastung die Treibstoffzufuhr zur Hauptdüse reduziert, außer bei voll geöffneter Drosselklappe. Diese Vorrichtung kann der Fahrer durch einen Zugknopf am Armaturenbrett ausschalten, was bei sehr tiefen oder sehr hohen Außentemperaturen oder bei anstrengender Bergfahrt notwendig wird.[31] In der kalten Jahreszeit ist es möglich, einen Teil der Abwärme des Auspuffkrümmers durch eine Öffnung in den Ansaugkrümmer leiten zu lassen, um so das Benzin-Luftgemisch zu erwärmen. In der warmen Jahreszeit lässt sich diese Öffnung durch eine Zunge verschließen, die an einem quadratischen Deckel festgemacht ist, der zu diesem Zweck weggeschraubt und um 90 Grad gedreht neu montiert werden muss. Der Vergaser ist mit seinem zur Seite gerichteten Ansaugstutzen über ein stehendes Rohr mit dem trommelförmigen Luftfilter verbunden, der seinerseits mit einem horizontal nach vorn zum Kühler gerichteten Ansaugrohr versehen ist. Vor dem Motorblock, und zwar genau über der Vorderachse, wird das Kühlelement eingebaut, das oben mit einem großzügig bemessenen Wasserkasten ausgestattet ist. Kühlflüssigkeit lässt sich über eine desaxiert angeordnete Öffnung mit Schraubdeckel nachfüllen. Also nicht von außen durch einen Stutzen mit dem traditionellen Schraubverschluss mit Stern oben auf der Kühlermaske, sondern erst nach dem Hoch- und Umklappen der linken Motorhaubenhälfte.

M 136 und M 28: Unterschiede für Front- und Heckeinbau

Obwohl in ihrem Innenleben identisch aufgebaut und bemessen, unterscheiden sich die Motoren des 170 V (M 136) und des 170 H

(M 28) nicht nur durch ihre Einbaulage (im 170 H um 180° gedreht), sondern auch auffällig bezüglich ihres Äußeren. Dies beginnt bereits mit dem Motorblock: Die beim M 28 für die Lagerung im Rahmen des Heckmotorwagens notwendigen seitlichen »Beine« entfallen beim M 136, ebenso die Anschlussstelle für die von der Nockenwelle angetriebene Benzinpumpe, die wegen des Fallbenzins beim 170 V nicht notwendig ist.[I] Auch der Zylinderkopf weicht beim M 136 deutlich von der Heckmotorausführung ab. Durch die übliche Anordnung des Kühlers befindet sich der Wasserabgang auf der Vorderseite und nicht auf der Kupplungsseite des Motors wie beim 170 H. Bei beiden Motorvarianten ähnlich ist hingegen der einfache Riementrieb. Von der Riemenscheibe mit Schwingungsdämpfer auf dem vorderen Kurbelwellenstumpf treibt der Riemen beim 170 V die an der linken Seite montierte Bosch-Lichtmaschine an und setzt am vorderen Ende des Zylinderkopfs die dort eingesetzte Wasserpumpe mitsamt dem Windrad in Bewegung. In Untertürkheim, zumindest in der Kalkulationsabteilung, glaubt man beim 170 V auf einen Thermostat verzichten zu können, dies im Unterschied zum 170 H und zum alten sechszylindrigen 170 (W 15).

Abb. 0126 & 0127
Blick in den Motorraum des 170 V: Vergaser mit Ansaug- und Auspuffkollektor sowie Zündverteiler befinden sich auf der rechten Seite, Anlasser und Lichtmaschine links. Der 33-l-Tank in der Spritzwandnische ermöglicht Fallbenzin. Darüber sind Wagenheber und Bordwerkzeug untergebracht. Kühlwasser wird über eine Öffnung mit Schraubverschluss auf dem Wasserkasten nachgefüllt. Ein Thermostat fehlt.

Teilsynchronisiertes Vierganggetriebe: Das bewährte ZF AKS-15

Den Übergang von drei auf vier Fahrstufen hat man bei Daimler-Benz Ende der 1920er und in den frühen 1930er Jahren durch die Integration eines Schnellganggetriebes ins Gehäuse der dreistufigen Schaltbox gelöst. Bei diesen Getrieben ist die vierte Schaltstufe, Schnellgang genannt, ins Lange übersetzt und nach dem Vorwählen ohne Betätigung der Kupplung durch bloßes Gaswegnehmen, also halbautomatisch schaltbar (System Maybach).

Während die Ingenieure in Untertürkheim diese Lösung für den zum 170 H (W 28) weiterentwickelten Heckwagen beibehalten, erhält der mit Ausnahme des Motors vollständig neu konstruierte 170 V (W 136) ein »normales« Vierganggetriebe mit H-Schaltschema. Die Wahl fällt auf das ZF-Spiralgetriebe AKS-15, das die Daimler-Benz AG als Lizenznehmerin der Zahnradfabrik Friedrichshafen selbst herzustellen beginnt. Dieses teilsynchronisierte Vierganggetriebe wird von ZF seit 1933 fabriziert und in zwei Leistungsstufen (AKS-15 und AKS-20) angeboten. Es findet in zahlreichen deutschen Pkw der 30er Jahre Verwendung, u.a. im Hanomag Rekord und in BMW-Modellen. Die Zahnräder der beiden oberen Fahrstufen befinden sich ständig im Eingriff, geschaltet werden diese durch Muffen mit Schaltklauen. Als Schalterleichterung verfügen sie zudem über eine Konussynchronisierung. Auch die Gangräder der beiden ersten Fahrstufen und des Rückwärtsgangs sind schrägverzahnt, was die Geräuschentwicklung erheblich senkt. Im Unterschied zu den beiden oberen Fahrstufen werden hier nach alter Machart die Räder verschoben, was der

Anmerkung I: Ausgenommen sind Rechtslenker-Ausführungen, die mit einem Fallstromvergaser und somit einer Treibstoffpumpe versehen werden mussten; siehe Kap. 4.2, S. 191-195.

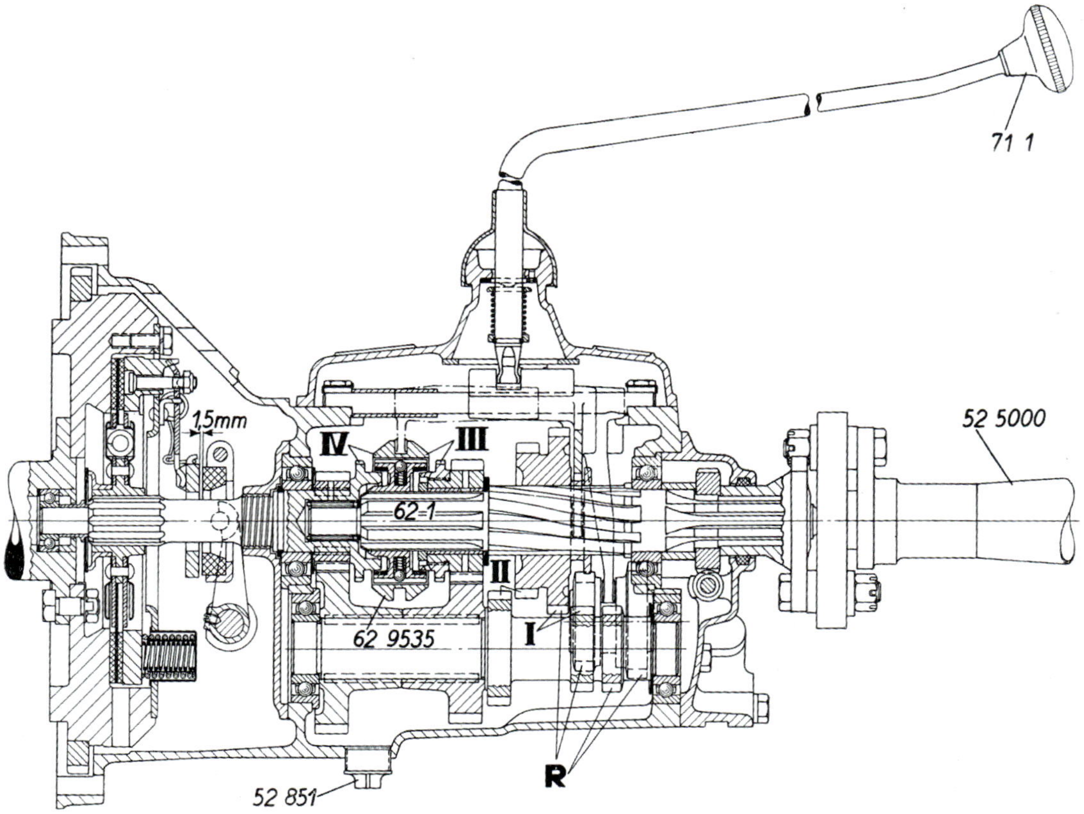

Abb. 0128
Längsschnitt durch Schwungscheibe, Kupplung und Getriebe. Die Einscheiben-Trockenkupplung Komet-Mecano K 10 stammt von Fichtel & Sachs, das Viergang-Getriebe AKS-15 von ZF. Synchronisiert sind nur die beiden oberen, klauengeschalteten Fahrstufen. Für die ersten beiden Gänge werden auf althergebrachte Weise die Räder verschoben. Weil diese ebenfalls schrägverzahnt sind, ist die Welle spiralförmig ausgebildet.

Schrägverzahnung wegen eine spiralförmig ausgebildete Hauptwelle erfordert. Eine Synchronisierung fehlt für den ersten und zweiten Gang. Die vierte Fahrstufe ist als direkter Gang ausgelegt, hat also einen übersetzungslosen Durchtrieb.[32] Durch ein länger untersetztes Hinterachs-Ausgleichsgetriebe (Differenzial) resultieren beim 170 V bei gleichen Geschwindigkeiten ähnliche Motordrehzahlen wie beim 170 H mit Dreiganggetriebe und einem zusätzlichen, ins Lange übersetzten Schnellgang.

Das AKS-15-Getriebe im 170 V verfügt über einen Kasten mit integrierter Kupplungsglocke aus Grauguss. Die Einscheiben-Trockenkupplung vom Typ Komet-Mecano K 10 wird von Fichtel & Sachs in Schweinfurt bezogen und ist mit einem Ausrücklager mit Graphitschleifring versehen. Eine einteilige Antriebswelle (»Kardanwelle«) überträgt das Drehmoment ins Ausgleichsgetriebe der Hinterachse und besteht aus einem sich gegen die Enden hin verjüngenden Rohr sowie einer Schiebevorrichtung im vorderen Abschnitt. Die Welle ist für eine optimale Geräusch- und Schwingungsdämmung feingewuchtet und mittels dreiarmiger Flansche und Hardyscheiben vorn mit der Getriebewelle und hinten mit der Kegelradwelle des Differenzials verbunden.[33]

▷ **Siehe Band II/Seite 17–19**, Tabelle A 05 Technische Daten: 170 V (W 136/W 136 I)

Die Innenlenker-Karosserie

Formgebung

Die Karosserieform, an der man im Werk Sindelfingen recht lange herumlaboriert hat, präsentiert sich schließlich als gut proportioniert und wohlgelungen; eine geglückte Verbindung zwischen Tradition und Moderne. Walter Häcker übernimmt die gestalterischen Grundsätze, die bereits beim zweitürigen Limousinenaufbau für den sechszylindrigen 170 (W 15) angewandt worden sind: fließende Formen. Dank des deutlich längeren Radstands von 2 845 mm (245 mm mehr als beim W 15 von 1935) kann Häcker den 170 V strecken und so deutlich ausgewogener und eleganter formen als dies beim zweitürigen 170 (W 15) möglich gewesen ist. Offensichtlich hat man anfänglich vorgesehen, den Wagenkörper ohne Trittbretter zu belassen[I], so wie dies auch beim 170 H der Fall ist. Und überdies bei zahlreichen weiteren Wagen mit formal gelungenen Karosserien, beispielsweise bei der »Traction Avant«-Reihe von Citroën, dem Adler Trumpf und dem Trumpf Junior sowie bei den neuen Aufbauten der frontgetriebenen DKW-Modelle.

Abweichende Vorstellungen zwischen den Karosseriebauern und Formgestaltern in Sindelfingen und dem Vorstand gibt es hauptsächlich zur Wagenfront, insbesondere zum Kühlergesicht. Weichere, modernere Formen, die sich vom Bild des alten »echten« Kühlers verabschieden und sich eher an den rundlich-fließenden Formen des Wagenkörpers orientieren, wie sie von US-Modellen (beispielsweise von Chrysler und Ford) bekannt sind, lehnen die Herren in der Konzernzentrale mit Vehemenz ab. Der traditionelle Mercedes-Benz-Kühler mit verchromter Maske und feinmaschigem Lochblechgitter in der Art, wie er für die jüngeren Ausführungen des 200 (W 21) verwendet wird, hält man als markentypisches Erkennungsmerkmal gerade bei diesem Aufbautyp für unabdingbar. Als tolerierbarer Kompromiss einigt man sich schließlich beim 170 V auf eine deutlich stärker nach hinten geneigte, aber verchromte Kühlermaske, die in der Kontur erkennbar weicher geformt ist als beim W 21 und oben auf einen Schraubverschluss für den Kühler verzichtet. Ein Nachfüllen von Kühlflüssigkeit ist aus diesem Grund nur vom Motorraum aus möglich. Der unverzichtbare Mercedes-Benz-Stern oben auf der Kühlermaske sitzt deshalb auf einem filigranen Sockel in Form eines umgedrehten Schiffsrumpfs.[34]

Die zwei- und viertürigen Limousinen, der sprachlichen Germanisierung zuliebe meist *Innenlenker* genannt, zeigen eine gestreckte, für einen Wagen dieser eher bescheidenen

Anmerkung I: Fotografisch nachgewiesen, siehe Abb. 0110 & 0113.

Abb. 0129 & 0130
170 V Innenlenker zweitürig (oben) und 170 V Innenlenker viertürig (unten), so wie sie der ungarische Grafiker Tibor Réz für die attraktiv gestalteten Prospekte und Verkaufskataloge in Vierfarbendruck darstellt. Die dezent veränderten Proportionen – längere Motorhaube, schwungvollere Dachlinie – gehören ebenso zur künstlerischen Freiheit wie die gewählten Farbtöne und die Weißwandbereifung, welche auch gegen einen Mehrpreis nicht angeboten wird.

Größe elegante Linienführung. Einen wesentlichen Anteil an dieser Erscheinung hat die lange, traditionell geformte Motorhaube. Diese führt zusammen mit der hohen und schmalen Kühlermaske, den an stimmiger Stelle auf die gewölbten Kotflügel gesetzten Scheinwerfern und den gegen außen spitz auslaufenden Stoßstangenecken zu einem hübschen Mercedes-Benz-Gesicht, das sowohl der Markentradition wie auch der fortschreitenden Zeit gleichermaßen gerecht wird. Die konvex-konkav geschwungenen Vorderkotflügel finden ihre formal übergangslose Fortsetzung in den Trittbrettern, deren bescheidene Breite gegen hinten abnimmt und die (noch) keine aufgesetzten Profilleisten tragen. An ihren Enden stoßen die Trittbretter gegen die hinteren Kotflügel. Diese folgen in ihrer Wölbung erst dem Radlauf, um dann – entsprechend der rundlichen Heckgestaltung – gegen hinten, unten und innen auszulaufen.

Auf diesem eleganten »Fundament« erhebt sich der Wagenkörper, der an den Flanken übergangslos aus der Motorhaube wächst und sich gegen hinten verbreitert. Der Aufbau wird durch eine dezent ausgebildete Gürtellinie in die Länge gezogen, die von der Motorhaube ausgeht und bis zum Ende der hinteren Tür bzw. des hinteren Seitenfensters nahezu horizontal verläuft, um dann in einem weichen Schwung abzufallen. Dazu dient ein sanfter Wulst zwischen zwei Prägekanten, welcher die Flanken des Aufbaus in einen unteren geschlossenen und einen oberen Bereich mit den Seitenfenstern in den Türen teilt. Die Fensterausschnitte sind an den Ecken gerundet, was einerseits mit der Formensprache des Wagens harmoniert, andererseits der gewählten Herstellungsart entspricht, nämlich dem Ausstanzen und Tiefziehen der Türbleche als Einheit.

Das vollständig aus Blech bestehende Dach ist an seinen Abschlüssen zur einteiligen Frontscheibe, zu den Seiten hin und insbesondere im Heckbereich übereinstimmend mit der Gesamtform des Wagens gerundet. Wie damals üblich, ist das plane Heckfenster verhältnismäßig klein ausgebildet, aber für einen Rückblick auf die Straße immer noch tauglich. Im gewölbten Heckteil, das trotz des Kofferraums ohne Deckel bleibt, ist in einer Mulde das Ersatzrad zur Hälfte eingelassen, also von außen sichtbar und zugänglich. Auf eine hintere Stoßstange glaubt man verzichten zu können, weshalb die Tafel für das Nummernschild unterhalb des Ersatzrads eigenständig befestigt werden muss. Als deren oberer Abschluss dient eine aus Blech gepresste Leiste mit drei kleinen ovalen, chromumrandeten Leuchten. Die beiden äußeren sind mit rot eingefärbtem Glas versehen und dienen als Schlusslichter, das mittlere, orange eingefärbte ist die Bremsleuchte. Weiter ist eine Nummernschildbeleuchtung integriert.

Chrom wird recht dezent eingesetzt und konzentriert sich auf die Wagenvorderseite, also auf die Kühlermaske mit Stern und Kurbellochabdeckung, die Scheinwerferringe, die beiden Stoßstangenecken und den aus einem Messingprofil geformten Frontscheibenrahmen. Weiter sind die Türgriffe, die für die Schmierung der Türbänder an der B-Säule speziell ausgebildeten Hutmuttern, die erwähnten Umrahmungen der Heckleuchten und die Raddeckel verchromt. Letztere werden in Wagenfarbe(n) teillackiert; blank ausge-

Abb. 0131 & 0132
Der zweitürige Innenlenker ist die preisgünstigste Modellvariante des 170 V und findet anfänglich regen Zuspruch. Um einen möglichst bequemen Einstieg in den Fond zu ermöglichen, sind die Türen länger ausgebildet als bei der viertürigen Version. Der Wagen wirkt, egal ob von vorn oder von hinten betrachtet, wie aus einem Guss. Funktionell wie ästhetisch vermisst man einzig den aus Kostengründen eingesparten hinteren Stoßfänger.

Abb. 0133
Unabhängig, ob es sich um einen zwei- oder viertürigen Innenlenker handelt: Der 170 V wirkt stimmig, die Proportionen sind ausgewogen. Für die Bilddokumentation der Mercedes-Benz-Pkw wählen die Werksfotografen als Hintergrund gerne den dezent modernen Eingang zum Tribünenbau des benachbarten Stuttgarter Stadions auf dem Cannstatter Wasen.

spart bleibt der Stern mit breiter Umrahmung und ein weiterer Kreis am Übergang zur Felge.

Auch die Scheinwerferstützen sind blank, bestehen jedoch aus poliertem Leichtmetall. Ziemlichen Aufwand betreibt Sindelfingen zur optisch einwandfreien Unterbringung der Fahrtrichtungsanzeiger, die unmittelbar vor den A-Säulen außenbündig in den Karosseriekörper eingelassen sind. Die Türen werden an den B-Säulen drehbar aufgehängt, dies im Unterschied zu den viertürigen Ausführungen des 170 (W 15) und des kurzen 200 (W 21), deren Türen an der A- und der C-Säule angeschlagen sind. Beim zweitürigen 170 V-Innenlenker verlängert Walter Häcker die Tür zu Ungunsten des hinteren (fest eingebauten) Seitenfensters, um durch die so gewonnene größere Öffnung bequemer zur Hinterbank zu gelangen.

Ab Werk sind fünf Karosseriefarben verfügbar, wobei vier aus Zweitonlackierungen bestehen. Der dunklere Farbton wird jeweils für die sogenannten Fahrgestellblechteile verwendet, also für die vier Kotflügel mitsamt Verbindungsblech vor der Kühlermaske, die Trittbretter und Scheinwerfertöpfe. Die einzig verfügbare Eintonlackierung ist schwarz.[I]

Anmerkung I: Details siehe Band II, Tabelle D 01.

Abb. 0134 & 0135
So präsentiert sich der viertürige Innenlenker im Februar 1936 bei der Produktionsaufnahme. Außer in schwarz sind die 170 V in vier unterschiedlichen Zweitonlackierungen erhältlich – ohne Aufpreis. Neumodische Stilelemente fehlen absichtlich. Die aus sämtlichen Blickwinkeln harmonische Linienführung und das gekonnte Zusammenspiel aller Bereiche stellen den maßgeblichen Fachleuten ein glänzendes Zeugnis aus. Es sind dies Walter Häcker, formverantwortlicher Karosserieingenieur, und Josef Müller, Konstrukteur des Fahrgestells.

Holz-Metall: Die Gemischtbauweise wird beibehalten

Wie beim gleichzeitig präsentierten 170 H (W 28) bleibt das Werk Sindelfingen auch beim 170 V (W 136) bei der Gemischtbauweise, und zwar für sämtliche Karosserievarianten. Ein Übergang auf die Ganzstahlkonstruktion ist zu diesem Zeitpunkt bei Daimler-Benz weder aus konstruktiver Sicht noch aufgrund der vorhandenen oder in absehbarer Zeit beschaffbaren Fertigungseinrichtungen gegeben. Immerhin geht der Anteil Holz am Karosseriekörper merklich zurück, insbesondere im Vergleich mit den Aufbauten des 170 (W 15). Sieht man von den Türen ab, handelt es sich beim 170 V nicht mehr um ein eigenständiges Holzskelett, das mit Blech beplankt wird, sondern eher um eine Ausfütterung der Blechpressteile mit Holz. Das Heck kommt sogar vollständig ohne Holz aus, weil es als ein in sich selbsttragender, wenngleich deckelloser Blechkörper ausgebildet ist. In einer Nische im oberen Teil der Spritzwand lagert der zylinderförmige, 35 Liter fassende Treibstofftank, für dessen Befüllung die linke Motorhaubenhälfte aufgeklappt werden muss. Der Absperrhahn, der auch dem Umstellen auf die ungefähr drei Liter umfassende Treibstoffreserve dient, ragt mitsamt dem Treibstofffilter über dem Getriebetunnel in den Fußraum. Die 6-Volt-Batterie mit einer Ladekapazität von 75 Ah ist auf der linken Seite unter der Rücksitzbank untergebracht.

Abb. 0136 & 0137
Konstruktiv handelt es sich bei den 170 V-Aufbauten um eine sogenannte Gemischtbauweise. Im Unterschied zu früher wird das Holzgerippe (rot) nicht mehr als selbständiges Skelett mit Blech beplankt, sondern als aussteifendes Element in die Blechstruktur eingefügt. Das Heck ist vollständig aus Blech gefertigt und in sich stabil. Hingegen benötigen die Türen tragende Holzrahmen (blau).

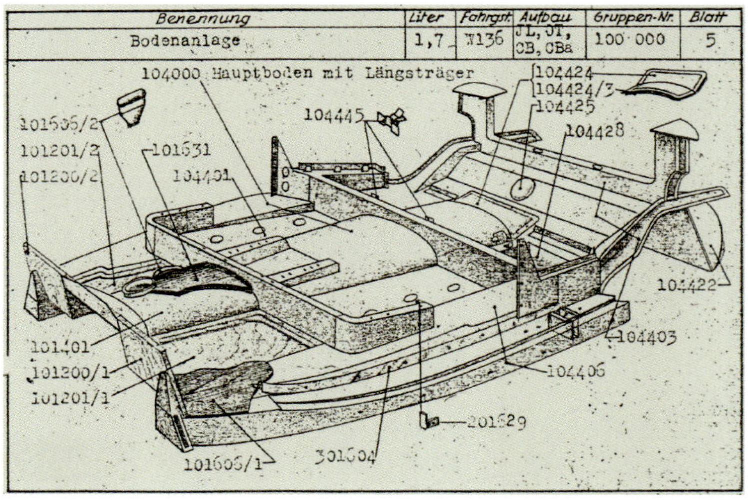

Abb. 0138
Zeichnung aus der 170 V-Karosserieteileliste, um 1936. Die Bodenanalage ist vollständig aus Stahlblech gebaut und verzichtet auf tragende Holzteile. Einzig die Bodenbretter im Fahrer- und Beifahrerfußraum bestehen aus Schichtholz und lassen sich für Wartungsarbeiten entfernen.

Abb. 0139
Holzlager im Werk Sindelfingen: Zum Trocknen werden die grob zugeschnittenen Holzteile sorgfältig aufgeschichtet. Die benötigte Menge ist gewaltig.

Abb. 0140
Im Karosseriebau warten fertiggestellte Heckpartien für zwei- und viertürige Limousinen dicht aneinandergereiht auf die Weiterbearbeitung.

Innenraum: Abmessung und Ausstattung

Bei der Beurteilung des Innenraums muss man sich vergegenwärtigen, dass es sich beim 170 V um ein verhältnismäßig günstiges, kompaktes Großserienmodell handelt. So gesehen ist das Wageninnere durchaus großzügig bemessen, wobei die Fondpassagiere bessere Raumverhältnisse vorfinden als der Fahrer und der Beifahrer, insbesondere in der Breite. Die Radhäuser der Hinterräder ragen nur knapp in den Innenraum und stören kaum. Nachteilig ist die erschwerte Zugänglichkeit des Kofferraums im Heck des Wagens. Der finstere Schlund ist zwar deutlich geräumiger als die Gepäckablage des 170 H, jedoch ebenfalls nur von innen zugänglich. Beim Be- und Entladen müssen die Gepäckstücke über die nach vorn geklappte Lehne der Rücksitzbank gehievt werden.

Die Ausstattung des 170 V ist nicht bloß weitgehend vollständig, sondern auch bezüglich der verwendeten Materialien und in der Anmutung von hoher Qualität. Die beiden unabhängig voneinander in der Länge verstellbaren vorderen Einzelsitze sind, wie auch die Rücksitzbank, bestens gefedert, gut gepolstert und mit robustem, feinrippigem Cordstoff bezogen, dessen Tönung auf die jeweilige Wagenfarbe abgestimmt ist. Im Fond sind das Sitzkissen und die Rückenlehne über die gesamte Breite in gleichbreite Pfeifen unterteilt. Die Vordersitze zeigen dagegen bloß auf den Sitzflächen je zwei Heftungen, die dem Kissen eine leichte Kontur geben. Mit denselben Textilien wie das Gestühl sind auch die Türinnenseiten, die hinteren Seitenwände der zweitürigen Innenlenkerausführung und der Bereich um das Rückfenster und die C-Säulen bezogen. Die Türgriffe und die Fensterkurbeln sind verchromt. Beim viertürigen Innenlenker sind alle Türen mit Kurbelfenstern und Kartentaschen versehen.

Die zweitürige Ausführung hat nur in den Vordertüren versenkbare Fenster. Im Fond sind die Seitenscheiben fest eingebaut, weshalb sich seitliche Ausbuchtungen mit gepolsterten Armauflagen realisieren lassen. Sämtliche Fensterscheiben, auch diejenige des Rückfensters, werden mit schwarz lackierten Holzeinfassungen umrahmt – den sogenannten Fensterschlüsseln. Die Passagiere auf der Rücksitzbank kommen bei beiden Innenlenker-Ausführungen in den Genuss von geflochtenen Haltekordeln an den B-Säulen, farblich zum Stoff passend. Das Rückfenster lässt sich durch eine Rollgardine verschließen, die vom

Abb. 0141
Fond des zweitürigen Innenlenkers: Die Fenster sind mit dunklen Holzleisten eingefasst, der verwendete Cordstoff ist hochwertig und die Verarbeitung Mercedes-Benz-würdig. Geschickt wird eine hübsche Armauflage in die hohle Seitenwand integriert und so die Innenraumbreite maximal ausgenutzt.

Abb. 0142 (rechte Seite)
Das mit Schrumpflack überzogene Armaturenbrett wirkt wenig progressiv, aber aufgeräumt, die großen Instrumente sind einwandfrei ablesbar. Einzig der aufgesetzte Aschenbecher stört das Bild. Das vertraute Vierspeichenlenkrad mit Schloss unterscheidet sich nicht von den teureren Baureihen und der lange Schalthebel liegt gut zur Hand. Die stufenlos ausstellbare Frontscheibe lässt Frischluft ins Wageninnere strömen. Die Seitenwände im Fußraum sind mit Teppich ausgekleidet, auf dem Boden liegen Gummimatten.

Fahrersitz aus über einen Schnurzug bedienbar ist. Hinten wird der Fußraum mit einem eingefassten Bouclé-Teppich ausgekleidet. Vorn müssen sich Fahrer und Beifahrer am Boden mit passgenauen Gummimatten begnügen, die auch den Getriebetunnel überfangen und auf einer Filzunterlage bzw. einer bitumengebundenen Dämmschicht liegen. Im Unterschied dazu sind die seitlichen Bereiche des vorderen Fußraums mit Bouclé-Teppich beklebt. Bei Bedarf lässt sich der Innenraum von einer in den Stoffhimmel integrierten ovalen Deckenlampe beleuchten. Erstaunlicherweise steht die Sonnenblende auf der Aufpreisliste. Dieses sicherheitsrelevante Bauteil besteht aus einer verchromten U-förmigen Halterung und einem transparenten Einsatz aus grau eingefärbtem Cellon[I].

Armaturenbrett und Frontscheibe

Das symmetrisch aufgebaute Armaturenbrett folgt in seiner Disposition älteren Mercedes-Benz-Vorbildern. In der Mitte konzentrieren sich die drei großen, mit Chromringen eingefassten Rundinstrumente, die elfenbeinfarbige Zifferblätter tragen. Zentral der Geschwindigkeitsmesser mit Kilometerzähler, im Durchmesser leicht größer als die beiden links und rechts davon angeordneten Instrumente. Das linke ist ein Kombiinstrument mit Tankanzeige und Ölmanometer, das rechte eine mechanische Zeituhr. Im Bereich dieser Instrumente sind auch die Zug-, Druck-, Schraub- und Drehschalter für die diversen Funktionen angeordnet: Startvergaser (Choke), Standgaseinstellung, Spareinstellung am Vergaser, Stand- und Abblendlicht, Richtungsanzeiger und Scheibenwischer. Die Zug- und Schraubschalter aus Metall haben einen elfenbeinfarbig bemalten Knopf mit Beschriftung der Funktion (»Start«, »Gas«, »Spar«). Die Druck- und Drehschalter sind aus Kunststoff im gleichen Farbton gefertigt. Zu beiden Seiten dieser Instrumententafel hat man zwei segmentbogenförmige Handschuhfächer eingetieft, die durch Deckel mit verchromtem Griff abschließbar sind. Das Armaturenbrett ist mit Schrumpflack im helleren Farbton des Aufbaus oder – bei uni-schwarzen Wagen – schwarz gespritzt.

Im Unterschied zum 170 H (W 28) verfügt der 170 V (W 136) über keine Wagenheizung; die vom vorn eingebauten Motor in den Innenraum abgestrahlte Wärme muss in der kalten Jahreszeit genügen. Um im Sommer für ausreichenden Luftdurchzug zu sorgen, versieht man den 170 V nach alter Machart mit einer ausstellbaren Frontscheibe. Diese ist einteilig ausgeführt, oben angelenkt und kann mit einem mittig über dem Armaturenbrett angeordneten, scherenförmigen Mechanismus ausgestellt und in der gewünschten Position fixiert werden. In der geschlossenen Stellung lässt sich die Frontscheibeneinheit mit zwei seitlich angeordneten Feststellern verriegeln. Die drei Beschläge verfügen über Handräder aus schwarzem Hartgummi, die Metallteile sind verchromt. Wegen der ausstellbaren Frontscheibe lässt sich der Aschenbecher mit Zigarettenanzünder nicht zentral von oben ins Armaturenbrett eintiefen, wie dies beim 170 H elegant gelungen ist, sondern muss auf der Beifahrerseite am oberen Wulst der Armaturentafel vorgehängt werden, eine gestalterisch unbefriedigende Lösung. Die Scheibenwischer lassen sich, ebenfalls durch die ausstellbare Frontscheibe bedingt, nur oben anordnen. Der Wischermotor ist in der Mitte über dem Innenspiegel aufgeschraubt, jedoch vom Armaturenbrett aus schaltbar. Er treibt die Wischerarme über ein offenes Gestänge an.

Anmerkung I: Cellon: Mischung aus Celluloseacetat und Campher. Das Material lässt sich ähnlich wie Glas einfärben und in Tafeln gießen.

Die Bedienelemente

Auch der 170 V wird mit dem unterdessen wohlbekannten vierspeichigen Mercedes-Benz-Lenkrad ausgerüstet, dessen schwarzer Kranz aus Hartgummi rückseitig mit Griffmulden versehen ist. Die Speichen bestehen aus blankem Leichtmetall, deren Kerben schwarz lackiert sind. Ebenfalls schwarz lackiert ist der vierspeichige Signalring, in dessen Nabe das Mercedes-Benz-Emblem mit Lorbeerkranz, Schriftzug und Stern vor rot emailliertem Hintergrund eingelassen ist. Die innerhalb des Wageninnern verchromte Lenksäule lässt sich durch ein Lenkradschloss verriegeln, das gleichzeitig die Stromzufuhr zentral ein- und ausschaltet. Der Anlasser verfügt über keinen Magnetschalter, sondern muss mit einem Fußknopf über dem Gaspedal eingerückt und betätigt werden. Der direkt ins Getriebe eingreifende Schalthebel ist, als Ergebnis des recht kurz bauenden Vierzylindermotors und des kompakten Getriebes, entsprechend lang und bedarf einer zweifachen Kröpfung, um in den Positionen der Gänge 1 und 3 nicht das Armaturenbrett zu touchieren. Rechts des Ganghebels ragt nach alter Schule der steilstehende Handbremshebel aus dem Getriebetunnel, wo auch das Handrad für die Handbremsverstellung offen liegt. Zur Serienausstattung gehört weiter ein recht umfangreiches, in einer Leinenhülle verpacktes Werkzeugsortiment. Es befindet sich zusammen mit einem rüttelfest fixierten Vigot-Wagenheber und einem Hammer in der Vertiefung der Spritzwand zwischen Treibstofftank und Frontscheibe.[35]

Die offenen Aufbauten

Mitte der 1930er Jahre ist es noch nahezu unmöglich, einen neuen Pkw-Typ zu lancieren, der ausschließlich mit geschlossenem Aufbau erhältlich ist. Zwar überflügelt ein Innenlenker im Verkauf die offenen Karosserievarianten unterdessen um ein Vielfaches – zumindest bei einem Volumenmodell. Doch mindestens eine Offenversion muss im Programm stehen, besser mehrere, selbst wenn diese wegen ihrer höheren Verkaufspreise in eine gehobenere Fahrzeugkategorie rutschen. Dies ist bei Mercedes-Benz nicht anders und trifft auch auf den 170 V zu.

170 V Cabriolet-Limousine

Die bescheidenste und günstigste Form, offen zu fahren, ist die Cabrio-Limousine, ein Karosseriekonzept, das erstmals mit dem Typ 130 (W 23) im Daimler-Benz-Fahrzeugprogramm Einzug gehalten hat. Es soll die Vorzüge des Cabriolets mit denjenigen der Innenlenker kombinieren: feststehende Seitenwände mit dicht schließenden Türen und Fenstern wie in den Limousinen, aber ein aufbaubreites, großen Faltdach, das sich – unter Einschluss des (verkleinerten) Rückfensters – im Heck bis auf die Gürtellinie absenken lässt.

Auch vom 170 V (W 136) wird eine Cabriolet-Limousine angeboten, die im Unterschied zum Heckmotortyp 170 H über vier Türen verfügt. Die Ausrüstung und Ausstattung unterscheidet sich nicht vom viertürigen Innenlenker, sieht man vom (ungepolsterten) Faltdach aus wasserdichtem Gummistoff und der fehlenden Rückfenstergardine ab. Eine Verdeckhülle umschließt das Stoffdach im geöffneten Zustand. Die beiden über den Seitenfenstern angeordneten Dachspriegel sind gesteckt und lassen sich bei zurückgeschlagenem Verdeck mit einem Handgriff entfernen. Die zwei hinteren sind hingegen im Verdeck eingenäht und klappen mit nach unten, so dass sich der Wagen gegen oben vollständig und gegen hinten weitgehend offen präsentiert.[36]

170 V Cabriolet B

Die kaufmännische Leitung des Unternehmens mag beim 170 V nicht auf echte Cabriolets verzichten, dies im Unterschied zum 170 H. In Produktion geht zunächst die Ausführung »Cabriolet B«, also ein zweitüriger, jedoch vier- bis fünfsitziger Wagen mit zwei Fenstern pro Seite.

Der Aufbau des 170 V Cabriolet B entspricht bis auf die Höhe der Gürtellinie weitgehend dem zweitürigen Innenlenker. Selbst der ganze Windlauf unter Einschluss der A-Säulen, der Traverse mit dem Übergang zum Dach und der Frontscheibe mitsamt dem Glasrahmen aus verchromtem Messing wird von der Limousine übernommen. Cabriolet-spezifisch sind die vorn vollständig und hinten teilweise versenkbaren Seitenscheiben, die durch schlanke U-Profile gefasst werden. Die B-Säule ist bei geöffnetem Dach nach innen abklappbar. Beide Bauteile – Scheibeneinfassung und B-Säule – bestehen aus Messing und sind verchromt.[I] Das aufwändig gefütterte und außen mit dreifachem wasserdichtem

Abb. 0143 & 0144
170 V Cabrio-Limousine (oben) und 170 V Cabriolet B (unten), so wie sie im Verkaufskatalog präsentiert werden. Beide Modelle versprechen Frischluftvergnügen, dies jedoch in unterschiedlichem Maß.

Abb. 0145
Blick von hinten in die geöffnete Cabrio-Limousine. Obwohl die Seitenwände mitsamt Türen dem Innenlenker entsprechen, gibt das aufbaubreite Verdeck die gesamte Dachfläche einschließlich der Heckscheibe frei. Für den bescheidenen Aufpreis von 130 RM kommt man in den Genuss von viel freiem Himmel.

Anmerkung I: Messing verchromt für Front- und Seitenscheibenrahmen ist am 170 V Cabriolet B mit Fg.-Nr. 150 600 (Auslieferung Herbst 1936) nachgewiesen.

Abb. 0146
Das Interieur des 170 V Cabriolet B wird serienmäßig mit passendem Leder ausgestattet. Wie die Rücksitzbank sind die Vordersitze mit Pfeifen versehen. Weil Qualitätsleder zunehmend teurer wird, sind die Vertretungen ab Juli 1936 gehalten, die Käufer von einer neuen, hochwertigen Stoffalternative zu überzeugen.

Abb. 0147 & 0148
Wer ganz offen und trotzdem familientauglich fahren will, muss zum Cabriolet B greifen. Dieses kostet allerdings gegenüber der Cabrio-Limousine schmerzhafte 1 000 RM zusätzlich. Einzig die Frontscheibe entspricht der Limousine, die seitlichen Fenster sind in verchromten Rahmen gefasst. Das durch Sturmstangen gespannte Verdeck nimmt geöffnet ein großes Volumen ein, weil es dick gepolstert ist.

Stoff versehene Verdeck ist farblich auf die Wagenlackierung abgestimmt. Für dessen Bedienung genügt eine einzige Person, denn das komplex zusammenfaltbare Gestänge ist mit einer hilfreichen Ausgleichsfederung versehen. Verchromte Sturmstangen auf der Außenseite sichern das aufgespannte Verdeck und vermitteln eine altvertraute Wertigkeit. Im geöffneten Zustand sorgt auch hier eine Verdeckhülle für eine gepflegte Erscheinung.

Bezüglich der Ausstattung orientiert sich das Cabriolets B an der zweitürigen Limousine. Allerdings wird für das Gestühl und den Wagenausschlag echtes Leder in einer zur Karosseriefarbe passenden Tönung verwendet – und zwar ohne Aufpreis. Zusätzlich zu den beiden Haltekordeln für die Fondpassagiere an den Seitenwänden hinter den Türen wird eine weitere Kordel auf der Beifahrerseite unmittelbar vor der Tür unter dem Armaturenbrett montiert, deren Nutzen sich nicht unbedingt erschließt. Die Innenraumleuchte ist am mittleren Verdeckspriegel angebracht, der kleine Kippschalter in der rechten Wagenseite im Fond eingelassen. Die mit Schrumpflack überzogene Armaturentafel trägt den helleren Farbton des Aufbaus, der obere wulstartige Abschluss sowie die Deckel der zwei Handschuhfächer sind hingegen im dunkleren Ton der Kotflügel und Trittbretter gehalten.[37] Eine hübsche Kombination, die den Mehrwert des Cabriolets B gegenüber dem Innenlenker und der Cabrio-Limousine hervorhebt.

▷ **Siehe Band II/Seite 17–19**, Tabelle A 05
Technische Daten: 170 V (W 136/W 136 I)

Abb. 0149
Markteinführung des 170 V im Februar 1936 auf der IAMA in Berlin. Hier werden Fahrzeuge nicht nur ausgestellt, sondern auch Probe gefahren. Zu diesem Zweck stellt Daimler-Benz rund zwei Dutzend 170 V bereit. Gut erkennbar der Stern, der mit schiffsrumpfartigem Sockel auf der stark geneigten, eher weich gezeichneten Kühlermaske sitzt. Die Scheinwerfersockel bestehen aus poliertem Leichtmetall.

Die Präsentation des 170 V auf der IAMA Berlin 1936

Öffentlich vorgestellt wird der Mercedes-Benz 170 V auf der 26. Internationalen Automobil- und Motorrad-Ausstellung IAMA 1936, die vom 15. Februar bis zum 1. März im großen Berliner Ausstellungsgelände am Kaiserdamm und Funkturm stattfindet. Die Messe geht als großer Erfolg in die Geschichte ein. Nicht wegen der automobilen Neuheiten an sich, die insgesamt eher bescheiden ausfallen, sondern wegen der rekordhohen Zahl von 853 000 Besuchenden. Dazu trägt auch die Sonderschau »50 Jahre Automobil« bei, die auf Initiative des Vorsitzenden des Reichsverbands der Deutschen Automobilindustrie (RDA), Robert Allmers, von Fachleuten zusammengestellt und in der Eingangshalle aufgebaut wird. Sie gilt als erste größere Inszenierung historischer Fahrzeuge der deutschen Industriegeschichte.[I] Gezeigt werden dort zudem Automobile, die Adolf Hitler seit den 1920er Jahren zum Aufbau der nationalsozialistischen Bewegung benutzt hat. In der Eröffnungsansprache thematisiert Hitler, wie in den beiden vorhergehenden Jahren, auch das Volkswagen-Projekt. Dabei stärkt er dem mit der Konstruktion beauftragten Ferdinand Porsche den Rücken, erhebt ihn auf die Höhe eines Genies und kanzelt die arrivierte Automobilindustrie und den sie vertretenden RDA ab.[38]

Publikum und Fachwelt am Mercedes-Benz-Stand

Das umfangreiche Angebot an Personenwagen der einzelnen Firmen und Marken drängt sich in der Halle I, die gleich gegenüber des S-Bahnhofs Witzleben liegt. Die neuen 170 V-Modelle sind am Mercedes-Benz-Stand als Limousinen, Cabriolet-Limousinen und Cabriolet B ausgestellt. Weiter präsentiert man ein unkarossiertes, jedoch vollständiges Fahrgestell, wie dies in früheren Jahren üblich gewesen ist und jetzt nur noch selten der Fall sei, wie die Fachzeitschrift »ATZ« bedauert.[39] Dieses sorgsam herausgeputzte 170 V-Chassis erweist sich als kräftiger Publikumsmagnet, aber auch als ein Treffpunkt und willkommener Diskussionsgegenstand für die Fachleute. Als an einem der Ausstellungstage Josef Müller, der eigentliche Schöpfer des innovativen Rahmens und Konstrukteur des Fahrgestells, sich

Anmerkung I: Das Fachgremium bestand aus Walter Ostwald, seinem Sohn Fritz Ostwald, Max J. B. Rauck (dem designierten Leiter des Archivs und Museums der Daimler-Benz AG), Helmut Brauer sowie Christian Christophe (Seherr-Thoss, Autoindustrie 1979, S. 345).

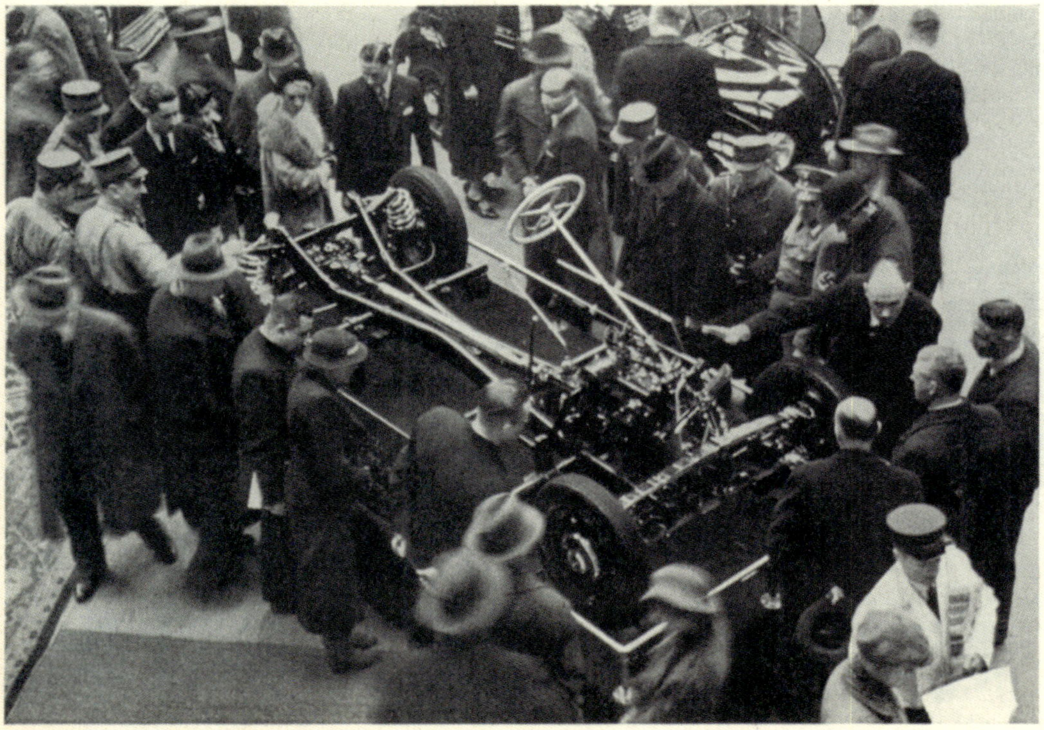

So gross war das Interesse, das dem neuen Mercedes-Benz Typ 170 V auf der Berliner Ausstellung entgegengebracht wurde. Sämtliche Bilder: M.-B.-Bilderdienst)

TECHNISCHE DATEN

Motor: Vierzylinder, 1697 ccm, 38 Brems-PS, Schwebemotor, stehende Ventile, 3 Kurbelwellenlager, Batteriezündung, Solex-Schnellstartvergaser mit Sparvorrichtung, Pumpenkühlung.

Triebwerk: Einscheibenkupplung, Viergang-Spiralgetriebe mit zwei synchronisierten Gängen, Kraftübertragung durch Gelenkwellen, spiralverzahntes Kegelrad-Differential, Pendelachsen, Achsuntersetzung 1:4,1.

Fahrwerk: Doppelrohrrahmen, achslos an Querfeder-Parallelogramm aufgehängte Vorderräder. Pendelachse hinten mit Schraubenfedern, Schnecken-Einzelradlenkung, Oeldruckbremsen, Eindruckschmierung.

Masse: Spurweite 1,32 m, Radstand 2,95 m, Länge über alles 3,85 m, grösste Breite 1,63 m, grösste Höhe 1,55 m, Bodenfreiheit 20,5 cm, Wagengewicht ca. 1100 kg, Reifen 5,25—16.

Höchstgeschwindigkeit: 105 km/st.

Dauerbergsteigfähigkeit: Im 3. Gang 9,5 Prozent, im 4. Gang 7 Prozent.

Abb. 0150
Ausschnitt aus dem Bericht »Der neue Mercedes-Benz Typ 170 V« in der »Automobil-Revue« Frankfurt (Main) 6/1936. Das sorgfältig präparierte Fahrgestell erweist sich auf der IAMA als Publikumsmagnet. Der innovative X-förmige Ovalrohrrahmen und das technisch aktuelle Fahrwerk sind spielend nachvollziehbar.

dem Mercedes-Benz-Stand nähert, sieht er vor diesem Ausstellungs-Fahrgestell seinen einstigen Arbeitskollegen und guten Freund Diplom-Ingenieur Hermann Bürger[II] im Gespräch mit dem Leiter der Fahrgestellkonstruktion Max Wagner. Als Müller sich zu ihnen gesellt, sagt Wagner zu Bürger gewandt: *»Und hier darf ich Ihnen den Konstrukteur dieses Wagens vorstellen«.* Müller ist noch Jahre später gerührt: *Nur ich und mein Freund, selbst einmal bei. O.I.* [Oberingenieur] *Wagner tätig, konnten verstehen, was für eine Auszeichnung dieser Ausspruch aus dem Munde eines solchen prominenten Mannes für mich bedeutete,* schreibt er in seinen Memoiren.[40]

Der 170 V im Schatten des 260 Diesel

Ein kräftiger Paukenschlag auf der Messe ist der neue Mercedes-Benz 170 V freilich nicht. Den Grund dafür liefert die Daimler-Benz AG gleich selbst, denn die Stuttgarter präsentieren zwei weitere Neuheiten, nämlich das Parallelmodell mit Heckmotor zum 170 V, also den 170 H (W 28), sowie – und dies gilt nun wirklich als Sensation – einen Pkw mit Dieselmotor, das Mittelklassemodell 260 D (W 138).

Personenwagen mit Dieselmotor sind in der Fachwelt seit einigen Jahren im Gespräch. Deshalb ist der Mercedes-Benz 260 D nicht der einzige Selbstzünder-Pkw auf der IAMA 1936. Auf dem Hanomag-Stand glänzt ein Rekord mit 1,9-Liter-Vierzylinder-Dieselmaschine und zieht ebenfalls großes Interesse auf sich. Allerdings ist der Hanomag Rekord D 19A noch länger nicht lieferbar, dies im Unterschied zum 260 D, für den die Mercedes-Benz-Leute am Stand kräftig die Werbetrommel rühren. Bei der Daimler-Benz AG, die im Dieselmotorenbau die Führung beansprucht, laufen seit mehreren Jahren intensive Versuche mit kleinvolumigen Dieselmotoren im Fahrbetrieb, um die deutlichen Verbrauchsvorteile des Selbstzünders auch im Segment der Personenwagen zu nutzen. Eigentlich hat die Absicht bestanden, den Mercedes-Benz-Diesel-Pkw schon ein Jahr früher nach Berlin zu bringen, doch der Teufel steckt im Detail. Konstruktiv handelt es sich beim 260 D (W 138) um ein Modell auf der Basis des 200 (W 21) mit langem Radstand, dessen Rahmen und Fahrwerk für die Aufnahme der vollständig neu konstruierten 2,6-Liter-Vierzylinder-Dieselmaschine adaptiert worden ist. Im Visier hat man insbesondere das Droschken-Gewerbe, wo sich der Verbrauchs- und Kostenvorteil im Betrieb besonders positiv auswirkt.

Der 170 V im Urteil der Fachwelt und des Publikums

Der 170er mit dem Motor im Heck, also der 170 H, interessiert insbesondere die Fachwelt, die nach wie vor eine gut feststellbare Affinität zum Heckmotorkonzept hat und gespannt ist zu erfahren, ob, wo und wie stark sich das neue Mercedes-Heckmodell von seinem Vorgänger unterscheidet. Zumindest beim ersten eiligen Durchgang der Fachjournalisten durch die Ausstellung findet der 170 H tendenziell eine größere Beachtung als der 170 V, was sich auch in den Kurzberichten über die Neuigkeiten niederschlägt. Demgegenüber wirft

Anmerkung II: Hermann Bürger wechselte per 01.02.1935 von Daimler-Benz zur Auto Union nach Chemnitz; später war er in der Lehre tätig und veröffentlichte 1949 das Buch »Das Kraftwagen-Fahrgestell. Berechnungs- und Konstruktions-Grundlagen«.

der neue Mercedes-Benz 170 V als preiswerter Gebrauchswagen mit Standardantrieb keine hohen Wellen, obwohl er zusammen mit dem technisch und formal beachtenswerten kleinen Steyr Typ 50 die einzige Neuheit auf der Messe ist, die sich an eine Käuferschaft mit weniger prall gefüllter Geldbörse wendet, was die »Motor-Kritik« lobend hervorhebt.

Der 170 V als Nachfolger des 170 Sechszylinder

In den ausführlicheren Messebeiträgen wird der 170 V von der Fachpresse als Nachfolger des sechszylindrigen 170 (W 15) dargestellt, was er faktisch auch geworden ist. Positiv erwähnt der Berichterstatter der »Motor-Kritik« den weiten Radstand, die bequeme Karosserie mit großem Kofferraum, den leistungsfähigen Motor, der *schwebend im Rahmen aufgehängt* ist und trotz zwei fehlender Zylinder *in bezug auf Laufruhe und Erschütterungsfreiheit der Sechszylinder-Maschine ebenbürtig* sei.[41] »Motor und Sport« schreibt treffend: *Gewiss ist der neue 1,7-Liter keine solche Großtat, wie es ehemals das Herausbringen des ersten Vollschwingachswagens war. Aber mit ihm kündigt sich doch ein möglicherweise sehr wichtiger Fortschritt im Rahmenbau an,* […][42] Es folgt eine Beschreibung des X-förmigen Ovalrohrrahmens, der auch in den Beiträgen der »Motor-Kritik« und der »Automobiltechnischen Zeitschrift ATZ« entsprechend Niederschlag findet.[43] Dessen Vorteile gegenüber der verbreiteten Leiterrahmenbauweise, hauptsächlich die höhere Drehsteifigkeit bei vermindertem Gewicht, werden insgesamt gut erkannt und der Leserschaft kommuniziert. Die Abkehr vom Reihensechszylinder zugunsten eines Vierzylindermotors und dessen einfache Bauweise mit stehenden Ventilen kritisiert keines der Magazine. »Motor und Sport« glaubt gar, *daß Mercedes-Benz sich bei dieser Neukonstruktion* [die sie in Wahrheit nicht ist] *der letzten technischen Erkenntnisse bedienten und einen Vierzylindermotor schufen, der wirklich den höchsten Ansprüchen genügt.*[44]

»Motor und Sport« thematisiert auch die Gewichtsfrage. Obwohl das neue Fahrgestell nach Angaben der Daimler-Benz AG nur 680 kg wiegt, und damit ca. 70 kg weniger als dasjenige des kürzeren 170 (W 15), drückt der fertig karossierte 170 V im Limousinengewand doch rund 100 kg mehr auf die Waage als die alte sechszylindrige 170er Limousine. Der Berichterstatter erklärt dies mit der größeren Karosserie und der üppigeren Ausstat-

XIII. JAHRGANG – HEFT 9 9

MOTOR UND SPORT

Kreuz und quer durch die Personenwagenhalle

Automobilbau ist doch eine unerhört schwierige Angelegenheit. Der deutsche Konstrukteur beherrscht die Materie virtuos, und es gibt kaum einen Wunsch, den er nicht erfüllen könnte. Was aber sind die Wünsche des Publikums? Hellseherisch soll er sie im voraus erfassen, um auf einer Automobilausstellung den Schlager herauszustellen, auf den die Mehrheit wartet. Das Publikum aber hat tausenderlei Wünsche und weiß zum größten Teil selbst nicht genau, was es will. Das Ideal wäre ein Wagen, der zugleich geräumig und schnell ist, der einen sehr starken Motor besitzt, der ihm ein vortreffliches Anzugsvermögen und gute Bergsteigfähigkeit verleiht. Selbstverständlich soll dieser Wagen eine unübertreffliche Straßenlage haben und so ausgestattet sein, daß er in bequemster Weise zu bedienen ist. Außerdem aber soll er möglichst weder in der Anschaffung noch im Unterhalt und Betrieb etwas kosten. Das sind vielfach ganz gegensätzliche Forderungen, die sich nicht erfüllen lassen, und so muß dann der Konstrukteur fortgesetzt Kompromisse schließen. Für seinen Erfolg kommt es darauf an, daß er mehr oder weniger zufällig eine Lösung findet, die das gerade in seinen Anschauungen so wandelbare Publikum als richtig empfindet.

Eine einheitliche Tendenz ist auf dieser Automobilausstellung nicht festzustellen, wohl aber zeigt sie abermals den hohen Stand der Automobiltechnik, die noch vollkommen in Fluß ist und deutlich gewaltige Entwicklungsmöglichkeiten erkennen läßt. Betrachten wir noch einmal kurz im Zusammenhang, was uns diese Ausstellung Neues bringt.

Als besonderen Fortschritt begrüßten wir das Erscheinen des Personendieselwagens, der uns von Mercedes-Benz und Hanomag präsentiert wird. Was über den Dieselmotor zu sagen ist, haben wir bereits in „MOTOR und SPORT", Heft Nr. 7, dem ersten Ausstellungsheft, gesagt. Man kann von ihm noch nicht die hohe Kraftentfaltung und Laufruhe verlangen wie vom Vergasermotor, es ist aber doch überraschend, wie sehr gut sich der Dieselmotor bereits dieser neuen Aufgabe im Personenwagen angepaßt hat. Nur im unteren Drehzahlbereich des Motors merkt man, daß man einen Dieselmotor unter der Haube hat, durch das etwas harte, keineswegs unangenehm geräuschvolle Arbeiten. Wie wir bereits meldeten, ist der Motor bei höherer Geschwindigkeit

Der neue 1,7-Liter-Mercedes-Benz-Heckmotorwagen erregt auf der Ausstellung starkes Interesse (Werkphoto)

Abb. 0151
In der Berichterstattung der Motorpresse über die Neuheiten auf der IAMA 1936 wird der 170 V zunächst eher stiefmütterlich behandelt. Sein »Bruder« mit Heckmotor, der 170 H (Bild) und besonders der 260 Diesel finden größere Beachtung. Doch bald erkennen die Autojournalisten die bemerkenswerten Qualitäten dieser preisgünstigen Mercedes-Benz-Neuerscheinung.

tung.[45] Durch direkten Vergleich wird zudem ersichtlich, dass die Blechteile des 170 V stabiler und schwerer ausgebildet sind. Selbst wenn die 1 050 bis 1 060 kg Leergewicht des 170 (W 15) – zumindest für die Ausführungen ab 1934 mit Kastenprofilrahmen – in Zweifel gezogen werden, wird klar: Das zu Beginn der 170 V-Entwicklung Mitte 1934 vom Vorstand vorgegebene Leergewicht von 1 000 kg wird deutlich verfehlt, obwohl mehrfach der Gewichts-Mahnfinger erhoben worden ist.[46] Am Fahrwerk liegt es nicht, dass die viertürige 170 V Limousine leer rund 1 140 kg wiegt.

Hocherfreutes Publikum

Die insgesamt zögerliche Resonanz, die der 170 V in der Fach- und Motorpresse auslöst, steht im Kontrast zum erfreulich großen Interesse, das dieser neue preisgünstige Mercedes-Benz-Typ beim Publikum auslöst. Im Vorstand weicht die Anspannung einer verhaltenen Zuversicht. Und die »ATZ« konstatiert in ihrem Rückblick auf die Messe, die am 1. März 1936 die Tore schließt: *Stark gefragt war der 1,7-l-Mercedes-Benz, ein billiges Fahrzeug von größter Qualität, das besonders nach Holland, der Schweiz, Spanien und den Niederlanden verkauft wurde.*[47]

Abb. 0152
Nach dem Publikumserfolg auf der IAMA 1936 in Berlin folgt die Verkaufsarbeit in den Niederlassungen. Rasch zeigt sich, der 170 V macht es den Verkäufern einfach. Blick in den Ausstellungsraum der Niederlassung Leipzig, 1936. Auch hier wird eines der W 136-Fahrgestelle präsentiert, die explizit für Ausstellungszwecke hergestellt worden sind. Im Hintergrund steht einer der ersten 170 V Roadster

HH 57149

3

Der 170 V – vom Auffangtyp zum Verkaufsschlager 1936–1937

Schon im Frühjahr 1936 zeigt sich: Mit dem 170 V hat die Daimler-Benz AG ins Schwarze getroffen. Weder zu groß noch zu klein, ausreichend motorisiert und mit aktuellem Fahrwerk versehen, solide ausgestattet und verarbeitet, dazu außerordentlich hübsch und – ganz wichtig – zu einem angemessenen Verkaufspreis zu haben. So sieht ein Erfolgsrezept aus. Der stolze Eigner der 170 V Cabrio-Limousine mit Hamburger-Kennzeichen lässt sich bei einer kleinen Rast vor seinem Wagen ablichten.

3.1 Der Produktionsstart und das erste Jahr – zufriedene Gesichter überall

Der »Auffangtyp« 170 V hat im Februar 1936 auf der IAMA in Berlin das Publikum begeistert und startet fulminant in den Verkauf, so dass bald längere Lieferfristen in Kauf genommen werden müssen. Weder in der Herstellung noch technisch macht der neue Wagen Probleme. Einige kleine Eingriffe, Ergänzungen und weitere Aufbauvarianten steigern die Attraktivität. Bis Ende 1936 entstehen nahezu 13 000 Exemplare; der 170 V muss sich in seiner Wagenklasse nur vom Opel »6« 2-Liter geschlagen geben.

Die Leiter der Mercedes-Benz-Verkaufsstellen werden bereits Mitte Januar 1936 mit einem ausführlichen Schreiben auf die neuen Pkw-Modelle vorbereitet, einen ganzen Monat vor der Eröffnung der Internationalen Automobil- und Motorrad-Ausstellung in Berlin (IAMA). Dieser frühe Zeitpunkt ist unüblich, doch Wilhelm Kissel und der zentrale Verkaufsleiter Löw sehen sich veranlasst, die Verkaufsorganisationen rechtzeitig auf die geballte Ladung an Neuigkeiten von Mercedes-Benz einzustimmen, die das Jahr 1936 bringen wird. Während der neue Heckmotortyp 170 H sofort beworben werden darf, verpflichtet man die Verkaufsstellenleiter, über den 170 V bis zur IAMA Stillschweigen zu bewahren.[1]

Tatsächlich bleibt den Fachjournalisten bis zur Berliner-Schau Mitte Februar 1936 verborgen, dass Mercedes-Benz mit einem vollständig neuen, günstigen Einstiegsmodell auf den Markt kommen wird. Deshalb widmet sich »Motor und Sport« unmittelbar vor der Eröffnung der IAMA noch dem neukarossierten zweitürigen 170 (W 15). Im ausgedehnten Testbericht lobt Stephan von Szénásy die neue, fließend gestaltete Karosserie des 170 »Sechszylinder« in formaler wie auch in funktioneller Hinsicht.[2]

Februar und März 1936: Produktion und Verkauf gehen los

Dem aufmerksamen Beobachter auf der großen Berliner Automobilausstellung wird es nicht entgangen sein, daß unter den vielen schönen Modellen auf dem Mercedes-Benz-Stand dem neuen Typ 170 V ein ganz besonders reges Interesse entgegengebracht wurde, leitet eine Werbebroschüre vom März 1936 wahrheitsgemäß ins Thema ein.[3] Trotz der zwar freundlichen, aber insgesamt eher verhaltenen Reaktionen der Automobilzeitschriften in ihren Messeberichten gelingt dem neuen *Mercedes-Benz der günstigen Klasse* ein glänzender Verkaufsstart.

Limousinen zwei- und viertürig, Cabrio-Limousine und Cabriolet B: Die ersten verfügbaren 170 V-Modelle

Die 170 V-Vorführmodelle erreichen Ende Februar die Händler, die Serienlieferung beginnt ab Mitte März 1936.[4] Produziert werden zunächst der zwei- und der viertürige Innenlenker, die viertürige Cabriolet-Limousine sowie das Cabriolet B. Der Preis für die Zweitür-Limousine wird auf 3 750 RM und für die viertürige geschlossene Ausführung auf 3 850 RM festgesetzt. Die Cabriolet-Limousine liegt mit 3 980 RM immer noch knapp unter der verkaufspsychologisch gefürchteten 4 000 RM-Grenze. Das Cabriolet B, zunächst ausschließlich und ohne Aufpreis mit einer Lederpolsterung versehen, klettert hingegen auf stattliche 4 880 RM.[5] *Der 1,7 Ltr. H und der 1,7 Ltr. V seien im wesentlichen pünktlich und bis jetzt ohne besondere Anstände angelaufen,* meldet Hoppe im April seinen Vorstandskollegen, und Konzernchef Kissel ergänzt nicht ohne Stolz, *der 1,7 Ltr. V geht ausgezeichnet.*[6] Es scheint fast so, als habe das gehobene Bürgertum als Käuferschaft auf diesen Wagen gewartet: ein hübscher, nicht zu großer, aber durchaus stattlicher Gebrauchswagen mit vier bequemen Plätzen, ausreichenden Fahrleistungen und sicheren Fahreigenschaften. Und dies trotz guter Ausstattung und tadelloser Fertigung zu einem realistischen Preis: Das ist ein Wort!

Abb. 0153
Internationale Automobil- und Motorrad-Ausstellung (IAMA) Berlin 1936. Zur Einführung ihres neuen Einstiegs- und Volumenmodells 170 V präsentiert Daimler-Benz auch ein hübsch aufbereitetes Fahrgestell. Die Radaufhängung an Blattfeder-Parallelogramm und Schwingachse sowie der innovative X-förmige Ovalrohrrahmen werden für den interessierten Besucher nachvollziehbar. Rasch wird es ein Publikumsmagnet.

Abb. 0154
Mit dem Slogan *Der vollkommene Wagen niedriger Preisklasse* wirbt der Konzern in Zeitungsanzeigen erfolgreich für den neuen kleinen Mercedes-Benz 170 V.

Abb. 0155
Im Verkaufskatalog werden die 170 V-Modelle bevorzugt mit Sport und Freizeit in Verbindung gebracht. Die von Tibor Réz meisterhaft gezeichneten und kolorierten Szenen versprechen fröhliche Momente mit dem neuen Wagen.

Wer will, kann seinen 170 V dank der reich bestückten Extra- und Zubehörliste veredeln oder vervollständigen. Gegen Aufpreis angeboten werden beispielsweise eine Echtlederausstattung auch für die beiden Innenlenker-Modelle und die Cabrio-Limousine, außerdem Schonüberzüge aus strapazierfähigem Ripsstoff entweder nur für die Polster oder zusätzlich auch für die Tür- und Seitenwandverkleidungen. Der grundsätzlich mit Bouclé-Teppich belegte Fußboden im Fond lässt sich durch Gummimatten (mit oder ohne Einfassungen) schützen. In die Rückenlehnen der Vordersitze können Taschen eingearbeitet werden. Dem Fahrer kommt eine Sonnenblende aus Cellon zupass und je nach Körperstatur profitiert er von einer verlängerten Lenksäule. Für wenig Geld kann man sämtliche Türen mit Schlüssel abschließbar bestellen, ebenso die Motorhaube (wo das Schloss in den hinteren Federzügen eingebaut ist). Als praktisches Zubehör werden zuweilen Aschenbecher im Fond und Kleiderhaken geschätzt. Der Sicherheit dienen Frontscheibe und zusätzlich Seitenscheiben aus Securit-Sicherheitsglas. Wer seine Limousine, Cabrio-Limousine oder sein Cabriolet B betont individuell gestalten will, wählt eine Farbtonkombination aus dem umfassenden Sonderlackierprogramm. Käufer von Tourenwagen, Cabriolet A und Roadster müssen hierfür nicht gesondert in die Geldbörse greifen.[7] Für den Winterbetrieb gibt es elektrisch heizbare Frostschutzscheiben sowie eine Auswahl an Schneeketten.[I]

Erste Fahr- und Testberichte

Bald erscheinen erste Testberichte, welche die vielfältigen Qualitäten des Wagens bestätigen und höchst selten ganz verhalten Kritik an einzelnen Punkten üben. Bei praktischen Erprobungen löst der 170 V durchweg sehr positive, zuweilen begeisterte Reaktionen aus, die auffällig mit den eher nüchternen Messeberichten kontrastieren.

Die »Allgemeine Automobil-Zeitung« (AAZ) lobt die ausgezeichnete Elastizität des Motors sowie die weitgehende *Geräuschlosigkeit*, obwohl es sich bloß um eine Vierzylindermaschine handelt, was der Tester auf eine *sehr gut gelungene elastische Aufhängung des Motors* zurückführt. Als kleiner Nachteil sei das gelegentliche starke *Schütteln des Motors bei geringer Drehzahl und damit des Schalthebels* in Kauf zu nehmen. Gelobt wird die gute Schaltbarkeit des Vierganggetriebes von ZF, und zwar explizit auch der beiden unsynchronisierten Gänge 1 und 2, dies dank der Schräg- und Spiralverzahnung. Zu überzeugen vermögen erwartungsgemäß die sicheren Fahreigenschaften, unterstützt von der günstig übersetzten und leichtgängigen Lenkung. Lobend erwähnt der Tester die gegenüber dem 170 (W 15) weniger weich ausgelegte Federung. Bemängelt wird hingegen der etwas zu tief sitzende Fußanlasserknopf, auf den man beim Wechsel vom Brems- zum Gaspedal gerne versehentlich trete. Auch die Entlüftung der Karosserie scheint nicht einwandfrei gelungen: *Bei offenem Fenster macht sich ein auf die Dauer sehr lästiger Druck auf das Trommelfell bemerkbar.* Als Höchstgeschwindigkeit wird auf der Berliner AVUS 102,6 km/h gemessen.[8]

Die Frankfurter »Automobil-Revue« lobt schon in der Einleitung ihres ersten 170 V-Testberichts das vorteilhafte Preis-Leistungsverhältnis und gibt sich überzeugt, dass der neue 1,7-Liter nicht nur *eine Bereicherung des deutschen Automobilmarkts* darstelle, sondern *in ganz kurzer Zeit auf dem Weltmarkt eine bestimmte Rolle* spielen werde. Den X-förmigen Ovalrohrrahmen beurteilt der Automobiljournalist als *interessanteste und überzeugendste Konstruktion, die sich gegenwärtig auf dem Markt befindet,* als *»Non plus ultra«*. Im selben Testbericht wird der leistungsfähige Motor hervorgehoben, der dem Fahrzeug zu guter Beschleunigung verhelfe, wobei der Verbrauch zwischen 12 und 13 Liter Benzin auf 100 Kilometer liege. *Besondere Beachtung verdient beim Typ 170 V die Leistung*

Anmerkung I: Das vollständige Extra- und Zubehörprogramm unter Einschluss der Preise siehe Band II, Tabelle D 12.

35.

Abb. 0156 (linke Seite)
Karosseriebau im Werk Sindelfingen. Die auf einem Rollgestell lagernden Aufbauten werden vollständig ausgestattet, bevor sie den Weg ins 25 km entfernte Werk Untertürkheim antreten.

Abb. 0157 & 0158 (beide linke Seite)
Im Werk Untertürkheim werden die Rahmen mit Motor, Getriebe, Achsen, Lenkung und Kühler versehen. Anschließend kommt es zur sogenannten Hochzeit: Die aus Sindelfingen angelieferten Karosserien werden auf das entsprechende Fahrgestell gesetzt und verschraubt. Erst nach erfolgter Probefahrt passt man die Motorhaube jedes einzelnen Fahrzeugs individuell an, um die unvermeidlichen Fertigungstoleranzen auszugleichen.

Abb. 0159
Besuch aus Stuttgart in Bern, Sommer 1936. Fotograf Walter Nehrkorn lässt es sich nicht nehmen, sich mit Gattin und Gästen am neuen 170 V abzulichten.

des Daimler-Benz-Karosseriewerks Sindelfingen, das für den neuen Typ Karosserien von außergewöhnlicher Schönheit, Bequemlichkeit und Geräumigkeit geschaffen hat. Explizit lobt man die hinteren Sitzplätze bezüglich ihres Komforts und der großzügigen Breite, zudem sei die Gepäckunterbringung vollkommen regen- und staubdicht. *Mit ihm wird vielen Kraftfahrern ein Fahrzeug in die Hand gegeben, das sowohl im beruflichen Großstadtverkehr wie auch bei langen Reisen hervorragende Leistungen aufweist.* [...] *Trotz des bescheidenen Anschaffungspreises handelt es sich um ein Fahrzeug, das konstruiert und gebaut wurde, um selbst verwöhnte Ansprüche zu befriedigen.*[9]

Mindestens so positiv und in den Feststellungen ähnlich lautet auch das Urteil von Stephan von Szénásy im Prüfbericht A Nr. 154 von »Motor und Sport«. *Die volle Ausnutzung der hohen Leistung wird durch die guten Straßeneigenschaften des Wagens ermöglicht. Der »170 V« entspricht in dieser Beziehung vollkommen den diesjährigen Vollschwingachsern von Mercedes-Benz. Er ist in Straßenlage, Kurvensicherheit, Exaktheit der Lenkung und Bremsvermögen den teureren Typen der Firma ebenbürtig.* [...] *Besonders hervorgehoben verdient die außerordentlich komplette und gediegene Ausrüstung, die jedenfalls einer höheren Preisklasse entspricht als der des »170 V«.*

Auch von Szénásy äußert sich zum Kofferraum, wegen dessen erschwerter Zugänglichkeit über den Innenraum er zum Kauf des Viertürers rät, für den preislich nur unwesentlich mehr verlangt werde.[10]

Lob der Laien-Testfahrer und Käufer

Bald erreichen die Konzernzentrale in Untertürkheim auch lobende Zuschriften von fachfremden Presseleuten. Ihnen hat Daimler-Benz offenbar einen 170 V für eine mehr oder weniger ausgedehnte Probefahrt überlassen. Am 5. Juni 1936 meldet Joachim Fischer aus Berlin-Zehlendorf nach Stuttgart: *Der Wagen ist unbedingt preiswert und geräumig. Mit ihm sind überraschend hohe Reisegeschwindig-*

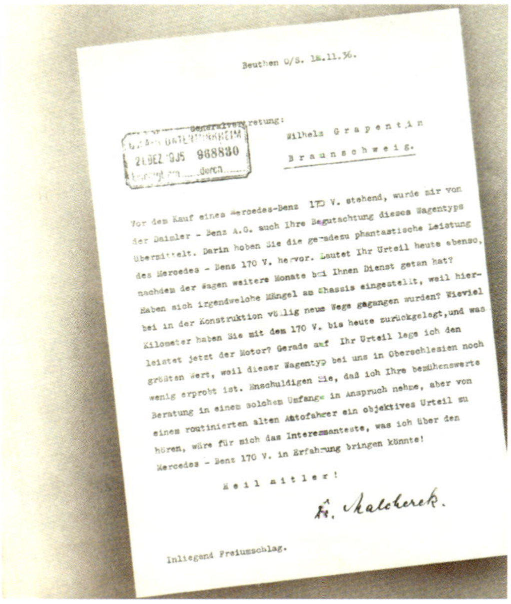

Beuthen O/S. 18.11.36.

Generalvertretung:
Wilhelm Grapentin
Braunschweig.

D.B.A.-G. UNTERTÜRKHEIM 21. DEZ. 1936 968830 Erledigt am ...... durch ......

Vor dem Kauf eines Mercedes-Benz 170 V. stehend, wurde mir von der Daimler - Benz A.G. auch Ihre Begutachtung dieses Wagentyps übermittelt. Darin hoben Sie die geradezu phantastische Leistung des Mercedes - Benz 170 V. hervor. Lautet Ihr Urteil heute ebenso, nachdem der Wagen weitere Monate bei Ihnen Dienst getan hat? Haben sich irgendwelche Mängel am Chassis eingestellt, weil hierbei in der Konstruktion völlig neue Wege gegangen wurden? Wieviel Kilometer haben Sie mit dem 170 V. bis heute zurückgelegt, und was leistet jetzt der Motor? Gerade auf Ihr Urteil lege ich den größten Wert, weil dieser Wagentyp bei uns in Oberschlesien noch wenig erprobt ist. Entschuldigen Sie, daß ich Ihre bemühenswerte Beratung in einem solchem Umfange in Anspruch nehme, aber von einem routinierten alten Autofahrer ein objektives Urteil zu hören, wäre für mich das Interessanteste, was ich über den Mercedes - Benz 170 V. in Erfahrung bringen könnte!

Heil Hitler!

F. Malcherek.

Inliegend Freiumschlag.

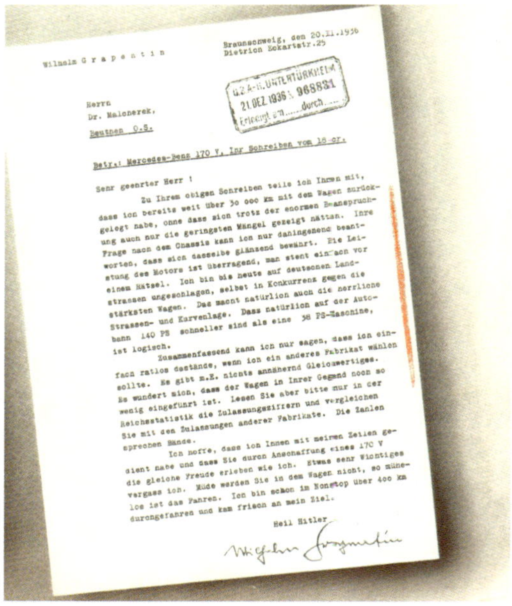

Wilhelm Grapentin

Braunschweig, den 20.11.1936
Dietrich Eckartstr.25

D.B.A.-G. UNTERTÜRKHEIM 21. DEZ. 1936 968831 Erledigt am ...... durch ......

Herrn
Dr. Malcherek,
Beuthen O.S.

Betr.: Mercedes-Benz 170 V. Ihr Schreiben vom 18.cr.

Sehr geehrter Herr !

Zu Ihrem obigen Schreiben teile ich Ihnen mit, dass ich bereits weit über 30 000 km mit dem Wagen zurückgelegt habe, ohne dass sich trotz der enormen Beanspruchung auch nur die geringsten Mängel gezeigt hätten. Ihre Frage nach dem Chassis kann ich nur dahingehend beantworten, dass sich dasselbe glänzend bewährt. Die Leistung des Motors ist überragend, man steht einfach vor einem Rätsel. Ich bin bis heute auf deutschen Landstrassen ungeschlagen, selbst in Konkurrenz gegen die stärksten Wagen. Das macht natürlich auch die herrliche Strassen- und Kurvenlage. Dass natürlich auf der Autobahn 140 PS schneller sind als eine 38 PS-Maschine, ist logisch.

Zusammenfassend kann ich nur sagen, dass ich einfach ratlos dastände, wenn ich ein anderes Fabrikat wählen sollte. Es gibt m.E. nichts annähernd Gleichwertiges. Es wundert mich, dass der Wagen in Ihrer Gegend noch so wenig eingeführt ist. Lesen Sie aber bitte nur in der Reichsstatistik die Zulassungsziffern und vergleichen Sie mit den Zulassungen anderer Fabrikate. Die Zahlen sprechen Bände.

Ich hoffe, dass ich Ihnen mit meinen Zeilen gedient habe und dass Sie durch Anschaffung eines 170 V die gleiche Freude erleben wie ich. Etwas sehr Wichtiges vergass ich. Müde werden Sie in dem Wagen nicht, so mühelos ist das Fahren. Ich bin schon im Nonstop über 400 km durchgefahren und kam frisch an mein Ziel.

Heil Hitler

Wilhelm Grapentin

keiten zu halten. Und Felix Leuscher von der »Deutschen Bergwerks-Zeitung« in Düsseldorf ergänzt drei Wochen später: *Das Fahrzeug weist überdurchschnittliche Leistungen auf und zeigt auch hinsichtlich des Fahrkomforts Eigenschaften, die sich mit den Wagen höherer Preisklasse durchaus vergleichen lassen oder sie gar noch übertreffen.* Ähnliches in einem Schreiben vom 22. Juni: *Ich habe den Wagen 322 km gefahren und dabei wirklich einen denkbar guten Eindruck gewonnen. Besonders Laufruhe des Motors, Federung und Straßenlage sind für heutige Begriffe beispielhaft,* urteilt Herbert Sitterding von der »Frankfurter Zeitung«. Dankbar sammelt die Verkaufsabteilung in Untertürkheim die erfreulichen Reaktionen. Sie stellt diese auszugsweise zusammen und übergibt sie in einem Rundschreiben allen Haupt- und Unterverkaufsstellen, Alleinvertretungen und Vertriebsstellen im In- und Ausland zur Kenntnis, mit der Aufforderung, *diese in geeigneter Form Ihren Interessenten vor Augen zu halten.*

Die Verkaufsstellen motivieren ihre Klientel zu einer schriftlichen und möglichst positiven Rückmeldung über ihre Erfahrungen mit dem neuen 170 V. *Wer den neuen Mercedes-Benz Typ 170 V fährt, ist begeistert,* betitelt die Verkaufszentrale in Untertürkheim eine Broschüre, die sie gegen Ende des Sommers 1936 aus Zuschriften von überzeugten und zuweilen gar euphorischen 170 V-Käufern und -Fahrern zusammengetragen hat. Gelobt werden hauptsächlich die gute Leistung, der ruhige Lauf des Motors und des Wagens überhaupt, die sehr sicheren Fahreigenschaften und der vergleichsweise bescheidene Treibstoffverbrauch von ca. 10,5 bis 11 Liter auf 100 Kilometer. Einige Fahrer legen mit dem 170 V beachtliche monatliche Distanzen zurück, und dies offenbar störungsfrei. Interessant sind die soziale Stellung und gesellschaftliche Zugehörigkeit der 170 V-Kunden, die sich aus vielen Teilen des Deutschen Reichs zu Wort melden: Da gibt es beispielsweise den Inhaber eines Parfümerie-Großvertriebs in Hannover, den Besitzer einer Elektro-Großhandlung in Köslin (Pommern), den Generalvertreter einer Stuttgarter Anhängerfabrik in Braunschweig, einen Kaffeeröster und Kolonialwarenhändler in Werdau (Sachsen), einen Ingenieur für Keramiktechnik in Meißen (Sachsen), den Inhaber einer Firma aus Düsseldorf am Rhein, die mit Verpackungsmaschinen handelt sowie

Abb. 0160, 0161 & 0162 (alle links Seite)
Die Käufer eines 170 V werden animiert, über ihre (positiven) Erfahrungen mit dem neuen Mercedes-Benz zu berichten. In Untertürkheim wird eine Auswahl der Briefe in einer Werbeschrift zusammengestellt. Selbständige Handwerksmeister oder Kaufleute sowie Inhaber mittelständischer Unternehmen bilden den überwiegenden Teil der Kundschaft. Sie fahren ihren 170 V im Berufsalltag und sind sehr zufrieden.

Abb. 0163
Seit dem Tiefpunkt 1932 ist der Pkw-Ausstoß der Daimler-Benz AG jährlich zwischen 35% und 41% gewachsen. Ab 1936 ist der 170 V für die anhaltende Steigerung verantwortlich, die im ersten Jahr sogar 50% beträgt.

den Eigentümer und Betreiber einer großen Rosenkultur im thüringischen Langensalza-Uffhoven.[11] Nur bei einem kleinen Teil der Briefabsender steht der Wagenkauf in keinem Zusammenhang mit einer Firma.[I]

Eine Zwischenbilanz im September 1936

Ende August 1936 fordert der Aufsichtsratsvorsitzende Emil Georg von Stauss bei Wilhelm Kissel schriftlich eine Erklärung ein, weshalb es bei der Auslieferung des neuen Typs *1,7 Liter V-Personenwagen* zu Verzögerungen komme. Kissel legt dies in der Folge von Stauss detailliert dar: *Da der Auftragseingang des neuen Typs vom März an in erfreulicher Weise innerhalb ganz kurzer Frist, und zwar bis Juni, auf 1 600 Stück im Monat anstieg, ist es verständlich, dass die Produktion, die bei der Neuausführung ohnedies mit allerlei Schwierigkeiten zu rechnen hat, nicht so nachkam, wie es wünschenswert gewesen wäre,* argumentiert Kissel.

Zu gravierenden Problemen kommt es in der Anfangsphase der 170 V-Produktion mit einer Reihe von Unterlieferanten, insbesondere mit der Zahnradfabrik Friedrichshafen. ZF hat offenbar erhebliche Schwierigkeiten, die bei ihr georderten Lenk- und Schaltgetriebe zu liefern, *so dass wir uns gar nicht anders helfen konnten, als uns in aller Eile auf die Selbstfabrikation eines großen Teils des Bedarfs von Zahnrädern und Lenkungen* [...] *einzurichten.* Mindestens ein Teil der benötigten Schaltgetriebe des Typs AKS-15 werden fortan nach ZF-Lizenz in Untertürkheim hergestellt.[12]

Erfreuliche Verkaufszahlen

Was mit dem Heckmotortyp 130 (W 23) nicht gelungen ist, glückt zur Beruhigung der Verantwortlichen mit dem verkaufstechnisch wichtigen Auffangtyp 170 V (W 136): Der Verkauf läuft bestens. Der Bestelleingang steigt innerhalb kurzer Zeit an, nämlich von der zweiten Februarhälfte bis zum Juni 1936 auf die von Kissel genannten 1 600 Stück im Monat. Bis Ende August hat man bereits 7 500 Wagen verkauft. Dank des 170 V erhöht sich der Anteil der Daimler-Benz AG am gesamten deutschen Pkw-Geschäft von 5,9% im Januar auf 12,55% im August 1936, was den dritten Rang hinter Opel und Auto Union (u. a. DKW-Kleinwagen) bedeutet.[13]

Zu diesem Zeitpunkt ist das Werk mit der Auslieferung von rund 1 000 Stück 170 V in Verzug. Kissel hofft, diesen Rückstand bis spätestens Mitte Oktober 1936 abgetragen zu haben, einerseits durch den saisonal bedingten Bestellrückgang im Herbst, andererseits durch die nunmehr auf vollen Touren laufende Produktion in den Werken Untertürkheim und Sindelfingen. Tatsächlich können im Februar 1937 die gängigen 170 V-Modelle ab Lager geliefert werden.[14] Sorgen bereiten allerdings bereits ab Herbst 1936 die Reifenlieferungen, die zunehmend zu stocken beginnen.[15]

Ende Dezember 1936 registriert die Zentralstatistik 12 727 fabrizierte Mercedes-Benz 170 V. Im gleichen Zeitraum fertigte das Werk Sindelfingen 12 868 Karosserien für den 170 V, davon 3 414 Innenlenker zweitürig, 5 403 Innenlenker viertürig und immerhin 2 384 Cabrio-Limousinen. Unter den offenen Varianten stellt das Cabriolet B mit 1 182 Exemplaren das gefragteste Modell dar. Die restlichen 485 Einheiten verteilen sich auf alle übrigen Karosserieausführungen.[16] Wie beachtlich diese Verkaufszahlen sind, wird im direkten Vergleich mit den übrigen kleinen Mercedes-Benz-Typen deutlich: Im selben Jahr 1936, jedoch von Januar bis Dezember, verlassen lediglich 1 580 Fahrzeuge der Typen 170 (W 15) und 200 (W 21) mit normalem Radstand das Fabrikareal. 1932, im besten Verkaufsjahr des 170 (W 15), waren es 4 438 Wagen dieses Typs.[17] Dass man sich beim Heckmotor-Parallelmodell 170 H (W 23) verkaufsmäßig auf geringe Zahlen einstellen muss, ist dem Vorstand früh bewusst geworden. Allerdings gehen die 170 H-Absatzzahlen schon im Juli zurück, so dass man das für die Produktion eingeschriebene Kontingent nicht ausnutzt und den Verkäufern eine zusätzliche Heckmotor-Verkaufsprämie in Aussicht stellt.[18] Mit einem Ausstoß von 1 010 Exemplaren erreicht der 170 H kaum mehr als ein Dreizehntel der 170 V-Fertigung im Jahr 1936.[19]

Erste Änderungen und Verbesserungen

Trittbrettleisten, hintere Stoßstangen und Epinglé-Stoffe als Lederalternative

Ganz ohne kleinere Nachbesserungen in den ersten Produktionswochen und -monaten gelingt die Etablierung des 170 V aber doch nicht: Die erste Ergänzung an der Karosserie besteht aus Schutzleisten aus Leichtmetall mit eingezogenen Gummiprofilen auf den Trittbrettern zwischen den vorderen und hinteren Kotflü-

Anmerkung I: Ein ähnliches Bild ergibt die vom Verfasser vorgenommene Auswertung der Verkaufsunterlagen des Zeitraums 1936 bis 1945 der Mercedes-Benz-Vertretung Gebrüder Mappes in Heidelberg.

geln. Auf dem sich gegen hinten verjüngenden Trittbrett deckt die innere und die mittlere Leiste nur einen Teilbereich ab, während die äußere bis zum Hinterkotflügel reicht. Der entsprechende Ausstattungsnachtrag zur Preisliste wird ab dem 9. März 1936 für gültig erklärt;[20] es ist deshalb wahrscheinlich, dass bereits die frühesten Kundenfahrzeuge mit Schutzleisten auf den Trittbrettern ausgeliefert werden.

Die zweite, deutlich auffälligere Änderung an der Karosserie lässt etwas länger auf sich warten. Bislang hat man vorgesehen, den 170 V in allen Ausführungsvarianten ohne hintere Stoßstange auszuliefern. Kritisiert worden ist diese Einsparung nicht in den Fahrzeugtests, sondern vermutlich durch das kaufinteressierte Publikum. Jedenfalls bessert man nach. Ab dem 3. Juli 1936 werden sämtliche Karosserievarianten – mit Ausnahme des damals noch nicht erhältlichen Lieferwagens – je nach Modell mit hinteren Stoßecken analog der vorderen Ausführung oder mit einer durchlaufenden hinteren Stoßstange versehen. Selbst diese Ergänzung hat keine Konsequenzen auf den Verkaufspreis.[21] Gleichzeitig werden für das Cabriolet B und das erst ab Mai erhältliche Cabriolet A als kostenneutrale Alternative zur Lederausstattung neue, sehr strapazierfähige Epinglé-Stoffe eingeführt. Deren Wahl wird den Käufern wärmstens empfohlen, weil die Qualität der verfügbaren Leder aufgrund der gestiegenen Nachfrage merklich nachlässt.[22/I]

Abb. 0164
Der 170 V Innenlenker in seiner ersten Ausführung: ohne Trittbrettleisten und hintere Stoßstange. Letztere ist dem Kalkulationsrotstift zum Opfer gefallen. Der Heckabschluss wirkt dadurch ein wenig unfertig.

Abb. 0165
Aluleisten mit eingefügtem Gummiprofil auf den Trittbrettern gibt es schon ab März 1936, die hinteren Stoßecken folgen ab Anfang Juli. Beides ohne Aufpreis.

Abb. 0166
Exportwagen werden mit vorn und hinten durchlaufenden Stoßstangen ausgeliefert, die schlanke geschweifte Hörner tragen. Anstelle der mit dem Nummernschild kombinierten Rücklichteinheit in Wagenmitte wird ein Bosch-Rücklicht am desaxierten Nummernschildträger befestigt.

Anmerkung I: Epinglé: In Rutentechnik gewebter, ripsartiger Möbelstoff, strapazierfähig.

Neues Kühlergesicht

Eine weitere Veränderung am Kleid des 170 V wird erst um die Jahreswende 1936/37 wirksam, beschäftigt aber die involvierten Fachleute in Sindelfingen und Untertürkheim über einen längeren Zeitraum. Es geht um das Kühlergesicht des 170 V, also um jenen Karosseriebereich, an dem Walter Häcker und seine Kollegen im Sindelfinger Konstruktionsbüro am längsten herumexperimentiert haben. Doch der Vorstand ist mit dem Ergebnis, das schließlich in die Serie überführt worden ist, nicht glücklich. Scheinbar missfällt die starke Neigung der Maske, deren etwas weiche Form und der fehlende Kühlwasserverschluss. An dessen Stelle sitzt ein kleiner stromlinienförmiger Sockel, der den Mercedes-Stern trägt. Bereits im Sommer 1936 wird der neu eingestellte Technikdirektor Hans Gustav Röhr beauftragt, das Kühlergesicht im Sinne der bisherigen Tradition überarbeiten zu lassen. Als Vorbild dient offensichtlich der 2,3-Liter-Typ, der gerade vom W 21 zum W 143 mutiert. Der Dienstweg läuft über Röhr und somit über Untertürkheim, weil Kühlermaske, Motorhaube und Kotflügel als sogenannte Fahrgestellblechteile bezeichnet werden, also nach althergebrachtem Verständnis Bestandteil des Fahrgestells sind, und nicht des Aufbaus.[II] Für Jakob Werlin, der als Chef der Niederlassung München und Hitlers persönlicher Berater in Automobilfragen seit 1934 im Vorstand sitzt, ist die Wahrung der traditionellen Mercedes-Benz-Erscheinung besonders wichtig. Auf Werlins Nachfrage berichtet Röhr am 22. September 1936, dass die zwei ersten Versuchsfahrzeuge ihn und Haspel nicht überzeugen können. Die Maske des Wagens für die Reichskanzlei sei zu schmal ausgefallen.

Bald stehen zwei weitere Muster für die Kühlereinheit zur Besichtigung bereit.[23] Die schließlich ausgewählte neue Kühlermaske steht ein wenig steiler, ist leicht kantiger ausgebildet, am Übergang zum Kühlergitter und im Bereich des Kurbellochs verändert und verfügt – wie von den traditionellen Mercedes-Benz-Fahrzeugen gewohnt – über einen echten Kühlerverschluss mit Stern. Die Korrektur erfordert zusätzlich zur neuen Maske und ihrem Gitter auch einen veränderten Wasserkasten sowie Anpassungen an der Motorhaube und an den Kotflügeln.[24] Eingang in die Serie findet diese recht auffällige Veränderung entweder in den letzten Wochen des ersten Produktionsjahrs oder gleich Anfang 1937. Nachträgliche Formkorrekturen an Automobilkarosserien vermögen – zurückhaltend ausgedrückt – nicht immer zu befriedigen. Doch hier haben die Sindelfinger Konstrukteure, die zugleich Formgestalter sind, hochprofessionelle Feinarbeit geleistet: Der 170 V sieht nun so aus, wie er sich eigentlich schon seit Anbeginn hätte präsentieren müssen.

Abb. 0167
Um die Wende zum Jahr 1937 wird die bisherige Kühlermaske durch eine leicht steiler stehende und kantigere Ausführung ersetzt. Der Stern sitzt nun wieder auf einem Kühlereinfüllstutzen. Das »Gesicht« hat formal gewonnen.

Technische Eingriffe

Auch auf der mechanischen Seite werden rasch Verbesserungen durchgeführt. Wobei nicht immer ersichtlich ist, ob technische Unzulänglichkeiten den Eingriff notwendig machen oder ob es sich bereits um erste fabrikatorische Optimierungen handelt. Bereits nach 1 500 gefertigten Wagen bekommt der 170 V eine Leerlaufregulierung, wie sie auch von den anderen Mercedes-Benz-Typen bekannt ist: Über einen drehbaren Knopf am Armaturenbrett mit der Aufschrift »Gas« lässt sich ein Drahtzug bewegen, der über einen Doppelhebel auf der Gaspedalwelle die Öffnung der Drosselklappe im Vergaser verändert.[25] Ebenfalls sehr rasch korrigiert Untertürkheim die im AAZ-Test bemängelte Lage der Fuß-Anlasserbetätigung und ändert im Motor das Ölsaugrohr mit dem Saugkorb. Das ursprüngliche, offenbar zu wenig stabile Spannband für den seitlich am Motor befestigten Ölfilter wird durch eine stärkere, dreiteilige Ausführung ersetzt. Eine weniger bedeutende Anpassung erfährt das Schauloch in der Kupplungsglocke. Rahmenseitig gibt es Veränderungen am angeschraubten Querträger der hinteren Motorlagerung. An der Vorderradaufhängung sind anfänglich die Federbügel zur Befestigung der Querblattfederpakete am Rahmen zu schwach dimensioniert. Längenkorrekturen drängen sich an den vorderen und hinteren Stoßdämpferhebeln auf. Die Eingriffe an und in der Hinterachse sind unübersichtlicher. Verändert werden die Lager und die Befestigung des Kegelradgehäuses im Rahmen sowie das Differenzialgetriebe selbst, allerdings bei gleichbleibender Untersetzung.[26] Ob die höheren Drehmomente des Modells 200 V (W 149), das sich gleichzeitig in Entwicklung befindet, diese Eingriffe verlangen oder ob diese sich gleichermaßen für den 170 V (W 136) aufdrängen, lässt sich nicht mehr feststellen.[III]

Anmerkung II: Diese Unterscheidung war schon damals vollständig überholt. Dennoch war sie in der Werksliteratur (bspw. ETL) bis in die jüngste Vergangenheit gebräuchlich!
Anmerkung III: Siehe auch Kap. 3.3, S. 153–158.

Abb. 0168
Das Beladen des deckellosen Kofferraums über das Wageninnere und die klappbare Lehne der Fondsitzbank ist umständlich und gehört zu den wenigen Kritikpunkten, die sich der 170 V von der Käuferschaft gefallen lassen muss. Wer zuvor einen 170 (W 15) besessen hat, ist sich Besseres gewohnt. Trotz erfolgreicher Versuche mit einem Heckdeckel bleibt man bei der bisherigen Lösung, hauptsächlich aus Kostengründen. Man weiß auch, wie schwierig es ist, Heckklappen dicht zu halten.

Gescheitert: Neues Getriebe, Thermostat und Kofferraumklappe

Nicht restlos glücklich ist man mit dem Getriebe AKS-15, das nach Lieferschwierigkeiten von ZF nun mit deren Lizenz auch in Untertürkheim gefertigt wird. Was man an dieser Schaltbox konkret bemängelt, ist nicht überliefert. Aber unter den Technikern ist die Ablösung durch eine bessere Konstruktion ein Thema, das der Untertürkheimer Produktionschef Hans Keil bereits im Mai 1936 in den Vorstand trägt, allerdings ohne Konsequenzen auszulösen.[27]

Ähnlich früh artikulieren sich weitere Verbesserungswünsche, die aus Kostengründen ebenfalls nicht weiterverfolgt werden dürfen. Anlässlich einer Vorstandssitzung im Herbst 1936 lobt Technikdirektor Hans Gustav Röhr den Typ 170 V als erfolgreich, ausgewogen und mit einer Reihe von guten Karosserien versehen, weshalb wesentliche technische Änderungen nicht notwendig seien. *Angenehm, aber nicht unbedingt erforderlich wäre die Einführung eines Thermostaten,* schlägt er vor. Doch der Vorstand verweigert ihm dies angesichts der Mehrkosten von 15 RM. Der Wagen müsse verbilligt werden, und nicht verteuert, hält Direktor Keil dagegen. Er schlägt gleich den Wechsel zur kostengünstigen Thermosiphonkühlung vor, die tatsächlich eine gewisse selbstregulierende Wirkung zeigt und dadurch in der Warmlaufphase vorteilhaft ist. Ob die dafür beschlossene Testreihe durchgeführt worden ist, bleibt unbekannt.[28] Der 170 V behält jedenfalls die vorhandene Kühlanlage mit Wasserpumpe; ein Thermostat ist für längere Zeit kein Thema mehr.

Einer der wenigen Kritikpunkte von Seiten der Käuferschaft zielt auf den nur vom Innenraum her zugänglichen Kofferraum. Versuche aus Sindelfingen mit im Heck eingebautem Kofferraumdeckel verlaufen erfolgreich, bedingen allerdings eine Verlängerung des Rahmens über die Hinterachse hinaus. Eine solche ist auch für die gewünschte Verlegung des Treibstofftanks ins Heck unumgänglich. Zehn Musterfahrzeuge werden im Herbst 1936 in dieser Ausführung gebaut. Haspel beziffert die Mehrkosten für die Karosserie auf 28 RM und für das Fahrgestell unter Einschluss des Tanks und der Treibstoffpumpe am Motor auf 45 RM. Er schlägt gleich selbst vor, den 170 V unverändert zu belassen. Der Heckdeckel und der hinten liegende Tank sollen dem in Planung befindlichen Modell 200 V mit 2-Liter-Motor vorbehalten bleiben.[29/I]

Komplettierung des Angebots: Die zusätzlichen 170 V-Modelle

170 V Tourenwagen

Bereits die erste Preisliste für den 170 V, die ab 15. Februar 1936, dem Eröffnungstag der IAMA gültig ist, enthält einen offenen, vier- bis fünfsitzigen Tourenwagen zum stattlichen Preis von 4 500 RM.[30] Diese der althergebrachten automobilen Tradition verpflichtete Karosserievariante ist bis zur Gürtellinie analog der zweitürigen Limousine bzw. des Cabriolets B gestaltet und verwendet auch deren Blechpressteile. Im Unterschied zum Cabriolet B verfügt der offene Tourenwagen über ein einfaches, ungefüttertes Verdeck aus wasserdichtem Gummistoff ohne die charakteristischen Sturmstangen sowie über seitliche Steckscheiben aus Cellon anstelle der Kurbelfenster. Die Steckscheiben sind normalerweise während der Fahrt nicht montiert, sie dienen hauptsächlich beim abgestellten Fahrzeug als Wetterschutz. Statt der Limousinen-Frontscheibe, wie sie das Cabriolet B zeigt, verfügt der Tourenwagen über eine leicht größere Windschutzscheibe. Sie läuft in ihren vier Ecken spitz aus, und ihr verchromter Messingrahmen ist an der oberen Traverse mittels Zapfen in den gegossenen und lackierten A-Säulen gelagert, wodurch sie ebenfalls unten nach vorn ausstellbar ist. Der Rückspiegel sowie der Scheibenwischermotor samt Gestänge und den beiden Armen sind an der oberen Frontscheibentraverse befestigt und schwenken beim Ausstellen mit.

Weil durch den seitlich offenen Aufbau das Wageninnere den Witterungseinflüssen ungleich stärker ausgesetzt ist als beim Cabriolet B, verfügt der Tourenwagen serienmäßig über einen robusten Lederbezug der Sitze, deren Flächen durch eine Vielzahl von Pfeifen gegliedert werden. Die Seiten- und Türverkleidun-

Anmerkung I: Siehe Kap. 3.3, S. 153 ff.

Abb. 0169 & 0170
Zweitüriger 170 V Tourenwagen. Er ist in der ersten Preisliste von Februar 1936 enthalten, aber erst Wochen später lieferbar. Das zusätzliche, vier- bis fünfsitzige Offenmodell unterscheidet sich vom Cabriolet B durch das ungepolsterte Verdeck ohne Sturmbügel, die seitlichen Schutzscheiben aus Cellon anstelle von Kurbelfenstern und eine Frontscheibe in eckiger Form.

Abb. 0171
Die Katalogdarstellung von 1938 zeigt die neuere Ausführung mit vier Türen. Der Tourenwagen ist kein 170 V-Verkaufsrenner. Die jährlichen Stückzahlen bleiben im niedrigen dreistelligen Bereich und liegen auf dem Niveau des teuren Cabriolet A.

gen, letztere mit integrierten Kartentaschen, bestehen aus demselben Material. Ansonsten entspricht die Ausstattung weitgehend derjenigen des Innenlenkers bzw. des Cabriolets B. Auch hier ist in der vorderen Wagenhälfte der Boden mitsamt Getriebetunnel mit Passmatten aus Gummi auf einer Filzunterlage belegt, während im Fond ein an den Rändern mit Leder eingefasster Teppich liegt. Vorn gibt es auf der Beifahrerseite unterhalb des Handschuhfachs eine Haltekordel sowie deren zwei für die Rücksitzbank an den Seiten, wo sich die gepolsterten Armlehnenwulste befinden.

Dank der Verwandtschaft insbesondere mit dem Cabriolet B kann die Fertigung des offenen Tourenwagens zeitnah einsetzen. Die Bestellungen halten sich erwartungsgemäß in Grenzen, erreichen aber mit 158 Exemplaren im ersten Produktionsjahr 1936 exakt die Anzahl der beiden sportlichen 170 V-Varianten Roadster und Cabriolet A zusammen.[31]

170 V Roadster

Bei der zweiten Sonderausführung des neuen 170 V, die bereits in Berlin ausgestellt worden ist, handelt es sich um eine offene sportliche Zweisitzervariante, Roadster oder auch Sport-Roadster genannt. Der Motor mit seinen für ein sportliches Fahrzeug bescheidenen 38 PS und auch das Fahrwerk mit dem verhältnismäßig langen Radstand von 2 845 mm bleiben unverändert. Doch der niedrig wirkende, weil langgestreckte und gegen hinten sanft abfallende Aufbau mit seinem knapp bemessenen Innenraum dürfte die solventen jüngeren Herrn und – vermutlich nicht minder – die emanzipierten jungen Damen aus vermögendem Haus magisch angezogen haben.

Im Unterschied zum Cabriolet B und zum offenen Tourenwagen weichen beim Roadster sämtliche Blechteile von der Limousinenkarosserie ab. Auffällig sind die langgezogenen vorderen Kotflügel. Sie bilden formal wie konstruktiv mit den Trittbrettern eine Einheit und gehen in die nicht weniger gekonnt geformten hinteren Kotflügel über, die im spitz nach unten auslaufenden Heck einen harmonischen Abschluss finden. Entlang der Motorhaube und der Tür verläuft eine verchromte Zierleiste, die mit ihrer elegant in den Wagenkörper eingefügten Kurve die fließende Linie unterstreicht. Die Fahrzeugfront unterscheidet sich nicht relevant von den Haupttypen, jedoch erhalten die Scheinwerfer bei gleichem Durchmesser längere Töpfe. Länger ist auch die Motorhaube, deren Seitenteile über zwei Reihen von Entlüftungskiemen verfügen.

Die Keder, welche eine scharfe Grenzlinie zwischen den Kotflügeln und dem Karosseriekörper zeichnen, bestehen aus blankem Leichtmetall, dies unabhängig von den gewählten Farbtonkombinationen. Beliebt und entsprechend verbreitet sind Zweifarbenlackierungen, wobei entweder die Kotflügel mitsamt Verbindungsblech vom Wagenkörper abgesetzt werden oder – ebenso elegant – bloß die Seitenteile des Wagenkörpers unterhalb der Zierleiste in einem variierenden Farbton gehalten sind.

Abb. 0172
170 V Roadster. Der sportliche Zweisitzer soll mit seiner eleganten Linie ein zahlungskräftiges Jungpublikum ansprechen. Motorseitig bleibt es beim 38 PS leistenden 1,7-Liter. Den glatten Flanken zuliebe sind die Türscharniere unsichtbar und anfänglich sogar die äußeren Türgriffe weggelassen. Die auch hier zunächst fehlende hintere Stoßstange nimmt man diesem Sportmodell aus formaler Sicht nicht übel.

Abb. 0173
Die Katalogdarstellung von 1938 zeigt eine Zweifarbenlackierung in Elfenbein und Schwarz. Der Rotton an den Rädern antwortet auf die rote Lederausstattung. Die Farbtöne sind bei diesem kostspieligen Modell frei wählbar.

Das enge Interieur bietet lediglich Raum für eine – selbstverständlich lederbezogene – Sitzbank, die damals eher als Zeichen für Sportlichkeit empfunden wird als die individuell verstellbaren Einzelsitze der übrigen Modelle. Die Frontscheibe, in einem verchromten Messingrahmen gefasst und in kurzen, ebenfalls blanken A-Säulen drehbar gelagert, ist gegen die Motorhaube hin horizontal abklappbar. Die Scheibenwischer mit äußerer Verbindungsstange zwischen den Armen und innen aufgesetztem Motor sind unten am Scheibenrahmen angebracht. Ein knapp geschnittenes, ungefüttertes Verdeck aus wasserdichtem Gummistoff schützt die Insassen bei Bedarf vor dem ärgsten Regen. Es lässt sich mitsamt Gestänge in geöffnetem Zustand vollständig und unsichtbar hinter der vorklappbaren Rückenlehne verstauen. Wie beim offenen Tourenwagen können auch beim Sport-Roadster Cellon-Seitenscheiben, die mit einem Rand aus Verdeckstoff umnäht sind, oben auf die Türen gesteckt werden. Grundsätzlich fährt man jedoch offen. Das Armaturenbrett entspricht in seiner Disposition und in der Bestückung mit drei Instrumenten in der Mitte und je einem Handschuhfach mit Deckel zu beiden Seiten demjenigen der Haupttypen. Allerdings sind die drei kreisrunden Instrumente mitsamt den Drehschaltern und Zugknöpfen in einer oben gerundeten Nische zusammengefasst. Diese ist, wie auch die beiden Handschuhfachdeckel, in Wagenfarbe lackiert, während das Armaturenbrett mit demselben Leder bezogen ist, das auch für den Wagenausschlag verwendet wird. Eine wahrhaft edle und exklusive Er-

Abb. 0174, 0175 & 0176
Die nach vorn klappbare Frontscheibe, das einfache, eng geschnittene Verdeck mit den seitlichen Cellonscheiben und die bei Bedarf im Heck verfügbaren Notsitze belegen es: Der Mercedes-Benz 170 V Roadster ist als Schönwettermodell auf Sport- und Freizeitaktivitäten ausgerichtet. Serienmäßig gibt es ab Juli 1936 verchromte Positionsleuchten auf den Vorderkotflügeln und – auch bei vorderen Stoßecken – eine durchlaufende hintere Stoßstange ohne Hörner. Die in die Karosserie integrierten Rück- und Stoppleuchten und das hinter Plexiglas liegende Nummernschild wirken ausgesprochen elegant.
Der Roadster erreicht im ersten Produktionsjahr 1936 mit 82 gefertigten Exemplaren sein bestes Ergebnis. Insgesamt bleibt es bei höchst bescheidenen 271 Einheiten.

scheinung! Dies gilt ebenso für die lederbezogenen Türverkleidungen, welche mit einem dynamischen Schwung, der von der Höhe des Armaturenbretts nach hinten und unten führt, zweigeteilt werden. Der untere Teil der Türverkleidung ist glatt bespannt und verbirgt eine aufklappbare Kartentasche, der obere wird durch stehende Pfeifen akzentuiert. Auf dem Türgriff sitzt eine helle Kunststoffkugel, und als Zuziehhilfe dient eine aus Lederstreifen geflochtene Kordel, die an ihren beiden Enden mit Ösen waagrecht an der oberen Türtraverse montiert ist. Die Türscharniere sind verdeckt angeordnet. Anfänglich besteht gar die Absicht, auf äußere Türgriffe zu verzichten. In dieser Ausführung wird der Roadster im Februar auf der IAMA in Berlin präsentiert.[32]

Im langgezogenen Heck lässt sich hinter der Sitzbank nach alter klassischer Manier die Rücklehne eines Notsitzes hochklappen, die in die Innenseite des Deckels eingearbeitet ist. Als Auf- oder Einstiegshilfe in dieses »Séparée« dient auf der rechten Wagenseite unmittelbar vor dem hinteren Kotflügel ein herausziehbares, verchromtes Rohr. Trotzdem sind gewisse akrobatische Fähigkeiten erforderlich, die der volkstümlichen Bezeichnung »Schwiegermuttersitz« eine leicht bösartighumoristische Note verleihen. Sind im Heck keine Personen mitzuführen, können die Sitzpolster entfernt und der so gewonnene Raum für Gepäck genutzt werden. Hier befindet sich auch die Batterie. Hinter dem im geschlossenen Zustand kaum wahrnehmbaren Notsitzdeckel liegt das Ersatzrad, zur Hälfte in einer Mulde versenkt. Die Heckpartie wird durch den beleuchteten Nummernschildkasten abgeschlossen, der entsprechend der Karosserieform leicht geschwungen ist und von einem feinen blanken Zierstab umschlossen wird; ein ausgesprochen gepflegtes Karosseriedetail. Die rückwärtige Beleuchtung, kleine stehende Ovale, sind zu beiden Seiten des Nummernschilds in die Karosserie eingelassen, die Rückleuchte links und die Bremsleuchte rechts.

Eine hintere Stoßstange fehlt zunächst. Doch auch diese exklusive Modellvariante wird ab dem 3. Juli 1936 mit einem hinteren Stoßfänger versehen, der – im Unterschied zu den vorderen Stoßecken – in einem Stück entlang des gerundeten Wagenhecks durchläuft. Ab demselben Zeitpunkt bestückt man die vorderen Kotflügel serienmäßig mit verchromten Positionsleuchten.

Mit einem Verkaufspreis von 5 500 RM schwebt der Sportroadster bereits in einer höheren automobilen Sphäre. Entsprechend selten wird er geordert; lediglich 82 Exemplare verlassen 1936 die Fertigungsstätte. In den folgenden Jahren soll der Zuspruch sogar noch geringer ausfallen.[33]

170 V Roadster für den Geländesport

Seit der Machtübernahme der Nationalsozialisten 1933 erfreuen sich Geländesportveranstaltungen mit motorisierten Fahrzeugen großer Beliebtheit. Die zahlreich antretenden Mannschaften setzen sich aus Organisationen der Partei und des Staates zusammen, beispielsweise aus dem Nationalsozialistischen Kraftfahrerkorps NSKK, der SS, der Wehrmacht, aber auch der Reichspost. Ihre Nähe zum Machtapparat sorgt dafür, dass sich die Automobilhersteller diesen Wettbewerben nicht entziehen können. Der Aufwand ist für die Firmen materiell und personell beträchtlich, denn es gilt die dafür geeigneten Fahrzeuge zu konzipieren, zu bauen und kostenlos zur Verfügung zu stellen. Gefragt sind nicht schnelle hochtechnisierte Boliden, sondern robuste Fahrzeuge mit geeignetem Fahrwerk für die unwirtlichen Pistenverhältnisse, sowie widerstandsfähige und ausdauernde Motoren. Als Basis dienen meist Serienmodelle, die spezifisch für diese Prüfungen hergerichtet werden.[I]

Die bislang für den Start in der Kategorie unter zwei Liter Hubraum eingesetzten W 15- und W 21-Wagen plant man nun durch solche auf Basis des W 136 abzulösen. Fotografisch dokumentiert ist ein 170 V Gelände-Roadster von 1936 mit einer Serienkarosserie, die durch gezielte Maßnahmen an der Peripherie für den speziellen Einsatzzweck angepasst worden ist: Die größeren Räder (vermutlich 6,00-16" oder 6,50-16"), die eingekürzten Kotflügel und das fehlende Trittbrett verändern die Proportionen und das Erscheinungsbild deutlich. Technische Anpassungen, etwa stärkere Federn, kürzer übersetzte Achsantriebe oder gar motorseitige Eingriffe sind nicht bekannt.[II] Wie

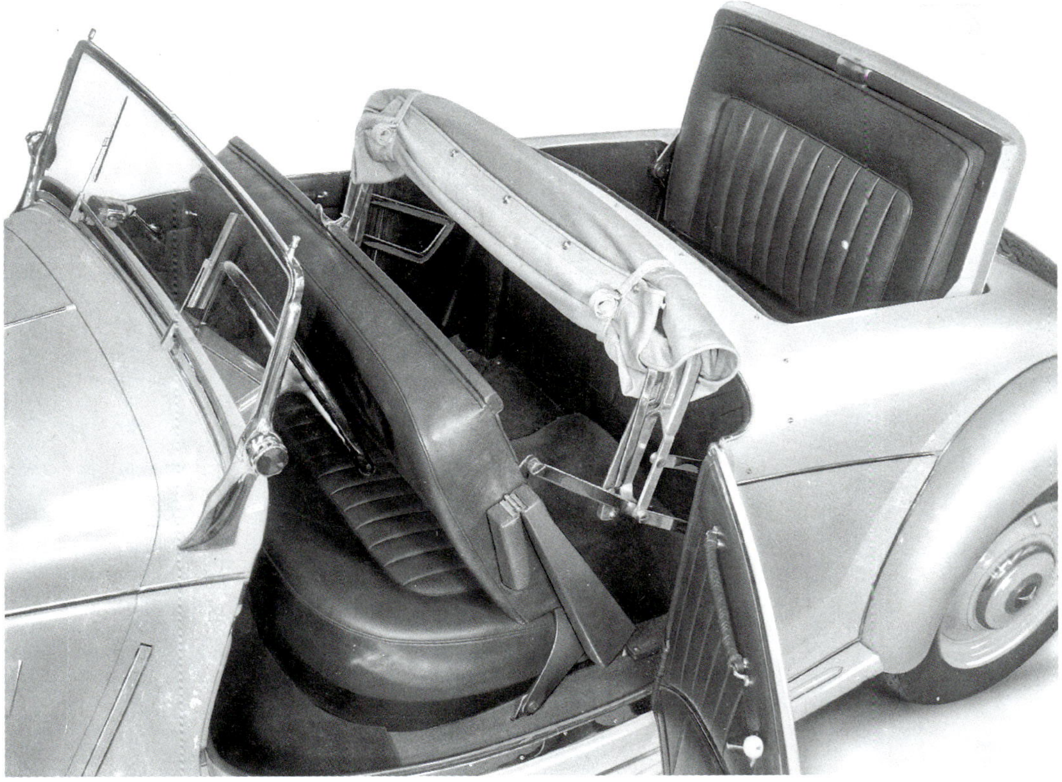

Abb. 0177
Das Innere des Roadsters ist mit Leder ausgestattet. Eine vordere Sitzbank anstelle von Einzelsitzen gilt als sportlich, das leichte Verdeck lässt sich von außen unsichtbar hinter der Rückenlehne verstauen. Der aufklappbare »Schwiegermuttersitz« dürfte in Wahrheit eher befreundeten Pärchen als Mitfahrgelegenheit dienen.

Abb. 0178
170 V Gelände-Roadster von 1936 mit seriennaher Karosserie. Die gestutzten vorderen und hinteren Kotflügel, das fehlende Trittbrett und die größere Bereifung führen zu einer eher korpulenten Erscheinung. Allfällige technische Eingriffe sind ebenso wenig überliefert wie mögliche Produktionsabsichten oder Einsätze bei Geländesportveranstaltungen.

Anmerkung I: Zu Mercedes-Benz-Rallye- und Geländesportwagen siehe ausführlich Engelen, Rennwagen 2011, S. 274–311.
Anmerkung II: Oswald benennt diese Ausführung mit 170 VR (Oswald, MB-Pkw1 2001, S. 317 & 328), eine Bezeichnung, die in den historischen DB-Akten bislang nicht bestätigt worden ist. Weiteres zu Geländesportwagen auf 170 V-Basis siehe Kap. 3.3, S. 160-165.

Abb. 0179
Die deutlich komfortablere Variante, einen offenen zweisitzigen 170 V zu fahren, besteht in der Wahl eines Cabriolet A. Die Prospektdarstellung von 1938 macht auf das aufwändig gepolsterte und mit Sturmstangen versehene Verdeck aufmerksam.

viele 170 V Gelände-Roadster in dieser Ausführung entstehen, liegt ebenso im Dunkeln wie allfällige Wettbewerbseinsätze. Hinweise, dass man in der Konzernzentrale mit dem Gedanken spielt, diese Roadster-Variante ins reguläre Verkaufsprogramm aufzunehmen, fehlen ebenso.

170 V Cabriolet A

Wer sich den Sport-Roadster, dieses schöne, aber recht teure Automobil mit etwas mehr Komfort wünscht, kann ab dem 7. Mai 1936 mit dem 170 V Cabriolet A bedient werden. Diese Modellvariante verfügt grundsätzlich über dieselbe Karosserie wie der Sport-Roadster, mit einer bedeutenden Ausnahme: Der Innenraum ist etwas länger ausgebildet, wodurch hinter den beiden individuell verstellbaren Einzelsitzen noch Raum für einen Notsitz vorhanden ist, auf dem sich eine kleingewachsene Person quer zur Fahrtrichtung aufhalten kann. Anstelle dieses herausnehmbaren Notgestühls werden auf Wunsch zwei passend dimensionierte Koffer geliefert. Durch den vergrößerten Innenraum des Cabriolet A wird der mit einer Klappe verdeckte »Schwiegermuttersitz« des Roadsters überflüssig. Der übrig bleibende Platz reicht für einen bescheidenen Gepäckraum, der für Kleinutensilien willkommen ist. Verschlossen wird dieses Fach durch einen schmalen, mit zwei Drehgriffen versehenen Deckel.

Für die Türen werden im Unterschied zum Roadster außenseitig vorspringende Scharniere verwendet. Ein Mehr an Komfort bringen die Kurbelfenster mit sich, deren Gläser von verchromten U-Profilen aus Messing eingefasst werden,[III] und das hochwertige Verdeck. Dieses ist – wie beim Cabriolet B – gefüttert und außen mit wasserdichtem, dreifachem Gummistoff bezogen. Es wird mit den charakteristischen verchromten Sturmstangen gespannt. In geschlossenem Zustand wirkt es organischer und der fließenden Fahrzeugform besser angepasst als das Notverdeck des Sport-Roadsters. Die Kehrseite der Medaille zeigt sich im geöffneten Zustand. Der voluminöse Verdeckstapel lässt sich nicht mehr im Karosseriekörper verstauen, sondern türmt sich, trotz Hülle, hinter dem Passagierraum recht hoch auf.

Die Frontscheibe ist nicht abklappbar, sondern wie beim offenen Tourenwagen oben in den A-Säulen drehbar gelagert und unten gegen vorn ausstellbar. Aus diesem Grund trägt der aus verchromtem Messing bestehende Scheibenrahmen die Wischeranlage oben, wo fahrerseitig auch eine drehbare Sonnenblende angebracht ist. Das Armaturenbrett mit seiner exklusiven Erscheinung entspricht demjenigen des Roadsters. Nicht so jedoch die Türverkleidungen, die wegen der versenkbaren Fenster abweichend gestaltet werden müssen. Eine Kartentasche findet trotzdem noch Platz. Selbstverständlich sind auch hier die Sitze und die übrigen Innenflächen mit qualitätvollem Leder bezogen. Insgesamt werden im ersten Produktionsjahr sieben verschiedene Zweiton-Lackkombinationen aufgelistet, hinzu kommen sechs Eintonlackierungen, allesamt mit farblich passend dazu komponiertem Verdeckstoff und Leder. Trotz dieser Vielfalt können abweichende Lackierungen ohne Aufpreis geordert werden.

Wie dem Sport-Roadster verpasst die Zentrale in Untertürkheim auch dem Cabriolet A ab dem 3. Juli 1936 ohne Aufpreis eine hintere Stoßstange und Positionsleuchten auf den vorderen Kotflügeln. Für diesen schönen Wagen muss mit 5 980 RM ganz tief in die Tasche gelangt werden. Bescheidene 76 Exemplare werden im ersten Produktionsjahr hergestellt, sechs weniger als vom Sport-Roadster. Längerfristig wird jedoch das 170 V Cabriolet A als das komfortbetontere Sportmodell den Roadster deutlich übertreffen.[34] Dank der besseren Möglichkeiten, Gepäck unterzubringen, eignet es sich auch für längere Reisen.

170 V Lieferwagen

Wie seinerzeit für den sechszylindrigen 170 (W 15) erarbeitet das Karosseriewerk Sindelfingen auch für den 170 V (W 136) einen Kastenwagenaufbau. Im Unterschied zu seinem Quasi-Vorgänger, der mit L 300 bezeichnet worden ist, behält das neue Kastenwagenmodell den Typennamen 170 V, obwohl es hausintern den Nutzfahrzeugen zugerechnet wird und deshalb in den Pkw-Verkaufsprospekten fehlt. Der 170 V Lieferwagen wird noch 1936 produktionsreif, mit einem eigenen kleinen Prospekt beworben und mit rudimentären Angaben in die zweite Preisliste der 170 V-Modelle vom 20. Februar 1937 aufgenommen.

Beim 170 V Lieferwagen handelt es sich um einen geschlossenen Kastenwagen mit einer Zuladung von 350 kg. Das Fahrgestell mitsamt dem Rahmen, der Motor-Getriebeeinheit, der Kraftübertragung, dem Achsantrieb sowie der Radaufhängung entspricht den sogenannten

Anmerkung III: Die Verknappung der Buntmetalle aufgrund der Autarkiepolitik des NS-Regimes führten vermutlich Anfang 1937 bei sämtlichen 170 V-Modellen zu einem Wechsel auf polierte Aluminiumprofile, von der offensichtlich auch die Exportmodelle nicht ausgenommen waren.

Haupttypen (Limousinen, Cabrio-Limousine, Cabriolet B). Identisch sind weiter die Fahrgestellblechteile, also die vier Kotflügel mit Zwischenblech und Trittbrettern, die Motorhaube mit der Kühlermaske, die vorderen Stoßecken und die Stirnwand unter Einschluss der Frontscheibe. Die Übereinstimmung mit den Haupttypen trifft mit Ausnahme der lackierten statt polierten Scheinwerfersockel auch auf die blanken Teile zu. Die beiden Türen zur Fahrerkabine verfügen über Kurbelfenster und sind baugleich mit der zweitürigen Limousine. Die hinteren Kotflügel müssen auf ihren Innenseiten beschnitten werden, um an die Radhäuser des Kastenwagenaufbaus zu passen.

Hinter der Fahrerkabine folgt, den Verlauf der Türflanken zäsurlos übernehmend, ein wohlgeformter Kastenaufbau mit steilem, ganz leicht nach vorn geneigtem hinterem Abschluss. Die Übergänge von den Seitenwänden auf die Heckwand und auf das Dach sind sanft gerundet. Seiten und Heck werden von zwei Prägekanten, die einen dezenten Wulst bilden, in der Höhe gegliedert. Analog der Limousine nimmt der Wulst seinen Anfang oben an der Motorhaube, verläuft über die Tür und wird waagerecht um den Kastenaufbau herumgezogen. Der Übergang auf das Dach ist auf ähnliche Weise durch die Regenrinne markiert. Be- und entladen wird der Lastraum durch eine großzügige Öffnung auf der Rückseite, die oben bis zur Regenrinne und unten fast bis ans Karosserieende reicht und von einer links gebandeten, einflügeligen Tür verschlossen wird. Eine hintere Stoßstange fehlt und wird dem Lieferwagen-Modell auch später nicht hinzugefügt. Das Rück- und Bremslicht ist mit dem Kennzeichen zu einer Nummernschildtafel mit

Abb. 0180
Im Unterschied zum Roadster wird die fließende Linie des 170 V Cabriolet A im offenen Zustand durch das voluminöse Verdeck beeinträchtigt, zudem sind die Türscharniere vorspringend. Die Frontscheibe ist unten ausstellbar, lässt sich aber nicht umlegen.

Abb. 0181 & 0182
Das gepolsterte Verdeck wirkt geschlossen stimmig. Die Sturmstangen und die mit Metallprofil eingefassten Kurbelfenster verleihen dem Wagen eine hochwertige Anmutung. Ab Juli 1936 ist die hintere Stoßstange serienmäßig, gleichgültig ob es sich um einen Exportwagen mit vorderer Stoßstange und Hörnern handelt oder um ein Inlandmodell mit Stoßecken.

Abb. 0183 & 0184
Die elegante Form des 170 V Cabriolet A mit seinem wohlgelungenen Heckabschluss wirkt von schräg oben betrachtet besonders überzeugend. Gegenüber dem Roadster wird der Innenraum ein wenig verlängert, damit hinter den beiden Einzelsesseln ein quergestellter Notsitz Platz findet. Ein Gepäckraum liegt unter einer kleinen Klappe im Heck, dort wo beim Roadster der »Schwiegermuttersitz« eingebaut ist. Die anfänglich verchromten Positionsleuchten werden bald im Kotflügelfarbton lackiert. Ab 1938 erhält die Stoßstange etwas moderner geformte Hörner.

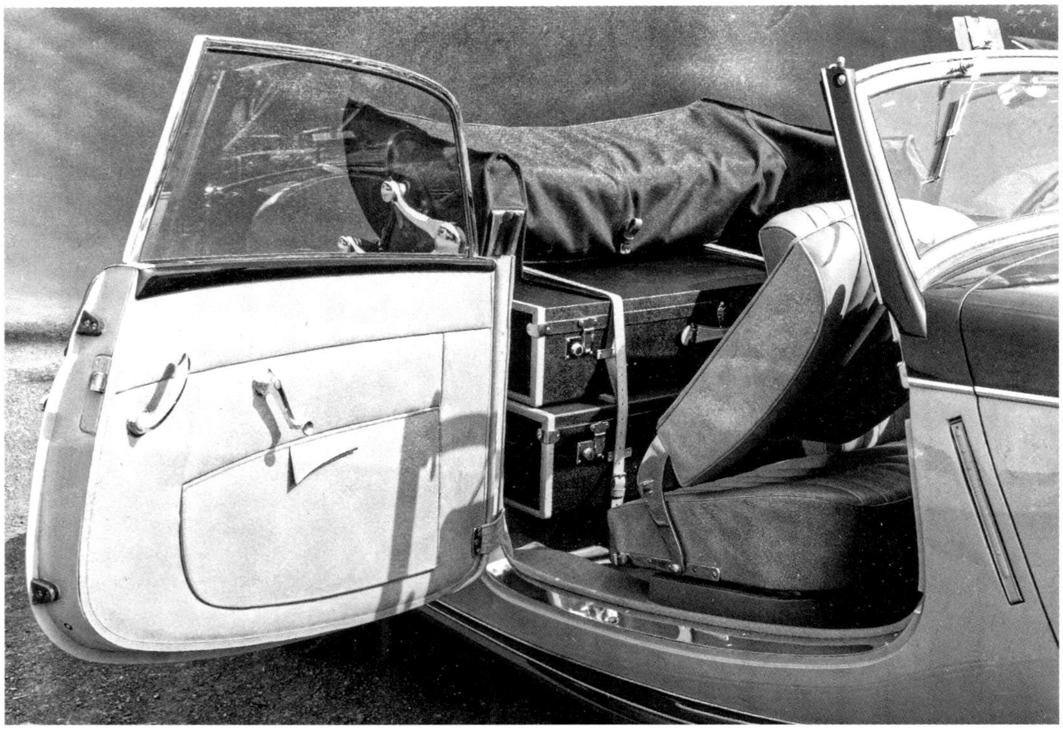

Abb. 0185
Das Armaturenbrett des Cabriolet A (Bild) und des Roadsters weicht von der Ausführung der übrigen 170 V-Modelle ab. Die drei Rundinstrumente sind in einer bogenförmigen Nische eingetieft. Je nach Wunsch ist der Nischengrund (Bild) oder das Brett mit dem Leder der Innenausstattung überzogen und die Handschuhfachdeckel in einem der Karosseriefarbtöne lackiert.

Abb. 0186
Der quergestellte Notsitz hinter den beiden Sesseln lässt sich entfernen, wodurch ein Stauraum für die passgenauen Formkoffer entsteht. Diese sind als Zubehör lieferbar. Die aufwändig gearbeiteten Türverkleidungen enthalten ausklappbare Kartentaschen.

darüberliegender Beleuchtungsleiste zusammengefasst, wie sie auch für die Innenlenker, die Cabrio-Limousinen und das Cabriolet B verwendet wird. Allerdings ist diese Einheit beim Lieferwagen über der Hecktür und Regenrinne montiert und überragt den Dachabschluss wie eine kleine offene Lüftungsklappe. Das großflächige Dach, das ohne Versatz in ganz leichter Wölbung von der Frontscheibe bis zum Heckabschluss reicht, besteht nach alter Machart aus einer Blechumrandung und einer Binnenfläche, die mit Kunstleder bespannt ist und auf einer Drahtgeflecht-Unterkonstruktion aufbaut. Für ein Nutzfahrzeug ist der Mercedes-Benz 170 V Lieferwagen mit überraschend viel gestalterischem Engagement geformt worden. Er überzeugt mit guten Proportionen und einer selbstverständlichen, rundum stimmigen Erscheinung.

Konstruktiv besteht der Laderaumaufbau aus einem Holzskelett, auf dessen Außenseiten die Blechteile aufgezogen sind. Eine Schottwand mit einem kleinen, fest eingebauten Fenster trennt die Fahrerkabine vom Laderaum. Dieser ist in der Höhe zweigeteilt: Ein Boden erstreckt sich über der Hinterachse bis an die Schottwand zum Fahrerabteil. Dieser Laderaumboden beginnt ca. 240 mm nach der Hecktür und hat eine Länge von 1 400 mm. Die engste Stelle zwischen den Radhäusern der Hinterräder misst 950 mm, genau wie die lichte Breite der Hecktür. Im vorderen Teil bzw. über den Radhäusern weitet sich die nutzbare Breite bis auf 1 320 mm aus. Die Bereiche unterhalb des Laderaumbodens vor und hinter der Hinterachse lassen sich als zusätzlichen Stauraum verwenden, wobei der vordere durch eine Klappe im Laderaumboden zugänglich ist. Die lichte Höhe über dem Laderaumboden beträgt im Innern 886 mm, im Bereich der Hecktür reduziert sich diese auf 750 mm. Eine Deckenleuchte sorgt bei Bedarf für die notwendige Helligkeit.

Die Bedienelemente und Instrumente in der Fahrerkabine entsprechen denjenigen der Limousinen. Allerdings fehlen Luxusattribute wie Zigarettenanzünder und Aschenbecher, die es nur gegen Aufpreis gibt. Das Armaturenbrett ist unabhängig von der gewählten Karosseriefarbe schwarz lackiert. Als praktisch erweist sich das Kästchen für die Lieferpapiere. Abweichend von den Limousinen wird der Lieferwagen mit einer durchlaufenden, nicht verstellbaren Sitzbank ausgerüstet, die, wie auch die Türverkleidungen, mit robustem schwarzem Kunstleder glatt bezogen ist. Zwischen der Lehne der Sitzbank und der Schottwand zum Laderaum befindet sich eine schmale Ni-

sche, in deren rechtem Abschnitt das Ersatzrad aufrecht stehend untergebracht ist. Der linke Abschnitt der Nische dient als Stauraum für Kleinutensilien. Die Lehne der Sitzbank ist nach vorn klappbar ausgebildet. Wegen des geschlossenen Kastens fehlt ein Innenspiegel; als Ersatz dient ein auf dem linken Vorderkotflügel aufgesetzter Außenspiegel.

Mercedes-Benz verlangt für diesen wohlgelungenen 170 V Lieferwagen mit Sindelfinger Aufbau 3 900 RM, also lediglich 50 RM mehr als für die viertürige Limousine. Angesichts des hohen Anteils an Handarbeit, die bei diesem Nischenmodell unumgänglich ist, erscheint dies als ein bescheidener Aufschlag. Doch dem 170 V Kastenwagen bläst der raue Wind des Nutzfahrzeugmarkts entgegen, der sich streng nach dem Kosten-Nutzen-Verhältnis richtet. Der DKW Front Kastenwagen auf Basis F 5 kostet mit 2 350 RM bloß 60% des 170 V Kastenwagens und verfügt über eine Nutzlast von 500 kg, 150 kg mehr als der 170 V. Es erstaunt nicht, dass der Verkauf des 170 V Kastenwagens stockt, 1936 werden marginale 44 Exemplare gefertigt. Später erhöht sich die Anzahl, bleibt aber jährlich im tiefen dreistelligen Bereich,[35] während die Auto Union von November 1935 bis März 1937 stattliche 765 Stück seines DKW Front Lieferwagens absetzt.[36]

170 V Rechtslenker: Für den Export wichtig

Der Export von Mercedes-Benz-Fahrzeugen behält allein schon durch die hochwillkommenen Deviseneinnahmen seine Bedeutung. Das führt wiederum dazu, dass für Länder mit Linksverkehr eine geeignete Modellpalette mit Rechtslenkung angeboten werden muss. Bereits im ersten Produktionsjahr 1936 verlassen rechtsgelenkte 170 V das Werk in Untertürkheim. Der organisatorische und herstellungsbedingte Aufwand für die verhältnismäßig kleinen Stückzahlen ist allerdings beträchtlich.[I]

Abb. 0187
170 V Lieferwagen. Der Daimler-Benz-Vorstand entschließt sich, auch vom W 136 eine eigene Lieferwagenausführung anzubieten, die noch 1936 in Produktion geht. Die Nutzlast beträgt 350 kg. Der im Werk Sindelfingen hergestellte Kastenwagenaufbau basiert auf einem tragenden Holzskelett, das mit Blech überzogen ist. Für das Dach greift man aus fertigungstechnischen Gründen auf den altbewährten weichen Aufbau mit Kunstlederbespannung zurück. Wird ein Firmenlieferwagen gesucht, bei dem gute Fahreigenschaften und flottes Aussehen über der reinen Nutzlast und einem günstigsten Preis stehen, spricht vieles für den 170 V. Bis 1942 werden knapp 1 000 Stück gefertigt, die Hälfte allein in den letzten beiden Produktionsjahren.

Anmerkung I: Siehe auch Kap. 4.2, S. 191–195.

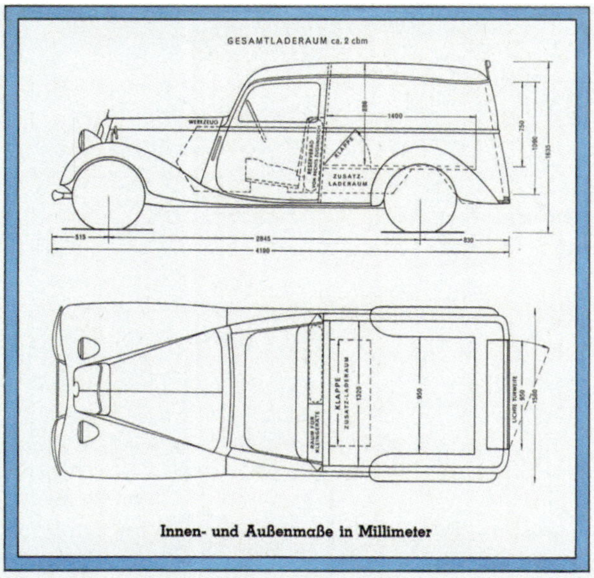

Innen- und Außenmaße in Millimeter

Technische Angaben:

Der Lieferwagen **Mercedes-Benz Typ 170 V** ist gebaut für eine Nutzlast von 350 kg. Auf besonderen Wunsch kann der Laderaum durch herausnehmbare Zwischenböden noch unterteilt werden. Vor der Hinterachse befindet sich ein weiterer Laderaum, zugänglich durch einen aufklappbaren Deckel.

Der Lieferwagen **Mercedes-Benz Typ 170 V** ist ausgerüstet mit einem 4-Zylinder Schwebemotor von 38 PS, dessen neuartige Gummilagerung größte Laufruhe gewährleistet, 4 Vorwärtsgängen, 1 Rückwärtsgang, Vollschwingachsen, Oeldruckbremsen, Ein-Druck-Zentralschmierung.

Das Ersatzrad ist hinter den Sitzpolstern in einem besonderen Raum wetterfest und diebessicher untergebracht.

Sofort lieferbar!

Abb. 0188 (linke Seite)
Die für einen Kastenwagen wohlgelungene Form ist eines der hervorstechendsten Merkmale des 170 V mit Lieferwagenaufbau. Als Ersatz für den fehlenden Innenspiegel wird ein Rückspiegel auf dem linken Kotflügel montiert.

Abb. 0189 & 0190 (beide linke Seite)
Eine Maßskizze im Prospekt des Kastenwagens gibt Auskunft über die Dimensionen des Laderaums. Wegen der angetriebenen hinteren Pendelachse liegt der Laderaumboden hoch und schränkt das nutzbare Ladevolumen ein. Die seitlich schwenkende Hecktür gibt eine großzügige Öffnung frei. Holzlatten entlang der Seitenwände schützen vor Beschädigung und dienen dem Festzurren von Ladegut.

Abb. 0191
Lieferwagenfahrer müssen mit einer nicht verstellbaren Sitzbank Vorlieb nehmen. Der robuste Kunstlederbezug entspricht dem Einsatzzweck. Das Armaturenbrett ist vollständig bestückt und unterscheidet sich einzig durch den fehlenden Aschenbecher von der Pkw-Ausführung.

Die Konkurrenten des Mercedes-Benz 170 V im ersten Produktionsjahr

Es ist marktpolitisch betrachtet kein luftleerer Raum, in den die Daimler-Benz AG im Frühjahr 1936 mit dem neuen Großserienmodell der *niedrigen Preisklasse* vorstößt. Weder auf dem heimischen Markt noch im rauen Umfeld jener Länder, wo Hersteller aus der ganzen industrialisierten Welt frei konkurrieren. Im Deutschen Reich werben zahlreiche gut eingeführte Firmen mit attraktiven Wagen in der Preisklasse zwischen 3 500 RM und 4 000 RM um die Gunst der Kaufinteressierten. Allerdings handelt es sich bei den meisten Konkurrenten um Fahrzeuge, die sich bereits seit einem Jahr oder länger auf dem Markt befinden, ein Nachteil in dieser sich technisch wie formal derart rasch verändernden Zeit. Echte Neuheiten bleiben 1936 rar, wie die Herren des Daimler-Benz-Vorstands auf der Berliner IAMA

mit einer gewissen Erleichterung feststellen dürfen, insbesondere in der Wagenklasse, die man mit dem neuen Mercedes-Benz 170 V im Visier hat.

Von den nachfolgend aufgeführten Konkurrenzmodellen sind sämtliche deutschen Typen – mit Ausnahme des DKW »Schwebeklasse« – im »Verkaufstaschenbuch für Personenwagen« aufgeführt, das die Daimler-Benz AG ab 1938 ihren Mitarbeitern an der Verkaufsfront als Arbeitsinstrument zur Verfügung stellt und periodisch aktualisiert. Zusätzlich finden dort der österreichische Steyr 200 sowie der in Deutschland in Lizenz gefertigte italienische Fiat 1500 Aufnahme.[37] Auf französische und britische Fahrzeuge trifft der 170 V hauptsächlich auf den freieren Märkten, beispielsweise in der Schweiz.

▷ **Siehe Band II/Seite 188 f**
Würdigung E 05: Der Mercedes-Benz 170 V (W 136) im ersten Produktionsjahr

Adler Trumpf Junior (1 E) und Trumpf (1,7 EV)

Die für innovative technische Lösungen bekannten Adlerwerke in Frankfurt am Main konkurrieren mit der Daimler-Benz AG in der Pkw-Zulassungsstatistik um die Plätze drei und vier. Von den drei Fahrzeugtypen, die 1936 im Adler-Verkaufsprogramm stehen, sind höchstens der günstigste und der mittlere Typ geeignet, dem Mercedes-Benz 170 V Konkurrenz zu machen.

Der Adler Trumpf Junior (1 E) zeigt sich 1936 in einem neuen, wohlgeformten Kleid, das für die Limousine und die Cabrio-Limousine von Ambi-Budd stammt. Der Wagen zeichnet sich durch Frontantrieb aus, ist jedoch schwachbrüstig motorisiert sowie mit Seilzugbremsen und Nippelschmierung technisch dem 170 V unterlegen. Dasselbe gilt für die Ausstattung. Der Trumpf Junior ist in seinem Charakter klar ein Kleinwagen und wird als zweitürige Limousine zu einem vergleichsweise günstigen Preis von 2 950 RM überaus erfolgreich verkauft.

Abb. 0192 (linke Seite)
Das Interesse der potenziellen Käuferschaft am neuen kleinen Mercedes-Benz ist hocherfreulich und lässt die Verkaufszahlen nach oben schnellen. Dies, obwohl der 170 V auf eine ganze Reihe von Konkurrenten stößt. Die schärfsten stammen aus Italien und Frankreich. Letztere sind allerdings in Deutschland nicht erhältlich.

Abb. 0193
Adler Trumpf 1,7 EV. Das Modell ist 1936 ebenfalls neu, hat Frontantrieb, einen 38 PS starken 1,7-Liter-Motor und kostet deutlich mehr als der 170 V.

Abb. 0194
BMW 319. Überzeugend ist sein feiner und leistungsfähiger Sechszylindermotor. Die Karosserie und das Fahrwerk sind jedoch veraltet – und der Wagen kostet 400 RM mehr als der 170 V.

Der ab Mai 1936 erhältliche größere Adler Trumpf (1,7 EV) – mit Vierzylindermotor von 1 645 cm³ Hubraum und 38 PS analog dem 170 V motorisiert, aber mit Vorderradantrieb versehen – figuriert als Limousine nur in einer recht langen Sechsfenster-Ausführung im Programm und liegt preislich mit 4 400 RM stattliche 550 RM über der viertürigen 170 V Limousine. Innerhalb von zwei Jahren verkaufen sich von diesem Typ ungefähr 7 000 Wagen.[38]

BMW 315 und 319

Mit der Firma BMW ist Daimler-Benz insofern verbunden, als Wilhelm Kissel im Aufsichtsrat der Münchner sitzt und umgekehrt der BMW-Generaldirektor Franz Joseph Popp im Aufsichtsrat der Stuttgarter. BMW bietet mit den Typen 315 und 319 zwei eher kleine und leichte Wagen an, die beide über vorzügliche Sechszylindermotoren mit hängenden Ventilen verfügen. Der 315 hat lediglich 1 490 cm³ und 34 PS, der 319 ist mit 1 911 cm³ und 45 PS potenter. Insbesondere der 319 zeigt ein frisches Temperament und schlägt den Mercedes-Benz 170 V in den Fahrleistungen sehr deutlich, nicht jedoch im Fahrverhalten (kurzer Radstand, hintere Starrachse an Blattfedern, Seilzugbremsen). Vom knappen Platzangebot und dem eingeschränkten Komfort ganz zu schweigen: Beide Modelle werden nur zweitürig angeboten und die Fondpassagiere sitzen, wie früher üblich, direkt über der Hinterachse. BMW verlangt für die schwächere Ausführung mit 3 750 RM exakt gleich viel wie Daimler-Benz für den zweitürigen 170 V. Der 319 wird mit stattlichen 4 150 RM angeschrieben. Der Ausstoß im BMW-Automobilwerk Eisenach erreicht in den drei respektive vier Produktionsjahren für beide Typen zusammen lediglich rund 16 500 Fahrzeuge.[39]

Hanomag Rekord

Die alteingesessene Hannoversche Maschinenbau AG (Hanomag) ist ein breitgefächertes Unternehmen, das auch im Dampflokomotiv- und Nutzfahrzeugbau erfolgreich ist und in der zweiten Hälfte der 1920er Jahre mit dem rudimentären, aber innovativen Hanomag 2/10 PS (»Kommisbrot«) für Aufsehen gesorgt hat.

1936 steht der Hanomag Rekord im Angebot. Der seit zwei Jahren hergestellte Fahrzeugtyp der unteren Mittelklasse sorgt auf der IAMA 1936 für Aufsehen, weil er – neben dem Mercedes-Benz 260 D – der zweite ausgestellte Personenwagen mit Dieselmotor ist. Im Unterschied zu Mercedes-Benz muss man bei Hanomag noch zwei Jahre warten, bis der Rekord optional mit diesem kleinen, sparsamen Selbstzündertriebwerk lieferbar wird.

Der Radstand sowie die Außenabmessungen des Hanomag Rekord 15 K stimmen weitgehend mit dem 170 V überein. Der Vierzylindermotor hat hängende Ventile, begnügt sich jedoch mit 1,5 Liter Hubraum und leistet lediglich 32 PS, die er über ein Vierganggetriebe an die starre, blattgefederte Hinterachse überträgt. Die Vorderräder sind einzeln aufgehängt und die Fahrwerksschmierung erfolgt wie beim 170 V zentral. In den Fahrleistungen ist der Rekord dem 170 V unterlegen. Die von Ambi-Budd in Berlin-Johannisthal gefertigten Ganzstahlkarosserien vom Typ »Jupiter« wirken 1936 formal veraltet. Durch die Überarbeitung 1937 bekommt der Wagen ein fließendes Heck, das die ursprünglich stimmige

Abb. 0195
Opel »6«. Das erfolgreiche Konkurrenzmodell aus Rüsselsheim ist stark amerikanisch geprägt. Nicht erstaunlich, gehört die Adam Opel AG doch seit 1929 zum US-Riesen General Motors. Der Opel ist in den Abmessungen und im Gewicht mit dem 170 V vergleichbar, unterliegt ihm jedoch in der Fahrleistung und insbesondere im Fahrverhalten. Zu den Pluspunkten zählen der kultiviert laufende Sechszylinder und der 500 RM tiefere Verkaufspreis.

Gesamterscheinung ein wenig trübt. Preislich ist der Hanomag Rekord wohlfeil: 3 475 RM verlangen die Hannoveraner für die zweitürige Limousine, die viertürige Ausführung verfügt über sechs Seitenfenster und erreicht mit 3 850 RM exakt jenen Betrag, den auch Daimler-Benz für den 170 V Innenlenker mit vier Türen ansetzt. Von 1934 bis 1938 erreicht der Rekord einen Ausstoß von immerhin 18 100 Wagen, die höchste Anzahl, die ein Hanomag-Pkw-Typ je erreicht hat.[40]

Hansa 1700

Ein interessantes Angebot kommt aus dem Borgward-Konzern in Bremen, nämlich der Hansa 1700, der bereits seit 1934 im Programm steht. Es handelt sich um das Parallelmodell des vierzylindrigen Hansa 1100, ist aber mit einem 1 634 cm^3 großen Sechszylinder mit hängenden Ventilen versehen, der stattliche 40 PS erreicht. Nicht nur die Fahrleistungen sind mit denjenigen des 170 V vergleichbar, auch bezüglich des Fahrwerks gleichen sich die beiden Typen: vorn eine achslose Parallelogramm-Radaufhängung an zwei Querfederpaketen, hinten eine angetriebene Pendelachse. Angeboten werden eine Limousine mit zwei Türen, ein viersitziges Cabriolet und ein zweisitziges Sport-Cabriolet. Die in Mischbauweise mit Holzskelett und Blechbeplankung ausgeführten Karosserien sind bemerkenswert formschön gestaltet, insbesondere die coupéartige Limousine, die für günstige 3 450 RM angeboten wird. Während der einfachere 1100 bis 1939 rund 20 000-mal produziert wird, erreicht der 1700 im gleichen Zeitraum lediglich ein Volumen von knapp 6 000 Exemplaren.[41]

Stoewer Greif Junior

Ein weiterer Wagen ähnlichen Zuschnitts kommt von der Firma Stoewer aus dem pommerschen Stettin, nämlich der Typ Greif Junior. Dabei handelt es sich technisch um den Röhr Junior, der zuvor in Ober-Ramstadt bei Darmstadt nach Tatra-Lizenz gefertigt worden ist. Im Zuge der Liquidierung der Firma Röhr übernimmt Stoewer die Produktionsanlagen für den Junior und baut diesen bemerkenswerten Typ ab Herbst 1935 unter eigener Marke weitgehend unverändert weiter. Der Stoewer Greif Junior verfügt über einen luftgekühlten Vierzylinder-Boxermotor von 1,5 Liter Hubraum mit hängenden Ventilen, der 34 PS abgibt. Die Kraft wird über ein Vierganggetriebe und eine im zentralen Chassisrohr geführte Antriebswelle an die hintere Pendelachse geleitet. Auch die Vorderradaufhängung mit zwei quer angeordneten Blattfederpaketen entspricht im Grundsatz derjenigen des 170 V. Im Frühjahr 1936, zum selben Zeitpunkt als der 170 V aus der Taufe gehoben wird, präsentiert Stoewer den Greif Junior mit einer neuen, formal aktuellen und hübsch geformten Karosserie aus eigener Produktion. Die Linienführung ist nun fließender, die wappenschildähnlich gegen unten spitz zulaufende Kühlerfront ungewöhnlich stark geneigt und mit den vorderen Kotflügeln zu einer Einheit verschmolzen. Letztere bleiben – dem aktuellen Trend folgend – ohne Gegenschwung, zudem wird auf ein Trittbrett verzichtet. Wie beim 170 V sitzt das Ersatzrad in einer Mulde im deckellosen Heck. Der offenbar im Betrieb etwas raue Greif Junior bewährt sich als Alltagsfahrzeug gut. Trotz des angemessenen Preises von 3 500 RM für die zweitürige Limousine verlassen von der neukarossierten Version bis 1939 nur rund 3 700 Exemplare das Werk an der Oder, keine ernsthafte Konkurrenz für den 170 V.[42]

Opel »6« 2-Liter

Über ein ganz anderes Potential als die kleinen und mittelgroßen Produzenten verfügt die Adam Opel AG in Rüsselsheim, die 1929 eine Tochtergesellschaft des US-amerikanischen Automobilgiganten General Motors (GM) geworden ist. Schon vor der Übernahme durch GM hat sich Opel als der weitaus größte Pkw-Hersteller im Deutschen Reich profiliert und seit 1924 auf rationell am Fließband gefertigte Massenware gesetzt. Der amerikanische Einfluss hat sich nicht nur in der Produktion bemerkbar gemacht, sondern zunehmend auch in der Konzeption und Ausgestaltung der Fahrzeugmodelle. Im Jahr 1936 ist für 3 250 RM ein Opel »6« 2-Liter in zweitüriger Limousinen- oder Cabrio-Limousinen-Ausführung erhältlich. Das sind stattliche 500 RM weniger, als Daimler-Benz für das günstigste 170 V-Modell fordert. Der bereits seit 1934 angebotene 2-Liter-Opel ist mit einem seitengesteuerten Sechszylindermotor von 1 932 cm^3 versehen, der bescheidene 36 PS abgibt. Basis des »6« 2-Liter ist ein Kastenrahmen mit Kreuztraverse. An der Vorderachse ist der Wagen mit Federknien nach dem System Dubonnet versehen, hinten bleibt es bei der blattgefederten Starrachse. Die sehr weich ausgelegte Federung bietet einen guten Komfort, führt jedoch zu einem eher kritischen Kurvenverhalten mit starker Seitenneigung. Zudem tendieren die Wagen zum Lenkungsflattern (»Shimmy«), ähnlich den alten Vollstarrachsern. Die Ganzstahlaufbauten muten im Habitus sehr amerikanisch an. Moderne Elemente und modische Details kontrastieren mit konservativen Formen. So beispielsweise beim wenig überzeugenden Heckabschluss mit angesetzt wirkendem Kofferraum, der jedoch von außen zugänglich ist. Opel setzt vom »6« 2-Liter bis 1937 insgesamt beachtliche 52 600 Exemplare ab, allein 1936 sind es knapp 19 300 Wagen.[43]

Abb. 0196
Wanderer W 24. Die Auto Union hat dem Mercedes-Benz 170 V zunächst nichts Ebenbürtiges entgegenzusetzen. Das ändert sich im Frühjahr 1937, als der Wanderer W 24 auf den Markt kommt, der bei nahezu identischem Preis ein wenig mehr Innenraum und leicht bessere Fahrleistungen bietet. Doch die moderne, amerikanisch beeinflusste Formgebung kommt nicht überall gut an.

Auto Union

In den wenigen Jahren seit ihrer Gründung 1932 hat sich die sächsische Auto Union AG zu einem bedeutenden Konkurrenten der Daimler-Benz AG entwickelt. Es sind zum einen die hochwertigen Achtzylinder Horch-Modelle, welche den Untertürkheimern die Erfolge in der Oberklasse streitig machen. Zum anderen erwächst dem Mercedes-Benz 170 (W 15), dem ersten und sehr erfolgreichen Vollschwingachser aus Stuttgart, ab 1933 mit den Wanderer W 21 und W 22 ein ernstzunehmendes Konkurrentenduo.[44] Die aus diesen beiden Modellen im Baukastensystem entstandene Fahrzeugfamilie wetteifert nun – 1936 – mit dem Mercedes-Benz 200 (W 21), der ab Jahresmitte mit dem 2,3-Liter-Motor erhältlich ist und 1937 durch den 230 (W 143) abgelöst werden wird, um die Vorherrschaft in der Mittelklasse.

Ein ebenbürtiges Konkurrenzprodukt zum preislich günstigeren Mercedes-Benz 170 V fehlt der Auto Union zunächst. Der seit 1935 angebotene DKW »Schwebeklasse« mit Hinterradantrieb ist kein Rivale, obwohl er im Radstand und den Außenabmessungen dem 170 V entspricht und mit knapp 3 000 RM als günstiges Angebot gilt. Mit seiner selbsttragenden, jedoch formal ausgefallenen und leider wenig dauerhaften Sperrholzkarosserie mit Kunstlederüberzug spricht er ein anderes Kundensegment an. Zudem genießt sein 32 PS leistender V4-Zweitaktmotor mit Ladepumpe den zweifelhaften Ruf eines gesundheitlich angeschlagenen Säufers.[45]

Erst im Frühjahr 1937, also mit einjähriger Verspätung, präsentiert die Auto Union mit dem Wanderer W 24 ihr lediglich 100 RM teureres Konkurrenzmodell zum 170 V. Der W 24 wird durch einen ähnlich einfach aufgebauten Seitenventil-Vierzylindermotor angetrieben, der bei 1 767 cm^3 (75 × 100 mm) 42 PS leistet, also 4 PS mehr als der M 136 im 170 V. Die achslose Vorderradaufhängung mit unterer Querblattfeder und oberen Dreiecksquerlenkern ist dem 170 V zumindest ebenbürtig, die Lenkung mit dreiteiliger, also symmetrischer Spurstange gar überlegen. Für hinten entscheidet man sich zugunsten der von den großen DKW unter der Bezeichnung »Schwebeachse« bekannte angetriebene Starrachse mit Längslenkern und hochliegendem Querblattfederpaket. Die aktuell geformten Karosserien in Gemischtbauweise sind hübsch, gut ausgestattet und bieten eine Kleinigkeit mehr Raum als jene des 170 V, trotz 245 mm kürzerem Radstand. Der Kraftstofftank liegt im Heck. Die Limousinenaufbauten fertigt das Stuttgarter Karosseriewerk Reutter in seinem Zweigwerk in Zuffenhausen, die Cabriolets kommen von Gläser in Dresden.

Trotz der vielen guten Eigenschaften verläuft der Verkaufsstart des W 24 enttäuschend. *Der von uns erwartete große Ansturm auf den kleineren Wanderer ist in keiner Weise eingetroffen. Die Käuferklasse für derartige Fahrzeuge ist durch Daimler-Benz und in diesem Jahr* [1937] *durch Opel vor eine Modellauswahl gestellt worden, zu der der Wanderer lediglich als ebenfalls nunmehr vorhanden kommt* [...], resümiert die Verkaufsleitung in Chemnitz. Das Publikum fand wenig Gefallen an der gedrungenen Karosserieform und insbesondere an der modernen, amerikanisch beeinflussten Gestaltung des Kühlergesichts. Weiter wurden Verarbeitungsdefizite an den Karosserien moniert. Der Rückstand auf den bestens eingeführten Mercedes-Benz 170 V ist nicht mehr einzuholen. Bald bremsen auch bei der Auto Union Rohstoffkontingente eine Produktion nach marktwirtschaftlichen Kriterien. Bis 1941 verlassen rund 22 500 Wanderer W 24 das Werk Siegmar bei Chemnitz.[46]

Abb. 0197
Fiat 1500. Ein modernes Auto in der Größenklasse des 170 V, versehen mit beachtlichen Qualitäten. Dazu zählen der drehfreudige und leistungsfähige 1,5-Liter-Sechszylinder, aber auch die elegante und bequeme Karosserie mit gegenläufigen Türen ohne störende B-Säule. Trotz Lizenzfertigung bei NSU wird der Fiat dem 170 V in Deutschland nicht gefährlich.

Steyr Typ 200

Auf dem deutschen Markt werden 1936 zwei weitere interessante Fahrzeugtypen angeboten, auf die es sich lohnt, ein Augenmerk zu richten. Zum einen der aus Österreich stammende Steyr Typ 100, ein elegant gezeichnetes Modell, insbesondere als Viertür-Limousine. Das Fahrwerk entspricht mit zwei vorn als Parallelogramm wirkenden Querfederpaketen und hinterer angetriebener Pendelachse konzeptionell demjenigen des 170 V. Der seitengesteuerte 1,4-Liter-Motor leistet 32 PS, die dank des verhältnismäßig bescheidenen Leergewichts für eine Höchstgeschwindigkeit von 100 km/h ausreichen. Mit 4 300 RM für die Limousine und 5 000 RM für das zweifenstrige Cabriolet übersteigt der Steyr 100 preislich den 170 V. Im Frühjahr 1937 wird auf der Wiener Messe der Typ 200 mit verbreiterter Spur und Karosserie und einem auf 1,5 Liter aufgebohrten Motor mit 35 PS vorgestellt. Der Preis für die Limousine sinkt auf 4 000 RM. Bis 1940 werden von beiden Modellen zusammen 7 900 Wagen gebaut.[47]

Fiat 1500

Der zweite ausländische Pkw-Typ, der im Deutschen Reich mit dem Mercedes-Benz 170 V konkurriert, ist der Fiat 1500, der in Neckarsulm als NSU/Fiat 1500 in Lizenz gebaut wird. Auf ausländischen Märkten, insbesondere in Ländern ohne heimische Pkw-Industrie wie der Schweiz, spürt man diesen Wettbewerb besonders stark. Der Fiat 1500 zählt für die damalige Zeit zu den ausgesprochen modernen Automobilen. Auffällig ist in erster Linie die besonders formschöne, von Stromlinienvorstellungen geprägte Karosserie mit Scheinwerfern, die in die vorderen Kotflügel integriert sind. Grundzüge der Karosseriegestaltung des Fiat 1500 lassen sich abgeschwächt auch am 170 V erkennen. Dazu zählen nicht nur das in einer Mulde im Heck sichtbar untergebrachte Ersatzrad und das schmale Trittbrett als unterer Abschluss der Karosserie, sondern es finden sich auch in den fließenden Linien des Karosseriekörpers gewisse Ähnlichkeiten. Allerdings tritt der Fiat 1500 dank seiner seitlich glattflächigen, nach vorn abfallenden und bruchlos ins Kühlergitter übergehenden Motorhaube sowie den leicht größeren, präziser umrissenen Seitenscheiben deutlich eleganter in Erscheinung. Bequem geht auch der Einstieg vonstatten, die Türen öffnen gegenläufig und geben den ganzen Passagierraum ohne störende B-Säule frei. In den Vordertüren sorgen Ausstellfenster für eine zugfreie Belüftung.

Das Tragwerk besteht aus einem Zentralkastenrahmen. Analog dem Opel »6« 2-Liter wird der Fiat 1500 mit einer Dubonnet-Federknie-Vorderradaufhängung versehen, hinten gelangt, weniger innovativ, eine an Halbelliptikfedern aufgehängte Starrachse zum Einsatz. Kritik an den Fahreigenschaften wird deswegen nicht laut. In einer höheren Liga spielt der Motor. Die 1,5 Liter große Sechszylindermaschine mit hängenden Ventilen und Fallstromvergaser dreht locker hoch und leistet gute 45 PS bei 4 400 U/min, weshalb sich die Spitzengeschwindigkeit bei beachtlichen 115 km/h einpendelt. Das Vierganggetriebe verfügt, wie auch dasjenige des 170 V, über eine Synchronisierung der dritten und vierten Fahrstufe. Gleichermaßen ungewöhnlich wie vorteilhaft erweist sich die auf 12 Volt ausgelegte Bordelektrik.

Im Deutschen Reich ist der Fiat 1500 mit einem Preis von 4 250 RM für die viertürige Limousine allerdings 450 RM teurer als der 170 V. Aus deutscher Produktion verlassen bis 1941 um die 4 000 Exemplare die Fertigungsstätte in Neckarsulm. In Turin bei Fiat sind es bis zur kriegsbedingten Produktionseinstellung 1943 das zehnfache, also rund 40 000 Wagen.[48]

Citroën 7 C und 11 AL »Légère«

Auf den freien ausländischen Märkten trifft der Mercedes-Benz 170 V auf die mächtige Konkurrenz des Citroën »Traction Avant« in seinen günstigeren Varianten, also auf die Modelle 7 C und 11 AL »Légère«. Selbsttragende Ganzstahlkarosserie, Frontantrieb in Verbindung mit langem Radstand, tiefer Schwerpunkt, Torsionsstabfederung und Zahnstangenlenkung führen zu hervorragenden Fahreigenschaften bei bestem Komfort. Die zeitgemäß mit hängenden Ventilen und auswechselbaren Zylinderbuchsen versehenen Vierzylindermotoren von 1,6 Liter (35 PS) und 1,9 Liter (44 PS) sind ausdauernd und können bei Bedarf auf über

Abb. 0198 & 0199
Citroën 1,6 Liter Cabrio-Limousine vor dem Werk Köln-Poll (links) und Citroën 1,9 Liter Sportlimousine (rechts). Nicht nur im heimischen Frankreich, sondern auch auf freien Märkten spielen die »Traction Avant«-Modelle von Citroën bisweilen eine dominierende Rolle. Unübertroffen: Selbsttragende Karosserie, bester Komfort dank langem Radstand und sehr sichere Fahreigenschaften durch tiefen Schwerpunkt und Frontantrieb, zudem obengesteuerte Motoren. Die deutsche Montage endet 1935.

4 000 U/min gedreht werden, was angesichts des Dreiganggetriebes auch hin und wieder notwendig ist. 1936 verbessert man die Zugänglichkeit des Kofferraums durch einen Heckdeckel. Die für eine rationelle Massenfertigung optimierten Fabrikationsanlagen der André Citroën SA und die hervorragende Aufnahme dieses ausgesprochen fortschrittlichen Wagens beim Publikum – nicht nur in seinem Heimatland Frankreich, sondern auch auf den zahlreichen Exportmärkten – schlagen sich in entsprechenden Produktionszahlen nieder: Zwischen 1934 und 1944 werden von Typ 7 in allen seinen Versionen (7 A, 7 B, 7 C) knapp 81 300 Wagen hergestellt, von den 11 Légère (11 AL, 11 BL) sind es sogar gut 105 100.[49]

In Deutschland ist die Montage dieses außergewöhnlichen, um nicht zu sagen revolutionären Wagens 1935 aufgrund firmeneigener und handelspolitischer Schwierigkeiten eingestellt worden. Fabrikneue Citroën-Fahrzeuge gibt es seither kaum mehr zu kaufen, eine Konkurrenzsituation mit dem 170 V im Inland kommt so nicht mehr zustande.[50]

Peugeot 302

Auf eine andere Weise als die Citroën »Traction Avant«-Modelle weisen die jüngsten Pkw-Typen von Peugeot in die Zukunft. Peugeot ist aus einem bescheidenen Handwerksbetrieb des 17. Jahrhunderts zu einem führenden Automobilkonzern herangewachsen, dessen Stammwerk in Sochaux, Frankreich, bloß einen Steinwurf von der Grenze zur Schweiz entfernt liegt. Die jüngsten Modelle fallen Mitte der 1930er Jahre durch ihre ausgesprochen modern wirkenden, stromlinienförmigen Karosserien auf. Als erster Typ dieser neuen Reihe erscheint 1935 der Peugeot 402, ein stattlicher Familienwagen.

Auf dem Salon de l'Automobile von Paris im Herbst 1935 präsentiert Peugeot den vom 402 abgeleiteten, merklich kleineren 302, der im Radstand und der Breite ziemlich genau dem 170 V entspricht und diesen in der Länge nur leicht übertrifft. Das Fahrwerk des 302 mutet mit einem Kastenrahmen, vorderer Einzelradaufhängung und hinterer angetriebener Starrachse an Ausleger-Blattfedern eher traditionell an. Der Vierzylindermotor mit hängenden Ventilen und 43 PS aus 1 758 cm^3 ist hingegen eine aktuelle und leistungsfähige Konstruktion. Analog den Citroën »Traction Avant« begnügen sich die Peugeot-Typen mit einem Dreiganggetriebe.

Mit seiner auffällig modernen Karosserie sticht der 302 aus der großen Masse seiner Mitbewerber heraus. Sanft geschwungene Linien prägen das Automobil, die Motorhaube senkt sich in einem Schwung nach unten, wo sie mit einem zäsurlos eingepassten Lüftungsgitter aus feinen vertikalen Stäben abschließt. Hinter diesem Gitter verbergen sich die beiden eng beieinanderliegenden Scheinwerfer. Seitlich schließen die Vorderkotflügel flächig an, die – wie bei den Citroën 7 und 11 – in einem Gegenschwung enden und ohne Trittbretter verbleiben. An den hinteren Kotflügeln decken abnehmbare Blenden die Räder bis zur Unterkante der Karosserie ab. Im schräg nach unten gezogenen Heck sitzt das Ersatzrad im Deckel des von außen zugänglichen Kofferraums; es wird durch eine runde Blechhaube mit aufgesetztem Raddeckel umhüllt. Ein weiteres charakteristisches Merkmal ist die durch einen Mittelsteg zweigeteilte, leicht pfeilförmig angeordnete Frontscheibe. Dasselbe Designelement zeigt das hochliegende Heckfenster. Zwischen diesem und dem Ersatzrad befinden sich hinter einer transparenten Kunststoffabdeckung das Nummernschild und seitlich davon die Rückleuchten.

Zusätzlich zur viertürigen Limousine wird ein zweitüriges Cabriolet angeboten. Der Peugeot 302 bleibt lediglich anderthalb Jahre in Produktion; es entstehen davon gut 25 000 Exemplare. Auf ein beträchtliches Interesse stößt die mit 55 PS deutlich leistungsfähigere 2-Liter-Version (302 SS, später 402 Légère), die ab Juli 1937 erhältlich ist; knapp 11 000 dieser kompakten, aber gut 120 km/h schnellen Wagen lassen sich absetzen.[51]

Renault Celtaquatre ADC 1

Der dritte große französische Pkw-Hersteller, Renault, verfügt 1936 in der preisgünstigen, kompakten Klasse über den Typ Celtaquatre, dessen Produktion 1934 startet. Im Unterschied zum »Traction Avant« von Citroën rich-

Abb. 0200
Škoda Rapid. Der ab 1935 gebaute Rapid ist kleiner als der 170 V, zeigt aber mit dem weit nach vorn gerückten Motor, der Kardanwelle im Zentralrohrrahmen und der angetriebenen hinteren Pendelachse konstruktiv fortschrittliche Merkmale. Die Tschechoslowakische Republik zählt zu den innovativen Autoländern.

Abb. 0201
Tatra T 75. Unter den Tatra-Wagen mit vorn angeordnetem luftgekühltem Vierzylinder-Boxermotor und angetriebener hinterer Pendelachse ist der T 75 eine späte Entwicklungsstufe. In Deutschland wird das Modell nicht verkauft. Der robuste Gebrauchswagen gewinnt aber, von Stoewer in Lizenz gefertigt, als Greif Junior viele Liebhaber.

tet sich dieser Typ an eine eher konservative Klientel, die Bewährtes vor raffinierte technische Lösungen stellt und dafür auch weniger tief in die Geldbörse langen muss. Der einfache, knapp 1,5 Liter große Vierzylindermotor mit stehenden Ventilen leistet 32 PS. Im September 1935 erhält der Wagen neue, zeitgemäße Karosserien, deren viertürige Limousinenvariante dem aktuellen Trend zu fließenden Formen folgt. Allerdings erreicht dieser Aufbau nicht die Ausgewogenheit des 170 V.[52]

Die kleineren französischen Automobilhersteller widmen sich schwergewichtig dem Oberklassesegment und bieten keine Fahrzeugtypen in der Größe des 170 V an. Davon ausgenommen ist Rosengart; dieses Unternehmen baut unter anderem den Adler Trumpf Junior und den Adler Trumpf in Lizenz.

Škoda Rapid

Die Firma Škoda, die mit Tatra und Praga einen Wettstreit um die Nummer eins unter den Automobilbauern in der Tschechoslowakei ausficht, bemüht sich sehr um den Export ihrer Fahrzeuge, was ihr auch leidlich gelingt. Mit dem Mercedes-Benz 170 V lässt sich am ehesten der Škoda Rapid vergleichen, obwohl in den Abmessungen merklich kleiner. Die viertürige Limousinenkarosserie – analog dem 170 V in Gemischtbauweise hergestellt – ist aktuell geformt. Fahrwerksseitig hält der Rapid mit seinem Zentralrohrrahmen, der unabhängigen vorderen Radaufhängung mit Querlenkern und Querblattfeder sowie der hinteren Pendelachse mit Querfeder, mit den besten Konstruktionen der günstigen Klasse mit. Der mit 31 PS zunächst noch wenig leistungsfähige 1,4-Liter-Motor lagert mitsamt angeflanschtem Dreiganggetriebe in der vorderen Rahmengabelung, die Antriebswelle verläuft geschützt im Zentralrohr. Auf Wunsch ist ein elektromagnetisch schaltbares Cotal-Getriebe lieferbar. Ungefähr 3 900 Wagen vom Typ Rapid verlassen zwischen 1935 und 1938 das Škoda-Werk im mittelböhmischen Mladá Boleslav (Jungbunzlau).[53]

Tatra T 75

Die Firma Tatra im tschechischen Kopřivnice (Nesselsdorf) entwickelt sich unter Leitung ihres Chefkonstrukteurs Hans Ledwinka zu einer Pionierin der luftgekühlten Motoren in Boxerbauweise. Ledwinka kombiniert diese mit einem Zentralrohrrahmen und einer hinteren, angetriebenen Pendelachse. Mit dieser Disposition entstehen im Jahrzehnt von 1923 bis 1934 mehrere bemerkenswerte Pkw-Typen der Klein- und Kompaktklasse. Der letzte luftgekühlte Tatra mit Standardantrieb, der Typ 75 von 1934, hat einen 4-Zylinder-Boxer mit 1 690 cm^3 Hubraum, der trotz hängender Ventile lediglich 30 PS leistet. Erhältlich ist der Wagen in zwei Limousinen- und zwei Cabrioletausführungen. Die Viertür-Limousinenkarosserie ist eine gut gestaltete, recht klassische Erscheinung, derjenigen des Mercedes-Benz 170 V nicht unähnlich, aber deutlich weniger

ausgewogen und elegant geformt. Bis 1939 stellt Tatra gut 4 100 Wagen dieses Typs her.[54] In Deutschland steht der Tatra T 75 nicht im Verkaufsprogramm. Dieser Typ wird jedoch bald von Stoewer in Lizenz gefertigt und als Greif Junior bekannt und geschätzt, allerdings mit anderen und in der Gestaltung aktuelleren Aufbauten.[I]

Bekannt geworden ist Tatra in jenen Jahren außerdem durch die großen Heckmotorwagen mit luftgekühlten V8-Triebwerken. Ihnen folgt 1938 ein kleinerer Vierzylinder mit derselben Antriebsdisposition, der mit dem Mercedes-Benz 170 H konkurriert.[II]

Englische Fahrzeuge

Auf einigen Exportmärkten, so in der Schweiz, spielen die Fahrzeuge aus Großbritannien eine wichtige Rolle. Die Modelle in der Größenklasse des Mercedes-Benz 170 V, welche die beiden bedeutenden Pkw-Produzenten Austin und Morris im Jahr 1936 anbieten, wirken im Vergleich mit den meisten kontinentaleuropäischen Fahrzeugen wie Relikte aus vergangenen Zeiten. Vollstarrachsfahrwerke und Karosserien im Stil der 1920er Jahre sind auf dem europäischen Festland endgültig vorbei.

Hillman hat mit seinem soeben überarbeiteten Typ Minx, der nun die Zusatzbezeichnung Magnificent trägt, ein deutlich aktuelleres Fahrzeug im Programm. Der auffällig nach vorn geschobene Vierzylindermotor führt zu einem Raumgewinn zugunsten der Passagiere. Der Aufbau ist in seinen Formen weicher geworden, das Heck nun schräg abfallend und zudem mit einer Kofferraumklappe versehen. Allerdings bleibt man den vorn und hinten an Halbelliptikfedern aufgehängten Starrachsen treu.[55] Ähnlich konservativ präsentiert sich der Vauxhall 12, der mit einem 36 PS starken Sechszylindermotor von 1 531 cm^3 ausgerüstet ist und auf das Modell Light Six von 1933 zurückgeht.

Welche Fabrikate und Typen liegen vorn – eine Rangliste

Nimmt man die oben aufgeführten, im Deutschen Reich gefertigten oder offiziell verkauften Fahrzeugtypen, die alle ungefähr derselben Wagenklasse angehören, als Basis und vergleicht deren Produktionsdaten für das Jahr 1936 mit den Zahlen des 170 V, dann zeigt sich ein eindeutiger Sieger und eine klare zweite Position: Mit rund 19 300 gefertigten Wagen des Typs »6« 2-Liter (39% Marktanteil in der Wagenklasse) steht die Adam Opel AG unangefochten an der Spitze. Doch bereits auf Platz zwei folgt der Mercedes-Benz 170 V mit rund 12 900 Wagen (26%). Ein beachtlicher Erfolg, wenn man bedenkt, dass die Fertigung erst im März aufgenommen worden ist und für das Ergebnis lediglich neuneinhalb Monate zur Verfügung gestanden haben.

Hanomag Rekord, Adler Trumpf und BMW 315 und 319 sowie DKW Schwebeklasse liegen mit Produktionszahlen zwischen 3 600 und 2 000 Einheiten deutlich darunter (7 bis 4%). Der Hansa 1700, der Stoewer Greif Junior und der NSU/Fiat 1500 spielen bloß Statistenrollen.

Interessant ist auch der Vergleich mit den starken französischen Konkurrenten. Citroën erreicht für die kleine Ausführung des »Traction Avant« einen Ausstoß auf dem Niveau des Opel »6« 2-Liter. Peugeot liegt mit dem 302 bei jährlich rund 17 000 Fahrzeugen, also zwischen dem Opel »6« 2-Liter und dem 170 V.

Selbstverständlich sind diese Zahlen auch ein Spiegelbild der Produktionsmöglichkeiten und der Verkaufsorganisation der einzelnen Firmen. Darüber hinaus beleuchten sie wesentlich die Akzeptanz der jeweiligen Produkte auf dem Markt und erlauben Rückschlüsse auf die Summe ihrer Qualitäten, selbst wenn diese unter all den Modellen alles andere als deckungsgleich ausfallen.

▷ **Siehe Band II/Seite 188 f**
Würdigung E 05: Der Mercedes-Benz 170 V (W 136) im ersten Produktionsjahr

Abb. 0202
Hillman Minx Magnificent De Luxe Saloon, 1936. Mit seinem weit nach vorn geschobenem Motor erreicht der beliebte Gebrauchswagen trotz kompakten Abmessungen einen großzügigen Innenraum. Die von der Pressed Steel Company in Ganzstahlbauweise gelieferte Karosserie belegt die fortschrittlichen Fertigungsmethoden. Generell bleiben die populären englischen Wagen schmal und hoch, und sie verharren vorn und hinten bei blattgefederten Starrachsen.

Anmerkung I: Siehe auch unter Stoewer Greif Junior, S. 132.
Anmerkung II: Siehe Kap. 1.5, S. 64–73.

3.2 Hans Gustav Röhr und sein Typenprogramm

Im Herbst 1935 engagiert der Aufsichtsrat den bisherigen Adler-Technikchef Hans Gustav Röhr als Pkw-Konstruktions- und Entwicklungsleiter – gegen den Willen von Wilhelm Kissel. Röhr entwirft ein Programm moderner Pkw-Typen mit Boxermotoren und Frontantrieb. Die 1,3- und 1,9-Liter-Modelle sollen schon 1937 den eben erst lancierten »Auffangtyp« 170 V ablösen. Doch dieser verkauft sich bestens. Intern schlägt Röhr ein eisiger Wind entgegen. Sein unterdessen weit entwickeltes Typenprogramm wird abgelehnt und Röhr stirbt noch vor seinem geplanten Weggang.

Drehen wir das Rad ein wenig zurück: Der überraschende Tod des Technischen Direktors Hans Nibel am 25. November 1934 dürfte seine Vorstandskollegen in arge Bedrängnis gebracht haben. Ihm – dem zukunftsoffenen Ingenieur, dem realitätsbezogenen Vorstandsmitglied und dem weltmännisch auftretenden Repräsentanten des Unternehmens – hat die Daimler-Benz AG viel zu verdanken.[I] Die Lücke, die sein Tod reißt, gilt es raschmöglichst zu schließen. Doch wer kann und soll Hans Nibel ersetzen? Die Wahl fällt auf Max Sailer, der sich über Jahre innerhalb der DMG und der Daimler-Benz AG bis in wichtige Positionen emporgearbeitet hat und gegen Ende der 1920er Jahre als Leiter des Werks Marienfelde nach Berlin abkommandiert worden ist. Seine Berufung zum Technischen Direktor und Stellvertretenden Vorstandsmitglied erfolgt per 1. Januar 1935.Doch es scheint nicht allen Verantwortlichen ganz wohl bei der Sache zu sein. Sailer ist zweifellos eine bewährte Führungskraft mit besten Konzernkenntnissen, doch als Ingenieur hat er bislang keine konkret erkennbaren Spuren hinterlassen.

Abb. 0203
Lockere weinselige Runde oder weit mehr? Daimler-Benz-Rennleiter Alfred Neubauer (links), Hans Gustav Röhr (Mitte) und Emil Georg von Stauss, Vorsitzender des Daimler-Benz-Aufsichtsrats, in einer lauschigen Gartenwirtschaft.

Eine Anstellung mit Komplikationen

Der gescheiterte Wunsch der Zentrale: Professor Wunibald Kamm

Tatsächlich versucht man bald, die Fühler nach angesehenen Fachpersonen auszustrecken, die über einen hochkarätigen Leistungsausweis verfügen. Wilhelm Kissel setzt auf Prof. Dr. Wunibald Kamm, Ordinarius für Kraftfahrwesen und Fahrzeugmotoren an der Technischen Hochschule Stuttgart sowie Gründer und Leiter des Forschungsinstituts für Kraftfahrwesen und Flugzeugmotoren Stuttgart (FKFS). Er bietet ihm an, die Leitung der Gesamtkonstruktion im Daimler-Benz-Konzern zu übernehmen. Kamm ist ein technisch hochbegabter, vielseitig interessierter und mit reichlich Organisationstalent und Durchsetzungskraft ausgestatteter Ingenieur. Offenbar fällt es ihm nicht leicht, Kissels Angebot auszuschlagen. Doch Kamm entscheidet sich schließlich zugunsten »seines« Forschungsinstituts, nachdem er dort in Nachverhandlungen mit den vorgesetzten Stellen ein höheres Gehalt und die Zusage zu verbesserten jährlichen Forschungszuschüssen hat durchsetzen können.[56] Zur selben Zeit, im Frühjahr 1935, finden Gespräche zwischen der Daimler-Benz AG und Hans Gustav Röhr statt, einem weiteren bekannten Exponenten der automobilen Fachwelt. Wobei in diesem Fall der Vorsitzende des Aufsichtsrats, Emil Georg von Stauss, als aktiver Vermittler eine entscheidende Rolle spielt.

Anmerkung I: Siehe auch Band II, G | Menschen hinter den Wagen, Hans Nibel, S. 233.

Abb. 0204
Die sogenannte Röhr-Mannschaft an einem Adler Trumpf Versuchswagen, um 1932: Walter Kurtze, Laurenz Niessen, Otto Winkelmann und Joseph Dauben (von links nach rechts). Es fehlt Willy Syring. Hans Gustav Röhr gelingt es 1935 seine bewährte Ingenieursgruppe zur Daimler-Benz AG mitzunehmen.

Hans Gustav Röhr – ein ideenreicher Automobilkonstrukteur mit Vergangenheit

Hans Gustav Röhr, geboren 1895 in Uerdingen bei Krefeld, Flugpionier während des Ersten Weltkriegs, als Ingenieur Autodidakt, hat sich im Laufe seiner beruflichen Tätigkeit einen wohlbegründeten Ruf als ideenreicher, zuweilen unkonventioneller, aber immer dem Fortschritt verpflichteter Automobilingenieur erworben. Nach dem wirtschaftlich gescheiterten Vorhaben mit seiner eigenen Automobilmarke »Röhr« in Ober-Ramstadt, die er im Zuge der Weltwirtschaftskrise Ende 1930 aufgeben muss, wird er Chefingenieur der Adlerwerke vormals H. Kleyer AG in Frankfurt am Main. Dort gelingt es ihm mit neuen Fahrzeugtypen seine zukunftsgerichteten Baugrundsätze, insbesondere die Einzelradaufhängung und den Frontantrieb, mit großem Erfolg zu verwirklichen. Dabei steht Röhr über Jahre hinweg ein fähiger Mitarbeiterstab (Ingenieure, Konstrukteure und Versuchsfachleute) zur Seite, der zum überwiegenden Teil mit ihm zu Adler gewechselt hat und in der Lage ist, seine Konzeptionen in produktionsreife Fahrzeuge umzusetzen.[57] Ende 1934 entzündet sich jedoch zwischen den Adlerwerken und Röhr ein Streit wegen eines gescheiterten Flugzeugprojekts, wegen selbstbewussten Forderungen des Chefingenieurs nach Beteiligung an Lizenzeinnahmen und Vorwürfen gegen ihn wegen Lizenzverletzungen. Die Auseinandersetzungen lassen sich nicht gütlich beilegen, weshalb Röhr im Mai 1935 mitsamt seiner bewährten Ingenieursgruppe die Firma Adler verlässt.[58]

Von Stauss und Kissel: Die Kontroverse um Röhr

Alsbald hat sich Hans Gustav Röhr nach einem neuen Tätigkeitsfeld umgesehen und diesbezüglich mit der Auto Union in Chemnitz und mit Stoewer in Stettin Verhandlungen geführt. Ob nun Röhr selbst über den Aufsichtsratsvorsitzenden Emil Georg von Stauss den Kontakt zur Daimler-Benz AG gesucht hat, oder ob Staatsrat von Stauss – sich das technische Führungsvakuum bei Daimler-Benz vor Augen haltend – Röhr angesprochen hat, ist nicht geklärt.[II] Es ist indessen zu vermuten, dass sich die beiden Herren bereits aus früheren Zeiten persönlich gekannt haben. Emil Georg von Stauss, ein Mann mit weitreichenden Beziehungen bis hin zu den Spitzen von Partei und Staat, ist vom gewandt auftretenden Hans Gustav Röhr sichtlich angetan und hievt ihn schließlich in die Führungsetage von Daimler-Benz. Er tut dies gegen den Willen des führenden Vorstandsmitglieds Wilhelm Kissel und trotz dessen mehrfach geäußerten Bedenken. Kissel, der versucht hat Wunibald Kamm zu gewinnen, weiß von der schwierigen Persönlichkeit Röhrs und hat auch Kenntnis von dessen Zerwürfnis mit der Firma Adler.

Der Stellenwechsel nach Untertürkheim, geplant für den 1. Juli 1935, gelingt nicht reibungslos. Im Laufe des Monats Mai wird nämlich bekannt, dass gegen Röhr wegen möglicher staatsfeindlicher Aktivitäten ermittelt worden ist, denn er hat eine das Nazi-Regime offen ablehnende Französin zur Ehefrau. Angesichts seiner geplanten Funktion bei Daimler-Benz werden erneut Nachforschungen angestellt, die sich zeitlich hinziehen. Schließlich muss Röhr aufgrund eines Einspruchs von Reichskriegsminister von Blomberg auf den vorgesehenen Sitz im Vorstand der Daimler-Benz AG verzichten und sich als *Technischer Direktor* mit der *Oberleitung aller Entwicklungs- und Konstruktionsaufgaben* [...] *für den normalen Personenwagenbau* begnügen. Von sämtlichen Aufgaben mit militärischem Charakter wird Röhr ausgeschlossen, ebenso (zunächst) vom Rennwagenbau. Dass die Arbeitsverträge erst Mitte September unterschrieben werden können, geht indessen auch auf Röhrs selbstbewusste Gehaltsansprüche und auf immer wieder neu vorgetragene Forderungen zurück, an den Einkünften aus zukünftigen Patenten beteiligt zu werden. Er habe in den vergangenen Tagen *reichlich mit Röhr zu tun* gehabt, klagt Kissel Anfang September in einem Schreiben an von Stauss.[59]

Röhrs Firmeneintritt und die organisatorischen Anpassungen

Hans Gustav Röhr nimmt am 17. September 1935 seine Tätigkeit in Untertürkheim auf. Er kommt nicht allein; auch zu Daimler-Benz nimmt er seine bewährte Entwicklungsmann-

Anmerkung II: Nach Röhr-Biograf Werner Schollenberger ging die Initiative von Röhr aus (Schollenberger, Röhr 1996, S. 278).

Abb. 0205
Mercedes-Benz 130 VB (W 144) als viertüriger Innenlenker. Der Versuchswagen mit Frontantrieb trägt weder an noch auf der Kühlermaske einen Stern. Die Öffentlichkeit soll nicht zu früh auf ein mögliches neues Modell aufmerksam werden. Die vermutlich von Laurenz Niessen entworfene Karosserie ähnelt unverkennbar dem 170 V.

schaft mit, nämlich die fünf Ingenieure Joseph Dauben, Lohmann, Laurenz Nießen, Willy Syring und Otto Winkelmann, *Herren, die nach hiesigen Begriffen reichlich teuer sind,* die aber ihre Gehaltsforderungen durchsetzen können. Um der Order der Reichswehr zu entsprechen, Röhr von allen militärischen Aufgaben fernzuhalten, werden die Büros von Röhr und seiner Mannschaft von der bisherigen Konstruktionsabteilung räumlich separiert.[60]

Die personelle Hierarchie und die Aufgabenbereiche sind nun klar definiert und werden umgehend in den Werken kommuniziert:[61]

- **Max Sailer** ist als Vorstandsmitglied Gesamtleiter der Konstruktions-, Entwicklungs- und Versuchsabteilungen;
- **Direktor Hans Gustav Röhr** übernimmt die Oberleitung aller Entwicklungs- und Konstruktionsaufgaben, auch der dazugehörigen Versuchsabteilung, für den normalen Personenwagenbau;
- **Oberingenieur Max Wagner** wird zuständig für die Leitung der Entwicklungs- und Konstruktionsarbeiten für den normalen Personenwagenbau der Typen über 2 Liter, für sämtliche Spezialfahrzeuge und für Rennwagen;
- **Oberingenieur Joseph Dauben** übernimmt die Leitung der Entwicklungs- und Konstruktionsarbeiten für den normalen Personenwagenbau aller Typen bis und mit 2 Liter;
- **Oberingenieur Fritz Nallinger**, der zum Direktor befördert wird, erhält die Oberleitung der Entwicklungs- und Konstruktionsarbeiten für den gesamten Großmotorenbau. Außerdem wirkt Nallinger bei allen wichtigen Besprechungen im Personen-, Spezial- und Rennwagenbau beratend mit.

Unterschiedliche Erwartungen

Hans Gustav Röhr tritt seinen Dienst bei der Daimler-Benz AG mit hohen Erwartungen an. Wilhelm Kissel hingegen sieht von Anfang an Probleme auf sich zukommen, wie folgende Begebenheit dokumentiert: In den vier Monaten zwischen dem Ausscheiden bei Adler Mitte Mai und dem Eintritt bei Daimler-Benz Mitte September hat Röhr mit seinem Team in Räumlichkeiten seines großzügigen Wohnhauses in Kronberg im Taunus am Entwurf und an der Konstruktion *eines speziell für die Autobahnen gedachten Zweiliter-Wagens, der eine Reisegeschwindigkeit von 140–150 Km haben soll und [...] etwa RM 4 000.- kosten würde,* gearbeitet.[62] Von diesem Fahrzeugprojekt ist von Stauss fasziniert. Er berichtet Kissel begeistert davon und schlägt gleich den passenden Namen vor, »Astra«, abgeleitet von

Autostraßen-Wagen. Ich hatte den Eindruck, dass Herr Röhr diese Arbeit im Hinblick auf Daimler betreibt, schreibt von Stauss.[I] Wilhelm Kissel, der als kaufmännischer Konzernverantwortlicher stets die marktpolitischen und wirtschaftlichen Auswirkungen von Aktivitäten im Auge behält, entgegnet: *Was die Entwicklung neuer Typen betrifft, so werden wir wohl, sehr geehrter Herr von Stauss, im Interesse unserer Gesellschaft sehr darauf sehen, dass sowohl unsere heutigen Techniker, wie auch die künftig zu uns kommenden sich in dem Rahmen unseres Gesamtaufbaus, auch in dem Rahmen unseres bisherigen Typenprogramms und unserer Fabrikationsmöglichkeiten bewegen, wenn wir uns sonst nicht vor Überraschungen gestellt sehen wollen, die wir dann mit der wirtschaftlichen und finanziellen Lage unseres Unternehmens nicht mehr in Einklang bringen könnten.*[63]

Damit ist das Terrain von beiden Seiten abgesteckt: Röhr sieht sich als großer Erneuerer des Typenprogramms der Daimler-Benz AG, Kissel erwartet von ihm eine technische Weiterentwicklung des Vorhandenen unter Wahrung der wirtschaftlichen Möglichkeiten des Unternehmens. Die Schnittmenge der Vorstellungen fällt nicht sehr üppig aus.

Abb. 0206
Röhr entwirft für sein Typenprogramm einen Motorenbaukasten. Hier die Ansicht des 1,3 Liter großen Vierzylinder-Boxertriebwerks M 144 von hinten. Der wassergekühlte Seitenventiler ist in allen drei Dimensionen kompakt und verhilft zu einem tiefen Schwerpunkt.

Der 130 VB (W 144) und der 190 VB (W 145): Teil der Frontantriebs-Boxermotor-Familie

In der Vorstandssitzung vom 25. Oktober 1935, also fünf Wochen nach Arbeitsbeginn bei Daimler-Benz, informiert Hans Gustav Röhr über sein Kleinwagenprojekt, das er mit seiner Gruppe in Arbeit hat. Der Wagen soll einen Vierzylinder-Boxermotor mit 1,2 oder 1,3 Liter Hubraum und Frontantrieb erhalten und zu einem Preis von 2 950 RM in den Verkauf gehen. Das präsentierte 1:5-Modell hinterlässt einen positiven Eindruck, doch Kissel macht auf die Vorbehalte der Reichswehr gegenüber Frontantriebswagen aufmerksam. Röhr verteidigt diese Antriebsart auch bezüglich der Geländetauglichkeit und bezeichnet angetriebene Vorderräder als *nötig, um einen guten und zweckmäßigen Wagen in der billigen Preisklasse überhaupt schaffen zu können.* Der Vorstand stimmt dem Konzept schließlich zu, bittet aber Röhr, eine Kleinwagen-Alternative mit Standardantrieb in Erwägung zu ziehen.

Für den 1,3-Liter-Frontantriebswagen mit der Baureihenbezeichnung W 144 steht offenbar die Verkaufsbezeichnung 130 VB zur Diskussion. Es ist dies das erste Modell einer vollständig neuen Typenreihe aus Röhrs Hand, die er nach und nach dem Vorstand vorstellt.[II]

In den ersten Monaten seiner Tätigkeit als Technischer Direktor für den normalen Personenwagenbau findet Röhr reichlich Freiraum, um mit seinem Team das neue Typenprogramm zu forcieren, trotz hoher Belastung des angestammten Konstruktionsbüros. Dort befinden sich die Arbeiten am *1,6-Liter-Ausweichmodell* – dem zukünftigen 170 V (W 136) – in der entscheidenden konstruktiven und fertigungstechnischen Abschlussphase. Diese bindet zwar viele qualifizierte Arbeitskräfte, ist aber gut organisiert. Ähnliches gilt für weitere Vorhaben wie beispielsweise den Diesel-Pkw, der hauptsächlich Ingenieure mit spezifischen Dieselkenntnissen beansprucht.[64] Infolgedessen sieht Sailer keinen Grund, den Arbeitseifer der Röhr-Truppe für das künftige Typenprogramm durch Zuweisung anderweitiger Aufgaben zu bremsen.

Technik

Auf den 1,3-Liter-Kleinwagen W 144 folgen bald drei weitere Typen. Zwei davon, der W 145 (190 VB) und der W 146 (260 VB), bilden mit dem W 144 zusammen eine Familie von drei technisch stark verwandten, aber unterschiedlich großen Wagen. Ihre auffälligsten Merkmale sind der Frontantrieb, die wassergekühlten Boxermotoren und die selbsttragenden Ganzstahlkarosserien. Die Motoren konzipiert Röhr nach dem Baukastenprinzip, also mit identischen Zylinderabmessungen und einheitli-

Anmerkung I: Die Daimler-Benz AG honorierte Röhrs Arbeit vom 01.07.1935 bis zu seinem Eintritt in Untertürkheim mit 20 000 RM, obwohl das Autobahnwagen-Projekt eine von ihm selbst gewählte Aufgabe war (Archiv MBAG, 1P-PS 02-0068).
Anmerkung II: Verkaufsbezeichnung nach Oswald, MB-Pkw1 2001, S. 339. »B« steht vermutlich für Boxermotor.

Abb. 0207 & 0208
1,3-Liter-Boxermotor M 144 mit Differenzial und Getriebe, Ansicht linke Seite und von oben. Das Schaltgetriebe liegt vor, der Motor hinter der angetriebenen Vorderachse. Lichtmaschine und Kühlerwindrad werden über eine offene Welle in Drehung versetzt.

chen konstruktiven Details, aber unterschiedlicher Anzahl Zylinder. Auf den erwähnten kleinen 1,3-Liter mit vier Zylindern und 35 PS Leistung folgt der größere 1,9-Liter mit sechs Zylindern und 50 PS, schließlich der stattliche 2,6-Liter mit acht Zylindern – ebenfalls in Boxerausführung – und 70 PS. Alle drei sind Seitenventiler und erreichen ihre Höchstleistungen bei für die damalige Zeit hohen 4 300 U/min. Röhr koppelt alle diese Motoren mit einem Fünfganggetriebe. Von dieser motor-, antriebs- und karosserieseitig recht konsequent vereinheitlichten Typenfamilie weicht bloß der Oberklassewagen W 147 ab, der ein vier Liter großes Achtzylinderaggregat in V-Form und Hinterradantrieb erhalten soll. Für dessen Getriebe und Fahrwerk stehen unterschiedliche konstruktive Lösungen zur Diskussion. Ein weiteres gemeinsames Konstruktionselement ist hingegen die Zahnstangenlenkung.[65]

Die Fahrzeugdisposition mit Frontantrieb und einzeln aufgehängten Rädern haben Röhr und Dauben bereits bei Adler ab 1932 mit dem »Trumpf« und ab 1934 mit dem kleineren, aber moderneren »Trumpf Junior« mit großem Erfolg umgesetzt.[I] Es ist somit kein Zufall, dass sich fortschrittliche Lösungen insbesondere des Trumpf Junior auch beim Mercedes-Benz 130 VB (W 144) finden, beispielsweise die unabhängige Hinterradaufhängung an geschobenen Längsschwingen, querliegenden Torsionsstäben und Teleskopstoßdämpfern. In zwei Bereichen strebt Röhr jedoch eine auffällige Weiterentwicklung an: Die Motor-Getriebeeinheit wird durch die Verwendung eines Boxertriebwerks deutlich kürzer, zudem liegt das Differenzial und damit die Vorderachse nun zwischen dem Motor und dem Getriebe und nicht vor dem Getriebe wie bei den Adler-Wagen.[66] Dies führt zu einer höheren Belastung der angetriebenen Vorderräder, insbesondere aber zu einem kürzeren Vorderwagen und damit zu einer verbesserten Raumausnutzung. In die Zukunft weist auch die Vorderradführung an Dreiecksquerlenkern und deren Abfederung durch längsliegende Torsionsstäbe.

Karosserien

Im Unterschied zum Frontantriebs-Adler verzichtet Röhr auf einen eigenständigen Rahmen. Die Bodengruppe soll mit dem Ganzstahlaufbau zu einer selbsttragenden Einheit verschweißt werden. Sie verfügt über kräftige, dem Umriss des Wagenkörpers folgende Schweller und ebensolche Traversen. Es ist dies ein weiterer Schritt in Richtung des modernen Automobilbaus. Die Frontantriebs-Mercedes-Benz-Typen ziehen mit dem Citroën »Traction Avant« gleich, der bereits seit 1934 mit selbsttragender Karosserie und einer Getriebeanordnung vor der Vorderachse gebaut wird.

Anmerkung I: Zu den frontgetriebenen Adler-Typen Trumpf und Trumpf Junior siehe Schollenberger, Röhr 1996, S. 214–252.

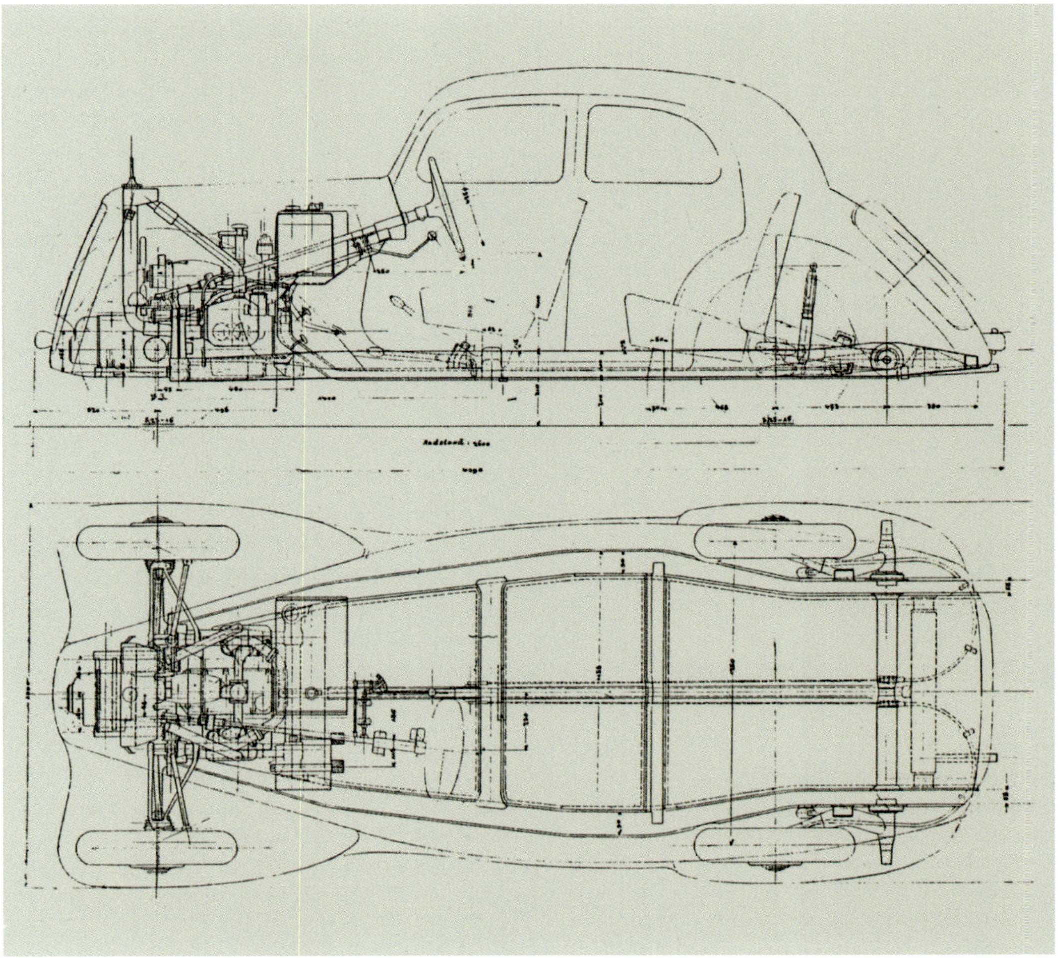

Abb. 0209
In der Seitenansicht des 130 VB fallen das gegenüber dem 170 V flacher ausgebildete Heck und die bloß konvex statt mit einem Gegenschwung verlaufenden Vorderkotflügel auf.

Abb. 0210
Die Zeichnung des 130 VB verrät die moderne Technik: Boxermotor mit Frontantrieb, Radaufhängung vorn mit Dreieckslenkern, hinten geschobene Längsschwingen, Torsionsstabfederung und Teleskopstoßdämpfer. Die Bodengruppe der selbsttragenden Karosserie zeigt kräftige Schweller und Querstreben.

Den damaligen Gepflogenheiten entsprechend werden unterschiedliche Aufbauarten geplant, zumindest solche, die sich als selbsttragend konstruieren lassen. Gut dokumentiert ist der kleine 130 VB (W 144) als zweitürige Cabrio-Limousine und viertüriger Innenlenker. Im Radstand (2 600 mm, später offenbar 2 700 mm), in der Wagenlänge (4 090 mm für den viertürigen Innenlenker) und in der Höhe (ca. 1 510 mm) bleibt der Wagen deutlich unter den Maßen des 170 V.[67] Einzig in der Breite liegt er mit 1 580 mm gleichauf. In der Formgebung ähneln die Versuchswagen dem wenige Monate zuvor vorgestellten 170 V, allerdings ohne

Abb. 0211
Der Einstieg in den 130 VB mit gegenläufig öffnenden Türen ohne B-Säule ist großzügig, für eine selbsttragende Karosserie jedoch ungewöhnlich. Dank sichtbarem Rohrrahmen lässt sich die Dicke der Sitzlehne ohne Komforteinbuße verringern.

Abb. 0212
Für einen Mercedes-Benz atypisch: Dreispeichenlenkrad (wohl Tarnung), Lenkradschaltung, großes zentrales Kombiinstrument, fehlender Getriebetunnel, hängende Pedale und flacher Handbremshebel. Das Zusatzinstrument ist dem Versuchswagen geschuldet.

dessen Ausgewogenheit zu erreichen. Auffällige Unterschiede zeigt die Gestaltung des Vorderwagens, wo die nur frontseitig verchromte Kühlermaske weiter nach vorn gerückt wird, um das vor der Vorderachse angeordnete Getriebe abzudecken. Das schaufelförmige Blech, das beim 170 V unterhalb der Maske die beiden Kotflügel verbindet, entfällt dadurch. Dem Trend folgend, verzichtet man bei den Vorderkotflügeln auf einen Gegenschwung, um an die bescheiden dimensionierten Trittbretter anzuschließen. Das Heck ist flacher ausgebildet als beim 170 V, weshalb die Gürtellinie über der Hinterachse einen merklichen Knick bildet. Offensichtlich wird über die zweckmäßige Unterbringung des Ersatzrades diskutiert. Der bildlich überlieferte Versuchswagen mit Cabrio-Limousinenaufbau birgt es im Kofferraum, der über einen oben angeschlagenen Deckel von außen zugänglich ist. Beim Viertüren-Innenlenker liegt das Rad in einer Mulde auf dem deckellosen Heck. Als Stoßfänger verwendet man die bekannten, mit dem 170 V eingeführten Eckelemente. Dank gegenläufig öffnenden Türen und fehlender B-Säule präsentiert die viertürige Limousine einen einladend-großzügigen Zugang zum Innenraum. Dort fallen die hängenden Pedale, das firmenatypische Dreispeichenlenkrad, die Lenkradschaltung, das große runde Kombiinstrument in der Armaturenbrettmitte und der zwischen den Sitzen liegend angeordnete Handbremshebel auf. Die Rückenlehnen der Vordersessel sind dünner ausgebildet als beim 170 V und werden in einem sichtbar umlaufenden, verchromten Rohrrahmen befestigt. Die dank des Frontantriebs weit nach hinten geschobene Rücksitzbank führt im Fond zu einem großzügigen Beinraum, allerdings zum Preis von von stark in in den Innenraum ragenden Radkästen.

Ein später entstandener Karosserieentwurf zeigt den 130 VB als zweitürige Limousine in einem deutlich moderneren Kleid mit in die konvexen Kotflügel integrierten Scheinwerfern, zweiteiliger Frontscheibe in leichter Pfeilform und einem knicklosen Fließheck. Der spürbar größere sechszylindrige 190 VB weist gemäß der einzig bekannten Skizze deutliche Ähnlichkeiten mit dem 170 V auf, sieht man von der weit nach vorn gezogenen Motorhaube und dem »Plakettenkühler« ab.[I]

Anmerkung I: Siehe Schollenberger, Röhr 1996, S. 287.

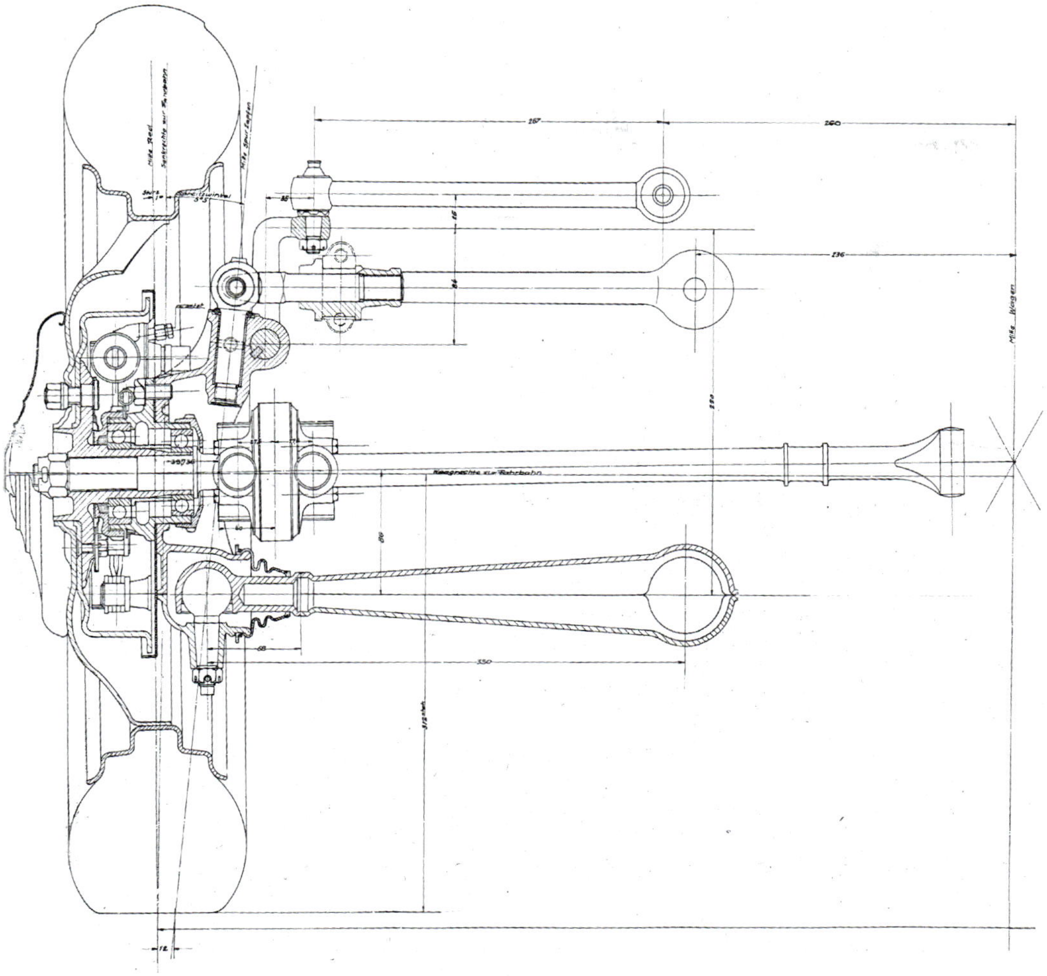

Abb. 0213
Konstruktives Hauptmerkmal der kleinen und mittleren Röhr-Wagen ist der Frontantrieb. Die Zeichnung zeigt einen Querschnitt durch das Vorderrad des W 144 mit Nabe, Gelenkwelle und Elemente der Radaufhängung mit Torsionsstabfederung. Chefingenieur Röhr und seine Mannschaft verfügen über Frontantriebserfahrung, für die arrivierten Daimler-Benz-Techniker ist dies Neuland.

Werden der kleine und der mittlere Röhr-Typ den 170 V ablösen?

Bereits Ende 1935 müssen die Meinungen im Vorstand zu Röhrs Typenprogramm geteilt gewesen sein. Dennoch werden dem kleinen 1,3-Liter und dem etwas größeren 1,9-Liter gewisse Chancen eingeräumt, den »Auffangtyp« 170 V in ungefähr anderthalb Jahren abzulösen. Noch ist nämlich völlig offen, ob sich dieser Wagen, dessen Produktionsaufnahme unmittelbar bevorsteht, an der Verkaufsfront durchsetzen wird. Da sind zwei potenzielle Nachfolger auf modernerer Basis, die bei Bedarf in die Fertigung überführt werden können, von Vorteil.

▷ **Siehe Band II/Seite 20 f**, Tabelle A 06 Technische Daten: 130 VB (W 144), 190 VB (W 145) & 260 VB (W 146)

Entwicklung mit Hindernissen

Konstruktive Anpassung wegen tieferem Preislimit

Ende April 1936, nach dem geglückten Produktions- und Verkaufsstart des 170 V (W 136), hält Wilhelm Kissel Rückschau und analysiert die Marktsituation, wobei er insbesondere Hinweise auf Fahrzeugmodelle von Konkurrenten mitberücksichtigt, die vor der Einführung stehen. Zum einen bereitet ihm der kommende, am untersten Ende der Preisskala angesiedelte »Volkswagen« Sorgen, dessen konzeptionelle und konstruktive Entwicklung bei der Dr. Ferdinand Porsche GmbH in vollem Gang ist und dessen Entstehen er hautnah mitverfolgen kann, weil er über den Reichsverband der Automobilindustrie (RDA) in das Projekt eingebunden ist.[68] Zum anderen befinden sich neue und äußerst preiswerte Modelle bei Opel und DKW in der Pipeline. Kissel fordert deshalb, den eben angelaufenen 170 V deutlich zu verbilligen, nämlich auf rund 3 500 bis 3 600 RM, um konkurrenzfähig zu bleiben. Als Konsequenz daraus verlangt er, den anvisierten Verkaufspreis für den 1,3-Liter-Frontantriebswagen (130 VB) von 3 000 RM auf 2 500 RM herabzusetzen, dies bei 1 800 RM Selbstkosten. Anders ließen sich die hohen Fabrikationsinvestitionen von drei bis vier Millionen Reichsmark nicht verantworten. Kissel ordnet zwar an, die Versuchsfahrzeuge in der bislang geplanten Ausführung fertig zu bauen, jedoch umgehend mit den konstruktiven Änderungen im Hinblick auf die Preisreduktion zu starten.[39]

Andere Aufgaben werden zeitlich vorgezogen

Vorerst bleibt es bei dieser Weisung an den Technischen Direktor Röhr. Doch schon im Mai des laufenden Jahres 1936 wird man gewahr, dass der neue kleine 130 VB nicht vor der Berliner Frühlingsausstellung 1938 in den Verkauf gehen kann. Max Sailer fordert deshalb die Vorstandskollegen auf, den 170 V unter keinen Umständen zu vernachlässigen, da dieser noch mindestens anderthalb Jahre im Programm bleiben müsse. Kissel geht sogar einen Schritt weiter: Gegen den wortreichen Widerstand der Techniker setzt er durch, dass umgehend eine Modellvariante des 170 V mit auf 2 Liter vergrößertem Motor konstruktiv untersucht und finanziell geprüft wird, dies ergänzend zur geplanten Verbilligung des bisherigen 170 V. Er verspricht sich – nicht ganz unbegründet – auf diese Weise ein preisgünstiges Einstiegsmodell in die neuerdings im Verkauf stark anziehende 2-Liter-Klasse zu erhalten.[70] Wilhelm Haspel, Ende Februar zum Stellvertretenden Vorstandsmitglied aufgestiegen, stimmt Kissel zu und gibt zu bedenken: *Ein völliger Umbau des Programms nach dem Vorschlag Röhr wird viel zu lange dauern.*

Das zukünftige Personenwagen-Programm von Mercedes-Benz

Stand 17. Juli 1936

Die Beschlüsse, was endgültig in die Fabrikation gegeben werden soll, werden erst gefasst nach Beendigung der Versuche und nach Klarstellung der in Frage kommenden Typen.

Fahrzeugtyp	Motor, Antrieb	Karosserie, Verkaufspreis	Stand der Konstruktionsarbeit (Terminabsprachen zwischen Vorstand und Röhr)
Pos. 1 130 VB (W 144)	1,3-Liter-4-Zylinder-Boxer (74×74 mm); Frontantrieb; V_{max} 103 km/h	2-türige Limousine, selbsttragend, 4 Plätze, leer ca. 820 kg; max. RM 2 500	beendet
Pos. 1a Alternative zu Pos. 1	1,3-Liter-4-Zylinder-Reihenmotor; Hinterradantrieb	max. RM 2 500	unbestimmt
Pos. 2 190 VB (W 145)	1,9-Liter-6-Zylinder-Boxer (74×74 mm); Frontantrieb; V_{max} 115 km/h	2-türige Limousine, selbsttragend, 4 Plätze, leer ca. 980 kg; max. RM 3 500; weitere gängige Karosserievarianten	bis auf Karosserie abgeschlossen
Pos. 2a Alternative zu Pos. 2	1,9-Liter-6-Zylinder-Boxer (74×74 mm); Hinterradantrieb (unter Verwendung von Komponenten Pos. 3)	2-türige Limousine, 4 Plätze; max. RM 3 500	bis Mitte 1937 abgeschlossen
Pos. 2b 200 V (W 149)	2-Liter-4-Zylinder-Reihenmotor (80×95 mm[A]), aus dem kommenden 4-Liter-V8 zu entwickeln; Antrieb und Fahrwerk identisch mit 170 V (W 136); Motor ist auch für vierradangetriebenen Reichswehrwagen zu verwenden	Karosserien identisch mit 170 V (W 136), jedoch Benzintank hinten; max. RM 4 000	bis 1. Oktober 1936 abgeschlossen
Pos. 3 260 VB (W 146)	2,6-Liter-8-Zylinder-Boxer (74×74 mm); Hinterradantrieb, später wahlweise Frontantrieb: V_{max} 118 km/h	4-türige Limousine, 5 Plätze, leer ca. 1 250 kg; max. RM 5 200; weitere gängige Karosserievarianten	bis 1. November 1936 abgeschlossen
Pos. 3a	3-Liter-6-Zylinder-Reihenmotor (80×95 mm), aus dem kommenden 6-Liter-V12 zu entwickeln; Hinterradantrieb	4-türige Limousine, 5 Plätze; RM 5 200 oder wenig mehr; weitere gängige Karosserievarianten	Motor bis 1. November 1936 abgeschlossen, Termin für Wagen noch offen
Pos. 4 400 V (W 147)	4-Liter-8-Zylinder-V-Motor (80×95 mm); Hinterradantrieb; V_{max} 118 km/h	4-türige Limousine, 5 Plätze, leer 1 900 kg; max. RM 9 000 4-türige Pullman-Limousine, 6 Plätze; max. RM 10 000	bis Ende 1936 abgeschlossen
Pos. 5	6-Liter-12-Zylinder-V-Motor (80×95 mm); Hinterradantrieb; V_{max} 135 km/h	Limousine, 7 Plätze, leer 2 200–2 400 kg; in günstigster Ausstattungsvariante ca. RM 15 000; reichhaltigere Ausstattungen, Sonderausführungen und weitere Karosserievarianten nach Wunsch	bis Frühjahr 1937 abgeschlossen
Pos. 6	Technik aus Komponenten der Pos. 3 und 4	4-türige Pullman-Limousine, 6 Plätze; preisgünstiger Ersatz der 230 (W 143)-Pullman-Limousinen; Preis noch offen	unbestimmt
Pos. 7 Führer-Wagen	*Da der jetzige 5,4 Liter auf langem Chassis, wie ihn unser Führer bekommen hat, nicht den Anforderungen entspricht, die man an ein solches Fahrzeug der Marke Mercedes-Benz allgemein stellt, ist sofort ein entsprechendes Fahrzeug zu entwickeln aus dem jetzigen 5,4 Liter unter Verwendung des Motors und sonstiger Teile des Großen Mercedes.*		Ende 1936 abgeschlossen

Kursiv: Zitate aus dem Pkw-Programm vom 17.07.1936
Blau: vom Vorstand geforderte Alternativen oder Ergänzungen zum Programm Röhr

Quellen: Pkw-Programm vom 17.07.1936 (Archiv MBAG); weitere Werksdokumente außerhalb des Pkw-Programms vom 17.07.1936 (Archiv MBAG); Oswald, MB-Pkw1 2001

Abb. 0214, 0215 & 0216
Detailreiche 1:5-Modelle des Mercedes-Benz 260 VB (W 146). Oben und unten links als Innenlenker mit sechs Seitenfenstern, rechts als viertüriges Cabriolet D, 1936/37. Vorgesehen ist der 2,6-Liter-Achtzylinder-Boxermotor aus dem Röhr-Baukasten. Die lang auslaufenden Vorderkotflügel und die hinteren Radabdeckungen (rechts und links unterschiedlich dargestellt) ziehen den Wagen optisch in die Länge. Der Kühler nahe an der Vorderachse belegt, dass hier die Variante mit Hinterradantrieb dargestellt ist.

Dieser Auftrag, einen »2-Liter-170 V« zu schaffen, addiert sich zu den zahlreichen Konstruktions- und Entwicklungsaufgaben, die sich zwischenzeitlich angehäuft haben. Darunter befindet sich die überfällige Modernisierung und Leistungssteigerung des 200 (W 21) in langer Ausführung zum 230 (W 143). Die Konstruktionsabteilung und der Versuch sind bereits bis über ihre Grenzen hinaus belastet. *Die Zukunftspläne mit den neuen Konstruktionselementen,* also das *Programm Röhr,* seien deshalb nicht zu forcieren, ordnet Kissel an. Deren Bewährung sei ohne die notwendigen, zeitintensiven Erprobungen durchaus noch nicht nachgewiesen.[71] Dies ist ein erster herber Dämpfer für Röhr, der die Weiterbearbeitung der Typen aus seinem ambitionierten Programm zugunsten anderer Aufgaben drosseln muss.

Das Pkw-Programm vom Juli 1936: Viele Parallelmodelle

Am 17. Juli 1936 unterzeichnen die Vorstandsmitglieder und Hans Gustav Röhr in seiner Eigenschaft als Technischer Direktor für die normalen Personenwagen nach einer letzten ausgedehnten Aussprache das fertig ausgearbeitete zukünftige *Personenwagen-Programm,* um das man seit Monaten – und nicht erst seit dem Eintritt von Röhr – gerungen hat.[72]

Auffällig an diesem Personenwagen-Programm ist der hohe Anteil an Parallelentwicklungen, die man Röhr verordnet hat und die von einem grundsätzlichen Misstrauen gegenüber seinen Fahrzeugkonzepten zeugen. Es belegt weiter eine gewisse Verunsicherung in der Firmenleitung, wohin »die Reise« gehen soll. Angesichts der steilen Terminvorgaben, die im Vorstand nicht selten von kaufmännischer Seite gegen den Widerstand der Techniker durchgedrückt werden, erstaunt es nicht, dass die Daimler-Benz AG für die Konstruktionsarbeit um Unterstützung von auswärts nachsucht. Infrage kommt die Porsche GmbH in Stuttgart, zu der es kaum Alternativen gibt. Für Ferdinand Porsche ist das Ansinnen der Daimler-Benz AG verlockend, gerade auch, weil er siebeneinhalb Jahre zuvor Untertürkheim m Streit hat verlassen müssen und die Firmenleitung jetzt quasi als Bittsteller auftritt. Trotz guter Auslastung seines Konstruktionsbüros zeigt er sich grundsätzlich bereit, im Auftragsverhältnis und gegen gutes Entgelt mit seiner Mannschaft für seinen alten Arbeitgeber tätig zu werden. Allein im Daimler-Benz-Vorstand sind die Meinungen geteilt: Außer Jakob Werlin befürwortet ausgerechnet Wilhelm Kissel, der seinerzeit mit Porsche nicht klargekommen ist, dessen Engagement. Sailer und andere sind nur widerwillig zu einer Kooperat on mit Porsche bereit und Röhr stäubt sich dagegen.[73]

Kissels Gründe sind indes strategischer Natur. Es geht ihm nicht primär darum, das eigene Konstruktionsbüro zu entlasten, sondern den bei Hitler hoch im Kurs stehenden Porsche mit einem möglichst weitreichenden Vertrag an Daimler-Benz zu binden und so dessen Engagement für Drittfirmen zu reduzieren oder gar zu unterbinden. Für Röhr hingegen ist die Absicht beleidigend, Porsche beizuziehen. Ein Abkommen mit ihm wird denn auch erst im Frühjahr 1937 abgeschlossen. Einfluss auf die Personenwagen-Entwicklung zu nehmen verwehrt man Porsche, die Aufträge bleiben von untergeordneter Bedeutung.[I]

Bestehendes modernisieren statt Neues schaffen?

Zurück in die Sommermonate 1936: Bereits anlässlich der Unterzeichnung des Personenwagen-Programms am 17. Juli erörtert man die fabrikatorische Umsetzung des 130 VB (W 144). Rund ein Jahr nach Planungsbeginn ist dieser Frontantriebs-Kleinwagen konstruktiv weitgehend fertig bearbeitet, und es steht eine ganze Anzahl verschiedener Versuchswagen im harten Testeinsatz. Im Vorstand ist man sich bezüglich dieses Fahrzeugs nach wie vor nicht einig, weder über dessen Qualitäten noch über die Verkaufsperspektive. Wolfgang von Hentig, als Kaufmann seit einem Jahr Direktor des Werks Berlin-Marienfelde, spricht sich gegen einen Produktionsbeschluss des 1,3-Liter-Frontantriebswagens aus. Und dies selbst dann, wenn eine Vorführung erfolgreich verlaufen sollte, solange nicht ein direkter Vergleich mit dem Parallelmodell mit Standardantrieb stattfinden kann. Auch für den Sindelfinger Werksleiter Wilhelm Haspel ist klar, dass der 130 VB *eine offene Frage bleiben* würde, bis über *den Volkswagen volle Klarheit* herrsche. Erst dann könne man seine Marktchancen verlässlich abwägen.[74]

Verschobene Prioritäten

Einen Monat später berichtet Röhr auf Anfrage, dass die Arbeit des Konstruktionsbüros am *Personenwagen-Programm im Zeichen der vorhandenen Typen stehe, die aufmodernisiert werden.* Wilhelm Kissel dürfte diese Nachricht mit Genugtuung entgegengenommen haben; er erklärt mit aller Deutlichkeit, dass nun die Stärkung der Mittelklasse zu einer Überlebensfrage der Gesellschaft geworden sei und verwahrt sich dagegen, *jetzt schon mit dem 1,3 Ltr. Vorntriebwagen mit Boxer-Motor in diese untere Klasse hineinzugehen. Viel wichtiger ist und bleibt es, unsere 1,7 Ltr. V Gruppe durch den 2 Ltr. zu verstärken.*[75] Außer mit marktpolitischen Überlegungen argumentiert Kissel auch mit finanziellen: Die Produktionsaufnahme des *1,3 Liter- und des 1,9-Liter-Vorntriebwagens* verlangt hohe Investitionen, für die zurzeit schlicht die Geldmittel fehlen.

Die Prioritäten haben sich innerhalb Monatsfrist erneut verschoben, das eben erst verabschiedete Personenwagen-Programm ist nur noch in Teilen gültig. Von den Röhr-Typen muss auch der 1,9-Liter, der unterdessen konstruktiv weitgehend abgeschlossen ist und von dem ebenfalls Versuchsfahrzeuge in Arbeit stehen, faktisch ad acta gelegt werden. Tatsächlich ist das Weiterverfolgen dieses Wagens kaum noch sinnvoll, nachdem Kissel den 170 V mit 2-Liter-Motor gegen alle Widerstände der Technikerseite durchgedrückt hat. Werlin versteigt sich gar zu der Aussage, der 2-Liter-Typ aus dem 170 V sei *sicher besser und weniger risikovoll als etwa der 1,9 Ltr. Vorntriebwagen.*[76]

Nach Meinung des Vorstands soll nun am 2,6-Liter-Wagen mit Achtzylinder-Boxermotor (W 146), jedoch mit Heck- statt mit dem von Röhr vorgesehenen Frontantrieb, intensiv weitergearbeitet werden, ebenso am 4-Liter-Oberklassetyp W 147. Dessen V8-Motor haben zudem Exponenten der Wehrmacht im Visier.[77]

Abb. 0217 & 0218
Zweitürige 130 VB Cabrio-Limousine auf Probefahrt, oben beim Zwischenhalt im mittelalterlichen Kloster Maulbronn. Vom W 144 entstehen im Laufe von zwei Jahren mehrere Versuchswagen, die technisch und optisch zum Teil voneinander abweichen. Vibrationen und Dröhngeräusche bleiben bis zum Versuchsabbruch Anfang 1938 bestehen.

Anmerkung I: Ausführlich bei Pyta, Porsche 2017, S. 139 ff.
Anmerkung II: Siehe auch Müller, Freuden 1990, S. 45 f.
Anmerkung III: Die Fahrwerksteile samt der Lenkung waren unter reichlicher Verwendung von Gummielementen am Wagen befestigt, um Vibrationen auf die dröhnanfällige Ganzstahlkarosserie zu unterbinden (Müller, Freuden 1990, S. 45 f).

Abb. 0219 & 0220
320 Cabrio B (links) und 230 Innenlenker (rechts). Unter Röhrs Obhut entstehen 1936 aus dem 290 (W 18) der geschätzte und bewährte Oberklassetyp 320 (W 142) und aus dem 200 (W 21) der beliebte Mittelklassewagen 230 (W 143). Dass sich Hans Gustav Röhr als Technischer Direktor um die Weiterentwicklung dieser bestehenden Mercedes-Benz-Typen verdient gemacht hat, bestätigt selbst Konzernchef Kissel. Doch das geht rasch vergessen.

Das 1,3-Liter-Parallelmodell soll gebaut werden

Im März 1937 muss Röhr einen weiteren Rückschlag einstecken, als sich der Vorstand gegen einen 2,6-Liter-Wagen mit selbsttragender Karosserie ausspricht und auch dessen hintere Starrachse vehement ablehnt.[78/II] Trotzdem, ganz beerdigt werden die Röhr-Typen nicht. Insbesondere die Erprobung der Versuchsfahrzeuge nimmt ihren Fortgang. Hans Gustav Röhr versucht weiterhin, bei sich bietenden Gelegenheiten seine Fahrzeugentwicklungen ins Spiel zu bringen, hauptsächlich dann, wenn die Diskussion um die Erneuerung der bestehenden Typen mit allerlei kompromissbehafteten Vorschlägen ins Skurrile abzudriften droht.

Tatsächlich hat Röhr unterdessen, wie angewiesen, das kleine Modell mit Standardantrieb und Reihenmotor als Alternative zu seinem 1,3-Liter-Frontantriebswagen entwickeln lassen. Mitte Februar 1937 ist dieses Fahrzeug konstruktiv durchgearbeitet. Für Firmenchef Wilhelm Kissel ist die Zeit nun reif, mit einem kleineren Wagen in die untere Klasse einzudringen, weshalb er umgehend zehn bis zwanzig Versuchsexemplare dieses Typs in Auftrag geben will, um mit diesen ab Juli einen 100 000 Kilometer-Dauertest zu unternehmen und im Oktober die Produktion starten zu können. Röhr schiebt den Termin für die Probewagen etwas nach hinten, hebt erneut die guten, dem 170 V mindestens ebenbürtigen Fahrleistungen seines kleinen Frontantriebsmodells und die Qualität des Boxermotors hervor; einzig mit der Gummilagerung[III] und der Schaltung gebe es aktuell noch Probleme. Angesichts des geschlossenen Widerstands gegen ihn knickt er jedoch ein und erkennt an, dass aus verkaufstechnischen Überlegungen die Typenvariante mit Hinterradantrieb produziert werden müsse. Um zu retten, was noch zu retten ist, unternimmt er einen letzten Versuch: Er erkläre sich mit dem 1,3-Liter-Hecktriebler einverstanden, unter der Bedingung, dass im Gegenzug der diskutierte Autobahnwagen mit 2-Liter-Motor über Frontantrieb verfüge.[IV] Er möchte aber noch zwei bis drei 1,3-Liter-Wagen mit Frontantrieb fertigstellen, damit alle Entscheidungsträger dieses Modell bewegen und sich ein Bild über die guten Fahreigenschaften machen können. Dies sei auch im Hinblick auf eine mögliche spätere Anwendung des Frontantriebs sinnvoll, argumentiert Röhr.[79] Es herrscht dicke Luft. Röhr stößt bei praktisch allen Vorstandsmitgliedern auf mehr oder weniger unverhohlen geäußerte Ablehnung, sobald es um Wagen aus seinem Programm geht.

Vermeintliche Einigung

In der ausgedehnten, zweitägigen Vorstandssitzung vom 27. und 28. Juli 1937 vertritt Wilhelm Kissel die Auffassung, dass mit Hans Gustav Röhr nunmehr eine Verständigung bezüglich des Pkw-Programms erzielt worden sei. Kissel analysiert die Situation recht zutreffend wie folgt:

Als Herr Röhr [in die Firma] *eintrat, wurde ein Generalprogramm vorgelegt: Vorntriebwagen mit 1,3-, 1,9- und 2,6-Ltr.-Boxer-Motoren mit Ausführung als Rahmenkarosserien mit leichtem Gewicht* [selbsttragende Bauweise] *und Herstellung in großen Serien. Das bedeutete eine vollständige Umstellung* [...] *in Bezug auf Chassis und Karosserie. Dieses Programm fand anfänglich prinzipielle Zustimmung, weil damals noch nicht zu übersehen war, wie der 1,7 Ltr. V* [170 V] *sich bewähren und einführen würde* [...]. *Die Entwicklung der neuen Typen von Röhr, des zuerst in Angriff genommenen 1,3 Ltr. Vorntriebwagens ging aber nicht schnell genug voran. Andererseits brachte der 1,7 Ltr. V einen sehr großen Erfolg. Es erwies sich weiter als notwendig, die Mittelgruppe unseres Programms zu verstärken,* [...]. *So musste aus dem 2 Ltr.* [200 W 21] *der 2,3 Ltr.* [230 W 143] *entwickelt werden. Diese Aufgabe wurde von Herrn Röhr durchaus gut gelöst. Analog kam hinzu, den 3,2 Ltr.* [320 W 142] *aus dem 2,9 Ltr.* [W 18] *zu entwickeln. Auch diese Aufgabe fand ihre Lösung, und diese Type läuft zur Zeit gerade an.*

Kissel schließt seine Ausführungen mit der Aussage, dass das Röhr-Programm zwar nicht beseitigt werden soll, dass aber die künftige Modellpolitik von Daimler-Benz auf den bisherigen, jedoch zu verbessernden Pkw-Typen aufbaue, *weil gar nicht abzusehen ist, was aus dem Röhr-Programm Brauchbares herauskommt.*[80]

Anmerkung IV: Siehe dazu die Entwürfe, an denen Röhr mit seiner Mannschaft nach dem Ausscheiden bei Adler und vor dem Stellenantritt bei Daimler-Benz gearbeitet hat (S. 140 f).

Röhrs tragisches Ende

Die Lage ist für Hans Gustav Röhr, diesem ideenreichen Automenschen, deprimierend. So hat er sich seinen Werdegang bei der Daimler-Benz AG nicht vorgestellt. Sich in zunehmendem Masse mit Anpassungen und Verbesserungen bestehender Typen zu beschäftigen und dabei seine ambitionierten Vorstellungen von aktuellen Automobilen ignoriert zu sehen, ist für ihn untragbar und entspricht nicht seinem Charakter. Zudem hat er nicht verwinden können, dass ihm der Eintritt in den Vorstand verwehrt geblieben ist. Auch sein neuerlicher Vorstoß Ende 1936, obwohl durch von Stauss unterstützt, ist gescheitert.[81]

Geplanter Weggang und Tod

Wie sich zeigen soll, hat Hans Gustav Röhr im Sommer 1937 die Konsequenzen längst gezogen. Doch es kommt anders als von ihm geplant: Als Wilhelm Kissel an eben diesem 28. Juli an der Vorstandssitzung in Mannheim seine Kollegen über die vermeintliche Verständigung mit Technikdirektor Röhr informiert, ist dieser krankgemeldet; er liegt mit einer schweren Lungenentzündung im Krankenhaus Marienhof in Koblenz am Rhein.[82] Röhr ist eine Woche zuvor zum Großen Preis von Deutschland an den Nürburgring gefahren und mit seinem offenen Wagen in ein heftiges Gewitter geraten. Aus einem Schnupfen ist rasch eine Lungenentzündung geworden, die am 10. August 1937 zu seinem Tod führt.[83] Als man wenige Tage später sein Büro in Untertürkheim auflöst, findet sich ein Briefwechsel, aus dem ersichtlich wird, dass Röhr offenbar beabsichtigt hat, nach dem Vorbild von Porsche ein eigenes Konstruktionsbüro zu gründen. Für die Sicherung von Aufträgen ist er mit dem Generaldirektor der Adlerwerke Ernst Hagemeier in Verhandlung gestanden, gegen den er zweieinhalb Jahre zuvor heftig angekämpft hat.[84/I] Kissel zeigt sich nach der Sichtung des von Röhr zurückgelassenen Schriftwechsels bitter enttäuscht darüber, dass sich der Verstorbene offensichtlich *nie mit unserer Firma verbunden* gefühlt habe, sondern *immer auf sein »Ich« bedacht* gewesen sei.[85]

Die »Gruppe Röhr« – seine Mitarbeiter, die er von Adler nach Untertürkheim mitgebracht hat – bleibt bei Daimler-Benz, wird aber aufgelöst und die einzelnen Fachleute an unterschiedlichen Stellen in den Konstruktions- und Versuchsbetrieb eingegliedert. Die Männer sind kompetent, engagiert und haben sich meist schon längst von ihrem einstigen »Schirmherrn« gelöst. Oberingenieur Joseph Dauben – ein hervorragender Konstrukteur, dem Röhr während seines ganzen beruflichen Wirkens viel zu verdanken gehabt hat – bleibt bis zu seiner Pensionierung 1957 bei Daimler-Benz.

Abb. 0221
Das Büro von Technikdirektor Hans Gustav Röhr am 12. August 1937, zwei Tage nach seinem Tod. Die Trauerstimmung mit Portrait, schwarzer Schleife und üppigem Blumenstrauß täuscht über die Ernüchterung hinweg: In seinen Akten finden sich Belege, dass Röhr mit der Konkurrenz in Verbindung gestanden ist und seinen Weggang von Daimler-Benz in die Wege geleitet hat.

Das Röhr-Programm versickert

Entgegen der oft kolportierten Aussage, wonach sämtliche Versuchsfahrzeuge aus dem Röhr-Programm unmittelbar nach dem Tod von Hans Gustav Röhr auf Veranlassung seiner Widersacher verschrottet worden seien, gibt es in Wirklichkeit einen eher sanften Ausklang. Max Sailer informiert zwar Anfang September 1937, also gute drei Wochen nach Röhrs Tod, auf einer Konstruktionsbesprechung, dass die in Ausführung begriffenen Arbeiten an den 1,9-Liter-W 145-Versuchswagen nun gestoppt würden. Hingegen werde in Untertürkheim soeben ein 1,3-Liter-W 144 neuster Ausführung fertiggestellt, der mit einer hinteren Starrachse versehen sei. Der Bau einer weiteren W 144-Karosserie ist unterbrochen, doch Sindelfingen wird aufgefordert, diesen als Winterarbeit fortzuführen.

Weiter ist vereinbart worden, die in Ausführung begriffenen 2,6-Liter-Versuchswagen W 146 mit Achtzylinder-Boxermotor fertigzustellen, wofür zwei Karosserien in Auftrag gegeben werden.[86] Oberingenieur Dauben beschäftigt sich im Spätherbst mit dem Achtzylinder-Boxer, dessen Thermosiphonkühlung Probleme verursacht, weshalb er die Zylinder-

Anmerkung I: Nach Schollenberger sollte das Büro seinen Sitz in Berlin haben und schwerpunktmäßig Karosseriekonstruktionen für Ambi-Budd übernehmen. Dieses große Karosseriewerk war zu 25% an Adler in Frankfurt am Main beteiligt und stellte dessen Aufbauten her (Schollenberger, Röhr 1996, S. 294–300).

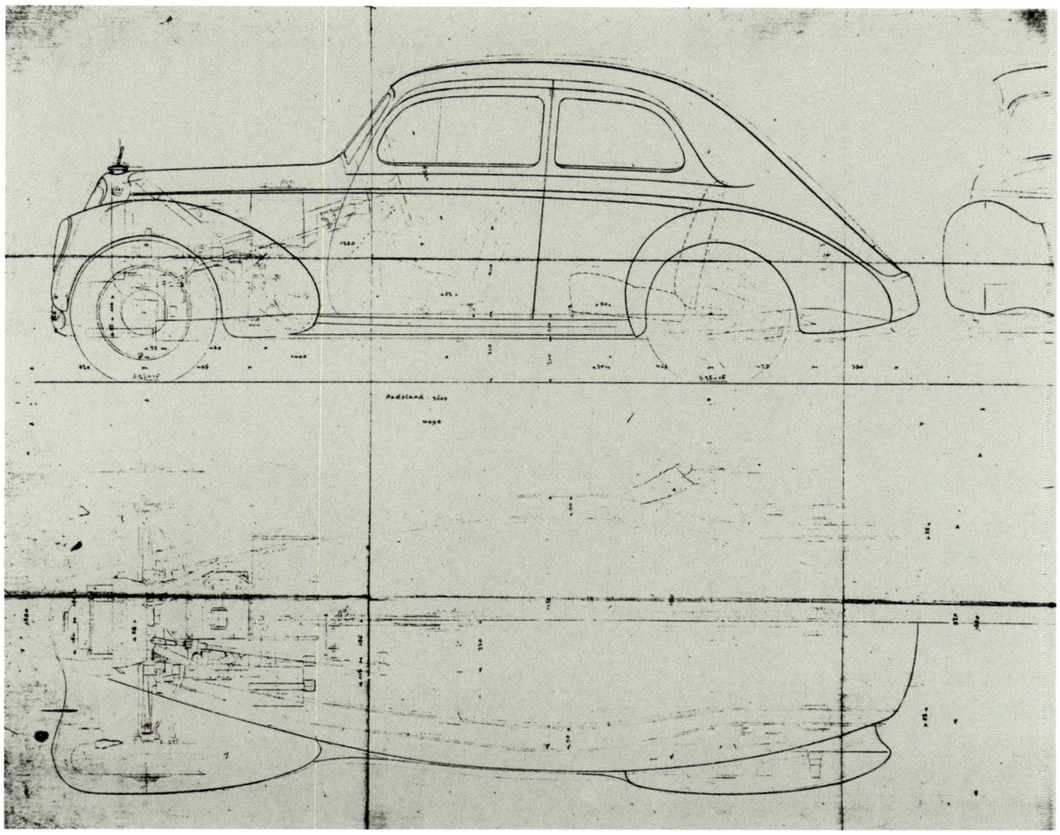

Abb. 0222
Röhr hat offenbar beabsichtigt, als Inhaber eines freien Ingenieurbüros erneut für Adler und für das mit der Frankfurter Firma verbundene Karosseriewerk Ambi-Budd tätig zu werden.

Abb. 0223
Der 130 VB (W 144) in einer späten Zeichnung. Der zweitürige Innenlenker hat modern geformte Vorderkotflügel mit integrierten Scheinwerfern, eine geteilte Frontscheibe und ein zäsurloses Fließheck erhalten. Die Arbeiten werden spätestens im Frühjahr 1938 eingestellt.

köpfe überarbeiten und bei ungenügendem Ergebnis auf eine Wasserpumpe umstellen möchte.[87]

Ein ausführlicher, Ende 1937 von Technikvorstand Max Sailer verfasster Bericht über die Mercedes-Benz-Fahrzeugtypen, die im kommenden Jahr 1938 fort- oder neuentwickelt werden sollen, erhellt die weiteren Absichten bezüglich der Röhr-Wagen.[88]

- **W 144 1,3-Liter-4-Zylinder mit Vorderradantrieb**
  2 Versuchswagen in der alten Konstruktion sind stillgelegt. Ein dritter Versuchswagen, der eine Reihe von Änderungen und Verbesserungen gegenüber der ersten Ausführung aufweist, wird gegenwärtig fertiggestellt. Sindelfingen wird gebeten, die Arbeiten nicht stillzulegen.
- **W 146 2,6-Liter-8-Zylinder Boxer mit Hinterradantrieb**
  Die vorläufige Konstruktion dieses Wagens ist beendet. Die Herstellung der in Auftrag gegebenen Versuchswagen ist wegen dringender Arbeiten in der Versuchsabteilung zurückgestellt. Für diesen Wagen ist sowohl eine Starr- als eine Pendel-Hinterachse konstruiert.
- **W 147 4-Liter-V8-Zylinder mit Hinterradantrieb**
  Dieser Wagen ist als Ersatz des 290 (W 18) bzw. des Übergangstyps 320 (W 142) vorgesehen. Der seitengesteuerte Motor soll wahlweise mit einem (mechanisch angetriebenen?) *Schleudergebläse* angeboten werden, das jedoch nie zufriedenstellend funktioniert hat. Als Folge geänderter Rahmenbedingungen wird die Weiterentwicklung dieses Motors eingestellt und mit der Konstruktion eines obengesteuerten 4-Liter-V8 begonnen, der nach Möglichkeit im Fahrgestell des 320 verwendet werden soll.

In den kommenden Monaten wird es auch um den 130 VB (W 144) still, da eine reale Produktionsabsicht ohnehin nicht besteht oder höchstens in weiter Ferne liegt. Bald werden aufgrund der sich zunehmend verfinsternden politischen Lage auch weitere Pkw-Vorhaben, die mit Hans Gustav Röhr nichts zu schaffen haben, in Frage gestellt und schließlich aufgegeben.

▷ **Siehe Band II/Seite 189 f**
Würdigung E 06: Hans Gustav Röhr und sein Mercedes-Benz-Typenprogramm

3.3 Der Mercedes-Benz 200 V (W 149)

Kaum ist der 170 V im Verkauf, fordert Konzernchef Kissel eine Modellvariante mit 2-Liter-Motor, Kofferraumklappe und Tank hinten als günstiger Einstieg in die nächsthöhere Klasse. Die Techniker lehnen einen 2-Liter-Wagen mit nur vier Zylindern ab und befürchten kostspielige Eingriffe in die Kraftübertragung. Doch Kissel setzt sich durch. Als der 200 V (W 149) im Sommer 1937 fertig ist, geht er wegen zu knapper Rohstoffzuteilung nicht in Produktion. Es entstehen nur ungefähr 30 Roadster für den Geländesport, die 170 VS und 200 VS.

Wilhelm Kissel, als kaufmännisch Verantwortlicher und starker Mann im Vorstand, gönnt seinen Mitstreitern keine Pause. Kaum ist die Internationale Automobil- und Motorrad-Ausstellung 1936 in Berlin Geschichte und die Fertigung des 170 V (W 136) angelaufen, fordert er, dieser Fahrzeugtyp *sei scharf zu verbilligen.* Der Verkaufsstart des *Wagens der billigen Klasse* gelingt höchst erfreulich und die weitere Nachfrage übertrifft die Erwartungen markant. Doch Kissel fürchtet die Konkurrenz, die im kommenden Frühjahr den Stuttgartern das Leben mit guten Neuerscheinungen zu günstigeren Preisen schwer machen könnte. Der 1,3-Liter-Frontantriebswagen, den der Technische Direktor Hans Gustav Röhr mit seiner Mannschaft entwickelt und dessen Verkaufspreis Kissel gerade von 3 000 RM auf 2 500 RM zu senken angewiesen hat, lässt noch mindestens anderthalb Jahre auf sich warten. Den 170 V preislich tiefer zu positionieren, scheint ihm daher zwingend, selbst wenn kostspielige Investitionen in den Maschinenpark und die Fabrikationseinrichtungen unvermeidlich sein würden.[89]

Ein günstiges Einstiegsmodell in die 2-Liter-Klasse

Dringenden Handlungsbedarf erkennt Kissel auch bezüglich der nächsthöheren Klasse, wo ihm ein günstiger 2-Liter-Wagen als Einstiegsmodell fehlt. Diese Lücke soll nach seiner Vorstellung mit einem verbilligten 2- oder gar 2,3-Liter-Wagen *auf normalem Fahrgestell* mit 2 700 mm Radstand geschlossen werden. Doch er muss einsehen, dass auf der Grundlage des produktionstechnisch aufwändigen W 21-Fahrgestells kein günstiges Modell entstehen kann, auch nicht mit der unterdessen angebotenen zweitürigen Limousinenkarosserie, die sich etwas rationeller herstellen lässt als die bisherige viertürige.

Kissels Idee: Ein 170 V mit 2-Liter-Motor

Die Absicht, den »kurzen« 200 (W 21) zu verbilligen, hat sich als Illusion erwiesen. Also präsentiert Wilhelm Kissel in der Vorstandssitzung vom 8. Mai 1936 überraschend eine neue Idee: *Die neu zu stellende Frage ist diejenige, ob aus dem 1,7 Ltr. V ohne wesentliche Änderungen am Chassis und an der Karosserie ein billiger 2 Ltr. Wagen geschaffen werden könne, um bis zum Spätjahr 1936 einen preiswerten 2 Ltr. Wagen im Verkaufsprogramm zu haben.* Kissel nennt für den Verkaufspreis ein Limit von 3 800 bis 3 900 RM. Zudem sei *bei diesem Wagen der Benzintank hinten liegend vorzusehen.* Seit kurzem wird nämlich in der Fachwelt darüber spekuliert, ob im Motorraum untergebrachte Treibstofftanks künftig behördlich untersagt werden.

Abb. 0224
Kaum ist der 170 V im Verkauf, fordert Konzernchef Kissel einen günstigen Einstieg in die 2-Liter-Klasse. Er denkt an einen verbilligten W 21, doch die Basis dieses Sechszylindertyps ist zu kostspielig. Das beweist später der 230n, der 1937 als Kombination der alten kurzen W 21-Modelle mit dem leistungsfähigen 2,3-Liter-Motor M 143 angeboten wird und, zumindest als Limousine (Bild), im Verkauf scheitert. Doch längst hat Kissel eine neue Vorstellung: Ein 170 V mit einem 2 Liter großen Vierzylindermotor.

Abb. 0225
Sitz der Direktion und Zentralverwaltung an der Mercedesstraße im Werk Untertürkheim, 1939. Von hier aus werden die entscheidenden Weichen im und für das Unternehmen gestellt. Das Gebäude ist um 1906 mit dem Umzug der DMG von Cannstatt hierher errichtet worden. Neu erleichtert eine Passerelle den Wechsel zum Werkteil auf der anderen Straßenseite.

Bedenken der Techniker

Kissels Idee, aus dem 170 V das zusätzliche Modell 200 V zu machen, entspricht dem Weg, den man vor knapp einem halben Jahrzehnt beim sechszylindrigen 170 (W 15) beschritten hat. Der konstruktive und fertigungstechnische Aufwand für den ergänzenden Typ 200 (W 21) ist damals in überschaubaren Grenzen geblieben. Trotzdem reagieren die in der Sitzung anwesenden Ingenieure auf die Idee eines 200 V skeptisch. Max Sailer, als Technischer Direktor des Unternehmens auch für die militärischen Belange zuständig, bestätigt zwar, dass für Wehrmachtsfahrzeuge ein leistungsfähiger 2-Liter-Vierzylindermotor entwickelt werden muss, der für Kissels Fahrzeugidee in Frage kommen könnte. Doch er, Sailer, weist darauf hin, dass das Fahrgestell des 170 V, insbesondere die Kraftübertragung mit Getriebe und Hinterachse für eine Mehrleistung zu schwach ausgelegt sei und nicht unverändert übernommen werden dürfe. Zudem stellt er in Frage, ob das Publikum einen 2-Liter-Motor mit bloß vier Zylindern akzeptieren würde. Doch gerade hier sieht Kissel wegen des günstigen Verkaufspreises kein Problem, selbstverständlich unter der Voraussetzung, dass die 2-Liter-Maschine gleich ruhig laufe wie die 1,7-Liter-Version. Röhr unterstützt Sailer in der technischen Beurteilung des 170 V, den er als *in allen Teilen gut abgestimmt* bezeichnet, aber eben ohne Reserven. Bezüglich der Hauptlager und Ventile sei der M 136-Motor am Limit, eine Leistungserhöhung nicht möglich. Auch der Rahmen, die Kupplung, das Getriebe und die Hinterachse würden für den 170 V in aktueller Ausführung gerade ausreichen. Mit einem 2-Liter-Motor werde praktisch ein ganz neuer Wagen gebaut werden müssen, warnt Röhr, der zudem die Terminvorstellung von Kissel als illusorisch verwirft: Nicht Ende des laufenden Jahres 1936 werde ein solcher Wagen produktionsreif sein, sondern Ende des kommenden. Wie Sailer stellt auch Röhr bei zwei Liter Hubraum einen Vierzylindermotor grundsätzlich in Frage und verweist auf BMW, wo die Sechszylindermaschinen bereits bei 1,5 Liter beginnen. Kissel und Röhr liefern sich einen heftigen Disput, doch Kissel, der von Wilhelm Haspel unterstützt wird, lässt nicht locker. Schließlich gibt auch Max Sailer zu erkennen, dass er den Gedanken von Kissel und Haspel folgen könne und die »Technik« sich bemühen werde, Antworten auf die Frage zu liefern, wo und wie der 170 V verstärkt werden müsse, um einen 2-Liter-Motor aufnehmen zu können.

Im weiteren Verlauf der Sitzung wird das Vorhaben den wichtigsten Mitarbeitern aus dem Bereich Technik, Produktion und Verkauf präsentiert. Oberingenieur Max Wagner, unter dessen Leitung der 170 V entstanden ist, gibt sich überzeugt, dass die Kraftübertragung ein Mehr an Drehmoment nicht aushalten könne. Direktor Hans Keil, der Produktionsleiter von Untertürkheim, ist weniger ängstlich: *Es hat sich in ähnlichen Fällen schon mehrfach ge-*

zeigt, dass eine Verstärkung solcher Aggregate nicht immer notwendig gewesen ist. Es soll ja sowieso auf ein neues Getriebe übergegangen werden. Er spricht sich überdies für einen leichten 2-Liter-Motor aus, den Röhr wie Kissel als hälftigen M 147 sehen. Es ist dies ein 4-Liter-V8, der soeben das Versuchsstadium erreicht hat.

Die neue 2-Liter-Maschine nimmt auf den Reißbrettern rasch konkrete Formen an. Während Versuchsingenieur Winkelmann um die Laufruhe eines zwei Liter großen Vierzylinders fürchtet, äußert sich Oberingenieur Albert Heeß, der alte erfahrene Motorenkonstrukteur, diesbezüglich zuversichtlich. Für Oberingenieur Joseph Dauben ergibt das Vorhaben nur dann einen Sinn, wenn die beiden Fahrzeugtypen – vom Motor abgesehen – vollständig identisch bleiben können. Weil diese optimistische Annahme sich nicht bewahrheiten werde, lohne sich der 2-Liter im 170 V nicht. Direktor Fritz Nallinger, der neue Leiter des Großmotorenbaus, auf dessen Urteil man im Vorstand viel Wert legt, sieht dies differenzierter. Schließlich ergreift Röhr nochmals das Wort. Vor Ablauf von sechs Monaten, also vor Mitte November 1936 würden die Versuchswagen nicht bereitstehen, und nur unter günstigsten Verhältnissen könnte aus technischer Sicht die Produktion im Januar 1937 aufgenommen werden. *Der 1,9 Ltr. aus dem Röhr-Programm ist konstruktiv weiter fortgeschritten und könnte schneller gebracht werden,* versucht er den Entscheidungsträgern seine Entwicklung schmackhaft zu machen – erfolglos.

Der 200 V wird Teil des Personenwagenprogramms

Wilhelm Kissel ist es gewohnt, marktpolitische Analysen im Alleingang vorzunehmen und im Vorstand die Entscheidungen in seinem Sinn durchzudrücken, wenn nötig gegen den Willen der Techniker. Zur ausführlichen Diskussion um den 2-Liter im 170 V hat er jedoch den Verkaufsleiter, Prokurist Löw zugezogen, der die Linie von Kissel vorbehaltlos unterstützt. Diese lautet: Das billigste Fahrzeug (der 1,3-Liter aus dem Röhr-Programm) zu 2 500 RM, der bisherige 170 V zu 3 500 RM und der neue 2-Liter im 170 V zu maximal 4 000 RM. Und so wird im Sinne von Wilhelm Kissel, der seit langem faktisch die Rolle des Generaldirektors der Daimler-Benz AG einnimmt, noch in diesem Sitzungsmarathon vom 8. Mai 1936 beschlossen: *Der 2 Ltr. 4-Zylinder-Motor für das 1,7 Ltr. V-Chassis ist sofort in Arbeit zu nehmen und mit größter Beschleunigung fertigzustellen, und in das 1,7 Ltr. V-Chassis einzubauen, ohne dass allzuviele Teile geändert werden. Auf diese Weise ist der billige 2 Ltr. Wagen aus dem 1,7 Ltr. V zu schaffen.*[90]

Im Personenwagenprogramm, das nach zähem Ringen am 17. Juli 1936 vom Vorstand verabschiedet wird, ist der 170 V mit 2-Liter-Motor unter der Position 2b aufgeführt. Explizit ist die Lage des Treibstofftanks als *hinten im Wagen* vermerkt. Zudem wird festgehalten, der 2-Liter-Vierzylindermotor sei aus dem 4-Liter großen V8 mit der Bezeichnung M 147 zu entwickeln und auch im kommenden allradgetriebenen Wehrmachtsfahrzeug einzubauen.[91/I]

Ein neuer 2-Liter-Motor – und nun doch ein neues Fahrgestell?

Röhr lässt die Arbeiten zügig starten, insbesondere die Motorenkonstruktion. Nachdem es zuvor widersprüchliche Aussagen zum Stand der Konstruktionszeichnungen gegeben hat, präzisiert Sailer auf der Vorstandssitzung vom 22. September 1936: Für das Kurbelgehäuse, den Zylinderkopf, die Kurbelwelle und weitere Teile seien die Zeichnungen fertiggestellt und herausgegeben. Die Modelle für das Kurbelgehäuse befänden sich seit vier Tagen in der Modellschreinerei in Arbeit. Anfang Dezember lägen alle übrigen Zeichnungen bereit zum Umsetzen.[92]

170 V-Kraftübertragung und größere Motorleistung – geht das gut?

Mitte September 1936 läuft ein auf zwei Liter Hubvolumen aufgebohrter M 136 zu Testzwecken in einem 170 V.[93] Technische Angaben fehlen leider, doch lässt sich in Kenntnis des M 136 folgende Rechnung anstellen: Bekanntlich wurde ab 1950 bei unverändertem Motorblock und Zylinderstichmaß die Bohrung von 73,5 mm auf 75 mm ausgeweitet, was noch vier Reparaturstufen (bis 77,0 mm) zulässt.

Geht man von diesen 75 mm Bohrung aus, resultiert bei einem Hubraum von 2 000 cm^3 ein Hub von 113 mm. Dies ist ein Maß, das nicht erstrebenswert ist und nur bei einigen wesentlich älteren und großvolumigen Mercedes-Benz-Typen erreicht oder überschritten worden ist. Zudem ist fraglich, ob ein derart langer Hub im Zylindergehäuse des M 136 konstruktiv überhaupt machbar wäre. Einen praxistauglichen Serienmotor von zwei Liter Hubvolumen aus dem unveränderten Zylinderblock des M 136 zu konstruieren, ist folglich nicht möglich.

Die Vermutung liegt deshalb nahe, dass zu Testzwecken ein M 136-Block auf das maximal mögliche Maß von 78 mm aufgebohrt worden ist, was bei unveränderter Kurbelwelle einen Hubraum von 1 911 cm^3 und bei einem auf 105 mm verlängertem Hub einen Inhalt von 2 007 cm^3 ergibt. Mit einem derart präparierten und vergaserseitig entsprechend ausgerüsteten Versuchsmotor lassen sich die Auswirkungen einer höheren Leistung und eines größeren Drehmoments auf die Kupplung, das Getriebe, die Antriebswelle und die Hinterachse überprüfen.

Weil die Erprobung der Kraftübertragung gerade erst begonnen hat, ist es Röhr nicht möglich, auf der Vorstandssitzung vom 22. September 1936 verlässliche Aussagen zu machen. *Bis in einigen Monaten könne die Frage klarer übersehen werden. Wahrscheinlich werde es ein neuer Wagen werden.* Diese Äußerung treibt Kissel auf die Palme. Er unterstreicht vehement die Wichtigkeit dieses Projekts und mahnt Röhr zur Eile. Ein Resultat müsse innerhalb von sechs Wochen vorliegen, befiehlt er, und nimmt gleich das Ergebnis vorweg: *Wir werden uns nicht damit zufrieden geben, dass behauptet wird, es ginge nicht, oder es müsse eine neue Konstruktion geschaffen werden.* Kissel verlangt eine Verschiebung der Prioritäten weg von den Röhr-Typen und droht, notfalls die Arbeiten am 2-Liter-170 V außer Haus zu vergeben. Im Visier hat er die Porsche GmbH, mit der aktuell Verhandlungen über eine Zusammenarbeit im Gang sind. Tatsächlich befinden sich das Konstruktionsbüro und die Versuchsabteilung durch die Masse an Aufträgen in arger Bedrängnis.[II] Kissel wiederholt die Bedeutung des kleinen 2-Liter-Wagens für das Unternehmen und merkt nochmals an, dass der Treibstofftank nach hinten zu verlegen und überdies im Heck eine Kofferraumklappe einzubauen sei, da ja so oder so eine Rahmenverlängerung notwendig werde. Wenn dies im 2-Liter verwirklicht sei, so seine Überlegung, könne man beim 170 V auf diese Maßnahmen und weitere Veränderungen verzichten. Direktor Keil schlägt vor, eiligst zehn Stück 170 V *mit aufgebohrtem 2-Liter-Motor* herzustellen, um Gewissheit darüber zu erlangen, wo im Bereich der Kraftübertragung Konstruktionsänderungen und Verstärkungen durchgeführt werden müssen, beispielsweise beim Getriebe, das im 170 V auch zu *gewissen Beanstandungen* Anlass gibt.[94]

In den kommenden Herbst- und Winterwochen scheint die Arbeit am 2-Liter im Gewand

Anmerkung I: Siehe auch Engelen, Rennwagen 2011, S. 292.
Anmerkung II: Siehe Kap. 3.2, S. 147 f.

Abb. 0226 & 0227
In der zweiten Hälfte der 1930er Jahre werden viele Niederlassungen um- oder neu gebaut, wie hier in Rostock, wo großzügige Räumlichkeiten entstanden sind. Rasch hat sich das Schwergewicht des Verkaufs auf den 170 V verschoben, der in mehreren Karosserieausführungen ausgestellt wird. Mit einer 170 V-Variante mit 2-Liter-Motor, also einem 200 V, lassen sich mit wenig Aufwand weitere Käuferschichten erschließen, ist Kissel überzeugt.

des 170 V Fortschritte zu machen. Obwohl in Wahrheit bloß eine zusätzliche Modellvariante des 170 V, erhält der Wagen mit W 149 eine eigene Baureihe und die Verkaufsbezeichnung 200 V. Im Dezember 1936 und Januar 1937 sind die Versuche in vollem Gang, und zwar offensichtlich bereits mit dem neu konstruierten 2-Liter-Motor M 149, der noch zu unruhig läuft.

Produktionsaufnahme rückt in Sichtweite

Eigentlich hegt man Anfang 1937 die Absicht, den 200 V auf der IAMA Ende Februar 1937 zu präsentieren, doch Röhr hält dies wegen noch nicht gelöster Schwierigkeiten für verfrüht. Die Freigabe der Konstruktion für den Serienbau verspricht er jedoch auf den 31. März 1937. Vorstandsmitglied Otto Hoppe reklamiert für den Fachbereich Produktion einen Zeitbedarf von sechs Monaten, um die notwendigen Anpassungen im Werk vorzunehmen, hauptsächlich jedoch wegen der zunehmenden Engpässe bei den Materiallieferungen. Der für Juni oder Juli des laufenden Jahres 1937 erhoffte Auslieferungsbeginn an Kunden muss wohl oder übel auf Anfang September verschoben werden.[95]

Auf der Vorstandssitzung vom 8. Februar drängt Kissel, bereits jetzt eine größere Anzahl 200 V einzuschreiben, um die schwer zu beschaffenden Teile rechtzeitig verfügbar zu haben. Die Herren Haspel und Hoppe, die für die Produktion in Sindelfingen und Untertürkheim verantwortlich sind, plädieren für die sofortige Einschreibung von 3 000 Wagen, womit sich Röhr schließlich einverstanden erklärt. Der unterdessen präziser kalkulierte Mehrpreis für den 2-Liter beträgt recht bescheidene 200 RM pro Wagen. Die Zeit ist gekommen, die Niederlassungen, Verkaufsstellen und Händler über diese bedeutende Modellergänzung ins Bild zu setzen.[96]

Der produktionsreife 200 V (W 149)

Beim Mercedes-Benz 200 V (W 149) – so wie er im Februar 1937 zur Produktion der ersten Serie von 3 000 Stück eingeschrieben worden ist – handelt es sich tatsächlich, wie von Kissel beabsichtigt, um einen technisch wie karosserieseitig weitgehend unveränderten 170 V (W 136), allerdings versehen mit dem neuentwickelten 2-Liter-Motor und einem Treibstofftank hinter der Hinterachse. Röhr betont an einer Besprechung mit Vorstand Otto Hoppe und den leitenden Ingenieuren von Untertürkheim, Sindelfingen und Mannheim, der 200 V sei ohne wesentliche Änderungen aus dem 170 V entstanden und überall bis an die Grenzen beansprucht.[97]

Der neue Vierzylindermotor M 149

Der große Unterschied zwischen beiden Modellen liegt somit beim Motor. Einfach und kostengünstig hat einmal mehr die Devise gelautet, auch im Hinblick auf die erhoffte militärische Verwendung dieser Neuentwicklung. Infolgedessen handelt es sich beim M 149 erneut um einen seitengesteuerten Vierzylinder mit drei Kurbelwellen-Hauptlagern und Nockenwellenantrieb über Stirnräder. Basis dieses Triebwerks ist, wie erwähnt, der V8-Motor M 147, den Röhr bereits seit 1935 in Auftrag hat und der künftig im 320 (W 142) den 3,2-Liter-Sechszylinder ersetzen und später im Nachfolgewagen W 147 eingesetzt werden soll. Der M 149 für den 200 V ist nun quasi ein halber

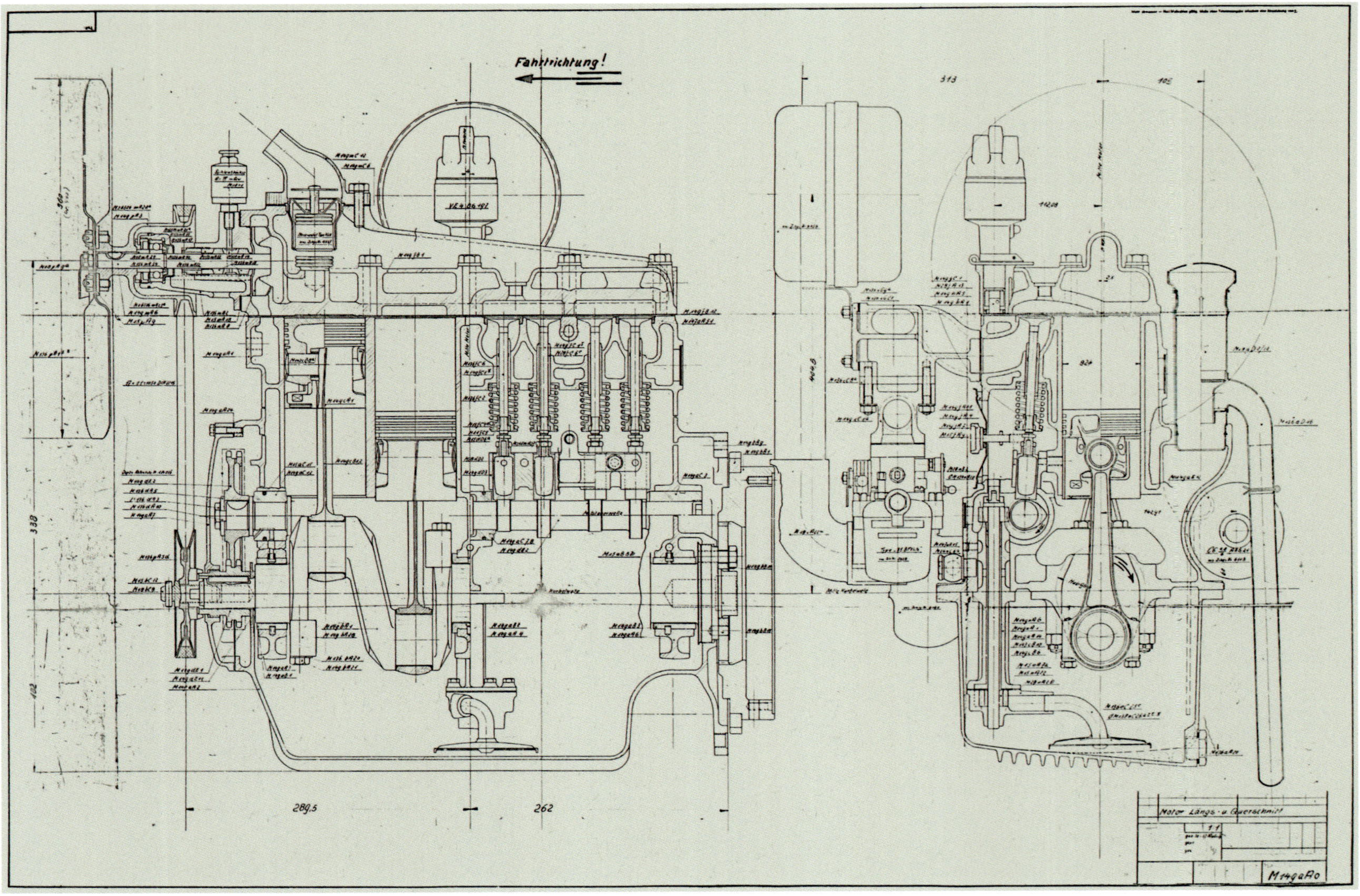

Abb. 0228
Längs- und Querschnitt durch den M 149, dat. 20.01.1937. Der zunächst 1,9 Liter, dann 2,0 Liter große Vierzylindermotor für den 200 V ist eine vollständige Neukonstruktion. Trotzdem bleibt es bei einer dreifach gelagerten Kurbelwelle und stehenden Ventilen.

V8. Übernommen wird auch dessen etwas weniger langhubig ausgelegtes Bohrung-Hub-Verhältnis. Mit einem Durchmesser von 80 mm und 95 mm Hub[98] resultiert allerdings ein Hubraum von bloß 1 910 cm³. Spätestens seit Anfang 1937 wird an M 149-Ausführungen mit einer Bohrung von 82 mm (+ 2mm) und einem Hubraum von 2 007 cm³ gearbeitet.[99] Da ständig vom 200 V und einem 2-Liter-Triebwerk gesprochen und geschrieben wird, ist anzunehmen, dass die größere Hubraumvariante für die Serienproduktion des 200 V vorgesehen ist.

Bei der Konstruktion des neuen M 149 wird auf einen möglichst kurzen Block geachtet, damit der Einbau in den unveränderten Rahmen des W 136 gelingt. Trotz der anfänglich gegenüber dem M 136 um 6,5 mm und später 8,5 mm größeren Bohrung pro Zylinder erreichen die Motorenbauer das Ziel durch einen geringeren Zylinderabstand in der Motorenmitte, obwohl dort das mittlere der drei Hauptlager Platz finden muss. Weiter hilft eine platzsparende Bauweise an der vorderen und hinteren Peripherie des Motors, also im Bereich Nockenwellenantrieb und Riemenscheibe bzw. Schwungscheibe. Davon abgesehen gleicht der M 149 in seinem grundsätzlichen Aufbau als simpler Seitenventiler, aber auch in vielen konstruktiven Einzelheiten, stark dem M 136, weshalb man in Versuchung kommt, von einer typischen Heeß-Pkw-Maschine zu sprechen.[100] Der flache Zylinderkopf besteht – wie der Motorblock auch – aus Grauguss. Der als Ölwanne ausgebildete untere Teil des Kurbelgehäuses ist in Leichtmetall gegossen. Der Spaltölfilter auf der rechten Seite ganz hinten am Zylinderblock ist nun im Haupt- statt Nebenschluss eingebaut.

Neu für Daimler-Benz ist die Verwendung eines Fallstromvergasers, der oben mittig auf dem aus Leichtmetall gefertigten Ansaugkrümmer sitzt und mit einem großen, kreisrunden, jedoch niedrigen Luftfilter bestückt wird.[I] Der unmittelbar unterhalb der Ansaugleitung montierte Auspuffkrümmer bündelt die Abgase in dessen Mitte, wo zwecks Gemischvorwärmung auch eine Verbindung mit dem Ansaugkrümmer und dem Vergaser besteht. Der hinten im Fahrzeug angeordnete Tank bedingt eine Treibstoffpumpe; diese sitzt im vorderen Viertel des Zylinderblocks und wird von der Nockenwelle angetrieben. Wie beim M 136 befinden sich die Motorsteuerung und der Vergaser auf der rechten Seite, während die Lichtmaschine und der Anlasser links angebaut werden.[101] Die Leistung des Motors beträgt – je nach Hubraumvariante 50 PS bzw. 53 PS bei 3 600 U/min, also stattliche 12 PS (+ 32%) bzw. 15 PS (+ 39%) mehr, als beim faktisch gleich schweren 170 V. Während die Drehzahlspanne nur leicht angestiegen ist, verfügt der neue Motor über ein spürbar größeres Drehmoment.

Anmerkung I: Gleichzeitig wird auch der neu auf dem Markt erscheinende 230 (W 143) mit einem Fallstromvergaser versehen. Solche sind zudem für die Wagen des Röhr-Programms vorgesehen.

Abb. 0229 & 0230
Versuchsfahrgestell für einen 200 V mit Innenlenker- oder Cabriolet B-Aufbau des 170 V, Mitte 1937. Der Motor M 149 ist mit einem Fallstromvergaser versehen, der Auspuffkrümmer symmetrisch. Eine Treibstoffpumpe wird wegen des nach hinten verschobenen Tanks unumgänglich. Dieser ist an Rahmenauslegern aufgehängt, die auch das Heck mit Kofferdeckel stützen.

Rahmen und Fahrwerk

Das Ziel, den X-förmigen Ovalrohrrahmen auch im Bereich der Motoraufhängung und -lagerung nur marginal anpassen zu müssen, erreicht man dank der bewusst platzsparenden Bauweise der neuen 2-Liter-Maschine M 149. Die bewährte und gelobte Zweipunktlagerung »Floating Power« mit Drehmomentabstützung der Motor-Getriebeeinheit bleibt im 200 V erhalten, wird aber den veränderten Schwingungsverhältnissen angepasst. An den Motor angeflanscht ist – analog dem 170 V – das ZF-Vierganggetriebe AKS-15 mit synchronisierter dritter und vierter Fahrstufe. Ebenfalls unverändert bleibt die Antriebswelle mit ihren Flanschen und Hardyscheiben. Zahlreich, aber nachträglich im Einzelnen nur schwer nachvollziehbar, sind die Eingriffe in der Hinterachse, die beim 170 V bereits im ersten Produktionsjahr 1936 beginnen. Ob die nachfolgenden Änderungen, die auch die Lagerung und Befestigung des Kegelradgehäuses im Rahmen umfassen, durch die höheren Anforderungen des 200 V (W 149) ausgelöst werden, oder ob man diese auch für den 170 V (W 136) als notwendig erachtet, lässt sich nicht mehr feststellen. Jedenfalls kommen die Anpassungen auch bei letzterem zur Anwendung. Trotzdem bleibt im 200 V die Kraftübertragung im Großen und Ganzen ohne Verstärkung, entgegen der anfänglich starken Bedenken der Techniker.

Einen auffälligen Unterschied des 200 V-Fahrgestells zu demjenigen des 170 V macht der 43 Liter fassende Treibstoffbehälter, der hinter der Hinterachse angeordnet ist.[I] Dieser Tank wird mit Spannbändern unterseitig an zwei gepresste Stahlprofil-Ausleger aufgehängt, die ihrerseits an der Hinterachsbrücke und den dortigen Enden der Ovalrohre angeschweißt sind. Der Tank selbst ist einfach geformt, bildet im Querschnitt ein Oval mit parallelen Flanken und hat ein Einfüllrohr in der rechten Stirnseite. Dessen Stutzen ragt knapp über der hinteren rechten Stoßecke aus dem Kotflügel. Analog dem 170 V verfügt die Auspuffleitung lediglich über einen einzigen Schalldämpfer, der quer zum Wagen im engen Raum zwischen Hinterachse und Treibstofftank an den Auslegern aufgehängt ist.[102]

Abb. 0231
Versuchsfahrgestell des 200 V von oben. Mit Ausnahme des Motors M 149 und der Tankanlage im Heck soll das zusätzliche Modell grundsätzlich demjenigen des 170 V entsprechen. Die Lage des Tanks unmittelbar hinter dem Auspufftopf ist ungünstig. Sie führt zum Aufheizen des Treibstoffs und verstärkt die Hecklastigkeit des Wagens.

Anmerkung I: Volumenangabe gemäß den 1938 gebauten 170 V mit hintenliegendem Tank, ETL 136 (170 V), Ausgabe C, 22.02.1938. Die Rahmenverlängerung und der Treibstofftank dürften bei beiden Modellen identisch gewesen sein. – Die Konstruktionszeichnung des W 149-Rahmens (dat. 20.08.1937, siehe Abb. 0233) zeigt abweichend geformte Ausleger, die einen anderen Tank bedingen. Da auch die Auflageplatten für die Karosserie mit W 149 bezeichnet sind, ist zu vermuten, dass dieser Rahmen bereits für die neue Karosserie des 170 V II adaptiert worden ist.

Karosserien

Welche der zahlreichen Karosserieausführungen des 170 V man auch für den 200 V vorgesehen hat, ist nicht bekannt. Es ist anzunehmen, dass zusätzlich zum viertürigen Innenlenker auch die Cabriolet-Limousine sowie die Cabriolet A- und Cabriolet B-Aufbauten angeboten werden sollen. Ob wie zu Projektbeginn immer noch geplant ist, den Umfang und/oder die Qualität der Ausstattung gegenüber dem 170 V anzuheben, bleibt unbeantwortet. In dieser Sache übertrifft bereits der 170 V die meisten seiner Konkurrenten. Überliefert ist hingegen die Bemühung des Werks Sindelfingen, eine Belüftung des Wageninnern zu etablieren. An den Vordertüren sollen entlang des vorderen und oberen Fensterausschnitts schmale Glasblenden montiert werden, wodurch die Seitenscheiben einen Spalt breit geöffnet werden können, ohne dass Zugluft entsteht. Auf diese Weise ließe sich das Ausklappen der Windschutzscheibe einsparen, wie der Sindelfinger Werksleiter Paul Heim ausführt. Diese Maßnahmen stünden in keinem Verhältnis zum Erfolg, wirft Röhr ein. Wenn schon, müsste je nach Erfordernis kalte oder warme Luft an die Frontscheibe geführt werden, damit die (hässlichen und störenden) elektrischen Defrosterscheiben eingespart werden könnten.[II] An diesem zweiten Entwicklungsschritt arbeitet in Sindelfingen bereits Karl Wilfert.[103]

▷ **Siehe Band II/Seite 22 f**, Tabelle A 07
Technische Daten: 200 V (W 149)

Das Ende kommt vor dem Start

Produktionsanlauf auf Anfang 1938 geplant

Am 11. Mai 1937 treffen sich die verantwortlichen Ingenieure von Untertürkheim, Sindelfingen und Mannheim zu einer großen Konferenz, um anstehende Konstruktionsfragen der zahlreich in Bearbeitung befindlichen Pkw-Typen zu diskutieren. Technikdirektor Röhr moniert, der neue Motor M 149 für den 200 V laufe wesentlich unruhiger als der M 136 im 170 V, was Produktionschef Keil relativiert und durch die deutlich höhere Leistung für mehr als ausgeglichen hält. Versuchsingenieur Winkelmann bestätigt kleinere Schwierigkeiten an der Motoraufhängung, aber auch mit der Befestigung des Anlassers und mit der Benzinpumpe. Jedoch sei *der Motor in seinen inneren Organen in Ordnung, ebenso die Hinterachse*. Winkelmann regt jedoch an, das AKS-15-Getriebe, mit dem man auch im 170 V nicht glücklich ist, durch die neue vollsynchronisierte 4-Gang-Variante, das ZF AK 4 S-15, zu ersetzen, das bereits für den 230 (W 143) vorgesehen ist. Röhr warnt aus technischen Überlegungen davor, in die vom 170 V unverändert übernommene Kraftübertragung einzugreifen, und Werksleiter Keil wirft den hohen Selbstkosten-Mehrpreis von 50 RM pro Stück in die Runde, worauf Vorstand Hoppe das Ansinnen beerdigt. Da der Produktionsanlauf des 200 V kürzlich um einen weiteren Monat hinausgeschoben worden ist, gesteht man Winkelmann eine längere Dauererprobung zu. Ob er als Versuchsleiter und sein kompetenter Mitstreiter Uhlenhaut mit dem weitgehend unveränderten 170 V-Fahrwerk vorbehaltlos einverstanden sind, darf bezweifelt werden.

Wie schon längere Zeit befürchtet, beginnen sich bei der Materialbeschaffung für den Fahrzeugbau ernsthafte Schwierigkeiten abzuzeichnen, worauf die Herren Direktoren Keil und Röhr dafür plädieren, den Produktionsanlauf des 200 V bis Ende 1937 hinauszuschieben. Dies kommt nicht ungelegen. Man möchte zunächst möglichst viele 170 V bauen, weil der Produktionsausstoß nach wie vor den Bestellungen hinterherhinkt. Hoppe zeigt sich damit gerne einverstanden, wünscht aber die Herstellung einer Vorserie von 100 Stück des 200 V (W 149) im Laufe des Monats August.[104]

Der 200 V fällt der Aufrüstung des Deutschen Reichs zum Opfer

Das »Aus« für den Mercedes-Benz 200 V in ziviler, käuflicher Ausführung kommt Ende Juli 1937 – nicht ganz überraschend und ein knappes halbes Jahr vor seiner mehrfach verschobenen Markteinführung. Ausschlaggebend ist die sich akut verschärfende Materialknappheit als direkte Folge der Autarkiebestrebung des »Dritten Reichs« und dessen massiver Aufrüstung. Bereits im verflossenen April ist die Versorgung mit Reifen als vollkommen ungenügend bezeichnet worden.[105] Besonders einschneidend für den Betrieb wirkt sich die inzwischen verhängte Eisen- und Stahlkontingentierung aus, welche die vorhandene Produktionsmöglichkeit der Daimler-Benz-Werke auf ungefähr 60% ihrer tatsächlichen Kapazität beschränkt. Unter solchen Umständen mit einem neuen Modell auf den Markt zu drängen, das nicht ein bestehendes ablösen, sondern dieses ergänzen und damit neue Käuferschichten erschließen soll, ist nicht zu verantworten. Umso mehr, als man mit der Produktion des bestehenden Volumentyps – also dem 170 V – stark im Rückstand ist, und zwar nicht mehr wegen beschränkter Betriebskapazitäten, sondern eben als Folge der ungenügenden Eisen- und Stahlzuweisung.

Wilhelm Haspel erachtet diese Entscheidung als korrekt, wenngleich er als Sindelfinger Werksleiter den 200 V aus Rentabilitätsgründen gerne gehabt hätte. Und der wiederholt kritisierte raue Motorlauf *sei einzig zwischen 30 und 40 km/h* [in welchem Gang?] *störend*, wie er aus eigener Erfahrung urteilt.[106] Im Unterschied zum Vorstandsvorsitzenden Kissel, der selbst nie Autofahren gelernt hat und sich stets auf die Äußerungen seiner Fahrer verlassen muss, ist es für Wilhelm Haspel selbstverständlich, alles selbst zu fahren, was die Daimler-Benz an Fahrzeugen produziert. Er ist aufgrund seines Studiums als auch in seinem Verständnis gleichermaßen Ingenieur wie Wirtschaftsfachmann.

Erprobung und Optimierung laufen weiter

Endgültig fallen gelassen hat man den 200 V (W 149) im Sommer 1937 allerdings nicht. Sobald sich die Materialversorgung normalisiert habe und der Markt es zulassen würde, könne der 200 V – nunmehr aber mit einer neuen Karosserie – in die Fabrikation gehen, betont Wilhelm Kissel.[107] Tatsächlich läuft die Erprobung und Optimierung des 2-Liters zunächst weiter, und zwar auch aus folgendem Grund: Der W 149 soll als Basis für Geländesportwagen dienen, die man im kommenden Jahr jenen Organisationen und Mannschaften zur Verfügung stellen will, die an den entsprechenden Wettbewerben teilnehmen.[III]

Deshalb folgen weitere Verbesserungen, so am Motor M 149, wo die Stößelführung analog dem M 136 wieder an das Gehäuse angegossen werden soll, um eine genauere Bearbeitung zu ermöglichen. Das wirkliche Sorgenkind bleibt nach wie vor der Antriebsstrang, der sich im Laufe der Erprobungen tatsächlich als zu schwach herausstellt, ganz so, wie dies von den meisten Ingenieuren im Vorfeld der Entwicklung prognostiziert worden ist.[IV] Mit der im Durchmesser größeren Kupplung Mecano K 12 von Fichtel & Sachs, die man auch im 170 V einzubauen beschließt, erreicht man eine erste Verstärkung. Allerdings schwanken die Techniker nach wie vor zwischen einem

Anmerkung II: Diese Verbesserungen wurden im 170 V tatsächlich eingeführt, allerdings erst 13 Jahre später mit der Umstellung vom 170 V auf den 170 Va (siehe Kap. 9.2, S. 420–422).
Anmerkung III: Näheres siehe S. 160–165.
Anmerkung IV: Siehe S. 153 f.

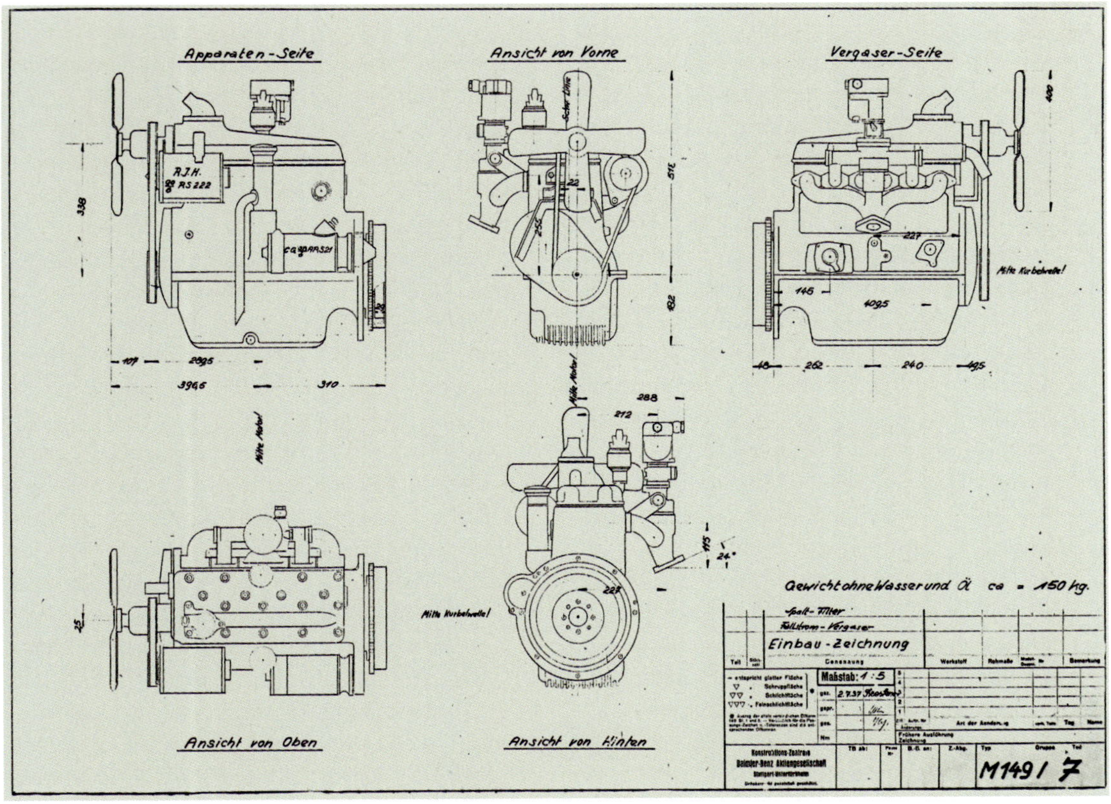

Abb. 0232
Einbauzeichnung des M 149, versehen mit Fallstromvergaser und Spaltölfilter, dat. 02.07.1937. Damit der neue Motor in den Rahmen des 170 V passt, muss die Längenausdehnung kompakt bleiben. Obwohl mit deutlich größerer Bohrung versehen (+ 6,5 bzw. + 8,5 mm), gelingt dies dank verringertem Zylinderabstand in der Mitte (trotz mittlerem Kurbelwellenlager) und einer platzsparenden Konstruktion an der vorderen und hinteren Peripherie des Motors.

üppigeren Graphitring und einem Druckkugellager hin und her. Hochgradig unzufrieden ist man mit dem AKS-15-Getriebe, daran hat sich zwischenzeitlich nichts geändert. Im 200 V (W 149) fällt dieses Räderwerk schneller durch laute Geräusche auf als im 170 V (W 136), ein untrügliches Zeichen, dass die Belastungsgrenze überschritten ist. Im vergangenen Mai 1937 hat man aus Kosten- und Gewichtsgründen das Vollsynchron-Getriebe AK 4 S-15 als mögliche Alternative verworfen. Es wird jedoch Oktober, bis das Konstruktionsbüro den Auftrag erhält, ein verstärktes Getriebe in der Art des AKS-15 zu planen und konstruieren, nach Möglichkeit mit einer Synchronisierung nicht nur der beiden oberen Fahrstufen, sondern auch des zweiten Gangs. Dieses Getriebe soll dann auch im 170 V zum Einbau kommen. Auf dasselbe Vorgehen einigt man sich bezüglich der Hinterachse, die im Laufe der zurückliegenden Monate an die höhere Belastung des W 149 angepasst worden ist. Hier hat insbesondere das Ausgleichsgetriebe mitsamt Lager und den Kreuzgelenken kräftiger dimensioniert werden müssen.

Eine weitere Kleinserie von fünf Versuchswagen soll nun entstehen.[108] Versuchsleiter Winkelmann thematisiert Anfang September 1937 die schlechte Straßenlage des W 149 als Folge des hintenliegenden Tanks. Aus diesem Grund ordnet er Versuche mit einer um 80 mm verbreiterten Hinterachse an, die sehr günstig ausfallen. Winkelmann schlägt deshalb vor, die Hinterradspur um 40 mm zu verbreitern und gleichzeitig den Treibstofftank näher an die Hinterachse zu rücken, um die Hecklast zu verringern. Dies bedingt eine veränderte Position des Auspuffschalldämpfers.[109/I]

▷ **Siehe Band II/Seite 190**
Würdigung E 07: Der Mercedes-Benz 200 V (W 149)

Die Geländesportwagen mit dem Motor M 149

Die Auswirkungen der nationalsozialistischen Politik auf die Unternehmen verhindert indirekt die Serienproduktion des zusätzlichen Modells 200 V, das eine interessante Ergänzung der kleinen Mercedes-Benz-Typenreihe gewesen wäre. Umgekehrt ist die zunehmende Abhängigkeit vom nationalsozialistischen Machtapparat der Auslöser für die Herstellung einer kleinen Auflage dieses Modells in einer Sonderausführung für den Geländesport.

Hinter vorgehaltener Hand stöhnt man bei Daimler-Benz ob dem Aufwand, der jährlich mit der Teilnahme an den vom NS-Regime geförderten Geländeprüfungen verbunden ist. Ein Aussteigen steht jedoch nicht zur Debatte, denn Siege oder gute Platzierungen bei diesen strapaziösen Geländeritten durch Morast, Sand oder Schnee sind mit erheblichem Prestige verbunden. Bei Behörden, der Wehrmacht und anderen Waffeneinheiten versucht man sich dadurch in eine günstige Auftragsposition zu bringen.[II]

Die Erfahrung mit dem Geländesport der vergangenen Jahre zeigt, dass bei aller Standfestigkeit der Fahrzeuge auch deren Fahrleistungen eine immer wichtigere Rolle spielen. Diese lassen sich sowohl durch besonders leicht gebaute, nur aus dem Nötigsten bestehende Karosserien steigern, als auch durch kräftigere Motoren. Am vorteilhaftesten ist es, man macht beides.

Motor und Fahrwerk

Für den *Tourensport 1938* in der Kategorie bis zwei Liter sieht Technikchef Max Sailer Fahrzeuge auf der Basis des 200 V (W 149) vor. Der Motor vom Typ M 149 soll in diesen Wagen zwischen 55 und 60 PS bringen – im Vergleich zu den 38 PS des 170 V ein deutlicher Leistungsschritt. Den Radstand gedenkt er zugunsten einer verbesserten Wendigkeit auf ca. 2 600 mm zu verringern, was eine aufwändige Abänderung des X-förmigen Ovalrohrrahmens oder sogar eine teure Spezialanfertigung zur Folge hätte.[110] Auf die Verkürzung wird deshalb verzichtet, es bleibt beim serienmäßigen Radstand des W 136- bzw. W 149-Fahrgestells von 2 845 mm. Auch die Radaufhängung mit zwei querliegenden, als Parallelogramm wirkenden Blattfederpaketen vorn und der hinte-

Anmerkung I: Eine mit 20.08.1937 datierte Konstruktionszeichnung eines W 149-Rahmens zeigt eine rückseitige Rahmenverlängerung, die auf eine derart korrigierte Lage des Tanks hinweist (siehe Abb. 0229, 0230 & 0231).
Anmerkung II: Zu MB-Rallye- und Geländesportwagen siehe ausführlich Engelen, Rennwagen 2011, S. 274–311.

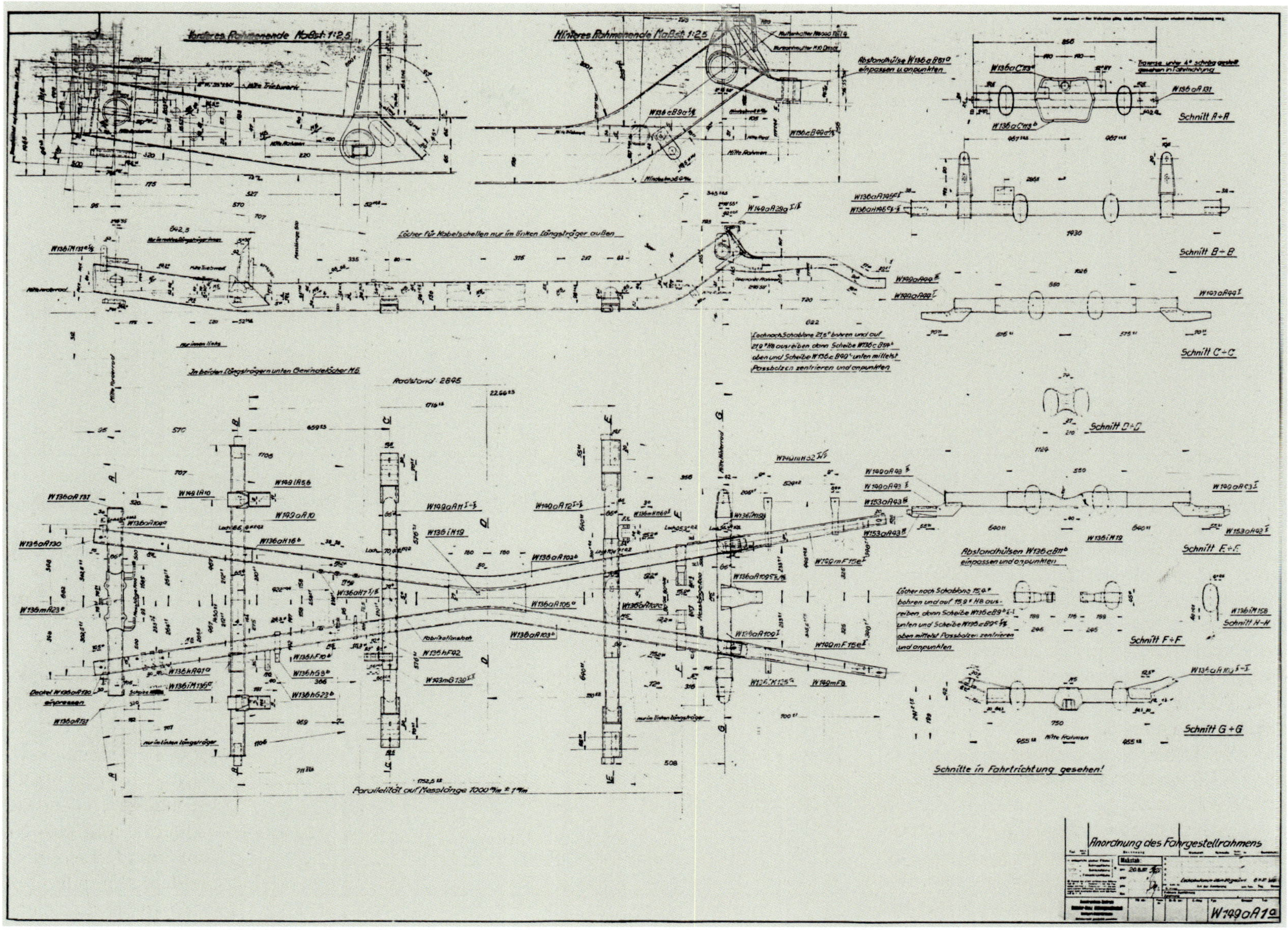

Abb. 0233
Konstruktionszeichnung des W 149-Fahrgestellrahmens, dat. 20.08.1937. Abweichende, mit W 149 bezeichnete Details für die Karosseriebefestigung und optimierte Ausleger für die Aufnahme des Treibstofftanks näher an der Hinterachse legen nahe, dass hierfür bereits die neue Karosserie vorgesehen ist.

ren Pendelachse mit je einer Schraubenfeder wird übernommen. Allerdings kommt man in Untertürkheim nicht umhin, die Federabstimmungen und Hinterachsübersetzungen dem Einsatzzweck dieser Wagen anzupassen. Die Hinterachse selbst, aber auch die Kupplung, sind bereits für die zivile Ausführung des 200 V an die höhere Belastung angepasst worden. Je nach Art des Wettbewerbs, den die einzelnen Fahrzeuge zu absolvieren haben, baut man Vier- oder Fünfganggetriebe ein, wobei die vierte Fahrstufe stets direkt ausgelegt und die fünfte ins Lange übersetzt ist. Ähnlich flexibel handhabt man die Bereifung. Anstelle der auch bei den zivilen 170 V gültigen Dimension 5,25-16" gelangen im Bedarfsfall auch Reifen von 6,50-17" zum Einsatz. Blechabdeckungen unterhalb der Rahmen-Ovalrohre schützen vor Beschädigungen im Gelände.

Karosserie

Für die besonders leichte Roadster-Karosserie aus Elektronblech[III] zeichnet der Karosserieingenieur Hermann Ahrens, Leiter der Abteilung Sonderwagenbau, verantwortlich. Sailer denkt zunächst an knappe, die Räder schutzblechartig eng umschließende und mit ihnen drehende Vorderkotflügel. Gebaut werden aber traditionell mit der Karosserie verschraubte Kotflügel, die um der Stabilität Willen schließlich aus Aluminiumblech getrieben worden sind, obwohl es nach Sailer genügt hätte, *wenn diese Teile eine Art Dreitage-Mittelgebirgsfahrt durchhalten, ohne einzureißen oder abzubrechen.* Die Karosseriehülle wiegt trotzdem kaum mehr als 100 kg, so dass sich ein Leergewicht des Sportwagens von 900 kg einstellt.[IV] Prägend für die Erscheinung der zweisitzigen Wagen sind der großzügige Radstand, das lange, sanft geschwungene Heck mit seinem ungewöhnlich knappen Überhang, die niedrigen, oben geschwungenen Türchen, die aus dem schlanken Wagenkörper ohne verbindendes Trittbrett vorspringenden Kotflügel, die niedrige einteilige Frontscheibe und das spartanische Verdeck, das im gefalteten Zustand hinter den Sitzen auf dem Heckblech festgezurrt wird. Anstelle von Stoßstangen

Anmerkung III: Leichtmetalllegierung aus mindestens 90% Magnesium und knapp 10% Aluminium sowie geringen Anteilen an Zink und Zinn. Gute Salzwasserbeständigkeit, deutlich leichter als Aluminium.
Anmerkung IV: Sailer nennt im Exposé »Unsere Typen im Jahre 1938 und deren Fortentwicklung« vom 20.12.1938 (Archiv MBAG) ein Leergewicht von 880 kg.

ragt hinten aus dem Wagenheck ein Bügel aus Rundstahl, und auf den beiden Hinterkotflügeln ist je ein Haltegriff montiert, so dass der Beifahrer bei Bedarf hinten aufsteigen und so die Traktion verbessern kann. Der Heckbereich lässt sich mit einem Deckel öffnen, wodurch der längs ausgerichtete Treibstofftank zugänglich wird. Dieser fasst 60 Liter und ist gegen oben verjüngt. So lässt sich zu beiden Seiten des Tanks je ein Ersatzrad unterbringen und – leicht der Mitte hin zugeneigt – mit Lederriemen sichern. In den seitlich verbleibenden Hohlräumen sind der Wagenheber, ein Benzinkanister sowie Hilfsmittel für unwegsames Gelände (Radmatten, Holzklötze, Flaschenzug) verstaut. Im Unterschied zur zivilen Ausführung des W 149 ist der Auspufftopf hinter statt vor dem Treibstofftank angeordnet. Die Motorhaube lässt sich alligatorenartig hochklappen; kleine federnde Verschlüsse sichern diesen Deckel auf den feststehenden Seitenblechen.

Das Armaturenbrett ist mit einer stattlichen Anzahl kreisrunder Instrumente bestückt, so dass nur auf der Beifahrerseite Platz für ein Handschuhfach bleibt. In der Mitte sind ein Geschwindigkeitsmesser mit Gesamtkilometer- und Tageskilometerzähler, ein Kombiinstrument für Kraftstoff und Öldruck sowie eine Zeituhr eingebaut. Links der Lenksäule befinden sich ein Kühlwasser-Fernthermometer und ein großer Drehzahlmesser. Die beiden unten angelenkten Scheibenwischer werden unabhängig voneinander durch je einen Motor angetrieben.

170 VS (W 136 S) und 200 VS (W 149 S): Der Hubraum macht den Unterschied

Um es gleich vorneweg zu nehmen: Die beiden Typen 170 VS und 200 VS unterscheiden sich, trotz abweichender Baureihenzuordnung, nur durch das Hubvolumen voneinander. Der »S« in der Typenbezeichnung bedeutet »Sport«. Zum Einsatz kommt der M 149-Motor, in der ersten Variante mit 1,9 Liter Inhalt, in der zweiten mit 2 Liter Inhalt. Beide Spielarten können mit einem oder mit zwei Fallstromvergasern bestückt werden. Wie weit die Motoren darüber hinaus den besonders strapaziösen Einsatzbedingungen angepasst worden sind, ist nicht bekannt. Immerhin gibt es Hinweise, dass für die Wettbewerbsfahrzeuge der Zylinderkopf in Aluminium gegossen wird, abweichend von der Motorausführung, welche für die zivilen W 149-Wagen vorgesehen sind.[I] In den Kühlwasserstutzen des Zylinderkopfs integriert ist ein Thermostat.

Abb. 0234
Aufreihung von 170 VS und 200 VS Geländesportwagen. Dass sich diese Fahrzeuge bereits im harten Einsatz befunden haben, zeigen die Kampfspuren an den Karosserien.

Abb. 0235
Der zweisitzige Aufbau, eigentlich eine dünne Hülle aus Elektronblech, wiegt kaum mehr als 100 kg. Da ein seriennaher Rahmen verwendet wird, bleibt der Radstand von 2 845 mm unverändert.

Der 170 VS (W 136 S) verfügt über das M 149-Aggregat mit der ursprünglichen Bohrung von 80 mm und 1 910 cm^3 Hubraum. Mit einem einzigen Fallstromvergaser leistet dieser Motor 50 PS, mit zwei Fallstromvergasern steigt die Leistung auf 60 PS. Die Bezeichnung 170 VS ist in ihrer Aussage irreführend, dürfte jedoch vom Werk bewusst so gewählt

Anmerkung I: Der 170 VS mit der Fahrgestell-Nr. 422 333 zeigt einen silberfarbigen Zylinderkopf, was auf eine Aluminiumausführung schließen lässt. Dies im Unterschied zum Fahrgestell für die zivilen Versionen des 200 V (W 149), dessen Zylinderkopf analog des Zylinderblocks lackiert ist (vgl. Abb. 0229 & 0230).

Abb. 0236
Im Heck unmittelbar hinter den Sitzen befinden sich unter einer Klappe der Treibstofftank, zwei Ersatzräder und Hilfsmittel, um den Wagen nötigenfalls aus einer misslichen Lage zu befreien.

Abb. 0237
Das Armaturenbrett des 170 VS/200 VS ist hervorragend bestückt: Neben Drehzahlmesser und Tacho im Großformat finden sich Thermometer, Zeituhr und Kombiinstrument für Treibstoff und Öldruck. Die Frontscheibe ist hier mit zwei elektrisch beheizbaren Frostschutzscheiben versehen.

Abb. 0238
Sportprüfungen werden auch im Winter ausgetragen, wie die aufrollbare Kühlerverkleidung und die Frostschutzscheiben belegen. Der Aufwand, jährlich die von den partei- und staatsnahen Mannschaften geforderten Wagen unentgeltlich zur Verfügung zu stellen, ist beträchtlich.

worden sein. Als dieser Geländesportwagen 1938 in der Kategorie bis zwei Liter zum Einsatz kommt, ist der »zivile« 200 V (W 149) bereits seit einem halben Jahr auf Eis gelegt – und man arbeitet bereits am Nachfolger des kleinen Mercedes-Benz-Volumenmodells, für den eine andere Motorenkonstruktion zur Diskussion steht. So lässt man wohl ganz gerne die motorsportinteressierte Öffentlichkeit und die Automobil-Zeitschriften über einen *aufgebohrten 1,7-Liter* (M 136) aus dem 170 V fabulieren.[II]

Beim 200 VS (W 149 S) verfügt derselbe Motor über die um 2 mm vergrößerte Bohrung (82 mm statt 80 mm) und 2 007 cm^3 Hubraum. Diese Motorvariante trägt die Bezeichnung M 149 II und leistet mit einem Fallstromvergaser 53 PS und mit deren zwei stattliche 64 PS. Dieser Fahrzeugtyp ermöglicht die Teilnahme an Sportveranstaltungen in der Kategorie ab zwei Liter.[III] Insgesamt entstehen 1938 und 1939 von den Geländesportwagen mit allen M 149-Motorvarianten ungefähr 30 Stück.

▷ **Siehe Band II/Seite 24 f**, Tabelle A 08 Technische Daten: 170 VS (W 136 S) & 200 VS (W 149 S)

Anmerkung II: Spezifisch zu den Typen 170 VS (W 136 S) siehe auch Engelen, Rennwagen 2011, S. 290–294.
Anmerkung III: Spezifisch zu den Typen 200 VS (W 149 S) siehe auch Engelen, Rennwagen 2011, S. 295–297.

Abb. 0239 & 0240
Die Förderung des Geländesports durch das Regime dient der Verbreitung der NS-Ideologie. Mannschaften formieren sich beispielsweise aus Kreisen des NSKK, der SS, der Wehrmacht und der Reichspost. Die zum Teil mehrtägigen Wettbewerbe stehen im Zeichen von Zuverlässigkeit und Durchhaltevermögen sowohl der Mannschaft wie auch der Fahrzeuge. Die beiden Bilder zeigen, mit welchen Herausforderungen die Teilnehmer zu kämpfen haben, so auch an der Ostpreußenfahrt 1938. Unten ein Fahrzeug der Wehrmacht.

Motor M 149: Kleinserie dank Verwendung im Geländewagen G 5 (W 152)

Eine bescheidene Produktion von ungefähr 400 Stück erreicht der Motor M 149 schließlich dank eines dritten Fahrzeugtyps, nämlich des Geländewagens G 5 (W 152). Mit Blick auf dieses kommende Modell hat Sailer im Mai 1936 die Notwendigkeit begründet, einen 2-Liter-Vierzylindermotor konstruieren zu müssen.

Der G 5 (W 152) entsteht als Weiterentwicklung der erfolglosen Kübelsitzwagen W 133 III und W 139. Mit diesem neuen Geländewagen versucht die Daimler-Benz AG erneut, mit der Wehrmacht ins große Geschäft zu kommen. Mit Allradantrieb, drei sperrbaren Ausgleichsgetrieben und insbesondere mit der ein- bzw. ausschaltbaren Vierradlenkung ist das Fahrzeug konstruktiv komplex und in der Anschaffung entsprechend teuer. Angetrieben wird das Vehikel vom 2-Liter-Vierzylindermotor M 149 II, also von der Version mit 82 mm Bohrung und 2 007 cm^3 Hubraum, allerdings mit einer von 1:7,5 auf 1:6,5 reduzierten Verdichtung. Anstelle des Fallstromvergasers, wie ihn die Geländesportwagen und die Versuchswagen des »zivilen« Typs 200 V (W 149) erhalten, versieht Untertürkheim den Motor mit einem Steigstromvergaser vom Typ Solex 35 BFLVS. Durch diese Anpassungen reduziert sich die Leistung auf 45 PS bei 3 700 U/min; das maximale Drehmoment erreicht 12,8 mkg bei 1 800 U/min.[111] Auch für diesen in hohem Maß geländegängigen Kübelwagen bleiben die erhofften lukrativen Wehrmachts-Aufträge aus.[I]

Anmerkung I: Siehe ausführlicher in Kap. 6.1, S. 280–283.

Abb. 0241
Morast, Gestrüpp, Wasser, Schnee und Eis – nichts scheuen die Veranstalter und Teilnehmer der Geländesportwettbewerbe. Hier pflügt sich ein 170 VS oder 200 VS durch die Sanddünen der Ostsee.

Abb. 0242 & 0243
Der Motor des 200 V, der 2 Liter große M 149, dient auch als Triebwerk für den aufwändig konstruierten Geländewagen G 5 (W 152). Als die Wehrmacht eine Beschaffung ablehnt, darf Untertürkheim das Fahrzeug auch fremden Armeen zum Kauf anbieten. Hier ein G 5 anlässlich einer Fahrdemonstration bei der Schweizer Armee 1938 in Bern. Doch auch die Eidgenossenschaft lehnt dankend ab.

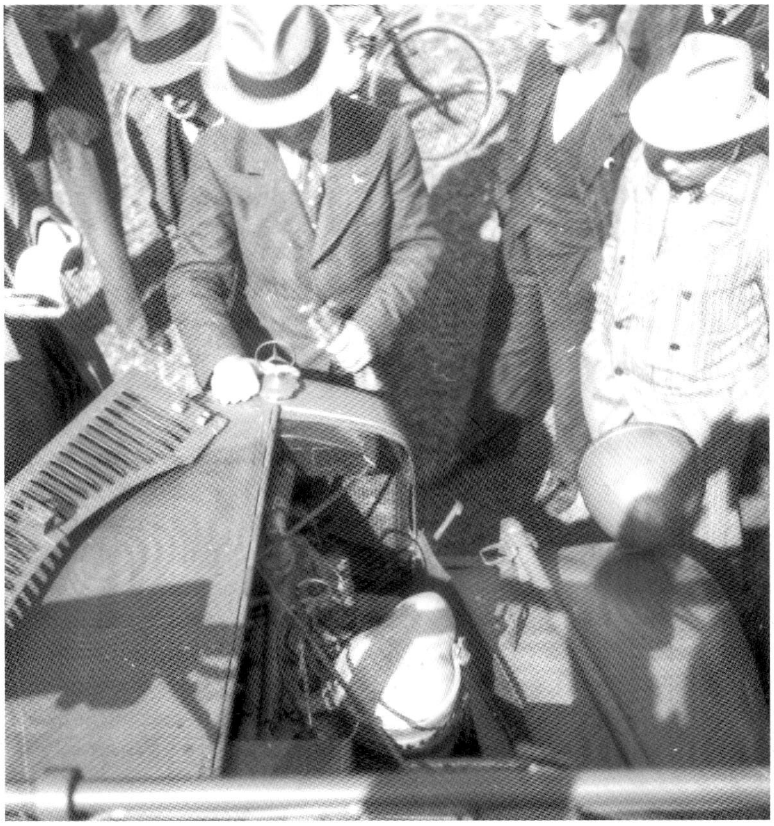

4

Der 170 V – das Volumenmodell des Konzerns 1937–1939

Endmontagehalle im Werk Untertürkheim, letzte Handgriffe an einem 170 V Innenlenker, 1937. Die aufgesetzte Motorhaube ist noch unlackiert, weil die Seitenbleche bei jedem Wagen individuell dem Verlauf von Vorbau und Kühlermaske angepasst werden.
Zur Freude der Firmenleitung findet der 170 V großen Zuspruch. Doch schon bald hemmen die behördlich verordneten Rohstoff- und Materialkontingente eine noch höhere Produktion.

4.1 Die Modellpflege des 170 V

Der Vorstand will das überaus erfolgreiche Volumenmodell 170 V durch rationellere Fertigung und geschickte technische Eingriffe im Preis senken, um es noch konkurrenzfähiger zu machen. Doch bald muss er einsehen, dass eine höhere Produktion ausgeschlossen ist. Als Folge der Aufrüstung des »Dritten Reichs« hemmen Materialkontingentierungen und -beschränkung eine weitere Expansion. In der Folge wird der 170 V durch viele kleine Eingriffe aktuell gehalten, was die Käufer bis zum Ausbruch des Kriegs honorieren.

So freudig der kleine Mercedes-Benz 170 V vom Publikum aufgenommen wird, so zahlreich Kaufwillige schon auf der Internationalen Automobil- und Motorrad-Ausstellung Berlin im Februar 1936 Verträge unterzeichnen, und so verheißungsvoll sich das Geschäft in den kommenden Monaten in jene Richtung entwickelt, die man in der Vorstandsetage in Untertürkheim sehnlichst erhofft hat: Die Auseinandersetzung mit der Baureihe W 136 geht weiter. Gearbeitet wird intensiv und parallel auf mehreren Schienen, immer im Bestreben, den Erfolg über das laufende Jahr hinaus andauern zu lassen und gegen eine erstarkende Konkurrenz gewappnet zu sein.

Zum einen geht es um die Verbilligung des 170 V in der Produktion und im Verkauf, zum anderen um dessen technische Optimierung und Verbesserung. Anfänglich mit dem Ziel, mögliche Kinderkrankheiten und Schwächen möglichst rasch und unbemerkt zu beheben, bevor diese einen Schatten auf den guten Ruf des neuen Typs zu werfen vermögen. Und schließlich gilt es, das Modellangebot sachte zu erweitern, um zusätzliche Käuferschichten anzusprechen und den neuen kompakten Mercedes-Benz auch auf anspruchsvollen Exportmärkten erfolgreich zu positionieren.

Die Verbilligung des 170 V

Dr. Wilhelm Kissel, der seit vielen Jahres den Daimler-Benz-Vorstand präsidiert und als kaufmännischer Leiter die bestimmende Kraft im Unternehmen ist, fordert bereits im April 1936, der 170 V sei *scharf zu verbilligen,* um konkurrenzfähig zu bleiben. Ziel ist die Reduktion des Verkaufspreises für den Innenlenker um 250 RM auf 3 500 RM für die zweitürige Ausführung und auf 3 600 RM für die Viertür-Variante. Die Fertigung ist gerade erst richtig angerollt. Im Vorstand geht man zu diesem Zeitpunkt davon aus, dass der 170 V mindestens anderthalb Jahre in Produktion bleiben würde, also bis Herbst oder Winter 1937, und dann durch die 1,3-Liter- und 1,9-Liter-Frontantriebswagen aus dem Röhr-Programm abgelöst wird. Mit einem kritischen Blick auf das Typenprogramm von Hans Gustav Röhr betont Kissel jedoch, der 170 V dürfe unter keinen Umständen vernachlässigt werden. Die von Röhr seit seinem Eintritt in die Firma als Technischer Direktor entwickelte Typenreihe sieht über weite Bereiche eine radikale Abkehr von den bisherigen Konstruktionsprinzipien vor. Damit stößt er insbesondere bei Kissel, zunehmend auch bei weiteren Vorstandsmitgliedern auf Ablehnung, die darin ein erhebliches Risiko erkennen.[I] Zudem bindet Röhrs ambitioniertes Programm im Konstruktionsbüro und im Versuch ein nicht geringes Maß an hochqualifizierter Arbeitskraft.

Produktionstechnische Verbesserungen in Untertürkheim und Sindelfingen

Die Verbilligung des 170 V (W 136) soll auf zwei Arten erfolgen. Zum einen durch konstruktive Vereinfachungen, wobei man sich der Grenzen der Eingriffe in eine offensichtlich wohlgelungene Konstruktion bewusst ist. Zum anderen hat der Vorstand hauptsächlich die Fertigung im Visier, die rationeller eingerichtet werden muss. Und dies an beiden Standorten, also im Karosseriewerk Sindelfingen wie im Werk Untertürkheim, wo das Fahrgestell mitsamt Motor gefertigt wird und die Endmontage des Wagens stattfindet. Falls notwendig, seien dafür neue Maschinen und Fabrikationseinrichtungen anzuschaffen, und dies in jenem Umfang, wie ihn der Betrieb definiere, gibt Kissel zu Protokoll.[1] Zwar ist Anfang Mai 1936 der Produktionsaufwand für das komplette Fahrgestell mit Motor von anfänglich 184 Stunden auf 179 Stunden gesunken. Damit liegt der Bauaufwand aber immer noch acht Stunden über dem ursprünglich kalkulierten Ziel von 171 Stunden. Dieses kann aktuell nicht erreicht werden, weil gegen Ende der 170 V-Entwicklung verteuernde Änderungen umgesetzt worden sind. Gemäß Direktor Keil, der die Fabrikation im Werk Untertürkheim verantwortet, befindet sich die Fahrgestell-*Verbilligung bereits in voller Bearbeitung.* Als untere Grenze prognostiziert er einen Aufwand von 125 Stunden. Wilhelm Haspel hält zudem eine Reduktion des Karosseriepreises um 30 bis 40 RM für möglich, dies bei gleichbleibendem Ausstoß.[2]

Für das laufende Jahr 1936 hat der Aufsichtsrat eine Investitionssumme von fast 9,1 Millionen Reichsmark für die gesamte Daimler-Benz AG bewilligt. Davon entfallen auf die Verbesserung und Rationalisierung der W 136-Produktion im Werk Untertürkheim 1,15 Millionen Reichsmark. Damit wird insbesondere der Maschinenpark erweitert und erneuert, was Umstellungen und bauliche Eingriffe in den Produktionsanlagen notwendig macht. Um eine Senkung der Fabrikationslöhne ist Vorstand Otto Hoppe auch während der folgenden Monate sehr bemüht – mit Erfolg.[3] In das Karosseriewerk Sindelfingen fließen im selben Zeitraum Investitionen von gut 1,5 Millionen Reichsmark, unter anderem in die bauliche Erweiterung des Presswerks sowie in Maschinen und Einrichtungen. Knapp die

Anmerkung I: Detailliert siehe Kap. 3.2, S. 141 ff.

Hälfte des Betrags wird für den Bau eines neuen Verwaltungsgebäudes und die dadurch notwendigen Provisorien ausgegeben. Die Sindelfinger-Investitionen verbilligen indessen nicht primär die 170 V-Karosserien, sondern kommen vorwiegend der kostengünstigeren Herstellung der 230 (W 143)-Aufbauten zugute.

Technische Änderungen im Visier: Ganzstahlkarosserie und Kunstharzlackierung

Auf eine rationelle Produktionsweise der 170 V (W 136)-Karosserien ist bereits ein Jahr zuvor bei deren Konstruktion und Fertigungsvorbereitung stark geachtet worden. Weitere Einsparungen setzen konstruktive Eingriffe in die Aufbauten voraus und machen kostspielige Umstellungen von Fertigungsverfahren notwendig. Daran arbeitet man zwar, doch es dauert. Direktor Wilhelm Haspel berichtet im Februar 1937, dass die Karosserieingenieure den Übergang auf Ganzstahltüren oder sogar den völligen Fortfall des Holzgerippes in den Karosserien prüfen. Eine beträchtliche Senkung der Selbstkosten verspricht er sich durch die Einführung der Kunstharzlackierung. Entsprechende Versuche sind am Laufen und verheißen gute Erfolge.[4] Beides soll – wie sich zeigen wird – noch längere Zeit auf sich warten lassen: Während die Ganzstahlkarosserie knapp zwei Jahre später an einem einzigen neuen Pkw-Typ eingeführt wird, kann der Wechsel von Nitrozellulose- auf Kunstharzlackierung erst im Laufe der 1950er Jahre vollzogen werden.

Abb. 0244
Niederlassung Gleiwitz (Oberschlesien), Auslieferung eines neuen 170 V an die Kundschaft, 1938/39. Aufgesetzte Fahrtrichtungsanzeiger und weniger spitz auslaufende Stoßecken kennzeichnen die ab 1938 gebauten Ausführungen.

Mehrwert durch Verbesserungen

Die von Wilhelm Kissel ständig geforderte Senkung des Verkaufspreises des Typs 170 V findet nicht statt, nicht 1937, nicht 1938 und auch nicht im Schicksalsjahr 1939. Der Preis verharrt bei 3 750 RM für die zweitürige Limousine und bei 3 850 RM für die viertürige Variante. Allerdings profitieren die Käufer von zahlreichen Verbesserungen. Solche fließen

Abb. 0245
Montage des M 136-Triebwerks an mehreren Stationen einer Rollenbahn im Werk Untertürkheim, 1937.

Abb. 0246
Auf dieser modernen Karosserieblechpresse der Maschinenfabrik Weingarten entstehen Seitenteile für zweitürige 170 V Innenlenker, um 1938. Laufend wird auch im Werk Sindelfingen in die Modernisierung der Produktionseinrichtungen investiert, was sich günstig auf die Herstellungskosten auswirkt.

sehr rasch nach der Produktionsaufnahme im Februar 1936 in die Serie ein – erinnert sei an die Ausrüstung mit hinteren Stoßfängern. Weitere Optimierungen im Kleinen werden in stattlicher Anzahl auch weiterhin und ohne viel Aufhebens vorgenommen. Trotzdem lassen sich die Eigenkosten durch rationelleres Produzieren schrittweise senken, was die Gewinnmarge erhöht. Diese ist bekanntlich zu Beginn der Fertigung weit unter das errechnete Maß gefallen und verbessert sich nun nach und nach.[I]

Dass auf eine Senkung des Verkaufspreises verzichtet wird, hat mehrere Ursachen: Der 170 V verkauft sich von Beginn an überraschend gut und der Erfolg hält ungebrochen an. Wie erhofft, ist die Baureihe W 136 mit Abstand zur meistgebauten Reihe in der Pkw-Palette von Mercedes-Benz geworden – und dadurch kommerziell von besonderer Wichtigkeit. Weiter bleibt die befürchtete (und gefürchtete) ernsthafte Bedrohung des Typs 170 V durch neue Modelle der Konkurrenz in engen Grenzen. Der Technische Direktor Gustav Röhr stellt im März 1937 im Anschluss an seine Fahrzeugvergleiche auf der Berliner Ausstellung (IAMA) fest: *Unser 1,7 Ltr. V ist allen entsprechenden Konkurrenztypen überlegen. Wenn die Ausdehnung in dieser Klasse durch den 2 Ltr. V noch hinzukommt, werden wir dann auch noch im nächsten Jahre [...] unbedingt richtig liegen.*[5/II] Die Beurteilung von Röhr ist bemerkenswert, weil der 170 V bekanntlich nicht unter ihm, sondern noch unter Nibel und Sailer entwickelt worden ist und die Erweiterung durch den 200 V sein eigenes ambitioniertes Pkw-Programm gefährdet. Sei-

Anmerkung I: Siehe Kap. 2.1, S. 87.
Anmerkung II: Röhr nahm sich auch die Zeit, die Konkurrenzfabrikate selbst Probe zu fahren. Zudem war ihm wichtig, dass jene Ingenieure aus dem Konstruktionsbüro, die nicht nur Detailthemen bearbeiteten, sich auf Ausstellungen und Messen eine eigene Meinung bilden konnten, auch wenn sie dafür ins Ausland reisen mussten. Josef Müller, der Fahrwerkskonstrukteur des 170 V, erinnerte sich mit Dankbarkeit an einen Besuch des Autosalons in Paris, der unter alleiniger Herrschaft von Max Sailer für ihn und seine Kollegen nicht möglich gewesen wäre (Müller, Freuden 1990, S. 47).

Abb. 0247
Kleinteilepresserei in Untertürkheim. In der zweiten Hälfte der 1930er Jahre sind viele der alten Riementransmissionen verschwunden. Im Saal dominieren nun die Maschinen mit Einzelantrieb.

Abb. 0248
Werbestand von Continental für BUNA-Reifen aus synthetischem Kautschuk, 1937. Die deutsche Aufrüstung führt zu einer spürbaren Rohstoffverknappung. Davon sind auch die Zulieferer betroffen. Einen Ausweg sucht man durch die Verwendung einheimischer Ersatzstoffe.

ne Einschätzung dürfte dennoch zutreffend sein, denn er beobachtet als profunder Kenner die automobile Welt auch außerhalb Deutschlands mit wachem Auge. Die nur mäßig starke Konkurrenz und der anhaltende Verkaufserfolg der 170 V-Palette veranlassen die Firmenleitung schließlich, von einem Preisnachlass abzusehen.

Aufrüstung des »Dritten Reichs« limitiert die Produktion

Bereits im April 1937 beginnt man sich beim Automobil-Großhändler Lueg, der das gesamte Ruhrgebiet beliefert, Sorgen wegen der stets länger werdenden Lieferfristen zu machen; im Juli ist dessen Ausstellungsraum in Bochum leer – alle Wagen sind verkauft.[6] Das Geschäft läuft wie geschmiert, doch an eine Produktionssteigerung ist ab Mitte 1937 nicht mehr zu denken. Seit einem guten Jahr sind die braunen Machthaber im Begriff, das Deutsche Reich militärisch massiv aufzurüsten. Das erklärte Ziel, in wirtschaftlicher Hinsicht vom Ausland weitgehend unabhängig zu werden, führt rasch zu Einschränkungen in der Rohstoffversorgung. Zunächst ist der Bezug von Nichteisenmetallen, dann von Kautschukprodukten (insbesondere Reifen) betroffen, was zu einer Zollerhöhung auf Rohgummi führt. Aus diesem Grund stellt Daimler-Benz ab Ende Mai 1937 den Kunden den auf die Reifen entfallenden Betrag von 36,50 RM zusätzlich zum Kaufpreis in Rechnung.[7]

Im Frühjahr 1937 wird dann – für die Produktion weitaus schwerwiegender – eine Eisen- und Stahlkontingentierung verhängt, die einen Bezug dieser alles entscheidenden Materialien nur nach staatlichen Vorgaben mög-

Abb. 0249
Montage der Fahrgestelle in Untertürkheim, 1937. Wegen eingeschränkter Stahllieferungen lässt sich die Fertigung nicht mehr steigern, die Werkskapazitäten können nicht ausgeschöpft werden und die Lieferfristen für Neuwagen ziehen sich in die Länge.

lich macht.[8] Statt den 200 V als zusätzliche Modellvariante in Produktion zu nehmen und die aufgelaufenen Lieferrückstände abbauen zu können, nötigen diese Einschränkung den Vorstand, in den folgenden Monaten die Fertigung hauptsächlich der Pkw zu drosseln. Davon ist der 170 V aufgrund seiner hohen Stückzahl besonders betroffen. Die für 1937 vorgesehenen Investitionen in den Werken Untertürkheim und Sindelfingen für Fabrikationsverbesserungen an den bestehenden Typen, konkret für neue Maschinen im Getriebebau, für eine zusätzliche Presse, für Apparaturen in der Blechbearbeitung sowie für eine Trockenanlage für Kunstharzfarben[I] werden nur zum Teil und in Etappen bewilligt und ausgelöst.[9] Die Maßnahmen sind, was Sindelfingen betrifft, auf den bevorstehenden Wechsel zu Ganzstahlkarosserien ausgerichtet, die nunmehr bei den Nachfolgetypen des 170 V (W 136) und des 230 (W 143) eingeführt werden sollen. Erst mit diesem Schritt glaubt man die Eigenkosten in der Karosseriefertigung merklich verringern zu können.

Die rohstoffbedingte Beschränkung auf ungefähr 60% der effektiv vorhandenen Produktionskapazität gegen Ende des Jahres 1937 ist schmerzhaft. Umgekehrt profitiert die Daimler-Benz AG zunehmend und massiv von der militärischen Aufrüstung. Dies im Besonderen durch Aufträge im Großmotorenbau, also der Flug- und Marinemotoren, später in geringerem Maß auch durch die Fertigung von militärtauglichen Fahrzeugen. Der Geschäftszweig Großmotoren wird immer bedeutender, so dass dafür in Untertürkheim ein eigenes Entwicklungswerk entsteht (Werk 60). Dort werden die personalintensive Konstruktion und Entwicklung dieser Triebwerke vorangetrieben, weshalb zahlreiche fähige Ingenieure dem Pkw-Sektor verloren gehen. Äußeres Zeichen dieser Prioritätenverschiebung ist die Ernennung von Fritz Nallinger, bisher Leiter der Versuchsabteilung, bereits im Mai 1935 zum Technischen Direktor und Gesamtleiter des Großmotorenbaus.[10]

Es droht eine behördlich verfügte Typenbeschränkung

Bislang ist es der Daimler-Benz AG gelungen, staatliche Eingriffe im Bereich der Automobilfertigung weitgehend abzuwehren. Doch es ziehen neue Gewitterwolken auf: Der Reichskommissar für die Preisbildung[II] verlangt eine Reduktion der Fahrzeugpreise, die Generaldirektor Wilhelm Kissel[III] unter den gegebenen Verhältnissen als unmöglich zurückweist. Eine solche wäre denkbar, wenn unter marktwirtschaftlichen Bedingungen 3 000 Pkw und 1 200 Lkw im Monat gefertigt werden könnten, was allein der Materialkontingentierung wegen nicht zu erreichen ist.[11] Gleichzeitig droht ein neues Schreckgespenst in Form einer behördlich verhängten Typenbeschränkung.[12] Diese einschneidende Maßnahme stellt insbesondere die in Arbeit befindlichen Pkw-Neuentwicklungen in Frage, auch jene für den Ersatztyp des bisherigen 170 V.

1937: Änderungen und Verbesserungen im zweiten Produktionsjahr

Eine erste und zudem auffällige Änderung am 170 V (W 136) ist bereits Ende 1936 produktionswirksam geworden: Das formal korrigierte Kühlergesicht. Es entspricht nun weitgehend dem des 230 (W 143). Die Maske steht leicht steiler, ist etwas kantiger gepresst und verfügt – wie bislang sämtliche Mercedes-Benz-Modelle mit Frontmotor – oben über einen Kühlwasser-Schraubverschluss, der gleichzeitig Sternträger ist.[13] Die anfänglich polierten Scheinwerfersockel aus Leichtmetall weichen formal leicht veränderten Sockeln, die im Farbton der Kotflügel lackiert sind. Davon ausgenommen bleiben einzig das Cabriolet A und der Roadster.[14]

Ebenfalls im Laufe des ersten Produktionsjahrs ist der Rahmen für die 170 V-Innenlenker und -Cabriolets marginal verändert worden. Spätestens ab Juni 1937 wird nun für die offenen Aufbauten ein *erhöhtes Rahmenprofil*

Anmerkung I: Die Einführung der Kunstharzlackierung unterblieb. Erst 15 Jahre später war die Umstellung möglich.
Anmerkung II: Ende Oktober 1936 wurde das Amt des Preiskommissars geschaffen, eine Reichsbehörde mit weitgehenden Machtbefugnissen bezüglich Preisbildung und -überwachung (vgl. Petzina, Autarkie, S. 63).

verwendet.[15] Auslöser ist das sogenannte Cabriolet-Schütteln, eine vibrationsähnliche Bewegung des Wagens hauptsächlich in Querrichtung, die bei gewissen Geschwindigkeiten und Straßenverhältnissen auftritt. Den wahren Grund für dieses höchst unangenehme Phänomen, das seit der Einführung der unabhängigen Radaufhängung verstärkt zu beobachten ist, kennt man zu diesem Zeitpunkt noch nicht. Beim 170 V schüttelt das Cabriolet B-Modell besonders stark. Von mehreren Versuchen bringt einzig die Vergrößerung der statischen Höhe des Rahmenprofils eine spürbare Verbesserung, so dass schließlich für Fahrgestelle, die für einen offenen Aufbau bestimmt sind, auf ein höheres Ovalrohr übergegangen wird.[16] Gegenüber Wagen mit offenen Aufbauten erweisen sich die Limousinen als wahrnehmbar steifer, was beweist, dass die geschlossenen Karosserien – wenngleich unbeabsichtigt – eine gewisse mittragende Funktion ausüben.

Eine weitere Optimierung ist unsichtbar: Sämtliche 170 V-Modelle erhalten ab 1937 eine Frontscheibe aus Sicherheitsglas, dies anderthalb Jahre bevor eine entsprechende Vorschrift in Kraft tritt.[17] Als Folge der sich verschärfenden Rohstoffsituation wird der Frontscheibenrahmen von nun an aus Leichtmetall gefertigt und auf Hochglanz poliert.[18]

Abb. 0250
Ab April 1937 werden die 170 V Cabriolet B mit der Frontscheibe in der Art des Offenen Tourenwagens ausgeliefert. Mit ihrer eckigen Erscheinung passt sie formal deutlich besser zu den durch ein Metallprofil eingefassten Seitenscheiben als die bisherige Windschutzscheibe des Innenlenkers mit ihren Rundungen. Gleichzeitig wird auf die klappbare B-Säule verzichtet, was Anpassungen an den Scheiben und am Verdeckgestänge auslöst.

170 V Cabriolet B mit neuer Frontscheibe und angepasstem Verdeck

Die zweite visuell gut wahrnehmbare Änderung betrifft allein das Cabriolet B. Für diesen beliebten offenen Aufbau hat Sindelfingen bislang die Frontscheibe der Limousine verwendet, und zwar mitsamt dem umlaufenden, mit Holz ausgefütterten und in Wagenfarbe gespritzten Blechrahmen der Karosserie. Nun wechselt man zur Frontscheiben-Ausführung des Tourenwagens, der lediglich über die beiden (in Wagenfarbe lackierten) gegossenen A-Säulen verfügt, nicht jedoch über eine feststehende obere Traverse. Eine solche ist Bestandteil des nun ebenfalls aus poliertem Leichtmetall bestehenden Frontscheibenrahmens, der deutlich eckiger ausgebildet ist und mittels Zapfen in den oberen Enden der Säulen drehbar lagert. Mit dieser Maßnahme lassen sich Produktionskosten einsparen, zudem erfährt der Wagen eine formale Aufwertung. Die Frontscheibe wirkt nicht mehr wie ein aus Kostengründen von der Limousine übernommenes Element, sondern entspricht gestalterisch den Seitenscheiben, die ebenfalls mit einem U-Profil aus Alu eingefassten sind. Gleichzeitig verzichtet man ersatzlos auf die umklappbaren B-Säulen. Diese Änderung erfordert eine Anpassung des Verdeckmechanismus. Für die Ausfütterung des Stoffverdecks wird Trikottuch verwendet.

Diese erneuerte Cabriolet B-Ausführung ist bereits im Februar 1937 auf der IAMA in Berlin zu sehen, fließt im April in die Karosseriefertigung ein und gelangt ab Mai zu den Kunden. Ebenfalls in Berlin ausgestellt sind zwei 170 V-Modelle in Droschken-Ausführung, nämlich eine Limousine und eine Cabrio-Limousine.[19/IV]

Detailverbesserungen dank neuer Reparaturstatistik

Am 11. Mai 1937 findet in Untertürkheim eine über drei Stunden dauernde Technikkonferenz statt, an der führende Ingenieure aus den Werken Untertürkheim, Sindelfingen und Mannheim technische Detailfragen, Beanstandungen und Verbesserungsvorschläge mehrerer in Produktion stehender Pkw-Typen durchbesprechen. Dank einer neuen Reparaturstatistik kann Direktor Keil die Hauptbeanstandungen am 170 V quantitativ beziffern und bereits vorgenommene Verbesserungen qualitativ überprüfen.

Folgende Komponenten sind bislang bemängelt worden:

- **Kupplung** (zu geringer Pressdruck, mangelhafte Lagerung der drei Kupplungshebel),
- **Getriebe** (starke Geräuschentwicklung im dritten Gang),
- **Steuerräder** des Nockenwellenantriebs (heulen),
- **Hinterachse** (mehrere Probleme, u.a. Steckachsenbrüche),
- **Ventilfedern** (Brüche),
- **Kolbenbolzen** (Klopfgeräusche),
- **Leitungen** der Zentralschmierung (Brüche).

Einige Schwachstellen sind zwischenzeitlich bereits eliminiert worden, an anderen wird intensiv gearbeitet; neue Schadenserkenntnisse erfordern ein zusätzliches Eingreifen.[20] In der Folge fließen im Laufe des Jahres 1937 zahlreiche weitere kleine Verbesserungen in die laufende Serie des 170 V ein. Motorseitig fallen nun die mit Ringen versehenen Sitze für die Auslassventile, die neu mit Kopfschrauben statt Stiftschrauben und Kronenmuttern auf der Kurbelwelle montierten Pleuel sowie weitere Anpassungen an der Ölpumpe ins Gewicht. Gleichzeitig wird auf ein Kurbelgehäuseunterteil mit unterbrochenen und wechselseitig versetzten Längsrippen gewechselt. Im Sommer gelangt man zu der Einsicht, dass ein Eingreifen ins Getriebe unumgänglich wird. Ab September sorgen eine andere Riegelplatte, veränderte Riegel und individuell angepasste statt einheitliche Federn für eine verbesserte

Anmerkung III: Seit 1.10.1937 war Wilhelm Kissel offiziell Vorsitzender des Vorstands und damit »Generaldirektor« der Daimler-Benz AG, eine Funktion, die er schon bislang ausübte.
Anmerkung IV: Zu den Droschkenausführungen siehe Kap. 4.3, S. 199 ff. Droschke, ein Begriff aus der Kutschenzeit, blieb bis Anfang der 1950er Jahre der in Deutschland übliche Begriff für ein Taxi.

Abb. 0251
170 V Cabriolet B mit Ausstattung aus Epinglé-Stoff statt Leder, 1937. Die neue eckige Frontscheibe lagert oben drehbar in den beiden A-Säulen, die untereinander keine feste Verbindung mehr haben. Der anfänglich scherenförmige Frontscheibenfeststeller weicht einer zylinderförmigen Ausführung mit Drehknopf und Schneckengetriebe, die viel bequemer zu handhaben ist.

Führung des Schalthebels, was dessen lästiges Schettern unterdrückt. Zudem läuft eine Versuchsserie von 100 Getrieben mit veränderter Schaltschiene an, die verhindern soll, den ersten Gang nur halb einzulegen. Dringender Handlungsbedarf besteht bei der Kupplung. Hier werden die Verbesserungen in direktem Kontakt mit Fichtel & Sachs erarbeitet, können aber erst zu Beginn des kommenden Jahres 1938 umgesetzt werden.[21]

Gleich mehrfach müssen sich die Konstrukteure innerhalb der Produktionsperiode 1937 um Verbesserungen an und in der Hinterachse kümmern. Die Befestigung des Differenzialgehäuses im Rahmen wird verstärkt, aber auch im Innern des Räderwerks und der Halbachsen sind Korrekturen notwendig. Als Ursache von gebrochenen Steckwellen erkennen die Fachleute jedoch keinen konstruktiven Fehler, sondern eine mangelhafte Fertigung durch eine falsche Bearbeitungsreihenfolge im Werk Untertürkheim.

Gegen Jahresende lassen gebrochene Kugelbolzen an der Lenkung aufhorchen. Zwecks einfacherer Montage ist zuvor deren Stellung geändert worden, was sich als Fehler erweist, da die Bolzen beim vollständigen Durchfedern an die Pfannen stoßen und Schaden nehmen. Alle im Verkehr befindlichen 170 V werden anlässlich ihres nächsten Werkstattbesuchs auf diesen Fehler hin untersucht und – wenn betroffen – kostenfrei instandgesetzt. Die unzureichende Schmierung der Bolzen an den Blattfederaugen der Vorderradaufhängung kann ab Herbst durch eine konstruktive Änderung der Buchsen behoben werden. Desgleichen die Probleme mit den Rädern der Firma Lemmertz, die unzulässige Abweichungen von den als Referenz geltenden Rädern der Firma Kronprinz zeigen. Vergleichsweise harmlos, jedoch ärgerlich und dem Renommee des Qualitätswagens abträglich ist das Herausfallen der Gummiprofile aus den Aluleisten auf den Trittbrettern.[22]

Maßnahmen zur Produktionsverbilligung

Einige Änderungen dokumentieren das Bestreben die Fertigung zu vereinfachen. So werden die aufwändig gegossenen und nachbearbeiteten Hörner der Exportstoßstangen nun in Stahlblech gepresst. Ein Beispiel aus dem technischen Bereich: Am Rahmen kann der Halter für die Kupplungspedal-Rückzugsfeder eingespart werden, weil diese nun ganz

Abb. 0252 & 0253
Wie die Konkurrenzmodelle verfügt der 170 V über keine Heizungs- und Lüftungsanlage. Wer oft im Winter fährt, weiß die nachträglich einzubauende Bosch-Umluftheizung zu schätzen. Das Aggregat wird im Beifahrerfußraum installiert, wärmt mit Kühlwasser und hat einen elektrischen Ventilator. Über Schläuche und Trichterdüsen lässt sich die Windschutzscheibe beschlagfrei halten. Wer die aufwändige Installation mit ausgebautem Armaturenbrett umgehen will, führt – ästhetisch fragwürdig – die Warmluftzufuhr sichtbar über das Armaturenbrett.

simpel in eine Bohrung im Rahmen eingehängt wird. Eine vereinfachte Aufhängung der Fangbänder für die Hinterrad-Halbachsen spart Geld ohne Funktionseinbuße. Einen marginalen Komfortverlust bedeutet der Verzicht auf die verchromten trapezförmigen Zuziehgriffe an den Fondtüren.

Ende November 1937 fällt der Entschluss, die Batterie von ihrem bisherigen Standort links unter der Rücksitzbank in einen Blechkasten unter dem Fahrersitz zu verlegen, was die Zugänglichkeit insbesondere bei den zweitürigen Modellen wesentlich erleichtert. Dank dieser Maßnahme kann rund ein Meter des dicken Batteriekabels eingespart werden. Unter der Rücksitzbank ist der Blechboden zu beiden Seiten des Kardantunnels nun spiegelbildlich ausgebildet. Auf der rechten Seite verläuft der ebene Fußboden nach wie vor von der Rücksitzbank bis zum vorderen Ende des Beifahrersitzes.[23] Von dieser Veränderung bleiben die Cabriolet A und Roadster ausgenommen.

Thermostateinbau bejaht, aber verschoben

Bereits im Mai des Jahres 1937 ist erneut die Frage nach einem Kühlwasserthermostat laut geworden. Die langandauernde Warmlaufphase mit schlechter Gasannahme veranlasst viele Kunden, den Motor auf mittlerer Drehzahl zu halten und die Geschwindigkeit durch schleifende Kupplung zu regulieren, was zu Schäden durch vorzeitig abgenutzte oder verhärtete Kupplungsbeläge und defekte Graphitringe führt. Winkelmann plädiert für die Umstellung auf Thermosiphonkühlung. Direktor Keil hingegen, vor Jahresfrist noch Gegner eines Thermostateinbaus, befürwortet nun die serienmäßige Ausrüstung mit einem Temperaturregler, die allerdings erst 1939 erfolgt.[24]

Erweiterung der aufpreispflichtigen Extras

Zur IAMA 1937 ist die Liste der aufpreispflichtigen Extras beträchtlich erweitert worden. Neu sind nun die Töpfe der Bosch-Scheinwerfer in einer vollständig blanken Ausführung erhältlich, wovon, wie sich zeigen soll, hauptsächlich die Cabriolet-Kunden regen Gebrauch machen. Gleichzeitig versieht man die Roadster und Cabriolet A serienmäßig mit verchromten Reimann-Positionsleuchten auf den Vorderkotflügeln. Für die anderen 170 V-Modelle ist diese Zutat optional erhältlich. Gegen Aufpreis angeboten werden nun Nebellampen mit verchromtem Topf von Bosch und Notek; letzteres Modell kann auch mit dem charakteristischen Bügel für eine Montage in Wagenmitte vor dem Kühler bestellt werden. Eine Rückfahrleuchte erleichtert das kollisionsfreie Rückwärtsmanövrieren bei Dunkelheit. Beliebt sind die vom Fahrer- oder Beifahrersitz aus gut zugänglich an der A-Säule befestigten Suchscheinwerfer von Bosch oder HASAG. Wer gerne akustisch auffallen möchte, kann anstelle des Bosch-Trichterhorns eine Dreiklanganlage aus Bosch-Tellerhörnern einbauen lassen. Mittels eines Anschlussstutzens lässt sich am Heck aller Modelle ein zweites Ersatzrad mitführen. Der Bequemlichkeit dienen die sogenannten Schlafsitzbeschläge, die einzeln geordert werden können.

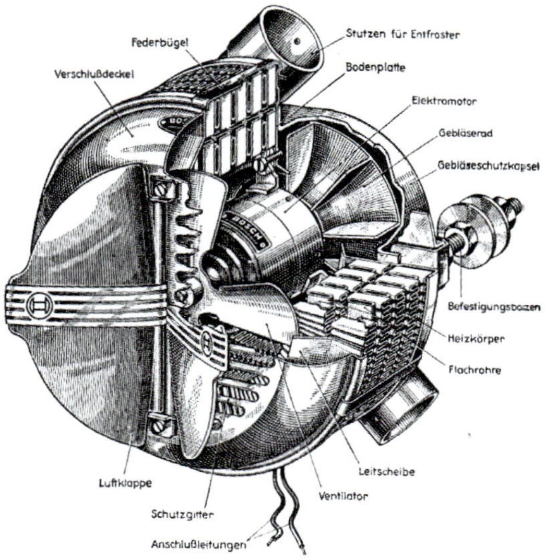

Bild 2. Schnittbild des Wagenheizers

Wer den Wagen im Winter regelmäßig fährt, wird sich die Anschaffung einer mit 110 RM recht kostspieligen Bosch-Heizung überlegen. Letztere bezieht die Wärme vom Kühlwasser und funktioniert im Wageninneren als Umluftheizung. Frischluft muss über die Seitenfenster zugeführt werden, wobei die gläsernen Blenden entlang des vorderen und oberen Fensterrandes, die einen zugfreien Luftein-

Abb. 0254
170 V Cabrio-Limousine von 1937, aufgenommen am Donaukai in der Budapester Wasserstadt. Im Hintergrund das monumentale neugotische Parlamentsgebäude. Mit dem 170 V auf Reisen: Kein Problem. Der Wagen erweist sich als ebenso komfortabel wie zuverlässig. Eine Ablösung durch einen neuen Typ ist schon Ende 1936 kein Thema mehr, eine neue Karosserie hingegen schon.

lass gewährleisten sollen, erst in zwei Jahren auf der Aufpreisliste stehen. Der kesselartige Wärmetauscher mit eingebautem Ventilator wird beifahrerseitig im Fußraum unter der Armaturentafel befestigt[I]. Luftdüsen unterhalb der Frontscheibe sind hinter dem Armaturenbrett fast nicht einzubauen, weshalb Bosch auch eine Montage auf dem Armaturenbrett vorschlägt, die an Hässlichkeit kaum zu überbieten ist.

Optisch dezent und preiswert ist hingegen ein im Geschwindigkeitsmesser integrierter zweiter und deshalb rückstellbarer Kilometerzähler (Tageszähler). Ein Kühlwasserthermometer, für den im Armaturenbrett kein Platz vorgesehen ist, schlägt mit erheblichen 40 RM zu Buche; das Instrument wird meist links unter dem Armaturenbrett montiert. Angesichts des nach wie vor fehlenden Thermostats ist im Winter eine Kühlerschutzdecke sehr zu empfehlen. Solche gibt es in den Vertretungen in verschiedenen Materialien und Ausführungen zu entsprechend unterschiedlichen Preisen zu kaufen. Zeittypisch sind die an den Vorderkotflügeln angeklammerten verchromten Standartenhalter, deren oberer Abschluss wahlweise aus dem Mercedes-Stern oder dem Hakenkreuz besteht. Als zusätzliches Zubehör stehen ein Feuerlöscher, eine Handlampe und eine Hand-Luftpumpe auf der Aufpreisliste.[25/II]

1938: Optimierung statt neue Karosserie

Den 170 V abzulösen ist – wie eben beschrieben – schon Ende 1936 kein Thema mehr. Es geht vielmehr darum, ihn weiterzuentwickeln, vor allem karosserieseitig, um die beeindruckende Marktpräsenz zu erhalten. In diese Richtung beginnt man kurz nach der Wende zum Jahr 1937 Überlegungen anzustellen, die in einer Art zukünftigem Karosseriebaukasten gipfeln. Für den 170 V (W 136), für den in Entwicklung stehenden 200 V (W 149) und für den kommenden 260 VB mit Achtzylinder-Boxermotor gemäß Röhr-Programm (W 146) sollen Karosserien geschaffen werden, die eine möglichst große Anzahl von Gleichteilen aufweisen, so die Idee.[26]

Im Spätsommer 1937 lässt der Vorstand jedoch diesen Achtzylinderwagen fallen und beschließt stattdessen die Modernisierung des 230 (W 143), der einen Ovalrohrrahmen nach dem Vorbild des 170 V erhalten soll. Das Dreitypen-Karosseriekonzept wird dadurch nicht obsolet, im Gegenteil. Anstelle des Röhr-260 VB wird der zu aktualisierende 230 mit einbezogen. Terminoptimistisch, wie sich namentlich Kissel aus taktischen Gründen immer wieder gibt, soll dieser neue 230 (der nun die Baureihenbezeichnung W 153 erhält) und wohl auch der 170 V mit neuer größerer Karosserie Mitte Februar 1938 auf der IAMA in Berlin vorgestellt werden. Weil aber Ende Juli 1937 klar geworden ist, dass die Produktionsaufnahme der 2-Liter-Modellvariante des 170 V – also der 200 V (W 149) – auf unbestimmte Zeit verschoben werden muss, stellt man auch die Neukarossierung des 170 V zurück, forciert jedoch den 230 (W 153).[27] Schließlich fehlen beide neuen Typen auf der wichtigen Automobilschau.

Auch wenn mit der neuen Karosserie vorläufig zugewartet werden muss, der 170 V (W 136) bleibt verkaufsmäßig die mit Abstand wichtigste Pkw-Baureihe der Daimler-Benz AG, obwohl die Kunden lange Lieferzeiten in Kauf nehmen müssen. Man ist sich in der Zentrale einig: der 170 V muss zwingend qualitativ und technisch auf der Höhe gehalten werden.

170 V Tourenwagen: Neu mit vier Türen

Im Frühjahr 1938 löst eine viertürige Ausführung des offenen Tourenwagens den bisherigen Zweitürer ab. Die Ausstattung bleibt unverändert, mit Ausnahme der Fondtüren, die – analog dem Innenlenker und der Cabrio-Limousine – je eine Kartentasche erhalten. Die neue Tourenwagenausführung steht mit 4 600 RM in den Preislisten, 100 RM mehr als für das Zweitür-Modell verlangt worden ist.[28] Nachdem im Vorjahr beachtliche 314 (zweitürige) 170 V Tourenwagen hergestellt worden sind, sinkt die Produktion 1938 um ein knappes Drittel auf 220 Stück und bleibt auch im Folgejahr mit 223 Wagen auf diesem bescheidenen Niveau.[29]

Stärkere Kupplung, verbesserte Hinterachse

Kurz vor Weihnachten 1937 hat Technikvorstand Max Sailer eine umfangreiche Liste von künftigen Verbesserungen und fabrikationstechnischen Änderungen für die aktuell produzierten Typen zusammengestellt. Beim 170 V umfasst diese Auflistung 15 Punkte, die allesamt im Laufe des Jahres 1938 umgesetzt werden.[30]

Ab Januar kommt die veränderte Kupplung Komet-Mecano K 10 DM mit sechs doppelten Federelementen zum Einsatz, die einen stärkeren Anpressdruck erzeugen und über eine

Anmerkung I: Siehe auch Trzebiatowsky, Kraftfahrzeuge 1960, S. 504 f.
Anmerkung II: Vollständiges Extra- und Zubehörprogramm unter Einschluss der Preise siehe Band II, Tabelle D 12.

verbesserte Lagerung der drei Fingerhebel verfügt.[31] Zudem wird ein verstärkter Graphitring eingebaut. Doch es handelt sich bloß um ein Provisorium. Nach 2 000 weiteren Wagen wird auf die stärkere und im Durchmesser größere Kupplung Komet K 12 KV gewechselt. Gleichzeitig versieht man, wie gegen Ende 1937 doch noch beschlossen worden ist, diese neue Fichtel & Sachs-Kupplung mit einem Ausrücklager, das durch die zentrale Fahrwerksschmierung mit Öl versorgt wird. Der Wechsel auf die neue Kupplung sorgt auch an der Peripherie für einigen Aufwand: So muss das Schwungrad am Motor an den größeren Durchmesser angepasst werden. Die mit dem Getriebegehäuse eine Einheit bildende Kupplungsglocke benötigte ein größeres Volumen und einen Eingang mit Nippel für die Schmierleitung. Das Öl fliesst über einen kleinen Trichter auf dem Ausrückkörper ins eigentliche Lager. Ein im vergangenen Herbst an 100 Getrieben versuchsweise durchgeführter konstruktiver Eingriff bewährt sich und findet nun Eingang in die Serie.[32] Die veränderte Vorgelegewelle mit ebenfalls angepassten Schieberädern führt zu einem leicht längeren 1. Gang (1:4,17 statt 1:4,32).[33] Offenbar kommt nun ein Teil der im 170 V eingebauten AKS-15-Getriebe gänzlich von ZF in Friedrichshafen.[34]

Ebenfalls bereits im Januar 1938 läuft die Herstellung der verstärkten Hinterachse an, die nun mit der Ausführung für den aufs Eis gelegten »zivilen« 200 V (W 149) identisch ist. Die Lager des Ausgleichsgetriebes sind vergrößert worden, ebenso die Kreuzgelenke, die Halbwellen und deren Lager. Diese Eingriffe verlangen nach einer Anpassung auch der Tragrohre. Identisch bleibt hingegen die Achsuntersetzung.[35]

Abb. 0255 & 0256
Im Frühling 1938 löst der viertürige 170 V Tourenwagen die bislang zweitürige Ausführung ab. Damit wird der Offene Tourenwagen nicht nur praktischer, sondern unterscheidet sich stärker vom Cabriolet B. Seit beide Modelle über Frontscheiben derselben Art verfügen, ist eine Verwechslung bei offenem Verdeck leicht möglich gewesen. Auch in der viertürigen Version hat der Tourenwagen wie bisher seitliche Steckscheiben aus Cellon und ein ungepolstertes Verdeck ohne Sturmstangen.

Konstruktive Änderungen an der Vorderradaufhängung

Der zweite auffällige technische Eingriff innerhalb der ersten Jahreshälfte 1938 betrifft die vordere Radaufhängung. Die Achsschenkel erhalten einen im Durchmesser von 18 mm auf 20 mm erweiterten Bolzen, längere Achsschenkelzapfen und daraus folgend entsprechend angepasste Radnaben.[36] Weiter werden die Enden der Blattfederpakete unter Einschluss der Federaugen abweichend geformt und dimensioniert. Die Federblätter behalten die bisherige Breite von 57 mm, verjüngen sich aber am Auge auf 48 mm. Als Gegenmaßnahme kommen von 18 mm auf 20 mm ausgeweitete Buchsen und Bolzen zum Einsatz. Käufer, die des Öfteren schlechte Wegstrecken zu befahren haben, empfiehlt man die aufpreispflichtigen Federschutzdeckel aus Leichtmetallguss mit den passenden Lederschutzkappen, die den heiklen Bereich wirkungsvoll schützen. Doch es bleibt nicht lange bei dieser Achsschenkellagerung. Gegen Ende des Jahres 1938 versieht man die Federaugen mit Mecano-Gewindebüchsen und den passenden Gewindebolzen mit Gummidichtringen.[37]

Abb. 0257
1938 erhält die Vorderradaufhängung neu konstruierte Blattfederpakete, die durch ihre veränderten Enden leicht zu erkennen sind (vgl. Abb. 0114 & 0119), und zugleich verstärkte Achsschenkel. Die im Durchmesser vergrößerten Federbolzen werden bereits im Herbst von einer geschraubten statt gesteckten Ausführung abgelöst.

Abb. 0258
Die Hinterachse gehört zu jenen Bauteilen des 170 V, die anfänglich eher unterdimensioniert sind. Bereist 1937 wird konstruktiv in die Achse eingegriffen. 1938 folgt eine verstärkte Ausführung, die in Erwartung der leistungsfähigeren Modellvariante 200 V entwickelt worden ist. Weitere Änderungen werden folgen, aber stets unter Wahrung der Grundkonstruktion.

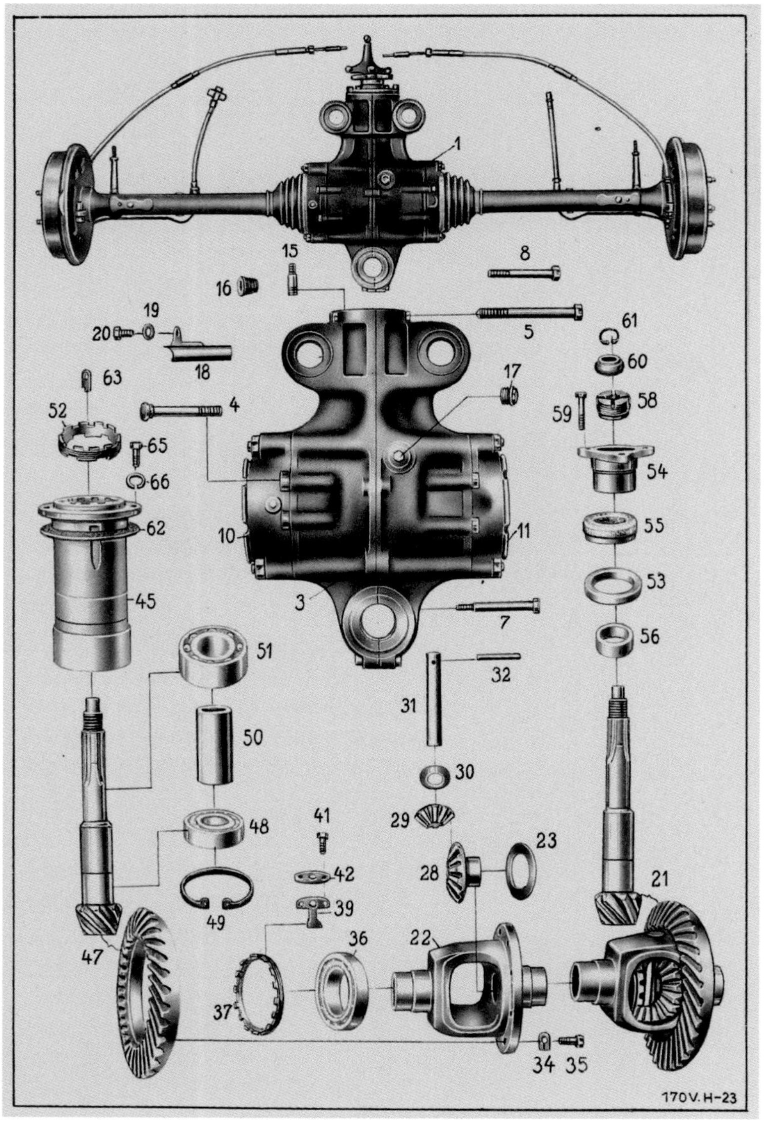

Motorverschleiß wegen ungenügendem Warmlauf: Automatische Gemischvorwärmung und neuer Luftfilter

Im Frühjahr 1938 bereiten auffällig viele Motorprobleme ähnlicher Art nicht nur der Reparaturabteilung unter Prokurist Pfeiffer Kopfzerbrechen, sondern ebenso den Herren Baumann und Grauer von der Zentralprüfstelle. Dem häufigen Kolbenbolzenklopfen versucht man durch den Einbau nitrierter Bolzen mit reduziertem Überdeckungsspiel entgegenzuwirken, mit mäßigem Erfolg. Als die Reparaturabteilung schließlich anordnet, bei entsprechenden Schäden nicht nur die betroffenen Bolzen als Anschauungsmaterial zugestellt zu bekommen, sondern gleich die ganzen Motoren, stellt man fest, dass nicht primär Abnutzungen an den Bolzen die Probleme verursachen, sondern fortgeschrittener Verschleiß an den Kolben und Zylinderlaufbahnen, und zwar durch Trockenlaufen. Den involvierten Fachleuten bis hin zu Versuchsleiter Winkelmann und Motoren-Oberingenieur Heeß ist klar, dass die Ursache im schlechten Warmlaufverhalten des M 136 zu finden ist. Die nur mit Werkzeug verstellbare Gemisch-

Bild 8. Ansicht des Vergasers

E	= Befestigungsschrauben des Vergaserunterteiles	W	= Schraube zur Regelung der Leerlaufluft
Ga	= Luftdüse des Anlaßvergasers	Z	= Schraube zur Begrenzung der Leerlaufstellung der Drosselklappe
Gs	= Anlaßkraftstoffdüse	21	= Befestigungsschrauben des Vergasers
R	= Rückschlagventil	19 101	= Verstellplatte für Heizung
a	= Schraube zur Begrenzung der Öffnungsstellung der Drosselklappe	85 1211	= Drahtzug zum Zugknopf „Start“

Bild 8. Ansicht des Vergasers

E	= Befestigungsschrauben des Vergaserunterteiles	W	= Schraube zur Regelung der Leerlaufluft
Ga	= Luftdüse des Anlaßvergasers	Z	= Schraube zur Begrenzung der Leerlaufstellung der Drosselklappe
Gs	= Anlaßkraftstoffdüse	21	= Befestigungsschrauben des Vergasers
R	= Rückschlagventil	11 601	= Saugleitung
a	= Schraube zur Begrenzung der Öffnungsstellung der Drosselklappe	19 137	= Selbsttätige Heizvorrichtung
		81 1211	= Drahtzug zum Zugknopf „Start“

Abb. 0259 & 0260
In der Betriebsanleitung ist der Steigstromvergaser mit dem Ansaug- und Auspuffkrümmer detailliert dargestellt. Die Gemischvorwärmung lässt anfänglich nur einen Winter- oder einen Sommerbetrieb zu. Für den Wechsel vom einen zum andern Betriebszustand muss die auf einer Platte montierte Heizklappe um 90° gedreht werden (H=Heizung, K=kalt), wozu Werkzeug nötig ist (Bild links, Ausgabe V, 1937).
1938 geht man zu einer automatisch gesteuerten Heizklappe über, die von einer wärmeempfindlichen Spiralfeder mit Gegengewicht gedreht wird. Bei kaltem Motor ist der Durchgang offen, mit der Erwärmung schließt sich die Klappe allmählich. (Bild rechts, Ausgabe VI, 1938).

vorwärmung und der fehlende Thermostat führen zu einem übermäßigen Gebrauch des Starterzugs, also der Gemischanreicherung mit allen negativen Folgen. Ab März geht man deshalb auf eine automatische Gemischvorwärmung über. Die Heizklappe wird nun über eine Thermospirale verstellt, was allerdings veränderte Ansaug- und Auspuffkrümmer bedingt. Otto Winkelmann wird mit der Entwicklung und Erprobung eines geeigneten Kühlwasserreglers inklusive Gehäuse für den Serienbau beauftragt. Bei Schwierigkeiten und auf Wunsch des Kunden kann umgehend ein provisorischer Thermostat bezogen werden. Gleichzeitig mit der Einführung der automatischen Gemischvorwärmung erfolgt der Wechsel auf einen neuen Ansauggeräuschdämpfer, der aus einem senkrecht stehenden Rohr mit oben integriertem, nassem Luftfilter besteht. Im Bereich der Kolben werden schrittweise Verbesserungen durchgeführt, die sich in der Dimensionierung und Ölversorgung der Kolbenbolzen niederschlagen. Modernere EC-Nelson-Breitplattenkolben, die durch die Firma Mahle in engem Kontakt mit der Versuchsabteilung entwickelt worden sind, ersetzen innerhalb der zweiten Jahreshälfte die bisherige Ausführung.[38]

Zylinderkopf, Lichtmaschine, rinnende Kühler und veränderte Antriebswelle

In der zweiten Jahreshälfte 1938 geht man dazu über, den Zylinderkopf mit Kopfschrauben zu befestigen anstelle der bisherigen Stiftschrauben mit Muttern. Die Wasserpumpe erhält eine Welle, die sich kostengünstiger herstellen lässt, zudem eine veränderte Lagerung und – gegen vermehrt feststellbares Rinnen – anstelle der billigen Dichtung wiederum die alte, aber teurere Ausführung. Nach Interventionen bei der Robert Bosch GmbH verbessert sich die Stromabgabe der Lichtmaschine durch einen neuen, weniger störanfälligen Regler. Weil die Kühler immer noch auffällig häufig an ein- und derselben Stelle undicht werden, zitiert Oberingenieur Decker die Firma Behr nach Untertürkheim.[39] Ab ungefähr August wird eine neue Antriebswelle zwischen Getriebe und Hinterachse eingebaut. Das Schiebestück befindet sich nun am hinteren Ende statt getriebeseitig; nach wie vor fehlt dort ein Schmiernippel.[40]

Neues Lenkradschloss, zwei Rückleuchten und aufgesetzte Fahrtrichtungsanzeiger

Im Frühjahr 1938 wird eine neue Lenkrad-Zündschloss-Ausführung eingebaut. Das bisherige Schloss der Firma Neiman aus Köln bedient der Fahrer lediglich mit dem Schlüssel, der gleichzeitig den Sperrbolzen der Lenkungsverriegelung bewegt und den Stromkreis ein- und ausschaltet. Die rote Ladekontrollleuchte befindet sich am Armaturenbrett über dem Kombiinstrument. Das neue Lenkradschloss der Firma Tümmler aus Döbeln in Sachsen verfügt nun zusätzlich zum Schlüssel über einen separaten Drehschalter zum Aktivieren der Zündung und über eine im Schlosskasten integrierte rote Ladekontrollleuchte. Anstelle der Ladekontrollleuchte am Armaturenbrett wird eine blaue Fernlichtkontrollleuchte eingebaut.[41]

Die sachkundigen Beobachter erkennen einen ab Herbst 1938 gebauten Neuwagen aufgrund der geänderten Rück- und Bremslichtdisposition. Die per 13. November 1937 in Kraft gesetzte Straßenverkehrs-Zulassungs-Ordnung (StVZO) verlangt für die ab dem 1. Oktober 1938 neu zugelassenen Personen-

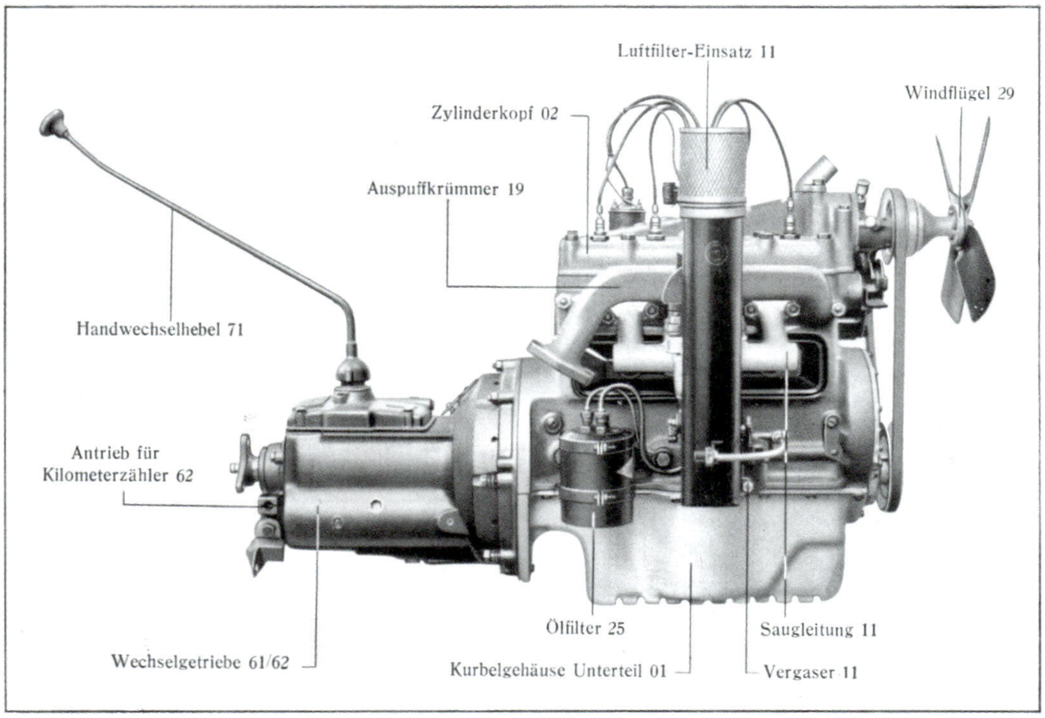

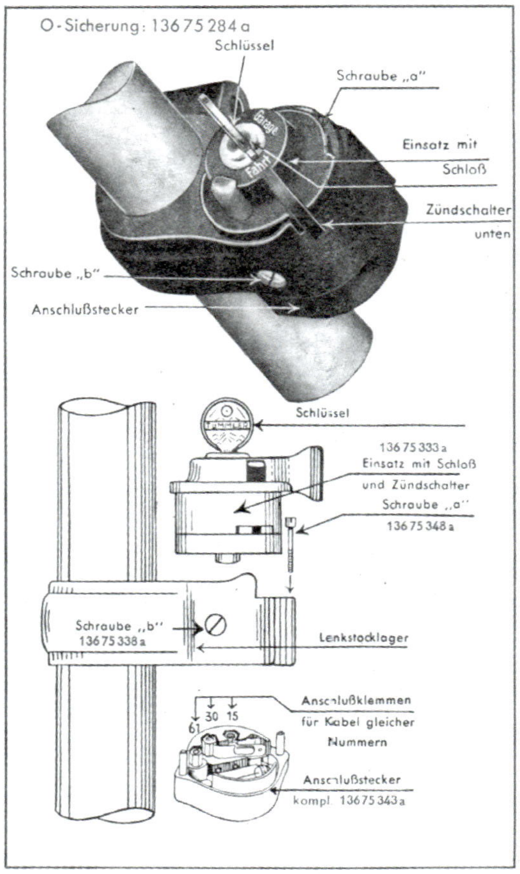

Abb. 0261
Motor M 136 (Vergaserseite) mit Getriebe ZF AKS-15, Stand zweite Hälfte 1938: Neuer rohrförmiger Ansauggeräuschdämpfer mit Luftfilter, automatische Gemischvorwärmung, Zylinderkopfschrauben statt Gewindebolzen mit Muttern, Kurbelgehäuseunterteil mit unterbrochenen und versetzt angeordneten Rippen statt Längsrippen.

Abb. 0262
Neues Lenkradschloss der Firma Tümmler aus Döbeln (Sachsen). Zündungsaktivierung mit Drehschieber, Ladekontrollleuchte am Schloss statt im Armaturenbrett. Dort sitzt nun die blaue Fernlichtkontrollleuchte.

wagen und Lastwagen zwei Rückleuchten am Fahrzeug, nämlich je eine links und rechts, sowie einen Rückstrahler auf der linken Seite.[42] Anstelle der Nummernschildtafel, die mit ihrer dreiteiligen Rück- und Bremslichteinheit nicht mehr vorschriftskonform ist, entschließt man sich für die kleinen zweikammerigen Rückleuchten der Firma MELAS aus Eisenach, die auch von BMW bezogen werden, und die mit einem kleinen Sockel auf die Hinterkotflügel montiert werden. Aufgrund der Form ihres Lampentopfs und ihrer Größe bürgert sich bald der Spitzname *Eierleuchte* ein.[43/I] Eine waagerecht über dem Nummernschild angeordnete röhrenförmige Leuchte übernimmt die Beleuchtung des Kennzeichens.

Vermutlich ein paar Monate früher rückt man von den in schmalen Schächten karosseriebündig eingelassenen Fahrtrichtungsanzeigern ab und setzt solche ein wenig weiter oben auf die Karosserie auf. Zwei Gummipuffer sorgen für den notwendigen Abstand zwischen dem Zeigergehäuse und der Karosserie. Die Arme der außen aufgesetzten Zeiger sind ausgeklappt ca. 65 mm kürzer als die in der Karosserie eingelassenen. Der Grund für diese ästhetisch wenig erfreuliche Umplatzierung ist nicht die veränderte Zulassungsvorschrift im Deutschen Reich, sondern die sich stark unterscheidenden Vorgaben über die Position und Montage der Zeiger in den einzelnen Exportländern. Zu oft lassen sich die Zeigerschächte nicht verwenden und müssen aufwändig verschlossen werden. Mit dem Verzicht, die Zeiger in den Karosseriekörper einzutiefen, können Herstellungskosten eingespart werden. Bemerkenswert ist allerdings, dass weder mit der alten noch der neuen Zeigerlösung die Maßvorschriften der StVZO erfüllt werden. Es fehlen bei beiden Varianten knapp 20 mm Auskragung. In die gleiche Richtung – Verminderung der Herstellungskosten – gehen Maßnahmen beim Cabriolet A und beim Roadster: Die bislang polierten Aluminium-Scheinwerfersockel werden nun in Wagenfarbe lackiert, desgleichen die Gehäuse der Positionsleuchten auf den Kotflügeln, die verchromt gewesen sind.[44/II]

Größerer Tank und Karosserieretuschen

Der bislang zylinderförmige Treibstofftank oben in der Spritzwandnische erhält ab dem Wagen mit der Fahrgestell-Nr. 411 281 einen ovalen Querschnitt, wodurch er neu 43 Liter fasst, zehn Liter mehr als die alte kreisrunde Ausführung. Die Einfüllöffnung wird von der linken auf die rechte Seite verlegt. Gleichzeitig muss von Weißblech auf (auch innenseitig treibstoffbeständig) lackiertes Stahlblech umgestellt werden.[45] Auch diese Änderung geht auf eine neue Bestimmung in der Straßenverkehrs-Zulassungs-Ordnung zurück, die den Einfüllstutzen rechts vorschreibt, damit beim Tanken die Fahrbahn frei bleibt. Ab jetzt muss das Tankvolumen ausreichen, um eine Strecke von mindestens 350 Kilometer zurückzulegen, was mit dem bisherigen Volumen von 33 Liter in der Praxis nicht möglich gewesen ist.[46]

Während der nun mehr als zwei Jahre laufenden Fertigung des 170 V sind immer wieder eingerissene Vorderkotflügel zu beanstanden gewesen, dies als Folge von Erschütterungen

Anmerkung I: Geändert wurde die Rücklichtdisposition in den Karosserieplänen erst am 08.11.1938.
Anmerkung II: Siehe auch Kap. 4.2, S. 189.

Abb. 0263 & 0264
Ab Ende August 1938 erhält der 170 V einen Treibstofftank mit ovalem statt kreisrundem Querschnitt, der 43 Liter statt bislang 33 Liter fasst. Gleichzeitig wird der Einfüllstutzen von der linken auf die rechte Seite versetzt. Beide Maßnahmen gehen auf neue gesetzliche Vorschriften zurück: Gefordert wird eine Fahrstrecke von mindestens 350 km pro Tankfüllung. Zudem muss der Einfüllstutzen neu aus Sicherheitsgründen auf der straßenabgewandten rechten Seite liegen. Typen- und Auftragsschild sind jetzt ebenfalls an der rechten Seite des Vorbaus montiert. Anfang 1939 wird die Wasserablaufschiene gekürzt und neu am Wasserkasten statt an der Kühlermaske befestigt.

Abb. 0265
170 V Innenlenker, 1938. Aufgesetzte statt eingelassene Fahrtrichtungsanzeiger, zwei auf die Kotflügel gesetzte Rückleuchten statt der zentralen Einheit über dem Nummernschild sowie fülligere, weniger spitz auslaufende Stoßecken sind die Merkmals der Modelle ab Sommer 1938. Auch zweieinhalb Jahre nach dem Erscheinen besticht der 170 V durch seine ausgewogene Gestalt. Dem formverantwortlichen Karosserieingenieur Walter Häcker stellt dies ein hervorragendes Zeugnis aus.

im Fahrbetrieb. Die Kotflügel mit Drahteinlage im Radausschnitt, wovon Sindelfingen im Frühjahr eine Versuchsserie von 1 000 Stück herstellt, bewähren sich einwandfrei, da sie insgesamt weniger starr sind. Die hierfür umgestellte Produktionsanlage wird beibehalten und nicht rückgängig gemacht.[47]

Kurz nach der Einführung des neuen größeren Tanks versieht man sämtliche 170 V-Modelle mit Ausnahme des Cabriolets A und des Roadsters vorn und hinten mit in der Form veränderten Stoßstangenhaltern (Wagenpuffer) sowie mit Stoßstangenecken, die gut erkennbar überarbeitet sind. Letztere laufen an ihren äußeren Enden weniger spitz zu, erscheinen dadurch ein wenig fülliger und sind nun nicht bloß links und rechts, sondern auch hinten und vorn identisch. Sie passen somit an alle vier Positionen.[48]

Materialersatz und -einsparung

Die Materialumstellung für die Tankfertigung gehört in ein ganzes Paket von autarkie- und aufrüstungsbedingten Materialsubstitutionen, die es im Laufe des Jahres 1938 zu vollziehen gilt. Nach entsprechenden Versuchen wird der Einsatz sogenannter sparstofffreier Materialien für folgende Bauteile beschlossen:

- **Zündspule, Anlasser und Zündverteiler** mit Aluwicklungen statt Kupferwicklungen;
- Büchsen der **Vorderfederbolzen** aus Gerolit (gehärtetes Kunstharz) statt Bronze (vermutlich nicht umgesetzt);
- **Bremsleitungen** aus Stahlrohr statt Kupferrohr;
- **Drahtzüge** mit Stahlrohr- statt weicher Messingumhüllung;
- **Kühlermaske** aus Stahlblech statt Messingblech;
- **Kühlerverschraubung** und **Verschlussmutter** des **Treibstofftanks** aus Zinkdruckguss (Zamak) statt gepresstem und gedrücktem Messingblech;
- **Treibstoffleitungen** aus Stahlrohr innen verkupfert oder messingbeschichtet statt Kupferrohr;
- **Gewindestutzen, Nippel und Überwurfmuttern** aus Automatenstahl statt Messing;
- **Ölleitung** für Zentralschmierung aus Stahlrohr statt Kupferrohr;
- **Ölverteiler** aus Elektronspritzguss statt Messingguss;
- **Nieten** für Brems- und Kupplungsbeläge aus Aluminium oder Eisen statt Kupfer;
- **Siebe** aus Eisentuch statt Messingtuch;
- **Batteriekabel** im Querschnitt verringert;
- **Batterieklemmen** aus Eisen verzinkt und verbleit statt Gussmessing;
- **Kühlwasserleitungen und -stutzen** in Stahlrohr gebondert oder schwarz lackiert statt Messing;
- außerdem soll eine große Anzahl kleinerer **Normteile**, wie Bezeichnungsschilder, Scheinwerferauflagen, Abschlussdeckel, Verschlussmuttern, Schraubstutzen, Armaturen, Flansche usw. auf sparstofffreie Materialien umgestellt werden.

Was davon tatsächlich umgesetzt worden ist, harrt einer Untersuchung. Wie schwierig es unterdessen bei all den Einschränkungen und Hemmnissen ist, die gewohnte Qualität aufrecht zu erhalten, zeigt das Beispiel der Verchromung: Im Juli 1938 häufen sich Reklamationen insbesondere aus dem Ausland über mangelhaft verchromte Teile. Betroffen sind alle Typen, jedoch insbesondere Wagen, die eine Seereise hinter sich haben. Sehr oft sind Stoßecken, Radzierdeckel, Kühlerverschlüsse, Kurbellochabdeckung, Reserverad-Haltebügel, Motorhaubenleisten usw. angegriffen. Der Grund liegt in der Umstellung von Messing und Bronze auf unedle Materialien wie Eisen, Stahl, Temperguss etc. Zudem ist ein Unternickeln in vielen Anwendungsfällen verboten. Erschwerend kommt hinzu, dass kaum Erfahrung im Verchromen von Ersatzwerkstoffen vorhanden ist. Als Abhilfe wird beschlossen, Exportwagen mit Teilen zu versehen, die zuvor vernickelt und anschließend besonders gut verchromt worden sind, da für Ausfuhrgüter keine behördlichen Beschränkungen auferlegt werden. Diese Maßnahme führt jedoch zu einem erhöhten logistischen Aufwand, damit die derart hergestellten Teile in der Montage auch zu den richtigen Fahrzeugen gelangen. Wagen, die nach Übersee verschifft werden, erhalten zukünftig einen Schutzanstrich auf allen blanken Teilen sowie eine Einkleidung dieser Bereiche mit Ölpapier.[49] Neu erhalten ab Anfang 1938 die im Inland verkauften Cabriolet A und Roadster sowohl Scheinwerferfüße als auch Positionsleuchten, die im Kotflügelfarbton lackiert sind.[50]

Anmerkung I: Velveton, auch unechter Samt genannt, ist ein kräftiges, atlasbindiges Gewebe aus Baumwolle. Durch Aufrauen erhält es eine samtartige Oberfläche. Aufgrund der hohen Schussfadenzahl (bis zu 60 Fäden pro Zentimeter) besitzt das Gewebe eine sehr gute mechanische Festigkeit (Wikipedia, aufgerufen 22.06.2020).

Üppige Aufpreisliste

Nachdem bereits ein Jahr zuvor die Anzahl der aufpreispflichtigen Extras massiv erweitert worden ist, kommt auf die IAMA 1938 der nächste Schub in einem ähnlich großen Umfang. Dies geht keineswegs auf Kosten der Serienausstattung, die in einigen Details gar noch zugelegt hat. Es gibt jedoch auch hier Anpassungen an die Zeitumstände, insbesondere bei den Scheinwerfern und Leuchten. Vollverchromte Lampentöpfe oder -gehäuse, wie sie im Vorjahr angeboten worden sind, lassen sich in Deutschland nicht mehr bestellen; auch die Bosch-Nebellampen und die Reimann-Kotflügelleuchten werden nur noch lackiert statt verchromt ausgeliefert. Ab Herbst 1938 müssen Frontscheiben mit Securitglas versehen sein. Daimler-Benz rüstet alle 170 V bereits seit Frühjahr 1937 serienmäßig damit aus und geht nun mit der aufpreispflichtigen, topmodernen Verbundglas-Frontscheibe noch einen Schritt weiter. Neben dem bereits im Zubehörprogramm stehenden Kühlwasserthermometer ist nun endlich auch ein leider aufpreispflichtiger Thermostat verfügbar. Karosserieseitig steht eine Ersatzradabdeckung aus Blech im Angebot. Sie wird im Farbton des Aufbaus lackiert, mit einem blanken Zierstreifen versehen und lässt den 170 V von hinten gleich viel wertiger erscheinen. Die Wagen mit überarbeiteten Blattfederpaketen und Achsschenkelaufnahmen (ab Reihenbestell-Nummer 10 136 14) lassen sich auf Wunsch mit zweiteiligen Leichtmetalldeckeln und daran festgezurrten Ledergamaschen ausrüsten. Angesichts der zunehmenden Anzahl hochgewachsener und langbeiniger Menschen erweist es sich als notwendig, optional Sitzschienen anzubieten, die um 50 mm länger sind. Kleingewachsenen und Kindern kann man mit Auflagekissen (mit Stoff- oder Lederbezug) entgegenkommen. Neu sind die Schutzüberzüge für Polster, Türen und Seitenwände aus dem samtartigen Velveton[I] erhältlich. Gläserne Lüftungsblenden entlang dem oberen und vorderen Rand des Fensterausschnitts an den Fahrertüren gestatten eine weitgehend zugfreie Belüftung des Innenraums durch leicht geöffnete Scheiben. Zusätzlich stehen für die beiden Innenlenker eine Ausstellvorrichtung für das Heckfenster und ein Hutnetz auf der Liste. Die beiden Handschuhfächer im Armaturenbrett können mit Schlössern versehen werden. Der automobilaffine Tourenfahrer mag sich für den Steigungsmesser begeistern, der eher zweckorientierte Nutzer am Zeitschalter für die Fahrtrichtungszeiger freuen. Schließlich bietet Daimler-Benz formgenaue Schutzhüllen aus Segeltuch oder gummiertem Stoff für sämtliche offenen Modelle an, die bei geöffnetem Verdeck geschützt werden sollen, Tonneaudecken genannt.[51/II]

Abb. 0266
In der gut bestückten Zubehör- und Sonderausstattungsliste des 170 V finden sich auch Lüftungsblenden für die Vordertüren. Diese schmalen, von einem blanken Metallprofil gehaltenen Glasstreifen vermindern die Zugserscheinung, wenn das jeweilige Seitenfenster zwecks Luftaustausch einen Spalt breit offen steht.

1939: Der bisherige 170 V bleibt in Produktion

Die Entwicklung der beiden neuen Schwesterkarosserien für die bezüglich Rahmen und Fahrwerk nun näher verwandten Typen 170 V (W 136) und 230 (W 153) zieht sich zeitlich hin. Der planerische Aufwand ist erheblich, denn mit dieser Neukonstruktion soll Sindelfingen endlich den Übergang von der Gemischtbauweise zur Ganzstahlkarosserie schaffen. Dröhnende Blechhüllen, wie sie von anderen Ganzstahlfabrikaten bekannt sind, kommen indessen für Mercedes-Benz-Fahrzeuge nicht in Frage, doch wirksame Abhilfe zu schaffen gestaltet sich schwierig. Trotzdem gibt sich der Vorstand noch gegen Ende September 1938 optimistisch, dass beide neuen Ausführungen – der 170 V (W 136 II) und der 230 (W 153) – auf der Berliner Ausstellung in der zweiten Februarhälfte 1939 in den Verkauf gehen können.[52] Für den neuen 230 gelingt dies auch. Die Produktionsaufnahme des 170 V der zweiten Serie mit neuer Karosserie wird hingegen ein zweites Mal hinausgeschoben und die bereits für die Fertigung eingeschriebenen 5 100 Wagen des neuen Modells W 136 II in die bisherige W 136-Ausführung umgebucht.[53]

Angleichung an Kübelsitzwagen – und endlich Thermostat serienmäßig

Für die Führungsmannschaft ist das Weiterproduzieren des alten 170 V – der nun als Abgrenzung zur fast produktionsreifen zweiten Serie als Baureihe W 136 I bezeichnet wird – ein Notbehelf. Trotzdem fließen zahlreiche weitere Änderungen in die vermeintlichen Auslaufmodelle, doch handelt es sich dabei kaum um Maßnahmen am Aufbau, sondern um technische Eingriffe, und hier insbesondere um eine gewisse Angleichungen an den Wehrmachts-Kübelsitzwagen. So erhält der Motor eine robustere Ölwanne mit 13 durchlaufenden Längsrippen und einen neuen Ölmessstab, die erneut veränderte Kupplung erfordert zum zweiten Mal einen Eingriff am Schwungrad. Die Veranlassungen, mehrfach kleine Eingriffe in die Vorder- und Hinterfedern sowie am Rahmen vorzunehmen, sind nicht überliefert.

Bereits Anfang 1939 wird die Ablaufschiene unter dem oberen Motorhaubenscharnier gekürzt und neu am Wasserkasten des Kühlers

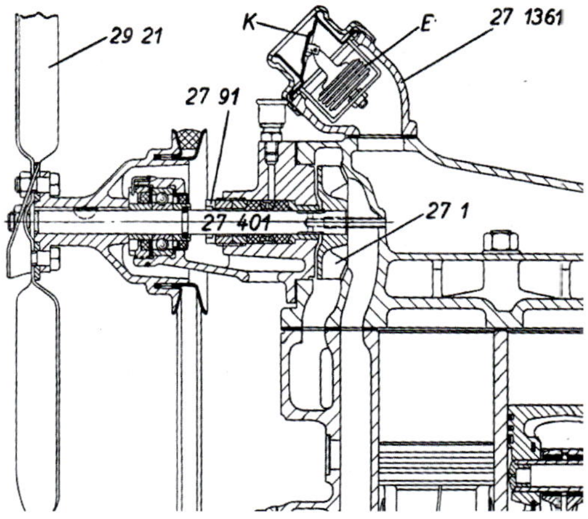

Abb. 0267
Endlich erhält auch der 170 V serienmäßig einen Kühlwasserthermostat. Durch die raschere Erwärmung des Kühlwassers auf Betriebstemperatur wird die Lebensdauer des Motors verlängert.

Anmerkung II: Das vollständige Extra- und Zubehörprogramm unter Einschluss der Preise siehe Band II, Tabelle D 12.

Abb. 0268
Das im Entstehen begriffene Autobahnnetz erlaubt hohe Geschwindigkeiten, doch die Autos sind mehrheitlich nicht vollgasfest. Beim 170 V reagiert man bloß mit einer subtilen Markierung der vom Werk als unbedenklich eingestuften Dauergeschwindigkeit von 95 km/h auf dem Tacho.

statt an der Kühlermaske eingehängt.[54] Diese Rinne verhindert, dass eindringendes Regenwasser sich unkontrolliert über den Motor ergießt. Ab März ersetzt in allen 170 V-Modellen eine Lichtmaschine von 130 Watt Leistung die bisherige Ausführung, die lediglich 90 Watt abgibt. Gleichzeitig erhält der 170 V endlich den längst erwarteten Kühlwasserthermostat serienmäßig eingebaut, der dem M 136-Motor zu einem gesünderen Wärmehaushalt verhilft. Der Wärmeregler vom Typ Mecanostat DK 33 sitzt in einem eigens für den M 136 konstruierten Leichtmetallgehäuse, das direkt vorn oben auf die Kühlwasseraustrittsöffnung des Zylinderkopfs geschraubt wird. Der Thermostat öffnet den Wasserdurchfluss zum Kühler bei 70°C, die regelkonforme Betriebstemperatur liegt zwischen 75 und 85°C.[55] Bereits seit Anfang 1937 befindet sich auf dem schräg nach vorn ansteigenden Wasserkanal des Zylinderkopfs eine erhabene plane Stelle, die den Einbau eines Temperaturfühlers erlaubt. Doch der Fernthermometer bleibt auch jetzt – 1939 – ein aufpreispflichtiges Extra, für das im Armaturenbrett kein Platz vorgesehen ist.[56] Den ganzen Ärger mit dem vorzeitigen Motorenverschleiß und den damit verbundenen Aufwendungen hätte man sich ersparen können, wenn das Thema Thermostat nicht mehrfach aus purem Kostendruck dem kalkulatorischen Rotstift zum Opfer gefallen wäre.

Ab Juli erhält der Winkerschalter eine eigene Kontrolllampe, was die Leuchte im Armaturenbrett überflüssig macht. Außerdem wird der selten gefertigte Roadster nun offenbar ebenfalls mit einem Rückspiegel an der Frontscheibe versehen.

Reichsautobahn: Ohne Auswirkungen auf den 170 V

Mit dem Anwachsen des Reichsautobahnnetzes werden nun hohe Dauergeschwindigkeiten möglich, die für die meisten Autos ein ernsthaftes Problem darstellen, denn ihre Motoren sind nicht vollgasfest. Der frühe Exitus durch überhöhte Drehzahlen und all die daraus resultierenden Mangelerscheinungen wird durch die meist kurzen Hinterachsübersetzungen noch begünstigt. Daimler-Benz reagiert darauf mit der Absicht, künftig in ihre Pkw-Typen Fünfganggetriebe einzubauen; doch diese müssen erst entwickelt werden. Kurzfristig wird immerhin der Typ 320 (W 142) mit einem ins Lange übersetzten Schnellgang autobahntauglich hergerichtet. Beim 170 V bleibt indessen fast alles beim Alten. Auf dem Geschwindigkeitsmesser ist nun mit einem feinen blauen Rechteck die für das Fahrzeug technisch unbedenkliche Autobahndauergeschwindigkeit von 95 km/h markiert, damit der Fahrer nicht in Versuchung gerät, die mit 108 km/h angegebene Höchstgeschwindigkeit dauernd auszunutzen. Einzig in die Hinterachse greifen die Ingenieure zum wiederholten Mal ein, diesmal gründlicher: Das neu konstruierte Ausgleichsgetriebe verfügt nun über ein Tellerrad mit 33 statt nur 29 Zähnen, das Kegelrad erhält acht statt sieben Zähne; die Untersetzung verändert sich dadurch von 4,14:1 auf 4,125:1 nur marginal.[57]

Dank neuer Presswerkzeuge: Doch noch eine Kofferklappe?

Der Ersatz der Karosserie-Presswerkzeuge, die einem erheblichen Verschleiß unterliegen, ist unterdessen vordringlich geworden. Wilhelm Haspel erinnert Ende Juni 1939 Generaldirektor Kissel an die immer noch ausstehende Entscheidung, ob bei dieser Gelegenheit der alte 170 V eine Kofferklappe erhalten soll oder

Abb. 0269
Die neuen Vorschriften zur Fahrzeugbeleuchtung machen ab Herbst 1938 auch vor dem Cabriolet A und dem Roadster nicht halt. Die beiden ins Heck eingelassenen Rücklichter beidseits der Nummernschildabdeckung verschwinden zugunsten von Rückleuchten auf den Kotflügeln. Die Fahrtrichtungsanzeiger bleiben nur bei diesen beiden Topmodellen elegant in der Karosserie versenkt.

nicht. Angesichts des Werkzeugersatzes ist die Gelegenheit günstig, obwohl die vorgeschlagene Lösung nach Haspels Ansicht formal nicht ganz zu befriedigen vermag. Die vom Publikum oft gewünschte Verbesserung ließe sich ab Ende März oder Anfang April 1940 einführen.[I] Ob die Mehrkosten von 35 RM auf den Kunden abgewälzt oder durch die Firma getragen werde, könne später entschieden werden.[58] Zwei Monate später bricht der Krieg aus. Es ist anzunehmen, dass sich der Bau von neuen Werkzeugen in der Folge verzögert hat oder ganz unterblieben ist. Der 170 V ist jedenfalls bis zu seiner (vorübergehenden) Produktionseinstellung 1942 ohne Kofferraumklappe geblieben.

Letzte Korrekturen in der Aufpreisliste

Die Anfang 1939 neu hinzugekommenen aufpreispflichtigen Extras sind weniger zahlreich als in den beiden vorangegangenen Jahren, und mehrere Positionen entfallen. Neu wird ein Bosch-Breitstrahler angeboten sowie – die Kriegsabsicht macht sich bemerkbar – Schlitz-Abblendkappen für die Scheinwerfer. Den Suchscheinwerfer gibt es bloß aus der Produktion der Firma HASAG, hingegen kann neu eine Lese- oder Ableuchtlampe bestellt werden. Eine Sicherung schützt vor dem Diebstahl des Ersatzrads. Im Innern lassen sich an den Rückseiten der Fahrersitze Mantelstangen anbringen und im Fond Fußrasten. Als Alternative zur Bosch-Heizung kann die Käuferschaft eine Autoheizung von Webasto einbauen lassen. Diese 1935 auf den Markt gebrachte sogenannte Flüstertüte, ein ventilatorloser Wärmetauscher,[59] kostet mit 50 RM weniger als die Hälfte der Bosch-Variante. Ein anderes innovatives Produkt im Automobilsektor der aufstrebenden Firma Webasto ist das 1935 entwickelte und patentierte Faltschiebedach. Die ab 1937 für die 170 V-Innenlenker maßgeschneiderte Ausführung findet zwar keine Aufnahme in die Extras der offiziellen Preisliste, aber zahlreiche Wagen werden nachträglich damit ausgerüstet.[60] Der größte Evolutionsschritt ist jedoch die Installation eines Rundfunkempfängers mit passender Antenne – über den dafür zu leistenden Betrag schweigt die 1939er-Preisliste.[61/II]

Meldung von der Verkaufsfront: Bitte mehr Platz, sonst ist alles gut

Auf der IAMA im Frühling 1939 steht der nunmehr seit drei Jahren mit geringen Veränderungen produzierte 170 V (W 136 I) im Schatten des fast vollständig neuen Mittelklassetyps 230 (W 153). Um die Aufmerksamkeit auch auf den 170 V zu lenken, streichen die Werbeleute in der Presseinformation ein paar deutlich sichtbare Veränderungen am 170 V heraus, so die automatische Gemischvorwärmung mit neuem Ansauggeräuschdämpfer und den um zehn Liter vergrößerten Tank.[62] Dass diese Maßnahmen zum Teil schon vor Monaten in die Fertigung eingeflossen sind, stört das kaufinteressierte Publikum wenig, wie aus dem Bericht von Hans Geier hervorgeht. Geier ist ein Mitarbeiter der Rennabteilung, der 1939 zum wiederholten Mal als technischer Fachberater am Mercedes-Benz-Stand anwesend ist und Probefahrten begleitet, zu denen man sich voranmelden muss. Insgesamt finden während der 1939er-Messe 328 Probefahrten statt, und zwar – im Unterschied zu den Vorjahren – durch Personen, die wirklich den Erwerb eines Wagens planen. Diese zeigen sich mit der Leistung des Wagens durchweg zufrieden und nehmen auch an den langen Lieferfristen von unterdessen deutlich über einem halben Jahr kaum Anstoß. Viele Kunden hätte dies gar angespornt, den Vertrag zügig abzuschließen, um nicht noch länger auf das neue Auto warten zu müssen, schreibt Hans Geier. Der 170 V genießt einen ausgezeichneten Ruf, wirkt ausgereift und bewährt. Kritisiert werden einzig die engen Raumverhältnisse auf den Vordersitzen, die für beleibtere Herrschaften rasch unerträglich werden. Die Frage, weshalb Mercedes-Benz nicht auch den 170 V mit einer vergrößerten Karosserie ähnlich dem neuen 230 (W 153) versehe, muss sich Hans Geier oft anhören.[63]

Während der neue 230 (W 153) mit seiner Ganzstahlkarosserie einige Anfangsschwierigkeiten bereitet und bei Personen an mehreren Stellen im Werk für rote Köpfe und Sondereinsätze sorgt, läuft die Fertigung des 170 V in seiner bisherigen Ausführung ungestört weiter. Am 9. Februar 1939 hat der fünfzigtausendste zivile 170 V die Werkshallen in Untertürkheim verlassen, gegen Ende des Sommers liegt man bei insgesamt 60 000 Stück.[64] Die Lieferfrist für den 170 V ist unterdessen offiziell auf sieben Monate angewachsen,[65] die Großvertretung Lueg in Bochum und Essen spricht dagegen von einem Jahr. Nur wer einen Roadster oder ein Cabriolet A will, wird bereits nach zwei bis vier Monaten bedient.[66] Oft werden Verträge unter Kaufwilligen weitergereicht sowie Kompromisse bei der Wahl der Farben, Ausstattungen oder sogar der Modell-Varianten in Kauf genommen, um früher einen neuen 170 V zu erhalten.[67]

Anmerkung I: Zur Kofferklappe siehe auch Kap. 4.3, S. 212 f und Kap. 9.2, S. 414, 416 & 419 f.
Anmerkung II: Das vollständige Extra- und Zubehörprogramm unter Einschluss der Preise siehe Band II, Tabelle D 12.

4.2 Exportausführungen, Auslandsmontagen und Baulizenzen

Trotz verschärfter Autarkiebestrebungen des Deutschen Reichs und den damit verbundenen Produktionshindernissen bemüht sich die Daimler-Benz AG weiterhin erfolgreich, ihre Fahrzeuge zu exportieren. Der Aufwand ist beträchtlich, insbesondere für rechtsgelenkte Wagen, und bringt keinen unmittelbaren Gewinn, aber hochwillkommene Devisen. Gewisse Auslandsmärkte lassen sich nur mit einer Montage vor Ort bewirtschaften, so Dänemark, wo viele 170 V im Land entstehen. Eine Lizenzfertigung des 170 V in Frankreich scheitert hingegen trotz abgeschlossenem Vertrag.

Vor dem Ersten Weltkrieg nimmt die wirtschaftliche Verflechtung vieler Staaten ein beachtliches Ausmaß an, nicht nur in Europa, sondern kontinentübergreifend. Die Zölle sinken, es entsteht eine freiheitliche Weltwirtschaft im modernen Sinn. Der Erste Weltkrieg bereitet dieser Entwicklung ein jähes Ende. Auch die Wirtschaft ist nun in verfeindete Blöcke gespalten, der Welthandel erreicht nach Einstellung der Feindseligkeiten bei weitem nicht mehr das Vorkriegsniveau von 1913/14 und bricht mit der Weltwirtschaftskrise ab 1929 erneut massiv ein. Großbritannien und Frankreich setzen auf einen ausgeweiteten Handel mit ihren Kolonien, während Deutschland nach der Machtübernahme durch die Nationalsozialisten 1933 versucht, durch Verträge Staaten in Ost- und Südosteuropa an sich zu binden. Zugleich betreiben die neuen Machthaber eine starke Autarkiepolitik. Doch die angestrebte Unabhängigkeit vom Ausland wird nie erreicht, denn wichtige Rohstoffe fehlen oder sind nur unzureichend im eigenen Boden vorhanden, insbesondere Mineralöl, aber auch Eisenerz und andere metallische Erze. Es sind dies alles Stoffe, ohne die eine militärische Aufrüstung nicht möglich ist. Die Ersatzproduktion aus einheimischen Bodenschätzen – beispielsweise Kraftstoff aus Braunkohle – ist aufwändig oder gelingt nur teilweise, weshalb sie trotz großer Anstrengung bloß eine bescheidene Entlastung bringt. Das Deutsche Reich bleibt folglich auf Devisen angewiesen, um im Ausland die dringend benötigten Rohstoffe einkaufen zu können. Dies gilt für den Staat wie für die private Industrie, die nach der Verschärfung der Rohstofflage 1937 dank selbst erwirtschafteter Devisen höhere Kontingentzuteilungen erreichen kann. Der Auslandshandel ist jedoch nicht frei, so ist beispielsweise die Ausfuhr von Motoren und Fahrzeugen genehmigungspflichtig. Weitgehend unproblematisch gestaltet sich der Warenverkehr mit den verbündeten Staaten Italien, Spanien, Ungarn, Japan und anderen. Zeitweilige Beschränkungen gibt es mit neutralen Staaten wie Schweden oder der Schweiz. Schwieriger sind Handelsbeziehungen mit Frankreich oder den USA, die teilweise untersagt werden, wobei in der Ausfuhr zwischen Groß- bzw. Flugmotoren, die als Rüstungsgüter gelten, und Fahrzeugen differenziert wird.[68]

Unentbehrlicher Devisenbringer

Unter diesen Aspekten ist auch die Exporttätigkeit der Daimler-Benz AG ab 1933 zu betrachten, wobei hier lediglich ein Blick auf die Automobilausfuhr geworfen werden soll. Zwischen 1933 und 1938 liefert Daimler-Benz stets unter 10% der Fahrzeugproduktion ins Ausland. Einzig 1937 erreicht die Auslandsquote mit 11,3% einen höheren Wert und macht immerhin ein Drittel des gesamtdeutschen Autoexports aus. Indessen ist der Fahrzeugexport kein Spiegelbild des beträchtlichen Aufschwungs, den die Daimler-Benz AG ab 1933 durch Rationalisierung und Erweiterung der Produktion sowie Erneuerung ihrer Produktpalette erlebt, und der durch veränderte gesellschaftspolitische Faktoren begünstigt wird. Die Ausfuhr muss, rein finanziell gesehen, gar als Verlustgeschäft bezeichnet werden. Kostendeckend arbeitet lediglich der Lkw-Export, der beachtliche Erfolge in China feiert. Dass trotzdem erhebliche Anstrengungen unternommen werden, das Auslandsgeschäft auszuweiten, ist hauptsächlich vor dem Hintergrund der Devisenknappheit und der zunehmend angespannteren Rohstoffversorgung zu sehen. Weiter darf nicht vollständig außer Acht gelassen werden, dass die Präsenz der Mercedes-Benz-Personenwagen auf wichtigen international ausgerichteten Automobilmärkten wie der Schweiz sehr werbewirksam ist.[69]

Wohin gehen die »Auslandwagen«?

Wo überall Mercedes-Benz-Pkw und damit auch die Modelle des Typs 170 V beworben und verkauft werden, lässt sich an den Verkaufsprospekten und -katalogen erahnen, die zusätzlich zu den deutschen Originalausgaben auch in Englisch, Französisch, Niederländisch, Polnisch, Portugiesisch, Schwedisch, Serbokroatisch (in kyrillischer Schrift), Spanisch und weiteren Sprachen vorliegen.[70] Der Import der Fahrzeuge in die jeweiligen Länder erfolgt zum Teil durch Daimler-Benz-eigene Niederlassungen, so beispielsweise in der Schweiz (Mercedes-Benz Automobil AG Zürich), in Österreich (Mercedes-Benz Automobil GmbH Wien), in Ungarn (Mercedes-Benz Automobil R.-T. Budapest), in Großbritannien (British Mercedes-Benz Ltd. London) sowie in Frankreich (Niederlassung Paris). Andernorts sind private Importeure aktiv, beispielsweise in Finnland (Oy Nikolajeff Ab, ab 1939 Oy Veho Ab).[71] Der Absatz entwickelt sich unterschiedlich. In der Schweiz steigt die Zahl der eingeführten Mercedes-Benz-Pkw von 33 Stück im Jahr 1928 auf 522 Stück im Jahr 1938; danach fällt sie auf 141 Fahrzeuge im ersten vollen Kriegsjahr 1940 und auf lediglich zwei Stück im Jahr 1942, als die Produktion des 170 V verebbt.[72] Auch außerhalb Europas werden Mercedes-Benz-Personenwagen verkauft, insbesondere in Südamerika.

Abb. 0270
Das in einem Schauraum stehende 170 V Cabriolet B, gebaut zwischen April 1937 und Anfang 1938, ist ein Schweizer Exportmodell. Zu erkennen ist dies an der durchlaufenden Stoßstange mit langen schlanken Hörnern, der links angeordneten Rückleuchte mit Nummernschildhalter und den hoch oben aufgesetzt montierten Fahrtrichtungsanzeigern statt der damals noch im Vorbau eingelassenen.

Abb. 0271
Zwischen 1933 und 1938 werden lediglich rund 10% der Fahrzeugproduktion der Daimler-Benz AG exportiert. Darunter viele Nutzfahrzeuge, wie der Stückzahlenjubilar eines Großauftrags aus China zeigt. Die Fahrzeugausfuhr ist dem Unternehmen wie dem Reich wichtig, um an Devisen zu kommen. Denn nur mit harter Währung lassen sich Rohstoffe einkaufen, über die Deutschland nicht selbst verfügt.

Abb. 0272
170 V Cabriolet A von 1936. Positionsleuchten auf den Kotflügeln sind bei diesem Modell seit Juli 1936 auch im Inland serienmäßig, die durchlaufende Exportstoßstange ist hingegen nur inoffiziell erhältlich.

Abb. 0273
170 V Cabriolet B von 1937/38. Ein typischer Exportwagen mit durchlaufenden Stoßstangen und Hörnern auch hinten, Rückleuchte mit Nummernschildhalter links, verchromte Positionsleuchten auf den Kotflügeln und vollverchromte Scheinwerfer. Die Schweiz scheidet wegen der eingelassenen Zeiger aus.

Die 170 V-Exportausführung

Erkennungsmerkmal: Durchlaufende Stoßstangen

Ungeachtet der zahlreichen länderspezifischen Ausrüstungsvorschriften gibt es für die Export-170 V ein einigermaßen zuverlässiges Erkennungsmerkmal: Die vorn und hinten über die gesamte Wagenbreite durchlaufenden Stoßstangen aus gepresstem und verchromtem Stahlblech, dies an Stelle der in Deutschland für diesen Typ üblichen Stoßecken. Die Stoßstangen der 170 V-Exportwagen sind in ihrem Verlauf der Wagenkontur angepasst, im Querschnitt bombiert und mit zwei geschweiften, aber schlanken Hörnern versehen, die vorn ein wenig enger stehen als die Scheinwerfer. Diese Hörner sind anfänglich gegossen worden und werden seit 1937 aus Blech gepresst.[73] Bei den Inlandsmodellen sind die Nummernschilder wie beschrieben zwischen den beiden Stoßecken angeordnet, wobei bis gegen Ende 1938 die hintere Trägertafel an ihrem oberen Rand gleichzeitig die Brems- und Rücklichteinheit aufnimmt. Im Unterschied dazu werden die Exportmodelle meist vorn wie hinten mit desaxiert über den durchlaufenden Stoßstangen angeordneten Nummernschildern versehen. Das hintere Schild ist, zum Teil in Verbindung mit den Nationalitätszeichen, auf einem lackierten oder gar verchromten Metallträger montiert; darüber sitzt die kombinierte Rück- und Bremsleuchte. Fahrzeuge für Länder mit Rechtsverkehr tragen das hintere Nummernschild mit der Leuchte links, Wagen für den Linksverkehr umgekehrt auf der rechten Seite. Vereinzelt kommt auch die Anordnung an einem Ständer in Wagenmitte vor, je nach Vorschrift des Landes, wohin das Fahrzeug ausgeführt wird. Als kombiniertes Rück- und Bremslicht verwendet man die bewährte Bosch-Leuchte Q 80 S mit zylindrischem Gehäuse oder alternativ die etwas modernere ovale Bosch-Leuchte QO N, beide mit einem transparenten Einsatz auf der Unterseite für die Beleuchtung des Nummernschilds. Schreibt der Gesetzgeber zwei Rückleuchten vor, kann die zweite auf der gegenüberliegenden Seite an einem gleichartigen Träger befestigt werden, der unterhalb der Leuchte entweder leer bleibt oder das blecherne Nationalitätszeichen trägt. Das vordere Nummernschild ist entweder in der Wagenmitte auf der Stoßstange zwischen den beiden Hörnern befestigt oder asymmetrisch auf der linken oder der rechten Seite an einem Träger über der Stoßstange. Eine Platzierung links ist beispielsweise in der Schweiz üblich, eine solche rechts in Estland.[74]

Ab Anfang 1938 tragen die Stoßstangen aktueller gestaltete, weniger hohe Hörner. Die Cabriolet A und Roadster sind nun auch hinten, wo sie ursprünglich fehlten, damit versehen. Durchlaufende Stoßstangen mit Hörnern *für Auslandwagen* werden bis zur Produktionseinstellung 1942 in der Ersatzteilliste geführt. Ab 1939 gehen jedoch zunehmend Wagen in der deutschen Ausführung in den Export, also solche mit Stoßecken. Zudem lassen auch im Inland die 170 V-Eigner ihre Wagen gerne mit Export-Stoßstangen versehen, obwohl diese nicht offiziell als Sonderausstattung im Angebot stehen.[75]

Viele 170 V-Exportmodelle weichen in der Anordnung der Fahrtrichtungsanzeiger auffällig von der deutschen Standardausführung ab. Üblicherweise sind die Zeiger unmittelbar vor der A-Säule in einem Schacht karosseriebündig versenkt. Zahlreiche Exportwagen werden jedoch mit aufgesetzten Fahrtrichtungsanzeigern versehen, die in Ruhestellung in einem Gehäuse sitzen und deutlich höher

Abb. 0274
Ab 1938/39 gehen vermehrt Wagen mit Stoßecken in den Export. Die Gehäuse der Positionsleuchten sind nun im Farbton der Kotflügel lackiert, wie dieses Cabriolet A zeigt.

Abb. 0275
Trägt ein 170 V Cabriolet A (Bild) oder Roadster eine hintere Stoßstange mit Hörnern, ist vorn auch eine durchlaufende Stoßstange montiert. Die eierförmigen Rückleuchten sind im Farbton der Kotflügel gehalten, einen Rückstrahler (»Katzenauge«) gibt es nur links.

positioniert sind als die versenkten, so dass sie die Gürtellinie überragen. Zweifellos ist diese ästhetisch wenig befriedigende Montage das Ergebnis von Ländervorschriften, welche die Höhe und Ablesbarkeit der Fahrtrichtungsanzeiger abweichend von den deutschen Normen regeln. Die Fahrzeuge für den Schweizer Markt sind auf diese Weise ausgerüstet, während Exportmodelle für einige andere Länder die versenkten Zeiger behalten.[76] Ungefähr ab Mitte 1938 verzichtet Sindelfingen generell, also auch bei der deutschen Standardausführung, auf den Schacht und setzt sämtliche Zeiger auf. Die optische Beeinträchtigung ist weniger ausgeprägt als bei der erwähnten Exportvariante, weil hier die Zeigergehäuse nicht über die Gürtellinie hinausragen.

Nicht geklärt sind etwaige Vorschriften zu Positions- und Parklichtern, die in einzelnen Exportländern generell vorgeschrieben sein könnten. Im Inland werden sämtliche 170 V Cabriolet A- und Roadster-Modelle zunächst auf Wunsch und seit Anfang Juli 1936 serienmäßig mit verchromten, später im Farbton der Kotflügel lackierten muschelförmigen Positionsleuchten versehen. Die übrigen 170 V-Ausführungen sind nur gegen Aufpreis damit ausgerüstet, was selten der Fall ist.[77]

Weitere länderspezifische Feinabstimmungen

Ein Teil der Exportfahrzeuge verlässt das Werk in Untertürkheim ohne Rücklichter, Fahrtrichtungsanzeiger sowie Nummernschildhalter und wird erst in dem betreffenden Land gemäß den dort geltenden Vorschriften damit komplettiert. Es sind jedoch nicht nur behördliche Vorgaben, die Anpassungen an Exportfahrzeugen erfordern, sondern auch länderspezifische Gegebenheiten, Erwartungen und Vorlieben der jeweiligen Kundschaft. Auf einer Konstruktionsbesprechung im Oktober 1937 wird orientiert, dass die nach Polen gelieferten 170 V angesichts der dort vielerorts vorherrschenden misslichen Straßenverhältnisse mit härteren Hinterfedern ausgerüstet würden. Die spezifische Durchfederung soll sich bei 100 kg Belastung von 43 mm bei der Standardausführung auf 34 bis 38 mm bei der *Schlechtweg-Feder* verringern. Anstelle der normalerweise verwendeten Fichtel & Sachs-Stoßdämpfer denkt man daran, solche der Firma Boge mit doppelt so großer Ölverdrängung einzubauen. Versuchsleiter Winkelmann gibt allerdings zu bedenken, dass er bislang bloß zwei defekte Stoßdämpfer aus Polen erhalten habe, und der Grund für den Defekt habe nicht an den Dämpfern an sich gelegen, sondern an den zu großen Ausschlägen der Halbachsen. Deshalb seien auch Korrekturen an den Fangbändern in Arbeit. Gleichzeitig testen die Konstrukteure im Karosseriewerk Sindelfingen eine wirkungsvollere Abdichtung des Wagenkastens gegen eindringenden Staub. Technikvorstand Max Sailer bestätigt gegen Ende des Jahres die Einführung einer *besonders robusten Export-Ausführung für Länder wie Polen, Balkan usw.* für 1938.[78]

Im Frühjahr 1938 häufen sich Reklamationen, insbesondere aus der Schweiz und den Niederlanden, wegen überlaufender Vergaser durch undichte Schwimmernadelventile. Weil in Deutschland bei abgestelltem Wagen nach Vorschrift der Benzinhahn zugedreht werden

Abb. 0276
Hof der Mercedes-Benz-Niederlassung Zürich, 1940. Die für Wartungs- oder Reparaturarbeiten eingeschriebenen Wagen sind am Kühler mit Dokumenten versehen, die die notwendigen Daten und Anweisungen enthalten. Nur zwei von insgesamt elf Pkw sind 170 V, eine Cabriolet-Limousine im Vordergrund und ein Cabriolet B in der linken Reihe an vierte Stelle. Letzteres scheint aufgrund des Rotkreuzklebers auf der Frontscheibe bei einem Arzt im Einsatz zu stehen.

muss, bleiben derartige Beanstandungen dort weitgehend aus. In den Schweizer Werkstätten werden verbesserte Ventile eingebaut, die sich bewähren. Untertürkheim reagiert darauf und rüstet die nachfolgenden 100 Exportwagen entsprechend aus.[79]

Wunsch aus der Schweiz: Höhere Motorleistung

Insbesondere in der Schweiz wünscht sich die Kundschaft eine höhere Motorleistung für den 170 V. Wilhelm Kissel fragt in der Vorstandssitzung vom 12. November 1937 nach Möglichkeiten, diesen Wunsch zu erfüllen, entweder mit einem leistungsgesteigerten 1,7-Liter-Motor oder der 2-Liter-Maschine. Die Frage wirkt insofern sonderbar, weil der Vorstand namentlich auf Betreiben seines Vorsitzenden Kissel erst dreieinhalb Monate zuvor die Produktionsaufnahme der 2-Liter-Variante des 170 V, also des 200 V (W 149), auf unbestimmte Zeit hinausgeschoben hat.[80] Genau dieses Modell hätte den Erwartungen vieler Kunden in der Schweiz optimal entsprochen. Eine gesteigerte Motorleistung des 1,7-Liter M 136 durch eine höhere Verdichtung zu erreichen, entfalle, argumentiert Sailer, weil man in der Schweiz *mit dem billigsten Brennstoff fahren* wolle. Eine halbe Stunde später informiert Sailer in derselben Sitzung über die Versuche zur Leistungssteigerung des M 136, die in Frankreich bei Panhard & Levassor durchgeführt worden sind und die im Untertürkheimer Versuch aktuell nachvollzogen werden.[81/I]

Anmerkung I: Siehe auch S. 195–197.

Abb. 0277
Die dänische Firma Bohnstedt-Petersen A/S verfügt über das erste ausländische Montagewerk für Mercedes-Benz-Pkw. Hier parken 1937 fertiggestellte 170 V akkurat aufgereiht in der Nähe der Montageeinrichtung in Sundkrogsgade, dem nördlichen Hafengebiet von Kopenhagen. Äußerlich entsprechen die für Dänemark bestimmten Wagen der deutschen Serienausführung.

Qualitätsverchromung für Exportwagen

Die ab 1938 im Deutschen Reich stark zunehmende Rohstoffverknappung führt bekanntlich zu einer eingeschränkten Fahrzeugproduktion und gleichzeitig zu Schwierigkeiten, die bisherige Qualität vieler Einzelteile, Baugruppen und damit letztlich der ganzen Wagen aufrecht zu erhalten. Dies äußert sich exemplarisch in der Güte der Verchromung, die gegen Mitte 1938 stark nachlässt. Einen Qualitätseinbruch bei den Exportwagen kann und will sich die Firmenleitung jedoch nicht leisten. Weil die für das Ausland bestimmten Fahrzeuge von der Materialbeschränkung ausgenommen sind, versieht man diese fortan mit einer besseren Verchromung. Wie bis vor kurzem üblich, erhalten die Teile eine Unternickelung, ferner werden der Verschlussdeckel des Andrehkurbellochs und die Radzierdeckel wie ursprünglich aus verchromtem Messing statt verchromtem Stahlblech hergestellt, ebenso der Kühlerdeckel, der in der neuen Standardausführung aus verchromtem Zinkspritzguss (Zamak) entsteht. Die verbesserte Verchromung der Stoßstangen soll künftig allen Einschränkungen zum Trotz auch für Inlandswagen zur Anwendung kommen.[II] Export-170 V werden auf Wunsch auch weiterhin mit vollverchromten Scheinwerfertöpfen und/oder Kotflügel-Positionsleuchten versehen. Im Inland stehen beide seit 1938 nicht mehr auf der Sonderausstattungsliste.[82]

Mercedes-Benz-Montage in Dänemark

Dänemark – ein Land ohne eigene Automobilfirmen – entwickelt sich wegen der hohen Steuern und Zölle, die es auf Personenkraftwagen erhebt, zu einem Sonderfall. Mit weniger Abgaben wird belastet, wer ein Fahrzeug kauft, bei dem ein Teil der Wertschöpfung im Land selbst erfolgt. Deshalb entstehen bald Montagewerke in erheblicher Anzahl, wobei 1919 die Ford Motor Company und 1924 General Motors Pionierarbeit leisten. Ende der 1930er Jahre ist der überwiegende Teil der in Dänemark zugelassenen Pkw – mehr als 40 Marken – im Land selbst zusammengebaut worden.[83]

Montagewerk Bohnstedt-Petersen A/S

Der dänische Import von Mercedes-Benz-Pkw bleibt bis Mitte der 1930er Jahre außerordentlich bescheiden. 1934 sind es zehn Wagen, ein Jahr später 58, darunter 25 des Typs 130 (W 23). Die größenmäßig vergleichbare Schweiz importiert 1933 bereits 375 Mercedes-Benz.[84] Die Firma Bohnstedt-Petersen A/S, ein vielfältig tätiges dänisches Handelsunternehmen mit Schwergewicht Automobil, schließt 1935 mit der Daimler-Benz AG und der Auto Union AG je einen Vertrag ab über die Montage von Personenwagen in Dänemark. Bohnstedt-Petersen montiert zu diesem Zeitpunkt bereits amerikanische Wagen und ist nun in der Lage, sein Montagewerk in Sundkrogsgade, dem nördlichen Hafengebiet von Kopenhagen, zu erweitern und auszulasten. Es ist das erste ausländische Montagewerk der Daimler-Benz AG, die einzig mit diesem Schritt eine Möglichkeit sieht, den Absatz in Dänemark anzukurbeln. Tatsächlich nimmt der Verkauf von Mercedes-Benz-Wagen ab 1936 rasch zu, zum einen wegen der Montage im Inland, zum anderen dank des überzeugenden neuen Typs 170 V (W 136). *Die in Deutschland gefertigten Teile und Komponenten werden in einem Werk zusammengebaut, in dem gewährleistet ist, daß die Fahrzeuge mit der gleichen hohen handwerklichen Qualität hergestellt werden wie die Fahrzeuge aus dem Originalwerk in Untertürkheim,* berichtet die Berliner Tageszeitung »Germania« am 5. November 1935.[85] Umfang und Detaillierungsgrad der Vormontage der angelieferten Teile sind nicht näher bekannt. Bis Ende 1939 steigt die Zahl der in Dänemark bei Bohnstedt-Petersen A/S gefertigten 170 V auf 685 Wagen an; im gleichen Zeitraum fertigt die Firma mindestens 5 000 DKW.[86]

Die rechtsgelenkten 170 V

Die Mercedes-Benz-Personenwagen werden auch in Länder mit Linksverkehr exportiert. Außer Großbritannien mit seinem großen Kolonialreich und Irland sind dies weitere europäische Staaten oder Teile davon, zudem mehrere Länder in Südamerika. Nicht überall wo Linksverkehr herrscht, wünscht man sich indessen die Bedienungseinrichtungen des Wagens auf der rechten Seite – aber in vielen. Umgekehrt ist es in einigen Ländern mit

Anmerkung II: Siehe auch Kap. 4.1, S. 182.

Abb. 0278
Motorraum einer rechtsgelenkten 170 V Limousine (aktuelle Aufnahme, Luftfilter nicht original): Um Raum für die Lenksäule zu schaffen, muss der Steigstromvergaser einem Fallstromvergaser weichen, was eine Treibstoffpumpe nötig macht. Der unterhalb des Ansaugtrakts angeordnete Auspuffkrümmer hat einen Mittelabgang und erfordert so eine veränderte Auspuffleitung, der Ölfilter wird auf die linke Motorseite versetzt, der nun rechts eingebaute Hauptbremszylinder verlangt nach einem Hitzeschutzblech. Zusätzlich zur Pedalanlage wird die Zentralschmiereinrichtung auf der rechten Wagenseite montiert. Der konstruktive und logistische Aufwand für die Rechtslenkerausführung ist beträchtlich und lässt sich allein durch die Deviseneinnahmen aus dem Export rechtfertigen.

Rechtsverkehr zu einer Art Konvention geworden, Autos mit Rechtslenkung zu fahren, so in Italien, in Frankreich und der Schweiz; allerdings betrifft dies eher die hochpreisigen Wagenklassen. Die Daimler-Benz AG ist folglich gezwungen, ihre Fahrzeuge auch in Rechtslenkerausführungen anzubieten, will sie auf den entsprechenden Exportmärkten Erfolg haben. Diese Variante verlangt nach aufwändigen technischen Eingriffen mit zahlreichen Speziallösungen, die bis ins kleinste Detail gehen können, wodurch diese Wagen stark von der Standardausführung abweichen. Zusätzlich zum Mehraufwand in der Fertigung belasten die Rechtslenkerausführungen auch die Ersatzteilbewirtschaftung.

Rechtsgelenkte Ausführungen des Typs 170 V bietet Mercedes-Benz bereits im Laufe des ersten Produktionsjahrs 1936 an. Deren Fertigung wird wohl wenige Monate nach Ausbruch des Zweiten Weltkriegs, also gegen Ende 1939 oder Anfang 1940 eingestellt. In der Ersatzteilliste Ausgabe D vom Mai 1940 sind keine Rechtslenkerteile mehr aufgeführt. Produktionszahlen zu den rechtsgelenkten Ausführungen sind nicht verfügbar, ebenso wenig Angaben, wohin diese Fahrzeuge in welchen Stückzahlen verkauft worden sind.[I] Auch im Deutschen Reich werden auf Sonderbestellung Rechtslenker-170 V ausgeliefert, wie deren offizielle Notierung in der Preisliste Nr. 3 vom Frühjahr 1938 belegt; der Aufpreis beträgt 190 RM.

Aus Platzgründen erforderlich: Fallstromvergaser und Treibstoffpumpe

Der Konflikt bei der Konstruktion einer rechtsgelenkten 170 V-Ausführung beginnt bereits beim Umsetzen der Lenkung von der linken auf die rechte Seite: Die Lenksäule und der Steigstromvergaser geraten sich in die Quere. Der Ausweg besteht darin, die M 136-Maschine mit einem Fallstromvergaser zu versehen, was allerdings zahlreiche weitere Sonderlösungen nach sich zieht. Der Ansaugkollektor und der Auspuffkrümmer müssen vollständig neu konstruiert werden, wobei nun der Auspuffkrümmer unten und der Ansaugkollektor oben liegen, damit auf letzterem der Vergaser montiert werden kann. Die Standardausführung mit Linkslenkung zeigt bekanntlich die umgekehrte Disposition. Der Zweiloch-Abgangsflansch des Auspuffkrümmers liegt in der Mitte, also zwischen den Zylindern zwei und drei, und nicht am hinteren Ende des Motors; diese Lösung ist notwendig, damit der Abgang mit dem Anschluss an das Auspuffrohr nicht mit der Lenksäule kollidiert. Aus strömungstechnischer Sicht ist dies eine einwandfreie Maßnahme. Um den Hauptbremszylinder vor der Hitze des nahen Auspuffrohrs zu schützen, muss ein blecherner Hitzeschild montiert werden. Im Unterschied zur Linkslenkerausführung wird zunächst auf eine Gemischvorwärmung mittels umdrehbarer Heizklappe verzichtet. Der Fallstromvergaser vom Typ Solex J F 30 trägt einen kombinierten Ansauggeräuschdämpfer und Luftfilter in Trommelform. Das Oberteil mit dem horizontalen Ansaugrohr ist mit zwei Drahtbügel-Spannverschlüssen fixiert. Das simple Fallbenzin-System, also die Versorgung des Vergasers mit Benzin durch Schwerkraft, funktioniert nicht mehr, denn der Fallstromvergaser liegt nun höher als der Ausfluss des Treibstofftanks. Folglich muss eine Treibstoffpumpe eingebaut werden, was einen spezifischen Rechtslenker-Motorblock voraussetzt, der auf der rechten Seite im vorderen Viertel eine Anschlussöffnung für die mechanische Pumpe aufweist. Verwendet wird eine Treibstoffpumpe vom Typ DBU AP 1, die von der Nockenwelle angetrieben wird und über ein Filtersieb mit Schauglas verfügt.[87/II]

Anmerkung I: Großbritannien scheint nur ein bescheidener Abnehmer gewesen zu sein. Von den 24 Stück 170 V, die 2022 im Mercedes-Benz Club UK registriert sind, verfügen lediglich 12 Wagen über Rechtslenkung.
Anmerkung II: Eine werksseitige fotografische Dokumentation der rechtsgelenkten 170 V ist nicht bekannt.

Vom Rahmen bis zur Armaturentafel: Zahlreiche weitere Abweichungen

Abgesehen vom Motor und einigen seiner Nebenaggregate muss für den rechtsgelenkten 170 V auch der Rahmen mit den Aufnahmen für die Pedalerie und für das Lenkgetriebe angepasst werden, desgleichen die unten an den Rahmen geschraubten Abdeckbleche im Bereich Kühler, Motor und Getriebe. Das Gehäuse und der Lenkungsbock des ZF-Ross-Lenkgetriebes weichen wegen der Befestigung am rechten Rahmenrohr von der Standardausführung ab. Im Inneren des Lenkgetriebes unterscheiden sich die Schnecke und Lenkhebelwelle, außenseitig der Lenkhebel. Die Abweichungen setzen sich bis in die Achsschenkel fort. Recht weitreichende Eingriffe werden bei der Kupplungs- und Bremsbetätigung notwendig, unter anderem weil der Hauptbremszylinder auf die rechte Wagenseite verlegt werden muss, der Handbremshebel hingegen auf die linke Seite des Getriebetunnels kommt. Die Übertragung der Gaspedalbewegungen auf den Vergaser ist beim Rechtslenker eher einfacher zu lösen, unterscheidet sich jedoch in fast allen Teilen von der Standardausführung. Aufwändig ist die Kraftumleitung von rechts nach links für den fußbetätigten Anlasser. Die Fußpumpe der Zentralschmierung, der Kabelzug für den Anlassvergaser (Choke) und sämtliche anderen Durchdringungen vom Motorraum zu den Armaturen und Instrumenten erfordern veränderte Leitungslängen und Befestigungen. Dies wiederum bedingt karosserieseitig abweichende Bohrungen und Öffnungen in der Spritzwand und – trotz zentral angeordneten Instrumenten – ein Armaturenbrett-Blechteil mit der Lenkspindelausbuchtung auf der rechten statt der linken Seite. Eine solche ist auch im Treibstofftank notwendig, der aus demselben Grund vom Standardteil abweicht.[88]

Nicht umgesetzt: Genereller Wechsel zum Fallstromvergaser

Mit der Umstellung des Triebwerks M 136 auf einen Fallstromvergaser für die rechtsgelenkten 170 V hat man – wenngleich aus einem anderen Beweggrund – grundsätzlich einen Schritt zu einer höheren Leistung und besseren Kraftstoffausnutzung gemacht. Beim Fallstromvergaser strömt das Benzin-Luftgemisch in Richtung der Schwerkraft und mit weniger Strömungsverlusten in die Zylinder als beim Steigstromvergaser, wo es gegen die Schwerkraft ankämpfen muss. Der günstiger geformte Auspuffkrümmer unterstützt die freiere »Atmung« des Motors. Nominell haben die Standardversion und die Rechtslenkerausführung dieselbe Leistung von 38 PS, in Wirklichkeit müssen die Fallstromvergaser-Motoren leistungsmäßig nach oben streuen.

Wie viele rechtsgelenkte 170 V innerhalb des ersten Produktionsjahrs wirklich gebaut worden sind und wie diese sich motorseitig bewährt haben, ist nicht überliefert. Auf der großen Technikkonferenz vom 11. Mai 1937 informiert Versuchsleiter Otto Winkelmann, dass Versuche am M 136 mit Fallstromvergasern am Laufen seien, und zwar nicht wegen der Rechtslenkerwagen, sondern mit dem Ziel, vom veralteten Steigstromvergaser wegzukommen. Zusätzlich zu den bekannten Vorteilen des Fallstromvergasers versprechen sich die Techniker bessere Übergänge beim Beschleunigen. Obwohl diese »Gasfabrik« teurer ist und eine Treibstoffpumpe dazukommt, befürwortet der für die Fertigung verantwortliche Vorstand Dr. Otto Hoppe die generelle Einführung des Fallstromvergasers bei allen 170 V-Modellen für 1938.[89] Dass dies unterblieben ist, hat seine Ursache in der bevorstehenden Ablösung des bisherigen W 136 durch den Nachfolger W 136 II, die jedoch scheitern wird.[III]

Modellpflege am Rechtslenker

Die rechtsgelenkten Modelle profitieren von sämtlichen im Laufe der Zeit am 170 V eingeführten Verbesserungen, es sei denn diese widersprechen den spezifischen Rechtslenker-Lösungen. Doch auch diesbezüglich ist man um Optimierungen bemüht. So wird bereits Ende 1936 oder Anfang 1937 die bisherige Treibstoffpumpe durch eine Solex PE 792a abgelöst, die ebenfalls über ein Filtersieb verfügt, aber ohne Schauglas auskommt. Gleichzeitig erhält der Motor die von der Standardausführung bekannte Gemischvorwärmung mittels einer Heizklappe im Ansaugkrümmer, die entweder auf Winter- oder auf Sommerbetrieb eingestellt werden kann.[90] Der Wechsel zur automatischen, durch eine Thermospirale gesteuerten Gemischvorwärmung folgt zwei Jahre später, Ende 1938 oder Anfang 1939.[91/IV] In dieselbe Zeitspanne fallen die Anpassungen am Rahmen, insbesondere der Wechsel zu einem höheren Ovalrohr für die Cabriolet-Modelle, auch bei den Rechtslenkerversionen.[92]

170 V mit Treibstofftank hinten: Nur für Rechtslenker?

Eine Besonderheit sind die wenigen 170 V-Wagen mit hinten eingebautem Treibstofftank, die 1937/38 und 1940 entstehen. Die Beweggründe für diese erhebliche Abweichung von der Standardausführung sind nicht überliefert; mit dem Umdisponieren von Links- auf Rechtslenkung sind sie jedenfalls nicht zu begründen. Möglicherweise handelt es sich auch diesbezüglich um eine Reaktion auf länderspezifische Vorschriften, welche Kraftstoffbehälter im Motorraum untersagen. Diskussionen um die Einführung einer solchen Bestimmung werden 1936 offenbar auch im Deutschen Reich geführt, was bei Wilhelm Kissel angesichts der drohenden Mehrkosten ein kräftiges Stirnrunzeln auslöst. Nebst dem teureren Tank mit elektrischer Anzeige sind eine Rahmenverlängerung, eine Benzinpumpe und wesentlich längere Kraftstoffleitungen notwendig.

Ob es sich bei der 170 V-Ausführung mit Treibstofftank im Heck, die offenbar ab dem Spätherbst oder Winter 1937 und im darauffolgenden Jahr 1938 gebaut wird, ausschließlich um rechtsgelenkte Fahrzeuge handelt, bleibt unbeantwortet. Tatsächlich sind die meisten der bekannten 170 V mit Treibstoffbehälter im Heck rechtsgelenkte Roadster. Fotografisch belegt ist jedoch auch eine Rechtslenker-Limousine mit Hecktank, durchlaufenden Stoßstangen und einem einzelnen Rücklicht auf der rechten Seite.[V] Der hinten angeordnete Treibstofftank fasst 43 Liter, hat einen ovalen Querschnitt mit parallelen Flanken und ist an zwei Stahlprofilauslegern aufgehängt, die ihrerseits an der Rahmenbrücke über der Pendelachse angeschweißt sind. Ob der quer zur Fahrtrichtung angeordnete Auspufftopf zwischen der Hinterachse und dem Tank eingefügt ist, wie es die Werksfotografie des 200 V (W 149)-Fahrgestells zeigt,[VI] oder ob der Tank bereits näher an die Hinterachse gerückt ist und deshalb der Auspufftopf hinter dem Tank liegt, geht aus der Ersatzteilliste nicht hervor. Die spätere Version mit dem nahe an die Hinterachse herangeschobenen Tank ist im Spätsommer 1937 zumindest für den 200 V (W 149) auf dem Zeichenbrett in Arbeit. Der Grund für diese konstruktive Korrektur liegt in der schlechten Straßenlage wegen der größeren Hecklast, die man sich mit dem zu weit hinten montierten

Anmerkung III: Siehe Kap. 5.1, S. 228 ff.
Anmerkung IV: Zur Gemischvorwärmung: Siehe auch Kap. 4.1, S. 175, 178 f & 183 f.
Anmerkung V: Siehe Abb. 0281.
Anmerkung VI: Siehe Abb. 0229 & 0230.

Abb. 0279
Motorraum eines rechtsgelenkten 170 V Roadsters von 1937 mit Tank im Heck (Aufnahme 2010): Die leere Nische in der Spritzwand wird zu einem Fach für Betriebsmittel umfunktioniert. Einwandfrei zu erkennen sind die veränderte Kollektoranlage mit dem Fallstromvergaser und dem (hier originalen) Topfluftfilter, die Treibstoffpumpe vorn rechts am Motorblock und die Zentralschmierpumpe mit Vorratsbehälter an der Spritzwand.

Abb. 0280
Wegen der auf der rechten Wagenseite vorhandenen Bedieneinheiten ist ist links reichlich freier Raum vorhanden. Der Nebenstrom-Ölfilter lässt sich bequem vor der Kurbelgehäuseentlüftung unterbringen und die Zündspule kann statt am Motor an der Spritzwand befestigt werden, ein thermischer Vorteil.

Abb. 0281
Dieser 170 V Innenlenker von 1937 verfügt über einen hinten eingebauten Treibstofftank, wie der Einfüllstutzen im rechten Hinterkotflügel belegt. Der Grund für diese aufwändige Umdisponierung liegt wohl an den Zulassungsvorschriften einiger Exportländer. Dass es sich um ein Ausfuhrmodell handelt, zeigen die Rechtslenkung, die durchlaufenden Stoßstangen sowie die verchromten Gehäuse für die Scheinwerfer und Positionsleuchten.

Tank eingehandelt hat.[93] Vorn im Motorraum wird die Ausbuchtung in der Spritzwand, die bei der Standardausführung den zylindrischen Tank aufnimmt, bis auf ungefähr zwei Drittel ihrer Höhe mit einem Blech abgeschlossen, wodurch ein Fach zum Verstauen von Utensilien für den Betrieb des Wagens entsteht.[I]

Bei der zweiten Variante des 170 V mit hinten liegendem Tank – jene von 1940 – handelt es sich offensichtlich um linksgelenkte Droschken (Taxi). Die Anzahl dieser Wagen bleibt ebenso unbekannt wie die Länder und die Städte, wohin diese geliefert worden sind.[II]

Ein 170 V-Lizenzbau in Frankreich?

Wenige Monate nach der Markteinführung des 170 V im Februar 1936 wird man auch in Frankreich auf die Qualitäten des neuen kleinen Mercedes-Benz aufmerksam. Die Banque de Rivaud bemüht sich um den Erwerb einer Lizenz zur Nachfertigung des W 136 in Frankreich. Bei de Rivaud handelt es sich um die Privatbank einer adeligen Familie gleichen Namens, die mit dem Handel von Waren aus den Kolonien reich geworden ist, unter anderem mit Kautschuk aus Indonesien.[94] In der Folge werden Verhandlungen zwischen de Rivaud und Daimler-Benz aufgenommen, obwohl Wilhelm Kissel grundsätzlich den Abschluss von Lizenzverträgen mit dem Ausland ablehnt. Kissel signalisiert aber, er würde sich im konkreten Fall nicht dagegen stemmen, *wenn das Bestmögliche für unsere Firma herausgeholt* werde.[95] De Rivaud beabsichtigt offenbar, den Wagen bei der »Société Anonyme des Automobiles Unic« herstellen zu lassen, einer Firma, die sich im Laufe der Zeit auf die Entwicklung und Produktion von Lastkraftwagen spezialisiert hat und im Bereich Dieselmotoren mit der Daimler-Benz AG in geschäftlicher Beziehung steht.[96] Den Bau von Personenwagen hat Unic 1935, also vor Jahresfrist eingestellt.

Im Januar 1937 weilt Technikdirektor Hans Gustav Röhr für einen automobiltechnischen Vortrag in Paris. Bei dieser Gelegenheit besucht er die Firma Unic, die er für durchaus befähigt hält, den 170 V zu fertigen, denn ihre Werkstätten hinterlassen *keinen schlechten Eindruck*. Röhr bedauert einzig, dass der Verhandlungspartner von Unic, ein Herr Colomb, dort ausscheide. Zwischenzeitlich ist die notwendige Bewilligung für ein Lizenzabkommen vom zuständigen Reichswirtschaftsministerium eingetroffen, wie Carl Schippert in der Vorstandssitzung vom 8. Februar 1937 ausführt; er drängt auf einen raschen Abschluss. Wilhelm Haspel präzisiert, der fertig ausgehandelte Vertrag schließe zwar den 170 V mit 2-Liter-Motor, also den 200 V (W 149) ein, die Benutzung des Mercedes-Sterns bleibe aber ausdrücklich ausgeschlossen. Der in Frankreich produzierte 170 V müsste demnach unter einer anderen Marke als Mercedes-Benz firmieren. Kissel hält fest, dass ihm dies sehr wichtig sei, auch wenn das Finanzinstitut de Rivaud noch immer beim Aufsichtsratsvorsitzenden von Stauss dafür kämpfe, den Mercedes-Stern in Frankreich verwenden zu dürfen, was *unter allen Umständen ausgeschlossen* werden müsse.[97]

Anmerkung I: Siehe Abb. 0279 & 0280 (linke Seite).
Anmerkung II: Technische Details siehe Kap. 4.3, S. 204.

Abb. 0282
Hauptwerk der Automobilfirma Unic in Suresnes-Puteaux an der Seine, unmittelbar westlich von Paris. Hier soll nach Vorstellung der Banque de Rivaud der 170 V als französische Lizenzfertigung entstehen, die Karosserien ausgenommen. Unic konzentriert sich seit 1935 auf den Bau von Lkw.

Abb. 0283
In Untertürkheim wird der Wunsch der französischen Lizenznehmer nach mehr Leistung im 170 V nicht gehört. Diese wenden sich deshalb an die angesehene Firma Panhard & Levassor, die dem M 136 mit Aluzylinderkopf und höherer Verdichtung zusätzliche PS entlockt.

Wunsch nach größerer Leistung führt zu Komplikationen

Der Lizenzvertrag zum Bau des 170 V wird in der Folge abgeschlossen. Indes entstehen im Verlauf der kommenden Monate zwischen beiden Vertragspartnern Probleme, die nur schwer zu lösen sind. Offenbar ist es der unterdessen verstorbene Röhr gewesen, der die französische Seite auf die Existenz des 200 V (W 149) aufmerksam gemacht hat, worauf dieses Modell im Lizenzvertrag eingeschlossen worden ist. Der besseren Leistung wegen will man nun in Frankreich auf den 200 V setzen. Doch Untertürkheim gibt dessen Produktion nicht frei, da im Laufe der Erprobung festgestellt werden muss, dass sich die Fahreigenschaften – und zwar als Folge der größeren Hecklast durch den hinten liegenden Tank – gegenüber dem 170 V verschlechtert haben.

Dem Lizenznehmer bleibt einzig der bisherige 170 V (W 136). Die Vertreter von de Rivaud beschreiten nun einen anderen Weg, um einen leistungsfähigeren Wagen zu erhalten, nämlich durch eine höhere Motorleistung des 1,7 Liter großen M 136-Triebwerks. Und da Untertürkheim in dieser Richtung nichts unternimmt, sondern das Vorhaben sogar tendenziell behindert, müssen die Franzosen selbst zur Tat schreiten. Anlässlich des Pariser Salon de l'Automobile im Herbst 1937 trifft Technikvorstand Max Sailer mit Herrn Bolvin zusammen, einem ehemaligen höherrangigen Daimler-Benz-Verkaufsmitarbeiter, der ein Mandat zur Wahrnehmung der Werksinteressen bei der Lizenzvergabe an de Rivaud erhalten hat. Bolvin fungiert indessen nicht als Bremser, sondern als Förderer der Sache. Er beschwert sich direkt beim Aufsichtsratsvorsitzenden von Stauss, *dass es mit der Fabrikationsaufnahme des 1,7 Ltr. V bezw. 2 Ltr. V in Frankreich nicht vorangehe.* Max Sailer erhält in der Folge die Weisung, sich mit Bolvin zu treffen, der ihm verrät, dass er sich in Sachen Mehrleistung an Panhard & Levassor gewandt habe. Und zwar mit Erfolg, die Leistung des M 136 kann gesteigert werden, wozu das in Frankreich verfügbare Benzin mit 84 OZ (statt 74 OZ in Deutschland) geradezu animiert.

Es wird vereinbart, dass solche leistungsoptimierte M 136-Triebwerke im Herbst in Untertürkheim auf dem Motorenprüfstand auf ihre Haltbarkeit geprüft und auch in Wagen getestet werden. Dazu muss der höheroktanige Treibstoff aus Frankreich besorgt werden. Als Sailer am 12. November 1937 seine Vorstandskollegen darüber in Kenntnis setzt, sind diese Versuche noch am Laufen. Auch bei der jetzt vorgesehenen französischen 170 V-Version sei der Tank im Heck eingebaut, macht Wilhelm Haspel seine Vorstandskollegen aufmerksam, weil der Lizenznehmer die Karosserie des Ford Eifel verwenden wolle. Aufgrund dieser Nachricht hält Kissel unmissverständlich fest, dass alle technischen Fragen einschließlich der Karosserie restlos und zur Zufriedenheit der Daimler-Benz AG geklärt sein müssen, bevor die Lizenzfabrikation in Frankreich freigegeben werden könne. Die Nachricht, wonach die französische Linzenzfertigung des 170 V mit einer Ford Eifel-Karosserie versehen werden soll, dürfte allerdings falsch gewesen sein. Dieser Ganzstahlaufbau von Ambi-Budd wäre für den 170 V viel zu klein gewesen; allein beim Radstand fehlt dieser Karosserie ein halber Meter.[1] Die in der gleichen Vorstandssitzung aufgeworfene Frage, ob für die Daimler-Benz AG eine Lizenzvergabe des 170 V nach England in Frage komme, weist Kissel von sich.[98]

Mehr PS für den M 136: Womit?

Interessant sind die technischen Maßnahmen, womit die Pariser die Leistung der M 136-Maschine anzuheben gedenken, und die nun auch den Versuch in Untertürkheim beschäftigen: *Aufbohren hat bisher nichts gebracht,* hält Versuchsleiter Winkelmann fest. Damit bestätigt er die engen Grenzen einer realistischen Hubraumerweiterung des M 136, die man bereits vor einem guten Jahr im Hinblick auf den 200 V ausgelotet und für unzureichend befunden hat.[II] Hingegen sei durch ein Anheben der Verdichtung die Leistung von 38 auf 42 PS gestiegen. Die naheliegende Umstellung auf einen Fallstromvergaser wird erstaunlicherweise nicht erwähnt, was aber nicht bedeutet, dass diese nicht auch in Betracht gezogen worden ist. Es ist schließlich erst ein paar Monate her, seit derartige Versuche am M 136 durchgeführt worden sind, zudem läuft eine bescheidene Fertigung von Rechtslenker-170 V mit Fallstromvergasern. Versuche mit größeren Einlassventilen, die auch einen umkonstruierten Ansaugkrümmer voraussetzen, hält Otto Winkelmann für gefährlich. Zu groß scheint ihm berechtigterweise das Risiko, sich durch die hohe thermische Belastung Risse in den schmal gewordenen Stegen zwischen den Ventilöffnungen einzuhandeln. Es sei denn, relativiert er, man entschließe sich in Paris, die Ventilabstände zu vergrößern. Des Weiteren haben die Franzosen Versuchszylinderköpfe in Leichtmetall gegossen; drei davon senden sie nach Untertürkheim, um Versuchsmotoren damit zu versehen.[99/III]

Mit diesem Hinweis von Ende Oktober 1937 versiegen die Nachrichten nicht nur zu diesen aufschlussreichen Motorversuchen, sondern zur Lizenzfertigung des 170 V-Fahrgestells in Frankreich überhaupt. Ob die Daimler-Benz-Zentrale die Freigabe letztlich verweigert hat oder ob das Interesse der französischen Lizenznehmer allmählich erloschen ist, bleibt offen. Immerhin ist seit Verhandlungsbeginn ein ganzes Jahr verstrichen.

Anmerkung I: Maße Ford Eifel: Radstand 2 286 mm, Länge 4 000 mm, Breite 1 450 mm (nach Oswald, DE-Autos2 2001, S. 117).
Anmerkung II: Siehe Kap. 3.3, S. 154 (200 V). Dies wird auch gut zehn Jahre später bestätigt, als der M 136 im Hinblick auf dessen Verwendung im 170 S um 70 cm^3 aufgebohrt wurde, das konstruktiv verantwortbare Maximum, um noch Motorrevisionen durchführen zu können (vgl. Kap. 10.1, S. 451 f).
Anmerkung III: Tatsächlich erhielten zehn Jahre später die M 136 Leichtmetall-Zylinderköpfe (siehe Kap. 9.1, S. 403).

4.3 Sonderlösungen für Gewerbe, öffentliche Hand und Private

Der kompakte, im Betrieb recht genügsame und zuverlässige 170 V eignet sich – entsprechend adaptiert – auch für den Einsatz im Gewerbe und bei öffentlichen Institutionen. Besonders geschätzt wird die 170 V-Kraftdroschke, die Daimler-Benz zu günstigen Konditionen anbietet. Sonderaufbauten aus Sindelfinger Produktion sind selten. Hingegen wird das 170 V-Fahrgestell gerne für Kranken-, Kasten- und Kombiwagen-Aufbauten von fremden Karosseriefirmen im In- und Ausland verwendet.

Abb. 0284
Mercedes-Benz gehört zu den bevorzugten Automarken des Taxigewerbes. Hier ein L 3/4 (W 02) als verlängertes sechssitziges Droschken-Cabriolet, um 1927.

Seit die Entwicklung des Automobils im ausgehenden 19. Jahrhundert einsetzt, erschöpft sich dessen Nutzwert nicht im Transport von Menschen, sondern es dient ebenso der Verschiebung von Waren oder erbringt Dienstleistungen anderer Art, was sehr rasch zu spezifisch auf die Funktion ausgerichteten Konstruktionen geführt hat. Der Lastkraftwagen ist bald ein unverzichtbarer Helfer in Handel, Gewerbe und Industrie, und auch der Personenkraftwagen dient auf vielfältigste Weise dem Menschen, Aufträge zu erfüllen, die er zuvor auf einem Pferd reitend oder mit einem pferdegezogenen Wagen erbracht hat. Während viele dieser Aufgaben mit handelsüblichen Pkw zu bewältigen sind, müssen für andere Aufgaben die Wagen technisch, in der Ausrüstung oder gar im gesamten Aufbau entsprechend ihrem Einsatzzweck angepasst werden. Das Spektrum der realisierten Sonderlösungen ist ein Spiegelbild der vielfältigen Nutzung und zeugt von Einfallsreichtum. Besonders aktiv auf diesem Gebiet sind die zahlreichen, von den Automobilfabriken mehr oder weniger unabhängigen Karosseriebauunternehmen, deren Größe und Leistungsfähigkeit den ganzen Bogen vom handwerklichen Einmann- oder Kleinbetrieb bis zu Großfirmen wie beispielsweise Ambi-Budd umfasst.

Abb. 0285 & 0286
Der ab 1936 gebaute Mercedes-Benz 260 Diesel (W 138) wird insbesondere als Kraftdroschke sehr geschätzt. Mehrheitlich fällt die Wahl auf Pullman-Limousinen- oder Pullman-Landaulet-Aufbauten in Ausführung mit Trennwand (Bild oben). Der Werbeprospekt weist explizit auf die moderaten Betriebskosten hin, die sich dank des sparsamen und robusten Dieselmotors ergeben.

Die 170 V-Kraftdroschken mit Sindelfinger Aufbau

Droschken, also auf öffentlichem Grund bereitstehende Pferdewagen mit Kutscher zur Beförderung von Personen zu einem Fahrziel nach deren Wunsch und zu einem wegabhängigen Fahrpreis,[100] werden kurz nach 1900 nach und nach von Automobilen abgelöst. Als Antrieb wird das Tier durch den Motor ersetzt, doch die althergebrachte Bezeichnung »Droschke« bleibt im Deutschen Reich bis zum Ende des Zweiten Weltkriegs erhalten, nun aber entsprechend erweitert zu »Kraftdroschke«. Andernorts nennt man die Fahrzeuge mit derselben Zweckbestimmung »Taxe« oder »Taxi«, ein Begriff, der sich auch im Nachkriegsdeutschland der 1950er Jahre einbürgern wird. Das Betreiben einer Kraftdroschke erfordert eine behördliche Zulassung sowohl des Fahrers als auch des Fahrzeugs, wobei letzteres gemäß den Behördenvorschriften ausgestattet sein muss. Insbesondere sind Taxameter vorgeschrieben, feinmechanische Geräte zur Ermittlung des Fahrpreises aufgrund der zurückgelegten Wegstrecke und – in jüngerer Zeit – auch unter Berücksichtigung der dafür verwendeten Zeit. Weiter müssen Kraftdroschken als solche erkennbar sein, wofür entsprechende Vorgaben zum Farbton des Wagens, zu allfälligen Markierungen und bezüglich der Hinweisschilder zu erfüllen sind.

Das Droschkengewerbe hat früh einen Sinn für Praktisches und Bewährtes entwickelt. Als Kraftdroschken werden in der Regel Pkw mit zwei oder drei Sitzreihen verwendet, wobei sich die sogenannten Landaulet-Karosserien mit abklappbarem Verdeck über der hinteren bzw. hintersten Sitzreihe bis in die 1930er Jahre besonderer Beliebtheit erfreuen. Robustheit, überblickbarer Wartungsaufwand und gute Reparaturmöglichkeit mit unproblematischer Teileversorgung gehören zu den entscheidenden Kriterien bei der Wahl der Fahrzeuge. Einige Automobilfirmen bemühen sich stark um die Droschkenfuhrhalterei und offerieren spezifisch für diesen Einsatzweck optimierte Modelle ihres Fabrikationsprogramms. Nach dem Ersten Weltkrieg gehören die geräumigen Wagen der Berliner Marke Protos und die einst weitverbreiteten Brennabor dazu, ebenso der krude Hanomag »Kommissbrot«, der lediglich einen einzigen Sitzplatz neben dem Fahrer bereithält und quasi die bescheidenste Ausführung der Droschke markiert.

Mercedes-Benz-Kraftdroschken

Auch Mercedes-Benz zählt zu den im Droschkengewerbe beliebten Marken. In der ersten Hälfte der 1930er Jahre stehen als kleines Modell der 170 (W 15) und als größerer Wagen hauptsächlich der Typ 200 (W 21) als sechssitzige Pullman-Limousine oder als Pullman-Landaulet im Einsatz. Ab 1936 gibt es dieses Fahrzeug auch mit dem 2,6 Liter großen und 45 PS leistenden Vierzylinder-Dieselmotor OM 138 zu kaufen. Ein Angebot, das angesichts der bescheidenen Treibstoffkosten für

Abb. 0287 & 0288
170 V-Droschke, Vorserienwagen von Ende 1936. Ab Februar 1937 geht die Droschkenausführung in den Verkauf. Verwendet wird wahlweise die Innenlenker- oder Cabrio-Limousinen-Karosserie, die jeweils mit einer Trennwand versehen ist. Außen fallen die »Eura«-Leuchten an den A-Säulen und hinten die klappbare Gepäckbrücke auf. Mit 3 750 RM (IL) bzw. 3 850 RM (CL) ist der Preis ausgesprochen konkurrenzfähig

das Droschkengeschäft besonders attraktiv ist und bis zur Produktionseinstellung 1940 in schätzungsweise 1 600 Droschken des Typs 260 D ihren Niederschlag findet – aller Skepsis der Diesel-Technik im Pkw und des spürbar höheren Fahrzeugpreises zum Trotz.[101]

Willkommene Ergänzung: Die 170 V-Droschke kommt im Frühling 1937

Im Frühjahr 1937 verleiht die Daimler-Benz AG ihrem Droschkengeschäft einen neuen Impuls, indem sie dem 230 (W 143) und dem 260 D (W 138) in der Gestalt des 170 V eine kleine und günstig zu erwerbende Droschke zur Seite stellt. Die für den Einsatzzweck notwendigen Anpassungen werden ab Herbst 1936 werksseitig geplant, gebaut, getestet und anschließend zur behördlichen Genehmigung eingereicht. An der Sitzung vom 8. Februar 1937 kann der Mannheimer Werksdirektor Carl Werner den Vorstand über die kürzlich erfolgte Zulassung des 170 V als Kraftdroschke informieren. Mercedes-Benz sei mit dem 1,7-Liter, dem 2,3-Liter und den 2,6-Liter-Diesel im Droschkengeschäft gut aufgestellt, gibt sich Werner optimistisch. Wilhelm Kissel ordnet an, dass Ernst Canter als zuständiger Leiter des Droschkengeschäfts seinen Arbeitsplatz nach Untertürkheim in die Zentrale verlegt,[102] um näher am Ort der Entscheidungen zu sein als in dem vom Nutzfahrzeugbau geprägten Werk Mannheim.

Zwölf Tage später öffnet die Berliner Automobilausstellung 1937 ihre Tore. Ergänzend zum regulären Fabrikationsprogramm präsentiert Mercedes-Benz auf seinem Stand alternierend mit einem 230-Arzt-Kombinationswagen[103] eine 170 V Cabriolet-Limousine in Droschkenausführung. Zudem steht ein Droschken-Innenlenker zum Vorführen und Probefahren zur Verfügung.[104] Knapp vor der Ausstellungseröffnung sind sämtliche in den Verkauf involvierten Stellen durch ein Schreiben mit der neuen kleinen Mercedes-Benz-Droschke vertraut gemacht worden. *Die Bedeutung des Droschkengeschäfts liegt für uns in der Erhöhung unserer Fabrikationsziffern, aber auch in seiner hervorragenden Werbewirkung, die dann unserem Erzeugnis verbürgt ist, wenn in ganz Deutschland an allen wichtigen Plätzen die MERCEDES-BENZ-Droschke das Straßenbild beherrscht*, lassen die Herren Kissel und Löw die Vertretungen wissen.[105]

Die 170 V-Droschke wird ab Frühjahr 1937 in zwei Karosserievarianten geliefert, nämlich als Innenlenker und als Cabrio-Limousine. Insbesondere letztere wird sich großer Beliebtheit erfreuen, kommt sie doch dem traditionellen Landaulet recht nahe. Droschken werden nicht bloß benutzt, um auf bequeme und schnelle Weise von A nach B zu gelangen, sondern auch für den Ausflugsverkehr. Und in diesem Kundensegment ist das Verlangen groß, im offenen (oder zumindest teilweise offenen) Wagen durch die Stadt oder das Umland gefahren zu werden – grösser jedenfalls als die Befürchtung, in ein unvermittelt losbrechendes Sommergewitter zu geraten. Aus betrieblicher Sicht bietet die Cabriolet-Limousine mit zurückgelegtem Verdeck den Vorteil der quasi unbegrenzten Kopffreiheit

Abb. 0289
170 V Cabrio-Limousine mit Trennwand, aber ohne Gepäckbrücke. Derartige Ausführungen werden gerne für den gewerblichen Ausflugsverkehr eingesetzt, wo die Fahrgäste das oben offene Abteil schätzen.

Abb. 0290
Der Taxameter wird anstelle des rechten Handschuhfachs an ein leicht abgeändertes Armaturenbrett angebaut und von einer unten am Aschenbecher installierten Lampe beleuchtet.

im Passagierabteil, was auch den Transport sperriger Gegenstände erlaubt. Davon und vom luftigen Fahrerlebnis abgesehen bietet die Cabriolet-Limousine gegenüber dem Innenlenker objektiv betrachtet nur Nachteile: Das qualitativ zwar ausgezeichnete, aber letztlich doch empfindliche Stoffdach will gut und materialgerecht gepflegt sein, damit nicht ein vorzeitiger Verschleiß in Kauf genommen werden muss. Das Öffnen und Schließen ist mit Arbeit verbunden, im geöffneten Zustand müssen sinnvollerweise die Dachspriegel entfernt und im Kofferraum verstaut werden. Die Sicht nach hinten ist für den Fahrer miserabel – mit geschlossenem Dach wegen der lächerlich kleinen Sichtscharte, im offenen Zustand wegen des hochragenden Verdeckpakets. Das gegen Ende der 1930er Jahre in Mode gekommene Faltschiebedach ist im 170 V serienmäßig nicht erhältlich; Interessenten müssen sich an spezialisierte Firmen wie Golde AG in Gera, Happich GmbH in Wuppertal-Elberfeld, Webasto in Stockdorf bei Gauting oder Hägele in Stuttgart-Heslach wenden.

Was macht die 170 V-Droschke aus? Abweichungen in Ausrüstung und Ausstattung

Beide 170 V-Droschken-Versionen, also der Innenlenker wie die Cabriolet-Limousine, unterscheiden sich in der Ausstattung wie folgt vom regulären Innenlenker:

- **Trennwand** zwischen vorderer und hinterer Sitzreihe mit dreiteiliger, innenraumbreiter Verglasung. Die mittlere Scheibe ist vom Fahrersitz aus verschiebbar;
- über die ganze Fondbreite durchlaufende **Mantelstange** an der Trennwand unterhalb der Verglasung, mit je einem Haltetau rechts und links;
- je ein **Aschenbecher** an den Fondtüren (identischer Typ wie am Armaturenbrett, jedoch ohne Zigarettenanzünder);
- **Deckenlampe** im Fond mit Schalter links am Armaturenbrett (nur Innenlenker);
- **Spriegellampe** im Fond mit Schalter links am Armaturenbrett (nur Cabrio-Limousine);
- **Sonnenblende** über Windschutzscheibe;
- je eine **Eura-Lampe** als »Frei«-Zeichen an den beiden A-Säulen, zweifarbig (weiß und blau) aufleuchtend;
- am Armaturenbrett rechts statt des normalen Aschenbechers ein solcher in Kombination mit einer **Leselampe**, welche den Taxameter beleuchtet;

- drei **»Frei«-Schilder**;
- breite abklappbare **Gepäckbrücke** am Heck.[106]

Der in einer Kraftdroschke vorgeschriebene Taxameter muss der Fuhrunternehmer entweder gemäß Zeichnung der Daimler-Benz in Eigenregie montieren oder gegen Aufpreis gleich werksseitig einbauen lassen. Das verhältnismäßig voluminöse Gerät wird vor dem rechten Handschuhfach am Armaturenbrett aufgesetzt. Der Antrieb erfolgt vom Schaltgetriebe aus über ein Winkelgetriebe auf die zwei beweglichen Wellen, die eine für den Geschwindigkeitsmesser und Kilometerzähler, die andere für den Taxameter.

Die Gepäckbrücke am Heck – auch Gepäckraufe genannt –, ist zwingend notwendig, denn der Kofferraum des 170 V ist bekanntlich von außen nicht zugänglich und mit seiner limitierten Größe für den Droschkenbetrieb so oder so nicht ausreichend. Die Gepäckraufe entspricht in ihrer Machart den Ausführungen, die man von anderen (auch älteren) Mercedes-Benz-Typen ohne Kofferraum kennt. Sie besteht aus einem zweiteiliegen klappbaren Rost aus ausgestanztem und gepresstem Stahlblech. In Ruhestellung aufgeklappt zeigt sich mittig der verchromte Mercedes-Stern; abgeklappt entsteht ein ebener Boden. Befestigt wird dieser Kofferträger unten am Stoßstangenhalter; oben lehnt er sich mit zwei zueinander laufenden Stangen gegen das Ersatzrad, wo er mit einem raddeckelartigen Befestigungsteller an die Bolzen der Ersatzradhalterung geschraubt ist. Die Gepäckstücke werden mit langen Lederriemen auf der Brücke festgezurrt. Die verchromten Krampen befinden sich am Brückenboden, am Heck rechts und links des Ersatzrads und über dem Befestigungsteller.[107]

Die Lackierung der Droschken-170 V richtet sich nach den *örtlichen Verhältnissen,* erfolgt also gemäß den Farbvorschriften der jeweiligen Stadt. Viele Droschken tragen als Erkennungszeichen den bekannten schwarzweißen Karostreifen entlang der Gürtellinie im Fondbereich, wo sich die Plätze für die Fahrgäste befinden. Die Sitzbezüge und der Wagenausschlag sind in einem robusten grauen Stoff oder in ebenfalls grauem Leder erhältlich.[108]

Ob Leder in der Droschkenausführung mit einem Aufpreis belastet wird, ist nicht überliefert, aber es ist zweifellos das für den strapaziösen Einsatzzweck adäquatere Material, nicht nur hinsichtlich der Haltbarkeit, sondern auch für die Reinigung.

Abb. 0291
Der beim 170 V nur vom Innenraum aus erreichbare Kofferraum ist im Droschkenbetrieb nahezu wertlos. Abhilfe schafft eine breite, fest am Heck angebrachte Gepäckbrücke.

Die beiden 170 V-Droschken-Ausführungen kommen in den Genuss sämtlicher technischen Verbesserungen und Veränderungen, die dem Typ 170 V (W 136) ab 1937 zuteil werden.[I] Im Frühjahr 1939 führt der vornliegende Tank doch noch zu einer Komplikation. Am 1. April 1939 wird im Deutschen Reich die »Verordnung über den Betrieb von Kraftfahrunternehmen im Personenverkehr« (BOKraft) rechtskräftig. Gemäß § 37 sind Kraftstofftanks im Motorraum von Fahrzeugen, die dem gewerbsmäßigen Personentransport dienen, untersagt. Diese neue Vorschrift trifft die Daimler-Benz-Oberen nicht unerwartet, wirkt sich aber für den Fortbestand des 170 V als preisgünstige Kraftdroschke nachteilig aus. Anfang März sind noch rund 120 Droschken-170 V in Auftrag, die bis zur geplanten Ablösung durch den neukarossierten 170 V der Baureihe W 136 II im Spätherbst 1939 gebaut werden müssen. In Erwartung dieser neuen Vorschrift hat die Konzernzentrale einen Ausnahmeantrag gestellt, um die Neuzulassung von 170 V-Droschken in ihrer bisherigen Ausführung, also mit Benzinreservoir an der Spritzwand im Motorenraum, bis zum 1. Oktober 1939 zu verlängern. Für den Fall, dass d e Behörden kein

Anmerkung I: Siehe Kap. 4.1, S. 172–176.

Abb. 0292
Abgeklappt entsteht eine sichere Brücke für feste Gepäckstücke, die mit zwei Lederriemen und Ösen bzw. Krampen am Aufbau festgezurrt werden.

Abb. 0293 & 0294
Unterhalb der dreiteiligen Verglasung der Trennwand befindet sich eine über die ganze Innenbreite durchlaufende Haltestange. An den Türen sind Aschenbecher montiert. Alternativ zur Stoffausstattung ist offenbar auch graues Leder erhältlich. Vorn ist der Beifahrersitz so gebaut, dass sich bei Bedarf das Kissen aus dem Rahmen heben lässt, wodurch eine zusätzliche Möglichkeit besteht, Gepäckstücke einigermaßen gesichert unterzubringen.

Abb. 0295
Ob eine Droschke verfügbar ist, wird durch die beiden schrägstehenden, blau bzw. weiß leuchtenden »Eura«-Lampen an den A-Säulen angezeigt. Zusätzlich gibt es drei Freischilder, je eines an der Frontscheibe und an den beiden Fahrertüren.

Entgegenkommen zeigen, beschließt der Vorstand, diese rund 120 Droschken mit einem hintenliegenden Treibstofftank versehen zu lassen. Die Mehrkosten von rund 80 RM pro Wagen würde die Firma tragen müssen.[109]

Offenbar lenkt die zuständige Behörde ein, so dass zumindest im Inland auf diese Droschken-Spezialausführung verzichtet werden kann. Unterdessen ist der Krieg ausgebrochen, der Vieles in den Hintergrund treten lässt, so auch die Ablösung des 170 V W 136 durch das neue Modell W 136 II mit hintenliegendem Tank. Der 170 V darf in der Folge als Droschke in der bisherigen Ausführung mit im Motorraum untergebrachtem Tank weitergebaut werden. Die entsprechende Ausnahmegenehmigung verlängert Reichsverkehrsminister Dorpmüller bis Ende März 1941.[110]

Die Anzahl der für das Inland gefertigten Droschken geht empfindlich zurück. Bereits gegen Ende der 1930er Jahre ist der Droschkenverkehr spürbar eingeschränkt und wird nach dem Kriegsausbruch bis auf einen bescheidenen Grundbestand abgebaut. Die Benutzung einer Droschke ist nun bewilligungspflichtig, wie überhaupt der gesamte Motorfahrzeugverkehr.[111]

Für den Export? 170 V-Droschke mit Tank hinten

Trotz gültiger Ausnahmeregelung für den Tankeinbau im Motorraum wird eine unbekannte Anzahl von 170 V-Droschken mit hinten im Fahrzeug angeordnetem Tank gebaut, nämlich im Spätsommer 1940 innerhalb der 2 500 Wagen umfassenden Reihenbestell-Nummer 10 136 037/038. Es handelt sich dabei offensichtlich um Fahrzeuge mit Linkslenkung, die für den Export bestimmt sind. Der Auftraggeber bleibt im Dunkeln, desgleichen das Land und die Stadt, wo diese Taxen in Betrieb stehen.

Für diese linksgelenkten 170 V-Droschken mit hintenliegendem Benzinreservoir verwendet das Werk jenen ungefähr 45 Liter fassenden Tank, der seinerzeit für die »zivile« Version des W 149, also für den Typ 200 V mit neuer Karosserie vorgesehen gewesen ist. Der Tank wird an zwei geschweiften Rahmenverlängerungen quer zur Fahrtrichtung aufgehängt und so nahe wie möglich an die Hinterachse geschoben, um die Hecklast nicht zu sehr ansteigen zu lassen. Trotzdem entscheidet man sich für stärkere Hinterfedern. Der ebenfalls quer angeordnete Auspufftopf liegt nun nicht mehr vor, sondern hinter dem Tank. Eine dazwischen angeordnete Abschirmplatte reduziert das Aufheizen des Treibstoffs. Selbstverständlich verlangt die Tankanlage im Heck nach einer Treibstoffpumpe und einer elektrischen Tankanzeige. Der Motor behält jedoch den serienmäßigen Steigstromvergaser.[I]

Verkauf, Produktionszahlen und Einsatzschwerpunkte: Viele offene Fragen

Als *die vollkommene Kraftdroschke niedriger Preisklasse* bewirbt Daimler-Benz den 170 V. Für die viertürige Innenlenker-Droschke stellt das Werk 3 750 RM in Rechnung, für die ebenfalls viertürige Cabrio-Limousine in Droschkenausstattung sind lediglich 100 RM zusätzlich zu leisten; damit bleibt diese mit 3 850 RM immer noch deutlich unter der 4 000er-Grenze. Im Vergleich zu den Preisen für die 170 V-Standardausführungen – 3 850 RM für den viertürigen Innenlenker bzw. 3 980 RM für die Cabriolet-Limousine – handelt es sich um ausgesprochen gewerbefreundliche Angebote, insbesondere angesichts der zahlreichen und aufwändigen Sonderausrüstungen. Die Lieferfrist für eine 170 V-Droschke beträgt im Frühjahr 1937 lediglich drei Wochen, eine sehr kurze Zeitspanne, die nur dank einer weitsichtigen Vorausfertigung von Rohbau-Droschkenaufbauten eingehalten werden kann.

Der Verkauf erfolgt zwar durch die Filialen, aber als sogenanntes Werksgeschäft ohne die Zwischenschaltung von lokalen Verkäufern. Für die Beratung von interessierten Droschkenfuhrhaltern sendet die Verkaufszentrale in Untertürkheim auf Wunsch einen spezialisierten Verkäufer mit einer entsprechenden Vorführ-Droschke vor Ort. *Weil die Verkaufspreise nahezu ohne jeden Nutzen für uns kalkuliert sind,* können die Niederlassungen und Verkaufsstellen vom Verkauf dieser Wagen finanziell nur marginal profitierten. Doch komme *der Werbeerfolg, der mit der Einführung unserer Droschkenerzeugnisse nach unseren Erfahrungen überall erzielt wird, in erster Linie*

Anmerkung I: ETL 136 (170 V) E (11.05.1940), insbesondere Baugruppen 44, 81, 82 und 87. In der ETL sind für die Droschkenversion der Reihenbestell-Nummer 10 136 037/038 der beschriebene Tank im Heck, die abweichende und längere Treibstoffleitung, die elektrische Treibstoffstandsanzeige und die härteren Hinterfedern erwähnt, nicht jedoch die Treibstoffpumpe, eine vermutlich unbeabsichtigte Unterlassung. Zur kritischen Straßenlage des 170 V mit hintenliegendem Tank siehe Kap. 4.2, S. 193 f.

Abb. 0296
Viele 170 V leisten über Jahrzehnte treue Dienste als Kraftdroschke, insbesondere im Ausland. Hier ein Innenlenker-Taxi von 1937/38 vor dem Hieronymitenkloster im Lissabonner-Stadtteil Belém, um 1971. Der offensichtlich gepflegte Wagen ist mit einem Dachgepäckträger ausgerüstet und mit Blinkern behutsam modernisiert.

unseren Vertretungen zugute, wird den örtlichen Niederlassungen im erwähnten Rundschreiben mitgeteilt.[112]

Die günstigen Droschkenkonditionen und der gute Erfolg des 170 V auch in der Droschkenausführung führt unweigerlich dazu, dass das Geschäftsverhalten von der Konkurrenz scharf im Auge behalten wird. Diese entdeckt tatsächlich einzelne Unregelmäßigkeiten und bringt sie bei der Deutschen Automobil Treuhand (DAT) zur Sprache. In einem dieser Fälle verspricht einer *unserer Herren Verkäufer einem Interessenten, als Kraftdroschkenbesitzer bekomme er 10% Rabatt auf die Preise für Privat-Limousinen bezw. Landaulets, und zwar mit der ausdrücklichen Zusicherung, dass diese als Droschken bezeichneten Fahrzeuge in Ausführung und Ausrüstung genau den Privatwagen entsprechen.* Die Zentrale reagiert umgehend und fordert die Leiter der Haupt- und Unterverkaufsstellen auf, dafür zu sorgen, dass künftig die Weisungen aus Untertürkheim strikte eingehalten werden.[113]

Fertigungsstückzahlen zum 170 V in der Droschkenausführung fehlen, ebenso verlässliche Angaben, wohin diese Wagen schwerpunktmäßig geliefert werden und im Einsatz stehen. Überliefert ist jedoch, dass sich der 170 V im Droschkengewerbe rasch großer Beliebtheit erfreut und zum meistgebauten Droschken-Modell der Daimler-Benz AG aufsteigt. Wertig, wendig, robust und genügsam lauten die Adjektive, die in Verbindung mit diesem Fahrzeugtyp oft zu hören sind. Wird hin und wieder doch eine größere Reparatur fällig, kann sich der Betreiber auf eine lückenlose und prompte Teileversorgung und einen bestens funktionierenden Werkstattdienst verlassen.

Noch 1942 liefert die Daimler-Benz AG 170 V-Droschken aus, wenige Wochen bevor die Produktion des W 136 der jetzt alles beherrschenden Rüstungsfertigung zum Opfer fällt.[114] Im weiteren Kriegsverlauf zieht die Wehrmacht einen Großteil der 170 V-Droschken ein; viele davon werden im strapaziösen Betrieb verschlissen oder durch Kampfhandlungen unbrauchbar.

Der 170 V-Reichspost-Lieferwagen

Automobilfirmen profitieren von einem kostenlosen Werbeeffekt, wenn deren Fahrzeugtypen bei öffentlichen Institutionen mit hohem Ansehen im Einsatz stehen. Dies gilt ausgesprochen auch für die Daimler-Benz AG, die über viele Jahre die Deutsche Reichspost mit Kurs- und Reisebussen sowie mit Kastenwagen verschiedener Typen und Ausführungen beliefern darf.

Nahe am Serien-Lieferwagen

Unter den Lieferwagen befinden sich auch solche auf der Basis der Baureihe W 136. Der Post-Lieferwagen von 1939 entspricht in seinem Aufbau weitgehend dem Ende 1936 vorgestellten 170 V-Serienkastenwagen aus dem Werk Sindelfingen, doch wird er im Nachtrags-Typenschein des W 136 von 1940 als separate Gattung aufgeführt.[115] Bauzeitbedingt zeigen die Reichspost-170 V das Kühlergesicht mit dem Schraubverschluss als Sternträger, die aufgesetzten Fahrtrichtungsanzeiger, die zylindrischen Zweikammer-Brems- und Rückleuchten von Bosch an den unteren Karosserieecken sowie ein Nummernschild, das im unteren Viertel der Hecktür eingemittet ist. Die alte Ausführung mit der Nummernschildtafel über der Hecktür und den dort integrierten Rückleuchten ist nicht mehr statthaft.[II] Die sogenannten Fahrgestellblechteile (Kotflügel, Trittbretter) sowie die Scheinwerfertöpfe und Fahrtrichtungsanzeiger sind schwarz lackiert, der Aufbau mitsamt der Motorhaube in jenem Rotton, den die Reichspost seit 1934 für ihre Fahrzeuge verwendet. Auf dem Kasten prangt der Reichsadler mit dem Hakenkreuz, darunter in Fraktur der Schriftzug »Deutsche Reichspost«; auf der Tür ist die Reichspost-Fahrzeugnummer aufgemalt. Auffällig sind die hier in blankem Leichtmetall gehaltene, auf drei Seiten umlaufende Dachrinne, die Dachbespan-

Anmerkung II: Siehe Kap. 3.1, S. 127 f (urspr. Ausführung Kastenwagen) und Kap. 4.1, S. 179 f (neue Rücklichter gemäß StVZO).

Abb. 0297 & 0298
170 V Lieferwagen in Reichspost-Ausführung. Die Deutsche Reichspost ist einer der Hauptkunden der werkskarossierten 170 V Kastenwagen. Der Aufbau dieser schmucken Wagen zeigt sich im Reichspost-Rot (RAL 3000), die Kotflügel, Trittbretter und Scheinwerfertöpfe sind schwarz gehalten. Auffällig ist die blanke, dreiseitig um den Wagen laufende Regenrinne. Der hier gezeigte Wagen ist Teil einer 20 Stück umfassenden Beschaffungsaktion von 1939 und wird an die Reichspostdirektion Oldenburg ausgeliefert. Weshalb ab Werk Standartenträger montiert sind, bleibt unbeantwortet.

Abb. 0299 (rechte Seite)
Zeichnung des 170 V-Fahrgestells für Fremdaufbauten, dat. 01.04.1936, aktualisiert 24.02.1938. Die Ausführung »Fahrgestell« steht mit 2 850 RM in der Preisliste und ist technisch komplett, verfügt aber aufbauseitig nur über die Spritzwand mit Tank, Kühlermaske, Scheinwerfer, Motorhaube, die vorderen Kotflügeln und Stoßecken. Sollen weitere Serienteile für den Aufbau verwendet werden, sind diese gesondert zu beschaffen.

nung in hellem Stoff oder Kunstleder sowie der Gepäckträger über dem Kasten, der mit einer kubisch geformten Plane abgedeckt werden kann. Diese Kastenwagen rollen auf Reifen der Dimension 5,50-16", die auf 3,5" breiten Felgen aufgezogen sind.[116] Die dem Fahrzeugeinsatz entsprechende Inneneinrichtung ist nicht überliefert.

Beschaffungsumfang nicht geklärt

Der Beschaffungszeitraum des 170 V-Reichspost-Lieferwagens ist ebenso wenig geklärt wie die Anzahl der ausgelieferten Fahrzeuge. Näher bekannt ist ein Auftrag über 20 Stück, die alle zwischen dem 13. und 27. Juni 1939 ausgeliefert und im Laufe der folgenden zwei Monate mit den Kennzeichen RP 200 362 bis RP 200 381 in Betrieb genommen werden. Diese Wagen verteilen sich auf Einsatzgebiete in den Reichspostdirektionen Berlin, Düsseldorf, Oldenburg, Saarbrücken, Stuttgart und Wien.[117] Sie stammen aus der 5 100 Wagen umfassenden 170 V-Serie mit der Reihenbestell-Nummer 10 136 027/028 und tragen Fahrgestell- und Motorennummern zwischen 425 182 und 426 816. Bereits vor dieser Beschaffungsaktion hat die Reichspost nachweislich gleichartige 170 V Kastenwagen in Dienst gestellt.[118]

Das 170 V-Fahrgestell für Fremdaufbauten

Die Daimler-Benz-Vertretungen und -Verkaufsstellen bieten neben den zahlreichen werkskarossierten Ausführungen auch das 170 V-Fahrgestell ohne Karosserie an, damit Sonderaufbauten für die spezifischen Bedürfnisse von Firmen oder nach freiem Wunsch von privaten Kunden verwirklicht werden können. Dieses Fahrgestell kostet 2 850 RM. Es umfasst die gesamte und im Prinzip fahrbereit montierte Motor-, Antriebs- und Lenktechnik unter Einschluss des Stirnwand-Vorbaus mit Treibstofftank, Armaturenbrett, Instrumenten und Bedienelementen. Die beiden Vorderkotflügel mitsamt Verbindungsblech, Scheinwer-

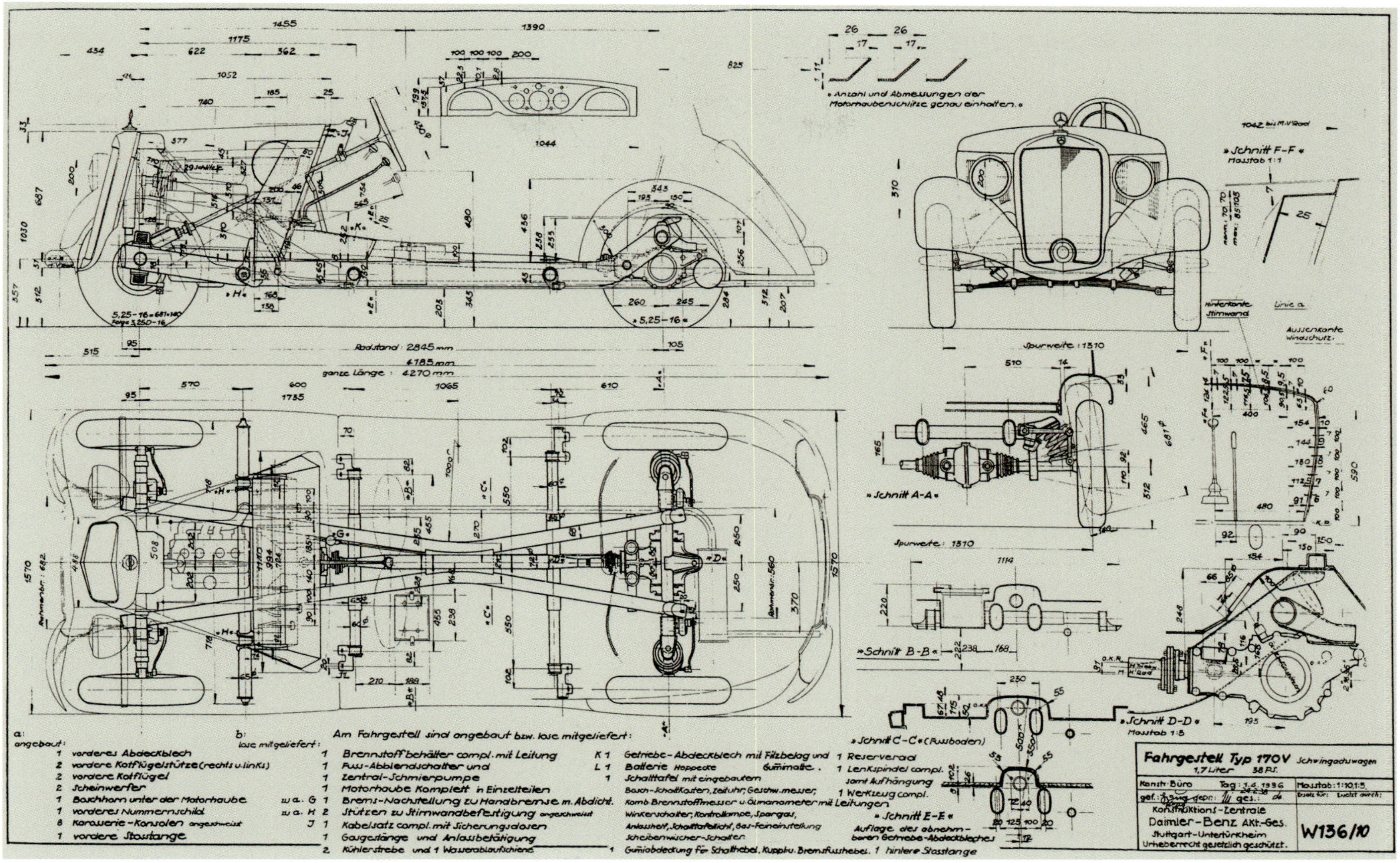

fern, Kühlermaske mit Motorhaube sowie der vorderen Stoßstange sind angebaut. Am Vorbau fehlt jedoch der aufbauseitige Frontscheibenrahmen inklusive der Frontscheibe selbst. Lose beigelegt ist die Batterie, der filzbelegte Getriebetunnel mit Gummimatte, die hintere Stoßstange, das Ersatzrad und das Werkzeugsortiment.[119] Die Anzahl der 170 V, die bis zur Pkw-Produktionseinstellung 1942 als Fahrgestelle für Fremdaufbauten gefertigt worden sind, ist nicht überliefert.

Auf dieser Basis gestalten und konstruieren nun die Karosseriebetriebe ihre Spezialaufbauten. Viel häufiger als exklusive Einzelstücke mit Freizeitcharakter entstehen Adaptionen von Serienmodellen an die nutzungsspezifischen Anforderungen von Kunden. Dabei handelt es sich sowohl um Einzelexemplare wie auch um Kleinserien. Selbstverständlich ist es der Karosseriefirma überlassen, mitgelieferte Komponenten wegzulassen oder zusätzliche hinzuzukaufen. Bei Wagen für gewerbliche Nutzungen wird meist zusätzlich zur Kühlermaske, der Motorhaube und der Vorderkotflügel oft der gesamte vordere Abschnitt der Serienfahrgastzelle verbaut. Also müssen die Bodenanlage mit dem Batterie- und dem Staukasten, der seitlichen und vorderen Rahmung mitsamt der Fahrer- und Beifahrertür, die Frontscheibe im Leichtmetallrahmen und – je nach Art des Aufbaus – auch die Trittbretter und die hinteren Kotflügel vom Werk bezogen werden. Aus diesem Grund bleiben die meisten dieser Wagen, zumindest von vorn oder der Seite betrachtet, unschwer als Mercedes-Benz 170 V erkennbar. Die Karosseriebauer bedienen sich zudem bevorzugt mit zweckdienlichen Komponenten aus dem Sortiment der Innenausstattung. Bei Fahrzeugprojekten für den privaten Gebrauch erlauben sich die Karosseriebauer gerne größere Freiheiten, wenn die Solvenz des Auftraggebers dies erlaubt. Immerhin sind diese Wagen, von wenigen Ausnahmen abgesehen, noch als Mercedes-Benz erkennbar.

Krankenwagen, Kombiwagen und Aufbauten für gewerbliche Nutzung

Ein erheblicher Teil der als bloße Fahrgestelle gefertigten und verkauften 170 V werden für den Bau von sogenannten Kranken- oder Sanitätswagen verwendet. Bei diesen Fahrzeugen handelt es sich eher um Krankentransportwagen als um Rettungswagen oder Ambulanzen im heutigen Sinn. Medizinisch-technische Gerätschaften, die eine lebensrettende Versorgung und Überwachung des Notfallpatienten während des Transports durch das mitfahrende Personal erlauben würden, fehlen weitgehend. Sinnvoll gelöst wird aber die sichere Unterbringung der Tragbahre und des zweiten Sanitäters.

Miesen, Bonn: Krankenwagen

Die Firma C. Miesen GmbH & Co. KG wird 1870 vom Wagenschmied Christian Miesen in Bonn gegründet und baut mit wachsendem Erfolg Pferdekutschen und Pritschenwagen. Bereits unmittelbar nach der Wende zum 20. Jahrhundert entsteht bei Miesen der erste (und noch pferdebespannte) Krankentransportwagen. Weitere, nun motorbetriebene folgen. Die Karosseriebauunternehmung Miesen erwirbt sich dank einer fundierten Auseinandersetzung mit den Bedürfnissen des Krankentransports einen hervorragenden Ruf, er-

Abb. 0300 & 0301
170 V Krankenwagen der Firma Miesen in Bonn, beschriftet mit Deutsches Rotes Kreuz. Die Schlitzblenden belegen, dass das mit provisorischen Kennzeichen versehene Neufahrzeug während des Kriegs gebaut worden ist. Der Krankenraum verfügt über zwei Fenster pro Seite und über Belüftungshutzen im weich ausgeführten Dach. Das Ersatzrad ist stehend im linken Vorderkotflügel untergebracht.

arbeitet innovative Lösungen und wächst zu einem der bedeutendsten Anbietern von Krankenwagen heran. Aus diesem Grund wird Miesen in den 1930er Jahren für die Entwicklung eines genormten Sanitäts-Kraftwagentyps für das Deutsche Rote Kreuz herangezogen und beeinflusst diesen maßgeblich. Als Grundlage für seine Krankenwagen verwendet Miesen unterschiedliche Fahrgestelle mehrerer Hersteller, je nach Größe des gewünschten Aufbaus. Die Bandbreite reicht vom DKW F 8 bis zum Opel Blitz. Dazwischen liegt der Miesen-Krankenwagen auf der Basis des Mercedes-Benz 170 V.[120]

Die 170 V Krankenwagen von Miesen verfügen über einen Sanitätsaufbau, der nahtlos an das limousinenähnliche Fahrerhaus anschließt und mit zwei annähernd identisch großen Seitenfenstern und zwei ebenfalls reichlich bemessenen Fenstern im doppelflügeligen Heckzugang großzügig mit Tageslicht versehen ist. Um Schaulustigen den Blick ins Innere zu verwehren, sind die Gläser bis auf ungefähr drei Viertel ihrer Höhe milchglasartig geätzt. Offenbar werden zwei unterschiedliche Dachhöhen angeboten. Die eine übertrifft die des Innenlenkers nur wenig, die zweite ist an den deutlich höheren Seitenscheiben gut zu erkennen. Zusätzlich zu den beiden Vordertüren verfügt der Krankenwagen auf der linken Seite eine hintere Tür. Diese ist nicht an der B-Säule drehbar befestigt, sondern an der C-Säule und öffnet sich analog der Fahrertür auf ihrer Vorderseite. Das Heck des Wagens – gegenüber der Limousine kaum verlängert – ist leicht nach außen bombiert und fällt senkrecht nach unten. Die Türöffnung reicht bis weit ins Dach hinein, wodurch sie eine ungewöhnlich große Öffnung freigibt. Die konturlosen Seiten- und Heckflächen werden durch einen polierten Leichtmetallstab in einen unteren und oberen Teil geschieden. Das Zierelement beginnt an der A-Säule auf der Höhe des Motorhaubenknicks und verläuft waagerecht um den Aufbau herum. Die Regenrinne startet an der A-Säule auf der Höhe der Gürtellinie und endet hinter dem letzten Seitenfenster nach einem leichten Bogenansatz. Das Dach ist nach althergebrachter Machart »weich« ausgebildet, trotzdem lassen sich zwei niedrige Lufthutzen einbauen.

Der gesamte Vorbau mit Kühlermaske, Motorhaube, Kotflügel und Lampen entspricht der 170 V-Serienausführung, desgleichen die Trittbretter und die hinteren Kotflügel. Eine Stoßstange gibt es nur vorn. Auffällig ist das stehend im rechten oder linken Vorderkotflügel untergebrachte Ersatzrad.

Leider fehlen jegliche Hinweise bezüglich der Anzahl gefertigter Miesen-170 V-Krankenwagen. Wie weit die Bonner Firma, Spezialist für den Bau von Sanitäts- und Rettungswagen, sich um eine Kommerzialisierung ihres gelungenen Aufbaus auch für andere Einsatzzwecke – Kasten – und Kombiwagen – bemüht, bleibt ebenso unbekannt.[I]

Fahrzeugwerke Lueg, Bochum: Krankenwagen

Die Firmenbiografie der Fahrzeugwerke Lueg in Bochum gleicht in der Anfangsphase auffällig derjenigen von Miesen in Bonn. Friedrich Lueg gründet 1868 eine *vollständige Wagen-Fabrik.* Dank solider Arbeit hat der Handwerksbetrieb im industriell aufstrebenden Ruhrgebiet Erfolg. Bald liefert Lueg in stattlicher Zahl selbstentworfene pferdegezogene Krankentransportwagen an die Kohlebergwerke und gegen Ende des 19. Jahrhunderts auch nach Hamburg. Daneben floriert der exklusive Wagenbau, wobei bald Automobil-Fahrgestelle bekannter Hersteller neue Herausforderungen stellen. Gleichzeitig schafft sich Lueg mit dem Automobilhandel ein zweites und erfolgreiches Standbein. Von weitreichender Bedeutung ist insbesondere der Vertrag mit Benz & Cie. aus dem Jahr 1914, der den Beginn einer erfolgreichen Partnerschaft markiert, die bis heute anhält. Während des Ersten Weltkriegs liefert Lueg in beachtlichen Stückzahlen Krankenwagen auf Benz-Basis an das Heer. Auch in den folgenden Krisenjahren erweist sich der Krankenwagenbau als Rettungsanker. Gerne werden den Kunden dafür die Mercedes-Benz-Fahrgestelle des »Stuttgart« 260 (W 11) und des 290 (W 18) empfohlen. Die großzügigen Innenräume lassen sich mit genormten Gerätschaften ganz nach Wunsch und Bedürfnis einrichten. In der zweiten Hälfte der 1930er Jahren erzielen die Fahrzeug-Werke Lueg KG mit ihren variantenreichen Sonderaufbauten beachtliche Erfolge, so dass sich die Firmenleitung entschließt, 1938 an der Internationalen Automobil- und Motorrad-Ausstellung in

Anmerkung I: Die älteren Firmenakten der C. Miesen GmbH befinden sich im Stadtarchiv Bonn. Der Bestand für den Zeitraum bis 1945 ist ausgesprochen dürftig. Das umfangreiche Konvolut an Zeichnungen für Wagenaufbauten ist leider nicht erschlossen. Siehe auch Enger, Jörg: 170 V Miesen-Kombi, in MVC-Depesche 2/03, S. 30-37. Der ursprüngliche Verwendungszweck dieses 1942 ausgelieferten Wagens ist unbekannt.

Berlin teilzunehmen, erstmals seit 30 Jahren. Dort werden drei Krankenwagen präsentiert, zwei davon in der Lueg-Standardausführung. Einer der beiden ruht auf einem Fahrgestell des 320 (W 142), das größere Modell hingegen auf einem Nutzfahrzeugchassis des Typs L 1100 (L 70).[121]

170 V-Auslieferungswagen für die Firma Grimm & Triepel

Gegen Ende der 1930er Jahre entsteht eine unbekannte Anzahl sogenannter Auslieferungswagen auf Basis des 170 V für die damals bekannte Kautabak-Firma Grimm & Triepel in Nordhausen am Harz. Grimm & Triepel ist europaweit das größte Unternehmen mit dieser Zweckbestimmung. Es beschäftigt in Nordhausen und in den zahlreichen Filialen zeitweise über 1 800 Personen und verfügt über einen Fuhrpark von ca. 120 Lieferwagen unterschiedlicher Fabrikate, Größen und Ausführungen. Die von einer bislang nicht identifizierten Firma karossierten Auslieferungswagen auf 170 V-Fahrgestellen fallen durch die gekappte Fahrgastzelle und den Pick-up-artigen Hinterteil auf, der allerdings wie ein Kofferraum geschlossen ausgebildet ist. Der Vorderwagen entspricht mit Windlauf und Dachansatz der Serienausführung, dann folgt eine deutlich verlängerte Tür. Das niedrige Heckteil ist als Laderaum ausgebildet, im steilen Abschluss mit einem Deckel versehen und gut gedämmt, um die empfindlichen Tabakwaren möglichst kühl zu transportieren. Hinter dem Fahrer- und Beifahrersitz befindet sich genügend Stauraum für die Frachtpapiere und die persönlichen Effekten der Verkäufer. Es dominieren die gerundeten Formen, sowohl im rückwärtigen Abschluss der Fahrerkabine als auch beim Laderaum. Die Kotflügel- und Trittbrettanlage, die Stoßstangen und die Beleuchtung (die Rücklichter eingeschlossen) entsprechen der serienmäßigen Innenlenkerausführung. Die Wagen sind blau lackiert, die Scheinwerfer und Kotflügel vermutlich schwarz. An den beiden Türen prangt das Jahrzehnte alte Firmenemblem, der tabakkauende Herr mit Zylinder. An den Seiten des Heckteils oder alternativ an den Türen unter dem Emblem ist in einem helleren Ton der Firmenschriftzug »Grimm & Triepel« aufgemalt. Die ungewöhnlich karossierten 170 V sind beim Ausliefern der Tabakwaren an die Fachgeschäfte, Kioske und Kolonialwarenhändler stark beachtete Werbeträger.[II]

Abb. 0302 & 0303
Ein Exot unter den Sonderaufbauten: Die Kautabakfirma Grimm & Triepel aus Nordhausen (Harz) lässt mehrere 170 V mit zweisitziger Fahrerkabine und langem, niedrigem und oben geschlossenem Heck karossieren. Mit diesen auffälligen Wagen werden die Tabakwaren an die Verkaufsstellen geliefert. Der Karosseriebaubetrieb ist nicht bekannt.

Auch andere Firmen und Spezialgeschäfte, nicht selten Kaufhäuser, lassen auffällige Sonderaufbauten mit Werbewirkung herstellen. Bekannt ist ein 170 V des Koffergeschäfts Weber in Mannheim, der um 1939 von Stadler & Jest im benachbarten Ludwigshafen (Rhein) mit einem Aufbau versehen wird, der aneinandergereihten Koffern gleicht.[122]

Beispiel für einen ausländischen Sonderaufbau: Die Schweizer Telefon-Störungswagen

Bis zur kriegsbedingten Produktionseinstellung des Automobilbaus 1942 entstehen bei zahlreichen weiteren in- und ausländischen Karosseriebaubetrieben Sonderaufbauten auf dem 170 V-Fahrgestell. Ein sprechendes Beispiel dafür sind die »Störungswagen« der Schweizerischen Post-, Telefon- und Telegrafenbetriebe (PTT). 1936 lassen die PTT eine unbekannte Anzahl 170 V-Fahrgestelle bei mehreren schweizerischen Karosseriebetrieben mit einem einheitlichen Kastenaufbau versehen. Die Fahrzeuge sind als Servicewagen für den Telefon- und Telegrafendienst bestimmt und stehen den Monteuren zur Verfügung, um Störungen im Leitungsnetz zu beheben. Vom 170 V-Vorbau verwenden die Karosseriebaufirmen lediglich die Spritzwand mit der Motorhaube und Kühlerfront, die beiden Vorderkotflügel und den vorderen Stoßfänger. Der selbstgebaute Rest präsentiert sich als

Anmerkung II: Angaben zum Fuhrpark und zur Nutzung der 170 V-Lieferwagen aufgrund einer freundlichen Mitteilung von Dr. Bernd-Otto Kruse, ehemaliger Geschäftsleiter und Mitinhaber der Firma Grimm & Triepel in vierter Generation.

Abb. 0304
170 V Kastenwagen der Schweizerischen Post-, Telefon- und Telegrafenbetriebe (PTT), 1936. Die im Telefon-Störungsdienst eingesetzten Fahrzeuge werden als Fahrgestelle beschafft und nach einheitlicher Vorgabe bei mehreren Schweizer Karosseriefirmen aufgebaut. Neben der extrem kubisch-kantigen Erscheinung fallen die Scheinwerfer und Fahrtrichtungsanzeiger auf, die nicht von Bosch, sondern von der einheimischen Firma Scintilla AG stammen.

Abb. 0305
Der kastenförmige Laderaum ist mit Fächern und Schubladen optimal auf den Einsatzzweck abgestimmt.

Abb. 0306
Der Aufbau ist hoch und breit, der hintere Überhang auf ein Minimum reduziert. Trittbretter fehlen.

ein überaus kantiger, rechtwinkliger Kastenaufbau, der die Fahrerkabine mit der großen, senkrechtstehenden Windschutzscheibe mit einschließt und in hartem Kontrast zu der stark geneigten 170 V-Front mit den konvex-konkav geschwungenen Kotflügeln steht. Welcher Betrieb mit dem Entwurf beauftragt wird, ist nicht überliefert. Am Bau sind indessen die Neue Carrosserie Gangloff AG in Bern, die Carrosserie Otto Heimburger und vermutlich die W. Köng AG, beide in Basel, beteiligt. Zusätzlich zum Besterben, ein optimal auf den Einsatzzweck ausgerichtetes Fahrzeug zu erhalten, geht es der PTT auch um eine möglichst hohe einheimische Wertschöpfung. Aus diesem Grund liefert beispielsweise die Scintilla AG in Zuchwil bei Solothurn die elektrische Anlage unter Einschluss der Fahrtrichtungszeiger und der Scheinwerfer mit vollverchromten Gehäusen.[123]

Abb. 0307
Für luxuriöse oder sportliche Sonderkreationen wird nur selten das preisgünstige 170 V-Fahrgestell verwendet. Dieses langgestreckte Coupé baut 1937 der Karosseriebaubetrieb Wendler in Reutlingen. Auffällig die bandförmigen Entlüftungsöffnungen in der Motorhaube und die in die Kotflügel eingelassenen Scheinwerfer.

Abb. 0308
Ebenso stattlich wie elegant wirkt das zweifarbige 170 V Cabriolet, das ebenfalls 1937 bei Wendler entsteht. Die vorderen Kotflügel sind tropfenförmig ausgebildet, die hinteren decken die Räder bis zur Unterkante der Karosserie ab. Bewusst verzichtet man auf Trittbretter, die den modernen Anspruch stören würden. Das mit einer großen Klappe versehene Heck trägt zu einer einheitlichen harmonischen Gesamtform bei.

Sportlich-repräsentative Fremdaufbauten und Adaptionen

Das Daimler-Benz-Karosseriewerk Sindelfingen verfügt in den 1930er Jahren mit der Abteilung Sonderwagenbau über eine ausgezeichnete Einrichtung, um auf individuelle Kundenwünsche bei Pkw-Aufbauten einzugehen. Geleitet wird diese seit 1932 durch den Karosserieingenieur Hermann Ahrens, den die Vorstandsherren Nibel, Haspel und Kissel bei der Firma Horch in Zwickau abgeworben haben. In Ahrens' Abteilung entstehen nicht nur die Karosserieentwürfe und -konstruktionen für die exklusiven Kompressortypen 500 K und 540 K (W 29), den »Großen Mercedes« 770 (W 07 und W 150), den Geländewagen G 4 (W 31) und den nur als Prototypen gebauten 600 (W 148 und W 157), sondern auch die besonders leichten Hüllen der Geländesportwagen. Darüber hinaus entwirft Ahrens zahlreiche Sonderkarosserien, meist Einzelstücke, nach den spezifischen Wünschen einer vermögenden Kundschaft.[124] Die damals bei Daimler-Benz ausschließlich praktizierte Bauweise mit eigenständigem, tragendem Fahrgestell und aufgesetzter Karosserie erlaubt diese Individualisierung. Obwohl die technischen Voraussetzungen dazu auch beim 170 V (W 136) gegeben sind, dürften auf dessen Basis im Sindelfinger Sonderwagenbau nur wenige – und zumeist offene – Sonderaufbauten entstanden sein. Der Grund ist einleuchtend: Wer die hohen Kosten einer Sonderkarosserie aufzubringen gewillt ist, begnügte sich in der Regel nicht mit dem am weitesten verbreiteten und billigsten Typ der Mercedes-Benz-Modellhierarchie. Trotzdem sind einige hauptsächlich sportlich angehauchte Sonderkarosserien auf 170 V-Basis bekannt, die sämtliche von unabhängigen Karosseriebaufirmen stammen.

Coupés, Cabriolets und Roadster von unabhängigen Karosseriefirmen

- Die bekannte und auch im Bau von Stromlinienfahrzeugen erfahrene Karosseriefirma Wendler in Reutlingen baut 1937 ein zweisitziges 170 V Coupé für die Lederfabrik Braunwarth im Nachbarort Metzingen. Der in seinen Grundzügen eher traditionell geformte, aber gut proportionierte Zweisitzer hat in die Kotflügel eingebaute Scheinwerfer, eine große Seitenscheibe in der Tür und ein hinten anschließendes, ausstellbares Fensterchen sowie ein Faltschiebedach der Firma Golde. Das Ersatzrad befindet sich im Kofferraum, der mit einem langen, nach oben aufschwingendem Deckel versehen ist.[125]
- Exklusiver und ausgesprochen elegant wirkt das zweifarbige Cabriolet A, das im selben Jahr in den gleichen Werkstätten entsteht. Es besticht durch tropfenförmige Vorderkotflügel und hat ein betont langgezogenes Heck, Abdeckungen an den Hinterrädern und auf ein Minimum reduzierte Trittbretter. Auch hier ist das Ersatzrad im von außen großzügig zugänglichen Gepäckraum untergebracht.[126]
- Ein vermutlich 1938 oder 1939 gebauter viersitziger Roadster unbekannter Herkunft bewegt sich zwar formal nahe an der Serienkarosserie, weicht aber in den Proportionen, der zweiteiligen Frontscheibe und der seitlichen Motorraumentlüftung mit horizontaler Jalousie deutlich von der Sindelfinger Ausführung ab. Die hinteren Sitzplätze können durch eine feste horizontale Abdeckung verschlossen werden.[127]
- Schließlich zeigt eine kolorierte Zeichnung, die offenbar beim renommierten Karossier Hebmüller in Wuppertal-Barmen entstand, ein hübsches Coupé auf 170 V-Basis. Der langgestreckte, schlanke und trittbrettlose Karosseriekörper verfügt bloss über ein Seitenfenster in der Tür. Der Entwurf nimmt amerikanische Stiltendenzen auf, so in der Gestaltung der Vorderkotflügel mit ihren formgenau integrierten Scheinwerfern, wie es in Deutschland ab 1938 der Opel Kapitän vormacht, in der gerundeten Kühlerfront und der zweigeteilten Frontscheibe. Ob der Entwurf wirklich noch vor dem Krieg entsteht und ob ein derartiges Coupé gebaut wird, bleibt unbekannt.[128]
- Einen vollständig anderen Charakter kreiert die belgische Firma Vesters & Neirinck aus Brüssel mit ihrem konsequent

modern gezeichneten 170 V Roadster, der im Januar 1939 am 30. Brüsseler Autosalon gezeigt wird: Hochovales gewölbtes Kühlergitter aus senkrechten Stäben, tiefliegende, in die Karosserie eingelassene Scheinwerfer, Motorhaube mit Entlüftungskiemen auf der Oberseite, umlegbare Frontscheibe, schlanker, trittbrettloser Wagenkörper mit tropfenförmigen Vorderkotflügeln sowie Hinterkotflügel, die die Räder kaschieren.[129]

Kofferdeckeleinbau am Beispiel von Rentschler und Hägele

Nicht nur vollständige Aufbauten, sondern auch kleinere Karosserieeingriffe erreichen eine gewisse Verbreitung. Ein Manko am 170 V ist bekanntlich die schlechte Zugänglichkeit des Kofferraums, der nur über den Innenraum beladen werden kann, wobei die Rückenlehne der Fondsitzbank umgeklappt werden muss. In der Konzernzentrale mag man sich jedoch nie zu einer Verbesserung durch den Einbau eines Heckdeckels durchringen. Und weil die Händler und Verkäufer an der Front keine positiven Signale aus Untertürkheim empfangen, suchen sie Hilfe bei einschlägigen Betrieben.

Zu ihnen gehört die Firma Hans Rentschler in Stuttgart-West, Hersteller der HARE-Stahl-Autokoffer. Die *wasserdicht verschließbare Kofferklappe,* die Rentschler 1937/38 in eine zweitürige 170 V Limousine einbaut, entspricht in der Größe und Art, wie sie bündig im Heck eingelassenen ist, recht genau der Ausführung, die Daimler-Benz 13 Jahre später [!] mit dem Wechsel zum 170 Va schließlich doch noch einführt. Mit einem bedeutenden Unterschied: Der Deckel ist nicht unten drehbar befestigt, wie in der Serienausführung ab Mitte 1950,

Abb. 0309 & 0310
Die Firma H. Rentschler in Stuttgart bietet 1937 an, was Daimler-Benz immer wieder hinauszögert: eine Heckklappe für den Serien-170 V. Trotz des schweren Ersatzrads schwingt der Deckel nach oben auf. Die konstruktiven Begleitmaßnahmen sind nicht überliefert.

sondern oben angeschlagen, schwenkt also mitsamt dem schweren Ersatzrad nach oben auf.[130] Das deckellose Serienheck des 170 V ist selbsttragend ausgebildet. Ob die durch die Öffnung verursachte Schwächung mit einer Rahmenverlängerung kompensiert wird, wie das Daimler-Benz ab 1950 beim 170 Va machen wird, ist nicht bekannt. Der so umgebaute 170 V wird in den Werken Untertürkheim und Sindelfingen vorgeführt und findet offenbar bei den anwesenden Herren Anklang.

Der Karosseriebaubetrieb Hägele in Stuttgart-Heslach gehört ebenfalls zu jenen Firmen, die vor dem Krieg Heckdeckeleinbauten am 170 V anbieten. Firmenchef Georg Hägele wählt eine von Rentschler abweichende Konstruktion: Die Außenseite des Deckels ist nicht bündig im Heck eingelassen, sondern überragt dieses um ca. 15 mm. Hägele verstärkt die in den Heckteil geschnittene Öffnung kofferraumseitig mit einem Holzrahmen, an den er gleichzeitig ein umlaufendes, gegen außen überstehendes Flacheisen schraubt. Dieses ergibt einen Anschlag für die Gummidichtung, die in einer kleinen Nut zwischen Holzrahmen und Flacheisen steckt. Angesichts des erheblichen Gewichts befestigt Hägele den Deckel mit aufgesetzten Scharnieren unten an der Karosserie, so dass sich dieser nach oben und hinten öffnet. Textile, weit unten angebrachte Fangbänder sichern ihn vor dem Abkippen. Durch zwei mit Schlüssel verriegelbare Schraubverschlüsse mit Knebelgriff lässt sich der Deckel auf die Gummidichtung pressen. Hägele verzichtet auf eine nachträglich nur schwer einbaubare Rahmenverlängerung zum Stützen des Heckteils. Statt dessen verschweißt er die Dachpartie auf Höhe der Gürtellinie mit dem Heckteil, wodurch sich die notwendige Stabilität zurückgewinnen lässt. Das bei der Serienlimousine vorhandene Abdeckprofil entlang des Heckknicks entfällt ersatzlos.[I] Dank des leicht abgehobenen Deckels und der dadurch möglichen Aufbordung der Kofferraumöffnung lässt sich eine verlässliche Regendichtigkeit erreichen, allerdings auf Kosten der Eleganz des Heckabschlusses.

Im Frühjahr 1939 verlangt die Firma Hägele für den Kofferdeckeleinbau mit Karosserieverstärkung 220 RM. Auf Wunsch des Kunden und gegen einen Selbstkostenbeitrag von 2 RM nimmt ein Mitarbeiter von Hägele den neuen 170 V gleich nach dessen Fertigstellung in Untertürkheim in Empfang und führt ihn nach Heslach zum Umbau. Hägele bietet weiter für Limousinen den Einbau von Schiebedächern an, der beim 170 V mit 295 RM und beim 230 mit 325 RM zu Buche schlägt.[131]

Abb. 0311 & 0312
Auch Hägele, ebenfalls in Stuttgart ansässig, baut auf Wunsch Kofferraumdeckel ein. Im Unterschied zu Rentschler sind diese nicht bündig ins Heck eingepasst, sondern stehen über, eine konstruktive Vorkehrung gegen eindringendes Wasser. Die unten statt oben angeordneten Scharniere erleichtern die Bedienung des Deckels, erschweren jedoch das Be- und Entladen des Kofferraums. Durch die Öffnung wird das Heck labil. Doch Hägele stützt es nicht auf einer Rahmenverlängerung ab, sondern verschweißt es mit dem Dachelement. Deshalb entfällt die sonst im Knick vorhandene Leichtmetall-Abdeckleiste.

Abb. 0313
Der Karosseriebaubetrieb von Georg Hägele befindet sich an der Böblinger Straße in Stuttgart-Heslach. Während des Kriegs erfolgt der Umzug nach Mössingen.

Anmerkung I: Freundlicher Hinweis von Günter Scherlinzky, Heilbronn, der die Firmengeschichte des Karosseriebaubetriebs Hägele in Stuttgart erforscht und dessen 170 V von 1937 mit Hägele-Heckdeckel der Autor untersuchen durfte.

4.4 Aerodynamik und 170 V – (k)ein Gegensatz

Der 170 V ist aerodynamisch schlecht. Doch strömungsgünstige Karosserieformen wie Járay, Koenig-Fachsenfeld und andere Aerodynamiker sie anstreben, lehnt man bei Daimler-Benz ab. Im Einzelwagenbau kultiviert man nach ästhetischen Kriterien eher die Pseudostromlinie. Trotzdem werden immer wieder Mercedes-Benz-Fahrgestelle für aufsehenerregende Aerodynamik-Experimentalwagen ausgewählt und verwendet. Dazu zählen der 170 V von Professor Everling (1937/38), der praxisgerechte 170 V K2 (1939) und der konsequente 170 V K3 (1941), beide von Professor Kamm.

Als man im Herbst 1935 dem Mercedes-Benz 170 V den letzten Schliff gibt und produktionsbereit macht, lässt der Vorstand das »Gesicht« des Wagens mehrfach überarbeiten, bis er mit dem Ergebnis einverstanden ist. Hier, am wichtigsten Teil des Wagens, der jedem Laien sofort über die Identität des Produkts Auskunft gibt, sind keine modernistischen Experimente gefragt. Das typische Mercedes-Benz-Gesicht mit hohem Kühler und chromglänzender Maske, aufgesetztem Stern und den beiden eng beieinander liegenden, auf den wohlgeformten Kotflügeln gesetzten Scheinwerfern ist den Herren in der Zentrale wichtig, um nicht zu sagen heilig. Gerade beim 170 V, diesem *Auffangtyp.* Unter keinen Umständen darf die potenzielle Kundschaft mit einem beliebigen, modischen Gesicht vergrault werden. Was das Abweichen von der gewohnten Form auslösen kann, erlebt man gerade mit dem Typ 130 (W 23), der gestalterisch strikt der Heckmotordisposition folgt. Mit dem glänzenden Verkaufsstart, den der 170 V hinlegt, fühlt sich der Vorstand in seiner konsequenten Haltung bestärkt. Ein knappes Jahr nach dessen Einführung macht man gar noch einen kleinen Schritt zurück und gestaltet den Kühler steiler, kantiger und versieht ihn – wie bislang üblich – mit einem echten verschraubten Einfüllstutzen als Träger des Mercedes-Sterns.

Fließende Form ist keine Stromform

Der 170 V ist zwar fließend geformt und in den Proportionen ausgewogen, doch mit einer Stromlinienform, wie sie in der zweiten Hälfte der 1930er Jahre unter Fachleuchten und in automobilnahen Kreisen intensiv und durchaus kontrovers diskutiert wird, hat diese Karosserie nichts zu schaffen. Beachtenswert ist indessen, dass das Fahrgestell des Mercedes-Benz 170 V (W 136) und dessen relevante Technikkomponenten mehrfach für den Bau von Stromlinien-Versuchswagen herangezogen werden. Zudem entsteht ein futuristisches Experimentalfahrzeug auf der Basis des »Schwestermodells« 170 H. In allen diesen Fällen ist die Daimler-Benz AG lediglich Lieferantin des Fahrgestells oder der technischen Komponenten. Die Initiative zu diesen Wagen kommt von außen, auch ihre Planung und Herstellung finden außerhalb des Konzerns statt.

Als Daimler-Benz 1940 doch noch umfangreiche »Luftkraftmessungen« durchführen lässt, haben die Verantwortlichen nicht mehr den vor der Ablösung stehenden 170 V im Blickfeld, sondern erwarten allgemeingültige Antworten auf das Strömungsverhalten ihrer Karosserien. Selbst die beachtenswerte Versuchsreihe mit einem 170 V, der durch anbaubare Karosserieteile aerodynamisch verändert werden kann, dient nicht diesem abtretenden Typ, sondern weit eher dem designierten Nachfolger W 158, der sich gerade in der Entwicklung befindet.[I]

▷ **Siehe Band II/Seite 201 f**
Exkurs F 03: Automobilbau und Aerodynamik

Aerodynamik bei der Daimler-Benz AG

Einen ersten aerodynamischen Vorstoß gibt es bereits vor der Fusion, nämlich 1923 mit dem revolutionären Tropfenwagen der Benz & Cie. Dieser brilliert nicht bloß durch sein Mittelmotorkonzept und die sehr frühe Anwendung der angetriebenen Pendelachse, sondern überrascht auch mit seiner Karosserie in Zigarren- oder Zeppelin-Form.[II] Freilich handelt es sich um einen Rennwagen, doch selbst beim Bau von Wettbewerbsfahrzeugen verpufft die fahrwerkstechnische und aerodynamische Innovation in den Anfangsjahren der Daimler-Benz AG, da die neue Firma dem konservativen DMG-Schema von Cheftechniker Ferdinand Porsche folgt.

Erste vorsichtige Anwendungen im Rennwagenbau

Jahre später, 1932, legt der junge Rennfahrer Manfred von Brauchitsch beim AVUS-Rennen in Berlin einen eindrücklichen Beweis vor, was mit verringertem Luftwiderstand möglich ist: Sein eigentlich schon veralteter Mercedes-Benz SSKL vom Vorjahr ist mit einer strömungsgünstigen Leichtmetallverkleidung nach einem Entwurf von Reinhard Freiherr von Koenig-Fachsenfeld versehen worden. Dank dieser aerodynamisch wirkungsvollen (aber ästhetisch unausgewogenen) Umhüllung läuft der Bolide offenbar rund 20 km/h schneller als in seiner Ursprungsversion, was von Brauchitsch einen triumphalen Sieg einbringt.[132/III] Von nun an setzt sich immerhin bei den schnellen Wettbewerbsfahrzeugen der Daimler-Benz AG eine aerodynamisch wirksame Verkleidung durch.[133]

Anmerkung I: Siehe Kap. 5.3, S. 266 ff.
Anmerkung II: Siehe Abb. 0009.
Anmerkung III: Der SSKL mit Stromlinienverkleidung, »Gurke« genannt, wurde 2019 vom Mercedes-Benz Classic Center unter Verwendung von originalen Technikteilen rekonstruiert.

Abb. 0314
Im Unterschied zu den kubisch-kantigen Aufbauten, die bis in die frühen 1930er Jahre üblich sind, wirkt der 170 V mit seinen fließenden Formen beinahe windschlüpfrig. In Wirklichkeit ist die Verbesserung eher bescheiden, der Strömungsverlauf nicht optimal und durch viele vorspringende Teile zusätzlich beeinträchtigt.

Abb. 0315
Verringerter Luftwiderstand macht ein Fahrzeug schneller und vermindert den Verbrauch: Manfred von Brauchitsch siegt 1932 im Avus-Rennen auf dem veralteten, aber nach Entwurf von Koenig-Fachsenfeld strömungsgünstig eingekleideten SSKL, »Gurke« genannt.

Traditionell und konservativ: Karosseriegestaltung im Serien-Pkw-Bau

Wie erwähnt, von einer aerodynamisch beeinflussten Gestaltung im Serienwagenbau ist man bei Daimler-Benz um 1935 nach wie vor weit entfernt. Die in formalen Fragen betont vorsichtige, um nicht zu sagen konservative Haltung, die der Vorstand bei der Formfindung für den 170 V vertritt, lockert sich in den kommenden Jahren nicht, sondern verstärkt sich in der Tendenz eher noch. Man ist überzeugt, eine eigene, unverwechselbare Mercedes-Benz-Formensprache gefunden zu haben, die im vertrauten Kundenkreis geschätzt wird.[IV] Ohne die unter Fachleuten diskutierten strömungstechnischen Überlegungen zu berücksichtigen, lässt man nur sehr behutsam formale Neuerungen einfließen, um sich dem aktuellen Trend zu weicheren und fülligeren Formen nicht gänzlich zu verschließen.

Allerdings gibt es Mitte der 1930er Jahre auch in der Daimler-Benz-Belegschaft einige Ingenieure, die sich für die praktische Anwendung von aerodynamischen Erkenntnissen im Serienfahrzeug interessieren und bereit sind, sich dafür zu exponieren. Dies trifft besonders auf den Vorentwickler (und Segelflieger!) Josef Müller zu, dem eigentlichen Schöpfer des 170 V-Fahrgestells. Müller kennt die Versuche von Paul Járay und thematisiert seine Aerodynamik-Anliegen hin und wieder bei seinem Vorgesetzten Max Wagner, der in dieser Hinsicht allerdings eine streng konservative Linie verfolgt. Eines Tages steht ein nach Járay-Ent-

Anmerkung IV: Vorstandssitzung 11. & 12.03.1937 (Archiv MBAG): *Herr Haspel betont als wesentlich für uns, dass wir eine beachtliche Stilreinheit und eigene Karosserieform durchgehalten haben, was wohltuend von der Konkurrenz absteche.* [...] *Was die Konkurrenz in Bezug auf Kühlerausbildung zeige, könne keinesfalls ermutigen, in dieser Frage irgendwelche Konzessionen bei der Gestaltung unseres Kühlers zu machen. Wir müssen bei unserem Mercedes-Kühlergesicht bleiben, solange es überhaupt nur möglich ist.*

wurf eingekleideter Mercedes-Benz auf dem Werksareal. Auf Wagners abschätzige Bemerkungen zu dem Wagen erwidert Josef Müller, *daß wir das viel besser und kundengerechter machen würden.* Tatsächlich darf Müller anschließend Entwürfe zu Stromlinienwagen ausarbeiten, doch zeigt sich erwartungsgemäß, dass sich »echte Stromlinie« und »echter Mercedes-Benz-Kühler« nicht unter einen gemeinsamen Hut zaubern lassen. Und so entstehen Frontpartien, die sich ins aerodynamische Gesamtbild einfügen, aber alles andere als klassische Erwartungen erfüllen. Trotzdem fasst Technikvorstand Max Sailer auf Bitte von Oberingenieur Wagner den Mut, seinen Vorstandskollegen die *neue Linie* in Form eines 1:5-Modells zu präsentieren. Allerdings erleiden sie damit vollständigen Schiffbruch. So dürfe ein künftiger Mercedes-Benz niemals aussehen, ist der Tenor. Der erboste Wilhelm Kissel soll gar gedroht haben: *Ein Konstrukteur, der so etwas vorschlägt, gehört gleich gefeuert.*[134] Von einem Rauswurf bleibt Josef Müller glücklicherweise verschont, sehr zum Vorteil der Daimler-Benz AG.

Die Episode lässt sich nicht mehr jahrgenau datieren; vermutlich hat sie sich 1936, nach der Fertigstellung des 170 V, zugetragen. Als der Vorstand die Berliner Automobilschau 1937 Revue passieren lässt, resümiert Haspel, *dass in der Richtung der reinen Stromlinie* [...] *ein Stillstand eingetreten* sei; *das Publikum akzeptiert diese eben nicht.* Diese Haltung teilt weitgehend auch der Cheftechniker Röhr, der insbesondere der *Pseudostromlinie* die Daseinsberechtigung abspricht. Alle sind sich einig, dass die unterdessen bei den Mercedes-Benz-Pkw erreichte *beachtliche Stilreinheit* sich wohltuend von der Konkurrenz abhebe und unbedingt erhalten bleiben müsse.[135]

Pseudostromlinienwagen aus dem Sindelfinger Sonderwagenbau

Es gibt allerdings immer wieder Kunden, die sich etwas Besonderes oder Ausgefallenes wünschen und auch die nötigen Mittel aufbringen, um sich diese Träume zu erfüllen. Aus diesem Grund sind im oberen und obersten Preissegment ab 1935 auch sogenannte stromlinienförmige Karosseriemodelle im Angebot. Dazu zählen die Mercedes-Benz 290 »Stromlinien-Limousine« – ein hinreißend gezeichnetes Fahrzeug mit schwungvoll fließenden Linien und auslaufendem Heck – insbesondere jedoch der 500 K »Autobahn-Kurier« auf der technischen Basis des W 29 mit zurückversetztem Motor, tropfenförmigen Kotflügeln, einem Járay-ähnlichen Fließheck und gebogenen Seitenscheiben.[136] Darüber hinaus entsteht in diesem Luxusklasse-Segment eine stattliche Anzahl Sonderanfertigungen, die von partiellen Abweichungen bis hin zu vollständig neu entworfenen Karosserien reichen, welche nur ein einziges Mal gebaut werden. Bei fast allen diesen Sonderausführungen bleibt indessen die klassische Mercedes-Benz-Front mit dem hohen Kühler und den seitlichen, freistehenden Scheinwerfern unangetastet. Zwar eine aerodynamische Unmöglichkeit, aber sie verleiht den Wagen eine besondere Würde und noble Eleganz. Damit ist klar, dass es sich bei diesen im Sindelfinger Sonderwagenbau von Hermann Ahrens entworfenen und gebauten Nobelfahrzeugen bestenfalls um Pseudo-Stromlinienentwürfe handelt.

Abb. 0316
Mercedes-Benz 200 (W 21) mit Karosserie nach Entwurf des Aerodynamikers Paul Járay, 1934. Autos, die aufgrund von seriös erhobenen aerodynamischen Erkenntnissen strömungsgünstig gestaltet werden, sehen ungewohnt aus und stoßen außerhalb der engen Fachwelt mehrheitlich auf Ablehnung.

Abb. 0317 & 0318
Stärker verbreiten sich die sogenannten Pseudostromlinienformen, die auch bei betuchten Mercedes-Benz-Kunden beliebt sind. Die Wagen sehen elegant und windschlüpfrig aus, sind aber alles andere als strömungsgünstig. Beispiel: 500 K (W 29) »Autobahnkurier«, 1934.

Sonderstellung: 540 K »Dunlop«

Eine Sonderstellung nimmt der 540 K (W 29) mit der Fahrgestell- und Motorennummer 189 399 ein, der im Juni 1938 an die Deutsche Dunlop Gummi Comp. AG in Hanau geliefert wird und dort bis in die Kriegsjahre hinein für die Erprobung von Hochgeschwindigkeitsreifen über die Reichsautobahnen rast. Der Einsatzzweck erfordert hohe Dauer- und Endgeschwindigkeiten, weshalb sich ein geringer Luftwiderstand vorteilhaft auswirkt. Hermann Ahrens verzichtet aus diesem Grund auf den hochaufragenden »Mercedeskühler« und wählt eine stark gerundete Front mit in die Kotflügel integrierten Scheinwerfern. Offen-

bar lässt der Sonderwagenbau die Coupé-ähnliche Form des Wagens am 1:5-Modell im Windkanal überprüfen. Vor einigen Jahren ist am rekonstruierten »Stromlinien«-540 K ein Luftwiderstandsbeiwert von cw = 0,36 gemessen worden, ein guter Wert für die späten 1930er Jahre, aber kein bahnbrechender.[137/I]

Der Stromlinien-Experimentalwagen 170 V mit Everling-Karosserie

Drei echte Stromlinienwagen entstehen mit 170 V-Technik. Zwei davon, der älteste und der jüngste, sind kompromisslos auf eine günstige Aerodynamik ausgerichtet und ähneln sich in manchen Bereichen, obwohl ihre Urheberschaft jeweils eine andere ist. Doch alle drei haben einen ähnlichen Hintergrund, nämlich engagierte Wissenschaftler in einer einschlägig forschenden Hochschulfakultät bzw. in einem Forschungsinstitut mit einer Universität im Rücken.

Da ist zum einen Dr. phil. Emil August Everling, der ab 1923 an der Technischen Hochschule Berlin lehrt, 1936 zum ordentlichen Professor für Luftfahrtmechanik ernannt wird und auch auf dem Gebiet der Kraftfahrzeug-Aerodynamik forscht. Im Auftrag der Deutschen Reichsbahn entwirft er 1933 einen Autobahn-Messwagen – angeblich auf Basis eines Mercedes-Benz SS – der auf der IAMA ausgestellt wird. Es folgen weitere Pkw-Projekte, die allesamt von dem über die Reichsgrenzen hinaus bekannten Karosseriebauunternehmen Erdmann & Rossi in Berlin-Halensee realisiert werden. Für Aufsehen sorgt 1935 der stromlinienförmig karossierte Krupp-Reisebus, der zwischen Berlin und München auf der Autobahn mit 200 km/h verkehren soll – so zumindest die Zukunftsabsicht.[138]

Stromliniengestalt mit K-Heck

1937 plant Professor Everling zusammen mit seinem ehemaligen Schüler Diplom-Ingenieur Brauer einen Leichtmetall-Stromlinienaufbau auf einem Mercedes-Benz 170 V-Fahrgestell. Es ist dies ein Forschungsauftrag, den das Reichsverkehrsministerium finanziert. Der Wagen wird durch den Karosseriebetrieb Voll & Ruhrbeck in Berlin-Charlottenburg gebaut und 1938 auf der Automobil- und Motorrad-Ausstellung (IAMA) in Berlin ausgestellt, und zwar auf dem Stand der Vereinigten Leichtmetall-Werke (VLW).[139]

Abb. 0319
Karosseriezeichnung des Mercedes-Benz 540 K (W 29) mit Spezialaufbau, »Stromlinien-Limousine« genannt, dat. 28.06.1938. Der von der Firma Dunlop in Auftrag gegebene Wagen zur Erprobung von Hochgeschwindigkeitsreifen muss zwingend strömungsgünstig werden, um das notwendige Tempo zu erreichen.

Abb. 0320
»Dunlop-540 K«. Es gelingt Hermann Ahrens, dem Leiter des Daimler-Benz-Sonderwagenbaus, dem Reifentestwagen eine Form zu geben, mit der das Ziel erreicht wird. Die flache Fahrzeugfront anstelle eines hochaufragenden Kühlers und die eingebauten statt aufgesetzten Scheinwerfers beeinflussen das Ergebnis günstig. Der 2012–2014 mit einer rekonstruierten Karosserie versehene Wagen wird im Windkanal mit einem cw-Wert von 0,36 gemessen.

Anmerkung I: Der »Dunlop-540 K« wurde 2012 bis 2014 vom Mercedes-Benz Classic Center unter Verwendung von mechanischen Originalkomponenten rekonstruiert.

Die außergewöhnliche Form dieses Wagens erregt Aufsehen, erntet aber unter den Besuchern kaum Beifall: Im Unterschied zu den stark bombierten und von der Tropfenform beeinflussten Járay-Entwürfen handelt es sich hier um einen beinahe kubischen Aufbau: Auf die lange Motorhaube folgt ein kompakter Wagenkörper mit einer sich sanft gegen hinten senkenden Dachfläche, die unvermittelt endet und mit einer fast senkrecht fallenden Fläche abgeschlossen ist, also einem sogenannten K-Heck. Sämtliche Kanten und Ecken sind gerundet, mit Ausnahme des Bereichs um die zweigeteilte, schwach pfeilförmig gestellte Frontscheibe und der kaum wahrnehmbaren »Hemmleisten« aus einem filigranen Aluminiumprofil, das die Abrisskante am Übergang vom Dach zum steilen Heckabschluss bildet. Alle vier Räder sind bis auf die untere Wagenkante abgedeckt, die vorderen durch tropfenförmige, kotflügelähnliche Schalen, welche den Wagen im Frontbereich über das fahrwerkseitig vorgegebene Maß hinaus verbreitern. Diese Schalen bestehen aus poliertem Leichtmetall und laufen zu einer schmalen Schutzleiste aus, die sich als untere Begrenzung waagrecht rings um das Fahrzeug zieht und mit dem dunklen Farbton der übrigen Karosserie kontrastiert. Zur betont glattflächigen Erscheinung des Aufbaus tragen die verdeckten Scheinwerfer entscheidend bei, die sich hinter kaum wahrnehmbaren, karosseriebündig eingepassten Deckeln verbergen. Ein mit feinen vertikalen Stäben versehener ovaler Kühllufteinlass und die erwähnte Schutzleiste sind die einzigen für das Auge wahrnehmbaren Elemente an der Wagenfront. Dieses Stromlinienfahrzeug erhält aufgrund seines Aussehens bald den treffenden Übernamen »Nilpferd«.

Abb. 0321
170 V Everling-Experimentalwagen von 1938. Seine Silhouette ist durchaus eigenwillig, besticht aber durch einen sich sanft neigenden, strömungsgünstigen Dachverlauf und ein senkrecht abgeschnittenes Heck.

Abb. 0322
Die in die Fahrzeugfront eingetieften Scheinwerfer sind am Tag mit Blechkappen zugedeckt, die kaum als solche zu erkennen sind. Ein Kühllufteinlass lässt sich nicht vermeiden.

Abb. 0323
Der abgeschnitten wirkende Hinterwagen – später K-Heck oder Kamm-Heck genannt – sorgt für fachliche wie auch für juristische Auseinandersetzungen. Die bauchigen Vorderkotflügel aus poliertem Leichtmetall decken die lenkbaren Räder vollständig ab, verbreitern den Wagen jedoch um 250 mm.

Funktionelle Merkmale

Die Scheiben sind in einem schlanken polierten Aluminiumrahmen gehalten und praktisch bündig mit der Außenhaut eingesetzt, was auch für die Kurbelfenster der beiden Seitentüren gelungen ist. Beim Herunterkurbeln bewegen sich die Fensterscheiben zunächst ein wenig nach innen, bevor sie sich zu senken beginnen. Obwohl (aus heutiger Sicht) naheliegend, fehlt im planen, steilstehenden Heckabschluss jegliche Tür oder Klappe. Der geräumige kombiähnliche Gepäckraum ist gegen oben offen und lässt sich nur vom Innenraum aus be- und entladen. Weil das 170 V-Fahrgestell mitsamt der Position der Vordersitze und der Bedienungseinrichtungen übernommen und nicht auf die größere Breite der Karosserie angepasst worden ist, lässt sich das Ersatzrad innerhalb des Motorraums unterbringen, und zwar linksseitig stehend vor dem Stirnwandvorbau. Die äußeren Türgriffe sind versenkt eingebaut. Die Luftzufuhr für den Fahrgastraum erfolgt durch Schlitze über der Frontscheibe, wo eine leicht vorstehende Braue das Regenwasser am Eindringen hindert.

Abb. 0324
Die Karosserie des Everling-170 V ist vollständig in Leichtmetall gefertigt, wobei der Karosseriebauer Voll & Ruhrbeck mit den renommiertesten Leichtmetallherstellern zusammenarbeitet. Besonders innovativ sind die außenbündig eingepassten und trotzdem versenkbaren Kurbelfenster.

Abb. 0325
Innenraum mit Armaturenbrett. Die Instrumente und Bedieneinheiten entsprechen dem Serien-170 V. Rechts unten ein für Testfahrten montiertes zusätzliches Messinstrument. Die Frontscheibe ist zweigeteilt und leicht pfeilförmig angeordnet.

Die Motorhaube wird zu einem späteren Zeitpunkt mit einer Bemalung aus pfeilförmigen Streifen versehen, deren Winkel sich gegen hinten kontinuierlich verengen.[140] Nach Auffassung von Emil Everling sollen so die Fahrzeugdimensionen besser abgeschätzt werden können.[141] Diese entsprechen in der Länge (4 240 mm) und in der Höhe (1 610 mm) ziemlich genau der Serienausführung des 170 V. In der Breite erreicht der Everling-Wagen hingegen stattliche 1 830 mm statt 1 580 mm (plus 250 mm), dies hauptsächlich wegen der bauchigen Abdeckungen der Vorderräder, die den notwendigen Raum für den Lenkeinschlag bieten.[142]

Serienfahrgestell, aber innovative Karosseriekonstruktion

Professor Everling verwendet für seinen Stromlinienwagen das serienmäßige W 136-Fahrgestell mit dem 38 PS starken M 136-Motor, allerdings mit einer wichtigen Ausnahme: Um das durch den verringerten Luftwiderstand real gewonnene Leistungspotential geschwindigkeitsmäßig nutzen zu können, erhält der Wagen zusätzlich zum Seriengetriebe eine ZF-Ferngangbox angeflanscht, die mit 0,709 deutlich ins Lange übersetzt ist.

Die Karosserie baut Voll & Ruhrbeck vollständig in Leichtmetall, wobei der Betrieb bei der Konstruktion und Materialwahl mit den Vereinigten Leichtmetall-Werken zusammenarbeitet. Die Grundkonstruktion besteht aus einem Gerippe aus hartem »Pantal vergütet« und wird vernietet. Für die Beplankung gelangt das über eine gute chemische Widerstandsfähigkeit verfügende »KS-Seewasser« zur Anwendung, wobei die Blechteile untereinander verschweißt und mit dem Gerippe unsichtbar vernietet sind. Am Bau der beiden Türen ist der Beschläge- und Türspezialist Kiekert aus Heiligenhaus (Bezirk Düsseldorf) beteiligt. Hierzu wird die Aluminium-Mangan-Legierung »Mangal« verwendet, und die Verbindungen sind punktverschweißt. Der Karosserieboden lässt sich mit vernünftigem Aufwand nicht vollständig plan ausführen, eine Konzession an den serienmäßigen X-förmigen Ovalrohrrahmen. Der fahrfertige Everling-170 V wiegt mit halbvollem Tank 1 120 kg, also rund 30 kg weniger als der zweitürige 170 V-Innenlenker in Standard-Ausführung.[143]

Positive Auswirkungen einer verbesserten Aerodynamik

Nachdem Professor Everling zunächst eine Höchstgeschwindigkeit von 140 km/h kommuniziert hat, was Fachleute anzweifeln, krebst er schließlich auf glaubwürdige 120 km/h zurück (statt 108 km/h bei der Standardausführung). Die noch im Jahr 1938 beim Stuttgarter Forschungsinstitut für Kraftfahrwesen und Fahrzeugmotoren (FKFS) in Auftrag gegebenen Messungen belegen, dass der Everling-170 V die übertrieben hohen Erwartungen, die man aufgrund der Modellversuche in ihn gesetzt hat, nicht zu erfüllen vermag. Die Höchstgeschwindigkeit liegt bei 114 km/h, der Luftwiderstandsbeiwert (cw) bei eher enttäuschenden 0,31. Umfangreiche Untersuchungen zeigen, dass geometrische Formabweichungen – namentlich im Bereich Windschutzscheibe und Vorder-»Kotflügel« – sowie der erhebliche Kühlluftwiderstand für die große Diskrepanz zwischen Modell und fahrbereitem Wagen ursächlich sind. Der frustrierte Everling wirft dem FKFS Fehlmessungen vor. Leider kommt es aufgrund der Streitigkeiten nicht zu den vom FKFS-Leiter Professor Kamm vorgeschlagenen neutralen Nachmessungen.[144] Die Zeitschrift »Motor-Kritik« unterzieht 1939 den Everling-170 V einem ausgiebigen Test und stellt eine eklatante Treibstoffersparnis gegenüber dem Serienmodell fest, die zwischen 50 km/h und 100 km/h fast konstant 3 Liter auf 100 km betragen soll. Dabei geht ein Liter auf das Konto des Schnellgangs.[145]

Abb. 0326
Nicht alltagstauglich: Die Blechkappen vor den Scheinwerfern müssen von Hand entfernt werden. Ob patentrechtliche Fragen eine Abdeckung aus Acrylglas verhindern, ist nicht überliefert.

Trotz Mängel: Ein Pionierfahrzeug

Über die aerodynamische Qualität des Mercedes-Benz 170 V mit Everling-Stromlinienkarosserie mag man streiten, in einem Punkt aber hat das Fahrzeug eine Pionierrolle übernommen: Es ist die erste praktische Anwendung des in der Stromform jäh abgeschnittenen Hecks, bekannt geworden unter der Bezeichnung K-Heck oder Kamm-Heck. Aufnahmen des mit Wollfäden versehenen Everling-Versuchswagens auf der Autobahn bestätigen die strömungsgünstige Luftführung entlang des Dachs und deren sauberer Abriss an der Kante.[146]

Von Bedeutung ist der Everling-170 V weiter durch seine materialtechnologisch und konstruktiv interessante Anwendung von Leichtmetallen im Karosseriebau, die hier mit technisch innovativen Lösungsansätzen kombiniert sind. Formal leidet der Wagen, wie viele echte Stromlinienentwürfe dieser Epoche, an einer (zweifellos gewollten) Überbetonung des Funktional-Aerodynamischen, obwohl durchaus gestalterische Bemühungen erkennbar sind. Die schlanken Leichtmetalleinfassungen der Fenster und die ebenfalls blanke Abschlussleiste, die sich aus der sanft auslaufenden Vorderradabdeckung entwickelt, verleihen ihm eine gewisse, ganz eigene Eleganz. *Hat man sich erst einmal davon überzeugt, daß eine solche Form die reine Zweckform ist, dann erkennt man, daß die Karosserie auch vom ästhetischen Gesichtspunkt aus voll befriedigt*, versucht Anton Kloss Mitte 1938 die Leser von »Motor und Sport« zu überzeugen.[147]

»Seinen« Stromlinien-170 V verwendet Professor Everling auch als Privatwagen, der – wo immer er auftaucht – stets Aufsehen erregt. Das Fahrzeug übersteht, seit Kriegsbeginn 1939 stillgelegt, den Bombenkrieg unversehrt in einer Garage, wo es nach der Befreiung 1945 von Sowjetsoldaten entdeckt und alsbald abtransportiert wird; es ist seither verschollen.[148]

Die Kamm-Wagen K2 und K3 auf Basis 170 V

Die beiden anderen Aerodynamik-Versuchswagen mit 170 V-Technik entstehen wortwörtlich vor der Haustür der Daimler-Benz AG, nämlich durch das 1930 von Professor Wunibald Kamm gegründete Forschungsinstitut für Kraftfahrwesen und Fahrzeugmotoren (FKFS). Diese deutschlandweit bekannte Forschungsstelle ist eng mit der Technischen Hochschule Stuttgart verbunden und befasst sich auf wissenschaftlicher Basis mit dem Kraftfahrzeug in seiner ganzen Komplexität. Die Lokalitäten des Forschungsinstituts liegen unmittelbar nordwestlich des Daimler-Benz-Werks Untertürkheim am Rande des Cannstatter Wasens. Ein heute nicht mehr existierender Bahndamm trennt die beiden Bereiche.

Institutsleiter Wunibald Kamm und seine Fachleute bemühen sich in der zweiten Hälfte der 1930er Jahre intensiv um Vorschläge zur Verminderung des Luft- und Rollwiderstands bei Straßenfahrzeugen. Die Aufträge aus der Industrie – auch von Daimler-Benz – sind zwar interessant und lukrativ, eine umfassendere Darstellung und Prüfung von aerodynamischen und technischen Innovationen im Hinblick auf einen modernen Pkw ist allerdings nur dann möglich, wenn eigene Entwürfe umgesetzt werden können. In der Folge entstehen im Zeitraum von 1938 bis 1940 vier Forschungsfahrzeuge – bezeichnet mit K1 bis K4 – die zusätzlich zu ihren aerodynamisch geformten Karosserien eine Vielzahl von technischen Innovationen wie Reifendrucküberwachung und -regulierung, widerstandsreduzierte Kühlluftführung, Gemischabmagerung der Motoren sowie zum Teil eine Leichtmetall-Schalenbauweise auf sich vereinen. Vorausgegangen ist 1937 ein konkreter Vorschlag zugunsten der Automobilindustrie, wie ein aerodynamisch gestalteter Mittelklassewagen aussehen könnte. Das 1:1-Modell mit seinen drei Seitenscheiben ist ausgesprochen formschön gestaltet, geht aber bezüglich des Luftwiderstands Kompromisse ein, auch im Heckbereich. Obwohl das Design dieses FKFS-Vorschlags bei einer Kundenbefragung durch die Adlerwerke durchfällt, zeigt BMW starkes Interesse. Äußerungen von Seiten der Daimler-Benz AG sind nicht bekannt.[149]

Der erste und der letzte der vier realisierten Forschungswagen basieren auf BMW-Fahrgestellen, wobei der K1 ein gemeinsames Entwicklungs- und Forschungsvorhaben des FKFS und von BMW ist, während der K4 von einer Privatperson in Auftrag gegeben wird. Für die beiden mittleren Wagen bedient man sich hingegen der Technik des Mercedes-Benz 170 V.[150]

Mercedes-Benz K2

Der mit K2 bezeichnete Stromlinienwagen des FKFS verfügt über ein serienmäßiges W136-Fahrgestell.[I] Der Aufbau wird 1939 beim Karosseriebaubetrieb Wendler in Reutlingen in Auftrag gegeben, der Erfahrungen im Bau von Stromlinienkarosserien vorweisen kann. Ganz offensichtlich ist das FKFS bemüht, ein ausgesprochen realitätsnahes und praxisgerechtes Automobil mit vier Türen zu bauen, das zudem die recht kompakten Außenabmessungen des 170 V einhält. Aus diesem Grund verfügen die Vorderräder – im Unterschied zu hinten – über keine Abdeckung und der hintere Überhang bleibt bescheiden, was zu einem eher hohen K-Heck führt. Wie beim Stromlinien-Gestaltungsvorschlag von 1937 (und beim späteren BMW-Forschungswagen K4) nimmt das FKFS

Anmerkung I: Der K2 und der nachfolgend gebaute K3 werden auch in umgekehrter Reihenfolge bezeichnet, so bei Kieselbach, Stromlinien-Pkw D, 1982, S. 69–84. Der erhalten gebliebene und im Automuseum auf Schloss Langenburg ausgestellte K2 ist dort ebenfalls mit K3 beschriftet. Die Verwirrung um die Namensgebung begann bereits während des Kriegs im FKFS selbst, als 1944 eine Zeichnung für die Instandsetzung und den Umbau des K3 mit »Reparatur K.2.« beschriftet wurde (Uniarchiv Stuttgart, FKFS 131/4/65), weiter in einer nicht datierten

Abb. 0327 (oben)
Emblem des FKFS an der Wagenfront des Mercedes-Benz K2.

Abb. 0328 & 0329
Der K2 auf Mercedes-Benz 170 V-Fahrgestell ist einer von vier zwischen 1938 und 1940 realisierten Experimentalwagen des FKFS. Beim K2 ist man sichtlich bemüht, aerodynamische Kompromisse zugunsten einer besseren öffentlichen Akzeptanz der Stromlinienform einzugehen. Das K-Heck ist zwar gut erkennbar, die ausgeprägten Kotflügel vorn und hinten verschlechtern aber das Strömungsverhalten.

auf den Publikumsgeschmack Rücksicht, indem vorn wie hinten mit ausgewölbten Kotflügeln die Seitenflächen stark moduliert werden. Zusätzlich gliedert eine seitlich und hinten umlaufende Prägekante auf der recht hohen Gürtellinie die Karosserie in zwei Abschnitte, auch im Heckbereich. Dies führt, trotz drei Seitenscheiben, zu eher bescheidenen Fensterflächen, die zum pummeligen Aussehen des Wagens beitragen. Am stimmigsten gestaltet ist die Frontpartie mit ihren schräg in die Kotflügel eingelassenen Scheinwerfern, der gewölbten Motorhaube und dem rundlichen Kühllufteinlass; sie hat eine gewisse Ähnlichkeit mit dem Gesicht des späteren DKW F 93. Die Frontscheibe ist in vier Abschnitte unterteilt: Ein vertikaler Mittelsteg trennt zwei größere, leicht abgewinkelte Scheiben, der weiche Übergang auf die Flanken erfolgt durch kleine abgerundete Zusatzgläser. Der Kofferraum ist von außen zugänglich, wobei der Deckel im steilen Heck unterhalb des zweigeteilten Heckfensters angeschlagen ist. Der Wagen erhält vorn die serienmäßigen Stoßstangenecken des 170 V, die sich erstaunlich harmonisch einfügen. Hinten umschließt die einteilige Stoßstange das steile Heck klammerförmig. Selbstverständlich verkleidet man die Motor- und Getriebeeinheit sowie den Ovalrohrrahmen mit einem möglichst glattflächigen Unterboden und sorgt für eine widerstandsarme Kühlluftführung, vermutlich mit tangentialem Luftaustritt nach unten.

Bedauerlicherweise fehlen zeitgenössische Unterlagen über die Messungen an diesem Fahrzeug. Ehemalige FKFS-Mitarbeiter sprechen von einem Luftwiderstandsbeiwert um cw = 0,27/0,28 und einer Höchstgeschwindigkeit von 127 km/h. Der 170 V K2 bleibt als einziger der vier FKFS-Forschungswagen erhalten. Er bekommt im Laufe der 1950er Jahre anstelle des M 136-Motors ein ebenfalls 38 PS leistendes OM 636-Dieseltriebwerk der ersten Serie, wobei der Motorraum gegen unten

Fotodokumentation, wo der K3 mit »K2« und das rollfähige Werbe-Holzmodell von 1937 als »K3« bezeichnet sind (Uniarchiv Stuttgart, FKFS 131/4/74). Die vorliegende Publikation richtet sich nach der eindeutigen Benennung der Wagen im FKFS-Jahresbericht 1940/41 (Auszug in Uniarchiv Stuttgart, FKFS 131/4/65). Zum selben Schluss kamen auch die Autoren der Kamm-Biografie (Potthoff/Schmid, Kamm 2012).

Abb. 0330 & 0331
Der K3-Wagen des FKFS ist ungleich innovativer als der K2. Vom 170 V werden einzig der Motor, die vordere Radaufhängung und die hintere Pendelachse übernommen, die in den leichten, selbsttragenden Karosseriekörper aus Stahlblech eingebaut werden.

Abb. 0332 & 0333
Auch formal zielt der K3 deutlich konsequenter auf einen tiefen cw-Wert. Dies äußert sich in einem erfreulich niedrigen Verbrauch, aber gefährlich hoher Seitenwindempfindlichkeit.

vollständig offen bleibt. Der so umgebaute K2 wird 1979 in den Windkanälen von VW und Daimler-Benz getestet, wobei sich ein nicht sehr vorteilhafter Luftwiderstandsbeiwert von cw = 0,37/0,36 ergibt, ungünstig beeinflusst vom nun extrem hohen Kühlluftdurchsatz.[151] Das Messergebnis liegt damit gleichauf mit dem von Hermann Ahrens entworfenen Mercedes-Benz 540 K »Dunlop«, obwohl letzterer über kein strömungsgünstiges Kammheck verfügt. Der 170 V K2 steht heute im Automobilmuseum auf Schloss Langenburg.

Mercedes-Benz K3

Parallel zum K2 gibt das FKFS bei Wendler einen weiteren Versuchswagen in Auftrag, der – analog zum Everling- und zum Schlör-Experimentalfahrzeug – aus Mitteln des Reichsverkehrsministeriums finanziert wird. Diesen Experimentalwagen, der erst im Herbst 1941 fertiggestellt wird, versieht man mit der Bezeichnung K3.[152] Die aerodynamische Optimierung treibt das FKFS allerdings deutlich weiter als beim K2, weshalb bloß noch technische Komponenten des 170 V verwendet werden –

Anmerkung I: Siehe auch Potthoff/Schmid, Kamm 2012, S. 123 & 127–134.
Anmerkung II: Siehe auch Kieselbach, Stromlinien-Pkw D 1982, S. 37–50, insbesondere Tabelle S. 47.

insbesondere dessen Motor M 136 sowie die vordere und hintere Radaufhängung – und nicht mehr das gesamte Fahrgestell. Hierin besteht einer der wesentlichen Unterschiede zum Everling-170 V, mit dem der K3 zumindest formal gewisse Ähnlichkeiten teilt.

Auf den X-förmigen Ovalrohrrahmen des 170 V wird verzichtet. Der Wagen entsteht in selbsttragender, flugzeugähnlicher Schalenbauweise mit innen aufgepunkteten Blechprofilen. Der vollständig glatte Unterboden ist ein integraler Bestandteil der Tragstruktur und nicht bloß eine Verkleidung, wie bisher. Die FKFS-Ingenieure sehen zunächst leichtgewichtige Flugzeugwerkstoffe vor, doch schließlich muss auf dünnes Stahlblech ausgewichen werden. Der eigentliche selbsttragende Karosseriekörper endet an der Spritzwand. Von dort laufen Rohrstreben V-förmig nach vorn, um die Vorderradaufhängung mit den zwei übereinanderliegenden Blattfederpaketen verankern und den Motor lagern zu können. Die Motorhaube und die Kotflügel sind folglich nur verkleidende Bauteile. Das Getriebe verfügt über eine fünfte, ins Lange übersetzte Stufe.

Der zweitürige Aufbau weist gegenüber dem Serien-170 V die zehnfache Verwindungssteifigkeit auf und ist, trotz Stahlblech statt Leichtmetall, 50 kg leichter.

Hingegen sprengt der K3 die Außendimensionen des 170 V, zumindest in der Länge, wo der vergrößerte hintere Überhang auffällt, und in der Breite wegen der Vollabdeckung aller vier Räder. Der höchste Punkt des Wagens befindet sich an der A-Säule. Die Motorhaube sinkt nach vorn ab, das Dach und die Prägekante unterhalb der lediglich zwei Seitenfenster – die einzige Gliederung der Seiten – neigen sich stark nach hinten und enden am fast senkrecht stehenden Heck. Statt einer Kofferraumklappe befindet sich hier eine Hecktür mit integriertem Rückfenster. Ähnlich dem Everling-170 V befriedigt der Kamm K3 weder funktional noch gestalterisch; es ist ein reines Studienobjekt, das eine innovative Bauweise mit konsequenter Aerodynamik zu verbinden sucht.

Der im Auslaufverfahren ermittelte cw-Wert erreicht günstige 0,25, als Höchstgeschwindigkeit wird (im 5. Gang) 130 km/h gemessen. Die vorteilhaften Werte spiegeln sich in einem bescheidenen Verbrauch von 5,6 Liter/100 km bei konstant 80 km/h und von 6,7 Liter/100 km bei konstant 100 km/h. Das ist knapp mehr als die Hälfte dessen, was der Standard-170 V durch den Vergaser strömen lässt.

Nach einem Überschlag wird der Wagen 1944 instand gesetzt, mit zwei großflächigen Stabilisierungsflossen auf dem Dach versehen und auf Gasbetrieb umgestellt. Die zwei Gasflaschen sind schräg nach vorne geneigt im Fahrzeugfond eingebaut.[153] Weitere Untersuchungsergebnisse sind nicht überliefert. Die Spuren des K3 verlieren sich nach Kriegsende.[I]

Weitere Stromlinien-Pkw auf Mercedes-Benz-Basis

Die nachfolgend erwähnten Wagen haben keinen unmittelbaren Bezug zum Typ 170 V (W 136). Sie sind aber alle im Laufe der 1930er Jahre unter dem Anspruch einer widerstandsarmen Stromlinienform auf der Basis von Mercedes-Benz-Fahrgestellen oder -Komponenten entstanden. Einige dieser Fahrzeuge haben besuchsweise den Weg nach Untertürkheim ins Werk gefunden, wo sie begutachtet und zum Teil auch dokumentiert worden sind.[II]

200 (W 21 normal) mit Járay-Karosserie

Der 1934 vom Karosseriebaubetrieb Huber & Brühwiler in Luzern gebaute Stromlinienwagen auf einem kurzen Mercedes-Benz-W 21-Fahrgestell (Nr. U 99 700) ist einer von zahlreichen ähnlichen Wagen auf unterschiedlicher technischer Basis,[III] die mit Karosserien nach den Entwürfen und Zeichnungen von Paul Járay entstanden sind, seit er sich 1923 in der Schweiz niedergelassen hat. Die im Kanton Luzern unter der Kfz-Nummer LU 3955 zugelassene zweitürige Limousine wird anschließend mit einem kurzen Innenlenker mit Sindelfinger Werkskarosserie verglichen. Statt 98 km/h erreichte der 100 kg schwerere »Járay« eine Höchstgeschwindigkeit von 123 km/h, der Verbrauch sinkt um fast einen Drittel.[154] Der Mercedes-Benz 200 »Jaray« zeigt ein unverwechselbares, fast drollig wirkendes Gesicht. Zu beiden Seiten eines hochrechteckigen, durch Vertikalstäbe gegliederten Kühllufteinlasses befinden sich zwei runde, vollständig in der schrägen Front eingelassene Scheinwerfer. Die Járay-typische Karosserieform, kombiniert aus zwei ideellen Tragflächensegmenten, manifestiert sich insbesondere in der Ansicht von schräg hinten.

Abb. 0334
Der Mercedes-Benz 200 (W 21) mit Járay-Stromlinienkarosserie wird in der »Motor-Kritik« 15/1934 in Bild und Text prominent vorgestellt und positiv bewertet. Auch Daimler-Benz untersucht und dokumentiert im gleichen Jahr den Wagen (siehe S. 216). Doch es kommt weder zu einer Zusammenarbeit mit Paul Járay noch zu einer vertieften Auseinandersetzung mit der Stromform.

Anmerkung III: Verwendet wurden im Laufe der Zeit Fahrgestelle von Ley, Apollo, Dixi, Audi, Opel, Mercedes-Benz und weiteren Marken. Siehe Bröhl, Járay 1978, insbesondere S. 110–114.

Ein Beitrag in der Zeitschrift »Motor-Kritik« versucht die Leserschaft von den zahlreichen Vorzügen zu überzeugen:

- **Fehlende Kotflügel und Trittbretter**, die Karosserie nutzt die ganze Wagenbreite;
- sie verschmutzt nur wenig und wirbelt kaum Staub auf;
- zu beiden Seiten der Vordersitze (deren enge Stellung des 200 W 21 belassen worden ist) bzw. ihres Fußraums gibt es **Schubfächer**, links für zwei schlanke Koffer, rechts für das Ersatzrad;
- **Frischluftzufuhr** durch eine kleine Glasklappe in der seitlich bogenförmig gewölbten Frontscheibe, die beste Sicht nach draußen bietet;
- großer **Gepäckraum** unter dem bogenförmig abfallenden Heck;
- und nicht zuletzt aufgrund des geringeren Luftwiderstands deutlich **verbesserte Fahrleistungen** oder entsprechend geringerer Verbrauch bei hohen Geschwindigkeiten.[155]

Obwohl Paul Járay bereits in den 1920er Jahren mit Werbekampagnen in halb Europa sein stetig weiter verfeinertes strömungsgünstiges Karosseriekonzepts anpreist, kommt es nirgendwo zu einer Serienfertigung, auch von diesem interessanten Mercedes-Benz 200 (W 21) nicht. Ein stromlinienförmig eingekleideter 170 H bleibt 1936 sogar im Entwurfsstadium stecken.[156]

230 mit Koenig-Fachsenfeld-Karosserie nach Járay

1936 entsteht beim Karosseriebetrieb Vetter in Fellbach bei Stuttgart eine viertürige Stromlinien-Limousine nach einem Entwurf von Reinhard von Koenig-Fachsenfeld. Als Ausgangslage dient das lange Mercedes-Benz-Fahrgestell W 21 mit 2,3-Liter-Motor. Die Formgebung folgt den Grundsätzen von Paul Járay, dessen Interessen Koenig-Fachsenfeld in Deutschland seit den späten 1920er Jahren vertritt. Der großzügig verglaste Innenraum nutzt die Fahrzeugbreite besser aus als die Serienmodelle und bietet – bei Stromlinienaufbauten nicht selbstverständlich – auch auf den Hintersitzen eine passagiergerechte Kopffreiheit. Aus mehreren Blickwinkeln ist die Gestaltung auch ästhetisch gelungen. Nicht jedoch von halb vorn, wo der Eindruck einer hängenden Front und eines hängenden Hecks entsteht. Der Firmenchef Walter Vetter sen. verwendet den auffälligen Wagen für den Eigengebrauch.[157]

Abb. 0335
Frontalansicht des 170 H-Experimentalwagens von Karl Schlör. Das »Göttinger-Ei« ist kompromisslos auf geringen Luftwiderstand ausgerichtet, was zulasten der Praxistauglichkeit geht.

Das »Göttinger-Ei«: 170 H-Experimentalwagen von Karl Schlör

Unter allen echten Stromlinienfahrzeugen, die auf Mercedes-Benz-Basis entstehen, ist das Experimentalfahrzeug von Karl Schlör das konsequenteste, futuristischste und bei weitem aufsehenerregendste. Dieser einzigartig konsequente Wagen entsteht unter Verwendung wesentlicher Teile des 170 H (W 28) und erhält aufgrund seiner rundlichen Einvolumenform und seines Entstehungsorts den Übernamen »Göttinger Ei«.

Karl Schlör kommt 1936 als junger Diplom-Ingenieur zur Aerodynamischen Versuchsanstalt (AVA) Göttingen, die wissenschaftlich und personell mit dem Kaiser-Wilhelm-Institut für Strömungsforschung verbunden ist, als Verein jedoch ein hohes Maß an Unabhängigkeit genießt – eine Situation ähnlich dem Stuttgarter FKFS.[158] Bereits Schlörs Vorgänger Adolf Lange stellt in der AVA Göttingen Strömungsvergleiche mit verschiedenen Automobilen an und entwirft schließlich ein Stromlinienfahrzeug, das alle seine Erkenntnisse vereint und als 1:5-Modell umgesetzt wird. Der im Windkanal ermittelte Luftwiderstandsbeiwert enttäuscht, worauf Schlör die Versuche mit einer konsequenten Einvolumenform fortsetzt. Diese entspricht im Längsschnitt einem halbierten Flügel, ist auch im Grundriss sowie quer zur Fahrtrichtung gerundet und umschließt alle vier Räder.[159]

Angesichts der überzeugenden Messergebnisse an diesem neuen 1:5-Modell finanziert das Reichsverkehrsministerium 1937 den Bau eines betriebsfähigen Experimentierwagens, der neben aerodynamischen Bestleistungen auch den praktischen Anforderungen an ein Gebrauchsautomobil zu genügen hat. Schlör und sein Mitarbeiter Becker entscheiden sich für den Mercedes-Benz 170 H als technische Basis. Ausschlaggebend ist der Heckmotor, der sich innerhalb der vorgegebenen Stromform leicht unterbringen lässt und dabei einen weit nach vorn gerückten Passagierraum mit Mittellenkung ermöglicht. Insbesondere letzteres führt schließlich zu einer Neukonstruktion des Rahmenvorderteils. Vom 170 H-Chassis bleiben einzig der hintere Abschnitt des Zentralrohrs mit der rückwärtigen Gabelung für die Motor-Getriebeeinheit und die Hinterachsaufhängung erhalten.[160]

Die Aluminium-Karosserie fertigt die Firma Gebr. Ludewig GmbH in Essen, die reichlich Erfahrungen mit Leichtmetall-Aufbauten vorweisen kann. Der Schlör-170 H wird auf der IAMA 1938 in Berlin als Windkanalmodell und im folgenden Jahr 1939 als fahrbereites Versuchsfahrzeug einem staunenden Publikum

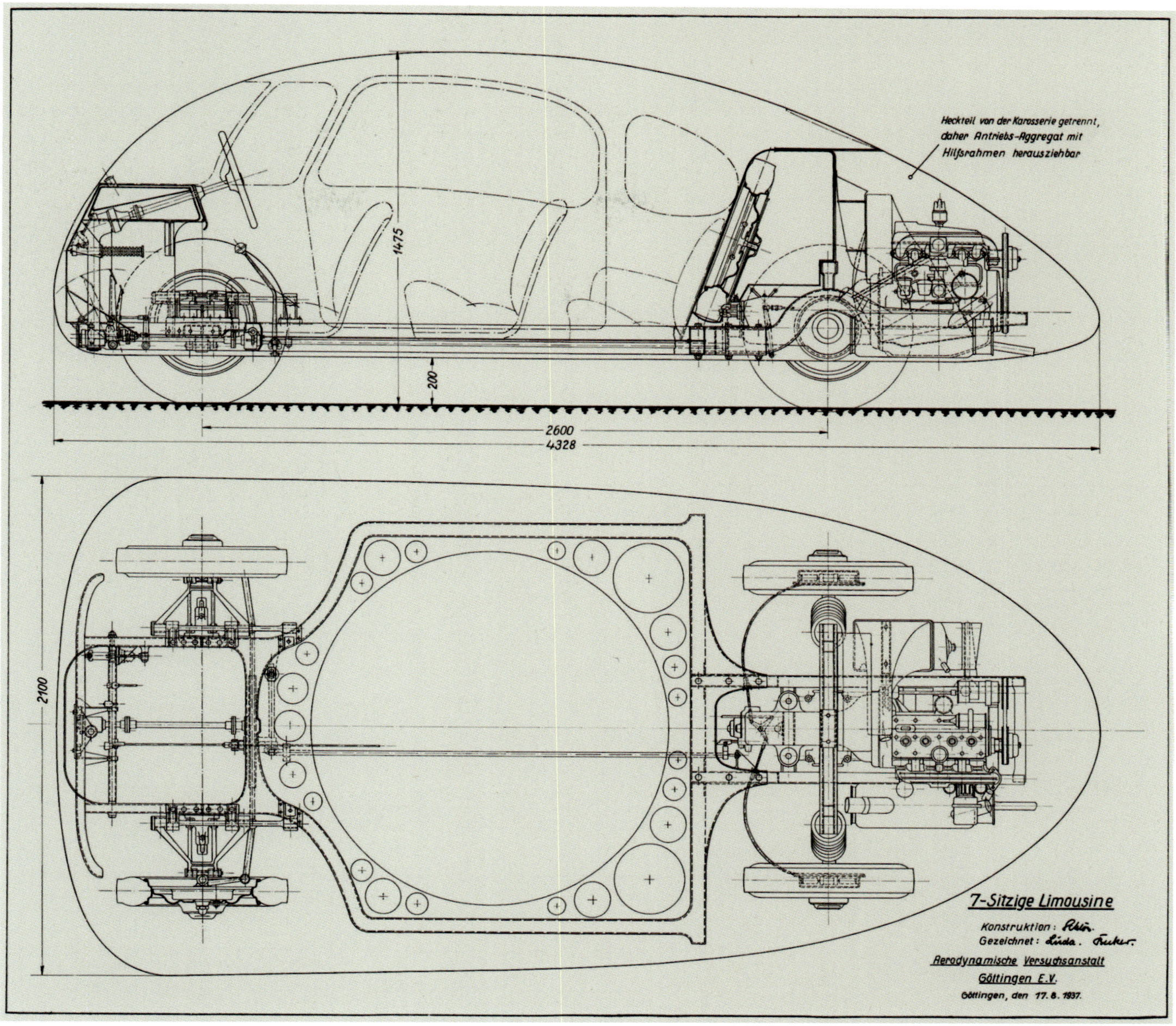

Abb. 0336
Frühe Fahrgestellzeichnung des Schlör-Wagens mit eigens dafür konstruiertem Rahmen und drehstabgefederter Lenkervorderachse, AVA Göttingen, 17.08.1937. Gebaut wird der Wagen 1938 mit wesentlich mehr technischen Komponenten des 170 H (W 28) als ursprünglich vorgesehen. Die enorme Breite von 2 100 mm in Verbindung mit einer Spurweite von 1 310 mm weist nur auf eines der Probleme hin, die sich in der praktischen Nutzung gestellt hätten.

präsentiert.[161] Oberingenieur Max Wagner der Daimler-Benz AG bemüht sich um eine Besichtigung und Probefahrt zusammen *mit einigen maßgebenden Herren unseres Werkes.*[162]

Der Experimental-170 H ist eine Erscheinung wie von einem anderen Planeten: Die ebenmäßige, aus jeder Perspektive wie aus einem Guss wirkende und trotz großzügiger Verglasung vollständig glatte Form ist ungemein futuristisch und in hohem Masse ästhetisch. Selbstverständlich hat Schlör die Scheinwerfer integriert, die umlaufende Zierleiste ebenso bündig versenkt wie die Türbeschläge und die sphärisch gewölbten Fenster karosseriebündig einpassen lassen. Messungen des betriebsbereiten Wagens im großen Göttinger Windkanal zeigen ein ausgezeichnetes Strömungsverhalten und einen bislang an einem fahrtauglichen Automobil unerreicht niedrigen cw-Wert von 0,186. Dank dieses Spitzenwerts erreicht man im praktischen Fahrversuch auf der Autobahn eine Höchstgeschwindigkeit von 135 km/h; der Durchschnittsverbrauch soll sich bei 8 Liter/100 km eingependelt haben.[163] Die entsprechenden Werte für den Serien-170 H liegen bei 110 km/h und ca. 11 Liter/100 km. Der große Innenraum bietet zwar Platz für sieben Personen, aber nur einen kleinen und kaum zugänglichen Gepäckraum. Der fahrfertige Wagen wiegt 250 kg mehr als die Serienausführung, die er mit 2 100 mm auch in der Breite um mehr als einen halben Meter übertrifft – nota bene bei unveränderter Spurweite, ein Zugeständnis an die kompromisslose Querschnittsform mit vollständig abgedeckten Rädern.[164] Die Fahrleistungen sind unzumutbar träge, die Fahreigenschaften unausgewogen und bei Seitenwind gar gefährlich – ein Problem, mit dem sämtliche Stromformen zu kämpfen haben.

Das »Göttinger Ei« erfüllt trotz aller Bemühungen den Praxistest nicht, ist aber das konsequenteste Stromlinien-Automobil der späten 1930er Jahre.[I]

Anmerkung I: Der »Schlör-Wagen« wurde nach dem Krieg durch die englische Besatzungsmacht beschlagnahmt. Sein Verbleib ist unbekannt. Seit 2023 ist eine exakte Rekonstruktion nach Originalunterlagen und unter Verwendung von 170 H-Teilen in Arbeit (Henneke, Görg, Chrobok, Das »Göttinger Ei«, Auferstehung einer Aerodynamik-Ikone, ohne Datum).

5

W 136 II und W 158 – als 170 V-Nachfolger vorgesehen 1937–1942

Diskussion über die Gestaltung des zukünftigen 170 V-Nachfolgers im Konstruktionsbüro Sindelfingen, um 1937. Hinter dem 1:5-Modell steht Hermann Ahrens. Als Chef des Sonderwagenbaus ist er ein sicherer Formgeber, der über seinen eigentlichen Zuständigkeitsbereich hinaus gerne zu Rate gezogen wird.

5.1 Der 170 V (W 136 II): Größer, besser, billiger?

Im Frühjahr 1937 beschließt der Vorstand das Erfolgsmodell 170 V durch eine neue größere Ganzstahl-Karosserie mit Tank hinten und Kofferklappe zu aktualisieren. Viele Aufbauteile sind mit dem neuen Mittelklassemodell 230 (W 153) identisch, technisch bleibt der Wagen weitgehend unverändert. Während Anfang 1939 der 230 (W 153) in Produktion geht, verschiebt man die Lancierung des produktionsbereiten 170 V (W 136 II) wegen Materialengpässen und weil sich der alte 170 V nach wie vor hervorragend verkauft. Der Ausbruch des Kriegs und Zweifel an der Konzeption des W 136 II führen im Herbst 1939 zu einem Abbruch und Planungsneustart.

Auf der Vorstandssitzung vom 8. Mai 1936 – die Produktion des 170 V ist eben erst richtig in Schwung gekommen und die Fahrzeuge verkaufen sich wie warme Semmeln – verkündet Wilhelm Kissel seinen Vorstandskollegen, *der 1,7 Ltr. V sei scharf zu verbilligen, da noch mindestens 1½ Jahre vergehen würden, bis gegebenenfalls der 1,3 Ltr. Wagen von Herrn Röhr kommen könnte.*[1] Mit Kissel hält es zu diesem Zeitpunkt wohl der gesamte Vorstand noch für möglich, dass die von Hans Gustav Röhr projektierten Frontantriebswagen mit Boxermotor die Nachfolge des 170 V antreten. Schließlich hat man Röhr als Technischen Direktor mitsamt seiner Mannschaft nicht zur Zierde angestellt – oder korrekter gesagt – anstellen müssen.

Der im Vergleich zum 170 V etwas kleinere, dabei deutlich leichtere und kostenmäßig günstiger veranschlagte 1,3-Liter aus dem sogenannten Röhr-Programm soll in den Fahrleistungen und im Raumangebot das Niveau des 170 V erreichen. In der Klasse darüber würde ein ebenfalls frontgetriebener, jedoch leistungsfähigerer 1,9-Liter-Sechszylinder-Boxer das Angebot sinnvoll ergänzen.[I] Doch bereits bei der Unterzeichnung des mühsam erarbeiteten Pkw-Programms Mitte Juli 1936 werden ernsthafte Bedenken gegenüber diesen potenziellen 170 V-Nachfolgern geäußert. Kissel ist ein präziser Beobachter des Marktes und pflegt auf aktuelle Ereignisse und Tendenzen unmittelbar zu reagieren. Dies nicht immer zur Freude der Verantwortlichen für die Konstruktion und Produktion. Im Laufe des Spätsommers und Herbstes verschieben sich die modellpolitischen Akzente zusehends. Anfang 1937 ist das Pkw-Programm vom 17. Juli 1936 zu Makulatur geworden. Niemand glaubt mehr an die ambitionierten Frontantriebswagen aus dem Konstruktionszirkel von Röhr. Zu groß sind die technischen Schwierigkeiten, zu sehr rückt eine mögliche Markteinführung in die Ferne und zu gut läuft der Verkauf des 170 V. Unter diesen Gegebenheiten rechnet die Daimler-Benz AG damit, ihr Hauptgeschäft im Pkw-Sektor mit dem eben erst eingeführten 170 V wohl bis Ende 1937 oder Anfang 1938 fortsetzen zu können.

Verschleppte Verbesserungen am 170 V

Um den wenigen Kritikpunkten am 170 V zu begegnen – gerügt werden öfter der vorn im Motorraum untergebrachte Treibstofftank und die fehlende äußere Zugänglichkeit des Kofferraums – entstehen im Konstruktionsbüro von Sindelfingen Vorschläge für einen hintenliegenden Tank und eine Kofferklappe. Beides ist ohne Rahmenverlängerung nicht machbar. Im Sinne eines Versuchs erhalten im Laufe des Sommers 1936 zehn Wagen diese Verbesserungen. Doch der Vorstand kann sich wegen der gleichzeitig geforderten Verbilligung des 170 V nicht zu einer Einführung in der Serie entschließen. Umsetzen will man diese Änderungen erst mit der Produktion des 200 V – und nur bei diesem zusätzlichen Modell,[2] einem weitgehend unveränderten, jedoch leistungsfähigeren 170 V mit 2-Liter-Vierzylindermotor, den Wilhelm Kissel bereits Anfang Mai 1936 gefordert hat.[3/II]

Die Idee: Ein 170 V mit neuer Karosserie

Den großen Verkaufserfolg mit dem 170 V will sich der Vorstand unter Kissel unbedingt sichern. Die Zukunft im Pkw-Hauptsegment, der preisgünstigen Klasse, sieht man in einem vorwiegend karosserieseitig überarbeiteten 170 V (W 136) und im Parallelmodell 200 V (W 149). Die erste Serie dieser 2-Liter-Variante wird im Februar 1937 zur Produktion eingeschrieben und soll im Laufe der kommenden Monate noch mit der bisherigen, weitgehend unveränderten 170 V-Karosserie in die Fertigung gehen.

Neue Karosserie: Pflichtenheft und gestalterische Leitplanken

Mit der unterdessen begonnenen konstruktiven Durcharbeitung der neuen 170 V-Innenlenkerkarosserie verfolgt die Konzernleitung mehrere Ziele. Das wichtigste ist zunächst die Reduktion der Herstellungskosten, und zwar durch einen schrittweisen Übergang zum Ganzstahlaufbau. In der am 12. Februar 1937 einberufenen Besprechung über den Personenwagen- und Rennwagenbau betont Kissel, es sei *auch eine Weiterentwicklung der Karosserieform des 1,7 Ltr. V zu studieren.*[4] Selbstverständlich denkt weder er noch jemand anderes aus der Führungsetage in Untertürkheim oder im Sindelfinger Konstruktionsbüro an ausschließlich formale Modifikationen. Zu verbessern sind das Platzangebot, namentlich auf den Vordersitzen und dort insbesondere in der Breite, sowie das Volumen des Kofferraums und seine Zugänglichkeit mit einem Heckde-

Anmerkung I: Siehe Kap. 3.2, S. 141 ff.
Anmerkung II: Ausführlich in Kap. 3.3, S. 152–160.

ckel. In formaler Hinsicht werden indessen keine großen Sprünge angepeilt. In der Nachlese zur Internationalen Automobil- und Motorrad-Ausstellung (IAMA) vom Februar/März 1937 äußert sich Wilhelm Haspel mit Blick auf die Konkurrenz sehr positiv über die eigenständige Karosseriegestaltung, die Daimler-Benz bislang beibehalten habe. Die Wagen würden eine *beachtliche Stilreinheit* aufweisen und seien in diesem Sinne weiterzuentwickeln, also *ohne zu ausgefallenen Formen* zu greifen, fordert er. Haspel erteilt zudem der *reinen Stromlinie* eine Absage, da diese beim Publikum nicht ankomme. Weiter könnten die neusten Frontgestaltungen der Konkurrenz nicht dazu ermutigen, hier irgendwelche Konzessionen zu machen: *Wir müssen bei unserem Mercedes-Kühlergesicht bleiben, solange es überhaupt nur möglich ist.*[5] Mit der Kritik dürfte Haspel Neuerscheinungen wie den Wanderer W 24 im Blick gehabt haben, Wagen, deren Formgebung und Frontgestaltung von Tendenzen aus den USA beeinflusst sind. Diskutiert haben will er hingegen *die Frage, ob der 4/5-sitzige Innenlenker mit 4 Fenstern oder mit 6 Fenstern ausgeführt werden soll.* Haspel selbst plädiert für die bisher schon praktizierte Vierfensterlösung (zwei pro Seite), weil diese *bessere Einstiege, gute Aufteilung der Fenster und gute Sichtverhältnisse* ermögliche, *was bei der 6-fenstrigen Bauart nicht so günstig zu erreichen* sei.[6]

Technik: Bewahren und beobachten

Auch auf der mechanisch-technischen Seite ist keine Revolution geplant. Ausgerechnet Röhr, der mit seiner Modellreihe selbstbewusst in eine fortschrittliche Richtung zielt und gerade dabei ist, damit im Vorstand Schiffbruch zu erleiden, rühmt die Qualität des eher konventionellen 170 V. Erstaunlicherweise ist es Firmenchef Kissel, der im Nachgang zur IAMA 1937 diesbezüglich zur Wachsamkeit mahnt, obwohl ihm die Technik nicht sonderlich liegt. *Bei den Motoren gebe es wieder mehr obengesteuerte Konstruktionen,* gibt er zu bedenken. Es sei deshalb notwendig, diese Frage auch bei den eigenen Motorbaureihen im Auge zu behalten. Zudem missfällt ihm, dass Hanomag angesichts ihres 1,7-Liter-Pkw-Diesels im Bau von kleinen Selbstzündern fortgeschrittener zu sein scheint als das eigene Haus.[7/III]

Abb. 0337 & 0338
Man ist sich 1937 im Vorstand einig: Der 170 V (Bild oben) hat eine beachtliche Stilreinheit. Das soll auch so bleiben, wenn man ihn in absehbarer Zeit mit einer neuen geräumigeren Karosserie versehen wird. Einige Konkurrenten wie der ab 1937 angebotene Wanderer W 24 (Bild unten) präsentieren sich zwar moderner, doch das typische Mercedes-Benz-Gesicht mit traditionellem hohem Kühler und verchromter Maske soll ohne Abstriche erhalten bleiben.

Der V-Typen-Baukasten

Während der ersten Wochen des Jahres 1937 nimmt eine weitere modellpolitische Überlegung Gestalt an. Diese ist in kleineren Kreisen der Konzernführung bereits ernsthaft diskutiert worden, bevor sie Wilhelm Kissel am 12. Februar 1937 in der Besprechung zum Pkw-Programm offiziell thematisiert: Die Erweiterung des Modellduos 170 V/200 V um einen 260 V zu einer eigentlichen V-Typenreihe. Dieses größere Modell soll einen neuen Sechs-

Anmerkung III: In Wirklichkeit hatte der Hanomag Rekord Diesel einen Motor von 1 910 cm³ Hubraum. Siehe auch Kap. 12.1, S. 513–517.

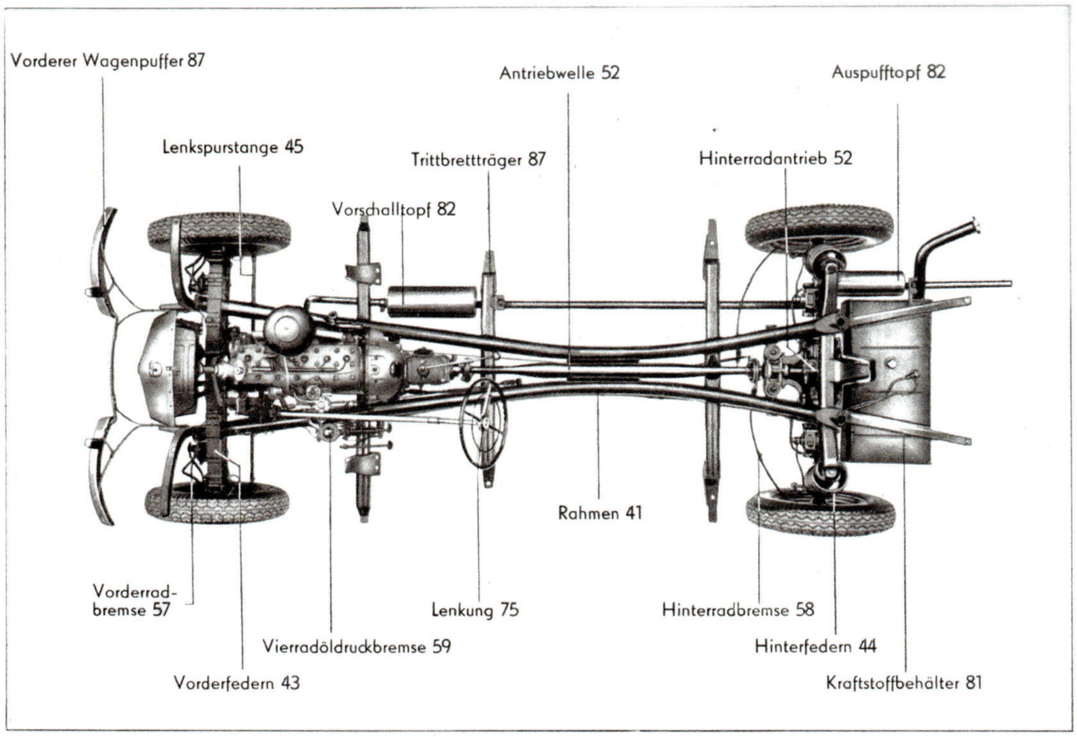

Abb. 0339
Fahrgestell mit X-Rahmen des 1937/38 zum W 153 weiterentwickelten Mittelklassemodells 230. Dieser Wagen soll Teil einer V-Typenreihe mit zwei verwandten Karosserien und drei Motorgrößen werden.

zylindermotor von 2,6 Liter Inhalt erhalten. Kissel schwebt vor, dass sowohl das Fahrgestell nach den bewährten Baugrundsätzen des 170 V (W 136) zu konstruieren sei, also mit X-förmigem Ovalrohrrahmen, als auch der Motor vom anspruchslosen, günstig herzustellenden M 136 abgeleitet sein müsse. *Damit würden wir eine Reihe von 3 Wagen haben, die alle nach dem gleichen Konstruktionsprinzip gebaut sind,* schließt er seine Ausführungen vorerst. Mit diesem Vorstoß brüskiert Kissel den Leiter der Personenwagenentwicklung, Direktor Hans Gustav Röhr, ein weiters Mal, weil er damit den in Planung befindlichen 2,6-Liter-Röhrwagen mit Achtzylinder-Boxermotor in Frage stellt. Röhr informiert den Vorstand, dass der von Kissel gewünschte simple 2,6-Liter-Reihenmotor mit sechs Zylindern bereits gezeichnet sei, hält aber eine Adaption des W 136-Chassis für diese Maschine für nicht durchführbar und empfiehlt einmal mehr, auf die von ihm entwickelte Typenreihe umzuschwenken, *wenn wir mit dem heutigen Programm* [...] *nicht mehr weiterkommen* [...].[8] Tatsächlich hält die Firmenleitung die Idee einer baukastenartigen Typen- oder Modellreihe, wie bekanntlich Röhr sie gefordert und projektiert hat, als zukunftsfähig, jedoch nicht mit dessen Programm, sondern auf der Grundlage des 170 V (W 136). Der automobile Modellbaukasten an sich ist indessen keineswegs eine Erfindung von Hans Gustav Röhr. Die Daimler-Benz AG hat in den zurückliegenden Jahren mehrfach und erfolgreich ähnliche Ideen verfolgt, so beim »Stuttgart« mit dem 2-Liter- und dem 2,6-Liter-Motor, später mit dem Typ 200 (W 21) auf der Basis des alten sechszylindrigen 170 (W 15).

Die Idee einer V-Typenreihe wird konkret

Mitte Sommer 1937 sieht das überarbeitete Personenwagen-Programm vor, für das oberste Modell der V-Typenreihe nicht einen neuen 2,6-Liter-Motor zu verwenden, sondern den altbewährten 2,3-Liter-Sechszylinder aus dem 230 (W 143) zu adaptieren. Ausschlaggebend für diese Korrektur ist das Bedürfnis, zeitnah den kostspielig zu produzierenden W 143-Wagen durch ein aktualisiertes Modell mit modernerer Karosserie abzulösen. Diesen Wagen versieht man mit der internen Baureihennummer W 153, im Verkauf soll er die Bezeichnung 230 V tragen. Der Radstand ist mit 3 050 mm vorgesehen, also identisch mit dem bisherigen 230 der Baureihe W 143. Die Differenz zum 170 V/200 V mit 2 845 mm Radstand beträgt demnach stattliche 205 mm. Trotzdem sollen die beiden ungleich großen Karosserien auf einer weitgehend einheitlichen konstruktiven und formalen Grundlage entstehen. Es geht darum, möglichst viele Gleichteile zu schaffen und die abweichenden Baugruppen unter Verwendung von einheitlichem Presswerkzeug herstellen zu können. Ein solcher Karosseriebaukasten reduziert grundsätzlich die Produktionskosten. Gleichzeitig bewirkt er, dass jedes der drei Modelle in der Öffentlichkeit als Teil von ein- und derselben Typenfamilie wahrgenommen wird. Unterdessen ist man sich einig, dass die neuen Aufbauten – zumindest für die Innenlenker und die Cabriolet B – vollständig in Stahl und ohne Holzgerüst gebaut werden sollen. Die prognostizierten Einsparungen sind verheißungsvoll; für das kommende 230 V Cabriolet B errechnen die Kalkulatoren eine mögliche Senkung des Verkaufspreises von stattlichen 1 000 RM gegenüber der Vorgängerausführung W 143.

Gestartet wird die Planung des neue Modelltrios mit der Absicht, als erstes den neuen 230 V (W 153) zu präsentieren. Ende Juli 1937 sind die Entwurfs- und Konstruktionsarbeiten an den neuen Karosserien bereits weit fortgeschritten, so dass Wilhelm Haspel *von einer sehr schönen äußeren Form, mit sehr großem Koffer, mit erheblich besseren Innenmaßen und mit guter Entlüftung* spricht.[9]

Im Konstruktionsbüro von Sindelfingen ist einmal mehr der Karosserieingenieur Walter Häcker maßgeblich mit den neuen Aufbauten beschäftigt. Anfang September stellt er in einer Konstruktionsbesprechung zwei Möglichkeiten für den Umgang mit der Kühlermaske vor. Weil sich die alte Maske des W 136 wegen abweichender Detailmaße für die neue 170 V- bzw. 200 V-Karosserie nicht mehr verwenden lässt, muss hierfür entweder die neu gezeichnete Maske des 230 V (W 153) verwendet oder eine zusätzliche Maske entworfen werden. Nur im zweiten Fall lassen sich die Vorderkotflügel des W 153 unverändert für die schmalere Karosserie der 170 V und 200 V verwenden, lediglich das kurze Zwischenblech vor der Maske müsste man anpassen. Da die Zuständigkeit und Verantwortung für die sogenannten Fahrgestellblechteile – Kühlermaske mit Motorhaube, Kotflügel, Trittbretter, Leuchten etc. – nach wie vor in Untertürkheim und nicht beim Karosseriewerk Sindelfingen liegen, braucht es dazu das Einverständnis des Pkw-Entwicklungschefs. Oberingenieur Max Wagner hält es für wichtig, dass zwischen dem 170 V/200 V und dem größeren 230 V auch von vorn ein Unterschied zu erkennen

Abb. 0340, 0341, 0342 & 0343
Modell 1:5 des Mittelklassewagens der geplanten V-Typenreihe, 1937. Möglichst viele Blechteile müssen mit der kleineren Karosserie für den 1,7- und 2-Liter-Wagen identisch sein. Ersatzrad im von außen zugänglichen Kofferraum und Tank im Heck sind Vorgaben. Dargestellt sind zwei unterschiedliche Türbauarten: Die Seitenscheiben in Chromrahmen (oben) wirken gefälliger, die ausgestanzten Fensteröffnungen (unten) sind günstiger herzustellen. Bemerkenswert ist der »Plakettenkühler«, der nur noch an der Front Chrom trägt. Motorseitig ist zunächst ein neuer 2,6-Liter vorgesehen. Man belässt es jedoch beim leicht überarbeiteten bisherigen 2,3-Liter-Sechszylinder.

ist, weshalb er von seinen Leuten in Untertürkheim einen Gegenentwurf zur Front- und Kotflügelgestaltung ausarbeiten lässt und nach Sindelfingen sendet.[10]

Die Fertigstellung der ersten W 153-Probefahrgestelle wie auch der Bau der Versuchskarosserien geraten gegen Ende des Sommers zeitlich in Rückstand, weshalb sich Ingenieur Wilfert aus Sindelfingen bereit erklärt, bis Anfang Oktober eine 1:1-Attrappe herzustellen, um möglichst zeitnah ein authentisches Bild von der neuen 230 V-Karosserie zu erhalten. Da der Wille ungebrochen ist, den neuen 2,3-Liter-Wagen an der IAMA im Frühjahr 1938 der Öffentlichkeit zu präsentieren, drängt der in der Fabrikationsvorbereitung tätige Sindelfinger Ingenieur Seitzer zur raschen Freigabe der Werkzeuganfertigung.[11]

Auch an der Anfang Herbst 1937 in der Entwicklung etwas weniger weit fortgeschrittenen neuen 170 V-Karosserie wird fleißig gearbeitet. Zunächst sollen zwei Versuchswagen entstehen, die aus Zeitgründen noch mit einem Treibstofftank im Motorraum auskommen müssen. Obwohl hauptsächlich als Anschauungsmodell gedacht, will man sie bereits mit aufgebohrten M 136-Motoren von 1,75 Liter Inhalt versehen.[12/I] Mitte November 1937 meldet Haspel, dass nun die erste Karosserie des 230 V (W 153) fertiggestellt sei, aber in Bezug auf ihre Form und verschiedene Einzelheiten innerhalb der kommenden vier Wochen noch verbessert werden müsse.

Durch die konstruktive und formale Verwandtschaft wirken sich diese Anpassungen auch auf den *an sich fertigen* Aufbau des 170 V und des 200 V aus. Gearbeitet wird unter anderem an einer Optimierung der Stoßstangen und der Innenraumentlüftung.[13]

Anmerkung I: Betr. M 136 mit 1,75 Liter Hubraum siehe auch Kap. 3.3, S. 154, Kap. 9.2, S. 417 und Kap. 10.1, S. 451 f.

Abb. 0344
Die wohlvertraute charakteristische Front des 170 V ist zum Inbegriff des Mercedes-Benz-Gesichts geworden. Der Vorstand klammert sich daran fest und lässt höchstens marginale Änderungen zu. Mit zahllosen Zeichnungen, Maketten und Probeausführungen versucht man dieses harmonische Bild auf die neuen Karosserien zu übertragen.

Obwohl die Konstruktionsbüros und Versuchsabteilungen in Untertürkheim und Sindelfingen ihr Bestes geben, muss der Vorstand zur Kenntnis nehmen, dass eine Präsentation der neuen Modelle auf der Berliner Ausstellung im Februar 1938 illusorisch sein wird, will man die Interessenten nicht mit halbfertigen Fahrzeugen blenden. Gleichzeitig bleibt der wirtschaftliche Druck groß, den in der Herstellung teuren 230 (W 143) durch ein aktuelleres und günstiger zu fertigendes Modell abzulösen, um in der wichtigen und hart umkämpften Mittelklasse die starke Posit on erfolgreich zu verteidigen.

Terminverschiebung: Produktion ja, aber später

Beträchtlich geschwunden ist hingegen der Termindruck für die Ablösung des 170 V durch ein neues Modell. Denn die Politik des »Dritten Reichs«, insbesondere die forcierte Aufrüstung, macht sich durch zunehmende Rohstoff- und Materialengpässe negativ bemerkbar. Ende Juli 1937 muss deshalb auf die Einführung des 200 V (W 149) – vorgesehen für Anfang 1938 noch im alten 170 V-Karosseriekleid – verzichtet werden. Begünstigt wird diese Entscheidung durch den Umstand, dass sich der 170 V nach wie vor hervorragend verkauft und die Produktion den Bestellungen immer stärker hinterherhinkt – auch dies ein Ergebnis der eingeschränkten Materialversorgung, welche es nicht erlaubt, die Fertigungskapazitäten auszuschöpfen. Am 8. März 1938 besichtigen die Herren des Vorstands die unterdessen weiterentwickelten und verfeinerten Karosserien für den 230 V (W 153) und für den neuen 170 V, der intern nun als Baureihe W 136 II bezeichnet wird. Die Differenz in der Innenraumlänge der beiden Typen beträgt 100 mm,[14] dies bei einem um 205 mm längeren Radstand des W 153; die restlichen 105 mm benötigt der wegen des Sechszylindermotors längere Vorderbau. *Der Gesamteindruck der Fahrzeuge ist so, [...] daß es zweckmäßig sein wird, diese Aufbauten in Arbeit zu nehmen und als Zwischentyp zu bringen. Vorher soll noch eine eingehende Erprobung im Vergleich mit den seitherigen Typen durch den Vorstand selbst stattfinden,* protokolliert Direktor Otto Hoppe recht nüchtern.[15]

Unumgänglich: Ausgedehnte Versuche wegen technischer Probleme

Die Prototypen der beiden Modelle 170 V (W 136 II) und 230 V (W 153) werden umfangreichen Versuchen unterzogen. Probleme bereitet erwartungsgemäß das Dröhnen der Karosserien, insbesondere bei den Innenlenkern, ein Ergebnis der Ganzstahlbauweise. Fortschritte in dieser Sache sind über einen längeren Zeitraum kaum feststellbar. *Das Dröhnen wird immer etwas mehr bemerkbar bleiben als bisher,* stellt Technikchef Sailer klar. Haspel erwartet von den aktuell in Arbeit befindlichen

Anmerkung I: Bereits in der Direktionsbesprechung vom 23.06.1933 war das Schütteln von Cabriolets ein typenübergreifendes Thema. Als Fahrer eines 290 Cabriolet D kurz (W 18) von 1933 kennt der Autor dieses Phänomen. Zum Karosserieschütteln und den sich daraus ergebenden Konsequenzen im Rahmenbau siehe Kap. 5.2, S. 255 ff.

Abb. 0345 & 0346
Karosseriezeichnungen des 170 V mit neuem Aufbau, Typ W 136 II. Oben viertüriger Innenlenker, dat. 30.05.1938, unten zweitüriger Innenlenker, dat. 05.07.1938. Form, Dimension und viele Einzelheiten haben unterdessen den Serienstand erreicht. Das Ersatzrad soll nun doch von außen zugänglich im Heckdeckel integriert werden. Die Fahrtrichtungsanzeiger sind auf Fensterhöhe in der B-Säule eingetieft.

Karosserieprototypen bessere Resultate, andernfalls müssen *Holzfutter in die Karosserien eingebaut werden* [...]*; auf alle Fälle werden wir das Dröhnen beherrschen.* Die Versuche, dem Dröhnen Herr zu werden, verhindern indessen die unmittelbar bevorstehende Anfertigung der Karosseriewerkzeuge nicht. Ein weiteres leidiges Problem ist das seit mehreren Jahren bekannte Schütteln der Cabriolet-Wagen, das bei gewissen Geschwindigkeiten und Straßenverhältnissen ausgelöst wird. Leider tritt dieses lästige Schütteln auch bei den offenen Versionen der beiden neuen Modelle auf und führt zu umfangreichen Versuchen, die sogar auf abweichende Rahmenbauformen und Fahrwerksarten ausgedehnt werden. Zunächst vermuten die Ingenieure die Ursache allein im Fahrgestell, erkennen aber im Laufe der Zeit, dass auch die Karosserie selbst oder in Kombination mit dem Fahrgestell zu diesem unangenehmen Effekt führen kann.[I]

Im September 1938 erreichen die Prototypen auch nach Ansicht der Techniker allmählich die Serienreife, so dass die Präsentation der beiden neuen Modelle auf der Berliner IAMA im Frühjahr 1939 beschlossen wird. Gleichzeitig mit dem Messetermin soll der Serienbau anlaufen und die ersten W 136 II und W 153 an Kunden ausgeliefert werden. Noch sind aber die Karosseriewerkzeuge nicht angefertigt.[16]

Gestrafftes Karosserieprogramm für den 170 V (W 136 II)

Das Programm der Aufbauvarianten für den neuen 170 V (W 136 II) wird aus Kostengründen gestrafft. Vorgesehen sind neben dem zwei- und viertürigen Innenlenker das beliebte Cabriolet B, der offene viertürige Tourenwagen – wohl im Hinblick auf Behördengeschäfte – und ein Kastenwagen.[17] Anstelle der Cabrio-Limousine, die im Droschkengeschäft besonders begehrt ist – vermutlich, weil sich mit ihr auch sperrige Gegenstände transportieren lassen – soll ein großzügig dimensioniertes Faltschiebedach treten, das sich bis über die Hintersitze öffnen lässt.[18] Auch auf das Cabriolet A und den Roadster gedenkt die Firmenleitung zu verzichten.[II] Kurz vor der Anfertigung der Pressformen stellt Direktor Haspel den zweitürigen Innenlenker des W 136 II zur Diskussion, dies wegen der abnehmenden Nachfrage nach dieser Karosseriedisposition. Rund 250 000 RM ließen sich nach seiner Berech-

Anmerkung II: Bei dem im Oktober 1940 entworfenen neuen 170 V-Roadster-Aufbau ging man vom weiterproduzierten Fahrgestell W 136 I aus (siehe Kap. 6.2, S. 300 f).

Abb. 0347
Die Karosserien der V-Typenreihe will man nicht mehr in Gemischtkonstruktion bauen, sondern vollständig in Stahlblech – erstmals bei Daimler-Benz. An diesem halbtransparenten Opel Olympia-Ausstellungsmodell von 1937 wird deutlich, wie die unter der Oberfläche verborgenen Karosserieteile aus Blech geformt sein müssen, um tragfähige Strukturen zu bilden.

nung einsparen. Doch der Vorstand beschließt, die zweitürige Limousine im Programm zu belassen, deren Fabrikation jedoch mit drei- bis viermonatiger Verzögerung in Gang zu setzen und sie zum gleichen Preis wie die viertürige Variante zu verkaufen.[19]

Der produktionsfertige 170 V-Nachfolger W 136 II

Wie muss man sich nun den designierten Nachfolger des äußerst populären und ungebrochen erfolgreichen Mercedes-Benz 170 V (W 136) vorstellen? Entstanden ist ein Wagen, der sich gegenüber seinem Vorgänger hauptsächlich durch die etwas größere und geräumigere Karosserie unterscheidet, wobei die äußere Gestalt stärker durch die optisch fülligere Präsenz und weniger durch veränderte Stilmittel auffällt. Das Fahrgestell mitsamt dem Motor und der Radaufhängung wird vom Vorgänger übernommen und bloß dort verändert, wo es der neue Aufbau verlangt.

Rahmen und Radaufhängung, Motor und Kraftübertragung

Der 1934/35 von Josef Müller ersonnene und unter Oberingenieur Max Wagner entwickelte X-förmige Ovalrohrrahmen bildet nach wie vor das »Fundament« des Wagens und wird neu in angepasster Art und Dimensionierung auch für den längeren und breiteren 230 V (W 153) mit 2,3-Liter-Sechszylindermotor verwendet. Im Unterschied zum alten 170 V ist für den W 136 II eine hintere Rahmenverlängerung erforderlich, und zwar wegen des nun hinter der Hinterachse angeordneten Treibstofftanks, aber auch weil das bislang selbsttragende Heck durch den Einbau eines Kofferraumdeckels ohne stützenden Unterbau instabil geworden wäre. Der Radstand bleibt mit 2 845 mm unverändert, ebenso die vordere Spurbreite von 1 310 mm, während die hintere um stattliche 60 mm auf neu 1 370 mm vergrößert wird. Es ist einerseits die breitere Karosserie, die diese Maßnahme verlangt, andererseits muss die größere Hecklast als Folge des ganz hinten angeordneten Treibstofftanks fahrwerksseitig kompensiert werden. Die um je 30 mm längeren Halbachsen machen sich bei der Zweigelenkpendelachse in einer verringerten Spur- und Sturzveränderung beim Ein- und Ausfedern bemerkbar und beeinflussen so das Kurvenverhalten positiv.[I] Die verstärkten Drehzapfen der ansonsten unveränderten Vorderradaufhängung sollen die Lebensdauer verlängern.[20] Neu rollen die Wagen auf größeren Reifen der Dimension 5,50-16".

Motorseitig bleibt es beim einfachen, aber bewährten M 136 mit unverändert 1 697 cm^3 Hubraum. Dank eines Fallstromvergasers und eines Leichtmetallzylinderkopfs mit einer von 1:6 auf 1:7 gesteigerten Verdichtung soll die Maschine 42 PS (statt 38 PS wie bisher) leisten, dies bei vermutlich unveränderter Drehzahl von 3 400 U/min. Weiter entschließt man sich, den negativen Auswirkungen des größeren Reifendurchmessers und des höheren Gewichts auf das Beschleunigungsvermögen durch eine von 1:4,14 auf neu 1:4,29 verkürzte Hinterachsübersetzung entgegenzuwirken. Trotzdem steigt die Höchstgeschwindigkeit von bislang 108 km/h auf neu 112 km/h an; die dabei erreichte Drehzahl liegt entsprechend höher als bisher. Solchermaßen optimiert, benötigt die Maschine das sogenannte Zweier-Kraftstoffgemisch, das aus Benzin und Benzol zu ungefähr gleichen Teilen besteht und eine Oktanzahl von 78 bis 80 OZ erreicht, während das in Deutschland übliche Motorenbenzin lediglich 74 OZ aufweist. Bemerkenswert ist der Wechsel des Nockenwellenantriebs von Zahnrädern auf einen solchen mit doppelter Rollenkette. Damit läuft die Maschine ruhiger, und man erhofft sich einen weniger häufigen Eingriff als zuvor mit dem verschleißanfälligen Resitex-Rad. In Richtung einer längeren Haltbarkeit zielen die verbesserten Kolben und die Druckschmierung der Kolbenbolzen, desgleichen der überfällige Einbau eines Kurz-

Anmerkung I: Jeder 170 V-/170 D-Fahrer kennt den Schreckensmoment, wenn in einer zu schnell angegangenen Biegung sich das kurveninnere Hinterrad durch Ausfedern gegen innen neigt, an Haftung verliert und das Heck schlagartig ausbricht. Besonders kritisch wird es, wenn der Fahrer trotz besseren Wissens instinktiv einen Tritt auf die Fußbremse nicht unterlassen kann.

schluss-Thermostats. Die von der Nockenwelle angetriebene Benzinpumpe ist dem hinten angeordneten Tank geschuldet.[21] Schließlich soll das nicht vollständig befriedigende, teilsynchronisierte ZF-Vierganggetriebe durch eine vollsynchronisierte Schaltbox ersetzt werden, an der das eigene Konstruktionsbüro arbeitet.[22]

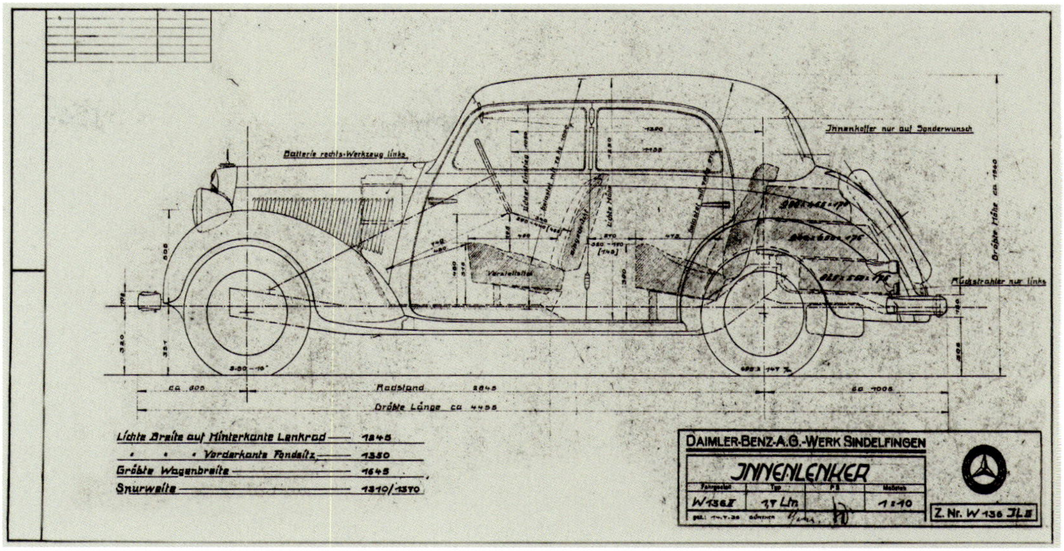

Abb. 0348
Karosseriezeichnung Typ W 136 II, viertüriger Innenlenker, Sommer 1938. Gegenüber dem bisherigen 170 V sind der Radstand, die vordere Spurweite und die Fahrzeughöhe unverändert geblieben. Zugelegt haben die hintere Spurweite (+ 60 mm), die Breite (+65 mm), die Länge (+ 170 mm) und – trotz Ganzstahlbauweise – das Gewicht um 50 kg.

Innenlenker-Karosserie

Sieht man von Kleinigkeiten ab, dürfte die Formgebung der neuen Karosserie für den W 136 II Mitte 1938 abgeschlossen gewesen sein. Auffällig im Vergleich mit dem bisherigen Aufbau des 170 V (W 136 I) sind zwei Dinge: Die Vorderkotflügel treffen in einem Schwung auf die gerade verlaufenden Trittbretter und laufen nicht in einem sanften Gegenschwung in die Trittbretter aus, wie beim Vorgänger. Dieses vor einigen Jahren zur Mode gewordene und bei vielen Konkurrenzfabrikaten verwendete Stilmittel lässt den Wagen per se gedrungener erscheinen. Tatsächlich wirkt die neue Karosserie fülliger, voluminöser. Das Zierliche, das beim alten 170 V aus fast allen Blickwinkeln vorhanden ist, weicht mit dem neuen Aufbau einer gewissen Behäbigkeit. Bei einem Maßvergleich stellt man fest, dass der neue Wagen bei unverändert 2 845 mm Radstand in zwei Richtungen deutlich zugelegt hat, nämlich in der Länge um 170 mm auf nunmehr 4 455 mm und in der Breite um 65 mm auf 1 645 mm, dies bei gleichbleibender Höhe von 1 560 mm.[II] Die gedrungene Erscheinung des Wagens wird durch die größere Grundfläche begünstigt, die eine deutlich ausgeweitete Fahrgastzelle mit einem voluminöseren Heck erlaubt. Das Ersatzrad ist, analog zum bisherigen 170 V, von außen sichtbar bis zur Hälfte im Heck eingelassen, allerdings mit dem Unterschied, dass dieser Bereich nun als Deckel zum Kofferraum ausgebildet ist. Trotz der erheblichen Gewichtsbelastung durch das Rad öffnet die Klappe nach oben, die verchromten Scharniere liegen außen sichtbar auf.[23] Bei der Limousine besteht die Außenhaut der vorderen und hinteren Türen – wie beim Vorgänger – über die ganze Höhe aus einem einzigen Pressteil; die Fensteröffnungen sind folglich ausgestanzt und in den Ecken leicht gerundet. Dies im Unterschied zum 230 V (W 153), wo die Türhaut nur bis zur Gürtellinie reicht und die Fensterscheiben in polierten Aluminium- oder verchromten Messingrahmen auf- und abgleiten. Zudem folgt bei diesem Modell unmittelbar hinter der Fondtür als Fortsetzung der Seitenverglasung ein kleines drittes Fenster, eine formal ungemein raffinierte Lösung, die den Aufbau optisch in die Länge zieht und ihm eine subtile Eleganz verleiht, mit der die Karosserie des W 136 II nicht mithalten kann.

Die Fahrtrichtungsanzeiger befinden sich nun auf Fensterhöhe in der B-Säule eingelassen. Auffällig sind bei beiden Typen die neuen Türgriffe, die auf den altmodisch gewordenen Schwung verzichten und gerade verlaufen. Der Vorderwagen folgt gestalterisch dem Vorgänger, abgesehen von der auffälligen Änderung der bauchiger gewordenen Kotflügel, auf denen wie ehedem die topfförmigen Scheinwerfer auf Sockeln ruhen. Die Motorhaube mit Mittelscharnier hat unverändert seitliche Lüftungskiemen. Auch die Kühlermaske, in den Abmessungen angepasst, wirkt stimmig und vertraut. Die Stoßstangenecken sind hingegen kräftiger geworden und unterscheiden sich in der Biegung zwischen vorn und hinten. Aktueller geworden ist der neue Aufbau im Bereich der Frontscheibe. Diese sitzt beim Innenlenker zwar noch immer in einem blanken Aluminiumrahmen, doch die Scheibenwischer sind unten angelenkt und ihr Elektromotor ist mitsamt dem notwendigen Gestänge unsichtbar hinter der Armaturentafel untergebracht. Neu hat der Innenraum eine Frischluftzufuhr von außen erhalten, und zwar über zwei aufklappbare Elemente unmittelbar vor der Frontscheibe, die den Luftstrom über Kanäle ins Innere leiten. Der auf der einzigen bekannten Fotoaufnahme eines W 136 II-Versuchswagens erkennbare Ausstellmechanismus für die Frontscheibe dürfte damit wohl eingespart worden sein.

Angesichts der größeren Abmessungen und der üppigeren Ausstattung erstaunt das Gewicht von 1 210 kg für die Innenlenker-Limousine nicht; sie drückt 50 kg mehr auf die Waage als die Vorgängerin. Eine reine Stahlblechkarosserie, so die Erkenntnis, lässt sich kaum leichter konstruieren als eine solche in Mischbauweise. Gegenüber dieser bei Daimler-Benz bislang praktizierten Machart sind die strukturellen Veränderungen erheblich. Wegen der nun fehlenden Holzaussteifungen muss Blech zu tragfähigen Elementen gepresst und miteinander zu stabilen Bauteilen punktverschweißt werden. Im Bereich der Schweller, der B-Säule und des Hecks wird der W 136 I schon bislang so gefertigt. Nun erfordern auch die A-Säulen, die Dachholme, -traversen und -spriegel sowie die Dachpartie um das rückwärtige Fenster entsprechende Vorkehrungen. Als besonders aufwändig erweisen sich die inneren Blechteile der Türen, die den Holzrahmen ersetzen müssen. Es versteht sich von selbst, dass überdies die gesamte Auskleidung des Innenraums unter Einschluss der Dichtungen und deren Befestigung vollständig abweichend gelöst werden muss. Einfaches Befestigen durch Nageln in Holz scheidet nun aus. Die Spritzwand bedarf keiner Tankmulde mehr, so dass sich hier die Gelegenheit bietet, zwei von oben zugängliche Kästen auszubilden. Derjenige auf der rechten Seite nimmt die 6-Volt-Batterie auf, der linke ist für das Werkzeug bestimmt.

Anmerkung II: Maße: 170 V alte Ausführung (W 136 I) siehe Band II, Tabelle A 05; 170 V neue Ausführung (W 136 II) siehe Band II, Tabelle A 09.

Abb. 0349
Einzig bekannte Foto eines W 136 II, aufgenommen gegen Ende 1938. Im Vergleich zum bisherigen 170 V ist die neue Karosserie deutlich fülliger geworden. Diesen Eindruck verstärken die bauchigen, nur noch konvex gewölbten Vorderkotflügel. Die Motorhaube öffnet in gewohnter Art, die Entlüftungsschlitze sind in zwei Reihen angeordnet. Trotz schwenkbarer Luftklappen vor der Frontscheibe ist diese ausstellbar. Innenlenker mit Schiebedach (Bild), sollen die Cabrio-Limousinen ersetzen.

Innenraum

Das vergrößerte Raumangebot der neuen Karosserie macht sich ausschließlich in der Breite und im Kofferraum bemerkbar. Die lichte Breite auf Hinterkante Lenkrad gemessen beträgt nun 1 245 mm (+ 115 mm), diejenige entlang der vorderen Kante der Fondsitze 1 350 mm (+ 100 mm). Wegen der beibehaltenen Motorposition unmittelbar hinter dem Querblattfederpaket der Vorderradaufhängung und dem identischen Radstand bleiben die Maße in der Länge bis auf wenige Millimeter unverändert. Die Längenverhältnisse des bisherigen 170 V gelten als ausreichend und – je nach Größe der vorn sitzenden Personen und deren Sitzpositionen – auch der erstaunlich gut bemessene Fuß- und Knieraum der Fondpassagiere. Im bisherigen, nur von innen zugänglichen Gepäckraum lassen sich zwei identische Formkoffer von 860 × 550 × 140 mm Größe unterbringen. Darüber und seitlich bleibt wenig Raum für weiches Kleingepäck übrig. Im neuen W 136 II fasst der mit einem Deckel versehene Kofferraum hingegen anstandslos drei übereinanderliegende Formkoffer mit den Außenmaßen 980 × 455 × 170 m (oberste), 960 x 650 × 175 mm (mittlere) und 825 × 550 × 175 mm (unterste).

Über die Ausgestaltung des Innenraums sind kaum Angaben verfügbar. Bekannt ist, dass das vertraute Vierspeichenlenkrad weiterverwendet werden soll. Hingegen wird das Armaturenbrett neu gestaltet; es dürfte in der Disposition demjenigen des Typs W 153 entsprechen. Die Anzeigen sind direkt vor den Fahrer gerückt, nämlich der Geschwindigkeitsmesser mit Kilometerzähler sowie die Zeituhr als große Rundinstrumente, dazwischen in einem zeittypisch rechteckigen Gehäuse die Benzinuhr sowie die Öldruckanzeige. Das ganze Instrumentarium sitzt in einem Blechgehäuse, das dem Ausschnitt des Handschuhkastens auf der rechten Seite entspricht. Bei rechtsgelenkten Fahrzeugen erlaubt dies ein Wechseln der Instrumentenanordnung, ohne dafür veränderte Teile fertigen zu müssen. In der Mitte des Armaturenbretts gibt es einen mit einer Blende abgedeckten Schacht, in den ein Autoradio eingebaut werden kann. Die Antenne ist mittig über der Frontscheibe auf dem Dach vorgesehen. Eine innenseitige Umrahmung sämtlicher Fenster in der bekannten Machart mit dunkel behandeltem Holz, den sogenannten Schlüsseln, und die altgedienten, geflochtenen Haltetaue an der B-Säule sind fotografisch nachgewiesen.[I] Optional soll eine Bosch-Warmwasserheizung mit Windschutzscheiben-Entfroster eingebaut werden können, wofür serienmäßig die notwendigen Vorbereitungen getroffen sind.[24]

Anmerkung I: Siehe Abb. 0349 auf dieser Seite.

Cabriolet B

Die enge Verwandtschaft des Cabriolets B mit dem Innenlenker ist beim Vergleich der beiden Modelle augenfällig. Doch sie beschränkt sich nicht bloß auf die Formgebung, denn bei der Konstruktion des offenen Aufbaus wird noch stärker als beim Vorgänger darauf geachtet, dass möglichst viele Teile mit der Limousinenausführung übereinstimmen. So verwendet man für die Frontscheibe dasselbe Glas und die gleiche Einfassung aus poliertem oder verchromtem Aluminium wie beim geschlossenen Modell. Man kehrt an dieser Stelle folglich zur ursprünglichen Bauweise mit gepresstem Blechrahmen zurück. Doch dank der veränderten Scheibengröße und einer auch in Feinheiten verbesserten Formgebung wirkt die Frontscheibe harmonischer als in der Ursprungsversion des Cabriolet B von 1936. Neu sind die Fahrtrichtungsanzeiger im Fensterrahmen der A-Säule eingelassen. Unverändert präsentiert sich die Machart der Seitenscheiben, die in polierten oder verchromten U-Profilrahmen stecken. Nach wie vor wird das gedämmte und gepolsterte Verdeck in geschlossenem Zustand mit den bekannten verchromten Sturmstangen gespannt.

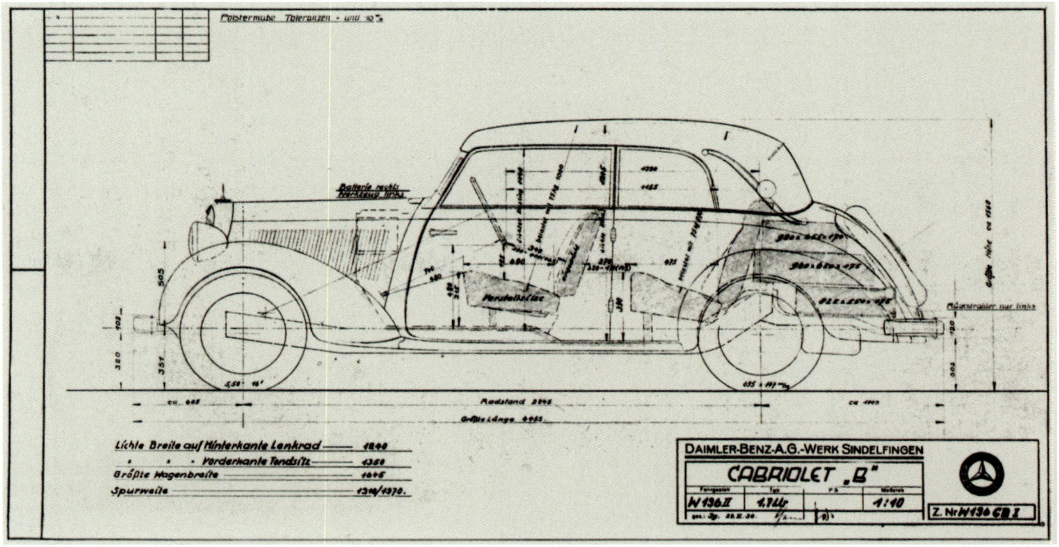

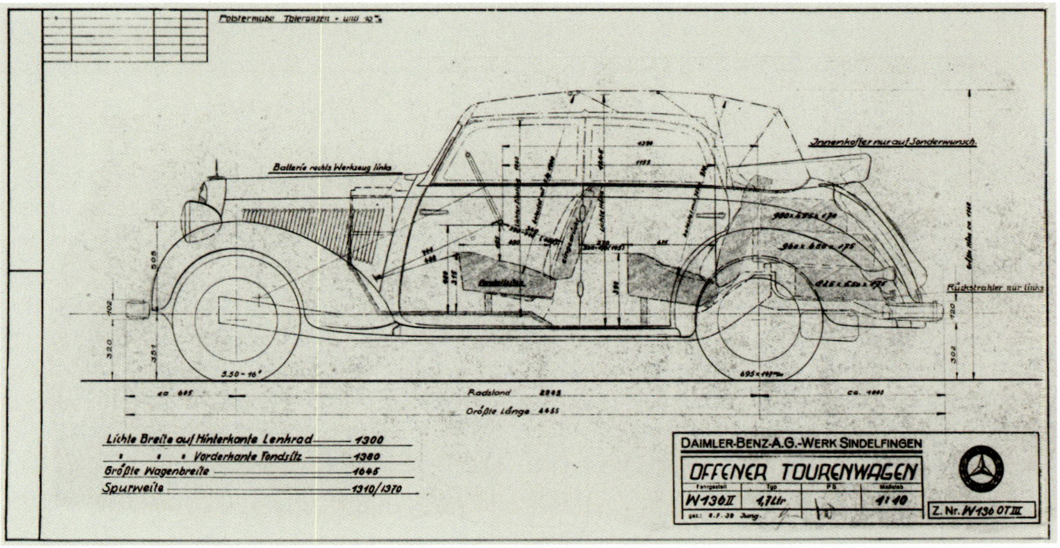

Offener Tourenwagen

Der Offene Tourenwagen basiert auf der viertürigen Limousine und muss – der Tradition entsprechend – mit einem einfachen ungepolsterten Verdeck ohne Sturmstangen und mit seitlichen Steckscheiben aus Cellon auskommen. Entsprechend dünnwandiger können die Türen ausgebildet werden, was die Innenbreite vorn um 55 mm und hinten um 30 mm vergrößert.[25] Im Unterschied zum Offenen Tourenwagen des bisherigen 170 V (W 136 I) entspricht die Frontscheibe derjenigen des Innenlenkers und des Cabriolets B, so dass für sämtliche Karosserievarianten nur noch eine Frontscheibenkonstruktion gefertigt werden muss.

Lieferwagen

Obwohl die Lieferwagen-Variante des 170 V in der Verkaufsstatistik eine marginale Rolle spielt, entstehen auch für die neue 170 V-Ausführung Zeichnungen für den Bau eines Kastenwagenaufbaus. Die technischen Abweichungen von der Limousine – wohl beim Rohrquerschnitt des Rahmens, der Federrate und der Reifendimension – sind nicht überliefert. Im Aufbau entspricht der neue Lieferwagen von vorn bis zur B-Säule der neuen Limousine. Im rückwärtigen Bereich, also dem Kasten, übernimmt die neue Ausführung die stilistischen Merkmale des alten Lieferwagens unverändert. Nach wie vor fehlen hintere Stoßecken. Wie vordem ist kein über die gesamte Fläche durchlaufendes Blechdach vorgesehen, sondern lediglich eine aus mehreren Pressstücken zusammengefügte Umrandung. Die große Dachfläche dazwischen besteht demnach aus einer Textil- oder Kunstlederbespannung über einer mehrschichtigen Unterlage mit einem Kern aus Drahtgeflecht. Dies dürfte darauf hindeuten, dass der Kastenaufbau nicht in Ganzstahlausführung geplant ist, sondern wie beim Vorgänger aus einem tragenden Holzskelett bestehen soll. Angesichts der teuren Pressformen und der zu erwartenden geringen Lieferwagen-Stückzahl eine sinnvolle Entscheidung. Neu ist das Ersatzrad nicht mehr stehend in einer Nische hinter der Fahrersitzbank untergebracht, sondern liegend unter dem Laderaumboden hinter der Hinterachse bzw. über dem Treibstofftank.[26]

Abb. 0350 & 0351
Karosseriezeichnungen Typ W 136 II Cabriolet B (oben) und viertüriger Tourenwagen (unten), Sommer 1938. Um den Herstellungsaufwand zu senken, will man das bislang großzügige Angebot an verschiedenen Karosseriemodellen auf jene beschränken, die sich in Ganzstahlbauweise rechnen. Die Cabrio-Limousine, das Cabriolet A und der Roadster sollen demnach entfallen. Beim offenen Tourenwagen spekuliert man wohl auf Behördenaufträge.

▷ **Siehe Band II/Seite 26–28**, Tabelle A 09 Technische Daten: 170 V (W 136 II), 170 VX (W 158 I & W 158 II)

Abb. 0352
Karosseriezeichnung Typ W 136 II Lieferwagen, dat. 20.01.1939. Trotz bislang schwacher Nachfrage soll erneut ein Kastenwagen angeboten werden, vielleicht mit Blick auf weitere Bestellungen durch die Reichspost. Diese hat wiederholt 170 V Lieferwagen in Dienst gestellt.

Zweifel tauchen auf

Ausreifen statt überstürzen: Produktionsstart hinausgezögert

Konzernchef Wilhelm Kissel bestellt zusammen mit seinem Vorstandskollegen Otto Hoppe die wichtigsten Führungskräfte des Pkw-Bereichs am 7. Oktober 1938 in die Zentrale nach Untertürkheim. Es sind dies die Verantwortlichen für die Motoren- und Fahrwerkkonstruktion, den Karosseriebau, die Fertigung, die Kalkulation und den Verkauf. Das einzige Thema dieses Treffens: *Die Einführung des Typs 170 V II erfolgt nicht, wie bisher vorgesehen, ab Ausstellung Berlin Februar 1939, sondern wird herausgeschoben.* Von den bereits am 12. Juli 1938, also drei Monate zuvor für die Fabrikation eingeschriebenen 5 125 Wagen des neuen 170 V-Typs W 136 II werden 5 100 Exemplare auf die bisherige Baureihe W 136 I umgebucht. Die Fertigung des neuen Modells 170 V W 136 II soll erst ab Ende Juni des kommenden Jahres 1939 aufgenommen werden, unmittelbar nachdem die umdisponierte Serie von 5 100 bisheriger 170 V ausgelaufen ist. Die restlichen 25 eingeschriebenen Wagen des neuen W 136 II (Fahrgestell-Nrn. 422 111 bis 422 135) verbleiben als Vorserie im Programm, und zwar:

- 15 Stück als viertürige Innenlenker und
- 10 Stück als Cabriolet B.

Die dafür notwendigen 25 Karosserien will man im Laufe des Januars 1939 nicht mehr handwerklich, sondern mit den zu diesem Zeitpunkt hoffentlich vorhandenen und einsatzbereiten Pressgesenken und Fabrikationsvorrichtungen herstellen. Aber selbst wenn der Termin für den Bau dieser Vorserienwagen eingehalten werden kann, soll der neue 170 V im Februar auf der IAMA nicht gezeigt werden. Dies im Unterschied zum 230 V (W 153), der nach wie vor pünktlich zum Messebeginn in die Serienfertigung überführt werden soll.[27]

Was ist geschehen? Die bisher gefertigten W 136 II-Probewagen haben allesamt handwerklich gebaute Karosserien, die im Fahrbetrieb keine wirklich zuverlässige Beurteilung der Geräuschentwicklung zulassen, insbesondere nicht bezüglich Dröhnen.[28] Man will auf Nummer sicher gehen und das neue Modell ausreifen lassen, umso mehr als der anhaltende Verkaufserfolg des bisherigen 170 V nicht zur Eile antreibt. Dies im Unterschied zur Mittelklasse, wo der Vorstand den bisherigen, in der Produktion aufwändigen Typ W 143 durch den neuen Opel Kapitän bedrängt sieht, der unmittelbar vor der Lancierung steht. Tatsächlich wähnt man sich in der Erprobung des 230-Nachfolgetyps W 153 weiter fortgeschritten. Dass dies ein Trugschluss ist, zeigt sich bald nach dessen Markteinführung auf der IAMA im Februar 1939. Die Schwierigkeiten mit der neuen Ganzstahlkarosserie – Klappergeräusche, Undichtigkeiten – führen zu Beanstandungen, Ausbesserungen, konstruktiven Änderungen und in der Folge zu einer unliebsamen Produktionsverzögerung. Der W 153, der bekanntlich als größeres Parallelmodell mit vielen Gleichteilen zum W 136 II geplant worden ist und ursprünglich hätte 230 V genannt werden sollen, behält schließlich die alte Verkaufsbezeichnung »230«, das »V« entfällt.

Reicht die Motorleistung aus?

Es gibt, zusätzlich zu den Unsicherheiten bezüglich der Karosserie, noch weitere Gründe, den neuen 170 V (W 136 II) zurückzustellen. Als im März 1938, also vor einem guten halben Jahr, die Konzernleitung die ersten Probewagen besichtigt, protokolliert Direktor Hoppe, der Vorstand habe zum Ausdruck gebracht, *diese Aufbauten in Arbeit zu nehmen und als Zwischentyp zu bringen.*[29] Tatsächlich sehen die Entscheidungsträger den W 136 II zunächst als eine kurzfristig einsetzbare Zwischenlösung. Je länger jedoch die Entwicklung der Ganzstahlkarosserie andauert, je weiter die Modelleinführung hinausgeschoben werden muss, desto größer werden die Zweifel, ob mit diesem Modell eine adäquate Ablösung des Erfolgstyps 170 V gelingen würde. Der bisherige, nur bescheiden leistungsgesteigerte, konstruktiv jedoch veraltete Motor M 136 – vermeintlich am Ende seiner Entwicklungsmöglichkeit angelangt – ist zur Hypothek geworden. Spätestens als man feststellt, dass der neue, merklich voluminösere Wagen auch im Gewicht um 50 kg oder mehr zulegen wird, kommen berechtigte Bedenken

Abb. 0353
Der Mittelklassetyp 230 (W 153) geht im Februar 1939 als erstes Modell der geplanten V-Modellreihe in den Verkauf. Der wohlgeformte Wagen mit der kleinen dritten Seitenscheibe, einem charakteristischen Merkmal, findet auch auf Exportmärkten Zuspruch. Das Heck mitsamt den hinteren Kotflügeln und weiteren Karosserieteilen ist mit dem W 136 II identisch.

auf, ob die Fahrleistungen noch angemessen sein werden. Vorstand Jakob Werlin, als Leiter der Niederlassung München mit dem Fahrzeugverkauf vertraut, fordert Anfang Dezember 1938 für den neuen 170 V mindestens 45 PS, andernfalls könne man den Modellwechsel gleich bleiben lassen.[30]

Veraltete Technik: Was nun?

Ende 1938 überblickt man bei Daimler-Benz längst, in welche Richtung sich der Personenwagenbau weiterentwickelt, auch der wenig technikaffine Vorstandsvorsitzende Wilhelm Kissel weiß es. Bereits anderthalb Jahre zuvor hat sich Kissel in der ausgedehnten zweitägigen Vorstandssitzung vom 27. und 28. Juli 1937 dafür ausgesprochen, dass nach der Abarbeitung der zuvor aufgezählten unerledigten Aufträge *Herr Röhr dann schon* [...] *mit den Konstruktionsarbeiten für einen 1,7 Ltr. und einen 2,3 Ltr. mit Rahmenkarosserie und in der weiteren Folge mit kopfgesteuerten Motoren* beginnen solle, *um hiermit die notwendigen Erfahrungen sammeln zu können.*[31] Ironie des Schicksals: Röhr ist damals nicht anwesend, sondern liegt mit einer schweren Lungenentzündung im Krankenhaus, die knapp zwei Wochen später zu seinem Tod führt.[I] Es ist nicht nur Röhr, der Kissel mit seinem fortschrittlichen Pkw-Programm ständig in den Ohren liegt. Kissel selbst lässt sich periodisch durch maßgebende Fachleute im Konzern technisch informieren. So auch im Spätherbst 1937, als die vom wichtigen, international ausgerichteten Pariser Automobilsalon zurückgekehrten Ingenieure ihm die aktuellen Trends rapportieren: Unverkennbar sei die Ablösung der seitengesteuerten Motoren durch obengesteuerte Maschinen mit höherer spezifischer Leistung. Zudem würden die Motoren in den Wagen stärker nach vorn geschoben, wodurch bei gleichbleibendem Radstand die nutzbare Innenlänge zunimmt. Und es ist Kissel selbst, der in der Vorstandssitzung vom 12. November 1937 ankündigt, *auch wir haben vorgesehen, bei der weiteren Entwicklung unserer jetzigen Typen obengesteuerte Motoren zu verwenden. In der Zukunft wird es überhaupt ein besonderes Problem sein müssen, die Motoren im Hubvolumen zu verringern und trotzdem größere Leistungen zu bringen. Dadurch wird in natürlicher Weise Raum gewonnen.* Gegen ein zu weit getriebenes Vorrücken des Motors verwahrt er sich zwar, bezeichnet aber die sogenannte Rahmenkarosserie – gemeint ist der selbsttragende Ganzstahlaufbau – *als wichtiges Problem der Weiterentwicklung.*[32]

Eine neue Motorengeneration entsteht

Als Kissel sich Mitte November 1937 in diesem Sinne zur künftigen technischen Stoßrichtung im Pkw-Bau äußert, sind konkrete Schritte zur Aktualisierung der Motoren längst eingelei-

Anmerkung I: Siehe auch Kap. 3.2, S. 149 f.

tet. Kurz vor Weihnachten 1937 bezeichnet Technikvorstand Max Sailer den neuen Motor M 155, eine kopfgesteuerte Vierzylindermaschine mit 2 Liter Hubraum, als *konstruktiv fertig durchgearbeitet.* Aktuell läuft die Kostenkalkulation. Vorausgesetzt, die Aufwandseite bleibt überschaubar und die Versuche zeigen günstige Resultate, ist diese neue OHV-Maschine gemäß Sailer für den Einbau im Typ 200 V (W 149) vorgesehen. Allerdings ist dessen Markteinführung vor einem halben Jahr auf unbestimmte Zeit hinausgeschoben worden. Doch Sailer merkt an: *Mit einigen Abänderungen kann aus diesem 2 Ltr. auch ein 1,7 Ltr., passend für den W 136, gemacht werden,*[33] was in Gestalt des M 158 bald geschehen wird. Der neue Vierzylinder ist nur eines von mehreren mehr oder weniger parallel laufenden Projekte, um mittelfristig die vorhandenen Motoren vollständig durch technisch deutlich aktuellere Triebwerke abzulösen.

Darüber, dass der neukarossierte 170 V später mit einem obengesteuerten 1,7-Liter-Motor im Leistungsbereich von mindestens 50 PS oder, wenn dies nicht gelingt, mit dem neuen 2-Liter-Vierzylinder M 155 versehen werden muss, herrscht im Februar 1938 vermutlich Konsens. Konzernchef Kissel, der möglichst alle Optionen offenhalten will und in seinen Modellüberlegungen ziemlich sprunghaft sein kann, denkt zudem an eine gleichzeitige Weiterproduktion des bisherigen 170 V (W 136 I) und zusätzlich an eine davon abgeleitete Sparversion zum Preis von ungefähr 3 000 RM, allenfalls versehen mit hinterer Starrachse.[34]

Wege in die Zukunft: Selbsttragende Karosserie, hintere Starrachse?

Seit Monaten steht fest, dass die dringend notwendig gewordenen technischen Neuerungen im Pkw-Sektor sich nicht allein auf die Motoren beschränken dürfen, sondern das gesamte Fahrzeug erfassen müssen. Immerhin: Mitte des Jahres 1938 läuft mindestens ein 1,7-Liter-Wagen mit selbsttragender Karosserie im Versuch. Oberingenieur Joseph Dauben bemängelt nach einer Probefahrt im Gespräch mit Direktor Max Sailer, Versuchsleiter Otto Winkelmann und Oberingenieur Max Wagner die zu harte Federung und das bei gewissen Straßenoberflächen auftretende Dröhnen der Karosserie. Es wird eine Versuchsreihe vereinbart, um Wege zu finden, den Resonanzkasteneffekt zu unterbinden. Zugleich soll an diesem Wagen eine an Lenkern einwandfrei geführte und an Spiralfedern aufgehängte hintere Starrachse getestet werden.[35] Dieser Schritt verdeutlicht, dass die Techniker der Daimler-Benz AG die bislang hochgelobte angetriebene Zweigelenk-Pendelachse fahrwerkstechnisch nicht mehr als das allein Seligmachende betrachten und sie nach Alternativen suchen, deren Ausgestaltung von der Fahrzeuggröße abhängig ist. Im Rennbetrieb wird bereits seit 1935 in den kurzen W 25-Wagen eine De-Dion-Achse verwendet, welche die Traktion verbessert und das Kurvenverhalten im Grenzbereich wesentlich kontrollierbarer macht.[I] Dasselbe Konstruktionsprinzip verwendet Wagner beim neuen »Großen Mercedes« 770 (W 150), der im Frühjahr 1938 auf der IAMA in Berlin zu bestaunen ist. Die De-Dion-Achse ist konstruktiv eine leichte Starrachse, deren Differenzial fest am Wagenrahmen befestigt und deshalb Teil der gefederten Masse ist. Die Antriebswellen müssen folglich mit je zwei Gelenken versehen werden und längenverschiebbar sein. Korrekt geführt, gefedert und gedämpft bieten De-Dion-Achsen beste Voraussetzungen für ausgezeichnete Fahreigenschaften in Verbindung mit gutem Komfort. Der hohe konstruktive Aufwand lässt sich für die günstigen Wagen nicht rechtfertigen, weshalb für diese Klassen die gute alte angetriebene Starrachse erneut in den Fokus rückt, allerdings gewichtsmäßig optimiert, durch Lenker exakt geführt und mit Schraubenfedern versehen, die auf Straßenunebenheiten subtiler ansprechen als es die mit einer Eigenreibung versehenen Blattfederpakete vermögen.

Abb. 0354
Selbsttragende Karosseriestruktur des Opel Olympia von 1935. Bei Daimler-Benz experimentiert man ab Mitte 1938 mit rahmenlosen Karosserien. Ein derartiger 1,7-Liter-Wagen ist in Erprobung.

Braucht es den »Zwischentyp« überhaupt?

In den ersten Märztagen 1939, kurz nachdem die Internationale Automobil- und Motorradaustellung in Berlin ihre Tore dichtgemacht hat, läuft die Serienfertigung des neuen 230 (W 153) an, und zwar *mit sehr großen Schwierigkeiten,* wie Direktor Haspel betont; er gibt sich allerdings optimistisch, dass die Produktion am Ende des Monats bereits flüssiger laufen werde. Weil der Fertigungsbeginn des kleineren Schwestermodells 170 V (W 136 II) hinausgeschoben worden ist, steigen die Eigenkosten des W 153 leicht an. Zuversichtlich stimmt, dass der neue 230 auf dem (unmittelbar auf die IAMA folgenden) international ausgerichteten Genfer Automobilsalon eine hervorragende Aufnahme findet; bemängelt wird einzig die knappe Motorleistung.[36]

Die Feinarbeit am neuen 170 V geht unterdessen weiter. Ein neuer Versuchswagen, dessen Aufbau nun mit den für die Serienproduktion bestimmten Presswerkzeugen gefertigt worden ist, wird im März mehreren Führungskräften der Firma mit der Bitte um Erprobung und kritische Berichterstattung zur Verfügung gestellt. Vorstand Jakob Werlin findet als gewiefter Verkäufer an der Größe, der Formgebung sowie der Federung Gefallen und rät zur

Anmerkung I: Siehe Engelen, Rennwagen 2011, S. 166–168.

Verbesserung zahlreicher Einzelheiten. Die Fahrleistungen, die mit viel Mühe auf das Niveau des bisherigen 170 V zu liegen kommen, hält er allerdings für unzureichend. *Wegen der geringen Motorleistung* entstehe wiederum eine Kompromisslösung, die einzig aus der Sicht des Exports gerechtfertigt sei. *Der Wagen wäre mit einem 1,9 oder 2-Ltr. Motor ein ideales Fahrzeug,* hält er in seinem Bericht fest.[37] Zum gleichen Schluss kommt Direktor Wolfgang von Hentig, Chef des Werks Berlin-Marienfelde und ebenfalls Vorstandsmitglied, der seine Eindrücke Generaldirektor Kissel telefonisch und in aller Deutlichkeit auch brieflich kundtut: *Jeder, der diesen Wagen sieht, ist von seinem Äußern entzückt und erwartet dann auch die entsprechenden Leistungen. Diese sind aber nach meinem Gefühl nicht vorhanden, sondern die geringe PS-Zahl-Steigerung wird durch das höhere Gewicht aufgehoben, so daß der Wagen* [...] *lahm ist und wieder den Weg gehen wird, den alle unsere Typen gegangen sind, nämlich den, daß nach kurzer Zeit die Forderung nach einer stärkeren Maschine auftaucht, die dann erfüllt werden muss, um der Konkurrenz keine Handhabe gegen den Wagen zu geben.* Direktor von Hentig empfiehlt, den bisherigen 170 V angesichts seines guten Rufs vorerst weiterzubauen und den W 136 II erst einzuführen, wenn der neue obengesteuerte und lebendigere Motor fabrikationsreif ist.[38]

Für die unmittelbar bevorstehende Vorstandssitzung vom 24. März 1939 steht die Produktionsaufnahme erneut auf der Tagesordnung. Offenbar befriedigt die Laufruhe des Motors M 136 II, der sich hauptsächlich durch einen Leichtmetallzylinderkopf mit höherer Verdichtung und einen Fallstromvergaser von der bisherigen Maschine unterscheidet, in der neuen Ganzstahlkarosserie immer noch nicht ganz. Doch Besserung sei in Sicht, verspricht Sailer. Vorstand Jakob Werlin lobt in der Sitzung die gute Straßenlage und die geräumige Karosserie. Er hält den Preis von 3 970 RM für den viertürigen Innenlenker, 120 RM mehr als für den alten 170 V, angesichts der vielen Verbesserungen und Neuerungen für außerordentlich günstig. Gleichzeitig wiederholt er seine Kritik an den ungenügenden Fahrleistungen, die den Erwartungen im Inland nicht gerecht würden. Mit dieser Auffassung steht Werlin ziemlich allein da, weil Kissel die gleichlautende Kritik des auf der Sitzung fehlenden von Hentig nicht zur Sprache bringt. Einzig Wilhelm Haspel stellt leicht provokativ die Frage in den Raum, ob die gebotene Motorleistung von 42 PS wirklich ausreiche, was Kissel – der Nicht-Autofahrer – offensichtlich für zutreffend hält und nicht weiter diskutieren lässt. Haspel rät nun das neue Modell zu bauen; die veranschlagten Produktions-Mehrkosten gegenüber dem Vormodell von lediglich 30 RM pro Wagen würden sich im Laufe der Zeit reduzieren lassen.

Doch es ist erneut Konzernchef Kissel, der die Bremse zieht, denn es droht eine weitere Rohstoff- und Materialkürzung für das dritte

Abb. 0355 & 0356
Auch das Cabriolet B des neuen 230 (oben) wird nun in Ganzstahlbauweise gefertigt. Die Instrumente sind unmittelbar vor dem Fahrer angeordnet und der Handbremshebel liegt unter dem Armaturenbrett (unten). Während der 230 (W 153) erste Verkaufserfolge feiert, wird Ende März 1939 die Produktionsaufnahme des neuen 170 V (W 136 II) erneut hinausgeschoben.

Abb. 0357
Jakob Werlin mit seiner Gattin Eglantine 1934 in Pescara anlässlich der Coppa Acerbo. Als Leiter der Niederlassung München ist Werlin ein erfahrener Verkäufer mit sicherem Urteilsvermögen. Vorstandsmitglied geworden ist er jedoch wegen seiner Nähe zu Hitler, von der man sich Vorteile erhofft.

Abb. 0358
Querschnitt durch den Motor M 159, ca. Oktober 1940. Ab Mitte 1937 entsteht eine neue Pkw-Triebwerksgeneration, die die Handschrift von Motoreningenieur Willy Syring trägt: Querstromzylinderkopf mit V-förmig hängenden Ventilen, hemisphärischem Brennraum und zentraler Zündkerze sind Ausdruck einer modernen Disposition. Das für den 170 V-Nachfolger vorgesehene 1,7-Liter-Triebwerk M 158 ist identisch aufgebaut, hat aber bloß vier Zylinder.

Quartal 1939. Zudem verlange der »Führer« eine Geschwindigkeitsbegrenzung im Straßenverkehr, die angesichts der zu verwendenden, qualitativ fragwürdigen Kunstkautschukreifen (Buna-Reifen) wohl unausweichlich sei und die Dringlichkeit dämpfe, ein neues Modell zu lancieren. Nicht explizit ins Feld geführt wird der dritte Grund, nämlich das nach wie vor optimal laufende Geschäft mit dem bisherigen 170 V, weshalb es Kissel leicht fällt, eine neuerliche Terminverschiebung anzuordnen. Beschlossen wird folglich, eine weitere Zwischenserie von 4 000 Stück des alten 170 V einzuschreiben. Möglicherweise lasse sich dadurch der *Zwischentyp W 136 II* gar einsparen, übernimmt er von Hentigs Überlegung, und man könne später sogleich mit dem obengesteuerten Motor im neuen 170 V starten.[39]

Zu dieser Erkenntnis kommt Ende Juni 1939 auch Wilhelm Haspel, der für das Werk Sindelfingen zuständige Vorstand. Haspel hat angeordnet, dass aus den Produktionsschwierigkeiten beim 230 (W 153) die entsprechenden Lehren gezogen werden. Einzelne Bereiche der W 136 II-Karosserie werden deshalb konstruktiv verändert, unabhängig davon, wie diese augenblicklich beim W 153 ausgebildet sind. Zu diesem Zeitpunkt sind bereits rund 70% der Werkzeuge und Einrichtungen für die Karosseriefertigung des neuen 170 V vorhanden. Vier Monate nach dem Entschluss, den neuen Ganzstahlaufbau in Produktion zu nehmen, könne mit einer ersten kleinen Serie von 30 bis 50 Fahrzeugen im Monat gerechnet werden, hält Haspel fest. Die volle Großserienproduktion von monatlich ungefähr 1 000 Wagen wäre im Juli 1940 erreichbar, also zeitgleich mit dem Liefertermin für den neuen obengesteuerten Motor.[40]

Der neue 170 V mit OHV-Motor M 158

Der Motorenchef Albert Heeß startet die Arbeit an der neuen Daimler-Benz-Pkw-Triebwerksgeneration ungefähr Mitte 1937. Die Palette der mehr oder weniger gleichzeitig entwickelten Maschinen, an der eine stattliche Anzahl von Ingenieuren beschäftigt ist, reicht vom Reihenvierzylinder bis zum gewaltigen 6-Liter-V 12-Triebwerk. Alle verfügen nun über hängende Ventile, zeigen eine Vielzahl identischer oder zumindest ähnlicher Konstruktionsmerkmale und tragen die Handschrift von Dipl.-Ing. Willy Syring, der in Absprache mit Heeß das Konzept und die relevanten technischen Einzelheiten vorgibt. Am unteren Ende des Programms entsteht auf dem Papier zunächst ein Vierzylinder mit 2 Liter Hubraum, der bereits erwähnte M 155. Dieser Motor entsteht möglicherweise auf Basis des M 149 II, mit dem er die Zylinderabmessungen teilt, verfügt jedoch über einen Zylinderkopf mit hängenden Ventilen. Diese Maschine wird verworfen. An ihrer Stelle konstruiert Syring einen 1,7 Liter großen OHV-Motor, den M 158, der durch einen Querstromzylinderkopf mit hemisphärischen Verbrennungsräumen und V-förmig hängenden Ventilen auffällt. Nach dem Willen des Vorstands soll ab ungefähr Juli 1940 dieses moderne Triebwerk den neuen 170 V antreiben, wenn dieses Modell dann endlich in Serie gehen wird.

▷ **Siehe Band II/Seite 203 f**
Exkurs F 04: Der neue 1,7-Liter-Motor M 158 als Teil der »Syring-Motorenfamilie«

Moderner Motor mit guten Leistungsdaten

Ein erstes Exemplar des M 158 läuft seit Mitte November 1938 auf der Bremse und erreicht eine Leistung von 50 PS, dies bei einem anfänglich recht lauten und rauen Lauf.[41] Im März 1939 gibt Sailer die Leistung mit 51 PS an (= 30 PS/Liter), bei immer noch nicht befriedigender Laufruhe. Die Freigabe des Motors durch das Konstruktionsbüro zur Vorbereitung der Fabrikation stellt er im optimalen Fall, also bei entsprechenden Fortschritten in der Laufruhe, für Oktober in Aussicht. Der für die Produktion in Untertürkheim verantwortliche Direktor Hoppe informiert, dass sich der Lohnaufwand für den obengesteuerten M 158 gegenüber dem Seitenventiler M 136 nicht erhöht habe, dies im Unterschied zum Materialaufwand.[42] Das mit Stirnrunzeln zur Kenntnis genommene Ergebnis basiert nicht mehr auf einer marktwirtschaftlichen Kalkulation, sondern macht deutlich, wie stark unterdessen das nationalsozialistische Regime mit seinen eigenen und sehr weitgehenden Vorschriften in die Funktionsweise eines Unternehmens eingreift.[43]

Am 1. August 1939 ist einer der M 158-Versuchsmotoren in einem Wagen mit neuer Innenlenker-Karosserie eingebaut, die zwei anderen Triebwerke laufen auf dem Motorenprüfstand. Fünf weitere Maschinen befinden sich in Arbeit und sind für die praktische Erprobung in Fahrzeugen vorgesehen, und zwar auch in W 136 II-Cabriolets. Einer der Motoren ist für den Einbau in einen Geländewagen G 5 bestimmt. Die Freigabe des 170 V II mit obengesteuertem M 158-Motor kann Max Sailer für November oder Dezember 1939 in Aussicht stellen, die Fabrikationsaufnahme ist allerdings kaum vor Juli 1940 realistisch.[44]

▷ **Siehe Band II/Seite 26–28**, Tabelle A 09
Technische Daten: 170 V (W 136 II), 170 VX (W 158 I & W 158 II)

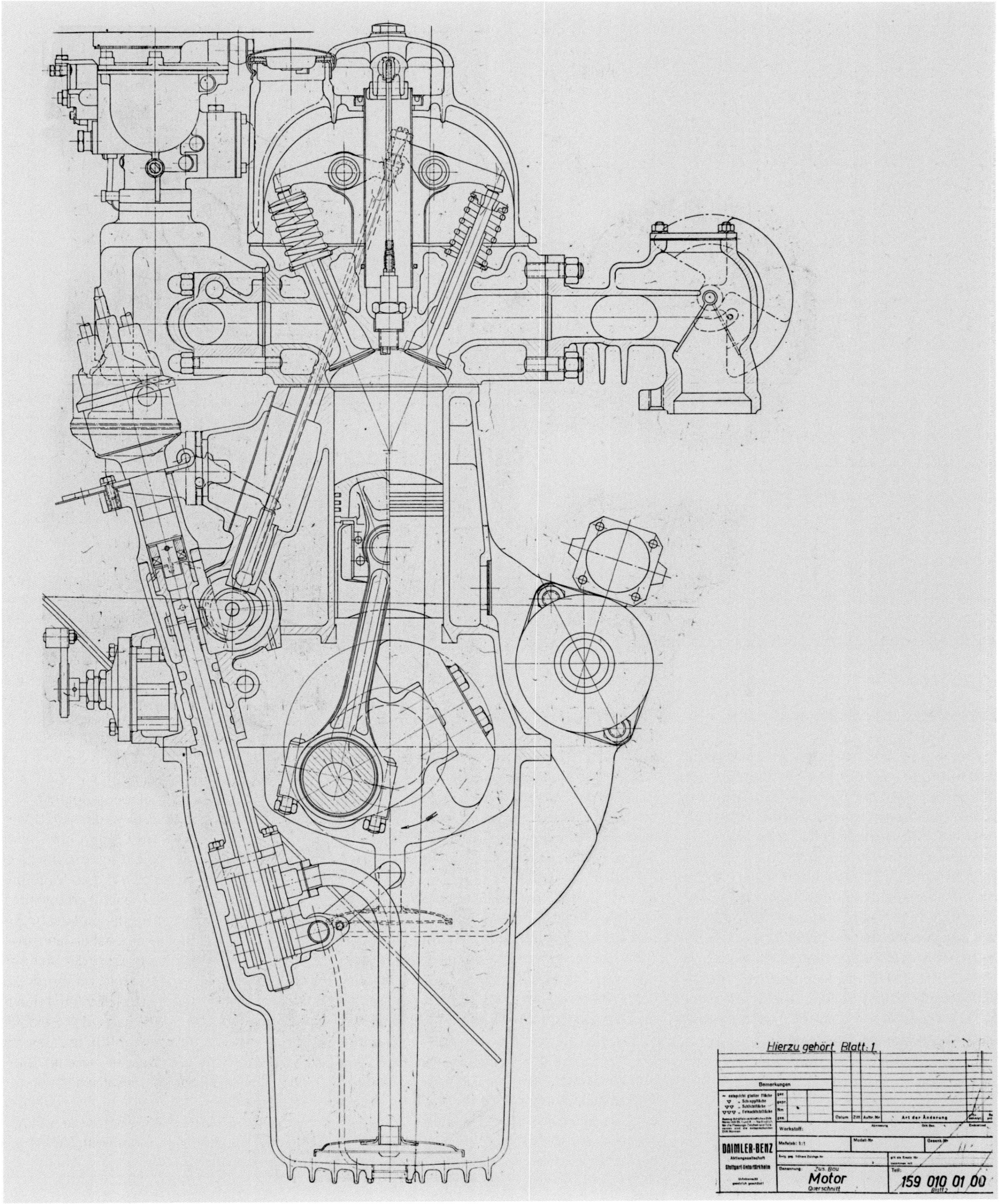
Hierzu gehört Blatt: 1
Bemerkungen
Datum
Ziff.
Auftr. Nr
Art der Änderung
Werkstoff:
DAIMLER-BENZ
Aktiengesellschaft
Stuttgart-Untertürkheim
Maßstab: 1:1
Modell-Nr
Benennung:
Zus. Bau
Motor
Querschnitt
Teil:
159 010 01 00
Blatt 2

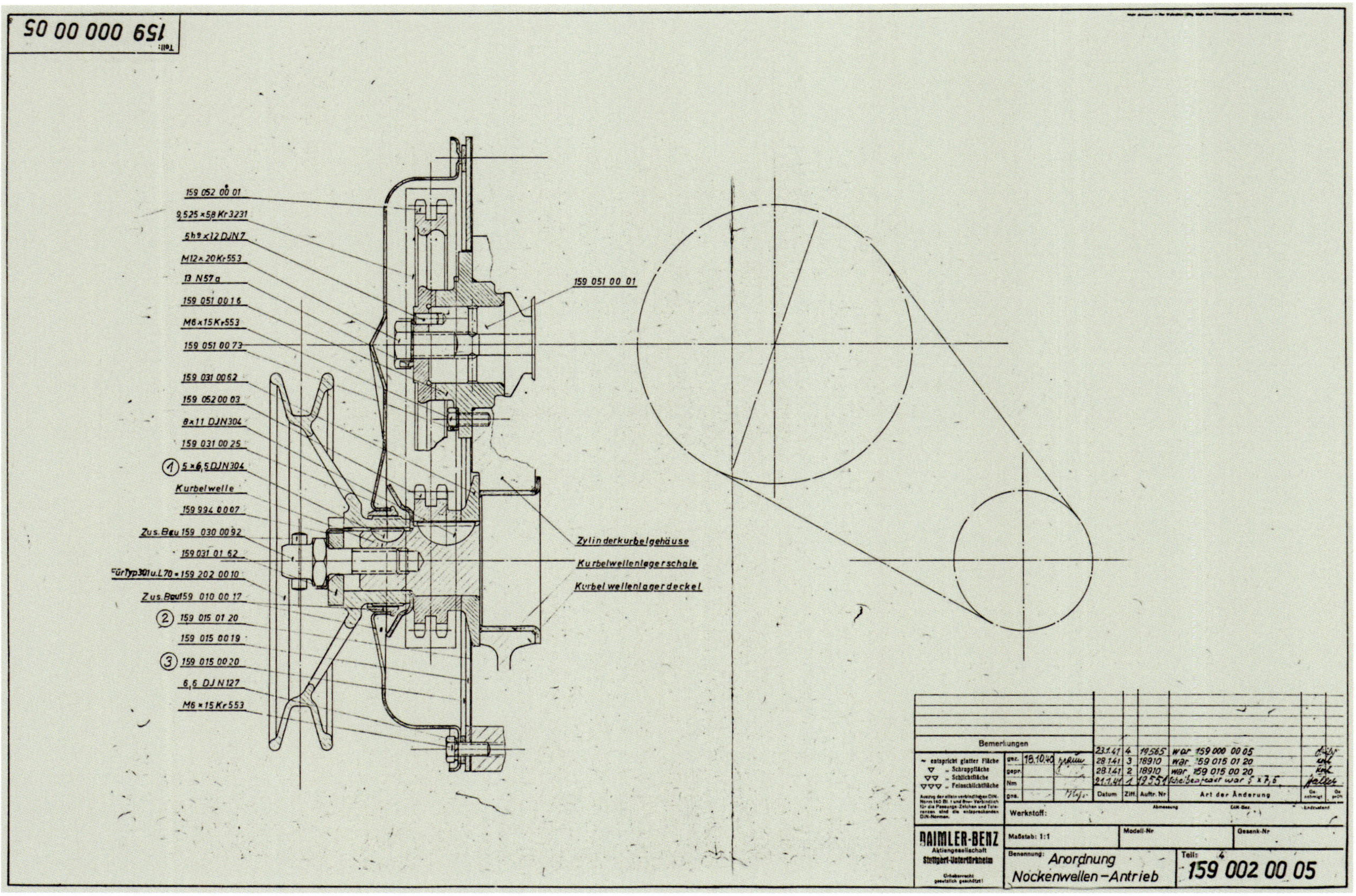

Abb. 0359
Motor M 159, Konstruktionszeichnung des Nockenwellenantriebs, dat. 18.10.1940. Syring entscheidet sich bei »seiner« Motorenfamilie für die leise laufende und verschleißresistentere Konstruktion mit einer Duplexkette statt der bisher verwendeten Stirnräder.

Erfolgreiche Erprobung im Wagen

Dieser neue 170 V mit Ganzstahl-Karosserie und obengesteuerter M 158-Maschine ist unterdessen mit der Baureihenbezeichnung W 136 III versehen worden. Davon entstehen bis Ende 1939 drei komplette Versuchswagen, die über eine Gesamtdistanz von 86 000 km erprobt werden. Ein besonderer oder größerer Verschleiß an den Komponenten der Kraftübertragung im Fahrgestell durch die Mehrleistung des Motors von 10 bis 12 PS (neu 48 bis 50 PS anstelle von bisher 38 PS) lässt sich nicht feststellen. Doch allen positiven Erprobungsergebnissen zum Trotz, auch diese neue 170 V-Variante W 136 III soll bald im Versuchsstadium stecken bleiben.[45]

Kissels Auffassung: Zu aufwändig

Im August 1939 befindet sich Generaldirektor Kissel in Bad Ischl in der Sommerfrische. Hier findet er die Ruhe, sich vorrangig mit strategischen Fragen auseinanderzusetzen, zu denen auch die künftigen Pkw-Modelle zählen. Als Ausgangslage dazu dient ihm der soeben fertiggestellte Bericht »Stand der Typen am 1. August 1939« von Technikvorstand Sailer. Kissel hält in seiner Gegendarstellung, die er schließlich verfasst, gleich zu Beginn fest, dass der 170 V das kommerziell wichtigste Pkw-Modell des Konzerns ist und es auch zukünftig bleiben muss. Während bei der 2,3-Liter-Mittelklasse die vollzogene Ablösung des W 143 durch den W 153 die dringend notwendige Einsparung bei den Produktionskosten bringt, liegen die Verhältnisse beim 170 V umgekehrt. Gemäß Prognosen verursacht der neue W 136 II höhere Selbstkosten als der bisherige W 136 I. Kissel verlangt deshalb eine allumfassende, bis ins Detail gehende Kostenberechnung für die Herstellung des neuen Modells und anschließend einen ergebnisoffenen Vergleich mit dem bisherigen 170 V, bei dem gleichzeitig alle denkbaren Verbilligungen im Fertigungsprozess untersucht und kostenmäßig mitberücksichtigt werden müssen. Dem neuen OHV-Motor steht Kissel nunmehr kritisch gegenüber. Den Ruf nach einer höheren Fahrleistung kann er angesichts der vor drei Monaten eingeführten Geschwindigkeitsbegrenzungen noch weniger nachvollziehen als bisher. Das neue Triebwerk komme nur dann in Frage, wenn es ebenso laufruhig, elastisch, im Betrieb wirtschaftlich, reparaturfreundlich und billig in der Herstellung sei wie der bisherige M 136. Schließlich – und das klingt schon fast wie ein Todesurteil – würde der neue größere 170 V mit diesem leistungsfähigeren OHV-Motor den formal ähnlichen, aber wesentlich teureren 230 (W 153) unerwünscht konkurrieren, glaubt Kissel.[46]

Aufschub wegen des Kriegs

Drei Wochen später durchkreuzt nicht wie erwartet der Vorstand die Einführung des W 136 II/III, sondern ein Ereignis von unfassbarer Tragweite: Mit dem Überfall auf Polen am 1. September 1939 entfacht Deutschland einen Krieg, den aufmerksame Beobachter längst erwartet haben, der Prioritäten verschiebt und vieles ganz grundsätzlich in Frage stellt. Die Industrie wird auf Kriegsproduktion umgepolt. In der Untertürkheimer Zentrale steht angesichts der drängenden Fragen, der schier unlösbaren Forderungen von Seiten des Staats und der Ungewissheit die Ablösung des bisherigen 170 V durch das neu karossierte und motorisierte Modell W 136 II/III nicht mehr auf der Tagesordnung. Die Erprobung der Versuchswagen mitsamt neuem OHV-Motor läuft indessen kontinuierlich weiter, dies auch mit Blick auf den erhofften und erwarteten baldigen Frieden.

Im späten Verlauf des folgenden Jahres 1940, so die Vorstellung einiger Führungskräfte, werde der neue 170 V wohl doch noch in Produktion gehen.[47]

Neue Erkenntnisse und Projektabbruch

Nachdem der erste Kriegsschock überwunden ist, kommt es Anfang Oktober 1939 doch noch zu der von Kissel geforderten schonungslosen Offenlegung und Klärung der Fakten, deren Ergebnisse in einem Exposé zusammengefasst werden. Das Ergebnis ist offenbar ernüchternd. Die schon seit Monaten schwelenden Zweifel am W 136 II/III werden bestätigt. Mit diesem Nachfolgemodell hätte – so die ursprüngliche Absicht – die Nachteile des bisherigen 170 V beseitigt werden sollen, mit dem Ziel, sich die bislang äußerst günstige Marktposition in diesem Fahrzeugsegment auch für die künftigen Jahre zu sichern. Technikvorstand Max Sailer listet die Mängel des »alten« 170 V wie folgt auf:

- **Raumverhältnisse** schlecht, insbesondere auf den Vordersitzen (zu schmal);
- **Einstieg** unbequem;
- **Kofferraum** zu klein und schlecht zugänglich;
- **Sichtverhältnisse** unbefriedigend;
- **Treibstofftank** vorn: nachteilig bezüglich Armaturenanordnung und Einbau einer Lüftung;
- Unbefriedigende **Fahrleistung** im Vergleich zu gleich teuren Konkurrenzwagen (z.B. Opel Kapitän).

Das erwähnte Exposé vom 10. Oktober 1939 zum produktionsbereiten Nachfolgetyp 170 V der Baureihe W 136 II ist leider verschollen. Doch Max Sailer berichtet in seinem Ende 1939 verfassten Überblick über »Unsere Personenwagen und deren Fortentwicklung« von einer Reihe schwerwiegender Mängel des designierten Nachfolgers. Konkret nennt er die Fahrleistung (mit dem Motor M 136 II), die bei diesem Wagen gegenüber der Konkurrenz noch unbefriedigender ausfalle als beim bisherigen W 136 I.[48] Das Leistungsvermögen verbessere sich zwar mit dem Einbau des neuentwickelten obengesteuerten M 158-Motors, doch offensichtlich beschließt der Vorstand angesichts der übrigen Unzulänglichkeiten, einen Schlussstrich unter den Typ W 136 II (und auch des W 136 III) zu ziehen und das 170 V-Nachfolgevorhaben neu zu starten.

▷ **Siehe Band II/Seite 191 f**
Würdigung E 08: Die designierten Mercedes-Benz 170 V-Nachfolger W 136 II und W 158

5.2 Der 170 VX (W 158): Aktueller und leistungsfähiger

Der ab Spätherbst 1939 neu entwickelte Kompakttyp und 170 V-Ersatz der Baureihe W 158 soll bei bescheidenen Abmessungen dank nach vorn geschobenem Motor mehr Platz bieten, einen modernen, leistungsfähigen 1,7-Liter mit V-förmig hängenden Ventilen, eine Vorderradaufhängung mit Dreieckslenkern, eine lenkergeführte hintere Pendelachse und einen steifen Mittelkörper-Blechrahmen erhalten. Der anhaltende Krieg erschwert einen klaren Blick auf künftige Bedürfnisse: Kissel will den W 158 plötzlich mit dem antiquierten 2,3-Liter-Sechszylinder versehen. Der »Totale Krieg« erzwingt im Frühjahr 1942 einen Entwicklungsabbruch.

Angesichts des Kriegs, der so oder so eine Zwangspause bei der Einführung neuer Fahrzeugtypen auslöst, hält man einen Neustart in der Konzeption, Konstruktion und Entwicklung des kommerziell ungemein wichtigen 170 V-Nachfolgers für sinnvoll und zeitlich umsetzbar. Eine Verschnaufpause für die Ingenieure und Kalkulatoren gibt es indessen nicht. Mit Hochdruck wird bereits im Spätherbst 1939 losgelegt. Man will unbedingt bereit sein, wenn Friedensverhältnisse zurückkehren, was aufgrund der erfolgreichen deutschen Feldzüge in absehbarer Zeit erwartet wird.

Trotz kompakter Abmessungen: Tendenz in Richtung Mittelklasse?

Es fällt auf, dass im Zusammenhang mit dem 170 V-Nachfolger mehrfach Bezug auf den Opel Kapitän genommen wird, explizit auch im Pflichtenheft.[49] Der ab Ende 1938 produzierte und Anfang 1939 auf dem Genfer Automobilsalon vorgestellt Kapitän sorgt beim Publikum wie in der Fachwelt gehörig für Aufsehen: Die modern gestaltete Ganzstahlkarosserie bietet viel Platz und einen großen Kofferraum, der obengesteuerte, elastische 2,5-Liter-Sechszylindermotor verhilft zu überdurchschnittlichen Fahrleistungen und die aufwändige Vorderradaufhängung mit Doppelquerlenkern, Schraubenfedern und Stabilisator sorgt für nunmehr gute Fahreigenschaften. Der Wagen mit amerikanischem Flair ist als viertürige Limousine zu einem attraktiven Preis von 3 975 RM zu bekommen, also für lediglich 125 RM mehr, als für einen 170 V hingeblättert werden muss.

Der Vorstand der Daimler-Benz AG orientiert sich bei der Definition des 170 V-Nachfolgers an diesem neuen Opel, obwohl der Kapitän als ein großes Auto gilt, innerhalb der Opel-Modellreihe einen entsprechenden Platz einnimmt und aufgrund seiner Eigenschaften eigentlich zur oberen Mittelklasse gehört. Der 170 V hingegen ist 1936 als Kompaktmodell gestartet, als Ersatz für den vom Publikum

Abb. 0360
Opel Kapitän, hier als zweitürige Limousine. Der ab Dezember 1938 gebaute 2,5-Liter-Sechszylinderwagen verfügt über eine moderne Lenkervorderachse und eine selbsttragende Karosserie. Er stößt in der Öffentlichkeit auf großes Interesse und gilt bei Daimler-Benz ob seines großzügig dimensionierten Innenraums als Vorbild für den 170 V-Nachfolger. Als im Herbst 1939 der W 136 II aufgegeben und mit dem W 158 ein neuer Anlauf genommen wird, verweist man wiederum und nachdrücklich auf den Kapitän.

Abb. 0361
Ein erster Karosserieentwurf aus Sindelfingen für den 170 V-Nachfolger W 158, dat. 01.11.1939 und noch mit C-W 136 bezeichnet. Gegenüber dem W 136 II wirkt der Wagen gestreckter und fällt durch die weiter nach vorn gezogene Kühlermaske auf.

verworfenen, in den Abmessungen nochmals kleineren Heckmotorwagen des Typs 130 (W 23). Das Bestreben, den 170 V-Nachfolger zu vergrößern und damit einen seiner Nachteile zu eliminieren, ist nachvollziehbar. Es dokumentiert allerdings auch die Tendenz der Verantwortlichen in der Konzernzentrale, das Produktionsvolumen im Pkw-Sektor in Richtung Mittelklasse zu verlagern. Angesichts der wirtschaftlichen Blüte, in der man sich im »Dritten Reich« wähnt, rechnet sich der Vorstand mit diesem Segment die besseren Marktchancen aus als mit den *billigen Wagenklassen,* die durch den KdF-Wagen so oder so gewaltig unter Druck geraten würden. Mit derselben Argumentation soll der 170 V-Nachfolger zwei Jahre später gar zum Sechszylinder aufsteigen.[I]

Bereits mit dem im Oktober 1939 verworfenen 170 V-Nachfolger W 136 II ist man dimensionsmäßig ein Stück in Richtung Opel Kapitän gerückt, ohne allerdings dessen Abmessungen zu erreichen. Einzig im Radstand übertrifft man den Kapitän, dies wegen der Motorposition hinter der Vorderachse, die unverändert vom alten 170 V (W 136 I) übernommen worden ist. Auch jetzt, beim Neustart des künftigen Volumenmodells, zieht man zunächst den Opel Kapitän als Vorbild für die Dimensionierung des Innenraums heran. Doch bald korrigiert man diesen auf realistische Maße, weil gleichzeitig der Wagen in den äußeren Abmessungen kompakt bleiben soll, um Gewicht und Produktionskosten zu sparen. Dieser Zwiespalt wird die ganze Entwicklung des neuen Volumenmodells begleiten.

Pflichtenheft des W 158

Die neue Konstruktionsaufgabe für den 170 V-Nachfolger dürfte unmittelbar nach der schlechten Beurteilung des W 136 II im Exposé vom 10. Oktober 1939 definiert worden sein. Technikchef Max Sailer zitiert diese am Jahresende 1939 wie folgt:

Es ist ein Fahrzeug zu entwerfen, welches gegenüber dem heutigen W 136 folgende Vorteile hat:
1) Geräumige Karosserie und bessere Sicht. Karosserie-Innenmaße ähnlich Opel »Kapitän«.
Zusatz: Die Forderung wird dahin abgeändert, daß die Karosserie-Innenmaße folgende sein sollen:
Breite der Vordersitze innen = 1200 mm
Breite der Hintersitze innen = 1200 mm
Damit kann die Spur die gleiche bleiben wie bei W 136 I. Sollte sich eine Verbreiterung im Laufe der Erprobung als nötig erweisen, so ist sie nachträglich durchzuführen. Im Interesse einer vereinfachten Ersatzteilhaltung wäre aber die Beibehaltung der gleichen [Hinterachs-]*Tragrohre wie bei W 136 I erwünscht. Gepäckraumgröße ähnlich Opel »Kapitän«. Der Gepäckraum muss von außen zugänglich sein.*
Das Reserverad ist auf dem Gepäckraumdeckel außen anzubringen.
2) Der Tank muss hinten angebracht werden.
3) Einbaumöglichkeit des seiten- und kopfgesteuerten Motors muss gewährleistet bleiben.
4) Die Triebwerksteile [=Komponenten der Kraftübertragung] *sind für M 158 ausreichend zu bemessen.*
5) Möglichst geringeres Gewicht als bisher.
6) Ob Rahmen und Karosserie wie bisher getrennt oder als Rahmen-Karosserie-Kombination [= selbsttragende Karosserie] *zum Ziele führt, muss untersucht werden und bleibt* [in] *den Studien und Ueberlegungen noch offen.*
7) Motor und Kühler sind so weit wie möglich nach vorn zu ziehen, wobei aber die Tradition des Mercedes-Benz-Kühlergesichts erhalten bleiben muss.
8) Der Radstand wird durch vorgenannten Punkt voraussichtlich geringer.
9) Ob die Hinterachsbelastung und damit die Straßenlage bei verkürztem Radstand nicht schlechter wird, ist zu überrechnen.
10) Die Pendelachse ist beizubehalten.
11) Der Wagen muss wesentlich billiger werden als der bisherige.[50]

Der neue Typ erhält die provisorische Verkaufsbezeichnung 170 VX und wird als Baureihe W 158 bezeichnet. Analysiert man den Forderungskatalog, so wird deutlich, wo und wie sich das neue Mercedes-Benz-Einstiegsmodell vom verworfenen Typ W 136 II und dem bisherigen 170 V (W 136 I) unterscheiden soll und wo Zielkonflikte bestehen:

Anmerkung I: Siehe S. 261 ff.

- Durch das **Vorrücken des Motors** erwartet man, den **Radstand verkürzen** zu können, ohne die großzügige Innenraumlänge zu reduzieren. Weil der nach vorn geschobene Motor nun mehr oder weniger über der Vorderachse stehen wird, ist die bisherige Vorderradaufhängung an zwei querliegenden Blattfederpaketen nicht mehr möglich. Eine vordere Radaufhängung, die Raum für den Motor frei lässt, ist konstruktiv aufwändiger und teurer als die bisherige Konstruktion. Dieser Umstand steht der Forderung nach einer wesentlichen Produktionsverbilligung diametral gegenüber.
- Die **bisherige Spurweite von 1 310 mm** soll auch für die hintere Pendelachse beibehalten werden. Dadurch verspricht man sich eine Einsparung, denn so können die Hinterachstragrohre des alten 170 V weiterverwendet werden.
- Die **Außenmaße** des W 136 II sollen unterschritten und in den **disziplinierten Grenzen des bisherigen 170 V (W 136 I)** gehalten werden. In dieselbe Richtung zielen die unveränderte Spurweite und die Reduktion des Radstands.
- Angesichts der angestrebten **kompakteren Abmessungen** korrigiert man sehr rasch die geforderten **Innenbreiten auf realistische Maße**. Sie sollen nun 1 200 mm betragen, vorn deutliche 140 mm weniger als der Kapitän (1 340 mm), aber immerhin 70 mm mehr als der alte 170 V bietet (1 130 mm).[51]
- Eine **selbsttragende Karosserie** ist theoretisch kostendämpfend, sicher jedoch gewichtsmindernd und soll **als Variante untersucht** werden. Ein leichteres Wagengewicht käme überdies den Fahrleistungen zugute, die allerdings nur in Verbindung mit dem gut 50 PS starken Motor M 158 eine merkliche Verbesserung gegenüber dem alten 170 V erfahren würden.

Der W 158 entsteht: Planungsstand Ende November 1939

Bereits Mitte November 1939, also einen Monat nachdem der W 136 II vom Vorstand offiziell verworfen worden ist, hat der neue Typ W 158 auf dem Reißbrett nicht bloß konzeptionell, sondern auch konstruktiv bemerkenswert konkrete Formen angenommen. Dies lässt vermuten, dass die maßgebenden Männer in der Konstruktionsabteilung schon länger in die nun eingeschlagene Richtung gedacht haben. Technikvorstand Max Sailer rechnet zu Beginn des Jahres 1940 mit einer Freigabe des neukonstruierten W 158 auf den 1. Oktober und mit dem Start der Serienproduktion rund 12 Monate später, also im Herbst 1941.[52]

Rahmen und Radaufhängung, Motor und Kraftübertragung

Der Radstand des W 158 soll lediglich um 45 mm auf 2 800 mm verringert, der vierzylindrige Motor M 158 im Gegenzug um rund 170 mm nach vorn gerückt werden.[I] Trotzdem ragt der Motorblock lediglich um bescheidene 20 bis 25 mm über die geometrische Vorderradachse hinaus. Als Triebwerk dient selbstverständlich der soeben neu konstruierte und in Erprobung stehende 1,7-Liter-OHV-Reihenvierzylinder M 158.

Das »Fundament« des Wagens besteht, wie bis dahin, aus einem X-förmigen Ovalrohrrahmen, der allerdings gänzlich neu auf das Fahrzeug abgestimmt wird. Nach wie vor gibt es fünf Querverbindungen aus Rundrohren, wobei solche bei der dritten (mittleren) und der vierten Traverse lediglich in die Abschnitten zwischen den längslaufenden Ovalrohren eingeschweißt sind. Die dortigen Ausleger bestehen aus Doppel-T-Profilen, die gegen außen flach auslaufen. Es gibt nur noch eine Wagenheberaufnahme pro Seite, und zwar an den mittleren Auslegern. Der Aufbau ist an sechs Stellen mit dem Rahmen verbunden. Die Rahmentraversen sind so angeordnet, dass eine Demontage des Motorgehäuseunterteils mit der Ölwanne – beispielsweise für periodisches Reinigen von abgesetztem Ölschlamm – bei eingebautem Motor möglich ist. Beim alten 170 V (W 136 I) muss dazu das Triebwerk ausgebaut werden. Hinten lagert die Motor-Getriebeeinheit zwischen Kupplungsglocke und Getriebegehäuse mittels gummigepolsterter Auflage auf dem zweiten Querrohr des Rahmens. Vorn ist die getroffene Lösung nicht ersichtlich. Gegenüber dem alten 170 V ist auch das hintere Rahmenende verändert. Dort ist neu ein nach hinten und gleichzeitig in der Mitte nach unten geknicktes Rohr als Rahmenbrücke eingeschweißt. Diese dient der oberen Aufnahme der Schraubenfedern und der Befestigung der bisherigen Zweigelenkpendelachse am Differenzial. Die Spurweite von 1 310 bzw. 1 320 mm bleibt unverändert.[II] Vorn verlangt der vorgeschobene Motor nach einer Einzelradaufhängung ohne verbindendes Element zwischen den beiden Wagenseiten. Gewählt wird eine Konstruktion aus zwei Dreiecksquerlenkern und einer Schraubenfeder pro Radseite, eine konstruktiv untadelige Lösung, die Potential für eine fahr- und federungstechnische Verbesserung in sich trägt. Auch hier bleibt die Spurweite beim alten Maß von 1 310 mm. Wie bisher sollen hydraulische Hebeldämpfer die durch Fahrbahnstöße verursachten Schwingungen unter Kontrolle halten. Die Reifen behalten das bisherige Format 5,25-16".[53]

Weil der modern disponierte Motor M 158 mit einem Querstromzylinderkopf versehen ist, verläuft die Auspuffanlage auf der linken Wagenseite nach hinten statt wie bislang üblich auf der rechten. Zudem ist der Schalldämpfer im Bereich des Fahrersitzes angeordnet, weil der ins Heck verlegte Tank eine Montage quer zur Fahrrichtung hinter der Hinterachse ausschließt.[54]

Karosserie: Abmessungen, Gestaltung und Innenraum

In der Fahrgestell-Zeichnung des W 158 von Mitte November 1939 lassen sich die Außenabmessungen errechnen bzw. interpolieren: In der Länge misst der fertige Wagen 4 265 mm, in der Breite 1 600 mm und in der Höhe (beladen) 1 530 mm. Damit unterschreitet er den alten 170 V (W 136 I) in Längsrichtung um 20 mm und in der Höhe um 20 bis 30 mm, übertrifft ihn jedoch in der Breite um 20 mm.

Die Zeichnung gibt zudem die wesentlichen Linien und Formen der Innenlenker-Karosserie wieder, und zwar in der Aufsicht als Umrisslinien und in der Seitenansicht als Silhouette mit Kühlermaske, Kotflügel, Scheinwerfer, Heckdeckel mit Ersatzrad und Fensterausschnitten. Dies vermittelt ein recht konkretes Bild der äußeren Erscheinung des Wagens, der deutlich dem verworfenen W 136 II gleicht, allerdings mit leicht veränderten Proportionen. Als Folge des seitlich weniger stark ausgeweiteten Aufbaus erscheint der Wagen etwas schlanker und durch den nach vorn geschobenen Fahrgastraum und Kühler auch leicht gestreckter als der W 136 II. Trotz des gegenüber dem alten 170 V marginal reduzierten hinteren Überhangs wirkt das Heck optisch länger. Die größte Veränderung zeigt sich an der Front, wo die Kühlermaske wegen des vorgezogenen Motors nun die Kotflügel überragen würde, wären diese an ihrer Vorder-

Anmerkung I: Maß gemäß Fahrgestellzeichnung W 158/1 vom 15.11.1939; anlässlich »einer Aussprache über unser künftiges PKW.-Typenprogramm« erwähnt Direktor Max Sailer ein Vorrücken um 140 mm (Archiv MBAG).
Anmerkung II: In den Besprechungsprotokollen wird mehrfach das alte Maß von 1 310 mm erwähnt, in der Zeichnung vom 15.11.1939 ist die Spurweite hinten mit 1 320 mm vermaßt.

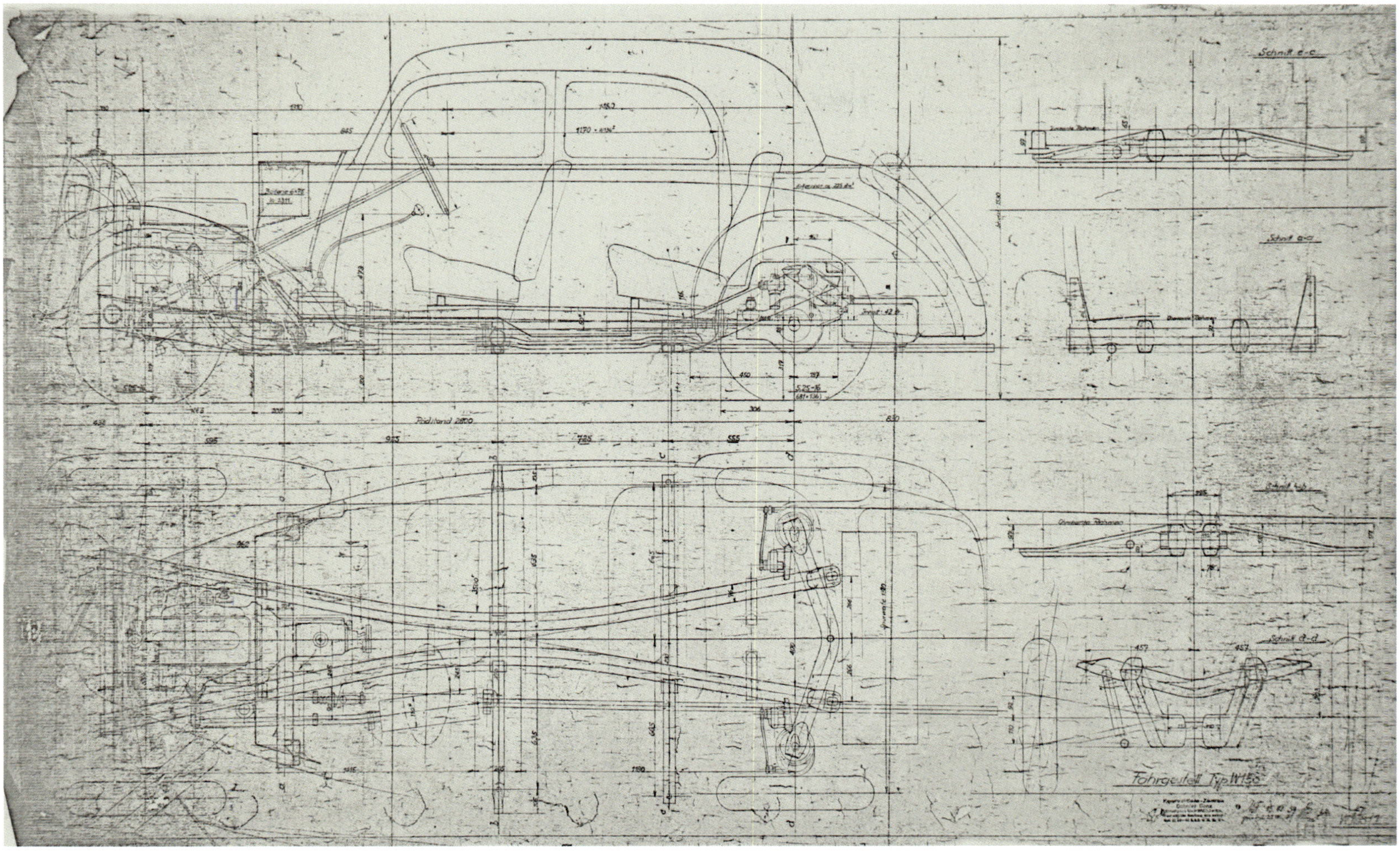

Abb. 0362
Fahrgestellzeichnung W 158/1, dat. 15.11.1939. Merkmale: Neu entwickelter Vierzylindermotor M 158, im Vergleich zum bisherigen 170 V um 170 mm weiter nach vorn geschoben, Vorderradaufhängung mit Dreieckslenkern und Schraubenfedern, hinten bisherige Pendelachse, Radstand um 45 mm verringert, Spurweiten mit 1 310 bzw. 1 320 mm unverändert, Treibstofftank unmittelbar hinter der Hinterachse.

seite nicht betont bauchig gestaltet.[55] Für die mit der Formgebung beschäftigten Konstrukteure in Sindelfingen und Untertürkheim soll sich der Übergang zwischen Maske, Motorhaube und Kotflügel sowie die Positionierung der nach wie vor aufgesetzten Scheinwerfer als echte Herausforderung erweisen, denn das typische Mercedes-Benz-Gesicht muss auf Weisung des Vorstands zwingend erhalten bleiben.

Die mit dem neuen Innenlenker-Aufbau in Ganzstahlbauweise realisierten Innenbreiten sind nicht ablesbar.[III] Die Länge des Innenraums vom unteren Lenkradpunkt bis ans Ende der Sitzfläche der Rücksitzbank misst mit 1 170 mm exakt gleich viel wie beim alten 170 V. Hingegen ist der Fahrgastraum nach vorn geschoben, was tendenziell dem Federungskomfort zugutekommt und insbesondere die Ausbuchtungen der Radhäuser an der Sitzbank im Fond vermeidet, ein großer Pluspunkt für die tatsächlich nutzbare hintere Innenbreite. Das Vorschieben von Motor und Fahrgastzelle führt weiter zu einem größeren Kofferraum von 225 Liter Inhalt bei einem 10 mm geringeren hinteren Überhang (gemessen ohne Stoßstangen). Trotz eines Kofferraumdeckels mit von außen eingebettetem Ersatzrad ist das Heckteil des Wagens selbsttragend ausgebildet. Sogar der 42 Liter fassende kubische Treibstofftank, der hinter der Hinterachse in eine entsprechend geformte Nische eingepasst wird, kommt ohne rahmenverlängernde Träger aus. Die 75 Ah-große 6-Volt-Batterie ist in einem Kasten in der Spritzwand versenkt, wie dies bereits beim W 136 II vorgesehen gewesen ist.[56]

Sailers Terminplan: Entwicklung getaktet, Produktionsaufnahme offen

Laut Sailers Terminplan von Angang Januar 1940 ist die Konstruktion des Motors M 158 zu diesem Zeitpunkt abgeschlossen. Die Freigabe soll nach erfolgreichen Versuchen und Erledigung der letzten notwendigen Eingriffe am 1. Juli 1940 erfolgen. Die Konstruktionsarbeiten am Fahrgestell des W 158 plant er bereits auf den 10. Januar 1940 zu beenden, jene an der Karosserie eine knappe Woche später. Die 1:1-Holz-Maquette des Wagens zur Beurteilung der Karosserieform erwartet er in den ersten Februartagen. Schon im vergangenen Herbst, konkret am 3. November 1939, sind zwei *Musterwagen* – ein Innenlenker und ein Cabriolet B – für die Fertigung eingeschrieben worden.[57] Das erste dieser Versuchsfahrzeuge meint man Anfang Mai 1940 vom Einzelwagenbau in Empfang nehmen zu können.[58] Die Freigabe des gesamten durchgeprobten W 158-Wagens für den Serienbau erwarten

Anmerkung III: Die Innenraumbreite beträgt vorn offenbar 1 200 mm und hinten vermutlich bereits 1 300 mm statt der im Pflichtenheft geforderten 1 200 mm.

Abb. 0363 & 0364
Modell 1:5 des 170 V-Nachfolgers W 158, versehen mit der provisorischen Typenbezeichnung 170 VX, Entwicklungsstand Spätherbst 1939. Oben: Das Modell anlässlich der aerodynamischen Untersuchungen im mittleren Windkanal des Forschungsinstituts für Kraftfahrwesen und Fahrzeugmotoren der Technischen Hochschule Stuttgart (FKFS), erstes Halbjahr 1940. Unten: Aufnahme im Freien mit realitätsnaher Perspektive. Der W 158 wirkt gegenüber dem verworfenen W 136 II ein wenig schlanker was den tatsächlichen Maßverhältnissen entspricht. In gestalterischer Hinsicht sind indessen keine neuen Elemente erkennbar.

die Verantwortlichen somit für den Herbst 1940. Der Termin für den Produktionsstart wird angesichts des andauernden Kriegs jedoch offengelassen.[59]

Sailers Terminprognose vom 1. Januar 1940 bezieht sich auf die »Normalausführung« des W 158, also auf den Innenlenker in Ganzstahlausführung und auf das Cabriolet B, dessen Karosserie konstruktiv von der Limousine abgekoppelt, aber ebenfalls vollständig in Stahlblech gebaut werden soll. Beide Aufbauten ruhen auf einem X-förmigen Ovalrohrrahmen. Zu diesem Zeitpunkt befinden sich zwei weitere W 158-Varianten in Planung: Erstens eine Ausführung mit einer sogenannten Rahmen-Karosserie-Kombination, worunter nach heutigem Sprachbegriff eine selbsttragende Karosserie zu verstehen ist. Deren äußere Form, die offenbar vom W 158 in Normalausführung abweicht, steht bereits fest, das entsprechende 1:5-Modell soll Anfang März begutachtet werden können. Die Konstruktionsarbeit am selbsttragenden Aufbau denkt Sailer vier Wochen später, also Ende März 1940 abschließen zu können. Eine optimistische Annahme angesichts der Tatsache, dass Daimler-Benz in dieser Karosseriebauweise vollständig unerfahren ist. Dass bislang kein entsprechender Versuchswagen in Auftrag gegeben worden ist, deutet darauf hin, dass der Vorstand dem selbsttragenden Aufbau nach wie vor keine hohe Priorität einräumt.[60] Die zweite W 158-Variante besteht aus einem Wagen mit luftwiderstandsarmer Karosserie. Entwürfe dazu befinden sich in Arbeit. Erste diesbezügliche Skizzen sind möglicherweise bereits im Vorjahr 1939 und noch für den unterdessen verworfenen W 136 II zu Papier gebracht worden.[61]

Wünsche und Erwartungen: Die Entwicklung dauert an

Kaum hat Technikvorstand Sailer seinen Überblick über die aktuellen und künftigen Personenwagen-Typen der Daimler-Benz AG zu Papier gebracht, versammelt Generaldirektor Wilhelm Kissel am 13. Januar 1940 seine Vorstandskollegen mitsamt den weiteren Führungs- und einflussreichen Fachkräften der Werke Untertürkheim, Mannheim und Sindelfingen zu *einer zwanglosen Aussprache über unser künftiges Pkw-Programm.* Nach einer eingehenden Diskussion über die voraussichtliche Bedeutung von Stromlinienkarosserien bei Daimler-Benz[I] folgen die einzelnen Pkw-Projekte, als erstes *die 1,7 Liter-Klasse,* also der 170 VX (W 158). Max Sailer präsentiert ein 1:5-Modell des neuen Wagens und erläutert dessen Eigenschaften, wobei er den Raumgewinn und den neuen, mit nun 54 PS deutlich leistungsfähigeren 1,7-Liter-Motor besonders hervorhebt. Durch die konstruktive Entflechtung der Innenlenker- von der Cabrio-

Anmerkung I: Siehe Kap. 5.3, S. 273–275.

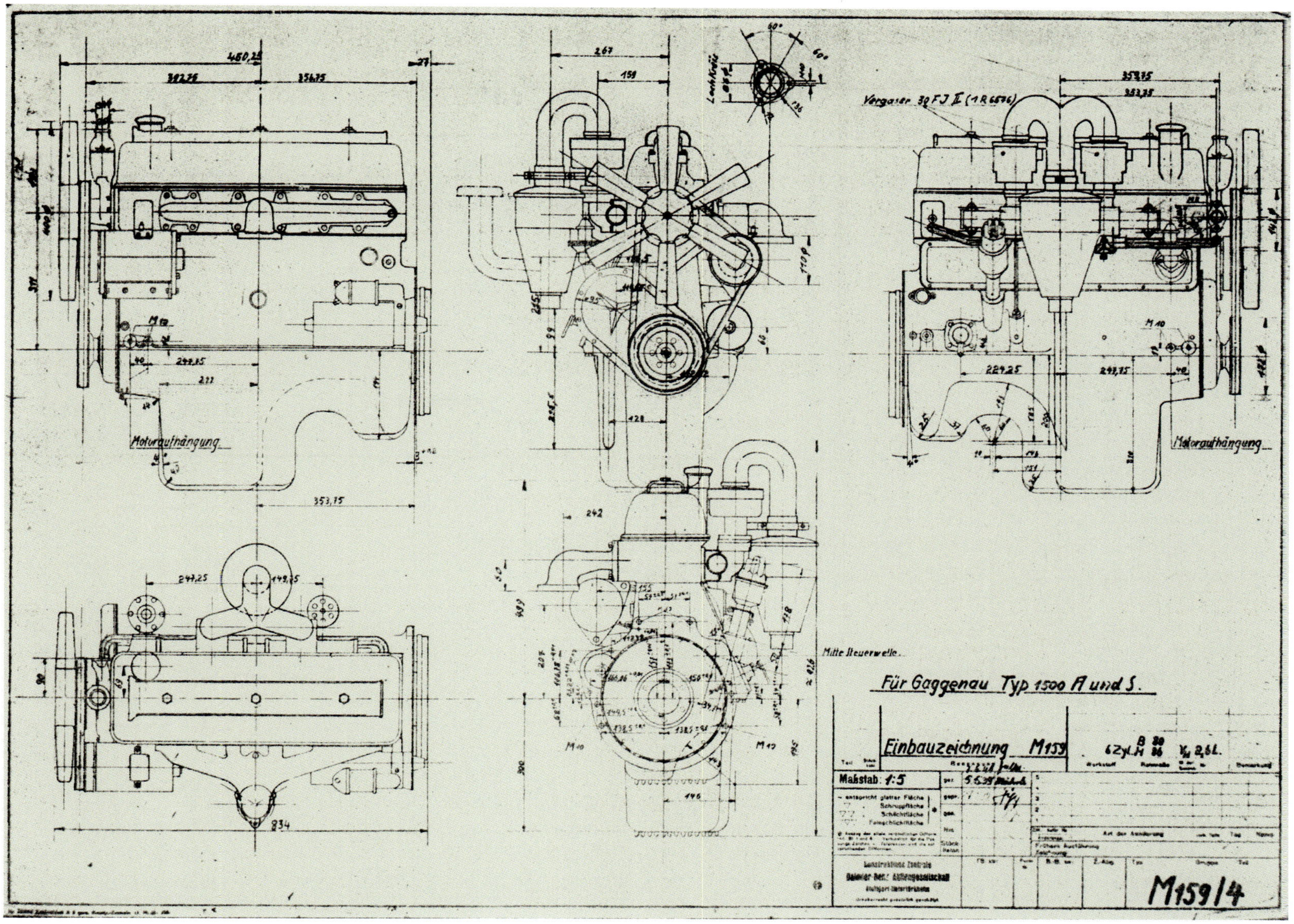

Abb. 0365
Einbauzeichnung des Motors M 159, der Sechszylinderausführung aus der Syring-Motorenfamilie, dat. 05.06.1939. Von der technisch identischen Vierzylinderversion für den 170 V-Nachfolger, dem M 158, sind weder Fotos noch Zeichnungen bekannt.

let-Karosserie *sei trotz größerem Innenraum eine Gewichtsreduktion von 30 kg* [bei welcher Ausführung?] *entstanden*, ergänzt Wilhelm Haspel. Verkaufschef Löw wünscht sich nicht bloß die (seit der Einführung des W 153 selbstverständlich gewordene) Verlegung des Handbremshebels vom Getriebetunnel unter das Armaturenbrett, sondern auch eine Lenkradschaltung. Schließlich geht es um die Positionierung der Scheinwerfer: Haspel führt aus, dass eingebaute Leuchteinheiten nach gründlicher Überlegung und Prüfung verworfen worden seien, was Prokurist Max Wagner zum Seitenhieb veranlasst, gerade diese Entscheidung führe nun wegen des weit vorgeschobenen Kühlers zu einem Problem.[62]

Welcher Motor: Der moderne M 158 oder der alte M 136?

Fritz Nallinger, Sailers Stellvertreter, befürchtet durch die Kopfsteuerung des Motors [bzw. des angehobenen Drehzahlniveaus] eine etwas *hohle* Drehmomentausbeute im unteren Drehzahlbereich und regt eine Verengung des Saugrohrquerschnitts an, um die Leistung zu drosseln und im unteren Bereich mehr Drehmoment zu generieren. Obwohl Kissel eine zwanglose Aussprache angekündigt hat, verfügt er Kraft seiner Stellung als Vorstandsvorsitzender, der alte seitengesteuerte Motor M 136 sei *solange auch in das neue 1,7 Liter-Modell einzubauen, bis ihm der unzweifelhafte Beweis erbracht worden ist,* dass der Brennstoffverbrauch des neuen OHV-Triebwerks im praktischen Fahrbetrieb nicht höher liege, es mindestens so verschleißfest und reparaturfreundlich sei und in der Herstellung keine höheren Selbstkosten verursache als die altbewährte Maschine.[63] Damit wiederholt er seine Abneigung gegen diesen modernen Motor und stellt Sailers Prognose in Zweifel, der W 158 werde geringere Produktionskosten verursachen als der bisherige 170 V (W 136 I). Eine Aussage, die Sailer allerdings unter der Voraussetzung gemacht hat, dass die bereits Anfang Dezember 1938 für die Fertigung der mechanischen Teile im Werk Untertürkheim bestellten Maschinen im Gesamtumfang von 1,07 Millionen RM ausgeliefert würden und die mit erheblichen Aufwendungen verbundene Umstellung auf rationelle Ganzstahl-Karosseriefertigung im Werk Sindelfingen zustande komme. Explizit bestätigt er gegenüber Kissel, dass bei Bedarf der alte Motor M 136, selbstverständlich mit einer Treibstoffpumpe versehen, problemlos im Fahrgestell des W 158 eingesetzt werden könne.[64]

Anfang 1940: Radstand verlängert, Breite vergrößert

Die konstruktive Bearbeitung des W 158 hat bereits zu Beginn des Jahres 1940 zu größeren und kleineren Änderungen geführt. In einer Vergleichstabelle mit dem alten 170 V sowie den Konkurrenzwagen Wanderer W 24 und Opel Kapitän ist ersichtlich, dass der Radstand des W 158 unterdessen um 45 mm auf das alte Maß von 2 845 mm angewachsen ist. Die Innenbreiten sollen nun vorn 1 220 mm und hinten 1 315 oder 1 320 mm betragen.[65] Dies ist gegenüber dem Pflichtenheft von Oktober 1939 ein Plus von 20 mm auf den Vordersitzen und 115 oder 120 mm auf der Rücksitzbank, was sich in einer Außenbreite von 1 620 mm statt 1 600 mm wie bisher äußert.

Mit einmonatiger Verspätung steht Anfang Juni 1940 der erste W 158-Versuchswagen auf seinen Rädern. Technikchef Max Sailer geht davon aus, dass ein Produktionsbeschluss erst nach Kriegsende gefällt wird. Anschließend benötigen die Werke 15 Monate, um die Fertigung vorzubereiten und in Gang zu setzen, davon allein 12 Monate für den Bau der Karosseriewerkzeuge. Die Zeit bis Mitte 1942 – dem realistischen Erscheinungsdatum des 170 VX (W 158) – sei mit dem alten 170 V zu überbrücken. Kissel, nach wie vor in Erwartung baldiger Friedenszeiten, hält diesen Termin für viel zu spät und schlägt vor, schon jetzt mit der Anfertigung der Werkzeuge zu beginnen, was Haspel für personell durchführbar erachtet.[66] Wenige Tage später erklärt Kissel unter dem Eindruck der vom NS-Regime geforderten Teilevereinheitlichung, der neue 1,7-Liter-Wagen werde, wenn er ungefähr ein Jahr nach Kriegsende erscheine, den alten seitengesteuerten Motor unter der Haube haben. Der neue obengesteuerte Motor sei in der Produktion zu teuer und die notwendigen *Spezialvorrichtungen und Spezial-Werkzeugmaschinen* für dessen rationelle Produktion ließen sich nicht beschaffen.[67]

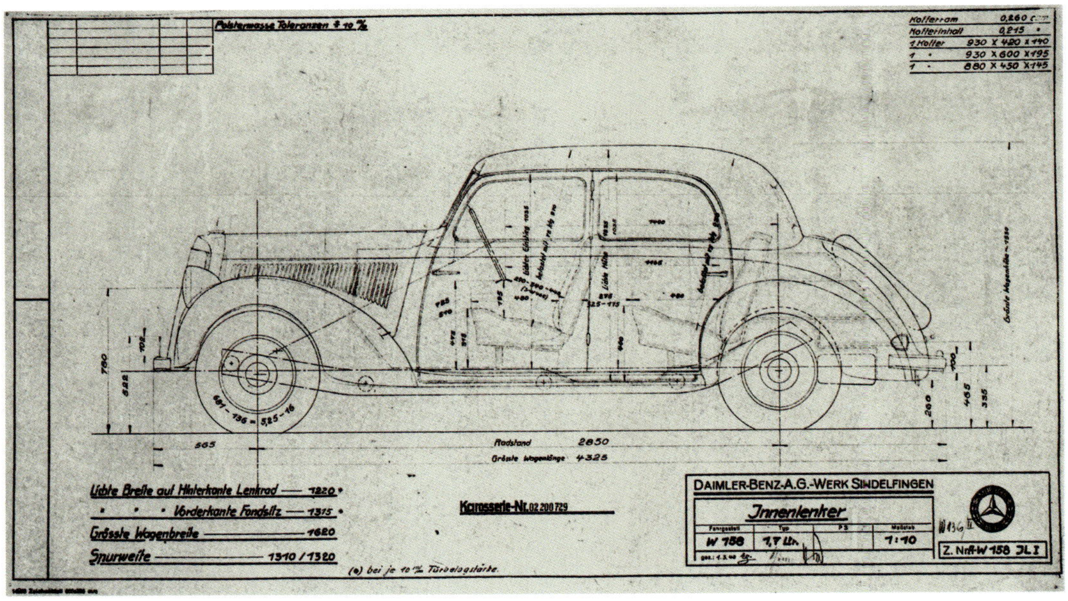

Abb. 0366
Karosseriezeichnung W 158 Innenlenker, dat. 01.03.1940. Gegenüber der ersten Disposition vom Spätherbst 1939 ist der Radstand um 50 mm, die Gesamtlänge um 60 mm und die Fahrzeug- und Innenbreite um jeweils 20 mm gewachsen. Die Kühlermaske ragt nun vorn über die Kotflügel hinaus.

Optimierter W 158: Planungsstand im November 1940

Der Wagen wird ständig größer

Anfang März 1940 ist der Radstand des W 158 auf 2 850 mm (+ 50 mm gegenüber dem Stand von 15.11.1939 bzw. + 5 mm im Vergleich zum W 136 I) und die Gesamtlänge auf 4 325 mm (+ 60 mm) angewachsen. Gleichzeitig rutscht die in der Innenlänge um unbedeutende 5 mm verringerte Fahrgastzelle um weitere 30 mm nach vorn.[68] Die Radstandsverlängerung kommt folglich dem Kofferraum und dem Motorraum zugute. Da gleichzeitig die Kühlermaske um 57 mm nach vorn gezogen wird, kann der Kühler mit einem wie bisher großzügigen Wasserkasten versehen werden, der allerdings nicht nach hinten in den Motorraum ragt, sondern nach vorn in die Maske hinein. Die Spurweite verharrt zunächst vorn und hinten bei 1 310 mm. Mitte März verbreitert man den Wagen auf 1 650 mm (+ 30 mm) was zu einem neuerlichen Raumgewinn führt; die Innenbreite beträgt vorn nun 1 250 mm und hinten 1 345 mm. Dies sind die Maße des Innenlenkers; das Cabriolet B ist innen ein paar Zentimeter weniger breit. Die Spurweite bleibt vorn unverändert, hinten wächst sie um 42 mm auf 1 352 mm.[69] Damit hat der W 158 Dimensionen erreicht, die nahe an den verworfenen W 136 II/III heranreichen.

Anfang November 1940 entspricht der X-förmige Ovalrohrrahmen in der Grunddisposition und in der Lage der Quertraversen der Ausführung von Ende 1939. Allerdings bestehen sämtliche Querverbindungen nun aus durchlaufenden Rundrohren. Angehoben wird der Wagen wie bisher einzig an der mittleren Traverse. Das Fahrwerk ist unverändert geblieben, sieht man von den hydraulischen Teleskopstoßdämpfern ab, die an die Stelle der Hebeldämpfer treten sollen. Die Auspuffanlage verfügt nun über zwei Schalldämpfer; der zweite und kleinere liegt quer zwischen der vierten Rahmentraverse und der Hinterachse.[70]

Umstrittene Frontgestaltung

Formal fällt die stärker nach hinten geneigte Kühlermaske auf, die nun die Kotflügel in der Länge überragt. Die Wölbung der Kotflügel ist vorn weniger bauchig, die Scheinwerfer sitzen tiefer. Während die Zeichnungen Entlüftungskiemen in einer Reihe zeigen, verfügt das 1:5-Modell über Kiemen in zwei Reihen, die so auch für den Versuchswagen übernommen werden.[71] Diese Frontgestaltung fällt allerdings im Vorstand durch, worauf der Untertürkheimer Versuch unter Otto Winkelmann am selben Musterwagen die rechte Seite mit einem wiederum bauchigeren Kotflügel ver-

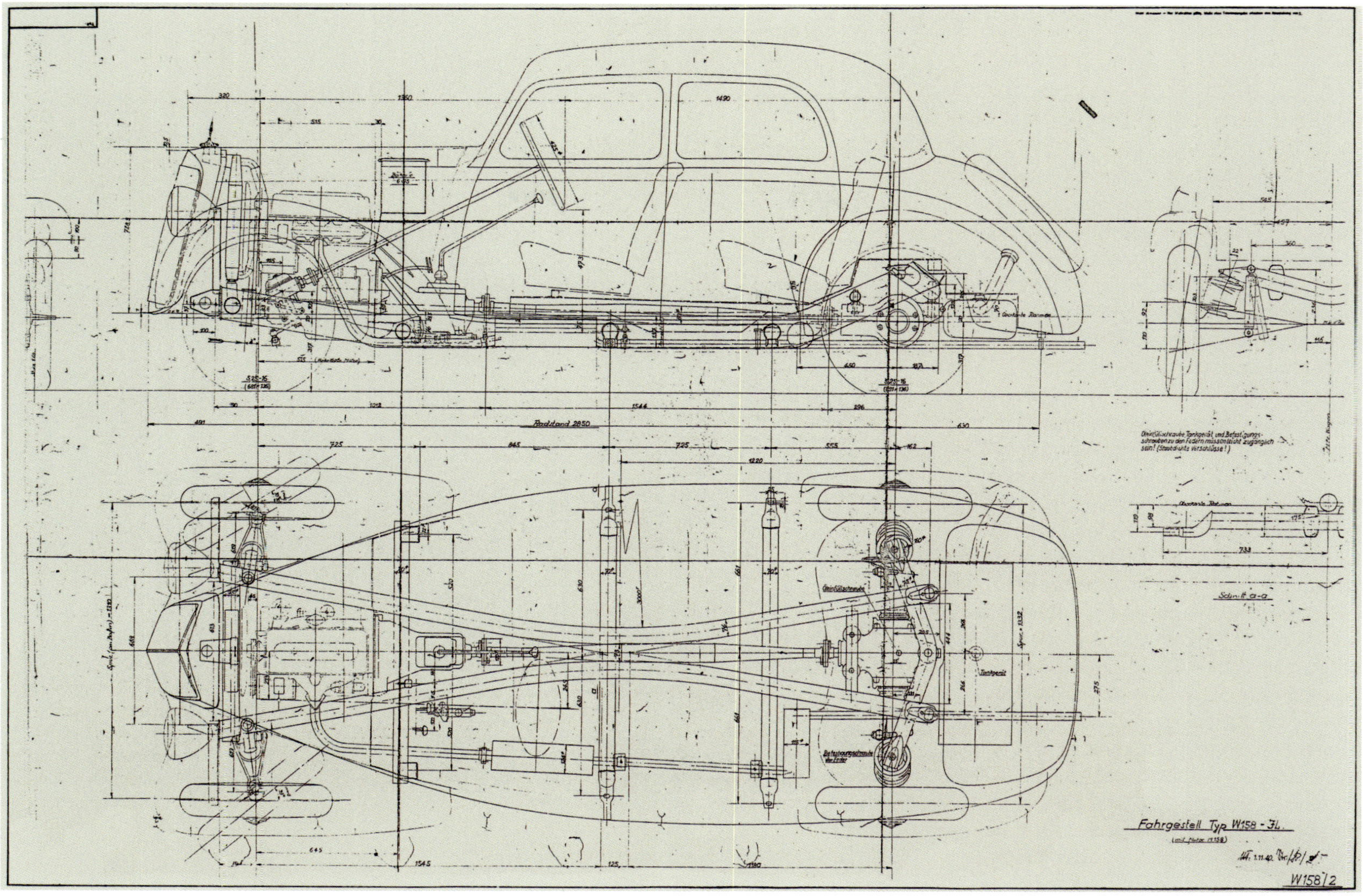

sieht, der in der Länge über die Maske hinausragt. Durch diese kosmetische Maßnahme nimmt die Gesamtlänge ohne Gewinn an Innenraum um weitere ca. 50 mm zu.[72] Durch die nach vorn verschobene Fahrgastzelle ist der Heckabschluss etwas länger geworden als ursprünglich und verläuft flacher. Das Ersatzrad sitzt im Deckel, der sich nach oben öffnet.[73]

Kampf dem »Cabriolet-Schütteln«

Wegen des fortdauernden Kriegs ist eine Produktionsaufnahme des neuen Modells in unabsehbare Ferne gerückt, so dass reichlich Zeit für Weiterentwicklungen vorhanden ist. Intensiv beginnen nun die Ingenieure in Sindelfingen und Untertürkheim an einem Problem zu arbeiten, das seit Jahren Ärger verursacht und sich in letzter Zeit verstärkt bemerkbar macht: Das sogenannte Cabriolet-Schütteln.

Abb. 0367
Fahrgestellzeichnung W 158/2, dat. 01.11.1940. Im vergangenen Jahr hat sich am Fahrgestell wenig verändert: Der Motor M 158 liegt nun vollständig hinter der Vorderradaufhängung, eingebaut sind Teleskop- statt Hebelstoßdämpfer und die Auspuffanlage hat zwei statt nur einen Schalldämpfer. Der Radstand misst neu 2 850 mm (+ 50 mm).

Abb. 0368
Das »Gesicht« des Wagens will nicht so richtig gut gelingen. Die nach vorn geschobene Kühlermaske bereitet Probleme, die Scheinwerfer stimmig anzuordnen. Deshalb erarbeitet der Untertürkheimer Versuch im Januar 1941 einen Vorschlag mit bauchiger ausgebildetem Kotflügel, welcher die Maske vorderseitig überragt. Dadurch wird der Wagen um 50 mm länger, ohne Zugewinn an Innenraum. Beide Versionen werden am selben Versuchsfahrzeug verglichen: oben die Ursprungsausführung, unten der verlängerte Kotflügel.

Ein Phänomen unbekannter Ursache

Von diesem Phänomen, einem Rütteln hauptsächlich in der Querrichtung, das ab einer gewissen Geschwindigkeit das ganze Fahrzeug erfasst, sind in erster Linie offene Wagen betroffen. In Erscheinung getreten sind die Schüttelschwingungen mit der Einführung der einzeln gefederten Vorderräder und der hinteren Pendelachse im Jahr 1931.[74] In den Konzern-Akten ist diese unangenehme, den Komfort und das Fahrverhalten negativ beeinflussende Erscheinung erstmals 1933 erwähnt.[75] Die wahre Ursache bleibt auch jetzt, sieben Jahre später, unerkannt, weil dazu nie systematische Untersuchungen durchgeführt worden sind. Man hat sich bei der Serieneinführung neuer Modelle oder bei deren Verbesserung nach einigen Produktionsmonaten meist mit Maßnahmen beholfen, die sich eher zufällig als wirksam erwiesen haben. Als Auslöser für das Schütteln verdächtigt man sowohl die Karosserien als auch die Rahmen. Wobei seit längerer Zeit klar zu sein scheint, dass nicht der X-förmig gebogene Ovalrohrrahmen an sich die Ursache sein kann, denn das Phänomen ist gleichermaßen bei den alten Leiterrahmen aus U- oder Kastenprofil aufgetreten. Mit den neuen Ganzstahlkarosserien des Typs 230 (W 153) verstärken sich die Schüttelschwingungen. Abhilfe ist dringend geboten und soll durch geeignete konstruktive Eingriffe möglich werden. Aber wo und wie?

Auch der Cabriolet B-Versuchswagen des Typs 170 VX (W 158) schüttelt ungewöhnlich heftig, so dass der Fokus ebenso auf diese Typenreihe gerichtet wird. Als »Schütteltest-Strecke« dient ein Straßenkurs in Degerloch südlich der Stuttgarter Innenstadt. Es werden alle möglichen Fahrgestell-Motor-Karosserie-Kombinationen durchgetestet, auch ein W 158-Fahrgestell mit altem W 136 I-Aufbau und umgekehrt, weiter ein W 153-Fahrgestell, das mit der Cabriolet B-Karosserie des W 158 versehen ist und besonders heftig schüttelt. Die Ergebnisse sind insgesamt ernüchternd, denn es lässt sich keine Richtung erkennen, in die mit konstruktiven Maßnahmen erfolgversprechend vorgestoßen werden könnte. An Ideen mangelt es indessen nicht.[76] In der Untertürkheimer Versuchsabteilung konzentriert man sich anfänglich auf statisch durchgeführte Verdrehungsmessungen am Rahmen; Untersuchungen zur vertikalen und zur seitlich-horizontalen Durchbiegung folgen erst später.[77]

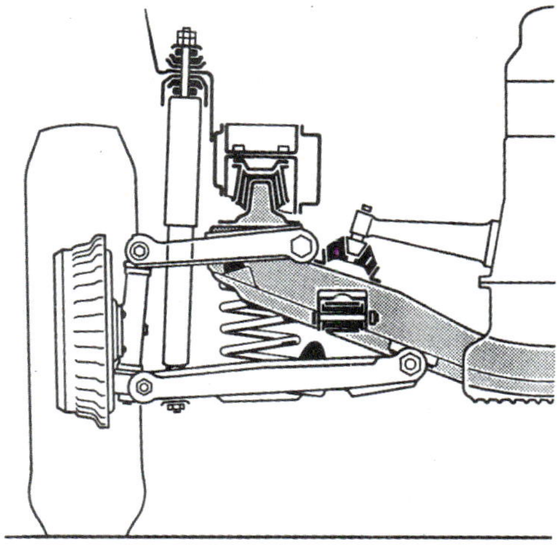

Abb. 0369 & 0370
Die Vorderradaufhängung an doppelten, ungleich langen Dreiecksquerlenkern ist bei Daimler-Benz 1933 mit dem 380 (W 22) eingeführt worden. Viele Konkurrenten haben unterdessen nachgezogen. Diese Aufhängung soll nun auch im Volumentyp W 158 das Fahrverhalten positiv beeinflussen. Oben die Aufhängung des 170 S (W 136 IV) von 1949, die nur in Kleinigkeiten von der Ausführung im W 158 abweicht. Unten eine schematische Darstellung.

Die altgediente Querblattfeder-Vorderradaufhängung: Billiger und besser?

Ein gewisses Erstaunen ruft das Ergebnis des versuchsweise mit einer Querblattfeder-Vorderachse statt der Lenkerachse ausgerüsteten W 158-Cabriolet B-Testwagens hervor, der deutlich weniger schüttelt und zudem leiser abrollt. Der Versuch mit der alten Vorderradaufhängung wird allerdings nicht mit der Absicht durchgeführt, Erkenntnisse über das Cabriolet-Schütteln zu gewinnen, sondern zielt auf eine Reduktion der Herstellungskosten ab, da die Trapezlenkerachse, zumindest in der Ausführung mit gummigelagertem Hilfsrahmen, *sehr teuer und schwer* wird. Entsprechend kommt »von oben« Druck, es beim W 158 doch wieder mit der altbewährten Querfederachse zu versuchen.

Am 27. Januar 1941 treten die mit der Problematik vertrauten Untertürkheimer Cheftechniker zu einer Konstruktions-Besprechung zusammen, um die Konsequenzen aus dem überraschenden Testbefund zu diskutieren. Anwesend sind neben dem Untertürkheimer Versuchsleiter Oberingenieur Winkelmann auch der Leiter des Konstruktionsbüros Direktor Max Wagner, der neue Leiter des Fahrgestellbaus Joseph Dauben, weiter Oberingenieur Übelacker als Daubens Nachfolger für Sonderkonstruktionen sowie der Chef der Motorenabteilung Oberingenieur Heeß. Die Herren sind von einer Rückkehr zur alten Vorderachse nicht begeistert und listen insbesondere deren Nachteile auf: Verlängern des Radstands um 35 mm oder zurückschieben des Motors, der dadurch teilweise in eine Ausbuchtung der Stirnwand ragen müsste. Weiter bezweifeln sie, dass mit Querfedern ein ebenso subtiles Ansprechen der Aufhängung zu erreichen ist, wie es die schraubengefederte Lenkerachse vormacht, dies trotz einer um 20 mm verbreiterten Spur. Ebenso nachteilig wie systembedingt ist der ungleiche Reifenabrieb aufgrund der verschieden langen Spurstangen.[78] Die Argumentation überzeugt offenbar höheren Orts, das rückwärtsgewandte Vorhaben wird fallengelassen, trotz weniger ausgeprägtem Cabriolet-Schütteln.

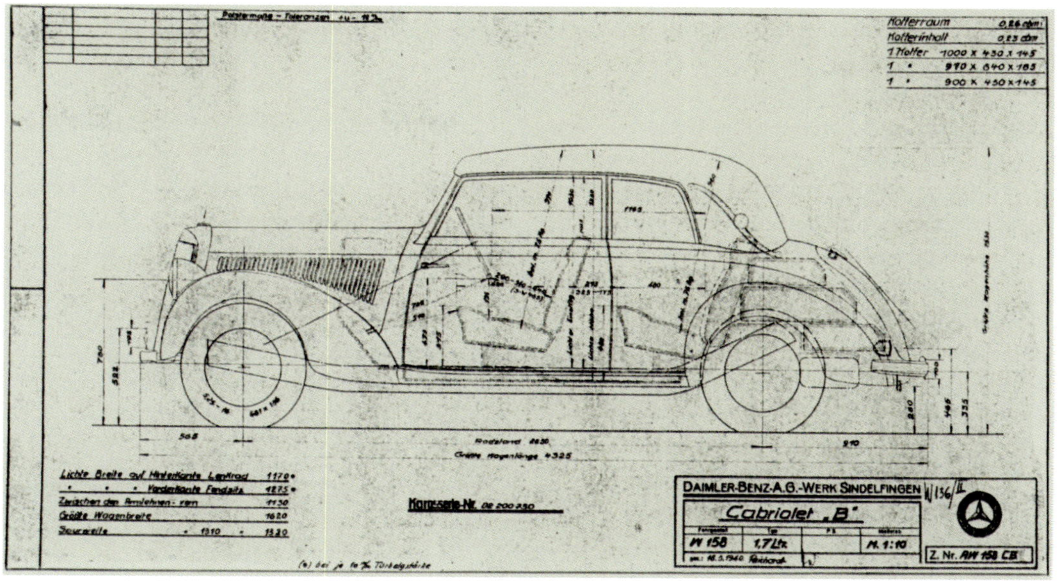

Abb. 0371
Karosseriezeichnung W 158 Cabriolet B, dat. 18.03.1940. Im Unterschied zum gleichzeitigen Innenlenker ist bei diesem Versuchswagen der Heckdeckel unten statt oben angelenkt. Die offenen Wagen mit Ganzstahlaufbauten sind vom sogenannten Cabriolet-Schütteln, einem Phänomen von zunächst unbekannter Ursache, besonders stark betroffen.

Cabriolet-Schütteln: Karosserie oder Fahrgestell, wo liegt das Problem wirklich?

Schon länger denken auch die Karosseriebauer in Sindelfingen über die Ursachen der Schüttelschwingungen nach. Insbesondere Oberingenieur Karl Wilfert, dem unter anderem die dortige Versuchsabteilung untersteht, macht mit Vorstößen beim Vorstand Wilhelm Haspel, aber auch beim Technikchef Max Sailer auf seine Überlegungen aufmerksam. Er wirbt für systematische Versuchsreihen, die auch dynamische Messungen einschließen müssen. Damit dringt er 1940 allmählich durch. Die Zusammenarbeit der beiden Versuchsbetriebe von Sindelfingen und Untertürkheim, aber auch der Austausch unter den Konstruktionsbüros beider Werke läuft anfänglich harzig und von gegenseitigem Misstrauen geprägt. Das Verhältnis bessert sich mit zunehmendem Erfolg, an dem beide Seiten ihren Anteil haben. Allerdings ist Wilfert mit seinen Sindelfinger Männern klar innovativer als der eher maschinentechnisch orientierte Untertürkheimer Versuchsleiter Otto Winkelmann. Immer wieder wird von den Untertürkheimern – zusätzlich zu Winkelmann auch von Wagner und Dauben – die Ursache des Schüttelns in der Karosseriekonstruktion vermutet.[79] Allmählich stellt sich jedoch heraus, dass nicht der Aufbau an sich das Problem darstellt und auch nicht das Verdrehen des Fahrgestells die Schüttelschwingungen auslöst. Vielmehr ist die Mittelzone des X-förmigen Ovalrohrrahmens zu schwach ausgebildet, also genau dort, wo eine Cabrioletkarosserie wegen des fehlenden festen Dachs keine Aussteifung liefert. Der Rahmen zeigt sich nicht nur in vertikaler Richtung als zu nachgiebig, sondern auch gegenüber seitlich-horizontaler Belastung, die insbesondere durch die Federbewegungen der Halbachsen beträchtlich sein kann. Bei all diesen Untersuchungen bleibt der in Produktion befindliche Serientyp 230 (W 153) das bevorzugte Versuchsobjekt, die Erkenntnisse erweisen sich jedoch als allgemeingültig.

Im Frühjahr 1941 führt man auch am 170 V-Nachfolger W 158 eine umfangreiche Versuchsreihe durch. Gemessen wird nicht bloß die Auswirkung größerer Profilquerschnitte und dickerer Rohrwandungen, sondern insbesondere eine Versteifung der Mittelzone und des hinteren Rahmenendes durch zusätzliche Bleche sowie eine Vergrößerung der statischen Höhe der Ausleger durch versuchsweise untergeschweißte U-Profile.[80] Die Ergebnisse sind ermutigend; nach Probefahrten attestieren Max Wagner und Otto Winkelmann dem umgebauten W 158 Cabriolet B, es *sei nun als praktisch schüttelfrei anzusehen.*[81] Die getroffenen Maßnahmen führen allerdings zu einem Mehrgewicht von 26,66 kg. Doch glücklicherweise erweist sich letztlich bloß die Verstärkung der Mittelzone durch Schließbleche des Tunnels als wirksam und notwendig, so dass sich das Rahmen-Gewicht

Rahmen für Cabriolet B	Abmessung Ovalrohr	Besonderheit	Rahmen-Gewicht
W 158, Anfang 1941 eingebauter Cabriolet-Rahmen	166 × 80 × 4 mm	mit Tunnelblechen	153 kg
W 158, Cabriolet-Rahmen nach Versuch Februar/ März 1941 durch Sindelfingen und Untertürkheim	166 × 80 × 4 mm	mit Tunnelblechen und Tunnel-Schließblechen	155,5 kg
W 158, ursprünglich vorgesehener Cabriolet-Rahmen	137 × 78 × 3 mm	ohne Tunnel	103 kg
W 136 I, Cabriolet-Rahmen Serie	143 × 68 × 3,75 mm		117 kg

Quelle: Sindelfinger-Versuchsbericht W 158/04 (Karl Wilfert) vom 08.03.1941 (Archiv MBAG)

nur um 2,47 kg auf rund 155,5 kg erhöht. Unter dem Strich sind dies jedoch über 50 kg mehr als ursprünglich angenommen.[82]

Joseph Dauben macht darauf aufmerksam, dass als Folge des 29 mm höheren Rahmenprofils der gesetzlich vorgeschriebene Bodenabstand unterschritten werde, ein Problem, das zusätzlich der Lösung harrt. Direktor Fritz Nallinger, der als Technikvorstand die Stelle des krankheitsbedingt ausgeschiedenen Max Sailer übernommen hat, plädiert angesichts dieses doch erheblichen Bauaufwands mit 50 kg Mehrgewicht dafür, das Augenmerk verstärkt auf Konstruktionen zu richten, die einen differenzierten Materialeinsatz erlauben.[83] Gerade dies ist beim bisherigen Rahmen mit seinen beiden von vorn bis hinten im Querschnitt und der Wandstärke einheitlichen Ovalrohren nicht gegeben. Aufgrund dieser Überlegung hat Nallinger bereits im vergangenen Januar 1941 mündlich und schriftlich kommuniziert, dass für den W 158 nicht nur der X-förmige Ovalrohrrahmen mit verstärkter Mittelpartie zu untersuchen sei, sondern auch ein aus Blech gepresster und geschweißter X-Rahmen sowie der Unterbau für eine Rahmen-Karosserie-Kombination.[84]

Plattformrahmen und selbsttragende Karosserie

Es zeichnet sich jetzt, im März 1941, immer deutlicher ab, dass die bisherige und insgesamt erfolgreiche Rahmenkonstruktion mit Ovalrohren verlassen werden muss. Außer der Entwicklung eines gepressten und geschweißten Blechrahmens schieben sich zwei weitere Konstruktionen in den Vordergrund, nämlich die sogenannte Rahmen-Karosserie-Kombination – also ein selbsttragender Wagenkörper – und der Plattformrahmen. Da diese prinzipielle Unterscheidung damals selbst vielen Fachleuten nicht geläufig ist, wie sich an einer Techniksitzung herausstellt, reagieren die Sindelfinger Karosserieingenieure Walter Häcker und Karl Wilfert auf unklare Aussagen im Protokoll mit folgender schriftlicher Präzisierung:

Bei der Besprechung wurde grundsätzlich festgelegt, was unter einer Rahmen-Karosserie-Kombination und unter einer Karosserie mit Plattformrahmen zu verstehen ist.

Demnach ist eine ***Rahmen-Karosserie-Kombination*** *ein für die Gesamtfestigkeit des Fahrzeuges maßgebendes Gebilde, bei welchem also der Rahmen, welcher gleichzeitig Fahrgestell- und Karosserierahmen ist, einschließlich aller hiermit verschweißten Karosserieteile die erforderliche Standfestigkeit des Fahrzeuges ergeben.*

Beim ***Plattformrahmen + Karosserie*** *(wobei es gleichgültig ist, ob die Karosserie mit dem Rahmen verschweißt oder verschraubt ist) muss der Rahmen allein die Standfestigkeit des Fahrzeuges ergeben und wird durch den bodenlosen Karosserieaufbau nicht oder nur ganz unwesentlich verstärkt.*[85]

Die erste der beiden Varianten, die selbsttragende Karosserie, ist für den W 158 bereits in Sailers Terminprogramm vom 1. Januar 1940 enthalten,[86] aber bislang »mit angezogener Handbremse« bearbeitet worden, da der technologische Schritt für eine baldige Serieneinführung als zu groß erachtet wird. Der Plattformrahmen hingegen scheint gerade jetzt, wo man mit dem Ovalrohrrahmen an Grenzen stößt, für offene Fahrzeuge sehr gut geeignet zu sein, weil ein selbsttragender Cabrioletaufbau wegen des fehlenden festen Dachs als nicht machbar gilt. Plattformrahmen sind damals nicht unbekannt. Verwendet werden sie in unterschiedlichen Ausgestaltungen, so beispielsweise als Kasten-Plattformrahmen im Adler Trumpf und Trumpf Junior (ab 1932) und als Zentralrohr-Plattformrahmen im Volkswagen.

Béla Barényi, Karl Wilfert und ihr Plattformrahmen-Patent

Die Entwicklung des Plattformrahmens bei Daimler-Benz, und hier besonders im Hinblick auf eine Anwendung im 230 (W 153) und im 170 V-Nachfolger W 158, erlebt durch die Anstellung von Béla Barényi 1939 mächtig Auftrieb. Barényi, ein überaus fantasievoller und kreativer Fahrzeugingenieur, ist wie Wilfert ein typisches Kind der verflossenen K.-u.- k.-Monarchie: In Wien und Preßburg (ungarisch Posonyi, slowakisch Bratislava) als Sohn eines ungarischen Wissenschaftslehrers an Militärschulen und einer österreichischen Mutter aufgewachsen, absolviert er in der österreichischen Hauptstadt eine höhere technische Fachschule. Dort fällt er mit fortschrittlichen Fahrzeugkonzepten auf, die er später publizieren kann. Sein alter Freund Karl Wilfert vermittelt ihm im Herbst 1939 eine Stelle bei Daimler-Benz, wo ihn Wilhelm Haspel mit den Worten anstellt: *Ein Haus wie Daimler-Benz kann nicht von der Hand in den Mund leben. Herr Barényi, Sie denken 15 bis 20 Jahre voraus. Sie kommen in Sindelfingen unter einen Glassturz. Was Sie erfinden, geht direkt in die Patentabteilung.*[87/I]

Bereits 1940 arbeitet Barényi zusammen mit Wilfert an einem Plattformrahmen. In der Version *Versuchswagen II* [oder 11?] verfügt die Bodengruppe über kräftige Seitenschweller, einen vorn gegabelten Mitteltunnel, der gleichzeitig als Diagonalverstrebung wirkt, eine Brücke über der Hinterachse, seitliche Aussteifungen und ein geschlossenes Bodenblech.[88] Die Herstellung ist auf die im Karosseriebau geläufige Fertigungstechnik ausgerichtet, allerdings ohne alle fabrikatorischen Möglichkeiten und Feinheiten zu berücksichtigen, da es sich um einen Prinzipversuch handelt. Am 25. Oktober 1940 findet auf der Degerloch-Strecke eine große Vergleichsfahrt von W 153-Wagen mit unterschiedlicher Rahmenbauweise und Achslagerung statt. Als Testfahrer nehmen vom Vorstand die Herren Haspel und Sailer teil, die Untertürkheimer Konstruktion und Entwicklung ist mit Direktor Wagner und den Ingenieuren Winkelmann und Uhlenhaut vertreten, während das Werk Sindelfingen Direktor Heim und die Ingenieure Häcker, Wilfert und Barényi entsendet. Akribisch wird das Verhalten der Fahrzeuge nach einem Punktesystem bewertet. Dabei erzielt der Plattform-W 153 von allen Beteiligten mit Abstand die besten Noten. Das gute Resultat mitbeeinflusst hat zweifellos die Lagerung der Fahrwerksteile in sogenannten Schwingmetallhülsen (zylindrische Gummi-Metall-Puffer), die zunächst von Versuchsleiter Winkelmann vehement abgelehnt worden sind, sich aber bei richtiger Gummihärte nicht nachteilig auf das Fahrverhalten auswirken.[89]

Am 23. Februar 1941 wird dieser Rahmen unter der Nummer 742 977 zum Patent angemeldet. Laut Patentschrift zeigen die Erfinder Barényi und Wilfert, [...] *wie man zwecks völliger Beseitigung von Dröhn- und Schüttelerscheinungen einen derartigen Plattformrahmen sowohl verdrehungs- und biegesteif als auch steif zur Aufnahme der insbesondere durch Pendelachsen ausgelösten Querkräfte machen kann.*[II]

Vorstand Wilhelm Haspel erkennt Anfang Januar 1941 richtig, dass Daimler-Benz mit dem 170 V-Nachfolger W 158 an einem technischen Scheideweg steht, an dem es die Frage zu beantworten gilt, ob die angestrebten Ziele und Qualitäten noch auf dem bisherigen

Anmerkung I: Zum bewegten Leben dieses kreativen Geistes, der Mitte der 1920er Jahre die Konzeption des VW Käfer vorwegnahm, siehe Engelen, Barényi 1987, S. 54 f.
Anmerkung II: Freundliche Mitteilung von Günter Engelen (E-Mail 17.02.2019). Darin betont Engelen, dass die verschiedentlich für diesen Plattformrahmen geltend gemachten Sicherheitsüberlegungen aufgrund der kräftigen seitlichen Schweller in der Patentschrift nicht erwähnt werden.

Abb. 0372 & 0373
Das Cabriolet-Schütteln führt zur Suche nach alternativen Rahmen- und Karosseriekonstruktionen. In der praktischen Erprobung ist das von Béla Barényi und Karl Wilfert 1940 versuchsweise konstruierte Plattformfahrgestell II [oder 11?] für den 230 (W 153) besonders überzeugend. Der Rahmen ist eine verwindungssteife Blechkonstruktion, die mit der üblichen Fertigungstechnik im Karosseriebau fabriziert werden könnte.

Weg zu erreichen sind oder man in Richtung Plattformrahmen oder gar der Rahmen-Boden-Konstruktion (selbsttragende Karosserie) schwenken muss. Obwohl im Januar und im März 1941 betont wird, die Konstruktionsarbeiten am selbsttragenden W 158-Karosseriekörper seien fertigzustellen,[90] dürfte Ende März noch wenig Vorzeigbares vorhanden gewesen sein, als in einer Konstruktionssitzung unter Leitung von Vorstand Fritz Nallinger auch dieses Thema erörtert wird. Dass vom Untertürkheimer Konstruktionsbüro auch der ideenreiche Vorentwickler Josef Müller in die Sitzung beordert wird, belegt indessen die Absicht, die *Arbeiten an der Rahmen-Karosserie-Kombination* weiterzuführen.[91] Direktor Max Wagner drängt auf eine rasche grundsätzliche Klärung der Geräusch- und Dröhnproblematik, da bekannt ist, dass sich selbsttragende Karosserien oft wie ein Resonanzkasten verhalten. Weil handgefertigte Aufbauten die Untersuchungsergebnisse verfälschen, schlägt Wagner vor, für die Tests eine serienmäßige W 153-Ganzstahlkarosserie in Limousinenausführung zum selbsttragenden Körper umzubauen, in den die gummigedämpften Achskonstruktionen des W 158 eingefügt werden können.[92] Die zeichnerische Lösung für den Karosserieumbau soll unter Leitung von Joseph Dauben der Karosserietechniker Walter aus dem Werk Sindelfingen erarbeiten. Doch sein Umzug ins Untertürkheimer Konstruktionsbüro verzögert sich mehrmals um Wochen.[93] Ob dieser *Prinzip-Versuch* zu Stande kommt, ist nicht überliefert.

Kompromiss auf hohem Niveau: Gepresster und verschweißter Mittelträgerrahmen

Schon länger konzentriert man sich auf eine dritte Variante, nämlich auf einen aus Stahlblech gepressten und verschweißten sogenannten Mittelträgerrahmen, der den Ovalrohrrahmen ablösen soll. Mit dieser Bauweise verfolgt man das Ziel, unter optimaler Ausnutzung des Materials den Rahmen statisch stabil zu machen und so eine wichtige Voraussetzung zu erfüllen, um ein Cabriolet-Schütteln zu unterdrücken. Gleichzeitig wird an eine Serienfertigung mit den im Karosseriewerk Sindelfingen vorhandenen Pressen und Einrichtungen gedacht. Ein solcher Rahmen, der sich an beiden Enden gabelt, um Raum für den Motor und die Hinterachse zu schaffen, ist bereits im Herbst 1940 vom Werk Sindelfingen nach Zeichnungen aus dem Untertürkheimer Konstruktionsbüro gefertigt und statisch untersucht worden. Mit ermutigenden Ergebnissen, was die Steifigkeit durch den aus gepressten Blechen zusammengeschweißten Mittelkörper betrifft.

In einem zweiten Schritt erarbeiten im Januar 1941 die Sindelfinger Konstrukteure Häcker und Seizer sowie das Duo Heim II und Josef Müller in einer Art Wettbewerb je einen Konstruktionsvorschlag.[94] Bereits am 20. Januar 1941 wird an einer Technischen Sitzung unter Leitung von Vorstand Fritz Nallinger der Bau von je drei Proberahmen für den W 153 und für den W 158 beschlossen, und zwar in den drei zuvor präsentierten Ausführungen, nämlich:

1) mit getrenntem Vorder-, Mittel und Hinterteil, die beiden Enden eingeschäftet (Häcker);

2) mit durchgehendem Längspressteil aus einem Stück (Heim II & Müller);

3) in abgekanteter Version (Seizer).[95]

Technikchef Nallinger erwartet gegenüber dem bisherigen X-förmigen Ovalrohrrahmen nicht nur Fortschritte bezüglich Verdrehung, Durchbiegung, seitlicher Beanspruchung und Gewicht, sondern auch einen Preisvorteil. Wie die Aufgabe baulich gelöst werde, sei ihm letztlich gleichgültig.[96]

Aufwändige Entwicklung: Viel Detailwissen gefordert

Mit dem gepressten und verschweißten Stahlblechrahmen betreten die Werke Sindelfingen und Untertürkheim firmeninternes Neuland. Entsprechend aufwändig gestalten sich die Abklärungen. Neben den fahrzeugspezifischen Anforderungen, die zu erfüllen sind, etwa bezüglich Steifigkeit, gilt es komplexe fertigungstechnische Fragen zu beantworten. Erste Fabrikationsüberlegungen stellt der Sindelfinger Oberingenieur Walter Häcker aufgrund von Zeichnungen aus Untertürkheim

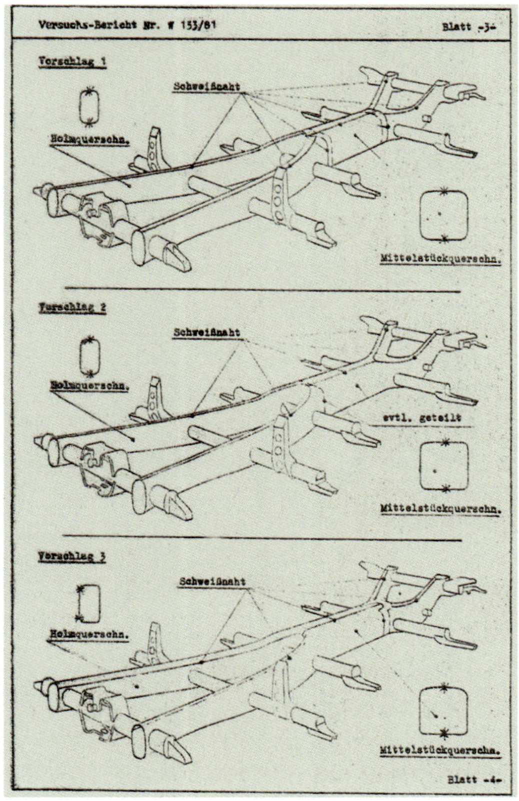

Abb. 0374
Ein geschweißter Mittelträgerrahmen aus Blech soll den X-förmigen Ovalrohrrahmen ablösen. Darstellung von 1941 mit drei in einem internen Wettbewerb entstandenen Konstruktionsvorschlägen.

an.[97] Dies ist der Auftakt zu einer intensiven, bis ins kleinste Detail gehenden Zusammenarbeit der Konstrukteure von Untertürkheim und Sindelfingen. Ein Wissensaustausch mit dem Lastwagenwerk Gaggenau führt zur Erkenntnis, dass Lkw-Rahmen andere Eigenschaften aufweisen müssen, eine Verdrehung dort geradezu erwünscht ist. Aufgrund der gemeinsamen Auseinandersetzung wird man sich immerhin einig, dass die Verbindung der Rahmenträger im Stumpfschweißverfahren erfolgen soll.[98] Als zielführend erweist sich schließlich das Hinzuziehen von Oberingenieur Franz Eschenlohr aus dem Werk Mannheim. Er verfügt über die spezifischen Fachkenntnisse und hat insbesondere Kontakte zu Firmen, die in den fraglichen Techniken zu den Spitzenreitern gehören. So holt man sich Rat von den Ottensener Eisenwerken in Hamburg, die sich jedoch außerstande sehen, geschweißte Probestücke früher als in einem halben Jahr, also vor November 1941 anzufertigen.[99]

Am 18. März 1941 schreibt die Direktion vier W 158-Versuchs-Fahrgestelle mit gepresstem Blechrahmen ein, und zwar:

- 2 Stück für Limousinen mit Blechstärke von 3,0 mm in der Mitte und 2,75 mm an den Hörnern und
- 2 Stück in Cabriolet-Ausführung mit Blechstärken von 3,5 mm in der Mitte und 3,0 mm an den Hörnern.

Das Mittelstück soll gerollt und längsgeschweißt, die vorderen und hinteren Hörner in der Serie stumpf angeschweißt werden.[100] Die Ablieferung ist für Mitte August terminiert.[101]

Die Serienfertigung der Blechrahmen ist im Karosseriewerk Sindelfingen vorgesehen, und zwar sowohl das Pressen der Einzelteile als auch das Schweißen und die Montage. Dank der Dreiteilung in Längsrichtung genügt die dort vorhandene 500-Tonnen-Presse.[102] Neben Oberingenieur Wilfert und dem Fachkalkulator Heim aus Sindelfingen bearbeiten von Seiten des Konstruktionsbüros in Untertürkheim vermehrt die Ingenieure Josef Müller und Erich Sommer den Rahmen und insbesondere das Fahrwerk des W 158.[103] Anfang August 1941 sorgt die nun vorliegende Kostenkalkulation für eine herbe Ernüchterung. Der geschweißte Blech-Mittelträgerrahmen kommt deutlich teurer zu stehen als der bisherige Ovalrohrrahmen.[104] Direktor Wagner überträgt die produktionstechnischen Abklärungen und die neue Kostenberechnung nun federführend an Oberingenieur Eschenlohr aus Mannheim, der zudem die konstruktiven Konsequenzen mit Untertürkheim und Sindelfingen zu bereinigen hat.[105] Als Partnerfirmen wirken die AEG in Hennigsdorf bei Berlin und mehrere Schweißmaschinenfabriken mit. Es zeigt sich, dass es zielführend ist, lediglich das Mittelstück stumpf an die vordere Rahmengabel anzuschweißen. Hingegen sind die inneren Nähte der vorderen und hinteren Gabel mittels Hand-Lichtbogenschweißung zu verbinden, während für den aus zwei Pressteilen bestehenden Mittelkörper das Kohle-Lichtbogen- oder Arcatom-Verfahren gewählt werden soll, abhängig von der noch zu wählenden Stahlsorte.[106]

Steht zu Beginn des Jahres 1941 die Entwicklung eines gepressten Blechrahmens für den 230 (W 153) im Vordergrund, so verlagern sich die diesbezüglichen Aktivitäten zunehmend auf den 170 VX (W 158). Bis in den Spätherbst entstehen mehrere Blechrahmen, bei deren Ausgestaltung selbstverständlich die veränderten technischen Randbedingungen der jeweiligen Versuchswagen berücksichtigt werden.

Die Entwicklung zeigt Folgen: 170 VX (W 158) mit aktueller Technik

Der Motor M 158: Leistungsfähig und testerprobt

Mitte März 1941 wird festgehalten, dass der obengesteuerte 1,7-Liter-Vierzylindermotor M 158 *absolut reif* für die Produktion ist. Einzig die Zeichnungen sind noch auf den neusten Stand zu bringen, also mit der sechszylindrigen Schwestermaschine M 159 abzugleichen, deren Serienanlauf für den Mannschaftswagen L 1500 A und das leichte Löschgruppenfahrzeug L 1500 S unmittelbar bevorsteht. Hervorgehoben wird die Laufruhe des für den 170 VX vorgesehenen M 158, die unterdessen so gut geworden ist, dass Versuchsleiter Winkelmann später ein neues, laufruhigeres Getriebe fordert.[107] Die Leistungsspitze liegt 37% über dem des alten M 136 und erreicht demnach 52 PS. Zudem bewegen sich die Drehmomentwerte im gesamten Drehzahlbereich über der Kurve des Vorgängermotors, was sich durch eine stärkere Beschleunigung des Wagens auch bei tiefen und mittleren Drehzahlen bemerkbar macht. Bereits im vergangenen Herbst 1940 haben praktische Fahrprüfungen ein eindrückliches Zeugnis von der Güte der neuen Motorkonstruktion abgelegt: Nacheinander wird ein und derselbe Wagen, ein 170 V (W 136 I), mit einem serienmäßigen M 136- und einem M 158-Motor versehen und hinsichtlich Beschleunigung und Verbrauch gemessen. Der Spurt von 20 km/h auf 80 km/h dauert mit dem M 136 lange 32 Sekunden, mit dem M 158 lediglich 25 Sekunden.

Bei konstanten Geschwindigkeiten wird der Treibstoffverbrauch laut der Tabelle auf nebenstehender Seite gemessen.

Im praktischen Fahrbetrieb bestätigt sich der Minderverbrauch jedoch nicht. Der Wagen konsumiert mit dem M 158 auf den einzelnen Teststrecken (Stadtverkehr Stuttgart, Solitude-Rundstrecke und Stuttgart – Tübingen) durchwegs um 0,1 bis 0,4 Liter/100 km mehr. Der Versuchsleiter Otto Winkelmann begründet dies mit der schnelleren Fahrweise aufgrund der spürbar höheren Motorleistung. Eine Verbrauchssenkung erwartet er durch die noch nicht eingebaute Gemischvorheizung. In einem W 136-Kübelsitzwagen fällt der Verbrauch mit dem M 158-Motor Nr. 158 9271/4 hingegen deutlich günstiger aus als mit der ursprünglichen M 136-Maschine, und zwar mit

Geschwindigkeit konstant	Verbrauch mit Motor M 136	Verbrauch mit Motor M 158	Ersparnis mit Motor M 158
60 km/h	8,5 Liter/100km	7,5 Liter/100km	11,8%
80 km/h	9,7 Liter/100km	8,7 Liter/100km	10,3%
100 km/h	12,0 Liter/100km	10,5 Liter/100km	12,5%

Einsparungen von 1,4 bis 2,1 Liter/100 km.[108] Winkelmann erwähnt Mitte März in einer Technischen Sitzung, dass dieser M 158 im 170 V Kübelwagen trotz der starken Belastung im Gelände und einer Anhängelast von 1 100 kg über ungefähr 40 000 km *ganz tadellos durchhielt.* Der neue Vierzylindermotor M 158 könne bereits jetzt *als der allein in Frage kommende* für den 170 V-Nachfolger W 158 bezeichnet und die entsprechenden Anschlussstellen am Rahmen in den Zeichnungen eingetragen werden. Diese Aussage relativiert Technikchef Nallinger in einem späteren Protokoll mit einem handschriftlichen Ungefähr-Zeichen,[109] was darauf hindeutet, dass im Vorstand nach wie vor oder gar erneut auch abweichende Meinungen präsent sind.

▷ **Siehe Band II/Seite 203 f**
Exkurs F 04: Der neue 1,7-Liter-Motor M 158 als Teil der »Syring-Motorenfamilie«

Abb. 0375
Der 2,6 Liter große M 159 (Bild) bewährt sich ausgezeichnet. Auch der produktionsbereite 1,7-Liter-Vierzylinder M 158 gefällt durch gute Leistung, ordentliches Drehmoment und mäßigen Verbrauch.

Neu: Pendelachse mit Schubstreben

Um Fahrbahn-Abrollgeräusche zu dämpfen und den Dröhneffekt bei den Ganzstahl-Karosserien zu unterdrücken, beschließt die technische Führungsmannschaft in Untertürkheim Anfang 1941, nicht bloß für den 230 (W 153) eine gummigelagerte Vorder- und Hinterachse zu entwickeln, sondern auch für den W 158; eine Lösung, auf die Karl Wilfert schon länger drängt. Die Trapezlenker-Vorderradaufhängung gedenkt man zunächst in einem Hilfsrahmen zu montieren, der später als schwer und teuer kritisiert wird. Die darauffolgende Vorderachslagerung direkt im Rahmen, jedoch mittels Gummielementen, führt in ihrer ersten Ausführung nicht zum Ziel. Erst ein Verbesserungsvorschlag von Versuchsingenieur Rudolf Uhlenhaut bringt eine Reduktion der Abrollgeräusche und des Polterns. Für die Pendel-Hinterachse stehen zwei Varianten zur Diskussion, die beide über Schubstreben verfügen. In der einen Ausführung liegen die Streben längs, also parallel zur Wagenlängsachse, in der anderen verlaufen diese diagonal, also zur Rahmenmitte hin. Im Mai steht die endgültige Konstruktion fest: Dank der weichen Lagerung der Längsschubstreben durch ovale Gummiringe weicht die Achse den Fahrbahnstößen beim Einfedern um bis zu 30 mm gegen hinten aus, was den Bodenkontakt verbessert, den Federungskomfort erhöht und das lästige Poltern stark reduziert, wie Versuchsleiter Otto Winkelmann rühmt. Auch bei der De-Dion-Achse *(Parallelradachse),* die für die größeren Fahrzeugtypen in der Erprobung ist, wird der vordere Achsstützpunkt in Längsrichtung nachgiebig ausgeführt, während er in der Seitenführung straff bleibt. Ungeklärt ist der Einfluss dieser Längsnachgiebigkeit auf den Reifenverschleiß, wo die Pendelachse generell nachteilig abschneidet. Im Mai 1941 ist mit der neuen Pendelachsführung und den Teleskopstoßdämpfern für den W 158 eine Fahrwerksdisposition gefunden und festgelegt worden, wie sie erst 12 Jahre später, im Juli 1953, mit dem neuen Typ 180 (W 120), später »Ponton« genannt, in Serie gehen wird.[110]

Für die neu zu bauenden W 158-Versuchsfahrgestelle mit gepresstem und geschweißtem Blechrahmen werden am 18. März 1941 zusätzlich zu den Pendelachsen in »Normal-Ausführung« auch zwei solche mit Längsschubstreben in Auftrag gegeben, alle mit vergrößerter Spurweite für die nun 1 650 mm breiten Karosserien.[111] Im Juni verzögert sich die Fertigstellung dieser Chassis, weil der Bearbeitung der De-Dion-Achse für den künftigen Typ 260 (W 159) eine höhere Priorität eingeräumt wird.[112]

Karosseriekorrekturen: Eingelassene Scheinwerfer und Ersatzrad im Kofferraum

Der Entschluss, die Pendelachse mit Längsschubstreben zu versehen, führt in der zweiten Maihälfte 1941 zu einer Korrektur an der Karosserie. Ausgelöst wird der Eingriff durch die Anordnung der Schraubenfedern, die nun nicht mehr wie bislang auf den Tragrohren der Halbachsen befestigt sind, sondern, ein wenig nach vorn gerückt, an den hinteren Enden der Schubstreben. Den neuen Maßverhältnissen Rechnung tragend, schiebt man folglich den in seinen Innenabmessungen unveränderten Fahrgastraum mitsamt dem Motor nochmals um 30 mm nach vorn, wo bis zur Kühlermaske noch Leerraum zur Verfügung steht. Dadurch lässt sich innerhalb des unveränderten Heckabschlusses das Kofferraumvolumen vergrößern, so dass die Möglichkeit besteht, als Alternative das Ersatzrad innerhalb des Kofferraums unterzubringen statt wie bisher auf dem Heckdeckel.

Sowohl Direktor Wagner als auch Oberingenieur Wilfert plädieren für die Wahl dieser Variante, weil der Deckel bedeutend leichter wird und der aufwändige Rückzugsmechanismus entfällt. Dafür sprechen auch ästhetische Argumente, ebenso für die Absicht, den Dachaufbau hinten an der alten Stelle beginnen zu lassen, statt das Heck optisch zu verlängern.[113]

Am 19. Mai 1941 beurteilen die Direktoren Wilhelm Haspel, Fritz Nallinger, Max Wagner und Paul Heim das soeben fertiggestellte 1:1-Holzmodell. Aus Untertürkheim sind unter anderem die Herren Otto Winkelmann, Joseph Dauben, Erich Übelacker und Josef Müller anwesend, von Sindelfingen Hermann Ahrens und Karl Wilfert. An der überarbeiteten W 158-Karosserie sticht besonders die Vorderpartie ins Auge, die durch austauschbare Elemente in drei Versionen mit zwei unterschiedlichen Kotflügelformen dargestellt werden kann. Gemeinsames Merkmal sind die nun in die Kotflügel eingelassenen, leicht nach hinten geneigten Scheinwerfer. Im Unterschied zum Bestreben von Wagner und Wilfert, das Ersatzrad im Kofferraum unterzubringen, liegt im Holzmodell das Rad von außen sichtbar im Deckel. Im direkten Vergleich mit dem alten 170 V (W 136 I) und dem verworfenen W 136 II, die zum Vergleich daneben geparkt sind, wird die Gesamtform als großer Fortschritt empfunden. Dennoch sparen die Herren nicht mit Änderungs- und Verbesserungswünschen. Einmal mehr erweist sich die Front als gestalterisch heikel. Fertigungstechnisch wünscht man sich den Vorderkotflügel und das Motorhauben-Seitenblech in einem einzigen Bauteil vereint, was eine »Alligator«-Motorhaube bedingt. Einig ist man sich bei der Heckgestaltung: Das Ersatzrad soll angesichts der zahlreichen Vorteile endgültig im Kofferraum verschwinden. Für die wahlweise äußere Montage sieht man einen aufpreispflichtigen Träger vor. Schließlich vereinbaren die Direktoren, bei sonst unveränderter Karosserieform die Kotflügel und die Scheinwerferanordnung gemäß dem Vorschlag von Vorstand Fritz Nallinger zu optimieren und die Kühlermaske um 30 mm zurückschieben zu lassen. Gleichzeitig erhält das Untertürkheimer Konstruktionsbüro den Auftrag, als Alternative die Ausführung mit der flacher verlaufenden Motorhaube und

Abb. 0376
Holzmodell des W 158 in natürlicher Größe, Stand April 1941. Die Scheinwerfer sind nun in die Kotflügel eingelassen. Die 30 mm nach vorn geschobene Fahrgastzelle führt zu einem optisch längeren Heck. Im direkten Vergleich mit dem W 136 II und dem bisherigen 170 V (W 136 I) glaubt man einen großen Fortschritt zu erkennen.

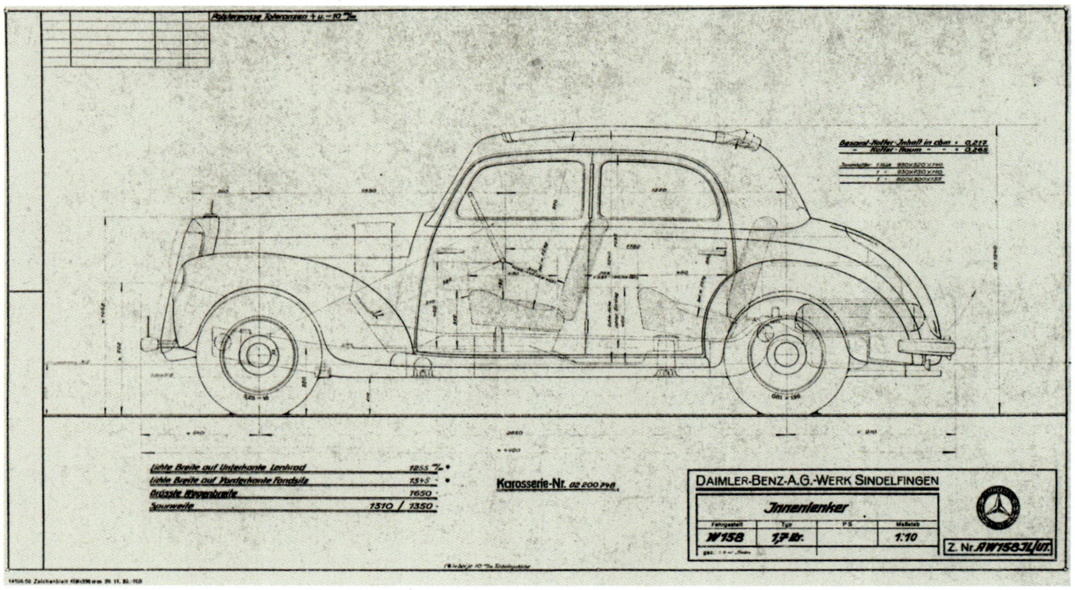

Abb. 0377
Karosseriezeichnung W 158 Innenlenker, dat. 05.09.1941. Bereits im Mai hat man beschlossen, das verlängerte Heck optisch zu umgehen, indem man den Dachabschluss an alter Stelle belässt und das Ersatzrad im Kofferraum unterbringt. Die Front hat jetzt halbhohe Seitenbleche, die mit den Kotflügeln verbunden sind.

den stärker anschmiegenden Vorderkotflügeln mit den geschickt integrierten Scheinwerfern zeichnerisch zu überarbeiten und eine dazu passende Heckform mit entsprechend geformten Hinterkotflügeln zu entwerfen.[114] Erst im August dürfte ein vorhandener W 158-Versuchswagen, ein Innenlenker, die neue Front- und Heckgestaltung nach dem Untertürkheimer Entwurf probeweise erhalten haben, und zwar gleichzeitig mit dem Einbau eines Schiebedachs.[115]

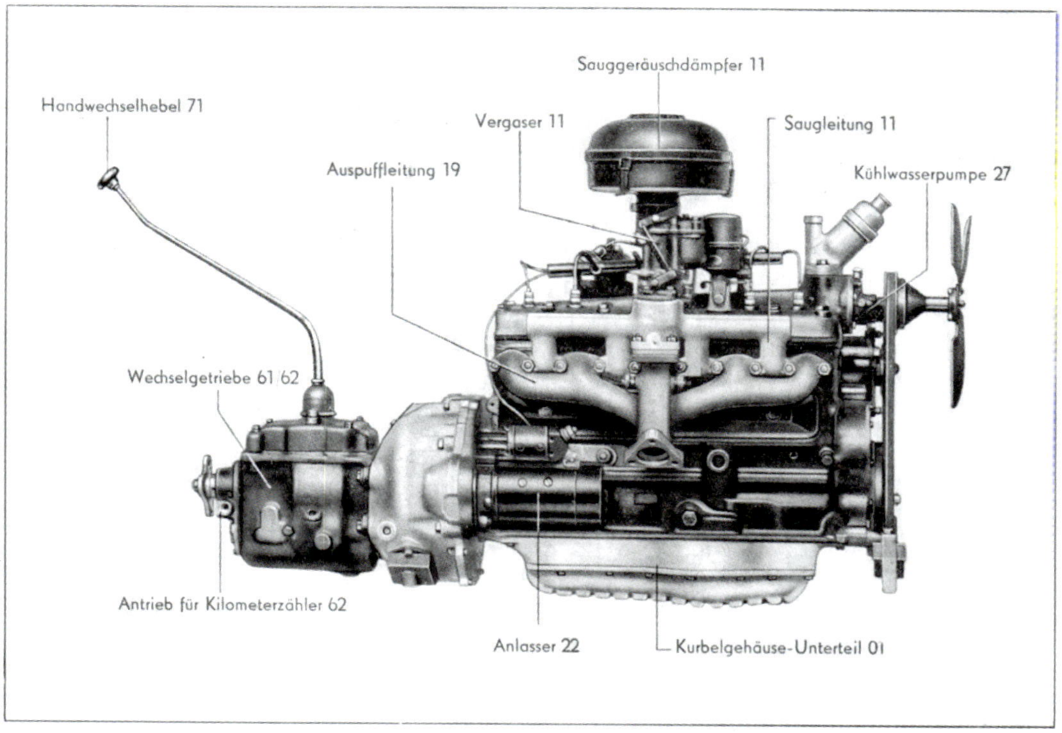

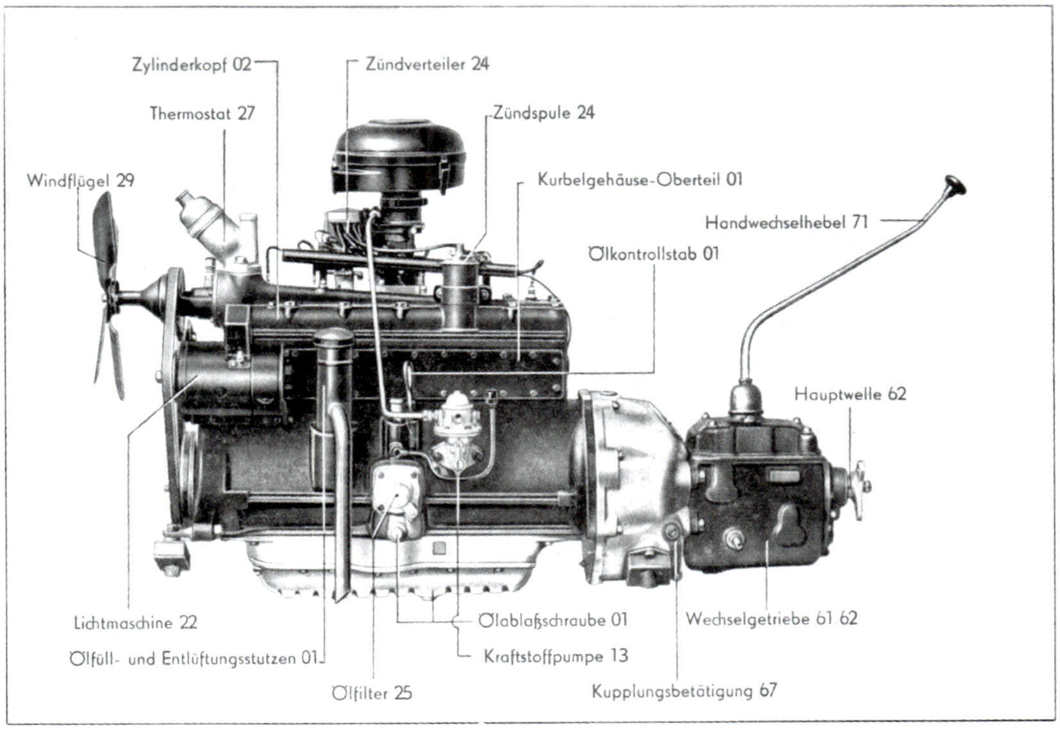

Kissels Verdikt: W 158 II mit altem Seitenventil-Sechszylinder M 153

Am W 158 ist die optimierte Front- und Heckgestaltung noch nicht umgesetzt, als in den ersten Augusttagen 1941 das Konstruktionsbüro eine Weisung erreicht, die ungläubiges Staunen und Kopfschütteln ausgelöst haben dürfte: Statt mit dem produktionsfertig neuentwickelten 1,7 Liter großen Vierzylindermotor M 158 soll der designierte 170 V-Nachfolger W 158 mit dem alten und schweren 2,3-Liter-Sechszylinder M 153 aus dem 230 (W 153) gebaut werden.

Marktüberlegung mündet in ein »Zukunftsprogramm«

Dieser überraschende Entschluss eröffnet der Vorstandsvorsitzende Wilhelm Kissel am 28. Juli 1941 seinen Kollegen. Kissel gelangt aufgrund von Marktüberlegungen, die er in unregelmäßigen Abständen und bevorzugt im Alleingang anstellt, zu dieser Entscheidung. Er sieht einen großen Strukturwandel auf die Automobilindustrie zukommen: Zum einen durch den Volkswagen, der dank seines sagenhaft günstigen (politisch verordneten) Preises von 990 RM und der guten Technik sich im untersten Segment durchsetzen werde. Zum andern, weil im künftigen Europa *der Hauptbedarf an Fahrzeugen wohl aus deutscher Produktion gedeckt werden würde,* wie er siegesgewiss folgert. Gerade dieser Umstand, aber auch die Geschwindigkeitsbeschränkung (die er auch in den Nachkriegsjahren als gegeben betrachtet) führe zu einem größeren Anteil von Wagen der preisgünstigen Klassen, wodurch weitere in diesem Segment erfolgreiche Fabrikate stark nachgefragt würden, insbesondere solche der Auto Union (wo der moderne DKW F 9 bereitsteht) und von Opel. Mercedes-Benz werde hingegen mit dem 1,7-Liter-Hauptyp immer stärker ins Hintertreffen geraten. Kissel beabsichtigt offensichtlich, die günstigen Fahrzeugklassen ganz der Konkurrenz zu überlassen, allerdings ohne dies explizit zu kommunizieren oder gar zu begründen, weshalb dieser einschneidende Schritt für die Daimler-Benz AG notwendig sei. Mit dem 170 V-Nachfolger – als solchen nennt er explizit den Ende 1939 ausgeschiedenen W 136 II und nicht den aktuell in der Entwicklung befindlichen W 158 – will er demnach direkt in die Sechszylinder-Mittel-

Abb. 0378 & 0379
2,3-Liter-Sechszylinder M 153. Überraschend ordnet Konzernchef Kissel an, diesen größeren Motor im W 158 zu verwenden, weil er nach dem (siegreichen) Ende des Kriegs einen Strukturwandel in der deutschen Autoindustrie erwartet und den 170 V-Nachfolger höher positionieren will. Doch der schwere Motor mit seinen stehenden Ventilen ist technisch veraltet.

klasse einsteigen. Dasselbe Verhaltensmuster, alter großer Motor in neuem Wagen, soll auch bei der nächsthöheren Baureihe angewandt werden. Den kommenden W 159, der als Typ 260 mit dem modernen 2,6-Liter-Sechszylindermotor M 159 mit V-förmig im Kopf hängenden Ventilen hätte versehen werden sollen, plant Kissel nun mit dem 3,4 Liter großen Seitenventiler M 142 auszurüsten, einem Motor, dessen Grundkonstruktion aus den mittleren 1920er Jahren stammt. Dank dieser beiden Haupttypen, deren *Grundlage* [...] *wir in jeder Hinsicht kennen und beherrschen,* glaubt er fabrikatorische Vorteile zu erzielen, die sich in einer Kostenreduktion niederschlagen müssen. Mit diesem neuen *Zukunfts-Programm* [...]*, das sich sicherlich auch marktmäßig ausgezeichnet den dargelegten zukünftigen allgemeinen Verhältnissen anpassen und einfügen würde,* gedenkt Kissel in eine verheißungsvolle Nachkriegszeit zu starten. Er bittet explizit *Direktor Nallinger, sich mit seinem Mitarbeiterstab diesen neuen Problemen mit besonderer Hingabe zu widmen.* Abgesprochen hat Generaldirektor Kissel sein Vorhaben offenbar mit Direktor Wilhelm Haspel, seiner rechten Hand, denn Haspel unterstützt Kissels Ausführungen und versucht konstruktive Bedenken, die Technikvorstand Nallinger anklingen lässt, kleinzureden. Es ist schwierig, Kissel zu widersprechen. Offensichtlich ist die neue Modell-Philosophie schon vor deren Verkündigung in der Vorstandssitzung von Ende Juli durchgesickert. Nallinger und mit ihm die Versuchsabteilung mit Winkelmann und Uhlenhaut wissen oder ahnen bereits, in welche Richtung »ganz oben« gedacht wird, denn kurz zuvor haben sie einen 3,4-Liter M 142-Motor in einen W 159-Versuchswagen eingepflanzt.[116]

Alternative: Ein neu zu entwickelnder Sechszylindermotor?

Auf der nachfolgenden Technischen Besprechung lässt auch Nallinger erkennen, dass er mit dem Einbau der veralteten Seitenventil-Motoren Mühe hat. Er heißt die von Direktor Wagner und Motoreningenieur Syring vorgetragene Idee gut, als Alternative eine im Hubraum auf 3,4 Liter vergrößerte Version des modernen M 159 zu prüfen[I] und stellt für später die Entwicklung eines neuen kleinen obengesteuerten Sechszylinders mit 2,3 Liter Hubraum für den W 158 in Aussicht.[117]

Ein weiterer Schritt zurück: Rückgriff auf den W 136 II, aber mit Motor M 153

Was am 28. Juli 1941 in der modellpolitischen Weisung von Generaldirektor Kissel eher wie ein Versprecher bzw. Verschreiber aussieht, präzisiert Vorstand Wilhelm Haspel gute zwei Wochen später: Er macht sich tatsächlich für eine Rückkehr zum Ende 1939 verworfenen 170 V-Nachfolger W 136 II stark, der mit dem 2,3-Liter-Motor M 153 zu prüfen sei. Aufgrund der größtenteils vorhandenen Presswerkzeuge könne der Aufbau zeitnah in Produktion gehen, argumentiert er. Die Gleichteile mit dem 230 (W 153) versprächen Einsparungen, das Wageninnere sei mit Ausnahme des Beinraums im Fond großzügiger und die schlechte Straßenlage würde sich durch die höhere Vorderachslast des Sechszylindertriebwerks verbessern. Winkelmann gibt indessen zu bedenken, dass die Gewichtseinsparung eines solchen Wagens gegenüber dem W 153 kaum mehr als 150 kg betragen würde,[118] was ein Leergewicht von hohen 1 320 kg bedeutet. Bereits Tage zuvor hat Konstruktionschef Wagner gewarnt, der Sechszylindermotor werde mit allen übrigen zu verstärkenden Komponenten unweigerlich zu einer Gewichtsspirale führen, also auch zum Übergang auf eine größere und tragfähigere, aber auch schwerere und teurere Reifendimension, eine Maßnahme, die der Vorstand immer wieder ausgeschlossen hat.[119] Direktor Haspel setzt sich trotz Bedenken der Techniker mit dem Auftrag zum Bau eines Versuchsfahrzeugs W 136 II mit Motor M 153 durch. Bereits 1939 haben zwei solcherart disponierte, mit einer Lenkerachse versehene Wagen ein Versuchsprogramm durchlaufen, sind allerdings Monate später wieder in normale W 136 II zurückgebaut worden.[120/II] Eine gründliche Überprüfung bestätigt die reklamierten Probleme, wobei in der Gewichtsfrage weniger das Gesamtgewicht als vielmehr die deutlich höhere Hinterachslast zu schaffen macht.

Zuwenig eindrucksvoll: Optische Korrekturen an der W 158-Karosserie

Obwohl die technische Mannschaft unter Nallinger und Wagner die Rückkehr zum W 136 II einhellig ablehnt, gibt Haspel noch nicht auf. Er meldet sich wegen dieses offenen Punkts für die nächste Konstruktionssitzung an, die am 15. September 1941 in Untertürkheim stattfindet und Gelegenheit bietet, die in der Versuchsanstalt stehenden Fahrzeuge zu vergleichen. Haspel kritisiert, *daß die W 158-Karosserie den Wagen weniger groß und eindrucksvoll erscheinen lasse als die W 136 II-Karosserie.* Doch nicht zuletzt angesichts der überzeugenderen Innenmaße – die vordere Breite ausgenommen – gibt er schließlich nach und entscheidet, beim W 158 zu bleiben, jedoch weitere Retuschen an dessen Karosserie durchführen zu lassen. Um den Wagen bei unveränderten Abmessungen etwas größer und schwerer erscheinen zu lassen, sollen die Gürtellinie höher gelegt und die Fenster in der Höhe verkleinert werden, wodurch das Fahrzeug optisch länger würde. Die Frontpartie weiß einmal mehr weder beim Innenlenker noch beim Cabriolet zu gefallen. Haspel kommt zudem auf die Lage des Ersatzrads zu sprechen, das er wegen des größeren Kofferraumvolumens wie anfänglich auf dem Deckel wünscht.[121]

W 158 II: Planungsstand im November 1941

Der neue designierte 170 V-Nachfolger, nun mit Sechszylindermotor, wird intern als Baureihe W 158 II bezeichnet. Seine Bearbeitung läuft so gut es die kriegsbedingt eingeschränkten Kapazitäten im Konstruktionsbüro, im Einzelwagenbau und im Versuch erlauben. Von den vier neuen Versuchswagen sollen zwei mit dem 2,3-Liter M 153-Motor versehen werden, die beiden anderen jedoch mit dem 1,7-Liter M 158, wobei der erste mit Lenkradschaltung, der zweite mit einer *Leichtschaltung*[III] zu versehen ist. Trotz der »von oben« verordneten Umstellung auf den alten Sechszylinder sind die führenden Techniker bestrebt, den W 158 in seiner ursprünglichen Disposition – also mit dem neuen OHV-Vierzylindertriebwerk – aber in endgültiger Ausführung mit gepresstem Blechrahmen und voll funktionsfähig zur Verfügung zu haben, und sei es lediglich zu Vergleichszwecken.[122]

Anfang September 1941 präsentieren der Motorenchef Albert Heeß und Dipl.-Ing. Willy Syring im Rahmen einer Konstruktionssitzung die Entwurfszeichnungen für einen kleinen Sechszylindermotor mit 2 bis 2,3 Liter Hubvolumen und in einer Reihe hängenden Ventilen, dessen Herstellungskosten gegenüber dem M 159 deutlich günstiger zu veranschlagen sei. Während nach Ansicht von Winkelmann nur V-förmig hängende Ventile einen Verbrauchs- und Leistungsgewinn gegenüber seitlich stehenden ergäben, erkennt Nallinger für die in Reihe angeordneten hängenden

Anmerkung I: Verhältnis Bohrung zu Hub neu 85×100 mm (= 3 404 cm³) statt 80×86 mm (=2 594 cm³).
Anmerkung II: Diese 6-Zylinder-Versuchswagen wurden mit W 136 IV bezeichnet.
Anmerkung III: Unter »Leichtschaltung« verstand man eine Schalterleichterung, die das Kuppeln überflüssig macht.

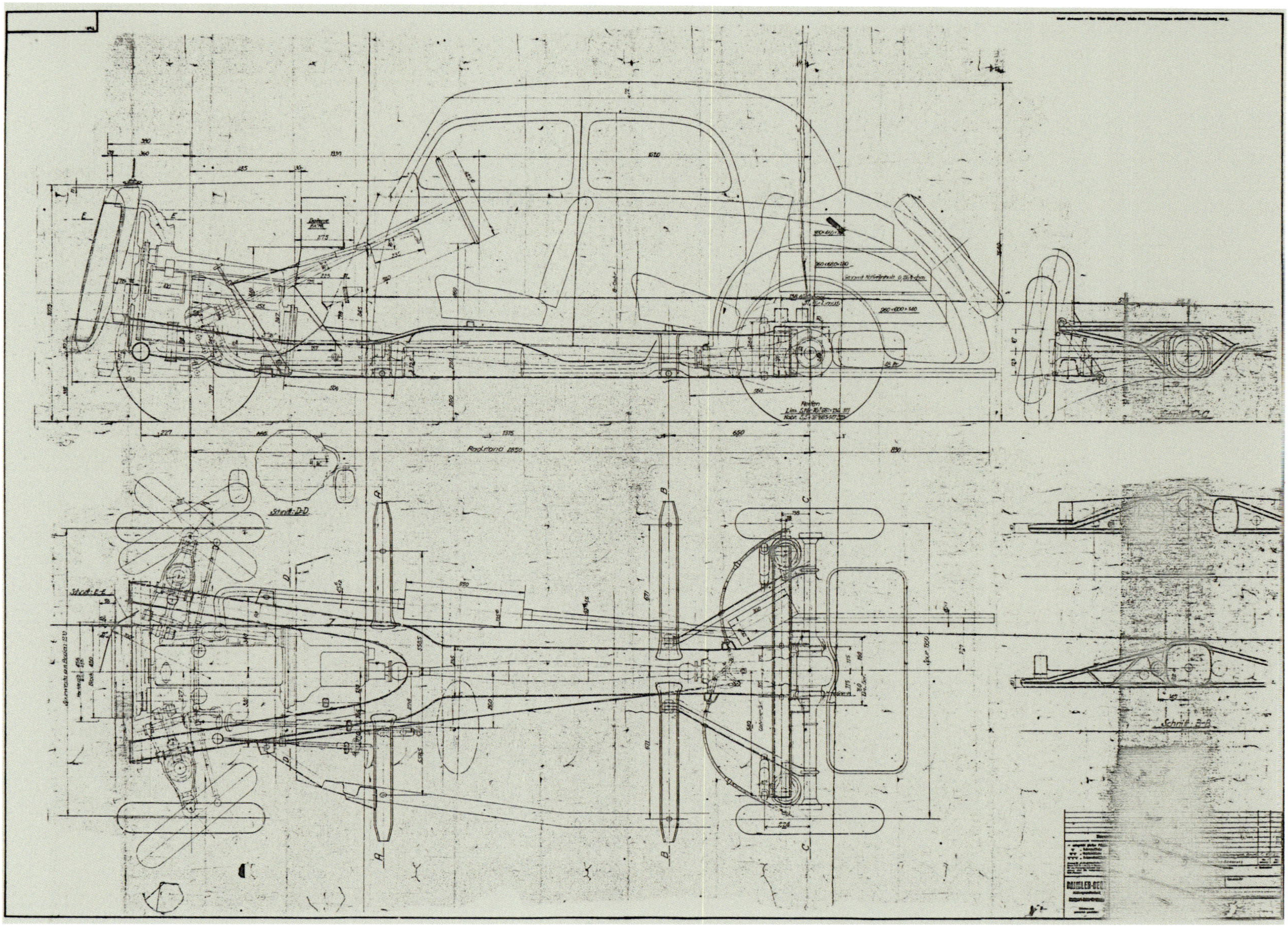

Abb. 0380
Fahrgestellzeichnung W 158 mit M 153, Stand November 1941. Merkmale: Mittelträgerrahmen aus Blech mit vorderer Gabelung und zwei Auslegern, Sechszylindermotor M 153 zwischen den Vorderrädern, Pendelachse verbreitert (+ 30 mm) und mit Diagonalschubstreben versehen, Treibstofftank aus zwei Halbschalen, 48 Liter.

Ventile immer noch Vorteile. Syring bekräftigt diese Haltung und argumentiert, bei kleinen Zylinderabmessungen sei der Nachteil der Reihen- gegenüber der V-Anordnung gering. Wohl unter dem Eindruck von Kissels Verdikt stellt Nallinger die Weichen letztlich doch in Richtung eines überarbeiteten Seitenventilers auf Basis des M 153. Er korrigiert seinen Kurs auch eine Woche später nicht, als der wahre Umfang der notwendigen Änderungen auf dem Tisch liegt und Joseph Dauben den eingeschlagenen Weg in Frage stellt.[123] Ungeachtet des schweren alten Sechszylinders betont Fritz Nallinger mehrfach, dass der neue Haupttyp den Charakter eines 1,7-Liter-Wagens beibehalten müsse, was auch für das Belassen der 6-Volt-Anlage und der Reifendimension 5,25-16" mitsamt der damit verbundenen Gewichtsbeschränkung gelte.[124] Doch gleichzeitig müssen er und Haspel zur Kenntnis nehmen, dass eine Verstärkung des Getriebes und der Hinterachse unumgänglich wird.[125]

Fortschrittliches Fahrgestell, veralteter Motor

Wie weit der W 158 II im Spätherbst 1941 gediehen ist, lässt sich an der Karosseriezeichnung eines Innenlenkers von Anfang September und an einer Fahrgestellzeichnung von Anfang November erkennen.[126]

Der Radstand des Wagens verbleibt bei 2 850 mm, auch die Spurweite ist mit 1 310 mm (vorn) und 1 350 mm (hinten) gegenüber der Ausführung vor Jahresfrist identisch. Das Rückgrat des Fahrzeugs besteht hingegen aus dem sogenannten Mittelträgerrahmen aus gepresstem und verschweißtem Stahlblech. Die Zeichnung zeigt die letzte und offenbar endgültige Ausführung mit vorderer Gabelung zur Aufnahme des Sechszylindermotors und der Radaufhängung mittels Dreiecks-Querlenkern, während der Mittelkörper hinten stumpf am Ausgleichsgetriebe der Hinterachse endet. Dieser Rahmen verfügt bloß noch über zwei Ausleger pro Seite, deren Konstruktion in zwei Varianten angedacht ist, nämlich als Doppel-T-Träger oder als Fachwerkträger, wobei beide am Mittelkörper, wo sie angeschweißt sind, ihre größte Höhe aufweisen und gegen außen auf das Höhenmaß der beiden U-förmigen Flansche (40 mm) auslaufen. Der vordere Ausleger befindet sich in der Ebene des hinteren Getriebeausgangs, der hintere im Abstand von 650 mm vor der Hinterachse. Dort, nahe am Mittelkörper, sind die diagonal verlaufenden Schubstreben angelenkt, mit denen die Pendelachse auch geführt wird. Ihre Schraubenfedern sitzen unten auf einem Teller vor dem Achstragrohr und stützen sich oben an einer

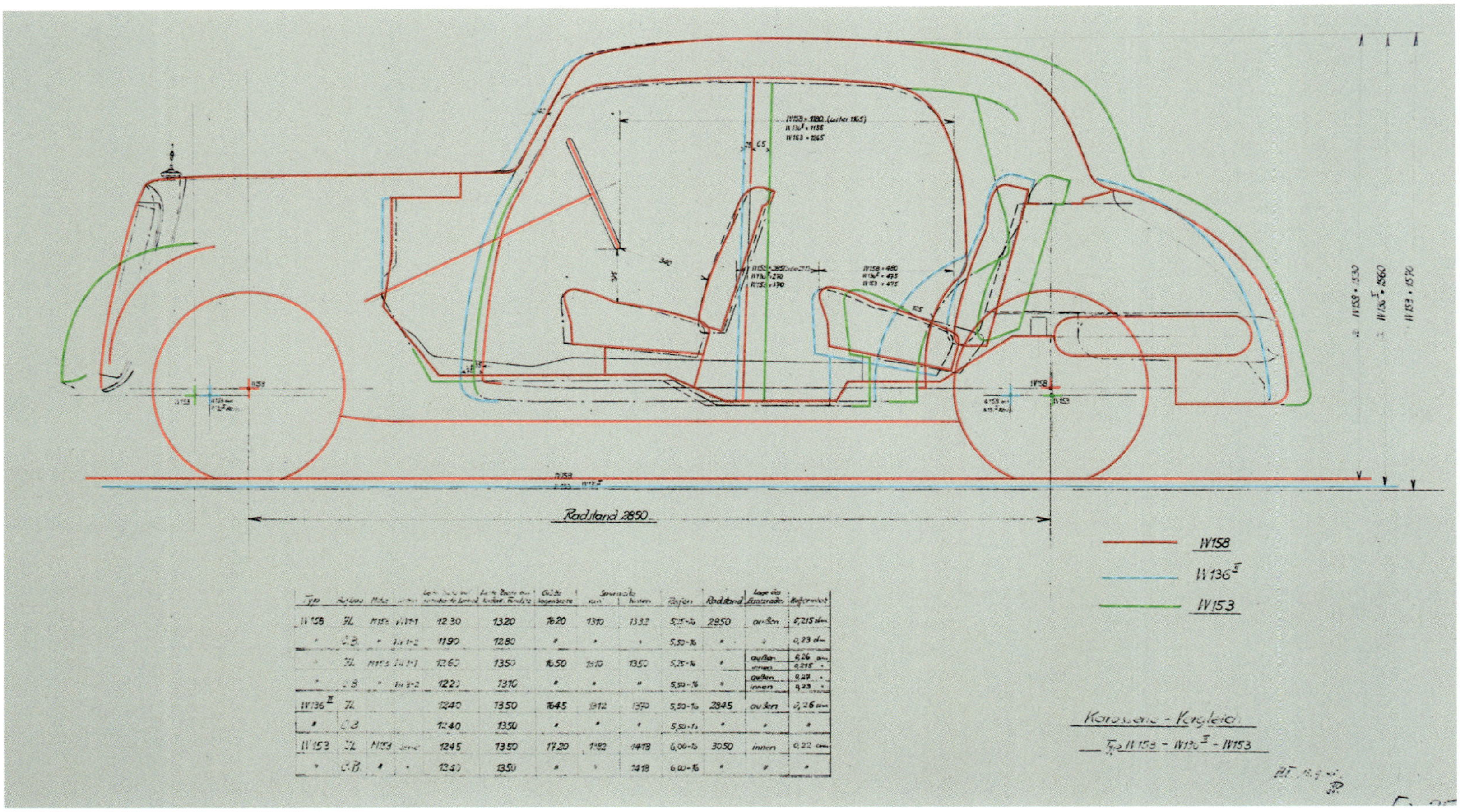

Abb. 0381
Karosserievergleich W 158 (rot) – W 136 II (blau) – W 153 (grün), dat. 13.09.1941: Die Fahrgastzelle des W 158 ist gegenüber den beiden anderen Typen deutlich von der Hinterachse weg nach vorn geschoben worden. Fehlende Radkästen im Innenraum verbessern den Sitzkomfort im Fond. Erkauft wird dies mit einem ebenfalls nach vorn zwischen die Vorderräder geschobenen Motor, was den vorderen Überhang vergrößert und die vordere Achslast erhöht. Dies entspricht dem Trend der Zeit.

Brücke ab. Unmittelbar vor den Schraubenfedern sind – stark geneigt – die Teleskopdämpfer eingebaut. Die Hinterachsbrücke ist analog den Auslegern konstruiert, unterscheidet sich aber von diesen durch einen horizontal über dem Mittelträger durchlaufenden und dort mit ihm verschweißten oberen Flansch. Motorseitig findet sich als vorderste Verbindung der Rahmengabel ein Rundrohr, wie es ähnlich bereits die X-förmigen Ovalrohrrahmen zeigen. Die Diagonallenker der Pendelachse, aber auch die Vorderradaufhängung sind in dämpfenden Gummielementen gelagert. Die ungleich langen Dreieckslenker winkeln merklich nach hinten ab. Ihre Schraubenfedern sind zwischen einem Teller im unteren längeren Lenker und einer oberen Halterung als Bestandteil des Lagerkörpers eingespannt; in ihrem Zentrum sitzen die Teleskopdämpfer. Das Getriebe der Ross-Lenkung und die symmetrische, dreiteilige Spurstange mit Lenkzwischenhebel liegen hinter der Radaufhängung.[127]

Bemerkenswert ist die Einbaulage des lang bauenden Sechszylindermotors, der weit nach vorn, bis fast zur Mitte über die Radachse gerückt ist, um die Länge des Innenraums nicht zu beeinträchtigen. Überdies neigt sich die Maschine stark nach hinten, weshalb am Übergang vom Getriebe auf die nahezu horizontal verlaufende Kardanwelle anstelle der bisherigen Hardyscheibe ein Kreuzgelenk notwendig wird. Ein solches findet sich auch am Anschluss des ebenfalls nicht mit der Welle fluchtenden Differenzials der Hinterachse. Entsprechend der Disposition des alte Seitenventilmotors M 153 führt die Auspuffanlage auf der rechten Wagenseite nach hinten. Ein erster großer Schalldämpfer befindet sich unter dem Beifahrersitz, ein zweiter kleinerer schräg zwischen rechter Schubstrebe, Rahmenmittelkörper und Achstragrohr. Auffällig ist der Treibstofftank, der wegen des größeren Verbrauchs des 2,3-Liter-Motors nun 48 statt bloß 43 Liter fasst, deutlich näher an die Hinterachse geschoben ist und neu aus zwei tiefgezogenen, miteinander verschweißten Halbschalen besteht.[128]

Anpassungen am Aufbau

Weil der Reihensechszylinder länger baut und über der Vorderachse liegt, muss der vordere Überhang gegenüber der zuletzt ausgearbeiteten Vierzylinderversion um 45 mm vergrößert werden.[I] Der Kühler sitzt nun mit dem nur noch wenig und gegen vorn auskragenden Wasserkasten innerhalb der Maske. Der hintere Wagenüberhang bleibt unverändert, so dass die Gesamtlänge gegenüber der Vorgängerausführung von 4 355 mm auf 4 400 mm zunimmt. Bei außen im Deckel angebrachtem Ersatzrad vergrößert sich das Kofferraumvolumen auf 264 Liter. Gewichtsberechnungen zufolge soll der Innenlenker mit dem bisherigen Reifenformat 5,25-16" auskommen können,

Anmerkung I: Im Vergleich mit Stand Herbst 1940 verlängerte sich der Wagen um 75 mm, dies ausschließlich im vorderen Überhang.

beim schwerer bauenden Cabriolet B muss hingegen zwingend auf die nächstgrößeren Reifen der Dimension 5,50-16" ausgewichen werden.[129]

Auch komfortseitig versuchen die Sindelfinger, den Wagen auf ein aktuelles Niveau zu heben. Dies äußert sich im Bestreben, eine einfache, aber möglichst zugfreie und effiziente Frischluftzufuhr zu installieren. Der Lufteinlass soll durch eine verschließbare Luftklappe vor der Windschutzscheibe erfolgen. Weiter experimentiert man erfolgreich mit einem Scheibenwischermotor mit Endabschaltung von der Firma AVOG im badischen Bühlertal.[130]

▷ **Siehe Band II/Seite 26–28**, Tabelle A 09 Technische Daten 170 V (W 136 II), 170 VX (W 158 I & W 158 II)

Werk Sindelfingen, Ablieferungen für W 158	Stückzahl	Ablieferungszeit
Versuchskarosserien **Innenlenker**	2	Juni 1940 bis September 1941
Versuchskarosserien **Cabriolet B**	2	
Versuchskarosserie **gemäß neustem Entwurf**	1	für Juni 1942 möglich
Fahrgestellrahmen, gepresst und geschweißt, für **Innenlenker**	2	1941 gefertigt und an Untertürkheim geliefert
Fahrgestellrahmen, gepresst und geschweißt, für **Cabriolet B**	2	
Fahrgestellrahmen, gepresst und geschweißt (endgültige Ausführung) für **Innenlenker**	1	Fertigstellung bis Ende April 1942
Fahrgestellrahmen, gepresst und geschweißt (endgültige Ausführung) für **Cabriolet B**	1	

Kriegsbedingt: Das Aus für den W 158

Als der Russlandfeldzug der erfolgsgewohnten Wehrmacht im Laufe des Spätherbstes und Winters 1941/42 ins Stocken gerät und das völlig unzureichend ausgerüstete Heer sich plötzlich in einem gnadenlosen Abwehrkampf wiederfindet, der mit hohen Verlusten an Mensch und Material einhergeht und zu empfindlichen Gebietseinbußen führt, ändert sich die Stimmung im Deutschen Reich. Ab Anfang 1942 setzen Flächenbombardements auf deutsche Städte ein. Statt sich auf einen baldigen Frieden in einem weit nach Osten reichenden, von Slawen gesäuberten Großdeutschen Reich freuen zu können, bestimmt zunehmend der Schrecken des Kriegs das Alltagsleben in Deutschland. Die forcierte Rüstungsproduktion hat im Laufe von 1942 die faktische und 1943 die vollständige Einstellung der Pkw-Produktion zur Folge. Die Entwicklung ziviler Fahrzeuge wird unter Strafe gestellt.[131]

Weiterentwicklung abgebrochen

In Sindelfingen ist gerade das 1:5-Modell einer weiteren Innenlenker-Variante für den 170 V-Nachfolger W 158/W 158 II fertiggestellt, als im Frühjahr 1942 der baldige Abbruch der zivilen Pkw-Entwicklung ausgerufen wird. Die Zeichnung für den modifizierten Aufbau sollte in der zweiten Aprilhälfte zur Verfügung stehen, eine entsprechende Versuchskarosserie ließe sich bis Ende Juni realisieren, meldet Karl Wilfert an Vorstand Wilhelm Haspel und an die beiden Sindelfinger Direktoren Heim und Schenk.

Wilfert bilanziert die Versuchs- und Musteranfertigung des Werks Sindelfingen für den W 158 wie in der Tabelle oben dargestellt.[132]

Ob die von Wilfert genannte Versuchskarosserie nach neuem Entwurf noch hat gebaut werden können, ist zu bezweifeln.

Auch auf der Triebwerksseite dürfte die Entwicklung bald ausgelaufen sein. Interessant ist der Umstand, dass Nallinger inzwischen offenbar von seinem Entschluss abgerückt ist, für den W 158 II keinen vollständig neuen Sechszylindermotor entwickeln zu lassen. In den ersten Monaten 1942 arbeitet man in der Motorenabteilung unter anderem am Motor M 171, einem obengesteuerten Sechser mit 2,3 Liter Hubraum, der später im W 158 den antiquierten M 153 ablösen soll, den Kissel unbedingt eingebaut haben will. Am 13. März 1942 diskutieren die Motoreningenieure unter Leitung von Technikvorstand Fritz Nallinger über einen bemerkenswerten Konstruktionsvorschlag. Willy Syring stellt eine Variante des M 171 mit Sackzylindern vor, die gegenüber der Ausführung mit abnehmbarem Zylinderkopf neben anderen Vorzügen eine eklatante Kostenersparnis in der Produktion mit sich bringen würde, und zwar hinunter bis auf das sehr günstige Niveau des alten M 136. In der fachlichen Auseinandersetzung wird auf die Schwierigkeit des Ventileinschleifens bei Sackzylindern hingewiesen, das nur bei ausgebautem und demontiertem Motor vorgenommen werden kann. Es müsste demnach durch Feinstbearbeitung der Ventilteller und -sitze sichergestellt werden, dass ein Einschleifen erst bei einer vollständigen Motorüberholung notwendig sein würde; darüber ist man sich einig. Von den bereits eingeschriebenen sechs M 171-Versuchsmotoren sollen demnach drei in Normalausführung und drei mit Sackzylindern gebaut werden.[133]

Am 18. Februar 1942, wenige Tage nach der vernichtenden Niederlage in Stalingrad, ruft Goebbels den »Totalen Krieg« aus. Die Hauptaktivitäten des Vorstands als dem leitenden Gremium des Daimler-Benz-Konzerns haben sich schon länger in Richtung der Kriegsgüterproduktion verschoben; Lastkraftwagen sowie Flug- und Marinemotoren stehen an oberster Stelle, bald ergänzt durch Munition und Waffenteile. Den bis zuletzt in der Konstruktion und Entwicklung von Personenwagen tätigen Ingenieuren werden nach und nach neue Tätigkeitsfelder zugewiesen, die sie zum Teil an Standorte weit weg vom Stuttgarter Raum führen.

▷ **Siehe Band II/Seite 191 f**
Würdigung E 08: Die designierten Mercedes-Benz 170 V-Nachfolger W 136 II und W 158

5.3 Der W 158 in Stromform: Aerodynamik für die Serie

Daimler-Benz ist stolz auf das typische »Mercedes-Gesicht« und die formal ausgewogenen Karosserien. Der vieldiskutierten Stromlinienform steht man skeptisch gegenüber. Strömungsmessungen am veränderbaren 1:5-Modell des W 158 im Windkanal sowie Auslauf- und Verbrauchsmessungen an einem aerodynamisch adaptierbaren 170 V zeigen 1940 ein unklares Bild der tatsächlich möglichen Treibstoffeinsparung. Trotzdem spielt man mit dem Gedanken, künftig alternativ Stromlinienaufbauten anzubieten. Mindestens ein Prototyp auf W 158-Basis entsteht 1941/42.

Nachdem es – zumindest in der öffentlichen Wahrnehmung – für wenige Jahre etwas stiller um aerodynamisch geformte Personenwagen geworden ist, kehrt das Thema Ende der 1930er Jahre zurück. Dass die vielbeachteten Experimentalfahrzeuge von Professor Everling in Berlin, Diplom-Ingenieur Schlör in Göttingen und vom Forschungsinstitut für Kraftfahrwesen und Fahrzeugmotoren der Technischen Hochschule Stuttgart (FKFS) hierbei eine wichtige Rolle gespielt haben, darf vermutet werden.

Diskussion über Aerodynamik im Vorstand und deren Folgen

Auch im Vorstand der Daimler-Benz AG scheint der Themenbereich Aerodynamik und Stromlinienkarosserie über längere Zeit nicht präsent gewesen zu sein. Dies ändert sich erst am 13. Januar 1940. Der Vorstandsvorsitzende Wilhelm Kissel hat in Erwartung eines baldigen Friedens die wichtigsten Fachpersonen aller Abteilungen zu einer breit angelegten Aussprache über das künftige Pkw-Programm eingeladen. Die Diskussion findet in der Zentrale in Untertürkheim statt. Bevor die Fahrzeugtypen einzeln durchbesprochen werden, debattieren die Herren ausgiebig über den künftigen Stellenwert der Aerodynamik im Pkw-Serienbau der Daimler-Benz AG.

Die konservative Haltung des Vorstands in Fragen der Karosseriegestaltung und seine Skepsis gegenüber der Stromlinienform sind allgemein bekannt. Vorstand Jakob Werlin stellt die Relevanz des Themas grundsätzlich in Frage, doch Generaldirektor Kissel will mit Blick auf eventuelle Behördenrichtlinien zum Treibstoffverbrauch gewappnet sein und die Meinung der Fachkräfte kennen lernen. Verkaufschef Löw hält aus Praktikabilitätsgründen und wegen des anders orientierten Publikumsgeschmacks den Zeitpunkt für die Einführung von Stromlinienkarosserien noch nicht für gekommen. Die beiden Konstruktionschefs des Karosseriewerks Sindelfingen sind aufgeschlossener. Walter Häcker befürwortet luftwiderstandsarme, flüssige Linienführungen im Rahmen *unseres traditionellen Stils,* Hermann Ahrens hält die *früher angestrebte ideale Stromform* für schön,[I] ist sich aber der Abneigung des Publikums gegenüber dem neuerdings aufgekommenen, abgeschnittenen (Kamm-)Heck bewusst. Als klarer Befürworter einer strömungsgünstigen Gestaltung entpuppt sich der früher in formalen Fragen konservativ argumentierende Max Wagner. Als Chef des Fahrgestellbaus pflegt er einen zunehmend intensiveren Kontakt zu den Sindelfinger Karosseriebau-Fachleuten, weil sich die beiden Bereiche kaum mehr konsequent trennen lassen. Technikvorstand Fritz Nallinger, stets um einen Überblick bemüht, bemängelt das Fehlen von praxisnahen Versuchen und einwandfreien Vergleichen, ohne die eine *richtige Beurteilung* nicht möglich sei. Vorstandsmitglied und Kissel-Stellvertreter Wilhelm Haspel formuliert wortreich seine großen Bedenken, wobei er sich auf den Publikumsgeschmack, die geringe Auswirkung der *Stromform* unterhalb von 100 km/h, die höheren Herstellungskosten als Folge des größer umbauten Volumens und der zahlreichen teuren Details (eingebaute Scheinwerfer, versenkte Türgriffe usw.) beruft. Er rühmt den traditionellen »Mercedeskühler« mit dem aufgesetzten Stern als ein wertvolles Kapital. Werlin schließt sich ihm an und behauptet in seiner Eigenschaft als Hitler-Intimus, dass *jede Änderung des Mercedes-»Gesichts« vom Führer strikt abgelehnt wird.* Kissel entscheidet: *Die bisher verfolgte Linie in der Formgebung unserer Wagen wird grundsätzlich beibehalten,* doch sollen einige aerodynamische Versuchswagen gebaut werden, um Vergleiche durchzuführen und Erfahrungen zu sammeln.[134]

Die Aerodynamikuntersuchung am 1:5-Modell des W 158

Nallingers Einwand in der Stromliniendiskussion, aufgrund fehlender wissenschaftlich untermauerter Daten könne keine objektive Beurteilung des Effekts von aerodynamischen Maßnahmen vorgenommen werden, zeigt rasch Wirkung. Die Daimler-Benz AG beauftragt das an der Cannstatter-Seite vor ihrem Werk Untertürkheim ansässige Forschungsinstitut für Kraftfahrwesen und Fahrzeugmotoren der Technischen Hochschule Stuttgart (FKFS), am Modell des designierten 170 V-Nachfolgers W 158 umfangreiche Messungen in ihrem mittleren Windkanal durchzuführen.[135] Die Tests müssen mit Modellen absolviert werden, weil zu diesem Zeitpunkt in Stuttgart noch kein Windkanal vorhanden ist, der Untersuchungen von Fahrzeugen in natürlicher Größe zulässt.[II]

Messung des 1:5-Modells im mittleren Windkanal des FKFS

Am 1:5-Modell, das bis in alle Einzelheiten entsprechend dem kommenden 1,7-Liter-Mercedes-Benz W 158 durchgebildet ist, testet das FKFS im Lauf des ersten Halbjahrs 1940 den aerodynamischen *Einfluss einzelner Bau-*

Anmerkung I: Damit meinte er offensichtlich die Heckgestaltung nach dem Járay-Prinzip, die er bei seinen Sonderwagen-Entwürfen gerne selbst anwendete.
Anmerkung II: Der große Windkanal erreichte erst 1943 einen annähernd betriebstauglichen Stand und wurde im folgenden Jahr durch einen Bombenangriff stark beschädigt.

Seite 266 MOTOR-KRITIK Nr. 12

Schrittmacher der Serienstromformwagen

10 Stromlinienkarosserien in Einzelausführung

Mercedes-Benz-2-Ltr. 1934. Serienfahrgestell. 2 Sitzreihen. Volle Ausnutzung der Breite. Hoher, unprofilierter Bug. Gewölbte, steile Windschutzscheibe. Seitenteile glatt, daher keine nennenswerte Schmutzablagerung. Völlige Verkleidung der Unterseite. Höhe der Hintersitze etwas beschränkt. Heute noch im Betrieb.

Opel-2-Ltr. 1935. Serienfahrgestell. Zwei Sitzreihen. Profilierung des Bugs durch seitliche Radverkleidungen. Niedrigerer Kühler zur Erzielung einer nach vorne abfallenden Haubenlinie. Gewölbte, steile Windschutzscheibe. Volle Ausnutzung der Breite, daher geräumig. Höhe über Hintersitzen ausreichend. Unterseite abgedeckt. Nach Schnellgangeinbau Vmax = ca. 130 km/h.

Mercedes-Benz-2,3-Ltr. 1935. Serienfahrgestell. 2 Sitzreihen. Gleiche Konstruktionsprinzipien wie bei 2, aber flüssigere Linie. Windschutzscheibe nur noch schwach gewölbt.

Adler-Front-Autobahnwagen 1935. Erster in kleinen Serien gebauter Stromliniensportwagen von großer Leistungsfähigkeit. Strömungstechnisch und aesthetisch gut gelungene Ausbildung der Vorderradanbauten, glatte Seitenwände. Oberbau schmal, Wölbung der Frontscheibe, daher aerodynamisch günstig. Auf Kosten der Bequemlichkeit sehr geringer Luftwiderstand. F und c_w klein[1]). Mit 50 PS = ca. 170 km/h.

Adler-2,5-Ltr.-Sportwagen 1938. In kleinen Serien gebaut, aus dem 2½-Ltr.-Adler-Stromformwagen entstanden. Geräumig. Plane geneigte Frontscheibe. Seitenwände durch Kotflügel unterbrochen. Noch keine strömungstechnische Feinarbeit. Vmax = 150 bis 155 km/h.

¹) F ist der größte Wagenquerschnitt in Fahrtrichtung, c_w der Luftwiderstandsbeiwert.

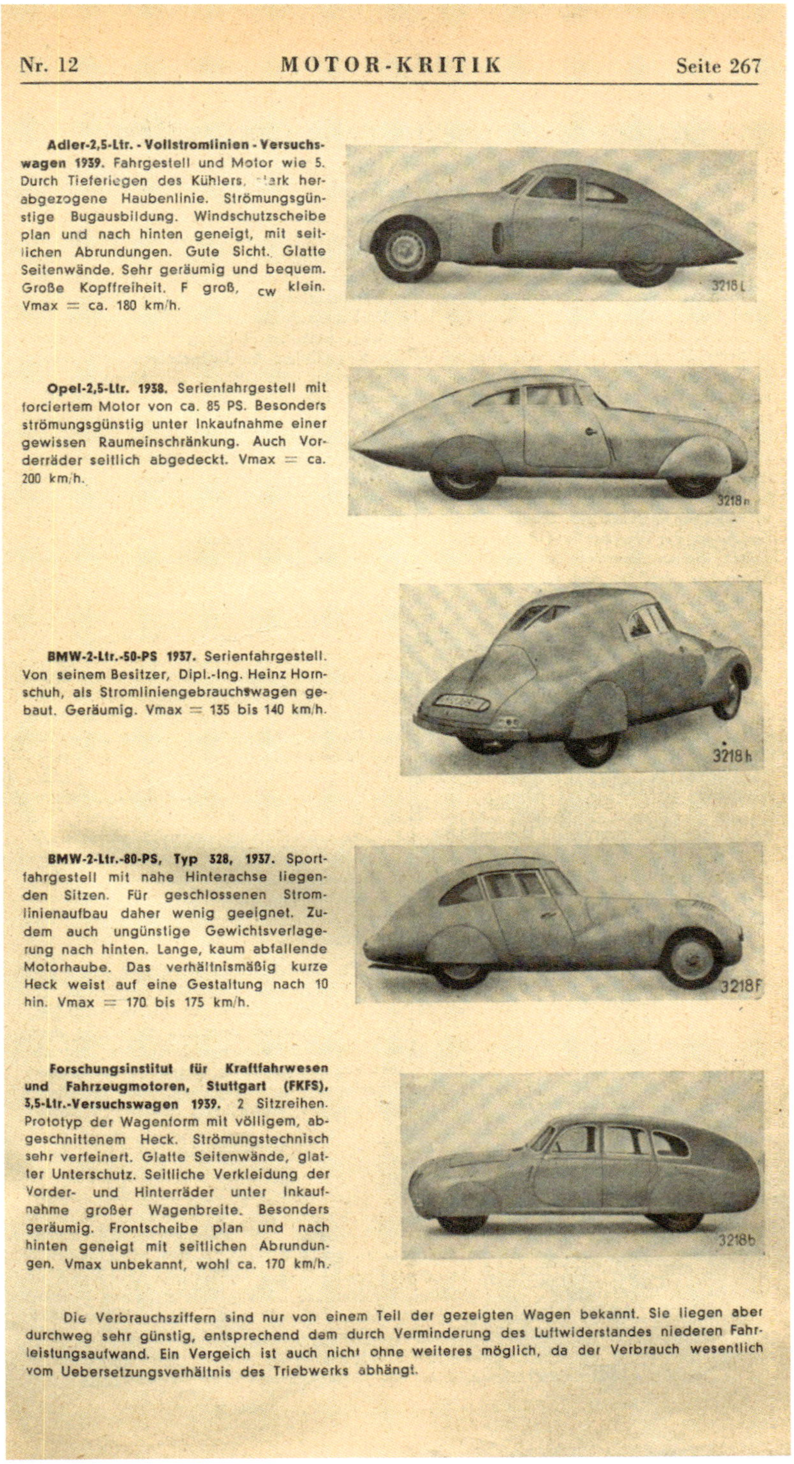

Nr. 12 MOTOR-KRITIK Seite 267

Adler-2,5-Ltr. - Vollstromlinien - Versuchswagen 1939. Fahrgestell und Motor wie 5. Durch Tieferliegen des Kühlers, stark herabgezogene Haubenlinie. Strömungsgünstige Bugausbildung. Windschutzscheibe plan und nach hinten geneigt, mit seitlichen Abrundungen. Gute Sicht. Glatte Seitenwände. Sehr geräumig und bequem. Große Kopffreiheit. F groß, c_w klein. Vmax = ca. 180 km/h.

Opel-2,5-Ltr. 1938. Serienfahrgestell mit forciertem Motor von ca. 85 PS. Besonders strömungsgünstig unter Inkaufnahme einer gewissen Raumeinschränkung. Auch Vorderräder seitlich abgedeckt. Vmax = ca. 200 km/h.

BMW-2-Ltr.-50-PS 1937. Serienfahrgestell. Von seinem Besitzer, Dipl.-Ing. Heinz Hornschuh, als Stromliniengebrauchswagen gebaut. Geräumig. Vmax = 135 bis 140 km/h.

BMW-2-Ltr.-80-PS, Typ 328, 1937. Sportfahrgestell mit nahe Hinterachse liegenden Sitzen. Für geschlossenen Stromlinienaufbau daher wenig geeignet. Zudem auch ungünstige Gewichtsverlagerung nach hinten. Lange, kaum abfallende Motorhaube. Das verhältnismäßig kurze Heck weist auf eine Gestaltung nach 10 hin. Vmax = 170 bis 175 km/h.

Forschungsinstitut für Kraftfahrwesen und Fahrzeugmotoren, Stuttgart (FKFS), 3,5-Ltr.-Versuchswagen 1939. 2 Sitzreihen. Prototyp der Wagenform mit völligem, abgeschnittenem Heck. Strömungstechnisch sehr verfeinert. Glatte Seitenwände, glatter Unterschutz. Seitliche Verkleidung der Vorder- und Hinterräder unter Inkaufnahme großer Wagenbreite. Besonders geräumig. Frontscheibe plan und nach hinten geneigt mit seitlichen Abrundungen. Vmax unbekannt, wohl ca. 170 km/h.

Die Verbrauchsziffern sind nur von einem Teil der gezeigten Wagen bekannt. Sie liegen aber durchweg sehr günstig, entsprechend dem durch Verminderung des Luftwiderstandes niederen Fahrleistungsaufwand. Ein Vergeich ist auch nicht ohne weiteres möglich, da der Verbrauch wesentlich vom Uebersetzungsverhältnis des Triebwerks abhängt.

Abb. 0382
Stromlinienförmige Karosserien sind immer wieder ein ausführlich diskutiertes Thema in den Automobilzeitschriften, seit Paul Járay in den 1920er Jahren mit nach seinen Entwürfen eingekleideten Wagen Werbefahrten durch Deutschland unternommen hat. Die »Motor-Kritik« publiziert in Ausgabe 12/1940 einen Überblick über die in den vergangenen sieben Jahren in Deutschland gebauten Stromlinienfahrzeuge und charakterisiert diese kurz.

teile wie Stoßstangen, Scheinwerfer, Kotflügel, Beschläge usw. auf den Luftwiderstand. Ferner wurde geprüft, wie weit durch Umgestaltung der äußeren Fahrzeugform der Luftwiderstand gesenkt werden kann. Einige Versuchsanordnungen haben zum Ziel, die Kräfte und Momente zu erfassen, die bei Fahrt- und Seitenwind auftreten sowie Erkenntnisse über die Druckverteilung am Fahrzeugboden mit glatter, also verkleideter Unterseite zu gewinnen.[136] Dabei wird im Windkanal das 85 cm lange Modell an einer komplexen Wägeeinrichtung angeschlossen, die an sechs Punkten die einwirkenden Luftkräfte mittels dünner Drähte auf die jeweilige Waage überträgt. Aus den gemessenen Kräften lassen sich nach Abzug des Drahtwiderstands (der durch eigene Versuche ermittelt worden ist) die auf das Modell wirkenden Luftkräfte und Momente als Beiwert bestimmen. Als Fahrbahnersatz schiebt man eine ebene Platte so nahe an die Reifen heran, dass ein einwandfreies Spiel der

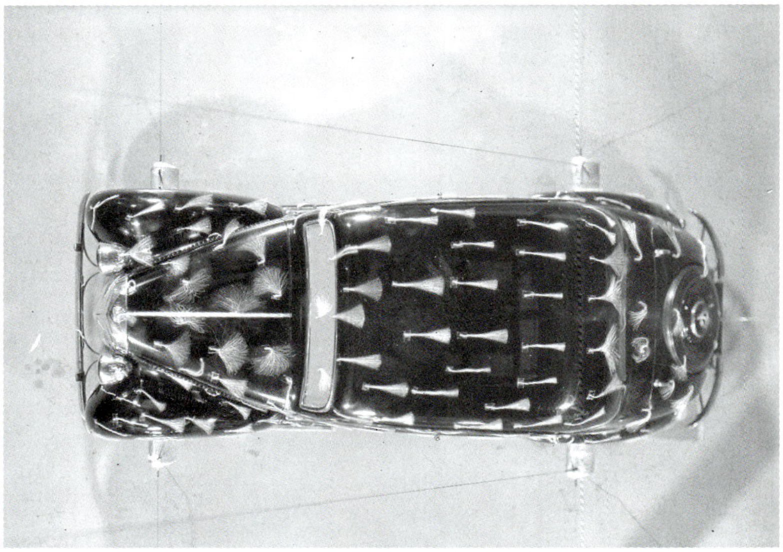

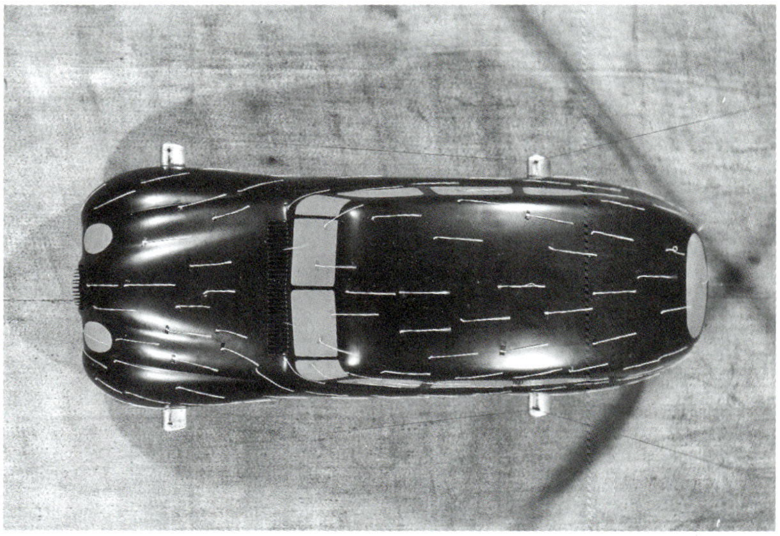

Abb. 0383, 0384, 0385 & 0386
Im Windkanal kann man am Modell durch angeklebte Wollfäden das Strömungsverhalten sichtbar machen. Oben: Modell W 158; die stark bis sehr stark wedelnden Fäden belegen erhebliche Turbulenzen. Unten: Modell FKFS-Wagen K1; die Wollfäden liegen an den meisten Stellen ohne nennenswerte Verwirbelungen satt an der Oberfläche.

Waage gerade noch möglich ist.[137] Am Modell angeklebte Wollfäden zeigen den Strömungsverlauf, wobei ruhig im Wind liegende Fäden eine am Körper anliegende Strömung bedeuten, heftige Schlenkerbewegungen hingegen das Ergebnis von ungünstiger Luftablösung und Wirbelbildung sind. Die Versuche werden von Dr.-Ing. Ewald Sawatzki durchgeführt und im reich bebilderten Bericht vom 5. Juli 1940 zusammengefasst. Die wissenschaftliche Verantwortung trägt der Abteilungsleiter Dr.-Ing. Ludwig Huber.[138]

Versuchsergebnisse

Der am W 158-Modell ermittelte Luftwiderstandsbeiwert wird mit cw = 0,430 kommuniziert. Ein seinerzeit im sogenannten Auslaufverfahren gemessener 170 V hat cw = 0,420 mit abgedecktem Kühler und cw = 0,475 mit Kühlluft-Durchströmung, wie sie in der Realität vorhanden ist, erreicht.[139] Diese beiden Werte sollen allerdings bei einem nächsten FKFS-Versuch am 170 V korrigiert werden müssen.[140]

Unabhängig vom tatsächlich korrekten cw-Wert zeigt die Versuchsreihe klar, dass der kommende W 158 aerodynamisch ungünstig geformt ist. Das Weglassen von einzelnen Komponenten wie Türgriffe, Türbänder, Mercedes-Benz-Stern, Nummernschild und Stoßstange führt denn auch zu fast keinen oder nur unwesentlichen Verbesserungen. Auch die Optimierung einzelner strömungshemmender Bereiche, so das Abdecken des Ersatzrads, das Verkleiden der Radausschnitte, das Auffüllen der seitlichen Fensternischen und eine größere Neigung der Frontscheibe vermögen als Einzelmaßnahmen nicht zu überzeugen. Perfekt in die Karosserie integrierte Scheinwerfer würden bei 100 km/h den Leistungsbedarf um immerhin 1,2 PS vermindern. Mit einer Einsparung von ca. 2 PS wirkt sich der flach abgedeckte Wagenboden noch stärker aus. In der Summe ergeben all diese eher einfachen Einzelmaßnahmen immerhin eine Reduktion des Luftwiderstands um 30 bis 35%, und dies bei einem mehr oder weniger respektierten »Mercedes-Benz-Gesicht« gemäß bisheriger Tradition[141]. Auch stärkere Veränderungen an der Fahrzeugform, die im Modell mit einfachen Mitteln vorgenommen und überprüft werden können – konkret das Absenken und Runden des Fahrzeugbugs, das Auffüllen des Heckknicks unterhalb des Rückfensters, das Verwischen harter Kotflügelübergänge etc. – *führten zu halben Lösungen, die für eine einschneidende Luftwiderstandsverbesserung*

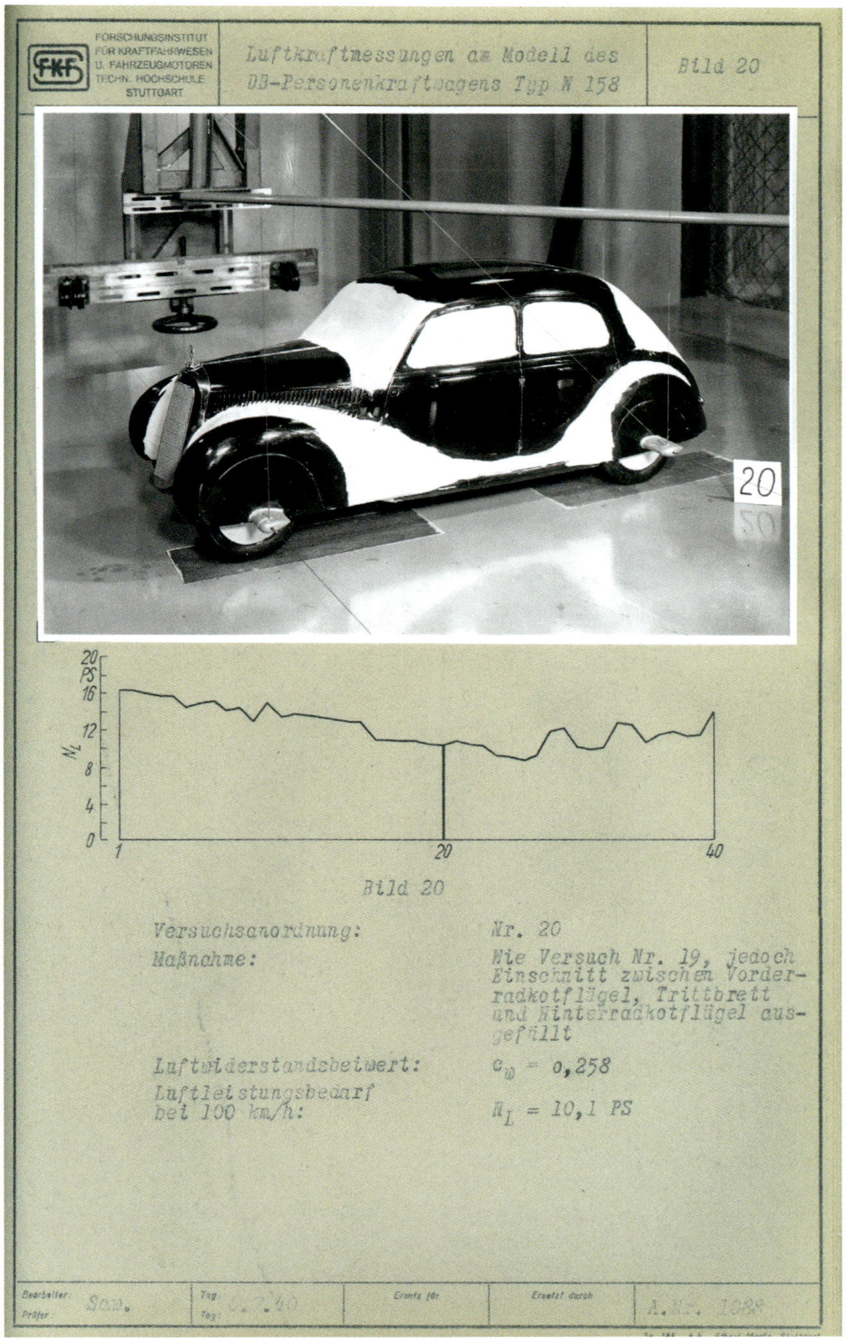

Abb. 0387 & 0388
Im ersten Halbjahr 1940 führt das FKFS in seinem mittleren Windkanal eine Strömungsversuchsreihe am 1:5-Modell des W 158 durch. Ausgehend vom Ursprungszustand werden in 45 Einzelschritten formale Korrekturen am Modell angebracht – bis hin zu vollständig abgewandelten Front- und Heckpartien – und einzeln gemessen, fotografiert, gezeichnet und beschrieben. Links das Bilddokument zur Messung Nr. 20, rechts Foto des Modells im Versuchszustand Nr. 26.

nur geringe Bedeutung haben. Werden aber bei der Gestaltung eines Fahrzeugs alle aerodynamisch wichtigen Punkte beachtet, dann ist – allerdings unter starker Abweichung von der bisherigen Form – die Schaffung eines Fahrzeugkörpers mit niedrigen Luftwiderstandswerten und erheblichen Einsparungen an Leistungsbedarf und Kraftstoffverbrauch möglich.[142]

Interessant ist die Untersuchung der Seitenwindempfindlichkeit: Bei einem Wind von 8 m/s, der mit 90° seitlich auf das Fahrzeug trifft, entsteht bei einer Geschwindigkeit von 100 km/h an der Vorderachse eine abdrehende Kraft, die teilweise durch die an der Hinterachse auftretende Kraft gemildert wird. Um das verbleibende Drehmoment auszugleichen, muss der Fahrer entsprechend gegenlenken. Die durch tiefgreifende Maßnahmen im Luftwiderstand deutlich verbesserten Karosserieformen zeigen indessen eine verstärkte Seitenwindempfindlichkeit, weil die rückdrehende Kraft an der Hinterachse geringer ausfällt,[143] eine Feststellung, die durch zahlreiche andere Versuche mit luftwiderstandarmen Wagen bestätigt wird und die man durch Stabilisierungsflossen aufzufangen versucht.[144]

Luftwiderstands-, Höchstgeschwindigkeits- und Verbrauchsmessungen am 170 V

Die Aerodynamikversuche unter Beizug des FKFS gehen 1940 weiter, allerdings nicht am Typ 170 VX (W 158), sondern am regulären 170 V (W 136 I). Der alte 170 V dürfte gewählt worden sein, weil auf absehbare Zeit höchstens zwei W 158-Musterwagen vorhanden sein werden, die im Untertürkheimer Versuch nicht entbehrt werden können. Zudem ist man an allgemeingültigen Aussagen interessiert. So werden im Sommer 1940 an einem 170 V-Modell im Maßstab 1:5 Luftwiderstandsmessungen durchgeführt, und zwar zuerst in normaler unveränderter Innenlenkerausführung. Anschließend folgen schrittweise aerodynamische Verbesserungen, wie sie im verflossenen Frühjahr auch am W 158-Modell getestet worden sind.[145] Im Spätherbst 1940 geht man zur realen Überprüfung auf der Straße über, die zusammen mit Exponenten des Karosse-

Abb. 0389, 0390 & 0391
Im Sommer 1940 untersucht das FKFS auch das Strömungsverhalten des bisherigen 170 V (W 136 I) am 1:5-Modell. Wie zuvor beim W 158 wird auch hier versucht, die Form durch aufmodellierte Front- und Heckbereiche zu verbessern.

riebaus vom Werk Sindelfingen durchgeführt wird. Leiter der Messungen ist Oberingenieur Karl Wilfert, welcher der Karosserie-Versuchsabteilung vorsteht. Von Seiten des FKFS ist Abteilungsleiter Dr. Ludwig Huber, einer der führenden Mitarbeiter und Wissenschaftler, verantwortlich. Als Fahrzeug dient der im selben Jahr gebaute 170 V mit der Fahrgestell-Nummer 455 387.

Luftwiderstandsbeiwert im Auslaufverfahren ermittelt

Das Ziel des Versuchs besteht darin, mit wissenschaftlichem Anspruch die Karosserieverbesserungen bezüglich des Luftwiderstands zu untersuchen und insbesondere ihre praktischen Auswirkungen auf die Höchstgeschwindigkeit und den Verbrauch zu messen. Die einzelnen strömungsoptimierten Aufbauteile sind aus Aluminiumblech geformt und können in der gewünschten Kombination an das Fahrzeug geschraubt werden. Gewichtsunterschiede gleicht man durch Sandsäcke aus. Um einer Zunahme des Rollradius durch Erwärmen vorzubeugen, wird der Luftdruck in den Reifen auf drei atü erhöht. Zudem lassen sich die Radumdrehungen durch einen elektrischen Kontaktgeber am linken Hinterrad überprüfen. Der Fahrer beschleunigt den entsprechend ausgerüsteten Wagen auf Höchstgeschwindigkeit, kuppelt stets an derselben Stelle aus und bringt das Getriebe in Leerlaufstellung. Nun wird die Strecke gemessen, die das Fahrzeug jeweils bis zu seinem Stillstand zurücklegt. Als Versuchspiste dient ein vollständig planer Abschnitt der Reichsautobahn zwischen Darmstadt und Lorsch. Insgesamt werden am 170 V sechs verschiedene Aerodynamik-Zustände definiert, die jedoch durch ungünstige Wetterumstände Ende November nicht alle in sämtlichen Disziplinen aussagekräftig durchgemessen werden können.[146]

Zustand	Maßnahme
1	Serienausführung (ohne Veränderung)
2	Serienausführung, jedoch ohne Stoßstangen, Scheinwerfer, Fahrtrichtungsanzeiger, Raddeckel
3	Wie 2, jedoch mit glattflächigem Unterboden
4	Wie 3, jedoch mit Fließheck (Front unverändert)
5	Wie 3, jedoch mit gerundeter Front (Heck unverändert)
6	Sämtliche Verbesserungsmaßnahmen (neue Front, neues Heck, glatter Unterboden)

Die Strömungsuntersuchungen beginnen mit einer peinlichen Feststellung: Der im Frühsommer 1940 am W 158-1:5-Modell ermittelte Luftwiderstand ergibt einen Beiwert von cw = 0,430. Ein bereits zu einem früheren Zeitpunkt im Auslaufverfahren gemessener 170 V erreicht cw = 0,420 mit abgedecktem Kühler und cw = 0,475 mit Kühlluft-Durchströmung.[147]

Dieses hübsche Ergebnis, das den 170 V in der Aerodynamikwertung vor dem BMW 326, dem Hansa 1700 und dem DKW Meisterklasse positioniert – was so auch publiziert wird[148] – erweist sich bald als falsch. In der Auswertung hat sich offenbar ein Fehler eingeschlichen, der erst festgestellt wird, als der im August am 170 V-1:5-Modell ermittelte cw-Wert mit 0,513 deutlich schlechter liegt[149] und Messungen im Spätsommer 1940 in Zusammenhang mit dem institutseigenen Stromlinienwagen 170 V K2 weit realistischere Werte zeigen. Tatsächlich erreicht dann der im Spätherbst im Auslaufversuch geprüfte 170 V lediglich höchst bescheidene cw = 0,600.[150] Diese Fakten verdeutlichen, wie heikel und fehleranfällig in der Frühphase der wissenschaftlichen Aerodynamik-Forschung das Erfassen von vergleichbaren Werten ist. Und es belegt auch, wie undifferenziert vorgegangen worden ist, wenn zwei verschiedene Fahrzeugtypen – der W 158 und der W 136 – miteinander in Beziehung gebracht werden, selbst wenn sich die beiden Karosserien formal nicht grundlegend unterscheiden (siehe Tabelle oben rechts).

Aufgrund der Modellversuche ergibt sich bei Anwendung sämtlicher strömungsoptimierten Karosserieänderungen eine Verbesserung des Luftwiderstandsbeiwerts um stattliche 36%. Die Ergebnisse der Auslauftests liegen dann allerdings deutlich schlechter, und zwar sowohl in den absoluten Werten als auch im Verbesserungspotential, das sich mit 18% exakt halbiert.[151]

Durch Fahrversuche festgestellt: Höchstgeschwindigkeit und Treibstoffverbrauch

Für die Fahrversuche wird der 170 V mit einem zusätzlichen Schnellganggetriebe von ZF versehen. Diese fünfte Fahrstufe ist mit 0,709 deutlich ins Lange übersetzt,[I] die Hinterachse bleibt unverändert. Messungen werden deshalb mit dem direkten vierten Gang oder mit dem Schnellgang möglich. Das Leistungsvermögen des Motors und dessen spezifischen Kraftstoffverbrauch lässt Wilfert zuvor vom Untertürkheimer Versuch ermitteln. Dabei zeigt sich, dass die Höchstleistung an der Kupplung lediglich knappe 35 PS statt der nominell für

Anmerkung I: Aufgrund der Übersetzung muss es sich um denselben ZF-Getriebetyp gehandelt haben, mit dem zweieinhalb Jahre zuvor bereits der 170 V mit Everling-Stromlinienkarosserie versehen worden war (vgl. Kap. 4.4, S. 219).

170 V (W 136) – Feststellung des Luftwiderstandsbeiwerts (cw)

Zustand	Maßnahme	im **Modell** cw-Wert ohne Kühlluft-Durchlass	im **Auslauf** cw-Wert mit Kühlluft-Durchlass	im **Auslauf** cw-Wert ohne Kühlluft-Duchlass
1	Serienausführung (ohne Veränderung); fehlerhafte Messung Juni/Juli 1940		0,475	0,420
1	Serienausführung (ohne Veränderung); Messung vom Spätsommer 1940	0,513	0,600	
2	Serienausführung, jedoch ohne Stoßstangen, Scheinwerfer, Fahrtrichtungsanzeiger, Raddeckel			
3	Wie 2, jedoch mit glattflächigem Unterboden		0,560 (- 6,7%)	0,5350
4	Wie 3, jedoch mit Fließheck (Front unverändert)			0,505
5	Wie 3, jedoch mit gerundeter Front (Heck unverändert)			0,490
6	Sämtliche Verbesserungsmaßnahmen (neue Front, neues Heck, glatter Unterboden)	0,327 (-36,3%)	0,490 (-18,3%)	0,44

170 V (W 136) – Höchstgeschwindigkeitsmessungen (Mittel mehrerer Durchgänge)

Zustand	Maßnahme	im **Auslauf** km/h im 4. Gang (1:1)	im **Auslauf** km/h im 5. Gang (1:0,709)
1	Serienausführung (ohne Veränderung)	101,8	93 (gerechnet)
3	Serienausführung, jedoch ohne: Stoßstangen, Scheinwerfer, Fahrtrichtungsanzeiger, Raddeckel, jedoch mit glattflächigem Unterboden	105,2	
5	Wie 3, jedoch mit gerundeter Front (Heck unverändert)	105,2	
6	Sämtliche Verbesserungsmaßnahmen (neue Front, neues Heck, glatter Unterboden)	108,5	102,5

Abb. 0392
Im Spätherbst 1940 folgt die Überprüfung der am Modell gemessenen Werte durch Auslaufversuche auf der Straße. Die sorgfältig gefertigten strömungsoptimierten Anbauteile aus Aluminium können an den regulären 170 V geschraubt werden. Das Bild zeigt den Versuchs-170 V im Abänderungszustand analog den Modellaufnahmen.

den M 136 genannten 38 PS beträgt.[152] Es erstaunt deshalb nicht, dass der Wagen in der Serienausführung (Zustand 1) lediglich auf eine Höchstgeschwindigkeit von 101,8 km/h kommt, statt der versprochenen 108 km/h. Diesen Wert – exakt 108,5 km/h – erreicht der 170 V erst mit sämtlichen aerodynamischen Verbesserungen (Zustand 6), und zwar im direkten vierten Gang. In der fünften Fahrstufe steigt die Geschwindigkeit nicht über 102 km/h. Die Messungen belegen zudem, dass bereits der glatte Unterboden in Verbindung mit den fehlenden Scheinwerfern, Richtungsanzeigern und Stoßstangen eine überproportionale Steigerung der Höchstgeschwindigkeit auslöst, nämlich um 3 km/h (siehe Tabelle oben).

170 V (W 136) – Verbrauchsmessung

bei konstanter Geschwindigkeit von 80 km/h auf horizontalem Reichsautobahnabschnitt

Zustand	Maßnahme	km/h konstant	Liter/100 km mit 4-Gang-Getriebe	Liter/100 km mit 5-Gang-Getriebe	Minderverbrauch mit 5-Gang-Getriebe (Liter/100 km)
1	Serienausführung (ohne Veränderung)	40 60 80 95 40	7,40 8,40 10,30 11,20	6,00 7,20 9,90	1,40 1,20 0,40
6	sämtliche Verbesserungsmaßnahmen (neue Front, neues Heck, glatter Unterboden)	40 60 80 95	7,25 7,70 9,45 11,65	5,70 6,60 8,40 9,90	1,55 1,10 1,05 1,75
Minderverbrauch	mit sämtlichen Verbesserungsmaßnahmen (Zustand 6) gegenüber Serie	40 60 80 95	0,15 0,70 0,85 - 0,45	0,30 0,60 1,5	

170 V (W 136) – Verbrauchsmessung

Untertürkheim bzw. Sindelfingen – Darmstadt und zurück mit möglichst konstant 80 km/h

Zustand	Maßnahme	Durchschnittsverbrauch aller Hin- und Rückfahrten (Liter/100 km)		Minderverbrauch (Liter/100 km)
		mit 4-Gang-Getriebe	mit 5-Gang-Getriebe	mit 5-Gang-Getriebe
1	Serienausführung (ohne Veränderung)	9,90	8,25	1,65
6	sämtliche Verbesserungsmaßnahmen (neue Front, neues Heck, glatter Unterboden)	10,68	9,3	1,38
Mehrverbrauch	mit sämtlichen Verbesserungsmaßnahmen (Zustand 6) gegenüber Serie	0,78	1,05	

Die dritte Versuchsreihe soll den Einfluss der aerodynamischen Maßnahmen auf den Treibstoffverbrauch aufzeigen, und zwar nicht etwa durch Labormessungen, sondern aufgrund von tatsächlich zurückgelegten Fahrstrecken:

- auf kurzer horizontaler Autobahnstrecke bei gleichmäßigen Geschwindigkeiten von 40, 60, 80 und 95 km/h im 4. und als separate Messungen im 5. Gang;
- bei möglichst gleichbleibender Geschwindigkeit von 80 km/h auf der Reichsautobahnstrecke von Untertürkheim bzw. Sindelfingen nach Darmstadt und zurück im 4. Gang und als separate Messungen im 5. Gang.

Wie bei den vorangegangenen Versuchen werden auch hier (siehe Tabellen oben) alle erdenklichen Anstrengungen unternommen, um Abweichungen durch äußere Einflüsse zu vermeiden.[153]

Ernüchternde Ergebnisse: Wie weiter?

Die Ergebnisse der recht aufwändigen Versuche sind erstaunlich und ernüchternd zugleich. Es zeigt sich insbesondere, dass die Messungen am Modell im Windkanal nicht mit den praktischen Auslaufversuchen übereinstimmen. Die im Windkanal am Modell ermittelten deutlichen Verbesserungen im Strömungsverhalten durch die Vollverkleidung sackt im Praxistest auf die Hälfte zusammen. Immerhin bestätigen die Höchstgeschwindigkeitstests den Nutzen von aerodynamischen Maßnahmen. Ein umso größeres Kopfschütteln lösen die Ergebnisse der Verbrauchsmessungen aus. Die Konstantfahrten zeigen sachte in die erwartete Richtung. Dass aber auf den Langstreckenfahrten mit Vollverkleidung mehr Benzin verbraucht wird als mit der aerodynamisch doch deutlich schlechteren Serienausführung – und zwar mit beiden Getriebeabstufungen und auch bei Wiederholung der Fahrten am Folgetag – hat man keinesfalls erwartet.

Karl Wilfert glaubt in der ungünstigen Witterung, die während eines Teils der Versuche im Spätherbst 1940 geherrscht hat, eine der Ursachen zu erkennen. Bei den Auslaufversuchen und den Treibstoffverbrauchsmessungen haben wechselnde Windrichtungen für Ungenauigkeiten und offensichtliche Fehlresultate gesorgt. Mehrere Programme sind zudem wegen Schneefalls vorzeitig abgebrochen worden. *Jedenfalls zeigte es sich aber bei diesen Messungen, daß unbekannte Einflüsse [...] größeren Einfluss haben als Verkleidungen, die eine geringe Senkung des cw-Wertes bewirken. [...] Bevor die Ursachen des erhöhten Benzinverbrauchs für Zustand 6 bei den [...] Messungen nicht gefunden sind, kann m. E. kein endgültiges Urteil über den Wert sogenannter strömungsgünstiger Wagenformen bei den z. Zt. gebräuchlichen Geschwindig-*

Abb. 0393
170 V, versehen mit allen strömungsoptimierten Anbauteilen. Der elektrische Kontaktgeber am linken Hinterrad misst die Radumdrehungen. Mit den Straßenmessungen im Spätherbst 1940 will man die Auswirkung der verbesserten Aerodynamik auf die Höchstgeschwindigkeit und den Verbrauch feststellen.

keiten abgegeben werden, resümiert Wilfert am Ende seines ausführlichen Berichts. Er plädiert für eine Wiederholung einzelner Tests, insbesondere der Treibstoffverbrauchsfahrten, unter gleichzeitiger Messung der Luftströmungsverhältnisse am Vergaser, wie sie Direktor Fritz Nallinger vorschlägt. Weiter empfiehlt Wilfert Vergleichsfahrten mit einer Karosserie in »Kamm-Form« durchzuführen, die auf das Fahrgestell des bisherigen Versuchswagens zu montieren sei und nur aus der äußeren Hülle bestehen müsse.[154]

Der 170 VX (W 158) im Stromlinienkleid

Als Generaldirektor Wilhelm Kissel am 13. Januar 1940 mit seinen Vorstandskollegen und weiteren Führungs- und Fachmännern die künftige Bedeutung der Aerodynamik im Personenwagenbau der Marke Mercedes-Benz diskutiert, stehen in den Konstruktionsbüros von Untertürkheim und Sindelfingen längst Vorentwickler und Karosserietechniker an ihren Zeichenbrettern hinter Entwürfen eines Stromlinienaufbaus für den 170 V-Nachfolger.[155] Viel Zeit dürfen sie aber offenbar nicht in dieses Projekt investieren, denn über einige 1:5-Modellvorschläge und diverse Entwurfszeichnungen und Konstruktionsrisse hinaus wächst das Vorhaben nicht und schläft schließlich ein.

Einem herben Luftstoß gleich, wird Technikvorstand Fritz Nallinger im März 1941 durch einen in der VDI-Zeitschrift erschienenen Beitrag von Professor Kamm wachgerüttelt, der über die Versuche mit einem stromlinienförmig eingekleideten BMW 328 mit 3,5-Liter-Motor und Kammheck (Wagen K1)[156] berichtet. An der darauffolgenden Technischen Sitzung greift Nallinger die Luftwiderstandsfrage erneut auf und fordert, *daß wir uns im Hause nunmehr eindeutig klar darüber werden müssten, was technisch durch Aenderung der Fahrzeugform zu holen ist und welche Auffassung die verschiedenen Herren hierzu vertreten.*[157] Keiner der anwesenden Ingenieure aus Untertürkheim und Sindelfingen sperrt sich gegen weitere Abklärungen. Wilfert ruft die nicht ganz überzeugenden Versuche vom Herbst 1940 in Erinnerung und Oberingenieur Übelacker – der in der Entwicklungsabteilung von Tatra reichlich Erfahrung in der Konzeption von Stromlinienwagen gesammelt hat – betont zu Recht, dass Stromlinienformen nicht nachträglich über ein vorhandenes Fahrgestell gestülpt werden sollen. Vielmehr müsse das Fahrgestell als integraler Bestandteil des Stromlinienwagens dessen Form optimal mitberücksichtigen. Um seine Aussage zu verdeutlichen, präsentiert Übelacker den Neuentwurf eines Stromlinienwagens der 3-Liter-Klasse mit Frontantrieb, Boxer-Motor vor der Vorderachse und zwei Sitzbänken zu drei Plätzen. Dieser radikale Vorschlag mutet im Vergleich mit den 1:5-Stromlinienmodellen, die in den zurückliegenden Jahren entstanden sind, geradezu utopisch an. Obwohl Nallinger von der bislang praktizierten allmählichen Weiterentwicklung der vorhandenen Außenformen nicht abrücken will, ordnet er einen *Extremversuch mit einer Wagenform ähnlich der Versuchsausführung von Prof. Dr. Kamm* an.[158] Um die Ergebnisse der neuen Versuche mit den zurückliegenden – den hauseigenen und denjenigen von Kamm, Everling und Schlör – abgleichen zu können, soll das Stromlinien-Versuchsfahrzeug auf der Basis des W 136- bzw. W 158-Fahrgestells entstehen und konsequent auf einen möglichst niedrigen cw-Wert ausgerichtet sein. Angestrebt wird eine Form ungefähr zwischen Kamm und Schlör, wobei wenn nötig der Motor und die Fahrgastzelle mitsamt der Pedalwelle nach vorn geschoben werden muss. Angedacht sind eine Luftwiderstandsmessung des Modells im Windkanal und umfangreiche Straßentestfahrten des Versuchsfahrzeugs zur Messung des Brennstoffverbrauchs, der Spitzengeschwindigkeit, der Beschleunigung und der Bergsteigefähigkeit. Das ganze Programm soll mit der Standardkarosserie des 170 V (W 136 I) und anschließend mit der Stromlinienkarosserie durchexerziert werden, und zwar einerseits mit dem alten 1,7 Liter großen Seitenventil-Motor M 136 und andererseits mit dem neuen 2,6-Liter-Sechszylinder M 159 und angepasster Hinterachsübersetzung.[159/I]

Stromlinienentwürfe für den 170 V-Nachfolger

Tatsächlich spielt man aktuell – also im Frühjahr 1941 – in der Chefetage mit dem Gedanken, zukünftig Stromlinienkarosserien als Sondermodelle parallel zur Normalausführung anzubieten. Wegen der zu erwartenden deutlichen Mehrkosten vermutet Nallinger, dass dies für die 1,7-Liter-Klasse nicht in Frage kommen wird, sondern erst ab der 2,6-Liter-Mittelkasse, also dem in Entwicklung befindlichen W 159.[160]

Im Laufe des Frühsommers 1941 entstehen in den Konstruktionsbüros von Untertürkheim und Sindelfingen Entwürfe zu einer

Anmerkung I: Gemäß Protokollführer Hundt spricht Nallinger in der Sitzung vom einem W 136 mit Lenkervorderachse, der als Basis für einen Stromlinienaufbau dienen soll. Damit ist entweder der W 158 gemeint oder ein für dieses Versuchsfahrzeug umgebautes W 136-Fahrgestell.

Abb. 0394
Entwurf einer Stromlinienlimousine auf Fahrgestell W 136 I oder W 158, Frühjahr 1941. Die für einen Mercedes-Benz atypische Front mit geschwungenem Grill missfällt. Der Vorstand erwägt, nach dem Krieg zusätzlich zu den »Normalausführungen« auch Stromlinienkarosserien anzubieten.

Abb. 0395 (rechte Seite)
Überarbeiteter Entwurf für eine Stromlinienlimousine W 136 I oder W 158. Man versucht, den traditionellen hohen Mercedes-Benz-Kühler zu integrieren, wozu man ihn ein wenig nach hinten wölben muss. Die zurückhaltend angedeuteten vorderen Kotflügel laufen in den Vordertüren aus.

strömungsgünstigen Innenlenkerkarosserie, worüber man sich rege austauscht. Es geht offensichtlich nicht um den von Nallinger initiierten *Extremversuch,* sondern um Überlegungen zu einem sehr gebrauchsnahen Stromlinienfahrzeug. Als technische Basis dient das Fahrgestell des W 136 oder des W 158. Von dem in den Akten mit *Entwurf 1* bezeichneten Vorschlag sind zwei Zeichnungen aus Sindelfingen erhalten. Die eine undatierte stellt den Wagen von vorn, von der Seite und von hinten dar. Das Blatt trägt die (vielleicht nachträglich, jedenfalls notizartig mit Bleistift hinzugefügte) Bezeichnung *C-W 136 SpL;* letzteres bedeutet wohl »Sport-Limousine«.[161] Die zweite Zeichnung dieses Karosserieentwurfs ist mit *CW 158 Stromlinien-Limousine* beschriftet, mit 18.06.[?]1941 datiert und von Hermann Ahrens, dem Leiter des Sonderwagenbaus, als gesehen signiert. Sie zeigt den Wagen stark schattiert in der Seitenansicht vor einem großen Mercedes-Benz-Stern im Hintergrund, so wie die Sindelfinger Konstrukteure ihre Karosserieentwürfe für Präsentationszwecke darzustellen pflegen.[I]

Präsentiert wird auf beiden Zeichnungen eine in flüssigen Formen gehaltene viertürige Limousine mit Fließheck, glatten Seitenflächen und je zwei Seitenfenstern. Die Kotflügel sind lediglich von schräg vorn und schräg hinten formal angedeutet, längsseitig jedoch durch eine zur Gürtellinie aufsteigende und hinten wieder absinkende Prägekante zu einer Einheit zusammengefasst. Die hinteren Räder werden bis auf die untere Karosserielinie abgedeckt und die Scheinwerfer flächenbündig in die Kotflügel eingelassen. Die zweigeteilte Frontscheibe ist zur Seite hin gebogen. Auffällig ist die gerundete, tief nach unten gezogene Front mit dem oberseitig konvex-konkav geschwungenen Kühlergrill aus feinen vertikalen Stäben. Zwei davon sind leicht breiter ausgebildet und bis zum Ansatz der Motorhaube hochgezogen. Umgekehrt verläuft der blanke Frontscheibensteg über die Motorhaubenmitte bis knapp vor das Markenemblem über dem Grill. Die einteiligen Stoßstangen enden vor den stark gerundeten Wagenecken. Die Türen hängen an der B-Säule und öffnen gegenläufig, die Türgriffe sind karosseriebündig eingepasst und verfügen über Griffmulden. Übergangslos verläuft die Dachlinie mit einer eleganten Kurve ins gerundete Heck. Unterhalb des modischen Doppelfensters gibt eine oben an sichtbaren Scharnieren befestigte Klappe mit integriertem Nummernschild den eher knapp bemessenen Zugang zu einem geräumigen und tiefen Kofferraum frei.

Bei diesem Vorschlag 1, der auch in einem Modell dargestellt wird, scheint die verspielte, ziemlich amerikanisch anmutende Front auf wenig Gegenliebe gestoßen zu sein. Jedenfalls folgt Anfang Juli 1941 der *Entwurf 2* mit hohem verchromtem Mercedes-Benz-Kühler, der bündig in die etwas höher bauende und deshalb weniger stark gerundete Front eingepasst wird und einen aufgesetzten Stern trägt. Wegen der beträchtlichen Höhe der Kühlermaske wird, ähnlich wie beim regulären 170 V, eine geteilte Stoßstange erforderlich, jedoch ohne durchlaufenden Träger. Die dreidimensionale Umsetzung von *Entwurf 2* verzögert sich wegen Kapazitätsengpässen der Modellbauer in Untertürkheim wie in Sindelfingen, weshalb das 1:5-Modell erst Mitte September begutachtet werden kann. Obwohl das Ergebnis mit Wohlwollen aufgenommen wird, schlägt Direktor Max Wagner vor, den Wagen etwas schmaler zu machen, im Gegenzug die Vorderkotflügel seitlich ein wenig zu akzentuieren und sie in den Vordertüren auslaufen zu lassen. Der dadurch etwas schlechtere cw-Wert würde im effektiven Luftwiderstand durch die reduzierte Stirnfläche wettgemacht, zeigen sich die Techniker optimistisch.[162]

Die weitere Bearbeitung des Stromlinienprojekts auf Basis W 158 wird immer wieder durch dringendere Vorhaben unterbrochen. Doch am 3. November 1941 fahren Direktor Max Wagner, Diplom-Ingenieur Josef Müller und sein Vorgesetzter Joseph Dauben nach Sindelfingen und präsentieren dort den Karosserieingenieuren Ahrens, Häcker und Wilfert die dritte Variante eines Stromlinien-W 158 im 1:5-Modell – und ernten Lob und Zustimmung. Bloß aus fabrikationstechnischen Gründen wünschen die Karosseriebauer am *Entwurf 3* einige Änderungen an der *grundsätzlich sehr ansprechenden Wagenform,* um die Mehrkosten gegenüber dem 158er-Normalaufbau in vertretbaren Grenzen zu halten.[163]

Ein Versuchswagen nach Entwurf 1 wird gebaut

Zu diesem Zeitpunkt sind die Männer im Sindelfinger Sonderwagenbau unter der Leitung von Hermann Ahrens bereits am Bau eines W 158-Stromlinien-Versuchswagens, und zwar nach *Entwurf 1.* Der fertige Aufbau verlässt im Januar 1942 die Werkstätten; er trägt die Karosserie-Nummer 200 770.[164] Die Form entspricht exakt den beiden erhaltenen Zeich-

Anmerkung I: Siehe Abb. S. 275 unten.
Anmerkung II: Die Publikation der Abbildungen aus dem Bericht »W 158 Versuchskarosserie Nr. 200 770« vom 15.01.1942 ist vom Archiv MBAG gesperrt.

nungen von *Entwurf 1,* auch bezüglich der stark gewölbten Front. Einzig das Aussehen des kritisierten Kühlergrills ist in den verfügbaren Dokumenten nicht ersichtlich. Gegenüber dem konventionell karossierten W 158 muss der vordere und insbesondere der hintere Überhang maßvoll vergrößert werden, womit auch die Gesamtlänge wächst. Das Heck wirkt durch die vom Dach bis zur Stoßstange fließend abfallende Kurve voluminös und insbesondere von schräg hinten dominant. Ein Effekt, der durch die fehlende dritte Seitenscheibe und das hochliegende Heckfenster verstärkt wird. Die Gestaltung des Armaturenbretts mit der Konzentration der Instrumente auf der Fahrerseite dürfte mit der Ausführung übereinstimmen, wie sie für die regulär karossierten Ausführungen vorgesehen ist. Über der Lenksäule befindet sich eine rechteckige Kombianzeige für den Öldruck, die Kühlwassertemperatur und die Benzinanzeige, links und rechts davon je ein großes Rundinstrument für den Geschwindigkeitsmesser und die Zeituhr. In der Mitte des Bretts sind die Bedienschalter angeordnet und auf der Beifahrerseite ein voluminöses Handschuhfach eingelassen, dessen Deckel mit einem langgezogenen verchromten Griff geöffnet wird. Der gebogenen Frontscheibe wegen erreicht die Armaturenabdeckung in der Mitte eine bislang nicht gekannte Breite, so dass sich dort der Aschenbecher eintiefen lässt.[165]

Auf der technischen Ebene ist das Versuchsfahrzeug tatsächlich so disponiert worden, dass es motorseitig verschieden bestückt werden kann. Der Beweis liefert die mit planen Blechtafeln strömungsgünstig verkleidete Fahrzeug-Unterseite, wo rechts und links je ein Kanal ausgespart bleibt, der ebenfalls flächig abgedeckt werden kann. In beiden Kanälen ist eine Auspuffleitung montiert, so dass beim Wechseln des Motortyps entweder die rechte oder linke angeschlossen werden kann.[166/II]

Ein Versuchswagen nach Entwurf 3 soll folgen

Der Wille, mit der Stromlinienform vorwärtszukommen, ist vorhanden. Die im Januar 1942 abgelieferte Versuchskarosserie wird umgehend auf ihre Praxistauglichkeit überprüft, denn der Bau einer weiteren, verbesserten Variante nach *Entwurf 3* soll bald in Angriff genommen werden. Beim Austragen der Maße ab dem 1:5-Modell haben die Sindelfinger Karosserietechniker Differenzen festgestellt, die Auswirkungen auf die Formgebung haben. Auf der Konstruktionsbesprechung vom 23. Februar 1942 lassen sich die offenen Fragen bereinigen; mit dabei ist einmal mehr der Untertürkheimer Vorentwickler Josef Müller. Auf Vorschlag von Sindelfingen wird eine Vergrößerung der Kopfhöhe im Fond beschlossen, um *das raumbeengende Gefühl* zu vermeiden. Ein Anheben der Türunterkante lässt sich nicht umgehen, soll das Anstoßen an Gehsteigkanten vermieden werden. Schließlich einigt man sich darauf, die Karosserie vorn um 30 mm zu verbreitern, damit der Radausschnitt knapper gehalten werden kann.

Ab Frühjahr 1942 lässt das Kriegsgeschehen weder die beabsichtigte Aerodynamikmessung des Modells noch die ambitionierte Fahrerprobung des Versuchswagens zu. Die Entwicklung ziviler Personenkraftwagen wird eingestellt und bei hoher Strafe behördlich verboten. Es gibt auch keinen Hinweis, dass der zweite Versuchswagen gemäß *Entwurf 3* gebaut worden wäre.

Ausblick

Es fällt deutlich auf, dass die Entwürfe zu den Stromlinien-W 158 stark durch das Untertürkheimer Konstruktionsbüro beeinflusst werden und nicht in der alleinigen Verantwortung des üblicherweise für die Formgebung zuständigen Werks Sindelfingen liegen. An den Technischen Sitzungen dieses Projekts sind neben Abteilungsdirektor Max Wagner, dem Leiter des Fahrgestellbaus Joseph Dauben und den Sindelfinger Ingenieuren Karl Wilfert und Hermann Ahrens auch der Vorentwickler Josef Müller präsent, der eine maßgebliche Rolle gespielt haben muss.

Es ist keine Seltenheit, dass sich das Untertürkheimer Konstruktionsbüro konkret in die Fahrzeuggestaltung einbringt. Josef Müller bestätigt dies in seinen Memoiren: [...] *wer den Fahrgestellentwurf im Maßstab 1:5 auf seinem Reißbrett konzipiert, hat es vornehmlich in der Hand, einem Typ Gestalt zu geben. Überall kann er durch geschickte Anordnung der Aggregate die Raumverhältnisse bis hin zur Karosserieformgebung beeinflussen* [...].[167] Den Automobildesigner im heutigen Sinn gibt es damals noch nicht. Auch die Karosserieingenieure in Sindelfingen sind in erster Linie konstruierende Techniker und erst in zweiter Linie Gestalter. Die Situation, dass hin und wieder die Untertürkheimer die entscheidenden Formlieferanten sind, soll sich rund zehn Jahre später beim Entwurf der sogenannten Ponton-Baureihe W 120/W 180 wiederholen. Dabei ist neben den gestalterischen Fähigkeiten von Müller auch an das diesbezügliche Talent von Modellbauer Willy Nadolny zu erinnern, der bereits an den Stromlinien-W 158 mitgearbeitet hat.

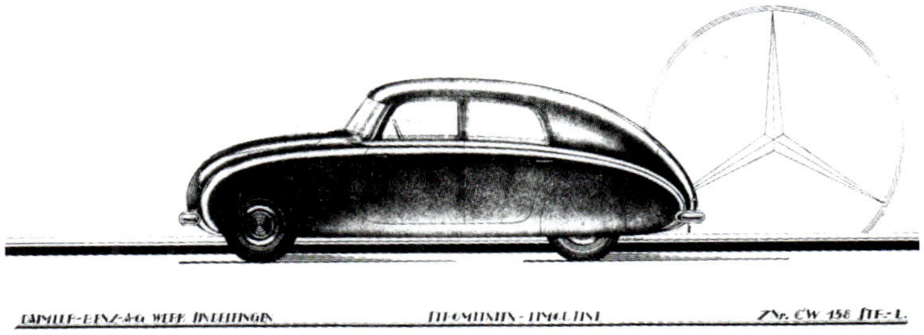

6 Der 170 V im Zweiten Weltkrieg 1939–1945

170 V Lieferwagen, aufgenommen gegen Ende des Kriegs im Werk Untertürkheim oder Sindelfingen. Die Tristesse, die dieser Wagen mit seiner Holzgasanlage, den Scheinwerferkappen und dem sogenannten Nachtmarschgerät ausstrahlt, ist sinnbildlich für die späten Kriegsjahre. Im Unterschied zu den schrillen »Endsieg«-Parolen führen die Bombardierung der Städte und die näherrückenden Fronten den Menschen die Ausweglosigkeit vor Augen.

6.1 Der 170 V als Kübelsitzwagen

Die Daimler-Benz AG bemüht sich mit eigenen Vorschlägen um die Lieferung von leichten Militärfahrzeugen, dringt bei den Beschaffungsstellen jedoch nicht durch. Dies ändert sich Ende 1937, als das Scheitern des *leichten Einheits-Pkw* der Wehrmacht offenkundig wird und das Heer nach kurzfristig umsetzbaren Alternativen sucht. Nach dem Vorbild des 170 V-Polizeikübelwagens entsteht der Wehrmachtskübelwagen 170 VK. Davon werden bis 1942 gut 19 000 gebaut; verdrängt wird er durch den VW-Kübel Typ 82.

An der Produktion von Rüstungsgütern, insbesondere von Flugmotoren und Lastkraftwagen, haben bereits die beiden Vorgängerfirmen der Daimler-Benz AG kräftig verdient. Mit dem verlorenen Ersten Weltkrieg bricht dieser Erwerbszweig vollständig weg. Das verarmte Deutsche Reich hat in der Folge weder das wirtschaftliche Potential noch völkerrechtlich die Möglichkeit, in großem Umfang ein neues Heer aufzubauen. Die Bestimmungen der Siegermächte limitieren die Truppenstärke der Reichswehr auf 100 000 Mann; Artillerie, Panzerfahrzeuge, U-Boote, Großkampfschiffe und Flugzeuge sind verboten. Ab 1935, zwei Jahre nach der Machtübernahme der Nationalsozialisten, beginnt mit der Wiedereinführung der allgemeinen Wehrpflicht und der Gründung der Luftwaffe eine offene Wiederaufrüstung, die gegen den Friedensvertrag von Versailles verstößt. Aus der Reichswehr wird die »Wehrmacht«. Zuständig für die Beschaffung von Waffen, Munition und Gerätschaften ist das Heereswaffenamt (HWA) in Berlin, das zeitweilig bis zu 5 000 Personen beschäftigt. Darunter befinden sich viele hochqualifizierte Techniker und Naturwissenschaftler – Ingenieure, Chemiker, Physiker – , die in der Grundlagenforschung, in der Entwicklung neuer Waffen und Geräte und in deren Prüfung und Vorbereitung für die Massenproduktion tätig sind. Auch die Beschaffung von Motorfahrzeugen untersteht einem aufwändigen Verfahren, in dem die Bedürfnisse des Heeres analysiert, der konzeptionelle Rahmen definiert, die konstruktiven Anforderungen konkretisiert und von Seiten der Industrie Vorschläge eingeholt werden, bevor an die eigentliche Auftragsvergabe gedacht werden kann. Dafür zuständig ist das »Waffenamt Prüfwesen 6« (Wa Prüf 6).

Ein Misserfolg: Die Einheits-Pkw der Deutschen Wehrmacht

Durch die Schaffung einer klar definierten Typenreihe aus standardisierten Fahrzeugen, die von der deutschen Automobilindustrie (aufgrund der bei den einzelnen Firmen verfügbaren Kompetenzen und Kapazitäten) gefertigt werden, sollen insbesondere die Wartung und Instandsetzung, aber auch der Nachschub und die Ausbildung vereinfacht werden. Die sogenannten Personenwagen unterteilt das HWA in drei Einheitstypen, nämlich:

Abb. 0396
Leichter geländegängiger Einheits-Pkw der Wehrmacht, hier ein 1939 von Hanomag gebautes und als Nachrichtenkraftwagen eingerichtetes Fahrzeug. Die Einheits-Pkw bewähren sich nicht. Sie sind technisch zu kompliziert, zu teuer in der Fertigung, zu aufwändig im Unterhalt und zu schwer.

Anmerkung I: In der undatierten, vermutlich in der unmittelbaren Nachkriegszeit entstandenen Produktionsstatistik der Jahre 1926 bis 1944 (Archiv MBAG) wird das allradgetriebene Militärfahrzeug W 133 III als Typ 170 VG bezeichnet. Das ist insofern unzutreffend, weil zum Zeitpunkt seiner Entstehung Mitte 1935 der verwendete Motor M 28 bzw. M 136 bloß über einen Hubraum von 1,6 Liter verfügte. In anderen Akten ist dagegen vom 1,6 Liter-Vierradwagen die Rede. Die Bezeichnung 170 VG kollidiert zudem mit der identischen Bezeichnung für den 170 V mit Gasgeneratoranlage (W 136 G) des Jahres 1943. Dessen ungeachtet haben sowohl das Daimler-Benz Archiv für sein Typenblatt (Hn/1966) als auch Werner Oswald in seiner Typenchronik die Bezeichnung 170 VG für den Militärwagen der Baureihe W 133 III übernommen (Oswald, MB-Pkw1 2001, S. 335).

- in den leichten Einheits-Pkw,
- den mittleren Einheits-Pkw und
- den schweren Einheits-Pkw.

Wegen der schlechten Erfahrung mit den bisherigen, von Serien-Pkw abgewandelten Armeefahrzeugen mit Standarddisposition, also mit Frontmotor und Hinterradantrieb, ist die Geländetauglichkeit für alle drei Typen ein entscheidendes Kriterium. Gefordert sind nicht bloß eine große Bodenfreiheit und entsprechend hohe Böschungswinkel, sondern generell Allradantrieb sowie bei den leichten und schweren Einheits-Pkw zusätzlich die Vierradlenkung. Weiter trachtet das HWA danach, neue automobiltechnische Errungenschaften mit einzubeziehen, um die Fahrzeugtypen über einen möglichst langen Zeitraum unverändert beschaffen zu können.

Die vom Heereswaffenamt vermutlich auf der Grundlage der bestgeeigneten Firmenentwürfe entwickelten leichten Einheits-Pkw werden schließlich ab 1936 in knapp 13 000 Exemplaren an die Wehrmacht ausgeliefert. Hauptsächlicher Hersteller ist Stoewer in Stettin. Ab 1937 kommen größere Kontingente dieser Fahrzeuge von BMW aus Eisenach und von Hanomag aus Hannover. Die Rahmen und das Fahrwerk sind unabhängig vom Lieferanten weitestgehend vereinheitlicht, ebenso die Aufbauten. Hingegen gelangen Getriebe und Motoren der jeweiligen Firma zum Einsatz. Bei Stoewer ist dies anfänglich der obengesteuerte 1,75-Liter-Vierzylinder aus dem R 180, der in Militärausführung 42 bis 43 PS leistet, angesichts des Fahrzeuggewichts von 1 775 kg und des leistungsfressenden permanenten Allradantriebs eine bescheidene Motorisierung. Später wird zur leistungsfähigeren, auf 2 Liter Hubraum aufgebohrten Maschine gewechselt. Auch Hanomag und BMW setzen auf 2-Liter-Motoren, letztere bauen ihren bekannten Reihensechszylinder ein. Alle drei Motoren verfügen nun über 50 PS.[1]

Rasch zeigen sich die schweren Mängel des leichten Einheits-Pkw, der sich als technisch viel zu kompliziert, zu schwer, zu teuer und in hohem Masse störungsanfällig herausstellt. Die Truppen lehnen später seinen Einsatz im Kriegsgeschehen mit Vehemenz ab. Daran ändert auch die 1940 erfolgte Überarbeitung und Vereinfachung nicht viel. Unter anderem wird bei dieser »Typ 40« genannten Spätausführung auf die komplexe und unnötige Allradlenkung verzichtet. Allem Misserfolg zum Trotz übernimmt die Wehrmacht noch 1944 die letzten Exemplare.[2]

Vor dem HWA gescheitert: Mercedes-Benz Kübelwagen W 133 III, W 139 und W 152

Allradgetrieben: Kübelsitzwagen W 133 III

Als sich das Heereswaffenamt in Berlin 1934 anschickt, einheitliche Pkw-Typen für den Heereseinsatz zu planen, versucht auch die Daimler-Benz AG ins Geschäft zu kommen. Auf der Vorstandssitzung vom 8. Mai 1935 informiert Technikchef Max Sailer, *dass der vom Reichswehrministerium in Auftrag gegebene Vierradwagen im Juli seine Versuchsfahrten aufnehmen würde, und dass er dann, wie gewünscht, Mitte Juli geliefert werden könne.*[3]

Firmenintern nennt man das leichte Militärfahrzeug schlicht *1,6 Liter-Vierradwagen* und gibt ihm die Baureihenbezeichnung W 133 III. Der Zusatz in römischen Ziffern verrät, dass vor ihm bereits mehrere Typen mit ähnlicher Bestimmung konstruiert worden sind, darunter ein Kübelwagen mit Heckmotor auf der Basis des 160 H.[I]

Beim W 133 III handelt es sich um einen allradgetriebenen sogenannten Kübelsitzwagen für vier Personen, der mit dem 1,6-Liter-Vierzylindermotor versehen wird, der – aufgebohrt und als M 28 bzw. M 136 bezeichnet – bald auch die kommenden Modelle 170 H und 170 V antreibt. An den Motor angeflanscht wird das unsynchronisierte Fünfganggetriebe FAKS-30 von ZF; alternativ kommt auch ein Vierganggetriebe zum Einbau. Der Antrieb auf die Vorderräder ist ausschaltbar. Das nicht zu umgehende Verteilergetriebe lässt sich im Kastenrahmen problemlos unterbringen. Der weit nach vorn geschobene Motor schließt eine Vorderradaufhängung an zwei querliegenden Blattfederpaketen analog dem 170 V aus.[II] Gewählt wird deshalb eine aufwändige Doppelquerlenkerkonstruktion mit Schraubenfedern. Hinten kommt vermutlich eine an Schraubenfedern abgestützte Pendelachse zum Einsatz. Auf eine enge Verwandtschaft mit derjenigen des 170 V weist die identische Spurweite von 1 310 mm hin.

Allradgetrieben und allradgelenkt: Kübelsitzwagen W 139

Wenige Monate später, bereits im neuen Jahr 1936, folgt eine überarbeitete Variante, welche als Baureihe W 139 bezeichnet wird. Dieser Typ – in einigen Quellen 170 VL genannt[III] – unterscheidet sich vom Vorgänger W 133 III hauptsächlich durch die Vierradlenkung und den um 75 mm auf 2 525 mm verkürzten Radstand. Die gegensinnige Lenkung der Hinterräder, die ein Manövrieren auf knappem Raum und ein Befahren von engen Biegungen ohne Zurücksetzen möglich macht, lässt sich bis zu einer Geschwindigkeit von 30 km/h nutzen. Für höhere Tempi müssen die Hinterräder in der Mittelstellung blockiert werden. Auch für diesen Geländetyp wird der kleine Vierzylindermotor M 136 eingebaut, der unterdessen auf 1,7 Liter Hubvolumen aufgebohrt worden ist und 38 PS leistet. Die ZF-Fünfgangbox weicht nun einer Daimler-Benz-Konstruktion mit ebenfalls fünf unsynchronisierten Fahrstufen.[IV] Hinten wird auf eine Lenkerachse ähnlich der vorderen umgestellt.

Beide Kübelsitzwagen scheitern vor dem Heereswaffenamt

Beide Allradwagen – der W 133 III und der W 139 – sind seitlich offene Kübelsitzwagen der althergebrachten Art. Sie fallen durch eine Lkw-ähnliche Front mit senkrecht stehendem Kühler und dem nach vorn bis über die Vorderachse geschobenen Motor auf. Ein leichtes, nach hinten abklappbares Verdeck kann im geöffneten Zustand am Frontscheibenrahmen befestigt werden. Mit einer Länge von 4 080 mm (W 133 III) bzw. 4 065 mm (W 139) und einer Breite von 1 570 mm sind die Fahrzeuge bemerkenswert kompakt. Weil keine eigentliche Karosserie vorhanden ist, bleibt das Wagengewicht in vertretbarem Rahmen. Der zweiradgelenkte W 133 III wiegt 1 210 kg, beim W 139 kommen durch die Hinterradlenkung 10 kg dazu, trotz des leicht verkürzten Fahrgestells.[4]

Ob 1935 die zweiradgelenkte Ausführung des Kübelsitzwagens, der W 133 III, als Vorschlag für den im Heereswaffenamt vorbereiteten Einheits-Pkw entworfen und konstruiert worden ist oder als eine Alternative dazu, ist nicht erforscht. Die Ausführung mit Vierradlenkung, der W 139, wird erst im Folgejahr 1936 präsentiert, also zu einem Zeitpunkt, als die Konstruktion des leichten Einheits-Pkw längst feststeht, die Erprobung wohl weitge-

Anmerkung II: Die im Typenblatt 170 VG (W 133 III) (Daimler-Benz-Archiv, 1966/Hn) aufgeführte Vorderradaufhängung (zwei übereinanderliegende Querblattfederpakete) übernahm auch der Automobilhistoriker Werner Oswald (Oswald, MB-Pkw1 2001, S. 335), der sich auch bei der Rahmenbauart irrte.
Anmerkung III: Diese Variante des Militärwagens wird in der Produktionsstatistik der Jahre 1926 bis 1944 (Archiv MBAG), im Typenblatt des Daimler-Benz-Archivs und bei Oswald (Oswald, MB-Pkw1 2001, S. 335) als Typ 170 VL bezeichnet.
Anmerkung IV: Typenblatt 170 VL (W 139), Daimler-Benz-Archiv, 1966/Hn

hend abgeschlossen ist und die Produktion in Stettin bei Stoewer anläuft. Vom einfacheren W 133 III verlassen offenbar 62 Stück das Werk in Untertürkheim, vom eng verwandten, aber komplexeren W 139 sind es 42 Wagen. Das HWA scheint sich mit diesen beiden Mercedes-Benz-Kübelwagentypen eingehend auseinandergesetzt zu haben, zeigt aber kein Interesse an deren Beschaffung.[5] Ob technische Defizite oder strategische Überlegungen ausschlaggebend sind, bleibt zunächst unklar.

Als Kontaktperson der Daimler-Benz-Firmenleitung zum Heereswaffenamt engagiert sich Wolfgang von Hentig, der als Chef der Hauptniederlassung Berlin und Leiter des Werks Marienfelde gute Voraussetzungen für diese Aufgabe mitbringt. Er ist im Ersten Weltkrieg Generalstabsoffizier gewesen und später zu einem gesellschaftlich einflussreichen höheren Angestellten der Deutschen Bank aufgestiegen.[6] Nachdem das Scheitern auch des W 139 offensichtlich geworden ist, erkundigt sich der Technische Direktor Max Sailer Mitte 1936 während einer Vorstandssitzung bei Wolfgang von Hentig, *ob die Reichswehr nach wie vor Kübelwagen benötigen würde und welche Chassis dafür in Frage kämen,* worauf von Hentig bemerkt, *Kübelsitzwagen würden immer bleiben, und zwar mit Motoren nicht unter 2,6 Ltr, wahrscheinlich eher 3 bis 3,2 Ltr.*[7] Doch bei Heeresaufträgen im Pkw-Bereich bleibt die Daimler-Benz AG nach wie vor unberücksichtigt. Anfang 1937 wird bekannt, dass die südwestdeutschen Werke der Firma aus strategischen Gründen von Aufträgen ausgeschlossen werden sollen; in Berlin stößt man sich an der grenznahen Lage. Während sich von Hentig mit einem Brief bei Oberfeldmarschall von Blomberg beschweren will, mahnt Generaldirektor Kissel zur Besonnenheit. Die missliche Angelegenheit sei in einem persönlichen Gespräch zu thematisieren, und zwar erst nach der Ablieferung und Erprobung der derzeit *für Kracht/Augustin*[I] *in Bau befindlichen Wagen.*[8]

Neuer Versuch: Der Kübelsitzwagen G 5 (W 152)

Bei diesen zu Beginn des Jahres 1937 präsentierten Militärfahrzeugen handelt es sich offensichtlich um den Kübelsitzwagen G 5 der Baureihe W 152, der als verstärkte Ausführung der beiden bisherigen Kübeltypen in der Entwicklung steht. Der Allradantrieb und die Vierradlenkung sind geblieben, doch von Seiten des HWA sind zusätzliche Forderungen namentlich an den Aufbau und die Ausrüstung gestellt worden, die das Leergewicht des Fahrzeugs auf stattliche 1 880 kg ansteigen lassen, wodurch der Einbau des 2 Liter großen Vierzylindermotors M 149 unumgänglich wird. Diese Maschine ist im Hinblick auf den Typ 200 V (W 149) entstanden und leistet in der hier verwendeten Militärausführung bescheidene 45 PS.[II] Der Radstand des G 5 hat gegenüber dem 170 VL (W 139) mit 2 530 mm lediglich um 5 mm zugenommen, die Gesamtlänge schrumpft gar auf unter vier Meter. Mit 1 422 mm Spurweite und 1 680 mm Breite übertrifft der neue Kübelwagen die ältere Version hingegen um rund 100 mm. Der dadurch erforderliche schwerere Rahmen aus Kastenprofilen und die Aufhängung der größer dimensionierten Räder hinten und vorn an ungleich langen Doppel-Dreiecksquerlenkern[9] sind nicht die alleinigen Gründe für das stattliche Mehrgewicht.

Die drei Sperrdifferenziale, die verstärkten Antriebsteile und der Aufbau fordern ebenfalls ihren Tribut, denn der Wagen verfügt nun über Seitenwände, die bis auf die Höhe der Gürtellinie reichen und mit vier Türen versehen sind.[10] Dieses Fahrzeug erreicht die technische Komplexität des »leichten« Einheits-Pkw, übertrifft diesen an Gewicht aber um gut 100 kg und liegt in der Motorleistung nur wenig über dem 42 PS starken Stoewer.

Abb. 0397 (oben) **& 0398** (rechte Seite)
Mit dem 1,6-Liter-Vierradwagen W 133 III auf Probefahrt im schwierigen Gelände, Frühjahr 1936. Der allradgetriebene Kübelsitzwagen soll den Motor M 136 des künftigen 170 V erhalten. Zu einer Beschaffung durch die Wehrmacht kommt es nicht.

Abb. 0399 & 0400 (beide rechte Seite)
Unmittelbar auf den W 133 III folgt die Kübelwagenausführung W 139. Sie ist mit dem W 133 III eng verwandt, verfügt aber über eine Vierradlenkung. Obwohl auch diese Modellvariante vom Heereswaffenamt intensiv geprüft wird, bleibt eine Bestellung aus. Anfang 1937 sickert durch, dass die strategisch ungünstige grenznahe Lage der Daimler-Benz-Werke im Südwesten des Reichs ein Hindernis darstellt.

Abb. 0401 (rechte Seite)
Fahrgestell des Nachfolgetyps G 5 (W 152) von 1937. Leiterrahmen, weit nach vorn geschobener Motor und Einzelradaufhängung an Dreiecksquerlenkern sind an allen drei Mercedes-Benz-Militärgelände-Pkw ähnlich. Der G 5 wird mit dem neuen 2-Liter-Vierzylindermotor M 149 versehen. Bezüglich Komplexität und Gewicht erreicht oder übertrifft der G 5 den unterdessen bei Stoewer gefertigten leichten Einheits-Pkw.

Anmerkung I: Augustin war Oberst im Oberkommando des Heeres (OKH).
Anmerkung II: Siehe auch Kap. 3.3, S. 155 f & 164.

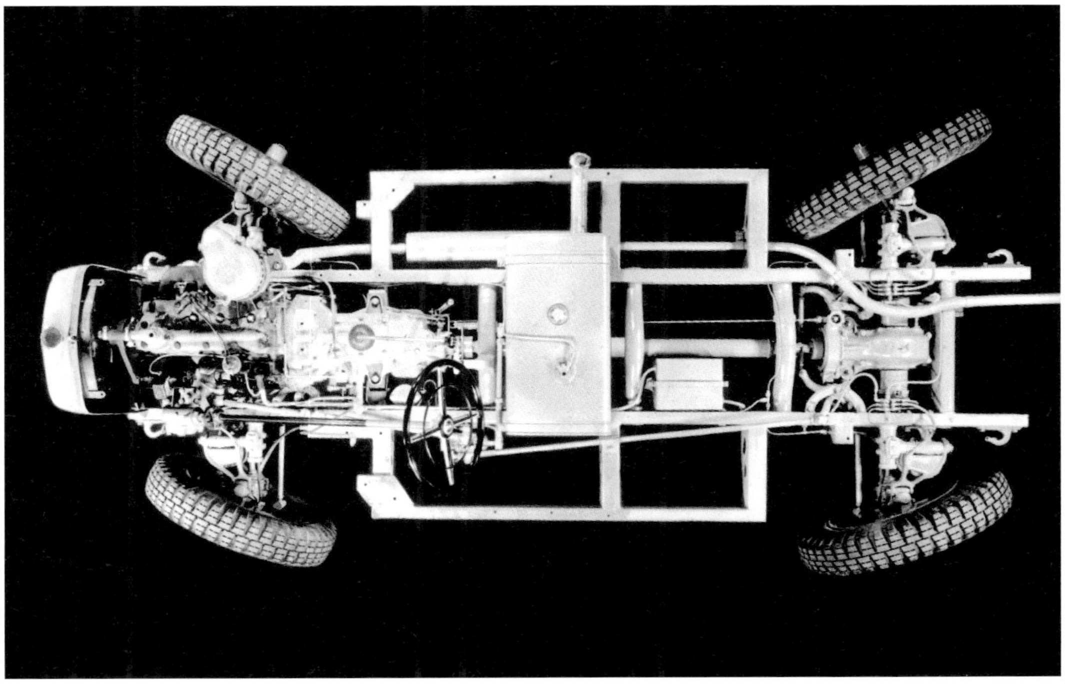

Abb. 0402 & 0403
Auch mit dem G 5 scheitert Daimler-Benz bei den deutschen Beschaffungsstellen. Am 17. März 1938 wird der G 5 in Bern vorgeführt (Bilder), doch auch die Schweizer Armee kann sich für das Fahrzeug nicht erwärmen. Der Wagen verfügt über einen Aufbau, dessen Türen sich ein- und aushängen lassen.

Es erstaunt deshalb nicht, dass es Daimler-Benz auch mit ihrem neusten Kübelsitzwagen nicht gelingt, ins Geschäft mit den Wehrmachts-Pkw einzusteigen. Eine Tatsache, die sich schon im März 1937 abzeichnet, denn das Heereswaffenamt hat unterdessen den G 5 (W 152) für den Export freigegeben. Dem Wehrmachts-Nein zum Trotz liegt eine Bestellung des »Führers« über vier »abgespeckte« G 5-Wagen für die Bergwacht und 12 Exemplare für die SS vor. Weitere Wagen sollen nach China gehen, weshalb eine Serie von 50 Stück W 152-Fahrgestelle eingeschrieben wird, obwohl bezüglich der Aufbauten noch Abklärungen folgen müssen.[11]

1937 entstehen drei Versuchswagen des G 5, die am Jahresende im Sonderwagenbau in einer Dauererprobung stehen. Zu diesem Zeitpunkt befindet sich die erste Serie von nunmehr 55 Fahrzeugen bereits in der Fertigung. Zu den Abnehmern gehört Griechenland.[12] Eine unbekannte Anzahl G 5-Wagen findet den Weg zu den Militärbehörden von Ungarn,[13] Rumänien und Bulgarien.[14] Eine Vorführung des G 5 vor Exponenten der Schweizer Armee am 17. März 1938 in Bern bleibt hingegen erfolglos.[15] Angesichts des enttäuschenden Interessens von Seiten der militärischen Beschaffungsstellen entschließt sich die Firmenleitung, den G 5 im Herbst 1938 auf der London Motor Show zu bewerben. Adressaten sind offensichtlich die vermögenden Kolonialherren in Afrika und Asien. Mit einem cabrioletartigen Aufbau versehen und mit Rechtslenkung ausgerüstet wird das Geländefahrzeug als *Kolonial- und Jagd-Tourenwagen* bezeichnet. Das große Geschäft entsteht daraus nicht. Bis Ende 1940 verlassen immerhin 378 Stück des G 5 (W 152) – in allen unterschiedlichen Versionen – das Untertürkheimer Werk.[16]

▷ Siehe Band II/Seite 205
Exkurs F 05: Kübelsitzwagen – Begriff und Definition

Der Polizei-Kübelsitzwagen 170 V KS

In der ersten Jahreshälfte 1936, zeitgleich mit dem Versuch, sich mit einem vierradgetriebenen Kübelwagen beim Heereswaffenamt in Berlin Gehör zu verschaffen, entsteht in Untertürkheim und Sindelfingen auch ein Kübelsitzwagen auf der Basis des Mercedes-Benz 170 V (W 136). Vermutlich hat die Firmenleitung mit diesem Fahrzeug, das technisch nahe am Serienwagen liegt, nicht die Wehrmacht als Abnehmer im Auge – dort gehen bekanntlich die Anforderungen in Richtung von allradgetriebenen und -gelenkten Spezialfahrzeugen – sondern die Polizei.

Abb. 0404
Weil kein Interesse an der Beschaffung besteht, gibt das Heereswaffenamt den G 5 (W 152) für den Export frei. Daimler-Benz bewirbt das Geländefahrzeug schließlich als zivilen Jagdwagen für Kolonialherren in Afrika und Asien. Hier das Beispiel eines rechtsgelenkten viertürigen Tourenwagens mit Gepäckbrücke.

Abb. 0405
Karosserieentwurf des Werks Sindelfingen vom 17.3.1938 für einen »Arzt-Kombinations-Wagen« auf G 5-Fahrgestell, wohl gedacht für unwegsame (Berg-)Gegenden. Es gibt keine Anhaltspunkte, wonach ein derartiger Wagen gefertigt worden wäre.

170 V KS I von 1936: Die erste Version des W 136-Polizeikübels

Das Fahrzeug verfügt über das weitgehend unveränderte Fahrgestell des 170 V (W 136) mit Ovalrohrrahmen und Hinterradantrieb. Es wird mit dem Spritzwandvorbau, dem Karosserieboden unter Einschluss des vorderen Sitzkastens und den ebenfalls serienmäßigen Fahrgestellblechteilen versehen: also mit der Kühlermaske, den Scheinwerfern, der Motorhaube und den vorderen und hinteren Kotflügeln unter Einschluss der Trittbretter. Die Windschutzscheibe ist zweigeteilt. Die linke Hälfte kann mitsamt dem Scheibenwischer nach vorn aufgeklappt und mit zwei Scheren fixiert werden, während die rechte Hälfte vor dem Beifahrer fest montiert ist. Alle vier Plätze sind als Kübelsitze mit ausgeprägten seitlichen Wangen ausgebildet, um ein Herausfallen der auf dem Wagen sitzenden Personen zu vermeiden, denn ein fester Seitenabschluss fehlt. Bei misslichen Wetter- oder Straßenverhältnissen können die vorderen und hinteren Einstiegsöffnungen mit Stoffbahnen verschlossen werden. Bei Nichtgebrauch sind diese aufgerollt und mit zwei Lederriemen an einem Metallprofil seitlich der Vordersitze festgezurrt. Ein einfaches Klappverdeck aus demselben Segeltuch lässt sich über die Sitze aufspannen und an der Frontscheibe einhängen. Das Fahrzeugheck besteht aus einer kurzen Plattform, die sich auf einer Rahmenverlängerung abstützt und das liegend befestigte Ersatzrad trägt. Links und rechts davon ist je ein identischer Vorratsbehälter für Treibstoff und Kühlwasser (?) aufgeschnallt. Der links angeschraubte Nummernschildständer trägt auch die Rück- und Stoppleuchte. Wie beim karossierten Serienwagen fehlt eine hintere Stoßstange, hingegen ist an der Rahmenverlängerung eine Kupplung montiert, die das Mitführen eines Anhängers erlaubt. Die hinteren Serienkotflügel sind um ein paar Grad nach vorn gedreht, um den Böschungswinkel zu vergrößern. An der Fahrzeugfront ist der Stoßfänger zu einer simplen Platte in Fahrzeugmitte geschrumpft, die das Nummernschild trägt. Eine graue, seidenmatte Lackierung überzieht das gesamte Fahrzeug einschließlich der Kühlermaske mit dem Stern auf dem schiffchenförmigen Sockel und der Radkappen.[17]

Tatsächlich lässt sich dieser erste und einfache W 136-Kübelsitzwagen, der die wohl nachträglich definierte Bezeichnung 170 V KS I trägt, mehrfach in Polizeidiensten nachweisen. Abweichend vom beschriebenen Prototypen werden die Wagen mit der einteiligen, ebenfalls ausstellbaren Frontscheibe des offenen Tourenwagens geliefert und die Fahrzeugfront mit dem Serienstoßfänger versehen. Mindestens ein Teil der Kübelsitzer erhält (ab Werk oder nachträglich) einen zusätzlichen Mittelscheinwerfer und weitere Zusatzausrüstungen wie beispielsweise Suchscheinwerfer.[18]

170 V KS II von 1937/38: Die zweite Version des W 136-Polizeikübels

Gegen Ende 1937 wird der 170 V Polizeikübelwagen überarbeitet. Das Fahrzeug erhält geschlossene Flanken, die ihm ein Aussehen ähnlich dem serienmäßigen offenen Tourenwagen verleihen. Die vier Türen, die anstelle der offenen Sitzzugänge kommen, sind allesamt

Abb. 0406 & 0407
Mercedes-Benz 170 V KS I. Der 1936 hauptsächlich für den Polizeidienst angebotene Kübelsitzwagen verfügt über das nahezu unveränderte Fahrgestell des 170 V. Selbst die hinteren Kotflügel stammen vom Innenlenker. Als echter Kübelsitzwagen verzichtet der 170 V KS I auf eine vollständige Karosserie mit Türen. Im Bedarfsfall sorgen aufrollbare Segeltuchbahnen für einen minimalen (Spritz-)Schutz. Eine unbekannte Anzahl dieser Wagen steht bei der Polizei im Einsatz, meist versehen mit der vorderen Serienstoßstange und der einteiligen Klappfrontscheibe des Tourenwagens.

Abb. 0408 & 0409
Mercedes-Benz 170 V KS II. Anfang 1938 löst diese überarbeitete Version den bisherigen 170 V-Polizeikübelwagen ab. Der Eindruck eines karosserieartigen Aufbaus wird durch den Kasten auf der Heckbrücke und die Türen hervorgerufen. Letztere können mit Steckscheiben aus Cellon versehen oder mit einem Handgriff vollständig entfernt werden. Das Gestühl ist nach wie vor schalenförmig ausgebildet, daher »Kübelsitzwagen«.

vorn angeschlagen, auch die vorderen beiden an der ansonsten unveränderten Serienspritzwand. Charakteristisch für diese Türen sind die schräg nach unten und vorn laufenden hinteren Abschlüsse und die in Mulden versenkt untergebrachten Türdrücker. Das Segeltuchverdeck ist geblieben, doch nun werden die Insassen bei Bedarf zusätzlich durch Steckscheiben geschützt, die auf die Türen gesetzt werden können. Diese »Fenster« bestehen aus einem segeltuchumfassten Metallrahmen mit eingenähtem transparentem Cellon. Die Frontscheibe ist zweiteilig, kann fahrerseitig aufgeklappt und mit Scherenfeststellern in der gewünschten Position fixiert oder alternativ als Ganzes nach vorn auf die Motorhaube umgelegt werden.[19] Statt der offenen Brücke findet man am Heck einen flachen kubischen Kasten von identischer Grundfläche. Dieser ist mit einem nach unten klappbaren Deckel verschlossen, enthält das Ersatzrad und bietet oberhalb sowie seitlich Stauraum für weitere Gegenstände. Die Rückleuchte und das Nummernschild in Längsformat sind linksseitig unterhalb dieses Heckkastens angeordnet. Anstelle der vorderen Serienstoßstange ist die bereits im Kübelwagen-Prototyp von 1936 vorgesehene kurze Stoßplatte montiert, die auch als Nummernschildträger dient. Die ehemals in der Spritzwand eingelassenen Fahrtrichtungsanzeiger sind jetzt aufgesetzt und die Kühlermaske der ersten 170 V-Produktionsserie ist der nachfolgenden, etwas kantigeren Version gewichen, deren Stern nun auf einem Kühlwasser-Schraubverschluss sitzt. Die Trittbretter sind aus längsgeripptem, unlackiertem Leichtmetallblech gefertigt. Diese robuste Ausführung lässt sich auch an einigen Fahrzeugen der ersten Serie beobachten.[20]

Produktionszahlen und Einsatzbereiche

Der 170 V Polizei-Kübelsitzwagen wird nachweislich ab 1936 ausgeliefert. Die seitlich geschlossene zweite Version folgt ab Ende 1937 oder ab Anfang 1938. Da diese beiden Kübelwagenmodelle in den Produktionsstatistiken nicht gesondert aufgeführt sind, bleibt unbekannt, wie lange und in welcher Stückzahl diese Sonderfahrzeuge gebaut werden; 1936 fertigt Sindelfingen 126 und im Folgejahr bloß noch 11 Polizei-Kübelaufbauten.[21] Die letzte Nachricht über den Bau einer unbekannten Anzahl 170 V KS II stammt von 1939 oder spätestens von Anfang 1940.[22] Abnehmer ist, wie mehrfach nachgewiesen, hauptsächlich die Polizei, in bescheidenerem Maß wohl auch andere Behörden oder staatsnahe Stellen. Weiter laufen, nun mit einem Tarnscheinwerfer auf dem linken Kotflügel versehen, solche 170 V Kübelwagen in geringer Zahl bei der Wehrmacht.[23]

Für den Kriegseinsatz: Der Wehrmachts-Kübelsitzwagen 170 VK

Im Herbst 1937 tritt das Oberkommando des Heeres (OKH) über den Chef der Berliner Mercedes-Benz-Niederlassung und Leiter des Werks Marienfelde Wolfgang von Hentig an die Daimler-Benz AG heran und erkundigt sich nach dem maximal möglichen Produktionsausstoß des Unternehmens im Pkw-Sektor. Gleichzeitig fordert das OKH eine Antwort auf die konkrete Frage, ob eine monatliche Lieferung von 283 Stück handelsüblicher 170 V (W 136), 69 Stück ebenfalls handelsüblicher 320 (W 142) und 400 Kübelwagen auf der Basis des W 142 möglich sind. Der Vorstandsvorsitzende Wilhelm Kissel bestätigt in seiner ausführlichen Antwort die jederzeitige Liefermöglichkeit der vorgenannten Typen in der angefragten Stückzahl. Er betont jedoch gleichzeitig die Tatsache, dass die Daimler-Benz AG

Abb. 0410
Das einfache Verdeck des 170 V KS II ist seitlich so ausgebildet, dass Steckscheiben einigermaßen dicht anschließen. Die seidenmatte Lackierung überzieht den ganzen Aufbau unter Einschluss der Kühlermaske. Auffällig sind die Trittbretter, die aus unlackiertem, mit Längsrippen versehenem Leichtmetallblech gefertigt werden.

Abb. 0411
Der abnehmbare Kasten auf der Brücke enthält das Ersatzrad und bietet ein wenig Stauraum. Im Fach über dem Rad lassen sich die Steckscheiben unterbringen.

wegen der ungenügenden Rohstoffzuteilung und den fehlenden Arbeitskräften den Pkw-Ausstoß deutlich unter das fabrikationstechnisch mögliche Limit habe drosseln müssen.[24]

Kurzfristig realisierbar: Ersatz auf Basis 170 V für den leichten Einheits-Pkw

Zu diesem Zeitpunkt dürften sich beim HWA und beim OKH die mannigfachen Schwierigkeiten mit dem leichten Einheits-Pkw bereits abzeichnen, so dass nach einer kurzfristig umsetzbaren Ersatzlösung oder einer Ergänzung gesucht wird. Gefragt ist ein möglichst feldtaugliches Fahrzeug »von der Stange«, das sich umgehend in hohen Stückzahlen beschaffen lässt. Fünf Monate später, Mitte April 1938 sind Fachleute der Werke Untertürkheim und Sindelfingen mit dem Bau eines Kübelsitzwagens auf der Basis des 170 V beschäftigt, denn es liegt unterdessen ein mündlicher Auftrag vom OKH über die Lieferung solcher Fahrzeuge in einer Auflage von 1 000 Stück vor.

Das Versuchsexemplar des 170 V Kübelwagens in der Wehrmachts-Ausführung Kfz 2 – also karossiert und eingerichtet als dreisitziger Funkwagen – wird am 20. Mai 1938 den Zuständigen im Waffenamt Prüfwesen 6 (Panzer- und Motorisierungsabteilung) und einer weiteren Stelle im HWA vorgeführt und überzeugt offenbar. *Aufgrund dieser Vorführung sind die 1 000 Kübelsitzwagen fest bei uns bestellt worden, und zwar sollen wir die kompletten Fahrgestelle samt Aufbauten liefern. Oberstleutnant von Schell (in 6) bat, ihn nicht im Stiche zu lassen und die Fahrzeuge termingemäß in gutem Zustande zur Ablieferung zu bringen. Letztere soll wie folgt vor sich gehen:*

- *November 1938 200 Stück;*
- *jeden folgenden Monat weitere 200 Stück.*

Noch nicht geklärt ist zu diesem Zeitpunkt, welche der Wagen nach Gruppe I und welche nach Gruppe III funkentstört werden müssen.[25] Einig sind sich die Techniker in Untertürkheim, dass der Kübelsitzwagen angesichts der größeren Beanspruchung von Anbeginn mit der überarbeiteten und verstärkten Hinterachse versehen werden muss, wie sie für den geplanten 200 V (W 149) – der stärker motorisierten Variante des 170 V – in der Entwicklung ist und dann auch für die handelsüblichen 170 V-Modelle verwendet werden soll. Einer der Diskussionspunkte dreht sich um die Bauart und Dimensionierung der einzubauenden Lager, was Auswirkungen auf die Peripherie hat.[26] Der Kübelwagen auf der 170 V-Basis bewährt sich auf den nachfolgenden Versuchsfahrten gut, so dass dessen Fertigung programmgemäß im November 1938 aufgenommen wer-

den kann. Bis Ende des Jahres verlassen 413 dieser Wagen das Untertürkheimer Werk.[27] Es ist davon auszugehen, dass im Folgejahr die weiteren Lieferungen anstandslos und termingerecht weitergehen. Die Daimler-Benz AG fertigt nicht nur das Fahrgestell, sondern die kompletten Fahrzeuge unter Einschluss der Aufbauten – eine Ausnahme bei der Beschaffung von Wehrmachts-Pkw, von der bloß noch die Auto Union (Horch und Wanderer) profitiert.[28]

Das 170 V-Kübelwagenprogramm wird ausgeweitet

Im Anschluss an die erfolgreiche Einführung des 170 V Wehrmachtskübelwagens in der Funkausführung (Kfz 2) erhält die Daimler-Benz AG vom Wa Prüf 6 den Auftrag, zwei weitere Kübelaufbauten zu entwickeln: Nämlich eine Variante gemäß Kfz 1 mit vier Sitzen für den sogenannten Truppentransport und eine weitere gemäß Kfz 3, vermutlich ebenfalls viersitzig, jedoch versehen mit Gerätekasten, die einen Messtrupp mitsamt seiner technischen Ausrüstung aufzunehmen in der Lage ist. Das Heereswaffenamt fordert einen Aufbau, der sowohl auf dem Einheitsfahrgestell des leichten geländegängigen Pkw wie auch auf dem Fahrgestell des 170 V verwendet werden kann. Selbstverständlich sind die Sindelfinger Karosseriebauer in der Lösungsfindung nicht frei, sondern haben sich nach den engen Vorgaben des Wa Prüf 6 im HWA zu richten. Insbesondere gilt es, die Abmessung des Geräteraums und die Ausführung und Lage diverser An- und Einbauteile – beispielsweise für ein oder zwei Maschinengewehre – so festzulegen, dass die Wagen ihrem Einsatzzweck optimal entsprechen. Ende März 1939 ist ein vom Werk Sindelfingen produzierter Musteraufbau in Berlin auch fertigungstechnisch überprüft und – in einigen Details abgeändert – zur Schlussbearbeitung nach Sindelfingen zurückgeschickt worden. Hier gilt es nun innerhalb von zehn Tagen die Gewichte und Achsdrücke zu ermitteln und die Zeichnungen so anzupassen, dass die Aufbauten normgerecht und bis in die feinsten Kleinigkeiten von einer beliebig großen Zahl von Karosseriebaubetrieben hergestellt werden können. Eine fotografische Dokumentation bis in alle Einzelheiten unterstützt die Planzeichnungen. Auf Daimler-Benz-Seite bearbeiten die Herren Walliser und Ing. Friedle die Kübelwagenaufbauten, das HWA delegiert die Herren Dipl.-Ing. Rußig und Ing. Kleiner nach Sindelfingen ab. Schließlich wird der Musterwagen auf dem 170 V-Fahrgestell in die Kraftfahrversuchsstelle des Entwicklungs- und Erprobungszentrums der Wehrmacht in Kummersdorf (Kreis Teltow) südlich von Berlin überführt. Das zweite Musterfahrzeug, dessen Aufbau auf einem Fahrgestell des Einheits-Pkw ruht, überstellt man zur Karosseriefabrik N. Trutz in Coburg.[29] Die Firma Trutz ist zu einem der Entwicklungsbetriebe für offene Wehrmachts-Fahrzeugaufbauten bestimmt worden.[30]

Abb. 0412
Mercedes-Benz 170 VK, die Wehrmachts-Kübelwagenausführung auf W 136-Basis, hier die Ausführung »Kfz 2«. Die Unterschiede zum Polizeikübelwagen 170 V KS II sind auffällig: Mit dem voluminöseren Heck, dem größeren Verdeck und den fehlenden Trittbrettern ähnelt er dem leichten Einheits-Pkw. Technisch entspricht der 170 VK weitgehend den »zivilen« 170 V. Insbesondere fehlt ein Allradantrieb.

Das Kübelwagengeschäft läuft – und löst das Privatgeschäft ab

Das Geschäft mit den 170 V-Wehrmachtskübelwagen beginnt zu laufen. Bereits gegen Ende 1938 informiert der Kontaktmann zum Oberkommando des Heeres, Wolfgang von Hentig, seine Vorstandskollegen und eine Delegation des Aufsichtsrats, dass die Wehrmacht im kommenden Jahr *in großer Anzahl 1,7 Ltr. Kübelsitzwagen* [...] in Auftrag geben werde.[31] Ob dies in der Konzernzentrale mit Genugtuung aufgenommen worden ist oder mit einem Stirnrunzeln, geht aus den Akten nicht hervor. Tatsache ist, dass Daimler-Benz wegen der Rohstoffverknappung die Pkw-Produktion hat zurückfahren müssen. Die auf mehrere Monate angestiegene Lieferfrist für den beliebten 170 V kommt nicht bei jedem Kunden gut an. Und dass die Rohstoffzuteilung wegen der Kübelwagenaufträge angehoben wird, ist alles andere als gewiss.

Neun Monate später sind diese Sorgen weggewischt: Es herrscht Krieg, der Verkauf von privaten Pkw wird verboten und deren Nutzung strikt limitiert.[I] Bis Ende 1939 hat Untertürkheim 1 737 Kübelsitzwagen vom Typ 170 VK (W 136 K) und ein paar Hundert vom großen Typ 320 K (W 142 III) an die Heeresstellen ausgeliefert.[32] Als einziger Personenkraftwagen der deutschen Industrie wird der Mercedes-Benz 170 V als »kriegswichtig« in das sogenannte Kriegsprogramm aufgenommen, und zwar mit einer monatlichen Stückzahl von 1 400. Im ersten vollen Kriegsjahr 1940 bricht die Fertigung der »zivilen« 170 V-Modelle von durchschnittlich rund 17 500 Einheiten pro Jahr auf 3 650 ein. Im Gegenzug steigt der Ausstoß an 170 V-Wehrmachtskübelwagen auf 7 560 Stück an. Eine stattliche Zahl zwar, jedoch weit von der ursprünglich kommunizierten Menge entfernt.[33] Im Jahr 1941 sinkt die Anzahl 170 VK um rund 1 000 Einheiten auf 6 588. Bereits zu Jahresbeginn ist der Firmenleitung mitgeteilt worden, dass die Bestellungen gegen Ende 1941 zurückgehen würden. Unterdessen hat sich nämlich der VW Kübelwagen vom Typ 82 als weit bessere Alternative herausgestellt. Klein, leicht, mit großem Bodenabstand und einem auf der Antriebsachse lastenden Heckmotor versehen, schafft er im Gelände kritische Passagen deutlich souveräner als der 170 V, der hier rasch an seine Grenzen stößt. Als die Herstellung des Typs 82 im VW-Werk bei Fallersleben[II] allmählich in Schwung kommt, drängt er den braven 170 V rasch zurück. Aus diesem Grund endet 1942 nicht nur die Produktion der »zivilen« 170 V nach bescheidenen 1 174 Stück innerhalb des laufenden Jahres, sondern auch diejenige der 170 V-Kübelsitzwagen, die im gleichen Zeitraum noch auf 2 777 Einheiten kommen.

Insgesamt liefert die Daimler-Benz AG 19 075 Kübelsitzwagen des Typs 170 VK an die Streitkräfte des »Dritten Reichs«.[34] Wie sich die Produktion auf die verschiedenen Aufbauarten verteilt, ist nicht bekannt; den zeitgenössischen Abbildungen zufolge scheint aber der Nachrichten- bzw. Funkwagen (Kfz 2) zu überwiegen. Im letzten Produktionsjahr fertigt Daimler-Benz bloß noch die Fahrgestelle, übernimmt das Aufsetzen der Karosserien und die Endmontage. Die Herstellung der Aufbauten ist bereits im Laufe von 1941 auf mehrere kleine Firmen verteilt worden, so dass Sindelfingen rund 1 000 Einheiten weniger herstellt als in Untertürkheim Kübelwagen-Fahrgestelle entstehen.[III] Diese Kurskorrektur der Beschaffungsstrategen ist für Generaldirektor Kissel nicht nachvollziehbar, der sich zudem über die verspätete Lieferung durch einen Teil dieser Mitspieler ärgert.

Der Wehrmachts-Kübelsitzwagen auf dem Fahrgestell des Mercedes-Benz 170 V ist eine Verlegenheitslösung, nach der die Beschaffungsbehörde hat greifen müssen, weil der leichte geländegängige Einheits-Pkw blamabel gescheitert ist. Trotzdem erfreut sich der 170 VK, obwohl im Gelände limitiert, bei den Truppen einer gewissen Beliebtheit, die in der erstaunlichen Robustheit und Zuverlässigkeit gründet. Der 170 VK ist bei weitem nicht der einzige Kübelsitzwagen auf der Basis eines handelsüblichen Pkw, aber – vom Sonderfall Volkswagen abgesehen – der am häufigsten gebaute.[IV]

▷ **Siehe Band II/Seite 29–31**, Tabelle A 10 Technische Daten: 170 VK (W 136 K)

Fahrgestell des 170 VK

Das Fahrgestell der 170 V-Wehrmachtskübelwagen unterscheidet sich nur unwesentlich von demjenigen der »zivilen« 170 V-Versionen. Für den X-förmigen Ovalrohrrahmen des Kübelwagens wird ein größerer (insbesondere höherer) Rohrquerschnitt gewählt, der vermutlich demjenigen der Cabriolets und offenen Tourenwagen entspricht. Ein weiterer Unterschied zum Pkw-Rahmen besteht in dessen Verlängerung, um das Heckteil mit dem integrierten Gerätekasten zu stützen. Die beiden dafür verwendeten U-Profile sind über der Hinterachse an die dort endenden Ovalrohre angeschweißt und verlaufen horizontal nach hinten. Auffällig sind die abweichend ausgebildeten Abschlüsse des vordersten Querrohrs, die mit Gummiringen als Federweganschlag versehen sind, und die vier kräftig dimensionierten Zughaken, zwei vorn und zwei hinten am Rahmen.

Die vordere Radaufhängung erhält anfänglich neun, dann (ab Frühjahr 1939) acht Federblätter pro Federpaket anstelle derer zehn bei den handelsüblichen Modellen. Die Federn werden dadurch bewusst härter ausgelegt und sind durch die dickeren Blätter stärker vor Bruch geschützt. Auch die Schraubenfedern der hinteren Radaufhängung werden verstärkt. Die Pendelachse selbst, und dies ist einer der

Abb. 0413
Fahrgestell des 170 VK. Der X-förmige Rahmen erhält ein höheres Ovalrohr und muss gegen hinten verlängert werden, um das Heck zu stützen. Zudem wird die breitere Hinterachse des W 136 II eingebaut, die auf der stärkeren Ausführung des W 149 basiert.

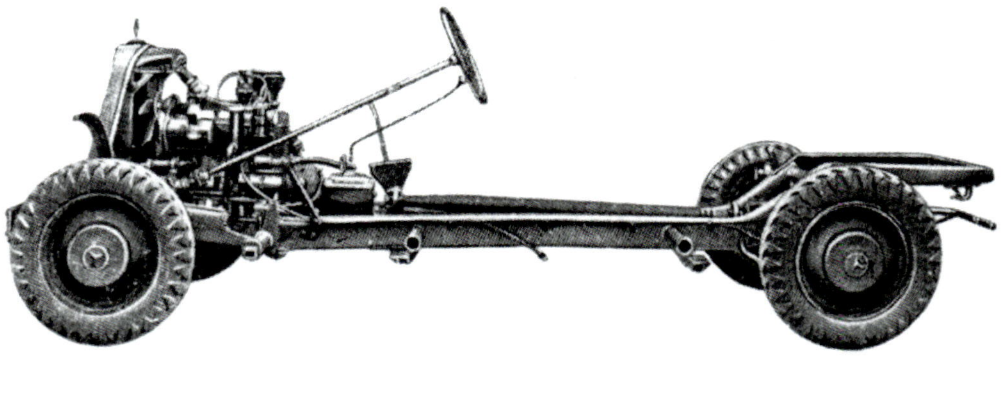

Anmerkung I: Zu den kriegsbedingten Nutzungseinschränkungen siehe auch Kap. 6.2, S. 294.
Anmerkung II: Heute Wolfsburg.
Anmerkung III: Gemäß Oswald, MB-Pkw1 2001, S. 144 f & 316 fertigte Sindelfingen 1938 und 1939 mehrere 100 Aufbauten pro Jahr über die Anzahl Kübelwagen-Fahrgestelle hinaus. Danach kehrte sich das Verhältnis um: 1941 wurden 1 088 Aufbauten weniger gebaut als Fahrgestelle.
Anmerkung IV: Siehe auch Oswald, DE-Militär-Fz 2004, S. 84–90 & 92 f.

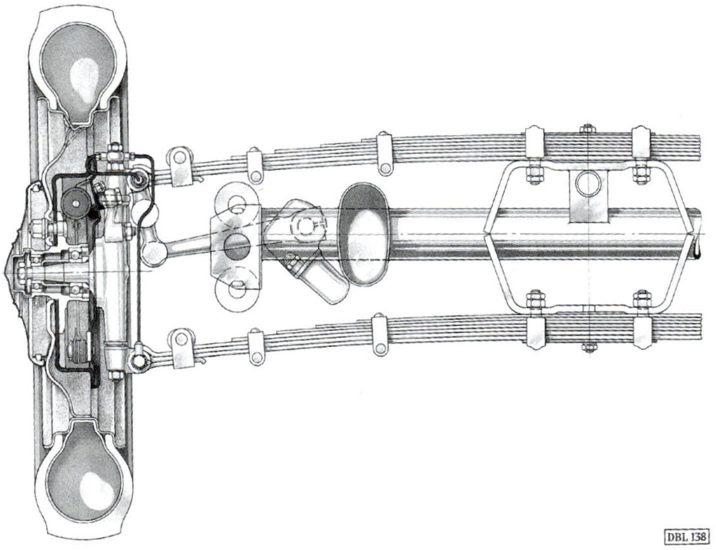

Abb. 0414
Die Vorderradaufhängung des Kübelwagens übernimmt alle Verbesserungen, die 1938 beim 170 V eingeführt worden sind. Zudem sind die Federpakete auf eine höhere Last ausgelegt, haben neun (später acht) statt zehn Blätter und der Querträger wird mit je zwei ringförmigen Gummipuffern als oberer und unterer Federanschlag versehen.

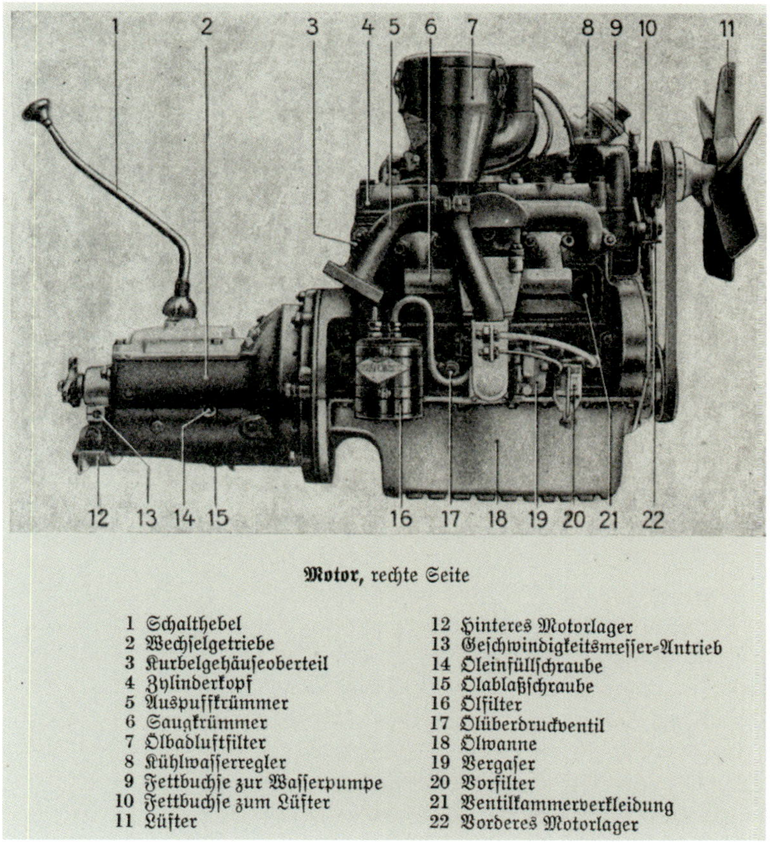

markantesten Unterschiede, zeigt eine Spurweite von 1 370 mm, 60 mm mehr als bei den »zivilen« 170 V. Dies wird durch längere Tragrohre und Antriebswellen erreicht und verbessert die Fahreigenschaften des Wagens auch auf schwierigeren Wegen merklich. Der Auslöser für diese Korrektur dürfte in der größeren Breite des Kübelsitzaufbaus liegen. Die größere hintere Spurweite stimmt mit dem Maß überein, das der 170 V-Nachfolger W 136 II erhalten soll. Dessen ungeachtet, bleibt die vordere Spurweite mit 1 310 mm unverändert. Weitere konstruktive Eingriffe und Verstärkungen erfolgen im und am Ausgleichsgetriebe der Hinterachse. Betroffen sind die gummigedämpfte Befestigung am Rahmen und die diversen Lager unter Einschluss derjenigen in den Tragrohren. Von diesen Verstärkungen profitieren auch die handelsüblichen 170 V-Versionen.

Eine wichtige Verbesserung in der Kraftübertragung erreicht man durch die Einführung des vollsynchronisierten Getriebes eigener Konstruktion (DB-4S). Es wird ab November 1939 zuerst im Kübelwagen, im Sommer 1940 auch in den übrigen Modellen die oft bemängelte, nur im dritten und vierten Gang synchronisierte ZF-Schaltbox AKS-15 ablösen.

Der bewährte Motor M 136 erfährt keine Kübelwagen-spezifischen Änderungen, dessen Peripherie hingegen schon. Während die Motoren bestimmter Fahrzeugserien mit den rohrartigen Ansauggeräuschdämpfern und Serien-Nassluftfiltern der zweiten Generation ausgerüstet werden, tragen andere (und vermutlich die Mehrzahl) einen speziellen Ölbadluftfilter. Diese funktionieren mit einem Ölreservoir, um die Ansaugluft effizienter zu reinigen.[35] Der Ölbadfilter der Firma Mahle ist trichterförmig ausgebildet und mit einem Ansaugstutzen versehen. Die Ausführung von Knecht hat die Form eines Zylinders und saugt die Luft durch einen Schlitz zwischen dem Kessel und dem mit einem Einsatz versehenen Deckel an.[36]

Im Hinblick auf ihren Einsatz in klimatisch extremeren Gegenden und der geringeren Fahrtwindkühlung als Folge bescheidener Geschwindigkeiten versieht man die Kübelwagen anstelle des vierflügeligen Kühlerventilators aus Blech mit einem deutlich leistungsfähigeren Kühlerlüfter aus Magnesium- oder Elektronguss mit sechs Flügeln.[37] Diese Veränderung verlangt ihrerseits nach einem Thermostat, der nun bald auch in den handelsüblichen 170 V-Versionen folgt, im Unterschied zum Fernthermometer, in dessen Genuss ein-

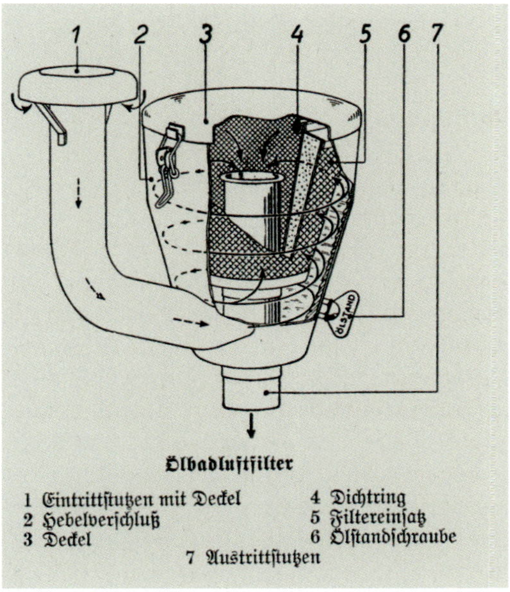

Abb. 0415 & Abb. 0416
Der Motor des Wehrmachtskübelwagen 170 VK entspricht den käuflichen 170 V-Modellen. Ausgenommen sind die Zündanlage mit 12 Volt Spannung, der leistungsfähige Kühlerventilator aus Leichtmetallguss mit sechs Flügeln, der Kühlwasserthermostat und in einigen Serien der effizient staubabsorbierende Ölbadluftfilter. Das Teilsynchrongetriebe ZF AKS-15 wird ab November 1939 durch das Vollsynchrongetriebe DB-4S ersetzt.

zig der Kübelwagen kommt. Der von 34 Liter auf 43 Liter vergrößerte Treibstofftank, mit dem die Wehrmachts-Kübelsitzwagen von Anfang an versehen werden, gelangt gleichzeitig auch bei den handelsüblichen 170 V-Modellen zum Einbau.[38] Das größere Volumen wird durch einen ovalen statt kreisrunden Querschnitt des Tanks erzielt. Dieser passt nach wie vor in die Mulde der Spritzwand und versorgt den Steigstromvergaser durch Schwerkraft. Die Volumenvergrößerung ist nötig geworden, um den geforderten Aktionsradius von 300 km mit einer Tankfüllung zu gewährleisten.

Analog dem leichten geländegängigen Einheits-Pkw und im Unterschied zu den »zivilen« 170 V-Ausführungen erhält der 170 VK eine 12-Volt-Bordelektrik. Diese hat nicht nur Auswirkungen auf die verwendete Lichtmaschine und den Anlasser, sondern auch auf die Zündspule, das Signalhorn, die Leuchten und den Kabelstrang unter Einschluss des Zündgeschirrs. Zudem wird die elektrische Anlage – je nach Einsatzzweck des Kübelwagens – nach Gruppe III teilentstört oder nach Gruppe I vollentstört. Für letztere ist der Bauaufwand beträchtlich.[39] Das Fahrgestell des 170 VK wurde der Gruppe *mittlerer Pkw (Hubraum bis 2 000 cm³)* zugeordnet.[40/I]

Abb. 0417
Die als Funkwagen disponierte Aufbauvariante »Kfz 2« (Bild) ist mutmaßlich die meistgebaute Ausführung des 170 VK. Alle drei Aufbauvarianten verfügen über ein Verdeck, welches aufgezogen das Wageninnere von der Heckkante bis an die Frontscheibe voluminös überspannt. Beim abgebildeten Fahrzeug sind zudem die aus weichem Cellon bestehenden Steckscheiben montiert.

Aufbauten des 170 VK

Die Karosserien der Wehrmachts-170 V-Kübelsitzwagen unterscheiden sich nicht nur radikal von den handelsüblichen 170 V-Modellen, sondern auch erheblich von der Polizeiausführung 170 V KS II. Die Aufbauten sind für den Transport von Personen und Gerätschaften ausgelegt. Sie sind weitgehend identisch mit denjenigen des leichten geländegängigen Einheits-Pkw – oder werden zumindest in enger Anlehnung an diese standardisierten Aufbauten für die Verwendung auf dem 170 V-Fahrgestell adaptiert. Die plumpe, kastenförmige Karosserie mit ihren planen Blechflächen, geraden Kanten und den kleinen aufgesetzten Beschlägen und Halterungen kontrastiert scharf mit der serienmäßig verbleibenden Frontpartie des 170 V. Ihre pfeilförmig nach vorn zulaufende Motorhaube, die geneigte Kühlermaske und die konvex-konkav geschwungenen Kotflügel erscheinen in diesem Kontext geradezu schlank. Damit enden die gemeinsamen Karosserieteile der zivilen und der militärischen Modelle. Trittbretter fehlen am Kübelwagen, die hinteren Kotflügel ähneln denjenigen am Einheits-Pkw. Den Übergang zwischen diesen beiden »automobilen Welten« schafft eine neue Spritzwand, die eine recht großzügig dimensionierte zweiteilige Frontscheibe trägt. Deren linker Teil vor dem Fahrer ist gegen vorn aufklappbar, wobei ein unterer schmaler Glasstreifen fest bleibt. Auffällig sind wiederum die vorderseitig aufgehängten, außen aufschlagenden (und zudem wegnehmbaren) Türen mit dem schrägen Verlauf ihrer Hinterseiten und den eingetieften Türdrückern, wie sie ähnlich schon im Polizeikübel verwendet worden sind. Pro Seite ist nur noch ein einziger Türtyp notwendig.

Die drei für den 170 VK verwendeten Aufbauvarianten (Kfz 1, Kfz 2 und Kfz 3) differieren hauptsächlich in der Ausgestaltung des Hecks und somit auch in der Anzahl der Sitzplätze, der Türen sowie in der Anordnung sogenannter Gerätekästen und Vorrichtungen zur Aufnahme von Ausrüstungen und Apparaten.

- Das **Kfz 1** dient dem sogenannten Mannschaftstransport und verfügt über vier Sitze und vier Türen sowie über einen in den Karosseriekörper integrierten, senkrecht abgeschlossenen Geräteraum im Heck.
- Der **Kfz 2-Aufbau** weicht erheblich davon ab. Anstelle des rechten hinteren Kübelsitzes und der dortigen Tür ist ein geräumiger Kasten eingebaut, der ca. 15 cm über die Gürtellinie des Wagens hinausragt und oben das Funkgerät trägt. Nochmals ca. 5 cm höher baut das Heck, das jedoch über einen längeren Abschnitt leicht schräg abfällt und einen weiteren geräumigen Gerätekasten beherbergt, dessen Deckel sich wie eine Kofferraumklappe nach oben öffnet.
- Das **Kfz 3** ähnelt dem Kfz 1, hat jedoch zusätzlichen Stauraum und Vorrichtungen, um die Messinstrumente unterzubringen, die seinen Einsatz als Fahrzeug für einen Messtrupp ermöglichen.

Im Unterschied zum Polizeikübel umschließt das einfache Segeltuch-Klappverdeck bei sämtlichen drei Aufbauvarianten auch das Heckteil, so dass sich das Volumen des geschlossenen Fahrzeugs beträchtlich erhöht. Die Steckscheiben sind dank einer vertikalen Sprosse, die das empfindliche Cellon in zwei Teile trennt, robust ausgeführt. Im Unterschied zu den Aufbauten auf dem leichten Einheitsfahrgestell ist das Ersatzrad nicht am Heck

Anmerkung I: Der 170 VK lief als mittlerer Pkw in den Planstellen der leichten Pkw. Die Gerätebeschreibung D 662/8 des OKH von 1940 benennt ihn als leichten Pkw.

Abb. 0418 & 0419
Aufbauvariante »Kfz 1« des 170 VK, für den Mannschaftstransport ausgelegt und mit vier Sitzplätzen versehen. Die beiden hinteren sind als Bank mit Seitenwangen ausgebildet. Charakteristisch ist der senkrecht abfallende Gepäckraum. Beim abgebildeten Wagen ist das Verdeck vollständig demontiert.

Abb. 0420, 0421 & 0422
170 VK »Kfz 2«, hier mit entfernten Türen und zurückgeschlagenem Verdeck. Diese Ausführung bietet nur drei Personen Platz, denn im voluminösen Kasten hinten rechts ist das Funkgerät untergebracht. Stauraum gibt es im schräg abfallenden Heck, das mit einer großflächigen Klappe versehen ist. Verschiedene Halterungen dienen der Befestigung von allerlei Gerätschaften am und im Fahrzeug.

montiert, sondern steht in einer Vertiefung des rechten Kotflügels und ist am Felgenhorn mit einem Spannhaken an einer Halterung fixiert. Stehende Ersatzräder in den Vorderkotflügeln – allerdings beidseitig – sind eines der Kennzeichen vieler gehobener Mercedes-Benz-Modelle der späten 1920er und 1930er Jahre. Beim Kübelwagen muss das Ersatzrad ohne Raddeckel auskommen, nicht jedoch die vier rollenden Räder. Auf dem Kühlerverschluss entfällt der Mercedes-Stern – einzig auf den offiziellen Fotoaufnahmen des Werks darf er präsent sein.

Je nach Ausführung sind die Wagen mit diversen Sonderausrüstungen wie Außenspiegel, Kühlerschutzhaube, Spaten mit Tasche, Treibstoffkanister, Handlampe und Tarnscheinwerfer versehen. Fahrtrichtungsanzeiger gehören immer dazu.[41]

Fahrersitz

1 Druckring für Horn
2 Stellhebel zum Sitz
3 Schalthebel
4 Stößel der Zentralschmierung
5 Kupplungsfußhebel
6 Fußschalter zum Abblenden
7 Bremsfußhebel
8 Fahrfußhebel
9 Nachstellmutter zur Handbremse
10 Kraftstoffhahn
11 Handbremshebel
12 Klappe für Einfüllschraube des Wechselgetriebes
13 Tunnelblech
14 Schutzblech
15 Steckdose für Handleuchte

Schaltbrett

1 Mehrfachschalter zum Nachtmarschgerät
2 Fernthermometer
3 Anlasserdruckknopf mit Anzeigeleuchte
4 Schaltkasten
5 Steckdose für Scheibenwischer
6 Kraftstoff- und Öldruckmesser
7 Drehknopf für Leerlaufregelung
8 Geschwindigkeitsmesser mit Kilometerzähler
9 Schalter für Fahrtrichtungsanzeiger
10 Zeituhr
11 Anzeigelampe für Fernlicht
12 Schalter für Dreiklanghörner
13 Schalter für Schaltbrettleuchten
14 Zugknopf für Spareinrichtung
15 Zugknopf der Anlaßvorrichtung
16 Aufzug der Zeituhr

Abb. 0423 & 0424
Die Armaturentafel des 170 VK ist nutzerorientiert. Zusätzlich zu Tachometer, Kombiinstrument und Zeituhr gibt es links der Lenksäule einen Fernthermometer, der in den käuflichen 170 V fehlt. Auffällig der Haltegriff über dem großzügig dimensionierten Handschuhkasten.

Wageninneres mit Schalttafel

Das Innere des Aufbaus ist dem Bestimmungszweck des Fahrzeugs entsprechend karg ausgestattet. Die Kübelsitze tragen einen robusten Bezug aus grauem Kunstleder, der blecherne Getriebetunnel muss auf eine Abdeckung aus Gummi verzichten, hingegen gibt es im vorderen Fußraum zu beiden Seiten je ein kleines Fach zum Verstauen von Kleinutensilien, die für den Betrieb des Fahrzeugs notwendig sind. Das Armaturenbrett *(Schalttafel)* ist nutzungsorientiert vollständig plan und funktional aufgebaut und im Grauton des Wagens lackiert. In der Mitte sind – analog den »zivilen« Versionen – die drei bekannten Rundinstrumente eingelassen: Zentriert der im Durchmesser größere Geschwindigkeitsmesser mit Kilometerzähler, links das Kombiinstrument für den Treibstoffstand und den Öldruck und rechts die Zeituhr. Die Zifferblätter sind schwarz, die Ziffern und Markierungen in Weiß gehalten. Als drittes Instrument kommt der im Durchmesser nochmals kleinere Fernthermometer hinzu, der links der Lenkspindel in die Armaturentafel eingetieft ist. Auf der rechten Seite befindet sich ein Handschuhfach mit rechteckigem Deckel, darüber ein horizontaler Haltegriff für den Beifahrer. Fast alle bei den handelsüblichen Ausführungen vorhandenen Schalter und Kontrollleuchten sind auch hier verfügbar. Anstelle des Lenkradschlosses und des Lichtschalters ist jedoch links des Lenkrads ein Schaltkasten mit Schlüssel eingebaut, mit dem die verschiedenen Stromkreise freigegeben werden können und folglich auch das Licht gesteuert wird. Der Anlasser wird über einen Fingerschalter betätigt, der entweder in derselben Einheit eingesetzt ist oder nicht weit davon entfernt als separates Element mit Druckknopf. Die Frontscheibe erhält wegen ihrer Zweiteilung zwei separate Wischer, deren Motoren an der oberen Rahmentraverse befestigt sind und dort ein- und ausgeschaltet werden. Eine sichtbare Stromleitung verbindet sie mit dem Armaturenbrett, wo sie mittels Stecker an den Stromkreis des Wagens angeschlossen sind. Abweichend von den handelsüblichen 170 V-Modellen gibt es zudem einen Mehrfachschalter für das Nachtmarschgerät (Tarnscheinwerfer) und rechts des Handschuhfachs eine Steckdose für die Handlampe.[42]

Materialien und Farben

Die erwähnten Konstruktionszeichnungen der 170 VK-Aufbauten liegen nicht vor. Offenbar bestehen zumindest die verkleidenden planen Teile aus Leichtmetallblech,[43] das sichtbar mit der Unterkonstruktion vernietet ist. Gemäß den Bestimmungen des HWA müssen die Wehrmachtskübelwagen zur besseren Tarnung ein zweifarbiges Lackkleid in den Tönen *Dunkelgrau Nr. 46* und *Dunkelbraun Nr. 45* aufweisen.[I] Vermutlich liefert sie das Werk Untertürkheim in einheitlichem Dunkelgrau ab, jenem Farbton, der auch sämtliche Teile überzieht, die an den handelsüblichen Wagen blank oder verchromt sind.[44] Die braune Farbe wird anschließend in freien Formen und möglichst ohne scharfe Begrenzung aufgetragen. Je nach Truppe und Einsatzgebiet dürfte später davon abgewichen worden sein, um eine optimale Tarnung zu erzielen.

Anmerkung I: Bezüglich der Übersetzung in RAL-Farbtöne bestehen Unsicherheiten und Differenzen.

Ersatzwerkstoffe für den Bau von 170 V-Kübelsitzaufbauten

Die Autarkiepolitik des »Dritten Reichs« mit ihrer Rohstoffknappheit, hervorgerufen durch die Aufrüstung mit ihrem immensen Stahlkonsum und dem »Hunger« nach zahlreichen Nichteisenmetallen, führt an fast allen Stellen der industriellen Produktion zu Substitutionsüberlegungen und -versuchen. In diesem Zusammenhang ist die Bemühung des Oberkommandos des Heeres (OKH) beziehungsweise des Heereswaffenamts (HWA) zu sehen, bei der Fertigung der Kübelsitzwagen-Aufbauten für den 170 V an geeigneten Stellen auf Ersatzwerkstoffe auszuweichen.

Erfolgreicher Versuch: Beplankung mit Hartpapier- oder Holzfaserhartplatten

Ein entsprechender Konstruktionsauftrag erreicht Daimler-Benz im späten Frühjahr 1940. Ziel ist der Ersatz der Leichtmetallbeplankung am 170 V-Kübelsitzaufbau durch Hartpapierplatten oder Holzfaserhartplatten. Das Werk Sindelfingen fertigt zwei Musteraufbauten nach den Vorgaben Kfz 2 (dreisitzige Ausführung für Funkwagen), die bis Anfang Juli 1940 in der Kraftfahrversuchsstelle der Wehrmacht in Kummersdorf über eine Fahrdistanz von je 15 000 km erprobt und danach demontiert werden. Die Befunde zeigen deutlich, dass eine Beplankung mit diesen beiden Ersatzwerkstoffen grundsätzlich möglich ist, doch erweisen sich die Hartpapierplatten in der Lebensdauer den Holzfaserhartplatten überlegen. Zugunsten einer einfacheren Herstellung und Reparatur sollen die Platten jedoch nicht aufgeklebt, sondern aufgeschraubt werden. Zwei weitere Versuchswagen folgen, wobei jeweils die eine Fahrzeugseite mit Hartpapier-, die andere mit Hartfaserplatten beplankt wird.[45]

Die Ergebnisse fallen derart ermutigend aus, dass nähere Abklärungen zur Verfügbarkeit der Ersatzstoffe unternommen werden:

- **Hartpapier**, ein Faserverbundwerkstoff aus phenolverleimtem Papierzellstoff, ist als isolierendes Trägermaterial in der Elektroindustrie bekannt. Der Kunstharzanteil erreicht mit 30 bis 35% einen hohen Wert. Der Zellstoff selbst verursacht keine Beschaffungsschwierigkeiten und die mechanischen Eigenschaften sowie die Witterungsbeständigkeit sind gleichbleibend gut. Reichsweit kommen sechs bis acht Firmen in Frage, um die notwendige Quantität zu liefern.
- **Holzfaserhartplatten** bestehen aus zerhacktem und bis auf die Faser aufgebrochenem Holz von nicht anderweitig verwendbaren Schwarten und Latten. Holzfaserplatten werden im Baugewerbe zunehmend für den Innenausbau verwendet. Der Kunstharzanteil liegt bei ca. 10%, falls man auf das importierte indische Holzöl als Zuschlagstoff verzichten will. Eine extrem harte Qualität ist dadurch nicht zu erreichen, die Festigkeitswerte schwanken beträchtlich. Immerhin sind 15 bis 20 Werke in »Großdeutschland« in der Lage, derartige Platten zu liefern.
- Naheliegend ist ein Seitenblick auf **Sperrholz**, obwohl Versuche am Fahrzeug mit diesem ebenfalls im Hausbau verwendeten Beplankungsmaterial nicht vorliegen. Mehrere dünne Holzfurniere werden unter starkem Druck zu einer stabilen Platte verleimt. Das Fehlen genügender Pressen und geeigneter Klebestoffe für eine wetterfeste Verleimung vereitelt eine nähere Untersuchung.

Abb. 0425
Beim 170 VK »Kfz 2« steht das Ersatzrad im rechten Vorderkotflügel. Rechts fehlt die hintere Türöffnung, weil sich dort der Kasten für die Funkanlage befindet. Der Aufbau ist mit Alublech beplankt. Ein Ersatz durch sogenanntes Hartpapier oder Holzhartfaserplatten unterbleibt, obwohl Versuche positiv ausfallen.

Was bleibt übrig?

Die zuständigen Stellen des Oberkommandos des Heeres (OKH) versuchen in der Folge, für den Weiterbau der Mercedes-Benz 170 V-Wehrmachtskübelwagen in erster Linie die notwendige Menge Leichtmetall für den Beschaffungszeitraum ab viertem Quartal 1940 zu erwirken. Ein Ausweichen auf Stahlblech komme für dieses Fahrzeug allein aus Gewichtsgründen nicht in Frage. Sollte Leichtmetall ausscheiden, so wollen die Beamten des HWA eine Bewilligung für die notwendige Menge Phenol und Kresol für die Herstellung von Hartpapierplatten beantragen. Erst an dritter und letzter Stelle soll auf die eingeschränkt haltbare Holzhartfaserplatte übergegangen werden.

Die notwendigen Zeichnungen und Fertigungsunterlagen für den Aufbautyp Kfz 2 verspricht Daimler-Benz bis Ende Oktober, für die beiden viersitzigen Ausführungen Kfz 1 und Kfz 3 bis Ende 1940 bereit zu haben, damit diese an externe Karosseriefirmen weitergereicht werden können. Obwohl die Daimler-Benz AG betont, dass der Übergang auf Ersatzwerkstoffe bei den Kübelwagenaufbauten zu keinen Fertigungsschwierigkeiten führe, wenn die Herstellerwerke die erforderlichen Mengen zeitgerecht liefern, wird Mitte Juli 1940 der Konzernvertretung unter Leitung von Vorstand Wilhelm Haspel deutlich gemacht, *dass aus besonderen Gründen örtliche Karosseriefirmen ebenfalls mit der Fertigung der Aufbauten bei Verwendung von Ausweichwerkstoffen* [...] *beteiligt werden sollten.* Dies gelte möglicherweise auch bei Verwendung von Leichtmetall, fügen die Herren des OKH bei. Ein bestehender Auftrag wird auf die Lieferung von 189 Fahrgestellen mit Vorbauten reduziert.[46]

Es gibt keine Anhaltspunkte, dass ab 1941 die Wehrmachts-Kübelsitzaufbauten für den 170 V mit einem Ersatzwerkstoff beplankt worden wären; es ist bei Leichtmetall geblieben. Die dezentrale Produktion der Karosserien bei einer erheblichen Anzahl von Kleinfirmen wird indessen Tatsache.[II]

Anmerkung II: Siehe auch S. 288.

6.2 Die Weiterproduktion des 170 V mit Auflagen

Mit dem Kriegsbeginn im September 1939 bricht der Neuwagenmarkt zusammen. Doch der 170 V – als *kriegswichtig* erklärt – wird weiterproduziert, schon allein wegen der Kübelwagenausführung. Konstruktive Anpassungen durch die behördlich verfügte Teilevereinheitlichung drohen, werden aber nur zum Teil umgesetzt. Ein neues Vollsynchrongetriebe ist die letzte große Änderung; weitere Eingriffe sind dem harten Kriegseinsatz geschuldet. Im Herbst 1942 endet die 170 V-Produktion nach gut 92 000 Wagen aller Spielarten.

Zurück in den Spätsommer 1939. Es kommt der 1. September, ein Freitag. Deutschland überfällt Polen. Es ist Krieg. Mit grausamer Härte stößt die Wehrmacht, unterstützt von Einheiten der Polizei und der SS, in Richtung Warschau vor und schlägt das polnische Heer bis zum 6. Oktober vernichtend. Anders als beim Ausbruch des Ersten Weltkriegs 1914 herrscht in der deutschen Bevölkerung keine Kriegsbegeisterung. Zu nah und zu frisch sind die Schrecken und die Entbehrungen im Gedächtnis haften geblieben. Trotzdem kommt der Waffengang alles andere als unerwartet. Nur wer taub und blind durch das Leben gegangen ist, hat nicht erkannt, wohin die Reise der braunen Machthaber führt. Trotz des Kriegs geht das öffentliche Leben weiter. Das Regime ist sichtlich bemüht, eine gewisse Normalität aufrechtzuerhalten. In Wirklichkeit sind die Veränderungen einschneidend: Die Einführung der Lebensmittelrationierung vermag in Erinnerung an die katastrophale Versorgungslage während und unmittelbar nach dem Ersten Weltkrieg zwar zu beruhigen, doch der Einzug der Ehemänner, Verlobten und Söhne in den Kriegsdienst schmerzt und ist von einer großen Ungewissheit begleitet.

Fahren nur mit rotem Winkel

Bereits nach drei Kriegswochen wird der gesamte private Kraftfahrzeugverkehr behördlich eingestellt. Planmäßig motorisiert unterwegs sind nur noch die Wehrmacht, die Reichspost, Behördenfahrzeuge, die Polizei und die SS. Die Scheinwerfer müssen durch passende Kappen abgedeckt werden, die bloß durch einen schmalen waagerechten Schlitz Licht freigeben. Private Fahrzeuge erhalten ausschließlich dann eine Fahrerlaubnis, wenn ihre Benutzung *zur Versorgung des deutschen Volkes* notwendig ist. Diese Berechtigung wird durch einen roten Winkel am Nummernschild kenntlich gemacht, Verstöße scharf geahndet.[47] Rasch schreitet der Einzug privater Lkw und Pkw durch die Wehrmacht voran. Einzig den frontgetriebenen, zweitaktenden DKW attestieren die Militärs keine genügende Kriegstauglichkeit und sparen sie weitgehend aus. Die Mercedes-Benz 170 V hingegen erfreuen sich großer Beliebtheit. Viele der ehemals zivilen Wagen sollen sich, rasch mit dem militärischen Dunkelgrau überspritzt, bald in den Händen der Wehrmacht an einem der Kriegsschauplätze wiederfinden.

Ab Anfang Oktober 1939 werden die Höchstgeschwindigkeiten auf deutschen Straßen heruntergesetzt: Erlaubt sind in Ortschaften bloß noch 40 km/h und außerorts wie auf den Reichsautobahnen 80 km/h für Personenwagen und 60 km/h für Lastwagen.[48]

Zusammenbruch des Neuwagenmarkts

Dass unter diesen Umständen der private Automobilhandel und -service zum Erliegen kommt, versteht sich von selbst. Am 30. September 1939, so berichtet der Chronist des Großhändlers Lueg in Bochum und Essen, sei der letzte neue Mercedes-Benz eingetroffen, *zusammen mit einer Kiste Wein.*[49] Fahrzeugbestellungen von fahrberechtigten Personen oder Firmen nimmt die Daimler-Benz AG zwar noch entgegen und versieht sie mit einer Kommissionsnummer, der Kunde wird aber mit einem vorgedruckten Schreiben auf die Zeit nach Aufnahme der Friedensfabrikation vertröstet.[50]

Nicht allein der Inlandsmarkt für Personenwagen ist zusammengebrochen, sondern auch der Export gerät ins Stocken, was besonders ungünstig ist, weil die Fahrzeugausfuhr als Devisenbringer in den zurückliegenden Jahren eine wichtige Bedeutung erlangt hat. Die für den Export hergestellten Fahrzeuge sollen nach Möglichkeit auch in den Export gehen, betont Generaldirektor Kissel auf der Vorstandssitzung vom 12. Oktober 1939. Wenn dies unmöglich sei, so müssten sie im Inland abgesetzt werden. Tatsächlich hat die Wehrmacht zu diesem Zeitpunkt bereits eine größere Anzahl regulär karossierter Wagen einge-

Abb. 0426 (rechte Seite)
Der Sommer 1939 ist warm. Wer es sich leisten kann, macht Urlaub: Die Menschen fahren in die Berge, drängen an die Strände, suchen Entspannung und Distanz zum Alltag. Doch der friedliche Schein trügt. Am 1. September überfällt Deutschland Polen, ein Krieg von unvorstellbarer Grausamkeit beginnt.

Abb. 0427
Bald nach Kriegsausbruch setzen Restriktionen ein. Private Fahrzeuge dürfen nur noch mit behördlicher Bewilligung fahren. Gekennzeichnet wird dies mit einem roten Winkel am Nummernschild.

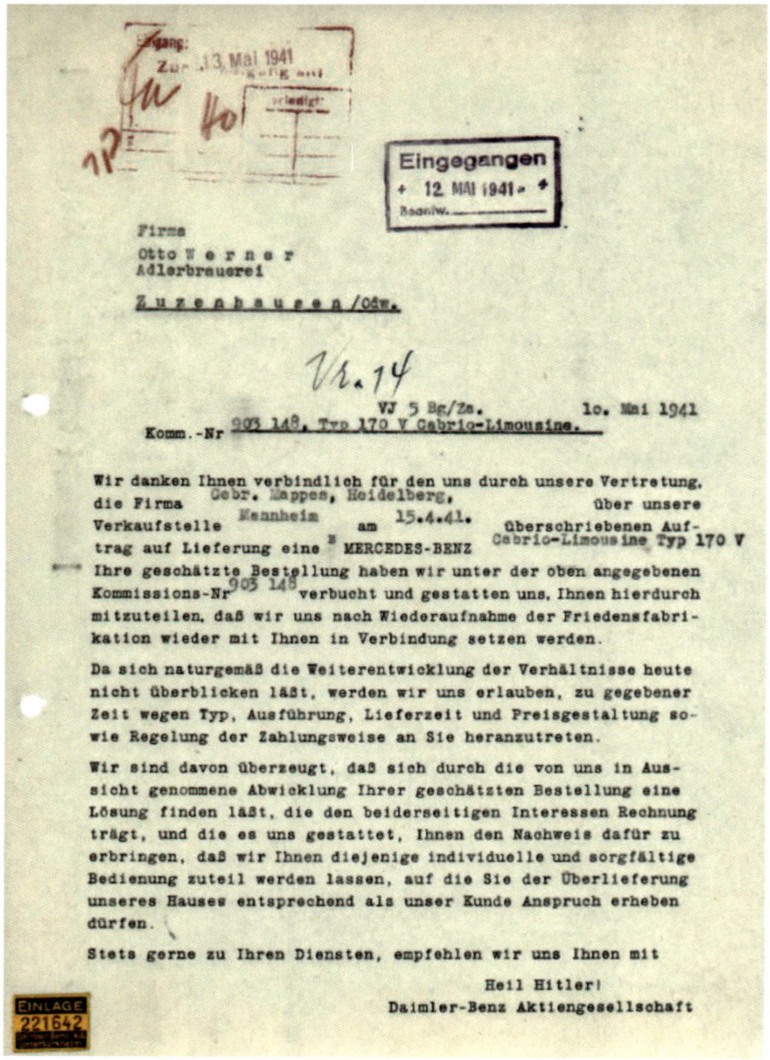

Eingang: 13. Mai 1941

Eingegangen
12. MAI 1941

Firma
Otto W e r n e r
Adlerbrauerei

Z u z e n h a u s e n /Odw.

Vr. 14

VJ 5 Bg/Ze. 10. Mai 1941

Komm.-Nr 903 148, Typ 170 V Cabrio-Limousine.

Wir danken Ihnen verbindlich für den uns durch unsere Vertretung, die Firma Gebr. Mappes, Heidelberg, über unsere Verkaufstelle Mannheim am 15.4.41. überschriebenen Auftrag auf Lieferung eines MERCEDES-BENZ Cabrio-Limousine Typ 170 V
Ihre geschätzte Bestellung haben wir unter der oben angegebenen Kommissions-Nr 903 148 verbucht und gestatten uns, Ihnen hierdurch mitzuteilen, daß wir uns nach Wiederaufnahme der Friedensfabrikation wieder mit Ihnen in Verbindung setzen werden.

Da sich naturgemäß die Weiterentwicklung der Verhältnisse heute nicht überblicken läßt, werden wir uns erlauben, zu gegebener Zeit wegen Typ, Ausführung, Lieferzeit und Preisgestaltung sowie Regelung der Zahlungsweise an Sie heranzutreten.

Wir sind davon überzeugt, daß sich durch die von uns in Aussicht genommene Abwicklung Ihrer geschätzten Bestellung eine Lösung finden läßt, die den beiderseitigen Interessen Rechnung trägt, und die es uns gestattet, Ihnen den Nachweis dafür zu erbringen, daß wir Ihnen diejenige individuelle und sorgfältige Bedienung zuteil werden lassen, auf die Sie der Überlieferung unseres Hauses entsprechend als unser Kunde Anspruch erheben dürfen.

Stets gerne zu Ihren Diensten, empfehlen wir uns Ihnen mit

Heil Hitler!
Daimler-Benz Aktiengesellschaft

EINLAGE 221642

Abb. 0428
Mit dem Krieg bricht der Fahrzeugmarkt zusammen. Der 170 V wird zwar als einziger deutscher Pkw für kriegswichtig erklärt und weiterproduziert, jedoch nur für den Bedarf der Truppen, der NS-Organe und den Export. Wie das Schreiben von 1941 zeigt, nimmt Daimler-Benz private Bestellungen entgegen, versieht sie mit einer Kommissionsnummer, vertröstet aber die Käufer auf Friedenszeiten.

kauft. Der Mercedes-Benz 170 V ist als einziger deutscher Pkw für kriegswichtig erklärt und ins sogenannte Kriegsprogramm aufgenommen worden, und zwar mit einer Herstellungsrate von 1 400 Stück pro Monat. In welcher Ausführung, so Kissel, werde von Fall zu Fall mit der Wehrmacht festgelegt.[51] Doch man ist sich im Klaren, dass der 1938 auf der Basis des 170 V entwickelte Kübelsitzwagen den größten Teil der Beschaffung ausmachen wird.[I]

Typenbeschränkung: Das Schell-Programm

In der gesamten deutschen Automobilindustrie wird die Pkw-Produktion immer stärker gedrosselt. Die bereits Ende 1937 von Behördenseite angekündigte und von den Automobilherstellern gefürchtete Typenbeschränkung – der sogenannte Schell-Plan – ist nach heftigen Diskussionen im März 1939 verabschiedet worden und tritt am 1. Januar 1940 in Kraft. Mit dem durch Oberst von Schell entwickelten Plan beabsichtigt das Regime, die Motorrad- und Automobilfertigung durch eine drastische Reduzierung der Typen und durch weitgehend vereinheitlichte Bauteile zu vereinfachen. Das Ziel ist, der Wehrmacht die Wartung und Instandsetzung des Fuhrparks zu erleichtern. Im Unterschied zu einigen anderen Fabrikanten, die ihr Produktionsprogramm empfindlich einschränken müssen, kann die Daimler-Benz AG ihre Pkw-Typen fast uneingeschränkt halten; erlaubt bleiben:[52]

- **1,7 Ltr.** = 170 V (W 136);
- **2,3 Ltr.** (auch mit 2,6 Ltr. Diesel, der auch im 1,5 t-Lkw Verwendung findet) = 230 (W 143 & W 153) und 260 D (W 138);
- **3,4 Ltr.** = 320 (W 142);
- **5,4 Ltr.** = 540 K (W 24 & W 29);
- **7,7 Ltr.** = 770 (W 150).

Eine nicht unwesentliche Rolle für diese Vorzugsbehandlung mag die Beliebtheit der großen Mercedes-Benz-Wagen bei Hitler persönlich, aber auch bei einem Teil der NS-Größen spielen. Die Einstufung des 170 V – dem Modell am untersten Ende der Typenskala – als kriegswichtiger Pkw ist insbesondere wegen seiner Verwendung als Kübelsitzwagen unbestritten. Und der 320 (W 142) hat den Ruf eines guten und repräsentativen Fahrzeugs, das in den oberen Rängen der Wehrmacht geschätzt wird. Auch davon gibt es eine Version als Kübelsitzwagen, die in mehreren hundert Exemplaren hergestellt wird.

Drastisch: Teilevereinheitlichung

Die Weiterproduktion des 170 V in seiner bisherigen Ausführung bereitet Technikvorstand Max Sailer Anfang 1940 insofern Sorge, als seit längerem die Frage unbeantwortet im Raum steht, ob der gute »alte« 170 V der behördlich verfügten Teilevereinheitlichung unterzogen werden muss oder nicht. Ähnlich der Typenbeschränkung erwartet das Heer durch diese Normierung und Vereinheitlichung, welche wiederum die gesamte deutsche Automobilindustrie betrifft, logistische Vorteile im Kriegseinsatz. Falls der 170 V dieser Verordnung unterworfen würde, drohen weitreichende Eingriffe. Betroffen wären 28 Konstruktionsteile, davon einige Hauptkomponenten des Motors, nicht mitgezählt die zahlreichen Änderungen, die auf Seiten der Zulieferer vorgenommen werden müssten.

Genannt werden unter anderem: Zylinderkopf (andere Zündkerzengewinde), Vergaser, Ansauggeräuschdämpfer, Ölfilter im Nebenschluss, Thermostat, Lichtmaschine, Riemenscheibe mit Lüfter, Anlasser, Kilometerzähler-Antrieb, Befestigung Bremszylinder, Tankverschluss, Wagenheberstützen und Zentralschmierung. Für den 170 V als Fahrzeug ergibt sich aus diesen Anpassungen kein erkennbarer Vorteil. Im Gegenteil, in Untertürkheim sieht man hauptsächlich die negativen Folgen. Dazu gehört auch die zum Teil unumgängliche doppelte Ersatzteilproduktion und -vorratshaltung.[53]

Anmerkung I: Näheres zum Kübelsitzwagen siehe Kap. 6.1, S. 278 ff.

Max Sailer spricht explizit die Möglichkeit an, im Sinne einer Ausnahme von der Teilevereinheitlichung dispensiert zu werden. Eine Regelung, die ihm angesichts der großen Verbreitung des 170 V und der nach wie vor stattlichen Produktionszahlen nicht allein für die Daimler-Benz AG, sondern insgesamt vorteilhaft erscheint. Doch Mitte 1940, als die Forderung nach einer Umsetzung dringlich wird, ist eine solche Ausnahmebewilligung nicht vorhanden. Generaldirektor Kissel ist erzürnt und wirft der hausinternen Delegation (Wagner, Heeß, Winkelmann) vor, bei der entscheidenden Aussprache mit den Behörden in Berlin ohne Absprache mit dem Vorstand und nicht entschieden genug verhandelt zu haben. Sie hätten einzig die zukünftigen obengesteuerten Motoren im Blickfeld gehabt. Dabei sei klar, dass nicht nur aktuell, sondern bis zu einem Jahr über das Kriegsende hinaus der seitengesteuerte M 136-Motor weiterverwendet werden würde, auch im neuen 170 VX (W 158). Die Vereinheitlichungsmaßnahmen auch am 170 V (W 136) erweisen sich als unabwendbar. Immerhin lässt sich die von Behördenseite auf den 1. Juli 1940 festgesetzte Frist um ein halbes Jahr auf den 1. Januar 1941 hinauszögern – was auch nicht einzuhalten sei, wie Kissel freimütig bekennt.[54]

In der Realität wird der 170 V von den behördlich geforderten Vereinheitlichungen teilweise verschont. *Die Vereinheitlichung ist nur so weit durchgeführt worden, als größere Aenderungen an den Einzel-Aggregaten und an der Karosserie nicht notwendig waren,* hält Nallinger schon Ende Januar 1941 fest.[55] Der weitere Kriegsverlauf und die sich in immer rascherer Folge verändernden Prioritäten, Anweisungen und Forderungen der Machthaber an die Industrie dürfen der Grund dafür gewesen sein.

Kritische Treibstoffqualität

Um der stetig schlechter werdenden Treibstoffqualität Rechnung zu tragen, müssen ab 1. Oktober 1939 alle Neuwagen mit Ottomotor auf einen Kraftstoff von 74 OZ ausgerichtet sein. Das Oberkommando des Heeres (OKH) hat bereits im Frühjahr 1938 für die an das Heer zu liefernden Fahrzeuge den Betrieb mit 74 OZ-Treibstoff verlangt. Das hat beim Typ 320 (W 142) zur Vergrößerung des Hubvolu-

Abb. 0429
Niederlassung Wuppertal-Elberfeld, Annahme einer zweitürigen 170 V Limousine für Wartungsarbeiten, um 1941. Das Bild suggeriert Normalität, in Wirklichkeit ist dieser Vorgang zur Seltenheit geworden. Das Nummernschild trägt den roten Winkel, Scheinwerfer und Rückleuchten sind abgedunkelt.

Abb. 0430 (oben)
Der Treibstoff wird schlechter, die Klopffestigkeit sinkt. Alle neuen Motoren müssen darauf ausgerichtet werden. Beim M 136 sind dafür keine Eingriffe notwendig. Trotzdem bestätigt ein Schild am Zylinderkopf, dass der 170 V mit »74-OZ-Benzin« betrieben werden kann.

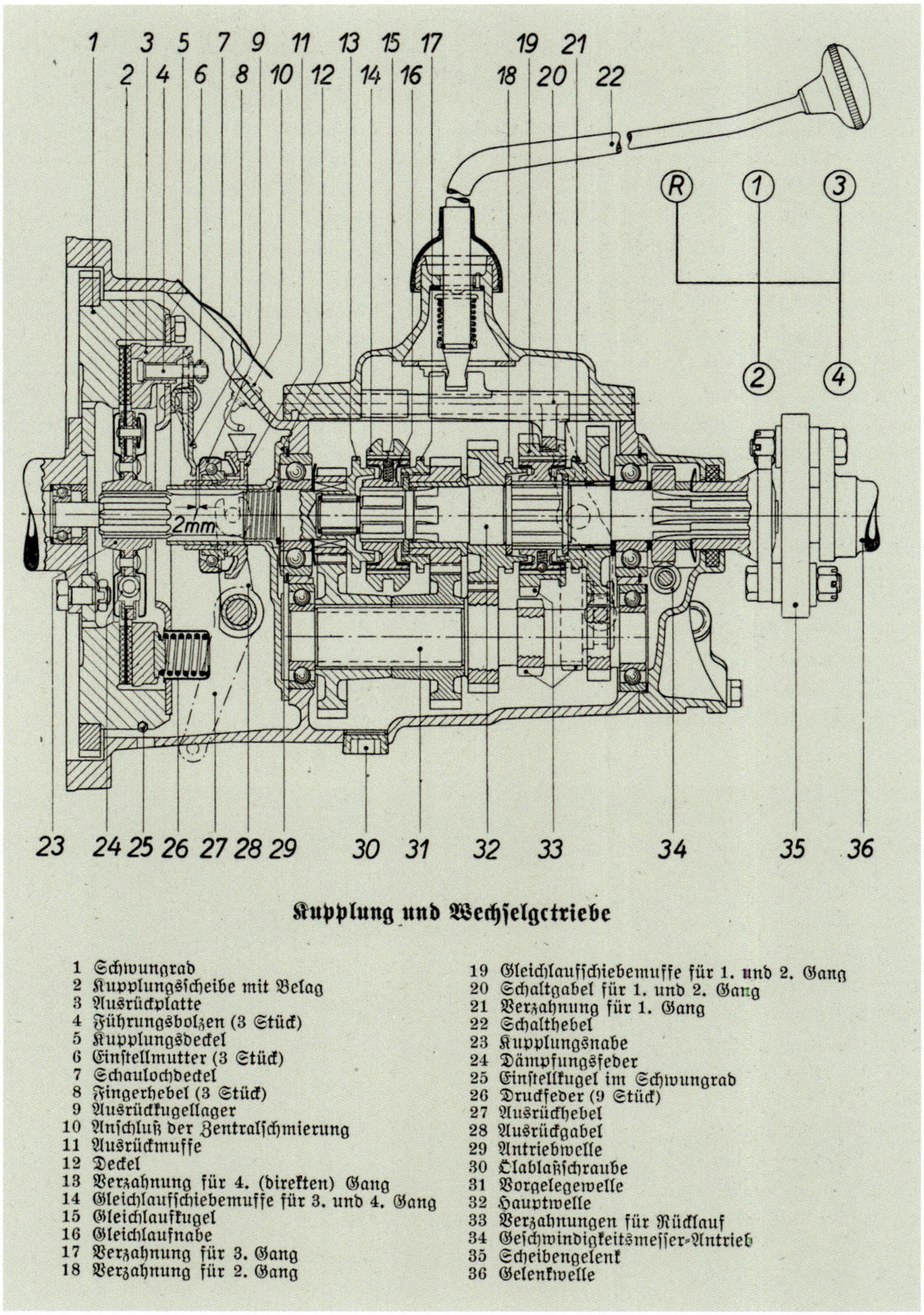

mens von 3,2 Liter auf 3,4 Liter geführt, um die Motorleistung zu halten.[56] Der üblicherweise mit 1:6 verdichtete Motor M 136 des 170 V lässt sich hingegen ohne Schwierigkeiten mit 74 OZ-Kraftstoff betreiben. Es sind keine explizit auf diese verminderte Treibstoffqualität ausgerichteten Anpassungen bekannt, der Hubraum bleibt unverändert und die Leistung wird nach wie vor mit 38 PS bei 3 400 U/min angegeben.[57] Trotzdem wird fortan rechts am Zylinderkopf ein kleines Aluschild mit der Bezeichnung »OZ-74« angenietet.[58]

1940–1942: Späte Eingriffe

Die technischen Änderungen am 170 V während der Kriegsjahre sind recht zahlreich und von unterschiedlicher Art. Auffällig ist, dass diese Eingriffe bald nicht mehr durch den Gesamtvorstand besprochen und beschlossen, sondern offensichtlich unter den direkt betroffenen Direktoren ausgehandelt und umgesetzt werden. Je länger der Krieg dauert, umso stärker wird der Vorstand von der dominierenden Rüstungsproduktion in Beschlag genommen, insbesondere von der anspruchsvollen Entwicklung und Fertigung von Groß- und Flugmotoren. Die damit verbundenen Anstrengungen wirken sich auf alle Bereiche des Konzerns aus.

Doch noch eine Leistungssteigerung?

Weil Kissel im Frühjahr 1940 einsehen muss, dass ab dem erhofften baldigen Kriegsende der 170 V noch für mindestens ein weiteres Jahr in Produktion bleiben wird, bevor auf den neuen Typ W 158 umgestellt werden kann, ruft er dazu auf, *aus dem bisherigen 1,7 Ltr. noch etwas mehr herauszuholen.* Ohne Begeisterung verspricht Sailer, eine Leistungssteigerung der antiquierten M 136-Maschine nochmals zu prüfen. *Viel Erfolg ist dabei nicht zu erwarten,* schwächt er die Hoffnungen ab.[59] Und so bleibt es bei nominell 38 PS. Die in der Folge am alten 170 V durchgeführten Modifikationen sind hauptsächlich dem zunehmenden militärischen Einsatz geschuldet und nicht primär auf eine Verbesserung der zivilen Modelle ausgerichtet.

Endlich: Ein neues Getriebe

Die für den Fahrer eines 170 V auffälligste und nachhaltigste Änderung während der Kriegszeit ist – endlich – die seit langer Zeit diskutierte Ablösung des bisherigen teilsynchronisierten Getriebes von ZF durch eine vollsynchronisier-

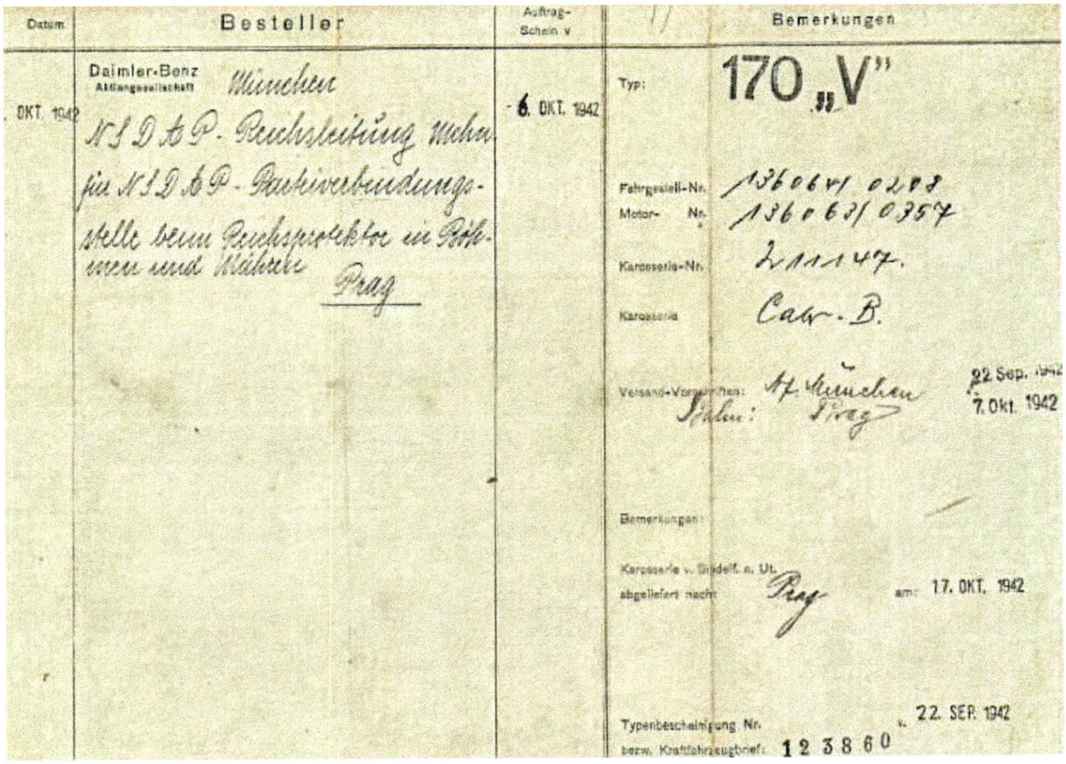
Datum	Besteller	Auftrag-Schein v	Bemerkungen
OKT. 1942	Daimler-Benz Aktiengesellschaft München NSDAP-Reichsleitung mehr für NSDAP-Parteiverbindungsstelle beim Reichsprotektor in Böhmen und Mähren Prag	6. OKT. 1942	Typ: 170 „V" Fahrgestell-Nr. 136064/0208 Motor- Nr. 136063/0357 Karosserie-Nr. 211147. Karosserie Cabr.-B. Versand-Vorschriften: Af. München 22 Sep. 1942 Stelle: Prag 7. Okt. 1942 Bemerkungen: Karosserie v. Sindelf. n. Ut. abgeliefert nach Prag am: 17. OKT. 1942 Typenbescheinigung Nr. bzw. Kraftfahrzeugbrief: 123860 v. 22. SEP. 1942

Abb. 0431 (linke Seite)
Längsschnitt durch das firmeneigene DB-4S-Getriebe. Die beiden unteren Gänge sind nun auch klauengeschaltet und synchronisiert. Es ersetzt endlich das oft kritisierte ZF-Getriebe AKS-15 und wird ab November 1939 in die 170 V Kübelwagen eingebaut, ab Sommer 1940 auch in die »zivilen« 170 V-Modelle.

Abb. 0432
Im Spätherbst 1942 endet die Pkw-Fertigung bei Daimler-Benz. Auszug aus dem Kommissionsbuch: Das Cabriolet B mit der Fahrgestellnummer 136 064 0208 gehört zu den letztgebauten 170 V und geht im Oktober 1942 nach Prag an die NSDAP-Parteiverbindungsstelle beim Reichsprotektor in Böhmen und Mähren.

te Schaltbox eigener Konstruktion. Das neue, mit DB-4S bezeichnete Gleichlaufgetriebe mit ebenfalls vier Vorwärtsgängen orientiert sich zwar am bisher verwendeten ZF-Getriebe AKS-15, doch austauschbar ist keine der Komponenten. Der obere Gehäusedeckel wird nun in Leichtmetall gegossen. Überdies hat sich die Lage des Rückwärtsgangs verändert, der sich am Schalthebel nun links oben statt wie bislang links unten befindet. Das neue DB-4S-Getriebe wird erstmals in den ab Ende November 1939 gebauten Kübelwagen der Reihenbestell-Nr. 10 136 034 eingesetzt. Die »zivilen« 170 V-Modelle folgen verzögert im Sommer 1940[I]. Gleichzeitig mit dem neuen Schaltgetriebe wird die Lagerung des Kupplungspedals verbessert und die Kupplung selbst angepasst. Allerdings bereiten die neuen Kupplungsbeläge wenig Freude; die kriegsbedingte Verwendung von Ersatzmaterialien ist die Ursache. Schließlich greift die Konstruktionsabteilung 1942 erneut in die Hinterachse ein, vermutlich, weil gewisse bisher verwendete Normteile wegen der Vereinheitlichung der Industrieprodukte nicht mehr verfügbar sind. Mehrere neue Lager erfordern Anpassungen am Ausgleichsgetriebe und dessen Gehäuse sowie an den Achstragrohren.[60]

Modifikationen am Fahrwerk: Räder und Reifen, Rahmen, Vorderfedern

Im Jahr 1940 erhalten die Lieferwagen größere Reifen der Dimension 5,50-16" (statt 5,25-16") auf Felgen von 3,5" Breite (statt 3,25"). 1942 zieht man diesbezüglich bei den Krankenwagen nach, die zudem die stärker belastbaren Rahmen mit höherem Ovalrohr erhalten, wie man sie von den Kastenwagen kennt. Im selben Produktionszeitraum versieht Untertürkheim sogar einen Teil der Innenlenker und der wenigen noch gefertigten Cabrio-Limousinen mit diesem höheren Rahmenprofil. Fahrwerksseitig ist weiter der partielle Einsatz von härteren Vorderfederpaketen mit neun oder sogar bloß acht statt ursprünglich zehn Federblättern erwähnenswert. Dem Thema Materialersparnis zuzuschreiben ist ab 1941 der Verzicht auf eines der beiden über jede Bremstrommel gespannten Stahlbänder, die wirkungsvoll das lästige Vibrieren und Quietschen unterdrückt haben.[61]

Eingriffe im und am Motor: Kurbeltrieb, Zylinderkopf, Lichtmaschine

1940 werden die bisherigen EC-Nelson-Kolben durch Autothermikkolben mit vier Ringen, veränderter Form und angepasstem Bolzen ersetzt. Damit einher geht eine umgezeichnete Pleuelform mit erneut modifizierter Verschraubung der Lagerdeckel. Schließlich folgt Mitte 1941 die Entstörung der elektrischen Anlage – insbesondere der Zündung – gemäß Gruppe III. Die diesbezügliche Vorschrift tritt am 1. August 1941 in Kraft. 1942 wird der Zylinderkopf mit von 18 mm auf 14 mm im Durchmesser verkleinerten Zündkerzenlöchern versehen, eine Maßnahme der reichsweiten Vereinheitlichung.[62]

Doch noch eine Hubraumerweiterung auf 2 Liter?

Gegen Ende 1940 steht erneut eine Hubraumvergrößerung für den M 136 zur Diskussion, wohl aufgrund von Beanstandungen durch das Heer wegen der dürftigen Leistung des 170 V. Das Manko an Kraft erlebt man insbesondere beim vollbesetzt schweren Kübelwagen als störend. Eine Leistungs- und speziell eine Drehmomentspritze wäre willkommen. Bei der dafür unumgänglichen Erweiterung der Bohrung um 2,5 mm auf 75 mm und Verlängerung des Hubs um 13 mm auf 113 mm – einem beachtlichen Maß – würde die Laufruhe des Motors zweifellos leiden, was für die militärische Verwendung allerdings bedeutungslos wäre. Dass man nicht den vorhandenen, bislang lediglich in ein paar hundert Exemplaren gefertigten 2 Liter großen Seitenventiler M 149 als leistungsfähigeren Ersatz vorsieht, erklärt sich wegen der unumgänglichen Produktions-

Anmerkung I: Der Wagen 458 017, eine im Frühjahr oder Frühsommer 1940 gebaute Cabrio-Limousine, besitzt noch das alte ZF AKS-15-Getriebe.

Abb. 0433
Viele der im Kriegsdienst eingesetzten 170 V sind requirierte Privatwagen. Der hier abgebildete Innenlenker, zugelassen in der Rheinprovinz, wird im Mai 1940 eingezogen und der Organisation Todt zugeteilt, wie die Aufschrift am Kotflügel belegt.

umstellung und der nochmals aufwändigeren Ersatzteilhaltung. Doch bald wird der Konstruktionsauftrag für den vergrößerten M 136 aufgehoben. Am 21. Januar 1941 hält der neue Technikchef Fritz Nallinger knapp und kommentarlos fest: *W 136 1,7 Ltr. Abänderung des Motors M 136 auf 2 Ltr. mit stärkerer Kurbelwelle. Änderungen werden an diesem Wagen nicht mehr vorgenommen.*[63]

▷ **Siehe Band II/Seite 17–19**, Tabelle A 05 Technische Daten: 170 V (W 136 I) 1940–1942

Die letztproduzierten 170 V

Haben 1939 noch rund 18 200 Wagen des Typs 170 V die Untertürkheimer Fertigungsstätte verlassen – sogar zirka 100 Fahrzeuge mehr als im Vorjahr – so nimmt die Anzahl im ersten vollen Kriegsjahr 1940 auf 11 490 ab, wobei gleichzeitig der Anteil der Kübelsitzwagen von rund 1 737 (9,5%) auf 7 560 (66%) ansteigt. Im folgenden Jahr 1941 verringert sich die Anzahl der 170 VK auf 6 588, und zwar wegen der vermehrten Anschaffung von Volkswagen in Kübelausführung. Auch die sogenannten zivilen 170 V-Ausführungen fallen massiv zurück. Die zweitürige Limousine wird aus dem Programm gestrichen, ebenso der Roadster; vom Cabriolet A entstehen bloß zehn Stück. Höhere Produktionszahlen als vor dem Krieg erreicht einzig die Kastenwagen-Ausführung, woran die Bestellung der Reichspost ihren Anteil hat.[64]

»Zivile« Modelle nur noch für Export, Behörden und die Verbände der Partei

Auch während des Kriegs gehen nach wie vor handelsübliche Fahrzeuge in den Export, allerdings der kleinere Teil der verbliebenen Produktion. Der größere Teil besteht aus Fahrzeugen in mehr oder weniger ziviler Aufmachung, die an kriegswichtige Wirtschaftsexponenten, an Behörden, an NSDAP-Stellen und deren Verbände, an die SS und an die Wehrmacht geliefert werden. Darunter befinden sich Wagen, die bezüglich ihrer technischen Details oder ihrer Ausrüstung speziell auf die Bedürfnisse der vorgenannten Empfänger abgestimmt sind. Bei Bedarf werden ab 1940 auch diese Fahrzeugmodelle mit einer alles überdeckenden Lackierung in Wehrmachts-Grau ausgeliefert, also ohne blanke Teile. Abweichende Federhärten und eine aufwändige elektrische Entstörung nach Gruppe I sind weitere Optionen. Die feste Montage eines Tarnscheinwerfers ist ab dem 1. Oktober 1940 für alle in Betrieb befindlichen Kraftfahrzeuge vorgeschrieben.[65]

Neukarossierter 170 V Roadster: Exportprojekt des Einzelwagenbaus?

Angesichts des unterbundenen Handels mit zivilen Fahrzeuge – zumindest im Inland und den besetzten Gebieten – mag der Entwurf für einen neuen 170 V Roadster verblüffen, der im Oktober 1940 im Sindelfinger Konstruktionsbüro auf dem Papier entsteht. Als Basis dient nicht der W 158, der damals als 170 V-Nachfolger in der Entwicklung steht, sondern offensichtlich das bisherige Fahrgestell des W 136. Der mit R VII bezeichnete Entwurf zeigt im Vergleich mit dem bisherigen Roadster-Aufbau eine etwas fülligere Karosserie, die gut proportioniert ist und harmonisch wirkt. Sie ähnelt in den Grundzügen dem 320n Cabriolet A auf kurzem Radstand (W 142). Gemäß Entwurf soll der neue 170 V Roadster die konvex–konkav geschwungenen Vorderkotflügel behalten. Auffällig ist die lange, nach vorn deutlich abfallende Motorhaube mit der stark geneigten Kühlermaske. Entgegen der Roadster-Traditi-

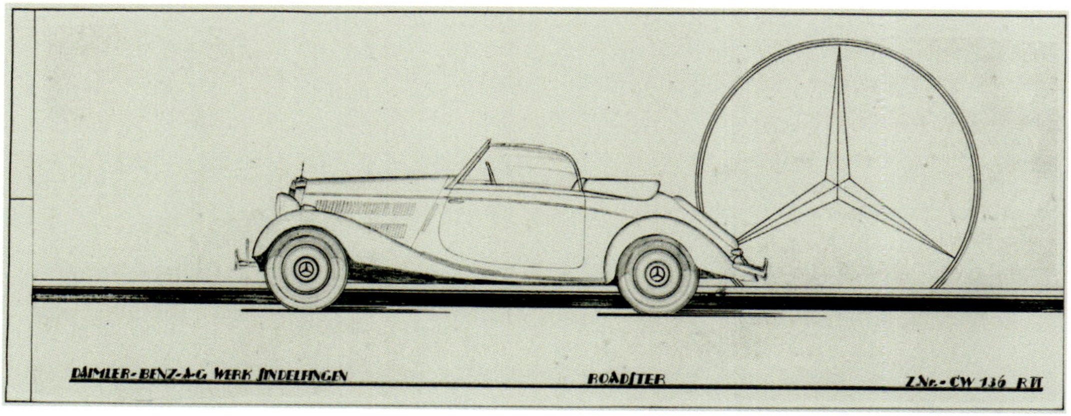

Abb. 0434
Der 170 V ist ein Großerfolg. Diese Bilanz lässt sich Ende 1942 klar und deutlich ziehen, nachdem die Produktion auf behördliche Weisung ausgelaufen ist. Man zählt rund 72 000 handelsübliche Pkw, 1 000 Lieferwagen und 19 000 Kübelwagen. Noch eindrücklicher: Fast die Hälfte seit der Fusion 1926 gefertigten Mercedes-Benz-Pkw sind 170 V.

Abb. 0435 (linke Seite)
Im Oktober 1940 entstehen im Sindelfinger Konstruktionsbüro Entwürfe für einen neukarossierten Roadster auf dem 170 V (W 136)-Fahrgestell. Der Aufbau wirkt fülliger als bisher und zeigt Komfortmerkmale eines Cabriolet A. Ist es eine Auftragsarbeit für ein Einzelstück oder plant man einen neuen Roadster für den Export?

on sind seitlich Kurbelfenster vorgesehen. Das Verdeck wirkt auch im geschlossenen Zustand der Wagenform angepasst, lässt sich jedoch nicht versenken. Insgesamt überwiegen bei diesen Entwürfen die komfortbetonten Merkmale, wie sie bislang für die Cabriolet A bestimmend sind.[66]

Vermutlich handelt es sich hierbei um ein Projekt des Einzelwagenbaus; die von »EB« angefertigten Zeichnungen sind von Hermann Ahrens, dem Chef des Einzelwagenbaus visiert worden. Ob ein ausländischer Kunde als Auftraggeber im Hintergrund steht oder ob mit dem Gedanken gespielt wird, in den Werkstätten einen modernisierten 170 V Roadster in kleinsten Stückzahlen für den Export zu fertigen, bleibt offen.

Produktionseinstellung und Erfolgsbilanz

Nach dem massiven Rückgang der 170 V-Kübelsitzwagen-Fertigung läuft im Herbst 1942 bei Daimler-Benz die Serien-Pkw-Produktion aus.[67] Von den im Folgejahr 1943 insgesamt gebauten 53 Personenwagen entfallen 19 Stück auf den »Großen Mercedes« W 150. Die restlichen 33 Fahrzeuge sind 230 (W 153) in unbekannter Ausführung; der 170 V ist nicht mehr vertreten.[68]

In der sechseinhalb Jahre dauernden Produktionszeit des 170 V von Februar 1936 bis Herbst 1942 sind insgesamt 92 037 Wagen der Baureihe W 136 hergestellt worden. Davon entfallen 71 973 Stück (78,2%) auf handelsübliche Wagen aller Pkw-Karosserievarianten unter Einschluss der teilkarossierten Fahrgestelle 989 Stück Lieferwagen aus Sindelfinger Produktion (1,1%) sowie 19 075 Stück Kübelsitzwagen (20,7%).[69]

Damit ist der 170 V nicht nur der bislang und mit großem Abstand meistgebaute Pkw-Typ der Daimler-Benz AG, sondern erreicht mit 44,5% der Gesamtproduktion fast die Hälfte aller seit der Fusion 1926 gebauten Mercedes-Benz-Wagen. In der Rangliste der nach Produktionszahlen erfolgreichsten deutschen Pkw-Typen liegt der Mercedes-Benz 170 V an siebenter Stelle, knapp hinter dem Adler Trumpf Junior, der es auf ca. 104 000 Stück bringt.

Der erste Platz wird durch die Reichs- und Meisterklasse von DKW eingenommen, die nachfolgenden vier Plätze belegen die kleinen und preisgünstigen Opel-Modelle.[70]

▷ **Siehe Band II/Seite 127**, Tabelle C 06 Produktionsergebnisse 1936–1942: 170 V (W 136 & W 136 I)

6.3 Für »zivile« 170 V: Betrieb mit festen Brennstoffen

Die Versorgung mit flüssigem Treibstoff ist im Deutschen Reich seit Jahren kritisch. Im Krieg erhält die Wehrmacht uneingeschränkten Vorrang. Die noch zum Verkehr zugelassenen »zivilen« Wagen müssen im Laufe der Zeit auf den Betrieb mit festen einheimischen Stoffen umgerüstet werden. Dazu entwickelt die Daimler-Benz AG zwei Holzkohle-Gasgeneratoranlagen für den 170 V und stellt davon ab Mitte 1943 mehrere tausend Stück her.

Mit dem Ausbruch des Zweiten Weltkriegs am 1. September 1939 verschärft sich die bereits zuvor kritische Versorgungslage mit flüssigem Kraftstoff im Deutschen Reich. Verkehren dürfen nur noch Behördenfahrzeuge und Automobile, die im Dienst der Öffentlichkeit stehen und über eine von den Behörden erteilte Fahrbewilligung verfügen, die am Nummernschild mit einem roten Winkel gekennzeichnet ist. Die Wehrmacht hat Vorrang in der Treibstoffversorgung. Deshalb nimmt der Druck zu, auf den Betrieb mit einheimischen festen Brennstoffen umzustellen. In erster Linie betrifft dies die rotbewinkelten Nutzfahrzeuge, in zweiter Linie auch die entsprechenden Personenkraftwagen.

Abb. 0436
Flüssiger Treibstoff steht vorrangig den Truppen zu. Dem Druck, die Pkw-Flotte auf feste Betriebsstoffe umzustellen, kann sich auch Daimler-Benz nicht entziehen. Man experimentiert zunächst mit Lösungen von einschlägigen Anbietern. Die Gasanlage dieses 230 (W 153) ist vollständig in einem Einradanhänger untergebracht.

Abb. 0437
230 (W 153) mit integrierter Steinkohle-Gasanlage und einem auf 3 Liter vergrößerten Motor M 159. Daimler-Benz will 50 dieser Wagen für prominente Persönlichkeiten und den Eigenbedarf bauen. Bis im Sommer 1943 entstehen aber bloß 20 dieser aufwändigen Adaptionen. Die Gasanlage gestalterisch akzeptabel zu integrieren, führt am Ziel vorbei: Es bleibt bei einer umständlichen Bedienung und einem störanfälligen, schmutzigen Betrieb.

Auf der Vorstandssitzung der Daimler-Benz AG vom 5. Dezember 1939, die mit arbeitsorganisatorischen Fragen zur weiteren Steigerung der Kriegsmaterialproduktion belastet ist, informiert Wilhelm Kissel seine Kollegen zudem über die von der Regierung angeordnete Einberufung eines sogenannten Generatorenstabs. Diese von Seiten der Behörden installierte Gruppe hat dafür zu sorgen, *daß die Lkw. bestimmter Typen mit Gas-Generatoren ausgerüstet werden und zwar in einigen Bezirken mit Holz-Gasgeneratoren, in anderen Bezirken mit Generatoren für Kohle.* Daimler-Benz selbst hat die Lizenz für die Fertigung des Kohlegenerators der französischen Firma Gohin-Poulenc aus Choisy-le-Roy (Seine) erworben. Bislang hat das Werk Mannheim einige dieser Anlagen hergestellt; die Produktion ist aber – wie Technikchef Max Sailer ausführt – zu teuer. Fertigungstechnische Vereinfachungen am Gasgenerator und an den Zubehörteilen sowie die Verlegung der Fabrikation nach Sindelfingen, wo im Unterschied zu Mannheim Raum und Arbeitskapazitäten frei sind, sollen eine Besserung bringen. Zur selben Zeit finden Versuche mit Gasgeneratoranlagen in Pkw statt, und zwar in und mit dem 230 (W 153), der als erster Mercedes-Benz-Typ und in kleinen Stückzahlen damit versehen werden soll.[71/I]

In den folgenden zwei Jahren wird in Deutschland und den von ihm besetzten Gebieten die Ausrüstung der nichtmilitärischen Lastkraftwagen und Omnibusse mit Gasanlagen stark vorangetrieben. Es gibt unterdessen ein ganzes Netz von sogenannten Holztankstellen. Der Mangel an flüssigem Treibstoff verschärft sich mit der deutschen Einnahme von zahlreichen Staaten und Gebieten weiter, da dort die alten Handelsbeziehungen und -flüsse gekappt und durch die Autarkiepolitik des »Dritten Reichs« ersetzt werden. Bereits seit dem 16. Mai 1940 ist flüssiger Treibstoff nur noch gegen Bezugsscheine erhältlich.[72]

Am 30. Mai 1942 kommt es zur Gründung der »Zentralstelle für Generatoren« (ZfG), die direkt Albert Speer unterstellt ist, dem Reichsminister für Bewaffnung und Munition. Nun wird es ernst, auch die Personenkraftwagen müssen forciert auf Gasbetrieb umgestellt werden.[73]

Mercedes-Benz mit konzerneigenen Pkw-Gasgeneratoranlagen?

Ohne große Begeisterung für die Sache wird in der Vorstandssitzung vom 4. und 5. November 1942 das weitere Vorgehen bezüglich Pkw-Gasgeneratoranlagen besprochen. Insbesondere steht zur Diskussion, ob und falls ja in welchem Umfang sich die Daimler-Benz AG mit dem Bau eigener Anlagen befassen soll. Einmal mehr manifestiert sich die Verunsicherung, auf welchen festen Betriebsstoff die Behörden in Zukunft setzen werden. Die ZfG hat sich schriftlich gegen die Verwendung von Holzkohle ausgesprochen, weshalb Fritz Nallinger den aschearmen Schwelkoks im Vordergrund sieht, worauf Arnold Gedult von Jungenfeld auf die Aufteilung des Reichsgebiets in verschiedene Brennstoff-Bezirke aufmerksam macht, wo definiert ist, mit was in den jeweiligen Zonen gefahren werden darf. Erstaunlicherweise hält Wilhelm Haspel, sonst für technische Fragen empfänglicher als sein Vorgänger, die Frage des Betriebsstoffs für ein sekundäres Problem. Er will grundsätzlich geklärt haben, ob und wenn ja in welchem Umfang sich die Daimler-Benz AG in der Entwicklung von Gasgeneratoren für Personenwagen engagieren soll. Neben Wolfgang von Hentig befürwortet auch Karl C. Müller, Leiter des Flugmotorenwerks Genshagen bei Berlin,[74] eine diesbezügliche Aktivität. Letzterer schlägt gleichzeitig vor, mit dem 170 V zu beginnen, womit er exakt Haspels Auffassung trifft.

Zu diesem Zeitpunkt, im Herbst 1942, befinden sich einige mit den neusten Gasanlagen versehene Fahrzeuge – vermutlich des Typs 230 (W 153) – im Untertürkheimer Versuch, wo sie sich gemäß Technikvorstand Fritz Nallinger gut bewähren. Einzig der Gasreiniger sei nicht befriedigend gelöst, obwohl die Schwierigkeiten damit geringer seien als bei den Lkw. Vorstand Karl C. Müller, schwärmt von Fernfahrten nach Paris, Kassel und Prag mit diesem Gaswagen, den er als *wunderbares Fahrzeug* qualifiziert. Auch Haspel, nach Kissels überraschendem Tod zu dessen Nachfolger als Vorsitzender des Vorstands aufgestiegen, berichtet von einer Fahrt nach Prag, *wobei sich das Fahrzeug als durchaus brauchbar erwiesen habe.*[75]

Auftakt: 230 (W 153) mit Steinkohle-Gasgenerator

Nach Abschluss der Diskussion beschließt der Vorstand, 50 Generatorgaswagen vom Typ 230 (W 153) zu bauen. Um den Leistungsabfall einigermaßen zu kompensieren, wird an Stelle des 2,3 Liter großen M 153 der obengesteuerte M 159 verwendet, ebenfalls ein Reihensechs-

Anmerkung I: Die Entwicklung des Automobilantriebs mit festen Brennstoffen wird umfassend dargestellt in Eckermann, Holz 2008.

Abb. 0438
Eine zweitürige 170 V-Limousine mit Excelsior-Karbid-Generatoranlage im Heck, fotografiert im Frühjahr 1941 am Limmatufer in Zürich. Anfänglich favorisiert man in der Schweiz den Betrieb mit Acetylengas. Dem Vorteil des eher geringen Installationsvolumens stehen gewichtige Nachteile gegenüber, so der große Bedarf an Kohle und Elektrizität für die Karbidherstellung.

zylinder, dessen Hubraum von 2,6 Liter auf 3 Liter vergrößert wird.[I] Es gelingt, die offenbar mit Steinkohle betriebene Gasanlage als »Koffergenerator« im Heck des Wagens unterzubringen und durch einen stark ausgewölbten und mit Kiemen durchsetzten Deckel zu verbergen. Die Gasreiniger sitzen in den Vorderkotflügeln, so wie bei älteren Modellen die Ersatzräder. Der in Säcken mitgeführte Kraftstoff lässt sich auf einem Dachträger unterbringen, wo er durch einen wohlgeformten Deckel vor Regen, neugierigen Blicken und Diebstahl geschützt ist. Auch der Vorbau ist umgestaltet worden. Dort gelangen Fertigungsverfahren zum Einsatz, die sich künftig für eine rationelle Herstellung von Kleinserien rechnen sollen.[76] Haspel schätzt den Eigenaufwand für diesen Wagen auf ungefähr 15 000 RM, ein Betrag, der aber *anstandslos bezahlt* werde. Die Hälfte dieser Fahrzeugserie muss vermutlich an *prominente Persönlichkeiten* abgegeben werden, mit dem Rest beabsichtigt Haspel die leitenden Männer in den einzelnen Werken des Daimler-Benz-Konzerns zu bedienen.[77]

Zehn Monate später, also Mitte September 1943, bilanziert Haspel, dass statt der vorgesehenen 50 Exemplare 230 (W 153) mit Gasanlage lediglich 20 gebaut worden seien. Die praktischen Erfahrungen sind eher durchwachsen. Die Generatoranlagen funktionieren leidlich, reagieren allerdings sehr empfindlich auf ungeeignete Kohle, die aufgrund irgendwelcher Unzulänglichkeiten hin und wieder geliefert wird. Vorstand Jakob Werlin behauptet, er sei mit seinem Kohle-Generator-Wagen bislang ca. 8 000 km gefahren – und auf keiner einzigen Fahrt nicht irgendwann stehen geblieben. Eigentliche Schäden an den Generatoren sind kaum aufgetreten, hingegen zahlreiche am 3-Liter-Triebwerk. Der Bau dieser Maschine sei eine Fehlentscheidung gewesen, wie Haspel später sagt, denn der 2,3-Liter (M 153) hätte nach seiner Auffassung leistungsmäßig ausgereicht.[78]

▷ **Siehe Band II/Seite 206 f**
Exkurs F 06: Gasgenerator-Anlage im Automobil – Geschichte und Funktionsweise

Der 170 V mit Holzkohle-Gasgenerator G 136

Die zu konstruierende Gasgeneratoranlage für den 170 V (W 136) wird nun mit folgenden Stichworten umrissen:

- Kohlegasgenerator;
- Generator anstelle Ersatzrad behelfsmäßig am Heck montiert, Ersatzrad kann wegfallen;
- Aktionsradius bei Schwelkoksbetrieb 100 bis 120 km;
- Keine *Rücksichtnahme auf Schönheit.*

Allen Vorstandsmitgliedern ist klar, dass es sich dabei um eine Umbaulösung handeln muss, denn die Pkw-Fertigung ist im soeben zu Ende gehenden Jahr 1942 versiegt. Nach Haspels Vorstellung soll diese kleine Generatoranlage auch für Fremdfahrzeuge in der Größenklasse des 170 V verwendet werden können. Für die Entwicklung zuständig ist das Lastwagenwerk Gaggenau, wo die Erfahrung mit Generatoren am größten ist und Direktor Werner Zumpe zum Leiter Sonderausschuss Generator-Kraftfahrzeug ernannt wird. Doch Haspel stellt schließlich die Fertigung dieser Gasanlage durch Daimler-Benz in Frage. Er denkt eher an einen Auftrag für eine Drittfirma oder an die Vergabe der Baulizenz. *Wir haben dann auf dem Gebiet »Personenwagen-Generator« das getan, was man füglich von uns verlangen kann,* lässt er sich protokollieren.[79]

Anmerkung I: Der für den L 1500 gefertigte M 159 wird in den Akten nicht explizit erwähnt, aufgrund der technischen Randbedingungen handelt es sich aber zwingend um diesen Motortyp. Der 2,3 Liter große M 153 hätte eine Hubraumvergrößerung auf 3 Liter nicht zugelassen.

Abb. 0439 & 0440
Die am Heck angebaute F.M.-Holzkohle-Gasanlage drückt den 170 V arg in die Federn. Das nach Lizenz von Alex Widmer bei der Firma Neuhaus in Lausanne gebaute Fabrikat wird in der Schweiz durch die Mercedes-Benz Automobil AG vertrieben.

Gasgenerator-Anlage G 136 ist produktionsreif

Ein halbes Jahr später, im Juni 1943, ist die Daimler-Benz-Gasanlage für den 170 V mit Erfolg erprobt und bereit zur Fabrikation. Es handelt sich um eine Ausführung für den Betrieb mit Holzkohle, was insbesondere gegenüber Anlagen, die Laubholzstückchen verarbeiten, den Bauaufwand erheblich reduziert und die Bedienung vereinfacht – beides wichtige Argumente, um im Pkw-Sektor erfolgreich zu sein. Den schlechteren Wirkungsgrad nimmt man deswegen gerne in Kauf.

Nach einem kleinen Intermezzo mit Technikdirektor Max Wagner, der angesichts des höheren Fahrzeuggewichts und der reduzierten Motorleistung eine kürzere Hinterachsübersetzung verlangt hat, was Generaldirektor Haspel vom Tisch wischt, ist die Aufgabe in Untertürkheim und Gaggenau schließlich zügig angegangen und ganz im Sinne von Haspel gelöst worden. Dieser Erfolg bringt der Mannschaft ein direktorales Lobeswort ein. Haspel hat den 170 V-Holzkohlegenerator, der die Bezeichnung G 136 erhält, mit den zahlreichen in der Schweiz an Mercedes-Benz-Pkw montierten Anlagen verglichen. Dort komme man allmählich von den Acetylen-Gasanlagen ab. Weit verbreitet sei in der Schweiz an den 170 V und 230 der Källe-Generator aus Schweden, berichtet Haspel, dessen einfache, aber gelungene Konstruktion ihm ebenso imponiere wie die hübsche Einkleidung. Der Daimler-Benz-Generator sei dagegen *ein relativ rohes Erzeugnis, aber er läuft, das sei die Hauptsache.* Obwohl nun eigentlich alles gut ist und man zum nächsten Programmpunkt schreiten könnte, beginnt Fritz Nallinger das späte Eingehen auf Pkw-Gasanlagen zu verteidigen und begründet dies mit der seinerzeitigen Unsicherheit, welcher der in Frage kommenden festen Brennstoffe zu verwenden sei. Weiter gibt er zu bedenken, dass Direktor Wagner bei der Forderung nach einer veränderten Hinterachsübersetzung von einem Weiterbau des 170 V mit Gasanlage und nicht von einer Umrüstaktion bestehender Wagen ausgegangen sei. Beides stellt Generaldirektor Haspel gereizt in Abrede und betont: *Er verlange nur, daß die Leute anfangen umzudenken, daß es jetzt gleichgültig sei, wie man fahre, Hauptsache, daß man überhaupt fahren könne.*[80]

Produktionsstart mit Schwierigkeiten

Nun steht die Herstellung von 4 000 Stück dieser Umbauanlagen zur Diskussion, die nun doch im eigenen Haus stattfinden soll. Haspel schätzt sich glücklich, dass es letztlich gelungen ist auf Behördenebene durchzusetzen, dass die Daimler-Benz AG die Generatoren nicht an eine Reichsstelle oder an die Rüstungskommandos abliefern muss, sondern sie eigenhändig verkaufen und in ihren Niederlassungen in die Fahrzeuge einbauen darf. Für einen fertig am und im Wagen eingebauten Källe-Generator wird in der Schweiz rund 3 000 Fr. in Rechnung gestellt, was einem Gegenwert von ca. 1 800 RM entspricht. Für den G 136 rechnet man mit einem Kostenaufwand von lediglich rund 750 RM.[81]

Eine gewisse Ernüchterung tritt vier Monate später ein. Man steht zwei Tage vor der offiziellen Einführung des Holzkohlegenerators am 170 V, die auf den 17. September 1943 terminiert ist und wozu auch die Presse erscheinen soll. Kurz zuvor hat die Daimler-Benz AG mit ihrem G 136 in Dresden einen unter den verschiedenen Generatoranbietern durchgeführten Wettbewerb gewonnen. Gerühmt wird das geringe Gewicht von 70 kg unter Einschluss der zweiten Batterie und der günstige Preis. Die ZfG bekundet ihren Willen, eine Serie von weiteren 4 000 Stück zu bestellen, und zwar für die Verwendung in Fahrzeugen von

Abb. 0441
Zu den bewährten, gut funktionierenden Anlagen zählt der schwedische Källe-Gasgenerator, der in der Schweiz oft an 170 V- und 230-Wagen zu sehen ist.

Abb. 0442
Der Untertürkheimer Versuch testet den Holzkohle-Generator von Källe an einem (ziemlich geschundenen) 170 V.

Abb. 0443
Ab Spätherbst 1943 baut Daimler-Benz für den 170 V eine eigene Gasanlage, den Holzkohle-Generator G 136. Es ist dies ein *relativ rohes Erzeugnis*, funktioniert aber gut.

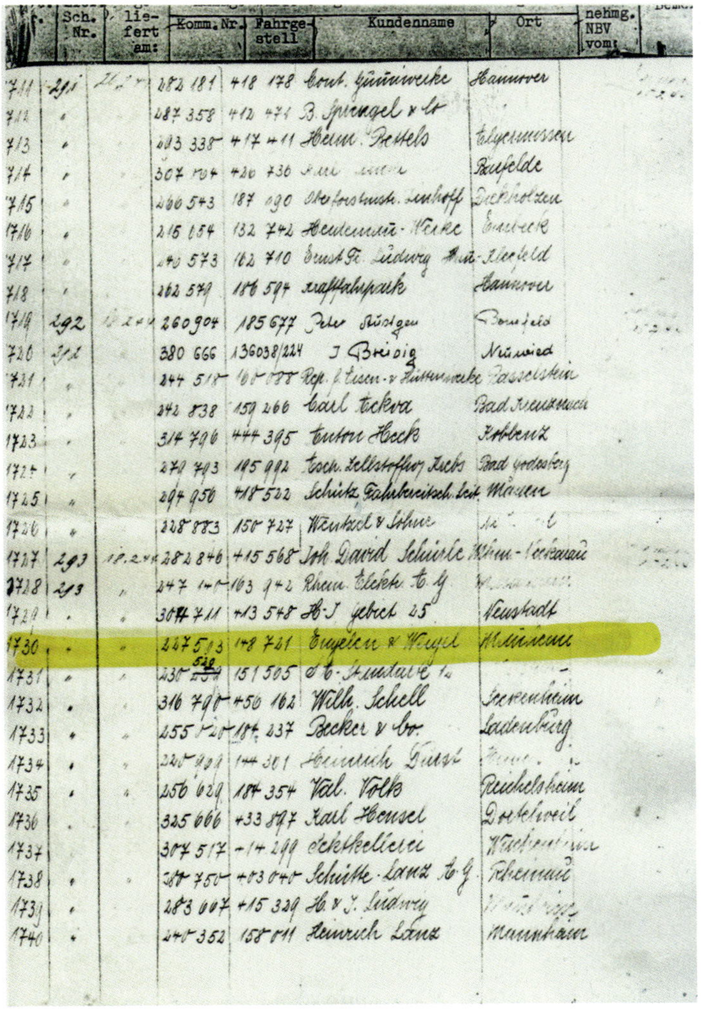

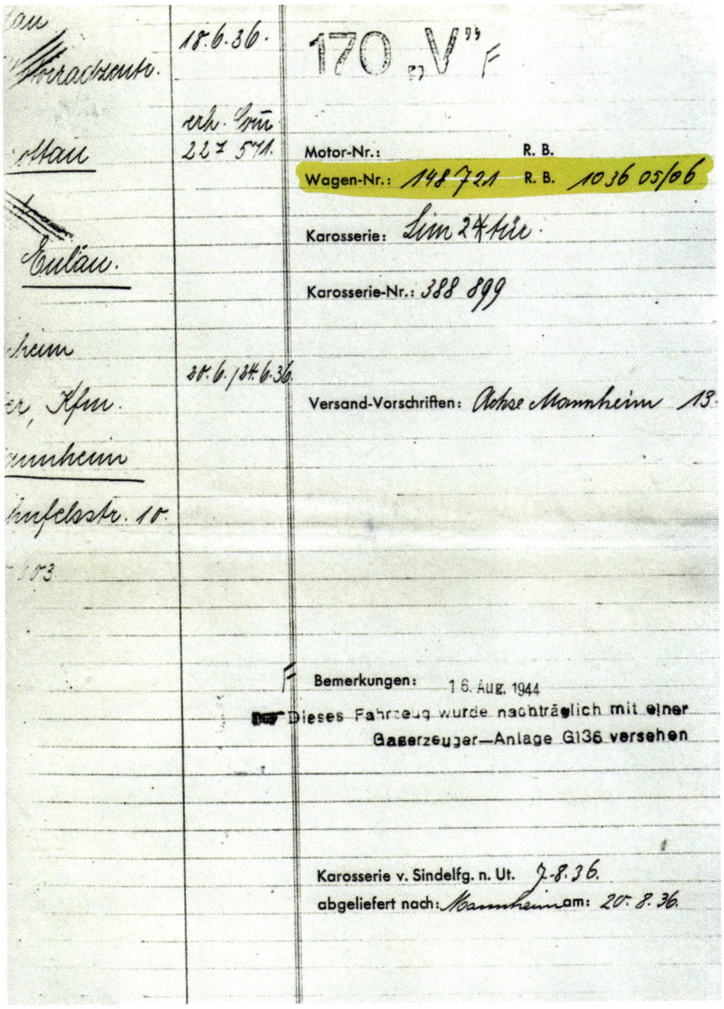

Opel, Wanderer, Steyr, Borgward und weiteren Wagen der 1,7-Literklasse. Nun kommt aber ans Tageslicht, dass das Lkw-Werk Gaggenau die bislang fabrizierten Generatoren nicht selbst hergestellt hat, sondern durch Fremdfirmen hat fertigen lassen. Und zwar aus Mangel an Raum und Fachkräften, wie Werksdirektor Freiherr Gedult von Jungenfeld wortreich begründet. Haspel ist mächtig erzürnt, besonders über den Umstand, dass er von diesem Sachverhalt nicht ins Bild gesetzt worden ist und dadurch dem Preiskommissar falsche (also zu günstige) Preisangaben geliefert hat. Nun sieht er die Annahme dieser zusätzlichen Bestellung ernsthaft in Frage gestellt.[82] Wie die Geschichte ausgegangen ist, bleibt unbekannt. Offenbar werden im Werk Gaggenau bis November 1944 stattliche 6 400 dieser Holzgasgeneratoren gefertigt.[83]

W 136 G: Neue Baureihenbezeichnung und geänderte Daten nach Umrüstung

Die seit Spätherbst 1943 gebaute Gasanlage mit der Bezeichnung G 136 ist explizit auf die Einbaumöglichkeiten am Mercedes-Benz 170 V (W 136) in den Ausführungen Innenlenker, Cabriolet-Limousine, Cabriolet B und Offener Tourenwagen ausgelegt. Der Holzkohle-Gasgenerator G 136 wird als ganzer Satz mit allen zur Umrüstung eines 170 V notwendigen Aggregaten und Teilen bis hin zu den Schrauben und Muttern einbaufertig geliefert. Eine 40 Seiten umfassende, reich bebilderte Einbauanleitung mit integrierter Teileliste führt den Automobilmechaniker auch bei einer Erstanwendung zuverlässig zum Ziel. Obwohl kriegsbedingt keine Neuwagen mehr hergestellt werden – auch nicht mit Gasgeneratoranlage – erhalten die mit den werksseitigen Gasanlagen versehenen 170 V eine eigene Baureihenbezeichnung, nämlich W 136 G. Ein neues Typenschild mit den entsprechend aktualisierten Leistungs- und Gewichtsangaben liegt bei; die Fahrgestellnummer und das Bau-

Abb. 0444, 0445 & 0446
Bis November 1944 fertigt das Werk Gaggenau 6 400 Gasgeneratoren vom Typ G 136, die in bestehende 170 V eingebaut werden. Die Zentrale führt Listen über die installierten Anlagen (oben & oben links) Gelb markiert: der im August 1944 umgerüstete 170 V der Firma Engelen & Weigel, Mannheim. Im Kommissionsbuch wird beim betreffenden Wagen der Vermerk eingetragen »Dieses Fahrzeug wurde nachträglich mit einer Holzkohle-Gasanlage G 136 versehen« (oben rechts).

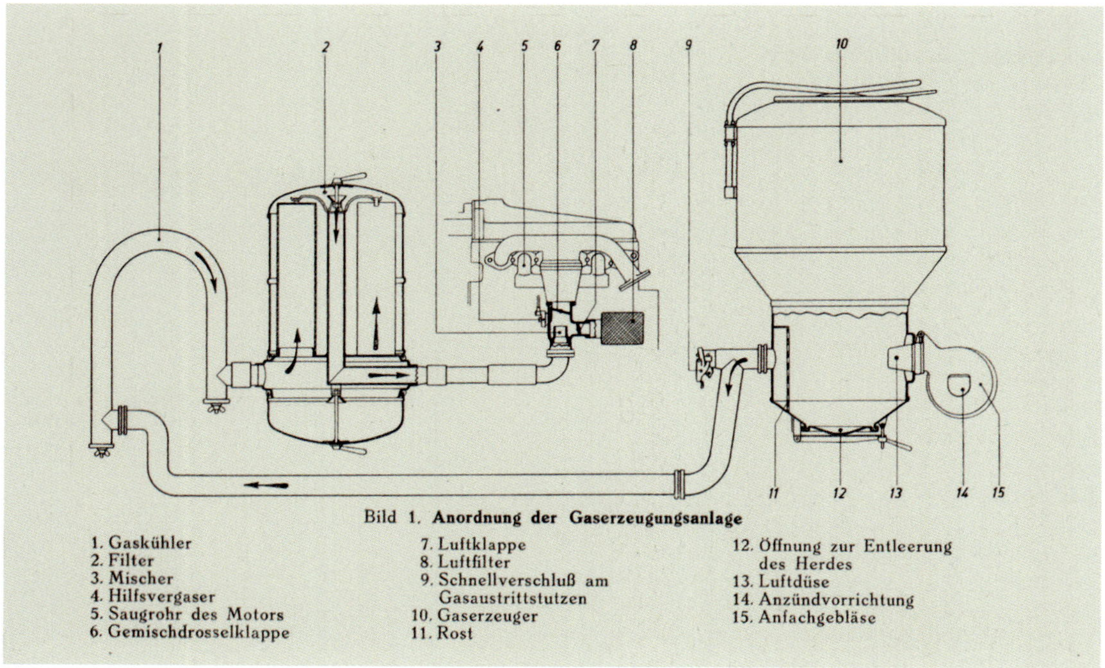

Abb. 0447
Holzkohle-Gasanlage G 136 der Daimler-Benz AG für den Typ 170 V. Schematische Darstellung und Abfolge der einzelnen Bauteile.

jahr müssen vom alten auf das neue Schild übertragen werden.[84] Im Kommissionsbuch ergänzt ein Büroangestellter die Fahrzeugdaten wie folgt: *Dieses Fahrzeug wurde nachträglich mit einer Holzkohle-Gasgeneratoranlage G 136 versehen.* [85] Darüber hinaus führt man in der Zentrale einen *Nachweis über gebaute und gelieferte Generator-Gasanlagen für Holzkohle Typ »170 V«.*[86] Die von Werner Oswald in seiner Mercedes-Benz-Typologie[87] verwendete Typenbezeichnung 170 VG taucht in zeitgenössischen Werksunterlagen nicht auf. Ihre Verwendung ist jedoch angesichts der eigenen Baureihenbezeichnung, des korrigierten Fahrzeugschilds, der Auflistung sämtlicher mit dem Generator 136 G umgerüsteten Fahrzeuge und dem ergänzenden Hinweis im Kommissionsbuch naheliegend.

Aufbau und Funktionsweise der Gasanlage G 136

Die eigentliche Gasanlage besteht aus dem Gaserzeuger, der hinten am Fahrzeug angebaut wird. Dazu dienen Stützstreben und Halter, die anstelle des regulären Stoßstangenträgers mit dem Heckabschluss der Karosserie verschraubt werden. Für die obere Stabilisierung des Gaserzeugers sorgt eine angeschweißte Lasche aus gepresstem Blech, die an den drei Bolzen der Ersatzradbefestigung festgeschraubt wird. Die Form des Generators ist geschickt auf das abfallende Heck des 170 V abgestimmt und hat zudem kapazitätsmäßige Vorteile. Der zylindrische Kessel als oberster Teil des Gasgenerators ist nicht sehr hoch ausgelegt, dafür im Durchmesser mit 540 mm umso größer. Der unten anschließende Trichter reduziert den Durchmesser um einen Drittel und geht in den wiederum zylindrischen Herd über, also in jenen Bereich, wo die hauptsächliche Entgasung der Holzkohle stattfindet. Dort ist linksseitig die Luftdüse eingebaut und das elektrische Gebläse angeschlossen. Dieses wird über einen Schalter neben dem Fahrersitz aktiviert und ist notwendig, um die Gaserzeugung in Gang zu setzen. Im Herdraum befindet sich an der gegenüberliegenden rechten Seite ein vertikal angeordneter Rost, der die Holzkohle zurückhält und so das Abziehen des Gases durch den Austrittsstutzen ermöglicht. Der Stummel an diesem Austrittsstutzen ist mit einer Klappe versehen, die geöffnet wird, um vor dem Starten des Motors die Brennbarkeit des Gases zu prüfen. Läuft die Maschine, kann das Gebläse ausgeschaltet werden. Für die Luftzufuhr und den Gastransport sorgt dann der Unterdruck des laufenden Motors. Die obere Öffnung des Gaserzeugers dient zum Befüllen mit Holzkohle und ist mit einem Deckel verschlossen, der durch einen federartigen Bügel fixiert wird. Durch das Aufklappen der kleineren unteren Öffnung wird die Gasanlage von Asche befreit und entschlackt; ihr Deckel ist mit einem schraubbaren Verschluss gesichert.

Das zweite auffällig am Wagen angebrachte Element ist der Gasfilter. Der zylindrische Behälter sitzt vor der Kühlermaske auf einem Träger aus Rundrohr, der anstelle des demontierten Stoßstangenhalters am Rahmen fixiert ist. Der obere Teil des Zylinders, der optisch die gesamte Kühlermaske abdeckt, kann nach dem Lösen eines Drehverschlusses vom festen unteren Teil abgehoben werden und gibt sechs sackartige Tuchfilter frei, die periodisch gereinigt werden müssen. Vom Gaserzeuger am Heck führt eine Gasleitung rechts des Rahmens unter dem Wagenboden zum Gasfilter an der Front. Zuvor steigt diese Leitung zwischen dem Kühler und der Kühlermaske nach oben und vollführt einen Bogen, um unten am Filterelement anzuschließen. Dieser Rohrbogen, der dank seiner geschickten Lage im Luftstrom des Motorkühlers liegt, dient als Gaskühler. Durch das Öffnen von zwei Verschlussdeckeln an den Stutzen kann Kondensat abgelassen und die Rohrleitung von mitgerissenen Festbestandteilen gesäubert werden.

Vom Gasfilter führt das Gasrohr auf die rechte Seite des Motors zu dessen Ansaugrohr. Weil das im Gaserzeuger freigesetzte Gas zu ungefähr gleichen Teilen mit Umgebungsluft vermischt werden muss, um im Motor verbrannt zu werden, ist kurz vor dem Ansaugtrakt anstelle des regulären Vergasers der sogenannte Mischer eingebaut. Dieser enthält einen Abzweiger mit Klappe und trägt an seinem Ende einen Luftfilter, der demjenigen der regulären Benzinversion entspricht. Allerdings befindet sich dieser Ansaugfilter auf der rechten Wagenseite außerhalb des Motorraums im Bereich zwischen Scheinwerfer, Kühlermaske und Gasfilter. Die Frischluftbeimengung zum

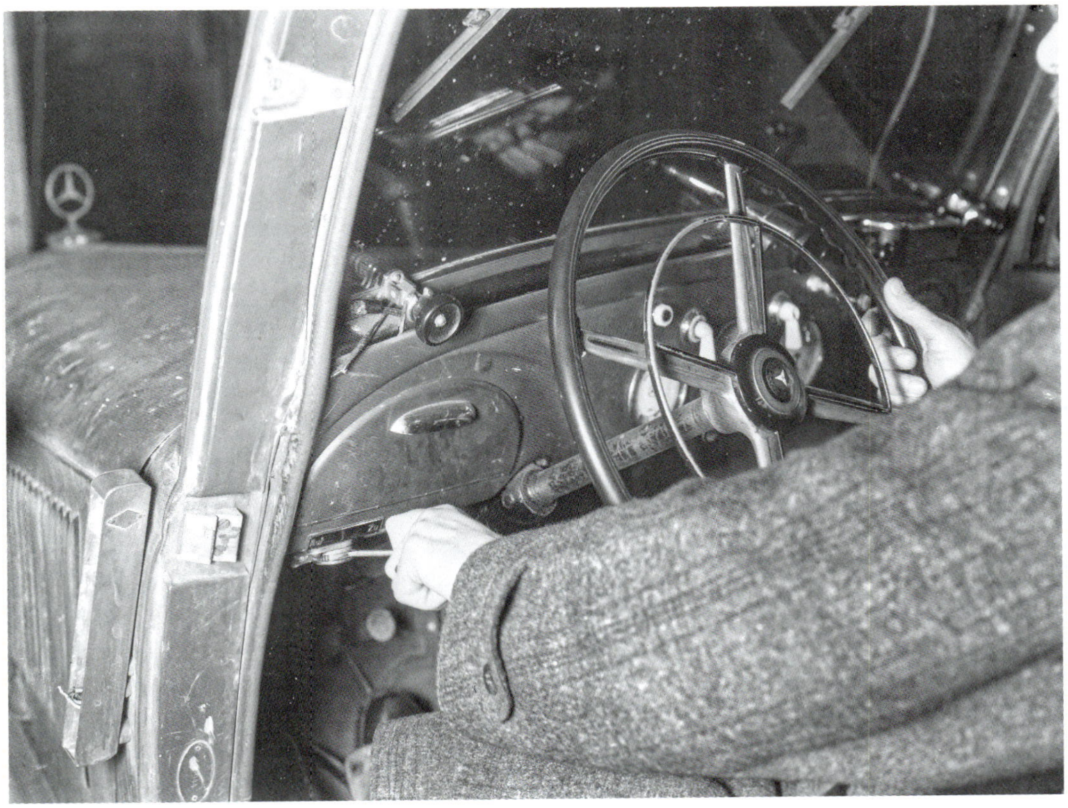

Abb. 0448 & 0449
Unterhalb des Ansaugkollektors sitzt anstelle des Vergasers der sogenannte Gasmischer mit dem Hilfsvergaser (oben). Die Frischluftbeimengung wird mit einem Schieber links unter dem Armaturenbrett reguliert (unten).

Holzgas kann über die erwähnte Luftklappe so reguliert werden, dass der Motor optimal läuft und gut Leistung abgibt. Dazu dient ein Schieber, der auf der linken Seite des Lenkrads unten an der Armaturentafel angebracht ist und die Klappe über einen Bowdenzug verstellt. Die Drehzahl- und Leistungsregulierung im Fahrbetrieb erfolgt – wie im regulären, mit Flüssigkraftstoff betriebenen Wagen – mit der nachgeschalteten Drosselklappe, die auf herkömmliche Weise über ein Gestänge mit dem Gaspedal verbunden ist. Damit der Wagen bei Ausfall der Holzkohle-Gasanlage wenigstens zum Rangieren mobil bleibt, ist zusätzlich ein kleiner Benzinvergaser eingebaut. Versorgt wird dieser vom Kraftstoff, der im (nicht ausgebauten) Tank verblieben ist.[88]

Nach Auffassung der Daimler-Benz-Oberen soll der Einbau innerhalb eines Tages erfolgt sein. In Wahrheit müssen zwei volle Werkstatttage veranschlagt werden, wobei zusätzlich zu einem gelernten und geübten Kfz-Mechaniker eine Hilfskraft notwendig ist.[89]

Eingriffe am Wagen

Außer diesen für die Funktion mit Holzgas primär notwendigen Aggregaten sind weitere Komponenten und eine beachtliche Reihe von Eingriffen am Wagen erforderlich.

Weil das Holzgas deutlich klopffester ist, lässt sich die Verdichtung des Motors, von 1:6 auf 1:8,7 steigern, um wenigstens eine Höchstleistung von 20 PS zu erzielen. Dies ist nur mit einem neuen Zylinderkopf möglich. Um bei den jüngst gefertigten Wagen die schlankeren Zündkerzen mit M 14×1,5-Gewinde weiterzuverwenden, liegen vier entsprechende Gewindefutter bei. Bemerkenswert ist der Einbau einer zweiten 6-Volt-Bleibatterie von 75 Ah, die zur ersten Batterie parallel geschaltet wird. Diese Kapazitätserweiterung ist wegen des Elektroventilators zur Anfachung der Holzkohlevergasung unumgänglich. Bei den älteren 170 V-Modellen muss das geschlossene Kollektorband an der 90 Watt-Lichtmaschine, die nun deutlich stärker gefordert wird, zwecks besserer Wärmeabfuhr durch ein solches mit Kiemen ausgetauscht werden. Der zweite Akkumulator lässt sich nur einbauen, wenn der vorgefertigte und der Garnitur beiliegende Kasten in den planen Boden eingelassen wird. Zu diesem Zweck gilt es, das Bodenblech exakt auszuschneiden und den Kasten mit Blechschrauben am Boden zu befestigen. Befindet sich die erste Batterie unter der Rücksitzbank (ältere Ausführung), so ist

Abb. 0450 & 0451
Üblicherweise hängen bei den 170 V-Modellen der Gaserzeuger hinten und der Gasfilter vorn am Fahrzeug. Beim Lieferwagen muss die Laderaumtür frei bleiben, weshalb der Gaserzeuger vor dem Kühler und der Gasreiniger rechts der Motorhaube angeordnet sind.

der neue Kasten unter dem linken Vordersitz anzuordnen. Ist die erste Batterie unter dem linken Vordersitz (neuere Ausführung), findet die zweite ihren Platz unter dem rechten Vordersitz.

Weil das Ersatzrad nicht in seiner Mulde im Heck verbleiben kann, wird es bei den Innenlenkern auf das Wagendach gehoben und mit einer Halterung fixiert, deren Enden sich in der Dachrinne einhängen lassen. Bei den Wagen mit Stoffdach bleibt nichts anderes übrig, als das Ersatzrad in den Kofferraum zu stellen oder – reichlich risikobehaftet – darauf zu verzichten. Sollte eine Strecke von mehr als 100 km gefahren werden ohne in die heimatliche Garage zurückzukehren, gilt es, Holzkohle in Säcken mitzuführen. Diese lassen sich dank der entsprechend angebrachten Riemenösen auf den beiden Vorderkotflügeln festschnallen. Um Platz für die Gasleitung zu schaffen, muss das Motorabdeckblech unter dem Wagen ausgeschnitten werden. Ausserdem bedarf es einer Öffnung im rechten stehenden Teil der Motorhaube für die Leitung zum außenliegenden Luftfilter, einer weiteren im Kühlergitter für die Rohgasleitung zum Gasfilter und einer Ausweitung des Kurbellochs in der Kühlermaske für das Durchführen der Reingasleitung zum Motor. Sämtliche Karosserieeingriffe lassen sich dank der mitgelieferten Papierschablonen ohne zu messen an den korrekten Stellen vornehmen.[90]

Sonderlösung für Lieferwagen

Die mit der G 136-Holzgasanlage ausgerüsteten 170 V Lieferwagen verlangen nach einer anderen Anordnung der einzelnen Komponenten, denn die Zugänglichkeit des Laderaums durch die einflügelige Hecktür muss ohne Einschränkungen gewährleistet bleiben. Aus diesem Grund montiert man den Gaserzeuger vor die Fahrzeugfront und versetzt den Gasreiniger auf die rechte Seite zwischen Vorderrad und Beifahrertür. Um letzteres zu ermöglichen, muss der Kotflügel mit einer tiefen Hohlkehle versehen werden. Trotzdem ragt der zylindrische Filter in der Höhe über die Motorhaube hinaus und vergrößert die Breite des Wagens auf der rechten Seite um rund 10 cm.[91] Weil der Fahrtrichtungsanzeiger von vorn nicht mehr einsehbar ist, wird er nach oben an die B-Säule versetzt. Doch bald werden die Zeiger von den Behörden außer Funktion gesetzt, was angesichts der weitgehend leeren Straßen kaum zu einer Sicherheitseinbuße führt.[92]

Abb. 0452
Die Installation der Gasanlage G 136 führt beim 170 V Lieferwagen zu argen Kompromissen: Der Gaserzeuger mit dem Anfachgebläse vorn am Wagen beeinträchtigt die Motorkühlung, der zylindrische Gasfilter bedingt eine Abänderung des Kotflügels, erschwert die Zugänglichkeit zum Motor und übersteht das Fahrzeugprofil seitlich um rund 10 cm. Aus diesem Grund hat man die Fahrtrichtungsanzeiger oben an die B-Säule versetzt (Bilder linke Seite). Ein Aufwand, den man sich hätte ersparen können, denn bald werden Winker außer Betrieb gesetzt.

Der 170 VG in Betrieb

Jeder von einer offiziellen Mercedes-Benz-Niederlassung oder -Werkstätte mittels der Gaserzeugungsanlage G 136 auf Holzgasbetrieb umgerüstete 170 V erhält eine ausführliche Beschreibung und Betriebsanleitung mitgeliefert. Detailliert werden darin die Anlage und deren Funktionsweise beschrieben, der Fahrbetrieb und die Pflege erläutert und die möglichen Ursachen von Störungen und deren Behebung erklärt.

Der Betrieb mit der leicht entfachbaren Holzkohle aus Laubholz (insbesondere Buchenholz) hat den großen Vorteil, dass bei einwandfreiem Zustand, gefülltem Gaserzeuger und fachgerechtem Vorgehen bereits nach ungefähr drei Minuten genügend Gas zur Verfügung steht, um den Motor zu starten. Mit einer maximal möglichen Füllung von 24 kg *Generator-Holzkohle* von korrekter Korngröße, vordefiniertem Wasser-, Asche- und Rest-Teergehalt sowie einem Heizwert von mindestens 6 500 kcal/kg ist eine Fahrstrecke von 100 bis 130 km möglich.[93] Ist die Fahrdistanz größer, muss Kohle nachgeschüttet werden. Wird die Fahrt erst am nächsten Tag bzw. nach einem längeren Stillstand wieder aufgenommen, kommt man nicht umhin, den Entgasungsprozess im Generator neu in Gang zu setzten.

Obwohl der Generator 136 G explizit für die Anwendung mit Holzkohle ausgelegt ist, lässt er sich auch mit anderen festen Kraftstoffen betreiben, nämlich mit:

- Torfkoks,
- Braunkohle-Schwelkoks und mit
- Steinkohle-Schwelkoks.

Da hauptsächlich die beiden letztgenannten merklich schwieriger zu entzünden sind, muss mit sogenannter feinkörniger Anzündkohle im Anzündlöffel am Ventilatorgehäuse der Verbrennungs- und Entgasungprozess in Gang gesetzt werden. Zudem steigt mit diesen Betriebsstoffen der Schlackegehalt, was den Betrieb erschwert und den Wartungsaufwand vergrößert. Das Raumgewicht der Alternativbrennstoffe liegt gegenüber der Holzkohle deutlich höher. Mit Anthrazit steigt die Last einer Generatorenfüllung von 24 kg auf 70 kg an, so dass dem Mitführen eines Brennstoffvorrats auf den Kotflügeln enge Grenzen gesetzt sind. Immerhin lässt sich bei optimalen Verhältnissen und einer bestens gewarteten Gasanlage mit einer Anthrazit-Befüllung eine Fahrstrecke von 280 bis maximal 330 km zurücklegen.

Die Automobilzeitschrift »Motor-Kritik« veröffentlicht in der November-Ausgabe 1943 einen ebenso profunden wie ausführlichen Bericht über den 170 VG. Gelobt wird, der Fahrbetrieb: *Der Motor springt bei richtiger Einstellung gut an, der Wagen kann in Bewegung gesetzt werden. Das Fahren ist genau so bequem wie mit Flüssigkraftstoff; die etwa ein Drittel geringere Motorleistung bedingt eine größere Schaltfreudigkeit* [...] *und die Gaslieferung kommt einerseits wegen des besonders elastischen Gaserzeugers, andererseits wegen des Gasvorrates in den Leitungen und dem groß bemessenen Filter auch bei stoßweisem Betrieb und starkem Geschwindigkeitswechsel vollkommen nach. Bemerkenswert* [...] *ist die Tatsache, daß die Inbetriebnahme des fahrbereiten Generators keine Schmutzarbeit bedingt, also beispielsweise von einem Arzt ohne Schutzkleidung ausgeführt werden kann.* [...] *Erst das Reinigen und das Nachtanken erfordert Schutzkleidung,* [...].[94]

Diese reichlich idealisierte Darstellung erfährt im praktischen Fahrbetrieb oft genug eine herbe Korrektur. Insgesamt ist der Betrieb eines Automobils mit einer Gaserzeugungsanlage eine höchst umständliche und schmutzige Angelegenheit. Das Nachfüllen von Holzkohle unterwegs auf einer Fahrt ist gefährlich, weil durch den geöffneten Generator das Gas entweicht, welches zu einem großen Teil aus hochgiftigem Kohlenmonoxid besteht. Das Hantieren mit Holzkohle führt zu einer starken Staubentwicklung, die den ganzen Wagen

Abb. 0453
Der Betrieb eines Wagens mit Holz- oder Holzkohle-Gasanlage ist eine aufwändige und schmutzige Angelegenheit. Das Leeren des Filters mit seinen sechs Filterschläuchen vorn am 170 V ist berüchtigt und sollte keinesfalls im sauberen Anzug durchgeführt werden, wie diese Werksaufnahme für die Bedienungsanleitung irrigerweise suggeriert.

mitsamt der Person einhüllt, weshalb auf das Überziehen einer Schutzkleidung nicht verzichtet werden kann. Noch schmutziger ist das Entleeren der Asche, das Reinigen des Rosts und des Generators. Berüchtigt ist das Leeren des Filters vorn am Fahrzeug, wobei gleichzeitig die sechs Textilfilterschläuche zu säubern sind, was spätestens nach 500 km fällig ist und wiederum zu einer großen Wolke des feinen schwarzen Staubs führt. In größeren Abständen müssen die Leitungen mitsamt dem Gaskühler entstopft und gereinigt werden, was entweder handwerkliches Geschick erfordert oder einen Aufenthalt in einer Werkstatt unumgänglich macht.[I] Auch das Fahren selbst ist deutlich weniger problemlos als geschildert. Stehenbleiben wegen Gasmangel aufgrund schlechter Holzkohlequalität, wegen unsensiblem Umgang mit der Luftklappe oder als Folge einer Verstopfung im Gasgenerator sind an der Tagesordnung. Im günstigen Fall führt ein Auflockern der Holzkohle mit dem mitgelieferten sogenannten Stochereisen zu einer Besserung und zur Fortsetzung der Fahrt. Im schlechteren Fall muss vor Ort die Anlage entleert, gereinigt, neu befüllt und wieder in Betrieb gesetzt werden. Dass die Fahrleistung angesichts der mageren 20 PS und des 70 bis 100 kg zusätzlichen Gewichts drastisch einbricht, erstaunt nicht. Deshalb wird empfohlen, den Motor stetig im oberen Drehzahlbereich zu halten. Auf über 80 km/h kommt man auch bei günstigen Bedingungen nicht.[95]

Allen Verwünschungen und wüsten Flüchen zum Trotz: Die Gasanlagen, gleich welcher Bauart und Herkunft, gewährleisten in der zweiten Kriegshälfte (und weit über das Kriegsende hinaus) den Betrieb eines zwar drastisch eingeschränkten, aber für die Versorgung der Bevölkerung lebenswichtigen Kraftverkehrs. Die von Daimler-Benz gefertigte und spezifisch auf die Baureihe W 136 abgestimmte und vergleichsweise kostengünstige Gasanlagen G 136 bewirkt, dass der kleine volkstümliche Mercedes-Benz 170 V während der späten Kriegsjahre zu den am meisten verbreiteten Pkw zählt, die deutschlandweit in Betrieb stehen. Mit wenigen Veränderungen versehen, taugt die G 136-Anlage auch für den Betrieb eines Opel Olympia und eines Ford Eifel, weshalb die Zentralstelle für Gasgeneratoren (ZfG) für diese beiden Modelle schließlich 3 500 Stück bestellt, vermutlich aber nicht ausführen lässt.[96]

▷ **Siehe Band II/Seite 29–31**, Tabelle A 10 Technische Daten: 170 VG (W 136 G)

Die Gasgeneratoranlage G 136 S und weitere Spielarten

Neben der offensichtlich bewährten und explizit auf den Typ 170 V zugeschnittenen Gasanlage G 136, die primär für den Betrieb mit Holzkohle ausgelegt worden ist, aber auch mit anderen Kohlearten leidlich funktioniert, fertigt Daimler-Benz eine weitere kleine Gasanlage, nämlich den Typ G 136 S. Auch diese Ausführung ist für den Einsatz im 170 V geeignet; allerdings wird eine universellere Anwendung ins Auge gefasst, insbesondere in leichten Nutzfahrzeugen. Dank des schlanken zylinderförmigen Gaserzeugers ist sie dafür prädestiniert.

Gasanlage G 136 S: Unterschiede zur Gasanlage G 136

Die Funktionsweise und der technische Aufbau der Gasanlage G 136 S unterscheidet sich nicht von der etwas älteren Anlage G 136. Vom eigentlichen Gaserzeuger abgesehen sind die Komponenten identisch. Der Gaserzeuger »S« besteht aus einem verhältnismäßig schlanken Zylinder von 350 mm Durchmesser und 856 mm Höhe, der oben ebenfalls mit einem bügelgespannten Deckel abgeschlossen ist. Anstelle einer Öffnung im Boden ist hingegen eine runde, mit einem Schraubverschluss versehene Öffnung im untersten Teil der Wan-

Anmerkung I: Erinnerungen von Günter Engelen an den Betrieb des elterlichen 170 V während der letzten Kriegs- und der unmittelbaren Nachkriegsjahre. Zum Betrieb siehe auch Ries, Brennstoffzelle 2006, S. 92.

dung des Gaserzeugers eingebaut. Im Unterschied zur fest am Heck angebauten Anlage G 136 ist die S-Ausführung mit dem zylindrischen Vergaser am unteren Ende gelenkig mit dem Wagen verbunden, so dass der Zylinder zum Reinigen nach hinten in die Horizontale oder ganz abgekippt werden kann. In diesen Stellungen zeigt die Reinigungsöffnung nach oben, womit der Herdraum besser zugänglich ist und leichter von Schlacke gesäubert werden kann. Auch befüllt wird der Vergaser durch diese Öffnung.[97]

Das Umkippen bedingt indessen eine aufwändige Rahmenkonstruktion, die den gefüllt recht schweren Zylinder (mitsamt der Gasleitung!) drehbar lagert. Die Profileisenkonstruktion ist am Fahrzeugheck unten anstelle des Stoßstangenträgers und oben an der Ersatzradaufnahme kraftschlüssig mit dem Wagen verschraubt. In der aufrechten Stellung wird der Zylinder mit einem Blechband, das unterhalb des Heckfensters an die Karosserie geschraubt ist, gegen einen Anschlag gezogen und am Abkippen gehindert. An der Ersatzradhalterung ist ein Blechköfferchen befestigt, das die Kaffeebohnen-großen Holzkohlestückchen und den sogenannten Anzündlöffel enthält. Darüber lagert die dreizackige Herdgabel. Im Vergleich zur Anlage G 136, deren Gaserzeuger dank der konischen Verjüngung und der festen Montage näher und optisch besser mit dem Wagen verbunden ist, steht der zylindrische Erzeuger der S-Anlage weit vom Wagenheck ab.[98]

Aber was soll's? Auf ästhetische Empfindlichkeiten und technische Optimierungen kommt es in diesen schwierigen Zeiten wirklich nicht mehr an.

Abb. 0454
Gegen Kriegsende entwickelt Daimler-Benz einen einfacheren, rein zylindrischen Gaserzeuger mit einem bescheideneren Füllvolumen, den G 136 S. Der große Vorteil: Zum Reinigen des Zylinders und des Herds kann der Gaserzeuger um 90° nach hinten gekippt werden. Diese Anlage eignet sich nicht nur für den 170 V, sondern für viele weitere Fahrzeuge ähnlicher Leistungsklassen.
Der mitgenommene, über und über verschmutzte Wagen und die triste Umgebung dokumentieren die bedrückende Stimmung in den letzten Kriegs- und ersten Nachkriegsmonaten. *Es sei jetzt gleichgültig, wie man fahre, Hauptsache, daß man überhaupt fahre,* gibt Haspel zu bedenken.

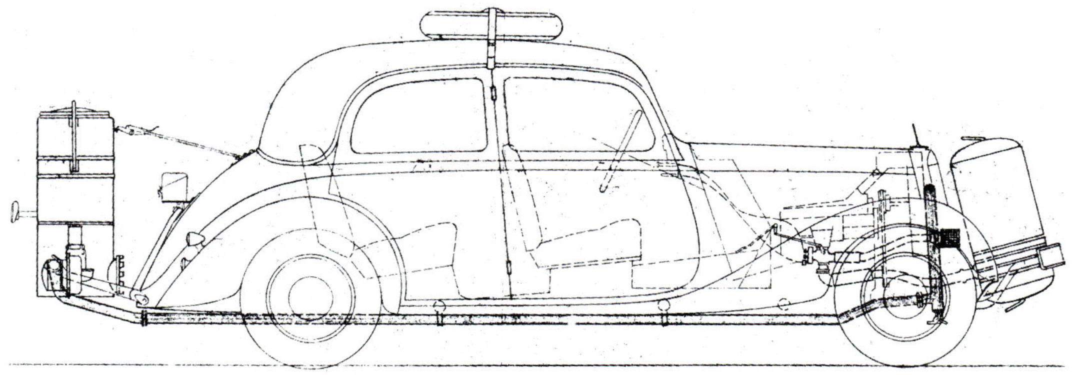

Abb. 0455
Die Anordnung der Gasanlage G 136 S am 170 V Innenlenker ist mit der älteren und größeren Anlage G 136 identisch. Der eigentliche Gaserzeuger ragt jedoch weiter über den Heckabschluss hinaus.

Ein bemerkenswerter Unterschied zwischen diesen beiden Anlagen besteht in der Füllmenge der Gaserzeuger. Während eine neue vollständige Holzkohlefüllung bei der G 136-Anlage ca. 27 kg wiegt, vermag die S-Anlage lediglich ca. 19 kg aufzunehmen. Die nutzbare Fahrdistanz reduziert sich mit Holzkohle dementsprechend von 100 bis 130 km auf bescheidene 60 bis 80 km. Allerdings werden werksseitig für den Betrieb der S-Anlage explizit und ohne Priorisierung mehrere feste Brennstoffe aufgezählt, nämlich von Holzkohle abgesehen auch Torfkoks, Braunkohleschwelkoks, Steinkohleschwelkoks und Generator-Anthrazit. Mit den letztgenannten drei Betriebsstoffen steigt die erzielbare Fahrdistanz an, nämlich von 90 km bei Torfkoks bis auf maximal 240 km bei Anthrazit – mit bestens gewarteter Anlage und optimaler Bedienung, was in der Praxis so gut wie nie zusammentrifft.[99]

Fertigung und Verbreitung

Die Beweggründe für den Bau der Gasanlage G 136 S sind nicht ohne weiteres ersichtlich. In der undatierten Tabelle der Daimler-Benz-Gasgeneratoren ist eine Bestellung von insgesamt 4 100 Stück G 136 S verzeichnet, die sich auf je 1 000 Stück für den Mercedes-Benz 170 V und den 1-Tonnen-Borgward-Schnelllastwagen, auf 1 500 Stück für den Opel Blitz 1½-Tonnen, auf 500 Stück für sonstige Fahrzeuge und auf 100 Vorserienanlagen verteilt. Eine breitere Anwendung, also an verschiedensten Fahrzeugen von ähnlichem Leistungsbedarf, dürfte einer der Gründe für diese spätere Variante gewesen sein. Ob die einfachere Herstellung des zylindrischen Gaserzeugers gegenüber dem mit einem Konus verjüngten ein weiteres Argument liefert, lässt sich bloß vermuten. In den letzten außerordentlich schwierigen Kriegsmonaten und der ersten tristen Nachkriegszeit ist dies grundsätzlich ein Thema.

Im Unterschied zur G 136-Anlage, die offenbar im Lkw-Werk Gaggenau gefertigt wird, entsteht die rein zylindrische G 136 S-Ausführung im Karosseriewerk Sindelfingen. Wie weit dort die Produktion vor der Besetzung am 21. und 22. April 1945 angelaufen ist, bleibt unbekannt. Mitte August 1945 lagern irgendwo im stark zerstörten Werk Sindelfingen zehn vollständig fertiggestellte und 20 teilweise gefertigte Sätze der Generatoranlage G 136 S. Zur gleichen Zeit meldet die Werksleitung der US-amerikanischen Besatzungsmacht, dass ab sofort 100 Stück dieser Anlagen pro Monat hergestellt werden können. Eine Produktionssteigerung auf 250 Sätze pro Monat hält man ab Dezember für möglich.[100]

Die Fertigung der G 136 S-Gasanlage in Sindelfingen beginnt zu laufen. Verkauft werden dürfen diese Umbausätze indessen nur gegen Vorlage einer Auslieferungsgenehmigung.[101] Es sind weder die tatsächlich erzielten Stückzahlen bekannt noch die Zeitdauer der Produktion.

Weitere Daimler-Benz-Gasgeneratoren

Der Vollständigkeit halber sei erwähnt, dass von Daimler-Benz weitere Gasgeneratoranlagen entweder geplant sind oder – zumindest als Versuch – tatsächlich gebaut werden:

- **Typ 300**, im Lkw-Werk Gaggenau gefertigt und ebenfalls für Holzkohle und weitere Kohleprodukte ausgelegt. Obwohl eine Betriebsanleitung existiert, sind keine weiteren Angaben bekannt, auch nicht, für welche Fahrzeuge die Anlage verwendet wird.
- **Typ G 136 S1** mit konisch ausgebildetem, jedoch kippbarem Kessel für den Einbau im Mercedes-Benz 230 (W 153) mit 3-Litermotor;
- **Typ G 136 S2**, die sich von der S-Ausführung durch einen höheren Zylinder (1056 mm) von identischem Durchmesser unterscheidet und für den Mercedes-Benz 1½-Tonnen Lkw (L 1500) vorgesehen ist;
- **Typ G 136 S3** mit verkürztem Zylinder (750 mm) von identischem Durchmesser für den Mercedes-Benz 170 V.

Schließlich befindet sich Anfang September 1945 ein Generator G 136 F, dessen Aussehen und technische Spezifikationen unbekannt sind, kurz vor einer möglichen Einführung. Es fehlen zu diesem Zeitpunkt noch eine genaue Kostenermittlung sowie die geforderte Abklärung über mögliche Stückzahlen.[102]

Abb. 0456
Werk Untertürkheim, vermutlich September 1946. Der Pförtner der Zufahrt zum nordöstlichen Werksgelände hebt den Schlagbaum, so dass der 170 V in die Mercedesstraße einbiegen kann. Der Wagen ist mit einer Holzkohle-Gasanlage G 136 ausgerüstet. Auf dem Dachgepäckträger lagern unter der Plane die Säcke mit Holzkohle zum Nachfüllen. Im Hintergrund das weitgehend zerstörte und in Teilbereichen wieder benutzbar gemachte Verwaltungsgebäude.

6.4 Der »Totale Krieg«

Die Daimler-Benz AG wird je länger der Krieg dauert immer mehr zum reinen Rüstungsbetrieb: Flugmotoren, Schnellboottriebwerke, Flugzeugteile und Waffenkomponenten in immer größeren Mengen werden gefordert. An den Fließbändern stehen viele Frauen, dann werden Zwangsarbeiter, Kriegsgefangene und schließlich KZ-Häftlinge eingesetzt. Als immer mehr Bomben fallen, wird versucht, die Produktion durch Auslagerung am Laufen zu halten. Im März und April 1945 besetzen alliierte Truppen die beschädigten oder zerstörten Werke.

Der bislang hauptsächlich auf Europa beschränkte Krieg hat sich längst zum Weltenbrand ausgeweitet. Nach dem Afrika- und Balkanfeldzug und den großen Terraingewinnen in der Sowjetunion enden die deutschen Siege in der grausamen Winterschlacht 1941/42, die in eine Katastrophe mit riesigen Verlusten mündet. Ab dem 11. Dezember 1941 greifen die Vereinigten Staaten von Amerika in die Kampfhandlungen ein, nachdem ihnen Deutschland den Krieg erklärt hat. Stärker als bisher wirken sich die Schrecken des Kriegs auf die vielbeschworene »Heimatfront« aus. Ab 1942 beginnen Luftangriffe auf deutsche Städte, die sich seit 1943 häufen und zu immer größeren Verlusten an Menschen, Industrieanlagen, Wohnraum und kulturellen Stätten führen; darunter befinden sich wertvollste historische Monumente und Ensembles. Mitte Februar 1943, die Alliierten dominieren an allen Fronten das Kriegsgeschehen, ruft Propagandaminister Goebbels den »Totalen Krieg« aus. Doch angesichts der schweren Verluste und der zermürbenden Bombardements beginnt die Moral in der Bevölkerung zu bröckeln. Durch Fliegeralarm aufgeschreckt, verharren die Stadtbewohner nächtelang in überfüllten, mehr oder weniger behelfsmäßig hergerichteten Schutzräumen, während über ihnen die Bomben einschlagen und die Stadt brennt. Wer sich nicht rechtzeitig in Sicherheit zu bringen vermag, kommt in diesem Inferno um.

Abb. 0457 & 0458
Schon vor Kriegsausbruch macht Daimler-Benz mit Werbeplakaten auf seine herausragende Stellung als Flugmotorenproduzent aufmerksam. An die Kausalität »totaler Krieg« gleich »totaler Sieg« glaubt die Bevölkerung angesichts der zunehmend heftigeren Bombardements deutscher Städte bald nicht mehr.

Produzieren für den »Endsieg«

In den Werken Untertürkheim und Sindelfingen verdrängt die Teileproduktion für Messerschmitt-Flugzeuge, Flugmotoren und Torpedos sowie die Herstellung von Munition und weiteren Rüstungsgütern ab ungefähr 1941 die Pkw-Fertigung mehr und mehr.[103] Um die ständige Ausweitung der Großmotoren-Entwicklung und deren Bau zu ermöglichen, hat die Daimler-Benz AG nach zähen Verhandlungen zusätzliches Land erwerben und die Untertürkheimer Werksanlagen für einen hohen zweistelligen Millionenbetrag erweitern können, wobei der größere Teil der Investitionen durch das Deutsche Reich getragen wird. Um die zum Kriegsdienst abgezogenen Männer zu ersetzen und gleichzeitig den hohen Arbeitskräftebedarf abzudecken, steigt der Anteil Frauen bei den Werktätigen stetig an. Weiter werden Personen aus besetzten Ländern, Kriegsgefangene und später auch KZ-Häftlinge zur Arbeit gezwungen. Allen Bemühungen zum Trotz lässt sich der Personenwagenbau wegen ungenügendem Personalbestand, Mangel an Werkzeugmaschinen, dürftiger Rohstoffversorgung und eingebrochenem Bedarf als Folge des untersagten Privatkaufs nur

Abb. 0459
In den späten Kriegsjahren ist auch die Daimler-Benz AG in die Entwicklung von Strahltriebwerken eingebunden. Ab Anfang 1943 wird diese aus dem Werk 60 in Untertürkheim herausgelöst und nach Backnang verlegt, wo Versuche durchgeführt werden (Bild).

noch schleppend aufrechterhalten, bevor er im Herbst 1942 ganz eingestellt werden muss. Die Daimler-Benz AG ist – mit allen Konsequenzen – zum ausschließlichen Rüstungslieferanten geworden.

Erschöpfte Führungsmannschaft: Krankheit und Tod

Die eilige Umstellung auf Kriegsproduktion mit Schwergewicht im Flug- und Marinemotorenbau, dann die immer weitergehenden und je länger je weniger erfüllbaren Forderungen von Seiten der Reichsstellen und des Heeres lasten schwer auf den Herren des Vorstands, den Werks- und der Abteilungsdirektoren und führen schließlich zu einschneidenden Verlusten.

Bereits im Januar 1941 muss Technikvorstand Max Sailer wegen eines ernsthaften gesundheitlichen Problems seine Tätigkeit niederlegen und aus der Unternehmensleitung ausscheiden, zwei Jahre vor seiner regulären Pensionierung.[104/I] An Sailers Stelle wird sein bisheriger Stellvertreter Diplom-Ingenieur Fritz Nallinger als Technikchef gewählt, der schon bislang die technische Seite des Großmotorenbaus geleitet hat.

Am 18. Juli 1942 stirbt der Generaldirektor und Vorstandsvorsitzende Wilhelm Kissel völlig überraschend im Alter von knapp 57 Jahren. Für ihn ist der Tod seines einzigen Sohns Hans Werner im Spätherbst 1941 an der Ostfront ein schwerer Schicksalsschlag.[105] Zusätzlich belastet Wilhelm Kissel der Befehl von Reichsminister Albert Speer psychisch stark, die Fertigung des 3-Tonnen-Mercedes-Benz-Lastwagens einzustellen und stattdessen in Mannheim die Lizenzproduktion des Opel Blitz 3-Tonnen-Lkw einzurichten. Als besonders perfide erweist sich, dass das Vorhaben mit Unterstützung von Jakob Werlin am übrigen Vorstand vorbei inszeniert worden ist, was Kissel maßlos erzürnt und verärgert.[106] Wilhelm Kissel hat sich das Gedeihen der Daimler-Benz AG zur Lebensaufgabe gemacht. Die behördlich verfügte Fertigung eines fremden Fahrzeugtyps empfindet er deshalb als tiefen Eingriff in »sein« Unternehmen und als persönliche Niederlage. Dabei hat Kissel früh und mit Erfolg die Daimler-Benz AG bei den braunen Machthabern in eine günstige Position manövriert. 1933 tritt er der SS bei, ein Jahr später ist er eingeschriebenes Mitglied der NSDAP und 1940 wird er zum SS-Obersturmbannführer befördert. Trotz dieser Mitgliedschaften ist seine persönliche Haltung zum Nationalsozialismus nicht klar erkennbar und wird kontrovers diskutiert.[II]

Diplom-Ingenieur Dr. Wilhelm Haspel wird Nachfolger von Wilhelm Kissel in der Funktion als Vorstandsvorsitzender und Unternehmens-

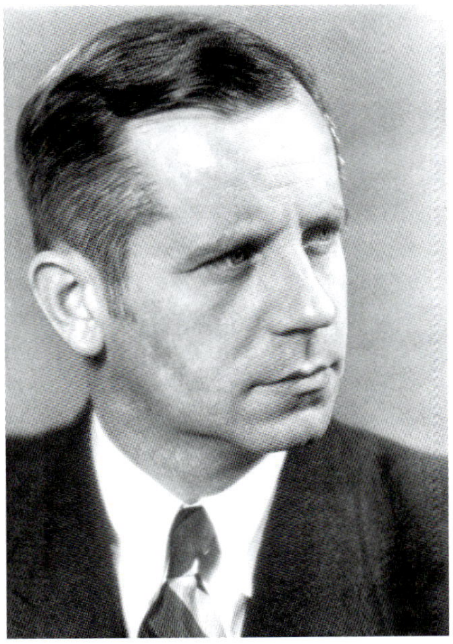

Abb. 0460 & 0461
Die gewaltigen Forderungen, die im Rahmen der Rüstungsgüterproduktion bezüglich Stückzahlen und Neuentwicklungen an die Firma gestellt werden, zehren stark an der Gesundheit der Führungskräfte. Im Januar 1941 muss Technikvorstand Max Sailer (links) erschöpft seine Arbeit niederlegen. Fritz Nallinger (rechts), sein Stellvertreter, übernimmt die anspruchsvolle Aufgabe.

Anmerkung I: Die Art seiner Erkrankung wird in keiner der Quellen präzisiert. Da Max Sailer noch 24 Jahre lebte, könnte ein Burnout oder eine Hirnblutung die Ursache seines Ausscheidens gewesen sein.
Anmerkung II: Siehe auch Feldenkirchen, 100 Jahre 2003, S. 137–140.

Mitten aus einem arbeitsreichen Leben heraus entriß uns plötzlich und unerwartet am Abend des 18. Juli der Tod den

Vorsitzer des Vorstandes
und Betriebsführer unserer Gesellschaft
Wehrwirtschaftsführer

Herrn Dr.-Ing. e. h.

WILHELM KISSEL

SS-Obersturmbannführer
Inhaber des Kriegsverdienstkreuzes 1. Klasse
und anderer hoher Auszeichnungen

In 38jähriger Zugehörigkeit zu unserem Hause hat sich der Verstorbene ausschließlich in den Dienst unserer Firma gestellt und seit dem Zusammenschluß ihrer beiden Gründerfirmen die Geschicke unserer Gesellschaft maßgeblich gelenkt. Sein zäher Wille und unbeirrbarer Glaube, seine organisatorische Begabung und sein großes Können befähigten ihn auch in schwierigsten Zeiten zur meisterhaften Lösung der gestellten Aufgaben. Er kannte nur ein Leben der Arbeit im Dienste seines Werkes und lebte es uns allen vor. Sein hohes Pflichtgefühl hat ihn in seinem Leben nie verlassen und beseelte ihn bis zum letzten Augenblick. — Sein Name und seine Leistungen bleiben für immer untrennbar mit der Geschichte unseres Hauses verbunden. Wir werden dem Verstorbenen ein unauslöschliches treues Gedenken bewahren.

Aufsichtsrat, Vorstand
und Gefolgschaft der
Daimler-Benz Aktiengesellschaft

Stuttgart-Untertürkheim, 20. Juli 1942.

chef. Haspel hat sich in den zurückliegenden Jahren als führungsstarke und insbesondere in Wirtschaftsfragen kompetente Persönlichkeit profiliert und ist seit längerem Kissels rechte Hand. Haspel steht dem Nationalsozialismus distanziert gegenüber. Er hat sich mit der NS-Bewegung und dem Regime des »Dritten Reichs« nie identifiziert, weder persönlich noch öffentlich.[107/I] Seine Wahl zum Vorstandsvorsitzenden der Daimler-Benz AG wird deshalb zum Politikum. Doch auf seine Kompetenz als Wirtschaftslenker wollen die Machthaber in dieser schwierigen Zeit nicht verzichten, so dass Hitler die Ernennung von Haspel zum Daimler-Benz-Chef persönlich absegnet. Obwohl die hervorragenden Kontakte des Konzerns zur NS-Regierung auch unter Haspel erhalten bleiben, wird die Führung der Daimler-Benz AG mehrfach als »jüdisch versippt« gebrandmarkt, denn sowohl Wilhelm Haspel als auch der langjährige Vorstand Dr.-Ing. Otto Hoppe – auch er kein Parteimitglied – sind mit jüdischen Frauen verheiratet. Beide widersetzen sich der Forderung, sich von ihren Gattinnen scheiden zu lassen, was zu Repressionen führt. Haspel wird mehrfach von der Gestapo vernommen, ihm droht die Einweisung in ein Konzentrationslager, Hoppe muss den Vorstand verlassen.[108/II] Sein Nachfolger wird Hans Huschke, Oberst der Luftwaffe.[109]

Kein halbes Jahr nach Kissels Tod, am 12. Dezember 1942, stirbt der langjährige Aufsichtsratsvorsitzende Emil Georg von Stauss im Alter von 65 Jahren. Von Stauss hat zu den Hauptverantwortlichen der Firmenfusion gehört und ist ein großer Stratege mit besten Verbindungen bis in die höchsten Partei- und Staatskreise gewesen. Er hat sich nicht gescheut, in den operativen Prozess des Unternehmens einzugreifen, wenn er es für notwendig gehalten hat. Als sein Nachfolger wird der Vizevorsitzende Hans Rummel ernannt, ebenfalls kein Parteimitglied, aber Vorstandsmitglied der Deutschen Bank sowie zahlreicher Unternehmen der metallverarbeitenden Industrie und des Fahrzeugbaus.[110]

Auch in der Betriebsleitung des Werks Sindelfingen kommt es zu einem Wechsel: Auf den am 16. Januar 1943 überraschend verstorbenen Werksleiter Karl Schenk, der als Schreinermeister eine solide handwerkliche Berufsausbildung mitgebracht und sich zum Oberingenieur und Betriebsdirektor hochgearbeitet hat, folgt der Diplom-Ingenieur Wilhelm Langheck, ein langjähriger Mitarbeiter von Schenk.[111]

Abb. 0462
Am 18. Juli 1942 stirbt überraschend Firmenchef Wilhelm Kissel, der sich unermüdlich und ohne Rücksicht auf die Gesundheit für Daimler-Benz eingesetzt hat. Der Kriegstod seines einzigen Sohns und persönliche Niederlagen sind übermächtig geworden. Die Todesursache wird nie ganz geklärt.

Abb. 0463
Auf Befehl von Rüstungsminister Speer wird Daimler-Benz gezwungen, den Opel Blitz 3-Tonnen-Lkw in Lizenz zu bauen, was Wilhelm Kissel als Schande für das Unternehmen und Demütigung empfindet. Das einfache robuste Fahrzeug erhält die Typenbezeichnung L 701 und trägt keinen Mercedes-Stern. Die Serienproduktion in Mannheim kommt erst im Sommer 1944 in Gang.

Anmerkung I: Haspel unterzeichnete interne Briefe 1943–1945 meist mit *freundliche Grüße*; mit *Heil Hitler!* eigentlich nur solche an die beiden überzeugten Nationalsozialisten Werlin und von Jungenfeld; Beobachtung des Autors im Zuge der Archivrecherchen (Archiv MBAG generell).
Anmerkung II: Offenbar entkam Haspel der Einweisung dank der Bemühungen von Werlin, der sich als alter Nazi und Hitler-Intimus für Haspel einsetzte. Werlin engagierte sich auch für Hoppe und dessen Tochter (Pohl/Habeth/Brüninghaus, DBAG 1987, S. 35–41).

Abb. 0464
Das Werk Untertürkheim nach dem verheerenden Bombenangriff vom 5. September 1944, Blick Richtung Nordwesten. Zu diesem Zeitpunkt ist die Verlagerung der Produktion aus den angestammten Werken an Standorte außerhalb der bombengefährdeten Ballungsräume in vollem Gang.

Der Zusammenbruch

Verlagerung

An einen »Endsieg« glauben immer weniger Menschen, trotz der auf höchsten Touren laufenden Rüstungsproduktion. Unaufhaltsam nähern sich die Fronten dem Deutschen Reich. Als die Bombardierungen der Städte und Industrieanlagen ab Sommer 1943 zunehmen, beginnt auch die Daimler-Benz AG ihre Produktion und Lagerhaltung von den Werken weg an geschütztere Orte auszulagern. Gewählt werden leerstehende oder geräumte Fabriken und Gewerbebauten in kleinen Ortschaften, später auch nicht fertig gebaute Eisenbahn- und Autobahntunnel. In diese Räumlichkeiten verlegt man mit unvorstellbarem Aufwand ganze Produktionsstraßen, an denen zunehmend und letztlich in großer Zahl auch KZ-Häftlinge unter menschenunwürdigen Bedingungen Zwangsarbeit verrichten. Allein das Werk Untertürkheim ist 1944 auf rund 20 Verlagerungsstandorte im südlichen Württemberg verteilt.[112]

Luftangriffe mit verheerenden Schäden

Bis Ende Oktober 1943 verzeichnet die Daimler-Benz AG Luftangriffsschäden von insgesamt rund 70 Millionen Reichsmark. Das Werk Untertürkheim wird bis im Sommer 1944 das Ziel von drei mittelschweren Angriffen, Sindelfingen wird bis zu diesem Zeitpunkt zwei Mal an der Peripherie getroffen. Die wirklich verheerenden Angriffe folgen im Herbst: Am 5. September 1944 versinkt das Werk Untertürkheim gegen Mittag in einem Bombenhagel. Die Anlagen sind zu 80 Prozent zerstört.[113] Wenige Tage später, am 10. und 13. September

1944 trifft dasselbe Schicksal die Sindelfinger Werksanlage. Auch hier gelten über 80 Prozent der Gebäude und mehr als die Hälfte der noch am Ort verbliebenen Maschinen und Einrichtungen als zerstört.[114] Am selben 10. September wird zudem das Lkw-Werk Gaggenau schwer in Mitleidenschaft gezogen. Die gesamten Luftangriffsschäden der Daimler-Benz AG beziffert die Konzernleitung bei Kriegsende auf eine halbe Milliarde Reichsmark.[115]

Im Herbst 1944 haben die alliierten Truppen Frankreich bereits zurückerobert und stehen vor der Deutschen Grenze. Im Osten rückt die Rote Armee bedrohlich gegen Ostpreußen vor. Die kommenden Monate werden für die Konzernleitung und die Werktätigen noch chaotischer. Viele Menschen sind ausgebombt und müssen anderswo Unterschlupf finden. Wer die Möglichkeit hat und es sich leisten kann, verlegt seine Familie aufs Land, wo die Versorgungslage besser ist und kaum Gefahr besteht, im Bombardement umzukommen. Vielen Werktätigen gelingt es nicht mehr, ihre Arbeitsstätten zu erreichen und/oder sie setzen sich ab.

Bei der Daimler-Benz AG ist Wilhelm Haspel während dieser letzten Kriegsmonate und -wochen sehr darauf bedacht, die Zahlungen für gefertigte Produkte einzutreiben sowie die Schäden durch Fliegerangriffe zu beziffern und dem Reich in Rechnung zu stellen. Schließlich gelingt ihm auch der Transfer der Firmenguthaben von den Banken in Berlin nach Stuttgart,[116] eine vorsorgliche Maßnahme im Hinblick auf einen Neustart nach dem Kriegsende.

Abb. 0465
Das Werk Sindelfingen nach den Zerstörungen durch Bombenangriffe am 10. und 13. September 1944. Straße zwischen Bau 2 und 4, Blick in Richtung Osten. Ein erster schmaler Gehweg ist geräumt. Über 80% der Gebäude gelten als zerstört.

Besetzung

Am 21. März 1945 berät der Vorstand auf seiner letzten ordentlichen Sitzung, wie die Werke in »Feindeshand« übergehen sollen. Noch immer ist die Auslagerung in vollem Gang, sie wird allerdings durch die schwer beschädigte Transportinfrastruktur massiv behindert. Die Situation wird immer unübersichtlicher. Ständig gibt es Bombenalarm, die Elektrizität fällt pro Tag mehrfach aus und die Kommunikation ist oft unterbrochen; an eine auch nur ansatzweise geordnete Produktion ist nicht mehr zu denken.[117] Zwei Tage später liegt das Werk Mannheim in US-amerikanischen Händen, am 9. April stehen französische Truppen in Gaggenau. Nach weiteren zwölf Tagen, am 21. und 22. April 1945 besetzen französische Truppen, von Cannstatt kommend, die Zentrale mit dem Werk Untertürkheim und das Karosseriewerk Sindelfingen.[118]

Abb. 0466
Werk Untertürkheim, nach den Zerstörungen von Anfang September 1944. Viele der noch in den Hallen verbliebenen schweren Maschinen überstehen den Einsturz der Dächer – beschädigt zwar, aber reparierbar.

KRANKENWAGEN
KRANKENWAGEN
HAM. 14
RB - TEM

7

Aus Schutt und Asche – der 170 V als Retter in der Not 1946–1948

Der 170 V als Nutzfahrzeug mit Behelfsfahrerhaus ist zum Symbol für den Neustart der Daimler-Benz AG in der harten ersten Nachkriegszeit geworden.
Im Werk Sindelfingen stehen fertiggebaute Krankenwagen zur Auslieferung bereit, zweite Hälfte 1946. Scheinwerfer in der ursprünglichen Größe sind nicht verfügbar, die überlackierte Kühlermaske trägt einen Stern, doch das Firmenemblem fehlt. Die alte Ausführung der Stoßstangenecken belegt, dass man sich aus dem Ersatzteilfundus bedient. Die Halle trägt einen Tarnanstrich, mit dem man die Gebäude vor feindlichen Fliegerangriffen hat schützen wollen.

7.1 Das Kriegsende und die ersten Monate danach

Im Sommer 1945 kehren immer mehr Werksangehörige zu Daimler-Benz zurück, wo sie wieder eingestellt werden und Trümmer beseitigen. Mit der Herstellung von einfachen Artikeln des täglichen Bedarfs und großen Reparaturbetrieben für die Besatzungsmächte versucht sich die Firma über Wasser zu halten. Zum Überleben braucht es jedoch dringend eine Fahrzeugproduktion. Die wird in Mannheim mit der Lizenzfertigung des Opel Blitz schon ab Oktober 1945 möglich. In Untertürkheim und Sindelfingen dauert es wesentlich länger.

Mit der Besetzung durch die alliierten Streitkräfte und der bedingungslosen Kapitulation vom 8. Mai 1945 wird Deutschland vom Joch des Nationalsozialismus befreit. Aufatmen mögen indessen nur jene Menschen, die durch das verbrecherische Regime unmittelbaren Schaden genommen haben, die befreiten Überlebenden in den Konzentrations- und Todeslagern, die Kriegsgefangenen und die politisch Andersdenkenden, die sich durch jahrelanges Stillhalten einer Einkerkerung entzogen und damit ihr Leben gerettet haben. Für viele kommt jedoch die Befreiung zu spät, sie sind auf den Schlachtfeldern gestorben, in Vernichtungslagern ermordet worden oder im Bombenhagel der brennenden Städte umgekommen. Das Elend, das in den langen letzten Kriegsmonaten drastisch zugenommen hat, ist jedoch mit dem Ende der Kampfhandlungen nicht vorbei, im Gegenteil. Das Land, insbesondere die Städte, sind Trümmerhaufen, die Infrastruktur aufs Schwerste beschädigt, die Versorgung der Bevölkerung mit Lebensmitteln und den notwendigsten Dingen des täglichen Lebens mehr als unzureichend. Bald grassiert auch der Hunger.

Die Daimler-Benz in den Wochen nach der Kapitulation

Wie viele deutsche Industrieunternehmen bietet die Firma Daimler-Benz AG in den ersten Nachkriegsmonaten ein trauriges Bild. Mit Ausnahme des Werks Mannheim, das nur mäßige Kriegsschäden davongetragen hat, sind die Zerstörungen in den anderen Produktionsstätten brutal. Mannheim ist amerikanisch besetzt, in Untertürkheim, Sindelfingen und Gaggenau sitzen die Franzosen, in Berlin-Marienfelde die Sowjets. Anfänglich ist der Werkszutritt für Firmenangehörige verboten. Von den »Gefolgschaftsmitgliedern«, wie die Belegschaft im »Dritten Reich« heißt, ist bloß ein kleiner Teil übriggeblieben. Bereits Wochen vor der Besetzung durch »feindliche« Truppen haben die Werktätigen aus allen Schichten begonnen, sich abzusetzen, und die Fertigung ist zusammengebrochen. Wer die Möglichkeit gehabt hat, ist mit seiner Familie zu Verwandten oder Bekannten aufs Land geflüchtet, wo die Lebensumstände günstiger sind. Die Besatzungsmächte beginnen Maschinen, Einrichtungen, Werkzeuge und Vorräte abzutransportieren – soweit diese nicht in den letzten Kriegsmonaten an die vielen Verlagerungsstandorte gebracht worden sind. Besonders rücksichtslos gehen die französischen Besatzungstruppen vor, die sich auf diese Weise für ein gleiches Verhalten der Wehrmacht bei der Besetzung Frankreichs rächen. Zusätzlich zu den Bombenschäden kommen mutwillige Zerstörungen durch Besatzungstruppen und befreite Zwangsarbeiter hinzu; betroffen sind auch wichtige schriftliche Unterlagen. Direktor Paul Heim, der Leiter des Werks Sindelfingen, berichtet seinem Freund und Vorgesetzten Generaldirektor Wilhelm Haspel Mitte Mai 1945 in einem langen Brief von den demotivierenden Vorgängen in Sindelfingen.[1]

Auch die verbliebenen leitenden Angestellten haben keinen freien Zugang zu den Werken und sind auf den guten Willen der Besatzungsoffiziere angewiesen und deren Launen ausgesetzt. Nach und nach melden sich in immer größerer Zahl Werktätige bei ihrem Arbeitgeber zurück und werden wieder aufgenommen. Wilhelm Haspel ist sehr bemüht, die Daimler-Benz AG zusammenzuhalten. Erschwert wird dies durch die kaum mögliche Kommunikation unter den Werken – Telefon- und Telefaxleitungen sind unterbrochen, die Reichsbahn als wichtigster Verkehrsträger und die Straßen ebenso. Gefahr droht nicht nur durch die massiven Requirierungen, sondern durch eine mögliche Aufspaltung des Konzerns in mehrere kleine, auf längere Frist kaum überlebensfähige Firmen. Immerhin ist es Haspel gelungen, vor dem Zusammenbruch große Teile der Schulden des Reichs einzutreiben und die verfügbaren Firmengelder von Berlin auf die Stuttgarter Hausbank zu transferieren. Diesem Umstand ist zu verdanken, dass die rückkehrenden Werktätigen wieder eingestellt werden und bald mit den von den Militärbehörden genehmigten Aufräumarbeiten beginnen können, anfänglich mit minimalster Ausrüstung und ohne technische Hilfsmittel. Was an aufgefundenen Vorräten und an Baumaterialien auf irgendeine Weise wiederverwendbar erscheint, wird geborgen.[I]

Die US-Armee wird Besatzungsmacht: Ein Glücksfall?

Anfang Juli 1945 gehen Teile von Württemberg und Baden von der französischen an die amerikanische Besatzungsmacht über – und damit auch der Konzernsitz und die Werke Untertürkheim und Sindelfingen. Für die Weiterexistenz der Daimler-Benz AG als Fahrzeughersteller scheint dieser Wechsel zunächst günstig zu sein, doch zeigt sich rasch, dass die US-Amerikaner wesentlich dezidierter gegen all jene Führungskräfte vorgehen, die in direkter Weise mit dem Nationalsozialismus verstrickt gewesen sind.

Anmerkung I: Siehe auch Grube-F., Werk UT 1983, S. 101–117; Molter, Werk SI 1990, S. 95–134; Feldenkirchen, 100 Jahre 2003, S. 173–198.

Wegen NS-Verbindungen: Ausdünnung von Vorstand und Führungsmannschaft

Als sich der Daimler-Benz-Aufsichtsrat wenige Wochen später des rigorosen Vorgehens der Amerikaner gewahr wird, entlässt er vorsorglich sämtliche Vorstandsmitglieder mit Ausnahme von Wilhelm Haspel und Otto Hoppe, den Haspel kurz vor Kriegsende wieder in den Vorstand zurückgeholt hat. Wegen Nazi-Verstrickungen müssen zudem mehr als die Hälfte der leitenden Angestellten das Unternehmen verlassen. Die Ausdünnung der Leitung ist für die um ihr Überleben kämpfende Firma ein schwerer Schlag. Im Spätherbst 1945 verpflichtet die französische Besatzungsmacht rund 125 deutsche Ingenieure, die sich in den letzten Kriegsjahren mit dem Turbinen- und Strahltriebwerksbau für Flugzeuge befasst haben, zu einem Arbeitseinsatz unbekannter Dauer bei der Firma Turbomeca im südwestfranzösischen Bordes (zwischen Pau und Lourdes).[2] Die Gruppe untersteht der Leitung von Diplom-Ingenieur Fritz Nallinger und setzt sich zum größeren Teil aus Daimler-Benz-Leuten zusammen. Darunter befindet sich auch der »Vater« der neuen Pkw-Motorenreihe Willy Syring, der nach Auflösung der Zwangsverpflichtung Anfang 1948 in Bordes bleiben und später zum Technischen Direktor der Firma aufsteigen wird.[3]

Abb. 0467
Nach Möglichkeit stellt man die ehemaligen Werktätigen wieder ein, die ab Sommer 1945 in die Firma zurückströmer. Vordringlich sind aufräumen – wie hier in Untertürkheim –, Reparaturarbeiten und Hilfe beim Wiederaufbau. Während längerer Zeit werden auch die Angestellten aus den technischen Büros und der Verwaltung für einen Tag pro Woche zum praktischen Arbeitseinsatz verpflichtet.

Abb. 0468
Im sogenannten Hungerwinter 1946/47 läuft über Wochen nichts mehr. Eisige Kälte zieht um die stillen Fabrikhallen. Davor abgestellt ein 170 V mit Holzkohle-Gasanlage G 136 S.

Der neue Rumpfvorstand: Hoppe und Kaufmann führen das Unternehmen

Im Herbst 1945 wird es auch für Wilhelm Haspel eng, obwohl er weder der NSDAP noch irgend einer ihrer Gruppierungen angehört hat und selbst Repressionen des braunen Regimes ausgesetzt gewesen ist. Vorgeworfen wird ihm die Leitung des »Sonderausschusses T2« zur Koordination des Daimler-Benz-Flugmotorenbaus im Reichsministerium für Bewaffnung und Munition, eine Tätigkeit, die aufgrund der neuen Gesetze seine Entlassung nach sich zieht und vom Verbot begleitet ist, die Firma zu betreten oder in irgendeiner Form Einfluss auf sie auszuüben. Zuvor ist es Haspel gelungen, den ehemaligen Leiter der Stuttgarter Niederlassung Walter Kaufmann als nunmehr zweites Vorstandsmitglied einzusetzen. Kaufmann hat als sogenannter Halbjude 1942 seine Stellung verloren, ist seit Sommer 1945 wieder für Daimler-Benz tätig und versucht nun unter schwierigsten Verhältnissen im französisch besetzten Lkw-Werk Gaggenau für überblickbare Verhältnisse zu sorgen.

Man rechnet mit einer kurzen Abwesenheit von Haspel, was sich allerdings nicht bewahrheitet. Wie sich zeigen soll, darf er erst nach Abschluss seines Spruchkammerverfahrens,[I] in dem er als »entlastet« rehabilitiert wird, Anfang 1948 zu Daimler-Benz zurückkehren. In der gut zwei Jahre dauernden Zwischenzeit leiten die beiden Vorstände Otto Hoppe und Walter Kaufmann zusammen mit dem Aufsichtsrat Carl Jahr den Konzern – und dies in einer in jeder Hinsicht außerordentlich schwierigen Phase.[4]

Anmerkung I: Spruchkammerverfahren waren Verfahren mit dem Ziel der Entnazifizierung, die nach Ende des Nationalsozialismus in den drei westlichen Besatzungszonen Deutschlands durchgeführt wurden.

Abb. 0469
Sobald es die Situation erlaubt, fertigt man aus vorhandenem Material simple Alltagsgegenstände. Die 500 in Sindelfingen gebauten Handwagen sind eine kleine Feier mit Foto wert.

Abb. 0470
Der Wiederaufbau des teilzerstörten Verwaltungsgebäudes erfolgt bereits ab 1945/46. Dank stattlichem Vermögen kann man Bauunternehmen beauftragen.

Die Überlebensstrategie: Eine Automobilproduktion muss her

Sehr rasch nach Einstellung der Kampfhandlungen hat sich Dr. Wilhelm Haspel um eine Wiederaufnahme der Automobilproduktion in irgendeiner Art und Weise bemüht. Allein dadurch würde sich die Existenz des Unternehmens gegenüber der Besatzungsmacht rechtfertigten lassen, ist er überzeugt. Das Werk Sindelfingen presst und stanzt jedoch Wasserschüsseln, Teller und Besteck aus Aluminiumabfällen, baut hölzerne Leiterwagen und Kinderspielzeuge, schließlich Obstdörren, elektrische Kochplatten und weitere einfache Gegenstände des täglichen Bedarfs. Die Rückkehr zur Fahrzeugproduktion bleibt vorerst ein Wunschtraum, denn die Alliierten haben im Potsdamer Beschluss eine planmäßige Verringerung der deutschen Industrieproduktion vereinbart, was nicht nur im sowjetisch besetzten Teil zu massivem Abbau und Reparationsleistungen führt, sondern auch in der französischen Zone.

Neustart in Mannheim: Opel Blitz-Fertigung

An eine Fahrzeugfertigung ist aus produktionstechnischer Sicht zunächst nur im vergleichsweise wenig beschädigten, amerikanisch besetzten Werk Mannheim zu denken. Der eklatante Mangel an Nutzfahrzeugen, der in eine lebensbedrohende Versorgungskrise münden muss, veranlasst die amerikanischen Militärbehörden, die Wiederaufnahme der Lizenzproduktion des Opel Blitz 3-Tonnen-Lkw anzuordnen. Mannheim kommt nicht zuletzt deshalb in Frage, weil das stark beschädigte Opel-Lastwagenwerk in Brandenburg an der Havel gemäß Vereinbarung der vier Siegermächte auf Befehl der sowjetischen Militärbehörden demontiert und die Fabrikationseinrichtung als Reparationsleistung in die Sowjetunion überführt worden ist.

Bereits im Sommer 1945 verlassen 50 aus vorhandenen Beständen zusammengebaute Opel Blitz das Mannheimer Werk. Ende Oktober erhält die Daimler-Benz AG den Auftrag für den Bau von 500 dieser einfachen und robusten Lastkraftwagen, die man intern als Typ L 701 bezeichnet und die weder mit dem Mercedes-Benz-Stern noch mit dem Blitz von Opel versehen werden. Im Werk Sindelfingen lagern seit den letzten Kriegsmonaten 350 fertig gebaute Einheitsführerhäuser für diesen Fahrzeugtyp und für 500 noch zu bauende Wagen die vollständig zugeschnittenen Holzsätze, zudem Restbestände weiterer Teile.[5] Das Werk Mannheim beginnt trotz erheblichen Störungen wieder zu produzieren.[6]

In Untertürkheim, Sindelfingen und in dem in der französischen Zone verbliebenen und anfänglich ziemlich abgekoppelten Werk Gaggenau bemüht man sich nach Kräften, aufzuräumen, unrettbare Ruinen abzubrechen und auf irgendeine Weise wiederverwendbare Gebäude und Infrastrukturen zu reparieren oder aufzubauen. Hier leisten nicht bloß die handwerklich tätigen Firmenmitglieder Schwerarbeit, sondern während mindestens einem Tag in der Woche auch die »Kopfarbeiter«, und zwar ungeachtet ihrer Ausbildung und ihrer hierarchischen Stellung.

Willkommene Arbeit und einträgliches Geschäft: Die Reparatur- und Instandsetzungsbetriebe

Ein Lichtblick ist die Möglichkeit, in den beiden württembergischen Werken Sindelfingen und Untertürkheim sowie in Waiblingen und Uhingen Reparatur- und Instandsetzungsbetriebe einrichten und betreiben zu dürfen. Diese Großwerkstätten arbeiten ausschließlich für den Bedarf der US-Besatzungsmacht

Abb. 0471
Der Lkw L 701 mit Wehrmachts-Einheitsfahrerhaus ist ein Lizenzbau des Opel Blitz 3-Tonnen-Lastwagens. Wegen großem Bedarf an Nutzfahrzeugen erhält Daimler-Benz bereits im Sommer 1945 einen Produktionsauftrag. Die Serienfertigung läuft ab Oktober im nur wenig beschädigten Werk Mannheim.

und stellen sowohl Wagen amerikanischer Herkunft als auch in großer Zahl defekte und kriegsversehrte eigene Typen instand. Ein ähnlicher Betrieb in Gaggenau steht ausschließlich im Dienst der französischen Armee. Diese einträgliche Tätigkeit ermöglicht eine sinnvolle Beschäftigung der immer zahlreicher in die Werke zurückströmenden ehemaligen Facharbeiter; viele davon sind Kriegsheimkehrer.[7] In Sindelfingen läuft die Fertigung der Gasgeneratoranlage G 136 S an, die für den Betrieb des 170 V und weiterer kleinerer Pkw ausgelegt ist.[I] Der Gebrauch von Motorfahrzeugen ist selbst für den Konzern reglementarisch auf das äußerst Notwendige beschränkt, nur mit festen Ersatzbrennstoffen möglich und anfänglich für jede Fahrt bewilligungspflichtig.

Einzige Möglichkeit: Reaktivierung des alten 170 V

Allen negativen Vorzeichen zum Trotz bemüht sich Haspel mit seinen Vorstandskollegen bereits während der französischen Besatzung der Werke Untertürkheim und Sindelfingen um eine Wiederaufnahme der Pkw-Produktion. Dafür kommt allein der Typ 170 V (W 136) in Frage, das einzige vor dem Krieg in großer Stückzahl gefertigte und zudem günstigste Modell des Konzerns.[8] Die Hindernisse sind vielfältig: Sie beginnen mit der unbedingt erforderlichen Bewilligung der Militärbehörden und reichen bis zu den fast unüberwindbaren produktionstechnischen Defiziten. Zwar sind die mächtigen Karosseriepressen in Sindelfingen unversehrt geblieben, und angesichts ihrer schieren Größe entgehen sie einer Demontage und Überführung nach Frankreich. Aber davon abgesehen sind die beiden württembergischen Werke nicht bloß stark zerstört, sondern weitgehend leergeräumt. Was in den Auslagerungsorten an Material, Maschinen, Einrichtungen und Apparaten noch vorhanden ist, bleibt zunächst unbekannt. Auch nach dem Übergang der beiden Werke in amerikanische Hände ist die Rückführung blockiert, weil die Standorte der ausgelagerten Güter größtenteils in der französischen Zone liegen. Erst nach Monaten und dank einer Entscheidung des Alliierten Kontrollrats in Berlin als oberste Besatzungsbehörde kommt es zu einer Lösung zugunsten der Daimler-Benz AG. Erhebliche Sorgen bereiten die Zulieferbetriebe. Die Einkaufsunterlagen sind im Bombenhagel auf Untertürkheim untergegangen, weshalb nicht mehr ersichtlich ist, welche Teile von wo bezogen worden sind.[9] Zudem ruht die Fertigung des 170 V seit 1942, also seit nunmehr drei Jahren. Viele der ehemaligen Zulieferfirmen sind wegen Kriegsschäden und Rohstoffmangels nicht in der Lage, in absehbarer Zeit zu liefern, und jene, die in der sowjetischen Besatzungszone liegen, scheiden als künftige Partner aus.

Anmerkung I: Siehe auch Kap. 6.3, S. 312–314. Die Fertigung des Gasgenerators G 136 S erfolgte in Sindelfingen, nicht in Untertürkheim, siehe »Vorläufiger Überblick Werk Sindelfingen« für die Production Control Agency der US-Besatzungsmacht, 15.08.1945 (Archiv MBAG).

Abb. 0472
Vor den Reparatur- und Instandsetzungsbetrieben der Daimler-Benz AG stehen dichtgedrängt hunderte ruinöse Mercedes-Benz-Pkw: kriegsbeschädigt, verunfallt, zerschlissen. Viele davon werden wieder fahrbar gemacht, andere dienen als Teilespender.

Abb. 0473
Entlang dieser Werkstrasse befinden sich mehrere 170 V in Aufbereitung. Gearbeitet wird ausschließlich im Auftrag der Besatzungsmächte, was willkommen ist, denn es bringt Einkommen und Arbeit für die heimkehrenden Facharbeiter.

Abb. 0474
Eine Kolonne reparierter Ford »1942« Sedan Staff Car verlässt den *Rebuild Shop*, wie die US-Army das Reparaturwerk Untertürkheim nennt. Dazwischen hat sich eine improvisiert wieder hergerichtete Mercedes-Benz 230 Pullman-Limousine (W 143) eingereiht.

Mindestens so trist ist die Beschaffungsmöglichkeit von Rohstoffen und Halbfabrikaten, weshalb Daimler-Benz versucht, alles zusammenzukaufen, was irgendwo verfügbar ist.

Produktionserlaubnis

Nach der Ablösung der Franzosen durch die US-Militärbehörde ergeben sich im Sommer neue Kontakte, die hoffen lassen, dass in absehbarer Zeit mit einer Produktionsbewilligung für den 170 V gerechnet werden darf. Wilhelm Haspel reicht daraufhin am 4. August 1945 beim Wirtschaftsamt Stuttgart das formelle Gesuch um eine Herstellungserlaubnis ein.

Knappe zwei Wochen später, am 16. August 1945, erteilt Colonel Gerald B. O'Grady vom Hauptquartier der 7. US-Armee der Daimler-Benz AG den Auftrag zur Produktion von ¾-Tonnen-Lieferwagen (auf der Basis des 170 V) ab dem kommenden 1. Oktober. An die Bewilligung ist die Anweisung geknüpft, mit den Zulieferbetrieben in Kontakt zu treten und die notwendigen Rohstoffe zu sichern. Die Vorbereitungen für die Produktion von Personenkraftwagen sind hingegen bis auf Weiteres einzustellen.[10] Trotz dieser Einschränkung ist ein wichtiges Etappenziel auf dem Weg zurück zur Pkw-Produktion erreicht. Dass ein Fertigungsbeginn am 1. Oktober 1945 vollständig illusorisch ist, spielt im Augenblick eine untergeordnete Rolle.

Abb. 0475
Die im Auftrag der Besatzungsmächte arbeitenden Daimler-Benz-Reparaturwerke bleiben über mehrere Jahre in Betrieb und tragen so entscheidend zur Weiterexistenz der Firma bei. Am 13. Mai 1949 übergibt Wilhelm Haspel, Vorstandsvorsitzender der Daimler-Benz AG, den letzten im Reparaturwerk Untertürkheim generalüberholten Ford Sedan an Colonel Gerald B. O'Grady vom Hauptquartier der 7. US-Armee.

Erste neue Fahrzeugprojekte

Im Vergleich mit der Mehrheit der Werksmitarbeitenden, die unter freiem Himmel an der Trümmerbeseitigung und für den Wiederaufbau schuften, in halb zerstörten Werkshallen ihre Arbeit verrichten müssen oder sich unter misslichen Platzbedingungen in mehr oder weniger ruinösen Behelfsschreibstuben auf ihre Papiere konzentrieren sollen, haben es die Ingenieure des Untertürkheimer Konstruktionsbüros verhältnismäßig gut. Sie finden Unterschlupf in der Eszet-Schokoladenfabrik, die in unmittelbarer Nachbarschaft zum Werk auf der gegenüberliegenden Seite der Reichsbahnstrecke Stuttgart – Ulm liegt und unversehrt geblieben ist.[11] Doch was soll Direktor Max Wagner mit der zwar reduzierten, aber immer noch stattlichen Truppe anfangen? Die konstruktiven Anpassungen am 170 V, die durch seine neue Zweckbestimmung als Nutzfahrzeug notwendig werden, halten sich in Grenzen, ebenso eventuelle Eingriffe, die im Hinblick auf eine Produktionsaufnahme notwendig werden. Zweifellos setzt man freie Ingenieurskapazitäten auch zugunsten des Wiederaufbaus ein, insbesondere für die Instandsetzung der Fabrikationseinrichtungen, wo man nicht umhin kommt, zerstörte Teile selbst zu konstruieren und herzustellen. Eine andere Gruppe von Ingenieuren und Technikern widmet sich hingegen dem Entwurf neuer Fahrzeugtypen, und zwar zunächst solchen, für die man in dieser ersten harten Nachkriegszeit einen Bedarf erkennt. Bald rücken aber Modelle in den Vordergrund, für die man sich in einer weiteren, vom Krieg genesenen Zukunft eine Marktchance ausrechnet.

1-Tonnen-Lastkraftwagen mit 170 V-Komponenten

Dass Diplom-Ingenieur Josef Müller, der seinerzeit maßgebende Konstrukteur des 170 V-Fahrgestells, in vorderster Front an der Konzeption neuer Fahrzeugtypen und Modelle arbeitet, erstaunt nicht. Max Wagner kennt und schätzt Müllers Begabung, Konstruktionsaufgaben aus konzeptioneller Sichtweise anzupacken, ohne deswegen ins Phantastische abzugleiten. Im Anschluss an seine Abkommandierung 1944 nach Berlin hat sich Josef Müller unmittelbar vor Kriegsende mit Frau und Sohn auf dem Bauernhof einer seiner Brüder in Niederbayern in Sicherheit gebracht und ist im späten Frühling 1945 zu Daimler-Benz zurückgekehrt.[12]

Im Herbst 1945 beschäftigt sich Müller mit der Konzeption und Konstruktion eines 1-Tonnen-Kleinlastwagens, der unter Verwendung von Komponenten des 170 V (W 136) entstehen soll. Dieses kompakte Nutzfahrzeug ist auf die aktuellen Bedürfnisse zugeschnitten. Müller bringt mindestens vier Varianten zu Papier, die konzeptionell weitgehend identisch sind, sich dennoch in wesentlichen Punkten unterscheiden. Vom 170 V sollen der 1,7-Liter-Motor M 136 mitsamt Kupplung und Getriebe übernommen werden, ferner die Lenkung und nach Möglichkeit weitere Komponenten wie die Vorderachse, der Treibstofftank und der Kühler mitsamt Maske. Spezifisch auf diesen leichten Nutzfahrzeugtyp zugeschnitten sind hingegen der Rahmen und die starre, schraubengefederte Hinterachse. Letztere ist bei allen Typen an langen Diagonallenkern geführt und durch einen Panhardstab seitlich stabilisiert. Im Unterschied zur Vorderradaufhängung fehlen an der Hinterachse Stoßdämpfer.

Die ersten beiden Varianten, **Ea 143** und **Ea 144**, verfügen über ein kräftig dimensioniertes Zentralrohr als Rückgrat. Der Motor ist unten stark nach rechts abgekippt, so dass das Getriebe und die Kardanwelle unmittelbar neben dem Chassisrohr Platz finden. Die Anordnung des Hinterachsdifferenzials ist aus demselben Grund ebenfalls aus der Mitte gegen rechts verschoben. Bei der Ausführung mit der 170 V-Querblattfeder-Vorderradaufhängung ist der Motor wegen der beiden übereinanderliegenden Federpaketen unmittelbar hinter der Achse angeordnet. Der im Querschnitt ellipsenförmige 170 V-Treibstofftank liegt unter der Fahrersitzbank.

Die nur im Frontbereich abweichende Variante **Ea 144** zeigt eine Vorderradaufhängung mit Dreiecksquerlenkern und Schraubenfedern in der Art des kriegsbedingt nicht produzierten 170 V-Nachfolgers W 158. Die Lenker-Vorderradaufhängung ermöglicht, den Motor etwas stärker nach vorn zu schieben und den Treibstofftank – wie im 170 V – an der Spritzwand im Motorraum einzubauen, womit die Treibstoffpumpe überflüssig wird.

Auch die mit **Ea 145** bezeichnete Ausführung verwendet die Querlenker-Radaufhängung, für die hier alternativ zu den Schraubenfedern eine untere Querblattfeder angedacht ist. Der Motor sitzt vor der Vorderachse, was zu einem 200 mm geringeren Radstand (2 650 mm statt 2 850 mm) führt und die hinteren Reifen bei voller Beladung weniger stark belastet. Weil der Rahmen aus zwei parallel geführten Ovalrohren besteht, lassen sich der aufrecht stehende Motor und das Getriebe in der Wagenmitte installieren und stark absenken, wodurch der ganze Antriebsstrang horizontal bis zur Hinterachse verläuft.

Der letzte Entwurf, **Ea 146**, kombiniert den Zentralrohrrahmen mit einem vor der Vorderachse installierten Motor, der jedoch höher liegen muss und wegen seiner Schräglage in Längsrichtung zu einer zweiteiligen Kardanwelle mit Kreuzgelenk im Knick führt.

Die auf den Fahrwerkszeichnungen zwar dargestellten, jedoch nicht weiter detaillierten Kabinen zeigen gerundete Übergänge analog den neueren Mercedes-Benz-Lkw-Führerhäusern. In den Ausführungen mit Motor vor der Vorderachse bieten sie über die gesamte Breite einen großzügigen Fußraum, so dass bei Bedarf auch drei Personen auf der Sitzbank Platz finden. Die vierte Fahrzeugvariante verzichtet auf die 170 V-Kühlermaske, was eine deutliche Rundung der Motorhaube im Längs- und im Querprofil ermöglicht. Allen Vorschlägen gemeinsam ist die Bemühung, ein zwar einfach zu fertigendes, aber keineswegs simples Gefährt auf die Räder zu stellen, das einen hohen Nutzwert bietet.

Wie weit die konstruktive Durchbildung dieses Leichtlastwagens gediehen ist, als das Projekt vermutlich Ende 1945 abgebrochen wird, ist nicht erforscht. Ist damals die Firmenleitung zu der Erkenntnis gelangt, dass ein Pritschen- und Kastenwagen auf dem unveränderten 170 V-Fahrgestell nur unwesentlich weniger Transportleistung erbringen würde und deutlich schneller in Produktion gehen könnte? Immerhin liegt hierfür seit August eine Bewilligung der Besatzungsmacht vor. Josef Müller wendet sich jedenfalls im Dezember 1945 neuen Aufgaben zu, nämlich der formalen Überarbeitung der Frontpartie des alten 170 V.[13]

Abb. 0476, 0477, 0478 & 0479 (alle folgende Doppelseite)
Im Herbst 1945 konzipiert Dipl.-Ing. Josef Müller im Auftrag des offenbar politisch unbelasteten und deshalb in der Firma verbliebenen Direktors Max Wagner einen 1-Tonnen-Lkw. Bedingung: Es sind möglichst viele 170 V-Komponenten zu verwenden, insbesondere der Motor, das Getriebe und die Nebenaggregate. Die vier Entwürfe unterscheiden sich bezüglich Einbaulage des Motors, Vorderradaufhängung, Radstand, Rahmen und Anordnung des Treibstofftanks. Das Projekt wird nicht weiterverfolgt.

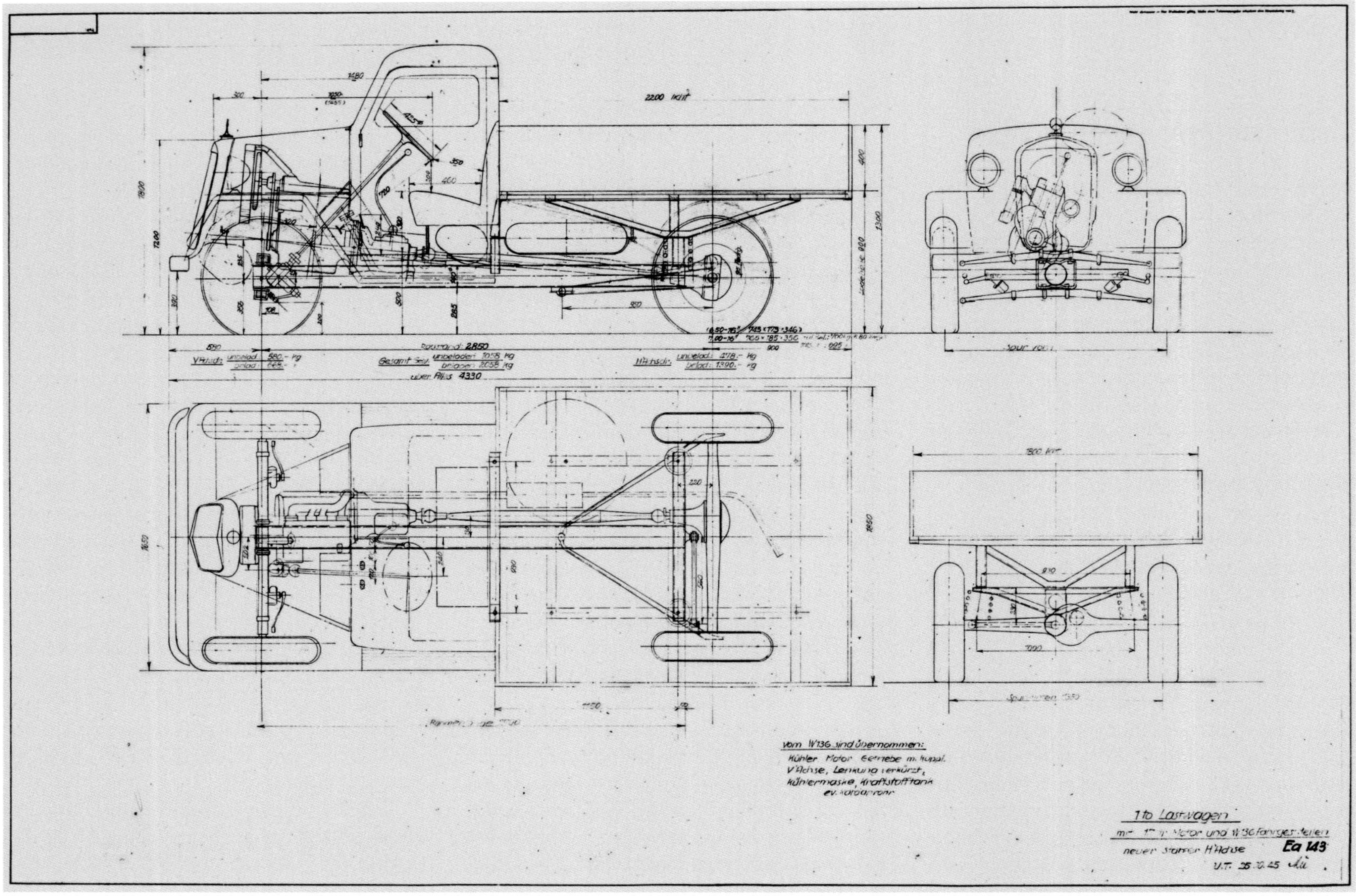
Radstand 2850
V'Achse unbelad. 580.- kg
Gesamt Gew. unbeladen 1058 kg
beladen 2058 kg
H'Achse unbelad. 478.- kg
belad. 1390.- kg
über Alles 4330
Spur vorn
Spur hinten 1350
vom W136 sind übernommen:
Kühler Motor Getriebe m. Kuppl.
V'Achse, Lenkung verkürzt,
Kühlermaske, Kraftstofftank
1 to Lastwagen
neuer starrer H'Achse
Ea 143
V.T. 25.10.45

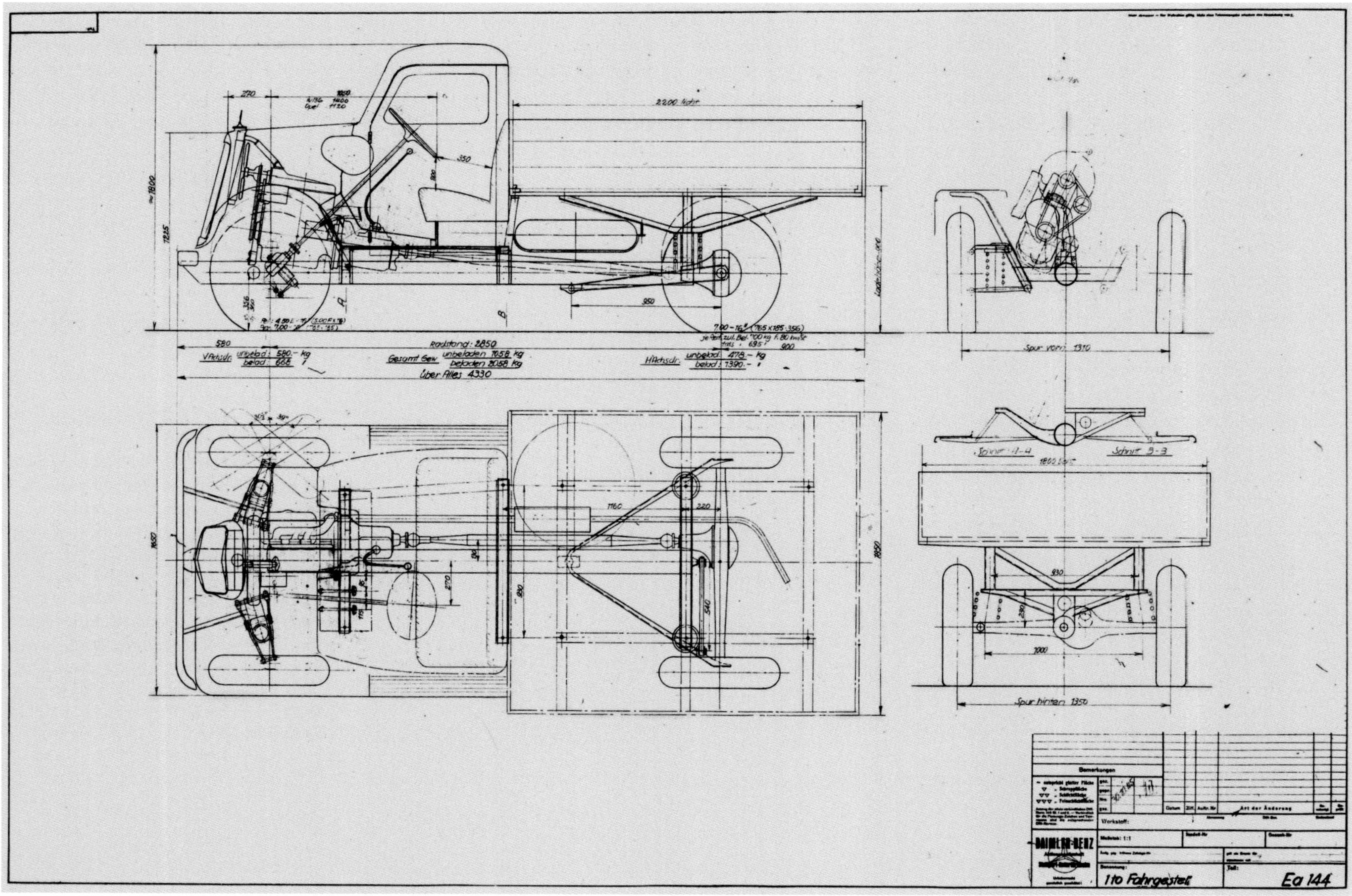
2200 lichte
Radstand 2850
V'Achse unbelad. 580.- kg
Gesamt Gew. unbeladen 1058 kg
beladen 2058 kg
H'Achse unbelad. 478.- kg
belad. 1390.- kg
Über Alles 4330
Spur vorn 1310
Schnitt A-A
Schnitt B-B
Spur hinten 1350
Bemerkungen
Datum
Art der Änderung
Werkstoff:
Maßstab: 1:1
DAIMLER-BENZ
Benennung:
1 to Fahrgestell
Teil:
Ea 144

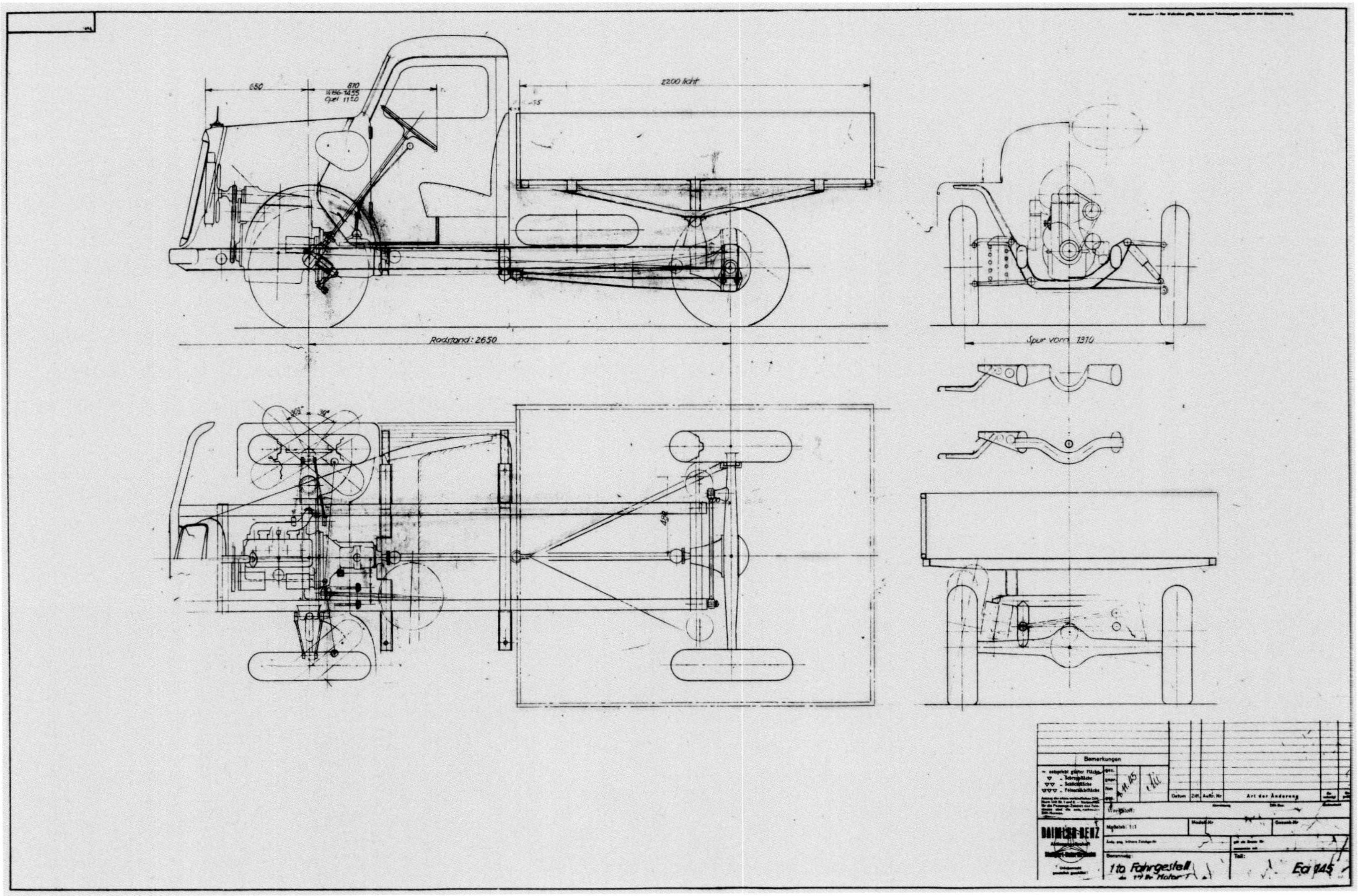
2200 licht
Radstand: 2650
Spur vorn 1310
Bemerkungen
Datum
Art der Änderung
Werkstoff:
DAIMLER-BENZ
Maßstab: 1:1
Benennung:
1 to Fahrgestell
Teil:
Ea 145

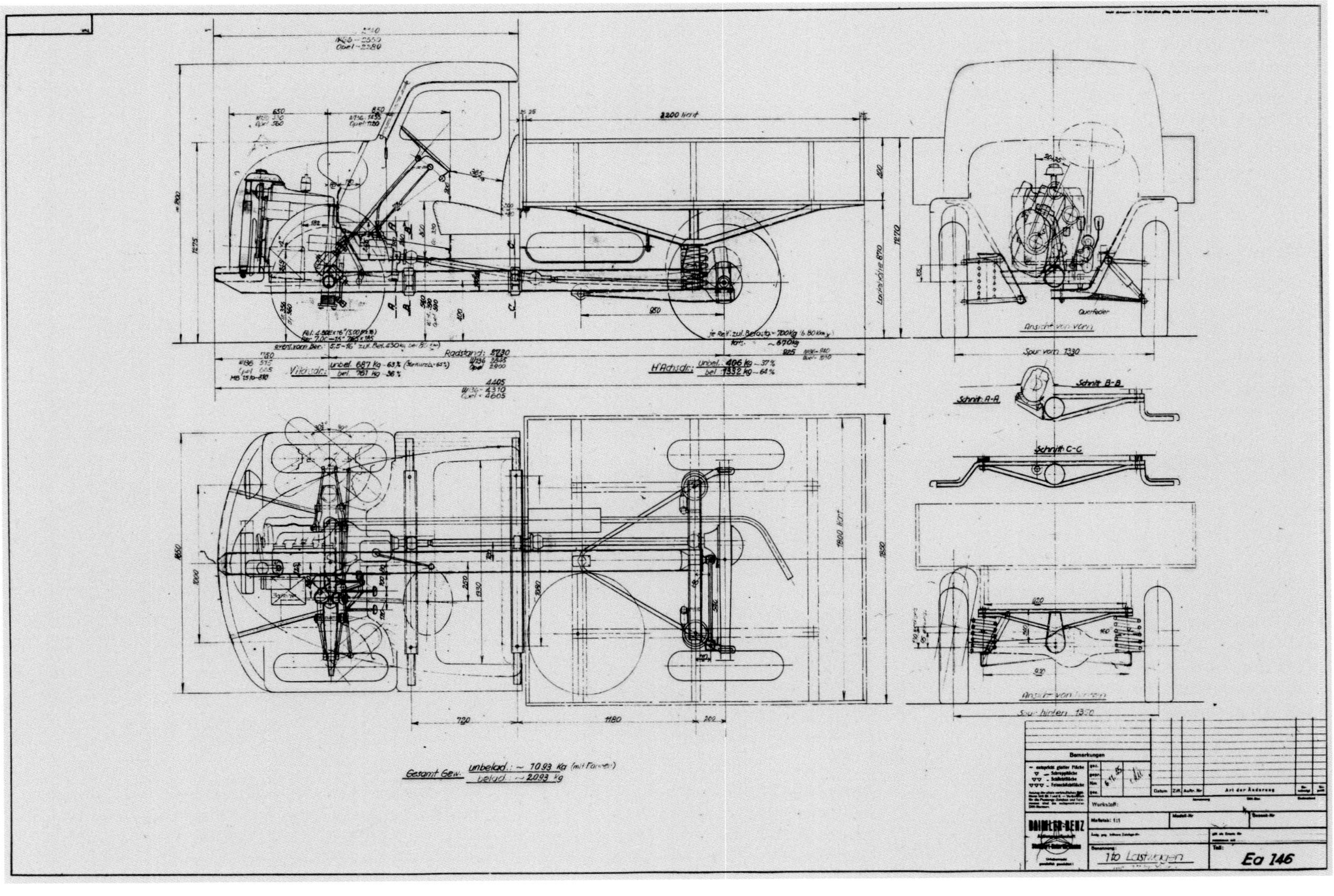
2200 licht
Ansicht von vorn
Spur vorn 1330
Schnitt A-A
Schnitt B-B
Schnitt C-C
Ansicht von hinten
Spur hinten 1350
Gesamt Gew. unbelad.: ~ 1093 Kg (mit Fahrer)
belad.: ~ 2093 Kg
Bemerkungen
Datum
Art der Änderung
Werkstoff:
DAIMLER-BENZ
Maßstab: 1:1
Benennung:
1 to Lastwagen
Teil:
Ea 146

7.2 Die 170 V Kasten-, Kranken-, Pritschen- und Mannschaftswagen

Unter immensen Schwierigkeiten beginnt man Mitte 1946 mit der Produktion des bewährten alten 170 V, und zwar als Nutzfahrzeug mit Pritschen-, Kasten- und Sanitätsaufbauten, das anfänglich mit einer Behelfskabine versehen ist. Die Wagen sind nicht frei käuflich, sondern müssen mehrheitlich an die Besatzungsmächte abgeliefert werden. Geld ist damit nicht zu verdienen, doch man fertigt wieder Fahrzeuge in Untertürkheim und Sindelfingen. Und bald sollen es erneut Limousinen sein.

Das Wiederingangsetzen der Pkw-Herstellung erweist sich als außerordentlich schwierig und fordert insbesondere die Produktionsfachleute und Betriebsingenieure. Es sind nicht allein die Kriegszerstörungen, die Auslagerungen wichtiger Produktionsanlagen und die Demontagen durch französische Truppen in den ersten Kriegsmonaten, die das Vorhaben anfänglich als nahezu illusorisch erscheinen lassen, sondern ebenso der Rohstoff- und Energiemangel – Eisen, Stahl, Kohle und Elektrizität –, weiter die fehlende oder ungenügende Fertigung der Zulieferbetriebe, auf deren Produkte man zwingend angewiesen ist. Hemmend wirkt sich in dieser Situation auch der weit entwickelte Fertigungsverbund in der Daimler-Benz AG aus, weil die Kommunikation und der Teiletransfer von Werk zu Werk bisweilen fast unmöglich sind.

Fahrgestell- und Wagenmontage wird nach Sindelfingen verlegt

Diese starke Produktionsverflechtung gilt es nicht aufzuheben, aber unter den aktuellen Vorgaben neu zu ordnen. Entscheidend ist nicht, was vor dem Krieg wo gefertigt worden ist, sondern was unter den erschwerten Bedingungen welches Werk in absehbarer Zeit

Abb. 0480
Werk Sindelfingen, 1937. Bis zur Produktionseinstellung 1942 werden die vollständig ausgerüsteten 170 V-Karosserien auf Anhänger verladen und zur Endmontage nach Untertürkheim transportiert.

Anmerkung I: Siehe auch Molter, Werk SI 1990; S. 100. Molter nennt Mannheim als bisherige Produktionsstätte des Rahmenbaus. Zumindest für den 170 V muss dies hinterfragt werden, denn der Fotograf Erich Bauer aus Karlsruhe erhielt 1937 den Auftrag, die Fertigung in den Werken Untertürkheim und Sindelfingen zu dokumentieren. Unter diesen Aufnahmen finden sich zahlreiche, die den 170 V-Rahmenbau zeigen (siehe Band II, S. 103).

herzustellen in der Lage sein wird und wie der Transport vom einen zum andern bewerkstelligt werden kann. Bald wird offensichtlich, dass insbesondere das Sindelfinger Werk nur überleben kann, wenn die 170 V-Produktion möglichst rasch wieder in Gang kommt.

Anfang September 1945 seht fest, dass der Rahmenbau, die Fahrgestellmontage, das Aufsetzen der Karosserie auf das Fahrgestell, das Komplettieren der Fahrzeuge und die Vorbereitung zur Ablieferung künftig in Sindelfingen erfolgen wird.[14] Es sind dies alles Produktionsschritte, die bis zur Einstellung der Pkw-Fertigung 1942 in Untertürkheim stattgefunden haben.[I] Vermutlich sind es primär Transportüberlegungen, die den Beschluss zur Verlegung der Endfertigung herbeigeführt haben. Motoren, Getriebe und die einzelnen Fahrwerkskomponenten lassen sich angesichts der beeinträchtigten Straßenverbindung einfacher von Untertürkheim ins 25 km entfernte Sindelfingen transportieren als umgekehrt die fertiggestellten, jedoch rahmenlosen Karosserien von Sindelfingen nach Untertürkheim. Trotzdem lässt sich kaum von der Hand weisen, dass auch Fragen der Beschäftigung der einzelnen Werke die Entscheidung beeinflusst haben – und möglicherweise auch der Umstand, dass künftige Modelle mit selbsttragender Ganzstahlkarosserie so oder so im Karosseriewerk montiert werden müssen. Das alte Daimler-Stammwerk Untertürkheim wird dadurch faktisch zu einem Zulieferbetrieb, was altgediente Mitarbeiter noch Jahre später bedauern.

Abb. 0481
Endmontage des 170 V in Untertürkheim 1937. Nach dem Entscheid vom Herbst 1945, den Bau der Wagen aus logistischen Gründen künftig nach Sindelfingen zu verlagern, wird das alte Hauptwerk Untertürkheim zum Zulieferbetrieb.

Analog Lkw-Wehrmachtsfahrerhaus: Aufbauten mit Beplankung aus Hartfaserplatten

Das Zusammenführen, Reparieren und Installieren der Maschinen und Fabrikationseinrichtungen verläuft ausgesprochen schwerfällig. Anfang September 1945 beabsichtigt man in absehbarer Zeit vom soeben produktionsbewilligten 170 V-Lieferwagen eine kleine Vorserie von 15 Stück in Angriff zu nehmen. Doch zuvor muss das Sindelfinger Konstruktionsbüro für das Fahrerhaus *eine zweckentsprechende Hartfaserplatten-Ausführung zeichnerisch vorbereiten,*[15/II] denn es ist offensichtlich, dass der Aufbau nicht in der bisherigen Serienbauweise aus Stahlblechpressteilen mit Holzaussteifung gefertigt werden kann – weder fabrikationstechnisch noch aufgrund der verfügbaren Rohmaterialien. Und im Werk Untertürkheim läuft es nicht besser: Erst am 22. Februar 1946 kann der erste Nachkriegs-Motor, ein 1,7-Liter M 136, fertiggestellt und anschließend der Versuchsabteilung übergeben werden.[16]

Die Aufbauten der 170 V-Nutzfahrzeuge

Bis Ende Oktober 1945 sind im Wesentlichen die Abmessungen, die Formgebung und die Konstruktion der Aufbauten definiert. Ende des Jahres steht fest, dass man drei Modelle dieses 170 V-Nutzfahrzeugtyps bauen will, nämlich eine Ausführung mit Pritsche, eine weitere mit einem geschlossenen Kasten und eine dritte als Krankenwagen, der auf der Basis des Kastenwagens entstehen soll.[17] Ein Jahr später kommt ein mit Bänken und hoher Plane versehener Polizei-Mannschaftswagen als Spielart der 170 V-Pritsche hinzu.

Einheitliches Behelfsfahrerhaus

Bei den 170 V-Nutzfahrzeugen sind die Kühlermaske, die Motorhaube, Teile der Spritzwand und die vordere Stoßstange mit den bis 1942 gebauten 170 V-Pkw identisch. Die Vorderkotflügel der Kasten-, Pritschen- und Polizei-Mannschaftswagen verlangen wegen der deutlich kräftigeren Bereifung einen großzügigeren Radausschnitt; bei den Krankenwagen ist dies nicht notwendig.[18] Das Fahrerhaus ist eine Neukonstruktion, die mit ihren

Anmerkung II: Die Verwendung von Hartfaserplatten wurde bereits 1940 am 170 V Kübelwagen erfolgreich getestet (vgl. Kap. 6.1, S. 293).

Abb. 0482
Erster Entwurf für einen 170 V Pritschenwagen, 7.11.1945. Bis zum Serienanlauf gibt es kaum Änderungen, sieht man vom Ersatzrad ab, das statt auf dem Dach im Innern Platz finden wird.

Abb. 0483
Innenraum und Armaturenbrett zeugen von den Schwierigkeiten, mit denen der Fahrzeugbau zu kämpfen hat: Tacho aus Wehrmachtsbestand, zu kleiner Ölmanometer statt Kombiinstrument, Blechdeckel statt Zeituhr, fehlende Gummimatte über Getriebeabdeckung, kein Chrom.

vielen planen Flächen und geraden Linien auf eine einfache Manufakturfertigung unter Zuhilfenahme von Ersatzmaterialien ausgelegt ist. Als Tragwerk dient ein relativ einfach zu fertigendes Holzgerüst, das außen beplankt ist, wobei entgegen der ursprünglichen Absicht nicht Hartfaserplatten verarbeitet werden, sondern Leichtmetall-Blechtafeln.[19] Diese stammen offensichtlich aus der Fertigung von Flugzeugtragflächen oder Triebwerkseinkleidungen und sind übriggeblieben.[I] Für das Dach und die fensterlose Rückwand müssen die Bleche lediglich in einer Richtung gebogen werden. Der Übergang zwischen diesen beiden Bauteilen besteht hingegen aus einem dreidimensionalen Formstück, das sich ob seiner bescheidenen Abmessung auf leichten Pressen herstellen lässt. Die gegenüber der Limousine größere Frontscheibe ist nicht ausstellbar, sondern fest eingeglast. Die Seitenscheiben der beiden Türen sind zweigeteilt; die hintere Hälfte kann man zum Öffnen nach vorn schieben. Sämtliche Türbeschläge unter Einschluss des innen aufgesetzten Kastenschlosses stammen aus dem allgemeinen Fahrzeug-Beschlägehandel. Ein Trittbrett fehlt; als Spritzschutz sind am hinteren Ende der Vorderkotflügel Kotschutzlappen montiert. Dieses Behelfsfahrerhaus wird für alle vier Aufbauvarianten verwendet.

Die Ausstattung des Fahrerhauses ist archaisch. Für die Frontscheibe muss ein einziger Scheibenwischer ausreichen. Das Lenkrad bleibt unverändert, sieht man von der fehlenden schwarzen Ausmalung in der Vertiefung der vier Speichen ab. In der regulären Armaturentafel des 170 V sitzen bloß ein Geschwindigkeitsmesser mit Kilometerzähler aus der Kübelwagenproduktion und links davon – statt des Kombiinstruments – ein für die vorgegebene runde Aussparung zu kleiner Öldruckmesser. Die Öffnung rechts, wo gewöhnlich

Anmerkung I: Mündlich überliefert sind Fragmente von Beschriftungen auf den unlackierten Innenseiten, die auf die ursprünglich vorgesehene Verwendung der Leichtmetallbleche im Flugzeugbau hinweisen. (Zum Bau von Triebwerksverkleidungen bei Daimler-Benz siehe Molter, Werk SI 1990, S. 85.)

Abb. 0484 (links oben) **& 0485** (unten)
Das 170 V-Fahrerhaus lässt sich dank kubischer Form mit simplen Einrichtungen herstellen. Das tragende Holzgerüst wird mit Leichtmetallblech überzogen und bleibt zunächst auch auf der Türinnenseite unbeplankt (oben). In der späteren Verkleidung sorgt eine Öffnung für den Zugriff ins Dokumentenfach. Das Ersatzrad liegt in einer Nische hinter der Sitzbank.

Abb. 0486
170 V Pritschenwagen, 1946 im Werk Sindelfingen. Das Behelfsfahrerhaus wird bei Hägele in Mössingen gebaut. Es ist einfach disponiert, aber keine primitive Konstruktion wie die Wehrmachts-Einheits-Lkw-Kabine (Abb. 0471). Im Gegenteil, es kleidet die 170 V-Nutzfahrzeuge sogar gut.

die Zeituhr sitzt, wird durch eine runde Blechscheibe verschlossen. Je nach Verfügbarkeit sind die Schalter in der Ausführung und Farbe (elfenbein bzw. schwarz) gemischt. Zumindest anfänglich fehlt auch die Gummiabdeckung des blechernen Getriebetunnels. Immerhin geht man dazu über, auch die Innenseiten der Türen zu beplanken. Ein Schlitz in der Hartfaserplatte dient als Öffnung für das so entstandene Karten- und Dokumentenfach. Die gepolsterte und mit dunklem Kunstleder überzogene Sitzbank ist nicht verstellbar. Die Sitzfläche lässt sich herausheben, um zur 6-Volt-Batterie zu gelangen, die Rückenlehne nach oben schieben, um das hinter der Kabine liegend untergebrachte Ersatzrad zu entnehmen. Die Fahrtrichtungsanzeiger sind unmittelbar hinter den Türen der Fahrerkabine montiert. Auf dem linken Vorderkotflügel sitzt ein runder Rückspiegel auf einer Halterung.

Pritschenwagen

Der Pritschenwagen verfügt über eine Ladebrücke, die das Fahrerhaus seitlich leicht überragt und deren Boden auf der Höhe der Reifenoberseite liegt, weshalb sich kleine Kotflügelausbuchtungen aus dem Brückenboden wölben. Die vier Pritschenwände sind aus Stahlblech gepresst, einzig die hintere lässt sich abklappen. Zur Versteifung der Seitenwände hat man muldenförmige Vertiefungen eingepresst und die oberen und seitlichen Abschlüsse sind profilartig umgebogen. Gegen Aufpreis ist eine Plane auf einem Spriegelgestell erhältlich; das so umschlossene Volumen entspricht ungefähr demjenigen des Kastenwagens.

Kastenwagen

Die Kastenwagen- oder Lieferwagenausführung, wie sie auch genannt wird, weist anstelle der Pritsche einen vollständig geschlossenen Kasten auf, der in einem minimalen Abstand von 5 mm zum Fahrerhaus montiert ist und dessen Dach um 185 mm überragt. Das Tragwerk besteht hier ebenfalls aus einem Hartholzskelett, auf das die Leichtmetallbleche aufgeschraubt sind. Die beiden Stirnwände stehen senkrecht, im Unterschied zu den beiden Seitenwänden, die nur bis knapp über den Rädern vertikal verlaufen und dann – dem Fahrerhaus entsprechend – sachte gegen innen geneigt sind. Ähnlich dem Fahrerhaus ist das Dach des Kastens zu den Seiten hin gewölbt, ebenso die vier Dachecken, für die wiederum dreidimensionale Pressteile nötig werden. Die Stöße sämtlicher Blechverbindungen bleiben sichtbar, auch am Führerhaus.

Abb. 0487
170 V Pritschenwagen. Die Pritschenwände sind aus Stahlblech gepresst, nur die hintere lässt sich abklappen. Die größeren Reifen verlangen in den Vorderkotflügeln einen entsprechend größeren Radausschnitt. Ein Trittbrett fehlt.

Abb. 0488
170 V Lieferwagen. Anstelle der Pritsche sitzt ein Kasten mit hinterer Flügeltür, der wie die Kabine gegen oben leicht eingezogen und mit Leichtmetallblech beplankt ist. Kühlermaske, Scheinwerferringe und Stoßstange – hier eine Exportausführung aus dem Ersatzteillager – sind überlackiert.

Krankenwagen

Der Sanitätsaufbau des Krankenwagenmodells besteht grundsätzlich aus dem geschlossenen Kasten des Lieferwagens. Im Unterschied zum Warentransporter verfügt dieser über eine zusätzliche Beplankung auf der Innenseite, zwei Fenster in der hinteren Doppeltür und eine weiteres auf der linken Seite zwischen der Hinterachse und der Fahrerkabine. Letzteres lässt sich zur Belüftung aufklappen und ist Teil der vorderseitig angeschlagenen Tür, die sich zum Begleitsitz hin öffnet. Nimmt dort keine Person Platz, wird die Sitzfläche nach vorn umgelegt, wodurch ein ebener Boden entsteht. Ein kleines Schiebfenster stellt die Verbindung zur Kabine her, so dass die Kommunikation mit dem Fahrer gewährleistet ist. Weil die vorgegebene Kastentiefe kürzer ist als die DRK-Einheitstrage, wird diese nicht nur leicht schräg eingeschoben, sondern es muss beifahrerseitig eine rund 30 cm tiefe Ausbuchtung in die Fahrerkabine geformt werden, die in einem sanften Bogen an der Decke ausläuft.[I]

Aus diesem Grund gibt es im Fahrerhaus keine durchlaufende Bank, sondern für den Fahrer und den Beifahrer zwei Einzelsitze, wobei letzterer mit arg beengten Raumverhältnissen auskommen muss.

Im Sanitätsaufbau befinden sich entlang der rechten Seitenwand ein Schrank für Arm- und Beinschienen, ein weiterer Schrank für medizinische Utensilien auf der linken Seite hinter dem Innenkotflügel und ein sechs Liter fassender Wassertank. Eine Deckenleuchte sorgt im Bedarfsfall für Licht und zwei mit Hutzen versehene Öffnungen in der Decke dienen der Luftabfuhr. Ob die erst Anfang 1947 projektierte Heizung des Sanitätsaufbaus – wohl als Option gedacht – jemals eingebaut worden ist, bleibt fraglich. Die Techniker haben an eine sogenannte Auspuffheizung gedacht, also an die Gewinnung von Warmluft durch eine Blechumhüllung des Auspuffkollektors, ähnlich der seinerzeit beim Typ 170 H (W 28) getroffenen Lösung. Über eine parallel zum Auspuff nach hinten führende Rohrleitung soll die warme Luft an zwei Stellen in den Sanitätskasten strömen und über eine Klappe reguliert werden.[20]

Bei allen vier Nutzfahrzeug-Ausführungen ist der Bereich unterhalb der Ladefläche zwischen Kabine und Hinterachse seitlich abgeschlossen. Beim Kasten-, Pritschen- und Mannschaftswagen befindet sich in diesem Leerraum das Ersatzrad. Der entsprechende Bereich hinter der Hinterachse bleibt offen. Beim Krankenwagen ist genau hier das Ersatzrad untergebracht, das von einer Blechschürze kaschiert wird, die den Kasten optisch nach unten verlängert. Ursprünglich hat man vorgesehen, das Ersatzrad auf dem Fahrerhausdach mitzuführen und mit einem Lederriemen zu sichern, ist dann aber Anfang 1946 davon abgerückt.[21]

Anmerkung I: Siehe Karosseriezeichnung W 136 KrW II vom 27.03.1947 (Abb. 0500).

Abb. 0489 & 0490
170 V Krankenwagen. Der Aufbau beruht auf dem Kasten des Lieferwagens, wird jedoch gegen unten ergänzt, links mit einer Tür zum Wärtersitz versehen und auf dem Dach mit Belüftungshutzen ausgerüstet. Im ausgekleideten Innenraum sind eine Bühne für die Trage, ein Klappstuhl und ein Schrank eingebaut. Weil die DRK-Trage länger ist als der Aufbau, muss dieser mit einer Nische in Richtung Fahrerkabine erweitert werden. Fenster in den Türflügeln sorgen für Tageslicht im Innern. Sofern entsprechend pigmentierte Lacke beschaffbar sind, geht man auf Farbwünsche der Besteller ein.

Polizei-Mannschaftswagen

Im November oder Anfang Dezember 1946 kommt als weitere Variante ein Mannschaftswagen für die Polizei hinzu, der auf dem Pritschenwagen basiert[22]. Diese Ausführung ist auf der Ladefläche mit zwei stark konturierten und mit Rückenlehnen versehenen Längsbänken ausgerüstet, die Platz für je drei Mann bieten. Die Holzlatten der Sitzflächen sind auf ein Stahlgestell aus U-Profil geschraubt. Die Plane auf einem demontierbaren Spriegelgestell baut wesentlich höher als beim Pritschenwagen und verfügt auf den Seiten über je zwei kleine, mit Segeltuch verschließbare, dreieckförmige Lüftungsöffnungen.

Einfache Farbgebung, fehlender Zierrat

Die Pritschen-, Kasten- und Mannschaftswagen sind in einem seidenmatten oder seidenglänzenden Grauton gespritzt, der oft auch die Kühlermaske mitsamt Gitter überzieht. Im Unterschied dazu sind die Kotflügel, die Stoßstange, die Felgen und (so vorhanden) die Raddeckel in einem dumpfen Schwarz gehalten. Davon abweichend werden Wagen ausgeliefert, deren Felgen und Raddeckel den Grauton des Wagens haben und/oder deren Kühlermasken und -gitter schwarz lackiert sind.

Wie die drei vorgenannten Versionen zeigen auch die Krankenwagen keinerlei Chrom. Hier richtet sich die Farbgebung nach den Wünschen des Bestellers – sofern der Lack im entsprechenden Farbton verfügbar ist. Überliefert sind Krankenwagen in Weiß oder hellem Elfenbein, aber auch solche in unauffälligem Grau. Meist tragen sie an den Seitenwänden des Sanitätsaufbaus oder an den Fahrerhaustüren das rote Kreuz in einer weißen Kreisfläche. Auf dem Dach des Fahrerhauses ist eine kleine runde Leuchte mit dem Roten Kreuz montiert, alternativ dazu am Überstand des Kastenaufbaus ein Schild mit der Bezeichnung »Krankenwagen«.

Abb. 0491 & 0492
170 V Polizei-Mannschaftswagen. Diese Ausführung beruht auf dem Pritschenwagen, ist jedoch auf der Ladefläche mit je einer Längsbank pro Seite versehen. Die Plane mit seitlichen Belüftungsöffnungen kann mitsamt Spriegelgestell demontiert werden.

Abb. 0493
Fahrgestell der 170 V-Nutzfahrzeuge. Der Rahmen hat ein höheres Ovalrohr. Auffällig ist die hintere Rahmenverlängerung zum Stützen der Aufbauten. Die Hinterachse der bisherigen 170 V-Pkw genügt für den Krankenwagen. Für die stärker belasteten übrigen Ausführungen wird eine breitere Achse mit kürzerer Übersetzung, größeren Bremsen und stärkeren Federn verwendet.

Die technischen Anpassungen

Grundsätzlich startet man im Juni 1946 mit der Nachkriegsproduktion des 170 V technisch dort, wo man drei Jahre zuvor aufgehört hat. Etwas anderes wäre nicht möglich gewesen. In der Anfangsphase, die sich mindestens über das ganze Jahr hinzieht, ist man in Untertürkheim und Sindelfingen stark auf noch vorhandene Restbestände von Teilen unterschiedlichster Art angewiesen. Nach und nach steigt der Anteil an neu gefertigten Komponenten, die aus vielerlei Gründen hin und wieder nicht nur qualitativ, sondern auch in der Konstruktion oder der Formgebung leicht vom Vorgängerteil abweichen. Oft ergeben sich fertigungstechnische Zwänge. Darüber hinaus fordern die nun zu bauenden 170 V-Nutzfahrzeuge aufgrund ihres Einsatzprofils in mehreren Bereichen größere Eingriffe, um die man nicht herumkommt.

Rahmen, Fahrwerk und Bereifung

Angesichts der gegenüber der Limousine deutlich vergrößerten Nutzlast entschließt man sich dazu, vermutlich für alle vier Nutzfahrzeug-Ausführungen den X-förmigen Rahmen mit einem 4 mm höheren Ovalrohrprofil zu bauen,[I] der bereits vor und während des Kriegs für einzelne 170 V-Modelle verwendet worden ist. Zum Stützen der Pritsche oder des Kastens im Überhang muss der Rahmen über die Hinterachse hinaus horizontal verlängert werden. Dies erfolgt mit zwei konisch leicht nach außen laufenden und einem rückwärtig die beiden Enden verbindenden U-Profil analog dem einstigen Wehrmachts-Kübelsitzwagen.

Die Krankenwagen erhalten eine Hinterachse mit einer von 1 310 mm auf 1 296 mm verringerten Spurweite.[II] Die Übersetzung des Ausgleichsgetriebes bleibt mit 1:4,125 gegenüber den seinerzeitigen Personenwagenmodellen unverändert, ebenso deren Dimensionierung. Anders verhält man sich bei den gewichtsmäßig hoch belasteten Pritschen-, Kasten- und Mannschaftswagen, wo die Übersetzung auf 1:4,72 verkürzt und die Spurweite um 20 mm auf 1 330 mm verbreitert wird. Es ist auffällig, dass der kriegsbedingt nicht gebaute 170 V-Nachfolger W 158 dieselbe Spurweite erhalten sollte. Das Ausgleichsgetriebe dieser Nutzfahrzeugachse ist gegenüber der 170 V-Pkw-Achse stärker dimensioniert, die Achswellen werden im Durchmesser von 35 mm auf 40 mm erweitert. Auch die Hinterradbremse, die weitgehend derjenigen des W 153 entspricht, trägt dem höheren Gewicht Rechnung: Die Backen mit 40 mm statt 30 mm Breite werden von kräftigeren Radbremszylindern an die tieferen und im Durchmesser größeren Trommeln gepresst. Zudem ist die Anlage selbstnachstellend.[23]

Selbstverständlich sind stärkere Federn unabdingbar. An der Hinterachse der Krankenwagen genügen Schraubenfedern mit einer nur leicht vergrößerten Federrate. Für die Pritschen-, Kasten- und Mannschaftswagen müssen die Federn hingegen merklich härter ausgelegt werden. An der Vorderachse wird die Anzahl der Federblätter pro Paket von neun auf sechs reduziert, die Blattbreite nimmt jedoch um 5 mm auf 65 mm zu; auch die Dicke der einzelnen Blätter und die Sprengung ist merklich größer. Der insbesondere bei den drei Lastenträgern höheren mechanischen Belastung der Vorderradaufhängung und Len-

Anmerkung I: Frühes 170 V-Nutzfahrzeugfahrgestell, Notiz mit weisser Kreide auf Rahmenrohr »4 mm höher« (Werksaufnahme 45231, Archiv MBAG).
Anmerkung II: Der Grund für diesen Eingriff ist unbekannt.

kung sucht man durch eine Zentralschmierpumpe mit einer Förderkapazität von 14 cm^3 pro Hub (statt 8 cm^3 in der Normalausführung) Rechnung zu tragen.[24]

Die Krankenwagen rollen nun auf Reifen der Dimension 5,50-16", wofür Felgen von 3,5" Breite (statt 3,25" wie bisher) eingesetzt werden. Bei den Pritschen-, Kasten- und Mannschaftswagen geht man angesichts der hohen Nutzlast von 750 kg und einer auf eine Maximallast von 1 320 kg ausgelegten Hinterachse auf die stattliche Reifengröße von 6,50-16" über, dies bei 4,50" breiten Felgen. Bei der alternativen Verwendung von Reifen der Dimension 6,00-16" reduziert sich die Nutzlast auf 600 kg.[25]

Motorseitige Veränderungen

Das M 136-Triebwerk erfährt zunächst keinerlei Änderungen; verwendet wird der Graugusszylinderkopf mit dem kleinen Kerzengewinde M 14×1,25. Auffällig ist das Weglassen des Ölfilters nach 209 gebauten Motoren. Angesichts der geringen Lagerbelastung und weil durch den im Nebenschluss angeordneten Topffilter lediglich rund 20% des Öls fließen, glaubt man darauf verzichten zu können,[I] so wie dies die Firma Opel vormacht, auf deren Verhaltensweise man stets gerne schielt. Gleichzeitig optimiert man den Eingriffswinkel des Zahnrads auf der Nockenwelle zum Antrieb der Ölpumpe und des Zündverteilers von 14°30' auf 20°. Der Verzicht auf den Ölfilter steht in einem gewissen Widerspruch zum Umstand, dass der

Abb. 0494
Fahrgestell-Vorderteil der 170 V-Nutzfahrzeuge, Stand 1946. Die Anpassungen am und im Motor gegenüber dem letzten Stand des M 136 vor Produktionseinstellung 1942 sind bescheiden. Vom veränderten Eingriffswinkel der Nockenwellenverzahnung für Ölpumpe und Zündverteiler wissen nur Insider. Auffällig ist der Verzicht auf einen Ölfilter und der fehlende Wasserkasten oben am Kühler. Den Thermostat behält man jedoch bei. Für den sechsflügeligen Lüfter – wie im Kübelwagen, jedoch aus Blech statt Aluguss – gibt es gute Gründe. Doch solche Ausführungen lassen sich in der Serie nicht nachweisen.

Anmerkung I: Auf einen Ölfilter zu verzichten, wurde bereits im Sommer 1945 als eine der Verbilligungsmaßnahmen am M 136 vorgeschlagen; in: »Betr.: Verbilligungen am M 136«, Versuch Werk 00, 06.07.1945 (Archiv MBAG).

recht aufwändige, nach langen Diskussionen erst 1939 serienmäßig eingeführte Thermostat beibehalten wird. Nach 120 gebauten Fahrzeugen gelangen nur noch Kühler ohne den ausladenden Wasserkasten zum Einbau – ein Hinweis darauf, dass man sich für dieses Bauteil bis dahin aus einem Vorrat hat bedienen können. Erhalten bleibt die automatische Gemischvorwärmung, hingegen wird die manuell zu betätigende Sparvorrichtung am Vergaser durch einen Schraubverschluss außer Betrieb gesetzt. Schließlich gilt es die Auspuffanlage durch einen Schalldämpfer in leicht verschobener Position sowie durch ein 45° gegen links außen abgewinkeltes Endrohr anzupassen.[26]

Abmessungen und Fahrleistung

Die Fahrzeugbreite nimmt wegen der ausladenderen Hinterachse bei allen Ausführungen gegenüber der Limousine um 40 mm auf 1 620 mm zu. Die Länge beträgt beim Pritschenwagen 4 350 mm (+ 65 mm), beim Krankenwagen 4 340 mm (+ 55 mm) und beim Kastenwagen 4 280 mm (- 5 mm). Der Motor M 136 leistet wie bislang nominell 38 PS. Bedingt durch das höhere Gewicht, den größeren Luftwiderstand und die (mit Ausnahme des Krankenwagens) deutlich kürzere Hinterachse reduziert sich die Höchstgeschwindigkeit dieser »Arbeitstiere« auf rund 80 bis 90 km/h.[27/II]

▷ **Siehe Band II/Seite 32 f**, Tabelle A 11 Technische Daten: 170 V (W 136 I) Nachkriegs-Nutzfahrzeuge

Abb. 0495
Im Herbst 1946 verlässt der einhundertste nach dem Krieg gebaute 170 V die Werkshalle in Sindelfingen, ein Lieferwagen. Scheinwerfer mit zu kleinem Durchmesser, fehlende Raddeckel und Kurbellochabdeckung sowie Stoßstangenecken von vor 1938 zeugen von den immensen Beschaffungsschwierigkeiten. Der Aufbau ist, von den Kotflügeln abgesehen, nur grundiert und muss später oder andernorts fertig lackiert werden.

Fabrikation mit Hindernissen

Die im August 1945 von der Firmenleitung an die amerikanische Besatzungsmacht gemeldeten Produktionsmöglichkeiten erweisen sich als illusorisch.[28] Die Herstellung des Pritschenwagens beginnt erst im Juni 1946, verbunden mit mannigfaltigen Problemen.[29] Dass eine Produktion überhaupt anlaufen kann, ist den Kammerich-Werken in Bielefeld-Brackwede zu danken, die zu diesem Zeitpunkt bereits in der Lage sind, die komplex vorgebogenen Ovalrohre für die 170 V-Rahmenfabrikation zu liefern. Möglich ist dies, weil sich die dortige Firmenleitung kurz vor Kriegsende der Anweisung widersetzt hat, die Fabrikationseinrichtungen zu verschrotten.[30] Doch der Mangel an Kohle für den Herstellungsprozess, die ständigen Stromausfälle, fehlende Rohmaterialien und Zulieferteile hemmen eine kontinuierliche Fertigung in Untertürkheim wie in Sindelfingen.

Auslieferungszustand: Unvollständig, unfertig und abweichend

Viele der neuen Wagen werden mit reduzierter Instrumentenbestückung sowie unterschiedlichen Stoßstangentypen ausgeliefert, oder es fehlen anfänglich Radkappen und die Kurbellochabdeckung, länger auch das Firmenembleme an der Kühlermaske. Nachdem das eine oder andere Teil aus dem eigenen alten Vorrat aufgebraucht und Nachschub nicht mehr oder noch nicht lieferbar ist, muss nach Alternativen gesucht werden. So ist man genötigt, anstelle der Bosch EA 200-Scheinwerfer über einen längeren Zeitraum die kleineren Leuchten aufzusetzen, wie sie beispielsweise der VW-Kübelwagen trägt. Auch auf der technischen Seite gibt es Kompromisse; so fehlt, wie erwähnt, der Ölfilter. Große Schwierigkeiten verursacht der Mangel an Reibbelägen für die Bremsen und die Kupplung, weil die langjährigen Zulieferer in der Sowjetzone liegen. Oft können Fahrzeuge wegen fehlender Komponenten nicht ausgeliefert werden. Besonders gravierend ist das Fehlen von Reifen, was sich bis 1951 mehrfach wiederholt. Viele Wagen verlassen das Werk Sindelfingen deshalb auf hölzernen Behelfsreifen, die man in den Felgen befestigt.

Anmerkung II: Die in der Betriebsanleitung und bei Oswald, MB-Pkw1 2001, S. 19, genannten Höchstgeschwindigkeiten sind zu relativieren.

Abb. 0496
Der Diesel-Lkw L 4500 mit Wehrmachts-Einheitsfahrerhaus in einer Anzeige um 1945/46. Weil kein freier Fahrzeugverkauf stattfindet, geht es der Daimler-Benz AG allein darum, ihre Präsenz zu markieren und zu kommunizieren, dass sie sich mit ihren Fahrzeugen aktiv am Wiederaufbau beteiligt.

Behelfsfahrerhäuser: Gebaut bei Hägele in Mössingen

Bemerkenswert ist der Umstand, dass die Behelfsfahrerhäuser nicht im eigenen Werk Sindelfingen gebaut werden, sondern beim Karosseriebaubetrieb Hägele. Diese um 1920 gegründete Manufaktur ist 1944/45 von Stuttgart-Heslach nach dem 50 km südlich davon gelegenen Mössingen umgezogen, auch dies vermutlich im Sinn einer Kriegsauslagerung.[31]

Der Grund für die Auswärtsfertigung der Fahrerhäuser ist nicht überliefert. Verfügt Hägele über einen größeren Bestand an Leichtmetallblechen, die von einer Kriegsgüterproduktion übriggeblieben sind? Oder ist die Produktionsmöglichkeit von Sindelfingen, das damals in steigender Zahl Lkw-Fahrerhäuser für die Werke Mannheim und Gaggenau herstellt, angesichts des argen Zerstörungsgrads bereits ausgeschöpft?

Produktion 1946 und 1947

Bis Ende 1946 werden 214 Nutzfahrzeuge des Typs 170 V produziert, die sich auf 113 Pritschenwagen, 11 Polizei-Mannschaftswagen, 59 Kastenwagen und 31 Krankenwagen aufteilen.[32] Darunter befinden sich auch erste Sonderfahrzeuge, beispielsweise ein 170 V Funkstreifenwagen (genannt *Radio-Streifendienst*), dessen Kastenaufsatz die Telefunken-UKW-Funksprechanlage enthält und – wie der Krankenwagen – linksseitig durch eine Tür mit Fenster betreten werden kann.[I] Über die eigentliche Fahrzeugproduktion hinaus fertigen Hägele eine Anzahl Fahrerhäuser und Sindelfingen mehrere Aufbauten als Ersatz. Dies wohl hauptsächlich, um ältere, karosserieseitig stark beschädigte 170 V in den Daimler-Benz-eigenen Reparaturbetrieben zu Nutzfahrzeugen umzurüsten.[II]

Die realisierten Produktionszahlen sind ernüchternd, insbesondere angesichts der anfänglichen Prognosen, die sich je länger je deutlicher als weitaus zu optimistisch herausstellen. Immerhin: Man fertigt Autos. Doch es wird zunächst nicht besser. Ein außergewöhnlich strenger, klirrend kalter Winter überzieht zwischen Dezember 1946 und März 1947 große Teile Europas. Hunderttausende sterben allein in Deutschland an Kälte und Hunger. Auf den zugefrorenen Wasserwegen gibt es keinen Schiffstransport mehr. Die im Krieg verschlissene und durch Bomben und Granaten schwer geschädigte Reichsbahn bricht unter der zusätzlichen Last zusammen. Es kommt zu noch einschneidenderen Versorgungsengpässen als bisher. Daimler-Benz leidet insbesondere unter Eisen-, Stahl- und Kohlemangel, zudem fällt täglich immer noch für mehrere Stunden der Strom aus. Unter diesen Bedingungen ist in den ersten drei Monaten des Jahres 1947 keine nennenswerte Produktion möglich.[33] Ein Lichtblick ist immerhin, dass es ab Mai 1947 gelingt, neue 170 V in Limousinenausführung zu fertigen,[34] wofür nun offenbar eine Bewilligung vorliegt. Bis zum Jahresende verlassen immerhin 1 045 Fahrzeuge vom Typ 170 V das Sindelfinger Werk. Davon sind 212 Pritschenwagen, 80 Polizei-Mannschaftswagen, 200 Krankenwagen und 172 Lieferwagen. Die restlichen 381 Stück, also ein gutes Drittel der Gesamtproduktion, entfallen auf die viertürige Limousine.[35]

Fahrzeugverkauf? Nein, Fahrzeugverteilung

Alle diese neuen Fahrzeuge sind keineswegs frei käuflich, sondern dienen hauptsächlich dem Eigenbedarf der US-amerikanischen und der französischen Besatzungsmacht. Immerhin kann die Daimler-Benz AG erreichen, dass sie ab Oktober 1946 einen Zehntel der Produktion zur freien Verfügung erhält, um Zulieferfirmen zu bedienen – als Kompensation für die dringend benötigten Teile. Auch diese Wagen dürfen nur gegen einen von den Behörden ausgestellten Bezugsschein ausgeliefert werden. Selbst für den Erwerb einer Gasanlage G 136 S ist eine behördliche Auslieferungsgenehmigung notwendig.[36] Nach wie vor fährt ein Großteil der Automobile mit festen Brennstoffen, jene der Besatzungsmächte und der von ihnen eingesetzten Polizeikräfte ausgenommen. Benzin und Dieselöl sind privat kaum erhältlich, es sei denn auf dem Schwarzmarkt zu horrenden Preisen.

Ein finanzieller Gewinn ist mit dieser Fahrzeugproduktion nicht zu erzielen. Die Preise für Neuwagen sind behördlich festgelegt, wie für alle Handelsgüter. Nur so lässt sich eine Hyperinflation vermeiden, denn in Wahrheit liegt der Wert der Reichsmark am Boden. Dank ihres riesigen Finanzvermögens und der regulierten Preise gelingt es der Daimler-Benz AG diese schwierigen ersten Nachkriegsjahre finanziell zu überstehen, die Arbeiter und Angestellten zu entlohnen und die Werke nach und nach aufzubauen. Im Hinblick auf den erhofften und erwarteten Übergang zu marktwirtschaftlichen Verhältnissen ist eine funktionierende Automobilproduktion die einzige erfolgversprechende Überlebensstrategie des Unternehmens.

Abb. 0497 (rechte Seite)
Eine Kolonne 170 V Krankenwagen verlässt das Werk Sindelfingen, 1946. Der Bedarf an Ambulanzfahrzeugen ist in den ersten Nachkriegsjahren besonders hoch.

Abb. 0498 (rechte Seite)
170 V Lieferwagen, exakt aufgereiht und eigentlich zur Auslieferung bereit, 1946. Doch die Wagen stehen auf hölzernen Behelfsreifen. Lassen sich in absehbarer Zeit keine Reifen beschaffen, gehen sie so zum Empfänger, der sich dann darum kümmern muss.

Anmerkung I: Siehe Oswald, Polizeifz 1974, S. 69.
Anmerkung II: Molter, Werk SI 1990, S. 100. Molter nennt 28 Fahrerhäuser, 9 Pritschen- und 18 Kastenaufbauten.

KRANKENWAGEN
KRANKENWAGEN

Abb. 0499
Präsentation von 170 V-Modellen, versehen mit französischen Besatzungs-Kfz-Kennzeichen, um 1947. Das eine trägt ein Schild mit der Aufschrift *Station Renovation Jmmenstaad ESSA*. Dieser Instandsetzungsbetrieb der französischen Besatzungsmacht ist offenbar im »Seewerk« Immenstaad am Bodensee untergebracht, einer ehemaligen Torpedoversuchsanstalt der deutschen Luftwaffe. Der Lieferwagen mit dem weichen Dach ist ein aufbereitetes Vorkriegsmodell, der folgende von 1946 mit Behelfsfahrerhaus hat einen (in Immenstaad gebauten?) Kasten mit von der Serie abweichender Dachausführung. Die drei Limousinen sind vermutlich hervorragend restaurierte Vorkriegsfahrzeuge.

Die 170 V-Nutzfahrzeuge mit »Serien«-Fahrerhaus

Im Laufe der zweiten Jahreshälfte 1947 wird das bei Hägele gebaute Behelfsfahrerhaus für die 170 V-Nutzfahrzeuge durch ein Daimler-Benz-eigenes ersetzt. Es besteht aus dem bis zur B-Säule reichenden Vorderteil der Limousinenkarosserie. Auf Trittbretter verzichtet man nach wie vor. Die Einführung dieses Fahrerhauses ist dank der angelaufenen Limousinenfertigung möglich geworden, weil nun die erforderlichen Presswerkzeuge für die Spritzwand, das Dach und die Türen vorhanden und einsatzfähig sind.

Das Innere der Fahrerkabine entspricht nun wieder weitgehend der Ausführung wie vor der Produktionseinstellung 1942, also mit Kurbelfenstern, ausstellbarer Windschutzscheibe und einer Scheibenwischeranlage mit zwei Armen. Das Armaturenbrett behält zunächst die Wehrmachtsinstrumente mit schwarzen Zifferblättern und weißer Beschriftung. Sobald verfügbar, sitzen links des Tachos wie ursprünglich ein Kombiinstrument für Öldruck und Benzinstand und rechts davon eine Zeituhr. Einzig der Aschenbecher fehlt. Wie bei der Limousine fertigt das Werk Sindelfingen die Aufbauten aus Tiefzieh-Stahlblech, und zwar das Führerhaus wie die formal unverändert gebliebenen Kastenaufbauten, was sich in einem spürbar höheren Leergewicht bemerkbar macht.

Die Fertigung des Mercedes-Benz-eigenen 170 V-Krankenwagens mit von der Fahrerkabine getrenntem Kofferaufbau endet in den letzten Tagen des Jahres 1948 in Sindelfingen. Für die künftigen geräumigeren 170 V-Krankenwagen ist nun das Karosseriewerk der Firma Lueg in Bochum-Langendreer zuständig, die noch vor der Jahreswende von der Daimler-Benz-Zentrale den diesbezüglichen Bauauftrag erhält.[I] Im Laufe des Jahres 1949 oder

Anmerkung I: Siehe Kap. 14.1, S. 581 ff.

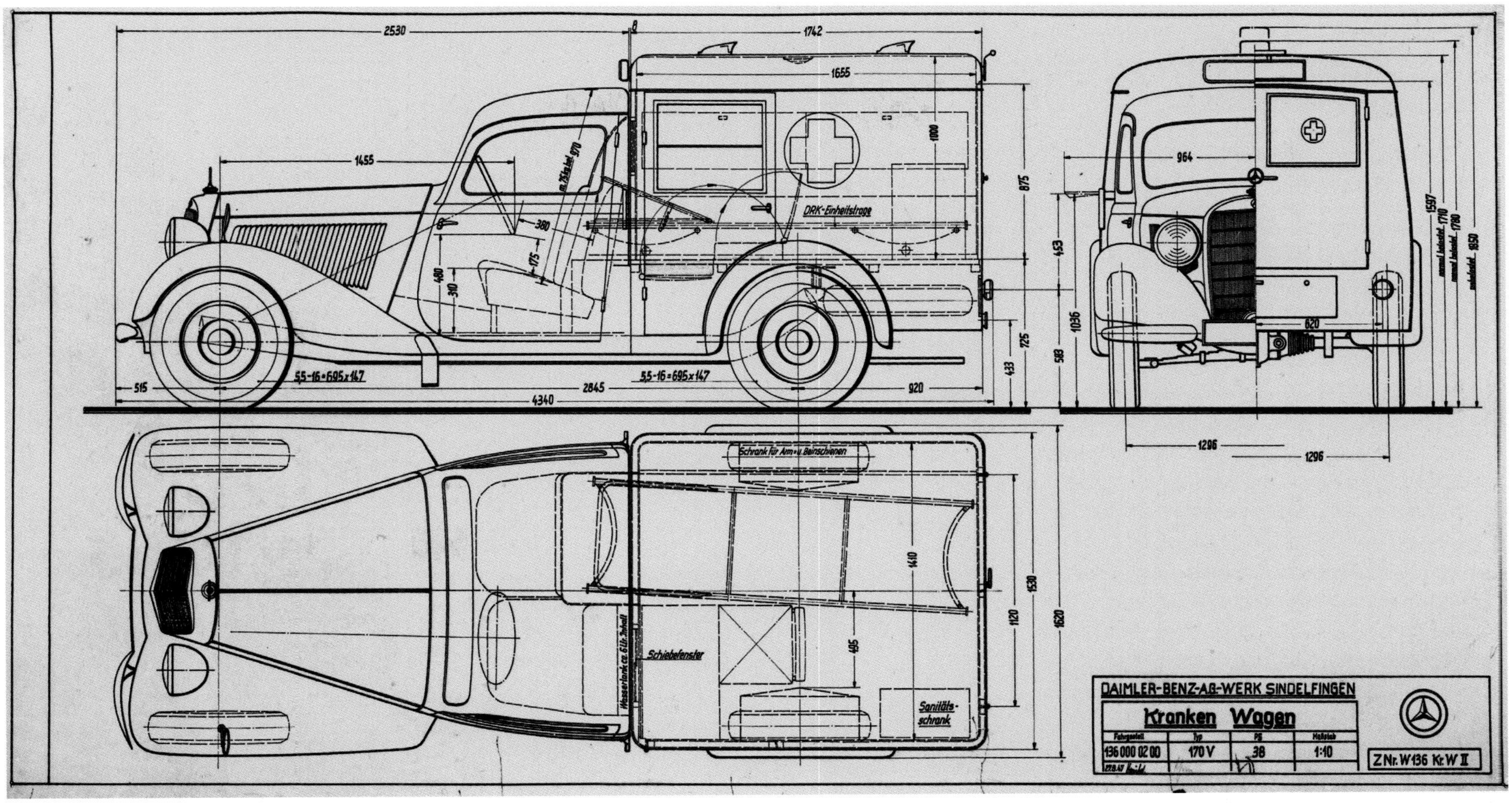

Abb. 0500
Aufbauzeichnung für einen 170 V Krankenwagen mit von der Limousine abgeleitetem Fahrerhaus, 27.3.1947. Mit der Wiederaufnahme der 170 V-Innenlenker-Fertigung im Mai 1947 wird das Behelfsfahrerhaus überflüssig und in der zweiten Jahreshälfte aufgegeben.

Abb. 0501
Das »Serien«-Fahrerhaus wird fortan für alle 170 V-Nutzfahrzeuge verwendet. Die Aufbauten bleiben in der Form unverändert, doch werden sie bald ebenfalls aus Tiefzieh-Stahlblech statt Alu gefertigt, wodurch das Leergewicht ansteigt.

Abb. 0502
Auch in der von der Limousine abgeleiteten Kabine muss sich der Fahrer mit einer Sitzbank begnügen, die nicht verstellbar ist. Das Dokumentenfach befindet sich nun an der Kabinenrückwand, weil das Türinnere durch den Kurbelapparat der Seitenscheibe besetzt ist.

Abb. 0503
Ein 170 V Lieferwagen mit Behelfsfahrerhaus auf dem von Kriegszerstörungen verschonten Marktplatz in Sindelfingen, um 1946. Benzin ist kaum erhältlich, im Unterschied zum Dieselkraftstoff. Deshalb wollen Otto Hoppe und Walter Kaufmann, damals die beiden einzigen Daimler-Benz-Vorstände, die 170 V-Nutzfahrzeuge baldmöglichst mit einem kleinen, sparsam laufenden Dieselmotor ausrüsten, dem OM 636.

anfangs 1950 löst eine Lueg-Variante auch den bisherigen Kastenwagen ab. Gleichzeitig verschwinden – zunächst ersatzlos – der Pritschen- und der Mannschaftswagen.[37]

Die mit dem neuen Daimler-Benz-eigenen »Limousinen«-Fahrerhaus versehenen 170 V-Nutzfahrzeuge, also die Pritschen- und Mannschaftswagen sowie die Kasten- und Krankenwagen mit separatem Kofferaufsatz sind anzahlmäßig nicht gesondert erfasst worden. Hingegen kennt man die Gesamtzahl dieser Modellvarianten mit beiden Fahrerhausvarianten. Bis Ende 1948 sind insgesamt 628 Krankenwagen und bis Ende 1949 stattliche 658 Pritschenwagen, 440 Polizei-Mannschaftswagen und 552 Kastenwagen entstanden, also insgesamt 2 278 Nutzfahrzeuge auf der Basis des 170 V.[38]

Nicht gebaut: 170 V-Nutzfahrzeuge mit Dieselmotor

Eine sehr früh geplante Modellvariante der 170 V-Nutzfahrzeuge erreicht nie die Serienreife, nämlich jene mit Dieselmotor. Bereits zehn Jahre zuvor, 1934/35, hat sich die Firmenleitung offensichtlich mit der Idee auseinandergesetzt, den im Entstehen begriffenen W 136 mit einem passenden kleinen Dieselaggregat anzubieten, die Entwicklung jedoch vorzeitig abbrechen lassen.[I] Kurz nach Kriegsende befassen sich erneut ein paar mit Dieselmotoren vertraute Ingenieure mit einem Selbstzündertriebwerk für den 170 V. Es soll dies nicht mehr eine vollständige Neukonstruktion werden, sondern eine Maschine, die auf dem 1,7-Liter-Vierzylinder-Benzinmotor M 136 gründet, der sich in bislang nahezu hunderttausend Exemplaren bewährt hat. Anfänglich rechnen die Firmenleitung und die Motorenleute mit raschen Entwicklungsfortschritten, weshalb die beiden Vorstände Hoppe und Kaufmann bereits im Februar 1946 erste Dieselmotoren zur Produktion einschreiben lassen und das Programm bis Mitte November auf die großzügige Anzahl von 15 Versuchsmaschinen, 1 500 Serienaggregaten und 300 Tauschmotoren erweitern.[39] Der geringe Verbrauch und die bessere Verfügbarkeit des Dieselkraftstoffs sind verheißungsvoll und für sie Grund genug, die Produktion in diese Richtung auszubauen. Sie planen, das mit OM 636 bezeichnete kleine Dieseltriebwerk in 1 500 neue 170 V-Kastenwagen einzubauen, welche die Bezeichnung 170 VD erhalten sollen. Die übrigen 300 Dieselmotoren sind für Umbauten vorgesehen, denn sie sollen als Tauschaggregate für jene 170 V angeboten werden, die eine Motorrevision benötigen.[40]

Die Kunde vom kleinen Dieselmotor erreicht auch die beiden Ingenieure Albert Friedrich und Heinrich Rößler, die nach dem Kriegsende bei Daimler-Benz ausscheiden

Anmerkung I: Siehe Kap. 2.1, S. 78 und Kap. 12.1, S. 512 f.

müssen und nun an einem Allzweck-Landwirtschaftsfahrzeug arbeiten, das später unter dem Namen »Unimog« bekannt werden soll. Die beiden Techniker erkennen das Potenzial des OM 636 für den Antrieb ihres Fahrzeugs. Nach erfolgreichen Versuchen verpflichtet sich die Daimler-Benz-Führung zur Lieferung von insgesamt 112 Exemplaren dieses *»M 636-Dieselmotors«* nach einem detailliert ausgehandelten Zeitplan bis Februar 1948 an die Firma Boehringer in Göppingen, wo der Unimog schließlich gebaut werden soll.[41]

Doch die technischen Schwierigkeiten mit dem Motor lassen sich nicht so einfach und rasch aus der Welt schaffen, das Vorhaben gerät in argen zeitlichen Verzug. *Der 1,7 ltr. Diesel wird voraussichtlich ab Januar 1948 im Lieferwagen gebracht werden,* lässt der Vorstandsvorsitzende Otto Hoppe im April 1947 optimistisch verlauten.[42] Daraus wird nichts. Wilhelm Haspel kehrt Anfang 1948 offiziell an die Spitze des Unternehmens zurück und vereitelt den Bau dieses kleinen Selbstzünders, der nach wie vor nicht serienreif ist. Später kommt Haspel auf seine Entscheidung zurück, worauf der OM 636 seinen Siegeszug ausgerechnet dann anzutreten beginnt, als die vier 170 V-Nutzfahrzeugmodelle der ersten Nachkriegsgeneration aus der Produktion genommen werden.[II]

Abb. 0504
Das erste Fahrgestell des Universal-Motorgeräts (»Unimog«) der ehemaligen Daimler-Benz-Ingenieure Albert Friedrich und Heinrich Rößler ist 1946 noch behelfsmäßig mit dem Benzinmotor M 136 aus dem 170 V versehen (Bild). Doch sie sehen im kleinen Dieselmotor OM 636 den idealen Antrieb.

Abb. 0505
Ab Februar 1949 werden die ersten bei Boehringer in Göppingen gebauten Unimog ausgeliefert (Bild) – und sind mit dem OM 636 ausgerüstet. Das lange Seilziehen um dessen Serienfertigung und Verwendung hat sich gelohnt. Für die 170 V-Nutzfahrzeuge kommt der kleine Diesel jedoch zu spät. Eingebaut wird er hingegen ab Mitte 1949 in die 170 V Limousine.

Anmerkung II: Siehe dazu Kap. 9.1, S. 406 ff.

8

Frühe Nachkriegs-Pkw-Entwicklungen – Wege zum Erfolg?
1945–1949

Eines der zahlreichen 1:5-Modelle des designierten 170 V-Nachfolgers W 162, Sommer 1946. Die Karosserieform ist amerikanisch beeinflusst. Schwierigkeiten macht die Gestaltung der Front, wo die Forderung nach einem traditionellen Mercedes-Kühler mit der spitz zulaufenden Haube und den weit außen in die Kotflügel integrierten Scheinwerfern nicht befriedigend zu lösen ist.

8.1 Der 170 V-Nachfolger W 162

Bereits ab Herbst 1945 konzipiert Josef Müller als 170 V-Ersatz ein neues Volumenmodell in allen denkbaren Antriebsdispositionen. Der anfänglich kompakte 1,2-Liter-Wagen wird bald konventioneller, größer und aufwändiger. Bis Ende 1947 ist dieser W 162 auf dem Papier fertig konstruiert. Doch der an die Spitze der Daimler-Benz AG zurückkehrende Wilhelm Haspel zweifelt an den Marktchancen und der Kraft der Firma, dieses neue Projekt zu stemmen. Er lässt den W 162 fallen und setzt auf einen forcierten Weiterbau des bewährten 170 V.

Zurück in die ersten Nachkriegswochen und -monate. Der Wille, trotz aller Zerstörungen, Verluste, Einschränkungen, Unsicherheiten und Gefahren an das Auferstehen der Firma zu glauben und auf dieses Ziel hinzuarbeiten ist in der Leitung wie unter den Mitarbeitenden ungebrochen. Mit der Wiederaufnahme der Lizenzfertigung des 3-Tonnen-Opel Blitz im Werk Mannheim ab Spätherbst 1945 gelingt ein erster bedeutender Schritt in diese Richtung. Obwohl die amerikanische Besatzungsmacht fast gleichzeitig die Fertigung von Lieferwagen auf der Basis des Mercedes-Benz 170 V bewilligt, vergehen zehn Monate, bis im Juni 1946 die ersten Pritschen- und Kastenwagen in Sindelfingen aus der Halle rollen. Unterdessen ist der gesamte Daimler-Benz-Vorstand einschließlich des Konzernchefs Wilhelm Haspel seiner Funktion enthoben worden, bis die nationalsozialistischen Verstrickungen der Mitglieder gerichtlich geklärt sind. Die Führung der Daimler-Benz AG liegt nun in den Händen der beiden Interimsvorstände Dr. Otto Hoppe und Walter Kaufmann in enger Absprache mit dem Aufsichtsratsmitglied Dr. Carl Jahr. Allen drei Herren ist klar, dass einer Wiederaufnahme der Personenwagenproduktion höchste Priorität einzuräumen ist, denn nur so würde es hoffentlich gelingen, die Firma zu retten. Der Wiedereinstieg in die Automobilfertigung ist aufgrund der Einrichtungen und Maschinen einzig mit dem Typ 170 V (W 136) denkbar. Ein Glück, denn dieser verhältnismäßig kleine, bewährte und wirtschaftliche Wagen hat sich vor dem Krieg großer Beliebtheit erfreut.

Bald ein moderner 170 V-Ersatz

Doch Hoppe, Kaufmann und Jahr wird bewusst, dass die Daimler-Benz AG Gefahr läuft, mit diesem nunmehr zehnjährigen, technisch und formal veralteten Fahrzeugtyp bald von der Konkurrenz vom Markt verdrängt zu werden. Mit Sorge blicken sie auf das Ausland, wo – insbesondere in den USA – die kriegsbedingten Einschränkungen zum Teil später eingesetzt haben und weniger einschneidend gewesen sind, was dazu beigetragen hat, dass die Entwicklung des Automobils dort größere Fortschritte macht. Man fürchtet sich vor einer zukünftigen ausländischen Konkurrenz und blickt mit Respekt und Skepsis auf die Adam Opel AG, die schon vor dem Krieg fahrzeug- und produktionstechnisch vom amerikanischen Mutterhaus General Motors Company profitiert hat. Das Bestreben von Hoppe, Kaufmann und Jahr, das einstige Erfolgsmodell 170 V möglichst bald durch einen kompakten und günstigen Nachfolger abzulösen, ist nachvollziehbar. Das neue Volumenmodell soll bei bescheideneren Abmessungen und geringerem Gewicht den 170 V möglichst in allen wichtigen Disziplinen übertreffen, insbesondere im Platzangebot auf den Vordersitzen sowie in der Größe und Zugänglichkeit des Gepäckraums, den beiden Hauptkritikpunkten, aber auch hinsichtlich der Fahrleistungen.

Projektstart: Standardantrieb, Frontantrieb oder doch Heckmotor?

Erste Überlegungen zu einem neuen Kompaktwagen beginnen bereits im September 1945 mit Entwürfen von Josef Müller, dem wohl kreativsten Geist unter den Konstrukteuren im Technischen Büro von Untertürkheim, der nun zum Gruppenleiter aufgestiegen ist. Noch bevor sich Müller im Oktober und November dem 1-Tonnen-Leicht-Lkw unter Verwendung von 170 V-Komponenten zuwendet,[I] bringt er Konzepte zu einem kompakten viersitzigen Pkw zu Papier. Im Dezember 1945 und Januar 1946 setzt Müller die Studien für einen möglichen 170 V-Nachfolger fort, nachdem die Leichtlastwagenpläne in der Schublade verschwunden sind. Es ist nicht geklärt, ob von Seiten des Rumpfvorstands ein formeller Entwicklungsauftrag für einen Ersatz-170 V vorliegt, oder ob Technikchef Max Wagner aus freien Stücken Josef Müller hinter das Vorhaben setzt. *Wieder wurden alle möglichen Antriebsarten durchexerziert, ähnlich wie seinerzeit* [1934] *bei »Heck- oder Frontantrieb«*, schreibt er in seinen Memoiren.[1] Im gleichen Zeitraum nimmt sich eine weitere Ingenieursgruppe unter der Leitung von Direktor Max Wagner der Motorenfrage an. Es entstehen Entwürfe zu neuen Vierzylindermotoren von 1,2 bis 1,5 Liter Hubraum, mit dem Ziel, damit die altbackene M 136-Maschine abzulösen. Überraschend erscheint zunächst der Umstand, dass man an eine Benzineinspritzung denkt.[2] Allerdings hat Daimler-Benz während des Kriegs auf diesem Spezialgebiet ein beträchtliches Wissen aufbauen können, doch lassen sich die Erkenntnisse aus dem Flugmotorenbau nicht ohne Weiteres in den wesent-

Anmerkung I: Siehe Kap. 7.1, S. 331–333.

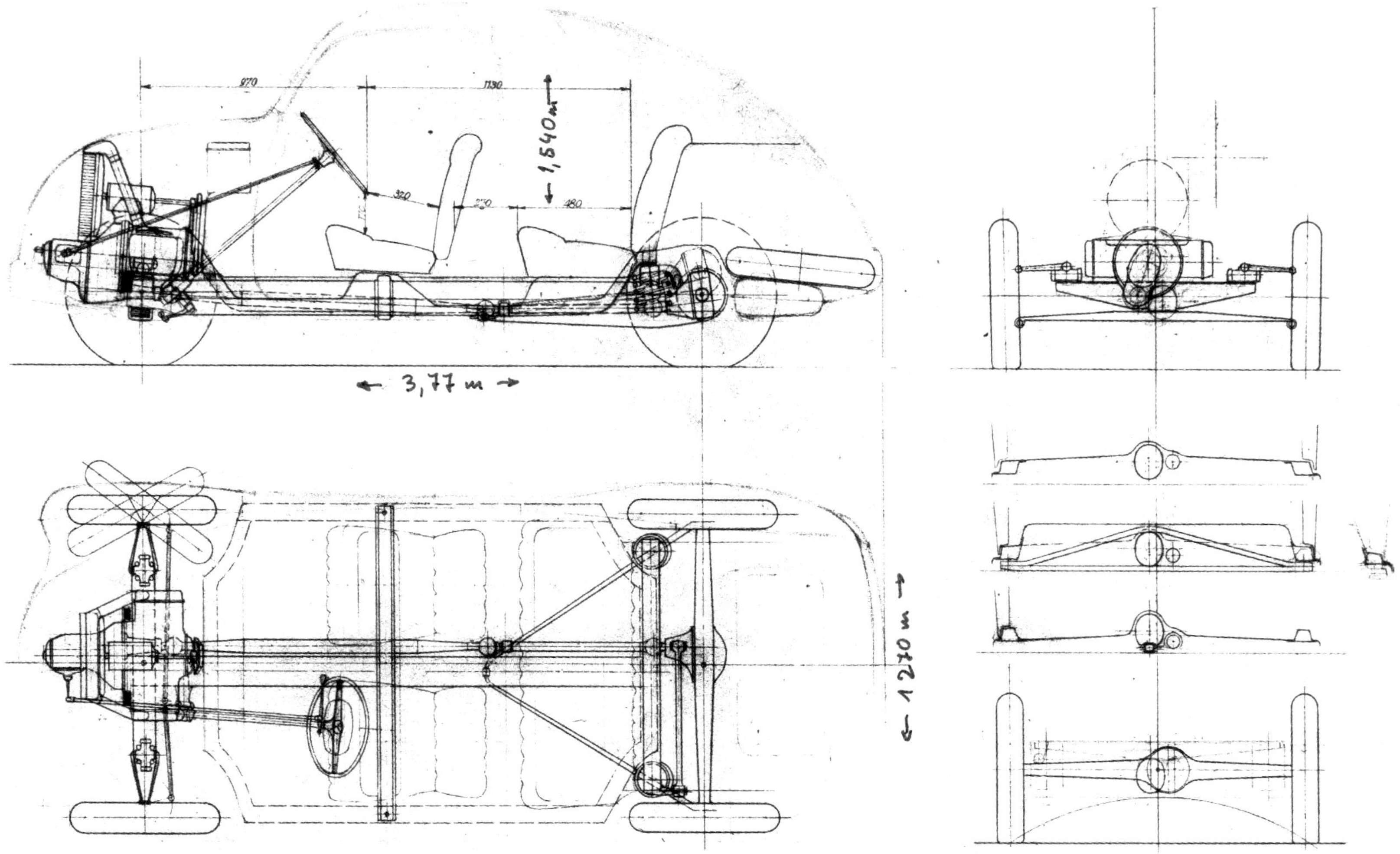

Abb. 0506
Entwurf Ea 139 von Josef Müller für einen 170 V-Nachfolger mit Standardantrieb und 1,2-Liter-Boxermotor, datiert 26.09.1945. Merkmale: Leicht desaxierter Zentralrohrrahmen, Vorderradaufhängung mit oberen Dreieckslenkern und unterem Querblattfederpaket, hinten Starrachse an Diagonallenkern, Schraubenfedern und Panhardstab. Der kompakte Wagen soll eine Länge von bloß 3,80 m erreichen.

lich kleineren Maßstab des Personenwagens übertragen,[II] eine Erfahrung, die man wenig später auch mit der Dieseltechnik machen wird.

Technik: Erfrischende Vielfalt

Die Pkw-Entwürfe, die Müller unterschiedlich weit ausarbeitet, lassen sich grob den drei Antriebsdispositionen »Standard«, »Hecktriebsatz« und »Fronttriebsatz« zuordnen. Die Standarddisposition nimmt mit fünf technisch recht verschiedenen Vorschlägen den weitaus größten Raum ein. Ihnen gegenüber stehen lediglich zwei Entwürfe mit Heckmotor und ein einziger mit Frontantrieb. Josef Müller startet mit sehr kompakten 1,2-Liter-Wagen mit buckligem Fließheck, 2 400 mm Radstand (445 mm weniger als derjenige des 170 V), 3 845 mm Gesamtlänge und ca. 1 530 mm Breite (- 50 mm) bei einer Spurweite von 1 280 mm (- 30 mm). Die späteren Entwürfe rechnen mit einem 1,5-Liter-Motor und zeigen eine Dreivolumenkarosserie, wobei der Radstand auf 2 500 mm bis 2 530 mm und die Gesamtlänge auf 3 900 mm bis 4 030 mm anwachsen.

Vier der fünf Entwürfe mit Standardantrieb (**Ea 139**, **Ea 140**, **Ea 142** und **Ea 150**) basieren auf einem Zentralrahmen, der aus einem hochovalen Rohr und einem oder mehreren seitlichen Auslegern zum Abstützen der Karosserie besteht. Das Zentralrohr ist aus der Wagenlängsachse nach links verschoben, während die Antriebseinheit – Motor, Getriebe, »Kardanwelle« – rechts der Längsachse verläuft. Den Vierzylindermotor in Reihen- oder Boxerbauweise schiebt Müller weit nach vorn, also über oder sogar vor die Vorderachse, um trotz des kurzen Radstands und der kompakten Außenmaße einen möglichst großzügigen Innenraum anzubieten. Das Fahrwerk unterscheidet sich auffällig von der bisherigen Mercedes-Benz-Tradition. Anstelle der hinteren Pendelachse tritt eine angetriebene Starrachse, die an langen Diagonallenkern und einem Panhardstab geführt wird und sich mit Schraubenfedern an der Achsbrücke abstützt. Vorn wählt Müller eine Einzelradaufhängung an ungleichlangen Dreiecksquerlenkern mit Schraubenfedern oder eine Querlenkerachse mit unterer Querblattfeder.

Eine der Varianten mit Standardantrieb (**Ea 148**) überzeugt mit einer konsequent selbsttragend ausgebildeten Karosserie. Nicht nur fehlt hier der Zentralrohrrahmen, sondern auch eine tragfähige Bodengruppe. Vielmehr stellt sich Müller einen in sich steifen Karosseriekörper in der Art eines Flugzeugrumpfs vor, in *Schalenbauweise*, wie er schreibt. In der Disposition zeigt dieser Vorschlag gewisse Ähnlichkeiten zum (allerdings kleineren) Steyr 50 von 1936.

Die beiden Heckmotorvorschläge gehen ebenfalls von einem Zentralrohrrahmen mit ovalem Rohr aus, das nun – da die »Kardan-

Anmerkung II: Siehe Band II, Exkurs F9 Benzindirekteinspritzung – ohne Hans Scherenberg undenkbar.

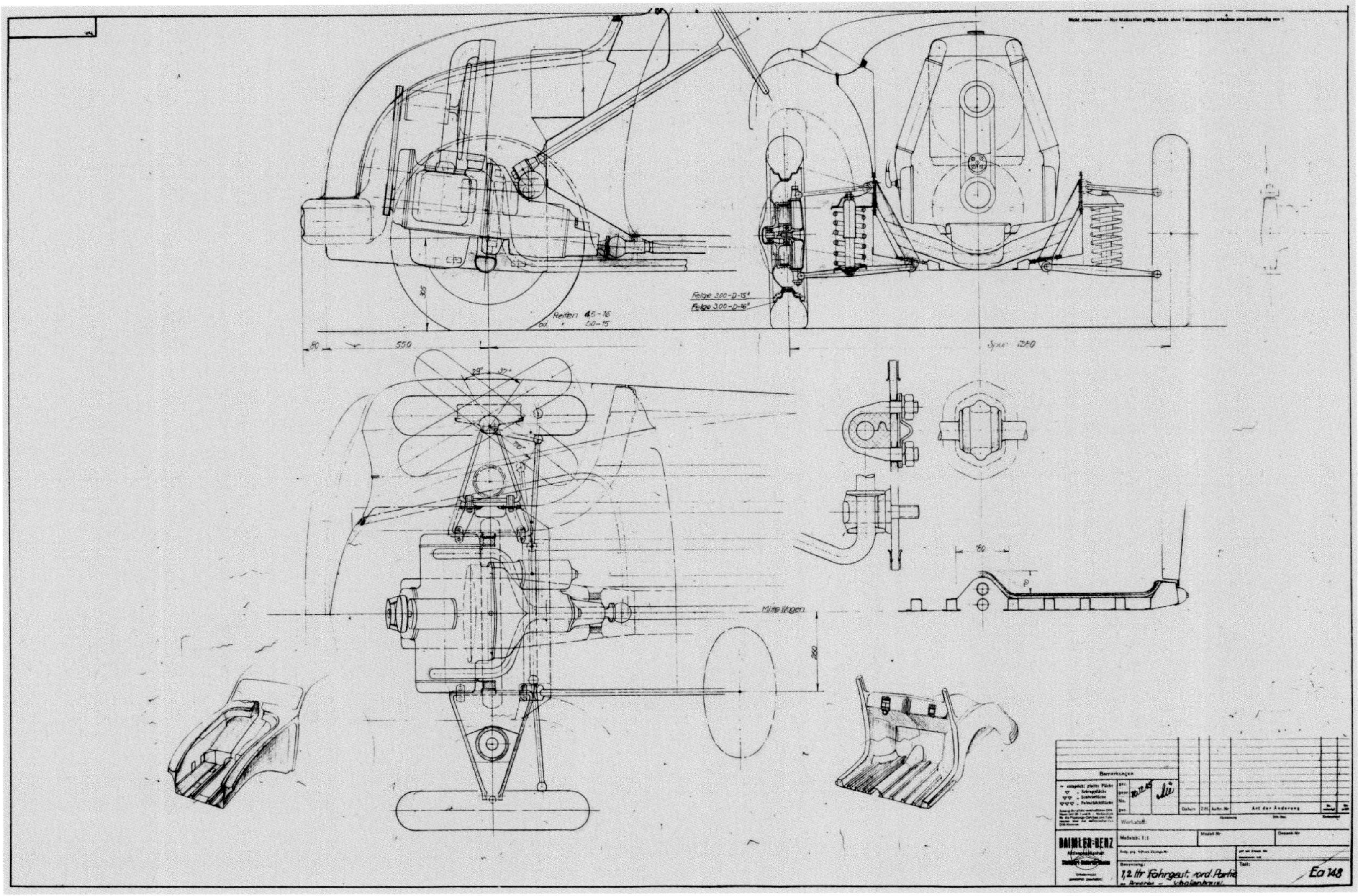

welle« – wegfällt, in der Fahrzeuglängsachse angeordnet werden kann. Der quer eingebaute Vierzylinder-Reihenmotor mit nun auf 1,5 Liter erweitertem Hubvolumen steht entweder unmittelbar vor der Hinterachse und ist leicht nach hinten geneigt (**Ea 149**) oder hängt unmittelbar hinter der Hinterachse und ist nach vorn abgekippt, um die Hecklast zu verringern (**Ea 151**). Vorgesehen ist entweder eine De-Dion-Achse an kurzen Längslenkern oder eine an geschobenen Längsschwingen geführte traditionelle Starrachse, die allerdings eine Kraftumlenkung um 90° erfordert.

Nicht nur die Heckmotorwagen, sondern auch die nur rudimentär dargestellte Frontantriebsversion (**Ea 152**) gleicht stark der von Müller bereits ein gutes Jahrzehnt zuvor vorgeschlagenen Disposition. Der quer eingebaute 1,5-Liter-Motor mit angeflanschtem Getriebe sitzt quer vor der Vorderachse und ist nach hinten geneigt. Das mit dem Getriebe und dem Kurbeltrieb verblockte Differenzial liegt in der Wagenlängsachse und treibt über zwei gleich lange Doppelgelenkwellen die Vorderräder an. Der Kühler vor dem Motorblock steht günstig im Fahrtwind. Die Führung der Hinterräder besteht aus einer antriebslosen Pendelachse. Um trotz der schmalen Spurweite die Spur- und Sturzveränderungen in Grenzen zu halten, verlängert Müller klug die Pendelarme, indem er sie durch eine passende Konstruktion jeweils auf der gegenüberliegenden Seite des Zentralrohrs anlenkt.

Abb. 0507
Entwurf Ea 148 von Josef Müller für die Vorderpartie des 1,2-Ltr.-Wagens, datiert 16.12.1945. Merkmale: Motor vor der Vorderachse, ungleich lange Dreieckslenker und – sehr fortschrittlich – echte selbsttragende Ganzstahlkarosserie, die Müller Schalenbauweise nennt.

Abb. 0508 (rechte Seite)
Entwurf Ea 149 von Josef Müller für ein Fahrgestell mit 1,5-Litr.-Heckmotor, datiert 20.12.1945. Merkmale: Zentralrohrrahmen, Motor mit Getriebe und Kühler quer unmittelbar vor der De-Dion-Hinterachse, geführt an Längslenkern, Vorderachse an doppelten Querblattfederpaketen.

Abb. 0509 (rechte Seite)
Entwurf Ea 152 von Josef Müller für ein Fahrgestell mit 1,5-Ltr.-Motor vor der Vorderachse und Frontantrieb, datiert 15.01.1946. Merkmale Zentralrohrrahmen, Motor mit Getriebe quer vor der Vorderachse, hinten Pendelachse mit über Kreuz angeordneten Gelenkpunkten.

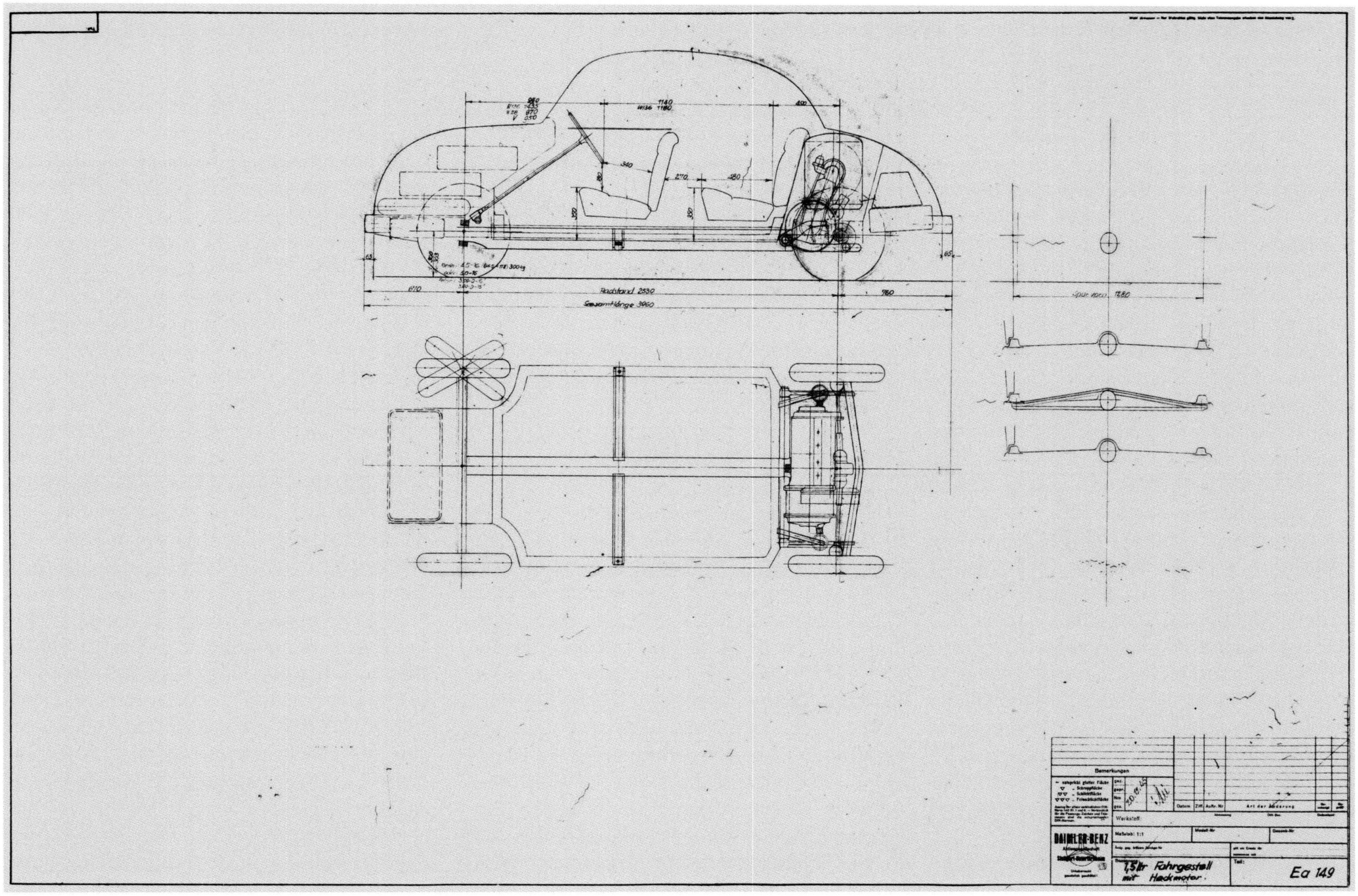

Radstand 2530
Gesamtlänge 3960
Bemerkungen
Werkstoff:
Maßstab: 1:1
DAIMLER-BENZ
1,5 ltr Fahrgestell mit Heckmotor.
Ea 149

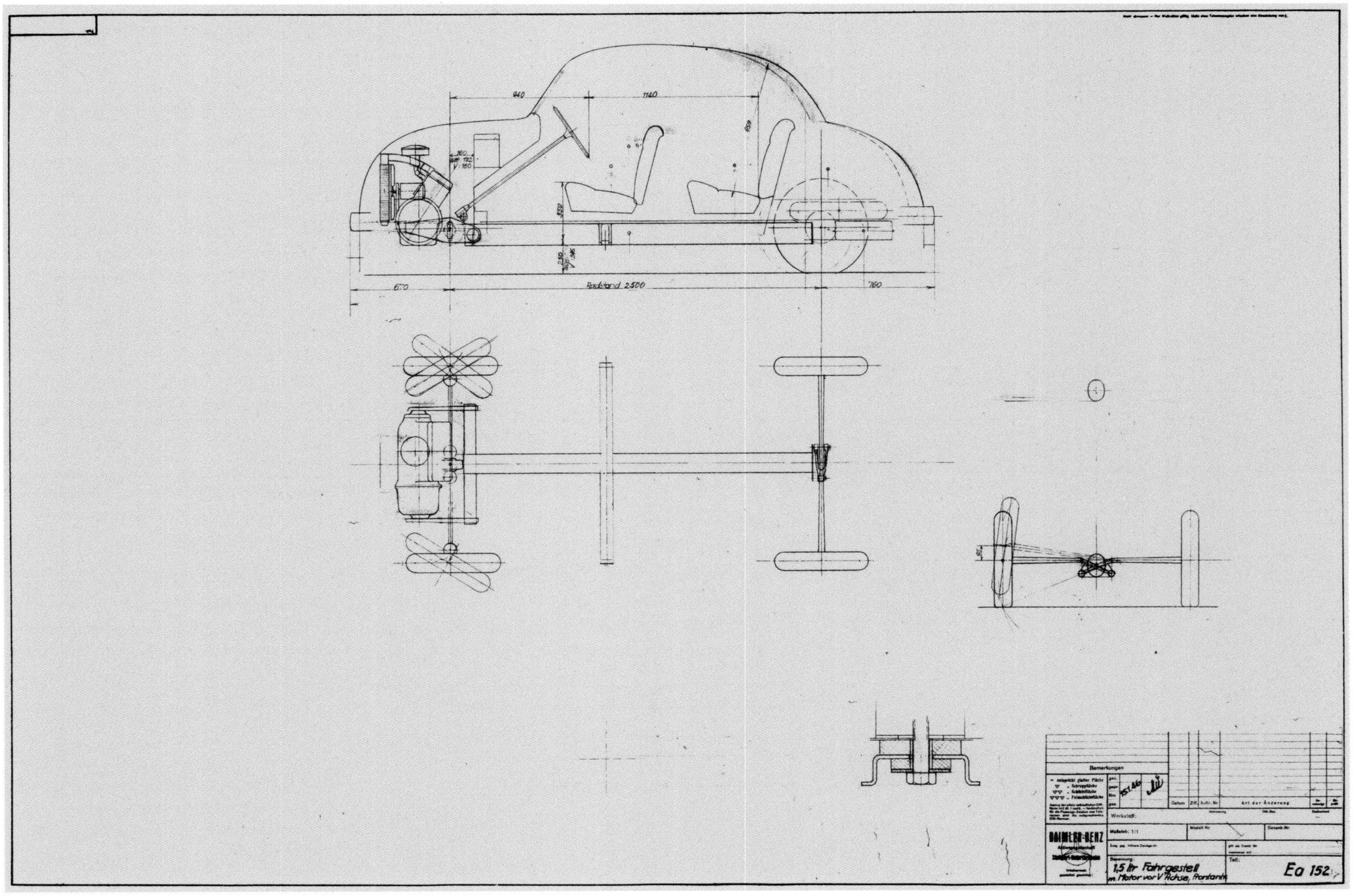

Radstand 2500
Bemerkungen
Werkstoff:
Maßstab: 1:1
DAIMLER-BENZ
1,5 ltr Fahrgestell m. Motor vor V. Achse, Frontantr.
Ea 152

Zeitgemäße Karosserieentwürfe

Die von Müller mehr oder weniger konkret dargestellten Karosserien bilden einen integralen Teil seiner Fahrzeugkonzepte. Die rundliche Form der ersten Entwürfe mit Standardantrieb (**Ea 139**, **Ea 140**, **Ea 142**) orientiert sich im Längsprofil stark an der Front des DKW F 9, am Heck des Volkswagens und insbesondere am Hanomag 1,3 Liter. Die weitgehend konturlosen Flanken zeigen hingegen Parallelen zum Saab-Prototyp, der gerade im fernen Schweden entsteht.

Dank kompaktem Boxer- bzw. weit nach vorn geschobenem Reihenmotor lässt sich ein bemerkenswert großzügiger Passagierraum realisieren, so dass trotz kurzem Radstand die Rücksitzbank nur marginal durch Radausbuchtungen beeinträchtigt ist. Auch seitlich sind die Raumverhältnisse ansprechend, weil die Wagenbreite fast vollständig ausgenutzt wird und keine vorstehenden Kotflügel Raum verschenken. Der Treibstofftank befindet sich hinter der Hinterachse, darüber liegt das Ersatzrad und schließlich folgt ein stattlicher Kofferraum, der durch einen Heckdeckel bequem zugänglich ist.

Die Dreivolumenaufbauten der späteren Entwürfe mit 1,5-Litermotor (**Ea 149**, **Ea 150**, **Ea 151**) wirken gestreckter und sind länger, dies bei unverändertem Passagierraum. Mindestens die Variante mit Standardantrieb (**Ea 150**) ist auch formal konventioneller gehalten und zeigt vorn wie hinten deutlich angedeutete Kotflügel.

Das neue Volumenmodell W 162: Spagat zwischen konventionell und modern

Die Freude am Experimentieren mit verschiedenen Motor- und Antriebsdispositionen ist rasch verflogen. Die innovativen Fahrzeugkonzepte werden nicht weiterverfolgt. Zu modern, zu andersartig und ungewohnt darf der 170 V-Nachfolger offensichtlich nicht werden.

Standardantrieb setzt sich durch

Das Vorhaben konkretisiert sich bereits im Februar 1946. In die Weiterbearbeitung geht der mit **Ea 150** bezeichnete und am 10. Januar 1946 datierte Vorschlag mit Standardantrieb, Motor zwischen den Vorderrädern und Dreivolumenkarosserie mit merklich akzentuierten Kotflügeln. Akzeptiert werden der leicht desaxierte Zentralrohrrahmen mit parallel dazu verlaufender Antriebswelle vom Getriebe zur Hinterachse, die schräg zur Mitte hin gekippte Einbaulage des Motors und zunächst die Vorderradaufhängung an doppelten Dreiecksquerlenkern und Schraubenfedern. Bei einem Radstand von 2 550 mm übertrifft die Fahrzeuglänge nun die 4 m-Marke um 30 mm, ohne dass der vor längerer Zeit in seinen Abmessungen definierte Innenraum vergrößert worden wäre. In der weiteren konstruktiven Bearbeitung (**Ea 157**, 11.02.1946) rutscht die Vorderachse um weitere 50 mm nach vorn, so dass der Motor nun fast gänzlich hinter die Radaufhängung zu liegen kommt und der Radstand 2 600 mm erreicht. Mit dieser Maßnahme ist die Voraussetzung für den Einbau einer Zahnstangenlenkung mit Seitenabgriff erfüllt. Eine solche ist günstiger zu fertigen als die bisherige ZF-Ross-Lenkung und vermittelt einen besseren Straßenkontakt, was den Nachteil der Stoßempfindlichkeit mindestens ausgleicht. Die Vorderradaufhängung wird dadurch verbilligt, dass ein quer eingebautes Blattfederpaket an Stelle der unteren Dreieckslenker und der Schraubenfedern tritt.[3] Auch die Wahl einer angetriebenen hinteren Starrachse zeugt vom Willen, auf kostenintensive Konstruktionen zu verzichten. Sie wird durch zwei lange Diagonallenker und einen Panhardstab exakt geführt, ist an Schraubenfedern aufgehängt und mit Teleskopdämpfern in ihrer Bewegung beruhigt. Bei sorgfältiger Abstimmung darf trotz prinzipbedingter Nachteile mit guten Fahreigenschaften und einem ordentlichen Federkomfort gerechnet werden. Als Alternative konzipiert Müller auch eine De-Dion-Achse (**Ea 160**, 15.03.1946), die identisch geführt, aufgehängt und gedämpft ist, aber wegen des am Fahrzeugrahmen befestigten Differenzials eine deutlich geringere ungefederte Masse hat und dadurch subtiler auf Straßenunebenheiten anspricht. Auf diese klar aufwändigere Achskonstruktion einigt man sich schließlich.

Abb. 0510
Entwurf Eu 107 von Josef Müller für die Karosserie eines 1,2- bis 1,4-Ltr. großen 170 V-Nachfolgers, datiert 25.10.1945. Formale Einflüsse von DKW F 9, VW und Hanomag 1,3 Liter sind unverkennbar. Die fast konturlosen Flanken zeigen Parallelen zum gerade entstehenden Saab.

Abb. 0511 & 0512 (beide rechte Seite)
Spätestens im Februar 1946 endet die Auseinandersetzung mit verschiedenen Antriebsdispositionen. Direktor Max Wagner hat »von oben« die Anweisung erhalten, auf Nummer sicher zu gehen. Er fordert Josef Müller auf, den konventionell disponierten Entwurf Ea 150 vom 10.01.1946 (oben) weiter auszuarbeiten. Die Fahrgestellzeichnung Ea 157 vom 11.02.1946 (unten) zeigt: axialer Zentralrohrrahmen, 1,4-Ltr.-SV-Motor, unmittelbar hinter der Lenkervorderachse schräg geneigt eingebaut, Zahnstangenlenkung, hinten angetriebene Starrachse an Diagonallenkern, Schraubenfedern und Panhardstab.

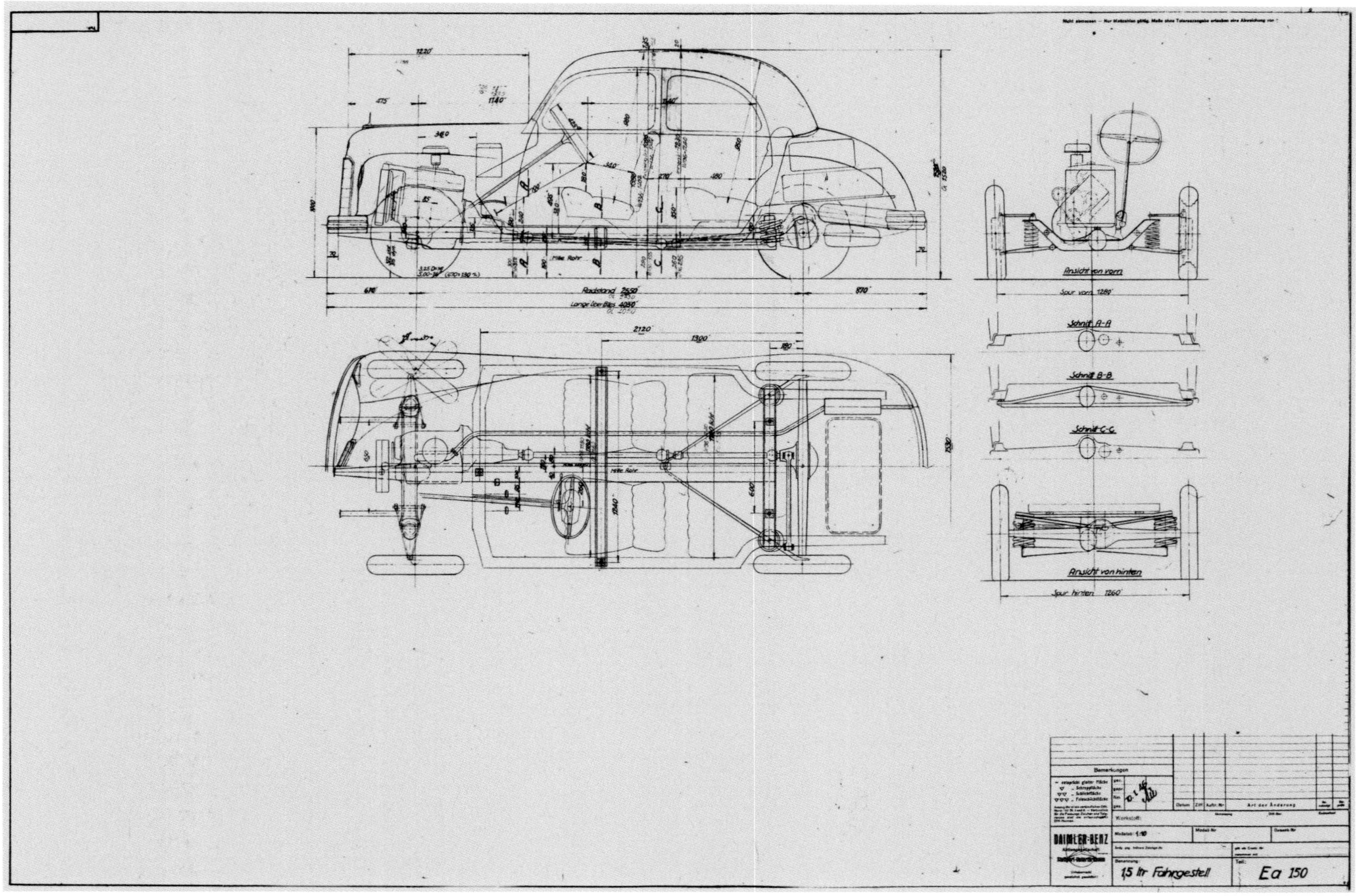

Ansicht von vorn
Spur vorn 1280
Schnitt A-A
Schnitt B-B
Schnitt C-C
Ansicht von hinten
Spur hinten 1260
Radstand 2650
Bemerkungen
DAIMLER-BENZ
1,5 ltr Fahrgestell
Ea 150

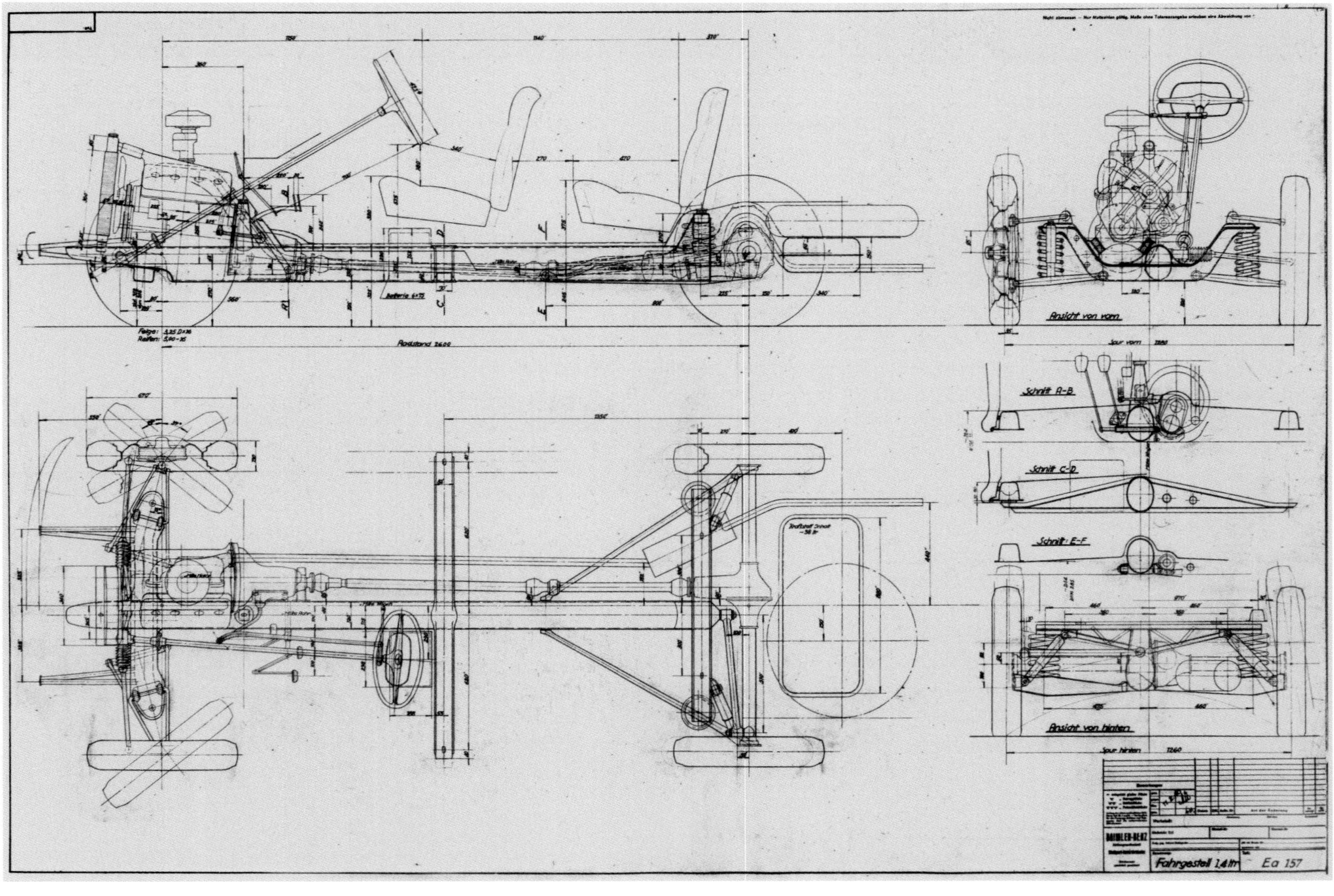

Ansicht von vorn
Spur vorn 1280
Schnitt A-B
Schnitt C-D
Schnitt E-F
Ansicht von hinten
Spur hinten 1260
Radstand 2600
DAIMLER-BENZ
Fahrgestell 1,4 ltr
Ea 157

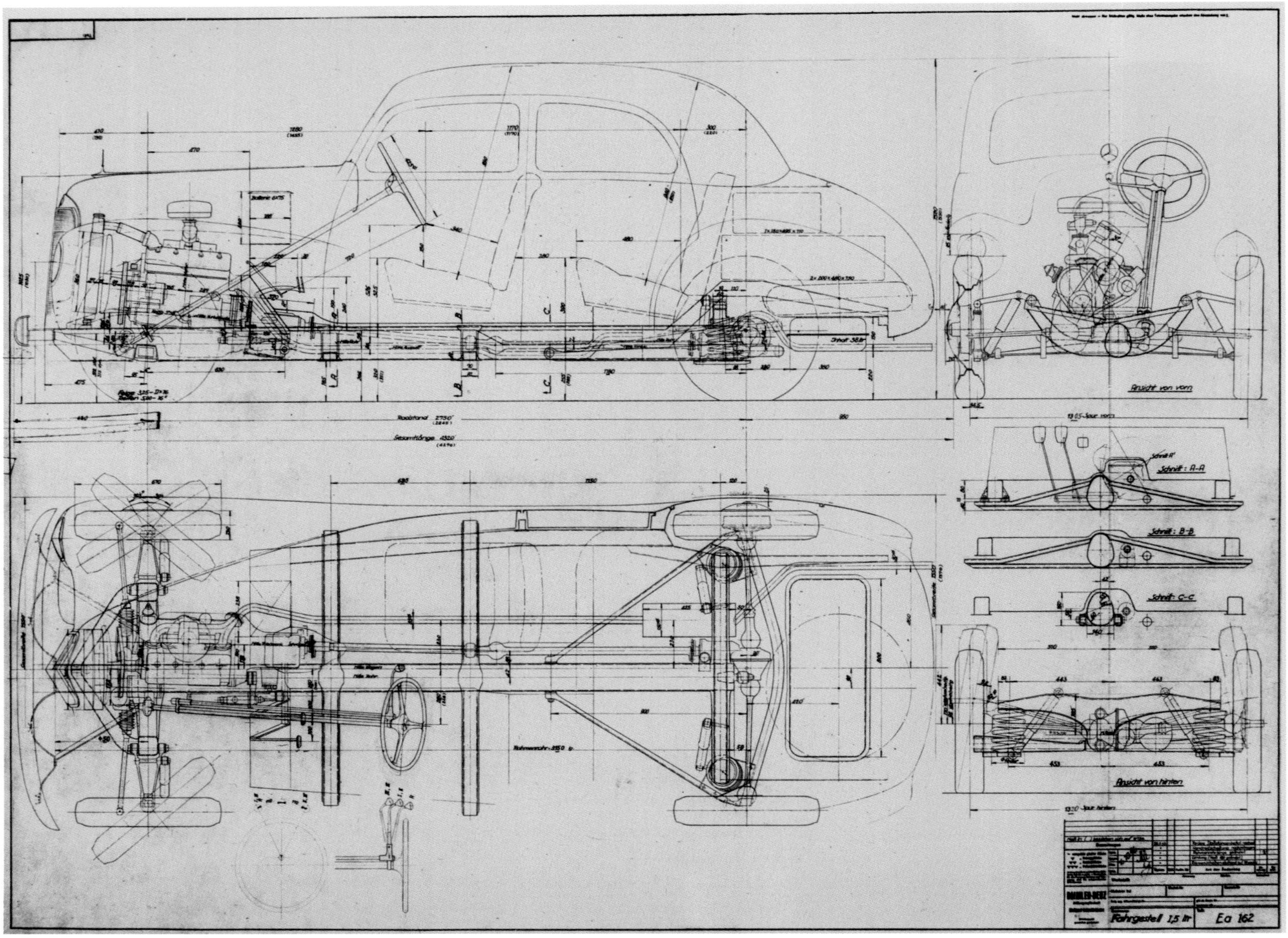

Abb. 0513
Fahrgestellzeichnung 1,5-Ltr. Ea 162 mit Aufbauumriss, Josef Müller, datiert 16.10.1946. Der Wagen wird immer größer, misst in der Länge bereits 50 mm mehr als der 170 V. Die Mehrkosten für die De-Dion-Achse versucht man durch eine Vorderradaufhängung mit unterer Querblattfeder zu kompensieren.

Wenig vorausschauend: Neuer Seitenventil-Motor

Motorseitig steht ernsthaft ein neu konstruierter Seitenventiler alter Schule zur Debatte, den man unter Nutzung der Fertigungseinrichtung für den M 136 günstig herzustellen plant. In scharfem Kontrast zur veralteten Motorsteuerung steht die anfänglich vorgesehene Benzineinspritzung, die allerdings rasch einem Fallstromvergaser weicht. Um dem größer gewordenen Wagen zu entsprechen, steigt der Hubraum zunächst auf 1,4 Liter und später um weitere 100 cm^3 auf 1,5 Liter an.

Die Vorgabe, mit den Kosten haushälterisch umzugehen, macht den Schritt zurück zum seitengesteuerten Motor nachvollziehbar. Angesichts seines arg eingeschränkten Entwicklungspotenzials und mit Blick auf die technisch wache Konkurrenz ist die Wahl aber unverständlich. Immerhin verfügt Daimler-Benz seit 1941/42 über ein fertig entwickeltes und erprobtes 1,7-Liter-Triebwerk mit hängenden Ventilen. Dieser mit M 158 bezeichnete Motor ist unter Leitung von Willy Syring konstruiert worden und hätte den kriegsbedingt weggefallenen 170 V-Nachfolger W 158 antreiben sollen. Syring selbst ist nicht mehr in der Firma, sondern arbeitete in der »Gruppe Nallinger« im südfranzösischen Bordes in der Nähe von Pau an Huckepack-Flugzeugen und deren Strahltriebwerken.

Der neue SV-Vierzylinder für den 170 V-Nachfolger baut dank verringertem Hub weniger hoch als der alte M 136 und ist mit einem Vierganggetriebe gekoppelt, das – der neuen Mode entsprechend – mit einem Hebel am Lenkrad geschaltet werden soll.

Der Wagen wächst

Im Herbst 1946 wird dem 170 V-Nachfolgeprojekt die Baureihennummer W 162 zugeteilt. Obwohl man vor Jahresfrist von einem äußerlich kleinen Modell deutlich unterhalb der Mittelklasse, aber mit guter Raumökonomie ausgegangen ist, hat der Druck bald zugenommen, auch dieses designierte Volumenmodell zu vergrößern. Wiederum dient der Opel Kapitän als Vergleich, ein geräumiger Wagen der gehobenen Mittelklasse mit 2,5 Liter großem Sechszylindermotor.[4] Bis im Oktober 1946 wächst der Radstand des W 162 um 150 mm auf 2 750 mm an und bleibt somit bloß noch 95 mm unter dem stattlichen Maß des 170 V. Von dieser Radstandsverlängerung beansprucht der Motor 100 mm, der nun wieder gänzlich hinter der Vorderachse liegt; die weiteren 50 mm kommen dem Innenraum zugute, verteilt auf die vordere und hintere Sitzreihe

Abb. 0514 & 0515
Frühes 1:5-Modell des geplanten 170 V-Nachfolgers W 162, wohl Frühjahr 1946. Die Formgebung macht starke Anleihen bei der aktuellen US-amerikanischen Automobilmode.

(**Ea 162**, 16.10.1946). Mit dem längeren Radstand vergrößert sich auch die Fahrzeuglänge, und zwar überproportional auf erst 4 320 mm und schließlich auf stattliche 4 400 mm, eine Folge nicht nur des recht mächtig gewordenen Vorbaus, sondern ebenso des ausladenden Hecks. Obwohl zugleich die Spurweite anwächst, nämlich von 1 280 mm auf 1 305 mm an der Vorderachse und von 1 260 mm auf 1 320 mm an der Hinterachse, bleibt die Gesamtbreite mit 1 550 mm erstaunlich moderat.

Amerikanisch beeinflusst: Die Karosseriegestaltung

Im Werk Sindelfingen fehlen in dieser frühen Nachkriegszeit die ehemals führenden Gestalter und Konstrukteure Ahrens, Häcker und Wilfert. Aus diesem Grund liegen die Formgebung und Konstruktion der W 162-Karosserie in den Händen der Untertürkheimer Mannschaft, und hier insbesondere beim vielseitig begabten Josef Müller. Von den zahlreichen Entwürfen entstehen immer wieder 1:5-Modelle, die eine erste dreidimensionale Begutachtung der Formen erlauben.

Der Aufbau des W 162, eine Dreivolumenkarosserie, wird im Laufe des Jahres 1946 gestreckter, wobei insbesondere die Motorhaube und der Kofferraum an Ausdehnung zulegen. Während das deutlich in die Länge gezogene dreistufige Profil moderner erscheint, ist die Modellierung des Wagenkörpers zwischenzeitlich wieder konservativer geworden. Dazu tragen insbesondere die stark konturierten Vorderkotflügel bei, die sich bis in die Vordertüren und bei vereinzelten Entwürfen noch weiter nach hinten erstrecken, sowie die spitz zulaufende Motorhaube. Dies führt, ausgehend von der B-Säule in Richtung Vorderwagen, zu einem merklichen Einzug des Aufbaus und reduziert die verfügbare Innenbreite auf den Vordersitzen. Auch am Heck gibt es ausgeprägte Kotflügel, welche die Hinterräder teilweise oder durch demontierbare Deckel gar vollständig abdecken.

Als echtes Problem und Dilemma erweist sich die Gestaltung der Front – diesbezüglich hat sich seit den ausgehenden 1930er Jahren nichts geändert. Die Forderung nach einem unverwechselbaren Mercedes-Benz-Gesicht durch die Weiterverwendung des traditionellen »Kühlers« kollidiert sichtbar mit dem Wunsch, die schmal nach vorn zu-

Abb. 0516 & 0517
Im Laufe des Jahres 1946 wird der W 162 länger und die Karosserie gestreckter. Die glatten Flanken (Modell Mitte) dürften eher dem Formempfinden von Josef Müller entsprochen haben als der in der Frontpartie konventioneller geformte Vorschlag mit akzentuierten vorderen Kotflügeln (unten).

Abb. 0518, 0519 & 0520
Gestaltungsvorschlag für den W 162 mit vollständig abgedeckten Hinterrädern – damals »en vogue« – und hochaufragendem »Mercedes-Kühler«, Mitte 1946. Wie vor dem Krieg ist letzterer als Vorgabe unumstößlich. Zusammen mit den ganz außen in den Kotflügelwölbungen eingelassenen Scheinwerfern führt dies zu erheblichen Schwierigkeiten, die Frontpartie der Wagen befriedigend zu gestalten.

laufende Haube zu runden. Zudem gehören nach Müllers Auffassung die Scheinwerfer in die Kotflügel eingebaut, so wie dies der Opel Kapitän und andere aktuellen Modelle vormachen. Und wie man es hausintern vor ein paar Jahren schließlich auch für den 170 V-Nachfolger W 158 vorgesehen hat, bevor das fast fertige Wagenprojekt kriegsbedingt zu den Akten gelegt worden ist. Doch die schmalen und kleinen Kühlergitter unter der gerundeten Nase und die weit außen eingesetzten Scheinwerfer führen zu formal leeren Blechflächen dazwischen, die Müller durch Zierstäbe oder eine Kombination von breitem Kühlergrill amerikanischer Art mit der Mercedes-Benz-Maske zu beherrschen versucht. Mit geringem Erfolg. Erst viel später stößt man auf die Idee, die Scheinwerfer nicht in die Kotflügel zu integrieren, sondern sie näher an den nun wieder recht großen und kantigen Mercedes-Benz-»Kühler« zu schieben und dort einzubauen, was zu einer deutlich harmonischeren Front mit unverkennbarem Mercedes-Benz-Gesicht führt.[I]

Anspruch und Wirklichkeit: Die Krux mit dem Pflichtenheft

Ende November 1946, drei Wochen nach der entscheidenden Besprechung zum neuen Wagen mit Vorstand Otto Hoppe, wird der Konstruktionsauftrag für den W 162 schriftlich festgehalten: *Den wirtschaftlichen Verhältnissen der Nachkriegszeit Rechnung tragend, wird* [...] *die Aufgabe gestellt, einen neuen 1,4 Ltr.-Personenwagen zu konstruieren, der bei gleichem Karosserieinnenraum in Anschaffung und Unterhalt billiger wird als unser derzeitiger 1,7 Ltr.-Wagen. Oberste Bedingung ist eine radikale Gewichtssenkung, um auf einen niederen Brennstoffverbrauch zu kommen. Durch die Gewichtsherabsetzung soll weiterhin der Materialaufwand pro Wagen wesentlich vermindert und die Fahrleistung, insbesondere die Beschleunigung und Bergsteigefähigkeit verbessert werden. Der Wagen muss mit einfachen Fabrikationseinrichtungen, die, soweit möglich, von unserem 1,7 Ltr. beibehalten werden sollen, wirtschaftlich herstellbar sein. Die äußere Erscheinung muss dem modernen Baustil angeglichen werden. Die Konstruktion und Qualität des Wagens muss in jeder Beziehung dem internationalen Ruf unseres Hauses entsprechen. In Sonderausstattung soll der Wagen auch für den Export in gewisse Länder Europas geeignet sein.*[5]

Zu diesem Zeitpunkt ist der neue Pkw auf dem Papier schon weit fortgeschritten und – obwohl die Karosseriegestaltung noch nicht endgültig feststeht – mindestens in der Länge deutlich gewachsen.[6] Von einer *radikalen Gewichtssenkung* und einem reduzierten Materialaufwand kann kaum mehr die Rede sein, was sich auf die Fahrleistung und den Treibstoffverbrauch ungünstig auswirken muss; ebenso wenig ist eine einfache Fabrikationsweise erkennbar.

Zeitumstände hemmen die Entwicklung

Gegen Ende des Jahres 1946, die Fabrikation des 170 V in Lieferwagen-Ausführung ist eben erst zaghaft in Gang gekommen, rechnet die Firmenleitung damit, den W 162 innerhalb Jahresfrist oder spätestens im Frühjahr 1948 der Öffentlichkeit zu präsentieren.[7] Doch die schlechte Rohstoffsituation, die stark eingeschränkten Produktionsmöglichkeiten der Zulieferbetriebe und der innerhalb eines akzeptablen Zeitraums kaum zu befriedigende

Anmerkung I: Siehe Kap. 8.3, S. 378 ff.

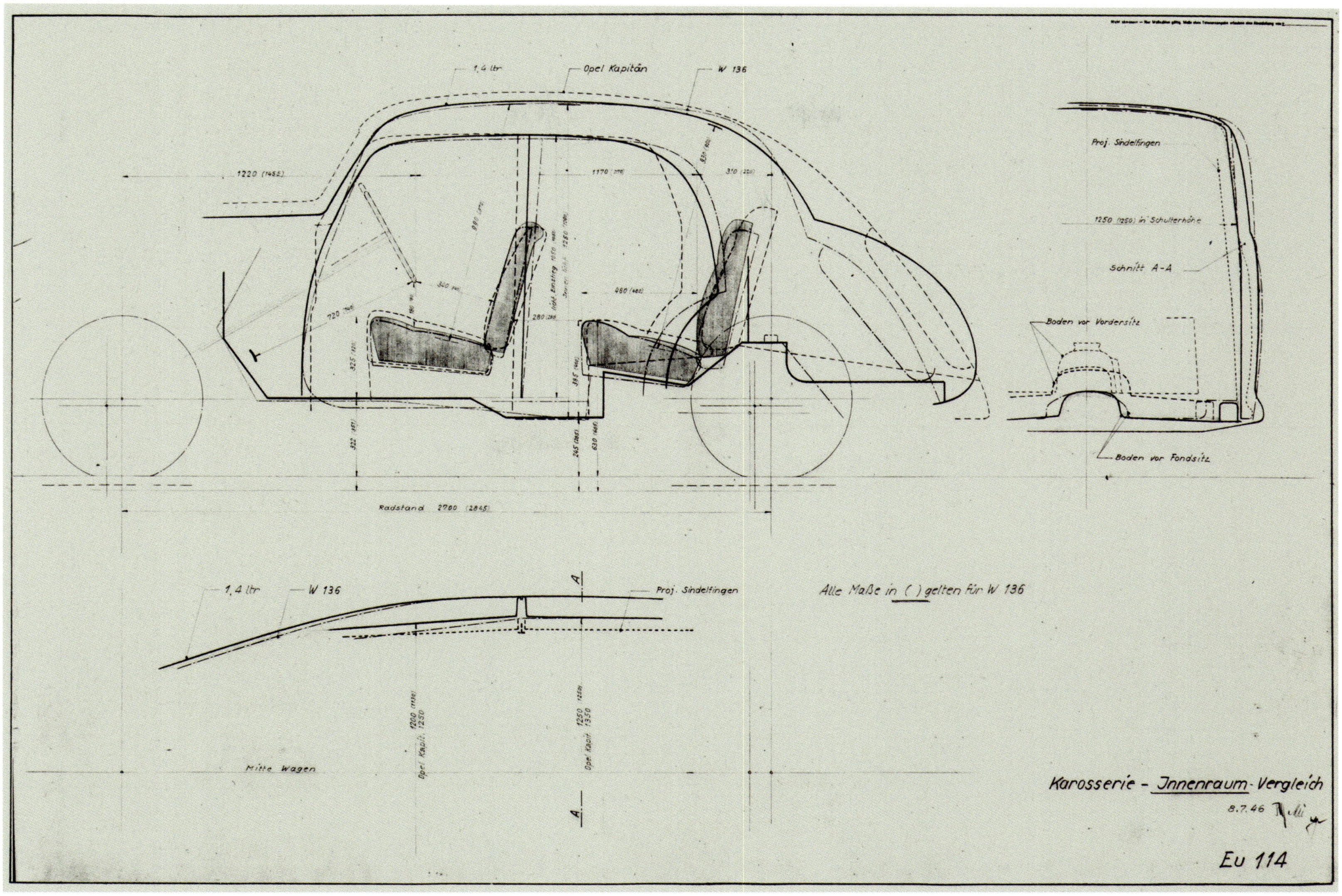

Abb. 0521
Die Innenraumabmessungen des W 162 (Zeichnung Eu 114, Stand Juli 1946) im Vergleich zum 170 V (W 136) und zum Opel Kapitän. Erneut wird der große Opel als Vorbild herangezogen, wie bereits vor und während des Kriegs, als der W 136 II und der W 158 entwickelt worden sind.

Maschinen- und Fabrikationsmittelbedarf machen eine genaue Terminplanung unmöglich und verzögern das Vorhaben. Im Laufe des Jahres 1947 wird das Fahrzeug zwar bis in alle Einzelheiten durchkonstruiert, doch fehlen bislang Versuchswagen, ohne die eine produktionsreife Entwicklung unmöglich wird. Solche zu fertigen ist aktuell nicht möglich, da der Einzelwagenbau in Sindelfingen noch nicht wieder funktioniert und Versuche dort nur sehr eingeschränkt möglich sind.[8]

Als Alternative zum Zentralrohrrahmen beabsichtigt Technikdirektor Max Wagner Mitte 1947, zwei Plattformrahmen mit integriertem Mittelträger entwickeln zu lassen. In der ersten der beiden Spielarten soll der Mittelträger gegenüber der Längsachse versetzt angeordnet werden, wie beim bisher vorgesehenen Zentralrohrrahmen. Für den zweiten Plattformrahmen denkt man an einen Mittelträger in der Längsachse, weshalb zur Aufnahme des Motors eine vordere Gabelung notwendig wird. Auf der Plattform gleich welcher Machart soll der Aufbau entweder mit Gummi aufliegen und verschraubt werden oder – mit ihr verschweißt – eine *sogenannte Rahmen-Karosserie-Kombination* bilden.[9] Ob Wagner dabei an einen selbsttragenden Aufbau gemäß Definition Häcker/Wilfert von 1941 denkt, an eine selbständig tragende Plattform in Verbindung mit einem nicht versteifenden Aufbau oder – als Mittelweg analog der späteren »Ponton«-Modelle – an einen Aufbau, der das an sich fahrbare Plattformfahrgestell versteift (halb-selbsttragende Bauweise), erschließt sich aus den Werksakten nicht.[II]

In der Aufsichtsratssitzung vom 18. Juli 1947 nimmt der W 162 breiten Raum ein. Die von Hoppe vorgelegte Dokumentation preist in achtzehn Punkten ausführlich die Vorzüge und Neuerungen und stellt in Tabellenform die technischen Daten denjenigen des abzulösenden 170 V gegenüber. Besonders hingewiesen wird auf das niedrige Leergewicht von lediglich 860 kg (mehr als 300 kg weniger als der 170 V Innenlenker wiegt), das allerdings bloß berechnet und deshalb noch unbestätigt ist. Weiter wird der im Bereich der Vordersitze um 50 mm breitere Innenraum hervorgehoben und der 25% günstigere Treibstoffverbrauch trotz besserer Fahrleistungen gerühmt.[10] *Diese Arbeiten sind in vollem Gange; Versuchswagen werden in der nächsten Zeit in Bau genommen werden,* verkündet Vorstand Otto Hoppe.[11]

Anmerkung II: Zur Definition der Begriffe siehe Kap. 5.2, S. 256.

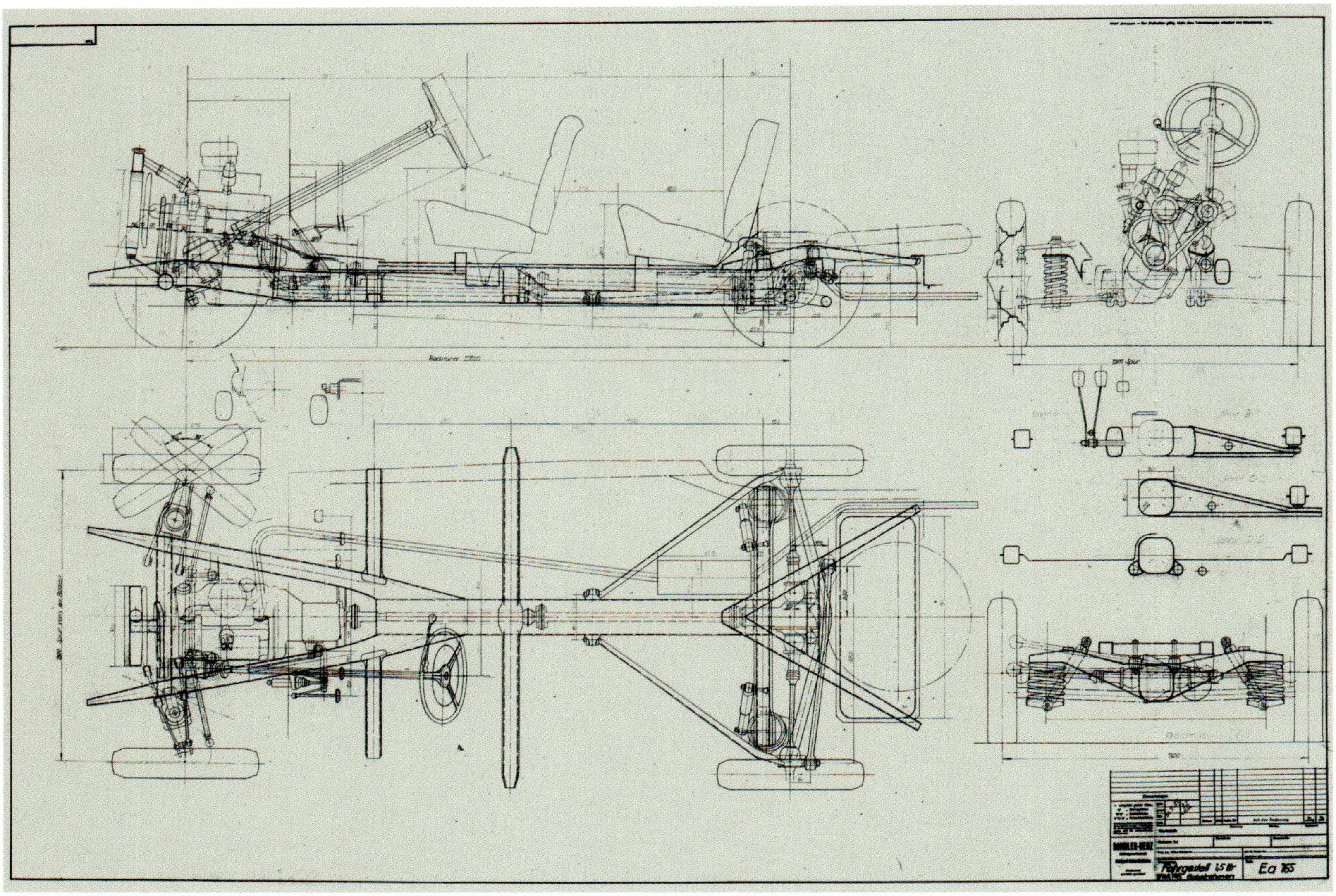

Abb. 0522
Fahrgestellzeichnung 1,5-Ltr. Ea 165 von Josef Müller, datiert 21.07.1947. Geplant ist nun ein Mittelträgerrahmen aus gepresstem Blech mit vorderer und hinterer Gabelung. Ähnlichkeiten zum W 158 in der Entwicklungsstufe von 1941 sind auffällig. Vorn vollwertige Lenkervorderachse, hinten De-Dion-Achse; die Antriebswelle im zentralen Blechtunnel ist zweigeteilt.

Weitere Pkw-Projekte

Nach Auffassung der Firmenleitung soll ergänzend zum Volumenmodell W 162 ein mittelstarker vier- bis fünfsitziger Wagen für den Export geplant werden, versehen mit einem automatischen Getriebe an der Hinterachse und einem 2,23-Liter-Motor, der aus dem neuen 1,5-Liter-Vierzylinder zu entwickeln ist, ferner ein kleiner Sportwagen, ein großer Luxuswagen, Zweitaktmotoren für leichte Personenwagen sowie elektromagnetisch schaltbare und vollautomatische Getriebe.[12] Ein zweifellos ambitioniertes Programm angesichts der schwierigen Zeitumstände. Auf diese Zukunftsaussichten geht Hoppe in der Aufsichtsratssitzung indessen nicht ein. Es ist ausgerechnet der Technische Direktor Max Wagner, der Hoppe in einem Schreiben eindringlich vor den betrieblichen (und damit wirtschaftlichen) Risiken einer zu frühen Typenvielfalt gewarnt hat.[13]

Befragung auf der Exportmesse: Der W 162 auf dem Kundenprüfstand

Auf der Exportmesse in Hannover, die vom 18. August bis zum 7. September 1947 stattfindet und als westliches Pendant zur alteingesessenen, nun in der Sowjetzone liegenden Leipziger Messe ins Leben gerufen wird, präsentiert auch die Daimler-Benz AG ihr Produkteprogramm. Mitarbeiter des Unternehmens befragen ausländische Automobilhändler und -käufer nach den Anforderungen, die sie an einen zukünftigen Ersatztyp für den 170 V stellen. Beruhigt darf die Führung in Untertürkheim zur Kenntnis nehmen, dass man nach den Äußerungen der Befragten den richtigen Weg eingeschlagen hat. Gefordert werden ein vorteilhaftes Leistungsgewicht, gute Beschleunigung und eine hohe Literleistung des Motors, der zwischen 1,5 und 2 Liter Hubraum haben soll; ob seiten- oder kopfgesteuert, ist offenbar unwichtig. Am Fahrgestell wünschen sich die Befragten keine grundlegenden Änderungen, insbesondere soll die gute Straßenlage erhalten bleiben. Das Vierganggetriebe wollen die Fahrer künftig am Lenkrad schalten. Die »Stromlinienformen« der 1930er Jahre mit Fließheck lehnt man ab – trotz des vielbeachteten Volkswagens, der in Hannover erstmals vor einem internationalen Publikum steht. Auch gegenüber der amerikanischen Karosseriemode reagiert das Publikum skeptisch,

Abb. 0523
Mercedes-Benz-Stand auf der Exportmesse 1947 in Hannover. Nebst mehreren Lkw-Exponaten zeigt man einen 170 V Krankenwagen mit Behelfsfahrerhaus, ein 170 V-Fahrgestell als Schnittmodell und einen der ersten, soeben fertiggestellten 170 V Nachkriegs-Innenlenker.

Abb. 0524
Werbeplakat für die erste Exportmesse Hannover, die vom 18. August bis 7. September 1947 in leergeräumten Hallen der Vereinigten Leichtmetall-Werke stattfindet. Die Leistungsschau richtet sich gezielt an ausländische Besucher und soll als Devisenbringer die Kassen der Militärverwaltung entlasten.

obwohl der Cadillac Fleetwood Baujahr 1947, insbesondere im Heckbereich, als vorbildlich bezeichnet wird.[I] Eine Alligatorenmotorhaube, eine leicht keilförmige Windschutzscheibe und ein Kofferraum, der gar nicht groß genug sein kann, sollen es jedoch schon sein. Die Vertreter aus Skandinavien und der Schweiz wünschen eine leistungsfähige Warmwasserheizung mit Defroster für die Frontscheibe, andere drängen auf eine gute Belüftung des Wageninnern, u.a. durch eine große und nach hinten ausstellbare Heckscheibe.

Einhellig sind die Befragten der Auffassung, dass der neue Wagen bereits aus großer Distanz als Mercedes-Benz erkennbar sein müsse. Das unverwechselbare Mercedes-Benz-Gesicht sei folglich nur durch leichte Retuschen an die moderne Linienführung anzugleichen. Exakt in diese Richtung gehen dann auch die letzten formalen Karosserieüberarbeitungen.[14]

▷ **Siehe Band II/Seite 34 f**, Tabelle A 12 Technische Daten W 162

Anmerkung I: Einen hervorragenden Überblick über die Karosseriemoden und die Vielfalt der technischen Lösungen dieser frühen Nachkriegszeit bieten die sogenannten Automobil Revue-Kataloge der betreffenden Jahre (»Illustrierte Automobil Revue/Revue Automobile Illustrée« der Zeitschrift »Automobil-Revue«, Bern).

Abb. 0525
Im Spätherbst 1947 kehrt Wilhelm Haspel, von der Spruchkammer als »entlastet« eingestuft, in seiner alten Funktion als Vorsitzender des Vorstands in die Daimler-Benz AG zurück. Mit aller Kraft versucht er, die Fahrzeugproduktion zum Laufen zu bringen. Den 170 V durch ein neues Modell abzulösen, erachtet er als verfrüht und stoppt die Entwicklung des W 162.

Wilhelm Haspel kehrt zurück: Das Ende des W 162

Die Rückkehr von Dr.-Ing. Wilhelm Haspel an die Spitze der Daimler-Benz AG zu Beginn des Jahres 1948 besiegelt das Schicksal des W 162. Noch vor seinem offiziellen Wiedereinstieg, der dank seiner Entlastung im Spruchkammerverfahren möglich wird, setzt Haspel sich intensiv mit der Typenplanung der Interimsvorstandsmitglieder Hoppe und Kaufmann auseinander. Haspel kommt zum Schluss, dass es angesichts des nach wie vor kritischen Zustands der Firma und den weiterhin unberechenbaren Zukunftsaussichten nicht zu verantworten ist, auf neue Fahrzeugtypen zu setzen. Auch nicht auf den konstruktiv weitgediehenen W 162 als 170 V-Ersatz, der zudem erst in rund drei Jahren in die Fertigung gehen könnte. Zu ungewiss scheint ihm, ob das aus der Perspektive der ersten Nachkriegsmonate heraus definierte Fahrzeug später den Anforderungen noch genügen und marktgerecht sein würde. Konkret, ob es geschickt ist, mit einem eher kleinen und billigen Wagen, der noch viel Entwicklungsbedarf hat und entsprechend spät bereitstehen würde, in den Wettbewerb einzusteigen. Auch zweifelt Haspel an der guten Aufnahme der gestalterisch stark amerikanisch geprägten Karosserie beim Publikum, nicht zuletzt angesichts des raschen, zum Teil jährlichen Formenwechsels in der US-amerikanischen Automobilindustrie. Die Gefahr besteht, dass Daimler-Benz unversehens von der Modeströmung überholt wird und mit einem schwer verkäuflichen Modell dasteht. Wie vor dem Krieg sieht Haspel im geräumigen, leistungsfähigen, aber preisgünstigen Opel Kapitän den Hauptkonkurrenten eines künftigen Mercedes-Benz-Volumenmodells.[15]

Haspels Plan: Weiterbauen statt neu konstruieren

Am 26. November 1947 beruft Wilhelm Haspel in Untertürkheim die Vorstände Hoppe und Kaufmann, die Direktoren der verschiedenen Abteilungen, unter ihnen Max Wagner als Chefkonstrukteur, den wieder eingestellten Oberingenieur Häcker als Vertreter des Karosseriebaus sowie Oberingenieur Fürst von Urach als neuen Leiter des Untertürkheimer Versuchs zu einer ausgedehnten Sitzung mit dem Thema »1,5-Liter-Wagen« ein. Max Wagner lässt die Beweggründe Revue passieren, die zur Überzeugung geführt haben, dass *auf dem deutschen Markt* […] *nur ein kleiner wirtschaftlicher Wagen Aussicht auf größere Absatzmöglichkeiten* habe. Im Laufe des Austauschs tritt deutlich zu Tage, dass nunmehr die Meinungen über die Zukunftsaussichten des Typs W 162 geteilt sind und man die künftige Stellung der Daimler-Benz AG im Automobilgeschäft unterschiedlich beurteilt. Weiter gibt es Stimmen, die die angestrebten günstigen Produktionskosten des W 162 in Zweifel ziehen. Haspel breitet in seinem Plädoyer all seine kritischen Überlegungen aus und argumentiert zudem mit dem Engpass im Karosseriewerk Sindelfingen gegen den W 162. Sindelfingen, so seine Erkenntnis,

werde auf längere Sicht nicht in der Lage sein, eine vollständig neue Karosserie produktionsreif zu entwickeln und anschließend in namhaften Stückzahlen zu fertigen.[16]

Wilhelm Haspel hat eine andere Perspektive. Ihm ist zunächst wichtig, die eben erst angestoßene, mit mancherlei Unbill kämpfende Fertigung des 170 V richtig zum Laufen zu bringen. Er ist überzeugt, dass sich dieser beliebte Fahrzeugtyp mit seinen anerkannt guten Fahreigenschaften noch auf längere Sicht problemlos absetzen lässt, nämlich dann, wenn man ihn mit einer modernisierten Karosserie mit geräumigerem Innenraum und gut zugänglichem Kofferraum versehen wird. Statt bis 1951 den 170 V mit der bisherigen, vollständig veralteten Karosserie zu verkaufen und dann auf ein womöglich fehldisponiertes Modell zu wechseln, lasse sich – so seine Überzeugung – dank eines neuen Aufbaus mit dem 170 V die kommenden drei Jahre überbrücken und unter geänderten Voraussetzungen und mit klarerem Blick die Typenplanung in die Hand nehmen.

Es erstaunt nicht, dass sich Haspel als Vorstandsvorsitzender in allen Belangen durchsetzt. Die Weiterentwicklung des W 162 wird umgehend gestoppt und die Überarbeitung des 170 V mit neuer Karosserie an die Hand genommen. Dafür gibt es mit dem vor neun Jahren weitgehend fertigungsbereit entwickelten, jedoch anschließend verworfenen W 136 II in der Tat eine ausgezeichnete Vorlage.[17]

▷ **Siehe Band II/Seite 192 f**
Würdigung E 09: Der Mercedes-Benz W 162

Abb. 0526
Haspel gelingt es, mit seiner Führungsmannschaft die Pkw-Fertigung dank des altbewährten Vorkriegsmodells wieder zum Laufen zu bringen. Werk Sindelfingen, Hof vor der wieder aufgebauten Halle 9, Juni 1949. Eine größere Anzahl 170 V wartet auf die Fertigstellung. Die Motorhauben sind vorerst nur grundiert, weil diese zum Ausgleich der unvermeidlichen Toleranzen an jedem Fahrzeug individuell angepasst werden müssen.

8.2 Der 170 V bleibt – und mutiert zum 170 S

Für Firmenchef Wilhelm Haspel ist klar: Nur mit dem 170 V wird ein kommerziell erfolgreicher Wiedereinstieg in die Nachkriegs-Serienproduktion gelingen. Mit neuer Karosserie auf der Basis des W 136 II soll der Wagen noch ein paar Jahre guten Absatz erzielen. Doch so einfach geht es nicht. Unbeabsichtigt entsteht ein neuer Typ, der zwar klar besser, aber auch deutlich teurer ist: der 170 S. Auf den alten 170 V kann nicht verzichtet werden. Deshalb werden ab Mitte 1949 beide Typen nebeneinander gefertigt.

Kaum ist Wilhelm Haspel im Spätherbst 1947 an die Spitze der Daimler-Benz AG zurückgekehrt, fällt er – noch vor seinem offiziell genehmigten Wiedereinstieg zu Beginn des Jahres 1948 – die Grundsatzentscheidung, die Entwicklung des designierten 170 V-Nachfolgers W 162 zu stoppen. Stattdessen soll die vor einem halben Jahr angelaufene Produktion des 170 V-Innenlenkers auf einen betriebswirtschaftlich akzeptablen Ausstoß gesteigert werden. Der Übergang zu marktwirtschaftlichen Verhältnissen in den drei westlichen Besatzungszonen wird in absehbarer Zukunft erwartet. Seit dem 1. Januar 1947 sind die amerikanische und britische Zone wirtschaftlich in der sogenannten Bizone vereinigt, und eine Währungsreform würde wohl bald folgen. Bislang hat die Daimler-Benz AG insofern von ihren kriegsgefüllten Kassen profitieren können, als sie sowohl die zurückströmenden Werksangehörigen wiedereinzustellen und zu entlohnen in der Lage ist als auch Dienstleistungen durch Dritte in Anspruch nehmen kann, soweit diese für Geld zu haben sind. Dies betrifft insbesondere den Wiederaufbau der stark beschädigten Werksanlagen, der massiv forciert wird. Wie stark aber der von Besatzungsseite vorgegebene Geldwert und der durch Mangel in die Höhe getriebene Sachwert auseinanderliegen, ist am Beispiel des

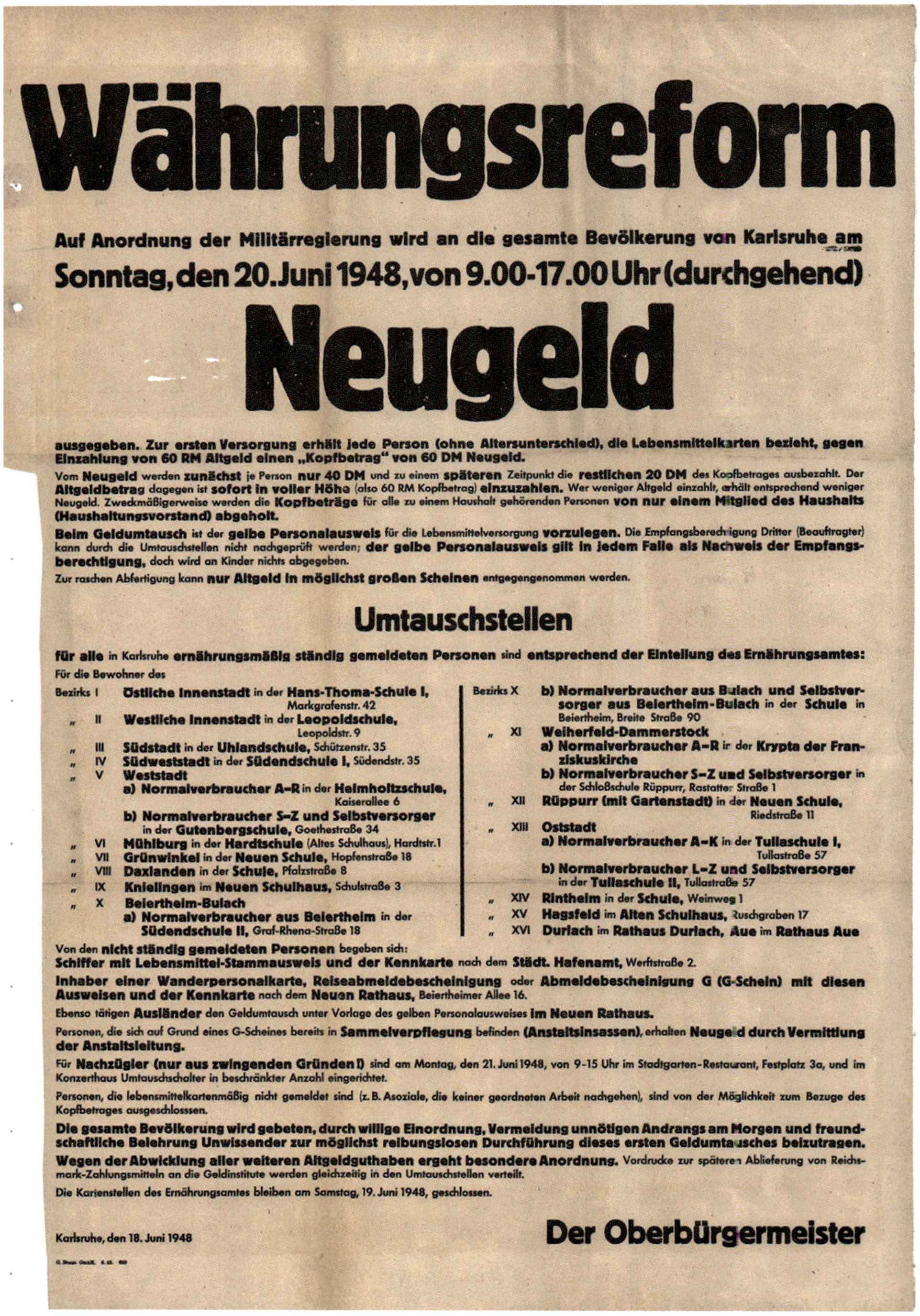

Währungsreform

Auf Anordnung der Militärregierung wird an die gesamte Bevölkerung von Karlsruhe am

Sonntag, den 20. Juni 1948, von 9.00-17.00 Uhr (durchgehend)

Neugeld

ausgegeben. Zur ersten Versorgung erhält jede Person (ohne Altersunterschied), die Lebensmittelkarten bezieht, gegen Einzahlung von 60 RM Altgeld einen „Kopfbetrag" von 60 DM Neugeld.

Vom **Neugeld** werden **zunächst** je Person **nur 40 DM** und zu einem **späteren** Zeitpunkt die **restlichen 20 DM** des Kopfbetrages ausbezahlt. Der **Altgeldbetrag** dagegen ist **sofort in voller Höhe** (also 60 RM Kopfbetrag) **einzuzahlen.** Wer weniger Altgeld einzahlt, erhält entsprechend weniger Neugeld. Zweckmäßigerweise werden die **Kopfbeträge** für alle zu einem Haushalt gehörenden Personen **von nur einem Mitglied des Haushalts (Haushaltungsvorstand) abgeholt.**

Beim Geldumtausch ist der **gelbe Personalausweis** für die Lebensmittelversorgung **vorzulegen.** Die Empfangsberechtigung Dritter (Beauftragter) kann durch die Umtauschstellen nicht nachgeprüft werden; **der gelbe Personalausweis gilt in jedem Falle als Nachweis der Empfangsberechtigung,** doch wird an Kinder nichts abgegeben.

Zur raschen Abfertigung kann **nur Altgeld in möglichst großen Scheinen** entgegengenommen werden.

Umtauschstellen

für alle in Karlsruhe **ernährungsmäßig ständig gemeldeten Personen** sind **entsprechend der Einteilung des Ernährungsamtes:**

Für die Bewohner des

Bezirks I **Östliche Innenstadt** in der **Hans-Thoma-Schule I,** Markgrafenstr. 42
" II **Westliche Innenstadt** in der **Leopoldschule,** Leopoldstr. 9
" III **Südstadt** in der **Uhlandschule,** Schützenstr. 35
" IV **Südweststadt** in der **Südendschule I,** Südendstr. 35
" V **Weststadt**
a) **Normalverbraucher A–R** in der **Helmholtzschule,** Kaiserallee 6
b) **Normalverbraucher S–Z und Selbstversorger** in der **Gutenbergschule,** Goethestraße 34
" VI **Mühlburg** in der **Hardtschule** (Altes Schulhaus), Hardtstr. 1
" VII **Grünwinkel** in der **Neuen Schule,** Hopfenstraße 18
" VIII **Daxlanden** in der **Schule,** Pfalzstraße 8
" IX **Knielingen** im **Neuen Schulhaus,** Schulstraße 3
" X **Beiertheim-Bulach**
a) **Normalverbraucher aus Beiertheim** in der **Südendschule II,** Graf-Rhena-Straße 18

Bezirks X b) **Normalverbraucher aus Bulach und Selbstversorger aus Beiertheim-Bulach** in der **Schule** in Beiertheim, Breite Straße 90
" XI **Weiherfeld-Dammerstock**
a) **Normalverbraucher A–R** in der **Krypta der Franziskuskirche**
b) **Normalverbraucher S–Z und Selbstversorger** in der Schloßschule Rüppurr, Rastatter Straße 1
" XII **Rüppurr (mit Gartenstadt)** in der **Neuen Schule,** Riedstraße 11
" XIII **Oststadt**
a) **Normalverbraucher A–K** in der **Tullaschule I,** Tullastraße 57
b) **Normalverbraucher L–Z und Selbstversorger** in der **Tullaschule II,** Tullastraße 57
" XIV **Rintheim** in der **Schule,** Weinweg 1
" XV **Hagsfeld** im **Alten Schulhaus,** Ruschgraben 17
" XVI **Durlach** im **Rathaus Durlach, Aue** im **Rathaus Aue**

Von den **nicht ständig gemeldeten Personen** begeben sich:
Schiffer mit Lebensmittel-Stammausweis und der Kennkarte nach dem **Städt. Hafenamt,** Werftstraße 2.

Inhaber einer Wanderpersonalkarte, Reiseabmeldebescheinigung oder **Abmeldebescheinigung G (G-Schein) mit diesen Ausweisen und der Kennkarte** nach dem **Neuen Rathaus,** Beiertheimer Allee 16.

Ebenso tätigen **Ausländer** den Geldumtausch unter Vorlage des gelben Personalausweises **im Neuen Rathaus.**

Personen, die sich auf Grund eines G-Scheines bereits in **Sammelverpflegung** befinden **(Anstaltsinsassen),** erhalten **Neugeld durch Vermittlung der Anstaltsleitung.**

Für **Nachzügler (nur aus zwingenden Gründen!)** sind am Montag, den 21. Juni 1948, von 9-15 Uhr im Stadtgarten-Restaurant, Festplatz 3a, und im Konzerthaus Umtauschschalter in beschränkter Anzahl eingerichtet.

Personen, die lebensmittelkartenmäßig nicht gemeldet sind (z. B. Asoziale, die keiner geordneten Arbeit nachgehen), sind von der Möglichkeit zum Bezuge des Kopfbetrages ausgeschlosssen.

Die gesamte Bevölkerung wird gebeten, durch willige Einordnung, Vermeidung unnötigen Andrangs am Morgen und freundschaftliche Belehrung Unwissender zur möglichst reibungslosen Durchführung dieses ersten Geldumtausches beizutragen.

Wegen der Abwicklung aller weiteren Altgeldguthaben ergeht besondere Anordnung. Vordrucke zur späteren Ablieferung von Reichsmark-Zahlungsmitteln an die Geldinstitute werden gleichzeitig in den Umtauschstellen verteilt.

Die Kartenstellen des Ernährungsamtes bleiben am Samstag, 19. Juni 1948, geschlossen.

Karlsruhe, den 18. Juni 1948

Der Oberbürgermeister

Abb. 0527
Mit Plakaten wird die Bevölkerung der westlichen drei Zonen auf die Währungsumstellung am 21. Juni 1948 aufmerksam gemacht. Die Deutsche Mark ersetzt die fast wertlose Reichsmark. Hier ein Aufruf aus Karlsruhe zum Umtausch.

Abb. 0528
Komplizierte Verhältnisse in der Viersektorenstadt Berlin. In den Westsektoren gibt es zwei anerkannte Währungen, die D-Mark und die Ost-Mark. Dadurch entsteht ein innerstädtischer Devisenhandel. Vor den offiziellen Wechselstuben, hier 1948/49 am Wittenbergplatz, bilden sich lange Schlangen.

Kaufpreises für einen Mercedes-Benz 170 V ablesbar. Im Jahr 1947 kostet ein fabrikneuer 170 V – wenn man überhaupt einen solchen zugeteilt erhält – behördlich festgelegte 6 200 RM. In zweite Hand weiterverkauft, erzielt der Wagen jedoch einen Preis von 100 000 bis 120 000 RM.[18] Dass unter solchen Verhältnissen die Fahrzeugproduktion ein erhebliches Verlustgeschäft ist, bedarf keiner Erläuterung. Wirtschaftlich erfolgreich ist einzig die groß aufgezogene und an mehreren Standorten eingerichtete Wageninstandsetzung, die hauptsächlich für die Besatzungsmächte arbeitet. Die bevorstehende Währungsreform wird den Zusammenbruch der Finanzreserven der Firma auslösen, die Einnahmen müssen fortan durch die Produktion und den (gewinnbringenden) Verkauf der Fahrzeuge generiert werden. Dies kann nur gelingen, wenn sich die Fertigung stark steigern lässt. Immerhin rechnet man mit einem Rückgang der bislang unumgänglichen Kompensationsgeschäfte und mit einer verbesserten Rohstoffversorgung. Denn das Horten von Materialien, Halbfabrikaten und Maschinen wird an Attraktivität einbüßen, und die Aussicht besteht, dass die Kontingentierung längerfristig fällt.

Angesichts der schwierigen Herausforderung, vor der die Daimler-Benz AG steht, spricht sich Wilhelm Haspel auf der Konferenz vom 26. November 1947 mit den leitenden Persönlichkeiten der Firma gegen die Weiterentwicklung des 170 V-Nachfolgers W 162 aus. Einem Fahrzeug, das durch seine produktionstechnischen Neuerungen zwingend eine Großserienproduktion bedingt hätte, für die weder die Mittel noch die übrigen Voraussetzungen vorhanden sind. Damit beendet er ebenso – zumindest vorläufig – die Diskussion über alle weiteren ambitionierten Fahrzeug- und Motorenprojekte, die unter Hoppe und Kaufmann angedacht sind, eingeschlossen das kleine Dieseltriebwerk. Haspel verlangt stattdessen, sich mit vollen Kräften auf den 170 V zu konzentrieren. Dieser bewährte Verkaufsrenner der Vorkriegsjahre steht immer noch hoch im Kurs, in der Firma selbst wie in der Wahrnehmung der Automobilinteressierten. *Was die Fahreigenschaften anbelangt, ist der Wagen wahrscheinlich noch auf Jahre eine optimale Lösung. Ich gehe solange ungern vom 1,7 Ltr. herunter als ich nicht überzeugt bin, dass etwas preismäßig besseres geliefert werden kann, insbesondere wenn wir grundsätzlich andere Wege bei Chassis, Hinterachse etc. gehen müssen,* lässt er sich im Protokoll zitieren.[19]

Rückgriff: Der auferstandene W 136 II wird zum W 136 III

Bei allem Beharren auf dem 170 V, es scheint Haspel ebenso unverantwortlich zu sein, für die kommenden drei Jahre – also bis 1951 – bei der veralteten 170 V-Karosserie von 1936 zu verbleiben. Ein neuer Aufbau müsse die kritisierten engen Raum- und Einstiegsverhältnisse und den Kofferraumzugang verbessern sowie einen hinten untergebrachten Treibstofftank haben. Ferner fordert er eine höhere Motorleistung. Über mögliche Verbesserungen am Getriebe und an der Hinterachse lasse er mit sich diskutieren, wenn die Austauschbarkeit der alten durch die neuen Aggregate gegeben sei, diese also keine Anpassungen der benachbarten Bauteile bedingten, ließ er verlauten. Die mechanischen Veränderungen sollen jedoch auf das technisch Notwendige beschränkt bleiben und die Einführung des neuen Aufbaus terminlich keinesfalls verzögern.[20]

Obwohl Haspel betont, dass er den Konstrukteuren für die neue Karosserie des 170 V *größte Freiheit gelassen* habe, so ist für ihn glasklar, welchen Weg es zu beschreiten gilt. Fraglos ist es naheliegend, den 1938 produktionsreif entwickelten Aufbau des W 136 II als Basis heranzuziehen und in Details zu adaptieren. Dafür spricht, dass diese Karosserie die wichtigsten Anforderungen – Platz, Kofferraum, Treibstofftank – erfüllt. Zudem sind die seinerzeit für eine Serienfabrikation beschafften Einrichtungen und Presswerkzeuge noch teilweise vorhanden, wie die Werksleitung von Sindelfingen unterdessen festgestellt hat.

Tempo in Untertürkheim und Sindelfingen

Drei Wochen später, am 18. Dezember 1947, trifft sich Haspel mit den leitenden Herren von Untertürkheim und Sindelfingen, um den 170 V mit neuer Karosserie gründlich durchzusprechen. Man verleiht dem Wagen die Baureihen-

Abb. 0529
Typ W 136 II von 1938. Auf der Basis dieses seinerzeit verworfenen Modells will Firmenchef Haspel den 170 V modernisieren. Das geht schneller und ist mit viel weniger Risiken verbunden als mit der Neukonstruktion W 162.

Abb. 0530
Beengte Arbeitsverhältnisse im Büro des Zentraleinkaufs, Juni 1948. Das teilweise wiederhergestellte Verwaltungsgebäude in Untertürkheim wird, so wie viele andere Häuser, im Rohbau genutzt.

bezeichnung W 136 III. *Wir bekommen [...] ein Fahrzeug, welches gegenüber der Konkurrenz, selbst gegenüber dem Opel Kapitän, gut liegt und uns für einige Zeit von der Notwendigkeit entbindet, zusätzlich einen mittelstarken Wagen bauen zu müssen [...] Übrigens können wir mit diesem Fahrzeug auch künftig noch einiges machen, so z.B. einen stärkeren Motor einhängen, kurz, wir haben wiederum ein entwicklungsfähiges Fahrzeug, bei dem man einige Jahre verbleiben kann,* gibt sich Wilhelm Haspel optimistisch.

In den Konstruktionsbüros und Fertigungsabteilungen beider Werke ist man seit Ende November mit Elan an der Arbeit und bereits in der Lage, substanzielle Aussagen zum W 136 III zu machen. So informieren Direktor Max Wagner, was am W 136 I-Fahrgestell mitsamt dem Motor verändert und Oberingenieur Walter Häcker, was am Aufbau des W 136 II angepasst werden muss. Zu diesem Zeitpunkt läuft die Aufbereitung der Karosserie-Werkzeuge bereits, die entrostet und nachgedreht werden müssen. Eine detaillierte Auslegeordnung ergibt, dass 52% der notwendigen Werkzeuge fehlen oder sich nicht mehr verwenden lassen, also neu angefertigt werden müssen. Als Versuchswagen sollen vorerst zwei W 136 II von 1938/39 dienen, die den Bombenhagel irgendwie überstanden haben und nun in relevanten Details anzupassen sind. Zwei weitere W 136 II sollen vom Reparaturbetrieb überstellt werden. Den von 38 PS auf ca. 45 PS leistungsgesteigerten M 136-Motor plant Wagner Mitte März 1948 zum Laufen zu bringen, um ihn anschließend im Versuch »auf Herz und Nieren« zu testen. Um Zeit zu gewinnen sieht er vor, einstweilen die verbreiterte und verstärkte Kübelwagen-Hinterachse einzusetzen. Doch Haspel ist angesichts des ruhigeren Laufs der Gleason-Hypoidverzahnung gerne bereit, für die im Entstehen begriffene neue Pendelachse einen höheren Gestehungspreis in Kauf zu nehmen. Dies auch um mit einem ruhigen Differenzial der Dröhnneigung der Ganzstahlkarosserie entgegenzuwirken. Dr. Carl-Heinrich Jahr, Sohn des langjährigen Vizevorsitzenden des Aufsichtsrats und – wie Haspel – Ökonom und Maschineningenieur, empfiehlt bei den anzupassenden oder neu zu konstruierenden Teilen nach Möglichkeit darauf zu achten, dass sich diese als

Ersatzteile auch im bisherigen 170 V einsetzen lassen. Obwohl der neukarossierte 170 V die Ersatzteilbewirtschaftung gegenüber einem vollständig neuen Modell bereits vereinfacht, nimmt Wilhelm Haspel diese Anregung wohlwollend entgegen. Angesichts der erfreulich raschen Fortschritte in der Entwicklung glaubt er, den Start der Serienproduktion des 170 V (W 136 III) in Limousinen-Ausführung auf Februar 1949 festlegen zu können. Über eine eventuelle Cabriolet-Version gilt es zu einem späteren Zeitpunkt nachzudenken.[21]

Abb. 0531
Das erste Unimog-Fahrgestell im Testbetrieb, 9. Oktober 1946. Noch sind die Herren Rößler (am Lenkrad) und Friedrich zuversichtlich, für die weiteren Prototypen und die Serienfertigung den kleinen Dieselmotor OM 636 von Daimler-Benz geliefert zu bekommen. Doch dessen Entwicklung zieht sich hin, und nach seiner Rückkehr stellt sich Konzernchef Haspel quer.

Das Kreuz mit dem kleinen Pkw-Dieselmotor OM 636

Während es Generaldirektor Wilhelm Haspel gelingt, das 170 V-Nachfolgeprojekt W 162 ohne spürbaren Widerstand von Seiten seiner Führungskräfte zu beerdigen, stößt er beim zweiten von ihm kritisierten Vorhaben aus der Interimsära Hoppe/Kaufmann – dem kleinen Pkw-Dieselmotor – auf erhebliche Opposition. Bekanntlich hätte der aus dem 170 V-Triebwerk M 136 entwickelte, ebenfalls 1,7 Liter große Selbstzünder OM 636 vorrangig in den 170 V-Nutzfahrzeugen – also den Pritschen- und Kastenwagen – verwendet werden sollen, und zwar als Erstausrüstung in Neuwagen ebenso wie als Tauschtriebwerk. Haspel erkennt im kleinen Dieselmotor keine großen Verkaufschancen, als er sich im Spätherbst 1947 intensiv mit sämtlichen Aspekten der Firma auseinandersetzt. Er sieht vielmehr die beträchtlichen Schwierigkeiten und den Mehraufwand, die durch die Fabrikation dieses zusätzlichen Motors entstehen würden – dies zu einem Zeitpunkt, wo selbst die Herstellung eines einzigen Motorentyps eine Herausforderung bedeutet und man von einer wirtschaftlich tragfähigen Stückzahl weit entfernt liegt.

Kleiner Diesel: Als Triebwerk für den »Unimog« versprochen

Doch der kleine Diesel lässt sich nicht so einfach über Bord kippen, weil sich die Daimler-Benz AG am 2. Mai 1947 gegenüber der Werkzeugmaschinenfabrik und Eisengießerei Gebr. Boehringer GmbH in Göppingen verpflichtet hat, bis Februar des kommenden Jahres zusätzlich zu den zwölf Versuchsmotoren weitere 100 Stück dieses kleinen Dieseltriebwerks zu liefern. Diese Motoren sollen im sogenannten »Unimog« eingebaut werden, einem höchst bemerkenswerten, in der Land- und Forstwirtschaft universell einsetzbaren Motorgerät der ehemaligen Daimler-Benz-Ingenieure Albert Friedrich und Heinrich Rößler, das Boehringer bauen wird.

Mit großem Missfallen nimmt Haspel zur Kenntnis, dass der im Unimog verwendbare Dieselmotor keineswegs der Ausführung entspricht, die für die 170 V-Liefer- und Pritschenwagen vorgesehenen ist, sondern eine eigene kleine Serie darstellen würde, die sich aus zahlreichen, dem speziellen Einsatzzweck und den konstruktiv gegebenen Einbauverhältnissen geschuldeten Änderungen ergibt. Trotz der engagierten Fürsprache von Carl-Heinrich Jahr, der im Motorenverkauf tätig ist, spricht sich Haspel entschieden gegen den OM 636 aus, obwohl er die Qualität der Entwicklung als technische Leistung durchaus würdigt. *Nachdem ich aber unseren Betrieb gesehen habe und feststellen musste, in welcher Verfassung er sich hinsichtlich Maschinen und Menschen befindet, bin ich zu der Überzeugung gelangt, daß alles, was zusätzlich gemacht würde, und wenn es nur eine geringe Abweichung ist, geeignet wäre, unsere Fabrik bankrott zu machen. […] wenn wir uns nicht darauf einrichten, daß wir mit dem 170 V preislich konkurrenzfähig sind und mindestens 1 000 Fahrzeuge im Monat ausstoßen, dann geht diese Fabrik zugrunde, selbst wenn sie einen Dieselmotor mit einem noch so geringen Verbrauch bauen würde.* Mit diesen Worten schließt Wilhelm Haspel in der großen Aussprache vom 18. Dezember 1947 die Diskussion um den Dieselmotor OM 636. Gleichzeitig gesteht er ein, dass man die 100 Exemplare des Unimog-Motors wohl bauen müsse und *in einem Stück durchziehen* werde. *Unter keinen Umständen dürfen diese auf ewige Zeit neben dem Benzinmotor mitgezogen werden.*[22] Trotzdem versucht Haspel in den folgenden Monaten, die Daimler-Benz AG von den Lieferverpflichtungen gegenüber der Firma Boehringer zu lösen, bietet anstelle des Dieselmotors erfolglos die Lieferung des Benzintriebwerks M 136 an, zweifelt an den Zukunftsaussichten des Unimog, verkracht sich mit dem Unimog-»Erfinder« und ehemaligen Daimler-Benz-Flugmotoren-Entwicklungschef Friedrich und strapaziert das bislang gut-nachbarliche Einvernehmen mit Rolf Boehringer.[23] Schließlich muss Haspel laut protestierend eingestehen, dass die Lieferung der Dieselmotoren für den Unimog nicht

Abb. 0532
Werbeanzeige für die Vorstellung des »Unimog: Universal-Motorgerät« anlässlich der ersten Landwirtschaftsausstellung der DLG nach Kriegsende in Frankfurt am Main, 29. August bis 5. September 1948. Der Unimog ist die technische Sensation auf der Messe. Unterdessen ist Haspel einsichtig und der Dieselmotor OM 636 kann gebaut werden.

zu umgehen ist. Leider zeigt sich bald, dass die Entwicklung des OM 636 keineswegs abgeschlossen ist, sondern – insbesondere was den komplexen Verbrennungsvorgang betrifft – intensiv weitergeführt werden muss.[24] Aus diesem Grund verzögert Daimler-Benz die Fertigung und Lieferung der Unimog-Motoren bis weit ins Jahr 1949 hinein.[25]

Diesel im erneuerten 170 V: Wegen steigendem Benzinpreis doch interessant?

Das große Umdenken betreffend Dieselmotor im 170 V geschieht am 22. Juni 1948. Zwei Tage zuvor ist in den drei westlichen Besatzungszonen Deutschlands (der Trizone) die lang erwartete Währungsreform durchgeführt worden. Ab dem Folgetag gilt die Deutsche Mark (DM) als alleiniges gesetzliches Zahlungsmittel. Geld ist nun knapp, doch es entsteht bald eine realistische Balance zwischen Angebot und Nachfrage in einer zunehmend vom Markt bestimmten Wirtschaftsordnung. Wilhelm Haspel ist als scharfsinniger Beobachter des Finanz- und Wirtschaftsgeschehens wie kein Zweiter in der Firmenleitung in der Lage, die für das Unternehmen günstigen Maßnahmen zu erkennen und umzusetzen. An diesem Dienstag, 22. Juni 1948 ruft Haspel seine Vorstandskollegen zu einer vormittäglichen Sitzung in Untertürkheim zusammen, denn um 15 Uhr hat er sich mit Rolf Boehringer wegen der leidigen Lieferung der 100 Unimog-»M 636«-Motoren verabredet. Die Firma Boehringer hat offenbar unterdessen vom Verwaltungsamt für Ernährung, Land- und Forstwirtschaft in Frankfurt (Main) einen Lieferauftrag von 1 200 Unimog erhalten. Haspel begreift, dass dem Unimog-Projekt durchaus Zukunftschancen einzuräumen sind und die Daimler-Benz den Dieselmotor in der dafür erforderlichen Stückzahl würde liefern müssen. Dies bedeutet, dass man trotz vieler Gleichteile mit dem Benzinmotor M 136 nicht umhinkommt, im Werk Untertürkheim für die Dieselausführung OM 636 bzw. »M 636-Unimog« eine zweite Fertigungsstraße einzurichten.[26]

Und nun kommt unvermittelt ein weiterer Aspekt hinzu: Haspel erwartet als Folge der Währungsreform erhebliche Preissteigerungen beim Benzin, worauf er sich ernstlich die Frage stellt, *ob man den Dieselmotor nicht doch neben dem Benzinmotor bringen wolle.* Er ruft den deutlichen Verbrauchsvorteil in Erinnerung, der viele Käufer trotz der Aversion gegen diesen Betriebsstoff dazu bewegen könnte, einen Personenwagen mit Dieselmotor zu kaufen. Haspel ist zwar der Meinung, dass der Diesel im Pkw *auf längere Sicht keine ausschlaggebende Rolle spielen werde, für die nächste Zeit könne er jedoch vom Standpunkt des Verkaufs interessant sein.* Dipl.-Ing. Fritz Nallinger – im Mai 1948 aus der Zwangsverpflichtung in Südfrankreich zur Daimler-Benz AG zurückgekehrt und erneut als Vorstandsmitglied und Technischer Direktor tätig – unterstützt diese Sicht und wirft ein, dass ein 170 V (W 136 III) mit Dieselmotor einen Teil des höheren Kaufpreises durch geringere Betriebskosten kompensieren könne. Rolf Staelin, Leiter der Verkaufsabteilung, macht auf die Haltung der Post aufmerksam, die in einem neu zu beschaffenden Kastenwagen den Dieselmotor bevorzugen würde. Zudem vermutet er, dass in ländlichen Gebieten ein Pkw mit Dieselmotor wegen des dort verbreiteten Kraftstoffs gefragt sein würde. Nallinger wagt die Prognose, dass immerhin 30% der 170 V-Bestellungen auf einen Diesel fallen könnten.[27]

Schwieriger Start: Hemmnisse überall

In der Folge läuft die Entwicklung des Dieselmotors OM 636 weiter, obwohl unbeantwortet bleibt, ob der kleine Selbstzünder nun wirklich im neukarossierten 170 V angeboten werden wird. Trotz der vielen Betriebsstunden, welche die Versuchstriebwerke seit geraumer Zeit auf dem Motorenprüfstand abgespult haben und den umfangreichen praktischen Erprobungen in fabrikneuen 170 V-Wagen aus der laufenden Fertigung ist der Motor alles andere als produktionsreif. Die Erkenntnisse und reichen Erfahrungen, die man während des Kriegs insbesondere zum komplexen Thema der Kraftstoffverbrennung und Druckentwicklung mit

Abb. 0533
Erste fertiggestellte Unimog-Serie vor der Montagehalle der Firma Boehringer in Göppingen, März 1949. Man ist glücklich, dass Daimler-Benz den Dieselmotor OM 636 nun doch liefert. In Untertürkheim hegt man die Absicht, diesen Motor auch im neukarossierten 170 V einzubauen.

Abb. 0534
Erste Zeichnung für einen neukarossierten 170 V auf der Basis des W 136 II von 1938, datiert 30.11.1947. Nur vier Tage nachdem sich Haspel gegen die Weiterentwicklung des W 162 ausgesprochen hat, ist dieser Entwurf fertig. Noch geht man in Sindelfingen davon aus, dass die gesamte Technik vom bisherigen 170 V (W 136 I) übernommen wird, die Motorleistung bei 38 PS bleibt und der Treibstofftank weiterhin unter der Motorhaube sitzt.

den Marine-Dieselmotoren gewonnen hat, lassen sich nicht ohne Weiteres auf die sehr viel bescheidenere Zylindergröße eines kleinen Pkw-Motors übertragen. So verhindert nicht nur die stark eingeschränkte Produktionskapazität der Robert Bosch GmbH – sie liefert Einspritzanlagen bloß in »homöopathischen Dosen« – die zügige Abwicklung des Unimog-Motorenauftrags, sondern auch der Umstand, dass die Dieselmaschine bis über das Ende des Jahres 1948 hinaus schlicht nicht »fertig« wird.[28] Mehrfach wettert Haspel in Sitzungen und Besprechungen über die Tatsache, *dass seinerzeit die ganze Welt mit unserem Dieselmotor alarmiert wurde und jetzt die Konstruktion feststellen müsse, dass der Motor nicht* [...], *wie früher immer erklärt, durch einfache Umstellung des Benzinmotors hergestellt werden kann. Nun wo man die Lieferversprechungen einlösen müsse, zeige sich, dass noch viele Änderungen getroffen werden müssten.* Er befürchtet, dass die versprochene Motorenlieferung an Boehringer der Daimler-Benz AG auch künftig Unannehmlichkeiten und Umtriebe insbesondere durch Reparaturen bescheren würde. Obgleich er eine Nachbestellung über 500 Triebwerke akzeptiert, trachtet er danach, sich nicht allzu lange mit der Unimog-Motorenfertigung – diesem fabrikatorischen Fremdkörper – herumschlagen zu müssen. Deshalb empfiehlt er Boehringer, die Unimog-Motoren künftig von einer Drittfirma, beispielsweise von Hanomag oder Klöckner-Humboldt-Deutz zu beziehen, wozu er nötigenfalls gerne eine Lizenz vergeben würde.[29]

Die Entwicklung des W 136 III: Heikler als gedacht

Den guten alten 170 V neu zu karossieren sieht nach einem simplen Vorhaben aus, insbesondere, weil unmittelbar vor dem Krieg diese Aufgabe weitestgehend gelöst worden ist und für dieses Modell – den W 136 II – unbenutzte Karosseriewerkzeuge und Fertigungseinrichtungen vorhanden sind, auf denen das Werk in Sindelfingen aufbauen kann. Aus kommerzieller Sicht scheint ein Produktionsbeginn im frühen Frühjahr 1949 zwingend und dank dieser günstigen Ausgangslage auch fertigungstechnisch möglich. Dadurch lassen sich die Präsentation und der Verkaufsstart auf den Genfer Automobilsalon terminieren. Innerhalb von ein bis zwei Monaten soll das neue Modell auf eine Stückzahl von 800 Fahrzeugen im Monat gebracht werden und der bisherige W 136 I auslaufen.[30]

Unverhofft tauchen Schwierigkeiten auf, nicht primär bei der Karosserie, die termingerecht in Produktion gehen könnte, sondern im mechanisch-technischen Bereich, wo gegenüber dem alten W 136 I zahlreiche Verbesserungen einfließen sollen. Zwingend ist eine höhere Motorleistung, denn der neukarossierte 170 V wird schwerer ausfallen und durch die größere Stirnfläche als Folge des breiteren Aufbaus auch einen höheren Luftwiderstand haben als das bisherige Modell. Das ganze Jahr 1948 über mühen sich die Konstrukteure und Versuchsingenieure in Untertürkheim ab, dem mit einem Fallstromvergaser, einem strömungsgünstigeren Ansaugkrümmer, einem leicht vergrößerten Hubvolumen und einem höheren Drehzahlniveau bis auf 54 PS leistungsgesteigerten M 136-Triebwerk ordentliche Laufmanieren beizubringen. Damit der alte Motor die beachtliche Leistungssteigerung von rund 40% schadlos aushält, sind zahlreiche innermotorische Verbesserungs-

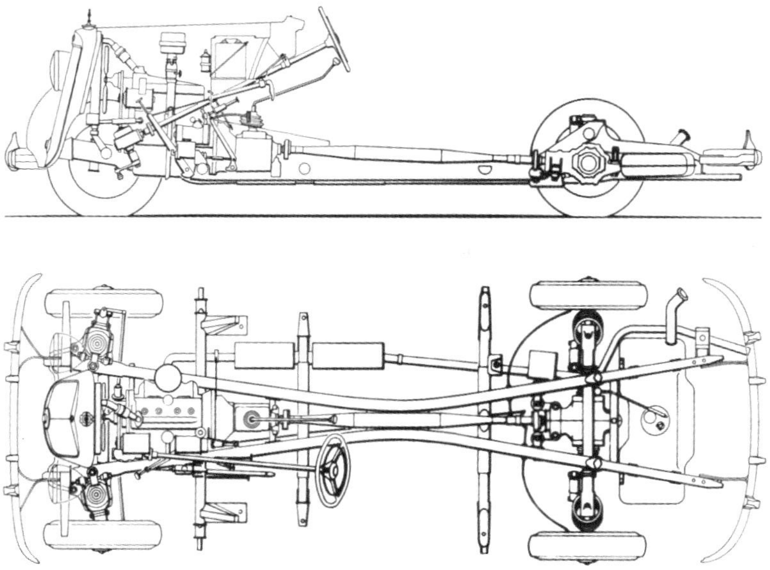

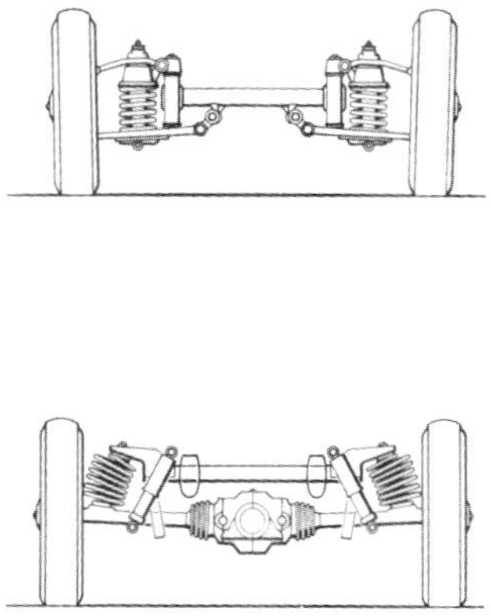

Abb. 0535
Fahrgestellzeichnung des vom W 136 III zum W 136 IV mutierten und schließlich 170 S getauften Modells. Der Tank bleibt wie beim W 136 II von 1938 im Heck. Einem Vorschlag von Rudolf Uhlenhaut folgend, entschließt man sich zu einer aufwändigen Lenkervorderachse.

Abb. 0536
Die neue Vorderradaufhängung des W 136 IV, testweise an einem Versuchsfahrgestell, Mitte 1948. Analog der jüngsten W 162-Variante (Ea 165) sind die Dreieckslenker leicht gegen hinten abgewinkelt und die Teleskopstoßdämpfer in die Schraubenfedern integriert.

maßnahmen erforderlich, die in aufwändigen und langandauernden Probeläufen überprüft und optimiert werden müssen. Weiter drängen sich Verbesserungen im Getriebe auf. Die seinerzeit auch von Haspel gewünschte neue Hinterachse mit Gleason-Hypoidverzahnung lässt sich kaum termingerecht in erprobtem Zustand in die Serienfertigung überführen. Mitschuldig sind Lieferverzögerungen der erforderlichen Spezialmaschinen aus den USA.

Bereits im Mai ist der Vorschlag von Versuchsingenieur Rudolf Uhlenhaut im Vorstand auf Zustimmung gestoßen, anstelle der bisherigen Querblattfeder-Vorderradaufhängung eine solche aus zwei übereinanderliegenden Dreiecksquerlenkern und Schraubenfedern vorzusehen, was zu einem deutlich besseren Federungskomfort und zu präziseren Fahreigenschaften führt.[31] Alle diese Maßnahmen und der nun hinter der Hinterachse statt im Motorraum angeordnete Treibstofftank bedingen einen wesentlich veränderten Rahmen, der grundsätzlich seine X-Form und die Ovalrohre beibehält, aber faktisch neu konstruiert werden muss.

Während man von Seiten der Konstruktion und des Versuchs – im Vorstand vertreten durch Fritz Nallinger – auf Neuerungen und Verbesserungen drängt, hält der für die Produktion zuständige Vorstand Karl Christian Müller in seiner Eigenschaft als Verantwortlicher im Werk Untertürkheim dagegen. Er sieht sich mit Verzögerungen und fertigungstechnischen Schwierigkeiten konfrontiert.

Zu aufwändig, zu teuer – Verzicht auf technische Verbesserungen?

Selbst Firmenchef Haspel ist ob des eingeschlagenen Wegs verunsichert. Am 17. September 1948 bestellt er neben seinen Vorstandskollegen auch die Vertreter der Konstruktion, des Versuchs und des Karosseriebaus zu sich und ruft in Erinnerung, wie die Aufgabe Ende des verflossenen Jahres definiert worden sei, nämlich den 170 V karosserieseitig zu aktualisieren, um gegenüber der Konkurrenz nicht ins Hintertreffen zu gelangen, die Leistung des Motors *mit normalen Mitteln* auf ca. 45 PS zu erhöhen und den Tank nach hinten zu verlegen. Durch die nun sehr viel weitergehenden Maßnahmen, die zu 70 bis 90% neuen Teilen führen, befürchtet er, dass am Ziel vorbei konstruiert wird. Weil bis auf absehbare Zeit nur ein Pkw-Fahrzeugtyp im Programm stehen könne, gelte es mit kleinstmöglichem Risiko unumgängliche Verbesserungen durchzuführen und so für die Firma die größtmögliche Überlebenssicherheit zu erzielen. Alles andere hält Haspel für unverantwortlich. Er erwägt, mit Ausnahme

Abb. 0537 & 0538
Zwei wohl gleichzeitige Entwürfe für den W 136 III/IV, der obere datiert 8.10.1948. Der dunkle Wagen hat eine Lenkervorderachse, eine seitlich öffnende Motorhaube ohne Kiemen und das Ersatzrad im Kofferraum. Der Wagen unten verfügt über die alte Querblattfeder-Vorderachse, eine Alligatoren-Motorhaube mit aufgesetzten Scharnieren, kiemenlose Seitenbleche und das Ersatzrad im unten drehbar gelagerten Kofferdeckel.

des neuen Aufbaus auf sämtliche Änderungen und Entwicklungen zu verzichten und diese allenfalls später als Modellpflege einzuführen. Nallinger macht indessen deutlich, dass dieser Vorschlag undurchführbar ist, denn allein die neue Karosserie führt zwangsläufig zu einer erheblichen Anzahl von Veränderungen am Fahrgestell. Weitere Anpassungen sind unvermeidlich, soll das neukarossierte Modell in wichtigen Eigenschaften, etwa dem Federungskomfort und der Fahrsicherheit, nicht hinter den alten 170 V zurückfallen.[32]

Eine Klasse höher: Der 170 S ist geboren

Im Laufe des Septembers 1948 beschließt der Vorstand an zwei weiteren Zusammenkünften, den W 136 III nun doch mit einem Großteil der im Frühjahr vorgesehenen technischen Anpassungen und Verbesserungen zu realisieren. Insbesondere wird die Motorleistung auf 52 PS erhöht und die Lenker-Vorderachse umgesetzt. Kompromisse gibt es beim Getriebe und der Hinterachse, die – analog dem Kübelsitzwagen aus den Kriegsjahren – in der Spur verbreitert wird, konstruktiv jedoch, von wenigen Anpassungen abgesehen, die alte bleibt.

Auch Produktionschef Müller, der sich anfänglich sperrig zeigt, lenkt ein, nachdem sich Nallinger mit ihm unter vier Augen verständigt hat.[33] Mitte Oktober gibt man dem neuen Wagen die Baureihenbezeichnung W 136 IV.[34]

Der Teufel steckt im Detail: Präsentation auf dem Genfer Salon platzt

Zunächst scheint es, als ob die Terminvorgabe – Präsentation im März 1949 auf dem Automobilsalon in Genf und parallel dazu Start der Produktion – eingehalten werden kann. Doch Nallinger stellt bei Probefahrten in der Schweiz fest, dass die Wirkung der Fußbremse ungenügend ist. Konzernchef Haspel wehrt sich zunächst gegen deren sofortige Neukonstruktion, doch schließlich stimmt er einer Verbreiterung und damit einer Vergrößerung der Belagsflächen zu.[35] Zahlreiche weitere, wenngleich zumeist kleine Änderungen strapazieren den Zeitrahmen für die Produktionsvorbereitung in Untertürkheim und Sindelfingen. Nach einer Probefahrt am 5. Dezember 1948 in einem Versuchs-W 136 IV zieht Wilhelm Haspel die Reißleine. Über die Federung und Straßenlage zeigt er sich zwar begeistert,

Abb. 0539
Fahrgestell im Untertürkheimer Versuch, vermutlich Mitte 1948. Den braven alten Motor M 136 des bisherigen 170 V will man mit gezielten Eingriffen von 38 PS auf über 50 PS bringen, um das höhere Wagengewicht und die größere Stirnfläche des W 136 III/IV mehr als nur zu kompensieren. Dazu gehören ein optimierter Zylinderkopf aus Aluguss und ein strömungsgünstig geformter Ansaug- und Auspuffkollektor mit – endlich – einem Fallstromvergaser. Dieser fehlt hier gerade.

doch dröhnt der Motor nach wie vor in einem nicht zumutbaren Ausmaß, er wirke geradezu als *»Kurzwellenmassage«,* empört sich Haspel. Nach wie vor lassen sich die Ursachen nicht eindeutig erkennen, gewisse Anzeichen deuten auf eine Mitschuld der Ganzstahlkarosserie hin. Weiter hält er die Lüftung und Auspuffheizung in der Wirkung für unbrauchbar und bezeichnet die Kanäle und Klappen in der gewählten Ausführung als indiskutabel. Eine Verschiebung der Präsentation und des Produktionsstarts ist angesichts dieser schwerwiegenden Mängel nicht zu vermeiden.[36] Als neuer Zeitraum für die öffentliche Vorstellung steht der September 1949 zur Diskussion. Zur Vermeidung einer Produktionslücke muss eine größere Anzahl des bisherigen 170 V (W 136 I) eingeschrieben werden.

Wie soll das neue Modell heißen?

Allmählich und letztlich früher als Ende 1948 befürchtet, nähert sich der W 136 IV der Produktionsreife. Zusätzlich zum Innenlenker sind wiederum, wie in vergangenen Zeiten, ein vier- bis fünfsitziges Cabriolet B, ein zweisitziges Cabriolet A sowie ein Kranken- und Kastenwagen vorgesehen.[I] Nicht ganz überraschend gibt Haspel auf der Vorstandssitzung vom 24. Februar 1949 bekannt, dass der neue 170er 1 000 bis 1 500 DM teurer werde als der bisherige 170 V. *Allerdings ist der Wagen tatsächlich um eine Klasse höher geworden*, stellte er fest. *Es ist jedoch die Frage, ob man von diesem Fahrzeug monatlich 2–2 500 Stück wird verkaufen können. Es kann uns passieren, dass wir für die Zukunft gezwungen werden, wieder einen kleineren Wagen zu bauen.*

Eine gute Woche später diskutieren die Vorstandsmitglieder über die offizielle Verkaufsbezeichnung des W 136 IV. Karl Christian Müller schlägt vor, 170 E (für »Export») zu wählen, während Verkaufsleiter Staelin zu »170« gerne eine zusätzliche Bezeichnung sehen würde, vielleicht »Spezial«. Hoppe spricht sich für 170 N (für »neu«) und Nallinger für 170 »Modell 1949« aus, beides Vorschläge, die Wilhelm Haspel als untauglich ablehnt. Haspel macht seinerseits den Vorschlag, den Wagen 170 S zu nennen, denn die Bezeichnung »S« sei aus dem früheren Mercedes-Benz-Typenprogramm noch bekannt und könne sowohl »Spezial« als auch »Super« heißen. Diese Argumentation überzeugt.[37]

Die unbeabsichtigte Positionierung des 170 S (W 136 IV) in einer höheren Fahrzeug- und Preisklasse trübt Haspels Freude am nahenden Produktionsstart. Den seit längerem als Zukunftsprojekt zur Diskussion stehenden sogenannten mittleren Mercedes-Benz-Wagen mit 2,6-Liter-Sechszylindermotor sieht Haspel in Verbindung mit dem neuen 170 S zwar ohne Schwierigkeiten umzusetzen. Hingegen macht er sich Sorgen, wie vorzugehen wäre, falls der 170 S zu wenig Käufer finden sollte und zugunsten eines kleineren und bescheideneren Typs aufgegeben werden müsste. Dadurch würde der 2,6-Liter zu einer eigenständigen Modellreihe ohne Anlehnung an den 170 S werden, womit bei einer Produktion von geschätzten 400 Stück Sechszylinder im Monat die Ganzstahlkarosserie aus Kostengründen ausscheiden müsste und man gezwungen wäre, zur veralteten Gemischtbauweise mit Holzskelett zurückzukehren.[38]

▷ **Siehe Band II/Seite 43–45**, Tabelle A 16 Technische Daten: 170 S (W 136 IV)

Unbeabsichtigt: 170 S und 170 V werden parallel produziert

Eines ist klar geworden: Die Ablösung des bisherigen 170 V durch den 170 S ließe sich ohne erhebliche Verkaufseinbrüche nicht vollziehen, beide Typen müssen folglich parallel gefertigt werden. Haspel definiert das Produktionssoll für den September des laufenden Jahres 1949 auf ungefähr 1 000 bisherige 170 V (W 136 I) und 600 neue 170 S (W 136 IV).

Dieselmotor nur für den alten 170 V

Bislang ist nicht klar festgelegt worden, in welchen Typen und Modellen der Dieselmotor OM 636 angeboten werden soll. Seinerzeit

Anmerkung I: Die frühesten bekannten Karosseriezeichnungen aus Sindelfingen für einen Kasten- und Krankenwagen sowie ein Cabriolet B auf Basis W 136 IV datieren vom Oktober 1948, für ein Cabriolet A vom Januar 1949 (Archiv MBAG).

Abb. 0540 & 0541
Behelfsmäßig hergerichteter Schulungsraum im Hinblick auf die öffentliche Präsentation des neuen 170 S (W 136 IV), vermutlich April/Mai 1949. Neben Schautafeln, Zeichnungen und einzelnen Technikkomponenten steht ein grau überlackierter Versuchswagen zur Verfügung, der noch nicht dem Serienstand entspricht (aufgesetzte Motorhaubenscharniere, Motorseitenbleche ohne Wulste). Mit solchen betont unattraktiven Lackierungen tarnt man Versuchsfahrzeuge, die im öffentlichen Straßenverkehr unterwegs sind.

sind innerhalb der 170 S-Vorserie 25 Dieselwagen vorgesehen worden,[II] die nun in Benziner umgeplant werden. Denn angesichts der höherklassigen Positionierung des 170 S ist für Haspel klar, dass es – mindestens vorerst – von diesem Typ kein Dieselmodell geben wird. Man könne später immer noch sehen, ob man den Diesel im W 136 IV bringe, öffnet er eine Hintertür. Auch Krankenwagen sollen bloß in der alten Ausführung – also auf der Basis des W 136 I – wahlweise mit Dieselmotor geliefert werden. Hingegen ist die Dieselmaschine nach wie vor im Gespräch für den Einbau in einem Kastenwagen für die Deutsche Post, die Selbstzünder in einem derartigen Fahrzeug bevorzugt. Technikvorstand Nallinger macht zudem auf das Taxigeschäft aufmerksam, das bereits vor dem Krieg positive Erfahrungen mit dem 260 Diesel gemacht hat.

Unbestritten ist hingegen, dass der alte 170 V in der Limousinen-Ausführung künftig nicht nur als Benziner, sondern neu auch mit dem Dieselmotor OM 636 verkauft werden wird. Dieses Modell erhält die Verkaufsbezeichnung 170 D (für »Diesel«) und die Baureihenbezeichnung W 136 I D. Für die Benzinausführung bleibt es bei der bisherigen Bezeichnung 170 V, wobei das »V« nun für »Vergaser« steht. Wilhelm Haspel entschließt sich Anfang März 1949, weitere 4 000 Stück 170 V und zusätzlich 3 000 Exemplare des 170 D für die Produktion einzuschreiben.[39]

Anmerkung II: Einer davon sollte vom 17. bis 27. März 1949 auf dem Automobilsalon Genf ausgestellt werden (Vorstandssitzung 24.02.1949, Archiv MBAG).

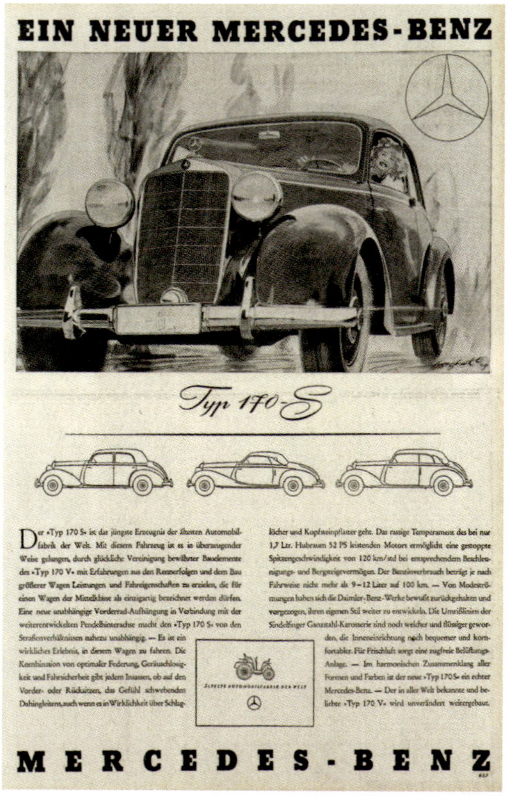

Großer Erfolg: Präsentation von 170 S, 170 D und L/O 3250 auf der Exportmesse Hannover 1949

Auf dem Genfer Automobilsalon im März 1949 ist die Marke Mercedes-Benz nicht präsent. Dies nach langem Abwägen wegen ungelöster rechtlicher Probleme zwischen der Zürcher Mercedes-Benz-Niederlassung und der Schweizerischen Eidgenossenschaft, aber auch, weil der 170 S noch nicht fertig ist.

Umso eindrücklicher gelingt der Auftritt und schließlich der Erfolg zwei Monate später auf der Technischen Exportmesse 1949 in Hannover, die vom 20. bis 30. Mai durchgeführt wird. Daimler-Benz stellt hier neben dem brandneuen 170 S in Abänderung des ursprünglichen Programms auch den 170 D aus. Beide Wagen werden dem Publikum auch vorgeführt und erfreuen sich großer Aufmerksamkeit. Der 170 S ist mit der Limousine und dem Cabriolet B in die automobile Oberklasse und mit dem ebenso exklusiven wie teuren Cabriolet A sogar in die Extraklasse hineingerutscht – und wird vom Markt auch so aufgenommen. Als wirtschaftlicher Gebrauchswagen empfiehlt sich umgekehrt der 170 D. *Besonders Taxifahrer lassen sich den Mercedes-Benz 170 D mit 1,7 l Dieselmotor vorführen,* schreibt »Der Spiegel« am 26. Mai 1949,[40] doch das Interesse am Selbstzünder im altbekannten und beliebten 170 V geht weit über den gewerblichen Kraftverkehr hinaus.

Schließlich findet auf der Messe Hannover 1949 eine weitere Mercedes-Benz-Premiere statt, nämlich die des Lastkraftwagens L 3250 und des Omnibusses O 3250. In dieses neue Nutzfahrzeugpaar setzt der Vorstand größte Hoffnungen, denn sein Erfolg ist für den Fortbestand der Daimler-Benz AG mindestens so wichtig wie eine erfolgreiche Positionierung der Pkw-Modelle im sich öffnenden Fahrzeugmarkt. Die Rechnung geht auf. Das ein Jahr später auf 3,5 Tonnen aufgelastete Nutzfahr-

Abb. 0542 & 0543
Die Werbung betont beim neuem Typ 170 S die technischen Errungenschaften in allen Bereichen (oben), beim Typ 170 Diesel hingegen die nicht zu überbietende Wirtschaftlichkeit (unten).

Abb. 0544
Der neue 4,6 Liter große Sechszylinder-Diesel mit Vorkammereinspritzung ist für den L/O 3250 konstruiert worden. Der Motor läuft sparsam, leistet beachtliche 90 PS und verhilft dem Lkw zu guten Fahrleistungen.

Abb. 0545
Der L 3250 ist nach dem 170 S und dem 170 D die dritte Überraschung an der Exportmesse Hannover 1949. Dieser Lkw – ab Anfang 1950 mit 3,5 Tonnen Nutzlast zum L 3500 mutiert – wird in Mannheim gefertigt und löst den Nachbau des Opel Blitz ab. Von diesem einfachen, aber gelungenen Lkw haben die Ingenieure viel gelernt, den neuen Allrounder ähnlich disponiert und frühere Fehler vermieden. Für das Weiterbestehen der Daimler-Benz AG ist der neue Lkw L 3250 von mindestens so großer Bedeutung wie die Pkw-Baureihe – und wird zum Verkaufsschlager.

Abb. 0546, 0547 & 0548
1:5-Modell des in allen äußeren Einzelheiten fertig gestalteten 170 S (W 136 IV). Noch müssen sich Interessenten nach Schluss der Messe in Hannover zwei Monate gedulden, bis der Wagen im Juli 1949 in Produktion geht – zusätzlich zum bisherigen 170 V und höher positioniert.

zeug wird geradezu euphorisch aufgenommen und erfreut sich wegen seiner weitreichenden Qualitäten und der überzeugenden Wirtschaftlichkeit bald großer Beliebtheit. Und im Pkw-Bereich findet man unbeabsichtigt früh zurück zu einem Mehrtypenangebot, das sich – ungeachtet der nach wie vor konservativen Fahrzeuggestaltung – als durchaus marktgerecht erweist und den Ruf von Daimler-Benz als Hersteller von qualitativ hochwertigen Wagen festigen wird. Einzig im Sportwagensegment ist man noch nicht wieder angekommen.

170 S und 170 D: Produktionsanlauf im Frühsommer 1949

Im Laufe des Juli 1949, rund zwei Monate nach der Messe in Hannover, startet die Serienfertigung des 170 S.[41] Bis zum Jahresende verlassen 3 409 Fahrzeuge dieses Typs das Werk Sindelfingen. Abgesehen von 39 offenen Ausführungen und einigen wenigen Fahrgestellen sind dies Limousinen. Im selben Jahr steigt die Produktion des 170 V auf bemerkenswerte 13 101 Einheiten. Darunter befinden sich noch 387 Kasten-, Pritschen-, Polizeimannschafts- und Krankenwagen. Der ebenfalls ab dem Frühsommer 1949 erhältliche 170 D, der sich hauptsächlich durch den Dieselmotor vom altgedienten 170 V unterscheidet, kommt lediglich auf 907 Exemplare.[42] Nicht mangelndes Interesse vereitelt eine höhere Stückzahl, sondern der happige Aufpreis, mit dem Daimler-Benz dem eingeschränkten Produktionsvermögen der Firma Bosch Rechnung trägt, welche die hochpräzis gearbeitete Einspritzanlage liefert.[43]

8.3 Soll den 170 V ersetzen: Die »Drei-Modell-Familie« nach Programm 1949

Im Frühjahr 1949, der 170 S läuft noch nicht vom Band, beginnt abermals die Planung der 170 V-Nachfolge. Schließlich stehen drei unterschiedliche Typen zur Wahl: Durchsetzen kann sich einzig die Baureihe W 120/W 180, ein Fahrzeugpaar mit Standardantrieb, zwei Motorengrößen, Fahrschemel und selbsttragender Karosserie. Der als Einstieg ins Pkw-Programm gedachte dreisitzige Kleinwagen »Fx« mit Frontantrieb wird verworfen. Auch die davon abgeleitete Kompaktlimousine W 185 hat, trotz vielversprechendem Ansatz, keine Chance. Mit ihren ähnlich gestalteten Pontonkarosserien wäre eine einprägsame Fahrzeugfamilie entstanden.

Die Ablösung des zwar veralteten, aber ungebrochen erfolgreichen Typs 170 V ist kein simples Unterfangen, dessen ist sich auch Konzernchef Haspel bewusst. Mit dem zu kostspielig gewordenen 170 S wird dies jedenfalls nicht gelingen, wie die Führungsmannschaft gerade einsehen muss. Trotzdem ist man sich Ende Februar 1949 im Vorstand nicht einig, welche Wege nun zu beschreiten sind, um der Firma auch künftig eine einträgliche Pkw-Produktion zu sichern. Selbst vier Jahre nach Kriegsende bleibt die wirtschaftliche und gesellschaftliche Dynamik unberechenbar. Angesichts dieser unübersichtlichen Situation diskutieren einzelne Führungskräfte bereits ernsthaft über einen erneuten Projektstart für einen echten 170 V-Ersatz, bevor der 170 S in Produktion gegangen geschweige denn fertig entwickelt ist. Dies nervt den neu als Vorstandsmitglied in die Firma eingetretenen ehemaligen Opel-Manager Heinrich Wagner. Technikchef Fritz Nallinger kontert mit der Notwendigkeit, vorausschauend zu projektieren und vom überstürzten Konstruieren wegzukommen. Es sei klar, so Nallinger, dass in drei bis vier Jahren, also spätestens 1953, eine Ablösung der bisherigen W 136-Modellreihe stattfinden müsse. Außerdem sei der 170 S (W 136 IV) technisch soweit fertiggestellt, dass die Konstruktionsabteilung wieder über freie Kapazitäten verfüge.[44]

Abb. 0549
Fahrschemel mit montierter Radaufhängung, Motor-Getriebeeinheit und Lenkung, hier am Beispiel des 180 (W 120). Bereits im März 1949 wird dieses konstruktive Konzept beim Planungsneustart für einen 170 V-Nachfolger vorgegeben. Es bietet Vorteile bezüglich Montage und Fahrkomfort.

Die großen Strategiediskussionen

170 V-Ersatz: Vier- bis fünfsitziger Wagen mit selbsttragender Karosserie

Einen Monat später, im März 1949 werden die bereits recht weit gediehenen Vorstellungen von einem *Wagen an der unteren Gewichts- und Preisgrenze der Mittelklasse – Ersatz des heutigen 170 V* in einem neuen Pkw-Entwicklungsprogramm schriftlich festgehalten. Nallinger umreißt den zukünftigen 170 V-Nachfolger als vier- bis fünfsitzigen Wagen in Standardbauweise mit selbsttragender Karosserie und einem Leergewicht von maximal 950 kg. Als Besonderheit soll die Vorderradaufhängung mitsamt Lenkung, Motor, Kupplung und Getriebe in einem Fahrschemel zusammengefasst und als selbständige, vormontierte Einheit in die Karosserie eingebaut werden. Motorseitig sind eine Sechszylindermaschine mit 1,8 Liter Hubvolumen oder wahlweise ein konstruktiv gleicher, aber auf vier Zylinder reduzierter 1,2-Liter vorgesehen. Dies bei identischen Karosserien, die sich lediglich durch den Umfang des äußeren Chromschmucks und der Ausstattung unterscheiden.[45] Falls man aber auf eine 1,2-Liter-Version verzichten und bloß einen 1,8-Liter bauen möchte, schlägt Vorstand Nallinger hierfür eine Vierzylindermaschine vor.[46]

In dieser Typenbeschreibung wird erstmals jenes Fahrzeugkonzept umrissen, das schließlich in die erfolgreichen Baureihen W 120 und W 121 (Vierzylindermodelle) sowie W 180 (Sechszylindermodell) münden wird, die heute populär »Ponton-Mercedes« genannt werden. Technikvorstand Nallinger, das ist offensichtlich, strebt nach einer gründlichen Neuausrichtung der Mercedes-Benz-Personenwagen. Doch es scheint alles andere als sicher, ob es gelingen würde, mit einem einzigen Fahrzeugtyp – trotz zwei Leistungsstufen – an den alten Erfolg als Volumenhersteller anzuknüpfen. Aus diesem Grund rückt Mitte 1949 zusätzlich ein deutlich kleinerer, zwei- bis dreisitziger Kom-

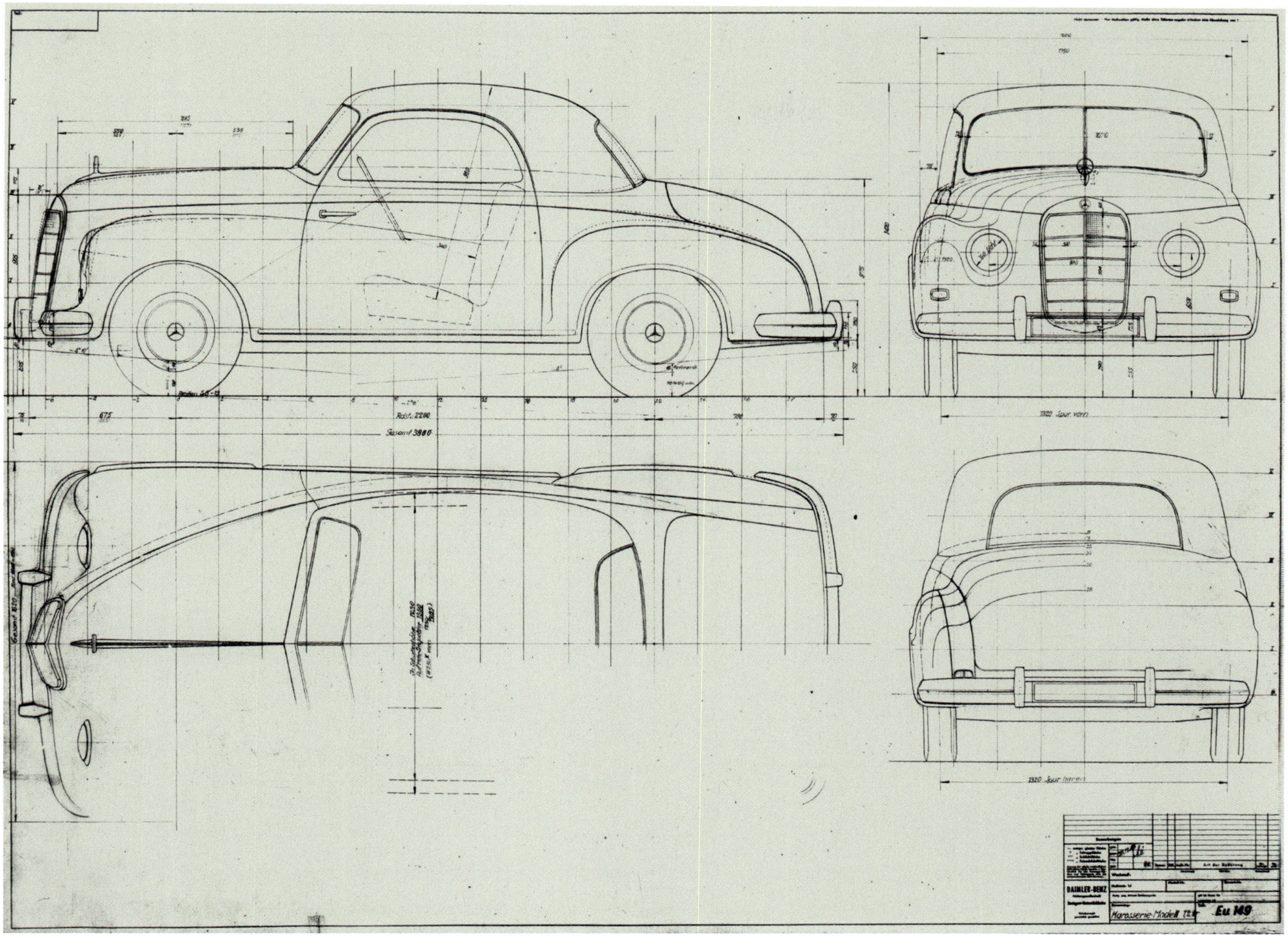

paktwagen mit Frontantrieb in den Fokus der Firmenleitung, um das weniger zahlungskräftige Käufersegment zu bedienen.[47]

Ergänzung nach unten: Ein kleiner Fronttriebler als Einstiegsmodell

Dieses Fahrzeugprojekt – ein Kleinwagen am untersten Ende der Fahrzeugpalette – hat eine Vorgeschichte. Bekanntlich lässt Wilhelm Haspel bei seiner Rückkehr ins Unternehmen Ende 1947 die weit fortgeschrittene Konstruktionsarbeit am designierten 170 V-Nachfolger W 162 umgehend einstellen. Trotzdem sitzt ein halbes Jahr später der Vorentwickler Josef Müller in der Zentralkonstruktion wiederum an der Planung eines vollständig neuen Typs, nämlich an einem kurzen zweieinhalbsitzigen Frontantriebswagen mit 1,2-Litermotor, den er auf einer seiner Zeichnungen mit »1,2 Ltr. Fx« bezeichnet. Bereits damals, Mitte 1948, hegt man mit diesem Entwurf die Absicht, den neukarossierten 170 V (später 170 S) oder dessen zukünftigen Nachfolger nach unten zu ergänzen, um die alte 170 V-Kundschaft nicht an die Billigwagen anbietende Konkurrenz (VW, Opel) zu verlieren und um neue Käuferschichten zu erschließen. Als ideelles Vorbild dient der ab 1936 gebaute zweisitzige Fiat 500 »Topolino«, der durch seinen großen Erfolg zum italienischen »Volkswagen« geworden ist. Allerdings übertrifft das 1,2-Liter-Mercedes-Benz-Projekt den »Topolino« in sämtlichen Dimensionen

Abb. 0550
Karosserieentwurf Eu 149 für den 1,2-Ltr.-»Fx« von Vorentwickler Josef Müller, datiert 28.12.1948. Im Vorstand gibt es Überlegungen, mit einem kleinen zwei- bis dreisitzigen Wagen den neukarossierten 170 V nach unten zu ergänzen. Das Auto soll kurz sein und bloß über eine Sitzreihe für maximal drei Personen verfügen. Wert wird auf einen großen Kofferraum gelegt, ein aktueller Trend. Konkret hat man das wachsende Segment der Außendienstmitarbeiter im Visier, das auf einen zuverlässigen und praktischen Wagen für den Berufseinsatz angewiesen ist.

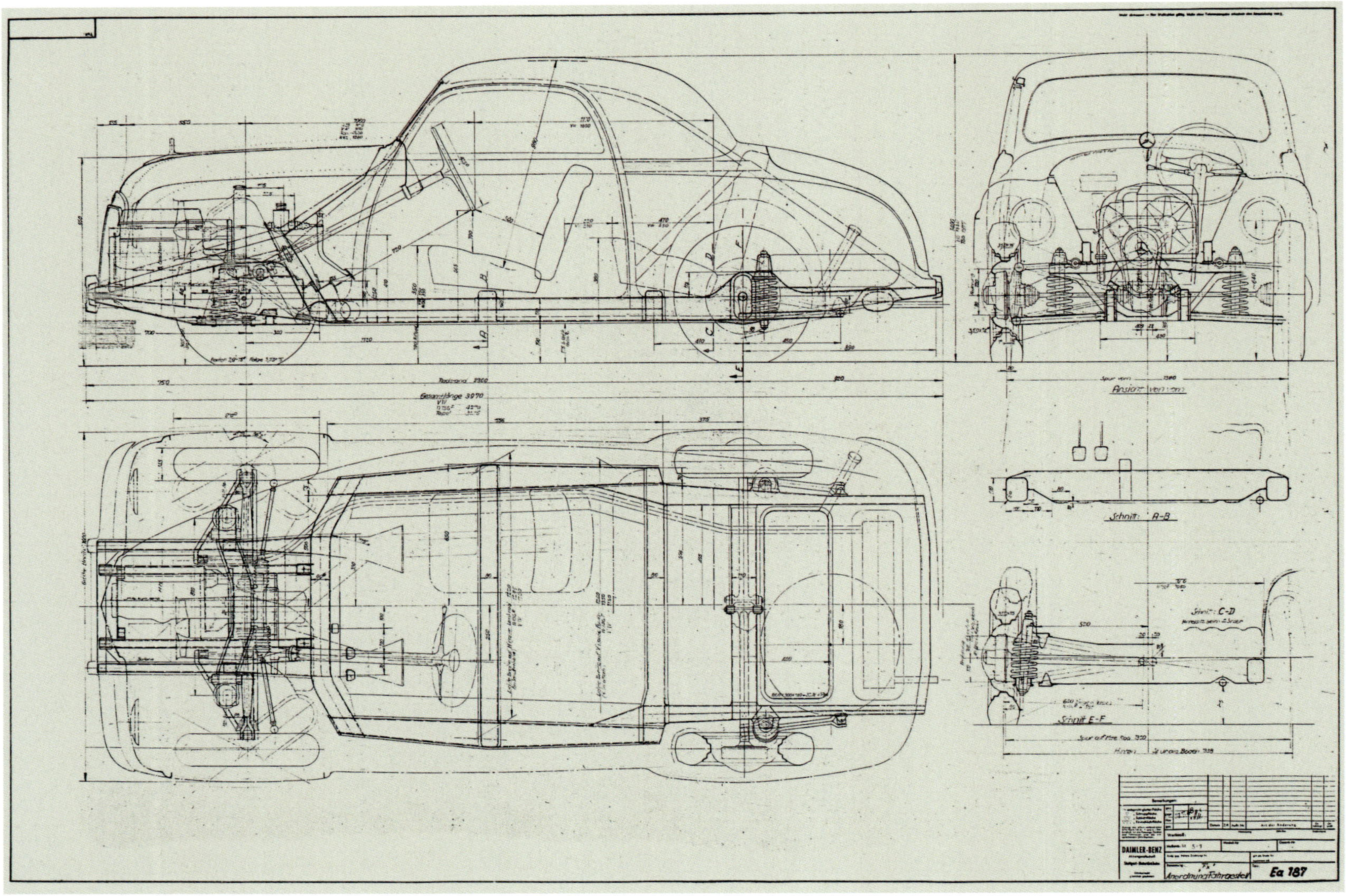

Abb. 0551
Fahrgestellzeichnung Ea 187 für den »Fx« von Josef Müller, dat. 31.7.1948. Das Fundament des Wagens besteht aus einem Plattformrahmen. Der obengesteuerte 1,2-Liter-Vierzylindermotor ist, gegen rechts geneigt, vor der angetriebenen Vorderachse eingebaut. Um den Überhang in Grenzen zu halten, steht der Kühler hinter dem Block. Vorn sorgt eine Dreieckslenkerachse mit Schraubenfedern und Zahnstangenlenkung für gute Fahreigenschaften, hinten ist eine leichte Pendelachse an geschobenen Längslenkern vorgesehen. Mit einem um 100 mm auf 2 300 mm verlängerten Radstand ließe sich eine zweite Sitzreihe realisieren, wie Müller beweist. Dazu müsste selbstverständlich die Dachlinie angepasst werden.

Der 1,2-Liter-Frontantriebswagen »Fx« mit zwei bis drei Sitzplätzen

Konzept und Technik

Das »Fundament« des Kleinwagens »1,2 Ltr. Fx« mit Frontantrieb besteht aus einem Plattformrahmen mit kräftigen, kastenartig ausgebildeten Schwellern, drei ähnlichen Querverbindungen und zwei schlanken Auslegern im Heck, die durch einen quergestellten Tunnel oder eine Traverse verbunden sind – je nach Bauart der Hinterradaufhängung. Alle diese aus Blechtafeln gepressten Elemente sind mit einem Bodenblech zu einer Einheit verschweißt. Vorn ist eine enggestellte Gabel aus zwei parallel geführten Trägern angeflanscht, welche die Frontantriebseinheit aufnimmt. Dieser Plattformrahmen ist mit dem Aufbau zu einer selbsttragenden Einheit verschraubt oder verschweißt und zeigt konstruktive Merkmale, die in der vier Jahre später produktionsbereiten Bodenanlage des W 120 (»Ponton«) wiederzufinden sind.

Der 43 PS starke 1,2-Liter-Vierzylindermotor hängt, zur rechten Seite geneigt, längs vor der Vorderachse und soll mit 80 kg nur gut die Hälfte des altgedienten, im 170 V und 170 S verwendeten M 136 wiegen.[48] Auf die rückseitig angeflanschte Kupplung folgt das Differenzial, von wo über zwei Gelenkwellen die Vorderräder angetrieben werden. Das Dreiganggetriebe wird mit einem Hebel am Lenkrad geschaltet und liegt hinter der Vorderachse. Um die Ausladung des vorderen Wagenüberhangs in Grenzen zu halten, steht der Kühler hinter dem Motorblock, wie dies zum Beispiel der 1940 präsentierte, aber kriegsbedingt nicht mehr hergestellte DKW F 9 vorgemacht hat. Den Ausgleich für die eingeschränkte Fahrtwindkühlung besorgt ein leistungsfähiger Ventilator, der zusammen mit der Lichtmaschine von einem Riemen angetrieben wird, der rückseitig des Motorblocks über ein Rad auf der Nockenwelle läuft. Hier

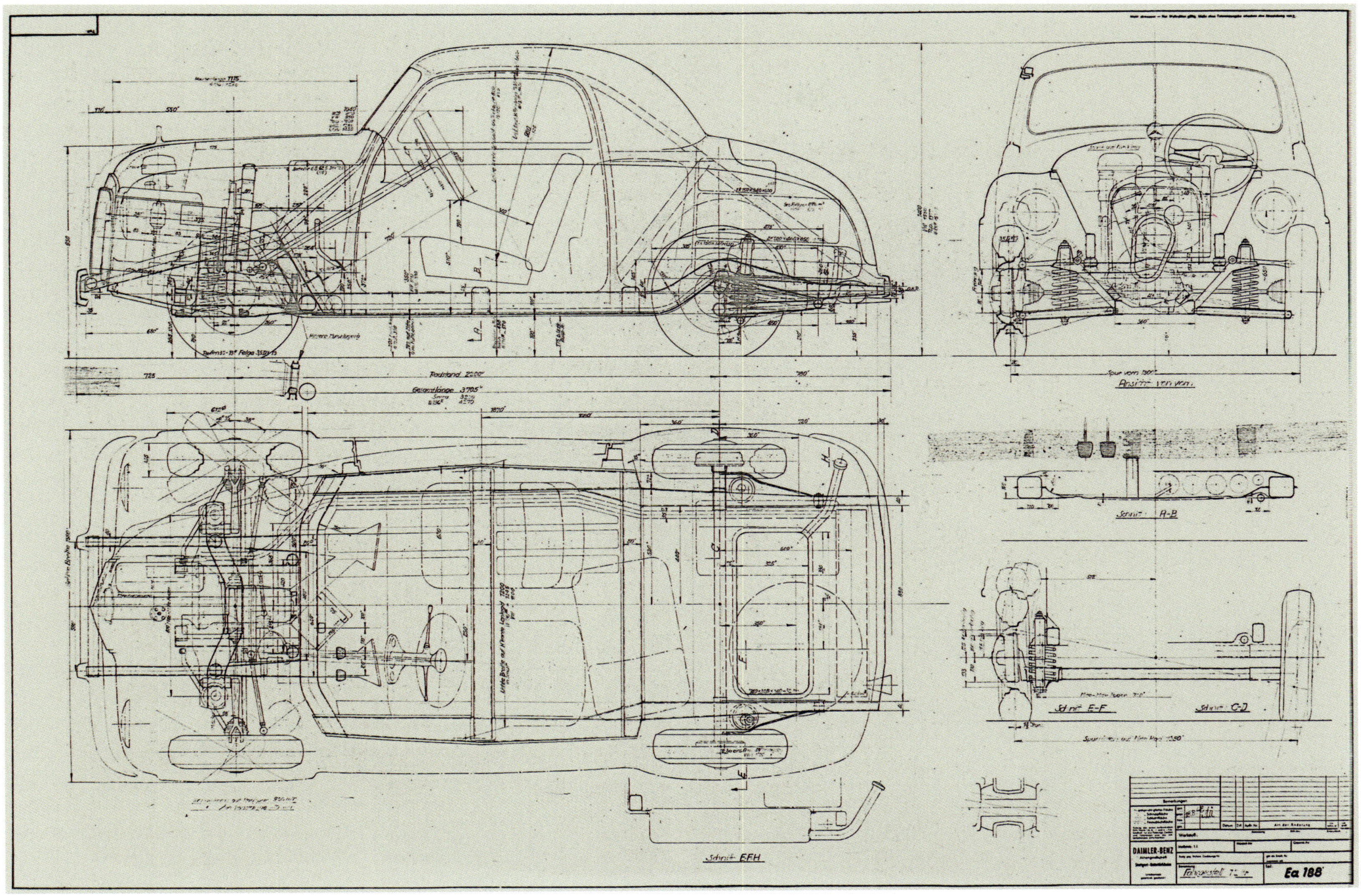

ist zudem die Zahnstangenlenkung untergebracht. Die Vorderradführung besteht aus unteren Dreiecks- und oberen Querlenkern. Für die Hinterradaufhängung steht zunächst eine Pendelachse zur Diskussion, deren Arme in der Fahrzeugmitte kräftig genug gelagert sind, um auf eine Führung durch Längslenker verzichten zu können. Später rückt eine in der Fertigung billigere Starrachse in den Fokus, die an kurzen Längslenkern geschoben oder gezogen und mittels Stabilisator beruhigt wird. Die Abstützung übernehmen vorn wie hinten Schraubenfedern mit integrierten Teleskop-Stoßdämpfern. Die Spurweite verändert sich von anfänglich 1 300 mm vorn und 1 320 mm hinten bei Verwendung einer Pendelachse auf 1 320 mm vorn und 1 280 mm hinten beim Einbau einer hinteren Starrachse. Dem Trend entsprechend sind die Reifen mit der Dimension 5,50-13" gegenüber früheren Wagen im Durchmesser merklich kleiner geworden.[49] Mehrfach wird für den Zwei- bis Dreisitzer das extrem niedrige Wagengewicht von lediglich 570 kg genannt. Dazu verhilft unter anderem eine auf 0,6 mm verminderte Dicke des Karosserieblechs; gleichzeitig sieht man vor, zahlreiche Verbindungen zu kleben statt zu schweißen. Das drastisch verminderte Gewicht soll eine hervorragende *Bergsteigfähigkeit* und einen bescheidenen Treibstoffverbrauch garantieren. Als Höchstgeschwindigkeit glaubt Nallinger die 130er-Marke zu erreichen oder gar zu übertreffen[50] – für die damalige Zeit und die bescheidene Fahrzeugkategorie ein hervorragender Wert.

Entwicklungsschritte

Anhand von fünf Zeichnungen lässt sich die Entwicklung des »1,2 Ltr. Fx« über den Zeitraum vom Juli 1948 bis Januar 1949 gut nachvollziehen. Es werden verschiedene Sitzanordnungen geprüft. Die eine frühe Ausführung zeigt zwei Einzelsitze vorn mit einem zusätzlichen Sitz quer im Fond, eine späte hat einen Einzel-

Abb. 0552
Fahrgestellzeichnung Ea 188 für den »Fx« von Josef Müller, dat. 18.08.1948. Technisch unterscheidet sich diese Variante hauptsächlich durch die hintere Radaufhängung vom Entwurf Ea 187 (Abb. 0551 linke Seite). Die leichte, mit Schraubenfedern und integrierten Teleskopdämpfern versehene Starrachse mit abgesenktem Rohr wird von dreieckförmigen Längslenkern geschoben und seitlich geführt. Weiter schlägt Müller bei unverändertem Radstand von 2 200 mm einen dritten Sitz quer im Fond vor.

Abb. 0553 & 0554
Modell 1:5 des 1,2-Ltr.-»Fx«, 1948/49. Die abgeschwächte Pontonform ist durchaus aktuell. Allerdings beeinträchtigen der für einen Dreivolumenaufbau kleine Fahrgastraum, der große vordere Überhang und die hohe Motorhaube die Proportionen. Der große Überhang ergibt sich durch die Lage des Motors vor der Vorderachse, die hohe Haube ist der Forderung nach einem »typischen Mercedes-Kühler« geschuldet.

sitz für den Fahrer und eine kurze Bank daneben, auf der etwas beengt zwei Kinder oder schlanke Erwachsene Platz nehmen können. Dieses zu dritt nebeneinander Sitzen rechtfertigt die mit 1 620 mm für einen Kleinwagen der damaligen Zeit üppige Breite. Beide Varianten kommen mit dem vordefinierten Radstand von bescheidenen 2 200 mm aus, die Gesamtlänge erreicht anfänglich 3 705 mm, später 3 800 mm. Die dritte Bestuhlungsvariante hat zusätzlich zu den beiden normalbreiten Vordersitzen eine Sitzbank im Fond, weshalb der Radstand um 100 mm auf 2 300 mm verlängert worden ist. Damit die rückwärtige Bank genutzt werden kann, wäre allerdings eine Karosserie mit nach hinten erweitertem Fahrgastraum nötig.[I] Eine solche entsteht erst ein gutes Jahr später und führt zum (nachfolgend beschriebenen) W 185.

Die Zeichnungen unterscheiden sich auch in fahrzeugtechnischen Details, so bezüglich der Hinterradaufhängung. Der in Längsrichtung eingebaute Motor verläuft ursprünglich horizontal und wird später leicht nach hinten abgekippt. Eine weit einschneidendere Änderung betrifft die 1,2-Liter-Maschine selbst: Die zeitgemäße Konstruktion mit im Kopf hängenden Ventilen, die von einer seitlichen Nockenwelle über Stößel und Kipphebel betätigt werden, muss aus Kostengründen einem Aggregat mit seitlich stehenden Ventilen weichen.[51]

▷ **Siehe Band II/Seite 36–38**, Tabelle A 13 Technische Daten: 1,2-Liter »FX«

Karosseriegestaltung

Die Karosserie hat die Merkmale einer abgeschwächten Pontonform mit hinten und vorn nur noch leicht akzentuierten Kotflügeln, aber noch stark gerundetem Karosseriekörper, insbesondere im rückwärtigen Dach- und im Heckbereich. Der kurze Fahrgastraum mit bloß einem Seitenfenster in der Tür verleiht dem Wagen eine coupéartige Erscheinung. Anfänglich sieht Müller eine einteilige plane Frontscheibe vor,[52] später geht er zu einer geteilten und leicht abgewinkelten Ausführung über.[53] Das Heckfenster legt im Laufe der Entwicklung im Format zu und wird schließlich dem Wagenkörper entsprechend gewölbt. In der Front sitzt eine im Vergleich zu Müllers W 162-Entwürfen von 1946/47 merklich vergrößerte Mercedes-Benz-Kühlermaske. Die Scheinwerfer werden aus den Kotflügeln herausgelöst und zunächst behutsam, dann

Anmerkung I: Zeichnung »Ea 187, »Fx Anordnung Fahrgestell«, 31.07.1948/Müller (Archiv MBAG), S. 380; angesichts der fehlenden hinteren Kopffreiheit ist die in der Silhouette dargestellte zwei- bis dreisitzige Karosserie kaum verbindlich.

deutlich zur Maske hin gerückt und dort eingelassen, was das Wagengesicht ästhetisch aufwertet.

Allerdings führt die Motorlage vor der Vorderachse zu einer hohen Motorhaube, einem großen vorderen Überhang und somit zu einem optisch schweren Vorbau, was die sonst angenehme Gesamterscheinung des Wagens beeinträchtigt. Erstmals werden bei einem Mercedes-Benz-Pkw Blinker statt der bislang üblichen Fahrtrichtungsanzeiger (»Winker«) vorgesehen.

Fahrzeugprogramm von Juli 1949

Ab wann Generaldirektor Haspel von diesen auf dem Papier recht weit ausgearbeiteten Kleinwagenplänen erfahren hat, bleibt unklar. In den konstruktiven Entwurf eines kompakten Zwei- bis Dreisitzers eingeweiht ist indessen Fritz Nallinger, der erst im Mai 1948 zur Daimler-Benz AG hat zurückkehren dürfen und erneut seine alte Funktion als Vorstandsmitglied für den Fachbereich Technik einnimmt. Doch Nallinger, der dem Frontantrieb skeptisch gegenübersteht, erwähnt das Kleinwagenprojekt im Vorstand höchstens beiläufig. Erst Monate später, Mitte 1949, erinnert man sich angesichts der geänderten Ausgangslage plötzlich an diese unterdessen beiseitegelegten Entwürfe.

Am Montag, 4. Juli 1949 trifft sich um 11 Uhr in Untertürkheim der komplette Vorstand zu einer Aussprache über das gesamte Fahrzeugprogramm der Daimler-Benz AG. Die Nutzfahrzeugthemen sind recht zügig vom Tisch, weit mehr Konfliktpotential bietet die Ausgestaltung der künftigen Pkw-Typenreihen. Wilhelm Haspel stößt eine intensive Diskussion mit seinen Vorstandskollegen über den künftig zu beschreitenden Weg an. Nachdem die Positionierung des sogenannten Sechszylinder-*Mittelwagens* (Typ 260) hat geklärt werden können, wenden sich die Herren dem Volumenmodell, also dem 170 V-Ersatz zu. Es stellt sich hauptsächlich die folgende Frage: Soll der 170 V in ungefähr zwei bis drei Jahren durch einen einzigen Fahrzeugtyp, nämlich durch die vier- bis fünfsitzige Limousine W 120/W 180 nach Vorschlag Nallinger, abgelöst werden? Oder bräuchte es zusätzlich und vielleicht gar vor dem Erscheinen dieser Limousine ein kleineres Fahrzeug, *für das bestimmt ein sehr grosser Markt vorhanden wäre?* Beispielsweise in der Art des zwei- bis dreisitzigen Kleinwagens »Fx«, von dessen Entwicklung Firmenchef Haspel unterdessen Kenntnis hat.

Die Meinungen zum zukünftigen Typenprogramm driften stark auseinander. Nicht nur bezüglich Priorisierung der in Frage kommenden Projekte, sondern insbesondere was das Ausmaß der technischen Neuerungen betrifft. Fritz Nallinger und Karl Christian Müller verkörpern die beiden Pole. Technikchef Nallinger setzt sich einmal mehr mit ganzer Kraft für einen konstruktiven Neubeginn ein, für einen Blick in die Zukunft, um nicht plötzlich gegenüber der Konkurrenz hoffnungslos in Rückstand zu geraten. Je stärker sich die Zeiten normalisieren, desto schwieriger dürfte es werden, die technisch und formal veralteten Modelle zu verkaufen. Der für die Produktion verantwortliche Vorstand Müller wehrt sich heftig gegen Neues, sieht erhebliche Schwierigkeiten auf sich und den Betrieb zukommen und will lediglich geringfügige Änderungen akzeptieren, um den eben erst richtig angelaufenen Fabrikationsprozess nicht zu gefährden. Haspel, der üblicherweise dezidiert entscheidet, steht mittendrin. Er kennt nur zu gut den enormen Finanzbedarf eines vollständig neuen Wegs, die aktuell mit der Geldmittelbeschaffung verbundenen Hindernisse und sämtliche diesbezüglichen und anderen Risiken. Gleichermaßen ist ihm klar, dass auf irgendeine Weise die Tür in die Zukunft aufgestoßen werden muss; er sucht nach einem Mittelweg *zwischen gar nichts tun und alles neu* [...] *machen.*[54]

Der kleine Fronttriebler »Fx« fällt durch

Bei der anschließenden Präsentation der Zeichnungen zum 170 V-Nachfolger W 120/W 180 und dem optionalen Kleinwagen »Fx« erntet Nallinger zu letzterem heftige Kritik. Die Ursache liegt nicht in der vergleichsweise modernen Gestaltung dieses Fahrzeugs, diese wird gar nicht erst thematisiert. Vorgeworfen wird ihm, der Wagen sei zu aufwändig konstruiert, würde zu hohe Produktionskosten verursachen und sei deshalb nicht gewinnbringend zu verkaufen. Haspel moniert, er habe sich dieses Fahrzeug anders – wohl einfacher – vorgestellt. Nallinger hält dagegen, er sei bewusst nicht auf Opel- oder DKW-Niveau hinuntergegangen.

Die anstrengende Fahrzeugprogramm-Sitzung des Vorstands endet unter anderem mit der strategischen Absicht, einen vier- bis fünfsitzigen Nachfolgetyp für den 170 V gemäß den von Nallinger präsentierten Entwürfen (W 120/W 180) auszuarbeiten. Ein abschließendes Urteil über den kleinen 1,2-Liter-Frontantriebswagen »Fx« mit bloß zwei bis drei Sitzplätzen soll gefällt werden, sobald eine detaillierte Kostenberechnung auf Basis von Stücklisten vorliegt.[55] Doch seine Realisierungschancen stehen nach der harten Kritik im Vorstand schlecht, was sich wenige Wochen später bestätigt. Offensichtlich fallen die kalkulatorische Überprüfung und die marktwirtschaftliche Beurteilung zu Ungunsten des Kleinwagens mit Frontantrieb aus. Eine Fortsetzung der Entwicklung oder gar eine Produktionsabsicht stehen deshalb nicht mehr zur Debatte.

Der W 185 – ein inoffizieller 170 V-Nachfolger?

Trotz Haspels Kritik – oder vielleicht als Reaktion darauf – lässt Direktor Max Wagner im Herbst 1949 eine weitere Spielart des Frontantriebswagens konstruktiv und formal untersuchen. Nämlich jene, die mehr als naheliegend ist: eine viertürige, vier- bis fünfsitzige Limousine auf der Basis des zwei- bis dreisitzigen Modells. Dazu braucht es – salopp ausgedrückt – bloß einen verlängerten Innenraum auf einem im Radstand entsprechend erweiterten Fahrgestell. Ob Wagners Vorgesetzter Vorstand Fritz Nallinger, hinter diesem Vorhaben steht oder ob er den als eigensinnig bekannten Pkw-Konstruktionschef lediglich gewähren lässt, ist nicht mehr festzustellen. Eine mit 31. Oktober 1949 datierte Karosseriezeichnung von Josef Müller und ein 1:5-Modell belegen dieses Pkw-Projekt, dem die Baureihenbezeichnung W 185 verliehen wird.

Die kompakte Dreivolumen-Limousine ist folglich im Front- und weitgehend auch im Heckbereich mit dem kurzen zwei-bis dreisitzigen Modell identisch, verfügt aber dank eines um 300 mm verlängerten Radstands über eine um dasselbe Maß längere Fahrgastzelle mit vier Türen. Der W 185 bietet dadurch einen Innenraum, der in den Längen- und Höhenmassen exakt demjenigen des 170 V entspricht, diesen in der nutzbaren Breite jedoch übertrifft, besonders auf den Vordersitzen. Es ist unnötig zu erwähnen, dass der Kofferraum ein deutlich größeres Fassungsvermögen aufweist und dank großer, bis auf den Boden reichender Klappe bequem zu be- und entladen ist.[56] Das seitlich stehend untergebrachte Ersatzrad ermöglicht einen Radwechsel, ohne den ganzen Kofferraum leeren zu müssen.

Trotz des großzügigen Raumangebots unterschreitet die kleine Limousine die Längenmaße des 170 V deutlich, nämlich im Radstand

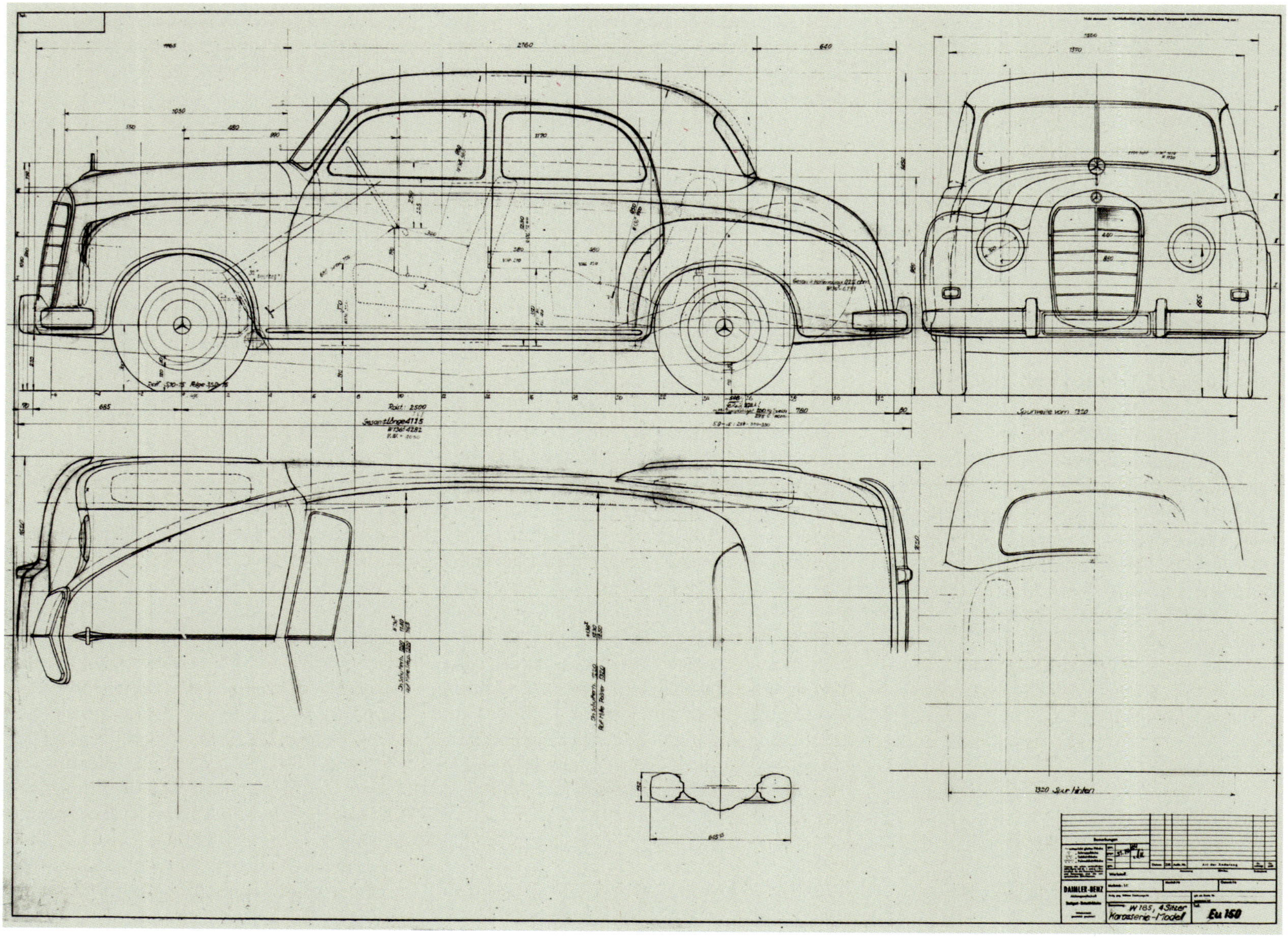

Abb. 0555
Karosserieentwurf Eu 150 für den viertürigen Frontantriebswagen W 185 von Josef Müller, dat. 31.10.1949. Das Frontantriebskonzept des »Fx« für eine kompakte viersitzige und viertürige Limousine zu verwenden, ist naheliegend. Innenraum und Kofferraumvolumen übertreffen den 170 V (W 136 I). Pkw-Konstruktionschef Max Wagner lässt Josef Müller wohl gerne gewähren, doch Technikvorstand Fritz Nallinger bringt den Mut nicht auf, den W 185 im Vorstand als 170 V-Nachfolger vorzuschlagen.

um 345 mm (2 500 mm statt 2 845 mm) und in der Länge um 170 mm (4 115 mm statt 4 285 mm). Einzig in der Breite legt sie um 40 mm zu (1 620 mm statt 1 580 mm) und stimmt in dieser Dimension mit dem »Fx«, also der zwei- bis dreisitzigen »Coupé«-Version überein. Die Reifendimension steigt auf 5,10-15". Weitere Angaben zur Technik fehlen, doch angesichts der Baureihenbezeichnung W 185 ist offensichtlich, dass diese Frontantriebs-Limousine das 1,8 Liter große Vierzylinderaggregat M 185 erhalten soll, das als Alternative zum identisch großen Sechszylinder M 180 zur Diskussion steht.[57]

Der gegenüber dem »kleinen Bruder« unverändert belassene Vorderwagen wirkt auch beim W 185 reichlich plump, fällt wegen des längeren Passagierabteils in der Gesamterscheinung jedoch weniger nachteilig auf. Ob diese technisch interessante und raumökonomisch vorteilhafte Kompakt-Limousine über den Technikvorstand Fritz Nallinger hinaus zur Kenntnis genommen und diskutiert worden ist, muss bezweifelt werden. Im Gesamtvorstand scheint der W 185 jedenfalls nie ein Thema gewesen zu sein.

▷ **Siehe Band II/Seite 36–38**, Tabelle A 13 Technische Daten: 1,8-Liter (W 185)

Abb. 0556, 0557 & 0558
Modell 1:5 des W 185, Herbst 1949. Der um 300 mm verlängerte Radstand und die größere Fahrgastzelle mit zwei Türen verbessern die Proportionen dieser kompakten Limousine gegenüber den »Fx«-Modellen entscheidend. Auch die Frontansicht mit den beiden zur Kühlermaske hin gerückten Scheinwerfern hat ästhetisch zugelegt.

Die alleinigen 170 V-Nachfolger: W 120 und W 180 in Standardbauweise

Konzept und Technik

Das ab Frühjahr 1949 geplante Duo W 120 (1,2-Liter-Vierzylinder) und W 180 (1,8-Liter-Sechszylinder) wird folglich ab Mitte des Jahres zum alleinigen 170 V-Nachfolger auserkoren.[58] Auf den ersten Blick erinnern die Disposition und die Größe dieses Wagens an den ein gutes Jahr zuvor verworfenen W 162. Doch die modernen Konstruktionsmerkmale – selbsttragende Karosserie und Zusammenfassung von Motor, Kupplung, Getriebe, Vorderradaufhängung und Lenkung in einem sogenannten Fahrschemel, der als fertig montierte Einheit gummigedämpft in die Karosserie eingefügt werden kann – zeichnen den neusten Entwurf eines 170 V-Nachfolgers als technisch aktuelles Fahrzeug aus, trotz der traditionellen Standarddisposition mit angetriebenen Hinterrädern. Der verhältnismäßig lange Radstand von 2 700 mm und der bescheidene vordere Überhang weisen auf einen aus der Vorderachsmitte nach hinten gerückten Motor hin. Als Aufhängung der Vorderräder sind – analog dem 170 S – doppelte Dreiecksquerlenker vorgesehen, hinten eine angetriebene Pendel- oder alternativ eine De-Dion-Achse, die dank weicher Gummilagerung Poltergeräusche weitestgehend von der Karosserie fernhält. Mit einer Spurweite von ca. 1 320 bis 1 350 mm liegt der Wagen in den Dimensionen des 170 S.

Dem Kunden sollte die Wahl zwischen zwei Leistungsstufen geboten werden. In der oberen, dem Typ 180, ist der sechszylindrige Reihenmotor mit 1,8 Liter Hubraum und 65 bis 68 PS Leistung eingebaut, der intern M 180 genannt wird. In der bescheideneren Ausführung, dem Typ 120, gelangt der konstruktiv identische, aber auf vier Zylinder reduzierte Motor mit 1,2 Liter Hubraum und 43 PS zum Einsatz. Eine Spielart derselben Maschine wäre auch in den 1,2-Liter-Fronttrieblern vorgesehen gewesen, dort allerdings mit nach hinten verlegtem Riementrieb. Für den Fall, dass der Vorstand den Sechszylinder aus Kostengründen verwerfen sollte, schlägt Nallinger in der Vorstandssitzung vom 4. Juli 1949 ein 1,8-Liter-Triebwerk in Vierzylinder-Ausführung vor, den bereits erwähnten M 185.[59] Zur Diskussion steht zudem eine Dieselausführung in Kombination mit der einfacher ausgestatteten Karosserie, die mit 180 D bezeichnet wird. Vorgesehen ist der bisherige 1,7-Liter-OM 636 des 170 D oder ein neuer 1,8 Liter großer Selbstzünder.[60]

Das Getriebe hat nach Nallingers Vorstellung bloß drei Vorwärtsgänge, wobei die mittlere und die direkte Fahrstufe synchronisiert sind. Auch die Zahnräder des ersten Gangs befinden sich in ständigem Eingriff und werden mit Klauen geschaltet. Mit lediglich drei Fahrstufen und Lenkradschaltung setzt Technikchef Fritz Nallinger auf den neusten (US-amerikanischen) Modetrend. Daimler-Benz hat seit den ausgehenden 1930er Jahren die Entwicklung im Getriebebau aufmerksam verfolgt und noch während des Kriegs eigene Versuche gestartet, um dem Fahrzeuglenker das Schalten zu erleichtern oder ganz abzunehmen. Dementsprechend sieht Nallinger vor, den Wagen im Regelfall mit einer automatisch-hydrostatischen oder -hydrodynamischen Kupplung auszurüsten, wohl um den in Zukunft zahlreich zu erwartenden Neulenkerinnen und Neulenkern mit oft unsensiblem linkem Fuß entgegenzukommen und die Adaption von Wagen für Kriegsversehrte zu vereinfachen. Immerhin soll auf Wunsch eine konventionelle Einscheibenkupplung erhältlich sein.[61]

Das 1,2-Liter-Vierzylindermodell W 120 und der Diesel sollen lediglich durch den reduzierten äußeren Chromschmuck der sonst identi-

Abb. 0559, 0560 & 0561
Modell 1:5 des W 120/W 180, Herbst 1949. Ab Mitte 1949 konzentriert man sich für die 170 V-Nachfolge ausschließlich auf dieses größere, konventionell disponierte Doppelmodell. Als Motorisierung sind wahlweise ein 1,2-Liter-Vierzylinder und ein 1,8-Liter-Sechszylinder vorgesehen.

schen Karosserie und durch die vereinfachte Ausstattung von der 1,8-Liter-Sechszylindervariante W 180 abweichen. Angestrebt wird ein fahrfertiges Leergewicht von 900 bis 950 kg,[62] auch dies ein nicht erreichbar tiefer Wert, wie sich im Laufe der Entwicklung zeigen wird.

Karosseriegestaltung

In der Formgebung folgt die Limousinenkarosserie der Typen 120 und 180 den Vorstellungen, die sich bereits seit dem W 162 abzuzeichnen beginnen: Pontonartiger Dreivolumenaufbau mit vorn wie hinten nur noch schwach hervorgehobenen Kotflügeln. Durch den geringen vorderen Überhang und die stimmigen Proportionen des Vorderwagens in Bezug zum Passagierabteil und zum Heck wirkt dieser Wagen deutlich ausgewogener als die in formaler Haltung verwandten coupéartigen Fronttriebler »Fx« und die Frontantriebs-Limousine W 185.

Obwohl die Karosserie im Laufe der kommenden Monate noch etwas geglättet und optisch aufgefrischt wird, erkennt man bereits in den 1951/52 gebauten Versuchswagen bezüglich der Gesamterscheinung, in einigen formalen Detaillösungen und insbesondere in der technischen Konzeption den sogenannten »Ponton«, wie er im September 1953 in den Verkauf gehen wird. Trotz aller Änderungen und Vergrößerungen werden die früh definierten Baureihenbezeichnungen W 120 (Vierzylinder) und W 180 (Sechszylinder) nicht angepasst.[I]

Was wollen wir, was sollen wir? Zur Disposition der neuen Motoren

Über die Motoren, so wie sie 1948/49 für die projektierten 170 V-Nachfolger vorgesehen werden, ist wenig bekannt. Personell hat sich seit Kriegsende in der Motorenkonstruktion und -entwicklung bei Daimler-Benz vieles verändert. Der langjährige Leiter der Motorenabteilung, Prokurist Albert Heeß, ist bereits 1944 verstorben, der innovative Willy Syring bleibt bei Turbomeca in Bordes und der motoraffine Untertürkheimer Versuchsleiter Otto Winkelmann verabschiedet sich nach seinem Frankreich-Einsatz in Richtung USA. In die Fußstapfen von Heeß tritt 1945 Dipl.-Ing. Wolf-Dieter Bensinger, der zuvor in Wankels Versuchsanstalt in Lindau am Bodensee tätig gewesen ist. Zweifellos verstärkt Fritz Nallinger, der 1948 aus Südfrankreich zurückkehrt und sich nun auf den Fahrzeugbau konzentrieren kann, seinen Einfluss.

In der Ausgestaltung der Mercedes-Benz-Motoren gibt es seit geraumer Zeit einen tiefen Graben zwischen den anspruchslosen, technisch rückständigen Maschinen der Serienpersonenwagen auf der einen Seite und den aufwändig konstruierten Motoren der hochklassigen Fahrzeuge, der Rennwagen sowie der hochinnovativen Technik der Flug- und Großtriebwerke auf der anderen. Jetzt, nach dem Krieg, sind zwar (vorübergehend) die letzten beiden Sparten weggefallen, doch ein Großteil des erarbeiteten Wissensschatzes ist dem Konzern erhalten geblieben. So sind die im Krieg erworbenen Kenntnisse über die direkte Benzineinspritzung ein Dauerthema unter den Ingenieuren. In dieser unberechenbaren Zeit des Umbruchs ist indessen die Verunsicherung groß und führt zur Diskrepanz zwischen dem, was man tun könnte und möchte und dem, was man tun sollte oder tun muss. In diesem Kontext ist auch die Motorenentwicklung für jene Fahrzeugtypen zu sehen, die in den frühen 1950er Jahren den 170 V beerben sollen.

▷ **Siehe Band II/Seite 207**
Exkurs F 07: Benzindirekteinspritzung – ohne Hans Scherenberg undenkbar

Anmerkung I: Siehe auch Kap. 15.1, S. 645–650.

Ventilsteuerung: Gradmesser des technischen Fortschritts

Die neuen Vier- und Sechszylindermotoren gedenkt man als Duo, also als Baukasten auszulegen, mit einheitlichen Zylinderabmessungen, zahlreichen weiteren Gleichteilen und identisch gestalteten Baugruppen. Die Abmessung von Bohrung und Hub ist nicht überliefert, einzig die Hubvolumen von 1,2 Liter für den Vierzylinder und 1,8 Liter für den Sechser sind es. Direktor Nallinger berichtet in der Vorstandssitzung vom 4. Juli 1949, dass als erstes *obengesteuerte* Motoren entworfen worden seien, die man aber aus Kostengründen habe verlassen müssen. Die Aufwandproblematik sei bereits auf dem Zeichenbrett zu erkennen gewesen, *weshalb er wieder zum unten gesteuerten Motor zurückgekehrt sei und dabei eine Leistung erreicht habe, die nahezu eben so gut wäre wie bei obengesteuerten Motoren.*[63] Die Rückkehr von der Motorenbauweise mit im Zylinderkopf hängenden, über eine seitliche Nockenwelle und Kipphebel gesteuerten Ventilen (OHV) auf die veraltete, wegen der ungünstigen Brennraumform leistungs- und verbrauchsmäßig nachteilige Bauweise mit seitlich im Motorblock stehenden Ventilen und einem flachen Zylinderkopf (SV) werden durch die Fahrgestellzeichnungen von Josef Müller bestätigt.[II] Jene aus dem Jahr 1948 zeigen einen Motor mit hohem Zylinderkopf und einer Ventilhaube (OHV),[64] die jüngste Zeichnung entspricht hingegen Nallingers Aussage; dort ist ein deutlich niedrigerer Motor mit flachem Zylinderkopf ohne Abdeckhaube zu sehen (SV).[65] Bereits der 1946 auf dem Papier fertig konstruierte, jedoch Ende 1947 von Haspel beerdigte 170 V-Nachfolger W 162 hätte ein neukonstruiertes Triebwerk mit stehenden Ventilen erhalten sollen. Doch ganz wohl ist es Nallinger nicht bei dieser Festlegung. Er kommt im März 1950 auf dem Automobilsalon in Genf beim Begutachten der Konkurrenzmodelle aus allen möglichen Ländern zur Einsicht, dass sich die Daimler-Benz AG der Lächerlichkeit preisgibt, wenn sie in zwei bis drei Jahren mit einem neuentwickelten Motor mit stehenden Ventilen auf den Markt kommt.[66] Unmittelbar danach disponiert er *auf einen obengesteuerten Motor mit obenliegender Nockenwelle* (OHC) um.[III]

▷ **Siehe Band II/Seite 36–38**, Tabelle A 13 Technische Daten 1,2-Liter (W 120) und 1,8-Liter (W 180)

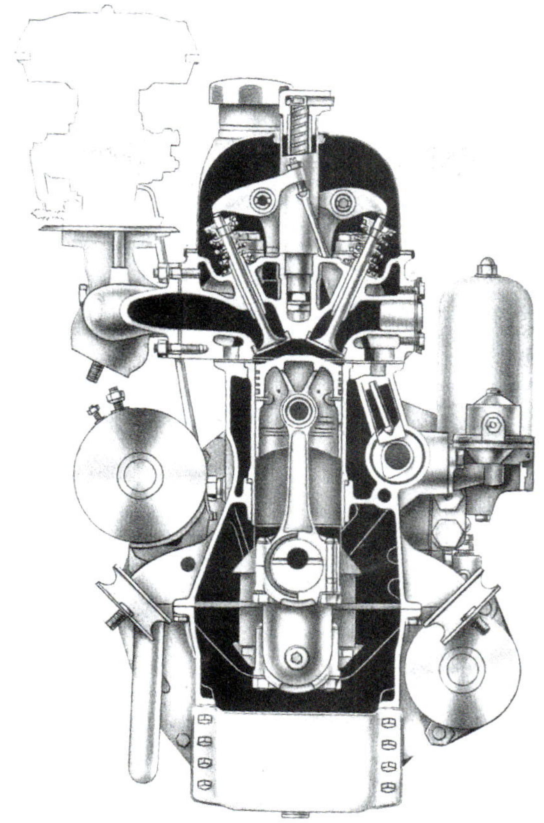

Abb. 0562
Querschnitt durch den 1,3-Liter-Vierzylindermotor des Peugeot 203. Das moderne Großserientriebwerk wird seit Ende 1948 gefertigt und hat V-förmig hängende Ventile. Diesem und ähnlichen Motoren begegnet Technikvorstand Nallinger am Genfer Automobilsalon 1950 – und wechselt beim M 120 und M 180 eilends von SV- auf OHC-Steuerung.

Vollständig aus der Konstruktionsabteilung Untertürkheim

Alle drei 1948/49 ausgearbeiteten Fahrzeugtypen »1,2 Ltr. Fx«, W 185 und W 120/W 180, die in den frühen 1950er Jahren den 170 V ablösen oder ergänzen sollen, entstehen vollumfänglich – also unter Einschluss der Karosseriegestaltung – im Konstruktionsbüro Untertürkheim, und hier maßgeblich durch Josef Müller.

Die Formgebung der Karosserien mit nur noch schwach angedeuteten Kotflügeln nähert sich deutlich der Pontonform, ist visuell einprägsam und leicht als Mercedes-Benz zu erkennen. Die bemerkenswerte Modellfamilie aus drei unterschiedlich großen Pkw deckt die Spanne zwischen Kompaktmodell und Mittelklasse ab. Einen wichtigen Anteil am Erkennungseffekt hat die Ausgestaltung der Fahrzeugfront. Die in überlieferten Abmessungen gehaltene, chromglänzende Kühlermaske führt dank der zur Mitte hin gerückten Einbauscheinwerfer zu einer interessanten Neuinterpretation des immer wieder geforderten traditionellen »Mercedes-Benz-Gesichts«. Zur Visualisierung dienen 1:5-Karosseriemodelle, die der Untertürkheimer Modellbauer Willy Nadolny fertigt.

Beleidigt: Die Sindelfinger Karosserie-Ingenieure fühlen sich bedrängt

Die Karosserieentwickler in Sindelfingen sind bis vor kurzem mit dem Aufbau des 170 S (W 136 IV) beschäftigt gewesen und erarbeiten seit geraumer Zeit Vorschläge für die Gestaltung, Konstruktion und Fertigung des *mittleren Wagens*, der schließlich 1951 markant aufgewertet als Typ 300 (W 186) in Produktion geht und als »Adenauer-Mercedes« bekannt werden soll. Die beiden für die Pkw-Aufbauten verantwortlichen Sindelfinger Oberingenieure Karl Wilfert und Walter Häcker beobachten das Engagement der Untertürkheimer Kollegen im Karosseriesektor mit Skepsis und empfinden es zunehmend als Übergriff.

Mit dem allmählichen Aufkommen neuer Konstruktionsideen hat sich seit den späten 1930er Jahren auch bei Daimler-Benz die Grenze zwischen Fahrgestell und Karosserie zu verwischen begonnen. Gerade der ideenreiche Karl Wilfert, der in Béla Barényi einen hoch kreativen Gesprächspartner hat, ist ein ernstzunehmender Fachmann, wenn es um Grundsätze des Fahrwerkbaus geht. Es erstaunt nicht und entspricht Wilferts Charakter, dass er sich mit seinen eigenen Vorstellungen über einen 170 V-Nachfolger nicht an Technikvorstand Fritz Nallinger und die »Untertürkheimer Rivalen« wendet, sondern unter Umgehung des Dienstwegs mit einem ausführlichen Brief direkt bei Konzernchef Wilhelm Haspel vorstellig wird. Wilfert kritisiert den Frontantrieb und die aufwändige Bauweise des 1,2-Liter-»Fx«-Kleinwagens ebenso wie die erneut gewählte Standardbauweise für den 170 V-Nachfolger in Limousinengestalt (W 120/W 180), den er als maßstäbliche Verkleinerung eines großen Wagens bezeichnet, *wie bei Daimler-Benz üblich.* Er empfiehlt für beide Typen die Heckmotorkonzeption. Erfreut zeigt er sich bloß über die selbsttragende Bauweise mit Fahrschemel, eine Lösung, die er schon vor zehn Jahren empfohlen habe, die

Anmerkung II: Thomas Meyer interpretiert in seiner publizierten Dissertation (Meyer, Wiederaufbau DBAG 2009, S. 320) die Aussage als Rückkehr von einer obenliegenden Nockenwelle (OHC) zu einer seitlichen bei im Kopf hängenden Ventilen (OHV). Die Zeichnungen von Müller beweisen jedoch, dass die im Protokoll der Vorstandssitzung vom 04.07.1949 verwendeten Begriffe korrekt gemäß DIN-Norm 70 020 verwendet worden sind.
Anmerkung III: In der Konstruktionsabteilung wurde dieser Motor am 22.03.1949 technisch disponiert. Siehe W 122, vorläufige 1. Kalkulation, Nallinger, 18.05.1956 (Archiv MBAG).

jedoch damals von der technischen Leitung in Untertürkheim abgelehnt worden sei.[67]

Auch der zusätzlich zur Karosseriekonstruktion für die Formgebung der Wagen zuständige Walter Häcker wendet sich drei Monate später, Ende September 1949, in einem Schreiben an Haspel. Häcker kritisiert die von den USA beeinflusste Karosseriegestaltung heftig, er nennt sie *Schlauchbootform*, und spricht sich für ein vorsichtiges Weiterentwickeln der tradierten »Mercedes-Benz-Form« aus, wie Sindelfingen sie am neuen *mittleren Wagen* zu verwirklichen sucht. *Im Lager der Untertürkheimer Form-Begeisterten schwört man auf jeden letzten amerikanischen Schrei,* beklagt er sich und spricht wortreich, aber ohne sie namentlich zu nennen, Josef Müller und dem Modellbauer Willy Nadolny die Kompetenz ab, einen brauchbaren Karosserieentwurf vorzulegen, der einen in realer Größe nicht *erschrecken würde*.[68] Im selben Schreiben fordert er, *die Stilisierung soll so sein, daß sie ohne Verzerrung auf Wagen verschiedener Größenordnung übertragbar ist, um allen D.B.-Fahrzeugen einheitlichen Charakter zu geben.* Tatsächlich trachtet auch Häcker mit seinen Gegenentwürfen danach, die künftigen Wagen in einer Modellfamilie mit einheitlicher Formensprache zusammenzufassen. Auffällig ist, dass zahlreiche der von ihm im Schreiben als zielführend aufgezählten Gestaltungselemente – insbesondere die Front mit traditioneller Mercedes-Benz-Maske und aus dem Kotflügelkopf zum Kühler hin gerückten Scheinwerfern sowie die keilförmig ausgebildete, zweigeteilte Frontscheibe – sich bereits in den Ende 1948 und im Herbst 1949 überarbeiteten Karosserieentwürfen von Josef Mül-

Abb. 0563, 0564 & 0565
Eine eindrückliche Fahrzeugfamilie: 1,2-Ltr.-»Fx« (oben), 1,2/1,8-Ltr. W 185 (Mitte) und 1,2-Ltr. W 120 bzw. 1,8-Ltr. W 180 (unten), Stand Herbst 1949. Die formale Verwandtschaft der drei Wagen ist augenfällig, trotz unterschiedlicher Antriebsdisposition. Die Technik wie die Karosserieentwürfe sind im Konstruktionsbüro Untertürkheim unter dem Vorentwickler Josef Müller entstanden. Nur der W 120/W 180 wird weiterbearbeitet.

ler finden. Häcker selbst wird erst Ende Juni 1949 mit dem Auftrag, eine besonders leichte Karosserie für den 1,2-Liter-Frontantriebswagen zu entwickeln, mit diesem Fahrzeugprojekt konfrontiert. Wer nun wen in formaler Hinsicht beeinflusst hat, muss offen bleiben.

▷ **Siehe Band II/Seite 193 f**
Würdigung E 10: Die 170 V-Nachfolgemodelle gemäß Typenprogramm 1949

Abb. 0566
Testfahrt mit zwei W 120-Versuchswagen im Sommer 1952 am Großglockner. Zwischenhalt am Fuscher Törl (2 428 m). Dieser Wagen zeigt bereits deutliche Züge und Details der künftigen »Ponton«-Baureihe, ist aber an der Front mit Fantasiekühler und an den Flanken bewusst »getarnt«, um nicht als zukünftiger Mercedes-Benz-Typ erkannt zu werden. Hinter dem Wagen stehen (von links nach rechts): unbekannt, Frohmut Nallinger geb. Panther (Gattin von Fritz Nallinger), Ingenieur Rothweiler (Pkw-Versuch), Direktor Fritz Nallinger (Technikvorstand), Prokurist Rudolf Uhlenhaut (Leiter Pkw-Versuch) und Ingenieur Arthur Mischke (Pkw-Versuch). Nicht auf dem Bild ist Oberingenieur Josef Müller (Leiter Pkw-Vorentwicklung), der das Foto schießt.

D
AW 84-4525

9

170 V und neu 170 D – die zweite Produktionsphase 1947–1953

Mit dem neuen 170 Da über die Schweizer Alpenpässe, August 1950. Zwischenhalt am Grimselpass. Blick auf Gletsch, die Furka-Oberalp-Bahn und die Furkapassstraße. Der Diesel-Schriftzug auf dem Deckel des Ersatzrads ist als Zubehör erhältlich.

9.1 Die ersten 170 V-Nachkriegslimousinen – und bald auch als Diesel

Mit dem altgedienten 170 V schafft Daimler-Benz ab Mitte 1947 den Wiedereinstieg als Pkw-Produzent. Am Fahrgestell will Firmenchef Haspel möglichst nichts verändern, jedoch eine neue geräumigere Karosserie aufsetzen. Doch der so entstandene 170 S gerät als Nachfolger zu teuer. Also sieht man sich gezwungen, den alten 170 V weiterzuproduzieren. Und kommt zum Schluss, ihn ab Mitte 1949 auch mit dem endlich fertigentwickelten Dieselmotor OM 636 als 170 D anzubieten. Ein echter Glückstreffer.

Nach dem Krieg gibt es für die Daimler-Benz AG auf dem Weg zurück zum Automobilunternehmen drei entscheidende Schritte: Der erste ist die Wiederaufnahme der Lastwagenproduktion im Werk Mannheim bereits im Sommer 1945, der zweite ist der Baubeginn der Lieferwagen auf Basis des 170 V im Juni 1946 in den Werken Untertürkheim und Sindelfingen und das dritte bedeutende Ereignis ist der Start der Limousinen-Fertigung des 170 V ein Jahr später, Anfang Juni 1947. Exakt ein halbes Jahrzehnt ist verflossen, seit die Pkw-Produktion zugunsten von Rüstungsgütern hat eingestellt werden müssen, eine Zeitdauer fast so lang, wie der 170 V zuvor gefertigt worden ist.

Ein freudiges Ereignis: Der erste Nachkriegs-170 V-Innenlenker

Nach dem schrecklichen Winter 1946/47, dessen klirrende Kälte viele hungernde Menschen in den ausgebombten Städten in den Erfrierungstod getrieben hat, ist man froh, dass sich der Frühling mit allmählich steigenden Temperaturen ankündigt. In Untertürkheim und Sindelfingen, wo die Produktion in den zurückliegenden Monaten praktisch zum Erliegen gekommen ist, steuert man nun auf ein freudiges Ereignis zu: Am 4. Juni 1947 wird die erste nach dem Krieg gebaute 170 V Limousine an einen Kunden ausgeliefert. In den Genuss kommt der damals sechzigjährige, streitbare Oberbürgermeister von Baden-Baden, Dr. Ernst Schlapper. Sein neuer 170 V trägt die Fahrgestellnummer 136 010 00381, die Motorennummer 136 92(0) 00907 und die Karosserienummer 136 11 00002. Es handelt sich folglich um die zweite in Sindelfingen nach dem Krieg gebaute 170 V-Karosserie.[I]

Verbilligen und aufhübschen: Überlegungen zu einem 170 V-Neustart

Doch bereits zwei Jahre zuvor, zu Beginn des Sommers 1945 – seit der Besetzung der Werke sind erst zwei Monate verflossen – beschäftigen sich Konstrukteure und Produktionsfachleute im Hinblick auf eine Wiederaufnahme der Fertigung mit dem 170 V. So schlägt der Untertürkheimer Versuch ein zehn Punkte umfassendes Programm zur Vereinfachung und Verbilligung der M 136-Maschine vor. Einige werden rasch nach dem Beginn der Motorenfertigung umgesetzt, wie der Verzicht auf einen Ölfilter, andere lassen länger auf sich warten, wie der Übergang von dicken Weißmetall-Pleuellagern zu solchen aus dünnen eingesetzten Lagerschalen. Unberücksichtigt bleiben die Vorschläge, den Deckel des Steuergehäuses (bislang Leichtmetallguss) und das Gehäuse der Wasserpumpe (bisher Grauguss) aus Stahlblech zu pressen.[1]

Die Überlegungen beschränken sich indessen nicht auf technische Einzelheiten. Von Mitte November bis Mitte Dezember 1945 entwirft Josef Müller in der Zentralkonstruktion vollständig neu gestaltete Vorderwagen, zunächst für den kriegsbedingt nicht in die Produktion überführten 170 VX (W 158), anschließend für die 170 V-Modelle W 136 I und W 136 II. Die Vorschläge ähneln sich modellübergreifend stark und umfassen die Front mitsamt der Motorhaube, den Vorderkotflügeln unter Einschluss der Trittbretter und der vorderen Türen. Wie in den unmittelbar folgenden Entwürfen für den 170 V-Nachfolger W 162 sieht Müller stark gerundete Formen im damals aktuellen amerikanischen Stil vor. Die Scheinwerfer sind in die üppigen Kotflügel integriert und übernehmen deren Form, die Kotflügel selbst gehen seitlich mit Schwung in schwellerartige Trittbretter und in die Vordertüren über, die Alligator-Motorhaube läuft nach vorn schmal zu, ist nasenartig gerundet und die Kühlermaske auf ein bescheidenes, nur dünn chromumrahmtes Gitter reduziert.[2] Das Ergebnis hinterlässt durch den Umstand, dass bloß der Vorderteil der Wagen überarbeitet werden soll, einen formal zwiespältigen Eindruck. Müllers Entwürfe werden einzig im Hinblick auf den vollständig neu zu entwickelnden Wagentyp W 162 weiterverfolgt und bilden dort Teil eines formalen Ganzen.[II]

1947: Es bleibt fast alles beim Alten

Die ersten nach dem Krieg neu entstandenen 170 V Limousinen sind von den letztgebauten Kriegsmodellen formal nicht und auch technisch kaum zu unterscheiden. Erst bei genauem Hinsehen erkennt man einige Änderungen, die von den 170 V-Kranken- und Lieferwagen übernommen werden. In der Anfangsphase der Nachkriegsfertigung braucht man zudem Teilebestände auf, die bei der Produktionseinstellung 1942 übriggeblieben sind und dank günstiger Fügung den Krieg wie die nachfol-

Abb. 0567
Stimmungsbild mit einem der ersten nach dem Krieg neu gebauten 170 V Innenlenker vor unbeschädigtem Gebäude der Moderne, Juli 1947. Da der Wagen zunächst für Werbeaufnahmen dient, ist er ohne die damals üblichen Abstriche vollständig ausgerüstet und ausgestattet.

Anmerkung I: Auszug aus dem Kommissionsbuch, Komm.-Nr. 929975 (Archiv MBAG). Siehe Ries, Hermann: Hoffnungsschimmer, in »Mercedes-Benz Classic« 03/2007, S. 62.
Anmerkung II: Zum designierten 170 V-Nachfolger W 162 siehe Kap. 8.1, S. 352 ff.

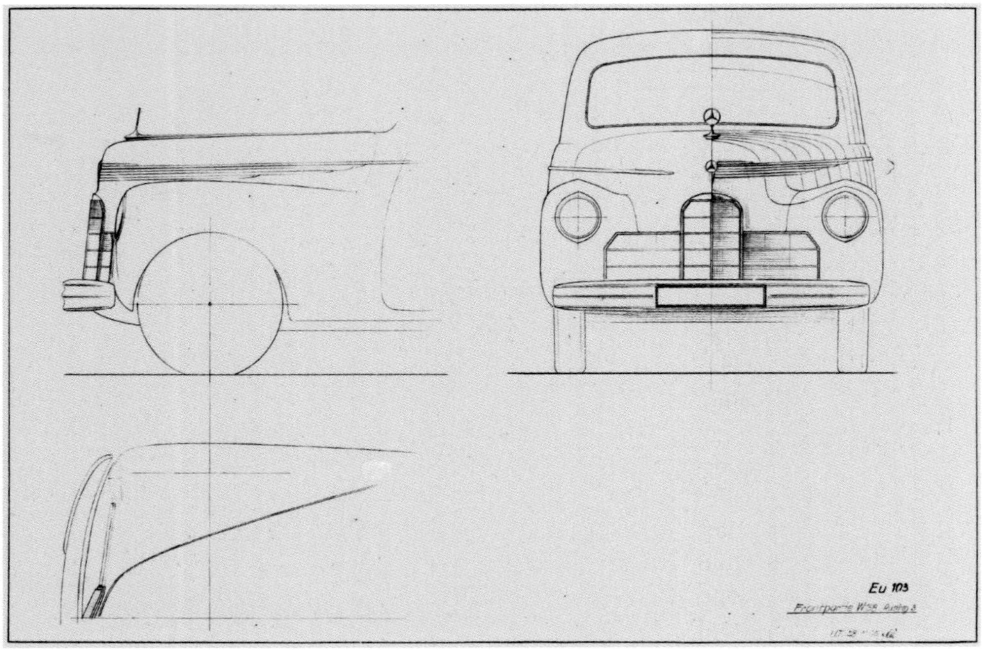

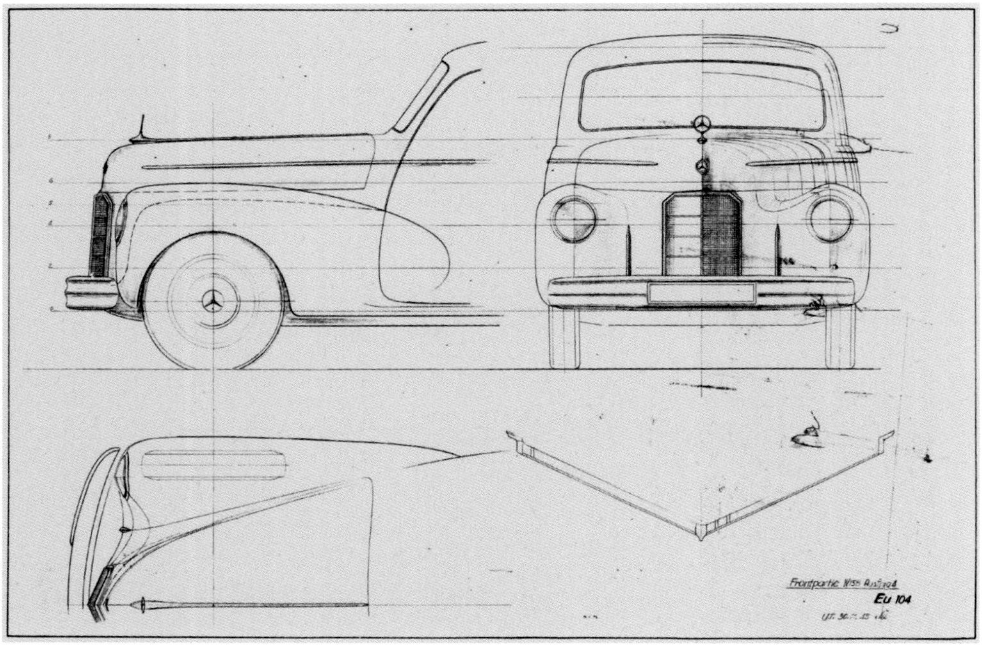

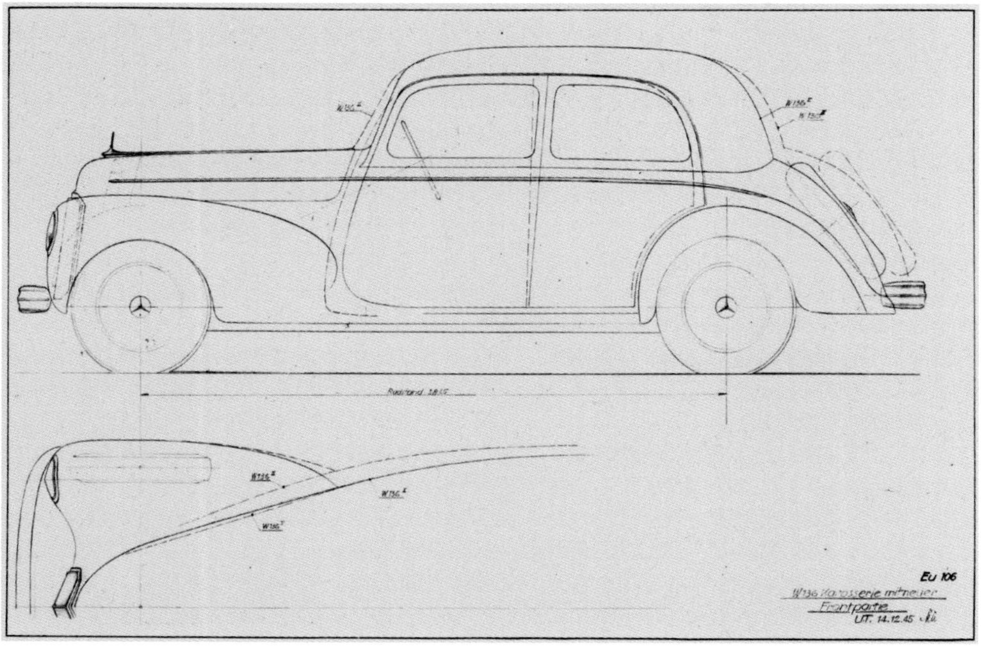

Abb. 0568, 0569 & 0570
Erste Nachkriegs-Karosserieentwürfe aus Untertürkheim, November und Dezember 1945. Bei den beiden Frontpartien Eu 103 (oben) und Eu 104 (Mitte) denkt der Vorentwickler Josef Müller noch an den W 158, dessen Entwicklung 1942 kriegsbedingt hat abgebrochen werden müssen. In der Zeichnung Eu 106 (unten) versucht Müller, den neuen, amerikanisch beeinflussten Vorbau mit der Karosserie des 170 V (W 136 I) zu verbinden. Die Chancen einer Umsetzung sind gleich null.

genden Plünderungen überdauert haben. Eine Erleichterung, denn viele der Zulieferbetriebe sind nicht mehr oder noch nicht in der Lage, Neuteile zu liefern.

Dass man sich – von den 170 V-Nutzfahrzeugen abgesehen – auf die Produktion ausschließlich des Innenlenkers konzentriert, oder vielmehr durch die widrigen Umstände zu konzentrieren gezwungen wird, bedarf keiner weiteren Erklärung. Zwar werden der Vollständigkeit halber auch die Cabriolet-Limousine, das Cabriolet B sowie der leichte Lieferwagen mit 300 kg Nutzlast in das neu erstellte Baumustersystem aufgenommen, also mit entsprechenden Baumusterbezeichnungen versehen. Doch an eine Wiederauferstehung dieser in der Fertigung aufwändigeren Modelle glaubt im oberen Kader wohl niemand.[3]

Wagenäußeres

Zunächst werden alle Limousinen schwarz lackiert, wobei der Oberflächenlack seidenglänzend und nicht hochglänzend eingestellt ist, ein Zugeständnis an die schwankende Lackqualität und die dürftige Lackieranlage im Werk Sindelfingen. Neben der verchromten Kühlermaske mit Schraubverschluss und Stern sorgen die verchromten Stoßstangenecken, die teillackierten, mit glänzendem Stern versehenen Raddeckel und der ebenfalls blanke Frontscheibenrahmen für eine erfreulich gepflegte Erscheinung des Wagens – ein scharfer Kontrast zu den Lebensumständen der Mehrzahl derer, die sie fertigen. Im Unterschied zu den vor 1942 gebauten 170 V Innenlenkern werden Bosch-Scheinwerfer mit kürzerem Lampentopf aufgesetzt, die zudem lackierte statt ver-

Abb. 0571 & 0572
Die ersten Nachkriegslimousinen (Foto Juli 1947) werden ausschließlich schwarz und seidenglänzend lackiert. Die Rückseite entspricht dem Stand seit 1938. Vorn fallen die lackierten statt verchromten Scheinwerferringe auf. Der Kurbellochdeckel fehlt oft.

Abb. 0573 & 0574
Die Innenausstattung der ersten Nachkriegs-170 V (Foto Juli 1947) unterscheidet sich nicht von der bisherigen Ausführung. Nach wie vor bestehen die Sitzbezüge und Türverkleidungen aus Cord. Selbst die Kartentaschen in den hinteren Türen sind vorhanden.

chromte Ringe tragen. Auch die eierförmigen, auf den Kotflügeln montierten Zweikammer-Rückleuchten sind vollständig schwarz gehalten, desgleichen die Scheibenwischerarme. Bei genauem Hinsehen fallen die größeren, auf 5,50-16" angewachsenen Reifen auf, was die Erscheinung des Wagens positiv beeinflusst. Aufgezogen sind sie auf Stahlräder mit 3,5" statt 3,25" breiten Felgen; die Radschüssel mit dem charakteristischen konkav-konvexen Schwung bleibt unverändert.

Innenraum

Die Frontscheibe lässt sich nach wie vor über den recht aufwändigen Mechanismus nach vorn ausstellen. Das Vierspeichenlenkrad trägt einen schwarz lackierten Signalring mit dem vom Lorbeerkranz umschlossenen Dreizackstern auf rotem Grund. Der Handbremshebel ragt wie gewohnt beifahrerseitig aus dem ausgeweiteten Getriebetunnel. Das Armaturenbrett ist nicht mehr mit dem charakteristischen Schrumpflack überzogen, sondern – wie bereits seit ungefähr 1939 – glänzend schwarz lackiert. Die Instrumente mit ihren schwarzen Zifferblättern und den elfenbeinfarbigen Ziffern und Markierungen entsprechen der Ausführung, wie sie in den Wehrmachtskübelwagen eingebaut worden sind; offensichtlich ist ein entsprechend großer Restbestand vorhanden. Auch bei den Rückspiegeln kann man auf einen Vorrat zurückgreifen, denn es werden sowohl die alte Ausführung mit in die Blech-

Abb. 0575
Während die Vordersitze glatt bezogen sind, wird die Rücksitzbank durch Pfeifen gegliedert. Alle sechs Fensterscheiben werden durch dünne, schwarz lackierte Holzprofile eingefasst, die sogenannten Fensterschlüssel. Foto Juli 1947.

Abb. 0576 & 0577 (beide rechte Seite)
Werbung ist 1947 eigentlich überflüssig, weil noch kein freier Verkauf stattfindet. Trotzdem wird ein alter Bestand an Verkaufskatalogen mit einem Einlageblatt aktualisiert (rechts). Für die Exportmesse 1947 in Hannover wird gar ein neuer Prospekt gedruckt – auf Deutsch (links) und in einer englischen Version für den Export. Als Fotohintergrund dient die vom Krieg unversehrte Esslinger Altstadt.

halterung eingeschobenem Spiegelglas verwendet als auch die Cabrioletversion mit in der Länge verstellbarem Spiegelarm. Die Polsterung der beiden Vordersitze muss ohne Pfeifen auskommen, die Sitzkissen haben jedoch körpergerechte Eintiefungen. Die Hebel der Längenverstellung tragen elfenbeinfarbige Kunststoffknöpfe. Die Rücksitzbank indessen ist auf der Sitzfläche und auf der Rückenlehne durch Pfeifen gegliedert. In die Türverkleidungen, die mit demselben Cord-Stoff überzogen sind wie das Gestühl, werden vorn wie hinten hübsche Kartentaschen mit Gummizug eingearbeitet. Alle sechs Fenster sind innenseitig mit hochglänzend schwarz lackierten Holzeinfassungen umfahren, den sogenannten Schlüsseln. Auch die Bodenbeläge werden unverändert übernommen, und zwar mitsamt den zugehörenden Leichtmetall-Abschlussprofilen am Einstieg; vorn liegen Gummimatten mit feinen Querrillen, hinten Bouclé-Teppiche.[4]

Technik

Motorseitig bleibt zunächst alles beim Alten, sieht man vom fehlenden Ölfilter und der außer Betrieb gesetzten, am Vergaser mit einem Deckel verschlossenen Sparvorrichtung ab. Nachdem der Restbestand bereits bei den 170 V-Nutzfahrzeugen aufgebraucht worden ist, werden die neuen Kühler ohne Wasserkasten gebaut. Der Ausrückkörper der Kupplung erhält anstelle der vorsintflutlich anmutenden Trichterlösung einen direkten Anschluss an die Schmierölleitung. Dazu ist ein beweglicher Schlauch notwendig, der durch eine schlitzförmige Öffnung auf der linken Seite in die Kupplungsglocke geführt wird.

Für die Hinterachse wird nun eine Spurweite von 1 296 mm angegeben, statt wie bisher 1 310 mm bei der Normalausführung. Gleichzeitig verlässt man die Lagerung der Kegelradwelle mit einem vorderen und hinteren Zylinderrollenlager und einem Druckkugellager dazwischen. Neu findet vorn ein zweireihiges Ringschräglager und hinten ein Ringzylinderlager Verwendung. Anfänglich sind die Limousinen mangels Alternativen mit den etwas härteren Hinterfedern der Krankenwagen ausgerüstet.[5]

Nach wie vor: Wirklicher Fahrzeugverkauf sieht anders aus

Von diesen ersten Nachkriegs-170 V-Innenlenkern beansprucht die amerikanische Besatzungsmacht bereits im April 1947, also vor der Produktionsaufnahme, 400 Stück und die französische sogar deren 500. Weitere Wagen müssen für den Export bereitgestellt werden, so dass für den privaten Inlandbedarf kaum mehr etwas übrigbleiben werde, bilanziert man in der Firmenzentrale.[6] Doch selbst diese eher zurückhaltende Produktionsvorgabe ist – wie sich bald zeigen wird – zu optimistisch. Von insgesamt 1 045 gebauten 170 V im Jahr 1947 entfallen lediglich 381 Exemplare auf die Limousinen-Ausführung.[7] Von einer kontinuierlichen Fertigung ist man in Untertürkheim wie in Sindelfingen noch weit entfernt.

Werbung für den Automobilverkauf zu betreiben, ist unter diesen Umständen zwar unnötig, doch sie schafft die Illusion einer gewissen Normalität. Im Unterschied zu wichtigen Werksunterlagen ist ein größerer Posten der letzten Vorkriegskataloge unbeschädigt erhalten geblieben, die – im August 1947 mit einem Einlageblatt aktualisiert – an Interessenten und mögliche künftige Kunden abgegeben werden. Noch im selben Monat lässt man im Hinblick auf die unmittelbar bevorstehende erste Exportmesse in Hannover (18.8.–7.9.1947) einen neu gestalteten Prospekt drucken, und zwar nicht nur in Deutsch, sondern auch in einer englischen Übersetzung. Dessen Bilder zeigen einen der ersten Nachkriegs-Innenlenker; zwei Aufnahmen entstehen vor historischer Kulisse in der vom Krieg unversehrten Esslinger Altstadt. *Ein unbeugsamer Wille, Energie, Fleiß und planvolle Arbeit haben die Voraussetzungen geschaffen, dass heute wieder der beliebte Mercedes-Benz »Typ 170 V« als Personenwagen gebaut werden kann.* [...] *Die Fabrikation ist noch nicht sehr groß und ihre Steigerung hängt im wesentlichen von der Materialanlieferung ab,* informiert der einleitende Text.[8] Man schätzt

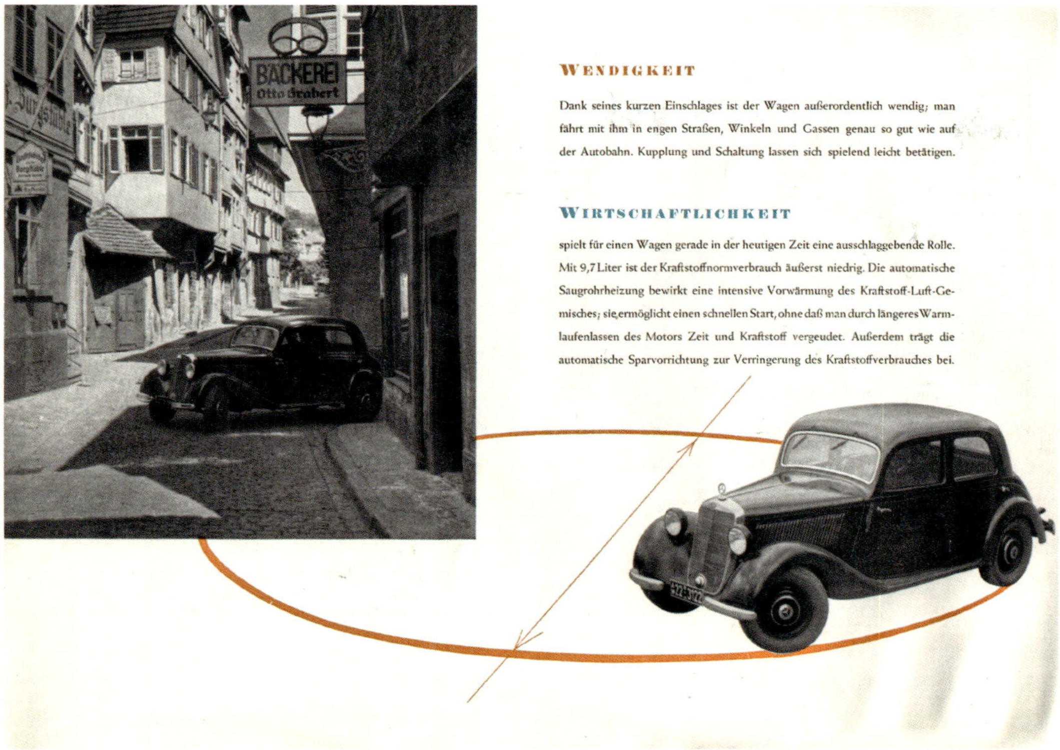

Wendigkeit

Dank seines kurzen Einschlages ist der Wagen außerordentlich wendig; man fährt mit ihm in engen Straßen, Winkeln und Gassen genau so gut wie auf der Autobahn. Kupplung und Schaltung lassen sich spielend leicht betätigen.

Wirtschaftlichkeit

spielt für einen Wagen gerade in der heutigen Zeit eine ausschlaggebende Rolle. Mit 9,7 Liter ist der Kraftstoffnormverbrauch äußerst niedrig. Die automatische Saugrohrheizung bewirkt eine intensive Vorwärmung des Kraftstoff-Luft-Gemisches; sie ermöglicht einen schnellen Start, ohne daß man durch längeres Warmlaufenlassen des Motors Zeit und Kraftstoff vergeudet. Außerdem trägt die automatische Sparvorrichtung zur Verringerung des Kraftstoffverbrauches bei.

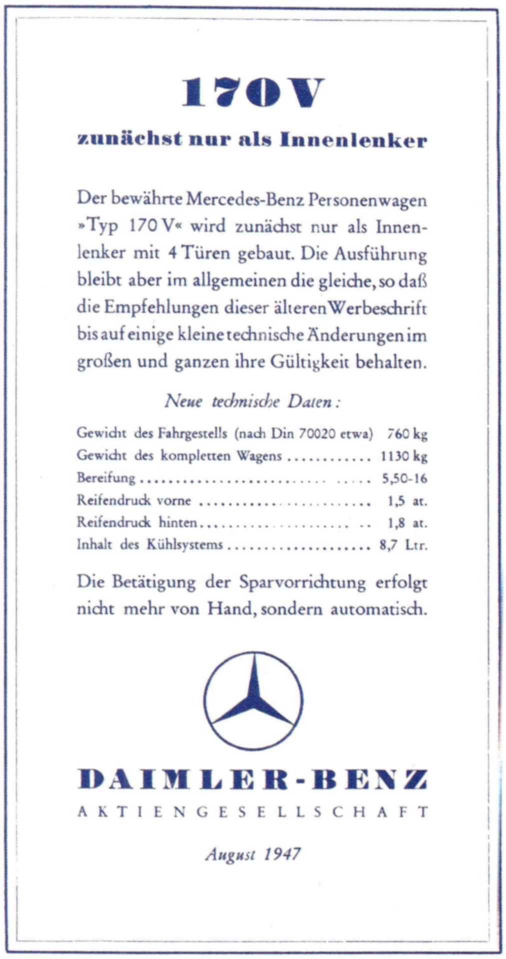

170 V

zunächst nur als Innenlenker

Der bewährte Mercedes-Benz Personenwagen »Typ 170 V« wird zunächst nur als Innenlenker mit 4 Türen gebaut. Die Ausführung bleibt aber im allgemeinen die gleiche, so daß die Empfehlungen dieser älteren Werbeschrift bis auf einige kleine technische Änderungen im großen und ganzen ihre Gültigkeit behalten.

Neue technische Daten:

Gewicht des Fahrgestells (nach Din 70020 etwa)	760 kg
Gewicht des kompletten Wagens	1130 kg
Bereifung	5,50-16
Reifendruck vorne	1,5 at.
Reifendruck hinten	1,8 at.
Inhalt des Kühlsystems	8,7 Ltr.

Die Betätigung der Sparvorrichtung erfolgt nicht mehr von Hand, sondern automatisch.

DAIMLER-BENZ
AKTIENGESELLSCHAFT

August 1947

sich glücklich, in Hannover vom 170 V nicht nur das Schnittmodell eines Fahrgestells zeigen zu können, sondern auch einen Krankenwagen mit Behelfsfahrerhaus und insbesondere einen Nachkriegs-Innenlenker. Mit dem neuen Werbeprospekte will die Daimler-Benz AG ihre Mission verstärken, nämlich »dass man wieder da ist«. Die englische Ausgabe soll die zahlreich erwarteten Messebesucher aus den Reihen der Besatzungsmächte USA und Großbritannien direkt ansprechen. Falls sie im Besitz von Dollars sind, können sie tatsächlich einen neuen 170 V erwerben, unter der Voraussetzung, ein solcher ist tatsächlich verfügbar. Einen Monat später, im Oktober 1947, wird der 1 000. Nachkriegs-170 V fertiggestellt, ein Innenlenker, was Anlass zu einer von der Werkskapelle begleiteten schlichten Feier gibt.[9]

Erste Änderungen bereits im Herbst 1947

Genau ab diesem 1 000. Nachkriegs-170 V wechselt man vom bisherigen, geschraubten Tankverschluss auf einen Deckel mit einer Bajonettverriegelung. Die Beweggründe für diesen Wechsel, der bald wieder rückgängig gemacht werden muss, ist nicht überliefert. Ebenfalls im Herbst 1947 wird die Sparvorrichtung am Vergaser reaktiviert. Allerdings ist diese nicht mehr wie vor 1942 mittels Zugschalter am Armaturenbrett manuell ein- und

Abb. 0578 (unten rechts)
Ab dem 1 000. Nachkriegs-170 V im Oktober 1947 wechselt man auf einen Bajonettverschluss für den Treibstofftank im Motorraum. Wegen Undichtigkeit kommt es zu Bränden. Die Maßnahme wird bald rückgängig gemacht.

Abb. 0579 (unten)
Im Herbst 1947 wird die zuvor stillgelegte Sparvorrichtung am Vergaser reaktiviert. Die Betätigung erfolgt nun nicht mehr manuell, sondern über ein Gestänge durch die automatische Gemischvorwärmung.

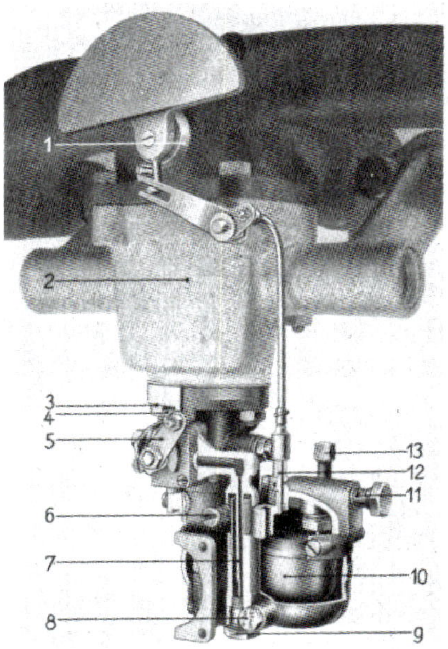

Bild 11. Vergaser (Schnittbild)

1 Selbsttätige Heizvorrichtung
2 Saugleitung
3 Befestigungsschrauben des Vergasers
4 Anlaß-Luftdüse
5 Betätigungshebel für Startvorrichtung
6 Schraube zur Regelung der Leerlaufluft
7 Startvorrichtung
8 Anlaßkraftstoffdüse
9 Rückschlagventil
10 Schwimmer
11 Kraftstoffzufluß
12 Sparvorrichtung
13 Befestigungsschrauben des Vergaserunterteils

ausschaltbar, sondern wird automatisch von der Gemischvorwärmung gesteuert, mit der sie über ein simples Gestänge gekoppelt ist. Sobald verfügbar, werden die Limousinen wieder mit den weicheren, auf eine maximale Achslast von 810 kg dimensionierten Schraubenfedern an der Hinterachse ausgerüstet. Auf Nachfrage liefert Sindelfingen die 170 V Limousine alternativ zu den Stoßecken mit der alten durchlaufenden Exportstoßstange aus, die offenbar noch in genügender Anzahl vorrätig ist.[10]

Bringt viele Vorteile: Zylinderkopf aus Leichtmetall

Gegen Ende 1947 kommt nun der altgediente M 136-Motor in den Genuss einer echten technischen Verbesserung. Der gusseiserne Zylinderkopf wird durch eine Ausführung in Leichtmetall ersetzt. Dank der günstigeren Wärmeableitung verbessert sich der thermische Haushalt des Triebwerks, wodurch sich die Verdichtung von 1:6 auf 1:6,5 erhöhen lässt. Weiter wird die Brennraumform optimiert, die nun statt einem rechteckigen Querschnitt eine gewölbte Form erhält, also eher einer flachen Kalotte gleicht.[11] Beides beeinflusst grundsätzlich die Leistung positiv, die sich bislang oft genug unterhalb des nominell genannten Werts von 38 PS bewegt hat. Mit dem neuen Leichtmetallzylinderkopf, der unlackiert bleibt, entfällt die mit einer Verschlussschraube versehene Öffnung über dem ersten Zylinder zur Bestimmung des oberen Totpunkts.

In diesem Zusammenhang sei an die Versuche erinnert, welche die Firma Panhard & Levassor zehn Jahre zuvor, also 1937, im Hinblick auf eine Lizenzproduktion in Frankreich mit Leichtmetallzylinderköpfen auf dem M 136 unternommen hat. Derartige Motoren sind damals auch in Untertürkheim getestet worden.[I]

Abb. 0580 & 0581
Im August und September 1947 präsentiert man den 170 V-Innenlenker auf der Exportmesse Hannover und hofft auf den einen oder andern Verkaufsabschluss in harter Währung. Einen Monat später wird der 1 000. Nachkriegs-170 V mit einer kleinen Feier gewürdigt.

1948: Der 170 V nimmt wieder Fahrt auf

Das Jahr 1948 bringt neue Hoffnung. Wilhelm Haspel, von der Spruchkammer politisch entlastet, ist gegen Ende des vergangenen Jahres als Generaldirektor ins Unternehmen zurückgekehrt. Seine Devise: Die Fertigung in den rentablen Bereich führen und Autos verkaufen. Denn am Horizont winkt bereits eine Währungsreform, die in den drei westlichen Zonen Deutschlands marktwirtschaftliche Verhältnisse bringen soll. Und Pkw verkaufen, das geht bei Daimler-Benz aktuell und in naher Zukunft nur mit dem 170 V, der in der Qualität verbessert und günstiger gefertigt werden muss. In rascher Folge werden an unterschiedlichen Stellen des Wagens meist kleinere Veränderungen umgesetzt. Einige sind produktionstechnisch bedingt und führen zu Einsparungen bei den Herstellungskosten, bei anderen steht der Wille im Vordergrund, das Fahrzeug zu verbessern. Nicht selten lassen sich beide Anliegen zugleich verwirklichen.

Änderungen im Wageninnern

Die ab dem frühen Frühjahr 1948 gefertigten 170 V erhalten anstelle des antiquiert wirkenden Vierspeichenlenkrads ein dreispeichiges in der altbewährten Gestaltung und Materialisierung. Der Signalring ist üblicherweise schwarz lackiert, wird jedoch mit einer aktueller gestalteten Nabenabdeckung versehen. Diese ist im Durchmesser vergrößert und nun schwarz, so dass innerhalb eines silbernen Kreises der ebenfalls in Silber gehaltene Mercedes-Benz-Stern leuchtet. Die für den Export bestimmten Wagen werden mit einem polierten Signalring versehen. Lenkräder in dieser Ausführung sind bereits vor bzw. während des

Anmerkung I: Siehe Kap. 4.2, S. 196.

Abb. 0582 & 0583
Nach dem Vorbild des Prototyps 600 K Cabriolet B (W 157) von 1941/42 (oben) erhält der 170 V ab Frühjahr 1948 ein Dreispeichenlenkrad anstelle des bisherigen mit vier Speichen. Die Handbremse wird neu mit einem Stockhebel links unter dem Armaturenbrett betätigt. Bald werden die schwarzen »Wehrmachts«-Zifferblätter einer Ausführung in Elfenbein Platz machen.

Kriegs für die Nachfolgemodelle vorgesehen gewesen; so sind 1941/42 die Prototypen des 600 K (W 157) Cabriolet B damit ausgerüstet worden.

Wenige Wochen später verschwindet bei der Limousine der stehende Handbremshebel rechts des Getriebes zugunsten eines Stockhebels links der Lenksäule unter dem Armaturenbrett. Dafür wird derselbe aus Leichtmetall gegossene Griff gewählt, der ab 1939 im 230 (W 153) verwendet worden ist. Dort ist der Stockhebel allerdings für die Bedienung ungünstig auf der Beifahrerseite angeordnet, was man im 170 V korrigiert. Die mit Rasten versehene Klinkenstange läuft in einem an der Spritzwand verschraubten Hüllrohr und zieht über ein kurzes Drahtseil einen am Rahmen drehbar gelagerten, im Motorraum leicht nach vorn geneigten Hebel nach hinten. Ein Seilzug mit Umlenkrolle betätigt auf diese Weise die Bremsen an den Hinterrädern. Den Griff der Klinkenstange lässt man zunächst schwarz lackieren, später bleibt er metallsichtig. Die Umstellung der Handbremsbetätigung erfolgt auch bei den Krankenwagen noch im Laufe des Frühjahrs, bei den Kasten-, Pritschen und Polizei-Mannschaftswagen jedoch erst im Frühsommer 1948. Im Juli lösen Instrumente mit Zifferblättern in Elfenbein – ähnlich jenen, die vor 1942 verwendet worden sind – die Wehrmachtsinstrumente ab, deren Teilebestand nun erschöpft ist.

Fertigungstechnische Probleme führen zu Mängeln

Es gibt auch Mängel an den 170 V-Wagen, die sich angesichts der nach wie vor sehr beschränkten produktionstechnischen Möglichkeiten nicht leicht aus der Welt schaffen lassen. Zu den empfindlichen Baugruppen gehören die Hinterachse und das Getriebe, wie dies ähnlich bereits vor der Produktionseinstellung 1942 der Fall gewesen ist. Beim firmeneigenen Schaltgetriebe DB-4S bereitet die Schaltbarkeit, insbesondere des zweiten Gangs, Schwierigkeiten, die unter anderem auf den Wechsel der Synchronringe zurückzuführen ist. Der bisherige Lieferant Bertram aus Berlin ist kriegsbedingt ausgefallen, weshalb die Ersatzringe aus abweichendem Material im eigenen Haus gefertigt werden müssen. Eine Verbesserung kann durch eine veränderte Anspitzung der Klauenzähne erzielt werden. Weiter stören laute Laufgeräusche in verschiedenen Fahrzuständen.[12]

Viele von der Firma Bosch GmbH gelieferte Teile verursachen Probleme, was darüber hinaus für die Elektrik ganz allgemein gilt. Die ausschließlich von Osram bezogenen Bilux-Birnen in den Scheinwerfern verabschieden sich oft durch plötzlichen Kurzschluss. Technikchef Nallinger und die Exponenten von Bosch schlagen vor, den 170 V auf 12 Volt umzustellen, was Generaldirektor Haspel aus Kostengründen verwirft. Ein unliebsames Kapitel, das die Führungsleute wie die Techniker in Untertürkheim über einen längeren Zeitraum beschäftigt, ist die ungenügende Wirkung der Bremsen. Grund dafür ist die miserable Qualität der verfügbaren Reibbeläge, von der auch die Kupplung betroffen ist.[13] Auch hier liegt die Ursache im Ausfall des alten Lieferanten, der Kirchbach'schen Werke in Coswig bei Dresden, die mit ihren bewährten Jurid-Belägen vor dem Zusammenbruch eine marktdominierende Stellung eingenommen haben und 1946 von den Sowjets demontiert worden sind.[14]

Währungsreform: Der Neuwagenverkauf bringt wieder Gewinn

Mit der am 21. Juni 1948 in Kraft getretenen Währungsreform, die den Übergang von der Reichsmark (RM) zur Deutschen Mark (DM) bringt, fällt der behördlich festgesetzte Verkaufspreis. Ein Automobilkauf ist nun – erstmals seit neun Jahren – ohne amtlichen Bezugsschein frei möglich. Doch es gilt: »Neue Währung – neue Preise!«. Als am Freitagabend, 18. Juni, die Währungsreform für den kommenden Sonntag angekündet wird, verabschiedet der Vorstand in großer Eile die zuvor durchdiskutierten neuen Verkaufspreise für die verschiedenen 170 V-Ausführungen. Prei-

Abb. 0584
Stolz lässt man im Frühjahr 1948 eine Kolonne fertiggestellter 170 V so aufstellen, als ob sie gerade aus der Endfertigungshalle in Sindelfingen rollen würde. Deren Fassade trägt immer noch den Kriegstarnanstrich.

se, die nun den tatsächlichen Gestehungskosten angepasst sind und einen Gewinn versprechen. Die 170 V Limousine kostet neu 7 800 DM, dazu kommen die Kosten für die fünffache Bereifung zum jeweiligen Tagespreis, der am 21. Juni auf 382,75 DM lautet. Weil die D-Mark offiziell zehn Mal mehr Wert ist als die Reichsmark, muss für einen 170 V das 12,6-Fache des vor der Währungsreform geltenden Preises ausgegeben werden, nämlich 78 000 Reichsmark. Doch dies ist ein theoretischer Vergleich, weil die Reichsmark umgehend ihre Gültigkeit verliert.

Die Währungsreform trifft das Unternehmen nicht unvorbereitet. Generaldirektor Haspel hat für den 1. Juni 1948 eine Vorstandssitzung anberaumt, in der die Auswirkungen der bevorstehenden Reform eingehend besprochen und die notwendigen Maßnahmen skizziert worden sind. Haspel hat seinen Kollegen vor Augen geführt, dass mit der neuen Währung das bis dahin komfortable Vermögen der Daimler-Benz AG bloß noch dafür reichen würde, die Belegschaft für einen Monat zu entlöhnen. Aus diesem Grund, aber auch weil sich die Versorgung mit Rohstoffen während der zurückliegenden Wochen merklich verschlechtert hat, sind die Werke Mannheim, Untertürkheim und Sindelfingen noch vor der Währungsreform für mehrere Tage geschlossen und das Personal in den Urlaub geschickt worden. Angesichts der nun leeren Kassen lautet die Devise: Fahrzeuge produzieren und gewinnbringend verkaufen. Doch auch so kommt man um einschneidende Sparmaßnahmen und um eine Leistungssteigerung durch die (oft immer noch unterernährte!) Belegschaft nicht umhin.[15]

Bis Ende 1948 erreicht die Daimler-Benz AG eine Jahresproduktion von knapp 1 000 Exemplaren der 170 V-Nutzfahrzeuge und -Krankenwagen, immerhin das Anderthalbfache des Vorjahres. Viel erfreulicher ist, dass

Abb. 0585
Ein gutes Dutzend zur Ablieferung bereiter 170 V, Frühjahr 1948. Bei Daimler-Benz sind von der Firmenleitung bis zu den Arbeitern alle froh, mit dem 170 V Innenlenker wieder in die Pkw-Produktion zurückgefunden zu haben, auch wenn von einer kontinuierlichen Fertigung noch keine Rede sein kann.

der Ausstoß an 170 V Limousinen auf ansehnliche 4 130 Stück gesteigert werden kann.[16] Dies hauptsächlich deshalb, weil deren Fertigung nach der Währungsreform endlich ins Rollen kommt,[I] denn die Versorgung mit Rohstoffen und Fremdteilen verbessert sich rasch, da die Firmen dank der nun geltenden Marktpreise keinen Anlass mehr haben, ihre Waren zu horten.

1949: Der 170 V wird weitergebaut

Das Jahr 1949 ist für die Daimler-Benz AG von besonderer Bedeutung. Im März soll die Produktion des 170 V mit neuer geräumiger Karosserie anlaufen. Dieses neue Modell mit der Baureihenbezeichnung W 136 III ist Ende November 1947 von Haspel in Auftrag gegeben worden und befindet sich im Sommer 1948 in der Endphase seiner Entwicklung. Es ist dazu bestimmt, den bisherigen 170 V (W 136 I) abzulösen. *Das bedeutet, dass der Typ 170 V I vollkommen auslaufen muss und nach einem ganz kurzen Übergang von 1, höchstens 2 Monaten der 170 V III in voller Stückzahl – also mit mindestens 800 p/Monat – einsetzen muss,* informiert Technikdirektor Nallinger Mitte 1948 die leitenden Herren der Konstruktion, des Versuchs, des Zentraleinkaufs und der Fertigung in den Werken Untertürkheim und Sindelfingen.[17] Doch die vielfältigen Probleme bei der Fertigentwicklung dieses neuen Modells dauern an. Obwohl eine Ablösung des unterdessen 13 Jahre alten 170 V dringlich erscheint – Nallinger bezeichnet dessen Karos-

Anmerkung I: Bis zum 20.06.1948 wurden lediglich 1 304 Wagen gebaut (Oswald, MB-Pkw2 2001, S. 17).

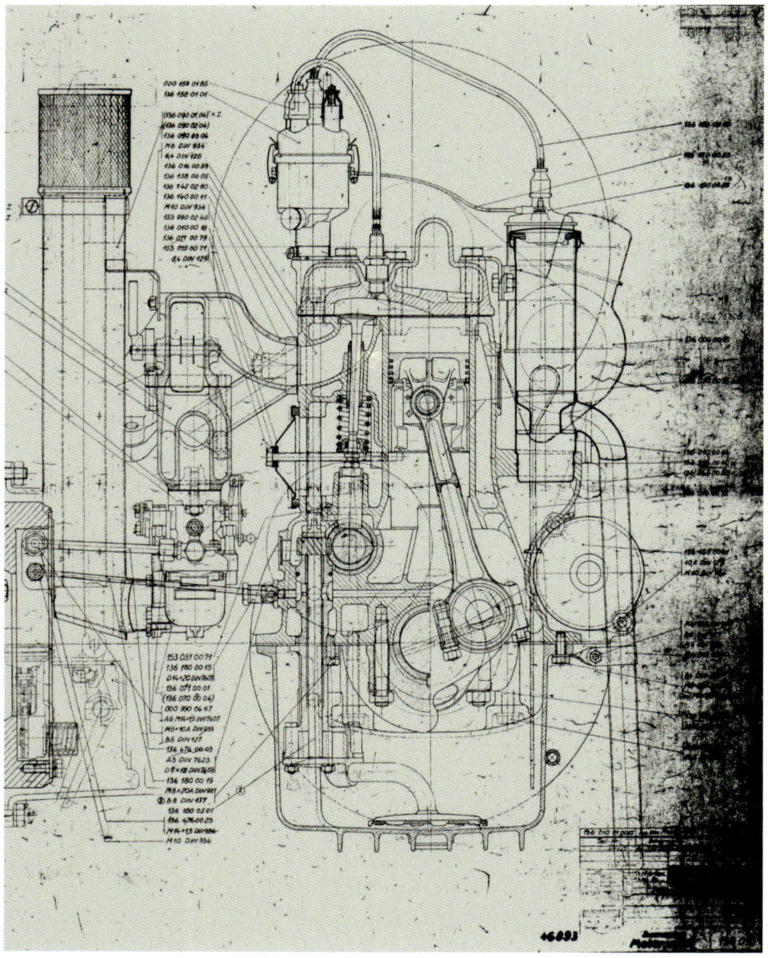

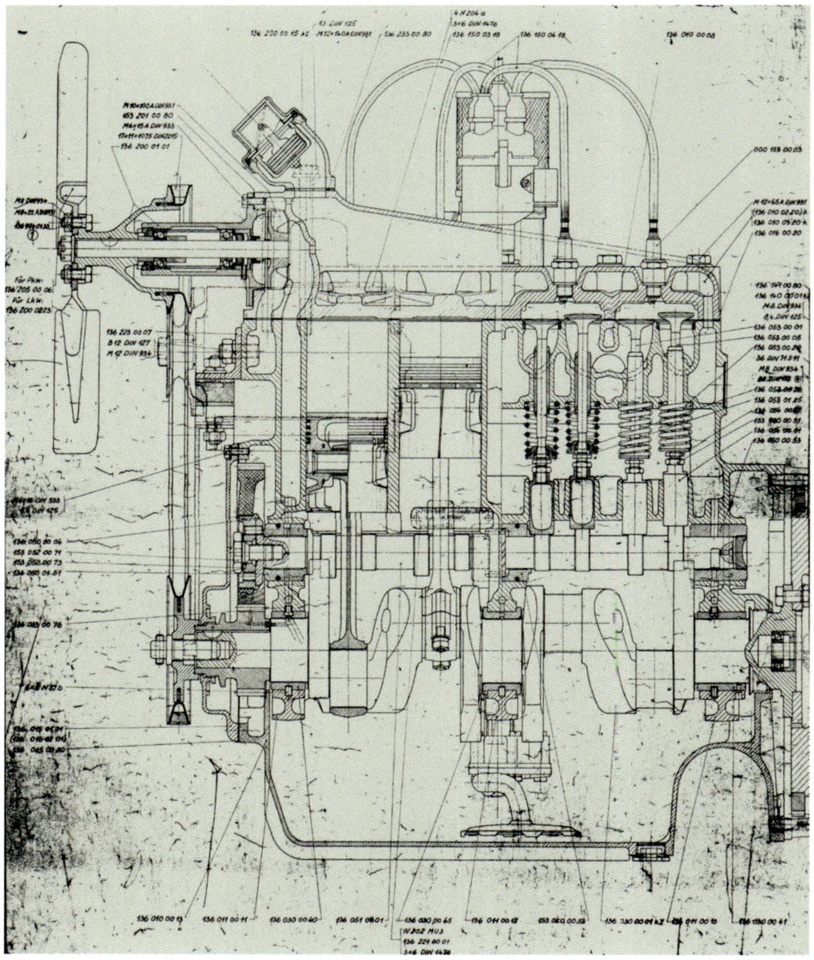

Abb. 0586 & 0587
Quer- und Längsschnitt durch den Motor M 136 des 170 V, datiert 1.4.194(6?). Dargestellt ist bereits der Leichtmetallzylinderkopf mit optimierter Brennraumdecke, aber immer noch der ältere Kühlwasserthermostat im eigenständigen Gehäuse.

serie im Vergleich mit ausländischen Wagen als eine *unmögliche Angelegenheit* – muss der Vorstand Anfang Dezember 1948 eingestehen, dass der Produktionsbeginn des designierten Nachfolgers verschoben werden muss.[18]

Der 170 S ist kein Ersatz: Der alte 170 V bleibt in Produktion

Wider Erwarten erreicht das neue Modell – das man nun 170 S nennt und unterdessen nicht mehr als W 136 III, sondern als Baureihe W 136 IV einordnet – doch noch im März 1949 die Serienreife, wie anfänglich geplant. Allerdings müssen die Herren des Vorstands zur Kenntnis nehmen, dass ein zwar sehr guter und deutlich höherwertiger, dadurch aber spürbar teurerer Wagen entstanden ist. Man hegt berechtigte Zweifel, ob sich vom 170 S künftig 2 000 bis 2 500 Exemplare pro Monat absetzen lassen, so wie dies vom künftigen Volumenmodell verlangt wird, um der Daimler-Benz AG das Überleben zu sichern.

Weil das bisherige Käufersegment des 170 V keinesfalls verloren gehen darf, muss man sich wohl oder übel entschließen, diesen alten Fahrzeugtyp weiterzubauen. Und zwar so lange, bis er von einem oder mehreren neuentwickelten Typen preisgünstigen Zuschnitts abgelöst werden kann. Dies muss bis spätestens 1953 gelingen.[I]

Den 170 V verbessern? Haspel sträubt sich

Angesichts des neuen Sachverhalts, der dem 170 V eine nochmals verlängerte Produktionsdauer beschert, setzt sich Technikdirektor Fritz Nallinger auf der Vorstandssitzung vom 3. März 1949 dafür ein, das alte Modell behutsam zu optimieren. Mit der Konstruktionsabteilung ist er übereingekommen, die kräftigeren Vorderradnaben und -zapfen des 170 S zu verwenden sowie den Motor mit Bleibronzelagern, Gussrädern für den Nockenwellenantrieb und mit Stößeln von 26 mm im Durchmesser zu versehen. Die Erweiterung der Bohrung um 1,5 mm auf 75 mm wie bei der 170 S-Maschine würde die Leistung mit dem bisherigen Vergaser auf 40 PS ansteigen lassen. Vielleicht, so gibt er sich optimistisch, könne man in ein bis anderthalb Jahren zum Fallstromvergaser des 170 S wechseln und so ein weiteres Leistungsplus erzielen. Generaldirektor Wilhelm Haspel beschließt indessen, den 170 V so weiterzubauen wie er aktuell aus dem Sindelfinger Werksgelände rollt und auch auf die Hubraumvergrößerung zu verzichten. Wegen der höheren Kraftfahrzeugsteuer haben sich zuvor die Direktoren Müller und Hoppe gegen mehr Hubvolumen ausgesprochen.[19]

Anmerkung I: Ausführlicher in Kap. 8.2, insbesondere S. 373–375.

Abb. 0588
Motor M 136 I des 170 V, rechte Seite, Stand Sommer 1949. Ein Spaltfilter (links des stehenden Ansauggeräuschdämpfers), der demontiert und gereinigt werden kann, soll Schmutzpartikel im Motorenöl zurückhalten. Die Ventilkammeröffnung ist zwischenzeitlich leicht grösser geworden und unten etwas weiter gerundet. Unterhalb des Deckels ist die Öffnung für den gefederten Stößel des Ausgleichsnockens zu sehen. Diese für den 170 S geschaffene Einrichtung ist bei der Motorenausführung für den 170 V nicht eingebaut und deshalb mit einer großen Schraube verschlossen.

Höchster Weisung zum Trotz: Unter dem Blech tut sich einiges

Haspels Weisung von Anfang März 1949, den 170 V unverändert zu belassen, ist irrational und angesichts seines unternehmerischen Weitblicks, seiner umfassenden Kenntnisse der Materie und seiner Erfahrung nur mit der Frustration zu erklären, die der 170 S in ihm ausgelöst hat. Doch seine Order kommt zu spät. Längst sind weitere Änderungen eingeleitet worden oder stehen unmittelbar vor der Einführung. Davon profitiert nicht nur der 170 V als Fahrzeug, sondern letztlich das Unternehmen insgesamt. Denn es lassen sich zahlreiche für die Verwendung im 170 S überarbeitete Bauteile und Komponenten auch im alten 170 V einsetzen, insbesondere dort, wo sie keine oder nur unbedeutende Eingriffe in der Peripherie verlangen. Dies wiederum reduziert den Aufwand für die Teilefertigung beider Typen und entlastet in einem gewissen Umfang die Ersatzteil-Vorratshaltung.

Es gibt auch zwingend notwendige Maßnahmen, die durchaus im Sinne von Haspel sind. Beispielsweise die Rückkehr zum alten Schraubdeckel auf der Einfüllöffnung des Treibstofftanks. Der wenige Monate zuvor eingeführte Bajonettverschluss ist nur selten dicht. Es haben erst mehrere 170 V in Flammen aufgehen müssen, bevor sich das zuständige Werk Sindelfingen zum Handeln veranlasst sieht.[20] Andere Eingriffe bleiben oft verborgen, steigern die Qualität, verringern dadurch Reklamationen und Kulanzkosten oder wirken sich vorteilhaft auf die Produktion aus. Hin und wieder geben neue Fertigungsmaschinen und verbesserte Fabrikationseinrichtungen den Anstoß zu Anpassungen.

Verbesserungen am Motor und dessen Umfeld

So findet man einen Weg, das Zylindergehäuse fertigungstechnisch zu vereinfachen, indem links vorn auf die angegossene Lichtmaschinenkonsole verzichtet wird, dies zugunsten von zwei runden Auflageflächen (sogenannten Augen). Die dort eingedrehten Stiftschrauben M12 tragen einen U-förmigen Halter, an den die Füße der Lichtmaschine geschraubt werden. Allerdings reißt dieser aus einem Flacheisen gebogene Lichtmaschinenhalter oft entzwei, worauf ein L-Eisen mit beidseitig angeschweißten Stirnplatten verwendet wird.[21] Auch das als Ölwanne dienende Kurbelgehäuseunterteil lässt sich gusstechnisch optimieren. Anstelle der zehn über die ganze Unterseite durchlaufenden Rippen gibt es nur noch deren sechs.

Die motortechnischen Verbesserungen sind bereits Ende 1947 durch den Wechsel vom bisherigen Grauguss-Zylinderkopf zu einem Zylinderkopf aus Leichtmetall eingeläutet worden. Im Frühjahr 1949 erhalten die Ventilstößel einen auf 26 mm vergrößerten Durchmesser, wie im 170 S, und das Ölpumpengehäuse wird ebenfalls aus Leichtmetall gegossen. Gleichzeitig versieht man den Motor an alter Stelle hinter dem Vergaser erneut mit einem Ölfilter, durch den das Öl nun im Hauptstrom zirkuliert. Sein Leichtmetallgehäuse verfügt über einen demontierbaren und leicht zu reinigenden Spaltfiltereinsatz. Weiter stellt man die drei Hauptlager von dickwandigen, mit dem Träger verbundenen Lagern auf dünnwandige Lagerschalen um; allerdings bleibt es für den 170 V-Motor bei Weißmetall (Zinn-Blei-Legierung).

Im Sommer 1949 erhalten auch die Pleuel statt der ausgegossenen Lager auf der Kurbel-

Abb. 0589
Motor M 136 I des 170 V, linke Seite, Stand Sommer 1949. Der Graugussblock hat unterhalb der drei bisherigen weitere zwei Kernlöcher erhalten. Anstelle der Lichtmaschinenkonsole treten zwei »Augen« mit einem U-förmigen Haltebügel. Wegen des »Zwischenschlauch-Thermostats« entfällt das Thermostatgehäuse auf dem Zylinderkopf zugunsten eines einfachen Schlauchstutzens. Weitere Verbesserungen betreffen den Kurbel- und Ventiltrieb.

welle nun dünne einsetzbare Schalen. Gleichzeitig optimiert man erneut den Motorblock, der linksseitig unterhalb der bestehenden drei Kernlöcher zwei weitere, leicht zur Mitte hin versetzte Kernlöcher erhält und später mit Rippen verstärkt wird. Auf der rechten Seite fällt auf, dass die Aussparung für die Ventilkammer leicht vergrößert und an ihren unteren Ecken mit grosszügigeren Rundungen versehen ist. Die Kurbelwelle ist nun schwungradseitig mit einer Burgmann-Dichtung versehen, weshalb die Ölrückförderschnecke von 18 mm auf 12 mm verringert wird. Ein tellerartiger Ring oben auf den Ventilfedern verhindert das lästige Hängenbleiben der Ventile. Der bisherige Thermostat, der als auswechselbares Element in einem eigens dafür gefertigten Leichtmetallgehäuse vorn oben auf dem Zylinderkopf sitzt, wird ebenfalls Mitte des Jahres zugunsten eines »Zwischenschlauch-Thermostats« aufgegeben. Auf dem Zylinderkopf kehrt somit der einfache Schlauchstutzen zurück. Am Kühler ersetzt ein gegen rechts verschobener und schräg nach unten geneigter Rohrstutzen den bislang zentral und horizontal angeordneten. Zwischen beiden schräg zur Längsachse verlaufenden Anschlussstellen ist nun mittels zwei Gummischläuchen der neue, nicht reparierbare Thermostat eingepasst. Die Exportwagen für die Schweiz und für Südafrika werden mit einem leistungsfähigeren Kühlerelement versehen.[22] Die bisher am Motor befestigte Zündspule erhält einen neuen Platz an der Spritzwand, wo sie der Hitze weniger unmittelbar ausgesetzt ist. Schließlich bringt der Verzicht auf die vom Armaturenbrett aus bedienbare Leerlaufregulierung eine willkommene Vereinfachung. Das runde Loch des fehlenden Drehschalters wird vorerst mit einem Gummistopfen verschlossen.

Verbesserungen am Fahrgestell, wirkungsvollere Bremsen

Ebenfalls im Sommer 1949 folgt die teilweise Umstellung der Kupplungsbedienung und der hinteren Motor- und Getriebeaufhängung. Die Kupplung wird neu ausschließlich über ein Gestänge betätigt. Der bisherige kurze Bowdenzug am Hebel der Ausrückwelle, der nach längerer Benutzung gerne reißt, fällt weg. Dank dieser Umänderung lässt sich die Motor-Getriebeeinheit mit einer Spannvorrichtung an der dafür veränderten Rahmentraverse verankern. Gleichzeitig wird die seitliche Drehmomentabstützung umgebaut; das dämpfende Element besteht nun aus einem runden Gummipuffer, der in einem am Rahmen befestigten Halter mit passendem Rohrstummel steckt. Der von Haspel zunächst explizit verworfene Wechsel auf einen verstärkten Vorderachsschenkel mit verlängertem und vergrößertem Zapfen sowie der passenden, mit einem Simmering statt mit Filz abgedichteten Radnabe aus dem 170 S wird nun doch vollzogen.

Die bedeutendste Verbesserung, die der 170 V im Jahr 1949 erhält, ist – aus heutiger Sicht – die Verstärkung der Bremsen. Dieses Thema führt zunächst zu einer gehässigen Auseinandersetzung im Vorstand. Bei der Erprobung des 170 S hat man – insbesondere bei Probefahrten über Schweizer Alpenpässe – eine unzureichende Bremswirkung festgestellt, die man zunächst mit besseren Belägen zu korrigieren hofft. Solche sind allerdings kaum verfügbar. Eine befriedigende Lösung kann nur die Vergrößerung der Reibfläche bringen. Im Konkreten der Wechsel auf Bremsbacken von 40 mm statt bisher 30 mm Breite und gegossene statt aus Blech gepresste Trommeln. Für den 170 S hat sich Nallinger mit diesem Anliegen durchzusetzen vermocht.[23] Als der Untertürkheimer Produktionsverantwortliche Karl Christian Müller – intern stets K. C. genannt – in der Vorstandssitzung vom 27. Juni 1949 mehr beiläufig erwähnt, dass nun für den 170 V und den 170 S dieselbe Bremse verwendet werde, wofür man allerdings beim V auf die breitere Spur des Kübelsitzwagens

Abb. 0590 & 0591
1949 sind die Scheinwerferringe wieder verchromt. Zusätzlich zu Bosch (links) kommt Hella als Scheinwerferlieferant hinzu (rechts). Deren Töpfe sind ein wenig länger und die Rippen der Streuscheibe bilden einen V.

mit den entsprechenden Halbachsen wechseln müsse, platzt Haspel der Kragen. Wie man dazu käme, eine solche Änderung zu beschließen, ohne an die Ersatzteilsituation zu denken, herrscht er Müller und Nallinger an. Doch Müller kontert, er könne die Maßnahme ohne weiteres rückgängig machen, obwohl durch die geplante Fließbandfertigung der einheitlichen Bremse diese 11,30 DM günstiger zu stehen komme als die bisherige.[24/I] Tatsächlich lässt sich dann die wirkungsvollere Bremse umsetzen, ohne dass die Hinterachse verbreitert werden muss. Im Laufe des Herbsts 1949 verlassen die ersten mit dieser Verbesserung versehenen 170 V das Werk. Im Unterschied zum 170 S sind bei diesen jedoch immer noch Blechtrommeln aufgesetzt.[25] Vermutlich gleichzeitig mit der Bremsenvergrößerung erfolgt die Umstellung auf ein anders geformtes Scheibenrad. Dabei tritt an die Stelle der konkav-konvex gewölbten Radschüssel eine einheitlich stark bombierte; die Felge bleibt hingegen unverändert.

Wenig später erhält das Getriebe zugunsten einer verbesserten Synchronisierung die überarbeiteten Gleichlaufkörper des 170 S. Im Spätherbst werden aus fabrikationstechnischen Gründen der Getriebekasten und die Kupplungsglocke in zwei zusammengeschraubte Bauteile getrennt. Während das Getriebegehäuse nach wie vor aus Grauguss besteht, wird für die Kupplungsglocke eine Leichtmetalllegierung verwendet.[26]

Änderungen am Aufbau

Die Maßnahmen an der Karosserie halten sich in sehr engen Grenzen. Wohl Ende 1948 oder Anfang 1949 sind wieder genügend verchromte Scheinwerferringe verfügbar, um dem Wagen dieses wichtige Zierelement zurückzugeben. Als Scheinwerferlieferant für den 170 V kommt 1949 die Firma Westfälische Metall-Industrie Aktien-Gesellschaft aus Lippstadt hinzu, deren Produkte den Markennamen »Hella« tragen. Ihr Aufsatz-Scheinwerfer entspricht mit einem Nenndurchmesser von 200 mm demjenigen von Bosch, der Topf ist jedoch 16 mm länger, was eine gefälligere Form ergibt. In Untertürkheim ist man mit beiden Produkten gleichermaßen unzufrieden, insbesondere werden die geringe Lichtleistung und die ungenügende Streuung kritisiert.[27] Im Laufe des Jahres gelangt ein neuer Innenrückspiegel mit festem Arm und einem tonneauförmigen Glas in einem Metallgehäuse zum Einbau.

Aller Anstrengungen zum Trotz: Nervende Qualitätsprobleme

Die im frühen 1949 getroffene Entscheidung, den 170 V vorerst weiter zu produzieren, wirkt sich bald erfreulich auf dessen Eigenschaften aus. Doch auch die technischen Optimierungen können nicht verbergen, dass der 170 V nach wie vor unter gewissen Qualitätsproblemen leidet, die zu einem guten Teil auf die immer noch kritischen Produktionsbedingungen zurückzuführen sind. Eines der Ärgernisse betrifft die mangelhafte Lackierung der Wagen wegen der unzureichenden Lackiereinrichtung. Auf der technischen Seite geben undichte Wasserpumpen Anlass zu häufigen Reklamationen. Das Ventilklemmen hat man unterdessen im Griff, nicht jedoch den unzulässig großen Verschleiß der Resitex-Stirnräder für den Nockenwellenantrieb. Hier kommt es gar zu einem Abscheren der Zähne. Resitex von Bosch sei qualitativ kritischer als das nicht mehr erhältliche Novotex von AEG, hält man fest. Die Beanstandungen sind dermaßen gravierend, dass man sich überlegt, auf Guss- oder Leichtmetallräder überzugehen. Doch Hoppe und Müller warnen davor, weil solche Räder unangenehm starke Geräusche verursachen. Immer wieder gebe der altgediente M 136 neue Rätsel auf, konstatiert Haspel etwas resigniert.[28] Durch die allmähliche Beschaffung modernerer Maschinen und verbesserter Einrichtungen hofft man, zumindest die Probleme im eigenen Haus besser in den Griff zu bekommen und zeitsparender, also kostengünstiger zu fertigen.

Abb. 0592
Der Nockenwellenantrieb des M 136 erfolgt über Stirnräder. Das große Rad auf der Nockenwelle besteht aus dem Phenol-harz-gebundenen Hartgewebewerkstoff »Novotex«. Erst allmählich erreicht dessen Qualität wieder den Vorkriegsstand, womit der ärgerlich rasche Verschleiß abnimmt

▷ **Siehe Band II/Seite 39 f**, Tabelle A 14 Technische Daten: 170 V (W 136 I), Stand Frühjahr 1949

Anmerkung I: Müller hat bereits in der Vorstandssitzung vom 21.03.1949 darauf hingewiesen, *daß man, falls irgend durchführbar, versuchen sollte, die gleichen Bremsbacken für den 170 S und den 170 V zu verwenden.*

»Am Nageln sollt ihr ihn erkennen«: Der 170 V mit Dieselmotor heißt 170 D

Im Frühjahr 1949 erreicht der kleine Dieselmotor OM 636 nach schier unaufhörlichen Anstrengungen endlich die Serienreife. Auf der Vorstandssitzung vom 3. März 1949 gibt Technikchef Fritz Nallinger bekannt, dass der OM 636 *endlich fertig* sei und im 170 V (W 136 I) eingebaut werden könne. Sein Kollege und Produktionsvorstand K. C. Müller ergänzt, die 500 für die Fertigung von Unimog-Triebwerken vorbereiteten Motorengehäuse ließen sich, falls gewünscht, für die ersten 170er-Dieselwagen abzweigen. Offenbar ist man sich unterdessen einig geworden, den kleinen Dieselmotor nicht wie zuvor beabsichtigt im neuen und höherwertigen 170 S anzubieten, sondern nur im alten 170 V, der mit dem Selbstzündertriebwerk versehen nun die Verkaufsbezeichnung 170 D erhält. Die notwendigen Anpassungen am 170 V, um ihn mit dem OM 636 auszurüsten, bleiben bescheiden. Einzig Haspel ärgert sich, weil der Diesel eine 12 Volt-Anlage erhalten muss, wovon er bislang keine Kenntnis gehabt hat.[29]

Der Dieselmotor OM 636 leistet in der Pkw-Version 38 PS, also exakt gleich viel wie das Benzin-Pendant M 136. Das ungewöhnlich günstige Ergebnis liegt darin begründet, dass es gelungen ist, die Literleistung des OM 636 gegenüber dem im 260 D eingebauten OM 138 aus den 1930er Jahren um bemerkenswerte 22% zu steigern. Dies zeigt aber auch, auf welch bescheidenem Leistungsniveau der alte Benzinmotor M 136 verharrt.

Abb. 0593
Ein mächtiger Paukenschlag: Der auf der Hannover Messe 1949 präsentierte 170 V mit Dieselmotor – 170 D genannt – stößt in der Fachwelt wie bei den Vielfahrern auf hohes Interesse. Dieseltreibstoff ist frei erhältlich und günstig, zudem verbraucht der 170 D kaum mehr als die Hälfte des 170 V – und dies bei gleicher Leistung. Folgerichtig gestaltet Walter Gotschke das Titelbild des ersten 170 D-Verkaufsprospekts als Tankstellenszene.

▷ **Siehe Band II/Seite 208**
Exkurs F 08: Josef Müller und Rudolf Uhlenhaut – unterwegs in einem 170 D-Versuchswagen

Abb. 0594 & 0595
Dieselmotor OM 636, Stand Frühjahr 1949, kurz vor der Serieneinführung, gekennzeichnet als Versuchsaggregat. Der Graugusszylinderblock und das Kurbelgehäuseunterteil aus Aluguss werden unverändert vom Benzinmotor M 136 I übernommen. Kolbenbolzen, Pleuel sowie die nun aus Bleibronze bestehenden Lager sind an die höhere Druckbelastung angepasst. Vollständig neu ist der Querstromzylinderkopf mit hängenden Ventilen, Vorkammern und Vorglüheinrichtung sowie die Einspritzanlage mit Förderung, Filtrierung, Pumpe, Düsen und pneumatischer Regelung.

Technische Anpassungen: Einzig im unmittelbaren Motorumfeld

Die größte Differenz des 170 D zum 170 V ist zweifellos der Dieselmotor selbst, der sich akustisch unmissverständlich als Selbstzünder artikuliert und ein anderes Fahrgefühl vermittelt. Da für das Dieseltriebwerk anfänglich der alte Zylinderblock des Benziners M 136 verwendet wird – einzig die Ansaug- und Auspuffkanäle müssen mit einer aufgeschraubten Stahlplatte verschlossen werden – sind die äußeren Abmessungen in der Länge und Breite identisch. Nur in der Höhe ist die Maschine wegen der im Zylinderkopf hängenden Ventile und der dadurch notwendigen zwei Abdeckhauben deutlich gewachsen. Dies bedingt eine muldenförmige Aussparung im Treibstofftank, weshalb sich sein Volumen auf 37 Liter reduziert (die neben der Einfüllöffnung eingepresste Markierung »41 Liter« bleibt allerdings bestehen). Der unverändert rechts angeordnete Einfüllstutzen mit Schraubverschluss wird von einem Blechkragen umfahren, der mit einer Bohrung und einer dünnen Gummileitung als Auslauf versehen ist. Dies verhindert, dass beim Tanken überschießender Dieselkraftstoff über den Behälter und die Spritzwand läuft und sich ein übler Geruch bis in den Innenraum ausbreitet. Auch der Auslaufstutzen des Tanks ist rechtsseitig angeordnet, wobei der mit einem Umschalthahn kom-

Abb. 0596
Fahrgestell des 170 D (W 136 I D). Der Dieselmotor OM 636 baut höher als der Benziner und passt dennoch unter die Haube. Das Getriebe und die sonstigen Elemente der Kraftübertragung sowie das gesamte Fahrwerk entsprechen vollumfänglich der Benzinversion 170 V. Der 170 D profitiert gleich zu Beginn von den leistungsfähigeren Bremsen, die dank einer Verbreiterung der Trommeln und Backen von 30 mm auf 40 mm erreicht worden ist.

binierte Grobfilter nicht ins Wageninnere ragt, sondern sich im Motorraum befindet. Die Motorlagerung, die Kühlung mitsamt der Wasserpumpe und selbst die Auspuffanlage lassen sich unverändert vom 170 V übernehmen. Dies gilt gleichermaßen für die Kraftübertragung, also für die Kupplung (abgesehen von der Mitnehmerscheibe, die mit der Aufschrift »Diesel« gekennzeichnet ist), das Getriebe, die Antriebswelle und die Hinterachse. Zusammen mit dem gesamten Fahrwerk lässt sich auch der Rahmen selbst ohne jegliche Anpassungen für den Diesel verwenden.

Selbstverständlich profitiert der 170 D von sämtlichen Verbesserungen, die dem 170 V im ersten Halbjahr 1949 und insbesondere im Sommer zuteil wird. So verfügt das Dieselmodell unter anderem seit Anbeginn über die auf 40 mm Nennmaß verbreiterten Bremsbacken und Trommeln, über die neu konstruierte und elastischer ausgebildete Drehmomentabstützung sowie über die ausschließlich durch ein Gestänge betätigte Kupplung. Letzteres ist eine Voraussetzung für den Einbau der zusätzlichen Spannvorrichtung zwischen der Motor-Getriebeeinheit und dem Rahmen, die sich auch beim Diesel wiederfindet.

Veränderungen am Aufbau: Marginal

Im Wageninnern fallen einzig die Anpassungen im Armaturenbrett auf. Anstelle des Zugs zur Betätigung des Startvergasers unten zwischen dem zentralen Geschwindigkeitsmesser und der rechts davon angeordneten Zeituhr ragt der schwarz lackierte Knebelgriff des Vorglüh-Anlassschalters heraus. Mit ihm wird der Motor gestartet, und zwar durch ein Drehen des Griffs aus der Horizontalen im Uhrzeigersinn um 45°, wo solange verharrt werden muss, bis die Glühwendel eine hellrote Farbe angenommen hat. Durch das Weiterdrehen rastet der Anlasser mittels Magnetschalter im Zahnkranz der Schwungscheibe ein und setzt den Motor in Bewegung. Zum Ausschalten des Triebwerks wird der Hebel im Gegenuhrzeigersinn um 45° nach oben gedreht, wodurch ein Kabelzug die Treibstoffzufuhr an der Einspritzpumpe unterbricht. Während der Fahrt und in der Ruhestellung liegt der Griff in der Horizontalen, wofür eine Spiralfeder sorgt. Die Glühkontrolle befindet sich links des Kombiinstruments auf der Ebene der oberen Schalter (Winker- und Lichtbetätigung). Die vielen kleinen kreisrunden Löcher in der Abdeckung

Fahrersitz

1. Kontaktring für Signalhorn: Niederdrücken betätigt das Signalhorn.
2. Glühüberwacher: Rotes Glühen desselben zeigt an, daß die Glühkerzen angeheizt werden (s. Anlassen S. 11).
3. Zugschalter für elektrische Scheibenwischer.
4. Kombinierter Kraftstoff- und Öldruckmesser; Öldruckmesser zeigt erst bei laufendem Motor an.
5. Lichtdrehschalter mit blauer Fernlichtkontrollampe, die bei eingeschaltetem Fernlicht leuchtet; Schaltstellungen s. S. 8.
6. Drehknopf zum Öffnen der Windschutzscheibe.
7. Winkerschalter; die eingebaute Kontrollampe leuchtet auf, sobald ein Winker ausgestellt ist.
8. Rückblickspiegel; Spiegel ist einstellbar und kann durch Schwenken um seine Achse in der Höhe verstellt werden.
9. Zugschalter für Armaturenbeleuchtung.
10. Zigarrenanzünder: Knopf eindrücken bis Heizspirale rot glüht.
11. Aschenbecher.

6

12. Handschuhkasten (rechts und links).
13. Kraftstoffhahn, drei Stellungen: Z = zu; N = normaler Betrieb; R = Reserve. Durch eine besondere Einrichtung im Kraftstoffbehälter wird rechtzeitig an das Auffüllen erinnert: Bevor der Behälterinhalt restlos verbraucht ist, setzt der Motor aus und erst nach Umschalten auf „Reserve" fließt der Restinhalt, ausreichend für ca. 30–40 km Fahrt, dem Motor zu (siehe auch S. 13).
14. Zeituhr, wird mittels des Knopfes unter der Uhr aufgezogen; Einstellen erfolgt durch Hochstellen und Drehen des Knopfes.
15. Anlaßschalter: 4 Stellungen des Griffes:

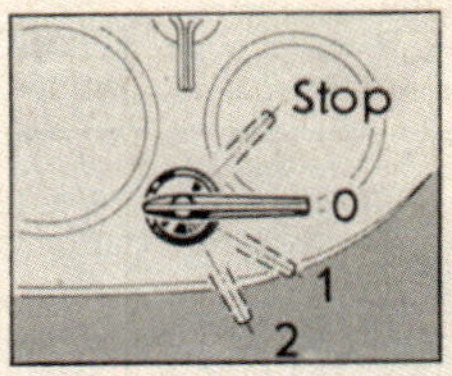

0 =	Fahrstellung:	Normalstellung, die während des Motorlaufes stets eingestellt sein muß.
1 =	Vorglühstellung:	Anheizen der Glühkerzen vor dem Anlassen (s. S. 11).
2 =	Anlaßstellung:	Einschalten des Anlassers (s. S. 11).
Stop =	Stopstellung:	Abstellen des Motors (s. S. 11).

16. Schalthebel für das Wechselgetriebe, Gangstellungen sind auf dem Hebelknopf ersichtlich.
17. Fahrfußhebel, zum Regeln der Fahrgeschwindigkeit.
18. Lenkungsschloß, in welchem der Glüh- und Anlaßhauptschalter, eine Sperrvorrichtung für die Lenksäule sowie die rote Ladekontrollampe vereinigt sind. Sofern die elektrische Anlage in Ordnung ist, leuchtet rote Ladekontrollampe nach dem Einstecken des Schlüssels auf und erlischt, wenn der Motor die Leerlaufdrehzahl überschritten hat. (Normaler Fahrbetrieb).
19. Bremsfußhebel: Niederdrücken betätigt die Vierradbremse.
20. Kupplungsfußhebel.
21. Fußabblendschalter: Niedertreten schaltet von Abblend- auf Fernlicht um oder umgekehrt; wenn Fernlicht eingeschaltet ist, leuchtet die blaue Fernlichtkontrollampe im Lichtschalter.
22. Stößel für die Zentralschmierpumpe: muß jedesmal, wenn Kilometerzähler ein volles 100 anzeigt, zweimal hintereinander betätigt werden.
23. Handbremsgriff: Herausziehen betätigt die Hinterradbremsen, Drehen nach links läßt den Griff einrasten.

Für die Vordersitze ist eine Verstellmöglichkeit nach vor- und rückwärts vorgesehen: Nach Niederdrücken des Hebels unten am Sitz kann der Sitz verstellt werden.

7

Abb. 0597
Beim 170 D entfallen am Armaturenbrett der Drehknopf für die Leerlaufregulierung und der Zugknopf für den Startvergaser. Anstelle des letzteren befindet sich der Drehhebel für die Betätigung des Anlassschaltes mit seinen vier Funktionsstufen. Der Glühüberwacher in Form eines Salzstreuerdeckels sitzt oben links. Im Unterschied zum Benziner benötigt der Diesel eine 12 Volt-Bordelektrik.

Abb. 0598
Blick in den Motorraum des 170 D. Wegen des höher bauenden Motors hat der Treibstofftank eine Einbuchtung. Der Einfüllstutzen ist wieder mit einem Schraubverschluss versehen und trägt einen Kragen. Mit dem Serienbeginn werden die Ventiltrieb-Abdeckhauben aus Aluguss durch schwarz lackierte aus Blech ersetzt.

Abb. 0599
Überlegungen, den 170 D äußerlich als Diesel zu kennzeichnen – wie hier seitlich an der Motorhaube – werden nicht weiter verfolgt. Bemerkenswert ist, dass es sich beim abgebildeten Wagen um eine Taxi-Versuchsausführung handelt, wie an der Eura-Leuchte zu erkennen ist.

gestatten einen Blick auf die sich unter Strom rot verfärbende Wendel. Die mit dem Wegfall der Leerlaufeinstellung an der Armaturentafel zurückgebliebene Öffnung ist mit einem Gummistopfen verschlossen.

Nur wer sich in den Fußraum beugt, entdeckt einen weiteren Unterschied zum Benziner: Statt des Kraftstoffhahns mit Filter in der Wagenmitte hinter dem Schalthebel findet sich im rechten Fußraum lediglich ein Umschalthebel für die drei auf einem schwarzen Schild markierten Positionen »Z« (zu), »N« (normal) und »R« (Reserve). Der Hahn mit dem Grobfilter befindet sich, wie erwähnt, unter dem Tank vor der Spritzwand im Motorraum.

Außen unterscheidet sich der 170 D nicht vom gleichzeitigen 170 V. Keine Aufschrift macht optisch auf die außergewöhnliche Motorisierung aufmerksam. Anfänglich hat man sich zwar mit dem Gedanken getragen, den 170 D zu kennzeichnen, beispielsweise mit einem verchromten Schriftzug »170 Diesel« zu beiden Seiten der Motorhaube. Auch die vom 260 D bekannte, aus einem planen Blech ausgestanzte und verchromte Beschriftung »Diesel«, mit der einige 170 D im oberen Drittel der rechten Kühlergitterhälfte versehen worden sind, bleibt ein Versuch, der am Serienwagen nicht umgesetzt wird. Und so manifestiert sich die Dieselmaschine bloß beim Starten akustisch durch lautes »Nageln«.

▷ **Siehe Band II/Seite 41 f**, Tabelle A 15 Technische Daten: 170 D (W 136 I D), Stand Sommer 1949

Die Aufnahme am Markt

Im Jahr 1949 von einem Automobilmarkt zu sprechen, ist keine Übertreibung. Liegt 1948 der westdeutsche Ausstoß an Lastkraftwagen und Personenwagen mit rund 29 000 bzw. rund 30 000 Einheiten nahezu gleichauf, steigt die Produktion 1949 auf fast die doppelte Anzahl Lkw (rund 55 000) und auf das dreieinhalbfache an Pkw (gut 104 000 Einheiten). Damit kommt in der jungen Bundesrepublik ein Personenwagen auf 78 Einwohner, eine Quote, die bereits 1934 im damaligen Deutschen Reich erreicht bzw. (mit 1:75) leicht überschritten worden ist.[30] Mit dem Volkswagenwerk ist den noch verbliebenen Automobilfirmen ein übermächtiger Konkurrent erwachsen. Zudem ist die Adam Opel AG im Begriff zu alter Stärke zurückzukehren und Ford in Köln folgt zahlenmäßig der Daimler-Benz AG auf den Fersen. Borgward in Bremen, produktionsmäßig noch in der Anfangsphase, sorgt auf andere Weise für Aufregung, nämlich mit einem hochmodernen Mittelklassewagen in Pontonform.

Echo in der Fachpresse

Der Nachkriegs-170 V findet, trotz aller Verbesserungen, in den allmählich wieder aufblühenden Automobilzeitschriften keinen großen Widerhall. Es gibt ihn einfach wieder, Punkt. Dies ist auch der Tenor im Bericht der »Automobil Revue« aus Bern vom 18. Mai 1949, der aus Anlass der Technischen Exportmesse in Hannover erscheint und hauptsächlich das Wiedererstehen der Daimler-Benz AG beleuchtet. Der 170 V wird hier lediglich erwähnt, während die soeben vorgestellten 170 D und 170 S ausführlich beschrieben sind.[31] Die »Motor-Rundschau« veröffentlicht am 25. Dezember 1949 einen Kurztest des 170 V, der sich, wie von den Automobilprüfungen dieses Blatts bekannt, auf die bloßen Fakten beschränkt. Hervorgehoben wird der nun mögliche Durchstieg auf den Vordersitzen (bei eingelegtem zweiten oder vierten Gang) dank des unter das Armaturenbrett verlegten Handbrems-Krückstocks. Als Negativpunkte sind der nur von innen zugängliche Kofferraum und das offen liegende Ersatzrad aufgeführt.[32]

Eine deutlich größere Beachtung findet der 170 D, wobei selbstverständlich der Dieselmotor und seine Eigenschaften als Antriebsmaschine des Wagens im Fokus der Tester stehen. Zum Auftakt veröffentlicht die Zeitschrift »Das Auto« in der Nummer 2 des Jahrgangs 1949 einen Beitrag, und zwar viereinhalb Monate bevor der 170 D überhaupt vorgestellt wird. Der offensichtlich gut informierte Paul Pietsch, Rennfahrer, Motorjournalist und Verleger in Personalunion, bringt in seiner Automobilzeitschrift einen längeren Bericht über den 170 V. Dessen Titel lässt aufhorchen: *Mercedes-Benz Typ 170-V oder der verhinderte Diesel...* . Pietsch hat Kenntnis vom neu entwickelten kleinen Mercedes-Benz-Dieselmotor, den er als ideale Antriebsquelle für den 170 V erkennt. Er bedauert, dass die sparsame Maschine lediglich für den Unimog gebaut werde,

Abb. 0600
Der 170 Diesel in Serienausführung, Mitte 1949. Letztlich lassen sich 170 V und 170 D von außen nicht unterscheiden. Gegenüber den Ausführungen vor der Produktionseinstellung 1942 erkennt man beide Nachkriegsausführungen an den voluminöseren Reifen (5,50-16" statt 5,25-16"), den kurzen Bosch-Scheinwerfertöpfen (vgl. Abb. 0134) oder den etwas längeren Hella-Scheinwerfern und bald durch die in der Form leicht abweichenden »Eier«-Rückleuchten von Reitter & Schefenacker statt von MELAS.

und zwar deshalb, weil in Untertürkheim eine zweite Motorenstraße fehle. Denn so könne die erforderliche Stückzahl an Dieselmotoren nicht erreicht werden, die für den Einbau auch in Pkw notwendig wäre. Die in den 170 V getesteten Dieselmotoren seien dem Benziner mindestens ebenbürtig, ist Pietsch versichert worden; *die Endleistung soll sogar um 2 PS höher liegen.* Er tröstet sich mit der Information, dass die Dieselmaschine für einen kommenden kleinen *3/4 Tonnen Lieferwagen* vorgesehen sei.[33] Als Pietsch seinen Artikel publiziert, ist der Einbau des OM 636 im 170 V tatsächlich noch nicht beschlossen.

Zu den frühen Beiträgen über den 170 D zählt jener vom 24. Mai 1949 in der »Neuen Zürcher Zeitung NZZ«, eines der renommiertesten Schweizer Tagesblätter, das auch eine Automobilbeilage führt. Gerühmt wird der recht weiche Lauf des Motors durch die verbesserte Verbrennung und der auffällig günstige Verbrauch von sechs bis sieben Liter des problemlos erhältlichen Dieselöls.[34] Sehr ähnlich beurteilt die »Motor-Rundschau« im Kurztest vom Januar 1950 das neue Modell; Joachim Fischer charakterisiert den Motor als *ausgeglichen, laufruhig und sparsam,* der nur im Leerlauf durch »Nageln« auffalle, *im übrigen Fahrbereich nicht wesentlich lauter als der Vergasermotor* sei.[35] Echt begeistert ist Dr.-Ing. Rudolf Meyer vom Touring-Club der Schweiz in Genf, der den Wagen über 3 000 Kilometer durch deutsche Landstraßen getrieben und beachtliche Durchschnittsgeschwindigkeiten erreicht hat. In seinem ausführlichen Beitrag im »Touring« vom 2. März 1950 macht er speziell auf die hohe Durchzugskraft aufmerksam, die den Verbrauch keineswegs in die Höhe treibt. Der 170 D hat im Durchschnitt lediglich 6,3 Liter Dieselkraftstoff auf 100 Kilometer konsumiert.[36]

170 V: Stark steigender Produktionsausstoß

Im Jahr 1949 können insgesamt 13 101 Fahrzeuge vom Typ 170 V (W 136 I), also der Benzin-Variante, gebaut werden. Darunter befinden sich 387 Kasten-, Pritschen- und Polizeistreifenwagen und eine unbekannte Anzahl teilkarossierter Fahrgestelle, die hauptsächlich bei Lueg in Bochum zu Krankenwagen komplettiert werden. Der weitaus größte Teil der Fahrzeuge besteht folglich aus Limousinen. Die Wartezeit für einen zivilen Käufer beträgt lange 16 bis 18 Monate.[37]

Tatsächlich hat sich 1949 zum Jahr mit dem größten Ausstoß an 170 V innerhalb der zweiten Produktionsperiode entwickelt.[38] Und so, wie sich der 7 800 DM teure 170 V Ende 1949 präsentiert, wird er bis Ende Mai 1950 weitergebaut.

Abb. 0601
Der Diesel-Schriftzug an der markanten Front steht dem 170 D gut. Dieses Überbleibsel aus der 1940 eingestellten 260 D-Produktion steht jedoch auf keiner Zubehörliste. In Untertürkheim sind die an der Entwicklung beteiligten Fachleute stolz auf den 170 Diesel. Der eigentliche Vater des Dieselmotors OM 636, Julius Witzky, hört in den fernen USA von der Markteinführung.

Abb. 0602
Werbeanzeige für den »Typ 170 D«. Stets ist der geringe Verbrauch und die damit verbundene Kostenersparnis das schlagende Argument für den Diesel. Tatsächlich kommt man mit den propagierten 6½ Liter Dieselöl auf 100 km aus.

170 D: Gewollt zögerlicher Verkaufsstart

Wilhelm Haspel ist durch die langanhaltenden Schwierigkeiten bei der Entwicklung des OM 636 zur Serienreife vorsichtig geworden. Durch einen bewusst hoch angesetzten Verkaufspreis versucht er die erwartet große Nachfrage zu dämpfen, um die Produktion über einen längeren Zeitraum ruhig anlaufen zu lassen. Dabei nimmt er nicht zuletzt Rücksicht auf die Fertigungskapazitäten der Firma Bosch für die Einspritzanlage. In dieser Sache geht Qualität klar vor Quantität, will man nicht mit zahllosen Ausfällen den Pkw-Dieselmotor in Misskredit bringen und das eigene Firmenimage schädigen. Der stolze Verkaufspreis von 9 200 DM für den 170 D bringt viele Interessierte ins Grübeln.[39] Die Mehrkosten von 1 400 DM entsprechen dem halben Durchschnitts-Bruttoeinkommen eines vollzeitbeschäftigten Arbeitnehmers im Jahr und wollen zuerst durch den geringeren Verbrauch »hereingefahren« werden. Haspel rechnet trotzdem mit einer Fertigung von ungefähr 500 Dieselwagen pro Monat im zweiten Halbjahr 1949. Dazu kommt es nicht. Bereits Ende Juli meldet Verkaufsvorstand Staelin, der Bestelleingang liege zwar aktuell bei 1 200 Stück 170 D, doch der hohe Preis drücke die Kauflust. Haspel kommt deshalb zur Einsicht, ab Anfang 1950 nicht nur den Preis des 170 V heruntersetzen zu müssen, sondern vermutlich auch denjenigen des 170 D.[40]

Abb. 0603
Die Stuttgarter Innenstadt an einem Winterabend Mitte der 1950er Jahre. Der Turm des nach schweren Kriegsschäden wieder hergerichteten Wilhelmsbaus trägt eine moderne Leuchtreklame. Der Slogan »Bosch im Auto« ist wörtlich zu nehmen. Der Mercedes-Benz 170 D im Vordergrund ist voll bestückt mit Bosch-Produkten. Die Robert Bosch GmbH ist seit Jahrzehnten die wichtigste Zulieferin der Daimler-Benz AG.

Offensichtlich drosselt man mit dem selbstbewussten Preis die Produktion des 170 Diesel auch deshalb, weil man die unangebracht langen Lieferfristen für die Benzin-Version, also für den 170 V, zu reduzieren sucht. Deshalb rollen bis Ende 1949 lediglich 907 Diesel-Wagen aus dem Werk in Sindelfingen.[41] Immerhin ist die Produktion des 170 D im August termingerecht angelaufen, worüber sich Haspel freut. K. C. Müller gibt Mitte September nicht ohne Stolz zu Protokoll, dass der Wagen fertigungsmäßig zu keinen Beanstandungen mehr Anlass gebe. Durch kleine Änderungen hätte zudem die Leistung des OM 636 leicht angehoben und der Brennstoffverbrauch ein wenig gesenkt werden können.[42] 1950 kann der Ausstoß an Dieselwagen merklich gesteigert werden. Die Nachfrage bleibt einzig auf dem Exportmarkt bescheiden.[43]

9.2 Modellgepflegt: 170 Va (W 136 VI) und 170 Da (W 136 VI D)

Der Verkauf des alten 170 V läuft zwar bestens und auch der 170 Diesel findet Zuspruch. Trotzdem: Dezente Verbesserungen sind unumgänglich, damit die beiden Modelle bis zum Erscheinen des Nachfolgers 1953 im Verkauf durchhalten. Ab Mitte 1950 gibt es mehr Hubraum, größere Leistung, Lüftung mit optionaler Heizung, ein wenig mehr Schulterfreiheit und endlich einen von außen zugänglichen Kofferraum. Die Reaktionen sind positiv. Der absolut zuverlässige und ungewöhnlich genügsame 170 Da setzt gar zu einem Höhenflug an und übertrumpft den 170 Va.

Im Vorstand ist es stets Technikdirektor Fritz Nallinger gewesen, der sich wiederholt für eine über die rein ökonomisch begründeten Veränderungen hinausgehende behutsame Weiterentwicklung des 170 V ausgesprochen hat, aber durch seine Kollegen und hauptsächlich durch Generaldirektor Wilhelm Haspel gebremst worden ist. Jedoch nur bis Mitte 1949, denn Haspels Entscheidung, den 170 V unverändert zu lassen, ist nicht unumstößlich. Als sich der Vorstand am 25. Mai 1949 zu einer Sitzung trifft, stehen die gutgelaunten Herren noch ganz unter dem Eindruck, den der Besuch der Exportmesse in Hannover bei ihnen hinterlassen hat. Ganz allgemein zeigt man sich erfreut über die großen industriellen Fortschritte, die Westdeutschland in den zurückliegenden vier Jahren gemacht hat. Insbesondere sind alle begeistert vom gelungenen Auftritt der Daimler-Benz AG und der hervorragenden Aufnahme der drei ausgestellten neuen Fahrzeugtypen, nämlich des Nutzfahrzeugs L/O 3250, des 170 S und des 170 D.

Schon wieder: Eine breitere Karosserie für den 170 V?

Haspel hat sich selbst unterdessen eingestanden, was er in Wahrheit schon längst gewusst hat, nämlich dass der 170 V für den Pkw-Verkauf der Firma weiterhin, zumindest während der kommenden zwei Jahren, eine wichtige Rolle spielen würde. Und er ist bestrebt, den Verkaufspreis von aktuell 7 800 DM im kommenden Frühjahr 1950 auf nun 6 900 DM zu senken, um gegenüber dem 170 S einen genügenden Abstand zu schaffen und über ein preisgünstiges und bewährtes Einstiegsmodell zu verfügen. Doch Haspel beginnt erneut das alte Lied anzustimmen, das nicht nur er, sondern vor dem Zweiten Weltkrieg auch sein Vorgänger Wilhelm Kissel gesungen hat: *Die Karosserie ist zu schmal, das einzige Handicap sind die engen vorderen Sitze!* Haspel will in Sindelfingen an einem Musterwagen untersuchen lassen, ob sich der Aufbau auf simple Weise – durch vertikales Aufschneiden in Längsrichtung und Auseinanderziehen – um 6 cm verbreitern ließe. Änderungen am Fahrgestell lehnt er aus Kostengründen weiterhin ab.

Nach wie vor sträubt er sich gegen technische Verbesserungen. Immerhin kann er sich den Einbau des leicht hubraumgrößeren und im Kurbeltrieb optimierten *170 S-Motors* vorstellen, allerdings versehen mit dem alten Steigstromvergaser. Nallinger gibt zu bedenken, dass der 170 V nur dann schwerer werden dürfe, wenn zugleich die Motorleistung von 38 auf 43 bis 45 PS angehoben werde.[44] Das leuchtet Haspel ein; er verkündet einen Monat später auf der Vorstandssitzung: *Wir können durch bestimmte Maßnahmen dem 170 V Motor 42–45 PS geben, ohne daß die Änderung einen Pfennig kostet.*

Vorausgegangen ist zweifellos ein klärendes Gespräch mit Nallinger unter vier Augen. Nallinger hätte darüber hinaus gerne die weicheren Reifen des 170 S gehabt. Des Weiteren wünscht er sich in Verbindung mit der höheren Motorleistung ohne Erfolg ein Dreigang-Getriebe, wie er es auch für die neu zu entwickelnden 170 V-Nachfolger vorschlägt. Rolf Staelin, Leiter der Verkaufsabteilung Untertürkheim und Stellvertretendes Vorstandsmitglied, erkundigt sich, ob der Kofferraum nach wie vor ohne äußeren Zugang, also ohne Deckel bleiben soll, was Haspel bejaht. Vielleicht werde man ja künftig nur noch den S fabrizieren, meint er.[45]

Nicht aus dem Kopf geht Haspel die Idee einer Verbreiterung des Wagens, doch ist kaum anzunehmen, dass Sindelfingen einen entsprechenden Musteraufbau hergestellt hat. Eher hat der Technische Direktor des Karosseriewerks, Wilhelm Langheck, dem Generaldirektor die erheblichen Kosten einer derartigen Maßnahme vor Augen geführt, die zu ermitteln die Oberingenieure Häcker oder Wilfert in Zusammenarbeit mit den Kalkulatoren anstandslos in der Lage gewesen sind.

Alternativ suchen die Karosseriebauer nach Möglichkeiten, den Innenraum zu verbreitern, *ohne die äußere Schale zu verändern.* Diese münden im Vorschlag, in den Vordertüren ein Klappfenster einzubauen, dadurch die Fensterheber einzusparen und so das Wageninnere in die nun leeren Hohlräume der Türen auszuweiten. Entsetzt wirft Nallinger in die Runde, mit dem angedachten Klappfenster würde man in die Opel-Klasse hinabrutschen. Haspel jedoch besteht auf diesem Fenster.[46] Schließlich lässt er sich von einer zwar weniger weitgehenden, dafür unauffälligen Lösung überzeugen.

Eines ist nunmehr klar geworden: Auch Haspel will jetzt ein *170 V Modell 1950,* das es nun in den kommenden Wochen endgültig zu definieren gilt. Die Diskussionen, worin sich das »Modell 1950« vom bisherigen 170 V unterscheiden soll, gehen hin und her. Anfänglich ist offenbar eine Markteinführung zu Beginn des neuen Jahres geplant, doch schließlich verständigt man sich auf Anfang Juni 1950.

Abb. 0604
Titelseite des Verkaufsprospekts zum 170 Va von Walter Gotschke, Juli 1950. Vom größeren Hubvolumen und der verbesserten Leistung abgesehen ist die lang ersehnte Klappe zum Kofferraum die nützlichste Verbesserung am Duo 170 Va/170 Da.

Abb. 0605
Die Modellpflege vom 170 V zum Va bzw. vom 170 D zum Da ist auch am Typenschild ablesbar. Es ist zusammen mit dem Auftragsnummernschild an der rechten Seite des Vorbaus befestigt.

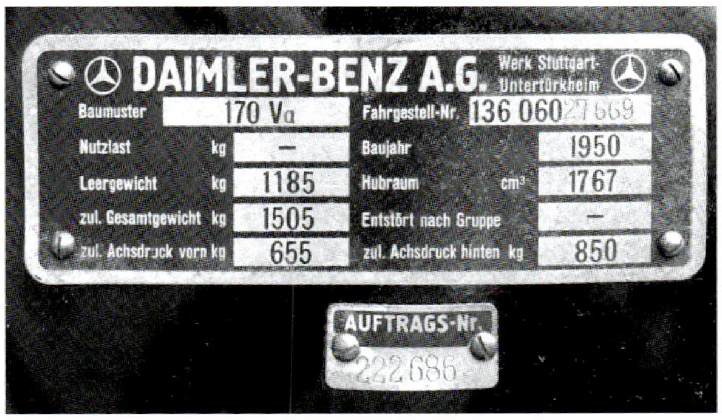

Die Export Spezial Stufen II und III: Evolution zum 170 Va und 170 Da

Der Übergang auf das Modell 170 Va, wie das »Modell 1950« intern nun genannt werden soll, ist die umfangreichste aller bisherigen Modellpflegemaßnahmen am 170 V und manifestiert sich auch in den Angaben auf dem Typenschild (170 Va), der Baureihenbezeichnung (W 136 VI) und dem Baumuster (136.060 für die Limousine). Dasselbe gilt für die Diesel-Ausführung 170 Da mit der Baureihe W 136 VI D und dem Baumuster 136.160 für die Limousinen. Dessen ungeachtet bleibt die offizielle Verkaufsbezeichnung mit »170 V« bzw. »170 D« unverändert.

Einführung der Neuerungen in Etappen

Obwohl man erprobungsseitig wie produktionstechnisch in der Lage ist, den Modellwechsel auf den 1. Juni 1950 zu vollziehen, stellt Produktionschef Karl Christian Müller Ende März im Vorstand den Antrag, dieses Datum nach hinten zu verschieben, ansonsten müsse durch die große Menge an vorrätigen und nun nicht mehr verwendbaren Hebelstoßdämpfern, Kolben des kleineren Durchmessers und weiteren überholten Einzelteilen ein Verlust von rund 200 000 DM in Kauf genommen werden. Nallinger regt an, bis auf einen akzeptablen Restbestand weiterhin die alten Stoßdämpfer zu verbauen und den OM 636-Dieselmotor [vorerst?] auch für den 170 Da beim alten Hubraum und somit bei den vorhandenen Kolben zu belassen. Diesem Kompromiss stimmt Haspel zu, dem es wichtig ist, möglichst rasch den Benziner mit höherer Leistung und den entscheidenden Verbesserungen anbieten zu können, den Kofferdeckel nun eingeschlossen.[47] Wegen dieser gestaffelten Einführung wird es Herbst, bis alle beschlossenen Verbesserungen vollumfänglich umgesetzt sind.

Zeitpunkt der Einführung	**Änderung 170 Va/170 Da gegenüber 170 V/170 D**
Januar oder Anfang Februar 1950	Hinterachse verstärkt und verbreitert, dadurch hintere Kotflügel verbreitert und Trittbretter angepasst
Zweite Hälfte Februar 1950	Export Spezial Stufe II (zunächst für Exportwagen, ab März generell[I]) Lüftungsanlage, optional mit Warmwasserheizung; Luftdüsen hinter dem Armaturenbrett, dadurch Verzicht auf Ausstellmechanismus für Frontscheibe; gläserne Lüftungsblenden an den vorderen Seitenscheiben
März 1950	drehbarer Signalring für Richtungsanzeiger
10. Juni 1950	Export Spezial Stufe III (Übergang 170 V zu 170 Va bzw. 170 D zu 170 Da[48]) Benzinmotor mit 1 767 cm³ Hubraum und 45 PS (Dieselmotor unverändert); Federraten der Radaufhängung angepasst (vorn weicher, hinten härter); Heckdeckel zu Kofferraum, dadurch Rahmenverlängerung und veränderte Auspuffanlage; verbreiterter Innenraum und breitere Sitze vorn und hinten; Schalthebel zweigeteilt und in Gummi gelagert; Knöpfe am Armaturenbrett aus Kunststoff und elfenbeinfarbig; vier neue Ausstattungslinien statt der bisherigen zwei
Juli 1950	Teleskopdämpfer vorn und hinten statt Hebelstoßdämpfer
August 1950	Instrumente mit schwarzen Zifferblättern in überarbeiteter Formensprache; 170 Va ohne Leerlaufregulierung am Armaturenbrett
September 1950	Frontscheibe aus Sigla-Verbundglas statt Sekurit-Glas; Dieselmotor mit 1 767 cm³ Hubraum und 40 PS für 170 Da

Abb. 0606
Ein 170 Da im Prototypstadium. Der Heckdeckel entspricht weitestgehend der kurz darauf umgesetzten Serienausführung. Allerdings weichen die Deckelgriffe einer schlichteren Ausführung. Die Ersatzradabdeckung kann als Option geordert werden, deren Deckel mit der Aufschrift »Diesel« – jedoch ohne »170« – folgt später. Die Rückleuchten, hier noch wie bisher auf den Kotflügeln montiert, werden schließlich seitlich am Heck befestigt (vgl. Abb. 0611 & 0612).

Anmerkung I: Auch der Textwortlaut im Handbuch Verkauf 1948-1960, S. 10, lässt auf eine zeitlich leicht gestaffelte Einführung der Lüftungs-/Heizungsanlage anstelle der ausstellbaren Frontscheibe schließen.

Abb. 0607
Der Benzinmotor M 136 VI im 170 Va. Es bleibt beim Steigstromvergaser, doch die Hubraumerweiterung von 1 697 cm³ auf 1 767 cm³ führt in Verbindung mit einem strömungsgünstigeren Ansaugkrümmer zu einer Leistungssteigerung um sieben auf nunmehr 45 PS.

Abb. 0608
Im September 1950, drei Monate später als der 170 Va, kommt auch der 170 Da in den Genuss der Hubraumerhöhung von 70 cm³. Weil am OM 636 VI sonst keinerlei Modifikationen durchgeführt werden, steigt die Leistung lediglich im Verhältnis des Hubraumzuwachses, nämlich um zwei auf 40 PS.

Wird leistungsfähiger: Der Benzinmotor M 136 VI

Wie von einigen Exponenten seit längerem gewünscht, wird nun im 170 Va der von 73,5 mm auf 75 mm aufgebohrte Rumpfmotor des 170 S eingebaut. Es bleibt jedoch beim bisherigen Solex-Steigstromvergaser und Fallbenzin. Trotzdem wird für die mit M 136 VI bezeichnete Maschine eine Höchstleistung von 45 PS bei 3 600 U/min angegeben, beachtliche 7 PS mehr als beim M 136 I, der bekanntlich die versprochenen 38 PS oft nur mit Mühe oder gar nicht erreicht hat. Aufgrund des Hubraumzuwachses von gut 4% würde man eine Leistungssteigerung auf knapp 40 PS erwarten. Die zusätzlichen 5 PS ergeben sich dank des neu geformten Ansaugkrümmers, der eine um 200 U/min angehobene Höchstleistungsdrehzahl ermöglicht. Hier liegt die »Gratisleistung« verborgen, die Haspel auf der Vorstandssitzung vom 27. Juni 1949 etwas geheimnisvoll angekündigt hat. Zweifellos führt der in seinem Verlauf deutlich gerundete Ansaugkrümmer zu wesentlich besseren Strömungsverhältnissen als dies mit dem kantigen Vorgängerbauteil der Fall ist. Davon profitiert nicht bloß die Leistung, sondern auch das maximale Drehmoment, das von bislang 10 mkg bei 1 800 U/min auf 11 mkg bei derselben Tourenzahl klettert.[49] Der ebenfalls optimierte Auspuffkrümmer erhält einen Dreilochflansch für den Anschluss der Auspuffleitung. Als Höchstgeschwindigkeit des 170 Va werden nun 116 km/h genannt.

Folgt verzögert: Der aufgebohrte Dieselmotor OM 636 VI

Mit einer dreimonatigen Verzögerung erhält auch der 170 Da den auf 75 mm aufgebohrten Motor mit 1 767 cm³ Hubraum, der mit OM 636 VI bezeichnet wird. Die obersten Kolbenringe sind nun verchromt. Darüber hinaus gibt es – im Unterschied zur Benzinversion – keine weiteren Verbesserungen am Triebwerk, weshalb die Leistung des Selbstzünders lediglich linear zur Hubraumvergrößerung von 38 auf 40 PS bei unveränderten 3 200 U/min ansteigt. Das maximale Drehmoment wird nun mit 10,3 mkg bei 2 000 U/min angegeben. Die Abriegelung des Motors bei ca. 3 400 bis 3 500 U/min begrenzt die Höchstgeschwindigkeit des Dieselwagens bei maximal 105 km/h.

Optimiertes Fahrwerk

Sowohl bei der Benzin- wie bei der Dieselausführung wird die aus zwei übereinander angeordneten Blattfederpaketen bestehende Voderradaufhängung etwas weicher als bisher ausgelegt. Die Sprengung bleibt unverändert, doch sind nunmehr zehn dezent dünnere Federblätter statt wie bislang neun zu einem Federpaket kombiniert. Im Unterschied dazu werden die Schraubenfedern der hinteren Pendelachse leicht steifer gewählt. Der Grund liegt in der vergrößerten Spurweite, die um beachtliche 46 mm zugenommen hat und nun 1 342 mm misst. Die Übersetzung des Ausgleichsgetriebes bleibt unangetastet, hingegen werden die beiden Steckachsen aufgrund ihres Längenzuwachses kräftiger ausgebildet (Lagerdurchmesser 40 mm statt bislang 35 mm).

Die verlängerten Achstragrohre haben einen größeren Lochkreis zur Befestigung der entsprechend veränderten Bremsträgerplatten und eine gegen innen versetzte Aufnahme für die Teleskopstoßdämpfer. Endlich löst diese über einen längeren Federweg dämpfende Bauweise an allen vier Stellen die kostenintensiven und verschleißanfälligen Hebelstoßdämpfer ab[50], eine Maßnahme, die bereits vor der Produktionseinstellung 1942 für die zukünftigen Pkw-Typen vorgesehen gewesen ist.[I] Dazu sind kleinere Anpassungen am Rahmen unumgänglich. Solche provoziert auch die weichere Vorderradaufhängung. Damit diese beim vollständigen Ein- und Ausfedern nicht an der vordersten Rahmentraverse aufschlägt, sondern weich abgebremst wird, sind auf der Ober- und Unterseite Rohrstummel angeschweißt, in denen Gummipuffer stecken.[51]

Die breitere Hinterachse verbessert die Fahreigenschaften in den Kurven, oder konkreter ausgedrückt, sie macht den 170 V oder 170 D in Biegungen etwas berechenbarer, weil sich durch die verlängerten Halbachsen die Spur- und Sturzänderungen beim Ein- und Ausfedern verringern. Da nun die Hinterräder weiter außen sitzen, kommt man nicht umhin, die hinteren Kotflügel um je 25 mm auszuweiten, womit die Wagenbreite von 1 580 mm auf 1 630 mm zulegt. In der Folge müssen auch die Trittbretter gegen hinten verbreitert werden, so dass nun pro Seite zwei der drei mit einem Gummiprofil versehenen Aluschienen bis unmittelbar vor die Hinterkotflügel gezogen sind.[52]

Technikvorstand Fritz Nallinger und sein Kollege und Produktionschef Karl Christian Müller haben diese Hinterachse bereits im Sommer oder Herbst 1949 zusammen mit den breiteren Bremsen einführen wollen, sind aber damals am Widerstand von Haspel gescheitert.

Abb. 0609 & 0610
Beim 170 Va/Da wird die Vorderradaufhängung etwas weicher ausgelegt, Gummipuffer verhindern ein Anschlagen am Rahmen. Die Hinterachse wächst um 46 mm in die Breite und erhält entsprechend steifere Federn. Hinten wie vorn lösen Teleskopstoßdämpfer die bisherigen Hebeldämpfer ab.

Anmerkung I: Siehe Kap. 5.2, S. 252, 259 & 264.
Anmerkung II: Vergl. Kap. 4.3, S. 212 f.

Abb. 0611 & 0612
Die Heckausbildung des 170 Va/Da: Kofferdeckel, Rückleuchten am Heck montiert und Kennzeichen-Trägerschild mit seitlichen, schwarz lackierten Leuchten sind die sichtbaren Veränderungen.

Endlich: Klappe für den Kofferraum – und seine Folgen

Noch Ende Juni 1949 hat sich Generaldirektor Haspel gegen einen Kofferraumdeckel im 170 V gewehrt,[53] obwohl der nur vom Innenraum her beladbare Stauraum bereits 1936 – im ersten Produktionsjahr des Wagens – kritisiert worden ist und schließlich Karosseriebaubetriebe wie Hägele in Stuttgart veranlasst hat, Heckdeckel-Umbausätze anzubieten.[II]

Endlich hat Haspel nachgegeben. Der 170 Va wie auch der 170 Da verfügen nun über einen flächenbündig ins Heck integrierten Kofferdeckel, der unten von zwei kräftigen, aufgesetzten Scharnieren gehalten ist und oberseitig mit zwei abschließbaren Drehverriegelungen gesichert wird. Die umgekehrte, nach oben aufschwingende Öffnungsart, die für das Beladen bequemer gewesen wäre, ist wohl wegen des in den Deckel integrierten schweren Ersatzrads kaum ernsthaft erwogen worden. Die Rückenlehne der Fondsitzbank ist nun fest eingebaut. An der Optik des Hecks hat sich durch den Einbau nichts verändert, sieht man von der umlaufenden Fuge des Deckels, den recht unauffälligen, in Wagenfarbe

Abb. 0613
Am überarbeiteten Fahrgestell (hier 170 Va) fällt die Rahmenverlängerung auf, die wegen der Deckelaussparung im Heck notwendig ist. Der Auspufftopf wird dadurch zu klein, es braucht einen Vorschalldämpfer.

lackierten Scharnieren und den beiden verchromten Griffen ab.

Das vollständig in Stahlblech und bis dahin ohne Holzskelett selbsttragend ausgebildete Heck wird durch den Deckelausschnitt in seiner Tragfähigkeit geschwächt und bedarf nun eines »Fundaments«. Dazu wird der X-förmige Ovalrohrrahmen, der nur bis über die Hinterachse reicht, durch zwei abgewinkelte U-Profile verlängert. Diese werden am bisherigen Rahmenende angeschweißt und verlaufen hinter der Achse zunächst schräg nach unten und dann horizontal nach hinten, um als Träger der Heckpartie zu dienen. Der Deckel selbst ist zweischalig ausgebildet und so trotz des Ersatzrads stabil und verwindungssteif.[54]

Die rückwärtige Rahmenverlängerung zum Stützen des Heckteils hat Auswirkungen auf die Auspuffanlage. Notwendig wird nun ein verkürzter Schalldämpfer, um quer zwischen die beiden U-Profilträger unter dem Kofferraumboden zu passen. Die reduzierte Größe erfordert einen Vorschalldämpfer, der im längs zur Fahrtrichtung liegenden Rohrabschnitt unmittelbar hinter der dritten Rahmentraverse eingefügt ist. Hinter dem Vorschalldämpfer ist das Auspuffrohr leicht nach innen abgebogen und führt so direkt in den Hauptschalldämpfer. Das Endrohr verlässt diesen an der linken Stirnseite in einem engen 90°-Bogen, um am Wagenende die Abgase ins Freie zu entlassen. Motorseitig ist die Auspuffleitung statt mit dem bisherigen Zweilochflansch mit einem Dreilochflansch am Auspuffkrümmer befestigt, der einen satteren Sitz erzeugt und Vibrationen unterdrückt.[55]

Abb. 0614, 0615 & 0616
Im 170 Va ist die Lüftungs-/Heizungsanlage auf der linken Motorenseite eingebaut. Zwischen dem Lufttrichter am Kühler und dem Heizungskasten an der Spritzwand befindet sich ein flexibles Rohr. Auf den Ausstellmechanismus der Frontscheibe kann nun verzichtet werden. Unter dem Armaturenbrett verlaufen Luftschläuche zu den beiden flachen Trichtern an der Frontscheibe.

Lüftung und Heizung: Die »Klimaanlage«

Eine weitere bedeutende Änderung beider Schwestermodelle 170 Va und 170 Da besteht im Einbau einer Lüftungseinrichtung für den Innenraum, die optional mit einer Heizung kombiniert werden kann und so gemäß Werbung zur *Klimaanlage* wird. Diese Maßnahme führt zum Verzicht auf die Ausstellbarkeit der Frontscheibe. Der so eingesparte teure Mechanismus vermag den produktionstechnischen Mehraufwand für die Lüftungsanlage zu mildern. Die ventilatorlose Lüftung funktioniert ausschließlich mit dem Staudruck des Fahrtwinds; sie ist demnach bei stehendem oder langsam fahrendem Wagen wirkungslos. Über einen schmalen und hohen Blechtrichter, der am Kühlerblock fixiert ist, strömt die Luft durch einen runden Gummikanal und einen kubischen Blechbehälter in ein im Querschnitt rundes Leichtmetallgehäuse, das mit einer Luftklappe versehen ist und die Spritzwand durchdringt. Von dort wird die Luft in den Fußraum bzw. über zwei bewegliche Schläuche hinter das Armaturenbrett geleitet und gelangt über zwei flache Austrittstrichter direkt auf die Innenseite der Frontscheibe. Der Luftstrom zwischen Fußraum und Frontscheibe lässt sich mit der erwähnten Klappe stufenlos regulieren oder aufheben; sie wird von einem Kabelzug mit Knopf am Armaturenbrett betätigt. Um eine zugfreie Luftdurchströmung zu erreichen, sind die Fenster der beiden Vordertüren entlang ihres oberen und vorderen Abschlusses mit einer Lüftungsblende versehen, einem schmalen Glasstreifen, der am Übergang zur Tür in einem schlanken verchromten Metallprofil sitzt.[56] Diese Vorrichtung, die bereits vor dem Krieg als Option erhältlich gewesen ist,[57] gestattet die Seitenscheiben einen Spalt breit offen zu lassen, ohne dass störende Luftturbulenzen entstehen.[I]

Ihre volle Entfaltung erreicht die Lüftungsanlage allerdings erst mit eingebautem Wärmetauscher, der den Aufpreis von 45 DM dank guter Wirkung rechtfertigt. Der kleine kubische

Anmerkung I: Siehe Abb. 0266 und 0625.

Abb. 0617 & 0618
Im 170 Da ist der Platz knapp. Der Einbau der Heizungs-/Lüftungsanlage gelingt nur rechts und mit dem Heizungskasten am Kühler, das flexible Rohr wird länger. Die Luftschläuche unter dem Armaturenbrett nehmen einen anderen Verlauf. Ein Blechzylinder führt warme Luft zu den Füssen des Fahrers.

Heizradiator mit feingliedrigen Lamellen sitzt im erwähnten Blechkasten und gibt bei Bedarf warme Luft an den Innenraum ab. Er wird von Kühlflüssigkeit durchströmt, die von unten am Motorblock herkommend über einen Gummischlauch in den Radiator einfließt und ihn auf der oberen Seite in Richtung Kühler wieder verlässt. Die Heizleistung wird über einen Zugknopf am Armaturenbrett und ein Gestänge im Motorraum stufenlos reguliert.[58]

Beim 170 Va ist die Lüftungs- und Heizungseinrichtung auf der linken Motorenseite untergebracht. Die Luftaustrittsöffnung im Fußraum liegt zwischen dem Anlasserdruckknopf und dem Treibstoffhahn, also ziemlich exakt über dem rechten Fuß des Fahrers. Beim 170 Da lässt sich die Anlage nicht linksseitig unterbringen, der Ansaugkollektor des Dieselmotors mitsamt Luftfilter versperrt hier den Raum, so dass man auf die rechte Seite ausweichen muss. Das Luftklappengehäuse sitzt demnach beifahrerseitig in der Spritzwand. Von hier leitet ein schwarz lackiertes, horizontales Blechrohr den größeren Teil der warmen Luft hinüber zum Gasfuß des Fahrers, der kleinere Teil strömt in den Fußraum des Beifahrers.

Bevor diese Eigenkonstruktion eingeführt worden ist, haben die Techniker in Sindelfingen mit Autoheizungen verschiedener Zulieferfirmen experimentiert. Dabei hat die seit 1937 gefertigte und als Nachrüstteil bekannte Bosch-Warmwasserheizung mit Abstand am schlechtesten abgeschnitten. Das kübelartige Gehäuse im Fußraum des Beifahrers verfügt zwar über einen elektrischen Ventilator, muss jedoch ohne Frischluftzufuhr auskommen. Als wesentlich wirkungsvoller hat sich die im Motorraum installierte Autoheizung der Esslinger Firma Eberspächer erwiesen, die

Abb. 0619
Die versuchsweise in einem 170 V eingebaute Bosch-Warmwasserheizung überzeugt im Vergleich mit Konkurrenzprodukten und der Eigenentwicklung aus Sindelfingen am wenigsten. Der Bauaufwand ist recht groß und der Heizungskörper stört im Fußraum.

Abb. 0620
Die von der Esslinger Firma Eberspächer entwickelte Autoheizung wird im Motorraum installiert und funktioniert so gut, dass Technikvorstand Nallinger sie im Herbst 1949 für den nachträglichen Einbau freigibt. Nachteilig ist jedoch auch hier der große Aufwand, insbesondere der zusätzliche Riementrieb. Die Abbildung zeigt die Eberspächer-Heizung in einem der frühen Versuchswagen mit Dieselmotor. Für die Serienausrüstung wird die günstigere und gut funktionierende Eigenentwicklung gewählt.

Nallinger im Oktober 1949 für den Einbau im 170 S und 170 D freigibt. Da die Entwicklung einer firmeneigenen Heizung gute Fortschritte macht, scheidet Eberspächer als Lieferant letztlich aus.[59]

Dezent verbesserter und verbreiterter Innenraum

Die von Generaldirektor Haspel forcierte Verbreiterung der 170 V-Karosserie wird aus nachvollziehbaren Gründen nicht weiter verfolgt. Und die unglückliche Idee, mit einem vorderen Klappfenster mehr Raum zu generieren, fällt vom Tisch, als die Karosserieingenieure einen viel intelligenteren Vorschlag präsentieren: Durch die Verkleinerung des Viertelkreises, den das Türblatt zu den Seitenscheiben hin beschreibt und das Einfügen einer kleinen senkrechten Aufbordung (um das Fensterformat zu wahren), wird es möglich die Seitenscheiben um je 10 mm nach außen zu verschieben. Gleichzeitig lässt sich die Türdicke trotz eingebautem Fensterheber um 15 mm verringern.[I] Der Gewinn an Innenraumbreite ist messbar: Im Bereich der Seitenscheiben beträgt die Zunahme immerhin 20 mm, im vorderen Türbereich unmittelbar unterhalb der Brüstung sogar 30 mm. Dadurch lassen sich die vorderen Einzelsessel in den Abmessungen anpassen und durch Pfeifen in der Polsterung bequemer gestalten.[60] Der bisherige Bedford-Cord für die Polsterung und den Innenausschlag macht einem Stoff mit schmalen Dessinstreifen Platz. Das Heckfenster sitzt neu in einem Gummiprofil, dessen komplexer Querschnitt gleichzeitig einen befriedigenden inneren Abschluss erzeugt, so dass an dieser Stelle auf die aufwändige Holzumrahmung verzichtet werden kann.[61] Erstaunlicherweise bleibt das Rollo am Heckfenster erhalten; es wird mit einem Schnurzug vom Fahrersitz aus bewegt. Hingegen muss für eine Sonnenblende nach wie vor ein Aufpreis entrichtet werden.[62]

Die Fahrtrichtungsanzeiger werden nicht mehr am Armaturenbrett, sondern durch ein Drehen des jetzt hochglanzverchromten Signalrings betätigt, eine sinnvolle Einrichtung, die auf ein Patent von Rudolf Uhlenhaut zurückgeht.[63] Der schwarze, mit dem Mercedes-Benz-Stern versehene Nabendeckel des Lenkrads erhält aus diesem Grund eine kleine rote Kontrollleuchte für eingeschaltete Zeiger. Beim 170 Va wird auf die Leerlaufregulierung des Motors am Armaturenbrett verzichtet. Dies führt zu einer Vereinfachung des Regulierhebels im Motorraum. An der Stelle des Drehknopfs im Armaturenbrett sitzt nun der Zugknopf für die Luftzufuhr. Der Zugknopf für die Heizungsregulierung wird beim Benziner wie beim Diesel links des Geschwindigkeitsmessers eingebaut, von wo aus über ein Gestänge das Heizungsventil am Wärmetauscher stufenlos reguliert werden kann. Beim 170 Da befindet sich anstelle des Startvergaserzugknopfs der schwarz lackierte Knebelgriff des Anlassschalters. Der Glühüberwacher wechselt den Platz von links über dem Geschwindigkeitsmesser nach rechts in den Bereich zwischen Geschwindigkeitsmesser und Zeituhr. Die Instrumente erhalten – wie in der ersten Nachkriegsphase – erneut schwarze Zifferblätter mit elfenbeinfarbigen Zeigern, Ziffern und Markierungen, sind jedoch grafisch ein wenig zeitgemäßer gestaltet. Die Knöpfe sämtlicher Zugschalter, nun in Kunststoff gefertigt und ebenfalls im Elfenbeinfarbton gehalten, zielen in dieselbe Richtung.[64]

Um das oft reklamierte »Schettern« des langen Schalthebels zu unterbinden, wird dieser wie beim 170 S zweigeteilt und in Gummi gelagert. Der untere Teil mit dem Schaltfinger ist oberhalb der Kugel als Rohr ausgebildet und mit einer einvulkanisierten Gummihülse versehen. Darin steckt der eigentliche Schalthebel, der mit einer U-förmigen Lasche und zwei Gummiringen ebenfalls vibrationsgedämpft mit dem unteren Gegenstück verbunden ist. Der Schalthebel erhält in seinem oberen Bereich eine stärkere Biegung.[65]

Anmerkung I: Die lichte Innenbreite zwischen den B-Säulen und die äußeren Abmessungen des Wagenkastens blieben unverändert.

Abb. 0621 (oben rechts)
Innenraum des 170 Da: Fest eingebaute Frontscheibe, Betätigung der Zeiger durch Drehen des Signalrings, zweiteiliger, neu geformter Schalthebel. Die anfänglich elfenbeinfarbigen Zifferblätter der Instrumente werden bald wieder schwarz.

Abb. 0622
Getriebe des 170 Va/Da (hier ein Demoexemplar) mit dem unteren Teil des Schalthebels. Der obere Teil wird durch Gummielemente isoliert und soll das lästige »Schettern« dämpfen.

Abb. 0623 & 0624 (beide links)
Der Innenraum des 170 Va/Da wird durch geschickte Maßnahmen um 20 bis 30 mm breiter, ohne in die Karosseriestruktur einzugreifen. Für den Wagenausschlag und die Polsterung wird ein neuer Stoff verwendet. Die bequemer geformten Vordersitze erhalten Pfeifen. Anfänglich bleibt die Kartentasche in den Hintertüren erhalten, wird aber – wie das Heckfensterrollo – bald eingespart.

Außen wenig Neues

Die Veränderungen am Wagenäußern bleiben bescheiden. Die Frontscheibe behält trotz fester Montage ihr bisheriges Aussehen, weil sie in demselben verchromten Messingrahmen steckt wie zuvor die ausstellbare. Auch die Scheibenwischerarme sind nach wie vor oben angelenkt, glänzen aber nun wieder in Chrom. Die leichte Verbreiterung des Hinterwagens durch üppigere Kotflügel fällt erst bei genauem Hinsehen auf. Eher registriert werden die gläsernen Lüftungsblenden an den Vordertüren, die mit ihrem Chromrahmen an der neuen, ca. 6 mm hohen Aufbordung entlang der Fensteröffnung angeschraubt werden.

Der auffälligste Eingriff ist der Heckdeckel, der eine veränderte hintere Nummernschildtafel bedingt. Diese ist nun beidseitig der Stoßstangenecken mit je einer schwarz lackierten Leuchte von Hella versehen, welche die altgediente, über der Tafel angebrachte Soffittenröhre ablöst. Die freistehenden, in ihrer charakteristischen Eierform unveränderten Rückleuchten sind nun am Heck befestigt und nicht mehr an den Kotflügeln, was einen anderen Winkel der Sockel und Hohlschrauben notwendig macht, jedoch optisch kaum auffällt, da ihre Position nahezu unverändert bleibt.[66] Kaum jemand dürfte die nach außen

Abb. 0625
Das Äußere des 170 Va/Da unterscheidet sich nur in Kleinigkeiten von der bisherigen Ausführung. Abgesehen vom Heckdeckel fallen beim genauen Hinsehen die breiteren Hinterkotflügel und die entsprechend angepassten Trittbretter mit zwei durchlaufenden Leisten auf. Die gläserne Lüftungsblende an den vorderen Seitenscheiben ist nun serienmäßig angebaut. Kaum jemand beachtet an den Türen den veränderten Übergang auf die Fenster, an der Motorhaube die Verstärkungsrippe als hinterer Abschluss der Kiemenreihe und die Rückleuchten, die nun am Wagenkörper statt auf den Kotflügeln montiert sind.

gewölbte Sicke beachten, die an den Seitenblechen der Motorhaube hinter der 29. und letzten Kieme ins Blech gepresst ist. Sie dient der vertikalen Verstärkung dieses eher labilen Blechteils, das durch unsorgfältiges Hantieren beim Öffnen und Schließen mitunter gefaltet worden ist.[67] Mit der (zu) spät vorgetragenen Idee, die vielfältig verbesserten beiden Modelle äußerlich durch einen verchromten Zierstab entlang der Karosserieflanke auszuzeichnen, scheitert Nallinger an Haspel.[68] Die auffälligste Veränderung des äußeren Kleids bringen die neuen Lackfarbtöne mit sich. Bislang hat die Käuferschaft lediglich die Wahl zwischen Schwarz und dem eher dunklen Grau DB 117 gehabt. Nun stehen für den 170 Va und den 170 Da dieselben vier Farben zur Wahl, die auch für den 170 S angeboten werden. Es sind dies: Schwarz (ohne Farb-Nr.), Dunkelblau (DB 331), Maron (DB 513, später DB 524) und Hellgrau (DB 141). Ob diese erweiterte Farbpalette tatsächlich erst im März 1951 in Kraft tritt und nicht bereits im Juni 1950 mit dem Übergang auf den 170 Va/Da, hat sich bislang nicht klären lassen. Für eine Einführung im Frühsommer 1950 spricht, dass der Eingriff in den Aufbau – größere Innenbreite, breitere Vordersitze – nicht allein durch die erwähnten andersartigen Polster- und Ausschlagsstoffe kundenwirksam hervorgehoben wird, sondern zusätzlich durch die neue und attraktive Farbpalette der Karosserie. Abweichungen von diesen vier Ausstattungslinien, hin und wieder von der Käuferschaft gewünscht, schließt man werksseitig aus.[69/I]

▷ **Siehe Band II/Seite 39–42**,
Tabellen A 14 & A 15
Technische Daten: 170 Va (W 136 VI) und 170 Da (W 136 VI D)

Aufwertung durch aufpreispflichtige Extras

Individualisierungsgelüste und Sonderwünsche spielen beim Automobilkauf seit langem eine wichtige Rolle. Bereits vor dem Krieg hat es auch für das vergleichsweise günstige Volumenmodell 170 V eine große Palette von Möglichkeiten gegeben, den eigenen Wagen an die persönlichen Bedürfnisse und Vorstellungen anzupassen, wovon reger Gebrauch gemacht worden ist. In den entbehrungsreichen ersten Nachkriegsjahren besteht diesbezüglich weder ein Bedarf noch die Möglichkeit. Erst ab 1950 wirbt die Daimler-Benz AG mit neuen Extras um die Gunst der Käuferschaft. Weitestgehend ausgeschlossen bleibt die einst beliebte Sonderlackierung, weil eine solche den auf eine einzige Karosserievariante reduzierten Herstellungsprozess unverhältnismäßig hemmt.

Anmerkung I: Die einzelnen Farbtöne und Beschaffenheiten der Stoffe sind in Band II, Tabelle D 02 aufgelistet.

Abb. 0626
170 Va von 1951 mit eingebautem Radio Becker Solitude mit Rundskala, der kostspieligsten Extra-Ausstattung. Weil der Einbau eines Radioempfängers bei der Entwicklung des 170 V in der ersten Hälfte der 1930er Jahre nicht vorgesehen gewesen ist, kann das Gerät nur unterhalb des Armaturenbretts angebaut werden. Bei den V/D- und den frühen Va/Da-Ausführungen muss deshalb der Schalthebel entsprechend nachgebogen werden. Die späteren Va/Da haben einen Schalthebel, der dem Platzbedarf des Radios Rechnung trägt (Bild).

Für mehr Komfort im Wagen: Heizung und Ruhesitze mit oder ohne Kopfstützen

Wie beschrieben, wird die ab Februar 1950 serienmäßig eingebaute Lüftung dank eines Wärmetauschers zur Heizung, die trotz Aufpreis von 45 DM großen Anklang findet. Ab August desselben Jahres lässt sich für 160 DM das Vordergestühl mit entsprechenden Beschlägen der Firma Keiper zu Liegesitzen umfunktionieren. Für weitere 140 DM gibt es abnehmbare Kopfstützen in der Breite der Rückenlehnen; eingeschlossen sind Schonbezüge und Schutzhüllen. Gedacht wird hierbei nicht an die Sicherheit der Insassen bei einem Aufprall, sondern an die Möglichkeit, unterwegs den Sitz in eine bequeme Ruheposition zu verstellen.[70]

Für Musik oder Nachrichten: Ein Radiogerät der Firma Becker aus Pforzheim

Ab Mitte August 1950 kann der 170 Va und der 170 Da mit einem Becker-Radiogerät für Mittel- und Langwellenempfang ausgerüstet werden.[71] Mit seiner runden Skala fügt es sich optisch gut ins Armaturenbild ein, bleibt aber durch seine Position mittig unterhalb des Armaturenbretts ein Fremdkörper. Für die Installation mitsamt Antenne fordert die Verkaufsstelle 460 DM – zwei durchschnittliche Monatsgehälter. Ende 1951 verlangt man in der Erstausrüstung für die zu »Becker Solitude 2« bzw. »Becker Solitude 3« weiterentwickelten Geräte bereits 490 bzw. 530 DM.[72] Die Teleskopantenne wird entlang der A-Säule auf der Beifahrerseite montiert, mit einem Sockelstück unterhalb der Türklinke und einer Halterung weiter oben am Holmen.[73]

Lass die Sonne rein: Das Schiebedach als Cabrio-Limousinen-Ersatz

Viele Familien vermissen das automobile Frischluftvergnügen, das sie vor dem Krieg im Cabriolet B oder, mit deutlich geringeren Einstandskosten und nur wenig geschmälertem Genuss, in der beliebten Cabriolet-Limousine erlebt haben. Aus nachvollziehbaren Gründen hat sich Daimler-Benz 1947 bei der Wiederaufnahme der Pkw-Produktion auf die viertürige Limousinenkarosserie beschränkt. Jetzt, drei Jahre später, als die Pkw-Fertigung und der Verkauf wieder ins Rollen gekommen sind, denkt man in der Firmenzentrale über eine Neuauflage der Cabrio-Limousine nach. Abklärungen zeigen allerdings, dass dafür ein Rahmen mit 156 mm hohen Ovalrohren erforderlich wäre. Angesichts dieses erheblichen Mehraufwands und in Erinnerung an die starken Zugerscheinungen in dieser Karosserieausführung verzichtet Haspel zugunsten eines Schiebedachs auf die Cabrio-Limousine. Immerhin befriedigt der 170 S mit zwei Cabriolet-Modellen die – allerdings exklusivere – Kundschaft.[74]

Ab Januar 1951 trägt man dem Käuferwunsch nach einem offenen Himmel durch ein großzügig dimensioniertes Faltschiebedach Rechnung. Die entsprechende Aussparung wird bereits bei der Herstellung des Dachteils ausgestanzt, die Ausfalzung eingepresst, mit einem umlaufenden Rahmen verstärkt und schließlich mit präzise geführten Leichtmetall-Laufschienen versehen. Das analog einem Cabrioletverdeck aufwändig gepolsterte Stoffdach lässt sich mit einem Griff öffnen und verriegeln. Eingenähte Spriegel sorgen für ein geordnetes Falten, so dass sich die Öffnung bei Bedarf selbst während der Fahrt verändern lässt. Der gummierte Verdeckstoff ist grundsätzlich schwarz, auch bei farbig lackierten Wagen.[75] Angesichts der gepflegten Machart erstaunt der Preis von 480 DM nicht.[76]

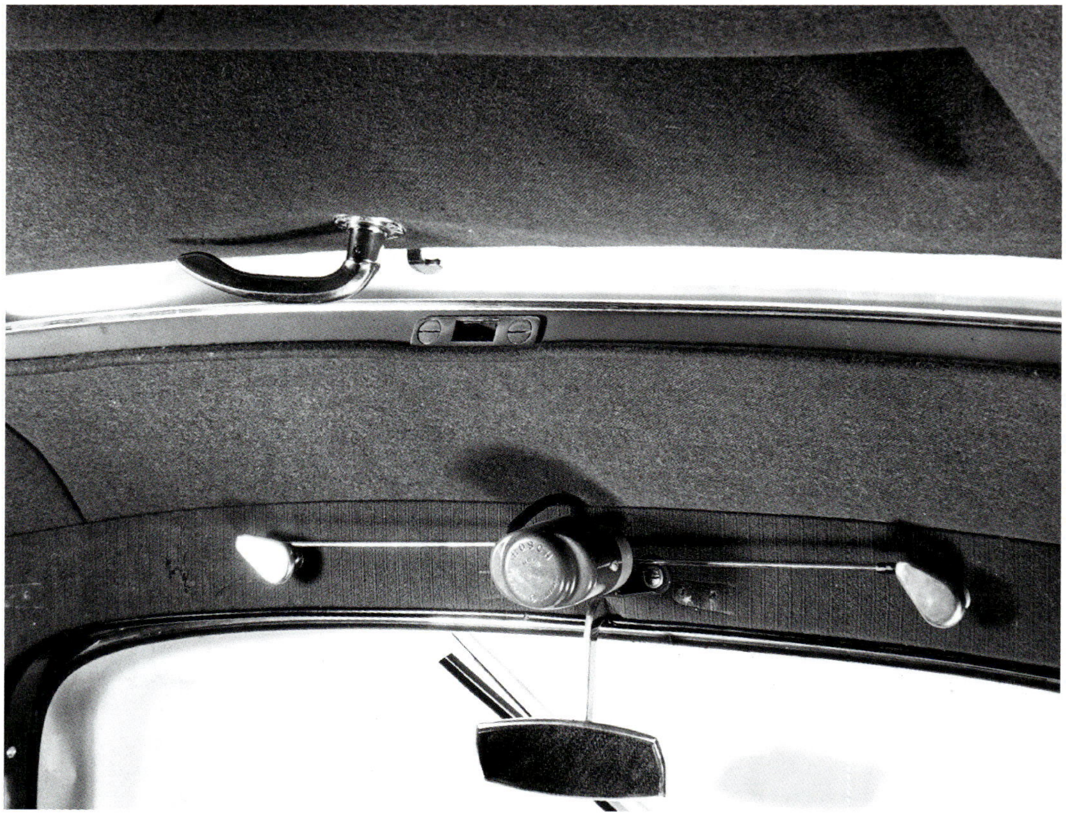

Abb. 0627 & 0628
Ab 1951 können die 170 Va/Da mit einem Faltschiebedach bestellt werden, eine Zusatzausstattung, die recht beliebt wird. Der Dachausschnitt ist großzügig bemessen und vermag oft über die nicht wieder aufgelegte Cabrio-Limousine hinwegzutrösten.

Abb. 0629
Die Ausführung des Faltschiebedachs ist hochwertig, zum Schließen und Öffnen dient ein innerer Türgriff. Nach wie vor präsentiert sich beim 170 Va/Da der Scheibenwischermotor und -antrieb offen über der Frontscheibe.

Großes Angebot an Nachrüstteilen

Das Radio und die Ruhesitze lassen sich mit entsprechendem Aufpreis auch später nachrüsten. Ausschließlich für den nachträglichen An- oder Einbau wartet eine ganze Reihe von weiteren Optionen auf den Käufer. Diese beginnen bei den beliebten altbekannten Kotflügelleuchten, den Nebellampen (ein oder zwei Stück), dem Rückfahrscheinwerfer (der ob seiner schieren Größe den Wagen ästhetisch beeinträchtigt), geht weiter zum Fernthermometer, den oft vermissten Armlehnen an den vorderen und hinteren Türen, den Aschenbechern an den Hintertüren und Sonnenblenden aus Cellon (fahrerseitig oder beidseitig), Skihaltern am Dach, dem Nationalitätenschild (beleuchtet oder unbeleuchtet) und endet bei einer Anhängerkupplung.[I]

Die Stimmen aus der Fachpresse

Mit der Lancierung der Modelle 170 Va und 170 Da Anfang Juni 1950 erwacht das Interesse der Fachpresse und der Automobiljournalisten von auflagestarken Tageszeitungen am altgedienten und wohlbekannten Mercedes-Benz-Volumenmodell erneut. In ausführlichen Test- und Fahrberichten werden die Vorzüge der verbesserten Modelle aufgespürt und beschrieben. Angesichts der »Zwillingssituation Benzin/Diesel« sind Doppeltests verbreitet und führen stets zu einem besonders intensiven Vergleich der beiden konkurrierenden Motorsysteme. Ganz allgemein wird dem W 136 trotz seines ungewöhnlichen Alters von fast 15 Jahren viel Lob entgegengebracht. Unverändert positiv wird die gediegene, solide Machart der Wagen hervorgehoben. Die verbesserten Platzverhältnisse auf den optimierten Vordersitzen, die zugfreie Lüftung und die aufpreispflichtige Heizung sowie der endlich von außen zugängliche Kofferraum werden einhellig begrüßt, letzterer jedoch hin und wieder als zu klein kritisiert. Die verbesserten Fahreigenschaften als Folge einer breiteren Hinterachsspur und einer neuen Feder- und Stoßdämpferabstimmung wissen zu gefallen. Dieser Meinung ist auch der (im wahren Sinn des Wortes) erfahrene Werner Oswald. Trotzdem erlaubt er sich im Test von »Das Auto« 20/1950 eine erste und leise Kritik: *Bei hoher Geschwindigkeit allerdings ist der Übergang, wo die Pendel-Hinterachse etwas zu »bocken« beginnt, ziemlich unvermittelt. Durch weitere Beschleunigung und geringe Lenkkorrektur hat man aber den Wagen sofort wieder in der Gewalt.*[77/II] Oswald wünscht sich zudem

Abb. 0630 (rechte Seite)
Vorstellung des 170 Va und 170 Da im Juli-Heft 14/1950 der Zeitschrift »Das Auto«. Die Modellpflege der Zwillinge stößt bei den Motorjournalisten auf große Resonanz. Zahlreiche Testberichte loben die Verbesserungen und betonen die altbekannten Qualitäten.

Anmerkung I: Vollständige Auflistung siehe Tabelle D 13 im Band II.
Anmerkung II: Als langjähriger 170 D-Fahrer kann sich der Autor der Beurteilung von Werner Oswald vorbehaltlos anschließen.

MERCEDES-BENZ

Typ 170 V und 170 D

jetzt zum gleichen Preis motorisch verstärkt und in Vielem vervollkommnet

Nun ist der Kofferraum auch von außen zugänglich — allerdings nicht gerade besonders bequem und noch mit außenliegendem Reserverad.

Das Personenwagenprogramm von Daimler-Benz umfaßt drei Typen: den bewährten Mercedes-Benz 170 V, den wirtschaftlichen 170 Diesel und den durch seine ausgezeichnete Straßenlage bekannten Typ 170 S.

Als Verbesserungen am 170 V sind weichere Vorderfederung, verbreiterte Bremsbacken, von hinten zugänglicher Kofferraum, breitere Sitzflächen, Entfrosterdüsen, Lüftungsblenden, Winkerbetätigung am drehbaren Signalring, gummigelagerter Schalthebel und Zweitopf-Auspuff hervorzuheben. Mit dem jetzt auf 1767 ccm vergrößerten Hubraum wurde die Motorleistung auf 45 PS erhöht. Infolgedessen erreicht der Wagen bessere Beschleunigungs- und Bergsteigewerte, eine gestoppte Spitze von 116 km/std und eine Autobahn-Dauergeschwindigkeit von 110 km/std. Dennoch soll der Kraftstoff-Normverbrauch weiterhin nur 9,7 Liter betragen.

Trotz dieser Vervollkommnung kostet der MB 170 V nach wie vor DM 7380.—, ist also preiswerter geworden.

Beim äußerlich völlig gleichartigen Mercedes-Benz Typ 170 D finden wir jetzt dieselben Verbesserungen. Der Hubraum wurde auf 1767 ccm erhöht und damit die Motorleistung auf 40 PS verstärkt. Dieses in Temperament und Zuverlässigkeit den Vergasermotortypen seiner Klasse ebenbürtige Fahrzeug ist dank seiner Wirtschaftlichkeit der gegebene Wagen für Vielfahrer; erfordert doch der Kraftstoff-Normverbrauch nur 6,4 Liter = 5,4 kg Dieselöl auf 100 km, was einem Gegenwert von 3,8 Liter Benzin entspricht. Damit hält der 170 D unstreitig den Rekord an Wirtschaftlichkeit und bietet dabei Komfort, Fahreigenschaften und Sicherheit eines Wagens der Mittelklasse. Auch hier bleibt der bisherige Preis von DM 8620.— bestehen.

Der unveränderte Mercedes-Benz Typ 170 S ist gegenüber den beiden vorgenannten Typen in seinen Abmessungen größer und geräumiger. Sein Motor leistet bei 1767 ccm Hubraum 52 PS und verleiht dem Wagen eine gestoppte Spitze von 120 km/std bei gleicher Autobahn-Dauergeschwindigkeit. Dank der ausgezeichneten Fahreigenschaften kann diese Geschwindigkeit auch tatsächlich ausgenützt werden. Die hervorragende Federung gestattet das Befahren schlechtester Wegstrecken in bisher nicht für möglich gehaltenem Tempo.

Technische Daten

	Typ 170 V	Typ 170 D
Zahl der Zylinder	4	4
Bohrung	75 mm	75 mm
Hub	100 mm	100 mm
Hubraum effektiv	1767 ccm	1767 ccm
Bremsleistung	45 PS/3600 n	40 PS/3600 n
Motordrehzahl im direkten Gang bei 100 km/std	3355 U/min	3355 U/min
Verdichtung für handelsüblichen Kraftstoff	1 : 6,5	1 : 19
Zündfolge	1. 3. 4. 2.	1. 3. 4. 2.
Radstand	2845 mm	2845 mm
Spurweite vorn	1310 mm	1310 mm
Spurweite hinten	1342 mm	1342 mm
Gesamtlänge	4285 mm	4285 mm
Größte Breite mit Kaross.	1630 mm	1630 mm
Größte Höhe mit Karosserie (unbelastet)	1510 mm	en 1610 mm
Bodenfreiheit	205 mm	205 mm
Gewicht des Fahrgestells (nach DIN 70020) etwa	770 kg	830 kg
Gewicht des kompletten Wagens fahrfertig etwa	1180 kg	1245 kg
Gesamtuntersetzung i. 4. Gang	1:4,125	1:4,125
Bereifung	5,50—16 Ballon	5,50—16 Ballon
Wendekreisdurchmesser etwa	11,0 m	etwa 11,0 m
Höchstgeschwindigkeit *)	116 km/std	100 km/std
Autobahn-Dauergeschwindigkeit	110 km/std	100 km/std
Kraftstoff-Normverbrauch	9,7 l	6,4 l = 5,4 kg
Ölverbrauch für 100 km	0,10 l	etwa 0,15 l
Tankinhalt	43 l	37 l
davon Reserve	3 l	3 l
Bergsteigfähigkeit im 1. Gang	40%	35,5%
Bergsteigfähigkeit im 2. Gang	19,5%	17,5%
Bergsteigfähigkeit im 3. Gang	11%	10%
Bergsteigfähigkeit im 4. Gang	7%	6,5%
Höchstgeschwindigkeit i. 1. Gg.	31 km	26,5 km
Höchstgeschwindigkeit i. 2. Gg.	55 km	47 km
Höchstgeschwindigkeit i. 3. Gg.	88 km	75 km
Höchstgeschwindigk. i. 4. Gg.	116 km	100 km
Batteriekapazität	75 Amp./std, 6 Volt	87,5 A/std, 12 V
Inhalt des Kühlsystems	8,7 l	8,7 l
Ölfüllung des Kurbelgehäuses	4 l	4 l

*) gestoppt (bei Verwendung eines Kraftstoffs O. Z. 70 nach Motor-Methode)

Hier nochmal eine Zusammenstellung der Verbesserungen beim Mercedes-Benz Typ 170 V und 170 D

Triebwerk:

(Typ „170 V") Auf 45 PS verstärkter Motor (1767 ccm) mit verchromten obersten Kolbenringen.

(Typ „170 D") Auf 40 PS verstärkter Motor (1767 ccm) mit verchromten obersten Kolbenringen.

(Beide Typen) In Gummi gelagerter Schalthebel. Wirksamere Zweitopf-Auspuffanlage.

Fahrgestell:

Weichere Vorderfedern mit progressiv wirkenden Gummianschlägen. Teleskop-Stoßdämpfer vorn und hinten. Vergrößerte hintere Spurweite. Verbreiterte Bremsbacken und Bremsbeläge. Bessere Lagerabdichtung der Achsschenkel.

Aufbau:

Größere Innenbreite der Karosserie. Niedrigere Sitze. — bessere Sicht. Von außen zugänglicher Kofferraum mit verschließbarer Klappe. Serienmäßig eingebaute Druckbelüftung (auf Wunsch über Kühlwasser erwärmbarer Heizkörper). Entfroster-Düsen für die Windschutzscheibe. Lüftungsblenden an den vorderen Türfenstern. Drehbarer Signalring zur Winkerbetätigung. Verbessertes Armaturenbrett.

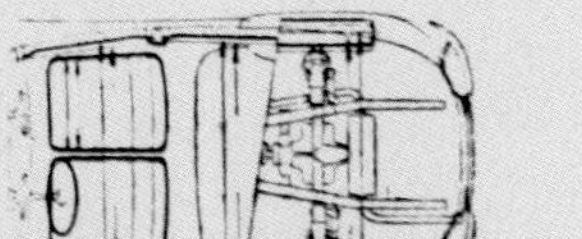

Diese Zeichnung veranschaulicht die Verbesserungen beim Mercedes-Benz Typ 170 V und Typ 170 D. Die Neuerungen sind durch kräftigere Linien hervorgehoben.

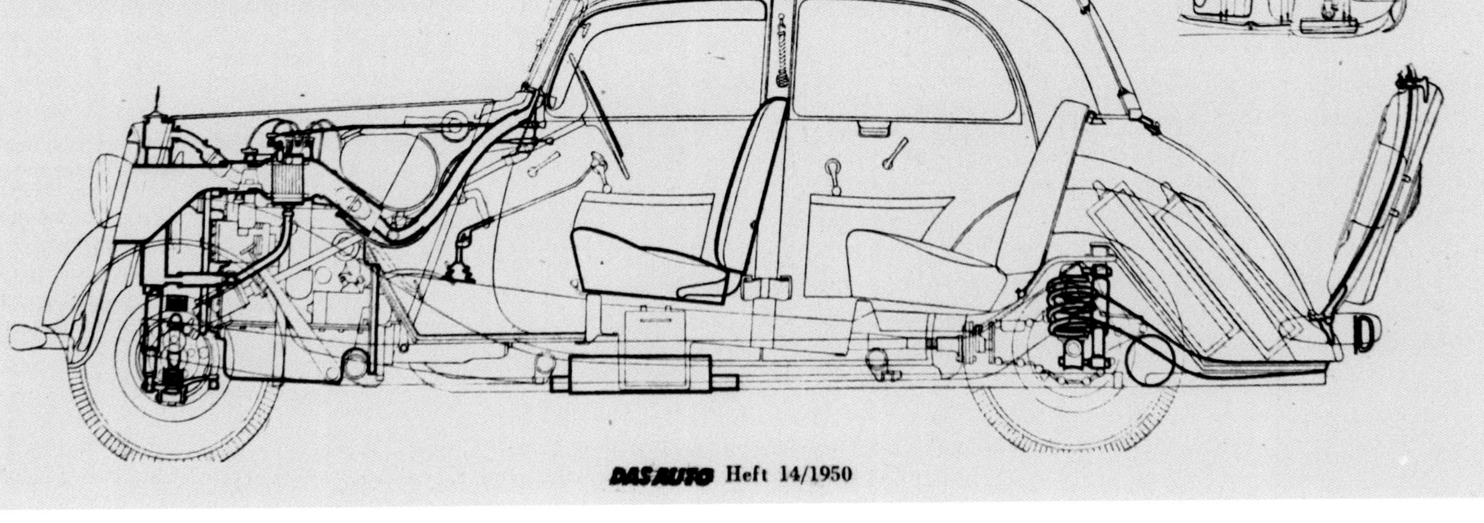

ein aktualisiertes Armaturenbrett mit besser ablesbaren Instrumenten, einem ausgekleideten Handschuhfach und einer Radioeinbaumöglichkeit, ebenso eine ungefährlichere und hübschere – also unsichtbare – Scheibenwischerbetätigung sowie Armstützen an den Türen und Quasten oder Kordeln zum Zuziehen.

170 Va aus der Sicht der Motorjournalisten

Die »Motor-Rundschau« attestiert dem getesteten 170 Va im August 1950 dank der Mehrleistung von 7 PS ein besseres Temperament. Die Höchstgeschwindigkeit wird mit überraschenden 119 km/h gestoppt; die alten 170 V mit 38 PS verfehlen ihre nominelle Höchstgeschwindigkeit von 108 km/h häufig. Auch Tester Joachim Fischer hat *kleine Wünsche:* eine Lenkradschaltung und eine etwas bessere Sicht durch eine vergrößerte Frontscheibe.[78]

Trotz der deutlich spürbaren Mehrleistung steht bei den Beurteilungen des 170 Va nicht der Motor im Vordergrund, sondern die übrigen Verbesserungen am Wagen, von denen im selben Umfang auch die Diesel-Ausführung profitiert. Zu einem überaus positiven Urteil gelangt der Fachkritiker Richard Gebauer im sogenannten »NKZ-Examen« vom 16. September 1950, wo das Duo 170 Va und 170 Da unter die Lupe genommen wird. *Der Mercedes 170 V und D gehören in punkto Fahreigenschaften, Leistung und Ausstattung etc. unbedingt zur Spitzengruppe der deutschen Personenkraftwagen. Wenn ihr teurerer, etwas stärkerer größerer Bruder 170 S, auch in manchem etwas komfortabler und gegenüber dem V in der Spitze um 4–5 km schneller sein sollte, so ist dieser neue V auf dem besten Weg, ihm nachzueifern.*[79]

Im »Kfz-Fachblatt« aus Berlin schreibt Heinrich Kluth Ende 1950: *Es ist erstaunlich, wie überaus angenehm die geringe Vergrößerung der Innenabmessungen beim verbesserten 170 Va die Bequemlichkeit beeinflusst. Man sitzt, unterstützt durch die weichere und tiefer liegende Polsterung, nicht nur besser, sondern man fühlt sich bei der Wagenführung durch die größere Breite auch unbehinderter und infolgedessen sicherer.* Bei seiner Fahrt im Dauerregen von Berlin nach Frankfurt am Main bleibt zu seinem Erstaunen sogar der Kofferraum trocken, damals keine Selbstverständlichkeit. Weniger glücklich zeigt er sich über die eher schwache Leistung des Scheibenwischers, der den Dauerbetrieb mit einem heißen Motörchen quittiert. *Es gibt nach eigenen Erfahrungen in dieser Preisklasse wirklich kein Fahrzeug, das in dieser ausgereiften Gediegenheit wirtschaftlicher wäre als der 170 Va,* schließt er seine Beurteilung.[80] Das ist ein großes Lob.

In der Frankfurter »Automobil-Revue« Nr. 12 vom Dezember 1950 resümiert August Christ: *Ueber die Formschönheit des Typs 170 V sollte man eigentlich nichts mehr berichten. [...] wo wir ihm begegnen, fällt er, einerlei*

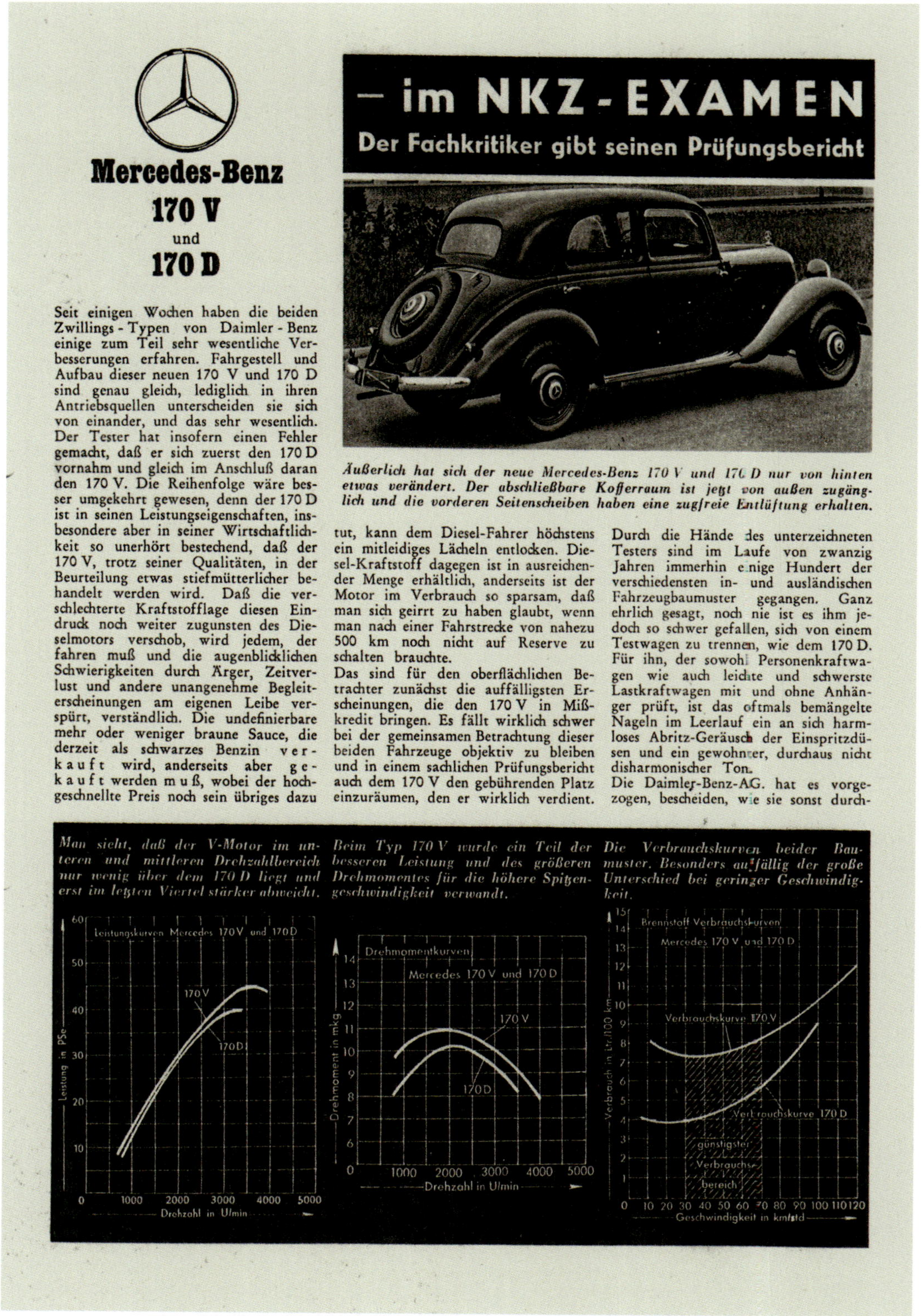
Mercedes-Benz

170 V

und

170 D

– im NKZ-EXAMEN

Der Fachkritiker gibt seinen Prüfungsbericht

Äußerlich hat sich der neue Mercedes-Benz 170 V und 170 D nur von hinten etwas verändert. Der abschließbare Kofferraum ist jetzt von außen zugänglich und die vorderen Seitenscheiben haben eine zugfreie Entlüftung erhalten.

Seit einigen Wochen haben die beiden Zwillings-Typen von Daimler-Benz einige zum Teil sehr wesentliche Verbesserungen erfahren. Fahrgestell und Aufbau dieser neuen 170 V und 170 D sind genau gleich, lediglich in ihren Antriebsquellen unterscheiden sie sich von einander, und das sehr wesentlich. Der Tester hat insofern einen Fehler gemacht, daß er sich zuerst den 170 D vornahm und gleich im Anschluß daran den 170 V. Die Reihenfolge wäre besser umgekehrt gewesen, denn der 170 D ist in seinen Leistungseigenschaften, insbesondere aber in seiner Wirtschaftlichkeit so unerhört bestechend, daß der 170 V, trotz seiner Qualitäten, in der Beurteilung etwas stiefmütterlicher behandelt werden wird. Daß die verschlechterte Kraftstofflage diesen Eindruck noch weiter zugunsten des Dieselmotors verschob, wird jedem, der fahren muß und die augenblicklichen Schwierigkeiten durch Ärger, Zeitverlust und andere unangenehme Begleiterscheinungen am eigenen Leibe verspürt, verständlich. Die undefinierbare mehr oder weniger braune Sauce, die derzeit als schwarzes Benzin verkauft wird, anderseits aber gekauft werden muß, wobei der hochgeschnellte Preis noch sein übriges dazu tut, kann dem Diesel-Fahrer höchstens ein mitleidiges Lächeln entlocken. Diesel-Kraftstoff dagegen ist in ausreichender Menge erhältlich, anderseits ist der Motor im Verbrauch so sparsam, daß man sich geirrt zu haben glaubt, wenn man nach einer Fahrstrecke von nahezu 500 km noch nicht auf Reserve zu schalten brauchte.

Das sind für den oberflächlichen Betrachter zunächst die auffälligsten Erscheinungen, die den 170 V in Mißkredit bringen. Es fällt wirklich schwer bei der gemeinsamen Betrachtung dieser beiden Fahrzeuge objektiv zu bleiben und in einem sachlichen Prüfungsbericht auch dem 170 V den gebührenden Platz einzuräumen, den er wirklich verdient. Durch die Hände des unterzeichneten Testers sind im Laufe von zwanzig Jahren immerhin einige Hundert der verschiedensten in- und ausländischen Fahrzeugbaumuster gegangen. Ganz ehrlich gesagt, noch nie ist es ihm jedoch so schwer gefallen, sich von einem Testwagen zu trennen, wie dem 170 D. Für ihn, der sowohl Personenkraftwagen wie auch leichte und schwerste Lastkraftwagen mit und ohne Anhänger prüft, ist das oftmals bemängelte Nageln im Leerlauf ein an sich harmloses Abritz-Geräusch der Einspritzdüsen und ein gewohnter, durchaus nicht disharmonischer Ton.

Die Daimler-Benz-AG. hat es vorgezogen, bescheiden, wie sie sonst durch-

Man sieht, daß der V-Motor im unteren und mittleren Drehzahlbereich nur wenig über dem 170 D liegt und erst im letzten Viertel stärker abweicht.

Beim Typ 170 V wurde ein Teil der besseren Leistung und des größeren Drehmomentes für die höhere Spitzengeschwindigkeit verwandt.

Die Verbrauchskurven beider Baumuster. Besonders auffällig der große Unterschied bei geringer Geschwindigkeit.

Abb. 0631
Beliebt sind Vergleiche zwischen Benzin und Diesel, wie hier in der »NKZ« (»Neue Kraftfahrer-Zeitung«) vom 16. September 1950. Tester Gebauer ist besonders über den 170 Da des Lobes voll. Der Diesel steht in der Leistung dem nominell fünf PS stärkeren Benziner kaum nach, ist aber eklatant sparsamer, wie die Leistungs-, Drehmoment- und Verbrauchskurven belegen.

in welcher Farbe er auch immer lackiert ist, gerade wegen seiner eleganten Form überall angenehm auf. Eigentlich ist diese Feststellung seltsam, denn man kann sich – vielleicht mit Ausnahme des Maybach und des BMW – kein anderes Automobil vorstellen, das seine äußere Form durch einen so langen Zeitraum bewahren konnte, wie das der 170 V mit staunenswertem Erfolg getan hat.[81]

Aus heutiger Sicht fällt es nicht schwer, dem Motorjournalisten Christ zuzustimmen. Doch damals, in den frühen 1950er Jahren, dürfte sein Urteil nicht der Mehrheitsmeinung entsprochen haben. Und obwohl man in der Daimler-Benz-Konzernzentrale dem »amerikanischen Geschmack« deutlich reserviert gegenübersteht, ist man sich der Endlichkeit des Wagens und insbesondere seiner Karosserie – formal und konstruktiv – mehr als bewusst.

170 Da erstaunt die Tester

Im bereits oben erwähnten Test der »Neuen Kraftfahrer-Zeitung« vom 16. September 1950 gerät der Experte Gebauer ob den Qualitäten des 170 Da richtiggehend ins Schwärmen. Während es ihm schwerfällt, im Vergleich der beiden Wagen dem 170 V *den gebührenden Platz einzuräumen,* lobt er den 170 D über alle Maße. Der Motor sei derart sparsam, *daß man sich geirrt zu haben glaubt, wenn man nach einer Fahrstrecke von 500 km noch nicht auf Reserve zu schalten braucht.* Als altgedienter Tester, der auch Nutzfahrzeuge prüft, stört er sich in keiner Weise am Nageln der Maschine im Leerlauf und macht darauf aufmerksam, dass sich dieses dieseltypische Geräusch bei Betriebstemperatur abschwäche und im normalen Fahrbetrieb kaum ein Unterschied zum 170 V festgestellt werden könne. Noch nie sei es ihm *so schwer gefallen, sich von einem Testwagen zu trennen, wie dem 170 D.* […] *Wer ihn je besessen oder gefahren hat und an dem etwas lauteren Leerlaufgeräusch keinen Anstoß nimmt, andererseits aber ein so repräsentatives großes Fahrzeug mit einer solch unerhörten Wirtschaftlichkeit haben möchte, der wird gleichfalls dem 170-Diesel auch in Zeiten, in denen es wieder genügend Benzin geben sollte, eine große Zukunft prophezeien.*

Auch weniger dieselaffinen Testern weiß der 170 Da zu gefallen. Für »Das Auto« nimmt der bekannte Motorjournalist Werner Oswald den 170 Da unter die Lupe. Auch er lobt die unübertroffene Wirtschaftlichkeit, die verbesserte Leistung und die geringe Störanfälligkeit. Der Motor vermittle ein *absolutes Gefühl der Sicherheit* und sei *von einer erstaunlichen Standfestigkeit, man möchte fast sagen: bullenhaften Sturheit. Das steile Stück der Queralpenstraße zwischen Innzell und Ruhpolding bewältigte er vollbesetzt im 4. Gang, wobei die Geschwindigkeit von 100 auf 60 km/h absank.* Oswald erwähnt, dass das Fahrzeuginnere frei von jeglichem penetranten Dieselölgeruch bleibe, eine wichtige Voraussetzung, um den Diesel-Pkw »salonfähig« zu machen.[82]

In der Zeitschrift »Auto- und Motorradwelt« geht der Tester H. W. Bönsch auf die Geschichte des Diesel-Personenwagens ein und lobt den Mut der Daimler-Benz AG, einen derart kleinen Pkw-Dieselmotor zu entwickeln. Sein Prüfexemplar erreicht eine Höchstgeschwindigkeit von 106 km/h und erweist sich bei den Beschleunigungsmessungen dem 170 Va nur knapp unterlegen. *Ich habe den 170 D geschunden wie kaum einen zweiten Testwagen.* […] *er hat mich nicht einmal enttäuscht, sondern immer wieder ehrlich begeistert.* […] *der Motor des 170 D* [wird] *in die Geschichte der Automobiltechnik als der erste Fahrzeugdiesel eingehen, der in seinen Leistungsdaten und in seinem Fahrverhalten die Werte guter Otto-Motoren erreicht,* schließt Bönsch.[83]

Technische Unzulänglichkeiten bereiten Sorge

Doch keine Rosen ohne Dornen: Immer wieder zwingen technische Unzulänglichkeiten und Qualitätsmängel an den beiden Modellen zum Handeln. Es gilt die ebenso unliebsamen wie kostspieligen Nachbesserungen und Reparaturen, die oft auf Kulanz ausgeführt werden müssen, auf ein Mindestmaß zu senken. Überdies darf die Kundschaft je länger, desto weniger verärgert werden, denn im Automobilgeschäft ist der Verkäufermarkt im Begriff, sich zügig in einen Käufermarkt zu verwandeln.

Seit längerem nervt ein Bremsenquietschen, das die Techniker auf die nach wie vor nicht optimalen Beläge und die Verwendung von Blech- statt Gusstrommeln zurückführen. Allerdings hat man die vor dem Krieg üblichen und diesbezüglich sehr wirksamen Trommelbänder eingespart. Die gleichzeitig beim 170 S eingeführten Bremstrommeln aus Temperguss und die verstärkten Backen bringen eine gewisse Verbesserung. Nallinger lässt die Verwendung von Bremstrommeln aus Perlitguss und Backen aus gewalzten T-Profilen (statt der bisherigen, aus Blech geschweißten) abklären.[84] Das Problem ist mehr als ein Jahr später, im Herbst 1951, immer noch akut. Verärgert stellt Generaldirektor Haspel fest, dass die Mercedes-Benz-Wagen typenübergreifend ein Bremsenproblem hätten, von dem selbst der neue 220 (W 187) und der Luxustyp 300 (W 186) mit ihren Duplexbremsen in den Vorderrädern betroffen seien.[85]

OM 636: Neuer Kopf und neuer Block

Beim Dieseltriebwerk OM 636 ersetzt man gegen Ende 1950 den bisherigen Zylinderkopf mit zwei Ventilhauben durch einen neuen, der eine einzige, über die ganze Länge durchlaufende Haube hat. Im Innern bleibt der Zylinderkopf unverändert, das Umarbeiten erfolgt einzig wegen der häufig auftretenden Risse zwischen den beiden Aufbordungen für die Kopfhauben. Dort ist das Gussteil am schwächsten, und es entstehen hohe Spannungen. Die Maßnahme ist erfolgreich. Allerdings verkompliziert sich die Installation der (einheitlich langen) Einspritzleitungen, die nicht mehr gebündelt zentral zwischen den Hauben hindurchgezogen werden können, sondern um den Kopf herumgeführt werden müssen. Bereits Anfang Herbst ist auf eine neue Sauggeräuschdämpfer-Ausführung umgestellt worden.[86]

Nicht aufgrund eines technischen Mangels, sondern als Folge der erheblichen Stückzahlen wird ab Februar 1951 der OM 636 – bei unverändertem »Innenleben« – mit einem vollständig neuen Zylinderblock versehen, der das bisher verwendete Zylinderkurbelgehäuse des M 136 ablöst. Bekanntlich hat man die beim Diesel funktionslosen Ansaug- und Auspuffkanäle des »Benzin-Blocks« mit einer Stahlplatte verschlossen. Das neue OM 636-spezifische Gussteil verzichtet auf diese Kanäle und verfügt dadurch über eine wesentlich vergrößerte Stößelkammeröffnung. Die Öleinfüllung erfolgt nun über die Ventilabdeckhaube auf dem Kopf. Die bisherige an der linken Blockseite dient nur noch als Kurbelgehäuseentlüftung.

Quantität vor Qualität? Schwierigkeiten mit Zulieferfirmen

Weitere Sorgen gehen hauptsächlich oder gar vollständig auf das Konto von Zulieferfirmen, wo unter dem markant vergrößerten Ausstoß, den die Automobilindustrie nunmehr einfordert, offenbar die Qualität leidet. Im Herbst 1950 tauchen beispielsweise Probleme mit den Kühlern auf, die oft nach ungefähr 20 000 Kilometern undicht werden. Zum Teil ist dies hausintern zu verantworten, weil offenbar

beim Einbau Gewalt angewendet wird, um ein genaues Fluchten der Einfüllstutzen mit der Maske zu erreichen. In zwei Drittel der Fälle liegt die Ursache jedoch in der nachlässigen Herstellung bei der Firma Behr. Miserable Qualität liefert im selben Zeitraum die Robert Bosch GmbH bei ihren Lichtmaschinen, die reihenweise ausfallen, einzelne bereits nach 120 bis 250 Kilometern. Bosch fordert eine »weiche« Lichtmaschinenaufhängung, die Haspel ablehnt – und damit Recht behalten soll, denn der Zulieferer nimmt den Drohfinger aus Untertürkheim ernst und die Qualität steigt rasant. Zwischenzeitlich hat sich erfreulicherweise die Fertigungsgüte der Diesel-Einspritzpumpen für den 170 Da verbessert.[87] Hingegen muss Bosch eilends zur alten und bewährten Treibstoff-Förderpumpe zurückkehren, weil die neue Ausführung in die Brüche geht und so den Einspritzpumpenantrieb ruiniert. Gegen Ende 1951 werden in großer Zahl Zylinderkopfdichtungen an den Dieselmotoren undicht. Es stellt sich heraus, dass die Firma Goetze ihre Dichtungen ohne Absprache verändert und zu stark vorgepresst hat.[88] Trotz allem bleibt der OM 636 der zuverlässigste Motor des Konzerns. Und der altgediente Benzinmotor M 136 bereitet im 170 Va deutlich weniger Sorgen als im 170 S. Es gibt einzig Probleme durch überlaufende Vergaser, dies bereits bei kleinsten Steigungen. Ein anderes Schwimmernadelventil und eine leichte Absenkung des Benzinstands bringt Besserung. Doch mit dem Zulieferer Solex-Pierburg ist die Daimler-Benz AG unzufrieden, man erwägt sogar, Vergaser im eigenen Haus herzustellen.[89] Im Herbst 1951 gibt es Klagen über schlechte Verchromung und enttäuschende Lackierung, nicht nur bei Wagen, die vor ihrer Auslieferung im Freien standen. Der Farbenhersteller Herberts in Wuppertal muss zugeben, eine ungenügende Farbqualität geliefert zu haben.[90]

Erfolg auf dem Neuwagenmarkt

Der am 21. Juni 1948 mit der Währungsreform angesetzte neue Preis für eine 170 V Limousine von 7 800 DM (ohne die schwer erhältlichen fünf Reifen) hält sich bis Ende 1949. Haspel hat sich Mitte des Jahres vorgestellt, auf 6 900 DM hinuntergehen zu können,[91] was sich nicht einhalten lässt. Ab dem 1. Januar 1950 wird der Preis immerhin um 420 DM auf nunmehr 7 380 DM gesenkt,[92] trotz der vielen Verbesserungen, die zwischenzeitlich ohne Aufhebens umgesetzt worden sind. Die Preissenkung legt Zeugnis ab von den erheblichen produktionstechnischen Fortschritten, die durch das Beheben der Kriegsschäden und die sinnvoll ergänzten Fertigungsanlagen unterdessen erreicht worden sind. Sie widerspiegelt indessen auch den wachsenden Wettbewerb unter den deutschen Automobilfirmen, der trotz des immer noch sehr aufnahmefähigen Marktes eine zunehmend wichtigere Rolle zu spielen beginnt.

Abb. 0632 & 0633
Dieselmotor OM 636 VI des 170 Da in einer Ausführung, die so nur kurze Zeit ausgeliefert wird: Zylinderkopf mit durchlaufender Abdeckhaube (ca. ab Dez. 1950), Zylinderblock in Benzinausführung, linksseitig mit Verstärkungsrippe zwischen oberen und unteren Kernlöchern (ab Aug. 1950), rechtsseitig mit nichtverwendeten und daher verschlossenen Kanälen (bis ca. Febr. 1951).

Abb. 0634
Zwischenschlauch-Thermostat im 170 Va. Durch die nachlässige Kühlerfertigung bei Behr wird bei der Montage zum Teil Gewalt angewendet, um die kurzen Schlauchstücke zu fluchten, was oft zu rinnenden Kühlern führt. Beim Diesel sind die Verhältnisse noch beengter.

Abb. 0635 & 0636
Stolz präsentieren die Niederlassungen in ihren wieder hergerichteten Räumlichkeiten das Modellprogramm. Hier der neuerbaute Ausstellungsraum der Niederlassung Berlin am Salzufer in Charlottenburg anlässlich der Eröffnung 1950. Zusätzlich zu den 170 S-Modellen und dem 170 Va/Da sind auch Nutzfahrzeuge des Typs L/O 3500 ausgestellt.

Marktgerechter Preis für den 170 Va

Der Preis von 7 380 DM bleibt auch nach den bemerkenswerten Modifikationen vom Frühjahr und Sommer 1950, die zum Modell 170 Va führen, unverändert. Dies ist insofern bemerkenswert, als die Eigenkosten dieses aufgewerteten Wagens um 120 bis 130 DM höher liegen.

Die Meinungen, ob der Mehraufwand auf den Käufer abgewälzt werden soll, sind im Vorstand geteilt. Generaldirektor Haspel entscheidet, den bisherigen Verkaufspreis zu belassen, obwohl man einen Mehrverdienst gut hätte gebrauchen können.[93]

Eine dezente Preisanpassung um 20 DM auf neu 7 400 DM erfolgt erst zum 31. März 1951, und zwar wegen gestiegener Rohstoff- und Lohnkosten, die nicht durch die rationellere Fertigung wettgemacht werden können. Die Reifen werden zu diesem Zeitpunkt noch immer separat und zu den jeweils aktuellen Marktpreisen in Rechnung gestellt.[94]

Schwankender Dieselaufpreis: 170 Da-Anschaffung bleibt kostspielig

Der Verkaufspreis für den 170 Diesel wird per 1. Januar 1950 um 580 DM gesenkt; er fällt gegenüber dem Benziner überproportional und beträgt nun 8 620 DM. Auch beim Diesel führt der Übergang zum deutlich aufgewerteten Modell 170 Da Anfang Juni 1950 zu keiner Preisanpassung. Als am 31. März 1951 für das gesamte Mercedes-Benz-Pkw-Programm eine neue Preisliste in Kraft tritt, wird der Diesel hingegen mit einem Schlag um 280 DM teurer als bis dahin.[95] Doch der 170 Da hat längst die Gunst der Kunden erobert, die sich angesichts des sparsamen Betriebs und der großen Zuverlässigkeit durch diesen Mehrpreis nicht abschrecken lassen.

Produktionszahlen

Der Verkauf läuft sehr gut. Im Jahr 1950 erreicht der 170 V/Va mit 11 876 gefertigten Exemplaren nur einen unwesentlich geringeren Produktionsausstoß als im Vorjahr, obwohl das Modell durch den 170 S mit 16 421 Wagen und den 170 D/Da mit 5 609 Wagen intern stark unter Druck geraten ist.[96] Im darauffolgenden Jahr 1951 erreicht der 170 Va mit 12 687 Wagen wiederum das Niveau von 1949. Das ist bemerkenswert, denn dem 170 Da gelingt mit erstaunlichen 14 623 Wagen nicht nur eine eklatante Steigerung, sondern der Diesel überflügelt erstmals den Benziner.[97]

Die Daimler-Benz AG steht in diesem Zeitabschnitt in der Pkw-Produktion Westdeutschlands an dritter Stelle hinter dem Volkswagen-Werk, welches 1950 das 2,4- bzw. 1951 das 2,2-fache fertigt, und hinter der Adam Opel AG, die 1950 das 1,8- bzw. 1951 das 1,5-fache ausstößt.[98] Die Auto Union, im sowjetisch besetzten Sachsen gelegen, ist als Konkurrentin ausgeschieden und 1948 im Handelsregister gelöscht worden. Den vierten Platz in der Bundesrepublik belegen die Ford-Werke AG in Köln. Wie vor dem Krieg im ganzen Reich, bleibt auch in diesen ersten Jahren

Abb. 0637
Sindelfingen, Endmontage, Herbst 1950. Die Fabrikation läuft gut und die Wagen verkaufen sich ausgezeichnet. Ab Band 4 und 6 rollen 170 Va und Da. Dazwischen, auf dem Band 5, entstehen die 170 S in Limousinen- und Cabriolet B-Ausführung. Doch die Idylle täuscht: Eine gründliche Erneuerung der Modellpalette wird unumgänglich.

der Bundesrepublik der Besitz eines Automobils einem kleinen, vermögenden Teil der Bevölkerung vorbehalten. Im Jahr 1951 liegt das monatliche Netto-Durchschnittseinkommen eines vollzeitbeschäftigten Arbeitnehmers immer noch deutlich unter 300 DM. Da schwebt selbst ein VW Standard (4 600 DM) oder ein Opel Olympia (6 400 DM) in unerreichbarer Höhe; es langt allenfalls für ein Kleinmotorrad.

Zunehmende Bedeutung: Der Export-Markt

Nach dem Krieg bemüht sich die Daimler-Benz AG früh und mit Erfolg um den Export ihrer Fahrzeuge. Bereits vor der Währungsreform hofft man auf diese Weise an harte Devisen zu kommen, ist aber vom Spielraum abhängig, den die Besatzungsmächte dem Handel zubilligen. Im Fokus stehen zunächst europäische Märkte. Ein Neustart ist allerdings nicht einfach. Die fünf ehemals wichtigen Tochtergesellschaften in Zürich, Wien, Budapest, London und Paris sind nach dem Krieg durch die Regierungen konfisziert worden oder stehen unter Zwangsverwaltung, funktionieren folglich nicht mehr. Vereinzelte 170 V gehen 1947 nach Belgien, Luxemburg, in die Schweiz, nach Südafrika und Norwegen. Im Jahr darauf vervielfacht sich die Anzahl der nach Belgien und in die Schweiz gelieferten Wagen auf 65 bzw. 42 Stück.[99] Die Schweizer Niederlassung in Zürich lässt sich nur durch einen juristischen Schachzug wiederbeleben,[100] der Verkauf setzt dort zögerlich ein. Erst 1950 ist Mercedes-Benz als Pkw-Marke im ebenso beliebten wie kompetenten »Automobil Revue-Katalog« aus Bern erneut präsent. Ein verheißungsvoller Beginn mit langanhaltendem Erfolg ist hingegen in Schweden und durch dessen Importeur auch in Belgien möglich. Private Importfirmen sind in Dänemark und Finnland aktiv.[101] Ausgeführt wird bald auch nach Spanien.

Bessere Exportmöglichkeiten stellen sich ab Herbst 1949 ein, weil durch eine Kurskorrektur deutsche Produkte im Ausland konkurrenzfähiger werden – und auch, weil Daimler-Benz mit dem 170 D und insbesondere mit dem 170 S neue und konkurrenzfähige Modelle lanciert hat. Wer sich in der Schweiz oder in Skandinavien einen Mercedes-Benz leisten kann, greift in der Regel gleich zum leistungsfähigeren, größeren und aktuelleren 170 S, ungeachtet des deutlich höheren Verkaufspreises. Trotzdem spielen der 170 V und der 170 D im Europaexport eine beachtliche Rolle. Rasch bewirbt sich die Daimler-Benz AG auch um Geschäfte im damals noch vorwiegend kolonialisierten Afrika und passt die Fahrzeuge in technischen Belangen den veränderten klimatischen Bedingungen an. Bald rücken Indien und Australien ins Visier der Exportabteilung. Große Erfolge feiert die Dieselversion in Südamerika, wo rund die Hälfte aller exportierten 170 D verkauft werden.[102]

Die Firmenleitung hat im Vertrieb ihrer Automobile im Ausland ein lukratives Geschäftsfeld erkannt, dessen Dimensionen die angestrebte Großserienfertigung erst ermöglicht und zudem Schwankungen in der Inlandsnachfrage ausgleicht.[I]

Wie soll es weitergehen mit den Volumenmodellen 170 Va und 170 Da?

Eigentlich ist 1950 vieles prächtig gelaufen bei der Daimler-Benz AG. Zwar beeinträchtigt der Ausbruch des Koreakonflikts den Einkauf von devisenabhängigen Rohstoffen, die preislich

Abb. 0638
Der Fiat 1400, hier bei seiner Präsentation auf dem Genfer Salon im Frühjahr 1950, ist ein überaus modern konzipierter und gestalteter Gebrauchswagen. Auch weitere Neuentwicklungen, so der 1949 präsentierte Borgward Hansa 1500, sorgen in der Konzernzentrale in Untertürkheim für Stirnrunzeln.

um ein Vielfaches in die Höhe klettern. Gegen Ende des Jahres lösen steigende Kohle- und Eisenpreise im Inland eine Teuerung aus. Trotzdem darf man sich in der Konzernzentrale glücklich schätzen. Im wichtigen Nutzfahrzeugsektor übertrifft der Leicht-Lastwagen L 3500, den es als O 3500 auch in Omnibusausführung zu kaufen gibt, die in ihn gesetzten Erwartungen. Im Personenwagengeschäft ist man im Jahr zuvor mit dem 170 S unversehens, jedoch durchaus erfolgreich zum Mehrtypenangebot zurückgekehrt. Trotzdem bleiben die Verkaufszahlen des 170 V nahezu unverändert, und erstmals kann auch eine stattliche Anzahl 170 D abgesetzt werden.

Ruhe herrscht in der Konzernzentrale in Untertürkheim allerdings nur vordergründig. Mit Argusaugen beobachtet man das Tun und Lassen der Konkurrenz, die durch den Krieg und die Teilung des Landes in der Anzahl zwar dezimiert ist, aber durch das Aufblühen des Volkswagenwerks eine neue Dimension erreicht hat. Anerkennend, aber auch mit einem gewissen Neid nimmt man den rasanten Wiederaufstieg der Adam Opel AG zur Kenntnis. Im Norden der jungen Republik entwickelt sich die Borgward-Gruppe in Bremen zu einem innovativen Mitspieler. In Köln konstruiert und erprobt Ford, wie man aus gut unterrichteten Quellen weiß, einen neuen modernen Taunus. Die Situation wird brenzlig. Um sich ein Bild zu machen, wie sich die potenzielle Käuferschaft den künftigen 170 V-Nachfolger vorstellt, hat es ausgereicht, im Frühjahr 1950 in die Schweiz auf den Genfer Automobilsalon zu reisen. Dort hat Fiat seine erste Nachkriegs-Neuentwicklung präsentiert, das Modell »1400«, ein hochmodernes Automobil mit selbsttragender Pontonkarosserie, Lenker-Vorderradaufhängung, sauber geführter und gefederter Starrachse hinten, leistungsfähigem OHV-Motor und der begehrten Lenkradschaltung.

In Stuttgart steht man hingegen im Spätherbst 1950 mit zwei Vorkriegstypen da, die sich zwar aktuell (noch) sehr gut verkaufen lassen, deren Ende sich aber mehr als deutlich abzeichnet. Insbesondere der im Verkauf wichtigste Typ 170 V/170 D ist mit seiner antiquierten Karosserie in Gemischtbauweise zu einem Anachronismus geworden. Sein Ersatz ist überfällig, doch der designierte Nachfolge-

Anmerkung I: Siehe auch Feldenkirchen, 100 Jahre 2003, S. 203–205 & 228 ff.

Abb. 0639
Als Anfang 1952 der Ford Taunus 12 M mit seiner hübschen Pontonkarosserie (Bild) auf den Markt kommt, ist man bei Daimler-Benz noch anderthalb Jahre vom Produktionsstart des modernen vermeintlichen 170 V-Nachfolgers entfernt.

typ der Baureihe W 120 befindet sich erst in der konstruktiven Anfangsphase. Eine Produktionsaufnahme und damit ein Ablösetermin ist nicht vor Februar 1953 möglich.[103]

Diese für die Firma bedrohliche Situation ist entstanden, weil Wilhelm Haspel als Vorsitzender des Vorstands 1948 die Entwicklung des in seiner Abwesenheit konstruierten 170 V-Nachfolgetyps W 162 hat abbrechen lassen, um stattdessen den bereits vor dem Krieg praktisch produktionsreifen W 136 II zu reaktivieren und als Übergangstyp zu bringen. Die Rechnung ist bekanntlich nicht aufgegangen, weil dieses Modell, der 170 S, in eine höhere Preisklasse gerutscht ist und deshalb den 170 V nicht abzulösen vermag, sondern ihn lediglich nach oben ergänzt.[I]

Als Ausweg initiiert und von Haspel abgelehnt: Ein 170 V mit 170 S-Karosserie

In unterschiedlichster personeller Konstellation werden alle möglichen Auswegszenarien diskutiert. Besonders betroffen ist das Werk Sindelfingen, wo man zunehmend auf Schwierigkeiten stößt, das Buchenholz für den Karosseriebau in akzeptabler Güte und Quantität zu beschaffen. Über diese jüngsten Schwierigkeiten hinaus ist die veraltete Holz-Blech-Konstruktion zu einem ernsten Hindernis für eine rationelle Aufbaufertigung geworden und schmälert den Gewinn aus dem Pkw-Geschäft. Die Sindelfinger Werksleitung glaubt den Ausweg darin zu sehen, einen technisch und ausstattungsmäßig abgemagerten 170 S als neues Einstiegs- und Volumenmodell anzubieten oder – ähnlich gedacht – das 170 V-Fahrgestell mit der vereinfachten 170 S-Karosserie zu versehen. Einem derartigen Modell verleiht man dort die Arbeitsbezeichnung 170 Z. Produktionstechnisch würde dieser 170 Z dank einheitlicher Rohbaufertigung mit dem 170 S, dem wegfallenden Holzskelett und der Möglichkeit, endlich auf eine Kunstharzlackierung umzustellen, eine große Erleichterung bringen. Um diesem Vorschlag zum Durchbruch zu verhelfen, erarbeiten die leitenden Sindelfinger Herren mit ihren Fachkräften eine sogenannte Denkschrift, die sie bei Konzernchef Haspel einreichen. Auch der für die Produktion in Untertürkheim zuständige Vorstand K. C. Müller ist Anhänger der Idee, den 170 S-Aufbau mit dem 170 V-Fahrgestell zu kombinieren. Er vertritt dieses Vorhaben in der ausgedehnten technischen Vorstandssitzung vom 14. November 1950, wo die künftige Typenpolitik in ihrer gesamten Breite und Tragweite besprochen wird. Er hat bereits einen derartigen Versuchswagen in Auftrag geben lassen, der frontseitig mit der (einfacheren) 170 V-Haube und der kleineren Kühlermaske versehen werden soll. Dieser Wagen wird Haspel und Nallinger am 22. Dezember 1950 in Sindelfingen vorgeführt.[104]

Wilhelm Haspel ist von der Idee der Einheitskarosserie nicht begeistert. Er warnt vor einer Abwertung des höher positionierten 170 S, der die eigentliche *Mercedes-Benz-Klasse* repräsentiere, zumal dieser Wagen – mit dem neuen 2,1-Liter-6-Zylindermotor ausgerüstet – im Frühjahr als zusätzliches Modell (W 187) das Mittelklassesegment gegen oben erweitern würde. Der Versuch, den 170 V mit dem 170 S zu kombinieren, mute ihn an, wie wenn Opel auf die Idee käme, den »Olympia« und den »Kapitän« in eine gemeinsame Klasse zu bringen. Vorstand Rolf Staelin pflichtet Haspel aus Sicht des Verkaufs bei und plädiert für den vorläufigen Weiterbau des antiquierten 170 V. Hingegen stellt sich Technikvorstand Fritz Nallinger auf die Seite von Müller und der Sindelfinger Herren. Haspel zögert, doch kann er – ganz entgegen seiner Gewohnheit – keine tragfähige Alternative auf den Tisch legen. Schließlich bittet er, die Kosten für einen derartigen Wagen exakt abzuklären.[105]

Offenbar agiert die Werksleitung in Sindelfingen weiter in Richtung eines 170 Z. Anfang Januar 1951 nimmt Haspel das Thema erneut auf und bestellt zur Vorstandssitzung auch die beiden Sindelfinger Direktoren Hermann Heilig und Wilhelm Langheck ein, die ihr Projekt mündlich und detailliert erläutern. Haspel hört ruhig zu, um dann das ganze Vorhaben als Denkfehler zu disqualifizieren und die vorgelegte Kostenberechnung zu widerlegen. Er erhebt schwere Vorwürfe gegen die Werksführung in Sindelfingen und verbittet sich künftig ein solches Vorgehen, nämlich dass einzelne Werke derartige Pläne ohne Einbezug des Vorstands ausarbeiten und diesen quasi vor vollendete Tatsachen stellen. Auch Nallinger als Befürworter des 170 Z bekommt eine »Dusche«: *Dass ausgerechnet Sie ein so altes Fuhrwerk* [...] *vertreten, das erschüttert mich einigermaßen.*[106] Damit ist die Diskussion abgeschlossen, die Zwillinge 170 Va und 170 Da bleiben mit ihrer angestammten Karosserie in Produktion. Allerdings ist das vielschichtige Problem mit den veralteten Wagen auf diese Weise nicht aus der Welt geschafft.

Anmerkung I: Siehe Kap. 8.1, S. 364 f und Kap. 8.2, S. 367 ff.

Abb. 0640
In Sindelfingen möchte man Ende 1950 den Holz-Blech-Aufbau des 170 V durch die abgemagerte Ganzstahlkarosserie des 170 S ersetzen. Der intern 170 Z genannte Prototyp (Bild) hat seitlich Luftkiemen an der Motorhaube und muss auf verchromte Zierstäbe verzichten. Stoßstangenecken und Türgriffe stammen vom bisherigen 170 V. Das Vorhaben scheitert an Konzernchef Haspel.

Also doch: Behutsame Modernisierung geht weiter

Haspels Weisung vom 25. Oktober 1950, am 170 Va und 170 Da nichts mehr zu ändern und so wie die Wagen sind, weiterzubauen und schließlich auslaufen zu lassen, wird nicht vollumfänglich eingehalten. In der Zwischenzeit finden mehrere Komponenten, die eigentlich für den 170 S (W 136 IV) und dessen Sechszylindervariante, den 220 (W 187), entwickelt worden sind, auch den Weg in den 170 Va/Da (W 136 VI). Die beiden teureren Modelle müssen ein höheres Komfortniveau erfüllen, weshalb man dort nach technischen Verbesserungen strebt, welche die Bedienung erleichtern und das Geräuschniveau senken. Davon können auch die beiden alten Einstiegsmodelle profitieren. Die meist höheren Gestehungskosten werden durch den Rationalisierungseffekt – nur eine Ausführung für drei Fahrzeugtypen – mehr oder weniger ausgeglichen. Ein gutes Beispiel ist der Wechsel auf die ruhiger laufende und weniger verschleißanfällige Kettensteuerung des altgedienten M 136-Motors, von der im Mai 1952 noch die letzten 312 gefertigten 170 Va profitieren.[107]

Im zweiten Halbjahr 1951 beschäftigt sich der Vorstand auf mehreren Zusammenkünften mit der Frage, ob die Lenkradschaltung nur im 170 S, oder auch im 170 Va/Da eingeführt werden soll, wie dies Testberichte wünschen. Eine erste Befürwortung wird einen knappen Monat später wieder umgestoßen.[108] Im Oktober ist ein neues Armaturenbrett im Gespräch, das ähnlich disponiert sein soll wie dasjenige des 170 S – also mit großem Handschuhkasten rechts und den (vorhandenen) Armaturen im direkten Blickfeld des Fahrers. Angesichts der errechneten Mehrkosten von 20 DM, es

Abb. 0641
Im Herbst 1951 präsentiert Daimler-Benz seine Produktionspalette auf dem Schlossplatz in Stuttgart. Im Hintergrund das ausgebombte Neue Schloss. Autoausstellungen sind zu Beginn der 1950er Jahre große Publikumsmagnete.

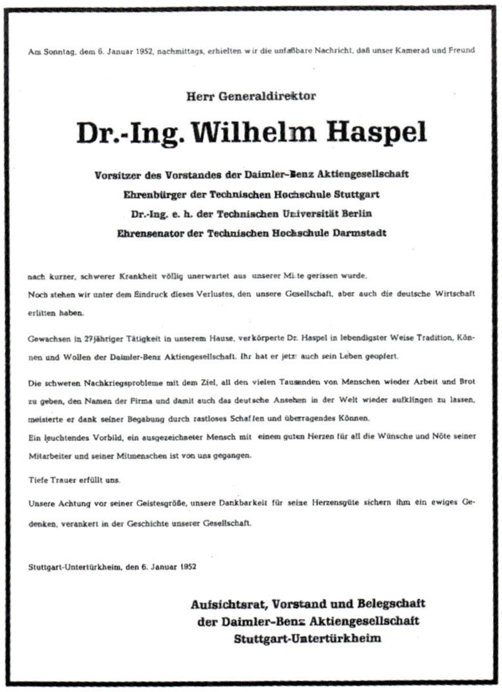

Am Sonntag, dem 6. Januar 1952, nachmittags, erhielten wir die unfaßbare Nachricht, daß unser Kamerad und Freund

Herr Generaldirektor

Dr.-Ing. Wilhelm Haspel

Vorsitzer des Vorstandes der Daimler-Benz Aktiengesellschaft
Ehrenbürger der Technischen Hochschule Stuttgart
Dr.-Ing. e. h. der Technischen Universität Berlin
Ehrensenator der Technischen Hochschule Darmstadt

nach kurzer, schwerer Krankheit völlig unerwartet aus unserer Mitte gerissen wurde.
Noch stehen wir unter dem Eindruck dieses Verlustes, den unsere Gesellschaft, aber auch die deutsche Wirtschaft erlitten haben.

Gewachsen in 27jähriger Tätigkeit in unserem Hause, verkörperte Dr. Haspel in lebendigster Weise Tradition, Können und Wollen der Daimler-Benz Aktiengesellschaft. Ihr hat er jetzt auch sein Leben geopfert.

Die schweren Nachkriegsprobleme mit dem Ziel, all den vielen Tausenden von Menschen wieder Arbeit und Brot zu geben, den Namen der Firma und damit auch das deutsche Ansehen in der Welt wieder aufklingen zu lassen, meisterte er dank seiner Begabung durch rastloses Schaffen und überragendes Können.
Ein leuchtendes Vorbild, ein ausgezeichneter Mensch mit einem guten Herzen für all die Wünsche und Nöte seiner Mitarbeiter und seiner Mitmenschen ist von uns gegangen.

Tiefe Trauer erfüllt uns.

Unsere Achtung vor seiner Geistesgröße, unsere Dankbarkeit für seine Herzensgüte sichern ihm ein ewiges Gedenken, verankert in der Geschichte unserer Gesellschaft.

Stuttgart-Untertürkheim, den 6. Januar 1952

Aufsichtsrat, Vorstand und Belegschaft
der Daimler-Benz Aktiengesellschaft
Stuttgart-Untertürkheim

Abb. 0642
Todesanzeige von Generaldirektor Wilhelm Haspel, der am 6. Januar 1952 stirbt, nachdem er vier Tage zuvor eine Hirnblutung erlitten hat. Die Betroffenheit im Konzern ist groß. Haspel, der sich während und nach dem Krieg unermüdlich und ohne Rücksicht auf seine Gesundheit für das Fortbestehen der Daimler-Benz AG eingesetzt hat, ist als Unternehmenschef allseits respektiert worden.

hätte auch der Kabelsatz geändert werden müssen, weist Haspel bei der Präsentation des Entwurfs diesen Eingriff zurück.[109] Auch der unterdessen wichtig gewordene Export fordert Anpassungen an den Fahrzeugen. Interessante Liefermöglichkeiten zeichnen sich auf einigen Märkten mit Linksverkehr ab, so dass Rechtslenkerausführungen ins Auge gefasst werden müssen. Für gewisse Abnehmer steht der 170 S mit einem Dieselmotor im Fokus oder – wahrscheinlicher – ein 170 Diesel mit abgemagerter S-Karosserie, eine Kombination, die ein gutes halbes Jahr zuvor von Haspel abgelehnt worden ist.

Haspels Tod und weitere personelle Veränderungen

Kaum hat das neue Jahr begonnen, muss die Daimler-Benz AG überraschend Abschied nehmen von ihrem Chef, dem Vorstandsvorsitzenden Dr. Wilhelm Haspel. Dieser hält am 2. Januar 1952 vor leitenden Mitarbeitern des Konzerns eine Neujahrsrede. Zwei Stunden später bricht er in Folge einer Hirnblutung zusammen und verstirbt – bloß 53-jährig – am 6. Januar im Rudolf-Sophien-Stift in Stuttgart. Haspel, Techniker und Kaufmann zugleich, hat die Daimler-Benz AG mit Umsicht durch die schrecklichen späten Kriegsjahre geführt und sich in der Nachkriegszeit vorbehaltlos und unermüdlich für den Wiederaufbau und das Gedeihen der Firma eingesetzt. Zum Nachfolger wählt der Verwaltungsrat den Maschinenbauingenieur Heinrich C. Wagner, ehemals Vorstandsvorsitzender der Adam Opel AG und seit 1948 Vorstandsmitglied von Daimler-Benz. Wagner ist bislang den Werken Mannheim und Gaggenau vorgestanden.[110]

Zwischenzeitlich hat sich auch im technischen Kader vieles verändert. Am 4. Juni 1951, ein halbes Jahr vor Haspel, ist kurz vor oder nach seiner Pensionierung der legendäre Max Wagner verschieden,[111] der bereits mit Technikchef Hans Nibel bei Benz & Cie. fortschrittliche Fahrwerke konstruiert, bei Daimler-Benz den 170 V konstruktiv verantwortet und nach dem Krieg die Leitung der Pkw-Konstruktion innegehabt hat. Der etwas eigensinnige Junggeselle, den alle hinter vorgehaltener Hand »Maxe« genannt haben, ist ein Konstrukteur mit Leib und Seele gewesen. Seine Aussprüche in unverfälschtem Sächsisch sollen noch Jahrzehnte später in den Konstruktionsbüros kursieren.[112] Als sein Nachfolger wird Dr.-Ing. Hans Scherenberg in die Firma zurückgeholt, ein hochbegabter Motorenmann. Und bereits seit der frühen Nachkriegszeit leitet Dipl.-Ing. Wolf-Dieter Bensinger, ein engagierter Verfechter des Kreiskolbenmotors, als Nachfolger des 1944 verstorbenen Albert Heeß den Pkw-Motorenbau.

Mit Hindernis: Rechtsgelenkte 170 V und 170 D

Rechtsgelenkte 170 V stellt die Daimler-Benz AG bereits während der ersten Produktionsphase her, was mit einigermaßen überblickbarem konstruktivem Aufwand möglich gewesen ist. Nach dem Krieg gewinnt dieses Thema angesichts der intensivierten Exporttätigkeit erneut an Bedeutung, insbesondere im Hinblick auf eine mögliche Diesel-Variante des 170 V. Gerade hier erkennt Haspel schwerwiegende Hindernisse mit Kostenfolgen, weil die rechts am Motor angebaute Einspritzpumpe einer direkten Führung der Lenksäule zum Lenkgetriebe im Weg stehen würde und die Pumpe wohl auf die linke Motorenseite verlegt werden müsste.[113]

Langes Zögern: 170 V/D-Rechtslenkerversionen erst ab Anfang 1952

Ab Mitte 1949 sind die Stücklisten zur Fertigung von rechtsgelenkten 170 V erstellt, jedoch nur für dieses Modell, die Benzinversion. Verkaufsvorstand Rolf Staelin macht deutlich, dass eine Rechtslenkerausführung auch für den 170 D unabdingbar sei, wenn man nach Afrika exportieren wolle. Der für diesen Einsatzzweck notwendige Nassluftfilter mit zusätzlichem Vorfilter (der alleine 80% des Sandes ausscheidet) ist im September ebenso bereit wie andere Kleinmassnahmen, die den Wagen wüsten- und tropentauglich machen.[114] Doch ein weiteres Jahr verstreicht, bevor man das Thema Rechtslenkung erneut an die Hand nimmt. Zwar ist für 1950 eine erste Anzahl von 150 Rechtslenkerwagen eingeschrieben, die sich auf 70 Stück 170 V, 30 Stück 170 D und 50 Stück 170 S verteilen. Doch Werksdirektor Langheck aus Sindelfingen bemängelt in der Technischen Vorstandssitzung vom 25. Oktober 1950, dass bis dato keine rechtsgelenkten Musterfahrgestelle nach Sindelfingen überstellt worden seien, um die entsprechenden Versuchswagen zu bauen. Er weist darauf hin, dass Rechtslenkerausführungen die Normalfabrikation empfindlich stören und empfiehlt für einen derartigen Dieselwagen die dafür besser geeignete Karosserie des 170 S zu verwenden. Haspel drängt, endlich in das Geschäft mit Indien, Südafrika und Australien einzusteigen und schätzt für 1951 einen Bedarf von 1 000 rechtsgelenkten Fahrgestellen.[115]

Erstaunlicherweise sind bis im Spätherbst 1951 keine 170 V- und 170 D-Rechtslenker entstanden. Am 11. November beschließt der Vorstand sogar auf Rechtslenker zu verzichten. Doch gleichzeitig scheinen lukrative Aufträge für rechtsgelenkte Lieferwagen eingetroffen und angenommen worden zu sein, weshalb der Beschluss sistiert wird. Ende 1951 oder wahrscheinlicher ab Anfang 1952 dürften die ersten Rechtslenker-170 Da, vorzugsweise Fahrgestelle oder als Pritschen- oder Kastenwagen karossiert, den Weg in Länder mit Linksverkehr gefunden haben.[116]

Abb. 0643
Ab 1952 werden für den Export in Länder mit Linksverkehr rechtsgelenkte 170 Va/Da gebaut. Im Bild verlässt ein Rechtslenker-170 Db mit fremdem Kastenaufbau eine Mercedes-Benz-Werkstatt in Tanganjika, ab 1964 Tansania.

Technische Anpassungen

Wilhelm Langhecks Jammern über den produktionstechnischen Aufwand von rechtsgelenkten 170 V und 170 D ist nicht unbegründet. Beim Diesel wie beim Benziner kollidiert die Lenkspindel mit dem Ölfilter, der nun nach vorn oberhalb des Steuergehäuses versetzt wird. Trotzdem lässt sich die Lenkspindel nicht unmittelbar am Lenkgetriebe anschließen. Beim Benzinmotor verwehrt der Steigstromvergaser den Weg, so dass anfänglich – wie beim 170 S – ein Fallstromvergaser mit einem passenden Topf-Ansauggeräuschdämpfer, einem entsprechend adaptierten Ansaug- und Auspuffkollektor sowie einer Treibstoffpumpe im Gespräch ist.

Diese recht umfangreichen und kostspieligen Anpassungen verwirft man schließlich, denn beim Diesel versperrt an derselben Stelle die Einspritzpumpe ein Durchkommen – und diese lässt sich nicht ohne Weiteres an anderer Stelle platzieren. Den Ausweg findet man darin, den axialen Verlauf der Lenkspindel so zu verändern, dass sowohl der Einspritzpumpe als auch dem serienmäßigen Steigstromvergaser ausgewichen werden kann. Der Zusammenschluss von Lenkgetriebe und Spindel, deren Achsen nun einen Knick bilden, geschieht mit einem Kreuzgelenk, das unmittelbar außerhalb des Lenkgehäuses sitzt. Das Spindelrohr selbst wird entsprechend eingekürzt.[117/I]

Von der Lenkung und dem Ölfilter abgesehen müssen der Rahmen, die Fußpedalanlage, die Handbremse und Teile der Fußbremse, zudem die Vorderachse, das Auspuffrohr am Vorderende einschließlich des Krümmers, die Zentralschmierung, der Treibstofftank, die Heizungs- und Lüftungsbetätigung und das Armaturenbrett angepasst werden.

Die Anzahl der gebauten rechtsgelenkten 170 Va/Vb und 170 Da/Db bleibt im Dunkeln da diese nicht gesondert erfasst worden sind.

Anmerkung I: Die Rechtslenkerversionen werden in keinerlei Werksunterlagen bildlich dargestellt.

9.3 Das halbe Ende: 170 Vb und 170 Db

Ab Mitte 1951 schwächeln die Absatzzahlen des 170 Va und des 170 Da, ab Anfang 1952 bricht der Verkauf des Benziners ein. Noch dauert es über ein Jahr, bis der designierte Nachfolger 180 (W 120) in den Verkauf geht. Ein letztes Mal wird versucht, die beiden überlebten Modelle zu aktualisieren: Breitere und laufruhige Hypoidhinterachse, kettengesteuerter Nockenwellenantrieb für den Benziner, längerer Innenraum und bessere Sicht durch vergrößerte Frontscheibe zeichnen das Duo 170 Vb/170 Db aus. Nur beim Diesel geht die Rechnung auf.

Abb. 0644
Die letzte Modellpflege im Mai 1952 führt zum 170 Vb/Db, außen erkennbar an durchlaufenden Stoßstangen, Motorhaube mit seitlichen Wulsten statt Kiemen und größerer Frontscheibe. Die Kühlermaske ohne Kurbelloch, wie Gotschke sie auf der Katalogfrontseite darstellt, ist bei diesem Modell nicht realisiert worden.

Der nach Haspels Tod bis im April 1952 vorsitzlose Vorstand steht einer schwierigen Situation gegenüber. Die beiden Einstiegsmodelle 170 Va und 170 Da halten 1951 immer noch den weitaus größten Anteil an der Pkw-Fertigung, doch sie leiden seit Sommer im Inland an einem Verkaufsrückgang. Der Schwund bei der Bestellung des bislang außerordentlich stark nachgefragten Diesel-Wagens ist auf die Freigabe des Benzinverkaufs zurückzuführen. Anfang 1952 bricht dann der Verkauf des 170 Va richtiggehend ein und auch die Zahlen für den 170 Da schwächeln.

Der Grund liegt zum einen im geglückten Verkaufsstart des überarbeiteten 170 S (intern 170 Sb), der sich anschickt, neben dem nach wie vor sehr erfolgreichen Oberklassemodell 220 (W 187) Terrain gutzumachen. Zum andern bedrängt der neue 170 DS, die Selbstzünderversion der *S-Klasse,* zu deren Bau man sich zwischenzeitlich durchgerungen hat, das bisherige Dieselmodell. Scharfe Konkurrenz kommt auch von außen.

Ford hat soeben den neuen Taunus 12 M mit hochmoderner Ponton-Karosserie auf den Markt gebracht, und die Einführung des neuen Olympia Rekord von Opel wird in wenigen Monaten erwartet.

Angesichts dieser Fakten schickt sich der Vorstand an, das altgediente Einsteiger-Zwillingspaar 170 V und 170 D ein letztes Mal aufzuwerten. Dies in der Hoffnung, für die Zeitdauer eines Jahres – also bis zum Produktionsanlauf des W 120 – über einen einigermaßen attraktiven Einsteigertyp zu verfügen, der verhindert, dass man zu viele Kunden an die Mitbewerber verliert.

Gut gewählt: Das Hypoid-Ausgleichsgetriebe

Die erste diesbezügliche Maßnahme ist der Einbau des Hypoid-Ausgleichsgetriebes in der Hinterachse des 170 Va und 170 Da ab Ende Februar 1952.[118] Versuche mit hypoidverzahnter Hinterachse laufen im 170 Va und im 170 S seit Sommer 1950.[119]

Ein halbes Jahr später hätte der Wechsel auf die neue Konstruktion vorgenommen werden können, die im Materialaufwand zwar 20 DM teurer, im Zusammenbau aber günstiger und weniger empfindlich sei, wie Technikchef Nallinger und Produktionsvorstand Müller hervorheben. Unter Haspel sind ihre Vorstandskollegen jedoch der Auffassung gewesen, nur die Typen 170 S und 220 (W 187) sollen in den Genuss dieser technischen Verfeinerung kommen. Doch Anfang 1952 setzen sich Nallinger und Müller durch.[120] Die Spurweite der Achse wächst um 18 mm auf 1 360 mm, die bisherige Untersetzung von 1:4,125 wird hingegen belassen.[121] Die Hypoidverzahnung bringt einen deutlichen Fortschritt in der Laufruhe und Haltbarkeit.

Beim Hypoidantrieb trifft die Achse des Kegelrads nicht auf die Achse des Tellerrads, sondern das Kegelrad greift in unserem Fall nach unten versetzt in das Tellerrad ein. Diese Veränderung erhöht die Laufruhe, führt zu einer größeren Belastbarkeit durch längere Eingriffsdauer der Zähne und kann durch die nach unten abgesenkte Antriebswelle zu einem Raumgewinn im Wageninnern führen. Nachteilig ist die Gleitbewegung an den Flanken der ineinandergreifenden Zähne, weshalb höhere Materialqualitäten und eine Schmierung mit entsprechend legiertem Hypoidöl zwingend sind.

Unumgänglich: Anpassungen am Rahmen

Bei der Verwendung der Hypoidachse im 170 Va/Da muss wegen des um 25,4 mm abgesenkten Kegelradeingriffs die Einheit von Motor, Getriebe und Antriebswelle stärker als bisher nach hinten geneigt werden. Die tiefere Lage insbesondere im Bereich des Schwungrads und des Getriebes erfordert Rahmenanpassungen am zweiten Querrohr, am hinteren Motorquerträger und an der Befestigung der Drehmomentstütze.[I] Obwohl die Dreipunktlagerung des vollständig neuen, nun asymmetrisch ausgebildeten Hinterachsgehäuses im Prinzip beibehalten wird, müssen die beiden

Abb. 0645 & 0646
Die neue hypoidverzahnte Hinterachse ist laufruhiger, langlebiger und sorgt mit ihrer größeren Breite für mehr Fahrsicherheit. Die neue Gehäuseform und die abgesenkte Kardanwelle bedingen Änderungen am Rahmen, damit sie eingebaut werden können.

Anmerkung I: Siehe auch: Sobkowiak, Theo: Die Hypoidachse im 170 S, in »MVC-Depesche« 3/1998, S. 52–55.

vorderen Aufnahmestummel am Rahmen versetzt und für den rückwärtigen Lagerpunkt eine zusätzliche, tieferliegende Querstrebe hinter dem letzten Querrohr eingeschweißt werden.

Der letzte Schritt: Retuschen führen zum 170 Vb und 170 Db

Die Neuerungen gehen indes weiter. Ab Anfang Mai 1952 erfolgt die Produktionsumstellung auf die intern 170 Vb und 170 Db genannten Modelle. Beim Benziner handelt es sich um die Wagen ab Fahrgestell-Nr. 00841/52, beim Diesel um jene ab 02706/52.[122] Dabei bleibt erstaunlicherweise die alte Baureihen- oder Konstruktionsbezeichnung W 136 VI bzw. W 136 VI D und die Baumusterbezeichnung 136.060 bzw. 136.160 unverändert. Das Typenschild trägt demnach weiterhin die Bezeichnung 170 Va bzw. 170 Da.

Abb. 0647 (linke Seite)
Das Fahrgestell des 170 Db (Bild) unterscheidet sich vom Da-Fahrgestell durch die Hypoidhinterachse und die dadurch notwendigen Änderungen am hinteren Rahmenende.

Abb. 0648 (linke Seite)
Beim 170 Vb (Bild) und Db haben die Motorhaubenseiten – wie beim 170 S und 220 – zwei Wulste statt Entlüftungskiemen. Die obere Wulst ist unterseitig mit Schlitzen versehen. Die Haube wird neu mit einem Drehverschluss statt mit Federspannern verriegelt. Der Griff entspricht denjenigen am Heckdeckel. Oben auf der Spritzwand dienen Puffer anstelle des bisher durchlaufenden Gummibands als Haubenauflage.

Abb. 0649
Die durchlaufenden, kräftiger ausgebildeten und hinten um die Ecken gezogenen Stoßstangen sind ein äußeres Merkmal des 170 Vb/Db. Die Ersatzradabdeckung kostet nach wie vor Aufpreis.

Technische Verbesserung: M 136 mit Kettensteuerung der Nockenwelle

Seit Anbeginn profitiert der 170 Vb von der Kettensteuerung der Nockenwelle, die im Motor M 136 III des 170 Sb seit Februar 1952 den verschleißanfälligen Stirnradantrieb ersetzt. Im ansonsten unveränderten Triebwerk M 136 VI des 170 Vb laufen die Doppelrollenketten zunächst ohne Kettenspanner. Ab Motor.-Nr. 03068/52 (bzw. 1 568 gefertigten Kettentriebwerken und rund 1 100 hergestellten 170 Vb) sorgen zwei Spanner in jeglichem Betriebszustand für die optimale Straffheit der Kette.[123/I]

Die Maschine im 170 Vb läuft nun deutlich ruhiger. Die zweite technische Neuerung des 170 Vb/Db von Belang, die Hypoidhinterachse, ist bereits zwei Monate zuvor bei den letztproduzierten 170 Va (ca. 1 400) und 170 Da (ca. 3 000) eingeführt worden.

Außen: Optischer Aufwertungsversuch

Die Aufwertungsmaßnahmen konzentrieren sich auf die Optik des Fahrzeugs und den Komfort. Neue Stoßfänger vorn und hinten, die sich deutlich voneinander unterscheiden und gegenüber der Vorgängerausführung massiger wirken, sollen den Wagen wertiger erscheinen lassen. Konstruktiv bestehen diese aus jeweils drei Teilen, werden jedoch als Einheit wahrgenommen, obwohl das Mittelstück für die Aufnahme des Nummernschilds leicht zurückspringt. Auf Wunsch und gegen Mehrpreis lassen sich diese Stoßstangen gar mit Hörnern in der Formensprache des 170 S ausrüsten. Die Seitenbleche der Motorhaube verlieren die antiquierten vertikalen Kiemen und werden mit zwei horizontalen, zierstabähnlichen Wulsten formal dem 170 S angeglichen; nur der obere ist unterseitig unsichtbar offen, um Luft aus dem Motorraum ausströmen zu lassen. Die Motorhaube wird nicht mehr mit zwei Haubenzügen pro Seite auf die Kotfügel gespannt, sondern ist mit je einem Schloss verriegelt, dessen asymmetrischer verchrom-

Anmerkung I: Siehe auch Kap. 10.2, S. 475 & 477.

Abb. 0650
Vorn weicht der 170 Vb/Db stärker von der Va/Da-Ausführung ab. Außer der kräftigeren, durchlaufenden Stoßstange fallen die Seitenteile der Motorhaube mit den zwei Wulsten auf. Bei näherem Hinsehen erkennt man auch die größer gewordene Frontscheibe.

ter Knebelgriff mit denjenigen des Heckdeckels identisch ist. Die Frontscheibe verliert den teuren verchromten Messingrahmen mit den beiden Gummidichtprofilen zugunsten eines einzigen Gummirahmens mit außenseitig eingepresster umlaufender Aluzierleiste. Auf diese Weise lässt sich die Verglasung der Frontscheibe leicht vergrößern – ein altes Desiderat – ohne am Karosseriekörper eine Änderung vornehmen zu müssen.

Was man bisher unterlassen hat, nämlich den Fahrzeugtyp am Wagen zu bezeichnen, wird nun zumindest beim 170 Db eingeführt. Den Deckel des Ersatzrads oder der Ersatzradabdeckung ziert ein segmentbogenförmiger, verchromter Schriftzug »170 Diesel«, der dem nachfolgenden Automobilisten eine Erklärung für die etwas anders geartete Geruchsemission und den bei bestimmten Fahrzuständen weißen oder schwarzen Auspuffrauch liefert.

Innen: Bessere Sicht, größere Länge, robustere Materialien

Gleichzeitig mit der vergrößerten Frontscheibe wird der an einer geänderten Halterung und dadurch steiler montierte Scheibenwischermotor mitsamt Gestänge hinter einer Blechabdeckung verborgen, die mit Himmeltuch bezogen ist. Der Wechsel zu unten angelenkten Scheibenwischern hätte einen massiven Eingriff in die Blechstruktur des Vorbaus erfordert und ist verworfen worden.[124] Endlich entschließt man sich, den wie ein Provisorium wirkenden Aschenbecher auf der Beifahrerseite durch ein kleineres Modell in der Armaturenbrettmitte zu ersetzen. Ab Juni 1952 erhalten die Wagen serienmäßig stoffbezogene Sonnenblenden.[125]

Eine neuerlich veränderte Sitzanlage mit abgesenkter Sitzfläche vorn und zurückgeschobener Fondsitzbank bringt einen erstaunlichen Zugewinn von 35 mm nutzbarer Innenlänge und eine bessere Sicht des Fahrers nach oben auf die hochhängenden Verkehrsampeln, wie sie in den Großstädten aufkommen. Die stehenden Flächen der Vordersitze und die exponierten, den Türen zugewandten Teile der Rücksitzbank werden neu mit zum Stoff passendem Kunstleder bezogen, desgleichen die Türverkleidungen von der oberen Kante der Kartentasche an abwärts und die Türfangbänder.[126] Der Dachhimmel bedeckt nun auch die schmalen Streifen über den Türen und dient als Auskleidung zwischen Fondtür und Heckfenster, Bereiche, die zuvor mit dem Polsterstoff bezogen gewesen sind. 1953 erhält die Blechabdeckung der B-Säule einen Bezug aus Kunstleder statt aus Polsterstoff. Zudem werden nun Türfangbänder aus Stahl eingelassen, die in geschlossenem Zustand unsichtbar sind.[127]

Abb. 0651
Innenraum des 170 Db: Die größere Frontscheibe sorgt für bessere Sicht, der hinter einer Abdeckung verborgene Scheibenwischerantrieb vermindert die Verletzungsgefahr, der Aschenbecher sitzt neu in der Armaturenbrettmitte. Man beachte die Schonbezüge auf den Türen, ein Extra.

Abb. 0652
Innenraum des 170 Vb/Db: Leicht zurückgeschobene Rücksitzbank und tiefere Sitzposition vorn schaffen bessere Raumverhältnisse. Stehende Teile des Gestühls sind mit farblich passendem Kunstleder bezogen, ebenso die unteren Hälften der Türverkleidungen. Der neue Dachhimmel reicht nun bis auf die Türausschnitte und die Fondbank hinunter.

Neue Farbtöne

Durch neue sogenannte Normalausstattungen – also Karosseriefarbtöne mit dazu arrangierten Ausschlagstoffen und Kunstlederbezügen – sucht man den Eindruck eines gründlich aktualisierten Modells zu verstärken. Zunächst stehen wie bisher vier Ausführungen zur Wahl. Ab Februar 1953 werden die Normalausstattungen erneut verändert und gar um eine weitere Variante auf fünf erhöht.[128/I] Dank Fortschritten in der Lackherstellung und einer Härtung in Infrarot-Lichttunneln statt in Hochtemperatur-Einbrennöfen wird eine Serienlackierung in Kunstharztechnik erstmals für Karosserien in Gemischtbauweise möglich. Die neue Lackiertechnik kommt ab dem frühen Herbst 1952 auch für den 170 Vb/Db zum Einsatz.[129/II] Die Schiebedächer von farbig lackierten Vb und Db tragen nun einen zur Wagenfarbe passenden Stoffbezug.[130]

▷ **Siehe Band II/Seite 39–42**,
Tabellen A 14 & A 15
Technische Daten: 170 Vb (W 136 VI) und
170 Db (W 136 VI D)

Anmerkung I: Die einzelnen Farbtöne und Beschaffenheiten der Stoffe sind in Band II, Tabelle D 02 aufgelistet.
Anmerkung II: Siehe dazu auch Tutt, Lack 2018, S. 155–176, insbesondere S. 174 f.

Verkauf: Der 170 V/D fällt aus der Zeit

Ende 1951 haben sich die Gummikosten soweit stabilisiert, dass ab Februar 1952 die Verkaufsstellen verbindliche Fahrzeugpreise inklusive fünffacher Bereifung anbieten können. Unter dem Strich bleibt der Preis für den mit Hypoidachse versehenen 170 Va mit 7 900 DM unverändert. Der Preis des 170 Da – ebenfalls mit derselben neuen Hinterachse aufgewertet – fällt hingegen um 440 DM und beträgt nun bereift 8 950 DM.[131] Diese Verkaufspreise haben auch beim Übergang auf die weiter verbesserten Modelle 170 Vb und 170 Db Bestand, und zwar bis zur deren Produktionseinstellung im September 1953. Der Ertrag pro Wagen geht entsprechend zurück.

Mit der Einführung der Modelle 170 Vb und Db steigt die Verkaufskurve der Einstiegszwillinge zunächst wieder an, erreicht jedoch bei weitem nicht mehr die Zahlen von 1951. Im Jahr 1952 baut Sindelfingen lediglich 3 692 Wagen des Typs 170 Va/Vb. Ihnen stehen immerhin das gut zweifache an 170 Da/Db gegenüber, nämlich 8 115 Diesel-Exemplare. Während sich im Folgejahr 1953 die monatliche Produktion des 170 Db nur leicht vermindert, fällt der 170 Vb erneut zurück. Bis zum 9. September 1953 – dem Tag der Produktionseinstellung – verlassen nochmals 4 569 Diesel und bescheidene 1 637 Benziner die Fertigungsstätte.

In Westdeutschland mutiert der viel beachtete, nun bereits seit vier Jahren gefertigte Borgward Hansa zum leistungsfähigeren 1800. Opel bringt zu Beginn des Jahres 1953 den brandneuen Olympia Rekord mit amerikanisch angehauchter Pontonkarosserie auf den Markt, der bei ähnlichen Platzverhältnissen, größerem Kofferraum und leicht besseren Fahrleistungen rund 1 400 DM weniger kostet als der 170 Vb, nämlich um die 6 500 DM. Und Ford senkt den Preis für seinen wunderhübschen 12 M auf Opel-Niveau.[132] Auch auf zahlreichen Exportmärkten kämpfen die 170 V und 170 D mit attraktiver Konkurrenz. In der Schweiz sehen sich die Stuttgarter mit dem formal zurückhaltenden, aber konstruktiv modernen, leistungsfähigen und sorgfältig gebauten Peugeot 203 konfrontiert, der deutlich günstiger zu haben ist. Bei Ford schlägt sogar der englische Zephyr mit 2,3 Liter großem, 69 PS starkem Sechszylindertriebwerk und attraktiver, selbsttragender Pontonkarosserie preislich den Mercedes-Benz 170 Vb. Autos aus englischer Fertigung stehen in der Eidgenossenschaft generell hoch im Kurs, so das Vauxhall-Modell Wyvern (Vierzylinder) und der leistungsfähigere Velox, der mit seinem Sechszylindermotor den 170 Vb leistungsmäßig in den Schatten stellt und trotzdem das Konto weniger belastet. Auch die Modelle der unteren Mittelklasse von Austin, Morris und Hillman finden zahlreiche Anhänger. Der Mercedes-Benz 170 V ist aus der Zeit gefallen.[133]

Der »American Way of Life« und seine automobilen Auswirkungen

Seit dem Ende des Zweiten Weltkriegs geben die USA den Takt an bezüglich Lebensstil, Essgewohnheiten und Musik. Auch in der Formgebung und Auslegung der Automobile sind die Amerikaner bestimmend. Die sogenannte Pontonform gewinnt die Gunst des Durchschnittskäufers.

Doch es geht um mehr, etwa um leichte Bedienbarkeit, wozu eine Lenkradschaltung unabdingbar ist, um eine kräftesparende Lenkung, eine weiche Federung, ein großzügiges Raumerlebnis und um viel Chrom am ganzen Wagen. Dies alles lässt sich auch mit starren, blattgefederten Hinterachsen erreichen, was die Amerikaner erfolgreich vormachen und niemanden stört. Immerhin sind einzeln aufgehängte Vorderräder an Dreieckslenkern unterdessen zur Regel geworden und verhelfen den Wagen zu einigermaßen ordentlichen Fahreigenschaften.

Gesamtbilanz

In der ersten Produktionsphase des 170 V, die von Februar 1936 bis in den Herbst 1942 reicht, sind 92 037 Fahrzeuge dieses Typs entstanden, nämlich 72 962 Stück handelsübliche Wagen aller Pkw-Karosserievarianten – eingeschlossen die Fahrgestelle für Fremdaufbauten und die Lieferwagen aus Sindelfinger Produktion – sowie 19 075 Stück Kübelsitzwagen.[134] Trotz schwierigem Start ist die Nachkriegsproduktion, die von Juni 1946 bis Anfang September 1953 dauert, noch erfolgreicher: Von den 530 offenen Tourenwagen für den Bundesgrenzschutz abgesehen, dienen sämtliche der 83 190 gefertigten Wagen einer privaten oder zivilen öffentlichen Nutzung. Davon sind 33 822 (40,7%) mit einem Dieseltriebwerk versehen. Mit dem 170 D ist es Daimler-Benz überzeugend gelungen, den Dieselmotor im Pkw zu etablieren.

Alle 170 V und 170 D von 1936 bis 1953 zusammengerechnet ergibt den ansehnlichen Ausstoß von 175 227 Einheiten. Von sämtlichen seit der Fusion im Jahr 1926 bis Ende 1953 gefertigten Personenwagen der Daimler-Benz AG gehören fast die Hälfte, nämlich exakt 45,8% dem Typ 170 V/170 D an. Damit ist alles gesagt über dessen wirtschaftliche Bedeutung für das Unternehmen.[135]

Abb. 0653 (rechte Seite)
Einem 170 Da von 1950 wird ein fabrikneuer OM 636 VI-Dieselmotor eingebaut, ein seltenes Ereignis. Denn der OM 636 ist mit Abstand das problemloseste, robusteste und langlebigste Triebwerk der gesamten Daimler-Benz-Pkw-Produktion.
Seit 1951 überflügelt die Dieselvariante die Benzinausführung in der Produktions- und Verkaufsstatistik deutlich. Ein weltweit beachtenswerter Erfolg für den Dieselmotor im Pkw, den die Daimler-Benz AG für sich verbuchen darf.

14

10

Der 170 S – die Mercedes-Benz-Güteklasse 1949–1953

Werk Sindelfingen, 1950, Fertigung des 170 S: Das Aufsetzen der weitgehend fertig ausgerüsteten Karosserie auf das Fahrgestell – die sogenannte Hochzeit – ist ein besonderer Moment im Entstehungsprozess eines Automobils.

10.1 Die erste Produktionsphase des 170 S

Fachwelt und Publikum reagieren begeistert auf den im Mai 1949 vorgestellten 170 S, den es zusätzlich zur Limousine auch in zwei schicken und teuren Cabriolet-Ausführungen zu kaufen gibt. Das neue Modell ist dem 170 V in allen Disziplinen deutlich überlegen. Viele kleine Eingriffe verbessern rasch die Qualität des Wagens, beim Sorgenkind Motor dauert dies deutlich länger. Trotz der Sechszylinderausführung 220, die ab 1951 das Programm ergänzt, wird die 170 S Limousine weiterhin rege nachgefragt und weitergebaut.

So richtig Freude am Mercedes-Benz 170 S kommt in der Vorstandsetage erst während der Exportmesse Hannover im Mai 1949 und in den Wochen danach auf. Mit Genugtuung stellen die Herren fest, dass der neue Wagen auf der Ausstellung, anschließend in den Ausstellungsräumen der Niederlassungen und schließlich in der Fachpresse auf ungeteilte Begeisterung stößt. Von besonderer Wichtigkeit ist die Stimme aus Bern. Der von der Automobilindustrie geachtete und zuweilen auch gefürchtete Chefredakteur der (Schweizer) »Automobil Revue«, dipl. Ing. ETH Robert Braunschweig, äußert sich im Mai in einem langen Artikel sehr ausführlich und wohlwollend über das neue Modell. *Ein qualitativ hochstehendes Fahrzeug mittlerer Größe und Stärke – Überragende Fahreigenschaften. Sorgfältige, unaufdringliche und konservative Detailgestaltung und -fertigung,* so charakterisiert er den 170 S in der Einleitung einer Mitte November 1949 in der »AR« veröffentlichten Langstreckenprüfung.[1]

Dass der 170 S (W 136 IV) unbeabsichtigt in eine höhere Position gerutscht ist und deshalb als Nachfolger des Einstiegstyps 170 V nicht mehr in Frage kommt, ist angesichts des großen Echos, das der neue Wagen auslöst, in den Hintergrund gerückt. Die positive Entwicklung auf dem Automobilmarkt und die beachtlichen Fortschritte beim Wiederaufbau und der Modernisierung der Firma machen die unplanmäßig frühe Rückkehr der Daimler-Benz AG zum Mehrtypenproduzenten auch wirtschaftlich verantwortbar. Und schon jetzt ist klar: Der 170 S repräsentiert die wahre »Mercedes-Benz-Klasse«.[2/I]

Abb. 0654
Mit dem Mercedes-Benz 170 S in den Winterurlaub. Mit diesem Werbeblatt liegt Grafikkünstler Hans Liska nicht falsch. Der 170 S hat sich ohne Absicht über dem 170 V positioniert und ist zu Beginn seiner Fertigung ein Automobil für Direktoren und Inhaber florierender Firmen, die sich zu Beginn der 1950er Jahre Extravaganzen wie einen Skiurlaub leisten können.

Präsentation und Produktionsstart

Für die Präsentation des 170 S in der Öffentlichkeit inszeniert die Konzernleitung einen großen Presseempfang, der am 10. Mai 1949 im Werk Untertürkheim über die Bühne geht. Nach einer Ansprache des Vorstandsvorsitzenden Dr. Wilhelm Haspel erläutert Technikvorstand Dipl.-Ing. Fritz Nallinger die neuen Typen 170 D, 170 S und den Lastwagen und Omnibus L/O 3250 in allen Einzelheiten. Nallinger verschweigt nicht, dass der 170 S durch

Anmerkung I: Der erste Teil der Geschichte des Typs 170 S – die Absicht und die Entwicklung bis zum produktionsbereiten Modell – ist in Kap. 8.2, S. 366 ff dargestellt.

Abb. 0655
Grafiker Walter Gotschke stellt die 170 S-Limousine im ersten Verkaufsprospekt von 1949 so dar wie sie sich tatsächlich präsentiert: Stattlich, im Vergleich zum 170 V voluminöser und wertiger. *Vollendet in der Erscheinung*, nennt dies die Werbeabteilung.

eine gezielte Weiterentwicklung des beliebten und bewährten 170 V entstanden ist. Er präsentiert das neue Modell als geglückte Synthese aus dem *Fahrkomfort des großen Reisewagens mit der Fahrsicherheit des sportlichen Wagens und der Wirtschaftlichkeit des guten Gebrauchswagens der Mittelklasse.* Ausführlich hebt er die Leistungssteigerung des Motors und die moderne Doppellenker-Einzelaufhängung der vorderen Räder hervor, die zusammen mit der überarbeiteten Hinterachse und der neuen Gesamtabstimmung zu einem unübertroffen hohen Federungskomfort bei gleichzeitig ausgezeichnetem Kurvenverhalten geführt habe. Die steife Ganzstahlkarosserie lobt er als modern, jedoch in der Linienführung frei von Modeströmungen und ganz dem gewohnten Mercedes-Benz-Gesicht verpflichtet. Dabei unterbleibt verständlicherweise der Hinweis, dass es sich in Wahrheit um einen Aufbau handelt, der – von einigen Retuschen abgesehen – bereits 1938 unmittelbar vor der Produktionsaufnahme gestanden ist.

Die ersten 170 S sind ab März 1949 stückweise gebaut worden. Im Mai entstehen lediglich die dringend notwendigen Vorführwagen für die Niederlassungen und Verkaufsvertretungen.[3] Die eigentliche Serienproduktion der viertürigen Limousine startet dann sachte im Juli – mit rund zweimonatiger Verspätung. Schuld daran ist eine Lieferverzögerung der Schneidewerkzeuge, ohne die sich der 170 S nur mit viel Lohnaufwand herstellen lässt. Ab dem frühen Herbst können schließlich das karosserieseitig von der Limousine abgeleitete zweitürige Cabriolet B und einige Wochen später ein elegantes, sehr hochwertig wirkendes und entsprechend kostspieliges Cabriolet A in zunächst geringen, bald bei Bedarf in größeren Stückzahlen ausgeliefert werden.

Nach letzten Optimierungen: Die Serien-170 S-Limousine

Die letzten Monate vor der Produktionsfreigabe der zahlreichen Komponenten des 170 S (W 136 IV) sind für die Fachleute in der Konstruktionsabteilung, insbesondere aber für jene im Versuch und in der Produktionsvorbereitung arg stressig. Die wichtigste Weiche ist zwar längst gestellt, nämlich die Umstellung von der bislang verwendeten Querblattfeder- auf eine Lenker-Vorderachse in Kombination mit Rädern der Reifendimension 6,40-15". Gegen Jahresende 1948 zeigen die entsprechend aktualisierten Versuchsfahrzeuge deutlich ihr hohes Fahrwerks- und Komfortpotenzial, offenbaren aber gleichzeitig eine Vielzahl von Schwachstellen und Unzulänglichkeiten, die vor dem Fertigungsbeginn behoben sein müssen. Besonders zu kämpfen hat man immer noch – wie bei den Versuchswagen der Typen W 136 II und W 158 vor und während des Kriegs – mit dem Dröhnen des Fahrzeugkörpers. Die Ursachen sind schwierig festzustellen und liegen nicht allein in der Ganzstahlkarosserie begründet, die tendenziell als Resonanzkasten wirkt, sondern auch beim Motor. Darüber hinaus macht das mit nominell 52 PS markant leistungsgesteigerte Triebwerk M 136 III Ärger durch eine unzulässig geringe Haltbarkeit. Spät im Jahr 1948 offenbaren Testfahrten auf Schweizer Gebirgsstraßen ein gravierendes Bremsenproblem, weiter erweisen sich die Belüftung und Beheizung des Wageninneren als untauglich. Der künftige 170 S – damals noch mit W 136 III bezeichnet und designierter 170 V-Nachfolger – ist eben deutlich mehr geworden als Haspels ursprüngliche Absicht und Idealvorstellung eines bloß verbreiterten und leicht aktualisierten 170 V, nämlich ein beinahe vollständig neuer Wagentyp. Dies wird augenfällig in der Auflistung all jener Technikkomponenten, die neu haben konstruiert werden müssen. Pkw-Konstruktionschef Max Wagner zählt Anfang Juni 1948 allein für das Fahrgestell ohne den Motor 24 solcher Bereiche auf. Das Triebwerk fordert Eingriffe an weiteren 11 relevanten Stellen.[4]

Rahmen

Der bewährte X-förmige Ovalrohrrahmen muss vollständig umkonstruiert werden, obwohl man den Radstand von 2 845 mm und die Position des Motors hinter der Vorderachse unverändert vom 170 V übernimmt. Die Umstellung auf eine Vorderradaufhängung mit Dreieckslenker verlangt 80 mm längere Längsrohre, veränderte Aufnahmevorrichtungen für die Achsteile und hinten eine angeschweißte Rahmenverlängerung aus Trägern mit U-förmigem Querschnitt zur Aufnahme des 47 Liter fassenden Treibstofftanks. Die breitere Karosserie erfordert eine Anpassung der Querrohre mit neu geformten Enden, neue

Abb. 0656 & 0657
Das Fahrgestell des 170 S ist vom 170 V abgeleitet, doch es gibt bedeutende Unterschiede: moderne Vorderradaufhängung an Dreieckslenkern mit Schraubenfedern, stärkerer Motor mit 70 cm³ mehr Hubraum, breitere Hinterachse und einen Treibstofftank im Heck.

stehende Konsolen auf der zweiten Traverse für die Befestigung des Aufbaus an der Spritzwand und versetzte Aufnahmepunkte für das vergrößerte Hinterachsgehäuse. Weiter sind die Getriebelagerung und die Lagerung des Kühlerblocks neu konstruiert. Letzterer ist nun in einem beschränkten Ausmaß höhenverstellbar, wodurch das lästige und aufwändige Anpassen der Motorhaube wegfällt.

Vorder- und Hinterradaufhängung

Die Spurweite der Vorderradaufhängung ist mit 1 315 mm gegenüber dem 170 V nahezu unverändert (+ 5 mm). Dies ist die einzige Gemeinsamkeit, denn die weit fortschrittlichere Konstruktion im 170 S besteht pro Seite aus einem oberen und unteren Dreieckslenker, wobei der untere länger ausgebildet ist. Beim Einfedern ergibt sich dadurch ein negativer Sturz, welcher die Kurvenstabilität verbessert. Beide Dreieckslenker bestehen aus je zwei geschmiedeten Armen, die radseitig durch die Achsschenkelaufnahmen, rahmenseitig durch den unteren und oberen Achslagerkörper drehbar zusammengehalten werden. Das vertikale Rohr des unteren Achslagerkörpers steckt, umschlossen von Buchsen, in einer im Ovalrohr des Rahmens eingeschweißten Hülse und ist zusammen mit dem oberen Lagerkörper kraftschlüssig verschraubt. Letzterer umfasst auch die Glocke zur oberen Aufnahme der Schraubenfeder und des darin stehenden Teleskopstoßdämpfers. Gegen unten stützt sich die Feder mit dem Stoßdämpfer auf einen Teller ab, der mit dem unteren Dreieckslenker verschraubt ist. Damit sich die Vorderradaufhängung nicht in der Rahmenhülse drehen kann, ist der untere Lagerkörper mit einem Ausleger versehen und durch Gummipuffer vibrationsgedämpft und beschränkt nachgiebig mit dem ersten Rahmenquerträger verbunden. Ein U-förmig gebogener Stabilisator aus Rundstahl verbindet die beiden sonst vollständig unabhängig voneinander federnden Seiten und reduziert bei Kurvenfahrt die Seitenneigung. Die Vielzahl der zu schmierenden Stellen verlangt nach einer erweiterten Zentralschmieranlage mit vier Verteilern.

Hinten bleibt es bei der lenkerlosen Zweigelenk-Pendelachse, die allerdings um 124 mm auf 1 420 mm markant verbreitert wird. Der auch von Generaldirektor Haspel befürwortete Wechsel auf die ruhiger laufende Hypoidverzahnung des Achsantriebs lässt sich wegen der fehlenden Spezialmaschinen nicht erzwingen. So findet man nach wie vor die gewohnte

Abb. 0658
Motor M 136 III des 170 S, rechte Seite, Stand 1949. Dank 70 cm^3 mehr Hubraum und einem Fallstromvergaser mit strömungsgünstigem Ansaugtrakt erreicht das Triebwerk 52 PS bei 4 000 U/min. Die Benzinpumpe sitzt am Nockenwellenantrieb. Dessen Geräusche sollen durch einen federbelasteten Ausgleichsstößel minimiert werden, erkennbar am runden Gehäuse unterhalb des Ventilkammerdeckels.

Spiralverzahnung, deren Zahnverhältnis von 8:35 jedoch eine leicht kürzere Untersetzung von 1:4,375 ergibt. Der längeren Halbachsen wegen ist der Durchmesser der Achswellen von 35 mm auf 40 mm vergrößert worden. Im Innern der Schraubenfeder befindet sich an deren oberen Befestigung eine weitere, im Durchmesser kleinere und kürzere Schraubenfeder, die bei starker Belastung oder beim Durchdrücken eine progressive Federwirkung erzeugt und ein Aufschlagen der Achshälfte verhindert. Der Teleskopstoßdämpfer verläuft außerhalb der Feder vom Achstragrohr schräg nach oben zum Rahmenlängsträger.

Lenkung, Bremsen

Auch beim 170 S wird die bewährte ZF-Ross-Lenkung verwendet, die mit einem Lenkungsbock außenseitig an das Rahmen-Ovalrohr geschraubt ist. Im Unterschied zum 170 V besteht die Spurstange aus drei statt nur aus zwei Teilen, nämlich einem Mittelteil und zwei gleich langen äußeren Spurstangenabschnitten. Diese Bauart verlangt zusätzlich zum Lenkstockhebel auf der gegenüberliegenden Seite einen sogenannten Zwischenhebel, der drehbar am Rahmen gelagert ist. Die Lenkspindel mit dem Lenkrad läuft nun kugelgelagert in der Halterung des Lenkradschlosses unterseitig am Armaturenbrett.

Wegen der ganz und gar unzureichenden-Bremsleistung, deren man sich in Untertürkheim erst spät bewusst wird und die nicht nur auf die schlechte Belagsqualität zurückzuführen ist, muss die Bremsanlage verstärkt werden. Eine Verbreiterung der Bremsbacken von 30 mm auf 40 mm mit entsprechend tieferen Trommeln – anfänglich unverändert aus Stahlblech, dann aus Temperguss – bringen eine Verbesserung, aber kein optimales Ergebnis.

Nach wie vor werden die Bremsbacken aus Flachstahl zusammengeschweißt. Anstelle der bisherigen 16"-Räder mit 3,50" Felgenbreite treten Räder mit 15" Durchmesser und 4,50" breiten Felgen, auf die Reifen im Format 6,40-15" aufgezogen sind.[5]

Motor, Getriebe, Antriebsstrang

Um dem (trotz Ganzstahlbauweise) höheren Wagengewicht und dem größeren Luftwiderstand der voluminöseren Karosserie Rechnung zu tragen – auch um endlich einen Mittelklasse-Mercedes-Benz mit einer Fahrleistung anzubieten, die nicht das unterste Ende der Skala markiert – muss die Leistung des Motors deutlich angehoben werden. Allerdings steht kein anderes Triebwerk zur Verfügung als der altgediente 1,7 Liter große Seitenventiler M 136 aus dem 170 V, der trotz seines simplen Aufbaus alles andere als problemlos ist und bereits 1940/41 hätte abgelöst werden sollen. In der Vorstandsetage liegen die Meinungen, wieviel das überarbeitete Triebwerk hergeben soll, zu Beginn nicht auf einer Linie, doch Technikvorstand Nallinger, Konstruktionschef Wagner und Motorenchef Bensinger lassen sich nicht beirren. Die Versuchsmotoren erreichen bald 53 bis 54 PS, ein Leistungswert, den sie für eine ordentliche Fahrleistung als notwendig erachten. Man einigt sich schließlich auf ein Leistungsmaximum von offiziell 52 PS bei 4 000 U/min und auf ein Drehmoment von 11,8 mkg bei 1 800 U/min.

Damit diese Leistung erreicht werden kann, ist ein Fallstromvergaser mit Beschleunigerpumpe unabdingbar, kombiniert mit veränderten Steuerzeiten durch eine neue Nockenwelle, einem strömungsgünstigen Ansaugtrakt und einem adäquaten Auspuffkollektor mit Heizklappe, Thermospirale und einem Auspuffanschluss in der Mitte. In der Konstruktionsabteilung träumt man sogar von einem später einzuführenden Doppel-Fallstromvergaser.[I] Durch die Erweiterung der Bohrung um 1,5 mm auf 75 mm steigt das Hubvolumen auf 1 767 cm^3, die Einlassventile sind

Anmerkung I: Später wurde im freien Zubehörhandel eine Zweivergaseranlage für den M 136 im 170 S oder 180 (W 120) angeboten. Siehe Abb. 0714 & 0715.

Abb. 0659
Motor M 136 III des 170 S, linke Seite, mit angeflanschtem Getriebe, Stand 1949. Der Graugussblock erhält unterhalb der drei bisherigen zwei zusätzliche Kernlöcher. In der Serie wird statt des Temperaturreglers mit Gehäuse auf dem Aluzylinderkopf ein Zwischenschlauch-Thermostat verwendet. Der Schalthebel ist zweigeteilt und in Gummi gelagert, um Geräusch zu unterbinden. Bald erhält das Getriebe anstelle der angegossenen Kupplungsglocke eine separate aus Leichtmetall.

um 1,0 mm vergrößert, der Durchmesser der Ventilstößel beträgt nun 26 mm statt bisher 22 mm und der Brennraum im Aluminiumkopf ist optimiert. Nallinger setzt gegen den Widerstand im Vorstand Kurbelwellen-Lagerschalen aus Bleibronze durch, dies anstelle der bisherigen dicken Lager aus dem weniger belastbaren Weißmetall. Der oberste Kolbenring ist verchromt, die Schmierölführung verbessert und der bei den 170 V-Motoren seit längerem ausgesetzte Ölfilter ist dort und selbstverständlich auch bei der S-Maschine zurückgekehrt, und zwar als Spaltfilter im Hauptstrom. Weiter gelangt ein Zündverteiler mit Unterdruckverstellung zum Einbau. Der derart aufgerüstete Motor ist zwar deutlich leistungsfähiger geworden, doch es hat viel Schweiß und Nerven gekostet, bevor man, bevor man ihm die notwendige Haltbarkeit attestiert und sich die Geräuschentwicklung soweit mäßigt, dass ein Einbau im 170 S überhaupt in Frage kommt. Diesbezügliche Anstrengungen lassen sich beispielsweise am sogenannten Ausgleichsnocken der Steuerwelle ablesen. Dieser drückt über einen Stößel gegen eine Feder, die in einer Führung steckt und so das unvermeidliche Zahnspiel im Nockenwellenantrieb und die damit verbundene Geräuschentwicklung dämpfen soll. Für diese Einrichtung wird das Motorgehäuseoberteil mit einer Öffnung versehen. Ebenfalls von der Nockenwelle angetrieben ist die vorn am Steuergehäusedeckel montierte Treibstoffpumpe, die wegen des Tanks im Heck unumgänglich geworden ist.

Die Kupplung und das firmeneigene Getriebe DB-4S bleiben gegenüber dem 170 V grundsätzlich unverändert. Letzteres nervt allerdings durch eine schlechte Schaltbarkeit, was erst spät ernst genommen wird und zu umfangreichen Versuchen durch den Getriebespezialisten Dr.-Ing. Willy Naumann führt. Die neuere Gehäuseausführung mit getrennter Kupplungsglocke aus Leichtmetall wird nicht rechtzeitig produktionsfertig. Die Antriebswelle vom Getriebe zur Hinterachse bleibt einteilig und ist in ihren Einzelteilen mit derjenigen im 170 V identisch, fällt jedoch wegen des veränderten Hinterachsantriebs etwas kürzer aus. Das auf der rechten Rahmenseite nach hinten führende Auspuffrohr mündet unmittelbar nach der dritten Rahmentraverse in einen breiten Schalldämpfer mit ovalem Querschnitt. Ein weiterer, allerdings sehr kleiner Topf befindet sich vor der Hinterachse.[6]

Abb. 0660
Hauptkomponenten der Ganzstahlkarosserie der 170 S-Limousine: Bodenanlange, Vorbau, Heckteil mit Deckel, Dach mit Seitenrahmen und vier Türen mit B-Säulen. Es ist keine Neukonstruktion, sondern der leicht modifizierte Aufbau des 170 V II (W 136 II) von 1938/39, der im Prototypstadium aufgegeben worden ist. Die Blechteile des Hecks sind identisch mit dem 230 (W 153) von 1939.

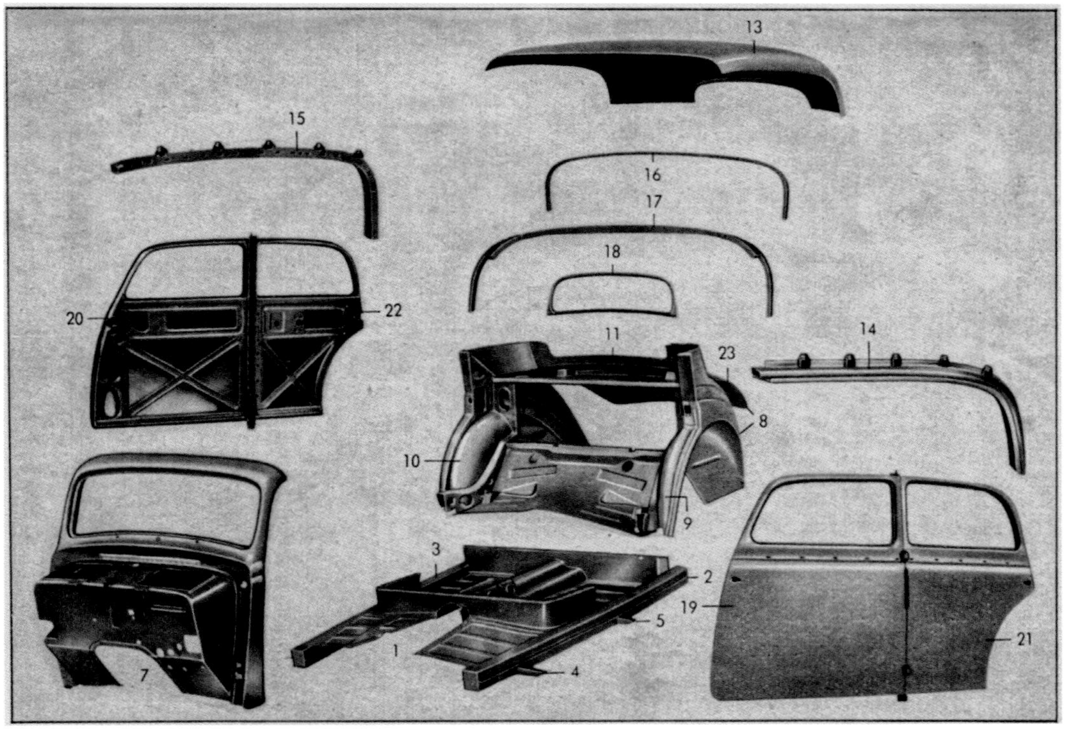

Limousinen-Ganzstahlaufbau

In der zweiten Hälfte des Jahres 1948 nähern sich die Sindelfinger Konstrukteure allmählich einem produktionsreifen Karosseriekörper, dem Limousinenaufbau. Die beiden größten Herausforderungen bestehen darin, die Ganzstahlkarosserie fertigungstechnisch zu beherrschen und gleichzeitig ihr Schwingungsverhalten zu disziplinieren. Im Werk Sindelfingen fehlt für diese Bauweise weitgehend die Erfahrung.[7] Gestartet ist man Ende 1947 mit den Zeichnungen und einigen mehr oder weniger kriegsbeschädigten W 136 II-Versuchswagen mit Limousinenaufbauten von 1938, die hergerichtet und als Demonstrations- und Versuchsmodelle dem jeweiligen Projektfortschritt angepasst werden. Die Abmessungen und die Formgebung der neuen Karosserie sind – von Kleinigkeiten abgesehen – allein durch die Verwendung der noch vor dem Krieg beschafften Presswerkzeuge gegeben.[I]

Die Karosserie des Innenlenkers besteht aus fünf Hauptkomponenten, nämlich aus der Bodenanlage, dem Vorbau mit Windschutz, dem Heckteil samt Deckel, dem Dach und den vier Türen mit B-Säulen. Alle übrigen Karosserieelemente sind unter der Bezeichnung *Fahrgestellblechteile* zusammengefasst. Tatsächlich ist – wie beim 170 V – der gesamte Vorbau mit den Vorderkotflügeln, der Kühlermaske und den Motorseitenblechen primär mit dem Fahrgestell verbunden und nur sekundär mit dem eigentlichen Aufbau. Ein Umstand, der einen Mehraufwand bei der Montage im Werk und Passungsprobleme insbesondere bei Reparaturen verursacht. Die Bodenanlage besteht aus zwei kastenförmigen Schwellern entlang der Außenseiten, einem U-förmigen Sitzrahmen, zwei Bodenblechsegmenten, dem hinteren Tunnel für die Antriebswelle, der Vorderwand der Fondsitzbank sowie aus einem diese Teile verbindenden hinteren Bodenblech. Der Vorbau umfasst die A-Säulen mitsamt dem Frontscheibenrahmen, der Spritzwand und einer kubischen Ausweitung zum Motorraum hin. Dort sind zwei von oben zugängliche, mit Deckeln verschlossene Kästen eingelassen. Der linke beherbergt die 6-Volt-Batterie, der rechte dient als Stauraum für Werkzeug und Betriebsstoffe. Das Heckteil umfasst den gerundeten Kofferraum mitsamt dem Boden, die Innenkotflügel und den Dachansatz mit Hutablage. Zusammen mit den B-Säulen, den Seitenholmen und dem Dachblech sind diese vier Hauptelemente zur Rohkarosserie zusammengefügt, die gänzlich ohne Holz auskommt. Die ausgestanzten und in Form gepressten Blechteile bilden, entsprechend zusammengeschweißt, eine stabile Struktur. Selbst die Dachspriegel bestehen aus Metall. Die Türen sind anlog aufgebaut, die innenseitige Tragstruktur ist mit der äußeren Türhaut zu einem steifen Element punktverschweißt. Die auf schwingungsempfindlichen Blechflächen aufgebrachten Bitumenpappen dämpfen die Dröhngeräusche. Der recht geräumige Kofferraum ist durch einen Sperrholzboden mit Gummimatte zweigeteilt. Im unteren Fach liegt das festgeschnallte Ersatzrad. Rechts davon lässt sich ein 20-Liter-Benzinkanister unterbringen. Der Wagenheber mit Zubehör findet in einer Vertiefung quer hinter dem Ersatzrad Platz.[8]

Äußeres

Außen behält die neue Karosserie im Wesentlichen die 1938 festgelegte Form bei. Es bleibt demnach bei zwei Scheiben pro Seite, aufgesetzten Scheinwerfern, konvexen Vorderkotflügeln und horizontal verlaufenden Trittbrettern. Erst nach einer erneuten Diskussion im Vorstand verschwindet das außen im Kofferdeckel eingelassene Ersatzrad im Innern des Kofferraums.[II] Weil die Fertigungswerkzeuge für die Motorhaube verschollen sind und folglich neu beschafft werden müssen, geht man gleich zu einer nach oben schwenkenden, sogenannten Alligatorenhaube über. Die antiquiert anmutenden Entlüftungskiemen entfallen, und zwar zunächst zugunsten glatter Seitenbleche. Die beiden Türbänder springen weniger vor als beim 170 V und sind dezenter ausgebildet. Zudem macht der alte geschwungene Türgriff jener geraden, kantiger geformten Ausführung Platz, die bereits ab 1939 am neuen 230 (W 153) verwendet worden ist. Die Fahrtrichtungsanzeiger versenkt man türbündig in den B-Säulen. Endlich sind die Scheibenwischer unten angelenkt, so dass der

Anmerkung I: Siehe auch Kap. 5.1, S. 235 f.
Anmerkung II: Siehe Abb. 0538.

Abb. 0661
170 S Limousine, Versuchswagen, Herbst 1948. Noch fehlen die Chromstab-begleiteten Wulste an der Motorhaubenseite und die prägnante Zierleiste von der Kühlermaske bis zum Heck (Abb. 0657 & 0658 rechts). Die Formensprache entspricht den späten 1930er Jahren. Das erstaunt nicht, der Wagen hätte bereits 1939 in Produktion gehen sollen, jedoch mit der bisherigen Querblattfeder-Vorderradaufhängung.

Elektromotor aus dem Fahrgastraum verbannt werden kann; er sitzt nun im Motorraum auf der Abdeckung zwischen den beiden eingelassenen Kästen. Das Antriebsgestänge für die Scheibenwischerarme befindet sich hingegen auf der Innenseite der Spritzwand hinter dem Armaturenbrett. Weiter ersetzen massive einteilige Stoßstangen mit Hörnern die filigranen, sich gegen außen verjüngenden Stoßstangenecken. Die Wagen werden ausschließlich einfarbig in den Farbtönen Schwarz, Grau, Maron (Rotbraun) und Beigebraun angeboten.[9/I] Sonderlackierungen können werksseitig nicht berücksichtigt werden.

Letzte Retuschen vor Produktionsbeginn

Mit näher rückendem Produktionstermin werden nochmals Änderungen und optische Korrekturen vorgenommen: Ähnlich dem Kofferraumdeckel sind anfänglich für die Motorhaube außen aufgesetzte und verchromte Scharniere vorgesehen, die man durch ein einziges, kräftiges und im geschlossenen Zustand unsichtbares Gelenk ersetzt. Die Fensteröffnungen in den Türen werden nun von filigranen verchromten Metallprofilen eingefasst, womit eine geschickte optische Verbindung zur Chromleiste im Fenstergummi der Frontscheibe entsteht. Diese ist nicht mehr ausstellbar, weil die Sindelfinger Konstrukteure an einer Belüftung des Wageninneren arbeiten. Eher knapp vor Serienbeginn erhalten die vordem glatten Motorhauben-Seitenteile zwei nach außen gewölbte und von je einem dünnen Chromstab akzentuierte horizontale Wulste. Diese sind anfänglich geschlossen, werden jedoch in einer späteren Ausführung unterseitig mit Lüftungsschlitzen versehen. Ausgehend von der Kühlermaske begleitet ein prägnanter Chromstab die gesamte Wagenseite und betont die Gürtellinie bis zum Dachabschluss am Heck.[10] Der hinter einer Klappe im rechten Hinterkotflügel verborgene Tankeinfüllstutzen wird schließlich nach außen verlegt, offiziell wegen Undichtigkeit der Klappe und dem Hang zur Verschmutzung, in Wahrheit eher aus Kostengründen.[11]

Bei gleichbleibender Grundform ist der produktionsfertige W 136 IV (170 S) gegenüber dem W 136 II von 1938 deutlich attraktiver geworden und vermittelt einen wertigeren Eindruck. Im Vergleich mit dem 170 V sind die Fahrzeuglänge mit 4 455 mm (+ 170 mm) und die Breite mit 1 684 mm (+ 104 mm) deutlich angewachsen.[12]

Anmerkung I: Die einzelnen Farbtöne und Beschaffenheiten der Stoffe sind in Band II, Tabelle D 03 aufgelistet.

Abb. 0662
170 S Versuchswagen, Herbst 1948. Der Kofferraum ist bequem von außen zugänglich und trotz integriertem Ersatzrad und Treibstofftank im Heck geräumiger als im 170 V. Die Klappe zum Verbergen des Einfüllstutzens wird verworfen (vgl. Abb. 0663 rechts).

Abb. 0663 & 0664
170 S Limousine, Serienausführung, Mitte 1949. Der Wagen ist gegenüber dem 170 V merklich größer geworden und ohne Absicht in eine höhere Kategorie gerutscht. Die gewisse Leichtigkeit des 170 V fehlt ihm, doch die Proportionen stimmen.

Innenraum

Eine erste Neuerung gegenüber dem 170 V springt bereits beim Öffnen der Türen ins Auge: Anstelle des Schlosses mit schießender Falle ist ein neuartiges Zapfenschloss verbaut, das in Sindelfingen von Karl Wilfert und Béla Barényi erdacht worden ist[13] und bei der Wuppertaler Firma Bocklenberg & Motte KG (BoMoRo) gebaut wird. Auffällig sind die gummigelagerten rechteckigen Schließkästen an den A- und C-Säulen, welche die geschlossenen Türen auf der Öffnungsseite stabilisieren und so ein Berühren und Scheuern bei sich verwindendem Aufbau verhindern, wie man es von fast allen vorherigen Fahrzeugtypen kennt. Zudem fixieren sogenannte Türhalter in den Leibungen die offenen Türen, weshalb Fangbänder aus Soff entbehrlich sind.

Schwenkt man den Blick von diesen Details weg zum Innenraum, fällt die im Vergleich zum 170 V deutlich vergrößerte Innenbreite auf, die an den Vordersitzen um 120 mm auf 1 285 mm und im Fond um 110 mm auf 1 340 mm zugenommen hat. Bezüglich der Sitze und der vollständigen Auskleidung unterscheidet sich das Interieur nicht grundsätzlich von demjenigen des 170 V. Deutlicher wird der Unterschied in der Gestaltung des Armaturenbretts. Dieses erinnert nicht zufällig an dasjenige des 230 (W 153) von 1938/39, von dem die Disposition übernommen ist. Zentral vor dem Fahrer sind die Instrumente angeordnet, deren Zifferblätter zunächst in alter Mercedes-Benz-Tradition elfenbeinfarbig vorgesehen sind. Dazu passen die identisch gefärbten Knöpfe der Zug- und Drehschalter aus Kunststoff. Noch vor dem Serienanlauf wird auf Wunsch von Konzernchef Haspel auf neu gestaltete Zifferblätter mit schwarzem Grund und heller Aufschrift umgestellt. Der Armaturenträger selbst besteht aus einem tabakbraun lackierten Blechpressteil. Zwischen dem runden Geschwindigkeits-

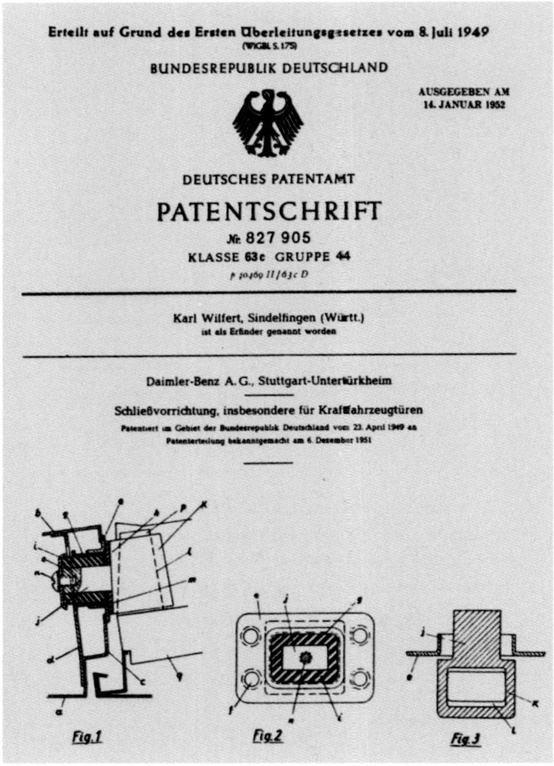

Erteilt auf Grund des Ersten Überleitungsgesetzes vom 8. Juli 1949
(WiGBl. S. 175)

BUNDESREPUBLIK DEUTSCHLAND

AUSGEGEBEN AM
14. JANUAR 1952

DEUTSCHES PATENTAMT

PATENTSCHRIFT

Nr. 827 905

KLASSE 63c GRUPPE 44

p 30469 II/63c D

Karl Wilfert, Sindelfingen (Württ.)
ist als Erfinder genannt worden

Daimler-Benz A. G., Stuttgart-Untertürkheim

Schließvorrichtung, insbesondere für Kraftfahrzeugtüren

Patentiert im Gebiet der Bundesrepublik Deutschland vom 23. April 1949 an
Patenterteilung bekanntgemacht am 6. Dezember 1951

Fig. 1 Fig. 2 Fig. 3

Abb. 0665
Innen unterscheidet sich der 170 S nicht grundlegend vom 170 V. Auffällig sind jedoch die deutlich größere Breite, die üppigeren Vordersessel mit Pfeifen, die neuen Stoffe und die technisch wegweisenden Türschlösser.

Abb. 0666
Patentschrift für das Zapfenschloss, ersonnen von Karl Wilfert und Béla Barényi, Basis der später berühmten Mercedes-Benz-Türschlösser. Der konische Schließzapfen fixiert die Tür öffnungsseitig sicher in einem gummigelagerten Käfig und verhindert ein Scheuern bei sich verwindendem Aufbau.

messer (rechts) und der identischen Zeituhr (links) sitzt ein großes rechteckiges Kombiinstrument mit den Anzeigen für den Treibstoffstand, den Öldruck und (erstmals!) für die Kühlwassertemperatur. Auf der rechten Seite gibt es an analoger Stelle ein geräumiges Handschuhfach mit einem Deckel und verchromter Griffleiste. Dazwischen, in der Mitte des Armaturenbretts, sitzt eine leicht vorspringende Holzverkleidung, die einen Chromstab mit der Modellbezeichnung »170 S« trägt. Dahinter verbirgt sich ein Fach für die Aufnahme eines Radiogeräts mit passender Frontblende. Auf der Unterseite trennt ein über die ganze Innenbreite laufender Chromstab die Armaturentafel von der Sockelleiste, auf der sich fast alle Schalter konzentrieren. Der Zugschalter für den Scheibenwischer und der Zigarettenanzünder finden sich zu beiden Seiten der Buchenholzblende zum Radiofach. Darüber, in der ebenfalls hölzernen Abdeckung zur Windschutzscheibe, ist ein Aschenbecher mit verchromtem Deckel eingelassen. Die Armaturenbrettabdeckung findet ihre formale Fortsetzung in den ähnlich kräftig ausgebildeten Simsen der Seitenfenster und in den schlanken sogenannten Fensterschlüsseln, die sämtliche Scheiben rahmen. Alle diese Holzteile sind einheitlich dunkel lackiert. Zum Starten des Motors bleibt man beim Fußanlassschalter des 170 V.

Nicht auf Anhieb gelingen die Belüftung und Beheizung. In den warmen Jahreszeiten soll unbeheizte Frischluft über eine Klappe vor der Frontscheibe ins Wageninnere strömen, doch die Luftführung ist ungünstig gewählt und bewirkt Zugerscheinungen, zudem fehlt ein Insektengitter. Für die Temperierung des Wageninnern ist zunächst eine Auspuffheizung vorgesehen, die jedoch Probleme verursacht. Eine Neukonstruktion ist unausweichlich.[14] In Serie geht der Wagen schließlich mit einer vollständig anders disponierten Heizungs-Lüftungsanlage, die zu beiden Seiten des Motors aus je einer unabhängigen Einheit besteht, was ein individuelles Regulieren der Fahrer- und Beifahrerseite ermöglicht. Die unbeheizte Frischluft wird unter Umgehung des (aufpreispflichtigen und anfänglich noch nicht verfügbaren) Wärmetauschers getrennt zugeführt. Im Innern strömt die Luft hinter dem Armaturenbrett über zwei Fächer unten an die Frontscheibe und zusätzlich über zwei verstellbare Ausblasöffnungen vor die Füße von Fahrer und Beifahrer. Die Verteilung zwischen der Frontscheibe und dem Fußraum lässt sich durch Klappen stufenlos und seitengetrennt regulieren.

Um die lästigen Vibrationen von der Motor-Getriebeeinheit auf den langen Schalthebel zu unterbinden, entschließt man sich, den ursprünglich einteiligen Schalthebel aus zwei gummiisolierten Teilen zusammenzufügen. Wie beim 170 V sind der Getriebetunnel und der Boden vor den Vordersitzen mit einem Gummibelag bedeckt; im Fond ist der Fußraum hingegen mit Teppich ausgeschlagen. Für die Polsterung und den Wagenausschlag stehen mehrere Stoffarten und -muster zur Diskussion, auch ein wertiger Cord ähnlich demjenigen, der im 170 V verwendet wird. Die Wahl fällt schließlich auf einen Stoff mit dezenten vertikalen Bahnen in den Farben Graugrün und Braunbeige, wobei letzterer mit einem feinen Zick-Zack-Muster versehen ist. Die längsverstellbaren Einzelsitze vorn und die Rücksitzbank sind mit kräftig gepolsterten Pfeifen versehen. Mit demselben Stoff überzogen sind auch die Türverkleidungen – vorn mit Kartentasche – und die Wandabschnitte

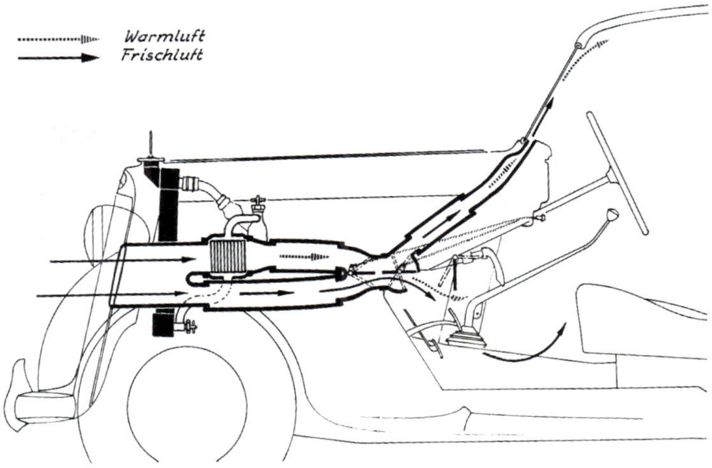

Abb. 0667 (oben)
Nach anfänglich missglückten Versuchen gelingt den Technikern in Sindelfingen eine gut funktionierende Heizungs-/Lüftungsanlage. Diese ist doppelt vorhanden, also links und rechts des Motors, und lässt sich so für Fahrer und Beifahrer individuell regulieren.

Abb. 0668
170 S Versuchswagen, Stand 1948. Auch bei der Gestaltung des Armaturenbretts dient der 230 (W 153) als Vorbild. Anfänglich sollten die Zifferblätter, Bedienknöpfe und sogar der Knauf des Schalthebels elfenbeinfarbig werden. Die Öffnungen in den Fußraumseiten entfallen mit der schließlich gewählten Heizungs-/Lüftungsanlage.

Abb. 0669
Der 170 S entspricht in der Innenraumlänge dem 170 V, bietet aber vorn wie hinten in der Breite deutlich mehr Platz. Die körpergerecht geformte Rücksitzbank ist mit Pfeifen versehen. Anfänglich wird nur an der rechten Fondtür, später auf beiden Seiten ein Aschenbecher montiert.

über und hinter den Seitenfenstern. Der Wagenhimmel ist mit farblich passendem Tuch bespannt. Die Vordertüren haben verchromte Zuziehgriffe, die hinteren Türen sind dagegen mit Armlehnen versehen. Nur die rechte Fondtür ist mit einem Aschenbecher ausgestattet, der an der Abdeckleiste unter dem Fenster in einer Holzeinkleidung steckt. Eine Sonnenblende mit Cellonscheibe auf der Fahrerseite, ein Innenrückspiegel, die bekannten Haltetaue an den B-Säulen, eine ovale Deckenlampe und das aus dem 170 V bekannte Rollo vor dem Heckfenster komplettieren die Serienausstattung.[15]

Abb. 0670
Das 170 S Cabriolet B präsentiert Walter Gotschke im Verkaufsprospekt von 1949 in edlem Grauton. Ein offener Mercedes-Benz wird 1949 lebhaft begrüßt, denn der 170 V ist seit seiner Neuauflage nur noch als Innenlenker erhältlich.

Abb. 0671
Das 170 S Cabriolet B entspricht unterhalb der Gürtellinie formal und konstruktiv einer (imaginären) zweitürigen Limousine. Das schwere Verdeck wird auf traditionelle Weise mit verchromten Sturmstangen gespannt. Ursprünglich ist vorgesehen gewesen, den Zeiger wie bei der Limousine versenkt hinter der Tür einzubauen (Bild).

Das 170 S Cabriolet B

Das vier- bis fünfsitzige 170 S Cabriolet B besteht eigentlich aus einer zweitürigen 170 S Limousine – theoretisch, weil es eine solche nicht gibt – deren fester Aufbau hinter der Frontscheibe und oberhalb der Gürtellinie fehlt und durch versenkbare Seitenfenster und ein gepolstertes Verdeck ersetzt ist. Die Frontscheibe mitsamt ihrem aus Blech gepressten Rahmen am Vorbau entspricht der Limousinenausführung. Zwischen den in verchromten Profilen eckig eingefassten Seitenscheiben und der Frontscheibe mit ihren gerundeten Übergängen entsteht eine gewisse formale Diskrepanz, die allerdings weniger störend wirkt als seinerzeit bei der ersten Ausführung des 170 V Cabriolet B.

Das 170 S Cabriolet B hat nicht nur einen starken formalen Bezug zum Innenlenker, sondern übernimmt auch die Ganzstahlbauweise der Karosseriestruktur. Durch das fehlende Blechdach mangelt es dieser allerdings an der erforderlichen Steife, weshalb für das Cabriolet B ein verstärkter Rahmen mit kräftiger dimensionierten Ovalrohren nötig ist.

Ursprünglich hat man die Fahrtrichtungsanzeiger wie bei der Limousine versenkt einbauen wollen, nämlich in den Seitenwänden hinter den Türen. Doch schließlich werden sie, wie beim 170 V/D, an der A-Säule unterhalb des Zierstabs aufgesetzt, eine für dieses kostspielige Auto ästhetisch wenig überzeugende Lösung. Die gegenüber der Limousine deutlich längeren Türen öffnen ebenfalls vorn, die Scharniere an der Hinterseite sind jedoch von außen unsichtbar. Obwohl die auf der Höhe der Gürtellinie gekappte B-Säule mit der feststehenden Seitenwand des Fonds eine Einheit bildet, muss sie am Übergang auf die Bodengruppe konsolartig stabilisiert werden, was den Zustieg zur Hintersitzbank leicht beeinträchtigt. Die Seitenscheiben in den Türen sind vollständig versenkbar, die hinteren lediglich bis zur Hälfte. Das schwere mehrlagige Stoffverdeck ist auf einem komplexen Gestänge mit Spriegeln aufgezogen. Im geschlossenen Zustand ist es in traditioneller Art durch die verchromten Sturmstangen gespannt und mitsamt dem schlitzartigen Rückfenster aus Glas zusammenfaltbar. Die Bedienung wird durch Ausgleichsfedern erleichtert, das gefaltete Verdeckpaket durch zwei Schnappverschlüsse zusammengehalten und mit einer Hülle aus Gummistoff umschlossen. Eine vom Armaturenbrett aus schaltbare Deckenleuchte ist in einem der Spriegel eingelassen.

Das Armaturenbrett, das serienmäßig schwarze Dreispeichenlenkrad mit der Winkerschaltung über den drehbaren Signalring und die übrigen Bedienvorrichtungen entsprechen der Limousine. Dies trifft auch auf die Bodenbeläge zu – vorn Gummimatten,

Abb. 0672
Das 170 S Cabriolet B bietet – wie die Limousine – fünf Personen Platz. Das wertige, aus mehreren Lagen bestehende Verdeck ragt in geöffnetem Zustand weit nach hinten. Die Frontscheibe entspricht dem Innenlenker, bildet aber einen weniger störenden Kontrast zu den kantig gerahmten Seitenscheiben, als dies 1936 bei der ersten Cabrio B-Ausführung des 170 V der Fall war.

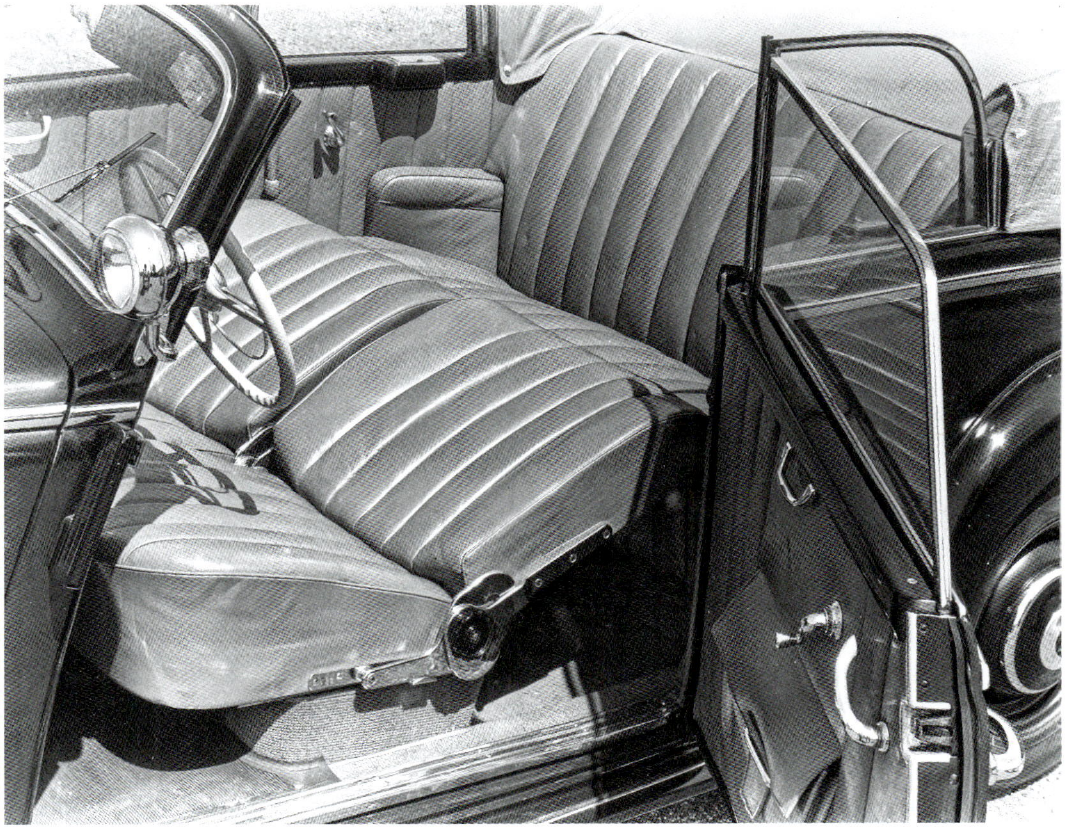

Abb. 0673
Im 170 S Cabriolet B wird für die Polsterung und Auskleidung Leder verwendet, das zunächst *zur Lackierung passend* geliefert wird, also in wechselnder, nicht vom Kunden wählbarer Färbung. Erst ab 1950 können die Ausstattungsfarben den Karosseriefarbtönen fest zugeordnet werden. Optional sind statt Leder qualitätvolle Epinglé-Stoffe erhältlich. Liegesitze kosten Aufpreis. Die Beschläge liefert die Firma Keiper in Remscheid.

hinten Bouclé-Teppich. Beim Innenausschlag und für die Sitzanlage besteht die freie Wahl zwischen einem hochwertigen Epinglé-Stoff oder einem Echtlederbezug. Bei der Leder-Variante sind nicht nur die Sitzbezüge, sondern auch die Tür- und Seitenwandverkleidungen durch senkrechte Pfeifen gegliedert. Die Kartentaschen in den Türen gefallen durch eine gepflegte Aufmachung mit Lederklappe und Schlaufe in einer verchromten Metallspange. Im Fond gibt es je eine seitliche Armlehne, die formal geschickt in die Seitenverkleidung einbezogen ist. Unmittelbar unterhalb der Holzsimse sind die Haltetaue der Fondpassagiere montiert. Serienmäßig ist sowohl die Fahrer- als auch die Beifahrerseite mit einer Sonnenblende versehen. Die Farbpalette der Limousine hat auch für das Cabriolet B Gültigkeit.[16] Hingegen sind die 170 S Cabriolet B, die nach Südamerika exportiert werden, aus klimatischen Überlegungen grundsätzlich mit Stoffpolster (ähnlich den Innenlenkern) sowie mit elfenbeinfarbigem Lenkrad und Schaltknauf versehen.[17]

Abb. 0674
Das 2+2-sitzige 170 S Cabriolet A wird durch langgezogene fließende Linien charakterisiert, die Walter Gotschke für den Verkaufskatalog 1949 entsprechend akzentuiert. Mit einem Verkaufspreis, der zwei Drittel über demjenigen der Limousine liegt, ist das Cabriolet A ein Wagen der Superlative.

Abb. 0675
Am typischen Mercedes-Benz-Gesicht führt nichts vorbei. Beim 170 S Cabriolet A ist es besonders gut gelungen. Vollverchromte Scheinwerfertöpfe und die altbekannten Positionsleuchten auf den Kotflügeln sind Serie (siehe auch Abb. 0676 rechte Seite).

Das 170 S Cabriolet A

Als im Vorstand beschlossen wird, vom 170 S ein Cabriolet A anzubieten, also einen exklusiven offenen Zweisitzer mit nur je einem Seitenfenster, ist allen Entscheidungsträgern klar, wofür dieses Modell zu dienen hat: Als Aushängeschild, als Beweis, dass die Daimler-Benz AG vier Jahre nach Kriegsende in der Lage ist, einen vornehmen Luxus-Pkw in »Serie« zu bauen und anzubieten, einen Traum auf vier Rädern, der ob seiner Eleganz dem Publikum den Kopf verdreht und das Ansehen der Marke Mercedes-Benz ganz oben auf das Podest hebt.

Dass sich dieser Wagen bloß in homöopathischer Dosis verkaufen lässt, braucht keine Erklärung. Aus diesem Grund kommt ein Ganzstahlaufbau nicht in Frage, der Aufwand für all die Presseinrichtungen und -werkzeuge hätte in keinem gesunden Verhältnis zum Verkaufserlös gestanden. Also greift man auf die wohlbekannte, beim 170 V/D immer noch angewandte Gemischtbauweise zurück, die bezüglich der Fertigungsanlagen deutlich geringere Ansprüche stellt. Allerdings gibt es wie beim 170 V kein eigentliches, selbständiges Holzskelett mehr, sondern es ist eher ein Ausfüttern und Aussteifen der Rohkarosserie aus Blech. Am meisten Ähnlichkeit mit der Limousine und dem Cabriolet B hat der Vorbau, wo einige Teile aus der Großserie mitverwendet werden können. Die Bodengruppe, obwohl holzlos, wird aus einer Vielzahl von kleineren Pressteilen aus Blech zusammengeschweißt. Desgleichen der gesamte Hinterwagen ab den B-Säulen, wo jedoch – wie in den Türen – das Holzwerk für die Stabilität des Aufbaus sorgt. Um die Frontscheibensäulen schlank und trotzdem stabil halten zu können, sind diese in Leichtmetall gegossen. Gebaut wird der Cabriolet A-Aufbau manufakturmäßig im sogenannten Einzelwagenbau, der gerade erst wieder installiert worden ist und allmählich in Schwung kommt. Trotz kriegsbedingter Unterbrechung und dem Verlust von erstklassigen Fachkräften ist man im Stande, die handwerklich anspruchsvolle Fertigung aufzuziehen.

Vom 170 S Cabriolet A ist lediglich das motorbestückte Fahrgestell mit der Limousine identisch, blendet man die größeren Ovalrohre seines Rahmens aus und sieht von marginalen Einzelheiten ab. Am Aufbau – zumindest

Abb. 0676
Beim 170 S Cabriolet A steht die Kühlermaske 100 mm weiter vorn, um aus formalen Gründen die Haube zu verlängern. Der Kühler selbst bleibt an alter Stelle. Der 52 PS leistende Motor M 136 III ist mit der Limousine und dem Cabriolet B identisch, desgleichen die Art des Vorbaus mit den beiden deckelverschlossenen Kästen. Im linken sitzt die 6-Volt-Batterie, im rechten das Werkzeug. Auf die Wulste in den Seitenblechen wird verzichtet, was die Eleganz steigert.

an dessen äußerem Kleid – gibt es hingegen keine gemeinsamen Teile mit der Hauptserie. Selbst die Kühlermaske, die zudem rund 100 mm weiter vorn sitzt, weicht ab. Dadurch wird ein Kühlerblock mit vorgesetztem Wasserkasten notwendig, damit auf gewohnte Weise der Kühlflüssigkeitsstand über den Schraubverschluss mit Stern oben auf der Maske kontrolliert werden kann. Nur der vordere Stoßfänger und gewisse Standardteile wie Türdrücker, Positions- und Heckleuchten sind mit dem Innenlenker und dem Cabriolet B austauschbar.

Formal orientiert sich das 170 S Cabriolet A am 13 Jahre älteren A-Cabriolet des 170 V, doch die Linie des neuen Wagens verläuft gestreckter. Geblieben ist die hohe Motorhaube, hingegen fällt das Heck weniger rasch ab, ist leicht rundlicher, ohne dadurch schwerfällig zu wirken. Die elegante, langgezogene Linienführung wird durch die vollständig glatten Seitenbleche der verlängerten Motorhaube und besonders durch die nach alter Schule konvex-konkav geschwungenen Vorderkotflügel unterstrichen, die zäsurlos in ein Trittbrett auslaufen und bis zu den Hinterkotflügeln reichen, die den Schwung aufnehmen und mit einem Bogen die Form des Hecks wiederholen. Die Eleganz wird durch einen wohldosierten Einsatz von Chrom gesteigert, der besonders an dunkel lackierten Wagen zur Geltung kommt. Prägend ist auch hier der seitliche Zierstab, der an der Kühlermaske beginnt und zunächst horizontal verläuft, um sich gegen das Ende der Tür langsam nach unten zu neigen und am Scheitel des Hinterkotflügels endet. Die gestreckte Linienführung wird weiter durch

Abb. 0677 & 0678
Die langgezogenen Vorderkotflügel fließen mit einem Gegenschwung ins Trittbrett über und unterstreichen die elegante Gestaltung des 170 S Cabriolet A. Das Erscheinungsbild ist auch mit geschlossenem Verdeck stimmig, zumal die Frontscheibe perfekt auf die Wagenform abgestimmt ist. Wegen der bescheidenen Stückzahlen entsteht das 170 S Cabriolet A nicht auf dem Fließband, sondern in handwerklicher Fertigung. Mit der traditionellen Holz-Blech-Gemischtbauweise für den Aufbau spart man sich die großen kostspieligen Gesenke, die den Wagen zum Verlustgeschäft gemacht hätten.

Abb. 0679
Eine weitere Exklusivität: Im 170 S Cabriolet A ist das Armaturenbrett mit dem Leder seiner Innenausstattung überzogen. Im Bild eine Exportausführung für Südamerika mit elfenbeinfarbigem Lenkrad und Schaltknauf sowie Sitzflächen in Stoff (vgl. Abb. 0680 rechte Seite). Auch die glattflächige Türverkleidung über dem Kartenfach und die Ledermanschette des Schalthebels sind Merkmale dieses von der Serie abweichenden Exportwagens. Das aufpreispflichtige Radiogerät Becker AR 5065 fügt sich formal gut ins Armaturenbrett ein.

einen Zierstab betont, der zwischen dem vorderen Radausschnitt und dem Hinterkotflügel entlang des unteren Kotflügel- und Trittbrettrands verläuft. Oben auf dem Trittbrett sorgen polierte Aluprofile mit Gummieinlagen für einen dezenten Einstiegsschutz. Ganz wichtig für die edle Erscheinung des Cabriolets ist der mit einem verchromten Blech verkleidete Frontscheibenrahmen. Neben der Kühlermaske in bekannter Formensprache setzen die Scheinwerfer mit verchromten und länger gezogenen Lampentöpfen und die ebenfalls verchromten Positionsleuchten auf den Vorderkotflügeln wichtige Akzente, desgleichen die Stoßfänger mit Hörnern. Der Zwischenraum von der Stoßstange zum Karosseriekörper ist mit einem horizontalen, in Wagenfarbe lackierten Blech verschlossen. Karosseriekeder aus poliertem Aluminium unterstreichen den Anspruch an makellose Details. Das 170 S Cabriolet A gefällt sowohl mit geöffnetem wie mit geschlossenem Verdeck. Letzteres ist selbst-

Abb. 0680
170 S Cabriolet A in einer Südamerika-Export-Ausführung. Die Auskleidung des Wageninnern besteht aus hellem , glattflächigem Leder, die Sitzflächen hingegen aus einem exklusiven, hochwertigen Stoff, der in der prallen Sonne weniger heiß wird als Leder. Hinter den Einzelsesseln gibt es eine Notsitzbank, deren Lehne abgeklappt als Brücke für zusätzliches Gepäck dient. Im Unterschied zum Cabriolet B ist der Fahrtrichtungsanzeiger hinter der Tür in die Karosserie eingetieft.

verständlich gefüttert und verfügt über die traditionellen verchromten Sturmstangen.

Die Armaturentafel ist mit Leder bezogen, ausgenommen das hölzerne Mittelteil, wo häufig ein aufpreispflichtiges Radio eingesetzt ist. Die besonders üppig gepolsterten Sitze sind körpergerecht geformt. Die leicht abgesenkte und eingezogene Mittelpartie an Sitz und Lehne weist Pfeifen auf, die angrenzenden Ober- und Seitenteile haben einen glatten Lederbezug. Die steile Lehne der rückwärtigen Notsitzbank ist abklappbar und dient so als Gepäckauflage. Aufwändig präsentieren sich die Türverkleidungen, die durch eine integrierte Armlehne zweigeteilt sind. Der obere Abschnitt hat vertikale Pfeifen, der untere ist mit glattem Leder bezogen und verfügt über ein klappbares Kartenfach. Die Türen haben das neu entwickelte Zapfenschloss erhalten, werden jedoch durch althergebrachte Lederbänder in ihrem Öffnungswinkel begrenzt, eine Konzession an die Gemischtbauweise. Die mit Edelholz furnierte und (je nach Holzart) hell bis dunkel lackierte Abdeckung über dem Armaturenbrett findet nicht bloß an den Türen und den hinteren Seitenwänden ihre Fortsetzung, sondern begrenzt in einem eleganten Bogen den Innenraum auch über der Lehne des Notsitzes. Die Seitenteile des vorderen Fußraumes sind mit Teppich ausgeschlagen. Doch selbst in diesem vornehmen Fahrzeug bedecken Gummimatten den Boden und den Getriebetunnel. Nur rückseitig, wo kaum jemand mit schmutzigen Straßenschuhen einsteigt, liegt ein Teppich.

Die nach Südamerika exportierten 170 S Cabriolet A werden grundsätzlich nicht mit einer Lederausstattung versehen. Aus klimatischen Gründen gelangt vielmehr ein hochwertiger, diesem kostspieligen Modell angemessener Stoff zum Einsatz, dies selbstverständlich in Kombination mit einem elfenbeinfarbigen Lenkradkranz und einem ebensolchen Schaltknauf.[18]

▷ **Siehe Band II/Seite 43-45**, Tabelle A 16 Technische Daten: 170 S (W 136 IV)

Die Bewährung: Es ist nicht alles Gold was glänzt

Es ist das Bestreben eines jeden Automobilkonzerns, neue Modelle fertigentwickelt und wohlerprobt auf den Markt zu bringen, um die Kundschaft nicht zu enttäuschen und um gewinnmindernde Nachbesserungen auf Werksgarantie zu vermeiden. Aber die Wahrheit sieht oft anders aus. Vor überstürzten oder zumindest verfrühten Markteinführungen ist auch die Daimler-Benz AG nicht gefeit.

Erste Verbesserungen parallel zum Serienanlauf

Im Fall des 170 S ist bereits unmittelbar vor der Marktpräsentation klar, dass an zahlreichen Stellen Handlungsbedarf besteht. Erste kleinere Änderungen werden bereits nach wenigen gefertigten Wagen durchgeführt, weitere folgen rasch. Betroffen ist der ganze Wagen vom Motor bis zu Kleinigkeiten der Innenausstattung. Die zweimonatige Verspätung des eigentlichen Serienanlaufs wegen ausstehender Werkzeuglieferungen kommt für diese Nachbesserungen fast wie gerufen.

Eine der ersten Maßnahmen am 170 S ist das Versetzen der Zündspule vom Motor an die Spritzwand. Nach hundert M 136 III-Maschinen müssen die Hauptlagerschalen und die Riemenscheibe auf der Wasserpumpe verändert werden. Nach weiteren gut hundert Exemplaren wird auf einen behutsam veränderten Zylinderblock mit größer dimensioniertem Ventilkammerausschnitt, zusätzlichen Waschluken und Verstärkungsrippen umgestellt. Im praktischen Fahrbetrieb reißt die Befestigung des Luftfilters am Zylinderkopf, worauf gleich ein neuer Filtertyp der Firma Mann & Hummel mit zwei kräftigen, auf dem Auspuffkrümmer verschraubten Haltern eingeführt wird. Die bisher ausgelieferten Wagen müssen zurückgerufen und ebenfalls mit diesem neuen Filter versehen werden. Als im Juli die Serienfertigung langsam anläuft, werden angesichts der nunmehr schwarzen Instrumentenzifferblätter die beigefarbigen Knöpfe am Armaturenbrett durch optisch besser passende verchromte ersetzt, ebenso der elfenbeinfarbige Schalthebelknauf durch einen schwarz eingefärbten. Bald darauf entfällt die altertümliche Leerlaufverstellung per Drehknopf am Armaturenbrett. Die Verschraubung des zentralen Motorhaubenscharniers muss verstärkt werden. Die Auspuffanlage erhält anstelle des breiten und kurzen Hauptschalldämpfers einen langen schlanken Topf, der in der Mitte eine Einbuchtung für das dritte Rahmenquerrohr aufweist. Für eine geringere Aufheizung des Innenraums durch die Abgase sorgen ein Abschirmblech über der Auspuffleitung am Wagenboden und ein weiteres im Motorraum an der Spritzwand. Im Spätherbst erhält der Endschalldämpfer durch einen ovalen Querschnitt ein üppigeres Volumen. Schließlich wird das Überdruckventil im Kühler durch ein im Schraubverschluss integriertes Plattenventil abgelöst. Nicht alle diese Eingriffe erfolgen aufgrund technischer Unzulänglichkeiten. So verhilft die mit einem zweiten Tellerhorn zur Zweiklanganlage er-

Abb. 0681
Als im Juli 1949 die Serienfertigung des 170 S anläuft, zeigen die Instrumente des Armaturenbrettes schwarze statt elfenbeinfarbige Zifferblätter, verchromte Knöpfe und einen schwarzen Schaltknauf auf dem weniger schwungvoll gebogenen Schalthebel (vgl. Abb. 0668). Scheibenwischerschalter und Zigarettenanzünder sind nun beiderseits des Aschenbechers eingebaut. Eine Sonnenblende gibt es nur fahrerseitig. Wie im 170 V wird der Anlasser mit einem Fußstößel eingerückt und aktiviert. Einzig der Cordstoff von Polsterung und Innenausschlag entspricht hier noch nicht der Serienversion.

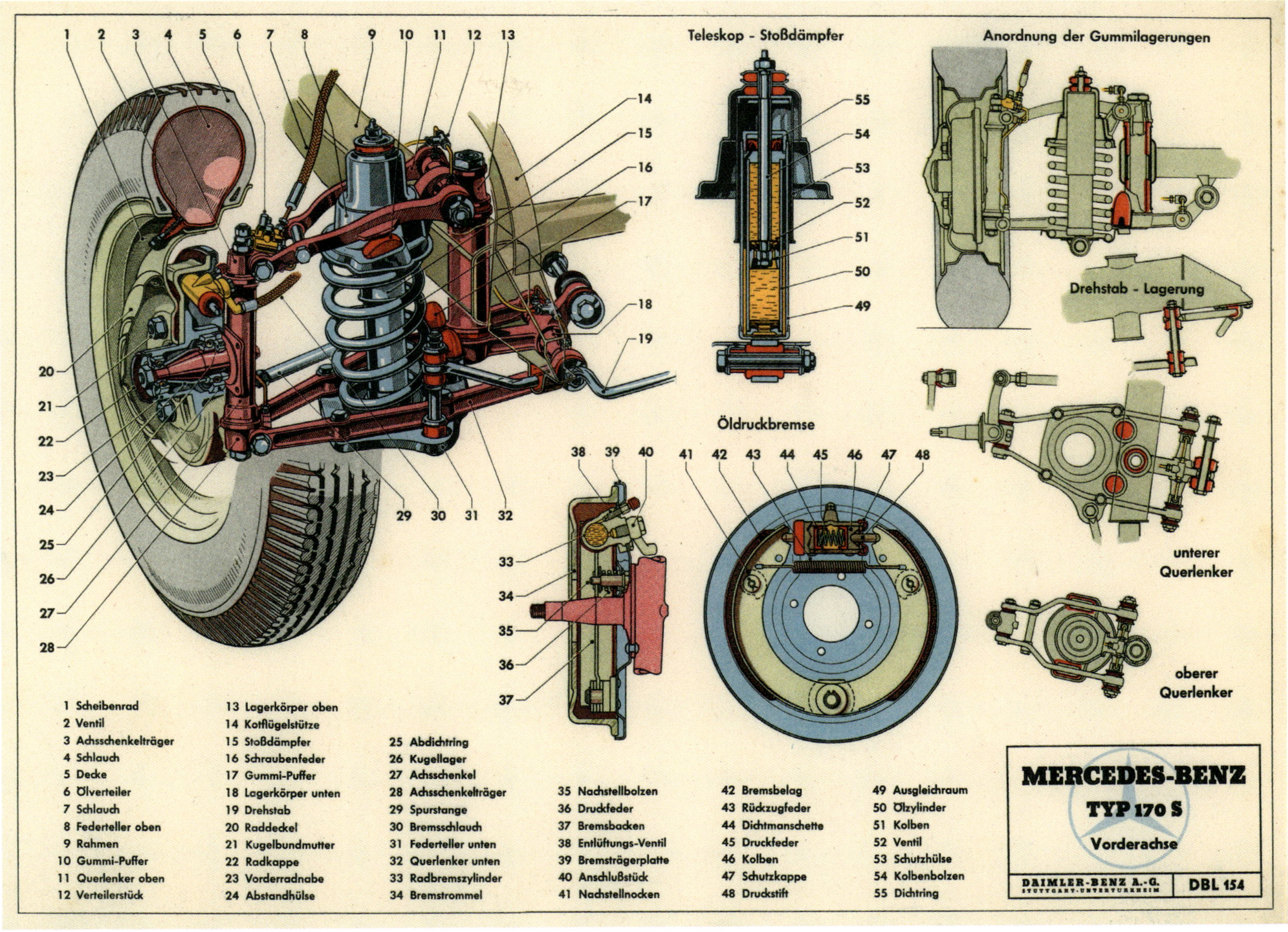

Abb. 0682
Schautafel der Vorderachse und Bremse des 170 S. Eine Vorderradaufhängung an zwei ungleich langen Dreiecksquerlenkern mit integrierter Schraubenfeder hat es bei Mercedes-Benz bisher nur in Rennwagen und in den hochexklusiven Sporttypen 380 (W 22) sowie 500 K und 540 K (W 29) gegeben. Dass diese überlegene Fahrwerksdisposition nun auch für den Gebrauchswagen 170 S gewählt worden ist, verdankt man einem Vorstoß von Versuchsingenieur Rudolf Uhlenhaut.

gänzte Signaleinrichtung dem Wagen zu einer größeren akustischen Präsenz im Straßenverkehr. Und die Aufteilung des bisherigen Getriebegehäuses in einen gusseisernen Getriebekasten und in eine separate Kupplungsglocke aus Leichtmetallguss ist fabrikationstechnisch begründet.[19]

Guter Start mit vielen »Aber«

Auf der Sitzung vom 13. September 1949 nimmt der Vorstand dankbar zur Kenntnis, dass der 170 S in der Käuferschaft eine gute Resonanz gefunden hat. Bereits Ende Juni, also unmittelbar vor dem eigentlichen Serienanlauf, stellt der 170 S mit 51% knapp die Mehrheit aller bestellten Mercedes-Benz-Pkw; die verbleibenden 49% teilen sich der 170 V und 170 D. Allerdings sei der Wagen immer noch nicht fertig, bemängelt Konzernchef Haspel, und betont, diese Feinarbeiten müssten jetzt endlich und umgehend erledigt werden, wenn der gute Start nicht leiden soll. Die Niederlassungen mit ihren Werkstätten kritisieren beispielsweise die mangelhafte Motoreinstellung, die Passgenauigkeit der Motorhaube, die Ersatzradbefestigung und die unzureichende Rostsicherung im Bereich des Winkerschachts in der B-Säule. Chefredaktor Braunschweig von der »Automobil Revue« in Bern sei vom 170 S sehr begeistert, schwärmt dagegen Nallinger. *Umso mehr verdient dieser Wagen unsere besondere Aufmerksamkeit!*, entgegnet Haspel.[20]

Als das Jahr 1949 zu Ende geht, haben rund 3 400 Wagen des Typs 170 S das Werk Untertürkheim verlassen. Eine stattliche Anzahl, wenn man bedenkt, dass die Serienfertigung erst im Juli richtig angelaufen und im

Abb. 0683 & 0684
Im Frühjahr 1950 wird erwogen, den 170 S auf Wunsch mit einem Ersatzrad im Kofferraumdeckel anzubieten, wie beim 170 V/D. Vorteil: Das deutlich vergrößerte Volumen des Kofferraums. Nachteil: Der durch das Ersatzrad schwer gewordene, nach oben öffnende Deckel verlangt nach aufwändigen Feder-Knickstützen. Das Vorhaben wird zugunsten der sogenannten Ersatzradspinne aufgegeben (siehe Abb. 0685 rechte Seite).

Herbst allmählich hochgefahren worden ist. Mit lediglich 39 ausgelieferten Fahrzeugen bleiben die Cabriolet A und B bislang echte Exoten.[21]

Sinnvolle Optimierungen

Im Jahr 1950 geht der Reigen der Optimierungen unvermindert weiter. Ein echter Fortschritt ist die Verlegung des Scheibenwischer-Antriebsgestänges unmittelbar vor die Spritzwand. Der Bauaufwand erhöht sich zwar durch die beiden Winkelgetriebe, im Reparaturfall danken es jedoch die Automechaniker und damit die Kunden. Der rissanfällige und fummelige Bowdenzug des Motorhaubenschlosses wird von einem robusten Gestänge abgelöst. Weil der Wechsel auf die längst vorgesehene Hypoidhinterachse wegen der ausstehenden Fertigungsmaschinen aus den USA noch nicht vollzogen werden kann, entschließt man sich, die bisherige Achse ein weiteres Mal zu verbessern und einen ruhigeren Lauf herbeizuführen, indem die Kegelräder des Ausgleichsgetriebes nun über zehn statt wie bislang neun Zähne verfügen. Die Schraubenfederbelastung der Hinterachse wird für die Limousine und das Cabriolet A von bislang 785 kg auf ein Maximum von 806 kg erhöht. Die für den Rahmen des Cabriolet A verwendeten Ovalrohre erweisen sich als zu schwach dimensioniert und müssen im Querschnitt auf 82 × 155 mm erweitert werden. Die Kraftstoffanlage wird

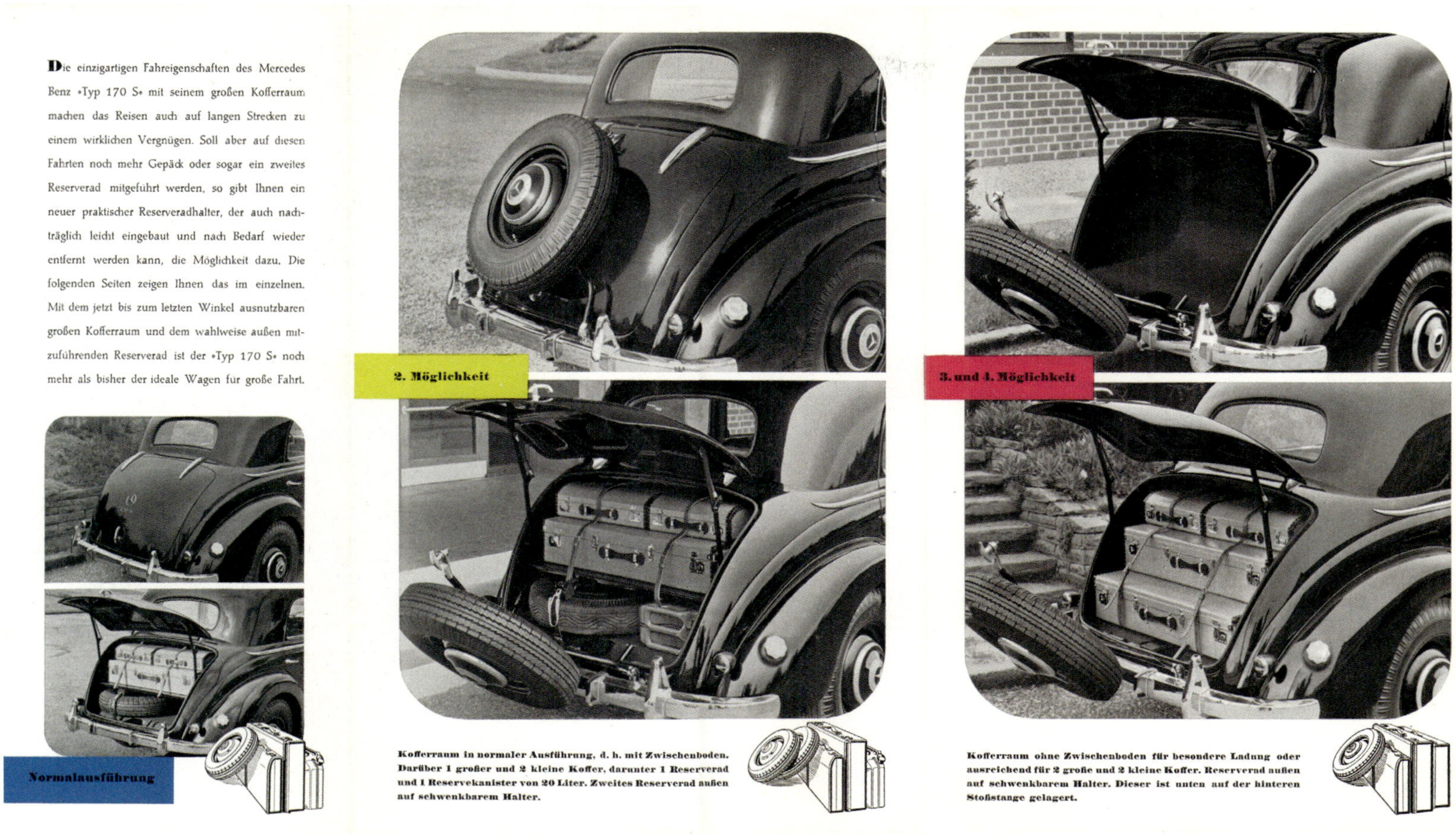

Abb. 0685
Prospekt, der für die »Ersatzradspinne« wirbt und die verschiedenen Anwendungen und die Handhabung zeigt. Diese Halterung erlaubt das Mitführen des regulären oder eines zweiten Ersatzrads auf dem Kofferraumdeckel. Nachteil: Vor dem Öffnen des Kofferraums muss zuerst die Spinne mit dem Ersatzrad heruntergeklappt werden.

durch den Einbau eines zusätzlichen Feinfilters optimiert, der im Motorraum nach dem Umschalthahn angeordnet ist. Und um die nach wie vor kritisierte Bremsleistung zu verbessern, wird gegen Ende des Jahres auf verstärkte Bremsbacken umgestellt. Diese sind zwar nach wie vor aus Flachstahl geschweißt, doch der Flansch besteht aus deutlich dickerem Material. Im bald folgenden Frühjahr 1951 ersetzen Bremstrommeln aus Perlitguss die bisherigen aus Temperguss.

Die Veränderungen am Aufbau bleiben bescheidener. Im Frühjahr 1950 erhalten beide Fondtüren einen Aschenbecher. Im Sommer wird erstmals die Rückenlehne der Fondsitzbank korrigiert und ab Herbst lassen sich die Handschuhfachdeckel der Cabriolet-Aufbauten mit Schlüssel verriegeln. Kurz nach der Jahreswende 1950/51 folgt auf das bisherige Zapfenschloss mit eckigem Kasten ein weiterentwickeltes in runder Ausführung, das hausintern »Bolzenschloss« genannt wird und sich ausgezeichnet bewährt.[22]

Dauerthema: Die Lage des Ersatzrades

Im Frühling 1950 flammt die Diskussion um die Lage des Ersatzrades erneut auf. Ende März will Wilhelm Haspel umgehend geprüft haben, ob beim 170 S auf Wunsch ein Kofferdeckel mit Mulde für ein Ersatzrad angeboten werden könnte, so wie man dies 1938 vorgesehen hat. Er will insbesondere wissen, ob sich durch das höher oben und weiter hinten positionierte Rad das Fahrverhalten verschlechtere. Nallinger zeigt sich überrascht und entgegnet, dass eine Mulde im Deckel mit dem im Kofferraum liegend untergebrachten ersten Ersatzrad kollidiere. Dem Vorstand sei doch bereits ein Halter für ein zweites Ersatzrad außen auf dem Deckel präsentiert worden. Haspel präzisiert, es gehe ihm nicht um ein zweites Ersatzrad, sondern grundsätzlich um die Verlegung des Ersatzrads in den Deckel, um ein größeres Kofferraumvolumen zu erreichen.[23]

Ein diesbezüglicher Prototyp wird im Sommer geprüft. Für eine zumutbare Handhabung verlangt der durch das Ersatzrad schwer gewordene Deckel beidseitig je eine massiver als bisher ausgebildete, knickbare Stütze mit kräftiger Zugfeder. Das Ersatzrad im Deckel wird daraufhin verworfen und stattdessen ab Mitte August 1950 die von Nallinger erwähnte sogenannte Reserveradspinne als Zubehör zum Preis von 248 DM angeboten. Das verchromte dreiarmige Metallgestell ist unten an den Stoßstangenträgern schwenkbar gelagert und oben am Deckel durch ein Gegenstück mit Drehverschluss fixiert. Am dreieckigen Mittelstück ist das Ersatzrad an den drei Bolzen festgeschraubt. Es scheint, ästhetisch wenig ansprechend, wie losgelöst am Deckel zu schweben. Zum Öffnen des Kofferraums ist die Spinne ein Hindernis, da sie zuerst am Deckel gelöst und mitsamt dem Rad nach hinten unten geschwenkt werden muss, bevor sich der Kofferdeckel nach oben öffnen lässt. Trotz dieser umständlichen Handhabung findet die Ersatzradspinne eine beachtliche Schar von Abnehmern.

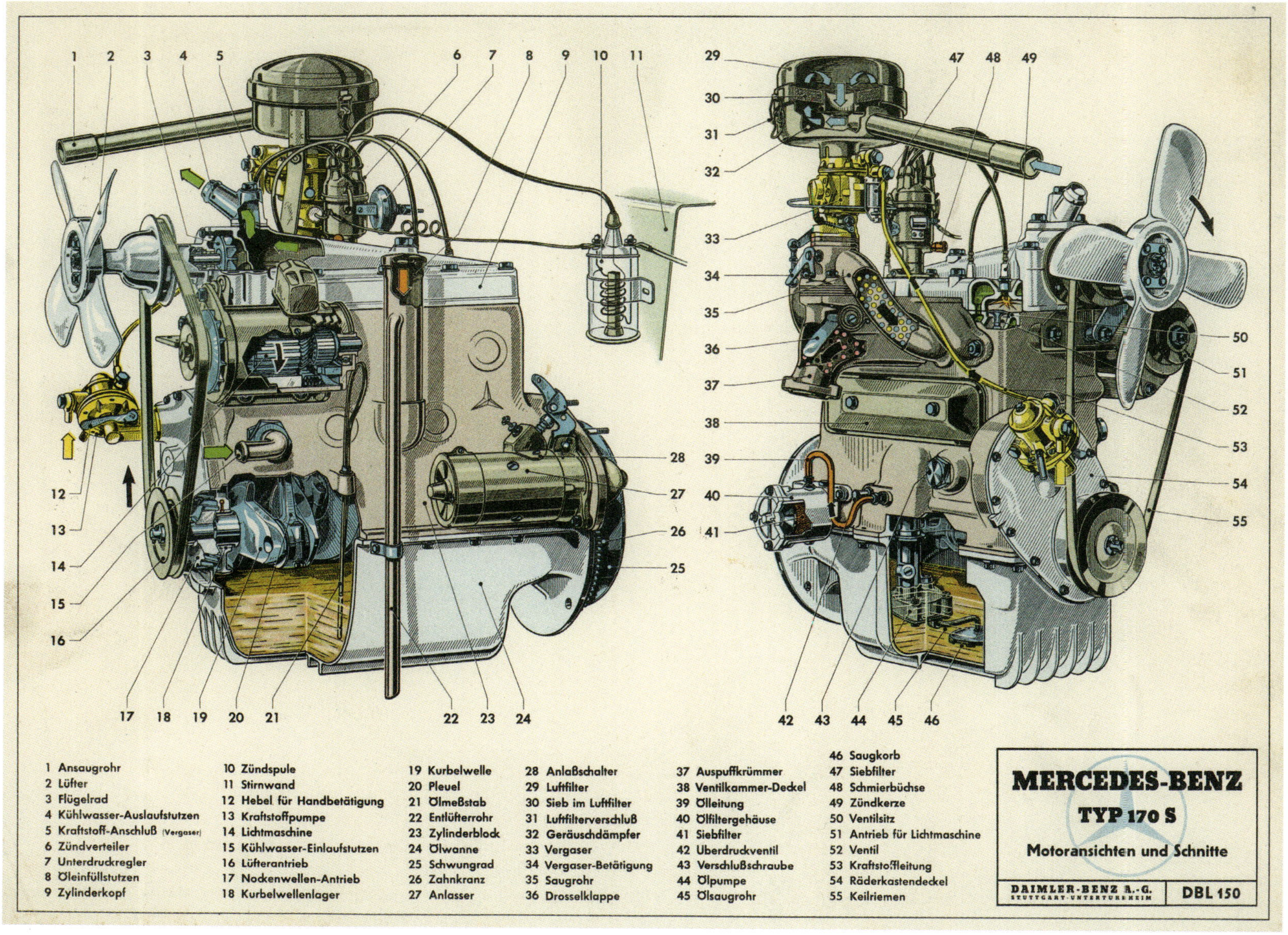

Abb. 0686
Schautafel des Motors M 136 III im 170 S. Das Triebwerk ist und bleibt der kritische Teil des sonst wohlgelungenen 170 S. Mit einer Hubraumerweiterung um 70 cm³ auf nun 1 767 cm³, einem Fallstromvergaser und einer strömungsgünstigen Ansaugbrücke verlangt man dem alten, aus dem 170 V stammenden seitengesteuerten M 136 beachtliche 14 PS mehr ab (neu 52 PS). Doch es braucht über einen längeren Zeitraum viele innermotorische Maßnahmen, um die Haltbarkeit auf den von Mercedes-Benz gewohnten Stand zu heben.

Der Motor – das große 170 S-Problem

Gut 14 700 Käufer haben sich bis Ende 1950 für diese gehobene Limousine entschieden. Hinzu kommen fast 1 700 Cabriolet-Modelle, die bereits in der Ober- oder gar Luxus-Liga spielen. Der 170 S findet insbesondere auf zahlreichen Exportmärkten in all seinen drei Modellvarianten großen Anklang, rund die Hälfte der Produktion geht ins Ausland. Dass der gute Erfolg nicht zulasten der beiden hauptsächlich in der Bundesrepublik abgesetzten Einstiegsmodelle 170 V und 170 D geht (rund 17 500 gefertigte Wagen im Jahr 1950),[24] ist bemerkenswert, bestätigt die seinerzeitige Prognose des Vorstandsvorsitzenden Wilhelm Haspel und ist Ausdruck des einsetzenden wirtschaftlichen Aufschwungs.

Vorzeitiger Verschleiß und kapitale Motorschäden

Dank der in kleinen Schritten umgesetzten Modellpflege verbessert sich im Laufe des Jahres die Qualität des 170 S weiter. Doch wo Licht ist, ist auch Schatten. Und der Schatten heißt in diesem Fall M 136 III. Als Antriebsquelle für den 170 S steht 1948/49 kein anderer Motor zur Disposition als der simple 1,7-Liter-Vierzylinder mit stehenden Ventilen, der seit 1936 im 170 V Dienst tut. Bereits Ende 1949 hat Technikvorstand Nallinger darauf hingewiesen, dass der 170 V-Motor (M 136 I) fertigungsmäßig überholt und deshalb zu teuer geworden sei und bald durch ein neues Triebwerk ersetzt werden müsse. Zwar ist es durch gezielte Maßnahmen gelungen, dem Aggregat 52 PS zu entlocken, auch hat man bei der Markteinführung des 170 S geglaubt, die Halt-

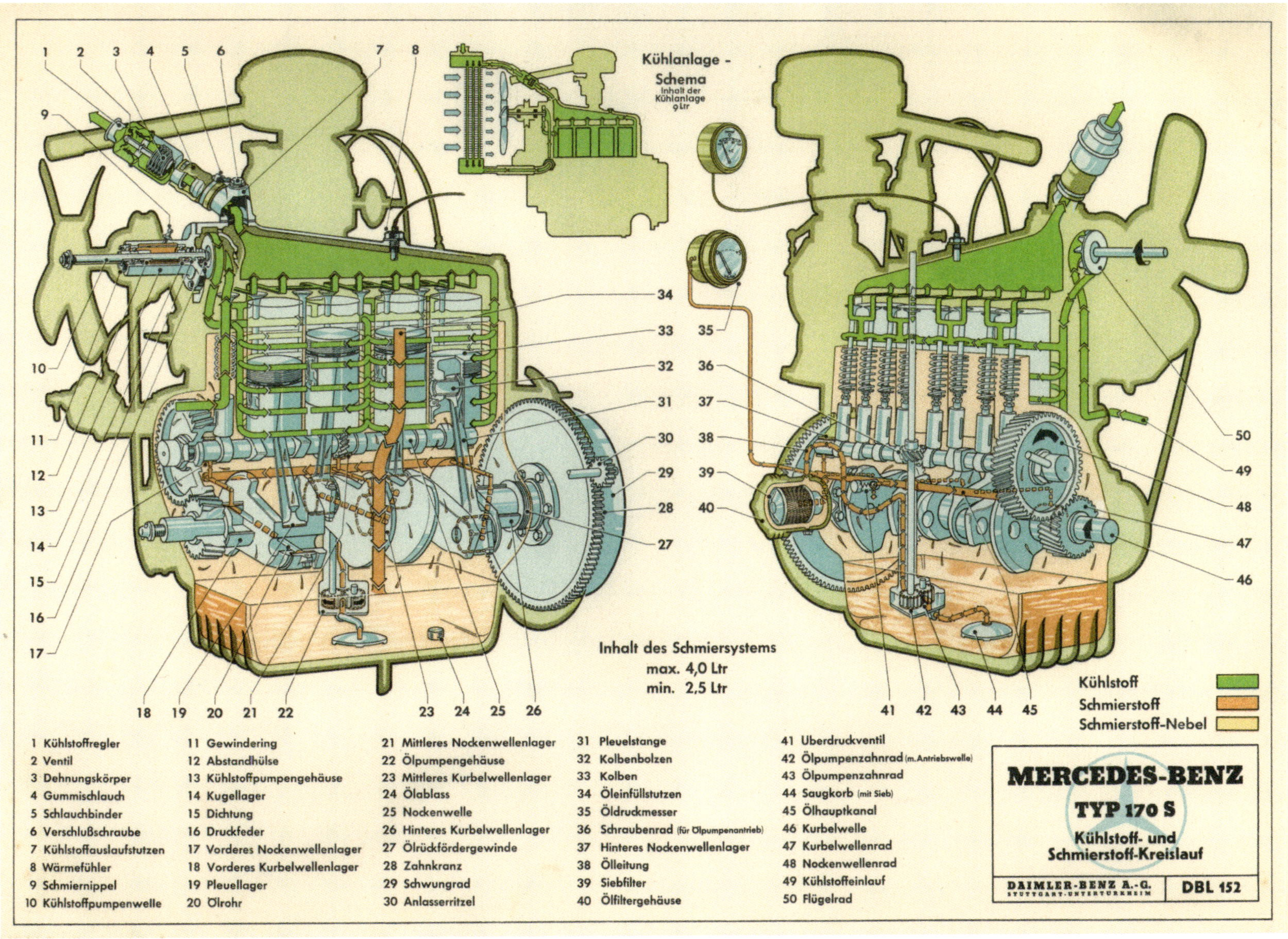

barkeit dieses leistungsgesteigerten Motors in den Griff zu bekommen. Doch dem ist nicht so: Bald häufen sich die Ausfälle. Immer wieder verursachen die Lagerung der Nockenwelle und deren Antrieb Probleme. Das Resitex-Rad und das in Grauguss hergestellte Kurbelwellenrad zeigen einen raschen und starken Verschleiß und brechen zuweilen entzwei. Viele 170 S-Motoren fallen bereits nach wenigen tausend Kilometern durch einen hohen Ölverbrauch auf. Beanstandet wird oft ein rauer Lauf nach 30 000 km oder früher. Zahlreiche 170 S haben bereits 1950 den zweiten oder dritten Motor eingebaut bekommen. Bis im Mai 1951 werden werksseitig ungefähr 1 500 S-Motoren getauscht, Generalüberholungen außerhalb der Markenvertretungen nicht eingerechnet. Die Wahrscheinlichkeit, mit einem 170 S einen kapitalen Motorschaden zu erleiden ist mehr als sechs Mal höher als mit einem 170 V.[25] Für die Totalausfälle der 170 S-Maschinen werden hauptsächlich Lager- bzw. Schmierprobleme verantwortlich gemacht. Die Situation hat im Laufe des Jahres 1950 bedenkliche Ausmaße angenommen und beginnt das bislang gute Renommee des 170 S zu schädigen. Doch ein etwaiger Produktionsstart der unterdessen in Entwicklung begriffenen 1,7 Liter großen OHC-Vierzylindermaschine M 120 liegt in so weiter Ferne, dass ein Wechsel auf diesen modernen Motor für den 170 S nicht in Frage kommen kann.[26]

Hauptursache: verbogene Pleuel

Der für die Fertigung verantwortliche Vorstand Karl Christian Müller glaubt im neuen Ölfilter, der nun im Hauptstrom liegt und 1949 eingeführt worden ist, das Übel erkannt zu haben. Er fordert den Verzicht auf jegliche Ölfilterung, dringt damit aber nicht durch. Eine auffällige Häufung von Schadensfällen durch gerissenen Schmierfilm stellt man bei der Verwendung des Motorenöls Shell X 100 fest, das im Mai 1951 nach längerem Zögern für den M 136 III

Abb. 0687
Schautafel des Kühl- und Schmierstoff-Kreislaufs im Motors M 136 III. Während die Motorkühlung wenig Probleme macht, leidet der 170 S-Motor anfänglich unter hohem Ölverbrauch. Die vielen Motorschäden sind aber nicht auf eine ungenügende Schmierung zurückzuführen, sondern auf zu schwach dimensionierte und sich verformende Pleuel.

Abb. 0688
Der Motor M 136 III in der 170 S Limousine. Ab Mitte 1951 gesundet das 170 S-Triebwerk rasch und nachhaltig. An älteren Maschinen lassen sich bei einer Revision die unterdessen getroffenen Maßnahmen nachrüsten.

und Motorenprojekte unter starkem Zeitdruck. Doch für diesmal sieht Haspel zu schwarz, die optimierten 170 S-Motoren halten der harten und langen Belastung auf den Motorprüfständen stand.[31] Ende 1951 darf man erleichtert feststellen, dass die Beanstandungen stark rückläufig sind. Die großen Anstrengungen der Konstrukteure, der Entwicklungsingenieure, der Fertigungsfachleute und schließlich der Arbeiter in der Motorenproduktion haben sich ausbezahlt.

untersagt,[27] bald aber wieder zugelassen wird. Wochen zuvor beginnt sich die Auffassung durchzusetzen, dass die im 170 S-Motor verwendeten Bleibronzelager empfindlicher auf Ungenauigkeiten in der Fertigung reagieren als die weicheren Weißmetall-Lagerschalen in der weniger belasteten 170 V-Maschine, weshalb dort kaum Schmierprobleme auftreten. Die Verantwortlichen in der Motorenfertigung reagieren mit knapperen Fertigungstoleranzen. Das wahre Übel liegt indessen anderswo: Erst gegen Mitte 1951 erkennt man, dass die Pleuelstangen nicht steif genug sind und sich deshalb in besonderen Fällen verbiegen; dies verursacht die Lagerprobleme. Abhilfe folgt umgehend: Eine leichte Formkorrektur macht sie deutlich steifer. Begleitet wird diese Maßnahme von einer Optimierung der Schmierölführung in den Lagern. Beides zusammen ist der Schlüssel zu einer nachhaltigen Gesundung des Motors. Ab November 1951 greift man für den S-Motor auf Kurbelwellen-Lagerschalen aus Weißmetall zurück.[28]

Der M 136 III leidet indessen an weiteren Unzulänglichkeiten, die jedoch in der zweiten Hälfte 1951 nach und nach behoben werden können. Verbesserte Ventilführungen und Auslassventile mit gepanzertem Sitz verhindern ein Verbrennen und die stellitierten Schäfte ein Verkrümmen und Festgehen durch starke einseitige Aufheizung. Der Ausgleichsnocken, der gegen einen federbelasteten Stößel in einer Führung drückt und den Ventiltrieb beruhigen soll, hat sich als wirkungslos erwiesen und ist bereits im frühen Frühjahr 1950 – ab Motor Nr. 06423 – aufgegeben worden. Die seitliche Öffnung im Kurbelgehäuse verschließt man mit einem Schraubdeckel, bevor ab Juni bzw. Motor Nr. 13801 wiederum Blöcke ohne diese Öffnung verfügbar sind.[29] Etwas länger dauert es, bis die vor geraumer Zeit durchgeführten Versuche, den M 136 III auf einen Nockenwellenantrieb mit Kette umzubauen, wieder aufgenommen werden. Der seit November 1951 in der Versuchsabteilung erprobte kettengesteuerte *170 S-Motor läuft wie ein Uhrwerk* [...] *und ist in Bezug auf die Laufruhe nicht mehr zu erkennen,* informiert Nallinger Anfang Dezember seine Vorstandskollegen.[30] Diese konstruktive Umstellung ist zeitlich absehbar.

Noch Mitte Oktober 1951 zweifelt Firmenchef Haspel am Erfolg der durchgeführten Verbesserungen. Aufgrund der drängenden Tagesgeschäfte sei der Motor nie systematisch durchkontrolliert worden, stellt er fest, sondern immer nur punktuell verbessert, dort, wo sich gerade wieder die größten Schwierigkeiten manifestiert hätten. Haspel ist sich durchaus bewusst, dass er an diesem Umstand mitschuldig ist, stehen doch sämtliche dafür zuständigen Abteilungen in Untertürkheim durch die Vielzahl der neuen Fahrzeug-

Der 170 S wird intern bedrängt: Weiterbauen oder fallenlassen?

Der 170 S findet Anklang. Die Käuferschaft akzeptiert die Positionierung in einer höheren Liga, obwohl das neue Modell mit dem bisherigen, wenngleich leistungsgesteigerten Vierzylindertriebwerk M 136 und knappen 1,8 Liter Hubraum vorliebnehmen muss. Gemeinhin betrachtet man den 170 S als Nachfolger der ehemaligen Sechszylinder-Mittelklassetypen 230 der Baureihen W 143 und W 153. Dass mit dem eher schmalbrüstig motorisierten 170 S hohe Durchschnittsgeschwindigkeiten zu erreichen sind, stellt 1950 Karl Kling bei der ADAC-6-Stundenfahrt auf dem Nürburgring unter Beweis. Er nimmt dem vom Rennfahrerkollegen Toni Ulmen pilotierten Opel Kapitän pro Runde fast zwei Sekunden ab, ein Verdienst der hochentwickelten Straßenlage.[32]

Trotz des schönen Erfolgs, den der 170 S ungeachtet der allmählich ruchbar gewordenen Motorenproblematik an der Verkaufsfront verzeichnet, wird seine Weiterexistenz im Vorstand mehrfach hinterfragt. Bereits im Februar 1949 – der 170 S befindet sich noch in der Endentwicklung – ist die Rede von einer Variante mit Sechszylindermotor.[33] Angesichts des hervorragenden Fahrwerks, das noch Reserven enthält, dürfte eine leistungsgesteigerte Version des 170 S bald ein inniger Wunsch der

Käuferschaft sein, gibt man sich im Vorstand überzeugt. Ob ein solcher Sechszylinder den Ursprungs-170 S kannibalisieren würde, ist eine offene Frage.[34] Der geplante »Über-170 S« der Baureihe W 187 und der Verkaufsbezeichnung 220 soll den neuen und topmodernen 2,2 Liter großen Reihen-Sechszylindermotor mit obenliegender Nockenwelle erhalten, dessen Entwicklung ab Mai 1950 stark vorangetrieben wird.[35] Im darauffolgenden Herbst fällt die Entscheidung, dieses zusätzliche Modell zu bauen. Erneut wird die Frage diskutiert, ob es sinnvoll sei, den 170 S und den 220 parallel anzubieten oder ob man nicht den 170 S zugunsten des Sechszylinderwagens aufgeben müsste. Die Antwort bleibt offen und wird vom Verkaufserfolg des 220 abhängig gemacht.[36] Dieser Mercedes-Benz 220 (W 187) wird im April 1951 zusammen mit dem Luxus-Typ 300 (W 186) mit Stolz auf der Internationalen Automobil-Ausstellung (IAA) in Frankfurt am Main präsentiert und verkauft sich in der Folge gut. Dennoch erweist sich der Mehrpreis von 1 800 DM als echtes Handicap.[37] Billiger geht nicht, will man mit dem Ertrag nicht unter das Ergebnis des 170 S rutschen.

Limousine bleibt im Programm, Cabriolets werden gestrichen

1951 erzielt der 170 S ein Total von gut 11 000 gefertigten Wagen. Zählt man die rund 3 800 Stück des neuen Typs 220 hinzu, bleibt man mit knapp 15 000 Einheiten rund 1 500 Wagen unter dem 170 S-Ergebnis von 1950. Im gleichen Jahr 1951 erreicht das antiquierte Modellpaar 170 V/170 D einen sagenhaften Ausstoß von über 27 000 Exemplaren (+ 56% gegenüber 1950). Dies veranschaulicht die Bedeutung eines preiswerten Einstiegsmodells und lässt darüber hinaus erkennen, dass einstweilen auch auf die 170 S-Limousine nicht verzichtet werden kann. Allerdings wird beschlossen, die beiden 170 S-Cabriolet-Versionen nur noch dann weiterzubauen, wenn dies der Exportmarkt explizit wünscht.[38] Zu Recht gibt man sich im Vorstand überzeugt, dass die Cabriolets A und B des Typs 220 die schwächer motorisierten offenen 170 S-Modelle verdrängen würden. So kommt es denn auch, die Fertigung des 170 S Cabriolet A wird bereits im November 1951 eingestellt. Die noch eingeschriebenen 170 S Cabriolet B werden hingegen fertiggebaut, da sonst das vorhandene modellspezifische Material weggeworfen werden müsste. Den Produktionsschluss terminiert man auf den 1. April 1952.[39]

Abb. 0689
Werk Sindelfingen, um 1951. Eine große Anzahl 170 S Limousinen, alle in hellgrauer Lackierung, wird zur Auslieferung auf die Bundesbahn verladen. Obwohl sich der Wagen sehr gut verkauft, wird seine Weiterproduktion durch die kommende Sechszylinderversion 220 (W 187) in Frage gestellt.

10.2 Aufgefrischt und erweitert: 170 Sb und 170 DS

Eine umfassende Modellpflege führt Anfang 1952 zum 170 Sb mit bequemer Lenkradschaltung, geräuscharmer Hypoidhinterachse, laufruhigem Motor mit Kettensteuerung, größerer Beinfreiheit im Fond und weiteren Verbesserungen. Zum einen wird auf diese Weise der angejahrte 170 S perfektioniert, zum andern erleidet er durch die gleichzeitige Einführung einer Variante mit Dieselmotor – dem 170 DS – einen Prestigedämpfer. Der Verkauf läuft schleppend, die Ablösung kommt im Herbst 1953 mit dem Typ 180 in Pontonform.

Über eine behutsame Aktualisierung des 170 S denkt man in der Untertürkheimer Zentrale sehr früh nach – und durchaus parallel zum Szenario, die Laufzeit dieses Typs vorzeitig zu beenden. Zunächst verzögert jedoch die Behebung der zahlreichen kleineren, größeren und großen Mängel die Modernisierungsabsicht, später liegen die Prioritäten innerhalb der Pkw-Entwicklung anderswo. Beim Gedanken, den 170 S aufzufrischen, steht der Wunsch nach einer Lenkradschaltung an vorderster Stelle. Eine solche wird bereits 1949 diskutiert und im Mai 1950 beschlossen, die Einführung dann aber mehrfach verschoben.[40] Ein Schalthebel am Lenkrad bleibt vorerst den neuen Typen 220 und 300 vorbehalten, die Ende April 1951 auf der IAA in Frankfurt (Main) stehen. Analog verfährt man mit der neu entwickelten, ruhig laufenden Hypoidhinterachse und der Anlasserbetätigung per Druckknopf am Armaturenbrett.

Die Überlegung, einen 170 S mit Dieselmotor anzubieten, geht noch weiter zurück. Als in der Vorstandssitzung vom 22. Juni 1948 das Thema Dieselmotor im Pkw diskutiert wird, dem nun auch Firmenchef Haspel nicht mehr abgeneigt ist, geht Technikvorstand Nallinger wie selbstverständlich von der Version W 136 III aus, also einem Dieselwagen mit der neuen Karosserie, der dem Kunden durch die günstigeren Betriebskosten einen Teil des höheren Verkaufspreises hereinspielen könnte. In den ersten Wochen des Jahres 1949 entschließt man sich jedoch, den Dieselmotor im alten 170 V (W 136 I) einzuführen und ändert die eingeschriebenen 25 Vorserienfahrzeuge W 136 IV mit Dieselmotor in Benziner um.[41] Mehr als anderthalb Jahre später, im Oktober 1950, schlägt der Sindelfinger Werksdirektor Langheck vor, einen 170 Diesel mit S-Karosserie auf dem 170 Da-Fahrgestell zu bauen. Haspel schließt diese Möglichkeit nicht aus, wenn man gleichzeitig den 170 S verbilligen und infolge dessen den alten 170 V/D aus dem Programm kippen könnte.[42] Selbst wenn der 170 S auf dem bisherigen Ausstattungsstand belassen würde, wäre ein 170 Diesel mit abgemagerter S-Karosserie und dem Ersatzrad in einer Mulde im Kofferdeckel sinnvoll, argumentiert er drei Wochen später und lässt diese Modellvariante durchkalkulieren.[43]

Abb. 0690
Versuchsfahrgestell des W 136 IV mit Lenkervorderachse, versehen mit dem Dieselmotor OM 636, 1948. Als Mitte 1949 der W 136 IV nicht als Nachfolger des 170 V in Produktion geht, sondern als höher positioniertes, zusätzliches Modell 170 S, hat man den Dieselmotor gestrichen und bietet ihn stattdessen im weitergebauten 170 V an.

Abb. 0691
Hier wird ein 170 S auf ein Schiff verladen. Die Stoßstangen sind mit Papier eingewickelt, um die empfindliche Verchromung vor Remplern zu schützen. Das S-Modell ist auch im Export erfolgreich und soll nun – gemäß Beschluss im Frühjahr 1951 – weitergebaut und aktualisiert werden.

Den 170 S verbessern oder verbilligen? Wenn möglich beides

Die Zeit rast und ist mit vordringlicheren Fragen mehr als ausgefüllt. Am 5. April 1951, anderthalb Wochen vor Eröffnung der Frankfurter Ausstellung, wo die neuen Typen 220 (W 187) und 300 (W 186) der Öffentlichkeit vorgestellt werden sollen, hat der Vorstand endlich den Kopf frei, um sich der Zukunft des 170 S anzunehmen. Dessen Weiterproduktion und Überarbeitung ist zu diesem Zeitpunkt beschlossene Sache. Haspel legt die Einführung des aktualisierten Modells auf den Januar 1952 fest. Dieses soll nach seiner Auffassung die Lenkradschaltung des 220, eine verbilligte Karosserie mit Kunstharzlackierung, in die Kotflügel eingelassene Scheinwerfer und eine kostengünstigere Ausstattung erhalten. Nallinger ergänzt und präzisiert aus seiner Sicht das Sparpotential: Heckfenster vollständig in einem Gummiprofil eingeglast (analog 170 Va/Da), Verzicht auf das dortige Rollo, Kofferdeckel mit verdeckten (innenliegenden) Scharnieren, einfachere Türschlösser, billigere Polsterstoffe, keine hinteren Aschenbecher, kein Zwischenboden im Kofferraum und eine Batterie von lediglich 62,5 Ah Kapazität statt der bisherigen von 75 Ah. Haspel strebt zwar eine größere Distanz zum sechszylindrigen 220 an, doch angesichts der Bedeutung des 170 S im Export gehen ihm einige von Nallingers Sparvorschlägen zu weit.

Programmerweiterung mit einem Diesel-S – und endlich ein Rechtslenker

In derselben Vorstandssitzung trägt Generaldirektor Haspel vor, nunmehr auch im 170 S den Dieselmotor anzubieten, und zwar mit dem alten, vorn blattgefederten Fahrwerk. Dank des verbilligten Aufbaus und der zusätzlichen Dieselvariante im 170 S könne ab Anfang 1952 der alte 170 V aufgegeben und die gut einjährige Lücke bis zum Erscheinen des *neuen 170 V* (W 120 in Ponton-Form) überbrückt werden. Der Vorstand einigt sich darauf, den Umfang der Änderungen am 170 S in ungefähr einem Monat zu verabschieden und dann aufgrund der Publikumsreaktionen auf der IAA Frankfurt (Main) zu entscheiden, ob die Scheinwerfer wirklich – wie beim 220 (W 187) – in die Kotflügel integriert werden sollen.[44] Ende Mai 1951 wird der Bau eines Prototyps beschlossen, nachdem die von Nallinger präsentierte Einsparliste bereinigt worden ist. Den Einbau der Scheinwerfer in die Kotflügel hat man nun aus Kostengründen verworfen, hingegen wird neu eine Verbreiterung des Heckfensters beschlossen.[45]

Im darauffolgenden Sommer 1951 beteuert der Vorstand mehrfach, den Bau eines Dieselwagens mit S-Karosserie in die Wege leiten zu wollen, wobei die Herren nun zwischen dem alten V-Fahrgestell mit querblattgefederter Vorderradaufhängung und dem Fahrgestell des 170 S mit der aktuellen Lenkervorderachse hin und her schwanken. Hauptargument für das zusätzliche Modell sind die lukrativen Export-

Abb. 0692
In rascher Fahrt durch die regennasse Stadt, so stellt Walter Gotschke den modellgepflegten 170 S auf der Titelseite des Verkaufskatalogs dar. Die überarbeitete und an vielen Stellen verbesserte Version wird Ende März 1952 auf dem internationalen Automobilsalon von Genf dem Publikum vorgestellt. Intern wird sie als 170 Sb bezeichnet und erhält gar eine vollständig neu Baureihenbezeichnung, nämlich W 191.

möglichkeiten, die aus Argentinien, Uruguay (Taxi-Flotte in Montevideo) und Australien, hier allerdings mit Rechtslenkung, winken.[46] Mit der Einführung rechtsgelenkter Varianten für den 170 V/D und den 170 S tut sich Daimler-Benz schwer. Die Forderung des Auslandverkaufs, der gute Geschäfte auf Märkten vorwiegend in Übersee erkennt, kollidiert mit den produktionstechnischen Vorbehalten der Sindelfinger Werksführung.[47] Nach einigem Hin und Her entstehen die ersten rechtsgelenkten 170 S wohl Ende 1951 oder Anfang 1952 kurz vor dem Übergang zur modellgepflegten Version 170 Sb.[I]

Präsentation in Amsterdam und Genf

Am 21. Februar 1952 informiert die Firmenzentrale in Untertürkheim in einem Rundschreiben über *das Erscheinen zweier neuen Modelle,* nämlich des gründlich überarbeiteten 170 S und einer 170 S-Variante mit Dieselmotor. Letztere befindet sich zu diesem Zeitpunkt bereits in Produktion.[48] Mitte November des verflossenen Jahres, als der 170 S nochmals den Gesamtvorstand beschäftigt hat, verleiht man der überarbeiteten Benzin-Version die interne Verkaufsbezeichnung 170 Sb [Sa kam aufgrund der nationalsozialistisch belasteten Vergangenheit dieser Buchstabenkombination nicht in Frage]. Das mit Ausnahme des Motors und einer (anfänglich) bescheideneren Ausstattung weitgehend mit dem 170 Sb identische Dieselmodell trägt die Bezeichnung 170 DS.[49] Erstaunlicherweise erhalten beide Wagen mit W 191 (Benziner) und W 191 D (Diesel) eine vollständig neue Baureihennummer, obwohl es sich lediglich um eine Modellpflege beziehungsweise um eine zusätzliche Modellspielart des W 136 handelt.

Der 170 DS hat seinen ersten Publikumsauftritt Ende Februar 1952 auf der Automobilmesse Amsterdam. Einen knappen Monat später, vom 20. bis 30. März, wird der 170 Sb am internationalen Automobilsalon in Genf als »170 S Modell 1952« der breiten Öffentlichkeit präsentiert.[50]

Geschickt aktualisiert: Der 170 Sb (W 191)

Wie am modellgepflegten 170 Sb unschwer zu erkennen ist, versuchen die Verantwortlichen eine Balance zu finden zwischen einer Verbilligung in der Herstellung, einer behutsamen Modernisierung und weiteren technischen Verbesserungen. Auf einen Einbau der Scheinwerfer in die Kotflügel hat man bekanntlich verzichtet. Dabei dürfte außer der Kostenfrage die Absicht mitgespielt haben, dieses Privileg der deutlich teureren Sechszylinder-Variante, also dem 220 vorzubehalten. Den neuen 170 Sb gibt es nur noch mit Limousinen-Aufbau zu kaufen, die zunehmend schwächer nachgefragten Cabrioletversionen sind faktisch durch die offenen 220 ersetzt worden.

Technik: Drei spürbare Verbesserungen erfreuen das Herz

Auf der technischen Seite sind drei Neuerungen besonders hervorzuheben; die ersten zwei hat der 170 Sb unmittelbar dem Typ 220 zu verdanken. Endlich darf die fortschrittliche Hypoidhinterachse auch im 170 Sb (und sogar in der letzten Version des altgedienten 170 V/D) eingebaut werden. Die neue, hörbar leiser laufende Hinterachse für den 170 Sb wird unverändert vom Typ 220 übernommen, verfügt über eine abermals vergrößerte Spurweite von nun 1 435 mm (+ 15 mm) und mit 1:4,44 (bisher 1:4,375) über eine marginal kürzere Übersetzung. Eine in der Länge reduzierte und in der Zentrierung verbesserte Welle überträgt die Antriebskräfte vom Schaltgetriebe in die Hinterachse. Letztere bedingt zusammen mit dem stärker nach hinten geneigten Antriebsstrang einige Anpassungen am X-förmigen Ovalrohrrahmen.[51]

Die Ablösung der Stockschaltung durch die langersehnte Lenkradschaltung ist die zweite dieser auffälligen, vom 220 übernommenen Neuerungen. Auf technischer Seite erweist sich die Umstellung als aufwändig. Die präzise Übertragung der Schaltbewegung vom Hebel am Lenkrad in das Getriebe erfordert ein komplexes, justierbares Gestänge und einen voll-

Anmerkung I: Zur Frage rechtsgelenkter 170 V/D siehe Kap. 9.2, S. 437.

Abb. 0693
Fahrgestell des 170 Sb (W 191), 1952. Die Eingriffe sind zahlreich. Der Motor M 136 III erhält einen Nockenwellenantrieb mittels Duplexkette statt der bisherigen Stirnräder und läuft deutlich leiser. Zu einer ruhigeren Fahrweise trägt die neue breitere Hinterachse bei, deren Kegelradantrieb nun hypoidverzahnt ist und Änderungen am Rahmen bedingt. Zur Freude der Fahrer erhält der Wagen eine Lenkradschaltung, die wiederum nach einer Sperrsynchronisierung des Getriebes ruft, die bestens gelingt.

ständig umkonstruierten Getriebedeckel. Um das Schalten mit dem erwünschten leichten Fingerdruck zu ermöglichen, sind umfangreiche Maßnahmen in der Getriebebox unumgänglich, insbesondere muss die Federspannung in den Gleichlaufkörpern stark reduziert werden. Trotzdem gelingt es, eine sogenannte Sperrsynchronisierung einzuführen, die ein Schalten vereitelt, solange zwischen der Vorverzahnung des Gangrads und der Schaltmuffe kein Gleichlauf herrscht. Mit dem bisherigen Gleichlauf-Getriebe lässt sich nämlich die Synchronisierung problemlos »durchdrücken«, was zu hässlichem Kratzen führt. Deshalb wird in den Betriebsanleitungen des 170 Va/Da und 170 S empfohlen, mit Zwischengas und Zwischenkuppeln zurückzuschalten, wie dies seinerzeit bei den unsynchronisierten Getrieben ein Muss gewesen ist.[52]

Die dritte Verbesserung betrifft den Motor M 136 III, der nun mit der seit längerem erprobten Nockenwellensteuerung mittels Duplexkette versehen wird. Vorerst fehlen die beiden Kettenspanner. Der Motorenlauf ist nun deutlich ruhiger. Zusammen mit dem endlich gut schaltbar gewordenen Getriebe und der leise laufenden Hypoidachse ist ein Antriebsstrang entstanden, der den Ansprüchen an einen Mercedes-Benz-Mittelklassewagen genügt.[53]

Die anfänglich sehr schwachen, später verstärkten, aber immer noch aus zwei Teilen verschweißten Bremsbacken werden nun durch steifere aus gewalztem T-Profil ersetzt. Die weiteren technischen Anpassungen sind unauffällig. Der Treibstofffeinfilter wird mit dem Umschalthahn zusammengefasst. Ein Auffangtablett unter dem Vergaser reduziert die Brandgefahr, weil bei einem leichten Über-

Abb. 0694
Der 170 Sb muss auch die eine oder andere Einsparung hinnehmen. Beispielsweise entfallen die Deckel auf den beiden Kasten in der Stirnwand unter der Motorhaube.

Abb. 0695 & 0696
Die 170 Sb-Version des Motors M 136 III unterscheidet sich äußerlich nur marginal von der Ausführung im 170 S. Endlich wird die Fußbetätigung des Anlassers aufgegeben, die Einrückung erfolgt magnetisch über einen Druckknopf am Armaturenbrett. Weil das Getriebe am Lenkrad geschaltet wird, muss der vollständig neu konstruierte Getriebegehäusedeckel mit veränderter Schaltbetätigung aus dem 220 (W 187) verwendet werden.

laufen das Benzin nicht mehr auf den heißen Auspuffkrümmer tropft. Um eine ausreichende Schmierung der Vorderradaufhängung zu gewährleisten, wird auf Zentralschmierpumpen mit höheren Fördermengen gewechselt. Der lange, mit einer Einbuchtung versehene Hauptschalldämpfer in der Auspuffleitung wird durch einen breiten, aber kurzen Topf mit ovalem Querschnitt ersetzt. Schließlich spart man im Motorraum die Deckel über dem Batterie- und dem Werkzeugkasten ein.[54]

Abb. 0697
Motor M 136 III in der Ausführung für den 170 Sb. Die meisterhafte Zeichnung von Siegfried Werner erklärt die Technik weit besser als jede Fotografie. Gut zu sehen ist der neue Nockenwellenantrieb mit einer Duplexkette – hier bereits mit Spannern versehen – statt der bisherigen verschleißanfälligen Stirnräder.

Aufbau und Interieur: Mehr Fußraum hinten, verbesserte »Klimaanlage«

Äußerlich unterscheidet sich der 170 Sb vom Vorgänger durch ein leicht größeres Heckfenster, dessen Glas beinahe karosseriebündig eingesetzt wird und deshalb leicht gebogen werden muss. Wie die Frontscheibe sitzt es in einem umlaufenden Gummiprofil, das von einem verchromten Zierstab begleitet wird. Die langen, außen aufgesetzten und verchromten Scharniere des Heckdeckels werden zugunsten von federgespannten Scharnieren im Innern des Kofferraums aufgegeben; dadurch entfallen die seitlichen Kofferdeckelstützen.

Zahlreicher sind die Änderungen im Wageninnern, die nach vielen Musterausführungen und längeren Diskussionen in die Serie einfließen: Durch eine leicht nach hinten geschobene Fondsitzbank und eine unmerklich dünner ausgebildete Rückenlehne ist der Innenraum um wertvolle 40 mm länger geworden, was vollständig dem hinteren Fußraum zugutekommt. Die lichte Einstiegsbreite zwischen der B-Säule und der anders geformten Rücksitzbank ist gar um ca. 60 mm größer. Der Bezug der Sitzflächen und -lehnen ist durch eine reduzierte Anzahl Pfeifen vereinfacht, die zudem dünner gepolstert sind und an der Fondbank bloß noch die seitlichen Konturen betonen. An den stehenden und seitlichen Flächen der Sitzkissen und an den Rückenlehnen wird neu ein zur Wagenfarbe und zum Polsterstoff passendes, robustes Kunstleder verarbeitet, ebenso im unteren Bereich der Türverkleidungen bis zur Oberkante der Türtaschen (vorn) bzw. bis zur Armlehne (hinten).[55] Die Aschenbecher an den beiden rückwärtigen Türen büßen ihre Holzverkleidung ein; der Ascher über dem Armaturenbrett soll einen Deckel aus Bakelit erhalten, doch es bleibt vorerst beim verchromten Metall. Die Seitenverkleidungen des vorderen Fußraumes bestehen aus Pappe mit lackierter Oberfläche statt wie bisher aus einem Teppichbezug. An der Heckscheibe entfällt innen dank des neuen Gummiprofils die hölzerne Fenstereinfassung. Dort wird nun auch das vom Fahrersitz aus per Kordelzug bedienbare Rollo eingespart. Im Gegenzug verfügt der 170 Sb über einen neuen, nun abblendbaren Innenrückspiegel und über eine Sonnenblende auch auf der Beifahrerseite.

Die gebogenen Fenstereinfassungen der Seitenfenster und der Frontscheibe werden neu aus »Durofol« oder »Pagholz« hergestellt, also aus phenolharzverleimtem Schichtholz. Endlich wird die alte, aus dem 170 V stammende Anlasserbetätigung mit Fußschalter und

Abb. 0698
Der 170 Sb unterscheidet sich auch im Innern vom Vorgänger: Mehr Beinfreiheit im Fond, Polster mit randbegleitenden Pfeifen und Kunstleder an den stehenden Flächen sowie auf den unteren Hälften der Türverkleidungen. Der Dachhimmel reicht bis auf die Hutablage.

Abb. 0699 & 0700
Der 170 Sb ist am Heck durch die unsichtbaren Deckelscharniere und am vergrösserten, leicht gewölbten und aussenbündig eingesetzten Heckfenster zu erkennen. Ab Juni 1952 wird auf das Kurbelloch in der Kühlermaske verzichtet. Nebelscheinwerfer sind einzeln erlaubt und ein beliebtes Zubehör.

mechanischer Einrückung aufgegeben. Ein Druckknopf am Armaturenbrett aktiviert nun den Magnetschalter und damit den Anlasser. Zudem leuchtet die Winkerkontrolllampe am Armaturenbrett statt in der Nabenabdeckung des Lenkrads. Von weit größerer Bedeutung ist die vollständig neu konstruierte Heizungs-Lüftungsanlage. Nach wie vor besteht sie aus zwei vollständig getrennten Einrichtungen links und rechts im Motorraum. Vereinfacht wird indessen die Luftführung, die nur noch durch je einen Kanal vom Einlass hinter der Kühlermaske bis in den Verteilkasten in der Spritzwand strömt. Neu wird die serienmäßig eingebaute, aber mit einem Aufpreis in Rechnung gestellte Heizung auf der Fahrerseite durch einen zuschaltbaren Ventilator unterstützt, den es auf Wunsch auch beifahrerseitig gibt. Damit ist selbst im Stadtverkehr bei langsamer Fahrt oder im Stehen für wohlige Wärme im Wagen und beschlagfreie Scheiben gesorgt. Einen weiteren Fortschritt markieren die beiden kleinen Lüftungsöffnungen am linken und rechten oberen Ende des Armaturenbretts, die – je nach Wunsch – kühle oder beheizte Luft auf die Seitenscheiben strömen lassen. Der Regulierschieber für die Temperatur findet unterhalb der Sockelleiste an der Armaturentafel seinen Platz.[56]

Die bereifte 170 Sb-Limousine kostet, mit Heizung und linksseitigem Ventilator versehen, 10 135 DM und somit ungefähr gleich viel wie die alte S-Ausführung. Der Mehrpreis gegenüber dem nun ebenfalls aufgewerteten 170 Vb beträgt stattliche 2 190 DM; der Minderpreis zum sechszylindrigen 220 liegt bei 1 800 DM.[57/I]

Achtzehn Monate gebaut, wenig verändert

Die Änderungen am 170 Sb halten sich während der lediglich anderthalb Jahre dauernden Produktionszeit in engen Grenzen. Obwohl die Eingriffe fast ausschließlich auf die Karosserie beschränkt bleiben, dürften sie von der Kundschaft kaum wahrgenommen worden sein. Die einzige technische Maßnahme von Belang betrifft erneut den Motor. Ab Oktober 1952 (Motor Nr. 04393/52 und folgende) sorgen zwei Kettenspanner im Nockenwellenantrieb für einen in allen Betriebszuständen und über lange Zeit spielfreien Lauf.[58]

Im Juni 1952 entfällt das Kurbelloch und damit auch dessen Abdeckung in der Kühlermaske. Gleichzeitig wird auf die im 170 DS vorhandene Motorhaubenentriegelung per Kabelzug gewechselt, der nun mit einem gut in der Hand liegenden Knebelgriff versehen ist. Die bislang abnehmbaren Motorraum-Seitenbleche unterhalb der Kotflügel werden mit diesen zu einer Einheit verschweißt. Da nun nicht mehr demontierbar, wird eine Form gewählt, die die Zugänglichkeit zu den Aggregaten gewährleistet und außerdem für ein vorteilhaftes Abströmen der Kühlluft nach unten sorgt. Ab Ende Oktober kann endlich auf die kosten-

Anmerkung I: Wegen den zu »Tagespreisen« verrechneten Reifen war der effektive Verkaufspreis bis Ende 1951 kleineren Schwankungen unterworfen.

Abb. 0701
Die Lenkradschaltung ist fahrerseitig der auffälligste Unterschied des 170 Sb zum 170 S. Statt in der Lenkradnabe findet sich die Zeigerkontrollleuchte am Armaturenbrett. Die Temperatur im Wageninnern regelt man nun über einen separaten Schieber unterhalb des Lichtschalters. Die runden Luftdüsen in den oberen Ecken des Armaturenbretts lenken die Luft auf die Seitenscheiben. Der Rückspiegel ist abblendbar, und ab Juni 1952 werden zwei stoffbezogene Sonnenblenden statt nur eine montiert. Sitze und Türverkleidungen tragen hier Schonbezüge aus der Zubehörliste.

günstigere Kunstharzlackierung der Karosserie umgeschwenkt werden, nachdem einzelne versuchsweise mit Kunstharz lackierte Wagen bereits zwei Jahre zuvor an Kunden ausgeliefert worden sind.[II] Einzig für den schwarzen Farbton bleibt man vorerst beim bisherigen Nitrozelluloselack. Im Innern werden ab Juni zwei Sonnenblenden mit Stoffbezug montiert, je nach Ausstattung in Grau oder Beige. Für das Schiebedach ist bis dato ausschließlich schwarzer Verdeckstoff verarbeitet worden. Seit Herbst gibt es für die grau lackierten Wagen den Stoff auch im Karosseriefarbton.[59]

Ab Februar 1953 ist der 170 Sb in fünf statt bislang vier Ausstattungsvarianten erhältlich. Als Karosseriefarbton bleibt einzig Schwarz unverändert; das Blau wird heller, das rötliche Maron in ein sogenanntes Dunkeltabakbraun verändert, das Grau aufgehellt und kühler eingestimmt sowie neu ein Mittelgrün eingeführt. Je nach Aufbaufarbe wird der bisherige beige oder graue Polsterstoff verwendet, wobei das dazu kombinierte Kunstleder sich nach dem Karosseriefarbton richtet. Im Juli 1953, einen Monat vor dem Produktionsende des 170 Sb, können auch die Aufbaulackierungen Schwarz und Tabakbraun auf Kunstharzbasis umgestellt werden.[60]

▷ **Siehe Band II/Seite 43–45**, Tabelle A 16 Technische Daten: 170 S (W 136 IV) und 170 Sb (W 191)

Anmerkung II: Bspw. 170 S Limousine mit Fg-Nr. 136 040 04807, ausgeliefert 13.03.1950 in die Schweiz (Kunstharzlack gemäß Auslieferungsschein).

Abb. 0702
Nach einigem Hin und Her entscheidet der Vorstand im Sommer 1951, den 170 S nun doch mit Dieselmotor und der modernen Lenkervorderachse anzubieten und nennt ihn 170 DS (W 191 D). Interessanterweise malt Hans Liska für das Katalogtitelblatt eine Dame am Lenkrad. Denn man hat festgestellt, dass die weibliche Käuferschaft dem Dieselmotor skeptischer begegnet als die männliche. Zielgerichtete Werbeanstrengungen sollen dies ändern.

Kein Ersatz, sondern eine Ergänzung: Der 170 DS (W 191 D)

Mit der Fertigung der 170 DS startet das Werk Sindelfingen bereits im Januar 1952, also ein paar Wochen vor dem 170 Sb. Die Diesel-Version erhält letztendlich doch das Fahrwerk und damit die aufwändige Lenker-Vorderachse des 170 S und nicht die alte preisgünstige Aufhängung an zwei Querfederpaketen. Hingegen fertigt das Werk die ersten 349 Aufbauten mit einer abgemagerten Innenausstattung und ohne äußeren Schmuck, so wie dies der unterdessen verstorbene Generaldirektor Haspel im zurückliegenden Sommer vorgegeben hat.[61]

Die unterschiedlichen Schwestermodelle 170 Sb und 170 DS werden in der Preisliste vom 25. Februar 1952 erstmals aufgeführt. Der Verkaufspreis für einen 170 DS beträgt 10 800 DM, 850 DM mehr als für die Benzinversion 170 Sb. Zur selben Zeit liegt der Aufpreis für einen 170 Da gegenüber dem Benziner 170 Va deutlich höher, nämlich bei 1 050 DM. Offenbar spielt die alte Absicht mit, den 170 DS als Sparmobil zu positionieren, um dadurch den 170 Da aufgeben zu können. In welcher Aufmachung und Ausstattung der 170 DS auf der Automesse Ende Februar 1952 im RAI Amsterdam gezeigt wird, lässt sich nicht klären. Doch spätestens im März dürfte sich im Vorstand die Einsicht durchgesetzt haben, den Diesel als echte Schwester des 170 Sb zu betrachten, also optisch dem Benziner anzugleichen und die Innenausstattung nachzurüsten. Denn schon allein wegen der stattlichen Preisdifferenz von beinahe 2 000 DM würde der 170 DS nicht in der Lage sein, den 170 Da zu beerben.[62/I]

Technik: Nur dieselbedingte Abweichungen

Die technischen Abweichungen des 170 DS gegenüber dem 170 Sb sind insgesamt gering und beschränken sich hauptsächlich auf den Motor, seine Nebenaggregate und die dieselspezifischen Einrichtungen. Der 1 767 cm^3 große Dieselmotor OM 636 VI mit einer Höchstleistung von 40 PS bei bescheidenen 3 200 U/min wird unverändert vom 170 Da übernommen, sieht man vom symmetrisch geformten Auspuffkrümmer ab. Das sperrsynchronisierte Getriebe mit Lenkradschaltung entspricht dem 170 Sb, ebenso die Kupplung mit Ausnahme der dieseleigenen Mitnehmerscheibe. Die laufruhige Hypoidhinterachse wird selbstverständlich auch im 170 DS verbaut, allerdings mit einer längeren Untersetzung, die mit 1:4,125 dem 170 Da entspricht. Die 16"-Räder mit Reifen der Dimension 5,50-16" werden ebenso vom kleineren Diesel-Bruder übernommen. Der Rahmen mit dem gesamten Fahrwerk und selbst die Auspuffanlage entsprechen der Benzinausführung. Zu den adaptierten peripheren technischen Einrichtungen gehören hingegen das Fahrpedal mit dem Gestänge zur Drosselklappe im Ansaugtrichter auf der linken Motorenseite, die Treibstoffleitungen – hier zwar mit Grobfilter vor der Spritzwand, jedoch ohne den gewohnten Absperr- und Reservehahn –, der leicht abweichende Kühlerblock und insbesondere die 12-Volt-Elektrik. Diese umfasst von der Lichtmaschine über den Scheibenwischermotor, die Fahrtrichtungsanzeiger bis zu den Glühbirnen sämtliche elektrischen Teile. Als Speicher dienen zwei in Serie geschaltete 6-Volt-Batterien von 84 Ah, die in den beiden Spritzwandkästen Platz finden. Weil die robuste Ver- und Entriegelung der Motorhaube mittels Gestänge mit dem höher bauenden Dieselmotor kollidiert, muss diese einem Kabelzug weichen, der nun auch im 170 Sb verwendet wird.

Äußere Erscheinung und Interieur: Anfänglich im Spar-Look

Die Karosserie mit sämtlichen technisch relevanten Elementen sowie die Heizungs-Lüftungsanlage ist mit dem 170 Sb identisch, weicht jedoch zu Beginn optisch auffällig ab. In der Absicht, eine Sparausführung zu kreieren, fehlen zunächst Zierstäbe sowohl entlang der Gürtellinie wie auch auf den Wulsten der Motorhauben-Seitenbleche. Selbst das vergrößerte Heckfenster muss ohne blanke Ziereinlage im Fenstergummi auskommen; einzig

Anmerkung I: Siehe auch Band II, Tabellen D 07 & D 08.

Abb. 0703
Fahrgestell des 170 DS (W 191 D). Abgesehen vom Dieselmotor OM 636 VI (mit verändertem Auspuffkrümmer) und den 16"-Rädern entspricht das Fahrgestell dem 170 Sb (vgl. Abb. 0693).

Abb. 0704 & 0705
Anfänglich soll der 170 DS als Sparausführung kommerzialisiert werden. Die ersten 349 Wagen werden so gebaut, nämlich außen ohne Chromstäbe entlang der Gürtellinie und auf den Wulsten der Motorhauben-Seitenbleche. Selbst die Gummidichtung des Heckfensters bleibt ohne blanke Ziereinlage.

die dünnen Chromumrahmungen der Seitenfenster entsprechen dem 170 S/Sb.[63]

Im Innenraum fehlen in der Ursprungsversion die Sonnenblenden, an den vorderen Türen die Zuziehgriffe und an den Fondtüren sowohl die Armlehnen als auch die Aschenbecher, weiter ist der Signalring am Lenkrad lackiert statt verchromt.[64] Der zum Starten und Ausschalten des Triebwerks unabdingbare und vom 170 D bekannte Glühanlassschalter mit dem Knebelgriff gilt es in Reichweite des Fahrers unterzubringen. Weil hinter dem Armaturenbrett kein Raum für den recht voluminösen elektromechanischen Schalter vorhanden ist, wandert er rechts neben dem Lenkradschloss unter die Armaturensockelleiste – optisch wenig ansprechend, aber einigermaßen diskret. Der Glühüberwacher sitzt in der Armaturentafel zwischen dem Geschwindigkeitsmesser und der Blende des Radiofachs.

Bereits im Februar oder März 1952, ab dem Aufbau Nr. 350, rückt man weitgehend vom schmucklosen Äußeren ab. Weil die Zierleiste entlang der Gürtellinie und sogar die feinen Chromstäbe auf den Motorhaubenwulsten nun doch angebaut werden, unterscheidet sich der 170 DS bloß durch die im Gegenzug fehlenden Chromeinfassungen der Seitenscheiben, die Typenbezeichnung auf dem Kofferdeckel und die im Durchmesser größeren Rädern mit der schlankeren Bereifung vom 170 Sb. Im Innern muss lediglich auf die Sonnenblenden und die hinteren Aschenbecher verzichtet werden, alles weitere wird dem 170 Sb angeglichen. Dazu gehört auch das widerstandsfähige Kunstleder an den unteren Hälften der Türverkleidungen sowie an den stehenden und seitlichen Flächen der Sitze. Zusammen mit dem 170 Sb endet die Fertigung des 170 DS im August 1953.

▷ **Siehe Band II/Seite 46 f**, Tabelle A 17
Technische Daten: 170 DS (W 191 D)

Abb. 0706
Der Innenraum des 170 DS sollte ursprünglich karg ausgestattet werden (Bild), nämlich ohne Kunstlederbezug der vertikalen Flächen der Sitze und der unteren Hälften der Türverkleidungen. An den Hintertüren streicht man die Armlehnen, Aschenbecher und Zuziehgriffe, vorn die Sonnenblende und die Abblendfunktion des Innenspiegels. Doch der Vorstand kommt auf den Beschluss zurück: Bei der Markteinführung fehlen lediglich die Sonnenblende und die hinteren Aschenbecher.

Verhaltene Resonanz in der Motorpresse

Selbst nach seiner wohldurchdachten Überarbeitung ist der 170 S drei Jahre nach seiner Markteinführung in der Motorpresse kein Reißer mehr. Immerhin widmet Werner Oswald dem Schwesterpaar 170 Sb und 170 DS in »Das Auto – Motor und Sport« Nr. 10/1952 einen ausführlichen Testbericht und vermerkt, dass *nunmehr auch in der S-Klasse die einzigartigen Vorzüge des Diesel-Personenwagens zur Verfügung stehen.* Oswald lobt das eminent sparsame, startfreudige, standfeste und langlebige Dieseltriebwerk sowie bei beiden Modellen die vorbildlichen Fahreigenschaften, die bequeme, leichtgängige Lenkradschaltung mitsamt dem gut abgestuften, ruhig laufenden Getriebe mit Sperrsynchronisierung, weiter die hübsche Karosserie mit dem hinten optimierten Raumangebot. Einen spürbaren Unterschied im Fahrverhalten und Federungskomfort zwischen den Niederdruckreifen des 170 Sb und den *Normalreifen* des 170 DS kann er nicht feststellen, hingegen fällt ihm die für Mercedes-Benz ungewöhnlich leichtgängige Lenkung beim Dieseltyp auf. Trotz allen Lobs wünscht sich Oswald in diesen beiden Wagen die besseren Bremsen des 220 (W 187) sowie einen *aufgeräumteren* Motorraum mit besser zugänglichem Ölmessstab. Bei forcierter Fahrweise erreicht er mit dem Diesel einen Verbrauch von 8,5 l/100 km, im Benziner strömen 11,5 l/100 km durch den Vergaser. Oswald empfiehlt für Vielfahrer den 170 DS, der ab 20 000 km gegenüber dem Benziner finanziell die günstigere Fortbewegung sei, und für jene Personen, die kürzere oder mittlere Strecken zurücklegen und Freude an einem lebendigeren Motor verspüren, den 170 Sb.

In der »Motor-Rundschau NKZ« Nr. 10/1952 berichtet Joachim Fischer in der bekannten Art seiner knapp gehaltenen Testreporte über den 170 Sb und den 170 DS. Fischer charakterisiert beide Wagen als *solider, bequemer Vier- bis Fünfsitzer in bewährter Mercedes-Benz-Qualität.* Auch er lässt sich von der Lenkradschaltung begeistern, die ein hindernisfreies Erreichen des Fahrerplatzes auch von der Beifahrerseite her möglich macht. Die Fahreigenschaften überzeugen ihn auf allen erdenklichen Straßenoberflächen, das Kurvenverhalten liege *weit über dem Durchschnitt.* Auch er stellt beim Diesel die Wirtschaftlichkeit in den Vordergrund. Ausführlich erwähnt er die wirkungsvolle und zugluftarme Heizungs-Lüftungsanlage mit Defrosterdüsen für die Seitenscheiben, doch wünscht er sich eine *Warmluftleitung auch in den hinteren Fahrgastraum* und ein *besonders griffiges Zweispeichen-Lenkrad.*

Die Bewährung am Markt

Der 170 Sb startet 1952 verhalten. Mit rund 4 600 gefertigten Exemplaren erreicht er bloß 41% der Vorjahresproduktion des 170 S. Der Verkaufseinbruch ist dem Erfolg des Typs 220 zuzuschreiben, von dem rund 10 300 Wagen das Werk Sindelfingen verlassen. Besser schlägt sich der 170 DS mit einer Gesamtproduktion von gut 6 700 Wagen. Weil gleichzeitig der Verkauf der alten 170 V und 170 D dramatisch zurückgeht – beim 170 V um 71% auf knapp 3 700 und beim 170 D um 44% auf knapp 8 000 Exemplare – führt dies zu einer Produktionseinbuße der Daimler-Benz AG im gesamten Pkw-Bereich von fast 13% gegenüber dem Vorjahr.

Im Folgejahr 1953 wird die Fertigung des 170 Sb und 170 DS im August gestoppt. Der Verkauf des 170 Sb hat sich auf dem Niveau des Vorjahrs stabilisiert, der 170 DS hat sogar leicht zugelegt, doch gleichzeitig ist der Typ 220 richtiggehend eingebrochen (- 64%). Dies führt, im Verbund mit den tief gesunkenen Fertigungszahlen für den 170 Db und insbesondere für den 170 Vb zum zweiten Mal hintereinander für einen Produktionsrückgang im Pkw-Sektor. Der brandneue Typ 180 (W 120) läuft erst seit Juli vom Band und vermag das Blatt bis zum Jahresende nicht mehr zu wenden, so dass für 1953 ein Minus von 5% gegenüber dem Vorjahr hingenommen werden muss.[65]

Abb. 0707
Spätestens seit März 1952 unterscheidet sich der 170 DS (Bild) äußerlich nur noch durch die größeren und schmaleren Räder (5,50-16" statt 6,40-15") und die fehlenden feinen Chromeinfassungen der Seitenfenster vom Zwillingsbruder 170 Sb mit Benzinmotor.

Abb. 0708
Verkaufskatalog des 170 DS von 1953, Rückseite. Neben einer exakten Schnittzeichnung sind hier die technischen Daten aufgelistet. Die Motorleistung des OM 636 bleibt bei 40 PS. Weil das Gewicht gegenüber dem 170 Da/Db etwas höher ist und die Stirnfläche größer ausfällt, ergeben sich leicht schlechtere Fahrleistungen.

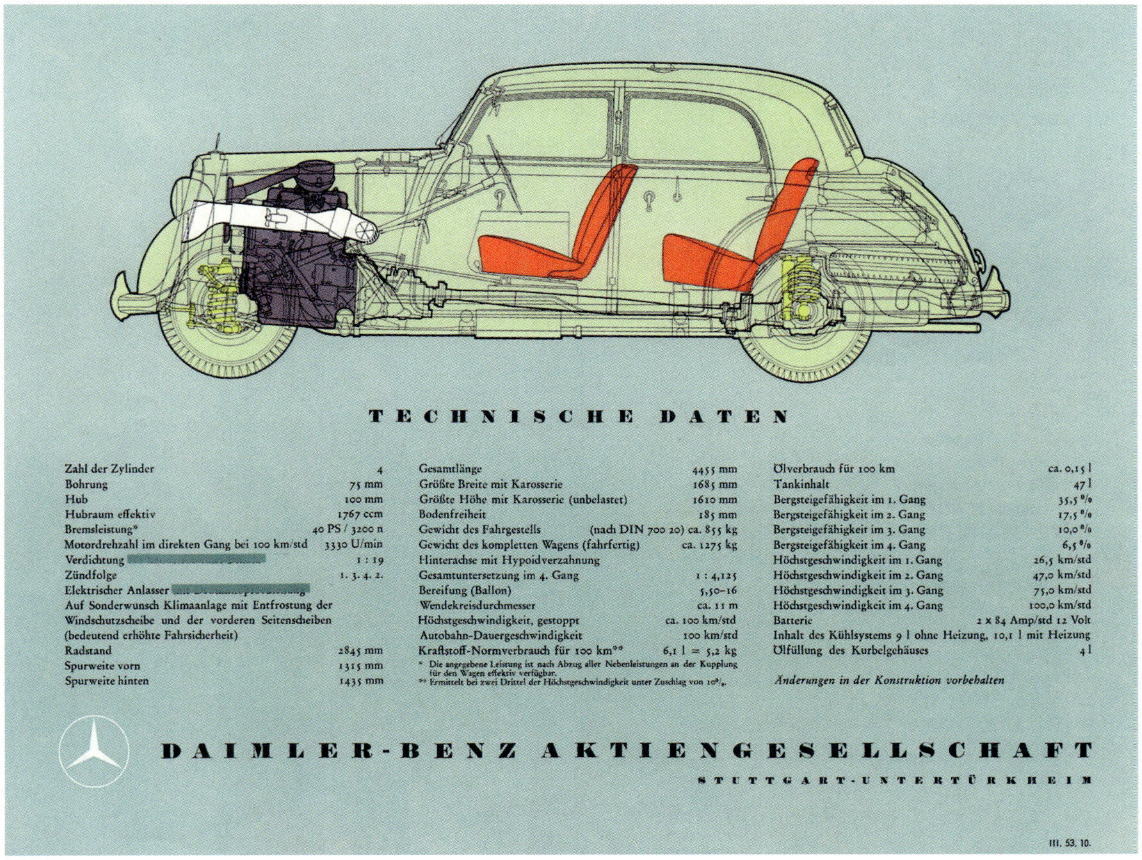

Abb. 0709
Ablieferung von über zwei Dutzend 170 DS an einen Taxibetrieb vermutlich im belgischen Lüttich durch die Mercedes-Benz-Vertretung J. Kreischer, 1952/53. Die Dieselausführung des S-Modells wird von Taxihaltern wegen der niedrigen Betriebskosten und der geräumigen Karosserie gut nachgefragt. Sämtliche Wagen tragen einen Kühlerschutz.

Abb. 0710
Das belgische Team mit dem 170 DS auf der Zuverlässigkeits-Rekordfahrt »10 000 km am Stück in 180 Stunden«, Juni 1953. Zwischenhalt vor dem Kolosseum in Rom. Die Strecke verläuft wie folgt: »Bruxelles – Madrid – Bruxelles – Nice – Bruxelles – Bâle – Rome – Innsbruck – Hambourg – La Haye – Chimay – Bruxelles«. Gefahren wird Tag und Nacht, angehalten nur zum Tanken, Öl nachfüllen und für den Fahrerwechsel. Der Verbrauch beträgt 6,82 Liter Dieselöl auf 100 km.

Also doch: Zu lange am Alten festgehalten

1952 ist für die Daimler-Benz AG ein schwieriges Jahr. Der überraschende Tod des Vorstandsvorsitzenden Dr. Wilhelm Haspel Anfang Januar ist ein Schock. Nachfolger wird der ehemalige Opel-Chef und Ingenieur Heinrich C. Wagner, den Haspel vor vier Jahren zu Daimler-Benz geholt und dem er die Verantwortung über die Werke Mannheim und Gaggenau anvertraut hat. Im Laufe des Jahres wird immer deutlicher, dass die Konzernführung – zumindest im Massensegment – zu lange auf die alten Modelle gesetzt hat und mit deren Ablösung durch technisch und optisch modernere Fahrzeuge in Rückstand geraten ist. Während die Pkw-Produktion in der Bundesrepublik Deutschland kräftig steigt und sämtliche inländischen Konkurrenten zulegen, bewegen sich die Stuttgarter rückwärts. Allerdings glänzt das Unternehmen mit der höchsten Exportquote der westdeutschen Automobilindustrie. Auch das Folgejahr 1953 ist durchwachsen. Ein Jahr nach Haspels Tod verstirbt sein Nachfolger Heinrich Wagner. Im Februar wählt der Aufsichtsrat den Betriebswirtschafter Dr. Fritz Könecke, der seit einem guten halben Jahr bei Daimler-Benz tätig ist, zum neuen Vorsitzenden. Die Verkaufszahlen der unterdessen mehr oder weniger veralteten Pkw-Typen sinken weiter, nicht zuletzt weil die potenziellen Käufer mit großer Spannung auf den neuen Mittelklassetyp mit moderner Pontonkarosserie warten. Immerhin ist dessen Bestelleingang ermutigend.[66]

Extras und Zubehör

Auch die 170 S-Modelle lassen sich mit zahlreichen aufpreispflichtigen Extras oder mit dem An- oder Einbau von Sonderzubehör nach eigenen Vorstellungen optimieren und – was mindestens so wichtig ist – individualisieren. Die meisten beim 170 V genannten Extras werden auch für den 170 S angeboten. Einen echten Mehrwert stellen Liegesitze, Kopfstützen und Schiebedächer dar, die entweder im Werk eingebaut oder später bei einer Niederlassung nachgerüstet werden. Die raffinierte Praktik, die Heizung serienmäßig einzubauen, dafür jedoch einen Aufpreis zu verlangen und so vermeintlich den Verkaufspreis tief zu halten, wendet Daimler-Benz nicht nur beim 170 V, sondern auch beim höherklassigen 170 S an. Ab Anfang 1952 wird die fahrerseitige »Klimaanlage« sogar mit einem Ventilator versehen,

Abb. 0711 & 0712
Ein Prospekt wirbt gesondert für die aufpreispflichtigen Liegesitze, die einzeln oder paarweise bestellt werden können. Zusätzlich lassen sie sich mit demontierbaren Kopfstützen versehen. Nicht der Sicherheitsaspekt steht im Vordergrund, sondern die Bequemlichkeit.

Abb. 0713
Ab Januar 1951 ist der 170 S gegen Aufpreis ab Werk mit einem Stoffschiebedach erhältlich. Anfänglich ist der Verdeckstoff außen schwarz, ab Oktober 1952 bei den 170 Sb/DS-Modellen auf die Wagenfarbe abgestimmt.

Abb. 0714 & 0715
Die Firma Autotechnik KG aus Hannover bietet Mitte der 1950er Jahr eine Zweivergaseranlage mitsamt neuem Ansaugkrümmer für den Einbau im 170 S an. Ob man damit den braven M 136 III nicht überfordert, steht auf einem anderen Blatt.

den es auf Wunsch auch auf der Beifahrerseite gibt. Fast exponentiell zugenommen hat im Laufe der 170 S-Produktion die Auswahl an einbautauglichen Radiogeräten. Zu den geeigneten Modellen der Firma Becker kommen nun auch solche von der AEG-Tochter Telefunken hinzu.
Ein spezifisches 170 S-Zubehör ist die Reserveradspinne auf dem Heckdeckel. Dank dieser Einrichtung lässt sich entweder ein zweites Ersatzrad mitführen oder – wohl häufiger – durch das nach außen verlegte Ersatzrad ein größerer Gepäckraum generieren. Ebenso praktisch wie elegant ist ein maßgeschneiderter Koffersatz, den Mercedes-Benz erst ab dem 170 S erneut anbietet.

Beliebt ist Zubehör wie Rückfahrscheinwerfer, Nebelleuchten, Außenspiegel an der Tür, Mehrklanghorn; im Innern Sonnenblenden (der 170 DS muss in der Serienausstattung darauf verzichten), Kokosfußmatten und Polsterschonbezüge. Viele Käufer eines Cabriolet A oder B veredeln ihren Wagen mit einem elfenbeinfarbigen Lenkrad, das eigentlich für die in tropische Gegenden exportierten Wagen eingeführt worden ist, aber im Mercedes-Benz-Zubehörhandel einen wichtigen Platz einnimmt. Passend dazu gibt es einen hellen Knopf auf dem Schalthebel.[67/I]

Dem Wunsch nach einer höheren Motorleistung versucht die Firma Autotechnik KG in Hannover zu entsprechen, die nicht nur für den Volkswagen, sondern auch für den 170 S eine Zweivergaseranlage im Sortiment führt. Über das Ausmaß der damit erzielten Leistungssteigerung, die Auswirkungen auf den Verbrauch und die Haltbarkeit des Motors liegen keine Angaben vor. Auch die Anzahl der verkauften Anlagen bleibt im Dunkeln.

▷ **Siehe Band II/Seite 194 f**
Würdigung E 11: Die Mercedes-Benz 170 S-Modelle (1949–1953)

Anmerkung I: Siehe Band II, Tabelle D 13.

Abb. 0716
Armaturenbrett eines 170 DS Exportwagens mit Meilenanzeige und eingebautem Radioempfänger Becker Monaco 1. Drucktasten sind in den frühen 1950er Jahren schwer angesagt und vermitteln bereits ein wenig US-Feeling. Gut zu sehen ist der Glühanlassschalter mit Knebelgriff, der im Armaturenbrett keinen Platz gefunden hat und ein wenig improvisiert links neben der Heizungsverstellung angebaut wird. Unter dem Handbremshebel befindet sich der fußbetätigte Stöpsel der Zentralschmierpumpe.

Diese Feststellung werden Sie erfreut beim Vergleich des Preises machen, denn in seiner äußeren Erscheinungsform und der großen Bequemlichkeit des Innenraumes unterscheidet sich dieser neue Mercedes-Benz Typ 170 S-V nicht vom bisherigen Typ 170 S. Mit der bedeutend größeren Karosserie des 170 S erhält dieser Wagen, der eineinhalb Jahrzehnte hindurch Maßstab für Leistung und Wirtschaftlichkeit war, die vollendete Reife. Zu seinen bisherigen Vorzügen kommt damit neben weiteren technischen Verbesserungen ein Fahrkomfort, der ihn wiederum auf lange Sicht an die Spitze seiner Klasse stellt. Aus dem mittelgroßen Fahrzeug wurde in der Preisklasse des Vorgängertyps ein geräumiger, moderner Gebrauchs- und Reisewagen.

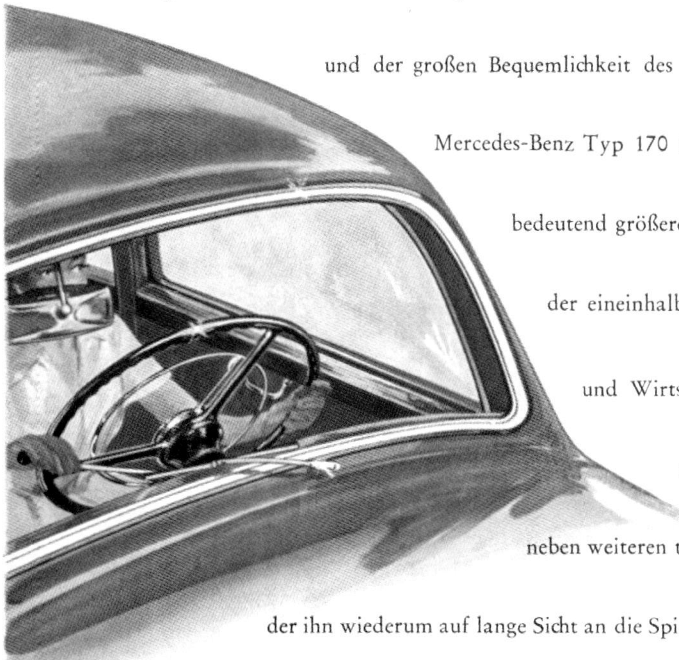

Kurvenfest

11 Der 170 S-V und 170 S-D – ein Zwitterpaar zum Abschluss 1953–1955

Auszug aus dem Verkaufsprospekt des 170 S-V, September 1953. Als Hauptargument für den neuen Typ wird der günstige Verkaufspreis hervorgehoben. Dies werbegrafisch umzusetzen bereitet offensichtlich Mühe.

11.1 Einziger Ausweg: Ein 170 V mit vereinfachter S-Karosserie

Ende Sommer 1953 erscheint der Typ 180 in Pontonform. Doch wie vier Jahre zuvor der 170 S gerät auch dieser neue Wagen zu teuer, um den 170 V abzulösen. Die rückläufigen Marktanteile erlauben es nicht, auf die Kundschaft im unteren Preissegment zu verzichten. Eine Kombination aus dem alten 170 V/D-Fahrgestell und der abgemagerten S-Karosserie dient nun als Einstiegsmodell. Der Benziner 170 S-V gerät zum Flop, der Diesel 170 S-D findet seine privaten und gewerbetreibenden Anhänger; der Schlussstrich erfolgt erst Mitte 1955.

Seit 1949 arbeitet das Konstruktionsbüro in Untertürkheim unter Direktor Max Wagner zum wiederholten Mal an einem Nachfolger für den 170 V, dem kommerziell bislang weitaus bedeutendsten Mercedes-Benz-Pkw. Technikvorstand Fritz Nallinger macht seinen ganzen Einfluss im Vorstand geltend, damit dies ein modernes Fahrzeug wird. Außer im Preis soll das neue Volumenmodell den alten 170 V in allen Disziplinen übertreffen, insbesondere in der Größe des Innenraums, dem meistkritisierten Punkt. Das Werk Sindelfingen entwirft in Zusammenarbeit mit dem Konstruktionsbüro in Untertürkheim eine tragende Plattform aus Blechpressteilen, die mit dem Oberbau zu einer steifen Stahlkarosserie verschweißt werden soll. Eine Karosseriebauweise, die man später als »halbselbsttragend« bezeichnet. Weil der bei Daimler-Benz bis dato übliche, von der Karosserie unabhängige Rahmen wegfällt, erwartet man eine eklatante Gewichtseinsparung, die trotz knappem Hubraum zu ansprechenden Fahrleistungen und einem geringen Verbrauch führen muss. Man einigt sich auf zwei Modellvarianten des neuen Typs, eine günstigere mit einem 1,2-Liter-Vierzylindermotor und eine gehobenere, die über einen 1,8-Liter-Sechszylindermotor verfügen soll, weshalb man die Baureihenbezeichnungen W 120 und W 180 auswählt. Das ambitionierte Projekt bindet zunehmend Fachkräfte in den Konstruktionsbüros, bald ebenso in den Versuchsabteilungen und schließlich in der Kalkulation und der Fertigungsvorbereitung. Früh zeigt sich, dass die sehr idealistischen Gewichtsprognosen der Projektphase nicht einzuhalten sind, so dass das Hubvolumen der Motoren in mehreren Stufen bis auf 1,9 Liter für den Vierzylinder und 2,2 Liter für den Sechszylinder erhöht werden muss. Nach an-

Abb. 0717
Der neue Typ 180 (W 120) mit moderner selbsttragender Karosserie und vorderem Fahrschemel soll den altgedienten 170 V (W 136 I) ersetzen. Doch im Herbst 1952 stellt man fest: Dies gelingt nicht, denn der neue Wagen wird zu teuer.

Abb. 0718 & 0719
Mit dem Typ 180 (W 120) bricht Daimler-Benz mit der bisherigen, aus den 1930er Jahren stammenden Formensprache. Das Ergebnis ist ein stattlicher Mittelklassewagen, attraktiv und aktuell. Wegen seines hohen Verkaufspreises vermag er zwar den 170 S abzulösen, nicht jedoch den deutlich günstigeren 170 V.

fänglichen Irrungen erhalten diese Triebwerke nicht nur im Kopf hängende Ventile, sondern sogar eine obenliegende Nockenwelle.

Die Geschichte wiederholt sich: Zuviel vorgenommen

Im Herbst 1952 ist die Ablösung des 170 V durch den vierzylindrigen W 120 in Sichtweite. Anfang Oktober setzt sich der Vorstand und hier insbesondere Oberbaurat Schmidt kritisch mit der Selbstkostenrechnung des W 120 auseinander und vergleicht diese mit den Aufwendungen für die Typen 170 Vb/Db und 170 Sb/DS. Die Zahlen sind ernüchternd und beweisen, dass der W 120 zu ambitioniert gebaut ist, um preislich auf dem Niveau des 170 V angeboten zu werden.[I] Die Geschichte von 1949 wiederholt sich, als mit dem 170 S statt ein Nachfolger unbeabsichtigt ein zusätzlicher Typ entstanden ist. Erneut steht mit dem 180 (W 120) ein Pkw mit beachtlichen Qualitäten kurz vor dem Produktionsstart, der zu aufwändig geworden ist, um das günstige Einstiegs- und Volumenmodell 170 V zu ersetzen. Dass der W 120 trotzdem gebaut wird, steht allerdings rasch außer Frage, denn er läutet mit seiner topaktuellen Ponton-Karosserie eine neue Mercedes-Benz-Generation ein. Und eine solche tut Not, selbst wenn vorerst noch der alte M 136 aus dem 170 S als Antriebsquelle herhalten muss.

Eine alte Idee als Problemlöser?

Was nun? Keinen preisgünstigen Pkw-Typ mehr anzubieten und damit einen wichtigen Teil der Kundschaft an die Konkurrenz zu verlieren ist unmöglich, zu mager sind die Pkw-Verkaufsergebnisse Ende 1952. Die Winterflaute ist ausgeprägter als üblich und verheißt für das kommende Jahr nichts Gutes, so dass man bereits Kurzarbeitspläne vorbereitet und über Entlassungen nachdenkt. Den antiquierten 170 V mit seiner Karosserie in Gemischtbauweise und der Formensprache aus der ersten Hälfte der 1930er Jahre ein weiteres Mal (und nunmehr auf unabsehbare Zeit) weiterzubauen, scheidet aus. Ebenso den neuen W 120 im Preis auf das erforderliche Niveau zu senken, weil so kein Verdienst mehr übrigbleiben würde. Es bietet sich bloß ein einziger einigermaßen praktikabler Ausweg an, nämlich eine wirklich abgemagerte S-Karosserie mit dem alten, technisch einfacheren und günstigeren Fahrgestell des 170 V/D zu kombinieren und damit einen Zwittertypen zu kreieren. Genau diese Möglichkeit ist in den zurückliegenden drei Jahren mehrfach erwogen, aber stets verworfen worden. Ende 1950 hat ein gleichlautender Vorstoß der Sindelfinger Werksleitung gar zu einer Maßregelung der Initianten durch den Vorstandsvorsitzenden Dr. Wilhelm Haspel geführt. Danach hat sich die Überarbeitung des 170 S Anfang 1952 zum 170 Sb in Richtung einer spürbaren Verbilligung entwickelt, doch letztlich sind die diesbezüglichen Maßnahmen mit Rücksicht auf den Exportmarkt viel zu zurückhaltend ausgefallen, als dass eine zielführende Preissenkung möglich geworden wäre.[I]

Keine große Sache: Die Fahrzeugentwicklung

Die beiden nun geplanten Varianten des Zwittertyps erhalten die hausinternen Arbeitsbezeichnungen 170 VZ (V-»Zwischenlösung«) für den Benzin- und 170 DZ (D-»Zwischenlösung«) für den Dieselwagen. Die Werksleitung in Sindelfingen gibt bekannt, dass ab dem 10. Februar 1953 ein Musterwagen zur Besichtigung bereitstehe, so dass Ende Februar die Entscheidung über die Serienfertigung getroffen werden könne. Für die notwendigen konstruktiven Anpassungen, die anschließende Optimierung aufgrund der Versuche und Erprobungen sowie die Fertigungsvorbereitung veranschlagt man vier Monate. Ein Produktionsstart mit je 25 Wagen noch im Juli scheint machbar. Ab August lasse sich die Herstellung steil hochfahren, da die bekannte S-Karosserie mit einem Fahrgestell aus langjährig gefertigten Komponenten kombiniert werde, gibt sich Direktor Langheck optimistisch. Bereits zwei Tage später, am 12. Februar 1953 heißt der Vor-

Anmerkung I: Siehe Kap. 9.2, S. 434 und Kap. 10.2, S. 472 ff.

Abb. 0720
Prototyp eines 170 V mit der einfacher ausgestatteten Karosserie des 170 S, 1950/51. An dieses Versuchsfahrzeug erinnert man sich Ende 1952, als klar wird, dass der neue 180 (W 120) zu aufwändig wird, um die Nachfolge des 170 V anzutreten. Unter der Arbeitsbezeichnung 170 VZ/170 DZ wird nun ein solcher Zwitter entwickelt, um ein günstiges Einstiegsmodell anbieten zu können.

stand den Sindelfinger Vorschlag gut und regelt weitere Einzelheiten zur Modellablösung. Insbesondere versucht man Großaufträge für Taxi-Unternehmen – beispielsweise aus Argentinien und Spanien – vom 170 DS auf den vereinfachten Diesel 170 DZ umzubuchen.[2]

Ein Muss: Rechtslenkung für Export und Lenkradschaltung für alle

Der für den Export zuständige Direktor und Vorstand Arnold Wychodil wünscht Anfang Mai 1953 die Fertigung von rechtsgelenkten 170 VZ und 170 DZ, um gute Kunden in Überseeländern mit Linksverkehr damit bedienen zu können. Es existiert zwar eine rechtsgelenkte 170 S-Version, aber Fritz Nallinger macht dennoch auf fabrikatorische Schwierigkeiten und die damit verbundenen Mehrkosten aufmerksam, sollte die Rechtslenkung nun auch noch im neuen Zwittertyp gebracht werden müssen. Die Durchführung der Lenkspindel auf der rechten Motorenseite zum Lenkgetriebe stößt beim Dieselmotor OM 636 wie auch beim Benzintriebwerk M 136 mit seinem Steigstromvergaser auf Raumprobleme, dies im Unterschied zum M 136 III mit Fallstromvergaser, wie er im 170 S verwendet wird. Den Einbau dieses leistungsfähigeren Triebwerks in den rechtsgelenkten 170 VZ lehnt Nallinger strikt ab, da er – zurecht – Begehrlichkeiten der übrigen Kundschaft fürchtet. Vom bisherigen 170 S und Sb sind bis Anfang Mai 1953 ungefähr 1 400 Rechtslenker gefertigt worden. Wychodil schätzt den Rechtslenker-Bedarf für den Rest des laufenden Jahres auf 300 bis 400 Wagen.

Aus kalkulatorischen Gründen müsste der neue Einstiegstyp mit Stockschaltung versehen werden. Doch Nallinger setzt die Umstellung auf Lenkradschaltung durch, da sich Gesprächspartner in Italien und der Schweiz übereinstimmend geäußert haben, dass eine Stockschaltung den Wagen auf wichtigen Exportmärkten unverkäuflich mache. Eine Terminverzögerung beim Serienanlauf ist dadurch nicht zu befürchten, hingegen ist man bestrebt, den Mehrpreis für die Lenkradschaltung von 65 DM pro Wagen an anderen Stellen einzusparen.[3]

Wie soll man das Zwitterpaar nennen?

Am 18. August 1953, die Fertigung des neuen Typs W 120 und der Zwillinge 170 VZ/DZ ist mit leichter Verzögerung Ende Juli angelaufen, teilt Nallinger den wichtigsten Herren in Untertürkheim und Sindelfingen die endgültigen Typenbezeichnungen schriftlich mit. Diese lauten auf 170 S-V für den Benziner und 170 S-D für den Diesel. Eilends müssen

Baureihe	Arbeitsbezeichnung	Bisher vorgesehene externe Verkaufsbezeichnung	Bisher vorgesehene interne Verkaufsbezeichnung	Neue, ab 18.08.1953 gültige Verkaufsbezeichnung (Typenbezeichnung)	Charakterisierung
W 136 VIII	170 VZ	170 V	170 Vc	170 S-V	Zwittertyp mit Benzinmotor
W 136 VIII D	170 DZ	170 D	170 Dc	170 S-D	Zwittertyp mit Dieselmotor
W 120	-	170 S	170 Sc	180	Neuer Typ mit Ponton-Karosserie und Benzinmotor

Anmerkung I: Notiz »Betr. endgültige Festlegung der Typenbezeichnungen«, 18.08.1953 (Archiv MBAG). In diesem Schriftstück sind 170 SV und 170 SD ohne Bindestrich geschrieben. Alle folgenden Dokumente, die Werbeschriften und die Modellbezeichnung aus Metall am Heckdeckel der Wagen verwenden jedoch die Bezeichnung 170 S-V und 170 S-D.

alle Druckschriften umformuliert und in einer Sonderaktion die aus Zinkdruckguss gefertigten Typenbezeichnungen für die Montage auf dem Kofferdeckel beschafft werden.[I]

Die Merkmale des 170 S-V und des 170 S-D

Die nun endgültig feststehenden Typenbezeichnungen charakterisieren treffend die beiden neuen Einstiegsmodelle, deren S-Karosserie mit den älteren Fahrgestellen der Modelle 170 V und 170 D zusammengefügt worden sind. Ironie des Schicksals: Von Kleinigkeiten abgesehen entspricht der 170 S-V genau dem W 136 II, der bereits Ende 1938 als 170 V-Ersatz produktionsbereit gewesen und aus mehreren Gründen verworfen worden ist.[II]

Motoren und motornahe Komponenten

Der mit M 136 VIII bezeichnete Benzinmotor des 170 S-V entspricht mit geringen Abweichungen jener Ausführung, die bereits im 170 Vb verwendet worden ist. Diese verfügt demnach über den alten Steigstromvergaser und ebenso über die unterdessen bewährte Nockenwellensteuerung mittels Duplexkette. Vermutlich wechselt man bereits beim Serienstart auf den überarbeiteten Zylinderkopf, der für die Anwendung des M 136 im neuen W 120 verbessert worden ist. Dank einer optimierten Brennraumform mit versetzter Zündkerzenposition lässt sich die Verdichtung leicht auf 1:6,7 erhöhen.[III] Die nominelle Leistung von 45 PS bei 3 600 U/min bleibt unverändert. Wegen des hintenliegenden Treibstofftanks benötigt der S-V eine Benzinpumpe, die mitsamt der Nockenwelle und dem Steuergehäusedeckel mit Pumpenanschluss vom S-Motor übernommen wird. Etwas zwanghaft mutet die gewählte Anlasserbetätigung an. Statt den Anlasser mit Magnetschalter und Druckknopf am Armaturenbrett aus dem 170 Sb zu verwenden, bleibt man beim Anlasser des 170 V ohne Magnetschalter, den man nun mit einer Handbetätigung versieht, wozu unter dem Armaturenbrett ein Knebelgriff mit Rückhalterung, zwei Kabelzüge mit Umlenkhebel und eine Rückzugfeder benötigt werden.[4]

Das im 170 S-D verwendete Dieseltriebwerk OM 636 VIII weicht von demjenigen im 170 Db nur geringfügig ab. Auffällig ist einzig der Auspuffkrümmer mit Mittelabgang aus dem 170 DS. Den leicht abweichenden Treib-

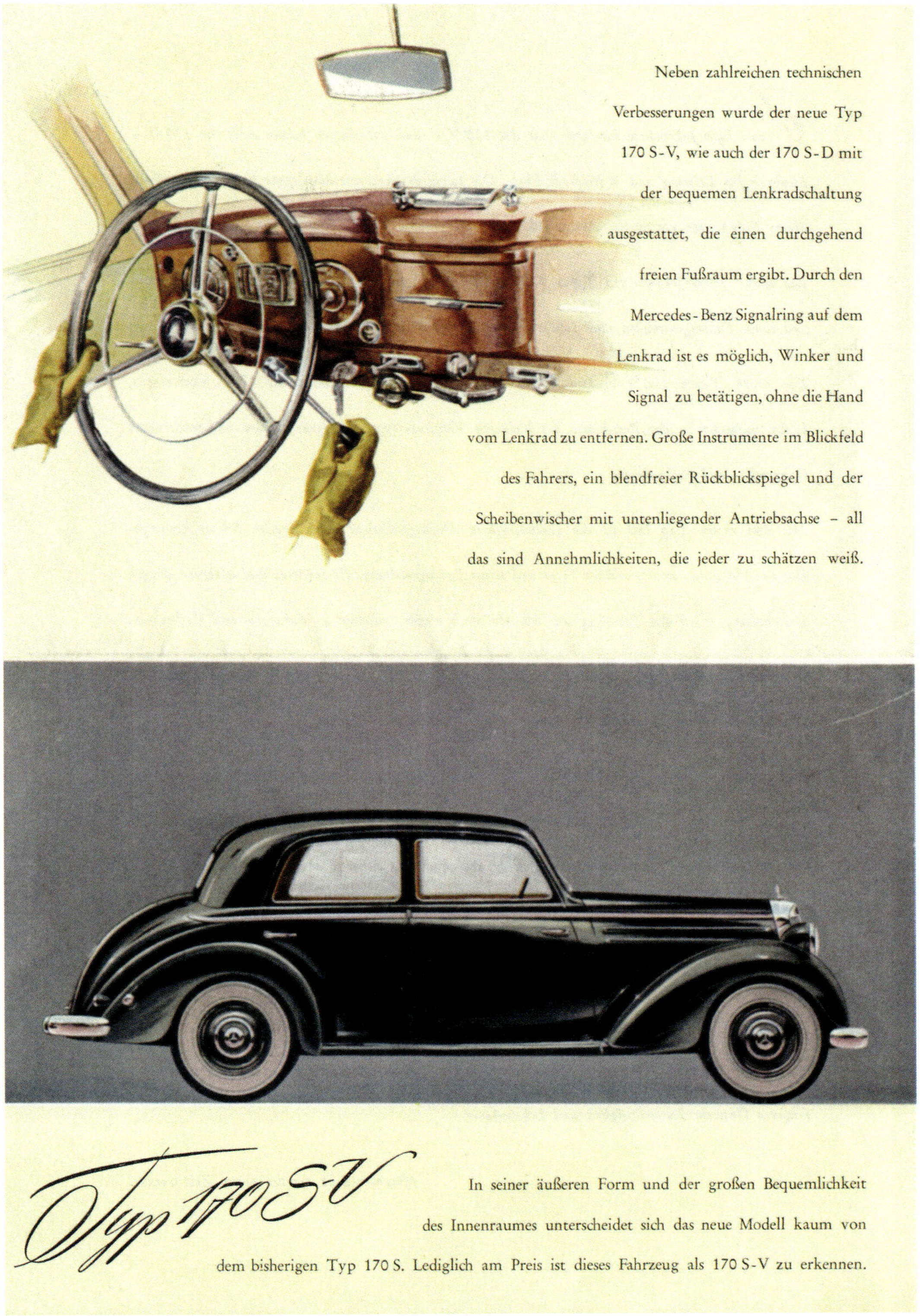

Abb. 0721
Prospekt zum Einstiegstyp 170 S-V, August 1953. Die einfachere Vorderachse und der schwächere Motor aus dem 170 V sind die größten Abweichungen zum nicht mehr angebotenen 170 Sb. Die S-Karosserie ist bescheiden ausgestattet, behält aber die aufwändige Lenkradschaltung.

Anmerkung II: Siehe Kap. 5.1, S. 228 ff.
Anmerkung III: DB-Tabellenbuch Pkw 1957, S. 66 und ET-Vergleich. Diese beiden Aussagen stehen zwar im Widerspruch zu den Motordaten in den meisten Tabellen. Allerdings wurde der M 136 für den Einsatz im 180 (W 120), der gleichzeitig in Produktion ging, nochmals in einigen Details verbessert, so auch im besagten Zylinderkopf.

Abb. 0722 & 0723
Der Einstiegstyp ist sowohl als 170 S-V mit dem 45 PS-Benzinmotor M 136 VIII (oben) und als 170 S-D mit dem 40 PS starken Dieselmotor OM 636 VIII (unten) erhältlich. Beim Diesel sind die beiden 6-Volt-Batterien (in den Spritzwandkästen) in Serie geschaltet, um 12 Volt Bordspannung zu erhalten. Gespart wird an der Stütze der Motorhaube, an den seitlichen Wulsten fehlen die Zierstäbe.

stoff-Feinfilter mit kubischer statt runder Filterpatrone nimmt man indessen nicht wahr.[5]

Die Kühlerblöcke des Diesels und des Benziners unterscheiden sich untereinander und zu den Vorgängermodellen geringfügig. Ihre Lagerung auf dem Rahmen entspricht der Sb/DS-Ausführung, ebenso die Kühlermaske mit Gitter ohne Kurbelloch sowie der sternbekrönte Verschluss mit eingebautem Plattenventil. Die Auspuffanlage des 170 S-D ist weitestgehend unverändert vom DS übernommen worden; jene des 170 S-V benötigt lediglich ein an den älteren Krümmer angepasstes vorderes Rohr. Der Rotstift wird hingegen bei den Hitzeblechen angesetzt, die am Wagenboden nur den Hauptschalldämpfer abschirmen und beim Diesel an der Spritzwand vollständig fehlen.[6]

Rahmen, Fahrwerk und Kraftübertragung

Der Rahmen des 170 S-V ist mit demjenigen des 170 S-D identisch und verfügt am ersten Querrohr über die Befestigungsplatten für die beiden Querfedern der Radaufhängung. Damit ähnelt er im vorderen Bereich dem alten V/D-Rahmen, während der Rest auf die größere Karosserie abgestimmt ist und weitgehend der Sb/DS-Ausführung entspricht. Eingespart werden allerdings die stehenden Blechkeile für die Aufbaubefestigung auf den beiden Konsolen am zweiten Querrohr, die sich offenbar als nicht notwendig herausgestellt haben.

Die Vorderradaufhängung an zwei übereinanderliegenden Querblattfederpaketen wird mitsamt den Achsschenkeln und Radnaben vom 170 Vb/Db übernommen, jedoch weicher abgestimmt und mit einem Lenkungsdämp-

Abb. 0724
Fahrgestell der 170 S-V/S-D, Frontalansicht. Für die Vorderradaufhängung wird auf die einfache Querblattfeder-Konstruktion des 170 V/D zurückgegriffen. Wie bei den späten 170 Sb/DS fehlt an der Kühlermaske das Kurbelloch.

Abb. 0725
Auch die 170 S-V/S-D profitieren von der laufruhigen hypoidverzahnten Hinterachse. In den Schraubenfedern fehlen indessen die kleinen Zusatzfedern des 170 S.

fer versehen, der am inneren Spurstangenkopf und am Rahmen drehbar gelagert ist. Obwohl unterdessen der Typ 220 (W 187) eine Lenkung erhalten hat, die im eigenen Haus konstruiert worden ist und gefertigt wird, bleibt man für den 170 S-V und S-D bei der ZF-Ross-Lenkung 542, mit der alle späten W 136- und W 191-Ausführungen versehen worden sind. Allerdings geht man dazu über, das Gehäuse des Lenkgetriebes mitsamt dem Lagerflansch für die Befestigung am Rahmen in einem Stück zu gießen.

Auch die Kraftübertragung ist vereinheitlicht. Weil beide neuen Einstiegsmodelle mit der Lenkradschaltung des 170 Sb/DS ausgerüstet werden, sieht man sich genötigt, auch deren verbessertes Getriebe mit Sperrsynchronisierung zu verwenden. Die Hinterachse mit Hypoiddifferenzial stammt aus dem 170 DS, ist demnach mit 1:4,125 übersetzt und verfügt über eine Spurbreite von 1 435 mm. Im Frühjahr 1954 werden Antriebskegelrad und Tellerrad von 8:33 Zähne (1:4,125) auf 9:37 Zähne (1:4,11) umgestellt.[7] Eingespart hat man von Beginn an die zusätzlichen Schraubenfedern im Innern der Hauptfedern; an ihrer Stelle sind die ringförmigen Gummipuffer befestigt, die man aus dem 170 V/D kennt. Der 170 S-D und ebenso die Benzinversion 170 S-V rollen auf den althergebrachten, 3,5" breiten 16"-Rädern mit der Reifendimension 5,50-16", statt auf 15"-Rädern wie der 170 Sb. Keine Eingriffe muss die aus dem Sb/DS stammende Bremsanlage über sich ergehen lassen.[8]

Äußeres

Der Aufbau und damit auch das Äußere entspricht grundsätzlich demjenigen der Modelle 170 Sb/DS. Lediglich auf die Chromleisten entlang der beiden Wulste an den Motorraum-Seitenblechen und auf die feine Chromumrahmung der Seitenfenster muss verzichtet werden. Letztere fehlen bekanntlich auch am 170 DS. Die an der Spritzwand mit einem verdeckten Scharnier befestigte Motorhaube erhält eine vereinfachte Halterung ohne Feder, die von Hand ein- und ausgehängt werden muss. Der Kofferraumdeckel, der bereits mit dem Wechsel vom S zum Sb/DS die üppigen verchromten Scharniere zugunsten von innenliegenden, federgespannten Bändern verloren hat, büßt nun den knebelförmigen Verschlussgriff ein. Das neue preisgünstigere Schloss lässt sich nur mit dem Schlüssel betätigen, so dass zum Bewegen des Deckels ein leichter Fingergriff ausreicht. Auffälliger sind die etwas zierlicher gehaltenen Stoßstangen, die denjenigen des 170 Vb/Db entsprechen. Während die vordere unverändert aus dem Regal des Vorgängers entnommen wird, was dank der identischen vorderen Wagenbreite möglich

Abb. 0726 & 0727
Außen unterscheiden sich die 170 S-V/S-D von den 170 Sb/DS durch die 16"-Räder auch beim Benziner, die einfacheren Stoßstangen ohne Hörner, die fehlenden Chromstäbe an den Motorhaubenseiten und entlang der Seitenfenster sowie durch den oft kritisierten mickrigen Heckdeckelgriff.

ist, muss die hintere Stange der merklich ausladenderen Breite angepasst werden. Hörner gibt es nur gegen Aufpreis. Die aus Federstahl gebogenen Stoßstangenträger weichen vorn wie hinten vom 170 Vb/Db ab. Die hinteren sind zudem an der Rahmenverlängerung befestigt und nicht nur an der Karosserie wie beim 170 Vb/Db.

Innenraum

Dass am 170 S-V/S-D der Rotstift angesetzt worden ist, zeigt sich an der Innenausstattung. Die Rücksitzbank bleibt mit ihren wenigen noch vorhandenen Pfeifen gegenüber dem 170 Sb/DS zwar unverändert, die Vordersitze werden indessen nochmals leicht vereinfacht und gleichzeitig körpergerechter geformt. Wie bereits beim 170 Vb/Db und 170 Sb/DS sind die Rückseiten ihrer Lehnen, wie alle übrigen stehenden Flächen der Sitzanlage, mit farblich passendem Kunstleder bezogen. Desgleichen die Türverkleidungen, die hier nun ganzflächig einen Kunstlederbezug zeigen und mit einem Chromstab in einen oberen und unteren Teil geschiedenen sind. Oben zeichnen geometrisch angeordnete Knöpfe ein zeittypisches Rautenmuster, unten bleibt die Bespannung glatt. Es fehlen sowohl die Kartentaschen vorn als auch die Armlehnen und Aschenbecher an den Türen hinten. Bislang ist im hinteren Fußraum sämtlicher 170 V- und S-Modelle Teppich ausgelegt worden; die 170 S-V und S-D weichen mit einem Gummibelag auffällig davon ab.

Die mit dem Sb/DS eingeführte Defrostereinrichtung für die Seitenscheiben mittels kleiner Düsen oben links und rechts am Armaturenbrett ist nicht mehr vorhanden, weil die gesamte Heizungs-Lüftungsanlage vereinfacht worden ist. Immerhin sind die Wärmetauscher nun im Verkaufspreis inbegriffen. Der Scheibenwischer verfügt gar über eine Endabschaltung, doch eine Sonnenblende ist nur fahrerseitig vorhanden und der Innenspiegel nicht abblendbar. Unmittelbar darüber sitzt die von der Wagenmitte hierher versetzte Innenbeleuchtung, was funktionell vorteilhaft ist und zudem Kabel spart. Die ersten 40 Limousinen in Standard-Ausführung und die erste Limousine mit Schiebedach erhalten noch die aus dem Sb/DS bekannten Fensterverkleidungen aus verleimtem Schichtholz. Kaum hat die eigentliche Serienfertigung im Laufe der ersten Augusttage begonnen, kann wie vorgesehen auf Einfassungen aus dunkelbraun eingefärbtem Bakelit umgestellt werden. Dieses Material erlaubt nun die Herstellung der Fensterverkleidungen für die Seitenscheiben als umlaufender Rahmen in einem Stück.[I] Aus

Anmerkung I: Der neue Typ 180 (W 120) verfügt über Fenstereinfassungen aus demselben Material.

Abb. 0728 & 0729
Der 170 S-V/S-D hat nochmals vereinfachte, gleichzeitig körpergerechter geformte Vordersitze. Die Türverkleidungen sind vollflächig mit Kunstleder bezogen und zeigen im oberen Drittel ein zeittypisches Rautenmuster. Kartentaschen, Armlehnen und Aschenbecher hinten fehlen. Statt Teppich liegt auch auf dem hinteren Fußraumboden eine Gummimatte.

Abb. 0730
Am »Arbeitsplatz« – hier eines Diesels – hat sich nichts verändert. Der Knebelgriff des Glühanlassschalters befindet sich links vom Schieber für die Temperaturregelung. Einzig der Griff auf dem Deckel des Handschuhkastens hat eine leicht abweichende Form erhalten und die Fenstereinfassungen sind neu aus Bakelit statt aus Schichtholz gefertigt.

demselben Werkstoff sind auch der Deckel des Aschenbechers oben in der Armaturenbrettabdeckung und die Radioblende gefertigt. Im Kofferraum fehlt nicht bloß der Zwischenboden, sondern sogar die Bodenbedeckung mit einer Gummimatte. Einzig die Pressvertiefungen im Boden sind mit Gummistücken ausgelegt. Im Januar 1954 hat man die diesbezüglichen Reklamationen der Kundschaft satt und bietet den Einbau des Zwischenbodens zum Preis von 27,50 DM an.[9]

▷ **Siehe Band II/Seite 48 f,** Tabelle A 18 Technische Daten: 170 S-V (W 136 VIII) und 170 S-D (W 136 VIII D)

Abb. 0731
Aus dieser Perspektive wirkt der 170 S-V/S-D am ausgewogensten. Stoßstangenhörner vermisst man keineswegs. Doch es ist Fakt: Mitte der 1950er Jahre ist der Wagen formal vollständig aus der Zeit gefallen. Daran ändern auch helle Lackierungen nichts.

Verhaltene Marktresonanz

Die offizielle Markteinführung der Zwitter-Modelle erfolgt zusammen mit dem brandneuen Typ 180 (W 120) anlässlich eines Presseempfangs am 8. September 1953 und am darauffolgenden Tag auf einer Zusammenkunft der Mercedes-Benz-Verkaufsorganisationen in Stuttgart. Zusätzlich zu den inländischen Repräsentanten nehmen an diesem Großanlass Delegierte von Auslandsvertretungen aus 26 Ländern teil, davon neun aus Übersee. Am nächsten Tag starten 297 Wagen zu einer Sternfahrt in die westdeutschen Niederlassungen und Vertretungen an 80 Orten, wo die drei neuen Modelle werbewirksam dem Publikum und der örtlichen Presse vorgeführt werden.[10] Dass dabei der moderne Mittelklassetyp 180 mit seiner ungewohnten Pontonform die Hauptattraktion ist, erstaunt nicht. Über Monate ist dieser neue Wagen, der nun den 170 S (statt den 170 V) ablöst und über den die ausgefallensten Spekulationen kursiert haben, von den Automobiljournalisten und dem interessierten Publikum mit Hochspannung erwartet worden.

Attraktiver Preis: Für einen Erfolg ausreichend?

Bei dieser aufwändig inszenierten Neuheitenpräsentation gehen die 170 S-V und 170 S-D angesichts ihrer vertrauten Form und der bekannt-bewährten Technik beinahe unter. Viel mehr als das dezent vereinfachte Äußere ist es ihr attraktiver Preis, der sie als Nachfolger des 170 V und des 170 D positioniert. Mit 8 300 DM ist der 170 S-V zwar 355 DM teurer als der (ausstattungsbereinigte) 170 Vb, aber doch stattliche 1 200 DM günstiger als der neue 180. Beim 170 S-D, der mit 9 350 DM in der Preisliste steht, ist der Mehrpreis gegenüber dem 170 Db mit 405 DM etwas höher. Entscheidender ist die Ersparnis des 170 S-D gegenüber dem (nicht mehr erhältlichen) 170 DS, die mit 1 685 DM erfreulich großzügig ausfällt. Zudem profitiert das neue Modell vom Umstand, dass eine Dieselausführung des 180 (W 120) noch nicht verfügbar ist.[11]

Vier Tage später zieht man im Vorstand bereits eine erste Bilanz der innovativen Produkteinführung. Generaldirektor Könecke und die beiden Verkaufschefs Staelin und Wychodil zeigen sich sehr zufrieden, auch was die Akzeptanz des Typs 180 mit seiner bei Mercedes-Benz-Wagen bislang unbekannten Pontonform durch das Publikums betrifft; man spricht

Abb. 0732
Wie viele andere Automobilzeitschriften setzt sich die »ADAC Motorwelt« mit dem neuen Mercedes-Benz-Einstiegsduo auseinander. Weil das ADAC-Team den alten 170 V/D als Ausgangslage für die Beurteilung des 170 S-V/S-D nimmt, fällt das Ergebnis für die neuen Einstiegstypen so günstig aus, dass vom Testbericht ein Sonderdruck entsteht. Andere Fachblätter betrachten insbesondere den 170 S-V aus der Warte des 170 S und gelangen zu einem deutlich weniger günstigen Urteil.

von 80% Zustimmung. Von den beiden neuen Einstiegsmodellen startet der 170 S-V ausgerechnet im Inland schlecht, während auf den Exportmärkten der Zuspruch größer ist, insbesondere in Schweden und Belgien. Besser läuft der Verkauf des 170 S-D an, so dass hier die angestrebte Monatsfertigung von 1 250 Wagen tendenziell angehoben werden soll, während 500 im selben Zeitraum gefertigte Benziner schwer abzusetzen sind.[12] Schon Mitte November 1953 drängen beide Verkaufschefs darauf, die Fertigung des 170 S-V zugunsten des 180 zurückzufahren und empfehlen, den neuen Ponton-Typ so stark zu verbilligen, dass beide veralteten W 136 überflüssig werden.[13]

Kritik wird vernehmlicher: Die Stimme der Autotester

Das neue Mercedes-Benz-Einstiegsduo löst in den Automobilzeitschriften und den Motorbeilagen von Tageszeitungen eine erstaunliche Aufmerksamkeit aus, die sich in mehr oder weniger ausführlichen Testberichten niederschlägt. Der Verfasser des Beitrags in der »ADAC Motorwelt« vom Oktober 1953 trifft exakt die Vorstellung der Daimler-Benz-Führungsmannschaft, wenn er die 170 S-V/S-D primär den alten 170 Vb/Db gegenüberstellt und deshalb eklatante Verbesserungen im Raumangebot und den Fahreigenschaften feststellt, aber nur unbedeutende Einbußen in den Fahrleistungen. Die Kombination der bewährten Komponenten führe in Verbindung mit den günstigen Verkaufspreisen zu einem *Mercedes-Benz für Jedermann,* zeigt er sich ganz mit der Aussage von Generaldirektor Fritz Könecke einig. Wenig Gefallen findet der Tester lediglich am fehlenden Zwischenboden im Kofferraum und dem unpraktischen Schloss an dessen Deckel, weiter an der Lage der Innenbeleuchtung, die den Fahrer blende.

Kritischer setzt sich Werner Oswald in »Auto Motor und Sport« Nr. 22/1953 mit dem Fahrzeugpaar auseinander. Er ist sich des Beweggrunds, der zum Bau dieses Zwitterduos geführt hat, sehr wohl bewusst, nämlich die Lancierung eines Wagens unterhalb des auf S-Klasse-Niveau liegenden brandneuen 180 (W 120). Die gewählte Kombination erlaube es Daimler-Benz nun, den alten 170 V in Pension zu schicken, *da er seine Altersgrenze ohnehin lang überschritten hat. Sein Geist aber, anscheinend zur Unsterblichkeit erkoren, soll im 170 S-V weiterleben…,* notiert er sarkastisch. Obwohl Oswald klar ist, wo der 170 S-V verortet werden muss, vergleicht er ihn hauptsächlich mit dem 170 S. So registriert er eine mittelmäßige Beschleunigung, gegenüber dem 170 S schlechtere Fahreigenschaften und

Abb. 0733
Nacktes Blech im Kofferraum. Einzig die Vertiefungen im Blechboden sind mit Gummi belegt. Und der hölzerne Zwischenboden fehlt nicht nur dann, wenn – wie hier – eine »Ersatzradspinne« montiert wird.

einen reduzierten Federungskomfort sowie die spartanische Ausstattung unter Einschluss des nackten Kofferraums mit seinem fummeligen Schloss. Im Vergleich zum 170 V sei der Neue zwar ein Fortschritt, für den Fahrer eines 170 S jedoch eine herbe Enttäuschung. *Nun, die Bezeichnung des 170 S-V als »Mercedes für jedermann«, den Generaldirektor Dr. Könecke gebrauchte, ist schon ein großes Wort, denn auch 8300 DM sind kein Pappenstiel. Immerhin wird dem Kunden für dieses Geld ein solides Gebrauchsfahrzeug geboten und – ein Stern auf dem vertrauten Kühler. Die Treue (der Kunden) aber, das bewies der 170 V bis vor wenigen Monaten, ist kein leerer Wahn,* schließt Werner Oswald seinen Testbericht.

Bilanz: 170 S-V schlecht, 170 S-D erfüllt

Die Hoffnung des Vorstands, mit dem 170 S-V ein attraktives Mercedes-Benz-Einstiegsmodell geschaffen zu haben, erfüllt sich nicht. Je stärker der neue Ponton-Typ 180 nachgefragt wird, desto deutlicher fallen die Verkaufszahlen des 170 S-V zurück. Von August bis Dezember 1953, dem ersten Produktionsjahr, fertigt Sindelfingen im Monatsdurchschnitt 420 Wagen dieses Modells, von Januar 1954 bis zur Produktionseinstellung im Februar 1955 jedoch nur noch rund 70 Fahrzeuge pro Monat. Da vermag selbst die Preisreduktion vom Februar 1954 auf 7 950 DM (– 350 DM) keinen belebenden Einfluss mehr auszuüben. Vom mageren Gesamttotal von 3 122 Fahrzeugen des Typs 170 S-V (W 136 VIII) gehen beachtliche 40,1% ins Ausland. Lediglich 60 teilkarossierte Fahrgestelle für den freien Verkauf sind verbucht, weitere 60 Stück werden zu Krankenwagen mit Lueg-Aufbau komplettiert.[14] Der Flop des 170 S-V ist angesichts der guten Aufnahme des 180 verschmerzbar. Von diesem neuen Typ verkauft Daimler-Benz bereits 1953 gut 4 300 Wagen; 1954 sind es dann über 20 000. Mit dem Zwitter – und zuvor mit dem 170 Vb – hat die Daimler-Benz AG kaum noch Geld verdient.

Für den 170 S-D fällt die Bilanz deutlich günstiger aus. Die überwiegend wirtschaftlich orientierte Diesel-Kundschaft stößt sich weder an der »Buchhalter-Ausstattung« noch am antiquierten Erscheinungsbild des Wagens. Man schätzt hingegen die bewährte Technik, die solide Machart und die für einen Pkw dieser Größenklasse unübertroffene Sparsamkeit. In den fünf Produktionsmonaten des Jahrs 1953 profitiert der 170 S-D davon, dass vom 180 noch keine Dieselvariante im Angebot ist, weshalb im Durchschnitt stattliche 1 300 Exemplare pro Monat die Produktionsstätte verlassen. Selbst im Folgejahr 1954, als der 180 Diesel angeboten und sofort erfolgreich verkauft wird, stößt Sindelfingen vom 170 S-D noch rund 6 000 Exemplare aus (ca. 500 Stück im Monatsschnitt). Hier dürfte sich die Preisreduktion um 450 DM auf nunmehr 8 900 DM günstig ausgewirkt haben, denn für einen neuen 180 D (versehen mit demselben Dieselmotor OM 636) müssen 10 300 DM (also 1 400 DM mehr) hingeblättert werden.

Dass die Fertigung des 170 S-D – zumindest in der teilkarossierten Fahrgestellausführung – schließlich ganze sieben Monate länger aufrechterhalten wird als die des S-V und erst im September 1955 endet, erstaunt nicht. Insgesamt erreicht der 170 S-D (W 136 VIII D) eine Produktionszahl von 14 887 Fahrzeugen, darunter befinden sich 2 966 Fahrgestelle und 121 Krankenwagen mit Lueg-Aufbau. Eine große Bedeutung erlangt der Export: Beachtliche 7 537 Wagen oder 50,6% gelangen ins Ausland, davon allein 5 560 Fahrzeuge oder 37,3% der 170 S-D-Produktion nach Südamerika.[15] Dort, aber auch in mehreren europäischen Ländern, steht der Dieselwagen als Taxi hoch im Kurs. Ein Teil der Auslandswagen wird mit Rechtslenkung versehen, was mit beträchtlichen Zusatzaufwendungen verbunden ist, weil der Ölfilter und die Einspritzpumpe eine durchlaufende Lenkspindel verunmöglicht und deswegen ein Kreuzgelenk eingebaut werden muss.[I]

Eine unbekannte Anzahl von 170 S-D dürfte als Teilesätze – sogenannte CKD (Completely Knocked Down) – in Kisten verpackt die Bundesrepublik Deutschland verlassen haben und in Bestimmungsländern mit hohen Zollhürden oder anderen gesetzlichen Einschränkungen zusammengebaut worden sein.[16] Zu diesen zählt Argentinien, wo 1953 bis zum Sommer 500 komplette 170 S-D als Taxi exportiert werden können. Im Oktober erteilt die dortige Taxi-Gewerkschaft einen Auftrag über weitere 3 000 Wagen, die nun als CKD-Sätze geliefert und in den Werkstätten von Mercedes-Benz Argentina montiert werden.[II] Diese 170 S-D sind *mit etwas verbreiterten Fondsitzen, einer vorderen Sitzbank, Radio, Taxometeruhr usw.* ausgerüstet.[17] Das florierenden Geschäft wird durch den Militärputsch im September 1955 jäh unterbrochen. Zusammen mit Maschinen und 30 Lkw des Typs L 315 behält Daimler-Benz 750 in Kisten verpackte 170 S-D in Sindelfingen zurück. Im Juli 1956 beschließt der Vorstand letztendlich, diese für Argentinien vorgesehenen Wagen anderweitig abzusetzen.[18/III]

▷ **Siehe Band II/Seite 195**
Würdigung E 12: Der Mercedes-Benz 170 S-V und 170 S-D

Anmerkung I: Siehe auch Kap. 9.2, S. 437 und Kap. 10.2, S. 473 f.
Anmerkung II: Zum Export von Wagen in Form von CKD- und SKD-Sätzen siehe auch Kap. 14.1, S. 579–581.
Anmerkung III: Zu Daimler-Benz in Argentinien siehe auch Kruk/ Lingnau, Unternehmen 1986, S. 201–205.

Abb. 0734
Ein 170 S-D vor der Mercedes-Benz-Vertretung in Manila. Das elfenbeinfarbige Lenkrad ist in der Tropenausführung Serie, für die Stoßstangenhörner muss der stolze Besitzer einen Aufpreis bezahlen. Im Verkauf fällt der Benziner 170 S-V durch, der Diesel 170 S-D lässt sich deutlich besser absetzen, nicht zuletzt dank Exporterfolgen.

Abb. 0735
Zwei Pkw-Generationen, über einen Zeitraum von rund zwei Jahren parallel gebaut: 180 (W 120) und 170 S-V (W 136 VIII) um 1954 vor dem wiederaufgebauten Verwaltungsgebäude des Werks Sindelfingen. Die neue Baureihe verkauft sich derart gut, dass 1955 die letzten Ausführungen der legendär gewordenen »170er« aufgegeben werden können. Der Benziner im Februar, der Diesel im September.

600 000
OM 636

12 Die große Welt des kleinen Dieselmotors OM 636
1949–um 1990

Werbeanzeige von Mercedes-Benz Diesel für den OM 636 als Industriemotor, 1962. Das kleine Dieselaggregat, unmittelbar nach dem Krieg aus dem Benziner M 136 des 170 V entwickelt, wird dank seiner universellen Verwendbarkeit zum Verkaufsschlager. Der gleichermaßen robuste wie genügsame OM 636 treibt in aller Welt Pkw, Transporter, landwirtschaftliche Maschinen, Generatoren, Kühleinheiten und Schiffe an.

12.1 Die Daimler-Benz-Pkw-Dieselmotoren bis 1945 – und der Weg dorthin

Es dauert fast drei Jahrzehnte, um aus dem tonnenschweren Ungetüm des ersten funktionierenden Dieselmotors eine brauchbare Antriebsquelle für Nutzfahrzeuge zu entwickeln. Benz & Cie. und die DMG gehören zu den Pionieren des Fahrzeugdiesels und liegen im Wettstreit. Das System von Benz mit der Einspritzung des Treibstoffs in eine Vorkammer obsiegt. 1936 erscheint der Mercedes-Benz 260 D als weltweit erster in Serie gefertigter Diesel-Pkw. Bemühungen, einen noch kleineren Dieselmotor für den 170 V zu entwickeln, scheitern an den Zeitumständen.

Abb. 0736
Dieselmotor Nr. 561 der Grazer Waggon- & Maschinen-Fabriks-Aktiengesellschaft vorm. Joh. Weitzer, 80 PS, 1915. Die ersten Dieselmotoren sind tonnenschwere Ungetüme für den Stationärbetrieb, etwa für den Antrieb von elektrischen Generatoren.

Seit vielen Jahrzehnten sind Dieselmotoren weltweit in schweren Nutzfahrzeugen die Antriebsquelle schlechthin. Auch im Personenwagen ist der Dieselmotor im Laufe der Zeit zu einer Selbstverständlichkeit geworden und hat den Ottomotor in vielen Ländern auf Platz zwei verwiesen. Der Dieselmotor, der sich als Zwei- oder Viertakttriebwerk konzipieren lässt, ist eine Kraftmaschine mit innerer Verbrennung und Selbstzündung. Der Treibstoff wird dabei in den Brennraum eingespritzt, wo sich die Luft durch die vorangehende Kompression so stark erhitzt hat, dass sie den Treibstoff ohne fremde Hilfe zur Entzündung bringt und den Arbeitsprozess auslöst. Der Kraftstoff und die Luft werden erst im Brennraum gemischt. Die Leistungsregulierung erfolgt ausschließlich über die Menge des eingespritzten Kraftstoffs. Der entscheidende Vorteil des Dieselmotors gegenüber dem Ottomotor liegt im deutlich besseren Wirkungsgrad.

Genau um diese Wirkungsgradsteigerung ist es Diplom-Ingenieur Rudolf Diesel (1858–1913) gegangen, der sich nach seinem Studium intensiv in das Gebiet der Thermodynamik eingearbeitet hat. Seine theoretischen Überlegungen und praktischen Experimente haben 1892/93 zu zwei Patenten, einer technischen Schrift und 1897 zum ersten funktionsfähigen Dieselmotor geführt, der in Kooperation mit der Maschinenfabrik Augsburg (später MAN AG) entstanden ist.

Die frühen Dieselmotoren sind tonnenschwere Ungetüme für den stationären Betrieb, wo sie insbesondere die unwirtschaftlichen Dampfmaschinen ablösen sollen. Ihre Verwendung in Verkehrsmitteln folgt anfangs zögerlich. 1903 werden die ersten zwei Flussschiffe mit einem Dieselmotor ausgerüstet, 1910 erhält das norwegische Hochsee-Forschungsschiff »Fram« anstelle der bisherigen Dampfmaschine einen Dieselmotor eingesetzt und fünf Jahre später laufen die ersten dieselelektrischen Eisenbahntriebwagen im Versuchsbetrieb. Früh denkt Rudolf Diesel auch an die Anwendung »seines« Motors im Automobil.

Der Dieselmotor im Automobil: Erste Versuche

Rudolf Diesel und sein enger Mitarbeiter Heinrich Dechamps planen 1905 einen Einzylinder-Dieselmotor für den Einsatz in Personenwagen. Doch die angestrebte Leistung von 5 PS und die für einen Betrieb im Automobil unabdingbar feine Regelung lassen sich mit diesem Triebwerk nicht erreichen. Ähnliche Schwierigkeiten bereitet der nachfolgende Vierzylinder-Dieselmotor, der 1909/10 ebenfalls nach Plänen von Diesel, Dechamps und Gustav Segin (Saurer Arbon) bei der Maschinenfabrik Aktiengesellschaft St. Georgen in St. Gallen auf der Basis eines Saurer 5,7-Liter-Ottomotors für Lkw entsteht.[1]

Das schwerwiegendste Problem für den Einsatz von Dieselmotoren in Straßenfahrzeugen ist die präzise Dosierung des Treibstoffs für jeden Arbeitstakt. Wegen des hohen Verdichtungsdrucks, der für die Selbstzündung erforderlich ist, lässt sich diese zunächst nur mit einer sogenannten Treibstoffeinblasung erzielen. Eine Niederdruckpumpe fördert den Treibstoff in einen Zerstäuber, von wo er mit Lufthochdruck als Nebel in die Zylinder eingeblasen wird und sich dort mehr oder eher weniger kontrolliert entzündet. Das Verfahren erfordert eine Luftpumpe, ist entsprechend bauaufwändig und schwer. Zudem erreicht man damit erst nach Jahren der Entwicklung eine einigermaßen fein abgestimmte Leistungs- und Drehzahlregelung.

Benz & Cie. mit Prosper L'Orange: Der Durchbruch zum Fahrzeug-Diesel

Zur selben Zeit, als namentlich in der Schweiz, in Belgien und Frankreich versuchsweise erste als Fahrzeugmotoren gedachte kleine Dieseltriebwerke entstehen, wird in der Gasmotorenfabrik Deutz im gleichnamigen Kölner Vorort der Versuchsingenieur Prosper L'Orange mit der Entwicklung kleiner, für Fahrzeuge geeigneter Dieselmotoren beauftragt. L'Orange erkennt, dass der Dieselmotor von der umständlichen Treibstoff-Lufteinblasung

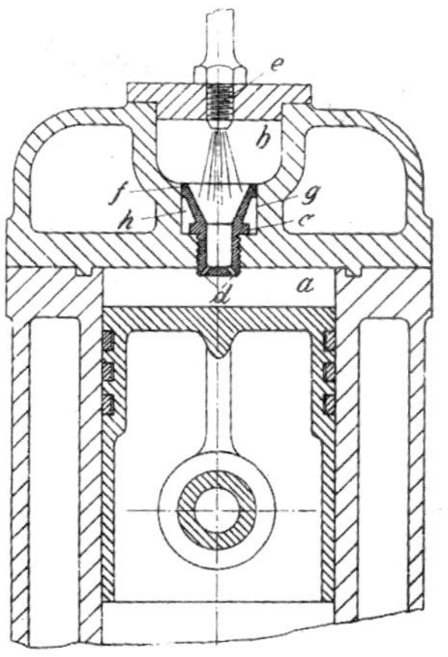

Abb. 0737
Zeichnung der Patentschrift von Benz & Cie. für die Treibstoffeinspritzung in eine Vorkammer im Zylinderkopf, 1909. Damit macht Entwicklungschef L'Orange einen wichtigen Schritt zum schnelllaufenden Dieselmotor.

Abb. 0738
Weltweit erste Anwendung des Dieselmotors mit Vorkammereinspritzung in einem Fahrzeug: Benz 2-Zylinder-Diesel S mit 25 PS, eingebaut im erfolgreichen Benz-Sendling Motorpflug S 6, 1922.

befreit werden muss, wenn dieser mit Erfolg in Straßenfahrzeugen eingesetzt werden soll. Notwendig scheinen ihm folglich der Bau von präzise dosierenden Hochdruck-Einspritzpumpen und entsprechend konstruierten Einspritzdüsen, weiter eine Ausgestaltung des Brennraums, die eine kontinuierlich ablaufende Verbrennung statt der bisherigen »zügellosen Explosion« ermöglicht. Der Verwirbelung des Kraftstoffs kommt dabei eine besondere Bedeutung zu, die L'Orange zunächst durch eine sogenannte Nachkammer zu erreichen sucht, die 1908 patentiert wird.

Im Oktober 1908 wechselt Prosper L'Orange als Leiter des Motorenversuchs zu Benz & Cie. nach Mannheim, wo ihm durch den Bau einer Versuchsmaschine nach seinen Vorstellungen deutlich bessere Arbeitsbedingungen für die Weiterentwicklung des Dieselmotors angeboten werden. Der entscheidende Schritt gelingt ihm mit der Entwicklung der Vorkammer im Zylinderkopf. Dort entzündet sich ein Teil des eingespritzten Gasöls und löst durch den hohen Druck eine Zerstäubung und Verbrennung des restlichen Kraftstoffs im Verbrennungsraum des Zylinders aus. Das Vorkammerprinzip meldet L'Orange im Frühjahr 1909 zum Patent an.

Der Erste Weltkrieg verhindert zunächst weitere Anstrengungen auf dem Weg zum Fahrzeug-Dieselmotor. Nach Kriegsende kann Prosper L'Orange seine Entwicklungen wieder aufnehmen. Motiviert haben ihn die Erfolge, die der schwedische Ingenieur Harry Leissner auf der Grundlage des Benz-Vorkammerpatents zwischenzeitlich mit seinem ELLWE-Motor erreicht hat. Rasch folgen von L'Orange weitere Neuerungen. Bedeutend sind insbesondere der trichterförmige Vorkammerausgang, die Nadel-Einspritzdüse (beide 1919 patentiert) und die stufenlos regelbare, rückdruckfreie Einspritzpumpe (1921 patentiert). Damit hat er mit seiner Mannschaft die entscheidenden Grundlagen für den Bau von kleinen, schnelllaufenden Fahrzeug-Dieselmotoren geschaffen.[2]

Lkw-Dieselmotorpioniere

Benz & Cie. als Sieger im Wettstreit mit der DMG

Die erste kommerzielle Anwendung des Benz-Vorkammerprinzips erfolgt ab 1922/23 mit dem Bau von Benz-Sendling-Motorpflügen und -Ackerschleppern mit Zweizylinder-Dieselmotoren. Zeitgleich experimentiert Benz & Cie. mit einem 5-Tonnen-Lkw vom Typ 5K3, der mit einem Vierzylinder-»Rohölmotor« versehen wird. Dieses Dieseltriebwerk mit der Bezeichnung OB 2 gibt zunächst 45 PS ab; Ende August 1923, als der Motor serienreif ist,

sogar 50 PS bei 1 000 U/min. Die erste ausgedehnte Versuchsfahrt am 10. September 1923 mit vollbeladenem Lkw über 103 Kilometer im hügeligen Gelände des Nordschwarzwalds um Gaggenau herum ist ein voller Erfolg und zeigt die Überlegenheit des Dieseltriebwerks im Kraftstoffverbrauch. Die Ersparnis in Kilogramm Kraftstoff beträgt gegenüber dem identisch starken Benzinmodell 32%. Die Kosten sinken wegen des preisgünstigen Teeröls gar um 86%.

Bei der Einführung des Fahrzeug-Dieselmotors liegt Benz & Cie. im Wettstreit mit der DMG, die seit 1911 ebenfalls an der Dieseltechnik arbeitet, insbesondere, um Motoren verschiedener Leistungsstufen für Boote und Schiffe anzubieten. Doch auch in Untertürkheim blickt man auf eine Verwendung im Lkw. Wenige Tage nach der Probefahrt von Benz fährt ein Daimler-Versuchslastwagen mit 40 PS starkem Dieselmotor werbewirksam vom Werk Berlin-Marienfelde zur Hauptverwaltung nach Stuttgart-Untertürkheim und zurück. Im Unterschied zur Benz-Konstruktion funktioniert der Daimler-Motor allerdings mit der älteren Kraftstoff-Einblastechnik mit Luftkompressor. Unmittelbar nach der Fernfahrt präsentiert die DMG ihren Diesel-Lastwagen auf der Automobilausstellung in Berlin, die vom 28. September bis zum 3. Oktober 1923 am Kaiserdamm stattfindet. Benz & Cie. seinerseits schickt seinen Lastwagen mit Vorkammer-Dieselmotor im Februar 1924 auf die Amsterdamer Ausstellung, wo er von der internationalen Fachwelt stark beachtet wird. Benz spricht im Übrigen bewusst von einem »Rohölmotor«, um sich von der DMG mit ihrem »Dieselmotor« zu unterscheiden. Auf diese Benennung geht auch die bei Mercedes-Benz-Fahrzeugdieselmotoren heute noch gültige Abkürzung OM (= »Oelmotor«) zurück.

Wenige Monate nachdem die DMG und Benz & Cie. ihre Diesel-Lastwagen erfolgreich erprobt haben, verhandeln die Aufsichtsräte und leitenden Exponenten beider Firmen über eine Kooperation, die im Mai 1924 in eine Interessengemeinschaft mit gemeinsamem Vertrieb und koordinierter Modellpolitik mündet.[1] Im Zuge dieser Produktbereinigung entscheiden sich die Verantwortlichen 1925 nach intensiven Auseinandersetzungen, den Lkw-Dieselmotorenbau der künftigen Daimler-Benz AG auf der technischen Grundlage von Benz weiterzuführen, also mit der Vorkammertechnologie nach Prosper L'Orange. Diese ist tatsächlich weit zukunftsträchtiger als das aufwändige Kraftstoff-Einblassystem mit Kompressor, wie es Daimler verwendet.

Auf der Grundlage der Benz-L'Orange-Patente basieren zahlreiche spätere Dieselmotoren anderer deutscher Hersteller, so z.B. solche von Büssing und Hanomag.[3] 40 Jahre hält die Daimler-Benz AG bei ihren Lkw-Motoren am unterdessen perfektionierten Vorkammerprinzip fest, bevor sie auf die sparsamere Direkteinspritzung umschwenkt.

MAN: Der Direkteinspritzspezialist

Im Dezember 1924 tritt MAN als dritte deutsche Firma auf den »Dieselplan« und zeigt auf der Berliner Automobil-Ausstellung ihren 3½-Tonnen-Lkw mit einem 45 PS leistenden Vierzylinder-Fahrzeugdieselmotor, der als Besonderheit mit einer direkten Kraftstoffeinspritzung in die Zylinderbrennräume aufwartet. Die MAN – mit dem Dieselmotorenbau in besonderer Weise verbunden – hat 1915 in Kooperation mit dem Schweizer Nutzfahrzeughersteller Saurer mit dem Bau von Lastwagen begonnen und etabliert sich in den folgenden Jahren und Jahrzehnten als führender Hersteller von Nutzfahrzeug-Dieselmotoren mit direkter Strahleinspritzung. Die direkte Einspritzung in den ungeteilten Brennraum erfordert einen nochmals höheren Einspritz-

Anmerkung I: Ausführlicher in Kap. 1.1, S. 14–22.

Abb. 0739 (linke Seite)
Benz-Lkw-Dieselmotor OB 2 von 1923, Einspritzseite. Der in Gaggenau gefertigte, 50 PS starke Vierzylinder arbeitet nach dem zukunftsweisenden Vorkammerprinzip von L'Orange. Damit sichert sich Benz eine führende Stellung im Lkw-Dieselmotorenbau.

Abb. 0740 (linke Seite)
Werbeanzeige von Benz & Cie. Mannheim, für ihr Motorenprogramm, 1915/16. Zu diesem Zeitpunkt konzentriert sich Benz im Dieselmotorenbau auf Marinetriebwerke. Der Export ist wichtig, auch nach Russland, wie die Paralleltexte in kyrillischer Schrift belegen.

Abb. 0741
Daimler-Lkw-Dieselmotor A D von 1923. Der in Marienfelde bei Berlin gefertigte, 40 PS starke Vierzylinder läuft mit der Kraftstoff-Einblastechnik mit Luftkompressor. Bezüglich Bauaufwand und Verbrauch ist der Daimler-Diesel dem Konkurrenten von Benz unterlegen.

Abb. 0742
Werbeanzeige der DMG, Werk Berlin-Marienfelde, für ihre Schiffsdieselmotoren, 1913. Das Angebot umfasst ein Leistungsspektrum von 60 bis 500 PS.

druck und eine äußerst sorgfältige Abstimmung von Düse und Brennraumform, um eine kontrolliert-ruhige Verbrennung zu erreichen. Weil weder eine Vorkammer noch eine Luftkammer vorhanden ist, sind die Wärme- und Strömungsverluste kleiner und der Motor läuft prinzipbedingt sparsamer.

Mit dem einstigen Partner Saurer erwächst MAN seit den frühen 1930er Jahren nicht in Stückzahlen, wohl aber in der Entwicklung der Direkteinspritz-Dieseltechnologie ein ernstzunehmender Konkurrent, der bald auch als Lizenzgeber auftritt.[4]

Der Dieselmotor auf dem Weg in den Pkw

1922: Der Peugeot »Tartrais«

Die Vorstellung ist verlockend, auch Personenwagen mit Teeröl oder ähnlich billigen, schwer entflammbaren Brennstoffen zu betreiben und so deren Kostenvorteile zu nutzen. Zu jenen Firmen, die früh in diese Richtung denken, gehört Peugeot, die 1922 einen Pkw vom Typ 156 mit einem Schwerölmotor der Bauart Tartrais versieht und auf eine Langstreckentestfahrt von Paris nach Bordeaux und zurück schickt. Der Motor, ein Zweizylinder-Zweitakter mit 18 PS, ist mit seiner Glühkopfzündung jedoch kein echter Diesel. Das Vorhaben wird zwar nicht weiterverfolgt, doch der Motor hat als erstes brauchbares Pkw-Triebwerk, das ohne Vergaser mit schwersiedenden Brennstoffen betrieben wird, seine geschichtliche Relevanz.[5]

Abb. 0743
Mercedes-Benz Lkw Typ L 5 mit 70 PS starkem 6-Zylinder-Diesel OM 5. In der 5-Tonnenklasse führt Daimler-Benz 1928 den Lkw-Dieselmotor ein – nicht ohne anfängliche Probleme, aber letztlich mit Erfolg.

Abb. 0744
Mit dem Acro-Luftspeicherverfahren laufen Dieselmotoren ruhiger, verbrauchen aber mehr. Vertikal- und Horizontalschnitt durch die Einspritzdüse (rechts) und die im Zylinderkopf gegenüberliegende Luftkammer.

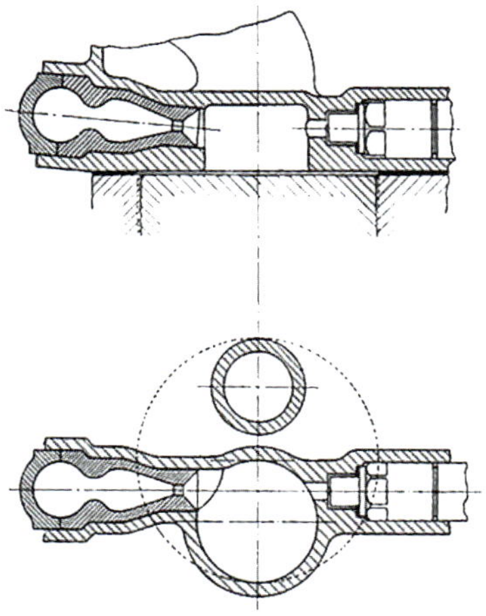

1924: Hermann Dorner

Der möglicherweise erste funktionserprobte Pkw mit echtem Dieseltriebwerk ist der 1924 in wenigen Exemplaren gefertigte Kleinwagen der Dorner Oelmotoren AG in Hannover. Dipl.-Ing. Hermann Dorner konstruiert einen einfachen und leichten Kleinwagen in Standarddisposition mit luftgekühltem, kopfgesteuertem V2-Dieselmotor (770 cm³), der bescheidene 4,5 PS bei 1 000 U/min leistet. Für eine weiterführende Fertigung fehlt die Vermarktung.[6]

Franz Lang und die Robert Bosch AG: Das Acro-Luftspeicherverfahren

Eine besondere Bedeutung erlangt der Ingenieur und frühere MAN-Dieselspezialist Franz Lang mit dem von ihm und der schweizerisch-amerikanischen Acro AG im Laufe der 1920er Jahre entwickelten Luftspeicherverfahren. Das System arbeitet, ähnlich einer Vorkammer, mit einem im Zylinderkopf eingelassenen Nebenbrennraum, der sogenannten Luftkammer. Im Unterschied zum Vorkammerprinzip wird beim Acro-Verfahren der Kraftstoff nicht von außen in den Nebenbrennraum injiziert, sondern im Brennraum selbst von der Gegenseite aus vor diese Luftkammer gespritzt. Durch die dort ausströmende heiße Luft wird der sich entzündende Kraftstoff heftig verwirbelt und kontinuierlich verbrannt. Luftspeichermotoren laufen deshalb weich, was für ihre Verwendung in Personenwagen spricht, sind jedoch deutlich weniger sparsam als direkt eingespritzte. Die Robert Bosch AG erwirbt 1925 die Patentrechte am Acro-Luftspeicherverfahren. In der Folge werden dort unter Leitung von Franz Lang mehrere Pkw-Ottomotoren verschiedener Hersteller zu Dieseltriebwerken umgebaut und zum Teil in Fahrzeugen praxiserprobt. Bosch verfolgt nicht die Absicht, selbst Dieselmotoren zu fertigen, sondern die Kraftstoffeinspritzung durch leistungsfähige und zuverlässige Hochdruckpumpen und Einspritzdüsen zu optimieren.[7] Die diesbezüglichen Fortschritte führen zum Erfolg, 1927 ist die erste Bosch-Dieseleinspritzpumpe serienreif.[8] Daimler-Benz gibt daraufhin die noch unter Benz begonnene Herstellung eigener Hochdruckpumpen auf und bezieht fortan die neusten Bosch-Erzeugnisse.

Abb. 0745
1936 geht der weltweit erste in Serie gebaute Pkw mit Dieselmotor in den Verkauf: Der Mercedes-Benz 260 D (W 138), hier eine Innenlenker-Ausführung. Der 260 D basiert auf dem Typ 200 lang (W 21), dessen 6-Zylinder-Benzinmotor 40 PS leistet. Mit 45 PS sind die Fahrleistungen des 260 D dem 200 ebenbürtig, der Motorlauf trotz nur vier Zylindern erstaunlich ruhig und der Verbrauch so bescheiden, dass die Droschkenfuhrhalter aufhorchen.

Der OM 138: Das Dieseltriebwerk des 260 D

Auch bei der Daimler-Benz AG macht die Entwicklung von Dieselmotoren gute Fortschritte. Meriten holt man sich insbesondere mit dem 1928 eingeführten Lkw-Dieselmotor OM 05, dem weltweit ersten Serien-Lkw-Diesel mit sechs Zylindern. Die Konstruktion von Lkw-Dieselmotoren wird 1930 von Untertürkheim ins Werk Gaggenau zurückverlegt und dort intensiviert. Bald befinden sich mehrere leistungsstarke Lkw-Dieselmaschinen gleichzeitig in der Entwicklung. 1932 startet die Fertigung des Vierzylinder-Diesel OM 59 mit 3,8 Liter Hubraum und 55 PS für den Einsatz im neu konzipierten Leichtlastwagen mit zwei Tonnen Nutzlast, womit Daimler-Benz eine Marktlücke ausfüllt. Unterdessen reicht der nutzbare Drehzahlbereich bis 1 600 U/min, mit Tendenz nach oben.[9]

Kissel will Pkw-Diesel, Nallinger holt fachtechnische Verstärkung

Offenbar initiiert bereits 1931 der Gaggenauer Ingenieur und Direktor Hubert Schulteis erste Versuche mit Dieselmotoren im Pkw.[10] In diese Richtung denken auch der Technikvorstand Dr. Hans Nibel und sein engster Mitarbeiter und Versuchsleiter Fritz Nallinger, die danach trachten, das Diesel-Fachpotential in der Daimler-Benz AG zu verstärken. Nallinger weiß, dass an der Technischen Hochschule Dresden Dr.-Ing. Ekhard Schmidt als Assistent von Professor Dr. Adolph Nägel an Dieselmaschinen forscht und dort über modernste Messtechniken verfügt. Nallinger gelingt es im Spätherbst 1931 eine Zusammenarbeit von Daimler-Benz und der TH Dresden zu erwirken. Ekhard Schmidt führt spezifische Untersuchungen zu den Verbrennungsabläufen in den Daimler-Benz-Vorkammer-Dieselmotoren durch. Im September 1933 wechselt Dr. Schmidt von Dresden zu Daimler-Benz nach Untertürkheim, wo ihm die Versuchsentwicklung von Dieselmotoren anvertraut wird. Eine der drei Aufgaben lautet: *Entwicklungsarbeiten an einem Dieselmotor für Personenwagen.*[11]

Bereits ein halbes Jahr zuvor hat der Vorstandsvorsitzende Dr. Wilhelm Kissel verlangt, sämtliche Personenwagen so auszulegen, dass gegebenenfalls der Benzinmotor gegen ein Dieselaggregat ausgetauscht werden kann.[12] Mit Blick auf das Droschkengeschäft macht er im August 1934 konkret Druck, um den sechssitzigen Typ 200 (W 21) lang, also in der Pullman-Limousinen- oder Pullman-Landaulet-Ausführung, möglichst rasch mit dem geplanten 2,4-Liter-Diesel anbieten zu können.[13] An diesem Triebwerk, das auch für den 1-Tonnen-Lastwagen vorgesehen ist, arbeitet Dr. Schmidt sehr intensiv. Mit im Team ist auch der junge begabte Diplom-Ingenieur Hans Scherenberg. Parallel dazu entstehen in der Motorenabteilung des Konstruktionsbüros weitere Pkw-Dieseltriebwerke unterschiedlicher Größe und technischer Ausgestaltung, die größtenteils als Prototypen baulich umgesetzt und erprobt werden.

Die Anforderungen an einen brauchbaren Pkw-Diesel sind indessen hoch: Die nutzbare Drehzahlspanne muss in die Nähe der Ottomotoren zu liegen kommen, also bis mindestens 3 000 U/min reichen. Der Motor muss weiter über den ganzen Drehzahlbereich ruhig laufen, kontinuierlich und fein regelbar sein und eine ausgeglichene Leistungs- und Drehmomentkurve haben. All dies ist nur mit einer kontrolliert ablaufenden, möglichst vollständigen und sauberen Verbrennung möglich, die sich bei den kleinen Zylindervolumen und den minimalen Einspritzmengen nur sehr schwer erzielen lässt. Der Motor hat trotz der höheren mechanischen Belastung durch den erheblich stärkeren Kolbendruck kompakt in den Abmessungen und akzeptabel im Gewicht zu bleiben. Vibrationen und Schwingungen aufgrund der härteren Verbrennung sind nach Möglichkeit am Motor selbst zu begrenzen und ergänzend mit einer schwingungsdämpfenden Motorlagerung vom Fahrgestell und Aufbau fernzuhalten.

Start mit einem 3,8-Liter-Sechszylinder

Als Ekhard Schmidt Mitte September 1933 seine Arbeit in Untertürkheim aufnimmt, befindet sich dort ein 3,8-Liter Sechszylinder-Dieselmotor auf dem Prüfstand, der bei 3 200 U/min 50 PS leistet.[14/I] Diese mit OM 20 bezeichnete Maschine ist offenbar vom Benzintriebwerk M 20 abgeleitet worden, das sich aktuell in der Entwicklung befindet und den geplanten viersitzigen »Mannheim«-Sportwagen W 20 mit Vollschwingachsfahrgestell motorisieren soll.[15] Als Dieselausführung verfügt der Motor über eine Bohrung von 92 mm, einen Hub von 95,8 mm, eine Verdichtung von 1:17 sowie über sieben Kurbelwellenhauptlager aus Weißmetall. Dieser OM 20 wird zu Versuchszwecken in ein Fahrgestell des Typs »Mannheim« W 10 eingebaut, doch die *Gangart* des Motors sei *sehr hart,* wird berichtet. Versuche im Schwingachsfahrgestell des 290 (W 18) oder des letztlich verworfenen Sport-»Mannheim« zeigen kein günstigeres Bild. Für den anvisierten Verwendungszweck – als Antrieb von Kraftdroschken auf der Basis von

Anmerkung I: Nach Götz, MB-Diesel-Pkw 1979, S. 21, leistete der OM 20 auf dem Prüfstand 80–82 PS bei 2 600–2 800 U/min, was wenig wahrscheinlich ist.

Abb. 0746 & 0747
Der OM 138 ist der erste in Serie gefertigte Pkw-Diesel. Der 2,6-Liter-Vierzylinder mit Vorkammern leistet 45 PS bei 3 000 U/min. Der Gaswechsel erfolgt rechtsseitig: Die Luftansaugung liegt oben, der Auspuff seitlich am Zylinderkopf. Die Einspritzanlage liefert Bosch. Angeflanscht ist ein Dreiganggetriebe mit ZF-Schnellgang (Bild), später eine Viergangbox von ZF.

Mittelklassewagen – ist der Motor zu groß, zu schwer und zu rau. Die geplante Präsentation eines Diesel-Personenwagens auf der Internationalen Automobil- und Motorrad-Ausstellung (IAMA) im Frühjahr 1934 in Berlin muss deshalb fallen gelassen werden.[I]

Der OM 138 entsteht

Unter der Leitung von Oberingenieur Albert Heeß, dem Motorenchef im Untertürkheimer Konstruktionsbüro, wird der Sechszylinder durch die Amputation von zwei Zylindern und vielen weiteren Anpassungen in einen ungefähr 2,4 Liter großen Vierzylindermotor von handhabbaren Abmessungen und akzeptablem Gewicht umgewandelt. Für Schmidt als Versuchs- und Entwicklungsingenieur gilt es an diesem Triebwerk außer der mechanischen Haltbarkeit hauptsächlich das Verbrennungsproblem zu lösen. Für die Verwendung in einem Pkw muss der Diesel manierlich laufen, zudem ist es unabdingbar, die Höchstleistung und den Drehmomentverlauf in ein günstiges Verhältnis zueinander zu stellen.

Seine Dresdner Forschungsergebnisse kann er nun unmittelbar einsetzen. *Ich wusste, daß ein ruhiger Gang zur Voraussetzung hatte, daß bei einsetzender Verbrennung möglichst wenig Kraftstoff eingespritzt wird, und daß die Verbrennung sauberer ist, wenn der Kraftstoff, mit schmalem Strahl eingespritzt, möglichst wenig über die Vorkammer verteilt wird, da sonst bei der kleinen Luftmenge in der Vorkammer bei starkem Luftunterschuss Wasserstoff vom Kohlenstoff abgespalten wird und dieser dann im Hauptbrennraum schwer weiter verbrennt und zum größten Teil als Ruß in den Auspuff geht. Deshalb bei der Vorkammer die Forderung an die Einspritzung: Schlanker Strahl und möglichst verzögerte Einspritzung, bis die Zündung erfolgt. Dann schnelle Einspritzung der Hauptkraftstoffmenge in die schon abblasende Vorkammer. Dazu waren die vorhandenen Einspritzdüsen mit 4° und 8° Strahlwinkel ungeeignet,* schildert Ekhard Schmidt. Bosch entwickelt aufgrund seiner Forderung die 0°-Düse und die Drosseldüse.[16]

Eine zielgerichtete Weiterentwicklung des mit OM 138 bezeichneten Triebwerks ist alles andere als einfach und zieht sich über viele Monate hin, weshalb die Präsentation des Diesel-Personenwagens auch auf der IAMA im Februar 1935 ausbleiben muss. Doch die Optimierung gelingt Schmidt und der Mannschaft im Versuch und in der Konstruktion schließlich erstaunlich gut. Trotzdem kommt es zu einem Störmanöver aus dem Werk Gaggenau. Weil man dort sichergehen will, dass der geplante neue 1-Tonnen-Leichtlastwagen (der nachmalige L 1100) bereits bei Produktionsbeginn mit

Anmerkung I: Schildberger, MB-Fahrzeuge & -Motoren 1978, S. 158 f; Peschel, 260 D 1986, S. 13 f. – Peschel spricht von Versuchen, die in vier *bezüglich der Radaufhängung weit aufwendigeren* Fahrgestellen des W 20 gemacht worden sind. Ein Typ W 20 ist nicht bekannt. Vermutlich handelte es sich um das Vollschwingachsfahrgestell des Typs 290 (W 18), das aufgrund seiner Dimensionen mit entsprechenden Anpassungen für den Einbau des Dieselmotors hätte in Frage kommen können, und das möglicherweise derart angepasst die Bezeichnung W 20 erhalten hat. Über den von Schulteis veranlassten Einbau eines 95 PS starken Lkw-Dieselmotors OM 67 in einen »Nürburg« im Werk Gaggenau (Seherr-Thoss, Autoindustrie 1979, S. 263) sind keine Einzelheiten bekannt.

einem Dieseltriebwerk versehen werden kann und man der Untertürkheimer Diesel-Entwicklung weder in zeitlicher noch in konstruktiver Hinsicht traut, hat man sich vor Monaten zur Konstruktion eines eigenen kleinen Dieselmotors entschlossen, dem OM 70. Der Vorstand macht allerdings klar, dass es nur einen rund 2,5 Liter großen Dieselmotor im Konzern geben werde, und zwar jenen aus Untertürkheim, der sowohl im Pkw wie im leichten Lkw einzubauen sei und an einem einzigen Standort fabriziert werde.[17] Obwohl Technikvorstand Sailer seine klare Haltung zwischenzeitlich etwas relativiert hat und anordnet, dass das für den Dieseleinbau vorgesehene W 21-Fahrgestell in langer Ausführung allenfalls auch den ausladenderen und schwereren Gaggenau-Diesel aufzunehmen in der Lage sein muss, akzeptieren die Gaggenauer Führungskräfte von Jungenfeld und Schulteis letztlich den Untertürkheimer Diesel OM 138.[18] Dieses Triebwerk, dessen Hubraum inzwischen auf 2,55 Liter erhöht worden ist, geht im Frühjahr 1936 in Produktion und wird wie geplant im L 1100 und wenig später im 260 D eingebaut. Allen vorangegangenen Verzögerungen zum Trotz schafft die Daimler-Benz AG damit den weltweit ersten in Serie gebauten Diesel-Pkw.[19]

Technischer Blick auf den OM 138

Der OM 138 ist ein Vierzylinder-Vorkammer-Dieselmotor mit einer Zylinderbohrung von 90 mm, einem Hub von 100 mm (Hubvolumen 2 545 cm³) und einer Verdichtung von 1:20,5. Seine Leistung beträgt 45 PS bei 3 000 U/min. Der obere Teil des zweiteiligen Kurbelgehäuses besteht aus Grauguss, der untere Teil mit angeschraubter und unten verrippter Ölwanne aus Leichtmetall. Um den dieselspezifisch hohen Druck auszuhalten, ist die mit Gegengewichten versehene Kurbelwelle fünffach gelagert, und zwar in Bleibronze-Schalen. Die links unten eingebaute Nockenwelle wird vorderseitig von der Kurbelwelle mittels Zahnrädern angetrieben. Dort setzt ein Zahnradeingriff auch die Bosch-Reiheneinspritzpumpe in Bewegung, in der Mitte der Nockenwelle ein weiterer die Ölpumpe. Die im Gegenstrom-Zylinderkopf aus Grauguss hängend angeordneten Ventile werden über Stößelstangen und Kipphebel betätigt und von einer Haube aus Leichtmetall geschützt. Im Kopf sitzen zudem die stark exzentrisch und schräg angeordneten Vorkammern mit den Einspritzdüsen und den Glühkerzen. Letztere brauchen bloß beim Kaltstart aktiviert zu werden. Die Wasserpumpe ist stirnseitig am Zylinderkopf montiert und wird, wie die rechts unten aufgeschnallte Lichtmaschine, von einem gemeinsamen Keilriemen in Rotation versetzt. Auf der Welle der Wasserpumpe ist zudem das Lüfterrad angebracht. Die Regelung der Einspritzpumpe und damit des Motors erfolgt pneumatisch über eine Drosselklappe im Ansaugtrakt, von wo eine Unterdruckleitung zum Regler führt. Mit einem Gewicht von 300 kg inklusive Nebenaggregate ist der OM 138 kein Leichtgewicht.[20]

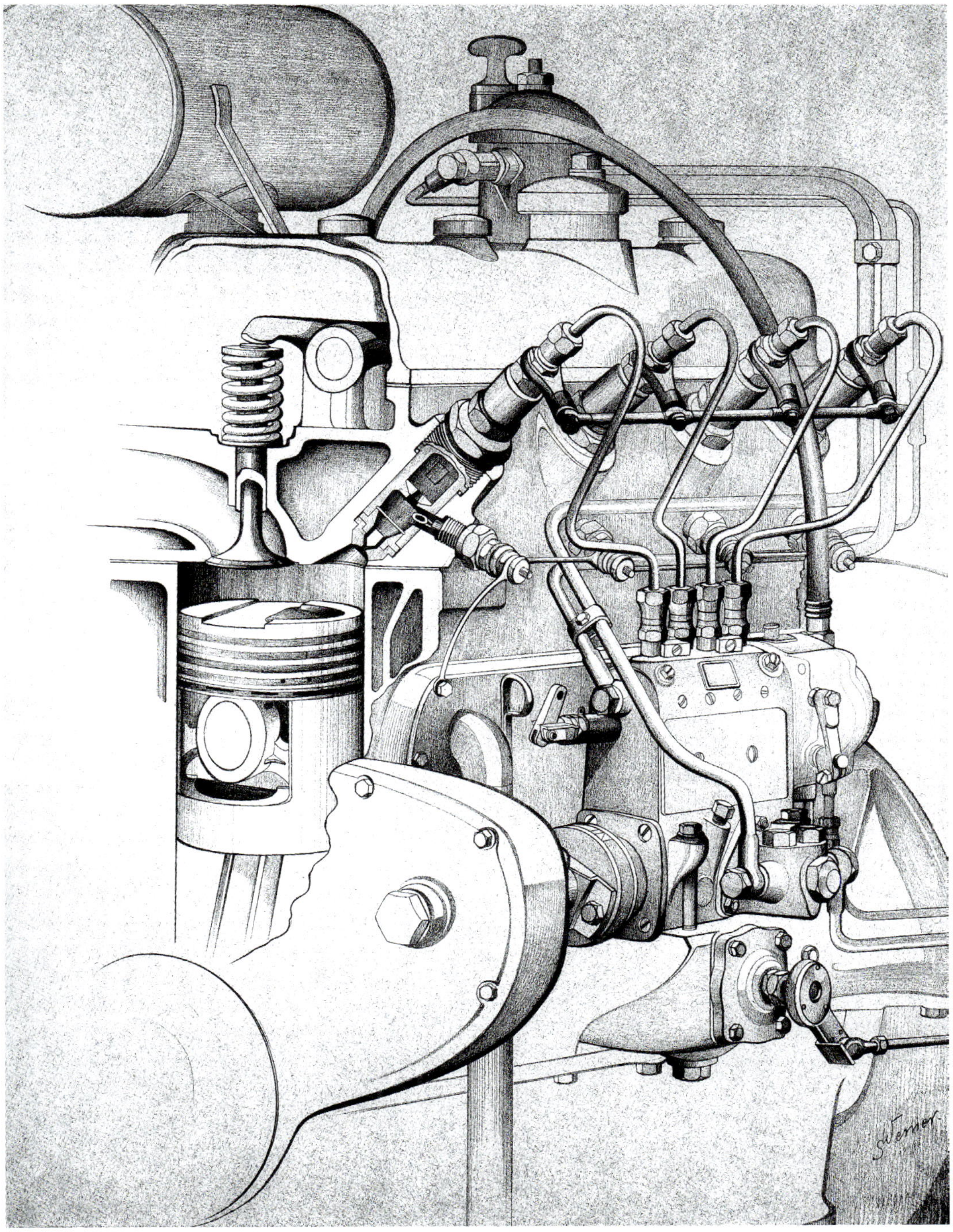

Abb. 0748
Pkw-Diesel OM 138. Hochpräzise Zeichnung mit Blick in Zylinder und Zylinderkopf (Siegfried Werner, um 1936). Die hohe Kompression des Diesels verlangt hängende Ventile. Die Vorkammern mit den Düsenhaltern und Einspritzdüsen sitzen linksseitig schräg im Zylinderkopf. Die Wendel der elektrischen Glühkerzen ragen bis in die Vorkammern und sorgen für einen sicheren Kaltstart.

260 D: Geglückte Präsentation in Berlin, verzögerter Produktionsanlauf

Der Mercedes-Benz 260 D (W 138) wird auf der 1936er-IAMA in Berlin ausgestellt, die vom 15. Februar bis zum 1. März offen steht. Der Diesel-Pkw von Daimler-Benz ist eine der Hauptattraktionen der Ausstellung und sticht die beiden anderen Neuheiten des Konzerns, die Typen 170 V (W 136) und 170 H (W 28) aus. Vom Motor abgesehen entspricht der 260 D weitgehend dem bisherigen 200 (W 21) in Langausführung, insbesondere bezüglich der Aufbauten, die in sämtlichen Ausführungen auch für den Diesel erhältlich sind. Lediglich der Kraftstofftank ist im Heck statt im Motorraum untergebracht und die elektrische Anlage auf 12 Volt umgestellt. Die Fachjournalisten stürzen sich mit Begeisterung auf diese neue Modellvariante und beschreiben in zum Teil langen Beiträgen eingehend die Funktionsweise und den Aufbau des Dieselmotors. Bald folgen ausführliche Fahr- und Testberichte, die sich sehr wohlwollend über den Wagen äußern. Außer der Wirtschaftlichkeit werden die Elastizität, die absolute Betriebssicherheit und der erstaunlich kultivierte Lauf der Dieselmaschine lobend herausgestrichen. Oberhalb von 40 bis 50 km/h sei es auch für geübte Ohren kaum mehr möglich, den Motor als Diesel zu erkennen.[I]

Doch noch immer sind zu diesem Zeitpunkt die letzten Hürden zum Serienstart nicht überwunden. Kissel hält Mitte Juli 1936 fest, der 260 D sei unter allen Umständen fertigzumachen. *Niemand dürfe sich an dem Wagen irre machen lassen durch Stimmen, welche besagen, dass dieser Wagen besser wieder aufzugeben sei,* motiviert er die Betroffenen und bringt damit zum Ausdruck, dass auch firmenintern nicht wenige Skeptiker über den 260 Diesel lästern. Einige Wochen zuvor hat man den OM 138 in all seinen Eigenschaften mit einem 2,75 Liter großen Perkins-Diesel verglichen und wähnt sich glücklich, dass das eigene Produkt deutlich besser abschneidet. Die Fertigung des 260 D setzt schließlich im August ein. Allen positiven Pressestimmen zum Trotz hält sich das Kaufinteresse in engen Grenzen.[21] Bis zum Jahresende entstehen lediglich 55 Wagen. Doch als der 260 D ab Mai des Folgejahrs 1937 die verbreiterte Karosserie erhält, die neu auch für den 230 (W 143) verwendet wird, steigt die Produktion trotz des happigen Preises um das Sechsfache. Bis 1940 haben immerhin fast 2 000 Diesel-Pkw das Werk Untertürkheim verlassen. Der weitaus größte Teil trägt einen Pullman-Aufbau und steht als Droschke im Einsatz.[22]

Die Daimler-Benz-Dieselversuche für kleinere Wagen

Exakt zwei Jahre vor dem Produktionsstart des 260 D, am 10. August 1934, findet in Friedrichshafen am Bodensee eine Besprechung zum Mercedes-Benz-Pkw-Programm statt, zu der Wilhelm Kissel auch einige führende Herren außerhalb des Vorstands aufgeboten hat. Auf der Tagesordnung steht auch die Verwendung des Dieselmotors im Personenwagen. Man beschließt:

a) Mit Rücksicht auf das Droschkengeschäft ist der Sechssitzer-2-Liter-lang möglichst sogleich auch mit 2,4 ltr.-Dieselmotor vorzubereiten.

b) Das Volkswagen-Problem ist von unserer Seite auf dem Wege verbilligter Wirtschaftlichkeit durch den 1,3 Ltr. Dieselmotor anzupacken.[23]

Der künftige OM 138 für den 260 D ist folglich nicht der einzige Pkw-Dieselmotor, der sich bei Daimler-Benz bereits 1934 in der Entwicklung befindet. Mehrere Motorenkonstrukteure unter Leitung von Oberingenieur Heeß arbeiten bereits an zwei weiteren, nunmehr kleineren Dieseltriebwerken. Ihre Konzeption und Konstruktion, die Erprobung auf dem Prüfstand und in passenden Wagen liegen in der Verantwortung von Technikchef und Vorstand Hans Nibel und nach dessen Tod in der Kompetenz von Nachfolger Max Sailer.

Zu einer geplanten, also auf die Tagesordnung gesetzten Vorstandsdiskussion über diese kleinen Dieseltriebwerke oder gar zu einem Beschluss, eines davon zur Serienreife weiterzuentwickeln und in die Fertigung zu überführen, kommt es indessen nicht.

OM 134: Der Dreizylinder-Diesel

Die Konstruktion dieses Motors wird mit Blick auf den Heckmotor-Kompaktwagen Typ 130 (W 23) in die Hand genommen, der im Februar 1934 auf der IAMA Berlin die fortschrittsgläubige Fachwelt begeistert. Von diesem Wagen, der preislich unterhalb des 170 (W 15) angesiedelt ist, erwartet der Vorstand hohe Absatzzahlen, die mit einem wirtschaftlichen Dieselmodell zusätzlich beflügelt werden könnten.

Noch scheut man sich, die Zylindergröße beim Diesel stark zu verkleinern. Als Kompromiss entsteht deshalb der OM 134, ein Dreizylindertriebwerk mit den Zylinderabmessungen (88 × 96 mm) des damals erst 2,35 Liter großen OM 138. Auch äußerlich sieht dieser Motor beim flüchtigen Hinsehen aus wie ein OM 138, der um einen Zylinder eingekürzt worden ist. Allerdings stecken die Einspritzdüsen von schräg unten statt von schräg oben im Zylinderkopf, was eher auf die Ausbildung des Brennraums als Wälzkammer statt als Vorkammer schließen lässt. Bei 1 752 cm³ Hubraum leistet die Maschine 30 PS bei vergleichsweise hohen 3 600 U/min (17,1 PS/l). Dank der reduzierten Abmessungen passt das Triebwerk ins Heck des 130 (W 23); zum Gewicht fehlen Angaben. Im Sommer 1934 finden Testfahrten statt, die aber angesichts des ungünstigen Schwingungsverhaltens nicht befriedigen können.[24]

Die enttäuschenden Verkaufszahlen des 130 (W 23) zeigen, dass der Heckmotortyp nicht zum Mercedes-Benz-Volumenmodell aufsteigen wird, sondern rasch ein günstiger »Ausweichtyp« in Standard-Disposition folgen muss. In einem frühen Versuchswagen dieses schließlich 170 V genannten Modells – damals noch mit 1,6 Liter großem Vierzylindermotor und je zwei Schraubenfedern pro Hinterachshälfte versehen – wird der Dreizylinder-Diesel ebenfalls versuchsweise eingebaut, doch die Beurteilung fällt nicht positiver aus als beim Heckmotorwagen.[25]

OM 141 und OM 141 I: Zwei Varianten des kleinen Vierzylinder-Diesels

Mit dem neuen designierten Volumenmodell in Standardbauweise – dem künftigen 170 V – entfällt die Notwendigkeit einer möglichst geringen Einbaulänge und damit die Legitimation für einen Dreizylinder, der sich in den Wagen als zu raubeinig erwiesen hat. Aus diesem Grund folgt 1935 ein Vierzylinder-Dieseltriebwerk, das die Bezeichnung OM 141 trägt. Im konstruktiven Aufbau entspricht es dem OM 138, auch was die Position der Einspritzdüsen von schräg oben betrifft, in den äußeren Abmessungen fällt es jedoch bescheidener aus (Höhe ab Kurbelwellenachse 485 mm statt 549 mm, also minus 64 mm). Mit 1 749 cm³ (80 × 87 mm) ist diese neue Maschine im Hubraum mit dem dreizylindrigen M 134 praktisch identisch, erreicht allerdings mit 35 PS bei 3 000 U/min eine deutlich bessere Leistung (20 PS/l) und verfügt so über das Potenzial der gleichzeitig nach dem Vorbild des M 23 entwickelten 1,6-Liter-Vergasermaschine. Die Ergebnisse der 1935 durchgeführten Fahrversuche mit dem OM 141 in einem frühen W 136-Versuchswagen sind nicht bekannt.[26]

Anmerkung I: Siehe bspw. Mercedes-Benz »260 Diesel«, Prüfbericht A Nr. 184, »Motor und Sport«, Heft 37 vom 12.09.1937; »Die AAZ fährt Mercedes-Benz Diesel«, Nr. 22/1937.

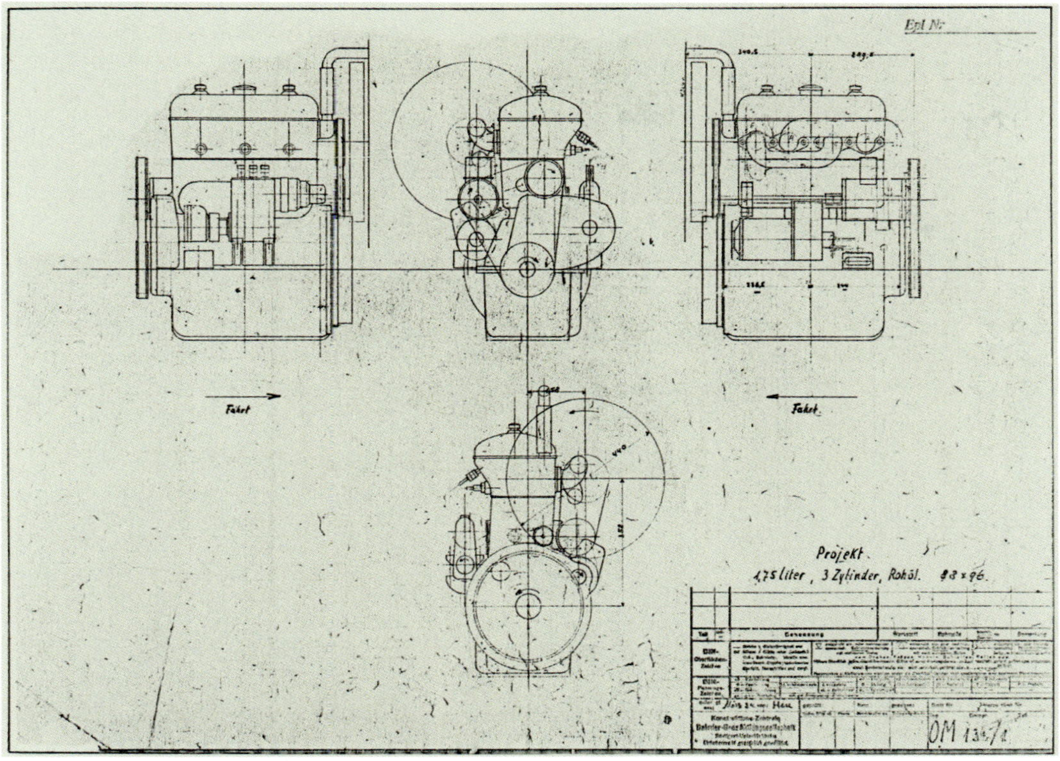

Abb. 0749
Einbauzeichnung des 1,75 Liter großen Dreizylinder-Dieselmotors OM 134, März 1934. Die Abmessungen sind kompakt, insbesondere die Länge. Dies ist nötig, weil der Einbau des 30 PS starken Selbstzünders im Heckmotorwagen 130 (W 23) geplant ist.

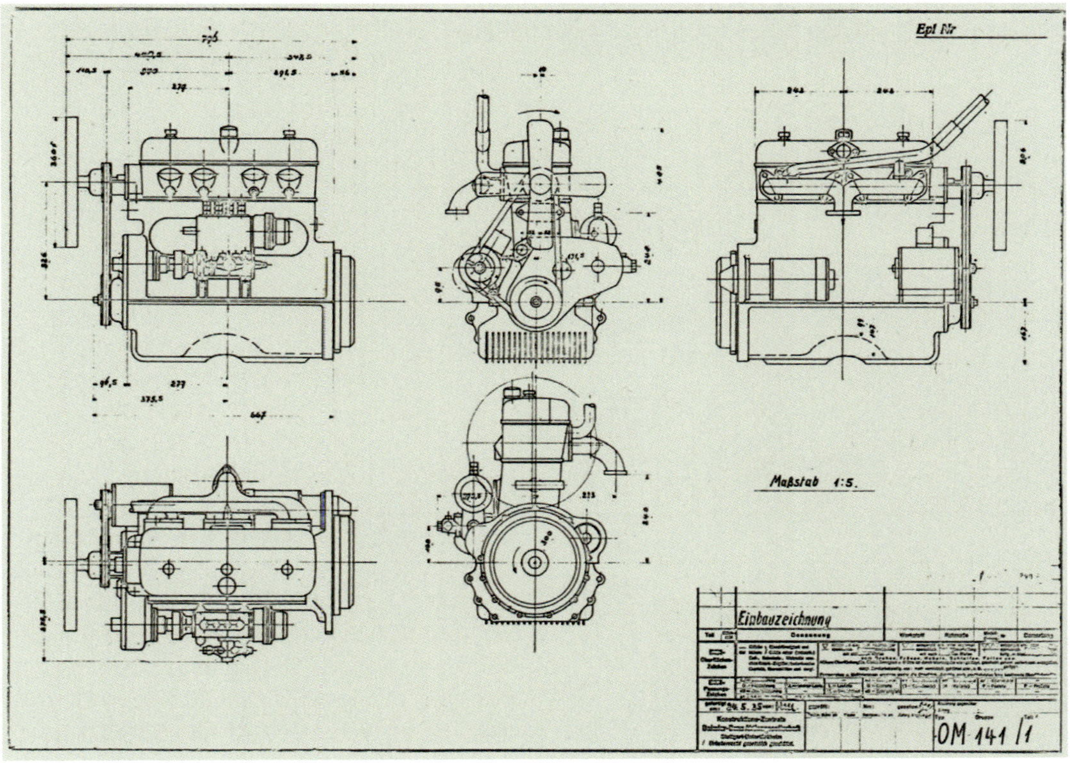

Abb. 0750
Einbauzeichnung des 1,75 Liter großen Vierzylinder-Dieselmotors OM 141, Mai 1935. In der Länge übertrifft der OM 141 den OM 134 zwar um 144 mm, ist aber immer noch kompakt. Das 35 PS leistende Aggregat kommt für den Einbau im »Ausweichtyp« W 136 – dem nachmaligen 170 V – in Frage, braucht dafür aber eine anders geformte Ölwanne als die dargestellte.

Mit demselben Motorblock lässt sich auch eine auf 1 901 cm^3 (82 × 90 mm) erweiterte Version mit der Bezeichnung OM 141 I bauen, die 40 PS bei ebenfalls 3 000 U/min erreicht (20,4 PS/l) und leistungsmäßig mit dem 1 961 cm^3 großen Sechszylinder-Benzintriebwerk M 21 des Mittelklassetyps 200 (W 21) gleichzieht. Ob dieser 1,9-Liter-Diesel wirklich als Alternative zum 5 PS stärkeren OM 138 im langen Fahrgestell des 200 (W 21) gedacht ist, bleibt offen. Jedenfalls dienen vermutlich Wagen dieses Typs als Basis für Praxiserprobungen, die gegen Ende des Jahres 1935 stattgefunden haben müssen.[27/II]

Stagnation im Pkw-Dieselmotorenbau bei Daimler-Benz?

Die Konkurrenz schläft nicht: Pkw-Dieselmotoren auf dem Vormarsch

Die Verwendung des Dieselmotors im Pkw beschäftigt indessen nicht bloß die Daimler-Benz AG. Auf derselben IAMA 1936, wo die Untertürkheimer mit Stolz ihren 260 Diesel vorführen, präsentiert die Hannoversche Maschinenbau AG den bekannten Typ Hanomag Rekord mit einem Vierzylinder-Dieselmotor von nur 1 640 cm^3 Hubraum, der immerhin 32 PS leistet. Es handelt sich nicht etwa um ein Studienobjekt, sondern Hanomag hegt konkrete Produktionsabsichten. Allerdings verstreichen noch fast zwei Jahre, bevor die Serienfabrikation starten kann, und zwar mit einem letztlich auf 1 910 cm^3 gebrachten Motor, der 35 PS bei respektablen 3 500 U/min abgibt.[28]

Die im Dieseltriebwerksbau innovative Saurer AG aus Arbon (Schweiz) verzichtet entgegen ihrer ursprünglichen Absicht darauf, ihren Plymouth 6 De Luxe mit Saurer-Dieselmotor PD auf der IAMA 1936 auszustellen, zeigt den Wagen mit der bemerkenswerten Maschine jedoch im selben Jahr in New York. Der bereits im Vorjahr gefertigte schnelllaufende Sechszylinder-Pkw-Diesel hat 3,6 Liter Hubraum und leistet 74 PS bei 3 000 U/min. Bemerkenswert sind die Saurer-Direktein-

Anmerkung II: Das Typenblatt des 190 D genannten Wagens beschreibt als Basis einen W 143; 1935 kann es sich dabei bestenfalls um einen Versuchswagen gehandelt haben.

Abb. 0751 & 0752
1,9-Liter-Vierzylinder-Dieselmotor von Hanomag, hier mit abgenommener Zylinderkopfhaube und fehlenden Einspritzleitungen (oben). Das Triebwerk leistet 35 PS bei 3 500 U/min, wird ab 1938 serienmäßig gefertigt und im 170 V-Konkurrenten Hanomag Rekord (unten) angeboten. Auch hier ist Bosch Lieferant der Einspritzanlage. Der erste Hanomag Rekord Diesel steht bereits auf der IAMA 1936. Im Unterschied zum Mercedes-Benz 260 D, der sofort bestellt werden kann, dauert es bei Hanomag noch zwei Jahre bis zur Serienreife.

Abb. 0753 (rechte Seite)
Saurer-Diesel CBD, Mitte 1936. Der 2,4-Liter-Vierzylinder mit 4-Ventiltechnik und Direkteinspritzung leistet 50 PS bei 3 000 U/min und ist dank Alu-Block 30 kg leichter als der schwächere OM 138. Unter den zahlreichen Pkw-Dieselprojekten der 1930er Jahre sticht die kleine Motorenreihe der Adolph Saurer AG in Arbon (Schweiz) besonders hervor.

Abb. 0754 (rechte Seite)
Schnittmodell durch einen typischen Sauer-Dieselmotor (Typ CVD) der mittleren 1930er Jahre: Direkteinspritzung mit Verbrennungsraum im Kolbenboden (Ringverwirbelung), vier Ventile je Zylinder und zentral angeordnete Einspritzdüsen sorgen für sensationell niedrigen Verbrauch.

spritzung mit im Kolbenboden eingelassenem Verbrennungsraum und Ringverwirbelung, die kettengesteuerte Nockenwelle, welche vier Ventile pro Zylinder betätigt sowie die automatische Spritzmomentverstellung. Ausgedehnte Vergleichsfahrten mit einem Diesel- und einem Benzin-Wagen des gleichen Typs belegen den ruhigen Lauf des Selbstzünders und den sensationell günstigen Verbrauch (7,55 l Dieselöl statt 13,4 l Benzin auf 100 km). Mitte 1936, als Daimler-Benz die Fertigung des 260 D startet, steht in Arbon eine ganze Typenreihe an neuen schnelllaufenden Dieselmotoren bereit, die mit einem kleinen 2,4-Liter-Vierzylinder mit 50 PS bei 3 000 U/min (Typ CAD) beginnt. Obwohl auf kompaktere Abmessungen und einfachere Fertigung geachtet wird, bleiben sämtliche fortschrittlichen Konstruktionsmerkmale unter Einschluss der Spritzverstellung erhalten. Dank Leichtmetallblock (mit nassen Graugussbuchsen) wiegt der kleinste Saurer-Diesel 30 kg weniger als der 5 PS schwächere OM 138. Gefertigt werden in der Folge zurückhaltend bis stärker gedrosselte Motoren für eigene und fremde Kleinlastwagen, Transporter und Traktoren.[29]

Von entwicklungsgeschichtlicher Relevanz ist weiter der Peugeot-Pkw-Dieselmotor HL 50, der im Oktober desselben Jahres 1936 auf dem Automobilsalon von Paris vorgeführt wird, und zwar eingebaut in einem MK4-Transporter. Der sehr langhubig ausgelegte Vierzylinder mit 2,3 Liter Hubraum leistet beachtliche 55 PS bei 3 250 U/min, hat einen Zylinderkopf

mit Wirbelkammer (Verdichtung 1:17) und eine seitlich hochliegende, durch eine Duplexkette angetriebene Nockenwelle sowie eine Bosch-Reiheneinspritzpumpe mit pneumatischer Regelung analog dem OM 138 und dem Saurer CAD. Peugeot zur Seite steht die im Dieseltriebwerksbau erfahrene österreichisch-schweizerische Motorenfabrik Oberhänsli in Lochau bei Bregenz (A) und Hinwil (CH), die auch die entsprechende Lizenz vergibt. Der HL 50-Dieselmotor findet in den leichten Peugeot-Nutzfahrzeugen Verwendung.

Die geplante breite Anwendung im Pkw-Typ 402 scheitert zunächst an der französischen Gesetzgebung, die bis 1939 die Nutzung von Dieseltriebwerken in Personenwagen untersagt, und schließlich am beginnenden Krieg.[30]

Treten an Ort: Ein technisches, organisatorisches oder politisches Problem?

Zu Beginn des Jahres 1937 nimmt Daimler-Benz-Konzernchef Kissel das Thema Dieselmotor im Pkw erneut auf. Es ist offensichtlich, dass der seit einem halben Jahr gefertigte Typ 260 D immer noch an Kinderkrankheiten leidet, insbesondere am widerwilligen Startverhalten bei kalter Maschine, das nun aber in Zusammenarbeit mit Bosch dank eines optimierten Vorschaltwiderstands behoben werden kann. Doch Kissel geht es um mehr. Der auf der IAMA 1936 überraschend präsentierte und nun weiterentwickelte Hanomag Rekord mit kleinvolumigem Diesel lässt aufhorchen, ebenso die wiederkehrenden Meldungen und Berichte über technisch innovative und zum Teil bemerkenswert kleine Diesel-Triebwerke anderer Hersteller. Zwar hat sich in den Protokollen der Vorstandssitzungen nirgends der Beweis finden lassen, wonach die Konzernleitung vorsieht, den 170 V alternativ zum Benzintriebwerk auch mit einem Diesel zu versehen. Aber Kissels Vorstellung zielt 1936/37 zweifellos in diese Richtung. *Bei der Konstruktion von kleinen Dieselmotoren für Personenwagen scheint die Hanomag mit ihrem 1,7 Ltr. Diesel weiter zu sein als wir. Bei uns galt doch bisher die Ansicht, dass mit einem Dieselmotor von 2,6 Ltr. die untere Grenze erreicht sei. Es wird daher notwendig sein, den 1,7 Ltr. Hanomag Diesel zu kaufen und zu studieren,* verkündet er bei der Nachlese zur IAMA 1937.[31] Bereits ein paar Wochen zuvor hat er sich über den

Abb. 0755
Saurer-3,6-Liter-Dieselmotor PD, sechs Zylinder, 74 PS, eingebaut im Plymouth 6 De Luxe aus eigener Montage, 1935; hier mit demontierter Zylinderkopfhaube. Messungen ergeben für den Diesel einen Treibstoff-Minderverbrauch von 39,5 bis 46% gegenüber der Serienversion mit 2,8-Liter-Benzinmotor.

vermeintlichen Rückstand der Daimler-Benz AG im Pkw-Dieselbereich echauffiert und droht, wenn der Zusammenarbeitsvertrag mit Porsche zustande komme, werde er ihn beauftragen, *einen billigen Personenwagendiesel zu entwickeln, denn auf den bisher bei uns beschrittenen Wegen wird das Ziel des billigen Diesels wohl nicht zu erreichen sein.*[32]

Mitte Oktober 1937 trifft sich eine Daimler-Benz-Delegation, bestehend aus Fritz Nallinger, Otto Köhler, dem Flugmotorenkonstrukteur Arthur Berger und dem Dieselkenner Ekhard Schmidt, mit dem bekannten britischen Motorenspezialisten Harry Ricardo, der mit dem von ihm entwickelten Ricardo-Comet-Wirbelkammerverfahren Erfolge feiert. Neben einem generellen Gedankenaustausch zu technischen Fragen des Dieselmotorenbaus konzentriert man sich auf die Ausgestaltung der Brennräume.[33]

Im Zuge der Aufrüstungspolitik des »Dritten Reichs« übt das Wirtschaftsministerium gegen Ende 1937 Druck auf die Automobilfirmen aus, ihre Typenvielfalt koordiniert zu reduzieren. Trotz dieser drohenden Einschränkung betont Wilhelm Kissel gegenüber seinen Vorstandskollegen die zukünftige große Bedeutung des Dieselmotors im Pkw. Die Aufgabe bestehe darin, *das Hubvolumen zu verringern, die Leistungen zu steigern und die Konstruktion so auszubilden, daß die Herstellungskosten gleich sind mit denen eines gleichwertigen Benzinmotors.*[34] Doch es bleibt bei dieser hehren Absicht. Hat schon in den zurückliegenden Jahren die enorme Fülle an Konstruktions- und Entwicklungsaufgaben zu einer gewissen Verzettelung und zur Marginalisierung des Pkw-Diesels geführt, so hemmt nun zusätzlich die braune Politik mit ihrer Einflussnahme auf das Unternehmen diesbezügliche Anstrengungen. *Von besonderer Wichtigkeit ist nach wie vor die Weiterentwicklung des Pkw-Dieselmotors auch für die kleineren Typen,* ruft Kissel knappe zwei Jahre später in Erinnerung.[35] Drei Monate zuvor hat Hanomag anlässlich der »Rekordwoche« auf dem Autobahnabschnitt

Abb. 0756
Hanomag-Werbeanzeige, 1939. Sie thematisiert die vier Weltrekorde, die das Unternehmen im Februar 1939 mit ihrem eigens dafür karossierten Diesel-Pkw aufgestellt hat. Zum Ärger von Daimler-Benz-Chef Kissel ist Hanomag damit in aller Munde, während sich beim Thema »Dieselmotor im Pkw« in Untertürkheim schon längere Zeit ein gewisses Treten an Ort bemerkbar macht.

südlich von Dessau mit ihrem 1,9-Liter-Diesel-Rekordwagen vier Geschwindigkeits-Weltrekorde aufgestellt. In Untertürkheim ist man einzig bemüht, den 260 D auf die Fahrgestellbasis mit Ovalrohr des W 153 umzustellen und dem OM 138 eine Leistung von 50 PS abzuringen,[36] was offenbar Schwierigkeiten bereitet und dann unterbleibt.

Ein Jahr später, 1940, – die Kriegserfolge erwecken Hoffnung auf einen baldigen Frieden – arbeitet die Motorenkonstruktion an einem OM 138-Nachfolger mit der Baumusterbezeichnung OM 166, der außer im Pkw ebenfalls für den Einbau im neuen Nutzfahrzeug L/O 1500 vorgesehen ist. Dessen Nutzlast von 1,7 Tonnen und der häufige Anhängerbetrieb würden nach mehr Leistung rufen, als das Triebwerk aktuell herzugeben vermag, wird moniert. Aus diesem Grund sollen die Versuche mit einem Abgasturbolader wieder aufgegriffen werden. Auch für den Pkw wird mehr Leistung gewünscht, weshalb eine *Abwandlung des jetzigen Vorkammerverfahrens* oder gar die Entwicklung eines anderen, neuen Verbrennungsverfahrens erwogen wird.[37]

12.2 OM 636 – der universell einsetzbare Dieselmotor

Unmittelbar nach dem Krieg entsteht auf der Basis des 170 V-Motors M 136 das Dieseltriebwerk OM 636. Obwohl viel Wissen und Erfahrung aus dem Groß-Dieselmotorenbau zur Verfügung stehen, wird es 1949, bis der kleine Diesel ausgereift ist und dessen Produktion an oberster Stelle akzeptiert wird. Der robuste und genügsame OM 636 bewährt sich als Pkw-, Unimog-, Transporter-, Boots-, Industrie- und Einbaumotor hervorragend. Bis ungefähr 1990 entstehen in Deutschland und Spanien rund 700 000 Stück davon.

Abb. 0757
Der Bau von Großdieselmotoren für Eisenbahnfahrzeuge und besonders für die Schnellboote der Kriegsmarine floriert ab der zweiten Hälfte der 1930er Jahre. Hier investiert die Daimler-Benz AG viel in die Entwicklung und Konstruktion, während die Fahrzeugdieselmotoren eher stagnieren.

Abb. 0758 (rechte Seite)
Ein früher OM 636-Versuchsmotor auf dem Prüfstand in Untertürkheim, 1946. Für den kleinen Diesel wird der unveränderte Block des 170 V-Benziners M 136 verwendet. Als unmittelbar nach dem Krieg plötzlich Ingenieurskapazitäten frei sind, beginnen Julius Witzky und Ludwig Kraus mit der Entwicklung eines kleinen Dieseltriebwerks für die 170 V-Liefer- und Pritschenwagen.

Von einem billigen Dieselmotor für den Einbau in *die kleineren Typen* – also in den 170 V – ist ab 1937 bis zur kriegsbedingten Einstellung der Pkw-Produktion 1942 nicht mehr die Rede. Die Weiterentwicklung des OM 141, der dafür in Frage gekommen wäre, wird spätestens 1936 aufgegeben. Ein neues Projekt, das die seither intern wie extern gewonnenen dieselspezifischen Erkenntnisse mitberücksichtigt hätte, kann aufgrund der Zeitumstände nicht mehr angestoßen werden. Ob die Entwicklung des später als OM 636 berühmt gewordenen 1,7-Liter-Diesel mit Blick auf die nahende Niederlage Deutschlands und die darauffolgende harte Besatzungs- und Wiederaufbauzeit trotz Verbot bereits in den letzten Kriegsmonaten aufgenommen worden ist, hat sich bislang nicht klären lassen. Wahrscheinlich ist, dass die Bemühung um ein kleines Dieseltriebwerk erst in der zweiten Jahreshälfte 1945 einsetzt. Ingenieurskapazitäten sind nun genug vorhanden, obwohl viele höhergestellte Fachleute wegen nationalsozialistischer Verstrickungen auf Anordnung der Besatzungsbehörde entlassen worden sind.

Auf der Grundlage des M 136: Der OM 636 entsteht

Aktenkundig ist dieser kleine Dieselmotor OM 636 seit dem Frühsommer 1946.[38] Als sich der Winter ankündigt, laufen erste Exemplare auf dem Prüfstand. Bereits im Dezember 1946 lässt das interimistische Daimler-Benz-Führungsduo Hoppe und Kaufmann – reichlich optimistisch – eine große Anzahl dieses Dieselaggregats zur Produktion einschreiben: Es sind dies *1 500 Dieselmotoren 1,7 Ltr.* für den Einbau in den 170 V Lieferwagen, *300 Tauschmotoren 1,7 Ltr. Diesel 636* und *15 Dieselmotoren M 636* für Testzwecke im künftigen »Unimog«.[39]

Naheliegend: Den Benziner M 136 zum Diesel umbauen

Das neue kleine Selbstzündertriebwerk soll durch die Umstellung eines bestehenden Benzinmotors auf das Diesel-Arbeitsverfahren entstehen, so die konzeptionelle Idee. Einen Ottomotor als Basis für eine Dieselmaschine zu nehmen, ist grundsätzlich naheliegend, wird aber wegen der stärkeren mechanischen Belastung – insbesondere des Kurbeltriebs – durch den wesentlich größeren Druck in Frage gestellt. Gerade der M 136 mit seinen drei statt der fünf möglichen Kurbelwellen-Hauptlagern ist diesbezüglich keineswegs optimal. Dessen sind sich 1945/46 die Untertürkheimer Motorenbauer durchaus bewusst.

Doch wenn die Daimler-Benz AG innerhalb eines annehmbaren Zeitraums über einen kleinen und kostengünstigen Diesel verfügen will, hat sie keine andere Wahl, als dafür den simplen 1,7-Liter-Vierzylinder M 136 aus dem 170 V heranzuziehen, also dessen Motorblock mitsamt dem Kurbeltrieb zu übernehmen und lediglich einen Diesel-Zylinderkopf mit Vorkammern, Einspritzdüsen, Glühkerzen und – zwingend – hängenden Ventilen aufzusetzen. Das klingt einfach, ist es aber nicht. Der Teufel steckt bekanntlich im Detail.

Die mechanische Haltbarkeit zu erreichen ist die eine Aufgabe. Die zweite, die sich erneut als Problem herausstellen soll, liegt im bescheidenen Zylindervolumen, das für eine ordentliche Verbrennung und eine akzeptable Leistung ausreichen muss und dadurch hohe Anforderungen an die Gestaltung der Vorkammer, der Ausformung der Einspritzdüsen und überhaupt der ganzen Einspritzanlage stellt.

Rasch konstruiert, langwierig optimiert

Den größten Einfluss auf die Konstruktion und Entwicklung des OM 636 hat Julius Eugen Witzky, ehemaliger Konstruktionschef der Daimler-Benz Marine- und Schnellboot-Dieselmotoren. Maßgeblich mitbeteiligt ist der etwas jüngere Ludwig Kraus, der seit 1939 unter Witzky ebenfalls Schiffsdiesel konstruiert hat. Beide konnten während des Kriegs an diesen Großmotoren viele wichtige Erkenntnisse gewinnen, insbesondere über die Einspritztechnik und den unmittelbar damit zusammenhängenden Verbrennungsablauf in der Vorkammer und im Zylinder. Dieses Wissen versuchen sie nun in dem ungleich kleineren Pkw-Diesel umzusetzen. Es ist ein langwieriger Prozess, der nahezu vier Jahre dauert und erst allmählich zum Erfolg führt. Tatsächlich gelingt es, mit überschaubaren Eingriffen in die konstruktive

Substanz des Benzintriebwerks M 136 einen mit 38 PS identisch leistungsfähigen, dank seiner ausgeprägt flachen Drehmomentkurve sehr praxistauglichen und gleichzeitig bemerkenswert sparsamen Dieselmotor zu realisieren. Vorausgegangen sind intensive und aufwändige Prüfstands- und Fahrversuche mit ständigen Rückkoppelungen auf die Konstruktion. Man kämpft mit schlechten Starteigenschaften, ungünstigem Drehmomentverlauf, zu hohem Treibstoffverbrauch und rasch verschleißenden Zylinderlaufbahnen sowie überbelasteten Kolbenbolzen. Nervenaufreibend sind die Auseinandersetzungen mit den zuständigen Technikern und Produktionsfachleuchten der Robert Bosch GmbH, welche die hochpräzisen Einspritzdüsen und sensiblen Einspritzpumpen liefern soll, was zunächst an den unzureichenden Fertigungsanlagen in den bombenbeschädigten Produktionsstätten scheitert. Zu den tausenden von Laufstunden auf dem Prüfstand kommen nahezu 400 000 Testkilometer hinzu, welche die zwölf auf den OM 636 umgerüsteten 170 V bis Ende 1947 zurückgelegt haben – ausgestattet mit unterschiedlichen Vorkammerformen, Düsen und Einspritz-Steuerzeiten.

Abb. 0759 & 0760
OM 636, Entwicklungsstand Sommer/Herbst 1946: röhrenförmiger Ansauggeräuschdämpfer, zwei Ventilhauben auf dem Zylinderkopf aus Blech und mit Handrädern festgeschraubt, Befestigung Feinfilter oben am Motorblock, stehender Spaltölfilter.

Von Haspel beinahe versenkt

Nun, als sich Ende 1947 das Dieseltriebwerk allmählich der Produktionsreife nähert, droht neues Ungemach. Der eben ins Unternehmen und an dessen Spitze zurückgekehrte Dr. Wilhelm Haspel schließt eine Produktion des OM 636 kategorisch aus, weil zwei parallel gebaute Motortypen die erst kürzlich wieder angelaufene schwierige Fertigung des 170 V erheblich stören und damit infrage stellen würden. Seine ablehnende Haltung beginnt er erst ein halbes Jahr später zu überdenken, als nach der Währungsreform sichtbar wird, wie groß sich die Schere zwischen dem weiterhin rationierten Benzin und dem preisgünstigeren und einfacher erhältlichen Dieseltreibstoff öffnet.[I] Die Weiterentwicklung wird nun doch vorangetrieben.

Am 10. Mai 1949 ist es endlich so weit: Gleichzeitig mit der Lancierung des 170 S führt die Daimler-Benz AG den kleinen Pkw-Dieselmotor als alternatives Triebwerk im bewährten 170 V ein. Auf der Pressekonferenz in der Firmenzentrale Untertürkheim erläutert Technikvorstand Dr. Fritz Nallinger ausführlich die motortechnischen Eigenschaften und Vorzüge des neuen Mercedes-Benz 170 Diesel. Sein Vortrag ist der Auftakt zur öffentlichen Präsentation dieses Wagens auf der Exportmesse in Hannover. Der 170 D entwickelt sich bald zu einer ernstzunehmenden Modellvariante des altgedienten 170 V und überflügelt diesen im Verkauf rasch und eindrücklich.[II]

Der Dieselspezialist Julius Witzky erlebt diesen Erfolg nicht mehr als Mitarbeiter der Daimler-Benz AG, sondern bereits aus den fernen USA. Dorthin ist der Vater des OM 636 zwischenzeitlich ausgewandert, wo er sich weiterhin mit der Entwicklung von Dieseltriebwerken und weiteren motortechnischen Fragen beschäftigt. Davon zeugen mehrere Patente.[III]

Anmerkung I: Siehe dazu auch Kap. 7.2, S. 348 f und Kap. 8.2, S. 369-371.
Anmerkung II: Siehe dazu auch Kap. 9.1, S. 406-413 und Kap. 9.2, S. 417 ff.
Anmerkung III: 1951 bemühte sich ein Emil Bischoff um die Vermarktung eines US-Patents zum pumpenlosen Dieselmotor von Julius Witzky in der Bundesrepublik Deutschland. Bekannt sind weitere US-Patente von Witzky zum Motorenbau, so von 1953 und 1969. Siehe auch Band II, G Menschen hinter den Wagen, S. 232.

Abb. 0761
OM 636, Entwicklungsstand Anfang 1949: trommelförmiger Ansauggeräuschdämpfer/Luftfilter mit Ansaugrohr und »Fischschwanz« am Kühler, zwei Ventilhauben aus Leichtmetallguss und Hutmuttern, Befestigung des Feinfilters am entsprechend angepassten Steuergehäuse, flexible (statt starre) Treibstoffleitung zur Förderpumpe, horizontal angebauter Spaltölfilter.

Der konstruktive Aufbau des OM 636

Motorgehäuse, Kurbeltrieb und Steuerung

Für den OM 636 wird der unveränderte Grauguss-Zylinderblock des M 136 mit 73,5 mm Bohrung und 100 mm Hub (= 1 697 cm^3) verwendet. Lieferanten sind die firmeneigene Gießerei im Werk Mannheim und zusätzlich das Eisenwerk Brühl (EB) südlich von Köln. Es gibt frühe OM 636, deren Blöcke bereits über gefräste Sitze für die (stehenden) Ventile verfügen, ein untrügliches Zeichen, dass diese Gussteile anfänglich für M 136-Benzintriebwerke vorbereitet worden sind. Die im Gesenk geschmiedete Kurbelwelle mit Gegengewichten ist mit der Benzinausführung identisch, läuft hingegen in ihren drei Hauptlagern auf dünnen Schalen aus Bleibronze. Ebenso die Pleuel, die – wie auch die Kolben – auf die dieselspezifischen Anforderungen abgestimmt sind. Die ursprünglich mit einem Durchmesser von 21 mm vorgesehenen Kolbenbolzen werden nach Brüchen auf 22 mm vergrößert. Am vorderen Ende der Kurbelwelle sitzen das Zahnrad für die Motorsteuerung und die Scheibe für den Keilriementrieb, hinten die Schwungscheibe mit dem Anlasser-Zahnkranz.

Analog dem M 136 befinden sich auf der linken Motorenseite vorn oben die Lichtmaschine und hinten unten der Anlasser, weiter der Öleinfüllstutzen in Verbindung mit der Kurbelgehäuseentlüftung sowie der Ölmessstab. Auf der rechten Seite rotiert wie beim M 136 die dreifach gelagerte Nockenwelle, deren schrägverzahntes Antriebsrad jedoch aus Metall gefertigt ist; weiter befinden sich dort die Diesel-Einspritz- und Förderpumpe sowie die Ölpumpe.

Dieselspezifischer Querstrom-Zylinderkopf

Der größte Unterschied zum Benziner besteht im Zylinderkopf, der den Gaswechsel nach dem Querstromprinzip vornimmt. Der Ansaugkollektor mit dem Luftfilter befindet sich auf der linken Seite, der Auspuffkrümmer sitzt rechts am Zylinderkopf. Die hängenden Ventile werden von der Nockenwelle über lange Stößelstangen und Kipphebel betätigt und laufen in Grauguss-Führungsbuchsen ohne Dichtung. Die Stößel durchdringen jene Öffnungen im Block, die beim Benziner die Führungen der stehenden Ventile aufnehmen. Die unbe-

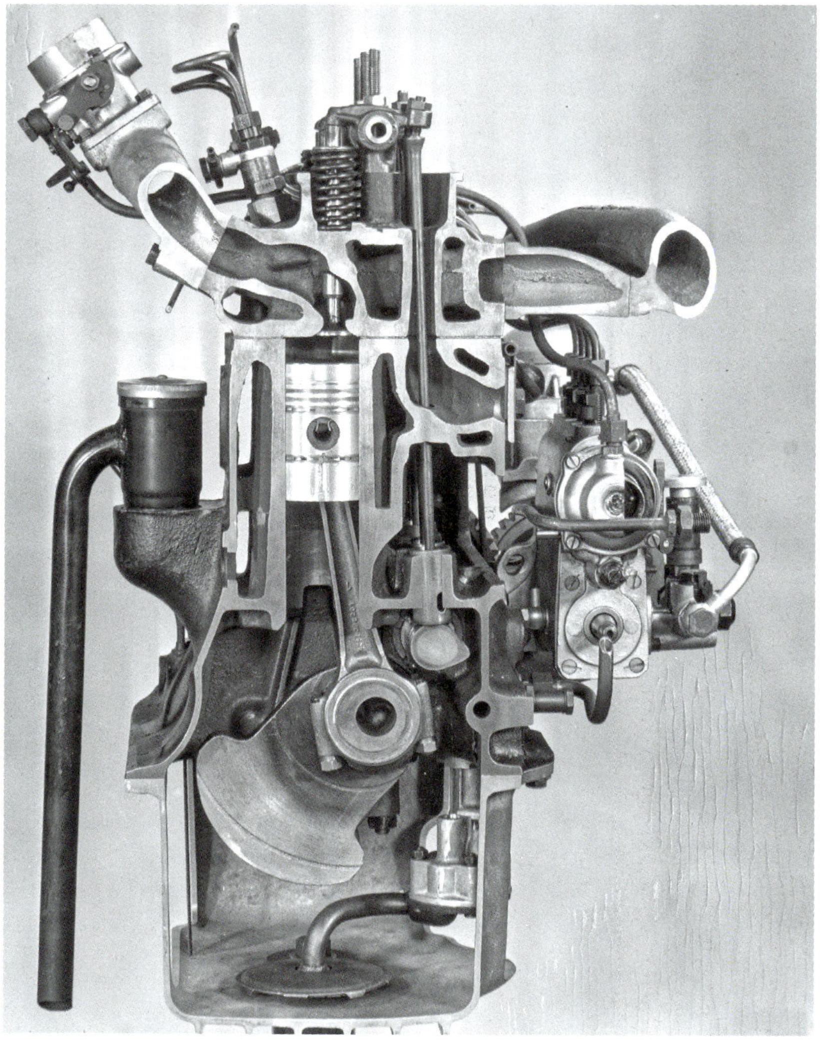

Abb. 0762
OM 636, Schnittmodell »Mitte«: Das Gusseisen-Zylindergehäuse und die Leichtmetallölwanne werden unverändert vom M 136 übernommen. Die nicht verwendbaren Ansaug- und Ausströmkanäle sind mit einer Platte verschlossen. Der Kurbeltrieb braucht einzig Mehrstofflagerschalen statt gegossene aus Weißmetall. Der neue Zylinderkopf hat hängende Ventile. Die Stößelstangen werden durch die Ventilöffnungen geführt. Kein Kompromiss bei der Gasführung: Der Motor »atmet« im Querstromprinzip.

Abb. 0763
OM 636, Schnittmodell »vorn«: Ausgehend vom Nockenwellenantrieb (beim Diesel aus Metall statt Novotex) treibt ein weiteres Zahnradpaar die Förder- und Treibstoffeinspritzpumpe an. Der Feinfilter ist mit einem feinmaschigen Wegwerf-Papiereinsatz versehen.

nutzten Ansaug- und Auspuffkanäle im Block werden außen mit einer aufgeschraubten Stahlplatte verschlossen. Im Unterschied zum OM 138 werden die Vorkammern im Kopf recht steil und annähernd zentral zur Zylinderbohrung eingebaut, weshalb die Glühkerzen seitlich eingeschraubt sind. Ihre Drahtschlaufen müssen nur zum Starten im kalten Zustand zum Glühen gebracht werden. Der Zylinderkopf verfügt über zwei angegossene Aufbordungen für die beiden Abdeckhauben aus Leichtmetall, die jeweils zwei Zylindereinheiten umfassen. Die mit dem Benziner identische Wasserpumpe sitzt in einer Öffnung vorne am Zylinderkopf; sie wird vom Keilriemen angetrieben und trägt den Windflügel.

Die Bosch-Einspritzpumpe wird vom Stirnrad des Nockenwellenantriebs aus über ein zusätzliches Zahnradpaar in Drehung versetzt. Aus diesem Grund weicht der in Leichtmetall gegossene Steuergehäusedeckel erheblich vom Benzintriebwerk ab und ist so ausgebildet, dass er nicht bloß den Feinfilter trägt, sondern auch die ganze Einheit aus Treibstoffpumpe, Einspritzpumpe und Regler. Der Dieseltreibstoff wird folglich von der Pumpe über einen Feinfilter in die Einspritzpumpe gefördert und von dort in der erforderlichen Menge über identisch lange Druckleitungen und Einspritzdüsen in die Vorkammern eingespritzt. Die Einspritzpumpe ist pneumatisch geregelt; auf der linken Motorenseite befindet sich zwischen dem Luftfilter und dem Ansaugkrümmer eine vom Fahrpedal aktivierte Drosselklappe. Der erzeugte Unterdruck wirkt über eine Leitung auf den Drehzahlregler an der Einspritzpumpe.[40]

Die Eingriffe und Veränderungen

Unabhängig von seinem spezifischen Verwendungszweck werden am OM 636 früh und während der gesamten rund 40 Jahre dauernden Bauzeit kleinere Veränderungen vorgenommen, die unterschiedlich begründet sind. Zum einen handelt es sich um produktionstechnische Vereinfachungen, zum anderen um

Abb. 0764
So geht der OM 636 Anfang Sommer 1949 in die Serienproduktion. Auffällig ist die Rückkehr zu den Zylinderkopfhauben aus Blech, die preisgünstiger hergestellt werden können. Doch die wichtigen Veränderungen spielen sich im Innern ab: Bis zuletzt haben die Versuchsingenieure an der Ausgestaltung des sogenannten Brenners gefeilt, also an der Mündung von der Vorkammer in den Zylinder. Dieses Ringen um optimale Verbrennung geht auch während der laufenden Produktion weiter.

konstruktive Optimierungen, die dem Betrieb und/oder der Lebensdauer zugutekommen. Dabei ist die Austauschbarkeit der meisten Komponenten über einen weiten Produktionszeitraum hinweg gewährleistet, was durchaus bemerkenswert ist. Das heißt, es lassen sich auch Motoren aus einer frühen Fertigungsperiode nicht nur mit überschaubarem Aufwand revidieren und weiterverwenden, sondern mit jüngeren und verbesserten Komponenten sogar optimieren. Dazu gehören beispielsweise die Nachrüstung einer Einspritzverstellung (Verbesserung des Laufverhaltens und Erhöhung der Leistung) und der Einbau von Ventilschaftabdichtungen (verminderter Ölverbrauch, weniger belastete Abgase). Zu den wenigen Schwachstellen des OM 636 zählt die thermische Empfindlichkeit des Zylinderkopfs, dessen schmale Stege zwischen den Ein- und Auslassventilen bei langanhaltend starker Belastung zum Reißen neigen.

Block und Kurbeltrieb verbessert, Hubraum vergrößert

Der erste Eingriff am OM 636 erfolgt bereits während oder kurz nach dem Serienanlauf und betrifft die beiden Ventiltriebabdeckhauben auf dem Zylinderkopf, die statt aus Leichtmetall gegossen nun aus Stahlblech tiefgezogen sind, eine Maßnahme zur Kostenreduktion. Ungefähr gleichzeitig erhält das mit dem Benzinmotor M 136 identische Kurbelgehäuse eine fast unmerklich vergrößerte, nun leicht asymmetrische Ventilkammeröffnung und zwei weitere Kernlöcher. Im Herbst 1949 folgen dezente Korrekturen an den Pleueln und Lagerschalen.[41] 1950 wird die Zylinderbohrung um 1,5 mm auf neu 75 mm erweitert (Hubraum nun 1 767 cm^3, 40 PS), allerdings erst Ende des Sommers und somit gegenüber dem Benzintriebwerk M 136 mehrere Wochen verspätet.[I] Auf der linken Motorenseite reduzieren Rippen zwischen den nun mit Rändern verstärkten Kernlöchern die Neigung zum Reißen des Gussblocks an diesen Stellen. Ebenfalls im Einklang mit der Benzinausführung steht der Ende des Jahres vorgenommene Übergang auf eine Nockenwelle mit veränderten Steuerzeiten – die Auslassventile öffnen und schließen später.[42]

Anmerkung I: Zu den näheren Umständen siehe Kap. 9.2, S. 415–417.

Abb. 0765
Ende 1950 wird der Zylinderkopf mit einer umlaufenden Aufbordung für eine einzige Haube versehen. Die Maßnahme ist nötig geworden, weil der bisherige Kopf zwischen den beiden Aufbordungen zum Reißen neigt.

Abb. 0766
Im Spätsommer 1951 erhält der OM 636 einen neuen Zylinderblock. Damit entfallen rechts oben die nicht benötigten Kanäle des Benzinmotors. Die großzügige Öffnung der Stößelkammer wird mit einem Deckel verschlossen.

Überarbeiteter Zylinderkopf

Auffällig ist der Ende 1950 überarbeitete Zylinderkopf, der nun eine einzige, über alle vier Zylinder laufende Abdeckhaube erhält. Dank des fehlenden Einschnitts in der Mitte des Kopfs zwischen den Zylindern 2 und 3 ist die dortige Rissanfälligkeit eliminiert. Nachteilig ist indessen, dass sich die Einspritzleitungen nicht mehr direkt von der Pumpe aus gebündelt auf die gegenüberliegende Seite zu den Düsen ziehen lassen, sondern um den ganzen Zylinderkopf herum geführt werden müssen und länger werden.[43]

Endlich: Ein spezifischer Dieselblock

Die erste größere Veränderung am OM 636 – von der Hubraumerweiterung abgesehen – wird im Spätsommer 1951 wirksam. Erst jetzt verabschiedet man sich beim Diesel vom bisher verwendeten Benzinblock des M 136 und lässt endlich den bereits vor Jahresfrist überarbeiteten Dieselblock in Serie gießen. Damit entfallen die für den Diesel nicht benötigten Ansaug- und Auslasskanäle im Kurbelgehäuse, die für den Benziner wegen der stehenden Ventile an dieser Stelle unabdingbar sind. Dies macht den Weg frei, eine deutlich vergrößerte Stößelkammeröffnung zu realisieren, die mit einem durch Rippen verstärkten Gussdeckel verschlossen wird. Mit dem Wechsel auf das Modell 170 Db und der Einführung des 170 DS im Frühjahr 1952 erhält der Zylinderkopf des OM 636 nun Ventilschaftdichtungen aus Gummiringen und Hülsen, die den oft beanstandeten Ölverbrauch senken.[44]

Ständiges Thema: Optimierung des Verbrennungsablaufs

Die Verbesserung des Verbrennungsablaufs im OM 636 ist ein ständiges Thema, das sich in einer Vielzahl von leicht abweichenden Vorkammern niederschlägt. Von deren Ausgestaltung hängt zu einem guten Teil ein möglichst optimaler Kompromiss zwischen Laufkultur, Leistungsvermögen und Treibstoffverbrauch ab. Die ersten Motoren im 170 D werden mit vollständig hohlen Vorkammern bestückt, etwas später folgen solche mit einem quer eingebauten Steg mit kugelförmiger Verdickung in der Mitte, dem sogenannten Kugelsteg. Dessen Form optimiert man nun in zwei weiteren Schritten, um nach Jahren wiederum zu einer kugelsteglosen Vorkammer zurückzukehren. Letztere allerdings in Verbindung mit entsprechend angepassten Einspritzdüsen.[45]

Im Unterschied zum Benziner wird am OM 636 die Nockenwellensteuerung nie auf Kettenantrieb umgestellt, obwohl dies Ende 1951 aus fabrikationstechnischen Gründen – Vereinheitlichung mit dem M 136 – erwogen worden ist. Aus akustischen Gründen drängt sich der Kettenantrieb beim Diesel nicht auf,[46] und das aus Metall gefertigte Antriebsrad ist im Unterschied zur Novotex- oder Resitex-Ausführung verschleißfest.

Dank Einspritzverstellung: Drei Mehr-PS für Diesel-»Ponton« und 319-Transporter

Um den OM 636 ab 1954 im neuen Personenwagentyp 180 D (W 120 D) und ab 1955/56 im Transporter L/O 319 verwenden zu können, sind weitere Eingriffe notwendig, die teilweise identisch sind. Die Bezeichnung dieser Motoren lautet deshalb einheitlich auf OM 636 VII, wobei zwischen dem Baumuster 636.930 für den 180 D und 636.319 für den L/O 319 unterschieden wird. Um der abweichenden Einbausituation gerecht zu werden, muss insbesondere die Peripherie des Motors angepasst werden, so jeweils typenbezogen das Kurbelgehäuse-Unterteil mit Ölwanne und die Auspuffkrümmer. Einheitlich ausgebildet sind hingegen der senkrecht statt waagerecht angebaute Ölfilter und die Position des Lüfterflügels, der vom Wasserpumpen-Antriebsrad entfernt und nach unten versetzt wird, was einen zweiten kürzeren Riementrieb erfordert. Neu wird das Kurbelgehäuse in den Ansaugluftfilter entlüftet.

Die ersten OM 636 im 180 D leisten unverändert 40 PS. Ab September 1955 steigt die Leistung im Pkw und im Transporter dank einer an die Einspritzpumpe angebauten me-

Abb. 0767 & 0768
Der in jeder Hinsicht genügsame OM 636 treibt ab 1956 auch die neue Transporterreihe L/O 319 an. Im 180 D (W 120 D) verbleibt der OM 636 bis 1961.

Abb. 0769
Die veränderte Einbausituation im »Ponton« und im Transporter führen zu wenigen Anpassungen an der Peripherie. Zugleich erhält der OM 636 eine Einspritzverstellung, die das Leistungsvermögen und den Motorenlauf günstig beeinflusst. Das Kurbelgehäuse wird nun in den Luftfilter entlüftet.

chanischen Einspritzverstellung um 3 PS auf neu 43 PS, dies bei nunmehr 3 500 U/min (+ 300 U/min). Die drehzahlabhängige Einspritzverstellung sorgt im niedrigen Tourenbereich für eine spätere Einspritzung, was das sogenannte Nageln dämpft und den Motor weicher laufen lässt. Im oberen Drehzahlbereich spritzt die Pumpe früher ein, was die Leistung und Drehwilligkeit positiv beeinflusst. Gleichzeitig kommen verstärkte, im Bereich der Lager verbreiterte Pleuel zum Einsatz. Werden solche nachträglich in ein bestehendes Zylinderkurbelgehäuse eingebaut, müssen die bisherigen Einfräsungen in der anlasserseitigen Blockwand im Bereich der Zylinder 3 und 4 verbreitert werden. Im gleichen Zeitraum lässt man eine Serie von OM 636 mit Zylinderköpfen aus Leichtmetall statt Grauguss herstellen; es ist dies jedoch keine bleibende Änderung. Im Laufe der weiteren Fertigung ersetzt eine Zylinderkopfhaube aus Leichtmetallguss das aus Stahlblech tiefgezogene Vorgängerteil, womit sich die dort gerne auftretende leichte Ölinkontinenz mindern lässt. Vielfältig und zeitlich nicht exakt nachvollziehbar sind die Veränderungen an der von der Nockenwelle angetriebenen Ölpumpe. Die anfänglich einseitige Lagerung der Räder wird zugunsten einer zweiseitigen aufgegeben. Später folgt eine verbesserte Förderleistung durch höhere Zahnräder in einem vergrößerten Gehäuse.

Abb. 0770
Das geniale Fahrgestell des Unimog, versehen mit dem OM 636 und gebaut ab 1949 bei der Maschinenfabrik Gebr. Boehringer GmbH in Göppingen. Der Unimog-Ideengeber und -Initiant Albert Friedrich, ehemals Chef der Flugmotorenentwicklung bei Daimler-Benz, hat über Monate mit Generaldirektor Haspel gestritten, um den kleinen Dieselmotor OM 636 für den Unimog beziehen zu dürfen.

Die OM 636-Unimog-Motoren

Am 11. Juni 1946 wird der Unimog-»Erfinder« Albert Friedrich von der Daimler-Benz AG brieflich auf die Entwicklung ihres kleinen, schnelllaufenden Dieselmotors aufmerksam gemacht. Friedrich bestellt umgehend drei Probemotoren. Das erste Exemplar kann zwar erst im folgenden Jahr geliefert werden,[47] überzeugt jedoch beim ausgiebigen Testen in seinem Universal-Motorgerät (später »Unimog« genannt). Trotz entwicklungsbedingter Verzögerungen und firmenpolitischer Bedenken lässt Friedrich gegenüber seinem ehemaligen Arbeitgeber Daimler-Benz nicht mehr locker und setzt die Lieferung des OM 636 als Unimog-Einbauaggregat durch, und zwar gegen den anfänglich erbitterten Widerstand des unterdessen in die Firma zurückgekehrten Generaldirektors Wilhelm Haspel. Doch der Einbau im Unimog erfordert am OM 636 erhebliche Anpassungen insbesondere an der Peripherie, eine kostentreibende Produktionserschwernis, die Haspel besonders zuwider ist.[I]

Ironischerweise ist es schließlich der Unimog, der die zweite glanzvolle Karriere des OM 636 – nämlich die des Einbaumotors und Triebwerks für alle möglichen Zwecke – zum Tragen bringt. Haspel lenkt in der zweiten Jahreshälfte 1948 in den Bau des OM 636 ein.[II] Ab 1949 gibt es nicht nur den 170 V mit dem OM 636 zu kaufen (170 D genannt), sondern auch den Unimog. Die Nachfrage nach diesem ebenso intelligent konzipierten wie raffiniert konstruierten Mehrzweckfahrzeug entwickelt sich erfreulich. Im Mai 1950 entschließt sich Haspel, die Fertigung des OM 636, die er bislang immer noch gebremst hat, zu fördern. Plötzlich erhält Daimler-Benz von allen Seiten Anfragen für den Bezug dieses Triebwerks. Neben Firmen aus der Landtechnik und dem Bootsbau interessiert sich auch Fiat für den kleinen Diesel, den die Turiner in Lizenz zu fertigen wünschen,[48] was aber nicht zustande kommt. Angesichts weiterer Aufträge zur Lieferung von Unimog-Motoren – unterdessen in bedeutenden Stückzahlen – beschließt die Daimler-Benz AG, sämtlich Rechte an diesem Spezialfahrzeug zu erwerben und die Herstellung des Unimog von der Firma Gebr. Boehringer GmbH in Göppingen ins eigene Lkw-Werk Gaggenau zu überführen. Dort verlässt Anfang Juni 1951 der erste Daimler-Benz-Unimog die Fertigungsstraße.[49] Bis 1974 werden über 55 800 Einheiten des OM 636 in die Unimog-Ursprungstypen 70200 (Boehringer), 401/402 und 411 (Daimler-Benz) eingebaut.[50]

Unterschiede zu den Pkw-Triebwerken

Die Gruppe der Unimog-OM 636-Triebwerke setzt sich aus der Ursprungsausführung »M 636 I-Unimog« mit 1 697 cm³ und der Baumusterbezeichnung 636.912 (25 PS bei 2 350 U/min) und dem Nachfolgetyp OM 636 VI-U mit 1 767 cm³ des Baumusters 636.914 zusammen. Die letztgenannte Variante startet ebenfalls bei 25 PS und steigert sich mit zunehmender Fertigungsdauer auf 30 bzw. 32 PS bei 2 550 U/min, um schließlich 34 bzw. 36 PS bei 2 750 U/min zu erreichen. Dabei werden die Maximalleistung und -drehzahl bei identischer Einspritzpumpe und gleichem Regler einzig über die Einstellung der Regelklappe am Ansaugtrakt definiert.[51] Vom OM 636 des Baumusters 636.916, wie er im 170 Da eingebaut wird, unterscheidet sich das Unimog-Triebwerk hauptsächlich durch ein abweichend geformtes Kurbelgehäuseunterteil mit entsprechend angepasster Ölpumpe und einen veränderten Riementrieb vorn am Motor, dessen sechsflügeliges Lüfterrad am Kurbelwellenstumpf befestigt ist. Zudem trägt ein Betriebsstundenzähler dem universellen Charakter des Unimog Rechnung.[52]

Die Industrie- und Einbaumotoren

Die Verwendung des OM 636 als Einbaumotor reicht bis in die Zeit seiner Entwicklung während der ersten Nachkriegsjahre zurück. Der Auslöser ist, wie beschrieben, die Verwendung im Unimog. Bald wird in den einschlägigen Kreisen seine Eignung als kompaktes, absolut funktionssicheres und sparsames Triebwerk für alle möglichen Einsatzzwecke bekannt. Haspel ist angesichts des im Verkauf erfolgreichen Diesel-Modells 170 D nun gerne bereit, in das Geschäftsfeld der Einbau- und Industriemotoren einzusteigen und dadurch die OM 636-Produktion zu steigern. Er prophezeit bereits für 1952 einen höheren Bedarf

Anmerkung I: Siehe Kap. 7.2, S. 348 f.
Anmerkung II: Siehe Kap. 8.2, S. 369–371.

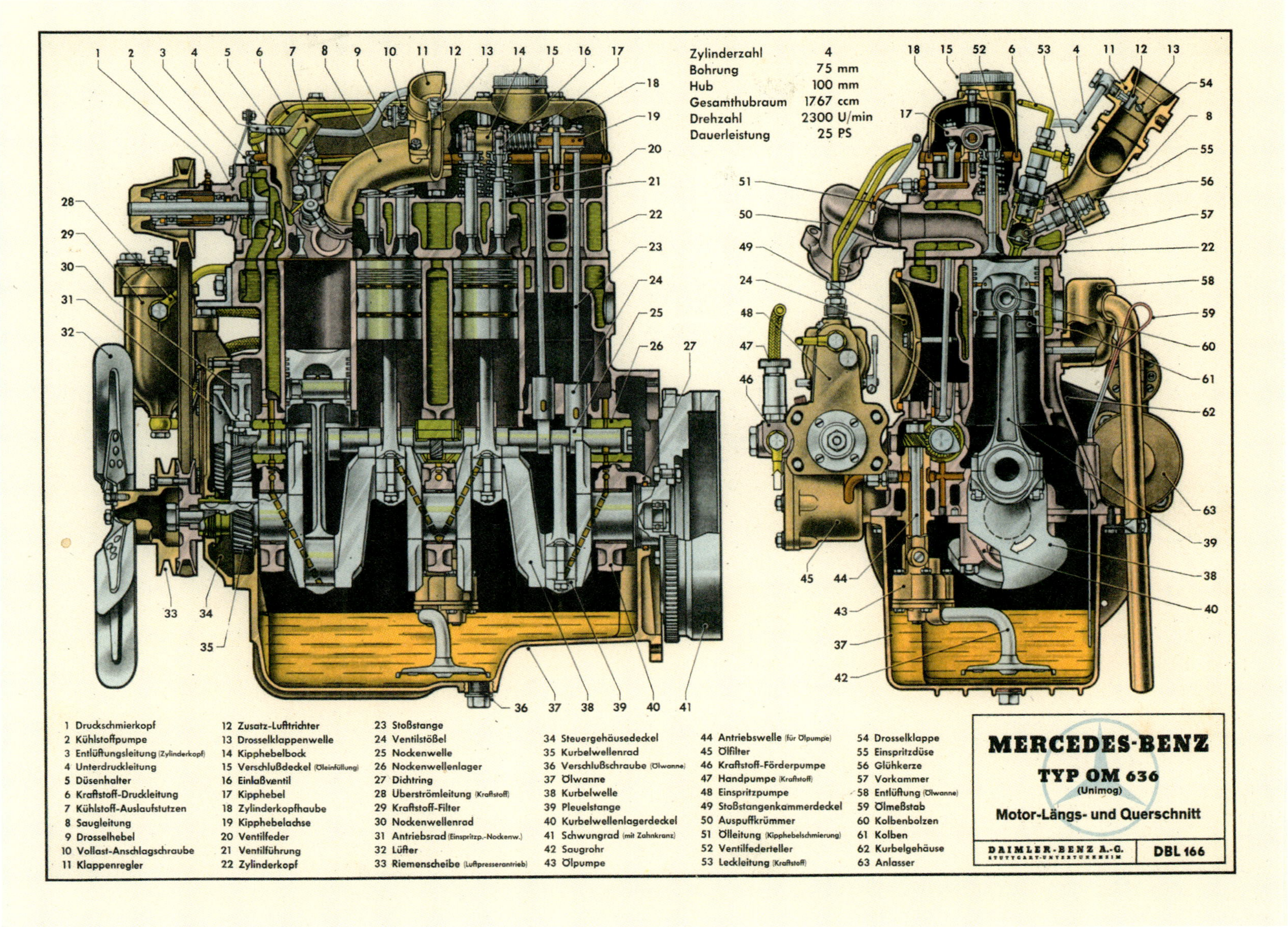

Abb. 0771
Schautafel des OM 636 in Unimog-Ausführung, Stand um 1952. Dargestellt ist bereits der überarbeitete Zylinderkopf mit durchlaufender Haube und Öleinfüllung oben (Ende 1950) sowie der neue Zylinderblock mit der großen Stößelkammer (ab Spätsommer 1951). Der Lüfterflügel sitzt auf dem vorderen Kurbelwellenstumpf, wo eine weitere Riemenscheibe für den Antrieb einer Luftpumpe vorhanden ist. Die Leistungsbegrenzung auf 25 PS erfolgt über die Regelklappe am Ansaugtrakt.

an OM 636 als an Benzintriebwerken M 136, welche in den Typen 170 V und 170 S verwendet werden. Allerdings muss sich Daimler-Benz gegenüber ihren Einbaumotoren-Kunden zu einer längerfristigen Produktionsdauer des OM 636 bekennen, denn die Firmen wollen sicher gehen, nicht plötzlich ohne jenen Motor dazustehen, nach dessen Gegebenheiten sie ihre Fahrzeuge oder Geräte ausgerichtet haben. Dieses Zugeständnis bereitet dem Daimler-Benz-Vorstand keine Sorgen, denn unterdessen ist man sich der Qualitäten des OM 636 sehr wohl bewusst. Zudem ist klar, dass diese Maschine – mindestens vorübergehend – auch die Dieselversion des neuen, ab 1953 gebauten Mittelklassewagens 180 (W 120) und das kommende 1½-Tonnen-Nutzfahrzeug antreiben wird.

Anpassungsfähigkeit ist gefragt

In Untertürkheim stellt man als Ausgangspunkt der Einbau- und Industrietriebwerke einen sogenannten Grundmotor zusammen, der (ab Mitte 1950) die Bezeichnung OM 636 VI-E (636.917-000) trägt. Je nach Anforderungsprofil, das der jeweilige Kunde vorlegt, werden davon Untervarianten abgeleitet oder – bei einschneidenderen Abweichungen – sogar entwickelt: Auf dem Motorenschild oben am Steuergehäuse, bei einigen Ausführungen über dem Schwungrad, sind nicht bloß das genaue Baumuster (z.B. 636.917-251) und die laufende Motorennummer eingeschlagen, sondern auch die Leistung und unter Umständen weitere zweckdienliche Angaben. Damit lassen sich der Einsatzzweck und die Firma entschlüsseln, für welche die jeweilige Motorspielart gebaut worden ist. Allein bis 1962

Abb. 0772
Notstromaggregat, bestehend aus einem OM 636-Industriemotor mit 31 PS Leistung, gekoppelt mit einem Still-Generator der SE Fahrzeugwerke GmbH, Hamburg-Billbrook, 1959. Dies ist nur ein Anwendungsbeispiel von dutzenden möglichen für den OM 636-Industriemotor.

Abb. 0773
Bestimmte Anwendungen erfordern eine geringere Leistung und kompaktere Abmessungen. Mit dem Zweizylinder-Diesel OM 632 erfüllt Daimler-Benz diesen Wunsch. Tatsächlich handelt es sich quasi um einen halben OM 636.

zählt man 60 verschiedene Ausführungen der OM 636-Einbau- und Industriemotoren,[53] und ein Ende ist nicht abzusehen. Eingesetzt werden diese Triebwerke beinahe weltweit, und zwar für den Betrieb oder den Antrieb von:

| Arbeitsmaschinen,
| Baumspritzen,
| Booten und Schiffen aller Art,
| Fremdfahrzeugen,
| Generatoren (stationär und in Panzern),
| Kranen,
| Kühlaggregaten,
| Mähdreschern,
| Notstromaggregaten,
| Plattform-Hubwagen,
| Pflanzenschutzspritzen,
| Schleppern (Traktoren),
| Schweißaggregaten,
| Staplern,
| Straßenwalzen,
| Unimog,
| Wasserpumpen,
| Zementmischern.

Die Liste in alphabetischer Folge ist keineswegs abschließend, zahlreiche Anwendungen dürften unbekannt geblieben sein.

Das Leistungsspektrum der Industrie- und Einbau-OM 636 reicht von 22 bis 43 PS. Darüber hinausgehende Leistungsforderungen verspricht 1962 Dr.-Ing. Hans Scherenberg, Chef des Groß- und Stationärmotorenbaus, nur im konstruktiv verantwortbaren Ausmaß zu erfüllen.[54] Die technischen Abweichungen vom Grundmotor können beachtlich sein, insbesondere im Bereich des Zylindergehäuse-Unterteils mit Ölwanne, Ölpumpe und Motorlagerung, der Größe und Masse des Schwungrads, der Form und Führung des Auspuffkrümmers, der Einspritzpumpe und insbesondere der Regelung sowie der Lage und Ausführung der übrigen Anbaukomponenten. So verfügen zahlreiche Motoren über einen Fliehkraftregler statt der bei den Fahrzeugtriebwerken bevorzugten pneumatischen Lastregelung. Den unterschiedlichen Raumverhältnissen im Anwendungsbereich kann durch Ausführungen mit leicht seitlich geneigter oder sogar vollständig liegender Bauweise (Baumuster 636.948 & 949) entsprochen werden. Dies erfordert insbesondere speziell ausgestaltete Kurbelgehäuseunterteile und Ölwannen. Tabu bleiben eigentlich nur die Grundkonstruktion des gusseisernen Zylinderblocks mit dem Kurbeltrieb – das Schwungrad ausgenommen – und der Kopf mit der Ventilsteuerung.[55]

Der OM 632 – ein halber 636

Kaum bekannt ist die Existenz des OM 632, eines Zweizylinder-Diesels auf der Basis des OM 636. Es handelt sich dabei tatsächlich um einen »halben« OM 636 mit zwei Kurbelwellenlagern, identischen Zylinderabmessungen und folglich halbiertem Hubraum von 883,5 cm³ sowie gleichen konstruktiven Einzelheiten. Das ebenfalls als Industrie-, Boots- und hauptsächlich Kühlaggregatemotor verwendete Triebwerk leistet je nach Ausführung zwischen 11 PS bei 1 700 U/min und rund 19 PS bei 3 000 U/min. Von dieser Kurzausführung stellt das Werk Düsseldorf zwischen 1968 und 1970 immerhin 733 Stück her.[56] Anschließend wird der OM 632 bei der spanischen Unternehmung ENMASA bzw. MEVOSA in Barcelona gefertigt.

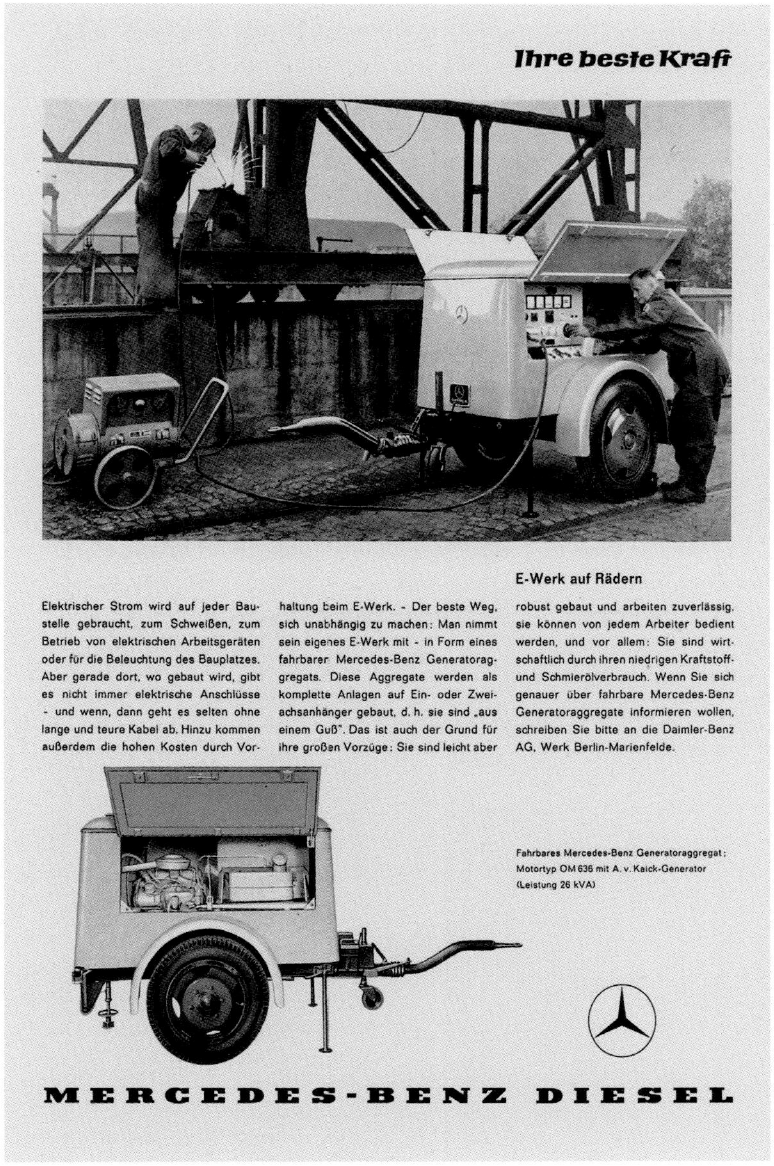

Abb. 0774
Beliebt ist der OM 636 auf Baustellen. Sei es in einem »Elektrizitätswerk auf Rädern« für anspruchsvolle Schweißarbeiten abseits von Stromquellen (Werbeanzeige 1959) oder als fahrbarer Luftkompressor. Selbst in vielen größeren Straßenbaumaschinen sorgt der OM 636 für Vortrieb und Arbeitsleistung.

Abb. 0775
Auch auf dem Wasser schätzt man die absolute Zuverlässigkeit und Anspruchslosigkeit des OM 636 (Werbeanzeige 1959). Der Bau der Marineaggregate und vieler weiterer Spezialausführungen obliegt dem Werk Berlin-Marienfelde.

Marienfelder Adaptionen

Seit den ausgehenden 1950er Jahren ist das Daimler-Benz-Werk Berlin-Marienfelde Lieferant für bestimmte Ausführungen der im Detail stark variierenden OM 636-Einbaumotoren. Marienfelde reicht als Werkplatz der Firma zeitlich weit zurück und startet nach dem Krieg unter ungünstigen Verhältnissen. Die Insellage von (West-)Berlin innerhalb der Deutschen Demokratischen Republik lässt größere Investitionen in dieses Werk auch künftig als nicht ratsam erscheinen. Immerhin ist Marienfelde zum Schwerpunktbetrieb für die Herstellung von Stationärmotoren unterschiedlichster Leistungsstufen geworden, angefangen von den eigenen Zwei-, Drei- und Vierzylindertriebwerken M 202 bis M 204 über umgerüstete Lastwagenmotoren bis hin zu neueren Entwicklungen mit bis zu acht Zylindern. Ein Teil der als Einbau- und Industrietriebwerke bestimmten OM 636 wird von Untertürkheim und ab 1962 von Düsseldorf als Rumpfmotoren nach Berlin geliefert und dort gemäß den von Fall zu Fall abweichenden Kundenanforderungen komplettiert.[57]

Der OM 636 auf dem Wasser

Im Laufe der Jahre erreicht der OM 636 auch als Schiffsantrieb eine nicht zu unterschätzende Bedeutung. Der von Daimler-Benz angebotene Boots-OM 636 ist in einem Leistungsspektrum von 17 bis 35 PS lieferbar. Im Normalfall wird er mit einem angebauten rohwassergekühlten Wärmetauscher für die Triebwerkskühlung geliefert. Der Thermostat begrenzt die Temperatur des motorinternen Kühlmittelkreislaufs auf 80°C. Schwungradseitig ist serienmäßig das ZF-Wende- und Untersetzungsgetriebe BW 10 G angeflanscht, auf Wunsch kann auf das manuell schaltbare Renk-Getriebe WHF 11 umgestellt werden. Bei Bedarf kann am vorderen Kurbelwellenende über einen Keilriemen oder eine elastische Kupplung ein Drehmoment von bis zu 2 mkg abgenommen werden, beispielsweise für den Antrieb einer Lenzpumpe.[58]

Neue – und nach der Produktionseinstellung – auch gebrauchte OM 636 werden zudem durch Kleinfirmen und Private mit unterschiedlichsten Bauteilen für die Verwendung in Booten hergerichtet. Bekannt sind bis in die heutigen Tage die professionell gefertigten Umrüstungen durch Spezialfirmen wie DMV-Diesel in Rastede bei Oldenburg und Westfield in Lancaster (UK). Diese bedienen sich hochwertiger Marinekomponenten, so beispielsweise eines Wärmetauschers von Bowman aus Birmingham (UK) und des Hurth-Wendegetriebes aus München.

Ab 1962: Weiterbau im Werk Düsseldorf

Das Jahr 1961 markiert einen Einschnitt in der Produktion des kleinen Dieseltriebwerks. Im Juni wird der OM 636 im Mercedes-Benz 180 D vom moderneren OM 621 mit oberliegender Nockenwelle, 2 Liter Hubraum und 48 PS Leistung abgelöst. Denselben Motor erhält ab dem darauffolgenden Herbst auch der Transporter L/O 319. Zwischen Sommer 1949 und Herbst 1961 hat das Werk Untertürkheim insgesamt rund 357 200 Exemplare des OM 636 hergestellt. Davon entfallen, Reserve- und Rumpftriebwerke eingeschlossen, ungefähr 63 500 Stück auf die 170 D-, 170 DS- und 170 S-D-Modelle und den Boehringer-Unimog, stattliche 142 700 Motoren auf den 180 D, 43 300 auf den L/O 319 und weitere 35 600 Exemplare auf den Unimog 401/402 und 411. Bei den restlichen 72 100 Exemplaren handelt es sich um Einbau- und Industrietriebwerke.[59]

Bereits ein halbes Jahr vor der Einführung des neuen Pkw-Dieselmotors OM 621 beschließt der Vorstand, den bewährten OM 636 weiterlaufen zu lassen, denn die Nachfrage nach den Industrie- und Einbaumotoren dieses Typs ist ungebrochen, und auch beim Unimog gibt es keine Veranlassung, das bisherige Triebwerk abzulösen. Allerdings hinterfragt man den Produktionsstandort. Dies nicht zum ersten Mal, bereits 1951 hat der Vorstand erwogen, aus Kapazitätsgründen die Produktion des kleinen Diesels von Untertürkheim ins Lkw-Werk Gaggenau zu verlegen.[60] Dazu ist es nicht gekommen. Doch jetzt, Ende 1961, erfolgt der Umzug ins ehemalige Auto Union-Werk Düsseldorf.[61] Die Verlagerung ist möglich geworden, weil die Auto Union – seit 1958 im Besitz der Daimler-Benz AG – ihre gesamte DKW-Produktion in Ingolstadt konzentriert. In Düsseldorf entsteht so genügend freier Raum, um dort zusätzlich zum OM 636 auch den erfolgreichen Transporter L/O 319, Lenkgetriebe mit Servounterstützung sowie Schaltgestänge zu bauen, was wiederum den Werken Untertürkheim und Sindelfingen Luft verschafft und zu Kapazitätssteigerungen verhilft.

1972, also nach weiteren zehn Jahren, wird die Fertigung des OM 636 in Düsseldorf und damit in Deutschland eingestellt. Bis zu diesem Zeitpunkt sind über eine halbe Million, nämlich rund 507 350 Einheiten dieses kleinen Dieseltriebwerks in all seinen unterschiedlichen Ausführungen gebaut worden, der größte Teil davon in Untertürkheim. Auf das Werk Düsseldorf entfallen über 150 000 Einheiten.[62]

Breite Anwendung: Die OM 636 aus spanischer Fertigung

Sozusagen im letzten »Lebensabschnitt« kommt der vielseitig einsetzbare kleine Dieselmotor OM 636 aus Spanien. Die Wirtschaft dieses großen iberischen Landes bleibt über einen langen Zeitraum stark agrarisch geprägt und ist seit dem Bürgerkrieg von 1936 bis 1939 und der anschließenden Franco-Diktatur auf Autarkie ausgerichtet. Seit den 1950er Jahren öffnet sich das industriell schwache Spanien zwar wirtschaftlich nach und nach. Dennoch lässt sich eine namhafte Automobilproduktion nur durch den Erwerb von Lizenzen oder durch die Beteiligung ausländischer Firmen an staatlich kontrollierten Gesellschaften erreichen, die zunächst alle unter dem Dach des INI (Instituto Nacional de Industria) stehen.[63]

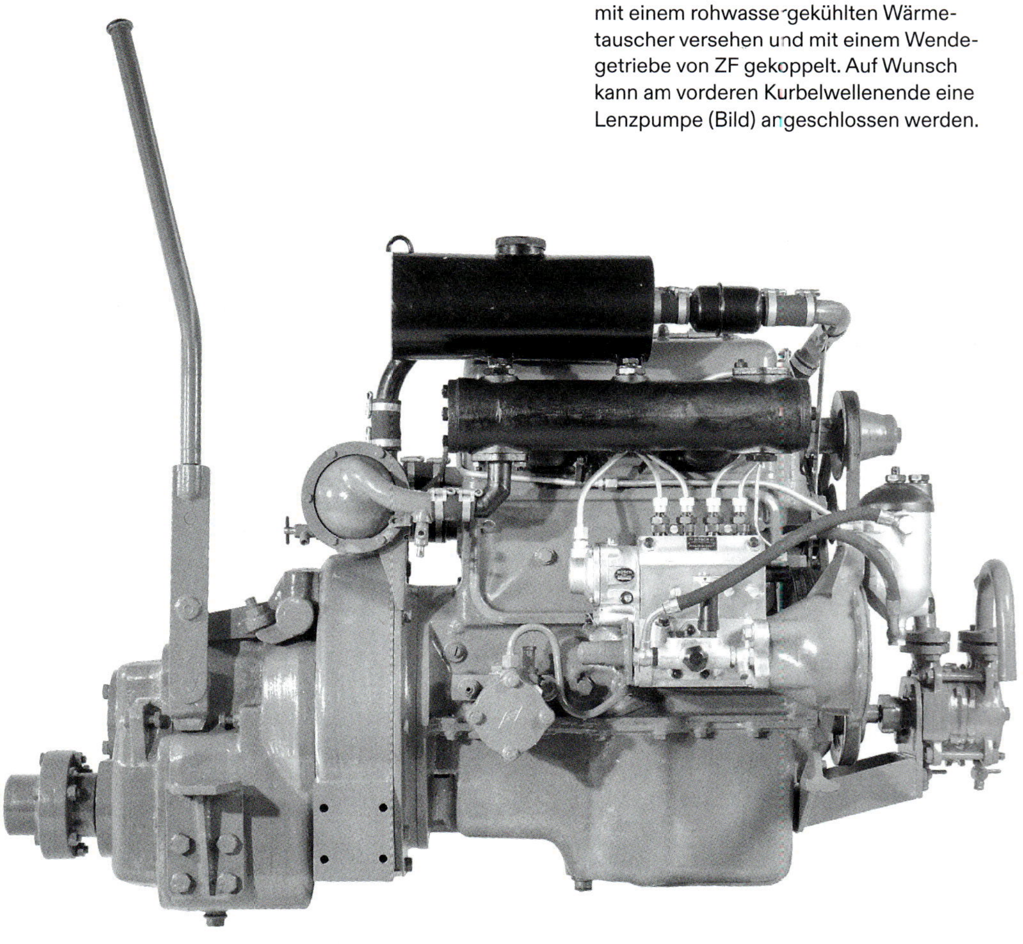

Abb. 0776
In der Marineausführung wird der OM 636 mit einem rohwassergekühlten Wärmetauscher versehen und mit einem Wendegetriebe von ZF gekoppelt. Auf Wunsch kann am vorderen Kurbelwellenende eine Lenzpumpe (Bild) angeschlossen werden.

OM 636 und L/O 319 aus Barcelona

Im Jahr 1958 diversifiziert die bislang stark auf Luftfahrttechnik ausgerichtete spanische Firma ENMASA (Empresa Nacional de Motores de Aviación SA) vermehrt in Richtung Fahrzeugbau. Ziel ist die Fertigung des OM 636 in Lizenz und die Montage der Mercedes-Benz-Transporterreihe L/O 319, wozu die Gesellschaft in Barcelona-Sant Andreu ein neues Werk errichten lässt. Der Lizenzbau des OM 636 startet bereits 1959, derjenige des Transporters erst 1963/64. Der geschützte Inlandsmarkt führt rasch zu guten Verkaufszahlen. Bis zur Produktionseinstellung des Typs L/O 319 im Jahr 1971, drei Jahre später als in der Bundesrepublik Deutschland, haben rund 19 000 Transporter und Kleinomnibusse dieser Baureihe das Werk in Barcelona verlassen, alle versehen mit dem OM 636-Dieselmotor aus eigener Fertigung.[64]

Der OM 636 als Diesel-Motorisierung des Seat 1500

Die Staatsholding INI, spanische Banken und Fiat S.p.A. in Turin gründen 1951 das Automobilunternehmen Seat (Sociedad Española de Automóviles de Turismo), das Fiat-Modelle in Lizenz fertigt. Dank Zollschranken und Importbeschränkungen erreicht Seat bald eine dominierende Stellung im inländisch Verkauf. Der zwischen 1963 und 1973 hergestellte Seat 1500 entspricht dem Fiat 1800 (Baureihe 112), ist jedoch mit dem schwächeren 1,5-Liter-Vierzylindermotor versehen. Ab 1969 wird dieser Wagen auch mit dem bei ENMASA hergestellten OM 636 als Seat 1800 Diesel angeboten, und zwar als viertürige Limousine, als fünftüriger Kombi, als »Comercial« mit verblechten Laderaum-Seitenfenstern und als Ambulanz. Die Leistung des im Seat 1800 D verwendeten OM 636.954 wird mit 46 PS bei 3 600 U/min angegeben. Da der Wagen über Scheibenbremsen mit Servounterstützung verfügt, wird am Motor oberhalb des Feinfilters eine vom Riementrieb aktivierte Vakuumpumpe installiert. Bei einem Leergewicht von 1 240 kg bleiben die Fahrleistungen träge, doch die Limousinen (»Berlina«) und der Kombi (»Familiar«) finden dank ihrer Zuverlässigkeit und den bescheidenen Betriebskosten insbesondere unter den Taxihaltern regen Zuspruch. Doch bereits nach zwei Jahren löst der mit 55 PS merklich leistungsfähigere und modernere OM 615, der unterdessen ebenfalls in Barcelona gefertigt wird, den altgedienten OM 636 ab.[65/I]

DKW L 1000-D aus Vitoria mit OM 636

Der Mercedes-Benz-Transporter und -Bus L/O 319 und die Limousine Seat 1800 Diesel bleiben nicht die einzigen Automobile aus spanischer Produktion, die von einem OM 636 angetrieben werden. Doch beim dritten Fabrikat hat nicht der spanische Staat seine Hände im Spiel, sondern vielmehr indirekt der Daimler-Benz-Großaktionär Flick. Auf dessen Drängen kauft die Daimler-Benz 1958 die schwächelnde Auto Union. Unter ihren DKW-Modellen befindet sich auch der sogenannte Schnelllaster, ein kleiner und leichter Transporter mit einer Nutzlast von rund 800 Kilogramm, versehen mit dem aus der Limousine 3=6 bekannten Dreizylinder-Zweitaktmotor mit Frontantrieb. Diesen Halbfrontlenker, den es auch als Bus zu kaufen gibt, produziert in Spanien die Firma IMOSA (Industrias del Motor SA) im eigens dafür errichteten Werk im baskischen Vitoria-Gasteiz. 1954 werden die ersten Schnelllaster aus CKD-Bausätzen zusammengeschraubt, ab 1955 folgt die Lizenzfertigung.

Abb. 0777 & 0778
Werbeprospekt und -anzeige für den Seat 1800 D, um 1970. Der Stern verrät es: Unter der Haube des Mittelklassemodells – einem Lizenzfabrikat des Fiat 1800 (Typ 112) – nagelt der bewährte OM 636 aus spanischer Fertigung. Dass sich insbesondere Taxihalter angesprochen fühlen, versteht sich von selbst.

Anmerkung I: Der OM 615 ist eine leicht aktualisierte Variante des OM 621, hat fünf Kurbelwellenlager, und wurde ab 1967 im Mercedes-Benz-Pkw W 115 eingebaut.

Spanische Eigenentwicklung: DKW F 1000 L

Der beliebte Schnelltransporter wird 1963 vom DKW F 1000 L abgelöst, einem bei IMOSA neu entwickelten Frontlenker mit Frontantrieb und 1 000 Kilogramm Nutzlast. Dieses Nutzfahrzeug wird exklusiv in Spanien hergestellt, jedoch auch in der Bundesrepublik Deutschland verkauft. Es ist naheliegend, dass DKW-IMOSA diesen Transporter ab 1964 alternativ zum 40 PS starken und 981 cm³ großen Dreizylinder-Zweitakter auch mit dem quasi konzerninternen Daimler-Benz-Diesel OM 636 der ENMASA aus Barcelona anbietet, und zwar als DKW F 1000 D. Ab 1975 trägt dieser 47 PS starke Dieseltransporter die Bezeichnung Mercedes-Benz N 1000 bzw. N 1300.

Drei Jahre zuvor haben die beiden vorgenannten Firmen zur MEVOSA (Compañía Hispano Alemana de Productos Mercedes-Benz y Volkswagen) fusioniert. Volkswagen ist mit von der Partie, weil Daimler-Benz unterdessen die Auto Union an den Wolfsburger Konzern weiterverkauft hat. Die Untertürkheimer behalten allerdings das Transporterwerk im Baskenland, das sich im leichten Nutzfahrzeugbau weiter profiliert und unterdessen zum weltweiten Kompetenzzentrum für die Fertigung von Mercedes-Benz-Transportern der mittleren Größe aufgestiegen ist.[66]

Abb. 0779
Der in Spanien entwickelte Leichttransporter DKW F 1000 L wird ab 1964 alternativ zum 40 PS starken 3-Zylinder-Zweitakter auch mit dem 47 PS starken Diesel OM 636 versehen. Ab 1975 heißen die »Spanien-Transporter« Mercedes-Benz N 1000 bzw. N 1300, im Bild zu beiden Seiten eines L 406 D.

Abb. 0780
OM 636, von MEVOSA für die Leichttransporter in Lizenz gefertigt, um 1980. Die Vakuumpumpe oberhalb des Feinfilters dient dem Bremsservo.

Die letzten OM 636: Einbau- und Industriemotoren aus Spanien

Die Firma MEVOSA wandelt sich nach dem Ausscheiden der Volkswagen AG im Frühjahr 1981 zur Daimler-Benz España SA. Von 1959 bis 1983 entstehen in Barcelona über 183 000 Einheiten des OM 636, wobei sogar die Einspritzpumpen mit Bosch-Lizenz aus dem eigenen Land stammen. Hergestellt wird der legendäre Diesel angeblich bis 1990. Nur ein Bruchteil der spanischen OM 636 gelangt in einem der drei vorerwähnten Fahrzeugtypen zum Einbau. Der größte Teil der Produktion geht weiterhin als Einbau- und Industrietriebwerke unterschiedlichster Ausführung in viele Ländern der Welt. Beispielsweise als Kraftquelle für den mechanischen oder elektrischen Antrieb von Kühlaggregaten, die in Lkw-Kühlaufbauten und -anhängern, Kühlcontainern, Eisenbahnkühlwaggons und in den Booten und Schiffen der Krabbenfischerei eingebaut werden. Das 1938 gegründete US-Unternehmen Thermo King Corporation, Pionier und Marktführer auf dem Gebiet der Transportkühlmaschinen, wechselt 1958 von den bisher verwendeten Benzinmotoren auf die kompakten OM 636-Diesel.

Ein großer Schritt, der sich – wie sich zeigen wird – durch geringere Unterhaltskosten und längere Lebensdauer auszahlt. Möglich wird dies dank einer intensiven Zusammenarbeit von Daimler-Benz und der Firma Thermo King. Deren Forderung nach einem bescheidenen Treibstoffverbrauch erfüllt der OM 636 quasi »von Haus aus«. Noch wichtiger ist indessen ein problemloser, höchst zuverlässiger Betrieb trotz ausgedehnter Wartungsintervalle. Die Thermo King-Ausführung wird deshalb mit einer großen breiten Standölwanne versehen und erhält eine fliehkraftgeregelte Dieseleinspritzpumpe, die an der Motorschmierung angeschlossen ist. Der OM 636 bewährte sich dermaßen gut, dass im Herbst 1969 allein in den USA mehr als 50 000 dieser genügsamen Kühlaggregats-Triebwerke im Einsatz stehen, darunter auch eine unbekannte Anzahl zweizylindrige OM 632.[67]

Gesamthaft verlassen zwischen 1949 und 1990 rund 700 000 Dieselmotoren des Typs OM 636 die Produktionsbänder in vier Werken. An einen solch phänomenalen Erfolg haben die Ingenieure Julius Witzky und Ludwig Kraus nicht im Traum gedacht, als sie sich in der zweiten Jahreshälfte 1945 – wohl mit knurrendem Magen – anschickten, das altgediente Benzintriebwerk M 136 des 170 V in einen kleinen Fahrzeugdiesel umzukonstruieren.

▷ **Siehe Band II/Seite 196**
Würdigung E 13: Der Dieselmotor OM 636

Abb. 0781
Werbeanzeige für dem OM 636 als Kraftquelle für Kühlaggregate in Sattelaufliegern, Eisenbahnwaggons und Überseecontainern, 1964. Im Herbst 1969 hat die Firma Thermo King in den USA bereits über 50 000 dieser robusten Einheiten in Betrieb.
Dass der Feinschmecker seine Languste auch in Denver, Colorado, fast fangfrisch genießen kann, hat er auch diesem kleinen Dieselmotor zu verdanken, der in den ersten tristen Nachkriegsmonaten im fernen Untertürkheim aus einem damals bereits veralteten Benzinmotor entwickelt worden ist.

DAIMLER-BENZ AKTIENGESELLSCHAFT
STUTTGART-UNTERTÜRKHEIM
ÄLTESTE AUTOMOBILFABRIK DER WELT
DAIMLER-MOTORENGESELLSCHAFT
BENZ & CIE. RHEINISCHE GASMOTORENFABRIK
1926
DAIMLER-BENZ AKTIENGESELLSCHAFT

13

Der 220 – ein 170 S mit sechs Zylindern 1951–1955

Daimler-Benz präsentiert den Typ 220 der Baureihe W 187 im April 1951 auf der Internationalen Automobil-Ausstellung (IAA) in Frankfurt am Main. Das moderne Sechszylindertriebwerk erfreut viele bisherige 170 S-Fahrer, die sich schon länger eine kräftigere Motorisierung gewünscht haben.

13.1 Die verschlungenen Wege zum »mittleren Modell«

Der trüben ersten Nachkriegszeit zum Trotz: Der Drang, mit einem exklusiveren Wagen als dem 170 V ins devisenbringende Exportgeschäft einzusteigen, ist in der Firmenleitung früh vorhanden – zu früh. Die Vorstellungen über dieses mittlere Modell schwanken von der Wiederauflage des W 153 von 1938/39 bis zu einem vollständig neuen 230 hin und her. Als man 1949 mit dem 170 S zu einem Mehrtypenprogramm zurückkehrt, erkennt man das Potenzial, diesen Wagen mit einem Sechszylindermotor zu vervollkommnen.

Abb. 0782
Der 220 (W 187) – das »mittlere Modell« – ist letztlich ein 170 S mit einem 2,2-Liter-Sechszylindermotor. So einfach dies klingt, so verschlungen ist der Weg dorthin. Und die Diskussionen reißen nicht ab.

Der 220 (W 187) ist ein 170 S mit dem modernen Sechszylindermotor des großen »Ponton«, so die landläufige Meinung automobilhistorisch affiner Stammtische. Das ist im Großen und Ganzen korrekt. Doch so einfach, wie sich dieser Wagentyp auf einen Nenner bringen lässt, ist dessen Entstehungsgeschichte nicht.

Obwohl sich in der frühen Nachkriegszeit das Thema »großer Motor im kleinen Wagen« in den Köpfen der Daimler-Benz-Führungselite rasch festsetzt und schließlich 1951 Wirklichkeit wird, verläuft die Entwicklung des 220 (W 187) alles andere als linear.

Während man in den ersten beiden Nachkriegsjahren mit vereinten Kräften bemüht ist, in den Werken die Kriegstrümmer zu beseitigen, die grundlegendsten Reparaturen vorzunehmen und auf irgendeine Weise die Fertigung von Motoren und Fahrzeugen neu zu starten, entstehen im umgezogenen Untertürkheimer Konstruktionsbüro bereits Neuentwürfe für künftige Pkw-Typen verschiedenster Art und Größe. Es ist dies nicht nur eine Beschäftigung für die ins Werk zurückkehrenden Ingenieure und eine Flucht aus der Alltagsmisere der unmittelbaren Nachkriegszeit, sondern auch ein Blick in die Zukunft, die allerdings nur schemenhaft zu erkennen ist. Nach dem Ausscheiden der tatsächlich oder mutmaßlich politisch belasteten Vorstandsmitglieder besteht die Firmenleitung bloß noch aus Dr. Otto Hoppe und Walter Kaufmann, die vom langjährigen Aufsichtsrats-Vizevorsitzenden Dr. Carl Jahr unterstützt werden. Dieser Rumpfvorstand zeigt sich überzeugt, aus Konkurrenzgründen möglichst rasch mit neuen Pkw-Modellen am wiedererstehenden Automobilmarkt teilnehmen zu müssen. In Planung ist 1946 insbesondere der neue 1,5-Liter-Personenwagen W 162, der den 170 V ablösen soll.[I] Doch die Sehnsucht nach einem größeren und repräsentativeren Wagen steigt.

Naheliegend: Eine Neuauflage des Typs W 153

Adäquate Fahrleistungen dank 2,6-Liter-Motor M 159

Zusätzlich zum W 162, diesem in der Projektierungsphase stehenden neuen 1,5-Liter-Volumenmodell, denkt man an die Schaffung eines größeren Wagens hauptsächlich für den (devisenbringenden) Export. Als Basis soll der wohlgelungene 230 (W 153) von 1938/39 dienen, der statt mit der konstruktiv veralteten und schwächlichen 2,3-Liter-Maschine mit dem fortschrittlichen 2,6-Liter-Motor M 159 versehen werden könnte.[I] Bei diesem Sechszylinder handelt es sich um das mittlere Triebwerk der innovativen Syring-Motorenfamilie

Anmerkung I: Siehe Kap. 8.1, S. 352 ff.

Abb. 0783
Der 2,6 Liter große Sechszylinder M 159 aus der Syring-Motorenfamilie ist bereits vor dem Krieg als Triebwerk für das »mittlere Modell« vorgesehen. Doch dieser moderne Motor kommt nie in einem Pkw zum Einsatz.

mit V-förmig hängenden Ventilen, Querstromzylinderkopf und hemisphärischen Verbrennungsräumen.[2]

Dieser Motor ist während des Kriegs in ungefähr 9 000 Exemplaren gefertigt worden und treibt in gedrosselter Ausführung den leichten Lkw L 1500 S/A an. Ursprünglich ist diese Maschine jedoch für den neuen mittelgroßen Wagen vorgesehen gewesen – also für den Typ 260 (W 159) – der noch vor Mitte der 1940er Jahre die beiden Modelle 230 (W 153) und 320 (W 142) hätte beerben sollen. Der naheliegende Plan, den W 153 weitgehend unverändert neu aufzulegen und mit dem M 159-Triebwerk zu aktualisieren, wird jedoch bereits im ersten Halbjahr 1947 fallen gelassen, obwohl die Produktionseinrichtungen für die Karosserie noch mehr oder weniger vollständig vorhanden sind.

Die Projektidee eines größeren Exportwagens mit dem M 159-Triebwerk geht indessen nicht unter, im Gegenteil: In den Dimensionen vergrößert und damit erneut in die Nähe der Entwürfe von 1941 für den W 159 gerückt, entsteht nach einer langwierigen Entwicklungsphase nicht etwa der sogenannte *mittlere Typ,* sondern die 1951 vorgestellte Luxuslimousine 300 (W 186). Dieser Spitzenwagen spielt nicht nur der schwierigen Zeitumstände wegen in einer abgehobenen automobilen Liga. Als schnellster deutscher Pkw wirft er neuen Glanz auf die Marke Mercedes-Benz und präsentiert sich mit Erfolg als das adäquate Automobil für die Elite unter den Industriellen und Politikern der jungen Bundesrepublik. Dies erklärt, weshalb der Typ 300 später unter dem Übernamen »Adenauer« berühmt wird.

Alternative für das »mittlere Modell«: Ein vollständig neukonstruierter Typ 230

Zurück ins Jahr 1947. Statt den W 153 von 1938/39 in die Produktion zurückzuführen, verspricht man sich mehr Erfolg von einer gänzlichen Neukonstruktion des *mittleren Typs.* Das vom Untertürkheimer Konstruktionsbüro unter Direktor Max Wagner entwickelte Konzept sieht einen vollständig neuen Sechszylindermotor von 2,23 Liter Hubraum und einer Leistung von 63 PS vor, der durch »Anhängen« von zwei Zylindern aus dem geplanten 1,5-Liter-Vierzylinder des W 162 entstehen soll. Die bisherige Zweigelenk-Pendelachse weicht auf dem Zeichenbrett einer De Dion-Achse, wobei das elektromagnetisch betätigte oder automatisch schaltende Wechselgetriebe vom Motor getrennt und mit dem Hinterachsdifferenzial zu einer Antriebseinheit verblockt am Rahmen befestigt werden soll. Weiter stellt man sich eine aktuell gestaltete Karosserie ähnlich den Entwürfen für den 1,5-Liter-Wagen vor, also mit neuer *Form der Kühlerverkleidung und Vorderrad-Kotflügel.* Eine Gewichtsminderung von rund 100 kg gegenüber dem 230 (W 153) soll den Fahrleistungen zugutekommen und den Verbrauch reduzieren.[3]

Haspels Strich durch die Projekte – und seine ähnlichen Vorstellungen

Als gegen Ende des Jahres 1947 Dr. Wilhelm Haspel – durch das Spruchkammerverfahren politisch vollständig rehabilitiert – in das Unternehmen zurückkehrt und wieder den Chefsessel einnimmt, werden all die schönen Pläne zur Makulatur. Haspel erkennt richtig, dass es aktuell darum geht, die Produktion des 170 V richtig in Gang zu setzen und Fahrzeuge zu verkaufen, um die Daimler-Benz AG finanziell über den Berg zu bringen. Für hochtrabende Projekte fehlen die Geldmittel ebenso wie handfeste Ressourcen für die Fertigung. Das hält Haspel allerdings nicht davon ab, selbst Zukunftsträume zu pflegen. Auch er denkt an den devisenträchtigen Export, wo er das Mercedes-Benz-Markenimage durch einen repräsentativen Sportwagen hochhalten möchte.

Am 18. Dezember 1947 erläutert Wilhelm Haspel im rudimentär wiederhergestellten Verwaltungsgebäude in Untertürkheim seinem Vorstandskollegen Hoppe, den Abteilungsdirektoren und den wichtigsten Oberingenieuren seine Strategie. Er begründet nicht nur ausführlich das Festhalten am 170 V, sondern spricht sich gleichzeitig für eine neue geräumigere Karosserie auf diesem Fahrgestell aus, die auf der Basis des 1939 verworfenen W 136 II entstehen soll. Damit liege man gegenüber der Konkurrenz gut und könne auch gegen den Opel Kapitän bestehen, so dass Daimler-Benz mittelfristig nicht zum Bau eines mittelstarken Wagens gezwungen würde. *Übrigens können wir mit diesem Fahrzeug auch künftig noch einiges machen,* ergänzt er, so *z.B. einen stärkeren Motor einhängen.*[4]

Erneut ein Thema: Wiederaufnahme der 230 (W 153)-Fertigung

Im Mai 1948 gelangt Konzernchef Dr. Haspel dennoch zur Überzeugung, dass der Fahrzeugexport mit einem erneut aufgelegten 230 (W 153) wesentlich erfolgreicher sein würde, als mit einem neukarossierten 170 V. Grund für den Sinneswandel ist nicht zuletzt sein zwei Monate zurückliegender Besuch des international ausgerichteten Genfer Automobilsalons.

Abb. 0784
Der Typ 230 (W 153), ein Wagen der oberen Mittelklasse, geht Anfang 1939 in den Verkauf und gilt als wohlgelungen. Mehrfach wird in den ersten Nachkriegsjahren erwogen, die Produktion dieses geräumigen Wagens wieder aufzunehmen, als sogenannt »mittleres Modell«. Denn viele Pressvorrichtungen für die Karosserie sind noch vorhanden.

Abb. 0785
Das Armaturenbrett des 230 (W 153) folgt gestalterisch einer neuen Disposition und dient auch als Vorbild für den 170 S (W 136 IV). Erstmals liegen die Instrumente unmittelbar vor der Fahrerin oder dem Fahrer und nicht mehr in der Brettmitte.

Gerade in der Schweiz ist der 230 (W 153) 1939 stark beachtet worden und trotz seiner kriegsbedingt kurzen Produktionszeit nach wie vor in bester Erinnerung, wie er erfährt. Einzig die verhaltenen Fahrleistungen geben seinerzeit Anlass zur Kritik. Diese gilt es nun zu verbessern. Im Werk Sindelfingen hält man eine Fertigung des W 153 in absehbarer Zeit für möglich, weil ein Teil der Karosseriepresswerkzeuge den Krieg überstanden hat. *Aus diesem Grund muss man den W 153 wieder auf die Beine stellen, was ich Herrn Wagner bereits gesagt habe, der jedoch eine ganz andere Entwicklungsreihe, ausgehend aus dem 1,5 Liter vorgesehen hatte,* meint Haspel, der darauf besteht, *das zu tun, was die Firma im Moment zu leisten in der Lage ist, sonst geht sie zugrunde.*[5] Als der recht eigensinnige Max Wagner, entgegen der Weisung des obersten Firmenleiters, auch noch an den Entwürfen eines kleinen, leichten und mit 80 PS sehr leistungsfähigen Sportwagens vom Zuschnitt eines BMW 328 festzuhalten versucht, gerät er als Pkw-Konstruktionschef – nicht zum ersten Mal – bei Haspel in Misskredit.

Doch um die Absicht, den 230 (W 153) in die Produktion zurückzuführen, wird es bald still. Die Mühsal, welche selbst die Adaption des bisherigen W 136 zum W 136 III bzw. W 136 IV mit sich bringt, dürfte dazu beigetragen haben, die Idee fallen zu lassen. Zudem wird spätestens seit Anfang 1949 offensichtlich, dass der mit einem neuen Aufbau, verbessertem Platzangebot, optimiertem Fahrwerk und höherer Motorleistung aktualisierte W 136 IV um eine Fahrzeug- und Preisklasse höher gerutscht ist und nun unter der Bezeichnung 170 S kommerzialisiert werden soll.

Abb. 0786
Der 230 (W 153) bietet generöse Platzverhältnisse, gerade auch im Fond, wo ausgedehnter Beinraum vorhanden ist. Die Ausstattung ist höchst gepflegt und das dritte kleine Seitenfenster eine elegante Lösung. Versehen mit dem leistungsfähigen M 159-Motor und einigen Retuschen, hätte ein solcherart aktualisierter W 153 die obere Mittelklasse bis zum Erscheinen des Sechszylinder-»Ponton«-Modells bestens repräsentiert.

Der neue 170 S: Basis für das »mittlere Modell«

Der 170 S – gegenüber dem 170 V größer, geräumiger und fahrsicherer geworden – ist ein stattliches Automobil. Zum echten Volumenmodell eignet es sich nicht, doch Haspel erkennt mit einer gewissen Genugtuung: *Der mittlere Wagen ist in Kombination mit dem 170er* [170 S] *gut zu machen. Es wird aber sicher Oktober 1950 werden, bis er chassis- und karosseriemäßig herauskommt.*[6] Die Auffassung Haspels, den sogenannten mittleren Wagen auf der Basis des 170 S zu realisieren, verfestigt sich in den kommenden Monaten. Anfang Juli 1949 wird nach einer großen und durchaus kontrovers geführten Diskussion im nun wieder komplettierten Vorstand das folgende Typenprogramm in zeitlicher Reihenfolge skizziert:[7/I]

1) Als zusätzliches *mittleres Modell* den 170 S mit 2,6-Liter-Sechszylindermotor M 159 versehen;

2) den bisher geplanten 2,6-Liter-Wagen mit größerer Karosserie versehen und mit der auf 3 Liter aufgebohrten Sechszylindervariante des M 159 ausrüsten;

3) einen Nachfolgetyp für den 170 V entwickeln. Dessen Konstruktion ist bereits im Gang und zielt in Richtung einer selbsttragenden Karosserie und einer neuen Motorengeneration mit vier und sechs Zylindern von 1,2 und 1,8 Liter Hubraum.

Anmerkung I: Siehe auch Kap. 8.2, S. 366 ff.

Erste Phase, der W 184: Ein verlängerter 170 S mit dem Sechszylinder M 159

Um im 170 S den deutlich größeren 2,6-Liter-Sechszylinder M 159 unterzubringen, wird vorgeschlagen, den Radstand um 100 mm auf 2 945 mm zu verlängern und gleichzeitig die Kühlermaske deutlich nach vorn zu versetzen. Der Längenzuwachs soll vollumfänglich dem Motorraum zugute kommen. Von diesem Wagen, der die Baureihenbezeichnung W 184 zugewiesen erhält, werden zwischen Mitte September 1949 und Anfang Februar 1950 drei Probeexemplare gefertigt. Der Sindelfinger Versuchsleiter Wilfert erklärt später, eine Radstandsverlängerung von 70 mm würde ausreichen, und lobt die Leistungsfähigkeit und die Straßenlage dieses Wagens.[8]

Ganz wohl ist es Firmenchef Haspel mit dem Sechszylinder im Kleid des 170 S nicht, was er kurz vor Weihnachten 1949 auf der Vorstandssitzung thematisiert. Die Produktion und der Verkauf des 170 S (W 136 IV) sind eben erst ordentlich angelaufen. Nun befürchtet Haspel, dass der vierzylindrige 170 S im Verkauf von der Modellvariante mit Sechszylindermotor erdrückt werden könnte. Trotzdem ist er gewillt, am Projekt des mittleren Wagens auf Basis des 170 S festzuhalten, wobei er von einer monatlichen Fertigung von eher bescheidenen 500 Einheiten ausgeht.[9]

Nallinger setzt sich durch: Der neue Sechszylindermotor M 180 entsteht

Bei der Motorenfrage hakt Technikvorstand Fritz Nallinger ein. Er gibt zu bedenken, dass der 2,6-Liter-Sechszylindermotor M 159 alle Variationsmöglichkeiten nach oben offen hält, also in Richtung einer Hubraum- und Leistungsvergrößerung, wie sie für den großen Wagen – den nachmaligen W 186 – vorgesehen sind. Hingegen müsse nun, stellt Nallinger klar, die Entwicklung einer neuen Motorenreihe mit vier und sechs Zylindern ins Auge gefasst werden, wobei man sich diesen kleinen Sechszylinder (anstelle des vorgesehenen 2,6-Liter M 159) zunächst auch im 170 S vorstellen könne, bevor er später in einem gänzlich neuen Fahrzeug zum Einsatz komme. Mit dem in der Bauweise analogen Vierzylinder ließe sich der fertigungstechnisch überholte und dadurch teuer gewordene M 136 ablösen. Haspel, der die neue Motorenreihe zunächst nicht mit dem zukünftigen 170 V-Ersatztyp in Zusammenhang bringt, für den Nallinger diese

Abb. 0787
Die nächste Überlegung zum »mittleren Modell«: Karosserieentwurf Eu 147 vom 17.06.1949. Als Basis dient nun der 170 S, der jedoch im Vorbau um 100 mm verlängert wird, damit der 2,6 Liter große M 159 Platz findet.

Abb. 0788
Im Frühjahr 1950 nimmt die neue OHC-Motorenfamilie konkrete Formen an. Sie ist zwar für die geplanten 170 V-Nachfolger vorgesehen, doch die Sechszylinderversion M 180 (Bild) ist kompakt genug, um ohne Bugverlängerung in den 170 S zu passen. Das Konzept zum »mittleren Modell« ist damit gefunden.

in erster Linie vorsieht, verwahrt sich gegen ein neues Vierzylindertriebwerk im 170 V.[10] In Wirklichkeit arbeiten im Konstruktionsbüro die Motorenfachleute unter Wolf-Dieter Bensinger längst an dieser Triebwerksreihe. Drei Monate später, Ende März 1950, legt Nallinger schriftlich nach und fordert angesichts neuer Modelle der Konkurrenz eindringlich die Entwicklung des nun obengesteuert ausgelegten 1,2-Liter-Vierzylinder- und 1,8-Liter-Sechszylindermotors. Letzterer wird von ihm bewusst so dimensioniert, dass er auch im 170 S Platz finden kann. Gleichzeitig schlägt Nallinger vor, die Hubvolumen auf 1,3 Liter (Vierzylinder) und 2,0 Liter (Sechszylinder) zu erhöhen.[11]

Endlich findet er Gehör. Am 12. Mai 1950 wird der formelle Konstruktionsauftrag für den kleinen Sechszylindermotor M 180 erteilt, einen Monat später genehmigt der Vorstand einen ersten Investitionsantrag über sechs Millionen DM.[12]. Unterdessen hat der neue Sechszylinder M 180 einen Hubraum von 2,1 Liter erhalten.[13] Im Werk Untertürkheim wird eine großzügig dimensionierte Motorenstraße für die Fertigung von bis zu 2 500 Stück dieser Sechszylindermaschinen im Monat geplant.[14]

Abb. 0789
Dem Trend zur Lenkradschaltung kann sich Daimler-Benz beim neuen Modell 220 (W 187) nicht verschließen. Die Schaltübertragung mittels Gestänge ist aufwändig und empfindlich. Das bisherige Getriebe erhält anstelle der Synchronisierung durch Gleichlaufkörper eine Sperrsynchronisierung.

Konzept gefunden: Der 170 S mit Sechszylindermotor wird zum W 187

Die Entwicklung des neuen *mittleren Modells,* das nunmehr als Baureihe W 187 bezeichnet wird und mit dem neuen Sechszylindertriebwerk M 180 versehen werden soll, verläuft in der Folge zügig. Haspel freut sich auf ein ausgezeichnetes Exportgeschäft mit diesem Fahrzeug.[15]

Motor und übrige Technik zeigen rasche Fortschritte

Der neue Motor mit obenliegender, kettengetriebener Nockenwelle wird in Windeseile durchkonstruiert. In der ersten Augusthälfte 1950 gibt Oberingenieur Bensinger die Detailzeichnungen des kurzhubig ausgelegten OHC-Triebwerks M 180 frei, noch bevor der erste Versuchsmotor am 26. August zum Laufen kommt. Gleichzeitig werden die vermeintlich letzten kleinen konstruktiven Eingriffe am Triebwerk vorgenommen.

Auch die übrige Technik konkretisiert sich zunehmend. Die Lenkradschaltung ist beschlossene Sache, und zwar in Verbindung mit dem überarbeiteten 170 V/S-Getriebe, das anstelle der Gleichlaufkörper nun mit einer Sperr- oder Zwangssynchronisierung versehen wird. Dazu untersucht und testet die Versuchsabteilung zwei konstruktiv unterschiedliche Lösungen, nämlich an zehn Schaltgetrieben diejenige nach System Ford, an weiteren zehn die ZF-Variante. Parallel dazu werden zehn Probe-Lenkradschaltungen gebaut.

Den Hinterachsantrieb stellt man aufgrund des höheren Komfortanspruchs auf die ruhiger laufende Gleason-Verzahnung um, wobei gleichzeitig die Spurweite der Pendelachse um 15 mm auf 1 435 mm vergrößert wird. Die vom 170 S grundsätzlich unverändert übernommene Lenkervorderachse erhält eine Duplex-Bremse, also eine Ausführung mit zwei auflaufenden Bremsbacken, was zwei Radbremszylinder pro Trommel erfordert. Letztere soll aus Temperguss bestehen, um dem lästigen Quietschen vorzubeugen. Weiter beabsichtigt Nallinger, die bisherige ZF-Ross-Lenkung beim großen Wagen (W 186) durch eine eigens entwickelte Kugelumlauflenkung zu ersetzen, wovon auch der *mittlere Wagen* W 187 profitieren soll. Bald zeigt sich, dass die Kühlleistung an der unteren Grenze liegt, weshalb ein Kühlerelement mit einer größeren Rohranzahl verbaut und der obere Wasserkasten um einen Liter vergrößert werden muss. Letzteres bedingt einen separaten Einfüllstutzen im Motorraum. Der Verschluss mit Stern auf der Kühlermaske wird dadurch seiner primären Funktion enthoben.

Bereits der erste Versuchswagen lässt sich mit der bisherigen, 1:14,3 übersetzten ZF-Ross-Lenkung genügend leichtgängig dirigieren, weshalb auf die ursprünglich größere Übersetzung verzichtet wird, die ein teureres Lenkgetriebe erfordert hätte. Längere Versuchsfahrten auf der Autobahn und auf dem Nürburgring führen zur Erkenntnis, dass zur ursprünglich vorgesehenen Hinterachsuntersetzung von 1:4,44 zurückgekehrt werden muss. Die zwischenzeitlich festgelegte kürzere Untersetzung von 1:4,78 hätte gegenüber dem Verzylinder-170 S ein markant verbessertes Spurtvermögen bringen sollen, ist aber für den Einsatz auf der Autobahn ungeeignet.[16]

Das Gesicht des Vorderwagens: Schwierige Formfindung

Es erstaunt nicht, dass die Gestaltung des Vorderwagens – wie seit Jahren üblich – zu Diskussionen und zahlreichen Versuchen führt. Um für den länger bauenden Sechszylindermotor genügend Raum zur Verfügung zu haben, sieht das Werk Sindelfingen vor, bei unverändertem Radstand von 2 845 mm analog dem 170 S Cabriolet A die Kühlermaske um 100 mm nach vorn zu schieben, hier allerdings mitsamt dem Kühlerblock. Der W 187 soll – wie der 170 S (W 136 IV) – aufgesetzte Scheinwerfer erhalten. Doch Ende Juli moniert Konzernchef Haspel, dass der Wagen im Bereich der Vorderkotflügel *etwas modernisiert* werden müsse.[17] Die leitenden Karosserieingenieure Wilfert und Häcker, von der schwierigen Formfindung der großen Limousine W 186 stark beansprucht, lassen sich bis Mitte September Zeit, bevor sie sich dieser Aufgabe annehmen.

Um einen genügenden optischen Abstand zum vierzylindrigen 170 S zu erhalten, schlagen die Sindelfinger vor, die Scheinwerfer in die Kotflügel einzulassen. Doch das so hergerichtete Fahrzeug überzeugt die Herren Haspel und Nallinger nicht. Es bleibt folglich zunächst bei freistehenden Scheinwerfern, die allerdings nach Möglichkeit um 20 mm nach außen gerückt und mit eleganteren Konsolen versehen werden sollen.[18]

Angesichts der – ausgehend vom 170 S – so oder so anstehenden kostspieligen Karosserieänderungen am Vorderwagen versuchen es die Sindelfinger erneut mit eingelassenen Scheinwerfern. Doch sie finden einzig mit einem Kotflügel, der bis in die Vordertür weiterläuft, eine ästhetisch befriedigende Lösung – die sie aus Kostengründen gleich selbst verwerfen. Günstig im Aufwand, argumentieren sie, wäre die Verwendung der unveränderten 170 S-Kotflügel mit den aufgesetzten Scheinwerfern. Und zwar entweder mit unveränderter Kühlerposition und einem nach hinten geschobenen Sechszylindermotor – was allerdings eine Ausbuchtung in der Spritzwand zum Innenraum hin sowie Anpassungen am Rahmen und am Antriebsstrang zur Folge hätte. Oder mit nach vorn geschobenen 170 S-Kotflügeln und Anpassungen im Bereich der Maske.[19] Ersteres hat keine Realisierungschance und wird dem Vorstand gar nicht erst präsentiert. Die zweite Möglichkeit besichtigen Haspel und Nallinger am 11. November 1950 zusammen mit der Sindelfinger Führungsmannschaft an entsprechend umgestalteten Versuchswagen. Kritisiert wird an diesem Vorschlag, dass der Scheitel der Kotflügel weiter vorn liegt als die Radachse, gestalterisch ein arger Kompromiss. Eine gleichzeitig vorgeführte neue Variante mit eingebauten Scheinwerfern, nun in Verbindung mit einer um 130 mm statt bloß 100 mm nach vorn geschobenen Motorhaube, wird zurückhaltend aufgenommen. Doch die Zeit drängt. Drei Tage später entscheidet Haspel am Ende der reichlich befrachteten, von 10 Uhr vor-

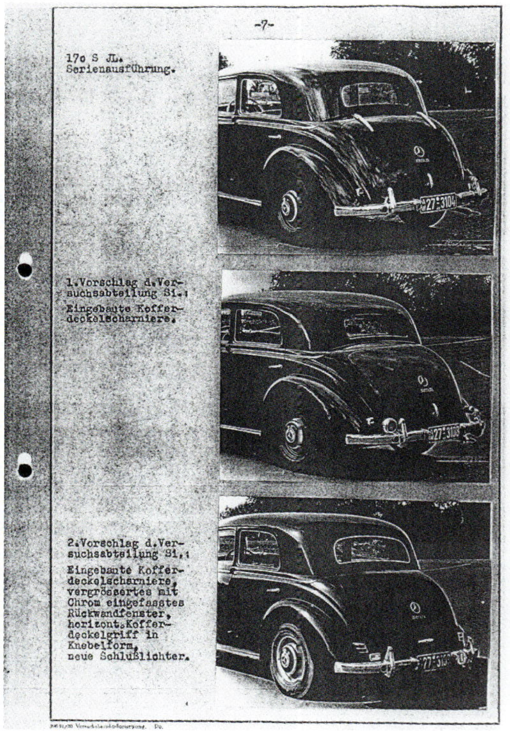

Abb. 0790, 0791, 0792 & 0793
Auszüge aus dem Versuchsbericht zur Front- und Heckgestaltung des Typs 220 (W 187). Der Vorschlag mit in die Kotflügel integrierten Scheinwerfern setzt sich durch – zwar mit dem Einverständnis von Firmenchef Haspel, aber gegen sein Ästhetikempfinden. Das vergrößerte Heckfenster und die neuen Rückleuchten sind hingegen unbestritten.

mittags bis abends um 20 Uhr 20 dauernden Technischen Vorstandssitzung, die Scheinwerfer in die Kotflügel einbauen zu lassen. Dies allein, um öffentliche Kritik zu vermeiden und explizit *gegen sein Schönheitsgefühl,* wie er betont.[20] Die Kühlermaske mit dem Gitter soll anfänglich in beiden Richtungen leicht bombiert und mit einem vertikalen und sieben dünnen horizontalen Chromstäben versehen werden. Auf die Wölbung und die waagrechten Stäbe wird im Laufe des Gestaltungsprozesses verzichtet. Desgleichen verwerfen die Herren den Vorschlag, die Hinterkotflügel etwas weiter nach oben zu ziehen, um sie im Volumen den Vorderflügeln anzugleichen.

Kaum zu diskutieren geben hingegen die neuen Rückleuchten, die sich recht elegant an die Karosserie anschmiegen.

Analog dem 170 S entstehen nun von der Sechszylinderausführung W 187 – es ist dies fast eine Selbstverständlichkeit – zusätzlich zur Limousine auch ein Cabriolet A und ein Cabriolet B, mit welchen man explizit die 170 S-Cabriolet-Ausführungen abzulösen gedenkt. Gemäß Haspels Weisung soll die Käuferschaft nach Belieben wählen können, ob sie ihr W 187 Cabriolet A mit freistehenden Scheinwerfern analog dem 170 S oder mit in die Kotflügel eingebauten Scheinwerfern haben will. Dies belegt die herrschende Unsicherheit bezüglich der Frontgestaltung.[21]

Abb. 0794
So sieht die Frontgestaltung des 220 (W 187) aus. Es ist das Gesicht eines Übergangsmodells. Zwischen dem schlanken hohen Kühler und den Scheinwerfern in den Kotflügeln entstehen Leerräume. Die vom 170 V und 170 S gewohnte Harmonie ist beeinträchtigt. Doch aus Sicht des Verkaufs ist klar: 1951 darf sich ein neues Mercedes-Benz-Modell nicht mehr mit aufgesetzten Scheinwerfern zeigen.

Feinschliff und Produktionsvorbereitung

Präsentiert werden soll der W 187 auf der Internationalen Automobil-Ausstellung (IAA), die im April des kommenden Jahres 1951 erstmals in Frankfurt am Main stattfinden wird. Noch bevor die Gestaltungsfragen im Spätherbst einigermaßen befriedigend beantwortet und Detailprobleme an der Belüftung und am Armaturenbrett gelöst sind, ordnet Vorstand Otto Hoppe den Bau einer Ausstellungs-Vorserie von zehn Wagen an, nämlich fünf Innenlenker, zwei Cabriolet A, zwei Cabriolet B[I] und ein *blankes* Fahrgestell. Für Mai und Juni 1951 ist geplant, die eigentliche Vorserie von 50 kompletten Fahrzeugen laufen zu lassen, versehen mit Triebwerken aus der 100er-Motorenvorserie, die bereits am 4. September 1950 beschlossenen worden ist. Die Fahrzeughauptserie soll dann im Juli mit 100 Stück einsetzen und im September bereits einen Monatsausstoß von 500 Wagen erreicht haben.[22]

Noch immer ist im Spätherbst 1950 nicht entschieden, ob der sechszylindrige W 187 nun den vierzylindrigen 170 S ergänzen oder ablösen soll. Haspel tendiert zum Fallenlassen des 170 S, wenn sich zeigen sollte, dass der W 187 im Verkauf *gut einschlage,*[23] eine Maßnahme, die er vor einigen Monaten noch von sich gewiesen hat.

Haspel will Leistungs- und Drehmomentspritze

In der Technischen Vorstandssitzung vom 14. November 1950 plädiert der Vorstandsvorsitzende Wilhelm Haspel für eine Hubraumerhöhung des M 180 von aktuell 2,1 auf 2,3 Liter, weil er angesichts des doch erheblich schwereren Fahrgestells befürchtet, die Fahrleistung des neuen Typs könnte sich zu wenig vom 170 S abheben und im Vergleich mit der Konkurrenz am unteren Ende der Skala liegen – wie in der Vergangenheit so oft bei Mercedes-Benz-Pkw. Ausgerechnet Technikvorstand Nallinger stemmt sich anfänglich gegen mehr Hubvolumen, zweifelt, ob die vier Kurbelwellenlager ausreichen würden, und sieht »seinen« Baukasten mit der Vierzylindervariante in Frage gestellt. Doch Haspel hält auch für den kleineren Motor einen Hubraum von nicht unter 1,7 Liter für zwingend. Außerdem misst er der bislang beabsichtigten engen konstruktiven Verbindung der beiden Motoren und der daraus folgenden Gleichschaltung zahlreicher ihrer Teile keine große Bedeutung bei. Denn die beiden Triebwerke sollen sich in Zukunft je nach Erfordernis unabhängig voneinander weiterentwickeln können.[24] Nallinger erweitert daraufhin die Bohrung des Sechszylinders auf 80 mm; mehr lässt sich nicht verantworten. Da er gleichzeitig den Hub nur sehr bescheiden auf 72,8 mm verlängert, um die Steife der Kurbelwelle nicht zu gefährden, steigt das Hubvolumen lediglich auf 2,2 Liter.[II]

Am Triebwerk und Antriebsstrang sind zu diesem Zeitpunkt, Anfang Dezember 1950, noch ein volles Dutzend weitere konstruktive Änderungen durchzuführen, angefangen am Kurbelgehäuse über den Zylinderkopf und die Kurbelwelle mit größerem Hub und endend an der Lenkradschaltung.[25]

Fertigstellung verzögert sich: Präsentation im April 1951 möglich?

Die Fertigungsvorbereitung für den W 187, zu der auch die Anschaffung einer Vielzahl neuer Maschinen für die neue Sechszylinder-Motorenstraße zählt, verläuft nach Plan. Doch bald trüben sich die heiteren Aussichten und stellen die Präsentation im April 1951 auf der Messe in Frankfurt ernsthaft in Frage. Im Januar und Februar 1951 stecken Untertürkheim wie Sindelfingen in den Feinarbeiten der Fahrzeugentwicklung, und es sind noch größere Defizite aufzuholen. Geräusch- und Vibrationsprobleme, hoher Ölverbrauch, mangelhafte Drehzahl- und Leistungsübergänge sind das eine. Größere Sorgen bereitet das Fahrzeuggewicht, das laut Nallinger gegenüber dem 170 S um 60 bis 65 kg ansteigt, während die Sindelfinger wenig später gar von 120 kg mit einem Aufbau in üblicher Blechstärke und 100 kg mit einer Karosserie aus Dünnblech sprechen. Letztere ist aus Sicht der Karosseriefachleute jedoch aufgrund der ungenügenden Oberflächenqualitäten der verfügbaren Bleche nicht zu verantworten. In der Tat geht das Mehrgewicht fast gänzlich auf das Konto des Fahrgestells, obwohl der Treibstofftank mit einem Inhalt von 48 Litern gegenüber dem 170 S unverändert geblieben ist.

Nachdem Haspel einen W 187-Versuchswagen gefahren hat, hält er den 2,2-Liter-Motor für zu schwach, das Temperament für zu bescheiden und somit den Abstand zum 170 S für zu gering. *Wenn man schnell fahren wolle, müsse man viel schalten,* gibt er zu Protokoll.[26] Karl Wilfert, der bei Differenzen mit den Kollegen aus Untertürkheim öfters den Dienstweg umgeht und sich direkt an den Generaldirektor wendet, haut in dieselbe Kerbe. Er empfiehlt, den W 187 zugunsten des vor anderthalb Jahren diskutierten und erprobten W 184 fallen zu lassen, also zum 170 S mit verlängertem Radstand und dem drehmomentstärkeren 2,6-Liter-Syring-Motor zurückzukehren.[27] Auch fühlt Wilfert sich zu Unrecht kritisiert, weil Nallinger die vorgesehene Heizung zurückgewiesen hat. Bei dieser soll die Temperatur durch Luftklappen reguliert werden, was Nallinger für untauglich hält und eine Warmwasserregulierung verlangt. Diese Neukonstruktion wird sich übrigens alsbald bestens bewähren, und zwar einschließlich der Entfrosterdüsen im Armaturenbrett für die vorderen Seitenscheiben.[28]

Endlich eine Verkaufsbezeichnung: Der W 187 wird zum »220«

Erst in der Vorstandssitzung vom 28. März 1951, also lediglich drei Wochen vor der Eröffnung, entscheidet Wilhelm Haspel angesichts der nun deutlich erkennbaren Entwicklungsfortschritte, den W 187 doch auf der international ausgerichteten Frankfurter Ausstellung zu präsentieren. Gleichzeitig erklärt er die schon Ende 1950 vorgeschlagene Verkaufsbezeichnung »220« als gültig. Der Untertürkheimer Werksleiter Karl Christian (K. C.) Müller schlägt vor, in den sogenannten Publikumsunterlagen – Verkaufskataloge und Pressemappen – die Leistung des Typs 220 mit weniger als 80 PS zu notieren, da die gegenwärtigen Motoren diesen Wert nicht erreichen. Nallinger hält dagegen, der erste vom Hauptwerk gelieferte Motor habe 81 PS gebracht, die aktuell geprüften seien bei der Messung noch nicht voll eingelaufen gewesen. Es bleibt folglich bei offiziell 80 PS und einer Höchstgeschwindigkeit von *gestoppt 137 km/h,*[29] die im Unterschied zur Leistungsangabe eher zurückhaltend bemessen ist.

Abb. 0795
Der Nürburgring dient als willkommene Teststrecke für die Abstimmung von Fahrwerk, Getriebe- und Achsübersetzungen. Auch den W 187 jagt man über die anspruchsvolle Strecke. Dieser 220 Innenlenker – ein Wagen aus der Vorserie und noch ohne Zierleisten auf den vorderen Kotflügeln – durchfährt gerade die Kurvenfolge von Wehrseifen bei Breidscheid.

Anmerkung I: Im Protokoll (Technische Vorstandssitzung 25.10.1950) steht irrtümlicherweise Cabriolet D statt B.
Anmerkung II: Gleichzeitig lässt Nallinger das Hubvolumen des Vierzylinders M 120 von 1,5 auf neu 1,7 Liter erhöhen. In: Vorschläge über ein Personenwagen-Entwicklungsprogramm (6. Folge), 05.12.1950, Nallinger (Archiv MBAG).

13.2 Der 220 (W 187) zur Präsentation und Serienfertigung bereit

Der Typ 220 (W 187) ist ein 170 S mit sechs Zylindern. Dies stimmt, ist aber arg verkürzt. Der moderne, hochdrehende 2,2-Liter mit obenliegender Nockenwelle weckt sportliche Gefühle und nutzt das Fahrwerkspotential aus. Das perfekt synchronisierte Getriebe lässt sich bequem per Hebel am Lenkrad schalten und die Duplex-Bremsen an den Vorderrädern sollen kräftig verzögern. Das neue mittlere Modell 220 begeistert 1951 auf der IAA in Frankfurt am Main in drei Aufbauversionen das Publikum wie die Fachjournalisten.

Der 2,2-Liter-Sechszylindermotor M 180 und das DB-Sperrsynchrongetriebe

Modernes OHC-Triebwerk: Die konstruktiven Merkmale

Der Sechszylinder-Reihenmotor M 180 verfügt, der bisherigen Daimler-Benz-Tradition folgend, über ein zweiteiliges, auf der Achse der Kurbelwelle zusammengefügtes Zylinderkurbelgehäuse. Der obere Teil mit den paarweise angeordneten Zylindern besteht aus Grauguss, der untere Teil mit integrierter Ölwanne und demontierbarem Hinterteil aus gegossenem Leichtmetall. Die Kurbelwelle läuft lediglich in vier Hauptlagern, eine Konzession an den ursprünglich vorgesehenen Hubraum von bescheidenen 1,8 Liter. Für die Haupt- und Pleuellager werden auswechselbare Lagerschalen aus Bleibronze eingesetzt, die Lagerzapfen sind gehärtet und am vorderen Kurbelwellenstumpf sitzt ein Drehschwingungsdämpfer. Das Zylindergehäuse verfügt an beiden Längsseiten über groß dimensionierte Öffnungen, die mit Deckeln verschlossen sind.

Bei einer Bohrung von 80 mm und einem Hub von lediglich 72,8 mm beträgt das Hubvolumen 2 195 cm³. Die betont kurzhubige Auslegung ist zu Beginn der 1950er Jahre progressiv und verhilft dem M 180 in Verbindung mit dem drehzahlfesten Ventiltrieb dank obenliegender Nockenwelle zu einer bislang bei Mercedes-Benz Pkw-Motoren nicht gekannten Drehfreude. Die Höchstleistung von 80 PS erreicht der Motor bei 4 600 U/min, das maximale Drehmoment von 14,5 mkg bei 2 500 U/min. Für kurze Zeit kann die Maschine auf eine maximal zulässige Höchstdrehzahl von weit über 5 000 U/min gedreht werden.[I] Im Graugusszylinderkopf betätigt die in vier Lagern laufende Nockenwelle über Schwinghebel die senkrecht hängend angeordneten, großzügig dimensionierten Ventile, die schließlich mit Schaftdichtungen versehen werden.

Die Ein- und Auslasskanäle befinden sich auf der rechten Motorenseite, die Zündkerzen dagegen links. Es handelt sich demnach um einen Gegenstrom-Zylinderkopf mit einem Verbrennungsraum, der deutlich aus der Mitte über den Zylinderrand hinaus gegen links verschoben ist. Der nahezu geräuschlose Nockenwellenantrieb mit einer Duplex-Rollenkette befindet sich vorn am Motor; ein Federspanner sorgt im Verbund mit drei Gleitschienen für einen straffen und präzisen Lauf über die Zahnräder. Die Steuerkette treibt weiter über ein linksseitig angeordnetes Zahnrad mit kurzer Welle den Zündverteiler an, der in gewohnter Weise mit der Ölpumpe gekoppelt ist. Desgleichen ist hier die mechanische Treibstoffpumpe angeflanscht. Über ein Handhebelchen lässt sich nach längerem Stillstand vor dem Startversuch die Vergaserkammer füllen.

Das Motorenöl fließt durch einen Spaltfilter im Hauptschluss, dessen Gehäuse links hinten am Zylinderblock befestigt ist. Bemerkenswert ist die Öl-Wasser-Kühlung, die dafür sorgt, dass in der Warmlaufphase das Motorenöl durch das dank dem Thermostat rasch erhitzte Kühlwasser im Motorblock erwärmt wird und umgekehrt – bei warmgelaufener und stärker belasteter Maschine – das heiße Öl durch das auf konstanter Temperatur gehaltene Kühlwasser gekühlt wird. Dies wird nicht mit einem separaten Wärmetauscher erreicht, sondern durch zwei im Zylinderkurbelgehäuse eingegossene Ölrohre, die den Wasserraum in Längsrichtung durchqueren und an den Enden mit Stopfen verschlossen sind. Die Wasserpumpe ist mit dem vierflügeligen Lüfter kombiniert. Diese wird – ausgehend vom Schwingungsdämpfer auf dem vorderen Kurbelwellenstumpf – von einem Keilriemen angetrieben, der auch das Laufrad der rechts unten am Block angebauten 6-Volt-Lichtmaschine umschließt. Der Anlasser steckt auf der gleichen Motorenseite hinten in einem kräftigen Trägerblech und rückt in den Zahnkranz am Schwungrad ein.

Die Gemischversorgung übernimmt ein Solex-Doppel-Fallstromvergaser mit Saugkanälen von 30 mm Innendurchmesser und Beschleunigerpumpe, wobei die thermostatisch gesteuerte Vorwärmung auf einfache Weise durch den Kontakt mit dem zweiteiligen Auspuffkollektor erfolgt, ein Vorteil des Querstromkopfs. Eine Besonderheit ist der sogenannte Oktanzahl-Kompensator, eine sinnreiche Einrichtung, mit der sich am Armaturenbrett via Drehschalter und Kabelzug der Zündverteiler und damit der Zündzeitpunkt um sechs bis acht Grad verstellen lässt.[30] Damit kann der Fahrer auf die Qualität des Treibstoffs reagieren, die zu Beginn der 1950er Jahre insbesondere in Deutsch and immer noch kritisch ist und stark schwankt. Die niedrige Klopffestigkeit des Fahrzeugbenzins ist auch der Grund, dass die Verdichtung mit 1:6,5 nach wie vor bescheiden ausfällt.

▷ **Siehe Band II/Seite 208 f**
Exkurs F 09: Der Sechszylindermotor M 180 – Basis für drei Jahrzehnte Motorenbau

Anmerkung I: Die zeitgenössischen Angaben zur Höchstdrehzahl widersprechen sich: 5 800 U/min gemäß Tests »Auto Motor und Sport«, 23/1951 (3. November), S. 796, und »Automobil Revue« (Bern), Nr. 5/1952 (6. Februar), S. 4; 5 300 U/min gemäß Werkstatthandbuch 220, S. I/1 (Druckfehler?).

Verbessert und sperrsynchronisiert: Das bekannte DB-Vierganggetriebe

Das Schaltgetriebe mit separater, in Leichtmetall gegossener Kupplungsglocke und einem angeschraubten Räderkasten aus Grauguss ist eine Weiterentwicklung des bekannten Daimler-Benz-Getriebes, wie es ebenso im 170 V/D und im 170 S zu finden ist, allerdings mit dem bedeutenden Unterschied, dass der Schaltvorgang nun zwangs- bzw. sperrsynchronisiert ist, was ein »Durchreißen« der Gänge verhindert. Diese Verbesserung, welche später auch die 170 Sb und 170 DS erhalten, ist nicht zuletzt der Lenkradschaltung geschuldet. Diese vermittelt als Folge der zahlreichen Umlenkungen ein weniger unmittelbares Schaltgefühl als die bisher gebräuchliche Stockschaltung mit direktem Eingriff des Hebels ins Getriebe.

Technikvorstand Fritz Nallinger möchte gerne ein neues Dreiganggetriebe haben, doch um ein solches zu entwickeln fehlen Zeit und Mittel. Zudem wehrt sich der Vorstandsvorsitzende Wilhelm Haspel beharrlich gegen eine Verringerung der Anzahl Fahrstufen – zu Recht, wie sich zeigen soll.

Um keine weiteren Varianten fertigen zu müssen, verfügt der 220 zunächst über dasselbe Getriebe wie der stärkere 300 (W 186), das sich durch einen langen ersten Gang auszeichnet. Mit 1:2,95 ist die Differenz zum 170 V/D und zum 170 S eklatant, die hier eine Übersetzung von 1:4,025 haben. Mit der engeren Stufung der vier Gänge werden bessere Beschleunigungswerte angestrebt. Durch eine veränderte Zähnezahl verkürzt sich beim Serienanlauf die Übersetzung des ersten Gangs marginal auf 1:2,98.[31]

Abb. 0796
Mit dem sportlich motorisierten 220 in flotter Fahrt gen Süden: So stellt Hans Liska, Zeichner, Maler und Gebrauchsgrafiker, den W 187 auf der Titelseite eines Faltprospekts von 1952 dar.

Abb. 0797 & 0798 (folgende Seite)
Schautafeln des Motors M 180. Das Sechszylinder-Triebwerk hat 2,2 Liter Hubraum, eine Ventilsteuerung mit kettengetriebener Nockenwelle im Gegenstrom-Zylinderkopf, aber lediglich vier Hauptlager. Alimentiert wird es über einen Doppel-Fallstromvergaser. Obwohl eigentlich für den Typ W 180 mit Ponton-Karosserie konzipiert, wird die Entwicklung des Motors forciert, um ihn in der Karosserie des 170 S anbieten zu können – als Typ 220.

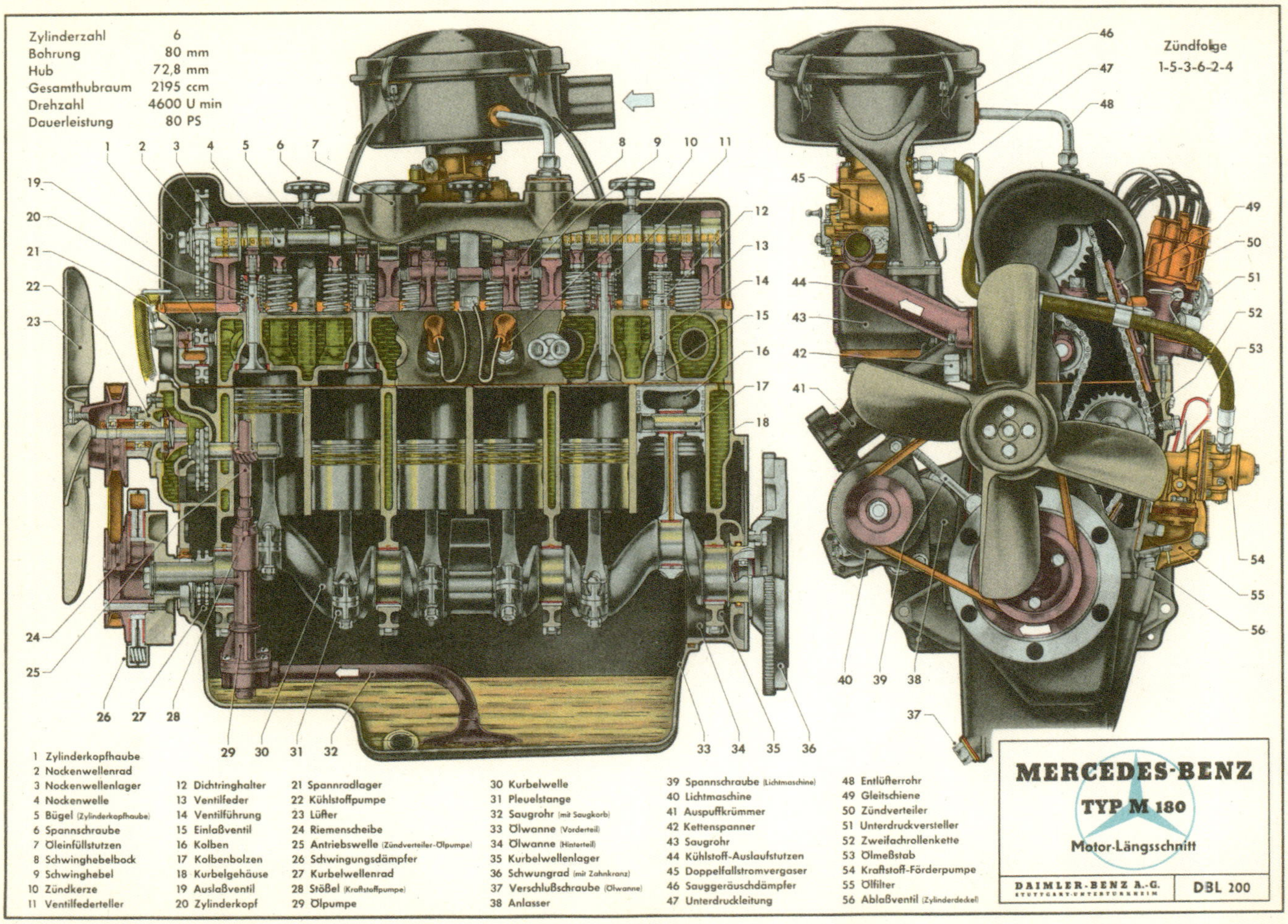
Zylinderzahl 6
Bohrung 80 mm
Hub 72,8 mm
Gesamthubraum 2195 ccm
Drehzahl 4600 U min
Dauerleistung 80 PS
Zündfolge
1-5-3-6-2-4
1 Zylinderkopfhaube
2 Nockenwellenrad
3 Nockenwellenlager
4 Nockenwelle
5 Bügel (Zylinderkopfhaube)
6 Spannschraube
7 Öleinfüllstutzen
8 Schwinghebelbock
9 Schwinghebel
10 Zündkerze
11 Ventilfederteller
12 Dichtringhalter
13 Ventilfeder
14 Ventilführung
15 Einlaßventil
16 Kolben
17 Kolbenbolzen
18 Kurbelgehäuse
19 Auslaßventil
20 Zylinderkopf
21 Spannradlager
22 Kühlstoffpumpe
23 Lüfter
24 Riemenscheibe
25 Antriebswelle (Zündverteiler-Ölpumpe)
26 Schwingungsdämpfer
27 Kurbelwellenrad
28 Stößel (Kraftstoffpumpe)
29 Ölpumpe
30 Kurbelwelle
31 Pleuelstange
32 Saugrohr (mit Saugkorb)
33 Ölwanne (Vorderteil)
34 Ölwanne (Hinterteil)
35 Kurbelwellenlager
36 Schwungrad (mit Zahnkranz)
37 Verschlußschraube (Ölwanne)
38 Anlasser
39 Spannschraube (Lichtmaschine)
40 Lichtmaschine
41 Auspuffkrümmer
42 Kettenspanner
43 Saugrohr
44 Kühlstoff-Auslaufstutzen
45 Doppelfallstromvergaser
46 Sauggeräuschdämpfer
47 Unterdruckleitung
48 Entlüfterrohr
49 Gleitschiene
50 Zündverteiler
51 Unterdruckversteller
52 Zweifachrollenkette
53 Ölmeßstab
54 Kraftstoff-Förderpumpe
55 Ölfilter
56 Ablaßventil (Zylinderdeckel)
MERCEDES-BENZ
TYP M 180
Motor-Längsschnitt
DAIMLER-BENZ A.-G.
STUTTGART-UNTERTÜRKHEIM
DBL 200

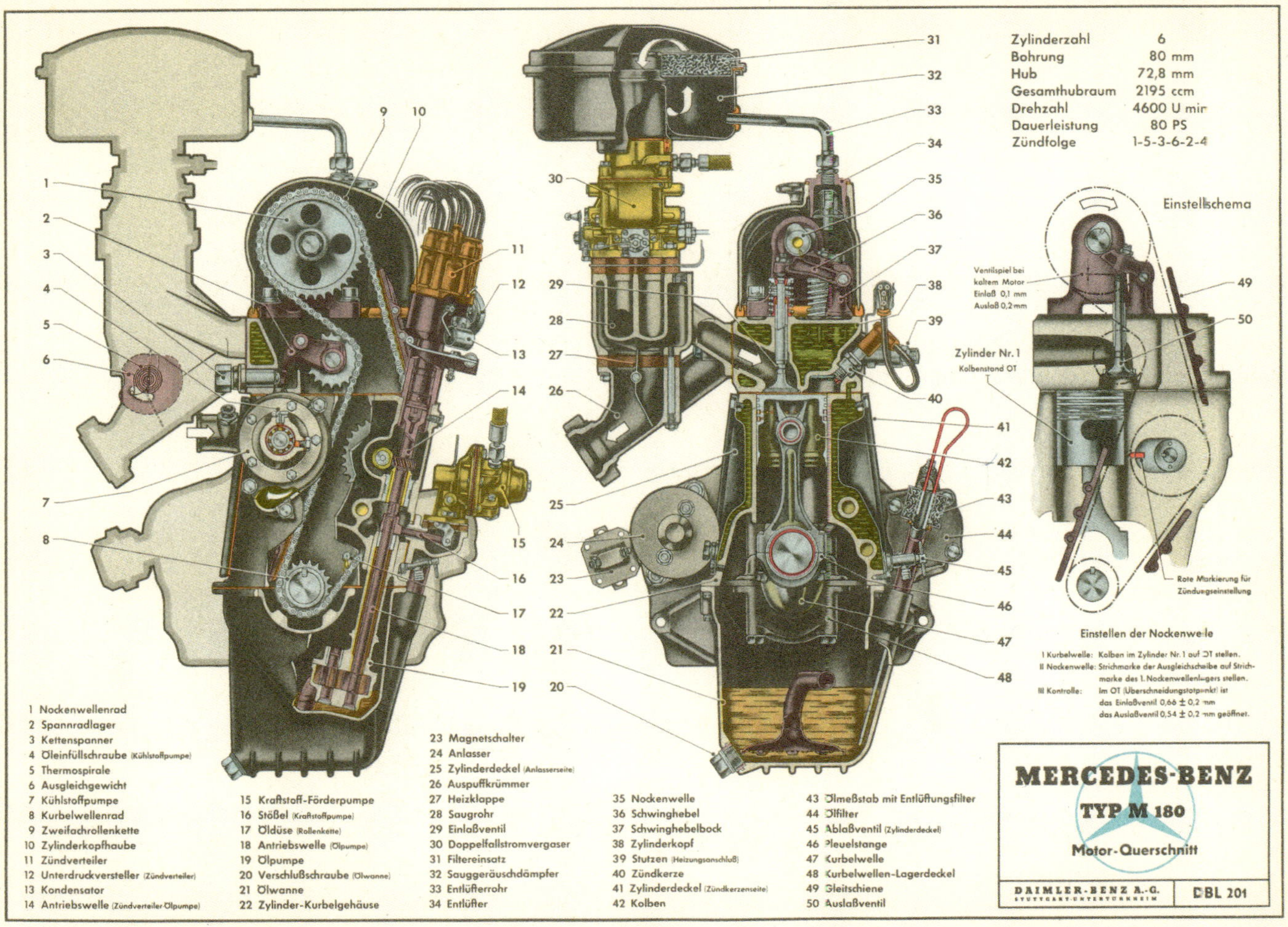
Zylinderzahl 6
Bohrung 80 mm
Hub 72,8 mm
Gesamthubraum 2195 ccm
Drehzahl 4600 U min
Dauerleistung 80 PS
Zündfolge 1-5-3-6-2-4
Einstellschema
Ventilspiel bei kaltem Motor Einlaß 0,1 mm Auslaß 0,2 mm
Zylinder Nr. 1
Kolbenstand OT
Rote Markierung für Zündungseinstellung
Einstellen der Nockenwelle
I Kurbelwelle: Kolben im Zylinder Nr. 1 auf OT stellen.
II Nockenwelle: Strichmarke der Ausgleichscheibe auf Strichmarke des 1. Nockenwellenlagers stellen.
III Kontrolle: Im OT (Überschneidungstotpunkt) ist das Einlaßventil 0,66 ± 0,2 mm das Auslaßventil 0,54 ± 0,2 mm geöffnet.
1 Nockenwellenrad
2 Spannradlager
3 Kettenspanner
4 Öleinfüllschraube (Kühlstoffpumpe)
5 Thermospirale
6 Ausgleichgewicht
7 Kühlstoffpumpe
8 Kurbelwellenrad
9 Zweifachrollenkette
10 Zylinderkopfhaube
11 Zündverteiler
12 Unterdruckversteller (Zündverteiler)
13 Kondensator
14 Antriebswelle (Zündverteiler-Ölpumpe)
15 Kraftstoff-Förderpumpe
16 Stößel (Kraftstoffpumpe)
17 Öldüse (Rollenkette)
18 Antriebswelle (Ölpumpe)
19 Ölpumpe
20 Verschlußschraube (Ölwanne)
21 Ölwanne
22 Zylinder-Kurbelgehäuse
23 Magnetschalter
24 Anlasser
25 Zylinderdeckel (Anlasserseite)
26 Auspuffkrümmer
27 Heizklappe
28 Saugrohr
29 Einlaßventil
30 Doppelfallstromvergaser
31 Filtereinsatz
32 Sauggeräuschdämpfer
33 Entlüfterrohr
34 Entlüfter
35 Nockenwelle
36 Schwinghebel
37 Schwinghebelbock
38 Zylinderkopf
39 Stutzen (Heizungsanschluß)
40 Zündkerze
41 Zylinderdeckel (Zündkerzenseite)
42 Kolben
43 Ölmeßstab mit Entlüftungsfilter
44 Ölfilter
45 Ablaßventil (Zylinderdeckel)
46 Pleuelstange
47 Kurbelwelle
48 Kurbelwellen-Lagerdeckel
49 Gleitschiene
50 Auslaßventil
MERCEDES-BENZ
TYP M 180
Motor-Querschnitt
DAIMLER-BENZ A.-G.
STUTTGART-UNTERTÜRKHEIM
DBL 201

Abb. 0799
Fahrgestell des 220 (W 187). Die Unterschiede zum 170 S beschränken sich – vom Motor abgesehen –auf konstruktive Details wie Lenkradschaltung, zweiteilige Antriebswelle, breitere Hinterachse mit hypoidverzahntem Differenzial und Duplex-Bremsen vorn.

Das Fahrgestell

Rahmen und Motoraufhängung

Vom Motor abgesehen gleicht das Fahrgestell stark demjenigen des 170 S, von dem es abgeleitet ist. Für die drei angebotenen Aufbauten werden drei leicht abweichende Ausführungen des X-förmigen Ovalrohrrahmens notwendig. Die beiden Cabrioletausführungen verfügen über ein höheres Ovalrohr. Von den 170 S-Modellen unterscheiden sich die Rahmen hauptsächlich durch den verlängerten vordersten Bereich, wo die erste Traverse vor statt hinter der Hülse für die Lagerung der Vorderradaufhängung eingeschweißt ist, um dem länger bauenden Sechszylindermotor den notwendigen Raum zu geben. Dieser wird vorn über zwei Laschen und Gummisilentblöcke mit den Rahmenrohren verbunden. Diese beiden Halterungen übertragen auch das Drehmoment, so dass auf die seitliche Gummipuffer-Drehmomentstütze des 170 S verzichtet werden kann. Hinten bleibt es beim Gummilager am Getriebeausgang, das mit einer an der bisherigen Stelle eingeschraubten Traverse verbunden ist. Der rückwärtige Teil des Fahrgestells mit der sogenannten Rahmenverlängerung im Heck kann unverändert vom 170 S übernommen werden, da zunächst dessen 48-Liter-Treibstofftank eingebaut wird.

Radaufhängung, Lenkung und Kraftübertragung

Der Sechszylindermotor M 180 endet spritzwandseitig annähernd an derselben Stelle wie der Vierzylindermotor M 136 des 170 S. Die zwei zusätzlichen Zylinder (knapp die Hälfte der bisherigen Triebwerkslänge) ragen folglich nach vorn und nehmen den Raum zwischen den Vorderrädern ein. Dies im Unterschied zum 170 S, wo der M 136 vollständig hinter der Vorderradaufhängung eingebaut ist. Dieser Umstand – größerer und schwererer Motor mit nach vorn gerückter Position – führt zu einer deutlich stärker belasteten Vorderachse. Abgesehen von den beiden Schraubenfedern, die eine veränderte Kennung haben und weicher sind, entspricht die Radaufhängung unter Einschluss der Achsschenkel und mitsamt der Spurweite von 1 315 mm weitgehend derjenigen des 170 S. Selbstverständlich verfügt auch das Fahrgestell des 220 (W 187) über das bewährte Zentralschmiersystem mit Fußpumpe von Vogel oder Argus. Entgegen der ursprünglichen Absicht bleibt es bei der nur unbedeutend veränderten ZF-Ross-Lenkung, obwohl man unterdessen mit diesem System nicht mehr glücklich ist.

Merklich verbessert ist hingegen die Hinterachse, wo für das Kegelradgetriebe erstmals in einem Mercedes-Benz-Pkw die ruhiger laufende, auf Gleason-Maschinen gefräste Hypoidverzahnung anstelle der bisherigen Spiralverzahnung angewendet wird. Kombiniert wird diese Umstellung mit einer gegenüber dem 170 S leicht kürzeren Übersetzung von 1:4,44 (statt 4,375), einer um 15 mm (auf 1 435 mm) verbreiterten Spur und einer veränderten Federkennung, die auf alle drei 220er-Modelle einzeln abgestimmt wird. In den Genuss dieser deutlich verbesserten Hinterachse kommen ein Jahr später auch die überarbeiteten 170 S-Ausführungen Sb und DS. Die vorderen und hinteren Teleskopstoßdämpfer sind unverändert vom 170 S übernommen.

Zur Vermeidung von Geräuschen und Vibrationen aus dem Antriebsstrang geht man gegenüber dem 170 S einen Schritt weiter und baut die Antriebswelle zweiteilig. Der kürzere, auf das Getriebe folgende Abschnitt wird mit einem Kreuzgelenk unmittelbar vor dem Mittellager versehen. Dessen Gehäuse ist gummigedämpft am Rahmen befestigt, um Schwingungen fernzuhalten. Das hintere Wellenrohr ist deutlich länger, in üblicher Weise zur Mitte hin ausgeweitet und am hinteren Ende längenverschiebbar ausgebildet.

Bremsen

Dem höheren Gewicht des W 187 und den besseren Fahrleistungen versucht man durch Duplexbremsen an den Vorderrädern Rechnung zu tragen, also einer Bremse mit je zwei Radzylindern, die je eine auflaufende Backe an die Bremstrommel pressen, was die Selbstverstärkung massiv verbessert. Allerdings bleiben der Trommeldurchmesser mit 240 mm und die Backen- und Belagsbreite von 40 mm unverändert. Die Hinterradbremsen entsprechen, abgesehen von der Seilführung der Feststellbremse, denjenigen des 170 S. Beim Hauptbremszylinder gelangt eine Ausführung mit geringerem Kolbendurchmesser zum Einbau, wohl um den Bremsdruck zu steigern.[32]

Die 220 Limousine

Äußeres

Der in Ganzstahlbauweise gefertigte Aufbau der W 187 Limousine entspricht von der Spritzwand bis zum Heckabschluss grundsätzlich demjenigen des 170 S. Allerdings ist das Heckfenster dezent vergrößert und mittels Gummiprofil mit eingepresster Chromleiste außenbündig eingepasst. Weiter verfügt der Heckdeckel über unsichtbare, weil innen angebrachte Scharniere. Beide Änderungen werden im Februar 1952 auch auf den 170 S übertragen, der gleichzeitig zum Sb und DS mutiert.

Der 220 (W 187) weicht formal einzig durch seinen Vorbau vom gewohnten 170 S-Bild ab. Insbesondere fallen die voluminöseren Vorderkotflügel mit integrierten Scheinwerfern und die um rund 100 mm verlängerte Motorhaube mit entsprechend nach vorn gerückter Kühlermaske auf. Diese ist unterseitig durch ein Blechpressteil mit den Kotflügeln verbunden, das zugleich den Abstand zur Stoßstange horizontal abschließt. Die Trittbretter und die hinteren Kotflügel entsprechen in der Formgebung dem 170 S, obwohl letztere anfänglich einen leicht höheren Schwung hätten erhalten sollen, um dem neuen Erscheinungsbild des Vorderwagens besser zu entsprechen. Die beiden mit Hörnern versehenen Stoßstangen werden aus dem vom 170 S bekannten, recht kräftigen Profil gefertigt. Die vordere ist in der Biegung der neuen, nach vorn gezogenen Front angepasst und hat dadurch abweichende Halterungen. Die hintere Stoßstange ist mit dem 170 S austauschbar.

Angesichts der in die Kotflügel eingelassenen Scheinwerfer lassen sich aus formalen Gründen die bisherigen, freistehenden »Eier«-Rückleuchten nicht mehr verwenden. An derselben Stelle sitzen nun moderner gestaltete Zweikammer-Anbauleuchten mit verchromtem Gehäuse. Dass die 220 Limousine nach wie vor über die bekannten, auf der Höhe der Türklinken in die B-Säule eingelassenen

Abb. 0800
Den 220 (W 187) nimmt man dank seiner vom 170 S abweichenden Frontgestaltung sofort als eigenständiges Modell wahr. Im breiten Vorderwagen mit den voluminösen Kotflügeln sieht die vom 170 V und S übernommene Spurweite etwas schmalbrüstig aus. Statt Blinker trägt die 220 Limousine lediglich Zierleisten auf den Vorderflügeln.

Abb. 0801 (rechte Seite)
In der Seitenansicht fallen die gegenüber dem 170 S um 100 mm längere Motorhaube und die nach vorn gezogenen Kotflügel auf. Die veränderten Proportionen charakterisieren den W 187.

Abb. 0802 (rechte Seite)
Das Heck des 220 (W 187) wirkt durch das vergrößerte und außenbündig eingesetzte Fenster, die verdeckten Scharniere und die modern gestalteten Rückleuchten frischer als beim 170 S.

Winker verfügt, ist nicht nur wenig innovativ, sondern auch unverständlich, weil die beiden Cabriolet-Ausführungen moderne Blinker haben. Diese sitzen vorn über den Scheinwerfern auf den Kotflügeln und laufen gegen hinten als verchromte, pfeilartige Gebilde aus. Bei der Limousine sind dort ähnlich geformte, jedoch rein dekorative Zierelemente ohne integrierte Blinkleuchten vorhanden.

Die verchromte Kühlermaske verfügt nach wie vor über ein Kurbelloch mit Abdeckkappe, die Kühlerverschraubung mit Stern ist hingegen nur noch eine Attrappe. Neu hinzugekommen ist ein schmaler senkrechter Chromstab, der das bekannte Lochgitter deutlicher als bei den bisherigen Typen in zwei Teile scheidet. Auf horizontale Chromstäbe entlang der sieben leicht breiter ausgebildeten Gitterstege wird schließlich auf Geheiß des Vorstands verzichtet. Die übrigen Zierelemente – die prägende Chromleiste entlang von Motorhaube und Gürtellinie, die feinen Chromumrahmungen der Fensteröffnungen und die horizontalen Chromstäbe an den Wulsten der Motorhauben-Seitenbleche weichen nicht vom 170 S ab.

Des größeren Motors wegen nimmt die Länge des Wagens um 52 mm auf nunmehr 4 507 mm zu, und zwar ausschließlich im vorderen Überhang. Die Breite und die Höhe bleiben mit 1 685 mm bzw. 1 610 mm gegenüber der 170 S Limousine unverändert.[33]

Abb. 0803
Das Armaturenbrett des 220 wird vom 170 S übernommen, zeigt aber einige Unterschiede, so die Heizungsbetätigung, die Luftdüsen und die Lenkradschaltung. Das Lenkrad und der Schalthebelknopf in Elfenbein sowie das Radiogerät Becker Monaco kosten Aufpreis.

Abb. 0804
Der Innenraum des 220 (W 187) entspricht – auch in der Ausstattung – fast gänzlich der Ausführung des gleichzeitigen 170 S. Die ursprünglich mit Polsterstoff bezogene Verkleidungen der C-Säule wird später (wie im Bild) Teil des Dachhimmels.

Innenraum

Das Innere der 220er-Limousine entspricht ebenfalls weitgehend dem 170 S, zeigt jedoch einige Verbesserungen, von denen später auch der 170 S profitieren wird. Auffällig ist zunächst der Schalthebel rechts am unveränderten Dreispeichen-Lenkrad, dessen Säule nun in einem Mantelrohr läuft, welches oben das parallel dazu verlaufende Schaltrohr führt. Der verchromte Schalthebel endet in einem länglichen Knauf aus schwarzem Kunststoff. Die rote Leuchte für den eingeschalteten Richtungsanzeiger befindet sich nun nicht mehr in der Lenkradnabe, sondern am dunkel-tabakbraun lackierten Armaturenbrett linksseitig des Kombiinstruments.

An gleicher Stelle rechts davon macht eine weiße Leuchte auf den eingeschalteten Startvergaser aufmerksam. Die Zugknöpfe und die beiden Schieber für die Luftführung entlang der unteren Abschlussleiste am Armaturenbrett sowie der dort mittig angeordnete Lichtdrehschalter sind weitgehend unverändert geblieben. Hingegen ist die Temperaturregulierung der Heizung von den Schiebern für die Luftzufuhr getrennt worden und befindet sich nun als separater Schieber in einer verchromten Kulisse unterhalb des Lichtschalters. Neu hinzugekommen sind außerdem die kreisrunden Luftaustrittsdüsen in der linken und rechten oberen Ecke der Armaturentafel, welche die Seitenscheiben belüften, um sie beschlagfrei zu halten. Der Innenspiegel ist abblendbar, die aus den bisherigen Pkw-Typen bekannte Sonnenblende mit dunkel eingetöntem Cellon nur fahrerseitig vorhanden. Die Einfassungen der Fenster bestehen aus dunkel lackiertem Schichtholz.

Die Stoffoberflächen der Sitzanlage sind durch Pfeifen gegliedert, vorn je sechs, hinten 13, die über die Sitzflächen und Rückenlehnen durchlaufen und an den Rändern etwas breiter ausgebildet sind. An den vorderen Türverkleidungen gibt es die bekannten Kartentaschen mit Gummizug und die verchromten Zuziehgriffe, hinten Armlehnen und zu beiden Seiten einen Aschenbecher, der in einer an den Fenstersims geschraubten hölzernen Einkleidung steckt. Wie üblich bedecken im Fußraum von Fahrer und Beifahrer Gummimatten den Boden und den Getriebetunnel, hinten sind es Teppichelemente.[34]

Das 220 Cabriolet B

Wie beim 170 S entspricht auch beim Typ 220 (W 187) der Cabriolet B-Aufbau einer (allerdings nie gebauten) zweitürigen Limousine, jedoch ohne festes Dach und mit Türen und Seitenwänden, die auf der Höhe der Gürtellinie enden. Mit der Limousine identisch sind folglich die Abmessungen und die Ganzstahlbauweise.[35]

Das schwere, gefütterte und mit Sturmstangen gespannte Stoffverdeck sowie die in verchromten U-Profilrahmen steckenden Seitenscheiben stammen unverändert vom 170 S Cabriolet B. Das übrige Äußere, der Frontscheibenrahmen eingeschlossen, ist mit der 220er-Limousine identisch. Allerdings hat man sich beim Cabriolet B zu Blinkleuchten anstelle der veralteten Richtungsanzeiger durchgerungen. Die vorderen Blinker sind diskreter Bestandteil eines langgezogenen, verchromten Zierelements oberhalb der Scheinwerfer auf den Kotflügeln. Die hinteren werden als strömungsgünstig geformte Leuchten unterhalb der Sturmbügelbefestigung an den Wagenflanken montiert.

Die dunkel-tabakbraun lackierte Armaturentafel entspricht mit sämtlichen Instrumenten und Bedieneinrichtungen der Limousine, ebenso die hölzernen Armaturenbrett- und Türschachtabdeckungen. Für die Sitzanlage wird hingegen nicht Stoff verwendet, sondern unter Wahrung des von der Limousine bekannten Nahtbildes ein zur Wagenfarbe passendes Leder verarbeitet, das auch als Bezug der Seitenverkleidungen dient. Diese präsentieren sich mit ihren vertikalen Bahnen deutlich wertiger als die planen Ausführungen in der Limousine. Vorn gibt es zu beiden Seiten eine hübsch gestaltete Kartentasche mit Lederdeckel, der mittels Lasche in einer chromglänzenden Schnalle gesichert ist. Die Türverkleidungen stecken in einem verchromten Rahmen, die Schlossteile und Abdeckplatten sind ebenfalls verchromt. Der abblendbare Innenspiegel lässt sich um 180 Grad nach oben schwenken und im Arm verlängern, um über das geöffnete Verdeck hinweg auf die Straße blicken zu können. Zudem gibt es auf beiden Seiten eine Sonnenblende mit getönter Cellonscheibe.[36]

Abb. 0805
Die Sitzanlage und der Innenausschlag des 220 Cabriolet B in Leder entspricht derjenigen des 170 S Cabriolet B. Ob anfänglich als Alternative – wie im 170 S – eine Ausstattung in Epinglé-Stoff gewählt werden kann, ist nicht überliefert. Ab Mai 1952 steht nur Leder in der Preisliste.

Abb. 0806 & 0807
Mit dem 220 Cabriolet B (Bild) wird das 170 S Cabriolet B überflüssig und eingestellt. Wenn schon eine kostspielige Offenversion, dann gleich als leistungsstarker 220er. Blinker auf den Vorderkotflügeln und am Heck lösen die veralteten Richtungsanzeiger ab.

Abb. 0808
Das Cabriolet A ist der formal stimmigste 220 (W 187). Der tatsächlich wie auch optisch verlängerte Vorbau zieht den Wagen in die Länge. Als passender Fotohintergrund dient Schloss Ludwigsburg.

Das 220 Cabriolet A

Karosseriestruktur

Abweichend von den beiden anderen 220er-Karosserien entsteht der Aufbau des Cabriolet A in Gemischtbauweise und ist grundsätzlich mit demjenigen des 170 S Cabriolet A identisch, sieht man vom Vorderwagen ab. Dessen abweichende Gestaltung ist auch der Grund für den gegenüber dem 170 S Cabriolet A um 28 mm längeren vorderen Überhang. Die Gesamtlänge steigt somit auf 4 538 mm.[37]

Wesentliche Teile der Karosseriestruktur erhalten ihre Stabilität erst durch den Einbau von aussteifenden Buchenholzteilen. Die Türrahmen sind ebenfalls aus Holz gefertigt und mit Blech bezogen. Im Unterschied zur Limousinen- und Cabriolet B-Karosserie erfolgt die Fertigung nicht auf dem Band, sondern der bescheidenen Stückzahlen wegen mit einem bedeutenden Anteil an Handarbeit. Größere Fertigungstoleranzen sind dadurch unvermeidlich. Allein durch jene Blechpressteile, die aus zahlreichen Einzelelementen zusammengeschweißten werden oder durch viele einzelne Arbeitsschritte entstehen, ergeben sich Maßabweichungen. Der Einsatz von Zinn als geeignete Formkorrekturmasse an den Karosserieübergängen ist unvermeidlich. Aus diesem Grund werden Ersatzzierstäbe nur roh angeboten; diese müssen am jeweiligen Fahrzeug in der Länge und Krümmung angepasst und anschließend verchromt werden.

Entgegen der Ende 1950 geäußerten Absicht Haspels, das 220 Cabriolet A wahlweise mit in die Kotflügel eingebauten oder mit freistehenden Scheinwerfern zu fertigen, bleibt letztere Variante schließlich auf der Strecke. Die in die Kotflügel eingetieften Scheinwerfer werden auch beim Cabriolet A zum eindeutigen Erkennungsmerkmal des Sechszylinders. Dessen vordere Kotflügel – ein weiterer Hinweis – münden nicht konvex-konkav, also mit einem Gegenschwung in die

Trittbretter, sondern bleiben konvex und treffen mit deutlicher Zäsur auf die dezent gegen vorn aufgebogenen Trittbretter, mit denen sie eine bauliche Einheit bilden. Im Vergleich zur Limousine sind die Kotflügel jedoch gestreckter ausgebildet und entsprechen so der Linienführung des Wagens. Ein leicht geschwungener Chromstab verbindet den vorderen und hinteren Radausschnitt und sorgt für einen optisch akzentuierten unteren Abschluss des Aufbaus. Eine weitere Differenz zum 170 S Cabriolet A besteht in der größeren Länge der Motorhaube, deren Seitenteile – wie bei der 220 Limousine und dem 220 Cabriolet B – mit je zwei von Chromstäben begleiteten Wulsten versehen sind.

Die übrigen Elemente des Aufbaus, der verchromte Frontscheibenrahmen, das gefütterte Verdeck mit Sturmstangen, die Türen, das Heck und die hinteren Kotflügel, entsprechen dem 170 S Cabriolet A. Wie bei der Limousine wird auf die außenliegenden Chrombänder für den Heckdeckel zugunsten von im Kofferraum verborgenen Ausführungen verzichtet. Auf den Luxusstatus des Cabriolet A machen die mit Aluminium umwickelten Käder aufmerksam, die namentlich bei dunkler Lackierung für einen vornehmen Übergang von den Anbauteilen – also den Kotflügeln – zum festen Karosseriekörper und den Seitenteilen der Motorhaube sorgen. Selbstverständlich sind auch hier die Rückleuchten neu geformt, also dem aktualisierten Erscheinungsbild angepasst und sogar mit einem Rückfahrlicht versehen (das nur auf der einen Seite leuchten darf). Aus diesem Grund ist die Leuchte gegenüber der Limousinen-Ausführung in die Breite gezogen und an den Kotflügeln montiert. Die Machart und Anordnung der Fahrtrichtungsblinker entsprechen dem Cabriolet B. Das Cabriolet A verfügt serienmäßig über zwei freistehende Nebelleuchten, die unmittelbar beidseitig der Kühlermaske und knapp über der Stoßstange montiert sind. Der Abstand zwischen der Stoßstange und dem Karosseriekörper wird hier und auch am Heck durch ein entsprechend geformtes Blech waagrecht verschlossen. Zum üppigen Chromzierrat zählen die Steinschlagschutzkappen am Übergang der Trittbretter auf die hinteren Kotflügel sowie die im Lieferumfang eingeschlossenen verchromten Felgenzierringe.

Abb. 0809
Hübsch wirkt das 220 Cabriolet A auch mit geschlossenem Verdeck, das perfekt sitzt. Der komplexe Übergang vom Vorderkotflügel ins Trittbrett ist ein gestalterisches Meisterstück.

Abb. 0810
Der Kofferraum des 220 Cabriolet A ist auch für lange Reisen geeignet. Die Formkoffer gehören zum Lieferumfang. Der Deckel ist ganz aus Blech gefertigt, dies im Unterschied zur Gemischtbauweise der Karosserie.

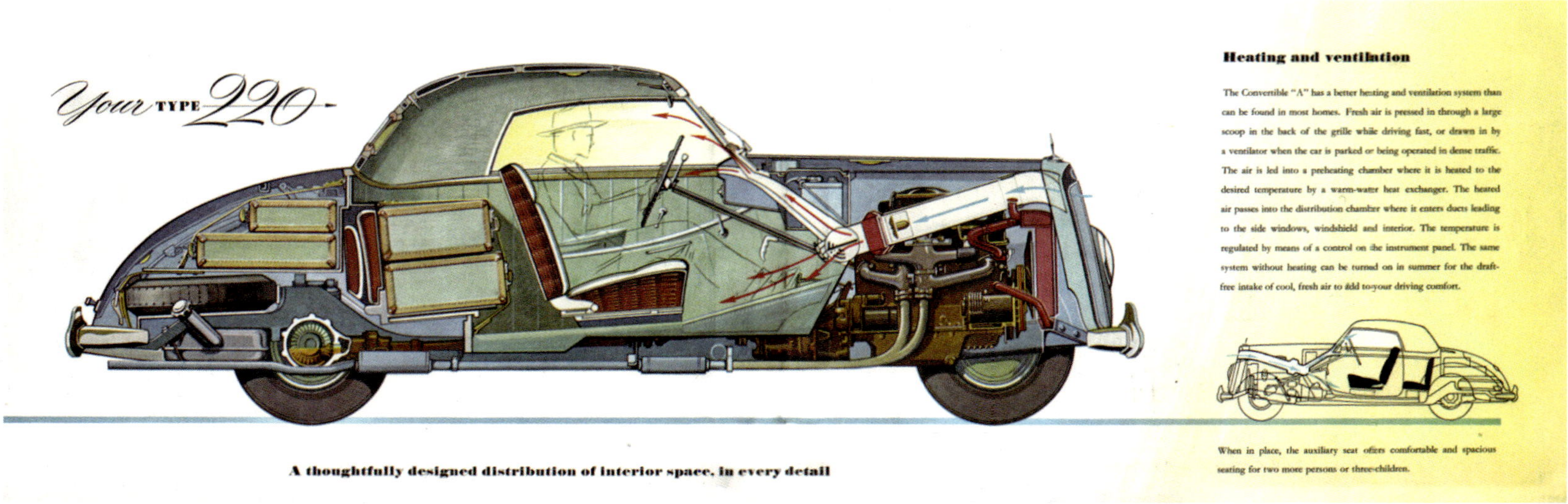

Innenraum

Auch das Wageninnere ähnelt stark dem 170 S Cabriolet A, verfügt aber bezüglich der Bedienung – Lenkradschaltung, Heizungsbetätigung, Kontrollleuchten usw. – über sämtliche Verbesserungen, die der 220er-Limousine zuteil geworden sind. Dazu zählen die seitlichen Lüftungsdüsen im Armaturenbrett, die hier mit Chromringen eingefasst sind, weil die Blechtafel des Armaturenbretts mit Leder in der Farbe der Sitze und des übrigen Ausschlags bezogen ist. Ausgespart bleibt lediglich der erhabene Mittelteil aus Holz, der für den Einbau eines Radios vorgesehen ist. Die hölzernen Abdeckungen der Armaturentafel und der Türschächte sowie die Frontscheibeneinfassung sind mit einem Furnier aus Edelholz versehen, lackiert und auf Hochglanz poliert. Die Ausbildung der Türverkleidungen mit aufklappbarer, oben mit einem geschwungenen Chromstab begrenzten Kartentasche, teilintegrierter Armlehne, verchromten Abdeckblechen auf den Schmalseiten der Türen und entlang der Wagenschlagöffnungen ist unverändert vom 170 S Cabriolet A übernommen worden. Desgleichen die aufwändig geformten, mit wertigem Leder gepolsterten und abgenähten Sessel sowie die rückwärtige Kindersitzbank. Zusätzlich zu der in einem Verdeckspriegel eingebauten Deckenleuchte verfügt das 220 Cabriolet A über eine Fußraumbeleuchtung, die mittels Türkontakten aktiviert wird, ferner über eine in den Deckeln eingebaute Kofferraum- und Motorraumbeleuchtung, wobei stets derselbe Leuchtentyp verbaut ist.[38]

▷ **Siehe Band II/Seite 50–52**, Tabelle A 19 Technische Daten: 220 (W 187)

Abb. 0811 & 0812
Auch das Innere des 220 Cabriolet A wird bis auf Kleinigkeiten vom analogen 170 S-Modell übernommen, einschließlich des lederbezogenen Armaturenbretts. Anstelle des aufpreispflichtigen Radiogeräts ist hier die Holzblende mit dem Schriftzug »220« zu sehen. Sie ist – wie die übrigen hölzernen Abdeckungen und Leisten – mit einem hochglänzenden Edelholzfurnier überzogen.

Abb. 0813
Doppelseite aus dem Verkaufsprospekt des 220 Cabriolet A in englischer Sprache, 1952. Der Längsschnitt zeigt die Lage von Motor und Antriebseinheit sowie die Funktionsweise der Heizungs-Lüftungsanlage, vollmundig *Klimaanlage* genannt. Die rückwärtige Notsitzbank lässt sich hochklappen, wodurch eine Gepäckbrücke entsteht.

Abb. 0814
Der Mercedes-Benz 220 (W 187) wird im April 1951 an der Internationalen Automobil-Ausstellung der Öffentlichkeit präsentiert. Die nun auf Autos beschränkte Schau findet nicht mehr in Berlin statt, sondern erstmals in Frankfurt am Main. Der aufwändig gestaltete Daimler-Benz-Stand trägt moderne Züge. Im Vordergrund ein Cabriolet A, hinten eine Limousine.

Abb. 0815
Der Star auf dem Mercedes-Benz-Stand ist allerdings nicht der 220 (W 187), sondern der Typ 300 (W 186), ein Fahrzeug für Staatsoberhäupter und die Führungsspitze von Großkonzernen. Dieser Nobelwagen – zugleich schnellstes deutsches Serienauto – wird in jeder Hinsicht ins Zentrum gerückt.

Präsentation auf der IAA in Frankfurt am Main im April 1951

Der späte Entschluss der Daimler-Benz AG, die beiden Neuentwicklungen 220 (W 187) und 300 (W 186) nun doch auf der IAA 1951 in Frankfurt am Main zu präsentieren, überrascht offenbar die Medien zu einem Zeitpunkt, als die Vorschau-Berichte bereits geschrieben sind. Es gelingt nicht mehr allen Redaktionen, in Eile einen Hinweis auf die beiden neuen Pkw-Typen aus Stuttgart einzuflechten. Als die Ausstellung am 19. April dem Publikum ihre Tore öffnet, stehen zunächst eher der angekündigte Wiedereinstieg von BMW und von Hanomag in das Pkw-Geschäft sowie der neue Borgward 1800 im Fokus. Doch bald entwickeln sich die beiden neuen Mercedes-Benz-Typen zu den stärksten Publikumsmagneten. Immerhin ist mit dem 300 (W 186) ein Wagen der automobilen Spitzenklasse und zugleich das schnellste deutsche Serienautomobil ausgestellt, das sich selbst im internationalen Vergleich nicht zu verstecken braucht und den Mercedes-Stern neu erstrahlen lässt.

Endlich: Ein gut motorisierter Mercedes-Benz-Gebrauchswagen

Beim Typ 220 (W 187) richten die Fachjournalisten den Fokus zielsicher auf das neue Sechszylindertriebwerk M 180, das durch seine moderne kurzhubige Auslegung mit obenliegender Nockenwelle, großzügigen Ventildurchmessern und einer im Block integrierten Wasser-Öl-Wärmetauschervorrichtung als wahrhaftiger Hochleistungs- und Sportmotor gefeiert wird. Begeistert schwärmen die Berichterstatter über den für ein Serientriebwerk schier unglaublichen Drehzahlhöchstwert von 5 800 U/min,[I] bei dem dank kurzem Hub die Kolbengeschwindigkeit in vertretbarem Rahmen bleibt. Tatsächlich ist diese Maschine ein Meilenstein in der Geschichte der Daimler-Benz AG, die damit ihre Kompetenz als erstklassiger Motorenbauer erstmals und endlich auch in einem Großserien-Personenwagen unter Beweis stellt. Bislang haben die Mercedes-Benz Gebrauchsfahrzeuge – selbst die kostspieligen Reisewagen – mit technisch

Anmerkung I: Andere Quellen sprechen von 5 300 U/min; vgl. Anmerkung auf S. 546.

Abb. 0816 & 0817
In den Niederlassungen freut man sich über das große Publikumsinteresse, das der 220 (W 187) auslöst. Am Odeonsplatz in München drängen sich die Passanten vor den Schaufenstern der Verkaufsstelle.

simplen und oft veralteten Motoren vorliebnehmen müssen, die leistungsmäßig stets an der unteren Grenze des Spektrums liegen. Dass nun de facto der gut eingeführte 170 S in Gestalt des neuen 220 mit einem Motor angeboten wird, der mit seinen nominell 80 PS die anerkannt hervorragende Straßenlage auch ausnutzt, stellen nicht nur die Fachberichterstatter mit Genugtuung fest. Tatsächlich erfüllt der W 187 exakt das, was sich ein guter Teil der Kundschaft seit Anbeginn vom 170 S gewünscht hat, nämlich eine den übrigen Qualitäten des Wagens adäquate Motorisierung.[39] Wenig Echo, zumindest in der Fachpresse, löst die neue Frontgestaltung mit in die Kotflügel eingelassenen Scheinwerfern aus, wohl weil dieses Stilelement 1951 auch bei traditionell gezeichneten Personenwagen bereits zur Selbstverständlichkeit geworden ist.

Bestellen jetzt, ausliefern später

Offiziell startet das Werk Sindelfingen die Produktion des 220 (W 187) im April 1951 gleichzeitig mit der IAA. Die Daimler-Benz AG folgt damit einer alten selbstauferlegten Verpflichtung, nur Fahrzeuge auszustellen, die tatsächlich auch gekauft werden können. Dies im Unterschied zu anderen Anbietern wie beispielsweise BMW mit seinem neuen Typ 501, dessen Serienanlauf ganze anderthalb Jahre auf sich warten lässt.[40] Dass die Kundenauslieferung des Mercedes-Benz 220 ebenfalls mit einer gewissen Verzögerung einsetzen wird, ist am Verkaufspreis ablesbar, der auf der Messe ausdrücklich als provisorisch deklariert wird und die Reifenkosten nicht einschließt. Immerhin, nicht bloß die Limousine, die man immer noch als *Innenlenker* bezeichnet, sondern auch die beiden offenen Varianten können sofort bestellt werden. Der Innenlenker soll 11 200 DM kosten, zuzüglich 140 DM für die Heizung und weiteren 45 DM für den fahrerseitigen Ventilator. Das zweisitzige Cabriolet A plant man für 18 300 DM und das fünfsit-

Abb. 0818
Ein Sechszylinder mit Temperament und Komfort. Mit diesen Worten wirbt der erste 220er-Verkaufskatalog vom Mai 1951 bereits auf der Titelseite für das neue Modell. In natura wirkt die Limousine kaum derart harmonisch, wie sie Walter Gotschke in gewohnt meisterliche Art darzustellen vermag.

zige Cabriolet B für 14 600 DM zu verkaufen, wobei in beiden Fällen die vollständige Heizungsanlage eingeschlossen ist. Zudem sind diese beiden Modelle mit Blinklichtern statt mit den unterdessen antiquierten Fahrtrichtungsanzeigern versehen. Das ausgesprochen luxuriöse Cabriolet A verfügt sogar serienmäßig über die aufklappbare Kindersitzbank und einen maßgeschneiderten Koffersatz.[41]

Die Stimmen der Auto-Tester

Dass die ersten ausführlichen Prüfberichte über den neuen Typ 220 erst gegen Ende 1951 in den Automobil-Magazinen und -Zeitungen erscheinen, liegt am späten Serienanlauf. Im Grundsatz sind sich alle Tester einig: Es begeistert der sogenannte Hochleistungsmotor sowohl aus technischer Sicht als auch durch seine Leistung und sein Drehvermögen, die der Limousine zu sportwagenähnlichen Fahrleistungen verhelfen und endlich im Einklang mit den vom 170 S bekannten, nach wie vor als hervorragend beurteilten Fahr- und Federungseigenschaften stehen. Der Treibstoffverbrauch hänge stark von der Ausnutzung des Leistungspotenzials ab, ist man sich einig. Die Bremsen, vorn in Duplex-Bauart, überzeugen in ihrer Wirkung. Lobend erwähnen die Motorjournalisten das spielend leicht und rasch zu schaltende Getriebe. Die Lenkradschaltung findet begeisterte Zustimmung und wird einzig durch Werner Oswald von »Auto Motor und Sport« angesichts der sportlichen Note des Wagens hinterfragt. Helmut W. Bönsch von der »Auto- und Motorradwelt« stellt fest, dass der Schalthebel zu nahe am Armaturenbrett liege. Oswald bemängelt den für ein potentes Reisefahrzeug viel zu kleine Treibstofftank und vermisst vordere Armlehnen sowie den üblich gewordenen Türkontakt für die Innenbeleuchtung. *Mit dem Hansa 1500 etwa begann diese Tendenz zum ebenso lebendigen wie fahrsicheren Wagen im deutschen Automobilbau und mit dem Mercedes 220 fand sie vorerst, wenigstens im gerade noch »bürgerlichen« Bereich, ihre vorläufige Krönung*, schließt Oswald seine insgesamt sehr lobenden Ausführungen.[42]

Die unvoreingenommenen und technisch kompetenten Beurteilungen durch die »Automobil Revue« aus Bern werden in der Untertürkheimer Firmenzentrale stets sehr stark beachtet. Der »AR«-Test des 220 (W 187) erscheint erst im Februar 1952, als der Wagen nach vielen Detailverbesserungen und der daraufhin aufgehobenen Exportsperre auch in der Schweiz angeboten wird. Die Testfahrten über 4 000 km auf schweizerischen, italienischen und deutschen Straßen aller Art und Beschaffenheit – darunter Fahrversuche auf dem Nürburgring – haben allerdings bereits im September des Vorjahres stattgefunden, und zwar mit einem sehr frühen 220er-Exemplar, das bereits Mitte August entstanden ist (Fahrgestell-Nr. 00077/51, Motor-Nr. 00095/51). Chefredakteur Robert Braunschweig findet sehr Gefallen am Wagen und ist mit seinen deutschen Kollegen weitgehend einig. *Das Ergebnis [...] ist ein ausgereiftes, an sich normales Automobil, das keine hohen Betriebskosten verursacht, solid gebaut und gut ausgerüstet ist, an Beschleunigung und Höchstgeschwindigkeit viele Amerikaner übertrifft, trotz seiner komfortablen Federung über die Fahreigenschaften eines sportlichen Wagens verfügt und einen eigenen Charakter besitzt*, beschreibt er den 220 gleich zu Beginn seines Berichts. Registriert wird die gegenüber dem 170 S weicher gewählte Vorderradfederung und das bis in hohe Kurvengeschwindigkeiten vorhandene leichte Untersteuern, das Braunschweig als durchaus angenehm empfindet. Auf Wunsch würden härtere Federn eingebaut, welche die Seitenneigung reduzieren. Diese empfiehlt Braunschweig nur sportlichen Fahrern, weil dadurch die Fahrbahnstöße deutlicher zu spüren sind. Weniger begeistert zeigt sich die »AR«-Testmannschaft vom langen ersten Gang, der bei vollbeladenem Wagen ein sicheres Anfahren an steilen Streckenabschnitten sehr erschwert.[43]

Bemerkenswert sind die in den Tests gemessenen Höchstgeschwindigkeiten, die alle zwischen 141 und 142 km/h liegen[I], den Katalogwert von 137 km/h deutlich übertreffen und belegen, dass die von Untertürkheim bereitgestellten Testfahrzeuge »gut im Futter« stehen.

Anmerkung I: Ein zweiter von Bönsch gefahrener Wagen, den er als weniger leistungsfähig wahrnahm, erreichte 137,5 km/h (»Auto- und Motorradwelt« 25/1951, Dezember).

13.3 Schwieriger Start, kurze Blüte, allmählicher Auslauf

Die Präsentation ist geglückt. Doch der unausgereifte Motor verzögert den Fabrikationsstart, und Vorwürfe wegen angeblich schlechtem Kurvenverhalten, unzureichender Bremsleistung, zu kleinem Benzintank und anderen Ärgerlichkeiten erfordern ein energisches Nachbessern. Das gelingt bis Mitte 1952 gut, so dass der 220 im Verkauf mit dem 170 V/D und dem 170 S/DS gleichzieht. Doch schon 1953 brechen die Zahlen angesichts des brandneuen »Ponton« 180 ein. Einzig das Cabriolet A und das rare Coupé halten bis 1955 durch.

Unausgereift in Produktion: Kann das gut gehen?

Die erste Etappe der Kommerzialisierung – die Präsentation auf der Frankfurter-Ausstellung vom 19. bis 29. April 1951 – ist geschafft, das Publikums- und Presseecho zum 220 (W 187) erfreulich. Nun gilt es den Wagen zu fertigen. Doch bereits während die IAA in vollem Gang ist, wird klar, dass die 50 Innenlenker umfassende Vorserie erst im Mai anlaufen kann, wobei bis Ende des Monats lediglich fünf Wagen geplant sind und die verbleibenden 45 im Juni folgen sollen. Der Start der Hauptserie ist ab Juli mit anfänglich 100 Wagen pro Monat vorgesehen, darunter bereits erste Cabriolet A und B. Alle diese Wagen sind als Vorführmodelle für die Niederlassungen und Verkaufsstellen bestimmt. Das Ziel, 1 000 Fahrzeuge des Typs W 187 im Monat zu fertigen, glaubt der Sindelfinger Werksdirektor Langheck im Oktober erreichen zu können.[44]

In Wirklichkeit setzt lediglich die Karosseriefertigung termingerecht Mitte Mai ein. Das Werk Untertürkheim sieht sich außer Stande, Triebwerke zu liefern, weshalb man sich auf dem Montageband in Sindelfingen mit Motorattrappen behilft, damit wenigstens die Karosserien auf die Fahrgestelle gesetzt werden können. Mitte Juni sind erst vier Wagen fahrbereit fertiggestellt, sieben Wagen stehen ohne Motor auf dem Platz und für weitere acht sind die Karosserien bereit; fünf Aufbauten befinden sich im Rohbau. Im selben Zeitraum entstehen in Untertürkheim lediglich zwei Motoren am Tag.[45]

Der Grund für diesen verzögerten Produktionsanlauf liegt keineswegs in einer mangelhaften Fertigungsvorbereitung; auch das Werk Untertürkheim steht termingerecht bereit. Probleme bereitet die Technik selbst, insbesondere der neue Motor, zum Teil die Kraftübertragung und das Fahrwerk. Die diesbezüglichen Mängel sind zu einem guten Teil das Spiegelbild der enormen Belastung, der sowohl die Konstruktions- als auch die Versuchsabteilung durch die Vielzahl an parallel laufenden Vorhaben ausgesetzt sind. Die Luxuslimousine 300 (W 186), der Luxussportwagen 300 S (W 188) und die kommerziell überaus wichtige neue Volumen-Typenreihe W 120/W 180 binden viel Arbeitskraft, die für eine umfassende Erprobung und abschließende Entwicklung des W 187 zuweilen fehlt. Nicht zu vergessen sind die Anstrengungen, die man sich ab April 1950 durch den Aufbau einer neuen Sportwagen- und Rennabteilung auflädt.[46]

Mängelliste: Zunächst schier endlos

Bis der 220 (W 187) die Qualität erreicht, welche die Auto-Tester Ende 1951 dem Wagen attestieren, muss eine große Mängelliste abgearbeitet werden. Allein an jedem der 50 Vorserienfahrzeuge sind über 30 Änderungen durchzuführen, davon betreffen mindestens zehn Eingriffe den Motor selbst. Eines der Probleme ist der exzessive Ölverbrauch von weit über einem Liter auf tausend Kilometer, gepaart mit einem selbstbewussten Benzindurst trotz enttäuschender Leistung. Ganz offensichtlich sind die frühen handverlesenen Testwagen einzig durch sorgfältiges Nachbessern im Werk auf die versprochene Leistung von 80 PS gebracht worden. Bei den ersten 14 fertiggestellten Wagen müssen die Triebwerke wieder ausgebaut und verbessert werden, unter anderem durch das Einsetzen von Kolben mit Novix-Ölabstreifringen. Sämtliche Vorserienfahrzeuge erhalten nachträglich neue Zylinderköpfe mit Schaftdichtungen an den Ein- und Auslassventilen. Verbessert werden die vordere Abdichtung der Kurbelwelle mittels Simmerring, die Kettenspanner (straffer), der Vergaser unter Einschluss einer Heizklappe mit größerem Gegengewicht und der Unterdruckleitung für den Verteiler.

Die Kupplung erweist sich als zu schwach. Eine verbesserte Belagsfederung und veränderte Lamellen mit höherem Reibwert schaffen Abhilfe. Nachhaltig optimiert werden müssen zahlreiche Komponenten der Lenkradschaltung, um die notwendige Präzision zu erreichen. Eine neue Kühlerausführung mit tiefer gesetztem Einlaufstutzen und Abdampfrohr belegen in Verbindung mit 8 mm breiten Luftschlitzen unten an den Wulsten der Motorhauben-Seitenteile die Schwierigkeiten mit der Motorkühlung, die damit keineswegs behoben sind. Die veränderten Vorderradfedern (die sich bald als immer noch zu weich herausstellen) zeugen von den Bemühungen, den Wagen fahrdynamisch günstiger abzustimmen, während die Auswechslung der Bremstrommeln gegen *voll abgedrehte* den Auftakt zu der dringend notwendigen Verbesserung der Bremsanlage markieren. Weitere Korrekturen erfolgen an der technischen Peripherie, die teilweise im Aufgabenbereich des Werks Sindelfingen liegen.[47]

Drei Monate verspätet: Anlauf der Serienfertigung

Die Hauptserie des Typs 220 (W 187) startet schließlich nach den Werksferien im August 1951, ist von weiteren Rückschlägen gezeichnet und läuft entsprechend zäh. Anfänglich

Abb. 0819 & 0820
Der Sechszylinder-Reihenmotor M 180 ist eine fortschrittliche Konstruktion mit Zukunftspotential. Anfängliche Probleme als Folge der überstürzten Entwicklung können im Laufe von 1952 behoben werden.

Abb. 0821
Erst ab Herbst 1951 läuft die Fertigung des 220 (W 187) reibungslos und rund. Am Ende von Band 5 in Sindelfingen werden an den fertiggestellten Wagen alle Fettspuren der Montage bis zum Hochglanz wegpoliert.

fällt ein großer Ausschuss bei den Kurbelwellen an, die ein rissiges Materialgefüge aufweisen. Änderungen des Kohlenstoffgehalts im Stahl führen zu einer Verbesserung. Im August fehlt Material zum Motorenbau, insbesondere stockt die Lieferung der Kurbelgehäuse aus der Gießerei im Werk Mannheim. Die Nockenwellen geraten beim letzten Schliff zu weich, weshalb 90% Ausschuss entsteht. Trotzdem hofft Produktionsvorstand Karl C. Müller, Ende August auf insgesamt 160 gefertigte W 187 zu kommen, einschließlich der im Juli fabrizierten 36 Wagen. Angesichts der Schwierigkeiten in der Produktion und der unausgereiften Qualität verordnet Generaldirektor Haspel für den 220 (W 187) einen Exportstopp bis Ende des laufenden Jahrs 1951.[48] Der Reigen der Verbesserungen dreht sich in unverminderter Geschwindigkeit weiter.

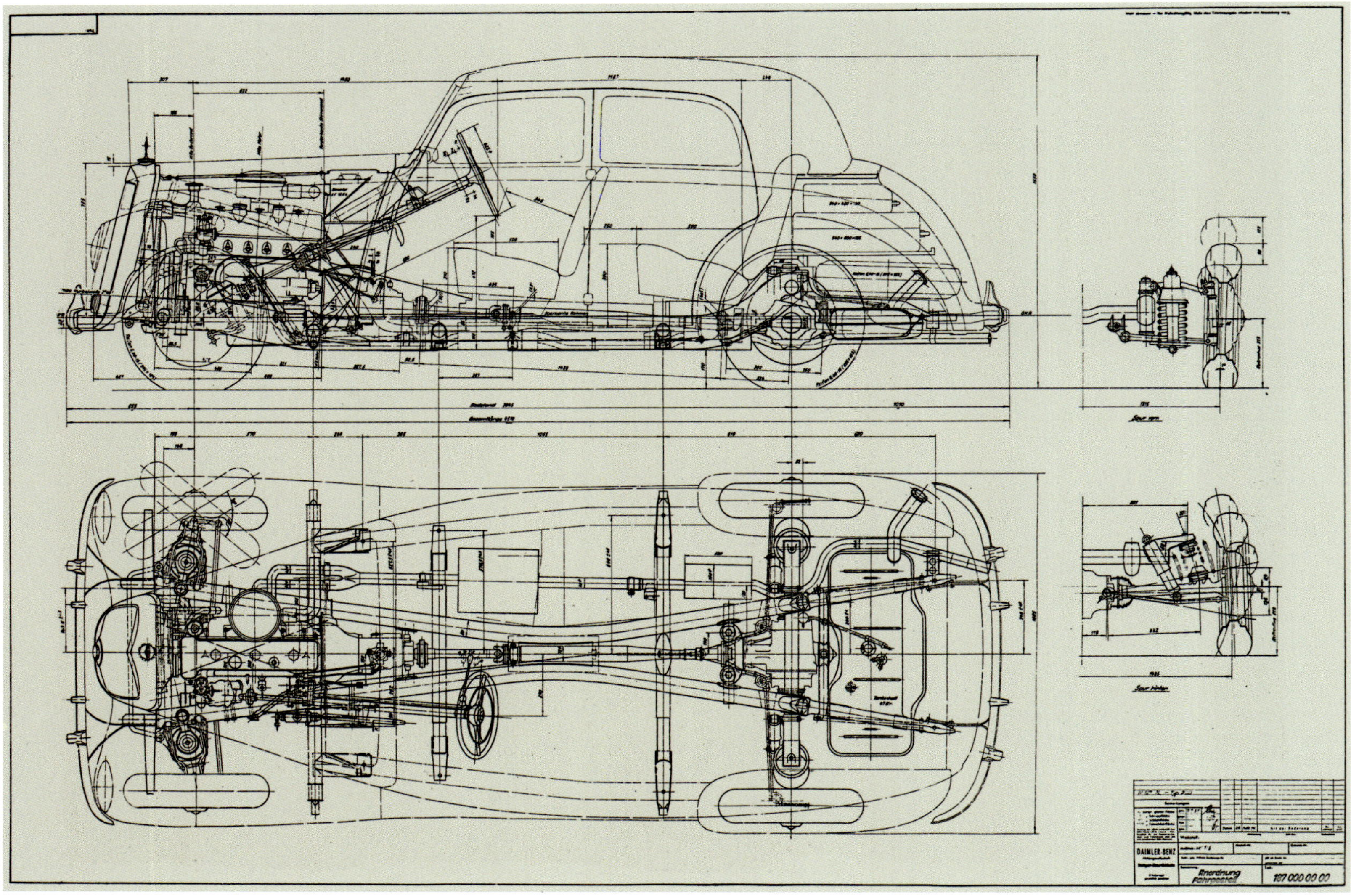

Abb. 0822
Detaillierte Fahrgestell-Übersichtszeichnung mit Karosserieumriss, Typ 220 Innenlenker W 187, Maßstab 1:5, dat. 03.07.1951.

Weitreichende Nachbesserungen führen zum Ziel

Unbegründeter Vorwurf: »Der 220 ist kopflastig«

Sobald nicht nur die ersten Exemplare des neuen Typs 220 in den wiederhergestellten oder neuerbauten Schauräumen glänzen, sondern genügend Vorführwagen für Probefahrten bereitstehen, kündet sich neues Unheil an. Die weicher als beim 170 S ausgelegte Vorderradfederung, wohl ein Zugeständnis an die in Mode kommende amerikanisch-sänftenartige Fahrwerksabstimmung, führt zusammen mit der höheren Vorderachslast durch den schwereren und weiter vorn sitzenden Sechszylindermotor zu einem für Mercedes-Benz-Kunden ungewöhnlichen Fahrgefühl: Der 220 taucht beim Bremsen vorn tief ein und untersteuert in Biegungen. Die gegenüber dem 170 S deutlich höhere Motorleistung provoziert zudem beim kräftigen Herausbeschleunigen aus engen Kurven ein Durchdrehen des entlasteten inneren Hinterrads, wodurch das Untersteuern durch den Haftungsverlust in ein Übersteuern umschlagen kann. Rasch verbreitet sich in Automobilistenkreisen die Kunde, der Wagen sei kopflastig und habe schlechte Fahreigenschaften, was von der Konkurrenz dankbar aufgegriffen und kolportiert wird. Die Direktion kontert mit einem ausführlichen Schreiben an die Niederlassungen, Großvertreter, sämtliche Vertriebsstellen und Vertragshändler. Ausführlich wird dargelegt, weshalb aus fahrdynamischer Sicht eine Gewichtsverteilung von 50:50% anzustreben sei, die mit dem neuen Typ 220 nahezu perfekt erreicht werde. Die gewählte Auslegung verbinde verwöhnteste Ansprüche an den Federungskomfort mit einer ausgezeichneten Straßenlage.[49] Tatsächlich erreicht der 220 (W 187), belastet mit einem Fahrer, mit 49,6% vorn und 50,4% hinten nahezu diesen Idealwert. Von einer Kopflastigkeit kann keine Rede sein. Der 170 S mit seinem besonders gelobten Kurvenverhalten ist hingegen deutlich hecklastig (47,3% vorn zu 52,7% hinten). Dass sich im Vergleich der 220, der eine Mehrlast von 70 kg auf der Vorderachse trägt, beim Fahren ganz anders anfühlt, ist unbestritten.[I]

Dass das Problem mit einem Informationsschreiben nicht aus der Welt zu schaffen ist, leuchtet mindestens einem Teil der Vorstandsmitglieder ein, zu denen jedoch Cheftechniker Nallinger nicht gehört. Er verteidigt die gewählte Fahrwerksabstimmung standhaft, nachdem diese mit scharfen Vergleichsfahr-

Anmerkung I: Die in Zusammenhang mit dem 220 (W 187) gelobte Gewichtsverteilung des 170 S (W 136 IV) war allerdings bei der Entwicklung dieses Wagens (W 136 II) 1938 konzernintern als zu hecklastig und für die Fahreigenschaften nachteilig kritisiert worden.

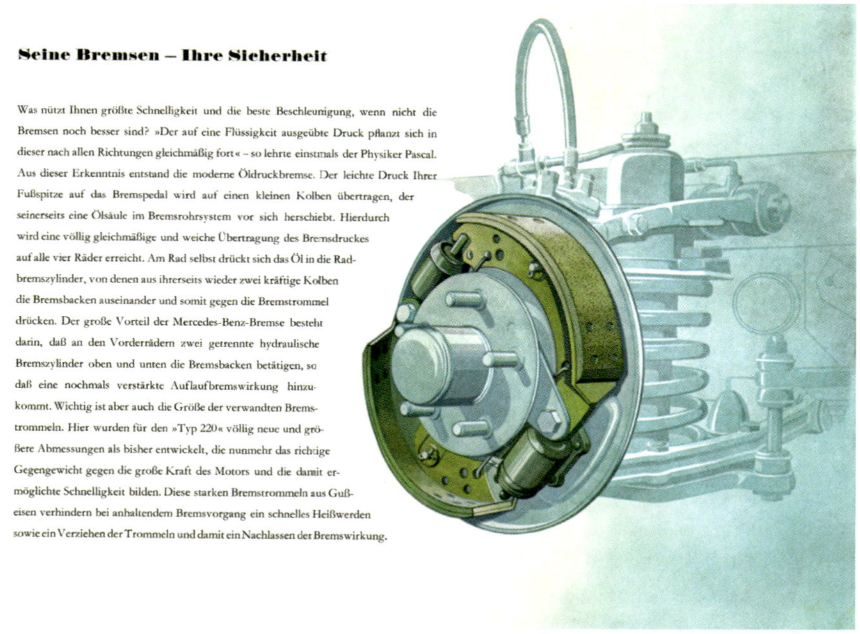

Seine Bremsen – Ihre Sicherheit

Was nützt Ihnen größte Schnelligkeit und die beste Beschleunigung, wenn nicht die Bremsen noch besser sind? »Der auf eine Flüssigkeit ausgeübte Druck pflanzt sich in dieser nach allen Richtungen gleichmäßig fort« – so lehrte einstmals der Physiker Pascal. Aus dieser Erkenntnis entstand die moderne Öldruckbremse. Der leichte Druck Ihrer Fußspitze auf das Bremspedal wird auf einen kleinen Kolben übertragen, der seinerseits eine Ölsäule im Bremsrohrsystem vor sich herschiebt. Hierdurch wird eine völlig gleichmäßige und weiche Übertragung des Bremsdruckes auf alle vier Räder erreicht. Am Rad selbst drückt sich das Öl in die Radbremszylinder, von denen aus ihrerseits wieder zwei kräftige Kolben die Bremsbacken auseinander und somit gegen die Bremstrommel drücken. Der große Vorteil der Mercedes-Benz-Bremse besteht darin, daß an den Vorderrädern zwei getrennte hydraulische Bremszylinder oben und unten die Bremsbacken betätigen, so daß eine nochmals verstärkte Auflaufbremswirkung hinzukommt. Wichtig ist aber auch die Größe der verwandten Bremstrommeln. Hier wurden für den »Typ 220« völlig neue und größere Abmessungen als bisher entwickelt, die nunmehr das richtige Gegengewicht gegen die große Kraft des Motors und die damit ermöglichte Schnelligkeit bilden. Diese starken Bremstrommeln aus Gußeisen verhindern bei anhaltendem Bremsvorgang ein schnelles Heißwerden sowie ein Verziehen der Trommeln und damit ein Nachlassen der Bremswirkung.

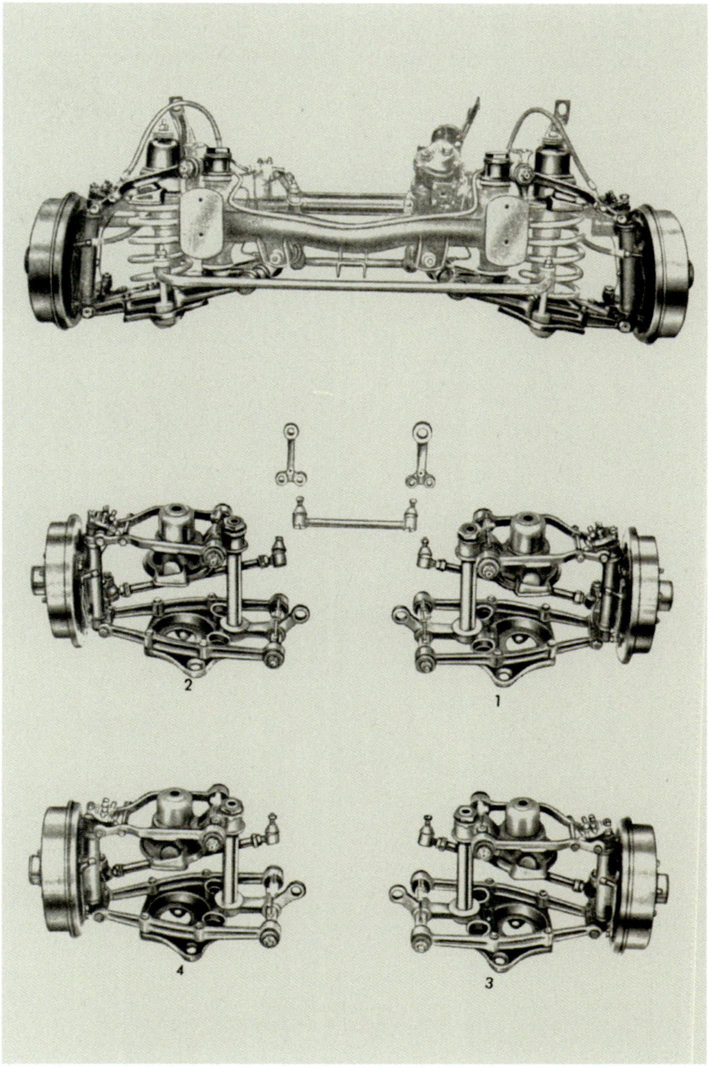

Abb. 0823
Mit Duplex-Bremsen vorn (Bild) wird der höheren Leistung des 220 (W 187) Rechnung getragen. Doch erst breitere Backen und größere Trommeln bringen eine befriedigende Bremswirkung.

Abb. 0824
Lenker-Vorderachse des W 187. In der Mitte Bremse mit 40 mm Backenbreite und 240 mm Trommeldurchmesser. Unten Ausführung ab Februar 1952 mit 55 mm Breite und 260 mm Durchmesser.

ten durch Rennfahrer Karl Kling und Versuchschef Uhlenhaut überprüft worden ist. Allerdings zeigt sich, dass eine Optimierung des Fahrverhaltens und des Fahrgefühls durchaus möglich ist, und zwar ziemlich einfach durch entsprechend stärkere Vorderfedern; so ausgerüstete Testwagen bestätigen dies. Produktionsvorstand KC Müller lobt, der mit härteren Federn versehene 220 sei *der beste Wagen, den er je gefahren hat. Wenn die Feder auch eine Kleinigkeit härter ist, so ist der Wagen aber doch so sicher geworden, dass man auf jedem Pflaster in die Kurve gehen kann*. Nachdem man zuerst erwägt, die härteren Federn auf Wunsch anzubieten, ist für Haspel klar, dass möglichst umgehend auf die neue Kennung gewechselt werden muss. Bei Reklamationen von Kunden können als Übergangslösung die mit einer Zwischenscheibe versehenen Vorderfedern des 170 S eingebaut werden.[50] Die härteren Vorderfedern fließen ab Mitte Dezember 1951 in die Serienfertigung ein.[51]

Unzureichende Bremsen: Nur eine Vergrößerung hilft

Das zweite gravierende Problem – die unzureichenden Bremsen – schlägt in der Öffentlichkeit keine Wellen, wohl weil im Inland kaum ein Vergleich mit adäquaten Fahrzeugen möglich ist. Trotz des kürzlich nicht nur beim großen 300 (W 186), sondern auch beim 220 (W 187) eingeführten Duplex-Systems an den Vorderrädern, werden die Wirkung wie die Standfestigkeit bei Testfahrten in den Alpen beanstandet, was sich im Spätherbst 1951 auf einer Werbefahrt in der Schweiz bestätigt. Nallinger stöhnt über die seinerzeit aus Kostengründen beschlossene Gleichteileverwendung über alle Pkw-Typen hinweg, er strebt jetzt verbreiterte Backen an. Doch Haspel, der die Sache sehr ernst nimmt, kritisiert insbesondere den zu kleinen Trommeldurchmesser. Schließlich stellt Versuchsleiter Uhlenhaut unmissverständlich klar, dass die bisherige Bremse unterdimensioniert sei und von den meisten ausländischen Wagen, auch von solchen mit erheblich bescheideneren Fahrleistungen, in der Wirkung deutlich übertroffen werde. Das hilft; die Reaktion folgt ab Anfang Februar 1952: Der 220 (W 187) erhält tiefere Trommeln mit 55 mm breiten Bremsbacken aus gewalztem T-Profil (anstelle der bisher 40 mm breiten). Zudem lässt sich der Trommeldurchmesser von 240 mm auf 260 mm vergrößern. Bereits im Herbst 1951 hat man den Durchmesser des Hauptbremszylinders auf das bei den 170 V und 170 S übliche Maß erhöht, nachdem der Hebelarm des Bremspedals angepasst worden ist.[52]

Kühlung ungenügend

Bereits im Juli 1951 wird man auf die ungenügende Kühlung aufmerksam. Die Kühlflüssigkeit des M 180 im 220 (W 187) kommt im Leerlauf innerhalb einer halben Stunde zum Kochen, während dem altgedienten M 136 im 170 V ein

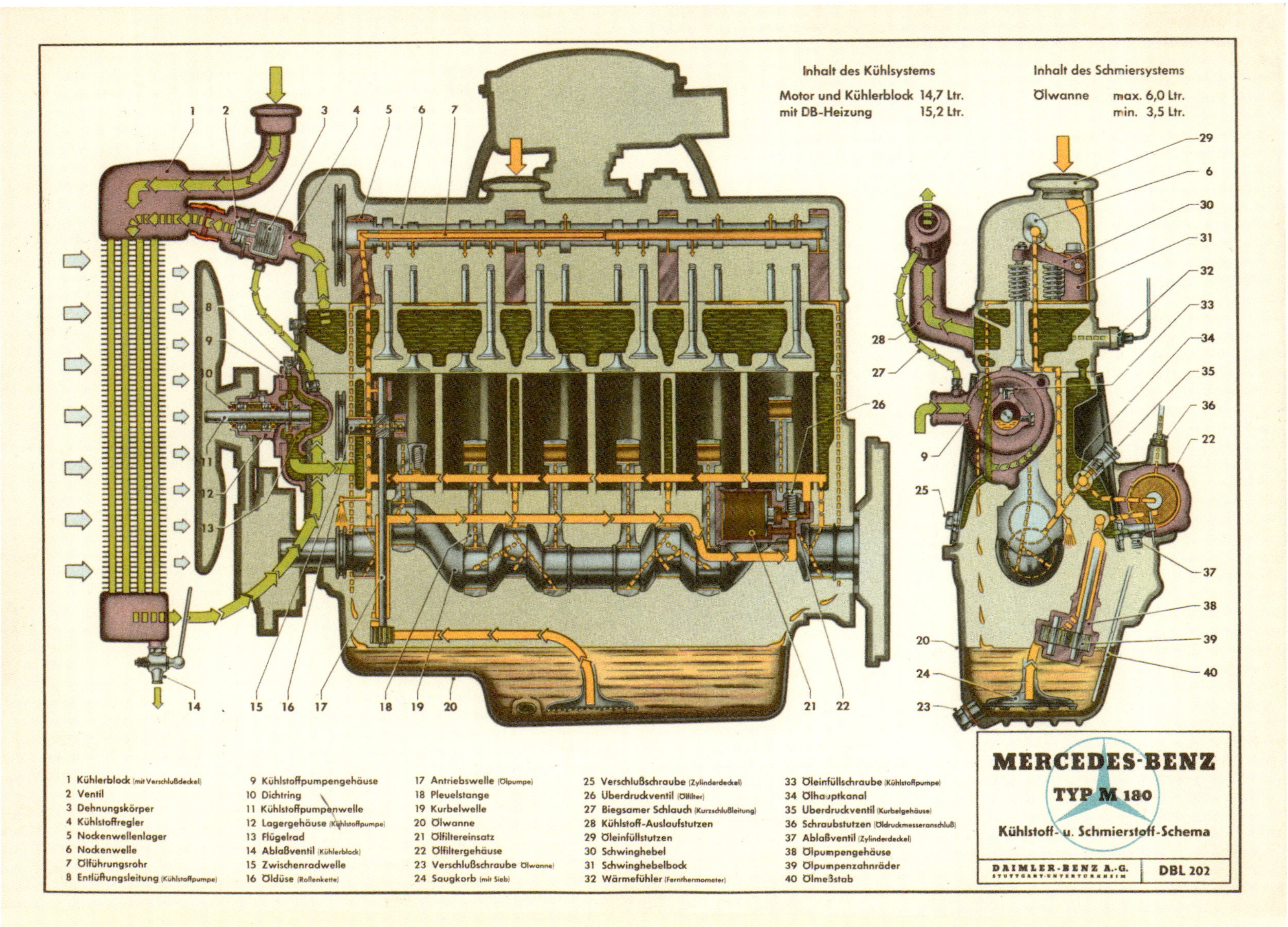

Abb. 0825
Diese Schautafel des Motors M 180 veranschaulicht den Kühlmittel- und Schmierstofffluss. Nicht dargestellt, weil zu komplex, ist die raffinierte Öl-Wasser-Kühlung durch zwei Ölrohre, die den Wasserraum im Kurbelgehäuse durchlaufen. Trotzdem ist der M 180 im 220 (W 187) thermisch empfindlich. Erst der dritte Kühlerblock ab Anfang 1953 bringt eine spürbare Besserung.

beliebig langes Laufen mit Standgas nichts anhaben kann.[53] Es folgen unter Leitung des Versuchsingenieurs Rothweiler Versuchs- und Vergleichsfahrten am Stilfser Joch, an denen zu Vergleichszwecken auch ein 170 S und ein alter und ein neuer Opel Kapitän teilnehmen. Aufgrund der Ergebnisse konstruiert das Technische Büro in Zusammenarbeit mit dem Versuch einen neuen Kühlerblock mit veränderter Rohr- und Rippenbestückung, der 57 mm breiter, 20 mm höher, aber mit 75 mm um 25 mm weniger tief ist und deshalb 2 kg weniger wiegt. Die Messungen auf dem Kühlerprüfstand der Firma Behr verlaufen offenbar günstig, so dass der neue Kühler ab Februar 1952 in die Serienfertigung einfließt, gleichzeitig mit dem im Durchmesser von 380 mm auf 400 mm erweiterten Lüfter.[54] Trotzdem bleibt eine gewisse Temperaturempfindlichkeit bestehen und führt später zu einem weiteren Kühlereingriff.

Auf der Reise lästig: Zu kleiner Tank und falsch positionierter Schalthebel

Nicht nur in Tests bemängelt, sondern auch von Kunden heftig kritisiert wird das mit 48 Liter zu bescheidene Fassungsvermögen des Treibstofftanks, der unverändert vom 170 S übernommen worden ist. Der Verbrauch ist merklich höher als im 170 S und beläuft sich im praktischen Fahrbetrieb bei forscher Fahrweise auf 13 Liter/100 km und mehr; anfänglich hat es Wagen gegeben, die gar 16 Liter verbraucht haben.[55] Der Ende Januar 1952 eingeführte 65 Liter große Tank bringt die notwendige Korrektur.[56] Im Herbst monieren Kunden die ungünstige Lage des Schalthebels am Lenkrad, was auch Tester Bönsch kritisiert hat. In der Position des 4. Gangs befördert man ihn mit dem rechten Knie oft ungewollt in die Leerlaufstellung. Das Problem hat man in den Werken längst erkannt und das Lenkspindelrohr mitsamt der Säule um 20 mm verlängert. Weil man aber die 2 000 bis 3 000 zu kurzen Lenksäulen nicht wegwerfen will, verbaut man diese weiterhin, was Generaldirektor Haspel verständlicherweise in Rage bringt.[57]

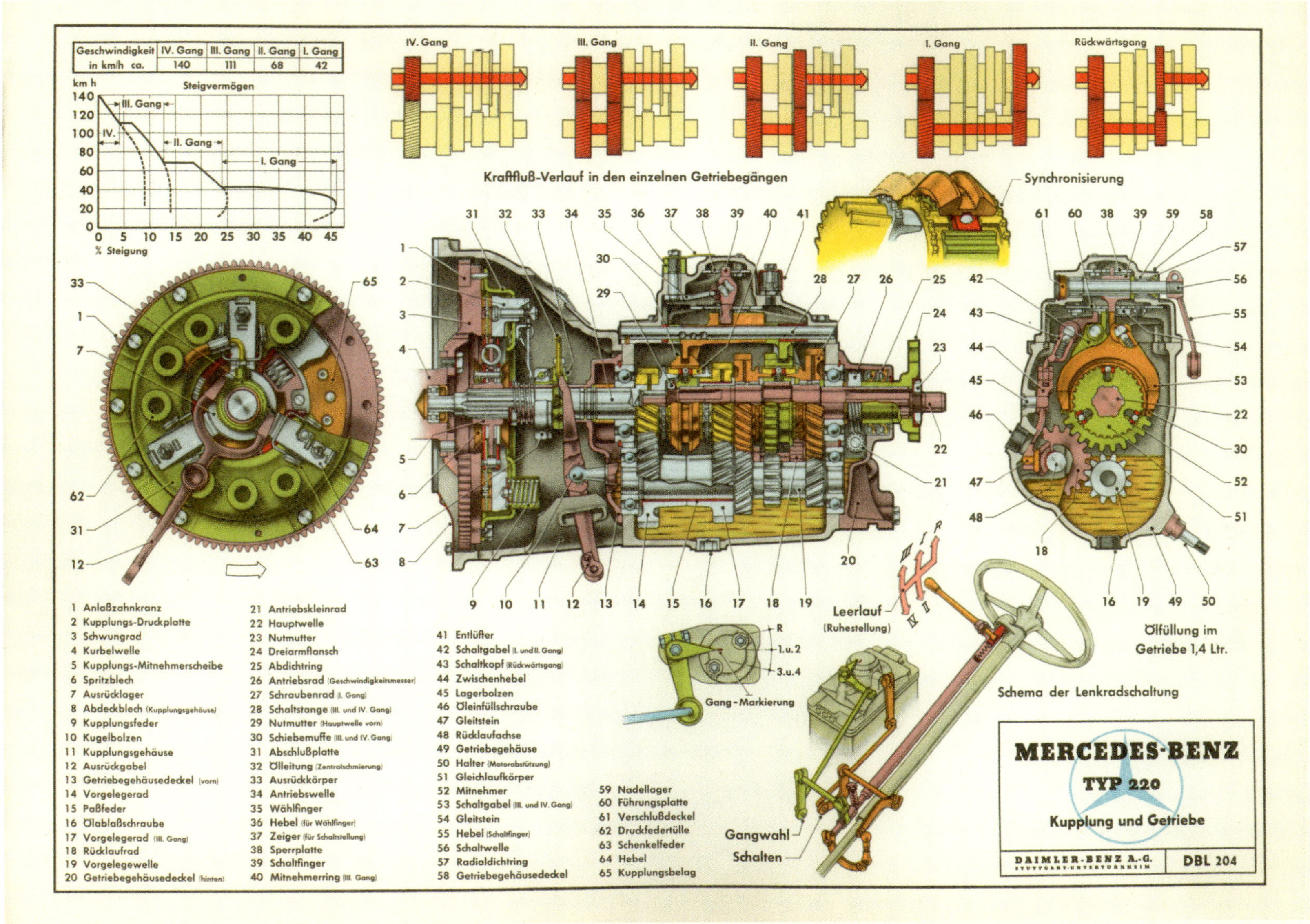

Abb. 0826
Schautafel von Kupplung und Getriebe im 220 (W 187). Zusammen mit der Lenkradschaltung wird das aus dem 170 V und 170 S bekannte Getriebe DB-4S auf Sperrsynchronisierung umgestellt. Anfänglich ist der erste Gang zu lang und muss kürzer übersetzt werden.

Schwieriges Anfahren an Steilstrecken

Sehr rasch wird offensichtlich, dass die gewählten Getriebeübersetzungen schlecht auf das Wagengewicht, das zur Verfügung stehende Drehmoment und die Leistungsfähigkeit der Kupplung abgestimmt sind. Für den schwereren, aber deutlich drehmomentstärkeren 300 (W 186) mag das Verhältnis von 1:2,98 für den ersten Gang passen, für den 2,2-Liter-Motor des 220 (W 187) ist es, trotz der »kurzen« Hinterachse von 1:4,44, zu lang ausgelegt. Anfahrtests des Untertürkheimer Versuchs auf einer Steilstrecke bei Ruit auf den Fildern belegen, dass eine 19%-Steigung die Grenze des noch Machbaren bedeutet; zu wenig, ist man sich einig. Mit einem auf 1:3,33 verkürzten ersten Gang geht es besser, doch es bleibt das Problem mit dem ellenlangen Rückwärtsgang. Der Versuch unter Uhlenhaut empfiehlt, gleich einen Schritt weiter zu gehen und künftig das im ersten Gang und im Rückwärtsgang nochmals deutlich kürzer übersetzte Getriebe des 170 Sb/DS zu verwenden, damit auch weniger geübte Fahrer den Wagen sicher in Bewegung setzen können. Zudem reduziere dieses die thermische Belastung der Kupplung. So weit geht der Vorstand nicht und schwenkt auf die Variante 1:3,33 ein. Das angepasste Getriebe wird ab Anfang Dezember 1951 eingebaut; 2 000 nicht mehr verwendbare Zahnräder wandern in den Schrott.[58]

Unzureichende Motorleistung

Im Dezember 1951 und Januar 1952 werden die Motoren der drei für die Teilnahme an der Rallye Monte Carlo 1952 bestimmten Limousinen exakten Leistungs- und Verbrauchsmessungen unterzogen, und zwar ausdrücklich, *um ein Bild vom derzeitigen Serienzustand zu erhalten*, wie Versuchsingenieur Ellenrieder im Bericht klarstellt. Sämtliche Wagen und Motoren stammen aus der November-Produktion 1951.[59/I]

Die Messergebnisse sind ernüchternd. Gemäß der im Hauptbetrieb vorgenommenen

Anmerkung I: Fahrgestell- und Motor-Nummern siehe S. 567.

Abnahmebremsung liegt die Höchstleistung der vorschriftsgemäß eingefahrenen Motoren zwischen 72 und ca. 75 PS bei 4 500 U/min, also weit von der »Katalogleistung« von 80 PS entfernt. Dies spiegelt sich in den gemessenen Höchstgeschwindigkeiten von lediglich 133,9 km/h und 136,1 km/h wider (die den Autotestern zur Verfügung gestellten Wagen haben 142 km/h erreicht). Während der Benzinverbrauch bei gemächlicher Fahrt mit 10 bis 11 Liter/100 km sich im korrekten Rahmen bewegt, steigt der Ölverbrauch mit 1,32 bis 1,83 Liter/1 000 km ins Absurde.[60] Nachdem die Motoren demontiert, die Zylinder leicht gehont und auf ein Kolbenspiel von 0,05 mm gebracht worden sind sowie die Verdichtung auf das höchstzulässige Maß von 1:6,6 gesteigert worden ist, leisten die Maschinen zwischen 76,5 und 78 PS.[61] Dies lässt erkennen, dass die wenige Wochen zuvor den Automobilzeitschriften für ihre Tests überreichten Wagen zwar sorgfältig auf die offiziell genannte Leistung getrimmt worden sind, die Daimler-Benz AG jedoch über Monate hinweg Fahrzeuge an die Kunden ausgeliefert hat, die diesbezüglich deutlich zurückliegen.

Export-Wagen

Nachdem man Ende 1951 die dringendsten Verbesserungen am 220 (W 187) durchgeführt oder in die Wege geleitet hat, wird der von Haspel verhängte Exportstopp aufgehoben. Gerade von diesem Fahrzeugtyp verspricht sich der Vorstand einen besonders hohen Ausfuhranteil. Solange die Pkw-Fertigung bezüglich Lackierung und Verchromung zu Mängeln neigt, was zu diesem Zeitpunkt noch der Fall ist, werden die für das Ausland bestimmten Fahrzeuge sorgfältig ausgewählt. Exportwagen nach Übersee versieht man mit höheren Stoßstangenhörnern.[62] Die 220 (W 187) für den Einsatz in tropischen Gebieten verfügen über eine adäquate Ausrüstung. Dazu gehören ein Ölbad-Luftfilter von Mann & Hummel sowie ein besonders leistungsfähiger Kühler mit 100 mm Blocktiefe, der erst gegen das Produktionsende entfallen kann, als die unterdessen deutlich verbesserte reguläre Ausführung dieselbe Kühlleistung erbringt wie dieser sogenannte Tropenkühler. Elfenbeinfarbige Lenkräder und Schaltknöpfe werden im gleißenden Sonnenlicht weniger rasch heiß – und avancieren in Europa zum Mode-Luxus-Zubehör nicht nur für die 220er. Für den Betrieb hauptsächlich in Höhenlagen über 2 000 Meter gibt es Zylinderköpfe mit einer höheren Verdichtung von 1:7,6, um den Leistungsabfall durch die »dünnere« Luft zu kompensieren.[63]

Wegen des großen Exportanteils, den die Daimler-Benz AG nach dem Krieg anstrebt und erreicht, ist es unumgänglich, die meisten Pkw-Modelle – den W 187 eingeschlossen – auch mit Rechtslenkung anzubieten. Anfang 1954, die Produktionseinstellung für die Limousine und das Cabriolet B steht unmittelbar bevor, verzichtet man angesichts der geringen Stückzahl beim weiterhin produzierten Cabriolet A auf eine rechtsgelenkte Ausführung.[64]

Guter Werbeeffekt: Die 220 (W 187) auf der Rallye Monte Carlo 1952

Zu Beginn der 1950er Jahre reift in der Daimler-Benz-Zentrale allmählich der Gedanke, nach Möglichkeit wieder in den Rennsport einzusteigen. Mit dem neuen Typ 220 steht nun in der zweiten Jahreshälfte 1951 ein Serienwagen bereit, der es fahrleistungsmäßig mit den Konkurrenztypen von Alfa Romeo oder Lancia aufnehmen kann – mindestens theoretisch. Die Teilnahme an der traditionsreichen Rallye Monte Carlo, die vom 22. bis 29. Januar 1952 als echte Winterprüfung ausgetragen wird, bietet sich an.[I] In der Klasse über 1 500 cm³ sind nur Serienfahrzeuge mit geschlossenem Aufbau und mit mindestens vier Sitzplätzen zugelassen. Eine ideale Ausgangslage für den 220, der bereits kurz nach seinem Erscheinen 1951 als Limousine mit Sportwagen-Fahrleistungen und -Eigenschaften gerühmt wird. Weil Firmenmannschaften nicht zugelassen sind, melden sich die drei Daimler-Benz-Werkteams unter ihren privaten Namen an; es sind dies Rudolf Caracciola mit Paul Kurrle, Karl Kling mit Hanns Geier und Hermann Lang mit Erwin Grupp.

Abb. 0827
Schild der Rallye Monte Carlo 1952, an der drei Werksmannschaften und sechs Privatteams auf 220 (W 187) Limousinen teilnehmen.

Modifikationen an den drei Werkswagen

Gestartet wird mit drei steingrau lackierten 220 Innenlenkern, die vorschriftsgemäß wenig verändert, aber sorgfältig auf die Anforderungen und Strapazen der Rallye vorbereitet werden[65]. Nachdem bei allen drei Fahrzeugen die magere Motorenleistung und der hohe Ölverbrauch aufgeschreckt haben, führt eine sorgfältige Überholung mit engeren Kolbenspieltoleranzen zu einer besseren Leistungsausbeute, die aber immer noch unter den in den Werbeschriften genannten 80 PS liegt.[II] Damit die Fahrzeuge satter auf der Straße liegen, werden die härteren Sportfedern und Sportstoßdämpfer eingebaut, der Serien-Kurvenstabilisator durch einen solchen mit 20 mm Durchmesser ersetzt und 5" statt 4,5" breite Felgen verwendet. Weiter erhalten die Wagen die vergrößerten Bremsen und den voluminöseren 65 Liter-Treibstofftank, beides Verbesserungen, deren Übernahme in die Serie unmittelbar bevorsteht. Um den häufigen Ärger mit ausfallenden Zündspulen aus dem Weg zu gehen, baut man die Ersatzzündspule gleich ein. Zahlreiche Ersatz- und Verschleißteile werden in den Wagen mitgeführt, was das Gesamtgewicht beträchtlich in die Höhe treibt, umso mehr als neben Schneeketten auch ein zweites Ersatzrad als notwendig erachtet wird, das ebenfalls im Innern des Kofferraums Platz findet, weiter zwei Benzinkanister und ein Vorratsbehälter mit sechs Liter Öl. Der guten Sicht dienen eine Scheibendusche, zwei Nebelleuchten und ein einzelner Fernstrahler, zwei links und rechts auf der Innenseite der Windschutzscheibe angebrachte Suchscheinwerfer und ein Rückfahrscheinwerfer. Das laute Dreiklanghorn lässt sich bei Bedarf auch vom Beifahrer aktivieren. Daneben verfügen die Innenräume über alle notwendigen Einrichtungen, damit der Beifahrer in der Lage ist, den Fahrer präzise und zielgenau zu navigieren. Dazu gehört ein geeichter Kilometerzähler mit Tageszähler und 100 Meter-Anzeige, der im Radiofach eingebaut ist, zwei exakt gehende Zeituhren, zwei Stoppuhren, eine Leseleuchte auf der Beifahrerseite, weiter eine zusätzliche Sonnenblende (auf der Beifahrerseite) und trotz des abblendbaren Innenrückspiegels ein Springrollo an der Heckscheibe.[66]

Anmerkung I: Siehe dazu auch Engelen, Rennwagen 2011, S. 404–407.
Anmerkung II: Siehe auch S. 565 (»Unzureichende Motorleistung«).

Abb. 0828
Die drei Daimler-Benz-Werkteams der Rallye Monte Carlo 1952 mit ihren 220 Limousinen. Links: Karl Kling mit Hanns Geier; Mitte: Rudolf Caracciola mit Paul Kurrle; rechts: Hermann Lang mit Erwin Grupp. Lang ließ den zentralen Weitstrahler tiefer montieren. Der Wagen von Kling trägt Schutzkappen auf allen Scheinwerfern gegen Steinschlag durch vorausfahrende Fahrzeuge.

Fahrer[95]	**Polizei-Kennzeichen**	**Auftrags-Nr.**	**Fahrgestell-Nr.**	**Motor-Nr.**	**Karosserie-Nr.**
Lang	W58-4235	322 260	187 011 01983/51	180 920 01944/51	187 110 1761/51
Caracciola	W58-4236	322 261	187 011 01985/51	180 920 02102/51	187 110 1762/51
Kling	W58-4237	322 259	187 011 01978/51	180 920 01977/51	187 110 1760/51

Rallye als Sternfahrt mit Sonderprüfungen

Die Rallye ist als Sternfahrt ausgeschrieben, wobei die insgesamt zurückzulegende Distanz von 3 346 km von sämtlichen Startpunkten aus identisch ist. Die letzten Prüfungen in den französischen Seealpen werden von allen Teilnehmenden, die es bis dahin geschafft haben und gemäß Reglement noch zugelassen sind, gemeinsam durchfahren.

Die drei Mercedes-Benz-Werkteams starten von Lissabon aus, weil sich Rennleiter Alfred Neubauer dadurch günstige Wetterverhältnisse erhofft. Doch bereits im französischen Zentralmassiv bricht ein Schneesturm los, der das Einhalten der Fahrzeiten illusorisch werden lässt.[67] Die drei vom Wetterpech verfolgten 220er-Mannschaften erreichen dementsprechend keine Spitzenränge: Caracciola/Kurrle werden 18., Kling/Geier 26. und Lang/Grupp 34.[68] Damit befinden sie sich immerhin im ersten Viertel der Klassierten. Höchst erfreulich ist indessen, dass die drei Teams den vom französischen Motorsportfunktionär Charles Faroux gestifteten Mannschaftspokal gewinnen. Das Privatteam Leiner/von

Jungenfeld, das mit ihrem 220 ebenfalls von Lissabon aus gestartet ist, schiebt sich auf Rang 23 noch knapp vor Kling/Geier. Von den insgesamt zehn an der Rallye teilnehmenden Mercedes-Benz-Wagen sind neun vom Typ 220 (W 187). Sogar die Privatfahrer erhalten bei der Vorbereitung ihrer Fahrzeuge technischen Support aus Untertürkheim, und zwar kostenlos. Lediglich ein Wagen – ein 220 – fällt aus. Das Ziel in Monte Carlo erreicht auch der einzige gestartete 170 V.[69]

Abb. 0829
Das Team Caracciola/Kurrle am 29. Januar 1952 bei der Einfahrt in Monte Carlo. Wetterpech verhindert eine Spitzenklassierung der drei Werkteams, dafür winkt der Wanderpreis für die beste Mannschaftsleistung. Die Teilnahme an der Rallye Monte Carlo ist eine geschickte Werbeaktion, mit der auf die sportlichen Fahrleistungen des 220 (W 187) aufmerksam gemacht wird.

Abb. 0830
Karl Kling und Hanns Geier beim Verlassen des Wagens nach der Zielankunft in Monte Carlo. Mit Rang 27 liegen sie in der Mitte der drei Werkteams.

Abb. 0831
Im Januar 1952 steht der 230 (W 153) von 1939 (Bild) ein weiteres und letztes Mal im Mittelpunkt von Modellüberlegungen. Nicht wenigen Kaufinteressierten ist die Karosserie des 220 zu klein. Prokurist Wilfert und Vorstand K. C. Müller erörtern die Möglichkeit, den 220 (W 187) unter Verwendung des W 153-Dachgesenks um 100 mm zu verlängern und zu verbreitern. Damit würde der Abstand zum 170 S größer.

Der 220 soll größer werden: Eine planerische Sackgasse

Hinter dem Typ 220 (W 187) steht bekanntlich die Idee eines ordentlich motorisierten 170 S, also versehen mit einem leistungsfähigen Sechszylindermotor, womit die Fahrleistung dem Potenzial des vielgerühmten Fahrwerks entspricht. Dies wird von einem Teil der interessierten Käuferschaft auch so verstanden und begrüßt. Andere wünschen sich eine geräumigere Karosserie und schielen dabei unverhohlen in Richtung Opel Kapitän, denn der große Mercedes-Benz 300 (W 186) bleibt als Wagen der Superlative in unerreichbarer Ferne. Seit längerem zielen die Produktionsleute von Sindelfingen, namentlich der Betriebsdirektor Wilhelm Langheck darauf ab, die in Gemischtbauweise gefertigte Karosserie des 170 V/D zugunsten eines einfacher ausgestatteten 170 S-Aufbaus aufzugeben. Allerdings haben sie mit diesem Ansinnen im Januar 1951 bei Wilhelm Haspel gewaltig Schiffbruch erlitten.[I]

Nun – ein Jahr später, kaum ist Haspel gestorben und beerdigt – wird das Thema erneut aufgegriffen. Ob sich der für die Produktion verantwortliche Vorstand Karl C. Müller an Karl Wilfert wendet oder umgekehrt Wilfert an Müller, lässt sich nicht mehr feststellen. Verbürgt ist jedoch, dass die beiden Ende Januar 1952 die Möglichkeit erörtern, den 220 (W 187) zu vergrößern, um auf diese Weise mehr Abstand zum 170 S zu gewinnen, der – mit dem Fahrgestell des 170 V versehen und markant verbilligt – zum neuen Volumen-Einstiegsmodell werden soll, dem nachmaligen 170 S-V.

Mit größerem Innenraum: Der W 187 mit W 153-Karosserie

Müller und Wilfert stellen sich eine Verlängerung des 220 (W 187) um 100 mm vor, mit dem fertigungstechnischen Ziel, wesentliche Aufbauteile des 230 (W 153) von 1938/39 zu verwenden, dessen Dachgesenk noch vorhanden ist. *Herr Wilfert ist der Ansicht, dass es durchaus möglich wäre, […]. Allerdings müssten neue Türgesenke gemacht werden, was einen Aufwand von insgesamt etwa einer Mill. DM erfordert. Es sind Ausarbeitungen dafür da, wieviel die Verlängerung des Rahmens um 100 mm kosten würde. Mit dieser Verlängerung wäre der enorme Vorteil verbunden, dass der hintere Türeinstieg wesentlich verbessert werden könnte, sodass nicht jedesmal beim Einsteigen mit Mantel oder Kleid der Kotflügel abgewischt wird.*[70]

Der Vorstand lehnt das zeitlich wie aufwandmäßig unrealistische Vorhaben auf der Sitzung vom 30. Januar 1952 ab.

Anmerkung I: Siehe Kap. 9.2, S. 434.

Abb. 0832 & 0833
Entwurfszeichnung aus dem Karosserie-Konstruktionsbüro in Sindelfingen für einen vergrößerten Typ 220, dat. 26.04.1952. Auf das um 90 mm verlängerte Fahrgestell des W 187 soll der Oberbau der Ponton-Karosserie gesetzt werden, die auf dem Papier gerade entsteht. Das Vorhaben ist realitätsfern und chancenlos. Eine solche Zwitterkonstruktion wäre kaum früher produktionsreif geworden als der wirklich neue 220a der Baureihe W 180 mit seiner selbsttragenden Karosserie (unten).

Mächtiger und moderner: Der W 187 mit vergrößerter W 120-Karosserie

Obwohl der Vorstand das Thema »W 187 mit großer Karosserie« verworfen hat, ist es noch nicht aus allen Köpfen verschwunden. Im darauffolgenden April beschäftigt man sich im Sindelfinger Konstruktionsbüro mit dem Gedanken, das W 187-Fahrgestell mit der Ponton-Karosserie des im Entstehen begriffenen W 120 (dem nachmaligen Typ 180) zu versehen, wovon zwei Skizzen zeugen. Da der lang bauende Sechszylindermotor im W 187 zum größeren Teil hinter der Vorderachse sitzt, muss der Vorderwagen der Ponton-Karosserie erheblich verlängert werden, so dass der Radstand des Fahrgestells um 90 mm auf 2 935 mm wächst. Die Gesamtlänge des Wagens erreicht dadurch 4 615 mm, 108 mm mehr als der Serien-W 187 misst. Verwunderung löst die angepeilte Wagenbreite aus, die mit 1 850 mm für damalige europäische Verhältnisse sehr üppig bemessen ist und den W 187 um 165 mm bzw. den kommenden »Ponton« 180 (W 120) um 110 mm übertrifft. Die vordere Spurweite beträgt beim W 187 bekanntlich immer noch 1 315 mm wie beim 170 V von 1936. Nun soll die Vorderradaufhängung um 105 mm auseinandergezogen werden, womit das Maß auf 1 420 mm steigt. Zusätzlich zur verlängerten Vorderpartie muss die Karosserie mit einer vollständig neu konstruierten Bodenanlage versehen werden, um auf den verlängerten und verstärkten X-förmigen Ovalrohrrahmen zu passen.[71]

Soweit die zeichnerisch festgehaltenen Vorstellungen. Dass derartige teure Zwischenlösungen, die kaum früher serienreif sein könnten als der größere der beiden »Ponton«-Typen (W 180), keine Realisierungschancen haben, ist auch in der anfänglich etwas führungsschwachen Zeit nach Haspels Tod absehbar. Insbesondere, weil genau zum Zeitpunkt als die Zeichnungen angefertigt werden, der erfahrene Automobilmanager Heinrich C. Wagner als Nachfolger von Wilhelm Haspel das Präsidium des Vorstands übernimmt.

1952/53: In der Technik verbessert, in der Herstellung optimiert

Unbehelligt von allen Vergrößerungs- und Neukarossierungs-Überlegungen, mit der sich einzelne Führungskräfte und Fachexponenten abgeben, wird der 220 (W 187) technisch und fertigungsmäßig weiterentwickelt. Bis im Frühsommer 1952 hat sich das Modell nach unzähligen Änderungen und unterdessen über 5 000 gefertigten Exemplaren allmählich zu jenem Fahrzeug entwickelt, das man sich hausintern zu bauen vorgenommen und den Kunden versprochen hat.

Technische Eingriffe

Im Juni 1952 helfen verbesserte Ventilschaftführungen und -abdichtungen den Ölverbrauch des Motors weiter zu senken. Viele kleine Maßnahmen an den Komponenten und in der Fertigung führen zu einer Gesundung der letztlich unbestreitbar gelungenen Motorkonstruktion und zu einem Leistungsplus. Im Herbst 1952 finden erneut Versuche mit verschiedenen Kühlern statt, nunmehr auf dem Rollenprüfstand im Untertürkheimer Versuch. Beanstandungen von Kunden über eine unzureichende Kühlung haben sich gehäuft und erheischen ein Eingreifen. Gewählt wird schließlich ein Kühlerblock mit von 75 mm auf 69 mm verringerter Blocktiefe, der jedoch mit 50 statt lediglich 37 Rippen pro 100 mm ausgerüstet ist und vermutlich ab Anfang 1953 eingesetzt wird. Die Einsparung von 2 kg Kupfer pro Kühler ist ein angenehmer Nebeneffekt der wesentlich höheren Kühlleistung, die sogar den bisherigen Tropenkühler mit 100 mm Blocktiefe überflüssig macht.[72] Die Krönung der zahlreichen Eingriffe im Getriebe ist eine Ausführung mit vollständig veränderten Übersetzungen, wobei der erste Gang mit nunmehr 1:3,68 nochmals kürzer ausfällt. Eingebaut wird diese Schaltbox ab dem Spätsommer 1952. Schließlich löst ab Ende März 1953 die im eigenen Haus primär für den Typ 300 neu entwickelte Kugelumlauflenkung L 1 die bisherige Ross-Lenkung ab; ein alter Wunsch. Mit 1:19,5 ist das neue Lenkgetriebe gegenüber dem bisherigen (1:15) indirekter ausgelegt und erleichtert das Manövrieren.[73]

Aufbaupflege

Die ersten 100 Cabriolet A werden – analog dem 170 S – noch mit den BoMoRo-Türschlössern mit pyramidenförmigem Bolzen ausgerüstet, während die frühesten 348 Innenlenker und 65 Cabriolet B bereits über die neuere Ausführung desselben Herstellers mit kegeligem Bolzen verfügen. Danach wird bei allen drei Aufbauvarianten auf das Schloss der Firma Kiekert gewechselt, bei dem der kegelige Bolzen nicht im Schlosskasten, sondern am Wagenschlag sitzt.[74]

Bereits seit Februar 1952 schweißt Sindelfingen die seitlichen Motorraumbleche unter den Kotflügeln mit letzteren zu einer Einheit zusammen.[75] Analog dem 170 Sb erhalten ab Anfang Mai des gleichen Jahres Teile der Innenausstattung und der Sitzanlage einen Bezug aus Kunstleder (sogenanntes Texleder bzw. MB-Tex),[76] im Juni folgen stoffbezogene Sonnenblenden statt der bisherigen aus Cellon[77] und im August löst ein Stahlblechrahmen den bisherigen Holzrahmen für die Vordersitze ab.[78] Ungefähr gleichzeitig entfällt das Kurbelloch in der Kühlermaske, weshalb der vertikale Zierstab auf dem Gitter nach unten verlängert wird.

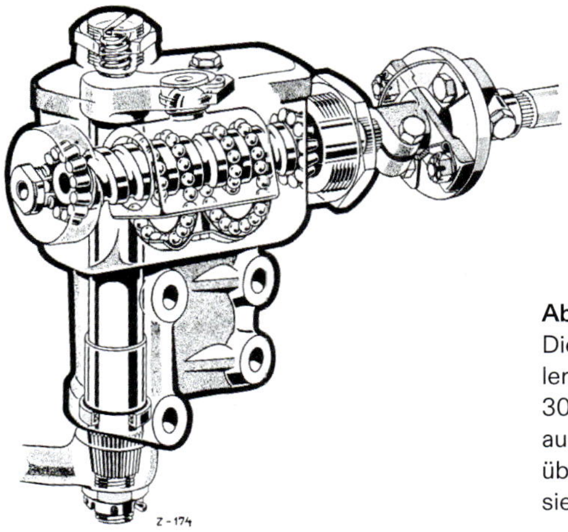

Abb. 0834
Die Kugelumlauflenkung L 1 – eine Daimler-Benz-eigene Entwicklung für den Typ 300 (W 186) – wird ab Ende März 1953 auch im 220 (W 187) verwendet. Gegenüber der bisherigen ZF-Ross-Lenkung ist sie indirekter ausgelegt.

Lackierung: Kunstharz statt Nitro, neue Farbtöne

In den ersten Novembertagen 1952 stellt Sindelfingen aufgrund der guten Erfahrungen bei den Typen 170 Vb/Db und 170 Sb/DS auch die Lackierung der 220 Limousinen und der 220 Cabriolet B von Nitrozellulose auf Kunstharz um. Ausgenommen bleiben vorerst die Farbtöne Schwarz und Tabakbraun, die zum Standardprogramm gehören, jedoch nach wie vor in Nitro ausgeführt werden müssen. Die einst beliebten Sonderlackierungen gilt es gemäß interner Anweisung unbedingt zu verhindern. Problemlos möglich bleiben diese einzig für das weitgehend handwerklich gefertigte 220 Cabriolet A, das weiterhin im arbeitsaufwändigeren Nitrozelluloseverfahren lackiert wird.[79] Die anspruchsvollen Kunden schätzen eben den spiegelglatten, tieferen Glanz, der sich mit dieser Lackierungsart erreichen lässt.

Im Februar 1953 kommt der Typ 220 in den Genuss einer neuen Ausstattungslinie mit fünf statt bislang vier Karosseriefarben und neuen Stoffen.[80] Gleichzeitig werden die Kurbelapparate der Fensterheber umkonstruiert.

Extras, Sonderwünsche und Zubehör

Wie beim 170 Va/Da und beim 170 S gibt es auch beim 220 (W 187) ein serienmäßig eingebautes, jedoch aufpreispflichtiges »Extra«, nämlich die Heizung. Diese ist wie beim 170 S quasi doppelt vorhanden, nämlich für beide Seiten getrennt und unabhängig regulierbar, jedoch nur auf der Fahrerseite mit einem Gebläse versehen. Diese Anlage kostet den Limousinenkäufer 185 DM zusätzlich. Bei den beiden Cabriolets ist die Heizung im regulären Verkaufspreis inbegriffen. Wünscht der Kunde auch auf der Beifahrerseite einen Ventilator, zieht er nochmals 45 DM aus der Geldbörse.[81] Auch bezüglich aller anderen Aus- und Aufrüstungsmöglichkeiten zeigt sich die Aufpreisliste mit derjenigen des 170 S weitestgehend identisch, was angesichts der praktisch gleichen Karosserien nicht erstaunt. Exklusiv wird für den 220 eine Scheibendusche angeboten. Besonders gern lässt die solvente Käuferschaft ihr luxuriöses Cabriolet oder Coupé reichhaltiger ausstatten. Ein passender Koffersatz gehört bei diesen beiden Aufbauvarianten zur Grundausstattung. Doch der Geschwindigkeitsmesser mit Tageskilometerzähler, die Liegesitze mit Nackenstützen, das weiße Lenkrad mit passendem Schalthebelknopf und der

Abb. 0835
Auf Drängen prominenter Persönlichkeiten bietet Mercedes-Benz ab Januar 1954 den 220 (W 187) auch als Coupé an. Basis ist das Cabriolet A; anstelle des Stoffdachs sitzt ein analog geformtes Blechdach. Die nun leicht gewölbte Frontscheibe ist eine formale Verbesserung. An der Kühlermaske entfällt die Kurbelloch-abdeckung, die Front wirkt frischer.

Teppichboden im Fahrer- und Beifahrerfußraum müssen zusätzlich bezahlt werden. Ob beim Coupé die hinter den Seitenscheiben eingebauten transparenten Lüftungsflügel im stolzen Wagenpreis eingeschlossen sind, ist nicht geklärt. Beliebt sind Radiogeräte. Solche lassen sich aus der unterdessen recht umfangreichen Liste der noch jungen Firma Becker aus Pforzheim und der alteingesessenen Telefunken GmbH aus Berlin auswählen. Formal fügt sich der Becker »Solitude« mit seiner runden Skala vortrefflich ins Armaturenbrett ein.[82/I]

Das Ende naht: Die Verkaufszahlen

220 Limousine – Ablösung durch den modernen »Ponton«-220a im Frühjahr 1954

Mit insgesamt 10 343 gefertigten Einheiten (9 165 Limousinen und 1 178 Cabriolets) erreicht der 220 (W 187) 1952 sein bestes Jahresergebnis und wird von den Typen 170 V & D (11 807 Stück) und 170 S, Sb & DS (11 640 Stück) nur knapp überholt.[83]

Im nachfolgenden Jahr 1953 verlassen noch gut 3 700 Wagen des Typs 220 (W 187) die Endabnahme in Sindelfingen, weniger als im ersten Produktionsjahr 1951, obwohl man damals erst ab September ordentlich in Serie hat fertigen können. Bereits im Januar 1953 sacken die Verkaufszahlen markant ein, erholen sich im Sommer nur unzureichend, um mit der Einführung des neuen Mittelklassemodells 180 (W 120) im September ins Bedeutungslose zu fallen. Offensichtlich führt der moderne geräumige Typ 180 den aufgeschlossenen Kunden vor Augen, wie ein aktuelles Automobil auszusehen hat und welchen Komfort es zu bieten vermag. Da gelingt es der 1 940 DM teureren 220er-Limousine mit ihrer veralteten Karosserie trotz leistungsfähigem Sechszylinder nicht mehr mitzuhalten. Die Fertigung der Limousine – und damit die Serienproduktion des W 187 auf dem Band – wird im März 1954 nach 16 066 gebauten Wagen eingestellt, und zwar zugunsten des neuen 220a (W 180) mit demselben Motor, aber einer selbsttragenden »Ponton«-Karosserie. Dessen Fertigung läuft im Folgemonat an.

220 Cabriolet B – am Ende ein Ladenhüter

Das schon im Herbst 1952 nur mehr schwach nachgefragte 220 Cabriolet B hätte man gerne bereits Anfang 1953 aufgegeben, die bereits eingeschriebenen Wagen dieses Auslauftyps müssen jedoch gebaut werden, um das vorhandene Material nicht verschrotten zu müssen. Im Frühsommer ist deshalb von diesem Modell ein Vorrat von rund 120 Wagen angewachsen. Deren Verkauf läuft erst gegen Ende 1953 aus; insgesamt haben bescheidene 997 Cabriolet B ihre Käuferschaft gefunden.[84]

Anmerkung I: Siehe Band II, Tabelle D 13.

Die Kostspieligen leben länger – Cabriolet A und Coupé

Das Cabriolet A: Ausdruck von automobilem Traditionsbewusstsein

Dem Ablösungsprozess vom traditionsbetonten zum neuzeitlichen Automobil ist das elegante und teure 220 Cabriolet A weniger unmittelbar ausgesetzt. Es findet sich hierfür immer noch eine zahlungskräftige Käuferschaft, die die althergebrachte Form dieses exklusiven Mercedes-Benz-Wagens als zu ihrem Lebensstil passend betrachtet und aktuelleren Möglichkeiten vorzieht. Trotzdem, auch vom 220 Cabriolet A zeichnet sich für den Frühsommer 1953 ein Lagerbestand von rund 90 Exemplaren ab, doch die Nachfrage ist reger als beim Cabriolet B. Die Fertigung einzustellen, steht deshalb nicht zur Diskussion. Die Verkäufe dieses exklusiven Wagens legen sogar leicht zu, weshalb man in der Zentrale Mitte Januar 1954 beschließt, die monatliche Stückzahl auf 35 Wagen zu erhöhen, dies zulasten des fast doppelt so teuren 300 S (W 188 I). Gleichzeitig wird die Rechtslenkerausführung der geringen Nachfrage wegen aufgegeben.[85]

Die für den Sommer 1953 vorgesehene Einführung einer leicht gewölbten Windschutzscheibe verschiebt man angesichts der vorrätigen Wagen auf den Herbst. Seit November werden die Cabriolet A damit ausgerüstet, was eine Anpassung der Holzabdeckung über dem Armaturenbrett und am Verdeck nach sich zieht.[86] Der dezente Bogen der Frontscheibe steht dem Wagen gut und wird keineswegs als Fremdkörper empfunden, im Gegenteil, es ist eher eine formale Vervollkommnung.

Auf Drängen prominenter Persönlichkeiten: Nun auch ein 220 (W 187) Coupé

Vom hochexklusiven, ebenfalls 1951 vorgestellten 300 S (W 188 I) bietet Daimler-Benz außer dem Cabriolet A und einer Roadster-Ausführung auch ein elegantes Coupé eigener Fertigung an, das aussieht wie ein Cabriolet A mit wohlgeformtem Hardtop. Überlegungen, auch den 220 (W 187) als Coupé zu karossieren, gibt es zunächst nicht. In Insiderkreisen bekannt ist einzig das 220 Coupé von Frau Haspel, das ihr Ehemann im Herbst 1951 auf der Basis eines Cabriolet-A-Fahrgestells als Einzelstück im Sindelfinger Sonderwagenbau hat herstellen lassen.[II]

Abb. 0836 & 0837
Das 220 Coupé sieht aus allen Perspektiven stimmig und ausgesprochen hochwertig aus. Das Blechdach wirkt in keiner Weise wie ein Fremdkörper.

Mitte Dezember 1953 gibt die Firmenleitung dem *Drängen prominenter Persönlichkeiten* nach und lässt ab Januar 1954 den Typ 220 (W 187) auch als Coupé bauen. Dabei verfährt man nach dem gleichen Prinzip wie beim 300 S. Das 220 Cabriolet A erhält eine wohlgeformte, fest verbaute »Blechhaube«, die auf Wunsch sogar mit einem Stahlschiebedach versehen werden kann, und wird so zum Coupé. Die Gläser der Seitenscheiben stecken in verchromten Rahmen, sind jedoch gegen

Anmerkung II: Dieses frühe W 187 Coupé-Einzelstück weicht an zahlreichen Stellen (Form der Kotflügel, Türen vollständig aus Stahlblech, Armaturenbrett vollflächig mit Edelholzfurnier, plane Frontscheibe etc.) von der drei Jahre später entstandenen Kleinserie ab (»MVC-Depesche« 5/1995, S. 52 f).

Abb. 0838
Coupé und Cabriolet A des Hochklassetyps 300 S (W 188 I). In der Formgebung mit den Coupé- und Cabriolet A-Versionen des 220 (W 187) verwandt, aber mehr als die Hälfte teurer und in der Erscheinung deutlich massiger.

hinten – dem Dachverlauf entsprechend – leicht gerundet. Die dezent gewölbte Frontscheibe passt hervorragend, und die mit Bedacht gewählten feinen Chromumrahmungen unterstreichen die hochelegante Erscheinung des Coupés, das formal dem deutlich teureren 300 S in keiner Weise nachsteht. Im Gegenteil, dem W 187 Coupé ist die gewisse optische Schwere des größeren Schwestermodells fremd.

Die Sitzanlage und die hochwertige Innenauskleidung entsprechen dem Cabriolet A, der Dachhimmel besteht aus farblich abgestimmtem Stoff. So stolz wie die Erscheinung des Wagens ist auch sein Verkaufspreis, nämlich 20 850 DM, der damit der aufwändigen Einzelanfertigung Rechnung trägt. Damit liegt das bloß 85-mal gebaute Coupé stattliche 2 000 DM über dem Cabriolet A.[87]

Zum Schluss: Neue Lenkung und stärkerer Motor

Ab März 1954 kommen die 220 (W 187) Cabriolet A und Coupé anstelle der DB-Lenkung L 1 in den Genuss der konstruktiv weiterentwickelten DB-Einheitslenkung L 0. Diese ist, mit entsprechend angepasster Übersetzung, für alle Mercedes-Benz-Pkw-Typen geeignet. Mit 1:19,42 (bislang 1:19,5) bleibt die Lenkübersetzung im W 187 nahezu unverändert.[88]

Im Frühjahr 1954 erhält der W 187-Nachfolger mit Pontonkarosserie, der 220a (W 180), konstruktiv und abstimmungsmäßig den letzten Schliff, bevor er im Frühsommer in Produktion geht. Als Antriebsquelle dient ebenfalls der Sechszylindermotor M 180, der bekanntlich seit 1950 im Hinblick auf diesen vollständig neuen Wagentyp entwickelt, jedoch als erstes im 220 (W 187) eingebaut worden ist. Für die Verwendung im neuen 220a kommt die technisch immer noch topaktuelle Maschine erneut in den Genuss zahlreicher Optimierungen. Die wesentlichste ist der Übergang auf einen in Leichtmetall gegossenen Zylinderkopf mit einer Verdichtung von 1:7,6 (statt Grauguss und 1:6,5 wie bislang). Die veränderte Nockenwelle erzeugt einen größeren Ventilhub und die Durchlassöffnungen des Doppelvergasers auf das Saugrohr wird von 30 mm auf 32 mm vergrößert. Der so optimierte, als M 180 II bezeichnete Motor leistet 85 PS bei 4 800 U/min. Bedeutender als die fünf Mehr-PS ist der Drehmomentanstieg um 1,5 mkg auf neu 16 mkg bei 2 400 U/min.[89] Als im Frühsommer 1954 diese leistungsgesteigerte Maschine auch im 220 (W 187) eingebaut wird, ist die Fertigung der Limousine bereits eingestellt. Nutznießer sind indessen das Cabriolet A und das Coupé, die auf Wunsch auch nachträglich mit dem leistungsfähigeren Motor versehen werden können.[90]

»Finissage« im Sommer 1955

Im Juli 1955 stellt Sindelfingen die Fertigung des 220 Coupés ein. In anderthalbjähriger Bauzeit sind lediglich 85 Wagen entstanden. Allein durch diese geringe Stückzahl zählt das W 187 Coupé zu einem der seltensten Mercedes-Benz »Serienautos«.[91] Im darauffolgenden August ist auch für das 220 Cabriolet A Schluss. Die Statistik listet 1 278 dieser exklusiven offenen Wagen auf, die seit dem Sommer 1951 ihre Eigentümer gefunden haben.[92] Es entsteht eine Lücke von rund einem Jahr, bis im Juli 1956 das Cabriolet und im Oktober des gleichen Jahres das Coupé des Ponton-Typs 220 S (W 180 II) die Nachfolge antreten.

Von der Baureihe W 187 haben zusammengezählt 18 514 Fahrzeuge aller Spielarten die Werksanlage in Sindelfingen verlassen. Davon wurden 3 647 Stück oder 19,7% in insgesamt

75 Staaten oder Verwaltungseinheiten exportiert, wobei mit 696 Wagen die Schweiz an erster und Schweden mit 549 Wagen an zweiter Stelle stehen.[93] Zum Fabrikationsumfang gehören auch 41 Offene Tourenwagen und 47 Fahrgestelle für Fremdaufbauten.[94/I] Die 220 Cabriolet A und Coupé sind zusammen mit dem noch einen Monat länger gefertigten 170 S-D die letzten produzierten Vertreter der Modellfamilie 170 V – 170 S – 220, die zu Beginn des Jahres 1936 durch den 170 V begründet worden ist. Damit endet ein entscheidender, 20 Jahre umfassender Abschnitt in der Firmengeschichte der Daimler-Benz AG.

▷ **Siehe Band II/Seite 196 f**
Würdigung E 14: Der Mercedes-Benz 220 (W 187)

Abb. 0839
Viele der 85 Käufer ziehen das 220 Coupé (Bild) nicht des Preises wegen dem 300 S Coupé vor, sondern weil es formal zurückhaltender ist und eleganter wirkt. Das Stahlschiebedach kostet 1 150 DM Aufpreis.

Abb. 0840
Ob Coupé oder Cabriolet A, ein 220 (W 187) in diesen beiden Ausführungen ist ein hochrepräsentativer, vornehmer Wagen und gleichzeitig die Krönung der Modellfamilie 170 V – 170 S – 220, die 1936 ihren Anfang nimmt und erst zwei Jahrzehnte später ihren Abschluss findet.

Anmerkung I: Siehe auch Kap. 14.3, S. 632-638.

14

Nachkriegs-Sonderaufbauten und -Speziallösungen 1946–um 1960

Blick in die Karosseriebauhalle Langendreer der Bochumer Fahrzeug-Werke Lueg GmbH. Die Aufnahme entsteht zwischen Herbst 1951 und Sommer 1952. Zu sehen sind Pritschen-, Kranken- und Mehrzweckwagen in unterschiedlichem Bearbeitungsstand. Hinter den zwei Pritschenwagen im Vordergrund steht eine künftige Pullman-Limousine mit fast fertiggestelltem Holzskelett. Sämtliche Fahrzeuge werden auf dem teilkarossierten Fahrgestell des 170 Va bzw. 170 Da aufgebaut.

14.1 Kranken-, Kasten- und Kombiwagen, Taxi- und Pullman-Aufbauten, Spezialfälle

Die Fahrgestelle der Fahrzeugfamilie 170 V, 170 S und 220 dienen als Basis für eine Vielzahl von Sonderaufbauten, hauptsächlich für das Gesundheitswesen und das Gewerbe. Wichtig sind die von der Daimler-Benz AG konzipierten und von der Lueg GmbH ab 1949 gebauten Krankenwagen-Modelle. Der Bochumer Fahrzeugbauer bedient den Markt zudem mit Kasten-, Pritschen-, Leichen- und Pullman-Wagen. Eine Vielzahl weiterer Karosseriebaufirmen widmet sich den Taxiaufbauten und Spezialanfertigungen – auch im Ausland.

Abb. 0841
Das teilkarossierte Fahrgestell ist die Ausgangslage für fast alle Aufbauten, die außerhalb der Daimler-Benz AG entstehen. Im Bild die Ausführung 170 Da. Auf der Bodenanlage fehlt der Rahmen zur Aufnahme der Fondsitzbank. Auf Wunsch werden weitere Karosseriekomponenten wie hintere Kotflügel oder Türen mitgeliefert.

Eine Wagendisposition mit eigenständigem Fahrgestell bietet die Möglichkeit, auf verhältnismäßig einfache Weise die Fahrzeuge durch entsprechend konzipierte Aufbauten ihren spezifischen Einsatzzwecken anzupassen. Dies im Unterschied zu den rahmenlosen, also den selbsttragenden Karosserien, die empfindlich auf strukturelle Eingriffe reagieren und Sonderlösungen oft verunmöglichen oder zumindest unwirtschaftlich machen. Die Daimler-Benz AG führt deshalb seit der Wiederaufnahme der Pkw-Produktion 1947 erneut Fahrgestelle mit Teilkarosserie zum Komplettieren mit Aufbauten durch Drittfirmen im Angebot. Und zwar nicht nur solche des Typs 170 V, sondern der gesamten Fahrzeugfamilie bis hin zum 220 (W 187).

Grundlage für Individual- und Sonderlösungen: Das teilkarossierte Fahrgestell

Das teilkarossierte Fahrgestell umfasst auf der technischen Seite neben dem Rahmen als tragendes Fundament die kompletten vorderen und hinteren Achsaufhängungen mit Lenkung, Bremsen und Rädern, den Motor mit Getriebe und Achsantrieb unter Einschluss sämtlicher Nebenaggregate und der elektrischen Einrichtung sowie den Kühler mit Maske. Verglichen mit der Vorkriegsausführung[I] sind nun deutlich mehr Karosseriekomponenten vorhanden, nämlich der vollständige Windlauf, also die Spritzwand mit der Frontscheibe, die Motorhaube, die Vorderkotflügel unter Einschluss der Trittbretter und Scheinwerfer, der Getriebetunnel, der Batterie- und Sitzkasten mitsamt den Schwellern und dem hinteren Boden, schließlich das vollständige Armaturenbrett und das Lenkrad. Wenn gewünscht, werden weitere Teile wie etwa die Vordertüren verpackt, auf den Rahmen aufgeschnallt oder sonst wie mitgeliefert.

Zu den Stückzahlen: 170 D und 170 S-D unangefochten an der Spitze

Wie vor dem Krieg dienen die teilkarossierten Fahrgestelle fast ausschließlich als Grundlage für Nutzaufbauten, die je nach Funktion sehr unterschiedlich ausfallen können. Individuelle, sportlich-luxuriös geprägte Karosserien – bei hochkarätigen Fahrzeugen bis weit in die 1950er Jahre ein Thema – spielen höchstens beim 220 (W 187) eine gewisse, wenngleich marginale Rolle. Unter den 171 989 Wagen der Baureihen W 136 I, II, IV & VIII sowie W 191 und

Anmerkung I: Siehe Kap. 4.3, S. 206 f.

W 187, die nach dem Krieg die Werkshallen in Sindelfingen verlassen, befinden sich nur 10 810 Fahrzeuge (6,3%) mit einer Teilkarosserie. Mit 7 358 Stück führt der 170 V/D (mit allen Modellpflegevarianten) die Rangliste mit großem Vorsprung an, gefolgt von 3 207 Fahrgestellen des Typs 170 S-V/S-D. Der Dieselanteil überwiegt bei beiden Typen. Die 170 S/Sb/DS mit 198 Fahrgestellen und der 220 (W 187) mit lediglich 47 teilkarossierten Exemplaren fallen kaum mehr ins Gewicht. In diesen Zahlen sind jene Wagen, die Daimler-Benz selbst mit eigenen Sonderaufbauten versieht, nicht enthalten. Dies betrifft hauptsächlich den 170 Va/Da Sindelfinger-Kastenwagen (550 Stück), den 170 Da OTP (530 Stück) und die 41 Stück 220 OTP.[I]

Ebenfalls nicht mitgezählt sind die frühen Kranken-, Kasten- und Pritschenwagen, die – mit behelfsmäßigen Fahrerhäusern des Karosseriebetriebs Hägele in Mössingen versehen – bis Ende 1948 in Sindelfingen entstehen. Diese Fahrzeuge werden an anderer Stelle beschrieben.[II]

Viel Unbekanntes: Die großen Exportmärkte

Die Bochumer Firma Lueg GmbH, die ab 1949 den offiziellen Mercedes-Benz-Krankenwagen fertigt, kommt mit diesem Modell und seinem überarbeiteten Nachfolger auf gut 1 500 Stück. Die übrigen W 136-Sonderfahrzeuge von Lueg – gemäß Modellprogramm gefertigt oder nach individuellem Zuschnitt – dürften die Zahl von 1 000 Wagen nicht überschritten haben.[III] Es bleibt demnach die beachtliche Menge von gut 8 000 teilkarossierten Wagen – hauptsächlich 170 D/Da/Db und 170 S-D – die mit Aufbauten von weiteren fremden Herstellern versehen werden, der überwiegende Teil davon außerhalb der Bundesrepublik Deutschland. Daran haben die großen Taxiunternehmen in Argentinien, Spanien, Dänemark und anderswo einen erheblichen Anteil.

Auslandsmontage auf CKD- oder SKD-Basis

Im Bestreben, den Fahrzeugexport zu fördern, richtet sich der Blick der Daimler-Benz-Führung bald auf die zukunftsträchtigen Märkte in Südamerika. Insbesondere die Schwellenländer Brasilien und Argentinien, deren Regierungen am Aufbau einer eigenen Fahrzeugindustrie interessiert sind, versprechen hohe

Abb. 0842
Das teilkarossierte Fahrgestell der Ausführung 170 Sb/DS. Die Bodenanlage ist dank des Sitzbank-Querträgers im Fondbereich recht verwindungssteif ausgebildet.

Abb. 0843 & 0844
170 S mit Pullman-Karosserie aus lokaler Fertigung in Santa Cruz, Teneriffa (oben, aktuelle Aufnahme). Aufbauten nach diesem Entwurf entstehen offenbar in mehreren, zum Teil sehr bescheiden ausgestatteten Betrieben in Handarbeit und auf verschiedenen W 136-Fahrgestellen (Bild unten). Die Wagen werden meist als Taxi eingesetzt. Ein hoher Anteil der 170 Da- und 170 S-D-Fahrgestelle wird nach Südamerika und Spanien exportiert.

Anmerkung II: Siehe Kap. 7.2, S. 334 ff.
Anmerkung III: Von Januar bis Ende Oktober 1953 fertigte Lueg gemäß »Betriebsergebnis-Rechnung« insgesamt 298 Wagen auf W 136-Basis (Archiv Lueg).

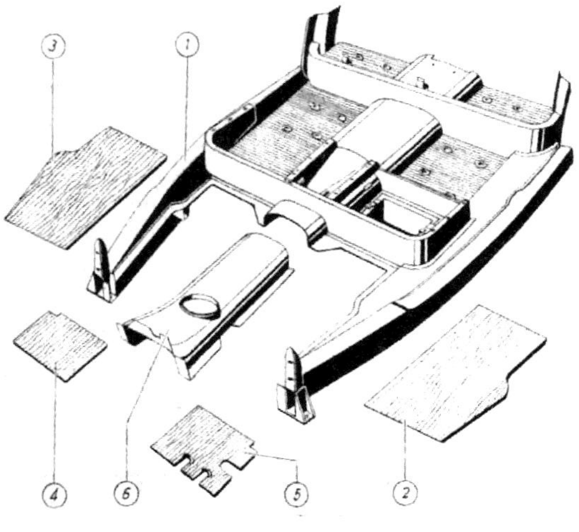

Abb. 0845
Die Bodengruppe des 170 Va besteht in der CKD-Ausführung aus den dargestellten sechs sehr unterschiedlichen Elementen und Teilen aus Blech und Schichtholz.

Absatzzahlen.[1] Der Weg dazu führt allerdings nicht über den Export von kompletten Fahrzeugen, sondern über die Lieferung von Teilesätzen, die dann im jeweiligen Land montiert werden. Der Umfang ist im konkreten Anwendungsfall offen und richtet sich nach den Gegebenheiten und gesetzlichen Bestimmungen im Exportland. Im Vordergrund von Daimler-Benz steht die Montage teilkarossierter Fahrgestelle, die sich durch entsprechende Aufbauten lokaler Betriebe vornehmlich zu den stark nachgefragten Taxi und Lieferwagen komplettieren lassen. Geprüft wird indessen auch die Montage kompletter Innenlenker. So oder so lässt sich die Forderung der Staaten, einen Teil der Wertschöpfung im eigenen Land zu erbringen, bestens erfüllen.

Das Werk Sindelfingen erhält 1951 den Auftrag, die ausländische Montage der Pkw-Typen 170 Va und 170 Da aus Teilesätzen zu planen. Die mit Zeichnungen und Fotos umfangreich illustrierte Anleitung[2] beschreibt den Lieferumfang, die betriebliche Organisation und Einrichtung der Fahrzeugmontage sowie den Versand der Komponenten in Kisten nach Übersee. Unterschieden wird zwischen CKD (Completely Knocked Down), wo das Fahrzeug aus einer Vielzahl einzelner in Kisten verpackter Komponenten und Aggregate zusammengebaut wird und SKD (Semi Knocked Down), wo größere Bereiche des Wagens vormoniert angeliefert und mit entsprechend weniger Komponenten vervollständigt werden. Der Aufwand für den Auslandszusammenbau hält sich für die Daimler-Benz AG in beiden Anwendungsfällen in Grenzen, denn die Montagewerke müssen nicht zwingend selbst gebaut und finanziert werden. Dass hingegen die Montage exakt nach den Vorgaben des Herstellers erfolgen muss, versteht sich von selbst.

Bei der CKD-Ausführung für das teilkarossierte 170 Va/Da-Fahrgestell sind die Komponenten unter Einschluss aller Kleinteile in fünf Kisten unterschiedlicher Größe verpackt und umfassen immer den Inhalt für sechs Fahr-

Abb. 0846 & 0847
Für die CKD-Montage im Ausland werden die einzelnen Komponenten zu Gruppen für mehrere Fahrzeuge zusammengefasst und transportsicher verpackt. Oben: Kiste mit sechs M 136-Motoren und Nebenaggregaten. Unten: Sechs Vorbauten inkl. Scheibenrahmen und Vordersitze in Einzelteilen.

Anmerkung I: Siehe dazu Kruk/Lingnau, Unternehmen 1986, S. 178–182 & 197–205; Feldenkirchen, 100 Jahre 2003, S. 231–234.

Abb. 0848
Fabrikneue 170 V Lueg-Krankenwagen für Westberlin werden in ein Transportflugzeug vom Typ Fairchild C-82A »Packet« der US Airforce verladen, Frühjahr 1949. Während der Blockade der drei westlichen Sektoren Berlins durch die Sowjetunion (Juni 1948 bis Mai 1949) werden die zwei Millionen Einwohner ausschließlich über die sogenannte US-amerikanische und britische Luftbrücke mit lebenswichtigen Gütern versorgt.

zeuge, nämlich: A. Hauptboden und Vorderkotflügel, B. Vorbauten, Tanks, Motorhauben und Trittbretter, C. Rahmen, Gelenkwellen, Kühler, D. Motoren (montiert), Lüfter, Zündverteiler, Zündspulen, Luftfilter und Kühlwasserauslaufstutzen, E. Vorder- und Hinterachsen (montiert). Bei der SKD-Ausführung ist der Boden mit dem Vorbau bereits montiert und grundiert, desgleichen ist der Rahmen mit den Achsen versehen, so dass nur noch drei Kisten nötig werden. Hier umfasst der Inhalt jeweils Baugruppen für vier Fahrzeuge. Die Holzkisten sind aus Brettern stabil mit Nut und Feder gefügt, die Teile gegen Feuchtigkeit behandelt und in Ölpapier eingewickelt.

In Argentinien beginnt die Montage des teilkarossierten 170 Da-Fahrgestells im Jahr 1952[3] und wird nach dessen Produktionseinstellung in beachtenswerten Stückzahlen mit dem 170 S-D weiterbetrieben.[4]

Der offizielle Mercedes-Benz-Krankenwagen von Lueg 1949–1953

Auf Fahrgestell 170 V und 170 D

Es ist der 23. Februar 1948. Im noch nicht wieder vollständig hergerichteten Verwaltungsgebäude in Untertürkheim trifft sich der Daimler-Benz-Vorstand zu einer Sitzung. Eben erst beginnt die Fertigung der 170 V Limousine einigermaßen rund zu laufen. Vorstandschef Haspel befürchtet nicht zu Unrecht, der große Bedarf an Krankenwagen und weiteren 170 V-Nutzfahrzeugen könnte eine reibungslose Serienfertigung der Limousine beeinträchtigen. Denn auf diese ist Daimler-Benz im Hinblick auf die Währungsreform sehr angewiesen, um zu überleben. Deshalb stellt Haspel zur Diskussion, die Fertigung des Krankenwagen-Aufbaus aus dem Werk Sindelfingen herauszulösen und dem Karosseriebetrieb der Firma Lueg in Bochum zu übertragen. Vorstandskollege Otto Hoppe warnt, die Kapazität von Lueg sei dafür zu klein. Tatsächlich müssen die Fahrzeugwerke Lueg nach dem Krieg von ganz unten beginnen. Die vollständig zerstörte Karosserieabteilung der Traditionsfirma wird 1946 in einige Hallen des ruhenden Montankonzerns »Bochumer Verein« im Ortsteil Langendreer verlegt. Bereits Anfang 1947 ist dort – offenbar auf der Basis des 170 V – der erste Nachkriegs-Lueg-Krankenwagen entstanden, den die Firma Krupp erworben hat.[5]

Abb. 0849
Entwurfszeichnung des Werks Sindelfingen für den neuen Krankenwagen auf der Basis des W 136 III-Fahrgestells, 26.10.1948. Im Laufe des Herbsts 1948 beginnt man, den neuen Krankenwagen zusätzlich auch auf dem bisherigen Fahrgestell W 136 I zu planen. Grund: Der neue 170er – bald 170 S (W 136 IV) genannt – wird so teuer, dass man sich genötigt sieht, den alten und günstigeren 170 V (W 136 I) im Angebot zu belassen.

Trotz Hoppes Bedenken besteht Haspel darauf, die Frage der Produktionsauslagerung eingehend zu untersuchen, und zwar nicht nur bezüglich des Krankenwagens, sondern grundsätzlich für die gesamte Nutzfahrzeugpalette auf 170 V-Basis. Diese Abklärung ist ihm insbesondere mit Blick auf das 170 V-Nachfolgefahrgestell W 136 III wichtig. Haspel strebt eine einzige Ausführung an, die für sämtliche 170 V-Pkw- und Nutzfahrzeug-Varianten passt. *Wenn das nicht geht, muss für den Lieferwagen, den Krankenwagen und Landpostwagen eine zweite* [Fahrgestell-] *Variante entwickelt werden, gegebenenfalls mit steiler Lenkung, um rückwärts mehr Platz zu gewinnen,* schließt er seine Überlegung ab.[6/I] Dazu kommt es nicht, obwohl klar ist, dass die bisherige Bauart mit dem isoliert stehenden, aufgesetzten Kasten spätestens bei einer Produktionsverlagerung durch eine anspruchsvollere, funktionsoptimierte Konstruktion abgelöst werden muss, die nicht mehr behelfsmäßig wirkt.

Sindelfingen entwirft neuen Krankenwagen auf W 136-Basis

Unterdessen hat das Werk Sindelfingen im Hinblick auf eine Fertigung durch Lueg den Auftrag erhalten, Entwürfe für einen Kastenaufbau unter Einbezug des Fahrerhauses auszuarbeiten. Und zwar für das Fahrgestell des künftigen W 136 III, also mit dem Treibstofftank im Heck und einem Vorderwagen aus Komponenten der neuen Limousinen-Karosserie. Obwohl letztere vollständig aus Stahl gebaut werden wird, kommt für den Kastenaufbau hinter dem Fahrer- und Beifahrersitz aus Fertigungs- und Kostengründen nach wie vor einzig ein tragendes Holzskelett mit außenseitiger Blechbeplankung in Frage. Um dem jeweiligen Einsatzzweck zu entsprechen, müssen ohne tiefgreifende strukturelle Änderungen unterschiedliche Tür- und Fensterdispositionen sowie Inneneinrichtungen möglich sein. Die Entwurfszeichnungen für einen Kranken- und Kombinations-Kastenwagen liegen im Oktober 1948 vor. Ebenso setzt man sich mit den Anforderungen an einen sogenannten Landpostwagen auseinander, der indessen nicht bei Lueg in Bochum, sondern bei einem Karosseriebetrieb im Stuttgarter Umfeld gebaut werden soll. Haspel zeigt sich gewillt, diesen Wagen mit Dieselmotor anzubieten, wenn die Deutsche Post dies wünscht. Demgegenüber soll der Krankenwagen ausschließlich vom Benzinaggregat M 136 angetrieben werden.[7]

Bis im Januar des folgenden Jahres 1949 entstehen Konstruktionszeichnungen, und zwar auf der Grundlage des alten und des neuen Fahrgestells. Mehrere Pläne aus dem Werk Sindelfingen mit leicht variierenden Inneneinrichtungen belegen eine vertiefte Auseinandersetzung der Karosseriekonstrukteure mit dem Thema Krankenwagen. Man überlässt hier nichts dem Zufall bzw. dem wahrscheinlichen Auftragnehmer Lueg, weil dieser Fahrzeugtyp im öffentlichen Interesse steht und von der Daimler-Benz-eigenen Verkaufsorganisation vertrieben werden soll.

Die Verhandlungen mit dem langjährigen und geschätzten Geschäftspartner Lueg GmbH verlaufen erfolgreich. Lueg, so erkennt man in Untertürkheim, werde durchaus in der Lage sein, die geforderte Anzahl Krankenwagenaufbauten zu fertigen und zudem, falls vom Markt gewünscht, davon abgewandelte Kasten- oder Kombiwagen zu bauen und in Eigenregie zu verkaufen. Die konstruktive Feinarbeit bis hin zur Serienreife muss selbstverständlich auf die technischen Produktionsmöglichkeiten des Betriebs in Langendreer abgestimmt werden. Wie weit dies bei Lueg selbst geschieht bzw. in welchem Maß das Sindelfinger Konstruktionsbüro die Einzelheiten vorgibt, ist nicht geklärt.

Unterdessen zeichnet sich ab, dass der W 136 III, der inzwischen mit neuer Lenkervorderachse zum W 136 IV mutiert ist und bald 170 S getauft werden soll, den alten 170 V bloß ergänzen, aber nicht ersetzen wird. Dies hat zur Folge, dass für die Serienproduktion des neuen Krankenwagen-Modells nicht das 170 S-, sondern das bisherigen 170 V-Fahrgestell W 136 I und für den Vorderwagen die alte Karosserie gewählt werden. Trotzdem bleibt zunächst unklar, ob nicht zusätzlich ein Kranken- und ein Kastenwagenmodell auch als 170 S angeboten werden soll. Ende Februar oder Anfang März 1949 übergibt das Werk Sindelfingen tatsächlich eine Ambulanz auf dem neuen Fahrgestell des 170 S an den Versuch in Untertürkheim. Ein analoger Kastenwagen mit Dieselmotor soll unmittelbar folgen,[8] doch

Anmerkung I: Siehe auch die 1-Tonnen-Lkw-Entwürfe vom Herbst 1945 (Kap. 7.1, S. 331–333).

Abb. 0850
Vor dem Lueg-Karosseriewerk in Bochum-Langendreer warten Dutzende 170 V/D-Fahrgestelle auf die Komplettierung durch einen Aufbau. Lueg fertigt von Januar 1949 bis September 1953 mehr als 1 300 Mercedes-Benz-Krankenwagen auf den Fahrgestellausführungen des 170 V/Va/Vb und 170 D/Da/Db.

Abb. 0851
Prototyp des 170 V-Krankenwagens, Herbst 1948. Auf der von Bochum nach Untertürkheim gesandten Fotografie wird das fehlende Trittbrett mit einem Fettstift eingezeichnet, so wie es für die Serienfertigung vorgesehen ist.

eine Serienfertigung dieser beiden Typen unterbleibt. Gleichwohl werden im Sommer 1949 die Entwürfe für einen 170 S Krankenwagen nochmals aktualisiert.[9] Dank eines veränderten hinteren Dachabschlusses wirkt dessen Aufbau formal frischer als die unterdessen bei Lueg in Serie produzierten Ambulanzwagen auf 170 V-Basis.

Manufakturfertigung in Langendreer ab Anfang 1949

Ein erster Krankenwagen-Prototyp der neuen Generation auf 170 V-Fahrgestell wird im Lueg-Karosseriewerk Bochum-Langendreer bereits im Herbst 1948 aufgebaut. Im Unterschied zur Sindelfinger Zeichnung vom 24. Dezember 1948 fehlen an diesem Fahrzeug die Trittbretter, was in Untertürkheim auf den zugesandten Fotos mit einem Fettstift korrigiert wird, zusammen mit weiteren abzuändernden Kleinigkeiten.[10] Noch im Laufe des Dezembers hätte Lueg die ersten acht 170 V Krankenwagen ausliefern sollen, was nicht eingehalten wird, obwohl Daimler-Benz bis zum Jahresende 19 passende Fahrgestelle ins Ruhrgebiet ausgeliefert hat. Die ersten fünf Wagen werden immerhin am 7. Januar 1949 fertiggestellt und drei Tage später von einer nach Bochum gereisten Kontrollequipe aus dem Werk Sindelfingen geprüft.[11] Während der folgenden Wochen konsolidiert sich die Fertigung, und der Verkauf durch die Mercedes-Benz-Niederlassungen und -Vertretungen beginnt. Dafür lässt die Daimler-Benz AG eigene Werbeprospekte drucken, die den Aufbauhersteller Lueg mit keinem Wort erwähnen, obwohl links (und zum Teil auch rechts) am Vorbau der Wagen statt des Schilds »Sindelfinger Karosserie Daimler-

Abb. 0852
Halle des Karosseriewerks Lueg, Bochum-Langendreer, um 1949. Der handwerkliche Anteil an der Aufbaufertigung ist hoch, wie die Stellmacherei im Vordergrund eindrücklich zeigt. Gut qualifizierte Berufsleute sind eine Voraussetzung für einwandfreie Ergebnisse.

Abb. 0853
Werbeanzeige für den 170 V Krankenwagen, 1949. Weil es sich um ein offizielles Mercedes-Benz-Modell handelt, erfolgt die Vermarktung über die regulären Daimler-Benz-Kanäle. Der Aufbauhersteller Lueg bleibt unerwähnt.

Benz« dasjenige mit der Aufschrift »Karosserie Lueg Bochum« montiert ist.[12] Für den Krankenwagen verlangen die Daimler-Benz-Niederlassungen einen Preis von 9 350 DM (unbereift) ab Bochum.

Die Aufbauten entstehen in Langendreer in klassischer Manufakturfertigung. Dies setzt eine eingespielte Mannschaft von Handwerkern voraus; gut qualifizierte Stellmacher, Klempner, Schlosser, Sattler und Lackierer sind unabdingbar. Der Vorbau und die Karosserieteile der aus Sindelfingen angelieferten Fahrgestelle sind bloß grundiert. Weil offenbar genügend geeignete Presswerkzeuge und Einrichtungen vorhanden sind, um auch größere Blechdimensionen in Form zu bringen, entstehen die Dächer vollständig aus Blech. Der quer über den Wagen laufende Blechstoß wenige Zentimeter hinter der Frontscheibe am Übergang zum Dach wird nicht wie bei der Limousine verschweißt, sondern auf dem darunterliegenden Holzspriegel verschraubt und mit einem flachen Aluminiumprofil abgedeckt. Analog sind die Anschlüsse des hintersten Dachbereichs an den Karosseriekörper gelöst.[13]

Abb. 0854 & 0855
Das Innere des neuen Krankenwagens. Vom Prototyp (Bild) zum Serienmodell werden bloß marginale Korrekturen vorgenommen, so ein größeres und in die Mitte gerücktes Fenster zum Fahrer.

Technik

Für den Krankenwagen mit Lueg-Aufbau verwendet Daimler-Benz – wie eben erläutert – das Fahrgestell des 170 V (W 136 I), wobei der Ovalrohrrahmen zunächst demjenigen der Limousine entspricht. Einzig die Schraubenfedern an der Pendelhinterachse werden auf einen höheren Achsdruck von 955 kg ausgelegt. Gegen Ende der Produktionsperiode wechselt man sogar auf Federn für 1 009 kg Achsdruck. Zunächst bleibt es bei der Standardbereifung 5,50-16", jedoch wird bereits Anfang 1950 auf die größere Dimension 6,00-16" mit 4,00" breiten Felgen übergegangen.[14] Seit Sommer 1949 kann der Krankenwagen – entgegen der ursprünglichen Absicht – auch mit dem Dieseltriebwerk OM 636 bestellt werden. Alle künftigen Änderungen und Verbesserungen an der Technik, insbesondere der Übergang zu den optimierten Modellen 170 Va/Da und 170 Vb/Db, laufen mit der Limousine synchron oder allenfalls mit leichter Verzögerung.

Wagenkonzept und Aufbau

Der neue Ambulanzwagen, so wie Daimler-Benz diesen konzipiert hat, verfügt über einen Sanitätsraum, der nicht mehr als separater Kasten hinter einem geschlossenen Fahrerhaus auf dem Fahrgestell ruht, sondern zusammen mit der zweisitzigen Fahrerkabine einen gemeinsamen Wagenkörper bildet. Im Innern scheidet bloß eine plane Schottwand die beiden Funktionsbereiche. Damit die (im Unterschied zur Vorgängerversion) nun linksseitig angeordnete Trage in der Länge genügend Platz hat, muss der hintere Überhang deutlich vergrößert werden. Der klappbare Sitz des begleitenden Sanitäters befindet sich rechts davon, wo der Wagen über eine dritte Tür verfügt.

Gegenüber der Limousine legt der neue Krankenwagen in der Länge um stattliche 190 mm zu und erreicht nun 4 475 mm, trotz fehlender hinterer Stoßstange. Anfänglich soll der Wagen nach Sindelfinger Entwurf eine Gesamthöhe von 1 720 mm aufweisen (unbeladen, über Lüftungshutzen gemessen), wofür die serienmäßigen Türen der Fahrerkabine im Fensterbereich hätten erhöht werden müssen. Doch es gelingt, dieses Maß auf 1 650 mm zu drücken, ohne im Innern spürbar an Raumvolumen einzubüßen, so dass aufwändige Korrekturen im Tür- und Fensterbereich entfallen. Im Unterschied zum Vorkriegs-Lieferwagen entscheidet man sich, das Dach (optisch ähnlich einem Cabriolet-Verdeck) als steiler hinterer Abschluss bis auf die Gürtellinie abzusenken, was durch den gekrümmten Verlauf der Dachrinne und in ihrer Fortsetzung durch ein schmales Abschlussprofil formal betont wird. In der rechts angeordneten Tür und auf der gegenüberliegenden Seite versorgt je ein Fenster den Sanitätsraum mit Tageslicht. Die Scheiben werden mattiert, bis auf einen 80 mm breiten Sehschlitz am oberen Rand. Am Wagenheck gibt eine doppelflügelige, ebenfalls mit Fenstern versehene Tür eine großzügige Öffnung frei, die mit einem gedrückten Bogen ins Dach eingeschnitten ist. Die links angeordnete Trage ruht auf einer Bühne, die auf kugelgelagerten Laufschienen ca. 650 mm ausgefahren werden kann, was die Handhabung erleichtert. Der über der Hinterachse eingezogene Boden ist mit einem Leichtmetallblech geschützt und nur im Fußraum des *Wärtersessels* auf das normale Niveau abgesenkt. Die Wandverkleidungen tragen einen säure- und infektionsresistenten Anstrich in einem Elfenbeinton und der Dachhimmel ist mit abwaschbarem weißem Kunstleder bespannt. Im rückwärtigen Bereich findet sich rechts ein Schrank aus Sperrholz, der Kleinutensilien und Beinschienen aufnehmen kann. Ein kleines Fenster gewährleistet die Verbindung zwischen dem Sanitätsraum und der Fahrerkabine. Fahrer und Beifahrer müssen

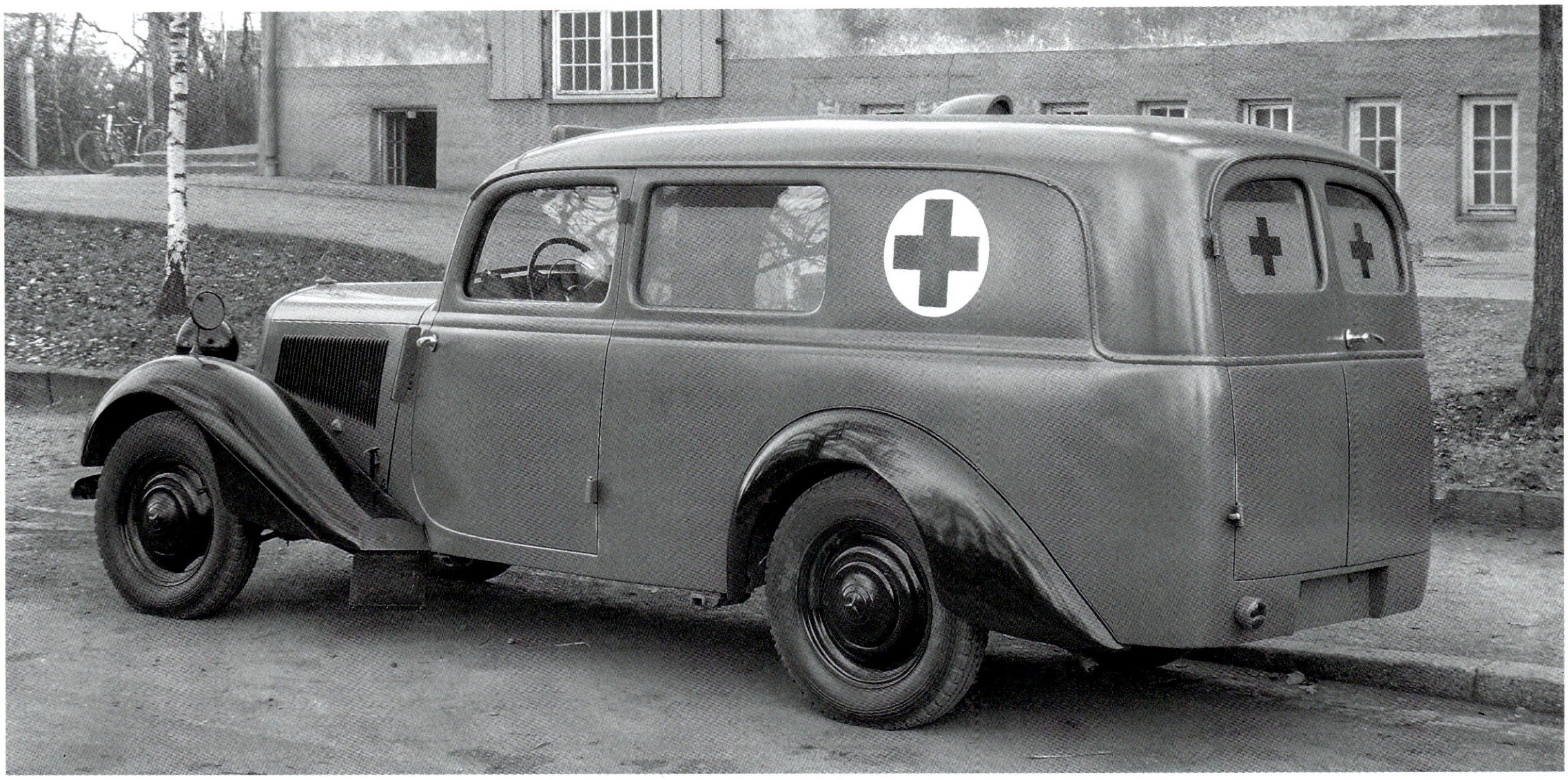

Abb. 0856
170 V Krankenwagen. Dem Prototyp vom Herbst 1948 fehlen die Trittbretter, das zweite Schlusslicht, der Rückstrahler und sämtlicher Chromschmuck. Davon abgesehen entspricht der Aufbau bereits exakt dem ersten Serienmodell. Dieses kommt mit verchromter Kühlermaske, Trittbrettern und Raddeckeln in Limousinenausführung adretter daher.

Abb. 0857
Die Werbemappe der Lueg GmbH für seine Spezialaufbauten auf dem 170 V/D-Fahrgestell enthält 1952 auch ein Typenblatt des Krankenwagens. Dort wird besonders auf die Ausführung mit zwei Tragen hingewiesen. Diese Spielart muss statt in der Mercedes-Benz-Vertretung direkt bei der Firma Lueg bestellt werden.

mit einer nicht verstellbaren Sitzbank vorliebnehmen, die mit robustem Kunstleder bezogen ist. Das Ersatzrad liegt hinter der Hinterachse in einem Fach unter dem Boden des Sanitätsraums. Außenseitig wird die Karosserie einheitlich grau lackiert. Andere Farbtöne oder Zweitonlackierungen – bspw. die oft gewünschten schwarzen Kotflügel, Trittbretter und Raddeckel – kosten einen Aufschlag, desgleichen die Leuchte über der Frontscheibe und die gewünschte Beschriftung.[15]

Überarbeitung des Krankenwagen-Aufbaus 1950

Ab dem Herbst 1950, rund drei Monate nachdem Daimler-Benz den Wechsel zum Modell 170 Va/Da vollzogen hat, fertigt Lueg den Krankenwagen in einer überarbeiteten Ausführung. Diese ist äußerlich an den zwei Belüftungshutzen auf dem Dach (statt nur einer) und insbesondere am zusätzlichen Fenster an beiden Längsseiten zu erkennen. Letztere bescheren dem Sanitätsbereich mehr Helligkeit und ein angenehmeres Raumgefühl. Dazu trägt auch die raumbreite, zweiteilige Scheibe in der Schottwand über der Rückenlehne der Fahrerkabine bei, die das kleine Fenster ersetzt.

Der Krankenraum wird in allen übrigen Belangen optimiert und nutzungsflexibler ausgerichtet. Erwähnenswert sind die drei zusammenklappbaren Sitze. Die beiden zur rechten Seite sind Rücken an Rücken angeordnet und bilden durch Abklappen der Rückenlehne einen flachen Boden über die gesamte Innenlänge, der es erlaubt eine zweite Person liegend zu transportieren, allerdings auf einer (aufpreispflichtigen) Schlaraffia-Matratze statt einer Normtrage. Umgekehrt ist links vor der Hinterachse unter der Bühne ein weiterer Sitz eingebaut, der – bei zusammengelegter Trage – herausgeklappt den bisherigen Wärtersitz zu einer kurzen Sitzbank ergänzt, wodurch

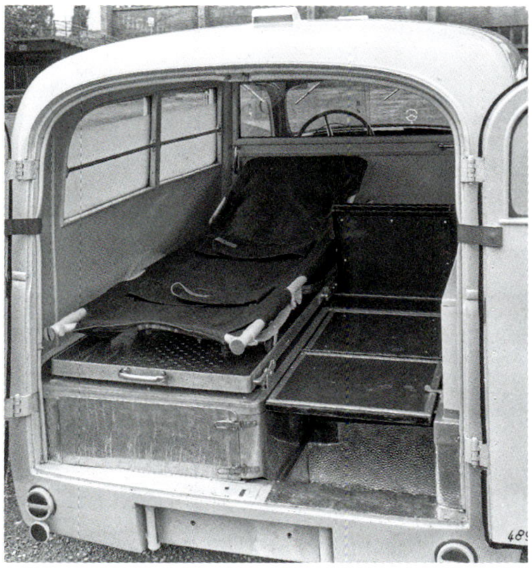

Abb. 0858 & 0859
Im Herbst 1950 wird der Aufbau des Krankenwagens, der nun auf dem 170 Va/Da-Fahrgestell ruht, nachhaltig verbessert. Außen erkennt man dieses überarbeitete Modell am zusätzlichen Seitenfenster, innen fällt die wagenbreite Verglasung zwischen der Fahrerkabine und dem Krankenraum auf, der nun heller und nutzungsflexibler eingerichtet ist. Dank einer zweiten Hutze auf dem Dach ist der Luftaustausch besser gewährleistet.

insgesamt drei bis vier Leichtverletzte sitzend aufgenommen werden können. Der Schrank für die Sanitätsutensilien baut weniger hoch und ist deshalb länger. Praktische Haltestangen verlaufen entlang der Seitenwände und traversieren die vier Seitenfenster. Der Boden ist nun standardmäßig mit Linoleum belegt. Auf Wunsch lässt sich der Sanitätsraum durch eine Heizung temperieren und mit einer Vielzahl von weiteren Optionen auf die individuellen Bedürfnisse ausrichten. Technisch basiert der überarbeitete und von der Daimler-Benz-Zentrale freigegebene Krankenwagen auf den Va-/Da-Ausführungen. Mit Reifen der Dimension 6,00-16" und stärkeren Hinterachsfedern wird der möglichen zusätzlichen Last entsprochen.[16]

Option ab 1952: Verlängerte Ausführung für zwei Tragen

Ab Ende Februar 1952 befindet sich zusätzlich eine Krankenwagenvariante im Angebot, die für eine optimale Unterbringung von zwei Tragen ausgelegt ist. Zu diesem Zweck muss der hintere Überhang des Aufbaus um weitere 50 mm vergrößert werden. Die Fahrzeuglänge wächst auf stattliche 4 525 mm an. Nähere Einzelheiten zur inneren Disposition sind nicht bekannt.[17] Das für diese Ausführung adaptierte Fahrgestell ist baugleich mit demjenigen des sechssitzigen Pullman-Wagens und wird von Daimler-Benz für diese beiden Aufbauten freigegeben. Die Zwei-Tragen-Ambulanz wird nicht ins offizielle Mercedes-Benz-Verkaufsprogramm aufgenommen und muss folglich direkt bei Lueg bestellt werden.

Stückzahlen und Preise

Vom offiziellen Mercedes-Benz-Krankenwagen mit Lueg-Aufbau werden ab Januar 1949 bis Anfang September 1953 insgesamt 1 067 Exemplare mit Benzinmotor (170 V/Va/Vb) hergestellt.[18] Dieser Wagen kostet ab Anfang April 1951 in der Va-Ausführung unbereift 9 800 DM; ein knappes Jahr später steigt der Preis für das bereifte Fahrzeug auf 10 900 DM. Für den nur über die Firma Lueg bestellbaren Krankenwagen mit zwei Tragen verrechnet das Unternehmen in Bochum 5 840 DM für den Aufbau. Hinzu kommt das Fahrgestell, womit der Gesamtpreis ohne Spezialzubehör auf über 12 000 DM ansteigt.[19] Vom Krankenwagen mit Dieselmotor (170 D/Da/Db) entstehen ab Sommer 1949 bis zum Produktionsende der Fahrgestelle Anfang September 1953 lediglich 272 Stück.[20] Die Daimler-Benz-Vertretungen verlangen 1951 dafür stolze 11 250 DM (unbereift), ein Jahr später 11 950 DM (bereift).[21]

Der dezent modernisierte Lueg-Krankenwagen 1954–1955

Auf Fahrgestell 170 S-V, 170 S-D und 220

Fahrgestellfertigung auf Vorrat

Seit nunmehr vier Jahren verlassen bei Lueg in Bochum die bewährten Krankenwagen auf der Basis 170 V/D die Werkshallen, unterdessen durch je ein weiteres Seitenfenster aufgewertet und im Innern optimiert. Sämtliche technischen Neuerungen am Fahrgestell und an der Teilkarosserie, also die Modellpflegemaßnahmen zum 170 Va/Da und 170 Vb/Db sind mitberücksichtigt worden. Nun steht 1953 der Wechsel zum »Ponton«-W 120 bevor, einem Wagen mit selbsttragender Karosserie. Die für Sonderaufbauten geeigneten W 120-»Fahrgestelle« – in Wirklichkeit sind es Fahrzeuge mit unvollständiger Karosserie – befinden sich in Sindelfingen in der Entwicklung und sollen ab Anfang Januar 1954 auch für eine vollkommen neue Krankenwagen-Generation bereitstehen. Um mit der auf Ende August 1953 terminierten Produktionseinstellung des 170 V/D keine Lücke im Krankenwagen-Angebot entstehen zu lassen, legt man durch forcierten Bau einen Vorrat an Fahrgestellen an, der bis zum Beginn des neuen Jahres ausreichen soll, also bis die teilkarossierten 180 (W 120) verfügbar sind.[22]

Abb. 0860
Werbeblatt der Daimler-Benz AG für den Krankenwagen auf Basis der Typen 170 S-V und 170 S-D, 1954/55. Diese neuerliche Anpassung wird notwendig, weil die geplante Ablösung des bisherigen Krankenwagens im Januar 1954 durch einen neuen Typ auf der Basis des selbsttragenden 180 (W 120) nicht gelingt.

Abb. 0861
Die größere Breite des Wagens macht sich im Innenraum günstig bemerkbar. Bei Bedarf lässt sich eine zweite Person auf einer Trage unterbringen. Erstmals liegt die Anzahl verkaufter Krankenwagen mit Dieselmotor über derjenigen mit Benzintriebwerk.

Letzter Lueg-Krankenwagen: Überarbeitet und auf Basis 170 S-V/S-D

Statt zu einer Ablösung durch einen vollständig neuen Krankenwagen auf der Basis des 180 (W 120) kommt es zu einer neuerlichen Überarbeitung des bisherigen Modells. Bereits im Herbst 1952 ist im Sindelfinger Konstruktionsbüro ein entsprechender Krankenwagen-Entwurf ausgearbeitet worden. Allerdings hat man damals an die Verwendung des 220 (W 187)-Fahrgestells gedacht. Tatsächlich steht in der Folge eine derartige 220 Ambulanz bei der Rettungsstation im jugoslawischen Maribor (Marburg an der Drau) im Einsatz. Ob es sich dabei um eine Einzelanfertigung handelt, muss unbeantwortet bleiben.[23]

Dieser mannigfach überarbeitete, zudem etwas breitere Krankenwagenaufbau lässt sich selbstverständlich und problemlos auch auf die Fahrgestelle des 170 S-V und 170 S-D setzen, die bekanntlich aus einer Kombination von 170 V/D (Motoren, Fahrwerk) und 170 Sb (Lage Treibstofftank, Karosserie, Lenkradschaltung) bestehen. Ab Januar 1954 wird die solcherart aktualisierte Krankenwagen-Version bei Lueg gefertigt und über die offiziellen Mercedes-Benz-Vertriebskanäle ausgeliefert.

Diese letzte Lueg-Ambulanz ist aufgrund der Frontgestaltung einfach zu erkennen: Der Vorderwagen entspricht bis zur B-Säule der 170 S-V oder S-D Limousine. Auch der anschließende Krankenraum-Aufbau zeigt deutliche Unterschiede zum Vorgänger. So ist die Regenrinne auf drei Seiten um den Wagen herumgeführt. Entlang der Längsseiten verläuft sie horizontal, einzig über der Hecktür vollführt sie einen sanften Bogen nach oben, um die zweiflügelige Türöffnung so groß wie möglich zu halten. Die fest verglasten Scheiben sitzen neu in einem Gummirahmen, und am Heck sorgt unterhalb der Doppe tür ein bis zu den Hinterkotflügeln reichendes Leichtmetallprofil mit eingezogener Gummileiste für einen marginalen Schutz. Später wird zu einer regulären Stoßstange gewechselt, d e in der Mitte für das Polizeikennzeichen unterbrochen ist. Zusätzlich sind diese Krankenwagen mit je einem vorderen und hinteren Zughaken sowie mit einer Steckdose versehen.[24]

Der 170 S-V Krankenwagen, also mit Benzinmotor und in einfarbiger Lackierung, steht ab Bochum mit 11 500 DM in der Mercedes-Benz-Preisliste vom 22. Februar 1954; die Diesel-Ausführung kostet 1 000 DM mehr, also 12 500 DM. Neun Wochen zuvor sind für die Wagen noch 200 DM (S-V) bzw. 250 DM (S-D) mehr verlangt worden.[25]

Abb. 0862 & 0863
Der Krankenwagen des Typs 170 S-V und 170 S-D unterscheidet sich auch äußerlich gut erkennbar von der bisherigen Ausführung: Frontpartie und Fahrerkabine der S-Karosserie, Scheiben des Krankenraums in Gummirahmen eingeglast, auf Höhe Dach umlaufende statt am Heck heruntergezogene Regenrinne, veränderte Hecköffnung und Türflügel mit höheren Fenstern sind die auffälligsten Merkmale. Die Aluleiste mit Gummieinlage am Heck wird bald durch eine zweiteilige Stoßstange ersetzt. Unverändert bleibt der Seitenzugang zum Krankenraum: Es gibt nur rechts eine Tür.

Im Februar 1955 beendet die Daimler-Benz AG die Fertigung des 170 S-V- und im August auch diejenige des teilkarossierten 170 S-D-Fahrgestells. Nachdem die letzte Ambulanz die Werkshalle in Langendreer verlassen hat, stellt die Lueg GmbH ihren Fahrzeugbau vollständig ein und löst das Karosseriewerk auf. Bereits im November 1954 hat Lueg diesen Entschluss allen Mercedes-Benz-Niederlassungen und -Vertragshändlern mitgeteilt. Die landesweite Überkapazität im herstellerunabhängigen Karosseriebau – hervorgerufen durch immer rationellere Fertigungsmethoden der Automobilfirmen und durch den Wechsel zu selbsttragenden Karosseriestrukturen, die individuelle Eingriffe erschweren und verteuern – hat die Direktion zu diesem Schritt veranlasst. Lueg, die Bochumer Traditionsfirma, konzentriert sich nunmehr vollumfänglich und mit Erfolg auf den Fahrzeugverkauf und -service.[26]

Insgesamt hat Lueg in gut einem Jahr 181 Krankenwagen der neueren Ausführung auf dem Fahrgestell des 170 S-V oder 170 S-D gefertigt. Nicht nur bei den Limousinen, sondern auch bei den Krankenwagen hat sich die Motorpräferenz deutlich zugunsten des Diesels verschoben. Den lediglich 60 gefertigten Benzinern steht mit 121 Exemplaren die doppelte Anzahl Selbstzünder gegenüber.[27]

Abgelöst werden die im Auftrag von Daimler-Benz bei Lueg hergestellten Krankenwagen mit einer einjährigen Verspätung durch neue Schöpfungen in Ganzstahlausführung der Firmen Christian Miesen in Bonn und Binz & Co. in Lorch (Württemberg). Die Daimler-Benz AG tritt nurmehr als Lieferantin für die Fahrgestelle auf und nicht mehr, wie bislang, als Generalunternehmerin für komplette Krankenwagen.[28]

Das Lueg-Programm 1949–1953: Aufbauten für vielfältige Einsatzzwecke

Auf Fahrgestell 170 V und 170 D

Obwohl Firmenchef Haspel Anfang 1948 von einer wie bisher breitgefächerten Nutzfahrzeugpalette auf 170 V-Basis ausgegangen ist, zeigt der Vorstand ein Jahr später kein Interesse, einen Kasten- oder Kombinationswagen ins eigene Verkaufsprogramm aufzunehmen. Ohne einen konkreten Großabnehmer – die Deutsche Post wendet sich anderen Herstellern zu – scheint der Aufwand für die zu erwartende geringe Stückzahl unverhältnismäßig. Die Firma Lueg GmbH, deutschlandweit der bedeutendste private Mercedes-Benz-Händler, kommt mit Blick auf eine Auslastung des firmeneigenen Karosseriewerks zu einer abweichenden Beurteilung. Sie erhält von der Daimler-Benz AG die Erlaubnis, auf der Grundstruktur des Krankenwagens weitere Fahrzeugtypen für verschiedenste Einsatzzwecke zu bauen und in Eigenregie zu verkaufen. Dafür eignet sich der in traditioneller Gemischtbauweise (Holzskelett mit Stahlblechbeplankung) konstruierte Wagenkörper ausgezeichnet. Dieser lässt zahlreiche Fenster- und Türdispositionen zu und eröffnet vielfältige Möglichkeiten, den Innenraum für den jeweiligen Verwendungszweck optimal einzurichten. Lueg bietet zunächst folgende W 136-Modelle an:

- **Typ 802 A**: ein im Laderaum fensterloser Kastenwagen;
- **Typ 802 B**: eine Kombination von Personen- und Kastenwagen mit zweiter Sitzreihe, ein oder zwei Fondtüren mit Fenster und einem fensterlosen Laderaum;
- **Typ 802 C**: ein Mehrzweckwagen mit zwei Sitzreihen und insgesamt sechs Seitenfenstern;
- **Typ 802 R**: ein sogenannter Reisevertreter-Wagen, der komfortabler und wohnlicher ausgestattet ist als der Typ 802 C und den Kombiwagen, wie wir sie heute kennen, nahekommt.

Diese vier Ausführungen vermarktet die Firma Lueg in Eigenregie, wozu sie Werbeprosekte gestalten und drucken lässt.[29] Weitere Aufbauten, die stärker von der Krankenwagenstruktur abweichen, folgen später. Alle diese Modelle machen die technischen Evolutionsstufen der Limousine mit, also zunächst die Einführung des Dieselmotors, dann die Verbesserungen zum 170 Va/Da und schließlich die finale Überarbeitung zum 170 Vb/Db.

LUEG LIEFERWAGEN 802 A

das repräsentative und schnelle Transportfahrzeug

BAUAUSFÜHRUNG

Der LUEG-Lieferwagen auf dem Mercedes-Benz-Fahrgestell 170 V oder 170 D ist ein Nutzfahrzeug, das durch seine ruhige, elegante Form repräsentiert. Die großen Seitenflächen geben für Werbebeschriftungen in jedem Straßenbild einen ansprechenden und würdigen Rahmen.

Dieser Aufbau wird in drei verschiedenen Größen hergestellt:

Lichte Innenmaße

	802 A	950	936
Länge:	ca. 1860 mm	ca. 2030 mm	ca. 2100 mm
Höhe:	ca. 900 mm	ca. 1000 mm	ca. 1170 mm
Breite:	ca. 1260 mm	ca. 1300 mm	ca. 1400 mm
Nutzlast:	ca. 500 kg	ca. 450 kg	ca. 470 kg

Über diese Abmessungen hinaus kann der Aufbau für jeden beliebigen Verwendungszweck umgestaltet werden: durch Kälte- und Wärmeschutz-Isolation, besondere Bodeneinbauten für Transportgüter in Sonderabmessungen, Be- und Entlüftungsanlage, zusätzliche Türen usw.

Wir bitten, dafür jeweils Spezial-Angebot anzufordern.

Gesamter Aufbau vollständig mit Karosserie-Spezialblechen ummantelt. Grundrahmen und Gerippe in kombinierter Stahl-Holzbauweise.

Der Fahrerraum beiderseits mit breiten Türen und Kurbelfenstern. Fahrersitzbank mit weicher und bequemer Spezialpolsterung. Sitze und Türen mit Texleder-Bespannung nach Wahl. In den beiden Fahrerraumtüren eingearbeitete Seitentaschen. Windschutzscheibe fest eingebaut.

Laderaum in obengenannten Abmessungen, zugängig durch breite und hohe Rückwand-Doppelflügeltüren mit solidem Anschlag und dichtem Abschluß. Trennwand hinter der Fahrerrückenlehne mit fest eingesetztem Durchblickfenster.

Decke, Wände und Türen im Laderaum mit lackierten Platten verkleidet. Boden mit Hartfaserplattenbelag und Schieneneinfassung.

Ersatzrad- und Werkzeug-Unterbringung diebstahlgesichert im Wagen.

Komplette Montage des Aufbaues mit Hinterkotflügeln und vorschriftsmäßiger Beleuchtungsanlage lt. StVZO.

Deckenbeleuchtung mit Schalter am Armaturenbrett. Lackierung in einheitlichen Farbton nach Wahl.

Fahrgestellanlieferung frei unserem Werk in Daimler-Benz-Normalausführung 136 010.

Konstruktions- und Ausführungs-Änderungen vorbehalten!

FAHRZEUG-WERKE LUEG GMBH · KAROSSERIEWERK BOCHUM-LANGENDREER

Abb. 0864
Typenblatt für den 170 V/D Lieferwagen 802 A aus der Werbemappe der Firma Lueg, 1952. Beschrieben werden drei standardisierte Ausführungen, die sich in der Länge, Breite und Höhe des Laderaums unterscheiden. Individuelle Anpassungen bezüglich Größe, Ausbau und Einrichtung sind dank der Manufakturfertigung problemlos möglich. Der Verkauf läuft ausschließlich über die Lueg GmbH.

Lueg-Lieferwagen 802 A, 950 und 936

Der geschlossene Lueg-Kastenwagen ist in drei Größen lieferbar, nämlich mit lichten Laderaum-Innenlängen von ca. 1 860 mm (Typ 802 A), 2 030 mm (Typ 950) und 2 100 mm (Typ 936), wobei sich jeweils der hintere Überhang vergrößert. Dabei nimmt die nutzbare Innenhöhe von 900 mm über 1 000 mm bis auf 1 170 mm zu, entsprechend steigt auch die Gesamthöhe des Fahrzeugs. Der zunehmenden Fahrzeugmasse wegen verringert sich umgekehrt zum üppigeren Ladevolumen die Nutzlast von 500 kg bis auf 450 kg. Beladen werden diese Kastenlieferwagen über eine zweiflügelige, fensterlose Hecktür, die wie beim Krankenwagen oben in den Dachbereich hineinragt. Der hintere, bis auf die Gürtellinie heruntergezogene Dachabschluss bei der kleinsten Version 802 A entspricht dem Krankenwagen. Im Unterschied dazu sind die beiden größeren und höheren Varianten mit einer auf drei Seiten umlaufenden Regenrinne versehen. Die Fahrerkabine wird durch eine Trennwand mit kleinem Fenster vom Laderaum geschieden. Dessen Boden besteht aus Hartfaserplatten; die dünnen, an die hölzernen Ständer und Spriegel montierten Wand- und Deckenplatten sind lackiert. Anpassungen aller erdenklichen Art lassen sich gegen Aufpreis verwirklichen.[30] Der Aufbau in der kleinsten Serienversion 802 A kostet ohne Fahrgestell anfänglich 3 200 DM und ab dem 3. März 1951 3 680 DM; der Preis steigt zwei Jahre später auf 3 930 DM.[31]

Individuelle Anpassungen nach Wunsch der Käufer sind bei Lueg dank der Manufakturfertigung problemlos möglich und werden gerade bei den Kastenwagen häufig genutzt. So finden sich bspw. fensterlose Kastenwagen mit seitlichen Türen hinten, verstellbare und sogar mit Stoff bezogene Einzelbestuhlung in der Fahrerkabine, vollständig abweichende Kastenformen, oft mit Hochdach und Gepäckträger und/oder nutzungsspezifischen Inneneinrichtungen.[32]

Lueg-Mehrzweckwagen 802 B

Die Rohkarosserie dieses Modells mit 460 kg Nutzlast entspricht in der Fenster- und Türdisposition dem Krankenwagen in seiner älteren Ausführung von 1949/50, wobei die Schottwand hinter der Fahrerbank lediglich bis zur Oberkante der Rückenlehne reicht. Hinter der Fahrerbank gibt es eine zweite Sitzbank, die über eine Tür auf der rechten Wagenseite zugänglich ist; eine Tür auf der linken Seite ist gegen Aufpreis erhältlich. Bei umgeklappter Rücksitzbank entsteht ein ebener Laderaumboden von rund 2,5 m² Fläche. Der eigentliche

Abb. 0865
170 Da Lieferwagen für die Schuhfabrik »Mercedes« in Stuttgart-Bad Cannstatt, die bei der Lueg GmbH mehrere Fahrzeuge dieser Art in Auftrag gibt. Als Ausgangslage dient der Lieferwagen 802 A, der zusätzlich rechts mit einer fensterlosen Seitentür zum Laderaum, zwei Lufthutzen auf dem Dach und einer Inneneinrichtung zum Stapeln der Schuhkoffer versehen wird.

Abb. 0866
170 Da oder Va Lieferwagen des »Hamburger Abendblatt« in der regulären Lueg-Ausführung 802 A. Die quer über das Dach verlaufende Leiste dichtet den Stoß zwischen dem Vorbau und dem Blechdach ab, den Lueg nicht verschweißt.

LUEG MEHRZWECKWAGEN TYP 802 B

Das wandelbare Fahrzeug für Arbeit und Erholung

BAUAUSFÜHRUNG

Gesamter Aufbau vollständig mit Karosserie-Spezialblechen ummantelt. Grundrahmen und Gerippe in kombinierter Stahl-Holzbauweise.

Der Fahrerraum beiderseits mit breiten Türen und Kurbelfenster. Fahrersitzbank mit weicher und bequemer Spezialpolsterung. Sitze und Türen mit Texlederbespannung nach Wahl. In den beiden Fahrerraumtüren eingearbeitete Seitentaschen. Windschutzscheibe fest eingebaut.

Eine anschließende rechtsseitige Tür mit Kurbelfenster als Zugang zu den klappbaren, gut gepolsterten, mit Texleder bezogenen Fondsitzen bzw. zum Laderaum. Anordnung eines fest eingebauten Fensters gegenüber dieser Tür und je nach Ausführung weiter anschließend je zwei Seiten- und Rücktürfenster, fest eingebaut. Alle Scheiben ringsum Sicherheitsglas.

Doppelflügeltür in der Karosserie-Rückwand mit guten Spezial-Schnappschlössern und dicht abschließend.

Die Innendecke mit Stoff bespannt. Die Seitenwände und Rücktüren im hinteren Raum mit lackierten Platten verkleidet.

Bodenfläche Hartfaserplatte mit Schieneneinfassung. Unterbringung des Ersatzrades und Werkzeuges im hinteren Wagenteil unterhalb des Bodens, diebstahlgesichert.

Lackierung in einheitlichem Farbton nach Wahl.

Das Fahrzeug kann mit insgesamt ungefähr 460 kg belastet werden.

Die lichten Maße im Laderaum betragen:
Länge etwa 1,86 m, Breite etwa 1,26 m, Höhe etwa 0,90 m.

Fahrgestellanlieferung frei unserem Werk in Daimler-Benz-Normalausführung 136 010.

Konstruktions- und Ausführungs-Änderungen vorbehalten!

FAHRZEUG-WERKE LUEG GMBH · KAROSSERIEWERK BOCHUM-LANGENDREER

Abb. 0867
Typenblatt für den 170 V/D Mehrzweckwagen 802 B aus der Werbemappe der Firma Lueg, 1952. Im Unterschied zum Lieferwagen hat das Baumuster 802 B eine klappbare Rücksitzbank, die von rechts über eine Tür erreichbar ist, und je ein zusätzliches Seitenfenster.

Abb. 0868 & 0869
170 Db Mehrzweckwagen Lueg 802 B, 1952/53. Diese späte Ausführung ist zusätzlich mit einer linken Fondtür, Anhängerkupplung und hinterer Stoßstange versehen. Die ebene Fläche der umgelegten Rücksitzbank können auf Wunsch mit einem Zwischenboden im Laderaum verlängert und die Wände – wie hier – mit Teppich bekleidet werden.

Laderaum hinter der zweiten Sitzreihe bleibt seitlich fensterlos. Die doppelflügelige Hecktür ist je nach Wunsch ganz geschlossen oder mit zwei kleinen Verglasungen versehen. Die Sitzpolster und der Innenausschlag bestehen aus Kunstleder, als Dachhimmel ist über die gesamte Innenlänge Stoff gespannt. Die Seitenwände des Laderaums sind mit lackierten Platten verkleidet. Wie beim Lieferwagen liegt das Ersatzrad hinter der Hinterachse unter dem hölzernen Laderaumboden. Alternativ können ein oder zwei Reserveräder stehend über dem Laderaumboden an den fensterlosen Seitenwänden befestigt werden. Späte Ausführungen des Mehrzweckwagens 802 B in der 170 Vb/Db-Konstellation werden mit den neuen vorderen und zusätzlich mit hinteren Stoßstangen versehen, was die Gesamtlänge weiter wachsen lässt.[33] Für den 802 B-Aufbau verrechnet Lueg 1949/50 ohne Fahrgestell 3 675 DM, ab dem 3. März 1951 beachtliche 4 226 DM und ab dem 1. März 1953 schließlich 4 476 DM.[34]

LUEG MEHRZWECKWAGEN TYP 802 C

Das wandelbare Fahrzeug für Arbeit und Erholung

Es war ein glücklicher Gedanke, den beliebten und bewährten Mercedes-Benz Typ 170 V oder 170 D auch als Mehrzweckwagen herzustellen. Die Fahrzeug-Werke LUEG liefern diesen Aufbau als Typ 802 B und 802 C, in Form und Ausführung der Original-Limousine angepaßt, mit bequemen Sitzen und in gediegener Ausstattung.

- Das Fahrzeug kann mit insgesamt ungefähr 460 kg belastet werden. Die lichten Maße im Laderaum betragen: Länge etwa 1,86 m, Breite etwa 1,26 m, Höhe etwa 0,90 m.
- Hinter den beiden Fahrersitzen schließt sich eine ebene Ladefläche von etwa 2,5 qm an. Dabei sind die Fondsitze, die mit einfachem Handgriff zu bedienen sind, umgelegt.
- Zur Beförderung von 3 bis 5 Personen werden die gut gepolsterten Fondsitze hochgeklappt, wobei jetzt noch eine Ladefläche von etwa 1,2 qm zur Verfügung steht. Die Fahrer- und Fondsitze können auf Wunsch auch als Einzelsitze geliefert werden.

An der Rückwand besitzt der Wagen eine breite zweiflügelige Tür. Eine zweite rechte Seitentür, die als Einstieg zu den Fondsitzen dient, ermöglicht ferner das Be- und Entladen auch vom Bürgersteig aus.

Je nach Bedarf können der Innenraum und seine Einrichtung abgewandelt und den betreffenden Wünschen entsprechend gestaltet werden, z. B. zusätzliche rückwärtige Notsitze, Zwischenböden, vergrößerte Ladehöhe mit vertieftem Boden, vierte Seitentür, geteilte Fahrer- und Fondsitze, besonderer Bodenbelag, Fensterblenden für Firmenbeschriftung usw.

LUEG BESTATTUNGSWAGEN

ein würdiges und repräsentatives Fahrzeug

Die Normalausführung der Karosserie ist ausgestattet mit Fahrer- und Nebensitz. — Auf Wunsch wird jedoch ein dritter Sitz für Begleitpersonal eingebaut. — Hieran schließt sich, getrennt durch eine Mittelwand, der Sargraum in den unten angeführten Abmessungen an, die den Transport von Särgen jeder Größe ermöglichen.

Lichte Innenmaße

Länge 2,15 m
Breite 1,27 m
Höhe 1,10 m
Rücktürhöhe 1,00 m
Rücktürbreite 1,05 m

BAUAUSFÜHRUNG

Gesamter Aufbau vollständig mit Karosserie-Spezialblechen ummantelt. Grundrahmen und Gerippe in kombinierter Stahl-Holzbauweise.

Der Fahrerraum beiderseits mit breiten Türen und Kurbelfenstern. Fahrersitzbank mit weicher und bequemer Spezialpolsterung. Sitze und Türen mit Texleder-Bespannung nach Wahl. In den beiden Fahrerraumtüren eingearbeitete Seitentaschen. Windschutzscheibe fest eingebaut. Scheiben Sicherheitsglas. Auf Wunsch Sonderausführung: Beifahrer-Einzelsitz nach vorn klappbar, dahinter in die Vorderwand eingebaut Sitz für eine weitere Begleitperson.

Sargraum mit großen, fest eingebauten Seitenscheiben in Sicherheitsglas, auf Wunsch mit Ornament-Ätzung und Chromrahmen-Einfassung. Decke mit Texleder-Bespannung, die Wände mit lackierten Platten ausgekleidet, Boden Linoleumbelag mit Schieneneinfassung. Tiefliegende, kugelgelagerte Schiebebühne nach hinten herausziehbar, mit aufgesetztem Sargschlitten zur Erleichterung der Bedienung. Breite, einflügelige Rücktür mit solidem Anschlag und dichtem Abschluß, auf Wunsch ausgestattet mit einer gewölbten großen Scheibe in Sicherheitsglas mit Chromeinfassung.

Regen- und seitliche Zierleisten in Chromausführung.

Ausrüstung des Aufbaues mit Hinterkotflügeln, Ersatzrad- und Werkzeug-Unterbringung diebstahlgesichert im Wagen. Deckenbeleuchtung mit Schalter am Armaturenbrett. Beleuchtungsanlage lt. StVZO.

Lackierung einheitlich schwarz.

Fahrgestell-Anlieferung frei unserem Werk in Daimler-Benz-Normalausführung 136 010.

Konstruktions- und Ausführungs-Änderungen vorbehalten!

FAHRZEUG-WERKE LUEG GMBH · KAROSSERIEWERK BOCHUM-LANGENDREER

Abb. 0870
Im Typenblatt für den sechsfenstrigen 170 V/D Mehrzweckwagen 802 C erwähnt Lueg ausdrücklich die vielen Optionen und Anpassungsmöglichkeiten. Anstelle der Rücksitzbank sind geteilt umlegbare hintere Sitze, Notsitz für den Laderaum und vieles mehr erhältlich.

Abb. 0871
170 Vb Mehrzweckwagen Lueg 802 C oder 802 R, 1952/53. Bei den neueren Ausführungen (Bild) reichen die Fenster in den Hecktüren bis auf die Gürtellinie. Mit seiner großzügigen Verglasung und dem vielseitig nutzbaren Innenraum entspricht das Modell den wenige Jahre später aufkommenden Kombiwagen.

Abb. 0872
Typenblatt für den 170 V/D Bestattungswagen aus der Lueg-Werbemappe, 1952. Dem hohen Repräsentationsanspruch wird das Modell auch durch seine stattliche Länge und Höhe gerecht.

Lueg-Mehrzweckwagen 802 C und Reisevertreter-Wagen 802 R

Die einzige Differenz des Mehrzweckwagens 802 C zur Ausführung 802 B besteht in der seitlichen Verglasung des Laderaums (Sechsfenster-Ausführung) und in den höheren Fenstern der beiden Hecktürflügel. Der Mehrpreis gegenüber der Ausführung 802 B ist bescheiden: 1949/50 beträgt der Aufschlag lediglich 112 DM (3 787 DM) und ab dem 3. März 1951 liegt er mit 129 DM nur unwesentlich höher (1951: 4 355, 1953: 4 605 DM).

Deutlich komfortabler ausgestattet ist der Reisevertreterwagen 802 R. Hier fehlt die Abschottung hinter dem Fahrer- und Beifahrergestühl, das wie in der Limousine aus in der Länge verstellbaren Einzelsitzen besteht. Wenn gewünscht, entsteht durch die Installation von weiteren Sitzen im Laderaum hinter der Fondbank gar ein Siebensitzer. Der 802 R bietet einen großen Spielraum bei der Wahl der Innenauskleidung und dem komfortsteigernden Zubehör. So sind ein Schiebedach, ein Radiogerät und eine Taxameteruhr einbaubar.[35]

Dieses Modell, aufgewertet mit einer gepflegten Ausstattung, nimmt quasi den Familien- oder Freizeitkombi vorweg, zu dem sich Daimler-Benz erst ein gutes Vierteljahrhundert später durchzuringen vermag. Lueg fordert 1949/50 für den Reisevertreterwagen-Aufbau in der nicht näher umschriebenen *Mehrzweckausführung* 4 745 DM.[36]

Lueg-Bestattungswagen

Im Lueg-Bauprogramm auf 170 V/D-Fahrgestell befindet sich weiter ein Bestattungswagen mit angehobenem Dach und nach oben vergrößerten Scheiben der Fahrerkabine. Der Sargraum erreicht die stattliche Länge von 2 150 mm, womit der Wagen hinter der Hinterachse beträchtlich in die Länge gezogen wird. Um den ausladenden Überhang zu kaschieren, formt man die Hinterkotflügel konvex-konkav und wiederholt so den Doppelschwung der Vorderflügel. Beladen wird der Wagen über eine seitlich öffnende Hecktür mit großzügigem Fenster. Längsseitig ist der Sargraum mit je einer überlangen Verglasung versehen, die auf Wunsch mit einer Beschriftung und Orna-

Abb. 0873
170 Vb Bestattungswagen Lueg, 1952/53. Front- und Seitenscheiben der Fahrerkabine sind der stattlichen Wagenhöhe entsprechend vergrößert. Konvex-konkav geschwungene Hinterkotflügel mildern den großen Überhang. Die Sargraum-Seitenfenster lassen sich optional mit Vorhängen und/oder geätzten Schriftzügen und Ornamenten versehen.

Abb. 0874
Die Lueg-Werbemappe von 1952 enthält auch ein Typenblatt für den 170 D Pritschenwagen. Im Inland muss das Fahrzeug über die Firma Lueg geordert werden, während auf Überseemärkten, wo der Pick-up auf Anklang stößt, der Verkauf durch Daimler-Benz erfolgt.

mentätzung sowie einer Chromumrandung ergänzt werden kann. Auf dem mit Linoleum belegten Boden ist, wie bei den Krankenwagen, eine ausziehbare Bühne montiert, die das Be- und Entladen erleichtert. Auch dieses Modell lässt sich je nach Anspruch und Bedürfnis abwandeln, beispielsweise durch einen Klappsitz für das Mitführen einer dritten Person, durch eine Auskleidung des Sargraums aus Aluminiumblech mit Hammerschlagstruktur sowie durch Vorhänge. Der Aufbaupreis für die Grundversion lautet 1953 auf 5 150 DM.[37]

Lueg-Pritschenwagen

Dieses Pick-up-Modell ist insofern ein Spezialfall, als es im Inland bei der Firma Lueg geordert werden muss, während der Verkauf auf einigen wichtigen Exportmärkten über die Vertriebskanäle von Daimler-Benz läuft. In den unmittelbaren Nachkriegsjahren ist der 170 V Pritschenwagen (mit Behelfsfahrerhaus) in den westlichen Besatzungszonen sehr begehrt gewesen, jedoch verliert sich das Interesse um 1950 mit dem Aufkommen der Leichttransporter von DKW, Goliath, Tempo und VW. Auf begeisterte Zustimmung stößt jedoch der neue, von Lueg vermutlich erst ab Ende 1951 oder Anfang 1952 gebaute 170 V/D Pritschenwagen in der Südafrikanischen Union, dem von ihr kontrollierten Namibia und in Australien. Dort verkauft Daimler-Benz den Pick-up über seine Generalvertreter, wobei die Wagen mit Rechtslenkung versehen sein müssen.[38]

Ob die Initiative für den Bau dieses Modells von Daimler-Benz oder von Lueg ausgeht, ist nicht bekannt. Immerhin sind dazu Aufbauentwürfe des Werks Sindelfingen aus der zweiten Jahreshälfte 1951 bekannt. Die Zeichnung von Ende August zeigt einen oben offenen Kasten, der in der Art heutiger Pick-ups die Linienführung der Vordertüren zäsurlos fortschreibt und auch hinten glattflächig geschlossen ist. Das Ersatzrad liegt in einem Fach, das sich hinter der Hinterachse unter dem Laderaumboden einbauen lässt. Lueg präsentiert für diesen Entwurf bereits am 1. August 1951 eine Ausführungsbeschreibung und nennt einen Aufbaupreis von 2 345 DM.[39]

Der zweite Sindelfinger Entwurf, datiert mit November 1951, entspricht weitgehend dem Pritschenwagen, wie ihn Lueg schließlich baut: Der Pick-up verfügt über eine vollständig aus Stahl gefertigte Ladebrücke, die seitlich wenige Millimeter über das Fahrerhaus vorspringt und mit einer eigenständigen, von der Kabine losgelösten Rückwand versehen ist. Die Bordwände werden gegenüber dem ersten Entwurf um 50 mm auf 450 mm erhöht, womit sie über die Gürtellinie der Fahrerkabine hinausreichen. Die nun nach außen gekehrte Tragstruktur führt zu nutzungsgerecht glattflächigen Innenseiten. Die seitlichen Wände stehen fest, die hintere ist klappbar. Die Brücke misst 1 820 mm in der Länge und ansehnliche 1 400 mm in der Breite; der Boden ist mit Leisten versehen. Das Ersatzrad liegt unterhalb des Pritschenbodens im seitlich verschlossenen Hohlraum zwischen Fahrerkabine und Hinterachse und ist von der Kabine aus zugänglich.

Dank der Trittbretter und der Limousinen-Hinterkotflügel wirkt der kleine offene Lasten-

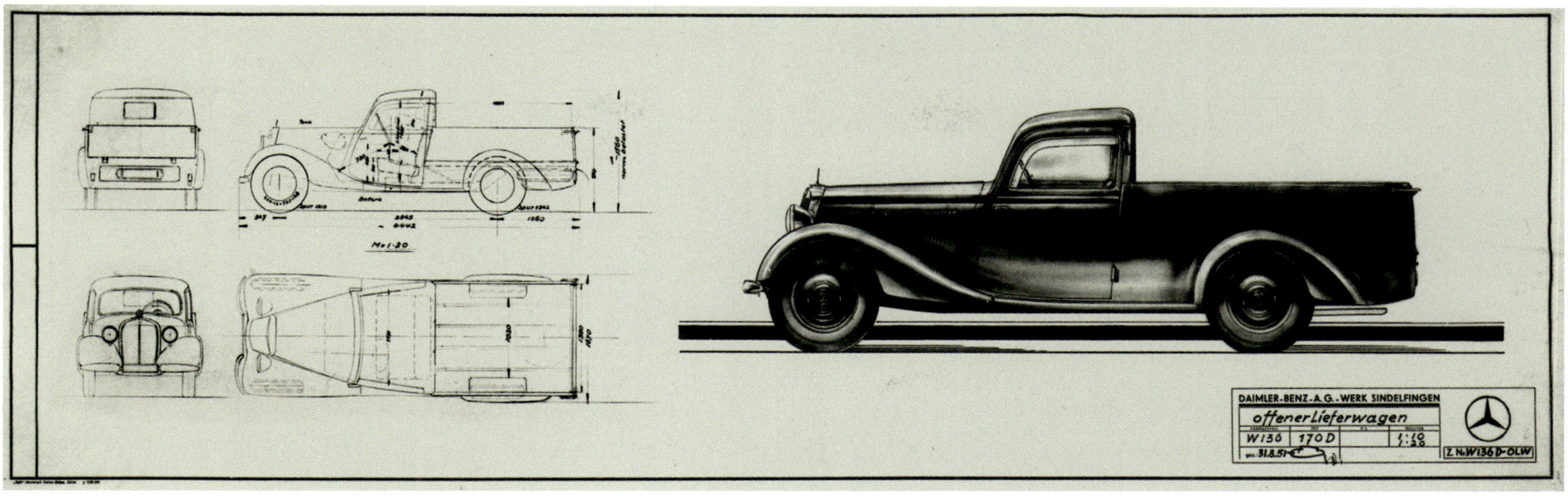

träger auch von schräg hinten hübsch und wertig.[40]

Auf Wunsch können eine hölzerne Bordwanderhöhung, Längssitzbänke und eine Plane auf Spriegeln montiert werden. Damit versehen, ähneln die Fahrzeuge den Polizei-Mannschaftswagen aus den ersten Nachkriegsjahren, sieht man vom Fahrerhaus ab. Gegen Ende der Produktion werden die Bordwände durch ein zusätzliches horizontales Profil gegen ein Ausknicken an ihrem oberen Abschluss verstärkt. 1953 verrechnet die Lueg GmbH einen Betrag von 2 595 DM für den Pick-up-Aufbau.[41]

Abb. 0875
Karosseriezeichnung des 170 Da Offener Lieferwagen, Werk Sindelfingen, dat. 31.08.1951. Bei Daimler-Benz geht man zunächst von einem außenseitig glattflächigen offenen Laderaum aus, der nahtlos an das Fahrerhaus anschließt. Das Ersatzrad liegt hinter der Hinterachse, verdeckt durch eine U-förmige Blende, die das Nummernschild und die Rückleuchten trägt.

Abb. 0876 & 0877
170 Da Pritschenwagen, Herbst 1951. Noch handelt es sich um einen Prototyp. Die innenseitig glatten Bordwände mit nach außen gekehrter Tragstruktur entsprechen der kommenden Serienausführung. Diese verfügt schließlich über eine eigenständige Pritschenrückwand, die von der Kabine losgelöst ist (vgl. Abb. 0881).

Abb. 0878
Der Mercedes-Benz-Werkstattwagen Nr. 28 entsteht 1954/55 bei Lueg auf der Basis des 170 S-D. Die näheren Umstände, die zum Bau dieses außergewöhnlich aufwändig ausgestatteten und mit einem Werkzeuganhänger versehenen Fahrzeugs geführt haben, sind nicht geklärt. Der für das S-V/S-D-Fahrgestell überarbeitete Aufbau wird gleichermaßen für Mehrzweck-, Kombi- und Krankenwagen verwendet.

Abb. 0879
170 S Kombi mit vier Türen, horizontal zweigeteilter Heckklappe und echter hinterer Stoßstange. Ein Einzelstück der Lueg GmbH nach individuellem Kundenwunsch. Der Nutzfahrzeugcharakter ist hier weitgehend verschwunden.

Die dezent modernisierten Lueg-Kasten-, -Kombi- und -Pritschenwagen 1954–1955

Auf Fahrgestell 170 S-V, 170 S-D und 220

Die Lueg GmbH ist weder bei den Krankenwagen noch den anderen Nutz- und Spezialfahrzeugaufbauten gewillt, auf die Ganzstahlbauweise umzustellen, die wegen des selbsttragend ausgeführten Nachfolgers 180 (W 120) unumgänglich wird. Weil sich die Fertigung von teilkarossierten, für die Aufnahme von Sonderaufbauten ausgelegten W 120 verzögert, bietet Daimler-Benz als Übergangslösung nun 170 S-V/S-D-Fahrgestelle an. Dank diesem Umstand bleiben auch die Lueg-Kasten-, Kombi- und Pritschenwagen bis im Frühjahr 1955 in Produktion, wobei die Mehrheit dieser Fahrzeuge mit dem Dieselmotor OM 636 geordert werden.

Die Aufbauten der Kasten- und Kombiwagen in all ihren möglichen Fenster- und Türdispositionen basieren wie zuvor auf den gleichzeitig gebauten Krankenwagen.[42] Dabei nimmt die Bandbreite der individuellen Anpassung nicht ab, sondern in der Tendenz eher zu. Als sprechendes Beispiel dafür dient der gut dokumentierte, mit dem Mercedes-Benz-Markenemblem und der Nr. 28 versehene 170 S-D Werkstattwagen. Das viertürige und mit sechs Seitenfenstern versehene Fahrzeug ist in der Art eines Kombiwagens mit vorderen Einzelsitzen und einer umklappbaren hinteren Sitzbank ausgerüstet und verfügt sogar über ein großzügiges Stofffaltdach. Eine doppelflügelige, mit je einem großen Fenster versehene Hecktür gibt den Laderaum frei, dessen Boden, wie beim Krankenwagen, wegen des über der Hinterachse aufgebogenen Rahmens recht hoch liegt und aus einer Sperrholzplatte besteht. Die Seitenwände mitsamt den Radkästen sind mit Teppich ausgekleidet. Unter dem Laderaumboden befinden sich zwei abschließbare Schubladen für Werkzeuge und Gerätschaften. Das Ersatzrad ist im Laderaum an der rechten Seitenwand stehend befestigt. Die hinteren Seitenscheiben sitzen in einem Leichtmetallprofil und sind als Schiebefenster ausgebildet. Den restlichen umfangreichen Werkzeug-Bestand führt der Werkstattwagen in einem elegant gestalteten Einachsanhänger mit sich. Die Beweggründe, die zum Bau dieses aufwändig ausgestatteten Service-Fahrzeugs geführt haben, bleiben ebenso unbekannt wie dessen Einsatzort.[43]

Weitere Lueg-Kombiwagen zeigen einen leicht weniger steil abfallenden Heckabschluss mit horizontal umlaufender Regenleiste und einer einflügeligen Hecktür. Mindestens einer dieser Wagen wurde auf einem 170 Sb-Fahrgestell aufgebaut und mit einer zweiteiligen, in amerikanischer Art nach oben und unten aufschwingenden Heckklappe versehen. Die analog dem Heckabschluss schräggestellten C-Säulen verhelfen dem Kombi zu einem gestreckteren und eleganteren Aussehen.[44]

Die Anpassungen bei den Pritschenwagen fallen bescheiden aus. Die üppigere 170 S-V/S-D-Karosserie erlaubt eine Verbreiterung der Ladefläche um 125 mm. Gleichzeitig senkt man die Höhe der Bordwände um 50 mm auf 400 mm ab und versieht sie mit tafelförmig eingepressten Versteifungen.[45]

Die Anzahl der von Lueg gefertigten Kasten-, Kombi- und Pritschenwagen der modifizierten zweiten Serie auf 170 S-V/S-D-Basis kennt man nicht. Zumindest für die Kastenwagen dürfte sich das Interesse angesichts der unterdessen stark angewachsenen Konkurrenz durch preiswerte und gut nutzbare Leichttransporter in engen Grenzen gehalten haben.

Abb. 0880
170 S-V/S-D Kombiwagen von Lueg, 1954/55. Gegenüber der früheren Ausführung für die 170 V/D hat der neue Aufbau in der Breite leicht und im hinteren Überhang merklich zugelegt.

Abb. 0881
Den Pick-up – im Inland »Offener Kastenwagen« genannt – baut Lueg auch als 170 S-D. Die abgelöste Ladebrücke schont die Kabinenrückwand und ist gleichzeitig dem sich leicht verwindenden Fahrgestell geschuldet. Das elfenbeinfarbige Lenkrad kennzeichnet das Exportmodell für tropische Länder.

Die Krankenwagen von C. Miesen in Bonn

Auf Fahrgestell 170 V, 170 S und 170 S-D

Die Lueg GmbH in Bochum ist nicht die einzige Firma in Westdeutschland, die Krankenwagen auf dem Fahrgestell des 170 V/D aufbaut. Die Fahrzeug- und Karosseriewerke Christian Miesen in Bonn am Rhein, die sich in den 1930er Jahren zusammen mit dem Deutschen Roten Kreuz um die Normierung der Krankenwagen bemüht haben, gehört auch nach dem Krieg zu den prominenten Herstellern dieser Fahrzeuggattung.

Die frühe Nachkriegsausführung für W 136-Fahrgestelle

Der vermutlich bereits ab 1948 erhältliche Miesen-Bonn-Krankenwagen auf dem 170 V-Fahrgestell entspricht in seiner Aufbaustruktur weitgehend der Vorkriegsausführung dieser Traditionsfirma.[I] Wie der Konkurrent Lueg, ordnet Miesen die Trage links und den Sitz für die Begleitperson rechts daneben an. Bei Bedarf entsteht durch die nach hinten wegklappbare Schiebebühne (System Miesen) und Hochklappen einer Rückenlehne ein zweiter Sitz. Von der Vorkriegsausführung unterscheidet sich der Miesen-Aufbau hauptsächlich in folgenden Punkten: Der Wagen wird im hinteren Überhang um ca. 40 cm verlängert. Die beiden wählbaren Fahrzeughöhen unterscheiden sich offenbar nur noch durch die Ausgestaltung des Dachs, das nun vollständig aus Blech gefertigt ist. Die Seitenfenster haben folglich für beide Versionen einheitliche Abmessungen. Die hintere Tür wird von der linken auf die rechte Seite umgesetzt, bleibt aber an der C-Säule drehbar gelagert. Anstelle des Aluminiumzierstabs erhält der Aufbau auf Höhe der Gürtellinie jene leichte Wulst, die auch die Seiten des serienmäßigen Innenlenkers gliedert. Die Regenrinne, nun poliert statt in Wagenfarbe lackiert, startet nach wie vor an der A-Säule auf Höhe der Gürtellinie, wird jedoch hinter dem dritten Seitenfenster – analog der Ausführung von Lueg – in einem konvex-konkaven Schwung auf die Gürtellinie abgesenkt und als Zierstab auf den beiden Flügeln der Hecktür um den Wagen gezogen. Über der Öffnung im Heck sorgt eine weitere Regenrinne für einen seitlichen Wasserablauf. Der Krankenraum ist mit Sperrholz ausgekleidet und sonnengelb gestrichen, der Sanitätsschrank hinten rechts liegend angeordnet. Für den Fahrer und Bei-

Anmerkung I: Vgl. Kap. 4.3, S. 207.

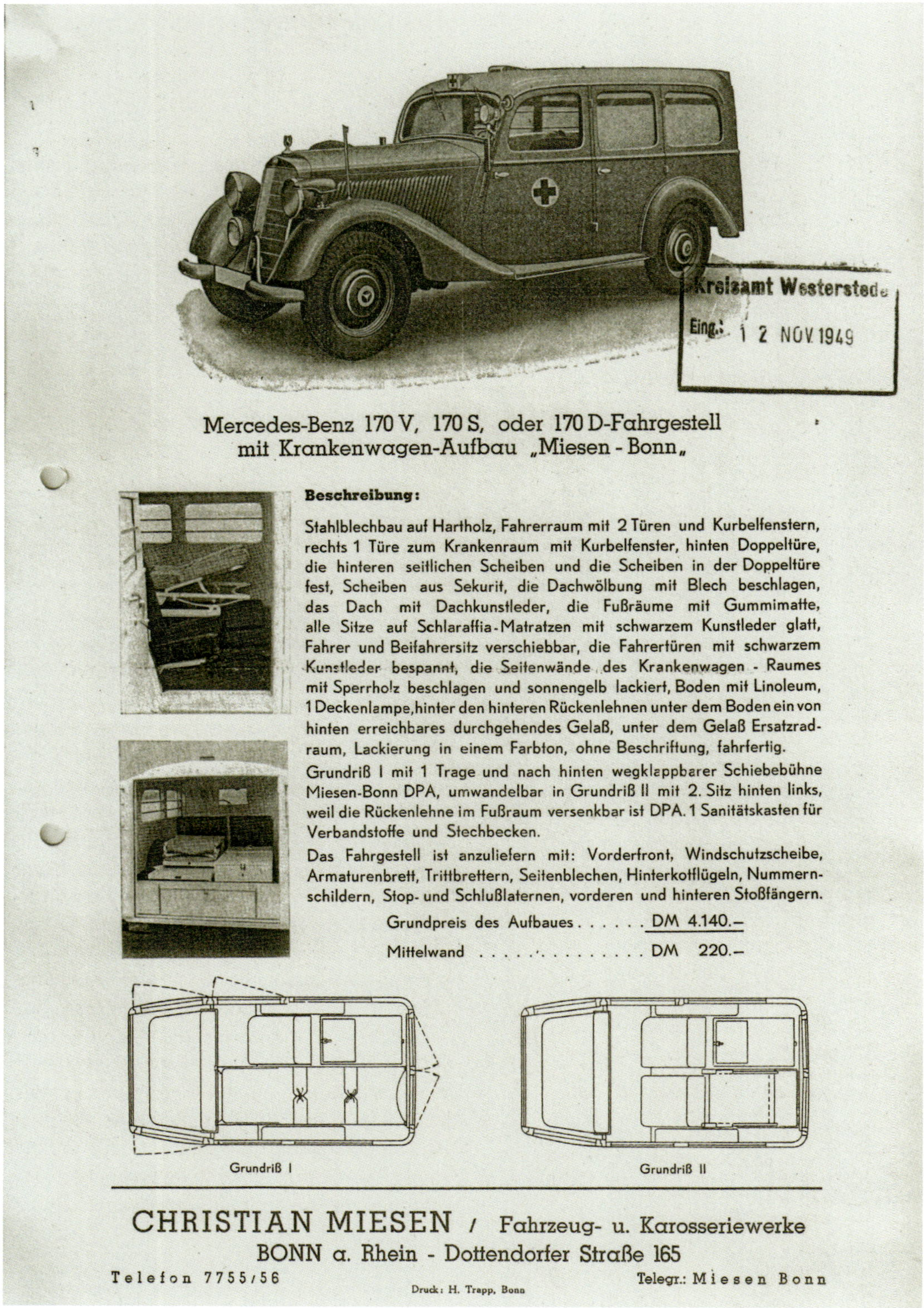

Mercedes-Benz 170 V, 170 S, oder 170 D-Fahrgestell
mit Krankenwagen-Aufbau „Miesen - Bonn"

Beschreibung:

Stahlblechbau auf Hartholz, Fahrerraum mit 2 Türen und Kurbelfenstern, rechts 1 Türe zum Krankenraum mit Kurbelfenster, hinten Doppeltüre, die hinteren seitlichen Scheiben und die Scheiben in der Doppeltüre fest, Scheiben aus Sekurit, die Dachwölbung mit Blech beschlagen, das Dach mit Dachkunstleder, die Fußräume mit Gummimatte, alle Sitze auf Schlaraffia-Matratzen mit schwarzem Kunstleder glatt, Fahrer und Beifahrersitz verschiebbar, die Fahrertüren mit schwarzem Kunstleder bespannt, die Seitenwände des Krankenwagen - Raumes mit Sperrholz beschlagen und sonnengelb lackiert, Boden mit Linoleum, 1 Deckenlampe, hinter den hinteren Rückenlehnen unter dem Boden ein von hinten erreichbares durchgehendes Gelaß, unter dem Gelaß Ersatzradraum, Lackierung in einem Farbton, ohne Beschriftung, fahrfertig.

Grundriß I mit 1 Trage und nach hinten wegklappbarer Schiebebühne Miesen-Bonn DPA, umwandelbar in Grundriß II mit 2. Sitz hinten links, weil die Rückenlehne im Fußraum versenkbar ist DPA. 1 Sanitätskasten für Verbandstoffe und Stechbecken.

Das Fahrgestell ist anzuliefern mit: Vorderfront, Windschutzscheibe, Armaturenbrett, Trittbrettern, Seitenblechen, Hinterkotflügeln, Nummernschildern, Stop- und Schlußlaternen, vorderen und hinteren Stoßfängern.

Grundpreis des Aufbaues	DM 4.140.–
Mittelwand	DM 220.–

Grundriß I

Grundriß II

CHRISTIAN MIESEN / Fahrzeug- u. Karosseriewerke
BONN a. Rhein - Dottendorfer Straße 165

Telefon 7755/56

Druck: H. Trapp, Bonn

Telegr.: Miesen Bonn

Abb. 0882
Werbeblatt von 1949 der Karosseriewerke Christian Miesen in Bonn für den Krankenwagen auf Fahrgestell 170 V/D oder 170 S. Die Ausführung aus den Kriegsjahren (Abbildung) wird – geringfügig verändert – weitergebaut. Es wechselt die Seitentür zum Krankenraum von der linken auf die rechte Seite.

Abb. 0883 & 0884
Miesen-Krankenwagen auf Fahrgestell 170 Vb/Db (Foto von 2011). Die Miesen-Karosserie baut höher als die Daimler-Benz-/Lueg-Ausführung, weshalb die Front- und Seitenscheiben der Fahrerkabine vergrößert werden. Deutliche Unterschiede sind auch an der doppelflügeligen Hecktür erkennbar.

fahrer angenehm sind die verstellbaren Einzelsitze anstelle der fest eingebauten Bank.

Miesen verrechnet 1949 für seinen Aufbau mit Mittelwand 4 360 DM;[46] hinzu kommen die Kosten für das direkt bei einer Mercedes-Benz-Niederlassung zu beziehende 170 V-Fahrgestell von 5 500 DM, womit der Miesen-Krankenwagen mit 9 860 DM knapp unter der 10 000er-Grenze bleibt und 660 DM teurer ist als der offizielle Mercedes-Benz-Krankenwagen von Lueg. Krankenwagenaufbauten dieser Miesen-Bauart sind auf dem Fahrgestell und der Teilkarosserie des 170 V, des 170 Vb und des 170 S überliefert.[47]

Die späte Nachkriegsausführung für W 136-Fahrgestelle

Die späte Ausführung des Miesen-Krankenwagens auf W 136-Fahrgestell nimmt in der Länge und in der Höhe nochmals zu. Insbesondere beansprucht der Krankenwagenaufbau nun die gesamte Fahrzeugbreite. Statt von Kotflügeln abgedeckt zu werden, verschwinden die hinteren Räder in tiefen Kästen. Der

Abb. 0885
170 S-D Krankenwagen von Miesen-Bonn, 1954. Die späten Miesen-Aufbauten auf W 136 VIII-Fahrgestell werden nochmals höher und breiter, die hinteren Kotflügel entfallen. Charakteristisch für die Miesen-Aufbauten ist die (nach dem Krieg blanke) Regenleiste, die an der A-Säule auf Höhe der Gürtellinie beginnt und hinten, wieder abgesenkt, um den Wagen gezogen wird. Foto von 2023.

Abb. 0886
Titelblatt des Prospekts zum 170 Da Kasten-Lieferwagen aus Sindelfinger Produktion, 1952. Ob der Künstler Hans Liska das neue kleine Nutzfahrzeug zufällig im Umfeld von Südfrüchten darstellt? Tatsächlich ist es die Exportabteilung, die den Anstoß zur Produktion gibt.

Übergang von der deutlich schmaleren Spritzwand auf die volle Aufbaubreite wird mit entsprechend schräg gestellten Vordertüren vollzogen. Viele der bisherigen firmentypischen Gestaltungsmerkmale bleiben indessen erhalten. Nachgewiesen sind diese späteren Miesen-Krankenwagenaufbauten auf dem Fahrgestell des 170 S-D.[48]

Der Sindelfinger-Kastenwagen 1951–1953

Auf Fahrgestell 170 Va/Vb, 170 Da/Db, 170 S-V, 170 S-D und 220

Als Daimler-Benz-Firmenchef Haspel im Februar 1948 dafür plädiert, die Krankenwagenfertigung an Lueg zu übertragen, steht auch ein Lieferwagen auf W 136 III-Basis zur Diskussion, dies hauptsächlich mit Blick auf konkrete Bedürfnisse der Deutschen Post. Im Sindelfinger Konstruktionsbüro entstehen auf dem Zeichenbrett bereits Studien in Richtung eines sogenannten Landpostwagens. Doch die Behörde orientiert sich in eine andere Richtung und bevorzugt den Tempo Matador von Vidal & Sohn in Hamburg-Harburg und den DKW Schnelllaster von der in Westdeutschland neugegründeten Auto Union.

Gebaut: Der Sindelfinger-Lieferwagen

Es wird 1951, bis Daimler-Benz einen neuen Anlauf zur Herstellung eines eigenen kleinen Lieferwagens nimmt, der nun nicht mehr auf dem Fahrgestell des 170 S basieren soll, wie ursprünglich angedacht, sondern auf demjenigen des 170 Va/Da. Eine Konkurrenz zu den Lieferwagen im Lueg-Programm erkennt man nicht, denn der Anstoß kommt vonseiten der Exportabteilung, die im Sommer an einer attraktiven Liefermöglichkeit nach Argentinien arbeitet. In der Folge entsteht in Sindelfingen

ein Kastenwagen-Prototyp mit Dieselmotor. Haspel lobt den Wagen als *ganz schön geworden,* kritisiert aber gleichzeitig das schlechte Verhältnis von Aufwand und Gewicht zum Ladevolumen.[49] In Sindelfingen denkt man nicht nur an einen geschlossenen Kasten, sondern – ähnlich wie das Lueg-Programm es vormacht – auch an Mehrzweck- und Kombinationswagen mit unterschiedlicher Tür-, Fenster- und Sitzdisposition.[50]

Als einzige Modellvariante wird schließlich und gegen alle Vorbehalte bloß der Lieferwagen mit fensterlosem Kasten ins Fertigungsprogramm aufgenommen. Davon baut Sindelfingen noch im laufenden Jahr 1951 über 300 Stück. Doch bereits im Februar 1952 fordert der dortige Werksleiter Wilhelm Langheck Klarheit darüber, ob der 170 D Lieferwagen eingestellt oder weiterproduziert werden soll. Wie von Haspel prognostiziert, stößt das Modell im Inland auf ein bescheidenes Interesse, weil es im Vergleich zur Konkurrenz zu teuer ist. Gleichzeitig befindet sich Exportchef Arnold Wychodil mit der argentinischen Post in Verhandlung über die Lieferung von 500 bis 1 000 Stück dieses Kleintransporters. So viele sind es schließlich nicht geworden. Bis zur Produktionseinstellung des W 136 VI im September 1953 werden vom 170 D Kastenwagen 515 Exemplare ausgeliefert. Hinzu kommen 25 gleiche Fahrzeuge auf 170 Va-Fahrgestell, die 1952 von den Schweizer Post-, Telefon- und Telegrafenbetrieben (PTT) für den Telefon-Störungsdienst beschafft werden, sowie elf weitere Benziner unbekannter Bestimmung.[51]

Der ab 1951 gefertigte Sindelfinger-Kastenwagenaufbau entspricht konstruktiv wie formal weitgehend der Vorkriegsausführung. Tragende Struktur ist nach wie vor ein Hartholzgestell, das – mit den Karosserieteilen aus Stahlblech beplankt – den Wagenkörper bildet. Im Unterschied zum Vorkriegsmodell besteht das Dach nun vollständig aus Blech. Durch einen größeren hinteren Überhang von nunmehr 980 mm statt 830 mm (Gesamtlänge 4 372 mm statt 4 190 mm) lässt sich der Laderaum gegenüber der Vorkriegsausführung um 150 mm verlängern. Dank der breiteren Spurweite von 1 342 mm (später 1 360 mm) kann die engste Stelle zwischen den Radkästen von 950 mm auf 1 020 mm vergrößert werden. In

Abb. 0887
170 Da Sindelfinger-Kastenwagen als Kundendienstfahrzeug des Daimler-Benz-Werks Berlin-Marienfelde. Im Einsatz Mitte der 1960er Jahre bei der Reparatur einer Werks-Rangierlokomotive.

Abb. 0888
Der 170 Da Kastenwagen aus Sindelfingen lehnt sich formal und mit seinem tragenden Holzskelett eng an die Vorkriegsausführung an und ist nur wenig länger. Latten schützen die Laderaumwände vor Beschädigung und dienen zum Festbinden des Transportguts.

Abb. 0889
Die beiden in Serie geschalteten 6-Volt-Batterien sind durch Hochklappen der Fahrersitzbank zugänglich.

Abb. 0890
Die Unterschiede zum Fahrerplatz der 170 Da Limousine sind gering: Das Kunstleder ist robust, die nicht verschiebbare Sitzbank ärgerlich, der Aschenbecher fehlt und der Signalring ist wie früher schwarz lackiert.

den Laderaum-Abmessungen bleibt der Sindelfinger-Kastenwagen dennoch knapp hinter dem Lueg-Kastenwagen in seiner kleinsten Ausführung zurück. Die tatsächlich verfügbare Nutzlast (ohne Fahrer) gibt Daimler-Benz mit 465 kg an. Man wählt die größeren Reifen vom Format 6,00-16", reduziert jedoch die Achsuntersetzung auf 1:4,44.[52]

Im Unterschied zu den Lueg-Aufbauten läuft beim Kastenwagen aus Sindelfingen die vorn an der Motorhaube beginnende Gürtellinienwulst nicht bloß entlang der Wagenflanke, sondern ist auch um das Heck herumgezogen. Dort bewirkt diese doppelte Prägekante einen leichten Einzug. Weil gleichzeitig auch die Dachrinne horizontal um den Wagen geführt wird und das Dach weniger bombiert ist, wirkt der Daimler-Benz-eigene Lieferwagen formal ausgewogener als der Konkurrent aus dem Ruhrgebiet. Die einteilige, links angeschlagene Hecktür kann vollständig geschlossen oder mit einem kleinen rechteckigen Rückfenster bestellt werden. Anstelle der von Lueg verwendeten runden Rückleuchten tieft Sindelfingen die damals neu angebotenen rechteckigen Leuchten senkrecht in die Karosserie ein. Das Ersatzrad findet seinen Platz hinter der Hinterachse auf einem Gestell unter dem hölzernen Laderaumboden. Der Laderaum selbst bleibt unverkleidet, die Blechwände sind allerdings durch je vier auf die Holzständer geschraubte Brettleisten geschützt; deren Zwischenräume gestatten ein problemloses

Festzurren von Transportgut. Die mit Kartentaschen versehenen Türen der Fahrerkabine und die auch hier nicht verstellbare Sitzbank sind mit robustem Kunstleder überzogen. Die Sitzfläche lässt sich hochklappen, um die beiden in Serie geschalteten 6-Volt-Batterien (beim Diesel) zu pflegen. Die Innenseite der Kabinenrückwand besteht aus einer Sperrholzplatte.[53] Trotz Verlängerung des Laderaums hat der Nachkriegs-170 V/D-Lieferwagen im direkten Vergleich mit der identisch gestalteten Vorkriegsausführung ästhetisch kaum gelitten. Der 170 Da Kastenwagen aus Sindelfinger Nachkriegsfertigung steht mit 10 400 DM in der Preisliste vom Februar 1952.[54]

170 S-D Lieferwagen 1953: Nur auf dem Papier?

Mutmaßlich ein Projekt geblieben ist der 170 S-D Lieferwagen aus Sindelfinger Fertigung, der durch eine Zeichnung dokumentiert ist. Dessen geschlossener Kasten entspricht exakt demjenigen des 170 Da Lieferwagens, sieht man von der rückwärtigen Stoßstange ab. Die vordere Wagenhälfte wie das gesamte Fahrgestell mit dem hinten angeordneten Treibstofftank steuert der W 136 VIII bei.[55] Dieser Wagen wäre nach dem Ende der 170 Db-Fahrgestell-Fertigung im August 1953 nur bei einer Großbestellung aus dem Ausland interessant geworden. Im Inland hätte er das zum Verwechseln ähnliche Modell aus dem Lueg-Programm sinnlos konkurriert. Ob allenfalls ein Teil der zahlreich als CKD-Bausätze nach Südamerika gelieferten 170 S-D-Fahrgestelle in dieser Art karossiert worden sind, bleibt unbekannt.

Ein mit Fenstern versehener Kombiwagen auf dieser Basis hätte ein praktisches Taxi ergeben. Tatsächlich befindet sich Ende 1953 in Sindelfingen ein Kombiwagen in der Entwicklung, der entweder auf dem Fahrgestell des 170 S-D oder bereits auf der Bodengruppe des 180 (W 120) entstehen soll. Doch im Februar 1954 lässt Technikvorstand Nallinger die Arbeiten einstellen, da er keine Verkaufsaussichten erkennt. Inland-Verkaufsdirektor Staelin, der wie vermutlich auch Exportchef Wychodil nicht konsultiert worden ist, zeigt sich ungehalten.[56]

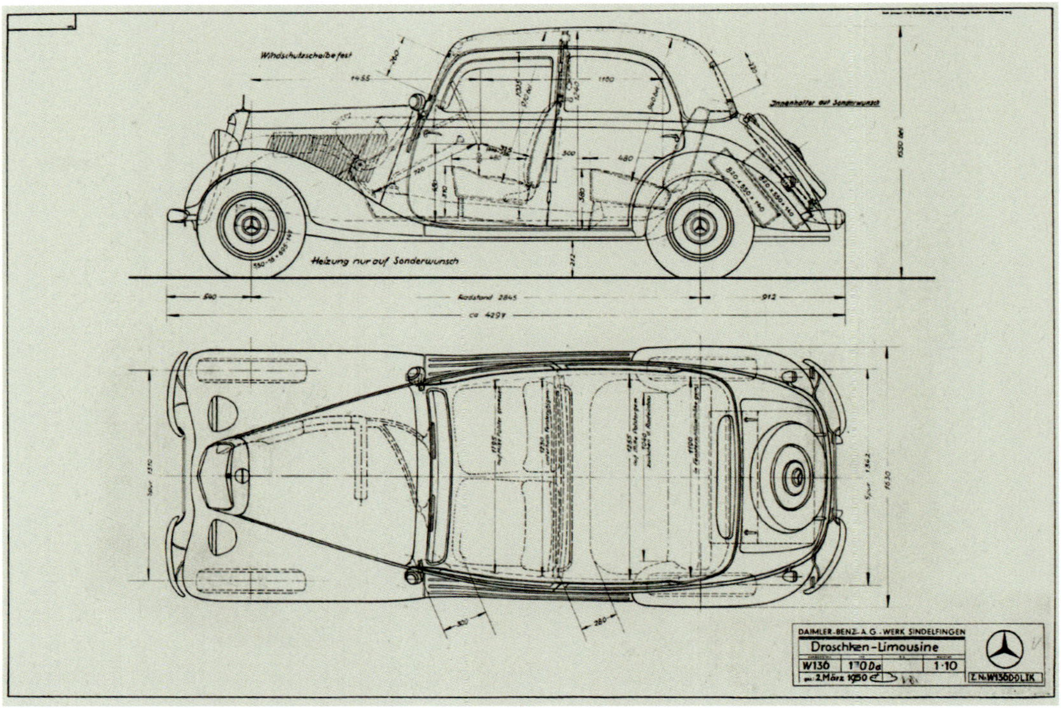

Abb. 0891
Karosseriezeichnung aus dem Werk Sindelfingen für einen 170 Da in Taxiausführung, versehen mit Trennwand und »Eura«-Leuchter, dat. 02.03.1950. Als Taxi findet insbesondere der robuste und genügsame Diesel regen Zuspruch. Trotzdem kann man sich nicht zu einer Taxi-Werksausführung entschließen.

Abb. 0892 & 0893 (beide rechte Seite)
170 Da Taxi-Versuchswagen mit Trennwand zwischen Fahrerabteil und Wagenfond, Frühsommer 1950. Die Ausführung mit Glasschiebefront und Haltestange entspricht weitestgehend der 170 V Droschke aus den Jahren vor dem Krieg (vgl. Abb. 0293).

Abb. 0894 & 0895 (beide rechte Seite)
170 Da Taxi-Versuchswagen mit gebogener Plexiglasscheibe als Schutz für den Taxifahrer, Herbst 1950. Das rechte Vordergestühl – ein Notsitz mit Blick nach hinten – ist mit einer dünnen, horizontal umlegbaren Rückenlehne versehen, die als Gepäckauflage dienen kann.

Eine 170 D-Taxiausführung aus Sindelfingen: Es bleibt bei Versuchen

In den unmittelbaren Jahre nach 1945 ist es für das Droschkengewerbe im besetzten Nachkriegs-Deutschland nicht leicht, wieder Fuß zu fassen, trotz akutem Mangel an Transportmöglichkeiten. Die Nutzung einer Droschke – man verwendet nun mehrheitlich den internationalen Begriff »Taxi« – ist anfänglich bewilligungspflichtig und kommt fast nur für die Beförderung von Gehbehinderten, den Transport von Kranken oder Wöchnerinnen in die Klink und für Ärzte oder Seelsorger in Frage. Unter den als Taxi verwendeten Wagen finden sich zahlreiche DKW, Adler Trumpf Junior und Mercedes-Benz 260 D, Fahrzeugtypen, die im Krieg nicht eingezogen worden sind. Auch ehemalige Wehrmachts- oder Alliiertenfahrzeuge werden eingesetzt, darunter zahlreiche Mercedes-Benz 170 V. Der Zustand dieser Wagen ist von ihrem Vorleben und der aktuellen Mangellage gezeichnet, also mehrheitlich schlecht. Die Ausübung ihres Gewerbes fällt den Betreibern der sogenannten ET-Taxis etwas leichter. Die »Export-Taxi« sind eine Einrichtung in den Westzonen, die ausschließlich für die Beförderung von alliierten Militärangehörigen geschaffen worden ist und erst 1953 aufgehoben wird.[57] Die Inhaber der ET-Lizenzen sind aus Bewerbern mit einigermaßen sauberer Vergangenheit ausgewählt worden. Sorgen, den benötigten Treibstoff zu organisieren, sind ihnen fremd, bezahlt werden sie in Dollar-Coupons und die Fahrgäste zeigen sich trinkgeldfreudig. Doch auch sie quält der reparaturanfällige, abgewirtschaftete Zustand der Wagen.

Nicht gebaut: 170 D Taxi mit Serien-Innenlenker-Aufbau

Sobald nach der Währungsreform in den Westzonen der Erwerb von Neufahrzeugen bewilligungsfrei wird, findet der 170 V, wie vor dem Krieg, für die Verwendung als Droschke erneut regen Zuspruch. Vom allmählich genesenden Taxigewerbe begeistert aufgenommen wird insbesondere die Dieselausführung 170 D, die in den Fahrleistungen der Benzinversion ebenbürtig ist, jedoch nur einen Bruchteil der Treibstoffkosten verursacht. Bald zeigt sich als weiterer Pluspunkt, dass der kleine Dieselmotor überdurchschnittlich zuverlässig läuft und die Taxihalter mit einer bislang kaum gekannten Langlebigkeit erfreut. Eine Laufleistung von über 100 000 km bis zu einer Motorrevision ist zuvor kaum je erreicht worden, mit dem 170 D ist diese Grenze mit Leichtigkeit zu überschreiten.

Angesichts dieser Beliebtheit erstaunt der Umstand, dass Daimler-Benz den 170 D werksseitig nie in einer Taxi–Version angeboten hat, im Unterschied zu den Jahren vor dem Krieg, als man sowohl den 170 V Innenlenker wie auch die Cabriolet-Limousine in einer Droschken-Ausführung hat bestellen können. Aber ein Taxi mit Serienkarosserie ist im Gespräch. Mit dem Übergang auf den 170 Va/Da im Juni 1950 baut Sindelfingen einige Taxi-Versuchswagen mit abgetrenntem Passagierraum im Fond, die weitestgehend der Vorkriegsausführung entsprechen: Die Trennwand hinter den Vordersitzen besteht aus einer geschlossenen, leicht schräggestellten und mit Soff bezogenen Platte, die knapp über die Rückenlehnen der vorderen Einzelsitze hinaus reicht und in einer dreiteiligen, über die gesamte Innenbreite reichenden Glaswand ihre Fortsetzung findet. Das mittlere Glasfeld ist aufschiebbar. Knapp unterhalb verläuft eine an den aufgedoppelten B-Säulen festgeschraubte Haltestange.[58] Doch Trennwände zwischen Fahrersitz und Fond lehnt die Branche offenbar ab, obwohl Gewaltverbrechen an Taxifahrern beängstigend zunehmen.[59]

Im Herbst desselben Jahres kommt eine zweite Variante ins Spiel, die den knappen Innenraum des 170 D optimal auszunutzen versucht: Anstelle des rechten Vordersitzes befindet sich ein Notsitz mit dünn gepolsterter Rückenlehne. Der Fahrgast sitzt dort mit dem Rücken in Fahrtrichtung bzw. mit dem Gesicht zu den Fondpassagieren. Bleibt dieses Gestühl unbesetzt, lässt sich die Lehne auf die Sitzfläche klappen, so dass ein großzügiger Stauraum für Gepäck oder andere zu transportierende Gegenstände entsteht. Das Haupt und die Schultern des Taxifahrers schützt eine auf der rechten Seite um 90° gebogene und leicht nach vorn gezogene Plexiglasscheibe, die unten in einer verchromten U-Profilschiene steckt und an der Decke durch zwei Rückhalter fixiert ist.[60]

Vermutlich hält die Firmenleitung im Spätherbst 1951 eine Taxi-Version des 170 Da mit regulärem Limousinen-Aufbau nicht mehr für opportun, da zu diesem Zeitpunkt die Dieselversion des 170 S (also der 170 DS) bereits in den Startlöchern steckt. Damit entsteht ein Fahrzeugtyp, der allein schon aufgrund der geräumigeren Karosserie die Bedürfnisse des Taxigewerbes besser zu erfüllen vermag. Zudem macht man in der Exportabteilung die Erfahrung, dass gewisse Auslandsmärkte – beispielsweise Dänemark – den 170 Diesel als Taxi zwar begehren, ihn aber bevorzugt als Fahrgestell kaufen, um eine Karosserie aufzusetzen, die den stadt- oder landesspezifischen Gepflogenheiten optimal entspricht und die Vorschriften ohne nachträgliche Eingriffe erfüllt.

Ein Vorpreschen von Lueg: Mit dem Pullman-Taxi auf Erfolgskurs?

Auf Fahrgestell 170 Va/Da und 170 Vb/Db

Das Manko des 170 D für den Droschkenbetrieb – der knappe Innenraum und das Fehlen einer eigentlichen Taxi-Version – veranlasst im Herbst 1951 den Mercedes-Benz-Großhändler und Karosseriebaubetrieb Lueg GmbH in Bochum, die offensichtlich vorhandene Marktlücke zu füllen. Das Unternehmen präsentiert auf dem Fahrgestell des 170 Da eine eigens entwickelte sogenannte Pullman-Limousine. Obwohl primär die Verwendung als Taxi im Fokus steht, empfehlen die Bochumer den Wagen – selbstverständlich mit entsprechend angepasster Ausstattung – auch als Direktionsfahrzeug. Der Prototyp dieses Wagens wird Mitte August bei Daimler-Benz in Sindelfingen begutachtet und fotografisch dokumentiert.[61] Anschließend präsentiert Lueg ihn vom 6. bis 16. September 1951 auf der Internationalen Automobil-Ausstellung (IAA) in Berlin,[62] die als letzte ihrer Art in der erschwert zugänglichen, viergeteilten ehemaligen Reichshauptstadt durchgeführt wird.

Als Lueg sich gleichzeitig bei der Verkaufsorganisation in Untertürkheim um den Absatz dieser neuen 170 V/D-Variante über die Daimler-Benz-Kanäle bewirbt, gerät dies mehreren

Abb. 0896
Typenblatt für die 170 V/D Pullman-Limousine aus der Werbemappe der Lueg GmbH, 1952. Die Ausführung ist als Taxi oder Direktionsfahrzeug gedacht. Mit aufgeklappten Notsitzen bietet sie Platz für sechs Personen. Die Daimler-Benz-Führung ist über das Vorpreschen von Lueg verärgert und bezeichnet den Pullman als unmöglichen Wagen.

Herren im Vorstand in den falschen Hals. Der Lueg-Pullmanwagen missfällt ihnen grundsätzlich, weil die Bochumer eine nicht wegzudiskutierende Lücke im Mercedes-Benz-Angebot aus eigener Initiative zu schließen versuchen. Zudem hält Wilhelm Haspel das Modell angesichts des baulichen Aufwands für zu teuer und deshalb für nicht erfolgversprechend. Kritisiert wird zudem – und tatsächlich berechtigt – die wenig hübsche Erscheinung. Der Pullman wirkt durch das über dem Fahrgastraum stark gewölbte Dach ein wenig disproportioniert und pummelig. Verhindern könne man diesen *unmöglichen Wagen* indessen nicht, hält Haspel fest. Der Vorstand lehnt den Verkauf durch die Daimler-Benz-Organisation jedoch ab und teilt Lueg mit, dass man den Bau dieses Modells als einen unfreundlichen Akt empfinde.[63] Dies führt vorübergehend zu einer gewissen Verstimmung zwischen Daimler-Benz und Lueg. In den Verkauf gelangt der

Abb. 0897
Der Prototyp der 170 Va/Da Pullman-Limousine von Lueg in Bochum wird im September 1951 auf der IAA in Berlin präsentiert. Der Höhenzuwachs und der stark gerundete Dachverlauf lassen den Wagen pummelig erscheinen, was prompt zu formalen Änderungen führt.

Abb. 0898 & 0899
Der Prototyp der Pullman-Limousine von Lueg verfügt über einen kleinen Kofferraum. Aufgeklappt und in der Horizontalen arretiert, dient der mit Schutzleisten versehene Deckel als Gepäckbrücke. Auf diese Weise lassen sich auch größere Gegenstände transportieren.

Abb. 0900
In der formal leicht überarbeiteten, weniger buckeligen Version wirkt die 170 Va/Da Pullman-Limousine von Lueg schon gefälliger. Anstelle der Stoßecken werden nun kräftige, mit Hörnern versehene Stoßstangen montiert.

170 V/D Pullman erst im Februar 1952, nachdem Daimler-Benz die entsprechend ausgerüsteten Va- und Da-Fahrgestelle für dieses sechssitzige Modell und die Krankenwagenausführung mit zwei Tragen freigegeben hat.[64]

Pullman-Limousinen-Aufbau von Lueg

Die mit Blick auf das Taxigeschäft geschaffene viertürige und mit sechs Seitenfenstern versehene Pullman-Limousine konventionellen Zuschnitts zeigt große Ähnlichkeiten mit den Pullman-170 D-Droschken, die in Dänemark mit landeseigenen Karosserien versehen werden.[I]

Auf den formal etwas unglücklichen Prototypen folgen mit Blick auf die Fertigung überarbeitete Versuchswagen. Der Aufbau fällt noch immer durch die stattliche Höhe (ca. 1 720 mm) auf, ein Effekt, der durch die nach oben vergrößerte Frontscheibe und die gleichermaßen angepassten Seitenfenster verstärkt wird. Das weniger stark gewölbte Dach und der leicht steilere Heckabschluss verbessern die Proportionen, verkürzen die Gesamtlänge von anfänglich 4 520 mm auf letztlich 4 335 mm und lassen den Wagen deutlich gefälliger erscheinen. In der Rückwand lässt sich unterhalb des Fensters eine Klappe nach unten schwenken, die das stehend hinter der Rückenlehne untergebrachte Ersatzrad freigibt.[65] Beim ersten Prototypen befindet sich hier noch ein Kofferraum, dessen Deckel in geöffnetem Zustand durch Scheren in der Horizontalen gehalten wird und innen mit schützenden Aluleisten versehen ist, so dass eine ebene Gepäckbrücke entsteht. Das Ersatzrad ist liegend unter dem Kofferboden untergebracht.[66]

Die fest eingebaute und von der Bochumer Firma Schlaraffia weich gepolsterte Rücksitz-

Anmerkung I: Siehe S. 608–610.

Abb. 0901
Lueg Pullman-Limousine auf 170 Vb/Db-Fahrgestell, 1952/53. Durch Reduktion der Fahrzeughöhe sind die Proportionen erneut besser geworden. Dank der einzelstückweisen Fertigung lassen sich Änderungen problemlos umsetzen.

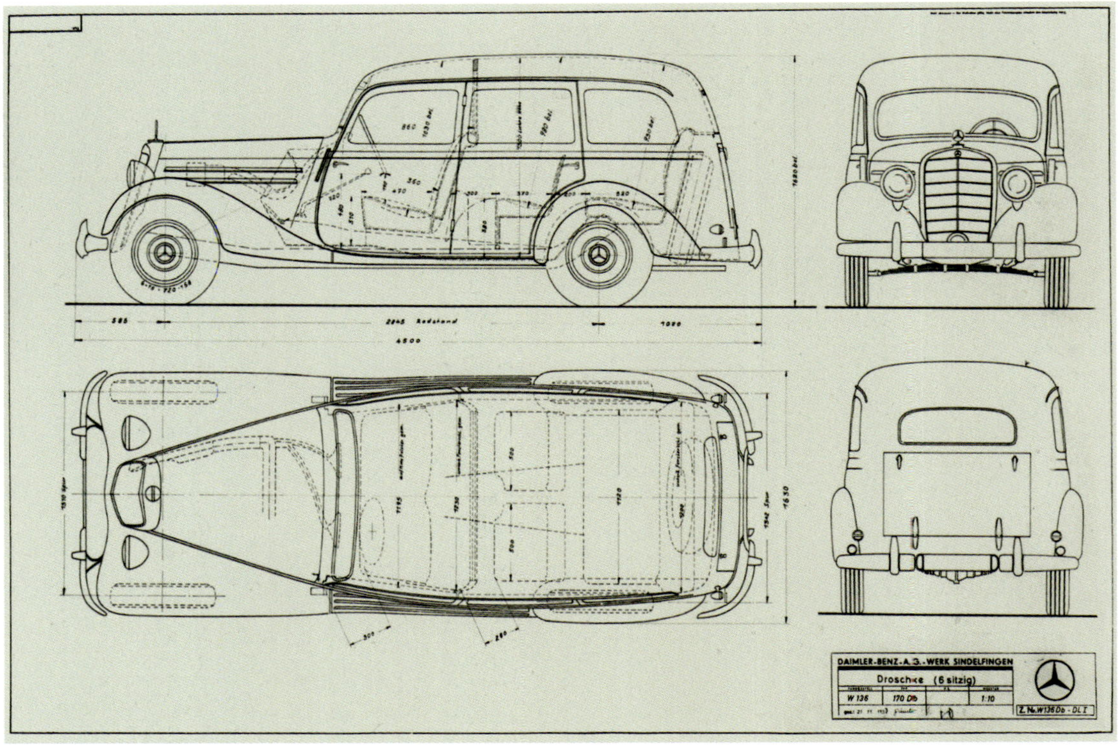

Abb. 0902
Karosseriezeichnung aus dem Werk Sindelfingen für eine 170 Db »Droschke«, 21.11.1952. Der Wagen ähnelt der zeitgleichen Ausführung von Lueg auffällig (vgl. Abb. 0901 links). Die Überlegung, eine Daimler-Benz-eigene Taxiversion mit Pullman-Aufbau anzubieten, erhält Auftrieb durch den Erfolg des 170 D als Taxi in gewissen Exportländern. Doch es bleibt einstweilen bei der Zeichnung.

bank befindet sich Pullman-typisch über und hinter der Hinterachse. Der große freie Raum davor lässt sich durch zwei aufklappbare Stühle nutzen, so dass je nach Bedarf Stauraum für Gepäck vorhanden ist oder zwei weitere Fahrgäste Platz finden. Teppichboden, Aschenbecher und eine Mantelstange an der Trennwand zum Fahrerabteil vervollständigen die Ausstattung. Die vollflächige Verglasung über der Rückenlehne lässt sich aufschieben.[67]

Statt in einer kleinen Serienfertigung entstehen die Lueg-Pullman-Limousinen einzelstückweise. Bis zur Produktionseinstellung – vermutlich Anfang 1954 – fließen immer wieder Änderungen ein. Die Retuschen betreffen den Dach- und Heckabschluss unter Einbezug der Fenster, die Lage, die Form und den Verlauf der Zierleisten und insbesondere die Stoßstangen. Die anfänglich verwendeten Serienstoßecken werden bald durch robuste, also Taxi-taugliche Stoßstangen mit Hörnern abgelöst, bis man gegen Ende der Fertigung die Serienversion des 170 Vb/Db übernimmt.[68]

Für den sechssitzigen Pullman-Limousinen-Aufbau hat Lueg im Herbst 1951 einen Verkaufspreis von 4 975 DM definiert, der im März 1953 bestätigt wird.[69] Im selben Jahr können bis Ende Oktober lediglich zwei dieser Wagen an Kunden geliefert werden.[70] Die Anzahl gebauter 170 V/D Lueg-Pullman ist nicht überliefert, dürfte aber bescheiden geblieben sein.

Verworfen: Die Pullman-Limousinen aus Sindelfingen und von Binz

Auf Fahrgestell 170 Db und 170 DS

Taxi-Entwurf auf 170 Db-Fahrgestell 1952

Weniger der Inlandsbedarf oder die Pullman-Limousine von Lueg, sondern vermutlich die rege Nachfrage nach Taxi-Fahrzeugen in einigen der wichtigen Exportmärkten hält den Gedanken an einen Daimler-Benz-eigenen Aufbau nach Pullman-Art wach. Jedenfalls entsteht im November 1952 im Sindelfinger Konstruktionsbüro eine detaillierte Karosseriezeichnung einer Pullman-Limousine auf 170 Db-Fahrgestell. Die bekannte Disposition dieses Karosseriemusters bleibt unverändert. Der Aufbau soll hingegen im Vergleich zur Ausführung von Lueg und den dänischen Aufbauten geringfügig niedriger und die Dachpartie im hinteren Drittel weniger gerundet sein. Diese beiden Maßnahmen verbessern die Proportionen deutlich, der Sindelfinger Entwurf wirkt weniger aufgedunsen als der erste Prototyp von Lueg. Das Heck fällt indessen ohne Zäsur steil ab und die Klappe zum Ersatzrad reicht, wie bei den späteren Bochumer-Pullman, über die Gürtellinie hinaus nach oben, was einer gefälligen Erscheinung eher abträglich ist. Der Wagen soll mit Stoßstangen nach Vb/Db-Art versehen werden, wobei die zusätzlichen Hörner ihn optisch schwerer erscheinen lassen.[71]

Prototyp auf 170 DS-Fahrgestell 1952/53

Es bleibt zunächst bei der Zeichnung, obwohl sich die Nachfrage nach Mercedes-Benz-Taxi mit Dieselmotor erfreulich entwickelt. Im Frühjahr 1953 liegt ein Auftrag aus Argentinien über 500 Taxi vom Typ 170 DS vor, weiter trifft aus Madrid eine Anfrage für die Lieferung von 350 gleichartigen Wagen ein.[72] Die Sindelfinger

Karosserieingenieure entwerfen vermutlich im Hinblick auf das Spanien-Geschäft einen Pullman-Aufbau, der der Zeichnung von 1952 für einen 170 Db Pullman sehr ähnlich sieht. Der größte Unterschied besteht – abgesehen vom Fahrgestell und dem Vorbau des 170 DS – in der Fahrzeughöhe, die gegenüber der Limousine kaum mehr angehoben wird, wodurch die Frontscheibe und die Fahrertüren unverändert übernommen werden können. Der Innenraum verfügt über eine gläserne Trennwand. Die Fahrerkabine ist mit Leder oder Kunstleder ausgeschlagen, dasselbe Material wird für den Sitz des Fahrers verwendet. Zu seiner rechten befindet sich eine Gepäckablage, deren Boden und Rücken – ähnlich der Trittbretter – mit vier in Aluprofile eingeschobenen Gummileisten versehen sind. Anstelle des Handschuhfachs ist ein Taxameter montiert. Der Fahrgastraum ist vollständig mit Teppich und Stoff ausgekleidet. Der Teppich bedeckt nicht nur den Boden, sondern auch das untere Drittel der Türverkleidung, die Trennwand unterhalb der Verglasung und die Unterseiten der hochklappbaren Notsitze. Der Polsterstoff der Sitzbank findet sich auch an den Seitenwänden und an der gepolsterten Einfassung der aufgedoppelten B-Säulen. Armlehnen, Aschenbecher, Zuziehgriffe und eine den Innenraum querende Haltestange vervollständigen die aufwändig gearbeitete Ausstattung.[73] Ende Februar 1953 wird dieses sogenannte Spanien-Taxi vom Untertürkheimer Versuch einer Kurzprüfung unterzogen. Der auf steiferen Hinterradfedern und tragfähigeren Reifen der Dimension 6,00-16" stehende Wagen kommt auf ein fahrfertiges Leergewicht von stattlichen 1 445 kg. *Der Wagen ist wohl hart gefedert, fährt sich aber nicht unangenehm, da er nickfrei ist,* fasst Versuchsingenieur Rothweiler seine Eindrücke zusammen.[74]

Gebaut wird die 170 DS Pullman-Limousine beim aufstrebenden Karosseriebauunternehmen Binz & Co. in Lorch (Württemberg). Ob dort mehr als dieser eine, fotografisch gut dokumentierte Prototyp entsteht, ist nicht überliefert. Soll allenfalls dieser Wagen auch im Argentinen-Geschäft als Referenz für die Taxi-Aufbauten dienen, die vor Ort gefertigt werden? Generell beziehen viele ausländische Auftraggeber für ihre Taxi-Wagen bloß teilkarossierte Fahrgestelle, die sie im jeweiligen Bestimmungsland von dort ansässigen Firmen mit Taxiaufbauten versehen lassen. Dies oft, weil so die Importsteuer deutlich geringer ausfällt. Aus demselben Grund hat Daimler-

Abb. 0903 & 0904
Auftrieb erhält das Pullman-Taxi aus Sindelfingen im Frühjahr 1953 durch Aufträge aus Argentinien und Spanien. Den Bau des Prototyps – nun auf der Basis des 170 DS (W 191 D) – übernimmt das Karosseriewerk Binz in Lorch (Württemberg). Dank gedrückter Wagenhöhe lassen sich Front- und vordere Seitenscheiben aus der Serie verwenden.

Abb. 0905
Im Prototyp des 170 DS Pullman-Taxi ist der Taxameter anstelle des Handschuhkastens ins Armaturenbrett integriert. Die spanischen Aufschriften bestätigen den Bezug zu entsprechenden Exportaufträgen.

Abb. 0906
Prototyp des 170 DS Pullman-Taxi nach Sindelfinger Entwurf, Winter/Frühjahr 1953. Eine Trennung mit großzügiger Verglasung zwischen Fahrer- und Fahrgastabteil ist selbstverständlich. Auffällig ist die sorgfältige Ausstattung mit hochwertigem Stoff. Robuster Teppich auch im unteren Bereich der Wände und Türen beugt der Verschmutzung durch Schuhwerk vor. Die Zusatzsitze klappen dank schrägstehender unterer Trennwandhälfte platzsparend ein.

Abb. 0907
Im Fahrerabteil sind der Sitz und die Türverkleidungen mit feinnarbigem Leder- oder Kunstleder bezogen. Eine Materialwahl, die sich im rauen Taxibetrieb auch für das Fahrgastabteil eignen würde, aber offensichtlich nicht den Gepflogenheiten entspricht. Anstelle des Beifahrersitzes befindet sich eine Gepäckablage mit gummibewehrten Leisten.

Benz, gerade in den Ländern Südamerikas, mit geeigneten Partnern auch die sogenannte CKD-Montage der Fahrgestelle in die Wege geleitet.[I]

Die Mercedes-Benz-Droschken mit dänischen Aufbauten

Angesichts der hohen Steuer- und Zollbelastung der Automobile in Dänemark erstaunt es nicht, dass nach Möglichkeit die Taxiaufbauten im eigenen Land gefertigt werden. In der ersten Hälfte der 1950er Jahre bevorzugen die dortigen Taxiunternehmen – wie vielerorts – die robusten und im Betrieb günstigen 170 D und 170 S-D. Die Kopenhagener Droschkenvorschriften – man nennt das eigentliche Taxi in Dänemark immer noch »Droske« – verlangt eine bestimmte Fahrzeuggröße und -höhe sowie insgesamt sieben Sitzplätze, wovon fünf hinter dem Fahrer angeordnet und zwei davon als Klappsitze ausgebildet sein müssen,[75] also eine klassische Pullman-Disposition. Zu Beginn der 1950er Jahre strebt der Verband des Taxigewerbes (D.I.C.A.S.) einen einheitlichen, den Vorschriften entsprechenden Aufbau an, der in großer Zahl beschafft werden soll. Von den drei zu einer Art Wettbewerb eingeladenen Karosseriebetrieben geht die Nørrebro Karosserifabrik von Ernst Jørgensen in Kopenhagen mit ihrem Vorschlag als Sieger hervor.

Kopenhagener 170 D-Droschken

Der Aufbau ähnelt stark der Pullman-Limousine von Lueg, die im Sommer 1951 fertig ist und bei der Daimler-Benz-Firmenleitung auf Ablehnung stößt.[II] Die Nørrebro-Droschke wirkt durch das erhöhte Dach und die starken Rundungen insbesondere im Übergang vom Dach ins steil abfallende Heck ähnlich aufgedunsen. Der auffälligste Unterschied besteht in der Öffnungsart der Türen, die an den A- und den C-Säulen drehbar gelagert sind, sich also (anders als bei der normalen Limousine und dem Lueg-Pullman) entgegengesetzt öffnen. Eine eckige Leuchte über der Frontscheibe zeigt an, ob der Wagen besetzt ist. Weiter erhalten die Wagen auf dem Dach einen Gepäckträger.

Die ersten Fahrzeuge auf dem Fahrgestell des 170 D oder 170 Da haben Stoßecken, verchromte Frontscheibeneinfassungen sowie Fahrtrichtungsanzeiger auf der Höhe der Motorhaube.

Anmerkung I: Zur CKD-Montage siehe auch S. 579-581.
Anmerkung II: Siehe S. 604-606.

Abb. 0908
Mit einer eindrücklichen Taxi-Parade auf dem Exerzierplatz von Schloss Rosenborg in Kopenhagen wird im September 1953 die Ablieferung der 100. Mercedes-Benz 170 Da/Db-Droschke mit Aufbau der Nørrebro Karosserifabrik gefeiert.

Abb. 0909
Die 170 Db-Jubiläumsdroschke ist reich mit Blumen geschmückt. Der Wagen verfügt über einen Dachgepäckträger und hat Blinker an den Vorderkotflügeln. Die Türen zum Wagenschlag sind an den A- und C-Säulen drehbar gelagert.

Abb. 0910
Dänische 170 S-D-Droschke mit Nørrebro-Karosserie. Vom Fahrgestell abgesehen werden nur der untere Teil der Spritzwand und die sogenannten Fahrgestellblechteile von Daimler-Benz verwendet. Der Aufbau der Pullman-Limousine zeigt sich auch im Innenraum vollkommen eigenständig. Die Zusatzsitze lassen sich bodeneben versenken.

Abb. 0911
Im Frühjahr 1954 präsentieren die beiden Mercedes-Benz-Händler Nielsen und Schibbye auf dem 14. Internationalen Automobilsalon im »Forum« Kopenhagen das neue 170 S-D-Taximodell mit Ganzstahlaufbau des Karosseriewerks Kronborg.

Den späteren 170 Db mit durchlaufender Stoßstange fehlt die Chromeinfassung und die Richtungsanzeiger wandern nach oben an die A-Säule. Im September 1953 kann die 100. Droschke mit Nørrebro-Karosserie in Betrieb genommen werden, was mit einer beeindruckenden Fahrzeugparade auf dem Exerzierplatz von Schloss Rosenborg in Kopenhagen gefeiert wird. Diese letzten 170 Db-Ausführungen tragen Blinker an den Vorderkotflügeln oberhalb der Stoßstange.[76]

Da das Karosseriewerk Nørrebro mit der alleinigen Fertigung der Aufbauten zeitlich überfordert ist, beteiligen sich auch andere Firmen am Droschkenbau, so Kronborg in Helsingør, Funder in Silkeborg und die Ringsted Karosserifabrik von Christian Pedersen. Alle diese Aufbauten sind konzeptionell identisch, weichen jedoch in Details voneinander ab. So öffnen beispielsweise beim Wagen von Funder sämtliche Türen vorderseitig, während die Ringsted-Droschke durch betont stark gerundete Ausschnitte der seitlichen Fenster auffällt.[77]

Finale auf der Basis 170 S-D

Bis 1954 entstehen insgesamt um die 200 Kopenhagen-Droschken auf der Basis 170 Da/Db, dann wird auf das Fahrgestell mit Teilkarosserie des 170 S-D gewechselt. Die Fahr-

Dieser Sonderaufbau wahrt die gediegene Linie der Mercedes-Benz-Fahrzeuge und gestattet die Aufnahme von Särgen bis zu 210 cm Länge. Die Karosserie aus bewährter Gemischtbauweise ist ganz mit Stahlblech beschlagen. Die Lackierung ist tiefschwarz und befriedigt höchste Ansprüche. Sitz und Lehne sind gut gepolstert und mit dauerhaftem Kunstleder bezogen. Zu der Normalausrüstung des Wagens gehört die vorschriftsmäßige elektrische Schlußbeleuchtung, je eine Deckenleuchte im Fahrer- und Laderaum, zwei Winker und Doppelscheibenwischer. Trauerornamente der hinteren Mattglasscheiben nach Wahl.

Preis des Aufbaues ab Werk DM 4350.–

Mögliche zusätzliche Sonderwünsche gemäß Prospekt für „Hägele-Kombinationsaufbau"

Zwischenfrachten werden besonders berechnet. Änderung in Konstruktion und Ausstattung vorbehalten. Sämtliche Preise ab Werk Mössingen unter Vorbehalt der Weiterberechnung etwaiger Lohn- und Materialpreiszuschläge.

zeughülle erfährt einige leichte Korrekturen. Weiterhin unterscheiden sich die Fahrzeuge der einzelnen Hersteller unter anderem durch die Öffnungsart der Türen. Mindestens die Firma Kronberg Karosseri geht gar vollständig zu einem Ganzstahlaufbau über, was in Werbeschriften explizit betont und erklärt wird.[78]

Spezialitäten von weiteren Aufbauherstellern

Individuelle Kasten- und Kombiwagen: Eine unüberschaubare Anzahl von Einzelstücken

Auch im Inland ist ein Bedürfnis nach Sonderaufbauten oder Sonderlösungen auf einem Mercedes-Benz-Fahrgestell vorhanden, wobei entgegen der Prognose von Wilhelm Haspel der Kastenwagen eine dominierende Rolle spielt. Bekannt sind vereinzelte 170 V/D-Kastenwagenaufbauten von Binz & Co. in Lorch (Württemberg), von der Ernst Auwärter Karosserie- und Fahrzeugbau KG in Steinenbronn südlich von Stuttgart, vom Karosseriebau Hägele in Mössingen und von Gustav Raschke in Mülheim (Ruhr). Vielerorts, auch im Ausland, entstehen in Kleinbetrieben vollständig von Hand gefertigte Einzelexemplare, darunter auch zahlreiche Kombiwagen. Überwiegend dienen 170 V/D-Fahrgestelle als Basis.

Auffällig präsentieren sich die sogenannten Woodies, also Kastenaufbauten mit nach außen gekehrtem, sichtbarem Holzskelett, das meist hell lackiert wird. Solche Aufbauvarianten bieten beispielsweise der Wagen- und Karosseriebaubetrieb von Hans Bachmann in Wien und die Zentralwerkstätten Hans Hanauer in München an. Eine Sonderstellung nehmen die Woodies des ebenfalls in München ansässigen Karosseriebaubetriebs Heidemann ein, der das außen sichtbare Eschenholzgerippe inwendig anstelle von Blech mit Pertinax-Tafeln (phenolharzverleimtes Papier) verkleidet.[79] Spezialfahrzeuge entstehen zuweilen auch durch Umbau von Limousinen.

Abb. 0912
Zu den Karosserie-Unternehmern, die sich seit den 1920er Jahren mit Sonderaufbauten beschäftigen, zählt Georg Hägele in Stuttgart, der während des Kriegs nach Mössingen umzieht und von 1946 bis 1948 die Behelfsfahrerhäuser für die ersten Nachkriegs-170 V baut. 1951/52 macht die Firma Werbung für ihren *Leichentransportwagen auf Mercedes-Benz-Fahrgestell Type 170 Va oder Da*.

Abb. 0913 & 0914
Hägele fertigt auf W 136-Fahrgestellen neben zahlreichen Kasten- und Mehrzweckwagen aller Art auch Pritschenwagen und Kombis. Letztere fallen durch eine angenehme Gestaltung auf, wie der 170 Va/Da des Zeitungsverlags »Der Allgäuer« zeigt.

Bekannt ist ein viertüriger 170 V Kombi mit Fondtüren des Innenlenkers, der bei der Carrosserie Ghia SA in Aigle, Schweiz, gebaut worden ist.[80]

Für spezifische Nutzungsansprüche: Eingriffe nach Maß

Recht verbreitet sind gezielte Eingriffe in die Struktur der standardisierten Nutzwagentypen, also in die Kasten- und Kombiwagen von Lueg oder von Sindelfingen, um dadurch spezifischen Verwendungszwecken gerecht zu werden. Verlangt werden nachweislich Hochdächer, abweichende Hecktüren, zusätzliche Verglasungen und Pritschenaufbauten. Belege für derartige Eingriffe und Spezialausführungen gibt es beispielsweise von Hägele.[81] Nicht immer stehen gewerbliche Nutzungen im Vordergrund. Hin und wieder versehen begabte Blechhandwerker verunfallte Limousinen mit ausladenden, formal mehr oder weniger passenden Hinterteilen, um einen großzügigen Gepäckraum zu erhalten.

Die Eisengießerei, Dampfkessel- und Fahrzeugfabrik M. Streicher in Stuttgart baut Kehr- und Schmierwagen für Straßenbahngleise auf der Basis 170 V/D. Hinter dem Fahrerhaus sind die Kessel für Wasser und Schmiermittel mitsamt den technischen Einrichtungen untergebracht. Die Wagen verfügen über ein Reduktionsgetriebe sowie über ein absenkbares Rollgestell und eine Einrichtung zum Reinigen der Gleisnut. Die Anzahl gebauter Spezialfahrzeuge zur Gleispflege ist nicht bekannt; die Straßenbahngesellschaft in Kopenhagen beschafft 1952/53 deren zwei.[82]

Vereinzelt entstehen Sonderfahrzeuge auf der Basis von in die Jahre gekommenen Limousinen, die – für den neuen Verwendungszweck umgebaut – ein zweites Leben geschenkt erhalten. So verkehrt in den 1960er Jahren auf dem Gleis der Kleinbahn Gittelde – Bad Grund (Harz) ein Bahnmeisterfahrzeug, das durch den Umbau eines 170 S, S-V oder S-D entstanden und hinter der Fahrerkabine mit einer Pritsche versehen worden ist.[I] Bekannt ist weiter ein 170 D, der zum Aufziehen von Segelflugzeugen eingerichtet worden ist und lange Jahre auf einem Sportflugplatz zuverlässig seinen Dienst versieht.

Abb. 0915
170 V/D-Kastenwagen mit Hochdach und Gepäckträger, erbaut von Lueg in Bochum für das alteingesessene Wäsche- und Ausstattungshaus Müller in Celle, 1952. Am Wagen ist eine Va/Da-Motorhaube mit einer Vb/Db-Stoßstange kombiniert. Solche Mischformen kommen bei Spezialaufbauten oft vor.

Abb. 0916
Sonderaufbauten nehmen mitunter skurrile Formen an: 170 V/D mit Lieferwagenaufbau in Kofferform eines unbekannten Herstellers für die Firma Witzl in Frankfurt am Main (Foto um 1980). Ein ähnlicher Lieferwagen ist 1939 von Stadler & Jest in Ludwigshafen (Rhein) für das Koffergeschäft Weber in Mannheim gefertigt worden.

Anmerkung I: Siehe Lier/Schubert, Kleinbahnen im Westharz 2001, S. 31. (Freundlicher Hinweis von Gudrun Schwietzer.)

Abb. 0917
Auf der Basis des 170 V/D entstehen bei der Eisengießerei, Dampfkessel- und Fahrzeugfabrik M. Streicher in Stuttgart-Bad Cannstatt sogenannte Kehr- und Schmierwagen für Straßenbahngleise. Das abgebildete Arbeitsgerät steht in Württemberg-Baden im Einsatz, zwei weitere werden 1952/53 an die Straßenbahngesellschaft in Kopenhagen ausgeliefert.

Abb. 0918
170 S-V/S-D-Lieferwagen mit nur über dem Laderaum angehobenem Dach. Auch das vergleichsweise große Karosseriewerk Lueg GmbH ist am Bau von Einzelstücken interessiert.

Abb. 0919
Zu den kleinen und kaum mehr bekannten Aufbaufirmen zählt der Karosseriebau von Fritz Tröller in Freiburg (Breisgau), der mit Alublech arbeitet und in Zeitschriften mit einem wohlgeformten 170 Va/Da-Kombiwagen wirbt.

14.2 Sonderausführungen für den Bundesgrenzschutz und die Polizei

Den Spezialfahrzeugen für die Polizei widmet sich die Daimler-Benz AG mit Engagement. Für die Motorisierung des 1951 gegründeten Bundesgrenzschutzes entstehen 530 offene Tourenwagen auf 170 D-Basis, die bekannten 170 D OTP. Weniger zahlreich sind die im Auftrag bei Binz gebauten kombiähnlichen Polizeifunkwagen und die schnellen Polizei-Tourenwagen, beide auf 220er-Fahrgestell. Andere Varianten, so ein offener sechssitziger Streifenwagen, bleiben auf dem Papier oder schaffen es höchstens ins Prototypenstadium.

Unter dem Eindruck des sich verschärfenden Konflikts mit dem sogenannten Ostblock, der längst zum Kalten Krieg eskaliert ist, ermöglichen die westlichen Alliierten der Bundesrepublik Deutschland, ab dem Frühjahr 1951 eine Organisation zur Sicherung der Staatsgrenzen aufzubauen, den Bundesgrenzschutz (BGS). Bislang gibt es lediglich eine Bereitschaftspolizei auf der Ebene der einzelnen Bundesländer. Der Bundesgrenzschutz mit seinen 10 000 Mann ist paramilitärisch organisiert und dient anfänglich in erster Linie dem Schutz der innerdeutschen Grenze. Diese neue Organisation gilt es rasch auszurüsten, auch mit zweckdienlichen Transportmitteln. Die schwereren Fahrzeuge mit Aufbauten für die unterschiedlichsten Verwendungszwecke liefern Hanomag (Typ L 28 G) und Daimler-Benz (Typ L 3500). Als leichte Fahrzeuge werden im Volkswagenwerk der VW Typ 11 mit abgemagerter Karmann-Cabrioletkarosserie[83] und bei Daimler-Benz der Typ 170 Diesel in Form eines offenen Tourenwagens ausgewählt. Dessen offizielle Bezeichnung *Offener Tourenwagen für Polizei* ergibt die gebräuchliche Abkürzung OTP.

Innerhalb des verhältnismäßig engen Zeitrahmens von September 1951 bis ins Frühjahr 1952 liefert die Daimler-Benz AG insgesamt 530 Stück dieses viertürigen Tourenwagens an den Bundesgrenzschutz.[84] Dort sind diese offenen Diesel-Pkw, die als Streifen- oder Gruppenwagen eingesetzt werden, nicht sonderlich beliebt. Vorgeworfen wird ihnen eine ungenügende Geländetauglichkeit. Durch die Beschaffung von geländegängigen Tempo Land Rover aus der Lizenzfertigung von Vidal & Sohn in Hamburg-Harburg werden die 170 D OTP bereits ab 1953 ziemlich rasch entbehrlich und deshalb nach und nach an die Bereitschaftspolizei der Länder und Westberlins abgegeben. Auch der ab 1957 eingesetzte DKW Munga vermag trotz Allradantrieb nicht zu befriedigen, so dass eine zweite Serie von Land Rover, nun Importfahrzeuge aus Großbritannien, angeschafft werden.[85]

Der 170 D ist als offener Tourenwagen »zivil« nicht erhältlich. Erst mit der Ausmusterung bei der Polizei ab Mitte der 1960er Jahre gelangt eine größere Anzahl dieser Fahrzeuge in private Hände.

Der Weg zum »Offenen Tourenwagen Polizei«

Das Fahrzeug-Auswahlverfahren für die Belange des Bundesgrenzschutzes, das in der Beschaffung eines offenen 170 V in Dieselausführung mündet, ist nicht bekannt. Weil sich die Gründung einer bewaffneten westdeutschen Einheit seit Mai 1950 abzeichnet, arbeitet Daimler-Benz bald zweckdienliche Fahrzeugvorschläge aus, um nach Möglichkeit sowohl Lkw- als auch Pkw-seitig ins Geschäft zu kommen.

Erste OTP-Entwürfe

Als am 4. Januar 1951 Technikchef Fritz Nallinger mit Direktor Max Wagner zu den Prokuristen Ahrens, Häcker und Wilfert nach Sindelfingen fährt, geht es um letzte Details am kommenden Typ 220 (W 187) und um den Hochklassewagen 300 (W 186). Gleichzeitig erteilt Nallinger ihnen den Auftrag, Vorschläge für einen mit Türen versehenen Kübelsitzwagen für die Polizei auszuarbeiten. Die drei Karosserieingenieure konfrontieren ihn umgehend mit vier Kübelwagen-Entwürfen, die im Werk Sindelfingen bereits zwei Jahre zuvor auf der Basis des 170 S entstanden sind. Doch Nallinger besteht auf einem Kübelsitzwagen auf dem Fahrgestell des 170 D.[86]

Knappe drei Wochen später (zwei Monate vor der Gründung des BGS) liegt der gewünschte neue Vorschlag aus dem Werk Sindelfingen auf dem Tisch. Doch statt eines echten Kübelwagens mit entsprechend geformten Schalensitzen handelt es sich um einen offenen Tourenwagen auf der Basis des 170 Va, also mit Benzintriebwerk.

Die mit 22. Januar 1951 datierte Zeichnung zeigt einen Wagen, dessen Aufbau weitgehend mit dem »zivilen« viertürigen 170 V Tourenwagen der späten Vorkriegsjahre identisch ist, abgesehen von den Va-spezifischen Karosseriemerkmalen wie Heckdeckel und verbreiterte hintere Kotflügel und Trittbretter. Weil der Drehpunkt des Flatterverdecks wegen des aufschwingenden Heckdeckels ca. 170 mm weiter vorn ansetzt, müssen die Hintertüren um dasselbe Maß gekürzt werden. Dies führt zu knapperen hinteren Fensteröffnungen und zu einem größeren, durch das Verdeck geschlossenen Bereich dort, wo sich die Häupter der im Fond Mitfahrenden befinden. Unmittelbar hinter den beiden längsverstellbaren vorderen Einzelsitzen spannt sich zwischen den auf der Höhe der Gürtellinie gekappten B-Säulen ein Rohrbügel quer durch den Wagen. Dort sind auch die Vorrichtungen geplant, um vier Karabiner aufrecht und kippsicher unterzubringen. Die Technik entspricht einschließlich der Reifendimension 5,50-16" der 170 Va Limousine.[87]

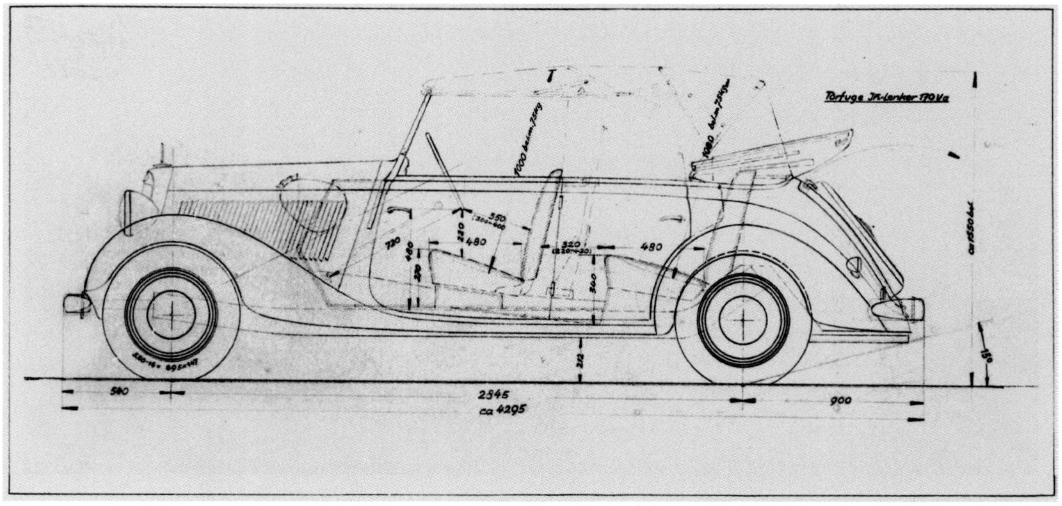

Abb. 0920
Vier Einsatzkräfte der Verkehrspolizei Hannover im Funkstreifenwagen Mercedes-Benz 220 (W 187) OTP, um 1952. Die Daimler-Benz AG erhält früh die Möglichkeit, Fahrzeuge an die im Aufbau befindlichen Ordnungskräfte der drei westlichen Besatzungszonen zu liefern.

Abb. 0921
Karosserieentwurf des Werks Sindelfingen für einen offenen 170 Va (Polizei-)Tourenwagen, dat. 22.01.1951. Die hinteren Türen sollen kürzer ausgebildet werden als bei der Limousine, damit der Heckdeckel auch bei offenem Verdeck aufgeschwungen werden kann. Die nicht klappbare Frontscheibe entspricht dem ehemaligen 170 V Cabriolet B.

Abb. 0922
Im Sommer 1951 entsteht der Prototyp des 170 Da Offener Tourenwagen Polizei (OTP). Der Wagen liegt bereits sehr nah an der Serienausführung. Die Frontscheibe ist nun klappbar, wird aber noch leichte Retuschen erhalten. Auch auf Chrom an den Türgriffen wird schließlich verzichtet und die Lackierung von Hochglanz auf Seidenmatt umgestellt.

Abb. 0923
Im Wageninnern des OTP-Prototyps dominiert robustes Kunstleder. Die Türen verfügen über keine Kurbelfenster und lassen sich dadurch ein wenig schlanker ausbilden, so dass die nutzbare Innenbreite leicht zunimmt. Der Scheibenwischerantrieb stammt aus der Limousine, ist aber unten an der Frontscheibe montiert. Innenspiegel und Sonnenblenden fehlen.

Nahe am Serien-OTP: Der Prototyp vom Sommer 1951

Die Vorschläge aus Sindelfingen fallen bei der Beschaffungsstelle des Bundesgrenzschutzes offensichtlich auf guten Boden. Allerdings wünscht man sich im Tourenwagen den OM 636-Dieselmotor, wie von Nallinger kommuniziert, sowie eine zur Motorhaube hin klappbare Windschutzscheibe, eine durchlaufende Sitzbank vorn, einen Suchscheinwerfer und ein Blaulicht mit Horn. Angesichts des geplanten Einsatzzwecks kann auf den Gewehrrechen verzichtet werden. Nun entsteht in den Werkstätten von Sindelfingen ein entsprechender OTP-Prototyp.

Wie gefordert, basiert dieser Wagen auf dem 170 Da. Äußerlich unterscheidet sich das Versuchsfahrzeug hauptsächlich durch die Klapp-Frontscheibe (ähnlich derjenigen des Vorkriegs-Polizeitourenwagens) vom ersten Entwurf. Die nun unten angelenkten Scheibenwischer werden von einem in der Mitte platzierten Motor über ein Gestänge angetrieben, das von der Limousine übernommen wird; Sonnenblenden und Innenrückspiegel fehlen. Die Kühlermaske, die Lampenringe, das Motorhauben-Mittelband und die äußeren und inneren Tür- und die Heckdeckelgriffe sind verchromt, der Wagen ist in dunklem Grün glänzend gespritzt. Einzig die Felgen mitsamt der Raddeckel und die Metallteile im Wageninnern sind in schwarzer Farbe gehalten. Wohl in Ermangelung des gewünschten großen Blaulichts wird der Prototyp mit zwei kleinen Suchscheinwerfern versehen.[88]

Der Serien-170 D OTP von 1951/52

Anfang Juli 1951 ist das Serienmodell für den BGS weitestgehend definiert. Es trägt die Bezeichnung Mercedes-Benz 170 D OTP (W 136 VI D, Baumuster 136.174). Die Abweichungen gegenüber dem Prototyp sind gering und vorwiegend gebrauchspraktisch oder technisch begründet.[89] Bis zum Beginn der Fertigung im September fl eßt nur noch eine einzige relevante Änderung ein, nämlich die Verwendung der neuen Hypoidhinterachse.

Technik

Der 40 PS leistende, knapp 1,8 Liter große Dieselmotor OM 636 VI und das hauseigene vollsynchronisierte Vierganggetriebe werden für den OTP unverändert von der »zivilen« 170 Da

Abb. 0924
Karosseriezeichnung des Werks Sindelfingen für den 170 Da OTP in Serienausführung, dat. 02.07.1951. Dank eines umkonstruierten Verdeckgestells, das sich kürzer falten lässt, können die hinteren Türausschnitte unverändert von der Limousine übernommen werden und der Heckdeckel lässt sich trotzdem öffnen. Erstaunlicherweise wird auf die Belüftungsanlage nicht verzichtet. Neu sind Reifen der Dimension 6,00-16" vorgesehen.

Limousine übernommen. Die größte technische Abweichung zu den gleichzeitig gefertigten Va- und Da-Innenlenkern besteht in der Antriebswelle, dem Ausgleichsgetriebe und den Halbachsen, denn wie erwähnt versieht man den OTP von Beginn an mit der neu entwickelten Hypoidhinterachse,[90] die in der Da-Limousine erst ab Februar 1952 eingebaut wird. Dieses Achsausgleichsgetriebe ist für die Verwendung im 220 (W 187) und im überarbeiteten 170 S (dem Sb) konstruiert und entwickelt worden, doch es hätte bereits Anfang 1951 auch für die beiden Einstiegsmodelle 170 Va/Da in Produktion gehen können, wenn Konzernchef Haspel dies zugelassen hätte.[I] Angesichts der zu erwartenden höheren Belastung des OTP-Fahrwerks beim Bundesgrenzschutz dürften die Verantwortlichen bei der Daimler-Benz AG wie bei der Beschaffungsstelle wohl gerne nach dem neuen widerstandsfähigeren Ausgleichsgetriebe gegriffen haben. Die größere Umsicht bei der Wartung erachtet man beim BGS als gewährleistet. Das Untersetzungsverhältnis von 1:4,125 bleibt unverändert, und mit ihm auch die Höchstgeschwindigkeit des offenen Tourenwagens. Hingegen wächst die (hintere) Spurweite um 18 mm auf 1 360 mm, was theoretisch das Kurvenverhalten verbessert. Dass dem hier nicht so ist, beruht auf der Verwendung von Hinterradfedern, die mit ihrer Maximallast von fast 1 200 kg zwar nicht zu hart, aber zu lang geraten sind. Dies führt bei wenig Nutzlast zu einem stark positiven Sturz an der Pendelachse. Den Warnfinger von Versuchschef Rudolf Uhlenhaut ignorierend, werden die Wagen mit diesem Mangel ausgeliefert. Prompt moniert die Behörde die schlechte Straßenlage.[91]

Der wegen des fehlenden aussteifenden Blechdachs vertikal nachgiebigere OTP-Aufbau verlangt nach einem Rahmen mit höherem Ovalrohrquerschnitt, wie ein solcher unterdessen für die Kranken- und Lieferwagen verwendet wird. Deutlicher ins Auge fallen indessen die Rahmenanpassungen, die als direkte Folge der Hypoidhinterachse vorgenommen werden müssen. Dies betrifft die abweichenden Aufnahmepunkte im Bereich des Differenzialgehäuses und Maßnahmen wegen der stärker nach hinten geneigten Einbaulage der Antriebseinheit (Motor-Getriebe-Antriebswelle). Zudem werden die Rahmen – wie im Zweiten Weltkrieg diejenigen der 170 V

Anmerkung I: Siehe auch Kap. 9.3, S. 439.

Abb. 0925
170 Da OTP in Serienausführung. Die Türen ohne Kurbelfenster verfügen im Unterschied zur Limousine über die hochwertigen Bolzenschlösser der Modelle 170 Sb/DS und 220 (W 187). Damit wird ein Scheuern an der Karosserie bei sich verwindendem Aufbau vermieden.

Kübelwagen der Wehrmacht – mit vier Zughaken versehen.[92] Vorn sind entsprechende Rahmenverlängerungen notwendig, hinten können die Haken mit Distanzhülsen an die bestehenden Rahmenausleger für das Fahrzeugheck geschraubt werden.[I]

Während die beiden Querblattfederpakete der Vorderradaufhängung unverändert von der Limousine übernommen werden, entscheidet man sich – wie oben beschrieben – zum Einbau von Hinterradfedern mit einer merklich höheren maximalen Belastung von 1 182 kg (statt 855 kg). Zudem verfügen die OTP wegen der üppigeren Bereifung von 6,00-16" (statt 5,50-16" wie beim Prototyp und der Limousine) über 4,00" statt 3,50" breite Felgen der Firmen Südrad oder Kronprinz. Dieser Schritt bedingt wiederum einen Geschwindigkeitsmesser mit entsprechend angepasster Übersetzung. Damit erschöpfen sich die technischen Unterschiede zur Diesel-Limousine bereits.[93] Auffälliger sind hingegen die Abweichungen beim Aufbau und dessen Ausrüstung.

Offener Aufbau

Wie erwähnt, entspricht die viertürige OTP-Karosserie unterhalb der Gürtellinie formal der Limousine. Die Fahrgestellblechteile, also die Kotflügel mit den Trittbrettern, die Motorhaube mit den stehenden Entlüftungsschlitzen sowie die Stoßstangen entsprechen in ihrer Form und Machart der »zivilen« Va/Da-Version. Zu den Gleichteilen gehören auch der Spritzwandkörper bis oberhalb des Armaturenbretts sowie das Heck, welches ebenfalls mit dem unten drehbar gelagerten Kofferraumdeckel und dem außen sichtbar in einer Mulde eingelassenen Ersatzrad versehen ist. Identisch mit der Limousine sind weiter die Scheinwerfer, die eierförmigen Rück- und Bremsleuchten, die Nummernschildbeleuchtung und die seitlich am Vorbau montierten Fahrtrichtungsanzeiger.

Oberhalb der Gürtellinie ist alles anders: Die geneigte Frontscheibe bildet quasi ein Rechteck; im Unterschied zum Prototyp verläuft die obere Scheibentraverse beinahe horizontal. Bei geöffnetem Verdeck lässt sich die Frontscheibe nach vorn zur Motorhaube hin waagerecht abklappen und mit zwei seitlichen Knebelgriffen fixieren. Dabei schwenken die unten angelenkten Scheibenwischer mitsamt dem nun beifahrerseitig angeordneten Wischermotor und der nach außen verlegten Verbindungsstange mit. Der Rückspiegel ist am oberen Scheibenrahmen befestigt und verfügt über einen in der Länge verstellbaren Arm. Auf die Oberseiten der vier Türen können in je zwei Buchsen Steckscheiben eingesetzt werden, deren weiches durchsichtiges Cellon in eine Segeltuchumfassung eingenäht ist. Die Türen verfügen demnach über keine Kurbelapparate. Während die inneren und äußeren Türgriffe denjenigen der Limousine entsprechen, schließen die Türen mit den höherwerti-

Anmerkung I: Die Haken und die vorderen Rahmenverlängerungen entsprechen der Lösung, wie sie bei den Wehrmachts-Kübelwagen des Typs 170 V verwendet worden war. Die ungünstige Lage der Haken führte beim OTP jedoch rasch zu Schäden an der Karosserie.

gen, zweistufigen Bolzenschlössern der Firma Kiekert, wie sie in gleicher Art auch in den 220 (W 187) und in den 170 Sb und DS verwendet werden.

Besondere Maßnahmen sind zur Stabilisierung der oben freistehenden B-Säulen notwendig, denn diese tragen die vorderen und die hinteren Türen. Dazu dient ein Rahmen aus Rundrohr, der gleichzeitig die Rücklehne der vorderen Sitzbank aufnimmt. Diese Konstruktion ist sowohl mit der Bodengruppe unter Einbezug der Schweller und der beiden Batteriekästen verschraubt als auch kurz vor ihrem oberen Ende mit der B-Säule. Auf diese Weise entsteht eine wirkungsvolle Versteifung in alle Richtungen. Die genannten Blechteile werden spezifisch für die OTP gepresst. Das Verdeck aus schwarzem Gummituch dient als reiner Wetterschutz; es ist demnach ungefüttert, die Scherenarme und Spriegel sind von innen sichtbar. Im Stoff der Rückwand ist das Heckfenster als schmale Glasscheibe mit gerundeten Stirnseiten eingepasst. Gehalten wird sie von einem doppelten Alurahmen, der an den einen Fahrzeugen schwarz lackiert, an den anderen metallsichtig belassen ist. Das abgeklappte Verdeck wird durch zwei am Heckteil eingeschlaufte Lederriemen zusammengezogen und als verhältnismäßig kompakte Einheit durch eine Hülle aus Verdeckstoff geschützt. Weiter halten die Behörden eine mit Schlüssel anschließbare Motorhaube für notwendig. Erreicht wird dies durch Haubenspanner mit eingebautem Schliesszylinder, die in der hinteren Position montiert sind.[94]

Abb. 0926, 0927 & 0928
170 Da OTP, Serienausführung. Oben mit offenem Verdeck und umgelegter Frontscheibe, in der Mitte und unten mit geschlossenem Verdeck und montierten Steckscheiben. Letztere schützen den Innenraum bei länger im Freien abgestelltem Fahrzeug vor Regen und Schnee. Gefahren werden Tourenwagen mit entfernten Steckscheiben. Die breitere Spur der neuen hypoidverzahnten Hinterachse und die voluminöseren Reifen füllen die hinteren Kotflügel fast vollständig aus.

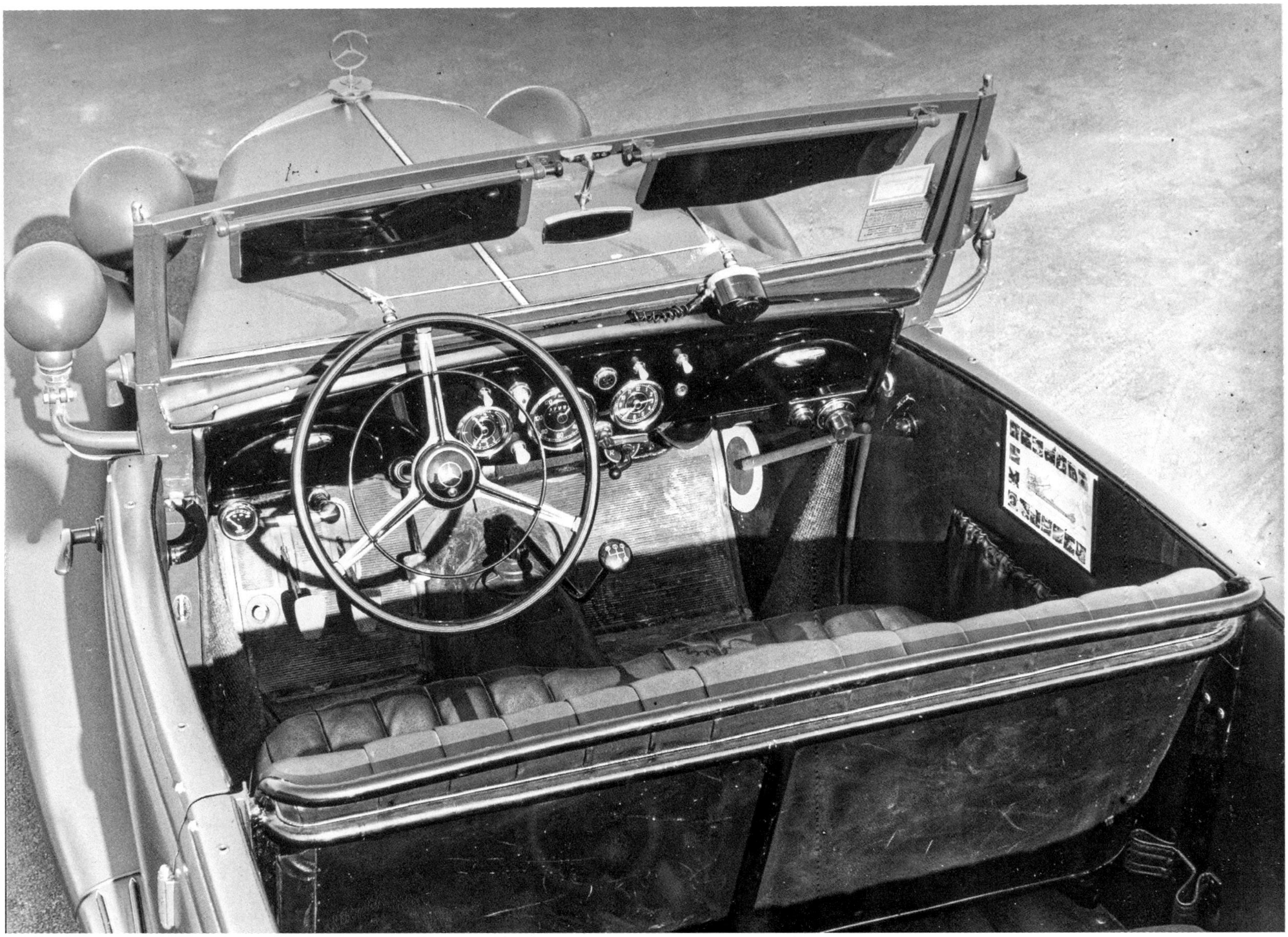

Abb. 0929
Der Aufbau des 170 Da OTP ist zwischen den B-Säulen mit einem Rohrgestell verstrebt, das zugleich die Rückenlehne der nicht verstellbaren Fahrerbank stützt. Eine durchlaufende Haltestange dient den Einsatzkräften im Fond. Der Scheibenwischermotor ist nun von der Mitte nach rechts versetzt. Die Behörden verlangen einen Kühlwasserthermometer, der links unten am Armaturenbrett befestigt wird.

Abb. 0930
Das leichte Verdeck lässt sich kompakt falten, so dass der Kofferdeckel geöffnet werden kann, ohne anzustoßen. Wagenheber und Radmutterschlüssel liegen in einer Halterung über dem rechten Radkasten.

Robustes Wageninnere

Das Wageninnere ist auf einen strapaziösen Betrieb ausgerichtet. Die Sitzanlage und die Türverkleidungen sind mit einem widerstandsfähigen schwarzen Kunstleder bezogen. Anstelle der üblicherweise zwei Vordersitze findet sich im OTP eine durchlaufende Sitzbank, die nicht verstellt werden kann und einzig an der Rückenlehne leicht konturiert ist. Unmittelbar oberhalb dieser Lehne verläuft das erwähnte Rohr über die gesamte Wagenbreite, das auch als Haltestange für die beiden hinten sitzenden Grenzschutzangehörigen dient. Die Sitz- und Rückenpolster sind durch regelmäßige Pfeifen gegliedert. Die beiden Vordertüren enthalten Kartentaschen. Beifahrerseitig steckt darüber in einem kleinen Rahmen der Wagen-Schmierplan. Gummimatten bedecken im OTP nicht bloß den vorderen Fußraum, sondern auch den hinteren Wagenboden unter Einschluss des Kardantunnels.

Obwohl der OTP aufgrund seines Einsatzprofils klar zum Offenfahren ausgelegt ist, mag die Beschaffungsstelle nicht auf die bei der 170 Da Limousine serienmäßig vorhandene Belüftungsanlage verzichten. Die Herren gehen gar einen Schritt weiter und lassen sämtliche Wagen mit dem aufpreispflichtigen Heizelement versehen. Das Armaturenbrett entspricht mit sämtlichen Bedieneinrichtungen und Instrumenten (mit Ausnahme des anders übersetzten Tachos) demjenigen der Limousine, jedoch fehlt der Aschenbecher. Das bei der Limousine von vielen Fahrern vermisste und oft nachgerüstete Kühlwasserthermometer ist hier Bestandteil der Ausrüstung, doch muss auch dieses kleine Instrument mittels Halterung am linken unteren Ende des Armaturenbretts montiert werden, was einen etwas provisorischen Eindruck hinterlässt. Zum Lieferumfang gehören zwei Sonnenblenden,[95] bei der Limousine ist selbst diejenige auf der Fahrerseite aufpreispflichtig.

Einsatzspezifische Ausrüstungen

Auffällig sind die beiden freistehenden, links und rechts am festen Teil des Windschutzes mit nach oben gebogenen Halterungen montierten Leuchten. Die beifahrerseitige dient als Suchscheinwerfer, ist deshalb gelenkig gelagert und mit einem Handgriff versehen. Die Leuchte links ist ein blinkendes Blaulicht, das bei Nichtgebrauch – also im Normalfall – mit einer textilen Schutzhülle überzogen wird. Ergänzend dazu ist der OTP mit einem Zweiklanghorn von Hella ausgerüstet. Der für den Betrieb von Martinshorn und Blaulicht notwendige Tonfolgeschalter ist beifahrerseitig rechts unten am Armaturenbrett untergebracht. Weiter ist eine Handlampe mit Klemme vorhanden, deren Stromkabel an einer Steckdose angeschlossen werden kann.[96]

Farbgebung

Die an den BGS ausgelieferten 170 D OTP tragen ein Farbkleid im sogenannten Bundesgrenzschutz-Grün (RAL 6012 »Schwarzgrün«), wobei die Lackoberfläche seidenmatt oder allenfalls seidenglänzend beschaffen ist. Chromoberflächen sind auf ein Minimum reduziert; sie beschränken sich auf die Kühlermaske mit Kurbellochabdeckung, die Kühlerverschlussschraube mit Stern sowie auf die Glashalteringe um die Scheinwerfer- und Rücklichttöpfe. Die Stoßstangenecken, die Raddeckel, das Kühlergitter, der Frontscheibenrahmen sowie die äußeren Türgriffe und die beiden Knebelgriffe am Heckdeckel tragen die Wagenfarbe. Schwarz lackiert sind die Nummernschildleuchten von Hella sowie die inneren Türgriffe, schwarz eingefärbt ist auch der Gummistoff des Verdecks. Am Scheitel aller vier Radausschnitte lässt man mittels Schablone den vorschriftsmäßigen Reifenluftdruck in heller Farbe aufspritzen: vorn 1,6 at, hinten 1,8 at. Auf den linken vorderen und hinteren Kotflügeln werden die taktischen Zeichen aufgemalt. Deren Form, Farbe und Buchstaben bzw. Zahlen zeigen an, welchem Grenzschutzkommando das Fahrzeug zugeteilt ist und in welcher Abteilung und Grenzschutzgruppe es eingesetzt wird.[97]

Eine bestimmte Anzahl der Fahrzeuge wird offenbar mit schwarz lackierten Kotflügeln, Trittbrettern, Rädern, Raddeckeln und Scheinwerfertöpfen ausgeliefert, andere erhalten diese Ergänzung während ihres dienstlichen Gebrauchs – möglicherweise erst in ihrer Zweitverwendung bei den Bereitschaftspolizei-Dienststellen.[98] Die Bereitschaftspolizei von Berlin (West) spritzt ihre OTP vollständig um, und zwar einfarbig im RAL-Farbton 5008 »Graublau«.

Studien und Projekte rund um den offenen 170 D Tourenwagen

Kein Bedarf vorhanden: Ein 170 D OTP mit sechs Sitzen

Im Herbst 1951, die Auslieferung des OTP an den Bundesgrenzschutz hat eben eingesetzt, beschäftigen sich die Aufbauspezialisten im Werk Sindelfingen mit einer sechssitzigen Ausführung des offenen Behördenwagens. Bekannt ist diese Studie einzig durch eine Karosseriezeichnung. Ob ein weiterer Fahrzeugbedarf beim Bundesgrenzschutz oder bei den Organen der Bereitschaftspolizei zum Entwurf geführt hat oder ob es ein Akquisitionsversuch der Konzernleitung ist, um potenzielle Auftraggeber auf die Möglichkeit eines vergrößerten OTP aufmerksam zu machen, bleibt unbeantwortet.

Die Karosserieleute in Sindelfingen haben mit Erfolg versucht, die sechssitzige Variante mit den geringstmöglichen Eingriffen vom Serien-OTP abzuleiten. Von der Frontscheibe abgesehen, bleibt die Karosserie von vorn bis und mit den Fondtüren unverändert. Um eine dritte Sitzreihe unterzubringen, deren Bank über und hinter der Hinterachse liegt, wird allerdings ein wesentlich steilerer Heckabschluss notwendig. Dabei steigt die Gesamtlänge des Wagens lediglich um ca. 50 mm auf ungefähr 4 345 mm an. Die rückwärtigen Serienkotflügel lassen sich weiterverwenden. Das Ersatzrad ist unmittelbar hinter der Rückenlehne der dritten Sitzreihe stehend untergebracht und lässt bloß noch einen kleinen Restgepäckraum übrig. Der vom Ersatzrad befreite Heckdeckel ist unten gelenkig gelagert, trotz seines wesentlich geringeren Gewichts. Auch bei diesem Modell überzieht ein einfaches Stoffverdeck den Passagierraum, der ob seiner größeren Länge über drei statt zwei Steckfenster pro Seite verfügt. Statt der umklappbaren Frontscheibe ist die festverglaste Serienscheibe der 170 Db Limousine vorgesehen, allerdings mit einem eigens gefertigten Karosserierahmen ohne Wölbungsansatz für den Dachanschluss. Die oben angelenkte Scheibenwischeranlage stammt vom 170 Da.

Die vordere, nicht verschiebbare Sitzbank entspricht dem Serien-OTP. Zwischen deren Rückenlehne und der über der Hinterachse angeordneten Sitzreihe sind zwei 400 mm schmale, zu den Fondtüren hin geschobene und dünn gepolsterte Einzelsitze montiert. Diese sind – analog den früheren Pullman-Limousinen – vollständig zusammenklappbar. Der Leerraum zwischen den beiden Sitzen dient als willkommene Gepäckablage.[99]

Nostalgische Träumerei: 170 V Tourenwagen für den Privatkunden

Die Idee, dem für den Grenzschutz konzipierten Offenen Tourenwagen eine »zivile« Variante zur Seite zu stellen, ist naheliegend. Die Zeichnungen, welche im Sommer 1951 von diesen Modellvarianten entstehen, tragen bereits die Bezeichnung 170 Db bzw. 170 Vb und zeigen folglich durchlaufende Stoßstangen sowie die Motorhauben-Seitenbleche mit den zwei Längswulsten anstelle der stehenden Lüftungsschlitze. Vom OTP für den Bundesgrenzschutz unterscheiden sich die für den öffentlichen Verkauf gedachten, diesel- oder benzinbetriebenen Tourenwagen durch Kurbelfenster in den Vordertüren und das fehlende Blaulicht. Ein Suchscheinwerfer auf der Beifahrerseite steht indessen zur Diskussion.[100] Die Lackierung und der Chromschmuck sollen vermutlich der Limousine entsprechen.

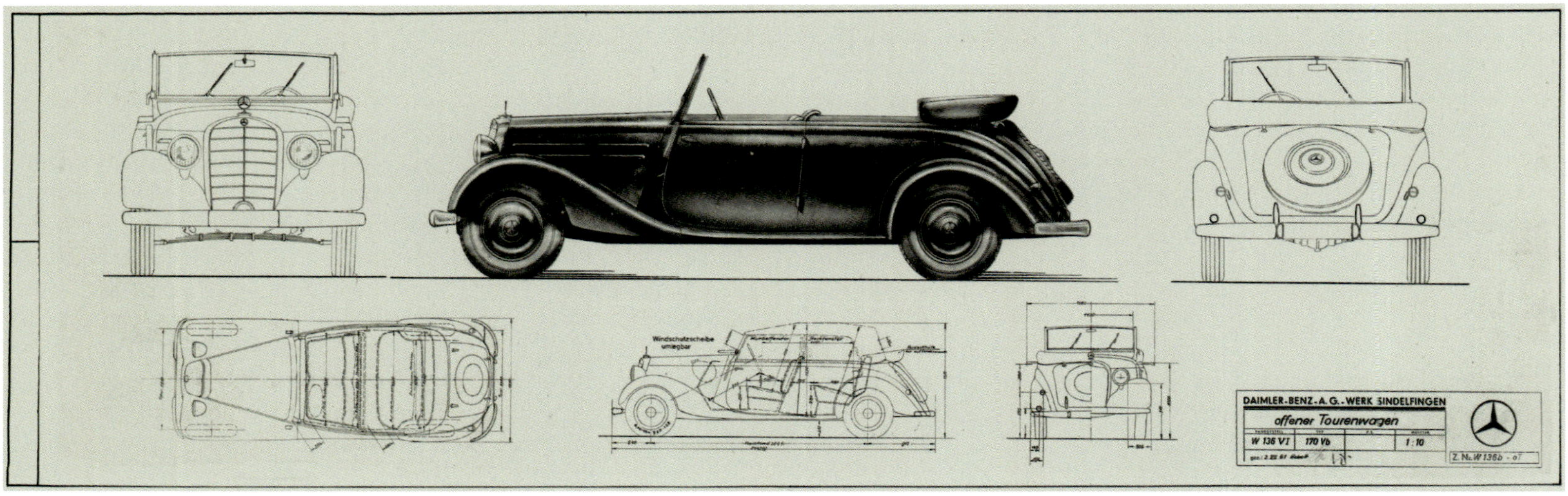

Abb. 0931
Karosseriezeichnung des Werks Sindelfingen für einen 170 Da OTP mit sechs Sitzplätzen, dat. 22.10.1951. Die Sitzanordnung entspricht einer Pullman-Limousine. Die Behörden haben jedoch keinen Bedarf.

Abb. 0932
Karosseriezeichnung des Werks Sindelfingen für einen zivilen 170 Vb Tourenwagen mit vier Türen, dat. 02.07.1951. Ein derart archaisches Modell würde im Verkauf scheitern.

Obwohl drei »zivile« 170 V Tourenwagen gebaut werden,[101] verfolgt man diese Modellreihe nicht weiter. Tatsächlich dürfte sich das private Interesse an einem solchen Wagen – gerade nach der entbehrungsreichen Zeit, als sich alle nach Komfort sehnen – gegen Null bewegt haben.

Der Polizeifunkwagen mit Kombiaufbau

Auf Fahrgestell 170 V/D, 170 S und 220

Die im Aufbau begriffenen Polizeikräfte im besetzten Nachkriegs-Deutschland sind anfänglich froh um jeden irgendwie fahrbaren Kraftwagen. Zu den ersten Neuanschaffungen in den drei westlichen Besatzungszonen gehören ab 1946 die Mercedes-Benz 170 V Pritschenwagen, die – mit Längsbänken auf der Ladefläche und einer Plane versehen – als sogenannte Polizei-Mannschaftswagen dienen.[I] Nach einigen Jahren erlaubt der fortschreitende Wiederaufbau der Automobilindustrie die Beschaffung von weniger behelfsmäßigen Fahrzeugen. Bereits gegen Ende der 1940er Jahre zieht die Einführung des Polizeifunks, der die Effizienz der Einsatzkräfte wesentlich steigert, die Beschaffung spezieller Einsatzfahrzeuge nach sich.[II] Diese werden unter den Begriffen »Funkstreifenwagen« oder »Polizeifunkwagen« bekannt. Die umfangreiche Apparatur braucht viel Raum, so dass bestehende Fahrzeugtypen mit entsprechend angepassten oder vollständig für diesen einen Zweck geschaffenen Aufbauten versehen werden. Die wichtigsten technischen Adaptionen wie beispielsweise die Entstörung für Funk und Radio, der Einbau einer verstärkten oder sogar einer zweiten Lichtmaschine mit mehr und größeren Batterien erfolgen im Werk Sindelfingen. Weitere spezifische Anpassungen nehmen meist die polizeieigenen Werkstätten vor. Später, als für die Pkw die selbsttragende Bauweise üblich wird und der Sprechfunk an Bauvolumen einbüßt, lassen sich teure Sonderaufbauten nicht mehr rechtfertigen.[102]

In der Bundesrepublik Deutschland ist die Polizei weitgehend Ländersache. Entsprechend unterschiedlich fällt die Wahl der Fabrikate und Typen aus. Das gilt ebenso für die Ausrüstung und in beschränktem Maß für die Farbgebung der Fahrzeuge. Weit verbreitet ist der Farbton RAL 6009 »Tannengrün«. Einheitlich in diesem Ton lackierte Wagen dienen dem Ermittlungsdienst, diejenigen mit ganz

Anmerkung I: Siehe Kap. 7.2, S. 340.
Anmerkung II: Siehe Kap. 7.2, S. 344 (bspw. einen 170 V mit Kofferaufsatz für Radio-Streifendienst).

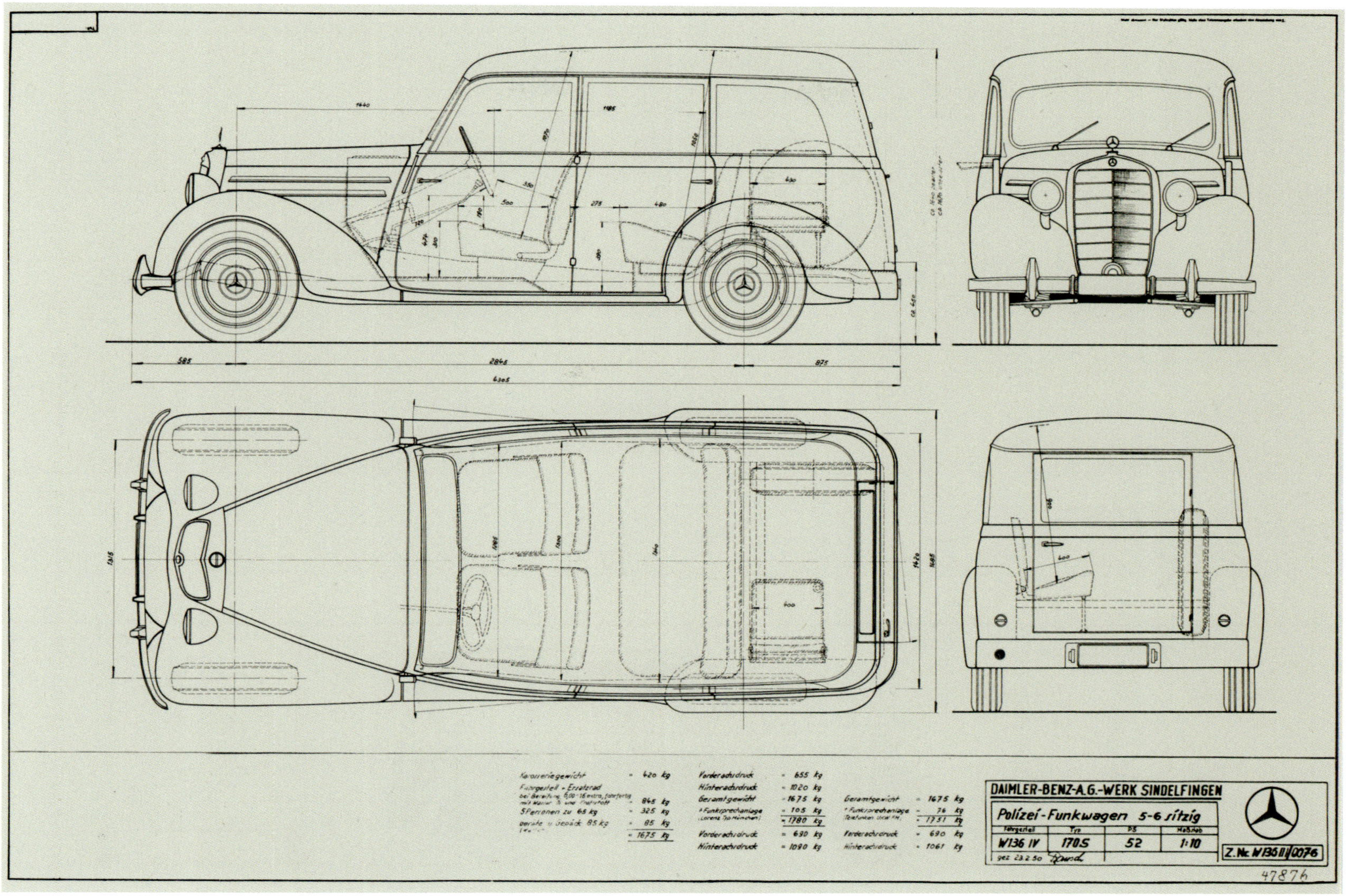

Abb. 0933
Karosseriezeichnung des Werks Sindelfingen für einen Polizeifunkwagen auf Basis des 170 S, dat. 23.02.1950. Die schwere Funkanlage ist im Laderaum untergebracht, wo quer zur Fahrtrichtung auch die sechste Person sitzt. Trotz seiner kompakten Form wirkt der Aufbau mit seinen hohen und eckig gerahmten Scheiben gefällig. Von der im November 1950 leicht überarbeiteten Ausführung entstehen bei Binz in Lorch 30 Einheiten.

oder partiell in Weiß überlackierten Kotflügeln finden für die Verkehrspolizei oder den Unfalldienst Verwendung. Die Berliner Polizei bleibt hingegen beim graublauen Ton RAL 5008.[103]

170 V/D Polizei-Funkstreifenwagen von Lueg 1953

Die Sammelpreisliste der Fahrzeugwerke Lueg GmbH vom 1. März 1953 enthält einen geschlossenen, fünfsitzigen Polizei-Funkstreifenwagen-Aufbau für das Fahrgestell des 170 Vb bzw. 170 Db zum Preis von 5 065 DM. Ob es sich dabei um die adaptierte Karosserie der Pullman-Limousine handelt oder um eine Ausführung auf der Grundlage des achtfenstrigen Mehrzweckwagens 802 C bleibt offen.

170 S Polizeifunkwagen 1950/51

Der fünf- bis sechssitzige Mercedes-Benz-Polizeifunkwagen, äußerlich ein etwas höher bauender Kombi, hat eine längere Entstehungsgeschichte. Für den kompakt wirkenden, viertürigen und mit sechs Seitenfenstern versehenen Aufbau ist das Fahrgestell des 170 S (W 136 IV) vorgesehen. Die sechste Person und die über 100 kg wiegende Funksprechanlage, beide im hinteren Überhang untergebracht, führen zu einem errechneten Hinterachsdruck von stattlichen 1 020 kg, so dass stärkere Federn und tragfähigere Reifen der Dimension 6,00-16" extra (statt 6,40-15" wie bei der 170 S Limousine) vorgesehen werden müssen.

Eine Sindelfinger-Karosseriezeichnung vom Februar 1950 zeigt bereits die wesentlichen Merkmale des zwei Jahre später gebauten Fahrzeugs: im Heckbereich ca. 140 mm kürzer als die Limousine, dafür 90 mm höher aufragend, entsprechend größere Fensterflächen und eine einflügelige Hecktür mit großzügig bemessener Glasscheibe. Die Wulst der Gürtellinie ist hinten um den Wagenkörper herumgezogen, desgleichen die Regenrinne. Beides verleiht dem Fahrzeug eine gefällige, frische Erscheinung und ähnelt dem formal ebenfalls geglückten Sindelfinger Kastenwagen. Der Innenraum entspricht weitgehend

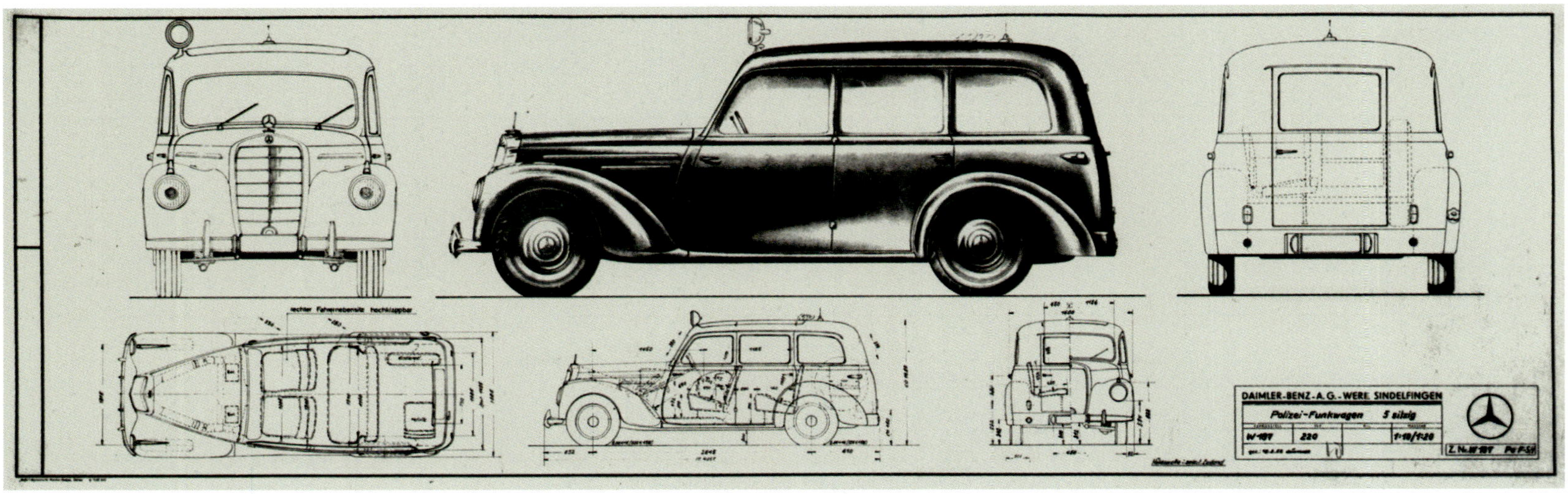

Abb. 0934
Karosseriezeichnung des Werks Sindelfingen für einen 220 Polizeifunkwagen, 18.02.1952. Es ist naheliegend, das mit 80 PS ungleich leistungsfähigere W 187-Fahrgestell als Grundlage für den Funkwagen in Kombibauweise zu verwenden. Von der Frontpartie abgesehen entspricht der Aufbau exakt dem zweiten Entwurf auf 170 S-Basis vom November 1950.

der Disposition eines Kombiwagens. Auf die vorderen zwei Einzelsitze folgt die übliche Rücksitzbank, die – analog der Limousine – vor der Hinterachse angeordnet ist. Die Funkanlage findet Platz im Laderaum, wo zusätzlich ein quer zur Fahrtrichtung gedrehter Einzelsitz installiert wird, und zwar mit der Rückenlehne am linken Innenkotflügel. Das Ersatzrad steht aufrecht an der gegenüberliegenden Seite. Dieser höher positionierte Sitzplatz ist der Auslöser für die deutlich größere Fahrzeughöhe.[104]

Eine Überarbeitung im November 1950 fällt formal etwas konservativer aus. Die Hecktür, und damit auch dessen großzügiges Fenster, ist in der Breite reduziert, die Dachrinne endet unmittelbar nach dem dritten Seitenfenster mit einem leichten Schwung nach unten. Beides lässt den Wagen im Heckbereich rundlicher erscheinen. Vorgesehen sind drei Batterien, zwei in den Kästen des Spritzwandvorbaus, eine unter dem Fahrersitz.[105] Mindestens zwei Exemplare dieses 170 S Polizeifunkwagens sind fotografisch nachgewiesen. Der eine entsteht vor Januar 1951 und ist möglicherweise ein Versuchswagen.[106] Auffällig sind die in verchromten U-Profilrahmen gleitenden bzw. eingeglasten Seitenscheiben, eine Lösung, die man beispielsweise vom 230 (W 153) von 1938/39 kennt. Der zweite in einem Bild festgehaltene Wagen steht bei der Polizei im damaligen Land Württemberg-Baden im Einsatz, dem amerikanisch besetzten Teil des heutigen Bundeslandes Baden-Württemberg. Alle drei seitlichen Fensteröffnungen verfügen hier über gerundete Ecken analog der zweiten Ka-

Abb. 0935 (linke Seite oben) **& 0936**
Präsentation von sechs auslieferungsbereiten 220 Polizeifunkwagen auf dem Gelände des Karosseriewerks Binz & Co. in Lorch (Württemberg), 1952. Dort entstehen die Fahrzeuge gemäß den Daimler-Benz-Werkszeichnungen und werden mit Nebelleuchten, Blaulicht, Suchscheinwerfer und einem elektrischen Martinshorn auf dem linken Vorderkotflügel versehen. Die Anzahl der gebauten Wagen ist nicht überliefert.

rosseriezeichnung vom November 1950. Die Kotflügel dieses Wagens sind schwarz lackiert. Über dem linken Vorderkotflügel befindet sich ein mit Druckluft betriebenes Martinshorn.[107] Angeboten wird der 170 S Polizeifunkwagen von Daimler-Benz zum Preis von 10 600 DM. Angeblich sollen 30 Stück gefertigt worden sein, und zwar bei Binz & Co., darunter vermutlich ein Mordkommissionswagen auf dem Fahrgestell des 170 S-D.[108]

220 Polizeifunkwagen 1952

Zu Beginn des Jahres 1952 wird die Beschaffung von Polizeifunkwagen dieser kombiähnlichen Bauart erneut aktuell.[109] Gewählt wird nun das Fahrgestell des 220 (W 187), was den Wagen dank des 80 PS-Motors deutlich leistungsfähiger macht. Abgesehen vom 220-spezifischen Vorderwagen entspricht der Aufbau – einige Anbauteile ausgenommen – dem überarbeiteten Entwurf auf Basis des 170 S. Anstelle der Fahrtrichtungsanzeiger verbaut man nun die Blinkleuchten der 220 Cabriolets. Des Weiteren gibt es anfänglich einen, dann zwei Nebelscheinwerfer, das obligate Blaulicht an der linken und den Suchscheinwerfer an der rechten Seite der A-Säule. Ein elektrisches Martinshorn auf dem linken Vorderkotflügel ersetzt das zuerst verwendete pneumatische.[110] Die Karosserie dieses Mercedes-Benz 220 Polizeifunkwagens kommt nicht aus dem Werk Sindelfingen, sondern wird ebenfalls dem Lorcher Karosseriewerk Binz & Co. in Auftrag gegeben, wo die Wagen auch fertiggestellt werden. Die Anzahl der dort gefertigten 220 Polizeifunkwagen bleibt im Dunkeln. Es waren jedenfalls deutlich mehr als der Versuchswagen und die sechs fotografisch belegten und identisch ausgerüsteten Fahrzeuge.[I]

Ein weiterer Entwurf für einen 220 Polizeifunkwagen – ausgearbeitet im November 1952 auf der Grundlage des Sindelfinger Lieferwagenaufbaus – wird nicht umgesetzt. Gemäß Zeichnung handelt es sich ebenfalls um einen viertürigen Wagen mit sechs Seitenfenstern und einer links angeschlagenen Hecktür mit großem Fenster, der sich in der Art eines gut proportionierten und diszipliniert gestalteten Kombi präsentiert. Den beiden verstellbaren Vordersitzen folgt in der zweiten Reihe eine Sitzbank. Unmittelbar hinter deren Rückenpolster befindet sich im Laderaum die Funkanlage und dahinter ein nun nach rückwärts gerichteter Einzelsitz.[111] Offenbar erkennen die Behörden keinen gewichtigen Vorteil gegenüber dem schon länger eingeführten Funkwagen mit dem höheren und etwas kürzeren Aufbau.

Der offene sechssitzige Polizeistreifenwagen

Auf Fahrgestell 170 D, 170 S und 220

Mit Fahrgestell 170 S

Während des ganzen Jahres 1950 steht ein weiteres Polizeifahrzeug in der Planung, nämlich ein offener sechssitziger Streifenwagen auf dem Fahrgestell des 170 S. Auch hier rechnet man bei vollbeladenem Wagen mit einer Hinterachslast von über einer Tonne, so dass die entsprechenden Schraubenfedern verbaut und Reifen der Dimension von anfänglich 6,70-15" und schließlich 6,00-16" gewählt werden müssen. Im Laufe des Herbsts konkretisiert sich das Vorhaben, ohne dass relevante Verän-

Anmerkung I: Ein weiterer 220 Funkstreifenwagen, der von den sechs vor dem Binz-Werk in Lorch abgelichteten Wagen abweicht (Blaulicht auf dem Dach, Martinshorn anstelle der linken Nebelleuchte) ist für 1953 in Hamburg nachgewiesen (»MVC-Depesche« 3/1994). Siehe auch Oswald, Polizeifz 1974, S. 73.

AW 21 · 0513

derungen vorgenommen worden wären.[112] Ein Versuchswagen dieses Typs – hergestellt im Werk Sindelfingen, wie das Karosserieschild verrät – ist fotografisch belegt. Laut Werksangaben sollen (bis 1953?) insgesamt 20 Stück – vermutlich bei Hägele gefertigt – zum Preis von 9 950 DM verkauft worden sein.[113] Zwei davon befinden sich in Lüneburg im Einsatz. Es handelt sich bei diesem Fahrzeugtyp um den letzten Vertreter der sogenannten Patrouillen- oder Überfallkommandowagen, die in den 1920er Jahren aufgekommen sind.[114]

Die vordere Hälfte dieses Streifenwagens entspricht weitgehend dem 170 S Cabriolet B. Allerdings sind die Frontscheibe und die als Kurbelfenster ausgebildeten Seitenscheiben höher geworden. In der hinteren Wagenhälfte können in einem kastenförmigen Aufsatz vier Einsatzkräfte auf zwei längs montierten Bänken sitzen und im Bedarfsfall rasch durch die Hecktür vom Wagen springen.[115] Dieser rückwärtige Teil des Aufbaus überragt die Gürtellinie des Vorderwagens um ca. 10 cm, was auf die höhere Sitzposition zurückzuführen ist, die von den raumgreifenden Hinterradkästen diktiert wird. Der Streifenwagen lässt sich mit einem leichten, im Heckteil hoch aufragenden Stoffverdeck schließen. Während an den Vordersitzen die mit Metallprofilen eingefassten Seitenscheiben hochgedreht werden können, muss der rückwärtige Wagenteil seitlich und hinten mit Steckfenstern dichtgemacht werden. Im geöffneten Zustand liegt das ungepolsterte Verdeck, nach vorn umgeklappt, auf der Trennwand zwischen dem Fahrerbereich und dem Mannschaftsteil. Zwischen dieser Trennwand und dem Beifahrersitz ist das Ersatzrad stehend fixiert, während sich hinter dem Fahrersitz an gleicher Stelle ein Behälter zum Einschieben der fünf Steckscheibenelemente befindet. Die Innenausstattung aus widerstandsfähigem Leder oder Kunstleder entspricht vorn dem Polizei-OTP. Auch hinten sind die beiden entlang der Längswände angeordneten Bänke im Sitz- und Rückenbereich gepolstert und mit demselben Material bezogen. Der Wagen trägt den Chromschmuck des 170 S; ausgenommen sind die fehlenden Zierstäbe entlang der (hier unterbrochenen) Gürtellinie und auf den Sicken der Motorhauben-Seitenbleche. Die seidenmatt oder seidenglänzend ausgeführte Lackierung des Wagenkörpers in Tannengrün kontrastiert mit den schwarzen Kotflügeln in Hochglanz. Auch das Kühlergitter in der Maske ist schwarz lackiert.[116]

Abb. 0937 & 0938 (linke Seite)
1950 entstehen im Werk Sindelfingen die Zeichnungen und der Prototyp eines sechssitzigen 170 S-Polizeistreifenwagens, der über der Hinterachse Platz für vier Einsatzkräfte auf Längsbänken bietet. Diese Anordnung führt zu einem kastenförmigen Heck mit entsprechend angehobenem Verdeck. Gesamthaft entstehen von diesem Modell 20 Einheiten, vermutlich bei Hägele in Mössingen.

Abb. 0939 & 0940
Die Kombination von Kurbelfenstern in den Vordertüren und dem offenen bzw. mit Steckscheiben zu schützenden Heckabteil wirkt eigenartig. Weil die Hecktür freibleiben muss, klappt das Verdeck nach vorn auf die Trennwand zwischen den beiden Aufbaubereichen. An dieser Stelle ist beifahrerseitig auch das Ersatzrad untergebracht.

Abb. 0941
Ein offener Tourenwagen für die Polizei entsteht auch auf der Basis des W 187: der Typ 220 OTP, gebaut ab Mitte 1952 in 41 Einheiten im Werk Sindelfingen. Im Unterschied zum 170 D OTP verfügt dieses Behördenfahrzeug nicht über seitliche Steckscheiben, sondern über Kurbelfenster in allen vier Türen und über die feststehende Frontscheibe des Cabriolet B.

Auch als 170 Da- und 220-Variante möglich

Ein Jahr später, im Oktober 1951, diskutiert man offensichtlich darüber, diesen Streifenwagentyp auf der Basis des 170 Da zu fertigen. Der schmalere Vorderwagen führt einzig am Übergang zum rückwärtigen Aufbau zu gewissen Anpassungen. Alles übrige kann unverändert bleiben.[117] Keine Adaptionen würde die Verwendung des 220-Fahrgestells (W 187) auslösen, eine Spielart, die im Februar 1952 untersucht wird.[118] Hinweise auf den Bau von Versuchsfahrzeugen dieser beiden Varianten, die bezüglich der Motorleistung die Extrempositionen der Typenfamilie darstellen, gibt es nicht.

Der 220 OTP – die schnelle offene Tourenwagenvariante

Als im Spätherbst 1951 ein offener Tourenwagen für den Polizeidienst auf 220 (W 187)-Basis zur Diskussion steht, werden gleichzeitig eine dem Cabriolet B sehr ähnliche zweitürige Ausführung und eine viertürige Ausführung geprüft. Letztere soll anfänglich bloß an den Vordertüren mit Kurbelfenstern versehen werden und hinten Steckscheiben erhalten.[119] Gewählt wird die Viertür-Variante, allerdings mit Kurbelfenstern in allen vier Türen.

Ab Mitte 1952 werden zunächst 24 Offene Polizei-Tourenwagen[120] auf dem W 187-Fahrgestell gebaut, welche die Bezeichnung 220 OTP tragen. Später folgt ein weiterer Auftrag, so dass letztlich 41 Stück entstanden sind, wohl alle in Sindelfingen.[121]

Aufbau

Analog den 170 D OTP für den Bundesgrenzschutz verfügen diese offenen Polizei-220er über vier Türen, haben jedoch den festen Frontscheibenrahmen des Cabriolet B erhalten. Die Metallrahmen der Kurbelfenster sind schwarz lackiert statt verchromt. Verzichtet wird weiter auf die Chromstäbe entlang der Motorhaube und der Gürtellinie. Alle anderen blanken Teile, neben der Kühlermaske auch die Stoßstangen, die beiden Nebelscheinwerfer, die Ringe der Hauptscheinwerfer in den Kotflügeln und sämtliche Griffe, zeigen sich in Chromglanz. Das einlagige Verdeck muss auf die bei den Cabriolets üblichen Sturmstangen verzichten. Trotzdem gleicht die äußere Erscheinung dieses offenen Polizeistreifenwagens einem fiktiven 220 Cabriolet D und ist weit entfernt von

Abb. 0942 & 0943
Äußerlich ähnelt der 220 OTP einem nicht erhältlichen (viertürigen) 220 Cabriolet D. Trotz der Kurbelfenster bleibt es bei einem ungepolsterten Verdeck und dem Verzicht auf Sturmstangen. Die Rahmen der Seitenscheiben sind in Wagenfarbe lackiert, die Chromstäbe an den Seitenblechen der Motorhaube und entlang der Gürtellinie fehlen. Davon abgesehen bleibt der Chromschmuck der Limousine erhalten.

der archaischen Aufmachung des 170 D OTP. Insbesondere dann, wenn die unten am Frontscheibenrahmen befestigten Zusatzleuchten fehlen. Es sind einzig die tannengrüne Lackierung (RAL 6009) und der reduzierte Chromschmuck, die das Polizeifahrzeug verraten. In einzelnen Bundesländern fallen die Wagen für den Verkehrsdienst auf, deren Kotflügel partiell weiß überspritzt werden und die links mit einem Blaulicht und rechts mit einem Suchscheinwerfer versehen sind (vgl. Abb. 0920).

Abb. 0944 & 0945
Das mit schwarzem Kunstleder ausgestattete Innere ähnelt allen übrigen Einsatzwagen der Polizei. Im Unterschied zum 170 Da OTP sind vorn keine Sitzbank, sondern zwei verstellbare Einzelsitze vorhanden. Eine durchlaufende Haltestange für die im Fond Sitzenden, montiert hinter den Rückenlehnen der Vordersitze, darf hingegen nicht fehlen. Die B-Säule ist durch das schräg verlaufendes Rohr der Haltestange in Längsrichtung stabilisiert.

Die Sitzanlage – vorn zwei verstellbare Einzelsessel, hinten eine durchlaufende Bank – ist mit robustem schwarzem Kunstleder bezogen, das auch für die Türverkleidungen verwendet wird. Gummimatten als Bodenbelag – nun auch hinten – tragen der strapaziösen Verwendung Rechnung. Nicht fehlen darf die hinter den Rückenlehnen der Vordersitze quer durch den Wagen laufende, an den B-Säulen und den Karosserieschwellern verschraubte Haltestange für die auf der Rückbank sitzenden Polizeikräfte – schließlich lassen sich mit dem kräftig motorisierten Polizeiwagen Kurvengeschwindigkeiten erreichen, die erhebliche Zentrifugalkräfte auslösen.

Aufwändig: Hohe Zuladung erfordert neue Fahrwerksabstimmung

Die 220 OTP sind, im Unterschied zu den »zivilen« Ausführungen, mit einer 12-Volt-Elektrik versehen. Einzelne dieser Wagen werden mit einer Funkeinrichtung ausgerüstet, deren Apparatur die obere Etage des Kofferraums in Anspruch nimmt und zusammen mit einer zusätzlichen Batterie unter der Motorhaube 85 kg wiegt. Die Bedienelemente mit Hörer und Lautsprecher sowie ein geeichter Geschwindigkeitsmesser sind am entsprechend angepassten Armaturenbrett untergebracht. Voll ausgerüstet und beladen, erreichen diese 220 OTP ein beachtliches Gesamtgewicht von 1 908 kg, was Reifen der Dimension 6,00-16" und härtere, jedoch in der Länge reduzierte Hinterradfedern nötig macht, um bei wenig belastetem Wagen den Hinterachssturz nicht allzu stark ins Positive gleiten zu lassen. Man hat offensichtlich vom diesbezüglichen Fehler beim 170 D OTP gelernt. Zusammen mit den Sportstoßdämpfern und einem im Durchmesser von 18 mm auf 20 mm vergrößerten vorderen Kurvenstabilisator erreicht man gute Fahreigenschaften.[122]

Abb. 0946
Einzelne 220 OTP sind mit einerFunkanlage der Firma Telefunken GmbH ausgerüstet. Deren Bedieneinrichtung ist beifahrerseitig am Armaturenbrett untergebracht, der zuschaltbare Lautsprecher sitzt anstelle eines Radiogeräts in der Brettmitte. Die eigentliche Funkanlage beansprucht die obere Ebene des Kofferraums, erfordert eine Bordelektrik mit 12 Volt Spannung und eine zweite Batterie im rechten Spritzwandkasten.

Abb. 0947
Ein Beamter der Verkehrspolizei Hannover am Funk des 220 OTP, um 1952. Welch ein Unterschied zu den frugalen 170 V Polizei-Mannschaftswagen der ersten Nachkriegsjahre.

14.3 Vernünftig, sportlich, exklusiv – breites Spektrum an Pkw-Sonderaufbauten

Individuell eingekleidete 170 V, 170 S und 220 (W 187) bleiben selten. Und wenn solche gebaut werden, bevorzugt die solvente Käuferschaft Coupés und offene Wagen. Hier gilt es zwischen den formal eher traditionell gezeichneten und den sportlich-modernen Cabriolets zu unterscheiden. Als fabrikneue Wagen noch nicht wieder käuflich sind, erlangt das Neukarossieren von Vorkriegsfahrgestellen eine gewisse Bedeutung. In der DDR hält sich diese Art der Wiederbelebung länger.

Nach dem Zweiten Weltkrieg ist zunächst wenig Bedarf für individuelle Luxusaufbauten vorhanden. Zudem ist der bescheidene 170 V kaum das bevorzugte Objekt, um solche Wünsche Wirklichkeit werden zu lassen. Die wenigen bekannten Ausnahmen bestätigen diesen Sachverhalt. Dies gilt ebenso für die höherklassigen 170 S und 220 (W 187), und zwar nicht zuletzt, weil von diesen beiden Baureihen zusätzlich zu den Innenlenkern und den fünfsitzigen Cabriolet B je ein sehr hübsches und hochwertiges Werks-Cabriolet A angeboten wird. Wagen, die zumindest in formaler Hinsicht kaum Wünsche offen lassen. Trotzdem entsteht eine ganze Reihe von Sonderaufbauten. Deren Schöpfer ist kaum je der hochqualifizierte Einzelwagenbau des Daimler-Benz-Werks Sindelfingen als vielmehr einer der vielen »freien« Karosseriebaubetriebe. Die traditionelle Formensprache überwiegt. Gerade deshalb fällt die kleine Gruppe der aktuell geformten, sportlich angehauchten Cabriolets auf, die beispielsweise bei Wendler in Reutlingen oder bei Drews in Wuppertal auf Fahrgestellen des W 187 entstehen. Aber auch von dieser speziellen Gattung lässt sich die Anzahl der Wagen an zwei Händen abzählen.

Der Entschluss, sich einen exklusiven Einzelaufbau zu leisten, ist nicht in jedem Fall an den Erwerb eines neuen (teilkarossierten) Fahrgestells gebunden. Nicht selten handelt es sich um den Wiederaufbau eines während der zurückliegenden Jahre arg strapazierten oder kriegsbeschädigten 170 V. In diesen frühen Nachkriegsjahren, als Neufahrzeuge für Privatkunden noch gar nicht verfügbar waren, ist der Gang zum bewährten Karosseriebauer in der näheren Umgebung – einem unternehmerischen »Mittelständler« wie in vielen Fällen der Auftraggeber selbst – recht naheliegend. Die nachfolgend aufgeführten Beispiele vermitteln einen Einblick ins Spektrum der individuellen, luxuriösen und/oder sportlichen Sonderkarosserien. Die Auswahl ist weder vollständig noch repräsentativ. Auffällig ist die hohe Präsenz des bekannten Karosseriebauunternehmens Erhard Wendler in Reutlingen, das mutmaßlich einen erheblichen Teil der individuellen 170 V-, 170 S- und 220 (W 187)-Karosserien baut. Als Formgestalter wirkt dort über viele Jahre der Autodidakt Helmut Schwandner.[I]

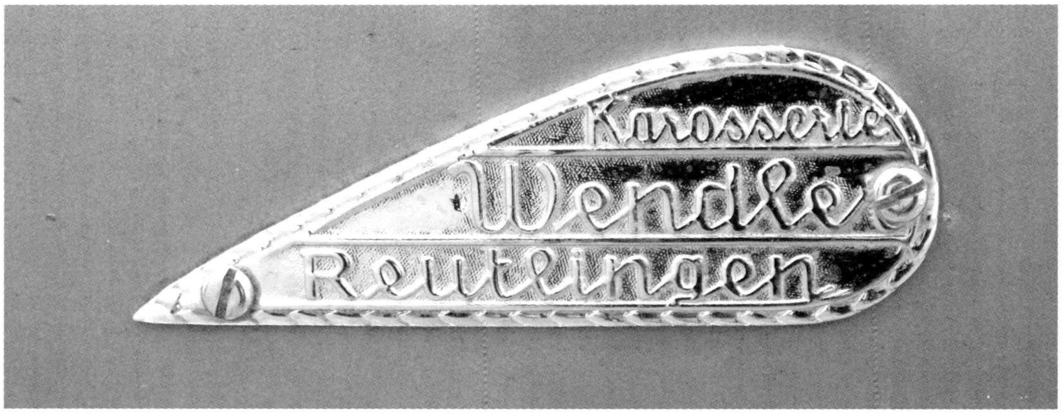

Abb. 0948
Exklusive Einzelaufbauten auf Basis der Fahrzeugfamilie 170 V – 170 S – 220 bleiben selten. Viele davon, meist Coupés oder Cabriolets, tragen die Firmenplakette des Karosseriebaubetriebs Wendler in Reutlingen.

Abb. 0949 (rechte Seite)
170 V Cabriolet, vermutlich 2+2-sitzig, mit Serienfront, aber langgezogenem Heck, gebaut von Wendler für Herrn von Bodelschwingh in Bünde, 1951.

Abb. 0950 (rechte Seite)
170 V Cabriolet C, Scheinwerfer in die Kotflügel eingetieft, Motorhaube mit drei horizontalen Sicken, gebaut von Wendler für die Möbelwerke Ilse in Uslar, 1951.

Abb. 0951 (rechte Seite)
170 V Coupé, Frontpartie mit dem Cabriolet C identisch, jedoch Blinker in den Kotflügeln und Vorkriegs-Exportstoßstange, gebaut von Wendler für das Großsägewerk Kirchhoff in Rönkhausen (Sauerland), 1952.

Anmerkung I: Einen guten Einblick in einen handwerklichen Karosseriebaubetrieb vermittelt Kieselbach, Wendler 2002, S. 7–20.

Cabriolets und Coupés: Individualisierte 170 V und 170 S

170 V Cabriolet C (1951) von Wendler

1951 entsteht für Herrn von Bodelschwingh in Bünde (Westfalen) – vermutlich einem der Söhne des bekannten Pastors, Missionars und Lehmbauexperten Gustav von Bodelschwingh – ein wohl 2+2-sitziges 170 V Cabriolet. Der Vorderwagen mit Frontscheibe, Vorderkotflügeln und Trittbrettern entspricht dem regulären 170 V, das Heck ist hingegen weiter nach hinten gezogen und verfügt über einen nach oben öffnenden Deckel zum großen Kofferraum, der einen Rollstuhl aufnehmen muss. Dort ist auch das Ersatzrad untergebracht. Das geöffnete Verdeck lässt sich bis auf einen kleinen »Kragen« im Wageninnern versenken.[123]

Die Kleinserie Cabriolet C und Coupé auf 170 V- und 170 S-Basis (1951/52) von Wendler

Die Firma Wendler baut 1951/52 eine Kleinserie von mindestens vier Coupé- und Cabrioletaufbauten, die trotz individuellen Abweichungen über viele gemeinsame Merkmale verfügen.

Einen dem Bodelschwingh-Cabriolet ähnlichen, sich aber moderner präsentierenden 170 V-Aufbau realisieren die Reutlinger für die aufstrebende Möbelfabrik Ilse in Uslar im Weserbergland. Abweichend ist insbesondere die Frontgestaltung, wo die hohe schlanke Serienkühlermaske mit in die Kotflügel integrierten Scheinwerfern kombiniert wird. Zu diesem Zweck sind die Serienflügel im vorderen Bereich bauchiger, weiter nach unten gezogen und die Scheinwerfer betont schräg eingebaut, wie es der Volkswagen und der soeben vorgestellte DKW F 89 vormachen. Die Seitenbleche der Motorhaube verfügen statt der stehenden Kiemen über drei horizontale, gegen unten offene Sicken. Ähnlich dem seinerzeitigen Cabriolet A verläuft ein Chromstab in einem langgezogenen Schwung vom Kühler bis auf den Hinterkotflügel. Zudem ist die Frontscheibe stärker geneigt und mit Scheibenwischerarmen versehen, die unten angelenkt sind.[124]

Die Johann Kirchhoff GmbH & Co. AG, Großsägewerk und Grubenholzlieferantin in Rönkhausen im Sauerland, lässt sich bei Wendler ein 170 V Coupé bauen. Der Wagen unterscheidet sich vom Ilse-Cabriolet hauptsächlich durch den filigranen, transparent verglasten Pavillon. Dem Seitenfenster in der Tür folgt, nach der B-Säule in Form eines schlanken Chromstabs, ein kleineres zweites Seitenfenster. Die Rückwandverglasung ist deutlich grösser dimensioniert als in den Serien-Limousinen. Für den gewünschten Offeneffekt sorgt ein großflächiges Stoffschiebedach. Im Unterschied zum ähnlich geformten Cabriolet wird das Coupé mit Vorkriegs-Exportstoßstangen, schlanken Hörnern und in die Kotflügel eingelassenen Blinkern und Rückleuchten versehen.[125] Der Wagen hinterlässt einen bemerkenswert stattlich-eleganten Eindruck.

Ein weiteres 170 V Coupé dieser Kleinserie wird im selben Zeitraum für einen unbekannten Kunden gefertigt. Dieser mag sich nicht mit dem modischen Scheinwerfereinbau in die Kotflügel anfreunden, so dass Wendler die Serienkotflügel mit den aufgesetzten Lampen und der Serienstoßstange unverändert belässt.[126]

Beim dritten bekannten Wendler-Coupé, das mit demselben zweifenstrigen Pavillonaufbau versehen ist, handelt es sich um einen 170 S, der durch den Umbau eines Sindelfinger Cabriolet A entsteht und im Ergebnis sehr harmonisch wirkt.[127]

Abb. 0952
170 V Cabriolet, 2+2-sitzig, pontonähnliche, stark amerikanisch beeinflusste Formgebung, wodurch der Wagen nicht mehr als Mercedes-Benz erkennbar ist. Gebaut von Wendler für Fräulein Krimmel aus Reutlingen, 1950.

Abb. 0953
220 (W 187) Coupé, 2+2-sitzig, auf der Basis eines Sindelfinger-Cabriolet A, lichter Pavillon mit zwei Seitenfenstern. Gebaut von Wendler für die Mercedes-Benz-Vertretung Wackenhut in Nagold, 1952.

Abb. 0954
220 (W 187) Coupé, 2+2-sitzig. Der elegante, lichtdurchflutete Pavillon entspricht dem »Wackenhut«-Coupé und kontrastiert hier mit der übrigen, eher massig wirkenden Karosserie mit Pontonanklängen. Gebaut von Wendler, bleibt im Besitz des Firmenchefs, 1952.

Abb. 0955
220 (W 187) Limousine, formal mit dem Coupé (Abb. 0954) und dem Cabriolet (Abb. 0956 & 0957) eng verwandt. Auffällig sind die lange Motorhaube und der eher knappe Fahrgastraum. Gestalterisch am Übergang zur Pontonform. Gebaut von Wendler für Herrn Knorr aus Stuttgart, 1952.

170 S Coupé aus Sindelfingen?

Ein weiteres 170 S Coupé entsteht (vermutlich 1951) durch den Umbau eines Cabriolet A. Anstelle des Verdecks wird eine feste Dachhaube aufgesetzt, die jedoch pro Seite nur über ein einziges Fenster verfügt, nämlich über dasjenige in der Tür. Damit sieht dieser 170 S, vom Vorderwagen abgesehen, den später für den 220 (W 187) vom Daimler-Benz-Karosseriewerk Sindelfingen gebauten Coupés zum Verwechseln ähnlich.

170 V »Amerika«-Cabriolet (1950) von Wendler

Auf Wunsch der Kundschaft ist die Karosseriebaufirma Wendler durchaus bereit und in der Lage, auf die modisch gewordene Amerika-Linie einzuschwenken. Davon zeugt ein 1950 gebautes 170 V Cabriolet für ein Fräulein Krimmel aus Reutlingen, möglicherweise aus der Dynastie der Krimmel-Strickwarenfabrik. Die Karosserie nähert sich der Pontonform an, ist aber noch zeittypisch stark gerundet. In formaler Hinsicht erinnert nichts mehr an einen bisherigen Mercedes-Benz.[128]

Von traditionell bis modern: Individualisierte 220 (W 187)

Man möchte glauben, dass das elegante 220 Cabriolet A und das hochexklusive 220 Coupé aus dem Daimler-Benz-Karosseriewerk Sindelfingen selbst bei anspruchsvollen und finanziell potenten Kunden kaum den Wunsch nach einer maßgeschneiderten Einzelanfertigung weckt. Das trifft nur teilweise zu: Den Wunsch nach einen 220 Coupé erfüllt Daimler-Benz nämlich erst ab Anfang 1954. Die eine oder den anderen reizt zudem die Vorstellung, den leistungsstarken Wagen in einem moderneren Kleid zu fahren, insbesondere in einem sportlich-offenen. Und so entsteht auch auf dem Fahrgestell des W 187 eine kleine Anzahl bemerkenswerter Einzelschöpfungen. Wiederum steht die Karosseriefirma Erhard Wendler in Reutlingen an erster Stelle. Von ihr sind eine Limousine, zwei unterschiedliche Coupés und zwei ganz anders geartete Cabriolets bekannt. Drei formal verwandte, modern inspirierte Cabriolets baut die Karosseriefirma Drews in Wuppertal, während das Karosseriewerk Binz & Co. in Lorch (Württemberg) einen ziemlich eigenartigen 220 Roadster fertigt. Letzterer hat keinen privaten Auftraggeber, sondern ist aufgrund von verkaufs- und modellpolitischen Überlegungen von Daimler-Benz bestellt worden.

Von den 47 durch das Werk Sindelfingen teilkarossiert ausgelieferten W 187-Fahrgestellen – also versehen mit Motorhaube, vorderen Kotflügeln und Windlauf – dürfte die Mehrheit nicht für individuelle Coupés und Cabriolets, sondern für Kasten- und Kombiwagen, für vereinzelte Krankenwagen sowie für die bei Binz & Co. gefertigten geschlossenen Polizei-Funkwagen verwendet worden sein.

220 Traditions-Coupé (1952) von Wendler

Als formal stimmig darf man das 1952 von Wendler gebaute Coupé für die Firma Gebr. Wackenhut in Nagold bezeichnen. Wackenhut fertigt seit 1933 Lkw-Anhänger und Fahrerhäuser und übernimmt 1948 die Mercedes-Benz-Vertretung. Das Einzelstück basiert offensichtlich auf einem 220 Cabriolet A und übernimmt dessen Linie, obwohl die (leicht geschwungenen) Flanken und insbesondere das Heck fast unmerklich dem lichten Pavillon angepasst sind. Dieser verfügt, analog den 170 V- und 170 S-Coupés aus gleichem Haus, ebenfalls über zwei Fenster pro Seite und verleiht dem Wagen dadurch einen grundlegend anderen Charakter als das zwei Jahre später von Daimler-Benz angebotene 220 Coupé.[129]

Auf dem Weg zur Ponton-Form: 220 Limousine, Coupé und Cabriolet (1952) von Wendler

Im Laufe des Jahres 1952 entstehen bei Wendler auf W 187-Basis drei Wagen – eine Limousine, ein Coupé und ein Cabriolet – die formal eng verwandt sind und das Bestreben der Firma zeigen, sich gestalterisch in Richtung Ponton-Form zu bewegen, ohne gleich alle Traditionen über Bord zu werfen. Die Aufbauten verfügen – wie bei Wendler üblich – über tragende Holzgerippe, die mit Formteilen aus Aluminiumblech beplankt sind. Verwendet wird die Serien-Kühlermaske, die zu einer hohen, keilförmig nach vorn zulaufenden Motorhaube führt. Die Vorderkotflügel mit integrierten Scheinwerfern steigen sanft an, bevor sie im hinteren Bereich des Vorbaus wieder leicht nach unten fallen und bis weit in die vorderen Türflächen reichen. Die hochgezogenen hinteren Kotflügel bauchen nur leicht über die Wagenflanken vor, die sonst nicht weiter gegliedert sind. Die dezent gewölbte und stark geneigte Frontscheibe wirkt insgesamt zu klein.

Die Limousine fällt wegen des langen Vorbaus durch ungewöhnliche Proportionen auf, wirkt aber sonst recht stimmig. Sie entsteht für einen nicht näher bekannten Herrn Knorr in Stuttgart.[130]

Beim Coupé kontrastiert der elegante und feingliedrige Pavillon mit seinen zwei harmonisch proportionierten Seitenfenstern mit der optischen Schwere des Wagens unterhalb der Gürtellinie. Dieser Wagen bleibt offenbar im Besitz von Firmenchef Erhard Wendler.[131]

Das Cabriolet C entspricht weitgehend dem Coupé, sieht man vom Stoffdach anstelle des Pavillons ab. Eine gewisse Opulenz, be-

Abb. 0956 & 0957
220 (W 187) Cabriolet C. Vom Verdeck statt des festen Dachs abgesehen, entspricht der Wagen dem Coupé von Erhard Wendler (Abb. 0954 linke Seite). Von schräg vorn zeigt sich das Cabriolet mit offenem Verdeck ausgewogen, von schräg hinten dominiert das massige Heck. Gebaut von Wendler für die Firma Schmöle in Menden (Sauerland), 1952.

Abb. 0958
220 (W 187) »Schmöle«-Cabriolet. Die Disposition des Armaturenbretts, die Instrumente und Bedienelemente sind mit den 220-Serienwagen identisch. Doch es fehlt eine Holzabdeckung, und der sichtbare Gummirahmen der Frontscheibe wirkt wenig ansprechend.

Abb. 0959
Mit dem 220 (W 187) Sportcabriolet entfernt sich Wendler vollständig von der traditionellen Mercedes-Benz-Formensprache und geht neue, vom Pontonstil beeinflusste Wege. Gebaut wird der Wagen 1952 für den Papierindustriellen Boltersdorf aus Brohl (Rhein).

Abb. 0960
220 (W 187) Cabriolet »Typ 2« von Drews in Wuppertal, um 1952. Der 2+2-Sitzer folgt konsequenter der Pontonform als das »Boltersdorf«-Cabriolet von Wendler. Die nach hinten laufenden Sicken über den Radausschnitten und die tropfenförmigen Vertiefungen signalisieren Fahrdynamik.

Abb. 0961
Das 220 (W 187) Cabriolet »Typ 3« von Drews, um 1952, zeigt sich mit seinen glatten, unverspielten Flanken schlicht und modern. Die Scheinwerfer-Blinkerdisposition entspricht dem »Typ 2«; weitere Details der Frontgestaltung sind nicht überliefert. Die Aufnahme entstand in Lauterbrunnen im Berner Oberland.

sonders auffällig von schräg hinten, ist auch dieser Ausführung eigen. Diesen offenen Wagen hat die Firma R. & G. Schmöle in Menden (Sauerland) in Auftrag gegeben, ein alteingesessenes Großunternehmen der Nichteisenindustrie. Als Basis dient das Limousinenfahrgestell 187 011 01924/52.[132]

220 Sportcabriolet (1952) von Wendler, Reutlingen

Das Karosseriewerk Wendler baut in der ersten Hälfte der 1950er Jahre einige sportlich anmutende Cabriolets auf verschiedensten (auch ausländischen) Fahrgestellen. Zu dieser Gruppe gehört ein 2+2-sitziger Sportwagen von 1952 auf W 187-Basis, der statt des traditionellen Mercedes-Benz-Kühlers ein gänzlich anders gestaltetes Gesicht mit einem längsovalen Grill und horizontalen Stäben trägt. Dadurch lässt sich der Aufbau niedriger, in seiner

Form fließender und sportlicher gestalten. Die vorderen Kotflügel sind nur im Frontbereich und zusammen mit der Motorhaube formal akzentuiert, die Flanken verlaufen hingegen pontonartig flach bis zu den erneut betonten hinteren Kotflügeln. In Auftrag gegeben hat diesen eleganten Wagen der Papierindustrielle Boltersdorf aus Brohl am Rhein.[133]

220 Cabriolet-Typen 1, 2 & 3 von Drews, Wuppertal

Zu den Karosseriebetrieben, die zwischen 1949 und 1955 aktuell geformte Cabriolets in Pontonform realisieren, gehört die kurz vor dem Ende des Zweiten Weltkriegs gegründete Firma der Gebrüder Drews in Wuppertal-Elberfeld. Mehrere Wagen entstehen auf Fahrgestellen von Volkswagen und des Ford Taunus, bemerkenswerte Einzelstücke ruhen auf Chassis von Fiat und Alfa Romeo. Schließlich bauen die Drews-Leute um 1952 drei Cabriolets auf Fahrgestellen des Mercedes-Benz 220 (W 187), alle 2+2-sitzig. Die Außenbeplankung ist auch hier in Handarbeit aus Aluminiumtafeln gefertigt, die Grundstruktur dieser Aufbauten besteht jedoch aus Stahlblech.

Zwei dieser sportlichen Wagen, die sogenannten Typen 1 und 2, ähneln sich stark. Beide fallen durch die markante Front mit den in die Kotflügel eingelassenen Hauptscheinwerfern und den darunter angeordneten kleineren Nebelleuchten auf. Der Kühlergrill, auch hier innerhalb einer ovalen Öffnung, sieht mit seinen üppigen, mit einem Knick in der Mitte versehenen Chromrippen einem Haifischmaul ähnlich. Zwei Sicken zieren die ansonsten glattflächige Wagenflanke. Diese Erhebungen setzen an den vorderen Rundungen der Radausschnitte an und laufen vom Scheitelpunkt weg horizontal gegen hinten spitz aus – ein gestalterisches Moment, das optisch viel Fahrdynamik suggeriert. Die Rückleuchten sind als Formelement bewusst in die Karosseriegestaltung einbezogen, in der Art jedoch unterschiedlich gelöst. Auffällig sind beim Typ 2 die beiden tropfenartigen Vertiefungen, die von der A-Säule bis in die Tür übereinander angeordnet sind und sich durch eine silberne Lackierung von der Karosseriefarbe absetzen.

Das fast vollversenkte Cabrioverdeck entsteht mitsamt Gestänge in der eigenen Werkstatt, ebenso die Sattlerarbeiten in zwei unterschiedlich gefärbten Lederausführungen. Das Armaturenbrett entspricht weitgehend dem Serien-220 und ist, wie beim Cabriolet A, ebenfalls mit Leder bezogen. Anstelle eines Radios ist in der Blende ein großer verchromter Aschenbecher eingetieft.

Der Typ 3 weicht stärker ab. Die kontur- und applikationslosen Flanken gehen in ein betont gerundetes Heck über, dessen Stoßstange bis an das hintere Ende des Radausschnitts gezogen ist. Die Frontgestaltung ist nicht bekannt. Die drei Cabriolets werden von den Brüdern Drews offenbar zunächst selbst benutzt, bevor sie die Wagen veräußern.[134]

Abb. 0962
Das Autohaus von Max Hoffman in Chicago, 1952. Hoffman importiert außer Jaguar auch Mercedes-Benz. Nach seiner Vorstellung sollen neben den Typen 220, 300 und 300 S bald auch wirklich sportlich-leichte, formal moderne Mercedes-Benz-Wagen das autoaffine Publikum in den USA begeistern und zum Kauf animieren.

220 Roadster (1953) von Binz, Lorch (Württemberg)

Den Wunsch, den US-amerikanischen Markt für Mercedes-Benz zu erschließen, hegt bereits Konzernchef Haspel, der mit Max Hoffman auch den geeigneten Importeur zur Seite hat. Doch es fehlen zunächst Modelle, welche das anspruchsvolle amerikanische Publikum begeistern könnten. Auf Initiative von Arnold Wychodil, dem für den Export zuständigen Vorstandsmitglied, lässt sein Kollege und Sindelfinger Werkschef Wilhelm Langheck Ende Sommer 1953 vom Karosseriewerk Binz einen leichten Roadster auf Basis des 220 (W 187) bauen, der als Anschauungsobjekt und Diskussionsgrundlage für den Einstieg in den amerikanischen Markt dienen soll.

Der im Herbst 1953 vom Fahrzeugwerk Binz in Lorch (Württemberg) karossierte 220 Roadster mit der Fahrgestell-Nr. 187 012 02100/53 erhält einen formal eigenartigen Aufbau. Die hohe Serienkühlermaske bildet mit den recht tief angeordneten, in die Kotflügel eingelassenen Scheinwerfern einen scharfen Kontrast. Die Flügel steigen entlang der gesamten Wagenflanke keilförmig an, sind lediglich oberseitig gewölbt und verschmelzen erst im Bereich der traditionell geformten Hinterkotflügel mit dem Wagenkörper. Seitlich bilden sie hingegen mit den Türen eine plane Fläche. Das langgezogene, flach abfallende Heck erinnert an das Serien-Cabriolet A. In den Türen fehlen Kurbelfenster und äußere Türgriffe. Als Wetterschutz dient ein knapp geschnittenes, schwarzes Stoffverdeck ohne Futter, das sich hinter der Rücklehne der mit

Abb. 0963, 0964, 0965, 0966 & 0967
220 Roadster, 1953 von Daimler-Benz bei Binz & Co. als Anschauungsobjekt für einen US-tauglichen Sportwagen in Auftrag gegeben. Doch Importeur Max Hoffman lehnt die skurrile, zwischen Tradition und Moderne hin und her schwankende Form ab und fordert einen wirklich hübschen, kleinen und leichten Mercedes-Benz-Sportwagen.

Kunstleder bezogenen Sitzbank verbergen lässt. Die leicht gewölbte Frontscheibe sitzt in einem kantig ausgebildeten, verchromten Rahmen.

Doch der Wagen fällt durch. Max Hoffman, der bereits erfolgreich Jaguar- und Porsche-Wagen in die USA importiert, fordert einen kleinen, leichten und hübschen Mercedes-Benz-Sportwagen, den er anlässlich einer Vorstandssitzung am 2. September 1953 auch zugesichert erhält. Aus diesem Versprechen entsteht der erfolgreiche 190 SL (W 121 B II).[135] Der grün lackierte 220 Roadster bleibt ein Einzelstück, das am 13. November 1953 an den Fahrzeugimporteur I.M.A. SA in Brüssel (und späteren Karosseriebaubetrieb in Mechelen) ausgeliefert wird.[136]

Umbauten und Neukarossierungen

Die folgenden drei Beispiele dokumentieren unterschiedliche Ausgangslagen und Beweggründe, die zu die zur tiefgreifenden Um- oder Neugestaltung von Karosserien führen. Alle zeugen aber von einem hoch entwickelten handwerklichen Stand im Bereich des Karosseriebaus.

Mercedes-Benz 170 V »Sodomka« von 1937/46

Ein Jahr nach Kriegsende, 1946, setzt die tschechische Karosseriebaufirma Josef Sodomka in Vysoké Mýto (Hohenmauth)[I] mit großem Aufwand einen offenen 170 V in Stand. Es handelt sich um den Wagen mit der Fahrgestellnummer 161 379, der im April 1937 als Fahrgestell in das böhmische Reichenberg (heute Liberec) ausgeliefert worden ist. Die Art und das Aussehen des ursprünglichen Aufbaus sind unbekannt.

Nach dem Eingriff von 1946 präsentiert sich der Wagen als hübsches Cabriolet mit einer wohlproportionierten Karosserie im Stil der späten 1930er Jahre. Sodomka verzichtet auf die Mercedes-Benz-Kühlermaske und baut eine gerundete Front mit feinen horizontalen Stäben. Die konvex gewölbten Vorderkotflügel treffen auf ein vollständig horizontal

Anmerkung I: Die Carrosserie Josef Sodomka wurde 1948 enteignet und als Karosa n.p. weitergeführt. Dort entstanden in der Folge Busse auf Škoda-Fahrgestellen.
Anmerkung II: Der Wagen wurde 2013 bei einem nicht vom Fahrer verschuldeten Unfall mit Todesfolge zerstört.

Abb. 0968 & 0969
170 V Cabriolet »Sodomka«. Das 1937 in die Tschechoslowakei eingeführte 170 V-Fahrgestell wird von einem unbekannten Betrieb mit einem Aufbau versehen und nach Kriegsschäden 1946 vom traditionsreichen Karosseriebauer Sodomka aufwändig erneuert. Der formal ansprechende Wagen im Stil der späten 1930er Jahre ist nicht als Mercedes-Benz erkennbar (Foto 2013). Ob Sodomka eine vollständig neue Karosserie baut oder die vorhandene aufarbeitet und allenfalls partiell ändert, lässt sich nicht mehr feststellen.

verlaufendes Trittbrett und die Scheinwerfer, leicht zur Mitte hin gerückt, sind geschickt in den Vorbau eingelassen. An einen Mercedes-Benz 170 V erinnern nur die Raddeckel mit dem Stern und die Disposition des Armaturenbretts, das vermuten lässt, dass die originale Spritzwand mehr oder weniger unverändert übernommen worden ist.[137] Stilistisch ähnelt der Sodomka-170 V dem Škoda Rapid OHV von 1939.[II]

Mercedes-Benz 170 V Roadster-Umbau »Sindelfingen« 1938/48

1938 findet ein rechtsgelenkter 170 V Roadster den Weg nach Batavia in Niederländisch-Indien (heute Jakarta auf Java, Indonesien) zu einem einheimischen Geschäftsmann. Zehn Jahre später, 1948, schickt der Eigentümer diesen Wagen nach Sindelfingen zurück, um ihn im Einzelwagenbau von Daimler-Benz renovieren und in Teilbereichen nach seinen Vorstellungen formal verändern zu lassen. Die Entwurfsskizze und die Karosseriezeichnung sind erhalten geblieben (siehe Abb. 0973 auf der folgenden Seite).

Angepasst wird insbesondere die Kotflügelanlage, die im Vergleich zum Serienmodell voluminöser ausfällt. Zudem sind die Hinterräder zur Hälfte mit schwungvoll endenden Blenden abgedeckt. Vorn werden die Scheinwerfer nun vollständig eingelassen, während hinten die beiden runden Rückleuchten zylinderförmig aus den Kotflügeln stoßen. Das Ersatzrad verbirgt sich unter einer runden Abdeckung, wie eine ähnliche auch für die Limousine verwendet wird. Die erneuerte Stoßstangenanlage mit Hörnern wirkt kräftig und ähnelt derjenigen des gerade im Entstehen begriffen 170 S. Eine Armaturenbrettverkleidung mit Wurzelholzfurnier und das aktuelle Dreispeichenlenkrad – allerdings mit Lederummantelung – komplettieren die Verjüngungskur. Entstanden ist ein eher feminin wirkendes Einzelstück nach den formalen Vorstellungen des südostasiatischen Eigentümers.[III]

Anmerkung III: Der Name ist dem Autor bekannt. Der »Batavia«-170 V Roadster wurde vor wenigen Monaten in einer Fachwerkstatt umfassend restauriert.

Abb. 0970, 0971 & 0972
Mercedes-Benz 170 V »Batavia-Roadster«. Der Eigentümer des 1938 nach Batavia in Niederländisch-Indien exportierten 170 V Roadster schickt 1948 den Wagen nach Sindelfingen zurück, um ihn im Werk aufwändig überholen und die Karosserie nach seinen Vorstellungen verändern zu lassen. Es entsteht ein Fahrzeug ganz nach seinem Geschmack, an dem sich die traditionelle Form mit modischen Elementen und exklusiven Einzelheiten mischt.

Abb. 0973
Karosserieentwurf für den Umbau des 170 V »Batavia-Roadster«, Werk Sindelfingen, dat. 06.09.1948. Auf der Zeichnung sind Korrekturen im Bereich der Scheinwerfer und der Rückleuchten sichtbar.

Abb. 0974
170 V »Wartburg«. Im Zeitraum von 1956 bis 1960 entstehen 17 derartige Wagen durch die Neukarossierung von 170 V-Fahrgestellen mit Aufbauten des Wartburg 311. Obwohl aus der Not geboren, gelingt Karosseriebaumeister Oskar Schwarze in Görlitz (DDR) mit diesen in Kleinstserie handwerklich gebauten Wagen ein ästhetisch bemerkenswertes Ergebnis.

DDR-spezifisch: 170 V mit Wartburg 311-Karosserie in Kleinserie

Eine ganz andere Ausgangslage führt in der Deutschen Demokratischen Republik zur Neukarossierung von mehreren Dutzend Mercedes-Benz 170 V.

Wie in den westlichen drei Besatzungszonen haben die in der Sowjetzone übriggebliebenen 170 V den Krieg eher schlecht als recht überstanden. Allerdings ist man hier deutlich länger auf diese Fahrzeuge angewiesen als in der Bundesrepublik, was die besonderen Anstrengungen erklärt, sie am Laufen zu halten. Zahlreiche dieser 170 V sind wie vordem als Taxi unterwegs, andere finden als ehemalige Behördenfahrzeuge neue private Eigentümer. Während der technische Unterhalt durch die in den Werkstätten noch vorhandenen Ersatzteile und durch Nachfertigungen des VEB Kfz-Zubehörwerks Meißen leidlich gelingt, werden die in Gemischtbauweise hergestellten Aufbauten zusehends maroder. Angesichts der Mangelwirtschaft in der DDR ist die Idee naheliegend, umfassend instandgesetzte 170 V-Fahrgestelle mit einer verfügbaren – und das bedeutet markenfremden – Ersatzkarosserie zu versehen.

Nicht das einzige, aber das prominenteste Beispiel von Neukarossierungen sind die von Karosseriebaumeister Oskar Schwarze in Görlitz zwischen 1956 und 1960 mit Wartburg 311-Aufbauten versehenen Mercedes-Benz 170 V. Unterstützt wird der seit 1934 hier ansässige Karosseriebetrieb von der unmittelbar benachbarten Mercedes-Benz-Werkstatt von Richard Rauh. Für das Umkarossieren verwendet die Firma Schwarze vorzugsweise Wartburg 311-Unfallwagen, die im Frontbereich beschädigt sind, denn der Vorbau muss wegen des 395 mm weiteren 170 V-Radstands verlängert und angepasst werden. Während die Vorderkotflügel aus Wartburg-Exemplaren entstehen, handelt es sich bei der Motorhaube um ein Neubauteil, das an die traditionelle Mercedes-Benz-Kühlermaske anschließt. Letztere muss allerdings unten eingekürzt werden, um die Wartburg-Stoßstange verwenden zu können. Der Karosserieumbau ist in formaler Hinsicht überraschend gut gelungen und sieht den frühen Versuchswagen des Mercedes-Benz 180 (W 120) – also dem »kleinen Ponton« – nicht unähnlich, obwohl das dritte Seitenfenster den Pavillon etwas leichter erscheinen lässt.

Technisch bleibt der Wagen ein 170 V, wobei in Ermangelung einer Anschlussstelle für eine mechanische Treibstoffpumpe am Motor auch der Tank vor der Spritzwand übernommen wird, so dass der Steigstromvergaser mit Fallbenzin auskommt. Die 16"-Räder stammen entweder vom 170 V oder es werden die typischen Lochräder des BMW/EMW 340 montiert. Das Wageninnere stammt größtenteils vom Wartburg, allerdings bleibt es bei der Stockschaltung des 170 V. Zur Armaturentafel fehlen die Angaben.

Bei Oskar Schwarze in Görlitz entsteht eine Kleinserie von offenbar 17 dieser Mercedes-Benz 170 V »Wartburg«. Darunter befinden sich ein Cabriolet sowie ein Kombi in der sogenannten Rundheck-Ausführung. Die mehrheitlich schwarz lackierten Limousinen stehen als Taxi bis in die 1970er Jahre im Einsatz. Bekannt ist außerdem eine sehr hübsche, zweifarbig lackierte Limousine für den Privatgebrauch. Das Ende der DDR-eigenen Ersatzteilefertigung für den 170 V und der zunehmende Druck des Staates auf die freien Handwerksbetriebe führen um 1960 dazu, dass der 170 V-Wartburg-Umbau eingestellt wird.[138]

100 000
180 DIESEL

15 Ausklang

Im September 1958 verlässt der 100 000. Mercedes-Benz 180 D des Sindelfinger Werk. Das Wirtschaftswunder hat es möglich gemacht: Die Vierzylinder-Ponton sind zum unumstrittenen Volumenmodell der Daimler-Benz AG geworden. Doch welche Auswirkungen wird der freie Handel durch die Europäische Wirtschaftsgemeinschaft (EWG) haben? Erneut kreisen die Gedanken der Firmenleitung um einen kleineren und preisgünstigeren Mercedes-Benz.

15.1 Die »Ponton«-Baureihe: Mit der Mittelklasse ins Wirtschaftswunder

Die ab 1953 gebauten neuen Mercedes-Benz mit Pontonkarosserie – bald als Benziner und Diesel sowie in mehreren Leistungsstufen und Karosserievarianten erhältlich – erweisen sich als genau die richtigen Modelle, um im »Wirtschaftswunder« erfolgreich mitspielen zu können. Die Ausführungen mit Vierzylindermotor, größer und deutlich geräumiger als der 170 S, werden zum eigentlichen Verkaufsrenner, trotz stolzem Preisschild. Das nach oben zeigende Wirtschaftsbarometer macht's möglich.

Abb. 0975
Einweihung der neuen Verkaufsräumlichkeiten der Mercedes-Benz-Niederlassung München am Odeonsplatz, 6. Juli 1950. Noch immer ist der altgediente 170 V zusammen mit seinem Dieselgeschwister 170 D die große unverzichtbare Verkaufsstütze im Pkw-Geschäft der Daimler-Benz AG.

Als im September 1955 die Produktion des 170 S-D eingestellt wird, geht – weitgehend unbemerkt und emotionslos – eine bedeutende Epoche in der Personenwagengeschichte der Daimler-Benz AG zu Ende: Die in großen Stückzahlen gefertigten Gebrauchswagen auf der Grundlage des 170 V – im Laufe der zurückliegenden zwei Jahrzehnte zu einer Fahrzeugfamilie angewachsen – sind Geschichte. Es ist der richtige Augenblick zusammenfassend zurückzublicken, um die Bedeutung des Typs 170 V und der von ihm abgeleiteten Modelle für das Unternehmen Daimler-Benz zu erkennen und einzuordnen.

Der 170 V und seine Derivate im Rückblick: Ein großer Erfolg

Im Februar 1936 geht der Mercedes-Benz 170 V als sogenannter Auffangtyp in Produktion, verbunden mit der Erwartung, die enttäuschenden Verkaufszahlen »aufzufangen«, die sich durch den schleppenden Absatz des Typs 130 eingestellt haben. Denn dieser Heckmotorwagen ist als Einstiegs- und eigentliches Volumenmodell vorgesehen gewesen, fällt jedoch beim Publikum durch. Für den 170 V – den *Auffangtyp* in Standardbauweise – rechnet die Firmenleitung mit einer Fertigungsdauer von bloß rund 20 Monaten bis zu seiner Ablösung. Doch der Wagen schlägt so gut ein, dass er über viele Jahre weiterproduziert wird und keiner der designierten Nachfolger eine Chance hat, ihn zu beerben. Dafür gibt es mehrere Gründe: Neben den ungebrochen hervorragenden Verkaufszahlen aufgrund seiner anerkannt hohen Qualitäten begünstigt die auf Autarkie ausgerichtete Wirtschaftspolitik des »Dritten Reichs« eine weiterlaufende Fertigung, bis der Krieg 1942 schließlich das generelle Ende der Pkw-Produktion erzwingt. Vier Jahre später, nach der Befreiung Deutschlands durch die Alliierten, gelingt der Daimler-Benz AG 1946 ein Neustart im Pkw-Bau nur dank des 170 V, der – nicht zuletzt durch die Variante mit Dieselmotor – eine zweite Blüte erlebt, die derjenigen vor dem Krieg ebenbürtig ist.

Das Modell 170 S, das 1949 mit verbessertem Fahrwerk, leistungsfähigerem Motor und größerer Karosserie im bisherigen Stil den altgedienten 170 V hätte ablösen sollen, liegt in Wirklichkeit eine Klasse höher und ergänzt in der Folge als zweite Typenreihe das Fertigungsprogramm erfolgreich. Die Krönung des

Abb. 0976
Kurzer Stopp am Hafen von Nizza, 1952. Mit dem leistungsstarken 220 (W 187) auf große Reise zu gehen, ist ein Vergnügen. Doch auch dieses gehobene Sechszylindermodell geht konzeptionell und konstruktiv auf den 170 V zurück, der als preisgünstigster Mercedes-Benz ab 1936 zum Verkaufsschlager geworden ist.

170 V-Grundkonzepts ist das 1951 eingeführte Modell 220, ein 170 S mit modernem Sechszylindermotor. Bis zuletzt – bis 20 Jahre nach seiner Markteinführung – wird der 170 V gebaut, während der letzten drei Produktionsjahre mit der S-Karosserie versehen und bevorzugterweise mit Dieselmotor ausgerüstet. Über eine lange Zeit ermöglicht der 170 V als preisgünstiges Modell den Einstieg in die Welt der Mercedes-Benz-Pkw, die mit Beständigkeit, Solidität, Qualität und Prestige gleichgesetzt wird.

Beeindruckende Verkaufszahlen

Von 1936 bis 1953 entstehen insgesamt 174 700 Fahrzeuge des Typs 170 V/D. Hinzu kommen nach 1949 rund 52 300 Wagen des Modells 170 S, ab 1951 gute 18 500 des kräftig motorisierten 220 und schließlich seit 1953 rund 18 000 Exemplare des Auslauftyps 170 S-V/S-D. Die Summe aller gebauten 170 V, 170 S und 220 – also der gesamten Fahrzeugfamilie – erreicht annähernd 245 000 Wagen. Das sind 52%, und somit mehr als die Hälfte aller seit der Fusion im Jahr 1926 bis September 1955 gefertigten Personenwagen der Daimler-Benz AG. Dies sagt letzten Endes alles über die wirtschaftliche Bedeutung des 170 V und seiner Derivate für das Unternehmen.[1]

Damit endet eigentlich die Geschichte der Fahrzeugfamilie 170 V, 170 S und 220. Doch ohne mindestens skizzenhaft aufzuzeigen, welchen Weg die Daimler-Benz AG mit Blick auf kleinere preiswerte Gebrauchswagen weiter verfolgt, bliebe die Übersicht unvollständig.

Der 180/180 D: Das neue Volumenmodell der »Ponton«-Reihe

Kein Widerspruch: Traditionelles Mercedes-Benz-Gesicht in neuer Pontonform

Das im September 1953 mit erheblichem Werbeaufwand eingeführte neue Mittelklassemodell 180 (W 120) ist von allen Automobil-interessierten Kreisen mit Spannung erwartet worden. Nun steht der Wagen da: Eine modern geformte viertürige Dreistufen-Limousine in zurückhaltender Pontonform, bei der es erfreulich gut gelungen ist, das traditionelle »Mercedes-Benz-Gesicht« mit hoher Kühlermaske in eine zeitgemäße Karosseriegestaltung zu integrieren. Die Flanken sind nicht vollständig plan wie bei vielen frühen Pontonkarosserien der Konkurrenz. Eine feine Prägekante zieht sich in kaum wahrnehmbarem Schwung vom Vorderkotflügel in die Tür und findet eine Entsprechung im etwas stärker angedeuteten Hinterkotflügel. Eine weitere

Abb. 0977
Im September 1953 wird der neue Mittelklassewagen 180 (W 120) eingeführt, mit (halb-)selbsttragender Ganzstahlkarosserie in Pontonform ein Quantensprung in der Pkw-Typologie von Mercedes-Benz. Die für den neuen Typ hauptverantwortlichen Personen stellen sich dem Fotografen. Von links nach rechts: Dipl.-Ing. Rudolf Uhlenhaut (Leiter Pkw-Versuch in Untertürkheim), Dipl.-Ing. Josef Müller (Leiter Pkw-Vorausentwicklung), Dr.-Ing. e. h. Fritz Nallinger (Vorstand und Technischer Direktor), Dr.-Ing. Hans Scherenberg (Leiter Pkw-Konstruktion) und Ingenieur Karl Wilfert (Leiter Karosserieversuch in Sindelfingen).

Kontur, unterstrichen durch eine blanke Leiste, markiert den Schweller, gliedert den Wagen in der Vertikalen und verbindet den vorderen mit dem hinteren Radlauf und den Stoßstangen. Die Fensterflächen sind recht großzügig bemessen, insbesondere diejenigen der Front- und Heckscheibe.

Das Karosseriedesign geht aus einer Art internem Wettbewerb hervor, bei dem zusätzlich zu den drei Sindelfinger Aufbauspezialisten Ahrens, Häcker und Wilfert mit ihren Mitarbeitern auch eine Gruppe aus Untertürkheim mitwirken darf. Hier bemühen sich – nach Feierabend von Pkw-Konstruktionschef Dr. Hans Scherenberg wohlwollend begleitet – der Modellbauer Willy Nadolny und der Chef der Vorentwicklung Josef Müller um einen guten Entwurf in aktueller Formensprache. Mit seinen glatten ruhigen Flächen unterscheidet er sich deutlich von den Vorschlägen aus Sindelfingen. *Dagegen fiel es den Sindelfinger Herren sichtlich schwer sich von Kühlerhaube und geschwungenen Kotflügeln zu trennen,* schreibt Müller in seinen Memoiren. Und ist mächtig stolz, dass bei der Präsentation der vier Modelle dem neuen Vorstandsvorsitzenden Heinrich C. Wagner ihr Vorschlag – der fortschrittlichste Entwurf – am besten gefällt.[2] Wagner, ehemals Vorstandschef des Massenproduzenten Adam Opel AG und nach Haspels überraschendem Tod seit April 1952 dessen Nachfolger an der Spitze der Daimler-Benz-Führung, ist sich der Bedeutung einer modernen Karosserie für den Erfolg dieses neuen Modells offensichtlich bewusst.

Mit der Weiterentwicklung der Karosserie verbinden sich nun stilistische Elemente aus Sindelfingen mit den glattflächigen Vorstellungen aus Untertürkheim zu einer bemerkenswerten Einheit und formalen Gültigkeit. Der

Abb. 0978
Design-Studie aus Sindelfingen zum designierten 170 V-Nachfolger W 120, um 1951/52. Lange versuchen die Sindelfinger Karosseriegestalter die traditionelle Formensprache weiterzuentwickeln. Formprobleme stellen sich nicht nur, aber immer wieder an der Fahrzeugfront.

Abb. 0979, 0980 & 0981
Design-Studien aus Untertürkheim zum W 120, Mai 1952. Die gestreckte Linienführung, die glatten Flanken und die großzügigen Fensterflächen belegen es: Chef-Vorausentwickler Josef Müller, Modellbauer Willy Nadolny und – nach Feierabend zuweilen auch Konstruktionschef Hans Scherenberg – gehen die Gestaltungsfrage deutlich progressiver an. Auch hier sucht man nach einer aktuellen Frontgestaltung unter Einbezug der Markentradition.

Abb. 0982 (großes Bild)
Konstruktiv geht man beim W 120 neue Wege. In die Rahmenbodenanlage ist ein zentraler, vorn und hinten gegabelter Blechträger integriert, der dem Blechrahmen des designierten 170 V-Nachfolgers W 158 von 1941 ähnelt (vgl. Abb. 0380). Doch hier bildet das »Fahrgestell« erst mit dem verschweißten Aufbau einen steifen, selbsttragenden Körper. Die Pendelachse erhält Schubstreben. Motor, Getriebe, Vorderradaufhängung und Lenkung sind in einen gummigedämpften Hilfsrahmen eingebaut.

180 (W 120) erreicht eine Länge von 4 485 mm und übertrifft den 170 S lediglich um 30 mm. In der Breite sind es mit 1 740 mm hingegen deutliche 56 mm mehr. Weil die Höhe nur unwesentlich verringert wird, entsteht dank der die Fahrzeugbreite optimal ausnutzenden Pontonform ein großzügig dimensionierter Innenraum, was gleichermaßen für den Kofferraum gilt. Die Verkürzung des Radstands um beinahe 200 mm auf 2 650 mm ergibt sich aus der üblich gewordenen Bauweise mit dem Motor zwischen statt hinter den Vorderrädern.

Konstruktiv betrachtet und präzise benannt handelt es sich beim Aufbau des 180 (W 120) um eine sogenannt mittragende Karosserie, die mit einer kräftigen, theoretisch fahrbaren Rahmenbodenanlage zu einem in sich formstabilen Körper verschweißt ist. Dieser wird erst im fertigen Zustand auf dem Montageband mit den Fahrwerkseinheiten versehen, wobei der Motor und die vollständige Lenkervorderachse bereits auf einem Hilfsrahmen montiert sind. Hinten bleibt es bei der bewährten Pendelachse, die allerdings durch Längsschubstreben ergänzt wird.

Nur beim Benziner enttäuschend: Alter Motor in neuem Gehäuse

Mit dem Motor enttäuscht Daimler-Benz die Fachwelt und sämtliche technikaffinen Automobilisten. Erwartet worden ist ein neuzeitliches Aggregat mit obenliegender Nockenwelle nach dem Vorbild des zwei Jahre zuvor im Typ 220 (W 187) eingeführten 2,2-Liter-Sechszylindermotors M 180. Verbaut wird stattdessen der uralte seitengesteuerte 1,75-Liter M 136 III aus dem 170 S mit lediglich 52 PS. Dass der seit 1949 gleichzeitig mit dem M 180

konstruierte moderne OHC-Vierzylindermotor M 120/121 – obwohl inzwischen fertig erprobt – nicht wie ursprünglich vorgesehen mit dem neuen Modell in Produktion gehen kann, liegt hauptsächlich an den hohen Fertigungskosten des Wagens. Diese wären mit dem aufwändigeren Motor, der zudem neue Produktionsanlagen benötigt, nochmals angestiegen. Technikvorstand Fritz Nallinger ärgert sich maßlos über diese Inkonsequenz und verlangt wiederholt die rasche Einführung des neuen Triebwerks.[3]

Bereits ab Februar 1954 ist der 180 D erhältlich, also die Dieselausführung des neuen Mittelklassemodells. Dass hier, analog zur Benzinversion, ebenfalls die alte Maschine weiterverwendet wird, empfindet die Diesel-Kundschaft nicht als Nachteil. Der bestens bewährte, ebenso genügsame wie robuste Dieselmotor OM 636 erfreut sich großer Beliebtheit. Dank Spritzverstellung steigt dessen Leistung von 40 PS auf 43 PS bei leicht höherer Tourenzahl. Weil der 180 D gegenüber dem 170 S-D rund 50 kg leichter und die Karosserie etwas strömungsgünstiger ist, beschleunigt der »Ponton-Diesel« bis auf 115 km/h.

Anfänglich wird beim 180 (W 120) die billig wirkende Ausstattung bemängelt, namentlich die ausgewählten Stoffe und die Machart der Sitze, die dem stattlichen Verkaufspreis nicht entsprechen. Gezielte Korrekturen lassen die Kritik verstummen. Tatsächlich liegt der 180 mit 9 950 DM im Verkauf auf dem Niveau des 170 Sb (10 135 DM) und übertrifft den gleichzeitig angebotenen 170 S-V um stattliche 1 650 DM. Gegenüber dem (nicht mehr produzierten) 170 Vb beträgt die Differenz gar 2 005 DM. Der 180 Diesel ist mit 10 300 DM gelistet, also 850 DM über dem Preis des Benziners, der gleichzeitig um beachtliche 500 DM günstiger wird. Zur selben Zeit ist der alther-

Abb. 0983
Der Typ 180 (W 120) – hier ein rechtsgelenkter Diesel – ist eine gelungene Verschmelzung von Gestaltungsmerkmalen aus Untertürkheim und Sindelfingen. Die Form findet großen Anklang.

Abb. 0984
Im September 1955 wird die Zweigelenkpendelachse durch eine solche mit einem einzigen, tiefergelegten Gelenk abgelöst. Die Fahreigenschaften werden damit spürbar ausgewogener.

Abb. 0985
Der neue Motor M 121, ein 1,9 Liter großer und 75 PS starker Vierzylinder mit obenliegender Nockenwelle, ist ein zwar rauer, aber leistungsfähiger Geselle. Dass er erst 1956 in der »Ponton«-Reihe eingeführt wird, man also drei Jahre mit dem alten, aus dem 170 Sb stammenden M 136-Triebwerk Vorlieb nehmen muss, ist für technikaffine Kaufinteressente nicht nachvollziehbar.

gebrachte 170 S-D für preiswerte 8 900 DM erhältlich.[I] Für die Preisdifferenz von 1 400 DM zwischen 180 D und 170 S-D arbeitet ein vollzeitbeschäftigter bundesdeutscher Arbeitnehmer mit Durchschnittseinkommen ganze vier Monate.

Späte Vollendung: 190/190 D mit neuen Motoren und Eingelenkpendelachse

Erst ab 1956, fast drei Jahre nach der Markteinführung, präsentiert sich der Mittelklassewagen in der Ausführung 190 (W 121) so, wie er eigentlich geplant gewesen ist, nämlich mit dem neuen kurzhubig ausgelegten OHC-Vierzylindertriebwerk M 121, das aus 1,9 Liter Hubraum 75 PS schöpft und dem Wagen zu einer Spitzengeschwindigkeit von 140 km/h verhilft. Wegen der bloß dreifach gelagerten Kurbelwelle, den recht großen Zylindereinheiten und dem Verzicht auf die zwischenzeitlich vorgesehenen Lanchester-Ausgleichswellen läuft der Motor recht rau, zeigt sich aber leistungswillig.[II]

Die neue Pendelachse mit nur einem Gelenk, das zudem unterhalb der Achsmitte liegt, verbessert dank reduzierten Spur- und Sturzänderungen die Fahreigenschaften des Wagens eklatant.

Auch der Diesel erhält einen neuen Motor, allerdings erst ab August 1958. Der neue OM 621 ist vom Benzintriebwerk M 121 abgeleitet, mit dem er das kurzhubige Bohrung-Hubverhältnis und die mittels Duplexkette gesteuerte obenliegende Nockenwelle teilt. Aus 1,9 Liter Hubraum schöpft der Selbstzünder 50 PS bei 4 000 U/min, läuft insgesamt gesitteter als der OM 636 und konsumiert nochmals weniger Treibstoff. Da sich alsbald die berühmte Zuverlässigkeit des Vorgängers auch beim OM 621 bestätigt, erfreut sich der neu motorisierte Mercedes-Benz-Diesel-Pkw eines regen Zuspruchs und einer wachsenden Anhängerschaft.

220a (W 180): Der große Bruder der »oberen Mittelklasse« kratzt an der Oberklasse

Vom Grundsatz, der bereits 1949 bei den ersten Überlegungen zur neuen Typenreihe aufgestellt worden ist, weicht man während der langen Jahre ihrer Entwicklung nicht ab. Nämlich, dass es neben dem günstigeren Vierzylinder einen teureren Sechszylinderwagen geben soll, und zwar unter Verwendung derselben oder einer nur wenig abweichenden Karosserie. Die Daimler-Benz AG präsentiert den neuen Mercedes-Benz 220 (intern 220a) der Baureihe W 180 im März 1954 auf dem Genfer Automobilsalon. Dieser »große Ponton«, wie die Sechszylinderausführung heute gerne genannt wird, stuft Daimler-Benz als obere Mittelklasse ein.[4] Doch der Wagen stößt zumindest in Deutschland bereits in Richtung automobiler Oberklasse vor. Die Karosserie ist in großen Teilen mit derjenigen der Vierzylindermodelle (180/190) identisch, so in der Breite, in der Höhe und im Heck, weshalb von einer Art Baukasten gesprochen werden darf. Der Fahrgastraum ist zugunsten des Fonds 70 mm länger ausgebildet und die Wagenfront misst gar 100 mm mehr, um den Sechszylinder-Reihenmotor unterzubringen. Bei formal identischer Gestaltung wirkt der 220a deutlich gestreckter.

Die stattliche Limousine verfügt über das auf 85 PS leistungsgesteigerte Triebwerk M 180 II, das seinerzeit im Hinblick auf dieses neue Modell entwickelt worden ist, aber in seiner Ursprungsversion bereits seit 1951 den Vorgänger-220 der Baureihe W 187 angetrieben hat. Auf die Sechszylinder-»Ponton«-Limousine folgen bald ein Cabriolet und ein Coupé auf verkürzter Plattform sowie Leistungssteigerungen bis hin zu einer Einspritzvariante mit 115 PS (220 SE, W 128), die mit Fahrleistungen eines Sportwagens aufwartet.

Anmerkung I: Preise, soweit möglich ausstattungsbereinigt (Heizung), gemäß Handbuch Verkauf 1948–1960.
Anmerkung II: Um eine *6-Zylinder-Charakteristik* zu erhalten, sollte der Motor ursprünglich einen Lanchester-Ausgleich erhalten; Technische Vorstandssitzung 05.02.1954 (Archiv MBAG).

Einprägsam und erfolgreich

Nach dem Produktionsstart des 180 (W 120) im Juli 1953 steigen dessen Fertigungszahlen und Verkaufsergebnisse über fast ein Jahr steil an, um auf hohem Stand weiterzulaufen. Das gilt auch für den 180 D, der 1955 die Benzinausführung an Stückzahlen überholt und sich in der Folge zu einem wahren Verkaufsschlager entwickelt. 1954 und 1955 liegt der jährliche Ausstoß von Vierzylinderwagen – Benziner und Diesel zusammengerechnet – auf über 35 000 Einheiten, um danach dank des zusätzlich angebotenen 190 (W 121) nochmals zu steigen.[5] Auf dessen Basis entsteht ein hübsches Sportcabriolet, der 190 SL, das seit Mai 1955 mit Erfolg verkauft wird. Auch der Absatz des großen Bruders, des Mercedes-Benz 220a der Baureihe W 180 entwickelt sich erfreulich, wenngleich die Verkaufszahlen merklich bescheidener ausfallen. Selbst die zwischen 1956 und 1959 angebotene Bastard-Variante W 105, versehen mit Sechszylindermotor, langem Vorbau, kurzer Fahrgastzelle und der Ausstattung des 190, die auf die verkaufspsychologisch ungeschickte Bezeichnung 219 hört, verkauft sich ordentlich.

Die »Ponton«-Reihe wird ab Mitte der 1950er Jahre zum Inbegriff eines Mercedes-Benz. Der Verkaufserfolg, eingebettet in einen allgemeinen Wirtschaftsaufschwung, wie man ihn in diesem Ausmaß noch wenige Jahre zuvor für unmöglich gehalten hat, begeistert die Firmenleitung.

Abb. 0986
Die Sechszylinder-Ausführung des neuen Wagens, der Typ 220a (W 180), ist mit der Vierzylinder-Version 180 (W 120) technisch wie formal eng verwandt. Die Karosserie hat einen 70 mm längeren Passagierraum im Fond und einen 100 mm längeren Vorbau. Die über den Scheinwerfern aufgesetzten Blinkleuchten und die dezenten Chromstäbe entlang der Kotflügelkanten unterstützen die Eleganz des 220a.

Abb. 0987
Ein 220a an der Tankstelle in der neuerbauten Niederlassung Mannheim. Mit dem Sechszylinder-Ponton, im Verkauf seit Frühsommer 1954, bewegt man sich hart an oder schon über der Grenze zur Oberklasse. Das ist ursprünglich nicht so gedacht gewesen, doch der Wagen passt gut in diese Zeit des wirtschaftlich steilen Aufstiegs.

Abb. 0988
In Anzeigen begründet Daimler-Benz Mitte der 1950er Jahre die sich abzeichnende Wartezeit auf bestellte Wagen mit deren solider Qualität, die einen ebenso soliden Herstellungsprozess erfordere. Das Geschäft läuft gut.

15.2 Der W 122: Zwischen Einstiegstyp und neuer Mittelklasse

Weil der neue 180 (W 120) mit Pontonkarosserie den 170 V preislich deutlich übersteigt, lässt der Vorstand im Februar 1953 abermals die Planung eines neuen günstigen Einstiegstyps starten, des W 122. Dieser soll 1955 die Überbrückungsmodelle 170 S-V und 170 S-D ablösen (1. Szenario). Das Preislimit von 7 000 DM erfordert Kompromisse. Trotzdem rückt der W 122 in Größe und Gewicht nahe an den Vierzylinder-»Ponton«, den er nun ersetzen statt nach unten ergänzen soll (2. Szenario). Im Herbst 1956 wird der fertig entwickelte W 122 zu einer Art Reservemodell für schlechtere Zeiten zurückgestuft (3. Szenario).

1953 hätte eigentlich Schluss sein sollen mit der Fertigung des 170 V und des 170 D. Der neue Typ 180 (W 120) mit seiner modernen Ponton-Karosserie ist indessen eine Klasse höher und teurer geraten als anfänglich geplant. Er ist in Wirklichkeit eher der Nachfolger des 170 S. Also bleibt der unterdessen in jeder Hinsicht veraltete 170 V/D weiterhin im Programm, allerdings versehen mit der etwas einfacher ausgestatteten Ganzstahlkarosserie des 170 S und bezeichnet als 170 S-V bzw. 170 S-D. Vier Argumente sind für die Produktionsverlängerung ausschlaggebend:

- Bisherige Kunden, die sich im Preissegment der unteren Mittelklasse bewegen, sollen nicht an die Konkurrenz verloren gehen, sondern auch künftig mit einem wohlfeilen Mercedes-Benz-Pkw bedient werden können.
- Ein preisgünstiges Modell ist als Einstiegstyp willkommen, um neue Kunden für die Marke zu gewinnen.
- Die in Westdeutschland einsetzende Massenmotorisierung löst ein Verkaufsvolumen im unteren Preissegment aus, an dem man teilhaben möchte.
- Für den Fall eines Konjunktureinbruchs will der Vorstand gewappnet sein und ein passendes Modell in der Hinterhand haben.

Genau aus diesen Gründen wird vorgesehen, ab ungefähr 1955 die Typen 170 S-V und 170 S-D durch eine vollständig neue preiswerte Baureihe unterhalb des Mittelklassewagens 180 (W 120) zu ersetzen.[6]

Szenario 1: Der Einstiegstyp

Am 2. Februar 1953 beschließt der Vorstand, die Konstruktion eines Wagens in Angriff zu nehmen, der im Material- und Lohnaufwand 15 bis 20% unter den Werten des Typs 170 V liegt.[7] Doch das Vorhaben hat Ende des Jahres 1953 noch keine konkreten Züge angenommen, was das angepeilte Erscheinungsdatum 1955 bereits illusorisch werden lässt.

Verlangt Disziplin: Verkaufspreis von 7 000 DM

Auf der Vorstandssitzung vom 2. November 1953 kommt die *Neuentwicklung eines billigeren Personenwagens* erneut zur Sprache. Verkaufschef Rolf Staelin erläutert dort seine Vorstellungen von einem derartigen Fahrzeug, die er einen Monat später detailliert auflistet, begründet und schriftlich nachreicht: Verkaufspreis ca. 7 000 DM für die Benzinversion, 1,7 Liter Hubraum, vier Türen, Karosserieinnenmaße und Kofferraumvolumen größer als im Opel Olympia Rekord und Ford 12 M/15 M, moderne Form, aber mit traditioneller Kühlermaske sowie ausgesprochen reparaturfreundlich.[8] Diese Definition entspricht offenbar weitgehend dem Pflichtenheft. Insbesondere wird der vordefinierte Verkaufspreis von 7 000 DM zu einer unverrückbaren Größe. Dieser liegt rund 900 DM unter dem soeben aufgegebenen 170 Vb, und verlangt von Beginn an ein hohes Kostenbewusstsein beim Konzipieren und Konstruieren. Es erstaunt deshalb nicht, dass die kostspielige und bei kleineren Fahrzeugen für die Fahreigenschaften nicht durchweg vorteilhafte hintere Pendelachse durch eine simple, an Blattfedern aufgehängte Starrachse ersetzt werden soll. Dies wiederum versucht Staelin mit dem Hinweis zu verhindern, gerade die Pendelachse zeichne einen Mercedes-Benz aus; zudem würden immer mehr Konkurrenten von der Starrachse abrücken.[9]

Abb. 0989
Nicht alle bisherigen Kunden können sich den eher teuren 180 (W 120) leisten und drohen zur Konkurrenz abzuspringen. Ein attraktiver Wagen für 7'000 DM? Während Daimler-Benz zaudert, macht Borgward ab 1954 mit der hübschen Isabella vor, wie das geht.

Als sich am 15. Juli 1954 Technikvorstand Fritz Nallinger mit Pkw-Konstruktionschef Hans Scherenberg und Oberingenieur Josef Müller nach Sindelfingen begibt, hat der W 122, wie der künftige Einstiegstyp bezeichnet wird, deutlich an Kontur gewonnen. Es geht darum, mit den dortigen Prokuristen Walter Häcker und Karl Wilfert, dem Oberingenieur Friedle und Ingenieur Béla Barényi technische und gestalterische Einzelheiten festzulegen. An unterschiedlich ausgebildeten Rahmenbodenanlagen werden Festigkeits-

Abb. 0990
Walter Häcker, Chefkonstrukteur für Pkw-Aufbauten, in der Diskussion mit Mitarbeitern, 1955. Es geht um den letzten formalen Schliff am 190 SL. Gleichzeitig wird hier im Sindelfinger Konstruktionsbüro an der Karosserie des neuen Einstiegstyps W 122 gearbeitet. Die strenge Kostenvorgabe verlangt bereits in der Entwurfsphase größte Disziplin.

Abb. 0991 & 0992
Das Karosserie-Holzmodell des Einstiegstyps W 122 wird am 12. Januar 1956 von Fritz Nallinger, Hans Scherenberg, Josef Müller und Rudolf Uhlenhaut in Sindelfingen begutachtet. Der neue Wagen der (unteren) Mittelklasse soll das neue Sportwagengesicht (»SL-Gesicht«) tragen, eine glückliche Entscheidung. Der auf 7 000 DM begrenzte Verkaufspreis erfordert Zugeständnisse im technischen Bereich wie auch an der Karosserie. Die vorgeschlagene Form ist schlicht, aber insgesamt stimmig. Doch zu diesem Zeitpunkt steht bereits fest, dass der neue Pkw-Typ 170 (W 122) den Vierzylinder-Ponton 180 (W 120) nicht nach unten ergänzen, sondern ab Frühjahr 1958 ablösen soll.

messungen durchgeführt. Auf einen vorderen Fahrschemel soll verzichtet werden, was später wiederum in Frage gestellt wird. Staelins Drängen hat insofern Erfolg, als zusätzlich zur hinteren Starrachse (nunmehr mit Blatt- oder Schraubenfedern) auch eine Pendelachse in die Untersuchungen einbezogen wird. Anhand von Plastilinmodellen wird bestimmt, dass die Karosserie grundsätzlich das neue *Sportwagengesicht* (»SL-Gesicht«) erhalten soll. Im Unterschied zum W 120/W 180 ist auf angedeutete hintere Kotflügel gänzlich zu verzichten, nicht jedoch auf eine *Absatzlinie* entlang der Wagenflanke, welche die Scheinwerfer mit den Rückleuchten verbindet. Auch den blanken Metallstab entlang der Schweller zwischen den Radausschnitten gedenkt man an diesem Wagen zu wiederholen. Bei den Türen fährt man zunächst zweigleisig, nämlich mit einer vollgepressten Ganzstahlkonstruktion mit ausgestanzter Fensteröffnung und mit sogenannten Halbtüren mit angeschraubten oder angeschweißten U-Profilrahmen für die Seitenscheiben. Die Innenmaße werden mit den Typen 180, 170 S und dem brandneuen Borgward 1500 (später »Isabella«) verglichen. Man einigt sich auf eine Schulterbreite vorn und hinten von 1 340 mm, wobei auch vorn eine durchlaufende Sitzbank vorzusehen ist. Das Armaturenbrett ist als preisgünstiger Bakelit-Presskörper angedacht, versehen mit je einer identischen Aussparung links und rechts, wo wahlweise der Träger mit einfachen Rundinstrumenten oder das Handschuhfach eingeschoben werden kann. Wie im W 120 ist ein Kühlwasserthermometer vorgesehen, der bislang obligate Öldruckmanometer soll hingegen einer preisgünstigeren Kontrollleuchte weichen. Eine Abkehr von der Lenkradschaltung steht allerdings nicht zur Debatte. Nallinger betont ausdrücklich, dass bei allen konstruktiven Maßnahmen auf äußerste Sparsamkeit zu achten sei, um das Preislimit einzuhalten.[10]

Kosten- und Gewichtsprobleme kündigen sich an

Die Einhaltung des vorbestimmten Verkaufspreises entwickelt sich zu einem Problem, das sich bereits bei der ersten Kostenberechnung zeigt. Um den Entwicklungsaufwand und die Investition für neue Produktionsanlagen innerhalb vertretbarer Grenze zu halten, müssen möglichst viele Komponenten des W 120 verwendet werden. Dass unter diesen Vorgaben das »Fahrgestell« des kaum wesentlich kleineren W 122 aufwandmäßig in die Nähe des 180 (W 120) rutscht, erstaunt nicht. Für die Anfertigung der Karosserie des W 122 hätten so nur noch ca. 1 000 DM zur Verfügung gestanden, statt 2 150 DM wie beim W 120.[11] Man ringt preislich um jedes Detail. Deshalb gehen dem Technikchef Nallinger die ständigen Forderungen von Seiten des Verkaufs nach einer Pendelachse gewaltig auf die Nerven.[12] Bevor es zum offenen Streit insbesondere mit Verkaufsvorstand Staelin kommt, interveniert der sonst zurückhaltende Vorstandsvorsitzende Fritz Könecke und fordert dazu auf, Nallinger jetzt mit seinen Leuten in Ruhe arbeiten zu lassen.[13]

Zu Beginn des Jahres 1955 verkündet Könecke auf einer Pressekonferenz in Berlin zur Lage des Unternehmens, die Daimler-Benz AG werde mit einem *preiswürdigen Mittelklassewagen* von ungefähr 7 000 DM *jenen breiten*

Käuferschichten Rechnung tragen, *die zwar an Mercedes-Benz interessiert sind, vom bisherigen Produktionsprogramm aber nicht erfasst werden können.*[14]

Szenario 2: Der Mittelklasseersatz

Der Erfolg der Konkurrenz mit ihren neuen günstigen Typen beunruhigt die Firmenleitung zunehmend. Insbesondere schielt man auf die technisch und formal wohlgelungene und zum Preis von 7 265 DM erstaunlich günstig angebotene und am Markt entsprechend erfolgreiche Borgward Isabella. Man beginnt, die Auslegung des W 122 als neuen Einstiegstyp und zusätzliche Modellreihe zu hinterfragen und fürchtet ein Scheitern. Zu nahe liegt der neue Wagentyp am bestens eingeführten 180 (W 120). Vorstand Wilhelm Langheck plädiert deshalb Mitte Oktober 1955 dafür, den W 122 fallen zu lassen und stattdessen einen wirklich billigen Wagen in der Preisklasse des Opel Olympia Rekord oder sogar in derjenigen des Volkswagens zu bauen. Nach einer kontrovers geführten Diskussion beschließt der Vorstand hingegen, am W 122 festzuhalten. Allerdings soll dieser zukünftige Wagen der unteren Mittelklasse nicht mehr das aktuelle Pkw-Programm gegen unten ergänzen, sondern ab Frühling 1958, also in zweieinhalb Jahren, den 180 (W 120) und den (aktuell noch nicht eingeführten) 190 (W 121) ersetzen.

Vorgesehen sind zwei Varianten, die eine mit dem 1,9 Liter großen OHC-Triebwerk M 121 mit 75 PS, die andere mit einem auf 1,7 Liter Hubraum reduzierten Triebwerk. Dieser mit M 122 bezeichnete Motor unterscheidet sich einzig durch einen verringerten Hub und eine Leistungsspitze von 65 PS von der potenteren Version. Weiter steht eine Dieselausführung mit dem im Entstehen begriffenen Selbstzündertriebwerk OM 621 und 50 PS im Programm. Die Entscheidung, ob die drei Modellvarianten tatsächlich mit einem Dreiganggetriebe statt mit einer Viergangbox versehen werden sollen, wird vertagt; zur Diskussion steht auch eine automatische Kupplung. Keine Zugeständnisse gibt es bezüglich des Verkaufspreises. Der 1,9-Liter soll für 7 500 DM, der 1,7-Liter zum ursprünglich festgesetzten Preis von 7 000 DM angeboten werden,[15] wohlwissend, dass diese Limits kaum einzuhalten sind. Doch dies hat nicht mehr dieselbe Tragweite, weil der W 122 nunmehr als Mittelklasseersatz weiterentwickelt werden soll.

Abb. 0993
Ende 1955 zweifelt man an den Verkaufschancen des W 122. Zu nah am bestens eingeführten 180 (W 120), lautet die Kritik. Vorstand Langheck möchte den W 122 fallen lassen und einen wirklich günstigen Wagen im Preis des Opel Olympia Rekord entwickeln. Bild: Anzeige für den Rekord »Montage Suisse«.

-2-

I. Vorderpartie

1) Der Ring des MERCEDES-STERNES erscheint zu dick.

2) Der Stern selbst sollte so ausgebildet sein, daß er an den Enden spitz verläuft und nicht wie abgeschnitten erscheint.

3) Die Querbalken verlaufen zu kurvenreich.

4) Die Chromumrandung sollte keilförmiger nach vorne verlaufen und in der Mitte eine Längskante aufweisen. Außerdem sollte der Rahmen in der Mitte oben etwas breiter ausgeführt sein.

5) Die hinter dem Stern durchlaufenden Jalousien stören das Bild des Firmenzeichens.

6) Die oberhalb der Chromumrandung verlaufenden Querlichtkanten weisen seitlich zu sehr nach rückwärts. Eine mehr zur Rahmenoberkante parallel verlaufende Lichtkante wäre schöner.

7) Die Motorhaube verläuft von vorne gesehen in einem zu gleichmässigen Bogen.

8) Bei Anbringung von Stoßhörnern an der Vorderstoßstange kann ein eventuell vorgesehenes Nebellicht nur sehr weit außen montiert werden und ist daher stoßgefährdet; außerdem wird dies vermutlich nicht sehr schön aussehen.

-3-

Abb. 0994
Am 12. Januar 1956 nehmen von Seiten Sindelfingen die Herren Held, Ahrens, Heim und Wilfert an der Beurteilung des W 122-Holzmodells teil. Sämtliche 16 Kritikpunkte werden protokolliert und soweit wie möglich bei der anschließenden Überarbeitung berücksichtigt.
Bild: Seite 2 des Berichts (Wilfert, 13.01.1956) mit der Beurteilung des Vorderwagens.

Der Pendelachse überlegen: Aufwändig geführte Starrachse

Wenig später, ab Spätherbst 1955, entstehen nach und nach W 122-Versuchswagen mit provisorischen Karosserien, die – mit unterschiedlichen Hinterachskonstruktionen versehen – im darauffolgenden Winter auf Schnee und Eis umfangreich erprobt werden. Dabei zeigt sich, dass unter diesen schwierigen Straßenverhältnissen die Starrachser mit Abstand besser und sicherer zu fahren sind als die Wagen mit Pendelachse, was auch für die mitgetesteten Konkurrenzfabrikate gilt. Die Pendelachse erweist sich im Federungskomfort zwar als überlegen, nicht jedoch im Geräuschverhalten (Übertragung von Schwingungen des Antriebs auf die Karosserie). In der möglichst leicht gebauten, exakt geführten und an subtil ansprechenden Schraubenfedern aufgehängten Starrachse erkennen die Konstrukteure und Versuchsingenieure schließlich einen Kompromiss auf hohem Niveau, auch weil das sogenannte Stuckern bei dieser Disposition weitgehend ausbleibt.[16] Das gute Gesamtergebnis der Starrachse gegenüber einer Pendelachse mit reduzierter Spurweite bestätigt sich bei den nachfolgenden Testfahrten, die unter anderem im Frühling 1956 nach Turin auf den Automobilsalon führen und im Juni mit veränderten Fahrwerksgeometrien und zusätzlich einem Versuchs-W 122 mit Eingelenkpendelachse als Vergleich am Nürburgring fortgesetzt werden.[17]

Karosserieform: Konstruktive Vorgaben behindern Gestaltung

Im Januar 1956 besichtigt Nallinger mit Scherenberg, Müller und Uhlenhaut das soeben in Sindelfingen fertiggestellte neue 1:1-Holzmodell der Karosserie. Der Entwurf ist nicht in der kurz zuvor eingerichteten Stilistenabteilung unter Friedrich Geiger entstanden, sondern wie bislang üblich im Konstruktionsbüro unter Wilfert, Häcker und Ahrens. Die insgesamt wohlgelungene Pontonform zeigt an der Front (wie gefordert) das »SL-Gesicht« und rückseitig schmale, stehend angeordnete Rückleuchten. Abgesehen von zahlreichen Kleinigkeiten wird die Frage diskutiert, ob man nicht – wie ursprünglich angedacht – zu sogenannten Halbtüren mit aufgesetzten Profilrahmen für die Scheiben wechseln soll, weil der Wagen dadurch optisch leichter und durch den größeren Glasanteil innen heller werde.[18]

Mitte 1956 konkretisiert sich die Außenform, wobei neben ästhetischen Gesichtspunkten weiterhin stark auf eine günstige Produktionsweise durch vereinfachte Ziehvorgänge, verbilligte Pressteile und eine optimale Blechausnutzung geachtet wird. Nallinger bezeichnet deshalb die Karosserieform

Abb. 0995 & 0996
Mitte Juni 1956 ist die überarbeitete Karosserieform des W 122 an einem neuen, rollfähigen 1:1-Modell überprüfbar. Die rechte Seite (Bild oben) zeigt Türen mit aufgesetzten Fensterrahmen, die den Wagen eleganter erscheinen lassen als die preisgünstigere Art mit ausgestanzten Fensteröffnungen (Bild unten).

des W 122 als *nichts besonders Neues oder Aufregendes, man könne dies jedoch bei dem Preisfixum von DM 7 000 auch nicht verlangen.*[19] Weil der W 122 nun bekanntlich die vorhandene Baureihe W 120/121 ersetzen soll, sind zwischenzeitlich auch Varianten mit der als repräsentativer empfundenen konventionellen Mercedes-Benz-Kühlermaske entstanden.

Szenario 3: Das Reservemodell für eine härtere Zeit

Zweifel am eingeschlagenen Weg

Ausgerechnet als sich Mitte 1956 die formale und technische Ausgestaltung des W 122 zu klären beginnt, werden im Vorstand Zweifel laut, ob es wirklich klug sei, mit diesem Modell den erfolgreichen W 120/121 abzulösen. Insbesondere stellt man sich die Frage, ob der W 122 in zwei Jahren, also 1958, noch aktuell genug sein würde, um den gestiegenen Käuferansprüchen der ausgehenden 1950er und beginnenden 1960er Jahre zu genügen. In der Vorstandssitzung vom 6. Juni 1956 verteidigt Nallinger den W 122 und weist fast entschuldigend auf dessen Entstehungsgeschichte hin. Immerhin glaubt Vorstandskollege Arnold Wychodil nach wie vor, damit im Export die Baureihe W 120/ W121 ersetzen zu können. Wilhelm Langheck dagegen plädiert einmal mehr für ein Aufgeben. Versuchsleiter Rudolf Uhlenhaut, Mitglied des ebenfalls hinzugezogenen Konstruktionsbeirats, bezeichnet den W 122 als einen guten Wagen. Er machte jedoch auf die ausgesprochen dynamische Entwicklung im Automobilbau aufmerksam, die rasch zu völlig neuen Ergebnissen führen könne, wie das Beispiel Citroën DS 19 eindrücklich zeige. Ähnlich äußert sich Josef Müller, der offen kommuniziert, dass er die sogenannte Blockbauweise – Motor-Getriebe-Antriebseinheit gebündelt entweder in der Front oder im Heck – als zukunftsweisend erachte. Karl Wilfert ist mit den Platzverhältnissen auf der Rücksitzbank unzufrieden, die gegenüber dem 180 (W 120) 60 mm weniger Breite bietet, und plädiert für Gewichtseinsparungen.[20] Tatsächlich hat der W 122 ein Gewichtsproblem. Optimistisch sind ca. 1 050 kg Leermasse angestrebt worden, Messungen der Versuchs-Rohkarosserien des W 122 durch Dr.-Ing. Ernst Fiala beweisen jedoch, dass diese im Vergleich zur Rohkarosserie des W 120 kaum weniger wiegen und man mit einem Fahrzeug-Leergewicht von 1 200 kg rechnen muss.[21]

Zwei Wochen später, am 20. Juni 1956, als der Vorstand mit dem Konstruktionsbeirat im Pkw-Vorführraum von Sindelfingen die neusten Karosserie-Prototypen des W 122 besichtigt und bezüglich der Raumverhältnisse untersucht, setzt sich außer dem Technikvorstand Fritz Nallinger bloß noch Pkw-Entwicklungschef Hans Scherenberg für die Aufnahme des W 122 ins Fertigungsprogramm ein. Allerdings unter der Voraussetzung, dass da-

mit die »Ponton«-Baureihe W 120/121 ersetzt werde, wozu jedoch im Fond eine Sitzbreite in der Abmessung des 180 (W 120) unabdingbar sei. Das Konstruktionsbüro in Sindelfingen bemüht sich rasch, die Zeichnungen der verschiedenen Karosserieentwürfe den geänderten Maßen anzupassen. Doch das Verdikt steht praktisch fest: Anstelle des neuen Typs W 122 soll der bewährte, sich prächtig verkaufende W 120/121 modernisiert und in der Herstellung so stark verbilligt werden, dass eine Senkung des Verkaufspreises auf 8 000 DM möglich wird.[22]

Degradierung zum Reserveprojekt

Auf der dreitägigen Monster-Vorstandssitzung vom 13., 17. und 18. September 1956 wird alsdann formell beschlossen, den W 122 in der vorliegenden Ausgestaltung nicht zu fertigen, sondern – wenn überschüssige Konstruktions- und Versuchskapazitäten vorhanden sind – im Hinblick auf eine eventuelle Markteinführung im Jahr 1962 weiterzuentwickeln. Doch letztlich ist dies nichts anderes als ein verschleiert formuliertes Todesurteil. Priorität haben nun die erwähnte Produktionsverbilligung des W 120/121 und der Neustart eines Nachfolgemodells für die obere Mittelklasse, das dank eines noch konsequenter variierbaren Karosseriebaukastens eine maximale Modellflexibilität verspricht. Die Weichen für die künftigen Modelle W 111 und W 110 (später populär »Heckflosse« genannt), sind gestellt.[23] Hier, in diesem gehobenen Segment, fühlt sich die Daimler-Benz AG zuhause. Den Kampf am Markt um die preiswerten Fahrzeuge, was hohe Stückzahlen und damit großzügige und mitunter risikoreiche Investitionen erfordert, überlässt man angesichts des ungebrochenen Wirtschafts- und Wohlstandswachstums gerne der Konkurrenz.

Abb. 0997 & 0998
Im Frühsommer 1956 ist ungewiss, wie es mit der Entwicklung des W 122 weitergeht. Es entstehen Studien, die W 122-Karosserie formal aufzuwerten, um mit ihr diejenige des 180 (W 120) und 190 (W 121) zu ersetzen. Nicht alle Vorschläge sind überzeugend: Dieser plumpe, in vielen Details skurrile Wagen entsteht unter Walter Häcker, der sich lange gegen die modischen Stileinflüsse aus Amerika gestemmt hat.

Abb. 0999 (rechte Seite unten)
Zeichnung für eine verlängerte W 122-Karosserie nach Entwurf der Gruppe Wilfert auf dem »Fahrgestell« des 220a (W 180), dat. 04.07.1956. Damit bewegt man sich in Sindelfingen bereits in Richtung der nachfolgenden Modellreihe W 111 und W 110.

Abb. 1000, 1001 & 1002
Der gleichzeitige Vorschlag der Gruppe um Karl Wilfert ist entschieden ausgewogener als derjenige von Häcker. Für die Fahrzeugfront stellt Wilfert zwei Varianten zur Diskussion: Eine mit dem »SL-Gesicht« wie für den W 122 beschlossen und – weil die Karosserie nun für die echte Mittelklasse verwendet werden soll – eine mit traditionellem Kühler. Die hochovalen Scheinwerfer mit integriertem Blinker, die großzügigen Türfenster dank aufgesetzter Rahmen und die elegante Dachgestaltung mit Luftauslass in der C-Säule sind Elemente, die bei den kommenden Typen aufgenommen werden und über einen längeren Zeitraum charakteristisch sind.

15.3 Der frontgetriebene W 118 und die Auto Union

Die Europäische Wirtschaftsgemeinschaft (EWG) bringt freien Handel und dadurch eine starke ausländische Konkurrenz. Und so rückt 1958 erneut ein preisgünstiger Einstiegstyp ins Blickfeld des Vorstands. Ab 1960 wird der modern disponierte W 118 mit Frontantrieb konstruiert und erprobt. Gleichzeitig arbeitet die nun zum Daimler-Benz-Konzern gehörende Auto Union am neuen großen DKW. Zwei Wagen derselben Preisklasse im selben Konzern ist einer zuviel. Welcher Typ soll wo gebaut und unter welcher Marke kommerzialisiert werden? Die Würfel fallen zugunsten des DKW.

Freihandel dank EWG: Was der Konkurrenzdruck auslöst

Der Daimler-Benz-Vorstand wird erst 1958 gezwungen, sich erneut ernsthaft mit Personenwagen unterhalb der gehobenen Mittelklasse auseinanderzusetzen, rund anderthalb Jahre nachdem er den W 122 aufs »Abstellgleis« geschoben hat. Dazu gibt es zwei Beweggründe, die miteinander in Verbindung stehen. Der erste ist die im vergangenen Jahr gegründete Europäische Wirtschaftsgemeinschaft (EWG). Obwohl exportorientiert und -erprobt, blickt man bei Daimler-Benz angesichts der starken ausländischen Konkurrenz dem Freihandel nicht ohne Sorgen entgegen. Die Typenreihe 180/190 (W 120/121), 219 (W 105) und 220 S (W 180) verkauft sich immer noch hervorragend. Die Kunden müssen bereits, wie beim 170 V vor dem Krieg, überlange Lieferfristen in Kauf nehmen. Doch welche Konsequenzen würde die Marktöffnung haben? Erneut kreisen die Gedanken um den W 122. Auf diesen Typ, der – entsprechend modifiziert – zum Preis von 7 000 DM angeboten werden soll, denkt man auszuweichen, falls *das bisherige Pkw-Programm nicht mehr in vollen Stückzahlen absetzbar ist und zur Ausfüllung der Kapazität ein billigerer, nach unten an den Typ 180 anschließender Mittelklassewagen erforderlich sein sollte.*[24]

Auch der zweite Beweggrund, sich erneut und konkret mit Autos in Preisklassen unterhalb der gehobenen Mittelklasse zu beschäftigen, hat mit diesem erwarteten Konkurrenzdruck als Folge der EWG zu tun. Der Aufsichtsrat und der Vorstand der Daimler-Benz AG werden von Großaktionär Friedrich Flick faktisch verpflichtet, die schwächelnde Auto Union zu kaufen. In Untertürkheim hält sich die Begeisterung für diesen Plan – zurückhaltend ausgedrückt – in sehr engen Grenzen. Dennoch beschließt der Vorstand der Daimler-Benz AG am 7. März 1958 nach eingehender Beratung auf drei Sitzungen und *trotz erheblicher Bedenken einiger Herren* einstimmig, die Auto Union für einen Betrag von 45 bis 50 Millionen DM, rückwirkend auf den 1. Januar 1958, zu übernehmen.[25] Flick, der einen erheblichen Anteil der Aktien beider Unternehmen hält, sucht mit dieser Übernahme eine Stärkung »seiner« Firmen zu erreichen.[26] Die Auto Union ist 1949 in der Bundesrepublik neu gegründet worden und hat als Automobilhersteller eine bemerkenswerte Wiedergeburt hinter sich. Doch nun droht das Unternehmen mit seinen DKW-Modellen durch Festhalten am Zweitaktprinzip der Motoren, die wegen ihres Auspuffgeruchs zunehmend in die öffentliche Kritik geraten, ins Abseits zu rutschen. Daimler-Benz soll und muss hier korrigierend eingreifen.

Schwierig zu lösen: Struktur- und Modellprobleme der Auto Union

Nach dem Willen des Daimler-Benz-Vorstands soll die Auto Union GmbH als eigenständige Firma bestehen bleiben. Dort ist kurz vor der Übernahme ein neuer Kleinwagen entstanden, der DKW Junior. Doch es fehlen Geldmittel und eine geeignete Produktionsstätte, um dieses an sich interessante Modell zu bauen. Der bisherige DKW 3=6, der nach einer Modellpflege die Bezeichnung Auto Union 1000 trägt, basiert technisch und formal immer noch auf dem F 9 von 1939. Die Ablösung durch ein aktuelles Modell mit Viertaktmotor ist vordringlich. Darin zeigt sich die Auto Union-Geschäftsleitung – zumindest vordergründig – mit dem neuen Hausherrn in Untertürkheim einig.[27] Die Daimler-Benz AG steckt in den kommenden fünf Jahren viel Energie und noch mehr finanzielle Mittel in die Auto Union. Ein neues Werk am Firmensitz in Ingolstadt ermöglicht ab 1959 den Bau des DKW Junior. Doch mit der Konstruktion und Entwicklung eines Auto Union 1000-Nachfolgers hapert es. Verbissen versuchen die Ingolstädter um den Technischen Leiter und Auto Union-Geschäftsführer William Werner sich dem Druck aus Untertürkheim entgegenzustemmen und am Zweitaktverfahren festzuhalten.

An Kleinaktionären gescheitert: BMW-Übernahme

Im Mai 1958, wenige Wochen nachdem die Auto Union an Daimler-Benz übergegangen ist, wird den Untertürkheimern die Firma BMW angetragen. Hinter dieser Absicht steht Herbert Quandt, der zweite Daimler-Benz-Großaktionär. Diesem Vorhaben gegenüber ist der Daimler-Benz-Vorstand wohlwollender gesinnt, obwohl er sich bewusst wird, dass dieser Schritt zu großen Umwälzungen führen muss. Ein Fortbestehen sowohl der Auto Union wie von BMW als selbständige Firmen unter dem Dach der Daimler-Benz AG scheint ausgeschlossen. Die Diskussionen und Überlegungen ziehen sich über anderthalb Jahre hin und haben wohl wichtige strategische Überlegungen zum Umgang mit der Auto Union und deren Entwicklung verzögert. Die Übernahme von BMW wird im Sommer 1959 brisant, als die Münchner in eine existentielle Krise abgleiten. Doch der Plan von Quandt und der Deutschen Bank scheitert Ende des Jahres an den geschlossen auftretenden alteingesessenen BMW-Kleinaktionären.[28]

Abb. 1003
Die Auto Union, im sowjetisch besetzten Sachsen sequestriert und im Handelsregister gelöscht, erlebt im bayrischen Ingolstadt eine Wiedergeburt, zunächst zur Sicherung der Ersatzteilversorgung, ab Herbst 1949 als Fahrzeugproduzentin. Zwei DKW-Schnelllaster, gebaut ab 1949, verlassen den Hof des Proviantamts in Ingolstadt, wo die Auto Union-Verwaltung untergebracht ist.

Abb. 1004
DKW 3=6 (F 94), 1957 bis 1959. Neben den Zweitaktmotoren gehören die rundlichen Karosserien zu den eingängigsten Merkmalen der DKW-Automobile. Sie gehen technisch wie gestalterisch auf den kriegsbedingt nicht produzierten Typ F 9 von 1939/40 zurück.

Abb. 1005
Seit August 1959 fertigt Daimler-Benz die Modelle der Baureihe W 111, die ob ihrer Größe und Eleganz auf begeisterte Zustimmung stoßen und für steigende Absatzzahlen sorgen. Bild: 220 Sb (W 111/2). Man fühlt sich zwar wohl in diesem gehobenen Marktsegment. Dennoch sieht sich die Konzernführung mit der Frage konfrontiert, ob man ein eigenes günstiges Fahrzeug der unteren Mittelklasse entwickeln oder dies der im Vorjahr übernommenen Auto Union überlassen soll.

Wer baut und verkauft den Wagen der unteren Mittelklasse?

Im August des gleichen Jahres 1959 läuft die Fertigung der neuen Mercedes-Benz-Haupttypenreihe W 111 an. Die Modelle 220b, 220 Sb und 220 SEb erregen mit ihrer imposanten, mit Heckflossen versehenen Karosserie viel Aufmerksamkeit. Welch freudiges Ereignis! Doch davon abgesehen befindet sich die Führungsmannschaft der Daimler-Benz AG an der Schwelle der 1960er Jahre in einer eher unbequemen Situation. Soll man nun einen eigenen Wagentyp der unteren Mittelklasse – oder gar noch tiefer – entwickeln, ihn unter der Marke Mercedes-Benz verkaufen (was zu Qualität verpflichtet), ihn an die Auto Union weitergeben oder ihr gleich die ganze Verantwortung für die Entwicklung und den Bau der preisgünstigen Pkw überlassen? Bis zum Scheitern der BMW-Übernahme steht für diese Wagenkategorie auch noch eine Fertigung in München zur Diskussion, wo ein BMW-Mittelklassetyp fehlt. Man ist sich durchaus nicht einig, auch nicht, in welchem Umfang und wo die eigenen Fertigungskapazitäten ausgebaut werden könnten.[29]

Abb. 1006 & 1007
Modell 1:5 einer viertürigen Mercedes-Benz-Limousine mit Heckmotor, vermutlich um 1958. Im Unterschied zu Technikvorstand Nallinger sind Müller, Uhlenhaut und Wilfert Verfechter der Blockbauweise – entweder als Triebsatz in der Front oder im Heck.

Der W 122 mutiert zum W 119

Bis vor Kurzem hat man in Untertürkheim den seit 1956 kaum mehr weiterentwickelten W 122 als eine Art Rückversicherung in der Hinterhand behalten. Als man die Konstruktions- und Entwicklungsarbeit an einem Wagen der unteren Mittelklasse ab Anfang 1959 wieder intensiviert, entsteht aus dem W 122 der W 119, der – so Nallinger – dem neuen Fiat 1800 in jeder Beziehung sehr ähnlich sei. Tatsächlich zeigen Entwurfszeichnungen aus der Stilistenabteilung in Sindelfingen mehrere Karosserien im typischen Trapezstil, die an den Peugeot 404 und den mehrfach als Vergleich zum W 119 genannten Fiat 1800 erinnern.[I] Technikdirektor Nallinger fordert einen baldigen Beschluss, ob dieser nach wie vor konventionell disponierte Wagen weiterentwickelt und gebaut werden soll oder ob das Schwergewicht auf den neuen DKW mit Boxermotor zu legen sei.[30]

Technische Angaben zum W 119 fehlen weitgehend. Überliefert ist immerhin, dass für dieses Modell erneut ein Reihenvierzylinder-Motor vorgesehen ist, was intern auf Kritik stößt, da man bereits drei Jahre zuvor diese Motordisposition der freien Massenkräfte zweiter Ordnung wegen als überholt bezeichnet hat.[31] Ob dieser neue Reihenvierzylinder mit dem Motorenprojekt »Mexico« in Verbindung steht, ist nicht geklärt. Unter diesem Codenamen entwickelt die Daimler-Benz in den frühen 1960er Jahren nämlich einen technisch innovativen, auch für minderwertigen Treibstoff geeigneten Motor für militärische Verwendung, der später im Auto Union »Audi« unter dem Begriff *Mitteldruckmotor* bekannt wird. Die intensive Verwirbelung des Ansauggemischs durch schneckenförmige Einlasskanäle und die Brennräume im Kolbenboden (Heron-Prinzip) erlauben eine hohe Verdichtung von 1:11,2 und führen zu einem klingelfreien Lauf selbst bei mäßiger Treibstoffqualität.

Der untere Mittelklassetyp W 118: Ein weiter Schritt nach vorn

Müller und Uhlenhaut drücken Blockbauweise durch

Eine Abkehr vom Standardantrieb ist bei Daimler-Benz seit längerem ein Thema, zumindest in der Vorentwicklung. Diese liegt seit 1955 in den Händen des innovativen Diplom-Ingenieurs Ludwig Kraus, nachdem Josef Müller als Nachfolger von Dr. Hans Scherenberg die Leitung der Pkw-Konstruktion anvertraut worden ist. Bekanntlich haben sich die Direktoren Müller und Uhlenhaut, beide in der Konstruktionsthematik ähnlich wendig und überdies befreundet, bereits im Juni 1956 für eine künftige Fahrzeuggeneration in Blockbauweise ausgesprochen, also dafür, den Motor, das Getriebe und den Radantrieb entweder vorn oder hinten im Wagen als eine Einheit zusammenzufassen. Auch Direktor Wilfert in Sindelfingen tendiert in diese Richtung. Doch ihrem Chef, Technikvorstand Nallinger, geht eine Abkehr von der Standardbauweise erklärtermaßen gegen den Strich. Er warnt, die Käuferschaft bringe die Blockbauweise mit den billigen Kleinwagen von DKW und VW in Verbindung.[32]

Ungeachtet Nallingers Vorbehalten arbeitet Kraus im Auftrag von Müller bereits seit Jahresfrist an Konzepten für einen Wagen in Blockbauweise unterhalb der 7 000 DM-Schwelle, und zwar zu Vergleichszwecken in den Varianten mit Frontantrieb und mit Heckmotor.[33] Von den neuerlichen Heckmotorideen zeugt beispielsweise ein etwas später entstandenes 1:5-Modell einer viertürigen Limousine mit einer recht niedrigen, langgestreckten Dreivolumenkarosserie. Diese hat eine gewisse Ähnlichkeit mit dem Chevrolet Corvair. Die vollständig geschlossene Fahrzeugfront – außer den beiden runden Scheinwerfern sitzt hier einzig der Mercedes-Benz-Stern – steht im Kontrast zum Heck mit dem verchromten Lüftungsgitter zwischen den großen Rückleuchten.[II]

Nun mit Nallingers Segen: Der W 118 entsteht

Mit der Zeit überwindet Nallinger seine Abneigung gegenüber der Blockbauweise. In der 23. Folge seines Pkw-Entwicklungsprogramms vom 10. März 1960 ist ein vollständig neuer *Zwischentyp* in der Preisklasse zwischen 7 000 und 7 700 DM enthalten, der später die Baureihenbezeichnung W 118 erhält und über einen Vierzylinder-Boxermotor mit Frontantrieb und ein gänzlich neu konstruiertes Fahrwerk verfügt. Zu diesem Zeitpunkt ist der Entwurf weitgehend abgeschlossen und man geht dazu über, den Wagen durchzukonstruieren und zu entwickeln. Weil gleichzeitig der »Überflieger« W 100 – der neue »Große Mercedes« – viel Ingenieurskapazität bindet, rechnet Nallinger mit einer möglichen Produktionsaufnahme nicht vor Ende 1963.

Immer wieder wird im Vorstand dieser neue Wagen thematisiert, der die Lücke zwischen dem Kleinwagen DKW Junior mit 741 cm^3 großem Dreizylinder-Zweitaktmotor und der günstigsten Version der bald produktionsreifen neuen Mittelklasse, dem Typ 190 der Baureihe W 110 mit großer Einheitskarosserie und Heckflossen schließen soll.[34] Mehrfach macht Nallinger darauf aufmerksam, dass der neue Frontantriebswagen ein erhebliches Maß an Investitionsmitteln erfordere, nämlich rund 300 bis 350 Millionen DM für eine vollständig eingerichtete neue Fabrik, beispielsweise in Wörth bei Karlsruhe. Die Alternative, den W 118 anstelle des im Grundsatz bereits beschlossenen Auto Union 1000-Nachfolgers in Ingolstadt zu fertigen, würde bloß mit der Hälfte dieser Summe zu Buche schlagen. Beide Wagen parallel zu bauen, überfordere die Möglichkeiten der Daimler-Benz AG. Deshalb plädiert Nallinger dafür, auf eines der Fahr-

Anmerkung I: Designentwürfe für einen Wagen in dieser Formensprache wurden 1978 auf der Sonderausstellung zur Verabschiedung von Prof. Dr.-Ing. Hans Scherenberg im Mercedes-Benz-Museum präsentiert.
Anmerkung II: Ein Modell dieses Heckmotorwagen war 1978 auf der Sonderausstellung zur Verabschiedung von Prof. Dr.-Ing. Hans Scherenberg im Mercedes-Benz-Museum ausgestellt.

Abb. 1008
Mit dem W 118, einem seit 1960 entwickelten Wagen der unteren Mittelklasse, möchte man 1963 den veralteten Auto Union 1000 S ersetzen. Wo der W 118 gebaut werden soll, ist indes offen. Der Wagen wird von einem 1,5 Liter großen Vierzylinder-Boxermotor mit 60 PS über die Vorderräder angetrieben. Der lange Radstand begünstigt einen vorteilhaft disponierten Innenraum bei kompakten Außenmaßen. Der Wagen wirkt formal erfreulich frisch, ohne modisch zu sein.

zeugprojekte zu verzichten, da sie sich in der Fahrzeuggröße und Preisklasse nicht wesentlich unterscheiden.[35] Doch der Vorstand sieht sich nach wie vor nicht in der Lage, einen klaren Weg zu definieren.

Disposition und Äußeres

Die unentschlossene Haltung des Vorstands behindert die Weiterentwicklung des Frontantriebswagens W 118 jedoch kaum. Im Laufe von 1961 stehen die ersten vollständig ausgestatten 1:1-Modelle und Versuchsfahrzeuge in zwei- und viertüriger Ausführung zur Verfügung. Die Dreivolumenkarosserie fällt durch den im Verhältnis zur Wagenlänge reichlich bemessenen Radstand auf, der zu einem knappen vorderen und hinteren Überhang führt. Die ungewöhnlich weit nach hinten gerückte Hinterachse bietet den Vorteil, dass keine in den Passagierraum ragenden Radkästen die Breite der Rücksitzbank schmälern; die Fondtüren können hinten nahezu senkrecht nach unten geführt werden. Dank der niedrigen Gürtellinie, des großzügig verglasten Pavillons mit schlanken Säulen und dem kaum bombierten Dach wirkt der Wagen für die beginnenden 1960er Jahre ausgesprochen klar gezeichnet, modern und attraktiv. Die Front mit Rundscheinwerfern, einem über die gesamte Breite reichenden Kühlergrill mit feinen, dicht beieinanderliegenden horizontalen Stäben und großem Mercedes-Benz-Stern ist gefällig und blickt einem freundlich entgegen. Ausgesprochen gut gelungen ist das Heck mit dem Knick über den horizontal angeordneten Rückleuchten. Die Nähe zum Heckabschluss der SL-Baureihe W 113 – im Volksmund später »Pagode« genannt – ist augenfällig und lässt die Hand des begabten Karosseriedesigners Paul Bracq auch an diesem Wagen vermuten.

Wageninneres

Der Innenraum präsentiert sich auffällig licht, was auf die reichlich bemessene Fensterfläche zurückzuführen ist, aber ebenso auf die hellen Ausstattungselemente. Dazu zählen die Türverkleidungen, die zusammen mit dem Lenkrad und dem Armaturenbrett in gebrochenem Weiß zu einem freundlichen Interieur beitragen. In der Armaturentafel dominieren zwei große Rundinstrumente, die zur Hälfte über die gepolsterte schwarze Abdeckung hinausragen. Letztere findet an den Türen ihre Fortsetzung und sorgt für eine optische Zäsur auf der Höhe der Gürtellinie. Die Lenkradschal-

Abb. 1009 & 1010
Zusätzlich zur viertürigen Limousine soll es den W 118 auch als Zweitürer geben. Den Heckabschluss mit horizontalen Leuchten unterhalb eines Knicks wird man bald bei der SL-Baureihe W 113 finden. Auch die Front geht mit dem geometrisch definierten, mit feinen horizontalen Stäben und großem Mercedes-Stern versehenen Lufteinlass neue Wege. Man glaubt den Einfluss des Karosseriedesigners Paul Braqc zu erkennen.

Abb. 1011
Das schnörkellos gestaltete Interieur wirkt licht. Dazu tragen die großzügigen Fensterflächen ebenso bei wie die hellen Ausstattungsteile, die durch schwarze Abdeckungen begrenzt werden. Der fehlende Getriebetunnel erlaubt ein freies Durchsteigen vom einen zum anderen Vordersitz.

tung erlaubt zusammen mit dem vollständig ebenen, mit Teppich ausgeschlagenen Boden einen ungehinderten Seitenwechsel zwischen den beiden nahe beieinanderstehenden Einzelsitzen.

Technik

Der bescheidene vordere Überhang reicht aus, um einen kompakt bauenden Vierzylinder-Boxermotor vor die Vorderachse zu setzen. Ein solches Triebwerk ist Ende 1960 unter Motorenchef Bensinger weit gediehen. Die Maschine hat 1,5 Liter Hubraum, gibt eine Leistung von 60 PS bei 4 400 U/min ab und stemmt 11 mkg Drehmoment auf die Kurbelwelle. Dieser Motor wird zeitgleich auch der Auto Union GmbH für den neuen großen DKW, dem Auto Union 1000-Nachfolger, angeboten.[36] Nallinger erwähnt gegenüber seinen Vorstandskollegen die Möglichkeit allenfalls auf einen Wankel-Motor umzuschwenken, *wenn es die Entwicklung rechtfertigt.*[37] Bekanntlich ist der Motorenchef Wolf-Dieter Bensinger als ehemaliger Mitarbeiter von Felix Wankel ein überzeugter Verfechter der Kreiskolben-Motortechnik. Die Fahrwerkskonstruktion und alle weiteren technischen Einzelheiten sind leider unbekannt.

Eine Fotoaufnahme von Ende Dezember 1961 beweist, dass der W 118 versuchsweise auch mit einem vor der Vorderachse eingebauten Vierzylinder-Reihenmotor versehen worden ist, und zwar, wie sich Ludwig Kraus 1988 erinnert, mit dem sogenannten Mitteldruckmotor M 118. An einer vorhandenen Rohkarosserie wird der Bug und damit der vordere Überhang um das notwendige Maß

Abb. 1012
Ende 1961 wird an einer der W 118-Versuchskarosserien die Front verlängert, um alternativ zum kompakten Boxermotor auch den sogenannten Mitteldruckmotor zu erproben, der gerade entsteht. Der deutlich länger bauende Reihenvierzylinder hängt ebenfalls vor der Vorderachse. Doch die Zukunft des W 118 ist nach wie vor ungewiss, weil gleichzeitig die Auto Union einen neuen »großen« DKW entwickelt und man sich in Untertürkheim nicht im Klaren ist, welcher der beiden Typen gebaut und unter welcher Marke er vertrieben werden soll.

verlängert. Vom W 118 entstehen mehrere Versuchsfahrzeuge, die ausgiebig getestet und gemäß Kraus auch auf die Wintererprobungsfahrt mitgenommen werden, wo sie vor allem auf Schnee die Fahrer erfreuen.[38] Irgendwann im Laufe der folgenden Monate wird trotz der vielen positiven Eigenschaften beschlossen, auf den W 118 zu verzichten und das Schließen der Angebotslücke der Auto Union zu überlassen.[39]

Der große DKW F 102: Eine Alternative?

Zeitgleich mit dem Mercedes-Benz W 118 entsteht bei der Auto Union in Ingolstadt der neue große DKW F 102, der den Auto Union 1000 S beerben soll. Im Juli 1960 wird das erste 1:1-Modell des Wagens fertig. Es fällt mit einer ausgesprochenen Trapezform und kleinen, scharfkantigen Heckflossen auf. Ein halbes Jahr später zeigt ein weiteres Modell deutlich weichere und modernere Züge; auffällig ist eine gewisse Ähnlichkeit mit dem Ford 17 M (P3).[40] Während die Karosserie und das Fahrwerk – letzteres mit Beihilfe von Uhlenhaut – allmählich erkennbare Züge annehmen, geht beim Motor gar nichts oder in die falsche Richtung. Mit allen erdenklichen Argumenten winden sich die Auto Union-Leute aus dem verbindlichen Auftrag, einen Viertakter zu entwickeln. Stattdessen beharren sie auf dem Zweitaktverfahren und setzen Hoffnungen auf die vom ehemaligen Auto Union-Motoreningenieur Hans Müller (»Müller-Andernach«) konstruierten Zweitakt-V6-Motor, der systembedingt weder das schlechte Abgasverhalten noch den hohen Verbrauch beseitigt. Die Stimmung ist schlecht, die Ingolstädter fühlen sich von Daimler-Benz nicht ernst genommen und gar bevormundet, lehnen den von Nallinger angebotenen 1,5-Liter-Boxermotor aus dem W 118 ab. Sie wollen nicht erkennen, wie ernst es unterdessen um die Auto Union steht, deren Verkaufszahlen mit dem Zweitakt-Debakel im strengen Winter 1962/63 regelrecht einbrechen.

Nach Ingolstadt abkommandiert: Ludwig Kraus soll es richten

Als im Herbst 1963, nunmehr fünf Jahre seit der Übernahme der Auto Union durch Daimler-Benz, der verlangte Viertakter noch nicht einmal auf dem Papier existiert, reißt in Untertürkheim der Geduldsfaden. Man delegiert Diplom-Ingenieur Ludwig Kraus mit dem Auftrag nach Ingolstadt, dort raschmöglichst die Viertakt-Motorentechnik einzuführen. Basis dafür ist der fertig konstruierte und im Versuch recht weit erprobte Daimler-Benz-Mitteldruckmotor M 118. Zudem darf Kraus eine kleine Schar junger Ingenieure auswählen und mitnehmen, um ein tatkräftiges Team zu bilden. Sein Abgang als Leiter der Vorentwicklung schmerzt, doch um endlich bei der Auto Union das Steuer herumzureißen ist er die richtige Wahl. Der Mitteldruckmotor, den er »im Gepäck« hat, ist maßgeblich unter ihm entwickelt worden. Für Kraus spricht zudem, dass er – in Ingolstadt aufgewachsen – zumindest gegenüber den Oberbayern in der Mannschaft die Einheimischenkarte ziehen kann.[41]

Bald nach seinem Einzug in Ingolstadt führt der neue Technische Leiter Kraus dem Geschäftsführer der Auto Union, Dr. Werner Henze, nicht nur den Mitteldruckmotor vor, sondern präsentiert ihm auch den dazugehörenden Mercedes-Benz W 118 in Natura. *Ja, wenn man mir das früher gesagt hätte, den hätten wir gemacht. Jetzt sind wir mit dem Müller-Andernach-Motor* [2-Takt V6] *und F 102 schon soweit, jetzt können wir nicht mehr zurück,* soll Henze geantwortet haben.[42]

Mit dem Zweitaktmotor in den Flop

Dass der DKW F 102, der im Herbst 1963 auf der IAA in Frankfurt am Main als Prototyp präsentiert wird, im März des darauffolgenden Jahres mit einem neuen Dreizylinder-Zweitaktmotor in die Serienfertigung geht, kann auch Kraus nicht verhindern. Der Misserfolg im Verkauf ist absehbar und tritt prompt ein. Ein gutes Jahr später, im März 1965, steigt die Volkswagen AG bei der Auto Union ein, was bei Daimler-Benz unterdessen als Erlösung empfunden wird. Die vollständige Übernahme dauert aus steuertechnischen Gründen zwar bis 1969, doch bereits 1965 hat Volkswagen das alleinige Sagen. Heinrich Nordhoff, der mächtige VW-Manager, schickt Henze in Pension und installiert Rudolf Leiding als Geschäftsführer der Auto Union. Der ehemalige Direktor des VW-Werks Kassel kehrt in Ingolstadt mit dem eisernen Besen.[43]

Nun als Audi: F 103 mit Mitteldruckmotor

Mit dem Übergang der Auto Union zur Volkswagen AG kommt auch für Ludwig Kraus, der nicht wieder zu Daimler-Benz zurückkehrt, die große Chance. Objektiv betrachtet ist der DKW F 102 als ein Fahrzeug der unteren Mittelklasse gut gelungen, blendet man den Zweitaktmotor aus: Die knapp 4,30 m lange Stufenhecklimousine ist von vernünftiger Größe, zweitürig bloß 910 kg schwer, mit 60 PS leistungsmäßig ordentlich motorisiert und mit einem guten Fahrwerk versehen. In der Erscheinung ist der Wagen hübsch, wenngleich formal weniger konsequent und im Radstand deutlich bescheidener als der größenmäßig vergleichbare Prototyp W 118 von Daimler-Benz. Ludwig Kraus lässt nun den F 102 für den unterdessen produktionsreifen und 72 PS starken 1,7-Liter-Mitteldruckmotor adaptieren. Da die neue Vierzylindermaschine deutlich länger baut als der kompakte 1,2-Liter-Zweitakt-Dreizylinder und ebenfalls längs vor der Vorderachse eingebaut werden muss, ist man gezwungen, den Vorderwagen im Überhang um 100 mm zu verlängern. Gleichzeitig kommt das Fahrzeug in den Genuss einer neu entworfenen Frontpartie mit Rechteckscheinwerfern. Optische Retuschen am Heck und insbesondere eine neue Fahrwerksabstimmung, die an das höhere Gewicht auf der Vorderachse angepasst ist, komplettieren den Umbau. Das so aktualisierte Modell heißt F 103 und wird im Herbst 1965 vorgestellt. Doch niemand will den Zweitakt-belasteten Markennamen DKW mehr haben. Mit der Idee, den neu motorisierten Wagen »Audi« zu nennen, knüpft man geschickt an die Vorkriegs-Vergangenheit der Auto Union an.

Ludwig Kraus ist vom Audi, der zunächst keine Typenbezeichnung trägt und nur intern F 103 genannt wird, nur mäßig begeistert und bezeichnet ihn als »Bastard«. *Wahrscheinlich wäre es besser gewesen, wenn man den F 102 gestoppt hätte, um auf der vorhandenen Mercedes-Basis gleich etwas Vernünftiges zu machen,* äußert er sich später.[44] Dieser Meinung ist auch Fritz Nallinger, der Ende 1965 feststellt, die Auto Union hätte anderthalb Jahre früher in weitaus größerem Umfang am Marktgeschehen teilhaben können, wäre sie auf den modernen W 118 umgeschwenkt.[45] Doch bald entsteht unter der Leitung von Ludwig Kraus – zunächst ohne Wissen der VW-Oberen [!] – der Audi 100, der ab 1968 ein großer Erfolg wird. In seinem optisch leichten und eleganten Aufbau glauben Viele die Wesensart des Mercedes-Benz W 118 zu erkennen.

Abb. 1013 & 1014
Im Herbst 1963 wird der DKW F 102 an der IAA präsentiert und geht im Frühjahr 1964 in Produktion – erneut mit einem Zweitaktmotor. Der 1,2-Liter-Dreizylinder leistet 60 PS. Doch nach dem Frostwinter 1962/63 – in vielen neuen DKW hat die Frischölschmierung versagt – ist der Zweitakter diskreditiert. Der F 102 wird zum Misserfolg.

Abb. 1015 & 1016
Unter der neuen Eigentümerin VW AG wird in Ingolstadt das Steuer herumgerissen. Mit dem Daimler-Benz-Mitteldruckmotor versehen, in der Front verlängert und umgestaltet, mutiert der Wagen ab Herbst 1965 zum ersten Nachkriegs-Audi, intern als F 103 bezeichnet.

15.4 Der W 201: Endlich wieder ein Mercedes-Benz der Kompaktklasse

Die Daimler-Benz AG versteht sich bis weit in die 1970er Jahre als Anbieter von Personenwagen ausschließlich der gehobenen Preisklasse. Ein Umdenken findet erst 1977 statt, als eine dritte Modellreihe das Angebot nach unten ergänzen soll. Der Anstoß kommt aus den USA, wo sich dank eines kompakten Typs die Verbrauchslimits einhalten lassen. Doch erst 1982 geht der im Volksmund »Baby-Benz« genannte 190 (W 201) in Produktion, wird in Europa zum großen Erfolg und begründet die neue Typenreihe »C-Klasse«.

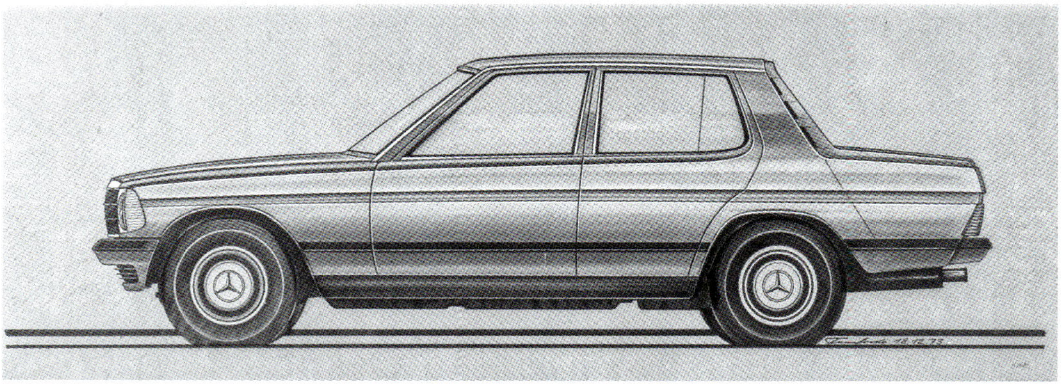

Trotz der vielversprechenden Ansätze zu Beginn der 1960er Jahre hat sich die Einführung einer kompakten Mercedes-Benz-Baureihe der unteren Mittelklasse einmal mehr in Luft aufgelöst. Im Vorstand wie im Aufsichtsrat ist man sich weiterhin nicht schlüssig, ob ein kleiner und preisgünstiger Mercedes-Benz überhaupt erstrebenswert sei. Die Frage, wo ein solches Fahrzeug gebaut und ob es allenfalls, ohne den Stern zu tragen, durch die Auto Union kommerzialisiert werden soll, bleibt bis zu deren Verkauf an VW unbeantwortet. Zum Scheitern tragen zweifellos die Schwierigkeiten mit der ungeliebten Tochter in Ingolstadt bei, der man anfänglich zu viel Freiheiten gelassen hat und die zur Räson zu bringen man später die Energie nicht mehr aufbringt. Und so ruht das Thema »untere Mittelklasse« oder »Kompaktwagen« vorerst.

Nicht alle Exponenten der Daimler-Benz AG vertreten die Meinung von Technikchef Nallinger, der bei seinem altersbedingten Ausscheiden 1965 erklärt, er halte es für notwendig, einen solchen *Anschluss- oder Zweitwagentyp* zumindest fertig zu konstruieren und einige Prototypen davon zu bauen.[46]

Als Produzentin hochwertiger, stark nachgefragter Pkw der oberen Mittelklasse und der Oberklasse fühlt sich die Daimler-Benz AG in den 1960er Jahren ausgesprochen wohl. In Kapazitätserweiterungen investiert man mit erheblicher Zurückhaltung und nicht zuletzt, um die unermesslich angewachsenen Lieferfristen nicht in rufschädigende Länge zu ziehen. Trotz der vorsichtigen Politik ist die monatliche Produktionskapazität von 9 000 Pkw im Jahr 1958 auf 18 000 im Jahr 1969 verdoppelt worden. Daimler-Benz ist dank der vorsichtigen Expansion der einzige bundesdeutsche Autokonzern, der die Krisenjahre 1973 bis 1975 ohne Einbruch übersteht, was beweist, dass die Untertürkheimer auch in den Jahren des stetigen Wachstums ihre Marktchancen nicht vollständig ausgeschöpft haben.[I]

Wenn schon, dann ein wertiger Kompaktwagen, kein »Volks-Mercedes«

Die eventuelle Einführung einer zusätzlichen, kompakteren und günstigeren Baureihe erhält erst in den frühen 1970er Jahren wieder Auftrieb, nachdem offensichtlich geworden ist, dass jedes neue Mercedes-Benz-Modell technisch aufwändiger, meist größer und damit teurer wird als das vorhergehende.

Es ist Dr.-Ing. Hans Scherenberg, als Technikvorstand Nallingers Nachfolger, der Überlegungen zu einer kleineren Baureihe *W 201* anstellt, die allerdings den Qualitätsanforderungen an einen Mercedes-Benz in jeder Hinsicht genügen muss. Damit ist dem billigen »Volks-Mercedes«, wie er von gewissen Zeitschriften immer wieder postuliert oder gar angekündigt wird, eine Absage erteilt. Viel mehr geht es, wie von Nallinger bereits 1965 angeregt, eher um einen wertigen Zweitwagen.[47] Die Diskussion, wie das Thema Kompaktwagen zu lösen wäre, ob selbständig oder in Kooperation mit einem Drittunternehmen, zieht sich über mehrere Jahre hin.

Ein Kleiner braucht weniger – US-Flottenverbrauch als Auslöser

Der entscheidende Anstoß für ernsthafte eigene Bemühungen kommt schließlich aus den USA, die als Exportland unterdessen von ausschlaggebender Bedeutung sind.[II] Dort werden in einzelnen Staaten die Abgasvorschriften stetig verschärft, was in Untertürkheim nicht wirklich beunruhigt. Von größerer Tragweite sind die Vorschriften zur Verminderung des Flottenverbrauchs. Nach Nordamerika werden überaus viele S-Klasse-Wagen exportiert, was die durchschnittliche Verbrauchszahl eines Mercedes-Benz-Wagens in die Höhe treibt. Ein kleineres und

Anmerkung I: Siehe ausführlich bei Feldenkirchen, 100 Jahre 2003, S. 261–267.
Anmerkung II: Nordamerika hat sich bis Ende der 1960er Jahre zum zweitgrößten Abnehmer unter den Wirtschaftsräumen entwickelt (Ernst, Josef: Die Vertriebsgeschichte der Daimler AG, Daimler-Presseinformation, November 2009).

Abb. 1017 (linke Seite)
Design-Skizze eines Mercedes-Benz der unteren Mittelklasse, dat. 18.12.1973. Ab den frühen 1970er Jahren wird das Thema eines kompakten Einstiegs-Mercedes wieder öfter diskutiert.

Abb. 1018
Obwohl Designer bereits Kompaktwagen in unterschiedlichster Formensprache entwerfen, dauert es noch bis 1977, ehe die Entscheidung zum Bau einer weiteren Typenreihe gefällt wird.

damit verbrauchsgünstigeres Modell tut Not. Ein solches fordert mit Nachdruck insbesondere der Chef des Auslandverkaufs Heinz C. Hoppe, der in den USA dafür ein erhebliches Potential erkennt. Und zwar nicht bloß wegen des Flottenverbrauchs, sondern weil sich viele begüterte Kunden einen prestigeträchtigen, kompakten Zweitwagen mit Stern wünschen. Hinzu kommt, nicht nur in den USA, eine mutmaßlich große und eher jüngere Gruppe von Personen, die sich aus grundsätzlichen Überlegungen mit einem Kompaktwagen begnügen, der aber aus der Masse der günstigen Alltagsfahrzeuge herausragen soll.[48] Dass ein solcher Wagen kaum günstiger gefertigt und angeboten werden kann als die darüberliegende Mittelklasse, muss mit in die strategischen Überlegungen einfließen.

Nach dem Grundsatzbeschluss im Herbst 1977, eine dritte Baureihe zu installieren, verstreichen nochmals anderthalb Jahre, bis der Vorstand wie auch der Aufsichtsrat den Startschuss für den W 201 auslösen. Vorgesehen ist die Fertigung im Werk Bremen, doch wegen Verzögerungen durch Einsprüche gegen die dortige Werkserweiterung rollen die ersten Exemplare des 190 oder »Baby-Benz«, wie der Wagen im Volksmund bald genannt wird, 1982 in Sindelfingen vom Band.[49]

Abb. 1019
Endlich ist es soweit: Am 8. Dezember 1982 wird die neue Kompaktklasse der Baureihe W 201 der Öffentlichkeit vorgestellt. Es ist kein billiger Einstiegstyp geworden, sondern ein vollwertiger Mercedes-Benz. Mit Standardantrieb und Dreivolumenkarosserie folgt der neue Wagen zwar dem altbewährten Schema. Doch die unter Leitung von Stilistikchef Bruno Sacco geformte Karosserie ist von einer Frische und Stringenz der Linien, wie man es bislang an keinem Mercedes-Benz gesehen hat.

Abb. 1020 & 1021
Anfänglich ist der W 201 in den beiden 2-Liter-Varianten 190 (Vergaser) und 190 E (Einspritzer) erhältlich. Bald folgen weitere Motoren, darunter ab 1985 ein Fünfzylinder-Diesel als 190 D 2.5 (oben). Ebenso klar und diszipliniert wie das Äußere präsentiert sich der Innenraum, wo sich Form und Funktion wie von selbst verbinden.

Der »Baby-Benz« – ein herausragender Wurf

Mit dem W 201 – der trotz Motoren unterschiedlichen Hubraums stets die Verkaufsbezeichnung 190 trägt – gelingt der Daimler-Benz-Mannschaft auf Anhieb ein überzeugender Wurf.

Der mit 4 420 mm Länge und 1 678 mm Breite vergleichsweise kompakte Wagen wird als viertürige Stufenhecklimousine konzipiert. Obwohl das traditionelle Mercedes-Benz-Gesicht mit Kühlermaske beibehalten und mit Geschick in die Formgebung einbezogen wird, was verkaufstechnisch ein guter Schachzug ist, wirkt der Wagen mit seinen straffen Linien, den präzisen Kanten und der klaren Form frisch, jugendlich und sportlich. Die kleine Limousine präsentiert sich in jeder

Abb. 1022
Revolutionär ist die angetriebene Raumlenkerhinterachse, die dem Wagen zu hervorragenden Fahreigenschaften verhilft. Der schier überbordende Entwicklungsaufwand lohnt sich. Das Konzept dieser Hinterachse wird künftig für alle neuen Mercedes-Benz-Pkw-Modelle mit Standardantrieb übernommen.

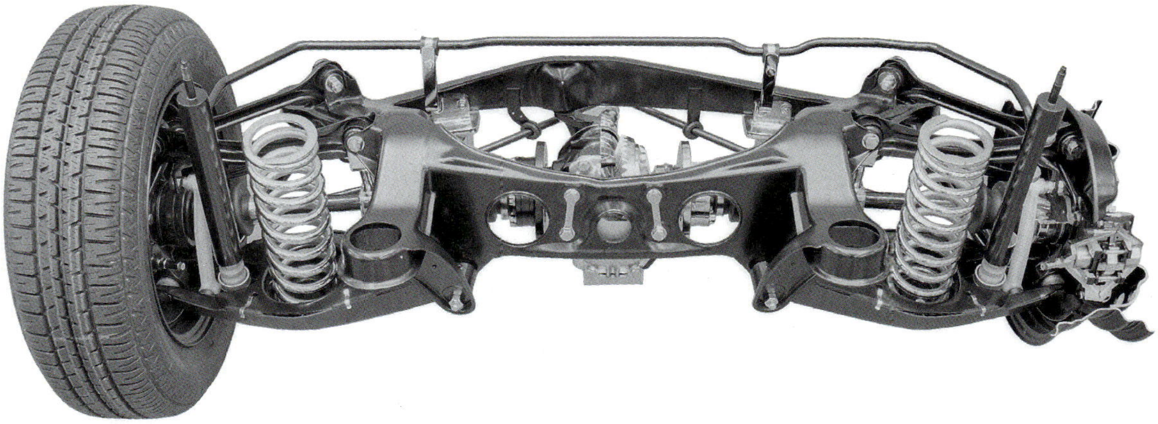

Hinsicht als ein echter Mercedes-Benz. Nach der S-Klasse-Limousine und dem S-Klasse-Coupé der Baureihe W 126 ist dies der dritte Wagen, der gestalterisch in der Verantwortung von Designchef Bruno Sacco steht und – noch pointierter als der W 126 – eine neue Ära in der Formgebung von Mercedes-Benz-Personenwagen einleitet.

Revolutionär: Die Raumlenkerhinterachse

Das wohlgelungene Äußere findet seine Entsprechung in einem hervorragenden Fahrwerk. Die Vorderachse mit Dreiecksquerlenker, Dämpferbein, separierter Schraubenfeder und Drehstabstabilisator ist zwar eher einfach, bietet aber in der Summe beste Eigenschaften. Eine Errungenschaft von fast epochaler Bedeutung für Daimler-Benz ist die hier erstmals angewandte, mit einem exorbitanten Aufwand entwickelte und verfeinerte Raumlenkerhinterachse. Diese Achskonfiguration ist in der Folge oft kopiert worden und gilt heute noch als eines der erfolgversprechendsten Rezepte für beste Fahreigenschaften. Der wenige Jahre zuvor entwickelte leichtere Vierzylindermotor M 102 mit anfänglich 2 Liter Hubraum wird in verschiedenen Leistungsstufen gebaut. Später gibt es gar einen laufruhigen Reihensechszylinder im »Baby-Benz«. Selbstverständlich kann der W 201 auch mit Dieselmotor erworben werden, wobei der vollständig neue 2-Liter-Selbstzünder OM 601 durch eine bislang unbekannte Lebendigkeit auffällt.

Begründer einer neuen Kompaktklasse

Wie befürchtet, drückt der W 201 zunächst deutlich auf die Verkäufe der nächstgrößeren, allerdings bereits ein wenig in die Jahre gekommenen Baureihe W 123. Doch es gelingt trotz selbstbewusst angesetztem und mitunter kritisiertem Preis neue Käuferschichten zu erschließen, die der Marke Mercedes-Benz häufig treu bleiben. Die um zahlreiche Motorisierungsvarianten erweitere Modellreihe wird schließlich ein großer Erfolg. Eher überraschend steigt nicht die USA zum Hauptabnehmer auf, sondern die Bundesrepublik Deutschland und weitere europäische Märkte.

Was 1936 mit dem 170 V (W 136) überzeugend gelungen ist, nämlich die erfolgreiche Positionierung eines kompakten Mercedes-Benz mit hohem Gebrauchswert, wiederholt der 190 (W 201) ab 1982 mit Erfolg. Mehr noch: Erst mit dem W 201 gelingt die dauerhafte Einführung einer neuen Reihe kompakter Wagen mit Stern, die sich als C-Klasse bis heute erfolgreich am Markt behauptet.[50] Es ist durchaus statthaft, den guten alten 170 V als deren Vorläufer zu würdigen.

Abb. 1023
Der Daimler-Benz AG gelingt es, mit dem W 201 neue Käuferschichten zu erschließen. Die Montage erfolgt an zwei Standorten, nämlich in Sindelfingen und im ehemaligen und großzügig erweiterten Borgward-Werk in Bremen-Sebaldsbrück. Dank des beachtlichen Erfolgs – 1,9 Millionen verkaufte Exemplare – wird die kompakte Baureihe zu einer festen Größe im Mercedes-Benz-Pkw-Programm.

Der »Baby-Benz« als eine Art moderne Übersetzung und Nachfolge des legendären 170 V – eine durchaus legitime Auffassung.

Nach vollbrachter Arbeit dem Abend entgegen: Der Autor in seinem Mercedes-Benz 170 Da unterwegs in Richtung Bremgarten bei Bern.

Wir danken herzlich für die Unterstützung: **Mercedes-Benz Automobil AG**

MERCEDES
BENZ

MERCEDES-BENZ
170 V / 170 S / 220
BESTSELLER / RETTER / WEGBEREITER

BAND II

Umschlagmotiv Band II
Mercedes-Benz 170 V Cabriolet B, 1937
Schnittmodell

Hans Peter Würsten
Mercedes-Benz 170 V / 170 S / 220
Bestseller / Retter / Wegbereiter

Band 2 (Ausgabe in zwei Bänden)

1. Auflage 2026

Fachlektorat
Günter Engelen
Lektorat und Korrektorat
Doris Amacher,
Gudrun Schwietzer
Gestaltungskonzept
Elisabeth Neufert, Esslingen (Neckar)
Tom van Endert, Lehna
Gesamtherstellung
Elisabeth Neufert
Tom van Endert
Umschlag
Tom van Endert

Druck und Bindung
Petro Ofsetas, Vilnius (LT)
Gedruckt auf 130 g/m² MultiArt Volume
Gesetzt aus der ABC Diatype

ISBN 978-3-947060-18-4

Gedruckt in der Europäischen Union PETRO OFSETAS

MERCEDES-BENZ

170 V / 170 S / 220

BESTSELLER / RETTER / WEGBEREITER

HANS PETER WÜRSTEN

BAND II

K
KARREN

Inhalt Band I

Band I
erzählt die Geschichte der Typenfamilie 170 V – 170 S – 220 umfassend. Der Inhalt reicht von der Fusion zur Daimler-Benz AG im Jahr 1926 bis in die frühen 1980er Jahre, als erneut ein Kompaktwagen mit Stern in Produktion ging. In diesen Zeitrahmen eingebettet, wird der 170 V in all seinen technischen, formalen und sozialhistorischen Aspekten beleuchtet. Es wird geschildert, weshalb eine Ablösung durch ein neues Modell nicht gelang, wie Daimler-Benz dank diesem preisgünstigen und soliden Wagen nach dem Krieg als Pkw-Produzent einen Neuanfang schaffte, weshalb der 170 V bis in die frühen Fünfzigerjahre der kommerziell wichtigste Pkw des Konzerns war und wie auf seiner Basis mit den Modellen 170 S und 220 ein klassenübergreifendes Typenprogramm entstand.

Inhalt Band II

Band II
präsentiert die Typenfamilie 170 V – 170 S – 220 in Zahlen und Fakten. Den Anfang machen die technischen Daten aller Modelle in Tabellenform. Es folgen eine Auflistung der Änderungen am 170 V, Angaben zur Identifikation, Einblicke in die Fertigung sowie Aufstellungen zu Farbgebung, Serien- und Sonderausstattungen, Stückzahlen und Verkaufspreisen. Knappe Texte würdigen die Modelle der Typenfamilie, auch die nicht gebauten. Exkurse beleuchten relevante Themen außerhalb der Fahrzeugfamilie. Schließlich rücken Kurzbiografien jene Personen in den Vordergrund, die an der Konzeption, Entwicklung und Fertigung beteiligt waren oder den Weg der Daimler-Benz AG entscheidend beeinflusst haben.

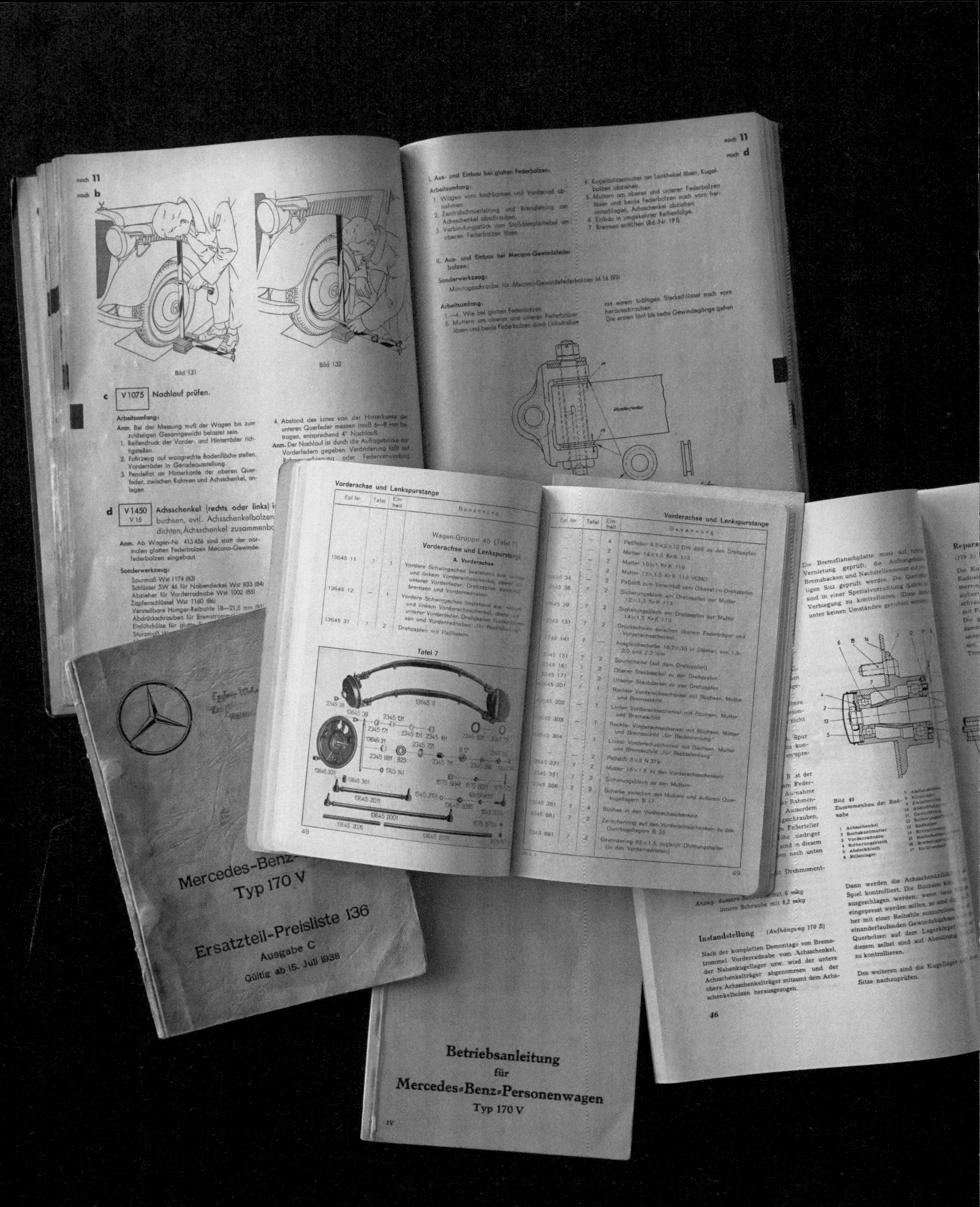
noch 11
noch b
Bild 131
Bild 132
V1075 Nachlauf prüfen.
noch 11
noch d
Vorderachse und Lenkspurstange
Tafel 7
Mercedes-Benz
Typ 170 V
Ersatzteil-Preisliste 136
Ausgabe C
Gültig ab 15. Juli 1938
Instandstellung (Aufhängung 170 S)
46
Betriebsanleitung
für
Mercedes-Benz-Personenwagen
Typ 170 V

A

Technische Daten und Informationen

Die Druckerzeugnisse der Daimler-Benz AG zur Technik der Fahrzeugfamilie 170 V – 170 S – 220 sind umfangreich.
Sie beginnen mit den Betriebsanleitungen und führen über die Ersatzteillisten bis zu den Reparaturanleitungen und Motorenbüchern.

A 01 Mercedes-Benz 5/25 PS (W 01) – erstes Kompaktmodell mit Stern

1926–1928, keine Serienfertigung

	Mercedes-Benz 5/25 PS (W 01) 1,4-Liter 6-Zyl. Prototypen 1926	**Mercedes-Benz 5/25 PS (W 01) 1,3-Liter 4-Zyl. Prototypen 1927/28**	**Mercedes-Benz 5/25 PS (W 01) 1,3-Liter 6-Zyl. Projekt März 1928**
Motor			
Arbeitsverfahren	4-Takt-Otto		
Motorbezeichnung	M 01		
Zylinderzahl (Anordnung)	6 (Reihe)	4 (Reihe)	6 (Reihe)
Bohrung x Hub	60 × 82 mm	68 × 88 mm	
Hubraum	1 392 cm^3	1 280 cm^3	
Leistung	25 PS bei 3 100 U/min	25 PS bei 3 300 U/min	
Drehmoment	6,5 mkg bei 2 000 U/min		
Verdichtung	1:5,5	1:5,8	
Vergaser	1 Zenith	1 Solex 26 FVS	
Kraftstoffförderung	Gefälle		
Ventile	Seitlich stehend; seitliche Nockenwelle		
Kurbelwellenlager	7	3	
Kühlung	Wasser, Pumpe		
Schmierung	Druckumlauf		
Batterie	12 V		
Lichtmaschine	75 W		
Anlasser	0,6 PS		
Kraftübertragung			
Disposition	Antrieb auf Hinterräder		
Kupplung	Einscheiben-Trockenkupplung		
Schaltung	Stockschaltung Wagenmitte		
Getriebe	3-Gang	4-Gang	
Synchronisierung	ohne	ohne	
Übersetzungen	I. 3,6, II. 2,2, 3. 1,0	I. 3,7, II. 2,0, III. 1,4, IV. 1,0	
Antriebsübersetzung	6,62 oder 6,0	4,5 [?]	
Fahrwerk			
Rahmen			U-Profil-Pressstahl-Niederrahmen in Leiterform
Vorderradaufhängung	Starre Faustachse, Halbelliptikfedern	Achslos, zwei Querblattfedern	Starre Faustachse, Halbelliptikfedern
Hinterradaufhängung	Starrachse, Halbelliptikfedern		Deichsel-Starrachse, Halbelliptikfedern
Lenkung	Schraubenspindel		

	Mercedes-Benz 5/25 PS (W 01) 1,4-Liter 6-Zyl. Prototypen 1926	Mercedes-Benz 5/25 PS (W 01) 1,3-Liter 4-Zyl. Prototypen 1927/28	Mercedes-Benz 5/25 PS (W 01) 1,3-Liter 6-Zyl. Projekt März 1928
Fußbremse	Mechanisch, 4-Rad	Hydraulisch, 4-Rad	Mechanisch, 4-Rad
Handbremse	Mechanisch, Hinterräder		
Schmierung			
Allgemeine Daten			
Radstand	2 600 mm		2 680 mm
Spur vorne / hinten	1 340 / 1 340 mm		1 260 / 1 260 mm
Gesamtabmessung (L x B x H)	3 940 × 1 632 × 1 580 mm	3 910 × 1 630 × 1 580 mm	
Reifen	27 × 4,55 Niederdruck	27 × 4,55 Niederdruck	27 × 4,75 Niederdruck
Leergewicht	1 024 kg	1 000 kg	
Zul. Gesamtgewicht	1 470 kg	1 400 kg	
Höchstgeschwindigkeit	88 km/h	84 km/h	
Verbrauch	ca. 11 Liter/100 km	ca. 10 Liter/100 km	
Kraftstofftank	45 Liter (im Motorraum)	45 Liter (im Motorraum)	
Preise			
Innenlenker		RM 5 000 (angedacht)	
Produktion			
	8 Versuchswagen	30 Versuchswagen	

Beschreibung

Während sich der 1,4 Liter große 6-Zylinder-Prototyp von 1926 und das in der Werkszeichnung vom 28.03.1928 mit 1,3 Liter bezeichnete Fahrgestell bezüglich Zylinderzahl und dem konservativen Fahrwerk mit Starrachsen vorn und hinten sehr ähneln, weicht der 1,3 Liter große 4-Zylinder-Wagen von Ende 1927/Anfang 1928 merklich davon ab.

Die 30 Prototypen sollen ein 4-Ganggetriebe und eine unabhängige Vorderradaufhängung an zwei übereinanderliegenden Blattfederpaketen erhalten haben, wie sie bei Daimler-Benz ab dem Typ 170 (W 15) üblich ist. Zudem sind einige Fahrzeuge zur Erprobung von (hinteren) Schwingachsen verwendet worden – möglicherweise erst später im Hinblick auf die Anwendung im 170 (W 15). Bemerkenswert ist die hydraulische Bremsanlage.

Zu beachten sind die abweichenden Angaben zum Radstand und zu den Spurweiten in den Typenblättern und der Zeichnung. Im DB-Typenblatt 140 (130) W 01 ist zudem von der Erprobung eines neuartigen Rahmens die Rede, der in einer Sekundärquelle als Zentralrohrrahmen bezeichnet wird.

Quellen

· DB-Typenblatt 140 (130), W 01, 5/25 PS (1926), Hn/1966; hier: Konstruktions- und Versuchsbericht 89/142 (14.06.1927). · Typenliste Fahrzeuge und Motoren (Mai 1946).	· DB-Typenblatt 130, W 01 (1928), Hn/1966; hier DB-Typenbeschreibung und Versuchsbericht VT 342/1244/1928 (18.08.1928). · In einigen Werksdokumenten ist dieser Prototyp mit W 14 bezeichnet, in anderen ist W 14 die Baureihe der Versuchswagen »Stuttgart« 260 mit hinterer Schwingachse.	· Werkszeichnung Fahrgestell 1,3 ltr. W 01/1 (28.03.1928).

A 02 Mercedes-Benz 1,6-Liter 6/30 PS (W 14 ?) – auf dem Weg zum 170 (W 15)

1928, keine Serienfertigung

Mercedes-Benz 6/30 PS (inoffizielle Bezeichnung)
(W 14 ?)
1,6-Liter
Prototyp 1928

Beschreibung

Offenbar steht Ende Juli 1928 fest, dass der geplante und in verschiedener Ausführung getestete kleine Mercedes-Benz mit einem 1,6-Liter-Motor gebaut werden soll. Von dieser Ausführung sind keine näheren Angaben bekannt, doch dürfte es sich angesichts des auf 1,6 Liter erweiterten Hubraums um eine 6-Zylinderausführung handeln. Ob dieser Motor ein direkter Vorläufer des 1,7 Liter großen 6-Zylinder M 15 des späteren 170 (W 15) ist, muss offenbleiben.

Vorgesehen ist zusätzlich zur 2-türigen Version auch der Bau einer 4-türigen Limousine, weshalb Anfang August 1928 der Radstand um ein unbekanntes Maß verlängert wird. Zum Fahrwerk fehlen Angaben.

Denkbar ist, dass es sich hier um die 1,6 Liter große Vorstufe zum 6-Zylinder-Vollschwingachswagen W 15 (Typ 170) handelt, die möglicherweise als W 14 bezeichnet wird (siehe Tabelle A 03).

Quellen

· Besprechung Schippert, Porsche, Sailer (26.07.1928).
· Vorstandssitzungen vom 16.08.1928 bis Ende 1928 und vom 08.11. und 12.12.1930.

Abb. 1024
Werbeaufnahme für den neuen kompakten Mercedes-Benz 170 (W 15) in der Stuttgarter Weißenhofsiedlung, Sommer 1931.

A 03 Mercedes-Benz 170 (W 15) – der erste Vollschwingachs-Wagen
1931–1936, Serienfertigung

	Mercedes-Benz 170 (W 15) 1931–1933	Mercedes-Benz 170 (W 15) 1934–1936	Mercedes-Benz L 300 (W 15) 1932–1935
Motor			
Arbeitsverfahren	4-Takt-Otto		
Motorbezeichnung	M 15		
Zylinderzahl (Anordnung)	6 (Reihe)		
Bohrung x Hub	65 × 85 mm		
Hubraum	1 692 cm³ (Steuer 1 680 cm³)		
Leistung	32 PS bei 3 200 U/min		
Drehmoment			
Verdichtung	1:5,75 bis 1:6,0		
Vergaser	1 Steigstrom-Vergaser Solex 30 FVST	1 Vergaser Solex 30 FVST; ab ca. Mitte 1935: Solex 30 BFLV	1 Steigstrom-Vergaser Solex 30 FVST
Kraftstoffförderung	Gefälle		
Ventile	Seitlich stehend; seitliche Nockenwelle, Stirnräder		
Kurbelwellenlager	4		
Kühlung	Pumpe, 11 Liter Wasser		
Schmierung	Druckumlauf, Topffilter im Nebenschluss, 5 Liter Öl		
Batterie	6 V 75 Ah (unter Fahrersitz)		
Lichtmaschine	60 W; 1933: 90 W	90 W	60 W; ab 1933: 90 W
Anlasser	0,6 PS, mechanische Einrückung		
Kraftübertragung			
Disposition	Antrieb auf Hinterräder		
Kupplung	Einscheiben-Trockenkupplung		
Schaltung	Stockschalthebel Wagenmitte		
Getriebe	3-Gang + Schnellgang		
Synchronisierung	III. - Schnellgang		
Übersetzungen	I. 3,33, II. 1,71, III. 1,00, Schnellgang 0,73, R. 2,9		
Antriebsübersetzung	6,11		
Fahrwerk			
Rahmen	U-Profil-Pressstahl-Niederrahmen; ab Sommer 1933 Kastenprofil-Pressstahl-Niederrahmen	Kastenprofil-Pressstahl-Niederrahmen	U-Profil-Pressstahl-Niederrahmen; ab 1934 Kastenprofil-Pressstahl-Niederrahmen
Vorderradaufhängung	Achslos, 2 Querblattfedern		
Hinterradaufhängung	Zweigelenk-Pendelachse, Doppel-Schraubenfedern		
Lenkung	Schnecke		

	Mercedes-Benz 170 (W 15) 1931–1933	Mercedes-Benz 170 (W 15) 1934–1936	Mercedes-Benz L 300 (W 15) 1932–1935
Fahrwerk			
Fußbremse	Hydraulisch, 4-Rad		
Handbremse	Mechanisch, Außenbandbremse auf Trommel vorn am Differenzial		
Schmierung	Zentral, fußbetätigt		
Allgemeine Daten			
Radstand	2 600 mm	2 615 mm	2 600 bzw. 2 615 mm
Spur vorne / hinten	1 340 / 1 340 mm	1 369 / 1 349 mm	1 340 / 1 349 mm bzw. 1 369 / 1 349 mm
Gesamtabmessung (L x B x H)	3 850 × 1 630 × 1 580 mm (IL 4-türig & Cabrio C, ohne Stoßstangen); 3 940 × 1 630 × 1 580 mm (IL 4-türig & Cabrio C, mit Stoßstangen)	4 107 × 1 630 × 1 580 mm (IL 4-türig & Cabrio C); 4 230 × 1 630 × 1 580 mm (IL 2-türig, Modell 1935/36)	3 700 × 1 630 × 1 580 mm
Abmessung Laderaum	---	---	1 260 × 1 290 × 980 mm
Räder	Scheiben, 2,75 × 18" Rundhorn; später 2,75 D x 17"	Scheiben, 3,25 E x 17" offenes Horn	Scheiben, 2,75 × 18" Rundhorn; ab 1933: Scheiben, 3,25 E x 17" offenes Horn
Reifen	4,75 / 5.00-18"; später 5,25-17"	5,25-17"	4,75 / 5.00-18"; ab 1933: 5,25-17"
Wendekreis	10 m		
Fahrgestellgewicht	ca. 750 kg	ca. 775 kg	
Leergewicht (fahrfertig)	1 030 bis 1 050 kg	1 060 bis ca. 1 200 kg	1 030 bis ca. 1 080 kg
Nutzlast			300 (+ 75) kg
Zul. Gesamtgewicht	1 455 kg		
Höchstgeschwindigkeit	90 km/h		
Verbrauch	ca. 11 Liter/100 km		
Kraftstofftank	33 Liter (im Motorraum)		
Produktion			
1931, ab ca. 11.	173		
1932	4 438		43
1933		3 139	63
1934		2 508	10
1935		3 020	10
1936, bis ca. 2./3.		497	
Produktion nach Modell	4 611	9 164	126
Gesamtproduktion	13 901		

Preise W 15	1931	1932/1933	1934	1935	1936
Innenlenker 4-türig (Koffer freistehend)	RM 4 400	RM 4 400	RM 4 150	---	---
Innenlenker 4-türig (Koffer angebaut)	---	---	RM 4 400	RM 4 400	RM 3 950
Innenlenker 2-türig (mit integr. Kofferraum)	---	---	---	RM 4 300	RM 3 950
Rolldach für Innenlenker	+ RM 140	+ RM 140	+ RM 140	+ RM 135	---
Happich-Schiebedach	---	---	---	+ RM 185	+ RM 185
Cabriolet C (Koffer freistehend)	RM 5 575	RM 5 575	RM 4 975	---	---
Cabriolet C (Koffer angebaut)	---	---	RM 5 575	---	---
Cabriolet C (mit integr. Kofferraum)	---	---	---	RM 5 300	RM 4 700
Tourenwagen 2-türig	---	---	RM 5 200	RM 5 200	RM 4 800
Tourenwagen »Sindelfingen« 2-türig	---	---	RM 5 400	RM 5 400	RM 4 950
Sport-Roadster 2 (+2) Sitze	---	RM 5 500	RM 5 500	RM 5 500	RM 5 100
Sport-Cabriolet A 2/3 Sitze	---	---	RM 7 000	RM 7 000	RM 6 500
L 300 Kastenwagen	---	RM 4 450	RM 4 450	RM 4 450	---
Fahrgestell	RM 3 800	RM 3 800	RM 3 800	RM 3 800	RM 3 800

Quellen

- Fahrgestellzeichnungen, Typenblätter, Ersatzteillisten, weitere Werksunterlagen sowie Verkaufsprospekte.
- Oswald, MB-Pkw1 2001, S. 266 f; Hofner, MB-Autos Bd. 2 1998, S. 40.
- Bei widersprüchlichen Angaben werden die wahrscheinlicheren gewählt.
- Produktionszahlen gemäß Zentralstatistik DBAG.
- Preise nach Preislisten Typ »170« J17a, J18a, Nr. 3 & Nr. 4 sowie Oswald, MB-Pkw1 2001, S. 267.

Abb. 1025
Mercedes-Benz 170 (W 15)
Cabriolet C, 1931.

A 04 Mercedes-Benz 130 (W 23) – der erste Serien-Heckmotorwagen

1934–1936, Serienfertigung

Mercedes-Benz 170 H (W 28 & W 128) – der exklusive 1,7-Liter-Heckmotorwagen

1936–1939, Serienfertigung

	Mercedes-Benz 130 (W 23) 1934	Mercedes-Benz 130 (W 23) 1935–1936	Mercedes-Benz 170 H (W 28) 1936–1937	Mercedes-Benz 170 H (W 128) 1938–1939
Motor				
Arbeitsverfahren	4-Takt-Otto			
Motorbezeichnung	M 23		M 28	
Zylinderzahl (Anordnung)	4 (Reihe)			
Bohrung x Hub	70 × 85 mm		73,5 × 100 mm	
Hubraum	1 308 cm³ (Steuer 1 299 cm³)		1 697 cm³ (Steuer 1 685 cm³)	
Leistung	26 PS bei 3 400 U/min		38 PS bei 3 400 U/min	
Drehmoment			10,2 mkg bei 1 800 U/min	
Verdichtung	1:6,0 bis 1:6,5		1:6,0	
Vergaser	1 Steigstrom-Vergaser Solex 26 FVS	1 Steigstrom-Vergaser Solex 26 BFRV	1 Steigstrom-Vergaser Solex 30 BFRV	
Kraftstoffförderung	Gefälle	Gefälle	Mechanische DBU-Membranpumpe	Mechanische Solex-Membranpumpe
Ventile	Seitlich stehend; seitliche Nockenwelle, Stirnräder			
Kurbelwellenlager	3, Weißmetall			
Kühlung	Pumpe, 9,5 Liter Wasser		Gebläse, Pumpe, 9 Liter Wasser	
Kurbelgehäuse-Oberteil / -Unterteil	Grauguss / Leichtmetall			
Zylinderkopf	Grauguss			
Schmierung	Druckumlauf, Topffilter im Nebenschluss, 5 Liter Öl			
Batterie	6 V 75 Ah (unter Rücksitz rechts)			
Lichtmaschine	60 W		90 W	
Anlasser	0,5 PS, elektro-magnetische Einrückung			0,6 PS, elektro-magnetische Einrückung
Kraftübertragung				
Disposition	Hecktriebblock; Motor hinter, Getriebe vor der Hinterachse			
Kupplung	Einscheiben-Trockenkupplung			
Schaltung	Stockschalthebel Wagenmitte			
Getriebe	3-Gang + Schnellgang			
Synchronisierung	III. – Schnellgang			

	Mercedes-Benz 130 (W 23) 1934	Mercedes-Benz 130 (W 23) 1935–1936	Mercedes-Benz 170 H (W 28) 1936–1937	Mercedes-Benz 170 H (W 128) 1938–1939
Übersetzungen	I. 3,70, II. 1,75, III. 1,00, Schnellgang 0,665 oder 0,645, R. 3,1		I. 3,41, II. 1,94, III. 1,17, Schnellgang 0,78, R. 3,41	
Antriebsübersetzung	6,75		5,13	
Fahrwerk				
Rahmen	Zentralrohrrahmen mit Gabel im Heck			
Vorderradaufhängung	Achslos, 2 Querblattfedern			
Hinterradaufhängung	Zweigelenk-Pendelachse, Schraubenfedern			
Dämpfung	Hydraulische Hebel-Stoßdämpfer			
Lenkung	Zahnstange			
Fußbremse	Hydraulisch, 4-Rad			
Handbremse	Mechanisch, Hinterräder, Hebel seitlich am Tunnel		Mechanisch, Hinterräder, Hebel unter Armaturenbrett	
Schmierung	Zentral, fußbetätigt			
Allgemeine Daten				
Radstand	2 500 mm		2 600 mm	
Spur vorn / hinten	1 250 / 1 250 mm	1 270 / 1 270 mm	1 315 / 1 270 mm	
Gesamtabmessung (L x B x H)	4 037 × 1 520 × 1 510 mm	4 050 × 1 520 × 1 510 mm	4 200 × 1 580 × 1 530 mm	
Räder	Scheiben 3,00 D x 17"			
Reifen	4,75-17"	5,00-17"		
Wendekreis	10 m		11,4 m	
Fahrgestellgewicht	ca. 600 kg		ca. 700 kg	
Leergewicht (fahrfertig)	980 kg (IL)		1 125 kg (IL)	
Zul. Gesamtgewicht	1 320 kg		1 500 kg	
Höchstgeschwindigkeit	92 km/h		110 km/h	
Verbrauch	ca. 10-11 Liter/100 km		ca. 10,5–12 Liter	
Kraftstofftank	30 Liter (im Motorraum)		40 Liter (im Wagenbug)	
Produktion				
1933	1	---	---	---
1934	2 205	---	---	---
1935	---	1 781	8	---
1936	---	311	1 010	---
1937	---	---	50	---
1938	---	---	---	250
1939	---	---	---	189
Gesamtproduktion	4 298 (1933/34–1936)		1 507 (1935/36–1939)	
Quellen				
	· Daten gemäß: Oswald, MB-Pkw1 2001, S. 308 & 311; Hofner, MB-Autos Bd. 2 1998, S. 81; zahlreichen Werksunterlagen wie Typenblätter, Ersatzteillisten und Verkaufsprospekte der DBAG. · Bei widersprüchlichen Angaben werden die wahrscheinlicheren gewählt. · Produktionszahlen gemäß Zentralstatistik DBAG.		· Daten gemäß: Oswald, MB-Pkw1 2001, S. 318 & 319; Hofner, MB-Autos Bd. 2 1998, S. 81; zahlreichen Werksunterlagen wie Betriebsanleitung, Ersatzteillisten, Typenblätter und Verkaufs-Taschenbuch DBAG. · Bei widersprüchlichen Angaben werden die wahrscheinlicheren gewählt. · Produktionszahlen gemäß Zentralstatistik DBAG.	

Preise 130 (W 23)	**1934 (1. Hälfte)**	**1934 (2. Hälfte)**	**1935 Modell 34**	**1935 Modell 35**	**1936**
IL 2-türig	RM 3 375	RM 3 425	RM 3 200	RM 3 680	RM 3 200
Cabrio-Limousine 2-türig	RM 3 575	RM 3 625	RM 3 400	RM 3 900	RM 3 350
Tourenwagen 2-türig	RM 4 400	RM 3 900	---	---	---
Fahrgestell	---	RM 2 800	---	---	---
	Preise nach DB-Werbeinserat, Testberichte und Oswald, MB-Pkw1 2001, S. 308.				

Preise 170 H (W 28/128)	**1936–1939**
IL 2-türig	RM 4 350
Cabrio-Limousine 2-türig	RM 4 500
Fahrgestell	RM 3 300
	Preise nach Typenblatt 170 H (W 28), Verkaufs-TB der DBAG und Oswald, MB-Pkw1 2001, S. 319.

Abb. 1026
Konstruktiv identischer Motor, aber an unterschiedlichen Stellen eingebaut: im 170 H hinten.

Abb. 1027
Konstruktiv identischer Motor, aber an unterschiedlichen Stellen eingebaut: im 170 V vorn.

A 05 Mercedes-Benz 170 V (W 136 & W 136 I) – der Auffang-1,7-Liter

1936–1942, Serienfertigung

	Mercedes-Benz 170 V (W 136) 1936–ca. 1940	Mercedes-Benz 170 V (W 136 I) ca. 1940–1942	Mercedes-Benz 170 H (W 28/W 128) 1936–1939 (als Vergleich)
Motor			
Arbeitsverfahren	4-Takt-Otto		
Motorbezeichnung	M 136		M 28
Zylinderzahl (Anordnung)	4 (Reihe)		
Bohrung x Hub	73,5 × 100 mm		
Hubraum	1 697 cm³ (Steuer 1 685 cm³)		
Leistung	38 PS bei 3 400 U/min		
Drehmoment	10,2 mkg bei 1 800 U/min		
Verdichtung	1:6,0		
Vergaser	1 Steigstrom-Vergaser Solex 30 BFLVS		1 Steigstrom-Vergaser Solex 30 BFRV
Kraftstoffförderung	Gefälle		mechanische DBU-Membranpumpe; später dito von Solex
Ventile	Seitlich stehend; seitliche Nockenwelle, Stirnräder		
Kurbelgehäuse-Oberteil / -Unterteil	Grauguss / Leichtmetall		
Zylinderkopf	Grauguss		
Kurbelwellenlager	3, Weißmetall		
Kühlung	Pumpe, 11 Liter Wasser; ab Anfang 1939 mit Thermostat	Pumpe, 11 Liter Wasser; Thermostat	Gebläse, Pumpe, 9 Liter Wasser
Schmierung	Druckumlauf, Topffilter im Nebenschluss, 5 Liter Öl		
Motorgewicht leer	155 kg		ca. 160 kg
Batterie	6 V 75 Ah (unter Rücksitzbank links; ab Herbst 1937 unter Fahrersitz)	6 V 75 Ah (in Kasten unter Fahrersitz)	6 V 75 Ah (unter Rücksitz rechts)
Lichtmaschine	90 W	130 W	90 W
Anlasser	0,6 PS, mechanische Einrückung		0,5 PS, elektro-magnetische Einrückung; später 0,6 PS
Kraftübertragung			
Disposition	Antrieb auf Hinterräder		Hecktriebblock; Motor hinter, Getriebe vor der Hinterachse
Kupplung	Einscheiben-Trockenkupplung F&S Komet-Mecano K 10, ab Anfang 1938 K 12	Einscheiben-Trockenkupplung F&S Komet-Mecano K 12	Einscheiben-Trockenkupplung F&S Komet-Mecano K 10
Schaltung	Stockschalthebel Wagenmitte		
Getriebe	4-Gang, ZF AKS-15	4-Gang, DB-4S	3-Gang + Schnellgang
Synchronisierung	III. – IV.	I. – IV.	III. – Schnellgang
Übersetzungen	I. 4,32, ab Anfang 1938 4,17; II. 2,47, III. 1,42, IV. 1,00, R. 5,10	I. 4,025, II. 2,28, III. 1,42, IV. 1,00, R. 3,72	I. 3,41, II. 1,94, III. 1,17, Schnellgang 0,78, R. 3,41
Antriebsübersetzung	4,14, ab 1939 4,125	4,125	5,13

<table>
<tr><th></th><th colspan="2">Mercedes-Benz 170 V
(W 136)
1936–ca. 1940</th><th colspan="2">Mercedes-Benz 170 V
(W 136 I)
ca. 1940–1942</th><th>Mercedes-Benz 170 H
(W 28/W 128)
1936–1939
(als Vergleich)</th></tr>
<tr><td>Fahrwerk</td><td colspan="5"></td></tr>
<tr><td>Rahmen</td><td colspan="4">X-förmiger Ovalrohr-Rahmen</td><td>Zentralrohrrahmen mit Gabel im Heck</td></tr>
<tr><td>Vorderradaufhängung</td><td colspan="5">Achslos, 2 Querblattfedern</td></tr>
<tr><td>Hinterradaufhängung</td><td colspan="5">Zweigelenk-Pendelachse, Schraubenfedern</td></tr>
<tr><td>Dämpfung</td><td colspan="5">Hydraulische Hebel-Stoßdämpfer</td></tr>
<tr><td>Lenkung</td><td colspan="4">Schnecke, ZF-Ross 540</td><td>Zahnstange</td></tr>
<tr><td>Fußbremse</td><td colspan="5">Hydraulisch, 4-Rad</td></tr>
<tr><td>Handbremse</td><td colspan="4">Mechanisch, Hinterräder, Hebel an Getriebetunnel</td><td>Mechanisch, Hinterräder,
Hebel unter Armaturenbrett</td></tr>
<tr><td>Schmierung</td><td colspan="5">Zentral, fußbetätigt</td></tr>
<tr><td>Allgemeine Daten</td><td colspan="5"></td></tr>
<tr><td>Radstand</td><td colspan="2">2 845 mm</td><td colspan="2">2 845 mm</td><td>2 600 mm</td></tr>
<tr><td>Spur vorn / hinten</td><td colspan="2">1 310 / 1 310 mm</td><td colspan="2">1 310 / 1 310 mm</td><td>1 315 / 1 270 mm</td></tr>
<tr><td rowspan="8">Gesamtabmessung (L x B x H),
Höhe > Fz belastet</td><td colspan="2">Ohne Stoßstange hinten</td><td colspan="2" rowspan="4"></td><td rowspan="8">4 200 × 1 580 × 1 530 mm</td></tr>
<tr><td colspan="2">IL, Cabrio-Limo, Cabrio B:
4 185 × 1 570 × 1 550 mm</td></tr>
<tr><td colspan="2">Cabrio A:
4 245 × 1 580 × 1 475 mm</td></tr>
<tr><td colspan="2">Roadster:
4 245 × 1 580 × 1 450 mm</td></tr>
<tr><td colspan="4">Mit Stoßstange hinten (ab Juli 1936)</td></tr>
<tr><td colspan="2">IL, Cabrio-Limo, Cabrio B
4 270 × 1 580 × 1 550 mm</td><td colspan="2">IL, Cabrio-Limo, Cabrio B:
4 285 × 1 580 × 1 550 mm</td></tr>
<tr><td colspan="2">Cabrio A:
4 318 × 1 580 × 1 475 mm</td><td colspan="2">Cabrio A:
4 318 × 1 580 × 1 475 mm</td></tr>
<tr><td colspan="2">Roadster:
4 318 × 1 580 × 1 450 mm</td><td colspan="2">Roadster:
4 318 × 1 580 × 1 450 mm</td></tr>
<tr><td>Räder</td><td colspan="4">Scheiben, 3,25 D x 16"</td><td>Scheiben, 3,00 D x 17"</td></tr>
<tr><td>Reifen</td><td colspan="4">5,25-16"</td><td>5.00-17"</td></tr>
<tr><td>Wendekreis</td><td colspan="4">11 m</td><td>11,4 m</td></tr>
<tr><td>Fahrgestellgewicht</td><td colspan="2">IL, Cabrio A & B, Roadster: 745 kg</td><td colspan="2">IL: 760 kg
Cabrio A & B, Roadster: 775 kg</td><td>ca. 700 kg</td></tr>
<tr><td rowspan="4">Eigengewicht (trocken), ca.</td><td>IL 4-türig</td><td>1 105 bis 1 130 kg</td><td>IL 4-türig</td><td>1 130 kg</td><td rowspan="4">IL ca. 1 100 kg</td></tr>
<tr><td>Cabrio-Limo</td><td>1 095 bis 1 120 kg</td><td>Cabrio-Limo</td><td>1 120 kg</td></tr>
<tr><td>Cabrio A & B</td><td>1 125 bis 1 160 kg</td><td>Cabrio A & B</td><td>1 160 kg</td></tr>
<tr><td>Roadster</td><td>1 095 bis 1 130 kg</td><td>Roadster</td><td>1 130 kg</td></tr>
<tr><td rowspan="4">Leergewicht (fahrfertig), ca.</td><td>IL 4-türig</td><td>1 135 bis 1 160 kg</td><td>IL 4-türig</td><td>1 160 kg</td><td rowspan="4">IL ca. 1 125 kg</td></tr>
<tr><td>Cabrio-Limo</td><td>1 125 bis 1 150 kg</td><td>Cabrio-Limo</td><td>1 150 kg</td></tr>
<tr><td>Cabrio A & B</td><td>1 150 bis 1 185 kg</td><td>Cabrio A & B</td><td>1 185 kg</td></tr>
<tr><td>Roadster</td><td>1 120 bis 1 155 kg</td><td>Roadster</td><td>1 155 kg</td></tr>
</table>

	Mercedes-Benz 170 V (W 136) 1936–ca. 1940	Mercedes-Benz 170 V (W 136 I) ca. 1940–1942	Mercedes-Benz 170 H (W 28/W 128) 1936–1939 (als Vergleich)
Zul. Gesamtgewicht	Typenschein 29.10.1940	Typenschein 26.11.1942	1 500 kg
	IL 4-türig: 1 470 kg	IL 4-türig: 1 480 kg	
	Cabrio-Limo: 1 465 kg	Cabrio-Limo: 1 480 kg	
	Cabrio B: 1 520 kg	Cabrio B: 1 520 kg	
	Cabrio A: 1 505 kg	Cabrio A: 1 520 kg	
	Roadster: 1 475 kg	Roadster: 1 480 kg	
Höchstgeschwindigkeit	108 km/h		110 km/h
Verbrauch	10,5–12 Liter/100 km (Benzin 74 OZ)		
Kraftstofftank	33 Liter (im Motorraum); ab Ende August 1938 43 Liter	43 Liter (im Motorraum)	40 Liter (im Wagenbug)
Preise			
IL 2-türig	RM 3 750		RM 4 350
IL 4-türig	RM 3 850		---
Cabrio-Limousine	RM 3 980 (4-türig)		RM 4 500 (2-türig)
Cabriolet A	RM 5 980		---
Cabriolet B	RM 4 880, ab 1937 RM 4 750		---
Offener Tourenwagen 2-türig	RM 4 500 (bis 04.1937)		---
Offener Tourenwagen 4-türig	RM 4 600 (ab 05.1937)		---
Roadster	RM 5 500		---
Lieferwagen (Sifi-Aufbau)	RM 3 900		---
Fahrgestell	RM 2 850		RM 3 300
Produktion			
Zeitraum	02.1936 – ca. 10.1942		02.1936 – 04.1939
Stückzahl	71 961 (Pkw mit allen Aufbauten, Fahrgestell) Siehe auch Tabelle C 06		1 499 (IL und Cabrio-Limo)
Quellen			
	· Betriebsanleitung 6236 (170 V) II–XI, Ersatzteilliste 136 (170 V) A-E, Typenblatt 170 V (W 136), 1935–1939, Verkaufs-Taschenbuch DBAG. · Typenscheine 29.10.1940 und Änderung 26.11.1942. · Tabellen mit technischen Daten unterschiedlicher Herkunft, Typenschein 170 V vom 13.08.1940, Werkszeichnungen und weitere Werksunterlagen. · Oswald, MB-Pkw1 2001, S. 319. · Bei widersprüchlichen Aussagen werden die wahrscheinlicheren gewählt. Dies trifft insbesondere auf die in Werksunterlagen stark differierenden Gewichtsangaben zu.		· Daten gemäß: Oswald, MB-Pkw1 2001, S. 318 & 319; Hofner, MB-Autos Bd. 2 1998, S. 81; zahlreichen Werksunterlagen wie Betriebsanleitung, Ersatzteillisten, Typenblätter und Verkaufs-Taschenbuch DBAG. · Bei widersprüchlichen Angaben werden die wahrscheinlicheren gewählt.

A 06 Mercedes-Benz 130 VB (W 144), 190 VB (W 145) & 260 VB (W 146) – die Boxermotor-Typen des Röhr-Programms

1936–1937, keine Serienfertigung

	Mercedes-Benz 130 VB (W 144) Prototypen 1936–1937	**Mercedes-Benz 190 VB (W 145) Prototypen 1936–1937**	**Mercedes-Benz 260 VB (W 146) Prototypen 1936–1937**
Motor			
Arbeitsverfahren	4-Takt-Otto		
Motorbezeichnung	M 144	M 145	M 146
Zylinderzahl (Anordnung)	4 (Boxer)	6 (Boxer)	8 (Boxer)
Bohrung x Hub	74 × 74 mm		
Hubraum	1 273 cm^3	1 909 cm^3	2 546 cm^3
Leistung	35 PS bei 4 300 U/min	50 PS bei 4 300 U/min	70 PS bei 4 300 U/min
Drehmoment			
Verdichtung	1:7,5 (für Gemisch), 1:6,5 (für Benzin)		
Vergaser	1 Fallstrom-Vergaser Solex 26 FVS	2 Fallstrom-Vergaser Solex 26 FVS	2 Fallstrom-Doppelvergaser Solex 30 JFKK
Treibstoffförderung	Pumpe		
Ventile	Seitlich stehend (bzw. liegend); zentrale Nockenwelle		
Kurbelgehäuse mit Zylinder	Grauguss		
Zylinderköpfe	Leichtmetall		
Kurbelwellenlager	2	4	3
Kühlung	Wasser, Thermosiphon		
Kraftübertragung			
Disposition	Antrieb auf Vorderräder		Var. A: Antrieb auf Vorderräder; Var. B: Antrieb auf Hinterräder
Schaltung	Lenkradschaltung		Var. A: Lenkradschaltung; Var. B: Stockschalthebel Wagenmitte
Getriebe	5-Gang		Var. A: 5-Gang; Var. B: 4-Gang, vollsynchronisiert
Übersetzungen	I. 3,82, II. 2,26, III. 1,40, IV. 1,00, V. 0,765	I. 4,20, II. 2,20, III. 1,42, IV. 1,00, V. 0,765	Var. A: I. 3,80, II. 2,30, III. 1,40, IV. 1,00, V. 0,765 Var. B: ?
Antriebsübersetzung	5,20	5,00	3,80
Fahrwerk			
Rahmen	Selbsttragende Ganzstahlkarosserie (sog. Rahmen-Karosserie-Kombination, d.h. Bodengruppe mit Aufbau verschweißt)		
Vorderradaufhängung	Dreiecksquerlenker, Torsionsfederstäbe		2 Querblattfedern
Hinterradaufhängung	Frühe Ausführung: geschobene Längsschwingen, Torsionsfederstäbe, Späte Ausführung: Starrachse		Var. A: Dreiecksquerlenker, Torsionsfederstäbe ? Var. B: 2 Querblattfedern
Dämpfung	Hydraulische Teleskop-Stoßdämpfer		
Lenkung	Zahnstange		

	Mercedes-Benz 130 VB (W 144) Prototypen 1936–1937	Mercedes-Benz 190 VB (W 145) Prototypen 1936–1937	Mercedes-Benz 260 VB (W 146) Prototypen 1936–1937
Fußbremse	Hydraulisch, 4-Rad		
Handbremse	Mechanisch, Hinterräder, Hebel auf Tunnel	Mechanisch, Hinterräder	
Schmierung	Zentral, fußbetätigt		
Allgemeine Daten			
Radstand	Frühe Ausführung: 2 600 mm; spätere Ausführung: 2 700 mm	3 000 mm	3 300 mm
Spur vorn / hinten	1 250 / 1 250 mm	1 370 / 1 390 mm	1 390 / 1 418 mm
Gesamtabmessung (Länge x Breite x Höhe)	4 090 × 1 560 × 1 545 mm	4 540 × 1 720 × 1 615 mm	4 850 × 1 720 × 1 650 mm
Reifen	5,25-16"	5,25-17"	6,50-16"
Wendekreis	11,2 m	11,6 m	12 m
Wagengewicht	ca. 820 kg	ca. 980 kg	ca. 1 250 kg
Höchstgeschwindigkeit	103 km/h	115 km/h	118 km/h
Verbrauch	ca. 9 Liter/100 km	ca. 12,5 Liter/100 km	ca. 15 Liter/100 km
Kraftstofftank	40 Liter (im Motorraum)	60 Liter	80 Liter
Preise			
	10.1935: RM 2 950 (angedacht) 06.1936: RM 2 500 (angedacht)	RM 3 500 (angedacht)	RM 5 200 (angedacht)
Produktion			
1936 & 1937	18 Versuchswagen, z.T. Bau vor Vollendung eingestellt	Unbekannte Anzahl Versuchswagen, sämtliche unvollendet	Unbekannte Anzahl Versuchswagen, z.T. Bau vor Vollendung eingestellt
Hinweise			
	Sämtliche Fahrzeugtypen aus dem Röhr-Programm erfahren im Laufe ihrer Entwicklung mannigfache Veränderungen. Da die technische Seite des Röhr-Fahrzeugprogramms historisch nicht aufgearbeitet ist, sind diese Änderungen und Unterschiede weder umfangmäßig, inhaltlich noch in ihrer Abfolge zuverlässig bekannt.		
Quellen			
	· Pkw-Programm 17.07.1936, Protokolle Vorstandssitzungen und Konstruktionsbesprechungen und weitere Werksunterlagen. · Müller, Freuden 1990, S. 46 (Zeichnung) sowie Oswald, MB-Pkw1 2001, S. 339. · Weitere Angaben siehe Kap. 3.2.		

A 07 Mercedes-Benz 200 V (W 149) – der »2-Liter-170 V«

1936–1937, keine Serienfertigung

	Mercedes-Benz 200 V (W 149) Stand Februar 1937	Mercedes-Benz 200 V (W 149) mit Motor M 149 II		Mercedes-Benz 170 V (W 136) 1937 (als Vergleich)
Motor				
Arbeitsverfahren	4-Takt-Otto			
Motorbezeichnung	M 149	M 149 II		M 136
Zylinderzahl (Anordnung)	4 (Reihe)			
Bohrung x Hub	80 × 95 mm	82 × 95 mm		73,5 × 100 mm
Hubraum	1 910 cm³	2 007 cm³		1 697 cm³
Leistung	50 PS bei 3 600 U/min (Benzin-Benzol = Bibo)	53 PS bei 3 600 U/min (Bibo)	45 PS bei 3 700 U/min (Benzin)	38 PS bei 3 400 U/min (Benzin)
Drehmoment	ca. 12,3 mkg bei 1 900 U/min	ca. 12,9 mkg bei 1 900 U/min	12,8 mkg bei 1 800 U/min (Benzin)	10,2 mkg bei 1 800 U/min
Verdichtung	1:7,5 (für Bibo 78–80 OZ)		1:6,5 (Benzin)	1:6,0 (für Benzin 74 OZ)
Vergaser	1 Fallstrom-Vergaser Solex 35 JFP		1 Steigstrom-Vergaser	1 Steigstrom-Vergaser Solex 30 BFLVS
Kraftstoffförderung	Pumpe			Gefälle
Ventile	Seitlich stehend; seitliche Nockenwelle, Stirnräder			
Kurbelwellenlager	3, Weißmetall			
Kurbelgehäuse-Oberteil / -Unterteil	Grauguss / Leichtmetall			
Zylinderkopf	Grauguss, z.T. Leichtmetall			Grauguss
Kühlung	Pumpe, Wasser			
Schmierung	Druckumlauf, Spalt- oder Feinsiebfilter (im Hauptschluss?)			Druckumlauf, Topffilter im Nebenschluss, 5 Liter Öl
Motorgewicht	ca. 150 kg			155 kg
Batterie	6 V 75 Ah (unter Rücksitzbank links)			
Lichtmaschine	90 W			
Anlasser	0,6 PS, mechanische Einrückung			
Kraftübertragung				
Disposition	Antrieb auf Hinterräder			
Kupplung	Einscheiben-Trockenkupplung			
Schaltung	Stockschalthebel Wagenmitte			
Getriebe	4-Gang, ZF AKS 15			
Synchronisierung	III. – IV.			
Übersetzungen				I. 4,32, II. 2,47, III. 1,42, IV. 1,00, R. 5,1
Antriebsübersetzung	4,14			

	Mercedes-Benz 200 V (W 149) Stand Februar 1937	Mercedes-Benz 200 V (W 149) mit Motor M 149 II	Mercedes-Benz 170 V (W 136) 1937 (als Vergleich)
Fahrwerk			
Rahmen	X-förmiger Ovalrohr-Rahmen		
Vorderradaufhängung	Achslos, 2 Querblattfedern		
Hinterradaufhängung	Zweigelenk-Pendelachse, Schraubenfedern		
Dämpfung	Hydraulische Hebel-Stoßdämpfer		
Lenkung	Schnecke, ZF-Ross 540		
Fußbremse	Hydraulisch, 4-Rad		
Handbremse	Mechanisch, Hinterräder, Hebel an Getriebetunnel		
Schmierung	Zentral, fußbetätigt		
Allgemeine Daten			
Radstand	2 845 mm		
Spur vorn / hinten	1 310 / 1 310 mm		
Gesamtabmessung (Länge x Breite x Höhe)	Innenlenker: 4 270 × 1 580 × 1 555 mm		
Räder	Scheiben 3,25 D x 16"		
Reifen	5,25-16"		
Wendekreis	11 m		
Fahrgestellgewicht	ca. 760 kg (IL)		745 kg (IL)
Eigengewicht (trocken)	ca. 1 140 kg, (IL, mit Heckdeckel)		1 115 kg (IL)
Leergewicht (fahrfertig)	ca. 1 175 kg (IL, mit Heckdeckel)		1 145 kg (IL)
Zul. Gesamtgewicht			1 470 kg (IL)
Höchstgeschwindigkeit	ca. 112 km/h	ca. 115 km/h (53 PS) / ca. 110 km/h (45 PS)	108 km/h
Verbrauch	ca. 11–12,5 Liter/100 km		10,5–12 Liter/100 km
Kraftstofftank	43 Liter (im Heck)		33 Liter (im Motorraum)
Preise			
Limousine 4-türig	RM 3 900–4 000 (1937 angedacht)		RM 3 850 (angestrebt RM 3 500)
Produktion			
	ca. 10 Versuchswagen?		
Quellen			
	· Protokolle Vorstandssitzungen 1937 und 1938, Werksfotografien, Hinweise in mehreren Werksunterlagen. · Oswald, MB-Pkw1 2001, S. 329.		· Betriebsanleitung 6236 (170 V) IV, Ersatzteilliste 136 (170 V) B, Typenblatt 170 V (W 136), 1935–1939, Verkaufs-Taschenbuch DBAG. · Tabellen mit technischen Daten unterschiedlicher Herkunft, Werkszeichnungen und weitere Werksunterlagen. · Oswald, MB-Pkw1 2001, S. 319. · Bei widersprüchlichen Aussagen werden die wahrscheinlicheren gewählt. Dies betrifft im Besonderen die stark differierenden Gewichtsangaben.

A 08 Mercedes-Benz 170 VS (W 136 S) & 200 VS (W 149 S) – die 2-Liter-Geländesportwagen

1938–1939, nicht käufliche Wettbewerbsfahrzeuge

	Mercedes-Benz 170 VS (W 136 S) 1938–1939		**Mercedes-Benz 200 VS (W 149 S) 1938–1939**	
Motor				
Arbeitsverfahren	4-Takt-Otto			
Motorbezeichnung	M 149		M 149 II	
Zylinderzahl (Anordnung)	4 (Reihe)			
Bohrung x Hub	80 × 95 mm		82 × 95 mm	
Hubraum	1 910 cm³		2 007 cm³	
Leistung	50 PS bei 3 600 U/min	60 PS bei 3 600 U/min	53 PS bei 3 600 U/min	64 PS bei 3 600 U/min
Drehmoment	ca. 12,3 mkg bei 1 900 U/min	ca. 12,4 mkg bei 1 900 U/min	ca. 12,9 mkg bei 1 900 U/min	ca. 13,0 mkg bei 1 900 U/min
Verdichtung	1:7,5			
Vergaser	1 Fallstrom-Vergaser Solex 35 JFP	2 Fallstrom-Vergaser Solex 35 JFP	1 Fallstrom-Vergaser Solex 35 JFP	2 Fallstrom-Vergaser Solex 35 JFP
Kraftstoffförderung	Pumpe			
Ventile	Seitlich stehend; seitliche Nockenwelle, Stirnräder			
Kurbelwellenlager	3, Weißmetall			
Kurbelgehäuse-Oberteil / -Unterteil	Grauguss / Leichtmetall			
Zylinderkopf	Grauguss, z.T. Leichtmetall			
Kühlung	Pumpe, Wasser			
Schmierung	Druckumlauf, Spalt- oder Feinsiebfilter (im Hauptschluss?)			
Motorgewicht	ca. 150 kg			
Batterie	6 V 75 Ah			
Lichtmaschine	90 W			
Anlasser	0,6 PS			
Kraftübertragung				
Disposition	Antrieb auf Hinterräder			
Kupplung	Einscheiben-Trockenkupplung			
Schaltung	Stockschalthebel Wagenmitte			
Getriebe	4-Gang (z. T. 5-Gang)		4-Gang (z. T. 5-Gang)	
Synchronisierung				
Übersetzungen	I. 4,00, II 2,20; III. 1,60, IV. 1,00 (V. 078)		I. 3,75, II. 2,02; III. 1,49, IV. 1,00 (V. 075)	
Antriebsübersetzung	4,60		4,80	

	Mercedes-Benz 170 VS (W 136 S) 1938–1939		Mercedes-Benz 200 VS (W 149 S) 1938–1939	
Fahrwerk				
Rahmen	X-förmiger Ovalrohr-Rahmen			
Vorderradaufhängung	Achslos, 2 Querblattfedern			
Hinterradaufhängung	Zweigelenk-Pendelachse, Schraubenfedern			
Dämpfung	Hydraulische Hebel-Stoßdämpfer			
Lenkung	Schnecke, ZF-Ross 540			
Fußbremse	Hydraulisch, 4-Rad			
Handbremse	Mechanisch, Hinterräder			
Schmierung	Zentral, fußbetätigt			
Allgemeine Daten				
Radstand	2 845 mm			
Spur vorn / hinten	1 310 / 1 310 mm			
Gesamtabmessung (Länge x Breite x Höhe)	3 980 × 1 570 × 1 480 mm			
Räder	Scheiben 3,25 D x 16" oder 4,00 E x 16"			
Reifen	5,25-16" oder 6,00-16"			
Wendekreis	10,8 m			
Fahrgestellgewicht	ca. 780 kg			
Eigengewicht				
Leergewicht	ca. 950 kg			
Zul. Gesamtgewicht				
Höchstgeschwindigkeit (mit 5-Ganggetriebe)	ca. 112 km/h	ca. 120 km/h	ca. 112 km/h	ca. 120 km/h
Verbrauch	ca. 11 Liter/100 km	ca. 12 Liter/100 km	ca. 12 Liter/100 km	ca. 13 Liter/100 km
Kraftstofftank	60 Liter (im Wagenheck)			
Preise				
	kein Listenpreis			
Produktion				
	ca. 30 Wettbewerbswagen			
Quellen				

- Engelen, Rennwagen 2011, S. 291, 294 & 296 f; Oswald, MB-Pkw1 2001, S. 329.
- Nicht zutreffende Angaben sind aufgrund von Hinweisen in Sailer, Max, Unsere Typen im Jahr 1938 und deren Fortentwicklung, 20.12.1937 (Archiv MBAG) und in weiteren Werksunterlagen angepasst.
- Stückzahl nach Engelen, Rennwagen 2011, S. 291, 294 & 296 f.

A 09 Mercedes-Benz 170 V (W 136 II) – der Zwischentyp

1937–1939, keine Serienfertigung

Mercedes-Benz 170 VX (W 158 I & W 158 II) – der designierte Nachfolger des Erfolgsmodells

1939–1942, keine Serienfertigung

	Mercedes-Benz 170 V (W 136 II) Stand Ende 1938	Mercedes-Benz 170 VX (W 158 I) Stand Herbst 1941	Mercedes-Benz 170 VX (W 158 II) Stand Spätherbst 1941	Mercedes-Benz 170 V (W 136 I) Stand Ende 1938 (als Vergleich)
Motor				
Arbeitsverfahren	4-Takt-Otto			
Motorbezeichnung	M 136 II	M 158	M 153	M 136
Zylinderzahl (Anordnung)	4 (Reihe)		6 (Reihe)	4 (Reihe)
Bohrung x Hub	73,5 × 100 mm	80 × 86 mm	73,5 × 90 mm	73,5 × 100 mm
Hubraum	1 697 cm^3	1 729 cm^3	2 289 cm^3	1 697 cm^3
Leistung	42 PS bei ca. 3 500 U/min	52 (bis 54) PS bei 4 000 U/min	55 PS bei 3 500 U/min	38 PS bei 3 400 U/min
Drehmoment	ca. 10,3 mkg bei 1 900 U/min	11,8 mkg bei 2 000 U/min	14,0 mkg bei 1 800 U/min	10,2 mkg bei 1 800 U/min
Verdichtung	1:7,0	1:6,5	1:6,6	1:6,0
Vergaser	1 Fallstrom-Vergaser	1 Fallstrom-Vergaser Solex 30 FJ	1 Doppel-Fallstrom-Vergaser Solex 30 JFFK	1 Steigstrom-Vergaser Solex 30 BFLVS
Kraftstoffförderung	Mechanische Pumpe			Gefälle
Ventile	Seitlich stehend; seitliche Nockenwelle, Duplexkette	V-förmig im Zylinderkopf hängend, Querstrom; seitliche Nockenwelle, Duplexkette	Seitlich stehend; seitliche Nockenwelle, Stirnräder	
Kurbelwellenlager	3, Weißmetall		4, Weißmetall	3, Weißmetall
Kurbelgehäuse-Oberteil / -Unterteil	Grauguss / Leichtmetall			
Zylinderkopf	Grauguss	Grauguss, evtl. Leichtmetall	Grauguss	
Kühlung	Pumpe, Wasser, Thermostat			Pumpe, 11 Liter Wasser
Schmierung	Druckumlauf, Topffilter, 5 Liter Öl	Druckumlauf	Druckumlauf, Spaltfilter, 6 Liter Öl	Druckumlauf, Topffilter, 5 Liter Öl
Motorgewicht leer	155 kg	168 kg	192 kg	155 kg
Batterie	6 V 75 Ah (in Spritzwandkasten)			6 V 75 Ah (in Kasten unter Fahrersitz)
Lichtmaschine	90 W			90 W
Anlasser	0,6 PS, mechanische Einrückung			0,6 PS, mechanische Einrückung

	Mercedes-Benz 170 V (W 136 II) Stand Ende 1938	**Mercedes-Benz 170 VX (W 158 I) Stand Herbst 1941**	**Mercedes-Benz 170 VX (W 158 II) Stand Spätherbst 1941**	**Mercedes-Benz 170 V (W 136 I) Stand Ende 1938** (als Vergleich)
Kraftübertragung				
Disposition	Antrieb auf Hinterräder			
Kupplung	Einscheiben-Trockenkupplung, F&S Komet-Mecano K 12	Einscheiben-Trockenkupplung	Einscheiben-Trockenkupplung	Einscheiben-Trockenkupplung, F&S Komet-Mecano K 12
Schaltung	Stockschalthebel Wagenmitte	Lenkradschaltung (evtl. Leichtschaltung)		Stockschalthebel Wagenmitte
Getriebe	4-Gang (DB-4S vorgesehen)	4-Gang (DB-4S vorgesehen)	4-Gang	4-Gang, ZF AKS-15
Synchronisierung	I. – IV.			III. & IV.
Übersetzungen	I. 4,025, II. 2,28, III. 1,42, IV. 1,00, R. 5,1			I. 4,17; II. 2,47, III. 1,42, IV. 1,00, R. 5,1
Antriebsübersetzung	4,29	4,125		4,14
Fahrwerk				
Rahmen	X-förmiger Ovalrohr-Rahmen	Gepresster und geschweißter Mittelkörper-Blechrahmen (Cabriolet B evtl. Plattformrahmen)		X-förmiger Ovalrohr-Rahmen
Vorderradaufhängung	Achslos, 2 Querblattfedern	Achslos, ungleich lange Dreiecksquerlenker, Schraubenfedern, Stabilisator [?]		Achslos, 2 Querblattfedern
Hinterradaufhängung	Zweigelenk-Pendelachse, Schraubenfedern	Zweigelenk-Pendelachse, diagonale Schubstreben, Schraubenfedern		Zweigelenk-Pendelachse, Schraubenfedern
Dämpfung	Hydraulische Hebel-Stoßdämpfer	Hydraulische Teleskop-Stoßdämpfer		Hydraulische Hebel-Stoßdämpfer
Lenkung	Schnecke, ZF-Ross 540			
Fußbremse	Hydraulisch, 4-Rad			
Handbremse	Mechanisch, Hinterräder, Hebel unter Armaturenbrett			Mechanisch, Hinterräder, Hebel an Getriebetunnel
Schmierung	Zentral, fußbetätigt			
Allgemeine Daten				
Radstand	2 845 mm	2 850 mm		2 845 mm
Spur vorn / hinten	1 310 / 1 370 mm	1 310 / 1 350 mm		1 310 / 1 310 mm
Gesamtabmessung (L x B x H)	4 455 × 1 645 × 1 560 mm (IL, Cabrio B, Offener Tourenwagen)	4 355 × 1 650 × 1 540 mm (IL, Cabrio B)	4 400 × 1 650 × 1 540 mm (IL, Cabrio B)	4 285 × 1 580 × 1 550 mm (IL, Cabrio-Limo, Cabrio B, Offener Tourenwagen)
Räder	Scheiben, 3,50 D x 16"	Scheiben, 3,25 D x 16" (IL) 3,50 D x 16" (Cabrio B)		Scheiben, 3,25 D x 16"
Reifen	5,50-16"	5,25-16" (IL) 5,50-16" (Cabrio B)		5,25-16"
Wendekreis	11 m	11,6 m		11 m
Fahrgestellgewicht	ca. 775 kg (IL)	ca. 720 kg (IL)		760 kg (IL)
Eigengewicht		1 090 kg (IL)		1 130 kg (IL)
Leergewicht	1 210 kg (IL)	ca. 1 120 kg (IL)		1 160 kg (IL)
Zul. Gesamtgewicht				1 480 kg (IL)
Höchstgeschwindigkeit	112 km/h	115 km/h		108 km/h

	Mercedes-Benz 170 V (W 136 II) Stand Ende 1938	**Mercedes-Benz 170 VX (W 158 I) Stand Herbst 1941**	**Mercedes-Benz 170 VX (W 158 II) Stand Spätherbst 1941**	**Mercedes-Benz 170 V (W 136 I) Stand Ende 1938** (als Vergleich)
Verbrauch	ca. 10,5–12 Liter/100 km (Benzin-Benzol-Gemisch. 78–80 OZ)	ca. 10–11,5 Liter/100 km (Benzin 74 OZ)		10,5–12 Liter/100 km (Benzin 74 OZ)
Kraftstofftank	43 Liter (im Heck)	42 Liter (im Heck)	48 Liter (im Heck)	43 Liter (im Motorraum)
Preise	**Vorschlag gemäß Vorstandssitzung vom 22.09.1938**			**ab 18.02.1938 (siehe Tabelle D 06)**
Innenlenker 2-türig	ca. RM 3 970	---	---	RM 3 750
Innenlenker 4-türig	ca. RM 3 970			RM 3 850
Produktion				
	25 Versuchswagen (eingeschrieben). Rb-Nr. 10 136 023/024, Fg-Nr. 422 111 bis 422 135	10 Versuchswagen (eingeschrieben). Rb-Nr. 10 158 001, Fg-Nr. 446 161 bis 446 170		Siehe Tabelle C 02
Quellen				
	· Protokoll Vorstandssitzung (22.09.1938). · Bericht über den Stand der Personenwagentypen per Ende September 1938 (30.09.1938). · Karosseriezeichnungen des Werks Sindelfingen vom März bis Juli 1938). · Versuchsbericht A 4077 (16.07.1940) und weitere Werksangaben.	· Protokolle Vorstands-, Konstruktions- und Techniksitzungen zwischen Januar und November 1941. · Verzeichnis Technische Hauptmerkmale (um 1940). · Karosseriezeichnung W 158 IL III (10.09.1941). · Fahrwerkszeichnung W 158 IL mit M 158 (01.11.1940) und W 158 II mit M 153 (Datierung nicht lesbar).		· Betriebsanleitung 6236 (170 V) VI, Ersatzteilliste 136 (170 V) C & D, Typenblatt 170 V (W 136), 1935–1939, Verkaufs-Taschenbuch DBAG. · Tabellen mit technischen Daten unterschiedlicher Herkunft, Werkszeichnungen und weitere Werksunterlagen. · Oswald, MB-Pkw1 2001, S. 319. · Bei widersprüchlichen Aussagen werden wahrscheinlicheren gewählt. Dies betrifft im Besonderen die stark differierenden Gewichtsangaben.

A 10 Mercedes-Benz 170 VK (W 136 K) mit Aufbauten Kfz 1, Kfz 2 & Kfz 3 – die Wehrmachtskübelwagen

1938–1942, Serienfertigung

Mercedes-Benz 170 VG (W 136 G) mit Gasanlage G 136 – der Holzkohle-170 V

1943–1944, Umbau

	Mercedes-Benz 170 VK (W 136 K) Stand Mitte 1940	Mercedes-Benz 170 V (W 136 I) Innenlenker Stand Mitte 1940 (als Vergleich)	**Mercedes-Benz 170 VG (W 136 G) Innenlenker mit Holzkohle-Gasanlage G 136 Umbau 1943–1944**
Motor			
Arbeitsverfahren	4-Takt-Otto		
Motorbezeichnung	M 136 I		M 136 G
Zylinderzahl (Anordnung)	4 (Reihe)		
Bohrung x Hub	73,5 × 100 mm		
Hubraum	1 697 cm^3 (Steuer 1 685 cm^3)		
Leistung	38 PS bei 3 400 U/min		20 PS bei 3 200 U/min
Drehmoment	10,2 mkg bei 1 800 U/min		
Verdichtung	1:6,0		1:8,7
Vergaser	1 Steigstrom-Vergaser Solex 30 BFLVS		Holzgasgenerator Daimler-Benz G 136, Mischventil mit Luftklappe; zusätzlich kleiner Benzinvergaser für Notlauf
Kraftstoffförderung	Gefälle		Sauggasbetrieb
Ventile	Seitlich stehend; seitliche Nockenwelle, Stirnräder		
Kurbelwellenlager	3, Weißmetall		
Kurbelgehäuse-Oberteil / -Unterteil	Grauguss / Leichtmetall		
Zylinderkopf	Grauguss		
Kühlung	Pumpe, 11 Liter Wasser, Thermostat, Fernthermometer	Pumpe, 11 Liter Wasser, Thermostat	Pumpe, 11 Liter Wasser, ab 1939 Thermostat
Schmierung	Druckumlauf, 5 Liter Öl		
	12 V 62,5 Ah (in Kasten unter Fahrersitz)	6 V 75 Ah (in Kasten unter Fahrersitz)	2 Stück 6 V 75 Ah parallel geschaltet (in 2 Kasten unter Vordersitzen oder unter Fahrersitz und Rücksitzbank)
Lichtmaschine	90 W oder 130 W	130 W	90 W, ab 1940 130 W
Anlasser	1,0 PS, elektro-magnetische Einrückung	0,6 PS, mechanische Einrückung	
Kraftübertragung			
Disposition	Antrieb auf Hinterräder		
Kupplung	Einscheiben-Trockenkupplung F&S Komet-Mecano K 12	Einscheiben-Trockenkupplung F&S Komet-Mecano K 10, ab Anfang 1938: K 12	

	Mercedes-Benz 170 VK (W 136 K) Stand Mitte 1940	Mercedes-Benz 170 V (W 136 I) Innenlenker Stand Mitte 1940 (als Vergleich)	**Mercedes-Benz 170 VG (W 136 G) Innenlenker mit Holzkohle-Gasanlage G 136 Umbau 1943–1944**
Kraftübertragung			
Schaltung	Stockschalthebel Wagenmitte		
Getriebe	4-Gang, DB-4S	4-Gang, ZF AKS-15, ab 1940: DB-4S	
Synchronisierung	I. – IV.	III. & IV., ab 1940 I. – IV.	
Übersetzungen	I. 4,025, II. 2,28, III. 1,42, IV. 1,00, R. 5,10	I. 4,32, ab Anfang 1938: 4,17, II. 2,47, III. 1,42, IV. 1,00, R. 5,10; ab 1940: I. 4,025, II. 2,28, III. 1,42, IV. 1,00, R. 5,10	
Antriebsübersetzung	4,125	4,14, ab 1940: 4,125	
Fahrwerk			
Rahmen	X-förmiger Ovalrohr-Rahmen, meist mit erhöhtem Rahmenprofil, mit rückseitiger Verlängerung und je 2 Zughaken vorn und hinten	X-förmiger Ovalrohr-Rahmen	
Vorderradaufhängung	Achslos, 2 Querblattfedern, verstärkt	Achslos, 2 Querblattfedern	
Hinterradaufhängung	Zweigelenk-Pendelachse, verbreitert, Schraubenfedern, verstärkt	Zweigelenk-Pendelachse, Schraubenfedern	
Dämpfung	Hydraulische Hebel-Stoßdämpfer		
Lenkung	Schnecke, ZF-Ross 540		
Fußbremse	Hydraulisch, 4-Rad		
Handbremse	Mechanisch, Hinterräder, Hebel an Getriebetunnel		
Schmierung	Zentral, fußbetätigt		
Allgemeine Daten			
Radstand	2 845 mm		
Spur vorn / hinten	1 310 / 1 370 mm	1 310 / 1 310 mm	
Gesamtabmessung (L x B x H)	4 100 × 1 690 × 1 830 mm	4 285 × 1 580 × 1 550 mm	ca. 4 595 × 1 580 × 1 710 mm (IL); ca. 4 400 × 1 750 × 1560 mm (Kastenwagen)
Räder	Scheiben 3,50 D x 16"		Scheiben 3,25 D x 16" (IL); 3,50 D x 16" (Kastenwagen ab 1940)
Reifen	5,25-16" in Geländeausführung	5,25-16"	5,25-16" (IL); 5,50-16" (Kastenwagen ab 1940)
Wendekreis	11 m		
Fahrgestellgewicht	850 kg	760 kg	
Eigengewicht	Kfz 1 & 3: 1 235 kg; Kfz 2 (ohne Einsatzkasten): 1 195 kg	1 130 kg (IL)	1 200 kg (IL)
Leergewicht		1 160 kg (IL)	ca. 1 280 kg (inkl. Generatorfüllung und Vorrat von 30 kg)
Zul. Gesamtgewicht	1 660 kg	1 480 kg (IL)	1 550 kg (IL)
Höchstgeschwindigkeit	93 km/h	108 km/h	80 km/h
Verbrauch	ca. 11–13 Liter/100 km (Benzin 74 OZ)	10,5–12 Liter/100 km (Benzin 74 OZ)	15–18 kg Generator-Holzkohle/100 km
Kraftstofftank	43 Liter (im Motorraum)		33 Liter, ab 1938 43 Liter (im Motorraum)
Preise			
	kein Listenpreis	RM 3 850	Preis Umbau nicht bekannt

	Mercedes-Benz 170 VK (W 136 K) Stand Mitte 1940	Mercedes-Benz 170 V (W 136 I) Innenlenker Stand Mitte 1940 (als Vergleich)	Mercedes-Benz 170 VG (W 136 G) Innenlenker mit Holzkohle-Gasanlage G 136 Umbau 1943–1944
Produktion			
Zeitraum	11.1938 – ca. 10.1942	02.1936 – ca. 10.1942	ca. 10.1943 – ca. 11.1944
Stückzahl	19 075	Siehe Tabelle C 06	nicht bekannt
Quellen			
	· Ersatzteillisten 136 (170 V) B bis E und Heer. · Betriebsanleitung D 662/8. · Zusammenstellung Technische Merkmale (21.10.1942). · Oswald, MB-Pkw1 2001, S. 333. · Bei widersprüchlichen Angaben werden die wahrscheinlicheren gewählt.	· Betriebsanleitung 6236 (170 V) VIII, Ersatzteilliste 136 (170 V) E, Typenblatt 170 V (W 136), 1935–1939, Verkaufs-Taschenbuch DBAG. · Typenscheine vom 13.08.1940 und 29.10.1940. · Tabellen mit technischen Daten, Werkszeichnungen und weitere Werksunterlagen. · Oswald, MB-Pkw1 2001, S. 319. · Bei widersprüchlichen Aussagen werden die wahrscheinlicheren gewählt. Dies betrifft im Besonderen die stark differierenden Gewichtsangaben.	· Beschreibung und BAL Gaserzeugungsanlage G 136, Ausgaben II und IV. · Anleitung für den Einbau der Holzkohlegas-Generatoranlage G 136. · Typenschild 170 VG Fg-Nr. 184 720 von 1937. · Typenblatt W 136 G 1939–1941 (Hn 1966). · Oswald, MB-Pkw1 2001, S. 331. · Bei widersprüchlichen Angaben werden die wahrscheinlicheren gewählt.

Abb. 1028
Behelfsmäßig reparierter Mercedes-Benz 170 VG mit Holzkohle-Gasanlage G 136 in bombenbeschädigter Stadt, um 1946.

A 11 Mercedes-Benz 170 V (W 136 I) Nutzfahrzeuge – die Nachkriegs-Lastesel

1946–1948 mit Behelfsfahrerhaus, Serienfertigung
1948–1949 mit Limousinenfahrerhaus, Serienfertigung

	Mercedes-Benz 170 V 3/4 t-Lieferwagen mit offener Pritsche (W 136 I) 1946–1949	**Mercedes-Benz 170 V 3/4 t-Lieferwagen mit geschlossenem Kasten (W 136 I) 1946–1949**	**Mercedes-Benz 170 V Mannschaftswagen (Polizei) auf 3/4 t-Fahrgestell (W 136 I) 1946–1949**	**Mercedes-Benz 170 V Krankenwagen mit separatem Kasten (W 136 I) 1946–1949**
Motor				
Arbeitsverfahren	4-Takt-Otto			
Motorbezeichnung	M 136 I			
Zylinderzahl (Anordnung)	4 (Reihe)			
Bohrung x Hub	73,5 × 100 mm			
Hubraum	1 697 cm^3			
Leistung	38 PS bei 3 400 U/min			
Drehmoment	10,2 mkg bei 1 800 U/min			
Verdichtung	1:6,0			
Vergaser	1 Steigstrom-Vergaser Solex 30 BFLVS			
Kraftstoffförderung	Gefälle			
Ventile	Seitlich stehend; seitliche Nockenwelle, Stirnräder			
Kurbelgehäuse-Oberteil / -Unterteil	Grauguss / Leichtmetall			
Zylinderkopf	Grauguss; ab Ende 1947: Leichtmetall			
Kurbelwellenlager	3, Weißmetall			
Kühlung	Pumpe, 11 Liter Wasser, Thermostat; ab Herbst 1947: 8,7 Liter Wasser			
Schmierung	Druckumlauf, Topffilter im Nebenstrom, ab Herbst 1946 ohne Ölfilter, 5 bzw. 4 Liter Öl			
Motorgewicht	152 kg			
Batterie	6 V 75 Ah (in Kasten unter Fahrersitz)			
Lichtmaschine	130 W			
Anlasser	0,6 PS, mechanische Einrückung			
Kraftübertragung				
Disposition	Antrieb auf Hinterräder			
Kupplung	Einscheiben-Trockenkupplung F&S K 12			
Schaltung	Stockschalthebel Wagenmitte			
Getriebe	4-Gang, DB-4S			
Synchronisierung	I. – IV.			
Übersetzungen	I. 4,025, II. 2,28, III. 1,42, IV. 1,00, R. 3,72			
Antriebsübersetzung	4,72			4,125

	Mercedes-Benz 170 V 3/4 t-Lieferwagen mit offener Pritsche (W 136 I) 1946–1949	Mercedes-Benz 170 V 3/4 t-Lieferwagen mit geschlossenem Kasten (W 136 I) 1946–1949	Mercedes-Benz 170 V Mannschaftswagen (Polizei) auf 3/4 t- Fahrgestell (W 136 I) 1946–1949	Mercedes-Benz 170 V Krankenwagen mit separatem Kasten (W 136 I) 1946–1949
Fahrwerk				
Rahmen	X-förmiger Ovalrohr-Rahmen, erhöhtes Rahmenprofil			
Vorderradaufhängung	Achslos, 2 Querblattfedern verstärkt			
Hinterradaufhängung	Zweigelenk-Pendelachse, Schraubenfedern verstärkt			
Dämpfung	Hydraulische Hebel-Stoßdämpfer			
Lenkung	Schnecke, ZF-Ross 540			
Fußbremse	Hydraulisch, 4-Rad; vorn: Ø 240 mm, Backenbreite 30 mm; hinten: Ø 275 mm, Backenbreite 40 mm			Hydraulisch, 4-Rad; vorn & hinten: Ø 240 mm, Backenbreite 30 mm
Handbremse	Mechanisch, Hinterräder, Hebel am Getriebetunnel; ab Sommer 1948: Hebel unter Armaturenbrett			
Schmierung	Zentral, fußbetätigt			
Allgemeine Daten				
Radstand	2 845 mm			
Spur vorn / hinten	1 310 / 1 330 mm			1 310 / 1 296 mm
Gesamtabmessung	4 350 × 1 620 × 1 580 mm	4 280 × 1 620 × 1 740 mm	4 350 × 1 620 × 1 580 mm (mit Plane 1 950 mm)	4 340 × 1 620 × 1 710 mm
Räder	Scheiben, 4,50 E x 16"			Scheiben, 3,50 D x 16"
Reifen	6,50-16"			5,50-16"
Wendekreis	11 m			
Fahrgestellgewicht	800 kg	800 kg	800 kg	760 kg
Eigengewicht (trocken) – Behelfsfahrerhaus, Leichtmetallaufbau	1 090 kg	1 130 kg	1 165 kg	1 170 kg
Leergewicht (fahrfertig) – Behelfsfahrerhaus, Leichtmetallaufbau	1 200 kg (mit Fahrer)	1 240 kg (mit Fahrer)	1 200 kg	1 200 kg
Zul. Gesamtgewicht – Behelfsfahrerhaus, Leichtmetallaufbau	1 950 kg	1 990 kg	1 825 kg	1 520 kg
Eigengewicht (trocken) – Serienfahrerhaus, Stahlaufbau	1 125 kg	1 215 kg	1 215 kg	1 230 kg
Leergewicht (fahrfertig) – Serienfahrerhaus, Stahlaufbau	1 230 kg (mit Fahrer)	1 320 kg (mit Fahrer)	1 250 kg	1 260 kg
Zul. Gesamtgewicht – Serienfahrerhaus, Stahlaufbau	1 930 kg	1 970 kg	1 875 kg	1 580 kg
Höchstgeschwindigkeit	80 km/h	80 km/h	95 km/h (ohne Plane)	108 km/h
Verbrauch	ca. 11–14 Liter Benzin/100 km			10,5–12 Liter Benzin/100 km
Kraftstofftank	43 Liter (im Motorraum)			
Preise				
	Siehe Tabellen D 07			
Produktion				
06.1946 – 12.1948	658	552	440	600
Quellen				

- Betriebsanleitungen 170 V 6236/XII, XV & XVI, Typentafel 136 I = 170 V vom 04.1949, Typenprüfungen vom 18.10.1946 & 31.01.1947 und weitere Werksunterlagen.
- Werks-Karosseriezeichnungen zwischen 1945 und 1949.
- Bei widersprüchlichen Angaben werden die wahrscheinlicheren gewählt.

A 12 Mercedes-Benz W 162 – verworfener Nachkriegs-170 V-Nachfolger

1945–1947, keine Serienfertigung

	Mercedes-Benz W 162 Stand Sommer 1947	Mercedes-Benz 170 V Innenlenker (W 136 I) Stand Sommer 1947 (als Vergleich)	Mercedes-Benz 170 VX Innenlenker (W 158 I) Stand Herbst 1941 (als Vergleich)
Motor			
Arbeitsverfahren	4-Takt-Otto		
Motorbezeichnung	M 162 [?]	M 136 I	M 158
Zylinderzahl (Anordnung)	4 (Reihe)		
Bohrung x Hub	75 × 84 mm	73,5 × 100 mm	80 × 86 mm
Hubraum	1 484 cm^3	1 697 cm^3	1 729 cm^3
Leistung	40 PS bei 4 200 U/min	38 PS bei 3 400 U/min	52 (bis 54) PS bei 4 000 U/min
Drehmoment	9,2 mkg bei ? U/min	10,2 mkg bei 1 800 U/min	11,8 mkg bei 2 000 U/min
Verdichtung		1:6,0	1:6,5
Vergaser	1 Fallstrom-Vergaser	1 Steigstrom-Vergaser Solex 30 BFLVS	1 Fallstrom-Vergaser Solex 30 FJ
Kraftstoffförderung	Mechanische Pumpe	Gefälle	Mechanische Pumpe
Ventile	Seitlich stehend; seitliche Nockenwelle	Seitlich stehend; seitliche Nockenwelle, Stirnräder	V-förmig im Zylinderkopf hängend, Querstrom; seitliche Nockenwelle, Duplexkette
Kurbelgehäuse-Oberteil / -Unterteil	Grauguss / Leichtmetall		
Zylinderkopf	Leichtmetall ?	Grauguss	Grauguss, evtl. Leichtmetall
Kurbelwellenlager	3, Weißmetall		
Kühlung	Pumpe, Wasser, Thermostat	Pumpe, 8,7 Liter Wasser, Thermostat	Pumpe, Wasser, Thermostat
Schmierung	Druckumlauf	Druckumlauf, ohne Filter, 4 Liter Öl	Druckumlauf
Motorgewicht leer	130 kg	155 kg	168 kg
Batterie		6 V 75 Ah (in Kasten unter Fahrersitz)	6 V 75 Ah (in Spritzwandkasten)
Lichtmaschine	130 W		
Anlasser		0,6 PS, mechanische Einrückung	
Kraftübertragung			
Disposition	Antrieb auf Hinterräder		
Kupplung	Einscheiben-Trockenkupplung	Einscheiben-Trockenkupplung F&S K 12	Einscheiben-Trockenkupplung
Schaltung	Lenkradschaltung	Stockschalthebel Wagenmitte	Lenkradschaltung
Getriebe	4-Gang	4-Gang, DB-4S	
Synchronisierung	I. – IV.		
Übersetzungen		I. 4,025, II. 2,28, III. 1,42, IV. 1,00, R. 3,72	
Antriebsübersetzung		4,125, konventioneller Kegelradantrieb	4,125

	Mercedes-Benz W 162 Stand Sommer 1947	Mercedes-Benz 170 V Innenlenker (W 136 I) Stand Sommer 1947 (als Vergleich)	Mercedes-Benz 170 VX Innenlenker (W 158 I) Stand Herbst 1941 (als Vergleich)
Fahrwerk			
Rahmen	Zentralrohrrahmen mit Auslegern, ovales Mittelrohr leicht desaxiert	X-förmiger Ovalrohr-Rahmen	Gepresster und geschweißter Mittelkörper-Blechrahmen (Cabriolet B evtl. Plattformrahmen)
Vorderradaufhängung	Achslos, ungleich lange Dreiecks-querlenker, Schraubenfedern	Achslos, 2 Querblattfedern	Achslos, ungleich lange Dreiecksquer-lenker, Schraubenfedern, Stabilisator [?]
Hinterradaufhängung	De-Dion-Achse, Differenzial am Rahmen, Zweigelenk-Antriebswellen, gebogenes Achsrohr, diagonale Längsschubstreben, Schraubenfedern	Zweigelenk-Pendelachse, Schraubenfedern	Zweigelenk-Pendelachse, diagonale Schubstreben, Schraubenfedern
Dämpfung	Hydraulische Teleskopdämpfer	Hydraulische Hebeldämpfer	Hydraulische Teleskopdämpfer
Lenkung	Zahnstange	Schnecke, ZF-Ross 540	
Fußbremse	Hydraulisch, 4-Rad		
Handbremse	Mechanisch, Hinterräder, Hebel unter Armaturenbrett	Mechanisch, Hinterräder, Hebel an Getriebetunnel	Mechanisch, Hinterräder, Hebel unter Armaturenbrett
Schmierung		Zentral, fußbetätigt	
Allgemeine Daten			
Radstand	2 750 mm	2 845 mm	2 850 mm
Spur vorn / hinten	1 305 / 1 320 mm	1 310 / 1 296 mm	1 310 / 1 350 mm
Gesamtabmessung	4 400 × 1 550 × 1 520 mm	4 285 × 1 580 × 1 550 mm	4 355 × 1 650 × 1 540 mm (IL, Cabriolet B)
Räder	Scheiben 3,25 D x 16"	Scheiben 3,50 D x 16"	Scheiben 3,25 D x 16" (IL) 3,50 D x 16" (Cabriolet B)
Reifen	5,00-16"	5,50-16"	5,25-16" (IL) 5,50-16" (Cabriolet B)
Wendekreis		11 m	11,6 m
Fahrgestellgewicht		760 kg	ca. 720 kg (IL)
Eigengewicht (trocken)	ca. 850 kg	1 130 kg (IL)	1 090 kg (IL)
Leergewicht (fahrfertig)		1 160 kg (IL)	ca. 1 120 kg (IL)
Zul. Gesamtgewicht		1 480 kg (IL)	
Höchstgeschwindigkeit	115 km/h	108 km/h	115 km/h
Verbrauch	ca. 8,5-10 Liter/100 km	10,5–12 Liter/100 km (Benzin 74 OZ)	ca. 10–11,5 Liter/100 km (Benzin 74 OZ)
Kraftstofftank	? Liter (im Heck)	43 Liter (im Motorraum)	42 Liter (im Heck)
Preise			
	Bezifferung vor Währungsreform nicht möglich	bis 20.06.1948: RM 6 200 ab 21.06.1948: DM 7 800 + Reifen	unter RM 3 850 angestrebt
Produktion			
	keine Versuchswagen	Siehe Tabelle C 07	Siehe Tabelle A 09
Quellen			
	· Unterlagen für Aufsichtsratssitzung vom 18.07.1947, 5. Zukunftsentwicklung PKW-Sektor. · Vorstandsprotokolle und weitere Werksunterlagen. · Zeichnungen Ea 162 (16.10.1946) und Eu 122 (21.03.1947).	· Betriebsanleitungen, Tabellen, Typen-blätter und weitere Werksunterlagen. · Vorstandsprotokolle und weitere Werksunterlagen.	· Protokolle Vorstands-, Konstruktions- und Techniksitzungen zwischen Januar und November 1941. · Verzeichnis Technische Hauptmerkmale (um 1940). · Karosseriezeichnung W 158 IL III (10.09.1941). · Fahrwerkszeichnung W 158 IL mit M 158 (01.11.1940).

A 13 Mercedes-Benz 1,2-Liter »FX« – der 2- bis 3-sitzige Fronttriebler
Projekt 1949

Mercedes-Benz 1,8-Liter (W 185) – der 4- bis 5-sitzige Fronttriebler
Projekt 1949

Mercedes-Benz 1,2-Liter (W 120) & 1,8-Liter (W 180) – die »Ponton« als designierte 170 V-Nachfolger in der Frühphase
Entwicklung ab 1949

	Mercedes-Benz 1,2-Liter Frontantriebs-wagen »FX« (2-3-Sitzer) 1949	**Mercedes-Benz 1,8-Liter Frontantriebs-wagen (W 185) (4-5-Sitzer) 1949**	**Mercedes-Benz 1,2-Liter mit Standardantrieb (W 120) Stand Sommer 1949**	**Mercedes-Benz 1,8-Liter mit Standardantrieb (W 180) Stand Sommer 1949**	**Mercedes-Benz 170 V Innenlenker (W 136 I) Stand Sommer 1949** (als Vergleich)
Motor					
Arbeitsverfahren	4-Takt-Otto				
Motorbezeichnung	M 120	M 185	M 120	M 180	M 136 I
Zylinderzahl (Anordnung)	4 (Reihe)			6 (Reihe)	4 (Reihe)
Bohrung x Hub					73,5 × 100 mm
Hubraum	ca. 1 200 cm³	ca. 1 800 cm³	ca. 1 200 cm³	ca. 1 800 cm³	1 697 cm³
Leistung	43 PS bei ? U/min	ca. 65 PS bei ? U/min	43 PS bei ? U/min	65–68 PS bei ? U/min	38 PS bei 3 400 U/min
Drehmoment					10,2 mkg bei 1 800 U/min
Verdichtung					
Vergaser					1 Steigstrom-Vergaser Solex 30 BFLVS
Kraftstoffförderung	Mechanische Pumpe				Gefälle
Ventile	Seitlich stehend; seitliche Nockenwelle				Seitlich stehend; seitliche Nockenwelle, Stirnräder
Kurbelwellenlager	3			4	3, Weißmetall
Kühlung	Wasser				Pumpe, 8,7 Liter Wasser, Thermostat
Schmierung	Druckumlauf				Druckumlauf, Spaltfilter im Hauptstrom, 4,5 Liter Öl
Motorgewicht	ca. 80 kg	ca. 120 kg	ca. 80 kg	ca. 120 kg	155 kg
Batterie	6 V 75 Ah (in Spritzwandkasten)				6 V 75 Ah (in Kasten unter Fahrersitz)
Lichtmaschine					130 W
Anlasser					0,6 PS, mechanische Einrückung

	Mercedes-Benz 1,2-Liter Frontantriebs-wagen »FX« (2-3-Sitzer) 1949	**Mercedes-Benz 1,8-Liter Frontantriebs-wagen (W 185) (4-5-Sitzer) 1949**	**Mercedes-Benz 1,2-Liter mit Standardantrieb (W 120) Stand Sommer 1949**	**Mercedes-Benz 1,8-Liter mit Standardantrieb (W 180) Stand Sommer 1949**	Mercedes-Benz 170 V Innenlenker (W 136 I) Stand Sommer 1949 (als Vergleich)
Kraftübertragung					
Disposition	Antrieb auf Vorderräder		Antrieb auf Hinterräder		
Kupplung	Einscheiben-Trockenkupplung		Automatische Hydrokupplung; auf Wunsch Einscheiben-Trockenkupplung		Einscheiben-Trockenkupplung
Schaltung	Lenkradschaltung				Stockschalthebel Wagenmitte
Getriebe	3-Gang				4-Gang, DB-4S
Synchronisierung	II. – III.				I. – IV.
Übersetzungen					I. 4,025, II. 2,28, III. 1,42, IV. 1,00, R. 3,72
Antriebsübersetzung					4,125
Fahrwerk					
Rahmen	Plattformrahmen, mit Karosserie zu einer selbsttragenden Einheit verschraubt oder verschweißt; Motor, Kupplung, Getriebe und Lenkung auf Fahrschemel montiert				X-förmiger Ovalrohr-Rahmen
Vorderradaufhängung	Achslos, ungleich lange Doppel-Dreiecksquerlenker, Schraubenfedern				Achslos, 2 Querblattfedern
Hinterradaufhängung	An Längslenker gezogene oder geschobene Starr-achse, Schraubenfedern, Drehstabstabilisator	Eingelenk-Pendelachse [?]	De-Dion-Achse, Differenzial am Rahmen, Zweigelenk-Antriebswellen ODER Zweigelenk-Pendelachse		Zweigelenk-Pendelachse, Schrauben-federn
Dämpfung	Hydraulische Teleskopdämpfer				Hydraulische Hebeldämpfer
Lenkung	Zahnstange		Zahnstange, DB-Lenkung		Schnecke, ZF-Ross 540
Fußbremse	Hydraulisch, 4-Rad				
Handbremse	Mechanisch, Hinterräder, Hebel unter Armaturenbrett	Mechanisch, Hinterräder	Mechanisch, Hinterräder; Hebel unter Armaturenbrett		Mechanisch, Hinterräder; Hebel an Getriebetunnel
Schmierung					Zentral, fußbetätigt
Allgemeine Daten					
Radstand	2 200 mm	2 500 mm	2 700 mm		2 845 mm
Spur vorn / hinten	1 300 / 1 280 mm	1 320 / 1 320 mm	1 320 / 1 350 mm		1 310 / 1 296 mm
Gesamtabmessung (L x B x H)	3 800 × 1 620 × 1 410 mm	4 115 × 1 620 × 1 450 mm			4 285 × 1 580 × 1 550 mm
Räder	Scheiben 3,50 × 13"	Scheiben 3,50 × 15"	Scheiben	Scheiben	Scheiben 3,50 D x 16"
Reifen	5,40-13"	5,10-15"			5,50-16"
Wendekreis	ca. 10 m				11 m
Fahrgestellgewicht	---	---	---	---	760 kg
Eigengewicht (trocken)	570 kg (geplant)		900 kg (geplant)	950 kg (geplant)	1 130 kg
Zul. Gesamtgewicht					1 480 kg
Höchstgeschwindigkeit	130–135 km/h			130 km/h	108 km/h
Verbrauch					10,5–12 Liter/100 km
Kraftstofftank	? Liter (im Heck)	? Liter (im Heck)	? Liter (im Heck)	? Liter (im Heck)	43 Liter (im Motorraum)

	Mercedes-Benz 1,2-Liter Frontantriebs-wagen »FX« (2-3-Sitzer) 1949	Mercedes-Benz 1,8-Liter Frontantriebs-wagen (W 185) (4-5-Sitzer) 1949	Mercedes-Benz 1,2-Liter mit Standardantrieb (W 120) Stand Sommer 1949	Mercedes-Benz 1,8-Liter mit Standardantrieb (W 180) Stand Sommer 1949	Mercedes-Benz 170 V Innenlenker (W 136 I) Stand Sommer 1949 (als Vergleich)
Preise					
	nicht definiert	nicht definiert	angedacht: leicht tiefer als 170 V	angedacht: leicht höher als 170 V	DM 7 800 + Reifen (1949)
Produktion					
	keine Versuchswagen		Versuchswagen ab 1952		Siehe Tabelle C 07
Quellen					
	· Karosseriezeichnung »Fx-Fronttriebwagen« (Müller, Freuden 1990, S. 57). · Fahrgestellzeichnung Ea 188 (18.08.1948). · Protokoll Vorstands-sitzung 04.07.1949.	· Karosseriezeichnung EU 150 (31.10.1949). · Protokoll Vorstands-sitzung vom 04.07.1949. · Liste der Pkw-Typen (Nallinger, 07.12.1949).	· Vorschläge über Personenwagen-Entwicklungsprogramm (25.03.1949). · Protokoll Vorstandssitzung vom 04.07.1949.		· BAL 6236/XV, ETL 136 (170 V) H, Tabellen, Typenblätter und weitere Werksunterlagen. · Oswald, MB-Pkw2 2001, S. 22 f.
	Die sehr optimistischen Werksangaben zu Gewicht und Höchstgeschwindigkeit sind unverändert übernommen worden.				

Abb. 1029
170 V reiht sich an 170 V: Mercedes-Benz-Niederlassung Landau (Pfalz), 1953.

A 14 Mercedes-Benz 170 V (W 136 I), 170 Va & 170 Vb (W 136 VI) – die Nachkriegs-170 V

1947–1953, Serienfertigung

	Mercedes-Benz 170 V Innenlenker (W 136 I) Stand Frühjahr 1949	Mercedes-Benz 170 Va Limousine (W 136 VI) Stand Sommer 1950	Mercedes-Benz 170 Vb Limousine (W 136 VI) Stand Anfang 1953
Motor			
Arbeitsverfahren	4-Takt-Otto		
Motorbezeichnung	M 136 I	M 136 VI	
Zylinderzahl (Anordnung)	4 (Reihe)		
Bohrung x Hub	73,5 × 100 mm	75 × 100 mm	
Hubraum	1 697 cm^3	1 767 cm^3	
Leistung	38 PS bei 3 400 U/min	45 PS bei 3 600 U/min	
Drehmoment	10,2 mkg bei 1 800 U/min	11,0 mkg bei 1 800 U/min	
Verdichtung	1:6,0	1:6,5	
Vergaser	1 Steigstrom-Vergaser Solex 30 BFLVS		
Kraftstoffförderung	Gefälle		
Ventile	Seitlich stehend; seitliche Nockenwelle, Stirnräder		Seitlich stehend; seitliche Nockenwelle, Duplexkette
Kurbelgehäuse-Oberteil / -Unterteil	Grauguss / Leichtmetall		
Zylinderkopf	Leichtmetall		
Kurbelwellenlager	3, Weißmetall		
Kühlung	Pumpe, 8,7 Liter Wasser, Thermostat	Pumpe, 8,7 Liter Wasser (mit Heizung 9 Liter), Thermostat	
Schmierung	Druckumlauf, Spaltfilter im Hauptstrom, 4,5 Liter Öl		
Motorgewicht	152 kg		
Batterie	6 V 75 Ah (in Kasten unter Fahrersitz)		
Lichtmaschine	130 W		
Anlasser	0,6 PS, mechanische Einrückung		
Kraftübertragung			
Disposition	Antrieb auf Hinterräder		
Kupplung	Einscheiben-Trockenkupplung F&S K 12		
Schaltung	Stockschalthebel Wagenmitte	Stockschalthebel in Wagenmitte, gummigelagert	
Getriebe	4-Gang, DB-4S		
Synchronisierung	I. – IV.		
Übersetzungen	I. 4,025, II. 2,28, III. 1,42, IV. 1,00, R. 3,72		
Antriebsübersetzung	4,125, konventioneller Kegelradantrieb		4,125, Hypoidantrieb

	Mercedes-Benz 170 V Innenlenker (W 136 I) Stand Frühjahr 1949	Mercedes-Benz 170 Va Limousine (W 136 VI) Stand Sommer 1950	Mercedes-Benz 170 Vb Limousine (W 136 VI) Stand Anfang 1953
Fahrwerk			
Rahmen	X-förmiger Ovalrohr-Rahmen		
Vorderradaufhängung	Achslos, 2 Querblattfedern		
Hinterradaufhängung	Zweigelenk-Pendelachse, Schraubenfedern		
Dämpfung	Hydraulische Hebel-Stoßdämpfer	Hydraulische Teleskop-Stoßdämpfer	
Lenkung	Schnecke, ZF-Ross 540	Schnecke, ZF-Ross 542	
Fußbremse	Hydraulisch, 4-Rad, Bremsbacken 30 mm breit	Hydraulisch, 4-Rad, Bremsbacken 40 mm breit	
Handbremse	Mechanisch, Hinterräder, Hebel unter Armaturenbrett		
Schmierung	Zentral, fußbetätigt		
Allgemeine Daten			
Radstand	2 845 mm		
Spur vorn / hinten	1 310 / 1 296 mm	1 310 / 1 342 mm	1 310 / 1 360 mm
Gesamtabmessung (L x B x H)	4 285 × 1 580 × 1 550 mm	4 285 × 1 630 × 1 550 mm	4 295 × 1 630 × 1 550 mm
Räder	Scheiben 3,50 D x 16"		
Reifen	5,50-16"		
Wendekreis	11 m		
Fahrgestellgewicht	760 kg	770 kg	
Eigengewicht (trocken)	1 130 kg	1 140 kg	
Leergewicht (fahrfertig)	1 160 kg	1 185 kg	
Zul. Gesamtgewicht	1 480 kg	1 550 kg	
Höchstgeschwindigkeit	108 km/h	116 km/h	
Verbrauch	10,5–12 Liter Benzin/100 km	10–12 Liter Benzin/100 km	
Kraftstofftank	43 Liter (im Motorraum)		
Preise			
Limousine 4-türig	DM 7 800 (+ Reifen) ab 20.05.1949; DM 7 380 (+ Reifen) ab 02.01.1950	DM 7 400 (+ Reifen) ab 31.03.1951; DM 7 900 (inkl. Reifen) ab 25.02.1952	DM 7 900 (inkl. Reifen)
Produktion			
Zeitraum	06.1947 – 05.1950	06.1950 – 05.1952	05.1952 – 09.1953
Stückzahl	ca. 21 500	ca. 20 800	ca 3 500
	Stückzahlen für Innenlenker (IL) bzw. Limousinen. Übrige Aufbauten siehe Tabelle C 07		
Quellen			
	· Betriebsanleitungen 6236/XV & XVI, 170 Va Ausgabe A, B, C & D, 170 Vb Ausgabe A. · Ersatzteillisten 136 I (170 V) Ausgabe H, 136 VI (170 Va) Ausgabe A, 170 Vb Ausgabe A. · Tabellen, Typenblätter und weitere Werksunterlagen. · Oswald, MB-Pkw2 2001, S. 22 f. · Bei widersprüchlichen Angaben wurde die korrekt erscheinende gewählt. · Preise gemäß DB-Preislisten vom 20.05.1949, 02.01.1950, 31.03.1951 und 25.02.1952. Siehe auch Tabelle D 07.		

A 15 Mercedes-Benz 170 D (W 136 I D), 170 Da & 170 Db (W 136 VI D) – die »Diesel-170 V«

1949–1953, Serienfertigung

	Mercedes-Benz 170 D Innenlenker (W 136 I D) Stand Sommer 1949	**Mercedes-Benz 170 Da Limousine (W 136 VI D) Stand Sommer 1950**	**Mercedes-Benz 170 Db Limousine (W 136 VI D) Stand Anfang 1953**
Motor			
Arbeitsverfahren	4-Takt-Diesel		
Motorbezeichnung	OM 636 I	OM 636 VI	
Zylinderzahl (Anordnung)	4 (Reihe)		
Bohrung x Hub	73,5 × 100 mm	75 × 100 mm	
Hubraum	1 697 cm³	1 767 cm³	
Leistung	38 PS bei 3 200 U/min	40 PS bei 3 200 U/min	
Drehmoment	9,8 mkg bei 2 000 U/min	10,3 mkg bei 2 000 U/min	
Verdichtung	1:19		
Vergaser	Bosch-Reiheneinspritzpumpe, pneumatische Regelung, Vorkammer		
Kraftstoffförderung	Mechanische Pumpe an Einspritzpumpe		
Ventile	Im Zylinderkopf hängend; seitliche Nockenwelle, Stirnräder		
Kurbelgehäuse-Oberteil / -Unterteil	Grauguss / Leichtmetall		
Zylinderkopf	Grauguss		
Kurbelwellenlager	3, Bleibronze		
Kühlung	Pumpe, 8,7 Liter Wasser	Pumpe, 8,7 Liter Wasser (mit Heizung ca. 9 Liter)	
Schmierung	Druckumlauf, Spaltfilter im Hauptstrom, 4,5 Liter Öl		
Motorgewicht	176 kg		
Batterie	2 Stück 6 V 84 Ah oder 98 Ah in Serie geschaltet = 12 V 84 Ah oder 98 Ah (in 2 Kasten unter Vordersitzen)		
Lichtmaschine	130 W		
Anlasser	1,8 PS, elektro-magnetische Einrückung		
Kraftübertragung			
Disposition	Antrieb auf Hinterräder		
Kupplung	Einscheiben-Trockenkupplung F&S K 12 »Diesel«		
Schaltung	Stockschalthebel in Wagenmitte	Stockschalthebel in Wagenmitte, gummigelagert	
Getriebe	4-Gang, DB-4S		
Synchronisierung	I. – IV.		
Übersetzungen	I. 4,025, II. 2,28, III. 1,42, IV. 1,00, R. 3,72		
Antriebsübersetzung	4,125, konventioneller Kegelradantrieb		4,125, Hypoidantrieb

	Mercedes-Benz 170 D Innenlenker (W 136 I D) Stand Sommer 1949	Mercedes-Benz 170 Da Limousine (W 136 VI D) Stand Sommer 1950	Mercedes-Benz 170 Db Limousine (W 136 VI D) Stand Anfang 1953
Fahrwerk			
Rahmen	X-förmiger Ovalrohr-Rahmen		
Vorderradaufhängung	Achslos, 2 Querblattfedern		
Hinterradaufhängung	Zweigelenk-Pendelachse, Schraubenfedern		
Dämpfung	Hydraulische Hebeldämpfer	Hydraulische Teleskop-Stoßdämpfer	
Lenkung	Schnecke, ZF-Ross 540	Schnecke, ZF-Ross 542	
Fußbremse	hydraulisch, 4-Rad, Bremsbacken 40 mm breit		
Handbremse	Mechanisch, Hinterräder, Hebel unter Armaturenbrett		
Schmierung	Zentral, fußbetätigt		
Allgemeine Daten			
Radstand	2 845 mm		
Spur vorn / hinten	1 310 / 1 296 mm	1 310 / 1 342 mm	1 310 / 1 360 mm
Gesamtabmessung (L x B x H)	4 285 × 1 580 × 1 550 mm	4 285 × 1 630 × 1 550 mm	4 295 × 1 630 × 1 550 mm
Räder	Scheiben 3,50 D x 16"		
Reifen	5,50-16"		
Wendekreis	11 m		
Fahrgestellgewicht	820 kg	830 kg	
Eigengewicht (trocken)	1 175 kg	1 200 kg	
Leergewicht (fahrfertig)	1 220 kg	1 245 kg	
Zul. Gesamtgewicht	1 540 kg	1 610 kg	
Höchstgeschwindigkeit	100 km/h	105 km/h	
Verbrauch	6–7 Liter Dieselöl/100 km		
Kraftstofftank	37 Liter (im Motorraum)		
Preise			
Fahrgestell		DM 6 950 (+ Reifen) ab 31.03.1951; DM 7 450 (inkl. Reifen) ab 25.02.1952	DM 7 450 (inkl. Reifen)
Limousine 4-türig	DM 9 200 (+ Reifen) ab 20.05.1949; DM 8 620 (+ Reifen) ab 02.01.1950	DM 8 900 (+ Reifen) ab 31.03.1951; DM 8 950 (inkl. Reifen) ab 25.02.1952	DM 8 950 (inkl. Reifen)
Produktion			
Zeitraum	(06.) 08.1949 – 05.1950	06.1950 – 05.1952	05.1952 – 09.1953
Stückzahl	ca. 3 200	ca. 17 600	ca. 6 000
	Stückzahlen für Innenlenker (IL) bzw. Limousinen. Übrige Aufbauten siehe Tabelle C 07		
Quellen			

- Betriebsanleitungen 170 D Ausgabe A, 170 Da Ausgabe A, 170 Da, Db Ausgabe E.
- Ersatzteillisten 136 I (170 D) Ausgabe A, 136 VI (170 Da) Ausgabe A, 170 Db Ausgabe A.
- Motorenbuch OM 636 & OM 621, Tabellen, Typenblätter und weitere Werksunterlagen.
- Oswald, MB-Pkw2 2001, S. 22 f.
- Bei widersprüchlichen Angaben wurde die korrekt erscheinende gewählt.
- Preise gemäß DB-Preislisten vom 20.05.1949, 02.01.1950, 31.03.1951 und 25.02.1952. Siehe auch Tabelle D 07.

A 16 Mercedes-Benz 170 S (W 136 IV) – die »Mercedes-Benz-Klasse«
1949–1952, Serienfertigung

Mercedes-Benz 170 Sb (W 191) – der aufgefrischte 170 S
1952–1953, Serienfertigung

<table>
<tr><th></th><th>Mercedes-Benz 170 V
Innenlenker
(W 136 I)
Stand Frühjahr 1949
(als Vergleich)</th><th>Mercedes-Benz 170 S
Limousine, Cabrio B & A
(W 136 IV)
Stand Frühjahr 1949</th><th>Mercedes-Benz 170 Sb
Limousine
(W 191)
Stand Frühjahr 1952</th><th>Mercedes-Benz 180
Limousine
(W 120 I)
Stand Herbst 1953
(als Vergleich)</th></tr>
<tr><td>Motor</td><td colspan="4"></td></tr>
<tr><td>Arbeitsverfahren</td><td colspan="4">4-Takt-Otto</td></tr>
<tr><td>Motorbezeichnung</td><td>M 136 I</td><td colspan="2">M 136 III</td><td>M 136 VII</td></tr>
<tr><td>Zylinderzahl (Anordnung)</td><td colspan="4">4 (Reihe)</td></tr>
<tr><td>Bohrung x Hub</td><td>73,5 × 100 mm</td><td colspan="3">75 × 100 mm</td></tr>
<tr><td>Hubraum</td><td>1 697 cm^3</td><td colspan="3">1 767 cm^3</td></tr>
<tr><td>Leistung</td><td>38 PS bei 3 400 U/min</td><td colspan="3">52 PS bei 4 000 U/min</td></tr>
<tr><td>Drehmoment</td><td>10,2 mkg bei 1 800 U/min</td><td colspan="3">11,4 mkg bei 1 800 U/min</td></tr>
<tr><td>Verdichtung</td><td>1:6,0</td><td colspan="2">1:6,5</td><td>1:6,7</td></tr>
<tr><td>Vergaser</td><td>1 Steigstrom-Vergaser Solex 30 BFLVS</td><td colspan="2">1 Fallstrom-Vergaser Solex 32 PBIC</td><td>1 Fallstrom-Vergaser Solex 32 PICB</td></tr>
<tr><td>Kraftstoffförderung</td><td>Gefälle</td><td colspan="3">Mechanische Pumpe</td></tr>
<tr><td>Ventile</td><td>Seitlich stehend; seitliche Nockenwelle, Stirnräder</td><td>Seitlich stehend; seitliche Nockenwelle, Stirnräder; z.T. mit Ausgleichsnocken</td><td colspan="2">Seitlich stehend; seitliche Nockenwelle, Duplexkette</td></tr>
<tr><td>Kurbelgehäuse-Oberteil / -Unterteil</td><td colspan="4">Grauguss / Leichtmetall</td></tr>
<tr><td>Zylinderkopf</td><td colspan="4">Leichtmetall</td></tr>
<tr><td>Kurbelwellenlager</td><td colspan="4">3, Weißmetall</td></tr>
<tr><td>Kühlung</td><td>Pumpe, 8,7 Liter Wasser</td><td colspan="2">Pumpe, 9,3 Liter Wasser (mit Heizung 10,5 Liter)</td><td>Pumpe, 9 Liter Wasser (inkl. Heizung)</td></tr>
<tr><td>Schmierung</td><td colspan="4">Druckumlauf, Spaltfilter im Hauptstrom, 4,5 Liter Öl</td></tr>
<tr><td>Motorgewicht</td><td colspan="4">155 kg</td></tr>
<tr><td>Batterie</td><td>6 V 75 Ah (in Kasten unter Fahrersitz)</td><td colspan="2">6 V 84 Ah (in Spritzwandkasten links)</td><td>6 V 70 Ah (auf Tablett an Spritzwand rechts)</td></tr>
<tr><td>Lichtmaschine</td><td colspan="4">130 W</td></tr>
<tr><td>Anlasser</td><td colspan="2">0,6 PS, mechanische Einrückung</td><td colspan="2">0,6 PS, elektromagnetische Einrückung</td></tr>
<tr><td>Kraftübertragung</td><td colspan="4"></td></tr>
<tr><td>Disposition</td><td colspan="4">Antrieb auf Hinterräder</td></tr>
<tr><td>Kupplung</td><td colspan="3">Einscheiben-Trockenkupplung F&S K 12</td><td>Einscheiben-Trockenkupplung F&S KS 12</td></tr>
<tr><td>Schaltung</td><td colspan="2">Stockschalthebel in Wagenmitte, gummigelagert</td><td colspan="2">Lenkradschaltung</td></tr>
</table>

	Mercedes-Benz 170 V Innenlenker (W 136 I) Stand Frühjahr 1949 (als Vergleich)	**Mercedes-Benz 170 S Limousine, Cabrio B & A (W 136 IV) Stand Frühjahr 1949**	**Mercedes-Benz 170 Sb Limousine (W 191) Stand Frühjahr 1952**	Mercedes-Benz 180 Limousine (W 120 I) Stand Herbst 1953 (als Vergleich)
Kraftübertragung				
Getriebe	4-Gang, DB-4S			
Synchronisierung	I. – IV., Gleichlauf		I. – IV., Sperrsynchronisierung	
Übersetzungen	I. 4,025, II. 2,28, III. 1,42, IV. 1,00, R. 3,72			I. 4,05, II. 2,38, III. 1,53, IV. 1,00, R. 3,92
Antriebsübersetzung	4,125, konventioneller Kegelradantrieb	4,375, konventioneller Kegelradantrieb	4,44, Hypoidantrieb	3,89, Hypoidantrieb
Fahrwerk				
Rahmen	X-förmiger Ovalrohr-Rahmen			Rahmen-Boden-Anlage mit Aufbau zu selbsttragender Karosserie verschweißt; Fahrschemel vorn
Vorderradaufhängung	Achslos, 2 Querblattfedern	Achslos, ungleich lange Doppel-Dreiecksquerlenker, Schraubenfedern, Stabilisator		
Hinterradaufhängung	Zweigelenk-Pendelachse, Schraubenfedern	Zweigelenk-Pendelachse, Haupt- und Zusatzschraubenfedern		Zweigelenk-Pendelachse, Längsschubstreben, Schraubenfedern
Dämpfung	Hydraulische Hebel-Stoßdämpfer	Hydraulische Teleskop-Stoßdämpfer		
Lenkung	Schnecke, ZF-Ross 540	Schnecke, ZF-Ross 542		Kugelumlauf, DB-L 0
Fußbremse	Hydraulisch, 4-Rad, Bremsbacken 30 mm breit	Hydraulisch, 4-Rad, Bremsbacken 40 mm breit		Hydraulisch, 4-Rad
Handbremse	Mechanisch, Hinterräder; Stockhebel unter Armaturenbrett			
Schmierung	Zentral, fußbetätigt			Schmiernippel
Allgemeine Daten				
Radstand	2 845 mm			2 650 mm
Spur vorn / hinten	1 310 / 1 296 mm	1 315 / 1 420 mm	1 315 / 1 435 mm	1 420 / 1 450 mm
Gesamtabmessung (L x B x H, Fahrzeug unbelastet)	4 285 × 1 580 × 1 550 mm (Limousine)	4 440 × 1 684 × 1 550 mm (Limousine & Cabrio B) 4 510 × 1 684 × 1 560 mm (Cabrio A)		4 485 × 1 740 × 1 560 mm (Limousine)
Räder	Scheiben 3,50 D x 16"	Scheiben 4,50 K x 15"		Scheiben 4,50 K x 13"
Reifen	5,50-16"	6,40-15"		6,40-13"
Wendekreis	11 m	12 m		11,5 m
Fahrgestellgewicht	760 kg (Limousine)	800 kg (Limousine) 810 kg (Cabrio B) 810 kg (Cabrio A)	810 kg (Limousine)	---
Leergewicht (fahrfertig)	1 160 kg (Limousine)	1 235 kg (Limousine) 1 250 kg (Cabrio B) 1 270 kg (Cabrio A)	1 250 kg (Limousine)	1 180 kg (Limousine)
Zul. Gesamtgewicht	1 160 kg (Limousine)	1 540 kg (Limousine) 1 605 kg (Cabrio B) 1 530 kg (Cabrio A)	1 625 kg (Limousine)	1 600 kg (Limousine)
Höchstgeschwindigkeit	108 km/h	120 km/h		126 km/h
Verbrauch	10,5–12 Liter/100 km (Benzin 74 OZ)	10,5–12,5 Liter Benzin/100 km		10,5–12 Liter/100 km
Kraftstofftank	43 Liter (im Motorraum)	47 Liter (im Heck)		53 Liter (im Heck)

	Mercedes-Benz 170 V Innenlenker (W 136 I) Stand Frühjahr 1949 (als Vergleich)	**Mercedes-Benz 170 S Limousine, Cabrio B & A (W 136 IV) Stand Frühjahr 1949**	**Mercedes-Benz 170 Sb Limousine (W 191) Stand Frühjahr 1952**	Mercedes-Benz 180 Limousine (W 120 I) Stand Herbst 1953 (als Vergleich)
Preise				
Limousine 4-türig	DM 7 800 (+ Reifen) ab 20.05.1949	DM 9 850 (+ Reifen) ab 20.05.1949	DM 9 950 (inkl. Reifen) ab 25.02.1952	DM 9 950 (inkl. Reifen) ab 09.09.1953
Cabriolet A	---	DM 15 800 (+ Reifen) ab 20.05.1949	---	---
Cabriolet B	---	DM 12 850 (+ Reifen) ab 20.05.1949	---	---
Produktion				
Zeitraum	06.1947 – 05.1950	(03.) 07.1949 – 01.1952	01./02.1952 – 08.1953	07.1953 – 06.1957
Stückzahl	ca. 22 300	28 764	8 094	52 186
	IL, Fahrgest., Krankenw. fremd	IL, Fahrgest, Cabrio A & B	IL, Fahrgest.	IL, Fahrgest.
Quellen				
	· Betriebsanleitungen 6236/XV & XVI. · Ersatzteillisten 136 I (170 V) Ausgabe H. · Tabellen, Typenblätter und weitere Werksunterlagen. · Oswald, MB-Pkw2 2001, S. 22 f.	· Typentafel 136 IV (170 S). · Betriebsanleitungen 170 S Ausg. A, B & C, 170 Sb Ausg. A. · Ersatzteillisten 136 IV (170 S) Ausg. A, B, C & A Aufbau, 170 Sb Ausg. A. · Tabellen, Typenblätter und weitere Werksunterlagen. · Oswald, MB-Pkw2 2001, S. 36 f. · Bei widersprüchlichen Angaben werden die wahrscheinlicheren gewählt. · Preise gemäß DB-Preislisten vom 20.05.1949 und 25.02.1952. · Siehe auch Tabelle D 08.		· DB-Tabellenbuch Pkw 1957. · Handbuch Verkauf 1948–1960. · Zahlreiche weitere Werksunterlagen. · Oswald, MB-Pkw2 2001, S. 83. · Preise gemäß Handbuch Verkauf 1948–1960.

Abb. 1030
Das Zusammenschweißen der 170 S-Karosserie im Werk Sindelfingen, um 1950.

A 17 Mercedes-Benz 170 DS (W 191 D) – der »Diesel-S«
1952–1953, Serienfertigung

	Mercedes-Benz 170 Db Limousine (W 136 VI D) Stand Frühsommer 1952 (als Vergleich)	**Mercedes-Benz 170 DS Limousine (W 191 D) Stand Frühsommer 1952**	Mercedes-Benz 180 D Limousine (W 120 I D) Stand Frühjahr 1954 (als Vergleich)
Motor			
Arbeitsverfahren	4-Takt-Diesel		
Motorbezeichnung	OM 636 VI		OM 636 VII
Zylinderzahl (Anordnung)	4 (Reihe)		
Bohrung x Hub	75 × 100 mm		
Hubraum	1 767 cm³		
Leistung	40 PS bei 3 200 U/min		40 PS bei 3 200 U/min; ab Sept. 1954: 43 PS bei 3 500 U/min
Drehmoment	10,3 mkg bei 2 000 U/min		
Verdichtung	1:19		
Vergaser	Bosch-Reiheneinspritzpumpe, pneumatische Regelung, Vorkammer		
Kraftstoffförderung	Mechanische Pumpe an Einspritzpumpe		
Ventile	Im Zylinderkopf hängend; seitliche Nockenwelle, Stirnräder		
Kurbelgehäuse-Oberteil / -Unterteil	Grauguss / Leichtmetall		
Zylinderkopf	Grauguss		
Kurbelwellenlager	3, Bleibronze		
Kühlung	Pumpe, 8,7 Liter Wasser (mit Heizung ca. 9 Liter)	Pumpe, 9 Liter Wasser (mit Heizung 10,1 Liter)	Pumpe, 8,5 Liter Wasser (inkl. Heizung)
Schmierung	Druckumlauf, Spaltfilter im Hauptstrom, 4,5 Liter Öl		
Motorgewicht	176 kg		
Batterie	2 Stück 6 V 84 Ah in Serie geschaltet = 12 V 84 Ah (in 2 Kasten unter Vordersitzen)	2 Stück 6 V 84 Ah in Serie geschaltet = 12 V 84 Ah (in Spritzwandkasten links & rechts)	1 × 12 V 84 Ah (auf Tablett an Spritzwand rechts)
Lichtmaschine	130 W		130 W; ab 1956: 160 W
Anlasser	1,8 PS, elektro-magnetische Einrückung		
Kraftübertragung			
Disposition	Antrieb auf Hinterräder		
Kupplung	Einscheiben-Trockenkupplung F&S K 12 »Diesel«		
Schaltung	Stockschalthebel in Wagenmitte, gummigelagert	Lenkradschaltung	
Getriebe	4-Gang, DB-4S		
Synchronisierung	I. – IV., Gleichlauf	I. – IV., Sperrsynchronisierung	
Übersetzungen	I. 4,025, II. 2,28, III. 1,42, IV. 1,00, R. 3,72		I. 4,05, II. 2,38, III. 1,53, IV. 1,00, R. 3,92
Antriebsübersetzung	4,125, konventioneller Kegelradantrieb	4,125, Hypoidantrieb	3,70, Hypoidantrieb

	Mercedes-Benz 170 Db Limousine (W 136 VI D) Stand Frühsommer 1952 (als Vergleich)	Mercedes-Benz 170 DS Limousine (W 191 D) Stand Frühsommer 1952	Mercedes-Benz 180 D Limousine (W 120 I D) Stand Frühjahr 1954 (als Vergleich)
Fahrwerk			
Rahmen	X-förmiger Ovalrohr-Rahmen		Rahmen-Boden-Anlage mit Aufbau zu selbsttragender Karosserie verschweißt; Fahrschemel vorn
Vorderradaufhängung	Achslos, 2 Querblattfedern	Achslos, ungleich lange Doppel-Dreiecksquerlenker, Schraubenfedern, Stabilisator	
Hinterradaufhängung	Zweigelenk-Pendelachse, Schraubenfedern	Zweigelenk-Pendelachse, Haupt- und Zusatzschraubenfedern	Zweigelenk-Pendelachse, Längsschubstreben, Schraubenfedern
Dämpfung	Hydraulische Teleskop-Stoßdämpfer		
Lenkung	Schnecke, ZF-Ross 542		Kugelumlauf, DB-L 0
Fußbremse	Hydraulisch, 4-Rad, Bremsbacken 40 mm breit		Hydraulisch, 4-Rad
Handbremse	Mechanisch, Hinterräder, Hebel unter Armaturenbrett		
Schmierung	Zentral, fußbetätigt		Schmiernippel
Allgemeine Daten			
Radstand	2 845 mm		2 650 mm
Spur vorn / hinten	1 310 / 1 360 mm	1 315 / 1 435 mm	1 430 / 1 475 mm
Gesamtabmessung (L x B x H)	4 295 × 1 630 × 1 550 mm	4 450 × 1 684 × 1 550 mm	4 485 × 1 740 × 1 500 mm
Räder	Scheiben 3,50 D x 16"		Scheiben 4,50 K x 13"
Reifen	5,50-16"		6,40-13"
Wendekreis	11 m	12 m	11,5 m
Fahrgestellgewicht	830 kg	855 kg	---
Eigengewicht (trocken)	1 200 kg	1 225 kg	1 120 kg
Leergewicht (fahrfertig)	1 245 kg	1 275 kg	1 180 kg
Zul. Gesamtgewicht	1 610 kg	1 640 kg	1 600 kg
Höchstgeschwindigkeit	105 km/h		112 km/h; mit 43 PS: 115 km/h
Verbrauch	6–7 Liter Dieselöl/100 km	6,5–7,5 Liter Dieselöl/100 km	6,5–8 Liter Dieselöl/100 km
Kraftstofftank	37 Liter (im Motorraum)	47 Liter (im Heck)	56 Liter (im Heck)
Preise			
Limousine 4-türig	DM 8 950 (inkl. Reifen) ab 25.02.1952	DM 10 800 (inkl. Reifen) ab 25.02.1952	DM 10 300 (inkl. Reifen) ab 22.02.1954
Produktion			
Zeitraum	05.1952 – 09.1953	01.1952 – 08.1953	01.1954 – 07.1959
Stückzahl	ca. 10 000	12 985	116 485
Quellen			
	· Betriebsanleitung 170 Da, Db Ausgabe E. · Ersatzteillisten 170 Db Ausgabe A. · Motorenbuch OM 636 & OM 621, Tabellen, Typenblätter und weitere Werksunterlagen. · Oswald, MB-Pkw2 2001, S. 22 f. · Bei widersprüchlichen Angaben wurde die korrekt erscheinende gewählt.	· Betriebsanleitung 170 DS Ausgabe B. · Ersatzteilliste 170 DS Ausgabe A. · Tabellen, Typenblätter und weitere Werksunterlagen. · Oswald, MB-Pkw2 2001, S. 22 f & 36 f. · Bei widersprüchlichen Angaben werden die wahrscheinlicheren gewählt. · Preise gemäß DB-Preislisten vom 25.02.1952. Siehe auch Tabelle D 08.	· DB-Tabellenbuch Pkw 1957, Handbuch Verkauf 1948–1960 und weitere Werksunterlagen. · Oswald, MB-Pkw2 2001, S. 82. · Bei widersprüchlichen Angaben werden die wahrscheinlicheren gewählt. · Preise gemäß Handbuch Verkauf 1948–1960.

A 18 Mercedes-Benz 170 S-V (W 136 VIII) – der Benzin-Zwitter
1953–1955, Serienfertigung

Mercedes-Benz 170 S-D (W 136 VIII D) – der Diesel-Zwitter
1953–1955, Serienfertigung

	Mercedes-Benz 170 Sb Limousine (W 191) Stand Frühjahr 1952 (als Vergleich)	**Mercedes-Benz 170 S-V Limousine (W 136 VIII) Stand Herbst 1953**	**Mercedes-Benz 170 S-D Limousine (W 136 VIII D) Stand Herbst 1953**	Mercedes-Benz 170 DS Limousine (W 191 D) Stand Frühsommer 1952 (als Vergleich)
Motor				
Arbeitsverfahren	4-Takt-Otto		4-Takt-Diesel	
Motorbezeichnung	M 136 III	M 136 VIII	OM 636 VIII	OM 636 VI
Zylinderzahl (Anordnung)	4 (Reihe)			
Bohrung x Hub	75 × 100 mm			
Hubraum	1 767 cm³			
Leistung	52 PS bei 4 000 U/min	45 PS bei 3 600 U/min	40 PS bei 3 200 U/min	
Drehmoment	11,4 mkg bei 1 800 U/min	11 mkg bei 1 800 U/min	10,3 mkg bei 2 000 U/min	
Verdichtung	1:6,5	1,6,7	1:19	
Vergaser	1 Fallstrom-Vergaser Solex 32 PBIC	1 Steigstrom-Vergaser Solex 30 BFLVS	---	
Kraftstoffförderung	Mechanische Pumpe		Mechanische Pumpe an Einspritzpumpe	
Ventile	Seitlich stehend; seitliche Nockenwelle, Duplexkette		Im Zylinderkopf hängend; seitliche Nockenwelle, Stirnräder	
Kurbelgehäuse-Oberteil / -Unterteil	Grauguss / Leichtmetall			
Zylinderkopf	Leichtmetall		Grauguss	
Kurbelwellenlager	3, Weißmetall		3, Bleibronze	
Kühlung	Pumpe, 9,3 Liter Wasser (mit Heizung 10,5 Liter)		Pumpe, 9 Liter Wasser (mit Heizung 10,1 Liter)	
Schmierung	Druckumlauf, Spaltfilter im Hauptstrom, 4,5 Liter Öl			
Motorgewicht	157 kg		176 kg	
Batterie	6 V 84 Ah (in Spritzwandkasten links)	6 V 70 Ah (in Spritzwandkasten links)	2 Stück 6 V 84 Ah in Serie geschaltet = 12 V 84 Ah (in Spritzwandkasten links & rechts)	
Lichtmaschine	130 W			
Anlasser	0,6 PS, elektromagnetische Einrückung	0,6 PS, mechanische Einrückung	1,8 PS, elektro-magnetische Einrückung	
Kraftübertragung				
Disposition	Antrieb auf Hinterräder			
Kupplung	Einscheiben-Trockenkupplung F&S K 12		Einscheiben-Trockenkupplung F&S K 12 »Diesel«	
Schaltung	Lenkradschaltung			
Getriebe	4-Gang, DB-4S			

	Mercedes-Benz 170 Sb Limousine (W 191) Stand Frühjahr 1952 (als Vergleich)	Mercedes-Benz 170 S-V Limousine (W 136 VIII) Stand Herbst 1953	Mercedes-Benz 170 S-D Limousine (W 136 VIII D) Stand Herbst 1953	Mercedes-Benz 170 DS Limousine (W 191 D) Stand Frühsommer 1952 (als Vergleich)
Kraftübertragung				
Synchronisierung	I. – IV., Sperrsynchronisierung			
Übersetzungen	I. 4,025, II. 2,28, III. 1,42, IV. 1,00, R. 3,72			
Antriebsübersetzung	4,44, Hypoidantrieb	4,125, Hypoidantrieb; ab Frühjahr 1954: 4,11		4,125, Hypoidantrieb
Fahrwerk				
Rahmen	X-förmiger Ovalrohr-Rahmen			
Vorderradaufhängung	Achslos, ungleich lange Doppel-Dreiecksquerlenker, Schraubenfedern, Stabilisator	Achslos, 2 Querblattfedern		Achslos, ungleich lange Doppel-Dreiecksquerlenker, Schraubenfedern, Stabilisator
Hinterradaufhängung	Zweigelenk-Pendelachse, Haupt- und Zusatzschraubenfedern	Zweigelenk-Pendelachse, Schraubenfedern		Zweigelenk-Pendelachse, Haupt- und Zusatzschraubenfedern
Dämpfung	Hydraulische Teleskop-Stoßdämpfer			
Lenkung	Schnecke, ZF-Ross 542			
Fußbremse	Hydraulisch, 4-Rad, Bremsbacken 40 mm breit			
Handbremse	Mechanisch, Hinterräder, Hebel unter Armaturenbrett			
Schmierung	Zentral, fußbetätigt			
Allgemeine Daten				
Radstand	2 845 mm			
Spur vorn / hinten	1 315 / 1 435 mm	1 310 / 1 435 mm		1 315 / 1 435 mm
Gesamtabmessung (L x B x H)	4 440 × 1 685 × 1 550 mm	4 450 × 1 685 × 1 550 mm		4 440 × 1 685 × 1 550 mm
Räder	Scheiben 4,5 K x 15"	Scheiben 3,50 D x 16"		
Reifen	6,40-15"	5,50-16"		
Wendekreis	12 m			
Fahrgestellgewicht	810 kg	790 kg	840 kg	850 kg
Eigengewicht (trocken)	1 200 kg	1 180 kg	1 230 kg	1 225 kg
Leergewicht (fahrfertig)	1 250 kg	1 230 kg	1 280 kg	1 275 kg
Zul. Gesamtgewicht	1 625 kg	1 650 kg	1 690 kg	1 640 kg
Höchstgeschwindigkeit	120 km/h	114 km/h	105 km/h	
Verbrauch	10,5–12,5 Liter Benzin/100 km		6,5–7,5 Liter Dieselöl/100 km	
Kraftstofftank	47 Liter (im Heck)			
Preise				
Limousine 4-türig	DM 9 950 (inkl. Reifen) ab 25.02.1952	DM 8 300 (inkl. Reifen) ab 09.09.1953	DM 9 350 (inkl. Reifen) ab 09.09.1953	DM 10 800 (inkl. Reifen) ab 25.02.1952
Produktion				
Zeitraum	01./02.1952 – 08.1953	07./08.1953 – 02.1955	07./08.1953 – 09.1955	01.1952 – 08.1953
Stückzahl	8 094	3 122	14 887	12 985
Quellen				
	Siehe Tabelle A 16	· BAL 170 S-V Ausgabe A & Nachtrag 1, 170 S-D Ausgabe A. · ETL 170 S-V Ausgabe A, 170 S-D Ausgabe D. · Typenblätter, Werksdokus und Oswald, MB-Pkw2 2001, S. 37. · Preise gemäß DB-Preisliste vom 09.09.1953. Siehe Tabelle D 09.		Siehe Tabelle A 17

A 19 Mercedes-Benz 220 (W 187) Limousine & Cabriolet B – ein 170 S mit sechs Zylindern

1951–1953, Serienfertigung

Mercedes-Benz 220 (W 187) Cabriolet A & Coupé – die Kostbaren

1951–1955 bzw. 1954–1955, Serienfertigung

	Mercedes-Benz 170 S Limousine (W 136 IV) Stand Herbst 1951 (als Vergleich)	Mercedes-Benz 220 Limousine & Cabriolet B (W 187) Stand Herbst 1951	Mercedes-Benz 220 Cabriolet A & Coupé (W 187) Stand Sommer 1954
Motor			
Arbeitsverfahren	4-Takt-Otto		
Motorbezeichnung	M 136 III	M 180 (I)	M 180 II
Zylinderzahl (Anordnung)	4 (Reihe)	6 (Reihe)	
Bohrung x Hub	75 × 100 mm	80 × 72,8 mm	
Hubraum	1 767 cm³	2 195 cm³	
Leistung	52 PS bei 4 000 U/min	80 PS bei 4 600 U/min	85 PS bei 4 800 U/min
Drehmoment	11,4 mkg bei 1 800 U/min	14,5 mkg bei 2 500 U/min	16 mkg bei 2 400 U/min
Verdichtung	1:6,5		1:7,6
Vergaser	1 Fallstrom-Vergaser Solex 32 PBIC	1 Doppel-Fallstrom-Vergaser Solex 30 PAAI	1 Doppel-Fallstrom-Vergaser Solex 32 PAATI
Kraftstoffförderung	Mechanische Pumpe		
Ventile	Seitlich stehend; seitliche Nockenwelle, Stirnräder	Hängend, obenliegende Nockenwelle, Duplexkette	
Kurbelgehäuse-Oberteil / -Unterteil	Grauguss / Leichtmetall		
Zylinderkopf	Leichtmetall	Grauguss	Leichtmetall
Kurbelwellenlager	3, Weißmetall	4, Mehrstoff	
Kühlung	Pumpe, 9,3 Liter Wasser (mit Heizung 10 Liter)	Pumpe, 15,2 Liter Wasser (mit Heizung)	
Schmierung	Druckumlauf, Spaltfilter im Hauptstrom, 4,5 Liter Öl	Druckumlauf, Spaltfilter im Hauptstrom, 6,5 Liter Öl	
Motorgewicht	155 kg	183 kg	180 kg
Batterie	6 V 75 Ah (in Spritzwandkasten links)	6 V 75 Ah (in Spritzwandkasten links); später 6 V 84 Ah	6 V 84 Ah (in Spritzwandkasten links)
Lichtmaschine	130 W		
Anlasser	0,6 PS, mechanische Einrückung	0,6 PS, elektro-magnetische Einrückung	

	Mercedes-Benz 170 S Limousine (W 136 IV) Stand Herbst 1951 (als Vergleich)	Mercedes-Benz 220 Limousine & Cabriolet B (W 187) Stand Herbst 1951	Mercedes-Benz 220 Cabriolet A & Coupé (W 187) Stand Sommer 1954
Kraftübertragung			
Disposition	Antrieb auf Hinterräder		
Kupplung	Einscheiben-Trockenkupplung F&S K 12	Einscheiben-Trockenkupplung F&S KFS 12	
Schaltung	Stockschalthebel in Wagenmitte, gummigelagert	Lenkradschaltung	
Getriebe	4-Gang, DB-4S		
Synchronisierung	I. – IV., Gleichlauf	I. – IV., Sperrsynchronisierung	
Übersetzungen	I. 4,025, II. 2,28, III. 1,42, IV. 1,00, R. 3,72	1. Ausf.: I. 2,95, II. 2,12, III. 1,46, IV. 1,00, R. 3,18; 2. Ausf.: I. 2,98, II. 2,12, III. 1,45, IV. 1,00, R. 2,78; 3. Ausf. I. 3,33, II. 2,12, III. 1,45, IV. 1,00, R. 2,78 4. Ausf. I. 3,68, II. 2,25, III. 1,42, IV. 1,00, R. 3,08	
Antriebsübersetzung	4,375, konventioneller Kegelradantrieb	4,44, Hypoidantrieb	
Fahrwerk			
Rahmen	X-förmiger Ovalrohr-Rahmen		
Vorderradaufhängung	Achslos, ungleich lange Doppel-Dreiecksquerlenker, Schraubenfedern, Stabilisator		
Hinterradaufhängung	Zweigelenk-Pendelachse, Haupt- und Zusatzschraubenfedern		
Dämpfung	Hydraulische Teleskop-Stoßdämpfer		
Lenkung	Schnecke, ZF-Ross 542	Schnecke, ZF-Ross 542; ab 03.1953 Kugelumlauf DB-L 1	Kugelumlauf DB-L 0
Fußbremse	Hydraulisch, 4-Rad, Bremstrommel-Ø 240 mm, Bremsbacken 40 mm breit	Hydraulisch, 4-Rad, Bremstrommel-Ø 240 mm, Bremsbacken 40 mm breit; ab 02.1952 Bremstrommel-Ø 260 mm, Bremsbacken 55 mm breit	Hydraulisch, 4-Rad, Bremstrommel-Ø 260 mm, Bremsbacken 55 mm breit
Handbremse	Mechanisch, Hinterräder, Hebel unter Armaturenbrett		
Schmierung	Zentral, fußbetätigt		
Allgemeine Daten			
Radstand	2 845 mm		
Spur vorn / hinten	1 315 / 1 420 mm	1 315 / 1 435 mm	
Gesamtabmessung (L x B x H, Fahrzeug unbelastet)	4 455 × 1 684 × 1 550 mm (Limousine)	4 507 × 1 685 × 1 550 mm (Limousine & Cabrio B)	4 538 × 1 685 × 1 510 mm (Cabrio A & Coupé)
Räder	Scheiben 4,50 × 15"		
Reifen	6,40-15"		
Wendekreis	12 m		
Fahrgestellgewicht	800 kg (Limousine)	920 kg (Limousine) 940 kg (Cabriolet B)	940 kg
Eigengewicht (trocken)	1 185 kg (Limousine)	1 290 kg (Limousine) ca. 1 360 kg (Cabriolet B)	ca. 1 370 kg (Cabriolet A) ca. 1 350 kg (Coupé)
Leergewicht (fahrfertig)	1 235 kg (Limousine)	1 340 kg (Limousine) ca. 1 420 kg (Cabriolet B)	ca. 1 440 kg (Cabriolet A) ca. 1 420 kg (Coupé)
Zul. Gesamtgewicht	1 540 kg (Limousine)	1 690 kg (Limousine) 1 785 kg ? (Cabriolet B)	1 720 kg (Cabriolet A) keine Angabe (Coupé)

	Mercedes-Benz 170 S Limousine (W 136 IV) Stand Herbst 1951 (als Vergleich)	Mercedes-Benz 220 Limousine & Cabriolet B (W 187) Stand Herbst 1951	Mercedes-Benz 220 Cabriolet A & Coupé (W 187) Stand Sommer 1954
Höchstgeschwindigkeit	120 km/h	140 km/h	145 km/h
Verbrauch	10–12 Liter Benzin/100 km	12–15 Liter Benzin/100 km	12–15 Liter Benzin/100 km
Kraftstofftank	47 Liter (im Heck)	48 Liter (im Heck), ab 02.1952: 65 Liter	65 Liter (im Heck)
Preise			
Limousine 4-türig (unbereift, inkl. Heizung und Gebläse)	DM 9 585 (ab 31.03.1951)	DM 11 385 (Richtpreis 04.1951)	---
Faltschiebedach in Limousine (Aufpreis)	DM 600		---
Cabriolet B (unbereift, inkl. Heizung und Gebläse)	DM 12 800 (ab 31.03.1951)	DM 14 600 (Richtpreis 04. 1951)	---
Cabriolet A (unbereift, inkl. Heizung, Gebläse, Kindersitz und Koffersatz)	DM 16 100 (ab 31.03.1951)	---	DM 18 300 (Richtpreis 04. 1951) DM 18 850 (ab 25.02. 1952)
Coupé (5-fach bereift)	---	---	DM 20 850 (ab 01.01.1954)
Stahlschiebedach in Coupé (Aufpreis)	---	---	DM 1 150
Produktion			
Limousine inkl. Fahrgestell & Tourenwagen	(03.) 07.1949 – 01.1952 28 764	(05.) 07.1951 – 03.1954 16 154	---
Cabriolet B	(05.) 07.1949 – 03./04.1952 1 603	(05.) 07.1951 – 05.1953 997	---
Cabriolet A	(03.) 07.1949 – 11.1951 830	---	(05.) 07.1951 – 08.1955 1 278
Coupé	---	---	01.1954 – 07.1955 85
Quellen			
	· Typentafel 136 IV (170 S). · Betriebsanleitungen 170 S Ausgabe C. · Ersatzteillisten 136 IV (170 S) Ausgabe B. · Tabellen, Typenblätter und weitere Werksunterlagen. · Oswald, MB-Pkw2 2001, S. 36 f. · Bei widersprüchlichen Angaben werden die wahrscheinlicheren gewählt.	· Betriebsanleitungen 220 (W 187) Ausgabe A, B & D. · Ersatzteilliste 220 (W 187) Ausgabe A. · Tabellen, Typenblätter, DB-Tabellenbuch Pkw 1957 und weitere Werksunterlagen. · VDA-Typenblatt 220 Cabriolet A 1954. · Oswald, MB-Pkw2 2001, S. 41. · Bei widersprüchlichen Angaben werden die wahrscheinlicheren gewählt. · Preise gemäß Handbuch Verkauf 1948–1960. Siehe auch Tabelle D 10.	

A 20 Mercedes-Benz W 122 – letzter 170 V-Nachfolgeversuch
1953-1958, keine Serienfertigung

	Mercedes-Benz 180 (W 120) Stand Sommer 1955 (als Vergleich)	Mercedes-Benz 190 (W 121) Stand 1956 (als Vergleich)	**Mercedes-Benz W 122 (1,7) Stand Mitte 1956**	**Mercedes-Benz W 122 (1,9) Stand Mitte 1956**
Motor				
Arbeitsverfahren	4-Takt-Otto			
Motorbezeichnung	M 136 VII	M 121 B I	M 122	M 121 B I
Zylinderzahl (Anordnung)	4 (Reihe)			
Bohrung x Hub	75 × 100 mm	85 × 83,6 mm	85 x ca. 75 mm	85 × 83,6 mm
Hubraum	1 767 cm³	1 897 cm³	ca. 1 702 cm³	1 897 cm³
Leistung	52 PS bei 4 000 U/min	75 PS bei 4 600 U/min	65 PS bei 4 600 U/min	75 PS bei 4 600 U/min
Drehmoment	11,4 mkg bei 1 800 U/min	14,5 mkg bei 2 500 U/min	ca. 13 mkg bei 2 500 U/min	14,5 mkg bei 2 500 U/min
Verdichtung	1:6,7	1:7,5		
Vergaser	1 Fallstrom-Vergaser Solex 32 PICB	1 Register-Fallstromvergaser Solex 32 PAITA		1 Register-Fallstromvergaser Solex 32 PAITA
Kraftstoffförderung	Mechanische Pumpe			
Ventile	Seitlich stehend; seitliche Nockenwelle, Duplexkette	Hängend, obenliegende Nockenwelle, Duplexkette		
Kurbelgehäuse-Oberteil / -Unterteil	Grauguss / Leichtmetall			
Zylinderkopf	Leichtmetall			
Kurbelwellenlager	3, Weißmetall	3, Mehrstoff		
Kühlung	Pumpe, 9 Liter Wasser (inkl. Heizung)	Pumpe, 9,3 Liter Wasser (inkl. Heizung)		
Schmierung	Druckumlauf, Filter im Hauptstrom, 4,5 Liter Öl			
Motorgewicht	155 kg	146 kg		
Batterie	6 V 70 Ah, (auf Tablett an Spritzwand rechts)	12 V 56 Ah (auf Tablett an Spritzwand rechts)		
Lichtmaschine	130 W, ab 1956: 160 W	160 W		
Anlasser	0,6 PS, elektro-magnetische Einrückung	0,8 PS, elektro-magnetische Einrückung		
Kraftübertragung				
Disposition	Antrieb auf Hinterräder			
Kupplung	Einscheiben-Trockenkupplung, F&S KS 12, mechanisch betätigt		Einscheiben-Trockenkupplung, mechanisch oder hydraulisch betätigt (noch nicht festgelegt), auf Wunsch automatische Kupplung	
Schaltung	Lenkradschaltung			
Getriebe	4-Gang	4-Gang	3-Gang (auf Wunsch 4-Gang)	
Synchronisierung	I. – IV., Sperrsynchronisierung		I. – III., Sperrsynchronisierung (4-Gang: I. – IV.)	
Übersetzungen	I. 4,05, II. 2,38, III. 1,53, IV. 1,00, R. 3,92		I. 4,05, II. 2,38, III. 1,53, IV. 1,00, R. 3,92 (für 4-Gang)	
Antriebsübersetzung	3,89, Hypoidantrieb	4,10, Hypoidantrieb		

	Mercedes-Benz 180 (W 120) Stand Sommer 1955 (als Vergleich)	Mercedes-Benz 190 (W 121) Stand 1956 (als Vergleich)	**Mercedes-Benz W 122 (1,7) Stand Mitte 1956**	**Mercedes-Benz W 122 (1,9) Stand Mitte 1956**
Fahrwerk				
Rahmen	Rahmen-Boden-Anlage mit Aufbau zu selbsttragender Karosserie verschweißt; Fahrschemel vorn		Selbsttragende Karosserie, vereinfachter Fahrschemel vorn	
Vorderradaufhängung	Achslos, ungleich lange Doppel-Dreiecksquerlenker, Schraubenfedern, Stabilisator			
Hinterradaufhängung	Zweigelenk-Pendelachse, Schubstreben, Schraubenfedern; ab Sept. 1955: Eingelenk-Pendelachse, Schubstreben, Schraubenfedern	Eingelenk-Pendelachse, Schubstreben, Schraubenfedern	Starrachse mit Schubstreben, Querstrebe, Schraubenfedern, Stabilisator ODER Eingelenk-Pendelachse, Schubstreben, Schraubenfedern (noch nicht festgelegt)	
Dämpfung	Hydraulische Teleskop-Stoßdämpfer			
Lenkung	Kugelumlauf DB-L 0		Kugelumlauf	
Fußbremse	Hydraulisch, 4-Rad, Bremstrommel-Ø 230 mm, Bremsbacken 50 mm breit	Hydraulisch, 4-Rad, Bremstrommel-Ø 230 mm, Bremsbacken 65 mm breit, auf Wunsch Servohilfe	Hydraulisch, 4-Rad	
Handbremse	Mechanisch, Hinterräder, Hebel unter Armaturenbrett		Mechanisch	
Schmierung	Schmiernippel			
Allgemeine Daten				
Radstand	2 650 mm			
Spur vorn / hinten	1 420 / 1 450 mm; ab Sept. 1955: 1 430 / 1 470 mm	1 430 / 1 470 mm	1 360 / 1 320 mm	
Gesamtabmessung (L x B x H)	4 485 × 1 740 × 1 500 mm			
Räder	Scheiben 4,50 K x 13"			
Reifen	6,40-13"			
Wendekreis	11,5 m			
Eigengewicht (trocken)	1 120 kg ab Sept. 1955: 1 140 kg	1 180 kg		
Leergewicht (fahrfertig)	1 180 kg ab Sept. 1955: 1 200 kg	1 240 kg	ca. 1 160 kg	ca. 1 180 kg
Zul. Gesamtgewicht	1 600 kg	1 650 kg		
Höchstgeschwindigkeit	126 km/h	139 km/h	ca. 135 km/h	ca. 140 km/h
Verbrauch	10–12 Liter Benzin/100 km		ca. 10–12 Liter Benzin/100 km	
Kraftstofftank	56 Liter (im Heck)		45 Liter (im Heck)	
Preise				
Limousine 4-türig	DM 9 450 (1955) DM 8 760 (1956)	DM 9 450 (1956)	ca. DM 7 000 angestrebt	ca. DM 7 600 angestrebt
Produktion				
	52 186 (1953–1957)	61 345 (1956–1959)	Unbekannte Anzahl Versuchswagen	
Quellen				
	· DB-Tabellenbuch Pkw 1957. · Handbuch Verkauf 1948–1960. · Zahlreiche weitere Werksunterlagen. · Oswald, MB-Pkw2 2001, S. 83.		· Werksunterlagen, besonders Protokolle der Vorstands- und Technischen Vorstandssitzungen. · DB-interner Schriftverkehr, Versuchsberichte von Untertürkheim und Sindelfingen, Zeitraum 1954–1956.	

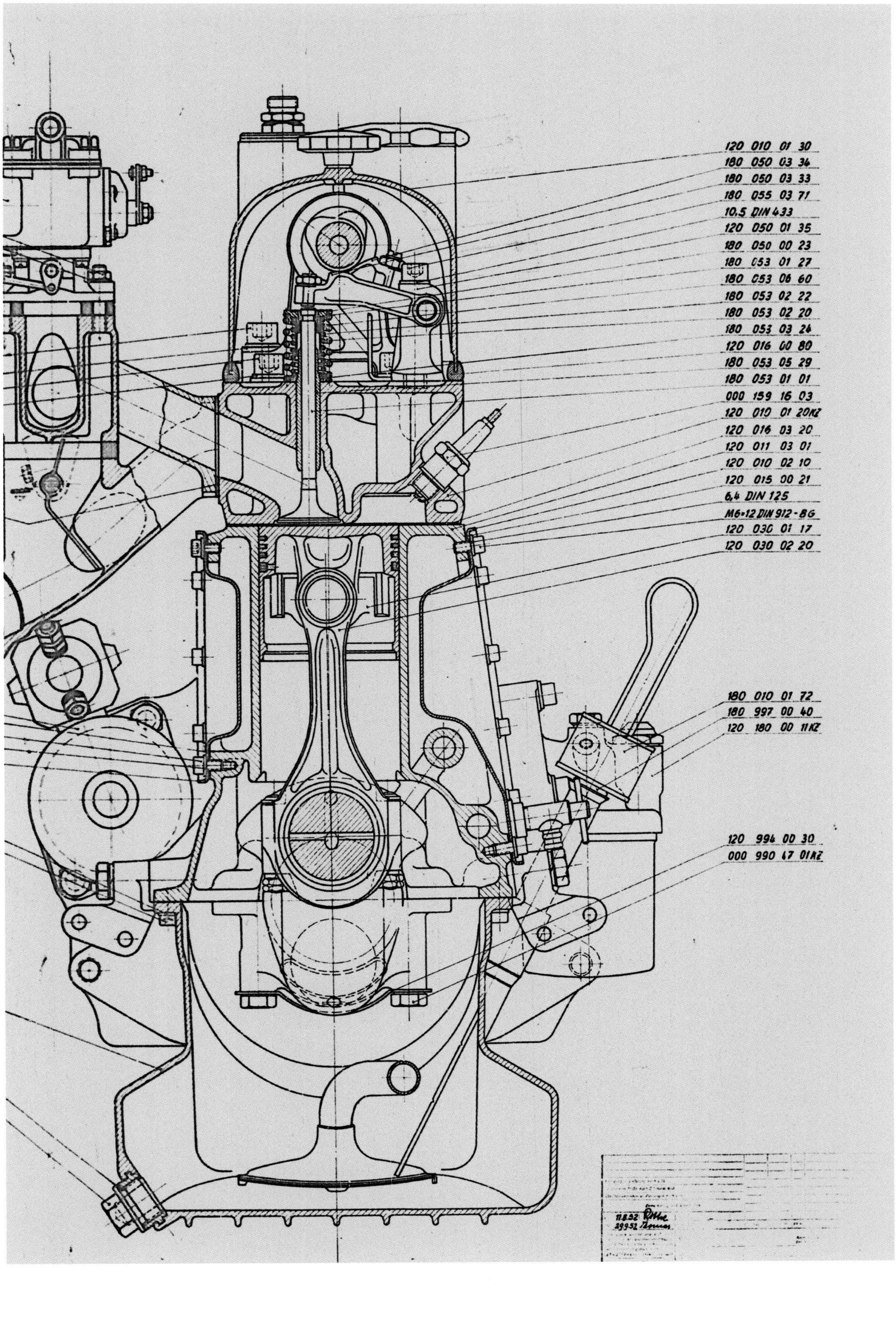

Abb. 1031
Querschnitt durch den Motor M 120, dat. 11.08.1952. Der 1,7 Liter große OHC-Reihenvierzylinder ist zunächst für den W 120 und ab 1953/54 (für den letztlich nicht produzierten) 170 V-Nachfolger W 122 vorgesehen.

A 21 Motoren für die Mercedes-Benz Kompakt- und Mittelklassetypen 1926–1965

4-Takt-Ottomotoren bis ca. 2,6 Liter Hubraum

· Ottomotoren über 2,6 Liter Hubraum sind nicht erfasst

· Nach 1965 neu eingeführte Motortypen sind nicht berücksichtigt

Motor-bezeichnung	Vorgesehen für/ verwendet in	Anzahl Zylinder, Anordnung	Anzahl Kurbel-wellenlager	Steuerung
M 01	W 01	6 Reihe	7	SV
	W 01	4 Reihe	3	SV
	W 01 [?]	6 Reihe		
M 02	· W 02 (8/38 PS, »Stuttgart« 200) · W 37 (L 3/4)	6 Reihe	7	SV
M 11	· W 11 (»Stuttgart« 260) · W 137 (L 3/4 und 1000 Express)	6 Reihe	7	SV
M 15	W 15 (170 und L 300)	6 Reihe	5	SV
M 17	W 17 (120)	4 Boxer	2 oder 3	OHV
M 21	W 21 (200 und 200 lang)	6 Reihe	5	SV
M 23	W 23 (130)	4 Reihe	3	SV
M 28	W 28 (170 H)	4 Reihe	3	SV
M 30	W 30 (150 und 150 V)	4 Reihe	3	OHC
M 121 B I M 121 B II bis M 121 XI	· W 121 B I (190) · W 122 II (vorgesehen) · W 121 B II (190 SL) · L/O 319 ·	4 Reihe	3	OHC
M 122	W 122 I (vorgesehen)	4 Reihe	3	OHC
M 136 (I)	· W 136 (170 V und 170 VK) · W 139 (170 VL)	4 Reihe	3	SV
M 136 II	W 136 II (170 V)	4 Reihe	3	SV

Bohrung x Hub, Hubraum, Leistung	Bemerkungen	Jahr von Entwurf, Konstruktion & Versuch; Anzahl allf. Versuchsmotoren	Zeitraum Serien-Fertigung, Anzahl Motoren
60 × 82 mm 1 392 cm^3 25 PS bei 3 100 U/min		1926 Entwurf, Konstruktion, Versuch · ca. 10 Versuchsmotoren	---
68 × 88 mm 1 280 cm^3 25 PS bei 3 300 U/min		1927–1928 Entwurf, Konstruktion, Versuch · ca. 35 Versuchsmotoren	---
1,6 Ltr., ca. 30 PS	Evtl. Basis für M 15	1928 Entwurf, Konstruktion, Versuch · 10 Versuchsmotoren	---
65 × 100 mm 1 988 cm^3 38 PS bei 3 400 U/min	Ausgangskonstruktion für M 11 (2,6 Ltr.), M 18 (2,9 Ltr.) und M 142 (3,2 Ltr./3,4 Ltr.)	1926 Entwurf, Konstruktion, Versuch	1926–1933 ca. 16 000
74 × 100 mm 2 581 cm^3 50 PS bei 3 400 U/min	Auf Basis M 02	1928–1929 Konstruktion, Versuch	1929-1936 ca. 11 000 ?
65 × 85 mm 1 692 cm^3 32 PS bei 3 200 U/min	Evtl. auf Basis 1,6 Ltr. von 1928. Basis für M 21 (2 Ltr.), M 143 (2,3 Ltr.) und M 153 (2,3 Ltr.)	1930 Entwurf, Konstruktion, Versuch	1931–1936 ca. 14 500
70 × 78 mm 1 201 cm^3 25 PS bei 3 100 U/min	Hecktriebwerk mit stehenden (bzw. liegenden) Ventilen und Luftkühlung	1931–1932 Entwurf, Konstruktion, Versuch · ca. 15 Versuchsmotoren	---
70 × 85 mm 1 961 cm^3 40 PS bei 3 200 U/min	Auf Basis M 15	1932 Konstruktion, Versuch	1932–1936 ca. 15 400
70 × 85 mm 1 308 cm^3 26 PS bei 3 400 U/min	Heckeinbau; Vorlage für M 28 (1,7 Ltr. Heckeinbau) und M 136 (1,7 Ltr. Standardantrieb)	1933 Entwurf, Konstruktion, Versuch	1934–1936 ca. 4 500
73,5 × 100 mm 1 697 cm^3 38 PS bei 3 400 U/min	Nach Vorlage M 23. Bis Herbst 1935 vorgesehen mit 72 × 98 mm und 1 596 cm^3 (= 1,6 Ltr.)	1934–1935 Entwurf, Konstruktion, Versuch	1936–1939 ca. 1 600
72 × 92 mm 1 498 cm^3 55 PS bei 4 600 U/min	150 (Roadster und Sport): Heckmittelmotor; 150 V (Sport): Standardantrieb	1934 Entwurf, Konstruktion, Versuch	1934–1935, (Kleinstserie) ca. 25
85 × 83,6 mm 1 897 cm^3 B I: 75 PS bei 4 600 U/min B II: 105 PS bei 5 700 U/min	Vollständig neue Motorkonstruktion mit obenliegender Nockenwelle. Anfänglich 1,2 Liter, bildete mit 6-Zylinder-1,8 Liter eine Motorenfamilie. Verschiedene Leistungsstufen (M 121 B I bis B XI). Mehrfach überarbeitet und umkonstruiert, bis 1976 gebaut	1950–1955 Entwurf, Konstruktion, Versuch	1955–1963 ca. 330 000 (B I und B II)
1,7 Liter, 65 PS	Wie M 121, jedoch mit reduziertem Hub	1955-1956 Konstruktion, Versuch	---
73,5 × 100 mm 1 697 cm^3 38 PS bei 3 400 U/min	Nach Vorlage M 23. Bis Herbst 1935 vorgesehen mit 72 × 98 mm und 1 596 cm^3 (= 1,6 Ltr.)	1934–1935 Entwurf, Konstruktion, Versuch · ca. 20 Versuchsmotoren	1936–1942 und 1946–1949 ca. 138 000
75 × 100 mm 1 767 cm^3 42 PS bei ca. 3 500 U/min	Optimierter M 136 I; 1 Fallstromvergaser	1938 Konstruktion, Versuch	---

4-Takt-Ottomotoren bis ca. 2,6 Liter Hubraum

- Ottomotoren über 2,6 Liter Hubraum sind nicht erfasst
- Nach 1965 neu eingeführte Motortypen sind nicht berücksichtigt

Motorbezeichnung	Vorgesehen für/ verwendet in	Anzahl Zylinder, Anordnung	Anzahl Kurbelwellenlager	Steuerung
M 136 III	· W 136 IV (170 S) · W 191 (170 Sb)	4 Reihe	3	SV
M 136 VI	W 136 VI (170 Va und 170 Vb)	4 Reihe	3	SV
M 136 VII	W 120 (180)	4 Reihe	3	SV
M 136 VIII	W 136 VIII (170 S-V)	4 Reihe	3	SV
M 143	· W 21 (230) · W 143 (230) · L 70 (L 1500)	4 Reihe	4	SV
M 144	W 144 (130 VB)	4 Bcxer	2	SV
M 145	W 145 (190 VB)	6 Bcxer	4	SV
M 146	W 146 (260 VB)	8 Bcxer	3	SV
M 149 (I)	· W 149 (200 V) · W 136 S (170 VS)	4 Reihe	3	SV
M 149 II	· W 149 (200 V) · W 149 S (200 VS) · W 152 (G 5)	4 Reihe	3	SV
M 153	· W 153 (230) · W 158 II (170 VX, vorgesehen)	6 Reihe	4	SV
M 155	W 149 (II) (200 V, vorgesehen)	4 Reihe	3	OHV
M 158	W 158 (I) (170 VX, vorgesehen)	4 Reihe	3	OHV
M 159	· W 159 (260) · L 301 (L 1500 A/S)	6 Reihe	4	OHV
M 159 Gas	W 153 (Gasgeneratorwagen)	6 Reihe	4	OHV
M 162 ?	W 162	4 Reihe	3	SV

Bohrung x Hub, Hubraum, Leistung	Bemerkungen	Jahr von Entwurf, Konstruktion & Versuch; Anzahl allf. Versuchsmotoren	Zeitraum Serien-Fertigung, Anzahl Motoren
75 × 100 mm 1 767 cm^3 52 PS bei 4 000 U/min	Weiterentwicklung des M 136 I; Fallstromvergaser; ab 1952 Nockenwelle kettengetrieben	1947–1949 Konstruktion, Versuch	1949–1953 ca. 43 000
75 × 100 mm 1 767 cm^3 45 PS bei 3 600 U/min	Weiterentwicklung des M 136 I; Steigstromvergaser; ab 1953 Nockenwelle kettengetrieben	1949–1950 Konstruktion, Versuch	1950–1953 ca. 25 500
75×100 mm 1 767 cm^3 52 PS bei 4 000 U/min	Weitgehend identisch mit M 136 III; Nockenwelle kettengetrieben	---	1953–1957 ca. 52 500
75 × 100 mm 1 767 cm^3 45 PS bei 3 600 U/min	Weitgehend identisch mit M 136 VI; Steigstromvergaser, Nockenwelle kettengetrieben	---	1953–1955 ca. 3 200
72,5 × 90 mm 2 229 cm^3 55 PS bei 3 600 U/min	Weiterentwicklung des M 21; 1 Doppel-Fallstromvergaser	1935–1936 Konstruktion, Versuch	1936–1941 ca. 25 000
74 × 74 mm 1 273 cm^3 35 PS bei 4 300 U/min	»Röhr-Motor«, 1 Fallstrom-Vergaser, Thermosiphon-Kühlung; Frontantriebsblock	1935–1937 Entwurf, Konstruktion, Versuch · ca. 10 Versuchsmotoren	---
74 × 74 mm 1 909 cm^3 50 PS bei 4 300 U/min	»Röhr-Motor«, 2 Fallstrom-Vergaser, Thermosiphon-Kühlung; Frontantriebsblock	1935–1937 Entwurf, Konstruktion, Versuch	---
74 × 74 mm 2 546 cm^3 70 PS bei 4 300 U/min	»Röhr-Motor«, 2 Doppel-Vergaser, Thermosiphon-Kühlung; Frontantriebsblock oder Standardantrieb	1935–1937 Entwurf, Konstruktion, Versuch	---
80 × 95 mm 1 910 cm^3 50 PS bei 3 600 U/min	Neukonstruktion eines einfachen 4-Zyl.-2-Litermotors aus einem «halben» 4-Liter-V8 (W 147). Mit Fallstrom-Vergaser für Einbau in 170 V (=> 200 V), mit 2 Fallstromvergaser und 60 PS im Geländesportwagen 170 VS	1936–1938 Entwurf, Konstruktion, Versuch	1938–1939 (Kleinstserie)
82 × 95 mm 2 007 cm^3 53 PS bei 3 600 U/min	Aufgebohrte Version des M 149 (I) für den Einbau im 170 V (= > 200 V). Im Geländesportwagen 200 V (W 149 S) auch mit 2 Fallstromvergasern und 64 PS. Für Geländewagen G 5 (W 152) Leistung auf 45 PS reduziert.	1937–1938 Konstruktion, Versuch	1938–1939 (Kleinserie) ca. 400
73,5 × 90 mm 2 289 cm^3 55 PS bei 3 500 U/min	Behutsam aufgebohrter M 143	1938 Versuch	1939–1942 ca. 4 500
82 × 95 mm 2 007 cm^3 über 50 PS	Auf OHV umkonstruierter M 149 II oder erste Neukonstruktion von Syring?	1937 Entwurf, Konstruktion	---
80 × 86 mm 1 729 cm^3 52 (bis 54) PS bei 4 000 U/min	»Syring-Motor«; Querstromkopf, hemisphärischer Brennraum, V-förmig hängende Ventile, 1 Fallstrom-Vergaser	1937–1941 Entwurf, Konstruktion, Versuch	---
80 × 86 mm 2 594 cm^3 68 PS bei 4 000 U/min	»Syring-Motor«; Querstromkopf, hemisphärischer Brennraum, V-förmig hängende Ventile, 1 Doppel-Fallstromvergaser. Für Lkw L 1500 A/S Leistung auf 60 PS reduziert. Zur Syring-Motorenfamilie gehören auch der M 158 (R4) sowie die M 160 (V8), M 148, M 148 II, M 157 und M 173 (alle V12)	1937–1941 Entwurf, Konstruktion, Versuch	---
3 Ltr.	Für den Gasbetrieb mit im Wagen eingebauter (Steinkohle-)Gasanlage ausgelegt	1942/43 Entwurf, Versuch	1943 ca. 25
75 × 84 mm 1 484 cm^3 40 PS bei 4 200 U/min	Neukonstruktion für den projektierten 170 V-Nachfolger W 162. Keine Versuchsmotoren	1946-1947 Entwurf, Konstruktion	---

	Motorbezeichnung	Vorgesehen für/ verwendet in	Anzahl Zylinder, Anordnung	Anzahl Kurbelwellenlager	Steuerung
4-Takt-Ottomotoren bis ca. 2,6 Liter Hubraum · Ottomotoren über 2,6 Liter Hubraum sind nicht erfasst · Nach 1965 neu eingeführte Motortypen sind nicht berücksichtigt	M 171	W 158 II (vorgesehen)	6 Reihe		OHV
	M 180 (I) M 180 II bis M 180 VIII	· W 187 (220) · W 187 (220 Cabriolet A & Coupé 1954-1955) · ……	6 Reihe	4	OHC
	M 185	· W 180 (180; frühes Stadium) · W 185	4 Reihe	3	SV
		· W 118 (vorgesehen) · DKW F 102 (in Diskussion)	4 Boxer		
		· W 118 II (vorgesehen) · Audi F 103	4 Reihe	5	OHV
4-Takt-Dieselmotoren bis ca. 3,8 Liter Hubraum · Dieselmotoren über 3,8 Liter Hubraum sind nicht erfasst · Nach 1965 neu eingeführte Motortypen sind nicht berücksichtigt	OM 20	· W 10 (»Mannheim«, versuchsweise); · W 18 (versuchsweise)	6 Reihe	7	OHV
	OM 134	W 23 (vorgesehen)	3 Reihe	4	OHV
	OM 138	· W 138 (260 D) · L 70 (L 1100 und L 1500)	4 Reihe	5	OHV
	OM 141	W 141 (170 D = W 136 mit Dieselmotor, vorgesehen)	4 Reihe	5	OHV
	OM 141 I	W ?? (190 D = W 21 oder W 136 mit Dieselmotor, vorgesehen)	4 Reihe	5	OHV
	OM 166	· Geländegängiger Lkw · W 153 ?	4 Reihe		OHV
	OM 168	W 168 (290 D = W 159 mit Dieselmotor, vorgesehen)	6 Reihe		OHV
	OM 636 (I)	· W 136 I D (170 D) · Unimog 70200 (Boehringer)	4 Reihe	3	OHV
	OM 636 VI	· W 136 VI D (170 Da und 170 Db) · W 191 D (170 DS)	4 Reihe	3	OHV
	OM 636 VII	· W 120 D I (180 D und 180 Db) · L/O 319 D	4 Reihe	3	OHV
	OM 636 VIII	W 136 VIII D (170 S-D)	4 Reihe	3	OHV
	OM 636 VI-U	Unimog 401/402 und 411 (Daimler-Benz)	4 Reihe	3	OHV

Bohrung x Hub, Hubraum, Leistung	Bemerkungen	Jahr von Entwurf, Konstruktion & Versuch; Anzahl allf. Versuchsmotoren	Zeitraum Serien-Fertigung, Anzahl Motoren
75 × 85 mm 2 253 cm^3	Als Ersatz für M 153 vorgesehen. Sechs eingeschriebene Versuchsmotoren, vermutlich nicht gebaut, Entwicklung eingestellt	1942 Entwurf, Versuch ?	---
80 × 72,8 mm 2 195 cm^3 M 180 (I): 80 PS bei 4 600 U/min M 180 II: 85 PS bei 4 800 U/min	Vollständig neue Motorkonstruktion mit obenliegender Nockenwelle. Anfänglich 1,8 Liter; bildet zusammen mit 4-Zylinder-1,2-Liter eine Motorenfamilie. Stetig weiterentwickelt, umkonstruiert und bis um 1980 gebaut (M 180 II bis M 180 VIII)	1950–1951 Entwurf, Konstruktion, Versuch	1951-1955 ca. 18 800
1,8 Liter	Frühe Version der 4-Zylinder-Variante des des 1,8-Liter großen 6-Zylindermotors M 180; vorgesehen für W 180 und W 185	1949 Entwurf, Konstruktion	---
1, 5 Liter 60 PS bei 4 400 U/min	Neukonstruktion für den W 118 mit Frontantrieb	ca. 1959–1961 Entwurf, Konstruktion, Versuch	---
1,7 Liter, ca. 70 PS	Neuentwicklung als Vielstoffmotor (Code »Mexico«) für Militär, dann Basis für 4-Takt-PKW-Motoren bei Auto Union	ca. 1962–1965 Entwurf, Konstruktion, Versuch	1966–1976
92 × 95,8 mm 3 821 cm^3 50 PS bei 3 200 U/min	Neukonstruktion auf Basis eines nicht nachgewiesenen Ottomotors M 20; Versuchsmotor	1932–1933 Entwurf, Konstruktion, Versuch	---
88 × 96 mm 1 752 cm^3 30 PS bei 3 600 U/min	Neukonstruktion auf Basis OM 138 in frühem Stadium	1933–1934 Entwurf, Konstruktion, Versuch	---
90 × 100 mm 2 545 cm^3 45 PS bei 3 000 U/min	Neukonstruktion auf Basis Versuchsmotor OM 20. Erster serienmäßig gebauter Pkw-Diesel	1934–1936 Entwurf, Konstruktion, Versuch	1936-1941 ca. 6 000
80 × 87 mm 1 749 cm^3 35 PS bei 3 000 U/min	Neukonstruktion nach Vorbild OM 138	1934 Entwurf, Konstruktion, Versuch	---
82 × 90 mm 1 901 cm^3 40 PS bei 3 000 U/min	Variante des OM 141 mit größerem Hubraum und höherer Leistung	1935 Entwurf, Konstruktion, Versuch	---
95 × 100 mm 2 835 cm^3 49 PS	Nachfolgemotor für OM 138; vorgesehen ist zusätzliche Version mit Abgaslader	1939-1940 Entwurf, Konstruktion, Versuch	---
85 × 86 mm 2 928 cm^3	Stand der Konstruktion bei Abbruch nicht bekannt	1943 Entwurf, Konstruktion	---
73,5 × 100 mm 1 697 cm^3 38 PS bei 3 200 U/min	Aus dem M 136 entwickeltes Pkw-Dieselaggregat. Im Unimog Leistung auf 25 PS gedrosselt	1946–1949 Entwurf, Konstruktion, Versuch	1949–1950 ca. 3 700
75 × 100 mm 1 767 cm^3 40 PS bei 3 200 U/min	Aufgebohrter OM 636 (I) mit 2 PS Mehrleistung	1949–1950 Versuch	1950–1953 ca. 45 000
75 × 100 mm 1 767 cm^3 40 PS bei 3 200 U/min; 43 PS bei 3 500 U/min ab 09.1955	Wie OM 636 VI; ab 09.1955 mit Spritzverstellung (43 PS)		1953–1961 ca. 185 000
75 × 100 mm 1 767 cm^3 40 PS bei 3 200 U/min	Wie OM 636 VI		1953–1955 ca. 15 100
75 × 100 mm 1 767 cm^3 25–34 PS bei 2 000 – 3 000 U/min	Wie OM 636 VI. Ab 1972 aus spanischer Fertigung (MEVOSA), ca. 8 500		1951–1974 ca. 57 000

	Motor-bezeichnung	Vorgesehen für/ verwendet in	Anzahl Zylinder, Anordnung	Anzahl Kurbel-wellenlager	Steuerung
4-Takt-Dieselmotoren bis ca. 3,8 Liter Hubraum · Dieselmotoren über 3,8 Liter Hubraum sind nicht erfasst · Nach 1965 neu eingeführte Motortypen sind nicht berücksichtigt	OM 636 VI-E	Einbau in zahlreiche Fahrzeuge, Boote, Arbeitsgeräte und Einrichtungen	4 Reihe	3	OHV
	OM 621 (I)	W 121 D I (190 D und 190 Db)	4 Reihe	3	OHC
	OM 621 II/III/IV	· L/O 319 D · L 405 und L 406 · W 120 D III (180 Dc) · W 110 D I (190 Dc)	4 Reihe	3	OHC
	OM 621 VIII	· W 110 (200 D II) · L 406 · O 319	4 Reihe	5	OHC

Quellen

· »Typenliste für Fahrzeuge u. Motoren, Fertigung UT, Konstr. Freigabezentrale, Mai 1946« (Archiv MBAG).
· Liste »Die Pkw-Typen der Daimler-Benz AG 1926–1945«, ohne Datum (Archiv MBAG).
· Liste »Die Pkw-Produktion der Daimler-Benz AG 1926«, B. Hülsen, Daimler-Benz-Archiv, März 1973 (Archiv MBAG).
· Liste »Fahrzeugmotorenproduktion der Daimler-Benz AG« (bis 1983), 21.02.1984 (Archiv MBAG).
· Liste »Industriemotorenproduktion der Daimler-Benz AG« (bis 1983), 27.01.1984 (Archiv MBAG).
· Liste »Daimler-Benz Fahrzeugmotorenproduktion in den Auslandwerken« (bis 1983), 30.05.1984 (Archiv MBAG).
· Protokolle von Vorstandssitzungen und technischen Sitzungen, firmeninterner Schriftverkehr, Versuchsberichte usw. (Archiv MBAG).
· Oswald, MB-Pkw1 2001; Oswald, MB-Pkw2 2001; Oswald, MB-Lkw 2008.

Bohrung x Hub, Hubraum, Leistung	Bemerkungen	Jahr von Entwurf, Konstruktion & Versuch; Anzahl allf. Versuchsmotoren	Zeitraum Serien-Fertigung, Anzahl Motoren
75 × 100 mm 1 767 cm³ 22–43 PS bei 1 800 – 3 200 U/min	Einbau- und Industriemotoren auf Basis OM 636 VI. Fertigung in Spanien bis um 1990		1950–ca. 1990 in Deutschland ca. 163 000, in Spanien ca. 190 000
85 × 83,6 mm 1 897 cm³ 50 PS bei 4 000 U/min	Neukonstruktion auf Basis M 121	1952–1957 Entwurf, Konstruktion, Versuch	1958-1961 ca. 83 000
87 × 83,7 mm 1 988 cm³ II: 50 PS bei 4 000 U/min III: 55 PS bei 4 300 U/min IV: 48 PS bei 3 800 U/min	Aufgebohrter OM 621 I in drei Leistungsstufen		1961–1965 ca. 280 000
87 × 83,7 mm 1 988 cm³ 55 PS bei 4 300 U/min	Wie OM 621 III, jedoch Umbau auf 5 Kurbelwellenlager	1964–1965 Konstruktion, Versuch	1965–1968 ca. 105 000

Abb. 1032
Fertiggebaute Motoren für den Typ 170 V werden in Transportrechen gesetzt, um am Band in die Fahrgestelle eingebaut zu werden. Werk Untertürkheim, 1937.

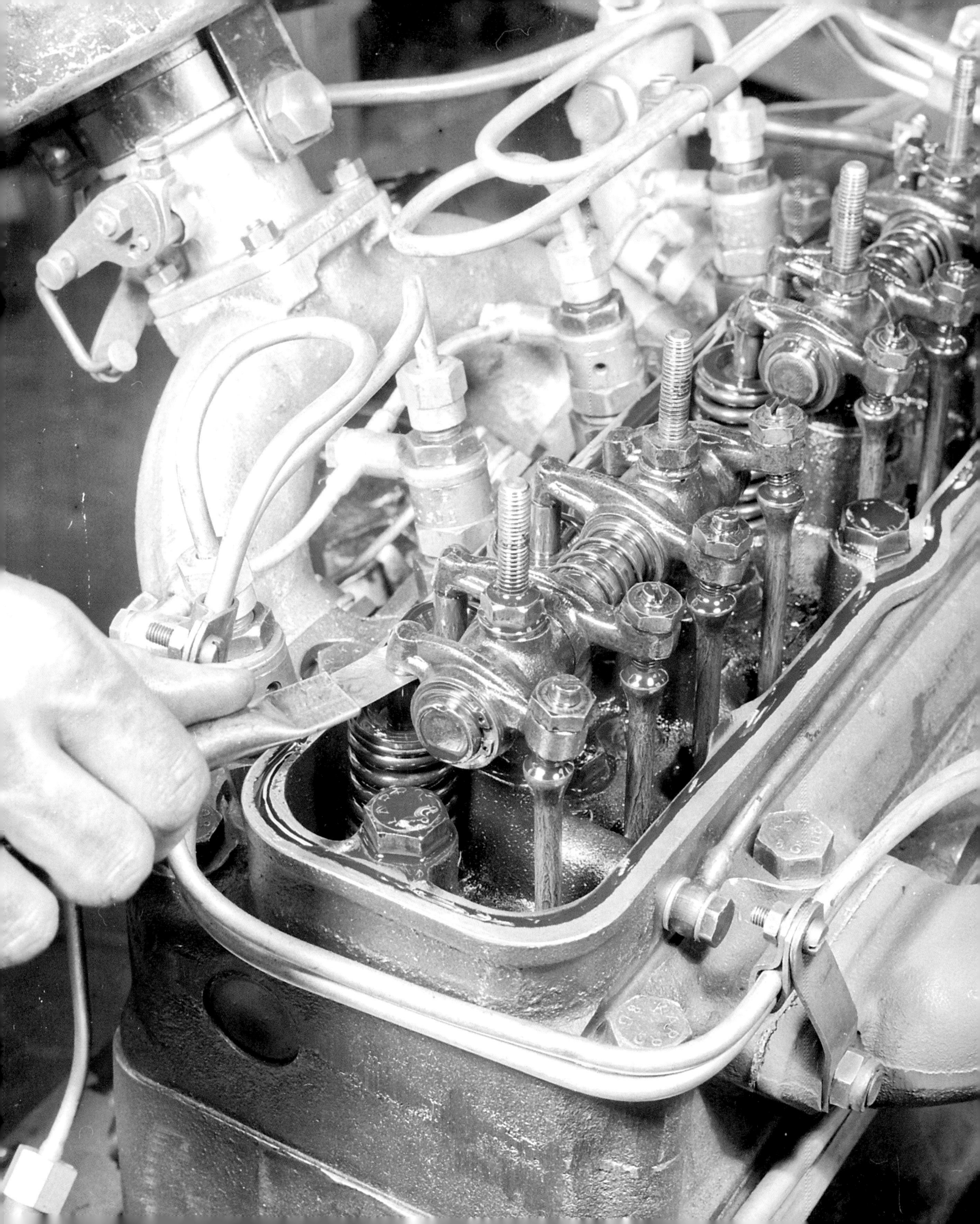

B Eingriffe und Änderungen

Werden Fahrzeuge über einen längeren Zeitraum gefertigt, sind Änderungen vorprogrammiert. Da macht auch die Fahrzeugfamilie 170 V – 170 S – 220 keine Ausnahme. Der Zylinderkopf des Dieselmotors OM 636 (Bild) ist dafür ein gutes Beispiel.

B 01 170 V (W 136 & W 136 I)
Änderungen 1935–1942 (Baugruppen 01–92)

Die Werksquellen für die Erfassung der Änderungen – insbesondere die Ersatzteillisten (ETL) – sind in ihren Aussagen unterschiedlich umfangreich und präzise. Unschärfen, Widersprüche und offensichtliche Fehler sind zahlreich. Die Änderungsliste ist demnach als Annährung an den tatsächlichen Sachverhalt zu verstehen. Irrtümer und Unterlassungen sind unvermeidlich.

Der Aufbau der Änderungsliste richtet sich nach der Baugruppen-Einteilung in den betreffenden ETL. Wegen der veränderten Baugruppen-Einteilung und der neuen Ersatzteil-Nummerierung nach 1946 lassen sich die Vor- und Nachkriegslisten nicht korrelieren.

01 KURBELGEHÄUSE
Mit Öleinfüllstutzen und Ölstandmesser

170 V - Änderungen 1935–1942

Vorserie
bis ca. November 1935

- Kurbelgehäuse-Oberteil (Motorblock) aus Grauguss, 4 Zylinder in Reihe, 72 mm Bohrung und 98 mm Hub = 1596 cm³. Kanäle für Wasserkühlung. Stehende Ventile, ohne Sitzringe. Ausführung für Linkslenkung ohne, für Rechtslenkung mit Anschlussstelle für Benzinpumpe rechts vorn auf Höhe Nockenwelle. Grünliche Lackierung.
- Kurbelgehäuse-Unterteil mit Ölwanne in Leichtmetall, unterseitig 10 Längsrippen, im Boden kreisrunde, längsverrippte Reinigungsluke mit integrierter Ölablassschraube. Ohne Lackierung.

Serienausführung ab RB 10 36 01
Ab Dezember 1935 bzw. ab Februar 1936

- Kurbelgehäuse-Oberteil wie Vorserie 1935, jedoch Zylinder mit 73,5 mm Bohrung und 100 mm Hub = 1 697 cm³.
- Ölwanne ohne Reinigungsluke, mit Gefälle auf Ölablassschraube in Wannenmitte links. Unterseite mit 10 Längsrippen.
- Deckel zur Nockenwellensteuerung in Leichtmetallguss.
- Öleinfüllstutzen mit verchromtem Klemmdeckel und Entlüftungsrohr links am Kurbelgehäuse.
- Ölkontrollstab in kurzer Ausführung; flacher Stab, oben ringförmig geschlauft.

Ab RB 10 136 009
Ab Juni 1937

- Kurbelgehäuse-Oberteil mit Ventilsitzringen für Auslass.
- Kurbelgehäuse-Unterteil mit 10 Längsrippen und nach hinten versetzter Ölablassschraube.
- Öleinfüllstutzen mit nach unten verlängertem Entlüftungsrohr und zusätzlicher Befestigung; veränderter Trichter und Seiher, Verschlussdeckel lackiert (statt verchromt).

Ab RB 10 136 017
Ab Ende August 1938

- Kurbelgehäuse-Unterteil mit 12 bzw. 13 Reihen unterbrochener und versetzt angeordneten Rippen.
- In äußeren Details leicht veränderter Kurbelgehäuse-Oberteil.

Ab RB 10 136 027
Ab zweite Hälfte März 1939

- Ölwanne mit 10 Längsrippen, Gefälle zur Ölablassschraube in Längsachse am hinteren Ende.
- Lagerflansch zur vorderen Motoraufhängung am unteren Schenkel mit Längslöchern (statt bisher runden Bohrungen).
- Ölkontrollstab in neuer langer Ausführung: flacher Stab, oben tropfenförmig geschlauft und bis über Mitte rückwärtslaufend, Dichtring zwischen Bund und Motorgehäuse.

Ab ca. 1940

- Öleinfüllstutzen ohne Wulst unter Verschlussdeckel; Entlüftungsring mit Trichter, Seiher und Deckel verändert.
- Ab Ende 1940 (ca.) entfällt Kurbelgehäuse für Rechtslenker, da Export-Wagen mit Rechtslenkung nicht mehr angeboten werden.

Um 1942

- Entlüftungsring mit Trichter und Seiher im Öleinfüllstutzen erneut verändert.
- Lagerflansch zur vorderen Motoraufhängung verändert.

02 ZYLINDERKOPF

170 V - Änderungen 1935–1942

Serienausführung ab RB 10 136 001
Ab Februar 1936

- Zylinderkopf in Grauguss, Verdichtung 6:1; schräg ansteigender Wasserkanal mit kantigem Rücken, Kerzenlöcher 18 mm Ø und Feingewinde 1,5; Bohrung über 1. Zylinder für OT-Messung, mit Schraube M6 verschlossen; Lackierung grünlich wie Kurbelgehäuse-Oberteil.
- Befestigung auf Kurbelgehäuse mittels 15 Gewindestiften (Stiftschrauben) M12 und Muttern. Zylinderkopfdichtung.

Ab RB 10 136 005
Ab August 1936

- Zylinderkopf mit schräg ansteigendem Wasserkanal mit gerundetem Rücken und leichter Erhebung für nachträgliche Bohrung mit Gewinde zum Einbau des Fühlers für den Fernthermometer.
- Ab ca. 1938 Hutmuttern auf Stiftschrauben.

Ab RB 10 136 017
Ab Ende August 1938

- Befestigung Zylinderkopf durch Schrauben mit Sechskantkopf (statt Stiftschrauben mit Hutmuttern).

Ab RB 10 136 021 (Kübelsitzwagen)
Ab 1939

- Veränderter Zylinderkopf für Vollentstörung.

1942

- Teilweise Zylinderkopf mit Kerzenlöchern 14 mm Ø und Feingewinde 1,25 (statt 18 mm Ø und Feingewinde 1,5).

05 KURBELWELLE UND SCHWUNGRAD
06 KOLBEN UND PLEUELSTANGEN

170 V - Änderungen 1935–1942

Vorserie bis ca. November 1935

· Geschmiedete Kurbelwelle, 3-fach gelagert, mit 4 integrierten Gegengewichten, ausgelegt für 98 mm Kolbenhub, vorn Zapfen für Kurbelwellenrad, hinten mit Bund zur Aufnahme des Schwungrads.
· 4 Invar-Breitplattenkolben, 72 mm Nenn-Ø.

Serienausführung ab RB 10 136 001
Ab Februar 1936

· Kurbelwelle wie Vorserie, jedoch für Kolbenhub 100 mm.
· Federndes Schraubenrad vorn auf Kurbelwelle, 25 Zähne, für Antrieb Nockenwelle.
· Dickwandige Hauptlager und ausgegossene Pleuellager aus Blei-Lagermetall (Weißmetall).
· Schwungrad, 252 mm Ø und 60 mm Breite, Zahnkranz von 89 Zähnen, mit 6 Passschrauben M10 am hinteren Bund angeschraubt.
· 4 Invar-Breitplattenkolben, 73,5 mm Nenn-Ø.
· Kolbenbolzen mit 18 mm Ø, gesichert durch Pilze.
· 4 Pleuelstangen mit seitlichem Ölrohr, 2 schmale Verdickungen im Lagerbereich und Querrippe, Pleuelstangen-Stiftschrauben und Kronenhalsmuttern.

Ab RB 10 136 007
Ab Dezember 1936

· Ab Motor 5001 der RB 10 136 007 Pleuelstangenschrauben mit Sechskantkopf und Sicherungsblech (statt Stiftschrauben mit Kronenhalsmuttern).

Ab ca. RB 10 136 013
Ab ca. April 1938

· Schwungrad, 252 mm Ø und 53 mm Breite, mit größerem Innen-Ø für größere Kupplung.

Ab 10 136 017
Ab Ende August 1938

· 4 EC-Nelson-Breitplattenkolben.
· Kolbenbolzen mit 20 mm Ø, gesichert durch Seeger-Ringe.
· 4 Pleuelstangen ohne Ölrohr, jedoch zentrale Ölbohrung, 1 schmale Verdickung im Lagerbereich, Pleuelstangenschrauben M9×1,25 mit Sechskantkopf und Sicherungsblech.

RB 10 136 019
Ab November 1938

· Ab Motor 2001 der RB 10 136 019, ab Motor 551 der RB 10 136 021 und ab RB 10 136 025 Pleuelstangen ohne Ölrohr, jedoch zentrale Ölbohrung, 1 schmale Verdickung im Lagerbereich, Pleuelstangen-Stiftschrauben M9×1,25 und Kronenhalsmutter.

RB 10 136 022 (Kübelsitzwagen)
1939

· Schwungrad, 252 mm Ø und 55,5 mm Breite, mit größerem Innen-Ø für größere Kupplung.

Ab RB 136 025
Ab Mitte Februar 1939

· Schwungrad, 252 mm Ø und 55,5 mm Breite, mit größerem Innen-Ø für größere Kupplung.

Ab RB 10 136 027
Ab zweite Hälfte März 1939

· 4 Pleuelstangen ohne Ölrohr, jedoch zentrale Ölbohrung, 1 schmale Verdickung im Lagerbereich, Pleuelstangen-Stiftschrauben M10 f.
· Ab RB 10 136 027 bis Produktionsende 1942 mehrere kleine Änderungen an Pleuel.

Ab Ende 1940

· Autothermikkolben.

08 STEUERUNG (Nockenwelle und Ventile)

170 V - Änderungen 1935–1942

Serienausführung ab RB 10 136 001
Ab Februar 1936

· Rechts unten im Motorblock 3-fach gelagerte Nockenwelle, angetrieben von schrägverzahntem Rad auf vorderem Kurbelwellenstumpf (11 Zähne) und Mitnehmerrad (50 Zähne) aus Phenoplast-Hartgewebe (z.B. Novotex). 1. und 2. Nockenwellenlager zweigeteilt, 3. eine Einheit.
· Zwischen Zylinder 2 und 3 schrägverzahntes Rad auf Nockenwelle für Antrieb Ölpumpe und Zündverteiler.
· Je 1 Ein- und Auslassventil pro Zylinder, betätigt über kurze Ventilstößel mit Einstellmechanismus für Ventilspiel. Ventilfedern mit Teller für Ein- und Auslass identisch.
· Rechtsgelenkte Wagen: Nockenwelle mit zusätzlichem Nocken für Betätigung der Treibstoffpumpe.
· Ventilkammer durch Blechdeckel mit 2 Spannschrauben mit rändriertem Handrad verschlossen.

Ab RB 10 136 005
Ab August 1936

· Unterlegescheiben zu Ventilfedern entfallen.
· Ventilkammerdeckel leicht verändert.

RB 10 136 009
Ab Juni 1937

· Nockenwellenlager inkl. Stellschrauben leicht verändert.

Ab RB 10 136 011
Ab September 1937

· Nockenwellenlager inkl. Stellschrauben erneut leicht verändert.

Ab RB 10 136 017
Ab Ende August 1938

· Ventilkammerdeckel mit Mercedes-Stern, neuer Dichtung und veränderten Spannschrauben.

Ab 10 136 027
Ab zweite Hälfte März 1939

· Spannschrauben für Ventilkammerdeckel mit Sechskantkopf und integrierter Scheibe (statt Handrad).

Ab 10 136 035
Ab März 1940

· Ventilfedern verändert (Maßnahmen nicht ersichtlich).

Ab ca. 1941

· Mitnehmerrad auf Nockenwelle und Ventileinstellschraube mit Mutter verändert.

11 VERGASER INKL. ANSAUGKRÜMMER UND LUFTFILTER
13 KRAFTSTOFF-ZUBRINGERPUMPE (FÜR RECHTSLENKUNG)
19 AUSPUFFKRÜMMER

170 V – Änderungen 1935–1942

Vorserie 1935

- Zylindrischer Ansauggeräuschdämpfer mit Luftfiltereinsatz am vorderen Ende, horizontal über Vergaser montiert. Abgang der Luftleitung zum Vergaser in Zylindermitte.

Serienausführung ab RB 10 136 001
Ab Februar 1936

- Solex-Steigstrom-Sparvergaser 30 BFLVS.
- Ansauggeräuschdämpfer/Nassluftfilter A 133, bestehend aus trommelförmigem Luftfiltergehäuse mit Verbindungsrohr, einem Luftfiltereinsatz (Patrone) und einem aufgeschnallten Deckel mit Luftansaugrohr, schwarz lackiert.
- Ansaugkrümmer aus Leichtmetallguss, unterhalb Auspuffkrümmer montiert.
- Linkslenkung: Vorn im Motorraum eingebauter Treibstofftank erlaubt dank tieferliegendem Steigstromvergaser ohne Benzinpumpe auszukommen (Fallbenzin).
- Auspuffkrümmer aus Grauguss, über Ansaugkrümmer angeordnet. 3 Flansche (je 1 außen und 1 doppelter in der Mitte) zum Anschluss an Auspuffkanäle des Motorblocks, Flansch unten zum Anschluss an Vergaser für Gemischheizung (Vergaservorwärmung); 2-Lochflansch hinten zum Anschluss an die Auspuffleitung.
- Heizklappe mit Zunge, rechtwinklig auf quadratischem Deckel befestigt, am Auspuffkrümmer festgeschraubt. Durch Drehen um 90 Grad kann zwischen Sommerstellung (Klappe horizontal, keine Heizleistung) und Winterstellung (Klappe vertikal, mit Heizleistung) gewählt werden.
- Rechtslenker-Ausführung:
  - Solex-Fallstrom-Vergaser J F 30. Nassluftfilter A 134.
    Abweichender Ansaugkrümmer aus Leichtmetall, über dem Auspuffkrümmer montiert; hinten oben angegossene Aufnahme für Kipphebel der Vergaserbetätigung. Zwischen Vergaser und Auspuffkrümmer Abschirmblech.
  - Kraftstoff-Zubringerpumpe AP 1 in Öffnung des Zylinderkurbelgehäuses rechts vorn; Antrieb von Nockenwelle über Stößel.
    Filtersieb und Schauglas mit Bügel und Spannrad verschlossen.
  - Auspuffkrümmer aus Grauguss, unter Ansaugkrümmer angeordnet.
    Ohne Einrichtung für Gemischheizung/Vergaservorwärmung; Krümmerausgang (Anschluss an Auspuffleitung) in Mitte (statt hinten).

Ab RB 10 136 005
Ab August 1936

- Rechtslenker-Ausführung:
  - Auspuffkrümmer mit Heizklappe und Stiftschrauben.
  - Kraftstoff-Zubringerpumpe Solex PE 792a, mit Filtersieb, ohne Schauglas.
  - Abschirmblech zwischen Auspuffkrümmer und Kraftstoff-Zubringerpumpe.

Ab RB 10 136 009
Ab Juni 1937

- Rechtslenker-Ausführung:
  - Nassluftfilter verändert.
  - Abschirmblech an Stirnwand zu biegsamen Kraftstoffleitungen.

Ab RB 10 136 017
Ab Ende August 1938

- Neuer Nassluftfilter für Linkslenkung: Stehendes, schwarz lackiertes Rohr mit zylindrischem Luftfilteraufsatz im gleichen Durchmesser.
- Auspuffkrümmer mit automatisch über Thermospirale gesteuerter Heizklappe für Gemischheizung/Vergaservorwärmung. Entsprechend angepasster Ansaugkrümmer mitsamt Dichtung zum Auspuffkrümmer.
- Rechtslenker-Ausführung:
  - Auspuffkrümmer mit automatisch über Thermospirale gesteuerter Heizklappe (von Linkslenkung abweichend).
  - Bis ca. Ende 1940, danach Rechtslenker eingestellt.

Ab 10 136 021 (Kübelsitzwagen)
Ab 1939

- Bis Motor 1650 der RB 10 136 039: Luftfilter formal wie Pkw, Einsatz jedoch abweichend.

RB 10 136 041 und 10 136 043 (Kübelsitzwagen), 1942 (Pkw)
Bis Motor 2300 der RB 10 136 041 und bis Motor 1700 der RB 10 136 043; 1942 teilweise:

- Vollständiger Ölbadluftfilter Mahle LO 22 S 21, trichterförmiger Kessel mit Luftansaugung über ein nach oben gebogenes Rohr; trichterförmiger Filtereinsatz und aufgeschnallter Deckel.
- Wahlweise zylindrischer Ölbadluftfilter Knecht LWU 14/7, Luftansaugung in Spalte zwischen größerem unteren und leicht kleinerem oberen Gehäuseteil, Filterelemente trichterförmig.

21 ANDREHKURBEL

170 V – Änderungen 1935–1942

Serienausführung ab RB 10 136 001
Ab Februar 1936

- Andrehkurbel aus gekröpftem Vollrundstahl, mit vorderer Klaue und Verdickung im Bereich Kühlermaskendurchführung.
- Kurbel greift in Dorn an Riemenscheiben-Schraube auf vorderem Kurbelwellenstumpf ein.
- Kurbelloch-Verschluss in Kühlermaske aus verchromtem, im Querschnitt hutförmigem Deckel mit Renkverschluss und seitlich umlaufender Rändelung. Ausführung wie 290 (W 18).

Ab RB 10 136 013
Ab April 1938

- Verschlussdeckel verändert. Ausführung wie 230 (W 143).

Ab RB 10 136 017
Ab Ende August 1938

- Verschlussdeckel erneut verändert.
- Verschlussdeckel für Kübelsitzwagen (ab 10 136 021) in lackierter Ausführung.

22a ANLASSER

170 V – Änderungen 1935–1942

Serienausführung ab RB 10 136 001
Ab Februar 1936

- Elektrischer Schubtrieb-Anlasser Bosch CG 0,6/6 ARS 20 (0,6 PS, 6 Volt), links mit Kurbelgehäuse verschraubt, Anlasserritzel 9 Zähne.
- Fußbetätigung über runde, federbelastete Fußplatte oberhalb Gas- und Bremspedal: Druckbewegung schiebt über Stößel und Hebel das Ritzel in Zahnkranz auf Schwungscheiben und startet Anlasser.
- Rechtslenker: Anlasser identisch, ebenfalls fußbetätigt; Druck wird mit Hebel und Welle von der rechten auf die linke Wagenseite übertragen.

Ab RB 10 136 003
Ab Juni 1936

- Anlasserbetätigung leicht überarbeitet.

Ab RB 10 136 005
Ab August 1936

- Rechtslenkung:
  - Betätigung neu über Anlasserzug zwischen Tachometer und Kombiinstrument unter Armaturenbrett.
  - Zugstange mit tropfenförmigem Hakengriff wirkt auf Gestänge wie für Fußbetätigung.

Ab RB 10 136 021 (Kübelsitzwagen)
Ab 1939

- Elektrischer Schub-Schraubtrieb-Anlasser Bosch EGD 1,0/12 R 4 (1,0 PS, 12 Volt). Links mit Kurbelgehäuse verschraubt, Anlasserritzel 9 Zähne, von 6 Volt-Anlasser abweichend.
- Betätigung über Druckknopf am Armaturenbrett links der Lenksäule und Magnetschalter.

22b LICHTMASCHINE

170 V - Änderungen 1935–1942

Serienausführung ab RB 10 136 001
Ab Februar 1936

- Gleichstrom-Lichtmaschine Bosch RJH 90/6 1800 RS 189 rechtslaufend (6 V, 90 W bei 1 800 U/min); Regler Bosch SSM 37/13Z mittig auf Lichtmaschine.
- Stirnseitige Gussdeckel mit angegossenen Laschen zur (schwenkbaren) Befestigung links am Motorblock. Oberer Spannungsversteller (Schwenkarm) geschweift und mit Längsloch.
- Antrieb von Riemenscheibe auf vorderem Kurbelwellenstumpf über Keilriemen.

Ab RB 10 136 005
Ab August 1936

- Gleichstrom-Lichtmaschine leicht verändert: Bosch RJH 90/6 1800 RS 222.
- Oberer Spannungsversteller verkürzt.

Ab RB 10 136 009
Ab Juni 1937

- Befestigung Lichtmaschine am Motorblock verändert.
- Oberer Spannversteller (Schwenkarm) gerade statt geschweift.
- Neuer Regler Bosch SSM 81/13Z.

Ab RB 10 136 017
Ab Ende August 1938

- Gleichstrom-Lichtmaschine erneut leicht verändert: Bosch RJH 90/6 1800 RS 235, kombiniert mit Regler Bosch SSM 23/58.

Ab 10 136 021 (Kübelsitzwagen)
Ab 1939

- Bordspannung 12 Volt.
- Entstört nach Gruppe I: Lichtmaschine Bosch RJJN 130/12–1300 R 6 (12V, 130W bei 1 300 U/min) mit Regler Bosch SSM 109/1Z.
- Entstört nach Gruppe III: Lichtmaschine Bosch RJJK 130/12–1300 R 6, Regler wie für Gruppe I.

Ab RB 126 027
Ab zweite Hälfte März 1939

- Stärkere Lichtmaschine Bosch RJH 130/6 2000 RS 233 (6 V, 130 W bei 2 000 U/min).

Kübelsitzwagen ab RB 10 136 031
Ab 1939

- Schwächere Lichtmaschine Bosch RJC 90/12 1100 RS 255 (12 V, 90 W bei 1 100 U/min), entstört nach Gruppe III.

Ab 1. August 1941

- müssen in Deutschland alle neu in den Verkehr gebrachten Motorfahrzeuge Mindeststandards bezüglich Funkentstörung erfüllen. Im Normalfall reicht Einfachentstörung nach Gruppe III.

1942

- Lichtmaschine Bosch RJHK 130/6 2200 R3P (6V, 130W bei 2200 U/min), entstört nach Gruppe III.

24 ZÜNDUNG

170 V - Änderungen 1935–1942

Serienausführung ab RB 10 136 001
Ab Februar 1936

- Zündspule Bosch TE 6/1, mit Halter links an der zweithintersten Zylinderkopfschraube hängend befestigt.
- Zündverteiler Bosch VE AS 169, von Nockenwelle über stehende Welle angetrieben und mit Staufferbüchse WAM 403/1 Z geschmiert. Verteilerfinger Bosch ZVT 23/1 Z und Verteilerdeckel Bosch ZVS 36/1 Z.
- Demontierbare Zündkerzen Bosch DM 175 A 3 oder DM 145 T 1 (18 mm Ø, Feingewinde 1,5).

Ab RB 10 136 007
Ab Dezember 1936

- Zündspule Bosch TE 6/1, mit Halter links an der zweithintersten Zylinderkopfschraube stehend befestigt.
- Wasserdichter Zündverteiler Bosch VE 4 BS 197 mit Verteilerfinger Bosch ZVT 23/3 und Verteilerdeckel Bosch ZVS 36/4 Z.
- Neu ausschließlich Zündkerzen Bosch DM 175 A 3
- Kabelsatz verändert.

RB 10 136 021 (Kübelsitzwagen)
Ab 1939

- Kübelsitzwagen nach Gruppe I entstört:
  - Zündspule Bosch TKN 12/1, mit angepasstem Halter zur Befestigung des Entstörers.
  - Zündverteiler Bosch VEN 4/5 mit Verteilerdeckel ZDE 174/3 Z; veränderte Antriebswelle notwendig.
  - Entstörte bzw. entstörbare Zündkerzen Bosch M 95 T 22 oder M 145 T 22 mit Kerzenkappen KNK 7/1 Z.
  - Kabel abgeschirmt.
- Kübelsitzwagen nach Gruppe III entstört:
  - Eingriffe weniger tiefgreifend.

Ab RB 10 136 027
Ab zweite Hälfte März 1939

- Nicht demontierbare Zündkerzen Bosch M 95 T 1.

Ab RB 10 136 033 (Kübelsitzwagen)
Ab Ende November 1939

- Entstört nach Gruppe I: Zündspule Bosch TK 12/1.
- Entstört nach Gruppe III: Zündspule Bosch TK 12/3.

Ab Anfang August 1941

- Sämtliche Wagen mindestens entstört nach Gruppe III (gemäß Vorschrift).

1942

- Zündkerzen W 145 T 7 DIN FJ (Gewinde M14×1,25); bedingt veränderten Zylinderkopf.
- Zündspule Bosch TE 6/3.

25 ÖLPUMPE, ÖLLEITUNGEN UND ÖLFILTER

170 V - Änderungen 1935–1942

Serienausführung ab RB 10 136 001
Ab Februar 1936

- Ölpumpe, rechts im Kurbelgehäuse-Unterteil zwischen beiden mittleren Zylindern, von Nockenwelle angetrieben. Zahnradpaar fördert über gebogenes Rohr mit Saugkorb Öl in der Wanne an und leitet es zu den Schmierstellen des Motors.
- Einweg-Topffilter Knecht U, montiert hinten rechts mit Spannband am Kurbelgehäuse. Filterelement mit 3 Anschlüssen (für Zuleitung vom Kurbelgehäuse im Nebenschluss, für Rückführung vom Filterboden ins Kurbelgehäuse und für Ölmanometer am Armaturenbrett).
- Rechtslenker-Ausführung:
  - Ölfilter links an Karosserie befestigt.

Ab RB 10 136 003
Ab Juni 1936

- Ölsaugrohr mit Saugkorb leicht verändert (2. Ausführung).
- Verbessertes Spannband zum Ölfilter (3-teilig).

Ab RB 10 136 005
Ab August 1936

- Ölsaugrohr mit dem Saugkorb erneut verändert (3. Ausführung).

Ab RB 10 136 009
Ab Juni 1937

- Neuer Halter mit doppeltem Spannband für Ölfilter.

25 ÖLPUMPE, ÖLLEITUNGEN UND ÖLFILTER

170 V – Änderungen 1935–1942

Ab RB 10 136 011
Ab September 1937

- Ölsaugrohr mit dem Saugkorb wiederum leicht verändert (4. Ausführung).

Ab RB 10 136 017
Ab August 1938

- Überarbeitung der gesamten Ölpumpe.
- Antriebswelle mit dem Antriebsrad, Lagerbuchse sowie die Pumpen-Zahnräder bleiben jedoch zwischen 1936 und 1942 unverändert.

Ab 1941

- Halter mit doppeltem Spannband für Ölfilter wird an Befestigungsplatte verändert.

27 KÜHLWASSERPUMPE UND THERMOSTAT
29 WINDFLÜGEL

170 V – Änderungen 1935–1942

Serienausführung ab RB 10 136 001
Ab Februar 1936

- Wasserpumpe mit Graugussgehäuse frontseitig am Zylinderkopf, Flügelrad der Pumpe mit Kühllüfter auf gemeinsamer Welle und über Keilriemen von Kurbelwelle angetrieben. Glockenförmiges Antriebsrad aus Leichtmetall mit aufgeschraubtem Lüfter.
- Kühlerlüfter (Windflügel) mit 4 Flügeln aus 2 gepressten, über Kreuz vernieteten Blechteilen.
- Kühlwasser-Schraubstutzen M32×1,5 und M39×1,5 mit bogenförmiger Kühlwasserleitung, vorn links unten am Motorblock. Verbindung zum Kühler unten mit Schlauch.
- Oberer Kühlwasseranschluss vorn oben auf Zylinderkopf; Rohrstutzen mit Flansch. Verbindung zum Wasserkasten oben am Kühler mit Schlauch.
- Thermostat fehlt.

Ab RB 10 136 011
Ab September 1937

- Schraubstutzen links unten am Motorblock von 39 mm Ø auf 38 mm Ø reduziert, Überwurfmutter angepasst.

Ab 10 136 017
Ab Ende August 1938

- Wasserpumpe umfassend überarbeitet.

Ab 10 136 021 (Kübelsitzwagen)
Ab 1939

- Kübelsitzwagen: 6-flügeliger Lüfter aus Leichtmetallguss.
- Kühlwasser-Thermostat in Leichtmetallgehäuse auf Zylinderkopf serienmäßig; oberer Rohrstutzen für Kühlwasseranschluss fällt weg.

Ab 10 136 025 (Pkw)
Ab Februar 1939

- Kühlwasser-Thermostat in Leichtmetallgehäuse auf Zylinderkopf serienmäßig; oberer Rohrstutzen für Kühlwasseranschluss fällt weg.

Ab 10 136 027
Ab zweite Hälfte März 1939

- Pkw: Kühllüfter 4-flügelig aus Leichtmetallguss.
- Kübelsitzwagen: Thermostat mit Gehäuse für Anschluss Fernthermometer.

41 RAHMEN

170 V – Änderungen 1935–1942

Serienausführung ab RB 10 136 002
Ab Februar 1936

- Rahmen aus Ovalrohr-Längsträgern, mehrfach gebogen und mit 5 querlaufenden Rundrohren zu Rahmen mit X-förmigem Grundriss verschweißt. Verläuft von Vorderradaufhängung bis über Ausgleichsgetriebe der hinteren Pendelachse. An engster Stelle Längsträger mit nach unten gewölbtem Blech verschweißt.
- Vorderstes Querrohr mit Vorrichtung zur Aufnahme der Querblattfederpakete, Hinterachse mit Differenzialgehäuse an Laschen und Auslegern befestigt, ebenso die 2 Schraubenfedern.
- Karosserie ruht auf Platten der 3 mittleren Querrohre.
- Motor lagert vorn auf U-förmigem Träger mit Silentblock, hinten am Getriebegehäuse auf Traverse mit Gummilager; Drehmomentabstützung rechts durch Ausleger mit Rechteck-Gummipuffer.
- Für geschlossene Fahrzeuge und Cabriolets wird derselbe Rahmen verwendet (<u>Rahmen 1</u>).
- Ab 100 Wagen der RB 10 136 002 wird Querträger der hinteren Motoraufhängung verändert.
- <u>Rechtslenkung:</u>
  - Kleinere Adaptionen am Rahmen notwendig (<u>Rahmen 2</u>).

Ab RB 10 136 006
Ab August 1936

- Cabriolets erhalten veränderten (wohl verstärkten) Rahmen (<u>Rahmen 1a</u>).

Ab RB 10 136 008
Ab Dezember 1936

- Rahmen für Limousinen im Detail angepasst (<u>Rahmen 1c</u>).
- Rahmen (wohl verstärkt) spezifisch für Cabriolet B (<u>Rahmen 1b</u>)
- Rahmen mit hinterer Verlängerung für Polizei-Kübelsitzwagen (<u>Rahmen 3</u>).
- Vorderer Motorträger wird überarbeitet.

Ab RB 10 136 010
Ab Juni 1937

- Rahmen mit erhöhtem Ovalrohr für Cabriolets (<u>Rahmen 1i</u>).
- Korrekturen am Rahmen für Rechtslenker-Ausführung (<u>Rahmen 2b</u>).

Ab RB 10 136 018
Ab Ende August 1938

- Modifizierter Rahmen für Innenlenker (2- & 4-türig) und Cabrio-Limousine (<u>Rahmen 1d</u>).
- Modifizierter Rahmen für Cabriolets (<u>Rahmen 1f</u>).
- Modifizierter Rahmen für Rechtslenker-Ausführung (<u>Rahmen 2c</u>).
- Änderungen an Wagenheberstützen.

RB 10 136 022 (Kübelsitzwagen)
Ab 1939

- Rahmen für Wehrmachts-Kübelsitzwagen mit hinterer Verlängerung und je 2 Zughaken vorn und hinten (<u>Rahmen 1k</u>).

Ab RB 10 136 026
Ab Mitte Februar 1939

- Erneut angepasster Rahmen für Innenlenker (2- & 4-türig) und Cabrio-Limousine (<u>Rahmen 1l</u>).
- Erneut angepasster Rahmen für Cabriolets (<u>Rahmen 1m</u>).

RB 10 136 030
Ab Anfang Juli 1939

- Kübelsitzwagen KS 2: Rahmen mit normalhohem Ovalrohr und hinterer Verlängerung (<u>Rahmen 1n</u>; nach weiterer Anpassung: <u>Rahmen 1o</u>).
- Vorderer Motorträger inkl. Gummilager verändert.

RB 10 136 032
Ab November 1939

- Kübelsitzwagen KS 2: Rahmen mit erhöhtem Ovalrohr und hinterer Verlängerung (<u>Rahmen 1p</u>).

Ab RB 10 136 034 (Kübelsitzwagen)
Ab Ende November 1939

- Rahmen verändert (Rahmen 1q).

1942

- Cabriolet-Rahmen 1i mit erhöhtem Ovalrohr wird zusätzlich für Krankenwagen und einen Teil der Innenlenker & Cabrio-Limousinen verwendet.
- Übrige Innenlenker, Cabrio-Limousinen, Lieferwagen und Droschken erhalten Rahmen 1o mit normalhohem Ovalrohr, jedoch ohne Rahmenverlängerung.

43 VORDERFEDERN UND VORDERE STOSSDÄMPFER

170 V – Änderungen 1935–1942

Serienausführung ab RB 10 136 002
Ab Februar 1936

- Die 2 übereinander angeordneten Querblattfederpakete übernehmen Federung und Radführung der Vorderräder.
- Befestigung mit Herzbolzen auf Federträger in Bohrung und 2 geschmiedeten Bügeln, verschraubt mit M10.
- Federpakete oben und unten identisch aus je 10 Federblättern von 57 mm Breite, Belastung 315 kg. In Federaugen Buchsen (14×18×57 mm) und Bolzen mit Schmiernut für Achsschenkelträger.
- Dämpfung Federbewegung durch Öldruckstoßdämpfer Fichtel & Sachs Komet-Monodraulic 30 HM.
- Dämpfer an Stummeln des vordersten Querrohrs verschraubt, aktiviert durch 196 mm langen, geschweiften Hebel, der über kurze Stange mit 4 Gummilagern und Lasche mit Bolzen im oberen Federauge verbunden ist.
- Ab Wagen 1001 der RB 10 136 002 Verschraubung der Federbügel auf Rahmen von M10 auf M12 vergrößert (Vorderfedern 1a/11a) und Stoßdämpferhebel auf 208 mm verlängert.

Ab RB 10 136 06
Ab August 1936

- Innere Federklammern verändert.

RB 10 136 012
Ab September 1937

- Vorderfedern verändert, u.a. Büchsen; jedoch nach wie vor 10 Blätter und Belastung 315 kg (Vorderfedern 1g/11g).

RB 10 136 014 und 10 136 016
Ab April 1938

- Stark überarbeitete Federpakete à 10 Blätter, 315 kg Belastung.
- Enden mit Auge von 57 mm auf 48 mm verjüngt, Hauptblatt nach dem Auge unterseitig nach innen verlängert und 3. Blatt oberseitig zu Oval gerollt und durch kräftige Federklammern stabilisiert, dadurch Verzicht auf Sicherheitslasche.
- Buchse neu 16×20×48 mm, angepasste Achsschenkelträger. Auf Wunsch und Aufpreis 2-teilige Federschutzdeckel aus Leichtmetallguss und Lederkappen (Vorderfedern 1h/11h).
- Laschen für Stoßdämpferbefestigung angepasst.

Ab RB 10 136 018
Ab Ende August 1938

- Ab Wagen 2001 der RB 10 136 018 Federaugen mit Mecano-Gewindebüchsen und den dazu passenden Gewindebolzen M16 (Federn), angepasste Achsschenkelträger; seitlich nun Gummi-Dichtringe (Vorderfedern 1p/11p).
- Federschutzdeckel mit Lederkappen entfallen.

Ab RB 10 136 022 (Kübelsitzwagen)
Ab 1939

- Federpakete für Kübelsitzer: 9 statt 10 Federblätter, Belastung auf 325 kg erhöht, Rest wie 1p/11p (Vorderfedern 1o/11o).
- 4 ringförmige Gummipuffer am vorderen Querträger als Federanschlag.

Ab RB 10 136 028
Zweite Hälfte März 1939

- Federpakete
  - RB 10 136 028, 10 136 030, 10 136 036 und 10 136 038: z. T. Vorderfedern 1p/11p.
  - RB 10 136 028, 10 136 030 und 10 136 038: z. T. Vorderfedern 1q/11q mit 8 statt 9 Federblättern, Belastung unbekannt, Rest unverändert.
  - RB 10 136 030, 10 136 032 und 10 136 034 (Kübelsitzwagen): Vorderfedern 1o/11o.

1942

- Je nach Ausführung und Bestimmung des Fahrzeugs werden Federpakete gemäß 1p/11p oder 1q/11q eingebaut.

43 HINTERFEDERN UND HINTERE STOSSDÄMPFER

170 V – Änderungen 1935–1942

Serienausführung ab RB 10 136 002
Februar 1936

- Halbachsen mit je einer (identischen) Schraubenfeder am Rahmen abgestützt (Hinterfeder 11a).
- Federn unten über Aufnahmen und Federklammern mit Achsrohr verschraubt, oben stützen sie sich am Ausleger des Rahmens, wo sie mit Federklammern verschraubt sind.
- Fangbänder verhindern beim starken Ausfedern ein Aufschlagen des Achstragrohrs am Differenzialgehäuse. Obere Federwegbegrenzung durch ringförmigen Gummipuffer.
- Achshälften werden von hydraulischen Hebelstoßdämpfern Fichtel & Sachs Komet-Monodraulic 35D gedämpft. Verschraubt an der Hinterseite des oberen Rahmenauslegers. Federbewegung wird – über gummigelagerte Stange, drehbar am Achsrohr und am Stoßdämpferhebel befestigt – auf den Dämpfer übertragen. Länge Stoßdämpferhebel 240 mm.
- Nach kurzer Produktionszeit: Verkürzung Stoßdämpferhebel auf 238 mm.

RB 10 136 006
Ab August 1936

- Fangbänder verändert.

Ab RB 10 136 008
Ab Dezember 1936

- Ab Wagen 3901 der RB 10 136 008 Schraubenfedern verändert (Hinterfedern 11l; Standard-Hinterfeder für Innenlenker & Cabriolets bis Produktionseinstellung 1942).
- Polizei-Kübelsitzwagen erhalten stärkere Federn (Hinterfeder 11i).

Ab RB 10 136 022 (Kübelsitzwagen)
Ab 1939

- Stoßdämpfer mit abweichender Dämpfungscharakteristik.

RB 10 136 030
Ab Anfang Juli 1939

- Teilweise Hinterfedern 11p; Veränderung nicht ersichtlich.

RB 10 136 032 und 10 136 034 (Kübelsitzwagen)
Ab November 1939

- Kübelsitzwagen: Hinterfedern Typ 11s; Veränderung nicht ersichtlich.
  Für diese Wagen werden die unteren und oberen Federklammern überarbeitet; oben nun mit Zylinderkerbstiften 8×40 mm statt der bisherigen Nietbolzen.

Ab RB 10 136 038
Ab Juli 1940

- Gegenüber Innenlenker & Cabriolets erhalten Droschken die stärker belastbaren Hinterfedern 11t.
- Kübelsitzwagen erhalten die Hinterfedern 11x; Veränderung nicht ersichtlich.

RB 10 136 042 und 10 136 044
Ab Mitte Dezember 1940

- Bis Kübelsitzwagen 2300 der RB 10 136 042 und Kübelsitzwagen 1700 der RB 10 136 044 größere Anschlagplatten des 230 (W 153) verbaut.

43 HINTERFEDERN UND HINTERE STOSSDÄMPFER

170 V – Änderungen 1935–1942

1942

- Lieferwagen und Krankenwagen erhalten Stoßdämpfer mit von der Pkw- und der Kübelsitzwagenausführung abweichender Dämpfungscharakteristik.

45 VORDERACHSE UND LENKSPURSTANGE

170 V – Änderungen 1935–1942

Serienausführung ab RB 10 136 002
Ab Februar 1936

- 2 drehbare Vorderachsschenkel mit konischen Achsschenkelzapfen (25/17 mm Ø, 101,5/66,5 mm Länge) und aufgenieteten Bremsschildern. Schwenkbare Lagerung der Achsschenkelträger mit durchlaufendem Drehzapfen (18 mm Ø) in oberen und unteren Buchsen; Anschluss an Zentralschmierung.
- Radnabe mit 86 mm Tiefe und Außengewinde für Nabenkappe mit Sechskant und Mercedes-Stern.
- Lenkspurstangen aus Rohr mit eingeschraubten Kugelpfannen, die Köpfe der Achsschenkel und Lenkhebel aufnehmend. Schmierung durch hohlgebohrte Bolzen und Schmiernuten, Leitung in Spurstangen und Anschluss an Zentralschmieranlage.

Ab RB 10 136 018
Ab Ende August 1938

- Bis Wagen 2000 der RB 10 16 018: Marginal veränderte Kugelpfannen.
- Ab Wagen 2001 der RB 10 136 018: Veränderter Vorderachsschenkel. Konische Achsschenkelzapfen (25/17 mm Ø, 111/77 mm Länge) mit Drehzapfen von 20 mm Ø. Gleichzeitig überarbeitete Kleinteile (Ausgleichs- und Spurscheiben, Staubdeckel, (Filz-)Dichtringe, Radlager, Abdichtung Drehzapfen an Achsschenkel neu mit Wellendichtring etc.).
- Radnabe mit 96,5 mm Tiefe und Innengewinde für Nabenkappe.
- Spurstangen beidseitig um 2 mm verkürzt.
- Kugelpfannen mit Abdeckung und Druckfeder verbessert.

1942

- Es werden die älteren Kugelpfannen von RB 10 16 018 bis Wagen 2000 verwendet.

52 HINTERRADANTRIEB

170 V – Änderungen 1935–1942

Serienausführung ab RB 10 136 002
Ab Februar 1936

- Ausgleichsgetriebe (Kegelradgetriebe) in gegossenem, mit Gummielementen am Rahmen befestigtem Gehäuse. Kegeltellerrad 29 Zähne, Kegelradwelle 7 Zähne, Übersetzung 1:4,14.
- Lagerkörper der Kegelradwelle: 2 Radiaxlager vorn, 1 Zylinderrollenlager hinten.
- 2 in Längsrichtung stabil gelagerte, quer zur Fahrtrichtung pendelnde Halbachsen, bestehend aus je 1 Tragrohr mit angeschraubter Bremsankerplatte, Aufnahmen für Schraubenfeder und Hebelstoßdämpfer.
- Antriebswelle (35mm Ø) in den Tragrohren, von außen mit Längszahnung in Kreuzgelenk geschoben und radseitig in Pendelkugellager laufend. Pro Seite verschließt ein öldichter Gummibalg die Gelenkstelle.
- Antriebswelle vom Getriebe zu Hinterachse: Gegen Endpunkte verjüngendes Rohr, im vorderen Abschnitt mit genutetem Schiebestück für Längenausgleich; Gleitbahnen durch Fettpackung geschmiert, mit Gummimanschette geschützt.
- Anschluss an Wechselgetriebe und an Ausgleichsgetriebe mit Dreiarmflansch, Hardyscheibe und je 6 Passschrauben M10. Exakte Führung vorn und hinten mit Zentrierstern und Zentrierbuchse.
- Ab Wagen 1301 der RB 10 136 002 Ausgleichsgetriebegehäuse verändert.

RB 10 136 006
Ab August 1936

- Ab Wagen 601 der RB 10 136 006 verändertes Kegelradgehäuse (13652 2001a).
- Befestigung am Rahmen, wie bisher M14×1,5 vorn und M18×1,5 hinten, jedoch mit veränderten Scheiben und Abstandshülsen.
- Neue Verschlussschraube M32×2 mit Entlüftung in Kegelradgehäuse.

Ab RB 10 136 008
Ab Dezember 1936

- Ab Wagen 7001 der RB 10 136 008 zweite Anpassung des Kegelradgehäuses (13652 2001b), nun inkl. Lagerdeckel, wegen veränderten Buchsen.
- Durchmesser und Dicke der Scheiben, Gummiringe und Abstandshülsen der Befestigung erneut vergrößert.
- Verschlussschraube im Kegelradgehäuse verändert.

Ab RB 10 136 010
Ab Juni 1937

- Verändertes Kegelradgehäuse (13652 2001c) inkl. angepasstem Lagerdeckel.

Ab RB 10 136 014
Ab Januar 1938

- Ab Wagen 2001 der RB 10 136 014 verstärktes Ausgleichsgetriebe (13652 3000c); größere Lager benötigen mehr Platz und führen zu Überarbeitung des Gehäuses (13652 2001f), z.T. identisch mit 200 V (W 149). Übersetzung unverändert.
- Kräftiger dimensionierte Kreuzgelenke und Hinterachswellen mit verstärktem Keilbahnstück.
- Angepasste Tragrohre und neu Radiaxlager wie 170 VS bzw. 200 V (W 149).

Ab RB 10 136 018
Ab Ende August 1938

- Antriebswelle mit Schiebestück hinten (statt bislang vorn), ETL 13652 5000a. Veränderte Hardyscheiben.

Ab RB 10 136 022 (Kübelsitzwagen)
Ab 1939

- Größere Spurweite (1 370 mm statt 1 310 mm) verlangt längere Tragrohre und Halbwellen sowie verstärkte Buchsen.
- Dadurch Anpassung des Kegelradgehäuses (identisch mit 170 VS und 200 V (W 149). Verstärkte Befestigung am Rahmen, vorn M16×1,5 (statt M14×1,5), hinten M22×1,5 (statt M18×1,5).
- Lagerkörper der Kegelradwelle: 2 Zylinderrollenlager und 1 zweiseitiges Druckkugellager.
- Antriebswelle mit Schiebestück hinten (statt bislang vorn), ETL 13652 5000b. Veränderte Hardyscheiben.

Ab RB 10 136 028
Ab zweite Hälfte März 1939

- Umkonstruktion Ausgleichsgetriebe: Neue Ausführung (ETL 13652 3000f) nun mit Tellerrad mit 33 Zähnen und Kegelradwelle mit 8 Zähnen; möglicherweise gleichzeitig Umstellung von Klingelnberg-Verzahnung auf Gleason-Verzahnung; Übersetzung verändert sich geringfügig auf 1:4,125.
- Gleichzeitig veränderte Kreuzgelenke.
- Maßnahmen bedingen erneute Umkonstruktion von Kegelradgehäuse, sowohl für Pkw (ETL 14952 2001c für RB 10136028 und 10136030, später EPL-Nr. 14952 2001f für RB 10136036 und 10136038) als auch für die Kübelsitzwagen (ETL 14952 2001d für RB 10136032 und 10136034).
- Tragrohre mit Büchsen der Tragzapfen verändert; kürzere Ausführung für Pkw (ETL 13652 51d für RB 10136028, 10136030, 10136036 und 10136038), längere für Kübelsitzwagen (ETL 13652 51f der RB 10136032 und 19136034).
- Veränderte Verschlussschraube mit Stutzen und Deckel zur Entlüftung Kegelradgehäuse.
- Marginale Veränderung der Antriebswelle (RB 10 136 030 ETL 13652 5000d, RB 10 136 032 ETL 13652 5000f).

1941 (Kübelsitzwagen)

- Kleinere Eingriffe in Tragrohre (ETL 13652 51g) und Ausgleichsgetriebe (ETL 13652 3000g). Anzahl Zähne und Übersetzung unverändert.

1942

- Eingriffe (bei unveränderter Zähnezahl und Übersetzung) führen zu Ausgleichsgetriebe 13652 3021k, Kegelradgehäuse ETL 14952 2001h und Tragrohre ETL 13652 51h. Damit verbunden auch Anpassung der Lagerbüchse für die Tragrohre im Gehäuse.
- Neue 2-teilige (statt 1-teilige) Gummimanschetten zwischen Kegelradgehäuse und Tragarmen.

55 VORDERRÄDER
56 HINTERRÄDER

170 V - Änderungen 1935–1942

Serienausführung ab RB 10 136 002
Ab Februar 1936

- 5 einheitliche Stahlscheibenräder mit Tiefbettfelge 3,25 D x 16" (ETL 13655 1) und Reifen 5,25-16".
- Vorderradnaben und die Teller der hinteren Steckachsen mit Schraubenbolzen 14×1,5 in je fünf Bohrungen und Kugelbundmuttern.
- Radkappen mit 231 mm Ø, gehalten von Ring mit Federn auf Felgenrad. Teile der Radkappen blank, andere in Wagenfarbe.

Ab RB 10 136 022 (Kübelsitzwagen)
Ab 1939

- Abweichende Stahlblechscheibenräder mit unveränderter Felgengröße 3,25 D x 16" (ETL 13655 1c) und Reifen 5,25-16".
- Radkappen vollständig lackiert.

Ab RB 10 136 028
Ab zweite Hälfte März 1939

- Lieferwagen erhalten Stahlblechscheibenräder mit Felgen 3,50 D x 16" (ETL 13655 1d) für Reifen 5,50-16".

RB 10 136 042 und 10 136 044 (Kübelsitzwagen)
Ab Mitte Dezember 1940

- Die Kübelsitzwagen 136 042.1 bis 2300 sowie 136 044.1 bis 1700 erhalten Scheibenräder mit Tiefbettfelge 3,25 E x 17" (ETL 14355 1k) für Reifen 5,25-17" (analog W 15 bzw. W 21); Lochkreis unverändert.
- Entsprechend dem größeren Rad-Ø ist Radkappe grösser (252 mm Ø).
- Verlängerte Haltestange für das Ersatzrad.

1942

- Leicht veränderte Stahlblechscheibenräder mit Felge 3,25 D x 16" (ETL 1655 1f).
- Leicht veränderte Radkappen.
- Liefer- und Krankenwagen: Stahlblechscheibenräder mit Felge 3,50 D x 16" (ETL 13655 1i) für Reifen 5,50-16".

57 VORDERRADBREMSE
58 HINTERRADBREMSE
59 ÖLDRUCKBREMSE
72 HANDBREMSHEBEL

170 V - Änderungen 1935–1942

Serienausführung ab RB 10 136 002
Ab Februar 1936

- Hydraulische Bremsanlage mit Trommeln an allen 4 Rädern. Bremskomponenten überwiegend von Ate (Alfred Teves AG) nach Lizenz Lockheed.
- Hauptbremszylinder mit angegossenem ovalem Reservoir, mit Lagerbock am Rahmen befestigt.
- Bremsschilder aus gepresstem Stahlblech, ebenso Bremsbacken mit aufge-schweißtem Steg. Einstellung manuell durch Exzenterbolzen. Radbremszylinder vorn 25,4 mm Ø, hinten 22,2 mm Ø, durch Blechabdeckungen vor Straßenschmutz geschützt.
- Bremstrommeln aus geschmiedetem Stahlblech, je 2 schmale Stahlbänder verhindern Bremsenquietschen.
- Handbremse, betätigt durch Hebel mit Sperrklinke rechts vom Getriebetunnel, wirkt mit Seilzug auf Backen der hinteren Trommeln.
- Rechtslenker:
  - viele abweichende Teile wie Lagerbock, Leitungen, Handbremskomponenten (Hebel links von Getriebetunnel).

Ab RB 10 136 006
Ab August 1936

- Marginale Veränderungen an Handbremsbetätigung.

Ab RB 10 136 010
Ab Juni 1937

- Veränderter Ate-Hauptbremszylinder und neuer Stopplichtschalter.
- Feste und bewegliche Leitungen inkl. Kleinteile verändert.
- Überarbeitung Radbremsen: Bremsschilder inkl. Exzenter, Bremsbacken mit Rückzugfedern, hintere Radbremszylinder (im Ø unverändert).
- Ab Wagen 2001 der RB 10 136 012 Handbremshebel verlängert, Griff leicht nach vorn gekröpft und verchromt; Zahnbogen verändert.

Ab RB 10 136 018
Ab Ende August 1938

- Veränderte Bremstrommeln und vordere Bremsschilder.

Ab RB 10 136 022 (Kübelsitzwagen)
1939

- Im Detail abweichende Handbremsbetätigung.
- Handbremshebel schwarz lackiert.
- Bremslichtschalter entstört.

Ab RB 10 136 028
Zweite Hälfte März 1939

- Erneut veränderte Komponenten der Handbremsbetätigung.

1941 (Kübelsitzwagen)

- Trommeln mit nur noch einem Stahlband (statt 2) gegen Bremsenquietschen.

1942

- Neuer Ate-Hauptbremszylinder.
- Leicht abweichende Radbremszylinder vorn und hinten; Ø gleichbleibend. Veränderte Fittings.
- Bremsbacken verändert.
- Ersatz bisheriger Bremslichtschalter durch Öldruck-Bremslichtschalter C nach DIN 72759.

61 & 62 WECHSELGETRIEBE

170 V - Änderungen 1935–1942

Serienausführung ab RB 10 136 002
Ab Februar 1936

- 4-Gang-Spiralgetriebe ZF AKS-15, z.T. von Daimler-Benz in Lizenz hergestellt.
- Gehäuse mit integrierter Kupplungsglocke und oberem Getriebedeckel aus Grauguss.
- Hauptwelle mit Kurbelwelle und Antriebswelle auf einer Achse, also mit direktem 4. Gang, Vorgelegewelle unterhalb angeordnet. Alle Getrieberäder schrägverzahnt, jene für 3. und 4. Gang in ständigem Eingriff, geschaltet durch Klauenmuffen und Konussynchronisierung. Gänge 1 und 2 unsynchronisiert; Räder werden auf spiral-verzahnter Hauptwelle verschoben.
- Konventionelle H-Schaltung mit 1. Gang oben links mit längerem Schalthebelweg als die übrigen. Rückwärtsgang in einer separaten Ebene links unten.

Ab RB 10 136 004
Ab Juni 1936

- Getriebegehäuse mit hinterem Deckel verändert.

Ab RB 10 136 008
Ab Dezember 1936

- Erneut verändertes Getriebegehäuse. Anstelle von bisher voneinander abweichen-den Öleinfüll- und Ölablass-Stopfen nun einheitlicher Verschluss M24×1,5.

Ab RB 10 136 012
Ab September 1937

- Schaltgabel für 1. und 2. Gang verändert, ebenso Riegelplatte mit Riegeln und Riegelfedern.

61 & 62 WECHSELGETRIEBE

170 V – Änderungen 1935–1942

Ab RB 10 136 014
Ab Januar 1938

- Ab Wagen 1100 der RB 10 136 014 leicht verändertes Getriebegehäuse.
- Ab Wagen 2001 der der RB 10 136 014 verlangt die im Ø vergrößerte Kupplung konstruktive Änderungen im Innern und ein angepasstes Gehäuse.
- Veränderte Vorgelegewelle mitsamt Räderwerk, Hauptwelle mit Ölspritzscheibe.
- Kugelgelagertes Ausrücklager (bisher Graphitschleifring) bedingt Anschluss an Zentralschmieranlage.
- Neuer hinterer Gehäusedeckel wegen veränderter Burgmann-Dichtung.
- Öleinfüll- und Ölablassöffnung nun mit Kegelstopfen M24×1,5 N 87.

Ab RB 10 136 022 (Kübelsitzwagen)
1939

- Verändertes Getriebegehäuse.
- Überarbeitete vordere und hintere Gehäusedeckel.

Ab RB 10 136 028
Ab zweite Hälfte März 1939

- Erneut verändertes Getriebegehäuse, nun identisch mit 170 VS und 200 V (W 149).
- Hauptwelle hinter Tachoschnecke verändert.

Ab RB 10 136 034 (Kübelsitzwagen)
Ab Ende November 1939

- Vollständig neues Vollgleichlauf-4-Ganggetriebe DB-eigener Konstruktion (DB-4S).
- Äußerlich ähnlich ZF AKS-15. Oberer Getriebedeckel formal abweichend und aus Leichtmetallguss.
- Sämtliche vier Vorwärtsgänge durch Gleichlaufkörper synchronisiert und in ständigem Eingriff; Schaltung mit Klauenmuffen.
- Schalthebelweg aller 4 Vorwärtsgänge einheitlich lang. Rückwärtsgang in separater Ebene links oben (statt wie bisher links unten).
- Ab Wagen ab 1001 der RB 10 136 034 verändertes Getriebegehäuse.

Ab RB 10 136 038
Ab Sommer 1940

- Das neue Vollgleichlauf-Vierganggetriebe DB-4S wird nun auch für »zivile« Modelle verwendet.

1942

- Hauptwelle mit neuem Einlegekeil.
- Vorgelegewelle mit veränderten Kugellagern.
- Angepasstes Rücklaufrad mit Buchse.
- Dadurch auch Anpassungen am Gehäuse.

66 KUPPLUNG

170 V – Änderungen 1935–1942

Serienausführung ab RB 10 136 002
Ab Februar 1936

- Mechanisch betätigte Einscheiben-Trockenkupplung Fichtel & Sachs Komet-Mecano K 10.
- Sitzt in Kupplungsglocke, die mit Getriebegehäuse gegossene Einheit bildet.
- Kupplungsdruck auf Mitnehmerscheibe durch 6 Schraubenfedern in Federtüllen.
- Ausrücklager mit Graphitschleifring.

Ab RB 10 136 006
Ab August 1936

- Einscheiben-Trockenkupplung Fichtel & Sachs Komet-Mecano K 10 DM mit 6 doppelten Federelementen (je 1 äußere grobgewundene und 1 innere feiner gewundene Schraubenfeder in derselben Federtülle).
- Kugelbolzen zu Fingerhebel und Fassung des Graphitdruckrings verändert.

Ab RB 10 136 014
Ab Januar 1938

- Die ersten 2000 Wagen der RB 10 136 014 erhalten veränderte Kupplung Fichtel & Sachs Komet-Mecano K 10 DJ. Zum Vorgängertyp weichen die Druckplatte und die 6 mal 2 Druckfedern in den 6 Federtüllen ab.
- Ab Wagen 2001 der RB 10 136 014 wird die stärkere und im Durchmesser vergrößerte sowie konstruktiv abweichende Kupplung Fichtel & Sachs Komet K 12 KV eingebaut. Druck auf Mitnehmerscheibe nun von 9 Schraubenfedern, zudem veränderte Fingerhebel und Schenkelfedern.
- Neu kugelgelagertes Ausrücklager (anstelle Graphitschleifring) bedingt Anschluss an Zentralschmieranlage mit Nippel in Gehäuseöffnung und Trichter auf Ausrückkörper.

RB 10 136 022 (Kübelsitzwagen)
1939

- Modifizierte Kupplung Fichtel & Sachs Komet K 12 KVJRM.
- Verändert sind Ausrückkörper mit Ausrücklager und Öltrichter.

Ab RB 10 136 026
Mitte Februar 1939

- Erneut angepasste Kupplung Fichtel & Sachs Komet K 12 KVJFMR, ebenso die Mitnehmerscheibe.

RB 10 136 028, 10 138 030, 10 136 032 und 10 136 036
Ab zweite Hälfte März 1939

- Ausrückkörper mit Ausrücklager und Öltrichter werden erneut verändert.

RB 10 136 034 (Kübelsitzwagen) und 10 136 038
Ab Ende November 1939

- Neue Kupplungs-Untervariante Fichtel & Sachs Komet K 12 KVJMRZ, kombiniert mit einer ebenfalls veränderten Mitnehmerscheibe.

1941 (Kübelsitzwagen)

- Ölrohr mit Nippel oben in der Kupplungsglocke verändert.

Ab RB 10 136 050
1941

- Ausrückkörper verändert.

67 FUSSHEBELWERK (KUPPLUNGS- UND BREMSFUSSHEBEL)

170 V – Änderungen 1935–1942

Serienausführung ab RB 10 136 002
Ab Februar 1936

- Kupplungsbetätigung über stehenden Fußhebel (Kupplungspedal) links des linken Rahmen-Ovalrohrs, drehbar auf Rohr am Rahmen gelagert.
- Welle im Rohr überträgt Pedal-Drehbewegung über kurzen Hebel, Gestänge und Umlenkhebel auf einen an Kupplungsglocke verankerten Bowdenzug. Dieser übt über Ausrückhebel mit Welle Druck auf Schleifring aus und unterbricht den Kupplungs-Kraftschluss. Pedal wird durch Schraubenfeder in die Ausgangslage zurückgedrückt.
- Bremsbetätigung über stehenden Fußhebel (Bremspedal) unmittelbar rechts des Kupplungspedals, drehbar auf Rohr am Rahmen gelagert.
  - Bolzen am Pedalarm überträgt mit Stange Pedaldruck auf Kolben im Hauptbremszylinder.
  - Rückhol-Spiralfeder sorgt für Ruhestellung des Pedals.
- Cabriolet A & Roadster benötigen wegen abweichender Sitzposition veränderte Kupplungs- und Bremspedale.
- Rechtslenker:
  - Abweichende Kupplungs- und Bremspedale sowie entsprechend konstruierte Gestänge.

Ab 10 136 010
Ab Juni 1937

- Umlenkhebel-Lagerung der Kupplungsbetätigung verbessert.
- Bowdenzug für Kupplungsbetätigung verändert und an Enden mit Gummimanschetten geschützt.

Ab RB 10 136 014
Ab Januar 1938

- Ab Wagen 2001 der RB 10 136 014 größere Kupplung; bedingt Anpassung der Ausrückgabel.

Ab RB 10 136 034 (Kübelsitzwagen)
Ab Ende November 1939

- Anpassungen wegen neuem Vollsynchron-Getriebe:
  - neuer Kupplungsfußhebel.
  - veränderte Fußhebellagerung (mit Buchsen) im Rohr.
  - veränderter, kräftiger gelagerter Umlenkhebel.
  - neuer dreieckförmiger vorderer Halter des Bowdenzugs, seitlich am Getriebegehäuse befestigt.
  - neue Ausrückwelle mit Hebel und neue Ausrückgabel.
- Bremspedal mit kräftiger dimensionierter Buchse.

71 HANDWECHSELHEBEL (SCHALTHEBEL)

170 V – Änderungen 1935–1942

Serienausführung ab RB 10 136 002
Ab Februar 1936

- Der Handwechselhebel (Schalthebel) greift im Deckel direkt ins 4-Ganggetriebe ein, ist entsprechend lang ausgeführt und 2-fach gekröpft. Der im Querschnitt runde, verchromte Hebel verjüngt sich zum birnenförmigen Knauf hin.
- Schwarze, über Aufbordung des Getriebetunnels gestülpte Gummimanschette mit einfacher Faltung; schließt satt an Schalthebel an und ist mit Draht gesichert.
- Ab Wagen 1300 der RB 103602 entfällt Drahtsicherung.

Ab RB 10 136 006
Ab August 1936

- Neuer Schaltknauf aus schwarzem Hartgummi mit eingestanztem, weißem Schaltschema.

Ab RB 10 136 010
Ab Juni 1937

- Druckfeder für Schalthebelpositionierung verändert.

RB 10 136 022 (Kübelsitzwagen)
1939

- Schalthebel schwarz lackiert statt verchromt.

Ab RB 10 136 034 (Kübelsitzwagen) und 10 136 038
Ab Ende November 1939

- Neues Vollsynchron-Getriebe verlangt Schalthebel mit angepasstem Eingriffsfinger.
- Schaltknauf mit verändertem Schaltschema.

75 LENKUNG

170 V – Änderungen 1935–1942

Serienausführung ab RB 10 136 002
Ab Februar 1936

- Ross-Lenkung Typ 540, von ZF in Lizenz gefertigt. Schneckengetriebe mit konischem Lenkfinger und Timkenlager. Rotation wird vom Lenkstockhebel in Schwenkbewegung umgesetzt und von den asymmetrischen Spurstangen auf Achsschenkel übertragen.
- Lenkgehäuse aus Grauguss mit abnehmbarem Deckel und geschraubtem Verschlussstopfen. Nachstelleinrichtung der Fingerhebelwelle mittels Schraube, Mutter und Feststeller.
- Lenkgetriebe kraftschlüssig in Lenkungsbock aus Gusseisen eingespannt und mit 3 Schrauben M10 seitlich an Rahmen-Ovalrohr geschraubt.
- Oberes Wellenende der Schnecke mit Verzahnung für Aufnahme der Kupplung mit Hardyscheibe zur Lenkspindel.
- Lenkspindel Motorraum-seitig schwarz lackiert, Fahrgastraum-seitig verchromt. Durchdringung der Spritzwand mit Gummiformstück abgedichtet.
- Lenkspindel am Armaturenbrett in Neiman-Lenkrad-/Zündschloss gelagert.
- Lenkrad auf Lenkspindel mit Konus, Feder und Flachmutter M24.
- 4-speichiges Lenkrad aus Leichtmetallguss mit Kranzumhüllung aus schwarzem Hartgummi, Nabe und Speichen metallsichtig, Vertiefungen schwarz lackiert. 4-speichiger, schwarzer Hupkontaktring und Mercedes-Benz-Markenemblem.
- Roadster und Cabriolet A mit abweichender Lenkradschloss-Aufhängung, Lenkspindel 58 mm länger.
- Rechtslenker:
  - Erhebliche Abweichungen.
  - Betroffen sind: Lenkungsbock, Lenkgehäuse mit Deckel, Schnecke, Fingerhebelwelle und Lenkhebel, Lenkspindel (Motorraum-seitig 14 mm kürzer) und Teile der Signalbetätigung.

Ab RB 10 136 014
Ab April 1938

- Tümmler-Lenkradschloss mit integrierter Kontrollleuchte (statt an Armaturenbrett) und Drehschalter.
- Rechtslenker: verändertes Lenkgehäuse.

Ab RB 10 136 020
Ab November 1938

- Marginal verändertes 4-Speichenlenkrad, identisch mit 230 (W 153).

RB 10 136 022 (Kübelsitzwagen)
1939

- Gegenüber Pkw abweichende Spritzwanddurchführung der Lenkspindel mit Halteblech. Aufhängebügel und 2-teiger Lenkspindelhalter am Armaturenbrett, ohne Lenkradschloss.
- Lenkspindel (schwarz lackiert) Motorraum-seitig 19 mm kürzer als Pkw.
- 4-Speichen-Lenkrad analog 230 (W 153) mit Signalring Nabendeckel mit Mercedes-Benz-Markenemblem.

Ab RB 10 136 026
Ab Mitte Februar 1939

- Kontaktring für Signalhornbetätigung, Kontaktscheibe sowie Nabendeckel überarbeitet.

Ab RB 10 136 028
Ab zweite Hälfte März 1939

- Ingenia-Schloss (analog Neiman), jedoch mit integrierter Kontrollleuchte.
- Ab Wagen 1001 der RB 10 136 028 Kontaktring für Signalhornbetätigung und Kontaktscheibe erneut verändert.

Ab RB 10 136 030 (Kübelsitzwagen)
Ab Anfang Juli 1939

- Veränderter Lenkungsbock.
- Lenkrad mit blankem Kreuz.

Ab RB 10 136 032 (Kübelsitzwagen)
Ab Oktober 1939

- Lenkrad mit vollständig schwarz lackiertem Kreuz.

RB 10 136 042 und 10 136 044
Ab Mitte Dezember 1940

- Bis Wagen 2300 der RB 10 136 042 und bis Wagen 1700 der RB 10 136 044 mit verändertem Lenkhebel auf Fingerwelle.
- Kübelsitzwagen: Veränderter Aufhängebügel für Lenkspindelhalterung.

1942

- Deckel Lenkgehäuse mit Stopfen M18×1,5 (statt 3/8").
- Ingenia-Lenkradschloss wird verändert.

76 GESTÄNGE ZUR GEMISCHREGULIERUNG

170 V – Änderungen 1935–1942

Serienausführung ab RB 10 136 002
Ab Februar 1936

· Der 90° abgebogene runde Arm des Gaspedals (Hebelwelle) ist motorseitig drehbar an der Spritzwand gelagert und mit Spiralfeder für Fußgegendruck versehen.
· Drehbewegung wird durch aufgesetzten Arm in Schwenkbewegung umgesetzt und mit Kugelgelenk und Gestänge auf Drosselklappe im Steigstromvergaser übertragen.
· Cabriolet A und Roadster erhalten ein von übrigen Ausführungen abweichendes Gaspedal.
· Ab Wagen 1501 der RB 10 136 002 Ersatz des einfachen Hebels durch Doppelhebel (mit Armen zu beiden Seiten des festen Drehpunkts auf der Welle). Am zusätzlichen kurzen Arm ist der Drahtzug der nun auch im 170 V eingebauten Feingaseinstellung (Leerlaufregulierung) befestigt. Gleichzeitig Änderung am Gaspedal für Innenlenker, Cabrio-Limousinen, Cabriolet B & Offene Tourenwagen.
· Rechtslenker:
 - Gemischregulierung ebenfalls über Gestänge, jedoch in Führung und Einzelteilen stark abweichend, namentlich:
 - Gaspedal mit Hebelwelle, Rückdrehfeder, Hebel mit Kugelzapfen, Zugstange, Winkelhebelwelle und Winkelhebel sowie Doppelkugelpfanne zwischen Winkelhebel und Vergaserhebel.

Ab RB 10 136 006
Ab August 1936

· Gaspedal für Cabriolet A & Roadster wird ebenfalls verändert.

Ab RB 10 136 010
Ab Juni 1937

· Neue Lager ohne Buchsen für Gaspedalwelle an Spritzwand.

Ab RB 10 136 018
Ab Ende August 1938

· Lager für Gaspedalwelle an Spritzwand mit M6×15 befestigt (statt M5×12).
· Zugstange mit Kugelpfannen wird auf 177 mm verlängert (+ 12 mm).

81 KRAFTSTOFFBEHÄLTER UND KRAFTSTOFFLEITUNGEN

170 V – Änderungen 1935–1942

Serienausführung ab RB 10 136 002
Ab Februar 1936

· 170 V in Linkslenker-Ausführung hat Schwerkraft-Treibstoffversorgung ohne Pumpe.
· Treibstofftank, Motorraum-seitig eingebaut in Spritzwandnische, fixiert durch 2 Blechbänder.
· Schwarz lackierter zylindrischer Behälter (identisch mit 170 W 15), 33 bis 34 Liter, davon ca. 3 Liter Reserve dank 3-Weghahn (»Zu«, »Auf«, »Reserve«).
· Einfüllöffnung links, mit wegnehmbarem Einfüllseiher und verchromtem Verschlussdeckel.
· Oben auf Tank kleiner Blechdom für Entlüftung, links davon Aussparung für mechanischen Tankgeber von VDO (Schwimmkörper mit Drahtarm und Zahngetriebe, von dort über flexible Welle auf Tankanzeige im Armaturenbrett).
· Treibstoffentnahme in Tankmitte, 3-Weghahn unter Armaturenbrett im Fußraum. Von dort 3-teilige Leitung (starr-beweglich-starr) zum Steigstromvergaser.
· Kraftstofftank der Cabriolet A & Roadster weicht von den übrigen Modellen ab.
· Rechtslenker-Ausführung:
 - Tank mit Einbuchtung für Lenkspindel, Einfüllöffnung und Tankgeber rechts (statt links).
 - Treibstoff wird durch starre und bewegliche Leitungen von Treibstoffpumpe rechts vorn am Motorblock zum Fallstromvergaser gefördert.

Ab RB 10 136 006
Ab August 1936

· Schraubverschluss Tank verändert, nun wie Kühler.
· Wenig später: Wechsel zu Tankgeber von Veigel; Schutzrohr über der Saite verändert.
· Ab Wagen 1701 der RB 10 136 06 veränderter 3-Weghahn.

Ab RB 10 136 010
Ab Juni 1937

· Kleine Veränderungen am Tank.
· Neue Rechtslenker-Ausführung mit Tank hinten: (bis max. RB 10 136 016 im Programm)
 - Tank 43 Liter, mit Spannbändern hinten an Rahmenauslegern aufgehängt.
 - Einfüllstutzen mit verchromtem Deckel im rechten hinteren Kotflügel.
 - 2-stufige Entnahmevorrichtung mit Steigrohren, Entlüftungsstutzen und Tankgeber.
 - Doppelte Kraftstoffleitung zum Dreiweghahn, von dort zur Treibstoffpumpe rechts vorn am Motorblock und weiter nach oben zum Fallstromvergaser. Dreiweghahn an Halter am Rahmen.

Ab RB 10 136 018
Ab Ende August 1938

· Ab Fg.-Nr. 411 281 größerer Tank in Spritzwandnische; birnenförmig-ovaler Querschnitt, 43 Liter.
· Einfüllstutzen nun rechts, ohne Einfüllseiher. Veränderter Tankgeber und Schutzrohr für Saite, veränderter 3-Weghahn.
· 43-Liter-Tank für Cabriolet A & Roadster weicht in Einzelheiten ab.

RB 10 136 022 (Kübelsitzwagen)
1939

· 43-Liter-Tank analog Pkw, jedoch mit kleinen Änderungen; Verschlussdeckel schwarz lackiert.
· Einige Kübelsitzwagen haben zusätzlichen Treibstofffilter vor Vergaser.

Ab RB 10 136 028
Zweite Hälfte März 1939

· Treibstofftankbelüftung, starre Leitung 5 mm Ø x 1 000 mm, rechts entlang Tank und Spritzwand, dann an Nischenende nach unten. Übergang zwischen starrer Leitung und Anschlussstelle am Dom mit beweglichem Schlauch 50 mm lang.

RB 10 136 038 (Export-Droschken)
· Droschken der RB 10 136 038, rechtsgelenkt, sind vollständig oder teilweise mit 60-Liter-Tank (längsovaler Querschnitt) versehen.
· Befestigung im Wagenheck mit Spannbändern unterseitig an zwei gepressten Stahlprofil-Auslegern, die an Hinterachstraverse und Ovalrohrenden angeschweißt sind. Einfüllstutzen rechts in Kotflügel.
· Zubehör (Entnahmevorrichtung mit 2 Steigrohren, Tankgeber, 3-Weghahn und Leitungen) entspricht Rechtslenker-Ausführung von RB 10 136 010.

1942

· Tankdeckel mit Kette gesichert (vermutl. nur Kübelsitzwagen).
· Ab RB 10 138 048 mehrfach veränderte Treibstoffleitungen.

82 AUSPUFFTOPF

170 V – Änderungen 1935–1942

Vorserie 1935

· Auspuffanlage aus mehrfach gebogenem Stahlrohr, angeschlossen mit 2-Loch-Flansch an Auspuffkrümmer des Motors. Auspufftopf quer zur Längsachse hinter Hinterachse eingemittet.
· 1. Überarbeitung: Rohrführung nun parallel zur Längsachse und ohne Knick, deshalb Topf weniger breit und aus Mitte nach links verschoben.

Serienausführung ab RB 10 136 002
Ab Februar 1936

· Analog Vorserien-Überarbeitung, jedoch mit verbesserter Aufhängung mittels Gummi-Silentelementen und stabilisiertem Endrohr.
· Rechtslenker-Ausführung:
 - Auspuffrohr im Motorbereich länger, weil Krümmer mit Mittelausgang (statt hinten).
 - 400 mm langer Asbestschlauch um Rohr wegen Nähe zu Hauptbremszylinder.

Ab RB 10 136 010
Ab Juni 1937

· Rechtslenker-Ausführung mit Tank hinten:
 - Abweichende Auspuffanlage (Rohr und Topf) wegen Lage des Tanks hinter Hinterachse (keine näheren Angaben).

Ab RB 10 136 018
Ab Ende August 1938

· Aufhängung überarbeitet.

RB 10 136 022 (Kübelsitzwagen)
1939

· Auspuffrohr und Auspufftopf abweichend.
· Endrohr verlässt Topf wie bei Pkw hinten links, vollführt jedoch danach 90°-Bogen nach links.
· Abweichende Tragplatten der Aufhängung.

Ab RB 10 136 028 (Pkw und Kübelsitzwagen)
Zweite Hälfte März 1939

· Auspuffrohr z.T. mehrfach verändert (keine näheren Angaben).

Ab RB 10 136 038
Ab Juli 1940

· Auspufftopf verändert.
· Droschke mit hintenliegendem 60-Liter-Tank erhält Abschirmplatte zum Tank.

83 KÜHLER

170 V – Änderungen 1935–1942

Serienausführung ab RB 10 136 002
Ab Februar 1936

· Kühler besteht aus 3 Hauptelementen: Rippenrohr-Kühlerblock (ca. 9 Liter), Kühlermaske und Kühlergitter, zu einem Bauteil vormontiert.
· Kühlerblock in Blechrahmen, unten mit Kanal, Ablaufhahn rechts und Rohrstummel links hinten. Oben mit Wasserkasten, Überdruckventil und oberem Rohranschluss in Richtung Zylinderkopf. Einfüllöffnung mit Schraubverschluss 47,25×4 mm oben auf Wasserkasten nach links desaxiert und von Motorhaube abgedeckt.
· Am Wasserkanal unten vorspringender Kühlerträger mit Gummihülse zur Lagerung des Kühlerelements auf Rohrstummel des Fz-Rahmens.
· Verchromte Kühlermaske mit Gitter aus lackiertem Lochblech sind über Anschlussstellen mit dem Kühlerblock zu einer Einheit verbunden. Seitliche Stabilisierung oben durch Andreaskreuz aus Rundstahl, verschraubt am Wasserkasten und auf Spritzwand.
· Auf Kühlermaske schiffchenförmige Halterung mit aufgesetztem Mercedes-Stern anstelle der üblichen Kühlerverschraubung. An Maskenstirn Mercedes-Benz-Firmenemblem. Kurbelloch im untersten Teil durch verchromten Deckel mit Renkverschluss abgedeckt.

Ab RB 10 136 004
Ab Juni 1936

· Veränderte Kühlerverschraubung, nun 48×4 mm.

Ab RB 10 136 008
Ab Dezember 1936

· Ab Wagen 2001 der RB 10 136 008 (ev. Wagen 2165, vgl. Motorhaube) leicht steiler stehende und etwas kantiger ausgebildete Maske mit Gitter und »wasserführendem« Schraubverschluss mit aufgesetztem Mercedes-Stern.
· Kühlerblock mit Wasserkasten und Anschlusslaschen für Maske entsprechend angepasst.
· Längere Kühlerstreben (+ 64 mm).

Ab RB 10 136 014
Ab Januar 1938

· Verchromter Verschlussdeckel des Kurbellochs verändert; nun mit W 143 identisch (statt mit W 18).

Ab RB 10 136 018
Ab Ende August 1938

· Wasserablasshahn mit Gewinde M18×1,5 (statt M10×1).
· Kühlerverschraubung verändert; möglicherweise Umstellung von gepresstem Blechdeckel auf Zinkdruckgussdeckel.
· Kurbellochabdeckung erneut leicht überarbeitet.

RB 10 136 022 (Kübelsitzwagen)
1939

· Angepasster (leistungsfähigerer?) Rippenrohr-Kühlerblock.
· Kühlermaske, Kurbellochabdeckung, Kühlergitter und Mercedes-Benz-Emblem lackiert (statt verchromt).
· Kühlerverschlussschraube wie diejenige des Treibstofftanks, trägt keinen Stern und ist ebenfalls lackiert.

Ab RB 10 136 028
Zweite Hälfte März 1939

· Veränderter Mercedes-Stern auf Kühlerverschluss; möglicherweise Umstellung von Messingguss auf Zinkdruckguss.
· Bestimmte WH- und Behördenfahrzeuge werden mit in Wagenfarbe grau lackierten statt verchromten Zierelementen ausgeliefert. Dies gilt auch für Kühlermaske, Verschlussschraube und Stern.

1942

· Leichte Veränderung des aufgesetzten Sterns und des Kühleremblems.
· Ersatz des bisherigen Baumwollbands für Motorhaubenauflage entlang Kühlermaske durch neue Ausführung.

85 SCHALTTAFEL

170 V – Änderungen 1935–1942

Serienausführung ab RB 10 136 002
Ab Februar 1936

· Schalttafel (Armaturenbrett) aus Blech, symmetrischer Aufbau mit zentraler Instrumentenanordnung und 2 seitlichen Handschuhkasten, mit Schrumpflack lackiert (Innenlenker, Cabrio-Limousinen: schwarz oder im helleren Wagenfarbton; Cabriolet B: schwarz oder Träger im helleren und Handschuhfachdeckel im dunkleren Wagenfarbton).
· Cabriolet A & Roadster abweichender Armaturenträger, Instrumente in Nische.
· Instrumente (Geschwindigkeitsmesser, Kombiinstrument, Zeituhr) mit elfenbeinfarbigem Zifferblatt, wahlweise von VDO, Veigel und Isgus.
· Lichtschalter Bosch HQ 15
· Winkerschalter Nr. 717 mit Kontrolllampe, elfenbeinfarbig.
· Ladekontrolllampe JJ 5/11, Fassung elfenbeinfarbig.
· Druckknopfschalter Nr. 430 für Instrumentenbeleuchtung und für Scheibenwischer, elfenbeinfarbig.
· Zugknopf verchromt für Anlassvergaser (Choke).
· Drehknopf verchromt für Feingaseinstellung (Leerlaufregulierung).
· Zugknopf verchromt für Sparvorrichtung.
· Rechtslenker-Ausführung:
  - Anlasserbetätigung (Zugstange mit Stahldraht).
  - z.T. Instrumente mit Meilen- und Gallonen-Angaben.

Ab RB 10 136 006
Ab August 1936

· Firma Isgus für Instrumente entfällt.

Ab RB 10 136 018
Ab Ende August 1938

· Neu Fernlichtkontrolllampe mit blauem Glas, JJ 5/21, Fassung elfenbeinfarbig.

RB 10 136 022 (Kübelsitzwagen)
1939
· Schalttafel (Armaturenbrett) aus Blech, zentrale und linksseitige Instrumentenanordnung, Handschuhkasten rechts, in Wagenfarbe (dunkelgrau Nr. 46) lackiert.
· Instrumente (Geschwindigkeitsmesser, Kombiinstrument, Zeituhr und zusätzlich Kühlwasser-Fernthermometer) mit Zifferblatt schwarz, von Veigel.
· Schaltkasten Bosch HAW 12/1P (für Kontakt- und Lichtschaltung, mit Ladekontrolllampe), mit Schlüssel.
· Anlasserdruckknopf, schwarz.
· Winkerschalter Nr. 7170, schwarz.
· Fernlichtkontrolllampe mit blauem Glas, JJ 5/21, Fassung schwarz.
· Druckknopfschalter für Instrumentenbeleuchtung, Scheibenwischer und Dreiklanghorn, Fassung schwarz.
· Zugknopf für Sparvorrichtung, schwarz.
· Zugknopf für Anlassvergaser (Choke), schwarz.
· Steckdose für Scheibenwischer.
· Drehknopf für Feingaseinstellung (Leerlaufregulierung), schwarz.
· Steckdose für Handlampe, 12 Volt.
· Gewa-Handlampe 12 Volt.

85 SCHALTTAFEL

170 V – Änderungen 1935–1942

Ab RB 10 136 030
Ab Anfang Juli 1939

- Winkerschalter Nr. 7170, nun mit Kontrolllampe.
- Behörden- und WH-Wagen (Cabriolet B, Offene Tourenwagen) z.T. mit Schaltkasten Bosch HBA 16 (6 Volt) statt Lichtschalter.

RB 10 136 038 (Export-Droschken)
Ab Juli 1940

- Anlasserbetätigung mit Zugstange und Stahldraht.
- Kombiinstrument für Öldruck und elektrische Treibstoffanzeige.

1942

- Teilweise Kilometerzähler mit 100 m-Markierung.
- Teilweise Fernthermometer HBA Nr. 179 (6 Volt).

86 MOTORHAUBE

170 V – Änderungen 1935–1942

Serienausführung ab RB 10 136 002
Ab Februar 1936

- Motorhaube, bestehend pro Seite aus je 1 Oberteil glatt und je 1 Seitenteil mit Lüftungsschlitzen, klappbar, verbunden durch integriertes Scharnier mit Stahlstab; oben eingeschobenes Klavierband verchromt mit Riegel und federndem Stift. Darunter wegnehmbare Wasserablaufschiene. 2 seitliche Handgriffe, 2 nicht abschließbare, federbelastete Haubenhalter je Seite. Haubenecken durch vernietete Gummiecken geschützt.
  - Ausführung für Innenlenker, Cabrio-Limousinen, Cabriolet B & Tourenwagen: Lüftungsschlitze 1-reihig.
  - Ausführung für Cabriolet A & Roadster: Lüftungsschlitze 2-reihig, Zierstab zwischen oberem und unterem Haubenteil.

Ab RB 10 136 008
Ab Dezember 1936

- Ab Wagen 2165 der RB 10 136 008 (ev. Wagen 2001, vgl. Kühler) in den Abmessungen leicht veränderte Motorhaube und Wasserablaufschiene wegen steiler stehender Kühlermaske mit Schraubverschluss.
- In der Folge bis 1942 mehrfach marginale Veränderungen (nicht nachvollziehbar).

Ab RB 10 136 028
Ab zweite Hälfte 1939

- Wasserablaufschiene verkürzt (am Ende von Wasserkasten eingehängt statt an Kühlermaske).

87 RAHMENZUBEHÖR

170 V – Änderungen 1935–1942

Serienausführung ab RB 10 136 002
Ab Februar 1936

- Vorderkotflügel, Trittbretter, anfänglich ohne, dann sehr rasch mit Leisten und Gummieinlagen, Hinterkotflügel (Innenlenker, Cabrio-Limousine, Cabriolet B & Tourenwagen).
- Vorderkotflügel mit integriertem Trittbrett und Aluleisten mit Gummieinlagen, Kotflügelstützen, Hinterkotflügel (Cabriolet A & Roadster).
- Blech zwischen Vorderkotflügeln.
- Vordere Kotflügelstützen mit Bock für Stoßfängerbefestigung.
- Vorderer Stoßfänger, bestehend aus Halterung und 2 verchromten Stoßecken (spitze Enden), mit Schlossschrauben befestigt.
- Motor-Getriebeeinheit durch Bleche weitgehend eingeschalt und geschützt:
  - Abdeckblech unter Motor (Ölwanne ausgespart).
  - Je ein seitliches Blech unterhalb der Kotflügel.
  - Dazu je ein Ergänzungsformstück hinten rechts und links.
  - Getriebeabdeckblech.
  - Verschlussblech vor Motorenblech.
  - Dazu je ein Ergänzungsformstück links und rechts.

Ab RB 10 136 004
Ab Juni 1936

- Zusätzlich hinterer Stoßfänger, bestehend aus Halterung und 2 verchromten Stoßecken (spitze Enden); für Cabriolet A & Roadster abweichend.
- Exportfahrzeuge mit durchlaufender vorderer und hinterer Stoßstange und schlanken gegossenen (später aus Blech gepressten) Hörnern, verchromt.

Ab RB 10 136 008
Ab Dezember 1936

- Vorderkotflügel inkl. Blech zwischen Vorderkotflügeln marginal verändert (evtl. ab Wagen 2001 der RB 10 136 008?).
- Motorabdeckbleche teilweise minimal verändert (z.T. auch später).

Ab RB 10 136 014
Ab Januar 1938

- Vorderkotflügel neu mit Drahteinlage im Radausschnitt.

Ab RB 10 136 018
Ab Ende August 1938

- Vorderkotflügel mit integriertem Trittbrett für Cabriolet A & Roadster marginal verändert.
- Hintere Kotflügel mit Bohrungen für Rückleuchten (alle Modelle).
- Ab Wagen 501 der RB 10 136 018 in Form veränderte vordere und hintere Stoßfängerhalter und Stoßecken (rundliche Enden), an allen 4 Positionen passend und mit Schlossschrauben befestigt.

RB 10 136 022 (Kübelsitzwagen)
1939

- Linker Vorderkotflügel mit hinterem Abschluss (kein Trittbrett).
- Rechter Vorderkotflügel mit Mulde für Ersatzrad und hinterem Abschluss (kein Trittbrett).
- Halter für Ersatzrad in Vorderkotflügel rechts (Haltestange, Spannhaken, Sicherungsbügel und Flügelmutter, lackiert; Vorhängeschloss).
- Vordere Kotflügelstützen mit abweichendem Bock für Stoßfängerbefestigung.
- Hinterkotflügel, dem Radverlauf entsprechend gerundet.
- 2-teiliger Stoßfängerhalter und Stoßplatte vorn.
- Veränderte Motor- und Getriebeabdeckbleche.
- Schutzblech für Handbremsseil.

Ab RB 10 136 028
Ab zweite Hälfte März 1939

- Trittbretter marginal verändert.
- Hintere Kotflügel für Innenlenker, Cabrio-Limousinen, Cabriolet B & Tourenwagen erneut marginal verändert.

Ab 1941/42

- WH- und Behördenfahrzeuge mit lackierten (statt verchromten) Stoßfängern oder Stoßstangen.

90 LICHT- UND SIGNALANLAGE

170 V – Änderungen 1935–1942

Serienausführung ab RB 10 136 002
Ab Februar 1936

- Batterie 6 V 74 Ah, links unter Rücksitzbank; mit Spannbügel und Holzbeilage befestigt.
- Scheinwerfer Bosch EA 200×2/170 S3 (später S100 & S101), mit verchromtem Ring.
- Scheinwerferstütze auf Kotflügel, Leichtmetallguss poliert.
- Exportmodelle, insbesondere Cabriolet A & Roadster z.T. mit vollständig verchromten Scheinwerfern.
- Fußabblendschalter Bosch SSH 11/3Z.
- Zentraler hinterer Nummernschildhalter mit Beleuchtung, Rücklicht (rot, 2-fach seitlich) und Stopplicht (orange, zentral), für Innenlenker, Cabrio-Limousinen, Cabriolet B & Tourenwagen.
- Exportwagen z.T. mit Nummernschildhalter und aufgesetztem 2-Kammerrück- und Stopplicht Bosch Q 80 R, rechts.
- Beleuchtung für Nummernschild unter Glas; Rücklicht (rot, links) und Stopplicht (orange, rechts), in Karosserie integriert, für Cabriolet A & Roadster.
- Trichterhorn, Bosch FG 6 D1, mit Halter.

Ab RB 10 136 006
Ab August 1936

- Batterie 6 V 75 Ah, links unter Rücksitzbank; mit Spannbügel und Holzbeilage befestigt.
- Scheinwerferstütze auf Kotflügel, Leichtmetallguss poliert, leicht verändert.
- Seitenlampen auf Vorderkotflügel, verchromt (Cabriolet A & Roadster).

Ab RB 10 136 08
Ab Dezember 1936

- Ab Wagen 2501 der RB 10 136 008 Scheinwerferstütze auf Kotflügel, Leichtmetallguss, im Kotflügelfarbton lackiert.

Ab RB 10 136 012
Ab September 1937

- Ab Wagen 1301 der RB 10 136 012 Batterie 6 V 75 Ah, links unter Fahrersitz (Innenlenker, Cabrio-Limousine & Cabriolet B); mit verändertem Spannbügel befestigt.

Ab RB 10 136 014
Ab Januar 1938

- Batterie 6 V 75 Ah, links unter Fahrersitz; mit verändertem Spannbügel befestigt (Cabriolet A & Roadster).

Ab RB 10 136 018
Ab Ende August 1938

- Zwei 2-Kammerrückleuchten MELAS 5420 («Eierleuchten»), lackiert, mit Böckchen auf Hinterkotflügel; Cabriolet A & Roadster mit abweichenden Böckchen und z.T. mit verchromten Ringen.
- Hinteres Nummernschildblech mit Halter und aufgesetzter rohrförmiger Leuchte (3 Soffitten), schwarz lackiert, für Innenlenker, Cabrio-Limousinen, Cabriolet B & Tourenwagen (Cabriolet A & Roadster nach wie vor Nummernschild unter Glas).
- 1 Rückstrahler HASAG, mit Böckchen, am linken Hinterkotflügel (für Cabriolet A & Roadster abweichend).
- Tellerhorn, Bosch FO 6AS 11, mit Halter.

Ab RB 10 136 020
Ab November 1938

- Seitenlampen auf Vorderkotflügeln, z.T. verchromt, z.T. lackiert (Cabriolet A & Roadster).

Ab RB 10 136 022 (Kübelsitzwagen)
1939

- Batterie 12 V 62,5 Ah, links unter Fahrersitz; mit Spannwinkel und 2 Spannschrauben M8 befestigt.
- Scheinwerfer Bosch EA 200×2/170 S160, Ring lackiert.
- 1 Tarnscheinwerfer Nova, 12 Volt.
- 2-Kammerrückleuchten Bosch Q 80, linke mit Nummernschildbeleuchtung.
- 1 Rückstrahler, flach.
- Entstörer an Spritzwand.
- 3-Klang-Signalanlage Bosch (FDE 12&, FDE 12/7 & FDE 12/8).

Ab RB 10 136 028
Ab zweite Hälfte März 1939

- 1 Rückstrahler HASAG, mit Böckchen, am linken Hinterkotflügel (für Cabriolet A & Roadster abweichend), verändert.

RB 10 136 030
Ab Anfang Juli 1939

- Tellerhorn, Bosch FK 6 DS 153, alternativ FO 6 AS 24.

Ab 1941

- Tarnscheinwerfer Nova, mit Stütze (alle Modelle).

1942

- 1 Rückstrahler HASAG Elastic-Stop M5S.
- Tellerhorn, Bosch FDE 6/4.

92 ZENTRALSCHMIERPUMPE

170 V – Änderungen 1935–1942

Serienausführung ab RB 10 136 002
Ab Februar 1936

- Fuß-Zentralschmierpumpe Vogel P 20/6 mit wegnehmbarem Seiher, Deckel mit Bajonettverschluss, schrägem Flansch für Montage an Spritzwand links oberhalb Kupplungspedal.
- Ölverteiler Vs-30-F, mit 3 Luftkammern.
- 1 Anschluss auf Lenkhebel für Spurstangenköpfe.
- 2 Anschlüsse für Achsschenkel, dort erneut je 1 Zweifach-Verteiler.
- Schmierölleitung Ø 8 mm von Pumpe zum Verteiler, weitere Leitungen Ø 4 mm.

Ab RB 10 136 014
Ab April 1938

- Ölverteiler Vs-40-F, mit 4 Luftkammern.
- Zusätzlicher Anschluss für Kupplungsausrücklager.

RB 10 136 022 (Kübelsitzwagen)
1939

- Fußpumpe Vogel Nr. 104115.

Ab RB 10 136 050
1941

- Frischölpumpe 8 DIN 71422 FJ, mit geradem Flansch.
- Ölverteiler 4M 14×1,5 DIN 71424 FJ, mit 4 Luftkammern.
- Leitungen teilweise verändert.

Quellen

- Ersatzteillisten 1,7 Liter Mercedes-Benz-Wagen 136, Ausgaben A (1936), Ausgabe B (1937), Ausgabe C (1938), Ausgabe D (1939), Ausgabe E (1940) und Ausgabe G (1942).
- Leichter Personenkraftwagen Mercedes-Benz Typ 170 V, Ersatzteilliste zum Fahrgestell, D 662/9, 31.01 1941.
- Fahrgestell- bzw. Motor-Nummern und technische Daten der Daimler-Benz-Personenwagen. Typoskript, vermutl. DBAG, ohne Datum (um 1949/50).
- Motor- bzw. Fahrgestellnummern-Liste mit Baujahr. Typoskript, DBAG, Untertürkheim 17.05.1950.
- Diverse weitere Werksunterlagen, insbesondere technische Protokolle und Notizen 1936 bis ca. 1941.
- Werksfotos 1936 bis ca. 1939.

B 02 170 V (W 136 I), 170 Va & 170 Vb (W 136 VI)
Änderungen 1946–1953 (Baugruppen 01–57)

170 D (W 136 I D), 170 Da & 170 Db (W 136 VI D)
Änderungen 1949–1953 (Baugruppen 01–57)

Die Werksquellen für die Erfassung der Änderungen – insbesondere die Ersatzteillisten (ETL) – sind in ihren Aussagen unterschiedlich umfangreich und präzise. Unschärfen, Widersprüche und offensichtliche Fehler sind zahlreich. Die Änderungsliste ist demnach als Annährung an den tatsächlichen Sachverhalt zu verstehen. Irrtümer und Unterlassungen sind unvermeidlich.

Der Aufbau der Änderungsliste richtet sich nach der Baugruppen-Einteilung in den betreffenden ETL. Wegen der veränderten Baugruppen-Einteilung und der neuen Ersatzteil-Nummerierung nach 1946 lassen sich die Vor- und Nachkriegslisten nicht korrelieren.

01 MOTORGEHÄUSE

170 V, Va, Vb – Änderungen 1946–1953	170 D, Da, Db – Änderungen 1949–1953
Ab Juni 1946 **Ab Motor 136.920/921 00001 [?]** · Zylinderkurbelgehäuse weitestgehend identisch mit letzter Ausführung vor Produktionseinstellung 1942. Gehäuseoberteil und Zylinderkopf schwarz (statt wie bisher grün) lackiert. · Ablassschraube in Ölwanne am hinteren Ende, auf M26×1,5 vergrößert.	
Ab Ende 1947 **Ab ca. Motor 136.920/921 00100** · Zylinderkopf neu in Leichtmetallguss (ETL 181 010 01 20), ohne Lackierung; Brennraum im Querschnitt rundlicher, Verdichtung auf 1:6,5 erhöht. Ansteigender Wasserkanal stärker gerundet, Anschlussstelle für Fernthermometer-Fühler nicht durchbohrt. Gewindebohrung vorn rechts für OT-Feststellung entfällt.	
Ab ca. Herbst 1948 · Zylinderkurbelgehäuse: Linke Seite, unterhalb der 3 bestehenden 2 weitere Kernlöcher.	
Ab Ende 1948 **Ab Motor 136.920/921 06941** · Zylinder-Kurbelgehäuse ETL 136 010 10 08. Anstelle der angegossenen Lichtmaschinenkonsole neu zwei runde Auflageflächen (Augen) mit Schraubbolzen M12 für U-förmigen Lichtmaschinenträger. · Ölwanne (ETL 136 010 01 13) mit 6 durchlaufenden Längsrippen. · Deckel Öleinfüllstutzen in veränderter Form.	
Ab Anfang 1949 **Ab Motor 136.920/921 07201** · Rechts vor Vergaser zwischen 1. und 2. Zylinder Aussparung und Erhebung für Ausgleichsnocken (hier nicht gebraucht und mit Schraube verschlossen).	
Ab ca. Februar 1949 **Ab Motor 136.920/921 08501** · Augen für Lichtmaschinenhalterung mit Schraubbolzen M10. · Ventilkammerdeckel innenseitig mit Verstärkungsplatte (ETL 136 010 03 18). Ab Motor 136.920 12001 Zylinderkopf mit Gewindebohrung M14 für Anschluss optionaler Fernthermometer; Öffnung im Normalfall mit Schraube verschlossen.	

170 V, Va, Vb – Änderungen 1946–1953	170 D, Da, Db – Änderungen 1949–1953
	Ab Mai 1949 (Vorserie) **Bis Motor 636.915 00200** · Zylinderkurbelgehäuse mit Ölwanne identisch mit M 136. · Nicht verwendete Ansaug- und Auslasskanäle mit Platte verschlossen. · Grauguss-Querstromzylinderkopf für hängende Ventile und Vorkammer (ohne Steg), Aufbordungen für 2 Ventilabdeckhauben aus Leichtmetall. · Steuergehäusedeckel aus Leichtmetallguss mit Flansch für Einspritzpumpe.
Ab ca. Juni 1949 **Ab Motor 136.920/921 14704** · Zylinderkurbelgehäuse ETL 136 010 13 08, an mehreren Stellen überarbeitet: Kernstopfen für Wasserloch M10×1 statt M8×1; rechts leicht vergrößerte Ventilkammeröffnung, unten mit weiteren Eckrundungen; neuer Ventilkammerdeckel ETL 181 010 01 18. Nut für Kurbelwellendichtung schwungradseitig. · Ölwanne ETL 181 010 02 13 mit Nut für Kurbelwellendichtung schwungradseitig. · Ab Motor 136 920 18701 auslassseitig 8 mm hohe Ventilsitzringe (+ 1,5 mm).	**Ab ca. Juli 1949** **Ab Motor 636.915 00201** · Änderungen an Zylinderkurbelgehäuse und Ölwanne analog M 136. · 2 Ventilabdeckhauben aus Blech, schwarz lackiert (statt Leichtmetallguss).
Ab Juni 1950 **Ab Motor 136.923 24799** · Zylinderkurbelgehäuse ETL 181 010 08 08; ähnlich Vorgängerausführung, jedoch mit Bohrung 75 mm (= 1 767 cm³). · Links je 1 schräglaufende Verstärkungsrippe zwischen den äußeren Kernlöchern oben und den beiden Kernlöchern unten. · Aussparung für Ausgleichsnocken inkl. Verschlussschraube entfällt. · Ab Motor 136 923 25501 veränderter Leichtmetall-Steuergehäusedeckel ETL 136 015 08 01. · Veränderte Ölwanne ETL 181 010 07 13. · Öleinfüllstutzen mit integrierter Staubhülse und Sieb ETL 159 010 00 71 für Tropen-Export. · Deckel Öleinfüllstutzen aus Stahlblech lackiert statt Messing.	**Ab ca. August 1950** **Ab Motor 636.916 ?????** · Zylinderkurbelgehäuse ähnlich Vorgängerausführung, jedoch mit Bohrung 75 mm (= 1 767 cm³). · Links je 1 schräglaufende Verstärkungsrippe zwischen den äußeren Kernlöchern oben und den beiden Kernlöchern unten.
	Ab Ende 1950 **Ab Motor 636.916 06651** · Zylinderkopf mit Aufbordung für eine einzige Ventilabdeckhaube. · Ventilabdeckhaube aus Blech, ohne Öleinfüllstutzen. · Vorkammer mit Kugelstift.
	Ab Februar 1951 **Ab Motor 636.916 08151** · Vollständig neues Zylinderkurbelgehäuse für OM 636: Große Stößelkammeröffnung, mit Blechdeckel verschlossen, fehlende (überflüssige) Ansaug- und Auspuffkanäle. · Seitliches Kurbelgehäuseentlüftungsrohr (statt seitlicher Öleinfüllstutzen). · Ventilabdeckhaube aus Blech, mit Öleinfüllstutzen.
Ab Mai 1952 (bis August 1953) **Ab Motor 136.923 01501/52** · Zylinderkurbelgehäuse ETL 181 010 11 08; adaptiert für Ventilsteuerung durch Kette und ohne Aussparung für Ausgleichsnocken. · Angepasster Steuergehäusedeckel ETL 136 015 09 01, außen mit erhabenem Mercedes-Benz-Stern. · Für Export in Länder über 2 000 m Höhe: Zylinderkopf 1:7,8 verdichtet.	

03 TRIEBWERKSTEILE

170 V, Va, Vb – Änderungen 1946–1953	170 D, Da, Db – Änderungen 1949–1953
Ab Juni 1946 **Bis Motor 136.920/921 08500** · Der Kurbeltrieb entspricht weitestgehend der letzten Ausführung vor Produktionseinstellung 1942. · Schwungrad mit Anlasserzahnkranz von 92 Zähnen (+ 3 Zähne), ETL 136 030 00 05.	
Ca. März 1949 **Ab Motor 136.920/921 08501** · Umstellung Hauptlager auf dünnwandige Lagerschalen aus Blei-Lagermetall (Weißmetall); Andrehseite: Breite 29 mm; Passlager: Breite 37 mm; Schwungradseite: Breite 37 mm. Lagerdeckel deutlich verstärkt.	

03 TRIEBWERKSTEILE

170 V, Va, Vb – Änderungen 1946–1953	170 D, Da, Db – Änderungen 1949–1953
Ab ca. Juni 1949 **Ab Motor 136.920/921 14704** · Kurbelwelle ETL 681 031 05 01 mit 12 mm breiter Ölschnecke, schwungradseitig abgedichtet durch einen in zwei Lagerhälften sitzenden Dichtring 69×79×5. · Riemenscheibe ETL 181 200 02 05 auf Kurbelwelle mit 122 mm Ø (statt 130 mm). · Ab Motor 136 920 20001 Umstellung auf Pleuel ETL 181 030 05 20 mit dünnwandigen, eingesetzten Lagerschalen und -büchsen. Die Pleuel auf Kurbelwelle mit durchgehenden Spezialschrauben M10×1,5 ETL 181 038 00 71 und Muttern montiert.	**Ab Mai (Vorserie) bzw. Juli 1949** **Bis Motor 636.915 00500** · Kurbeltrieb analog M 136, jedoch: - Lagerschalen aus Blei-Bronze (statt Weißmetall). - dieselspezifische, geschmiedete Kolben. - Kolbenbolzen-Ø 22 mm (statt 20 mm beim M 136). - verstärkte Pleuel.
	Herbst 1949 **Ab Motor 636.915 00501** · Pleuel verändert, Lagerschalen angepasst. · Verändertes Kurbelwellenrad mit Zwischenstück.
Ab Juni 1950 **Ab Motor 136.923 24799** · Mit Umstellung auf 1 767 cm³ Hubraum Kolben für Bohrung 75,0 mm und Kolbenbolzen-Ø 20 mm, wahlweise Mahle ETL 181 030 00 17 oder Nüral ETL 181 030 10 17.	**Ab ca. August 1950** **Ab Motor 636.916 ?????** · Mit Umstellung auf 1 767 cm³ Hubraum Kolben für Bohrung 75,0 mm und Kolbenbolzen-Ø 22 mm, ETL 681 030 00 17.
Ab Mai 1952 bis August 1953 **Ab Motor 136.923 01501/52** · Umstellung auf Ventilsteuerung durch Kette; Kurbelwellenrad für Duplexkette ETL 181 052 04 03. · Ab Motor 126.923 02283/52 veränderte Riemenscheibe mit Ursprungs-Ø 130 mm ETL 181 202 05 10 auf Kurbelwelle.	**Ab Mai 1952 bis August 1953** **Ab Motor 636.916 ?????/52** · Marginal veränderte Kolben, wahlweise Nüral ETL 636 030 20 17 oder Mahle ETL 636 030 25 17, Pleuel und Kurbelwelle inkl. Pleuel- und Hauptlagerschalen.

05 STEUERUNG

170 V, Va, Vb – Änderungen 1946–1953	170 D, Da, Db – Änderungen 1949–1953
Ab Juni 1946 **Bis Motor 136.920 00209** · Die Ventilsteuerung entspricht weitestgehend der letzten Ausführung vor Produktionseinstellung 1942.	
Ab Spätherbst 1946 **Ab Motor 136.920 00210** · Nockenwelle ETL 136 051 03 01 mit neu 20° Eingriffswinkel für Zahnrad von Ölpumpe und Zündverteiler (statt bisher 14°30').	
Ab ca. März 1949 **Ab Motor 136.920/921 08501** · Ventilstößel ETL 181 054 00 01 mit 26 mm Ø (+ 4 mm). Angepasste Nockenwelle ETL 181 051 03 01. · Von Motor 136.920/921 08501 bis 10870 Einlassventil ETL 181 053 00 01 mit 35 mm Ø (statt 32,2 mm). Anschließend wieder Ø 32,2 mm.	
Ab ca. Juni 1949 **Ab Motor 136.920 15101** · Tellerartiger Ring ETL 181 053 00 24 verbessert obere Auflage von Ventilfeder.	**Ab Mai (Vorserie) bzw. Juli 1949** **Ab Motor 636.915 ?????** · Der OM 636 ist OHV-gesteuert. · Nockenwelle inkl. Lagerung und Antrieb entsprechen M 136; Ausnahme: Antriebsrad auf Nockenwelle aus Metall (statt Phenolharz-Werkstoff).
	Ab Mai 1952 **Ab Motor 636.916 03701/52** · Ventilschäfte mit Gummidichtringen, längerer Ventilfederteller sowie abweichende Ventilkegelhälften. · Umrüstung älterer Motoren ist problemlos möglich
Ab Anfang Juni 1952 **Ab Motor 136.923 01501/52** · Nockenwelle ETL 181 051 04 01 für Kettenantrieb; Doppelkettenrad ETL 181 052 00 01 aus Sphäroguss, 129,9 mm Ø, 42 Zähnen; Doppelrollenkette ETL 181 052 00 10. · Kein Kettenspanner.	

170 V, Va, Vb – Änderungen 1946–1953	170 D, Da, Db – Änderungen 1949–1953
Ab Oktober 1952 bis August 1953 **Ab Motor 136.923 03068/52** · 2 Kettenspanner ETL 181 050 04 11 an Zylindergehäuse und Ölwanne.	

07 & 09 VERGASER UND SAUGGERÄUSCHDÄMPFER

170 V, Va, Vb – Änderungen 1946–1953	170 D, Da, Db – Änderungen 1949–1953
Ab Juni 1946 **Bis Motor 136.920 01200** · Solex-Steigstrom-Sparvergaser 30 BFLVS (ETL 136 070 01 04) mit Hauptdüse 110/51. Sparvorrichtung außer Betrieb und mit Schraube verschlossen. · Sauggeräuschdämpfer mit Nassluftfilter Mann & Hummel A 350-05 (ETL 136 090 02 04) oder Knecht GD 71 (ETL 136 090 03 04) entsprechen weitgehend der letzten Ausführung vor Produktionseinstellung 1942.	
Ab Spätherbst 1947 **Ab Motor 136.920 01201** · Der Solex-Sparvergaser 30 BFLVS wird erneut (wie vor 1942) mit Spareinschaltung versehen; Betätigung nicht mehr manuell, sondern automatisch über Gestänge, sobald Gemischvorwärmung die Auspuffklappe schließt (siehe Text und Abb. BAL IX.49, S. 9).	
Ab Anfang 1950 **Ab Motor 136.920 ?????** · Für Export-Übersee: Wirbelöl-Luftfilter (ETL 000 094 74 01).	
Ab Mai 1952 bis August 1953 **Ab Motor 136.920 ?????** · Für Export in Länder über 2 000 m Höhe: Hauptdüse 105/51 (ETL 136 070 07 04). · Tropen-Export: Ölbadluftfilter Mann & Hummel ALO 3,6 S 14 (ETL 000 094 97 01).	

07 & 09 EINSPRITZPUMPE UND SAUGGERÄUSCHDÄMPFER

170 V, Va, Vb – Änderungen 1946–1953	170 D, Da, Db – Änderungen 1949–1953
	Ab Mai (Vorserie) bzw. Juli 1949 **Ab Motor 636.915 ?????** · Die Bosch-Reiheneinspritzpumpe mit angebautem pneumatischem Regler und Treibstoffpumpe bleibt bis zur Produktionseinstellung des 170 Db bis auf Kleinigkeiten unverändert. · Einspritzleitungen mit 1,5 mm Innendurchmesser. · Sauggeräuschdämpfer mit Nassluftfilter, Oberteil mit Schnappverschluss aufgesetzt und einseitig abgeschrägt, Ansaugrohr mit fischschwanzförmigem Ansaugstutzen.
	Ab ca. August 1950 **Ab Motor 636.916 04201** · Einspritzdüsen überarbeitet. · Neue Sauggeräuschdämpfer, wahlweise Mann & Hummel oder Knecht; Aussehen unbekannt.
	Ab Januar 1951 **Ab Motor 636.916 06651** · Wegen Zylinderkopf ohne Einschnitt (durchlaufende Haube) veränderte Einspritzleitungen (länger, andere Führung). · Innen-Ø Einspritzleitungen 2 mm (statt 1,5 mm).
	Ab Mai 1952 bis August 1953 **Ab Motor 636.916 ?????** · Neue Sauggeräuschdämpfer, wahlweise von Mann & Hummel oder Knecht; Topf mit aufgeschraubtem Deckel, Ansaugrohr kreisrund.

14 SAUGROHR UND AUSPUFFKRÜMMER

170 V, Va, Vb – Änderungen 1946–1953	170 D, Da, Db – Änderungen 1949–1953
Ab Juni 1946 **Bis Motor 136.920/921 24798** · Die gesamte Ansaug- und Auspuffkrümmer-Anlage entspricht weitestgehend der letzten Ausführung vor Produktionseinstellung 1942.	
	Ab Mai (Vorserie) bzw. Juli 1949 **Ab Motor 636.915 ?????** · Klappenregler und strömungsgünstige Saugleitung aus Leichtmetallguss links, Auspuffkrümmer rechts, spezifisch auf OM 636 ausgerichtet.
	Ca. Februar 1950 **Ab Motor 636.915 01316** · Drosselklappenwelle inkl. Lagerung verbessert.
Ab Juni 1950 bis August 1953 **Ab Motor 136.923 24799** · Gleichzeitig mit Hubraumerhöhung neu geformter, deutlich strömungsgünstigerer Ansaugkrümmer ETL 136 140 13 01 sowie veränderter Auspuffkrümmer ETL 136 140 11 11 mit Heizklappe und Dreilochflansch für Anschluss Auspuffleitung.	**Ab ca. April 1950** **Ab Wagen 136.110 02601** · Auspuffkrümmer mit Dreilochflansch für Anschluss Auspuffleitung (statt Zweilochflansch).

15 ELEKTRISCHE AUSRÜSTUNG AM MOTOR

170 V, Va, Vb – Änderungen 1946–1953	170 D, Da, Db – Änderungen 1949–1953
Ab Juni 1946 · Die elektrische 6 Volt-Ausrüstung am Motor entspricht weitgehend der letzten Ausführung vor Produktionseinstellung 1942.	
Ab Januar 1949 **Ab Motor 136.920/921 06941** · Veränderte Lichtmaschinenbefestigung mit U-förmigem Träger, Augen am Kurbelgehäuse und Schraubbolzen M12, ab Motor 136.920/07201 M10. · Ab Motor 136.920 11501 (ca. April 1949) verstärkter Lichtmaschinenträger ETL 136 155 03 35 (L-Profil). · Ab Motor 136.920 12301 erneute Anpassung des Trägers (ETL 136 155 04 35).	
	Ab Mai (Vorserie) bzw. Juli 1949 **Ab Motor 636.915 ?????** · Anlasser 12 V, Betätigung mittels Magnetschalter über Anlasser. · Glühkerzen Bosch KE/GA 2/2 oder Beru 202/GE mit spiralförmig gebogenem Glühdraht und Netzspannung von je 1,4 Volt. · Glühüberwacher mit Nennspannung 1,4 Volt sowie Glühkerzenwiderstand mit Nennspannung von 5,0 Volt. · Lichtmaschine 12 V Bosch LJ/RJH 150/12–2100 BR 1 mit angebautem 2-Element-Regler.
Ab ca. Juni 1949 **Ab Wagen 136.01 13086** **Ab Motor 136.920 14085** · Zündspule an Spritzwand (statt an Motor).	
Ab Februar 1950 **Ab ca. Wagen 136.01 20000** · Wegen Einbau Lüftungsanlage Zündspule rückversetzt an alte Stelle am Motor; Halter ETL 136 158 02 40 überarbeitet. · Ab Motor 136.923 27201 (ca. August 1950) Zündverteiler Bosch VE 4 CR 388 (ETL 000 158 25 01) statt VE 4 CS 283.	
	Evtl. ab Juni oder August 1950 **(mit Wechsel auf 170 Da?)** · Glühkerzen Bosch KE/GA 1/8 oder Beru 214 GK mit ösenförmig gebogenem Glühdraht und Netzspannung von je 0,9 Volt. · Glühüberwacher mit Nennspannung 0,9 Volt, sowie Glühkerzenwiderstand mit Nennspannung von 6,6 Volt.

18 ÖLPUMPE UND SCHMIERLEITUNGEN

170 V, Va, Vb – Änderungen 1946–1953	170 D, Da, Db – Änderungen 1949–1953
Ab Juni 1946 **Bis Motor 136.920 00209** · Die Motorschmierung mit Topffilter im Nebenstrom (rechts hinter dem Vergaser) entspricht weitestgehend der letzten Ausführung vor Produktionseinstellung 1942.	
Ab Spätherbst 1946 **Ab Motor 136.920 00210** · Verzicht auf Ölfilter. · Antrieb Ölpumpe (ETL 136 180 07 01) mit Schraubenrad mit Eingriffswinkel 20° (statt 14°30').	
Ab ca. März 1949 **Ab Motor 136.920 08501** · Ölpumpengehäuse aus Leichtmetallguss. · Erneut Anbau eines Ölfilters (ETL 181 180 00 10, später 181 180 03 10) an alter Stelle hinter dem Vergaser; nun als Spaltfilter im Hauptstrom und mit auf 2 atü eingestelltem Überdruckventil versehen.	
Ab Sommer 1949 **Ab Motor 136.920 17501** · Ölüberdruckventil von 8 atü (ETL 136 180 04 15) an alter Stelle am Kurbelgehäuse (statt 6,5 atü).	**Ab Mai (Vorserie) bzw. Juli 1949** **Ab Motor 636.915 ?????** · Ölfilter mit Spaltfiltereinsatz, im Hauptstrom, 2 atü-Überdruckventil am Filter (identisch mit M 136). · Ölüberdruckventil von 8 atü (ETL 136 180 04 15) am Kurbelgehäuse.
Anfang Juni 1952 bis August 1953 **Ab Motor 136.923 01501/52** · Adaptierte Ölpumpe (ETL 181 180 00 01) wegen kettengetriebener Nockenwelle (umgekehrte Drehrichtung).	

· Die Ölpumpen sind für dem M 136 und den OM 636 identisch. Es gibt folgende Ausführungen (Aufzählung chronologisch):
1) Saugrohr mit Saugkorb im Gehäuse-Unterteil eingeschraubt, Höhe Zahnradgehäuse 28 mm, Zahnräder 24 mm hoch. Zahnräder nur im Gehäuse-Oberteil gelagert.
2) Saugrohr mit Saugkorb im Gehäuse-Oberteil eingeschraubt, Höhe Zahnradgehäuse 28 mm, Zahnräder 24 mm hoch.
3) Wie 2), jedoch Höhe Zahnradgehäuses 33 mm, Zahnräder 29 mm hoch.
4) Saugrohr mit Saugkorb an das Gehäuse-Oberteil angeflanscht, Höhe Zahnradgehäuse 33 mm, Zahnräder 29 mm hoch.

20 MOTORKÜHLUNG

170 V, Va, Vb – Änderungen 1946–1953	170 D, Da, Db – Änderungen 1949–1953
Ab Juni 1946 · Wasserpumpe aus Grauguss mit Fettfüllung. Antriebsrad mit 112 mm Ø und vierblättriger Lüfterflügel aus Leichtmetallguss mit 360 mm Ø sowie Kühlwasserthermostat in Gehäuse auf Zylinderkopf entsprechen weitestgehend der letzten Ausführung vor Produktionseinstellung 1942. · Ab Motor 136 920 04401 Befestigung Lüfterflügel mit Federscheiben und regulären Sechskantmuttern M8 statt versplinteten Kronenmuttern.	
Ab ca. Juni 1949 **Ab Motor 136.920 13151** · Einfacher Kühlwasserauslaufstutzen (ETL 136 293 00 31, später 136 203 01 31), da Thermostat nun im Gummischlauch zwischen Zylinderkopf und wasserkastenlosem Kühler sitzt.	**Ab Mai (Vorserie) bzw. Juli 1949** **Ab Motor 636.915 ?????** · Einfacher Kühlwasserauslaufstutzen (ETL 636 293 03 31). · Thermostat und Kühlwasserpumpen identisch mit M 136.
Ab ca. September 1949 **Ab Motor 136.920 17861** · Wasserpumpen-Antriebsrad (ETL 136 200 17 01) mit 122 mm Ø (+ 10 mm). · Lüfterflügel (ETL 181 205 03 06) mit 380 mm Ø (+ 20 mm). · Ab Motor 136.920 22703 Wasserpumpe mit Schmiernippel und Antriebsrad von 122 mm Ø (ETL 136 200 26 01, später 181 200 01 22).	**Ab ca. September 1949** **Ab Motor 636.915 00501** · Wasserpumpen-Antriebsrad ETL 136 200 17 01 mit 122 mm Ø. · Lüfterflügel ETL 181 205 02 06 mit 390 mm Ø (+ 30 mm gegenüber M 136 bisher). · Ab Motor 636.915 01674 Wasserpumpe mit Schmiernippel und Antriebsrad von 122 mm Ø, ETL 136 200 26 01 (später 181 200 01 22).
Ab ca. August 1950 **Ab Motor 136.923 27349** · Lüfterbefestigung mit Federscheiben und Innensechskantschrauben M8.	**Ab ca. August 1950** **Ab Motor 636.916 04075** · Lüfterbefestigung mit Federscheiben und Innensechskantschrauben M8.

20 MOTORKÜHLUNG

170 V, Va, Vb – Änderungen 1946–1953	170 D, Da, Db – Änderungen 1949–1953
Ab ca. September 1952 bis August 1953 **Ab Motor 136.923 02283/52**	**Ab ca. September 1952 bis August 1953** **Ab Motor 636. 05243/52**

· Wasserpumpe (ETL 136 200 28 01) mit Ölfüllung und zwei Schraubverschlüssen, Antriebsrad mit 112 mm Ø (- 10 mm).

22/24 MOTORAUFHÄNGUNG

170 V, Va, Vb – Änderungen 1946–1953	170 D, Da, Db – Änderungen 1949–1953
Ab Juni 1946 · Die Motoraufhängung mit vorderem Träger und Lager, hinterem Lager und seitlicher Drehmomentabstützung entspricht weitestgehend der letzten Ausführung vor Produktionseinstellung 1942.	
Ab ca. August 1949 **Ab Wagen 136.01 14001** · Seitliche Drehmomentabstützung (ETL 181 240 00 10) mit rundem Gummipuffer (ETL 183 242 03 25) in Rohrstummel statt rechteckigem Gummilager. · Gleichzeitig neu eine verstellbare Zugstange zwischen Motor-/Getriebeeinheit und hinterem Motorquerträger.	**Ab August 1949** **Ab Motor 636.915 ?????** · Motorträger OM 636 weicht leicht vom Motorträger M 136 ab. · Übrigen Teile der Motoraufhängung inkl. Zugstange zwischen Motor-/Getriebeeinheit und hinterem Motorquerträger sind mit M 136 baugleich.

25 KUPPLUNG

170 V, Va, Vb – Änderungen 1946–1953	170 D, Da, Db – Änderungen 1949–1953
Ab Juni 1946 · Mechanisch betätigte Einscheiben-Trockenkupplung Fichtel & Sachs Typ Komet K 12 KVJMRZ (ETL 136 250 00 04) entspricht weitestgehend der letzten Ausführung vor Produktionseinstellung 1942. · Ausrückkörper mit direktem Schmierleitungsanschluss (beweglicher Schlauch) und schlitzförmiger Öffnung links in Kupplungsglocke.	
	Ab August 1949 · Kupplung mit 170 V identisch. · Einzige Abweichung: stärkere Mitnehmerscheibe, auf Getriebeseite mit »Diesel« gekennzeichnet.
Ab Ende Januar 1950 **Ab Wagen 136.01 20851**	**Ab Ende Januar 1950** **Ab ca. Wagen 136.11 00150**

· Separate Kupplungsglocke in Leichtmetall (ETL 183 250 00 05), mit Getriebegehäuse aus Grauguss verschraubt (statt Getriebegehäuse und Kupplungsglocke als Graugusseinheit).

26 GETRIEBE

170 V, Va, Vb – Änderungen 1946–1953	170 D, Da, Db – Änderungen 1949–1953
Ab Juni 1946 · Vollsynchronisiertes Vierganggetriebe (DB-eigene Konstruktion, ETL 136 260 00 01) entspricht der von ca. 1940 bis 1942 verwendeten Ausführung. · Ausrückkörper mit direktem Schmierleitungsanschluss bedingt schlitzförmige Öffnung links in angegossener Kupplungsglocke.	
Ab September 1949 **Ab Wagen 136.01 16000**	**Ab September 1949** **Ab Wagen 136.11 ?????**

· Gleichlaufkörper verbessert für 1. & 2. Gang (ETL 136 260 14 45) und für 3. & 4. Gang (ETL136 260 15 45).

Ab Ende Januar 1950 **Ab Wagen 136.010 20851**	**Ab Ende Januar 1950**

· Bisheriges Getriebe in separatem Graugussgehäuse und angeschraubter Kupplungsglocke aus Leichtmetall.
· Fortlaufend kleinere Veränderungen an Hauptwelle, Zahnrädern und Kleinteilen.

Ab Juni 1950	**Ab Juni 1950**

· Schalthebel aus Gründen der Vibrations- und Geräuschdämmung aus 2 Teilen zusammengesteckt und in Gummi gelagert (ETL 136 260 00 04).

29 FUSSHEBELWERK

<table>
<tr><th>170 V, Va, Vb – Änderungen 1946–1953</th><th>170 D, Da, Db – Änderungen 1949–1953</th></tr>
<tr><td>Ab Juni 1946
· Brems- und Kupplungspedal entsprechen mitsamt ihren Übertragungselementen weitestgehend der letzten Ausführung vor Produktionseinstellung 1942.</td><td></td></tr>
<tr><td>Ab August 1949
Ab Wagen Ab 136.01 14001</td><td>Ab August 1949
Ab Wagen 136.11 ?????</td></tr>
<tr><td colspan="2">· Kupplungsbetätigung mit verstellbarem Gestänge statt Bowdenzug (gleichzeitig mit veränderter Drehmomentabstützung und neu Verspannung der Motor-/Getriebeeinheit mit hinterem Motorquerträger).</td></tr>
</table>

30 REGULIERUNG

<table>
<tr><th>170 V, Va, Vb – Änderungen 1946–1953</th><th>170 D, Da, Db – Änderungen 1949–1953</th></tr>
<tr><td>Ab Juni 1946
· Die Gemischregulierung über Gaspedal und doppelwirkendem Regulierhebel (auf Regulierstange am Vergaser und auf Drehknopf am Armaturenbrett) entspricht weitestgehend der letzten Ausführung vor Produktionseinstellung 1942.</td><td></td></tr>
<tr><td></td><td>Ab August 1949
Ab Wagen 136.11 ?????
· Regulierung des 170 D weicht in allen Einzelteilen vom 170 V ab, inkl. Fahrpedal, das eine Drosselklappe im Klappenregler betätigt. Der Unterdruck steuert den pneumatischen Regler der Einspritzpumpe.
· Zug zum Startvergaser entfällt.
· Drahtzug vom Glühanlassschalter auf den Regler zum Ausschalten des Motors.</td></tr>
<tr><td>Ab ca. September 1950
Ab Wagen 136.06 27201
· Leerlaufeinstellung per Drehknopf am Armaturenbrett entfällt, deshalb neuer, nur einseitig wirkender Regulierhebel (ETL 136 300 07 25) auf Regulierstange am Vergaser.</td><td></td></tr>
</table>

31 RAHMEN

<table>
<tr><th>170 V, Va, Vb – Änderungen 1946–1953</th><th>170 D, Da, Db – Änderungen 1949–1953</th></tr>
<tr><td>Ab Juni 1946
· Rahmen für Krankenwagen, Kastenwagen, Pritschenwagen und Polizei-Mannschaftswagen mit 4 mm höherem Ovalrohr und rückwärtiger horizontaler Verlängerung auf der Höhe der Hinterachstraverse. Anschlüsse für Motorlagerung, Achs-, Karosserie- und Wagenheberaufnahmen weitestgehend wie vor Einstellung der Produktion 1942.</td><td></td></tr>
<tr><td>Ab Juni 1947
Ab Wagen 136.010 00381
· Zusätzlich Rahmen (ETL 136 310 06 01) für die wieder aufgenommene Innenlenker-Fertigung (hintere Spurweite 1 296 mm); entspricht weitestgehend der letzten Ausführung für Innenlenker vor Produktionseinstellung 1942.</td><td></td></tr>
<tr><td>Ab August 1949
Ab Wagen 136.01 14001</td><td>Ab August 1949
Ab Wagen 136.11 ?????</td></tr>
<tr><td colspan="2">· Rahmen (ETL 136 310 16 01) für Innenlenker; hinterer Motorträger verändert und Aufnahme für neue Drehmomentstütze angepasst.</td></tr>
<tr><td>Ab Januar 1950
Ab Wagen 136.01 20421</td><td>Ab Januar 1950
Ab Wagen 136.11 ?????</td></tr>
<tr><td colspan="2">· Rahmen (ETL 136 310 17 01) für Innenlenker mit hinterer Spurweite 1 342 mm, aber noch ohne hintere Verlängerung.</td></tr>
<tr><td>Ab Juni 1950
Ab Wagen 136.06 23851</td><td>Ab Juni 1950
Ab Wagen 136.16 03001</td></tr>
<tr><td colspan="2">· Rahmen (ETL 136 310 21 01) für Innenlenker, mit hinterer Verlängerung aus 2 U-förmigen, gekröpften Trägern sowie Aufnahmen für Hebelstoßdämpfer, Spurweite 1 342 mm.</td></tr>
<tr><td>Ab Juli 1950
Ab Wagen 136.06 25074</td><td>Ab Juli 1950
Ab Wagen 136.16 03231</td></tr>
<tr><td colspan="2">· Rahmen (ETL 136 310 19 01) für Innenlenker, mit hinterer Verlängerung, Aufnahmen für Teleskopstoßdämpfer und Anschlagpuffer für die Vorderradaufhängung; hintere Spurweite 1 342 mm.</td></tr>
</table>

31 RAHMEN

170 V, Va, Vb – Änderungen 1946–1953	170 D, Da, Db – Änderungen 1949–1953
Ab Februar 1952 **Ab Wagen 136.06 0646/52**	**Ab Februar 1952** **Ab Wagen 136.16 ?????/52**

- Rahmen (ETL 136 310 20 01) für Hypoidhinterachse (statt Gleason wie bisher) und für bisherigen Lenkungsbock (ETL 191 460 01 29), hintere Spurweite 1 342 mm und Teleskopstoßdämpfer.

Ab Mai 1952 bis August 1953 **Ab Wagen 136.06 00824/52**	**Ab Mai 1952 bis August 1953** **Ab Wagen 136.16 ?????/52**

- Rahmen (ETL 136 310 25 01) mit längerer Lasche für neuen Lenkungsbock (ETL 191 460 00 29), sonst unverändert.

32 FEDERN UND AUFHÄNGUNG

170 V, Va, Vb – Änderungen 1946–1953	170 D, Da, Db – Änderungen 1949–1953

Vorn

Ab Juni 1946 · Krankenwagen (Bm 014), ab Juni 1947 auch Innenlenker (Bm 010) mit 60 mm breiten Blattfederpaketen, bestehend aus jeweils 10 Federblättern mit Sprengung von 26 mm und Normalbelastung von 315 kg (ETL 136 320 17 02 oben, 136 320 02 02 unten). Verjüngung bei Federauge auf 48 mm, mit Gewindebuchsen und -bolzen M16×1 (ETL 136 322 00 30). Diese Federn entsprechen weitgehend der Ausführung, wie sie ab 1939 für die Pkw-Ausführungen ab Wagen 2001 der RB 10136018 verwendet werden. · Pritschenwagen (Bm 015), Kastenlieferwagen (016) und Polizei-Mannschaftswagen (Bm 017) mit 65 mm breiten Blattfederpaketen versehen, bestehend aus jeweils 6 Federblättern mit Sprengung von 42 mm und Normalbelastung von 315 kg (ETL 136 320 25 02 oben, 136 23 02 unten). Verjüngung bei Federauge auf 48 mm; Buchsen und Bolzen wie oben. · Öldruck-Hebelstoßdämpfer Fichtel & Sachs Komet-Monodraulic 30 HM mit Übertragungsgestänge, analog der seit 1938 gebauten Ausführung.	
	Ab August 1949 **Ab Wagen 136.11 ?????** · Vorderradaufhängung/-federung 170 D identisch mit 170 V.
Ab Juni 1950 **Ab Wagen 136.06 23851**	**Ab Juni 1950** **Ab Wagen 136.16 03001**

- Ab Beginn 170 Va/Da mit 60 mm breiten Blattfederpaketen mit jeweils 10 Federblättern, unveränderter Sprengung von 26 mm, aber geringerer Normalbelastung von 305 kg (ETL 136 320 41 02 oben, 136 320 39 02 unten).
- In besonderen, nicht näher bekannten Fällen: 60 mm breite Blattfederpakete mit jeweils 9 Federblättern, Sprengung 32 mm und Normalbelastung 315 kg (ETL 136 320 52 02 oben, 136 320 51 02 unten).

Ab Juli 1950 **Ab Wagen 136.060 25074**	**Ab Juli 1950** **Ab Wagen 136.160 03231**

- Teleskopstoßdämpfer (statt Hebeldämpfer) von Fichtel & Sachs (ETL 000 323 08 00); direkt mit verlängertem Federbolzen am Auge des unteren Federpakets drehbar gelagert.

Hinten

Ab Juni 1946 · Krankenwagen mit Behelfsfahrerhaus und Bereifung 5,50-16" (Bm 014) mit Schraubenfedern vermutlich für Achsdruck von 920 kg, mit Federweg von 17,9 mm/100 kg (ETL 136 324 01 04). · Pritschen-, Kasten- und Polizei-Mannschaftswagen mit Behelfsfahrerhaus und Bereifung 6,50-16" (Bm 015, 016 & 017) mit Schraubenfedern für Hinterachsdruck von 1 320 kg, mit Federweg von 9,6 mm/100 kg (ETL 136 324 05 04). · Öldruck-Hebelstoßdämpfer Fichtel & Sachs Komet-Monodraulic 35D; a) mit gekröpftem Hebel (ETL 136 320 00 31 rechts, 136 320 01 31 links) b) mit geradem Hebel (ETL 136 320 02 31 rechts, 136 320 03 31 links). Zuordnung nicht bekannt.	
Ab Juni 1947 **Ab Wagen 136.010 00381** · Anfänglich Innenlenker mit Schraubenfedern vermutlich für Achsdruck von 920 kg (ETL136 324 01 04). · Später abgelöst durch Schraubenfedern für Achsdruck von 810 kg, mit Federweg von 23,7 mm/100 kg (ETL 136 324 02 04).	

170 V, Va, Vb – Änderungen 1946–1953	170 D, Da, Db – Änderungen 1949–1953
Ab Anfang 1950 · Für Krankenwagen mit Lueg-Aufbau: Schraubenfedern für Hinterachsdruck von 980 kg, mit Federweg von 20,4 mm/100 kg (ETL 136 324 16 04). · Für Krankenwagen in Ländern mit schlechten Straßen und für Taxiwagen: Schraubenfedern für einen Hinterachsdruck von 1 130 kg, mit Federweg von 15,2 mm/100 kg (ETL 136 324 22 04).	
Ab Juni 1950 **Ab Wagen 136.06 23851**	**Ab Juni 1950** **Ab Wagen 136.16 03001**
· Für Innenlenker: Schraubenfedern für Hinterachsdruck von 855 kg, mit Federweg von 21,8 mm/100 kg (ETL 136 324 15 04). · Für Krankenwagen Lueg: Schraubenfedern für Hinterachsdruck von 955 kg (ETL 136 324 16 04).	
Ab Juli 1950 **Ab Wagen 136.06 25074**	**Ab Juli 1950** **Ab Wagen 136.160 03231**
· Teleskopstoßdämpfer (statt Hebeldämpfer) von Fichtel & Sachs (ETL 000 323 00 00); veränderte Aufnahme am Achsrohr und Federträger des Rahmens.	
Ab Mai 1952 bis August 1953	**Ab Mai 1952 bis August 1953**
· Fahrgestelle für Fremdaufbauten: a) »weiche« Schraubenfedern für 1 090 kg Achsdruck, mit Federweg von 20,4 mm/100 kg (ETL 136 324 17 04). b) »harte« Schraubenfedern für 1 200 kg Achsdruck, mit Federweg von 11,7 mm/100 kg (ETL 136 324 24 04, dann 136 324 19 04).	

33 VORDERACHSE

170 V, Va, Vb – Änderungen 1946–1953	170 D, Da, Db – Änderungen 1949–1953
Ab Juni 1946 · Achsschenkel, Radnaben und Spurstangen entsprechen weitgehend der letzten Ausführung vor Produktionseinstellung 1942.	
Ab Mitte 1949 **Ab Vorderachse 13241**	**Ab August 1949** **Ab Wagen 136.11 ?????**
· Achsschenkel (ETL 136 330 27 20 links, 136 330 28 20 rechts) und Radnaben (ETL 136 330 03 25) in wesentlichen Punkten verstärkt. Achsschenkelzapfen länger und im Ø grösser, hinten 30 mm (+ 5 mm), vorn 25 mm (+ 3 mm), größere Lager, Abdichtung zur Bremsankerplatte mit Wellendichtring statt Filzring. Radnabenkörper (ETL 181 330 03 25) ohne Innengewinde, Radnabendeckel (ETL 181 334 01 25) lediglich aufgesteckt.	
Ab ca. Juli 1949 **Ab Wagen 136.01 13549 (Vorderachse 14001)** · Bremsen mit Belagsbreite 40 mm (statt 30 mm).	**Ab August 1949** **Ab Wagen 136.11 ?????** · Der 170 Diesel erhält von Beginn an Bremsen mit Belagsbreite 40 mm.
Ab Juli 1950 **Ab Wagen 136.01 25074 (Vorderachse 28779)**	**Ab Juli 1950** **Ab Wagen 136.160 03231**
· Gleichzeitig mit Teleskopstoßdämpfer verbesserte Abdichtung der Achsschenkel (ETL 136 330 35 20 links, 136 330 36 20 rechts): oben und unten Dichtring, unten Staubring und veränderte Staubdeckel.	
1952 bis August 1953 **Ab Vorderachse 7883/52**	**1952 bis August 1953** **Ab Vorderachse 7883/52**
· Abdichtring von 7 mm auf 10 mm verbreitert, Vorderradnabe (ETL 183 330 00 25) entsprechend angepasst.	

35 HINTERACHSE

170 V, Va, Vb – Änderungen 1946–1953	170 D, Da, Db – Änderungen 1949–1953
Ab Juni 1946 · Hinterachse 170 V-Nutzfahrzeuge: Spurweite 1 330 mm, Übersetzung 1:4,72, Zähnezahl Ritzel und Tellerrad 7:33; Länge der Steckachse 583,5 mm, Verzahnung 26×30, Wellen-Ø bei Lager 40 mm, Länge Achstragrohr 537 mm, Lochkreis am Tragrohr 97 mm, Belagsbreite Bremse 40 mm.	

35 HINTERACHSE

170 V, Va, Vb – Änderungen 1946–1953	170 D, Da, Db – Änderungen 1949–1953
Ab Juni 1947 **Ab Wagen 136.010 00381** · Hinterachse 170 V-Innenlenker: Spurweite 1 296 mm Spurweite, Übersetzung 1:4,12, Zähnezahl von Ritzel und Tellerrad 8:33; Länge der Steckachse 568 mm, Verzahnung 23×27, Wellen-Ø bei Lager 35 mm, Länge Achstragrohr 514,5 mm, Lochkreis am Tragrohr 89 mm, Belagsbreite Bremse 30 mm. · Entsprechend der längeren Übersetzung weichen Ausgleichsgetriebe, Kreuzgelenke und Hinterachsgehäuse der Innenlenker von der Nutzfahrzeug-Ausführung ab. · Kegelradwelle: zweireihiges Ringschräglager vorn und Ringzylinderlager hinten. · Hinterachswellen mit Ringrillenlager.	
	Ab August 1949 **Ab Wagen 136.11 ?????** · Hinterachse wie gleichzeitige Ausführung für 170 V.
Ab Januar 1950 **Ab Wagen 136.01 20421 (Hinterachse 22121)**	**Ab Januar 1950** **Ab Wagen 136.11 01231**

· Spurweite auf 1 342 mm vergrößert, Übersetzung unverändert; Länge Steckachse 589 mm, Verzahnung 23×27, Wellen-Ø bei Lager 40 mm (+ 5 mm); Länge Achstragrohr 537 mm, Lochkreis am Tragrohr 97 mm (+ 8 mm), Belagsbreite Bremse 40 mm (ab Wagen 136.01 13549, ca. Juli 1949).

Ab Juli 1950 **Ab Wagen 136.06 25074 (Hinterachse 28805)**	**Ab Juli 1950** **Ab Wagen 136.16 03231**

· Teleskopstoßdämpfer (statt Hebeldämpfer) erfordern am Achstragrohr (ETL 136 350 27 19) eine gegen innen versetzte Aufnahmestelle von Ø 18 mm (statt 8,4 mm außerhalb der Feder).

Ab Februar 1952 bis August 1953 **Ab Wagen 136.06 0646/52**	**Ab Februar 1952 bis August 1953** **Ab Wagen 136.16 1275/52.**

· Hinterachse mit Hypoidverzahnung; Übersetzung 1:4,125 unverändert, Spurweite neu 1 360 mm (+ 18 mm); Steckachse links mit Rechtsdrall (ETL 136 350 31 10), rechts mit Linksdrall (ETL 136 350 32 10) zwecks Ölrückförderung; Achstragrohr (ETL 136 350 32 19) bei Lagerung im Hinterachsgehäuse verändert. Neues Hinterachsgehäuse (ETL 136 350 21 00) bedingt veränderte Lagerung im erheblich angepassten Rahmen.
· Fahrgestelle für Fremdaufbauten mit Hinterachsübersetzung von 1:4,44 (Gehäuse ETL 136 350 20 00, Ausgleichsgetriebe ETL 136 350 20 23).

40 RÄDER UND BEREIFUNG

170 V, Va, Vb – Änderungen 1946–1953	170 D, Da, Db – Änderungen 1949–1953
Ab Juni 1946 · 170 V Krankenwagen: Scheibenräder mit Tiefbettfelge 3,50 D x 16" von Kronprinz (ETL 136 400 01 02) für Bereifung 5,50-16" (oder 6,00-16"). Radschüssel kurvenförmig, ohne Aussparung. · 170 V-Nutzfahrzeuge: Scheibenräder mit Tiefbettfelgen 4,50 E x 16" (ETL 136 400 02 02) für Bereifung 6,50-16" (oder 7,00-16"). Radschüssel kurvenförmig, ohne Aussparungen. · Radzierdeckel-Ø 246 mm (wie 230 W 153), vollflächig schwarz oder grau lackiert.	
Ab Juni 1947 **Ab Wagen 136.010 00381** · 170 V Innenlenker: Scheibenräder mit Tiefbettfelgen 3,50 D x 16" von Kronprinz (ETL 136 400 01 02) für Bereifung 5,50-16" (statt 3,25 D x 16" für Reifen 5,25-16"). Radschüssel kurvenförmig, ohne Aussparungen. · Radzierdecke-Ø 231 mm, verchromt, partiell in Wagenfarbe lackiert und mit Klarlack überzogen. · Ersatzrad in Mulde im Heck auf Beilegescheibe (ETL 136 403 00 67) aus Leichtmetallguss.	
Ca. Juli 1949 **Möglicherweise ab Wagen 136.01 13549**	**Ab August 1949** **Ab Wagen 136.11 ?????**

· Möglicherweise mit Wechsel auf Bremsenbreite 40 mm (statt 30 mm) Scheibenräder mit Tiefbettfelgen 3,50 D x 16" mit gewölbter Radschüssel (statt kurvenförmig); Räder von Kronprinz (ETL 136 400 15 02) mit vier Aussparungen zwischen Schüssel und Felge, Räder von Südrad (ETL 136 400 16 02) ohne Aussparungen.
· Ein zweites Ersatzrad kann auf Wunsch mittels Zwischenstück aufgesetzt werden.
· Exportfahrzeuge mit in Wagenfarbe lackierter Ersatzradhülle aus Stahlblech mit eingelegtem Zierring aus poliertem Leichtmetall (ETL 136 400 05 20) und Raddeckel. Auf Sonderwunsch auch im Inland erhältlich.

Ab Herbst 1950	**Ab Herbst 1950**

· Kranken-, Kombinations- und Lieferwagen mit Lueg-Aufbau: Scheibenräder mit Tiefbettfelgen 4,00 E x 16" von Südrad für Bereifung 6,00-16" extra.

170 V, Va, Vb – Änderungen 1946–1953	170 D, Da, Db – Änderungen 1949–1953
	Ab September 1951 **Wagen 136.174 ?????** · 170 Da OTP: Tiefbettfelgen 4,00 E x 16" von Kronprinz (ETL 187 400 02 02) oder von Südrad (ETL 187 400 03 02) für Bereifung 6,00-16" extra. · Radzierdeckel schwarz lackiert ohne Chromrand.
Ab Mai 1952 bis August 1953 · Schlitze am inneren und äußeren Felgenhorn dienen der Befestigung von Auswuchtgewichten. Sie ersetzen die Gewindebolzen auf der Felge zum Aufschrauben von Gegengewichtsplatten.	**Ab Mai 1952 bis August 1953** · Schlitze am inneren und äußeren Felgenhorn dienen der Befestigung von Auswuchtgewichten. Sie ersetzen die Gewindebolzen auf der Felge zum Aufschrauben von Gegengewichtsplatten. · 170 Db Innenlenker: Radzierdeckel mit Schriftsegment »DIESEL« (ETL 136 400 00 25) für Ersatzrad. · Für Fahrgestelle ausgewählter Exportmärkte: Tiefbettfelgen 4,00 E x 16" von Südrad für Bereifung 6,00-16" extra.

41 WELLENSTRANG

170 V, Va, Vb – Änderungen 1946–1953	170 D, Da, Db – Änderungen 1949–1953
Ab Juni 1946 · Die Antriebswelle (ETL 136 410 15 01) entspricht weitestgehend der letzten Ausführung vor Produktionseinstellung 1942. · Länge (von Mittelachse zu Mittelachse der beiden Hardyscheiben) 1 468 mm, größter Wellen-Ø 72 mm. · Später mehrere kleinere Eingriffe.	
	Ab August 1949 **Ab Wagen 136.11 ?????** · 170 D: wie gleichzeitige Ausführung für 170 V.
Ab Februar 1952 bis August 1953 **Ab Wagen 136.06 0646/52**	**Ab Februar 1952 bis August 1953** **Ab Wagen 136.160 1275/52**

· Veränderte Antriebswelle (ETL 136 410 19 01) als Folge der neuen Hinterachse mit hypoidverzahntem Ausgleichsgetriebe: Schiebestück mit Dichtring statt Staubmanschette. Zentrierung hinterachsseitig mit Kugelpfannen, auswechselbarer Zentrierkugel und Druckfeder.

42 BREMSEN

170 V, Va, Vb – Änderungen 1946–1953	170 D, Da, Db – Änderungen 1949–1953
Ab Juni 1946 · Die hydraulische Fußbremsanlage unterscheidet sich nur in Details von der Ausführung vor Einstellung der Produktion 1942. · Neuer Hauptbremszylinder von Ate mit angegossenem, kubischem Ausgleichsbehälter und Zylinder-Ø 25,4 mm. · Bremsträgerplatten zunächst von Ate (ETL 000 420 00 16 vorn links, 000 136 420 01 16 vorn rechts bzw. ETL 000 420 00 17 hinten links, 000 420 01 17 hinten rechts), später von Daimler-Benz (ETL 136 420 00 16 vorn links, 136 420 01 16 vorn rechts bzw. ETL 136 420 00 17 hinten links, 136 420 01 17 hinten rechts), Außen-Ø 289 mm, Lochkreis-Ø (an Hinterachse) 89 mm. · Bremsbacken, aus 2 Teilen geschweißt, Belagsbreite 30 mm. · Radbremszylinder von Ate mit Ø 25,4 mm (= 1") vorn bzw. 22,2 mm (=7/8") hinten. · Bremstrommeln aus Blech gepresst, Innendurchmesser 240 mm (ETL 136 421 00 03). · Kasten-Lieferwagen, Pritschenwagen und Polizei-Mannschaftswagen: - Vorderradbremse identisch, Hinterradbremsen der höheren Achslast angepasst, entspricht weitgehend dem 230 (W 153). Bremsträgerplatten (ETL 136 420 02 17 links, 136 420 03 17 rechts), Außen-Ø 313 mm, Lochkreis-Ø 97 mm, Dichtringhalter Innen-Ø 62 mm, ab Achse Nr. 451 Ø 68 mm. - Bremsbacken mit Belagsbreite 40 mm. Radbremszylinder von Ate mit Ø 25,4 mm (= 1"), wie vorn. Bremstrommeln mit Innendurchmesser 275 mm (ETL 153 421 00 03). · Feststellbremse auf Hinterradbremse: Betätigung unverändert aus der Fertigung vor Produktionseinstellung 1942 übernommen.	

42 BREMSEN

170 V, Va, Vb – Änderungen 1946–1953	170 D, Da, Db – Änderungen 1949–1953
Ab Frühjahr bis Frühsommer 1948 **- ab 136.010 01769 (Innenlenker)** **- ab 136.014 01939 (Krankenwagen)** **- ab 136.016 03201 (170 V-Nutzfahrzeuge)** · Handbremsbetätigung mit Hebel links der Lenksäule unter dem Armaturenbrett (statt eines Hebels rechts am Getriebetunnel). Das an der Klinkenstange befestigte, im Rohr laufende Drahtseil betätigt im Motorraum einen aufrechten, am Rahmen drehbar gelagerten Hebel, der über eine Umlenkrolle den Seilzug zur Hinterachse festzieht.	
Ab ca. Juli 1949 **Ab Wagen 136.01 13549**	**Ab August 1949** **Ab Wagen 136.11 ?????**

· Bremsen mit Belagsbreite 40 mm (statt 30 mm), entsprechend angepasste Bremsträgerplatten. Nur noch je eine Bremsbackenausführung für vorn und hinten, mit Sicherungsring an Aufnahme fixiert (statt Splint). Radbremszylinder in funktions- und einbautechnischen Dimensionen unverändert.
· Bremstrommeln aus Blech gepresst, für 40 mm Belagsbreite, Innendurchmesser 240 mm (ETL 183 421 01 01).

Ab Januar 1950 **Ab Wagen 136.01 20421 (Hinterachse 22121)**	**Ab Januar 1950** **Ab Wagen 136.11 01231**

· Spurweite Hinterachse auf 1 342 mm vergrößert, Tragrohr bzw. hintere Bremsankerplatte mit Lochkreis 97 mm (+ 8 mm), Außendurchmesser unverändert, neu angeordneter Verstellmechanismus, Bremsbacken unverändert.
· Bremstrommeln mit Innendurchmesser 240 mm, zunächst noch aus Blech gepresst, dann aus Temperguss.

Ab Mai 1952 bis August 1953	**Ab Mai 1952 bis August 1953**

· Bremsträgerplatten überarbeitet, Bremsbacken verstärkt und mit Distanzscheiben, Federring und Schraube M8×15 gesichert (statt Distanzscheibe und Sicherungsring).
· Bremstrommeln aus Perlitguss mit Innendurchmesser 240 mm (ETL 183 421 07 01).
· Zweiteiliger Hebel der Handbremsbetätigung (ETL 183 420 06 42 links, 183 420 07 42 rechts) in Hinterradbremsen verändert.

46 LENKUNG

170 V, Va, Vb – Änderungen 1946–1953	170 D, Da, Db – Änderungen 1949–1953
Ab Juni 1946 · ZF-Rosslenkung 540. · Schwarzes oder teilverchromtes Lenkspindelrohr. · Schwarzes 4-Speichenlenkrad mit schwarzem Signalring und Firmenemblem sowie Lenkrad-/Zündschluss inkl. Halterung werden weitestgehend unverändert aus der Vorkriegsproduktion übernommen.	
Ab Frühjahr 1948 **Ab Wagen 136.01 01321** · 3-Speichenlenkrad (ETL 136 460 03 03) mit zugehörigem schwarzem Signalring (ETL 136 460 02 40) und Firmenemblem (ETL 136 460 00 44). · Exportwagen mit unlackiertem, aber poliertem Signalring aus Leichtmetall (ETL 136 460 03 40).	
Ab ca. März 1949 **Ab Wagen 136.01 08501**	**Ab August 1949** **Ab Wagen 136.11 ?????**

· Lenkgetriebe: Lagerbüchsen der Fingerhebelwelle (ETL 000 462 02 50 außen, 000 462 04 50 innen) verändert. Dichtring (ETL 000 461 00 80) zum Ölstandsrohr ersetzt bisherigen Filzring.

Ca. März 1950 **Ab Wagen 136.01 21501**	**Ca. März 1950** **Ab Wagen 136.11 ?????**

· Integration der Winkerschaltung in Lenkradnabe, betätigt durch Drehen des hochglanzverchromten Signalrings (ETL 183 460 00 40). Firmenemblem mit roter Kontrollleuchte für eingeschalteten Winker (ETL 181 460 01 44).
· Für Tropen-Export: Lenkrad und Firmenemblem in Elfenbeinfarbe.

Ca. Juli 1950 **Ab Wagen 136.06 24440**	**Ca. Juli 1950** **Ab Wagen 136.16 02930**

· Umstellung auf ZF-Rosslenkung 542: Lenkgehäuse (ETL 136 460 01 02) und Lagerbüchsen der Fingerhebelwelle (ETL 000 462 09 50 außen, 000 462 10 50 innen) verändert. Obere Nachstellmutter (ETL 000 462 01 26) entfällt, Axialspiel der Lenkschnecke muss durch Beilegen oder Entfernen von Blechscheiben zwischen Gehäuse und Deckel des veränderten Ölstandsrohrs (ETL 000 460 03 15) eingestellt werden.
· Sonderwunsch: Lenkspindelrohr 30, 50 oder 110 mm länger als normal (ETL 136 460 20 09).

<table>
<tr><th>170 V, Va, Vb – Änderungen 1946–1953</th><th>170 D, Da, Db – Änderungen 1949–1953</th></tr>
<tr><td>Ab Anfang Mai 1952
Ab Wagen 136.06 0839/52</td><td>Ab Anfang Mai 1952</td></tr>
<tr><td colspan="2">· Lenkungsbock mit eingeschweißtem Sicherungskeil, aber veränderter Verschraubung am Rahmen (ETL 191 460 00 29), mit Ausführung im 170 Sb & 170 DS identisch.</td></tr>
<tr><td>Ab ca. Juni 1952 bis August 1953
Ab Wagen 136.06 01358/52</td><td>Ab ca. Juni 1952 bis August 1953
Ab Wagen 136.16 03659/52</td></tr>
<tr><td colspan="2">· Neuer Lenkungsbock ohne Sicherungskeil (ETL 191 461 02 41) und Lenkung mit angeschraubtem Keil (ETL 191 460 02 01).</td></tr>
</table>

47 KRAFTSTOFFANLAGE

<table>
<tr><th>170 V, Va, Vb – Änderungen 1946–1953</th><th>170 D, Da, Db – Änderungen 1949–1953</th></tr>
<tr><td>Ab Juni 1946
· Brennstofftank mit Tankgeber, Tankdeckel mit Schraubverschluss, Dreiweghahn und starrer Belüftungsleitung mit flexiblem Anschluss entspricht weitestgehend der Ausführung vor Produktionseinstellung 1942.</td><td></td></tr>
<tr><td>Ab Spätherbst 1947
Ab Wagen 136.01 01000
· Tankdeckel mit Bajonettverschluss (statt wie bisher Schraubverschluss).</td><td></td></tr>
<tr><td>Ab ca. April 1949
Ab Wagen 136.01 08316
· Rückkehr zum alten Tankdeckel mit Schraubverschluss.</td><td></td></tr>
<tr><td></td><td>Ab August 1949
Ab Wagen 136.11 ?????
· Dieseltank, in Breite und Querschnitt sowie Belüftung mit Tank 170 V identisch, jedoch mit Einbuchtung wegen höherem Zylinderkopf; Inhalt 37 Liter (statt 41 Liter). Einfüllstutzen rechts, mit Schraubverschluss, Kragen und Überlaufleitung.
· Auslauf mit Grobfilter und Dreiweghahn rechts im Motorraum, Hebel in Fußraum.
· Tankgeber mit Welle, Schutzrohr und Anzeige wie 170 V.
· Dieselöl-Feinfilter von Bosch, vorn am Steuergehäusedeckel angeschraubt; Leichtmetallgehäuse und Deckel; kubischer Filtereinsatz.</td></tr>
<tr><td>Ab Juni 1950</td><td>Ab Juni 1950</td></tr>
<tr><td colspan="2">· Tankgeber im Detail überarbeitet.</td></tr>
<tr><td>Ca. Juni 1952 bis August 1953</td><td>Ca. Juni 1952 bis August 1953</td></tr>
<tr><td colspan="2">· Tankgeber erneut verändert, neuer Kraftstoffumschalthahn (Armaturen Werke Frankfurt/Main).</td></tr>
<tr><td></td><td>Ca. Juni 1952 bis August 1953
· Dieselöl-Feinfilter, wahlweise von Bosch (unverändert) oder Knecht (zylindrischer Papierfiltereinsatz).</td></tr>
</table>

49 AUSPUFFTOPF UND LEITUNGEN

<table>
<tr><th>170 V, Va, Vb – Änderungen 1946–1953</th><th>170 D, Da, Db – Änderungen 1949–1953</th></tr>
<tr><td>Ab Juni 1946
· Auspuffanlage entspricht im Grundsatz der Ausführung vor Produktionseinstellung 1942.
· Krankenwagen und 170 V-Nutzfahrzeuge: Auspufftopf (ETL 136 490 01 01) weicht in Größe und Lage der Befestigungspunkte von der Vorkriegsausführung ab. Endrohr, mit 45°-Knick kurz nach Austritt aus Topf, führt schräg nach hinten links.</td><td></td></tr>
<tr><td>Ab Juni bzw. Spätherbst 1947
· Limousinen: Auspuffanlage analog der späten Vorkriegsausführung.
· Krankenwagen und 170 V-Nutzfahrzeuge: Modifizierter Topf mit weiter nach hinten führendem Endrohr und 30°-Knick (ETL 136 490 04 01).</td><td></td></tr>
</table>

49 AUSPUFFTOPF UND LEITUNGEN

<table>
<tr><th>170 V, Va, Vb – Änderungen 1946–1953</th><th>170 D, Da, Db – Änderungen 1949–1953</th></tr>
<tr><td></td><td>Ab August 1949
Ab Wagen 136.11 ?????
· Auspuffanlage identisch mit 170 V.</td></tr>
<tr><td>Ab Juni 1950
Ab Motor 136.923 24799</td><td>Ab Mai 1950
Ab Wagen 136.110 02601</td></tr>
<tr><td colspan="2">· Auspuffrohr mit Anschluss für Dreiloch-Auspuffkrümmer, identisch für 170 Va & 170 Da.</td></tr>
<tr><td>Ab Juni 1950
Ab Wagen 136.06 23851</td><td>Ab Juni 1950
Ab Wagen 136.160 03001</td></tr>
<tr><td colspan="2">· Kleinerer Auspufftopf (ETL 136 490 10 01), zwischen die Rahmenverlängerung passend, die wegen des Kofferraumdeckels nötig ist. Endrohr verlässt Topf an linker Stirnseite und führt nach engem Bogen nach hinten.
· Vorderes Rohr (ETL 136 490 11 20) mit im Querschnitt rundem Vorschalldämpfer und Dreilochflansch für Anschluss an Auspuffkrümmer.
· Lueg-Kranken-, Kombinations- und Kastenwagen: Der kleinere hintere Auspufftopf erhält ein leicht schräg nach hinten führendes Endrohr (ETL 136 490 11 01).
· Zweipunkt-Aufhängung am hinteren Topf (3. Aufhängung am Rohr entfällt).
· Ab Wagen 136.060 25350 bzw. 136.160 03358 neu konstruierte Aufhängungselemente mit Gummidämpfungen (ETL 183 492 01 82).</td></tr>
<tr><td>Ab Mai 1952 bis August 1953</td><td>Ab Mai 1952 bis August 1953</td></tr>
<tr><td colspan="2">· Auspuffaufhängung (2 Stk.) mit Gummidämpfung (ETL 183 492 02 82) für 170 Vb & 170 Db erneut verändert.</td></tr>
</table>

50 KÜHLER

<table>
<tr><th>170 V, Va, Vb – Änderungen 1946–1953</th><th>170 D, Da, Db – Änderungen 1949–1953</th></tr>
<tr><td>Ab Juni 1946
· Kombination Kühlermaske, Kühlergitter und Rippenrohr-Kühlerblock mit Wasserkasten bei Wiederaufnahme der Produktion beibehalten, ebenso Thermostat in Gehäuse direkt auf Zylinderkopf.
· Krankenwagen und 170 V-Nutzfahrzeuge mit Kühlermaske in Wagenfarbe oder Farbe der Fahrgestellblechteile. Kühlerschutzgitter (ETL 136 500 04 15), Verschlussschraube und Mercedes-Benz-Stern meist schwarz oder grau.</td><td></td></tr>
<tr><td>Ab Herbst 1946
Ab Wagen 136.01.0121
· Neuer Kühlerblock ohne Wasserkasten (ETL 136 500 14 03) mit eingelötetem horizontalem Anschlussstutzen in der Mitte unter dem Verschluss. Thermostat in Gehäuse auf Zylinderkopf beibehalten, Kühlwasserschlauch länger und oben horizontal abgewinkelt (ETL 136 203 00 48).</td><td></td></tr>
<tr><td>Ab Juni 1947
Ab Wagen 136.010 00381
· Innenlenker mit verchromter Kühlermaske (ETL 136 500 00 15), Verschlussschraube (ETL 153 501 01 15) und Mercedes-Benz-Stern (236 500 04 09). Das Gitter silbergrau oder grünlich-grau lackiert (136 503 00 01).</td><td></td></tr>
<tr><td>Ab ca. Juni 1949
Ab Wagen 136.01 13151
· Neuer Thermostat (ETL 000 203 12 75), zwischen 2 Schlauchstücke eingepasst.
· Kühlerblock mit gegen rechts verschobenem und gegen unten geneigtem Anschlussstutzen. Einfacher Auslaufstutzen (ETL 136 203 01 31) auf Zylinderkopf.
· Für Export: Leistungsfähigerer Kühlerblock (ETL 136 500 15 03).</td><td></td></tr>
<tr><td></td><td>Ab August 1949
Ab Wagen 136.11 ?????
· Maske, Gitter, Kühlerblock und Thermostat entsprechen der gleichzeitigen Ausführung im 170 V.
· Unterschied einzig in Länge der Wasserschläuche.</td></tr>
<tr><td>Ab Februar 1950</td><td>Ab Februar 1950</td></tr>
<tr><td colspan="2">· Ab 170 V/170 D mit Druckbelüftung (Heizung optional): Wasserführender Gummischlauch vom Heizungselement im Blechgehäuse zur unteren Kühlwasserleitung (ETL 136 200 03 53) am Wasserkanal des Kurbelgehäuses. Abzweiger bei Nichtgebrauch (keine Heizung) durch Schraube M 22×1,5 verschlossen. Weiterer Wasserschlauch vom Stutzen am Zylinderkopf (Abzweiger mit Hahn) zum oberen Anschluss des Heizungselements.
· Für Tropen-Export: Kühlerblock mit größerer Leistung und Plattenventil.</td></tr>
</table>

52 FAHRGESTELLBLECHTEILE

170 V, Va, Vb – Änderungen 1946–1953	170 D, Da, Db – Änderungen 1949–1953
Abdeckbleche unter Motor und Getriebe	
Ab Juni 1946 · Die Motor-Getriebeeinheit ist durch Bleche weitgehend eingeschalt: - Abdeckblech unter Motor (Ölwanne ausgespart). - Je ein seitliches Blech unterhalb der Kotflügel. - Dazu je ein Ergänzungsformstück hinten rechts und links. - Getriebeabdeckblech. - Verschlussblech vor Motorenblech. - Dazu je ein Ergänzungsformstück links und rechts.	
Ab Frühjahr bis Frühsommer 1948 **- ab 136.010 01769 (Innenlenker)** **- ab 136.014 01939 (Krankenwagen)** **- ab 136.016 03201 (170 V-Nutzfahrzeuge)** · Verändertes Getriebeabdeckblech für Wagen mit Handbremsbetätigung unter Armaturenbrett.	
	Ab August 1949 **Ab Wagen 136.11 ?????** · Wie gleichzeitige Ausführung für 170 V.
Ab Juli 1950 **Ab Wagen 136.060 25074**	**Ab Juli 1950** **Ab Wagen 136.160 03231**
· Anpassung der seitlichen Bleche und der vorderen beiden Formstücke wegen Übergang auf Teleskop-Stoßdämpfer.	
Ab Mai 1952 bis August 1953 **Ab 136.060 0841/52**	**Ab Mai 1952 bis August 1953** **Ab 136.160 ????/52**
· Getriebeabdeckblech entfällt. · Motorabdeckblech und rechtes Seitenblech verändert.	
Vorderkotflügel	
Ab Juni 1946 · Die Vorderkotflügel der 170 V-Nutzfahrzeuge (ETL 136 520 02 17 links, 136 520 02 18 rechts) entsprechen in Form und Herstellungsweise grundsätzlich der letzten Ausführung vor Produktionseinstellung 1942, haben jedoch einen vergrößerten Radausschnitt wegen größerer Bereifung; Hinterseite mit Blechabschluss und Kotschutzlappen. · Vorderkotflügel für Krankenwagen (ETL 136 520 10 17 links, 136 520 10 18 rechts): Radausschnitt wie Limousinen; Rückseite mit Blechabschluss und Kotschutzlappen.	
Ab Juni 1947 **Ab Wagen 136 010 00381** · Die Vorderkotflügel der Innenlenker (ETL 136 520 06 17 links, 136 520 06 18 rechts) entsprechen der letzten Ausführung vor Produktionseinstellung 1942. · U-förmiges Gummiprofil (ETL 136 987 01 35) an Aufbordung aufgenietet, dient als Motorhaubenauflage.	
	Ab August 1949 **Ab Wagen 136.11 ?????** · Wie gleichzeitige Ausführung für 170 V.
Ab Mai 1952 bis August 1953	**Ab Mai 1952 bis August 1953**
· Vorderkotflügel (ETL 136 520 15 17 links, 136 520 15 18 rechts) leicht überarbeitet. · Kotflügelaufbordung mit neuem Gummiprofil (ETL 000 987 58 35) für veränderte Motorhaube.	
Trittbretter	
Ab Juni 1947 · Die Trittbretter (ETL 136 520 00 31 links, 136 520 01 31 rechts) entsprechen der Ausführung vor Produktionseinstellung 1942. · Breite beim Übergang auf Hinterkotflügel 58 mm, passend zu Hinterkotflügel für Spurweite 1 296 mm. · Gummileisten in Aluprofilen: äußere über gesamte Distanz, mittlere bis zur Hälfte, innere über einen Drittel der Trittbrettlänge.	

Trittbretter

	Ab August 1949 **Ab Wagen 136.11 ?????** · Wie gleichzeitige Ausführung für 170 V.
Ab Januar 1950 **Ab Wagen 136.01 20421**	**Ab Januar 1950** **Ab Wagen 136.11 01231**

- Trittbretter (ETL 136 520 18 31 links, 136 520 19 31 rechts) an Kotflügel für Spurweite 1 342 mm angepasst; hinten auf 85 mm verbreitert (+ 27 mm).
- Gummileisten in Aluprofilen: äußere und mittlere über gesamte Distanz, innere über einen Drittel der Trittbrettlänge.

Hinterkotflügel

Ab Juni 1946 · Hinterkotflügel für 170 V-Nutzfahrzeuge (ETL 136 520 01 19 links; 136 520 01 20 rechts) und Krankenwagen (ETL 136 520 02 19 und 136 520 02 20) folgen exakt dem Radlauf und überstehen mit Wulst den Kasten oder die Pritsche leicht; L = 980 mm, B = 325 mm.	
Ab Juni 1947 **Ab Wagen 136.010 00381** · Hinterkotflügel für Innenlenker (ETL 136 520 00 19 links, 136 520 00 20 rechts) entsprechen der Ausführung vor Produktionseinstellung 1942 und sind auf Spurweite von 1 310 mm bzw. 1 296 mm abgestimmt.	
	Ab August 1949 **Ab Wagen 136.11 ?????** · Wie gleichzeitige Ausführung für 170 V.
Ab Januar 1950 **Ab Wagen 136.01 20421**	**Ab Januar 1950** **Ab Wagen 136.11 01231**

- Breitere Hinterkotflügel (ETL 136 520 04 19, später 136 522 14 01 links, 136 520 05 20, später 136 522 15 01 rechts) wegen Spurweite 1 342 mm (Wagenbreite 1 630 mm (statt 1 580 mm). Ohne Löcher für Rückleuchten (neu an Heckteil befestigt).

Stoßfänger vorn und hinten

Ab Juni 1946 · 170 V-Nutzfahrzeuge und Krankenwagen: Stoßfänger nur vorn; je nach Verfügbarkeit durchlaufende Exportstoßstange mit Flanschhörnern oder Standardausführung mit Stoßecken (ETL 136 520 02 70). Lackierung wie Fahrgestellblechteile oder Aufbau.	
Ab Juni 1947 **Ab Wagen 136.010 00381** · Innenlenker wie vor Produktionseinstellung 1942 mit verchromten Stoßstangenecken (ETL 136 520 01 69), mit je 2 verchromten Flachrundschrauben M10×25 an den Halter (ETL 136 520 01 69 vorn, 136 520 03 72 hinten) geschraubt. · Auf Wunsch alte Exportstoßstange in verchromter Ausführung (Stoßstange vorn ETL 136 520 05 70, Stoßstange hinten ETL 136 520 02 94, Flanschhorn ETL 136 136 520 02 94). · Kennzeichenplatte hinten (ETL 136 525 01 10) mit röhrenförmiger Kennzeichenleuchte schwarz (ETL 000 544 02 04) und 3 Soffitten 6 V 5 W.	
	Ab August 1949 **Ab Wagen 136.11 ?????** · Wie gleichzeitige Ausführung für 170 V.
Ab Juni 1950 **Ab Wagen 136.06 23851**	**Ab Juni 1950** **Ab Wagen 136.16 03001**

- Nummernschildplatte hinten mit je 1 links und rechts montierten Nummernschildleuchte Hella, schwarz lackiert (ETL 136 540 07 04).

Ende 1951/ Anfang 1952	**Ende 1951/ Anfang 1952**

- Stoßecken mit angeschweißten Platten und Schraubenbolzen (ETL 136 520 01 69) statt Flachrundschrauben.

Ab Mai 1952 bis August 1953 **Ab Wagen 136.06 0841/52**	**Ab Mai 1952 bis August 1953** **Ab Wagen 136.16 02706/52**

- Neue Stoßfängeranlagen vorn und hinten.
- Vorn: 2 Halter (ETL 136 520 11 72), kurzes verchromtes Mittelstück (ETL 136 525 02 58) als Nummernschildträger, 2 verchromte Seitenteile (ETL 136 520 03 69).
- Hinten: 2 Halter (ETL 136 525 29 70 links, 136 525 30 70 rechts), Mittelstück verchromt (ETL 136 520 00 95) und 2 verchromte, seitlich weit nach vorn gezogene Seitenteile (ETL 136 520 04 69).
- 2 Kennzeichenleuchten Hella, verchromt (ETL 136 540 12 04).
- Auf Wunsch vorn und hinten Stoßstangenhörner (ETL 136 520 11 70), dazu Gummiprofil an Übergangsstelle, Platten mit Bohrungen und Sechskantschrauben M8×40.

Motorhaube

Ab Juni 1946 · Motorhaube aus 2 Oberteilen (ETL 136 136 520 00 56 links, 136 520 00 57 rechts) und 2 Seitenteilen (ETL 136 520 00 58 links, 136 520 00 59 rechts), gelenkig verbunden, entspricht der Ausführung vor Produktionseinstellung 1942. Die Seitenteile zählen 29 Kiemen. Das obere Gelenkband (ETL 136 520 04 62) anfänglich im Farbton der Haube. · Bis Wagen 136.01 120 mit Wasserablaufschiene L = 907 mm. · Ab Wagen 136.01 121 mit Wasserablaufschiene L = 1 010 mm wegen Kühlerblock ohne Wasserkasten.	
	Ab August 1949 **Ab Wagen 136.11 ?????** · Motorhaube wie 170 V; das obere Gelenkband verchromt. · Wasserablaufschiene L = 1 010 mm.
Ab Juni 1950 **Ab Wagen 136.06 23851**	**Ab Juni 1950** **Ab Wagen 136.16 03001**

· Seitenteile (ETL 136 520 05 58 links, 136 520 05 59 rechts) mit nach außen gewölbter Sicke (hinten, nach der 29. Kieme) als Versteifung.

Ab Mai 1952 bis August 1953 **Ab Wagen 136.06 0841/52**	**Ab Mai 1952 bis August 1953** **Ab Wagen 136.16 02706/52**

· Seitenteile (ETL 136 520 06 58 links, 136 520 05 59 rechts) mit 2 markanten horizontalen, nach außen gewölbten Sicken (statt vertikaler Kiemen).
· Haubenschloss (ETL 136 527 00 34 links, 136 527 01 34 rechts) mit verchromtem Griff (ETL 136 527 00 37) analog Heckdeckel (statt Griffmulde und Haubenzüge).
· Haubenstützen innen (ETL 136 527 07 42 links, 136 527 08 42 rechts) nun mit Gummipuffer.
· Gummischutzecken, außer in Schwarz nun auch im Wagenfarbton eingefärbt: Waldgrün, Mercedesrot und Steingrau.

54 ELEKTRISCHE AUSRÜSTUNG UND INSTRUMENTE

170 V, Va, Vb – Änderungen 1946–1953	170 D, Da, Db – Änderungen 1949–1953
Ab Juni 1946 · Batterie 6 Volt 75 Ah in Kasten unter linkem Fahrersitz. Kasten mit Einlage (ETL 136 541 00 42), Batterie mit Befestigungsschiene (ETL 136 541 00 13) und 2 Spannschrauben M8 (ETL 136 541 00 24) und Schraubenfedern (ETL 136 993 02 05) gesichert. · 2 Sicherungskasten für Schmelzsicherungen an der linken Außenseite der Spritzwand, oben 6-polig (ETL 136 540 02 50), unten 4-polig (ETL 136 540 03 50), mit Schraubdeckel. · Bremslichtschalter von Bosch (ETL 000 545 03 09) oder von Teves (ETL 000 545 05 09) am ersten Bremsverteiler. · 170 V-Nutzfahrzeuge und Krankenwagen anfänglich mit Scheinwerfer Ø 170 mm (Bosch EA 170×2/150) (statt 200 mm), Topf inkl. Ring schwarz lackiert. · Tellerhorn (ETL 000 542 04 20 oder 000 542 13 20). · Geschwindigkeitsmesser Ø 100 mm im Wehrmachtskübelwagen-Gestaltung (farbliche Umkehrung der Version vor Produktionseinstellung 1942: Grund schwarz, Ziffern weiß). · Anfänglich ohne Benzinanzeige und mit zu kleinem Öldruckmanometer (Überbrückungsring). Später wieder mit Kombiinstrument in Wehrmachtskübelwagen-Gestaltung. · Keine Zeituhr (Blindscheibe). **Ab Juni 1947** **Ab Wagen 136.010 00381** · Limousinen mit Scheinwerfer Bosch EA 200×2/120 (Ø 200 mm, Gesamtlänge 170 mm); Töpfe inkl. Ringe in Wagenfarbe (schwarz oder grau). · Im Laufe 1948 für Limousinen verchromte Scheinwerferringe. · Anbaurückleuchte schwarz, mit zwei Kammern und schwarzem Deckelring mit eingegossenen Scheiben (Rücklicht unten, rot; Bremslicht oben, orange), vermutlich Hella. Hohlschrauben mit 16°-Abweichung für Befestigung auf Kotflügel. · Instrumente (Geschwindigkeitsmesser, Kombiinstrument, Zeituhr) in Wehrmachtskübelwagen-Gestaltung (schwarzes Zifferblatt), z.T. lange Zeiger, z.T. Zeiger mit Sichel.	
Im Laufe 1949	**Im Laufe 1949**

· Hella als zusätzlicher Scheinwerfer-Lieferant (1950/51 hauptsächlich); Scheinwerfer Ø 200 mm, Gesamtlänge 186 mm (+ 16 mm gegenüber Bosch); Streuscheibe mit Hella-typischer V-förmiger Rillung.
· Rückleuchten mit verchromten Deckelringen.
· 2. und 3. Tellerhorn auf Sonderwunsch.
· Instrumente mit elfenbeinfarbigem Grund und schwarzen Ziffern (wie vor 1942); Zeiger z.T. lang, z.T. mit Sichel.

54 ELEKTRISCHE AUSRÜSTUNG UND INSTRUMENTE

170 V, Va, Vb – Änderungen 1946–1953	170 D, Da, Db – Änderungen 1949–1953
Ab Sommer 1949 **Ab Wagen 136.01 17501** · Einlage im Batteriekasten entfällt. Neue Batterie-Halteschiene (ETL 153 541 00 13) mit zwei federlosen Spannschrauben M6 (ETL 136 541 02 24).	
	Ab August 1949 **Ab Wagen 136.11 ?????** · 12 Volt-Anlage. · 2 Batterien 6 Volt 87,5 Ah, in Kasten unter beiden Vordersitzen, in Serie geschaltet. · Zündanlage entfällt. · Vorglühanlage mit Anlassschalter in Armaturenbrett. · Teilweise veränderte Kabeldimensionen.
Ab Januar 1950 **Ab Wagen 136.01 20421**	**Ab Januar 1950** **Ab Wagen 136.11 01231**
· Rückleuchten mit Hohlschrauben mit 57°30'-Abweichung für Befestigung seitlich am Wagenheck (statt auf Kotflügeln). · Zifferblätter der Instrumente mit schwarzem Grund und elfenbeinfarbigen Ziffern und Zeigern. · Knöpfe bzw. Zugschalter neu gestaltet, aus elfenbeinfarbigem Kunststoff (statt verchromt).	
Mai 1952 **Ab Wagen 136.06 00841/52** · Batterie 6 Volt 84 Ah.	
Herbst 1952 bis August 1953 **Ab Wagen 136.06 02486/52**	**Herbst 1952 bis August 1953** **Ab Wagen 136.16 05967/52**
· Schalter und Knöpfe aus grau-blauem Kunststoff (statt elfenbeinfarbig).	

57 ZENTRALSCHMIERUNG

170 V, Va, Vb – Änderungen 1946–1953	170 D, Da, Db – Änderungen 1949–1953
Ab Juni 1946 · 170 V-Nutzfahrzeuge: Fuß-Zentralschmierpumpe 14 cm³. · Krankenwagen: Fuß-Zentralschmierpumpe Nr. 104 115, 8 cm³, der Fa. Willy Vogel, Berlin (ETL 000 571 03 01). Ausführung analog Pumpe bis Produktionseinstellung 1942, Deckel mit Schraubverschluss, Anschlussflansch für Montage an Spritzwand senkrecht. · Ölverteiler 4-teilig (ETL 136 570 01 10): · 1 Anschluss für Kupplungsausrücklager; · 1 Anschluss auf Lenkhebel für Spurstangenköpfe; · 2 Anschlüsse für Achsschenkel, dort erneut je 1 Zweifach-Verteiler; · Schmierölleitung Ø 8 mm von Pumpe zum Verteiler, weitere Leitungen Ø 4 mm.	
Ab Juni 1947 **Ab Wagen 136 010 00381** · Innenlenker: Fuß-Zentralschmierpumpe 8 cm³ analog Krankenwagen ab 1946.	
	Ab August 1949 **Ab Wagen 136.11 ?????** · Wie gleichzeitige Ausführung für 170 V.
Ab Juli 1950 **Ab Wagen 136.06 25074**	**Ab Juli 1950** **Ab Wagen 136.16 03231**
· Schmierleitungsführung sowie Verteiler an den Achsschenkeln (ETL 136 573 00 20 links, 136 573 03 20 rechts) verändert.	

Quellen

· Ersatzteillisten Mercedes-Benz Typ 170 V, 136 I, Ausgabe H (1949); Typ 170 Va 136 VI, Ausgabe A (1950); Typ 170 Vb, Ausgabe A (1952).
· Ersatzteillisten Mercedes-Benz Typ 170 D 136 I, Ausgabe A (1949); Typ 170 Da 136 VI, Ausgabe A (1950); Typ 170 Db, Ausgabe A (1952).
· Merkblatt Typen- und Baumusterbezeichnungen für Personenkraftwagen, Leistungsklasse 1,7 Ltr., Konstruktionsfreigabe-Zentrale Untertürkheim, 19.02.1962 (Archiv MBAG).
· Baumusterliste für PKW Typ 170 V 136 I, Konstruktionsfreigabe-Zentrale Untertürkheim, 25.07.1951 (Archiv MBAG).
· Mercedes-Benz-Pkw-Typen seit 1946, zusammengestellt von Gerd Heidbrink, Daimler-Benz-Konzernarchiv, 22.02.1999 (Archiv MBAG).
· Handbuch OM 636 & OM 621.
· DB-Tabellenbuch 1957.
· Handbuch Verkauf 1948–1960.
· Werksfotos ca. 1947 bis ca. 1952.

Abb. 1033
Blattfederpakete für die Vorderradaufhängung des 170 V warten auf den Einbau. Werk Untertürkheim, 1937.

Abb. 1034
Tiefgezogene Frontscheibenrahmen für 170 V Innenlenker und Cabrio-Limousinen, bereit für den nächsten Montageschritt. Werk Sindelfingen, 1937.

AUFTRAGS-Nr.
DAIMLER-BENZ AKTIENGESELLSCH
MERCEDES-BENZ

C Fertigung und Identifikation

Die einwandfreie Identifikation eines jeden einzelnen Fahrzeugs ist unabdingbar.

Bild: Motorraum des 170 V (1937) mit Typenschild, Auftragsschild, Motorschild und eingeschlagener Motornummer.

C 01 Pkw-Fertigung bei Daimler-Benz
Administrativer und organisatorischer Ablauf 1926–1942/43

Administrativer Ablauf

· Der Vorstand beschließt, eine bestimmte Anzahl Wagen eines Typs (z.B. 3 000 Exemplare des 170 V) fertigen zu lassen, also – nach internem Sprachgebrauch – zur **Fabrikation »einzuschreiben«**. Dadurch ist der Weg frei, um die benötigte Menge an Rohmaterialien sicherzustellen, den Einkauf der notwendigen Komponenten und Teile bei den Zulieferfirmen auszulösen und allfällige Anpassungen vorzunehmen.

· Der Begriff **»Einschreiben«** besagt, dass in den Wagen- und Motorenbüchern die betreffende **Anzahl zusammenhängender Fahrgestell- und Motornummern** eingeschrieben und damit reserviert werden. Diese Nummerngruppen werden **fortlaufend**, also **typunabhängig** über das gesamte Pkw-Programm vergeben. Bis 1933 zeigt ein der Fahrgestellnummer vorangestellter Buchstabe den Entstehungsort des jeweiligen Wagens an (U = Untertürkheim, M = Mannheim).

· Dem zu fertigenden Fahrzeugkontingent wird eine **Reihenbestell-Nummer (RB)** zugeordnet. Die RB besteht aus einer dreiteiligen Nummerngruppe: Die 10 zu Beginn bedeutet vermutlich »Pkw«, die **zweite Gruppe** benennt die Baureihe **(für den 170 V zunächst 36, später 136)**. Die **dritte Zifferngruppe** kennzeichnet das Fahrzeugkontingent, wobei zwischen **Motor (ungerade Zahl)** und **Fahrgestell (gerade Zahl)** unterschieden wird (z.B. 10 36 11/12, später z.B. 10 136 019/020).

· Sämtliche **Wagen eines RB-Kontingents** sind – von modellspezifischen Abweichungen abgesehen – **grundsätzlich identisch**. Änderungen und technische Anpassungen werden nach Möglichkeit nicht innerhalb eines RB-Kontingents vollzogen, sondern dann, wenn auf ein neues Kontingent und damit zu einer neuen RB gewechselt wird. Ausnahmen bestätigen diese Regel. Die **Ersatzteillisten (ETL)** sind inhaltlich auf die **jeweiligen RB abgestimmt**, was auf der Titelseite entsprechend aufgeführt ist.

· Das Einschreiben der Fahrzeugkontingente wird zeitlich so abgestimmt und zahlenmäßig so vorgenommen, dass während der Laufzeit des entsprechenden Fahrzeugtyps keine Produktionslücke entsteht. Dies trifft zumindest für den **170 V (W 136)** und für die weiteren gut verkäuflichen Typen zu.

· Im **Juni 1938** werden **200 001 Einheiten der Fahrgestell- und Motornummern übersprungen**. Nach 199 999 wird mit 400 001 weitergezählt. Die Gründe für diese Maßnahme sind nicht bekannt.

· Eine nochmalige **Änderung der Nummerierung** tritt **Anfang 1940** in Kraft, zuerst nur bei den Wehrmachts-Kübelwagen, bald bei allen 170 V: Die **RB wird Bestandteil der neuen Fahrgestell- und Motornummer**, wobei die Zahl 10 nicht übernommen wird. Beispiel: 136 051/1314 (für den Motor) und 136 052/857 (für das Fahrgestell) bedeutet den 1 314. Motor, verbaut im 857. Fahrgestell der Reihenbestell-Nummer 51/52 des Typs W 136. Mit dieser Änderung ist das bisherige System der typunabhängig über die gesamte Pkw-Produktion laufenden Nummerierung sowie die gleichlautende Nummer für den Motor und das Fahrgestell aufgehoben. Erstmals lässt sich der Fahrzeugtyp aus der Fahrgestell- und Motornummer ablesen.

· Die **Karosserien** tragen **sechsstellige Nummern**. Deren erste Ziffer ist 1933 eine 2 und steigt bis 1940 zu einer 6 auf. Die Nummern von Aufbauten aus dem Sonderwagenbau oder aus Manufakturfertigung (Roadster, Cabriolet A & D, Pullman etc.) beginnen mit 8. Zwischen Fahrgestell-/Motornr. und Karosserienr. besteht keine Verbindung. Im **Karosseriebuch** sind Aufbautyp, Farbton oder Farbtöne der Lackierung, Material und Codes der Innenausstattung und eines allfälligen Verdecks vermerkt.

· Beim Kauf eines Fahrzeugs übermittelt die Niederlassung oder Vertretung den gewählten Wagentyp, die Art der Karosserie, die Farb- und Ausstattungscodes und allfällige Besonderheiten an die Zentrale in Untertürkheim. Dort wird die Bestellung im **Kommissionsbuch** eingetragen und mit einer **Kommissions- bzw. Auftragsnummer** versehen, die zunächst fünf, ab 1935 sechs Stellen umfasst. Das Kommissionsbuch enthält pro Fahrzeug eine Doppelseite, die zunächst den Namen und die Anschrift des Käufers, das Datum der Bestellung, die Typenbezeichnung, die Bauart der Karosserie und die RB enthält. Später werden die Angaben ergänzt mit der Fahrgestell- und Motornummer, der Karosserienummer, dem Datum der Ablieferung der Karosserie von Sindelfingen nach Untertürkheim sowie der Auslieferung des Wagens an die Vertretung oder den Kunden, versehen mit Destination und Art des Transports (bspw. »Bahn« oder »auf Achse«).

Organisatorischer Ablauf

· Der Typ 170 V wird – wie die meisten Mercedes-Benz-Pkw – an den Standorten **Untertürkheim** und **Sindelfingen** gebaut. Zur Ergänzung der eigenen Teileherstellung sind zahlreiche Komponenten oder Halbfabrikate von firmenfremden Zulieferern oder aus eigener Fertigung an anderen Standorten notwendig (vgl. Tabelle C 08).

· Im **Werk Untertürkheim** werden – bezogen auf den 170 V - die **Motoren**, ein Teil der **Getriebe** (sofern nicht von ZF bezogen), die **Hinterachsen** und viele weitere Fahrwerksteile gebaut. Die **Rahmen** entstehen aus vorgebogen angelieferten Ovalrohren, die verschweißt und mit den Aufnahmevorrichtungen versehen werden. Durch die Ausrüstung der Rahmen mit den Fahrwerks- und Antriebskomponenten einschließlich Motor, Kühler und Maske entstehen die **weitgehend vollständigen Fahrgestelle**. Am Motor und am Fahrgestell werden die (bis 1940) gleichlautenden Nummern eingeschlagen. Der Wagen ist nun identifizierbar.

· Im **Werk Sindelfingen** entstehen die **Karosserien**. Der Fertigungsumfang reicht vom sägerohen Buchenbrett und der Stahlblechrolle bis zum zusammengeschweißten Karosseriekörper, der nun lackiert, mit der Innenausstattung versehen und nummeriert wird. Es fehlen die sogenannten Fahrgestellblechteile (Kotflügel, Trittbretter, Motorhaube und Leuchten).

· Die fertig lackierten und ausgestatteten **Karosserien** werden per Lkw von **Sindelfingen nach Untertürkheim** transportiert.

· In **Untertürkheim** werden die Karosserien auf die Fahrgestelle aufgesetzt (»**Hochzeit**«), mit den Fahrgestellblechteilen versehen und fertig zusammengebaut (**Endmontage**). An der unlackiert aufgelegten Motorhaube wird der passende Verlauf der Seitenbleche angezeichnet, die Haube entfernt, zurechtgeschnitten und lackiert. Nach der Kontrolle verlässt jeder Wagen aus eigener Kraft, aber ohne Motorhaube und Raddeckel, die Endmontagehalle.

· Erst Tage später werden die nun passende und lackierte Motorhaube aufgesetzt, die Raddeckel montiert und der Wagen poliert. Nach der **Endabnahme** und letzten **administrativen Arbeiten** ist das Fahrzeug zur **Auslieferung an den Kunden** bereit.

Abb. 1035–1043
(von links nach rechts, von oben nach unten)
Das Werk Untertürkheim ist für die Herstellung und Montage der Fahrzeugmechanik zuständig. Die Bilder zeigen den Zusammenbau der Motoren, konkret das Stellen des gereinigten Zylindergehäuses auf das Rollenband, das Einsetzen der Kurbelwelle mit Schwungrad, das Aufsetzen und Festziehen der Lagerdeckel und die Montage des Kurbelgehäuseunterteils. Der X-förmige Rahmen wird aus vorgebogenen Oval- und Rundrohren zusammengeschweißt und mit den Anbauvorrichtungen versehen. Dann folgt die Fahrgestellmontage. Zu sehen sind der Anbau der vormontierten Parallelogramm-Vorderachse, der angetriebenen Pendelachse sowie das Einsetzen des Motors.

Abb. 1044–1052 (linke Seite)
Im Werk Sindelfingen werden die Karosserien gebaut und ausgestattet. Die Bilder zeigen das Zusammenschweißen der Heckpartie aus mehreren Blechteilen, das Verputzen der Schweißnähte, den Zusammenbau der Spritzwand und das Fertigen der Türen. Die rohen Karosserien werden werksintern zur Lackiererei gefahren und dort lackiert. Schließlich erfolgt die Ausstattung der Karosserien. Danach werden die fertigen Karosserien auf Lkw verladen und von Sindelfingen ins Werk Untertürkheim gefahren.

Abb. 1053–1059 (diese Seite)
Im Werk Untertürkheim findet die »Hochzeit« statt, also das Aufsetzen der fertigen Karosserie auf das Fahrgestell. Die Bilder der Endmontage zeigen das Anschrauben der Kotflügel, Trittbretter und Stoßstangen sowie den Anbau der Scheinwerfer. Schließlich folgen Kontrolle und Abnahme der fertiggestellten Wagen. In der Auslieferungshalle werden die Motorhauben und Raddeckel montiert, die Wagen poliert und die administrativen Arbeiten erledigt.

C 02 170 V (W 136 & W 136 I)

Reihenbestell-Nr., Motor-& Fahrgestell-Nr., Produktionsdatum in der Zeitspanne 1935–1942

Reihenbestell-Nummer (RB) Motor	Reihenbestell-Nummer (RB) Fahrgestell	Motor- & Fahrgestell-Nummer	Ersatzteilliste 136, Ausgabe ...	Einschreibung (Anzahl Wagen)	Jahr der Einschreibung
8519175	8519176	117 761 bis 117 766	---	6	1935
8519175	8519176	123 781 bis 123 786	---	6	1935
10 136 001	10 136 002	131 401 bis 134 400	A (30.06.1936)	3 000	1935 (vor 25. Oktober)
8519215	8519216	139 826 bis 139 850	---	25	1935
10 136 003	10 136 004	144 221 bis 147 220	A (30.06.1936)	3 000	Ende 1935/ Anfang 1936
10 136 005	10 136 006	148 211 bis 153 210	B (19.03.1937)	5 000	1936
10 136 007	10 136 008	155 161 bis 165 160	B (19.03.1937)	10 000	1936
10 136 009	10 136 010	173 511 bis 178 510	C (22.02.1938)	5 000	1937
10 136 011	10 136 012	184 081 bis 189 080	C (22.02.1938)	5 000	1937
10 136 013	10 136 014	191 821 bis 196 820	C (22.02.1938)	5 000	1937
10 136 015	10 136 016	196 821 bis 199 999	C (22.002.1938)	3 179	1937/38
10 136 015	10 136 016	400 001 bis 403 821	C (22.02.1938)	3 821	1937/38
90 036 10 (1369265)	90 036 10 (1369265)	403 815 bis 403 821	---	7	1938
10 136 017	10 136 018	411 281 bis 415 280	D (08.03.1939)	4 000	1938

Zeitraum der Produktion	Bemerkungen	Einzelnachweise
1935	Versuchswagen 160 V (1,6 Ltr.-Motor)	· Besichtigung Probewagen durch Vorstand 18.05.1935 · Vorstandssitzung 16.07.1935: 1,6 Ltr. V ist technisch i.O.
1935	Versuchswagen 160 V (1,6 Ltr.-Motor)	
Februar bis Juni 1936	In den Wagenbüchern mit rotem Stempel »1,6 Ltr.« versehen, jedoch als 1,7 Ltr. gebaut Auslieferung Vorführwagen im Februar 1936, Auslieferung an Kunden ab Mitte März 1936. Zunächst Haupttypen (Innenlenker 2- & 4-türig, Cabrio-Limousine und Cabriolet B). Offener Tourenwagen, Cabriolet A und Roadster folgen ab Mai 1936	· 132 836, Cabrio-Limousine, bestellt 05.02.1936, geliefert 13.02.1936 über Niederlassung Mannheim an MB-Vertretung Gustav Seibert AG in Saarbrücken (Vorführwagen) · 132 541, Innenlenker 2-t, bestellt 14.03.1936, geliefert 05.05.1936, privat · 133 405, Cabriolet A, geliefert Juni 1936 an Geschäftsmann in Stuttgart (eines der ersten Cabriolet A) · 133 510, Innenlenker 2-t, geliefert 23.06.1936
Januar 1936	Vorserienwagen	
Juni bis August 1936	In den Wagenbüchern mit rotem Stempel »1,7 Ltr.« versehen Zusätzliches Modell: 170 V-Kastenwagen mit Sindelfinger-Aufbau	· 145 206, Cabrio-Limousine, bestellt 06.04.1936, geliefert 10.07.1936
August bis November 1936		· 148 490, Innenlenker 2-t, bestellt 30.06.1936, geliefert 19.08.1936 · 148 721, Innenlenker 2-t, bestellt 20./24.06.1936, geliefert 20.08.1936 · 151 039 Cabrio-Limousine, bestellt 03.07.1936, geliefert 08.10.1936
Dezember 1936 bis Juni 1937	Ab ca. Mitte Januar 1937 bzw. ab Wagen 2001 der RB 10 36 08 neue Kühlerform mit Wassereinfüllung außen 170 V-Droschke ab Mitte Februar 1937 als Innenlenker oder Cabrio-Limousine	· 157 449, Cabrio-Limousine, bestellt 08.01.1937, geliefert 21.01.1937 · 163 559, Cabriolet B, geliefert 21.05.1937 · 164 889, Cabriolet B, bestellt 17.03.1937, geliefert 16.06.1937
Juni bis Ende August 1937		· 175 152, Cabrio-Limousine, bestellt 11.05.1937, geliefert 16.07.1937 · 178 034, Cabrio-Limousine, bestellt 16.07.1937, geliefert 02.09.1937.
September bis Ende Dezember 1937		· 184 888, Innenlenker 2-t, bestellt 16.07.1937, geliefert 24.09.1937 · 188 366, Cabrio-Limousine, bestellt 14.10.1937, geliefert 08.12.1937 · 188 572, Roadster, Bj. 1938 (verzögerte Ablieferung wegen Manufakturfertigung) · 188 641, Cabrio-Limousine, geliefert 23.12.1937
Januar bis April 1938		· 191 952, Innenlenker 4-t, geliefert 11.02.1938 · 192 411, Cabrio-Limousine, bestellt 07.01.1938, geliefert 13.01.1938 · 195 919 Cabriolet B, geliefert 27.04.1938
April bis Juni 1938		· 197 161, Innenlenker 4-t, bestellt 15.01.1938, geliefert 22.04.1938 · 199 448, Cabriolet A, ursprünglich nur Fahrgestell, Karosserie von Sifi nach Ut 31.05.1938, Wagen bestellt 08.07.1938, geliefert 04.08.1938 · 199 672, Cabrio-Limousine, geliefert 13.06.1938
Juni bis Ende August 1938	Reihenbestell-Nummer wie oben Ab der (nicht besetzten) Motor-/Fg.-Nr. 200 000 macht die typübergreifende fortlaufende Nummerierung einen Sprung von 200 000 Einheiten und zählt mit 400 001 weiter. Der Grund für diese Maßnahme ist nicht bekannt	· 400 369, Innenlenker 4-t, geliefert 22.06.1938 · 402 600, Innenlenker 4-t, bestellt 03.06.1938, geliefert 30.07.1938 · 403 099, Cabriolet A, bestellt 17.05.1938, geliefert 28.09.1938 (verzögerte Ablieferung wegen Manufakturfertigung)
1938	Versuchswagen W 136 II	
Ende August bis November 1938		· 411 635, Cabriolet B, geliefert 02.09.1938. · 414 194, Innenlenker 4-t, rechtsgelenkt, Bj. 1938 · 414 728, Cabriolet B, geliefert 10.11.1938

Reihenbestell-Nummer (RB) Motor	Reihenbestell-Nummer (RB) Fahrgestell	Motor- & Fahrgestell-Nummer	Ersatzteilliste 136, Ausgabe …	Einschreibung (Anzahl Wagen)	Jahr der Einschreibung
10 136 019	10 136 020	415 281 bis 419 280	D (08.03.1939)	4 000	1938
10 136 021	10 136 022	419 881 bis 420 880	D (08.03.1939)	1 000	1938
10 136 023	10 136 024	422 111 bis 422 135	---	25	1938
10 136 025	10 136 026	432 211 bis 434 710	D (08.03.1939)	2 500	1938
10 136 027	10 136 028	422 136 bis 427 235	E (11.05.1940)	5 100	Im Juli 1938 als W 136 II eingeschrieben, im Oktober 1938 umgebucht in W 136 I
10 136 029	10 136 030	441 161 bis 446 160	E (11.05.1940)	5 000	1939
10 136 031	10 136 032	448 186 bis 449 185	E (11.05.1940)	1 000	1939
10 136 033	10 136 034	452 601 bis 452 950	E (11.05.1940)	350	1939
		Motor: 136 033 . 351 bis 136 033 . 2300 Fahrgestell: 136 034 . 351 bis 136 034 . 2300	E (11.05.1940)	1 950	1939
10 136 035	10 136 036	454 901 bis 458 900	E (11.05.1940)	4 000	März 1939
10 136 037	10 136 038	Motor: 136 037 . 1 bis 136 037 . 2500 Fahrgestell: 136 038 . 1 bis 136 038 . 2500	E (11.05.1940)	2 500	1940
10 136 039	10 136 040	Motor: 136 039 . 1 bis 136 039 . 1650 Fahrgestell: 136 040 . 1 bis 136 040 . 1650	D662/9 (31.01.1941)	1 650	(1940)
10 136 041	10 136 042	Motor: 136 041 . 1 bis 136 041 . 2300 Fahrgestell: 136 042 . 1 bis 136 042 . 2300	D662/9 (31.01.1941) bzw. F (31.03.1941)	2 300	(1940)
10 136 043	10 136 044	Motor: 136 043 . 1 bis 136 043 . 1700 Fahrgestell: 136 044 . 1 bis 136 044 . 1700	D662/9 (31.01.1941) bzw. F (31.03.1941)	1 700	(1940)
10 136 045	10 136 046	Motor: 136 045 . 1 bis 136 045 . 2000 Fahrgestell: 136 046 . 1 bis 136 046 . 2000	D662/9 (31.01.1941)	2 000	(1941)
10 136 047	10 136 048	Motor: 136 047 . 1 bis 136 047 . 500 Fahrgestell: 136 048 . 1 bis 136 048 . 500	F (31.03.1941)	500	(1941)

Zeitraum der Produktion	Bemerkungen	Einzelnachweise
November 1938 bis Februar 1939		· 415 511, Innenlenker 4-t, geliefert 22.11.1938 · 418 297, Cabriolet B, geliefert 20.01.1939 · 418 754 Cabrio-Limousine, geliefert 01.03.1939
1939	Ausschließlich Kübelsitzwagen	
1939	Versuchs-/Vorserienwagen W 136 II	
Mitte Februar bis zweite Hälfte März 1939	Modelle des Verkaufsprogramms (ohne Kübelsitzwagen)	· 433 881, Innenlenker 4-t, bestellt 17.11.1938, geliefert 15.03.1939 · 434 350, Cabriolet B, bestellt 10.03.1939, geliefert 18.03.1939
Zweite Hälfte März bis Ende Juni 1939	Zusätzlich zu den Modellen des Verkaufsprogramms: Kübelsitzwagen, Cabriolet B in Wehrmachts-Ausführung (WH), Kastenwagen in Reichspost-Ausführung (RP) Die rechtsgelenkten Ausführungen werden gestrichen	· 422 443, Innenlenker 4-t, bestellt 29.01.1939, geliefert 01.04.1939 · 426 816, Kastenwagen Reichspost, geliefert 27.06.1939 · 427 051, Cabrio-Limousine, geliefert 05.07.1939
Anfang Juli bis November 1939	Zusätzlich zu den Modellen des Verkaufsprogramms: Wehrmachts-Ausführungen (WH) und Kübelsitzwagen	· 441 838, Cabriolet A, Zulassung 01.09.1939 (verzögerte Ablieferung wegen Manufakturfertigung) · 442 024, Cabrio-Limousine, bestellt 10.07.1939, geliefert 24.07.1939 · 445 791, Cabriolet A, bestellt 21.08.1939, geliefert 02.03.1940 (verzögerte Ablieferung wegen Manufakturfertigung) · 445 342, Innenlenker 2-t, geliefert 18.10.1939
November 1939	Kübelsitzwagen, Wehrmachts- (WH-) und Behördenwagen	
Ende November und Dezember 1939	Kübelsitzwagen, WH- und Behördenwagen Die Wagen verfügen über das neue Vollsynchrongetriebe Einführung einer neuen Fahrgestell- und Motoren-Nummerierung Anfang 1940	
Anfang Januar und Februar 1940		
März bis Ende Juni 1940	2- & 4-türige Innenlenker, Cabrio-Limousinen, Cabriolet A, Roadster, Cabriolet B, offene Tourenwagen, Droschken, Fahrgestelle; auch Exportwagen	· 458 017, Cabrio-Limousine, Bj. 1940 (Typenschild); Export Schweiz
Juli bis Mitte September 1940	2- & 4-türige Innenlenker, Cabrio-Limousinen, Cabriolet A, Roadster, Lieferwagen (auch in WH-Ausführung), Cabriolet B (auch in WH-Ausführung), Droschken (rechtsgelenkt, Tank hinten, Export), Kübelsitzwagen	· 136 038.0447 (mit Motor 136 037.0472), Cabriolet B, geliefert nach Zürich 13.08.1940 · 136 038.1493, Kastenwagen (für Oberkommando des Heeres), geliefert November 1940
Mitte September bis Ende Oktober 1940	Kübelsitzwagen	· gemäß D662/9 sind 1 650 Stk. gebaut
Ende Oktober bis Ende Dezember 1940	Kübelsitzwagen, WH-Wagen	· gemäß D662/9 sind 2 300 Stk. gebaut
1941	Kübelsitzwagen, WH-Wagen	· gemäß D662/9 sind 1 700 Stk. gebaut
1941	Kübelsitzwagen	
1941	»Zivile« Wagen	

Reihenbestell-Nummer (RB) Motor	Reihenbestell-Nummer (RB) Fahrgestell	Motor- & Fahrgestell-Nummer	Ersatzteilliste 136, Ausgabe ...	Einschreibung (Anzahl Wagen)	Jahr der Einschreibung
10 136 049	10 136 050	Motor: 136 049.1 bis 136 049.800 Fahrgestell: 136 050.1 bis 136 050.600	F (31.03.1941)	800 Motoren und 600 Fahrgestelle	(1941)
10 136 051	10 136 052	Motor: 136 051.1 bis 136 051.2200 Fahrgestell: 136 052.1 bis 136 052.2000	D662/9 (31.01.1941)	2 200 Motoren und 2 000 Fahrgestelle	(1941)
10 136 053	10 136 054	Motor: 136 053.1 bis 136 053.1200 Fahrgestell: 136 054.1 bis 136 054.1200	F (31.01.1941)	1 200	?
10 136 055	10 136 056	Motor: 136 055.1 bis 136 055.2110 Fahrgestell: 136 056.1 bis 136 056.2110	D662/9 (31.01.1941)	2 110	?
10 136 057	10 136 058	Fahrgestell: 136 058.0001 bis...	F (31.03.1941)	(800)	?
10 136 059	---	Motor: 136 059.1 bis 136 059.500	?	500	?
10 136 061	10 136 062	Motor: 136 061.1 bis 136 061.800 Fahrgestell: 136 062.1 bis 136 062.800	D662/9 (31.01.1941)	800	?
10 136 063	10 136 064	Motor: 136 063.1 bis 136 063.1000 Fahrgestell: 136 064.1 bis 136 064.500	D662/9 (31.01.1941) bzw. G (15.01.1942)	1 000 Motoren und 500 Fahrgestelle	?
10 136 065	10 136 066	Motor: 136 065.1 bis 136 065.705 Fahrgestell: 136 066.1 bis 136 066.405	G (15.01.1942)	705 Motoren und 405 Fahrgestelle	?
10 136 067	---	Motor: 136 067.1 bis 136 067.250	?	250 Motoren	
10 136 069	---	Motor: 136 069.1 bis 136 069.250	?	250 Motoren	?
10 136 071	---	Motor: 136 071.1 bis 136 071.250	?	250 Motoren	?

Quellen

- Zusammenstellung Reihenbestell- und Fahrgestellnummern, ca. Mitte 1939 bis Mitte 1940 (DBAG, ca. 1940), eingeheftet in ETL 136 (170 V), Ausgabe E, 1940
- Fahrgestell- bzw. Motor-Nummern und technische Daten der Daimler-Benz-Personenwagen. Typoskript, vermutl. DBAG, o.D. (um 1949/50).
- Motor- bzw. Fahrgestellnummern-Liste mit Baujahr. Typoskript, DBAG, Ut 17.05.1950.
- Arbeits-Ersatzteil-Liste Typ 136.I-170 V und Typ 136.VI-170 Va, Benzinmotor, Ausgabe August 1951, DBAG.
- Det totala produktionsprogrammet för type 170 V (t.o.m. 1942) såg ut enl. följande. Zusammenstellung des MB-Club Schweden, Magazin 46/Oktober 1982.
- Baujahrliste Fahrgestell-Nummer Mercedes-Benz 1925–1940. Fragment einer fabrikatübergreifenden Zusammenstellung, vermutlich von Behördenseite, um 1940.
- Mappes 170 V-Verkauf 1936-1945 (Verträge, Schriftverkehr, Rechnungen für 170 V von 1936 bis 1945).
- Auszug aus der Fahrzeugliste der Deutschen Reichspost; Museum für Kommunikation Berlin.
- Zusammenstellung der in Finnland bis 1945 zugelassenen Mercedes-Benz (Blauberg, Suomen 2010, S. 466–468).
- Ersatzteillisten 136 Ausgaben A–G, diverse weitere Werksunterlagen.
- Einzelnachweise: Sammlung Würsten.

Zeitraum der Produktion	Bemerkungen	Einzelnachweise
1941	»Zivile« Wagen; Überproduktion Motoren: 200 Stk.	
1941	Kübelsitzwagen; Überproduktion Motoren: 200 Stk.	
1941	»Zivile« Wagen, Exportwagen	· 136 054/0432 mit Motor 136 053/0825, Bj. 1941; Exportwagen Finnland
1942	Kübelsitzwagen	· Fg.-Nr. 136 056/0110, Kübelsitzwagen, Bj. 1941 (gemäß Typenschild)
1942	»Zivile« Wagen	unsicher
1942	Tauschmotoren	
1942	Kübelsitzwagen	
1942	Kübelsitzwagen; Behörden- bzw. Parteiwagen Überproduktion Motoren: 500 Stk.	· 136 064/0208 mit Motor 136 063/0357, Cabriolet B, bestellt 06.10.1942, geliefert 17.10.1942 nach Prag an die NSDAP-Verbindungsstelle · 136 064/0467 mit Motor 136 063/0911, Innenlenker mit Holzkohle-Generator; Bj. 1942 (gemäß Kfz-Brief)
1942	Überproduktion Motoren: 300 Stk.	
1943	Tauschmotoren für Heereskraftfahrpark (HKP)	
1943	Tauschmotoren für Heereskraftfahrpark (HKP)	
1943	Tauschmotoren für Heereskraftfahrpark (HKP)	

C 03 Fahrzeugfamilie 170 V – 170 S – 220

Typen, Baureihen, Baumuster und Produktionsperioden 1946–1955

Verkaufs-bezeichnung	Interne Verkaufs-bezeichnung	Baureihe	Motor-Bezeichnung	Motor-Baumuster	Fahrgestell-Baumuster	Fahrgestell- und Karosserieausführung	Produktionsperiode
170 V	170 V	W 136 I	M 136 I	136 920	136 010	Personenwagen, Innenlenker 4-türig, mit Benzinmotor M 136 I	Juni 1947 – Mai 1950
					136 011	Personenwagen, Cabrio-Limousine 4-türig, mit Benzinmotor M 136 I	nicht gebaut
					136 012	Kastenlieferwagen 0,3 t, mit Benzinmotor M 136 I	nicht gebaut
					136 013	Personenwagen, Cabriolet B, mit Benzinmotor M 136 I	nicht gebaut
					136 014	Krankenwagen mit Benzinmotor M 136 I · Ausführung »Sindelfingen«: Fahrerhaus und Sanitätskasten getrennt a) mit Behelfsfahrerhaus b) mit Serienfahrerhaus · Ausführung »Lueg«: Fahrerhaus und Sanitätsabteil unter durchlaufendem Dach, 4-sitzig/1 Trage	Ausführung »Sindelfingen«: Juni 1946 – Dez. 1948 Ausführung »Lueg«: März 1949 – Mai 1950
				136 921	136 015	Pritschenlieferwagen mit Benzinmotor M 136 I a) mit Behelfsfahrerhaus b) mit Serienfahrerhaus	Juni 1946 – Ende 1949
					136 016	Lieferwagen mit Kastenaufbau 0,75 t und Benzinmotor M 136 I a) mit Behelfsfahrerhaus b) mit Serienfahrerhaus	Juni 1946 – Ende 1949
					136 017	Polizei-Streifenwagen (Pritschenwagen mit Plane und Bänken) mit Benzinmotor M 136 I a) mit Behelfsfahrerhaus b) mit Serienfahrerhaus	Juni 1946 – Ende 1949
				136 920	136 019	Taxiwagen mit Benzinmotor M 136 I	nicht gebaut

Verkaufs-bezeichnung	Interne Verkaufs-bezeichnung	Baureihe	Motor-Bezeichnung	Motor-Baumuster	Fahrgestell-Baumuster	Fahrgestell- und Karosserieausführung	Produktionsperiode
170 V	170 Va & 170 Vb	W 136 VI	M 136 VI	136 923	136 060	Personenwagen, Innenlenker 4-türig, mit Benzinmotor M 136 VI	170 Va: Juni 1950 – Mai 1952 170 Vb: Mai 1952 – Aug. 1953
					136 061	Personenwagen, Cabrio-Limousine 4-türig, mit Benzinmotor M 136 VI	nicht gebaut
					136 064	Krankenwagen mit Lueg-Aufbau 4-sitzig/1 Trage und Benzinmotor M 136 VI	Juni/Juli 1950
					136 069	Taxiwagen mit Benzinmotor M 136 VI	nicht gebaut
					136 070	Krankenwagen mit Lueg-Aufbau 5-sitzig/1 Trage, mit Benzinmotor M 136 VI, Reifen 6,00-16" extra	170 Va: ca. Juli 1950 – Mai 1952 170 Vb: Mai 1952 – Aug. 1953

Verkaufs-bezeichnung	Interne Verkaufs-bezeichnung	Baureihe	Motor-Bezeichnung	Motor-Baumuster	Fahrgestell-Baumuster	Fahrgestell- und Karosserieausführung	Produktionsperiode
170 V	170 Va & 170 Vb	W 136 VI	M 136 VI	136 923	136 071	Fahrgestell ohne Aufbau, mit Vorbau und Sitzkasten (für fremde Spezialaufbauten), mit Benzinmotor M 136 VI; Hinterachs-Übersetzung 1:4,44, Reifen 6,00-16" extra, Hinterfedern für 1 200 kg Achsdruck (harte Federung)	? – Aug. 1953
					136 072	Personenwagen, Innenlenker 4-türig, mit Schiebedach und Benzinmotor M 136 VI	170 Va: Jan. 1951 – Mai 1952 170 Vb: Mai 1952 – Aug. 1953
					136 073	Fahrgestell ohne Aufbau, mit Vorbau und Sitzkasten (für fremde Spezialaufbauten), mit Benzinmotor M 136 VI; Hinterachs-Übersetzung 1:4,44, Reifen 6,00-16" extra, Hinterfedern für 1 090 kg Achsdruck (weiche Federung)	? – Aug. 1953
					136 074	Kastenlieferwagen mit Benzinmotor M 136 VI; Hinterachs-Übersetzung 1:4,44	170 Va: 1952 170 Vb: ?
					136 075	Fahrgestell ohne Aufbau, mit Vorbau und Sitzkasten (für Lueg-Krankenwagen 6-sitzig/2 Tragen und für Taxiaufbau 6-sitzig), mit Benzinmotor M 136 VI	Febr. 1952 – Aug. 1953
					136 076	Fahrgestell ohne Aufbau, mit Vorbau und Sitzkasten (für Limousinen mit Fremdaufbau), mit Benzinmotor M 136 VI	?
170 S	170 S	W 136 IV	M 136 III	136 922	136 040	Personenwagen, Innenlenker 4-türig, mit Benzinmotor M 136 III	März/Juli 1949 – Febr. 1952
					136 042	Personenwagen, Cabriolet A, mit Benzinmotor M 136 III	April/Sept. 1949 – Nov. 1951
					136 043	Personenwagen, Cabriolet B, mit Benzinmotor M 136 III	April/Sept. 1949 – Juli 1951
					136 044	Krankenwagen mit Lueg-Aufbau, 1 Trage, mit Benzinmotor M 136 III	Febr./März 1949, nur Versuchswagen
					136 046	Kombinations-Lieferwagen, mit Benzinmotor M 136 III	Febr./März 1949, ev. 1 Versuchswagen
					136 047	Polizei-Streifenwagen, offen, 6-sitzig, mit Benzinmotor M 136 III	Nov. 1950 – Jan. 1952
					136 048	Polizei-Funkwagen, geschlossen, mit Benzinmotor M 136 III	Nov. 1950 – Jan. 1952, Aufbau von Binz
					136 049	Personenwagen, Innenlenker 4-türig, mit Schiebedach und Benzinmotor M 136 III	Jan. 1951 – Febr. 1952
					136 050	Polizei-Funkwagen, geschlossen, mit Schiebedach und Benzinmotor M 136 III	?
					136 053	Fahrgestell ohne Aufbau, mit Vorbau und Bodenblech (für fremde Spezialaufbauten), mit Benzinmotor M 136 III	?
					136 054	Fahrgestell ohne Aufbau, mit Vorbau und Bodenblech (für fremde Spezialaufbauten), mit Benzinmotor M 136 III	?

Verkaufs-bezeichnung	Interne Verkaufs-bezeichnung	Baureihe	Motor-Bezeichnung	Motor-Baumuster	Fahrgestell-Baumuster	Fahrgestell- und Karosserieausführung	Produktionsperiode
170 S	170 Sb	W 191	M 136 III	136 922	191 010	Personenwagen, Innenlenker 4-türig, mit Benzinmotor M 136 III	Febr. 1952 – Aug. 1953
					191 011	Personenwagen, Cabriolet A, mit Benzinmotor M 136 III	nicht gebaut
					191 012	Personenwagen, Cabriolet B, mit Benzinmotor M 136 III	nicht gebaut
					191 013	Krankenwagen, Lueg-Aufbau 5-sitzig/1 Trage, mit Benzinmotor M 136 III	nicht gebaut
					191 014	Kombinations-Lieferwagen, mit Benzinmotor M 136 III	nicht gebaut
					191 015	Polizei-Streifenwagen, mit Benzinmotor M 136 III	nicht gebaut
					191 016	Polizei-Funkwagen, mit Benzinmotor M 136 III	nicht gebaut
					191 017	Polizei-Funkwagen, mit Schiebedach und Benzinmotor M 136 III	nicht gebaut
					191 018	Personenwagen, Innenlenker 4-türig, mit Schiebedach und Benzinmotor M 136 III	Febr. 1952 – Aug. 1953
					191 019	Fahrgestell ohne Aufbau, mit Vorbau und Bodenblech (für fremde Spezialaufbauten), mit Benzinmotor M 136 III	Febr. 1952 – Aug. 1953
170 S-V	170 S-V	W 136 VIII	M 136 VIII	136 926	136 080	Fahrgestell ohne Aufbau, mit Vorbau und Bodenblech (für fremde Spezialaufbauten), mit Benzinmotor M 136 VIII	Juli 1953 – Febr. 1955
					136 081	Personenwagen, Innenlenker 4-türig, mit Benzinmotor M 136 VIII	Juli 1953 – Febr. 1955
					136 082	Personenwagen, Innenlenker 4-türig, mit Schiebedach und Benzinmotor M 136 VIII	Juli 1953 – Febr. 1955
					136 083	Krankenwagen mit Lueg-Aufbau, 5-sitzig/1 Trage, mit Benzinmotor M 136 VIII	Jan. 1954 – Febr. 1955
					136 085	Fahrgestell ohne Aufbau, mit Vorbau und Bodenblech (für fremde Spezialaufbauten), mit Benzinmotor M 136 VIII	Juli 1953 – Febr. 1955
					136 086	Fahrgestell ohne Aufbau, mit Vorbau und Bodenblech (für Taxi-Aufbauten 6-sitzig), mit Benzinmotor M 136 VIII	ca. Jan. 1954 – Febr. 1955
					136 087	Fahrgestell ohne Aufbau, mit Vorbau und Bodenblech (für Krankenwagen), mit Benzinmotor M 136 VIII	ca. Jan. 1954 – Febr. 1955

Verkaufs-bezeichnung	Interne Verkaufs-bezeichnung	Baureihe	Motor-Bezeichnung	Motor-Baumuster	Fahrgestell-Baumuster	Fahrgestell- und Karosserieausführung	Produktionsperiode
170 D	170 D	W 136 I D	OM 636 I	636 915	136 110	Personenwagen, Innenlenker 4-türig, mit Dieselmotor OM 636 I	Aug. 1949 – Juni 1950
					136 114	Krankenwagen mit Lueg-Aufbau 4-sitzig/1 Trage, mit Dieselmotor OM 636 I	Aug. 1949 – Juni 1950
					136 115	Pritschenlieferwagen, mit Dieselmotor OM 636 I	Aug. 1949 – Juni 1950
					136 116	Kastenlieferwagen, mit Dieselmotor OM 636 I	nicht gebaut
170 D	170 Da & 170 Db	W 136 VI D	OM 636 VI	636 916	136 160	Personenwagen, Innenlenker 4-türig, mit Dieselmotor OM 636 VI	170 Da: Juni 1950 – Mai 1952 170 Db: Mai 1952 – Aug. 1953
					136 170	Krankenwagen mit Lueg-Aufbau 5-sitzig/1 Trage, mit Dieselmotor OM 636 VI	170 Da: ca. Juli 1950 – Mai 1952 170 Db: Mai 1952 – Aug. 1953
					136 171	Fahrgestell ohne Aufbau, mit Vorbau und Sitzkasten (für fremde Spezialaufbauten), mit Dieselmotor OM 636 VI; Hinterachs-Übersetzung 1:4,44, Reifen 6,00-16" extra, Hinterfedern für 1 200 kg Achsdruck (harte Federung)	170 Da: Juni 1950 – Mai 1952 170 Db: Mai 1952 – Aug. 1953
					136 172	Personenwagen, Innenlenker 4-türig, mit Schiebedach und Dieselmotor OM 636 VI	170 Da: Jan. 1951 – Mai 1952 170 Db: Mai 1952 – Aug. 1953
					136 173	Fahrgestell ohne Aufbau, mit Vorbau und Sitzkasten (für fremde Spezialaufbauten), mit Dieselmotor OM 636 VI; Hinterachs-Übersetzung 1:4,44, Reifen 6,00-16" extra, Hinterfedern für 1 090 kg Achsdruck (weiche Federung)	170 Da: Juni 1950 – Mai 1952 170 Db: Mai 1952 – Aug. 1953
					136 174	Offener Tourenwagen Polizei (OTP), mit Dieselmotor OM 636 VI	170 Da: Sept. 1951 - 1952
					136 175	Kastenlieferwagen, mit Dieselmotor OM 636 VI; Hinterachs-Übersetzung 1:4,44, Reifen 6,00-16" extra, Hinterfedern für 1'200 kg Achsdruck (harte Federung)	170 Da: 1951 – Mai 1952 170 Db: Mai 1952 – Aug. 1953
					136 176	Pritschenlieferwagen, mit Dieselmotor OM 636 VI	170 Da: Ende 1951 – Mai 1952 170 Db: Mai 1952 – Aug. 1953
					136 177	Fahrgestell ohne Aufbau, mit Vorbau und Sitzkasten (für Lueg-Krankenwagen 6-sitzig/2 Tragen und für Taxiaufbau 6-sitzig), mit Dieselmotor OM 636 VI	Mai 1952 ? – Aug. 1953
					136 178	Fahrgestell ohne Aufbau, mit Vorbau und Sitzkasten (für fremde Spezialaufbauten), mit Dieselmotor OM 636 VI	Mai 1952 ? – Aug. 1953

Verkaufs-bezeichnung	Interne Verkaufs-bezeichnung	Baureihe	Motor-Bezeichnung	Motor-Baumuster	Fahrgestell-Baumuster	Fahrgestell- und Karosserieausführung	Produktionsperiode
170 DS	170 DS	W 191 D	OM 636 VI	636 918	191 110	Personenwagen, Innenlenker 4-türig, mit Dieselmotor OM 636 VI	Febr. 1952 – Aug. 1953
					191 111	Krankenwagen, mit Dieselmotor OM 636 VI	nicht gebaut
					191 112	Kombinations-Lieferwagen, mit Dieselmotor OM 636 VI	nicht gebaut
					191 113	Personenwagen, Innenlenker 4-türig, mit Schiebedach und Dieselmotor OM 636 VI	Febr. 1952 – Aug. 1953
					191 114	Fahrgestell ohne Aufbau, mit Vorbau und Bodenblech (für fremde Spezialaufbauten), mit Dieselmotor OM 636 VI	?
					191 115	Fahrgestell ohne Aufbau, mit Vorbau und Bodenblech (für fremde Spezialaufbauten), mit Dieselmotor OM 636 VI; Hinterachs-Übersetzung 1:4,44, Reifen 6,00-16" extra, Hinterfedern für 1 200 kg Achsdruck (nur für Übersee-Export)	? – Aug. 1953
					191 116	Polizei-Streifenwagen, mit Dieselmotor OM 636 VI	nicht gebaut

Verkaufs-bezeichnung	Interne Verkaufs-bezeichnung	Baureihe	Motor-Bezeichnung	Motor-Baumuster	Fahrgestell-Baumuster	Fahrgestell- und Karosserieausführung	Produktionsperiode
170 S-D	170 S-D	W 136 VIII D	OM 636 VIII	636 931	136 180	Fahrgestell ohne Aufbau, mit Vorbau und Bodenblech (für fremde Spezialaufbauten), mit Dieselmotor OM 636 VIII	Juli 1953 – Sept. (?) 1955
					136 181	Personenwagen, Innenlenker 4-türig, mit Dieselmotor OM 636 VIII	Juli 1953 – Sept. (?) 1955
					136 182	Personenwagen, Innenlenker 4-türig, mit Schiebedach und Dieselmotor OM 636 VIII	Juli 1953 – Sept. (?) 1955
					136 183	Krankenwagen mit Lueg-Aufbau, 5-sitzig/1 Trage, mit Dieselmotor OM 636 VIII	Jan. 1954 – Herbst (?) 1955
					136 184	?	? – Sept. 1955 (Fahrgestell) / Anfang 1956 (Wagen)
					136 185	Fahrgestell ohne Aufbau, mit Vorbau und Bodenblech (für fremde Spezialaufbauten), mit Dieselmotor OM 636 VIII	?
					136 186	Fahrgestell ohne Aufbau, mit Vorbau und Bodenblech (für Taxi-Aufbauten 6-sitzig), mit Dieselmotor OM 636 VIII	ca. Jan. 1954 – Sept. 1955
					136 187	Fahrgestell ohne Aufbau, mit Vorbau und Bodenblech (für Krankenwagen), mit Dieselmotor OM 636 VIII	ca. Jan. 1954 – Sept. 1955
					136 188	Polizei-Funkwagen, mit Dieselmotor OM 636 VI	nicht gebaut

Verkaufs-bezeichnung	Interne Verkaufs-bezeichnung	Baureihe	Motor-Bezeichnung	Motor-Baumuster	Fahrgestell-Baumuster	Fahrgestell- und Karosserieausführung	Produktionsperiode
220	220	W 187	M 180 I	180 920	187 010	Fahrgestell für Innenlenker ohne Aufbau, mit Vorbau und Bodenblech (für fremde Spezialaufbauten), mit Benzinmotor M 180 I	Aug. 1951 – März 1954
					187 011	Personenwagen, Innenlenker 4-türig, mit Benzinmotor M 180 I	Mai/Aug. 1951 – März 1954
					187 012	Personenwagen, Cabriolet A, mit Benzinmotor M 180 I	Aug. 1951 – Aug. 1955
					187 013	Personenwagen, Cabriolet B, mit Benzinmotor M 180 I	Aug. 1951 – Mai 1953
					187 014	Personenwagen, Innenlenker 4-türig, mit Schiebedach und Benzinmotor M 180 I	Mai/Aug. 1951 – März 1954
					187 015	Offener Tourenwagen 4-türig, mit Benzinmotor M 180 I	Mai 1952 – April 1953
					187 016	Offener Tourenwagen 2-türig, mit Benzinmotor M 180 I	nicht gebaut
					187 017	Polizei-Funkwagen 5-sitzig (Sindelfinger-Konstruktion), mit Benzinmotor M 180 I	1952, Aufbau gebaut von Binz
					187 018	Polizei-Streifenwagen 6-sitzig, mit Benzinmotor M 180 I	1951 – 1953 ?, Aufbau vermutlich von Hägele
					187 019	Krankenwagen, mit Benzinmotor M 180 I	?, vereinzelt
					187 020	Offener Tourenwagen 4-türig, mit Benzinmotor M 180 I und Reifen 6,40-16" (statt 6,40-15")	vermutlich nicht gebaut
					187 021	Cabriolet mit Fremdaufbau	?, vereinzelt
					187 023	Personenwagen, Coupé mit Benzinmotor M 180 I	Jan. 1954 – Juli 1955

Hinweise

- Die unterschiedlich ausführlichen Angaben in den Rubriken »Fahrgestell- und Karosserieausführung« und »Produktionszeit« widerspiegeln den stark differierenden Informationsgehalt der Quellen.
- Die Baumusterbezeichnung kennzeichnet die Linkslenkerausführung. Rechtsgelenkte Ausführungen sind mit einem »R« vor der Baumusterbezeichnung versehen (z.B. für Fahrgestell R 136.010 bzw. für Motor R 136.920).
- Die Fahrzeuge für den »Export« bzw. »Tropen-Export« laufen unter denselben Baumuster- und Verkaufsbezeichnungen wie die Inlandwagen. Für den »Export« gilt die Übersichts-Sonderstückliste ÜSA 500-136 und für den »Tropen-Export« die ÜSA 503-136.
- Am Fahrzeug ist die interne Verkaufsbezeichnung zusammen mit der Baumusterbezeichnung im Typenschild, im Fahrgestellschild sowie auf dem Rahmen eingeschlagen (z.B. 170 Da/136.160). Siehe auch Tabelle C 05.

Quellen

- ETL 170 Vb, Ausgabe A, Dezember 1952.
- ETL 170 S-V Ausgabe A, August 1953 und Nachtrag 1 zu A, ohne Datum.
- ETL 170 Da, überarbeitete Ausgabe A, Mai 1951.
- ETL 170 Db, Ausgabe A, Dezember 1952.
- ETL 170 DS, Ausgabe A, Dezember 1952.
- ETL 170 S-D, Ausgabe A, August 1953 und Nachtrag 1 zu A, ohne Datum.
- ETL 220, Ausgabe A, Juni 1952.
- Handbuch OM 636 & OM 621.
- DB-Tabellenbuch 1957, S. 11–13.
- Merkblatt Typen- und Baumusterbezeichnungen für Personenkraftwagen, Leistungsklasse 1,7 Ltr., Konstruktionsfreigabe-Zentrale Untertürkheim, 19.02.1962 (Archiv DBAG).
- Baumusterliste für PKW-Typ 170 V 136 I, Konstruktionsfreigabe-Zentrale Untertürkheim, 25.07.1951 (Archiv DBAG).
- Unterschieds-Merkmale der einzelnen ausgelaufenen Pkw-Typen, 09.01.1978/18.10.1978 (Archiv DBAG).
- Mercedes-Benz-Pkw-Typen seit 1946, zusammengestellt von Gerd Heidbrink, Daimler-Benz-Konzernarchiv, 22.02.1999 (Archiv MBAG).
- Handbuch Verkauf 1948–1960.
- Beobachtungen des Autors an zahlreichen Fahrzeugen

C 04 Fahrzeugfamilie 170 V – 170 S – 220

Aufschlüsselung der Motor- und Fahrgestell-Nummern 1935–1955

Typ, Baureihe	Produktions-zeitraum	Motor-Nummer	Fahrgestell-Nummer	Bemerkung und Aufschlüsselung
170 V (W 136)	Herbst 1935, Februar 1936 bis Juni 1938	117 761 bis 199 999	117 761 bis 199 999	· Nummerierung ist NICHT typenspezifisch · Fortlaufende Nummerierung innerhalb eines Reihenbestell-Nummernblocks · Reihenbestell-Nr. Motor endet ungerade (z.B. 013), zugehörige Reihenbestell-Nr. Fahrgestell endet gerade (z.B. 014) · Fahrgestell- und Motorennummer sind identisch
	Juni 1938 bis ca. Ende Juni 1940	400 001 bis 458 900	400 001 bis 458 900	
	Ca. Juli 1940 bis ca. Oktober 1942 (Produktionseinstellung)	136 037 0001 bis 2500 136 039 0001 bis 1650 136 041 0001 bis 2300 136 043 0001 bis 1700 136 045 0001 bis 2000 136 047 0001 bis 0500 136 049 0001 bis 0800 136 051 0001 bis 2200 136 053 0001 bis 1200 136 055 0001 bis 2110 136 057 (unklar) 136 059 0001 bis 0500 136 061 0001 bis 0800 136 063 0001 bis 1000 136 065 0001 bis 0705 136 067 0001 bis 0250 136 069 0001 bis 0250 136 071 0001 bis 0250	136 038 0001 bis 2500 136 040 0001 bis 1650 136 042 0001 bis 2300 136 044 0001 bis 1700 136 046 0001 bis 2000 136 048 0001 bis 0500 136 050 0001 bis 0600 136 052 0001 bis 2000 136 054 0001 bis 1200 136 056 0001 bis 2110 136 058 (unklar) --- 136 062 0001 bis 0800 136 064 0001 bis 0500 136 066 0001 bis 0405 --- --- ---	· 1. Block: Baureihe (M 136 bzw. W 136) · 2. Block: Reihenbestell-Nr. von Motor bzw. Fahrgestell · 3.Block: Fortlaufende Nummerierung innerhalb eines jeden Reihenbestell-Nummernblocks · Motor-Nr. und Fahrgestell-Nr. sind nicht mehr aufeinander abgestimmt · Fehlende Fahrgestell-Nrn. (---) bedeuten, dass nur (Tausch-)Motoren hergestellt worden sind
170 V (W 136 I)	Ab Juni 1946 bis Mai 1950	136 920 136 921 00001 bis 24798	136 010 136 014 00001 bis 23850 136 015	· 1. Block: Baureihe (M 136 bzw. W 136) · 2. Block: Baumuster (siehe Tabelle C 03) · 3. Block: Fortlaufende Nummerierung · Motor-Nr. unabhängig von Fahrgestell-Nr.
170 Va (W 136 VI)	Ab Mai 1950 bis Ende Dezember 1950	136 923 24799 bis 32751	136 060 136 064 136 070 23851 bis 31351 136 071 136 073	
170 Va & Vb (W 136 VI)	Ab Anfang Januar 1951 bis August 1953	136 923 00300/51 bis XXXXX/51 00001/52 bis 0XXXX/52 00001/53 bis 0XXXX/53	136 060 136 064 136 070 00102/51 bis XXXXX/51 136 071 00001/52 bis 0XXXX/52 136 072 00001/53 bis 0XXXX/53 136 073 136 075	· 1. Block: Baureihe (M 136 bzw. W 136) · 2. Block: Baumuster (siehe Tabelle C 03) · 3. Block: Fortlaufende Nummerierung, mit jedem neuen Produktionsjahr beginnend theoretisch mit 0001 · 4. Block (hinter/): Baujahr (51=1951) · Motor-Nr. unabhängig von Fahrgestell-Nr.
170 S (W 136 IV)	Ab März/Juli 1949 bis Ende Dezember 1950	136 922 00001 bis XXXXX	136 040 136 042 136 043 136 044 136 046 00001 bis XXXXX 136 047 136 048 136 050 136 053	· 1. Block: Baureihe (M 136 bzw. W 136) · 2. Block: Baumuster (siehe Tabelle C 03) · 3. Block: Fortlaufende Nummerierung · Motorennummern unabhängig von Fahrgestellnummern
	Ab Anfang Januar 1951 bis Februar 1952	136 922 00001/51 bis XXXXX/51 00001/52 bis 0XXXX/52	136 040 136 042 136 043 136 047 00001/51 bis XXXXX/51 136 048 00001/52 bis 0XXXX/52 136 050 136 053	· 1. Block: Baureihe (M 136 bzw. W 136) · 2. Block: Baumuster (siehe Tabelle C 03) · 3. Block: Fortlaufende Nummerierung, mit jedem neuen Produktionsjahr beginnend theoretisch mit 0001 · 4. Block (hinter/): Baujahr (51=1951) · Motor-Nr. unabhängig von Fahrgestell-Nr.

Typ, Baureihe	Produktions-zeitraum	Motor-Nummer	Fahrgestell-Nummer	Bemerkung und Aufschlüsselung
170 Sb (W 191)	Ab Februar 1952 bis August 1953	136 922 0XXXX/52 bis 0YYYY/52 00001/53 bis 0XXXX/53	191 010 191 018 191 019 00001/52 bis YYYYY/52 00001/53 bis 0XXXX/53	· 1. Block: Motorreihe (M 136) und Baureihe (W 191) · 2. Block: Baumuster (siehe Tabelle C 03) · 3. Block: Fortlaufende Nummerierung, mit jedem neuen Produktionsjahr beginnend theoretisch mit 0001 · 4. Block (hinter/): Baujahr (53=1953) · Motor-Nr. unabhängig von Fahrgestell-Nr.
170 S-V (W 136 VIII)	Ab Juli 1953 bis Februar 1955	136 926 35 00001 bis 35 0XXXX 45 00001 bis 45 00XXX 55 00001 bis 55 00XXX	136 080 136 081 136 082 136 083 136 085 136 086 136 087 35 00001 bis 35 0XXXX 45 00001 bis 45 00XXX 55 00001 bis 55 00XXX	· 1. Block: Baureihe (M 136 bzw. W 136) · 2. Block: Baumuster (siehe Tabelle C 03) · 3. Block, zwei erste Ziffern: Baujahr verdreht (45=54=1954) · 4. Block, nachfolgende 4- oder 5-stellige Zifferngruppe: Fortlaufende Nummerierung, mit jedem neuen Produktionsjahr beginnend theoretisch mit 0001 · Motor-Nr. unabhängig von Fahrgestell-Nr.
170 D (W 136 I D)	Ab Mai/August 1949 bis Juni 1950	636 915 00001 bis 03179	136 110 136 114 136 115 00001 bis 03000	· 1. Block: Motorreihe (OM 636) bzw. Baureihe (W 136) · 2. Block: Baumuster (siehe Tabelle C 03) · 3. Block: Fortlaufende Nummerierung · Motor-Nr. unabhängig von Fahrgestell-Nr.
170 Da (W 136 VI D)	Ab Juni 1950 bis Ende Dezember 1950	636 916 03180 bis 0XXXX	136 160 136 170 136 171 136 173 03001 bis 0XXXX	
170 Da & Db (W 136 VI D)	Ab Anfang Januar 1951 bis August 1953	636 916 00001/51 bis XXXXX/51 00001/52 bis 0XXXX/52 00001/53 bis 0XXXX/53	136 160 136 170 136 171 136 172 136 173 136 174 136 175 136 176 136 177 136 178 00001/51 bis XXXXX/51 00001/52 bis 0XXXX/52 00001/53 bis 0XXXX/53	· 1. Block: Motorreihe (OM 636) bzw. Baureihe (W 136) · 2. Block: Baumuster (siehe Tabelle C 03) · 3. Block: Fortlaufende Nummerierung, mit jedem neuen Produktionsjahr beginnend theoretisch mit 0001 · 4. Block (hinter/): Baujahr (51=1951) · Motor-Nr. unabhängig von Fahrgestell-Nr.
170 DS (W 191 D)	Ab Februar 1952 bis August 1953	636 918 00001/52 bis 0XXXX/52 00001/53 bis 0XXXX/53	191 110 191 113 191 115 00001/52 bis 0XXXX/52 00001/53 bis 0XXXX/53	· 1. Block: Motorreihe (OM 636) bzw. Baureihe (W 191) · 2. Block: Baumuster (siehe Tabelle C 03) · 3. Block: Fortlaufende Nummerierung, mit jedem neuen Produktionsjahr beginnend theoretisch mit 0001 · 4. Block (hinter/): Baujahr (52=1952) · Motor-Nr. unabhängig von Fahrgestell-Nr.
170 S-D (W 136 VIII D)	Ab Juli 1953 bis September 1955	636 931 35 00001 bis 35 0XXXX 45 00001 bis 45 00XXX 55 00001 bis 55 00XXX	136 180 136 181 136 182 136 183 136 184 136 186 35 00001 bis 35 0XXXX 45 00001 bis 45 0XXXX 55 00001 bis 55 0XXXX	· 1. Block: Motorreihe (OM 636) und Baureihe (W 136) · 2. Block: Baumuster (siehe Tabelle C 03) · 3. Block, zwei erste Ziffern: Baujahr verdreht (45=54=1954) · 3. Block, nachfolgende 4- oder 5-stellige Zifferngruppe: Fortlaufende Nummerierung, mit jedem neuen Produktionsjahr beginnend theoretisch mit 0001 · Motor-Nr. unabhängig von Fahrgestell-Nr.
220 (W 187)	Ab Mai/August 1951 bis ca. Ende 1953	180 920 00001/51 bis 0XXXX/51 00001/52 bis XXXXX/52 00001/53 bis 0XXXX/53	187 010 187 011 187 012 187 013 187 014 187 015 187 019 00001/51 bis 0XXXX/51 00001/52 bis XXXXX/52 00001/53 bis 0XXXX/53	· 1. Block: Motorreihe (M 180) und Baureihe (W 187) · 2. Block: Baumuster (siehe Tabelle C 03) · 3. Block: Fortlaufende Nummerierung, mit jedem neuen Produktionsjahr beginnend theoretisch mit 0001 · 4. Block (hinter/): Baujahr (52=1952) · Motor-Nr. unabhängig von Fahrgestell-Nr.

Typ, Baureihe	Produktions-zeitraum	Motor-Nummer	Fahrgestell-Nummer	Bemerkung und Aufschlüsselung
220 (W 187)	Ab ca. Anfang 1954 bis Juli 1955	180 920 45 00001 bis 45 00XXX 55 00001 bis 55 00XXX	187 010 187 011 187 012 187 014 187 023 45 00001 bis 45 00XXX 55 00001 bis 55 00XXX	· 1. Block: Motorreihe (M 180) und Baureihe (W 187) · 2. Block: Baumuster (siehe Tabelle C 03) · 3. Block, zwei erste Ziffern: Baujahr verdreht (45=54=1954) · 4. Block, nachfolgende 4- oder 5-stellige Zifferngruppe: Fortlaufende Nummerierung, mit jedem neuen Produktionsjahr beginnend theoretisch mit 0001 · Motor-Nr. unabhängig von Fahrgestell-Nr.

Hinweise

- Das auf dem Fahrzeugschild im entsprechenden Feld eingeschlagene oder aufgedruckte Baujahr kann um ein Jahr später liegen als die Baujahrangabe, welche sich aufgrund der Fahrgestellnummer erschließt. Beispiel: 136 181 35 06482 (= Baujahr 1953); im Feld Baujahr eingeschlagen ist 1954.

Dies bedeutet, dass das Fahrgestell noch im alten Jahr seine Nummer erhalten hat und dort mitgezählt worden ist, während die Karosserie erst im neuen Jahr aufgesetzt und der Wagen fertiggestellt wird.
Auf denselben Umstand kann auch eine Doppeljahreszahl im Baujahrfeld (z.B. 1952/53) hinweisen.

- Die 1953 veränderte Baujahrangabe in der Fahrgestellnummer – neu zwei Ziffern in umgekehrter Reihenfolge für das Jahr (bspw. 35 für 1953) vor der fortlaufenden Nummerierung – wurde für die Auslaufmodelle 170 Vb, 170 Db, 170 Sb, und 170 DS nicht mehr eingeführt.
- Die Schreibweise der vollständigen Fahrgestellnummer kann bezüglich Abstände, Punkte, Bindestriche und Schrägstriche sowohl innerhalb der Schilder als auch zwischen Schildern und Dokumenten abweichen.
- Nullen vor den fortlaufenden Fahrgestellnummern sind oft weggelassen. Beispiel: 136 160-4473/51 statt 136 160 04473/51.

Quellen

- Fahrgestell- bzw. Motor-Nummern und technische Daten der Daimler-Benz-Personenwagen. Typoskript, vermutl. DBAG, o.D. (um 1949/50).
- Motor- bzw. Fahrgestellnummern-Liste mit Baujahr. Typoskript, DBAG, Ut 17.05.1950.
- Arbeits-Ersatzteil-Liste Typ 136.I-170 V und Typ 136.VI-170 Va, Benzinmotor, Ausgabe August 1951, DBAG.
- Det totala produktionsprogrammet för type 170 V (t.o.m. 1942) såg ut enl. följande. Zusammenstellung des MB-Club Schweden, Magazin 46/Oktober 1982.
- Baujahrliste Fahrgestell-Nummer Mercedes-Benz 1925–1940. Fragment einer fabrikatübergreifenden Zusammenstellung, vermutlich von Behördenseite, um 1940.
- Ersatzteillisten 136 Ausgaben A–G, diverse weitere Werksunterlagen.
- Beobachtungen des Autors an zahlreichen Fahrzeugen.

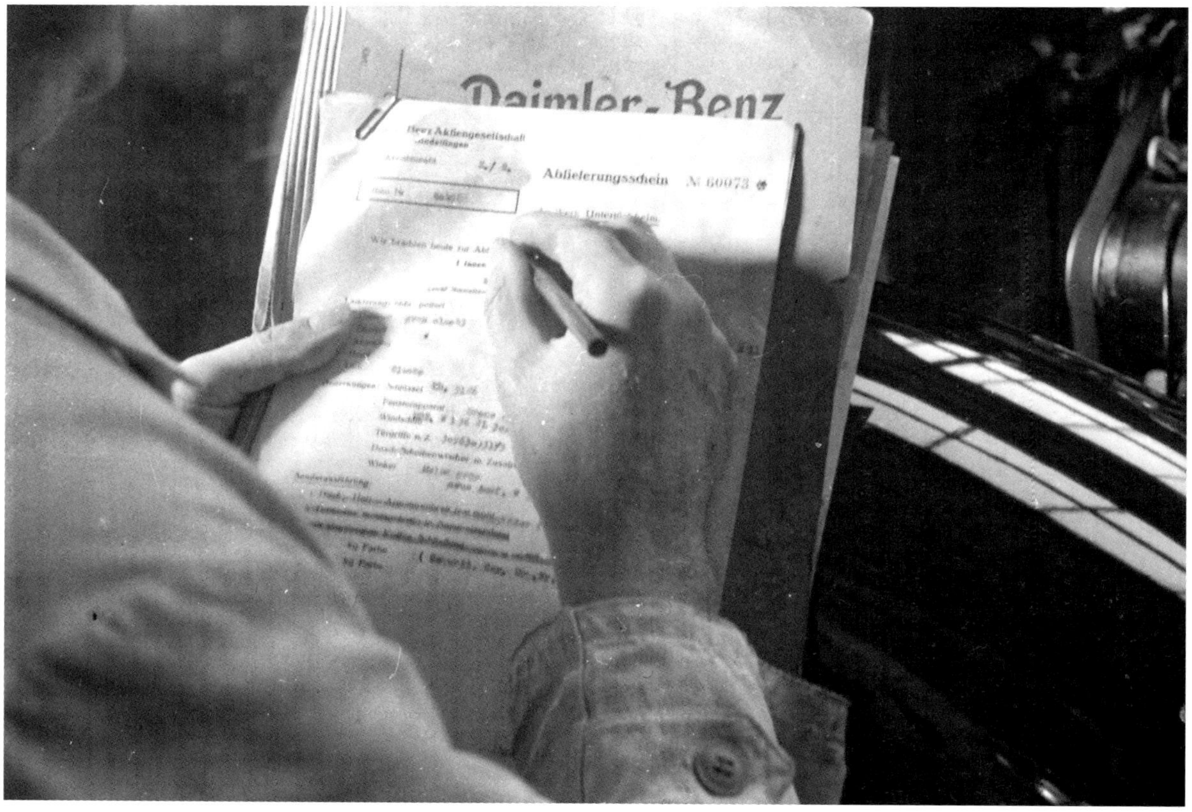

Abb. 1060
Akribisches Kontrollieren und Vervollständigen des Auslieferungsscheins direkt am Wagen vor dem Verlassen der Endmontage. Werk Untertürkheim, 1937.

C 05 Fahrzeugfamilie 170 V – 170 S – 220

Identifikations-Schilder und -Nummern am Wagen 1936–1955

TYPEN- BZW. BAUMUSTERSCHILD

Baureihe, Typ	Zeitraum	Ausführung	Lage, Bemerkungen	Abbildung
170 V (alle käuflichen Modelle) 170 VK	1936 & 1937	Langrechteckig · DAIMLER-BENZ AKTIENGESELLSCHAFT (in Bogenform), WERK STUTTGART-UNTERTÜRKHEIM (horizontal) · 1. Zeile: LEISTUNG PS, HUBRAUM ccm (nach Steuer), EIGENGEWICHT kg · 2. Zeile: AUFTRAGS-NR., WAGEN- u. MOTOR-Nr. Die Auftrags-Nr. ist händisch eingeschlagen, alle übrigen Angaben sind mechanisch eingraviert	An Spritzwand links vor A-Säule, horizontal montiert	
	1936– ca. 1938	Mutmasslich für Export Wie oben, jedoch alle Angaben händisch eingeschlagen. Hubraum in effektiver Größe, abweichend bemessenes Eigengewicht	Wie oben	
	1937 & 1938	Langrechteckig · DAIMLER-BENZ AKTIENGESELLSCHAFT (in Bogenform), WERK STUTTGART-UNTERTÜRKHEIM (horizontal) · 1. Zeile: LEISTUNG PS, HUBRAUM ccm [nach Steuer] · 2. Zeile: EIGENGEWICHT kg, WAGEN- u. MOTOR-Nr. Die Angaben sind mechanisch eingraviert	An Spritzwand links vor A-Säule, schräg montiert (Wagen mit rundem Tank und Einfüllstutzen links) (Auftragsnummer auf separatem Schild)	 
	1938–1940	Quadratnah · DAIMLER-BENZ Aktiengesellschaft Werk Stuttgart-Untertürkheim (horizontal) · 1. Zeile: Baujahr (Angabe fehlt z. T.), Fabrik-Nr. · 2. Zeile: Hubraum ccm [nach Steuer], Leistung PS · 3. Zeile: Eigengewicht kg, Zuläss. Gesamtgewicht kg · 4. Zeile: Zuläss. Achsdruck in kg vorn/hinten · 5. Zeile: Nutzlast kg (Angabe fehlt z. T.) Der Hubraum und die Leistung sind geätzt, alle übrigen Angaben sind mechanisch eingraviert	An Spritzwand rechts vor A-Säule, schräg montiert (bei Wagen mit elliptischem Tank und Einfüllstutzen rechts)	 

TYPEN- BZW. BAUMUSTERSCHILD

Baureihe, Typ	Zeitraum	Ausführung	Lage, Bemerkungen	Abbildung
170 V (alle käuflichen Modelle) 170 VK	1939	Beispiel: Export Schweiz Quadratnah · DAIMLER-BENZ Aktiengesellschaft Werk Stuttgart-Untertürkheim (horizontal) · 1. Zeile: Hubraum ccm (nach Steuer), Fabrik-Nr. · 2. Zeile: Nutzlast, Leistung PS · 3. Zeile: Zuläss. Achsdruck in kg vorn/hint. Die Angaben sind mechanisch eingraviert	An Spritzwand rechts vor A-Säule, schräg montiert	 
	1941 & 1942	Quadratnah · DAIMLER-BENZ Aktiengesellschaft Werk Stuttgart-Untertürkheim (horizontal) · 1. Zeile: Fabrik-Nummer, Baujahr · 2. Zeile: Hubraum ccm (effektiv), Leistung PS · 3. Zeile: Eigengewicht kg, Zuläss. Gesamtgewicht kg · 4. Zeile: Zuläss. Achsdruck in kg vorn/hinten · 5. Zeile: Nutzlast kg Die Angaben sind mechanisch eingraviert	An Spritzwand rechts vor A-Säule, schräg montiert	
170 VG (Umbau zu Gas-generatorwagen)	1943–1944/45	Quadratnah Basisschild wie Ausführung 1941/42 · Fabrik-Nummer [Fahrgestell-Nr.] und Baujahr sind händisch eingeschlagen · Hubraum ccm (1697), Leistung PS (20), Eigengewicht kg (1200), Zuläss. Gesamtgewicht kg (1550) Zuläss. Ausdruck in kg (vorn 660, hinten 890) sind geätzt. Bei den 170 VG (W 136 G) handelt es sich um bestehende 170 V, die von Niederlassungen der Daimler-Benz AG mit der Gasgeneratoranlage G 136 versehen werden. Sie erhalten ein neues Typenschild mit korrigierten Leistungs- und Gewichtsangaben. Die bestehende Fahrgestell-Nr. wird wiederverwendet und zusammen mit dem Baujahr händisch eingeschlagen.	An Spritzwand links oder rechts vor A-Säule, schräg montiert	
170 V Nutzfahrzeuge 170 V IL, 170 D 170 S	1946 (?) –1950	Langrechteckig · DAIMLER-BENZ A.G., Werk Stuttgart Untertürkheim (horizontal) · 1. Zeile: Baumuster, Fahrgestell-Nr. · 2. Zeile: Nutzlast kg, Baujahr · 3. Zeile: Leergewicht kg, Hubraum cm^3 (effektiv) · 4. Zeile: zul. Gesamtgewicht kg, Entstört nach Gruppe · 5. Zeile: zul. Achsdruck vorn kg, zul. Achsdruck hinten kg Alle Angaben händisch eingeschlagen	· 170 V, 170 D: An Spritzwand rechts vor A-Säule, schräg montiert · 170 S IL, Cabrio B & Cabrio A: Motorseitig an Spritzwand rechts	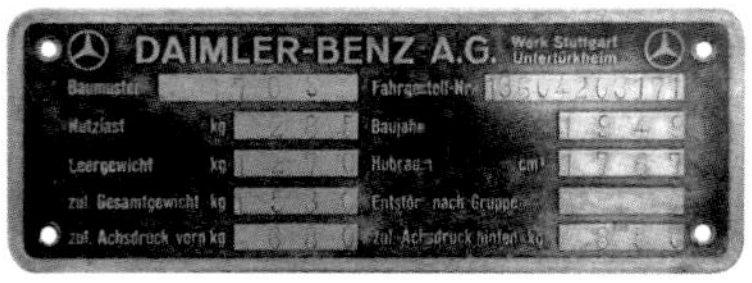

TYPEN- BZW. BAUMUSTERSCHILD

Baureihe, Typ	Zeitraum	Ausführung	Lage, Bemerkungen	Abbildung
170 Va, 170 Da 170 S 170 Sb, 170 DS 220	1951–1952	Wie oben, jedoch ist nur der fortlaufende Teil der Fahrgestell-Nr. händisch eingeschlagen, alle übrigen Angaben sind geätzt	· 170 Va, 170 Da: An Spritzwand rechts vor A-Säule, schräg montiert · 170 S IL, Cabrio B & Cabrio A: Motorseitig an Spritzwand rechts · 220 IL & Cabrio B: Motorseitig an Mitte Spritzwand · 220 Cabrio A: Spritzwand oben zwischen Kasten, um 90° gedreht	 
170 Vb, 170 Db 170 Sb, 170 DS 170 S-V, 170 S-D 220	1953–1955	Langrechteckig · DAIMLER-BENZ AKTIENGESELLSCHAFT WERK STUTTGART-UNTERTÜRKHEIM (horizontal) · 1. Zeile: Typ, Fahrgestell-Nr. · 2. Zeile: zul. Gesamtgewicht kg, Baujahr · 3. Zeile: zul. Achslast vorn kg, zul. Achslast hinten kg Der eine Teil der Angaben ist mechanisch eingraviert, der andere mechanisch oder händisch eingeschlagen Die 170 Vb und 170 Db tragen Typenschilder mit der Bezeichnung »170 Va« bzw. »170 Da«	· 170 Vb, 170 Db: An Spritzwand rechts vor A-Säule, schräg montiert · 170 Sb, 170 DS, 170 S-V, 170 S-D: Motorseitig an Mitte Spritzwand · 220 IL & Cabrio B: Motorseitig an Mitte Spritzwand · 220 Cabrio A, Coupé: Spritzwand oben zwischen Kasten, um 90° gedreht	

FAHRGESTELLSCHILD UND FAHRGESTELL-NUMMER

Baureihe, Typ	Zeitraum	Ausführung Schild	Lage Schild und eingeschlagene Fahrgestell-Nummer	Abbildung
170 V	1936 & 1937	---	Ohne Fahrgestellschild Nummer eingeschlagen auf linkem Rahmen-Ovalrohr im Motorraum vor Hauptbremszylinder	
	1938– ca. 1942	Langrechteckig, schlank, Ecken gerundet · DAIMLER-BENZ AKTIENGESELLSCHAFT · Eine Zeile: Typ, Fahrgestell-Nr. (mechanisch eingraviert)	Schild auf rechtem Rahmen-Ovalrohr im Motorraum Zusätzlich Nummer händisch eingeschlagen auf rechtem Rahmen-Ovalrohr neben Schild	
170 V IL 170 V Nutzfahrzeuge	1946–1948	Unbekannt (möglicherweise wie 1949–1952)	Vermutlich auf rechtem Rahmen-Ovalrohr im Motorraum	
170 V, 170 D 170 Va, 170 Da 170 S	1949–1952	Langrechteckig, schlank, Ecken gerundet · DAIMLER-BENZ AKTIENGESELLSCHAFT · 1. Zeile: Typ · 2. Zeile: Fahrgest.-Nr. Angaben mechanisch eingraviert; Ausnahme: fortlaufender Teil der Fahrgestell-Nr. händisch eingeschlagen	Schild auf dem rechten Rahmen-Ovalrohr im Motorraum Zusätzlich Nummer händisch oder mechanisch eingeschlagen auf rechtem Rahmen-Ovalrohr unterhalb Schild	
170 Vb, 170 Db 170 S 170 Sb 170 DS 170 S-V, 170 S-D 220	1952–1955	Langrechteckig · DAIMLER-BENZ AKTIENGESELLSCHAFT WERK STUTTGART-UNTERTÜRKHEIM · 1. Zeile: Typ (Typ & Baumuster) · 2. Zeile: Fahrgestell-Nr. Angaben mechanisch eingeschlagen Die 170 Vb und 170 Db tragen Fahrgestellschilder mit der Bezeichnung »170 Va« bzw. »170 Da«		

MOTORSCHILD, MOTOR-NUMMER UND REIHENBESTELL-NUMMER

Baureihe, Typ	Zeitraum	Ausführung Schild	Lage Schild und eingeschlagene Motor-Nummer	Abbildung
170 V Bis ca. Mitte 1940 sind Fahrgestell- und Motor-Nr. identisch	1936 & 1937	Langrechteckig · MERCEDES-BENZ · Eine Zeile: MOTOR-Nr. (mechanisch eingraviert) · DAIMLER-BENZ AKTIENGESELLSCHAFT	Schild an Motorblock über Ölmessstab Reihenbestell-Nr., laufende Motor- oder Block-Nr. und Motor-/Fahrgestell-Nr. händisch eingeschlagen auf planer Fläche am Block oberhalb oder unterhalb Motorschild	
	1938–1942	Langrechteckig · DAIMLER-BENZ AKTIENGESELLSCHAFT · Eine Zeile: Typ (geätzt), Motor-Nr. (mechanisch eingraviert)	Schild an Motorblock rechts bei Nockenwellenantrieb Reihenbestell-Nr., laufende Motor- oder Block-Nr. und Motor-/Fahrgestell-Nr. händisch eingeschlagen auf planer Fläche am Block über Ölmessstab	 
170 V Nutzfahrzeuge 170 V IL 170 D 170 S	1946–1949/50	Langrechteckig · DAIMLER-BENZ AKTIENGESELLSCHAFT · 1. Zeile: Typ · 2. Zeile: Motor-Nr. Der fortlaufende Teil der Motor-Nr. ist händisch eingeschlagen, alle übrigen Angaben sind geätzt	Schild an Motorblock rechts bei Nockenwellenantrieb	
			1946–1948: Motor-Nr. zusätzlich eingeschlagen auf planer Fläche am Block über Ölmessstab (wie 1936–1942)	
			1948–Mitte 1949: plane Fläche durch Kernloch gestört, Motor-Nr. nicht bzw. nur vereinzelt eingeschlagen	
			Mitte 1949–Ende 1949/Anfang 1950: plane Fläche fehlt, Motor-Nr. nicht eingeschlagen	
170 Va, 170 Da 170 Vb, 170 Db 170 S 170 Sb, 170 DS 170 S-V, 170 S-D	1950–1955		Schild (wie oben) an Motorblock rechts bei Nockenwellenantrieb Zusätzlich Motor-Nr. händisch eingeschlagen in Block links hinten, unmittelbar unterhalb Kopf	
220	1951–1955	Langrechteckig · DAIMLER-BENZ A. G. · WERK STUTTGART-UNTERTÜRKHEIM · 1. Zeile: Typ, Baumuster (Typ) (geätzt) · 2. Zeile: Motor-Nr. (Nr. händisch eingeschlagen, Jahrzahl (bspw./52) geätzt	Schild an Motorblock links oben, neben Zündverteiler Motor-Nr. mechanisch eingeschlagen oberhalb Schild	

KAROSSERIENUMMER-SCHILD

Baureihe, Typ	Zeitraum	Ausführung Schild	Lage Schild	Abbildung
170 V	1936–1939	Oval · MERCEDES-BENZ (in Bogenform oben) · dazwischen: Karosserienummer händisch eingeschlagen · KAROSSERIE (in Bogenform unten)	· IL 4-türig, Cabrio-Limousine: links, auf Stirnseite Hintertür, nach vorn gerichtet · IL 2-türig, Cabrio B, Cabrio A & Roadster: links, in Türfalz B-Säule	
170 V	1940–1942	Karosserie-Nr. sechsstellig (bspw. 535 351)	· Links, in Türfalz A-Säule, unterhalb Schließkeil	
170 V 170 Va, 170 Da 170 Vb, 170 Db	1947–1953	Oval · MERCEDES-BENZ (in Bogenform oben) · dazwischen: Karosserienummer händisch eingeschlagen · KAROSSERIE (in Bogenform unten)	· Links, in Türfalz A-Säule, unterhalb Schließkeil	 
170 S 170 Sb, 170 DS 220	1949–1953	Karosserie-Nr. mit Baumuster, fortlaufender Nr. und Jahr (mechanisch eingeschlagen, bspw. 187 110 0435/53) Die Karosseriebaumuster lauten wie folgt: 136 (170 V), 636 (170 D), 181 (170 S), 191 (170 Sb), 691 (170 DS), 187 (220)	· IL & Cabrio B: links, in Türfalz A-Säule, unterhalb Schließ-kasten/-bolzen · Cabrio A: links, in Türfalz B-Säule Zusätzlich Karosserie-Nr. händisch eingeschlagen in Spritzwand seitlich am linken Kasten	
170 S-V, 170 S-D	1953–1955	Langrechteckig · MERCEDES-BENZ-KAROSSERIE · Baumuster geätzt oder mechanisch eingeschlagen (A = Aufbau), anschließende Karosseriennummer mechanisch eingeschlagen	· Links, in Türfalz A-Säule, unterhalb Schliessbolzen	 
220 Cabriolet A & Coupé	1954 & 1955		· Links, in Türfalz B-Säule Zusätzlich Karosseriebaumuster und fortlaufende Karosserie-Nr. mechanisch eingeschlagen in Spritzwand seitlich am linken Kasten	

AUFTRAGSNUMMER-SCHILD

Baureihe, Typ	Zeitraum	Ausführung Schild	Lage Schild	Abbildung
170 V	1936 & 1937	--- (Info ist auf Typenschild)	---	
170 V	1937–1942	Langrechteckig Eine Zeile: AUFTRAGS-Nr. (händisch eingeschlagen)	Sämtliche Modelle: 1937 z. T. oberhalb, später unterhalb Typenschild	
170 V Nutzfahrzeuge 170 V IL	1946–1949	unbekannt	unbekannt	
170 V, 170 D 170 Va, 170 Da	1949 & 1950	Langrechteckig, leicht modifiziert Eine Zeile: AUFTRAGS-Nr. (händisch oder mechanisch eingeschlagen)	Unterhalb Typenschild	
170 S			Oberhalb Typenschild	
170 Va, 170 Da 170 Vb, 170 Db 170 S 170 Sb, 170 DS 170 S-V, 170 S-D 220	1951-1955	---	Ohne Auftragsnummer-Schild	

KAROSSERIEWERK-SCHILD

Baureihe, Typ	Zeitraum	Ausführung Schild	Lage Schild	Abbildung
170 V	1936– ?	SINDELFINGER KAROSSERIE DAIMLER-BENZ A.G., mit Stern in Mitte; reliefartig, Aluminiumguss poliert, Stern durchbrochen, Schrifttyp »A« schwarz	Links, vor A-Säule, unten	
170 V	1938 (nachgewiesen)	SINDELFINGER KAROSSERIE DAIMLER-BENZ A.G., mit Stern in Mitte; Aluminiumguss poliert, reliefartig, Stern durchbrochen, Schrifttyp »B« schwarz		
170 Va, 170 Da 170 S	1947–1951 (nachgewiesen)	SINDELFINGER KAROSSERIE DAIMLER-BENZ A.G., mit Stern in Mitte; Aluminiumblech, geätzt (inkl. Stern), Schrift-typ »B« alufarbig, Grundfarbe schwarz		
170 Vb, 170 Db 170 S 170 Sb, 170 DS 220 IL & Cabriolet B	Bis Ende 1952	SINDELFINGER KAROSSERIE DAIMLER-BENZ A.G., mit Stern in Mitte; reliefartig, Stern durchbrochen, Zinkspritz-guss verchromt, Schrifttyp »A« schwarz		
220 Cabriolet A & Coupé	Bis 1955			
220 IL & Cabriolet B	Ab 1953	In der Regel ohne Karosseriewerk-Schild	---	---
170 S-V 170 S-D	1953–1955			
Gesamte Fahrzeug-familie 170 V – 170 S – 220 mit Aufbauten von Lueg Bochum	1949–1955	KAROSSERIE Lueg BOCHUM Aluminiumblech geätzt, Grundfarbe schwarz	Links, vor A-Säule, unten	
170 S-V & 170 S-D mit mit Aufbauten von Lueg Bochum	1953–1955		Bei mehreren Wagen: Je ein Schild links und rechts, vor A-Säule unten	

Quellen

- Werksaufnahmen.
- Ersatzteillisten Nachkrieg.
- Werkstatthandbücher.
- Zahlreiche erhaltene Einzelfahrzeuge mit nachvollziehbarer Geschichte.
- Abweichende Ausführungen sind wahrscheinlich.
- Schilder und Embleme aus Slg. Bürgin

C 06 170 V (W 136 & W 136 I)
Produktionsergebnisse 1936–1942

FAHRZEUGPRODUKTION 170 V (WERK UNTERTÜRKHEIM)

Modell	1935	1936	1937	1938	1939	1940	1941	1942	Total 1935-1942
Versuchswagen	12	---	---	---	---	---	---	---	12
Pkw, alle Aufbauten & Fahrgestell ohne Aufbau	---	12 683	18 864	17 575	16 305	3 650	1 710	1 174	71 961
Kastenwagen 0,3 t	---	44	78	100	130	280	200	157	989
Kübelsitzwagen	---	---	---	413	1 737	7 560	6 588	2 777	19 075
Total 170 V (W 136)	**12**	**12 727**	**18 942**	**18 088**	**18 172**	**11 490**	**8 498**	**4 108**	**92 037**

Quellen

- Jahres-Produktion von Personenkraftwagen der Daimler-Benz AG (1927–1944), Zentral-Statistik; ohne Jahr (Archiv MBAG).
- Jahres-Produktion von Liefer-, Lastkraftwagen u. Omnibussen der Daimler-Benz AG, Zentral-Statistik; ohne Jahr (Slg. Würsten).
- Die PKW-Produktion der Daimler-Benz AG, 1926–1945, zusammengestellt nach Unterlagen der Abteilungen Konstruktion und Statistik, dem technischen Archiv und den Fahrzeug-, Kommissions- und Motorbüchern von B. Hülsen, Daimler-Benz-Archiv, März 1973 (Slg. Würsten).
- Oswald, MB-Pkw1 2001, S. 144 f.

KAROSSERIEPRODUKTION FÜR 170 V (WERK SINDELFINGEN)

Aufbau-Variante	1935	1936	1937	1938	1939	1940	1941	Total 1935-1942	1942	Total bis 1942
Limousinen 2- & 4-türig, Versuch	13	---	---	---	---	---	---	13	---	
Limousine 2-türig	---	3 414	2 943	1 945	1 488	116	---	9 906	Keine detaillierte Aufstellung bekannt	
Limousine 4-türig	---	5 403	9 957	9 974	9 613	1 818	916	37 681		
Cabrio-Limousine	---	2 384	3 500	2 723	2 424	565	147	11 743		
Cabriolet A	---	76	204	272	198	34	10	794		
Cabriolet B	---	1 182	1 786	1 976	1 888	652	584	8 068		
Roadster	---	82	70	73	38	8	---	271		
Offener Tourenwagen	---	158	314	220	226	48	27	993		
Kastenwagen	---	44	78	100	129	280	200	831		
Kübelsitzwagen	---	125	11	968	1 973	7 738	5 500	16 315		
Total Karosserien für 170 V	**13**	**12 868**	**18 863**	**18 251**	**17 977**	**11 259**	**7 384**	**86 615**	**ca. 3 400**	**ca. 90 015**
Differenz zu Fahrgestell pro Jahr	0	+ 141	- 79	+ 163	- 195	- 231	- 1 114	nicht feststellbar		
Differenz zu Fahrgestell fortlaufend	0	+ 141	+ 62	+ 225	+ 30	- 201	- 1 315			

Hinweise

- \+ bedeutet ein **Überschuss** an Karosserien gegenüber Fahrgestellen, - bedeutet ein Manko an Karosserien gegenüber Fahrgestellen.
- Die Karosseriefertigung in Sindelfingen verläuft mit der Fahrgestellfertigung in Untertürkheim nicht vollständig synchron.
- Grundsätzlich werden etwas mehr Karosserien gefertigt als Fahrgestelle, um Unfallfahrzeuge im Bedarfsfall mit neuen Aufbauten versehen zu können.
- Ab 1940 werden markant mehr Fahrgestelle gebaut als Karosserien, weil ein Teil der Aufbauten für die Wehrmachts-Kübelsitzwagen von auswärtigen Karosseriebetrieben bezogen werden müssen.

Quellen

- Oswald, MB-Pkw1 2001, S. 316. – Die entsprechenden Primärquellen sind im Mercedes-Benz-Archiv nicht verfügbar.

C 07 Fahrzeugfamilie 170 V - 170 S - 220

Produktionsergebnisse 1946–1955

FAHRZEUGPRODUKTION (WERK SINDELFINGEN)

Typ, Modell	Anzahl/ Modell	1946	1947	1948	1949	1950	1951	1952	1953	1954	1955	Total 1946 –1955
170 V (W 136 I & W 136 VI)												
Kastenwagen 0,75 t	552	183	464	616	387	- - -	- - -	- - -	- - -	- - -	- - -	1 650
Pritschenwagen 0,75 t	658											
Polizei-Streifenwagen	440											
Krankenwagen (Fahrerhaus und Sanitätskasten getrennt)	600	31	200	369	- - -	- - -	- - -	- - -	- - -	- - -	- - -	600
Limousinen	45 741	- - -	381	4 130	12 714	11 876	12 687	3 657	1 637	- - -	- - -	47 082
Krankenwagen mit Lueg-Aufbau	1 070											
Offener Tourenwagen	3											
Fahrgestelle für Aufbauten durch Fremdfirmen	268											
Kastenwagen 0,5 t (Sindelfinger-Aufbau)	35	- - -	- - -	- - -	- - -	- - -	- - -	35	- - -	- - -	- - -	35
Total 170 V 1946–1953		**214**	**1 045**	**5 115**	**13 101**	**11 876**	**12 687**	**3 692**	**1 637**	**- - -**	**- - -**	**49 367**
170 D (W 136 I D & W 136 VI D)												
Limousinen	26 758	- - -	- - -	- - -	907	5 609	14 306	7 966	4 520	- - -	- - -	33 308
Offener Tourenwagen Polizei (OTP)	530											
Krankenwagen mit Lueg-Aufbau	272											
Fahrgestelle für Aufbauten durch Fremdfirmen	5 748											
Kastenwagen 0,5 t (Sindelfinger-Aufbau)	515	- - -	- - -	- - -	- - -	- - -	316	149	50	- - -	- - -	515
Total 170 D 1949–1953		**- - -**	**- - -**	**- - -**	**907**	**5 609**	**14 622**	**8 115**	**4 570**	**- - -**	**- - -**	**33 823**
170 S (W 136 IV & W 191)												
Limousinen 170 S	28’708	- - -	- - -	- - -	3 370	14 735	10 333	326	- - -	- - -	- - -	28 764
Fahrgestelle 170 S	56											
Cabriolet A	830	- - -	- - -	- - -	39	1 686	708	- - -	- - -	- - -	- - -	2 433
Cabriolet B	1 603											
Limousinen 170 Sb	8 080	- - -	- - -	- - -	- - -	- - -	- - -	4 580	3 514	- - -	- - -	8 094
Fahrgestelle 170 Sb	14											
Total 170 S 1949–1953		**- - -**	**- - -**	**- - -**	**3 409**	**16 421**	**11 041**	**4 906**	**3 514**	**- - -**	**- - -**	**39 291**
170 DS (W 191 D)												
Limousinen	12 857	- - -	- - -	- - -	- - -	- - -	- - -	6 734	6 251	- - -	- - -	12 985
Fahrgestelle	128											
Total 170 DS 1952–1953		**- - -**	**- - -**	**- - -**	**- - -**	**- - -**	**- - -**	**6 734**	**6 251**	**- - -**	**- - -**	**12 985**

FAHRZEUGPRODUKTION (WERK SINDELFINGEN)

Typ, Modell	Anzahl/ Modell	1946	1947	1948	1949	1950	1951	1952	1953	1954	1955	Total 1946 –1955
170 S-V (W 136 VIII)												
Limousinen	3 002	---	---	---	---	---	---	---	2 102	880	140	3 122
Fahrgestelle	120											
Total 170 S-V 1953-1955		**---**	**---**	**---**	**---**	**---**	**---**	**---**	**2 102**	**880**	**140**	**3 122**
170 S-D (W 136 VIII D)												
Limousinen	11 800											
Krankenwagen mit Lueg-Aufbau	121	---	---	---	---	---	---	---	6 494	5 992	2 401	14 887
Fahrgestelle	2 966											
Total 170 S-D 1953-1955		**---**	**---**	**---**	**---**	**---**	**---**	**---**	**6 494**	**5 992**	**2 401**	**14 887**
220 (W 187)												
Limousinen	16 066											
Offene Tourenwagen	41	---	---	---	---	---	3 453	9 165	3 322	214	---	16 154
Fahrgestelle	47											
Cabriolet A	1 278											
Cabriolet B	997	---	---	---	---	---	368	1 178	403	259	152	2 360
Coupé	85											
Total 220 1951–1955		**---**	**---**	**---**	**---**	**---**	**3 821**	**10 343**	**3 725**	**473**	**152**	**18 514**
Total gesamte Fahrzeugfamilie 170 V - 170 S - 220		**214**	**1 045**	**5 115**	**17 417**	**33 906**	**42 171**	**33 790**	**28 293**	**7 345**	**2 693**	**171 989**

Quellen

- Produktion von Personenkraftwagen 170 (1945–1960), Zentral-Statistik; ohne Jahr (Archiv MBAG).
- Handbuch Verkauf 1948–1960, S. A1–A27, A52–A55 (DBAG).
- Mercedes-Benz-Pkw-Typen seit 1946, zusammengestellt von Gerd Heidbrink, Daimler-Benz-Konzernarchiv, 22.02.1999 (Archiv MBAG).
- Oswald, MB-Pkw2 2001, S. 17, 31 & 38.

ANZAHL GEFERTIGTER WAGEN PRO FAHRGESTELL-HAUPTBAUMUSTER UND TYP

	170 V			170 D			170 S		170 DS	170 S-V	170 S-D	220
	170 V W 136 I 136.01	170 Va W 136 VI 136.06/07	170 Vb W 136 VI 136.06/07	170 D W 136 I D 136.11	170 Da W 136 VI D 136.16/17	170 Db W 136 VI D 136.16/17	170 S W 136 IV 136.04/05	170 Sb W 191 191.01	W 191 D 191.11	W 136 VIII 136.08	W 136 VIII D 136.18	W 187 187.01/02
Total Wagen pro Fahrgestell-Hauptbaumuster	25 414	20 471	3 482	3 712	19 456	10 655	31 197	8 094	12 985	3 122	14 887	18 514
Total Wagen pro Typ			49 367			33 823		39 291	12 985	3 122	14 887	18 514

Quellen

- Unterschieds-Merkmale der einzelnen ausgelaufenen Pkw-Typen, 09.01.1978 (Archiv MBAG).
- Produktion von Personenkraftwagen 170 (1945–1960), Zentral-Statistik; ohne Jahr (Archiv MBAG).
- Handbuch Verkauf 1948–1960, S. 15, 26 & 39 (MBAG).

C 08 Fahrzeugfamilie 170 V – 170 S – 220

Zulieferbetriebe 1936–1955

Baugruppe (ab ca. 1947)	Gegenstand	Fahrzeugtyp	Fabrik-Marke	Lieferant	Firmensitz	Bemerkung
01	Zylinderkurbelgehäuse (Oberteil)	170 V bis 1942 Alle Typen ab 1946	---	Daimler-Benz AG, Werk Mannheim, Gießerei	Mannheim-Waldhof	Kennzeichen: Mercedes-Benz-Stern ohne Ring
		170 V 1939 bis 1942	---	Maschinenfabrik Esslingen	Esslingen (Neckar)	Kennzeichen: Monogramm ME
		170 V/D	EB	Eisenwerk Brühl GmbH	Brühl (Rheinland)	Zusätzlich zu Daimler-Benz. Kennzeichen: Monogramm EB
	Zylinderkopfdichtungen	Alle Typen	Diring	Diring GmbH	Stuttgart	Verkaufsgesellschaft
		170 D	Goetze	Goetzewerke AG	Burscheid bei Köln	
03	Kolben	170 V bis 1942	EC	Elektronmetall GmbH Cannstatt	Stuttgart-Bad Cannstatt	Invar-Kolben, EC-Nelson-Breitplattenkolben und Autothermikkolben. Unternehmen der Gebrüder Mahle
		170 V bis 1942 Alle Typen ab 1946	Nüral	Nürnberger Aluminiumwerke GmbH	Nürnberg	Wahlweise
			Mahle	Mahle KG	Stuttgart-Bad Cannstatt	
	Verbundgleitlager	170 V bis 1942	ADMOS	Allgemeine Deutsche Metallwerke Oberschöneweide GmbH (ADMOS)	Berlin-Oberschöneweide	Nach 1945 in Sowjetzone
05	Nockenwellenzahnrad	170 V bis 1942	Novotex	AEG Aktiengesellschaft	Berlin	Nach 1945 (vorübergehend?) nicht mehr erhältlich
		170 V, Va 170 S	Resitex	Robert Bosch GmbH	Stuttgart	
07	Einspritzpumpe	170 D, Da, Db 170 DS, S-D	Bosch	Robert Bosch GmbH	Stuttgart	
	Düsenhalter und Einspritzdüsen	170 D, Da, Db 170 DS, S-D	Bosch	Robert Bosch GmbH	Stuttgart	
	Vergaser	170 V bis 1942 Alle Typen ab 1946	Solex	Deutsche Vergaser-Gesellschaft mbH DVG bzw. Gebr. Pierburg KG	Berlin & Neuss	
09	Sauggeräuschdämpfer, Luftfilter	170 V bis ca. 1940	EC	Elektronmetall GmbH Cannstatt	Stuttgart-Bad Cannstatt	Trommelfilter 1936/37, Röhrenfilter ab 1938. Unternehmen im Besitz der Gebrüder Mahle
		170 V ab ca. 1940	Mahle	Mahle KG	Stuttgart-Bad Cannstatt	Röhrenfilter
		170 V bis 1942 170 V, Va, Vb 170 Da, Db 170 DS, S-D	Knecht	Knecht Filterwerke GmbH	Stuttgart-Bad Cannstatt	170 Va: Röhrenfilter 170 Da, Db, DS & S-D: Trommelfilter
		170 V, Va, Vb 170 Da, Db 170 S, Sb 170 DS, S-D 170 S-V 220	Mann	Filterwerk Mann & Hummel GmbH	Ludwigsburg	170 V, Va, Vb: Röhrenfilter. Alle anderen Typen: Trommelfilter
	Kraftstoffpumpe	170 V Rechtslenker 1936	DBU	Deutsche Benzin-Uhren-Gesellschaft mbH	Berlin SW 29 (-Kreuzberg)	

Baugruppe (ab ca. 1947)	Gegenstand	Fahrzeugtyp	Fabrik-Marke	Lieferant	Firmensitz	Bemerkung
09	Kraftstoffpumpe	170 V Rechtslenker 1937 & 1938	Solex	Deutsche Vergaser-Gesellschaft mbH DVG	Berlin & Neuss	
15	Anlasser	Alle Typen	Bosch	Robert Bosch GmbH	Stuttgart	
	Lichtmaschine					
	Verteiler	Alle Benzin-Typen				
	Zündspule					
	Zündkerzen	170 V bis 1942	Bosch	Robert Bosch GmbH	Stuttgart	
		Alle Benzin-Typen ab 1946	Bosch	Robert Bosch GmbH	Stuttgart	Wahlweise
			BERU	Autoarmaturen- und Kühlerfabrik BERU, Behr & Ruprecht	Ludwigsburg	
	Glühkerzen	170 D, Da, Db 170 DS, S–D	Bosch	Robert Bosch GmbH	Stuttgart	Wahlweise
			BERU	Autoarmaturen- und Kühlerfabrik BERU, Behr & Ruprecht	Ludwigsburg	
18	Ölfilter im Nebenschluss (Topffilter)	170 V bis 1942	Knecht	Knecht Filterwerke GmbH	Stuttgart-Bad Cannstatt	
			Mahle	Mahle KG	Stuttgart-Bad Cannstatt	
	Ölfilter im Hauptstrom	170 V, Va, Vb 170 D, Da, Db 170 S, Sb, DS 170 S-D 220	Knecht	Knecht Filterwerke GmbH	Stuttgart-Bad Cannstatt	Spülspaltfilter
		170 S-D (ev. weitere)	Mann	Filterwerk Mann & Hummel GmbH	Ludwigsburg	Feinsiebfilter
20	Wasserpumpen-Dichtungen	Vermutl. alle Typen ab 1946	Goetze	Goetzewerke AG	Burscheid bei Köln	
22	2-Punkt-Motoraufhängung	170 V ab 1936	Floating Power	Hans Sickinger GmbH, Spezialartikel für Kraftfahrzeuge	Frankfurt (Main), später Lemgo (Westfalen)	US-Amerikanische Entwicklung
25	Kupplung	170 V bis 1946 Alle Typen ab 1946	Komet	Fichtel & Sachs AG	Schweinfurt	
29	Riemenscheibe auf Kurbelwelle	170 V ab 1936 bis ?	Mecano	Hans Sickinger GmbH, Spezialartikel für Kraftfahrzeuge	Frankfurt (Main)	Kennzeichnung MF
31	Rahmen-Ovalrohre	170 V bis 1942 Alle Typen ab 1946	---	Kammerich-Werke AG	Bielefeld-Brackwede	Rohre vorgebogen
32	Blattfedern	170 Va/Da Weitere Typen?	---	Dittmann & Neuhaus, Federfabrik	Herbede (Westfalen)	
	Gewindebüchsen und -federbolzen	170 V bis 1942 170 V, Va, Vb 170 D, Da, Db 170 S–V, S–D	Mecano	Hans Sickinger GmbH, Spezialartikel für Kraftfahrzeuge	Frankfurt (Main), später Lemgo (Westfalen)	
	Hebelstoßdämpfer	170 V bis 1942 170 V, Va 170 D, Da	Komet Mono	Fichtel & Sachs AG	Schweinfurt	
	Teleskopstoßdämpfer	170 Va, Vb 170 Da, Db 170 S, Sb, DS 220		Fichtel & Sachs AG	Schweinfurt	
40	Räder	170 V bis 1942	Hering	Autoräder & Felgenfabrik Max Hering (ARF)	Ronneburg (Thüringen)	Nach 1945 in Sowjetzone
		170 V bis 1942 Alle Typen ab 1946	Kronprinz	Kronprinz Aktiengesellschaft für Metallindustrie	Solingen-Ohligs	

Baugruppe (ab ca. 1947)	Gegenstand	Fahrzeugtyp	Fabrik-Marke	Lieferant	Firmensitz	Bemerkung
40	Räder	170 V bis 1942 Alle Typen ab 1946	Lemmerz	Lemmerz-Werk GmbH	Königswinter	
		Alle Typen ab 1946	Südrad	Südrad GmbH & Co. KG	Ebersbach	1946 auf Initiative der Daimler-Benz AG gegründet, zur Kompensation der verlorenen Fa. Hering
42	Hydraulische Bremse (nach System Lockheed)	170 V bis 1942 Alle Typen ab 1946	ATE	Alfred Teves Maschinen- und Armaturenfabrik KG	Frankfurt (Main)	
	Bremstrommeln in Guss	170 Vb/Db 170 S, Sb 220	---	Halbergerhütte	Saarbrücken-Brebach	
	Bremsbeläge	170 V bis 1942	Jurid	Kirchbach'sche Werke AG	Coswig bei Dresden	Bis 1945
		Alle Typen ab 1946		Jurid Werk AG	Düsseldorf-Grafenberg	Ab 1945
		170 Va, Vb 170 Da, Db 170 S, Sb 170 S-V, S-D 220	Energit	Energit GmbH	Stuttgart-Obertürkheim	Ab ca. 1951
46	Lenkgetriebe	170 V, Va, Vb 170 D, Da, Db 170 S, Sb, DS 170 S-V, S-D 220 (teilweise)	ZF	Zahnradfabrik Friedrichshafen AG	Friedrichshafen (Bodensee)	Lenkung nach Patent Ross. Späte 220 (W 187): Daimler-Benz-Lenkung
	Lenkungsschloss (Ausführung A)	170 V bis ca. 1940	Neiman	Neiman & Co. GmbH	Köln	
		170 V (1940–1942) Alle Typen ab 1946	Ingenia bzw. Neiman	Schloss- und Metallwaren-Fabrik Ludwig Böddecker. Nach 1945: L. Böddecker & A. Neiman	Wuppertal-Wichlinghausen	
	Lenkungsschloss (Ausführung B)	170 V (1938–ca. 1940)	Tümmler	Metallwarenfabrik Gebr. Tümmler	Döbeln (Sachsen)	Wahlweise mit Ausführung A?
	Lenkungsschloss (Zahlenschloss)	170 V bis 1942 (teilweise)				Zahlenschloss, auf Wunsch
	Lenkrad	170 V bis 1942	Bosch	Robert Bosch GmbH	Stuttgart	
47	Tankgeber	170 V, D	VDO	VDO-Tachometer AG	Frankfurt (Main)	VDO: Vereinigte-DEUTA-OTA AG, entstanden aus Deutsche Tachometer-Werke GmbH und Offenbacher Tachometer-Werke
	Kraftstoffhahn	170 Vb	---	Armaturen Werke Frankfurt	Frankfurt (Main)	
	Kraftstofffeinfilter (Dieselöl)	170 D, Da, Db 170 DS, S-D	Bosch	Robert Bosch GmbH	Stuttgart	170 Db & DS: wahlweise
		170 Db, DS	Knecht	Knecht Filterwerke GmbH	Stuttgart-Bad Cannstatt	
49	Auspuffanlage	170 Sb	Eberspächer	J. A. Eberspächer GmbH	Esslingen (Neckar)	
50	Kühler	170 V bis 1942 Alle Typen ab 1946	S.K.F., später Behr	Süddeutsche Kühlerfabrik Julius Fr. Behr	Stuttgart-Feuerbach	
	Kühlwasserregler	170 V (1939–1942)	Mecanostat	Hans Sickinger GmbH, Spezialartikel für Kraftfahrzeuge	Frankfurt (Main), später Lemgo (Westfalen)	Ab 1939, in Gehäuse auf Zylinderkopf
		Alle Typen ab 1946	Wahler	Gustav Wahler GmbH & Co. KG	Esslingen (Neckar)	Zwischenschlauch-Thermostate
	Firmenplakette auf Kühlermaske	170 V bis 1942		Fritz Kohm, Metallwarenfabrik	Pforzheim	
		Alle Typen		Josef Preissler, Kunstgewerbliche Metallwaren	Pforzheim	JP (verschlungen)
	Mercedes-Benz-Stern auf Kühlerverschluss	170 V, D, S	R.S. & S.	Richard Sieper & Söhne, Gießerei	Lüdenscheid	Nur 1949; Qualität unzureichend

Baugruppe (ab ca. 1947)	Gegenstand	Fahrzeugtyp	Fabrik-Marke	Lieferant	Firmensitz	Bemerkung
54	Batterien	170 V bis 1942	Varta	Accumulatoren-Fabrik Aktiengesellschaft AFA	Berlin & Hagen (Westfalen)	Wahlweise
			Hoppecke	Accumulatorenwerk Hoppecke Zoellner & Co.	Köln & Brilon-Hoppecke	
	Geschwindigkeits-messer, Kombi-instrument & Zeituhr	170 V bis 1942 170 Va, Vb 170 Da, Db 170 S 220	VDO	VDO Vereinigte-DEUTA-OTA AG später: VDO Tachometer Werke Adolf Schindling GmbH	Frankfurt (Main)	Uhren von VDO mit Werken von Kienzle
		170 V bis 1942 170 Va, Vb 170 Da, Db	JSGUS	J. Schlenker-Grusen	Schwenningen	Uhren mit eigenem Werk
		170 V bis 1942	Veigel	Andreas Veigel, Tachometer-Fabrik	Stuttgart-Bad Cannstatt	
	Fußabblendschalter	170 V bis 1942 Alle Typen ab 1946	Bosch	Robert Bosch GmbH	Stuttgart	
	Signalhorn	170 V bis 1942 Alle Typen ab 1946	Bosch	Robert Bosch GmbH	Stuttgart	Bis 1938 Trichterhorn, ab 1939 Tellerhorn
	Scheinwerfer	170 V bis 1942 Alle Typen ab 1946	Bosch	Robert Bosch GmbH	Stuttgart	Wahlweise, ausser 170 S und 220 (W 187)
		170 V, Va, Vb 170 D, Da, Db 170 Sb, DS 170 S-V, S-D	Hella	Westfälische Metall-Industrie AG (WMI)	Lippstadt	
	Positionsleuchte auf Kotflügel	170 V Cabrio A & Roadster	Riemann	Hermann Riemann	Chemnitz-Gablenz	Nach 1945 in Sowjetzone
		170 S Cabrio A	?	?	?	
	Brems- und Schlussleuchten	170 V 1938–1942	MELAS	Metallwerke Alfred Schwarz AG	Eisenach	Eierleuchten. Nach 1945 in Sowjetzone
		Vermutl. alle Typen ab 1946	RS	Reitter & Schefenacker GmbH	Esslingen (Neckar)	Eierleuchten; 2-Kammerleuchten 220
	Rückstrahler	170 V bis 1942	HASAG	Hugo Schneider Aktiengesellschaft	Leipzig	Nach 1945 in Sowjetzone
		Alle Typen ab 1946	ULO	ULO-Werke Moritz Ullmann GmbH & Co. KG	Geislingen (Steige)	
	Kennzeichenleuchten	170 Va, Da 170 S 170 Sb, DS	Hella	Westfälische Metall-Industrie AG (WMI)	Lippstadt	
		170 Sb, DS	RS	Reitter & Schefenacker GmbH	Esslingen (Neckar)	
	Wehrmacht-Tarnscheinwerfer	170 V und 170 VK bis 1942	NOTEK	Nova-Technik GmbH	München 23	
57	Zentralschmierpumpen und -anlagen	170 V bis 1942 Alle Typen ab 1946	Vogel	Willy Vogel GmbH	Berlin SW 29 (-Kreuzberg) und Ennepetal-Altenvoerde	
		170 S 170 Sb, DS 170 S-V, S-D 220	Argus	Neue Argus GmbH	Ettlingen	Wahlweise mit Vogel
58	Wagenheber	170 V bis 1942 Alle Typen ab 1946	Vigot	Ad. Voigt & Co.	Bremen	
65	Schiebedach	170 V bis 1942	GHE	Gebr. Happich GmbH	Wuppertal-Elberfeld	Nachträglicher Einbau
			Golde	Traugott Golde AG	Gera	
			Hägele	Karosserie Hägele	Stuttgart	
		170 V bis 1942 Alle Typen ab 1946	Webasto	Wilhelm Baier	Stockdorf bei München	

Baugruppe (ab ca. 1947)	Gegenstand	Fahrzeugtyp	Fabrik-Marke	Lieferant	Firmensitz	Bemerkung
69–81	Türschlösser	170 S, Sb, DS 170 S–V, S–D 220	BoMoRo	Bocklenberg & Motte KG	Wuppertal-Ronsdorf	
	Tür-Schliesszylinder	170 V bis 1942 alle Typen ab 1950	Huf	Huf Hülsbeck & Fürst GmbH & Co. KG	Velbert	Bis 1945 und ab 1950
	Tür- und Deckelgriffe					
	Kurbelapparat (Fensterheber)	?	?	?	?	?
	Holzteile Innenausstattung (Armaturenbrettabdeckung, Fenstereinfassungen etc.)	170 V bis 1942 Alle Typen ab 1946	HIB	Holzindustrie Bruchsal GmbH	Bruchsal	Ab 1930 Daimler-Benz-Tochter
	Sitz-Federkasten	170 V bis 1942 Alle Typen ab 1946	EPEDA	Bertrand Faure	Puteaux (Hauts-de-Seine, Frankreich)	Vor 1945: Allf. Lizenzfertigung wo? Ab 1949: Fertigung in Sindelfingen nach Lizenz EPEDA
	Liegesitzbeschläge	170 Va, Vb 170 Da, Db 170 S 220	Keiper	Fritz Keiper Verdeck- und Beschlagfabrik KG	Remscheid-Hasten	Auf Wunsch und Aufpreis
	Rückspiegel	170 S	GHE	Gebr. Happich GmbH	Wuppertal-Elberfeld	
	Sonnenblende	170 V bis 1942 Alle Typen ab 1946				
	Aschenbecher	?				
82	Fahrtrichtungsanzeiger	170 V 1936–1938?	MELAS	Metallwerke Alfred Schwarz AG	Eisenach	Eingelassene Zeiger. Nach 1945 in Sowjetzone
		170 V bis 1942 Alle Typen ab 1946	SWF	SWF Spezialfabrik für Autozubehör Gustav Rau GmbH	Bis 1942/43: Stuttgart-Feuerbach Ab 1942/43: Bietigheim-Bissingen	
	Scheibenwischermotor	170 V bis 1942 170 V, Va 170 D, Da 170 S	Bosch	Robert Bosch GmbH	Stuttgart	Inkl. Wischerarme und -blätter
		170 Sb, DS 170 S–V, S–D 220	AVOG	AVOG Elektro- und Feinmechanik GmbH	Bühlertal (Baden)	
	Innenleuchten	Vermutl. alle	RS	Reitter & Schefenacker GmbH	Esslingen (Neckar)	
83	Heizungswärmetauscher	170 Va, Vb 170 Da, Db 170 S, Sb, DS 170 S–V, S–D 220	S.K.F., später Behr	Süddeutsche Kühlerfabrik Julius Fr. Behr	Stuttgart-Feuerbach	
	Frostschutzscheiben, elektrisch heizbar	170 V 170 D	AVOG	AVOG Elektro- und Feinmechanik GmbH	Bühlertal (Baden)	Wurde mit der Einführung der Frontscheibenbelüftung (und -beheizung) ab 170 Va/Da überflüssig
			SWF	SWF Spezialfabrik für Autozubehör Gustav Rau GmbH	Bietigheim	
			Brose	Metallwerk Max Brose & Co.	Coburg	
	Lackhersteller und -lieferanten		Glasurit	Glasurit-Werke Max Winkelmann AG	Münster (Westfalen)	
			Herberts	Herberts GmbH	Wuppertal	

Hinweise

- Die Zusammenstellung ist unvollständig, gibt jedoch einen Einblick, welche Komponenten die Daimler-Benz AG von auswärtigen Firmen als Standardprodukt bezieht oder nach eigenen Erfordernissen herstellen lässt und wo diese Unternehmen angesiedelt sind.
- Bevorzugt werden Firmen im Stuttgarter-Raum berücksichtigt. Für metallische Gegenstände aller Art ist das Ruhrgebiet ein Schwerpunkt.
  Weniger zahlreich sind die Zulieferer aus Mitteldeutschland, wo hauptsächlich Räder, Vergaser, Lagermetalle, Reibbeläge und Leuchten bezogen werden.
- Nach dem Krieg verstärkt der Ausfall gerade dieser mitteldeutschen Firmen, die nun in der sowjetisch besetzten Zone und späteren DDR liegen, die Anlaufschwierigkeiten bei der Wiederaufnahme der Fahrzeugproduktion.

Quellen

- Ersatzteillisten; Typenblätter; Werkstatthandbuch W 136 & W 191; DB-Tabellenbuch Pkw 1957, Molter, Werk SI 1990; Seherr-Thoss, Autoindustrie 1979.
- Div. Werksunterlagen von Daimler-Benz, Bosch, Pierburg-Solex, Vogel und weiteren Firmen.
- 170 S[b], Allgemeine Betriebserlaubnis Nr. 303/1 vom 16.03.1953.
- Inschriften auf Komponenten und Teilen.

Abb. 1061
Die Lemmerz-Werke in Königswinter gehören zu den alteingesessenen Radlieferanten der Daimler-Benz AG. Werbeanzeige um 1950.

D

Verkauf: Farben, Ausstattungen, Preise

In der Mercedes-Benz-Niederlassung ein neues Auto nach eigenen Bedürfnissen und Vorlieben auszuwählen und zusammenzustellen, macht Spaß. Ergänzend zu den ausgestellten Wagen helfen Preis-, Ausrüstungs- und Zubehörlisten sowie Karten mit Stoff- und Farbmustern.

D 01 170 V (W 136 & W 136 I)

Lackierung, Polsterung, Innenausschlag und Verdeckstoff 1936–1942

NORMAL-AUSSTATTUNGEN W 136 INNENLENKER UND CABRIO-LIMOUSINEN

Typ, Modell	Zeitstellung	Ausstattungs-Nr.	Lackierung: Karosserie Farbe DB-Nr.	Lackierung: Scheinwerfer, Kotflügel, Trittbretter Farbe DB-Nr.	Lackierung: Räder Farbe	Lackierung: Raddeckel, Sternenfeld Farbe	Lackierung: Raddeckel, äußerer Ring Farbe	Polsterung: Material	Polsterung: Farbe Nr.	Verdeck: Farbe Nr.
170 V Innenlenker 170 V Cabrio-Limousine	1936 - 06.1937	I	dunkelblau 03365	schwarz ---	schwarz	schwarz	schwarz	Stoff	blau M 8	schwarz C 872/M 4
		II	hellgrau 0166	mittelgrau 010124	hellgrau	mittelgrau	mittelgrau	Stoff	grau M 10	grau CC 64/M 6
		III	hellbeige 0449	mittelbeige 0456	hellbeige	mittelbeige	mittelbeige	Stoff	beige M 12	beige C 856
		IV	schwarz ---	schwarz ---	schwarz	schwarz	schwarz	Stoff	beige M 12	schwarz C 872/M 7
		V	hellgrün 010043	mittelgrün 0206	hellgrün	mittelgrün	mittelgrün	Stoff	grün M 11	grün C 760/M 11
	06.1937 - ca. 1942	I	dunkelblau 03365	schwarz ---	schwarz	schwarz	schwarz	Stoff	blau M 8	schwarz C 872/M 4
		II	hellgrau 0193	mittelgrau 010161	hellgrau	mittelgrau	mittelgrau	Stoff	grau M 10	grau CC 64/M 6
		III	marone 0453	schwarz ---	schwarz	schwarz	schwarz	Stoff	rotbraun M 9	beige C 856/M 7
		IV	schwarz ---	schwarz ---	schwarz	schwarz	schwarz	Stoff	beige M 12	schwarz C 872/M 7
		V	hellgrün 010043	mittelgrün 0206	hellgrün	mittelgrün	mittelgrün	Stoff	grün M 11	grün C 760/M 11

Zeitstellung	Ausstattungs-Nr.	Weitere Karosserie- und Innenraumoberflächen
1936 - 1942	I - V	· Armaturenbrett bis ca. April 1937 - Bei Zweitonlackierung der Karosserie: Schrumpflack im hellen Karosseriefarbton - Bei Unilackierung der Karosserie (schwarz): Schrumpflack schwarz · Armaturenbrett ab ca. April 1937 bis ca. 1939 - Bei Zweitonlackierung der Karosserie: Schrumpflack; Grundblech im hellen Karosseriefarbton, bogenförmiger Abschluss oben und Handschuhfachdeckel im dunklen Karosseriefarbton - Bei Unilackierung der Karosserie (schwarz): Schrumpflack schwarz · Armaturenbrett ab ca. 1939: generell schwarz Seidenglanz · Fenstereinfassungen (sogenannte Fensterschlüssel) aus Bugholz: Lack, schwarz pigmentiert, hochglänzend · Keder: Im (dunklen) Farbton der Kotflügel (eingefärbt oder lackiert)

NORMAL-AUSSTATTUNGEN W 136 CABRIOLET B

Typ, Modell	Zeitstellung	Ausstattungs-Nr.	Lackierung: Karosserie Farbe DB-Nr.	Lackierung: Scheinwerfer, Kotflügel, Trittbretter Farbe DB-Nr.	Lackierung: Räder Farbe	Lackierung: Raddeckel Farbe	Polsterung Var. 1 · bis 06.1936 ausschließlich · ab 07.1936 bis 12.1937 alternativ zu Epinglé: Material	Polsterung Var. 1: Farbe DB-Nr.	Polsterung Var. 2 · 07.1936 bis 12.1937 alternativ zu Leder · ab 01.1938 ausschließlich: Material	Polsterung Var. 2: Farbe Nr.	Verdeck: Farbe Nr.
170 V Cabriolet B	1936 – 06.1937	I	dunkelblau 03365	schwarz ---	schwarz	schwarz	Leder	blau? 3001	Stoff Epinglé	blau 317	blaugrau 724
		II	Oberteil mittelgrau 010124 Unterteil hellgrau 0166	mittelgrau 010124	hellgrau	mittelgrau	Leder	grau? 3002	Stoff Epinglé	grau 447	grau CC 64
		III	Oberteil mittelbeige 0456 Unterteil hellbeige 0449	mittelbeige 0456	hellbeige	mittelbeige	Leder	beige? 3003	Stoff Epinglé	beige 510	beige C 856
		IV	schwarz ---	schwarz ---	schwarz	schwarz	Leder	schwarz? 3004	Stoff Epinglé	grau 447	grau CC 64
		V	Oberteil mittelgrün 0206 Unterteil hellgrün 010043	mittelgrün 0206	hellgrün	mittelgrün	Leder	grün? 3005	Stoff Epinglé	grün 247	grün C 760
	06.1937 – ca. 1942	I	dunkelblau 03365	schwarz ---	schwarz	schwarz	Leder	blau? 3001	Stoff Epinglé	blau 317	blaugrau J 724
		II	Oberteil mittelgrau 010161 Unterteil hellgrau 0193	mittelgrau 010161	hellgrau	mittelgrau	Leder	grau? 3002	Stoff Epinglé	grau 447	grau CC 64
		III	Oberteil mittelbeige 04065 Unterteil hellbeige 04034	mittelbeige 04065	hellbeige	mittelbeige	Leder	beige? 3003	Stoff Epinglé	beige (braun) 510	beige C 856
		IV	schwarz ---	schwarz ---	schwarz	schwarz	Leder	schwarz? 3004	Stoff Epinglé	grau 447	grau CC 64
		V	Oberteil mittelgrün 0206 Unterteil hellgrün 010043	mittelgrün 0206	hellgrün	mittelgrün	Leder	grün? 3005	Stoff Epinglé	grün 247	grün C 760

Zeitstellung	Ausstattungs-Nr.	Weitere Karosserie- und Innenraumoberflächen
1936 – 1942	I - V	· Armaturenbrett bis ca. April 1937 - Bei Zweitonlackierung der Karosserie: Schrumpflack im hellen Karosseriefarbton - Bei Unilackierung der Karosserie (schwarz): Schrumpflack schwarz · Armaturenbrett ab ca. April 1937 bis ca. 1939 - Bei Zweitonlackierung der Karosserie: Schrumpflack; Grundblech im hellen Karosseriefarbton, bogenförmiger Abschluss oben und Handschuhfachdeckel im dunklen Karosseriefarbton - Bei Unilackierung der Karosserie (schwarz): Schrumpflack schwarz · Armaturenbrett ab ca. 1939: generell schwarz Seidenglanz · Frontscheibeneinfassungen (1. Ausführung) aus Bugholz: Lack, schwarz pigmentiert, hochglänzend · Armaturenbrett- und Türschachtabdeckungen aus Holzleisten: Lack, schwarz pigmentiert, hochglänzend · Keder: Im (dunklen) Farbton der Kotflügel (eingefärbt oder lackiert)

AUSSTATTUNGSBEISPIELE FÜR W 136 CABRIOLET A UND ROADSTER

Typ, Modell	Zeitstellung	Ausstattung Variante	Zweiton-Lackierung: Karosserie-Oberteil	Karosserie seitlich	Kotflügel, Trittbretter, Scheinwerfer	Räder	Raddeckel, Sternenfeld	Raddeckel, äußerer Ring	Polsterung (Leder)	Verdeck
170 V Cabriolet A 170 V Roadster	1936 - 1942	2T.A	schwarz	elfenbein	schwarz	elfenbein	schwarz	elfenbein	schwarz	schwarz
		2T.B	mittelblau	elfenbein	mittelblau	elfenbein	mittelblau	elfenbein	hellgrau	hellgrau
		2T.C	dunkelbraun	hellbraun	dunkelbraun	hellbraun	dunkelbraun	hellbraun	hellbraun	hellbraun
		2T.D	dunkelgrün	hellgrün	dunkelgrün	hellgrün	dunkelgrün	hellgrün	hellbraun oder hellgrün	hellbraun oder hellgrün
		2T.E	schwarz	mittelgrün	schwarz	mittelgrün	schwarz	mittelgrün	schwarz	schwarz
		2T.F	dunkelrot	hellrot	dunkelrot	hellrot	dunkelrot	hellrot	hellbraun	schwarz
		2T.G	schwarz	mittelrot	schwarz	mittelrot	schwarz	mittelrot	schwarz	schwarz

Typ, Modell	Zeitstellung	Ausstattung Variante	Einton-Lackierung Karosserie komplett (inkl. Räder und Radzierdeckel)	Polsterung (Leder)	Verdeck
170 V Cabriolet A 170 V Roadster	1936 - 1942	1T.A	schwarz	hellbraun oder mittelrot	schwarz oder hellbraun
		1T.B	dunkelgrün	hellbraun	schwarz oder hellbraun
		1T.C	steingrau	schwarz	schwarz
		1T.D	dunkelblau	mittelgrau	mittelgrau
		1T.E	elfenbein	schwarz oder blau	schwarz
		1T.F	mittelrot	schwarz	schwarz

Regelung und Handhabung der Farb- und Ausstattungskombinationen bei Cabriolet A und Roadster

1936 - 1942

- Die oben aufgeführten Beispiele geben einen Überblick über die vom Werk für das 170 V Cabriolet A und den 170 V Roadster empfohlenen Farb- und Ausstattungskombinationen.
- Darüber hinaus sind für diese beiden Modelle auf Wunsch und kostenfrei alle erdenklichen Sonderlackierungen und Ausstattungskombinationen möglich, darunter eine Lackierung in »Fischsilber« (Vorgängerausführung der Metalliclackierung).
- Die Lackierung des 170 V Offener Tourenwagen lässt sich ebenfalls ohne Aufpreis frei wählen.
- Das 170 V Cabriolet A und der 170 V Roadster tragen zwischen den Kotflügeln und dem Karosseriekörper ein Keder aus poliertem Aluminium.
- Der 170 V Roadster und der 170 V Tourenwagen werden während der gesamten Produktionszeit grundsätzlich mit einem Sitzbezug und einem Innenausschlag aus Leder gefertigt.
- Bis Anfang 1936 erhält das 170 V Cabriolet A ausschließlich eine Lederausstattung. Ab Frühjahr 1937 kann ohne Kostenfolge zwischen einer Lederausstattung und einem Bezug aus hochwertigem Epinglé-Stoff gewählt werden.
- Bei zweifarbiger Karosserielackierung des 170 V Cabriolet A und des 170 V Roadster wird das Grundblech des Armaturenbretts mit dem Leder der gewählten Ausstattung bezogen. Die Instrumentennische und die Handschuhfachdeckel sind im dunklen Karosseriefarbton lackiert. Die Ausführungen bei Unilackierung der Karosserie und Stoffinterieur sind nicht überliefert. Individuelle Ausführungen nach Wunsch der Käuferschaft sind häufig.
- Raddeckel: Alternativ zur oben aufgeführten Raddeckelgestaltung werden oft einfarbige Deckel (meist im dunkleren Farbton) gewählt oder das Sternenfeld hell und der äußere Ring dunkel lackiert.

FARBGEBUNG
· im untergeordneten Karosseriebereich
· der mechanisch-technischen Teile

Typ, Modell	Zeitstellung	Bauteil	Farbton, Glanzgrad
Sämtliche 170 V-Modelle	1936 - 1942	Kühlergitter	deckend lackiert, grünlich-grau (ähnlich RAL 7003 moosgrau) oder grau (ähnlich RAL 7000 fehgrau)
		Spritzwand raumseitig, Getriebetunnel, Sitzkasten vorn, Fondboden, Sitzkasten hinten, Kofferraum innen	schwarz, Seidenglanz
		Spritzwand motorraumseitig, Innenseite Motorhaube	im Farbton der Karosserie. Bei Zweitonlackierung des Karosseriekörpers wie Unterteil
		Motorbleche (seitliche und untere Abdeckbleche)	schwarz, Seidenglanz
		Motorblock inkl. Zylinderkopf	dunkles, gräuliches Grün (zwischen NCS S 7010-B50G und NCS S 7005-B80G), Seidenglanz
		Getriebe mit integrierter Kupplungsglocke, Wellenstrang, Hinterachsgetriebe, Halbachsen inkl. Bremsschilder	schwarz, Seidenglanz
		Rahmen	
		Vorderradaufhängung inkl. Lenkgetriebe und -teile sowie Bremsschilder	
		Treibstofftank	
		Luftfilter	schwarz, Seidenmatt oder Seidenglanz
		Kühler, inkl. Wasserkasten	schwarz, Seidenmatt

Hinweise

Legende
· --- im Feld der Tabelle: Nicht vorhanden / nicht verfügbar.

Nitrozelluloselack
· Die Karosserien sämtlicher 170 V-Modelle der ersten Produktionsperiode (1936 bis 1942) sind mit Nitrozelluloselack beschichtet, wobei der schnelltrocknende Lack mit der Spritzpistole aufgetragen wird. Nitrozellulose-Lackschichten lassen sich leicht polieren; bei gekonnter Handhabung entsteht ein tiefer Glanz. Partielle Reparaturen gelingen bei korrekter Farbtonmischung und Politur einwandfrei. Nachteilig ist die eingeschränkte Witterungsbeständigkeit, was ein häufiges Nachpolieren nötig macht.

Regel- und Sonderlackierungen
· Ohne Aufpreis kann der Kunde aus den in der «Normal-Ausstattungsliste» aufgeführten Lackierungen wählen.
· Die 170 V Innenlenker, Cabrio-Limousinen und Cabriolet B können auf Wunsch und gegen Aufpreis mit Sonderlackierungen versehen werden. Davon wird eher selten Gebrauch gemacht.
· Die Farbgebung des 170 V Cabriolet A und des 170 V Roadster kann ohne Aufpreis frei gewählt werden. Um dem Kunden die Wahl zu erleichtern, gibt es eine größere Anzahl Farbvorschläge, die einzuhalten der Verkäufer anstrebt.
· Die Farbgebung des 170 V Offener Tourenwagen kann ohne Aufpreis frei gewählt werden.
· Die Farbgebung des 170 V Kastenwagen mit Sindelfinger Karosserie richtet sich nach den Bedürfnissen und Wünschen der Kunden.

Farbvorlieben
· Von den in der Region Heidelberg durch die Mercedes-Benz Vertretung Gebrüder Mappes von 1936 bis ca. 1940 verkauften 170 V wählen die Kunden zu 30 % die zweifarbige, grüne Ausstattung V, gefolgt von der unischwarzen Karosserie gemäß Ausstattung IV und dem zweifarbigen, grauen Kleid nach Ausstattung II (beide 17 %).
In anderen Gegenden des Deutschen Reichs und auf den Exportmärkten dürfen sich abweichende Farbvorlieben entwickelt haben.

Polster- und Innenausschlag
· Im 170 V Innenlenker und in der 170 V Cabrio-Limousine verarbeitet das Werk Sindelfingen als Polster- und Ausschlagstoff einen sogenannten Cord (auch Manchester-Stoff genannt) mit feinen Rippen. Cord ist verhältnismäßig verschleißarm, neigt jedoch zu Glanzstellen.
· Das 170 V Cabriolet B wird anfänglich nur mit einer Leder-Innenausstattung geliefert. Bereits im Juli 1936 wird für dieses Modell eine Serie hochwertiger Epinglé-Stoffe eingeführt, die ohne Kostenfolge anstelle der Lederausstattung geliefert werden können. Die Verkäufer sind angehalten, im Gespräch mit den Kunden stark auf die Wahl dieser Stoffe hinzuarbeiten, weil Leder in der geforderten Qualität zunehmend knapp wird und entsprechend teuer ist. 1938 und 1939 wird Leder in den Musterkarten nicht mehr aufgeführt.
· Epinglé-Stoff: Ripsartiger Möbelstoff mit nicht aufgeschnittenen Polschlingen und einer gerippten Oberflächenstruktur. Epinglé hat eine höhere Scheuerbelastung als ein Flachgewebe und ist als strapazierfähiger Möbelbezug beliebt. Verwendet werden für das 170 V Cabriolet B Epinglé-Stoffe, deren Streifen mit Farbnuancen spielen.

Quellen

· Musterkarten 1936 (Positionen 31 & 32), DBAG.
· Karosserie-Ausstattungen Typ 170 V Cabriolet »A«; Mercedes-Benz PR/CA, um 1980.
· Rundschreiben DBAG an die Filialleiter, 07.07.1936.
· Musterkarten 1937 und 1939, Normal-Ausführungen, 170 V Innenlenker & Cabrio-Limousine (31A) und 170 V Cabriolet B, DBAG. Ab 1939 teilweise veränderte Farbton-Bezeichnung bei unveränderter Farb-Nr.
· Karosserie-Ausstattungen Typ 170 V Innenlenker und Cabrio-Limousine (65), Typ 170 V Cabriolet »B« (66), 15.12.1937, DBAG.
· Werksaufnahmen.
· Beobachtung an zahlreichen unrestaurierten Fahrzeugen.

D 02 170 V (W 136 I), 170 Va & 170 Vb (W 136 VI) 170 D (W 136 I D), 170 Da & 170 Db (W 136 VI D)

Lackierung, Polsterung, Innenausschlag und Schiebedachstoff 1947–1953

NORMAL-AUSSTATTUNGEN INNENLENKER W 136 I & W 136 VI

Typ, Modell	Zeitstellung	Ausstattungs-Nr.	Lackierung	Polsterung		Deckentuch »Himmel«	Teppich (nur Fond, vorn Gummimatten)		Schiebedachstoff
			Farbe DB-Nr.	Material	Farbe Nr.	Farbe Nr.	Art	Farbe Nr.	Farbe
170 V	06.1947 – 06.1949		schwarz (anfänglich Seidenglanz) ---	Stoff	grau 1197	? ?	?	grau	---
170 Va, 170 Da	06.1949 – 06.1950	I	schwarz ---	Stoff	grau 1220 bzw. 1221 (je nach Vorrat)	? ?	?	?	---
		II	grau 117	Stoff	grau 1220 bzw. 1221 (je nach Vorrat)	? ?	?	?	---
170 Va, 170 Da	06.1950 – 05.1952	I	schwarz ---	Stoff	rotbraun D 2	rotbraun D 2	Bouclé	rotbraun D 2	schwarz
		II	dunkelblau 331	Stoff	grau D 4	grau D 4	Bouclé	grau D 4	schwarz
		III	marone 513 (später 524?)	Stoff	rotbraun D 2	rotbraun D 2	Bouclé	rotbraun D 2	schwarz
		IV	hellgrau 141	Stoff	braun D 3	braun D 3	Bouclé	braun D 3	schwarz
170 Vb, 170 Db	05.1952 – 02.1953	I	schwarz ---	Stoff	rotbraun D 2	rotbraun D 2	Bouclé	rotbraun D 2	schwarz
				kombiniert mit					
				Kunstleder	braun DA 7				
		II	waldgrün 259	Stoff	grau D 6	grau D 6	Bouclé	grau D 6	schwarz
				kombiniert mit					ab Dez. 1952
				Kunstleder	olivgrau DA 6				grün

Typ, Modell	Zeitstellung	Ausstattungs-Nr.	Lackierung	Polsterung		Deckentuch »Himmel«	Teppich (nur Fond, vorn Gummimatten)		Schiebedachstoff
			Farbe DB-Nr.	Material	Farbe Nr.	Farbe Nr.	Art	Farbe Nr.	Farbe
170 Vb, 170 Db	05.1952 – 02.1953	III	mercedesrot 526	Stoff	rotbraun D 2	rotbraun D 2	Bouclé	rotbraun D 2	schwarz
				kombiniert mit					
				Kunstleder	braun DA 7				
		IV	steingrau 171	Stoff	grau D 6	grau D 6	Bouclé	grau D 6	schwarz
				kombiniert mit					ab Okt. 1952
				Kunstleder	olivgrau DA 6				grau
(170 Vb), 170 Db	02.1953 – 09.1953	I	schwarz ---	Stoff	grau D 6	grau D 6	Bouclé	grau D 6	schwarz
				kombiniert mit					
				Kunstleder	dunkelgrau DA 5				
		II	mittelgrün 229	Stoff	grau D 6	grau D 6	Bouclé	grau D 6	grün
				kombiniert mit					
				Kunstleder	grün DA 4				
		III	dunkel-tabakbraun 423	Stoff	beige D 7	beige D 7	Bouclé	beige D 7	schwarz ?
				kombiniert mit					
				Kunstleder	braunbeige DA 1				
		IV	steingrau hell 169	Stoff	grau D 6	grau D 6	Bouclé	grau D 6	grau
				kombiniert mit					
				Kunstleder	olivgrau DA 6				
		V	mittelblau 350	Stoff	grau D 6	grau D 6	Bouclé	grau D 6	schwarz ?
				kombiniert mit					
				Kunstleder	blau DA 8				

			Weitere Karosserie- und Innenraumoberflächen
170 V, 170 D, 170 Va, 170 Da, 170 Vb, 170 Db	06.1947 – 09.1953		· Armaturenbrett: schwarz lackiert, Seidenglanz. · Fenstereinfassungen (sog. Fensterschlüssel) und Armaturenbrettabdeckung: Form- und Bugholz aus Buche, schwarz lackiert, hochglänzend. · Keder: im Farbton der Karosserie eingefärbt oder lackiert.

FARBGEBUNG
· im untergeordneten Karosseriebereich
· der mechanisch-technischen Teile

Typ, Modell	Zeitstellung	Bauteil	Farbton, Glanzgrad
170 V, 170 D, 170 Va, 170 Da, 170 Vb, 170 Db	06.1947 – 09.1953	Kühlergitter	deckend lackiert, grau (ähnlich RAL 7000 fehgrau) oder Silberbronze
		Spritzwand raumseitig, Getriebetunnel, Sitzkasten vorn, Fondboden, Sitzkasten hinten, Kofferraum innen	schwarz, Seidenglanz
		Spritzwand motorraumseitig, Innenseite Motorhaube	im Farbton der Karosserie
		Motorbleche (seitliche und untere Abdeckbleche)	schwarz, Seidenglanz
		Bis Ende 1948: Motorblock inkl. Zylinderkopf Ab Anfang 1949: Motorblock exkl. Leichtmetall-Zylinderkopf	schwarz, Seidenglanz oder Seidenmatt
		Bis Ende 1949: Getriebegehäuse mit integrierter Kupplungsglocke Ab Anfang 1950: Getriebegehäuse exkl. Leichtmetall-Kupplungsglocke, Wellenstrang, Hinterachsgetriebe, Halbachsen inkl. Bremsschilder	schwarz, Seidenglanz
		Rahmen	
		Vorderradaufhängung inkl. Lenkgetriebe und -teile sowie Bremsschilder	
		Treibstofftank	
		Leichtmetall-Zylinderkopf, Leichtmetall-Kupplungsglocke	ohne Behandlung
		Luftfilter	schwarz, Seidenmatt oder Seidenglanz
		Kühler, inkl. Wasserkasten	Schwarz, Seidenmatt

Hinweise

Legende
· ? (Fragezeichen) im Feld der Tabelle: Die betreffende Angabe fehlt oder ist nicht hinreichend belegt.
· Blaue Schrift: Interpretierte Aussage. Die Normalausstattungen oder der Zeitpunkt ihrer Einführungen sind nicht für sämtliche Modellausführungen lückenlos überliefert.
· --- im Feld der Tabelle: Nicht vorhanden / nicht verfügbar.

170 V Nutzfahrzeuge mit Behelfsfahrerhaus (1946 bis 1948) und Serienfahrerhaus (1948 bis 1949)
· Lackierung in unterschiedlichen Farbtönen, je nach Verwendungszweck, Käuferwunsch und anfänglich insbesondere nach Verfügbarkeit geeigneter Lacke.
· Nachgewiesene Farbtöne:
  - 170 V Pritschenwagen mit Behelfsfahrerhaus, Ablieferung 20.06.1947 an Daimler-Benz-Werk Gaggenau: Kotflügel schwarz, Aufbau grün DB 203, Sitzbank Kunstleder braun.
  - 170 V, Aufbau und Fahrerhaus unbekannt, Ablieferung 15.12.1948 an Reichsbahn-Zentralamt München: Kotflügel, Räder und Kühler schwarz, Aufbau grün DB 203, Sitzbank Kunstleder schwarz.

170 V Innenlenker 1947
· Über einen längeren Zeitraum, vermutlich bis im Juni 1949, sind die Innenlenker ausschließlich schwarz erhältlich.
· Zumindest anfänglich bleibt der Glanzgrad des Lacks eingeschränkt (Seidenglanz).

Größere Farbpalette ab Mitte 1949
· Ab Juni 1949 kann beim 170 V Innenlenker zwischen Schwarz und Grau DB 117 gewählt werden, ebenso beim nunmehr erhältlichen 170 D.
· Für den 170 S Innenlenker sind anfänglich ebenfalls bloß diese zwei Farbtöne vorgesehen, jedoch wird die Palette bereits vor dem Start der Serienfertigung um weitere zwei auf nunmehr vier Farbtöne erweitert.
· Die Farbtöne für die 170 S-Cabriolets weichen von denjenigen für die Innenlenker ab.

Abweichung von »Normalausstattung« vorbehalten
· Die in den »Normalausstattungen« definierten Materialien – Stoffe und Leder für Polster und Ausschlag, Tücher und Verdeckstoffe – stehen nicht immer in der gewünschten Farbe zur Verfügung.
· Bei der Bestellung ist deshalb zwingend der Passus einzufügen: Polsterung und Verdeck zur Lackierung passend.
· Diese Einschränkung gilt bereits seit ungefähr 1939. Selbst 1951 können die dem jeweiligen Außenfarbton zugeordneten Leder- und Stofffarben nicht garantiert werden.

Zweifarben- und Sonderlackierungen
· Vor dem Krieg werden sowohl die Innenlenker als auch die Cabriolets ohne Aufpreis mit Zweifarbenlackierungen angeboten.
· Nach dem Krieg wird konsequent auf Zweifarbenlackierungen verzichtet.
· Für die 170 V und 170 D sowie für die 170 S Innenlenker bleiben werksseitige Abweichungen von den Normalausstattungen (Sonderlackierungen) für längere Zeit ausgeschlossen. Eine Ausnahme bilden teilweise die 170 S Cabriolet A und die 220 Cabriolet A (W 187).

Hinweise

Nitrozellulose- und Kunstharz-Lackierung

- Die Umstellung von Nitrozellulose- auf Kunstharzlackierung wird bei Daimler-Benz bereits gegen Ende der 1930er Jahre diskutiert und angestrebt, lässt sich jedoch aufgrund mehrerer Hindernisse nicht einführen.
- Nach dem Krieg werden die Bestrebungen intensiviert und bereits 1950 erste Versuche an Serienwagen durchgeführt, die in den Verkauf gelangen.
- Das Ergebnis überzeugt noch nicht. Der zur »Orangenhaut« neigende Farbverlauf führt zu Oberflächen, die weit von der gewohnten Spiegelglätte entfernt sind.
- Erst ab Sommer 1952 werden die 170 Vb/Db sowie die 170 Sb und 170 DS serienmäßig mit Kunstharzfarben lackiert, ab Oktober 1952 auch die 220 Innenlenker und 220 Cabriolet B. Ausgenommen bleiben vorerst die Farbtöne Schwarz und Tabakbraun.
- Die Kunstharzlacke werden bei Temperaturen von über 110°C eingebrannt und zeigen gegenüber der Nitrolackierung eine bessere Witterungsbeständigkeit.
- Des großen Umstellungsaufwands wegen bleiben Sonderlackierungen in Kunstharz ausgeschlossen. Individuelle Farbwünsche sind insbesondere bei den teuren Cabriolet A beliebt, weshalb für dieses Modell die Nitrolackierung beibehalten wird, die sich im Farbton rascher umstellen lässt.

Quellen

- Schreiben an Niederlassungen und Großvertreter betreffend Lackierung, 31.05.1949.
- Karosserie-Ausstattungen Typen 170 V, D & S Innenlenker, 01.01.1950.
- Karosserie-Ausstattungen Typen 170 S Cabriolet A und 170 S Cabriolet B, ohne Datum (vermutlich 01.01.1950).
- Karosserie-Ausstattungen, Normal-Ausstattungen Innenlenker Typen 170 V & Va, 170 D & Da und 170 S, 01.03.1951.
- Schreiben an sämtliche Niederlassungen und Großvertreter, Vertriebsstellen und Vertragshändler betreffend Normalausstattungen der einzelnen Typen des Pkw-Programms, 03.05.1952.
- Schreiben an sämtliche Niederlassungen, Großvertreter, Vertriebsstellen und Vertragshändler betreffend Lackierung der verschiedenen Typen, 10.10.1952.
- Merkblatt über Reinigung, Pflege und Ausbesserung einer Kunstharzlackierung und einer Nitro-Politurlackierung (DBAG), 18.10.1952.
- Normalausstattungen 1953 für Innenlenker 170 Vb und 170 Db, 08.12.1952.
- Schreiben an sämtliche Niederlassungen und Großvertreter, Vertriebsstellen und Vertragshändler betreffend Normalausstattungen der einzelnen Typen des Pkw-Programms, 23.01.1953.
- Mercedes-Benz Personenwagen, Normalausstattungen 1953, gültig ab 01.02.1953.
- Werksaufnahmen, Auslieferungsscheine und Beobachtungen an unrestaurierten Fahrzeugen.

Abb. 1062
Lackierungs- und Stoffmuster, wie sie in den Niederlassungen zur Verfügung stehen.
Hier die Versionen I bis IV für die Typen 170 Va und 170 Da, März 1951 bis Mai 1952.
(Farben aus wiedergabetechnischen Gründen unverbindlich)

D 03 170 S (W 136 IV), 170 Sb (W 191) 170 DS (W 191 D)

Lackierung, Polsterung, Innenausschlag und Verdeck-/ Schiebedachstoff 1949–1953

NORMAL-AUSSTATTUNGEN INNENLENKER W 136 IV & W 191

Typ, Modell	Zeitstellung	Ausstattungs-Nr.	Lackierung	Polsterung		Deckentuch »Himmel«	Teppich (nur Fond, vorn Gummimatten)		Schiebedachstoff
			Farbe DB-Nr.	Material	Farbe Nr.	Farbe Nr.	Art	Farbe Nr.	Farbe
170 S Innenlenker	09.1949 – 06.1950	I	schwarz ---	Stoff	braunbeige (rotbraun) A 2	rotbraun A 2	Bouclé	rotbraun A 2	---
					oder je nach Vorrat				
					grau A 1	grau	Bouclé	grau	
		II	grau 117	Stoff	grau A 1	grau	Bouclé	grau	---
		III	marone (maroon) 505	Stoff	braunbeige (rotbraun) A 2	rotbraun A 2	Bouclé	rotbraun A 2	---
		IV	beigebraun 408	Stoff	braunbeige (rotbraun) A 2	rotbraun A 2	Bouclé	rotbraun A 2	---
170 S Innenlenker	06.1950 – 05.1952	I	schwarz ---	Stoff	rotbraun A 2	rotbraun A 2	Bouclé	rotbraun A 2	schwarz
		II	dunkelblau 331	Stoff	grau A 4	grau A 4	Bouclé	grau A 4	schwarz
		III	marone 513 (später 524?)	Stoff	rotbraun A 2	rotbraun A 2	Bouclé	rotbraun A 2	schwarz
		IV	hellgrau 141	Stoff	braun A 3	braun A 3	Bouclé	braun A 3	schwarz
170 Sb, 170 DS	05.1952 – 02.1953	I	schwarz ---	zunächst, bis aufgebraucht:		? ?	Bouclé	?	schwarz
				Stoff	rotbraun B 7				
				kombiniert mit					
				Kunstleder	braun E 7				
		I	schwarz ---	anschließend:		? ?	Bouclé	?	schwarz
				Stoff	beige A 7				
				kombiniert mit					
				Kunstleder	braun DA 7				

<table>
<tr><th rowspan="2">Typ, Modell</th><th rowspan="2">Zeitstellung</th><th rowspan="2">Ausstattungs-Nr.</th><th>Lackierung</th><th colspan="2">Polsterung</th><th>Deckentuch »Himmel«</th><th colspan="2">Teppich (nur Fond, vorn Gummimatten)</th><th>Schiebedachstoff</th></tr>
<tr><th>Farbe DB-Nr.</th><th>Material</th><th>Farbe Nr.</th><th>Farbe Nr.</th><th>Art</th><th>Farbe Nr.</th><th>Farbe</th></tr>
<tr><td rowspan="29">170 Sb, 170 DS</td><td rowspan="14">05.1952 – 02.1953</td><td rowspan="3">II</td><td rowspan="3">waldgrün
259</td><td>Stoff</td><td>grau
A6</td><td rowspan="3">?
?</td><td rowspan="3">Bouclé</td><td rowspan="3">?</td><td>schwarz</td></tr>
<tr><td colspan="2">kombiniert mit</td><td>ab Dez. 1952</td></tr>
<tr><td>Kunstleder</td><td>olivgrau
DA 6</td><td>grün</td></tr>
<tr><td rowspan="4">III</td><td rowspan="4">mercedesrot
526</td><td colspan="2">zunächst, bis aufgebraucht:</td><td rowspan="4">?
?</td><td rowspan="4">Bouclé</td><td rowspan="4">?</td><td rowspan="4">schwarz</td></tr>
<tr><td>Stoff</td><td>rotbraun
B 7</td></tr>
<tr><td colspan="2">kombiniert mit</td></tr>
<tr><td>Kunstleder</td><td>braun
E 7</td></tr>
<tr><td rowspan="4">III</td><td rowspan="4">mercedesrot
526</td><td colspan="2">anschließend:</td><td rowspan="4">?
?</td><td rowspan="4">Bouclé</td><td rowspan="4">?</td><td rowspan="4">schwarz</td></tr>
<tr><td>Stoff</td><td>beige
A 7</td></tr>
<tr><td colspan="2">kombiniert mit</td></tr>
<tr><td>Kunstleder</td><td>braun
DA 7</td></tr>
<tr><td rowspan="3">IV</td><td rowspan="3">steingrau
171</td><td>Stoff</td><td>grau
A 6</td><td rowspan="3">?
?</td><td rowspan="3">Bouclé</td><td rowspan="3">?</td><td>schwarz</td></tr>
<tr><td colspan="2">kombiniert mit</td><td>ab Okt. 1952</td></tr>
<tr><td>Kunstleder</td><td>olivgrau
DA 6</td><td>grau</td></tr>
<tr><td colspan="9"></td></tr>
<tr><td rowspan="14">02.1953 – 08.1953</td><td rowspan="4">I</td><td rowspan="4">schwarz
---</td><td colspan="2">Bis Ende Febr. 1953:</td><td rowspan="4">?
?</td><td rowspan="4">Bouclé</td><td rowspan="4">?</td><td rowspan="4">schwarz</td></tr>
<tr><td>Stoff</td><td>beige
B 7</td></tr>
<tr><td colspan="2">kombiniert mit</td></tr>
<tr><td>Kunstleder</td><td>braun
E 7</td></tr>
<tr><td rowspan="4">I</td><td rowspan="4">schwarz
---</td><td colspan="2">Ab Anfang März 1953:</td><td rowspan="4">grau
A 6</td><td rowspan="4">Bouclé</td><td rowspan="4">grau
A 6</td><td rowspan="4">schwarz</td></tr>
<tr><td>Stoff</td><td>grau
A 6</td></tr>
<tr><td colspan="2">kombiniert mit</td></tr>
<tr><td>Kunstleder</td><td>dunkelgrau
DA 5</td></tr>
<tr><td rowspan="3">II</td><td rowspan="3">mittelgrün
229</td><td>Stoff</td><td>grau
A 6</td><td rowspan="3">grau
A 6</td><td rowspan="3">Bouclé</td><td rowspan="3">grau
A 6</td><td rowspan="3">grün</td></tr>
<tr><td colspan="2">kombiniert mit</td></tr>
<tr><td>Kunstleder</td><td>grün
DA 4</td></tr>
<tr><td rowspan="3">III</td><td rowspan="3">dunkel-tabakbraun
423</td><td>Stoff</td><td>beige
A 7</td><td rowspan="3">beige
A 7</td><td rowspan="3">Bouclé</td><td rowspan="3">beige
A 7</td><td rowspan="3">schwarz</td></tr>
<tr><td colspan="2">kombiniert mit</td></tr>
<tr><td>Kunstleder</td><td>braunbeige
DA 1</td></tr>
</table>

NORMAL-AUSSTATTUNGEN INNENLENKER W 136 IV & W 191

Typ, Modell	Zeitstellung	Ausstattungs-Nr.	Lackierung	Polsterung		Deckentuch »Himmel«	Teppich (nur Fond, vorn Gummimatten)		Schiebedachstoff
			Farbe DB-Nr.	Material	Farbe Nr.	Farbe Nr.	Art	Farbe Nr.	Farbe
170 Sb, 170 DS	02.1953 – 08.1953	IV	steingrau hell 169	Stoff	grau A 6	grau A 6	Bouclé	grau A 6	grau
				kombiniert mit					
				Kunstleder	olivgrau DA 6				
		V	mittelblau 350	Stoff	grau A 6	grau A 6	Bouclé	grau A 6	schwarz
				kombiniert mit					
				Kunstleder	blau DA 8				

Typ, Modell	Zeitstellung		Weitere Karosserie- und Interieuroberflächen
170 S IL, 170 Sb, 170 DS	09.1949 – 08.1953		· Armaturenbrett: dunkel-tabakbraun lackiert, Seidenglanz bis Hochglanz. · Fenstereinfassungen (sog. Fensterschlüssel) und Armaturenbrettabdeckung: Form- und Bugholz aus Buche, ab 170 Sb gebogene Teile aus phenolharzverleimtem Schichtholz (»Pagholz«), dunkelbraun-holzsichtig lackiert, hochglänzend. · Keder: im Farbton der Karosserie eingefärbt oder lackiert.

NORMAL-AUSSTATTUNGEN CABRIOLET A & CABRIOLET B W 136 IV

Typ, Modell	Zeitstellung	Ausstattungs-Nr.	Lackierung	Polsterung		Teppich (nur Fond, vorn Gummimatten)		Verdeckstoff
			Farbe DB-Nr.	Material	Farbe Nr.	Art	Farbe Nr.	Farbe Nr.
170 S Cabriolet A & B	09.1949 – 12.1949	I	schwarz ---	Ende Mai 1949 ist die Ausstattung aufgrund eingeschränkter Liefermöglichkeiten nicht verbindlich definierbar. Die Bestellung erfolgt stets mit dem Vermerk *zur Lackierung passend.*				
		II	grau 117					
		II	marone (maroon) 505 (später 513?)					
		IV	beigebraun 408					
170 S Cabriolet A	01.1950 – 03.1951	I	schwarz ---	Leder	naturbraun ---	Velours	? ?	dunkelbraun 437
				oder				
				Leder	rot 641	Velours	? ?	
		II	grün 221	Leder	hellbeige 1060	Velours	? ?	grasgrün 852
		III	maroon 505	Leder	beige 1059	Velours	? ?	beige 856
		IV	blau 320	Leder	grau 655	Velours	? ?	hellgrau 708
		V	hellrot 512	Leder	hellbeige 1060	Velours	? ?	hellbeige 854

Typ, Modell	Zeitstellung	Ausstattungs-Nr.	Lackierung	Polsterung		Teppich (nur Fond, vorn Gummimatten)		Verdeckstoff
			Farbe DB-Nr.	Material	Farbe Nr.	Art	Farbe Nr.	Farbe Nr.
170 S Cabriolet A	03.1951 – 11.1951	I	schwarz ---	Leder	braun 1501	Velours	? ?	braun 437
		II	blau 320	Leder	hellgrau 955	Velours	? ?	hellgrau 708
		III	mercedesrot 526	Leder	beigebraun 1066	Velours	? ?	beige 979
		IV	grün 221	Leder	grüngrau 672	Velours	? ?	grüngrau 852
		V	creme 629	Leder	rotbraun 523	Velours	? ?	beige 979
		VI	graubeige 157	Leder	grün 653	Velours	? ?	dunkelblau 970

Typ, Modell	Zeitstellung	Ausstattungs-Nr.	Lackierung Farbe DB-Nr.	Polsterung Material	Polsterung Farbe Nr.	Teppich Art	Teppich Farbe Nr.	Verdeckstoff Farbe Nr.
170 S Cabriolet B	01.1950 – 03.1951	I	schwarz ---	Leder	naturbraun 1066	Bouclé	? ?	dunkelbraun 437
				oder				
				Epinglé	? 312			
		II	grün 221	Leder	hellbeige 1060	Bouclé	? ?	grasgrün 852
				oder				
				Epinglé	? 709			
		III	maroon 505 (später 513?)	Leder	naturbraun 1066	Bouclé	? ?	beige 856
				oder				
				Epinglé	? 312			
		IV	beigebraun 408	Leder	beige 1059	Bouclé	? ?	hellbeige 854
				oder				
				Epinglé	? 312			

Typ, Modell	Zeitstellung	Ausstattungs-Nr.	Lackierung Farbe DB-Nr.	Polsterung Material	Polsterung Farbe Nr.	Teppich Art	Teppich Farbe Nr.	Verdeckstoff Farbe Nr.
170 S Cabriolet B	03.1951 – 05.1952	I	? ?	?	? ?	Bouclé	? ?	? ?
		II	? ?	?	? ?	Bouclé	? ?	? ?
		III	? ?	?	? ?	Bouclé	? ?	? ?
		IV	? ?	?	? ?	Bouclé	? ?	? ?

NORMAL-AUSSTATTUNGEN CABRIOLET A & CABRIOLET B W 136 IV

			Weitere Karosserie- und Interieuroberflächen
170 S Cabriolet A	06.1949 – 11.1951		· Armaturenbrett: mit dem Leder der Polsterung und des Innenausschlags bezogen. · Fensterschacht- und Armaturenbrettabdeckung: Bug- und Formholz aus Buche, mit Edelholz furniert, je nach Holzart hell bis dunkel gebeizt und hochglänzend lackiert. · Keder: aus poliertem Aluminium.
170 S Cabriolet B	06.1949 – 05.1952		· Armaturenbrett: dunkel-tabakbraun lackiert, Seidenglanz bis Hochglanz. · Fensterschacht- und Armaturenbrettabdeckung: Bug- und Formholz aus Buche, dunkelbraun-holzsichtig lackiert, hochglänzend. · Keder: im Farbton der Karosserie eingefärbt oder lackiert.

FARBGEBUNG
· im untergeordneten Karosseriebereich
· der mechanisch-technischen Teile

Typ, Modell	Zeitstellung	Bauteil	Farbton, Glanzgrad
170 S IL, Sb & DS, 170 S Cabriolet B, 170 S Cabriolet A	1949 - 1955	Kühlergitter	deckend lackiert, grau (ähnlich RAL 7000 fehgrau) oder Silberbronze
		Alle 170 S-Modelle: Spritzwand raumseitig, Getriebetunnel, Kofferraum innen 170 S Cabriolet A: Spritzwand motorraumseitig mit Batterie- und Werkzeugkasten	schwarz, Seidenglanz
		Alle 170 S-Modelle: Motorhaube Innenseite, Motorraum-Seitenbleche über Kotflügel 170 S IL, Sb & DS: Spritzwand motorraumseitig mit Batterie- und Werkzeugkasten	im Farbton der Karosserie
		170 S IL, Cabriolet B, Sb & DS: Fußboden und Sitzkasten vorn und hinten	im Farbton passend zur Ausstattung?
		Motorabdeckbleche (seitlich und unten)	schwarz, Seidenglanz
		Motorblock (M 136 & OM 636)	schwarz, Seidenglanz oder Seidenmatt
		170 DS: Grauguss-Zylinderkopf	
		Getriebegehäuse exkl. Kupplungsglocke, Wellenstrang, Hinterachsgetriebe, Halbachsen inkl. Bremsschilder	schwarz, Seidenglanz
		Rahmen	
		170 S, Sb: Leichtmetall-Zylinderkopf Leichtmetall-Kupplungsglocke	ohne Behandlung

Hinweise

Legende
· ? (Fragezeichen) im Feld der Tabelle: Die betreffende Angabe fehlt.
· Blaue Schrift: Interpretierte Aussage. Die Normalausstattungen oder der Zeitpunkt ihrer Einführungen sind nicht für sämtliche Modellausführungen lückenlos überliefert.
· --- im Feld der Tabelle: Nicht vorhanden / nicht verfügbar.

Größere Farbpalette ab Mitte 1949
· Ab Juni 1949 kann beim 170 V zwischen Schwarz und Grau DB 117 gewählt werden, ebenso beim nunmehr erhältlichen 170 D.
· Für den 170 S Innenlenker sind anfänglich ebenfalls bloß diese zwei Karosseriefarbtöne vorgesehen, jedoch wird die Palette bereits vor dem Start der eigentlichen Serienfertigung um weitere zwei auf vier Farbtöne erweitert.
· Die Farbtöne für die 170 S-Cabriolets weichen von denjenigen für die Innenlenker ab.

Abweichung von »Normalausstattung« vorbehalten
· Die in den »Normalausstattungen« definierten Materialien – Stoffe und Leder für Polster und Ausschlag, Tücher und Verdeckstoffe – stehen nicht immer in der gewünschten Farbe zur Verfügung.
· Bei der Bestellung ist deshalb zwingend der Passus einzufügen: Polsterung und Verdeck zur Lackierung passend.
· Diese Einschränkung gilt bereits seit ungefähr 1939. Selbst 1951 können die dem jeweiligen Außenfarbton zugeordneten Leder- und Stofffarben nicht garantiert werden.

Hinweise

Zweifarben- und Sonderlackierungen

- Vor dem Krieg werden sowohl die Innenlenker als auch die Cabriolets ohne Aufpreis mit Zweifarbenlackierungen angeboten.
- Nach dem Krieg wird konsequent darauf verzichtet.
- Für die 170 V und 170 D sowie für die 170 S Innenlenker bleiben werksseitige Abweichungen von den Normalausstattungen (Sonderlackierungen) für längere Zeit ausgeschlossen. Eine Ausnahme bilden teilweise die 170 S Cabriolet A und die 220 Cabriolet A (W 187).

Nitrozellulose- und Kunstharz-Lackierung

- Die Umstellung von Nitrozellulose- auf Kunstharzlackierung wird bei Daimler-Benz bereits gegen Ende der 1930er Jahre diskutiert und angestrebt, lässt sich jedoch aufgrund mehrerer Hindernisse nicht einführen.
- Nach dem Krieg werden die Bestrebungen intensiviert und bereits 1950 erste Versuche an Serienwagen durchgeführt, die in den Verkauf gelangen.
- Das Ergebnis überzeugt noch nicht. Der zur »Orangenhaut« neigende Farbverlauf führt zu Oberflächen, die weit von der gewohnten Spiegelglätte entfernt sind.
- Erst ab Sommer 1952 werden die 170 Vb/Db sowie die 170 Sb und 170 DS serienmäßig mit Kunstharzfarben lackiert, ab Oktober 1952 auch die 220 Innenlenker und 220 Cabriolet B. Ausgenommen bleiben vorerst die Farbtöne Schwarz und Tabakbraun.
- Die Kunstharzlacke werden bei Temperaturen von über 110°C eingebrannt und zeigen gegenüber der Nitrolackierung eine bessere Witterungsbeständigkeit.
- Des großen Umstellungsaufwands wegen bleiben Sonderlackierungen in Kunstharz ausgeschlossen. Individuelle Farbwünsche sind insbesondere bei den teuren Cabriolet A beliebt, weshalb für dieses Modell die Nitrolackierung beibehalten wird, die sich im Farbton rascher umstellen lässt.

Quellen

- Schreiben an Niederlassungen und Großvertreter betreffend Lackierung, 31.05.1949.
- Schreiben an sämtliche Niederlassungen und Großvertreter betreffend Musterkarte 170 S Innenlenker, 08.09.1949.
- Karosserie-Ausstattungen Typen 170 V, D & S Innenlenker, 01.01.1950.
- Karosserie-Ausstattungen Typen 170 S Cabriolet A und 170 S Cabriolet B, ohne Datum (vermutlich 01.01.1950).
- Karosserie-Ausstattungen, Normal-Ausstattungen Innenlenker Typen 170 V & Va, 170 D & Da und 170 S, 01.03.1951.
- Schreiben an sämtliche Niederlassungen und Großvertreter, Vertriebsstellen und Vertragshändler betreffend Normalausstattungen der einzelnen Typen des Pkw-Programms, 03.05.1952.
- Schreiben an sämtliche Niederlassungen, Großvertreter, Vertriebsstellen und Vertragshändler betreffend Lackierung der verschiedenen Typen, 10.10.1952.
- Merkblatt über Reinigung, Pflege und Ausbesserung einer Kunstharzlackierung und einer Nitro-Politurlackierung (DBAG), 18.10.1952.
- Normalausstattungen 1953 für Innenlenker 170 S(b) und 170 DS, 08.12.1952.
- Schreiben an sämtliche Niederlassungen und Großvertreter, Vertriebsstellen und Vertragshändler betreffend Normalausstattungen der einzelnen Typen des Pkw-Programms, 23.01.1953.
- Mercedes-Benz Personenwagen, Normalausstattungen 1953, gültig ab 01.02.1953.
- Werksaufnahmen, Auslieferungsscheine und Beobachtungen an unrestaurierten Fahrzeugen.

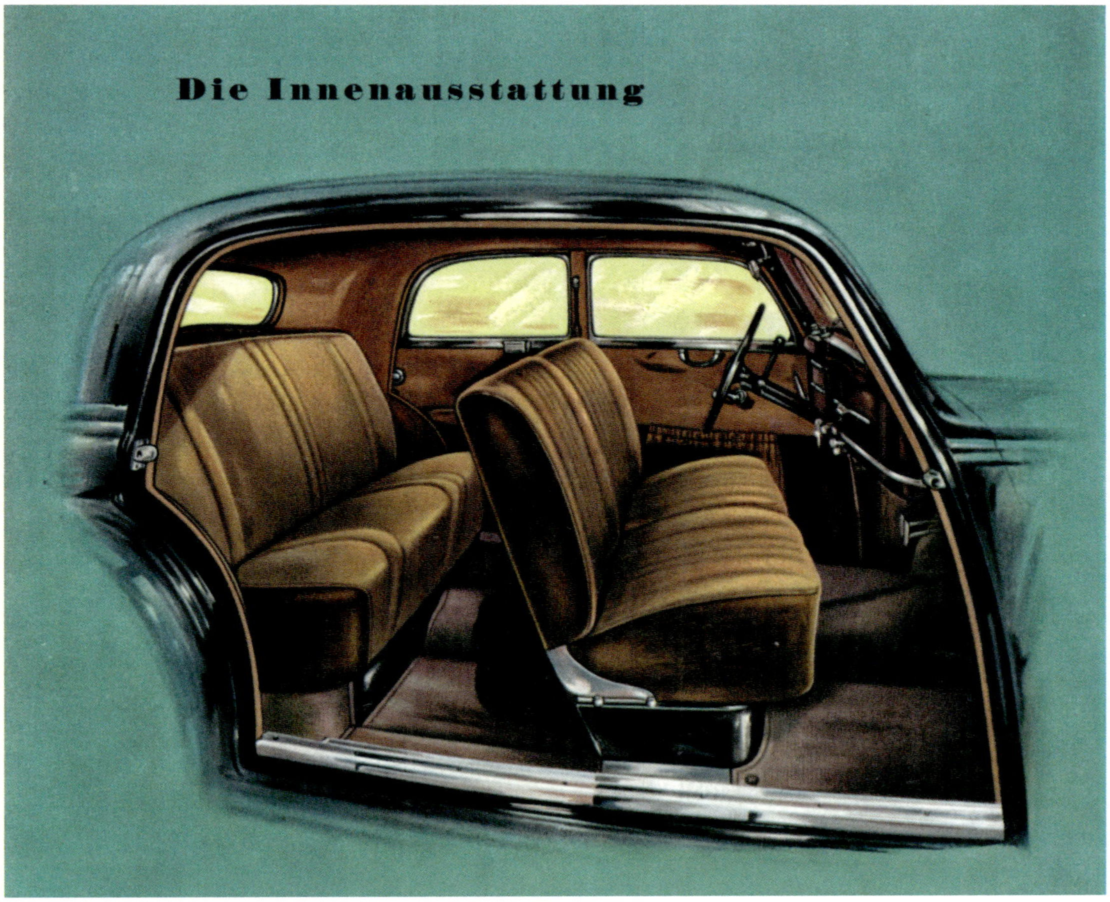

Abb. 1063
Jedem Außenlackton ist im Innern eine Stoff- oder Lederfarbe zugeordnet.
Bild: Rötlichbrauner Innenraum des 170 DS in der Version I (Außenlack schwarz) aus Prospekt 1953.

D 04 170 S-V (W 136 VIII)
170 S-D (W 136 VIII D)

Lackierung, Polsterung, Innenausschlag und Schiebedachstoff 1953–1955

NORMAL-AUSSTATTUNGEN INNENLENKER W 136 VIII

Typ, Modell	Zeitstellung	Ausstattungs-Nr.	Lackierung	Polsterung		Deckentuch »Himmel«	Bodenbelag (vorn & hinten)		Schiebedachstoff
			Farbe DB-Nr.	Material	Farbe Nr.	Farbe Nr.	Art	Farbe	Farbe
170 S-V, 170 S-D	07.1953 – 09.1955	I	schwarz ---	Stoff	grau A 6	grau A 6	Gummimatte	grau	schwarz
				kombiniert mit					
				Kunstleder	grau DA 5				
		II	tundragrün 278	Stoff	grau A 6	grau A 6	Gummimatte	grau	grün
				kombiniert mit					
				Kunstleder	grün DA 4				
		III	dunkel-tabakbraun 423	Stoff	beige A 7	beige A 7	Gummimatte	grau	schwarz
				kombiniert mit					
				Kunstleder	braunbeige DA 1				
		IV	steingrau hell 169	Stoff	grau A 6	grau A 6	Gummimatte	grau	grau
				kombiniert mit					
				Kunstleder	olivgrün DA 6				
		V	mittelblau 350	Stoff	grau A 6	grau A 6	Gummimatte	grau	schwarz
				kombiniert mit					
				Kunstleder	blau DA 8				

			Weitere Karosserie- und Interieuroberflächen
170 S-V, 170 S-D	07.1953 – 09.1955		· Armaturenbrett: dunkel-tabakbraun lackiert, Seidenglanz. · Fenstereinfassungen (sog. Fensterschlüssel) und Armaturenbrettabdeckung: Formteile aus Bakelit, dunkel-tabakbraun eingefärbt. · Türverkleidungen: vollständig in Kunstleder. · Keder: im Farbton der Kotflügel (eingefärbt oder lackiert).

FARBGEBUNG
· im untergeordneten Karosseriebereich
· der mechanisch-technischen Teile

Typ, Modell	Zeitstellung	Bauteil	Farbton, Glanzgrad
170 S-V, 170 S-D	1953 – 1955	Kühlergitter	deckend lackiert, grau (ähnlich RAL 7000 fehgrau) oder Silberbronze
		Spritzwand raumseitig, Getriebetunnel, Kofferraum innen	schwarz, Seidenglanz
		Spritzwand motorraumseitig mit Batterie- und Werkzeugkasten, Motorhaube Innenseite, Motorraum-Seitenbleche über Kotflügeln (alle), Sitzkasten vorn und hinten, Fondboden	im Farbton der Karosserie
		Motorabdeckbleche seitlich (Teil der Kotflügel) und unten	schwarz Seidenglanz
		Motorblock (M 136 & OM 636)	schwarz, Seidenmatt
		170 S-D: Grauguss-Zylinderkopf	
		Getriebegehäuse exkl. Kupplungsglocke, Wellenstrang, Hinterachsgetriebe, Halbachsen inkl. Bremsschilder	schwarz, Seidenglanz
		Rahmen	
		170 S-V: Leichtmetall-Zylinderkopf Kupplungsglocke	ohne Behandlung

Hinweise

Legende
· Blaue Schrift: Interpretierte Aussage. Die Normalausstattungen sind nicht für sämtliche Modelle lückenlos überliefert.
· --- im Feld der Tabelle: Nicht vorhanden.

Kunstharz-Lackierung
· Die 170 S-V und 170 S-D werden von Beginn weg mit einer Karosserielackierung auf Kunstharzbasis versehen.
· Die Kunstharzlacke werden bei Temperaturen von über 110°C eingebrannt und zeigen gegenüber der Nitrolackierung eine bessere Witterungsbeständigkeit.
· Die Tendenz zur Bildung von »Orangenhaut« kann zunehmend reduziert werden.
· Individuelle Farbwünsche können bei diesen beiden Typen grundsätzlich nicht berücksichtigt werden.

Quellen

· Schreiben an sämtliche Niederlassungen und Großvertreter, Vertriebsstellen und Vertragshändler betreffend Normalausstattungen der einzelnen Typen des Pkw-Programms, 07.09.1953.
· Normalausstattungen für Innenlenker 170 S-V und 170 S-D (Modell 1954).

D 05 220 (W 187)

Lackierung, Polsterung, Innenausschlag und Verdeck-/ Schiebedachstoff 1951–1955

NORMAL-AUSSTATTUNGEN INNENLENKER W 187

Typ, Modell	Zeitstellung	Ausstattungs-Nr.	Lackierung	Polsterung		Deckentuch »Himmel«	Teppich (nur Fond, vorn Gummimatten)		Schiebedachstoff
			Farbe DB-Nr.	Material	Farbe Nr.	Farbe Nr.	Art	Farbe Nr.	Farbe
220 Innenlenker	08.1951 - 05.1952	I	schwarz ---	Stoff	rotbraun A 2	rotbraun A 2	Bouclé	rotbraun A 2	schwarz
		II	dunkelblau 331	Stoff	grau A 4	grau A 4	Bouclé	grau A 4	schwarz
		III	marone 513 (später 524?)	Stoff	rotbraun A 2	rotbraun A 2	Bouclé	rotbraun A 2	schwarz
		IV	hellgrau 141	Stoff	braun A 3	braun A 3	Bouclé	braun A 3	schwarz

Typ, Modell	Zeitstellung	Ausstattungs-Nr.	Lackierung Farbe DB-Nr.	Polsterung Material	Polsterung Farbe Nr.	Deckentuch Farbe Nr.	Teppich Art	Teppich Farbe Nr.	Schiebedachstoff Farbe
220 Innenlenker	05.1952 - 02.1953	I	schwarz ---	anfängl.: Stoff	rotbraun B 2	? ?	Bouclé	? ?	schwarz
				später: Stoff	beige B 7				
				kombiniert mit					
				Kunstleder	braun E 7				
		II	waldgrün 259	Stoff	grau B 6	? ?	Bouclé	? ?	schwarz
				kombiniert mit					ab Dez. 1952
				Kunstleder	olivgrau E 6				grün
		III	mercedesrot 526	anfängl.: Stoff	rotbraun B 2	? ?	Bouclé	? ?	schwarz
				später: Stoff	beige B 7				
				kombiniert mit					
				Kunstleder	braun E 7				
		IV	steingrau 171	Stoff	grau B 6	? ?	Bouclé	? ?	schwarz
				kombiniert mit					ab Okt. 1952
				Kunstleder	olivgrau E 6				grau

Typ, Modell	Zeitstellung	Ausstattungs-Nr.	Lackierung	Polsterung		Deckentuch »Himmel«	Teppich (nur Fond, vorn Gummimatten)		Schiebedachstoff
			Farbe DB-Nr.	Material	Farbe Nr.	Farbe Nr.	Art	Farbe Nr.	Farbe
220 Innenlenker	02.1953 – 04.1954	I	schwarz ---	bis Ende Febr. 1953		beige B 7	Bouclé	beige B 7	schwarz
				Stoff	beige B 7				
				kombiniert mit					
				Kunstleder	braun E 7				
		I	schwarz ---	ab Anfang März 1953		grau B 6	Bouclé	grau B 6	schwarz
				Stoff	grau B 6				
				kombiniert mit					
				Kunstleder	dunkelgrau DA 5				
		II	mittelgrün 229	Stoff	grau B 6	grau B 6	Bouclé	grau B 6	grün
			ab Sept. 1953	kombiniert mit					
			tundragrün 278	Kunstleder	grün DA 4				
		III	dunkel-tabakbraun 423	Stoff	beige B 7	beige B 7	Bouclé	beige B 7	schwarz
				kombiniert mit					
				Kunstleder	braunbeige DA 1				
		IV	steingrau hell 169	Stoff	grau B 6	grau B 6	Bouclé	grau B 6	grau
				kombiniert mit					
				Kunstleder	olivgrau DA 6				
		V	mittelblau 350	Stoff	grau B 6	grau B 6	Bouclé	grau B 6	schwarz
				kombiniert mit					
				Kunstleder	blau DA 8				

			Weitere Karosserie- und Interieuroberflächen
220 Innenlenker	08.1951 – 04.1954		· Armaturenbrett: dunkel-tabakbraun lackiert, Seidenglanz bis Hochglanz. · Fenstereinfassungen und Armaturenbrettabdeckung: Formholz aus Buche, gebogene Teile aus phenolharzverleimtem Schichtholz, dunkelbraun-holzsichtig lackiert, hochglänzend. · Keder: im Farbton der Karosserie eingefärbt oder lackiert.

NORMAL-AUSSTATTUNGEN CABRIOLET A & CABRIOLET B W 187

Typ, Modell	Zeitstellung	Ausstattungs-Nr.	Lackierung	Polsterung		Verdeckstoff	Deckentuch »Himmel«	Teppich		Holzzierleisten
			Farbe DB-Nr.	Material	Farbe Nr.	Farbe Nr.	Farbe Nr.	Art	Farbe Nr.	Holzart
220 Cabriolet A	08.1951 – 05.1952	?	? ?	Leder	? ?	? ?	? ?	?	? ?	?
		?	? ?	Leder	? ?	? ?	? ?	?	? ?	?
		?	? ?	Leder	? ?	? ?	? ?	?	? ?	?
		?	? ?	Leder	? ?	? ?	? ?	?	? ?	?
		?	? ?	Leder	? ?	? ?	? ?	?	? ?	?
		?	? ?	Leder	? ?	? ?	? ?	?	? ?	?
220 Cabriolet A	05.1952 – 08.1955	I	schwarz ---	Leder	braun 1501	braun 437	hellbraun 397	Velours	braun 1501	Palisander
		II	blau 320	Leder	hellgrau 955	hellgrau 708	grau 723	Velours	grau 955	Palisander
		III	mercedesrot 526	Leder	beigebraun 1066	beige 979	beige 557	Velours	beigebraun 1066	Palisander
		IV	grün 221	Leder	grüngrau 1070	grüngrau 852	grüngrau 824	Velours	grüngrau 1070	Vogelaugen- ahorn
		V	creme 629	Leder	rotbraun 523	beige 979	beige 826	Velours	rotbraun 523	Macassar
		VI	graubeige 157	Leder	grün 653	dunkelgrau 970	grüngrau 824	Velours	grün 653	Wurzelnuss
220 Cabriolet B	08.1951 – 05.1952	?	? ?	Leder	? ?	? ?	? ?	Bouclé	? ?	?
		?	? ?	Leder	? ?	? ?	? ?	Bouclé	? ?	?
		?	? ?	Leder	? ?	? ?	? ?	Bouclé	? ?	?
		?	? ?	Leder	? ?	? ?	? ?	Bouclé	? ?	?
220 Cabriolet B	05.1952 – 05.1953	I	schwarz ---	Leder	beigebraun 1066	schwarz 872	beige 557	Bouclé	beigebraun 1066	Buche natur, braun
		II	mittelgrün 229	Leder	grüngrau 1081	grüngrau 975	grüngrau 824	Bouclé	grüngrau 1081	Buche natur, braun
		III	dunkel- tabakbraun 423	Leder	beigebraun 1066	beige 979	beige 557	Bouclé	beigebraun 1066	Buche natur, braun
		IV	steingrau hell 169	Leder	rot 1080	dunkelgrau 970	grau 825	Bouclé	rot 1080	Buche natur, braun
		V	mittelblau 350	Leder	hellgrau 955	hellgrau 708	grau 723	Bouclé	grau 955	Buche natur, braun

Typ, Modell	Zeitstellung	Weitere Karosserie- und Interieuroberflächen
220 Cabriolet A	08.1951 – 08.1955	· Armaturenbrett: mit dem Leder von Polsterung und Innenausschlag bezogen. · Fensterschacht- und Armaturenbrettabdeckung: Bug- und Formholz aus Buche, mit Edelholz furniert, je nach Holzart hell bis dunkel gebeizt und hochglänzend lackiert. · Keder: aus poliertem Aluminium.
220 Cabriolet B	08.1951 – ca. 05.1953	· Armaturenbrett: dunkel-tabakbraun lackiert, Seidenglanz bis Hochglanz. · Fensterschacht- und Armaturenbrettabdeckung: Bug- und Formholz aus Buche, dunkelbraun-holzsichtig lackiert, hochglänzend. · Keder: im Farbton der Karosserie eingefärbt oder lackiert.

FARBGEBUNG
· im untergeordneten Karosseriebereich
· der mechanisch-technischen Teile

Typ, Modell	Zeitstellung	Bauteil	Farbton, Glanzgrad
220 Innenlenker, 220 Cabriolet A, 220 Cabriolet B	1949 - 1955	Kühlergitter	deckend lackiert, grau (ähnlich RAL 7000 fehgrau) oder Silberbronze
		220 alle Modelle: Spritzwand raumseitig, Getriebetunnel, Kofferraum innen 220 Cabriolet A: Spritzwand motorraumseitig mit Batterie- und Werkzeugkasten	schwarz, Seidenglanz
		220 alle Modelle: Motorhaube Innenseite, Motorraum-Seitenbleche über Kotflügeln 220 IL & Cabriolet B: Spritzwand motorraumseitig mit Batterie- und Werkzeugkasten	im Farbton der Karosserie
		220 IL & Cabriolet B: Fußboden und Sitzkasten vorn und hinten	im Farbton passend zur Ausstattung?
		220 Cabriolet A & B: Fußboden und Sitzkasten	?
		Motorabdeckbleche (seitlich und unten)	schwarz, Seidenglanz
		Motorblock inkl. Grauguss-Zylinderkopf	schwarz, Seidenmatt
		Getriebegehäuse, Wellenstrang, Hinterachsgetriebe, Halbachsen inkl. Bremsschilder	schwarz, Seidenglanz
		Rahmen	
		Leichtmetall-Zylinderkopf (220 Cabriolet A & Coupé ab 06.1954) Kupplungsglocke	Leichtmetall, ohne Behandlung

Hinweise

Legende
· ? (Fragezeichen) im Feld der Tabelle: Die betreffende Angabe fehlt.
· Blaue Schrift: Interpretierte Aussage. Die Normalausstattungen sind nicht für sämtliche Modelle lückenlos überliefert.
· --- im Feld der Tabelle: Nicht vorhanden.

Nitrozellulose- und Kunstharz-Lackierung
· Die Umstellung von Nitrozellulose- auf Kunstharzlackierung wird bei Daimler-Benz bereits gegen Ende der 1930er Jahre diskutiert und angestrebt, lässt sich jedoch aufgrund mehrerer Hindernisse nicht einführen.
· Nach dem Krieg werden die Bestrebungen intensiviert und bereits 1950 erste Versuche an Serienwagen durchgeführt, die in den Verkauf gelangen.
· Das Ergebnis überzeugt noch nicht. Der zur »Orangenhaut« neigende Farbverlauf führt zu Oberflächen, die weit von der gewohnten Spiegelglätte entfernt sind.
· Erst ab Sommer 1952 werden die 170 Vb/Db sowie die 170 Sb und 170 DS serienmäßig mit Kunstharzfarben lackiert, ab Oktober 1952 auch die 220 Innenlenker und 220 Cabriolet B. Ausgenommen bleiben vorerst die Farbtöne Schwarz und Tabakbraun.
· Die Kunstharzlacke werden bei Temperaturen von über 110°C eingebrannt und zeigen gegenüber der Nitrolackierung eine bessere Witterungsbeständigkeit.
· Des großen Umstellungsaufwands wegen bleiben Sonderlackierungen in Kunstharz ausgeschlossen. Individuelle Farbwünsche sind insbesondere bei den teuren Cabriolet A beliebt, weshalb für dieses Modell die Nitrolackierung beibehalten wird, die sich im Farbton rascher umstellen lässt.
· Das 220 Coupé wird nach wie vor mit Nitro lackiert; der Farbton und die Innenausstattung richten sich nach dem Wunsch des Kunden.

Quellen

- Schreiben an sämtliche Niederlassungen und Großvertreter, Vertriebsstellen und Vertragshändler betreffend Normalausstattungen der einzelnen Typen des Pkw-Programms, 03.05.1952.
- Schreiben an sämtliche Niederlassungen, Großvertreter, Vertriebsstellen und Vertragshändler betreffend Lackierung der verschiedenen Typen, 10.10.1952.
- Merkblatt über Reinigung, Pflege und Ausbesserung einer Kunstharzlackierung und einer Nitro-Politurlackierung (DBAG), 18.10.1952.
- Normalausstattungen 1953 für Innenlenker Typ 220, 08.12.1952.
- Normalausstattungen 1953 für Cabriolet »A« Typ 220, 08.12.1952.
- Normalausstattungen 1953 für Cabriolet »B« Typ 220, 08.12.1952.
- Schreiben an sämtliche Niederlassungen und Großvertreter, Vertriebsstellen und Vertragshändler betreffend Normalausstattungen der einzelnen Typen des Pkw-Programms, 23.01.1953.
- Mercedes-Benz Personenwagen, Normalausstattungen 1953, gültig ab 01.02.1953.
- Schreiben an sämtliche Niederlassungen und Großvertreter, Vertriebsstellen und Vertragshändler betreffend Normalausstattungen der einzelnen Typen des Pkw-Programms, 07.09.1953.
- Werksaufnahmen, Auslieferungsscheine und Beobachtungen an unrestaurierten Fahrzeugen.

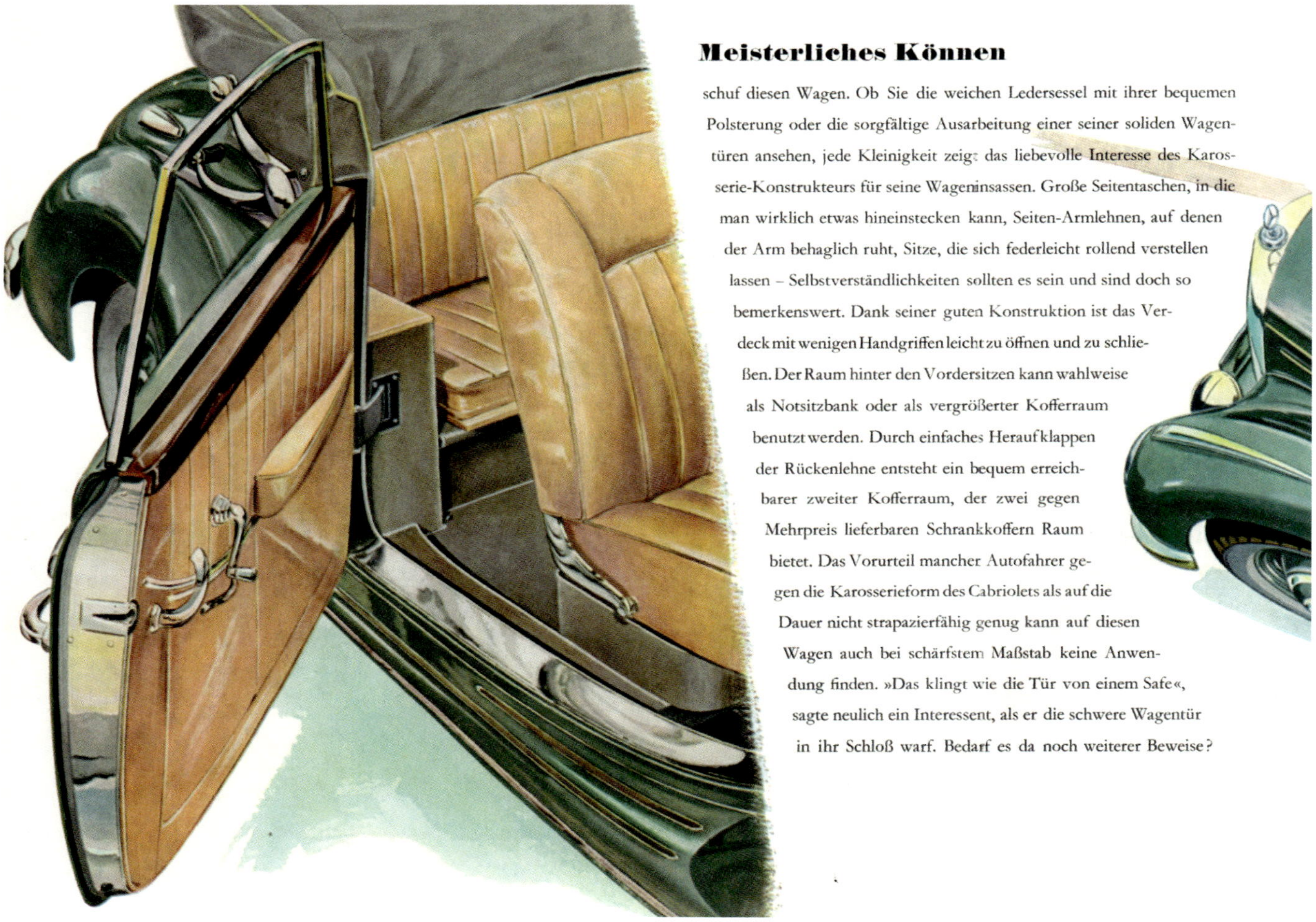

Meisterliches Können

schuf diesen Wagen. Ob Sie die weichen Ledersessel mit ihrer bequemen Polsterung oder die sorgfältige Ausarbeitung einer seiner soliden Wagentüren ansehen, jede Kleinigkeit zeigt das liebevolle Interesse des Karosserie-Konstrukteurs für seine Wageninsassen. Große Seitentaschen, in die man wirklich etwas hineinstecken kann, Seiten-Armlehnen, auf denen der Arm behaglich ruht, Sitze, die sich federleicht rollend verstellen lassen – Selbstverständlichkeiten sollten es sein und sind doch so bemerkenswert. Dank seiner guten Konstruktion ist das Verdeck mit wenigen Handgriffen leicht zu öffnen und zu schließen. Der Raum hinter den Vordersitzen kann wahlweise als Notsitzbank oder als vergrößerter Kofferraum benutzt werden. Durch einfaches Heraufklappen der Rückenlehne entsteht ein bequem erreichbarer zweiter Kofferraum, der zwei gegen Mehrpreis lieferbaren Schrankkoffern Raum bietet. Das Vorurteil mancher Autofahrer gegen die Karosserieform des Cabriolets als auf die Dauer nicht strapazierfähig genug kann auf diesen Wagen auch bei schärfstem Maßstab keine Anwendung finden. »Das klingt wie die Tür von einem Safe«, sagte neulich ein Interessent, als er die schwere Wagentür in ihr Schloß warf. Bedarf es da noch weiterer Beweise?

Abb. 1064
Besonders hochwertig präsentieren sich die Innenausstattungen der Cabriolets. Bild: Beigebraunes Lederinterieur eines 220 Cabriolet A aus Prospekt 1954.

D 06 170 V (W 136 & W 136 I)

Verkaufspreise in Deutschland 1936–1942

Typ	Modell	Verkaufspreise			
		Preisliste Nr. 1 15.02.1936	Preisliste Nr. 2 20.02.1937	Preisliste Nr. 3 18.02.1938	Preisliste Nr. 4 17.02.1939
170 V	Fahrgestell, teilkarossiert	RM 2 850,-	RM 2 850,-	RM 2 850,-	RM 2 850,-
	Innenlenker 2-türig	RM 3 750,-	RM 3 750,-	RM 3 750,-	RM 3 750,-
	Innenlenker 4-türig	RM 3 850,-	RM 3 850,-	RM 3 850,-	RM 3 850,-
	Cabrio-Limousine 4-türig	RM 3 980,-	RM 3 980,-	RM 3 980,-	RM 3 980,-
	Cabriolet A	RM 5 980,- (ab 07.05.1936)	RM 5 980,-	RM 5 980,-	RM 5 980,-
	Cabriolet B	RM 4 880,-	RM 4 750,-	RM 4 750,-	RM 4 750,-
	Offener Tourenwagen 2-türig	RM 4 500,-	RM 4 500,- (bis 04.1937)	---	---
	Offener Tourenwagen 4-türig	---	RM 4 600,- (ab 28.04.1937)	RM 4 600,-	RM 4 600,-
	Roadster	RM 5 500,-	RM 5 500,-	RM 5 500,-	RM 5 500,-
	Lieferwagen 3-türig (Sindelfinger-Aufbau)	RM 3 900,-	RM 3 900,-	RM 3 900,-	RM 3 900,-
	Innenlenker 4-türig Droschkenausführung	---	RM 3 750,- (ab 16.02.1937)	?	?
	Cabrio-Limousine 4-türig Droschkenausführung	---	RM 3 850,- (ab 16.02.1937)	?	?

· Ab August 1937 wird wegen Erhöhung des Einfuhrzolls auf Rohgummi auf sämtlichen 170 V-Modellen ein Reifenmehrpreis von RM 37.00 erhoben, der ab Anfang September 1938 auf RM 36,50 gesenkt wird und bis zur Einstellung der Verkäufe bestehen bleibt.
· Bereits wenige Tage nach Kriegsausbruch am 1. September 1939 wird der private Motorfahrzeughandel behördlich untersagt.

Hinweise

Legende
· ? (Fragezeichen) im Feld der Tabelle: Die betreffende Angabe fehlt.
· --- im Feld der Tabelle: Nicht verfügbar.

Quellen

· Preislisten für 170 V:
- Nr. 1 (15.02.1936).
- Ergänzungsblatt Nr. 1b (07.05.1936).
- Nr. 2 (20.02.1937).
- Ergänzungsblatt Nr. 2a (28.04.1937).
- Nr. 3 (18.02.1938).
- Nr. 4 (17.02.1939).

· Preisblatt Nr. XI (20.02.1937).
· Reifenmehrpreis: Mappes 170 V-Verkauf 1936-1945.

D 07 170 V (W 136 I), 170 Va & 170 Vb (W 136 VI) 170 D (W 136 I D), 170 Da & 170 Db (W 136 VI D)

Verkaufspreise in Deutschland 1947–1953

Typ	Modell	Verkaufspreise					
		Preise 1947/48 bis 20.06.1948	Preise ab 21.06.1948	Preise ab 20.05.1949	Preise ab 01.01.1950	Preise ab 31.03.1951	Preise ab 25.02.1952
170 V, 170 Va, 170 Vb	Fahrgestell, teilkarossiert	---	---	---	DM 5 500, – unbereift	ca. DM 5 545, – unbereift	ca. DM 6 060, – bereift
	Innenlenker (Limousine) 4-türig	RM 6 200, – (Verkaufspreis behördlich verfügt)	DM 7 800, – (+ ca. DM 385, – für Reifen)	DM 7 800, – (+ Tagespreis für Reifen)	DM 7 380, – (+ Tagespreis für Reifen)	DM 7 445, – inkl. Heizung (+ DM 490, – für Reifen)	DM 7 945, – inkl. Heizung, bereift
	Krankenwagen mit Kastenaufbau	?	DM 8 300, – (+ ca. DM 450, – für Reifen)	---	---	---	---
	Lieferwagen mit Pritsche (ohne Spriegel und Plane)	?	DM 6 700, – (+ ca. DM 515, – für Reifen)	---	---	---	---
	Lieferwagen mit Pritsche, Spriegel, Plane und Bänke (Polizei-Streifenwagen)	?	DM 7 060, – (+ ca. DM 515, – für Reifen)	---	---	---	---
	Lieferwagen mit Kastenaufbau	?	DM 7 250, – (+ ca. DM 515, – für Reifen)	---	---	---	---
	Lieferwagen 3-türig (Sindelfinger-Aufbau)	---	---	---	---	---	?
	Krankenwagen mit Lueg-Aufbau, 1-tragig	---	---	DM 9 350, – (+ ca. DM 385, – für Reifen) (ab Januar 1949)	DM 9 200, – unbereift (bis 19.12.1950) DM 9 795, – bereift (ab 20.12.1950)	DM 9 845, – inkl. Heizung (+ DM 650, – für Reifen)	DM 10 945, – inkl. Heizung, bereift
170 D, 170 Da, 170 Db	Fahrgestell, teilkarossiert	---	---	?	DM 6 750, – unbereift	DM 6 950, – (+ DM 650, – für Reifen)	DM 7 450, – bereift
	Innenlenker (Limousine) 4-türig	---	---	DM 9 200, – (+ Tagespreis für Reifen)	DM 8 620, – (+ Tagespreis für Reifen)	DM 8 945, – inkl. Heizung (+ 490, – für Reifen)	DM 8 995, – inkl. Heizung, bereift
	Lieferwagen 3-türig (Sindelfinger-Aufbau)	---	---	---	---	DM 9 795, – inkl. Heizung (+ 695, – für Reifen) (ab 01.01.1952)	DM 10 445, – inkl. Heizung, bereift
	Krankenwagen mit Lueg-Aufbau, 1-tragig	---	---		DM 10 990, – bereift (ab 20.12.1950)	DM 11 295, – (+ DM 650, – für Reifen)	DM 11 995, – inkl. Heizung, bereift
	OTP (Offener Tourenwagen Polizei)	---	---	---	---	? (ab September 1951)	?

Hinweise

Legende

· ? (Fragezeichen) im Feld der Tabelle: Die betreffende Angabe fehlt.
· --- im Feld der Tabelle: Nicht verfügbar.

Quellen

· 1947/48: Protokoll Vorstandssitzung 01.06.1948 (Archiv MBAG); Handbuch Verkauf 1948–1960, S. 3.
· 1948: Handbuch Verkauf 1948–1960, S. 5 f.
· 1949: Handbuch Verkauf 1948–1960, S. 8; Preisliste gültig ab 20.05.1949 (Archiv MBAG).
· 1950: Handbuch Verkauf 1948–1960, S. 9; Schreiben Staelin an Niederlassungen und Großvertretungen, 02.01.1950 (Archiv MBAG); »Das Auto«, Heft 20/1950 (Oktober), S. 668, Testbericht 170 D.; »NKZ Neue Kraftfahrer-Zeitung«, 16.09.1950, Testbericht 170 V & 170 D.
· 1951: Handbuch Verkauf 1948–1960, S. 17 f; Preisliste für Pkw gültig ab 31.03.1951 (Archiv MBAG).
· 1952: Handbuch Verkauf 1948–1960, S. 30 f; Preisliste für Pkw gültig ab 25.02.1952.

D 08 170 S (W 136 IV), 170 Sb (W 191) 170 DS (W 191 D)

Verkaufspreise in Deutschland 1949–1953

Typ	Modell	Verkaufspreise			
		Preise ab 20.05.1949	Preise ab 01.01.1950	Preise ab 31.03.1951	Preise ab 25.02.1952
170 S	Innenlenker (Limousine) 4-türig	DM 9 850, – (+ Tagespreis für Reifen)	DM 9 590, – inkl. Heizung (+ Tagespreis für Reifen)	DM 9 540, – inkl. Heizung (+ DM 520, – für Reifen)	---
170 S	Cabriolet A	DM 15 850,– (+ Tagespreis für Reifen)	DM 15 800, – inkl. Heizung (+ Tagespreis für Reifen)	DM 16 100, – inkl. Heizung (+ DM 520, – für Reifen)	---
170 S	Cabriolet B	DM 12 850, – (+ Tagespreis für Reifen)	DM 12 500, – inkl. Heizung (+ Tagespreis für Reifen)	DM 12 800, – inkl. Heizung (+ DM 520, – für Reifen)	---
170 S	Offener Polizeistreifenwagen 6-sitzig	---	DM 9 950, – (+ Tagespreis für Reifen) (ab 23.05.1950)	?	?
170 S	Polizeifunkwagen mit Kombiaufbau	---	DM 10 600, – (+ Tagespreis für Reifen) (ab 23.05.1950)	?	?
170 Sb	Innenlenker (Limousine) 4-türig	---	---	---	DM 10 135, – inkl. Heizung mit 1 Gebläse, bere ft
170 DS	Innenlenker (Limousine) 4-türig	---	---	---	DM 10 985, – inkl. Heizung mit 1 Gebläse, bereift

Hinweise

Legende
· ? (Fragezeichen) im Feld der Tabelle: Die betreffende Angabe fehlt.
· --- im Feld der Tabelle: Nicht verfügbar.

Quellen

· 1949: Handbuch Verkauf 1948–1960, S. 8; Preisliste gültig ab 20.05.1949 (Archiv MBAG).
· 1950: Handbuch Verkauf 1948–1960, S. 9; Schreiben Staelin an Niederlassungen und Großvertretungen, 02.01.1950 (Archiv MBAG).
· 1951: Handbuch Verkauf 1948–1960, S. 18; Preisliste für Pkw gültig ab 31.03.1951 (Archiv MBAG).
· 1952: Handbuch Verkauf 1948–1960, S. 30 f; Preisliste für Pkw gültig ab 25.02.1952.

D 09 170 S-V (W 136 VIII)
170 S-D (W 136 VIII D)
Verkaufspreise in Deutschland 1953–1955

Typ	Modell	Verkaufspreise	
		Preise ab 09.09.1953	Preise ab 22.02.1954
170 S-V	Fahrgestell, teilkarossiert	DM 6 800,– inkl. Heizung, bereift	DM 6 650,– inkl. Heizung, bereift
	Innenlenker (Limousine) 4-türig	DM 8 300,– inkl. Heizung, bereift	DM 7 950,– inkl. Heizung, bereift
	Krankenwagen mit Lueg-Aufbau	---	DM 11 550,– inkl. Heizung, bereift
170 S-D	Fahrgestell, teilkarossiert	DM 7 850,– inkl. Heizung, bereift	DM 7 600,– inkl. Heizung, bereift
	Innenlenker (Limousine) 4-türig	DM 9 350,– inkl. Heizung, bereift	DM 8 900,– inkl. Heizung, bereift
	Krankenwagen mit Lueg-Aufbau	---	DM 12 500,– inkl. Heizung, bereift

Hinweise

Legende
· --- im Feld der Tabelle: Nicht verfügbar.

Quellen

· 1953: Handbuch Verkauf 1948–1960, S. 43, A22 & A26; Schreiben Staelin an Niederlassungen und Grossvertretungen, 09.09.1953 (Archiv MBAG).
· 1954: Handbuch Verkauf 1948–1960, S. 48, A22 & A26.

D 10 220 (W 187)

Verkaufspreise in Deutschland 1951–1955

Typ	Modell	Verkaufspreise			
		Richtpreis an IAA Frankfurt/Main April 1951	Preise im Nov. 1951	Preise ab 25.02.1952	Preise ab Anfang 1954
220	Innenlenker (Limousine) 4-türig	ca. DM 11 340,– inkl. Heizung (+ Tagespreis für Reifen)	DM 11 385,– inkl. Heizung mit 1 Gebläse (+ Tagespreis für Reifen)	DM 11 935,– inkl. Heizung mit 1 Gebläse, bereift	DM 11 935,– inkl. Heizung mit 1 Gebläse, bereift
	Cabriolet A	ca. DM 18 300,– inkl. Heizung (+ Tagespreis für Reifen)	DM 18 300,– inkl. Heizung mit 1 Gebläse (+ Tagespreis für Reifen)	DM 18 850,– inkl. Heizung mit 1 Gebläse, bereift	DM 18 850,– inkl. Heizung mit 1 Gebläse, bereift
	Cabriolet B	ca. DM 14 600,– inkl. Heizung (+ Tagespreis für Reifen)	DM 14 600,– inkl. Heizung mit 1 Gebläse (+ Tagespreis für Reifen)	DM 15 150,– inkl. Heizung mit 1 Gebläse, bereift	---
	Coupé	---	---	---	DM 20 850,– inkl. Heizung mit 1 Gebläse, bereift
	OTP (Offener Tourenwagen Polizei)	---	?	?	?

Hinweise

Legende
· ? (Fragezeichen) im Feld der Tabelle: Die betreffende Angabe fehlt.
· --- im Feld der Tabelle: Nicht verfügbar.

Quellen

· 1951: Handbuch Verkauf 1948–1960, S. 19 (W 187); »Das Auto + Motor und Sport«, Heft 23/1951, S. 796, Testbericht 220.
· 1952: Handbuch Verkauf 1948–1960, S. 30 f; Preisliste für Pkw gültig ab 25.02.1952.
· 1954: Handbuch Verkauf 1948–1960, S. 44.

D 11 170 Va, Vb & 170 Da, Db mit Lueg-Aufbauten

Verkaufspreise in Deutschland 1951 & 1953

Typ	Modell	Verkaufspreise 1951			Verkaufspreise 1953		
		Preise Aufbau 1951	Preise Fahrgestell ab 31.03.1951	Total 1951	Preise Aufbau ab 01.03.1953	Preise Fahrgestell 1953	Total 1953
170 Va, 170 Vb	Lueg 802 A geschlossener Lieferwagen (Laderaum L x B x H = 1 860 × 1 260 × 900 mm)	DM 3 200,–	ca. DM 5 545,–	ca. DM 8 745,– inkl. Heizung (+ DM 650,– für Reifen)	DM 3 992,50	ca. DM 6 060,–	ca. DM 10 052,50 inkl. Heizung, bereift
	Lueg 950 geschlossener Lieferwagen (Laderaum L x B x H = 2 030 × 1 300 × 1 000 mm)	---	---	---	DM 4 362,50	ca. DM 6 060,–	ca. DM 10 422,50 inkl. Heizung, bereift
	Lueg 936 geschlossener Lieferwagen (Laderaum L x B x H = 2 100 × 1 400 × 1 300 mm)	---	---	---	DM 4 937,50	ca. DM 6 060,–	ca. DM 10 997,50 inkl. Heizung, bereift
	Lueg 802 B Personen-/Lieferwagen-Kombination, 4-fenstrig	DM 3 675,–	ca. DM 5 545,–	ca. DM 9 220,– inkl. Heizung (+ DM 650,– für Reifen)	DM 4 538,50	ca. DM 6 060,–	ca. DM 10 598,50 inkl. Heizung, bereift
	Lueg 802 C Mehrzweckwagen, 6-fenstrig	DM 3 787,–	ca. DM 5 545,–	ca. DM 9 332,– inkl. Heizung (+ DM 650,– für Reifen)	DM 4 667,50	ca. DM 6 060,–	ca. DM 10 727,50 inkl. Heizung, bereift
	Lueg 802 R Reisevertreter-Wagen	DM 4 745,–	ca. DM 5 545,–	ca. DM 10 290,– inkl. Heizung (+ DM 650,– für Reifen)	---	---	---
	Pritschenwagen	---	---	---	DM 2 657,50	ca. DM 6 060,–	ca. DM 8 717,50 inkl. Heizung, bereift
	Pullman-Limousine, 6-sitzig (Taxi)	---	---	---	DM 5 037,50	ca. DM 6 060,–	ca. DM 11 097,50 inkl. Heizung, ohne Taxameter, bereift
	Lueg 925 Krankenwagen, 2-tragig	---	---	---	DM 5 902,50	ca. DM 6 060,–	ca. DM 11 962,50 inkl. Heizung, bereift
	Bestattungswagen	---	---	---	DM 5 212,50	ca. DM 6 060,–	ca. DM 11 272,50 inkl. Heizung, bereift
	Funkstreifenwagen, geschlossen, 5-sitzig	---	---	---	DM 5 127,50	ca. DM 6 060,–	ca. DM 11 187,50 inkl. Heizung, bereift
170 Da, 170 Db	Lueg 802 A geschlossener Lieferwagen (Laderaum L x B x H = 1 860 × 1 260 × 900 mm)	DM 3 200,–	DM 6 995,– inkl. Heizung, unbereift	DM 10 195,– inkl. Heizung (+ DM 650,– für Reifen)	DM 3 992,50	DM 7 495,–	DM 11 487,50 inkl. Heizung, bereift
	Lueg 950 geschlossener Lieferwagen (Laderaum L x B x H = 2 030 × 1 300 × 1 000 mm)	---	---	---	DM 4 362,50	DM 7 495,–	DM 11 857,50 inkl. Heizung, bereift

Typ	Modell	Verkaufspreise 1951			Verkaufspreise 1953		
		Preise Aufbau 1951	Preise Fahrgestell ab 31.03.1951	Total 1951	Preise Aufbau ab 01.03.1953	Preise Fahrgestell 1953	Total 1953
170 Da, 170 Db	Lueg 936 geschlossener Lieferwagen (Laderaum L x B x H = 2 100 × 1 400 × 1 300 mm)	---	---	---	DM 4 937,50	DM 7 495,–	DM 12 432,50 inkl. Heizung, bereift
	Lueg 802 B Personen-/Lieferwagen-Kombination, 4-fenstrig	DM 3 675,–	DM 6 995,– inkl. Heizung, unbereift	DM 10 670,– inkl. Heizung (+ DM 650,– für Reifen)	DM 4 538,50	DM 7 495,–	DM 12 033,50 inkl. Heizung, bereift
	Lueg 802 C Mehrzweckwagen, 6-fenstrig	DM 3 787,–	DM 6 995,– inkl. Heizung, unbereift	DM 10 782,– inkl. Heizung (+ DM 650,– für Reifen)	DM 4 667,50	DM 7 495,–	DM 12 162,50 inkl. Heizung, bereift
	Lueg 802 R Reisevertreter-Wagen	DM 4 745,–	DM 6 995,– inkl. Heizung, unbereift	DM 11 740,– inkl. Heizung (+ DM 650,– für Reifen)	---	---	---
	Pritschenwagen	---	---	---	DM 2 657,50	DM 7 495,–	DM 10 152,50 inkl. Heizung, bereift
	Pullman-Limousine, 6-sitzig (Taxi)	---	---	---	DM 5 037,50	DM 7 495,–	DM 12 532,50 inkl. Heizung, ohne Taxameter, bereift
	Lueg 925 Krankenwagen, 2-tragig	---	---	---	DM 5 902,50	DM 7 495,–	DM 13 397,50 inkl. Heizung, bereift
	Bestattungswagen	---	---	---	DM 5 212,50	DM 7 495,–	DM 12 707,50 inkl. Heizung, bereift
	Funkstreifenwagen, geschlossen, 5-sitzig	---	---	---	DM 5 127,50	DM 7 495,–	DM 12 622,50 inkl. Heizung, bereift

Hinweise

Legende

- --- im Feld der Tabelle: Nicht verfügbar.

Quellen

- 1951: Preis-Angebot Lueg, Kombinations-Aufbauten – geschlossene Lieferwagen auf Mercedes-Benz-Fahrgestell Type 170 V oder 170 D, nicht datiert (1951) (Archiv MBAG); Handbuch Verkauf 1948–1960, S. 17 f; Preisliste für Pkw gültig ab 31.03.1951 (Archiv MBAG).
- 1953: Sammelpreisliste Lueg-Karosserien auf 170 V- und 170 D-Fahrgestellen, Fahrzeug-Werke Lueg GmbH, Bochum-Langendreer, 01.03.1953 (Archiv MBAG).

D 12 170 V (W 136 & W 136 I)

Ausrüstung, aufpreispflichtige Sonderwünsche und Zubehör 1936–1942

Gegenstand	170 V Innenlenker 2-türig				170 V Innenlenker 4-türig				170 V Cabrio-Limousine 4-türig			
	Nr. 1 1936	Nr. 2 1937	Nr. 3 1938	Nr. 4 1939	Nr. 1 1936	Nr. 2 1937	Nr. 3 1938	Nr. 4 1939	Nr. 1 1936	Nr. 2 1937	Nr. 3 1938	Nr. 4 1939
Licht- und Signalanlage												
2 Scheinwerfer (Bosch), lackiert, mit blank poliertem Ring												
2 Scheinwerfer (Bosch), ganz blank poliert (Aufpreis)	---	9,50	---	---	---	9,50	---	---	---	9,50	---	---
Abblendkappen für Scheinwerfer	---	---	---		---	---	---		---	---	---	
2 Kotflügellampen, blank poliert	---	25,50	---	---	---	25,50	---	---	---	25,50	---	---
2 Kotflügellampen (Riemann), lackiert	---	---	15,00	15,00	---	---	15,00	15,00	---	---	15,00	15,00
Nebellampe (Bosch), blank poliert	---	27,00	---	---	---	27,00	---	---	---	27,00	---	---
Nebellampe (Bosch), lackiert	---	---	21,00	21,00	---	---	21,00	21,00	---	---	---	21,00
Nebellampe (Riemann), je nach Typ	---	---	26,50	26,50 - 29,60	---	---	26,50	26,50 - 29,60	---	---	26,50	26,50 - 29,60
Nebellampe (Notek), ohne Bügel	---	40,00	40,00	40,00	---	40,00	40,00	40,00	---	40,00	40,00	40,00
Nebellampe (Notek), mit Bügel	---	53,00	53,00	53,00	---	53,00	53,00	53,00	---	53,00	53,00	53,00
Bosch Breitstrahler	---	---	---	61,00	---	---	---	61,00	---	---	---	61,00
Rückfahrlampe	---	22,50		---	---	22,50		---	---	22,50		---
Suchscheinwerfer (Bosch)	---	53,50	32,50	---	---	53,50	32,50	---	---	53,50	32,50	---
Suchscheinwerfer (Hasag)	---	37,00	37,00	33,00	---	37,00	37,00	33,00	---	37,00	37,00	33,00
1 zusätzliches elektrisches Signalhorn (Bosch)	---	---	26,50	26,50	---	---	26,50	26,50	---	---	26,50	26,50
2 zusätzliche elektrische Signalhörner (Bosch)	---	51,00	46,00	46,00	---	51,00	46,00	46,00	---	51,00	46,00	46,00
Sitze und Innenausschlag												
Führersitzbank durchgehend, verstellbar	---	---	---	---	---	---	---	---	---	---	---	---
Führersitze getrennt, einzeln verstellbar												
Führersitzschienen 5 cm verlängert	---	---	10,50	---	---	---	10,50	---	---	---	10,50	---
Schlafsitzbeschläge, pro Sitz	---	85,00	85,00	85,00	---	85,00	85,00	85,00	---	85,00	85,00	85,00
Notsitze, herausnehmbar	---	---	---	---	---	---	---	---	---	---	---	---

	170 V Cabriolet B				170 V Offener Tourenwagen 2- und 4-türig				170 V Roadster				170 V Cabriolet A			
	Nr. 1 1936	**Nr. 2 1937**	**Nr. 3 1938**	**Nr. 4 1939**	**Nr. 1 1936**	**Nr. 2 1937**	**Nr. 3 1938**	**Nr. 4 1939**	**Nr. 1 1936**	**Nr. 2 1937**	**Nr. 3 1938**	**Nr. 4 1939**	**Nr. 1 1936**	**Nr. 2 1937**	**Nr. 3 1938**	**Nr. 4 1939**
	---	9,50	---	---	---	9,50	---	---	---	9,50	---	---	---	9,50	---	---
	---	---	---		---	---	---		---	---	---		---	---	---	
	---	25,50	---	---	---	25,50	---	---	---		---	---	---		---	---
	---	---	15,00	15,00	---	---	15,00	15,00	---	---			---	---		
	---	27,00	---	---	---	27,00	---	---	---	27,00	---	---	---	27,00	---	---
	---	---	21,00	21,00	---	---	21,00	21,00	---	---	21,00	21,00	---	---	21,00	21,00
	---	---	26,50	26,50 - 29,60	---	---	26,50	26,50 - 29,60	---	---	26,50	26,50 - 29,60	---	---	26,50	26,50 - 29,60
	---	40,00	40,00	40,00	---	40,00	40,00	40,00	---	40,00	40,00	40,00	---	40,00	40,00	40,00
	---	53,00	53,00	53,00	---	53,00	53,00	53,00	---	53,00	53,00	53,00	---	53,00	53,00	53,00
	---	---	---	61,00	---	---	---	61,00	---	---	---	61,00	---	---	---	61,00
	---	22,50		---	---	22,50		---	---	22,50		---	---	22,50		---
	---	53,50	32,50	---	---	53,50	32,50	---	---	53,50	32,50	---	---	53,50	32,50	---
	---	37,00	37,00	33,00	---	37,00	37,00	33,00	---	37,00	37,00	33,00	---	37,00	37,00	33,00
	---	---	26,50	26,50	---	---	26,50	26,50	---	---	26,50	26,50	---	---	26,50	26,50
	---	51,00	46,00	46,00	---	51,00	46,00	46,00	---	51,00	46,00	46,00	---	51,00	46,00	46,00
	---	---	---	---	---	---	---	---			?	80,00	---	---	---	80,00
									---	---	?					
	---	---	10,50	---	---	---	10,50	---	---	---	10,50	---	---	---	10,50	---
	---	85,00	85,00	85,00	---	---	85,00	85,00	---	---	---	---	---	---	---	---
	---	---	---	---	---	---	---	---	---				---	---	---	---

Gegenstand	170 V Innenlenker 2-türig				170 V Innenlenker 4-türig				170 V Cabrio-Limousine 4-türig			
	Nr. 1 1936	Nr. 2 1937	Nr. 3 1938	Nr. 4 1939	Nr. 1 1936	Nr. 2 1937	Nr. 3 1938	Nr. 4 1939	Nr. 1 1936	Nr. 2 1937	Nr. 3 1938	Nr. 4 1939
Sitze und Innenausschlag												
Notsitz quer, herausnehmbar	---	---	---	---	---	---	---	---	---	---	---	---
Fußraste im Fond (Paar)	---	---	---	18,50	---	---	---	18,50	---	---	---	18,50
Polsterbezug aus Cordstoff												
Polsterbezug aus Epingléstoff	---	---	---	---	---	---	---	---	---	---	---	---
Polsterbezug aus echtem Leder (Aufpreis)	200,00	220,00 - 270,00	210,00 - 260,00	---	200,00	220,00 - 270,00	210,00 - 260,00	---	200,00	220,00 - 270,00	210,00 - 260,00	---
2 Taschen an den Rückenlehnen der Vordersitze, Stoff	50,00	50,00	35,00	35,00	50,00	50,00	35,00	35,00	50,00	50,00	35,00	---
2 Taschen an den Rückenlehnen der Vordersitze, Leder	---	---	---	---	---	---	---	---	---	---	---	---
2 Taschen an den Fahrertüren, Stoff												
2 Taschen an den Fahrertüren, Leder (Aufpreis)	63,00	63,00	---	---	63,00	63,00	---	---	63,00	63,00	---	---
2 Taschen an den Fondtüren, Stoff	---	---	---	---								
2 Taschen an den Fondtüren, Leder	---	---	---	---	---	---	---	---	---	---	---	---
2 Gepäcknetze an Rückseite der Vordersitze	---	16,00	12,00	12,00	---	16,00	12,00	12,00	---	16,00	12,00	12,00
2 Haltetaue bzw. Manteltaue hinter den Vordersitzen, Stoff	---	4,50	4,50	4,50	---	4,50	4,50	4,50	---	4,50	4,50	4,50
2 Haltetaue bzw. Manteltaue hinter den Vordersitzen, Leder	---	---	---	---	---	---	---	---	---	---	---	---
Armlehnen im Fond					---			24,00	---			24,00
Daunenauflagekissen (1 Paar), Stoff	---	---	35,00	30,00	---	---	35,00	30,00	---	---	35,00	30,00
Daunenauflagekissen (1 Paar), Leder	---	---	50,00	---	---	---	50,00	---	---	---	50,00	---
Eckkissen	---	---	---		---	---	---		---	---	---	---
Polsterüberzüge über Vordersitze aus Rips	50,00	50,00 - 63,00	48,00	48,00	50,00	50,00 - 63,00	48,00	48,00	50,00	50,00 - 63,00	48,00	48,00
Polsterüberzüge über Vordersitze aus Velveton	---	---	60,00	60,00	---	---	60,00	60,00	---	---	60,00	60,00
Polsterüberzüge über alle Sitze aus Rips	100,00	98,00 - 120,00	95,00	95,00	100,00	98,00 - 120,00	95,00	95,00	100,00	98,00 - 120,00	95,00	95,00
Polsterüberzüge über alle Sitze aus Velveton	---	---	115,00	115,00	---	---	115,00	115,00	---	---	115,00	115,00
Polsterüberzüge über alle Sitze und Seitenwände aus Rips	135,00	120,00 - 165,00	115,00	128,00	150,00	120,00 - 165,00	128,00	128,00	150,00	120,00 - 165,00	128,00	128,00

	170 V Cabriolet B				170 V Offener Tourenwagen 2- und 4-türig				170 V Roadster				170 V Cabriolet A			
	Nr. 1 1936	Nr. 2 1937	Nr. 3 1938	Nr. 4 1939	Nr. 1 1936	Nr. 2 1937	Nr. 3 1938	Nr. 4 1939	Nr. 1 1936	Nr. 2 1937	Nr. 3 1938	Nr. 4 1939	Nr. 1 1936	Nr. 2 1937	Nr. 3 1938	Nr. 4 1939
	---	---	---	---	---	---	---	---	---	---	---	---	1)	1)	1)	1)
	---	---	---	18,50	---	---	---	18,50	---	---	---	---	---	---	---	---
	---	---	---	---	---	---	---	---	---	---	---	---	---	---	---	---
					---	---	---	---	---	---	---	---				
	50,00	50,00	35,00	35,00	---	---	---	---	---	---	---	---	---	50,00	35,00	35,00
	---	---	50,00	45,00	63,00	63,00	5000	45,00	---	---	50,00	---	---	---	50,00	45,00
					---	---	---	---	---	---	---	---	---	---	---	---
	---	---	---	---	---	---	---	---	---	---	---	---	---	---	---	---
	---	---	---	---	---	---			---	---	---	---	---	---	---	---
	---	16,00	12,00	12,00	---	---	12,00	12,00	---	---	---	---	---	---	12,00	12,00
	---	4,50	4,50	4,50	---	4,50	4,50	---	---	4,50	4,50	---	---	4,50	4,50	---
	---	---	---	12,00	---	---	12,00	---	---	---	---	---	---	---	---	---
								24,00	---	---	---	---	---		---	---
	---	---	35,00	30,00	---	---	---	---	---	---	---	---	---		35,00	30,00
	---	---	50,00	45,00	---	---	---	---	---	---	---	---	---		50,00	45,00
	---	---	---	---	---	---	---	---	---	---	---	---	---	---	---	---
	50,00	50,00 - 63,00	48,00	48,00	50,00	50,00 - 63,00	48,00	---	---	---	---	---	?	50,00 - 63,00	48,00	48,00
	---	---	60,00	60,00	---	---	60,00	---	---	---	---	---	---	---	60,00	60,00
	100,00	98,00 - 120,00	95,00	95,00	100,00	98,00 - 120,00	95,00	---	---	---	---	---	---	---	---	---
	---	---	115,00	115,00	---	---	115,00	---	---	---	---	---	---	---	---	---
	135,00	120,00 - 165,00	115,00	128,00	135,00	120,00 - 165,00	128,00	---	---	---	---	---	---	---	---	---

Gegenstand	170 V Innenlenker 2-türig				170 V Innenlenker 4-türig				170 V Cabrio-Limousine 4-türig			
	Nr. 1 1936	Nr. 2 1937	Nr. 3 1938	Nr. 4 1939	Nr. 1 1936	Nr. 2 1937	Nr. 3 1938	Nr. 4 1939	Nr. 1 1936	Nr. 2 1937	Nr. 3 1938	Nr. 4 1939
Sitze und Innenausschlag												
Polsterüberzüge über alle Sitze und Seitenwände aus Velveton	---	---	142,00	155,00	---	---	155,00	155,00	---	---	155,00	155,00
Gummimatten mit Filzunterlage vor den Vordersitzen												
Bouclételteppich vor den Fondsitzen	---	---	---		---	---	---		---	---	---	
Veloursteppich vor den Fondsitzen				18,00				18,00				18,00
Gummimatte vor den Fondsitzen (ohne Einfassung)	14,00	17,50	17,50	---	14,00	17,50	17,50	---	14,00	17,50	17,50	---
Gummimatte vor den Fondsitzen (mit Einfassung)	28,00	26,00	26,00	26,00	28,00	26,00	26,00	26,00	28,00	26,00	26,00	26,00
Innenausstattung												
Rückspiegel (innen)			---	---			---	---			---	---
Rückspiegel (innen), verchromtes Modell (Aufpreis)	3,50	3,50			3,50	3,50			3,50	3,50		
Sonnenblendscheibe aus Cellon (fahrerseitig)	9,00	9,00	9,00	8,50	9,00	9,00	9,00	8,50	9,00	9,00	9,00	8,50
Handschuhkasten abschließbar (beide)	---	---	10,00	10,00	---	---	10,00	10,00	---	---	10,00	10,00
Aschenbecher mit Zigarrenanzünder kombiniert, am Armaturenbrett												
Aschenbecher ohne Zigarrenanzünder, am Armaturenbrett	---	---	---	---	---	---	---	---	---	---	---	---
Zigarrenanzünder im Armaturenbrett	---	---	---	---	---	---	---	---	---	---	---	---
Aschenbecher im Fond (je nach Ausführung)	3,00 - 7,00	3,00 - 10,00	10,00	10,00	3,00 - 7,00	3,00 - 10,00	10,00	10,00	---	3,00 - 10,00	10,00	10,00
Blumenvase (je nach Ausführung)	3,00 - 6,00	3,00 - 6,00	3,00 - 6,00	3,00 - 6,00	3,00 - 6,00	3,00 - 6,00	3,00 - 6,00	3,00 - 6,00	3,00 - 6,00	3,00 - 6,00	3,00 - 6,00	3,00 - 6,00
Kleiderhaken (Paar)	3,50	3,00	3,00	3,00	3,50	3,00	3,00	3,00	---	3,00	3,00	3,00
Mantelstange (Paar)	---	---	---	15,00	---	---	---	15,00	---	---	---	15,00
Hutnetz	---	---	9,50	7,00	---	---	9,50	7,00	---	---	---	---
(Decken-)Lampe, für Innenbeleuchtung												
Leselampe oder Ableuchtlampe	---	---	---	10,00	---	---	---	10,00	---	---	---	10,00
Rollgardine an Rückfenster									---	---	---	---
2 Maß-Innenkoffer (je 860 × 550 × 140 mm)	58,00	58,00	58,00	58,00	58,00	58,00	58,00	58,00	58,00	58,00	53,00	58,00
Entlüftungsklappe 3)	---			---	---			---	---			---
Entlüftungsblenden aus Glas an den Fahrertüren	---	---	25,00	25,00	---	---	25,00	25,00	---	---	25,00	25,00

	170 V Cabriolet B				170 V Offener Tourenwagen 2- und 4-türig				170 V Roadster				170 V Cabriolet A			
	Nr. 1 1936	Nr. 2 1937	Nr. 3 1938	Nr. 4 1939	Nr. 1 1936	Nr. 2 1937	Nr. 3 1938	Nr. 4 1939	Nr. 1 1936	Nr. 2 1937	Nr. 3 1938	Nr. 4 1939	Nr. 1 1936	Nr. 2 1937	Nr. 3 1938	Nr. 4 1939
	---	---	142,00	155,00	---	---	---	---	---	---	---	---	---	---	---	---
	---	---	---		---	---	---		---	---	---		---	---	---	
				18,00				18,00				18,00				18,00
	14,00	17,50	17,50	---	14,00	17,50	17,50	---	---	17,50	17,50	---	---	17,50	17,50	---
	28,00	26,00	26,00	26,00	28,00	26,00	26,00	26,00	---	26,00	26,00	---	---	26,00	26,00	---
			---	---			---	---	---			?			---	---
	3,50	3,50			3,50	3,50			---	3,50		?	?	3,50		
	9,00	9,00	9,00	8,50	9,00	9,00	9,00	8,50	9,00	9,00	9,00	8,50				
	---	---	10,00	10,00	---	---	10,00	10,00	---	---	10,00	10,00	---	---	10,00	10,00
												---				---
	---	---	---	---	---	---	---	---	---	---	---	---	---			
	---	---	---	---	---	---	---	---	?	?			---			
	---	3,00 - 10,00	10,00	10,00	---	3,00 - 10,00	10,00	10,00	---	---	---	---	---	---	---	---
	3,00 - 6,00	3,00 - 6,00	3,00 - 6,00	3,00 - 6,00	---	---	---	---	---	---	---	---	---	---	---	3,00 - 6,00
	---	---	---	---	---	---	---	---	---	---	---	---	---	---	---	---
	---	---	---	15,00	---	---	---	15,00	---	---	---	---	---	---	---	15,00
	---	---	---	---	---	---	---	---	---	---	---	---	---	---	---	---
					---	---	---	---	---	---	---	---				
	---	---	---	10,00	---	---	---	10,00	---	---	---	10,00	---	---	---	10,00
	---	---	5,00	---	---	---	---	---	---	---	---	---	---	---	5,00	---
					58,00	58,00	58,00	---	---	58,00	58,00	---	2)	2)	2)	2)
	---			---	---			---	---			---	---			---
	---	---	---	---	---	---	---	---	---	---	---	---	---	---	---	---

Gegenstand	170 V Innenlenker 2-türig				170 V Innenlenker 4-türig				170 V Cabrio-Limousine 4-türig			
	Nr. 1 1936	Nr. 2 1937	Nr. 3 1938	Nr. 4 1939	Nr. 1 1936	Nr. 2 1937	Nr. 3 1938	Nr. 4 1939	Nr. 1 1936	Nr. 2 1937	Nr. 3 1938	Nr. 4 1939
Innenausstattung												
Rückfenster ausstellbar (Aufpreis)	---	---	90,00	75,00	---	---	90,00	75,00	---	---	---	75,00 ?
Heizung für das Wageninnere (Bosch)	---	110,00	105,00	110,00	---	110,00	105,00	110,00	---	110,00	105,00	110,00
Heizung für das Wageninnere (Webasto)	---	---	---	50,00	---	---	---	50,00	---	---	---	50,00
Rundfunkantenne, eingebaut	---	---	---		---	---	---		---	---	---	
Rundfunkempfänger [Radio]	---	---	---		---	---	---		---	---	---	
Fahrgestell und Aufbau												
Rechtslenkung	---	---	190,00	---	---	---	190,00	---	---	---	190,00	---
Lenksäule verlängert	5,00	5,00	5,00	---	5,00	5,00	5,00	---	5,00	5,00	5,00	---
2. Ersatzrad, bereift	55,00	53,00	49,50	49,00	55,00	53,00	49,50	49,00	55,00	53,00	49,50	49,00
2. Ersatzrad, unbereift (Felgenrad)	---	15,00	11,40	11,10	---	15,00	11,40	11,10	---	15,00	11,40	11,10
Ersatzradhalter für 2 Ersatzräder (Anschluss-Stutzen)	---	8,00	8,00	8,00	---	8,00	8,00	8,00	---	8,00	8,00	8,00
Diebstahlsicherung für Ersatzrad	---	---	---		---	---	---		---	---	---	
Reifenhülle aus Kunstleder (bessere Qualität) oder Gummistoff	16,00	16,00	16,00	16,00	16,00	16,00	16,00	16,00	16,00	16,00	16,00	16,00
Reifenhülle aus Leder	42,00	42,00	---	45,00	42,00	42,00	---	45,00	42,00	42,00	---	45,00
Reifenhülle aus Stahlblech, mit blankem Zierstreifen, lackiert	---	---	39,00	39,00	---	---	39,00	39,00	---	---	39,00	39,00
Federschutz-Gamaschen vorn	---	---		18,00	---	---		18,00	---	---		18,00
Zeitschalter für Fahrtrichtungsanzeiger	---	---	7,50	7,50	---	---	7,50	7,50	---	---	7,50	7,50
Geschwindigkeitsmesser mit zusätzlichem Tageskilometerzähler	---	8,00	6,00	6,00	---	8,00	6,00	6,00	---	8,00	6,00	6,00
Steigungsmesser	---	---	6,00	---	---	---	6,00	---	---	---	6,00	---
Ölthermometer	---	---	---		---	---	---		---	---	---	
Kühlwasser-Thermometer	---	40,00	36,00	30,00	---	40,00	36,00	30,00	---	40,00	36,00	30,00
Kühlwasser-Thermostat	---	---	15,00		---	---	15,00		---	---	15,00	
Kühlerschutzdecke (Preis je nach Ausführung)	---	19,30 - 50,00	16,80 - 20,00	16,80 - 50,00	---	19,30 - 50,00	16,80 - 20,00	16,80 - 50,00	---	19,30 - 50,00	16,80 - 20,00	16,80 - 50,00
Motorhaube verschließbar (Aufpreis)	5,00	15,00	15,00	15,00	5,00	15,00	15,00	15,00	5,00	15,0	15,00	15,00

	170 V Cabriolet B				170 V Offener Tourenwagen 2- und 4-türig				170 V Roadster				170 V Cabriolet A			
	Nr. 1 1936	Nr. 2 1937	Nr. 3 1938	Nr. 4 1939	Nr. 1 1936	Nr. 2 1937	Nr. 3 1938	Nr. 4 1939	Nr. 1 1936	Nr. 2 1937	Nr. 3 1938	Nr. 4 1939	Nr. 1 1936	Nr. 2 1937	Nr. 3 1938	Nr. 4 1939
	---	---	---	---	---	---	---	---	---	---	---	---	---	---	---	---
	---	110,00	105,00	110,00	---	---	---	---	---	---	---	---	---	110,00	105,00	110,00
	---	---	---	50,00	---	---	---	---	---	---	---	---	---	---	---	50,00
	---	---	---		---	---	---		---	---	---		---	---	---	
	---	---	---		---	---	---		---	---	---		---	---	---	
	---	---	190,00	---	---	---	190,00	---	---	---	190,00	---	---	---	190,00	---
	5,00	5,00	5,00	---	5,00	5,00	5,00	---	5,00	5,00	5,00	---	---	5,00	5,00	---
	55,00	53,00	49,50	49,00	55,00	53,00	49,50	49,00	55,00	53,00	49,50	49,00	55,00	53,00	49,50	49,00
	---	15,00	11,40	11,10	---	15,00	11,40	11,10	---	15,00	11,40	11,10	---	15,00	11,40	11,10
	---	8,00	8,00	8,00	---	8,00	8,00	8,00	---	8,00	8,00	8,00	---	8,00	8,00	8,00
	---	---	---		---	---	---		---	---	---		---	---	---	
	16,00	16,00	16,00	16,00	16,00	16,00	16,00	16,00	16,00	16,00	16,00	16,00	16,00	16,00	16,00	16,00
	42,00	42,00	---	45,00	42,00	42,00	---	45,00	42,00	42,00	---	45,00	42,00	42,00	---	45,00
	---	---	39,00	39,00	---	---	39,00	39,00	---	---	39,00	39,00	---	---	39,00	39,00
	---	---		18,00	---	---		18,00	---	---		18,00	---	---		18,00
	---	---	7,50	7,50	---	---	7,50	7,50	---	---	7,50	7,50	---	---	7,50	7,50
	---	8,00	6,00	6,00	---	8,00	6,00	6,00	---	8,00	6,00	6,00	---	8,00	6,00	6,00
	---	---	6,00	---	---	---	6,00	---	---	---	6,00	---	---	---	6,00	---
	---	---	---		---	---	---		---	---	---		---	---	---	
	---	40,00	36,00	30,00	---	40,00	36,00	30,00	---	40,00	36,00	30,00	---	40,00	36,00	30,00
	---	---	15,00		---	---	15,00		---	---	15,00		---	---	15,00	
	---	19,30 - 50,00	16,80 - 20,00	16,80 - 50,00	---	19,30 - 50,00	16,80 - 20,00	16,80 - 50,00	---	19,30 - 50,00	16,80 - 20,00	16,80 - 50,00	---	19,30 - 50,00	16,80 - 20,00	16,80 - 50,00
	5,00	15,00	15,00	15,00	5,00	15,00	15,00	15,00	5,00	15,00	15,00	15,00	5,00	15,00	15,00	15,00

Gegenstand	170 V Innenlenker 2-türig				170 V Innenlenker 4-türig				170 V Cabrio-Limousine 4-türig			
	Nr. 1 1936	Nr. 2 1937	Nr. 3 1938	Nr. 4 1939	Nr. 1 1936	Nr. 2 1937	Nr. 3 1938	Nr. 4 1939	Nr. 1 1936	Nr. 2 1937	Nr. 3 1938	Nr. 4 1939
Fahrgestell und Aufbau												
Türschloss mit Schlüssel für jede weitere Tür (Aufpreis)	3,00	3,00	3,00	---	3,00	3,00	3,00	---	3,00	3,00	3,00	---
Sicherheitsglas für Windschutzscheibe (Securit) 4)	11,25				11,25				11,25			
Sicherheits-Verbundglas für Windschutzscheibe	---	---	21,00	---	---	---	21,00	---	---	---	21,00	---
Sicherheitsscheiben (Securit) zusätzlich für alle übrigen Fenster	42,00	33,00	33,00	33,00	45,00	33,00	33,00	33,00	45,00	33,00	33,00	33,00
Frontscheibenaufsatz heizbar (Frostschutz-Scheibe), pro Stk.	17,50	17,50	17,50	25,50	17,50	17,50	17,50	25,50	17,50	17,50	17,50	25,50
Sonderlackierung	90,00	85,00	85,00	85,00	90,00	85,00	85,00	85,00	90,00	85,00	85,00	85,00
Zubehör												
Fahnenstange inkl. Halter (pro Stk.), wahlweise mit MB-Stern oder Hakenkreuz	---	12,50	10,50 - 13,50	10,50 - 15,25	---	12,50	10,50 - 13,50	10,50 - 15,25	---	12,50	10,50 - 13,50	10,50 - 15,25
Schneeketten (nach sep. Liste)				---				---				---
Schneeketten Erlau Quadrant (Paar)	---	---	---	44,00	---	---	---	44,00	---	---	---	44,00
Schneeketten Nordland-Gummikreuz (Paar)	---	---	---	64,00	---	---	---	64,00	---	---	---	64,00
Feuerlöscher	---	30,00 - 65,00	50,00	50,00	---	30,00 - 65,00	50,00	50,00	---	30,00 - 65,00	50,00	50,00
Handlampe	---	10,00	8,00	---	---	10,00	8,00	---	---	10,00	8,00	---
Luftpumpe mechanisch	---	3,00	3,00	3,00	---	3,00	3,00	3,00	---	3,00	3,00	3,00
Tonneaudecke aus Gummistoff	---	---	---	---	---	---	---	---	---	---	---	---
Tonneaudecke aus Segeltuch	---	---	---	---	---	---	---	---	---	---	---	---
Tonneaudecke aus Leder	---	---	---	---	---	---	---	---	---	---	---	---

Hinweise

	serienmäßige Ausrüstung (ohne Aufpreis)
	mit Aufpreis erhältlich; Preis nicht bekannt
7,50	mit Aufpreis erhältlich; Preis in RM
50,00 - 65,00	mit Aufpreis erhältlich; Preisspanne von/bis, je nach Ausführung
---	nicht erhältlich
1)	oder 2 Innenkoffern (wahlweise)
2)	oder Notsitz quer (wahlweise)
3)	Lage der Klappe unbekannt (Fehlinformation?)
4)	ab 01.10.1938 im Deutschen Reich obligatorisch

	170 V Cabriolet B				170 V Offener Tourenwagen 2- und 4-türig				170 V Roadster				170 V Cabriolet A			
	Nr. 1 1936	Nr. 2 1937	Nr. 3 1938	Nr. 4 1939	Nr. 1 1936	Nr. 2 1937	Nr. 3 1938	Nr. 4 1939	Nr. 1 1936	Nr. 2 1937	Nr. 3 1938	Nr. 4 1939	Nr. 1 1936	Nr. 2 1937	Nr. 3 1938	Nr. 4 1939
	3,00	3,00	3,00	---	3,00	3,00	3,00	---	---	---	3,00	---	3,00	3,00	3,00	---
	11,25				11,25				11,25				11,25			
	---	---	21,00	---	---	---	21,00	---	---	---	21,00	---	---	---	21,00	---
	28,00	21,00	21,00	21,00	---	---	---	---	---	---	---	---		14,00	14,00	14,00
	17,50	17,50	17,50	25,50	17,50	17,50	17,50	25,50	17,50	17,50	17,50	25,50	17,50	17,50	17,50	25,50
	90,00	85,00	85,00	85,00												
		12,50	10,50 - 13,50	10,50 - 15,25	---	12,50	10,50 - 13,50	10,50 - 15,25	---	12,50	10,50 - 13,50	10,50 - 15,25	---	12,50	10,50 - 13,50	10,50 - 15,25
				---				---				---				---
	---	---	---	44,00	---	---	---	44,00	---	---	---	44,00	---	---	---	44,00
	---	---	---	64,00	---	---	---	64,00	---	---	---	64,00	---	---	---	64,00
	---	30,00 - 65,00	50,00	50,00	---	30,00 - 65,00	50,00	50,00	---	30,00 - 65,00	50,00	50,00	---	30,00 - 65,00	50,00	50,00
	---	10,00	8,00	---	---	10,00	8,00	---	---	10,00	8,00	---	---	10,00	8,00	---
	---	3,00	3,00	3,00	---	3,00	3,00	3,00	---	3,00	3,00	3,00	---	3,00	3,00	3,00
	---	---	50,00	50,00	---	---	50,00	50,00	---	---	---	---	---	---	50,00	---
	---	---	50,00	50,00	---	---	50,00	50,00	---	---	---	---	---	---	50,00	---
	---	---	---	63,00	---	---	---	63,00	---	---	---	---	---	---		---

Hinweise

- Das 170 V Cabriolet A geht erst ab Mai 1936 in Produktion.
- Der Tourenwagen wird ab Frühjahr 1938 mit vier Türen (statt wie bisher mit zwei) geliefert.
- Unter der **Rips (für Sitz- und Seitenwandüberzüge) bzw. Ripsbindung** versteht man in der Bindungslehre der Weberei eine Ableitung der Leinwandbindung, bei der eine längs- oder querlaufende, gerippte Oberflächenstruktur erzeugt wird. Ripsgewebe ist steif, abriebs- und reißfest und wird daher gerne als Möbelbezugsstoff verwendet.
- **Velveton (für Sitz- und Seitenwandüberzüge)** oder auch **unechter Samt** ist ein kräftiges, atlasbindiges Gewebe aus Baumwolle. Durch Aufrauen erhält es eine samtartige, wildlederähnliche Oberfläche. Verwendet werden Baumwollzwirne in der Kette und Baumwollgarn im Schuss. Aufgrund der hohen Schussfadenzahl (bis zu 60 Fäden pro Zentimeter) besitzt das Gewebe eine sehr gute mechanische Festigkeit.

Quellen

- Preislisten 170 V Nr. 1 (15.02.1936), Nr. 2 (20.02.1937), Nr. 3 (18.02.1938) und Nr. 4 (17.02.1939).
- Verkaufsprospekte 1936–1940.
- Werksaufnahmen.
- Offensichtlich falsche Angaben wurden korrigiert.

D 13 Fahrzeugfamilie 170 V – 170 S – 220

Ausrüstung, aufpreispflichtige Sonderwünsche und Zubehör 1947–1955

Gegenstand	170 V, Va, Vb 170 D, Da, Db	170 S IL 170 Sb, DS	170 S Cabriolet B	170 S Cabriolet A	170 S-V 170 S-D	220 IL	220 Cabriolet B	220 Cabriolet A	220 Coupé
Licht- und Signalanlage									
Zusatzleuchten auf Vorderkotflügeln						---	---	---	---
Nebellampe/n, verchromt, Ø 130 mm, inkl. Relais, Bosch	68,50 (1 Stk.) 113,50 (Paar)	68,50 (1 Stk.) 113,50 (Paar)	68,50 (1 Stk.) 113,50 (Paar)	68,50 (1 Stk.) 113,50 (Paar)	68,50 (1 Stk.) 113,50 (Paar)	62,50 (1 Stk.) 104,50 (Paar)	62,50 (1 Stk.) 104,50 (Paar)	62,50 (1 Stk.) 104,50 (Paar)	62,50 (1 Stk.) 104,50 (Paar)
Nebellampe/n, verchromt, Ø 150 mm, inkl. Relais, Bosch	74,50 (1 Stk.) 125,00 (Paar)	74,50 (1 Stk.) 125,00 (Paar)	74,50 (1 Stk.) 125,00 (Paar)	74,50 (1 Stk.) 125,00 (Paar)	74,50 (1 Stk.) 125,00 (Paar)	68,50 (1 Stk.) 116,50 (Paar)	68,50 (1 Stk.) 116,50 (Paar)	68,50 (1 Stk.) 116,50 (Paar)	68,50 (1 Stk.) 116,50 (Paar)
Steckdose für Handlampe	6,25	6,25	6,25	6,25	6,25	6,25	6,25	6,25	6,25
Handlampe mit 4,50 m Kabel, ohne Steckdose	14,05	14,05	14,05	14,05	14,05	14,05	14,05	14,05	14,05
Rückfahrleuchte verchromt, eckig, Bosch	42,00	anfängl.:42,00 später: 34,00	42,00	42,00	38,00	34,00	34,00	---	---
Rückfahrscheinwerfer rund, Ø 130 mm, Bosch oder Hella				---				---	---
Rückfahrscheinwerfer rund, Ø 105 mm, Notek								---	---
Rückfahrleuchte in Kombination mit Stopp- und Schlusslicht	---	---	---	---	---	---	---	11.1951: Serie	
Schnecken-Mehrklanghorn Hella	---	98,50	98,50	98,50	98,50	98,50	98,50	98,50	98,50
Dreiklanghorn Bosch (2 zusätzliche Hörner)	79,00	79,00	79,00	79,00	79,00				
Zweiklanghorn Bosch (1 zusätzliches Horn)	28,00	28,00	28,00	28,00	28,00				
Starktonhorn Bosch	43,00	43,00	43,00	43,00	43,00				
Heizung									
Heizung ohne Gebläse (Einbau im Werk)	03.1950: 45,00	01.1950: 140,00	01.1950: Serie	01.1950: Serie	02.1954: Serie	04.1951: 140,00	04.1951: Serie	04.1951: Serie	---
Heizung ohne Gebläse (Einbau nachträglich)	03.1950: 50,00	---	---	---	---	---	---	---	---
Heizung mit 1 Gebläse fahrerseitig	---	11.1951: 185,00	11.1951: 185,00	11.1951: 185,00		04.1951: 185,00	06.1951: Serie	06.1951: Serie	
Gebläse fahrerseitig (Einbau im Werk)	---	---	---	---	02.1954: 45,00	---	---	---	---
Gebläse beifahrerseitig (Einbau im Werk)	---	11.1951: 45,00	11.1951: 45,00	11.1951: 45,00	69,00	06.1951: 45,00	06.1951: 45,00	06.1951: 45,00	

Gegenstand	170 V, Va, Vb 170 D, Da, Db	170 S IL 170 Sb, DS	170 S Cabriolet B	170 S Cabriolet A	170 S-V 170 S-D	220 IL	220 Cabriolet B	220 Cabriolet A	220 Coupé
Sitze und Innenausschlag									
Ruhesitzeinrichtung vorn, 2 Stk. (Einbau im Werk)	08.1950: 160,00	08.1950: 160,00	08.1950: 160,00	08.1950: 160,00					
Ruhesitzeinrichtung vorn, 1 Stk. (Einbau im Werk)	08.1950: 80,00 05.1953: 110,00	08.1950: 80,00 05.1953: 110,00	08.1950: 80,00	08.1950: 80,00		05.1953: 110,00	05.1953: 110,00	05.1953: Serie (?)	Serie (?)
Ruhesitzeinrichtung vorn, 2 Stk. (Einbau nachträglich)	08.1950: 200,00	08.1950: 200,00	08.1950: 240,00	08.1950: 240,00					
Ruhesitzeinrichtung vorn, 1 Stk. (Einbau nachträglich)	08.1950: 100,00	08.1950: 100,00	08.1950: 120,00	08.1950: 120,00					
Kopfstützen Stoff, inkl. 2 Schonbezüge und Hülle	08.1950: 140,00	08.1950: 140,00	---	---			---	---	---
Kopfstützen Leder, inkl. 2 Schonbezüge und Hülle	---	---	08.1950: 180,00	08.1950: 180,00	---	---			
Kopfstützen Stoff, seitlich Kunstleder, inkl. Bezüge und Hülle	05.1953: 125,00	05.1953: 125,00	---	---		05.1953: 125,00	05.1953: 125,00	05.1953: 125,00	
Kopfstützen Stoff, seitlich Echtleder, inkl. Bezüge und Hülle	05.1953: 135,00	05.1953: 135,00	---	---	---	05.1953: 135,00	05.1953: 135,00	05.1953: 135,00	
Kopfstützen, vollständig Echtleder, inkl. Bezüge und Hülle	---	---	---	---	---	---	05.1953: 215,00	05.1953: 215,00	
Polster- und Seitenteil-Schonbezüge Velveton		191,50	---	---	---	191,50	---	---	---
Polster-Schonbezüge Velveton (ohne Seitenteile)	---	---	---	---	131,00	---	---	---	---
Polster- und Seitenteil-Schonbezüge Schottenmuster		196,50	---	---	---	196,50	---	---	---
Polster-Schonbezüge Schottenmuster (ohne Seitenteile)	---	---	---	---	136,00	---	---	---	---
Fußmatten, Kokos, 4-teilig	20,50	27,30	---	---	27,30	27,30	---	---	---
Handschuhfach mit Schlüssel abschließbar	---		11.1950: Serie	11.1950: Serie			?.1951: Serie	?.1951: Serie	
Innenausstattung									
Sonnenblende, Serienausrüstung (Celluloid, später Stoff)	---	1 Stk. Serie	2 Stk. Serie	2 Stk. Serie	1 Stk. Serie	1 Stk. Serie	2 Stk. Serie	2 Stk. Serie	2 Stk. Serie
Sonnenblende, Celluloid in Metallrahmen bzw. Stoff	15,40	15,40	---	---	15,40	15,40	---	---	---
Armlehne an Vordertüren									
Armlehne an Hintertüren bzw. im Fond									
Manteltau an Lehne Vordersitze									
Blumenvase	6,00	6,00	6,00	6,00	6,00	6,00	6,00	6,00	6,00
Aschenbecher hinten, Metall verchromt	7,00			---				---	---
Aschenbecher hinten, Bakelit und Metall verchromt	8,00			---				---	---

Gegenstand	170 V, Va, Vb 170 D, Da, Db	170 S IL 170 Sb, DS	170 S Cabriolet B	170 S Cabriolet A	170 S-V 170 S-D	220 IL	220 Cabriolet B	220 Cabriolet A	220 Coupé
Innenausstattung									
Automatische Fußraum-beleuchtung vorn	---								
Maßkoffer 170 V/D (ohne Heckdeckel)		---	---	---	---	---	---	---	---
Maßkoffer 170 Va/Da (mit Heckdeckel)		---	---	---	---	---	---	---	---
Koffersatz 3-teilig für Koffer-raum mit Zwischenboden	---	08.1950: 220,00	08.1950: 220,00	03.1951: Serie	275,00	275,00	275,00	04.1951: Serie	
Koffersatz 3-teilig für Koffer-raum ohne Zwischenboden	---	08.1950: 350,00	08.1950: 350,00	---					
Weitere Maßkoffersätze auf Anfrage	---								
Radio									
Radio »Becker« (Einbau im Werk)	08.1950: 460,00	02.1950: 575,00 06.1950: 475,00	02.1950: 575,00, 06.1950: 475,00	02.1950: 575,00, 06.1950: 475,00	---	?.1951: 475,00	?.1951: 475,00	?.1951: 475,00	---
Radio »Becker« (Einbau nachträglich)	08.1950: 495,00	02.1950: 625,00 06.1950: 515,00	02.1950: 625,00 06.1950: 515,00	02.1950: 625,00 06.1950: 515,00	---				---
Radio »Becker Solitude 2« (Einbau im Werk)	12.1951: 490,00	12.1951: 490,00	12.1951: 490,00	12.1951: 490,00	---	12.1951: 490,00	12.1951: 490,00	12.1951: 490,00	---
Radio »Becker Solitude 2« (Einbau nachträglich)	12.1951: 550,00	12.1951: 550,00	12.1951: 550,00	12.1951: 550,00	---	12.1951: 550,00	12.1951: 550,00	12.1951: 550,00	---
Radio »Becker Solitude 3« (Einbau im Werk)	12.1951: 530,00 08.1952: 570,00	12.1951: 530,00 08.1952: 570,00	12.1951: 530,00 ---	12.1951: 530,00 ---	---	12.1951: 530,00 08.1952: 570,00	12.1951: 530,00 08.1952: 570,00	12.1951: 530,00 08.1952: 570,00	
Radio »Becker Solitude 3« (Einbau nachträglich)	12.1951: 590,00	12.1951: 590,00	12.1951: 590,00	12.1951: 590,00	---	12.1951: 590,00	12.1951: 590,00	12.1951: 590,00	
Radio »Becker Monaco«, Druckt. (Einbau Werk oder nachträgl.)	---	08.1952: 675,00	---	---	---	08.1952: 675,00	08.1952: 675,00	08.1952: 675,00	
Radio »Becker Mexico« (Einbau Werk oder nachträgl.)	---	---	---	---	S-V: 635,00 S-D: 605,00	---	---	---	
Radio »Siemens« (Einbau im Werk)	---	06.1950: 495,00	06.1950: 495,00	06.1950: 495,00	---				---
Radio »Siemens« (Einbau nachträglich)	---	06.1950: 535,00	06.1950: 535,00	06.1950: 535,00	---				---
Radio »Telefunken Auto-Spitzen-super IIa 51« (Einbau im Werk)	---	07.1951: 530,00	07.1951: 530,00	07.1951: 530,00	---	07.1951: 530,00	07.1951: 530,00	07.1951: 530,00	---
Radio »Telefunken Auto-Spitzen-super IIa 51« (nachträglich)	---	10.1951: 590,00	10.1951: 590,00	10.1951: 590,00	---	10.1951: 590,00	10.1951: 590,00	10.1951: 590,00	---
Radio »Telefunken Auto-Spitzen-super II D 51«, Drucktasten (Werk)	---	07.1951: 570,00	07.1951: 570,00	07.1951: 570,00	---	07.1951: 570,00	07.1951: 570,00	07.1951: 570,00	---
Radio »Telefunken Auto-Spitzen-super II D 51«, Druckt. (nachträgl.)	---	10.1951: 630,00	10.1951: 630,00	10.1951: 630,00	---	10.1951: 630,00	10.1951: 630,00	10.1951: 630,00	---
Radio »Telefunken II D 52 M«, Drucktasten (Werk od. nachträgl.)	---	08.1952: 590,00	---	---	---	08.1952: 590,00	08.1952: 590,00	08.1952: 590,00	

Gegenstand	170 V, Va, Vb 170 D, Da, Db	170 S IL 170 Sb, DS	170 S Cabriolet B	170 S Cabriolet A	170 S-V 170 S-D	220 IL	220 Cabriolet B	220 Cabriolet A	220 Coupé
Fahrgestell und Aufbau									
Waschanlage für Frontscheibe	---	---	---	---	---	---	---		
Frontscheibe Verbund-Sicherheitsglas (statt Sekurit)	09.1950: Serie	09.1950: Serie	09.1950: Serie	09.1950: Serie					
Entlüftungsblenden aus Glas an den Vordertüren	Serie ab Va/Da	95,00	---	---	95,00	95,00	---	---	---
2. Ersatzrad für 170 V/D (ohne Heckdeckel)		---	---	---	---	---	---	---	---
2. Ersatzrad mit Schwenkbügel (Ersatzradspinne)	---	08.1950: 248,00	08.1950: 248,00	---	---	---	---	---	---
Ersatzrad-Schwenkbügel (ohne Rad)	---	130,00	130,00	---	130,00	130,00	130,00	---	---
Ersatzradschloss		---	---	---	---	---	---	---	---
Ersatzradabdeckung Blech 170 V, Va, Vb & 170 D, Da, Db		---	---	---	---	---	---	---	---
Zwischenboden im Kofferraum	---				01.1954: 27,50				
Kofferraumbeleuchtung	22,00	22,00	22,00		22,00	22,00	22,00		
Motorraumbeleuchtung	---								
Stoffschiebedach	01.1951: 480,00	01.1951: 600,00	---	---	02.1954: 600,00	02.1952: 600,00	---	---	---
Stahlschiebedach	---	---	---	---	---	---	---	---	1150,00
Kühler-Rolljalousie									
Fronthaube (Wärmeschutz)						---	---	---	---
Vollhaube (Wärmeschutz)						---	---	---	---
Fernthermometer (6 V oder 12 V)	39,50 inkl. Halter								
Geschwindigkeitsmesser mit Kilometer-Tageszähler	nur Va/Da								
Anlasser mit Magnetschalter und Druckknopf	---	170 S 170 Sb			---				
Batterietrennschalter (Bosch)									
Tankverschluss, abschließbar	10,00	10,00	10,00		10,00	10,00	10,00		
Motorhaubenhalter, abschließbar, grundiert		---	---	---	---	---	---	---	---
Motorhaubenhalter, abschließbar, verchromt		---	---	---	---	---	---	---	---
Lenkrad und Schalthebelknopf elfenbeinfarbig	38,00	38,00	38,00	38,00	38,00	38,00	38,00	38,00	38,00
Lenkspindelrohr 50 mm länger						---	---	---	---

Gegenstand	170 V, Va, Vb 170 D, Da, Db	170 S IL 170 Sb, DS	170 S Cabriolet B	170 S Cabriolet A	170 S-V 170 S-D	220 IL	220 Cabriolet B	220 Cabriolet A	220 Coupé
Fahrgestell und Aufbau									
Gummiüberzug für alle drei Fußpedale		Serie (?)	Serie (?)	Serie (?)	Serie (?)	Serie (?)	Serie (?)	Serie (?)	Serie (?)
Rückspiegel an Tür	13,75	13,75	13,75	13,75	13,75	13,75	13,75	13,75	13,75
Auspuffblende verchromt	6,00	6,00	6,00	6,00	6,00	6,00	6,00	6,00	
Laufradringe verchromt	70,50	S: 60,50 DS: 70,50	60,50	60,50	70,50	60,50	60,50		
Stoßstangenhörner	für 170 Vb/Db				für Export z.T. Serie				
Steinschlagschutz an Hinterkotflügel über Trittbrett					---			---	---
Kotschutzlappen hinten	20,20	20,20	20,20	20,20	20,20	20,20	20,20	20,20	20,20
Zughaken vorn & hinten	nur 170 Va/Da	---	---	---	---	---	---	---	---
Skiträger auf Dach (Preis je nach Ausführung)			---	---			---	---	---
Klappbare Gepäckbrücke für 170 V/D (ohne Heckdeckel)	nur 170 V/D	---	---	---	---	---	---	---	---
Zubehör									
Anhängerkupplung: DB-eigene sowie von Peka und Westfalia								---	---
Feuerlöscher (Montage an Vorderseite Beifahrersitzkasten)	32,50	32,50	32,50	32,50	32,50	32,50	32,50	32,50	32,50
Feuerlöscher verchromt	37,00	37,00	37,00	37,00	37,00	37,00	37,00	37,00	37,00
Kleiderhaken verchromt	2,00	2,00	2,00	2,00	2,00	2,00	2,00	2,00	2,00
Frostschutzscheibe, elektrisch heizbar (6 V oder 12 V)	nur 170 V/D	---	---	---	---	---	---	---	---
Stahlschneeketten (verschiedene Fabrikate und Ausführungen)									
Gummistahl-Schneeketten (verschiedene Fabrikate)									
Nationalitätenschild (D-Schild), beleuchtet (6 V oder 12 V)									
Verbandkasten, lose im Kofferraum		---	---	---	---	---	---	---	---
Verbandkasten	---								

Hinweise	
	serienmäßige Ausrüstung (ohne Aufpreis)
11.1951: Serie	serienmäßige Ausrüstung (ohne Aufpreis); Datum der Einführung bzw. der ersten Erwähnung
	mit Aufpreis erhältlich; Preis nicht bekannt
03.1950: 45,00	mit Aufpreis erhältlich; Datum der Einführung bzw. der ersten Erwähnung. Preis in DM
74,50 125,00	mit Aufpreis erhältlich; Preisanpassung im Lauf der Produktion
	fehlende Angaben
---	nicht erhältlich

Quellen

- Handbuch Verkauf 1948–1960, S. 5–57.
- Verkaufsliste Mercedes-Benz Ausrüstung und Zubehör, ohne Datum.
- Mercedes-Benz, Sonderausstattungen für Personenwagen (Bauanweisungen und Lieferlisten), ohne Datum (um 1952), Daimler-Benz AG, Stuttgart-Untertürkheim.
- Liste der Kundenwunsch-Ausführungen für PKW, 29.11.1951, nachgeführt bis 20.02.1952, Daimler-Benz AG, Stuttgart-Untertürkheim.
- Werksaufnahmen.

DAS WERK EINER GENERATION

Im Jahr 1930, also vor zwanzig Jahren, schien die Automobiltechnik am Ende ihrer Entwicklung angelangt zu sein. Immer stärker glichen sich die Wagen der verschiedenen Firmen. Der Schein trog: Zur gleichen Zeit hob eine Umwälzung an, die den Namen einer konstruktiven Revolution verdient. Der Automobilbau wurde zur Wissenschaft.
Die Skizzen, die *H. G. Gedovius* im Auftrag der *«Illustrierten Automobil Revue»* schuf, schildern den Werdegang des modernen Automobils und seine mögliche Entwicklung im kommenden Jahrzehnt anders als üblich: Nicht die einzelnen konstruktiven Lösungen, sondern die Grundprobleme seien analysiert.

Il y a vingt ans, l'évolution de la construction automobile accusait un phénomène bien bizarre: Toutes les voitures se ressemblaient de plus en plus. Fausse apparence, car à cette époque même, une nouvelle génération de véritables créateurs vint bousculer toutes les vieilles notions. La construction d'une automobile se transforma en une science.
Au lieu d'énumérer les diverses solutions techniques, la *«Revue Automobile Illustrée»* tint à pénétrer plus profondément les secrets de cette évolution technique. C'est ainsi qu'elle chargea *H. G. Gédovius* de présenter par les dessins qui suivent les grands problèmes que l'ingénieur de l'automobile cherche à résoudre.

L'ŒUVRE D'UNE GÉNÉRATION

Die fünf Probleme der Automobilkonstruktion

- Die Sicherheit
- Die Wirtschaftlichkeit
- Die Leistung
- Der Komfort
- Die Linie

Les cinq problèmes de la construction automobile

- La sécurité
- L'économie
- La performance
- Le confort
- La ligne

1930-1960: ACCOMPLISHMENTS OF A GENERATION

Twenty years ago motor car development appeared to have reached its zenith, and all cars seemed to look alike. It was then, however, that a new generation of engineers started to build a technical science out of what had been the work of the draughtsman and the mechanic. Artist *Gedovius*, commissioned to recall the progress made since 1930 and glimpse daringly into the future, illustrates the five fundamental problems of motor car engineering, viz., safety, economy, performance, comfort, and styling.

E Würdigungen

Erst mit der Würdigung eines jeden einzelnen Modells wird eine Einordnung in die komplexe Entwicklungsgeschichte des Personenkraftwagens möglich.

Bild: Kapiteltitelseite aus dem Berner »Automobil Revue Katalog« von 1950.

E 01 Der Mercedes-Benz 5/25 PS (W 01) bzw. 6/30 PS 1926–1928

Würdigung

Zur serienmäßigen Produktion gelangt der erste Kompaktwagen der Daimler-Benz AG, der 5/25 PS (W 01) bzw. 6/30 PS nie. Das aktuell verfügbare Archivmaterial zu diesen Modellen ist fragmentarisch und inhaltlich zum Teil widersprüchlich, so dass einwandfrei belegbare Aussagen oft nicht möglich sind.

Vom 1,4-Liter-Modell werden im Sommer 1927 acht und gegen Ende des Jahres vom 1,3-Liter sogar 30 Versuchsfahrzeuge hergestellt. Der von 1926 bis über das Jahr 1928 hinaus projektierte, konstruierte und entwickelte kleine Mercedes-Benz erfährt auf technischem Gebiet unterschiedliche Ausformulierungen. Dass Technikvorstand Porsche für das bescheidene Hubvolumen von 1,4 Liter zunächst einen Sechszylinder-Reihenmotor wählt, mag angesichts des Kostenaufwands befremden. Es dokumentiert Porsches Streben nach einer technisch untadeligen Lösung, zumindest, wenn man den vollkommenen Massenausgleich des Kurbeltriebs höher gewichtet als die im Verhältnis zum kleinen Hubraum hohe innere Reibung. Die sieben Kurbelwellenlager verdeutlichen diese Haltung. Alsbald entwickelt man eine Vierzylinder-Variante mit 1,3 Liter Hubraum, die der günstigen Wagenklasse besser entspricht.

Die konventionelle Fahrwerksauslegung mit an Halbelliptik-Blattfedern aufgehängten Starrachsen vorn und hinten ist für 1926 nachgewiesen. Doch selbst im Frühjahr 1928 arbeitet man noch immer an diesem Fahrgestell, wie eine Zeichnung belegt. Damals ist das Leiterrahmen-Starrachskonzept allgemein üblich, aber nicht mehr zukunftsgerichtet. Das Fahrzeug selbst ist konservativ, aber nicht simpel konstruiert, wie beispielsweise die angetriebene hintere Starrachse in Deichselausführung zeigt.

Klar fortschrittlicher ist die Variante mit vorderer achsloser Aufhängung an zwei übereinanderliegenden Querblattfederpaketen, dies in Verbindung mit einer hydraulischen Bremsanlage von Ate nach System Lockheed. Diese Ausführung entsteht offenbar 1927/28 und ist in einigen Werksdokumenten (fälschlicherweise?) als W 14 bezeichnet. Ob dieses Modell jenem Wagen entspricht, der – nun versehen mit einem 1,6-Liter-Motor – als Typ 160 (6/30 PS) auf den Markt kommen soll und vom Bankenkonsortium abgelehnt wird, muss offenbleiben. Spekulativ bleibt ebenso ein möglicher Bezug zum zukünftigen Typ 170 (W 15), der bekanntlich mit einer hinteren Schwingachse aufwartet.

Auf Bildern ist der W 01 als zweitürige Limousine und als zweitüriger Tourenwagen überliefert. Beide folgen stilistisch der kantig-kubischen Formgebung der 1920er Jahre. Prägend ist der plane und senkrecht stehende Kühler mit blanker, gitterloser Maske und trommelförmigen Scheinwerfern, die miteinander und mit den Kotflügeln durch eine gerade Stange verbunden sind. Neben den Stahlblech-Speichenrädern ist in den Akten auch die Rede von Drahtspeichenrädern und Stahlscheibenrädern. Beide fotografisch dokumentierte Prototypen tragen Sindelfinger-Aufbauten. Vorgesehen gewesen ist jedoch die Produktion der Limousinenkarosserie in Ganzstahlausführung bei Ambi-Budd in Berlin-Johannisthal.

Wäre der **kleine Mercedes-Benz** mit zweijähriger Verspätung ab Frühsommer 1929 als **Typ 160 6/30 PS** zum veranschlagten Preis von 5 000 RM gebaut worden, hätte er sich gegen eine Reihe von ernsthaften Konkurrenten behaupten müssen:

- Direkt vergleichbar ist der **Brennabor Ideal 7/30 PS Typ N**, sowohl bezüglich der Größe, der technischen Disposition, der Leistung wie auch der von Ambi-Budd stammenden Ganzstahl-Limousinenkarosserie. Die viertürige Ausführung kostet 1929 lediglich 4 250 RM. In zwei Jahren werden schätzungsweise 10 000 Stück des Typs N hergestellt.
- Der **Citroën 6/32 PS C4** ist einzig im Radstand und in der Länge etwas größer, technisch jedoch ähnlich disponiert. Bemerkenswert ist die Westinghouse-Saugluftunterstützung für die mechanisch betätigten Bremsen. Für die viertürige Limousine, die im Zweigwerk Köln-Poll gebaut wird, stellt Citroën günstige 4 550 RM in Rechnung. Das in Frankreich in sehr hohen Stückzahlen produzierte Fahrzeug erfreut durch eine überzeugende Betriebstauglichkeit.
- Als gefährlichen Konkurrenten schätzt die kaufmännische Leitung von Daimler-Benz die mächtig aufstrebende Firma Adam Opel KG aus Rüsselsheim ein. Opel produziert dank Fließbandfertigung – nach amerikanischen Methoden und dem Vorbild von Citroën Mitte der 1920er Jahre eingeführt – in zunehmend größerer Anzahl kleine, billige, aber absolut gebrauchstaugliche Fahrzeuge. Statt eines Mercedes-Benz 6/30 PS für 5 000 RM kann man 1929 auch einen **Opel 8/40 PS** kaufen. Obwohl dieses Opel-Modell merklich länger ist und über einen 1,9-Liter-Sechszylindermotor verfügt, lassen sich 500 RM sparen.
- Ähnlich die Situation, wenn der Kaufinteressent sich Chevrolet, der in Deutschland beliebtesten amerikanischen Marke zuwendet: Der kompakte **Chevrolet 6 12/46 PS Serie AC** ist in der Breite großzügiger bemessen und verfügt über einen bulligen 3,2-Liter-Sechszylindermotor sowie – fortschrittlich – einen im Heck angeordneten Treibstofftank. Preis im Jahr 1929: 4 795 RM für die Viertür-Limousine.

Unmittelbare Konkurrenten, die vom konventionellen Automobilbauschema der 1920er Jahre abweichen, gibt es nicht. Trotzdem sei der wesentlich kleinere **Tatra Typ 12 4/12** PS erwähnt, ein technisch bemerkenswerter Kleinwagen, welcher bereits seit 1926 gebaut wird. Es besitzt einen luftgekühlten Zweizylinder-Boxermotor, einen (verwindungssteifen) Zentralrohrrahmen mit hinterer, angetriebener Pendelachse. Bis 1932 entstehen von diesem rauen, aber robusten Automobil im tschechischen Kopřivnice (Nesselsdorf) 7 525 Stück.

Für den kleinen Mercedes-Benz 6/30 PS hat der Vorstand im Herbst 1928 eine Produktion von 1 000 Stück im Monat anvisiert. Auf einen Jahresausstoß von 12 000 Fahrzeugen kommt Ende der 1920er Jahre nicht einmal

Brennabor mit seinem bestverkauften Modell. Selbst Opel erreicht und überschreitet einzig mit dem wesentlich kleineren, simpleren und preisgünstigeren Typ 4/20 PS diese Marke. Führt man sich die hohen Investitionskosten für eine rationelle Produktion vor Augen, bedenkt man, dass die Konzeption und Konstruktion des kleinen Mercedes-Benz – zumindest in der Voll-Starrachsausführung – schon zwei Jahre alt ist (in jener frühen Phase der Automobilentwicklung eine lange Zeit) und berücksichtigt man den im Vergleich zur Konkurrenz mit 5 000 RM recht hoch veranschlagten Verkaufspreis, so versteht man, dass der Aufsichtsrat 1928 das weit fortgeschrittene Vorhaben hat abbrechen lassen.

Die technischen Daten und Verkaufspreise der Konkurrenzfahrzeuge basieren auf Oswald, DE-Autos2 2001.

E 02 Der Mercedes-Benz 170 (W 15) 1931–1936

Würdigung

Der kompakte Mercedes-Benz 170 wird im Spätherbst 1931 präsentiert und ist kurz darauf lieferbar. Der Wagen begeistert die automobile Öffentlichkeit durch Einzelradaufhängung an allen vier Rädern, hydraulische Bremsen, hydraulische Stoßdämpfer und eine Schalterleichterung durch einen halbautomatischen Schnellgang. Dies sind technische Schlagworte, die überzeugen. Natürlich ist die eine oder andere dieser konstruktiven Errungenschaften auch anderswo schon erhältlich. Neu ist aber die Kombination all dieser Elemente in einem einzigen Fahrzeug – und erfreulicherweise in einem verhältnismäßig kleinen und preisgünstigen: Die Limousine ist für 4 400 RM zu haben. Tatsächlich ist der 170 (W 15) fahrwerksseitig manch größerem und stärkerem Wagen überlegen, so dass – bei erstaunlich gutem Federungskomfort – hohe Reisegeschwindigkeiten möglich werden. Der recht einfache Reihensechszylinder-Motor läuft zuverlässig, ruhig und vibrationsarm. Die Aufbauten bleiben formal im eckig-konservativen Stil der späten 1920er Jahre verhaftet. Daran ändern auch die spät, aber vorteilhaft umgesetzten optischen Retuschen wenig. Die erst ab Mai 1935 erhältliche zweitürige Limousine ist deutlich moderner gestaltet, aber lediglich 100 RM günstiger. Formal bleibt sie ein nicht ganz ausgewogenes Übergangsmodell. Mit dem konstruktiv maßgeblich von Technikvorstand Hans Nibel geprägten 170 (W 15) gelingt der Daimler-Benz AG ein Wurf. Nämlich ein im Vergleich technisch und qualitativ hochwertiges, dennoch kompaktes und verhältnismäßig preiswertes Gebrauchsfahrzeug, das sich trotz der wirtschaftlich trüben Zeit in recht hohen Stückzahlen absetzen lässt. Dass Daimler-Benz die schwierigste Phase der Weltwirtschaftskrise einigermaßen unbeschadet übersteht und seinen Marktanteil eklatant zu steigern vermag, ist zu einem guten Stück das Verdienst des **Mercedes-Benz 170 (W 15)**. Zudem legt dieser Wagen die konstruktive Basis für eine Reihe von weiteren erfolgreichen Mercedes-Benz-Modellen, die bis 1941 in Produktion bleiben.

Einer der Hauptkonkurrenten des 170 (W 15) ist von Beginn an der **Opel 1,8 Liter**. Dieses kompakte, seit Frühjahr 1931 angebotene Modell ist in den USA von General Motors, der neuen Eigentümerin der Adam Opel AG, entwickelt worden. Das hübsch karossierte, technisch jedoch in allen Belangen konventionell disponierte Modell – Starrachsen, mechanische Bremsen, Dreiganggetriebe – ist ein gut abgestimmtes, recht lebhaftes und zuverlässiges Automobil, das wegen der fortschrittlichen Großserienfertigung zum sensationell günstigen Preis von 3 300 RM für die viertürige Limousine angeboten werden kann. Also für 1 100 RM weniger als Daimler-Benz für den 170 in Rechnung stellen muss.

Andere namhafte Automobilfirmen geraten hingegen durch den kleinen Mercedes-Benz in Zugzwang, beispielsweise **Adler** in Frankfurt (Main). Der seit 1929 angebotene **Favorit 8/35 PS** vermag dem 170 (W 15) weder technisch noch leistungsmäßig die Stirn zu bieten und ist auch preislich im Nachteil. 1932 zieht Adler jedoch mit einem interessanten Zwillingspaar nach, dem konventionell aufgebauten Primus mit Starrachsen und Hinterradantrieb sowie dem Trumpf mit unabhängig aufgehängten Vorder- und Hinterrädern und Frontantrieb. Beide Modelle verfügen über denselben Aufbau sowie über die gleiche Motor-Getriebeeinheit (1,5-Liter-Vierzylinder, 32 PS, 4 Vorwärtsgänge). Adler verlangt für die frontgetriebenen Trumpf-Modelle leicht mehr als für die hinterradgetriebenen Primus; beide liegen aber um mehrere 100 Mark unter dem 170er von Mercedes-Benz. Mit ungefähr 18 600 Fahrzeugen übertrifft der Fronttriebler Trumpf den 170 (W 15) im Ausstoß deutlich.

Ziemlich überrascht vom neuen kleinen Mercedes-Benz wird **Wanderer** in Chemnitz, und dies zu einem für das Unternehmen heiklen Zeitpunkt: Die sächsische Automobilindustrie ist von der Wirtschaftskrise schwer angeschlagen, weshalb sich DKW mit ihrer Tochter Audi unter Führung der Sächsischen Staatsbank mit Horch und Wanderer zur Auto Union AG zusammenschließen muss. Der seit 1930 angebotene **Wanderer 6/30 PS W 10/IV** ist veraltet und zu teuer. Die Auto Union beauftragt nun Ferdinand Porsche, der seit Ende 1930 in Stuttgart ein Ingenieurbüro für Fahrzeugbau betreibt, mit der Konstruktion eines neuen Modells. Die ab 1933 gebauten **Wanderer W 21 (1,7-Liter, 35 PS)** und **W 22 (2-Liter, 40 PS)** sind mit einem Radstand von 3 000 mm deutlich größer als der Mercedes-Benz 170 (W 15). Sie verfügen über Sechszylindermotoren mit Leichtmetallblock, auswechselbaren Zylinderbuchsen und hängenden Ventilen, eine hintere angetriebene Pendelachse mit Querblattfeder und eine vordere Starrachse, hydraulische Bremsen und einen Treibstofftank im Heck. Die viertürige Wanderer W 21-Limousine ist mit einem Preis von 4 600 RM ein durchaus ernstzunehmender Konkurrent des kleinen 170er-Mercedes. Und die als Baukasten aufgebaute und in mehreren Stufen modernisierte Auto Union-Mittelkasse-Baureihe soll auch künftig ein ernstzunehmender Mitbewerber für die vergleichbaren Produkte aus Stuttgart bleiben.

Die technischen Daten und Verkaufspreise der Konkurrenzfahrzeuge basieren auf Oswald, DE-Autos2 2001.

E 03 Der Mercedes-Benz 130 (W 23) 1934–1936

Würdigung

Das automobilinteressierte Publikum staunt, als die Daimler-Benz AG zu Beginn des Jahres 1934 mit dem neuen Typ 130 an die Öffentlichkeit tritt. Einen Kleinwagen von Mercedes-Benz – und sogar mit Heckmotor – hat man nicht erwartet! Tatsächlich ist der Schritt gewagt, den neuen Kompaktwagen mit einem Hecktriebsatz zu versehen. Diese Disposition findet in Fachkreisen glühende Befürworter, hat es aber bislang bei keinem vollwertigen Pkw in die Serienfertigung geschafft. Der Mercedes-Benz 130 ist nicht als Nischenmodell gedacht, sondern als jenes preisgünstige Volumenmodell, das endlich die seit langer Zeit angestrebte Produktionssteigerung umsetzen und maßgeblich das Überleben des Konzerns als Pkw-Produzent sichern soll. Mit ihrem Heckmotorwagen stellt die Daimler-Benz AG unter Beweis, dass sie sich unter der technischen Leitung von Hans Nibel neuen konstruktiven Tendenzen weit geöffnet hat und bestrebt ist, dem Personenwagenbau frische und starke Impulse zu verleihen, die zusammen mit einer modernen Gestaltung in Richtung Zukunft weisen.

Die Rechnung geht jedoch nicht auf, kommerziell scheitert der Typ 130. Mit knapp 4 300 gebauten Einheiten in drei Jahren verfehlt der W 23 die in ihn gesetzten Erwartungen deutlich und bleibt weit hinter dem rund 1 000 RM teureren Typ 170 (W 15) zurück. Die Gründe sind vielfältig: Das ungewöhnliche, vom Heckmotorkonzept vorgegebene und von Stromliniengedanken beeinflusste Aussehen – ohne den traditionellen, prestigeträchtigen Mercedes-Benz-Kühler – stößt vielfach auf Ablehnung. Und die unglückliche Markteinführung mit schleppend anlaufender Produktion und den vielen technischen Beanstandungen verunsichert die Interessenten nachhaltig. Auch die sich rasch verbreitende Kunde von der argen »Heckschleuder« lädt nicht ein, sich auf das Heckmotor-Experiment einzulassen. Doch trotz aller Mängel, ein schlechtes Auto ist der Mercedes-Benz 130 nicht. Er verfügt bei kompakter Größe über ein gutes Platzangebot, bietet eine komfortable, schluckfreudige Federung, verwöhnt mit einer für die Wagenklasse weit überdurchschnittlichen Ausstattung. Dank dieser positiven Eigenschaften findet er seine Liebhaber, wenngleich zu einem hohen Preis: Mit rund 3 400 RM für die zweitürige Limousine übertrifft der **Mercedes-Benz 130** die meisten ernstzunehmenden Kleinwagenkonkurrenten deutlich. Und einige davon sind technisch ebenfalls innovativ.

Vom frontgetriebenen **Adler Trumpf Junior (1 G)**, der für unter 3 000 RM zu haben ist, verlassen gut 24 000 Einheiten das Werk in Frankfurt (Main). Auch **Hanomag** liegt mit seinem konventionellen Kompaktwagenpaar **Kurier** und **Rekord 15 K** gut im Geschäft.

Beide Hannoveraner verfügen über die solide Jupiter-Ganzstahlkarosserie von Ambi-Budd. Der etwas träge Kurier mit 1,1-Liter-Motor kostet unter 3 000 RM; der merklich agilere Rekord mit 1,5-Liter-Vierzylinder liegt preislich mit dem Heckmotor-130 gleichauf, erreicht aber ungleich höhere Absatzzahlen. Dies gilt ebenso für die **Hansa 1100** und **1700**, einem weiteren Fahrzeugpaar mit Standardantrieb, aber Einzelradaufhängung rundum. Der 1100 steht mit 2 750 RM in den Preislisten und erreicht einen Ausstoß von ca. 20 000 Exemplaren. Der 1700 kostet mit 3 200 RM rund 200 RM weniger als der 130 (W 23), verfügt aber über einen 40 PS starken 1,7-Liter-Sechszylinder mit hängenden Ventilen; rund 6 000 Stück lassen sich verkaufen. Alle diese Konkurrenten werden jedoch von **Opel** übertroffen: Der **1,3-Liter** ist mit 2 650 RM fast ein Drittel günstiger als der Konkurrent aus dem Hause Daimler-Benz. Sogar der leicht größere, technisch weitgehend identische **2-Liter** mit 36 PS starkem Sechszylindermotor erreicht mit 3 250 RM nicht dessen Kaufpreis, obschon dieses überaus populäre Opel-Modell bereits zur Mittelklasse zählt. Stückzahlen um 30 000 für jedes der beiden Modelle sind das Ergebnis. Selbst der aus England übernommene **Ford Köln** mit Standardantrieb und Starrachsen vorn wie hinten kommt dank günstigem Preis auf höhere Produktionszahlen. Und dann ist da noch die aufstrebende Auto Union, die mit ihren ständig verbesserten frontgetriebenen **DKW** mit Zweizylinder-Zweitaktmotoren mächtig auf den Markt drängt.

Die technischen Daten und Verkaufspreise der Konkurrenzfahrzeuge basieren auf Oswald, DE-Autos2 2001.

E 04 Der Mercedes-Benz 170 H (W 28 & W 128) 1936–1939

Würdigung

Der ab 1934 gefertigte Heckmotortyp 130 (W 23) hat die ihm zugedachte Rolle als Großserienmodell der niedrigen Preisklasse nicht zu erfüllen vermocht. Die sehr rasch einsetzenden Änderungs- und Verbesserungsvorschläge münden schließlich in ein leicht vergrößertes, in vielen Teilen verbessertes und mit einem 1,7-Liter-Vierzylindermotor auch vorteilhafter motorisiertes Modell. Als zu Beginn des Jahres 1936 dieser neue Typ 170 H (W 28) seinen Vorgänger ablöst, ist klar: Auch dieser Wagen wird kein Verkaufsschlager werden. Die diesbezüglichen Hoffnungen konzentrieren sich vielmehr auf den parallel dazu entwickelten, mit derselben Motorkonstruktion ausgerüsteten sogenannten Auffangtyp 170 V (W 136), ein Wagen der Standardbauweise (Motor vorn, Antrieb hinten). Die Daimler-Benz-Oberen sollen mit ihrer Einschätzung Recht behalten. Dem Heckmotortyp 170 H wird die Rolle des eher exklusiven, technisch interessanten, ausstattungsmäßig verfeinerten Wagens der Kompaktklasse zuteil. Diese Positionierung gestattet es auch, den Preis gegenüber dem 170 V anzuheben, wodurch sich trotz bescheidener Stückzahlen ein Verlustgeschäft vermeiden lässt.

Der gegenüber dem 130 (W 23) wesentlich aufgewertete, in den Fahreigenschaften nun einigermaßen disziplinierte und in den Fahrleistungen klar verbesserte 170 H füllt diese Exotenrolle fast perfekt aus, denn er ist der fahrende Beweis für die Kompetenz von Mercedes-Benz auf dem Gebiet der Heckmotorwagen. Dieses automobile Konzept hat nämlich zwischenzeitlich keineswegs abgedankt, sondern durch die Diskussionen um den Volkswagen und die im Entstehen begriffenen Prototypen dazu sogar an Wichtigkeit gewonnen. Zu einem wirklichen Vorzeigemodell des automobilen Fortschritts fehlen dem Mercedes-Benz 170 H ein obengesteuerter Motor in einer fahrdynamisch vorteilhafteren Anordnung, beispielsweise quer über der Hinterachse, wie sie Diplom-Ingenieur Josef Müller 1934 für den kleineren 1,2-Liter vorgeschlagen hat, sowie eine technisch moderner konstruierte (Ganzstahl-)Karosserie.

Trotz des bescheidenen Verkaufserfolgs belässt der Daimler-Benz-Vorstand den 170 H im Angebot, verpasst ihm zu Beginn des Jahres 1938 sogar noch eine Modellpflege (womit er zum W 128 wird) und verabschiedet sich erst im Frühjahr 1939 aufgrund behördlicher Anweisung zur Typenbeschränkung von diesem außergewöhnlichen Wagen.

Geht man von der Wagengröße und der Anordnung des Motors im Heck aus, hat der **Mercedes-Benz 170 H** lediglich einen Konkurrenten, nämlich den **Tatra T 97** aus der Tschechoslowakei, für den allerdings stattliche 1250 RM mehr verlangt wird. Die in Nesselsdorf (Kopřivnice) beheimatete Firma Tatra ist unter der technischen Leitung von Hans Ledwinka in noch stärkerem Maße als Daimler-Benz eine Pionierin der Pendelachse, des Zentralrohrrahmens und des Heckmotors. Tatra feiert mit ihren vielbeachteten großen Heckmotorwagen mit Stromlinienkarosserien hübsche Erfolge und bringt 1937 den wesentlich kompakteren Typ T 97 auf den Markt. Der Radstand von 2 600 mm, die Außenabmessungen (4 270 × 1 610 × 1 450 mm), das Leergewicht von 1150 kg und die Leistung von 40 PS entsprechen weitgehend den Daten des 170 H. Mit Zentralrohr-Plattformrahmen, Vierzylinder-Boxermotor mit obenliegenden Nockenwellen und mittragender, viertüriger Ganzstahlkarosserie in Stromlinienform ist der Tatra jedoch fortschrittlicher konstruiert. Er soll eine Höchstgeschwindigkeit von 130 km/h erreichen. Ausstattungsmäßig dürfte er dem Mercedes-Benz hingegen unterlegen sein. Mit wenig mehr als 500 hergestellten Wagen bleibt der Tatra T 97 eine seltene Erscheinung. 1939 muss seine Produktion auf Geheiß der deutschen Machthaber im Protektorat Böhmen und Mähren eingestellt werden. Nach dem Zweiten Weltkrieg, konkret ab 1947, findet der Tatra T 97 seinen Nachfolger im beliebten Typ T 600 (Tatraplan). Gleichzeitig beginnt mit der Produktionsaufnahme des VW, des Renault 4 CV und später des Fiat 600 der Siegeszug des Heckmotors im europäischen Klein- und Kompaktwagenbau, der erst nach anderthalb Jahrzehnten allmählich schwindet, als sich das Frontantriebskonzept durchzusetzen vermag.

Die technischen Daten des Tatra T 97 entstammen Rosenkranz, Tatra 2007, S. 291-294 & Anhang; der Verkaufspreis basiert auf Oswald, DE-Autos2 2001, S. 495.

E 05 Der Mercedes-Benz 170 V (W 136) im ersten Produktionsjahr 1936

Würdigung

Seit der Fusion der beiden Vorgängerfirmen DMG und Benz & Cie. zur Daimler-Benz AG im Jahr 1926 ist der Konzern fast unablässig bemüht, mit einem zwar qualitätvollen, aber kleinen und preisgünstigen Gebrauchswagen, der sich rationell produzieren und in hohen Stückzahlen absetzen lässt, auf dem Pkw-Markt eine solide Position zu erreichen. Mit dem technisch ambitionierten Typ 170 (W 15) von 1931 ist man diesem Ziel nahegekommen, doch man erkennt bald die Notwendigkeit, preislich noch tiefer einzusteigen. Das Ergebnis ist der Mercedes-Benz 130 (W 23). Der ab 1934 gebaute kleine Heckmotorwagen weckt das Interesse der automobilen Fachwelt, die Neuerungen gegenüber aufgeschlossen ist. Kommerziell gerät der Typ 130 jedoch zu einem Misserfolg, was sich durch einen schleppenden Verkauf früh abzeichnet. Will die Daimler-Benz AG in den Verkaufsstatistiken nicht ins Mittelfeld abrutschen, muss der Abwärtstrend aufgehalten werden, bevor er sich spürbar auswirkt. Es gilt einen »Auffangtyp« zu schaffen, einen preisgünstigen Wagen in Mercedes-Benz-Qualität, der in funktioneller Hinsicht die Bedürfnisse und Erwartungen der Kundschaft erfüllt und dessen Erscheinungsbild keiner Eingewöhnungszeit bedarf. Auf technische Experimente ist zu verzichten, Standardantrieb (Motor vorn, Antrieb hinten) eine unumstößliche Vorgabe.

Im Frühjahr 1936 präsentiert die Daimler-Benz AG diesen »Auffangtyp« – den Mercedes-Benz 170 V (W 136) – auf der Internationalen Automobil- und Motorrad-Ausstellung in Berlin der überraschten Öffentlichkeit. Das identisch motorisierte Parallelmodell mit Heckmotor, der 170 H (W 28), zieht die Vertreter der Motorpresse tendenziell stärker an. Überstrahlt werden jedoch beide vom gleichzeitig präsentierten ersten Serien-Pkw mit Dieselmotor, dem 260 D. Das Publikum hingegen schenkt dem 170 V große Aufmerksamkeit: Ein Verkaufserfolg des Mercedes-Benz der *niedrigen Preisklasse* zeichnet sich bereits während des Berliner Salons ab. In den kommenden Wochen und Monaten hält der Aufwärtstrend an. Die überaus erfreulichen Verkaufszahlen sind von der Unternehmensleitung zwar erhofft, in diesem Ausmaß aber nicht erwartet worden. Schon bald ziehen sich die Lieferfristen in die Länge, ein Umstand, den die Käufer eines 170 V über einen größeren Zeitraum hinnehmen müssen.

Der Erfolg des Mercedes-Benz 170 V ist nachvollziehbar, wenn man den Neuen aus Untertürkheim mit seinen unmittelbaren Konkurrenten auf dem heimischen deutschen Markt vergleicht. Es ist nicht so, dass sich der 170 V in einzelnen Disziplinen leuchtturmartig von seinen Mitstreitern abhebt, sondern es ist viel mehr die Summe der guten Eigenschaften, die letztlich ein besonders vorteilhaftes Bild des 170 V zeichnet. Eine glückliche Hand beweist die Daimler-Benz AG mit der Größe des 170 V: so klein wie möglich, so groß wie nötig, um vier Personen mit etwas Gepäck bequem unterbringen zu können. Zur Not passen auch drei schmächtige Menschen in den Fond. Zwar ist der Wagen um ca. 150 kg schwerer geworden als ursprünglich vorgegeben. Ein altes Problem nicht nur, aber insbesondere von Daimler-Benz. Die Hubraumerweiterung von 1,6 auf 1,7 Liter hält ein wenig dagegen. Der Hang zu einer gewissen Perfektion in der Konstruktion wie in der Ausstattung – man ist schließlich dem Mercedes-Benz-Markenimage verpflichtet – findet seinen Niederschlag im Preis, der nicht ganz so günstig angesetzt werden kann, wie anfänglich beabsichtigt. Somit wird der 170 V im Modellgefüge der Konkurrenten doch etwas höher positioniert. Diese Verschiebung bleibt allerdings in akzeptablen Grenzen und führt insofern zu keinen negativen Auswirkungen, als sich die wirtschaftliche Situation und damit die finanziellen Möglichkeiten der Kaufinteressierten nicht nur stabilisiert, sondern gar verbessert haben. Trotzdem beschränkt sich der Kreis jener, die den Kauf eines Autos in Betracht ziehen können, auf das gutsituierte Bürgertum, auf Inhaber florierender Betriebe, auf Anwälte und Angestellte oder Beamte in hohen Führungspositionen. Für den größten Teil der Lohnempfänger stagniert das Einkommen seit Jahren auf bescheidenem Niveau, ein Automobilkauf liegt für sie in unerreichbarer Ferne.

Zur hervorragenden Resonanz des Mercedes-Benz 170 V hat die geglückte Formgebung zweifellos stark beigetragen. Das hübsche Karosseriekleid der Limousinen, aber auch jene der offenen Varianten zeigen die richtige Mischung aus Fortschritt und Tradition. Die fließenden Formen sind aktuell genug, um das neue Modell in der Gegenwart zu verankern, zudem sind insbesondere die Innenlenker (und mit ihnen die Cabrio-Limousinen) in ihren Proportionen treffsicher abgestimmt. Der 170 V wirkt aus allen Perspektiven stimmig und frei von jeglicher optischen Schwerfälligkeit. Der Tradition verpflichtet ist insbesondere die Frontansicht des Wagens, ohne deshalb altbacken zu wirken. Die verchromte Kühlermaske mit dem feinen Gitter sowie die beiden großen, nun nicht mehr mit einer Stange verbundenen Scheinwerfer verleihen dem Wagen die beabsichtigte Würde eines Mercedes-Benz. Diese Wirkung zu erzielen ist dem Vorstand unter Führung von Wilhelm Kissel ein wichtiges Anliegen. Seine diesbezüglichen Interventionen beim Entwurf der Karosserie wirken sich positiv aus.

Was das Fahrwerk betrifft, hat zumindest die deutsche Konkurrenz in den zurückliegenden fünf Jahren beachtliche Fortschritte gemacht. Eine Einzelradaufhängung der Vorderräder und eine hintere Pendelachse sind nun kein Zeichen von besonderer Fortschrittlichkeit mehr, sondern schon fast Standard, ebenso hydraulisch betätigte Bremsen. Innovativ ist zweifellos der intelligent disponierte und konstruierte X-förmige Rahmen aus ovalen Rohren. Dieser verhält sich ähnlich verwindungssteif wie ein Zentralrohr, ist aber in einem Fahrzeug mit Standardantrieb reparaturfreundlicher und lässt sich kostengünstig herstellen. Dem einfach konstruierten Seitenventil-Vierzylindermotor attestiert man eine gute Leistungsfähigkeit, einfache Wartung und – auch dank der neuartigen »schwimmenden« Lagerung – einen ruhigen Lauf, der sich tatsächlich kaum von einem Reihensechszylinder unterscheidet. Einem obengesteuerten Motor mit höherer spezifischer Leistung steht die schlechte Treibstoffqualität im Deutschen Reich im Weg, die kaum eine Verdichtung über 1:6 zulässt und einen höheren technischen Aufwand nicht rechtfertigt.

Kompakt, trotzdem ausreichend geräumig, von guter Leistungsfähigkeit, mit sicherer Straßenlage und schluckfreudiger Federung, im Preis vernünftig, insbesondere angesichts der überdurchschnittlichen Ausstattung und Fertigungsqualität, zudem ausgesprochen hübsch karossiert und unzweifelhaft als Mercedes-Benz mit seinem hohen Markenprestige erkennbar – welches Konkurrenzmodell bietet ebenbürtiges? Auf Anhieb erreicht der 170 V den zweiten Platz aller im Deutschen Reich gefertigten Typen seiner Wagenklasse und dort einen Marktanteil von über einem Viertel. Zumindest die inländischen Konkurrenzfirmen werden vom Erfolg des neuen kleinen Mercedes-Benz überrascht. Aber man bleibt nicht untätig; in Chemnitz, Rüsselsheim und Stettin regt sich Widerstand …
Auch auf ausländischen Märkten findet der 170 V seine Käufer, obwohl in marktoffeneren Ländern wie der Schweiz die Verfügbarkeit der Marken und Typen breit und die Konkurrenz mächtig ist. Hier ragen insbesondere die Fahrzeugtypen von Citroën, Peugeot und Fiat dank vieler vorzüglicher Eigenschaften aus der Masse heraus und bieten sich als Alternativen an. Trotzdem nimmt man den Mercedes-Benz 170 V sogar im westlichen Nachbarland wohlwollend zur Kenntnis. Ein französisches Unternehmen wird mit einem Lizenzbegehren in Untertürkheim vorstellig.

E 06 Hans Gustav Röhr und sein Mercedes-Benz-Typenprogramm 1935–1937

Würdigung

Hans Gustav Röhr tritt Mitte September 1935 als Technischer Direktor in den Dienst der Daimler-Benz AG ein, wo er die fachliche Lücke füllen soll, die durch den unverhofften Tod von Hans Nibel entstanden ist. Röhr ist als Fahrzeugkonstrukteur einer der ideenreichsten und findigsten Köpfe der 1930er Jahre, beseelt davon, die Automobiltechnik weiterzubringen. Ob der Aufsichtsratsvorsitzende der Daimler-Benz AG, Emil Georg von Stauss, die fachlichen Qualitäten Röhrs vor Augen hat und dem Unternehmen zu einem Innovationsschub verhelfen will, oder ob andere, persönliche Gründe vorliegen, weshalb er Röhr auf die Untertürkheimer-Chefstelle hievt, ist nicht geklärt. Tatsache ist, dass er dies gegen den Widerstand von Wilhelm Kissel tut, dem starken Mann im Vorstand der Daimler-Benz AG. Auch die Staatsführung stemmt sich gegen Röhr, der – mit einer Französin verheiratet – als politisch unzuverlässig gilt und deshalb dem Daimler-Benz-Vorstand formell nicht angehören darf.

Röhr erarbeitet mit einer ganzen Reihe seiner fähigen Mitarbeiter, die er von den Adlerwerken zur Daimler-Benz AG mitgebracht hat, in kurzer Zeit eine interessante Fahrzeugreihe. Die ersten drei Typen stechen durch innovative technische Konzepte hervor: Frontantrieb, Boxermotoren mit identischen Zylinderabmessungen aber variierender Zylinderanzahl, selbsttragende Ganzstahlkarosserien, deren bescheidenes Gewicht den Fahrleistungen zugutekommt. Das sind Ansagen, die aufhorchen lassen. Anfänglich reagiert der Vorstand durchaus wohlwollend, doch bald schon tauchen Hindernisse auf. Geänderte Vorgaben, etwa die aus marktpolitischen Gründen verordnete Preisreduktion des kleinen 1,3-Liter-Wagens, verlangen unliebsame Konstruktionsanpassungen. Schwierigkeiten bei der Erprobung der zum Teil neuartigen technischen Lösungen führen zu Verzögerungen.

Der überraschende Verkaufserfolg des bislang kleinsten Typs im Mercedes-Benz-Programm, des tatsächlich wohlgelungenen 170 V hilft mit, dass das ambitionierte Röhr-Programm immer stärker in den Hintergrund geschoben wird. Man traut den Röhr-Wagen nicht. An deren Stelle werden immer häufiger neue Modelle durch die Weiterentwicklung bestehender Typen verlangt, was Röhr ohne Begeisterung, aber doch pflichtbewusst veranlasst und dirigiert. Sein ambitioniertes Fahrzeugprogramm wird im Frühjahr 1937 faktisch ad acta gelegt. Dass er unter diesen Umständen, nach bloß anderthalb Jahren, seinen Abgang plant, ist ihm nicht zu verübeln. Im Hause Daimler-Benz hat er nie Freunde und Vertraute gefunden, was wohl auch seinem schwierigen Charakter zuzuschreiben ist. Hans Gustav Röhr stirbt an einer Lungenentzündung überraschend am 10. August 1937. Nach dem ersten Schock über seinen Tod, so wird berichtet, soll eine Welle der Erleichterung das Konstruktionsbüro erfasst haben, nicht zuletzt bei seinen ehemaligen Weggefährten. Auch dies gehört zum Schicksal dieses ungewöhnlich begabten Automobilmenschen, der zu Unrecht bald in Vergessenheit gerät.

Die von ihm und seiner Ingenieursgruppe entwickelte Fahrzeugreihe ist in der Tat intelligent konzipiert und technisch progressiv ausgerichtet. Ob sie der Firma Daimler-Benz zum Vorteil gereicht hätte, muss dennoch bezweifelt werden. Mit dem Typ 170 V ist dem Konzern ein insgesamt ausgezeichnetes Fahrzeug in der kompakten Klasse geglückt, das sich – auch aufgrund der Zeitumstände – hervorragend verkauft hat. Trotz seines günstigen Preises ist der 170 V dem Qualitätsanspruch der Käufer an ein Mercedes-Benz-Fahrzeug gerecht geworden. Es ist zu befürchten, dass gerade letzteres wegen der zahlreichen Neuerungen mit den Röhr-Typen nicht gelungen wäre, trotz hoher Investitionen. Das Beispiel Citroën – Insolvenz wegen des »Traction

Avant« und Übernahme durch den Reifengiganten Michelin – dürfte auch von den Untertürkheimern als Mahnfinger erkannt worden sein. Der Vorstand hat sich weitgehend geschlossen für den Erhalt des 170 V und für eine Weiterentwicklung auf dessen Basis entschieden. Dies ist nicht – oder zumindest nicht nur – einem konservativen Automobilverständnis zuzuschreiben, sondern Ausdruck eines ausgeprägten Realitätssinns. Dass sich diese Entscheidung auch für die kommenden Kriegs- und Nachkriegsjahre als vorteilhaft erweisen wird, ist hingegen nicht der Verdienst der Firmenleitung, sondern eine glückliche Fügung.

E 07 Der Mercedes-Benz 200 V (W 149) 1936–1937

Würdigung

Die Idee von Firmenchef Wilhelm Kissel, aus dem wohlgelungenen 170 V (W 136) allein durch einen größeren Motor eine günstige 2-Liter-Version zu generieren, ist ausschließlich marktpolitisch begründet. Und er setzt seine Vorstellung gegen alle Widerstände von technischer Seite durch. Aus Sicht des Verkaufs ist ein solches Modell keineswegs abwegig. Obwohl man sich aus Kostengründen mit einem Vierzylindertriebwerk bescheiden muss, wäre ein 2-Liter-Wagen im Gewand und mit der Fahrwerkstechnik des 170 V allein schon aufgrund der wesentlich besseren Fahrleistungen und des von außen zugänglichen Kofferraums ein Gewinn. Aber die Techniker in Untertürkheim werden – über alle persönlichen Differenzen hinweg – mit dem neuen Typ nicht wirklich glücklich. Für Röhr bedeutet der 200 V eine weitere Abkehr von seinem eigenen Typenprogramm, zudem hält er technisch wie aus Gründen der Käuferakzeptanz einen 2-Liter-Motor mit nur vier Zylindern für verfehlt. Mit Sailer, Wagner und Dauben ist er sich einig, dass die höhere Motorleistung ein umfangreiches und kostentreibendes Verstärken der Kraftübertragung zur Folge haben wird – was sich bewahrheiten soll. Alle Bedenken prallen an der unnachgiebigen Haltung Kissels ab, der von den kaufmännisch orientierten Vorstandsmitgliedern Support erhält.

Als der 200 V (W 149) – notabene mit neu konstruierter 1,9- oder 2,0-Liter-Vierzylindermaschine – einigermaßen fertig entwickelt ist und im Sommer 1937 in Produktion gehen soll, macht sich die staatspolitisch bedingte Materialverknappung immer deutlicher bemerkbar und mündet schließlich in eine Eisen- und Stahlkontingentierung, welche den Handlungsspielraum des Unternehmens massiv einschränkt. Eine Verschiebung des Produktionsstarts auf Anfang 1938 bringt keine Besserung, denn an eine Fertigung des 200 V zusätzlich zum 170 V ist nicht mehr zu denken. Zu stark liegt man wegen der Versorgungsengpässe bereits mit dem 170 V im Rückstand, der sich nach wie vor hervorragend verkauft. So lässt man den 200 V (W 149) als zusätzliches Modell fallen und konzentriert sich auf den 170 V-Nachfolger mit neuer Ganzstahlkarosserie und veränderter Technik, der das alte Modell ablösen soll, sobald sich die Verhältnisse normalisieren.

Es bleibt dem 200 V verwehrt, den Beweis anzutreten, dass er der bessere 170er geworden wäre. Die Vorstellung, in diesem kompakten Wagen statt 38 PS über 50 oder gar 53 PS zu verfügen, ist durchaus reizvoll. Bei dem angepeilten und offensichtlich realistischen Verkaufspreis von 3 900 RM hätte der Mercedes-Benz 200 V gute Verkaufschancen gehabt und dem Unternehmen neue Kunden beschert. Dies bestätigt ein Blick auf die inländische Konkurrenz: Sowohl **Adler** mit dem ebenfalls vierzylindrigen **2-Liter** als auch **Borgward** mit dem sechszylindrigen **Hansa 2000** liegen preislich höher und bieten geringere Motorleistungen. Der anfänglich gefürchtete **Wanderer W 24** verfügt bloß über einen 42 PS starken und 1 767 cm^3 großen Vierzylindermotor. Die Karosserie ist modern, aber die Federung eher enttäuschend. Der **BMW 320** ist optisch und mit seinem überzeugenden Sechszylindermotor eine sportliche Erscheinung, jedoch fahrleistungsmäßig dem 200 V nicht überlegen, zudem unkomfortabel und deutlich teurer. Einzig **Opel** bietet mehr fürs Geld. Der ab 1938 erhältliche **Kapitän** erzielt dank seines elastischen und drehmomentstarken 2,5-Liter-Sechszylindermotors überzeugende Fahrleistungen, hat eine moderne Vorderradaufhängung und punktet mit einer geräumigen Karosserie im aktuellen amerikanischen Stil – und dies zum Preis von 3 975 RM.

Die technischen Daten und Verkaufspreise der Konkurrenzfahrzeuge basieren auf Oswald, DE-Autos2 2001.

E 08 Die designierten Mercedes-Benz 170 V-Nachfolger W 136 II und W 158

1937–1942

Würdigung

Den Nachfolger für einen Erfolgstyp zu kreieren, gehört zu den schwierigen Aufgaben im Automobilbau. Dies belegen prominente Beispiele, erfolgreiche und zahlreicher erfolglose. Nachdem im Frühjahr 1937 das eher als Störfaktor denn als vorwärtsgerichtete Strategie empfundene Modellprogramm von Co-Chefingenieur Hans Gustav Röhr im Vorstand Schiffbruch erlitten hat, wählt die Daimler-Benz-Führung einen höchst pragmatischen Weg, um dem seit einem Jahr glänzend verkauften Typ 170 V eine erfolgreiche Zukunft zu sichern. Eine neue Karosserie mit größerem Innenraum, insbesondere vorn, einem größeren und von außen zugänglichen Kofferraum und einem hinten angeordneten Benzintank soll die offensichtlichsten Mängel und Nachteile des meistgebauten Mercedes-Benz-Wagens beseitigen. Mit dem Übergang auf die Ganzstahlbauweise der Karosserie trachtet man die Herstellungskosten und dadurch den Verkaufspreis zu senken und so die Marktchancen zu erhöhen. Weil gleichzeitig das veraltete Mittelklassemodell mit sechs Zylindern, der 230 (W 143), grundlegend erneuert werden muss, streben findige Köpfe eine Art Karosseriebaukasten an. Trotz unterschiedlicher Größe der Fahrzeuge sollen möglichst viele der kleinen und großen Aufbauteile für beide Fahrzeugtypen verwendet werden können. Technisch sind, zumindest für den neuen 170 V, kaum Veränderungen geplant. Dem hin und wieder geäußerten Wunsch nach besseren Fahrleistungen will insbesondere der Vorstandsvorsitzende Kissel durch eine W 136-Version entsprechen, die mit dem fertig entwickelten 2-Liter-Vierzylindermotor M 149 versehen ist. Mit diesem Trio, dem 170 V und dem 200 V mit identischer kleiner Karosserie sowie dem 230 V mit großem Aufbau, will der Daimler-Benz-Vorstand das Publikum auf der Berliner IAMA im Februar 1938 überraschen.

Der Termin lässt sich nicht einhalten. Technische Probleme mit der Karosserie, mangelhafte Fahreigenschaften wegen ausgeprägter Hecklastigkeit und nicht zuletzt die ungenügende Rohstoffversorgung der Werke sowie Schwierigkeiten bei der Beschaffung der Produktionsmaschinen als Folge der militärischen Aufrüstung des Deutschen Reichs führen zu einer Verschiebung. Mit einjähriger Verspätung und erheblichen Schwierigkeiten geht Anfang 1939 der neue 230 (W 153) in Produktion. Für die Ablösung des bisherigen 170 V lässt man sich mehr Zeit, denn dieser verkauft sich nach wie vor prächtig. Unterdessen sind Zweifel aufgetaucht, ob die nur sehr bescheiden von 38 auf 40 bis höchstens 42 PS angehobene Leistung des simplen 1,7-Liter-Motors M 136 ausreichen würde, denn die Ansprüche sind zwischenzeitlich gestiegen. Obwohl Kissel, der des Autofahrens nicht mächtig ist, diesbezüglich kein Problem zu erkennen vermag, entwickelt man einen neuen, leistungsfähigeren 1,7-Liter-Vierzylindermotor, den M 158. Dieser ist Teil eines modernen Motorenprogramms mit V-förmig im Querstromkopf hängenden Ventilen. Schließlich vereitelt der Zweite Weltkrieg die Produktionsaufnahme des intern mit W 136 II bezeichneten 170 V-Nachfolgers.

Im Spätherbst 1939, wenige Wochen nach Ausbruch des Zweiten Weltkriegs, zieht der Vorstand einen Schlussstrich unter die Entwicklung des W 136 II, was angesichts der unterdessen vorhandenen Karosserie-Presswerkzeuge bemerkenswert ist. Man hat erkennen müssen, dass diesem eher aufwändigen Wagen die notwendige Überlegenheit fehlen würde, um im harten Konkurrenzkampf an den großen Erfolg des Vorgänger-170 V anzuknüpfen. Insbesondere die Qualitäten des Anfang 1939 lancierten Opel Kapitän schrecken auf: Für den Betrag eines 170 V erhält man aus Rüsselsheim ein deutlich größeres, amerikanisch-aktuell geformtes Mittelklasseauto mit einem modernen, leistungsfähigen Sechszylindertriebwerk und einer Doppelquerlenker-Vorderradaufhängung.

Die kriegsbedingte Zwangspause nutzt man für einen Neuanfang. Das neue Modell heißt intern W 158 und soll bei den gleichbleibend kompakten Abmessungen des alten 170 V einen wesentlich größeren Innen- und Kofferraum erhalten, was man unter anderem dadurch erreicht, dass der Motor nach vorn geschoben wird. Letzteres bedingt eine moderne Doppelquerlenkerachse mit Schraubenfedern. Dank des neuen, 52 PS starken 1,7-Liter-Motors M 158 können deutlich attraktivere Fahrleistungswerte erwartet werden. Technisch hält man zunächst am bewährten X-förmigen Ovalrohrrahmen fest. Allerdings steht von Anfang an auch eine selbsttragende Karosserie im Pflichtenheft, deren Entwicklung sich jedoch verzögert. Die starke Belastung der Fachleute durch weitere Pkw-Aufgaben sowie die Umverteilung von vielen Mitarbeitern zum Marine- und Flugmotorenbau fordern ihren Tribut. Eine neue Dimension erhält das Projekt W 158 durch den gepressten und verschweißten Mittelkörper-Blechrahmen, der die statischen Vorteile des Mittelrohrrahmens mit einer neuartigen, rationellen Fertigung zu kombinieren sucht. Der äußere Anlass zu dieser aufwändigen Entwicklung ist das sogenannte Cabriolet-Schütteln, das dank dieser neuen Rahmenbauweise weitestgehend unterdrückt werden kann. Dazu trägt auch die in Gummielementen gelagerte und mit Teleskopstoßdämpfern versehene Radaufhängung mit Schubstreben an der Pendelachse bei. Zugunsten eines noch großzügigeren Innenraums wächst der W 158 hauptsächlich in der Breite. Die Karosserieform ähnelt der des W 136 II, wirkt jedoch durch den nach vorn geschobenen Passagierraum länger und dadurch im Heckbereich weniger füllig. Schwierigkeiten bereitet die Frontgestaltung, wo der traditionelle »Mercedes-Benz-Kühler« unbedingt beizubehalten ist, die Scheinwerfer als Folge der vorgezogenen Maske jedoch in die Kotflügel integriert werden.

Dass der W 158 schließlich mit dem veralteten Seitenventil-Sechszylindermotor des 230 (W 153) statt mit dem modernen kopfgesteuerten 1,7-Liter-Vierzylinder mit halbkugelförmigen Brennräumen in Produktion gehen soll, ist das Ergebnis einer fragwürdigen Marktprognose des Vorstandsvorsitzenden Kissel. Eine Entscheidung, die von der Technikmannschaft nur widerwillig getragen wird. Die Arbeiten am 170 V-Nachfolger W 158 müssen im Frühsommer 1942 eingestellt werden, nachdem sich das Blatt im Kriegsgeschehen zu Ungunsten des »Dritten Reichs« gewendet hat und totaler Kriegseinsatz befohlen wird.

Zwischen dem produktionsreifen W 136 II und dem Entwicklungsabbruch des weitgediehenen W 158/W 158 II liegen zweieinhalb (Kriegs-)Jahre. Der W 136 II ist im Wesentlichen ein neukarossierter 170 V ohne relevante technische Fortschritte, jedoch mit einem deutlich verbesserten Platzangebot für Mensch und Gepäck. Trotz Ganzstahlkarosserie wiegt er mehr als der 170 V, so dass sich die schon bislang kritischen Fahrleistungen zusätzlich verschlechtern. Auch in den Herstellungskosten vermag der neue Typ den alten 170 V nicht zu unterbieten, trotz einer (letztlich bescheidenen) Anzahl von Aufbaugleichteilen mit dem 230 (W 153). Die Zweifel an der Konkurrenzfähigkeit sind nachvollziehbar. Dass dieser Wagen zehn Jahre später und mit moderaten Verbesserungen versehen doch noch in Produktion geht, dann die Basis für ein Sechszylindermodell abgibt und – ganz zum Schluss technisch nahezu auf den Vorkriegsstand reduziert – bis 1955 hergestellt wird, dies alles ahnt damals niemand.

Dem formal etwas indifferenten, technisch jedoch deutlich fortschrittlicheren W 158 bleibt hingegen eine Zukunft verwehrt. Seine Entwicklung spielt sich vollumfänglich inmitten des Zweiten Weltkriegs ab, als kein Markt für zivile Pkw vorhanden ist und die Pläne der Konkurrenz undurchsichtig bleiben. Die Konkurrenzfähigkeit lässt sich kaum beurteilen, weil ungeklärt ist, mit welchen volkswirtschaftlichen Verhältnissen die Automobilindustrie konfrontiert worden wäre, wenn das »Dritte Reich« den Zweiten Weltkrieg als Sieger beendet hätte. Die fortschrittliche Syring-Motorengeneration unter Einschluss des M 158 hat keinen Eingang in die Nachkriegsproduktion gefunden. Angewandt wird hingegen das Prinzip der an Schubstreben geführten Pendelachse und des gepressten, vorn gegabelten Mittelträgerrahmens als Teil einer Bodengruppe. Und zwar im Typ 180 der Baureihe W 120, der 1953 auf den Markt kommt und heute »Ponton« genannt wird.

E 09 Der Mercedes-Benz W 162
1945–1947

Würdigung

Mindestens zwei der Entwürfe, die Josef Müller im Herbst 1945 und um die Wende zu 1946 für einen kommenden 170 V-Ersatz erarbeitet, weisen in die automobile Zukunft: Der Wagen mit dem quer vor und über der Vorderachse eingebauten Motor und Frontantrieb sowie der Wagen mit Standardantrieb und über die Vorderachse hinausgeschobenem Boxertriebwerk und selbsttragender Karosserie. Beide Konzepte haben – trotz großzügig dimensioniertem Innenraum – kompakte Außenmaße und bieten günstige Voraussetzungen für ein geringes Leergewicht. Damit erfüllen sie schon einen guten Teil des Anforderungsprofils, das erst ein Jahr später, im Herbst 1946, schriftlich festgehalten wird, als der Vorstand und der Aufsichtsrat den 170 V-Nachfolger fest ins Pkw-Programm aufnehmen. Verlangt werden außerdem eine rohstoffsparende, günstige Produktionsweise und geringe Unterhaltskosten.

Pikanterweise hat zu diesem Zeitpunkt der intern mit W 162 bezeichnete Wagen bereits Formen und Züge angenommen, die deutlich von den Vorgaben im Pflichtenheft und den ursprünglichen Konzeptstudien abweichen. Zum einen wird das Fahrzeug immer konventioneller und konservativer, zum andern verteuert man es partiell durch technische Erstklasslösungen und gibt ihm eine repräsentative Form. Das Verharren beim Standardantrieb steht rasch fest, der Motor rutscht wieder zurück hinter die Vorderachse, der Radstand, die Gesamtlänge und damit das Gewicht nehmen zu. Die rundliche Karosserieform nach der Art der Enddreißiger, allerdings mit höchst modernen glatten Seitenflächen, weicht einem Dreivolumenaufbau mit ausladendem Kofferraum, spitz zulaufender Motorhaube und stark kotflügelartig modulierten Längsseiten. Damit folgt man dem aktuellen, als ausgesprochen modern geltenden amerikanischen Karosseriestil und gerät dadurch in einen gestalterischen Konflikt mit dem typischen Mercedes-Benz-Gesicht, das unverändert gefordert wird. Die kostengünstige und nahezu wartungsfreie angetriebene Starrachse – schraubengefedert und ordentlich durch lange Diagonallenker und einen Panhardstab geführt – wird zugunsten einer fahrdynamisch vorteilhaften, jedoch teuren und in der Pflege aufwändigeren De-Dion-Achse fallen gelassen. Den umgekehrten Weg beschreitet man beim Motor: Dass dieser im Hubraum von 1,2 Liter auf 1,5 Liter vergrößert wird, überrascht angesichts der wachsenden Fahrzeugdimensionen nicht. Anstelle des von Josef Müller angedachten obengesteuerten Vierzylinders plant man erneut einen Seitenventiler simpelster Bauweise, den man offensichtlich auf der nur leicht angepassten Fabrikationsstraße des M 136 zu fertigen gedenkt. Dieses technisch rückwärtsgewandte Triebwerk, immerhin etwas weniger langhubig ausgelegt, soll durch eine verringerte Bauhöhe an Gewicht verlieren. Die Argumentation ist nicht falsch: Angesichts des minderwertigen Treibstoffs und der oft ungenügenden Ölqualität müssen die Verdichtung, das Drehzahlniveau wie überhaupt die gesamte Belastung der Motoren tief bleiben. Die bescheidene Literleistung lässt sich problemlos auch mit seitengesteuerten Triebwerken erreichen. Doch die ungünstige Brennraumform drückt auf die Wirtschaftlichkeit. Zudem verspielt man die Möglichkeit, die Maschine mit einfachen Mitteln in der Leistung zu steigern, sobald die äußeren Bedingungen dies zulassen. Welch ein Rückschritt gegenüber der Syring-Motorenfamilie mit Querstrom-Zylinderkopf und hemisphärischen Brennräumen, die seit sechs Jahren fertig entwickelt und praxiserprobt ist.

Als im Spätherbst 1947 Wilhelm Haspel ins Unternehmen und an dessen Spitze zurückkehrt, zieht er dem W 162 den Stecker. Das unrealistisch niedrige Gewichtslimit hätte nie eingehalten werden können, eine weitere Hubraumerhöhung zugunsten einer höheren Leistung wäre im Verlauf der Entwicklung unausweichlich geworden. Damit hätte sich die Geschichte des neukarossierten 170 V (W 136 II) wiederholt, der 1939 in praktisch produktionsreifem Stand einen leistungsfähigeren Motor erhalten hat (und ein Jahr später trotzdem ad acta gelegt worden ist). Realistisch betrachtet wäre der Produktionsstart des W 162 nicht vor 1951 oder 1952 möglich gewesen. Ob der Wagen zu diesem Zeitpunkt (noch) das Zeug zu einem erfolgreichen 170 V-Nachfolger besessen hätte, muss angesichts der harten Konkurrenz Mitte der 1950er Jahre bezweifelt werden. Der Aufsichtsrat dürfte sich bald glücklich geschätzt haben, dass Haspel die Gefahren erkannt, das Projekt umgehend gestoppt und einen weitaus pragmatischeren Weg eingeschlagen hat, um Mercedes-Benz zu einer ernstzunehmenden und hochgeschätzten Pkw-Marke zurückzuführen. Aus technischer Sicht mag man einzig bedauern, dass es die De-Dion-Hinterachse nicht in die kommenden neuen Fahrzeugtypen geschafft hat.

E 10 Die 170 V-Nachfolgemodelle gemäß 1949er Typenprogramm 1949–1953/54

Würdigung

Einen Automobilkonzern erfolgreich durch die unsichere Nachkriegszeit zu lenken, ist auch vier Jahre nach Kriegsende eine echte Herausforderung. Seit der Währungsreform, seit Geld und Ware wieder in einem realistischen Verhältnis zueinander stehen, gelingt dies nur, wenn man produzieren und verkaufen kann. Und zwar in erheblichen Stückzahlen genau jene Fahrzeuge, die der Markt verlangt. Vorausschauend die richtigen Fahrzeugtypen zu definieren, ist angesichts der ungewissen Entwicklung eine große Kunst.

Ende 1948 wird klar, dass die behutsame Erneuerung des erfolgreichen Volumenmodells Mercedes-Benz 170 V kommerziell misslingen wird, weil das neue Modell – nun 170 S genannt – in eine höhere Preisregion abdriftet. Man baut folglich den 170 V in seiner alten Ausführung weiter. Doch spätestens in den frühen 1950er Jahren wird eine Ablösung unaufschiebbar. So lässt der Vorstand im Frühjahr 1949 eine Neuplanung starten. Bald erwägt man, das Mercedes-Benz-Angebot mit einem Kleinwagen gegen unten zu erweitern, um bisherige Käufer nicht an die Konkurrenz zu verlieren.

Das dafür vorgesehene zwei- bis dreisitzige, coupéartige Kompaktmodell »Fx« hat einen 1,2 Liter großen Vierzylindermotor vor der Vorderachse und Frontantrieb. Gedanklich lässt man sich vom in Italien populären, allerdings deutlich kleineren Fiat Topolino leiten. Auffällig ist indessen die konzeptionelle und formale Verwandtschaft mit dem gleichzeitig entstehenden Gutbrod Superior. Das Projekt wird schließlich verworfen, der Wagen glücklicherweise nicht gebaut. Im Rückblick ist offensichtlich, dass dieses Fahrzeug die erheblichen Investitionen nie hereingespielt hätte – zu groß, zu komplex und zu teuer für einen bloß zwei- bis dreisitzigen Wagen. Das hat 1951 auch Hanomag mit dem ähnlich disponierten Modell »Partner« einsehen müssen.

Ein kommerzieller Erfolg hätte hingegen die kleine Limousine W 185 (Bild) werden können, die von diesem technisch fortschrittlichen Fronttriebler »Fx« abgeleitet wird. Trotz kompakter Abmessungen bietet sie vier Türen, vier bis fünf Sitzplätze in den Ausmaßen des 170 S, einen gut zugänglichen Kofferraum und dank des 1,8 Liter großen Vierzylinders ordentliche Fahrleistungen. Doch Technikchef Fritz Nallinger behält das Projekt unter Verschluss. Im Vorstand wird nie darüber diskutiert.

Seine Zurückhaltung lässt sich dadurch erklären, dass der Vorstand zwischenzeitlich auf den 170 V-Nachfolger W 120/W 180 eingestellt ist, der dem konservativen, jedoch bewährten Standardkonzept mit Frontmotor und angetriebenen Hinterrädern folgt. Bei flüchtiger Betrachtung glaubt man eine Weiterentwicklung des zwei Jahre zuvor verworfenen W 162 zu sehen. Allerdings soll neu – wie beim abgelehnten Zwei- bis Dreisitzer – ein moderner Plattformrahmen mit dem Karosserieoberteil zu einer selbsttragenden Einheit verbunden werden. Und eine bedeutende Innovation mit Vorteilen für die Produktion, den Fahrkomfort und das Fahrverhalten ist der Fahrschemel, der die Motor-Getriebeeinheit mit der vorderen Radaufhängung und der Lenkung zu einer vormontierten Einheit zusammenfasst, die gummigedämpft an der Karosserie befestigt ist.

Gestalterisch bilden die drei 1949 in Bearbeitung stehenden Pkw-Volumentypen

1,2-Liter »Fx«, W 185 und W 120/W 180 dank einheitlicher Formensprache eine einprägsame Fahrzeugfamilie. Erstmals gelingt es, das traditionelle «Mercedes-Benz-Gesicht» in eine aktuelle Gestaltung zu integrieren. Doch gebaut wird schließlich ab 1953/54 bloß das Limousinenpaar W 120 (nun Typ 180) und W 180 (nun Typ 220a). Im Laufe der Entwicklung sind zwei Karosseriegrößen entstanden, die trotz dezent markierter Kotflügel klar die Merkmale der sogenannten Pontonform tragen, die den Wagen zu ihrer volkstümlichen Bezeichnung »Ponton-Mercedes« verholfen hat.

Eine besondere Betrachtung verdienen die Antriebsaggregate. Dass Daimler-Benz 1949 nochmals eine neue Motorenfamilie mit stehenden Ventilen konstruiert, ist in der Tat ein Anachronismus und wirft ein eigenartiges Licht auf den sonst fortschrittsbedachten Technikvorstand Fritz Nallinger. Zahlreiche inländische Konkurrenten, von den ausländischen ganz zu schweigen, sind bereits im Laufe der 1930er Jahre zu hängenden Ventilen übergegangen, darunter die zwar bewunderte, aber oft als »Billigproduzent« abqualifizierte Adam Opel AG. Auch Daimler-Benz hat ab 1939 eine moderne Pkw-Motorenfamilie mit Querstrom-Zylinderkopf, hängenden Ventilen und hemisphärischen Brennräumen entwickelt. Davon ist kriegsbedingt lediglich der sechszylindrige M 159 produziert und in Fahrzeuge eingebaut worden. Diesen sogenannten »Syring-Motor« entwickelt man nun für den künftigen 3-Liter-Oberklassewagen zum M 182 weiter und stellt ihn im Sommer 1949 auf eine Ventilsteuerung mit obenliegender Nockenwelle (OHC) um. Zur gleichen Zeit arbeiten in Untertürkheim ein paar Zeichenbretter weiter Ingenieure an der neuen Seitenventil-Motorenfamilie für die Volumenmodelle. Angesichts des nach wie vor schlechten Treibstoffs in Deutschland, dessen Klopffestigkeit keine Verdichtung über 1:6,5 zulässt und »Hochleistungsmotoren« nahezu unmöglich macht, ist die konstruktive Zurückhaltung nachvollziehbar, aber nicht zukunftsgerichtet. Gerade mit Blick auf den für die Daimler-Benz AG wichtigen Exportmarkt, wo ihre Produkte mit erstklassigen ausländischen Fabrikaten in Konkurrenz stehen, ist ein technisch aktuelles, entwicklungsfähiges Triebwerk bedeutsam. Tatsächlich hat die rückständige Motordisposition keinen langen Bestand. Nallinger lässt die neuen Triebwerke im März 1950 nicht nur auf hängende Ventile umstellen, sondern gleich auf eine obenliegende Nockenwelle. In der Folge entstehen die für die frühen 1950er Jahre hochmodernen Motoren M 180 (Sechszylinder mit 2,2 Liter Hubraum) und M 121 (Vierzylinder mit 1,9 Liter), die für sehr lange Zeit die Basis für eine erfolgreiche Weiterentwicklung bilden.

E 11 Die Mercedes-Benz 170 S-Modelle (W 136 IV & W 191) 1949–1953

Würdigung

Als die Daimler-Benz AG auf der Hannover Exportmesse 1949 die Öffentlichkeit mit dem neuen Typ 170 S überrascht, sind das Publikum und die Fachwelt gleichermaßen begeistert. Es ist ein Automobil der Superlative, das in dieser entbehrungsreichen Zeit den vom Krieg gezeichneten Menschen eine heile Welt vorspiegelt. Das Loblied auf den Wagen verstummt auch nach den ersten Testberichten nicht, im Gegenteil. Gerühmt wird fast alles am neuen hochklassigen Mercedes-Benz, die hervorragenden Fahreigenschaften bei gleichzeitig wunderbar komfortabler Federung, die geräumige Karosserie – die nun nicht mehr hinter dem Opel Kapitän zurücksteht –, der für seine bescheidene Größe leistungsfähige und akustisch zurückhaltende Motor und die gepflegte, bester Mercedes-Benz-Tradition entsprechende Machart. Die fehlenden zwei Zylinder verzeiht man beim Anblick des Sterns auf dem Kühler gerne, ebenso die freistehenden Scheinwerfer. Diese weisen in die 1930er Jahre zurück, wie letztlich die ganze formale Gestaltung des Wagens, was angesichts seiner Entstehungsgeschichte nicht erstaunt. Doch diese interessiert damals niemanden. Zudem scheint durchaus noch nicht festzustehen, in welche Richtung sich das Automobildesign, zumindest in Europa, fortentwickeln würde.

Der 170 S ist zur eigentlichen »Mercedes-Benz-Klasse« geworden, die alles besser kann als der altgediente, jedoch weiterhin gefertigte und stark nachgefragte 170 V. Doch der stattliche Preis limitiert die Käuferschaft. Der 170 S ist, zumindest während der ersten Produktionsjahre, ein Direktoren- und Direktionsfahrzeug. Wer sich ihn leisten kann, verlangt bald nach mehr, nämlich nach einem spürbaren Leistungsplus aus sechs Zylindern, das ab Frühjahr 1951 mit dem Typ 220 in Erfüllung geht. Der Verkaufserfolg dieses Derivats stellt die Weiterproduktion des 170 S in Frage, doch entscheidet man in Stuttgart, das Modell nicht auslaufen zu lassen, sondern es behutsam zu modernisieren. Das gelingt 1952 mit dem intern 170 Sb genannten Modell durchaus. Zwischenzeitlich ist auch der Motor standfest geworden und erreicht normale Laufzeiten. Trotzdem flaut die Attraktivität des 170 S zusehends ab. Der vierzylindrige 1,7-Liter-Seitenventiler droht zum Anachronismus zu werden, die Karosserie verliert angesichts der hübschen neuen Modelle der in- und ausländischen Konkurrenz zunehmend an Zuspruch. Dass der 170 S nun auch als Diesel (170 DS) angeboten wird, der hauptsächlich eine wirtschaftlich orientierte Käuferschaft anspricht, nagt bereits tüchtig am Image. Den Status als Aushängeschild der Daimler-Benz AG hat der 170 S längst verloren. Zum einen wegen des potenteren 220 (W 187), der auch die hübschen und teuren Cabriolets erbt, zum andern durch die 300er-Luxuswagen, den wahren Spitzenprodukten der deutschen Automobilindustrie. Die wirtschaftliche Lage in der Bundesrepublik Deutschland verbessert sich rasch und ist für die Prestigeverschiebung weg vom 170 S zu den neuen Spitzenmodellen mitverantwortlich.

Als Ende des Sommers 1953 der neue Typ 180 (W 120) mit seiner fortschrittlichen Ponton-Karosserie in halbselbsttragender Bauweise endlich den 170 S ablöst und beim Publikum guten Zuspruch findet, geht ein Aufatmen durch die Führungsetage in Untertürkheim. Es ist höchste Zeit, die Pkw-Verkäufe sind in den letzten zwei Jahren beängstigend zurückgegangen. Dass der 180 zu aufwändig geraten ist, um die Nachfolge des unterdessen vollständig aus der Zeit gefallenen 170 V/D als Einstiegs- und Volumenmodell anzutreten, löst zunächst Unruhe aus. Mit einer Kombination aus dem alten 170 V/D-Fahrgestell und der geräumigeren und fertigungstechnisch aktuelleren 170 S-Karosserie versucht man alternativ ein günstiges Einstiegsmodell zu schaffen, um hauptsächlich die unterdessen bedeutend gewordene Diesel-Kundschaft zufriedenzustellen. Und so beginnt ab dem 9. September 1953 mit den Typen 170 S-V und 170 S-D sowohl in der langen Geschichte des 170 V wie in der kürzeren des 170 S ein weiteres, nun aber letztes Kapitel.

E 12 Der Mercedes-Benz 170 S-V und 170 S-D (W 136 VIII/VIII D) 1953–1955

Würdigung

Die beiden Modelle, eine Verbindung des alten 170 V/D-Fahrgestells mit der Karosserie des 170 S, sind eine Notlösung. Wegen ihres zunehmend veralteten Pkw-Programms büßt die Daimler-Benz AG seit 1952 massiv an Stückzahlen und noch stärker an Marktanteilen ein, während die Konkurrenz davoneilt. Der Anfang September 1953 endlich vorgestellte Typ 180 (W 120) mit seiner neuen Ponton-Karosserie muss die Wende bringen. Doch zum einen liegt der Wagen auf dem Preisniveau des 170 S, zum andern ist die Modellvariante mit Dieselmotor noch nicht produktionsreif. Der Benziner 170 S-V soll folglich die Rolle des günstigen Mercedes-Benz-Einstiegsmodells übernehmen und so den vollständig aus der Zeit gefallenen 170 V ersetzen. Der 170 S-D hingegen sorgt dafür, dass das Angebot der unterdessen sehr beliebten und geschätzten Mercedes-Benz-Pkw mit Dieselmotor nicht unterbrochen wird. Letzteres gelingt recht gut. Wer sich in der ersten Hälfte der 1950er Jahre einen Diesel-Pkw zulegt, ist ein guter Rechner und kümmert sich wenig um die sich rasch verbreitenden Automobilmoden aus den Vereinigten Staaten. Besonderen Gefallen am 170 S-D finden die Taxi-Unternehmen, auch auf den zahlreichen Exportmärkten. Dadurch bleiben die Verkaufszahlen ansehnlich, trotz des inzwischen erhältlichen 180 Diesel, und die Fertigung von teilkarossierten Fahrgestellen wird 1955 sogar über die Jahresmitte hinaus verlängert.

Das Modell mit dem lediglich 45 PS starken Benzinmotor, der 170 S-V, fällt hingegen durch. Wer sich 1953 und später für diesen formal und zum Teil auch technisch veralteten und dürftig ausgestatteten Wagen interessiert, der sehr ähnlich bereits 15 Jahre zuvor hätte in Produktion gehen sollen, misst dem Mercedes-Benz-Image einen hohen Stellenwert bei. Denn es gibt für die potenziellen Käufer eines Wagens am unteren Ende der Mittelklasse ganz andere, näherliegende Angebote. Zum Beispiel ist ab März 1953 für 2 000 DM weniger der neue Opel Olympia Rekord mit seiner amerikanisch beeinflussten Pontonkarosserie mit ordentlich großer Heckscheibe, Blinker als Fahrtrichtungsanzeiger, schwenkbaren Dreiecksfensterchen, durchlaufender Sitzbank vorn und einem modischen Armaturenbrett mit attraktivem Zweispeichenlenkrad erhältlich. Der bewährte 1,5-Liter-Motor hat selbstverständlich hängende Ventile, die 40 PS reichen dank des geringen Leergewichts von 920 kg für eine Spitze von 120 km/h. Der träge 170 S-V entschwindet folglich im Rückspiegel. Ähnlich gut bedient wird, wer zum Ford-Händler geht und sich für einen Taunus 12 M entscheidet, der ab 1955 als 15 M mit neuem 1,5-Liter-Motor und beachtlichen 55 PS knapp 130 km/h rennt. Die Beispiele ließen sich fortsetzen. Und im europäischen Ausland liegt das konkurrierende Umfeld nicht weniger günstig, im Gegenteil. Man halte sich beispielsweise die Modelle von Fiat und Peugeot vor Augen.

Soviel zur Sicht des Normalkunden. Doch es gibt auch eine andere Betrachtungsweise, und die liegt näher bei den Diesel-Käufern: Wer der Aufbruchstimmung des kräftig anlaufenden Wirtschaftsaufschwungs mit seinen Modeströmungen etwas distanzierter gegenübersteht und andere Werte in den Vordergrund stellt, erhält mit dem 170 S-V (und S-D) für gutes Geld einen ausgereiften, gepflegten und seriös verarbeiteten Gebrauchswagen mit einer zwar retardierenden, aber insgesamt stimmigen Formgebung. Auch dies sind Qualitäten. Doch die Mehrheit jener Kaufwilligen, die sich ein Automobil der unteren Mittelklasse leisten kann, hat eine andere Sichtweise. Im Februar 1955 ist nach mageren 3 122 gefertigten 170 S-V Schluss. Die Zukunft bei Daimler-Benz hängt am Erfolg der »Ponton-Reihe« 180, 190 und 220. Und die läuft gut, die Produktionszahlen steigen deutlich an und bald ist der verlorene dritte Rang in der Produktionsstatistik wieder erreicht.

E 13 Der Dieselmotor OM 636
1949–um 1990

Würdigung

Der OM 636 ist ein Motorenphänomen, und zwar in mehrerlei Hinsicht. Das unmittelbar nach dem Zweiten Weltkrieg für den 170 V geschaffene und ab 1949 in Serie gefertigte kleine Dieseltriebwerk bricht mehrere Rekorde. Es entsteht auf der Grundlage des seit 1936 gefertigten Benzintriebwerks M 136 des 170 V, welches wiederum eine vergrößerte Spielart des bereits 1932/33 konstruierten 1,3-Liter-Vierzylindermotors ist, der den kommerziell gescheiterten Heckmotortyp 130 antreibt.

Mit einer Produktionsdauer von rund 40 Jahren ist der OM 636 der am längsten gebaute Motor der Daimler-Benz AG, und dies bei weitestgehend unveränderter Grundkonstruktion. Auch die Stückzahl überrascht. Die rund 700 000 gefertigten OM 636 werden erst von den OM 615 und OM 616 übertroffen, die ab 1967 bzw. ab 1970 vom Fließband laufen. An vier Standorten haben sich Werktätige mit der Herstellung des kleinen Diesels OM 636 beschäftigt: Das Stammwerk Untertürkheim wird 1962 als Fertigungsstätte durch das Werk Düsseldorf abgelöst, das einen Teil seiner Motoren ans Werk Berlin-Marienfelde zur individuellen Komplettierung weiterreicht. Zwischen 1959 und 1990 wird der OM 636 zudem im spanischen Barcelona bei einem Betrieb in Lizenz gebaut, der mehrfach den Namen und die Eigentümerschaft wechselt und schließlich in der Daimler-Benz España aufgeht.

Der robuste und genügsame OM 636 erreicht früh Laufleistungen, die man in dieser Höhe bislang nicht gekannt hat. Er motorisiert nicht nur die legendären Mercedes-Benz Diesel-Pkw und -Transporter der 1950er und frühen 1960er Jahre, sondern ebenso den kleinen spanischen DKW-Schnelllaster der zweiten Generation.

In Westdeutschland schwören die Taxi-Unternehmer auf den OM 636, doch auch ihre Kollegen in Spanien lassen sich gerne von der Betriebssicherheit und Sparsamkeit dieses kleinen Diesels überzeugen und kaufen als »Arbeitsgerät« einen mit diesem Motor versehenen Seat 1800 D. Einer ungebrochenen Beliebtheit erfreut sich der OM 636 über Jahrzehnte als Einbau-, Geräte- und Industriemotor. Angefangen bei den Unimog und Schleppern, endend bei Küh aggregaten an Lkw-Sattelaufliegern treibt der OM 636 praktisch alles an, was einer stromlosen Leistung zwischen gut 20 und gut 40 PS bedarf. Dazu gehören bis heute zahlreiche Schiffe verschiedenster Gattungen, die von einem für den Marinebetrieb eingerichteten OM 636 in Fahrt gesetzt werden. Die ungewöhnlich lange Fertigungsdauer, gepaart mit einem zurückhaltenden Maß an konstruktiven Eingriffen und einem hohen Fertigungsvolumen, führt zu einer hervorragenden Teileversorgung, die bis heute anhält. Diese hat – zusätzlich zur sprichwörtlichen Robustheit und Genügsamkeit – viel zum ausgezeichneten Ruf dieses kleinen Dieseltriebwerks beigetragen.

Der OM 636 ist ein Sympathieträger unter den Motoren. Sein Arbeitsgeräusch ist unverwechselbar, der nagelnde Leerlauf, der sich unglaublich weit herunterschrauben lässt, gar von einer beruhigenden Wirkung. Und läuft das Ding einmal, läuft es rein mechanisch …

E 14 Der Mercedes-Benz 220 (W 187)
1951–1955

Würdigung

»Der Mercedes-Benz 220 (W 187) ist der beste 170 S, der gebaut worden ist.« Auf diese kürzestmögliche Charakterisierung könnte man sich einigen. Das Konzept des 220 ist denkbar einfach: ein motor- und fahrleistungsmäßig vollendeter 170 S. Das gelingt nur mit dem neuen, eigentlich für die kommende Fahrzeuggeneration vorgesehenen Sechszylindermotor M 180. Nicht jedoch mit dem antiquierten M 153 aus dem letzten Vorkriegs-230 (W 153) und auch nicht mit dem voluminöseren 2,6-Liter-Triebwerk, das gerade zum 3 Liter großen M 186 weiterentwickelt wird, um den Luxustyp 300 anzutreiben. Gar manchen 220-Besitzer erfüllt es mit Stolz, einen derart modernen Sechszylindermotor mit obenliegender Nockenwelle unter der Haube zu wissen. Und dies, obwohl das Triebwerk etwas überhastet und unausgegoren zum Einsatz kommt und erst im Folgejahr seine Reife erreicht.

Als einen Übergangstyp – moderner Motor in Verbindung mit veralteter, auf einem Rahmen aufliegender Karosserie – sieht man den 220 nicht, als er 1951 der Öffentlichkeit vorgestellt wird. Drei Beispiele zeigen, dass dies dennoch zutrifft:

- Ein neues Modell mit aufgesetzten Scheinwerfern auf den Markt zu bringen, ist 1951 selbst für Mercedes-Benz nicht mehr möglich. Weil der Vorstand gleichzeitig am tradierten Kühlergesicht festhält, ergeben sich schwer lösbare Gestaltungsprobleme. Die in die Kotflügel eingelassenen Scheinwerfer sitzen optisch zu weit auseinander und zu tief; gegen oben fehlt ein ausgleichendes Element. Beim 220 gelingt es nicht, dieses formale Defizit zu beseitigen. Ein Problem, das übrigens bereits um 1940 dem designierten 170 V-Nachfolger W 158 zu schaffen gemacht hat.
- Das Fahrwerk und insbesondere die Federung der Vorderachse ist weicher ausgelegt als beim 170 S, obwohl durch den schwereren und nach vorn geschobenen Sechszylinder ein deutlich größeres Gewicht auf der Vorderachse lastet. Das untersteuernde Fahrverhalten, der beim Bremsen stark eintauchende Vorderwagen, die ausgeprägtere Seitenneigung und die indirektere Lenkung ist den altgewohnten Mercedes-Benz-Fahrern unbekannt und führt zur falschen Behauptung, der Wagen sei kopflastig. Der Versuch, amerikanische Weichheit einzuführen, ist gescheitert. Eine Aufklärungskampagne und eine straffere Federkennung verhindern im Verbund mit den durchweg sehr positiven Beurteilungen in den Fahrzeugtests eine Rufschädigung.
- Die Rechnung mit dem Sechszylinder im 170 S geht so lange auf, bis Mitte 1953 die erste Variante der »Ponton«-Baureihe erscheint, die mit einem Schlag alle vorherigen Typen im wahrsten Sinn alt aussehen lässt – auch den 220.

Der Typ 220 (W 187) markiert sowohl das zeitliche wie auch das obere Ende jener außergewöhnlichen Mercedes-Benz-Fahrzeugfamilie, die zu Beginn des Jahres 1936 mit dem 170 V ihren Anfang nimmt, 20 Jahre Bestand hat und erst 1955 endet. Es ist ein würdevoller Abschluss dieser Typenreihe, die für den Fortbestand der Daimler-Benz AG als ernstzunehmender Pkw-Produzent unverzichtbar gewesen ist. Selbstverständlich sprengt der 220 den Begriff des günstigen Gebrauchswagens, ein Anspruch, mit dem man 1936 erfolgreich ins Verkaufsgeschehen eingegriffen hat. Doch ein Wagen von hohem Gebrauchswert ist dieser kräftige Sechszylinder zweifellos.

F Exkurse

Viele einzelne Themen des Automobilbaus lassen sich in knappen Exkursen darstellen. Zum Beispiel die Fahrzeuggestaltung.

Bild: Der 170 (W 15) von 1931 und der 170 V (W 136) von 1936 veranschaulichen die Entwicklung, die die Wagen in der ersten Hälfte der 1930er Jahre formal durchlaufen.

F 01 Neue Modellbezeichnungen – ab April und September 1928

Exkurs zu Kapitel 1.2

Im September 1928 erhalten die Mercedes-Benz-Pkw-Typen auf Anregung von Aufsichtsrat Carl Jahr neue Modellbezeichnungen. Die bisherige Nomenklatur richtet sich, wie bislang in der Automobilindustrie gebräuchlich, nach den Steuer- und Leistungs-PS des betreffenden Fahrzeugs. Den Mercedes-Benz-Wagen ist im April 1928 zusätzlich eine dreistellige Zahl zugefügt worden, die – gerundet – einen Zehntel des Hubraums in Kubikzentimeter wiedergibt. Den 2-Liter-Wagen der unteren Mittelklasse (W 02) bezeichnet man demnach als »8/38 PS Typ 200«, den großen Wagen mit 6,25-Liter-Kompressormotor als »24/100/140 PS Typ 630«.

Aufsichtsrat Jahr legt nun nahe, Namen statt Ziffern zu vergeben. Von Seiten der Niederlassungen und Vertretungen, die um kundennahe Vorschläge gebeten werden, gehen keine brauchbaren Vorschläge ein, so dass sich der Vorstand für Namen nach den Produktionsorten der Modelle entscheidet: Der 2-Liter heißt fortan »Stuttgart« 200, der 3-Liter neu »Mannheim« 320 und das neue Achtzylindermodell »Nürburg« 460. »Nürburg« bezieht sich in diesem Fall nicht auf die Produktionsstätte, sondern auf den Ort der erfolgreichen Langzeiterprobung dieses Modells, also auf die Rennstrecke Nürburgring in der Eifel. Der kleine preisgünstige 1,6-Liter-Wagen findet keine Aufnahme im neuen Namensschema. Der Beschluss, ihn nicht zu bauen, ist wenige Tage zuvor gefällt worden. Ebenfalls ausgenommen bleiben die hochkarätigen Kompressor-Modelle.[1]

Doch die Typenbezeichnung durch Namen ist nicht von langer Dauer. Bereits bei den nachfolgenden Modellen verschwinden sie wieder. Von nun an gibt es lediglich den dreistelligen Hubraumhinweis, und zwar ohne die altmodische PS-Nennung.

[1] Schreiben von Kissel und Lang an Aufsichtsrat Jahr, 31.08.1928 (Archiv MBAG).

F 02 Formenwandel – der Übergang vom kantigen Karosseriestil der 1920er Jahre zu den weichen Formen der 1930er Jahre

Exkurs zu Kapitel 1.4

Die Mercedes-Benz-Modelle aus der zweiten Hälfte der 1920er und aus den frühen 1930er Jahren entsprechen technisch wie formal dem Zeitgeist. Ihre Werkskarosserien aus Sindelfingen und Mannheim sind vom kantigen Stil geprägt, der in den USA wie in Europa damals üblich ist und am deutlichsten bei den Limousinen zum Ausdruck kommt: Kubische Fahrgastzelle mit senkrecht stehender Windschutzscheibe, davor eine mächtige, mehr oder weniger übergangslos an den Aufbau anschließende Motorhaube mit einem ebenfalls senkrecht stehenden Kühler exakt über der Vorderachse, links und rechts davon zwei große Scheinwerfer, geschwungene Kotflügel, die in breite Trittbretter münden. Am senkrecht abfallenden, meist leicht nach innen gezogenen Heck ist entweder eine Gepäckbrücke angebaut oder es steht ein vom Wagenkasten losgelöster, schmaler Kofferraum auf dem Rahmen, oft versehen mit einem oder zwei Reserverädern, falls diese nicht beidseits der Motorhaube in den Vorderkotflügeln stecken.[1] Geradezu klassische Vertreter dieser Formgestaltung sind die Typen »Stuttgart«, »Mannheim« und »Nürburg«.

Im Laufe der Jahre werden die Rahmen tiefer gesetzt und die Wagen dadurch im Ausdruck geduckter, was am Typ 170 (W 15) gut ablesbar ist. Dieser erste Vollschwingachswagen der Daimler-Benz AG wird im Oktober 1931 präsentiert, ist technisch fortschrittlich, formal jedoch bereits leicht angestaubt. Denn unterdessen gibt es einen Trend zu weicheren Formen, der den Modeströmungen der 1930er Jahre entspricht. Anfänglich äußert sich dies in stärker gerundeten Übergängen, erfasst bald den eigentlichen Karosseriekörper, um diesen fließender zu gestalten. Zweifellos übt hier die aufkommende Stromlinienbewegung ihren Einfluss aus. Um den Trend nicht zu verpassen, spricht sich Direktor Kissel im Februar 1932 für neue Karosserien aus, die eine möglichst kultivierte und flüssige Form erhalten sollen, jedoch keine ausgesprochenen Stromlinienformen[2]. Innovationspotential erkennt er bei den äußeren und inneren Übergängen, den Rädern, Kotflügeln und Scheinwerfer-Verbindungsstangen. Ein halbes Jahr später konkretisiert er diese formalen Korrekturen. Insbesondere der Aufbau des 170 (W 15) habe einen zu harten Abschluss. Die Formen der hinteren Partie müssen weicher gemacht werden, möglichst unter Einbeziehung des Koffers in diese Form. Es muss eine Form gefunden werden, die etwas stromlinienförmig wirkt, ohne jedoch die Opel-Form[3] zu kopieren. An den Aufbauten des 1933 neu herausgebrachten Mercedes-Benz-Typs 290 (W 18), ist von diesen Absichtserklärungen noch nicht viel umgesetzt. Auch an den für 1934 dezent überarbeiteten Karosserien des 170 (W 15) und des davon abgeleiteten 200 (W 21) bleibt die kubische Form stärker erhalten als bei Kissels Referenz-Modell von Opel. Selbst wenn die Wagen durch Änderungen im Bereich des Kühlers, der Motorhaube und Frontscheibe, der Türausschnitte, der Wagenflanken und des Kofferraums nun harmonischer und gefälliger wirken.

Einem größeren formalen Wandel unterliegen die Heckmotor-Wagen, wie dies der Prototyp 120 (W 17) plakativ zeigt. Dessen erster Aufbau – ausgehend von einem kubischen Wagenkasten – gerät formal unglaublich unbeholfen. Die zweite Karosserie, vermutlich im Herbst 1932 realisiert, präsentiert sich hingegen als eine erstaunlich fortschrittliche Schöpfung aus Rundungen und fließenden Formen.[4] Auch der ab Frühjahr 1934 produzierte Heckwagen 130 (W 23) folgt auffällig diesem Trend. Ist es Zufall, dass der Modernisierungsschub in der Gestaltung der Mercedes-Benz-Karosserien mit der Anstellung von zwei jungen talentierten Karosseriebau-Ingenieuren einhergeht? Seit dem 12. September 1932 führt Hermann Ahrens die Abteilung Sonderwagenbau bei Daimler-Benz in Sindelfingen. Ahrens, im Weserbergland aufgewachsen, studiert an den Ingenieurschulen Bingen (Rhein) und Varel. Einer Anstellung bei den D-Werken in Spandau folgt ab 1928 eine solche bei Horch in Zwickau, wo er für die Konstruktion der Karosserien für die Acht- und Zwölfzylinder-Wagen verantwortlich zeichnet.[5] 1933 sucht Daimler-Benz einen tüchtigen Karosserie-Konstrukteur für den Serienwagenbau. Angestellt wird Walter Häcker, ein früherer Arbeitskollege von Hermann Ahrens aus der Zeit bei den D-Werken und bei Horch. Häcker bildet sich nach einer Maschinenschlosserlehre an der Staatlichen Maschinenbauschule Köln zum Ingenieur weiter.[6] Es ist naheliegend, dass Walter Häcker am Aufbau des 130 (W 23) Spuren hinterlassen hat. Für die nachfolgenden Typen 170 H (W 28) und 170 V (W 136) ist er jedenfalls als verantwortlicher Karosseriekonstrukteur und formbestimmender Gestalter nachgewiesen.

Das erste Mercedes-Benz-Modell mit Standardantrieb, das eine geschlossene Serienkarosserie in den neuen weichen Formen erhält, ist die zweitürige Limousinen-Variante des sechszylindrigen 170 (W 15). Aber erst mit dem 170 V (W 136), dem erfolgreichen sogenannten »Auffangtyp«, setzen sich schließlich die rundlich-fließenden Formen vollumfänglich und insbesondere wohlproportioniert durch und prägen bis in die Mitte der 1950er Jahre die Gestalt der Mercedes-Benz-Personenwagen.

[1] Siehe auch Eckermann; Auto & Karosserie 2015, S. 17 ff.
[2] Aktennotiz zur Besprechung des Pkw-Konstruktions- und Versuchsprogramms 04.10.1932 (Archiv MBAG).
[3] Aktennotiz zur Besprechung des Typenprogramms 1932/33, 23.08.1932 (Archiv MBAG). – Gemeint ist die Opel 1,8 Liter »Regent« Limousine 98 C.
[4] Siehe auch Mende, Meilensteine 2007, S. 12 f.
[5] Engelen, Ahrens 1989.
[6] Gestalter und Konstrukteur in einer Person: Walter Häcker; Daimler Global Media 2012. – Siehe auch Kurzbiografie in Kap. G, Menschen hinter den Wagen, S. 213.

F 03 Automobilbau und Aerodynamik – ein Blick auf die dynamischen Anfänge

Exkurs zu Kapitel 4.4

Anfänglich schenken die Automobilbauer dem Luftwiderstand ihrer Fahrzeuge keine Aufmerksamkeit, was angesichts der bescheidenen Geschwindigkeiten, die in der automobilen Praxis gefahren werden können, auch nachvollziehbar ist. Bemühungen, Fahrzeuge strömungsgünstig zu gestalten, setzen erst nach 1918 ein. Als Folge des verlorenen Ersten Weltkriegs wird im Deutschen Reich der Bau von Flugzeugen massiv eingeschränkt, weshalb sich viele Flugzeugingenieure dem Automobil zuwenden. Einige dieser Spezialisten fokussieren ihre fundierten aerodynamischen Fachkenntnisse darauf, die Kraftwagen strömungsgünstiger und dadurch effizienter, also schneller und zugleich sparsamer zu gestalten. Strömungsgünstige Rennwagen oder Experimentalfahrzeuge finden zwar eine große Beachtung, die praktische Anwendung der Erkenntnisse und die daraus abgeleiteten Vorschläge bleiben aber im Serienbau über Jahre weitgehend aus – mit wenigen beachtenswerten Ausnahmen.

Edmund Rumpler und die Tropfenform

Edmund Rumpler, ein aus Wien stammender Maschinenbauingenieur, der anfänglich bei der DMG arbeitet und bald in den Adlerwerken Karriere macht, ist ein hochbegabter Techniker und gilt als Erfinder der Pendelachse. Ab 1908 ist er mit seiner eigenen Firma im Flugzeugbau erfolgreich. Nach dem Ende des Ersten Weltkriegs versucht Rumpler, seine aerodynamischen Erkenntnisse im Automobilbau anzuwenden. Die ab 1921 gebauten Rumpler Tropfenwagen haben eine strömungsgünstig gestaltete Karosserie, die – im Grundriss betrachtet – einem fallenden Wassertropfen gleicht. Das Fahrzeug weicht formal und technisch von allem Bisherigen ab: Mittellenkung, zentraler Scheinwerfer, gewölbte Glasscheiben, Heck-Mittelmotor mit einer W-Anordnung der sechs Zylinder, hintere Pendelachse. Der Wagen gerät zum kommerziellen Pleiteobjekt, dafür ist er technisch wegweisend. Die Nachmessung von 1979 im VW-Windkanal ergibt einen hervorragenden Luftwiderstandsbeiwert von cw = 0,28, der erst 64 Jahre später bei einem Serienautomobil erreicht wird.[1]

Paul Járay und die Kombinationsform

Entscheidende Schritte zu einer auch wissenschaftlich begründeten Betrachtung kommen wenig später von Paul Járay, einem ebenfalls in Wien geborenen Maschinenbauingenieur ungarischer Herkunft, der vor dem Ersten Weltkrieg als Chefkonstrukteur bei der Flugzeugbau Friedrichshafen GmbH und bei Zeppelin im Luftschiffbau tätig ist.[2] Járay, der die Bezeichnung »Stromlinienwagen« geprägt hat, entwickelt aufgrund seiner Überlegungen, Versuche und Messungen im Zeppelin-Windkanal luftwiderstandsarme Körper, die er auf das Automobil überträgt. Eines ist den Aerodynamikern klar geworden: Der Luftstrom darf am Karosseriekörper nicht abreißen, wenn der Luftwiderstand möglichst bescheiden ausfallen soll. Bei der geringen zulässigen Krümmung der Dachlinie ergibt dies unpraktikabel lange, auf null auslaufende Heckpartien, die sich zudem als Innenraum nicht nutzen lassen. Járay erfindet deshalb die sogenannte Kombinationsform, die aus zwei von Tragflügeln abgeleiteten Profilabschnitten besteht, einem liegenden unteren und einem stehenden darüber.

Mit dieser Zweiteilung gelingt es ihm, trotz auslaufendem Heck, eine übermäßige Länge zu vermeiden. In der Folge sind in den 1920er und 1930er Jahren mehrere Dutzend seiner so gearteten Karosserieentwürfe auf ausgewählten Fahrgestellen verschiedener Firmen gebaut worden. Gegenüber den damals üblichen kastenförmigen Aufbauten lässt sich der Luftwiderstand auf rund die Hälfte reduzieren.[3] Allerdings stellen sich strömungstechnische Probleme am Übergang der beiden Profilkörper ein, die eine weitere Optimierung erschweren.

Emil Everling, Reinhard von Koenig-Fachsenfeld und Wunibald Kamm: Das K-Heck

Auf den optimalen Kompromiss zwischen maximal niedrigem Luftwiderstand und kompakter Fahrzeuglänge stoßen um die Mitte der 1930er Jahre drei Aerodynamiker ungefähr gleichzeitig und mehr oder weniger unabhängig voneinander: Dr. Emil August Everling, Professor für Luftfahrttechnik an der Technischen Hochschule Berlin, Reinhard Freiherr von Koenig-Fachsenfeld, Maschinenbauingenieur, Rennfahrer, Aerodynamiker und Repräsentant von Paul Járay in Deutschland, sowie Prof. Dr. Wunibald Kamm, Leiter des Forschungsinstituts für Kraftfahrwesen und Fahrzeugmotoren der Technischen Hochschule Stuttgart (FKFS). Die besten Ergebnisse liefern Karosseriekörper in weicher Pontonform, deren Dach sich sanft nach hinten neigt und schließlich – wie abgeschnitten – abrupt und steil abfällt.

Selbstverständlich entsteht dort eine Luftverwirbelung, die den Widerstand erhöht. Aber der Vorteil, dass der Luftstrom über dem Dach erst am Ende des Wagenhecks abreißt, das nicht künstlich verlängert werden muss, überwiegt den Nachteil durch die Verwirbelung. Koenig-Fachsenfeld hat diese Heckgestaltung als erster klar formuliert und 1936 zum Patent angemeldet. Eine Auseinandersetzung mit Kamm, der diesen Sachverhalt in seinen Vorträgen und Schriften bereits früher thematisiert haben will, kann 1940/41 beigelegt werden. Das Patent von Koenig-Fachsenfeld wird gegen Entgelt auf das FKFS übertragen.[4] Die entsprechende Heckausbildung nennt man nun »K-Heck«. Aber auch Everling macht Prioritätsansprüche geltend, wobei sich das FKFS mit ihm nicht einigen kann; die Auseinandersetzung zieht sich bis über den Zweiten Weltkrieg hinaus.[5]

Gestaltungstrend Stromlinienform

Die strömungsgünstige Gestaltung der Automobile wird während der 1930er Jahre in der Fachwelt wie in der populären Motorliteratur engagiert diskutiert, und zwar aus technischer, praktischer und ästhetischer Sicht. Während die Befürworter die größere Energieeffizienz und die neue, technisch bedingte Ästhetik in den Vordergrund rücken und den praktischen Nutzen der kotflügel- und trittbrettlosen Karosserien zu beweisen versuchen, relativieren die Skeptiker die Vorteile, weil diese erst bei hohen Geschwindigkeiten wirksam würden. Sie kritisieren insbesondere das enge Raumgefühl und die uniforme Erscheinung. Auch das Publikum reagiert mehrheitlich ablehnend auf die auf Ausstellungen gezeigten und in Fachmagazinen vorgestellten Prototypen: Zu ungewohnt ist deren Erscheinung, zu radikal die Abkehr vom bekannten Bild des Automobils, das sich vor noch nicht allzu langer Zeit formal von der Kutsche gelöst hat.

Doch es zeichnet sich, beginnend in der ersten Hälfte der 1930er Jahre, eine weitere interessante Stromlinienform-Entwicklung ab. Diese wird allerdings nicht durch eine wissenschaftlich begründete Optimierung der Fahrzeug-Aerodynamik ausgelöst, sondern durch ein sich allmählich wandelndes Formempfinden, das weit über die Automobilgestaltung hinaus reicht. Es sind jene Jahre, als fließendere, weicher gezeichnete Karosserieformen die kubisch-kastenförmigen Aufbauten ablösen, wofür der Mercedes-Benz 170 V ein gutes Beispiel ist. Dank den zunehmend besseren Straßenverhältnissen und einer Vielzahl fertiggestellter Autobahnteilstücke im gesamten Reichsgebiet wird das Automobil ab ungefähr 1936 für lange Fahrten attraktiv. Plötzlich erhält die auf Dauer schadensfrei fahrbare Höchstgeschwindigkeit eines Wagens einen wichtigen Stellenwert. Höher belastbare Motoren, Getriebe mit fünf Stufen oder mit zuschaltbarem »Autobahn-Schnellgang« sowie längere Hinterachsübersetzungen sind aktuelle Herausforderungen, um die Pkw »autobahnfest« zu machen. Und diese derart verbesserten Autos, die »Autobahn-Wagen«, sollten ihre hohen Geschwindigkeiten auch formal zum Ausdruck bringen, müssen folglich strömungsgünstig sein oder zumindest so aussehen.

Tatsächlich bleibt es oft von untergeordneter Bedeutung, ob diese im Hinblick auf einen Autobahneinsatz entwickelten Automobile wirklich aerodynamisch sind oder bloß so aussehen. Die Bandbreite der sogenannten Stromlinien-Serienwagen der mittleren und späten 1930er Jahre ist jedenfalls beachtlich. Einige werden in ihrer Entwicklung tatsächlich von Modellversuchen im Windkanal begleitet, oder in ihre Formgebung fließen mindestens theoretisch-wissenschaftliche Strömungserkenntnisse ein. So im Jahr 1934 beim Chrysler Airflow aus den USA, der mit vielen Konventionen bricht und beim Publikum durchfällt. Um eine echt strömungsgünstige Form bemüht ist man bei Tatra mit den Heckmotortypen 77 (1934) und 87 (1938), letzterer mit einem ausgeprägt nach der Járay-Theorie gestalteten Heck. Auch der Adler 2,5 Liter Typ 10 »Autobahn« (1937) bezieht sich auf Paul Járay. Eher dem Begriff »Pseudo-Aerodynamik« zuzuordnen sind die Peugeot-Modelle 402 (1935) und 202 (1938), der Volvo PV 36 (1935), der kleine Steyr 50 (1936), der Hanomag 1,3 Liter (1938), und – kriegsbedingt nicht mehr produziert – die Auto Union-Typen Horch 930 S (1938) und DKW F 9 (1939). In diese Gruppe gehört auch der Volkswagen (1938) mit seinem Fließheck.[6] Von Stromliniengedanken beeinflusst wird zudem die Formgestaltung des Mercedes-Benz 170 H (1936).

[1] Siehe Hucho, Aerodynamik 1999, S. 18. – Der günstige cw-Wert erstaunt noch mehr, wenn man die vollständig freistehenden Räder berücksichtigt.
[2] Siehe auch Kap. G, Menschen hinter den Wagen, S. XXX.
[3] Hucho, Aerodynamik 1999, S. 20–25.
[4] Potthoff-Schmid, Kamm 2012, S. 118–120.
[5] Potthoff-Schmid, Kamm 2012, S. 120–122.
[6] Siehe auch Eckermann; Auto & Karosserie 2015, S. 45–53.

F 04 Der neue 1,7-Liter-Motor M 158 – Teil der »Syring-Motorenfamilie«

Exkurs zu Kapitel 5.1 & 5.2

Dass Daimler-Benz im Pkw-Segment mit den einfach konzipierten, zum Teil in die 1920er Jahre zurückreichenden Seitenventilmotoren im Begriff steht, sich ins technische Abseits zu manövrieren, wird 1937 allmählich allen Mitgliedern des Vorstands bewusst. Angesichts vieler deutlich fortschrittlicher konstruierten Triebwerke bei manchen Konkurrenten befürwortet auch Generaldirektor Wilhelm Kissel die Entwicklung einer neuen Motorenreihe. Seine Vorgaben verlangen eine höhere spezifische Leistung, einen ruhigen Lauf wie bisher sowie günstige Herstellungskosten.

Nachdem erste Neukonstruktionen bereits auf dem Reißbrett verworfen werden, entsteht im Laufe der Jahre 1937 und 1938 eine vollständig neue Motorenfamilie, die vom kleinen 1,7-Liter-Vierzylinder bis zum hubraumstarken 6-Liter-V12 reicht und über viele gemeinsame konstruktive Lösungen und Gleichteile verfügt. Als Vater der neuen Motorenreihe gilt Dipl.-Ing. Willy Syring, der 1935 im Gefolge von Hans Gustav Röhr von Adler zu Daimler-Benz gewechselt hat und im Motorenbau tätig ist. Syring entwirft ein modernes Motorenkonzept mit V-förmig im Zylinderkopf hängenden Ventilen, die einen halbkugelförmigen Brennraum mit zentral angeordneter Zündkerze und einen Gaswechsel im Querstromprinzip ermöglichen. Die Vier- und Sechszylinder-Reihenmotoren verfügen über identische Zylinderabmessungen von 80 mm Bohrung und 86 mm Hub, desgleichen die V8- und V12-Maschinen mit 82 und 95 mm. Im Vergleich mit den bisherigen Triebwerken sind sie weniger ausgeprägt langhubig ausgelegt.

Der zunächst für den 170 V-Nachfolger W 136 II und anschließend für den W 158 vorgesehene Vierzylinder M 158 hat einen Hubraum von 1 729 cm³ und erreicht eine Leistung zwischen 50 und 54 PS.[1] Der Zylinderblock besteht aus Grauguss und reicht – wie gewohnt – bis zur Kurbelwellenachse. Der untere Teil des Kurbelgehäuses ist aus Leichtmetall gegossen und schließt die verrippte Ölwanne mit ein. Die Kurbelwelle verfügt über drei Hauptlager. Die neu durch eine Duplex-Kette[2] angetriebene Nockenwelle liegt auf der rechten Motorenseite knapp oberhalb des unteren Zylinderendes, also deutlich höher als beim M 136. Trotzdem ergeben sich lange Stößelstangen, weil diese schräg nach oben bis zum Kulminationspunkt des Zylinderkopfs reichen müssen, wo sie die hängenden Ventile über Kipphebel betätigen. Die Nockenwelle treibt via Zahnrad auch den Zündverteiler und die Ölpumpe an, ebenso die im vorderen Abschnitt am Block angeflanschte mechanische Treibstoffpumpe. Ebenfalls auf der rechten Motorenseite befinden sich der Ansaugkrümmer mit dem Solex-Fallstromvergaser. Die Abgase verlassen den Motor hingegen auf der gegenüberliegenden linken Seite, wo hinten am Block der Anlasser in den Zahnkranz der Schwungscheibe eingreift und wo vorn die Lichtmaschine sitzt. Sie wird in üblicher Weise vom vorderen Kurbelwellenstumpf aus über einen Keilriemen angetrieben, der auch die Wasserpumpe und den Kühlerluftflügel umspannt. Die neu konstruierte Wasserpumpe sitzt im Zylinderkopf aus Grauguss, der wegen der hängenden Ventilsteuerung deutlich aufwändiger und schwerer ist und oben mit einer Haube aus Leichtmetallguss abgeschlossen wird. Mit 168 kg wiegt der M 158 erträgliche 15 kg mehr als der alte seitengesteuerte M 136.[3]

Die Mercedes-Benz-OHV-Motorenfamilie von Willy Syring (1938–1944)

Bezeichnung	M 158	M 159	M 160	M 148	M 157
Zylinderzahl (Anordnung)	4 (Reihe)	6 (Reihe)	8 (V 90°)	12 (V 80°)	12 (V 80°)
Bohrung x Hub	80 × 86 mm		82 × 95 mm		
Hubraum	1 729 cm³	2 594 cm³	4 011 cm³	6 020 cm³	6 020 cm³
Leistung	52–54 PS bei 4 000 U/min 50 PS Dauerleistung bei 3 450 U/min	60/ 68/ 72 PS bei 3 000/ 4 000 U/min	110 PS bei 3 500 U/min	170 PS bei 3 600 U/min	155/ 240 PS bei 3 600 U/min
Drehmoment	11,8 mkg bei 2 000 U/min	keine Angaben	28,5 mkg bei 1 420 U/min	39,4 mkg bei 2 000 U/min	57,5 mkg bei 2 200 U/min
Verdichtung	1:6,5	1:6,3 / 1:6,8	1:7,3	1:6,3	1:6,3
Gemischbildung	1 Solex-Fallstrom-vergaser 30 FJ	1 Solex Doppel-Fallstromvergaser 32 FF JP II	1 Solex Doppel-Fallstromvergaser 35 JFF	2 Solex Doppel-Fallstromvergaser 32 JFF	2 Solex Doppel-Fallstromvergaser 32 JFF & Kompressor
Ventilanordnung und -antrieb	V-förmig im Zylinderkopf hängend, über Stößelstangen und Kipphebel durch untenliegende Nockenwelle, angetrieben mit Kette (4- und 6-Zylinder: Duplex, 12-Zylinder: Triplex)				

Bezeichnung	M 158	M 159	M 160	M 148	M 157
Kurbelwellenlager	3	4	3	4	4
Baujahre	1938–1941/42	1939–1944	1938–1939	1938–1942	1938–1942
Verwendung	170 VX (W 158), Versuchs-Pkw	260 (W 159) Versuchs-Pkw; 1941–1944 in Serie für Lkw L 1500 (L 301)	400 (W 160), Versuchs-Pkw	600 (W 148) Versuchs-Pkw	600 (W 157) Versuchs-Pkw (Sportversion des W 148)
Quellen					
	· Engelen, Syring-Motoren 1986 und diverse Werksunterlagen.				

Die sogenannten Syring-Motoren verfügen mit ihrer vorbildlichen, hemisphärischen Brennraumgestaltung in Verbindung mit dem Querstromgaswechsel über wesentliche Attribute potenzieller Hochleistungsmaschinen. Einer hohen Leistungsausbeute stehen indessen der Ventiltrieb mit den sehr langen Stößelstangen und die langhubig ausgelegten Zylinderabmessungen entgegen, welche keine hohen Drehzahlen zulassen. Dass das Syring-Motorenkonzept gerade hinsichtlich einer möglichst vollständigen Verbrennung und damit einer guten Treibstoffausnutzung den alten Seitenventilern hoch überlegen ist, belegen Vergleichsmessungen mit einem 170 V, in dem wechselweise der alte M 136 und der neue M 158 eingebaut wird.[4]

Der Krieg vereitelt die Serienproduktion des M 158 ebenso wie die des 170 V-Nachfolgers W 158. Genauso ergeht es dem V8-Motor M 160, der ebenfalls nur in geringen Stückzahlen zur Erprobung auf dem Prüfstand und in Versuchswagen entsteht. Nicht so der 2,6 Liter große Reihensechszylinder M 159, der auch die altgedienten M 153 und M 142 ablösen soll. Doch diese neue Maschine kommt kriegsbedingt nicht im zurückgestellten Pkw W 159 zum Einsatz, sondern im 1,5-Tonnen-Lkw L 1500 (intern L 301), der in verschiedenen Ausführungen die Untertürkheimer Produktionsstätte verlässt, besonders häufig als Feuerwehrfahrzeug. Man zählt bis 1944 insgesamt 9 004 Stück. Die Fahrer des L 1500 attestieren dem M 159 eine beachtenswerte Laufruhe, trotz lediglich vier Kurbelwellenlagern. Auch das Zwölfzylinder-Aggregat M 148 wird fremdverwendet, nämlich als Generatortriebwerk zur Stromproduktion für die Scheinwerfer der Fliegerabwehrstellungen.

Nach dem Krieg wird in Untertürkheim die fortschrittliche Syring-Motorenfamilie nicht weiter beachtet. Der M 159 dient zwar als Ausgangslage für die Entwicklung des 3-Liter-Motors M 186, der im hochklassigen Typ 300 eingebaut wird. Weitere Entwicklungsstufen führen schließlich zum M 198 für den 300 SL. Aber ausgerechnet der innovative Zylinderkopf wird über Bord geworfen. Syring fehlt bei Daimler-Benz. Nach Ablauf seiner dreijährigen Zwangsverpflichtung beim Luftfahrt-Turbinenhersteller Turboméca bleibt er in Südfrankreich und macht dort Karriere.[5] Und doch findet sein Konzept eine Fortsetzung, allerdings in den USA. Sein langjähriger Kollege und Leiter der Versuchsabteilung in Untertürkheim, Otto Winkelmann, wandert nach seinem Südfrankreich-Aufenthalt in die Vereinigten Staaten aus wird dort Leiter der Abteilung Entwicklung und Design bei der Chrysler Motor Corporation.[6] Unter ihm entstehen die berühmten leistungsfähigen Hemi-V8-Motoren mit halbkugelförmigem Verbrennungsraum.

[1] Das undatierte Verzeichnis »Technische Hauptmerkmale« der Mercedes-Benz-Pkw (1940/41) nennt 50 PS bei 3 450 U/min, die als Dauerleistung anzusehen ist. Auf dem Typenblatt des 170 VX (W 158) sind 51 PS bei 4 000 U/min notiert, Direktor Max Sailer gibt am 13.01.1940 in »einer Aussprache über unser künftiges PKW.-Typenprogramm« jedoch 54 PS bei ebenfalls 4 000 U/min an.
[2] Gemäß Werkszeichnung in Engelen, Syring-Motoren 1986. Oswald nennt einen Antrieb über Stirnräder und liegt damit falsch (Oswald, MB-Pkw1 2001, S. 421).
[3] Undatiertes Verzeichnis »Technische Hauptmerkmale« der Mercedes-Benz-Pkw, um 1940 (Archiv MBAG).
[4] Siehe Kap. 5.2, S. 258 f.
[5] Siehe auch Kap. G, Menschen hinter den Wagen, S. 227.
[6] Siehe auch Kap. G, Menschen hinter den Wagen, S. 231 f.

F 05 Kübelsitzwagen – Begriff und Definition

Exkurs zu Kapitel 6.1

Als *Kübelwagen* oder präziser *Kübelsitzwagen* hat man bei der Deutschen Reichswehr und der Deutschen Wehrmacht jene kleineren, Pkw-ähnlichen Motorfahrzeuge bezeichnet, die zum Transport von zwei bis vier Truppenangehörigen und einer bescheidenen Anzahl Waffen und Geräte geschaffen worden sind.

Der Name leitet sich ab vom Aufbau dieser Fahrzeuge: Deren Rahmen tragen einen plattformartigen Boden, auf dem zwei oder vier Sitze befestigt sind. Diese Sitze sind schalenförmig ausgebildet, haben also die Form von »Kübeln«, damit die Truppenangehörigen beim Befahren von Kurven oder bei seitlicher Schräglage im Gelände nicht vom Gestühl rutschen und aus dem Wagen fallen, denn die Wagenseiten bleiben offen. Als Wetterschutz dient ein simples Klappverdeck, das sich vorn an der Windschutzscheibe befestigen lässt.

Ungefähr zehn Jahre lang, bis 1936/37, bleibt diese Fahrzeugart unabhängig der jeweiligen Lieferanten in ihrer archaischen Ausführung gültig. Die danach von der Wehrmacht beschafften Fahrzeuge erhalten geschlossene, bis auf die Höhe der Motorhaube reichende Seitenwände und Türen. Seitenscheiben sind höchstens in Form weicher Steckscheiben vorhanden. Die Türen lassen sich bei Bedarf mit ein paar Handgriffen aushängen. Die kübelartige Ausgestaltung der Sitze, die einen einwandfreien Seitenhalt gewährleistet, wird beibehalten. Diese neuere Art der Kübelwagen bietet einen größeren Wetterschutz und erlaubt eine sichere Unterbringung von persönlichem Gepäck oder Gerätschaften im Wageninnern.

Für ein- und dasselbe Fahrgestell werden – unabhängig vom produzierenden Karosseriebetrieb – verschiedene Aufbautypen gefertigt, je nach vorgesehenem Einsatzzweck. So gibt es Ausführungen mit zwei, mit drei oder mit vier Sitzen.

Letztere beiden Varianten sind meist mit einem in die Karosserie integrierten großen Geräteraum im Heck versehen. Die dreisitzigen Kübelwagen verfügen über einen zusätzlichen Gerätekasten im Fahrzeuginnern und dienen hauptsächlich als Fernsprech- oder Funkwagen. Alle diese Aufbauten sind nach den Vorgaben des Heereswaffenamts (HWA) weitestgehend vereinheitlicht. Entwickelt werden die offenen Aufbauten hauptsächlich beim Karosserieunternehmen Nikolaus Trutz in Coburg, das die Konstruktionspläne weiteren Karosseriebaufirmen zur Verfügung stellt. Einzig die Daimler-Benz AG und die Auto Union fertigen einen Teil ihrer Kübelsitzwagen vollständig in Eigenregie, also einschließlich der Aufbauten. Alle übrigen Automobilfirmen beschränken sich auf die Produktion der Fahrgestelle.[1]

[1] Siehe auch Oswald, DE-Militär-Fz 2004, S. 84–90.

Die vier Kübelsitzwagen-Ausführungen der Deutschen Wehrmacht

Kübelwagen-Typ	Bezeichnung/ Verwendung	Aufbau für folgende Fahrgestelle geeignet					Unterscheidungs-Merkmale
		Leichter Pkw (o) (Hubraum bis 1 500 cm³)	Leichter Pkw Typ K1	Einheitsfahrgestell I leichter Pkw	Einheitsfahrgestell I leichter Pkw Typ 40	Mittlerer Pkw (o) (Hubraum bis 2 000 cm³)	
Kfz 1	Leichter geländegängiger Personenkraftwagen (Mannschaftstransportwagen)	■	■	■	■	■	· Ursprünglich 3 Sitze und ohne Türen · Später 4 Sitze, 4 Türen und Gerätekasten im Heck mit senkrechtem Abschluss
Kfz 2	Nachrichtenkraftwagen (Fernsprech- oder Funkwagen)		■	■	■	■	· 3 Sitze und 3 Türen · Gerätekasten im Fond hinten rechts, darauf Funkgerät angebracht · Gerätekasten im abgeschrägten Heck
Kfz 3	Leichter Messtruppkraftwagen	■	■	■	■	■	· Ursprünglich ähnlich Kfz 1 alte Ausführung · Messausrüstung in Gerätekasten und auf Vorderkotflügel geschnallt · Neuere Ausführung (Einheitsfahrgestell, MB 170 V und VW) Messgeräte im Fz-Innern · Senkrechter Heckabschluss
Kfz 4	Truppenluftschutzkraftwagen			■	■		· 4 Türen, senkrechter Heckabschluss · Zwillingslafette mit MGs im Fond · Munitionsfächer über Hinterkotflügeln

Quellen

· Tabelle gemäß Informationen in http://www.kfzderwehrmacht.de, abgerufen 12.12.2021.

F 06 Gasgenerator-Anlagen im Automobil – Geschichte und Funktionsweise

Exkurs zu Kapitel 6.3

Die Idee, einen Motor mit innerer Verbrennung mit festen Brennstoffen zu betreiben, geht vermutlich ins späte 19. Jahrhundert zurück. Werden feste Brennstoffe unter Luftmangel einem sogenannten Schwelbrand ausgesetzt, verflüchtigen sich brennbare Gase, mit denen sich auf übliche Weise ein Ottomotor betreiben lässt. Gerade für stationäre Triebwerke ist damals die Vorstellung verlockend gewesen, anstelle der mehr oder weniger kostspieligen Flüssigkraftstoffe günstige einheimische Brennstoff wie Hartholz zu verwenden. Die damit verbundenen Erschwernisse fallen nicht allzu stark ins Gewicht, denn man ist den Umgang mit Feuer und die aufwändigen Wartungsarbeiten seit der Einführung von Dampfmaschinen gewohnt. Bald taucht auch der Wunsch auf, Motorfahrzeuge mit Festbrennstoffen fahren zu lassen. Offenbar ist bereits 1906 im schottischen Glasgow ein Anthrazitgas-betriebener Omnibus unterwegs.

Auf dem europäischen Kontinent ist es der Lothringer Georg Imbert (1884–1950), der sich als Chemie-Ingenieur zuerst der synthetischen Treibstoffherstellung widmet, bevor er sich mit Unterstützung der französischen Armee auf die Vergasung von Feststoffen konzentriert. Ein erstes Automobil mit Holzkohle-Generator fährt 1921, fünf Jahre später funktioniert die wirtschaftlich günstige, jedoch komplexe Gasgewinnung aus Holz in einem doppelmanteligen Vergaser. Weil er in Frankreich keine Aussicht auf einen wirtschaftlichen Erfolg erkennt, zieht Imbert ins Saarland um und verkauft die Baulizenzen für seine Vergaser an den deutschen Kaufmann und Ingenieur Hanns Linneborn. Dieser gründet die Imbert-Generatoren GmbH und führt die Firma in Köln-Niehl ab den späten 1930er Jahren zusammen mit Georg Imbert zu großem Erfolg.[1]

Die Imbert-Holzvergasungsanlagen bestehen aus einem zylindrischen, doppelmanteligen Gaserzeuger, in dem das trockene Hartholz durch Schwelbrand entgast und auch die flüchtigen Teerstoffe in brennbare Gase umgewandelt werden. Auf seinem Weg zum Motor durchströmt das Gas (Kohlenmonoxyd, Wasserstoff und Methan) einen Absitzbehälter zur Grobreinigung, anschließend einen Gaskühler und letztlich einen Nachreiniger. Dann wird dem Gas mittels Luftfilter ungefähr dieselbe Menge Frischluft zugeführt und das Gemisch auf übliche Weise im Motor verbrannt.[2] Mit einer Generatorenfüllung lassen sich ca. 100 bis 130 km zurücklegen, bevor nachgefüllt werden muss. Die Pflege der Anlage ist zeitaufwändig, anstrengend und schmutzig. Es ist nicht zu umgehen, nach längerer Betriebszeit das ganze System zu demontieren und zu säubern, da die Rohrleitungen und Filter verstopfen.

Nebst dem deutschen Marktführer Imbert gibt es im In- und Ausland zahlreiche weitere Hersteller, deren Gasgeneratoranlagen ähnlich funktionieren, aber oft einfacher aufgebaut sind. Nämlich dann, wenn sie statt für Hartholz für Holzkohle, Torfkoks, Braunkohleschwelkoks, Steinkohleschwelkoks oder Anthrazit ausgelegt sind.

Der Grund für den zuerst verhaltenen, nach 1940 exponentiellen Anstieg der Fahrzeuge mit Gasgeneratorantrieb liegt in der Autarkiepolitik des »Dritten Reichs«. Das zu Benzin raffinierte Mineralöl muss importiert und mit den raren Devisen bezahlt werden. Die Kohleverflüssigung (»Leuna-Benzin«) als Alternative ist aufwändig, kostspielig und kapazitätsmäßig begrenzt. Eine Ergänzung durch feste einheimische Treibstoffe ist erwünscht und wird mit dem Ausbruch des Zweiten Weltkriegs zur absoluten Notwendigkeit. Benzin ist in erster Linie den Streitkräften vorbehalten. Wer an der »Heimatfront« die Bewilligung zum Betrieb eines Automobils erhält, muss ab 1942 zwingend auf Festbrennstoffe umstellen.[3] Große Landwirtschaftsschlepper, Lastkraftwagen und Omnibusse werden rasch mit Gasanlagen versehen. Das beträchtliche Volumen und das Gewicht derartiger Anlagen stören hier weniger als bei den Personenkraftwagen, zudem liegt die nicht unproblematische Handhabung bei den Berufsfahrern in besseren Händen als beim Gelegenheitsautomobilisten. Für die Verwendung im Pkw setzen sich deshalb einfachere, leichtere und kostengünstigere Fabrikate durch. Für weit verbreitete Modelle wie dem 170 V sind gar maßgeschneiderte Lösungen erhältlich. Doch die Versorgung mit geeignetem (und tauglich verarbeitetem) Gasholz, mit Hartholzkohle oder allen anderen Ersatzstoffen ist keineswegs uneingeschränkt sichergestellt und der Erwerb nur mit Bezugsschein möglich. Für die Gewinnung und den Vertrieb von »Tankholz« entstehen zwei staatlich beaufsichtigte Gesellschaften und die Produktion der Gasanlagen wird schließlich ebenfalls von Reichsstellen gesteuert.[4]

Auch in den umliegenden Ländern muss auf feste Brennstoffe ausgewichen werden, am nachhaltigsten in Frankreich, aber auch in Dänemark, den Benelux-Ländern, Norwegen, dem unbesetzt gebliebenen Schweden und der ebenfalls von unmittelbaren Kriegsereignissen verschonten Schweiz. In Schweden erzielen die Gasgeneratoren der Firma Käl-

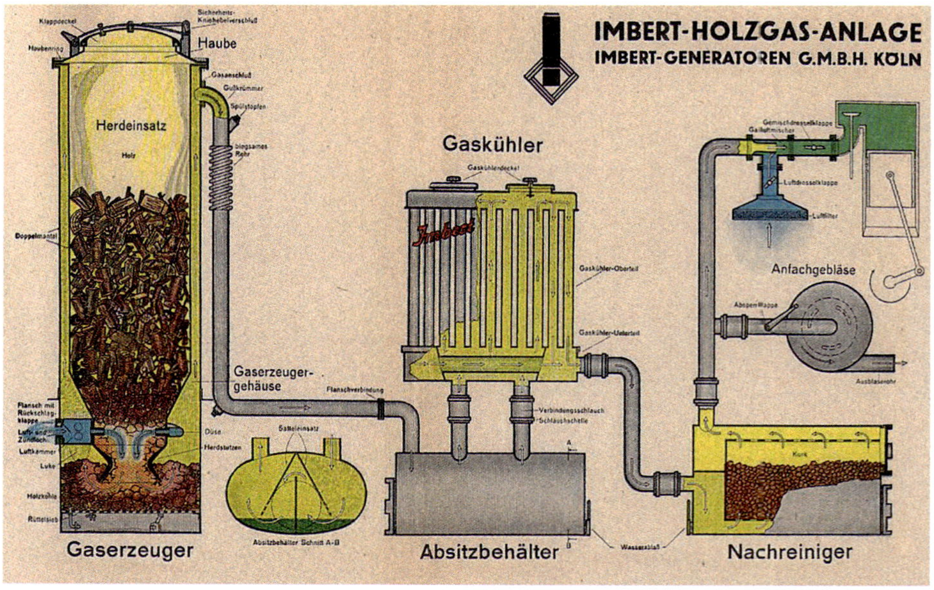

Abb: https://holzgas.ch/funktion

le – einfach aufgebaut und mit ästhetischem Engagement verpackt – beachtliche Erfolge. In der Schweiz setzt man anfänglich auf Acetylengas, das aus Karbid unter Zuführung von Wasser vergast wird.[5]

Im Automobilverkehr der letzten Kriegs- und ersten Nachkriegsjahre, der notgedrungen auf das absolut Notwendige beschränkt bleibt, dominiert der Betrieb mit Gasgeneratoranlagen. Gegen Ende der 1940er Jahre verbessert sich die Versorgung mit den nach wie vor rationierten flüssigen Treibstoffen allmählich. Dies führt letztlich zum Zusammenbruch der Fertigung von Gasanlagen und zu einem raschen Verschwinden dieser umständlichen und mitunter gefährlichen Art, Motorfahrzeuge zu betreiben. Die Imbert-Generatoren GmbH gerät 1949 in finanzielle Schwierigkeiten und wird 1952 aufgelöst.

[1] Neue Deutsche Biographie, Bd. 10, Berlin 1974, S. 143 f. https://de.wikipedia.org/wiki/Georg_Imbert (abgerufen 17.01.2021). – Siehe auch Eckermann, Holz 2008.
[2] Trzebiatowsky, Kraftfahrzeuge 1960, S. 211–214.
[3] Seherr-Thoss, Autoindustrie 1979, S. 277 & 359.
[4] Seherr-Thoss, Autoindustrie 1979, S. 359. Hochstetter, Motorisierung 2005, S. 435.
[5] Einer der Fabrikanten war die Firma Motta & Biffoni in Locarno, deren Anlagen kofferartig eingekleidet waren, eine weitere die Gazogène »F.M.« von Alex Widmer in Lausanne

F 07 Benzindirekteinspritzung – ohne Hans Scherenberg undenkbar

Exkurs zu Kapitel 8.3

1916 entstehen bei Junkers in Dessau und wenig später versuchsweise bei der DMG in Untertürkheim erste Flugzeugmotoren mit Benzindirekteinspritzung. Zu Beginn der 1930er Jahre erinnert man sich im Aviatikmotorenbau an die Vorteile einer direkten Treibstoffeinspritzung in die Zylinder: Größerer Wirkungsgrad und höhere Leistung. Ab Frühjahr 1934 arbeitet der junge Diplom-Ingenieur Hans Scherenberg bei Daimler-Benz in Zusammenarbeit mit Bosch erfolgreich an der Umstellung des Zwölfzylinder-Flugmotors DB 600 auf direkte Benzineinspritzung. Ab 1937 wird dieses Triebwerk als Typ DB 601 in verschiedensten Ausführungen in großen Stückzahlen gefertigt.

Unmittelbar nach dem Krieg beginnt man im Untertürkheimer Konstruktionsbüro der Daimler-Benz AG die Erfahrungen im Bau von Großdieselmotoren für die Konstruktion eines kleinen Pkw-Selbstzünders einzusetzen. Zeitgleich bemühen sich die Motorenkonstrukteure, auch das reiche technische Wissen über die direkte Benzineinspritzung von fremdgezündeten Flugmotoren für künftige Pkw-Triebwerke zu nutzen. Bereits 1941 sind Motoren der beiden Syring-Typen M 148 (V12) und M 159 (Reihensechszylinder) versuchsweise mit einer Saugrohreinspritzung versehen worden. Im Sommer 1947 führen die Ingenieure Hoffmann und Schumann unter Leitung von Oberingenieur Fürst von Urach mit einem umgebauten M 136 (Motor 136 92 00883) Prüfstandsversuche und -messungen mit direkter Treibstoffeinspritzung durch. Dazu wird eine Bosch-Pumpe verwendet und ein Serienkopf mit umgeänderten Flugmotorendüsen versehen, die senkrecht über dem Brennraum angeordnet sind. Hinzu kommt ein neu geformter Ansaug- und Auspuffkrümmer. Die Verdichtung kann – ohne ein Klingeln auszulösen – von 1:6 auf 1:7,1 erhöht werden, dies bei Verwendung von Treibstoff mit lediglich 68 bis 70 OZ. Der Versuch bestätigt zwar die größere Leistung (47 PS bei 4 000 U/min bzw. 45 PS bei 3 500 U/min statt 38 PS bei 3 400 U/min beim Serientriebwerk) und in der Tendenz auch den geringeren Verbrauch, zeigt aber auch, dass zahlreiche motorische Einflussgrößen weit davon entfernt sind, den Anforderungen der Direkteinspritzung optimal zu entsprechen. Die Überlegenheit der Zylinderinjektion gegenüber einem ausgefeilten Vergaserbetrieb sei zwar noch keineswegs bewiesen. Trotzdem würden sich weitere systematische Untersuchungen lohnen, schließt der Versuchsbericht vom 1. September 1947.

Es dauert anderthalb Jahre, bis neue Versuche möglich werden. Doch weder die verschiedenen Düsenlagen im Zylinderkopf bringen eine Verbesserung im Treibstoffverbrauch noch die Verwendung eines umgeänderten und mit einer Zwischenplatte versehenen obengesteuerten Zylinderkopfs des Dieselmotors OM 636. Immerhin schafft man es, das Anspringen des kalten Motors zu verbessern und den Leerlaufverbrauch zu senken. Auch der Firma Bosch, die im selben Zeitraum eigene Versuche anstellt, gelingt es nicht, einen 4-Takter mit Einspritzung sparsamer einzustellen als mit einem guten Vergaser. Aufgrund dieser wenig erfolgreichen Fortsetzung erklärt man den Versuch mit direkteingespritzten Pkw-Motoren im April 1949 für beendet.

Der Daimler-Benz AG fehlt in diesem Zeitraum allerdings der »Vater« der Benzindirekteinspritzung, Dr.-Ing. Hans Scherenberg, der aufgrund der Alliierten-Bestimmungen die Firma 1945 hat verlassen müssen und zunächst beim Zweitaktspezialisten Adolf Schnürle, dann ab 1948 als Technischer Direktor bei Gutbrod in Plochingen arbeitet. Dort entwickelt Scherenberg einen 700 cm^3 großen Zweizylinder-Zweitaktmotor mit direkter Benzineinspritzung, der ab Mitte 1952 im Kleinwagen Gutbrod Superior verwendet wird. Gleichzeitig kommt mit dem Goliath GP 700 ein etwas größerer Wagen des Borgward-Konzerns mit einem sehr ähnlichen, direkt eingespritzten Zweitakter auf den Markt.

Ab 1952 ist Hans Scherenberg wieder bei Daimler-Benz, wo er die Nachfolge des pensionierten und bald darauf verstorbenen Max Wagner als Leiter der Pkw-Konstruktion übernimmt. Zwei Jahre später erlebt die direkte Benzineinspritzung im Mercedes-Benz 300 SL – dem Sportcoupé mit den auffälligen Flügeltüren – ihr erfolgreiches Seriendebut in einem sechszylindrigen Viertakt-Sportmotor.

Quellen:
Versuchsbericht Nr. 10133 vom 01.09.1947 und Nr. 10387 vom 13.04.1949 (Archiv MBAG); Oswald, DE-Autos4 2003, S. 438–440 & 478 f; zum 300 SL umfassend siehe Riedner/Engelen, 300 SL 1989.

F 08 Josef Müller und Rudolf Uhlenhaut – unterwegs in einem 170 D-Versuchswagen

Exkurs zu Kapitel 9.1

Der Pkw-Dieselmotor OM 636 durchläuft einen aufwändigen und langwierigen Entwicklungsprozess, bevor er ab Sommer 1949 im Modell 170 D angeboten werden kann. Sehr früh werden Versuchsmotoren in 170 V Limousinen eingebaut, um konstruktive Optimierungen und die Haltbarkeit im praktischen Fahrbetrieb zu erproben, was dringend notwendig ist. Versuchsfahrten lassen sich gelegentlich auch mit persönlichen Mobilitätswünschen kombinieren.

Es ist 1948, als Josef Müller und Rudolf Uhlenhaut, die befreundet sind und später mit ihren Familien auch nebeneinander wohnen, an einem Wochenende in die ländliche Gegend um Massing in Niederbayern fahren, wo Uhlenhaut seine Familie notdürftig untergebracht hat. Vom Familienbesuch abgesehen ist das Ziel der Fahrt, die Brot- und Fleischrationen aufzubessern, wie Müller berichtet. Sie haben sich einen Versuchs-170 Diesel ausgeliehen und sind eigentlich ganz flott unterwegs. Müller erzählt: *Uhlenhaut dozierte gerade, wie diese armseligen Motoren, die wir da fuhren, gerade noch dazu taugten, auf meinem Bauernhof die Jauchepumpe anzutreiben. Mit richtig hohen Nocken, gewissermaßen »Matterhornnocken« müssten sie ausgerüstet werden, die jetzigen seien ja höchstens zufällige Erhebungen auf einer völlig zylindrischen Welle! Das ging offenbar dem so gelästerten biederen Dieselmotor doch zu weit. Wir waren noch nicht die halbe Strecke vorangekommen, da machten sich einige ungewohnte Geräusche bemerkbar, und schon räuchelte es durch den Vorbau. Ein Blick aufs Wasserthermometer ließ nichts Gutes ahnen und alsbald stiegen einige Wölkchen über der Motorhaube auf.*

Wie die beiden Ingenieure nach Abnahme der Zylinderkopfhauben feststellen müssen, haben sich mehrere Stößelstangen des Ventiltriebs gelockert und selbständig gemacht. Uhlenhaut, etwas nachdenklich geworden, meint schließlich mit einem schelmischen Lächeln zu Müller: *»Da muss ich meinem Freund Bensinger (Motorenkonstrukteur, später Leiter der Motorenentwicklung) doch vorschlagen, eine Art Köcher am Kurbelgehäuse anzubringen, damit man in Zukunft ein paar Ersatzstößelstangen mitführen kann.«* Mit letzter Kraft erreichen die zwei den Gasthof in Zusmarshausen (westlich von Augsburg), wo sie den Wagen unterstellen, nächtigen und sonntags mit der Bahn nach Stuttgart zurückfahren.

Quelle: Müller, Freuden 1990, S. 53 f.

F 09 Der Sechszylindermotor M 180 – Basis für drei Jahrzehnte Motorenbau

Exkurs zu Kapitel 13.2

Automobilmotoren haben zuweilen ein langes Leben, auch was deren Produktionsdauer anbelangt. Dies gilt in hohem Maß für den Mercedes-Benz-Motor M 180, der ursprünglich für die besser motorisierte Variante des geplanten 170 V-Nachfolgers vorgesehen ist, seinen ersten Einsatz aber bereits ab 1951 im 220 (W 187) erlebt und – ständig weiterentwickelt – erst 1991 im gemeinsam mit Steyr-Daimler-Puch in Graz produzierten G-Modell seinen Abschied nimmt. Damit erreicht dieses Triebwerk eine ähnlich lange Fertigungsdauer wie der legendäre Dieselmotor OM 636, allerdings mit deutlich größeren konstruktiven Eingriffen, die sich in der Namensgebung spiegeln.

Wie in den zeitgenössischen Beiträgen der Automobilpresse immer wieder und zu Recht betont wird, handelt es sich beim M 180 um ein ausgesprochen modernes Hochleistungstriebwerk, als es 1951 mit dem neuen 220 (W 187) in Produktion geht. Die kurzhubige Auslegung, die drehzahlfeste Ventilsteuerung mit kettengetriebener obenliegender Nockenwelle und der Doppel-Fallstromvergaser sind die konstruktiven Voraussetzungen, die beachtliche Leistung von 80 PS bei 4 600 U/min der tatsächliche Beweis. Trotz der bescheidenen Verdichtung von 1:6,5, die dem noch immer schlechten Treibstoff geschuldet ist, kommt die Maschine auf eine Literleistung von fast 36,5 PS. Zur gleichen Zeit erreicht der Opel Kapitän, der in Untertürkheim ständig als Konkurrent und in vielen Belangen als Maßstab gilt, trotz des größeren Hubraums von knapp 2,5 Liter lediglich 58 PS oder 23,5 PS pro Liter.

Die M 180-Ableger – eine kurze Übersicht

Die beachtenswerte Evolution des M 180 beginnt 1954 im großen »Ponton«, dem 220a (W 180 I) mit einer höheren Verdichtung, größerem Ventilhub und einem Zylinderkopf aus Leichtmetall, was zusätzliche 5 PS bringt (M 180 II). Zwei Jahre später steigt beim 220 S die Leistung dank zwei Zweistufenvergasern auf 100 PS (M 180 III), eine nochmalige Verdichtungserhöhung führt zu 106 PS, was natriumgefüllte Auslassventile notwendig macht. Mit der ab 1959 erhältlichen Version mit Zweistempel-Einspritzanlage für den 220 SE ist, trotz leicht günstigerem Verbrauch, ein Leistungssprung auf 115 PS und ein deutlich höheres Drehmoment verbunden (M 127 I). Allen M 180/M 127-Versionen in den nun nachfolgenden »Heckflossen«-Modellen können gegenüber den Vorgängerausführungen zusätzliche

5 PS abgerungen werden (M 180 IV, M 180 V, M 127 III). Eine weitere Leistungssteigerung ist dank einer 2 mm größeren Bohrung möglich, die den Hubraum auf 2281 cm^3 anwachsen lässt. In der eingespritzten Version mit Sechsstempel-Einspritzpumpe, gebaut für den SL-Typ »Pagode«, werden 150 PS abgegeben (M 127 II).

Für die neue Modellreihe W 108 greift man 1965 stärker in die Technik ein. Eine Hubverlängerung um 6 mm auf 78,8 mm ergibt bei gleichbleibender Bohrung von 82 mm einen Hubraum von 2496 cm^3. Um eine gute Laufruhe zu ermöglichen, muss die Kurbelwelle nun siebenfach gelagert und mit acht Gegengewichten versehen werden. Die Vergaserversion leistet 130 PS (M 108), die Einspritzvariante 150 PS (M 129). Um das Drehmoment zu verbessern, erweitert man die Bohrung von 82 mm auf 86,5 mm (2 778 cm^3), was nur durch gleichmäßige Zylinderabstände und damit einen Verzicht auf die Wassermäntel dazwischen möglich wird. Die Leistung steigt bis auf 160 PS bzw. 170 PS (M 130). Damit sind die Möglichkeiten dieses nunmehr fast 20 Jahre produzierten Triebwerks erschöpft. Der Gegenstrom-Zylinderkopf mit seinem seitlich versetzten Brennraum vermag die inzwischen geforderten niedrigeren Abgaswerte nicht zu erfüllen und lässt keine Leistungssteigerung mehr zu.

Statt eines vollständig neuen Triebwerks entwickelt Untertürkheim nun lediglich einen neuen Zylinderkopf, der mit seinem Querstromprinzip und den V-förmig hängenden, von je einer Nockenwelle gesteuerten Ventilen für erhebliches Aufsehen sorgt. Der auch im Kurbeltrieb optimierte Motor M 110 leistet je nach Ausführung 160 PS bei 5 500 U/min oder 185 PS bei hohen 6 000 U/min. Das drehfreudige, dabei leise und schwingungsarm laufende Triebwerk erfreut den technikbegeisterten Kunden und wird in zahlreichen Mercedes-Benz-Baureihen verwendet. Erst Ende 1984 erscheint mit dem M 103 ein vollständig neuer Motor, der in seinen zahlreichen Versionen den M 123 (noch mit Gegenstromkopf) und den M 110 (mit DOHC-Kopf) ersetzt.

Technische Einordnung

Setzt man sich mit dem konstruktiven Aufbau des M 180 auseinander, erstaunt die lange Fertigungsspanne dieses Motors und seiner Ableger. In der Tat stechen 1951 der kurzhubige Kurbeltrieb und die obenliegende Nockenwelle als Fortschrittsmerkmale ins Auge. Doch mit der Gestaltung des Zylinderkopfs verfolgen Fritz Nallinger als verantwortlicher Technikvorstand und Wolf-Dieter Bensinger als Motorenchef des Unternehmens keine wirklich zukunftsgerichtete Strategie. Das systembedingte Gaswechsel-Handicap eines Gegenstromzylinderkopfs lässt sich auch später durch höheren Ventilhub und optimierte Kanäle nicht wegzaubern. Die senkrecht hängenden, im Durchmesser großen Ventile führen zu einem in der Form komplexen, über die Zylinderbohrung seitlich hinausragenden und damit verbrennungstechnisch und thermisch (Zylinderverzug) ungünstigen Brennraum. Die hemisphärische Brennraumgestaltung mit V-förmig hängenden Ventilen, Querströmung und zentraler Zündkerze, die Willy Syring bei »seiner« Motorenfamilie Ende der 1930er Jahre in lehrbuchartiger Weise durchgezogen hat, ist optimaler gewesen. Dipl.-Ing. Bensinger, der 1955 eine technische Schrift zum Thema Gaswechsel in schnelllaufenden Verbrennungsmotoren verfasst, sieht das offenbar anders. Als seine Leute – zeitgleich mit der Neuentwicklung des M 180 – damit beschäftigt sind, dem ebenfalls sechszylindrigen »Syring-Motor« M 159 für die Verwendung im großen Wagen W 182 (später Typ 300 W 186) die notwendige Leistung zu entlocken, stößt er sich an den vergleichsweise kleinen Ventildurchmessern und Kanalquerschnitten, die aus der langhubigen Auslegung mit eher knapper Bohrung resultieren. Dies führt bei den weiterentwickelten Motoren für die Typen 300, 300 S und 300 SL zu der eigenartig schrägen Trennung zwischen Motorblock und Zylinderkopf, wodurch sich die nutzbare Fläche des Kopfs vergrößert. Dieser Kunstgriff, der fertigungstechnisch ebenso Schwierigkeiten bereitet wie bezüglich der Haltbarkeit, wäre bei einem Kurzhubtriebwerk wie dem M 180 kaum nötig gewesen. Und dass es auch mit einer langhubigen Auslegung möglich ist, hervorragende Leistungswerte zu erreichen, stellt Alfa Romeo mit dem famosen Doppelnockenwellen-Triebwerk unter Beweis, das erstmals 1950 im Modell 1900 eingebaut worden ist. Bei 1 884 cm^3 Hubvolumen leistet dieses Triebwerk 80 PS.

Oswald, MB-Pkw2 2001; Baaden, Helmut: Die Geschichte des 220er Motors und seiner Ableger (MVC-Depesche 5/1995, S. 18–20); Riedner/Engelen, 300 SL 1989, S. 26 ff; Engelen, 190 SL–280 SL 2013, S. 186.

G

Menschen hinter den Wagen

Hinter jedem Wagen stehen Menschen, die das betreffende Modell konzipiert, konstruiert, kalkuliert, entwickelt, gebaut und verkauft haben. Im Bild von 1953 die Mannschaft, die den designierten 170 V-Nachfolger 180 (W 120) verantwortet. Viele von ihnen haben bereits den 170 V maßgeblich geprägt.

Von links nach rechts: Fritz Nallinger, Hans Scherenberg, Heinz Hoffmann, Walter Häcker, Karl Wilfert, Josef Müller (vorn), Wolf-Dieter Bensinger (hinten), Alfred Rothweiler, Rudolf Uhlenhaut.

Wolf-Dieter Bensinger
1907–1974

Foto 1953

· Geboren am 26. Februar 1907 in Donaueschingen.
· Diplom-Ingenieur Bensinger ist ab 1931 Abteilungsleiter in der Deutschen Versuchsanstalt für Luftfahrt (DVL) in Berlin-Adlershof, wo er 1936 auf Felix Wankel trifft.
· Um 1940 arbeitet Bensinger für Wankel in dessen Versuchswerkstatt in Lindau am Bodensee.
· 1944 Wechsel zur Daimler-Benz AG nach Untertürkheim; Bensinger wird Nachfolger des soeben verstorbenen Motorenchefs Albert Heeß.
· Nach 1945 Leiter der Pkw-Motorenkonstruktion unter Technikvorstand Dr. Fritz Nallinger; Prokura 1959.
· Bensinger, der nach wie vor freundschaftliche Kontakte zu Wankel pflegt, wird zum engagierten Verfechter des Kreiskolbenmotors, mit dem er ab Mitte der 1960er Jahre in den neuen Mercedes-Benz-Modellen die Hubkolbenmotoren abzulösen gedenkt.
· Verstorben am 17. Juni 1974.

Dipl.-Ing. Wolf-Dieter Bensinger ist als Leiter der Pkw-Motorenkonstruktion unter anderem ab 1949 für die Konstruktion des sechszylindrigen M 180 verantwortlich, dem ersten modernen Personenwagenmotor mit obenliegender Nockenwelle der Daimler-Benz AG. Diese Maschine findet zunächst im 220 (W 187) Verwendung und wird unter Wahrung ihrer Grundkonstruktion in ständig verbesserter Ausführung bis 1980 gebaut. Zu dieser langen Einsatzzeit kommt es, weil die von Bensinger favorisierten Kreiskolbenmotoren aufgrund technischer Schwierigkeiten und wegen der sich verschärfenden Verbrauchs- und Abgasdiskussionen fallengelassen werden müssen.

Joseph Dauben
1889–1960

Foto um 1955

· Geboren am 4. Juni 1889 als Sohn eines Lehrers in Süsterseel nördlich von Aachen an der Grenze zu den Niederlanden.
· Jesuiteninternat in Sittard (NL) und humanistisches Gymnasium in Jülich; 1909 bestes Abitur und Auszeichnung mit dem »Kaiserpreis«.
· Ab 1910 Maschinenbaustudium an der Technischen Hochschule Aachen; Abbruch 1911 wegen prekärer finanzieller Verhältnisse.
· 1911 bis Anfang 1914 Flugzeug- und Motorenkonstrukteur bei Rheinische Aerowerke GmbH in Düsseldorf.
· 1912 Kontakt mit dem erst 17-jährigen Hans Gustav Röhr; sie bauen zusammen ein Flugzeug.
· Ab 1. März 1914 Automobil- und Flugmotorenkonstrukteur bei Benz & Cie. in Mannheim. Mitte Dezember 1914 Einberufung zum Kriegsdienst; Weiterarbeit im flugzeugtechnischen Bereich.
· Ab Kriegsende 1918 arbeiten Dauben und Röhr bei den Priamus-Automobilwerken in Köln-Sülz.
· Ab 1921 ist Dauben für verschiedene Firmen tätig, gleichzeitig Entwicklung eines technisch modernen Automobils zusammen mit Hans Gustav Röhr.
· Dauben folgt 1926 Röhr zu der von ihm gegründeten Röhr Auto AG nach Ober-Ramstadt bei Darmstadt und wird zu deren Chefingenieur.
· Nach dem Konkurs der Röhr Auto AG Ende 1930 geht Dauben zusammen mit Röhr und weiteren Fachkräften aus Ober-Ramstadt zu den Adler-Werken in Frankfurt (Main). Dauben wird 1934 Chefkonstrukteur.
· 1935 verlässt Röhr die Adler-Werke im Streit und wird Technischer Direktor bei Daimler-Benz. Erneut folgen ihm Josef Dauben und weitere Mitarbeiter seines engen Stabs. Joseph Dauben wird 1935 Oberingenieur und Leiter der Entwicklung und Konstruktion der normalen Pkw bis einschließlich 2 Liter Hubraum.

- Ab Januar 1941 Leiter Fahrgestellbau und Zusammenarbeit mit dem Karosseriebau (als Nachfolger von Max Wagner, der nun zum Abteilungsdirektor Pkw-Konstruktion aufgestiegen ist). In den späten Kriegsjahren ins Werk Marienfelde delegiert und mit Entwürfen für Lkw, luftgekühlte Dieselmotoren und Panzergetriebe beschäftigt.
- Ende März 1946 bei Daimler-Benz ausgeschieden und durch die französische Regierung mit der »Gruppe Nallinger« beim französischen Luftfahrt-Gasturbinenhersteller Turboméca in Bordes zwangsverpflichtet.
- Dauben kehrt 1948 mit Nallinger wieder zur Daimler-Benz AG zurück und arbeitet in der Vorentwicklung.
- Pensionierung 1957, gestorben 1960 in Zwingenberg an der Bergstrasse.

Josef Müller, der Joseph Dauben während des Kriegs als Chef und nach dem Krieg als Mitarbeiter erlebt, bezeichnet ihn später als besessenen Konstrukteur mit einer unerschöpflichen Erfindergabe, der nicht vom Reißbrett wegzudenken ist. Kaum weniger phantasiebegabt als Hans Gustav Röhr, ist Joseph Dauben jedoch in der Lage Röhrs Intensionen technisch umzusetzen. Die erfolgreichen Frontantriebsmodelle von Adler, der Trumpf und der Trumpf Junior, aber auch die ähnlich konzipierten Mercedes-Benz W 144 und W 145 (die 1937 den 170 V beerben sollten), tragen maßgeblich die konstruktive Handschrift von »Papa« Dauben, wie er im Untertürkheimer Konstruktionsbüro genannt wird.

Walter Häcker
1905–1989

Foto 1955

- Geboren am 16. Juli 1905 in Patschkau an der Neisse (Oberschlesien) als Sohn schwäbischer Eltern. Oberrealschulen in Göppingen und Ulm.
- Praktika im Maschinenbau und Hüttenwesen bei Rheinmetall in Düsseldorf sowie bei den D-Werken in Berlin-Spandau, dann Lehre und Tätigkeit als Maschinenschlosser.
- 1924–1926 Studium an der Staatlichen Maschinenbauschule Köln.
- Ab 1926 als Konstrukteur bei der Wagenkörperfabrik (»Wakö«) der D-Werke in Berlin-Spandau und bei Ambi-Budd in Berlin-Johannisthal tätig, ab 1928 bei Horch in Zwickau.
- Auf den 1. Oktober 1933 wechselt Häcker als Karosserie-Konstrukteur zur Daimler-Benz AG nach Sindelfingen, wo er zunächst im Einzelwagenbau tätig ist. Hermann Ahrens, ein Kollege aus der Berliner Zeit und Leiter des Sonderwagenbaus, hat Häcker bei seinen Vorgesetzten empfohlen.
- Ab 1934 Oberingenieur und Leiter der Abteilung Serienaufbauten für Personenwagen und Nutzfahrzeuge; für Gestaltung und Konstruktion gleichermaßen zuständig.
- Häcker zeichnete vor dem Zweiten Weltkrieg für die Karosserien der folgenden Typen verantwortlich: 170 V (W 136), 170 H (W 28), 230 (W 143 und W 153) sowie 320 (W 142).
- Während des Zweiten Weltkriegs Konstruktion von Heeresfahrzeug-Aufbauten.
- 1950 Chefkonstrukteur für Pkw-Aufbauten.
- 1955 Direktor, Hauptabteilungsleiter für die Konstruktion von Pkw-Aufbauten.
- Walter Häcker tritt 1970 in den Ruhestand und stirbt am 24. Dezember 1989 in Aidlingen.

Walter Häcker ist ein ruhiger und besonnener Mensch. Seine handwerkliche Erstausbildung ist für seinen Berufsweg prägend. Bei aller Liebe und Begabung zum formalen Gestalten bleibt er stets ein praxisbezogener Konstrukteur, der diese Eigenschaft auch bei seinen Mitarbeitenden bevorzugt. Die von Häcker vor dem Zweiten Weltkrieg gestalteten oder formal maßgeblich beeinflussten Serienfahrzeuge gefallen durch ausgewogene, bis in alle Einzelheiten stimmige Formen. Nach dem Krieg vertritt er anfänglich die Idee einer modernisierten klassischen Linie in der Art des Typs 300 (W 186), die sich aber nicht durchsetzt.

Wilhelm Haspel
1898–1952

Foto um 1950

- Geboren am 29. April 1898 in Stuttgart als Sohn eines Werkmeisters.
- Oberrealschule in Cannstatt und Stuttgart.
- Kriegsdienst von 1915 bis 1918, ausgeschieden als Leutnant der Reserve.
- Maschinenbaustudium an der TH Stuttgart, Diplom 1922.
- Ab Oktober 1922 in der Lebensmittelmaschinen-Fabrik Werner & Pfleiderer in Cannstatt tätig.
- Im Januar 1924 Anstellung bei der DMG in Untertürkheim als Leiter der Kalkulationsabteilung.
- Ab 1925 Sonderaufgaben in den Bereichen Rechnungswesen, Betriebswirtschaft und Statistik. Berufsbegleitend Dissertation zum Thema »Unkostenerfassung und Selbstkostenrechnung in einem Werk der Fahrzeug-Industrie«; 1927 Promotion zum Dr.-Ing.
- 1927 Handlungsvollmacht über das Werk Sindelfingen, dessen Karosseriefertigung er rationalisiert und modernisiert.
- 1928 Vermählung mit Grete Schwab, genannt Bimbo.
- Ab 1932 Abteilungsdirektor und Leiter des Werks Sindelfingen.
- Seit 1936 unter Wilhelm Kissel stellvertretendes, ab Ende 1941 ordentliches Vorstandsmitglied der Daimler-Benz AG.
- Haspel lehnt das NS-Regime ab und widersetzt sich einer Trennung von seiner »halbjüdischen« Ehefrau.
- Gegen den Widerstand von NS-Stellen übernimmt er 1942 nach Kissels Tod den Vorstandsvorsitz der Daimler-Benz AG. In dieser Funktion zusätzlich Leiter Sonderausschuss T2 für Flugmotoren im Reichsministerium für Bewaffnung und Munition.
- Ende Oktober 1945 Entlassung auf Weisung der amerikanischen Besatzungsbehörden; gegen Ende 1947 im Spruchkammer-Verfahren als »unbelastet« eingestuft.
- Ab 1. Januar 1948 erneut Vorstandsvorsitzender (in dieser Funktion aktiv seit Herbst 1947).
- 1951 Ehrendoktor der TH Stuttgart und der TH Berlin sowie Ehrensenator der TH Darmstadt.
- Am 2. Januar 1952 durch eine Hirnblutung mitten aus seiner beruflichen Tätigkeit gerissen und vier Tage später, am 6. Januar in Stuttgart verstorben.

Wilhelm Haspel ist Techniker und Ökonom zu gleichen Teilen, der später als Konzernchef sämtliche Fahrzeuge der Daimler-Benz AG bis hin zum schweren Lkw auch selbst zu erproben in der Lage ist – im Unterschied zu seinem führerscheinlosen Vorgänger Kissel. Ende der 1920er Jahre leistet Haspel einen wesentlichen Beitrag bei der Umstellung des Karosseriewerks Sindelfingen von der Manufakturfertigung zur industriellen Serienproduktion. Während des Kriegs hat er, da ihm die Einlieferung in ein KZ droht, eine schwierige Gratwanderung zu bestehen. Zum einen muss Haspel die Kriegsmaschinerie am Laufen halten (Daimler-Benz ist einer der drei größten Flugmotorenhersteller), zum anderen trachtet er vorausschauend danach, das Unternehmen so gut wie möglich für die Zeit nach dem Krieg über die Runden zu bringen. Zusammen mit seiner Frau Bimbo nimmt er 1944 seinen Vorstandkollegen Fritz Nallinger in sein Gästezimmer auf, als dessen Wohnhaus durch einen Bombenangriff zerstört wird. Nach dem Kriegsende 1945 treibt er, unterbrochen durch die Zwangspause bis Ende 1947, zusammen mit Stellvertreter Otto Hoppe und weiteren Führungskräften mit starkem Willen und Nachdruck den raschen Wiederaufbau voran. Durch den Verzicht auf das Abenteuer mit einem gänzlich neuen Pkw-Modell und der von ihm verordneten Weiterproduktion des 170 V gelingt der Daimler-Benz AG in höchst ungewisser Zeit ein gesichertes Fortbestehen auch als Pkw-Produzent.

Albert Heeß
1879–1944

Foto 1934

- Geboren am 2. Juni 1879 in Cannstatt.
- Nach einer Mechanikerlehre wechselt der erst 19-jährige Heeß im November 1898 »zum Daimler« und bereits ein Jahr später in dessen Konstruktionsabteilung. Berufsbegleitend Besuch der Baugewerkschule in Stuttgart.
- Spezialisierung auf den Motorenbau unter Chefingenieur Paul Daimler.
- 1917 Oberingenieur und Prokurist.
- Nach der Fusion zur Daimler-Benz AG 1926 Abteilungsleiter Pkw-Motorenbau.
- Albert Heeß stirbt 1944 noch vor seiner Pensionierung.

Als Albert Heeß 1898 in die DMG eintritt, werden dort die »Phoenix«-Wagen gefertigt, deren Motoren noch Schnüffel-Einlassventile, Spritzvergaser und Glührohrzündung aufweisen. Der Umfang des technischen Wandels, den Heeß während seiner 45-jährigen Berufstätigkeit nicht nur miterlebt, sondern als Chef des Pkw-Motorenbaus auch mitgestaltet, ist überwältigend. Trotz seines ausgeprägten Praxisbezugs – oder vielleicht gerade deswegen – beherrscht er die ganze Palette an Pkw-Motoren vom simplen, günstig zu bauenden Vierzylindertriebwerk bis zu den komplexen, leistungsstarken High-Tech-Aggregaten der Renn- und Rekordwagen. Seit der Fusion 1926 prägt er mit seinen Mitarbeitern den gesamte Pkw- und Rennmotorenbau der Daimler-Benz AG bis in die Zeit des Zweiten Weltkriegs. Unter seiner Leitung entsteht 1934 der M 136 für den Typ 170 V auf Basis des zwei Jahre zuvor konstruierten 1,3-Liter-Heckmotors. Im Werk kennt man den bescheidenen und stillen Albert Heeß nicht als Automobilisten, sondern als überzeugten Radfahrer.

Otto Hoppe
1884–1968

Foto um 1935?

- Geboren am 6. November 1884 in Stettin.
- Studium an der TH Berlin-Charlottenburg; 1914 Promotion zum Dr.-Ing. mit einem Thema zum Dampflokomotivantrieb.
- Tätigkeiten bei Henschel & Sohn in Kassel sowie Rheinmetall, Westdeutsche Waggonfabrik und Lokomotivfabrik Hohenzollern AG, alle drei in Düsseldorf.
- 1930 Wechsel zur Daimler-Benz AG als Direktor und Leiter des Werks Untertürkheim; Eintritt in den Vorstand.
- 1942 wird Dr. Hoppe auf Betreiben der SS-Reichsführung aus dem Vorstand entlassen, da er sich weigert, sich von seiner jüdischen Ehefrau zu trennen.
- Versetzung nach Berlin, von dort aus Aufbauleitung der »Groß-K-Werke« in der besetzten Sowjetunion.
- Noch vor der Kapitulation Deutschlands wird Hoppe per 1. Mai 1945 wieder in den Vorstand der Daimler-Benz AG berufen.
- Zwischen Ende 1945 und Anfang 1948 Vorstandsvorsitzender an Stelle des suspendierten Wilhelm Haspel.
- Pensionierung 1953, gestorben 1968.

Otto Hoppe, zu Beginn der Weltwirtschaftskrise 1930 ins Unternehmen geholt, bewährt sich als technisch ausgebildeter Organisator in der Leitung des komplexen Werks Untertürkheim, das er im Rahmen der Konzernvorgaben weiterentwickelt. Zusammen mit seinem Vorstandskollegen Wilhelm Haspel gerät er während des Kriegs ins Schussfeld der NSDAP und SS, die schließlich Hoppes Entfernung aus dem Vorstand durchsetzen, nicht jedoch seine Deportation. Zusammen mit dem Aufsichtsratspräsidenten Dr. Carl Jahr und Vorstand Walter Kaufmann führt der als politisch unbelastet geltende Dr. Otto Hoppe den Konzern während fast zwei Jahren durch die schwierige erste Nachkriegszeit. Danach leitet er den Wiederaufbau und Ausbau der vielen kriegszerstörten oder beschädigten Werksniederlassungen.

Carl Jahr
1874–1959

Foto um 1935?

- Geboren am 4. Juni 1874 in Kiel.
- Jurastudium an der Universität Erlangen, Abschluss 1907 als Dr. jur., anschließend in Hamburg und Hannover im Bankdienst tätig.
- Ab 1906 Direktor der Rheinischen Kreditbank AG in Mannheim, der Hausbank von Benz & Cie.
- Aufgrund seiner profunden Kenntnisse über die wirtschaftlichen Zusammenhänge in der Industrie wird Carl Jahr 1910 zum geschäftsführenden Aufsichtsrat von Benz & Cie. gewählt.
- Dr. Jahr schlägt 1924 eine Interessengemeinschaft zwischen Benz & Cie. und der DMG vor, die umgesetzt wird und 1926 zur Fusion der beiden verschuldeten Unternehmen zur Daimler-Benz AG führt.
- Von 1926 bis 1953 ist Jahr stellvertretender Aufsichtsratsvorsitzender der Daimler-Benz AG.
- Nach dem Zweiten Weltkrieg wirkt er maßgeblich am Wiederaufbau der Firma mit und führt zwischen Ende 1945 und Anfang 1948 zusammen mit den Vorständen Otto Hoppe und Walter Kaufmann die Daimler-Benz AG durch die tristen ersten Nachkriegsjahre.
- Carl Jahr stirbt am 21. November 1959 in Neckargemünd.

Der besonnene Bankier Dr. Carl Jahr ist für die Daimler-Benz AG ein Glücksfall. Ohne ihn gäbe es die Firma nicht oder nicht mehr. Seine Weitsicht rettet die beiden Automobilhersteller Benz & Cie. und DMG durch eine Fusion vor dem Untergang. Auch unmittelbar nach dem verheerenden Zweiten Weltkrieg zieht die Daimler-Benz AG nochmals großen Nutzen aus dem Einsatz des nun betagten Carl Jahr: Nach der Suspendierung des Vorstandsvorsitzenden Wilhelm Haspel und fast aller Vorstandsmitglieder Ende 1945 bedarf es seiner starken Hand, um das Unternehmen am Leben zu halten. Sein Sohn, Dr. rer. oec., Dipl.-Ing. Carl Heinrich Jahr (1910–2005) wird Leiter des Daimler-Benz-Lkw-Werks Gaggenau.

Paul Járay
1889–1974

Foto um 1950

- Paul (Pál) Járay wird am 11. März 1889 in Wien als fünftes Kind ungarisch-jüdischer Eltern aus Temesvár geboren.
- Studium an der Maschinenbauschule Wien, später Assistent von Professor Rudolf Doerfl an der Deutschen Technischen Hochschule Prag.
- 1912 Übersiedelung nach Friedrichshafen am Bodensee, wo Járay ab 1914 bei Zeppelin an der Entwicklung der Luftschiffe beteiligt ist. Intensiv forscht er zum Thema Aerodynamik, das den hochbegabten Ingenieur ein Leben lang begleiten wird.
- 1917 konvertiert Járay zum Katholizismus.
- 1920 Konstruktion eines Trethebel-Fahrrads (J-Rad), von dem bis 1923 ca. 2 000 Stück gebaut werden.
- 1921 meldet Járay beim Reichspatentamt in Berlin ein Patent für strömungsgünstige Automobilkarosserien an (stattgegeben 1926). Der Aufbau besteht aus zwei aufeinandergesetzten tropfenförmigen Stromlinienkörpern.
- 1922 entsteht auf dem Fahrgestell eines Ley T6 6/20 PS eine erste strömungsoptimierte Automobilkarosserie nach dem Járay-Prinzip.
- 1923 zieht Járay in die Schweiz und gründet ein Ingenieurbüro in Brunnen am Vierwaldstättersee. Bau zahlreicher Einzelwagen nach seinen Strömungstheorien auf Fahrgestellen unterschiedlicher Hersteller. Der Versuch, die Stromlinie in der Automobilindustrie zu etablieren, scheitert.
- Ab 1925 Beschäftigung mit der Radiotechnik.
- 1941 bis 1944 technischer Leiter bei Flugzeugbau Farner AG in Grenchen, danach bei der G. Naef Flugmechanik in Fischenthal tätig.
- Am 22. September 1974 stirbt Paul Járay in St. Gallen.

Der vielseitig interessierte und begabte Ingenieur Paul Járay ist der erste wissenschaftlich arbeitende Pionier der Aerodynamik im Automobilbau. Doch die Stromform ist im Zeitalter der senkrecht stehenden Kühler und kubischen Aufbauten ein harter Bruch, weshalb das automobilaffine Publikum skeptisch auf die ungewohnten Formen reagiert. Die Automobilindustrie lehnt die Verwendung seiner Patente in der Folge ab. Einzig Tatra übernimmt ab 1934 für seinen Heckmotortyp wesentliche Elemente der Járay-Stromform. Da der wirtschaftliche Erfolg ausbleibt, wendet sich Járay zunächst anderen Wissensgebieten zu und wird schließlich erneut in der Luftfahrttechnik aktiv. Er stirbt verarmt, in der Öffentlichkeit unbekannt und selbst von der Automobilindustrie vergessen.

Wunibald Kamm
1893–1966

Foto um 1960

- Wunibald Irmin Erich Kamm wird am 26. April 1893 in Basel als Kind deutscher Eltern geboren; Schulzeit in Cannstatt.
- Von 1913 bis 1920 Maschinenbaustudium an der TH Stuttgart, unterbrochen durch Kriegsdienst. 1922 Promotion zum Dr.-Ing.
- 1922 Anstellung bei der DMG; unter Paul Daimler und Ferdinand Porsche in der Motorenentwicklung tätig.
- 1925 Leiter Fahrzeugbau der Schwäbischen Hüttenwerke, verantwortlich für die Konstruktion des technisch bemerkenswerten SHW-Wagens mit Frontantrieb.
- 1926 wird Kamm Leiter der Motorenabteilung in der Deutschen Versuchsanstalt für Luftfahrt (DVL) in Berlin-Adlershof, das über ein Prüffeld für Flugzeugtriebwerke verfügt.
- 1930 Berufung als Professor an den Lehrstuhl für Kraftfahrwesen und Fahrzeugmotoren der TH Stuttgart. Gründung der Stiftung «Forschungsinstitut für Kraftfahrwesen und Fahrzeugmotoren Stuttgart» (FKFS), die eng mit der Industrie zusammenarbeitet.
- 1935 wird Kamm die technische Gesamtleitung der Daimler-Benz AG angetragen, doch er verzichtet zugunsten des FKFS.
- Allmählicher Ausbau des FKFS zu einem großen Forschungszentrum mit bis zu 650 Mitarbeitenden. Zunehmend Forschungsaufträge im Zusammenhang mit der Aufrüstung und Kriegsführung, u.a. im Bereich der Flugmotoren.
- Bis 1945 ist Kamm Lehrstuhlinhaber und gleichzeitig Vorstand des FKFS.
- Nach Kriegsende wird er von der französischen Besatzungsmacht interniert, später mit einer Gruppe von 121 deutschen Wissenschaftlern zu einem Arbeitseinsatz in den USA verpflichtet.
- 1955 Rückkehr nach Deutschland und für drei Jahre in der Abteilung Maschinenbau des US-amerikanischen Battelle-Instituts in Frankfurt (Main) tätig.
- 1958 Rückzug nach Stuttgart in den Ruhestand, wo er am 11. Oktober 1966 stirbt.

Wunibald Kamm setzt mit »seinem« FKFS-Institut sowohl im Bereich der Aerodynamik (K-Heck) als auch in der Forschung an Verbrennungsmotoren und auf dem Gebiet der Fahrmechanik neue Maßstäbe. Das FKFS erreicht in den 1930er und frühen 1940er Jahren als Kfz-Forschungseinrichtung Weltruf. Als Mitglied mehrerer NS-Organisationen und Leiter eines NS-Musterbetriebs verliert Kamm nach Kriegsende seinen Lehrauftrag. Aus einer Arbeitsverpflichtung in den USA wird schließlich ein zehnjähriger Aufenthalt, in den letzten Jahren als Senior-Wissenschaftler an einer Hochschule in New Jersey. Im Anschluss an seine Rückkehr nach Deutschland gelingt es dem 62-jährigen Kamm nicht mehr, an seine frühere wissenschaftliche Bedeutung anzuknüpfen. Er wird 2009 in Anerkennung seiner hervorragenden Leistungen in die Automotive Hall of Fame (AHOF) aufgenommen.

Wilhelm Kissel
1885–1942

Foto 1937

- Geboren am 22. Dezember 1885 in Haßloch (Pfalz).
- 1902 kaufmännische Lehre in Neustadt an der Haardt (heute Neustadt an der Weinstrasse).
- 1904 Stelle als Korrespondent bei Benz & Cie. in Mannheim, wo er rasch Karriere macht.
- 1907 Wechsel in die Einkaufsabteilung, 1909 Abteilungsleiter, 1917 Prokurist, ab 1921 Abteilungsdirektor des Zentraleinkaufs.
- Mit klarem ökonomischem Blick setzt sich Kissel, ab 1924 im Benz-Vorstand, mit Vehemenz und unermüdlich für die Interessengemeinschaft Benz/DMG und damit für ein Zusammenführen der beiden Firmen ein, das 1926 in der Fusion zur Daimler-Benz AG gipfelt.
- 1925 Wechsel von Mannheim nach Untertürkheim und Berufung in den gemeinsamen Vorstand der beiden Firmen, ab 1926 im Vorstand der Daimler-Benz AG.
- Seit 1930 leitet er die Vorstandssitzungen, ab 1. Oktober 1937 auch formell als »Vorsitzender des Vorstands«.
- Im März 1932 Wahl in den Aufsichtsrat der BMW AG, dies im Hinblick auf eine mögliche Fusion.
- 1933 Auszeichnung als Dr.-Ing. e. h. der TH Darmstadt.
- Gestorben am 18. Juli 1942 an Herzversagen [?] während eines kurzen Urlaubs in Überlingen am Bodensee.

Wilhelm Kissel wird als rücksichtslos strenger Chef, aber auch als treuer Freund geschildert. Zusammen mit den Vorständen Dr. Carl Jahr (Benz & Cie.) und Dr. Emil Georg von Stauss (DMG) ist er die treibende Kraft der Firmenfusion. Es gelingt ihm, aus den zwei ehemals erbitterten Konkurrenten eine Firma mit einheitlichem Gesicht zu schmieden. Dem Ökonomen Kissel ist ein spitzer Rotstift stets wichtig, trotzdem engagiert er sich – der zeitlebens nie Autofahren gelernt hat – mit Nachdruck in technischen Diskussionen. Dem Wohl »seiner« Firma ordnet er alles unter, auch seine eigene Gesundheit. Ob seine Mitgliedschaften in mehreren NS-Organen ebenfalls dem Pflichtgefühl gegenüber der Daimler-Benz AG geschuldet sind, wird kontrovers diskutiert.

Ludwig Kraus
1911–1997

Foto 1955

- Geboren am 26. Dezember 1911 in Hettenshausen bei Pfaffenhofen als Sohn eines Mühlenbesitzers; aufgewachsen in Ingolstadt.
- Nach dem Abitur Studium des Maschinenbaus, Abschluss als Diplom-Ingenieur.
- Ab 1937 bei der Daimler-Benz AG als Konstrukteur im Großmotorenbau tätig, u. a. unter Oberingenieur Witzky im Bereich Dieseltriebwerke für Schnellboote und Zeppeline.
- Ab 1946 konstruiert und entwickelt er zusammen mit seinem ehemaligen Chef Witzky das vom M 136 abgeleitete kleine Pkw-Dieseltriebwerk OM 636.
- Später an der Konstruktion des Silberpfeils W 154 beteiligt, anschließend Konstruktionsleitung des 300 SLR (W 196) und der Grand-Prix-Wagen.
- 1955 Beförderung zum Oberingenieur und Nachfolger von Josef Müller als Leiter der Pkw-Vorausentwicklung.
- Unter Kraus wird der frontgetriebene W 118 entwickelt, den er 1963 als Entwicklungsleiter zur Daimler-Benz-Tochter Auto Union mitnimmt.
- Als 1965 die Auto Union an Volkswagen verkauft wird, bleibt Kraus in Ingolstadt.
- Ab Herbst 1969 bis zur Pensionierung Ende 1973 Technikvorstand der Audi NSU Auto Union AG.
- 1974 Verleihung der Ehrendoktorwürde durch die TU Hannover.
- Gestorben am 19. September 1997 in München.

Obwohl Ludwig Kraus sich anfänglich und mit Erfolg in den Dieselmotorenbau vertieft, bleibt er ein ganzheitlich denkender Automensch. Als Konstruktionschef der W 196-Silberpfeile und als Leiter der Pkw-Vorausentwicklung hat er Gelegenheit, dies erfolgreich unter Beweis zu stellen.

Es erstaunt nicht, dass Technikvorstand Nallinger ihn 1963 mit einer Gruppe junger Ingenieure, die Kraus auswählen darf, nach Ingolstadt schickt, um die widerborstige Tochter Auto Union technisch zur Räson zu bringen. Dass der neue DKW F 102 wiederum mit Zweitaktmotor erscheint, kann Kraus zwar nicht mehr verhindern. Doch bald darauf läuft im überarbeiteten Wagen – nunmehr »Audi« genannt – der Viertakt-Mitteldruckmotor, den Kraus von Daimler-Benz mitgebracht hat. Den Entwicklungsstopp, den die Volkswagen AG als neue Auto Union-Eigentümerin verhängt, ignoriert Kraus. Im Verborgenen und an VW-Chef Nordhoff vorbei entwickelt er den Audi 100, der entscheidend zum Weiterbestand und Aufstieg der Marke Audi beiträgt.

Wilhelm Langheck
1907–1992

Foto 1960

- Geboren am 29. November 1907 in Esslingen (Neckar).
- Nach einem Praktikum bei Daimler-Benz in Untertürkheim studiert Langheck an der TH Stuttgart Maschinenbau.
- 1933 tritt er als junger Diplom-Ingenieur eine Stelle im Karosseriewerk Sindelfingen an.
- 1935 ist Langheck Mitarbeiter der Betriebsleitung unter Oberingenieur Karl Schenk.
- Ab 1936 verantwortet Langheck die nach Sindelfingen verlegte Omnibusfertigung.
- Nach dem überraschenden Tod von Karl Schenk 1943 wird Langheck dessen Nachfolger als Betriebsleiter.
- 1948 Beförderung zum Betriebsdirektor; große Anstrengungen beim Wiederaufbau des stark zerstörten Werks Sindelfingen.
- Seit 1952 stellvertretendes und zwei Jahre später ordentliches Vorstandsmitglied; Produktionschef Pkw.
- 1966 Ehrendoktorwürde der TH Stuttgart.
- 1976 Pensionierung; Dr. Wilhelm Langheck stirbt am 20. März 1992 in Sindelfingen.

Wilhelm Langheck ist ein profunder Kenner der Karosseriefertigung und Automobilmontage, Fachgebiete, die er über einen langen Zeitraum mitprägt. Als Technischer Werksleiter von Sindelfingen drängt Wilhelm Langheck schon in der frühen Nachkriegszeit auf eine Ablösung der aufwändig zu fertigenden 170 V-Karosserie durch einen Ganzstahlaufbau, um Kosten zu sparen und die Kapazität zu erhöhen. 1951 scheitert er mit diesem Anliegen am Vorstandsvorsitzenden Wilhelm Haspel, weniger aus fachlichen Überlegungen, sondern eher wegen der zu forsch vorgetragenen Forderung. Nach Haspels Tod wird Langheck in den Vorstand berufen, wo er mit Nachdruck die Modernisierung der Pkw-Fertigung durchsetzt, die mit den neuen Typen W 120 und W 180 und den nachfolgenden Modellen in gänzlich anderen, ungleich größeren Dimensionen davoneilt.

Prosper L'Orange
1876–1939

Foto um 1935?

- Geboren am 1. Februar 1876 in Beirut als Sohn von Rudolf Heinrich L'Orange, Ostpreuße hugenottischer Abstammung und damals Chefarzt im Johanniter-Spital Beirut. Ab dem zwölften Lebensjahr Gymnasium in Königsberg (Preußen).
- 1896 bis 1900 Maschinenbaustudium an der TH Berlin-Charlottenburg; Abschluss als Dipl.-Ing.; wissenschaftlicher Assistent im wärmetechnischen Laboratorium.
- Ab 1904 Versuchsingenieur in der Gasmotorenfabrik Deutz AG in Köln; Arbeit am Verbrennungsverfahren von Dieselmotoren.
- 1908 Wechsel nach Mannheim zu Benz & Cie., wo ihm bessere Arbeitsbedingungen zur Fortsetzung seiner Versuche an Dieseltriebwerken geboten werden; 1910 Prokurist und Vorstandsmitglied.
- 1909 Patent für den kompressorlosen Dieselmotor mit Vorkammereinspritzung (DRP 230 517); dies ist ein entscheidender Schritt auf dem Weg zum schnelllaufenden Dieselmotor für den Antrieb von Fahrzeugen.
- 1922 Technischer Leiter der Motoren-Werke Mannheim AG (MWM), wohin Benz den Bau von Stationärmotoren ausgelagert hat.
- 1922 entwickelt Benz & Cie. auf der von L'Orange geschaffenen technischen Basis einen Zweizylinder-Dieselmotor und ein Jahr später einen Vierzylinder-Diesel für den 5-Tonnen Benz-Lkw.
- 1926 selbständiger Ingenieur und Gasthörer in Physik an der Universität Heidelberg, danach Forschungs- und Entwicklungstätigkeit in Stuttgart auf dem hochkomplexen Gebiet der Treibstoffeinspritzung und deren Komponenten.
- 1927–1932 eigene Pumpen- und Düsenfabrik (REF-Apparatebau) in Stuttgart-Feuerbach in Kooperation mit Carl Ummen.
- Ab 1932 Ingenieurbüro für Motorentechnik zusammen mit seinem Sohn; Abschluss mehrerer Verträge zur Nutzung seiner Patente, u. a. mit der Bosch AG.
- 1939 gründet L'Orange zusammen mit Heinrich Buschmann die »Motortechnische Zeitschrift« MTZ. Im selben Jahr wird er von der TH Karlsruhe zum Dr.-Ing. e. h. ernannt. Bald darauf, am 30. Juli 1939, stirbt er in Stuttgart.

Die Technik der frühen Dieselmotoren leidet am Umstand, dass der Treibstoff nicht unmittelbar in die Verbrennungsräume eingespritzt werden kann. Die unumgänglichen Einblas-Luftkompressoren sind voluminös, schwer, kostspielig und drücken auf den Wirkungsgrad. Prosper L'Oranges epochale Erfindung ist die Vorkammer im Zylinderkopf des Dieselmotors, in die der Brennstoff eingespritzt wird und die Verbrennung kontrolliert ausgelöst werden kann. Voraussetzung dazu ist die Entwicklung von regelbaren Hochdruckeinspritzpumpen und entsprechenden Düsen, der sich L'Orange mit ganzer Kraft annimmt und sein Leben lang weitertreibt. Erst damit werden kleinere, leichtere und schnelllaufende Dieselmotoren möglich, die sich zum Antrieb landwirtschaftlicher Geräte, zum Einbau in Lkw und schließlich auch als Pkw-Antriebsquelle eignen. Mit dem 1924 unter seiner Obhut konstruierten Lkw-Dieselmotor sichert sich die Benz & Cie. einen klaren Vorsprung gegenüber dem Fusionspartner DMG. Das auf Prosper L'Orange zurückgehende Vorkammerverfahren wird bei Daimler-Benz über Jahrzehnte weiterentwickelt, perfektioniert und im Pkw-Dieselmotor bis in die 1990er Jahre verwendet.

Josef Müller
1900–1995

Foto um 1970

- Geboren am 27. August 1900 als Bauernsohn vom Stelzlhof bei Passau in Niederbayern. Als ältester Sohn soll der kleine schmächtige Josef Müller das Gut übernehmen, zeigt aber an der Landwirtschaft kein Interesse.
- Oberrealschule in Regensburg, Abitur 1920.
- Anschließend Maschinenbaustudium an der TH München. Abschluss 1925 als Diplom-Ingenieur.
- Ab Ende 1926 Anstellung bei der Daimler-Benz AG in Untertürkheim, tätig in der Fahrgestellkonstruktion unter Oberingenieur Max Wagner.
- Konstruktionsarbeit am 170 (W 15), 130 (W 23) und am Rennwagen W 25.
- Konzeptentwürfe 1934 für Kleinwagen mit quergestellten Motoren über der Hinter- und Vorderachse.
- Ab 1934 unter Technikvorstand Hans Nibel und Max Wagner Entwurf und Konstruktion des 170 V-Fahrgestells mit dem zukunftsweisenden X-förmigen Ovalrohrrahmen.
- Neben Entwurfs- und Konstruktionsarbeiten an Serien-, Renn- und Rekordwagen intensive Auseinandersetzung mit der Aerodynamik.
- Während des Zweiten Weltkriegs Konzepte für Geländewagen und Kurzhauber-Lkw.
- Heirat 1941.
- Ab 1945 Entwürfe für Frontantriebs- und Heckmotor-Kompaktwagen.
- 1950 Ernennung zum Oberingenieur und Leiter der Pkw-Vorausentwicklung durch Technikvorstand Fritz Nallinger; großer Anteil am Konzept, der Konstruktion und Gestaltung des 180 (W 120).
- Ab 1955 Direktor und Leiter der gesamten Pkw-Konstruktion als Nachfolger von Max Wagner bzw. Dr. Hans Scherenberg.
- Unter Müllers Leitung werden der Typ 600 (W 100), die Heckflossen-Nachfolgemodelle W 108/W 109, die sogenannten Pagoden-SL sowie – als Schlusspunkt seiner Karriere – die Baureihe W 114/W 115 (»Strich-8«) konstruiert.
- Pensionierung 1967. Josef Müller stirbt im April 1995 hochbetagt in seinem Alterssitz in Prien am Chiemsee.

»Der Josef«, wie Dipl.-Ing. Müller im Konzern allgemein genannt wird, ist ein vielseitig begabter und ungewöhnlich kreativer Ingenieur. Der von ihm für den 170 V erdachte X-förmige Ovalrohrrahmen bildet während eines Vierteljahrhunderts das eigentliche Fundament vieler neuer Mercedes-Benz-Typen. Müller ist in der Lage, sich bis in die kleinsten Details einer Konstruktion zu vertiefen, gleichzeitig mit Freude und großem Erfolg auch konzeptionelle und gestalterische Aufgaben zu bewältigen. Genau dies sind die unabdingbaren Voraussetzungen für einen erfolgreichen Vorausentwickler, der ein ganzheitlich denkender Automobilmensch sein muss. Dieses Talent von Josef Müller erkennt auch sein Vorgesetzter Max Wagner, der ihn mit entsprechenden Aufgaben betraut. Wohl nicht zuletzt wegen seiner bescheidenen Art macht Müller erst spät, dann aber steil Karriere. Als Pkw-Konstruktionschef prägt er die Mercedes-Benz-Wagen der späten 1950er und der 1960er Jahre entscheidend. Mit Rudolf Uhlenhaut verbinden ihn eine persönliche Freundschaft, der Spaß am Fahren und die Fähigkeit, sich ohne große Worte technisch auszutauschen. Müller erkennt, was Uhlenhaut will und braucht und kann dies umgehend konstruktiv umsetzen.

Fritz Nallinger
1898–1984

Foto um 1955

- Friedrich Nallinger (jun.), genannt Fritz, wird am 6. August 1898 in Esslingen (Neckar) als Sohn des DMG-, später Benz- und Daimler-Benz-Vorstands Friedrich Nallinger geboren.
- Abitur 1916 in Mannheim, danach Pilot im Ersten Weltkrieg.
- 1918 bis 1922 Maschinenbaustudium an der TH Karlsruhe; Abschluss als Diplom-Ingenieur.
- Anschließend im Konstruktionsbüro von Benz & Cie. in Mannheim angestellt, wo er unter Technikdirektor Hans Nibel und Fahrwerkschef Max Wagner mit Schwingachsen, Heck-Mittelmotor und Dieseltriebwerken konfrontiert wird.
- Erfahrungen im Rennbetrieb und Teilnahme an Zuverlässigkeitsfahrten.
- 1924 wird Nallinger in Folge der Bildung der Interessengemeinschaft Benz & Cie. und DMG als Versuchsingenieur nach Untertürkheim versetzt.
- 1925 heiratet er Frohmut Panther aus Mannheim.
- 1929, nach dem Ausscheiden von Porsche, überträgt Nibel ihm die Leitung des Versuchs. Gleichzeitig wird Nallinger dessen Assistent und Stellvertreter, erhält tiefen Einblick ins Unternehmen und gewinnt an Einfluss. Im Pkw-Bereich wird das von ihm geförderte Vollschwingachsen-Fahrwerk eingeführt und es werden Versuche mit Dieselmotoren unternommen.
- Nach Nibels überraschendem Tod Ende 1934 übernimmt Fritz Nallinger die Koordination in der Entwicklung des 170 V (W 136).
- Ab Mai 1935 Technischer Direktor, Gesamtleitung des Großmotorenbaus mit Konstruktions- und Versuchsabteilung für Flug-, Marine-, Triebwagen- und Heeresmotoren.
- Nach Röhrs Tod wird Nallinger im Herbst 1937 Stellvertreter von Technikvorstand Max Sailer.
- Ab 1. April 1940 stellvertretendes und ab 1941 ordentliches Mitglied des Vorstands als Nachfolger des krankheitshalber ausgeschiedenen Max Sailer.
- 1945 bis Frühjahr 1948 Zwangsverpflichtung durch die französische Regierung: Leiter einer Gruppe von 125 deutschen Ingenieuren, die beim französischen Luftfahrt-Gasturbinenhersteller Turboméca in Bordes einen längeren Arbeitseinsatz leisten müssen.
- Ab Mai 1948 Rückkehr zur Daimler-Benz AG; Vorstandsmitglied und Technischer Direktor, Gesamtverantwortung für Konstruktion, Versuch und Entwicklung aller Fahrzeugsparten.
- 1952 Ehrendoktorwürde der TH Karlsruhe (Dr.-Ing. e. h.), 1955 Verleihung des Professorentitels des Landes Baden-Württemberg.
- Ab Ende 1965 im Ruhestand; gestorben am 4. Juni 1984 in Stuttgart.

Der feine und durchaus selbstbewusste Fritz Nallinger macht rasch Karriere im Unternehmen, dem er sein ganzes, 43 Jahre dauerndes Berufsleben dient, sieht man von der Zwangspause nach dem Krieg ab. Die verantwortungsvollen Tätigkeiten entsprechen ganz und gar dem talentierten Vollblutingenieur und führen ihn rasch an die technische Spitze der Daimler-Benz AG. Mit dem Aufbau einer professionellen Versuchsanstalt, entscheidenden Weichenstellungen bei der Entwicklung der Fahrzeug- und Großdieselmotoren und der Flugzeugtriebwerke hinterlässt er als Ingenieur bleibende Spuren im Konzern. Der stetig zunehmenden Arbeitslast zeigt er sich gewachsen. In den ersten schwierigen Nachkriegsjahren fehlt Nallinger als technischer Dirigent mit großem, konzernweitem Überblick. Nach seiner Rückkehr ins Unternehmen 1948 lenkt er mit Sachverstand und Durchsetzungsvermögen über einen Zeitraum von fast zwei Jahrzehnten die technische Entwicklung der Daimler-Benz AG. Im Pkw-Bereich sorgt er zusammen mit Josef Müller, Rudolf Uhlenhaut und Karl Wilfert für einen Wandel bei gleichzeitig großer Kontinuität.

Hans Nibel
1880–1934

Foto um 1930

- Johann Nibel, genannt Hans, wird am 31. August 1880 in Olleschau (Olšany nad Moravou), Mähren, geboren.
- Studium an der TH München, Diplom-Ingenieur.
- Ab 1904 Konstrukteur bei Benz & Cie., dann stellvertretender Bürochef und wenige Jahre später Chefkonstrukteur und Prokurist.
- 1917 Wahl in den Vorstand der Benz & Cie. als stellvertretendes Mitglied.
- 1922 Ehrendoktor (Dr.-Ing. e. h.) der TH Karlsruhe.
- Fördert die Dieselmotorentwicklung von Prosper L'Orange.
- Auf Initiative und unter Begleitung von Hans Nibel konstruiert Max Wagner 1922 den revolutionären Benz Tropfen-Rennwagen mit Mittelmotor und hinterer Pendelachse.
- 1925 Vorstand in der Interessengemeinschaft Benz/DMG und ab 1926 in der Daimler-Benz AG. Zusammen mit Ferdinand Porsche Technikchef des fusionierten Unternehmens.
- Nach dem Ausscheiden von Porsche ab Anfang Januar 1929 alleiniger Technikdirektor.
- Nibel ist gegenüber Neuerungen, insbesondere in der Antriebstechnik, sehr aufgeschlossen. Unter ihm entstehen u. a. der erste Vollschwingachswagen 170 (W 15), die Heckmotortypen 130 (W 23) und 170 H (W 28), der Diesel-Pkw 260 D (W 138) und schließlich das erfolgreiche Volumenmodell 170 V (W 136).
- Dr. Nibel stirbt überraschend am 25. November 1934 im Stuttgarter Hauptbahnhof beim Besteigen des D-Zugs nach Berlin.

Der feingeistige und weltoffene Hans Nibel wird aufgrund seiner technischen Kompetenz, seiner Weitsicht und seiner vorzüglichen menschlichen Eigenschaften nicht nur im Unternehmen hochgeschätzt, sondern gilt als einer der einflussreichsten Automobilkonstrukteure Deutschlands. Sein Drang nach Neuerungen wird anfänglich durch Porsche gebremst, doch nach dessen Ausscheiden setzt er bei Daimler-Benz neuartige Baugrundsätze durch, die Porsche zuvor abgelehnt hat. Sein plötzlicher Tod erzeugt ein Vakuum, das man mit Max Sailer und dem vom Aufsichtsrat verordneten Hans Gustav Röhr aufzufüllen versucht.

Ferdinand Porsche
1875–1951

Foto 1934

- Geboren am 3. September 1875 in Maffersdorf (Böhmen) und ebendort aufgewachsen.
- Lehre im väterlichen Spenglerbetrieb, Besuch von Abendkursen an der Staatsgewerbeschule in Reichenberg. Sein außergewöhnliches technisches Talent fällt früh auf.
- Ab 1893 Mechaniker, bald darauf Leiter der Prüfabteilung bei der Vereinigten Elektrizitäts-AG Béla Egger in Wien.
- 1899 Wechsel zu den Lohner-Werken in Wien, wo Porsche ein Elektroauto mit Radnabenmotoren in den Vorderrädern konstruiert. Es folgen weitere Fahrzeuge mit Elektro- und Hybridantrieb.
- 1906 Wechsel zu Austro Daimler nach Wiener Neustadt. Nachfolger von Paul Daimler als Entwicklungs- und Produktionsleiter. Neben Personenwagen und Flugmotoren entstehen während des Ersten Weltkriegs benzin-elektrisch angetriebene Zugmaschinen und Anhängerzüge mit Radnabenmotoren für die Streitkräfte von Österreich-Ungarn.
- 1917 Dr.-Ing. e. h. der TH Wien, 1924 der TH Stuttgart und 1929 Auszeichnung mit dem Professorentitel.
- 1923 Wechsel zur DMG nach Untertürkheim, wo Porsche – wiederum als Nachfolger von Paul Daimler – als Technikchef im Vorstand Einsitz nimmt. Weiterführung der Kompressormotoren und der erfolgreichen Sport- und Rennwagen S, SS und SSK.
- Die Fusion der DMG mit Benz & Cie. 1926 schwächt Porsches Stellung im vereinigten Unternehmen. Ende 1928 scheidet er im Streit bei der Daimler-Benz AG aus.
- 1929/30 kurzes Gastspiel als Technischer Direktor der Steyr-Werke AG in Steyr (Österreich). 1931 kehrt Porsche nach Stuttgart zurück, wo er sein eigenes Ingenieurbüro für die Konstruktion von Motoren und Fahrzeugen gründet.

- Aufträge der Auto Union für Pkw-Konstruktionen und Rennwagen machen ihn bei Adolf Hitler bekannt, der in Porsche jenen genialen Ingenieur sieht, der ab 1934 seine Vision eines Volkswagens konstruktiv umsetzen soll.
- Ab 1937 bindet ein lukrativer Vertrag Porsche an die Daimler-Benz AG, die ihn jedoch mit Entwicklungsaufträgen zu Nebenprodukten in Schach hält.
- 1938 Technischer Direktor des riesigen Volkswagen-Werks, das bei Fallersleben entsteht, um den sogenannten KdF-Wagen zu bauen.
- Während des Zweiten Weltkriegs entwickelt die Dr.-Ing. h.c. F. Porsche GmbH Kübel- und Schwimmwagen auf Volkswagen-Basis, Radschlepper und Panzer.
- Gegen Ende 1944 bringt sich Ferdinand Porsche in Gmünd (Kärnten) vor dem Bombenhagel über Stuttgart in Sicherheit.
- Im Dezember 1945 wird er in Baden-Baden von der französischen Besatzungsmacht verhaftet und für 22 Monate interniert.
- Porsche versucht nach der Entlassung mit geringem Erfolg seine Firma erneut in den Griff zu bekommen und Einfluss auf das Volkswagenwerk zu gewinnen.
- Er stirbt am 30. Januar 1951 in Stuttgart.

Ferdinand Porsche gehört zu den bis heute meistbeachteten Fahrzeugkonstrukteuren aus der ersten Hälfte des 20. Jahrhunderts. Als Autodidakt kann er, ähnlich wie Hans Gustav Röhr, auf einen Stab langjähriger Mitarbeiter zählen, die seine technischen Konzepte umzusetzen wissen. Im Schaffen Porsches werden seine ideenreichen Innovationen (Elektro-Radnabenmotor, Drehstabfederung, Heckmittelmotor, Volkswagen) stets in den Vordergrund gerückt. Während seiner sechsjährigen Tätigkeit als Technikvorstand der DMG und nachfolgend der Daimler-Benz AG dominiert jedoch seine Vorliebe für hochkarätige Wagen konventioneller Bauweise. Porsche, der in den höchsten NS-Kreisen verkehrt, wird als menschlich schwierig beschrieben.

Hans Gustav Röhr
1895–1937

Foto um 1935

- Franz Gustav Röhr, der sich Hans Gustav nennt, wird am 10. Februar 1895 in Uerdingen bei Krefeld (Rheinland) als Fabrikantensohn geboren.
- Abitur, Praktikum bei den Aerowerken Düsseldorf. Als 17-Jähriger Bau eines Flugzeugs mit Sternmotor zusammen mit Ingenieur Josef Dauben.
- Jagdflieger im Ersten Weltkrieg.
- Ab 1918 erwirbt sich Röhr als Praktikant bei der Priamus Automobilwerke GmbH in Köln-Sülz die Grundkenntnisse der Konstruktion. 1922 Umzug nach Berlin.
- Ende 1926 Gründung der Röhr Auto AG in Ober-Ramstadt bei Darmstadt.
- Nach dem Konkurs und der Übernahme der Röhr Auto AG durch Dritte verlässt Hans Gustav Röhr 1931 die Firma und geht mit seinen engsten Mitarbeitern zu den Adlerwerken nach Frankfurt (Main); 1933 Chefkonstrukteur. Die neuen Typen Adler Trumpf und Trumpf Junior, beide mit Frontantrieb, werden ein Erfolg.
- 1935 wird Röhr durch den Daimler-Benz-Aufsichtsrat am Vorstand vorbei zum Technischen Direktor sowie Chef der Personenwagen-Entwicklung der Daimler-Benz AG gewählt und Technikvorstand Max Sailer zur Seite gestellt. Seine langjährigen Wegbegleiter, die Ingenieure Dauben, Syring, Winkelmann und weitere, folgen ihm nach Untertürkheim.
- Bis 1936 intensive Entwicklung einer neuen Fahrzeug-Modellreihe mit z. T. Frontantrieb, Boxermotoren im Baukastensystem von vier bis acht Zylindern und selbsttragenden Karosserien, die der Vorstand im Juli 1936 ablehnt.
- 1937 plant Röhr sich von Daimler-Benz zu lösen und selbständig zu machen.
- Hans Gustav Röhr stirbt am 10. August 1937 in Koblenz an einer Lungenentzündung als Folge einer nächtlichen Cabriofahrt zum Nürburgring.

Hans Gustav Röhr gehört zu den ideenreichsten Automobilkonstrukteuren aus der ersten Hälfte des 20. Jahrhunderts. Als Ingenieur ist er Autodidakt, sein kongenialer Kollege Joseph Dauben ist es, der Röhrs konstruktive Ideen mit dem Rechenschieber und dem Zeichenstift auf dem Papier umzusetzen weiß. Röhrs unbestrittene Stärke ist die Konzeption von Fahrzeugen, also der Weg, wie aus Aufgabenstellungen Ideen entstehen und diese stimmig umgesetzt werden können. Genau diese Fähigkeit sucht der Aufsichtsrat, als er Röhr dem eher verwaltenden Technikvorstand Max Sailer zur Seite stellt. Mit seiner neuen Mercedes-Benz-Typenreihe, die sich unter anderem durch Frontantrieb und Leichtbau auszeichnet, stellt Röhr sein Talent eindrucksvoll unter Beweis, scheitert jedoch hauptsächlich am Widerstand des Vorstandsvorsitzenden Wilhelm Kissel. Röhrs mangelnde Anpassungsfähigkeit und die Rivalität mit Max Sailer lassen ihn nie zum Daimler-Benz-Menschen werden, dies im Unterschied zu den meisten Männern seines Ingenieurteams, die nach seinem Tod in Untertürkheim bleiben.

Max Sailer
1882–1964

Foto um 1938

- Geboren am 20. Dezember 1882 in Esslingen (Neckar).
- Zwischen 1902 und 1905 – mit studienbedingten Unterbrüchen – bei der DMG tätig.
- 1905 bis 1910 Anstellung bei der Fahrzeugfabrik Eisenach (Dixi-Automobile).
- Am 1. Oktober 1910 Rückkehr zur DMG; tätig als Entwicklungsingenieur.
- Zwischen 1914 und 1924 nimmt Sailer als Rennfahrer der Mercedes-Werksmannschaft erfolgreich an internationalen Rennen teil.
- Ab 1919 Oberingenieur.
- 1925 Ernennung zum Direktor; in schwieriger Zeit (1927 bis 1929) Gesamtleiter des Werks Berlin-Marienfelde; anschließend Betriebsdirektor in Untertürkheim.
- Ab 1. Januar 1935 Wahl – als Nachfolger des überraschend verstorbenen Hans Nibel – zum Technischen Direktor und stellvertretenden Vorstandsmitglied der Daimler-Benz AG. Verantwortlich für die Konstruktion und Entwicklung des gesamten Fahrzeugprogramms.
- 1940 bricht Sailer unter der Last seiner Aufgaben zusammen; Beurlaubung bis zu seiner Pensionierung 1942.
- Max Sailer stirbt am 5. Februar 1964 in seiner Geburtsstadt Esslingen.

Max Sailer, der auf Anfang 1935 zum neuen Technischen Direktor der Daimler-Benz AG gewählt wird, hat sich in der Firma an verschiedensten anforderungsreichen Stellen bewährt, als Ingenieur jedoch keine nachhaltigen Spuren hinterlassen. Dies im Unterschied zu seinem verstorbenen Vorgänger Dr. Hans Nibel, der als technischer Neuerer nach Fortschritt strebte. Der Aufsichtsrat hält es in der Folge für notwendig, Sailer einen ideenreichen Ingenieur zur Seite zu stellen, und wählt dafür Hans Gustav Röhr zum Leiter der Personenwagenentwicklung – und zwar gegen den Willen des Vorstands. Obwohl die Gesamtleitung des Großmotorenbaus für Flugzeuge, Schiffe und Eisenbahnfahrzeuge gleichzeitig an Fritz Nallinger übertragen wird, bringt nach Röhrs Tod 1937 die stetig steigende Arbeitslast im Zug der Aufrüstung des Deutschen Reichs Max Sailer schließlich zu Fall. Seine schöne Handschrift und die fundiert verfassten Typenkonzepte lassen einen klarköpfigen Fachmann und sensiblen Menschen erkennen.

Rolf P. Staelin
1913–1985

Foto um 1970

- Rolf P. Georg Staelin wurde am 9. Juni 1913 in Stuttgart geboren.
- 1931 bis 1933 kaufmännische Lehre bei Daimler-Benz AG; Tätigkeit als kaufmännischer Angestellter im Unternehmen.
- 1946 Verleihung der Prokura und Ernennung zum Leiter der Verkaufsabteilung Untertürkheim.
- Ab 1948 stellvertretendes Vorstandsmitglied der Daimler-Benz AG. Direktor und Leiter Inlandverkauf und Verkaufsorganisation.
- 1953 Ehrensenator der Uni Tübingen.
- 1954 bis zur Pensionierung 1977 ordentliches Vorstandsmitglied bei gleichbleibender Funktion.
- 1971 Dr. h. c. der Universität Hohenheim.
- Gestorben am 19. Februar 1985 in Stuttgart.

Rolf Staelin hat eine jüdische Mutter; als sogenannter Halbjude bleiben ihm während der Naziherrschaft Aufstiegsmöglichkeiten verwehrt. Unmittelbar nach dem Ende des Zweiten Weltkriegs wird man im Unternehmen auf sein Organisationstalent und seine Schaffenskraft aufmerksam, die man nun gerne nutzt. Staelin steigt in der Daimler-Benz AG rasch auf, mischt sich aktiv in die Diskussionen um die künftige Pkw-Modellpolitik ein und prägt als Chef des wichtigen Inlandverkaufs und der Verkaufsorganisation die turbulente, von beispielloser Expansion begleitete Nachkriegszeit bis in die 1970er Jahre an der Verkaufsfront maßgeblich mit.

Emil Georg von Stauss
1877–1942

Foto um 1935?

- Geboren am 6. Oktober 1877 in Friedrichstal bei Baiersbronn (Württemberg).
- Banklehre, Anstellung bei der Königlich Württembergischen Hofbank, 1898 Wechsel zur Deutschen Bank in Berlin.
- Stauss macht rasch Karriere im Unternehmen und in den Wirtschaftskreisen. 1915 Berufung in den Vorstand der Deutschen Bank, schließlich wird er deren Generaldirektor und Mitglied in über 30 Aufsichtsräten.
- 1917 Dr.-Ing. h. c. der TH Karlsruhe; 1918 wird Stauss in den Adelsstand erhoben (nun von Stauss).
- Er ist, obwohl nicht Mitglied, für seine engen Beziehungen zur NSDAP und zu deren höchsten Exponenten bekannt.
- Zusammen mit Dr. Carl Jahr ist Dr. Emil Georg von Stauss (als Vertreter der Hauptbank der DMG) einer der Motoren für den Zusammenschluss von Benz & Cie. und der DMG zur Daimler-Benz AG.
- Ab Juni 1926 bis zu seinem Tod 1942 ist von Stauss – mit kurzer Unterbrechung – Vorsitzender des Aufsichtsrats der Daimler-Benz AG.
- Gestorben am 11. Dezember 1942 in Berlin.

Dr.-Ing. h. c. Emil Georg von Stauss ist ein bedeutender strategischer Wirtschaftslenker mit besten Beziehungen und großem Einfluss bis in höchste Kreise. Zusammen mit Carl Jahr kommt ihm das Verdienst zu, die beiden Automobilhersteller Benz & Cie. und DMG durch Fusion gerettet zu haben. Mit seinen weitergehenden Ideen zum Zusammenschluss der deutschen Automobilindustrie dringt er allerdings nicht durch. 1935 installiert er gegen den Widerstand von Daimler-Benz-Chef Wilhelm Kissel den umstrittenen Automobilkonstrukteur Hans Gustav Röhr als Chefingenieur für den Pkw-Bau in Untertürkheim. Gegen Ende der 1930er Jahre beginnt sich von Stauss von der NSDAP, deren Mitglied er nie war, zu distanzieren.

Willy Syring
1906–1985

Foto um 1960

- Wilhelm Syring, genannt Willy, wird am 17. Mai 1906 in Frankfurt (Main) als Spross einer Hugenottenfamilie geboren.
- 1930 schließt er sein Studium an der Technischen Hochschule Darmstadt mit dem Titel Diplom-Ingenieur ab.
- 1930 bis 1931 bei der Röhr Auto AG in Ober-Ramstadt tätig.
- Syring gehört zu jener Gruppe von Ingenieuren, die 1931 nach dem Konkurs der Röhr Auto AG seinem Chef Hans Gustav Röhr zu Adler nach Frankfurt (Main) folgt und schließlich 1935 mit Röhr und weiteren seiner Kollegen zur Daimler-Benz AG wechselt.
- Zusammen mit Otto Schilling und Ekhard Schmidt bildet Willy Syring eine starke, gut ausgebildete und innovative Gruppe, die in der Motorenabteilung unter Albert Heeß an neuen Triebwerken arbeitet.
- Syring konzipiert und entwickelt Ende der 1930er Jahre ein fortschrittliches Pkw-Motorenkonzept mit V-förmig hängenden Ventilen und hemisphärischem Verbrennungsraum. Die Vierzylindervariante M 158 soll im designierten 170 V-Nachfolger W 158 verwendet werden.
- Ab ca. 1941 bis zum Kriegsende in der Strahltriebwerksabteilung der Daimler-Benz AG tätig.
- 1946 wird Syring mit zahlreichen Kollegen in die »Ingenieurgruppe Nallinger« geholt und zu einem dreijährigen Arbeitseinsatz bei der Luftfahrttriebwerksfirma Turboméca in Bordes, Frankreich, zwangsverpflichtet.
- Im Unterschied zu den meisten seiner Kollegen kehrt Syring nicht nach Deutschland zurück, sondern bleibt bei Turboméca und macht rasch Karriere: 1952 technischer Abteilungsleiter, 1956 stellvertretender technischer Direktor (der Firmengründer Joseph Szydlowski behält den Titel »technischer Direktor« sein Leben lang), 1971 stellvertretender Generaldirektor.
- Ende 1976 geht Syring mit gut 70 Jahren in Pension, bleibt aber weitere fünf Jahre persönlicher Berater von Szydlowski.
- Am 16. April 1985 stirbt Willy Syring im Alter vom 79 Jahren in Mirepeix. Er hinterlässt zwei Söhne.

Die von Willy Syring unter Albert Heeß ab 1937 entwickelte neue Motorenfamilie mit Querstromzylinderkopf und V-förmig hängenden Ventilen in hemisphärischen Verbrennungsräumen sowie kettengetriebener Nockenwelle soll einen Technologieschub im Pkw-Motorenbau der Daimler-Benz AG auslösen. Kriegsbedingt werden bloß der 2,6-Liter-Sechszylinder M 159 für den Einsatz im Leichtlastwagen L 1500 und der V12-Zylinder in der Ausführung M 173 als Antrieb für Flakscheinwerfer-Generatoren gefertigt. Zwar wandern nach dem Krieg bald nicht nur die Ventile, sondern auch die Nockenwelle nach oben in den Kopf, doch die Vorteile des verbrennungs- und strömungsgünstig konstruierten Zylinderkopfs werden nicht weiter beachtet. Der talentierte Ingenieur Willy Syring hätte der Daimler-Benz AG gerade in der Motorenentwicklung weitere starke Impulse verleihen können, wäre er nach dem Pflichtaufenthalt bei Turboméca nicht in Südwestfrankreich geblieben, sondern nach Untertürkheim zurückgekehrt.

Rudolf Uhlenhaut
1906–1989

Foto um 1955

- Geboren am 15. Juli 1906 in London als Sohn des Filialleiters der Deutschen Bank und einer englischen Mutter; aufgewachsen in Brüssel, Berlin und Bremen.
- 1926 bis 1931 Studium des Maschinenbaus an der TH München, Abschluss als Diplom-Ingenieur.
- November 1931 Eintritt in die Daimler-Benz AG; Betriebsassistent in der Versuchsabteilung Untertürkheim.
- 1935 Versuchsingenieur in der Pkw-Entwicklung. Hier optimiert Uhlenhaut die Fahrwerksabstimmung des 170 V (W 136).
- Im Mai 1935 heiratet Rodolf Uhlenhaut die Berliner Rechtssekretärin Edith Gottschlag.
- 1936 Technischer Leiter der Rennabteilung, ab 1937 Oberingenieur.
- Während des Zweiten Weltkriegs in der Flugmotorenentwicklung und in der Entwicklung luftgekühlter Lkw-Dieselmotoren tätig.
- Ab 1944 Technischer Leiter des Daimler-Benz-Auslagerungswerks Neupaka im »Protektorat Böhmen und Mähren«.
- 1945 Immigration nach Massing (Niederbayern); Gelegenheitsarbeiter und Fuhrhalter.
- 1946/47 Konstrukteur eines Rennwagens für den britischen Colonel Michael McEvoy in Wetter (Ruhr). McEvoy ist der Vorgesetzte von Major Ivan Hirst und hat dessen Bestrebung, das Volkswagenwerk in Wolfsburg zu erhalten und eine zivile Fahrzeugproduktion in Gang zu setzten, maßgeblich unterstützt.
- Nach Beendigung des Spruchkammerverfahrens tritt Uhlenhaut am 1. Februar 1948 erneut in die Daimler-Benz AG ein und wird wiederum Versuchsingenieur in Untertürkheim.
- Ab April 1949 Wiederernennung zum Oberingenieur und Leiter der Abteilung Pkw-Versuch; 1950 Prokura für das Werk Stuttgart.
- 1953 Abteilungsdirektor und Leiter der Rennabteilung.
- 1959 Direktor der Personenwagenentwicklung.
- 1972 Verleihung der Ehrendoktorwürde (Dr.-Ing. e. h.) der TU München; Pensionierung.
- Gestorben am 8. Mai 1989 in Stuttgart-Sillenbuch.

Rudolf Uhlenhaut gehört zu den kompetentesten Automobilingenieuren seiner Zeit. Dank seiner ausgeprägten analytischen Fähigkeiten und seines feinen Sensoriums für die Funktionsweise der Technik – er ist ein ebenso begeisterter wie begnadeter Autofahrer – ist er der geborene Versuchsingenieur und Fahrzeugentwickler. Dem erst 30-jährigen Uhlenhaut gelingt es nach der Berufung in die Rennabteilung, das miserable Rennjahr 1936 in eine dreijährige Erfolgsphase umzudrehen. Der ruhige, stets höfliche Uhlenhaut weiß auch als Vorgesetzter ein menschliches Arbeitsklima zu schaffen, das seine Mitstreiter zu Höchstleistungen motiviert. Bis zur Pensionierung im Jahr 1972 gehen alle Nachkriegs-Baureihen der Mercedes-Benz-Personenwagen vom 170 S bis zum W 116 durch seine Hände. Unter den Technikvorständen Nallinger und später Scherenberg gehört Rudolf Uhlenhaut während der 1950er und 1960er Jahre zusammen mit seinem Freund Josef Müller und dem Sindelfinger Karosserieversuchsleiter Karl Wilfert zu den einflussreichsten Persönlichkeiten im Pkw-Bau der Daimler-Benz AG.

Wilhelm III.
Fürst von Urach
1897–1957

Foto um 1950

- Wilhelm Albert Fürst von Urach wird am 27. September 1897 als Sohn von Wilhelm II., Herzog von Urach, Graf von Württemberg und der Amalie, geb. Herzogin in Bayern, in Stuttgart geboren.
- Im Juni 1914 Abitur am Stuttgarter Karlsgymnasium.
- August 1914 bis Ende 1918 Kriegsdienst, stationiert in Nordfrankreich, Russisch-Polen, Serbien, den Südkarpaten und erneut an der Westfront. Verabschiedet als Oberleutnant.
- Der vielseitig begabte und interessierte Wilhelm widersetzt sich der Berufsvorstellung seines Vaters und studiert statt Jurisprudenz ab 1919 Maschinenbau an der TH Stuttgart; 1922 Abschluss als Diplom-Ingenieur.
- Erste berufliche Tätigkeit bei der Automobilfirma Steiger GmbH in Burgrieden bei Laupheim. Anschließend, um 1924/25, im Konstruktionsbüro von Fritz Gockerell in München und bei Bugatti in Molsheim (Elsass) tätig.
- 1. August 1927 Eintritt bei Daimler-Benz in Untertürkheim als Fahrwerkskonstrukteur im Pkw-Bereich.
- Im Sommer 1928 heiratet Wilhelm die bürgerliche Elisabeth Theurer aus Stuttgart.
- Ab 1933 Direktionsassistent von Technikvorstand Hans Nibel und Mitglied des Direktionssekretariats; 1937 Beförderung zum Oberingenieur.
- Während der deutschen Besetzung Frankreichs 1940 bis 1944 als »Industriebeauftragter« für die technische Koordination der Renault-Werke mit der deutschen Industrie verantwortlich.
- 1944 Rückkehr nach Stuttgart. Zwischen 1946 und 1950 Leiter der Pkw-Versuchsabteilung in Untertürkheim als Nachfolger von Otto Winkelmann.
- Seit 1950 erneut Mitglied des Direktionssekretariats, ab 1954 zusätzlich Leiter des Firmenmuseums, Prokurist.
- Gesundheitsbedingt muss Fürst von Urach 1957 seine berufliche Tätigkeit aufgeben; er stirbt am 8. August in München.

Wilhelm III. Fürst von Urach, Spross eines alten württembergischen Adelsgeschlechts und des deutschen Hochadels, muss wegen der Heirat mit der bürgerlichen Elisabeth Theurer auf den ihm zustehenden Herzogstitel verzichten. Sein technisches Interesse wird früh offensichtlich. So baut er als Jugendlicher kurz nach 1910 Flugzeugmodelle, die er tatsächlich zum Fliegen bringt. Als Fahrwerkskonstrukteur bei Daimler-Benz unter Max Wagner trägt er wesentlich zum guten Gelingen des vollständig neuen Typs 170 (W 15) bei und ist am Heckmotorwagen 130 (W 23) beteiligt. Reger technischer Austausch mit Josef Müller, seinem Arbeitsplatznachbar, mit dem er sich gut versteht. Sein Mandat als einer der beiden deutschen »Kommissare« bei Renault im besetzten Frankreich nimmt er mit Umsicht und Menschlichkeit wahr. Er toleriert die illegale Entwicklung des Typs 4 CV ab 1942 und trägt dazu bei, dass Renault mit guten Voraussetzungen in die Nachkriegszeit starten kann. Als Leiter des Pkw-Versuchs in Untertürkheim von 1946 bis 1950 hat von Urach mit seinem Team von fähigen Versuchsingenieuren Anteil an der ersten Nachkriegs-Pkw-Generation, so an der Optimierung des 170 V, an der Entwicklung des Dieselmotors OM 636 und am neuen Modell 170 S. Im Zuge der aufblühenden Wirtschaft wird von Urach als Mitglied des Direktionssekretariats zu einem hochbeanspruchten und geschätzten Repräsentanten der Daimler-Benz AG.
Von Urachs Tochter Maria-Christine studiert wie ihr Vater Maschinebau an der TH Stuttgart, durchläuft bei Daimler-Benz eine steile Karriere und wird schließlich erstes weibliches Mitglied des Aufsichtsrats.

Max Wagner
1882–1951

Foto um 1948

- Geboren am 23. Mai 1882 in Apolda (Thüringen).
- Studium am Polytechnikum Köthen (Anhalt), Abschluss als Maschinenbauingenieur.
- 1904 Eintritt als Konstrukteur bei A. Ruppe & Sohn in Apolda (Piccolo- und Apollo-Automobile).
- Ab 1. Oktober 1910 Konstrukteur im Nutzfahrzeugbau bei der DMG in Berlin-Marienfelde.
- Auf den 1. Juni 1911 Wechsel nach Mannheim zu Benz & Cie., wo er am Fahrgestell des kleinen und erfolgreichen 8/20 PS arbeitet.
- 1912 Leiter der Abteilung Chassisbau, 1915 zusätzlich Leiter des Karosserie-Konstruktionsbüros.
- 1914 Ernennung zum Oberingenieur und 1920 zum Prokuristen.
- Auf Initiative und unter Begleitung von Hans Nibel konstruiert Max Wagner 1922 den revolutionären Benz Tropfen-Rennwagen mit Mittelmotor und hinterer Pendelachse (Auszeichnung mit der Ehrenmedaille des italienischen Königs für eleganteste Konstruktion).
- Angesichts der bevorstehenden Fusion von Benz & Cie. und der DMG zur Daimler-Benz AG wechselt Wagner 1924 als Oberingenieur und Prokurist nach Untertürkheim, wo er unter Technikvorstand Hans Nibel Leiter der Fahrgestellkonstruktion im Zentralen Konstruktionsbüro wird.
- 1935 Leiter Konstruktion und Entwicklung »normale Pkw über 2 Liter Hubraum, Spezialfahrzeuge und Rennwagen«.
- Ab Januar 1941 und ab Frühsommer 1945 erneut Abteilungsdirektor Pkw-Konstruktion in Untertürkheim.
- Max Wagner stirbt am 4. Juni 1951 nach kurzer schwerer Krankheit in Stuttgart, unmittelbar vor oder nach seiner Pensionierung.

Der eher verschlossene, mürrische und stets fordernde »Maxe« Wagner – wie ihn im Konzern hinter vorgehaltener Hand alle nennen – ist ein leidenschaftlicher Konstrukteur, der sehr früh neuartigen Fahrwerkslösungen gegenüber aufgeschlossen ist. Zusammen mit Hans Nibel ist er die treibende Kraft bei der Einführung der Einzelradaufhängung in den Mercedes-Benz-Pkw. Der politisch offensichtlich unbelastete Max Wagner ist einer der ersten Führungskräfte, die im Frühsommer 1945, kurz nach der Besetzung der Werke durch US-amerikanische Truppen, wieder an der Arbeit ist. Mit seiner hartnäckigen und eigensinnigen Art versucht er zuweilen auch gegenüber dem Vorstand seine Ideen durchzusetzen. Dies kommt insbesondere bei Konzernchef Haspel nicht immer gut an, wie beispielsweise 1948, als Wagner sich sträubt, einen großen schweren Luxussportwagen zu konstruieren und stattdessen auf seiner Idee eines kleinen, wendigen und gut motorisierten Roadsters beharrt. Wagner, ein eher einsamer Junggeselle, ist Pferdeliebhaber. Seine Aussprüche in unverfälschtem Sächsisch kursieren noch Jahre nach seinem Tod in den Konstruktionsbüros. Unter Max Wagner konstruiert 1934/35 Josef Müller das Fahrgestell des 170 V (W 136).

Karl Wilfert
1907–1976

Foto um 1949?

- Geboren am 1. Juli 1907 in Wien als Sohn eines Architekten.
- Studium an der höheren Maschinenbauschule in Wien.
- 1926 bis 1929 bei der Steyr-Werke AG in Steyr-Ennsdorf tätig, wo er Automobilingenieur Béla Barényi kennenlernt.
- Ab Frühjahr 1929 Leiter der Karosseriereparatur-Abteilung der Wiener Mercedes-Benz GmbH.
- Im Herbst 1929 wird Wilfert Assistent in der Karosserie-Versuchsabteilung der Daimler-Benz AG in Sindelfingen, ab 1933 deren Leiter.
- 1940 Ernennung zum Oberingenieur. Vorübergehend im Triebwerksbau für Flugmotoren und als Leiter des Reparaturwerks Schwäbisch Gmünd tätig.
- Ende 1948 Rückkehr nach Sindelfingen; ab Januar 1949 Leiter der dortigen Versuchsabteilung.
- Später Direktor aller Karosserieentwicklungsabteilungen.
- 1968 wird ihm die »Diesel-Medaille in Gold« des Deutschen Erfinderverbandes verliehen.
- Karl Wilfert geht Ende 1973 in den Ruhestand und erhält die Ehrendoktorwürde der TU Wien.
- Bereits gut zwei Jahre später stirbt Karl Wilfert am 8. März 1976.

Weit stärker als sein zwei Jahre älterer Kollege Walter Häcker bleibt der eigensinnige Karl Wilfert zu allen Zeiten mehr der Techniker als der Gestalter im Karosseriebereich. Ähnlich wie Josef Müller ist er ein konzeptionell denkender Ingenieur, der sich – in intensivem Austausch mit seinem Freund Béla Barényi – sehr aktiv um Karosseriestrukturen, Fahrwerksfragen und Sicherheitsmaßnahmen verdient gemacht hat. Unter ihm entsteht 1955 die erste »Stilistenabteilung« der Daimler-Benz AG, der unter anderen der spätere Chefdesigner Friedrich Geiger angehört.

Otto Winkelmann
1903–ca. 1990

Foto 1931

- Johann Conrad Otto Winkelmann, genannt Otto, wird am 23. September 1903 im kleinen, 30 km südlich von Bremen gelegenen Ort Scholen bei Vilsen geboren. Dort betreiben die Eltern einen gepachteten Geflügelhof.
- Umzug ins Nachbardorf Vilsen, wo Otto Winkelmann mit einer älteren und einer jüngeren Schwester aufwächst. Sein Vater, ursprünglich Gutsverwalter, eröffnet hier ein Geschäft für [Land-]Maschinen.
- Schulbesuche und fachliche Ausbildung von Otto Winkelmann sind unbekannt.
- Ende der 1920er Jahre bei der Röhr Auto AG in Ober-Ramstadt als Jüngster im Technikerteam und Versuchsleiter.
- 1931 geht er zusammen mit seinem Chef Hans Gustav Röhr zu den Adlerwerken nach Frankfurt (Main).
- 1933 erfolgreiche Teilnahme in einem Adler Trumpf an der Fahrt »2000 km durch Deutschland«.
- 1935 erneut Wechsel zusammen mit Röhr und anderen ehemaligen Röhr-Mitarbeitern zur Daimler-Benz AG nach Stuttgart-Untertürkheim.
- Ab 1937 Oberingenieur, Leiter der Versuchsabteilung in Untertürkheim und Adjutant von Technikvorstand Max Sailer; Prokurist.
- Propaganda-Fahrt im Herbst 1938 zusammen mit NSKK-Korpsführer Hühnlein von Berlin nach München im 540 K auf der neueröffneten Reichsautobahn; Durchschnittsgeschwindigkeit 133,41 km/h.
- Ab 1946 als Mitglied der »Ingenieurgruppe Nallinger« bei Turboméca in Bordes, Frankreich, zwangsverpflichtet.
- Um 1948 Rückkehr nach Bruchhausen-Vilsen in sein Elternhaus, 1950 Übersiedlung mit seiner Familie in die USA.
- Otto Winkelmann nimmt am 17. Juli 1950 seine Tätigkeit bei der Chrysler Motor Corporation in Highland Park (Michigan) auf und macht rasch Karriere.

- Unter ihm als Leiter der Abteilung Entwicklung und Design entsteht ab 1957 der Plymouth Valiant, ein unkonventionell geformter Kompaktwagen mit selbsttragender Karosserie.
- Zahlreiche Patente, darunter 1965 das US-Patent für eine gebogene Antriebswelle in einem Kunststoffmantel zwischen Motor und Hinterachsgetriebe, eingereicht 1959.
- Otto Winkelmann stirbt Anfang der 1990er Jahre.

Winkelmanns Qualitäten als Versuchs- und Entwicklungsingenieur werden bei Daimler-Benz rasch erkannt und hochgeschätzt. Als Leiter des Untertürkheimer Versuchs hat er einen erheblichen Anteil an der Modellpflege des 170 V und insbesondere an der Entwicklung der (letztlich nicht gebauten) Nachfolgemodelle W 136 II und W 158. Seine Auswanderung in die USA ist ein Verlust für Untertürkheim. Doch die Kontakte zwischen ihm und seinen ehemaligen Kollegen bei Daimler-Benz bleiben über viele Jahre bestehen. Wenn man Winkelmann in den USA besucht, glaubt man nach Untertürkheim zu kommen, wird berichtet. 1951 führt Chrysler den ersten »Hemi-Motor« ein, ein V8-Triebwerk, dessen hemisphärischen Brennräume auffällig denjenigen der »Syring-Motorreihe« von Daimler-Benz aus den späten 1930er Jahren gleichen, die mit Winkelmanns Hilfe die Serienreife erlangt hat.

Julius Witzky
1903–1981

kein Bild vorhanden

- Julius Eugen Witzky wird am 7. Januar 1903 in Stuttgart geboren.
- Offenbar Erstausbildung zum (Maschinen-?)Schlosser. Der weitere Ausbildungsweg ist unbekannt.
- Vor und während des Zweiten Weltkriegs Oberingenieur bei der Daimler-Benz AG; Konstruktionschef für Marine-Großdieselmotoren.
- Witzky konstruiert ab 1946 den Pkw-Dieselmotor OM 636 aus dem Benzinmotor M 136. Zur Seite steht ihm der ehemalige Mitarbeiter aus Kriegszeiten, Dipl.-Ing. Ludwig Kraus, der später von Daimler-Benz zur Auto Union nach Ingolstadt geschickt wird und schließlich in der Audi NSU Auto Union AG zum Technikvorstand wird.
- 1948 übersiedelt Witzky in die USA, wo er bei der Packard Motor Car Company als Entwicklungsingenieur einsteigt und später als Projektingenieur arbeitet.
- Später forscht und unterrichtet er am Automotive Research Department des Southwest Research Institute in San Antonio, Texas.
- Julius E. Witzky stirbt dort am 1. November 1981.

Über Julius Witzky, der im Verein mit Ludwig Kraus als eigentlicher Schöpfer des berühmten kleinen Dieselmotors OM 636 gilt, sind bisher nur bruchstückhafte Informationen vorhanden. Nach seinem Umzug in die USA widmet er sich weiter intensiv der Motorenentwicklung. Seit 1947 meldet er insgesamt 14 Patente an. Zu seinen Interessensgebieten zählen unter anderen das Schichtladesystem, Mischformen zwischen Otto- und Dieselmotor sowie der pumpenlose Dieselmotor (von dem mindestens ein Versuchsmotor gebaut wird und läuft). 1951 versucht er über einen Mittelsmann sein US-Patent zu dieser interessanten Triebwerkskonstruktion in Deutschland zu vermarkten, wozu er Kontakt mit der Howaldtswerke AG in Hamburg aufnimmt, einer Werft, die seit 1935 auch Schiffsdieselmotoren unter Verwendung von MAN- und Werkspoor-Patenten baut.

Abb. 1065
Der Stern auf dem Kühler ist unabdingbares Prestige- und Identifikationssymbol eines Mercedes-Benz geworden. Sauber aufgereiht warten die Verschlüsse auf ihre Verwendung am 170 V.

Endmontagehalle Untertürkheim, 1937

Anmerkungen zu Band I

Kapitel 1

1 Feldenkirchen, 100 Jahre 2003, S. 102–106; Kruk/ Lingnau, Unternehmen 1986, S. 114–117.
2 Grube-F., Werk UT 1983, S. 50.
3 Kruk/ Lingnau, Unternehmen 1986, S. 65–83.
4 Grube-F., Werk UT 1983, S. 57 & 58.
5 Barthel/ Lingnau, Technik 1986, S. 86; Oswald, MB-Pkw1 2001, S. 56 f & 60 f.
6 Engelen, Rennwagen 2011, S. 74 f.
7 Produktions- und Beschäftigtenzahlen nach Oswald, MB-Pkw1 2001, S. 13–15 sowie 70 f & 77.
8 Kruk/ Lingnau, Unternehmen 1986, S. 87.
9 Seherr-Thoss, Kissel NDB 1977, S. 685–687; Legate, Faszination, S. 54.
10 Oswald, MB-Pkw1 2001, S. 134 f.
11 Kruk/ Lingnau, Unternehmen 1986, S. 116.
12 Neubauer, Gaggenau 1986, S. 29 & 30; Peschel, 260 D 1986, S. 5 ff.
13 Oswald, MB-Pkw1 2001, S. 134.
14 Seherr-Thoss, Kissel NDB 1977, S. 685–687.
15 mercedes-benz-publicarchive.com (8/38 PS, Stuttgart 200/ 260 und 12/55 PS 320).
16 mercedes-benz-publicarchive.com (12/55 PS 320).
17 Oswald, DE-Autos2 2001, S. 68 & 286.
18 Protokoll Direktionsbesprechung 9. & 15.11.1928 (Archiv MBAG).
19 mercedes-benz-publicarchive.com (8/38 PS, Stuttgart 200/ 260 und 12/55 PS 320).
20 mercedes-benz-publicarchive.com (12/55 320 und 14/60 PS 350) und Oswald, MB-Pkw1 2001, S. 192–195.
21 Protokoll Vorstandssitzung 19. & 20.09.1927 (Archiv MBAG).
22 Protokoll Vorstandssitzung 19. & 20.09.1927 (Archiv MBAG).
23 Protokoll Vorstandssitzung 22.12.1927 (Archiv MBAG).
24 DB-Typenbeschreibung und Versuchsbericht VT 342/1244/1928 vom 18.08.1928 (Archiv MBAG).
25 Protokoll Besprechung vom 26.07.1928 zwischen Porsche, Schippert und Sailer (Archiv MBAG).
26 Protokoll Vorstandssitzung 16.08.1928 (Archiv MBAG).
27 Protokoll Vorstandssitzung 28.06.1928 (Archiv MBAG).
28 Protokoll Vorstandssitzung 16.08.1928 (Archiv MBAG).
29 Protokoll Vorstandssitzung 28.06.1928 (Archiv MBAG).
30 Protokoll Vorstandssitzung 16.08.1928 (Archiv MBAG).
31 Protokoll Vorstandssitzung 02.10.1928 und Protokoll Besprechung 04.10.1928 (Archiv MBAG).
32 Protokoll Vorstandssitzung 24.10.1928 (Archiv MBAG).
33 Siehe Oswald, MB-Pkw1 2001, S. 242 f und Oswald, DE-Autos2 2001, S. 160–163).
34 Protokoll Vorstandssitzung 24.10.1928 (Archiv MBAG).
35 Pyta, Porsche 2017, S. 20–22, sowie Protokoll Aufsichtsratssitzung 20.06.1929, S. 2.
36 Nallinger, Leben, S. 282–285 (Archiv MBAG, 1P-PS 02-0049).
37 Müller, Freuden 1990, S. 81.
38 Nallinger, Leben, S. 288 (Archiv MBAG, 1P-PS 02-0049).
39 Protokoll Aufsichtsratssitzung 30.06.1930 (Archiv MBAG); Molter, Werk SI 1990, S. 51, 53–55.
40 mercedes-benz-publicarchive.com (8/38 PS und Stuttgart 200/ 260); Oswald, MB-Pkw1 2001, S. 222-230.
41 Oswald, MB-Pkw1 2001, S. 141 f.
42 Metternich/Neubauer, vergessene Autowelt 2004, S. 59–61.
43 Vorstandsbericht über die Gesamtlage des Konzerns vom 26.06.1930 (Archiv MBAG).
44 Protokoll Direktionssitzung 02. & 03.10.1929 (Archiv MBAG).
45 Protokoll [Technische] Sitzung betr. Verbilligung »Stuttgart« 16. & 19.05.1930 (Archiv MBAG).
46 Oswald, DE-Autos2 2001, S. 478 f. & 492 f.
47 Vorstandsbericht über die Gesamtlage des Konzerns vom 26.06.1930 (Archiv MBAG).
48 Aktennotiz zum Typenprogramm vom 25.08.1932 (Archiv MBAG).
49 Feldenkirchen, 100 Jahre 2003, S. 110–113. Oswald, MB-Pkw1 2001, S. 140. Protokoll Aufsichtsratssitzung 01.06.1931 (Archiv MBAG).
50 Direktionssitzung 02. & 03. 10.1929 (Archiv MBAG).
51 Vorstandsbericht über die Gesamtlage des Konzerns, 26.06.1930 (Archiv MBAG).
52 Oswald, MB-Pkw1 2001, S. 149.
53 Metternich/Neubauer, vergessene Autowelt 2004, 223 f.
54 Protokoll Vorstandssitzung 06.11.1930 (Archiv MBAG).
55 Protokoll Besprechung von der Porten, Hoppe, Kissel und Nibel, 12.12.1930 (Archiv MBAG).
56 Protokoll Arbeitsausschuss-Sitzung sowie Protokoll Aufsichtsratssitzung, beide 01.06.1931 (Archiv MBAG).
57 Hofner, MB-Autos Bd. 2 1998, S. 38–41; Oswald, MB-Pkw1 2001, S. 266–273.
58 Schreiben des Werks Sindelfingen an den Vorstand betreffend Karosserielieferungen, 24.07.1931 (Archiv MBAG). Vgl. Schilperoord, VW-Käfer 2011, S. 91–95.
59 Protokoll Arbeitsausschuss-Sitzung 11.11.1931 (Archiv MBAG).
60 Aktennotiz Besichtigung Cabriolet C 23.11.1931 (Archiv MBAG).
61 ETL 15, Ausgaben C & D; Protokoll [Technische] Besprechung 12.11.1934 (Archiv MBAG).
62 Protokolle [Technische] Besprechung 12.11.1934 und Vorstandssitzung 28.11.1934; Schreiben von Sindelfingen an Wilhelm Kissel 16.01.1935 (Archiv MBAG).
63 Protokoll [Technische] Besprechung 19.03.1935 (Archiv MBAG) sowie Oswald MB-Pkw1 2001, S. 266 & 273.
64 Protokoll Vorstandssitzung 22.04.1936 (Archiv MBAG).
65 Protokoll Arbeitsausschuss-Sitzung 11.11.1931 (Archiv MBAG).
66 Nallinger, Leben, S. 323; Schilperoord, VW-Käfer 2011, S. 64-79.
67 Archiv MBAG.
68 Werksfotos; Oswald, MB-Pkw1 2002, S. 308 & 310.
69 Typenblatt 120 H, W 17, 1966/Hn (Archiv MBAG)
70 Müller, Freuden 1990, S. 22.
71 Protokoll Vorstandssitzung 13.02.1933 (Archiv MBAG).
72 Protokoll Direktionsbesprechung 23.06.1933 (Archiv MBAG).
73 Protokoll Vorstandssitzung 28 06.1933 (Archiv MBAG).
74 Protokoll Vorstandssitzung 28 06.1933 (Archiv MBAG).

75 Aktennotiz Besprechung in Untertürkheim 03.07.1933; Protokoll Aufsichtsratssitzung 04.07.1933; Protokoll technische Besprechung 05.07.1933; Protokoll Ausschuss-Sitzung 27.07.1933 (Archiv MBAG).
76 Protokoll Besprechung in Sindelfingen 20.09.1933 und Typenbesprechung 02.11.1933 (Archiv MBAG).
77 Protokoll Typenbesprechung 02.11.1933 und Protokoll Vorstandssitzungen 20.06.1934 und 09.10.1934 (Archiv MBAG).
78 BAL 6223/III und ETL 23 A; Hofner, MB-Autos Bd. 2 1998, S. 80–85.
79 Daimler MediaSite-Mercedes-Benz-130-Baureihe-W-23; MBAG-Werksaufnahmen 130 W 23; BAL 6223/III und ETL 23 A; Hofner, MB-Autos Bd. 2 1998, S. 80–85.
80 Protokoll Vorstandssitzung 23.03.1934 (Archiv MBAG).
81 »Motor-Kritik«, XIV. Jahrgang, Nr. 1, Anfang Januar 1934, S. 6–10.
82 Protokoll Technische Sitzung 27.11.1933 (Archiv BBAG).
83 Protokoll Vorstandssitzung 23.03.1934 (Archiv MBAG).
84 Protokoll Vorstandssitzung 23.03.1934 (Archiv MBAG).
85 Protokoll Vorstandssitzung 29.08.1934 (Archiv MBAG).
86 Protokoll Vorstandssitzung 28.11.1934 und Brief zum Karosserieprogramm von Haspel (Sindelfingen) an Kissel, 16.01.1935 (Archiv MBAG).
87 Müller, Freuden 1990, S. 9–13.
88 Müller, Freuden 1990, S. 23 f. – Zeichnung Fahrgestell Ea 126, 28.03.1934/Mü und Zeichnung Karosserie Eu 90, 31.03.1934/Mü (Archiv MBAG).
89 Müller, Freuden 1990, S. 23-25. – Zeichnung Achsantrieb EC 77, 20.04 1934/Mü und Zeichnung Fahrgestell mit Karosserieumriss Ea 128, 13.06.1934/Mü (Archiv MBAG).
90 Zeichnung Fahrgestell Ea 127, 20.[?] 05.1934/Mü (Müller, Freuden 1990, S. 26).
91 Müller, Freuden 1990, S. 25 f.
92 Müller, Freuden 1990, S. 47.
93 Protokoll technische Sitzung 27.11.1933 (Archiv MBAG).
94 »Motor-Kritik« Nr. 23/1934, S. 564; daimler.com/marsMediaSite/de/instance/ko/Biographie-Hans-Nibel.
95 Pyta, Porsche 2017, S. 155 ff; Simsa, People's Car 1999, S. 1–11. Siehe auch Protokolle Vorstandssitzungen 23.03.1934 und 29.08.1934 (Archiv MBAG).
96 Protokoll Vorstandssitzung 23.03.1934 (Archiv MBAG).
97 Protokoll Typenbesprechung 02.11.1933 und Protokoll Vorstandssitzungen 20.06.1934 und 09.10.1934 (Archiv MBAG).
98 Protokolle (Technische) Besprechung 13.11.1934 sowie Vorstandssitzungen 28.11.1934 und 03.01.1935 (Archiv MBAG).
99 Protokoll Vorstandssitzung 25.10.1935 (Archiv MBAG).
100 Vergleich von Werkszeichnungen beider Motoren durch den Autor.
101 DBAG-Werksaufnahmen 170 W 28; BAL 6228/I und ETL 28 A; Typenblatt 160 H (W 28); Beschreibung Fahrgestell und Innenlenker-Aufbau 170 H sowie zahlreiche weitere Werksunterlagen.
102 Brief der Daimler-Benz-Direktion an die Filialleiter der Verkaufsstellen 16.01.1936 (Slg. HPW).
103 »Motor-Kritik«, Nr. 4/1936, S. 110 und Nr. 5/1936, S. 181-184.
104 »Motor und Sport«, Heft 8, 1936, S. 21–23.
105 Brief der Daimler-Benz-Direktion an die Filialleiter der Verkaufsstellen, 16.01.1936 (Slg. HPW).
106 Rundschreiben der Daimler-Benz-Direktion an die Haupt- und Unterverkaufsstellen, 23.09.1936 (Slg. HPW).
107 Vgl. Feldenkirchen, 100 Jahre 2003, S. 117–126.
108 Protokoll Vorstandssitzung 12.11.1937 (Archiv MBAG).
109 Protokolle Vorstandssitzungen 13.06.1938 und 13.07.1938 (Archiv MBAG).
110 Protokolle Konstruktionsbesprechungen 28.09.1937 und 27.10.1937 (Archiv MBAG).
111 Protokoll Konstruktionsbesprechung 03.09.1937 (Archiv MBAG).
112 Protokoll zur Besprechung des Typenprogramms 1938, 20.12.1937, und Bericht über den Stand der Personenwagentypen Ende September 1938, 30.09.1938 (Archiv MBAG).

Kapitel 2

1 Besprechung von Kissel, Hoppe, Nibel, Sailer, Haspel und weiteren zum Typenprogramm am 10.08.1934 in Friedrichshafen (Archiv MBAG).
2 Müller, Freuden 1990, S. 23 & 39.
3 Nallinger, Leben, S. 328; Engelen, Rennwagen 2011, S. 148 f.
4 Müller, Freuden 1990, S. 39 f.
5 Müller, Freuden 1990, S. 39 f.
6 Protokolle Vorstands- und Direktorenbesprechung 13.11.1934 sowie Vorstandssitzungen 28.11 1934 und 03.01.1935 (Archiv MBAG).
7 Engelen, Rennwagen 2011, S. 147; meilensteine.mercedes-benz-classic.com, aufgerufen 23.08.2014.
8 Nallinger, Leben, S. 327–331.
9 Notiz Direktorenbesprechung zu allgemeinen Programmfragen, 19.03.1935 (Archiv MBAG).
10 Protokoll Vorstandssitzung 08.05.1935 (Archiv MBAG).
11 Protokoll Vorstandssitzung 16.07.1935 (Archiv MBAG). Siehe auch Straßenverkehrs-Zulassungs-Ordnung (StVZO) vom 13.11.1937.
12 Protokoll Vorstandssitzung 08.05.1935 (Archiv MBAG).
13 Molter, Werk SI 1990, S. 72.
14 Protokoll Vorstandssitzung 16.07.1935 (Archiv MBAG).
15 Müller, Freuden 1990, S. 23.
16 Brief von Technikdirektor Max Sailer an Vorstand Carl Schippert, 03.09.1935 (Archiv MBAG).
17 Müller, Freuden 1990, S. 41 f.
18 Protokoll Vorstandssitzung 25.10.1935 (Archiv MBAG).
19 Werksfoto Fahrgestell, ohne Nr., vermutlich 1935; Verkaufskatalog 170 V vom Februar 1936.
20 Werksfoto Fahrgestell, ohne Nr., vermutlich 1935.
21 Verkaufskatalog 170 V vom Februar 1936.
22 Karosseriezeichnung vom 19.11.1935.
23 Karosseriezeichnung vom 24.09.1935.
24 Karosseriezeichnung vom 24.09.1935.
25 Karosseriezeichnung vom 24.09.1935.
26 Karosseriezeichnung vom 09.01.1936.
27 Bekanntmachung zur Tätigkeit und Zuständigkeit von Hans Gustav Röhr, 17.09.1935, gezeichnet Sailer; in: Niedrée, Genius Röhr 2002, S. 14.
28 Protokoll Vorstandssitzung 25.10.1935 (Archiv MBAG).
29 Protokoll Vorstandssitzung 22.04.1936 (Archiv MBAG).
30 Die technischen Einzelheiten des 170 V (W 136) zum Zeitpunkt seiner Präsentation auf der IAMA Berlin im Februar 1936 beruhen auf Angaben in zahlreichen Werkunterlagen, insbesondere: Betriebsanleitung (BAL) 6236 II, Ersatzteilliste (ETL) 136 A, Werksaufnahmen und Typenblätter, weiter aus Müller, Freuden 1990, S. 39–42.
Die karosserietechnischen Einzelheiten und die Ausstattungen der 170 V-Modelle zum Zeitpunkt ihrer Präsentation auf der IAMA in Berlin im Februar 1936 stützen sich auf Angaben in zahlreichen Werksunterlagen, insbesondere: Betriebsanleitung 6236 II, Preisliste Typ 170 V, Nr. 1, Werksaufnahmen und Verkaufsprospekte.
31 Siehe BAL 6236 II, S. 11 f.
32 ETL 136 A 1936; Winterhagen, ZF 2015, S. 32 f.
33 Vierzylinder-Mercedes-Benz-Fahrgestell Typ 170 V, ohne Datum [1. H. 1936] (Archiv MBAG); DB-Typenblatt 170 V, W 136, Hn/1966; Werksfotos und zahlreiche weitere zeitgenössische Werksunterlagen.
34 Protokoll Vorstandssitzung 16.07.1935 (Archiv MBAG).
35 Generell: Werksfotos; Fakten zur Karosserie: Bild-ETL 170 V 1936; Angaben zur Ausstattung: Typ 170 V, Preisliste Nr. 1, gültig ab 15.02.1936 (Archiv MBAG) sowie »4-5-sitziger Innenlenker-Aufbau, 2 türig, 4 fenstrig auf Vierzylinder-Fahrgestell Mercedes-Benz Typ 170 V«, II. 338 und »4-5-sitziger Innenlenker-Aufbau, 4türig, 4 fenstrig auf Vierzylinder-Fahrgestell Mercedes-Benz Typ 170 V«, 539 (Archiv MBAG).
36 Generell: Werksfotos; Fakten zur Karosserie: Bild-ETL 170 V 1936; Angaben zur Ausstattung: Typ 170 V, Preisliste Nr. 1, gültig ab 15.02.1936 (Archiv MBAG) sowie »4-5 sitzige Cabriolet-Limousinen-Aufbau, 4 türig, 4 fenstrig auf Vierzylinder-Fahrgestell Mercedes-Benz Typ 170 V«, II. 338 (Archiv MBAG).
37 Generell: Werksfotos; Fakten zur Karosserie: Bild-ETL 170 V 1936; Angaben zur Ausstattung: Typ 170 V, Preisliste Nr. 1, gültig ab 15.02.1936 (Archiv MBAG) sowie »4-5 sitzige Cabriolet-Aufbau Modell B, 2 türig, 4 fenstrig auf Vierzylinder-Fahrgestell Mercedes-Benz Typ 170 V«, 11. 38 (Archiv MBAG).
38 Pyta, Porsche 2017, S. 195 f.
39 »ATZ«, Nr. 4/1936, S. 83.
40 Müller, Freuden 1990, S. 42.
41 »Motor-Kritik« Nr. 5/1936, S. 181–184.
42 »Motor und Sport«, Nr. 8/1936, S. 23.
43 »ATZ«, Nr. 4/1936, S. 83.
44 »Motor und Sport« Nr. 9/1936, S. 10.
45 »Motor und Sport« Nr. 9/1936, S. 11.
46 Müller, Freuden 1990, S. 23.
47 »ATZ«, Nr. 5/1936, Titelseite.

Kapitel 3

1 Schreiben der Direktion der DBAG vom 16.01.1936 an die Verkaufsstellenleiter (Slg. HPW).
2 »Motor und Sport«, Nr. 3/1936, S. 15–17.
3 Werbebroschüre »Der neue Typ 170V«, März 1936 (Slg. HPW).
4 Schreiben der Direktion der DBAG vom 16.01.1936 an die Verkaufsstellenleiter (Slg. HPW).
5 Preisliste 170 V, gültig ab 15.02.1936 (Archiv MBAG).
6 Protokoll Vorstandssitzung 22.04.1936 (Archiv MBAG).
7 Preisliste 170 V Nr. 1, gültig ab 15.02.1936.
8 »AAZ« Nr. 22/1936, S. 11–14.
9 »Automobil-Revue« mit Beiblatt »Motor-Technik«, Frankfurt am Main, Sonderdruck aus Nr. 6/1936.
10 »Motor und Sport«, Heft 24/1936, S. 15–17, Prüfbericht A Nr. 154.
11 Werbebroschüre »Wer den neuen Mercedes-Benz Typ 170 V fährt, ist begeistert«, Daimler-Benz AG, vermutlich September 1936 (Archiv MBAG).
12 Brief Kissel an Emil Georg von Stauss vom 16.09.1936 (Archiv MBAG).
13 Brief der Direktion an den Leiter der Daimler-Benz Verkaufsstelle Chemnitz, 25.09.1936 (Slg. HPW).
14 Rundschreiben an alle deutschen Haupt- und Unterverkaufsstellen, Alleinvertretungen und Vertriebsstellen, 13.02.1937 (Slg. HPW).
15 Brief von Kissel an Emil Georg von Stauss, 16.09.1936 (Archiv MBAG).
16 Produktionszahlen gemäß Zentralstatistik DBAG und Oswald, MB-Pkw1 2001, S. 316.
17 Produktionszahlen gemäß Zentralstatistik DBAG.
18 Vorstandssitzung 17.07.1936 und Vorstandsitzung 21. & 22.09.1936 (Archiv MBAG).
19 Produktionszahl gemäß Zentralstatistik DBAG.
20 Typ 170 V, Ergänzungsblatt a zu Preisliste Nr. 1, gültig ab 9.3.1936 (Archiv MBAG).
21 Typ 170 V, Ergänzungsblatt c zu Preisliste Nr. 1, gültig ab 3.7.1936 (Archiv MBAG).
22 Rundschreiben der Direktion an die Filialeiter der Vertretungen, 07.07.1936 (Slg. HPW).
23 Vorstandssitzung 21. & 22.09.1936 (Archiv MBAG).
24 ETL 136 (170 V), Ausgaben A (20.06.1936), ETL 136, Ausgabe B (19.03.1937) und Werksfotos. Die Änderung der Kühlermaske ist in den Karosseriezeichnungen mit 13.11.1936 datiert.
25 ETL 136 (170 V), Ausgaben A (20.06.1936).
26 ETL 136 (170 V), ab Ausgabe A (20.6.1936) ff.
27 Vorstandssitzung 08.05.1936 (Archiv MBAG).
28 Vorstandssitzung 21. & 22.09.1936 (Archiv MBAG).
29 Vorstandssitzung 21. & 22 2.09.1936 (Archiv MBAG).
30 Typ 170 V, Preisliste Nr. 1, gültig ab 15.02.1936 (Archiv MBAG).
31 Generell: Werksfotos; Fakten zur Karosserie: Bild-ETL 170 V 1936; Angaben zur Ausstattung: Typ 170 V, Preisliste Nr. 1, gültig ab 15.02.1936 (Archiv MBAG) sowie »4-5sitziger offener Tourenwagen-Aufbau, 2türig auf Vierzylinder-Fahrgestell Mercedes-Benz Typ 170 V«, II. 637 (Archiv MBAG); Produktionszahlen nach Oswald, MB-Pkw1 2001, S. 316.
32 Foto 170 V Roadster, aufgenommen während des Ausstellungsaufbaus kurz vor der Eröffnung der IAMA am 15.02.1936 (nicht publiziert).
33 Generell: Werksfotos; Fakten zur Karosserie: Bild-ETL 170 V 1936; Angaben zur Ausstattung: Typ 170 V, Preisliste Nr. 1, gültig ab 15.02.1936 (Archiv MBAG); Angaben zur Ausstattung: »2sitziger Sport-Roadster-Aufbau mit 2 zusätzlichen Notsitzen im Karosserieheck auf Vierzylinder-Fahrgestell Mercedes-Benz Typ 170 V«, o. D. (Archiv MBAG); Produktionszahlen nach Oswald, MB-Pkw1 2001, S. 316.
34 Generell: Werksfotos; Fakten zur Karosserie: Bild-ETL 170 V 1936; Angaben zur Ausstattung: Typ 170 V, Preisliste Nr. 1, gültig ab 15.02.1936 (Archiv MBAG); Angaben zur Ausstattung: »2sitziger Cabriolet-Aufbau Modell A, 2-türig, 2-fenstrig auf Vierzylinder-Fahrgestell Mercedes-Benz Typ 170 V«, V. 237 (Archiv MBAG); Produktionszahlen nach Oswald, MB-Pkw1 2001, S. 316.
35 Generell: Werksfotos; Fakten zur Karosserie, zum Laderaum und zum Verkaufspreis: Prospekt »Jetzt auch als Lieferwagen: Mercedes-Benz 170 V«, vermutlich 1936 (Archiv MBAG); Angaben zur Ausstattung: »Lieferwagen-Aufbau auf Vierzylinder-Fahrgestell Mercedes-Benz Typ 170 V«, III. 339 (Archiv MBAG); Produktionszahlen nach Oswald, MB-Pkw1 2001, S. 316.
36 Erdmann, DKW 2012, S. 170 f & 304.
37 Verkaufs-TB DBAG, Faltblatt »Personenwagen-Zulassung in der Wettbewerbsklasse der Mercedes-Benz-Typen 170-V und 170-H«.
38 Oswald, DE-Autos2 2001, S. 8, 26–31.
39 Oswald, DE-Autos2 2001, S. 52, 56–60.
40 Oswald, DE-Autos2 2001, S. 126, 134–137.
41 Oswald, DE-Autos2 2001, S. 143, 150–153. Die dort vermerkte Karosseriebauweise in Ganzstahl trifft nicht zu.
42 Oswald, DE-Autos2 2001, S. 362 f., 376–377.
43 Oswald, DE-Autos2 2001, S. 287, 320–327.
44 Erdmann, Wanderer 2011, S. 160–210, 301 f & 309.
45 Erdmann, Geschichte DKW-Automobile 2003, S. 78–110.
46 Erdmann, Wanderer 2011, S. 249–266, 333 f & 349.
47 Oswald, DE-Autos2 2001, S. 474 f., 482–485 und https://steyrregister.com/1937-steyr-200/ (aufgerufen 01.09.2023).
48 Oswald, DE-Autos2 2001, S. 420–421; www.zwischengas.com/de/FT/fahrzeugberichte/Fiat-6C-1500-italienische-Aerodynamik-Pionierleistung-der-Dreissigerjahre.html (abgerufen am 17.03.2020).
49 Oswald, DE-Autos2 2001, S. 424 f., 432 f.; https://www.tractionavant.ch/ctacTAHist.html (aufgerufen 17.03.2020). Siehe auch Mikloweit, Citroën 2019; S. 114.
50 Mikloweit, Citroën 2019, S. 126.
51 Lesueur, Peugeot 402 2000, S. 33–37, 62–70, 117 f.; https://vorkriegs-peugeot.de/modellreihen/baureihe-02-1935-1942/typen-302/peugeot-302-1936-1938/ (aufgerufen 17.03.2020).
52 https://www.wikiwand.com/de/Renault_Celtaquatre#/Type_ADC_1; http://www.antiqbrocdelatour.com/Les-collections/voitures-anciennes/Renault%20Celtaquatre%20ADC1,%20voiture%20routi%C3%A8re%201936-id2063.html (beide aufgerufen 18.03.2020).
53 Kožíšek/Králik, Škoda Bd 1 2004, S. 175 ff, 369 f.
54 Rosenkranz, Tatra 2007, S. 199 – 213 & Anhang.
55 https://www.classiccarcatalogue.com/HILLMAN%201936.html
56 Potthoff-Schmid, Kamm 2012, S. 51. Der dort notierte Zeitpunkt von Kissels Angebot an Kamm, nämlich Mai 1934, stimmt nicht. Es sollte wohl Mai 1935 heißen. Im Quellennachweis wird die Korrespondenz mit 1934/1935 bezeichnet.
57 Schollenberger, Röhr 1996, S. 8–273.
58 Schollenberger, Röhr 1996, S. 263–267; Schollenberger, Röhr & Dauben, S. 86.
59 Die Darstellung vom Wechsel von Röhr zur Daimler-Benz AG gründen auf dem Schriftverkehr zwischen von Stauss, Kissel, Röhr und Drittpersonen im Zeitraum vom 15.05.1935 bis 17.09.1935 (Archiv MBAG, 1P-PS 02-0068).
60 Schriftverkehr zwischen von Stauss, Kissel, Röhr und Drittpersonen im Zeitraum vom 15.05.1935 bis 17.09.1935 (Archiv MBAG, 1P-PS 02-0068).
61 Mitteilung von Kissel an die Oberbeamten der MBAG vom 17.09.1935 (Archiv MBAG, 1P-PS 02-0067) und Bekanntmachung vom 17.09.1935 an die Abteilungsleiter und Meister sämtlicher Werke, gez. Sailer (Archiv MBAG).
62 Schollenberger, Röhr 1996, S. 277 f.; Brief von von Stauss an Kissel, 04.07.1935 und Antwortschreiben von Kissel an von Stauss, 05.07.1935 (Archiv MBAG, 1P-PS 02-0068).
63 Brief von von Stauss an Kissel, 04.07.1935 und Antwortschreiben von Kissel an von Stauss, 05.07.1935 (Archiv MBAG, 1P-PS 02-0068).
64 Siehe Kap. 2.1, insbesondere S. 82 ff., sowie Kap. 12.1, S. 510-515.
65 Oswald, MB-Pkw1 2001, S. 339; »Unsere Typen im Jahre 1938 […]«, Bericht von Technikvorstand Max Sailer, 20.12.1937 (Archiv MBAG).
66 Technische Einzelheiten gemäß Fahrgestellzeichnung W 144/1 vom 14.09.1936 (Archiv MBAG).
67 Maße gemäß den beiden bekannten, jedoch undatierten Zeichnungen des W 144.
68 Wiersch, Käfer-Chronik 2005, S. 19–51.
69 Vorstandssitzung 17.06.1936 (Archiv MBAG).
70 Vorstandssitzung 08.05.1936 (Archiv MBAG).
71 Vorstandssitzung 08.05.1936 (Archiv MBAG).
72 Personenwagen-Programm 17.07.1935, unterzeichnet von sämtlichen Vorstandsmitgliedern und Röhr (Archiv MBAG).
73 Vorstandssitzung 17.06.1936 (Archiv MBAG).
74 Vorstandssitzung 17.07.1936 (Archiv MBAG).
75 Vorstandssitzung 21 & 22.09.1936 (Archiv MBAG).
76 Vorstandssitzung 21 & 22.09.1936 (Archiv MBAG).
77 Vorstandssitzung 12.02.1937 (Archiv MBAG).
78 Vorstandssitzung 11. & 12. 03.1937 (Archiv MBAG).
79 Vorstandssitzung 12.02.1937 (Archiv MBAG).
80 Vorstandssitzung 27. & 28.07.1937 (Archiv MBAG).
81 Vorstandssitzung 05.01.1937 (Archiv MBAG).
82 Akten Röhr (Archiv MBAG, 1P-PS 02-0068).
83 Todesanzeige Hans Gustav Röhr, 10.02.1895–10.08.1937 (Archiv MBAG, 1P-PS 02-0067); Schollenberger, Röhr 1996, S. 294–300; Schollenberger, Röhr & Dauben, S. 100.
84 Briefwechsel zwischen Emil Georg von Stauss und Wilhelm Kissel, 16. & 17.08.1937 (Archiv MBAG, 1P-PS 02-0068).
85 Vorstandssitzung 24.09.1937 (Archiv MBAG).
86 Konstruktionsbesprechung 03.09.1937 (Archiv MBAG).
87 Konstruktionsbesprechung 27.10.1937 (Archiv MBAG).
88 »Unsere Typen im Jahre 1938 und deren Fortentwicklung; Ergänzung durch neue Typen«, Bericht von Technikvorstand Max Sailer zu Händen des Vorstands und der leitenden technischen Mitarbeiter, 20.12.1937 (Archiv MBAG).
89 Vorstandssitzungen 22.04 1936 und 08.05.1936 (Archiv MBAG).
90 Vorstandssitzung 08.05.1936 (Archiv MBAG).

91 Personenwagen-Programm vom 17. Juli 1936 (Archiv MBAG).
92 Vorstandssitzung 21. & 22.09.1936 (Archiv MBAG).
93 Vorstandssitzung 21. & 22.09.1936 (Archiv MBAG).
94 Vorstandssitzung 21. & 22.09.1936 (Archiv MBAG).
95 Vorstandssitzung 05.01.1937 (Archiv MBAG).
96 Vorstandssitzung 08.02.1937 (Archiv MBAG).
97 Konferenz vom 11.05.1937 mit leitenden Ingenieuren aus Untertürkheim, Sindelfingen und Mannheim, 11.05.1937 (Archiv MBAG).
98 Personenwagen-Programm vom 17.07.1936 (Archiv MBAG).
99 Werkszeichnung (Längs- und Querschnitt durch den Motor M 149, Mst. 1:1), mit eingetragener Bohrung 82 mm, dat. 20.01.1937 (Slg. Engelen).
100 Werkszeichnung (Längs- und Querschnitt durch den Motor M 149, Mst. 1:1), dat. 20.01.1937 (Slg. Engelen).
101 Werksfotos Fahrgestell M 149 und Einbauzeichnung M 149/7 vom 02.07.1937 (Slg. Engelen).
102 Werksfotos fahrbarer Rahmen 200 V W 149 Nr. 27374 und weitere, zudem Foto Rechtslenker-170 V mit Tankstutzen, 1937).
103 Konferenz vom 11.05.1937 mit leitenden Ingenieuren aus Untertürkheim, Sindelfingen und Mannheim, 11.05.1937 (Archiv MBAG).
104 Konferenz vom 11.05.1937 mit leitenden Ingenieuren aus Untertürkheim, Sindelfingen und Mannheim, 11.05.1937 (Archiv MBAG).
105 Vorstandssitzung 08.04.1937 (Archiv MBAG).
106 Vorstandssitzung 27. & 28.07.1937 (Archiv MBAG).
107 Vorstandssitzung 27. & 28.07.1937 (Archiv MBAG).
108 Konstruktionsbesprechungen 03.09.1937 und 27.10.1937; Max Sailer: »Unsere Typen im Jahre 1938 und deren Fortentwicklung«, 20.12.1937 (Archiv MBAG) sowie ETL 136 (170 V), Ausgaben A (20.06.1936), B (19.03.1937), C (22.02.1938) und D (08.03.1939), Slg. HPW.
109 Konstruktionsbesprechungen 03.09.1937 (Archiv MBAG).
110 Konstruktionsprogramm Tourenwagen 1938, sig. Sailer, 14.07.1937 (Archiv MBAG).
111 Oswald, MB-Pkw1 2001, S. 318 & 335.

Kapitel 4

1 Vorstandssitzungen 22.04.1936 und 08.05.1936 (Archiv MBAG).
2 Vorstandssitzung 08.05.1936 (Archiv MBAG).
3 Besprechung zum Personenwagen- und Rennwagenbau vom 12.02.1937 (Archiv MBAG).
4 Besprechung zum Personenwagen- und Rennwagenbau vom 12.02.1937 (Archiv MBAG).
5 Vorstandssitzung 11.& 12.03.1937 (Archiv MBAG).
6 Firmenchronik Lueg: https://www.lueg.de/unternehmen/die-lueg-ag/150-jahre-lueg/ (abgerufen 17.05.2020).
7 Verkaufsunterlagen 1936–1945 der MB-Vertretung Gebr. Mappes, Heidelberg (Slg. Pál Negyesi).
8 Petzina, Autarkie, S. 64.
9 Vorstandssitzung 08.04.1937 (Archiv MBAG).
10 Zu den wirtschafts- und gesellschaftspolitischen Fragen in Zusammenhang der Daimler-Benz AG siehe auch Feldenkirchen, 100 Jahre 2003, S. 117–136.
11 Präsidialsitzung 30.11.1937 (Archiv MBAG).
12 Vorstandssitzung 12.11.1937 (Archiv MBAG).
13 Ausführlicher siehe Kap. 3.1, S. 117.
14 Vergleich und Datierung zahlreicher Werksfotos.
15 ETL 136 (170 V) B (19.3.1937), ETL 136 D (08.03.1939) und präzisiert in ETL 136 G (15.01.1942).
16 Versuchsbericht S 14 »Schüttelschwingungen«, 02.10.1941/21.01.1942, S. 8 (Archiv MBAG).
17 Preisliste 170 V Nr. 2 (20.02.1937); Seherr-Thoss, Autoindustrie 1979, S. 380.
18 Leichtmetall nachgewiesen an 170 V Limousine Fg.-Nr. 164 767, einem Exportmodell in die Schweiz.
19 Rundschreiben an alle deutschen Haupt- und Unterverkaufsstellen, Alleinvertretungen und Vertriebsstellen, 13.02.1937 (Slg. HPW); vgl. Werksaufnahmen.
20 Technikkonferenz 11.05.1937 (Archiv MBAG).
21 Konstruktionsbesprechungen 03.09.1937, 28.09.1937 und 27.10.1937, zudem ETL 136 (170 V) A (20.06.1936), B (19.03.1937) und C (22.02.1938).
22 Technikkonferenz 11.05.1937 (Archiv MBAG), Konstruktionsbesprechungen 03.09.1937, 28.09.1937 und 27.10.1937, zudem ETL 136 (170 V) A (20.06.1936), B (19.03.1937) und C (22.02.1938).
23 Die Batterieänderung in den Karosseriezeichnungen ist einheitlich mit 29.11.1937 datiert.
24 Technikkonferenz 11.05.1937 (Archiv MBAG).
25 Preisliste 170 V Nr. 1 (15.02.1936 und Nr. 2 (20.02.1937).
26 Vorstandssitzungen 11. & 12.03.1937 (Archiv MBAG).
27 Vorstandssitzungen 27. & 28.07.1937 (Archiv MBAG).
28 Typ 170 V, Preisliste Nr. 3, gültig ab 18.02.1938 (Archiv MBAG).
29 Oswald, MB-Pkw1 2001, S. 316.
30 Max Sailer: »Unsere Typen im Jahre 1938 und deren Fortentwicklung«, 20.12.1937 (Archiv MBAG).
31 Konstruktionsbesprechungen 03.09.1937, 28.09.1937 und 27.10.1937, zudem ETL 136 (170 V) A (20.06.1936), B (19.03.1937) und C (22.02.1938).
32 Technikkonferenz 11.05.1937 (Archiv MBAG), ETL 136 (170 V) B (19.03.1937), C (22.02.1938) und D (08.03.1939).
33 ETL 136 (170 V) C (22.02.1938).
34 Aufgenietetes ZF- Firmenschild, beispielsweise beim Wagen mit Fahrgestell-Nr. 416 601, gebaut November oder Dezember 1938.
35 ETL 136 (170 V) B (19.03.1937), C (22.02.1938) und D (08.03.1939).
36 ET-Übersicht 136/191.
37 ETL 136 (170 V) B (19.03.1937), C (22.02.1938) und D (08.03.1939), zudem Werksfotos.
38 Technikkonferenz 11.05.1937 (Archiv MBAG), ETL 136 (170 V) B (19.03.1937), C (22.02.1938) und D (08.03.1939).
39 Technikkonferenz 11.05.1937 (Archiv MBAG), ETL 136 (170 V) B (19.03.1937), C (22.02.1938) und D (08.03.1939).
40 ETL 136 (170 V) C (22.02.1938) und D (08.03.1939).
41 ETL 136 (170 V) A (20.06.1936), B (19.03.1937) und C (22.02.1938), BAL 6236 (170 V) V (1938) und VIII (1939) sowie Broschüre »Die Tümmler-Lenkstocksicherung« (Slg. HPW).
42 Seherr-Thoss, Autoindustrie 1979, S. 380.
43 Werksfotos; ETL 136 (170 V) B (19.03.1937), C (22.02.1938) und D (08.03.1939).
44 Werksfotos und Vergleich von Wagen verschiedener Baujahre durch den Autor. Auskragung der Fahrtrichtungsanzeiger im Verhältnis zur relevanten Wagenbreite wurde exakt nachgemessen. Die Änderung der Zeigeranordnung ist in den Karosserieplänen mit 10.03.1038 datiert
45 Technikkonferenz 11.05.1937 (Archiv MBAG), ETL 136 (170 V) B (19.03.1937), C (22.02.1938) und D (08.03.1939), Werksfotos. Präziser Hinweis auf die Fabrikationsumstellung in Reparaturhandbuch 170 V von 1943; es handelt sich um den ersten Wagen der RB 10 136 018, die vermutlich im frühen Herbst 1938 in Produktion ging.
46 Seherr-Thoss, Autoindustrie 1979, S. 380.
47 Technikkonferenz 11.05.1938 (Archiv MBAG); Beobachtungen des Verfassers an zahlreichen Wagen aufgrund eines freundlichen Hinweises von Hansruedi Koch.
48 Werksfotos; ETL 136 (170 V) D (08.03.1939).
49 Besprechung zur Verchromung 26.07.1938 (Archiv MBAG).
50 Vergleich und Datierung zahlreicher Werksfotos.
51 Preisliste 170 V Nr. 3 (18.02.1938).
52 Vorstandssitzungen 23.03. 1938, 22.04.1938 und 22.09.1938 (Archiv MBAG).
53 Vorstandssitzung 07.10.1938 (Archiv MBAG).
54 Vgl. Werksfotos 25677 & 25679 (1937) mit 31359 und 31447 (Anfang 1939).
55 ETL 136 (170 V) B (19.03.1937), C (22.02.1938) und D (08.03.1939).
56 Preislisten 170 V Nr. 2 (20.02.1937), Nr. 3 (18.02.1938) und Nr. 4 (17.02.1939).
57 ETL 136 (170 V) C (22.02.1938) und D (08.03.1939).
58 Aktennotiz von Haspel über ein Gespräch mit Kissel zu den Typen W 136 I und W 136 II, 27.06.1939 (Archiv MBAG).
59 https://career-apps.webasto.com/de/webasto-gruppe/unternehmensinformationen/webasto-historie/ (aufgerufen 25.06.2020).
60 https://career-apps.webasto.com/de/webasto-gruppe/unternehmensinformationen/webasto-historie/ (aufgerufen 25.06.2020); Seherr-Thoss, Autoindustrie 1979, S. 268 & 276 f.
61 Preisliste 170 V Nr. 4 (17.02.1939).
62 Mercedes-Benz Presse-Information zur Internationalen Automobil- und Motorrad-Ausstellung Berlin 1939 (Archiv MBAG).
63 Bericht zur Berliner Autoschau 1939 von Hans Geier, Rennabteilung, zu Händen von Generaldirektor Kissel und Verkaufsleiter Löw, ohne Datum (Archiv MBAG).
64 Glückwunschtelegramm an Daimler-Benz zum 50 000. Wagen des Typs 170 V von der Firma Nüral, Nürnberg, 09.02.1939 (Archiv MBAG); Zentralstatistik der DBAG.
65 Lieferprogramm 1939, Beilage zum Rundschreiben der Direktion an die deutschen Haupt- und Unterverkaufsstellen, Alleinvertretungen, Vertriebsstellen und Vertriebshändler, 09.02.1939 (Slg. HPW).
66 Firmenchronik Lueg: https://www.lueg.de/unternehmen/die-lueg-ag/150-jahre-lueg/ (abgerufen 17.05.2020).
67 Verkaufsunterlagen 1939 der MB-Vertretung Gebr. Mappes, Heidelberg (Slg. Pál Negyesi).
68 Feldenkirchen, 100 Jahre 2003, S. 146; Pohl/ Habeth/ Brüninghaus, DBAG 1987; S. 114–119.
69 Feldenkirchen, 100 Jahre 2003, S. 145 f.
70 Archiv MBAG, 2 P-MB 032. Die Aufzählung ist kaum abschließend.
71 Pohl, Exporte DBAG 2005, S. 811; Blauberg, Suomen 2010, S. 444–446.
72 MB Automobil AG 2012, S. 67.

73 Beobachtung an 170 V Cabriolet B von 1936, Exportmodell nach der Schweiz.
74 Zeitgenössische Fotos von 170 V. die in den erwähnten Staaten zugelassen waren.
75 Werksfotos; ETL 136 (170 V) D 09.03.1939, E 11.05.1940 und G 15.1.1942; Vergleich mit zeitgenössischen Fotos.
76 Vergleich zeitgenössischer Fotos.
77 Typ 170 V, Preisliste Nr. 1, gültig ab 15.02.1936, Ergänzungsblatt 1c, gültig ab 03.07.1936 und Preisliste Nr. 2, gültig ab 20.02.1937 (Archiv MBAG).
78 Konstruktionsbesprechung 27.10.1937; Max Sailer: »Unsere Typen im Jahre 1938 und deren Fortentwicklung«, 20.12.1937 (Archiv MBAG).
79 Technische Besprechung 11.05.1938 (Archiv MBAG).
80 Vorstandssitzung 27. & 28.07.1937 (Archiv MBAG).
81 Vorstandssitzung 12.11.1937 (Archiv MBAG).
82 Technische Besprechung 11.05.1938; Besprechung zur Verchromung 26.07.1938 (Archiv MBAG).
83 Karsholt, Dansk bilproduktion 2020.
84 MB Automobil AG 2012, Tabelle importierte Mercedes-Benz-Fahrzeuge [in die Schweiz]; Quelle: »Zentralarchiv Daimler-Benz AG«.
85 Karsholt, MB Danmark 2011, S. 90; Zitat aus dem Dänischen rückübersetzt.
86 Karsholt, MB Danmark 2011, S. 100 f.
87 ETL 136 (170 V) B (19.3.1937) und C (22.02.1938); aktuelle Fotos von Rechtslenkerausführungen.
88 ETL 136 (170 V) B (19.3.1937) und C (22.02.1938); aktuelle Fotos von Rechtslenkerausführungen.
89 Technikkonferenz 11.05.1937 (Archiv MBAG).
90 ETL 136 (170 V) A (20.06.1936) und B (19.03.1937).
91 ETL 136 (170 V) D (9.3.1939).
92 ETL 136 (170 V) C (22.02.1938) und D (09.03.1939).
93 Konstruktionsbesprechung 03.09.1937 (Archiv MBAG).
94 https://fr.wikipedia.org/wiki/Groupe_Rivaud; https://fr.wikipedia.org/wiki/Famille_Rivaud_de_la_Raffini%C3%A8re (beide abgerufen am 16.06.2020. Andreas Berz von der Schweizerischen Nationalbibliothek danke ich für den Hinweis).
95 Vorstandssitzung 05.01.1937 (Archiv MBAG).
96 Vorstandssitzung 24.11.1936 (Archiv MBAG); Eckermann, Holz 2008, S. 59.
97 Vorstandssitzung 08.02.1937 (Archiv MBAG).
98 Vorstandssitzung 12.11.1937 (Archiv MBAG).
99 Konstruktionsbesprechung 27.10.1937; Max Sailer: »Unsere Typen im Jahr 1938 und deren Fortentwicklung«, 20.12.1937 (Archiv MBAG).
100 Definition in Anlehnung an Eckermann, Auto & Karosserie 2015, S. 768.
101 Schätzung des Autors aufgrund der Gesamtstückzahl gebauter 260 D (W 138); Zentralstatistik der DBAG.
102 Vorstandssitzung 08.02.1937 (Archiv MBAG).
103 Siehe »Motor-Kritik« Nr. 5/1940, Kleine MK-Autoschau 1940, S. J.
104 Rundschreiben an alle deutschen Haupt- und Unterverkaufsstelle, Alleinvertretungen und Vertriebsstellen, 13.02.1937 (Slg. HPW).
105 Rundschreiben an alle deutschen Haupt- und Unterverkaufsstelle, Alleinvertretungen und Vertriebsstellen, 16.02.1937 (Slg. HPW).
106 Rundschreiben an alle deutschen Haupt- und Unterverkaufsstelle, Alleinvertretungen und Vertriebsstellen, 16.02.1937 (Slg. HPW).
107 Prospekt MB 170 V-Kraftdroschke Jan. 1938 (Archiv MBAG) und undatiert, vermutl. 1939 (Slg. HPW), Foto Nr. 25232 von 1936 (Slg. Engelen).
108 Kubisch, MB-Taxi 1996, S. 111.
109 Beschluss betreffend 1,7 Ltr. Droschken, 07.03.1939 (Archiv MBAG).
110 Nachtrag I zum Typenschein Nr. 343 vom 13. August 1940 für den Personenkraftwagen Haupttyp »170 V« […]dat. 19.11.1940 (Archiv MBAG).
111 Kubisch, MB-Taxi 1996, S. 121–124.
112 Rundschreiben an alle deutschen Haupt- und Unterverkaufsstelle, Alleinvertretungen und Vertriebsstellen, 16.02.1937 (Slg. HPW).
113 Schreiben an die Leiter der Haupt- und Unterverkaufsstellen, 07.04.1937 (Slg. HPW).
114 ETL 136 (170 V) G (15.01.1942).
115 Nachtrag I zum Typenschein Nr. 343, ausgefertigt am 19.11.1940, mit Zeichnung vom 29.10.1940 (Archiv MBAG).
116 Werksfotos. Siehe Abb. 0297 & 0298. Felgen- und Reifendimension: ETL 136 (170 V) E (11.05.1940).
117 Fahrzeugliste der Deutschen Reichspost, Post-Fz-Nr. 200362 bis 200 381 (Museum für Kommunikation, Museumsstiftung Post und Telekommunikation, Abteilung Transportgeschichte und Verkehr).
118 Fotografisch überliefet ist ein 170 V-Postkastenwagen mit der Nummer RP 29577.
119 Preisliste 170 V, Nr. 1 bis Nr. 4. Siehe auch Beschrieb auf Fahrgestellzeichnung W 136/10 vom 01.04.1936, rev. 24.02.1938, Abb. XXX.
120 Firmengeschichte bei https://www.miesen.de/go.to/modix/now/historie.html (abgerufen 16.05.2020).
121 Firmenchronik Lueg: https://www.lueg.de/unternehmen/die-lueg-ag/150-jahre-lueg/ (abgerufen 24.12.2023); Lueg-Prospekt »Krankenwagen in normengerechter Ausführung« um 1936 und Werbeblatt »Lueg-Aufbauten« um 1933 (Archiv Lueg).
122 Eckermann, Auto & Karosserie 2015, S. 681.
123 Museum für Kommunikation Bern, Fotolegenden AUT_02810, AUT_02824 bis AUT_02828.
124 Engelen, Ahrens 1989.
125 Kieselbach, Wendler 2001, S. 73
126 Kieselbach, Wendler 2001, S. 72.
127 https://www.coachbuild.com/forum/viewtopic.php?t=1673&start=20 (aufgerufen 13.12.2023). Dort wird Gläser in Dresden als Erbauer genannt, was in Zweifel zu ziehen ist.
128 Bild siehe: https://www.coachbuild.com/forum/download/file.php?id=11939&mode=view (abgerufen 21.12.2023).
129 »Motor & Sport«, 4/1939, S. 27; Bild siehe: https://www.coachbuild.com/forum/viewtopic.php?t=19867 (aufgerufen 13.12.2023)
130 Werbebrief mit Illustration der Firma Koffer Rentschler, Stuttgart-West, an die Firma Max Enser Wwe., Automobile, Roth bei Nbg., 16.06.1938 (Slg. HPW).
131 Preisliste Hägele, 21.04.1939 (Slg HPW).
132 Engelen, Rennwagen 2011, S. 126 f & 135.
133 Müller, Freuden 1990, S. 29-34.
134 Müller, Freuden 1990, S. 37 f.
135 Protokoll Vorstandssitzung 11. & 12.03.1937 (Archiv MBAG).
136 Haspel erwähnt diese Wagen auch in einem Schreiben an Kissel vom 16.01.1935.
137 Die Historie des Mercedes-Benz 540 K Stromlinienwagens, in: https://media.daimler.com/marsMediaSite/de, aufgerufen 30.11.2020.
138 Sievers, Stromlinie 2008, S. 61–63.
139 Sievers, Stromlinie 2008, S. 61 f.; »Motor & Sport« Nr.29/1938, S. 16 f.
140 »Motor-Kritik« Nr. 15/ August 1939, S. 555–570.
141 Everling, Stephan: Himmelstürmer, Autogeschichten. Textauszug (www.mf-edition.de/himmelstürmer; aufgerufen 29.08.2004). Stephan Everling ist der Enkel von Emil August Everling.
142 »Motor & Sport« Nr.29/1938, S. 16 f.
143 »Motor-Kritik« Nr. 15/ August 1939, S. 555–570.
144 Potthoff-Schmid, Kamm 2012, S. 120–122.
145 »Motor-Kritik« Nr. 15/ August 1939, S. 555–570.
146 Potthoff-Schmid, Kamm 2012, S. 121.
147 »Motor & Sport« Nr. 29/1938, S. 16 f., & 37.
148 Everling, Stephan: Himmelstürmer, Autogeschichten. Textauszug (www.mf-edition.de/himmelstürmer; aufgerufen 29.08.2004).
149 Potthoff-Schmid, Kamm 2012, S. 123 f.
150 Potthoff-Schmid, Kamm 2012, S. 125–129.
151 Potthoff-Schmid, Kamm 2012, S. 123 & 126 f.
152 Bezeichnung gemäß FKFS-Jahresbericht 1940/41 (Uniarchiv Stuttgart, FKFS 131/4/65).
153 Uniarchiv Stuttgart, FKFS 131/4/65, Zeichnung »Reparatur K.2.«, 1:10, 16.02.1944 und FKFS 131/4/4, Fotografien »K2«.
154 Bröhl, Járay 1978, S. 110–114.
155 »Motor-Kritik« Nr. 15/1934, S. 353–356.
156 Bröhl, Járay 1978, S. 119.
157 Erwähnt und abgebildet in »Motor-Kritik« Nr. 12/1940, S. 266 und http://www.voz.co.at/2018A/201806/page-0024.htm (aufgerufen 19.07.2020). Zudem bei Kieselbach, Stromlinien-Pkw D 1982, S. 38 & 42, Eckermann, Auto & Karosserie 2015, S. 700, sowie Bröhl, Járay 1978, S. 32 & 115 (die hier verwendete Datierung 1938 ist falsch; korrekt ist 1936).
158 Tollmien, Versuchsanstalt 1998, S. 684 ff.
159 Schlör, Zwischenbericht Nr. 48, S. 1–16 (Archiv MBAG).
160 Schlör, Zwischenbericht Nr. 48, S. 17–35 (Archiv MBAG).
161 Bröhl, Göttinger Ei 2014, S. 32.
162 Schreiben von Wagner an die AVA, 14.02.1939 und Antwort des AVA vom 18.02.1939 (Archiv MBAG).
163 Bröhl, Göttinger Ei 2014, S. 32.
164 Bröhl, Göttinger Ei 2014, S. 32; Schlör, Zwischenbericht Nr. 48, S. 33 (Archiv MBAG).

Kapitel 5

1 Vorstandssitzung 08.05.1936 (Archiv MBAG).
2 Vorstandssitzung 21. & 22.09.1936 (Archiv MBAG).
3 Vorstandssitzung 08.05.1936 (Archiv MBAG).
4 Besprechung über Personenwagen- und Rennwagenbau, 12.02.1937 (Archiv MBAG).
5 Vorstandssitzung 11. & 12.03.1937 (Archiv MBAG).
6 Vorstandssitzung 11. & 12.03.1937 (Archiv MBAG).
7 Vorstandssitzung 11. & 12.03.1937 (Archiv MBAG).
8 Besprechung über Personenwagen- und Rennwagenbau, 12.02.1937 (Archiv MBAG).
9 Vorstandssitzung 27. & 28.07.1937 (Archiv MBAG).
10 Protokoll Konstruktionsbesprechung 03.09.1937 (Archiv MBAG).
11 Protokoll Konstruktionsbesprechung 03.09.1937 (Archiv MBAG).
12 Protokoll Konstruktionsbesprechung 03.09.1937 und 27.10.1937 (Archiv MBAG).
13 Vorstandssitzung 12.11.1937 (Archiv MBAG).

14 Aktennotiz vom 28.01.1952 von Direktor Müller über ein Gespräch mit Oberingenieur Wilfert betreffend eventueller Verlängerung des W 187 (fälschlicherweise als W 220 bezeichnet). Das gegenüber dem 170 S und dem 220 (W 187) um 100 mm längere Dachgesenk des 230 (W 153) war damals noch vorhanden (Archiv MBAG).
15 Vorstandssitzung 07. & 08.02.1938 (Archiv MBAG).
16 Vorstandssitzungen 13.07.1938 und 22.09.1938 (Archiv MBAG).
17 Aufbauarten aufgrund der erhaltenen Karosseriezeichnungen des Werks Sindelfingen vom März bis Juli 1938.
18 Karosseriezeichnung Droschken-Limousine m. Schiebedach W 136 DLS, dat 14.07.1938 (Archiv MBAG).
19 Vorstandssitzung 22.09.1938 (Archiv MBAG).
20 Aufzählung der Änderungen des W 136 II gegenüber den W 136 (I) in: Protokoll Verwaltungsratssitzung 22.09.1938 (Archiv MBAG).
21 Aufzählung der Änderungen des W 136 II gegenüber den W 136 (I) in: Protokoll Verwaltungsratssitzung sowie Bericht über den Stand der Personenwagen per Ende September 1938 vom 30.09.1939 (Archiv MBAG).
22 Sitzung in Untertürkheim 07.10.1938 (Archiv MBAG).
23 Plan »Karosserie-Vergleich Typ W 158 – W 136 II – W 153«, 13.09.1941 (Archiv MBAG).
24 Vorstandssitzung 22.09.1938 (Archiv MBAG).
25 Karosseriezeichnung W 136 OT III vom 08.07.1938 (Archiv MBAG).
26 Karosseriezeichnung AW 136 LW I vom 20.01.1939 Archiv MBAG).
27 Sitzung in Untertürkheim 07.10.1938 (Archiv MBAG).
28 Vorstandssitzung 31.10.1938 (Archiv MBAG).
29 Vorstandssitzung 08.03.1938 (Archiv MBAG).
30 Vorstandssitzung 01.12.1938 (Archiv MBAG).
31 Vorstandssitzung 27. & 28.07.1938 (Archiv MBAG).
32 Vorstandssitzung 12.11.1937 (Archiv MBAG).
33 Max Sailer: »Unsere Typen im Jahre 1938 und deren Fortentwicklung; Ergänzung durch neue Typen«, 20.12.1937 (Archiv MBAG).
34 Vorstandssitzung 07. & 08.02.1938 (Archiv MBAG).
35 Protokoll Konstruktionsbesprechung 22.06.1938 (Archiv MBAG).
36 Vorstandssitzung 24.03.1939 (Archiv MBAG).
37 Bericht Werlin über die Probefahrt am 12.03.1939 mit W 136 II, 16.03.1939 (Slg. Seidel).
38 Schreiben von Hentig an Kissel, 23.03.1939 (Archiv MBAG).
39 Vorstandssitzung 24.03.1939 (Archiv MBAG).
40 Aktennotiz von Haspel über ein Gespräch mit Kissel zu den Typen W 136 I und W 136 II, 27.06.1939 (Archiv MBAG).
41 Vorstandssitzung 01.12.1938 (Archiv MBAG).
42 Vorstandssitzung 24.03.1939 (Archiv MBAG).
43 Sitzung zum »Stand der Typen am 1. August 1939« (Archiv MBAG).
44 Sitzung zum »Stand der Typen am 1. August 1939« (Archiv MBAG).
45 Bericht »Unsere Personenwagen und deren Fortentwicklung. Stand Ende Dezember 1939« von Max Sailer, 27.12.1939 (Archiv MBAG).
46 Kissel, »Feststellung zu der Niederschrift des Herrn Direktor Sailer vom 7. Augst 1939«, 12.08.1939 (Slg. Seidel).
47 Keines der zahlreichen Protokolle der Vorstandssitzungen ab dem 01.09.1939 erwähnt den W 136 II/III. Die Konzernführung ist mit der Umstellungsplanung auf Kriegsproduktion, die mit sehr vielen einschneidenden Maßnahmen verbunden ist, mehr als ausgelastet.
48 Max Sailer: Bericht »Unsere Personenwagen und deren Fortentwicklung. Stand Ende Dezember 1939«, 27.12.1939 (Archiv MBAG).
49 Max Sailer: Bericht »Unsere Personenwagen und deren Fortentwicklung. Stand Ende Dezember 1939«, 27.12.1939 (Archiv MBAG).
50 Max Sailer: Bericht »Unsere Personenwagen und deren Fortentwicklung. Stand Ende Dezember 1939«, 27.12.1939 (Archiv MBAG).
51 »Personenwagen-Typen«, 05.01.1940, Anlage 1 (Archiv MBAG).
52 »Personenwagen-Typen«, 05.01.1940 (Archiv MBAG).
53 Fahrgestellzeichnung W 158/1 vom 15.11.1939 (Archiv MBAG).
54 Fahrgestellzeichnung W 158/1 vom 15.11.1939 (Archiv MBAG).
55 Fahrgestellzeichnung W 158/1 vom 15.11.1939 (Archiv MBAG).
56 Fahrgestellzeichnung W 158/1 vom 15.11.1939 (Archiv MBAG).
57 Max Sailer: Bericht »Unsere Personenwagen und deren Fortentwicklung. Stand Ende Dezember 1939«, 27.12.1939 (Archiv MBAG).
58 Per 11.02.1941 ist das Vorhandensein beider W158-Musterwagen bestätigt (Technische Besprechung vom 11.02.1941 (Archiv MBAG).
59 »Personenwagen-Typen« 05.01.1940 (Archiv MBAG).
60 »Terminplan für unsere neuen Personenkraftwagen, Stand vom 1. Januar 1940«; »Personenwagen-Typen« 05.01.1940, Anlage 6 (Archiv MBAG).
61 »Terminplan für unsere neuen Personenkraftwagen, Stand vom 1. Januar 1940«; »Personenwagen-Typen« 05.01.1940, Anlage 6 (Archiv MBAG).
62 Protokoll »einer Aussprache über unser künftiges PKW.-Typenprogramm«, 13.01.1940 (Archiv MBAG).
63 Protokoll »einer Aussprache über unser künftiges PKW.-Typenprogramm«, 13.01.1940 (Archiv MBAG).
64 »Personenwagen-Typen« 05.01.1940 (Archiv MBAG).
65 »Personenwagen-Typen« 05.01.1940, Anlage 1 (Archiv MBAG).
66 Vorstandssitzung 09.04.1940 (Archiv MBAG).
67 Protokollauszug Sitzung zur Vereinheitlichung in der Fahrzeugindustrie 18.06.1940 (Archiv MBAG).
68 Karosseriezeichnung W 158 IL I vom 01.03.1940 (Archiv MBAG).
69 Karosseriezeichnung W 158 IL I vom 01.03.1940 und Fahrgestellzeichnung W 158 vom 01.11.1940 (Archiv MBAG).
70 Fahrgestellzeichnung W 158/2 vom 01.11.1940 (Archiv MBAG).
71 Vergl. Abb. 0363 (1:5-Modell) und Abb. 0368 (Versuchsbericht A 4563 vom 15.01.1941) mit Abb. 0366 (Karosseriezeichnung IL vom 01.03.1940).
72 Versuchsbericht UT »W 158 Vorderkotflügel« A 4563 vom 15.01.1941 (Archiv MBAG).
73 Karosseriezeichnung W 158 IL I vom 01.03.1940 und Fahrgestellzeichnung W 158/2 vom 01.11.1940 (Archiv MBAG).
74 Versuchsbericht S 14 »Schüttelschwingungen«, 02.10.1940/21.01.1941 (Archiv MBAG).
75 Direktionsbesprechung 23.06.1933 (Archiv MBAG).
76 Protokoll »Beschlussfassung über Rahmen-Konstruktionen und Versuche [...]«, 06.01.1941 (Archiv MBAG).
77 Versuchsbericht S 14 »Schüttelschwingungen«, 02.10.1940/21.01.1941 (Archiv MBAG).
78 Konstruktions-Besprechung 29.01.1941 (Archiv MBAG).
79 Technische Besprechung 11.02.1941 (Archiv MBAG).
80 Technische Besprechung 11.02.1941 (Archiv MBAG).
81 Technische Sitzung 03. & 04.03.1941 (Archiv MBAG).
82 Sindelfinger-Versuchsbericht W 158/04 (Karl Wilfert) vom 08.03.1941 (Archiv MBAG). Wilfert fasst darin die bislang getroffenen Versuchsergebnisse zusammen und gibt auch Einblick in die Prüf- und Messmethoden.
83 Technische Sitzung 03. & 04.03.1941 (Archiv MBAG).
84 »Beschlussfassung über Rahmen-Konstruktionen [...], 06.01.1941; »Konstruktions- und Versuchsaufgaben im Automobilbau«, 21.01.1941 (Archiv MBAG).
85 Aktennotiz vom 18.01.1941 zur Technischen Besprechung vom 06.01.1941 (Archiv MBAG).
86 »Personenwagen-Typen«, 05.01.1940, Anlage 6 (Archiv MBAG).
87 Zitat nach Engelen, Barényi 1987, S. 54 f
88 Niemann, Béla Barényi 2016, S. 43, 45 & 48.
89 Versuchsbericht S 14 »Schüttelschwingungen«, 02.10.1940/21.01.1941 (Archiv MBAG).
90 Protokoll »Beschlussfassung über Rahmen-Konstruktionen und Versuche [...]«, 06.01.1941 (Archiv MBAG).
91 Technische Sitzung 24.03.1941 (Archiv MBAG).
92 Technische Sitzung 24.03.1941 (Archiv MBAG).
93 Technische Sitzung 31.03.1941 und 10.04.1941 (Archiv MBAG).
94 Versuchsbericht W 153/81 »Kastenförmiger W 153 Fahrgestellrahmen«, 12.03.1941 (Archiv MBAG).
95 Technische Sitzungen 20.01.1941 und 12.03.1941 (Archiv MBAG).
96 Technische Sitzung 31.03.1941 und 10.04.1941 (Archiv MBAG).
97 Protokoll »Beschlussfassung über Rahmen-Konstruktionen und Versuche [...]«, 06.01.1941 (Archiv MBAG).
98 Technische Besprechung 07.02.1941. (Archiv MBAG).
99 Technische Sitzung 12.05.1941 (Archiv MBAG).
100 Technische Sitzungen 31.03.1941 und 21.07.1941 (Archiv MBAG).
101 Technische Sitzungen 28.04.1941 und 21.07.1941 (Archiv MBAG).
102 Versuchsbericht W 153/81 »Kastenförmiger W 153 Fahrgestellrahmen«, 12.03.1941 (Archiv MBAG).
103 Mehrere Technische Sitzungen und Konstruktionsbesprechungen Frühjahr bis Herbst 1941. (Archiv MBAG).
104 Konstruktionsbesprechung 05.08.1941 (Archiv MBAG).
105 Technische Sitzung 05.08.1941 (Archiv MBAG).
106 Besprechung über Rahmenkalkulation 04.11.1941 (Archiv MBAG).

107 Technische Sitzung 14.03.1941 und Technische Besprechung 16.06.1941 (Archiv MBAG).
108 Versuchsbericht A 4601 vom 24.01.1941 (Archiv MBAG).
109 Technische Sitzungen 14.03.1941 und 29.04.1941 (Archiv MBAG).
110 Protokoll »Beschlussfassung über Rahmen-Konstruktionen und Versuche [...]«, 06.01.1941; Konstruktionsbesprechung 29.01.1941; Technische Sitzung vom 19.05.1941; Versuchsbericht S 18 »Betr. Schüttelschwingungen«, 10.06.1941 (Archiv MBAG).
111 Technische Sitzung 28.04.1941 (Archiv MBAG).
112 Technische Besprechung 16.06.1941 (Archiv MBAG).
113 Technische Sitzung 12.05.1941 (Archiv MBAG).
114 Technische Sitzung 19.05.1941 (Archiv MBAG).
115 Technische Sitzung 28.07.1941 (Archiv MBAG).
116 »Zusatz-Protokoll für die Vorstandssitzung in UT. am 28. Juli 1941« (Archiv MBAG).
117 Technische Sitzung 15.08.1941 (Archiv MBAG).
118 Konstruktionsbesprechung 25.08.1941 (Archiv MBAG).
119 Technische Sitzung 15.08.1941; vgl. auch Konstruktionsbesprechung vom 08.09.1941 (Archiv MBAG).
120 Versuchsbericht A 4077 vom 16.07.1940 (Archiv MBAG).
121 Technische Sitzung 15.09.1941 (Archiv MBAG).
122 Konstruktionsbesprechung 08.09.1941 (Archiv MBAG).
123 Konstruktionsbesprechung 08.09.1941 (Archiv MBAG).
124 Konstruktionsbesprechung 08.09.1941 und Technische Sitzung 15.09.1941 (Archiv MBAG).
125 Technische Sitzung 15.09.1941.
126 Karosseriezeichnung W 158 IL II vom 06.09.1941 (Archiv MBAG). Auf der Fahrgestellzeichnung W 158 II (Abb. 0380) ist die Bezeichnung und Datierung als Folge einer (Kriegs-?)Beschädigung nicht lesbar. In Verbindung mit den Protokollen der Technischen Sitzungen und Konstruktionsbesprechungen lässt sich die Zeichnung auf Anfang November 1941 datieren.
127 Fahrgestellzeichnung des W 158 II, Datum unlesbar, Stand Anfang November 1941 (Archiv MBAG).
128 Fahrgestellzeichnung des W 158 II, Datum unlesbar, Stand Anfang November 1941 (Archiv MBAG).
129 Karosseriezeichnung W 158 IL II vom 06.09.194 und Fahrgestellzeichnung des W 158 II, Datum unlesbar, Stand Anfang November 1941 (Archiv MBAG).
130 Versuchsbericht Allg./123 vom 09.04.1942 (Archiv MBAG).
131 Feldenkirchen, 100 Jahre 2003, S. 154 & 171 und Pohl/Habeth/Brüninghaus, DBAG 1987, S.67 f.
132 Versuchsbericht Sindelfingen Allg./123, »Stand der Entwicklungs- und Versuchsarbeiten am 09.4.1942«, dat. 09.04.1942, Wilfert (Archiv MBAG).
133 Motorenbesprechung am 13.03.1942. Siehe auch Motorenverzeichnis vom 25.01.1941 bzw. 26.03.1942, das zudem den 3,4 Liter großen, obengesteuerten 6-Zylindermotor M 172 erthält, der als Ersatz für den M 153 im W 153 vorgesehen war (Archiv MBAG).
134 Protokoll Aussprache künftiges Pkw-Typenprogramm, 13.01.1940 (Archiv MBAG).
135 Potthoff/ Schmid, Kamm 2012, S. 83 ff.
136 Bericht FKFS Nr. 357, S. 1 & 3 (Uniarchiv Stuttgart 131/1/301).
137 Bericht FKFS Nr. 357, S. 3–5 (Uniarchiv Stuttgart 131/1/301).
138 Bericht FKFS Nr. 357, S. 2 (Uniarchiv Stuttgart 131/1/301).
139 Bericht FKFS Nr. 357, S. 5 & 6 (Uniarchiv Stuttgart 131/1/301).
140 »Vergleichsmessungen von Luftwiderstand, Höchstgeschwindigkeit und Benzinverbrauch beim Typ 170 »V« Jnnenlenker«, Versuchsbericht Nr. S 17 (Wi/V.) der Versuchsabteilung Sindelfingen vom 16.01.1941 (Archiv MBAG).
141 Bericht FKFS Nr. 357, S. 5–7 und Bilder 1-17 (Uniarchiv Stuttgart 131/1/301).
142 Bericht FKFS Nr. 357, S. 8 und Bilder 22–27 (Uniarchiv Stuttgart 131/1/301).
143 Bericht FKFS Nr. 357, S. 16 und Bilder 30 & 31 (Uniarchiv Stuttgart 131/1/301).
144 Potthoff/ Schmid, Kamm 2012, S. 131 f.
145 »Vergleichsmessungen von Luftwiderstand, Höchstgeschwindigkeit und Benzinverbrauch beim Typ 170 »V« Jnnenlenker«, Versuchsbericht Nr. S 17 (Wi/V.) der Versuchsabteilung Sindelfingen vom 16.01.1941 (Archiv MBAG), bezugnehmend auf den FKFS-Prüfbericht 368 vom 18.09.1940 (nicht vorliegend).
146 »Vergleichsmessungen von Luftwiderstand, Höchstgeschwindigkeit und Benzinverbrauch beim Typ 170 »V« Jnnenlenker«, Versuchsbericht Nr. S 17 (Wi/V.) der Versuchsabteilung Sindelfingen vom 16.01.1941 (Archiv MBAG). Sämtlich hiernach genannten Fakten zum Testprozedere und deren Ergebnissen stammen aus diesem ausführlichen Bericht.
147 Bericht FKFS Nr. 357, S. 6 (Uniarchiv Stuttgart 131/1/301).
148 Vergleichstabelle in »Motor-Kritik« Nr. 23/1940, S. 601.
149 Bericht FKFS Nr. 357 vom 05.07.1940, erwähnt im Sindelfinger Versuchsbericht Nr. S 17 vom 16.01.1941 (Archiv MBAG).
150 »Vergleichsmessungen von Luftwiderstand, Höchstgeschwindigkeit und Benzinverbrauch beim Typ 170 »V« Jnnenlenker«, Versuchsbericht Nr. S 17 (Wi/V.) der Versuchsabteilung Sindelfingen vom 16.01.1941 (Archiv MBAG).
151 »Vergleichsmessungen von Luftwiderstand, Höchstgeschwindigkeit und Benzinverbrauch beim Typ 170 »V« Jnnenlenker«, Versuchsbericht Nr. S 17 (Wi/V.) der Versuchsabteilung Sindelfingen vom 16.01.1941 (Archiv MBAG).
152 »Vergleichsmessungen von Luftwiderstand, Höchstgeschwindigkeit und Benzinverbrauch beim Typ 170 »V« Jnnenlenker«, Versuchsbericht Nr. S 17 (Wi/V.) der Versuchsabteilung Sindelfingen vom 16.01.1941 (Archiv MBAG).
153 »Vergleichsmessungen von Luftwiderstand, Höchstgeschwindigkeit und Benzinverbrauch beim Typ 170 »V« Jnnenlenker«, Versuchsbericht Nr. S 17 (Wi/V.) der Versuchsabteilung Sindelfingen vom 16.01.1941 (Archiv MBAG).
154 »Vergleichsmessungen von Luftwiderstand, Höchstgeschwindigkeit und Benzinverbrauch beim Typ 170 »V« Jnnenlenker«, Versuchsbericht Nr. S 17 (Wi/V.) der Versuchsabteilung Sindelfingen vom 16.01.1941 (Archiv MBAG).
155 »Terminplan für unsere neuen Personenkraftwagen, Stand vom 1. Januar 1940« (Archiv MBAG).
156 Potthoff/ Schmid, Kamm 2012, S. 123–126.
157 Technische Sitzung 31.03.1941 (Archiv MBAG).
158 Technische Sitzung 31.03.1941 (Archiv MBAG).
159 Technische Sitzung 10.04.1941 (Archiv MBAG).
160 Technische Sitzung 10.04.1941 (Archiv MBAG).
161 Siehe Abb. 0394. Dass W 136 vermerkt ist und nicht W 158 erstaunt nicht, auch Nallinger spricht von einem W 136-Fahrgestell mit Querlenker.
162 Technische Sitzung 07.07.1941 und Konstruktionsbesprechung 15.09.1941 (Archiv MBAG).
163 Technische Sitzung 03.11.1941 (Archiv MBAG).1941
164 Versuchsbericht Sindelfingen Allg./123, »Stand der Entwicklungs- und Versuchsarbeiten am 9.4.1942«, dat. 09.04.1942, Wilfert; Konstruktionsbesprechung 23.02.1942 (Archiv MBAG)
165 Abb. 1, 2, 3 & 8 im Bericht »W 158 Versuchskarosserie Nr. 200 770« vom 15.01.1942.
166 Abb. 12 & 13 im Bericht »W 158 Versuchskarosserie Nr. 200 770« vom 15.01.1942.
167 Müller, Freuden 1990, S. 39 & 59

Kapitel 6

1 Oswald, DE-Militär-Fz 2004, S. 93 & 129.
2 Oswald, DE-Militär-Fz 2004, S. 87.
3 Vorstandssitzung 08.05.1935 (Archiv MBAG).
4 Typenblätter 170 VG (W 136 III) und 170 VL (W 139), Daimler-Benz-Archiv, 1966/Hn.
5 Max Sailer, »Unsere Typen im Jahr 1938 und deren Fortentwicklung«, 20.1.2 1937 (Archiv MBAG).
6 Borth, Neu Temmen 2016, S. 195 ff.
7 Vorstandssitzung 17.07.1936 (Archiv MBAG).
8 Vorstandssitzung 05.01.1937 (Archiv MBAG).
9 G 5 in der Sammlung Karl-Heinz Rehkopf, Einbeck; Augenschein des Verfassers am 30.04.2023.
10 Oswald, MB-Pkw1 2001, S. 335; Max Sailer, »Unsere Typen im Jahr 1938 und deren Fortentwicklung«, 20.1.2 1937 (Archiv MBAG).
11 Vorstandssitzung 11. & 12.03.1937.
12 Vorstandssitzung 11. & 12.03.1937; Max Sailer, »Unsere Typen im Jahr 1938 und deren Fortentwicklung«, 20.12.1937 (Archiv MBAG).
13 http://www.kfzderwehrmacht.de/Hauptseite_deutsch/Kraftfahrzeuge/Deutschland/Daimler-Benz_AG/Mercedes_Benz_G_5/mercedes_benz_g_5.html (abgerufen 02.01.2021).
14 Freundliche Mitteilung von Günter Engelen, der sich auf einen Hinweis von Herrn Hülsen, dem damaligen Leiter des Archivs der MBAG bezieht.
15 StAB, Fotodokumentation FN Jost N 3357–3363.
16 Oswald, MB-Pkw1 2001, S. 318. Produktionszeitraum und Anzahl Wagen gemäß DB-Zentralstatistik.
17 Werksfotos (Archiv DBAG).
18 In der MVC-Depesche vom 5/1994 berichtet Konsul Hermann Walter Sieger aus Lorch (Württemberg) von einem derartigen 170 V Kübelwagen, der an das für den gesamten Polizeiapparat zuständige Reichsministerium des Innern geliefert worden sei. Weiter dienten bspw. in Stuttgart 170 V Kübelsitzwagen als Streifenwagen der Verkehrsüberwachung (Oswald, Polizeifz 1974, S. 39).
19 »Anleitung für das Zusammenlegen des Verdeckes zum Kübelsitzaufbau KS II auf Fahrgestellt 170 V«, 6236 K, Sept. 1939.
20 Werksaufnahmen (Abb. 0408, 0409 & 0410).
21 Oswald, MB-Pkw1 2001, S. 316.
22 RB 10 136 030 (ETL 136 170 V E 1940).
23 Siehe http://www.kfzderwehrmacht.de/.
24 Brief von Wilhelm Kissel an Wolfgang von Hentig, 01.11.1937 (Archiv MBAG).

25 Aktennotiz Besprechung 21.05.1938 (Archiv MBAG).
26 Aktennotiz Besprechung 21.05.1938 und Konstruktionsbesprechung 22.06.1938 (Archiv MBAG), weiter ETL 136 (170 V) C 22.02.1938 und E 11.05.1940.
27 Vorstandssitzung 22.09.1938 (Archiv MBAG) und DB-Zentralstatistik.
28 Oswald, DE-Militär-Fz 2004, S. 90.
29 Niederschrift Besprechung zwischen HWA (Wa Prüf 6 I b & H.T.B und Daimler-Benz, Werk Sindelfingen, 28.–31.03.1939 (Archiv MBAG).
30 Oswald, DE-Militär-Fz 2004, S. 90.
31 Präsidialsitzung 02.12.1938 (Archiv MBAG).
32 »DB-Zentralstatistik und Typenliste für Fahrzeuge u. Motoren der Konstruktions-Freigabe-Zentrale«, Mai 1946 (Archiv MBAG).
33 DB-Zentralstatistik.
34 DB-Zentralstatistik.
35 ETL D 662/9 (Heer) 1941 und Geräteberschreibung D 662/8 (Heer) 1940.
36 ETL D 662/9 (Heer) 1941 und Geräteberschreibung D 662/8 (Heer) 1940.
37 ETL 136 (170 V) D bis E und D 662/9 (Heer) 1941.
38 ETL 136 (170 V) D bis E und D 662/9 (Heer) 1941.
39 ETL 136 (170 V) D bis E und D 662/9 (Heer) 1941.
40 Tabelle in http://www.kfzderwehrmacht.de (abgerufen 03.12.2022).
41 Werksaufnehmen (u.a. Abb. 0417, 0420, 0421 & 0422).
42 ETL 662/9 1941 und Gerätebeschreibung und Bedienungsanleitung Typ 170 V 1940.
43 Besprechung Delegation des OKH bei MBAG in Sindelfingen, 12.07.1940 (Archiv MBAG).
44 http://www.kfzderwehrmacht.de/Hauptseite_deutsch/Verschiedenes/Farbanstrich (abgerufen 07.01.2021).
45 Besprechung Delegation des OKH bei MBAG in Sindelfingen, 12.07.1940 (Archiv MBAG).
46 Besprechung Delegation des OKH bei DBAG in Sindelfingen, 12.07.1940 (Archiv MBAG).
47 Thompson, Krieg 2015, S. 227 f; Missbräuchliche Benutzung von Kraftfahrzeugen, in: »Motor und Sport«, Nr. 1 1940, S. 6.
48 Seherr-Thoss, Autoindustrie 1979, S. 382.
49 Firmenchronik Lueg: https://www.lueg.de/unternehmen/die-lueg-ag/150-jahre-lueg/ (abgerufen 17.05.2020).
50 Verkaufsunterlagen 1936–1945 der MB-Vertretung Gebr. Mappes, Heidelberg (Slg. Pál Negyesi).
51 Vorstandssitzung 12.10.1939 (Archiv MBAG).
52 Brief der DBAG an Oberst von Schell, 05.01.1939 (Bestätigung der künftigen Typen).
53 »Unsere Personenwagen und deren Fortentwicklung« (Sailer), 27.12.1939; Sailer: Stand der Typen am 1. August 1939 (Archiv MBAG).
54 Sitzung über die Vereinheitlichung in der Fahrzeugindustrie, 18.06.1940. Replik Winkelmann vom 04.07.1940 auf die Aussagen von Kissel im Protokoll vom 18.06.1940. Replik Kissel vom 11.07.1940 an Sailer zu Händen Winkelmann (Archiv MBAG).
55 »Konstruktions- und Versuchsaufgaben im Automobilbau«, 21.01.1941 (Archiv MBAG).
56 Seherr-Thoss, S. 380; Vorstandssitzung 22.04.1938; Oswald, MB-Pkw1 2001, S. 354 f.
57 Vgl. Typenblatt »Technische Angaben« zum 170 V, Quelle unbekannt, um 1940 (Archiv MBAG).
58 Werksfotos (u.a. Abb. 0430 [DB-Bild 31448]).
59 Vorstandssitzung 09.04.1940 (Archiv MBAG).
60 ETL 136 (170 V) D (08.03.1939), E (11.05.1940) & G (15.01.1942).
61 ETL 136 (170 V) D (08.03.1939), E (11.05.1940) & G (15.01.1942).
62 ETL 136 (170 V) D (08.03.1939), E (11.05.1940) & G (15.01.1942).
63 »Konstruktions- und Versuchsaufgaben im Automobilbau«, 21.01.1941 (Archiv MBAG).
64 Gerundete Zahlen gemäß Oswald, MB-Pkw1 2001, S. 316.
65 ETL 136 (170 V) E (11.05.1940) & G (15.01.1942); Seherr-Thoss, Autoindustrie 1979, S. 384; Technische Besprechung in Gaggenau, 05.02.1940 (Archiv MBAG).
66 Zeichnungen CW 136 R VI (siehe Abb. 0435) & CW 136 R VII (EB), beide 01.10.1940 (Archiv MBAG).
67 Grube-F., Werk UT 1983, S. 90–92.
68 Zentralstatistik (MBAG).
69 Produktionszahlen gemäß DB-Zentralstatistik (vgl. auch Oswald, MB-Pkw1 2001, S. 144 f.); die in Oswald, MB-Pkw1 2001 S. 316 publizierten, nach Modellen aufgeschlüsselten Zahlen für die Karosserieproduktion weicht stark davon ab.
70 Seherr-Thoss, Autoindustrie 1979, S. 357; Oswald, DE-Autos2 2001.
71 Vorstandssitzung 05.12.1939 (Archiv MBAG).
72 Eckermann, Holz 2008, S. 121.
73 Seherr-Thoss, Autoindustrie 1979, S. 359.
74 Das D-B-Buch 1987, S. 764.
75 Vorstandssitzung 4. & 5.11.1942 (Archiv MBAG).
76 Brief des Sindelfinger Werksdirektors Wilhelm Langheck an Generaldirektor Wilhelm Haspel, 11.06.1949 (Archiv MBAG).
77 Vorstandssitzungen 04. & 05.11.1942 und 14. & 15.09.1943 (Archiv MBAG). Bereits im Juli 1941 befand sich in Sindelfingen eine Versuchskarosserie mit eingebautem Gasgenerator in Arbeit; Technische Sitzung 07.07.1941 (Archiv MBAG).
78 Vorstandssitzung 14. & 15.09.1943 (Archiv MBAG).
79 Vorstandssitzung 04. & 05.11.1942 (Archiv MBAG).
80 Vorstandssitzung 09.06.1943 (Archiv MBAG).
81 Vorstandssitzung 09.06.1943 (Archiv MBAG).
82 Vorstandssitzung 14. & 15.09.1943 (Archiv MBAG).
83 Archiv MBAG, Jubiläen. Nach Eckermann, Jubiläum 1986, baute die DBAG bis 1945 lediglich ca.1 000 Gasgeneratoren.
84 »Anleitung für den Einbau der Holzkohlegas-Generatoranlage G 136 in den Personenwagen Typ 170 V« vom September 1943 (Archiv MBAG).
85 Ries, Brennstoffzelle 2006, S. 92.
86 »Nachweis über gebaute und gelieferte Generator-Gasanlagen für Holzkohle Typ 170 V« (Slg. Engelen).
87 Oswald, MB-Pkw1 2001, S. 331.
88 »Anleitung für den Einbau der Holzkohlegas-Generatoranlage G 136 in den Personenwagen Typ 170 V« vom September 1943; »Gaserzeugungsanlage des Mercedes-Benz-Personenwagens Typ 170 V, Beschreibung und Betriebsanleitung«, Oktober 1943 (Archiv MBAG).
89 Der undatierte Bericht »Der Mercedes-Benz-Generator für den MB 170 V« von R. Otte nennt 20 Arbeitsstunden (Archiv MBAG).
90 »Anleitung für den Einbau der Holzkohlegas-Generatoranlage G 136 in den Personenwagen Typ 170 V« vom September 1943 (Archiv MBAG).
91 Zeichnung W 136-Lieferwagen mit Gasgenerator, 04.08.1943 Werk Untertürkheim; Werksaufnahmen (Abb. 0450, 0451 & 0452).
92 Seherr-Thoss, Autoindustrie 1979, S. 359.
93 »Gaserzeugungsanlage des Mercedes-Benz-Personenwagens Typ 170 V, Beschreibung und Betriebsanleitung«, Oktober 1943 (Archiv MBAG).
94 »Motor-Kritik«, Anfang November 1943, S. 303–308.
95 Typenblatt 170 V (W 136 G), Hn/1966 (Archiv MBAG).
96 Übersichtstabelle der Daimler-Benz-Generatoren für Personenkraftwagen und leichte Nutzfahrzeuge; ohne Datum, jedoch vor Kriegsende (Archiv MBAG).
97 Mercedes-Benz-Gaserzeugungsanlage Typ G 136 S, Beschreibung und Betriebsanleitung, Oktober 1945 (Archiv MBAG).
98 Vgl. Werkszeichnung und -aufnahme Abb. 0443 & 0456 mit Abb. 0455 & 0468. Siehe auch Abb. 0454.
99 Mercedes-Benz-Gaserzeugungsanlage Typ G 136 S, Beschreibung und Betriebsanleitung, Oktober 1945 (Archiv MBAG).
100 »Vorläufiger Überblick« über das Werk Sindelfingen zu Händen der US-amerikanischen Besatzungsmacht, 15.08.1945 (Archiv MBAG).
101 »Übersicht über die Fertigungsstätten und Niederlassungen der Daimler-Benz Aktiengesellschaft und ihre Entwicklung seit Einstellung der Kampfhandlungen«, 14.12.1946 (Archiv MBAG).
102 Stellungnahme zur Betriebskonferenz, 07.09.1045 (Archiv MBAG).
103 Pohl/Habeth/Brüninghaus, DBAG 1987, S. 70 f, 77 f.
104 Vorstandssitzung 28.01.1941 (Archiv MBAG).
105 Beileidsschreiben von Stephan von Szénásy 27.11.1941 und von Hans Bretz 21.12.1942 (Slg. HPW).
106 Pohl/Habeth Brüninghaus, DBAG 1987, S. 67. Siehe auch Vorstandsprotokoll 30.06. & 01.07.1042 sowie Peter, Rüstungspolitik, S. 140–143.
107 Pohl/Habeth/Brüninghaus, DBAG 1987, S. 31–35.
108 Akte Hoppe, 1942, 1P-PS 02-0032; Akte Haspel 1P-PS 02-0026 (Archiv MBAG); Pohl/Habeth/Brüninghaus, DBAG 1987, S. 23 & 24.
109 Grube-F., Werk UT 1983, S. 94.
110 Rummel, Hans (D https://www.deutsche-biographie.de/sfz108998.html, aufgerufen 27.04.2020); Feldenkirchen, 100 Jahre 2003, S. 155 f.
111 Molter, Werk SI 1990, S. 72 f., 87 & 248.
112 Feldenkirchen, 100 Jahre 2003, S. 169 f.
113 Grube-F., Werk UT 1983, S. 95.
114 Molter, Werk SI 1990, S.91.
115 Grube-F., Werk UT 1983, S. 95.
116 Grube-F., Werk UT 1983, S. 102 & 103.
117 Vorstandssitzung 21.03.1945 (Archiv MBAG).
118 Kruk/Lingnau, Unternehmen 1986, S. 159

Kapitel 7

1 Brief von Paul Heim an Wilhelm Haspel, 14.05.1945 (Archiv MBAG).
2 Albrecht, Rüstungsfragen 1997, S. 108–110.
3 Weber, Aéronautique 2008, S. 82.
4 Meyer, Wiederaufbau MBAG 2009, S. 36–39.
5 »Kapazität für den Wiederanlauf der Fabrikation« des Werks Sindelfingen, 16.06.1945 (Archiv MBAG).
6 Meyer, Wiederaufbau DBAG 2009, S. 107–111.
7 Meyer, Wiederaufbau DBAG 2009, S. 40–42.

8 Grube-F., Werk UT 1983, S. 107 & 108.
9 Notiz »Betr. Anlauf W 136«, 06.07.1945 (Archiv MBAG).
10 Schreiben von Colonel O'Grady an Wilhelm Haspel, 16.08.1945 (Archiv MBAG, 1Z01 0299).
11 Müller, Freuden 1990, S. 52.
12 Müller, Freuden 1990, S. 50 f.
13 Zeichnungen Eu 105 vom 11.12.1945 und Eu 106 vom 14.12.1945 (Archiv MBAG).
14 »Stellungnahme zur Betriebskonferenz Nr. 1 am 7.9.45«, Sindelfingen (Archiv MBAG).
15 »Stellungnahme zur Betriebskonferenz Nr. 1 am 7.9.45«, Sindelfingen (Archiv MBAG).
16 Illustrierte DB-Chronik 2000, 1945.
17 Karosseriezeichnungen des Werks Sindelfingen, ab Oktober 1945 (Archiv MBAG).
18 ET-Übersicht 136/191.
19 Baaden, Helmut: 170 V Pritschenwagen; in MVC-Depesche 2/1994, S. 18 f, und Baumusterliste für PKW Typ 170 V-136 I, 25.04.1951 (Archiv MBAG).
20 Karosseriezeichnung W 136 Kr.W Ia/1, dat. 15.01.1947 (Archiv MBAG).
21 Karosseriezeichnungen November und Dezember 1945 (Archiv MBAG).
22 Karosseriezeichnung W 136 Pr.W/2, dat. 05.09.1946. Produktionsaufnahme laut undatierter Pressemitteilung zum Arbeits- und Produktionsprogramm der Daimler-Benz AG gegen Ende 1946 (Archiv MBAG).
23 ETL 136.I (170 V) H (1949).
24 ET-Übersicht 136/191.
25 Betriebsanleitung 170 V, 6236/XV, ohne Datum (um 1948), S. 7, und ET-Übersicht 136/191.
26 Die Änderungen sind ersichtlich in ETL 136. (170 V) H (1949), ET-Übersicht 136/191 und in Besprechungsprotokollen der Werke (Archiv MBAG).
27 Karosseriezeichnungen, »Technische Angaben PKW Typ 170 V, Krankenwagen, ¾ to Lieferwagen u. Polizeistreifenwagen auf 170 V Fahrgestell«, ohne Datum; Ersatzteilliste 136.I (170 V) H (1949) und Betriebsanleitung 170 V, 6236/XV, S. 34 (1948).
28 Vorläufiger Überblick über das Werk Sindelfingen zu Händen der US-amerikanischen Besatzungsmacht, 15.08.1945 (Archiv MBAG).
29 Tabelle »III. Entwicklung der Produktion«, undatiert, vermutlich 2. Hälfte 1948 (Archiv MBAG).
30 Meyer, Wiederaufbau DBAG 2009, S. 140.
31 Freundliche Mitteilung von Günter Scherlinzky.
32 Übersicht über die Fertigungsstätten der Daimler-Benz AG [...] und ihre Entwicklung, 14.12.1946 (Archiv MBAG); Molter, Werk SI 1990, S. 100. Die Angaben decken sich mit den Produktionszahlen bei Oswald, MB-Pkw2 2001, S. 17.
33 Vorstandssitzung 10.04.1947 (Archiv MBAG).
34 Meyer, Wiederaufbau DBAG 2009, S. 149.
35 Molter, Werk SI 1990, S. 101. Die Zahlen decken sich mit Oswald, MB-Pkw2 2001, S. 17.
36 Übersicht über die Fertigungsstätten der Daimler-Benz AG [...] und ihre Entwicklung, 14.12.1946 (Archiv MBAG).
37 Werbeprospekte der Firma Lueg für Liefer-, Kombinations- und Mehrzweckwagen, ohne Datum (um 1950).
38 Zusammenstellung von Gerhard Heidbrink, Daimler-Benz-Konzernarchiv, 22.02.1999. Die Zahlen stimmen mit den in Oswald, MB-Pkw2 2001, S. 17, überein. Einzig bei den Krankenwagen nennt Oswald 600 Stück gegenüber 628 bei Heidbrink.
39 1,7 Ltr. Diesel Typ 636, Kurzbericht über den Stand der Arbeiten, 20.11.1947 (Archiv MBAG).
40 Übersicht über die Fertigungsstätten der Daimler-Benz AG [...] und ihre Entwicklung, 14.12.1946 (Archiv MBAG).
41 Niederschrift Besprechung von Hoppe, Staelin und weiteren mit Boehringer und Friedrich, 02.05.1947 (Archiv MBAG).
42 Vorstandssitzung 10.04.1947 (Archiv MBAG).

Kapitel 8

1 Müller, Freuden 1990, S. 52.
2 Meyer, Wiederaufbau DBAG 2009, S. 254.
3 Ea 160 vom 15.03.1946, Ea 161 vom 03.04.1946 und Ea 162 vom 16.10.1946 (Archiv MBAG).
4 Zeichnungen zum Vergleich der Karosserie-Außenformen (Eu 113) und des Innenraums (Eu 114), dat. 08.07.1946 (Archiv MBAG), Abb. 0521.
5 Konstruktionsauftrag W 162, 27.11.1946 (Archiv MBAG), nach Meyer, Wiederaufbau DBAG 2009, S. 254 f.
6 Übersicht über die Fertigungsstätten und Niederlassungen der Daimler-Benz Aktiengesellschaft [...], 14.12.1946 sowie Karosseriezeichnungen Eu 117 (22.11.1946), Eu 118 (25.11.1946) und Eu 119 (18.12.1946), Archiv MBAG.
7 Meyer, Wiederaufbau DBAG 2009, S. 255.
8 Vorstandsprotokoll 25.11.1948 und Schreiben von Wilfert an Haspel, 31.05.1949 (Archiv MBAG).
9 Unterlagen für die Aufsichtsratssitzung vom 18.07.1947, 5. Zukunftsentwicklung – PKW-Sektor (Archiv MBAG).
10 Unterlagen für die Aufsichtsratssitzung vom 18.07.1947, 5. Zukunftsentwicklung – PKW-Sektor (Archiv MBAG).
11 Meyer, Wiederaufbau DBAG 2009, S. 259.
12 Unterlagen für die Aufsichtsratssitzung vom 18.07.1947, 5. Zukunftsentwicklung – PKW-Sektor (Archiv MBAG).
13 Schreiben von Wagner an Hoppe, 08.07.1947 (Archiv MBAG), in: Meyer, Wiederaufbau DBAG 2009, S. 259.
14 Gedanken und Vorschläge zum Bau neuer Typen aufgrund von Besprechungen mit ausländischen Automobilhändlern und Kunden auf der Exportmesse Hannover 1947, 11.09.1947 (Archiv MBAG).
15 Protokoll der Sitzung vom 26.11.1947, in: Meyer, Wiederaufbau DBAG 2009, S. 264–271.
16 Protokoll der Sitzung vom 26.11.1947, in: Meyer, Wiederaufbau DBAG 2009, S. 264–271.
17 Protokoll der Sitzung vom 26.11.1947, in: Meyer, Wiederaufbau DBAG 2009, S. 264–271.
18 Handbuch Verkauf 1948–1960, S. 3; Vorstandssitzung 01.06.1948 (Archiv MBAG).
19 Protokoll der Sitzung vom 26.11.1947, in: Meyer, Wiederaufbau DBAG 2009, S. 268.
20 Besprechung über den W 136 III, 18.12.1947 (Archiv MBAG).
21 Besprechung über den W 136 III, 18.12.1947 (Archiv MBAG).
22 Besprechung über den W 136 III, 18.12.1947 (Archiv MBAG).
23 Siehe die umfangreiche Korrespondenz und die Aktennotizen der Besprechungen mit der Fa. Boehringer im Zeitraum Mai 1947 bis Ende 1948 (Archiv MBAG).
24 Vorstandssitzung 10.05.1948 (Archiv MBAG).
25 Niederschrift der Besprechung mit Fa. Boehringer, 11.10.1948 (Archiv MBAG).
26 Vorstandssitzung 22.06.1948 (Archiv MBAG).
27 Vorstandssitzung 22.06.1948 (Archiv MBAG).
28 Vorstandssitzungen, Schriftwechsel mit Boehringer und Versuchsberichte 1948 und Frühjahr 1949 (Archiv MBAG).
29 Vorstandssitzungen 21.09.1948 und 15.10.1948 (Archiv MBAG).
30 Besprechung zum W 136 III von Nallinger mit Mitgliedern des Vorstands, der Zentralkonstruktion, des Versuchs, des Zentraleinkaufs und der Werke Untertürkheim und Sindelfingen, 24.05.1948 (Archiv MBAG).
31 Vorstandssitzungen 10.05.1948 und 17.09.1948 (Archiv MBAG).
32 Vorstandssitzung 17.09.1948 (Archiv MBAG).
33 Vorstandssitzung 21.09.1948 (Archiv MBAG).
34 Vorstandssitzung 15.10.1948 (Archiv MBAG).
35 Vorstandssitzungen 01.11.1948 und 12.11.1948 (Archiv MBAG).
36 Technische Besprechung vom 08.12.1948 (Archiv MBAG).
37 Vorstandssitzung 03.03.1949 (Archiv MBAG).
38 Vorstandssitzung 24.02.1949 (Archiv MBAG).
39 Vorstandssitzung 03.03.1949 (Archiv MBAG).
40 »Der Spiegel«, 26.05.1949, S. 24.
41 Vorstandssitzungen 27.06.1949, 02.08.1949 und 13.09.1949 (Archiv MBAG).
42 Oswald, MB-Pkw2 2001, S. 17 & S. 31.
43 Vorstandssitzung 27.06.1949 (Archiv MBAG).
44 Vorstandssitzung 24.02.1949 (Archiv MBAG).
45 Aus »Vorschläge über ein Personenwagen-Entwicklungsprogramm« vom 25.03.1949 (Archiv MBAG).
46 Vorstandssitzung 04.07.1949 (Archiv MBAG).
47 Schreiben von Wilfert an Haspel, 29.06.1949, und Vorstandssitzung 04.07.1949 (Archiv MBAG).
48 Vorstandssitzung 04.07.1949 (Archiv MBAG).
49 Zeichnungen »Ea 187, Fx Anordnung Fahrgestell«, 31.07.1948/Müller und »Ea 188.
50 Vorstandssitzung 04.07.1949 (Archiv MBAG).
51 Zeichnung »Ea 187, »Fx Anordnung Fahrgestell«, 31.07.1948/Müller (Archiv MBAG). Zeichnung »Ea 188, Fahrgestell 1,2 Ltr.«, 18.08.1948/Müller (Archiv MBAG). Zeichnung »Fx-Frontantriebswagen«, ohne Datum (Müller, Freuden 1990, S. 57).
52 Zeichnung Ea 187, 31.07.1948.
53 Zeichnungen Ea 188, 18.08.1948, Eu 149, 28.12.1948 und »Fx-Frontantriebswagen«, ohne Datum (Müller, Freuden 1990, S. 57).
54 Vorstandssitzung 04.07.1949 (Archiv MBAG).
55 Vorstandssitzung 04.07.1949 (Archiv MBAG).
56 Plan EU 150, 31.10.1949/Müller (Archiv MBAG).
57 Zum Motor M 185 siehe auch Liste der Pkw-Typen (Nallinger), 07.12.1949 (Archiv MBAG).
58 »Vorschläge über ein Personenwagen-Entwicklungsprogramm (3. Folge)«, 27.03.1950/Nallinger (Archiv MBAG).
59 Aus »Vorschläge über ein Personenwagen-Entwicklungsprogramm«, 25.03.1949 (Archiv MBAG). Zur Motorbezeichnung: Vergleich der Hauptkomponenten der aktuell gefertigten und der geplanten Pkw-Typen, Nallinger, 07.12.1949 (Archiv MBAG).
60 Vergleich der Hauptkomponenten der aktuell gefertigten und der geplanten Pkw-Typen, Nallinger, 07.12.1949 (Archiv MBAG).
61 Aus »Vorschläge über ein Personenwagen-Ent-

wicklungsprogramm« vom 25.03.1949. Ergänzende Angaben auch aus Vorstandssitzung 04.07.1949 (Archiv MBAG).

62 Aus »Vorschläge über ein Personenwagen-Entwicklungsprogramm« vom 25.03.1949. Ergänzende Angaben auch aus Vorstandssitzung 04.07.1949 (Archiv MBAG).

63 Vorstandssitzung 04.07.1949 und Technische Vorstandssitzung 14.11.1950 (Archiv MBAG).

64 Zeichnungen Ea 187, 31.07.1948 und Ea 188, 18.08.1948 (Archiv MBAG).

65 Zeichnung »Fx-Frontantriebswagen«, ohne Datum (Müller, Freuden 1990, S. 57).

66 »Vorschläge über ein Personenwagen-Entwicklungsprogramm (3. Folge)«, 27.03.1950/Nallinger (Archiv MBAG).

67 Schreiben von Wilfert an Haspel, 29.06.1949 (Archiv MBAG).

68 Schreiben von Häcker an Haspel, 26.09.1949 (Archiv MBAG).

Kapitel 9

1 Verbilligungen am M 136, Vorschläge des Versuchs Werk 00, 06.07.1945 (Archiv MBAG).

2 Karosserieentwürfe von Josef Müller für W 158: EU 103 vom 28.11.1945 und Eu 104 vom 30.11.1945; dito für W 136 I: Eu 105 vom 11.12.1945; dito für W 136 I & W 136 II: Eu 106 vom 14.12.1945.

3 Baumusterliste für Pkw, Typ 170 V-136., dat. 25.04.1951. Die drei nicht gebauten Modelle tragen den Vermerk *wurden nicht gebaut* (Archiv MBAG).

4 Die Änderungen sind ersichtlich in ETL 136.I (170 V) H (1949), ET-Übersicht 136/191, Werksaufnahmen Nr. 45282 bis 45297 sowie in Protokollen der Vorstandssitzungen und der Besprechungen 1945–1947.

5 ETL 136.I (170 V) H (1949), ET-Übersicht 136/191 und Werksaufnahmen Nr. 45621, 45622 & 45935.

6 Vorstandssitzung 10.04.1947 (Archiv MBAG).

7 Oswald, MB-Pkw2 2001, S. 17.

8 Verkaufsprospekt Mercedes-Benz Typ 170 V, Aug.47.3.10d (Archiv MBAG).

9 Ries, Hermann: Hoffnungsschimmer, in »Mercedes-Benz Classic« 03/2007, S. 62; Kruk/Lingnau, Unternehmen 1986, S. 174.

10 ETL 136.I (170 V) H (1949); ET-Übersicht 136/191.

11 Zeichnung Schnitt durch den Motor M 136, dat. 01.04,1948(?) und ET-Übersicht 136/191.

12 Versuchsbericht 10268 vom 02.08.1948 und Aktennotiz zu Mitnehmerring vom 10.09.1948 (Kasbaum); Versuchsbericht 10298 vom 04.10.1948 (Archiv MBAG).

13 Vorstandssitzung 05.08.1948 (Archiv MBAG).

14 http://www.historisches-coswig.de/index.php?id=553, abgerufen 13.09.2021.

15 Vorstandssitzung 01.06.1948 (Archiv MBAG).

16 Produktionszahlen nach Oswald, MB-Pkw2 2001, S. 17.

17 Besprechung der Vorstandsmitglieder Hoppe, Müller und Nallinger zum Typ 170 V III mit den Leitern von Konstruktion, Versuch, Einkauf und Fertigung, 24.06.1948 (Archiv MBAG).

18 Technische Besprechung zum W 136 IV, 08.12.1948 (Archiv MBAG).

19 Vorstandssitzung 03.03.1949 (Archiv MBAG).

20 Vorstandssitzung 24.02.1949 (Archiv MBAG).

21 ETL 136.I (170 V) H (1949).

22 ETL 136.I (170 V) H (1949), ETL 136.VI (170 Va) A (1950) und ET-Übersicht 136/191.

23 Vorstandssitzungen 01.11.1948 und 12.11.1948 (Archiv MBAG).

24 Vorstandssitzung 27.06.1949 (Archiv MBAG).

25 W 136 IV im Vergleich zu W 136 I, ausführliche Beschreibung mit technischen Daten im Anhang, Fritz Nallinger, 11.01.1950; Vorstandssitzung 14.06.1950; Technische Besprechung 01.08.1950 (Archiv MBAG).

26 ETL 136.I (170 V) H (1949) und ET-Übersicht 136/191.

27 Vorstandssitzung 27.06.1949 (Archiv MBAG).

28 Vorstandssitzung 13.09.1949 (Archiv MBAG).

29 Vorstandssitzung 03.03.1949 (Archiv MBAG).

30 Seherr-Thoss, Autoindustrie 1979, S. 632 f, insb. 634 (gemäß VDA, Tatsachen und Zahlen aus der Kraftverkehrswirtschaft 1948–78).

31 Das erste Nachkriegsprogramm von Daimler-Benz, Separatdruck aus der »Automobil Revue« Bern, Nr. 23, 18. Mai 1949.

32 Motor-Rundschau-Test Mercedes-Benz 170 V, »Motor-Rundschau« Nr. 24-1949 (25. Dezember).

33 »Das Auto«, Nr. 2/1949, S. 6 f.

34 »Neue Zürcher Zeitung«, Das Automobil, Zwei neue Mercedes-Benz-Personenwagen, Fernausgabe Nr. 141, 24.05.1949.

35 »Motor-Rundschau«, Test Mercedes-Benz 170 D, Nr. 2-1950 (25. Januar).

36 »Touring«, offizielles Organ des Touring-Club Schweiz, Genf, Testbericht Mercedes-Benz 170 D, 02.03.1950 (Separatdruck).

37 »Das Auto«, Nr. 2/1949, S. 6.

38 Produktionszahlen: »Produktion von Personenwagen 170«, DB-Zentralstatistik (Archiv MBAG); siehe auch Oswald, MB-Pkw2 2001, S. 17.

39 Vorstandssitzung 09.05.1949; Preisliste gültig ab 20.05.1949 (Archiv MBAG).

40 Vorstandssitzung 27.06.1949 (Archiv MBAG).

41 Produktionszahlen nach Oswald, MB-Pkw2 2001, S. 17.

42 Vorstandssitzungen 02.08.1949 und 13.09.1949 (Archiv MBAG).

43 Vorstandssitzung 29.03.1950 (Archiv MBAG).

44 Vorstandssitzung 25.05.1949 (Archiv MBAG).

45 Vorstandssitzung 27.06.1949 (Archiv MBAG.

46 Vorstandssitzung 11. & 12.07.1949 (Archiv MBAG).

47 Vorstandssitzung 29.03.1950 (Archiv MBAG).

48 Mitteilung des Sindelfinger Werksdirektors Hermann Heilig auf der Technischen Sitzung vom 19. 05.1950 (Archiv MBAG).

49 Siehe technische Daten in »Typ 170 Va« W 136 VI Innenlenker, o. D, offenbar 1950 (Archiv MBAG 2P-MB-101-009) und Werkstatthandbuch W 136 & W 191 S. VII & VIII).

50 ETL 136.I (170 V) H (1949), ETL 136.VI (170 Va) A (1950), ET-Übersicht 136/191 und Tabellenbuch Pkw 1957.

51 ETL 136.I (170 V) H (1949), ETL 136.VI (170 Va) A (1950) und ET-Übersicht 136/191.

52 ET-Übersicht 136/191, Werksfotos.

53 Vorstandssitzung 27.06.1949 (Archiv MBAG).

54 ETL 136.VI (170 Va) A (1950) und Werksaufnahmen.

55 ETL 136.I (170 V) H (1949), ETL 136.VI (170 Va) A (1950) und ET-Übersicht 136/191.

56 ETL 136.VI (170 Va) A (1950, BAL 170 Va A (1950) und Werksfotos.

57 Der viertürige Innenlenker mit der Fahrgestell-Nr. 425 165 vom Mai 1939 war mit dieser 25 RM teuren Einrichtung versehen (Mappes 170 V-Verkauf 1936–1945), desgleichen der in die Schweiz gelieferte Wagen mit der Fahrgestell-Nr. 136 010 08991 von 1949.

58 ETL 136.VI (170 Va) A (1950) und Werksfotos.

59 Vorstandssitzung 18.10.1949 (Archiv MBAG).

60 Vergleichsmessungen an Wagen der Baujahre 1937, 1940, 1949 und 1951 durch den Autor. Siehe auch Handbuch Verkauf 1948–1960, S. 11 (Direktionsschreiben vom 07.06.1950, Dok.T. 0045).

61 Handbuch Verkauf 1948–1960, S. 10 (Betriebsmitteilung 447/50).

62 Preisblatt 170 Va vom 10.07.1951 (Archiv MBAG).

63 Scheller-P., Uhlenhaut 2015, S. 105.

64 ETL 136.VI (170 Va) A (1950) und Werksfotos.

65 ETL 136.VI (170 Va) A (1950) und Werksfotos.

66 ETL 136.VI (170 Va) A (1950), ET-Übersicht 136/191 und Werksfotos

67 Beobachtung an Wagen und Werksfotos.

68 Technische Vorstandssitzung 19.05.1950 (Archiv MBAG).

69 Karosserie-Ausstattungen Vtb. 1.3.51 (Archiv MBAG).

70 Handbuch Verkauf 1948–1960, S. 11 (Rundschreiben Nr. 270 vom 09.08.1950); Prospekt »Schlafen – bei 80 Schnitt«, der neue Ruhesitz für den Mercedes-Benz 170 V, 170 D, 170 S.

71 Handbuch Verkauf 1948–1960, S. 12 (Rundschreiben Nr. 273 vom 15.08.1950, Dok.T. 0049).

72 Handbuch Verkauf 1948–1960, S. 23 (Rundschreiben Nr. 273 vom 15.08.1950, Dok.T. 0049) und Nr. 336 vom 04.12.1951, Dok.T. 0089).

73 »Sonderausstattungen für Personenwagen« (DBAG, ohne Datum, um 1951), Bauanweisung Radiogerät Becker, Nr. 1101-136 (170 V & Va) und 1102-136 (170 D & Da).

74 Technische Vorstandssitzung 15.08.1950 (Archiv MBAG).

75 Handbuch Verkauf 1948–1960, S. 36 (Rundschreiben Nr. 381 vom 11.09.1952 Dok.T. 0122).

76 Handbuch Verkauf 1948–1960, S. 17 (Rundschreiben Nr. 285 vom 05.01.1951); Prospekt Mercedes-Benz Innenlenker mit Schiebedach, 170 V, 170 D, 170 S.

77 »Das Auto«, Nr. 20/1950, Test Mercedes-Benz 170 D.

78 Sonderdruck aus der »Motor-Rundschau mit NKZ«, Frankfurt a.M., August 1950.

79 »Neue Kraftfahrer-Zeitung NKZ«, Nr. 16 vom 16.09.1950.

80 »Kfz-Fachblatt«, 2. Dezember-Nummer 1950. S. 703–706.

81 Frankfurter »Automobil-Revue« Nr. 12, Dezember 1950, Testbericht Mercedes-Benz 170 V.

82 »Das Auto«, Nr. 20/1950, Test Mercedes-Benz 170 D.

83 »Auto- und Motorradwelt«, Heft 19 vom 01.10.1950, Test Mercedes-Benz 170 D.

84 Technische Besprechungen vom 01. & 14.08.1950 (Archiv MBAG).

85 Vorstandssitzungen 14.08.1951 und 27.09.1951 (Archiv MBAG).

86 ETL 136 VI D (170 Da) A, Oktober 1950.

87 Technische Vorstandssitzung 25.10.1950 (Archiv MBAG).

88 Vorstandssitzung 15.11.1951 (Archiv MBAG).

89 Technische Vorstandssitzung 31.05.1951 (Archiv MBAG).

90 Vorstandssitzung 04.10.1951 (Archiv MBAG).
91 Vorstandssitzung 25.05.1949 (Archiv MBAG).
92 Handbuch Verkauf 1948–1960, S. 5 & S. 9; Schreiben der Direktion an die Niederlassungen, Großvertreter, Vertriebsstellen und Vertragshändler, 02.01.1950 (Archiv MBAG).
93 Technische Vorstandssitzung, 19.05.1950 (Archiv MBAG).
94 Schreiben der Direktion vom 29.03.1951 an die Niederlassungen und Großvertreter sowie die beiliegende Preisliste vom 31.03.1951 (Archiv MBAG).
95 Preisliste für Personenkraftwagen, gültig ab 31.03.1951 (Archiv MBAG).
96 Produktionszahlen nach Oswald, MB-Pkw2 2001, S. 17 & 31.
97 Produktionszahlen nach Handbuch Verkauf 1948–1960, S. 25 und Oswald, MB-Pkw2 2001, S. 17 & 31.
98 Meyer, Wiederaufbau MBAG 2009, S. 448 (VDA/DB-Zentralstatistik).
99 Erste Exporte der Daimler-Benz AG nach dem Krieg, 1947/48, Auszug des Archivs der MBAG vom 12.10.1965.
100 MB Automobil AG 2012, Kap. III und IV (ohne Paginierung).
101 Blauberg, Suomen 2010, S. 111 ff.; Karsholt, Dansk bilproduktion 2020, S. 144 ff. Siehe auch Kruk/Lingnau, Unternehmen 1986, S. 178 ff.
102 Vorstandssitzungen 04.07.1949, 29.03.1950 und 25.07.1950 (Archiv MBAG); Tabelle »Exportzahlen 1.1.1950 bis 31.7.1957« der Typen 170 V, 170 S-V, 170 S, 170 D, 170 DS, 170 S-D, 220 ff.; DBAG, ohne Datum (Slg. HPW).
103 Technische Vorstandssitzung 25.10.1950 (Archiv MBAG).
104 Aktennotiz Werk 50, Nr. 025, vom 22.12.1950 (Archiv MBAG).
105 Technische Vorstandssitzung, 14.11.1950 (Archiv MBAG).
106 Vorstandssitzung 09.01.1951 (Archiv MBAG).
107 ETL 170 Vb A 1952.
108 Vorstandssitzungen 20.07.1951 und 14.08.1951 (Archiv MBAG).
109 Vorstandssitzungen 04.10.1951 und 15.11.1951 (Archiv MBAG).
110 Engelen, Günter: Freidenker. Portrait von Wilhelm Haspel in »Mercedes-Benz Classic«, Nr. 3/2004, S. 62–65; Handbuch Verkauf 1948–1960, S. 27.
111 Metternich/Neubauer, S. 234; Todesanzeige/Nachruf in »Auto, Motor und Sport« 14/1951, S. 481.
112 Vortrag von Hans Scherenberg zum 40-jährigen Firmenjubiläum von Josef Müller, 1965 (Archiv MBAG, 1P-PS 02-0044).
113 Vorstandssitzung 15.10.1948 (Archiv MBAG).
114 Vorstandssitzung 04.07.1949 (Archiv MBAG).
115 Technische Vorstandssitzung 25.10.1950 (Archiv MBAG).
116 Vorstandssitzung 15.11.1951. Brief von Haspel/Nallinger an das Werk Sindelfingen, 17.11.1951 (Archiv MBAG).
117 ETL 170 Vb A, 170 Db A, ET-Vergleich und Detailfotos des 170 Vb R 136 060 00386/53.
118 Handbuch Verkauf 1948–1960, S. 29, Betriebsmitteilung 39/1951.
119 Technische Besprechung 01.08.1950 (Archiv MBAG).
120 Technische Vorstandssitzung 14.11.1950; Vorstandssitzung 25.01.1951 (Archiv MBAG).
121 Technische Daten für die Typen 170 Vb, 170 Sb und 170 DS, 01.12.1952 (Archiv MBAG).
122 ETL 170 Vb A 1952 und ETL 170 Db A 1952.
123 ETL 170 Vb A 1952 und ET-Übersicht 136/191.
124 Vorstandssitzung 27.09.1951; Brief Haspel/Nallinger an Werk Sindelfingen, 17.11.1951 (Archiv MBAG).
125 Typenblatt A7 (170 Vb) im Handbuch Verkauf 1948–1960.
126 Handbuch Verkauf 1948–1960, S. 32 f (Betriebsmitteilung 56/52 und Rundschreiben Nr. 360 vom 02.05.1952, Dok.T. 0111).
127 »Die V-Typen«, Zusammenstellung des MVC, ohne Datum.
128 Normalausstattungen der einzelnen Typen des Personenwagenprogramms, 03.05.1952; Normalausstattungen 1953, 08.12.1952 (Archiv MBAG).
129 Handbuch Verkauf 1948–1960, S. 35 (Rundschreiben Nr. 380 10.10.1952, Dok.T. 0121).
130 Handbuch Verkauf 1948–1960, S. 33 (Rundschreiben Nr. 361 vom 03.05.1952, Dok.T. 0112) und S. 36 (Rundschreiben Nr. 381 vom 11.09.1952, Dok.T. 0122).
131 Schreiben der Direktion an Niederlassungen, Großvertreter, Vertriebsstellen und Vertragshändler, 21.02.1952; Preisliste für Personenkraftwagen, gültig ab 25.02.1952 (Archiv MBAG).
132 Oswald, DE-Autos3 2001 und Oswald, DE-Autos4 2003.
133 AR-Katalog 1952 und 1953.
134 Produktionszahlen gemäß DB-Zentralstatistik (vgl. auch Oswald, MB-Pkw1 2001, S. 144 f.). Die in Oswald, MB-Pkw1 2001 S. 316 publizierten, nach Modellen aufgeschlüsselten Zahlen für die Karosserieproduktion weicht stark davon ab.
135 Produktionszahlen gemäß Oswald, MB-Pkw1 2001, S. 142–145, und Oswald, MB-Pkw2 2001, S. 13 & 17.

Kapitel 10

1 Das erste Nachkriegsprogramm von Mercedes-Benz, Separatdruck der »Automobil Revue« (Bern) Nr. 23 vom 18.05.1949; AR-Langstreckenprüfung Mercedes-Benz 170 S, Separatdruck der »Automobil Revue« (Bern) Nr. 49 vom 16.11.1949.
2 Protokollierte Aussage von Generaldirektor Wilhelm Haspel, in: Protokoll Technische Vorstandssitzung vom 14.11.1950 (Archiv MBAG).
3 Vorstandssitzungen 27.06.1949, 02.08.1949 und 13.09.1949 (Archiv MBAG).
4 Liste »Neue Teile für Typ W 136 III« (Max Wagner), 03.06.1948 (Archiv MBAG).
5 ETL 136 IV (170 S) A (1949), Tabellenbuch Pkw 1957, Werkstatthandbuch W 136 & W 191.
6 Vorstandssitzungen 21.09.1948 und 12.11.1948, Technische Besprechungen vom 30.11.1948, 08.12.1948, 05.01.1949 und 02.04.1949, Beschreibung W 136/IV im Vergleich zu W 136/I (Nallinger), 11.01.1949 (Archiv MBAG), ETL 136 IV (170 S) A (1949).
7 Ausführliche Darstellung der Probleme und der durchgeführten Versuche und Maßnahmen: Technische Besprechung 08.12.1948 (Archiv MBAG).
8 Aufbau-ETL 136 IV (170 S) B (1952) und 170 S-Normalbeschreibung zur Limousine, 1952.
9 Rundschreiben Nr. 8 vom 31.05.1949, Handbuch Verkauf 1948–1960, S. 8 f. (Archiv MBAG).
10 Werksfotos von Versuchsfahrzeugen in unterschiedlichen Stadien der Entwicklung.
11 Vorstandssitzung 24.02.1949 (Archiv MBAG).
12 Typentafel W 136 IV (170 S), April 1949 (Archiv MBAG).
13 Niemann, Béla Barényi 2016, S. 221.
14 Technische Besprechung 08.12.1948 und Beschreibung W 136/IV im Vergleich zu W 136/I (Nallinger), 11.01.1949 (Archiv MBAG).
15 Werksfotos von Versuchsfahrzeugen in unterschiedlichen Stadien der Entwicklung und Serienfahrzeugen. Aufbau-ETL 136 IV (170 S) B (1952).
16 Werksfotos von Versuchsfahrzeugen in unterschiedlichen Stadien der Entwicklung und Serienfahrzeug; Aufbau-ETL 136 IV (170 S) B (1952); ETL 136 IV (170 S) A (1949) und 170 S-Normalbeschreibung zum Cabriolet B, 1949/50.
17 Freundlicher Hinweis von Jörg Enger.
18 Freundlicher Hinweis von Jörg Enger.
19 Sitzungs- und Besprechungsprotokolle mit Inhalt zum 170 S; Werksfotos (Archiv MBAG); ETL 136 IV (170 S) A (1949); ETL 136 IV (170 S) C (1953); Aufbau-ETL 136 IV (170 S) B (1952); ET-Vergleich; DB-Tabellenbuch Pkw 1957.
20 Vorstandssitzung 13.09.1949 (Archiv MBAG).
21 Tabelle »Produktion von Personenkraftwagen 170«, Zentralstatistik, ohne Jahr (Archiv MBAG, 2P-MB 101-006). Auch Oswald verwendet diese Angaben (Oswald, MB-Pkw2 2001, S. 31).
22 ETL 136 IV (170 S) C (1953); Aufbau-ETL 136 IV (170 S) B (1952); ET-Vergleich.
23 Vorstandsitzung 29.03.1950 (Archiv MBAG).
24 Tabelle »Produktion von Personenkraftwagen 170«, Zentralstatistik, ohne Jahr (Archiv MBAG, 2P-MB 101-006). Auch Oswald verwendet diese Angaben (Oswald, MB-Pkw2 2001, S. 17 & 31).
25 Tauschmotorenlieferung, Zusammenstellung Zentrale Prüfstelle zu Händen Haspel, 22.11.1951 (Archiv MBAG).
26 Technische Vorstandssitzung 31.05.1951 (Archiv MBAG).
27 Vorstandssitzung 24.05.1951 (Archiv MBAG).
28 Vorstandssitzung 17.10.1951 (Archiv MBAG); Werkstatthandbuch W 136 & W 191, S. 27.
29 ETL 136 IV (170 S) B (1951).
30 Vorstandssitzung 05.12.1951 (Archiv MBAG).
31 Vorstandssitzung 17.10.1951 (Archiv MBAG).
32 Beitrag »ADAC-6-Stunden-Fahrt für Sport- und Tourenwagen auf dem Nürburgring« in »Das Auto«, Heft 20/1950, S. 664–666.
33 Vorstandssitzung 24.02.1949 (Archiv MBAG).
34 Vorstandssitzung 20.12.1949 (Archiv MBAG).
35 Vorstandssitzung 25.07.1950 und Technische Vorstandssitzung 13.02.1951 (Archiv MBAG).
36 Technische Vorstandssitzung 25.10.1950 (Archiv MBAG).
37 Preisblatt 170 S Innenlenker, 10.07.1951; Schreiben an Niederlassungen betreffend Reifenpreise, 10.07.1951; Handbuch Verkauf 1948–1960, S. 19. (Archiv MBAG).
38 Vorstandssitzung 05.04.1951 (Archiv MBAG).
39 Vorstandssitzung 27.09.1951; Programmbesprechung 21.01.1953 (Archiv MBAG).
40 Vorstandssitzung 04.07.1949 (Archiv MBAG).
41 Vorstandssitzung 03.03.1949 (Archiv MBAG).
42 Technische Vorstandssitzung 25.10.1950 (Archiv MBAG).
43 Technische Vorstandssitzung 14.11.1950; siehe auch Vorstandssitzung 09.01.1951 (Archiv MBAG).

44 Vorstandssitzung 05.04.1951 (Archiv MBAG).
45 Vorstandssitzung 31.05.1951 (Archiv MBAG).
46 Vorstandssitzungen 20.07.1951 und 14.08.1951 (Archiv MBAG).
47 Technische Vorstandssitzung 25.10.1950 (Archiv MBAG).
48 DB-Presseinformation 06.03.1952 zum Genfer Salon (Archiv MBAG).
49 Vorstandssitzung 15.11.1951 (Archiv MBAG).
50 DB-Presseinformationen vom 23.02.1952 zum »Typ 170 DS« und vom 06.03.1952 zum Genfer Salon (Archiv MBAG).
51 ETL 136 IV (170 S) C (1953); ETL 170 Sb A (1952); ETL 220 A (1952); DB-Tabellenbuch Pkw 1957.
52 Werkstatthandbuch W 136 & W 191, S. 357.
53 ETL 170 Sb A (1952); Werkstatthandbuch W 136 & W 191, S. 344.
54 ETL 170 Sb A (1952).
55 Normalausstattungen Pkw, 03.05.1952 (Archiv MBAG).
56 ETL 136 IV (170 S) C (1953); ETL 170 Sb A (1952); BAL 170 DS B (1954); Handbuch Verkauf 1948–1960; DB-Presseinformation 06.03.1952 zum Genfer Salon (Archiv MBAG).
57 Preisblatt 170 S IL mit Stoffpolsterung, 10.07.1971; Preisliste für Pkw ab 25.08.1952 (Archiv MBAG).
58 ETL 170 Sb A (1952).
59 ETL 170 Sb A (1952); Handbuch Verkauf 1948–1960, S. 35 (Archiv MBAG).
60 Aktennotiz betreffend Normalausstattungen 1953; Liste Normalausstattung 170 S und 170 DS, 08.12.1952 (Archiv MBAG).
61 Vorstandssitzung 20.01.1951 (Archiv MBAG).
62 Handbuch Verkauf 1948–1960; S. 30.
63 ETL 170 DS A (1952); Testbericht in »Auto Motor und Sport« Nr. 10/1952.
64 ETL 170 DS A (1952) und Werksaufnahmen. Diese Aussage bestätigt Oswald im Testbericht 170 Sb & 170 DS in »Auto Motor und Sport« Heft 10/1952 (Mai).
65 Handbuch Verkauf 1948–1960.
66 Seherr-Thoss, Autoindustrie 1979, S. 633; Oswald, DE-Autos3 2001; Oswald, DE-Autos4 2003.
67 Sonderausstattungen Pkw; Handbuch Verkauf 1948–1960; Prospekt Mercedes-Benz Innenlenker mit Schiebedach, 170 V, 170 D, 170 S; Liste der Kundenwunsch-Ausführungen für PKW, 29.11.1951, nachgeführt bis 20.02.1952, DBAG).

Kapitel 11

1 Schreiben von OB Schmidt an Direktor Könecke, 06.10.1952 (Archiv MBAG).
2 Programm-Vorschlag bei Fertigungsaufnahme 170 Z/W 120/W 180, Werk Sindelfingen, 29.01.1953; Auslauf-Programm 170 V/D/DS und Anlauf-Programm 170 VZ/DZ/W 120, Werk Sindelfingen, 12.02.1953 (Archiv MBAG).
3 Programmbesprechung 05.05. & 08.05.1953 (Archiv MBAG).
4 ETL 170 S-D A (1953).
5 ETL 170 S-D A (1953).
6 ETL 170 S-V A (1953).; ETL 170 S-D A (1953).
7 Nachtrag Nr. 1 zur ETL 170 S-V 10/007, S. 26.
8 ETL 170 S-D A (1953).; ETL 170 S-D A (1953).
9 ETL 170 S-D A (1953); Nachtrag Nr. 1 zur ETL 170 S-V 10/007; ETL 170 S-D A (1953); Nachtrag Nr. 1 zur ETL 170 S-D 10/006; Handbuch Verkauf 1948–1960 und Werksfotos.
10 Handbuch Verkauf 1948–1960, S. 43 (Archiv MBAG); Daimler-Mediendatenbank: 08.09.1953 Präsentation Typ 180 und modellgepflegte 170er-Typen.
11 Preisliste Personenkraftwagen, gültig ab 25.02.1952; Handbuch Verkauf 1948–1960, S. 43 (Archiv MBAG).
12 Vorstandssitzung 14.09.1953 (Archiv MBAG).
13 Technische Vorstandssitzung 10.11.1953; Vorstands- und Programmsitzung 19.11.1953 (Archiv MBAG).
14 Typenblätter 170 S-V; 170 S-V Fahrgestell; 170 S-V Krankenwagen Lueg; Handbuch Verkauf 1948–1960, S. 48 f.; Oswald, MB-Pkw2 2001, S. 31; Tabelle »Exportzahlen 1.1.1950 bis 31.7.1957« der Typen 170 V, 170 S-V, 170 S, 170 D, 170 DS, 170 S-D, 220 ff.; DBAG, ohne Datum (Slg. HPW); Meyer, Wiederaufbau DBAG 2009, S. 466–468.
15 Tabelle »Exportzahlen 1.1.1950 bis 31.7.1957« der Typen 170 V, 170 S-V, 170 S, 170 D, 170 DS, 170 S-D, 220 ff.; DBAG, ohne Datum (Slg. HPW).
16 Typenblätter 170 S-D; 170 S-D Fahrgestell; 170 S-D Krankenwagen Lueg; Handbuch Verkauf 1948–1960, S. 48 f.; Oswald, MB-Pkw2 2001, S. 31; Meyer, Wiederaufbau DBAG 2009, S. 466–468.
17 DB-Presseinformation »3000 Mercedes-Benz Dieseltaxi für Argentinien«, 29.10.1953 (Archiv MBAG); Seherr-Thoss, Autoindustrie 1979, S. 426.
18 Vorstandssitzung 11., 12. & 14.10.1955 und Vorstandssitzung 12.07.1956 (Archiv MBAG).

Kapitel 12

1 Köhler, Frühe Pkw- und Lkw-Diesel, in: https://www.dieselmotoren-historik.com/dieselmotoren-historikforschung/ (aufgerufen 03.02.2022); Huwyler, Saurer 2021, S. 26 & 29.
2 Peschel, 260 D 1986, S. 5–8; Schildberger, MB-Fahrzeuge & -Motoren 1978, S. 134, NDB 15 (1987), https://www.deutsche-biographie.de/sfz70551.html (aufgerufen 09.12.2023).
3 Domina, Antriebstechnik, S. 129.
4 Schildberger, MB-Fahrzeuge & -Motoren 1978, S. 132, 134 & 138; Peschel, 260 D 1986, S. 5–9; https://mercedes-benz-publicarchive.com (aufgerufen 03.02.2022); Oswald, MB-Lkw 2008, S. 13 & 51; Domina, Antriebstechnik, S. 126–133. Interessante Einzelheiten bei Neubauer, Gaggenau 1986, S. 100 f.
5 Hausfelder, kompressorlose Diesel 1928, S. 188; Peschel, 260 D 1986, S. 9 (Teil 2).
6 Metternich/Neubauer, vergessene Autowelt 2004, S. 44 f.
7 Peschel, 260 D 1986, S. 11 (Teil 2); https://de.wikipedia.org/wiki/Acro-Luftspeicherverfahren (aufgerufen 04.02.2022).
8 Reif, Diesel-Einspritz 2012, S. 269.
9 Cyrkel-Maier, DB Gaggenau 2011, S. 347 f.
10 Metternich/Neubauer, vergessene Autowelt 2004, S. 194.
11 Nallinger, Leben, S. 343–346.
12 Peschel, 260 D 1986, S. 13 (Teil 2).
13 Besprechung Programmfragen in Friedrichshafen, 10.08.1934 (Archiv MBAG).
14 Peschel, 260 D 1986, S. 13; Typenblatt MB 380 D »Mannheim«, W 10 D, Versuchsfahrzeug 1932–1933; Typenliste für Fahrzeuge und Motoren, Freigabezentrale Mai 1946 (Archiv MBAG).
15 Besprechung zu Konstruktions- und Versuchsprogramm vom 04.02.1932 (Archiv MBAG).
16 Nallinger, Leben, S. 343–346 (Archiv MBAG 1P-PS 02-0049).
17 Vorstandssitzung 03.01.1935 (Archiv MBAG).
18 Konzernbesprechung in Untertürkheim, 27.09.1935 (Archiv MBAG).
19 Vorstandssitzung 25.10.1935 (Archiv MBAG).
20 ETL 138 (260 D) A 1937; BAL 6238 (260 D) 1938; Kremser, schnelllaufende Kraftmaschinen 1942, S. 125-130; Werksfotos.
21 Vorstandssitzung 17.07.1936; Antwortschreiben Kissel an von Stauss, 16.09.1936 (Archiv MBAG).
22 Jahresproduktion der Daimler-Benz-Pkw; DB-Zentralstatistik (Archiv MBAG).
23 Besprechung Programmfragen in Friedrichshafen, 10.08.1934 (Archiv MBAG).
24 Einbauzeichnung OM 134/2, dat. 17.06.1934; Typenliste für Fahrzeuge und Motoren, Freigabezentrale Mai 1946 (Archiv MBAG).
25 Peschel, 260 D 1986, S. 12; Typenblätter MB 175 H (W 23) mit OM 134 & MB 175 D (W 134) mit OM 134; Einbauzeichnung OM 134/2, dat. 19.06.1934
26 Peschel, 260 D 1986, S. 13; Typenblatt MB 175 DX (W 141) mit OM 141.
27 Typenliste für Fahrzeuge und Motoren, Freigabezentrale Mai 1946 (Archiv MBAG); Peschel, 260 D 1986, S. 13; Typenblätter MB 190 D (W 141 I) mit OM 141 I; Einbauzeichnung OM 141/1, dat. 24.05.1935.
28 Oswald, DE-Autos2 2001S. 135 & 137.
29 Huwyler, Saurer 2021, S. 107–109; Wipf/König/Knöpfli, Saurer 2003, S. 182 & 187; Brüderlin, Ad.: Ein neuer Saurer-Diesel-Schnelllläufermotor. In: »Schweizerische Bauzeitung«, Heft 12/1936; Bolli, B.: Der Saurer-Personenwagen-Dieselmotor und die aus ihm entwickelte Schnellläufertypenreihe. In: ATZ 8/1936.
30 Lesueur, Peugeot 402 2000, S. 116; https://de.wikipedia.org/wiki/Oberhänsli (aufgerufen 06.02.2022); https://www.media.stellantis.com/at-de/peugeot/press/80-jahre-peugeot-402-vom-dieselvoreiter-zur-modernen-bluehdi-dieseltechnologie-1632576533-1472041800 (aufgerufen 06.02.2022); Allgemeine Automobilzeitung, 12/1935, S. 28.
31 Vorstandssitzung 11. & 12.03.1937 (Archiv MBAG).
32 Vorstandssitzung 05.01.1937 (Archiv MBAG).
33 Kissel, Technische Protokolle, Direktionsbesprechungen 1937 bis Juni 1938, I/29 (Archiv MBAG).
34 Vorstandssitzung 12.11.1937 (Archiv MBAG).
35 Vorstandssitzung 15.05.1939 (Archiv MBAG).
36 Vorstandssitzung 22.09.1938; Nallinger, Leben, S. 383 f (Archiv MBAG 1P-PS 02-0049).
37 Besprechung zum Lkw-Bauprogramm in Gaggenau, 02.10.1940 (Archiv MBAG).
38 Meyer, Wiederaufbau DBAG 2009, S. 241.
39 Übersicht über die Fertigungsstätten und Niederlassungen der Daimler-Benz Aktiengesellschaft und ihrer Entwicklung seit Einstellung der Kampfhandlungen, 14.12.1946 (Archiv MBAG).
40 Handbuch OM 636 & 621; ETL 136.I (D) A (1949); Werksunterlagen und -zeichnungen.
41 ETL 170 D Ausgabe A Okt. 1949.
42 ETL 136.VI D (170 Da) A (Okt. 1950); Handbuch OM 636 & 621.
43 ETL 136.VI D (170 Da) A (Okt. 1950); Handbuch OM 636 & 621.

44 ETL 136.VI D (170 Da) A (Okt. 1950); ETL 170 Db Ausgabe (A Dez. 1952); Handbuch OM 636 & 621. Siehe auch Technische Vorstandssitzung 19.05.1959 (Archiv MBAG).
45 Handbuch OM 636 & 621.
46 Vorstandssitzung 05.12.1951 (Archiv MBAG).
47 Brief Hoppe und Staelin an Friedrich (Erhard & Söhne) 16.05.1946; Brief Hoppe & Albrecht an Friedrich (Erhard & Söhne) 26.11.1946 (Archiv MBAG).
48 Vorstandssitzung 29.03.1950 und 10.05.1950 (Archiv MBAG).
49 Schmeing/Wischhof, Unimog 2016, S. 25–27.
50 Schmeing/Wischhof, Unimog 2016, S. 25; Oswald, MB-Lkw 2008, S. 320 f.
51 Handbuch OM 636 & 621, 0-1/23a; Schmeing/Wischhof, Unimog 2016, S. 15; Oswald, MB-Lkw 2008, S. 327.
52 Handbuch OM 636 & 621, S. 29 & 30 sowie 0-1/23a.
53 Handbuch OM 636 & 621, Ausgabe B, Dez. 1971.
54 Vorstandssitzung 30.10.1962 (Archiv MBAG).
55 Handbuch OM 636 & 621, S. 0-1/1 bis 0-1/31; ETL OM 636, Ausgabe B, Dez. 1971.
56 https://www.unimog-community.de/phpBB3/om632-2-zylinder-t75186.html#mygroup-1 (aufgerufen 09.03.2022). Produktionszahlen aus Industriemotorenproduktion der Daimler-Benz AG, Tabelle datiert 27.01.1984 (Archiv MBAG). Mercedes-Benz-Presseinformation 16.10.1969 (Archiv MBAG).
57 Unruh, Werk Berlin 2002, S. 129 & 137.
58 Werbeprospekt Mercedes-Benz Bootsdiesel OM 636, M 2316, Mai 1961.
59 Fahrzeugmotorenproduktion der Daimler-Benz AG (einschließlich Industrie-, Serien-, Ersatz- und Shortmotoren [=Teiletriebwerke] für alle Verwendungszwecke), Tabelle datiert 23.02.1984; Industriemotorenproduktion der Daimler-Benz AG, Tabelle datiert 27.01.1984 (Archiv MBAG); Oswald, MB-Lkw 2008, S. 320 f; Oswald, MB-Pkw2 2001, S. 17, 31 & 73.
60 Vorstandssitzung 04.10.1951 (Archiv MBAG).
61 Vorstandssitzung 10.01.1961 (Archiv MBAG); Mercedes-Benz Classic M@RS.
62 Fahrzeugmotorenproduktion der Daimler-Benz AG (einschließlich Industrie-, Serien-, Ersatz- und Shortmotoren [= Teiletriebwerke] für alle Verwendungszwecke), Tabelle datiert 23.02.1984 (Archiv MBAG).
63 https://de-academic.com/dic.nsf/dewiki/364670#Fahr-_und_Flugzeugbau (aufgerufen 09.03.2022).
64 https://blog-terranea-es.translate.goog/l-319d/?_x_tr_sl=es&_x_tr_tl=de&_x_tr_hl=de&_x_tr_pto=sc (aufgerufen 09.03.2022).
65 AR-Katalog 1972, S. 463; https://www.secret-classics.com/seat-1500/; Prospekt Seat 1800 Diesel, ohne Datierung, in https://www.autoweek.com/car-life/classic-cars/a1832141/1969-seat-1800-has-fiat-bones-mercedes-benz-diesel-power/ (aufgerufen 13.07.2023). (aufgerufen 09.03.2022).
66 https://autonatives.de/sprinter-bremer-und-harburger-transporter-die-lange-geschichte-der-lieferwagen-bei-daimler.html (aufgerufen 06.03.2022).
67 Mercedes-Benz-Presseinformation 16.10.1969 (Archiv MBAG).

Kapitel 13

1 Übersicht über die Fertigungsstätten und Niederlassungen der Daimler-Benz Aktiengesellschaft (...), 14.12.1946 (Archiv MBAG).
2 Engelen, Syring-Motoren 1986; Engelen, R 129 2014, S. 178–183.
3 Zukunftsentwicklung, Pkw-Sektor, Dokumentation für die Aufsichtsratssitzung vom 18.07.1947 (Archiv MBAG, Hoppe 10).
4 Besprechung über den W 136 III, 18.12.1947 (Archiv MBAG).
5 Vorstandssitzung 10.05.1948 (Archiv MBAG).
6 Vorstandssitzung 24.02.1949 (Archiv MBAG).
7 Vorstandssitzung 04.07.1949 (Archiv MBAG).
8 Aktennotiz 030 Werk Sindelfingen, sig. Wilfert, 17.02.1951 (Archiv MBAG).
9 Vorstandssitzung 20.12.1949 (Archiv MBAG).
10 Vorstandssitzung 20.12.1949 (Archiv MBAG).
11 Vorschläge über ein Personenwagen-Entwicklungsprogramm (3. Folge), Nallinger, 27.03.1950 (Archiv MBAG).
12 Stand Fertigungsvorbereitung W 186 und M 180/W 187, 01.12.1950 (Archiv MBAG).
13 Vorschläge über ein Personenwagen-Entwicklungsprogramm (4. Folge), Nallinger, 23.05.1950 (Archiv MBAG).
14 Vorstandssitzung 10.05.1950 (Archiv MBAG).
15 Technische Vorstandssitzung 25.07.1950 (Archiv MBAG).
16 Technische Besprechung 01.08.1950; Konstruktionsbesprechung 22.09.1950 und Besprechung Nallinger, Roller, Umbach, 27.09.1950 (Archiv MBAG).
17 Technische Vorstandssitzung 25.07.1950 (Archiv MBAG).
18 Besprechung in Sindelfingen vom 02.10.1950, Aktennotiz Nr. 48 (Archiv MBAG).
19 Aktennotiz 014 Werk Sindelfingen, sig. Wilfert, 20.10.1950 und Aktennotiz 015 Werk Sindelfingen, sig. Wilfert, 31.10.1950 (Archiv MBAG).
20 Technische Vorstandssitzung 14.11.1950 (Archiv MBAG).
21 Aktennotiz 025 Werk Sindelfingen, sig. Wilfert, 28.12.1950 (Archiv MBAG).
22 Technische Vorstandssitzung 25.10.1950 (Archiv MBAG).
23 Technische Vorstandssitzung 25.10.1950 (Archiv MBAG).
24 Technische Vorstandssitzung 14.11.1950 (Archiv MBAG).
25 Technische Vorstandssitzung 25.10.1950 und Stand der Vorbereitung für die neuen 6-Zyl.-Typen »L« und »l« am 1.12.1950 (Archiv MBAG).
26 Technische Vorstandssitzung 13.02.1951 (Archiv MBAG).
27 Brief Wilfert an Haspel, 21.02.1951 (Archiv MBAG).
28 Brief der Sindelfinger Werksleitung an Haspel, 31.01.1951 (Archiv MBAG).
29 Vorstandssitzung 05.04.1951 (Archiv MBAG).
30 Vorstandssitzung 05.04.1951 (Archiv MBAG).
31 ETL 220 Ausgabe A (1952), ETL 220 Nachtrag 3 zu Ausgabe A (1953), DB-Tabellenbuch Pkw 1957, BAL 220 Ausgabe B (1951), Werkstatthandbuch 220 und Werksfotos.
32 ETL 220 Ausgabe A (1952), ETL 220 Nachtrag 3 zu Ausgabe A (1953), DB-Tabellenbuch Pkw 1957, BAL 220 Ausgabe B (1951), Werkstatthandbuch 220 und Werksfotos.
33 Karosseriezeichnung W 187 IL, 02.01.1951 (Archiv MBAG).
34 ETL 220 Ausgabe A (1952), ETL 220 Nachtrag 3 zu Ausgabe A (1953), DB-Tabellenbuch Pkw 1957, BAL 220 Ausgabe B (1951), Handbuch Verkauf 1948–1960 und Werksfotos.
35 Karosseriezeichnung W 187 CB, 04.01.1951 (Archiv MBAG).
36 ETL 220 Ausgabe A (1952), ETL 220 Nachtrag 3 zu Ausgabe A (1953), BAL 220 Ausgabe B (1951) und Werksfotos.
37 Karosseriezeichnungen W 187 CA, 15.01.1951 (dort Maßfehler) und W 187 CA/a, 10.06.1953 (Archiv MBAG).
38 ETL 220 Ausgabe A (1952), ETL 220 Nachtrag 3 zu Ausgabe A (1953), BAL 220 Ausgabe B (1951) und Werksfotos.
39 Berichte in »Das Auto« bzw. »Das Auto + Motor und Sport« 8/1951, S. 230–233, 9/1951, S. 278–282, 10/1951, S. 342–346 & 373; »Der Automarkt« Nr. 17 vom 26.04.1951, S. 17.
40 Oswald, DE-Autos4 2003, S. 172.
41 Handbuch Verkauf 1948–1960, chronologischer Teil, S. 19.
42 »Auto, Motor und Sport«, 23/1951 (3. November), S. 795–797; »Motor-Rundschau« 22/1951« (September); »Auto- und Motorradwelt« 25/1951 (Dezember).
43 »Automobil Revue« (Bern), Nr.5/1952 (6. Februar), S. 13 f.
44 Vorstandssitzungen 16.04.1951 und 24.05.1951 (Archiv MBAG).
45 Brief des Werks Sindelfingen an Haspel, 14.06.1951 (Archiv MBAG).
46 Engelen, Rennwagen 2011, S. 314 ff.
47 Änderungs-Auflistung der Montageleitung von Untertürkheim zu Händen der Direktoren Nallinger, Müller, Künkele und Prokurist Uhlenhaut (Untertürkheim) sowie des Direktors Heilig und Prokurist Wilfert (Sindelfingen), 25.07.1951. Siehe auch Vorstandssitzung 20.07.1951 (Archiv MBAG).
48 Vorstandssitzung 14.08.1951 (Archiv MBAG).
49 Brief der Direktion an die Niederlassungen, Großvertreter, Vertriebsstellen und Vertragshändler, 08.11.1951 (Archiv MBAG).
50 Vorstandssitzung 17.10.1951 (Archiv MBAG).
51 Vorstandssitzung 15.11.1951 (Archiv MBAG).
52 ETL 220 Ausgabe A (1952); Vorstandssitzungen 14.08.1951, 27.09.1951, 17.10.1951; Schreiben von Uhlenhaut an Nallinger, 30.10.1951; Erfahrungsbericht mit Wagen 300 und 220 auf Werbefahrt in der Schweiz (Hucke), 05.11.1951 (Archiv MBAG).
53 Vorstandssitzung 20.07.1951 (Archiv MBAG).
54 Versuchsberichte UT 11332 vom 08.09.1951 & 11345 vom 17.09.1951 (Archiv MBAG); ETL 220 Ausgabe A (1952).
55 Vorstandssitzung 27.09.1951 (Archiv MBAG).
56 ETL 220 Ausgabe A (1952) Versuchsbericht UT 11435 vom 22.11.1951 (Archiv MBAG).
57 Vorstandssitzung 04.10.1951 (Archiv MBAG).
58 Versuchsbericht UT 11466 vom 11.12.1951 und Vorstandssitzung 05.12.1951 (Archiv MBAG).
59 Aktennotiz betr. Wagen- und Motor-Nr. der Monte-Carlo-Wagen Typ 220, 29.11.1951 (Archiv MBAG).
60 Versuchsbericht UT 11473 vom 15.12.1951 (Archiv MBAG).
61 Gemäß Leistungsdiagramme im Versuchsbericht UT 11526 vom 23.01.1952 (Archiv MBAG).

62 ETL 220 Ausgabe A (1952).
63 ETL 220 Nachtrag 3 zu Ausgabe A (1953).
64 Technische Vorstandssitzung 16.01.1954 (Archiv MBAG).
65 Eine Betrachtung der XXII. Rallye Monte Carlo 1952, sig. Neubauer, 29.11.1951 (Archiv MBAG).
66 Durchführungsbestimmungen für die Teilnahme an der Rallye Monte Carlo 1952; Teil II: Vorbereitung der Fahrzeuge, Sonderausstattungen und Sonderausrüstungen, sig. Neubauer, 07.12.1951, und Ausrüstung der Wagen für die Monte-Carlo-Sternfahrt, dat. 17.12.1951 (Archiv MBAG).
67 Eine Betrachtung der XXII. Rallye Monte Carlo 1952, sig. Neubauer, 29.11.1951, und Aktennotiz der Presseabteilung einer Meldung von Naumann aus Monte Carlo zu Händen des Vorstands und der in das Sportgeschehen direkt Involvierten, 25.01.1952 (Archiv MBAG).
68 Gesamtklassierung gemäß https://www.ewrc-results.com/final/41789-rallye-automobile-de-monte-carlo-1952/ (abgerufen 22.04.2022).
69 Aktennotiz der Presseabteilung eines Telefonanrufs von Naumann aus Monte Carlo zu Händen des Vorstands und der in das Sportgeschehen direkt Involvierten, 28.01.1952 (Archiv MBAG).
70 Aktennotiz von Direktor K. C. Müller betreffend Gespräch mit Wilfert zum Thema verlängertem W 187, 28.01.1952 (Archiv MBAG).
71 Skizze »Karosserie W 120 auf Fahrgestell W 187 (220)«, dat. 26.04.1952) und dito, mit Maßangaben und Beschreibung, dat. 29.04.1952.
72 Versuchsbericht UT 11949 vom 29.10.1951 (Archiv MBAG).
73 ETL 220 Nachtrag 3 zu Ausgabe A (1953), DB-Tabellenbuch Pkw 1957, S. 255 und Werkstatthandbuch Typ 220.
74 ETL 220 Ausgabe A (1952), ETL 220 Nachtrag 3 zu Ausgabe A (1953).
75 ETL 220 Ausgabe A (1952), ETL 220 Nachtrag 3 zu Ausgabe A (1953) und DB-Tabellenbuch Pkw 1957.
76 Rundschreiben Nr. 367 betreffend Innenausstattung, 30.05.1952 (Archiv MBAG).
77 Handbuch Verkauf 1948–1960, chronologischer Teil, S. 33.
78 Handbuch Verkauf 1948–1960, chronologischer Teil, S. 35.
79 Rundschreiben Nr. 380 betreffend Lackierung der verschiedenen Typen, 10.10.1952 (Archiv MBAG).
80 Handbuch Verkauf 1948–1960, chronologischer Teil, S. 40.
81 Handbuch Verkauf 1948–1960, chronologischer Teil, S. 21 & 31.
82 Liste der Kundenwunsch-Ausführungen für Pkw, DBAG Ut., Konstr.-Freigabestelle, aktualisiert 20.02.1952 (Slg. HPW).
83 Oswald, MB-Pkw2 2001, S. 38, 17 & 31.
84 Programmbesprechung 21.01.1953 (Archiv MBAG) und Handbuch Verkauf 1948–1960, chronologischer Teil, S. 44.
85 Technische Vorstandssitzung 16.01.1954 (Archiv MBAG).
86 Programmbesprechung 21.01.1953 (Archiv MBAG) und Handbuch Verkauf 1948–1960, chronologischer Teil, S. 44.
87 Handbuch Verkauf 1948–1960, chronologischer Teil, S. 44.
88 Handbuch Verkauf 1948–1960, chronologischer Teil, S. 59, und DB-Tabellenbuch Pkw 1957, S. 255–258.
89 DB-Tabellenbuch Pkw 1957, S. 18; Baaden, Helmut: Die Geschichte des 220er Motors und seiner Ableger (MVC-Depesche 5/1995, S. 18–20).
90 Technische Vorstandssitzung 17.03.1954 (Archiv MBAG).
91 Handbuch Verkauf 1948–1960, Typenzusammenstellung A 55, und Mercedes-Benz Pkw-Typen seit 1946, tabellarische Zusammenstellung von Gerd Heidbrink, 22.02.1999 (Archiv MBAG).
92 Handbuch Verkauf 1948–1960, Typenzusammenstellung A 53, und Mercedes-Benz Pkw-Typen seit 1946, tabellarische Zusammenstellung von Gerd Heidbrink, 22.02.1999 (Archiv MBAG).
93 MVC-Depesche 5/1995, S. 36 f.
94 Handbuch Verkauf 1948–1960, Typenzusammenstellung A 52, und Mercedes-Benz Pkw-Typen seit 1946, tabellarische Zusammenstellung von Gerd Heidbrink, 22.02.1999 (Archiv MBAG).

Kapitel 14

1 Mercedes-Benz Pkw-Typen seit 1946, tabellarische Zusammenstellung von Gerd Heidbrink, 22.02.1999 (Archiv DBAG).
2 »Mercedes-Benz Montage im Ausland, 170 Va und 170 Da Fahrgestell mit Vorbau und Boden – Montage im Ausland«, Daimler-Benz Aktiengesellschaft Stuttgart-Untertürkheim, ohne Jahr. Der Autor dankt Markus Mandl für das Zurverfügungstellen dieses seltenen Dokuments.
3 Feldenkirchen, 100 Jahre 2003, S. 233.
4 Programmbesprechung 08.05.1953 (Archiv MBAG); Informationsschreiben der Presseabteilung betr. Bestellung von 3 000 Taxi 170 S-D nach Argentinien, 29.10.1953 (Slg. HPW); Vorstandssitzungen 18.01.1954 sowie 11., 12. & 14. Oktober 1955 (Archiv DBAG).
5 Lueg, Bochum, Firmengeschichte 1868 bis ca. 1975 (https://www.lueg.de/unternehmen/die-lueg-ag/150-jahre-lueg/, abgerufen 17.05.2020).
6 Vorstandssitzung 23.02.1948 (Archiv DBAG).
7 Vorstandssitzung 03.03.1949 (Archiv DBAG).
8 Fabrikationsbericht Werk Sindelfingen für Dezember 1948 an Vorstand, 07.01.1949 (Archiv DBAG).
9 Handschriftliche Hinweise auf den Karosseriezeichnungen W 136 III Kr. und W 136 Kr.a Krankenkastenwagen vom 26.10.1948.
10 Der Prototyp trägt Kfz-Kennzeichen der britischen Besatzungszone Nordrhein-Westfalen (BR ...).
11 Fabrikationsbericht Werk Sindelfingen an Vorstand, 07.01.1949 (Archiv DBAG).
12 Typenblatt 170 V Krankenwagen Aufbau Lueg; Mercedes-Benz-Verkaufsprospekt 170 V Krankenwagen, März 1949.
13 Zahlreiche Werksfotos von DBAG und Lueg.
14 Federn: ETL 136 I (170 V) H, ETL 136 VI (170 Va) A & ET-Vergleich. Reifen: ET-Vergleich und Verkaufsprospekte 170 V/D Krankenwagen April 1949 und Dezember 1950.
15 Karosseriezeichnung 170 V Krankenwagen W 136 KrW II-AM (0034) vom 24.12.1948, Verkaufsprospekte April 1949 und Werksaufnahmen DBAG. Weiter in Mitteilung »Krankenwagen 170 V oder 170 D in neuster Aufmachung«, 19.09.1950 (Archiv Lueg).
16 Mitteilung »Krankenwagen 170 V oder 170 D in neuster Aufmachung«, 19.09.1950 (Archiv Lueg); Verkaufsprospekt Krankenwagen Mercedes-Benz 170 V, 170 D, Dezember 1950; Verkaufsprospekt Krankenwagen Lueg, ohne Datum (1952) sowie mehrere Werksaufnahmen DBAG und Lueg.
17 Verkaufsprospekt Krankenwagen Lueg, ohne Datum (1952); VDA-Typenblatt 170 V/170 D Krankenwagen 1952.
18 Handbuch Verkauf 1948–1960, Typenblatt A1.
19 Preislisten: DBAG für Pkw 31.03.1951, DBAG für Pkw 25.02.1952 und Lueg Sammel-Preisliste für 170 V/D 01.03.1953.
20 Handbuch Verkauf 1948–1960, A9, Typenblatt A 13.
21 Preislisten: DBAG für Pkw 31.03.1951, DBAG für Pkw 25.02.1952.
22 Auslaufprogramm für 170 V/D/S & DS bzw. Anlaufprogramm für 170 VZ/DZ W 120, 12.02.1953 (Archiv DBAG).
23 Karosseriezeichnung 220 Krankenwagen A-W-187-Kr vom 02.10.1952. W 187-Krankenwagen: https://i0.wp.com/www.curbsideclassic.com/wp-content/uploads/2017/11/w187_Maribor_ambulance.jpg (aufgerufen 14.02.2024)
24 Werksfotos Daimler-Benz sowie Handbuch Verkauf 1948–1960, S. 47 f.
25 Handbuch Verkauf 1948–1960, S. 47 f.
26 »Allgemeine Entwicklung und Situation der Karosseriewerke«, Lueg-Hausmitteilung vom 11.10.1954 und Schreiben der Lueg GmbH an die alle Daimler-Benz-Niederlassungen, Großvertreter, Vertriebsstellen und Vertragshändler, 19.11.1954 (Archiv Lueg).
27 Handbuch Verkauf 1948–1960, Typenblätter A 21, A 22, A 23 & A 27.
28 Handbuch Verkauf 1948–1960, S. 58 f.
29 Prospekt »Mercedes-Benz Typ 170 V und 170 D Liefer- und Mehrzweckwagen mit Aufbauten der Fahrzeug-Werke Lueg«, ohne Datum (um 1951)
30 Verkaufsprospekt Lueg-Mehrzweckwagen 802 A, ohne Datum (1952); Sonderzubehöraufstellung in den Preislisten.
31 Preislisten: Lueg Kombinationsaufbauten und geschlossene Lieferwagen 170 V/170 D, ohne Datum (1951); Preise für Lueg-Lieferwagen- und Kombinationsaufbauten, 03.03.1951; Lueg Sammel-Preisliste für 170 V/D, 01.03.1953.
32 Werksaufnahmen (Archiv Lueg).
33 Verkaufsprospekt Lueg-Mehrzweckwagen 802 B, ohne Datum (1952).
34 Preislisten: Lueg Kombinationsaufbauten und geschlossene Lieferwagen 170 V/170 D, ohne Datum (1951); Preise für Lueg-Lieferwagen- und Kombinationsaufbauten, 03.03.1951; Lueg Sammel-Preisliste für 170 V/D, 01.03.1953.
35 Verkaufsprospekt Lueg-Mehrzweckwagen 802 C, ohne Datum (1952); Lueg Preislisten M, 01.03.1953.
36 Preisliste Lueg Kombinationsaufbauten und geschlossene Lieferwagen 170 V/170 D, ohne Datum (1951).
37 Verkaufsprospekt Lueg-Bestattungswagen, ohne Datum (1952); Lueg Preislisten B, 01.03.1953.
38 Daimler-Benz-Werbeblatt »Pick-up with 1,7 Liter Diesel Engine, Type 170 D«, ca. 1951/52. Siehe auch Beitrag von Peter Steenbuck über 170 Da Lueg-Pritschenwagen in Südafrika (MVC-Depesche 5/1993).
39 Ausführungsbeschreibung Lueg für Pritschenaufbau 170 V oder 170 D, 01.08.1951 (Archiv Lueg).
40 Verkaufsprospekt Lueg-Pritschenwagen, ohne Datum (1952); Werksaufnahmen Lueg und DBAG.
41 Lueg Sammel-Preisliste für 170 V/D 01.03.1953.

42 Siehe bspw. Werbeblatt »Lueg-Lieferwagen auf Mercedes-Benz-Fahrgestell Typ 170 S-D und 170 S-V«, inkl. Ausführungsbeschreibung, ohne Datum (um 1954).
43 Werksfotos Lueg und DBAG.
44 Werksfotos Lueg und DBAG.
45 Werksfotos Lueg und DBAG; Werbeblatt »Lueg-Pritschenwagen auf Mercedes-Benz Fahrgestell Typ 170 S-D und 170 S-V«, ohne Datum (ca. 1954).
46 Verkaufsprospekt Krankenwagen-Aufbau »Miesen-Bonn« für Mercedes-Benz 170 V, 170 S oder 170 D, ohne Datum (1949).
47 https://bos-fahrzeuge.info/einsatzfahrzeuge/26653/Rotkreuz_0215_aD/photo/177458 (aufgerufen 26.12.2023).
48 https://www.flickr.com/photos/zappadong/26294802862 und https://www.flickr.com/photos/zappadong/26386988655/in/photostream/ (aufgerufen 26.12.2023).
49 Vorstandssitzung 27.09.1951 (Archiv DBAG).
50 Karosseriezeichnungen W136D-LW/a für 170 D Lieferwagen vom 15.06.1951, W136D-LW/2 für 170 D Kombinations-Lieferwagen mit vier Seitenfenstern vom 10.09.1951 sowie W136D-KLW/I für 170 D Kombinations-Lieferwagen mit sechs Seitenfenstern vom 13.09.1951.
51 Automobildienst GD PTT, Zeichnung Nr. A 10265/a vom 04.08.1952; Stückzahl aufgrund der vermerkten Polizeikennzeichen P 44872 – P 44896 (Museum für Kommunikation Bern). Gesamtzahl siehe Oswald, MB-Pkw2 2001, S. 17.
52 Verkaufsprospekt Mercedes-Benz Lieferwagen Typ 170 D, Januar 1952.
53 Werksaufnahmen DBAG.
54 Preisliste DBAG für Pkw 25.02.1952.
55 Karosseriezeichnung 0004 für Lieferwagen 170 VC/Dc, 13.05.1953.
56 Brief von Staelin an Nallinger, 11.02.1954 (Archiv DBAG).
57 Kubisch, MB-Taxi 1996. S. 126–128, 130 f.
58 Werksaufnahmen (Archiv DBAG).
59 »Oldtimer Markt« Heft 2/2024, S. 20.
60 Werksaufnahmen (Archiv DBAG).
61 Datierte Werksaufnahmen (Archiv DBAG).
62 Bericht unter Bochum in »Westfälische Rundschau«, 04.09.1951 (Archiv Lueg).
63 Vorstandssitzung 27.09.1951 (Archiv DBAG)
64 Rundschreiben Nr. 350 der DB-Direktion an die Leitung sämtlicher Niederlassungen, 22.02.1952 (Archiv DBAG).
65 Lueg-Werkszeichnung Nr. 913 b »170 D Taxi 6sitzig« vom 23.10.1951; Prospekt Lueg Pullman-Limousine (auf Basis 170 Vb/Db), ohne Datum (1952/53); Werksaufnahmen (Archiv Lueg).
66 Fotografische Dokumentation durch Werk Sindelfingen (Abb. Si51929 & Si51930).
67 Lueg GmbH, »Ausführungsbeschrieb 6-sitziger Pullman-Limousinen-Aufbau auf Mercedes-Benz-Fahrgestellen Typ 170 Va und Da« vom 01.02.1952; Verkaufsprospekt Lueg-Pullman-Limousine, ohne Datum (1952/53).
68 Werksaufnahmen (Archiv Lueg).
69 Preisliste Lueg-Aufbauten auf MB-Fahrgestell 170 V/D 01.10.1951; Lueg Sammel-Preisliste für 170 V/D 01.03.1953.
70 »Betriebsergebnis-Rechnung bis zum 31. Oktober 1953« (Archiv Lueg).
71 Karosseriezeichnung W136Db-DL I für 170 Db Droschke 6-sitzig vom 21.11.1952.
72 Programmbesprechung 08.05.1953 (Archiv DBAG).
73 Fotografische Dokumentation durch Werk Untertürkheim (Abb. 57346, 57348 bis 57352).
74 Versuchsbericht Untertürkheim Nr. 12 210 vom 28.02.1953 (Archiv DBAG).
75 Karsholt, MB Danmark 2011, S. 151.
76 Karsholt, MB Danmark 2011, S. 148–151.
77 Karsholt, MB Danmark 2011, S. 151.
78 Karsholt, MB Danmark 2011, S. 150.
79 Eckermann, Auto & Karosserie 2015, S. 528.
80 Günther, Schweizer Autos 1992, S. 65.
81 Abbildungen von selbst gefertigten oder abgeänderten Kasten-, Kombi- und Pritschenwagen, präsentiert oft vor dem Hägele-Firmengebäude in Mössingen.
82 Karsholt, MB Danmark 2011, S. 154. Siehe auch Abb. 0917.
83 Oswald, DE-Autos3 2001, S. 18.
84 Oswald, MB-Pkw2 2001, S. 18.
85 Oswald, Polizeifz 1974, S. 156 f. & 170.
86 Aktennotiz zur Besprechung in Sindelfingen vom 04.01.1951 (Archiv DBAG).
87 Karosseriezeichnung W136/0032 für Offener Tourenwagen 170 V/D vom 22.01.1951.
88 Werksaufnahmen Untertürkheim und Sindelfingen (Si 51759).
89 Karosseriezeichnung W136o.T.P. für 170 Da Offener Tourenwagen vom 02.07.1951.
90 ETL-Zusatz 170 Da OTP A.
91 Versuchsbericht UT 11681 vom 16.05.1052 (Archiv DBAG).
92 ETL-Zusatz 170 Da OTP A.
93 ETL-Zusatz 170 Da OTP A.
94 ETL-Zusatz 170 Da OTP A sowie Werksfotos (Archiv DBAG).
95 ETL-Zusatz 170 Da OTP A sowie Werksfotos (Archiv DBAG).
96 ETL-Zusatz 170 Da OTP A sowie Werksfotos (Archiv DBAG).
97 Werksaufnahmen Untertürkheim und Sindelfingen (Si52119 & Si52121).
98 Freundlicher Hinweis von Harald Schüssler. Vgl. auch ETL-Zusatz 170 Da OTP A.
99 Karosseriezeichnung W136o.T.P. I für 170 Da Offener Tourenwagen (6-sitzig) vom 22.10.1951.
100 Karosseriezeichnung W136b-oT für 170 Vb Offener Tourenwagen vom 02.07.1951.
101 Oswald, MB-Pkw2 2002, S. 17.
102 Schwede, Polizeifahrzeuge 2000, S. 9–15.
103 https://de.wikipedia.org/wiki/Vorlage:Zeitleiste_Lackierung_von_Polizeifahrzeugen (aufgerufen 03.06.2022).
104 Karosseriezeichnung W 136 III/0076 für 170 S Polizei-Funkwagen 5/6-sitzig vom 23.02.1950.
105 Karosseriezeichnung W 136 III Po F für 170 S Polizei-Funkwagen 5-sitzig vom 14.11.1950.
106 Enger, Jörg: Maßanfertigung von Binz; Beitrag in der MVC Depesche 3/2002, S. 12–14.
107 Oswald, MB-Pkw2 2001, S. 34.
108 Handbuch Verkauf 1948–1960, S. 10 (Rundschreiben 259/50) & A 19. Zeichnung Nr. 1110, Mordkommissionswagen, ohne Verfasser und Datum.
109 Karosseriepläne W 187 Po F & W 187 Po F-S/1 (mit Schiebedach) für 220 Polizei-Funkwagen 5-sitzig, beide vom 18.02.1952.
110 Oswald, MB-Pkw2 2001, S. 43. Vergl. mit Abb. 0935.
111 Karosseriezeichnung A-W-187 Po FI für 220 Polizei-Funkwagen vom 18.11.1952.
112 Karosseriezeichnungen W 136 III/0056 (ohne Datum), 136 III/0056 (13.01.1950) und W 136 III Po (24.11.1950) für 170 S Polizei-Streifenwagen 6-sitzig; Werksfotos Untertürkheim (49708 bis 49711 & 49713).
113 Handbuch Verkauf 1948–1960, S. 10 (Rundschreiben 248/50) & A 18; Foto 170 S 6-sitziger Polizeistreifenwagen vor Werksgebäude Hägele in Mössingen (https://www-coachbuild-com.translate.goog/forum/viewtopic.php?t=14228&sid=9e3e4f7c500de4b713a46b6639ae640b&_x_tr_sl=en&_x_tr_tl=de&_x_tr_hl=nl&_x_tr_pto=nui, aufgerufen 16.02.2024).
114 Oswald, Polizeifz 1974, S. 72
115 Zeichnung 170 Db offener Polizei-Streifenwagen 6-sitzig, 24.10.1951.
116 Werksfotos Untertürkheim (49708 bis 49711 & 49713).
117 Karosseriezeichnung W 136 Po für 170 Da Polizei-Streifenwagen 6-sitzig vom 24.10.1951.
118 Karosseriezeichnung W 187 Po für 220 Polizei-Streifenwagen 6-sitzig vom 28.02.1952.
119 Karosseriepläne W 187 o.T.P für 220 Offener Tourenwagen für Polizei (4-türige Variante) vom 19.11.1951 und W 187 o.T.P/I für 220 Offener Tourenwagen für Polizei (2-türige Variante) vom 27.11.1951.
120 Versuchsbericht UT 11681 vom 16.05.1952 (Archiv DBAG).
121 Mercedes-Benz Pkw-Typen seit 1946, tabellarische Zusammenstellung von Gerd Heidbrink, 22.02.1999 (Archiv DBAG).
122 Versuchsbericht UT 11681 vom 16.05.1952 (Archiv DBAG). Auslieferungsschein für 220 OTP mit Fahrgestell-Nr. 187 015 08213/52, ausgeliefert am 24.09.1952 an die Polizeibeschaffungsstelle Hannover.
123 Kieselbach, Wendler 2001, S. 95.
124 Kieselbach, Wendler 2001, S. 94.
125 Kieselbach, Wendler 2001, S. 95.
126 https://www.flickr.com/photos/93207294@N04/31329445494 (aufgerufen 17.12.2023).
127 https://www.flickr.com/photos/ericbaffalie/34405292951 (aufgerufen 17.12.2023).
128 Kieselbach, Wendler 2001, S. 92.
129 Kieselbach, Wendler 2001, S. 99.
130 Kieselbach, Wendler 2001, S. 990.
131 Kieselbach, Wendler 2001, S. 100.
132 Kieselbach, Wendler 2001, S. 101; Eckermann, Auto & Karosserie 2015, S. 719–721. Die Informationen zur Besitzergeschichte des Cabriolets und zur Bauart von dessen Aufbau wurden freundlicherweise von der Firma Claus Mirbach, Hamburg, zur Verfügung gestellt.
133 Kieselbach, Wendler 2001, S. 98.
134 Drews/Seehusen, Karosserie Drews 2022, S. 105–112.
135 Engelen, 190 SL–280 SL 2013; S. 9–11.
136 Auslieferungsschein Nr. 27622 (Slg HPW). Siehe auch Binz Fahrzeugbau, S. 4.
137 Mercedes-Benz-Classic 2/2004, S. 43–48.
138 Ralph Schermann: Als sich in Görlitz Mercedes und Wartburg paarten (https://www.saechsische.de/als-sich-in-goerlitz-mercedes-und-wartburg-paarten-3428355.html; abgerufen 17.05.2022); Dünnebier/Kittler, Pkw & Nfz in der DDR 2017, S. 88. Für freundliche Hinweise danke ich Michael Dünnebier und Eberhard Kittler.

Kapitel 15

1 Produktionszahlen gemäß Jahres-Produktion von Personenkraftwagen der Daimler-Benz AG 1927–1944 (Zentralstatistik) und Mercedes-Benz Pkw-Typen seit 1946 (Daimler-Benz Konzernarchiv, Gerhard Heidbrink, 22.02.1999) sowie Handbuch der Verkaufsabteilung Untertürkheim, Band I, 1948–1960 S. A1 – A55 (Archiv MBAG). Die Stückzahlangaben in Oswald, MB-Pkw1 2001, S. 142–145 und Oswald, MB-Pkw2 2001, S. 13, 17, 31 & 38 stimmen mit den vorgenannten Quellen überein.
2 Müller, Freuden 1990, S. 60.
3 Meyer, Wiederaufbau DBAG 2009, S. 407 f & 440.
4 Typenbeschreibung »Der neue Mercedes-Benz Typ ›220‹ – anspruchsvoll und wirtschaftlich«, in DB-Presseinformation vom 05.03.1954.
5 Oswald, MB-Pkw2 2001, S. 73; Handbuch Verkauf 1948–1960; S. 56 & 74 (Archiv MBAG).
6 Meyer, Wiederaufbau DBAG 2009, S. 414 f.
7 W 122, vorläufige 1. Kalkulation (Nallinger), 18.05.1956 (Archiv MBAG).
8 Neuentwicklung eines billigen Personenwagens [...], Haltung von Rolf Staelin zu Händen des Vorstands, 01.12.1953 (Archiv MBAG).
9 Brief Staelin an Nallinger, 11.06.1954 (Archiv MBAG).
10 Sindelfinger-Aktennotiz 29 zur Konstruktionsbesprechung vom 15.07.1954 (Friedle), 19.07.1954 (Archiv MBAG).
11 Notiz zum W 122 an Könecke, 08.02.1955 (Archiv MBAG).
12 Schreiben von Staelin an Nallinger, 15.02.1955, und Replik von Nallinger an Staelin, 17.02.1955 (Archiv MBAG).
13 Schreiben Könecke an Vorstandsmitglieder, 23.02.1955 (Archiv MBAG).
14 Handbuch Verkauf 1948–1960, S.57.
15 Vorstandssitzung vom 11., 12. & 14. 10.1955; Personenwagen-Entwicklungsprogramm, 16. Folge (Nallinger), 16.02.1956 (Archiv MBAG).
16 Versuchsberichte UT 13707 vom 09.03.1956, UT 13773 vom 02.05.1956; Schreiben von Nallinger an Könecke und den Vorstand vom 16.05.1956.
17 Versuchsberichte UT 13773 vom 02.05.1956 und UT 13848 vom 13.06.1956v (Archiv MBAG).
18 Sindelfinger-Aktennotiz 001 vom 13.01.1956 (Wilfert) zur Besichtigung des 1:1-Holzmodells des W 122 am 12.01.1956 (Archiv MBAG).
19 Vorstandssitzung 06.06.1956 (Archiv MBAG).
20 Vorstandssitzung vom 06.06.1956. Siehe auch die Korrespondenzen zum Thema W 122 der einzelnen Vorstandsmitglieder und Konstruktionsbeiräte im Zeitraum vom 15.06. bis 19.06.1956 (Archiv MBAG).
21 Sindelfinger-Versuchsbericht 56/159, 13.06.1956 (Archiv MBAG).
22 Vorstandssitzung 20.06.1956. Siehe auch die Korrespondenz zum Thema W 122 vom 22. & 23.06.1956 (Archiv MBAG).
23 Vorstandssitzung 13., 17. & 18.09.1956 (Archiv MBAG).
24 Aktennotiz »Beschluss in Sachen Auto-Union« (Dr. Otto Reitis), 07.03.1958 (Archiv MBAG).
25 Aktennotiz »Beschluss in Sachen Auto-Union« (Dr. Otto Reitis), 07.03.1958 (Archiv MBAG).
26 Kruk/ Lingnau, Unternehmen 1986, S. 205–207.
27 Etzold, vier Ringe II 1995; S. 276 f.
28 Kruk/ Lingnau, Unternehmen 1986, S. 205–207.207–209; Etzold, vier Ringe II 1995; S. 265–269.
29 Siehe bspw. Vorstandssitzung vom 14.04.1959 und Schreiben von Jsn. an Könecke vom 23.07.1959 (Archiv MBAG).
30 Vorstandssitzungen 14.04.1959 und 27.05.1959 (Archiv MBAG). Siehe auch Pkw-Entwicklungsprogramm 23. Folge (Nallinger), 10.03.1960 (Archiv MBAG).
31 Kommentar von Jsn und Mischke zu Händen Könecke über Typenangaben von Nallinger, 23.07.1959 (Archiv MBAG).
32 Vorstandssitzungen 06.06.1956 und 20.06.1956 (Archiv MBAG).
33 Schreiben von Nallinger an Reitis (Generalsekretär von Könecke), 23.06.1956 (Archiv MBAG).
34 Vorstandssitzungen 10.08.1960 & 24.08.1960 (Archiv MBAG).
35 Pkw-Entwicklungsprogramm 24. Folge (Nallinger), 05.09.1960 (Archiv MBAG).
36 Etzold, vier Ringe II 1995, S. 78 f.
37 Vorstandssitzung 10.08.1960 (Archiv MBAG).
38 Etzold, vier Ringe II 1995, S. 330.
39 Gedanken zum Typenprogramm der Daimler-Benz AG (Nallinger), Dez. 1965 (Archiv MBAG).
40 Etzold, vier Ringe II 1995, S. 277 & 279.
41 Etzold, vier Ringe II 1995, S. 326 f.
42 Etzold, vier Ringe II 1995, S. 330 f.
43 Etzold, vier Ringe II 1995, S. 285 ff.
44 Etzold, vier Ringe II 1995, S. 331 & 333.
45 Gedanken zum Typenprogramm der Daimler-Benz AG (Nallinger), Dez. 1965.
46 Gedanken zum Typenprogramm der Daimler-Benz AG (Nallinger), Dez. 1965.
47 Feldenkirchen, 100 Jahre 2003, S. 326.
48 Hoppe, Stern für die Welt 1991, S. 258 ff.
49 Feldenkirchen, 100 Jahre 2003, S. 331–333.
50 Ausführlich siehe Engelen, C-Klasse 2020.

Abkürzungen, Literatur und Quellen zu Band I & II

AAPHT: Association des Amis du Patrimoine Historique de Turbomeca (AAPHT) in Bruges, Département Pyrénées-Atlantiques, Frankreich.

AAZ (Berlin): »Allgemeine Automobil-Zeitung«, wöchentlich erscheinende Automobilzeitschrift aus dem Klasing-Verlag in Berlin, 1900 bis um 1943. Trennung von der Wiener-Ausgabe um 1904.

AAZ (Wien): »Allgemeine Automobil-Zeitung«, wöchentlich erscheinende Automobilzeitschrift aus Wien, 1900 bis um 1938. Trennung von der Berliner-Ausgabe um 1904.

Albrecht, Rüstungsfragen 1997: ALBRECHT, ULRICH: Rüstungsfragen im deutsch-französischen Verhältnis. In: Frankreich an der Freien Universität, Geschichte und Aktualität, Wintersemester 1995/1996, hrsg. von Winfried Engler. Stuttgart 1997.

AMS: »Auto Motor und Sport«, deutsche Automobilzeitschrift des Verlags Motor Presse Stuttgart. Entstanden 1951 durch die Fusion von »Das Auto» mit »Motor und Sport«.

AR: »Automobil Revue«, Bern. Deutschsprachige Schweizer Automobil-Wochenzeitschrift, gegründet 1906. Die französischsprachige Ausgabe heißt »Revue Automobile«.

AR-Katalog 1952: »Illustrierte Automobil Revue«, Katalog 1952. Sondernummer, hrsg. von der »Automobil Revue» Bern, 1952.

AR-Katalog 1953: »Illustrierte Automobil Revue«, Katalog 1953. Sondernummer, hrsg. von der »Automobil Revue» Bern, 1953.

AR-Katalog 1972: »Illustrierte Automobil Revue«, Katalog 1972. Sondernummer, hrsg. von der »Automobil Revue» Bern, 1972.

Archiv MBAG: Mercedes-Benz Konzernarchiv: Unternehmensarchiv, Produktarchiv, Medienarchiv und Bibliothek.

ATZ: »Automobiltechnische Zeitschrift«, Organ der VDI-Gesellschaft Fahrzeug- und Verkehrstechnik (FVT), gegründet 1898 als »Der Motorwagen«.

Auto- und Motorradwelt: Zeitschrift für Automobile und Zweiräder. Ab 1946 »Der Motorsport«, Köln; ab 5/1950 »Auto- und Motorradwelt«, Köln; 1955 bis 1977 »Motor im Bild«, München.

BAL: Betriebsanleitung.

Barthel/Lingnau, Technik 1986: BARTHEL, MANFRED/LINGNAU, GEROLD: 100 Jahre Daimler-Benz. Die Technik. Daimler-Benz-Edition. Mainz 1986.

Benz & Cie.: Benz & Cie., Rheinische Automobil- und Motorenfabrik, Mannheim (bis 28. Juni 1926, dann Fusion mit der DMG zur Daimler-Benz AG).

Bild-ETL: Bild-Ersatzteilliste.

Binz Fahrzeugbau: Binz since 1936. Innovative Fahrzeugbautradition in Lorch/Württemberg. Binz GmbH & Co. AG, Lorch (Württemberg), ohne Jahr [2011].

Blauberg, Suomen 2010: BLAUBERG, MAX/JUUTILAINEN, ANSSI/KARUSUO, KALEVI/KOIVULAHTI, JUHA/SARTONEN, MATTI: Johtotähti Suomen teillä. Porvoo, ohne Jahr [um 2010].

Borth, Neu Temmen 2016: BORTH, HELMUT: Antiterrortraining in den Schwarzen Bergen. Geschichten und Geschichte aus der Uckermark. Norderstedt 2016.

Bröhl, Göttinger Ei 2014: BRÖHL, HANSPETER: Das Göttinger Ei – der Schlör-Wagen. In: MVC-Depesche 4/2014.

Bröhl, Járay 1978: BRÖHL, HANSPETER: Paul Járay, Stromlinienpionier. Von der Kastenform zur Stromlinienform. Bern 1978.

Cyrkel-Maier, DB Gaggenau 2011: CYRKEL-MAIER, MARC: Bei Daimler-Benz in Gaggenau. Das Nutzfahrzeugwerk in den Jahren 1926–1945. Eine wirtschaftsgeschichtliche Studie. Marburg 2011.

Das Auto: »Das Auto«, deutsche Automobilzeitschrift der Motorsport GmbH bzw. des Verlags Motor Presse Stuttgart, ab 1946. Fusioniert 1951 mit »Motor und Sport« zu »Auto Motor und Sport«.

Das D-B-Buch 1987: ROTH, KARL HEINZ/FRÖBE, RAINER/SCHMID, MICHAEL et al.: Das Daimler-Benz-Buch. Ein Rüstungskonzern im »Tausendjährigen Reich«. Hrsg.: Hamburger Stiftung für Sozialgeschichte des 20. Jahrhunderts – Schriften der Hamburger Stiftung für Sozialgeschichte des 20. Jahrhunderts, Band 3. Nördlingen 1987.

DB: Daimler-Benz.

DBAG: Daimler-Benz Aktiengesellschaft, Stuttgart-Untertürkheim (28. Juni 1926 bis 18. September 1998, danach DaimlerChrysler AG, ab 4. Oktober 2007 Daimler AG).

DB-Tabellenbuch Pkw 1957: Tabellenbuch für den Werkstattgebrauch, Personenwagen, Ausgabe Dezember 1957. Daimler-Benz AG Stuttgart-Untertürkheim, 1957.

DMG: Daimler-Motoren-Gesellschaft, Stuttgart-Untertürkheim (bis 28. Juni 1926, dann Fusion mit Benz & Cie. zur Daimler-Benz AG).

Domina, Antriebstechnik 1987: DOMINA, THEO DELFRIED: Antriebstechnik. In: von Fersen, Olaf: Ein Jahrhundert Automobiltechnik – Nutzfahrzeuge. Berlin & Heidelberg 1987.

Drews/Seehusen, Karosserie Drews 2022: DREWS, JOACHIM/SEEHUSEN, MANFRED: Drews Karosseriebau Wuppertal. Handwerklicher Erfindergeist der Nachkriegszeit. Wuppertal & Meckenheim, ohne Datum [2022].

Dünnebier/Kittler, Pkw & Nfz in der DDR 2017: DÜNNEBIER, MICHAEL/KITTLER, EBERHARD: Deutsche Autos. Personenwagen und Nutzfahrzeuge in der DDR. Stuttgart 2017.

Eckermann, Auto & Karosserie 2015: ECKERMANN, ERIK (Hrsg.): Auto und Karosserie. Geschichte – Fertigung – Design. Von der Kutsche bis zum Personenwagen. Wiesbaden 2015.

Eckermann, Holz 2008: ECKERMANN, ERIK: Fahren mit Holz. Geschichte und Technik der Holzgasgeneratoren und Ersatzantriebe. Bielefeld 2008.

Eckermann, Jubiläum 1986: ECKERMANN, ERIK: Das vergessene Jubiläum: 80 Jahre Generator-Autos. In: Kultur & Technik, das Magazin des Deutschen Museums, Heft 2/86, S. 106–112. München 1986.

Engelen, Ahrens 1989: ENGELEN, GÜNTER: Jeder Mensch hat seine Sternstunde. Menschen-Historie: Hermann Ahrens 85 Jahre. In: »Motor-Klassik» 3 & 4/1989.

Engelen, Barényi 1987: ENGELEN, GÜNTER: Ich bin ersoffen in Arbeit. Portrait: Béla Barényi, Erfinder und Vordenker, wurde 80. In: »Motor-Klassik» 6/1987.

Engelen, 190 SL–280 SL 2013: ENGELEN, GÜNTER: Mercedes-Benz 190 SL – 280 SL. Vom Barock zur Pagode. Stuttgart 2013.

Engelen, C-Klasse 2020: ENGELEN, GÜNTER: Mercedes-Benz C-Klasse. Die Baureihen 201–205. Königswinter 2020.

Engelen, R 129 2014: ENGELEN, GÜNTER: Mercedes-Benz SL. Die Baureihe R 129. Stuttgart 2014.

Engelen, Rennwagen 2011: ENGELEN, GÜNTER: Mercedes-Benz Renn- und Sportwagen seit 1894. Stuttgart 2011.

Engelen, Syring-Motoren 1986: ENGELEN, GÜNTER: Technik-Historie: Die neue Mercedes-Motorenreihe der 30er/40er-Jahre. Folge 1 (M 158 und M 159) in: »Motor-Klassik» 1/1986; Folge 2 (M 160, M 148, M 148 II, M 157 und M 173) in: Motor-Klassik 2/1986.

Engelen, Uhlenhaut 1986: ENGELEN, GÜNTER: Der Entwicklungshelfer. Erinnerung: Rudolf Uhlenhaut blickt auf ein 80jähriges Leben zurück. In: »Motor-Klassik» 7, 8 & 9/1986.

Erdmann, Geschichte DKW-Automobile 2003: ERDMANN, THOMAS: Vom Dampfkraftwagen zur Meisterklasse. Die Geschichte der DKW Automobile 1907–1945. Hamburg 2003.

Erdmann, DKW 2012: ERDMANN, THOMAS: DKW Automobile 1907–1945. Edition Audi Tradition. Bielefeld 2012.

Erdmann, Wanderer 2011: ERDMANN, THOMAS/ WESTERMANN GERD-G.: Wanderer Automobile. Edition Audi Tradition. Bielefeld 2011.

ETL: Ersatzteilliste.

Etzold, vier Ringe I 1992: ETZOLD, HANS-RÜDIGER/ ROTHER, EWALD/ERDMANN, THOMAS: Im Zeichen der vier Ringe, 1873–1945, Bd. I. Edition quattro GmbH. Bielefeld 1992.

Etzold, vier Ringe II 1995: ETZOLD, HANS-RÜDIGER/ ROTHER, EWALD/ERDMANN, THOMAS: Im Zeichen der vier Ringe, 1945–1968, Bd. II. Edition quattro GmbH. Bielefeld 1995.

ET: Ersatzteil.

ET-Übersicht 136/191: Übersichtsblätter für Pkw-Ersatzteile Typ 170 [W 136 & W 191, alle Baumuster]. Typoskript, Daimler-Benz AG Stuttgart-Untertürkheim, Abteilung Ersatzteile, ohne Jahr [ca. 1954-1957].

Feldenkirchen, 100 Jahre 2003: FELDENKIRCHEN, WILFRIED: »Vom Guten das Beste«. Von Daimler und Benz zur DaimlerChrysler AG. Band 1 – Die ersten 100 Jahre (1883–1983). DaimlerChrysler Konzernarchiv. München 2003.

FKFS: Forschungsinstitut für Kraftfahrwesen und Fahrzeugmotoren Stuttgart. Gegründet 1930 als unabhängige Stiftung bürgerlichen Rechts. Enge Kooperation mit der Technische Hochschule Stuttgart (heute Universität Stuttgart).

FKFS 357: Bericht FKFS Nr. 357: Luftkraftmessungen am Modell des DB-Personenkraftwagens Typ W 158, 1940. Original im Universitätsarchiv Stuttgart, 131/1; Typoskript im Archiv der MBAG.

Frankfurter Automobil-Revue: »Automobil Revue«, später »Deutsche Automobil Revue«, Frankfurt (Main), ab 1925. Offizielles Organ des Automobilclub von Deutschland (AvD).

GD PTT: Generaldirektion der (Schweizer) Post-, Telefon- und Telegrafenbetriebe, Bern.

Grube-F., Werk UT 1983: GRUBE, SYBILLE/FORSTMEIER, FRIEDRICH: Werk Untertürkheim, Stammwerk der Daimler-Benz Aktiengesellschaft. Daimler-Benz Aktiengesellschaft, Stuttgart-Untertürkheim, 1983.

Götz, MB-Diesel-Pkw 1979: GÖTZ, KARL-HEINZ: Die Geschichte der Mercedes-Benz Diesel-Personenwagen. Weinstadt 1979.

Günther, Schweizer Autos 1992: GÜNTHER, DIETER/ DE LA RIVE BOX, ROB/STOOP, MAX: Schweizer Automobile. Personenwagen und Sonderkarosserien von 1945 bis heute. Hamburg 1992.

Handbuch Verkauf 1948–1960: Handbuch der Verkaufsabteilung Untertürkheim, Band I 1948–1960. Typoskript, Daimler-Benz AG Stuttgart-Untertürkheim, ohne Jahr.

Handbuch OM 636 & 621: Werkstatt-Handbuch Dieselmotoren der Typen OM 636 und OM 621 des Werks Untertürkheim. Daimler-Benz AG Stuttgart-Untertürkheim, ohne Jahr.

Hausfelder, kompressorlose Diesel 1928: HAUSFELDER, LUDWIG: Die kompressorlose Dieselmaschine. Ihre Entwicklung auf Grund der in- und ausländischen Patent-Literatur. Berlin 1928.

Hn: Hülsen, Burkhard; schuf als Leiter des Archivs der Daimler-Benz AG um 1966 die Typenblätter der historischen Pkw-Baureihen und -modelle.

Hochstetter, Motorisierung 2005: HOCHSTETTER, DOROTHEE: Motorisierung und »Volksgemeinschaft«. Das Nationalsozialistische Kraftfahrkorps (NSKK) 1931–1945. München 2005.

Hofner, MB-Autos Bd. 2 1998: HOFNER, HERIBERT: Mercedes-Benz Automobile, Band 2. Vom Nürburg zum 540 K (1929–1943). Königswinter 1998.

Hoppe, Stern für die Welt 1991: HOPPE, HEINZ C.: Ein Stern für die Welt. Vom einfachen Leben in Ostpreußen zum Vorstand bei Daimler-Benz. München 1991.

Huwyler, Saurer 2021: HUWYLER, HANSPETER: Die Saurer-Nutzfahrzeuggeschichte 1904–1982. Zürich 2021.

Hucho, Aerodynamik 1999: HUCHO, WOLF-HEINRICH: Aerodynamik des Automobils – Eine Brücke von der Strömungstechnik zur Fahrzeugtechnik. Berlin & Heidelberg 1999.

HWA: Heereswaffenamt. Militärbehörde, Zentralstelle für technische Entwicklung und Fertigung von Waffen, Munition und Geräten des Deutschen Heeres, Berlin, 1919/22-1945.

IAMA: Internationale Automobil- und Motorrad-Ausstellung, Berlin, jährlich 1933–1939. Vor 1933 Automobilausstellungen unter wechselnden Namen.

IAA: Internationale Automobil-Ausstellung, Frankfurt (Main), ab 1951.

Illustrierte DB-Chronik 2000: Illustrierte Chronik der Daimler-Benz AG und ihrer Vorgängerfirmen 1883–1998. Hrsg.: DaimlerChrysler AG, 3., überarbeitete und erweiterte Auflage. Stuttgart 2000.

Karsholt, Dansk bilproduktion 2020: KARSHOLT, ERICH: Dansk bilproduktion. Bil- og samlefabrikker i det 20. århundrede. Charlottenlund 2020.

Karsholt, MB Danmark 2011: KARSHOLT, ERICH: Mercedes-Benz i Danmark. Mennesker, biler og markedsføring. Charlottenlund 2011.

Kfz-Fachblatt: »Das Kraftfahrzeug Fachblatt» bzw. ab 1948 »Neues Kraftfahrzeug Fachblatt«, Zeitschrift für Industrie, Handel, Werkstatt und Fahrer, Berlin. 1951 Teilung in »KFZ Fachblatt» (West) und »Kraftfahrzeugtechnik» (KFT) (Ost).

Kieselbach, Stromlinien-Pkw D 1982: KIESELBACH, RALF J. F.: Stromlinienautos in Deutschland. Aerodynamik im PKW-Bau 1900 bis 1945. Stuttgart 1982.

Kieselbach, Wendler 2001: KIESELBACH, RALF J. F.: Karosserien nach Maß. Erhard Wendler, 1923 bis 1963. Reutlingen 2001.

Köhler, Frühe Pkw- und Lkw-Diesel 2017: KÖHLER, HORST: Frühe Entwicklung und Erprobung von PKW- und LKW-Dieselmotoren der Diesel & Co. München 1907–1911. In: https://dieselmotoren-historik.jimdoweb.com/dieselmotoren-historikforschung/ (abgerufen 28.11.2024).

Kožíšek/Králík, Škoda Bd. 1 2004: KOŽÍŠEK, PETR/ KRÁLÍK, JAN: L&K – Škoda, Teil I, Jahre des Aufstiegs 1895–1945. Pardubice 2004.

Kremser, schnelllaufende Kraftmaschinen 1942: KREMSER, HANS: Der Aufbau schnellaufender Verbrennungskraftmaschinen für Kraftfahrzeuge und Triebwagen. In: Hans List (Hrsg.): Die Verbrennungskraftmaschine, Band 11. Wien 1942.

Kruk/Lingnau, Unternehmen 1986: KRUK, MAX/ LINGNAU, GEROLD: 100 Jahre Daimler-Benz. Das Unternehmen. Daimler-Benz-Edition. Mainz 1986.

Kubisch, MB-Taxi 1996: KUBISCH, LUTZ-ULRICH: Mercedes-Benz Taxi. Ein Stern für das mobile Gewerbe. Konstanz 1996.

Legate, Faszination: LEGATE, TERVOR: Faszination Mercedes-Benz. Deutsche Ausgabe. Bath, ohne Jahr.

Lesueur, Peugeot 402 2000: LESUEUR, PATRICK: La Peugeot de mon père 402–202. Boulogne-Billancourt 2000.

Lier/Schubert, Kleinbahnen im Westharz 2001: LIER, KLAUS/SCHUBERT, KLAUS: Kleinbahnen im Westharz – Bad Grund und St. Andreasberger Zahnradbahn. Nebenbahndokumentation, Band 62. Nordhorn 2001.

Mappes 170 V-Verkauf 1936–1945: Verkaufsunterlagen zum Typ 170 V der Mercedes-Benz Vertretung Gebrüder Mappes in Heidelberg, 1936–1945. Aktensammlung Pál Négyesi, Wien.

MB: Mercedes-Benz.

MBAG: Mercedes-Benz AG, Stuttgart (seit 1. November 2019).

MB Automobil AG 2012: Mercedes-Benz Automobil AG Schlieren, MERBAG (Hrsg.): Firmenchronik Mercedes-Benz Automobil AG. Zürich 2012.

Mende, Meilensteine 2007: MENDE, HANS-ULRICH: Meilensteine des Automobildesigns. In: Braess, Hans-Hermann/Seiffert, Ulrich (Hrsg.): Automobildesign und Technik. Formgebung, Funktionalität, Technik. Wiesbaden 2007.

Metternich/Neubauer, vergessene Autowelt 2004: WOLFF METTERNICH, MICHAEL GRAF/NEUBAUER, HANS-OTTO: Sie bauten Autos. Die vergessene Autowelt der deutschsprachigen Automobilkonstrukteure 1885–1945. Lorch (Württemberg) 2004.

Meyer, Wiederaufbau DBAG 2009: MEYER, THOMAS: Die Daimler-Benz AG 1945 bis 1955. Der Wiederaufbau und die strategische Ausrichtung des Fahrzeuggeschäfts. Wissenschaftliche Schriftenreihe der Mercedes-Benz Archive und Sammlung, Band 13. Hrsg.: Daimler AG. Stuttgart 2009.

Mikloweit, Citroën 2019: MIKLOWEIT, IMMO: Citroën. Die ersten deutschen Jahre, 1919 bis 1969. Ohne Ortsangabe, 2019.

Molter, Werk SI 1990: MOLTER, GÜNTHER: Werk Sindelfingen, Karosserie- und Montagewerk der Mercedes-Benz Aktengesellschaft. Ein historischer Überblick. Mercedes-Benz Aktiengesellschaft, Werk Sindelfingen, 1990.

Motor-Klassik: »Motor Klassik«, monatlich erscheinendes Oldtimer-Magazin von »Auto Motor und Sport«, seit 1984.

Motor-Kritik: »Motor-Kritik«, deutsche Automobilzeitschrift 1922–1945, erschien bis 1928 als »Klein-Motor-Sport«. Nach 1945 mit der »Motor-Rundschau» vereint.

Motor-Rundschau: »Motor Rundschau» bzw. »Motor-Rundschau«, deutsche Automobil-Fachzeitschrift, ab 1947. 1951 Integration der »NKZ» (»Motor Rundschau mit NKZ»). 1970 in der »mot» aufgegangen.

Motor und Sport: »Motor und Sport«, deutsche Automobilzeitschrift des Vogel-Verlags in Pössneck, 1924–1943. Fusioniert 1951 mit »Das Auto« zu »Auto Motor und Sport«.
Müller, Freuden 1990: MÜLLER, JOSEF: Die Freuden des Konstrukteurs. 40 Jahre Daimler-Benz. Hrsg. von Josef und Tilman Müller. Prien am Chiemsee 1990.
MVC-Depesche: Clubzeitschrift des Mercedes-Benz Veteranen Club von Deutschland e. V., seit 1971.
Nallinger, Leben: NALLINGER, FRITZ: Mein Leben für das und mit dem Automobil. Typoskript, ohne Jahr. Archiv MBAG.
Neubauer, Gaggenau 1986: NEUBAUER, HANS-OTTO/WESSEL, MICHAEL: Die Automobile der Benzstadt Gaggenau. Hamburg 1986.
Niedrée, Genius Röhr 2002: NIEDRÉE, RALF: Genius mit tragischem Ende. Hans Gustav Röhr. In: MVC-Depesche 2/2002.
Niemann, Béla Barényi 2016: NIEMANN, HARRY: Béla Barényi und seine Erben. Sicherheitstechnik made by Mercedes-Benz. Stuttgart 2016.
NKZ: »Neue Kraftfahrer-Zeitung«, Fachzeitschrift für das Kraftfahrzeug, ab 1926. 1951 Integration in die »Motor Rundschau«, 1970 in der »mot« aufgegangen.
Oldtimer Markt: »Oldtimer Markt«, Monatszeitschrift für historische Motorfahrzeuge aus der VF Verlagsgesellschaft Mainz. Von 1980 bis 1991 »Markt für klassische Automobile und Motorräder«.
OKH: Oberkommando des Heeres. Höchste Kommandobehörde des Deutschen Heeres, 1935–1945.
Oswald, DE-Autos 2 2001: OSWALD, WERNER: Deutsche Autos, Band 2, 1920–1945. Stuttgart 2001.
Oswald, DE-Autos 3 2001: OSWALD, WERNER: Deutsche Autos, Band 3, 1945–1990. Stuttgart 2001.
Oswald, DE-Autos 4 2003: OSWALD, WERNER: Deutsche Autos, Band 4, 1945–1990. Stuttgart 2003.
Oswald, DE-Militär-Fz 2004: OSWALD, WERNER: Kraftfahrzeuge und Panzer der Reichswehr, Wehrmacht und Bundeswehr. Katalog der deutschen Militärfahrzeuge ab 1900. Stuttgart 2004.
Oswald, MB-Lkw 2008: OSWALD, WERNER: Mercedes-Benz Lastwagen und Omnibusse 1896–1986. Stuttgart 2008.
Oswald, MB-Pkw1 2001: OSWALD, WERNER: Mercedes-Benz Personenwagen Band 1, 1886–1945. Stuttgart 2001.
Oswald, MB-Pkw2 2001: OSWALD, WERNER: Mercedes-Benz Personenwagen Band 2, 1945–1985. Stuttgart 2001.
Oswald, Polizeifz 1974: OSWALD, WERNER: Die Kraftfahrzeuge der Polizei und des Bundesgrenzschutzes. Polizeifahrzeuge von 1920 bis 1974. Stuttgart 1974.
Peter, Rüstungspolitik 1995: PETER, ROLAND: Rüstungspolitik in Baden. Kriegswirtschaft und Arbeitseinsatz in einer Grenzregion im Zweiten Weltkrieg. Beiträge zur Militärgeschichte, hrsg. vom Militärgeschichtlichen Forschungsamt, Band 44. München 1995.
Peschel, 260 D 1986: PESCHEL, STANISLAV: MB 260 D. Vom ersten Dieselmotor bis zum ersten serienmäßigen »Diesel-Pkw« der Welt. Hrsg.: Daimler-Benz AG, Archiv-Geschichte-Museum. Stuttgart 1986.
Petzina, Autarkie 1968: PETZINA, DIETER: Autarkiepolitik im Dritten Reich. Der nationalsozialistische Vierjahresplan. Stuttgart 1968.
Pohl, Exporte DBAG 2005: POHL, HANS: Exporte und Auslandsaktivitäten der Daimler-Benz AG in den Jahren des Wiederaufbaus (1945–1955). In: Pohl, Hans. Wirtschaft, Unternehmen, Kreditwesen, soziale Probleme. Ausgewählte Aufsätze, Teil 1. Stuttgart 2005.
Pohl/Habeth/Brüninghaus, DBAG 1987: POHL, HANS/HABETH, STEPHANIE/BRÜNINGHAUS, BEATE: Die Daimler-Benz AG in den Jahren 1933 bis 1945. Eine Dokumentation. Wiesbaden 1987.
Potthoff/Schmid, Kamm 2012: POTTHOFF, JÜRGEN/SCHMID, INGOBERT C.: Wunibald I. E. Kamm. Wegbereiter der modernen Kraftfahrtechnik. Heidelberg, Dordrecht, London, New York 2012.
Pyta, Porsche 2017: PYTA, WOLFRAM/HAVEMANN, NILS/BRAUN, JUTTA: Porsche. Vom Konstruktionsbüro zur Weltmarke. München 2017.
RAL: Reichs-Ausschuss für Lieferbedingungen. Hier in Zusammenhang mit der 1927 herausgegebenen, 40 Farbtöne umfassenden Farbsammlung.
RB: Reihenbestellnummer. Begriff aus der Organisation der Fahrzeugfertigung der Daimler-Benz AG. Siehe Tabellen C 01 & C 02, Band II.
Reif, Diesel-Einspritz 2012: REIF, KONRAD (Hrsg.): Klassische Diesel-Einspritzsysteme. Reiheneinspritzpumpen, Verteilereinspritzpumpen, Düsen, mechanische und elektronische Regler. Wiesbaden 2012.
Riedner/Engelen, 300 SL 1989: RIEDNER, MICHAEL/ENGELEN, GÜNTER: Mercedes-Benz 300 SL. Vom Rennsport zur Legende. Stuttgart 1989.
Ries, Brennstoffzelle 2006: RIES, HERMANN: Die Brennstoffzelle. 170 V (W 136) mit Holzvergaser. In: »Mercedes-Benz Classic Magazin« 1/2006. Stuttgart 2006.
Ries, Hoffnungsschimmer 2007: RIES, HERMANN: Hoffnungsschimmer. Die erste 170 V Limousine der Nachkriegsproduktion. In: »Mercedes-Benz Classic Magazin« 3/2007. Stuttgart 2007.
Riess, Renault 2002: RIESS, MONIKA: Die deutsch-französische industrielle Kollaboration während des Zweiten Weltkrieges am Beispiel der Renault-Werke (1940–1944). Frankfurt (Main) 2002.
Rieth, Werlin 2023: RIETH, HORST J.: Er war dem Mann restlos verfallen… Jakob Werlin – Direktor bei Mercedes-Benz und Freund des »Führers«. Hildesheim 2023.
Rosenkranz, Tatra 2007: ROSENKRANZ, KAREL: Personenkraftwagen Tatra. Englisch, deutsch, französisch und spanisch. Kopřivnice 2007.
Röhr, Typenprogramm: RÖHR, GUSTAV: »Welches Typen-Programm ist für die Daimler-Benz Aktiengesellschaft nützlich«. Typoskript, ohne Jahr. Archiv MBAG.
Scheller-P., Uhlenhaut 2015: SCHELLER, WOLFGANG/POLLAK, THOMAS: Rudolf Uhlenhaut. Ingenieur und Gentleman. Königswinter 2015.
Schildberger, MB-Fahrzeuge & -Motoren 1978: SCHILDBERGER, FRIEDRICH: Chronik der Mercedes-Benz Fahrzeuge und Motoren. Stuttgart 1978.
Schilperoord, VW-Käfer 2011: SCHILPEROORD, PAUL: Die wahre Geschichte des VW-Käfers. Wie die Nazis Josef Ganz die VW-Patente stahlen. Frauenfeld 2011.
Schmeing/Wischhof, Unimog 2016: SCHMEING, WERNER/WISCHHOF, HANS-JÜRGEN: Unimog – Geniales Konzept begründet den Weltruhm. Die wirkliche Geschichte in 70 Jahren. Gernsbach 2016.
Schollenberger, Röhr 1996: SCHOLLENBERGER, WERNER: Röhr. Ein Kapitel deutscher Automobilgeschichte. Darmstadt 1996.
Schollenberger, Röhr & Dauben 2019: SCHOLLENBERGER, WERNER: Röhr. Die Automobilkonstruktionen von Hans Gustav Röhr & Joseph Dauben. Lehna (Thüringen) 2019.
Schrader, MB-Autos Bd. 1 1998: SCHRADER, HALWART: Mercedes-Benz Automobile, Band 1. Vom 28/95 PS zum SSKL (1913–1933). Königswinter 1998.
Schwede, Polizeifahrzeuge 2000: SCHWEDE, FRANK: Deutsche Polizeifahrzeuge 1945 bis heute. Stuttgart 2000.
Seherr-Thoss, Autoindustrie 1979: SEHERR-THOSS, HANS CHRISTOPH GRAF VON: Die deutsche Automobilindustrie. Eine Dokumentation von 1886 bis 1979. Stuttgart 1979.
Seherr-Thoss, Kissel NDB 1977: SEHERR-THOSS, HANS CHRISTOPH GRAF VON: Kissel, Wilhelm. In: Neue Deutsche Biographie 11 (1977), S. 685–687.
SI (auch Sifi): Sindelfingen; Daimler-Benz-interne Abkürzungen für das Karosseriewerk Sindelfingen.
Sievers, Stromlinie 2008: SIEVERS, IMMO: Die Entwicklung der Stromlinien-Karosserie. In: Schindler, Volker/Sievers, Immo: Forschungen für das Auto von Morgen. Aus Tradition entsteht Zukunft. Berlin & Heidelberg 2008.
Simsa, People's Car 1999: SIMSA, PAUL: Der eigenartige People's Car. In: Die Akte VW Käfer. Der offizielle B.I.O.S.-Untersuchungsbericht über das Erfolgspotential des VW-Käfer (Übersetzung der Originalausgabe von 1947). Königswinter 1999.
Slg. Bürgin: Sammlung Georges Bürgin, Oberbuchsiten.
Slg. Engelen: Sammlung Günter Engelen, Mannheim.
Slg. HPW: Sammlung Hans Peter Würsten, Bremgarten bei Bern.
Slg. Seidel: Sammlung Winfried Seidel, Ladenburg.
Schlör, Zwischenbericht Nr. 48: SCHLÖR, KARL: Entwicklung und Bau einer luftwiderstandsarmen Karosserie auf einem 1,7-Ltr.-Heckmotor-Mercedes-Benz-Fahrgestell. Technischer Forschungsbericht, Zwischenbericht Nr. 48. Mitteilung aus dem Kaiser-Wilhelm-Institut für Strömungsforschung, verbunden mit der Aerodynamischen Versuchsanstalt zu Göttingen, ohne Jahr [1938].
Sobkowiak/Sigloch, 170 S Presse: SOBKOWIAK, THEO/SIGLOCH, KLAUS: Eine historische Dokumentation der Mercedes-Benz Typen 170 S, 170 Sb, 170 DS, 170 S-V und 170 S-D im Spiegel der Presse. Hrsg.: Mercedes-Benz Veteranenclub von Deutschland e. V. München, ohne Jahr [2023].
Sobkowiak/Sigloch, 170 S Werbung: SOBKOWIAK, THEO/SIGLOCH, KLAUS: Die Mercedes-Benz Typen 170 S, 170 Sb, 170 DS, 170 S-V und 170 S-D im Spiegel der Werbung. Hrsg.: Mercedes-Benz Veteranenclub von Deutschland e. V. München, ohne Jahr [2023].
Sonderausstattungen Pkw: Mercedes-Benz, Sonderausstattungen für Personenwagen. Sammlung von Bauanweisungen. Daimler-Benz AG Stuttgart-Untertürkheim, ohne Jahr [um 1951].
StAB, FN Jost: Staatsarchiv des Kantons Bern, Fotonachlass Carl Jost, Bern.
StVZO: Deutsche Straßenverkehrs-Zulassungs-Ordnung.
Thompson, Krieg 2015: THOMPSON, DOMINIK: Krieg

ohne Schaden. Vertragsstreitigkeiten und Haftpflichtprozesse im Kontext von Kriegswirtschaft und Amtshaftungskonjunktur ausgehend von der Rechtsprechung des Landgerichts Bonn während des Zweiten Weltkriegs (1939–1945). Tübingen 2015.

Tollmien, Versuchsanstalt 1998: TOLLMIEN, CORDULA: Das Kaiser-Wilhelm-Institut für Strömungsforschung verbunden mit der Aerodynamischen Versuchsanstalt. In: Die Universität Göttingen unter dem Nationalsozialismus. Hrsg. von Heinrich Becker, Hans-Joachim Dahms, Cornelia Wegeler. 2. Auflage, München 1998.

Trzebiatowsky, Kraftfahrzeuge 1960: TRZEBIATOWSKY, H[ANS]: Die Kraftfahrzeuge und ihre Instandhaltung. 10., überarbeitete Auflage. Haan-Gruiten 1961.

Tutt, Lack 2018: TUTT, GUNDULA: Kutschenlack, Asphaltschwarz & Nitroglanz. Fahrzeuglackierung zwischen 1900 und 1945. Lehna (Thüringen) 2018.

Uniarchiv Stuttgart: Universitätsarchiv Stuttgart, Geschwister-Scholl-Straße 24c, 70174 Stuttgart, Dr. Norbert Becker, Archivleiter.

Unruh, Werk Berlin 2002: UNRUH, RANDOLF: Chronik Werk Berlin 1902–2002. Hrsg.: DaimlerChrysler AG, Werk Berlin. Berlin 2002.

UT (auch Ut): Untertürkheim; Daimler-Benz-interne Abkürzung für die Zentrale und/oder das Werk Untertürkheim.

Verkaufs-TB DBAG: Verkaufstaschenbuch für Personenwagen. Daimler-Benz AG, Stuttgart-Untertürkheim, ohne Jahr [um 1938, fortlaufend aktualisiert]. Nachdruck durch Mercedes-Benz Lease Finanz, ohne Jahr.

Weber, Aéronautique 2008: WEBER, JEAN-MARC: Un demi-siècle d'aéronautique en France. Études et recherches, tome I. Ouvrage édité par le Centre des hautes études de l'armement, Divison Histoire de l'armement, 2008.

Werksfoto: Fotografische Aufnahme, angefertigt durch einen von der Daimler-Benz AG angestellten oder von ihr beauftragten Fotografen. Copyright bei der Mercedes-Benz AG.

Werkstatthandbuch W 136 & W 191: Werkstatt-Handbuch Typ 170 V, Typ 170 S, Typ 170 D (Dezember 1951) inkl. 1. Nachtrag für die Typen 170 Vb, 170 Sb, 170 Db, 170 DS (Juli 1953). Daimler-Benz AG, Stuttgart-Untertürkheim, 1951 & 1953.

Werkstatthandbuch 220: Werkstatt-Handbuch Typ 220 (220 W 187 & 220a W 180 I) inkl. Nachtrag Nr. 1/1 vom 8.55. Daimler-Benz AG, Stuttgart-Untertürkheim, ohne Jahr [1954].

Wiersch, Käfer-Chronik 2005: WIERSCH, BERND: Die Käfer-Chronik. Die Geschichte einer Autolegende. Bielefeld 2005.

Winterhagen, ZF 2015: WINTERHAGEN, JOHANNES: Bewegende Technik. Die ZF Friedrichshafen AG 1915 bis 2015. Hamburg 2015.

Wipf/König/Knoepfli, Saurer 2003: WIPF, HANS ULRICH/KÖNIG, MARIO/KNOEPFLI, ADRIAN: Saurer. Vom Ostschweizer Kleinbetrieb zum internationalen Technologiekonzern. Baden (AG) 2003.

ZF: Zahnradfabrik Friedrichshafen AG.

Bildnachweis zu Band I & II

Association des Amis du Patrimoine Historique de Turbomeca (AAPHT), Bruges
Kapitel G: Willy Syring
Audi AG/Auto Union GmbH, Ingolstadt Audi Tradition, Unternehmensarchiv
Kapitel 3: 0196, **Kapitel 15:** 1003
Alf van Beem
Kapitel 4: 0283
BMW Group, München, Classic-Archiv
Kapitel 3: 0194
Robert Bosch GmbH, Stuttgart, Unternehmensarchiv
Kapitel 4: 0252, 0253 (VDT-UBE 651/1), **Kapitel 9:** 0603
Sammlung Georges Bürgin, Oberbuchsiten
Kapitel 4: 0270, 0278, **Kapitel 6:** 0438–0440, **Kapitel 7:** 0499, **Kapitel 9:** 0630, **Kapitel 10:** 0715, **Kapitel 14:** 0843 f, **Kapitel D:** 1062
Bucheli-Verlag Zug – Querschnitt durch die Autotechnik, Heft 1: Peugeot
Kapitel 8: 0562
Bundesarchiv, Bilddatenbank, Koblenz
Kapitel 8: 0528 (Bild 146-1982-181-20, Georg Pahl)
Continental AG, Hannover, Unternehmensarchiv
Kapitel 4: 0248
Bob Coxshall, Hertford (Hertfordshire)
Kapitel 4: 0280
Deutsches Zentrum f. Luft- und Raumfahrt (DLF), Köln
Kapitel 4: 0335 f
Joachim Drews, Wuppertal
Kapitel 14: 0960 f
DVK's arkiv, Nærum
Kapitel 14: 0908
Sammlung Günter Engelen, Mannheim
Kapitel 2: 0113, 0150 f, **Kapitel 4:** 0300 f, 0324–0326, **Kapitel 6:** 0444–0446, **Kapitel 10:** 0714 (ams 1/1956, S. 180), **Kapitel 14:** 0910, 0919 (ams 14/1953, S. 533), 0920, 0946 f, **Kapitel 15:** 1006 f, **Kapitel C:** 1061
ETH-Bibliothek, Bildarchiv, Zürich
Kapitel G: Paul Járay (Járay-Paul-Portrait-12219)
Niels Fennet
Kapitel 4: 0277
Sammlung Horst-Dieter Görg, Hanomag-Archiv, Hildesheim
Kapitel 12: 0751 f, 0756
Daniel Hagen, Wil (SG)
Kapitel F: F 06
Hans Erik Jakobsen
Kapitel 6: 0396
Erich Karsholt
Kapitel 14: 0911
Ralf J. F. Kieselbach: Karosserien nach Maß. Erhard Wendler, 1923 bis 1963. Reutlingen 2001
Kapitel 4: 0307 f, **Kapitel 14:** 0949–0955
Landesarchiv Baden-Württemberg, Hauptstaatsarchiv Stuttgart
Kapitel G: Wilhelm III. Fürst von Urach (GU 99_Bue 72_[2])
Fahrzeug-Werke Lueg AG, Essen, Firmenarchiv
Kapitel 14: Titelbild Kap. 14, 0850, 0852, 0866, 0871, 0873, 0879, 0897, 0900, 0915, 0918
Fahrzeug-Werke Lueg AG, Essen, Sammlung Koch
Kapitel 14: 0901
Fahrzeug-Werke Lueg AG, Essen, Sammlung Würsten
Kapitel 14: 0857, 0864, 0867, 0870, 0872, 0874, 0896
Johannes Maximilian
Kapitel 12: 0736
Mercedes-Benz AG, Stuttgart-Untertürkheim, Mercedes-Benz Classic, Konzernarchiv
Umschlag Bd. I & Bd. II: Bearbeitung TvE, **Vorsatz Bd. I & Bd. II:** Bearbeitung TvE, **Vorspann Bd. I:** 0001, **Kapitel 1:** Titelbild Kap. 1, 0003–0010, 0012–0016, 0023, 0026–0028, 0031, 0041 f, 0044, 0047 f, 0067, 0072, 0079, 0081–0084, 0088, 0092, 0095, 0097, 0100, **Kapitel 2:** 0102–0104, 0107, 0109 f, 0114, 0122, 0134, 0136 (Bearbeitung HPW/PZ), 0139, 0141 f, 0146–0149, 0152, **Kapitel 3:** 0153 f, 0156, 0160-0163, 0166, 0170, 0177, 0183, 0188 f, 0191, 0205, 0209, 0210 (Müller, Freuden 1990), 0211 f, 0217, 0219–0221, 0224–0227, 0231, 0235, 0240 f, **Kapitel 4:** 0244, 0246 f, 0251, 0255–0258, 0265, 0268, 0271, 0273, 0275 f, 0284 f, 0296 f, 0314 f, 0317–0320, **Kapitel 5:** Titelbild Kap. 5, 0353, 0355, 0357, 0371–0373, 0382, **Kapitel 6:** 0399–0401, 0407, 0411 f, 0414, 0417, 0426, 0429, 0436 f, 0443, 0450–0455, 0457, 0459–0461, 0463–0466, **Kapitel 7:** Titelbild Kap. 7, 0467–0471, 0473–0475, 0485–0487, 0489–0491, 0496, 0498, 0501–0505, **Kapitel 8:** 0514 f, 0523–0526, 0530–0533, 0535, 0540, 0542–0545, 0549, **Kapitel 9:** Titelbild Kap. 9, 0567, 0571–0575, 0580–0582, 0584 f, 0591, 0593, 0598 f, 0604, 0607, 0617, 0620, 0622, 0626–0629, 0632 f, 0635 f, 0641–0644, 0649, 0651, 0653, **Kapitel 10:** Titelbild Kap. 10, 0661, 0663, 0666 f, 0676 f, 0680, 0690, 0692, 0694–0697, 0699–0701, 0707, 0716, **Kapitel 11:** 0717–0719, 0722–0725, 0731, 0735, **Kapitel 12:** Titelbild Kap. 12, 0737–0743, 0745, 0748, 0757, 0767, 0769 f, 0772, 0774, 0775 f, 0779–0781, **Kapitel 13:** Titelbild Kap. 13, 0783–0786, 0789–0794, 0803–0809, 0814 f, 0817, 0821, 0829, 0831, 0833, 0835–0839, **Kapitel 14:** 0851, 0854–0856, 0860, 0862 f, 0880 f, 0886 f, 0890, 0903 f, 0913 f, 0938 f, 0962, **Kapitel 15:** Titelbild Kap. 15, 0975 f, 0982–0988, 0990–0992, 1005, 1018–1022, **Kapitel A:** 1024 f, 1029, **Kapitel B:** Titelbild Kap. B, **Kapitel E:** E 03, E 04, E 08, E 12, E 13, **Kapitel G:** Walter Häcker, Wilhelm Haspel, Albert Heeß, Otto Hoppe, Carl Jahr, Wilhelm Kissel, Ludwig Kraus, Wilhelm Langheck, Prosper L'Orange, Fritz Nallinger, Hans Nibel, Ferdinand Porsche, Max Sailer, Rolf P. Staelin, Emil Georg von Stauss, Rudolf Uhlenhaut, Max Wagner, Karl Wilfert
Mercedes-Benz AG, Stuttgart-Untertürkheim, Sammlung Baaden
Kapitel 13: 0796–0798, 0813, 0825 f
Mercedes-Benz AG, Stuttgart-Untertürkheim, Sammlung Bürgin
Kapitel 1: 0101, **Kapitel 4:** 0299, **Kapitel 6:** 0447 (BAL G 136 II), **Kapitel 13:** 0823, **Kapitel D:** 1064
Mercedes-Benz AG, Stuttgart-Untertürkheim, Sammlung Engelen
Kapitel 1: 0017 f, 0020–0022, 0024 f, 0029 f, 0032–0040, 0043, 0045 f, 0049–0053, 0055–0061, 0064–0066, 0068–0071, 0073–0078, 0080, 0085 f, 0089, 0091, 0093 f, 0096, 0098 f, **Kapitel 2:** Titelbild Kap. 2, 0104, 0111 f, 0117 f, 0120, 0123 f, 0126 f, 0131–0133, 0135, 0137 (Bearbeitung HPW/PZ), 0145, **Kapitel 3:** 0164 f, 0167, 0169, 0172, 0174–0176, 0180–0182, 0184, 0186 f, 0190, 0192, 0206–0208, 0214–0216, 0229 f, 0234, 0236–0239, **Kapitel 4:** 0250, 0263 f, 0266, 0272, 0274, 0281, 0287–0295, 0298, 0302 f, 0316, 0321, 0334, **Kapitel 5:** 0337, 0340–0344, 0349, 0364, 0368 f, 0375 f, 0389–0391, **Kapitel 6:** Titelbild Kap. 6, 0397 f, 0404, 0406, 0408–0410, 0418–0422, 0425, 0430, 0442, 0448 f, 0456, **Kapitel 7:** 0483 f, 0488, 0492–0495, 0497, **Kapitel 8:** Titelbild Kap. 8, 0516–0520, 0529, 0536, 0539, 0541, 0546–0548, 0553 f, 0556–0561, 0563-0566,

Kapitel 9: 0578, 0583, 0588–0590, 0594–0596, 0600–0602, 0606, 0608–0616, 0618 f, 0621, 0623–0625, 0634, 0637, 0640, 0645–0648, 0650, 0652, **Kapitel 10:** 0656–0659, 0662, 0664 f, 0668 f, 0671–0673, 0675, 0678 f, 0681, 0683 f, 0689, 0693, 0698, 0703–0706, 0709 f, 0713, **Kapitel 11:** 0720, 0726–0730, 0733 f, **Kapitel 12:** 0746 f, 0758–0764, 0768, **Kapitel 13:** 0782, 0788, 0795, 0799–0802, 0810–0812, 0816, 0819 f, 0828, 0830, 0840, **Kapitel 14:** 0841 f, 0853, 0858 f, 0861, 0865, 0868 f, 0876–0878, 0888 f, 0892–0895, 0898 f, 0905–0907, 0909, 0917, 0922 f, 0925–0930, 0935–0937, 0940–0945, 0963–0967, 0970–0972, **Kapitel 15:** 0977, 0983, 0994–0998, 1000–1002, 1008–1012, 1017, **Kapitel A:** 1026 f, **Kapitel C:** Titelbild Kap. C, **Kapitel E:** E 01, E 02, E 05, E 06, E 07, E 09, E 10, E 11, E 14, **Kapitel F:** Titelbild Kap. F, **Kapitel G:** Titelbild Kap. G, Wolf-Dieter Bensinger

Mercedes-Benz AG, Stuttgart-Untertürkheim, Sammlung Kieselbach
Kapitel 15: 0978–0981

Mercedes-Benz AG, Stuttgart-Untertürkheim, Sammlung Koch
Kapitel 10: 0682, 0686 f, **Kapitel 12:** 0771

Mercedes-Benz AG, Stuttgart-Untertürkheim, Sammlung Mandl
Kapitel 14: 0845–0847

Mercedes-Benz AG, Stuttgart-Untertürkheim, Sammlung Seidel
Kapitel 3: 0178, **Kapitel 4:** 0269, **Kapitel 10:** 0688, 0691

Mercedes-Benz AG, Stuttgart-Untertürkheim, Sammlung Sigloch
Kapitel 3: 0168, **Kapitel 4:** 0286, **Kapitel 7:** 0472, **Kapitel 10:** 0654 f, 0670, 0674, 0685, 0702, 0708, 0711 f, **Kapitel 11:** Titelbild Kap. 11, 0721, **Kapitel D:** 1063

Mercedes-Benz AG, Stuttgart-Untertürkheim, Sammlung Würsten
Kapitel 1: 0019, 0063, 0087, 0090, **Kapitel 2:** 0108, 0119 (BAL 170 V II), 0121 (BAL 170 V II), 0125 (BAL 170 V II), 0128 (BAL 170 V II), 0129 f, 0138 (Bild-ETL 170 V 1936), 0143, 0144, **Kapitel 3:** 0155, 0171, 0173, 0179, 0213, 0223, 0228, 0232 f, **Kapitel 4:** 0259 (BAL 170 V II), 0260 (BAL 170 V VIII), 0261 (ETL 170 V D), 0267 (BAL 170 V VIII), **Kapitel 5:** 0339 (ETL 230 W 153 A), 0345 f, 0348, 0350–0352, 0358 f, 0361 f, 0365–0367, 0374, 0377, 0378 (ETL 230 W 153 A), 0379 (ETL 230 W 153 A), 0380, 0381 (Colorierung HPW/PZ), 0394, 0395, S. 275 unten, **Kapitel 6:** 0405, 0413 (ETL 170 V F), 0415 (Gr.beschr. 170 V D 662/8), 0416 (Gr.beschr. 170 V D 662/8), 0423 (Gr.beschr. 170 V D 662/8), 0424 (Gr.beschr. 170 V D 662/8), 0431 (Gr.beschr. 170 V D 662/8), 0434, 0435, **Kapitel 7:** 0476–0479, 0482, 0500, **Kapitel 8:** 0506–0513, 0521 f, 0534, 0537 f, 0550–0552, 0555, **Kapitel 9:** 0568–0570, 0576 f, 0579 (BAL 170 V XII), 0586 f, 0592 (BAL D 662/8), 0597 (BAL 170 D A), **Kapitel 10:** 0660 (Aufbau-ETL 170 S B), **Kapitel 13:** 0787, 0818, 0822, 0824 (ETL 220 W 187 A), 0832, 0834 (Werkstatthandbuch 220 W 187 & W 180), **Kapitel 14:** 0849, 0875, 0891, 0902, 0921, 0924, 0931–0934, 0973, **Kapitel 15:** 0999, 1023, **Kapitel A:** 1030 f

Immo Mikloweit, Köln
Kapitel 3: 0198 f

Klaus Mirbach e. K., Hamburg
Kapitel 14: 0956–0958

Motor-Kritik, Frankfurt (Main), Zeitschrift
Kapitel 6: 0462 (16/1942)

Josef Müller: Die Freuden des Konstrukteurs, Prien am Chiemsee 1990
Kapitel G: Josef Müller

Museumsgesellschaft Arbon, Saurer-Bildarchiv
Kapitel 12: 0753 (Inv.-Nr. 9085), 0754 (Inv.-Nr. 10037), 0755 (Inv.-Nr. 8722)

Museum für Kommunikation, Bern
Kapitel 4: 0304 (AUT_02827-PTT), 0305 (AUT_02825-PTT), 0306 (AUT_02810-316)

Sammlung Pál Négyesi, Wien
Kapitel 6: 0428

Online Archive of California (OAS)
Kapitel 6: 0458

Opel Automobile GmbH, Rüsselsheim, Archiv Opel Classic
Kapitel 1: 0062, **Kapitel 3:** 0195, **Kapitel 5:** 0347, 0354, 0360

Stanislav Peschel, MB 260 D. Vom ersten Dieselmotor bis zum ersten serienmäßigen »Diesel-Pkw« der Welt. Hrsg. Daimler-Benz AG, Stuttgart 1986
Kapitel 12: 0749 f

Karel Rosenkranz, Personenkraftwagen Tatra, Kopřivnice 2007
Kapitel 3: 0201

Sammlung Ralph Schermann, Görlitz
Kapitel 14: 0974

Paul Schilperoord
Kapitel 1: 0054

Sammlung Michael Schlenger, Bad Nauheim
Kapitel 3: 0222, **Kapitel 4:** 0254

Werner Schollenberger, Röhr-Archiv, Ober-Ramstadt
Kapitel 3: 0203 f, 0218, **Kapitel G:** Joseph Dauben, Hans Gustav Röhr, Otto Winkelmann

Sammlung Winfried Seidel, Ladenburg
Kapitel 14: 0912, 0916

Sigrid Sieber, Karlsruhe, Nachlass Fotoatelier Erich Bauer, Karlsruhe
Vorspann Bd. I: 0002, **Kapitel 2:** 0105 f, 0115 f, 0140, 0157 f, **Kapitel 4:** Titelbild Kap. 4, 0245, 0249, **Kapitel 7:** 0480, 0481, **Kapitel A:** 1032, **Kapitel B:** 1033 f, **Kapitel C:** 1035–1060, **Kapitel D:** Titelbild Kap. D, **Kapitel G:** 1065

Sammlung Klaus Sigloch, Bensheim (Bergstraße)
Kapitel 11: 0732

Škoda Auto a.s., Mladá Boleslav, Škoda-Storyboard
Kapitel 3: 0200

Brian Snelson
Kapitel 4: 0279

Daniel Spehr, Basel
Nachspann Bd. I: S. 674

Lothar Spurzem
Kapitel 3: 0185

Staatsarchiv des Kantons Bern
Kapitel 3: 0242 (StABE FN Jost N 3361), 0243 (StABE FN Jost N 3359), **Kapitel 6:** 0402 (StABE FN Jost N 3357), 0403 (StABE FN Jost N 3360)

Stadtarchiv Karlsruhe
Kapitel 8: 0527 (8/PBS x 2736)

Wiltrud Steudel-Kamm, Hergatz-Schwarzenberg
Kapitel G: Wunibald Kamm

Sworders, Fine Art Auctioneers, London
Kapitel 3: 0202

Trzebiatowsky, H.: Die Kraftfahrzeuge und ihre Instandhaltung. Zehnte, überarbeitete Auflage. Haan-Gruiten 1960
Kapitel 5: 0370

Universitätsarchiv Stuttgart, Forschungsinstitut für Kraftfahrwesen und Fahrzeugmotoren Stuttgart (FKFS)
Kapitel 4: 0322 (131/4/74-VI-2), 0323 (131/4/74-VI-3), 0329 (131/6/298-0001), 0330 (131/4/74-II-28), 0331 (131/4/74-II-38), 0332 (131/4/74-II-42), 0333 (131/4/74-II-43), **Kapitel 5:** 0363 (131/1/301-04), 0383 (131/1/301-08), 0384 (131/1/301-09), 0385 (131/1/301-10), 0386 (131/1/301-11), 0387 (131/1/301-20), 0388 (131/1/301-26), 0392 (131/1/323-12), 0393 (131/1/323-11)

Sammlung Hans Peter Würsten, Bremgarten bei Bern
Kapitel 3: Titelbild Kap. 3, 0159 (Fotograf Walter Nehrkorn, Bern), **Kapitel 4:** 0262, 0309 f, 0311 (HPW), 0312 (HPW), 0313 (HPW), 0327 (HPW), **Kapitel 5:** 0338, 0356 (HPW), **Kapitel 9:** 0605, 0631, **Kapitel 12:** 0765 f, 0778, **Kapitel 14:** 0848, 0882, 0948 (HPW), **Kapitel A:** Titelbild Kap. A, 1028, **Kapitel C:** C 05

Zwischengas AG, Zürich, Online-Magazin für Oldtimer
Kapitel 3: 0197 (Courtesy of RM Sotheby's), **Kapitel 4:** 0328 (Bruno von Rotz), **Kapitel 9:** 0638 (Archiv AR), 0639 (Archiv AR), **Kapitel 14:** 0885 (Daniel Reinhard), 0959 (Archiv AR), **Kapitel 15:** 0989 (Archiv AR), 0993, 1004 (Archiv AR), 1013 (Archiv AR), 1014 (Reinhard/Pichler), 1015 (Archiv AR), 1016 (Archiv AR), Kapitel **E:** Titelbild Kap. E (Archiv AR)

http://vroomvroom.canalblog.com Philou67450
Kapitel 14: 0968 f

https://auta5p.eu/lang/ger/katalog/auto.php?idf=Adler-Trumpf-1.7-EV-Cabriolet-1870
Kapitel 3: 0193

https://bos-fahrzeuge.info
Kapitel 14: 0883 f (Stefan Fleischer)

https://cartorum.fr
Kapitel 4: 0282

https://de.wikipedia.org/wiki/Acro-Luftspeicherverfahren
Kapitel 12: 0744

https://digit.wdr.de
Kapitel 6: 0433

https://storm.oldcarmanualproject.com/seat1800d1969.htm
Kapitel 12: 0777

https://wiki.cdd.no/index.php/OM_632
Kapitel 12: 0773

https://www.170v.de (170 V-Forum, alte Version)
Kapitel 6: 0432

https://www.handh.co.uk/auction/lot/120-1952-rallye-monte-carlo-competitor-rally-plate/?lot=55103&sd=1
Kapitel 13: 0827

https://www.kennzeichenwelt.de/1906-bis-1945/der-rote-winkel
Kapitel 6: 0427

https://www.posterteam.com
Kapitel 6: 0441

https://www.wikiwand.com/de/articles/Schebera_%28Unternehmen%29
Kapitel 1: 0011

Register zu Band I & II

Begriffe, Firmen, Namen, Personen und Orte

Band I Seitenzahlen,
z.B. *408 f, 410, 416, 420–422, 425*
Band II Tabellen- bzw. Kapitel- und Beitragsbezeichnung,
z.B. *A 09, A 21, D 01–D 05, G (Nallinger)*

MERCEDES
BENZ